Der Sanitärinstallateur

von

Alfons Gaßner

Uwe Wellmann

11., überarbeitete Auflage

Mit ca. 2500 mehrfarbigen Abbildungen und Übungen

Handwerk und Technik · Hamburg

Vorwort

Die Sanitär-, Heizungs- und Klimatechnik (SHK) ist ein interessantes und vielseitiges Tätigkeitsfeld. Der Beruf des Anlagenmechanikers SHK ist ein moderner Beruf und bietet gute Aussicht auf eine dauerhafte Beschäftigung – allerdings nur gut ausgebildeten und fleißigen Fachleuten, die sich den hohen Anforderungen stellen.

Die hohen Anforderungen werden gestellt von:
• der Industrie
• den „Verordnungsgebern"
• den Fachverbänden
• den Kunden

Die **Industrie** entwickelt zunehmend neue Produkte mit vielfältigen Verarbeitungstechniken. Neue Produkte kann nur optimal verarbeiten, wer sich ständig informiert und weiterbildet.

Verordnungsgeber erlassen Gesetze, Vorschriften und technische Regeln. Diese sind Grundlage fachgerechter Arbeit. Jeder Installateur sollte sie kennen und sich über Änderungen informieren. Aber ihre Anzahl und ihr Umfang werden immer größer.

Fachverbände sind bestrebt, Mitgliedern eine breite Arbeits- und Verdienstbasis anzubieten und damit die Ausbildungsbereiche auszudehnen.

Kunden holen sich vor der Auftragsvergabe Angebote ein, achten auf Empfehlungen anderer Bauherren und wählen dann eine SHK-Firma aus, die ihre Ansprüche auch erfüllen kann. Firmen mit schlechten Mitarbeitern haben auf Dauer keine Chance. Immer wichtiger wird das korrekte Auftreten beim Kunden.

Das vorliegende Buch will dazu beitragen, die zukünftigen Anlagenmechaniker SHK in der Sanitärtechnik gut auszubilden. Mit diesem Wissen werden sie in ihrem Berufsleben allen Anforderungen gewachsen sein.

Ergänzend zu diesem Buch empfehlen die Autoren die beiden Bände:
• Gaßner : Der Sanitärinstallateur – Technische Mathematik
• Gaßner : Der Sanitärinstallateur – Technische Kommunikation, Fachzeichnen, Arbeitsplanung

Verlag und Verfasser danken allen, die mit ihrer Arbeit, mit Hinweisen und mit dem Überlassen von Bildmaterial zur Überarbeitung und Gestaltung des Buches beigetragen haben.

Bamberg, Hannover, Hamburg

Alfons Gaßner
Uwe Wellmann

Zur Arbeit mit dem Buch

Um die Fülle an Wissen besser vermitteln zu können, wurde das **Erscheinungsbild** geändert.

- Die **Texte sind leserfreundlich** aufbereitet, z. B. größere Schrift, kurze Sätze, stichpunktartige Zusammenfassungen, farbliche Hervorhebung.
- In allen Kapiteln wurden wesentlichen Textabschnitten in sich geschlossene, detaillierte **Gliederungen** vorangestellt. Diese erleichtern die Lernstofferarbeitung, sind hilfreich bei der Stoffwiederholung und fördern das Selbststudium.
- Alle **Abbildungen** wurden neu erstellt und modern gestaltet.

So werden Inhalte einprägsam auf neue Art vermittelt.

Folgende Markierungen dienen der besseren Übersicht:

Aufzählungen/Zusammenfassungen
- Die Aufzählungspunkte im Gelbraster dienen gleichzeitig als Untergliederung, Zusammenfassung und als Stütze bei Wiederholung des Lernstoffes.
- In den nachfolgenden Erläuterungen sind die aufgezählten Elemente halbfett hervorgehoben.

Allgemeine Merksätze
Grundlegende Sachverhalte wie Naturgesetze, gesetzliche und normative Vorschriften, allgemeine Schlussfolgerungen.

Merksätze für den Sanitärinstallateur
Wichtige Sachverhalte mit Aufforderung an den Installateur, danach zu handeln.

Beispiele/Übungen
Beispiele zum Text, Formeln, Anmerkungen des Autors;
Übungen zum vorangegangenen Kapitel.

Steuerung/Regelung
Erläuterungen und Erklärungen zu Steuer- oder Regelvorgängen
Typische Begriffe zur Steuerung und Regelung

Der Pfeil ➔ im Text weist auf Illustrationen jeder Art wie Bild, Tabelle, Diagramm hin. Er fällt im Text auf und lässt vom Bild aus auch schnell die zugehörige Textstelle finden. Es bedeuten:
➔ 2:   Bild 2 auf der jeweiligen Buchseite,
➔ 123.4: Bild 4 auf Buchseite 123

 Das Zusatzmaterial befindet sich im Webshop (Anleitung siehe linke Buchseite).

Das umfangreiche **Sachwortverzeichnis** hilft Sachzusammenhänge herzustellen. Es ersetzt im laufenden Text Hinweise auf andere Kapitel, die den Lesefluss unterbrächen.

Inhaltsübersicht

Inhaltsverzeichnis

Inhaltsverzeichnis

„Alles ist aus dem Wasser entsprungen!
Alles wird durch das Wasser erhalten.
Ozean gönn´ uns dein Walten.
Wenn du nicht Wolken sendetest,
Nicht reiche Bäche spendetest,
Hin und her die Flüsse nicht wendetest,
Die Ströme nicht vollendetest,
Was wären Gebirge, was Ebenen und Welt?
Du bist´s, der das frischeste Leben erhält!"

Thales in Goethes Faust II

1.1 Bedeutung und Nutzung von Wasser und Luft

1.1.1 Ohne Wasser kein Leben

Alles Leben kommt aus dem Wasser, ➔ 1.1.

Im Urmeer gab es die ersten einzelligen Lebewesen. Daraus entwickelte sich alles Leben.

Wasser ist unerlässlich, ➔ 1:
- als Lebensmittel für alle Lebewesen
- zur Körperpflege und zur Reinigung
- als Lebensraum für viele Tierarten
- zur Bewässerung in der Landwirtschaft
- in der Technik
- im Transportwesen
- als Heilmittel und zur Erholung
- für das Klima

Lebewesen bestehen zum größten Teil aus Wasser, ➔ 2:
- Menschen und Tiere zu 60 % bis 70 %
- Pflanzen bis zu 95 %

Dieses Wasser in allen Lebewesen
- transportiert aufbauende und lebensnotwendige Nährstoffe und führt sie den Körperzellen zu
- fördert die Aufspaltung der Nahrung bei der Verdauung
- besitzt eine hohe Wärmespeicherfähigkeit und reguliert durch Verdunstung die Körpertemperatur

Der Mensch verliert täglich etwa 2,5 l Wasser, die er mit Speisen und Getränken ersetzen muss.

Weit größere Mengen Wasser benötigt er zur **Körperpflege und zur Reinigung** für Haus und Hof.

In Deutschland gebraucht jeder Einwohner durchschnittlich 130 l Wasser pro Tag, ➔ 3.

Anmerkung:
Es ist nicht korrekt, vom Wasser**ver**brauch zu sprechen; das Wasser wird immer nur benutzt und dann wieder weitergegeben. Also müsste man vom Wasser**ge**brauch sprechen.

Außer als direktes Lebensmittel ist Wasser als **Lebensraum** für Fische und anderem Getier eine wertvolle Nahrungsquelle.

Ohne ausreichende **Bewässerung in der Landwirtschaft** entstehen Missernten. Die Abholzung von Waldgebieten stört den Wasserhaushalt und kann das Klima verändern.

1 Wasser als Universalelement

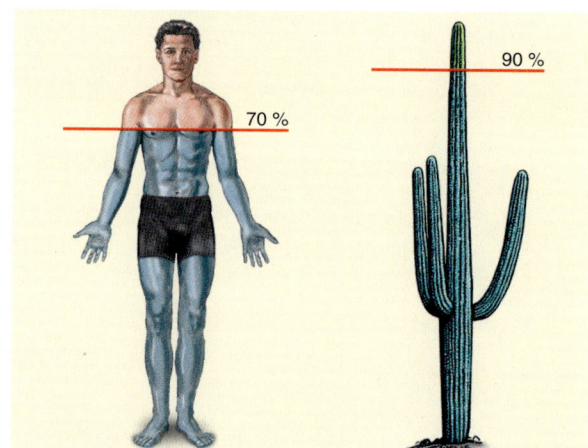

2 Der Wasseranteil bei Lebewesen

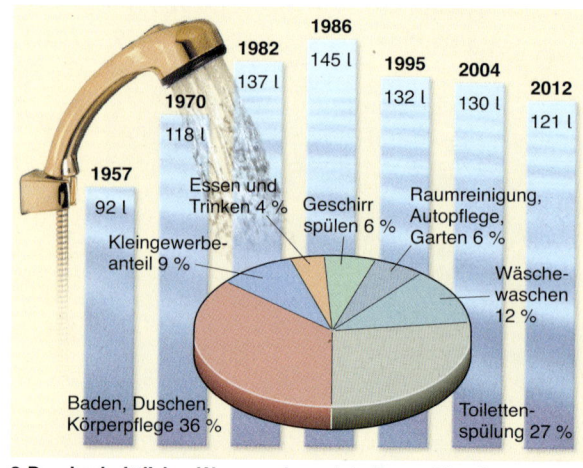

3 Durchschnittlicher Wassergebrauch in Deutschland

In der Technik sind viele **Vorgänge** ohne Wasser undenkbar, vom traditionellen Antrieb der Mühlen, Sägewerke und Hammerschmieden bis zu modernen Industrieanlagen wie Stahlwerke, Papierfabriken, Kraftwerke zur Energieversorgung, ➔ 1. Als **Kühlmittel** spielt es eine wichtige Rolle, z. B. bei Hochöfen, in Walzwerken, bei der Stromerzeugung. Als **Lösungsmittel** und zur Verdünnung ist es unersetzlich. Es löst z. B. Salze im Boden, Farben, Nährstoffe für Pflanzen und nimmt Gase auf, z. B. Kohlendioxid, s. Kap. 1.3.2.1.

Für den **Transport** von Massengütern im Binnenland und über Kontinente hinweg ist der Wasserweg billig, Treibstoff sparend und damit umweltschonend, wenn die nötige Vorsicht herrscht. Der Wasserweg zur Beförderung von Menschen wird vor allem zur Erholung genutzt.

Wasser als **Heilmittel** und als **Erholungs- und Freizeitraum** dient der Gesundheit, der Entspannung und dem Sport.

Das **Klima** einer Region wird vom Wasser stark beeinflusst:
- der in der Luft und in der Atmosphäre enthaltene Wasserdampf sorgt für ein erträgliches Klima; er bewirkt einen Temperaturausgleich und bringt oft den erlösenden Regen
- die Nähe zum Meer, zu Seen und Flüssen sorgt für ein mildes Klima

Sehr gefährlich ist die **Verschmutzung und Vergiftung** der Trinkwasservorkommen, z. B. durch:
- Schadensfälle, besonders in der chemischen Industrie
- Verkehrsunfälle, z. B. auslaufende Kraftstoffe, transportierte Gefahrstoffe
- Überdüngung und großen Einsatz von Giftstoffen zur Unkraut- und Schädlingsbekämpfung in der Landwirtschaft

Durch **Umweltverschmutzung** wird es immer schwieriger bzw. kostenaufwändiger, geeignetes bezahlbares Trinkwasser bereitzustellen.

Alte, verrottete Leitungsnetze bereiten große Versorgungs- und Finanzierungsprobleme.

So schätzt man, dass z. B. allein in Deutschland täglich 1,6 Milliarden l (= 1,6 Millionen m³) Wasser aus schadhaften Leitungen versickern. In Manila, Hauptstadt der Philippinen mit 11 Millionen Einwohnern, versickerte die Hälfte des bereitgestellten Trinkwassers im Erdboden infolge von Leitungsschäden. Heute ist dieses Netz saniert. Die Deutsche Entwicklungshilfe unterstützt in vielen Ländern die Versorgung mit Trinkwasser.

Die Erde ist zwar zu 71 % mit Wasser bedeckt. Jedoch stehen vom Gesamtvorkommen nur 0,7 % für die Trinkwasserversorgung zur Verfügung.

Der größte Anteil vom Gesamtvorkommen des Wassers auf der Erde ist Salzwasser (Ozeane, Meere).

Walchensee-Kraftwerk in Bayern

1 Wasserkraftwerk

Lediglich 2,5 % des Gesamtvorkommens sind Süßwasser; davon sind:
- riesige Mengen als Eis in der Arktis, Antarktis und in den Gletschern gebunden
- beträchtliche Grundwassermengen in großer Tiefe nicht wirtschaftlich zu fördern und sind zu warm; je 100 m Tiefe nimmt die Temperatur um ca. 3 K zu

In vielen Gebieten der Erde herrscht ungeheurer **Wassermangel**. Mit der Industrialisierung und dem Anstieg der Weltbevölkerung von 2,3 Milliarden auf 6,5 Milliarden Menschen in den letzten 60 Jahren wuchs der Wassergebrauch stark an.
Große Probleme gibt es schon jetzt, z. B.:
- Am Nil nutzen einige Länder dessen Wasser für großflächige Bewässerungsprojekte, ohne Rück-sicht auf die Nachbarstaaten. Folge: Der Nil trocknet langsam aus. Dazu trägt auch der Assuan-Staudamm bei, weil bei dessen riesiger Oberfläche die Verdunstung sehr hoch ist.
- Ähnliche Probleme gibt es zwischen Jordanien, Syrien und Libanon einerseits und Israel andererseits oder zwischen der Türkei und Irak/Syrien.
- Kambodscha, Laos, Burma, Vietnam streiten sich seit Jahren um Wasser aus dem Mekong.
- In manchen Gebieten Afrikas und Asiens regnet es oft monatelang, manchmal jahrelang keinen Tropfen.
- In Indien ist das Leben von 40 Millionen Bauern am Ganges gefährdet, da an seinem Oberlauf (zu) viel Wasser für Bewässerungsprojekte entnommen wird.
- Sehr katastrophal sieht es auch in wichtigen Weltmetropolen wie Kairo, Mexiko, Sao Paulo, Peking, Bombay aus: Wasser muss aus spärlich fließenden Hydranten entnommen und in irgendwelchen Gefäßen nach Hause geschafft werden, da es in den „Behausungen" keine Leitungen gibt. Die Leute stehen oft in Schlangen an.
- Die immer stärker wachsende Zahl von Bewohnern riesiger Städte stellt die Verantwortlichen mitunter vor unlösbare gesundheitliche Probleme. Wenn dort eine ordentliche Wasserversorgung fehlt und zudem die Abwässer nicht ordnungsgemäß abgeleitet werden, sind erhebliche soziale Unruhen zu befürchten.

Kaum etwas berührt den Menschen stärker als Hunger und Durst. Schon jetzt fehlt 1 Milliarde Menschen der direkte Zugang zu Trinkwasser, → 1. Nach Schätzungen der UNO werden um das Jahr 2025 von dann etwa 8 Milliarden Menschen ca. 40 % dauernd oder teilweise unter Wassermangel leben müssen.

> „Süßwasser ist das Öl des 21. Jahrhunderts. Seine Menge ist begrenzt, aber die Nachfrage steigt"
> Gerard Metrallet
> Vorstand von Frankreichs größtem Wasserversorger

Für viele Länder wird Wasser bald wertvoller sein als Öl. Und um Öl gab es in jüngster Zeit schon einige Kriege.

> Trinkwasser kann nicht erzeugt werden. Es kann nur dem Kreislauf der Natur entnommen und wieder dorthin - möglichst sauber - zurückgegeben werden. Wir müssen lernen, sorgfältig mit unserem wichtigsten Lebensmittel umzugehen, denn die Vorräte sind begrenzt.

1.1.2 Ohne Luft kein Leben

Zur Atmung und zu jeder Verbrennung benötigen wir den Sauerstoff der Luft.

Die Erde ist von einer mächtigen Lufthülle umgeben, der Atmosphäre[1]. Bei 0 °C und normalem Luftdruck (1013 mbar) hat Luft eine Dichte von 1,293 kg/m^3. Bei −197 °C wird sie flüssig; man kann Luft dann in Sauerstoff und Stickstoff zerlegen und diese Gase gewinnen.

Trockene Luft besteht etwa, → 2:
- zu $^4/_5$ aus Stickstoff (78,1 %)
- zu $^1/_5$ aus Sauerstoff (20,95 %)
- Spuren von Gasen, z. B.:
  - Edelgase: Argon (0,93 %), Helium, Neon, Krypton, Xenon
  - Methan
  - Kohlendioxid CO_2 (0,03 % bis 0,04 %)

Stickstoff, ein geruch- und geschmackloses Gas, ist nicht brennbar. Stickstoff reagiert kaum mit seiner Umgebung und gilt deshalb als inertes[2] Gas. Flammen und Lebewesen ersticken in Stickstoff (Name!).

Bei hohen Verbrennungstemperaturen (> 1200 °C, z. B. Verbrennungsmotor, Heizkessel, Blitz):
- reagiert Stickstoff mit Sauerstoff und bildet Stickstoffmonoxid (NO), das mit Sauerstoff sofort in Stickstoffdioxid (NO_2) übergeht
- bilden diese Stickoxide mit Wasser salpetrige Säure (HNO_2) und Salpetersäure(HNO_3), die als „saurer Regen" Umweltschäden an Pflanzen (Waldsterben!) und an Gebäuden hervorrufen

[1] atmos ⟨griech.⟩: Dunst – sphaira ⟨griech.⟩: Kugel
[2] inert ⟨lat.⟩: träge, unbeteiligt

Trinkwasser-Mangel
Anteil der ländlichen Bevölkerung ohne Zugang zu sauberem Trinkwasser

in Prozent

Kongo	98 %
Mali	96
Uruguay	95
Swasiland	93
Paraguay	91
Madagaskar	90
Äthiopien	89
El Salvador	85
Argentinien	83
Moçambique	83
Äquatorial-Guinea	82
Marokko	82
Afghanistan	81
Angola	80
Sierra Leone	80
Sudan	80

1 Eine Milliarde Menschen ohne sauberes Wasser

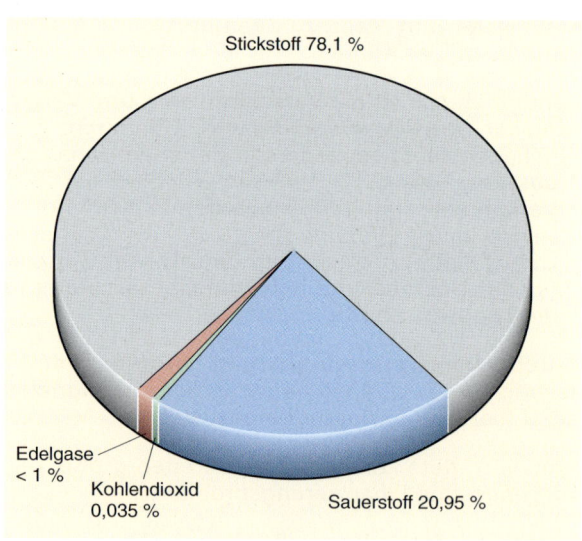

Stickstoff 78,1 %

Edelgase < 1 %

Kohlendioxid 0,035 %

Sauerstoff 20,95 %

2 Zusammensetzung trockener Luft

In der oberen Atmosphäre gelten Stickoxide als „Ozonkiller", ähnlich wie Fluor-Chlor-Kohlenwasserstoffe. Diese zerstören die Ozonschicht (Ozonloch), die die Erde vor zu starker UV-Strahlung schützt. Ozon (O_3) in der unteren Atmosphäre reizt die Schleimhäute stark und trägt zum Sommersmog bei.

Bekannte Stickstoffverbindungen sind Ammoniak (NH_3), Salpeter (Kaliumnitrat KNO_3), Harnstoff, viele Düngemittel. Pflanzen benötigen zum Wachstum unbedingt Stickstoff; manche können ihn direkt aus der Luft entnehmen.

Sauerstoff ist das lebensnotwendigste Element der Erde. Sauerstoff ist ein farb- und geruchloses, nicht brennbares Gas, das aber zu jeder Verbrennung und zur Atmung nötig ist. Er ist auf der Erde am meisten verbreitet, da er wesentlicher Bestandteil der Luft, des Wassers (H_2O), zahlreicher Verbindungen, wie Gesteine, Erze, und aller Lebewesen ist (Mensch, Tier, Pflanze).

Edelgase (Helium, Neon, Argon, Krypton, Xenon, Radon) sind farb-, geruch- und geschmacklos, leiten aber den elektrischen Strom gut. Sie sind sehr reaktionsträge und verbinden sich nicht mit anderen Stoffen. In Leuchtröhren erzeugen sie farbige Effekte (Reklameleuchten); Krypton und Xenon in Glühlampen schützen den Glühfaden und steigern die Lichtausbeute (Autoscheinwerfer). Argon dient als „Schutzgas" beim Schweißen, da es Luftsauerstoff von der Schweißstelle fernhält.

Methan, die einfachste Kohlenwasserstoffverbindung (CH_4), ist bekannt als Hauptbestandteil des Erdgases (ca. 90 %). Es entweicht bei Fäulnis- und Gärungsprozessen in die Atmosphäre, z. B. aus Sümpfen, Kläranlagen, bei der Dung- und Gülleverteilung, beim Reisanbau.

Kohlendioxid (CO_2) ist ein farb- und geruchloses Gas, das Flammen erstickt. Deshalb wird es auch zur Brandbekämpfung eingesetzt; unerlässlich ist es bei Benzin- und Ölbränden, da diese Stoffe leichter als Wasser sind. Wir kennen CO_2, wenn es aus Mineralwasserflaschen sprudelt oder von künstlichen Nebelschwaden in Discos.

Kohlendioxid entsteht bei der Verbrennung kohlenstoffhaltiger Verbindungen, z.B. in Öfen, Heizkesseln, Verbrennungsmotoren, in den Körperzellen verbrennen ja Lebensmittel, bei Gär-, Fäulnis- und Verwesungsprozessen.

Kohlendioxid entweicht in großen Mengen aus Vulkanen und aus dem Meer, ➔ 1.

Kohlendioxid und weitere **Spurengase** beeinflussen trotz des geringen Anteils unser Klima sehr stark. Sie wirken in Luftschichten wie die Glaswände eines Gewächshauses. Kurzwellige Sonnenstrahlen gelangen ungehindert zur Erde, langwellige Wärmestrahlen, die von der Erde in den Weltraum zurückgeworfen werden, werden von „dieser Wand" reflektiert, treten also nicht durch. Dies bezeichnet man als **natürlichen Treibhauseffekt**, ➔ 2. Dadurch entsteht auf der Erde eine mittlere Temperatur von ca. 14 °C. Ohne die Spurengase läge diese Temperatur um ca. 33 K niedriger, also bei −19 °C. Alles Wasser wäre gefroren; ein Leben wäre unmöglich.

Sauerstoff, Stickstoff, Kohlendioxid sind Grundvoraussetzung biologischer Prozesse wie Wachstum, Leben und Zerfall.

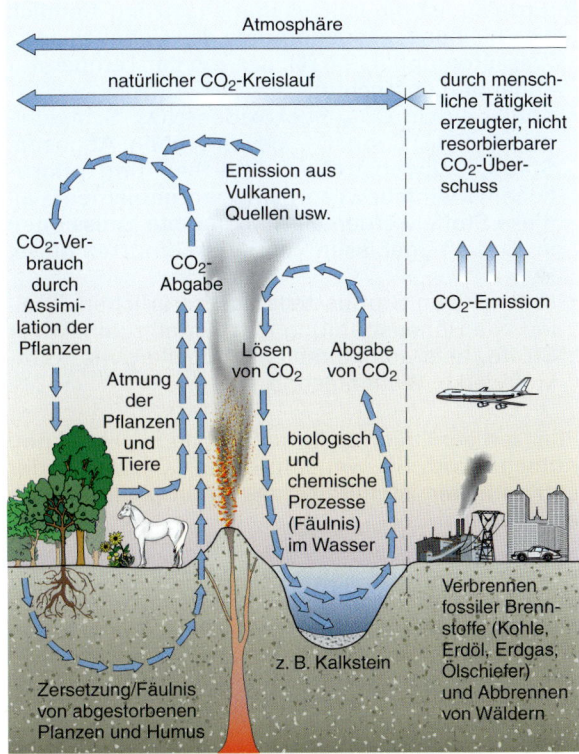

1 CO_2-Kreislauf und technisch bedingte CO_2-Emission

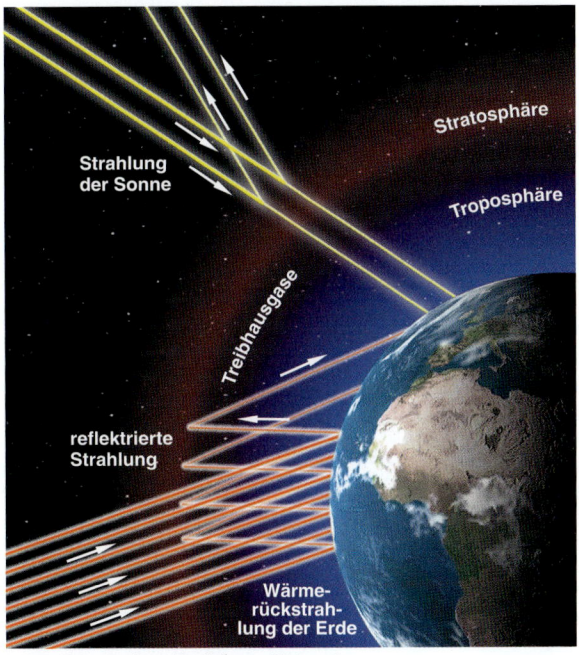

2 Das Prinzip des „Treibhauseffektes"

Die Luftzusammensetzung ist konstant, weil der Sauerstoff zur Verbrennung gebraucht wird. Das dabei entstehende Kohlendioxid wird von den Pflanzen zur Photosynthese benötigt; dabei entsteht wieder Sauerstoff, ➔ 1.

In Erdnähe ist die Luftzusammensetzung ziemlich gleich bleibend, ausgenommen des Gehaltes an:

- Wasserdampf (0 … 4 %), der von der Temperatur abhängt (Luftfeuchte)
- Kohlendioxid CO_2, Stickoxiden NO_x, Schwefeldioxid SO_2, Ozon O_3, gewerblichen Abgasen, Staub, Schwebstoffen, tierischen und pflanzlichen Kleinlebewesen (Mikroorganismen); all diese Stoffe werden als so genannte Emissionen in die Luft „geblasen" und verschmutzen diese, → 1
- radioaktiven Stoffen teils aus natürlichen Quellen wie Höhenstrahlung und Zerfall radioaktiver Stoffe, teils aus künstlichen Quellen wie Kernkraftwerke, Waffentechnik

Pflanzen benötigen zu ihrem Aufbau Stickstoff und Kohlendioxid. Sie wandeln dabei CO_2, das in der Luft enthalten ist, mithilfe des Chlorophylls in Sauerstoff um.

Wasserdampf und Kohlendioxid bilden in der Atmosphäre einen Wärmeschild, der die Temperatur auf der Erde in Grenzen hält. Ohne den Wärmeschild wäre ein Leben undenkbar. Bei zu großer Dicke kann dies negativ sein, siehe Kap. 1.1.3

> Ohne Nahrung hält es der Mensch wochenlang aus, ohne Wasser nur einige Tage, aber ohne Sauerstoff nur einige Minuten.

Luft mit dem lebenswichtigen Sauerstoff ist zwar genügend vorhanden, jedoch wird die Erdatmosphäre zunehmend verschmutzt. Ein Teil der Verschmutzung schlägt sich im „sauren Regen" nieder, siehe Kap. 1.3.2.4.

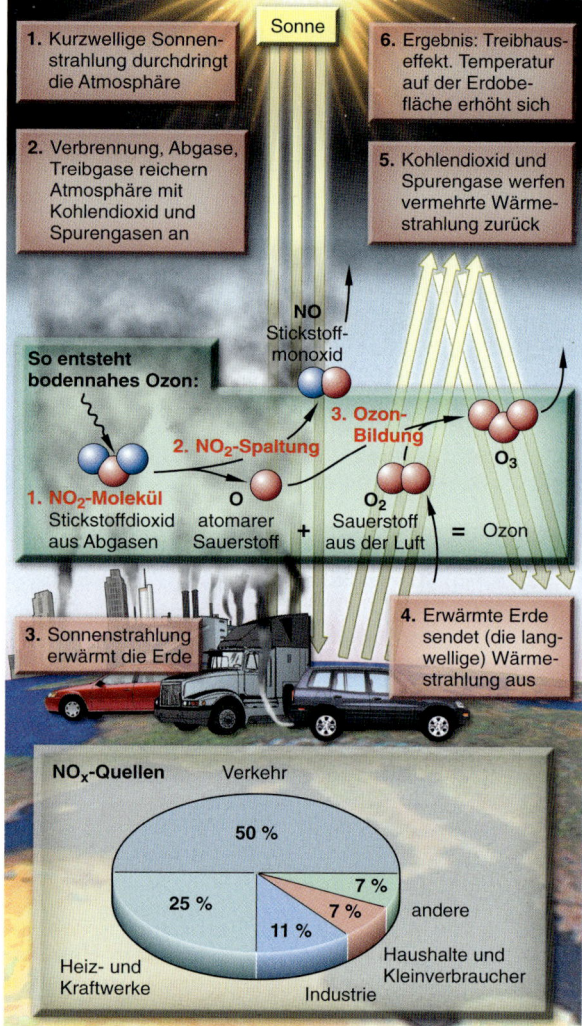

1 Anthropogener Treibhauseffekt: Temperatur auf der Erde erhöht sich

1.1.3 Luftverschmutzung und Treibhauseffekt

In den letzten Jahrzehnten wurde der natürliche Treibhauseffekt vom Menschen durch zunehmende Luftverschmutzung verstärkt. Es entstand der **„antropogene"**, d. h. vom Menschen verursachte Treibhauseffekt.

> Ursachen für die Luftverschmutzung sind:
> - natürliche Vorgänge, z. B. Stürme, Waldbrände, Vulkanausbrüche
> - menschliche Aktivitäten

Natürliche Vorgänge gab es schon immer. Das entstehende CO_2 wurde in einem natürlichen Kreislauf umgesetzt; sein Anteil in der Lufthülle blieb konstant, → 5.1.

Menschliche Aktivitäten erhöhen den Anteil der Spurengase in der Atmosphäre.

> Das geschieht durch:
> - vermehrte Verbrennung
> - Verwendung von FCKW (Fluor-Chlor-Kohlenwasserstoffe)
> - Freisetzen riesiger Mengen von Methan
> - große Mengen an Staub und Chemikalien

Vermehrte Verbrennung steigert den Ausstoß von Kohlendioxid CO_2, Stickoxiden NO_x, Staub- und Rußpartikeln, → 5.1. Das betrifft die Verbrennung fossiler Brennstoffe, z. B. Kohle, Öl, Gas, und auch von Biomasse wie Holz, Stroh:

- zur Gebäudeheizung
- bei Industrieprozessen
- im Verkehr
- durch Brandrodungen großen Stils

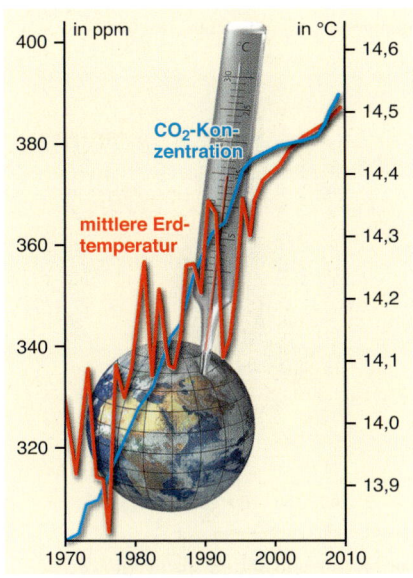

1 Anstieg der mittleren Erdtemperatur und der CO_2-Konzentration in der Atmosphäre: Fieberkurve der Erde

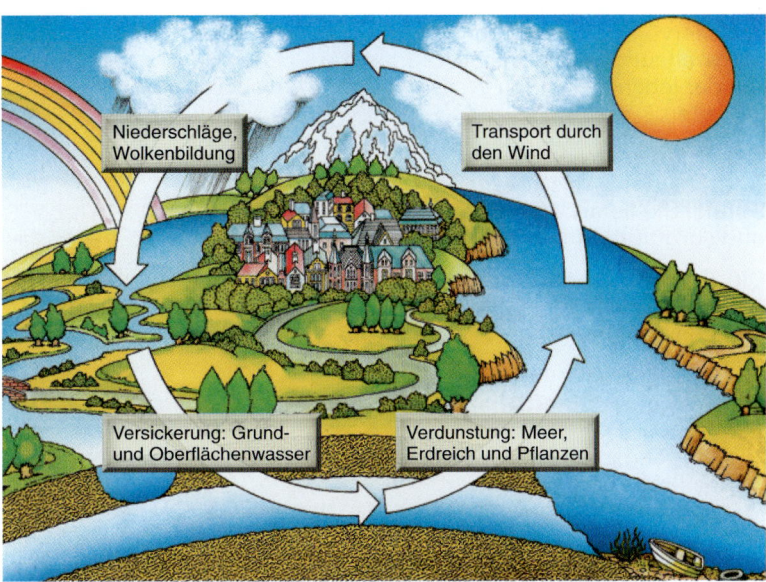

2 Natürlicher Wasserkreislauf

CO_2 verstärkt zusammen mit Methan, Stickoxiden, FCKW-Gasen u. a. die Dunstglocke in der Atmosphäre. Diese verringert die Wärmeabstrahlung in den Weltraum, ➜ 6.1. Dadurch steigt weltweit die mittlere Temperatur, ➜ 1, mit gefährlichen Folgen:
- Abschmelzen von Gletschern und der Polkappen (Polareis)
- Ansteigen der Weltmeere und Überschwemmungen mit katastrophalen Folgen für Trinkwasservorräte und Bewohner
- Verlust fruchtbarer Küstengebiete, die durch Deichbauten in Jahrhunderten dem Meer abgerungen wurden. Wichtige Nahrungsquellen gehen verloren.
- zunehmende Versteppung und Verödung von Ackerland
- zunehmende Wetterkatastrophen durch Stürme

Der hohe **Verbrauch von FCKW**, z. B. in Kühlaggregaten, in Spraydosen, zum Aufschäumen von Kunststoffen, ist Schuld an der Zerstörung der Ozonschicht in großen Höhen der Atmosphäre (ca. 40 km). Ozon mindert die für Menschen gefährliche ultraviolette (UV-)Strahlung der Sonne. Durch die Zerstörung der Ozonschicht ist eine Zunahme von Hautkrebs und Augenschäden zu befürchten. In Bodennähe bildet sich Ozon mithilfe von Stickoxiden (NO_x). Es reizt Augen und Atemwege.

Auch die starke **Methanentwicklung** wirkt als „Ozonkiller". Methan wird in der Landwirtschaft freigesetzt aus Gülle bzw. aus Dung bei der Massenviehzucht und beim Reisanbau. Auch bei der Erdgasförderung und -verteilung und aus Mülldeponien entweicht Methan.

Staub und Chemikalien in der Atmosphäre:
- bewirken schlechtere Luft (Smog[1]), die Sonnenlicht abhält, die Atmung erschwert u. Ä.
- bilden zusammen mit Regenwasser schwache Säuren (saurer Regen), die Steinschäden und Waldschäden verursachen

Um die Atmosphäre nicht zusätzlich zu belasten, muss der hohe Energieverbrauch eingeschränkt werden. Jeder muss dabei mithelfen, denn saubere Luft ist für gesundes Leben unerlässlich.

Außer der Temperaturerhöhung kann sich auch die Verteilung der Niederschläge ändern:
- in der Intensität: sehr heftige Niederschläge (Überschwemmungen, Murenabgänge, Lawinen) können mit längeren Trockenzeiten wechseln (Monate, z. T. Jahre in bestimmten Gebieten)
- räumlich: Dürre- bzw. Überschwemmungsgebiete entstehen selbst in Deutschland und Nachbarländern, z. B. Stromgebiete von Elbe, Donau und Rhein

1.2 Kreislauf des Wassers und Luftfeuchte

In den natürlichen Kreislauf des Wassers, ➜ 2, schaltet sich der Mensch ein. Er sollte das entnommene Wasser dem Kreislauf möglichst rein wieder zuführen. Dazu bedarf es verantwortungsvoller, überlegter Handlungsweise und gewaltiger Anstrengungen; es kostet außerdem viel Geld.

---

[1] Smog ⟨engl.⟩: zusammengezogen aus „smoke" (Rauch) und „fog" (Nebel)

Wasserverschmutzung ist eine der gefährlichsten Umweltsünden. Der Installateur ist dazu berufen, an der lebenswichtigen Wasserversorgung mitzuarbeiten.

Antriebsmotor des Kreislaufs des Wassers ist die Sonne. Sie liefert Wärme, lässt Wasser verdunsten und sorgt für Luftbewegung.

Die Luft kann umso mehr Wasserdampf aufnehmen, je wärmer sie ist, ➔ 2. Das ist die Grundlage des Wasserkreislaufs.

Beim **Wasserdampfgehalt** der Luft unterscheidet man, ➔ 1:
• Sättigungsmenge
• absolute Luftfeuchte
• relative Luftfeuchte

Die **Sättigungsmenge** f_s ist der höchstmögliche Wasserdampfgehalt in g/m³ bei φ = 100 % Luftfeuchte. Bild ➔ 2 zeigt die Sättigungsmenge der Luft mit Wasserdampf bei Temperaturen zwischen –10 °C und +90 °C.

Die **absolute Luftfeuchte** f_a ist die tatsächliche Luftfeuchte in g/m³.

Die **relative Luftfeuchte** φ_r ist das Verhältnis der absoluten Feuchte zur Sättigungsmenge in %. Gemessen wird sie mittels Hygrometer (Luftfeuchtemesser).

Beispiel:
Gesucht: absolute Luftfeuchte bei 20 °C

Gegeben: relative Luftfeuchte laut Hygrometeranzeige: φ_r = 70 % = 0,7
Sättigungsmenge (φ_s = 100 %):
f_s = 17,3 g/m³ (aus ➔ 2)

Lösung: absolute Feuchte:
$f_a = f_s \cdot \varphi_r$ = 17,3 g/m³ · 0,7 = 12,1 g/m³

Wird die Sättigungsgrenze der Luft überschritten, scheidet die Luft Wasserdampf aus. Er wird flüssig (kondensiert) und schlägt sich nieder, z. B. als Tau, Nebel, Regen, Hagel.

Die Temperatur, bei der die Luft Wasserdampf abscheidet, heißt **Taupunkt**.

Erreicht also ein Gasgemisch wie Luft oder Abgase den Taupunkt, bilden sich feine Wassertröpfchen, z. B. an Grashalmen, Fensterscheiben, im Schornstein.

Verbrennungstechnische Eigenschaften der Luft siehe Kap. 10.7.2 und 15.1.

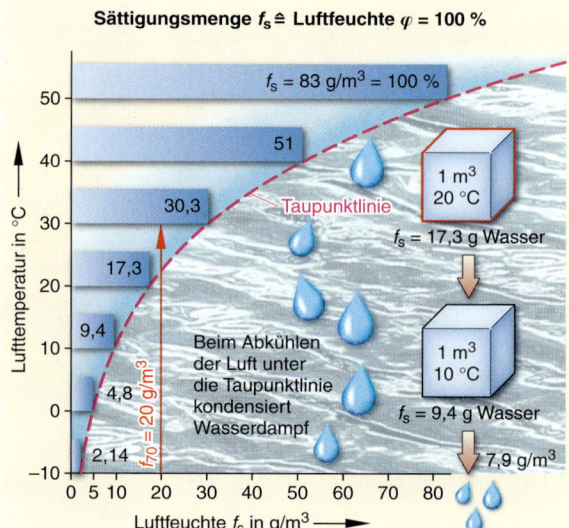

1 Lufttemperatur, Luftfeuchte und Sättigungsmenge

Lufttemperatur °C	–10	0	+10	+20	+30	+40	+50	+90
Sättigungsmenge g/m³	2,14	4,84	9,4	17,3	30,3	51	83	424

2 Sättigungsmenge der Luft mit Wasserdampf
(bei Luftdruck 1013 mbar)

1.3 Eigenschaften des Wassers

1.3.1 Physikalische Eigenschaften des Wassers

Die **Physik** befasst sich mit Vorgängen, bei denen ein Stoff seine Form bzw. seinen inneren Zustand, aber nicht seine Zusammensetzung ändert.

Zu den physikalischen Eigenschaften zählen z. B. fest, flüssig, gasförmig, hart, dehnbar, Reibung, Spannung, Druck, Wärme, Temperatur, Ausdehnung, Licht, Schall.

Beispiel:
• Eine Pumpe setzt Wassermoleküle unter Druck, befördert sie mit einer bestimmten Geschwindigkeit durch die Leitung; sie reiben sich dabei untereinander und an den Rohrwänden. Die Reibung führt zu einem Druckabfall. Die Wassermoleküle bleiben aber dieselben.
• Wärme lässt einen Eisblock schmelzen und Wasser verdampfen; „Kälte" kehrt den Vorgang um. Es bleibt aber immer Wasser

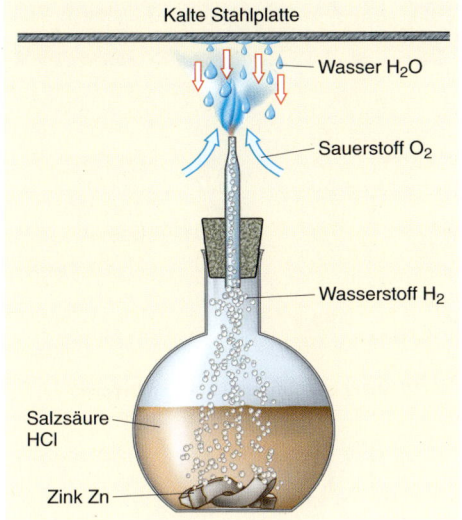

1 Chemischer Vorgang

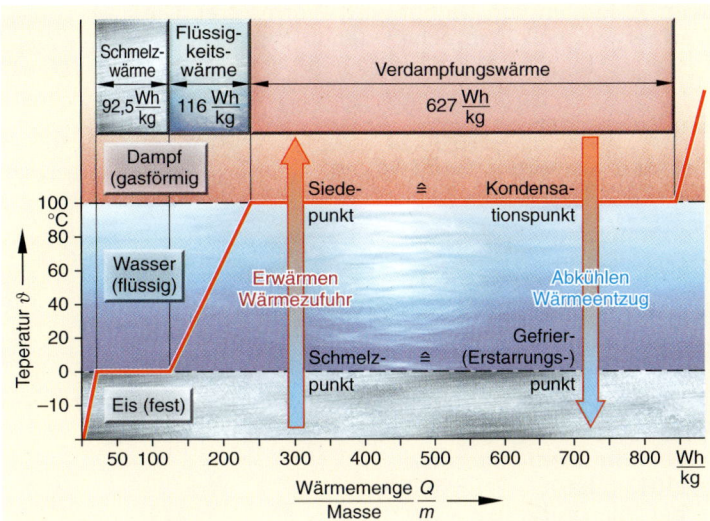

2 Physikalischer Vorgang: Änderung des Aggregatzustandes, Umwandlungspunkte, Energiemengen

Die **Chemie** behandelt, anders als die Physik, Vorgänge, bei denen die Ausgangsstoffe in andere Stoffe mit meist neuen Eigenschaften umgewandelt werden, siehe Kap. 1.3.2.

Beispiel:
Man wirft Zinkschnitzel in Salzsäure: Es brodelt in der Flüssigkeit, ein Gas entweicht: Wasserstoff. Zündet man dieses an, verbrennt es mit schwach blauer Flamme. Beim Verbrennen verbindet es sich mit Sauerstoff. Hält man über die Flamme eine kalte Stahlplatte, bilden sich Wassertröpfchen, → 1.

In diesem Beispiel geschieht Folgendes: Wasserstoff verbrennt mit Sauerstoff und es bildet sich nicht brennbares Wasser. Also: zwei Gase reagieren miteinander und eine Flüssigkeit entsteht.

Wissenswert für den Installateur sind folgende **physikalischen Eigenschaften:**
• Aggregatzustand (Zustandsform)
• Verdunsten und Verdampfen
• Dichte und spezifische Dichte
• Kapillarität
• Flüssigkeitsstand in kommunizierenden Gefäßen

1.3.1.1 Aggregatzustände – Schmelzen, Erwärmen, Verdampfen, Verdunsten

Der jeweilige Aggregatzustand eines Stoffes ist:
• fest
• flüssig
• gasförmig

Wasser ändert seinen Aggregatzustand bei normalem Luftdruck, p_{amb} = 1013 mbar, → 2:
• bei 0 °C von fest auf flüssig bzw. von flüssig auf fest
• bei 100 °C von flüssig auf gasförmig bzw. von gasförmig auf flüssig

Zum Vergleich:
Es ändern den Aggregatzustand:
• Zinn bei 232 °C bzw. bei 2430 °C
• Luft bei –213 °C bzw. bei –197 °C

Bild → 2 zeigt am Beispiel von Wasser die einzelnen Stufen beim Erwärmen bzw. beim Abkühlen:
• Wird Eis erwärmt, steigt zunächst die Temperatur des Eises bis auf 0 °C. Dort schmilzt Eis und wird zu Wasser.
• Erst wenn alles Eis geschmolzen ist, beginnt die Temperatur des Wassers zu steigen. Bei 100 °C beginnt Wasser zu sieden, landläufig ausgedrückt: **es kocht**. Dabei wird Wasser zu Dampf.
• Wird Wasser zu Dampf, dehnt es sich gewaltig aus. Aus 1 kg Wasser von 100 °C (= 1,043 dm³) werden 1673 dm³ Dampf von 100 °C.
• Wenn dann alles Wasser verdampft ist, beginnt bei weiterer Wärmezufuhr die Temperatur des Dampfes zu steigen. Das ist aber nur in geschlossenen Gefäßen bzw. Leitungen möglich. Dabei steigt der Druck.

Die Übergänge in einen anderen Aggregatzustand erfordern bzw. liefern Wärme (Energie), → 2:
• Um 1 kg Eis von 0 °C in 1 kg Wasser von 0 °C zu verwandeln, sind 92,5 Wh nötig. Diese Wärmemenge nennt man die **Schmelzwärme von Eis** (s = 92,5 Wh/kg).
• Um Wasser von 100 °C zu verdampfen ist die **Verdampfungswärme** r = 627 Wh/kg erforderlich.

Beim **Abkühlen** von Dampf wird Wärme frei. Die Wärmemengen entsprechen denen beim Erwärmen.

Für Wasser gilt:

Schmelz- bzw. Erstarrungswärme:
$s = 92{,}5$ Wh/kg

Verdampfungs- bzw. Kondensationswärme:
$r = 627$ Wh/kg

Die jeweiligen Umwandlungspunkte sind abhängig von Druck und Temperatur.

Siedepunkt (= Verdampfungspunkt) ϑ_S des Wassers, ➜ 1:
- bei normalem Luftdruck
  (1013 mbar): $\vartheta_S = 100\ °C$
- bei Überdruck: $\vartheta_S > 100\ °C$
- bei Unterdruck: $\vartheta_S < 100\ °C$

Eis schmilzt bei hohem Druck schon unter 0 °C. So bildet sich bei Eis oder Schnee ein dünner Wasserfilm unter Autoreifen, Schlittenkufen, Skiern. Das erklärt das gefährliche Rutschen bzw. gute Gleiten, je nachdem, wie man es betrachtet.

Zum Erwärmen von 1 kg eines Stoffes um 1 K ist eine, für diesen Stoff bestimmte, Wärmemenge nötig, die **spezifische Wärmekapazität** c, ➜ 625.1, 625.3.

Wasser hat von allen Stoffen die höchste spezifische Wärmekapazität: $c_{Wasser} = 1{,}16$ Wh/(kg·K).

Dieser hohe c-Wert ist für den Wärmehaushalt bei Lebewesen sehr wichtig. Da Körperflüssigkeiten zum größten Teil aus Wasser bestehen, „kochen" bzw. gefrieren sie nicht so leicht, selbst bei größter Sommerhitze bzw. großer Kälte im Winter.

In der Natur sorgen große Wassermassen wie Meere, Ströme, Seen für Temperaturausgleich.

In Verbindung mit der hohen Schmelzwärme schmelzen Eis und Schnee nur langsam; das mindert bei Tauwetter die Hochwassergefahr im Gebirge.

Beim Sieden einer Flüssigkeit bilden sich im Inneren der Flüssigkeit **Dampfbläschen**. Auf diese Dampfbläschen wirken von außen:
- der äußere Druck, meist der Luftdruck
- der statische Druck der Flüssigkeit

Der Druck im Innern der Flüssigkeitsbläschen heißt **Dampfdruck**, ➜ 2.

Eine Flüssigkeit siedet nur dann, wenn der Dampfdruck (innerer Druck) mindestens gleich dem äußeren Druck ist. Der Siedepunkt ist druckabhängig, ➜ 1.

absoluter Druck mbar	Siedepunkt °C	geographische Höhe m	
10	6,7		
45	30,7		
100	45,8		
393	75,4	8887	Mt. Everest
588	85,5	4807	Montblanc
724	93,0	2964	Zugspitze
1000	99,6	100	Speyer
1013	100,0	0	Meereshöhe
1500	110,8		
2000	120,2		
10000	179,1		

1 Siedepunkt des Wassers bei unterschiedlichen Drücken

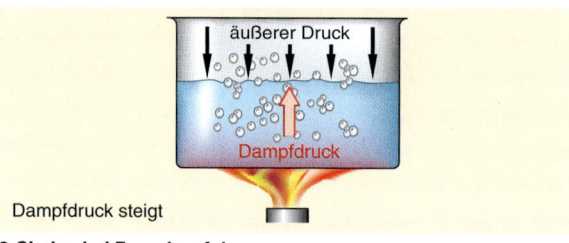

2 Sieden bei Energiezufuhr

Wasserdampf ist nicht sichtbar. Schwaden über Kesseln mit kochendem (siedendem) Wasser entstehen, wenn Wasserdampf kondensiert. Er kondensiert nur an festen Körpern, z. B. an kleinen Staubteilchen, an Fensterscheiben. Die Schwaden werden also von kleinsten Wassertröpfchen gebildet, ähnlich wie Nebel, Wolken oder Kondensstreifen bei Flugzeugen.

Wasser **verdunstet** noch unterhalb der Siedetemperatur. Solange die Luft nicht mit Wasserdampf gesättigt ist, trocknet z. B. Wäsche an der Luft, Schweiß verdunstet.
Oberhalb des Siedepunktes **verdampft** Wasser.

1.3.1.2 Dichte - spezifisches Volumen

Dichte ϱ eines Stoffes:

$$\varrho = \frac{m}{V}$$

m Masse in kg
ϱ Dichte in kg/dm³
V Volumen in dm³

Spezifisches Volumen v:

$$v = \frac{V}{m}$$

V Volumen in dm³
v spez. Volumen in dm³/kg
m Masse in kg

Dichte und spezifisches Volumen verhalten sich umgekehrt zueinander:

$$\varrho = \frac{1}{v}$$

Für Wasser bei +4 °C gilt:
- seine Dichte ist am größten
- 1 dm³ Wasser hat die Masse m = 1 kg

Bei Erwärmung > +4 °C und bei Abkühlung < +4 °C dehnt sich Wasser aus. Darin unterscheidet es sich von nahezu allen anderen Stoffen (**Anomalie** des Wassers).

Die Volumenzunahme des Wassers erfolgt nicht gleichmäßig, ➔ 1.

Beispiel:

Die Volumenzunahme von Wasser beträgt beim:
- Erwärmen:
  von +4 °C auf   80 °C: **3,0 %**; v = 1,03 dm³/kg
  von +4 °C auf 100 °C: **4,3 %**; v = 1,043 dm³/kg
- Gefrieren (Eis):
  von +4 °C auf 0 °C: **9,0 %**; v = 1,092 dm³/kg
- Verdampfen:
  von +4 °C auf 100 °C: **167 300,0 %**; v = 1673 dm³/kg

Folgen der Ausdehnung beim Gefrieren:
- Volumenzunahme um etwa 10 %
- Rohre und Behälter können platzen
- Eis schwimmt auf Wasser (Eisberge)

Folgen der Ausdehnung beim Erwärmen:
- geringe Volumenzunahme
- Druckanstieg in geschlossenen Systemen
- offene Behälter laufen über
- warmes Wasser steigt nach oben (Zirkulation)

Folgen der Erwärmung beim Verdampfen:
- sehr große Ausdehnung
- großer Druckanstieg in geschlossenen Systemen (Dampfmaschine)

1.3.1.3 Kapillarität (Haarröhrchenwirkung)

In Löschpapier, Zuckerwürfeln oder Erde steigen Flüssigkeiten hoch, in engen Lötspalten sogar Lote. Diese Erscheinung nennt man Kapillarität oder Haarröhrchenwirkung. Sie beruht darauf, dass bei den meisten Flüssigkeiten die Anhangskraft (Adhäsion) zur Umgebung größer ist als die Zusammenhangskraft (Kohäsion) der Moleküle untereinander. In weiten Gefäßen steigt die Flüssigkeit nur am Rand etwas an. In engen Spalten „hangelt" sich dagegen ein Tropfen am anderen hoch, ➔ 2.

Auf diese Weise:
- steigt Wasser zu den höchsten Baumspitzen und liefert die Nährstoffe aus dem Boden
- steigt in einem Docht Wachs, Petroleum u. Ä. hoch
- steigt flüssiges Lot in engen Spalten von Lötfittings hoch, ➔ 3a
- zieht sich Wasser in eng aneinander liegenden Blechspalten hoch (Überhangstreifen anreifen, um den Spalt zu verbreitern!), ➔ 3b

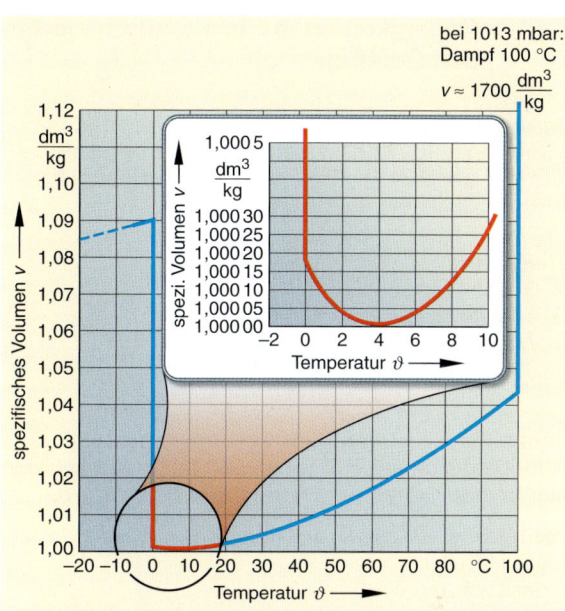

1 Ausdehnung des Wassers bei Temperaturen größer und kleiner +4 °C (im Ausschnitt: Anomalie des Wassers)

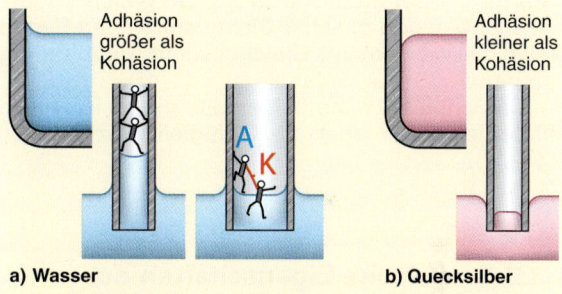

a) **Wasser**   b) **Quecksilber**

Durch Zusammenwirken von Adhäsion und Kohäsion können Flüssigkeiten am Rand aufsteigen oder absinken.
In Kapillaren steigen Wasser und andere Flüssigkeiten hoch, Quecksilber sinkt ab. Bei großem Zwischenraum ist Aufsteigen unmöglich.

2 Kapillarwirkung

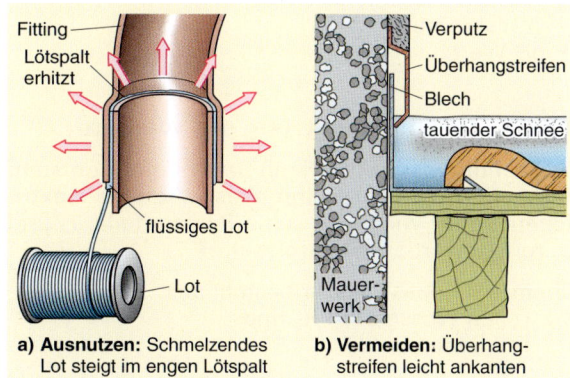

a) **Ausnutzen:** Schmelzendes Lot steigt im engen Lötspalt   b) **Vermeiden:** Überhangstreifen leicht ankanten

3 Bedeutung der Kapillarwirkung

Eine Ausnahme davon macht Quecksilber. Während alle Flüssigkeiten in Kapillaren hochsteigen, sinkt Quecksilber ab, ➔ 2.

1.3.1.4 Flüssigkeitsstand in kommunizieren-den Gefäßen

In kommunizierenden (miteinander verbundenen) Gefäßen, z. B. Rohrsystemen, stehen Flüssigkeiten mit gleicher Dichte immer gleich hoch, ➔ 1.

Beispiele:
- U-Rohr-Manometer
- Schlauchwaage
- Wasserstandsgläser an Behältern
- Steigleitungen

Denkt man sich an der Verbindungsstelle eine Scheibe durch das Rohr, so wirkt auf diese Scheibe von beiden Seiten der hydrostatische Druck p.

Der hydrostatische Druck ist abhängig von:
- der Höhe h
- der Dichte ϱ (rho)
- der Fallbeschleunigung (bzw. dem Ortsfaktor) $g = 9{,}81 \text{ m/s}^2$

Dadurch ist der statische Druck bei gleicher Flüssigkeitshöhe und gleicher Dichte auf beiden Seiten gleich. Damit herrscht Gleichgewicht, unabhängig von der Größe der Gefäße.
Da die Scheibenfläche beiderseits gleich ist, muss auf beiden Seiten auch die Kraft gleich groß sein.

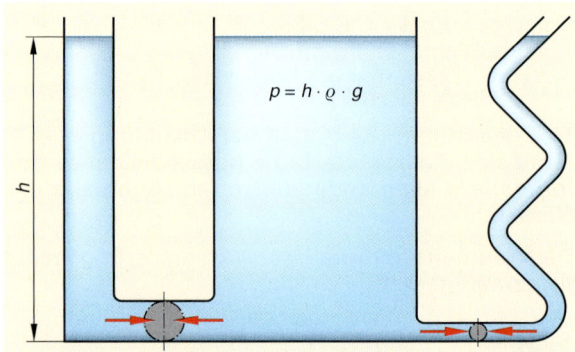

$$p = h \cdot \varrho \cdot g$$

1 Gleich hoher Flüssigkeitsstand in kommunizierenden Gefäßen

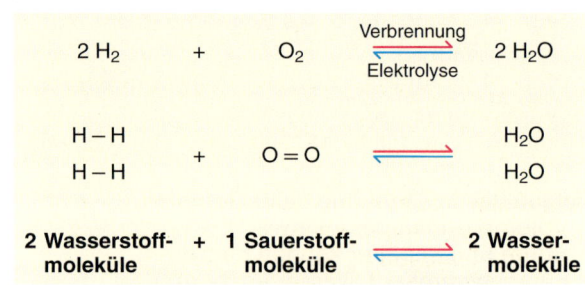

2 Wasser - Entstehung und Zerlegung (Elektrolyse)

1.3.2 Chemische Eigenschaften des Wassers

Über die nachstehenden chemischen Eigenschaften des Wassers muss sich ein Installateur im Klaren sein:
- Wasserzusammensetzung
- Wasserhärte
- pH-Wert

1.3.2.1 Zusammensetzung des Wassers

Verbrennt Wasserstoff H mit Sauerstoff O, entsteht Wasser. Umgekehrt kann Wasser durch elektrischen Strom wieder in seine Bestandteile, H und O, zerlegt werden (**Elektrolyse**), ➔ 2.

Chemisch reines Wasser besteht aus:
- 2 Teilen Wasserstoff H_2 und
- 1 Teil Sauerstoff O

Die chemische Formel lautet: H_2O.
Chemisch rein ist nur destilliertes[1] Wasser.

Natürliches Wasser ist nicht chemisch rein, ➔ 3.

3 Wasser, 400fache Vergrößerung

Während des Kreislaufes nimmt Wasser viele Stoffe auf und reagiert teilweise mit ihnen, z. B. mit:
- Abgasen
- Kohlendioxid
- Düngemitteln
- Metallen
- Erdreich
- Mikroorganismen (Kleinstlebewesen)

---

[1] Destillieren: Verdampfen eines Stoffes mit nachfolgender Wiederverflüssigung

In der Luft verbindet sich Wasser(dampf) mit **Abgasen** wie Kohlendioxid CO_2, Schwefeldioxid SO_2, Schwefeltrioxid SO_3, Stickoxiden NO_x. Dabei entstehen verdünnte Säuren („saurer Regen"), ➔ 1. Besondere Bedeutung hat das CO_2, da es die Lösungsfähigkeit des Wassers steigert.

Abgas + Wasser → Säure

Beispiel:
$CO_2 + H_2O → H_2CO_3$ (Kohlensäure)

Im Erdreich lösen diese Säuren Metalle oder Metalloxide und bilden Salze. Salze sind z. B. Calciumcarbonat $CaCO_3$, Kupfersulfit $CuSO_3$, Calciumsulfate $CaSO_4$ (Gips), Natriumnitrat $NaNO_3$ (Salpeter), Natriumchlorid $NaCl$ (Kochsalz).

Metall + Säure → Salz + Wasser

Beispiel:
$Ca + H_2CO_3 → CaCO_3 + H_2$

Sind Salze im Wasser gelöst, bilden sie frei bewegliche Ionen[1].
Gelöste **Salze** bestehen aus:
- einem Metall-Ion (Kation$^+$) und
- einem Säurerest-Ion (Anion$^-$)

Sie kommen in fester Form oder in wässeriger Lösung vor, z. B. Kochsalz. Der Name des Salzes zeigt, woraus dieses besteht (Metall + Säurerest, s. o.). Der Säurerest erhält seinen Namen von der Säure, ➔ 2.

Metall- und Wasserstoff-Ionen sind positiv geladen ($^+$); man nennt sie **Kationen**. Alle anderen Ionen sind negativ geladen ($^-$) und heißen **Anionen**. Enthält Wasser Ionen, leitet es elektrischen Strom.

Salz + verdünnte Säure → Kationen + Anionen

Beispiel:
$CaCO_3 + H_2CO_3 → Ca^{2+} + 2\ HCO_3^-$

Mineralwasser z. B. enthält viele Ionen, vgl. Flaschenetikett, ➔ 3.

Wasser nimmt in belebten Bodenschichten sehr viel **Kohlendioxid** auf, das dort von Mikroorganismen (Kleinstlebewesen) als Sauerstoff aufgenommen und als CO_2 ausgeatmet wird.

Gelöste **Düngemittel** führen dem Wasser vor allem Nitrate NO_3 und Phosphate P_xO_y zu, besonders bei Überdüngung (Düngemittel sparsam verwenden!). In vielen Wässern finden sich Spuren von **Metallen**. Sie werden aus Gesteinsschichten vom Wasser gelöst, oftmals in Verbindung mit Kolloiden (lehmartige, nicht kristalline Stoffe, z. B. Ton, Huminstoffe).

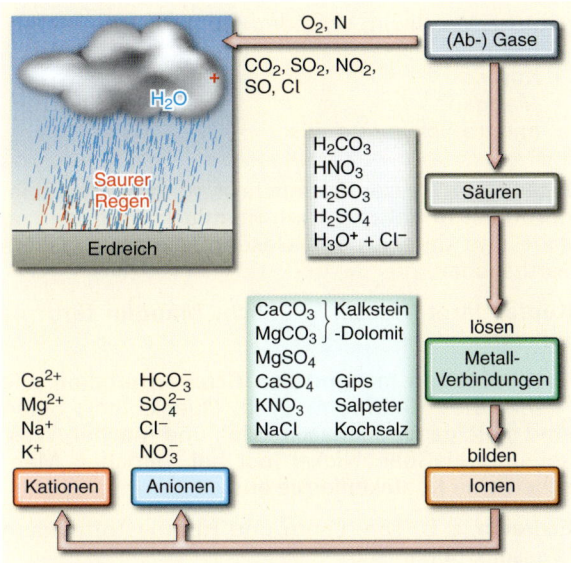

1 Chemische Vorgänge beim Regnen und Einsickern des Wassers ins Erdreich

Säure	Salz	Beispiel	
Schwefelsäure H_2SO_4	-Sulfat	$CaSO_4$	Gips
Schwefelige Säure H_2SO_3	-Sulfit	Na_2SO_3	Natrium-sulfat
Kohlensäure H_2CO_3	-Carbonat	$CaCO_3$	Kalkstein
Salpetersäure HNO_3	-Nitrat	KNO_3	Salpeter-dünger
Kieselsäure H_2SiO_3	-Silikat	$CaSiO_3$	Glasanteil
Salzsäure HCl	-Chlorid	$NaCl$	Kochsalz
Fluorsäure HF	-Fluorid	CaF_2	Flussspat

2 Säuren und Salze - Beispiele für Bezeichnungen

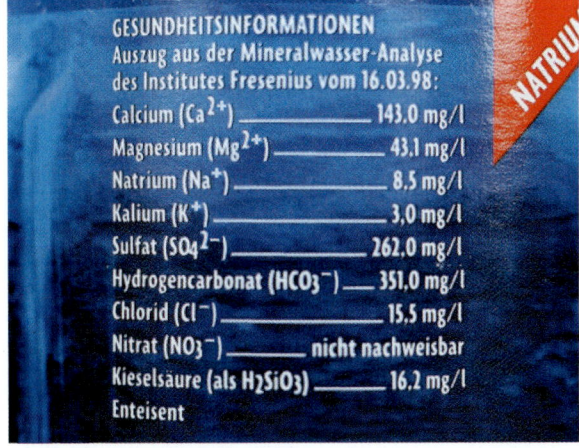

3 Ionen in einem Mineralwasser

---

[1] Ionen sind positiv oder negativ geladene Teilchen.
Säuren, Laugen bzw. Salze spalten sich in wässrigen Lösungen in Kationen (positiv geladen) und in Anionen (negativ geladen), z. B. $NaCl → Na^+ + Cl^-$

Solche Metalle im Wasser sind:
• Eisen
• Kupfer
• Mangan
• andere Schwermetalle

Eisen färbt Wasser bräunlichrot, führt zu Rostablagerungen in Rohren, kann Rostflecken in der Wäsche und tintenartigen Geschmack des Wassers verursachen.

Kupfer färbt Wasser grünlich, **Mangan** färbt es schwarz.

Verbindungen mit **anderen Schwermetallen** wie Arsen, Blei, Cadmium, Zyan, Quecksilber, Selen sind stark gesundheitsschädlich und machen Wasser ungenießbar. Nickel löst bei manchen Menschen eine Kontaktallergie aus.

Erdreich, z. B. Ton, Lehm und Humusstoffe, kann Wasser trüben.

Biochemische[1] Vorgänge spielen sich im Erdreich, in offenen Gewässern und auch in Leitungen bei stehendem (stagnierendem) Wasser ab. Sie werden durch **Mikroorganismen (Kleinstlebewesen)** wie Viren, Pilze, Bakterien, Algen hervorgerufen.

1.3.2.2 Wasserhärte

Man spricht von:
• hartem Wasser
• weichem Wasser

Sind z. B. im Wasser größere Mengen Calcium- oder Magnesiumsalze gelöst, spricht man von **„hartem"** Wasser. Fehlen diese Salze, gilt Wasser als **„weich"**, z. B. Regenwasser.

Bei der Wasserhärte unterscheidet man, ➔ 1:
• Karbonathärte bzw. vorübergehende Härte
• Nichtkarbonathärte bzw. bleibende Härte
• Gesamthärte
  = Karbonathärte + Nichtkarbonathärte

Karbonathärte KH wird verursacht durch Karbonate, also durch im Wasser gelösten Kalk, das ist aufgelöster Kalkstein. Chemisch gesehen ist dies Calciumkarbonat $CaCO_3$, teils auch Magnesiumkarbonat $MgCO_3$.

Reines Wasser kann Kalk nicht lösen. Ist aber Kohlendioxid CO_2 im Wasser gelöst, bildet es Kohlensäure, ➔ 2. Diese kann Kalk lösen. In Kalkgebirgen entstehen z. B. durch Wasserströme tiefe Rinnen, zum Teil auch Höhlen. Im Wasser gelöster Kalk ist Calcium- bzw. Magnesium-Hydrogencarbonat $Ca(HCO_3)_2$ bzw. $Mg(HCO_3)_2$. Die Vorgänge sind auch umkehrbar (siehe ⇌ in ➔ 2), denn beim Verdunsten oder Erwärmen von kohlensäure- bzw.

---

[1] biochemisch: chemische Vorgänge in Lebewesen

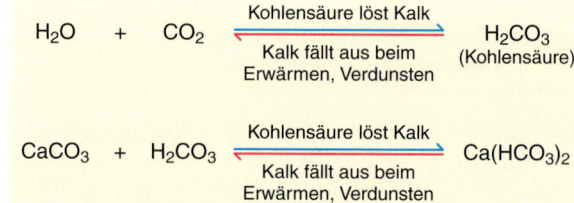

1 Härtearten bei Wasser

$$H_2O \quad + \quad CO_2 \xrightleftharpoons[\substack{\text{Kalk fällt aus beim} \\ \text{Erwärmen, Verdunsten}}]{\text{Kohlensäure löst Kalk}} \quad \underset{\text{(Kohlensäure)}}{H_2CO_3}$$

$$CaCO_3 \quad + \quad H_2CO_3 \xrightleftharpoons[\substack{\text{Kalk fällt aus beim} \\ \text{Erwärmen, Verdunsten}}]{\text{Kohlensäure löst Kalk}} \quad Ca(HCO_3)_2$$

2 Lösen von Kalk im Wasser und Ausfällen bei Erwärmung oder Verdunstung

3 Kalkablagerungen in Warmwasserleitungen (Gewinderohr, Kupferrohr und Edelstahlrohr)

kalkhaltigem Wasser entweicht CO_2. Dann lagert sich Kalk ab, z. B. an Luftsprudlern, an Heizstäben, an Wärmetauschern, in Leitungen, ➔ 3.

In Höhlen bilden sich so Tropfsteine, ➔ 1, an Zweigen und Moosen in Bächen entsteht Kalktuff.

> Weitere Folgen zunehmender Wasserhärte:
> - der Seifeverbrauch steigt
> - Gewebe werden durch Waschen hart und brüchig
> - Gemüse und Fleisch werden beim Kochen langsamer gar

Ist im Wasser kein Kalk oder sind keine anderen Salze gelöst, schmeckt dieses fade (vgl. Geschmack von Schnee).

Da die Karbonathärte beim Erwärmen oder beim Verdunsten des Wassers abnimmt, nennt man sie auch **vorübergehende Härte**.

Nichtkarbonathärte NKH wird verursacht durch Nichtkarbonate, z. B. Calciumsulfat $CaSO_4$ (Gips, ein Salz der Schwefelsäure), Magnesiumsulfat, Ca- bzw. Mg-Nitrat, Ca- bzw. Mg-Chlorid u. a., ➔ 14.1. Da erst beim Verdampfen des Wassers diese Salze ausfallen, heißt die Nichtkarbonathärte auch **bleibende Härte**.

Karbonathärte und Nichtkarbonathärte zusammen ergeben die **Gesamthärte** eines Wassers, ➔ 14.1.

Bestimmt wird die Wasserhärte durch:
- Zuträufeln von so viel Säure, bis sich der pH-Wert 4,3 einstellt ($\hat{=}$ Säurekapazität $K_S = 4,3$), ➔ 3a
- Teststreifen oder Reagenzmittel, die für die Alltagspraxis genügen, ➔ 2.
- elektronische pH-Meter, die in Labors verwendet werden

Je härter ein Wasser ist, umso mehr Kalk ist in Form von Calciumhydrogenkarbonat $Ca(HCO_3)_2$ gelöst und umso weniger H^+-Ionen von freier Kohlensäure sind im Wasser. Folglich hat dieses Wasser einen hohen pH-Wert.
Um ein derartiges Wasser auf den Wert 4,3 einzustellen, muss relativ viel Säure zugefügt werden, ➔ 3a. Diese Menge an Säure, die so genannte **Säurekapazität** $K_{S4,3}$, ist ein Maß für den Anteil an $Ca(HCO_3)_2$.

> Je mehr HCl zugefügt werden muss, umso härter ist das Wasser

Der Gehalt an freier Kohlensäure H_2CO_3 bestimmt die **Aggressivität** des Wassers. Man misst ihn, indem man dem Wasser eine Natriumlauge[1] NaOH so lange zuträufelt, bis sich der pH-Wert 8,2 einstellt, ➔ 3b. Diese Menge an NaOH nennt man die **Basenkapazität** $K_{B8,2}$. Ist viel Kohlensäure im Wasser, ist auch die Anzahl der H^+-Ionen hoch.

> Je mehr NaOH zugefügt werden muss, umso aggresiver ist das Wasser

---
[1] Laugen sind wässerige Lösungen von Basen

1 Tropfsteinhöhle in der Fränkischen Schweiz - In Jahrmillionen haben sich Tropfsteine gebildet

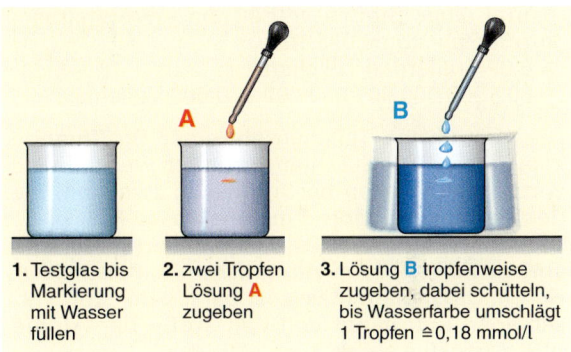

1. Testglas bis Markierung mit Wasser füllen
2. zwei Tropfen Lösung **A** zugeben
3. Lösung **B** tropfenweise zugeben, dabei schütteln, bis Wasserfarbe umschlägt 1 Tropfen $\hat{=}$ 0,18 mmol/l

2 Bestimmen der Wasserhärte in Reagenzien

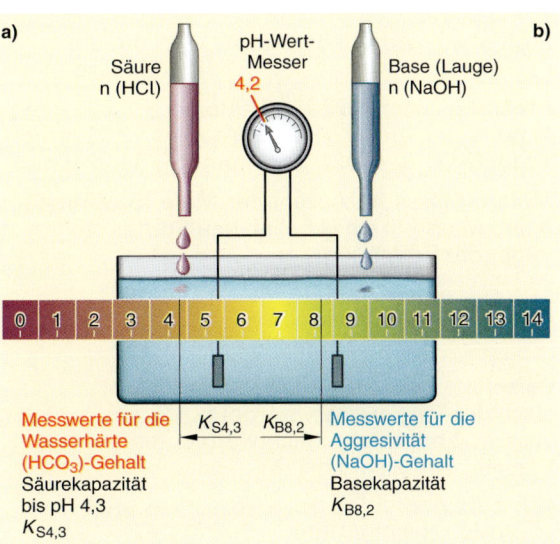

a)
Säure n (HCl)

pH-Wert-Messer
4,2

b)
Base (Lauge) n (NaOH)

0 1 2 3 4 5 6 7 8 9 10 11 12 13 14

$K_{S4,3}$ $K_{B8,2}$

Messwerte für die Wasserhärte (HCO_3)-Gehalt Säurekapazität bis pH 4,3 $K_{S4,3}$

Messwerte für die Aggressivität (NaOH)-Gehalt Basekapazität $K_{B8,2}$

3 Bestimmen der Wasserhärte und der Aggresivität des Wassers

In genauen Analysen wird die Wasserhärte in mol Calcium- (Ca^{2+}) bzw. mol Magnesium-Ionen (Mg^{2+}) je m^3 Wasser angegeben (1 mol/m^3 ≙ 1 mmol/l); ➔ 1.

Genügend genau und verbraucherfreundlich geben die Wasserversorgungsunternehmen die Wasserhärte in Härtebereichen nach dem Waschmittel- und Reinigungsmittelgesetz an, ➔ 2.

In vielen Analysen findet man noch die Angabe in °d (Grad „deutscher Härte").

Umzurechnen ist:

1 °d = 0,178 mmol/l bzw. 1 mmol/l = 5,6 °d
Karbonathärte in °d = $KS_{4,3}$-Wert x 2,8

Stoffmenge Mol

An chemischen Reaktionen wirken ungeheuer viele Teilchen mit (Atome, Moleküle, Ionen), jedoch immer in bestimmten Mengenverhältnissen.
Chemische Reaktionsgleichungen zeigen, in welchem Verhältnis einzelne Stoffmengen beteiligt sind, z. B.:
H_2 + O → H_2O:
2 Teile H + 1 Teil O → 1 Teil Wasser oder
2 mol H + 1 mol O → 1 mol H_2O

1 mol eines Stoffes enthält die unvorstellbar große Zahl von $6,022 \cdot 10^{23}$
= 6,02 Trilliarden Teilchen
= 602 200 000 000 000 000 000 000 Teilchen.

Die gigantische Teilchenzahl einer Stoffmenge kann nicht durch Zählen ermittelt werden. Sie wird durch Wiegen bestimmt und zwar mithilfe der **Masse eines Mols = molare Masse *M*** .
Die molare Masse eines Elementes in g/mol entspricht der relativen Atommasse *u*; Beispiele s. ➔ 3, 4. Die molare Masse ist bei jedem Stoff verschieden und hängt von der Größe der Atome bzw. Moleküle ab, ➔ 3.
Ein Mol wiegt also das $6,022 \cdot 10^{23}$-fache des entsprechenden Atoms bzw. Moleküls.

Stoff-menge *n*	Anzahl der Atome	molare Masse *M*
1 mol H	$6,022 \cdot 10^{23}$ H-Atome	1,008 g/mol
1 mol C	$6,022 \cdot 10^{23}$ C-Atome	12,01 g/mol
1 mol H_2O	$3 \cdot 6,022 \cdot 10^{23}$ Atome	18,02 g/mol

Molare Masse *M*, Anzahl der Mole (Stoffmenge) *n* und Masse *m* eines beliebigen Stoffes stehen in folgender Beziehung:

$$M = \frac{m}{n}$$

M molare Masse in g/mol
m Masse in g
n Stoffmenge in mol

Beispiel:

Nach der Trinkwasserverordnung dürfen in 1 Liter Wasser 2 mg Kupfer (Richtwert) enthalten sein. Wie viel mmol sind dies?

$$n_{Cu} = \frac{m}{M} = \frac{2 \text{ mg}}{64 \text{ mg/mmol}} = \underline{0,0313 \text{ mmol}}$$

1 Stoffmenge – gemessen in mol

Härtebereich	Millimol Gesamthärte je Liter	°dH
1 (weich)	bis 1,3	bis 7,3
2 (mittel)	1,3 bis 2,5	7,3 bis 14
3 (hart)	2,5 bis 3,8	14 bis 21,3
4 (sehr hart)	über 3,8	über 21,3

2 Wasserhärtebeurteilung (Regelung für Deutschland seit Mai 2007)

Element		Atommasse
H,	Wasserstoff	1
C,	Kohlenstoff	12
O,	Sauerstoff	16
Na,	Natrium	23
Mg,	Magnesium	24
Cl,	Chlor	35
Ca,	Calcium	40
Fe,	Eisen	56
S,	Schwefel	32
Cu,	Kupfer	64

3 Atommasse verschiedener Elemente (Zahlenwerte gerundet)

Stoff	relative Atom- bzw. Molekülmasse *u*	molare Masse *M* g/mol
H	1	1
C	12	12
O	16	16
H_2O	2 + 16 = **18**	18
CO_2	12 + 32 = **44**	44
NaCl	23 + 35 = **58**	58
$CaCO_3$	40 + 12 + 48 = **100**	100
$Ca(HCO_3)_2$	40 + 2 · (1 + 12 + 48) = **162**	162
$CaSO_4$	40 + 32 + 64 = **136**	136

4 Bestimmen der molaren Masse (Zahlenwerte gerundet)

1.3.2.3 Kalk-Kohlensäure-Gleichgewicht

Um Kalk in Lösung zu halten, ist eine bestimmte Menge an Kohlensäure H_2CO_3 nötig. Wenn aller Kalk als Ca^{2+}-Ionen und HCO_3^--Ionen im Wasser gelöst und keine überschüssige bzw. freie Kohlensäure vorhanden ist, befindet sich das Wasser im Kalk-Kohlensäure-Gleichgewicht (**K-K-Gleichgewicht**).

Ein vom Wasserversorgungsunternehmen geliefertes Wasser befindet sich normalerweise im K-K-Gleichgewicht, ➔ 1a.

Wird die Temperatur erhöht, wird das Gleichgewicht gestört, ➔ 1b:
- das Wasser ist übersättigt
- im Wasser gelöster Kalk – Calcium-Hydrogencarbonat $Ca(HCO_3)_2$ – zerfällt
- $CaCO_3$ scheidet als Kalk in fester Form aus dem Wasser, ➔ 14.2
- er lagert sich ab, ➔ 14.3

Danach stellt sich das Gleichgewicht mit veränderten Werten für pH-Wert, Härte, Temperatur neu ein, ➔ 1c.

Um die Kalkablagerung zu verhindern, setzt man ein, s. Kap. 5.:
- Ionenaustauscher (chemische Wasserbehandlung)
- physikalische Geräte (chemiefreie Wasserbehandlung)
- Dosiergeräte

Mit **Ionenaustauschern** werden härtebildende Calcium-Ionen Ca^{2+} bzw. Magnesium-Ionen Mg^{2+} durch Natrium-Ionen Na^+ ersetzt, ➔ 209.2. Die Zusammensetzung des Wassers wird verändert (chemischer Vorgang).

Durch **alternative (chemiefreie) Wasserbehandlung** werden im Wasser winzig kleine Kalkkristalle freigesetzt. An diese kann überschüssiger Kalk andocken. Dadurch bleibt Kalk „in der Schwebe" und setzt sich nicht fest. Der Kalk bleibt im Wasser. Der innere Zustand des Wassers ändert sich, nicht die Zusammensetzung (physikalischer Vorgang).
Bild ➔ 1c zeigt, dass Calcium-Ionen und Carbonat-Ionen durch chemiefreie Wasserbehandlung Kristallkeime bilden, die durch Kalkanlagerung beim Erwärmen größer werden, ➔ 1d.

Mit der **Dosierung** kleinster Phosphatmengen will man erreichen, dass die Härtebildner in Lösung bleiben und nicht als Kalk ausfallen.

In kalk- oder gipsreichen Gegenden ist das Grundwasser hart. Die Kohlensäure ist gebunden.
In kalkfreien Böden, z. B. Urgestein (Granit, Basalt), und im Oberflächenwasser wird Kohlensäure nicht gebunden. Sie ist frei im Wasser. Diese Wässer sind weich, dafür meist aggressiv (greifen Metalle an).

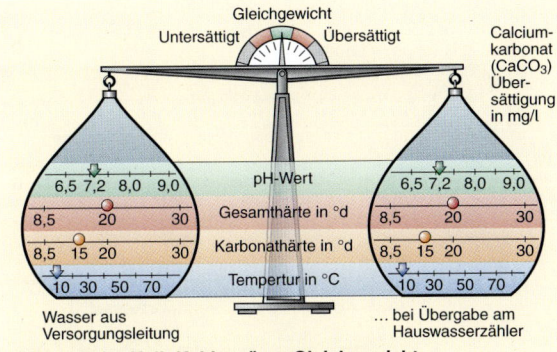

a) Wasser im Kalk-Kohlensäure-Gleichgewicht

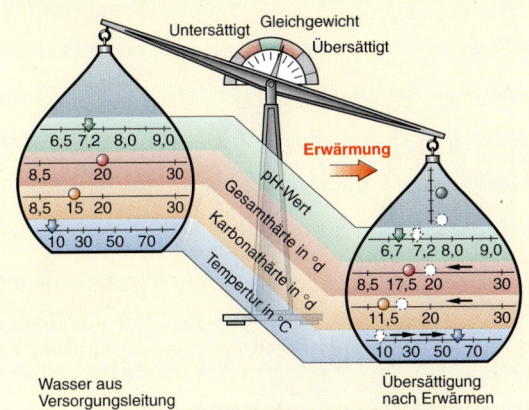

b) Störung der K-K-Gleichgewichte durch Erwärmen

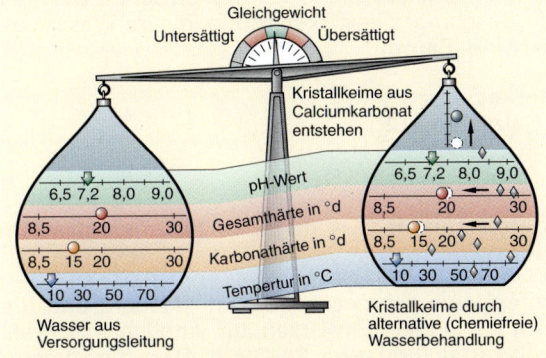

c) Kristallkeime entstehen durch chemiefreie Wasserbehandlung

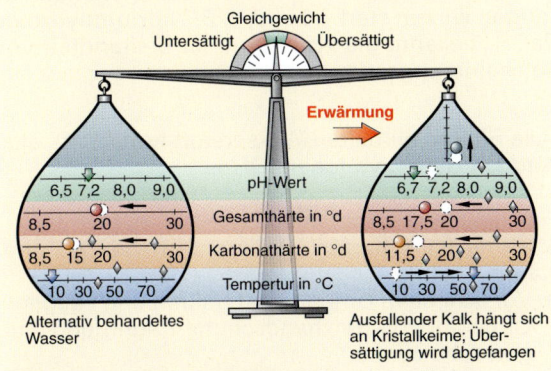

d) Anlagerung von ausfallendem Kalk an Kristallkeime

1 Kalk-Kohlensäure-Gleichgewicht

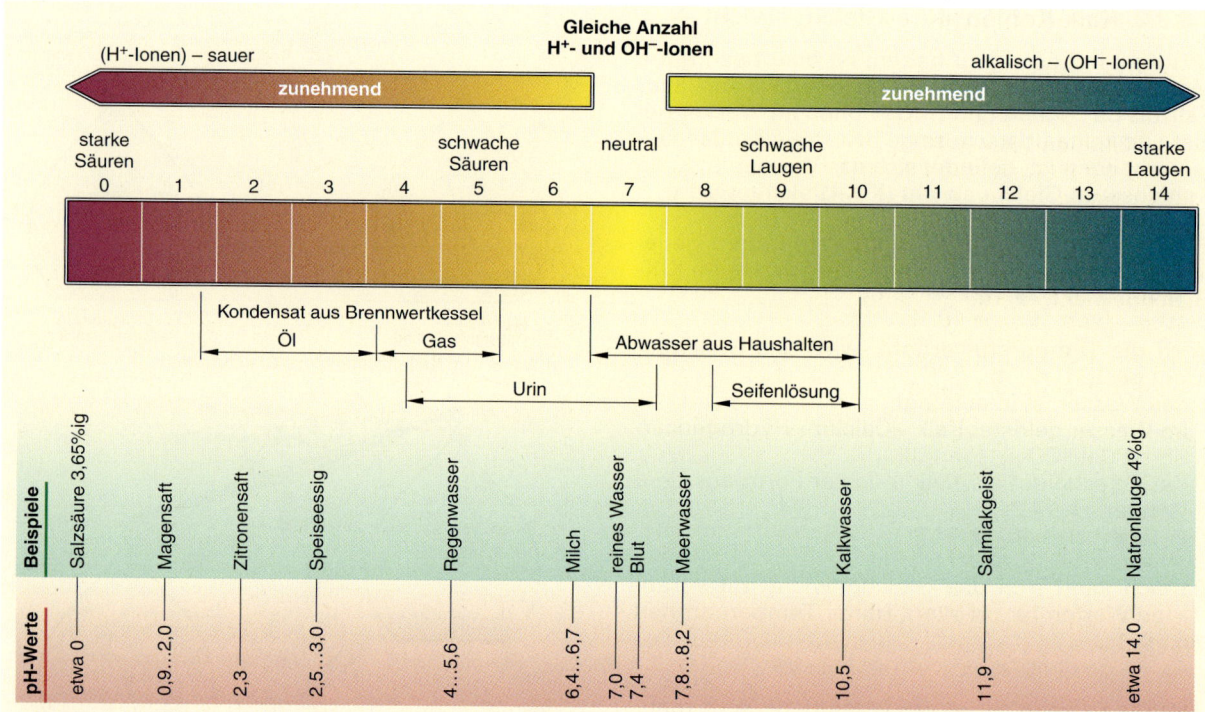

1 pH-Wert-Skale von Flüssigkeiten und Farbe von Indikatorpapier

1.3.2.4 pH-Wert (pondus hydrogenii)

Zitronensaft, Essig u. a. schmecken sauer. Den sauren Geschmack bewirken Stoffe, die im Wasser gelöst sind: **Säuren**.

Starke Säuren sind z. B.:
- Salzsäure HCl
- Schwefelsäure H_2SO_4
- Salpetersäure HNO_3

Kohlensäure H_2CO_3 dagegen gilt als **schwache** Säure.

Seifenlauge schmeckt fade, ist glitschig und löst Haut bei langem Einwirken auf. Ähnlich wirkt Kalkbrühe (Calciumlauge $Ca(OH)_2$). Derartige Lösungen sind **alkalisch**; man nennt sie **Laugen**. Manche Laugen wirken stark ätzend, z. B. Natriumhydroxid NaOH, bekannt als Ätznatron, ist Bestandteil von Rohrreinigungsmitteln.

> Alle Säuren enthalten Wasserstoff-Ionen (H^+), alle Laugen Hydroxyd-Ionen (OH^-).

> Wegen der scharfen Wirkung von Säuren und Laugen gilt:
> - Vorsicht beim Umgang mit Säuren und Laugen!
> - Unbedingt: Schutzhandschuhe tragen und Augen schützen!

Neutrale Flüssigkeiten, z. B. reines Wasser, sind weder sauer noch alkalisch.

Ob Flüssigkeiten sauer, alkalisch oder neutral sind, kann man mit **Indikatorpapier**[1] prüfen:
- Säuren färben Indikatorpapier rot
- Laugen färben Indikatorpapier blau

Aus dem Verfärbungsgrad kann man auf die Stärke der Säure bzw. Lauge schließen.

Wie sauer bzw. alkalisch eine Flüssigkeit genau ist, zeigt der **pH-Wert** auf einer Skale von 0 bis 14 an, → 1.

> Ist eine Flüssigkeit:
> - neutral: pH-Wert = 7
> - sauer: pH-Wert < 7
> - alkalisch: pH-Wert > 7

Die pH-Wert-Skale lässt sich aus folgenden Tatsachen erklären:
Reines Wasser leitet den elektrischen Strom praktisch nicht. Nur hoch empfindliche Messgeräte weisen geringen Stromfluss nach. Es müssen also Ladungsträger (Ionen) im Wasser vorhanden sein. Durch Dissoziation (Aufspalten) von Wassermolekülen entstehen H^+-Ionen und OH^--Ionen.

$$H_2O \rightarrow H^+ + OH^-$$

[1] Indikator: Farbstoff, der bei Zugabe von Säure oder Lauge seine Farbe ändert

In $10\,000\,000$ (= 10^7) Liter reinem Wasser sind gelöst:
- 1 mol H$^+$-Ionen[1] und
- 1 mol OH$^-$-Ionen

In 10 Millionen Liter = $10\,000$ m^3 Wasser sind das also ca. 1 g H$^+$-Ionen und 17 g OH$^-$-Ionen, wirklich sehr wenig.

Da in reinem Wasser gleiche Anteile H$^+$-Ionen und OH$^-$-Ionen vorhanden sind, heben sie sich in ihrer Wirkung auf. Das Wasser gilt als neutral; sein pH-Wert = **7** (von 10^7), ➜ 18.1.

Je mehr H$^+$-Ionen in einer Flüssigkeit vorhanden sind, umso saurer ist diese.

Beispiel:
- Regenwasser: pH-Wert ca. **5**,
  d. h. 1 mol H$^+$ in 1**00 000** l (= 10^5 l) Wasser
- Zitronensaft: pH-Wert **2**,
  d. h. 1 mol H$^+$ in 100 l (= 10^2 l) Wasser
- 3,25 %ige Salzsäure: pH-Wert **0**,
  d. h. 1 mol H$^+$ in 1 l (= 10^0 l) Wasser

In Laugen überwiegen die OH$^-$-Ionen.

Beispiel:
In Salmiakgeist mit pH-Wert **12** sind in 10^{12} (1 **000 000 000 000** = 1 Billion) Liter Wasser nur 1 mol H$^+$-Ionen, aber viele OH$^-$-Ionen gelöst.

Bedeutung des pH-Wertes

Wasser mit einem pH-Wert < 7 kann:
- in Metallrohren zu Korrosionsschäden führen
- Betonrohre angreifen

In Schwimmbädern soll der pH-Wert ca. 7,2 sein, denn bei pH < 7 werden Metallteile angegriffen, bei pH > 7,8 kommt es zu Hautreizungen, besonders an Augen und Schleimhäuten.

Bei Hautpflegemitteln bedeutet der Hinweis: >pH-neutral<, allerdings der pH-Wert ist ca. 5,5.

Der pH-Wert spielt eine große Rolle:
- bei vielen chemischen Reaktionen, z. B. in Abwassersystemen
- im Boden
- in Gewässern

Chemische Reaktionen in Abwassersystemen entstehen z. B. bei der Ableitung von Kondensat aus Brennwertkesseln oder Industrieabwässern. Das beeinflusst das Kanalnetz und die Kläranlage (Abwasserkontrollen), vgl. ➜ 1.
Der pH-Wert im **Boden** beeinflusst das Wachstum der Pflanzen (Waldschäden!), in **Gewässern** kann die Fischzucht unter einem ungünstigen pH-Wert leiden.

---

[1] Tatsächlich verbindet sich das H$^+$-Ion mit einem Wassermolekül (H$_2$O) und bildet ein Hydronium-Ion (H$_3$O$^+$)

Abwasserart	pH-Wert
Abwasser aus Haushalten	6,5 … 10
Regenwasser	4,0 … 5,6
Kondensat aus Brennwertkessel • mit Ölbrenner • mit Gasbrenner	 1,8 … 3,8 3,8 … 5,4

1 pH-Werte

Der pH-Wert muss dort ständig kontrolliert werden. Meist verwendet man dazu elektrische pH-Wert-Meter.

In kalkreichen Gegenden wird die Säure im Wasser an Kalk gebunden und damit neutralisiert. In kalkarmen Gegenden (Urgesteinsböden) ist das Wasser sauer, da die Säuren frei sind.

So lässt die Wasserhärte auch Rückschlüsse auf den pH-Wert zu:
- „harte Wässer" haben meist pH-Werte > 7; ihre Kohlensäure ist an Kalk gebunden
- bei weichen Wässern liegt er oft unter 7; sie sind meist aggressiv, greifen also Rohrwandungen an

Mit den Angaben über pH-Wert, Gesamthärte und Karbonathärte kann festgestellt werden, ob ein Wasser zu Kalkablagerungen neigt oder aggressiv ist.

Saure Reinigungsmittel im Haushalt, z. B. Essigreiniger sind in hoher Konzentration gesundheitsschädlich und aggressiv. Sie können Bad-Accessoires, Armaturen und Fliesenfugen schädigen. Beim Anwenden sind Fugen vorher mit Wasser reichlich zu benetzen. Bei Marmorbädern ist ihr Einsatz verboten. Armaturen sind mit wenig aggressiven Mitteln, wie Zitronensäure, zu reinigen, nachher mit reichlich Wasser abzuwischen und dann zu trocknen. Verstopfte Rohre sollten mechanisch gereinigt werden. Rohrreiniger sind alkalisch (pH > 7). Sie ätzen stark. Vorsicht! Besser ist es, die Rohre zu reinigen.

1.3.3 Bakteriologische Eigenschaften des Wassers

Kleinstlebewesen im Wasser, so genannte **Mikroorganismen**, sind nur im Mikroskop zu sehen. Dazu zählen
- Protozoen
- Viren
- Bakterien
- Bazillen
- Pilze

Sie bevölkern in unvorstellbaren Mengen alle Lebewesen, Pflanzen, die Luft, das Erdreich und auch das Wasser. Jeder Bissen Nahrung enthält Tausende, mit jedem Schluck Milch nehmen wir Millionen in uns auf.

Durch Wasseruntersuchungen bestimmt man die jeweilige Keimzahl je Liter Wasser und damit dessen „bakteriologischen Reinheitsgrad".

Es gibt viele Arten von Mikroorganismen:
- eine Vielzahl davon ist für das Leben unerlässlich
- andere sind gefährliche Krankheitserreger

Unerlässliche Mikroorganismen in unserem Körper bereiten die Nahrung auf. Im Erdreich und im Wasser bauen sie organische Substanzen ab und sorgen für die Verwesung von Tieren. Dabei liefern sie wertvolle Aufbaustoffe für die Pflanzennahrung. Auch chemische Verbindungen können sie verwerten.

Bedenklich sind **gefährliche** Mikroorganismen in entsprechend hoher Koloniezahl, da sie dann Krankheiten hervorrufen können wie Durchfall, Ruhr, Typhus, Gelbsucht, Cholera, Lungenentzündung oder die Legionärskrankheit.

Bekannt als gefährliche Bakterien im Trinkwasser sind:
- Kolibakterien, ➔ 1
- Legionellen, ➔ 2

Der Nachweis von **Kolibakterien** (Escherichia coli) im Trinkwasser bzw. in Nahrungsmitteln hat große hygienische Bedeutung. Er weist auf Verunreinigung durch Fäkalien hin und lässt auf Krankheitserreger schließen, die von Mensch oder Tier ausgeschieden werden, z. B. Salomonellen als Erreger von Brechdurchfall, Magen-Darm-Entzündungen, Typhus, ➔ 1.

Erst seit 1976 sind die so genannten **Legionellen**, stäbchenförmige Bakterien, bekannt. Ihren Namen verdanken sie einem Legionärstreffen in den USA, bei dem erstmals die durch sie verursachte Legionärskrankheit erkannt wurde.

Es gibt mehr als 30 Legionellenarten. Sie kommen in allen Süßwässern vor. Die Krankheit verläuft ähnlich wie eine Lungenentzündung. Deshalb kann sie leicht falsch behandelt werden, da Legionellen schwer nachzuweisen sind. Besonders gefährdet sind Personen mit geschwächtem Immunsystem wie Kranke, ältere Menschen (>50), Personen mit chronischer Bronchitis, Alkoholiker und Raucher.

In Ein- und Zweifamilienhäusern wurden bisher keine Fälle beobachtet, dagegen besonders in Krankenhäusern, Altersheimen u. Ä. Die Infektion erfolgt durch Einatmen, z. B. wenn Wasser zerstäubt wird wie bei Duschen, Whirlpools, Spraypistolen beim Zahnarzt oder wenn ein Wasserstrahl aufprallt.

Legionellen vermehren sich besonders bei Temperaturen von 30 °C bis 45 °C, ab etwa 55 °C sterben sie ab; schnell aber erst ≥ 65 °C.

Je höher die Wassertemperatur, umso schneller werden Legionellen abgetötet.

WW-Speicher ≥ 400 l müssen mindestens auf 60 °C erwärmt sein. Das Material der Warmwasseranlagen muss für Temperaturen bis mindestens 85 °C geeignet sein, ➔ 104.1. Verzinkte Rohre und Behälter scheiden damit aus, siehe Kap. 4.1.2.2.

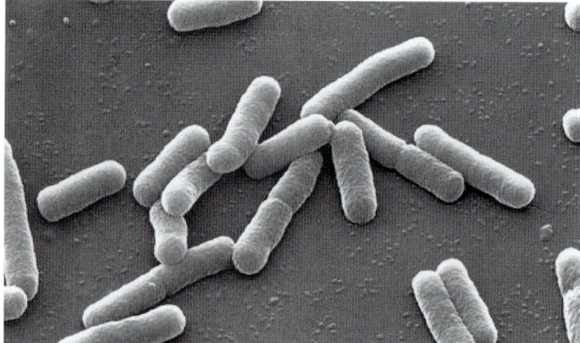

1 Kolibakterien

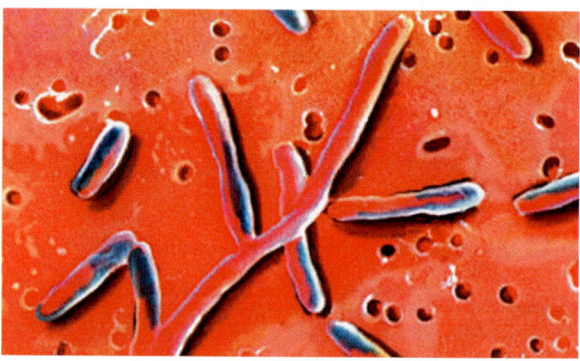

2 Legionellen

Günstige Lebensräume für Legionellen sind **Biofilme**, ➔ 212.1, die gute Wachstungsbedingungen finden:
- auf rauhen Oberflächen, wie Zinkgeriesel oder Verkrustungen in Rohren (Aufwachsungen)
- in Schlammablagerungen in WW-Speichern (Speicher mit Reinigungöffnungen einbauen)
- in zu groß bemessenen Leitungen
- in kaum bzw. nicht durchflossenen Leitungsteilen
- in überdimensionierten WW-Speichern

Ein Biofilm, schleimförmig, besteht aus miteinander verbundenen Kolonien von Kleinstlebewesen. Dazwischen können auch abgestorbene Zellen und anorganische Teilchen eingebunden sein.

KW-Leitungen sind gefährdet, wenn sie durch ihre Umgebung erwärmt werden, z. B. KW-Verteiler, Filter, Enthärtungsanlagen in Heizräumen, neben WW-Leitungen ohne entsprechende Wärmedämmung, siehe Kap. 4.4.

Gefahren drohen, schon beim Vorbeigehen, an:
- großen Whirlpools in öffentlichen Bädern,
- Luftbefeuchtern, z. B. in Gewächshäusern,
- Wasserkaskaden in Hallenbädern u. Ä.
- offenen Rückkühltürmen von Klimaanlagen, besonders in engen Straßenschluchten.

Die Legionellen zwingen den Installateur zum Nachdenken über neuartige Installations- und Verlegearten und zu besonderen Vorkehrungen, s. Kap. 5.10.6 und 17.6.2.

1.4 Umwelt und Wasser

Menschliche Aktivität und Eingriffe in die Natur führen zu immer größeren, sichtbaren Auswirkungen. Beispiel: Durch die globale Erwärmung schmelzen die Gletscher in den Alpen, → 1.

Gewässer und Grundwasser werden mit Schadstoffen belastet.

Das geschieht durch, → 2:
- Abwässer
- Mülldeponien
- Chemikalien
- Reinigungsmittel
- radioaktive Stoffe
- Düngemittel
- Spritzmittel in der Landwirtschaft

Durch das Einleiten ungeklärter **Abwässer** in Seen, Bäche, Flüsse und letztlich ins Meer werden auch heute noch die Wasservorräte belastet, → 2. Zwar werden Abwässer in Kläranlagen gereinigt. Aber diese Reinigung erfasst nicht überall alle Schadstoffe und sie ist auch bei uns, vor allem aber in vielen anderen Ländern, nicht flächendeckend. Große Abwassermengen versickern aus schadhaften Kanalsystemen und belasten die Grundwasservorkommen.

Viele **Mülldeponien** wurden ohne jede Schutzmaßnahme gegen Versickerung angelegt. Durch Regen werden zahlreiche Schadstoffe daraus gelöst und ins Grundwasser gespült.

Chemikalien aller Art aus Industrie, Gewerbe und Haushalt dürfen auf keinen Fall in Gewässer gelangen, auch nicht über Abwässer. Sie sind z. T. geschmacksbeeinträchtigend, hochgiftig, Krebs erregend (kanzerogen), z. B. Benzpyren, Dioxin. Zu derartigen Chemikalien zählen z. B. Säuren, Laugen, Lösungsmittel (Nitroverdünnung, Benzol, Trichlorethen u. a.), Farben, Kraftstoffe, Öl, Arzneimittel. Sie sind oft erst nach Jahren oder gar nicht mehr abzubauen. Derartige Chemikalien dürfen auch nicht verbrannt werden, denn dabei können hochgiftige Stoffe in die Luft gelangen, z. B. Dioxin. Über den Umweg Luft/Regen schädigen und verderben sie unsere Wasservorräte.

Radioaktive Stoffe können aus Atomkraftwerken oder aus der Nuklearmedizin bei unsachgemäßem Handeln ins Grund- oder Oberflächenwasser gelangen. Ihre Strahlung ist hochgefährlich.

Ähnlich ist es mit **Reinigungsmitteln** in Haushalt, Gewerbe und Industrie, die in Massen z. B. zum Spülen, zur Fußboden- und Klosettreinigung eingesetzt werden und zum Großteil ins Abwasser gelangen.

1 Abschmelzen der Gletscher (Steingletscher)

2 Verschmutzung der Umwelt zu Lande

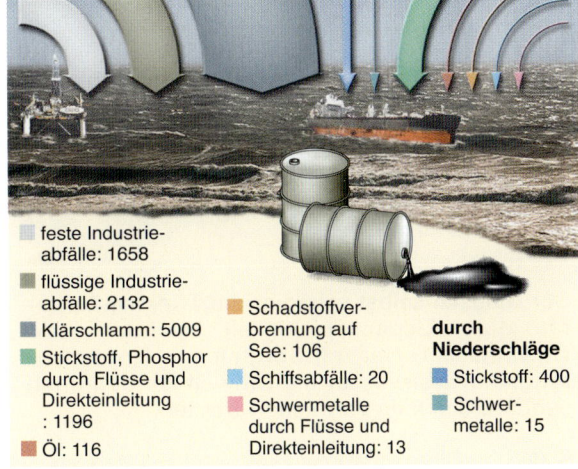

feste Industrieabfälle: 1658
flüssige Industrieabfälle: 2132
Klärschlamm: 5009
Stickstoff, Phosphor durch Flüsse und Direkteinleitung: 1196
Öl: 116

Schadstoffverbrennung auf See: 106
Schiffsabfälle: 20
Schwermetalle durch Flüsse und Direkteinleitung: 13

durch Niederschläge
Stickstoff: 400
Schwermetalle: 15

3 Verschmutzung der Nordsee; jährliche Einbringung in 1000 t

Die meisten Kläranlagen verfügen nur über eine mechanische und eine biologische (1. und 2.) Reinigungsstufe. Sie können biologisch nicht abbaubare Chemikalien dem Abwasser nicht entziehen, da meist die 3. Reinigungsstufe, die chemische, fehlt. So können Chemikalien in die Vorfluter[1] gelangen.

Düngemittel sind für das Wachstum der Pflanzen notwenig. Bei Überdüngung gelangen Düngemittel in hohem Maße ins Grundwasser oder in Oberflächengewässer und damit eventuell ins Trinkwasser.

Grundbestandteile von Düngemitteln sind:
- Nitrate (Stickstoffverbindungen)
- Phosphate
- Kalium

Nitrate sind Salze der Salpetersäure, z. B. Kalium-, Natrium-, Ammoniumnitrat. Sie sind wichtige Düngemittel.
Im Körper können Nitrate sich in Nitrit umwandeln und Krebs verdächtige Nitrosamine bilden. Bei Kleinkindern kann Nitrit die tödliche „Blausucht", d. i. mangelnder Sauerstoffgehalt im Blut, verursachen. Grenzwert für Nitrat sind laut Trinkwasser-Verordnung (TWV) 50 mg/l.

Phosphate sind Salze der Phosphorsäure. Sie fördern in Gewässern mit anderen Nährsalzen den Pflanzenwuchs. Nach Absterben der Pflanzen wird viel Sauerstoff im Wasser verbraucht. Die Gewässer „kippen um", Fische und Kleinlebewesen sterben. Zu viel Phosphat kann im menschlichen Körper den Knochenbau stören.

Kalium ist für den Aufbau der Zellwände in Pflanzen unentbehrlich. Im Trinkwasser schadet es praktisch nicht.

Spritzmittel in der Landwirtschaft sind die so genannten Pestizide. Sie sind hochgiftig, z. T. kanzerogen und werden eingesetzt:
- zum Pflanzenschutz (Herbizide)
- zur Unkrautbekämpfung (Herbizide)
- zur Insektenvernichtung (Fungizide)

Der **Mensch selbst** schädigt die Trinkwasservorräte durch Gedankenlosigkeit, Leichtsinn oder Gewinnsucht. Nur mit Sorgfalt und Verantwortungsbewusstsein für die Umwelt können unabsehbare Schäden vermieden werden.

Übungen:

1. Nennen Sie drei Schwerpunkte mit hohem Nutzwert des Wassers.
2. Überlegen Sie, warum nur 0,7 % des Wassers auf der Erde für Trinkwasser nutzbar sind.
3. a) Wie greift der Mensch in den Wasserkreislauf ein?
   b) Welche Leitungsteile erstellt dafür der Installateur?
4. Wie ist Luft zusammengesetzt? Welcher Anteil ist für den Menschen besonders wichtig?
5. Überlegen Sie, warum Luft nicht zu 100 % aus Sauerstoff bestehen darf.
6. Erklären Sie den Begriff „relative Luftfeuchte".
7. Womit wird die Luftfeuchte gemessen. Wie kommt es zum Regnen?
8. Unterscheiden Sie verschiedene Wasserarten nach DIN 1988.
9. Welche Anforderungen muss Trinkwasser erfüllen?
10. Bei welchen Temperaturen ändert Wasser seinen Aggregatzustand bei normalem Luftdruck?
11. Wodurch ändert sich der Siedepunkt des Wassers?
12. Um wie viel Prozent dehnt sich Wasser von +4 °C aus
    a) beim Gefrieren bzw. beim Erwärmen auf 100 °C?
    b) Wie groß ist jeweils seine Dichte?
13. Was versteht man unter Anomalie des Wassers?
14. Woraus ist Wasser zusammengesetzt?
15. Wie kommt es zum „sauren Regen"?
16. Was sind „Ionen"?
17. Wann gilt Wasser als hart? Welche Härtearten unterscheidet man?
18. Was kann die Wasserhärte bewirken?
19. Wie wird die Wasserhärte heute gemessen, in welcher Einheit?
20. Was zeigt der pH-Wert des Wassers an?
21. Welche Bedeutung haben pH-Wert und Wasserhärte für den Fachmann?
22. Wann gilt Wasser als
    a) neutral
    b) sauer?
23. Was sind Legionellen? Was bewirken sie?
24. Unter welchen Bedingungen gedeihen Legionellen besonders gut?
25. Was kann der Mensch zum Schutz des Trinkwassers tun?

---

[1] Vorfluter (im abwassertechnischen Sinn): Gewässer, z. B. Fluss, See

2 Werkstoffe, Bauprodukte und Korrosion im Sanitärfach

2.1 Werkstoffe im Sanitärfach

2.1.1 Werkstoffauswahl

Der Sanitärinstallateur verwendet viele, verschiedenartige Werkstoffe und Produkte. Er muss sie so auswählen, dass sie:
- den gewünschten Zweck optimal erfüllen
- eine lange Lebensdauer erreichen
- kaum Reparaturen erfordern

Verbunden damit sind die Forderungen:
- Die Materialien und Produkte müssen bei herkömmlichem Reinigungsaufwand hygienisch einwandfrei sein.
- Die Materialien müssen zweckmäßige und schlichte Formen der Produkte zulassen, damit das Sauberhalten erleichtert wird.

Beispiele:
Für Wasserleitungen dürfen Kupfer- und Stahlrohre nur verwendet werden, wenn bestimmte Wasserbedingungen vorliegen. Sonst droht Korrosion. Werden Kunststoffe verwendet, stellt sich die Frage nach der Temperaturbeständigkeit. Nicht alle Kunststoffrohre sind für warmes Wasser und warmes Abwasser geeignet.

An ein Ausgussbecken in einem Labor werden andere Anforderungen gestellt als an einen Ausguss in einer Küche.

Werkstoff	Zeichen	Dichte kg/dm³	Zugfestigkeit N/mm²	Schmelzpunkt °C
Gusseisen				
• mit Lamellengrafit	EN-GJL	7,2 ... 7,4	100 ... 400	ca. 1200
• mit Kugelgrafit	EN-GJS	7,2 ... 7,4	450 ... 700	ca. 1200
Temperguss				
• weiß	EN-GJMW	je Sorte	310 ... 700	ca. 1000
• schwarz	EN-GJMB	je Sorte	310 ... 700	ca. 1000
Stahl				
• unlegierter Baustahl	S	7,85	290 ... 510	1400 ... 1500
• austenitischer nicht rostender Stahl	1.4401[1]	7,95	510 ... 710	ca. 1450

[1] Werkstoffnummern nach den Stahl-Eisen-Werkstoffblättern

1 Eisen und Stahl

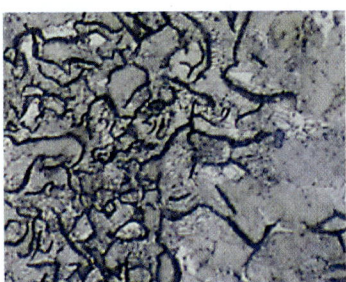

2 Gusseisen mit lamellenförmigem Grafit im Gefüge

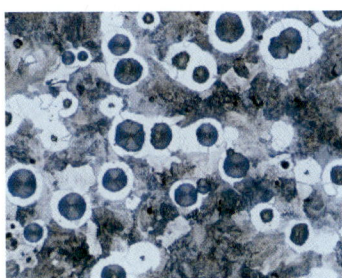

3 Gusseisen mit kugelförmigem Grafit im Gefüge

Nur wenn der Installateur die Eigenschaften der Werkstoffe kennt, kann er die richtige Wahl treffen.

Auf den folgenden Seiten wird ein Überblick über die Werkstoffe gegeben:
- Eisenwerkstoffe
- Nichteisenmetalle
- Legierungen
- Kunststoffe
- Faserzement
- Glas
- Keramik
- künstliche Werkstoffe
- Hilfsstoffe

2.1.2 Eisenwerkstoffe

Für den Installationsbereich bedeutend sind:
- Gusseisen
- Temperguss
- Stahl

Gusseisen mit 2,8 % ... 3,5 % Kohlenstoffgehalt ist schwingungsdämpfend (körperschalldämpfend), sehr hart und sehr korrosionsbeständig, → 1. Das Material ist gut gießbar, aber schlecht schweißbar.

Es gibt:
- Gusseisen mit Lamellengrafit
- Gusseisen mit Kugelgrafit

Gusseisen mit Lamellengrafit (lamellarer Grauguss) neigt wegen des in Lamellenform eingelagerten Kohlenstoffs bei hoher Belastung zu Rissbildungen, → 2. Es dämpft aber Schall recht gut. Hergestellt werden aus diesem Werkstoff Abflussrohre (SML), Heizkessel, kaum noch Dusch- und Badewannen.

Bei **Gusseisen mit Kugelgrafit** (globularer Grauguss, auch **Sphäroguss** genannt) ist der Kohlenstoff in Kugelform in das Gefüge eingelagert, → 3. Dies verringert die Gefahr von Rissbildung und verleiht dem Werkstoff gegenüber dem lamellaren Gusseisen eine höhere Festigkeit und Bruchunempfindlichkeit, → 1. Rohre für erdverlegte Gas- und Wasserleitungen werden aus diesem Werkstoff hergestellt.

Temperguss ist durch Wärmebehandlung zäh geworden Sondergusseisen. In der Installationstechnik werden aus Temperguss hauptsächlich Gewindefittings hergestellt.

Es gibt:
- entkohlend geglühter Temperguss
- nicht entkohlend geglühter Temperguss

Entkohlend geglühter Temperguss (weißer Temperguss) ist dehnbar, ➔ 1, und kerbunempfindlich, korrosionsfest, weich- und hartlötbar sowie bedingt schweißbar.

Nicht entkohlend geglühter Temperguss (schwarzer Temperguss) hat ähnliche Eigenschaften wie weißer Temperguss, ist zudem gut spanend bearbeitbar, aber nur bedingt hartlötbar, ➔ 23.1.

Stähle werden nach dem Anteil ihrer Legierungselemente eingeteilt in:
- unlegierter Baustahl
- niedriglegierte Stähle
- hochlegierte Stähle

Unlegierter Baustahl (< 1 % Legierungselemente) zeichnet sich durch gute Verarbeitbarkeit (umformbar, lötbar, schweißbar) aus, ➔ 23.1. Nahtlose und geschweißte Stahlrohre nach DIN EN 10255 (Gewinderohre) und nach DIN EN 10220 (Siederohre) werden aus diesem Werkstoff hergestellt.

In niedriglegierten Stählen sind im Allgemeinen höchstens 5 % besondere Legierungselemente enthalten. Der Einfluss von Legierungselementen ist im Kapitel 2.1.4.1 beschrieben.

Hochlegierte Stähle (> 5 % Legierungselemente) sind austenitische nicht rostende Stähle nach DIN EN 10088. Der Werkstoff ist zäh, fest, nicht magnetisierbar und korrosionsbeständig gegenüber Trinkwasser, ➔ 23.1.

Edelstahl „Rostfrei" ist außerordentlich stabil; seine glatte, dichte, kratzfeste Oberfläche ist sehr widerstandsfähig und beständig gegen die meisten Desinfektions- und Reinigungsmittel; sie schützt gegen das Eindringen von Keimen. Dies macht Edelstahl „Rostfrei" zu einem idealen Werkstoff für Sanitärausstattungen in Küchen aller Art und in Krankenhäusern (OP-Säle, Arzt-, Krankenzimmer, WCs, Bäder, Duschen) und Altenheimen u. Ä.

Schweißverbindungen an nicht rostenden Stählen müssen nach Anweisung des Herstellers ausgeführt werden.

Aus hochlegierten, nicht rostenden Stählen verwendet der Installateur, ➔ 2, 3.
- Rohre, Verbindungsstücke und Armaturen in Leitungen für Gas, Wasser, Abwasser, Abgas, im Lebensmittelbereich und in der Medizintechnik
- Bleche, vor allem für Fassadenverkleidungen

2.1.3 Nichteisenmetalle

Metalle, die nicht auf der Basis von Roheisen hergestellt werden, bezeichnet man als Nichteisenmetalle (**NE-Metalle**).

1 Elastizitätstest für Tempergussfittings

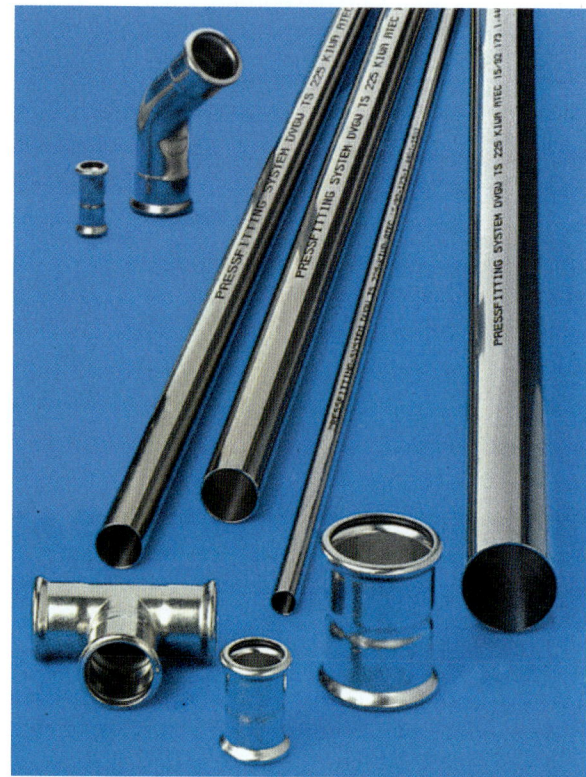

2 Edelstahlrohre und Edelstahlfittings für Heizwasser und Trinkwasser

Werkstoff-Nr.	Kurzzeichen	Verwendung
1.4301	X5CrNi18-10	Bleche in der Bauklempnerei, Rohre für Heizwasser
1.4401	X5CrNiMo17-12-2	Rohre, Fittings für Wasser, Gas, Abwasser, Abgas
1.4571	X6CrNiMoTi17-12-2	Rohre und Fittings bei höheren Ansprüchen

3 Beispiele für nicht rostende Stähle

Die wichtigsten NE-Metalle in der Installationstechnik sind:
- Kupfer
- Titanzink
- Aluminium
- Zink
- Blei

Werkstoff	Zeichen	Dichte kg/dm³	Zugfestigkeit N/mm²	Schmelzpunkt °C
Kupfer	Cu	8,9	220…290	1083
Zink	Zn	7,1	170	419
Titanzink	D-Znbd	7,1	150	419
Walzblei	Pb	11,3	–	327
Aluminium	Al	2,7	70…130[1]	658

[1] für Bleche

1 Nichteisenmetalle

2 Fittings aus Kupfer, Messing und Rotguss

Kupfer, → 1, ist beständig gegenüber Trinkwasser und an der Luft (Schutzschichtbildung, Patina). Schwefel-, Salpeter- und Essigsäure sowie Ammoniak greifen Kupfer an. Kupfer ist gut weich- und hartlötbar und wird vom Installateur als Installationsrohr nach DIN EN 1057 für die Herstellung von Trinkwasser- und Gasleitungen in Verbindung mit Fittings, → 2, verwendet. Im Bereich der Entwässerung werden kupferne Dachrinnen und Regenfallrohre eingebaut.

Zink, → 1, ist witterungsbeständig und bildet an der Atmosphäre durch Kontakt mit CO_2 eine Schutzschicht aus Zinkcarbonat. Zink dient als Korrosionsschutz an Stahlrohren. Es ist bedingt umformbar, löt- und schweißbar.

> Da Zinkdämpfe giftig sind, dürfen Schweißarbeiten an verzinkten Bauteilen nur unter Berücksichtigung besonderer Sicherheitsvorschriften erfolgen.

Titanzink ist Zink mit 0,1 % … 0,2 % Titan und 0,5 % bis 1,2 % Kupfer. Durch Zugabe dieser Legierungselemente werden Umformbarkeit, vor allem bei niedrigen Temperaturen, und Lötbarkeit verbessert. Aus Titanzink werden Dachrinnen und Regenfallrohre hergestellt, → 3.

3 Anwendungsbeispiel von Titanzink bei der Dachentwässerung

Blei, → 1, ist ein Werkstoff, der sich sehr gut verarbeiten lässt (gieß- und walzbar, kalt umformbar, biegsam, dehnbar, weich, gut löt- und schweißbar). Eine sich bildende Schutzschicht macht Blei sehr witterungsbeständig. Kalk- und Zementmörtel greifen Blei an. Blei kann zu Blechen ausgewalzt werden (**Walzblei**). Walzblei findet heute noch bei Klempnerarbeiten Verwendung. In Altbauten sind vereinzelte Trinkwasserleitungen aus Bleirohr auszutauschen, → 4.

> Da Blei giftig ist, müssen alle Bleileitungen in der Trinkwasserinstallation entfernt werden.

Aluminium, → 1, zeichnet sich durch gute chemische Beständigkeit aus, ist ungiftig, schlecht lötbar, aber gut schweißbar. In der Installationstechnik kommt Aluminium bei der Dachentwässerung (Dachrinnen, Regenfallrohre) oder als Werkstoff für Duschabtrennungen zum Einsatz.

4 Ausbau alter Trinkwasserleitungen aus Blei

EN-Kurzzeichen	EN-Werkstoff-Nummer	Dichte kg/dm³	Schmelz-bereich °C	Zugfestig-keit N/mm²	Bruch-dehnung %	Anwendung für
Kupfer-Zinn-Zink-Legierung (Rotguss)		ρ	λ	R_m	A	
CuSn5Zn5Pb5-C-GC	CC491K	8,8	850 ... 1030	300[1]	28[1]	Rohrverbinder,
CuSn7Zn4Pb7-C-GC	CC493K	8,9		320[1]	30[1]	Armaturen
CuSn5Zn5Pb2-C-GC	CC499K	8,7	860 ... 1030	200	15	Rohrverbinder
Kupfer-Zink-Legierung (Messing)						
CuZn37	CW508L	8,44	900 ... 920	400	38	Syphons, Badenzimmer-accesoirs, geschmiedete Fittings, Armaturen, Dreh-teile wie Überwurfmuttern
CuZn40Pb2	CW617N	8,43	880 ... 895	460	22	
CuZn39Pb3	CW614N	8,46	880 ... 895	480	20	
CuZn36Pb2As	CW602N	8,46	885 ... 910	400	22	
Kupfer-Zinn-Legierung (Zinnbronze)						
CuSn8	CW453K	8,80	760 ... 1020	490	40	In Sonderfällen für Fittings, Armaturen

[1] Richtwerte im Zustand ½-hart, gegossen

1 Kupferlegierungen im Sanitärbereich

2.1.4 Legierungen

2.1.4.1 Zweck und Eigenschaften von Legierungen

Durch Zusammenschmelzen eines Basismetalls mit anderen Metallen kann man gezielt besondere Stoffeigenschaften erreichen. Solche Zusammen-schmelzungen nennt man Legierungen. Hierzu ge-hören auch die legierten Stähle, vgl. Kap. 2.1.2.

Dabei werden in der Regel erhöht bzw. verbessert:
• Festigkeit
• Härte
• Zerspanbarkeit
• Gießbarkeit
• oft auch die Korrosionsbeständigkeit

Herabgesetzt wird:
• Schmelzpunkt des Basismetalls
• Dehnung

Beispiel:
• Stahl wird durch die Zulegieren von
  - Chrom, Nickel, evtl. Molybdän: korrosionsbe-ständig, härter und fester
  - Chrom und Vanadium: hochfest, zäh und hart (Rohrzangen, Schraubenschlüssel)
• Kupfer wird durch Legieren mit Zink oder Zinn und Blei fester, zerspanbar und gießbar

Wichtigste Legierungen für den Sanitärinstalla-teur sind:
• Kupferlegierungen
• Lote

[1] Selektiv ⟨lat.⟩: auswählend

2.1.4.2 Kupferlegierungen

In der Installationstechnik häufig verwendete Kupferlegierungen sind:
• Rotguss
• Messing
• Bronze

Rotguss, ➔ 1, ist eine Legierung aus Kupfer, Zinn, Zink und Blei. Rotguss wird in Sandformen oder im Strang gegossen. Es ist weich- und bedingt hartlöt-bar. Aus Rotguss werden hochwertige Armaturen, ➔ 27.1b und Fittings für die Gas- und Wasserin-stallation hergestellt, ➔ 25.2.

Messing, ➔ 1, besteht aus Kupfer, Zink und Blei. Es ist gießbar, schmiedbar und gut zerspanbar. Mes-sing kann weichgelötet und bedingt hartgelötet werden. Pressmessing hat gegenüber Guss-Kup-ferlegierungen eine höhere Zugfestigkeit, höhere Elastizität, keine Lunker (Hohlräume) im Material und ein einheitliches Gefüge.

Viele Armaturen, Fittings, Verschraubungsteile, werden aus Messing hergestellt, ➔ 27.1a.

Problematisch in der Praxis sind:
• Entzinkung
• Spannungsrisskorrosion

Entzinkung ist das Herauslösen von Zink aus dem Gefüge von Messing (selektive Korrosion[1]). Das ge-schieht an stark beanspruchten Stellen in Armatu-ren bei bestimmten Wässern.

Spannungsrisskorrosion kann auftreten, wenn Werkstücke unter Spannung gesetzt werden und gleichzeitig korrosive Gase oder Flüssigkeiten vor-handen sind, z. B. bei Messingverlängerungen.

Beispiel:
Spannungsrisskorrosion kann auftreten an fest verschraubten Hahnverlängerungen aus Messing, wenn chlorid- oder sulfathaltiges Wasser mit geringem ph-Wert hindurchfließt.

Bleifreies Sondermessing - 76 % Cu, 3 % Si, 0,03 % P, Rest Zn - ist hoch belastbar, relativ unempfindlich gegen Spannungsrisskorrosion und Entzinkung, seewasserbeständig und bei Trinkwasser zugelassen. Es eignet sich für Teile zum Gesenkschmieden, aus Sand- und Kokillenguss.

Bronze, eine Kupfer-Zinn-Legierung (Zinnbronze), → 26.1, ist berühmt als Gusswerkstoff für Glocken. Es wird auch für Membranen, Schlauch- und Federrohre in Druckmessgeräten verwendet (Membran-, Rohrfeder-Manometer).

2.1.4.3 Lote

Bei Loten unterteilt man:
• Weichlote
• Hartlote

Weichlote, → 2, schmelzen bei einer Temperatur ≤ 450 °C. Hauptbestandteil der Weichlote für die Trinkwasserinstallation ist Zinn, versehen mit Anteilen von Silber oder Kupfer. Blei und Antimon dürfen nicht mehr enthalten sein, da sie giftig sind.

Weichlote müssen immer mit einem Flussmittel verarbeitet werden.

Hartlote, → 3, sind Legierungen, die bei Temperaturen > 450 °C verarbeitet werden. Basismetall ist Kupfer. Zulegiert werden Zink, Silber und Zinn. Sie verbessern die Fließeigenschaften des Lotes, senken den Schmelzpunkt des Grundmaterials und erhöhen die Festigkeit der Lötverbindung.

Lote mit mehr als 30 % Zink- und mehr als 5 % Zinnanteil führen zu sehr harten und spröden Lötnähten.
Phosphorzusätze, z. B. im Hartlot CP203, senken den Schmelzpunkt des Grundmaterials und wirken z. T. als Flussmittel.

Beispiel:
Kupferbleche untereinander oder Kupferrohre und Kupferfittings lassen sich mit phosphorhaltigen Loten ohne Flussmittel löten.

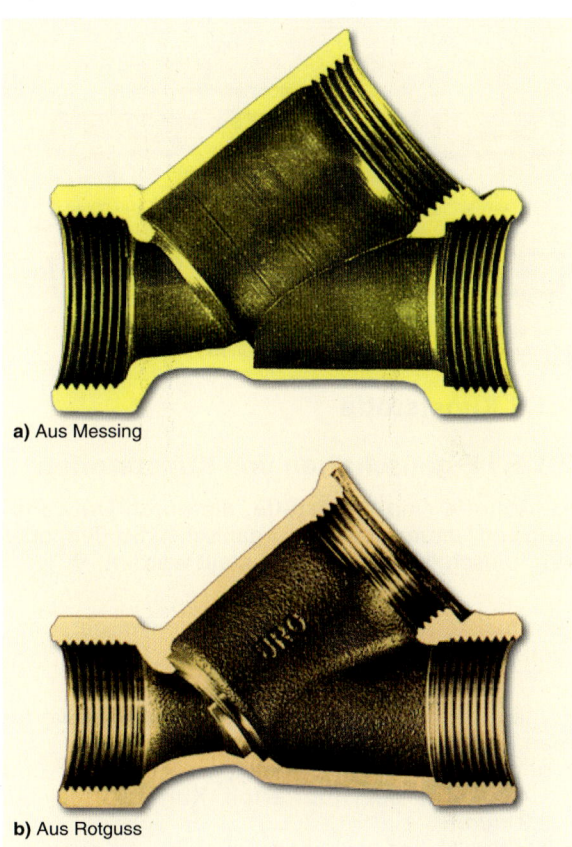

a) Aus Messing

b) Aus Rotguss

1 Ventilkörper

Weichlote DIN EN ISO 9453	Sn Masse-%	Cu Masse-%	Ag Masse-%	Schmelzbereich C
S-Sn97Cu3	Rest	2,5 ...3,5	–	230 ...250
S-Sn96Ag4	Rest	–	3,0 ...3,5	221 ...230

2 Weichlote für Kupferinstallation

Hartlot nach DIN EN ISO 17672	Cu Masse-%	Ag Masse-%	Zn Masse-%	Sn Masse-%	P Masse-%	Schmelzbereich °C
CuP 179	Rest	–	–	–	5,9 ... 6,5	710 ... 890
CuP 279	Rest	1,5 ... 2,5	–	–	5,9 ... 6,7	645 ... 825
AG 134	35,0 ... 37,0	33,0 ... 35,0	Rest	2,0 ... 3,0	–	630 ... 730
AG 145	26,0 ... 28,0	44,0 ... 46,0	Rest	2,0 ... 3,0	–	640 ... 680
AG 244	29,0 ... 31,0	43,0 ... 45,0	Rest	–	–	675 ... 735

3 Hartlote für die Kupferrohr-Installation

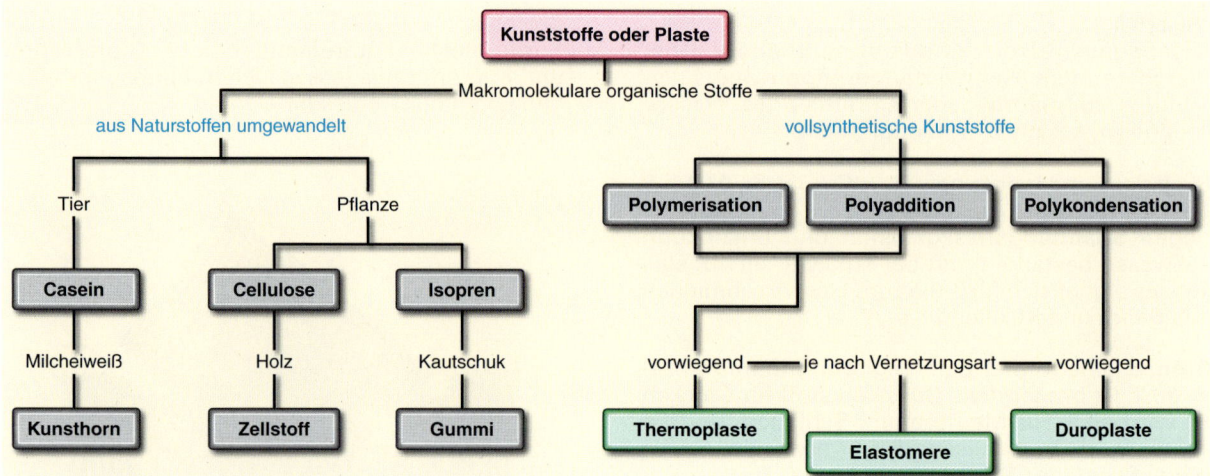

1 Übersicht über die Kunststoffentstehung

2.1.5 Kunststoffe

2.1.5.1 Eigenschaften von Kunststoffen

Kunststoffe sind Werkstoffe, die durch Umwandlung von Naturprodukten (organischen Stoffen) oder synthetisch (künstlich) hergestellt werden, → 1.

> Die meisten Kunststoffe sind Kohlenwasserstoffverbindungen.

Folgende Eigenschaften der Kunststoffe bewertet man im Sanitärfach positiv:
- geringe Dichte (meist zwischen 0,9 kg/dm³ und 1,4 kg/dm³, bei fluorierten Kunststoffen bis 2,3 kg/dm³)
- geringe Masse (transportgünstig)
- korrosionsbeständig
- relativ hohe Beständigkeit gegenüber Säuren und Laugen
- schlechter Leiter für elektrischen Strom (kein Potenzialausgleich erforderlich)
- schlechter Wärmeleiter, dämmt Wärmeverluste, z. B. bei Warmwasserleitungen, -behältern, Bade- und Duschwannen, Wänden
- dämpfend bei Schall
- flexibel und elastisch, vor allem PE und PB
- glatte Oberfläche, keine Verkrustung der Rohre, geringe Druckverluste
- pflegeleicht durch glatte Oberfläche, z. B. Badewannen
- beliebig einfärbbar, hohe Beständigkeit der Farben
- hohe Lebensdauer

Negative Eigenschaften von Kunststoffen sind:
- hohe Wärmedehnung (Längenänderung bei Rohrleitungen berücksichtigen!)
- Verbrennungsprodukte können Umwelt belasten, vor allem bei PVC
- Kunststoffe werden durch hohe Temperatur zerstört

Die Anordnung der Fadenmoleküle kann vorliegen:

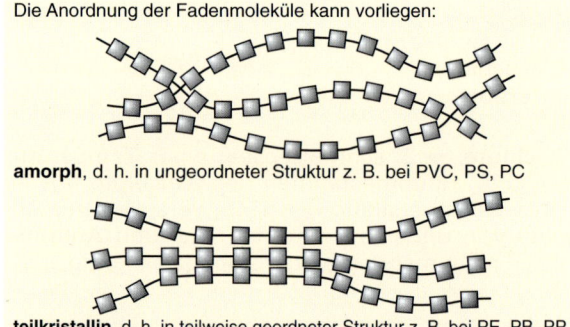

amorph, d. h. in ungeordneter Struktur z. B. bei PVC, PS, PC

teilkristallin, d. h. in teilweise geordneter Struktur z. B. bei PE, PB, PP.

2 Thermoplast, Kunststoff mit unvernetzten Molekülen

Bei den vollsynthetischen Kunststoffen unterscheidet man nach dem physikalischen Verhalten:
- Thermoplaste
- Elastomere
- Duroplaste

2.1.5.2 Thermoplaste (Thermomere)

In der Installationstechnik werden als Kunststoffe überwiegend Thermoplaste, → 29.1 eingesetzt. Dies sind Kunststoffe mit einfachen oder verzweigten Fadenmolekülen (Makromolekülen), → 2.

Die Makromoleküle können angeordnet sein:
- amorph: die Struktur ist ungeordnet, z. B. bei Styrol und Vinylchloriden, wie Polystyrol, Polyvinylchlorid
- teilkristallin: die Struktur ist teilweise geordnet, nämlich bei den Polyolefinen, wie Polybuten PB, Polyethylen PE, Polypropylen PP

Je nach Temperatur unterscheidet man bei Thermoplasten drei Zustandsformen:
- fest/hartelastisch
- thermoelastisch
- thermoplastisch

Werkstoff	Zeichen	Dichte kg/dm³	Max. Gebrauchstemperatur °C	Zugfestigkeit N/mm²	Merkmale	
					Brandverhalten	Brandgeruch
Polyethylen-HD	PE-HD	0,95	100	19	normal entflammbar	wie Kerzenwachs
Vernetztes Polyethylen	PE-X	0,94	95	18	normal entflammbar	wie Kerzenwachs
Polypropylen	PP	0,90	95	30	schwer entflammbar	wie Harz
Nachchloriertes PP	PPC	0,91	60	21	schwer entflammbar	wie Harz
Polyvinylchlorid	PVC-U	1,38	70	50 … 60	schwer entflammbar	stechend (HCl)
Chloriertes PVC	PVC-C	1,40	95	50	schwer entflammbar	stechend (HCl)
Polybuten	PB	0,93	95	17	nicht brennbar	wie Kerzenwachs
Acrylnitril-Butadien-Styrol	ABS	1,06	100	40 … 50	normal entflammbar	süßlich
Polymethyl-Metacrylat	PMMA	1,18	100	≤ 70	normal entflammbar	süßlich

1 Thermoplaste

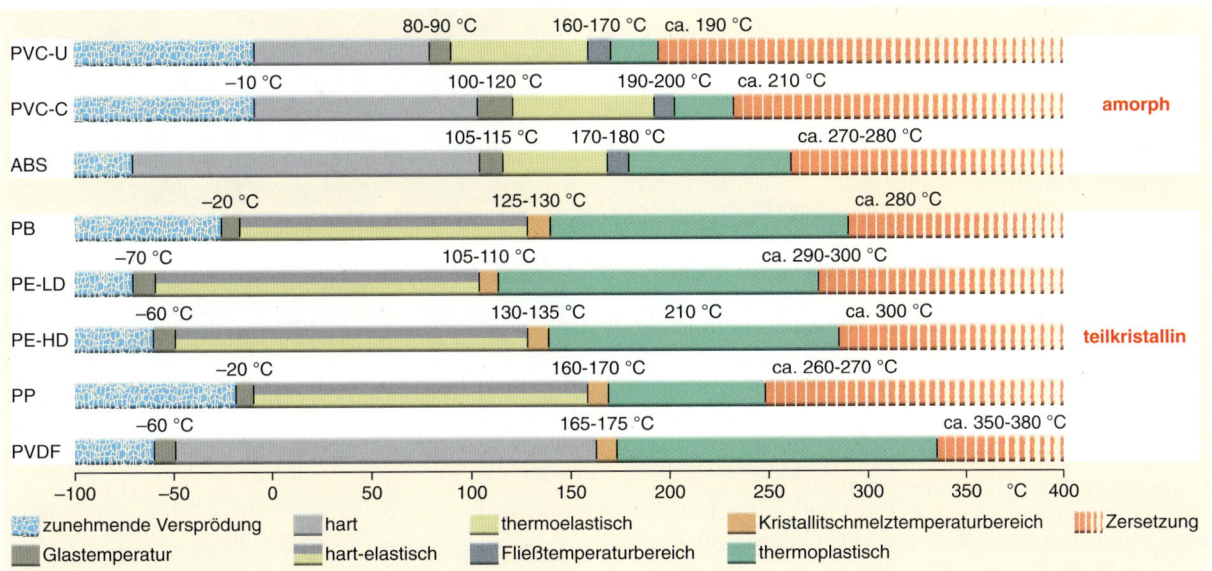

2 Zustandsbereiche amorpher und teilkristalliner Thermoplaste

Thermoplaste sind bei normaler Temperatur **fest, hart und elastisch**.

Werden Thermoplaste erwärmt, geht der feste/hartelastische in den **thermoplastischen** Zustand über (Name!). In diesem Zustand können Rohre z. B. gebogen oder zu Muffen aufgeweitet werden. Bei raschem Abkühlen mit kaltem Wasser, bleibt die neue Form erhalten.
Erwärmt man den verformten Kunststoff wieder, kehrt er in seine Ursprungsform zurück (Memoryeffekt[1]).
Dies wird z. B. bei Rohrverbindungen ausgenutzt. Schiebt man ein Rohrende mit aufgestecktem Rundgummidichtring in eine vorher aufgeweitete Muffe und wärmt diese an, schrumpft sie und presst sich eng an.

Erwärmt man Thermoplaste über den thermoplastischen Bereich hinaus, weisen sie nur noch geringe Festigkeit auf und sind **teigig bis zähflüssig**. In diesem Zustand lassen sie sich schweißen.

Da teilkristalline Thermoplaste, wie PB, PE, PP, über einen großen Temperaturbereich thermoplastisch sind, → 2, sind sie gut schweißbar, → 30.1.

Umgekehrt ist dies bei den amorphen Thermoplasten, wie PVC, ABS, PS. Ihr enger thermoplastischer Bereich lässt unter Baustellenbedingungen ein Schweißen nicht zu.

[1] memory (engl.): „Gedächnis"; Memory-Effekt: Fähigkeit, sich beim Erwärmen in eine frühere Form zurückzuwandeln

> Thermoplaste können beliebig oft erwärmt und verformt werden, ohne den Werkstoff dadurch zu schädigen, vorausgesetzt, die Grenztemperaturen, die den Kunststoff zersetzen, werden dabei nicht erreicht.

Thermoelaste sind chemisch gut beständig, besonders PE, PB, PP. Ihre (fast wachsartige) Oberfläche wird von Lösungsmitteln kaum angegriffen: sie ist nicht anlösbar. Deshalb kann man sie nicht kleben.

Im Gegensatz zu teilkristallinen Thermoplasten, werden amorphe von halogenhaltigen Lösungsmitteln, wie Tri- oder Tetrachlorkohlenstoff, Nitroverdünnung, angegriffen. Wenn ihre Oberfläche angelöst ist, lassen sie sich gut kleben, z. B. PVC, ABS

Eine Sonderform der Thermoplaste sind **vernetzte Thermoplaste**, die **Thermoelaste**, wie PE-X.
Durch Vernetzen werden die Formbeständigkeit bei Wärme (vgl. PE und PE-X), die Reiß- und die Abriebfestigkeit verbessert. Thermoelaste schmelzen nicht und sind deshalb nicht schweißbar.

Wichtige Thermoplaste im Installationsfach sind:
• Polyethylen PE
• Polybuten PB
• Polypropylen PP
• Polyvinylchlorid PVC
• Acrylnitril-Butadien-Styrol ABS
• Polymethyl-Metacrylat (Acryl) PMMA

Polyethylen (PE), ➔ 29.1, ist als Werkstoff für Rohre und Verbindungsstücke für Kaltwasser- und Gasleitungen im Erdreich, für Abwasserleitungen, für Abwasserabläufe aller Art, für Schächte und Behälter, wie Regenwasserzisternen, Schlammfänge, Leicht-flüssigkeits- und Fettabscheider sehr geschätzt, ➔ 2, denn:
PE hat eine wachsartige Oberfläche, ist beständig gegenüber fast allen Chemikalien, kältefest bis –40 °C, gesundheitlich unbedenklich, gut schweißbar, schlagzäh und sehr gut recyclebar. Mit Ruß eingefärbt ist es UV-beständig. PE ist normal entflammbar; es brennt mit schwach blauer Flamme; seine Verbrennungsgase sind ungefährlich.

Man unterscheidet:
• Polyethylen hoher Dichte (PE-HD)
• Polyethylen mittlerer Dichte (PE-MD)
• Polyethylen niedriger Dichte (PE-LD)
• vernetztes Polyethylen (PE-X)

Polyethylen hoher Dichte (PE-HD) hat eine größere Dichte, ist härter und druckfester als das weichere **PE-LD**. Rohre aus **PE-MD** werden kaum eingesetzt.

Wegen der hohen Dichte erfordern Rohre und Behälter aus PE-HD geringere Wanddicken und haben weniger Masse als PE-LD; dadurch sind sie billiger, sodass PE-HD heute vorwiegend eingesetzt wird.

1 PB-Rohr, Heizelement-muffengeschweißt

2 Rohre und Fittings aus Polyethylen

Rohr aus	Mindest-vernet-zungsgrad	Vernetzungs-verfahren	Vernet-zungsart
PE-Xa	75 %	peroxidisch nach Engel	physikalisch
PE-Xb	65 %	Silan-vernetzung	chemisch
PE-Xc	60 %	Elektronen-strahlvernetzung	physikalisch
PE-Xd	60 %	Azo-Vernetzung	physikalisch

3 Vernetzungsverfahren für PE-X

Vernetztes PE (**PE-X**, früher VPE) ist warmfest und für Warm- und Heizwasserleitungen geeignet.
Beim PE-X werden durch physikalische oder chemische Behandlung die langen Molekülketten von PE zu einem dreidimensionalen Netzwerk verknüpft. DIN 16892 schreibt für die einzelnen Verfahren einen Mindestvernetzungsgrad vor.
Der **Vernetzungsgrad** ist der prozentuale Anteil der in das Netzgefüge eingebundenen Moleküle.

Vernetzungsverfahren für PE-X sind, ➔ 3:
• das peroxidische Verfahren nach Engel
• die Silan-Vernetzung
• die Azovernetzung
• die Elektronenstrahlvernetzung

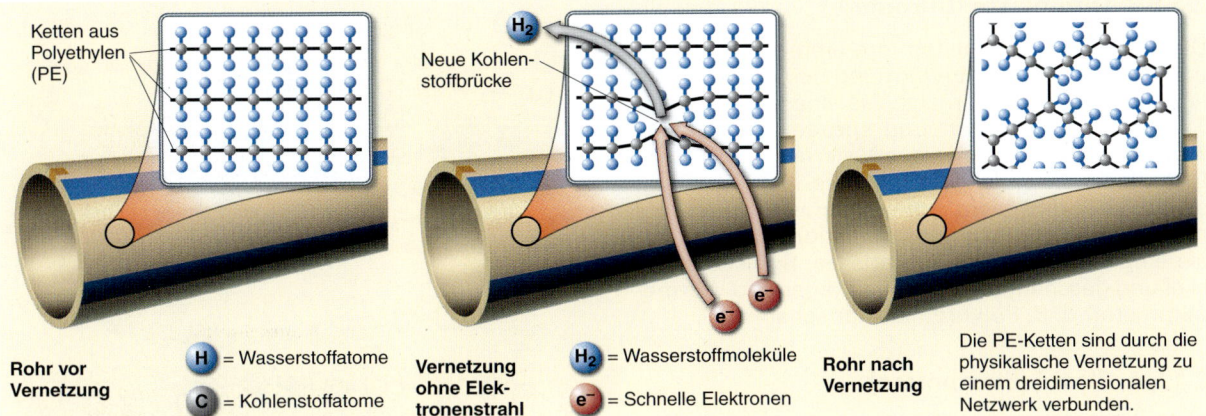

Ketten aus Polyethylen (PE)

Neue Kohlenstoffbrücke

H = Wasserstoffatome

C = Kohlenstoffatome

Rohr vor Vernetzung

Vernetzung ohne Elektronenstrahl

H₂ = Wasserstoffmoleküle

e⁻ = Schnelle Elektronen

Rohr nach Vernetzung

Die PE-Ketten sind durch die physikalische Vernetzung zu einem dreidimensionalen Netzwerk verbunden.

1 Elektronenstrahl-Vernetzung von PE-X-Rohr

Die **Elektronenstrahlvernetzung**, Kennzeichen c, vgl. PE-X-c, wird heute am häufigsten eingesetzt, → 1. Dabei wird das fertig geformte PE-Rohr mit energiereichen Elektronen von allen Seiten beschossen. Es werden Molekülketten aufgespalten und Wasserstoffatome herausgetrennt. An den frei gewordenen Stellen knüpfen andere Molekülketten an. So entsteht aus den wie Hanffäden nebeneinander liegenden Makromolekülen ein dreidimensionales Netzwerk. Das Verfahren arbeitet ohne chemische Zusätze. Da lediglich Wasserstoff frei wird, belastet es die Umwelt nicht.

PE-X ist temperaturbeständig bis ca. 95 °C; damit ist es gut geeignet für Warmwasser- und Heizwasserleitungen. Es hat eine hohe Zeitstandfestigkeit, ist kälte- und chemikalienbeständig.
PE-X schmilzt nicht, ist also nicht schweißbar.

Polybuten (PB), → 29.1, ist flexibel, auch bei niederen Temperaturen, hat ein gutes Langzeitverhalten, selbst bei Betriebstemperaturen bis 95 °C, ist chemisch beständig, hygienisch unbedenklich und gut schweißbar. Es wird deshalb als für Kalt- und Warmwasserleitungen verwendet. Da PB keine Halogene enthält, sind seine Brandgase ungefährlich; sie riechen nach Kerzenwachs.

Polypropylen (PP), → 29.1, wird für Abwasserleitungen und Abläufe verwendet. PP ist sehr beständig gegen Chemikalien und formstabil. Mit einer zulässigen Betriebstemperatur ≤ 95 °C sind die Rohre heißwasserbeständig (**HT-Rohr**[1]), verspröden aber bei Temperaturen < 0 °C.
Aus nachchloriertem PP werden Rohre für Fußbodenheizungen hergestellt. Sie sind elastischer als PP-Rohre, besitzen aber eine geringere Temperaturbeständigkeit von ca. 60 °C.

Polyvinylchlorid (PVC), → 29.1, hat eine relativ hohe Dichte von ca. 1,4 kg/dm³, ist relativ biegesteif, bis maximal 50 °C formbeständig, bei Kälte aber nicht schlagfest. Es ist gegen viele Chemikalien widerstandsfähig, aber nicht gegen chloridhaltige Lösungsmittel. Da es anlösbar ist, kann es gut geklebt werden. Es ist nicht druckfest schweißbar. Da es billig herzustellen ist, wird es häufig verwendet. PVC ist schwer entflammbar. Beim Verbrennen entstehen giftige Dämpfe (Chloranteile!), die zusammen mit Löschwasser Beton und die Stahlarmierungen stark angreifen.

Man unterscheidet:
• PVC-U – weichmacherfreies PVC (**u**nplasticized)
• PVC-C – **c**hloriertes PVC

Aus **PVC-U** stellt man her Leitungen für Kaltwasser, vor allem für Schwimmbäder, Grundleitungen für Abwasser (KG-Rohre), Dachrinnen und Regenfallrohre.
Bei Dachrinnen und Regenfallrohren sind zum PVC chemische Zusätze nötig, damit das Material kältefest, witterungs- und UV-beständig wird.

PVC-C ist bis zu einer Temperatur von 95 °C einsetzbar; damit eignet es sich für Kalt- und Warmwasserleitungen.

Aus **Acrylnitril-Butadien-Styrol** (ABS) werden steckbare und klebbare Rohre und Abläufe für Abwasser hergestellt. Wässer mit Temperaturen von bis zu 100 °C und Betriebsbedingungen mit Temperaturen unter 0 °C können dem Material nichts anhaben. ABS bleibt zähelastisch und schlagzäh, ist aber ohne Zusätze nicht UV-beständig.

Aus **Polymethyl-Methacrylat** (PMMA, Acryl, Plexiglas), können Waschtische, Bade- und Duschwannen mit komplizierten Formen und Badmöbel gefertigt werden. Acryl hat eine hochglänzende Oberfläche, ist hautsympathisch, heißwasserbeständig bis ca. 100 °C, weitgehend laugen- und säurebeständig, schalldämmend und gut polierbar. Alkohol und Lösungsmittel greifen PMMA an.

---

[1] HT-Rohr = hotwater tubes ⟨engl.⟩: heißwasserbeständig

2

2.1.5.3 Duroplaste (Duromere)

Duroplaste, → 1, behalten ihre einmal eingenommene Form auch bei Erwärmung bei. Ihre Moleküle sind vollständig vernetzt. Sie sind bei normaler Temperatur meist hart und spröde; bei höherer Temperatur zersetzt sich das Material.

Duroplaste sind nicht plastisch verformbar, nicht schmelzbar und nicht schweißbar, unlöslich und nur schwach quellbar. Im Installationsfach werden sie eingesetzt, z. B: für Klosettsitze, Spülkastendeckel und geschäumt als Wannenträger und Wärmedämmstoff, z. B. Polyurethan-Hartschaum.

2.1.5.4 Elaste (Elastomere)

Elaste, → 2, 122.2 sind gummiartige, sehr elastische Natur- und Kunststoffe, wie Perbunan, Neopren u. a. Sie sind bedingt schmelzbar, nicht schweißbar, lassen sich verformen, aber nicht mehr umformen. Ihre Kunststoffmoleküle sind zum Teil vernetzt. Die Anzahl der Quervernetzungen bestimmt die „Härte des Gummis". Dichtungen und hochbeanspruchte Schläuche werden aus Elasten hergestellt.

2.1.5.5 Trinkwassertauglichkeit -　Zeitstandsfestigkeit von Kunststoffen

Da Trinkwasser im Sinne des Lebensmittel- und Bedarfsgegenständegesetzes (LMBG)als Lebensmittel gilt, muss für Kunststoffe im Trinkwasserbereich deren Trinkwassertauglichkeit gewährleistet sein:

Die **Trinkwassertauglichkeit** des Materials wird durch die KTW-Prüfung[1] nachgewiesen. Mit der Prüfung wird sichergestellt, dass das „Verpackungsmittel Rohr" keine negativen Auswirkungen auf das „Lebensmittel" Trinkwasser hat, wie Geschmacksveränderungen, Absonderungen an das Wasser.

Grundlage dieser Prüfung sind die KTW-Empfehlungen, die von einer Expertenkommission des Umweltbundesamtes erarbeitet wurden. Darin ist beschrieben, wie Kunststoffe beschaffen sein müssen, damit sie als Bauteile für eine Trinkwasseranlage zugelassen werden.

Die **Zeitstandfestigkeit** von Kunststoffrohren ist ein wichtiger Kennwert. Im Laufe der Zeit verringert sich die Druckfestigkeit eines Kunststoffrohres unter Druck- und Temperaturbelastung. Man spricht von der Zeitstandsfestigkeit des Materials. Bild → 3 zeigt Werte für Rohre aus PE-HD PN 10 und PB PN 16.

Nur Rohre, die nach 50 Betriebsjahren noch mindestens 10 bar Druck unter einer Betriebstemperatur von 70 °C aushalten, sind für den Einsatz in Trinkwasseranlagen geeignet.

[1] KTW: Kommission für Trinkwasser des Bundesgesundheitsamtes

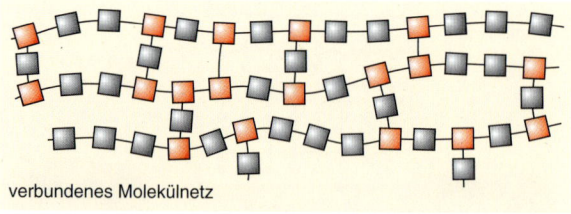

1 Duroplast bzw. Thermoplast, Kunststoff mit vernetzten engmaschigen Molekülen

verbundenes Molekülnetz

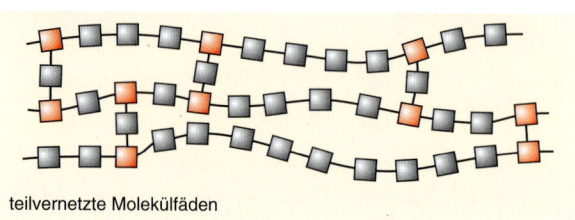

teilvernetzte Molekülfäden

2 Elaste, Kunststoffe mit teilvernetzten Molekülen (weitmaschig)

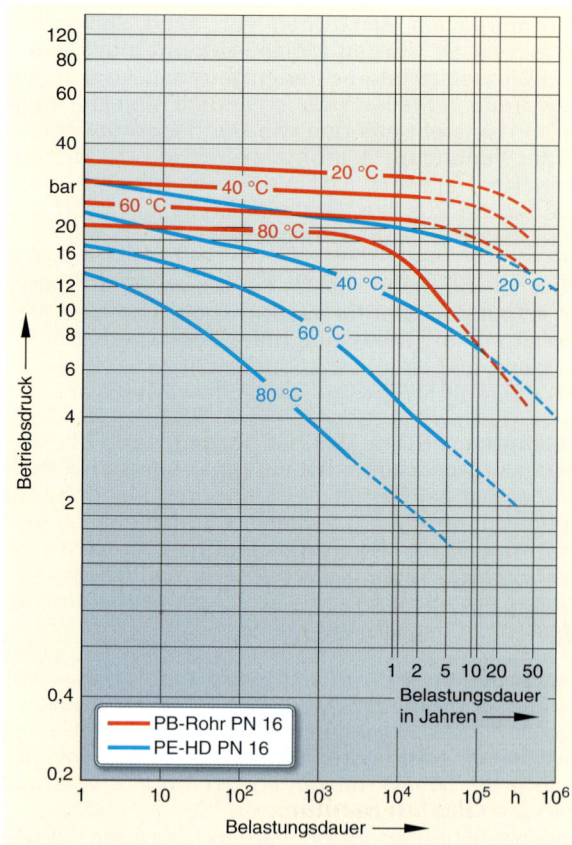

3 Zeitstandfestigkeit von PB-Rohr PN 16 (rot) und PE-HD PN 10 (blau)

Das Rohr aus PE-HD kann beispielsweise nicht als Warmwasserleitung eingesetzt werden, während das PB-Rohr dafür geeignet ist. Ähnliche Kurven zeigen auch, dass PE-X PN 20, PVC-C oder PP jeweils PN 25 PN standhalten, → 3.

2.1.5.6 Wiederverwertung von Kunststoffen

Kunststoff-Abfälle verrotten sehr langsam, im Erdreich kaum. In ihnen stecken wertvolle Grundstoffe und Energie. Deshalb müssen „Abfallstoffe" als Rohmaterial für neue Produktionen wiederverwendet werden (**Recycling!**).

> Recycling setzt voraus, dass die Kunststoffe nach Arten getrennt werden.

Schon bei Entwicklung neuer Kunststoff-Produkte muss die Wiederverwendung berücksichtigt werden. So wurden z. B. für Verbundrohre aus PE und Aluminium spezielle Verfahren zur sortenreinen Trennung entwickelt. Bauteile aus nur einem Kunststoff sind dauerhaft zu kennzeichnen. Anfallende Kunststoffrohrreste können zwecks Wiederverwertung den Herstellern zurückgegeben werden. Die Hersteller sind zur Annahme verpflichtet.

Sortenreine Kunststoffe werden zerkleinert, granuliert, und wie Rohmaterial wieder verarbeitet. Nicht sortenreine Kunststoffabfälle können nach dem Granulieren nur noch zu anspruchslosen Spritzgussteilen verarbeitet werden.

2.1.6 Faserzement

Bauteile aus Faserzement wie Rohre für Abwasser-, Trinkwasser-, und Abgasleitungen werden kaum noch verwendet (Handelsnamen: Eternit, Fulgurit). Bis Mitte der 80er Jahre enthielten diese Rohre noch **Asbest**, ein feinfaseriges, nicht brennbares Mineral. Wie man heute weiß, führt das Einatmen von Asbeststaub, der z. B. beim Trennen der Rohre entsteht, zur Lungenerkrankung, ähnlich dem Lungenkrebs. Asbest als Platte oder „Schnur" wurde auch zum Hitzeschutz und für Abdichtungen bei Heizkesseln u. Ä. verwendet. Auch gewellte Dachplatten enthielten Asbest.

> Nur geschulte SHK-Unternehmen dürfen an asbesthaltigen Materialien arbeiten! Weitere Details liefert die TRGS 519 „Technische Regeln für Gefahrstoffe: Asbest-, Abbruch-, Sanierungsarbeiten.

2.1.7 Glas, Keramik und künstliche Werkstoffe für sanitäre Einrichtungen

2.1.7.1 Glas im Sanitärfach

Glas wird verwendet für
- Entwässerungsleitungen
- Sanitäre Ausstattungsgegenstände
- als Glasur auf Keramik und Metall, s. Kap. 2.1.7.2

Entwässerungsleitungen werden in Sonderfällen aus Borosilicatglas (Handelsname: Boresist), erstellt, z. B. in Krankenhäusern.

Diese Glasrohre, → Kap. 4.1.3.3
- sind beständig gegen alle Wässer, Säuren, Laugen, organischen Substanzen
- sind mit ihrer großen Masse schalldämmend
- weisen eine erstaunlich hohe (Schlag-)Festigkeit auf
- besitzen eine sehr glatte Oberfläche
- haben geringe Wärmedehnung

Sanitäre Ausstattungsgegenstände, wie Spiegel, Trennwände für Duschen, Ablagen und Ablageschalen für Seife, Mundgläser zum Zähneputzen u. Ä. sind aus Kristallglas. Es enthält Blei-, Barium-, Kalium- oder Zinkoxid zu mindestens 10 %, glänzt stark und hat eine hohe Lichtbrechung.

2.1.7.2 Keramik im Sanitärfach

> Bei der Herstellung von Sanitärobjekten aus keramischen Werkstoffen werden unterschieden:
> - Scherben
> - Glasur

Der **Scherben** ist der eigentlich ausgeformte Körper von Waschtisch, Klosett-, Urinal-, Bidetbecken, der von einer Glasur überzogen ist und gebrannt wird.

> Hauptbestandteile keramischer Scherben sind:
> - Tone
> - Quarz
> - Feldspat
> - Schamotte

Tone, meist Steingutton und Kaolin, sind Grundmaterial.

Quarz begünstigt die helle Brennfarbe und die Standfestigkeit im Feuer. Mit der Zugabe von Quarz wird auch erreicht, dass sich das der Scherben weniger ausdehnt. So beugt man einer späteren Rissbildung der Glasur vor.

Feldspat erleichtert das Zusammenbacken der kornförmigen Bestandteile; es wird als „Sintern" bezeichnet.

Schamotte ist gebrannter, feuerfester Ton. Sie verringert Schwinden der Massen und dient der Magerung.

> Je nach der Verarbeitung dieser Bestandteile erhält man:
> - Sanitärporzellan
> - Feuerton
> - Feinfeuerton
> - Steinzeug

Sanitärporzellan, dessen Scherben aus besten, fein gemahlenen Stoffen (Ton, Kaolin, Quarz, Feldspat) besteht, wird nach dem Auftragen der weißen oder farbigen Glasur (Quarz, Feldspat, Metalloxid als Farbstoff) bei etwa 1250 °C gebrannt. Es behält seinen Glanz und zeigt auch nach Jahren keine Haarrisse. Die hohe Festigkeit ermöglicht dünne Wandungen und elegante Formen.

2

Feuerton besteht aus Schamotte und Ton und ist sehr robust und hoch beanspruchbar. Die Wandungen der aus Feuerton hergestellten Sanitärobjekte sind 20 mm bis 40 mm dick. Weil Feuerton nicht weiß brennt und porös, somit Wasser aufsaugend ist, müssen die Objekte vor dem Glasieren mit mehreren Zwischenschichten, Engoben, überzogen werden.

Feinfeuerton enthält zusätzlich geringe Kaolinanteile und der Schamottezusatz wird feiner gemahlen. Höhere Biegefestigkeit des Materials lässt geringere Wanddicken und damit geringere Masse der Produkte zu.

Steinzeug besteht aus feuerfesten, früh sinternden Tonen, Schamotte und Sand. Das während des Brennens aufgestreute Kochsalz ergibt eine sehr harte, widerstandsfähige Glasur. Scherben und Glasur sind absolut säurefest und chemisch beständig. Steinzeug ist das billigste keramische Material und wird für Grundleitungen, in Labors für Tröge, Wannen, Ausgüsse und Behälter verwendet.

Die **Glasur** ist eine glasharte, nicht abplatzende Deckschicht auf Keramik und auf Metall. Sie ist in vielen Farben lieferbar, porenfrei, verleiht Glanz, Härte, Glätte, Wasserdichtheit. des keramischen Scherbens.

> Bei Glasüberzügen unterscheidet man :
> • Glasur auf Keramik
> • Email auf Metallen

Die Glasur macht **Keramik**:
• hygienisch, weil sich keine Keime einnisten können
• geschmacksneutral gegenüber allen Lebensmitteln
• pflegeleicht
• beständig gegen die meisten im Haushalt vorkommenden Säuren und Laugen

Eine spezielle Glasur für Sanitärporzellan mit extrem pflegeleichter Oberfläche, ➔ 1, glättet. Mikroskopisch kleine Poren, die in herkömmlichen Glasuren zu finden sind. Wasser und darin enthaltener Schmutz, Kalk u. Ä. können sich an der Oberfläche nicht „festhalten" und perlen ab, ähnlich wie bei einem frisch eingewachsten Auto. Trocknen trotzdem Ablagerungen auf waagerechten Flächen an, lassen sie sich mit einem weichen, feuchten Tuch einfach abwischen.

In die Oberfläche der Glasur hauchfein eingelagertes Silber macht diese dauerhaft antibakteriell und erhöht die Hygiene. Es ist kein Farbunterschied erkennbar.

Gegenstände aus keramischen Werkstoffen sollen wegen der hochglänzenden und glatten Glasur nicht mit scharfen, ätzenden und scheuernden Putzmitteln (Putzsand, Salzsäure usw.), sondern mit speziell dafür geschaffenen Pflegemitteln behandelt werden.

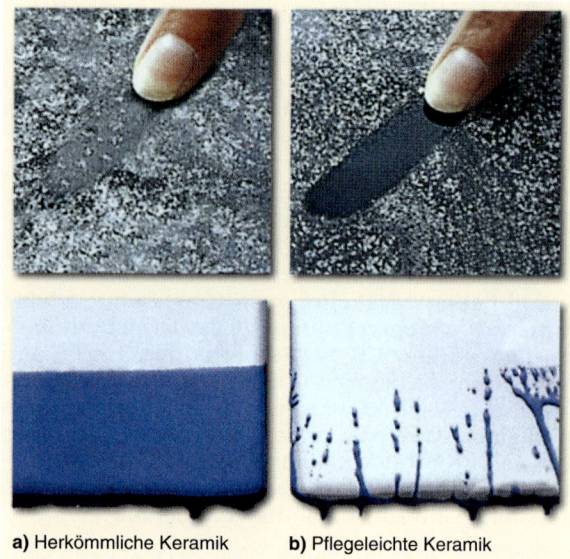

a) Herkömmliche Keramik   b) Pflegeleichte Keramik

1 Kalk- und Schmutzhaftung auf Keramik

Email ist ein durch Metalloxide gefärbter, glasartiger Schmelzüberzug. Damit werden Oberflächen sanitärer Einrichtungsgegenstände aus Gusseisen oder Stahl überzogen. Zwei Schichten mit jeweils nachfolgendem Brand sind erforderlich. Emailüberzüge dienen dem Korrosionsschutz und dem gefälligen Aussehen. Emailliert werden Badenwannen, Duschwannen, Spülen, Ausgussbecken u. Ä.
Als reiner Korrosionsschutz schützt Spezialemail Warmwasserspeicher aus Stahl.

2.1.7.3 Künstliche Werkstoffe im Sanitärfach

Waschtische, Sitzwaschbecken Bade- und Brausewannen werden auch aus künstlichen Materialien hergestellt, manchmal sogar ganze Sanitärzellen mit Wänden, Decke, Fußboden und darin ein- oder angeformten Sanitärobjekten.

> Künstliche Materialien sind:
> • Acryl
> • Verbundwerkstoffe mit Acryl

Acryl (Plexiglas, Polymethylmethacrylat) gibt es in zahlreichen lichtechten Farben (voll durchgefärbt), mit geringer Wärmeleitfähigkeit und daher warmer und hautsympathischer Oberfläche. Acryl ist zudem beständig gegen Badezusätze - aber nicht gegen Alkohol und Lösungsmittel. Seine Oberfläche ist rutschfest, bruchfest und leicht mit flüssigen Reinigungsmitteln zu pflegen (kein Putzsand!). Geringe Kratzer sind mit Autopolitur zu entfernen, tiefere Kratzer mit feinem Schmirgel auszuschleifen und danach zu polieren. Vorteilhaft ist außerdem seine geringe Masse (Transport, Einbau!).

Verbundwerkstoffe aus durchgefärbtem Acryl mit mineralischen Füllstoffen wie Silikat oder Granit sind hochfest. Das Material lässt sich beliebig formen, auch für Waschtische mit breiten Ablagen, Frontschürzen und Verkleidungen jeder Art und in beliebigen Abmessungen. Es ist schlagzäh, beständig bis 230 °C, lässt sich sägen, bohren und schleifen. Der nachträgliche Einbau von Seifen- oder Handtuchspender, Papierrollenhalter, Abwurfklappen etc. ist möglich. Die Oberfläche ist nach dem Schleifen matt glänzend, glatt, nahezu porenfrei und abriebfest. Sie ist unempfindlich gegen die üblichen Reinigungsmittel und benötigt wenig Pflege. Färbungen durch Obstsäfte lassen sich abwischen. Zudem ist das Material schnitt- und abriebfest, hautfreundlich und fühlt sich warm an. Gerne wird es im Hotelbereich, → 1, in Krankenhäusern in Waschanlagen der Industrie, in Heimen, Jugendherbergen u. Ä. eingesetzt.

2.1.8 Hilfsstoffe

2.1.8.1 Anforderungen an Hilfsstoffe

Hilfsstoffe bei der Installation von Trinkwasserleitungen sind so zu verwenden, dass nur unbedenkliche Anteile, und nicht mehr als technisch unvermeidbar, in das Rohr und damit an das Trinkwasser gelangen können. Dabei darf Trinkwasser nicht nachteilig verändert werden.

Solche Hilfsstoffe sind:
- Gewindeschneidmittel
- Gewindedichtmittel
- Flussmittel

2.1.8.2 Gewindeschneidmittel

Zum Gewindeschneiden bei Trinkwasserrohren dürfen nur wasserlösliche Schneidmittel verwendet werden.

Sie müssen mineralölfrei sein, lebensmittelrechtlich unbedenklich und beim vorgeschriebenen Spülen der Trinkwasserleitungen rückstandslos entfernt werden können. Die Mittel müssen die Prüfanforderungen des DVGW-Arbeitsblattes W 521 erfüllen. Es dürfen nur Produkte verwendet werden, die auf der Verpackung mit dem DVGW-Prüfzeichen und der Registriernummer gekennzeichnet sind.

Beispiel:
Motorenöl als Gewindeschneidmittel bei Trinkwasserleitungen führt zu starker Geruchs- und Geschmacksbeeinträchtigung beim Wasser. Die Leitung wird unbrauchbar und muss ersetzt werden.

1 Hotelwaschtisch mit Ablagen und Verkleidungen aus mineralverstärktem Kunststoff

2.1.8.3 Gewindedichtmittel

Zum Ausgleich von Unebenheiten an Gewindeverbindungen nach EN 10226-1 (kegeliges Außen- und zylindrisches Innengewinde) sind nur geringe Mengen Dichtmittel nötig. Die Dichtung erfolgt metallisch.

Beispiel:
Zylindrische Außengewinde nach DIN EN ISO 228, z. B. bei S-Anschlüssen von Mischbatterien, sind nur durch Dichtmittel zu erreichen.

Als Dichtmittel können verwendet werden:
- nicht aushärtende Dichtmittel
- PTFE-Band (Polytetrafluorethylen-Band)

Nicht aushärtende Dichtmittel, gegebenenfalls in Verbindung mit geringen Mengen Hanf, müssen für den Verwendungsbereich zugelassen sein. Da DIN EN 751-2, das ist die europäische Norm für nicht aushärtende Dichtmittel, nur den Anwendungsbereich Gas erfasst, müssen die Dichtmittel in Deutschland zusätzlich die Anforderungen nach DVGW VP 402 erfüllen (Nachweis ihrer Trinkwassertauglichkeit).

Aushärtende Dichtmittel sind nur für industriell hergestellte Gewinde (z. B. in Gasgeräten), jedoch nicht für die Rohrinstallation zugelassen.

PTFE-Band (Teflon-Band) muss der Verwendung im Gas- und Trinkwasserbereich DIN EN 751-3 entsprechen und vom DVGW zugelassen sein.

2

2.1.8.4 Flussmittel für Lötverbindungen an Kupferrohren

Flussmittel müssen so eingesetzt werden, dass sie nicht auf die inneren Oberflächen der Rohrleitungen gelangen können.

> Vor dem Löten ist das Flussmittel dünn auf das Rohrende aufzutragen. Es darf **niemals** in den Fitting gestrichen werden.

Flussmittel müssen entsprechen bzw. erfüllen die:
- DIN EN 29454 (Weichlötflussmittel)
- DIN EN 1045 (Hartlötflussmittel)
- Anforderungen des DVGW-Arbeitsblattes GW 7

Flussmittel müssen so beschaffen sein, dass:
- die Rohrinnenflächen nach dem Spülen der Trinkwasserleitung gesundheitlich einwandfrei sind
- keine Korrosionsgefahr für Leitungen besteht
- sie vom Kaltwasser vollständig gelöst werden.

Beim Löten von Kupfer verwendet man:
- zum Hartlöten: Flussmittel Typ FH 10
- zum Weichlöten: Flussmittel Typ 3.1.1

2.2 Bauprodukte

2.2.1 Prüfkennzeichnungspflicht

Bauteile, Apparate und Materialien, die für Gas- und Wasserinstallationen verwendet werden, dürfen die Sicherheit nicht beeinträchtigen. Es dürfen nur Bauteile verwendet werden, die das Prüfzeichen einer anerkannten Prüfstelle tragen.

Die Prüfzeichen sind dabei, ➔ 1:
- baurechtlich vorgeschrieben
- durch vertragliche Vereinbarungen verlangt
- freiwillig

Was die Kontrollen prüfen müssen, bevor ein Prüfzeichen vergeben wird, und welches Prüfzeichen vergeben wird, regeln:
- teilweise das auf europäischer Ebene geltenden Bauproduktengesetz (BauPG) - *Gesetz zum Inverkehrbringen von und den freien Warenverkehr mit Bauprodukten* - vom Dezember 1988
- Bauordnungen der Länder (LBO)
- die Technischen Regeln, die als Grundlage eines Vertrages vereinbart wurden

2.2.2 Arten der Bauprodukte

Nach dem Bauproduktengesetz und den Bauordnungen der Länder (LBO) werden unterschieden:
- Bauprodukte
- Bauarten

Bauprodukte sind Baustoffe, Bauteile und Anlagen, die dauerhaft in bauliche Anlagen eingebaut werden.

Bauarten sind aus Bauprodukten zusammengefügte bauliche Anlagen oder Teile davon.

Bauprodukte und Bauarten dürfen nur verwendet werden, wenn:
- die aus ihnen erstellten Anlagen die öffentliche Sicherheit und Ordnung, insbesondere Leben, Gesundheit oder die natürlichen Lebensgrundlagen, nicht gefährden
- sie gekennzeichnet sind

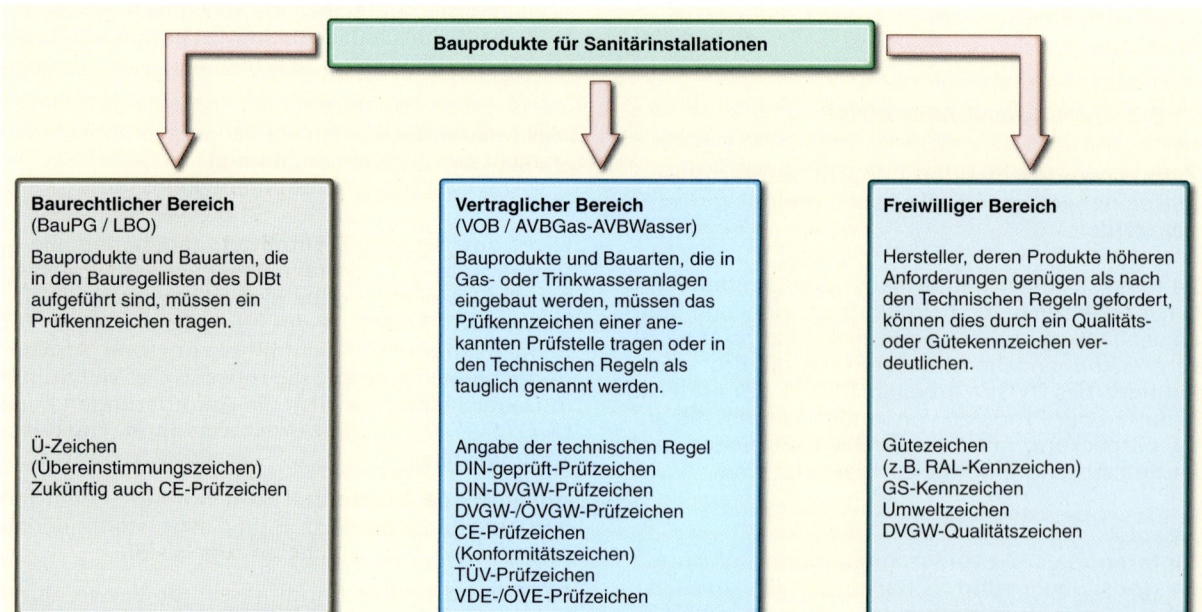

1 Prüfzeichen an Bauprodukten – Grundlagen und Arten

Das Deutsche Institut für Bautechnik (DIBt) macht Bauprodukte und Bauarten bekannt in:
- Bauregelliste A
- Bauregelliste B
- Bauregelliste C

Bauregelliste A enthält die allgemeinen technischen Baubestimmungen, die sich gliedern in:
- Teil 1: geregelte Bauprodukte
- Teil 2: nicht geregelte Bauprodukte
- Teil 3: nicht geregelte Bauarten

Bauregelliste B führt Bauprodukte auf, die nach harmonisierten europäischen Regeln zertifiziert sind.

Bauregelliste C listet Bauprodukte ohne besonderen Verwendbarkeitsnachweis auf.

Bauprodukte und Bauarten müssen grundlegenden gesundheitlichen, sicherheitstechnischen und umweltseitigen Anforderungen nach der Bauproduktenrichtlinie entsprechen.

Auf Grund dieser Einteilung unterscheiden die Landesbauordnungen:
- geregelte Bauprodukte
- nicht geregelte Bauprodukte
- nicht geregelte Bauarten
- sonstige Bauprodukte

Geregelte Bauprodukte sind in der Bauregelliste A, Teil 1 bzw. in der Bauregelliste B aufgeführt.

Sie entsprechen oder weichen nicht wesentlich ab von:
- den in der Bauregelliste A bekannt gemachten technischen Regeln, den so genannten Technischen Baubestimmungen
- bzw. den in der Bauregelliste B genannten harmonisierten europäischen Regeln

Nicht geregelte Bauprodukte sind aufgeführt in:
- der Bauregelliste A, Teil 2
- bzw. Bauregelliste B

Nicht geregelte Bauarten sind in der Bauregelliste A, Teil 3 aufgeführt.

Nicht geregelte Bauprodukte bzw. nicht geregelte Bauarten weichen von den in der Bauregelliste A bekannt gemachten technischen Regeln, den so genannten Technischen Baubestimmungen, bzw. von den in der Bauregelliste B genannten harmonisierten europäischen Regeln wesentlich ab, oder für sie gibt es keine Technischen Baubestimmungen oder keine anerkannten Regeln der Technik (ARdT). Sie benötigen:
- eine allgemeine bauaufsichtliche Zulassung (Z)
- ein allgemein bauaufsichtliches Prüfzeugnis (P)
- eine Zustimmung im Einzelfall

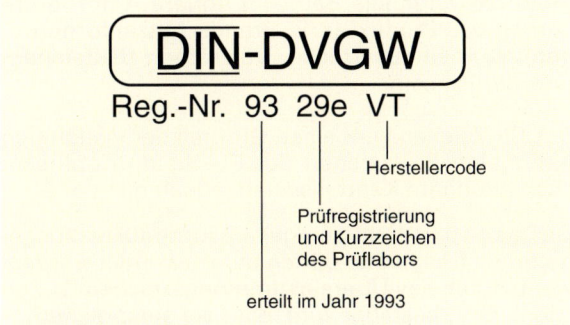

1 DIN-DVGW-Zeichen mit Registriernummer

Sonstige Bauprodukte sind in Bauregelliste C aufgeführt.

Daneben gibt es viele Bauteile, die technischen Regeln entsprechen, die aber nicht in den LBO erwähnt werden wie:
- Rohre
- Verbindungsstücke
- Armaturen der Trinkwasser- und der Gasversorgung

Sie müssen nach liefervertraglichen Festlegungen auf Basis der Allgemeinen Versorgungsbedingungen das Zeichen einer anerkannten Prüfstelle tragen.

In der Regel ist dies das **Prüfzeichen des DVGW**, → 1. Das DVGW-Prüfzeichen mit Registriernummer ist 3 bis 5 Jahre gültig; es kann auf Antrag verlängert werden. Ähnliches gilt für das ÖVGW-Zeichen.

2.2.3 Kennzeichnung der Bauprodukte

Alle Bauprodukte müssen tragen:
- Namen oder Zeichen des Herstellers
- die technische Regel wie DIN, ÖNORM (ÖN), EN (+ Normblatt-Nr.)
- ein Prüfzeichen, z. B. CE-Zeichen
- weitere Bezeichnungen, z. B. das Übereinstimmungszeichen

Durch die Angabe **des Namens oder des Zeichens des Herstellers** wird es für den Verwender des Produktes möglich, Fragen und auch Ansprüche (z. B. Schadenersatzansprüche im Rahmen der Produkthaftung des Herstellers) an den Hersteller zu stellen.

Mit Angabe der **technischen Regel** werden die Anforderungen, die das Produkt erfüllt, beschrieben.

Das **CE-Zeichen** bestätigt, dass ein Produkt:
- die Anforderungen europäischer Normen oder Richtlinien erfüllt, mit ihnen konform ist
- in Europa frei gehandelt werden darf (Freihandelszeichen, „Reisepass")

Stellt das nationale Baurecht höhere Anforderungen an das Produkt (z. B. Brandschutzanforderungen), können zusätzliche Prüfzeichen (Ü-Zeichen) erforderlich sein.

Das CE-Zeichen wird einen Großteil der vielfältigen nationalen Prüfzeichen der EU-Staaten ablösen, nach heutigem Kenntnisstand jedoch nicht alle.

Geregelte und nicht geregelte Bauprodukte (ausgenommen Gasgeräte) dürfen nur verwendet werden, wenn durch das **Übereinstimmungszeichen** (Ü-Zeichen), → 1, bestätigt wird, dass sie entsprechen:
• technischen Regeln, wie DIN-, EN-Normen
• einer allgemeinen bauaufsichtlichen Zulassung (ÜZ)
• einem allgemeinen bauaufsichtlichen Prüfzeugnis (ÜP)
• einer Zustimmung im Einzelfall

Übereinstimmungsnachweise gibt es als:
• ÜH bzw. ÜHP
• ÜZ

ÜH ist die Übereinstimmungserklärung vom Produkthersteller ohne vorhergehende Prüfung; sie wird nur bei werkseigener qualifizierter Produktionskontrolle (Eigenüberwachung) abgegeben.

ÜHP heißt nach vorhergehender Prüfung durch eine anerkannte Prüfstelle. Sie wird abgegeben z. B. für Spülkästen, Ablaufgarnituren.

ÜZ ist ein Übereinstimmungszertifikat, das durch eine anerkannte Zertifizierungsstelle wie DIBt, Landesgewerbeanstalt o. Ä. Fremdüberwachung erteilt wird, z. B. für Abflussrohre aus PP, PE-HD oder für Pumpen, → 2.

CE- bzw. Ü-Zeichen müssen auf dem Produkt, bei Platzmangel auch auf der Verpackung und/oder auf dem Lieferschein aufgeführt werden.

Bauteile außerhalb der LBO bekommen kein CE- und kein Ü-Zeichen.

Sie sind zu kennzeichnen durch Angabe:
• der technischen Regel
• Buchstabengruppen + Kenn-Nummer

Angabe der **technischen Regel** erfolgt, wenn die Bauteile von allgemein anerkannten Regeln der Technik wie DIN-Normen, DVGW-Vorschriften nicht abweichen, z. B. DIN EN 1057 bei Kupferrohr, DVGW W 541 bei Edelstahlrohr.

Die **Buchstabengruppen ABP bzw. AB 2** werden angegeben, falls die Bauteile von allgemein anerkannten Regeln der Technik erheblich abweichen, oder wenn es für sie keine technische Regel gibt.

1 Gussrohrkennzeichnung u. a. Ü-Zeichen

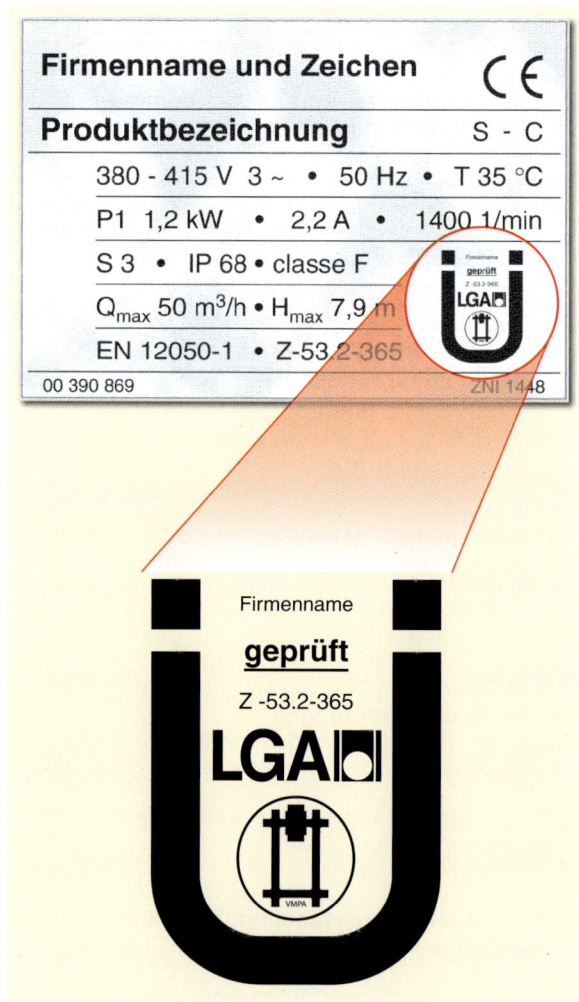

2 Typenschild einer Pumpe mit Übereinstimmungszeichen

Dabei steht:
• ABZ für allgemeine bauaufsichtliche **Z**ulassung
• ABP für allgemein bauaufsichtliches **P**rüfzeugnis

Zum Z- bzw. P-Zeichen gehören eine Kenn-Nummer des Prüfausschusses, z. B. IX (Schallschutz), und eine Registriernummer.

Zu diesen vorgeschriebenen Bezeichnungen können **freiwillige nationale Kennzeichnungen** kommen, wie:
- GS-Zeichen
- DVGW-Qualitätszeichen
- Umweltzeichen
- Gütezeichen der Industrie

Das **GS-Zeichen**, ➔ 1a, ist eine Kennzeichnung nach dem Gerätesicherheitsgesetz. Es bescheinigt die technische Sicherheit eines Bauteiles/Apparates, nicht die in der Werbung oft versprochene bzw. vom Kunden erwartete Funktion. Das GS-Zeichen ist nur gültig mit dem Zeichen der erteilenden Institution wie DVGW, VDE.

Das **DVGW-Qualitätszeichen**, ➔ 1b, steht für Gasgeräte mit CE-Prüfzeichen, wenn sie diese Anforderungen über die europäischen Prüfkriterien hinaus erfüllen, z. B. in den Bereichen Gebrauchstauglichkeit, Sicherheit, Umweltschutz, Servicefreundlichkeit.

Das **Umweltzeichen** („blauer Engel"), ➔ 2, wird für besonders umweltfreundliche Produkte von der Jury Umweltzeichen vergeben.

Das **Gütezeichen der Industrie**, ➔ 3, kennzeichnet eine Produktqualität, die über die Anforderungen der technischen Regel hinaus geht, z. B. RAL-Gütezeichen.

1 GS-DVGW-Zeichen und DVGW-Qualitätszeichen

2 Umweltzeichen

3 Gütezeichen

2.3 Korrosion an Werkstoffen und Bauprodukten

2.3.1 Begriffe zur Korrosion

In DIN EN ISO 8044 - *Korrosion von Metallen und Legierungen – Grundbegriffe und Definitionen –* heißt es:
„Unter Korrosion[1] versteht man die Wechselwirkung eines Metalls mit seiner Umgebung, die zu einer Veränderung der Eigenschaften des Metalls führt ..."

Außerdem werden die Begriffe verwendet:
- Korrosionserscheinung
- Korrosionsschaden
- Korrosionsschutz

Als **Korrosionserscheinung** bezeichnet man jede Veränderung der Metalloberfläche. Sie muss nicht, kann aber sehr schädlich sein.

Metalloberflächen reagieren mit der Feuchte, dem Sauerstoff und anderen Gasen in der Luft wie Kohlendioxid, Schwefeloxiden, Stickoxiden und können feste, dichte **Schutzschichten** bilden wie die grünliche Patinaschicht (Edelrost) bei Kupfer, ➔ 4.

4 Schutzschicht (Patina) auf Kupferdach

---
[1] Korrosion von corrodere (lat.): zernagen

Auch auf Blei, Zink entstehen schützende Karbonatschichten, auf Aluminium eine Oxidschicht. Sie schützen die Metalle z. T. über Jahrhunderte.

Ähnlich können in Trinkwasserleitungen schützende Deckschichten entstehen, ➔ 1. Diese sind erwünscht.

Von **Korrosionsschäden** spricht man, wenn Metalle durch Korrosion angegriffen und eventuell zerstört werden, ➔ 2, 3. Sie sind unter vielerlei Namen bekannt wie **Rost**, **Grünspan**, **Zinkweiß**.
Als Korrosionsschaden gilt schon, wenn durch Trinkwasser z. B. mehr Kupfer aus den Rohren herausgelöst wird als nach der Trinkwasserverordnung zulässig ist (EG-Richtwert für Kupfer: 2 mg/l nach 12-stündiger Stagnation[1]).

1 Schutzschicht in Trinkwasserleitung aus Kupfer

> Durch Korrosion entstehen allein in Deutschland jährlich Schäden in mehrfacher Milliardenhöhe.

Als **Korrosionsschutz** bezeichnet man alle Maßnahmen, um Korrosion zu verhindern.

2.3.2 Korrosionsursachen

2.3.2.1 Korrosion - ein natürlicher Vorgang

Bekannt ist, dass ungeschütztes Eisen an der Luft rostet. Es rostet aber erst, wenn die Luftfeuchte hoch genug ist, also wenn Wasser hinzukommt.

2 Stark angerostetes verzinktes Blechdach

> **Beispiel:**
> So rostet die 2000 Jahre alte heilige Säule in Delhi nicht, obwohl sie aus unlegiertem Eisen besteht.

In Delhi liegt die Luftfeuchte stets < 60 %.
In der trockenen Luft des Sudans verliert Eisen im Jahr nur 3 g je m² Oberfläche, in der feuchtheißen Luft Singapurs dagegen 90 g/m².

> Feuchtigkeit, also Wasser, spielt neben dem Sauerstoff bei der Korrosion eine große Rolle und Wärme beschleunigt Korrosionsvorgänge noch.

Korrosion ist ein natürlicher Vorgang. Viele Metalle wie Eisen, Zink, Blei kommen in der Natur nicht in reiner Form, sondern als Erz o. Ä. vor. Um aber z. B. aus Eisenerz reines Eisen zu gewinnen, ist sehr viel Aufwand und Energie nötig. Das dann gewonnene reine Eisen befindet sich praktisch in einem energiereichen Zwangszustand. Es will der (energiearmen) Naturform wieder nahe kommen und neigt deshalb zum Rosten, chemisch ausgedrückt zum **Oxidieren**. Diesen Vorgang bezeichnet man als Korrosion.

a) Muldenbildung und Lochfraß

b) Rostknollen, darunter Mulden- und Lochfraß

3 Korrosion im Stahlrohr

Korrosion kann ausgelöst werden durch:
- reaktionsfreudige Stoffe
- galvanische Elemente
- Korrosionselemente bzw. Lokalelemente
- weitere korrosionsfördernde Vorgänge

---

[1] Stagnation ⟨lat.⟩: Stockung, Stillstand (Ruhigstehen von Gewässern)

2.3.2.2 Korrosion durch reaktionsfreudige Stoffe

Zu den reaktionsfreudigen Stoffen zählen:
- Oxidationsmittel
- Salze
- Hydroxide
- Säuren
- Abgase

Oxidationsmittel sind Stoffe, die auf Grund des Atombaues begierig Elektronen, vor allem von Metallatomen, an sich reißen (aufnehmen). Die Metallatome verlieren dadurch im Metallgitter ihre Bindung und gehen in einem Elektrolyten als Ionen in Lösung.

Starke Oxidationsmittel sind z. B. Fluor F, Chlor Cl, Jod J, Sauerstoff O und Wasserstoff-Ionen H^+ sowie Hydroxid-Ionen OH^-, die in Säuren sowie in Laugen und im Wasser enthalten sind.

$$H_2O \rightarrow H^+ + OH^-$$

Salze können das normale Kochsalz bzw. Streusalz (NaCl) sein. Salze sind aber auch in Flussmitteln, Mörtelzusätzen, Gips ($CaSO_4 \cdot 2\,H_2O$) bzw. salzhaltigem Wasser wie Trinkwasser, Regenwasser enthalten.

Hydroxide (…OH) sind z. B. Kalkbrühe [$Ca(OH)_2$], Ätznatron (Natriumhydroxid NaOH), Ammoniak (NH_3 bzw. NH_4OH). Wenn Hydroxide in Wasser gelöst sind, werden sie **Laugen** genannt.

Von **Säuren** sind im Sanitärbereich besonders von Bedeutung:
- Salzsäure (HCl)
- Kohlensäure (H_2CO_3)
- Schwefelsäure (H_2SO_4)
- schwefelige Säure (H_2SO_3)
- Essigsäure (CH_3COOH)

> Essigsäure, oft in Speisen und Reinigungsmitteln bildet mit Kupfer giftigen Grünspan.

Abgase enthalten:
- Kohlendioxid (CO_2)
- Schwefeldioxid (SO_2)
- Stickstoffdioxide (NO_x)

Diese bilden mit dem Wasserdampf im Abgas Säuren.

Die **Wirkung** reaktionsfreudiger Stoffe kennen wir aus Erfahrung:
- ungeschützte Stahlteile wie Lackschäden an Autos neigen besonders im Winter stark zur Rostbildung
- Aluminiumfelgen bekommen helle Punkte; Schuld daran ist in beiden Fällen das Streusalz (NaCl) auf den Straßen

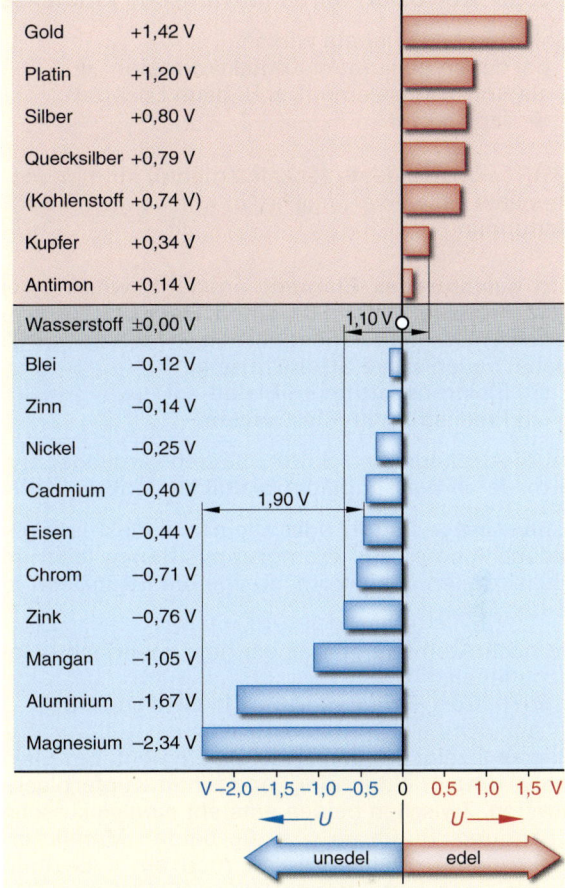

1 Elektrochemische Spannungsreihe, siehe „Lösungsdruck", S. 43

- Zinkstreifen lösen sich in Salzsäure, z. B. beim Herstellen von Lötwasser, Kupferstreifen dagegen nicht
- Stahl- bzw. verzinkte Rohre rosten stark, wenn sie mithilfe von Gips an der Wand befestigt werden; Gips ist ein Salz der Schwefelsäure
- Zink bekommt durch Feuchte weiße Flecken (Weißrost), wenn keine Luft (Sauerstoff) dazukommt, z. B. auf nass gewordenen, aufeinander gestapelten Zinkteilen wie Blechtafeln, Dachrinnen; bei Sauerstoffzutritt bildet sich auf Zink normal eine Schutzschicht (Zinkpatina)

Gold dagegen korrodiert nicht; es bleibt immer glänzend hell und wird nicht einmal von den meisten Säuren angegriffen.

Gold ist in keinem „Zwangszustand", da es in der Natur in reiner Form und nicht als Erz vorkommt.

Welche Metalle stark korrodieren und welche kaum, zeigt die **elektrochemische Spannungsreihe**, in der die Metalle entsprechend eingeordnet sind, → 1. Nach dieser Spannungsreihe werden die Metalle als zunehmend edel bzw. unedel bezeichnet.

Die Spannungsreihe geht zurück auf Untersuchungen galvanischer Elemente.

2

2.3.2.3 Korrosion durch galvanische Elemente

Galvanische Elemente wirken
- bei der so genannten Kontaktkorrosion, ➜ 1
- als Korrosionselement, z. B. beim Lochfraß,
  ➜ Kap. 2.3.2.4

> Korrosionselemente (Lokalelemente) sind in den
> meisten Fällen die Ursache für Korrosion in Rohr-
> leitungen.

Ein **galvanisches Element** entsteht, wenn zwei
verschiedene Metalle in einen Elektrolyten[1] ein-
tauchen und miteinander verbunden werden, ➜ 2.
Dabei bauen sich 2 Stromkreise auf:
- ein Elektronenstrom im Metall
- ein Ionenstrom im Elektrolyten

Im Elektrolyten sind Salze[2], Säuren[3] und/oder Hydroxide[4] in Wasser gelöst; sie bilden Ionen.

Ionen sind positiv (+) oder negativ (–) elektrisch geladene Atome bzw. Atomgruppen. Ionen leiten in
Flüssigkeiten den Strom, so wie die Elektronen in
festen Leitern.

Je nach Atombau gibt es ein- und mehrfach geladene Ionen,
z. B. H^+, Cu^{2+}, Fe^{2+}, Fe^{3+}, Al^{3+}, Cl^-, OH^-, O^{2-}, SO_4^{2-}.

Bild ➜ 3 zeigt ein galvanisches Element. Ein Elek-
trolyt umgibt einen Zink- und einen Kupferblech-
streifen. Zwischen beiden entsteht eine elektrische
Spannung. Berühren sich die beiden Metalle im
Elektrolyten oder verbindet man sie außerhalb
durch einen metallischen Leiter, fließt Strom. Da
Zink das geringere elektrische Potential hat, gibt es
Elektronen ab. Die Elektronen wandern über den
metallischen Kontakt (Leiter) vom Zink zum Kupfer
(Kathode). Es fließt Strom, ➜ 2.

Genau genommen gibt das Zink die Elektronen
nicht freiwillig ab, sondern sie werden ihm vom
Oxidationsmittel entzogen. Aus den Zinkatomen
entstehen so Zn^{2+}-Ionen:

$$Zn \rightarrow Zn^{2+} + 2\ e^-$$

Bei diesem Vorgang werden Elektronen abgegeben. Jede Elektronenabgabe gilt als Oxidation, ➜ 4.
Dieser Vorgang ist also eine **Oxidation**.

Die Zn^{2+} werden vom Elektrolyten aufgenommen;
sie gehen in Lösung. Dort ersetzen sie zum Teil H^+-
Ionen.

Diese H^+-Ionen des Elektrolyten nehmen an der
Kupferplatte Elektronen auf und werden dadurch
zu gasförmigem Wasserstoff neutralisiert, der dann
entweicht (Bläschen in ➜ 2):

$$2\ H^+ + 2\ e^- \rightarrow H_2$$

---

[1] Elektrolyt: elektrisch leitende Flüssigkeit, z. B. Trink-, Regen-, Meerwasser
[2] Salze entstehen, wenn Metalle mit Säuren oder mit Nichtmetallen reagieren
[3] Säuren zerfallen in wässriger Lösung in H^+-Ionen und negativ geladene
    Säurerest-Ionen (dissoziieren); Säuren geben H^+-Ionen ab
[4] Hydroxide bestehen aus Metall-Ionen[+] und OH^--Ionen; in wässriger Lö-
    sung nennt man sie Laugen

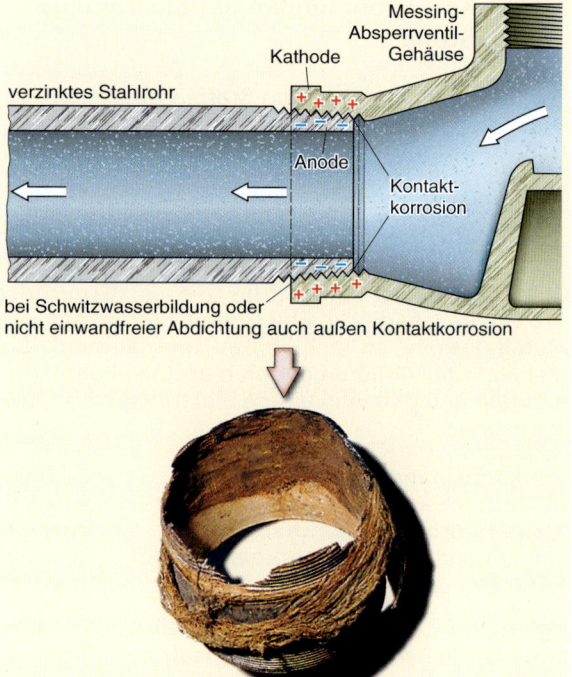

**1 Kontaktkorrosion an der Berührungsstelle von verzinktem
Stahlrohr und Messingarmatur**

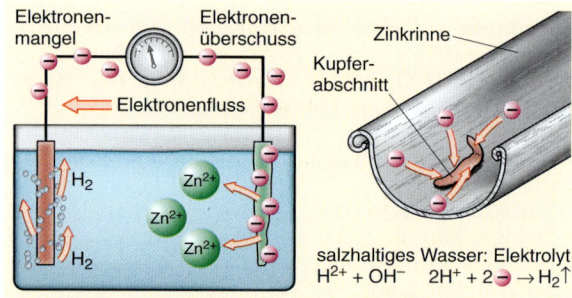

salzhaltiges Wasser: Elektrolyt
$H^{2+} + OH^-$ $2H^+ + 2 e^- \rightarrow H_2\uparrow$

2 Galvanisches Element in Versuch und Praxis

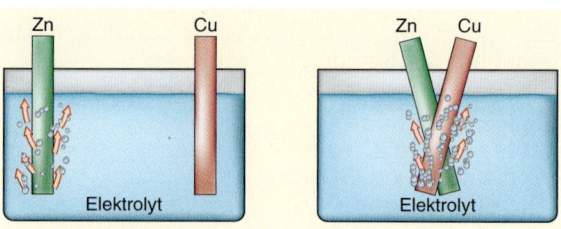

3 Galvanisches Element

$$Na^{\bullet} + \ddot{\underset{\cdot\cdot}{C}l}\cdot \rightarrow Na^+ + \ddot{\underset{\cdot\cdot}{\overset{\cdot\cdot}{C}}l}^{\underline{\ }}$$

Natrium gibt ein Elektron ab (wird oxidiert), Chlor nimmt ein Elektron
auf (wird reduziert) und erreicht ein stabiles Elektronenoktett

$$Ca^{\bullet}_{\bullet} + \ddot{:O} \rightarrow Ca^{2+} + \ddot{\underset{\cdot\cdot}{\overset{\cdot\cdot}{O}}}^{2-}$$

Calcium gibt 2 Elektronen ab (wird oxidiert), Sauerstoff nimmt 2 Elektronen auf (wird reduziert) und erreicht ein stabiles Elektronenoktett

**4 Vereinfachte Darstellung der Elektronenstruktur bei chemi-
schen Vorgängen (Redoxvorgang: Oxidation – Reduktion)**

Bei diesem Vorgang werden Elektronen aufgenommen. Eine Elektronenaufnahme bezeichnet man als **Reduktion**, ➔ 42.4.
Dieser Vorgang ist also eine Reduktion.

Aus dem Beispiel des galvanischen Elementes kann zusammengefasst werden:
- Elektronen werden an der Anode abgegeben; dort herrscht **Elektronenüberschuss**; sie ist der **–Pol**
- an der Kathode werden Elektronen aufgenommen bzw. übergeben (in ➔ 42.2 an H^+-Ionen), es herrscht **Elektronenmangel**, sie wird zum **+Pol**
- Oxidation ist Elektronenabgabe
- Reduktion ist Elektronenaufnahme

Reduktion und Oxidation (**Redoxvorgang**) laufen immer gemeinsam, aber nicht immer am gleichen Ort ab, siehe auch ➔ 42.3. Will man einen Redoxvorgang (Elektronenabgabe/-aufnahme) verdeutlichen, schreibt man chemische Formeln nach ➔ 42.4.

Je stärker negativ das Potential eines Metalls ist, umso leichter geht dieses unter Abgabe von Elektronen in Lösung; man sagt, es hat den größeren Lösungsdruck.

Der **Lösungsdruck** wird in der elektrochemischen Spannungsreihe als das **elektrische Potential** eines Stoffes dargestellt. Gleichzeitig stellt die Spannungsreihe das elektrische Potential der Metalle gegenüber einer bestimmten Elektrode für einen bestimmten Elektrolyten (hier der Wasserstoffelektrode $U = \pm 0$ V) dar. In der Praxis verschieben sich die Werte, je nach Art des Elektrolyten. Außerdem wirken sich Legierungsgehalte z. T. sehr stark auf das Potential aus. Grundsätzlich lässt sich aber ein Spannungsunterschied zwischen 2 Metallen ablesen, z. B. Cu/Zn: $\Delta U = 1{,}1$ V, Fe/Mg: $\Delta U = 1{,}9$ V, ➔ 41.1.

Dies ist wichtig zum Verständnis der Vorgänge bei Korrosionselementen.

Ein weiterer Versuch soll diese Tatsachen bestätigen:
Man legt über einige Tage je einen blanken, einen mit Kupferstreifen und einen mit Aluminiumstreifen umwickelten Stahlnagel in je ein Becherglas mit Leitungswasser und beobachtet, ➔ 1.

Technisch genutzt werden galvanische Elemente z. B. beim Korrosionsschutz (kathodischem Schutz) mit Opferanoden, ➔ 2, aber auch zur Stromerzeugung bei elektrischen Batterien, ➔ 3.

Lernen kann man daraus, dass bei direktem Kontakt zweier Metalle in einem Elektrolyten wie Trinkwasser, Regenwasser das unedlere Metall (mit geringerem elektrischen Potenzial) zerstört wird.

1 Stahlnagel im Trinkwasser nach 21 Stunden

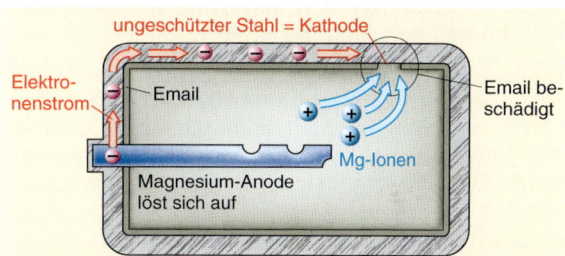

Die Anode aus Magnesium geht in Lösung, wird „geopfert" (**Opferanode**). – Magnesium hat in der elektrochemischen Spannungsreihe die geringste Spannung gegenüber anderen im Rohrleitungsbau verwendeten Metallen. Mg^{2+}-Ionen gehen in Lösung und verhindern damit, dass ungeschützte Stellen des Behälters (Kathode) angegriffen werden. Deshalb spricht man auch von **kathodischem Korrosionsschutz**.

2 Kathodischer Schutz eines Wasserwärmers aus Stahl

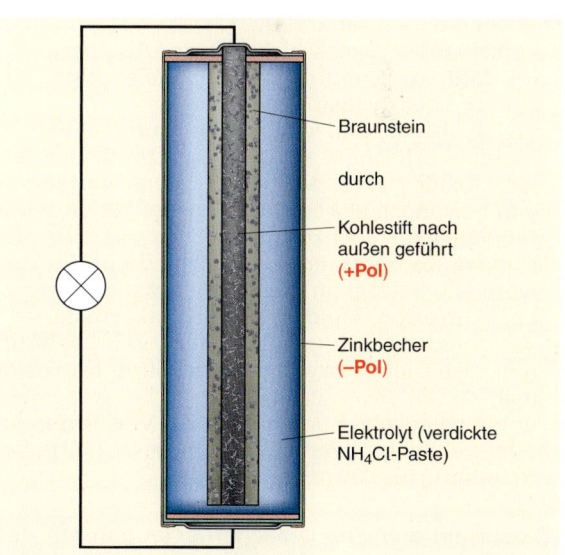

3 Trockenbatterie

So darf z. B. niemals eine Zink- mit einer Kupferdachrinne verbunden werden oder ein Kupferstückchen in einer Zinkrinne liegen bleiben, ➔ 42.2. Ja es genügt bereits, wenn Regenwasser, das über Kupferblech, z. B. eine Kehlrinne fließt, in eine Zink- oder verzinkte Dachrinne gelangt, um das Zink zu korrodieren.

So erklärt sich auch die bekannte **Fließregel** der Wasserinstallation:

> Nach Kupferleitungen niemals verzinktes Material wie Rohre, Warmwasserspeicher, Hahnverlängerungen!

Bei Metallüberzügen auf Stahl unterscheidet man auch zwischen:
- echtem Schutzmetall
- unechtem Schutzmetall

Echte Schutzmetalle sind unedler als das zu schützende Metall. Sie wirken als Anode, lösen sich in einem Elektrolyten und schützen so das edlere Grundmetall vor Zerstörung, ➜ 1.

Das **unechte Schutzmetall** ist edler als das zu schützende Grundmetall. Es bildet die Kathode. Bei einem Riss im Schutzmetall bleibt dieses als Kathode zwar bestehen, das zu schützende Grundmetall als Anode löst sich im Elektrolyten und wird zerstört.

2.3.2.4 Korrosion durch Korrosionselemente

Auf Metalloberflächen, die dem Angriff des Elektrolyten Wasser ausgesetzt sind, bilden sich oft Ansammlungen galvanischer Elemente. Man bezeichnet sie als **Korrosionselemente** bzw. **Lokalelemente**.

Schon geringe Unterschiede in der Oberfläche bewirken ein Korrosionselement, das verschiedene Ursachen haben kann, z. B.:
- verschiedene Deckschichten oder Ablagerungen im Rohr, so genannte Belüftungselemente, führen zur Lochkorrosion
- physikalische und chemische Unterschiede in Metalloberflächen, ➜ 2, wie glatt/rau, oxidiert/nicht oxidiert, z. B. an hart gelöteten Verbindungen bzw. hoch erwärmten Biegestellen von Rohren, bewirken Lochkorrosion
- örtliche Konzentrationsunterschiede im Elektrolyten wie Salzgehalt, Sauerstoffanteile führen zu Lochkorrosion, Mulden- oder Spaltkorrosion
- verschiedene Gefügebestandteile von Legierungen lösen inter- bzw. transkristalline Korrosion aus
- unterschiedliche Spannungen bei Verformungen oder bei Schraubverbindungen, ➜ 46.1, ergeben Spannungsrisskorrosion

> Diese und ähnliche Ursachen erzeugen auf der Metalloberfläche ein Mosaik anodischer und kathodischer Bereiche (Korrosions- bzw. Lokalelemente), die bei Anwesenheit eines Elektrolyten Korrosion auslösen.

Dabei laufen örtlich getrennt Reaktionen ab, die insgesamt zusammenwirken.

Als Beispiel dient die Korrosion in Wasserleitungen durch so genannte Belüftungselemente.

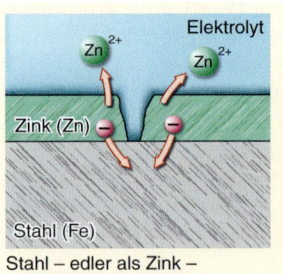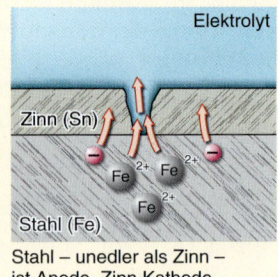

Stahl – edler als Zink – ist Kathode, Zink Anode

Stahl – unedler als Zinn – ist Anode, Zinn Kathode

1 Echtes und unechtes Schutzmetall

a) Weichlötverbindung mit durchgehend gleichmäßiger Deckschicht

b) Hartlötverbindung – Deckschicht ist im ausgeglühten Bereich gestört

2 Korrosionselement im Kupferrohr durch Ausglühen beim Hartlöten

Belüftungselemente sind Ablagerungen im Rohr, z. B.:
- Sandkörner
- Gewinde- und Entgratungsspäne
- Stahlwolle-, Dicht- und Flussmittelreste
- Rostteilchen
- Hanf- und Kittreste
- eingebrannte Ziehfettreste

Derartige Belüftungselemente hindern Sauerstoff zur Rohrwand zu gelangen, sodass sich keine Schutzschicht bilden kann, ➜ 45.1. Diese Stelle wird also nicht „belüftet", daher „Belüftungselement".

Das Metall unter dem Belüftungselement wird zur Anode, die übrige große Umgebung zur Kathode eines örtlichen Korrosionselementes, eines Lokalelementes. Daraus entwickelt sich **Lochkorrosion** (Lochfraß), ➜ 45.2.

Dabei entsteht ein Stromkreis aus 2 Strombahnen (vgl. galvanisches Element):
- Ionenfluss im Elektrolyten wie Trinkwasser, Regenwasser
- Elektronenfluss im festen Leiter: Metalle, z. B. Stahl, Zink, Kupfer

Sauerstoff (O_2) und/oder Wasserstoffionen (H^+) entreißen an der Anode dem Rohrmetall Elektronen, sodass Metallionen im Elektrolyten in Lösung gehen, z. B. als Eisen- (Fe^{2+}) bzw. Kupfer-Ionen (Cu^{2+}):

$$Fe \rightarrow Fe^{2+} + 2\,e^-$$
$$Cu \rightarrow Cu^{2+} + 2\,e^-$$

Die Elektronen wandern in der Rohrwand zum kathodischen Bereich.

Dort werden sie auf 2 Arten verbraucht, nämlich bei der so genannten:
- Sauerstoffkorrosion
- Wasserstoffkorrosion

Sauerstoffkorrosion entsteht durch im Wasser gelösten Sauerstoff, der die frei werdenden Elektronen bindet:

$1/2 O_2 + H_2O + 2e^- \rightarrow 2 OH^-$

Bei der **Wasserstoffkorrosion** werden positiv geladene H-Ionen im Wasser (H^+) durch Elektronen entladen. Wasserstoff wird gasförmig und entweicht ($\uparrow$):

$2 H^+ + 2 e^- \rightarrow H_2\uparrow$

Die Metallionen, hier Eisen Fe^{2+}, verbinden sich zunächst mit OH^--Ionen zu Eisenhydroxid und dann mit im Wasser gelöstem Sauerstoff zu verschiedenen Eisenoxiden (Fe_2O_3, Fe_3O_4 usw.). Diese lagern sich als rot- bis schwarzbraune Schlammknollen an der Rohrwand ab.

Bei Kupfer entsteht zuerst meist Kupferoxid, auch Kupferchlorid oder Kupfersulfat, wenn, wie häufig im Wasser auch, Chlor- und Sulfat-Ionen gelöst sind.

Werden an der Kathode Elektronen ständig verbraucht, so werden an der Anode weiter Elektronen abgegeben, sodass die Korrosion fortschreitet.

Wasser wird bei sinkendem pH-Wert immer aggressiver, Kap. 1.3.2.4.

Beispiel:
Ein Wasser mit pH 6 ist zehnmal aggressiver als eines mit pH 7, da es zehnmal mehr H-Ionen enthält.

An der sehr kleinen Anode eines Lokalelementes gehen relativ viele Metallionen in Lösung, sodass sich der Materialabtrag bis zum Rohrdurchbruch steigert.

Je kleiner die Anodenfläche gegenüber der Kathodenfläche ist, umso höher ist die Stromdichte und umso schneller ist die Anode aufgelöst (zerstört).

Die Schäden treten vor allem in groß bemessenen Leitungen auf (geringe Fließgeschwindigkeit!). Betroffen sind meist:
- horizontale Leitungen aus Kupfer oder verzinktem Stahl an der Rohrsohle (6-Uhr-Lage)
- Fittings für verzinkte Rohre rundum (Spaltkorrosion)
- hartgelöteten Kupferleitungen für Trinkwasser

Derartige Vorgänge sind Hauptursachen der Korrosion in Wasserleitungen.

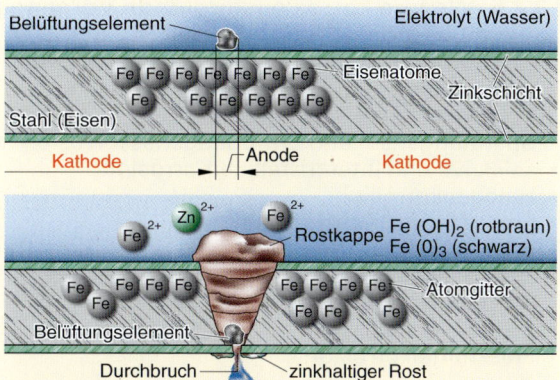

Schmutzteilchen (Gewindespan, Rost-, Sandkorn o. Ä.) bewirken Lokalelementbildung und lösen Lochfraß aus. Durch die ständige Aufnahme der Elektronen (Reduktion), siehe b2, läuft der korrosionsprozess unaufhörlich weiter, bis es zum Wanddurchbruch am Rohr mit Wasseraustritt kommt.

a) Von der Ablagerung bis zum Durchbruch

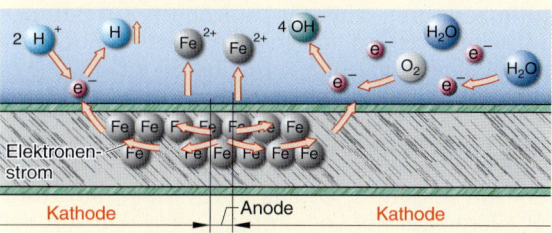

b1) *Anodischer Teilprozess:*
An der Anode lösen sich Zink-, später Eisenatome im Elektrolyten. Sie werden zu Zink- bzw. Eisenionen; ihre Elektronen wandern im Metall zur Kathode und lösen dort Reaktioen aus, z. B.
$2 Fe \rightarrow Fe^{2+} + 4 e^-$ – (Elekronenabgabe = Oxidation)
b2) *Kathodischer Teilprozess:*
b2.1) Im Wasser gelöster Sauerstoff reduziert die Elektronen (nimmt sie auf) und bildet mit Wasser Hydroxidionen (OH^-)
$2 H_2O + O_2 + 4 e^- \rightarrow 4 OH^-$ – (Sauerstoffkorrosion)
b2.2) Wasserstoffionen im Elektrolyten werden durch die Elektronen zu Wasserstoff reduziert, der als Wasserstoffgas entweicht
$2 H^+ + 2 e^- \rightarrow H_2\uparrow$ – (Wasserstoffkorrosion)
b3) *Rostbildung:*
Zink- bzw. Eisenionen verbinden sich mit den Hydroxidionen im Elektrolyten zu Zink- bzw. Eisenhydroxid, das sich als rotbraune Rostkappe über dem Belüftungselement ablagert, z. B.
$2 Fe^{2+} + 4 OH^- \rightarrow 2 Fe(OH)_2$ – (Rostablagerung)
Im Wasser gelöster Sauerstoff oxidiert mit dem Eisenhydroxid weiter zu braunem Eisen(2)Oxid bzw. schwarzem Eisen(3)Oxid
$2 Fe(OH)_2 + 1/2 O_2 \rightarrow Fe_2O_3 + 2 H_2O$ – (braunroter Rost)
$3 Fe(OH)_2 + 1/2 O_2 \rightarrow Fe_3O_4 + 3 H_2O$ – (schwärzlicher Rost)

b) Chemische Vorgänge

1 Lochkorrosion durch Belüftungselemente – hier als Beispiel für ein Korrosionselement im verzinkten Stahlrohr (ähnliche Wirkung und Vorgänge auch in Kupferrohren)

2 Lochkorrosion an einem Kupferrohr

2

2.3.2.5 Weitere korrosionsfördernde Vorgänge

In der Wasserinstallation spielen noch folgende Korrosionsarten eine Rolle:
- Korrosion durch Kavitation
- Spannungsriss- und Ermüdungsrisskorrosion
- selektive und interkristalline Korrosion
- Halogenkorrosion
- Fremdstromkorrosion
- Lochkorrosion
- Erosionskorrosion
- Korrosion an der Dreiphasengrenze
- Spaltkorrosion
- Flussmittelkorrosion

Korrosion durch **Kavitation** (Hohlraumbildung) wird durch hohe Geschwindigkeiten strömenden Wassers mit höherer Temperatur ausgelöst, siehe Kap. 3.3.5.4. Beim Platzen der Dampfbläschen wird auf engstem Raum Energie frei. Sie kann Werkstoffe zerstören, z. B. an Laufrädern bei Pumpen, in Druckminderern, in kaum geöffneten (Eck)Ventilen, an Schiffsschrauben. Kavitation macht sich oft durch Pfeifgeräusche bemerkbar.

Spannungsrisskorrosion, ➔ 1, kann auftreten, wenn Ammoniak-, Chlorid- und Nitritverbindungen von außen, u. U. aus Putzmitteln, auf Rohre vor allem aber auf Legierungen einwirken können. Auch Spannungen durch zu festes Anziehen, z. B. von „Hahn"-Verlängerungen aus Messing, können plötzlich Risse verursachen. Dies führt zu hohen Wasserschäden.

Ermüdungsrisse sind manchmal schwer von Spannungsrissen zu unterscheiden. Man hat z. B. festgestellt, dass Kupferleitungen nach Jahren im Boden gerissen sind und zwar an Stellen, an denen sie während der Bauzeit häufig mit Sackkarren o. Ä. gequert wurden.

Bei der **selektiven Korrosion** werden Legierungsbestandteile aus Legierungen herausgelöst, z. B. bei der Entzinkung von Messing-Armaturen, ➔ 2.

Ähnlich werden bei der **interkristallinen Korrosion** einzelne Legierungsbestandteile an ihren Korngrenzen angegriffen und zerstört, ➔ 3.

Halogenkorrosion wird vor allem an Heizungsanlagen, Abgasleitungen und an Heizkörpern von Gas-Durchfluss-Wassererwärmern beobachtet. Es treten flächige Zerstörungen im Brennraum, an Brennern und in den Abgaswegen auf. Halogenkorrosion wird ausgelöst, wenn in der Verbrennungsluft Halogenverbindungen[1] sind. Diese finden sich in vielen Reinigungs- und Lösungsmitteln der Industrie- bzw. Gewerbebetriebe (Druckereien, Frisörbetriebe, Reinigungsanstalten) und im Haushalt. In der Flamme bilden sich mit den Halogenen und der Feuchte der Verbrennungsgase Säuren, z. B. Salzsäure, Flusssäure. Diese greifen Metalle stark an.

[1] Halogene (Salzbildner) sind Chlor (z. B. im Kochsalz), Fluor, Jod, Brom

a) An Überwurfmutter

b) Im Kupferrohr

1 Spannungsrisskorrosion

2 Pfropfenentzinkung an einem Ventilgehäuse

3 Entzinkung an einem Schrägsitzventil

Fremdstromkorrosion kann auftreten, wenn elektrischer Gleichstrom ins Erdreich abwandert, und auf eine Rohrleitung trifft. Die Eintrittstelle als Kathode bleibt geschützt, die Austrittstelle wird zerstört. Gleichstrom gelangt als so genannter Streustrom oder vagabundierender Strom ins Erdreich z. B. bei der Rückleitung des Stromes durch Schienennetze (Eisenbahn).

Lochkorrosion (Lochfraß), ➔ 1, wird wesentlich durch die Wasserbeschaffenheit **zusammen** mit ungünstigen Betriebs- und Installationsbedingungen, s. Kap. 6.3.4, beeinflusst. Zusätzlich scheinen Grundwässer Lochfraß mehr zu fördern als Oberflächenwässer.

Man unterscheidet:
• Lochkorrosion Typ I
• Lochkorrosion Typ II

Lochkorrosion Typ I tritt in kaltem Wasser auf. Diese Lochkorrosion bildet giftgrüne, kleine Pusteln, ➔ 2. Durch eine Wasserbehandlung ist sie kaum zu vermeiden. Hier können nur innen verzinnte Kupferrohre (Copatin-Rohre) abhelfen.

Lochkorrosion Typ II entwickelt sich in warmem Wasser, aber nur selten, praktisch nur in weichen, sauren Wässern mit hohen Sulfatgehalten. Durch Entsäuern des Wassers kann sie verhindert werden.

Zur **Erosionskorrosion** kann es in dauernd durchflossenen Leitungen kommen, ➔ 3. Erosion ist Materialabtrag durch strömendes Wasser (vgl. Rinnen im Erdreich bei Starkregen). Mitgeführte Feststoffteilchen wie Sandkörner, Rostteilchen verstärken die Wirkung.

Gefährlich für alle Metallrohre, auch Edelstahlrohre, ist die **Korrosion an der Dreiphasengrenze**. Dies ist der Berührungsbereich zwischen Wasser-Luft-Rohrwand in nicht voll gefüllten Rohren.

Diese Korrosion kann sich anbahnen, z. B.:
• wenn nach erfolgter Druckprüfung die Leitungen nicht vollständig entleert werden; verbliebene Wasserreste sind besonders in neuen Leitungen gefährlich, denn darin hat sich noch keine Schutzschicht gebildet
• bei Wasser- oder Luftsäcken in Leitungen, ➔ 4
• bei abgesperrten Leitungen, die nicht vollständig entleert wurden
• bei nicht absperrbaren Leitungen zu selten genutzten Entnahmestellen, z. B. in Gästezimmern in Dachausbauten; dort können sich Luftblasen ansammeln

In engen Spalten, z. B. in Gewindespalten, die durch zu dickes Einhanfen geweitet wurden, können sich wegen zu geringer Sauerstoffzufuhr anodische Materialoberflächen ausbilden. Dies führt zur **Spaltkorrosion**, ➔ 119.1.

1 Lochkorrosion Typ I im Kupferrohr, daneben teilweise Schutzschicht aus grünem Kupfercarbonat

2 Schnitt durch eine Lochfraßstelle

3 Erosionskorrosion

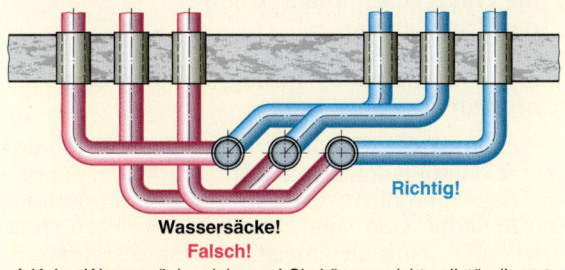

Richtig!

Wassersäcke!
Falsch!

a) Keine Wassersäcke einbauen! Sie können nicht vollständig entleert werden. An den Grenzlinien Wasser-Luft-Werkstoff bilden sich Lokalelemente.

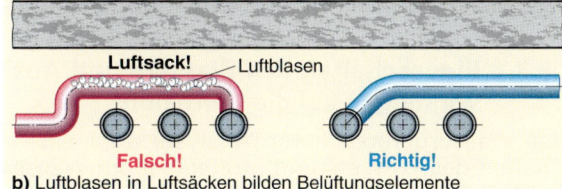

Luftsack! — Luftblasen

Falsch!   Richtig!

b) Luftblasen in Luftsäcken bilden Belüftungselemente

4 Ungünstige Rohrführung

Flussmittelkorrosion in Kupferrohren, → 1, wird heute bei sachgemäßer Verwendung der nach DVGW GW 2 zugelassenen wasserlöslichen Flussmittel vermieden.

2.3.3 Korrosion und Schutzmaßnahmen in Wasserleitungen

2.3.3.1 Korrosionsursachen

DIN 1988-200/EN 806-2 und EN 12502-1 bis 5 - *Korrosion metallischer Werkstoffe (Hinweise zur Abschätzung der Korrosionswahrscheinlichkeit in Wasserverteilungs- und -speichersystemen)* - setzt mehr Wissen voraus, als die normale Installateurausbildung vermittelt.

Da der Installateur aber gehalten ist, die technische Regeln zu befolgen, um nicht schadensersatzpflichtig zu werden, muss er sich von Wasserfachleuten bei der Werkstoffwahl beraten lassen, in erster Linie vom zuständigen Wasserversorgungsunternehmen.

Bei der Werkstoffwahl kommt es darauf an:
• Schäden an Leitungen zu vermeiden, ohne zusätzliche Trinkwasserbehandlungsmaßnahme.
• die Forderungen der Trinkwasserverordnung (**TrinkwV**) zu erfüllen

Beispiel:
Die TrinkwV fordert, dass:
• Werkstoffe abhängig von der Wasserqualität entsprechend dem Stand der Technik (DIN 1988/EN 806 und EN 12502) einzusetzen sind; problematisch sind lt. TrinkwV z. B. Kupfer bei pH-Wert < 7,4
• Grundlage ist eine repräsentative Probe für die durchschnittliche wöchentliche Wasseraufnahme durch Verbraucher

Im Zweifelsfall sollte der Installateur immer auf einen korrosionssicheren Werkstoff ausweichen.

Vier Faktoren beeinflussen die Korrosion in Rohren:
• die Wasserzusammensetzung
• das Rohrmaterial
• die Betriebsbedingungen
• die Installationsausführung (Planung und Verarbeitung)

Zwischen diesen Einflussgrößen bestehen vielfältige, oft kaum erkennbare Zusammenhänge, die präzise Aussagen nicht zulassen. Auch Beurteilungen von Schäden sind sehr schwierig, da deren Ursachen und Abläufe sich meist über Jahre erstrecken.

Ein schädlicher Faktor allein zerstört den Werkstoff nicht. Erst durch Zusammentreffen mehrerer ungünstiger Bedingungen entstehen Korrosionsschäden.

2.3.3.2 Eigenschaften des Wassers und Auswirkungen auf die Korrosion

Eine Wasseruntersuchung (Analyse) zeigt Eigenschaften des Wassers und Stoffanteile im Wasser an, → 2. Diese wirken sich auf das Korrosionsverhalten bei einzelnen Metallen unterschiedlich aus.

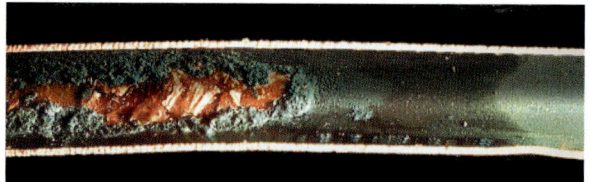

1 Korrosion an einer Flussmittelbahn

Bezeichnung der Probe:	Reinwasser		
Ort der Probenahme:	Stadtwaldwasserwerk		
Datum der Probenahme:	23.10.20XX		
Parameter	**Zeichen**	**Einheit**	**Zahlenwert**
Wassertemperatur		°C	9,6
pH-Wert			7,42
spez. elektr. Leitfähigkeit		S/cm	600
Säurekapazität	$K_{S4,3}$	mol/m³	3,43
Basenkapazität	$K_{B8,2}$	mol/m³	0,33
Summe Erdalkalien (= Gesamthärte)		mol/m³	2,94
Calcium-Ionen	$c(Ca^{2+})$	mol/m³	2,47
Magnesium-Ionen	$c(Mg^{2+})$	mol/m³	0,50
Chlorid-Ionen	$c(Cl^-)$	mol/m³	1,16
Nitrat-Ionen	$c(NO_3^-)$	mol/m³	0,46
Sulfat-Ionen	$c(SO_4^{2-})$	mol/m³	0,99
Phosphatverbindungen		g/m³	1,2
Siliciumverbindungen		g/m³	3,6
Gelöster organische Kohlenstoff (DOC)		g/m³	0,29
Aluminium	Al	g/m³	0,03
Sauerstoff	O_2	g/m³	9,6

2 Wasseranalyse zur Beurteilung der Korrosionswahrscheinlichkeit

$$K_{S4,3} \text{ in } \frac{mol}{m^3} \; \hat{=} \; c\,(HCO_3^-) \text{ in } \frac{mol}{m^3} \; \hat{=} \; \frac{°d}{2,8}$$

Beispiel: $K_{S4,3}$ = 4 mol/m³
KH   = 4 mol/m³ · 2,8 °d · m³/mol = 11,2 °d

3 Umrechnen der Säurekapazität (mol/m³) in Karbonathärte (°d)

In metallenen Rohrleitungen, Behältern u. Ä. soll sich möglichst schnell eine Schutzschicht aus dem Leitungsmaterial und den Inhaltsstoffen des durchfließenden Wassers bilden.

Die **Schutzschichtbildung** wird gefördert durch:
• günstige pH-Werte (pH 7,2 ... pH 9,5)
• bestimmte Sauerstoffgehalte im Trinkwasser
• gewisse Karbonathärten, die durch den Gehalt an HCO_3-Ionen [= c(HCO_3)-] bestimmt werden; das Maß dafür ist die Säurekapazität bei pH 4,3 ($K_{S4,3}$), → 3
• keine oder nur sehr geringe Anteile an freier (aggressiver) Kohlensäure; das Maß dafür ist die Basekapazität bei pH 8,3 ($K_{B8,3}$)

Korrosionsfördernd sind:
- hohe Temperatur
- hoher Sauerstoffgehalt
- hohe elektrische Leitfähigkeit
- Belüftungselemente
- Sulfat- und Nitrat-Ionen
- Chloridionen

Die Korrosion wird, wie viele andere Reaktionen auch, häufig durch **höhere Temperaturen** beschleunigt.

Hoch ist der **Sauerstoffgehalt** bei > 10 g/m^3 Wasser.

Eine hohe **elektrische Leitfähigkeit** zeigt hohe Salzgehalte an.

So genannte **Belüftungselemente** wie Sandkörner, Gewindespäne, Rostteilchen, Dichtmaterialreste wie Gewindekitt mit Hanf können zur gefürchteten Lochkorrosion führen, ➜ 45.2.

Sulfat- und **Nitrat-Ionen** fördern vor allem bei verzinkten Rohren und Kupferrohren die Korrosion. Sulfat-Ionen SO_4^{2-} sind in manchen Böden enthalten (Gipsböden), Nitrat-Ionen NO_3^- gelangen durch übermäßiges Düngen ins Wasser.

Der Eintrag von **Chloridionen** (Cl^-) ins Wasser erfolgt auch über Streusalz (NaCl). Chloridhaltiges Wasser greift dann verzinkte Rohre und, in hoher Konzentration, Edelstahlrohre an (> 1000 mg/l; dieser extrem hohe Wert kommt in Deutschland nur im Raum Bremen vor). Kupferrohre sind gegen Cl^- unempfindlich.

Bei Ionenanteilen kommt es vor allem auf bestimmte Verhältnisse untereinander, auch zum pH-Wert und zur Carbonathärte, an. Dies kann nur der Wasserchemiker beurteilen.

2.3.3.3 Rohrmaterial und Korrosion

Für Trinkwasserleitungen dürfen nur normgerechte und zugelassene Rohre, Formstücke und Arbeitsmittel (Gewindeschneid- und Dichtmittel, Flussmittel, Lote) verwendet werden. Die Wasseranalyse kann über die Einsatzgrenzen der Rohre nur bedingt aussagen. Erfahrungen am Einbauort und der Rat des Wasserversorgungsunternehmens sind zu berücksichtigen.

> Verzinkte Stahlrohre (auch wenn Verzinkung DIN EN 10240 entspricht) sind bei Wassertemperaturen ab 55 °C besonders gefährdet.

Ab etwa 60 °C wird Zink, genauer Zinkoxid, edler als Eisen (**Potenzialumkehr**) und verliert seine Korrosionsschutzwirkung. Zudem kann atomarer Wasserstoff, der bei Korrosionsvorgängen entsteht, die Zinkschicht unterwandern und sie abheben (**Blasenbildung**), sodass sich viele Lokalelemente bilden können, ➜ 1.

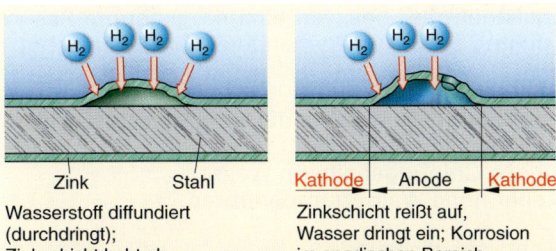

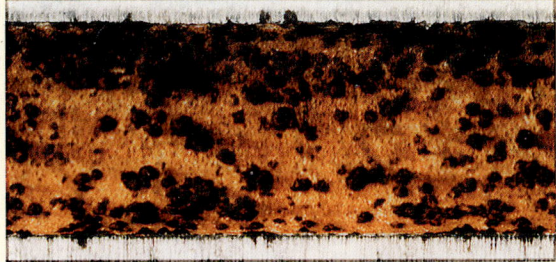

| Zink | Stahl | | Kathode | Anode | Kathode |

Wasserstoff diffundiert (durchdringt); Zinkschicht hebt ab

Zinkschicht reißt auf, Wasser dringt ein; Korrosion im anodischen Bereich

1 Blasendeckelkorrosion durch Wasserstoffdiffusion

> **Hinweis:**
> Bei der thermischen Desinfektion zur Legionellenbekämpfung sind Materialtemperaturen > 70 °C nötig.

> Nach Stand der Technik dürfen verzinkte Stahlrohre für Warmwasserleitungen nicht mehr eingesetzt werden.

> **Anmerkung:**
> Der Zentralverband Sanitär-Heizung-Klima (ZVSHK) konnte mit Herstellern verzinkter Rohre bis heute noch keine Haftungsübernahme wegen eventueller Folgeschäden vereinbaren.

Korrosionsschäden bei **Kupferrohren** durch gleichmäßigen Flächenabtrag sind nicht bekannt. Jedoch kann gelöstes Kupfer aus Rohrleitungen Trinkwasser als Lebensmittel beeinträchtigen. Blaugrüne Ablagerungen auf Sanitärapparaten unter Entnahmestellen sind noch kein Hinweis auf Rohrschäden. Sie weisen aber auf Kupferionen im Wasser hin und damit auf zu hohe Kupfergehalte im Sinne der Trinkwasserverordnung (Durchschnitt < 2 mg/l).

Folgen auf Kupferrohr noch verzinkte Bauteile wie Hahnverlängerungen oder gar Leitungen und Behälter, kommt es dort auf Grund galvanischer Elemente zu Schäden. Deshalb ist die in Kap. 2.3.3.5 genannte Fließregel zu beachten.

Aber auch beim „Rückwärtsfließen", wie beim Entleeren von Leitungen oder Wassererwärmern aus Kupfer, kann es zum Einschwemmen von Kupferionen in verzinkte Leitungsteile kommen.

> Deshalb ist möglichst am Werkstoffübergang (Zink/Kupfer) ein Absperrventil mit Entleerung einzubauen.

Edelstahlrohre besitzen eine so genannte **Passiv-schicht**[1], die sie weitgehend vor Korrosion schützt, → 1.

Ungünstige Betriebsbedingungen zerstören die Passivschicht wie:
• hohe Chloridgehalte im Wasser
• sehr hohe Wassertemperaturen

Nicht schädlich sind:
• Dauertemperaturen ≤ 60 °C, z. B. bei der Begleit-heizung
• kurzzeitige Temperaturen ≤ 70 °C, z. B. zur ther-mischen Desinfektion

> Jedoch ist ein Anwärmen des Edelstahlrohres, z. B. vor dem Rohrbiegen, äußerst schädlich und deshalb zu unterlassen.

Beim Übergang von Edelstahlrohr auf verzinktes Rohr ist zum Schutz des verzinkten Rohres gegen Kontaktkorrosion ein Messing- oder Rotgusszwischenstück, z. B. eine Armatur, einzufügen.

Armaturen bestehen meist aus Kupferlegierungen wie Rotguss oder Messing.

> An verzinkten Rohren, die mit Armaturen aus Kupferlegierungen verschraubt sind, könnte es zur Kontaktkorrosion kommen, → 42.1. In der Praxis treten aber kaum Schäden auf.

Wahrscheinlich liegt dies am günstigen Flächenverhältnis Armatur (kleine Kathode) zu Rohr (große Anode).

Überwiegt aber die Kupferfläche, besteht Gefahr der Kontaktkorrosion, z. B. für kurze verzinkte Nippel in großen Armaturengruppen. Hier sollten nur Rotguss- oder Messingnippel verwendet werden.

2.3.3.4 Betriebsbedingungen und Korrosion

Trinkwasser in Leitungen verliert durch längeres Stehen an Qualität, sodass es unter Umständen nicht mehr lebensmittelgerecht ist. Ähnliches kennt man von vielen Lebensmitteln, z. B. Milch, Fisch, Fleisch, Wurst, Gemüse.

Kaltwasser erwärmt sich beim „Stehen" unnötig. „Abgestandenes Wasser" nennt man auch **stagnierendes Wasser**.

Lange **Stagnationszeiten** des Wassers sind gefährlich hinsichtlich:
• der Korrosion, da
 - sich keine Schutzschicht im Rohr wegen Sauerstoffmangels bilden kann
 - Temperaturanstieg die Korrosion beschleunigt

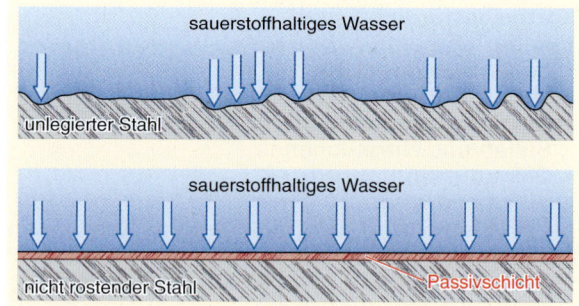

1 Passivschicht schützt hochlegierte Chrom-Nickel-Stähle

• der Hygiene, denn abgestandenes Wasser
 - verliert seine Lebensmittelqualität
 - kann sich über die zulässigen Werte der Trink-wV mit Metallionen anreichern
 - begünstigt die Keimvermehrung und das Legionellenwachstum, besonders in ausgedehnten Rohrnetzen, Filtern, Enthärtungsanlagen u. Ä.

> Deshalb gilt:
> • KW-Leitungen sind so ins Bauwerk einzuordnen, dass sie nicht unnötig erwärmt werden; also KW-Leitungen nicht unnötig durch warme Räume (Heizräume!) führen; vor allem dort keine Verteiler einbauen.
> • KW- und WW-Leitungen sind sorgfältig gegen Wärmedurchgang zu dämmen.
> • KW- und WW-Leitungen dürfen nicht unter einer gemeinsamen Dämmhülle verlaufen.

Bei der Planung von Trinkwasserleitungen sind günstige Betriebsbedingungen anzustreben, damit die Leitungen oft und kräftig durchspült werden.

> **Günstige Betriebsbedingungen** sind:
> • Fließhäufigkeit: oft
> • Fließgeschwindigkeit: groß
> • KW-Temperatur: KW < 15 °C
> • WW-Temperatur: je nach Anlage
> • Fließdauer: lang

Trinkwasser ist häufig zu erneuern (**Fließhäufigkeit**). Es soll nicht über längere Zeiträume in den Leitungen stehen.

Dafür sind anzustreben:
• kurze Leitungsstränge
• kleine Rohrdurchmesser

Um möglichst **kleine Rohrdurchmesser** zu erhalten, sind Rohrleitungen nach DIN 1988-300 oder alternativ für Ein-/Zweifamilienhäusern nach EN 806-3 zu berechnen. Man erhält hohe Fließgeschwindigkeiten innerhalb zulässiger Grenzen.

Vorteile hoher **Fließgeschwindigkeit**:
• es lagern sich kaum Verunreinigungen (Belüftungselemente) ab
• große Volumenströme auch in engen Leitungen und wenig stagnierendes Wasser

---

[1] Passivschicht: dünne Schutzschicht, z. B. Oxidschicht, die Metalle vor Korrosion schützt; sie wird meist (elektro)chemisch erzeugt

Nachteile zu hoher **Fließgeschwindigkeiten**:
• Geräusche können auftreten
• Erosionskorrosion

Um Erosion zu vermeiden empfiehlt das Deutsche Kupfer-Institut, in Zirkulationsleitungen die Fließgeschwindigkeit auf 0,5 m/s zu begrenzen.
Es ist sorgfältig zu prüfen, ob Zirkulationsleitungen überhaupt notwendig und wirtschaftlich sind, siehe Kap. 17.6.3.4.
Problematisch sind verzinkte Gewinderohre. Darin kann es bei Temperaturen über 60 °C zur Korrosion aufgrund der Potentialumkehr Fe-Zn kommen.

Die **Temperatur** sollte in Leitungen für Warmwasser (WW bzw. PWH) wegen möglicher Kalkablagerungen möglichst niedrig sein, auf keinen Fall > 60 °C. Nur zum Schutz gegen Legionellen werden in Großanlagen am Austritt aus Wassererwärmern aber mindestens 60 °C gefordert, siehe DVGW-Arbeitsblatt W 551 - *Verminderung des Legionellenwachstums*.

> Bei solchen Widersprüchen gilt:
> Gesundheit geht vor Korrosionsschutz.

Für eine **lange Fließdauer** sind:
• regelmäßig genutzte Entnahmestellen an Strangenden anzuordnen
• kaum genutzte Entnahmestellen in Ringleitungen einzubinden

Kaum genutzte Entnahmestellen sollen angeschlossen werden an:
• Leitungen, an deren **Ende** eine regelmäßig genutzte Entnahmestelle hängt wie Waschmaschine, Spülkasten, zentraler Wassererwärmer
• **Ringleitungen** mit mehreren Entnahmestellen: knapp bemessene Ringleitungen werden von beiden Seiten durchspült

2.3.3.5 Installationsausführung

Fachgerechtes Planen und Verlegen von Wasserleitungen wird im Kap. 5 – *Trinkwasserversorgung* – behandelt. Hier wird nur auf korrosionsauslösende Ursachen durch Planungs- und Verarbeitungsfehler hingewiesen.

Planungsfehler, die Korrosion begünstigen sind vor allem:
• falsche Leitungsdurchmesser
• falsche Rohrmaterialwahl
• unüberlegte Rohrführung
• fehlende Feinfilter nach der Wasserzähleranlage

Die **Leitungsdurchmesser** müssen dem Verbrauch angepasst sein. Zu hohe Fließgeschwindigkeit kann an bestimmten Stellen Materialabtrag und damit Erosionskorrosion auslösen, z. B.:
• im Bereich nicht abgefräster Schneidgrate
• an Lotperlen im Rohr
• an nicht winkelrecht abgelängten Rohren
• bei geschweißten, nicht normgerechten Gewinderohren, wenn deren Längsschweißnähte nicht entgratet wurden

Das **Rohrmaterial** muss auf die Wasserzusammensetzung abgestimmt werden.

Eine **unüberlegte Leitungsführung** führt u. U. zu:
• „toten" Rohrsträngen mit stagnierendem Wasser
• Leitungen, die nicht völlig entleert werden können; das kann vor allem bei Metallleitungen gefährlich sein
• „Luftsäcken" in Leitungen, → 47.4

Feinfilter müssen Verunreinigungen aus der Versorgungsleitung wie Rostknollen, Sandkörner auffangen. Solche Verunreinigungen können Belüftungselemente bilden, die zu Lochfraß führen.

> Beim **Verlegen von Wasserleitungen** gilt:
> • nur normgerechtes und zugelassenes Material verwenden
> • Verunreinigungen im Rohr vermeiden
> • Möglichkeiten der Geräuschbildung und Erosion vermeiden
> • zu starkes Erwärmen von Kupferrohr vermeiden
> • Edelstahlrohr zum Biegen nicht erwärmen
> • fachgerechtes Reinigen der Rohre
> • Fließregel beachten
> • Leitungen nicht teilgefüllt längere Zeit stehen lassen

Normgerechtes und zugelassenes Material ist zu verwenden bei:
• Rohren
• Fittings
• Fluss- und Dichtmitteln

Verunreinigungen im Rohr bilden Belüftungselemente, die zu Korrosion führen. Deshalb sind Verunreinigungen durch Sand, Mörtelreste, Gewinde- bzw. Entgratungsspäne, Stahlwollereste vom Lötstellenreinigen, Dicht- und Flussmittelreste, die in Leitungen bei Transport, Lagerung, Einbau oder Betrieb gelangen können, zu vermeiden.

Um solche Verunreinigungen zu vermeiden, sind:
• Gewindeschneidmaschinen so aufzustellen, dass keine Schneidmittel und keine Gewindespäne ins Rohr geschleudert werden (Rohr zum Schneidkopf geneigt)
• Rohre und Fittings vor dem Einbau auf freien Querschnitt zu prüfen; wenn nötig sind sie auszuklopfen bzw. auszublasen
• Rohre mit Stopfen oder Kappen immer sorgfältig zu verschließen, damit bei Stemmarbeiten keine Mörtelreste, Sandkörner u. Ä. in Rohre fallen
• Hanf und Dichtmittel sehr sparsam zu gebrauchen, also nur dünn einhanfen oder Flussmittel sparsam auf das Rohräußere auftragen
• Feinfilter vor dem ersten Füllen der Leitungen einzubauen, um Fremdkörper aus dem öffentlichen Netz zurückzuhalten
• Leitungen vor Inbetriebnahme mit filtriertem Wasser sorgfältig zu spülen

Um **Geräuschbildung und Erosion** zu vermeiden:
- sind Schneidgrate zu entfernen
- Rohrenden bei Kupfer- und bei Verbundrohren zu kalibrieren

Kupfer- und Edelstahlrohre dürfen **nicht erwärmt** werden. Deshalb sind sie nur kalt zu biegen. Um Knicke zu vermeiden, sind Biegewerkzeuge zu verwenden.

Zum **fachgerechten Reinigen** von Kupferlötstellen sind für innen und außen Kunststoffvlies oder Reinigungsbürsten zu verwenden, keine Stahlwolle!

Die **Fließregel** besagt: Nie Kupfer vor verzinktem Stahl.

Leitungen dürfen **nicht teilgefüllt** längere Zeit stehen, um Korrosion an der Dreiphasengrenze zu vermeiden.

Mit Verantwortungsbewusstsein und durch sorgfältige Arbeit kann der Installateur wirksam beitragen, Korrosionsschäden zu vermeiden.

1 Korrosionsstelle im erdverlegten Rohr

Verzinkung noch vorhanden

2 Korrosion durch Gips an einem Stahlrohr

2.3.4 Außenkorrosion an Rohren

2.3.4.1 Korrosionsursachen an Rohraußenflächen

Korrosion tritt nur bei Metallrohren auf. Andere Rohre wie Kunststoff-, Glas- und Steinzeugrohre gelten als korrosionsbeständig.

An Rohraußenflächen hat Sauerstoff ungehindert Zutritt. Zusammen mit Feuchte können bei Metallrohren Korrosionsschäden entstehen.

Ursachen von Korrosion an Außenflächen von Metallrohren sind:
- aggressive Stoffe
- unvollständige Passivierung
- Feuchte
- Streustrom

Aggressive Stoffe können enthalten sein:
- im Erdreich, ➔ 1
- in Baustoffen, z. B. in Abbindbeschleunigern oder Frostschutzmitteln für Mörtel, in zementgebundenen Leichtbauplatten, in Estrichen, in Holzschutzmitteln, ➔ 2
- in der Luft, z. B. in chemischen Betrieben, Industriegegenden, Ställen

Bekannt ist, dass satt in Beton eingebettete Stahlarmierungen nicht rosten. Die alkalische Wirkung des Zements **passiviert** die Stahloberfläche, d. h. es entsteht eine dichte Oxidschicht. Sie verhindert die Korrosion des Stahls. Sind aber Teile der Rohrflächen nicht völlig mit Mörtel bedeckt, z. B. an zur Wand oder zum Fußboden gerichteten Seiten, werden diese nicht passiviert, ➔ 3. Kommt ein Elektro-

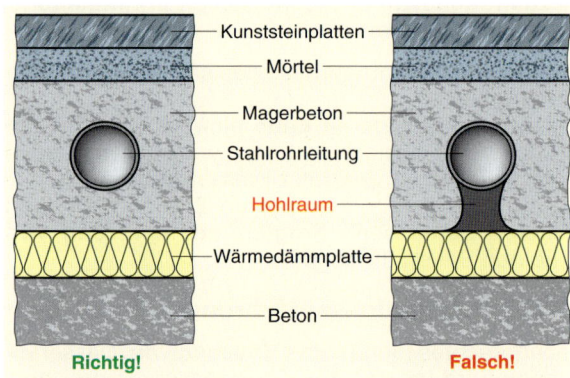

Kunststeinplatten
Mörtel
Magerbeton
Stahlrohrleitung
Hohlraum
Wärmedämmplatte
Beton

Richtig!   **Falsch!**

3 Einbetten von Metallrohren in Beton - Passivierung

lyt dazu, werden sie zur Anode und durch Korrosion zerstört, vgl. ➔ 45.1.

Manche Metalloberflächen werden durch chemische Prozesse wie Oxidieren, Beizen künstlich passiviert wie an Aluminiumbauteilen oder die Innenflächen von Kupferrohren.

Auf Edelstählen bildet sich die Passivschicht von selbst sehr schnell. Sie wird aber bei hohen Temperaturen zerstört.

Deshalb dürfen Edelstahlrohre z. B. vor dem Biegen nicht erhitzt werden.

Je kleiner die unpassivierte Fläche (Anode) im Vergleich zur passivierten (Kathode) ist, umso schneller wird das Material zerstört.

Die Wirkung von Wärmedämmstoffen beruht auf den vielen Hohlräumen in diesen Stoffen. Dringt Luftfeuchte ein, verlieren sie ihre Dämmwirkung. Da die darunter liegenden Rohrwandungen nur zum Teil passiviert sind, bilden sie eine Vielzahl galvanischer Elemente. Kommt **Feuchte** als Elektrolyt hinzu, sind Korrosionsschäden nicht zu vermeiden, ➔ 1. Bei Leitungen in Bodenkanälen, die mit lockerem Material (Mineralwolle o. Ä.) wärmegedämmt werden, verhält es sich ähnlich.

Streustrom ist ein im Erdboden fließender elektrischer Strom, der z. B. vom Fahrstrom einer Straßenbahn ausgeht. Er fließt über die Schiene zum Bahngleichrichter zurück, ein Teil auch über den Erdboden. Er kann an Fehlstellen einer Rohrumhüllung von Stahlrohr ein- und an anderer Stelle austreten. Am Stromaustritt, der Anode, lösen sich Eisenatome, vgl. Kap. 2.3.2.3, die Rohrleitung wird leck.

2.3.4.2 Schutz von Metallrohren gegen Außenkorrosion

Metallrohre sind gegen Korrosion zu schützen besonders:
• im Erdreich
• im Freien
• in feuchten Räumen
• im Mauerwerk (unter Putz, in Fußböden, in Decken)
• in Schächten und Kanälen

Als Schutzmaßnahmen bieten sich an:
• geeignete Werkstoffwahl und korrosionsschutzgerechte Verarbeitung (**aktiver Korrosionsschutz**)
• Fernhalten aggressiver Stoffe (**passiver Korrosionsschutz**)

> Bei nicht korrosionsbeständigen Metallrohren muss der Zutritt von Feuchte bzw. von aggressiven Stoffen zur Rohroberfläche verhindert werden.

2.3.4.3 Korrosionsschutz an Rohrleitungen im Erdreich

Bei Erdreich unterscheidet man 3 Beanspruchungsklassen:
• Beanspruchungsklasse A: sandige, steinfreie Böden ohne Verkehrsbelastung
• Beanspruchungsklasse B: normale, lockere Böden, korrosive Böden
• Beanspruchungsklasse C: schwere, steinige Böden

> Metallrohre, Schweißnähte bei beschichteten Rohren, metallische Rohrverbinder, auch für Kunststoffrohre, u. Ä. sind im Erdreich und in aggressiven Baustoffen hohlraumfrei zu umhüllen.

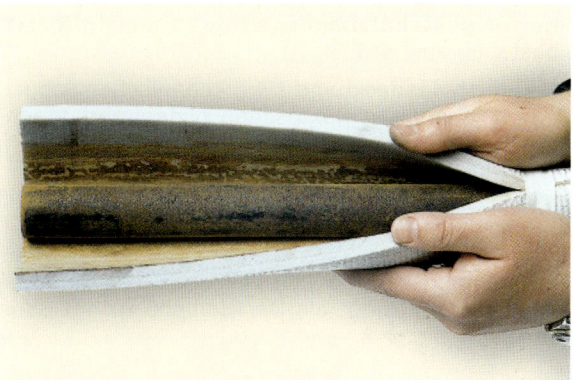

1 Korrosion unter feuchtem Dämmstoff

Korrosionsschutzumhüllungen müssen Sauerstoff und Wasser von Metalloberflächen fern halten und zudem einen hohen elektrischen Widerstand aufweisen.

Als Außenkorrosionsschutz für Rohre sind möglich:
• werkseitige Rohrbeschichtung
• Umwickeln mit Schutzbandagen
• kathodischer Korrosionsschutz, Kap. 2.3.4.4

Werkseitige Rohrbeschichtung

Werkseitig werden überzogen:
• Stahlrohre: mit einer Polyethylenschicht
• Kupferrohre: mit einen PVC-Stegmantel

Die **Polyethylenschicht** über dem Stahl bietet einen hervorragenden Schutz gegen Korrosion und gegen elektrische Streuströme. Früher wurden Stahlrohre werkseitig in Bitumen getaucht, mit einer Lage Teerpappe umwickelt und nochmals getaucht (**bituminierte Rohre**). Gegen Verkleben der Rohre bei Lagerung schützte ein Kalkanstrich.

Ein Kupferrohr mit **PVC-Stegmantel** wird WICU-Rohr genannt (Werkstoff-Isoliertes-Cupfer-Rohr).

Umwickeln mit Schutzbandagen

Umwickelt werden Rohre mit:
• Petrolatumband (Fettbinden)
• Korrosionsschutzbandagen auf Kunststoffbasis

Petrolatumband ist ein wachs- und fetthaltiges Gewebeband mit einer Deckfolie. Diese schützt die Fettmasse gegen Auswaschen im Erdreich. Das Band ist gut anschmiegsam und deshalb einfach zu verarbeiten, z. B. zum Schutz von Armaturen, ➔ 54.1. Es wird heute wieder zunehmend eingesetzt. Bei Flanschen können Schrauben vor dem Umhüllen mit Band in Petrolatummasse gebettet und damit hohlraumfrei umwickelt werden.

2

Korrosionsschutzbandagen auf Kunststoffbasis bestehen aus, ➔ 2,3:

- Polyethylendeckband als mechanischer Schutz und mit hohem elektrischen Widerstand gegen vagabundierende Ströme
- Butylkautschukband zum Korrosionsschutz
- Verbundband

Polyethylendeckband (PE-Deckband), 0,25 mm oder 0,4 mm dick, bringt als Deckschicht auf IIR-Band die Festigkeit, ➔ 2.

Bei Gasleitungen muss die PE-Deckband ≥ 0,4 mm dick sein, bei Wasserleitungen genügen 0,2 mm.

PE-Deckband hat einseitig eine dünne Kleberschicht. Sie ist so dünn, dass sie keine Unebenheiten oder Poren am Rohr ausfüllen kann.

Deshalb ist es nicht fachgerecht, PE-Deckband allein als Korrosionsschutz für Rohre zu verwenden.

Butylkautschukband (IIR-Band) bildet den eigentlichen Korrosionsschutz. Physikalisch gesehen ist Butylkautschuk eine Flüssigkeit; deren Moleküle durchdringen die einzelnen Lagen der Umhüllung und verschlaufen (Selbstverschweißung). So bildet sich ein durchgehender Schlauch. Durch die Spannung beim Wickeln fließt Butylkautschukmasse in jede Pore der Rohroberfläche; damit wird die Umhüllung hohlraumfrei. Allerdings ist die Masse nicht widerstandfähig gegen Eindringen von Sand, spitzen kleinen Steinen u. Ä.

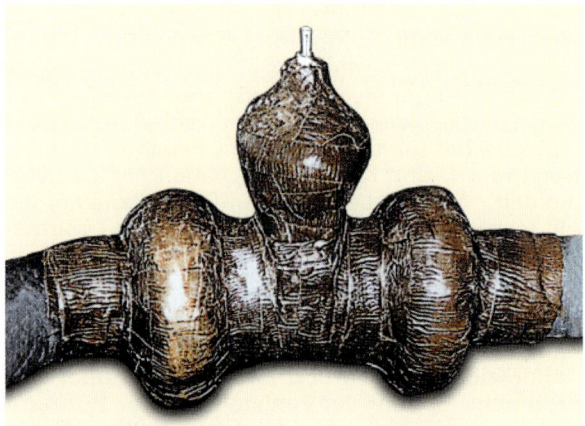

1 Umhüllung von Rohrleitungen und Armaturen mit Plastmasse und Petrolatum-Band

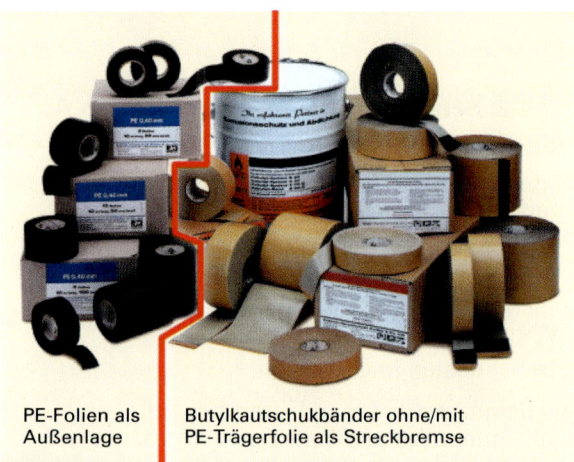

PE-Folien als Außenlage | Butylkautschukbänder ohne/mit PE-Trägerfolie als Streckbremse

2 IIR-Band

Bodenbelastungsklasse	Betriebstemperatur °C	Voranstrich	Innenanlage	Außenanlage
A	30	nein	Vaseline-Kunststoffgemisch auf Fasergewebe mit aufkaschierter Pe-Folie — PE-Folie / Träger / Petrolatum	bei Bedarf Rohrschutzmatte — Flies
B	30	ja	Butylkautschukband 1,5 mm, 1 Wicklung mit 50 % Überlappung — Butyl	PE-Folie 0,4 mm (bei Trinkwasser 0,2 mm), 1 Wicklung mit 50 % Überlappung — PE / Haftkleber
C	30	ja	Butylkautschukband 1,5 mm mit Streckbremse, 1 Wicklung mit 50 % Überlappung — Butyl / Streckbremse (PE) / Butyl	PE-Folie 0,4 mm (bei Trinkwasser 0,2 mm), 1 Wicklung mit 50 % Überlappung — PE / Haftkleber
C	50	ja	Butylkautschukband 1,2 mm mit Streckbremse, 1 Wicklung mit 50 % Überlappung — Butyl / Streckbremse (PE) / Butyl	PE-Band 0,5 mm 1 Wicklung mit 50 % Überlappung — Butyl/coextr. / PE / Butyl/coextr. / Butyl
C	50	ja	Dreischichtenband (PE-Träger-Folie beidseitig asymmetrisch) mit Butylkautschuk beschichtet, 0,8 mm dick 2 Wicklungen mit jeweils 50 % Überlappung	Butyl/coextr. / PE / Butyl/coextr. / Butyl

Für Rohrleitungen im Mauerwerk, in Decken, Fußböden, oder in feuchten Räumen genügt Korrosionsschutz wie für Bodenbelastungsklasse B

3 Kalt verarbeitbare Bänder und Systeme zum Korrosionsschutz von Rohren nach DIN EN 12068

IIR-Band gibt es in verschiedenen Ausführungen, unter anderem z. B. nach ➔ 54.2, 54.3:
- 1,5 mm dick ohne Trägerfolie
- als Verbundband
  - 1,2 mm und 1,5 mm dick mit eingelegter dünner PE-Trägerfolie; die Folie dient als Streckbremse; diese verhindert, dass das Band beim Wickeln überdehnt und damit die Schutzschicht zu dünn wird
  - 0,8 mm dick mit PE-Deckfolie und darüber hauchdünner Butylkautschukschicht zur sicheren Haftung (Verschweißen) der PE-Deckschicht, da PE auf PE schlecht verklebt

Verbundbänder bestehen aus IIR-Band und PE-Deckband. Da PE ein extrem schlecht zu verklebender Werkstoff ist, haftet bei überlappter Wicklung PE zwar fest auf Butylband, aber schlecht auf PE.

> Deshalb gilt ein 3-Schicht-Band als beste Lösung.

Beim 3-Schicht-Band, auch **High-Tech-Band** genannt, ➔ 54.3:
- füllt die Innenschicht aus Butylkautschuk, 1,2 mm dick, Unebenheiten und haftet gut
- darüber sorgt das PE-Deckband für Festigkeit und hohen elektrischen Widerstand
- ganz außen gewährleistet eine ganz dünne IIR-Deckschicht ein gutes Verschweißen bei überlappter Wicklung

Vorbereiten der Rohrleitung zum Umwickeln

Alle ungeschützten Rohrleitungen, Verbindungsstellen und durch Schraubstock, Rohrzange, Gewindeschneidwerkzeug o. Ä. beschädigten Stellen einer Werksumhüllung an Rohren sind sorgfältig zu umhüllen. Dabei sind scharfe Kanten werkseitiger Umhüllungen, z. B. an Schweißstellen, zu brechen, am besten mit einer Kunststoffraspel.

An PE-Werksüberzügen ist auf ca. 100 mm Länge die Oxidschicht mit der Stahlbürste zu entfernen.

Die ungeschützten Stellen von Leitungen wie Schweißstellen sind, ➔ 1:
- zu säubern
  - am besten mit offener Gasflamme leicht erwärmen, um anhaftende Feuchte zu entfernen
  - mit der Stahlbürste von losem Rost und Zunder (Anwärmen erleichtert dies) und mit Waschbenzin von Öl, Fett, Gewindeschneidmittel u. Ä.
- unmittelbar nach dem Säubern mit einem Primer (Voranstrich als Haftgrund) unbedingt zu streichen

Nach Ablüften des Primeranstrichs (ca. 10 min) ist die Rohroberfläche gut haftfähig für die Kunststoffbandage.

Grobe Unebenheiten oder Kantensprünge am Rohr können mit Butylkautschukmasse (-kitt) ausgepolstert werden.

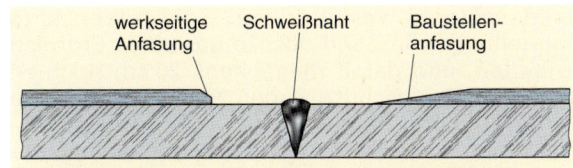

a) Werksumhüllungskanten anfasen mit Kunststoffraspel

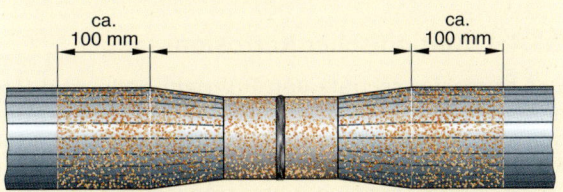

b) Rohr und Umhüllung von Flugrost bzw. Oxidschicht befreien (Anwärmen, Stahlbürste!) und mit Voranstrich grundieren

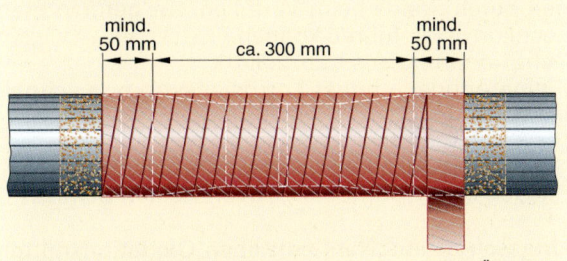

c) Wicklung ringförmig beginnen, wendelförmig mit 50 % Überlappung fortsetzen, ringförmig enden.

Nachumhüllung muss Werksumhüllung min. 50 mm überdecken

2. Lage muss 1. Lage mind. 25 mm überdecken

1 Nachumhüllung an einer Rohrschweißstelle

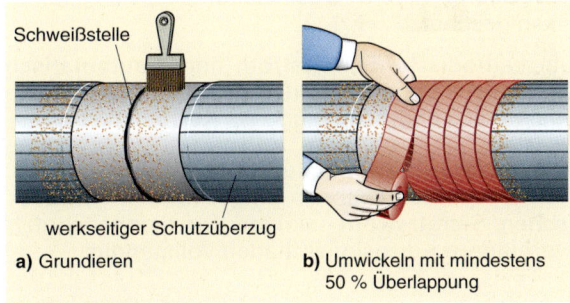

a) Grundieren   **b)** Umwickeln mit mindestens 50 % Überlappung

2 Umhüllen von Rohren

Die Binden sind, mit einer ringförmigen Wicklung beginnend und auch endend, spiralförmig mit 50 % Überlappung zu wickeln (= 2lagig). Die 2. Bindenlage ergibt dann 4lagigen Schutz. Werksumhüllungen sind ca. 50 mm zu überdecken, eine erste Bindenlage um ca. 25 mm.

> Die Bänder sind faltenfrei und ohne Lufteinschlüsse (hohlraumfrei) zu wickeln.

Dementsprechend sind Rohre nach ➔ 2 zu umhüllen.

Beim späteren Verfüllen von Rohrgräben sind Rohrleitungen in Sand oder in gesiebtes Erdreich zu betten, und damit mindestens 20 cm hoch zu bedecken. Dies schützt gegen Steine, welche die Rohrumhüllung durchschlagen oder durchscheuern könnten, z. B. bei Längenänderungen, Erschütterungen durch Verkehr!

2.3.4.4 Kathodischer Korrosionsschutz

Der Korrosionsschutz von Rohrleitungen und Behältern im Erdreich durch werkseitige Beschichtungen oder Umwickeln mit bituminösen Massen oder Kunststoffbandagen hat sich gut bewährt. Dieser so genannte passive Korrosionsschutz ist aber kein völlig sicherer Schutz, da kleine Fehlstellen in der Umhüllung, z. B. durch Poren, Beschädigungen durch Steine beim Verfüllen, zur gefürchteten Lochkorrosion führen können.
Zur Erinnerung aus Kap. 2.3.4.1:
Kleine Anode → hoher Korrosionsstrom → schnelle Zerstörung.

> Der kathodische Korrosionsschutz bietet bei Fehlstellen in der Umhüllung zuverlässigen Schutz.

Ungeschütztem Stahl entziehen Oxidationsmittel, wie Sauerstoff, Elektronen und Eisenatome gehen in Lösung.
Beim kathodischen Schutz werden mit dem Schutzstrom Elektronen zugeführt. Diese decken den Elektronenbedarf des Oxidationsmittels. Somit treten aus dem Werkstoffgitter keine Metallionen wie Fe^{2+} aus. Da das Metall keine Elektronen mehr abgibt, wird es nicht zur Anode; ihm werden sogar Elektronen zugeführt. Es wird zur Kathode, ist also „kathodisch geschützt", ➔ 1.

Der kathodische Schutzstrom findet automatisch die Fehlstellen, unterbindet die Elektronenabgabe des Metalls und damit auch die Korrosion.

> Die übliche Rohrumhüllung zusammen mit dem in Korrosionsreaktionen eingreifenden kathodischen Schutzstrom (aktiver Korrosionsschutz) verhindern Korrosionsschäden vollständig.

> Der Schutzstrom kann erzeugt werden mit:
> • einem galvanischen Element
> • einer Fremdstromanlage

Beim Schutzstrom aus einem **galvanischen Element**, ➔ 42.2, werden als Schutzanode eine oder mehrere Zink- oder Magnesiumanoden im Boden vergraben und mit der Rohrleitung elektrisch leitend verbunden, ➔ 2. Da Zink bzw. Magnesium „unedler" ist als Eisen oder gar Kupfer, gehen diese Metalle „in Lösung". Ihre frei werdenden Elektronen fließen durch die metallische Verbindung als Schutzstrom zur Rohrleitung und reduzieren an Fehlstellen Oxidationsmittel wie H^+-Ionen oder Sauerstoff im Erdreich.

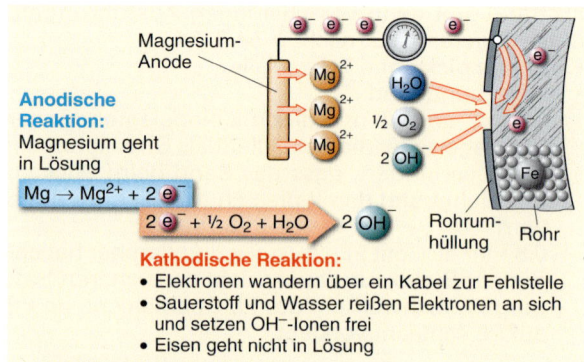

1 Kathodischer Schutz mit Magnesium-Anode auf Grund eines galvanischen Elementes

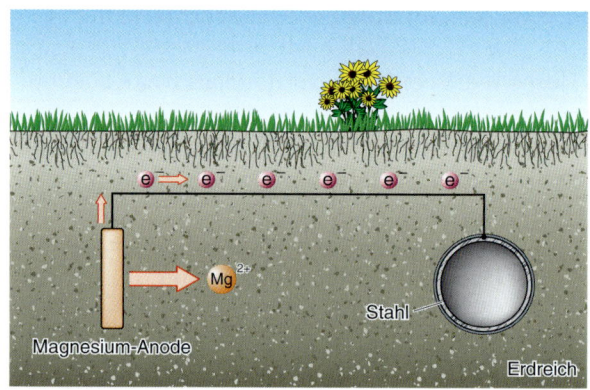

2 Kathodischer Schutz mit Opferanoden

Die Anoden werden auf eine Lebensdauer von etwa 20 Jahren ausgelegt. Da sie im Laufe der Zeit zum Schutz der Leitung verbraucht werden, sich aufopfern, werden sie auch als **„Opferanoden"** bezeichnet.

Dieser kathodische Schutz mit Opferanoden wird auch für den inneren Schutz bei innen emaillierten bzw. kunststoffbeschichteten Wassererwärmern angewandt, ➔ 43.2.

Bei einer **Fremdstromanlage** wird nur ein Schutzstrom < 10 V benötigt. Er wird aus Wechselstrom 230 V~ über Transformatoren und Gleichrichtern in Gleichstrom umgeformt, ➔ 57.1. Durch Verändern der Spannung kann die Schutzstromgröße beliebig einreguliert werden.

Statt vieler einzelner Magnesiumopferanoden, die aus dem Spannungsunterschied zur Rohrleitung (Kathode) den Strom erzeugen müssen, ähnlich wie bei einer Taschenlampenbatterie, reicht **eine** Fremdstromanlage oft für den Schutz einer Leitung bis zu 80 km Länge aus.

Die Anlagen müssen überwacht werden; dazu siehe DVGW GW 10 „Inbetriebnahme und Überwachung des kathodischen Korrosionsschutzes erdverlegter Behälter und Stahlrohrleitungen". Moderne Anlagen werden über Bodensonden und Messgeräte an den Leitungen elektronisch geregelt. Der Stromverbrauch ist sehr gering.

2

Bauteile für Fremdstromanlagen sind im Wesentlichen:
- netzgespeiste Gleichrichteranlage
- Fremdstromanoden mit Kokseinbettung
- Verbindungskabel zwischen Gleichrichter, Rohrleitung und Fremdstromanoden

Die **Gleichrichteranlage** liefert den Schutzstrom. Sie wird mit Wechselstrom 230 V versorgt.

Die **Fremdstromanoden** müssen nur den Schutzstrom ins Erdreich leiten und sollen sich nicht wie Opferanoden aufzehren. Deshalb bestehen sie aus korrosionsbeständigem Material. Sie werden beim Einbau meist in Koks eingebettet. Das vermindert den Übergangswiderstand zum Erdreich und erhöht die Lebensdauer der Anoden bis zu 80 %.

Die **Verbindungskabel** zwischen Rohrleitung und Gleichrichter und zwischen Gleichrichter und Anoden sind isoliert.

2.3.4.5 Korrosionsschutz an im Freien verlegten Rohrleitungen

Bei im Freien verlegten Rohrleitungen schützt man bei höherer Beanspruchung:
- verzinkte Stahlrohre mit asymmetrischem Einschichtenband, mindestens 50 % überlappt (= 2-lagig), ➜ 54.3, Zeile 4
- Kupferrohre durch einen Stegmantel (WICU-Rohr); die Nahtstellen sind sorgfältig mit PVC-Band zu verschließen

2.3.4.6 Korrosionsschutz an Rohrleitungen in Gebäuden

Bei Rohrleitungen in Gebäuden ist zu unterscheiden zwischen Korrosionsschutz an:
- Innenleitungen unter Putz, in Fußböden, in Decken und in feuchten Räumen
- freiliegenden Innenleitungen

Korrosionsschutz an Innenleitungen unter Putz, in Fußböden, in Decken und in feuchten Räumen

Leitungen unter Putz, in Fußböden, in Decken und in feuchten Räumen können sein aus:
- Stahlrohr
- Edelstahlrohr
- Kupferrohr
- Präzisionsstahlrohr

Stahlrohre, auch verzinkte, sind wie Rohre im Erdreich Beanspruchungsklasse B zu schützen, siehe DIN 30672. Wasserleitungen umhüllt man meist mit geschlossen zelligem Dämmschlauch; dabei sind alle Naht- und Stoßstellen sorgfältig zu verkleben. Schlampige Arbeit hat ähnliche Folgen wie sie Bild ➜ 52.2 zeigt.

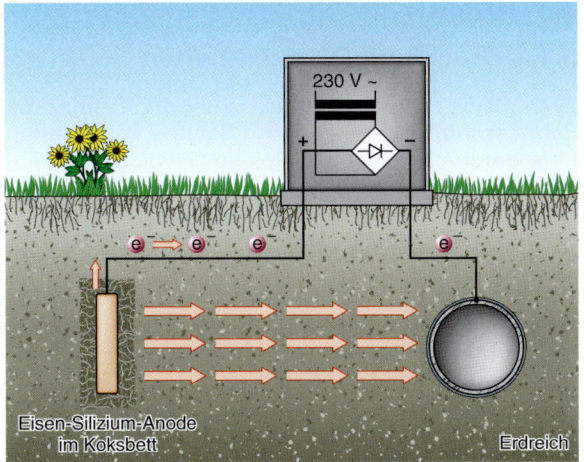

1 Kathodischer Schutz mittels Fremdstromanlage

Edelstahlrohre in feuchten Räumen sind wie Stahlrohre zu schützen. In feuchten Räumen können sie nämlich durch wiederholte Wasserverdunstung „aufchloren" (Chloridgehalte summieren sich).

Kupferrohre sind mit PVC-Stegmantel zu verwenden oder wie Stahlrohre zu umwickeln (aufwändiger!)

Präzisionsstahlrohre sind wie Rohre im Erdreich Beanspruchungsklasse B zu umwickeln.

Korrosionsschutz an frei liegenden Innenleitungen

Frei liegende Rohrleitungen können sein aus:
- verzinktem Stahlrohr
- Kupferrohr
- Edelstahlrohr
- Präzisionsstahlrohr

Verzinkte Stahlrohre können evtl. mit Farbe gestrichen werden; **Kupfer-** und **Edelstahlrohre** benötigen keinen Schutz.

Präzisionsstahlrohre, auch verzinkte, sind immer gegen Korrosion zu schützen. Ihre Verzinkung soll die Rohre nur während ihrer Lagerung vor dem Rosten bewahren; sie entspricht nicht der Güte bei Gewinderohren nach EN 10240. Freiliegende Präzisionsstahlrohre müssen einen Grund- und mindestens einen Deckanstrich erhalten.

Je kleiner die ungeschützte (anodische) Stelle an Rohren gegenüber der großen kathodischen Rohrfläche ist, umso stärker fließt der Korrosionsstrom und je rascher wird das Material zerstört.

Werden Rohre durch Decken oder Wände geführt, sind Schutzrohre aus korrosionsbeständigem Material in diese einzusetzen. Die Schutzrohre sollen auf beiden Seiten etwa 5 cm überstehen.

Häufig sind bei Decken- bzw. Wanddurchführungen sowieso Rohrumhüllungen aus Schallschutz- und/oder Brandschutzgründen erforderlich.

3 Grundlagen aus Physik und Bautechnik

3.1 Druck

3.1.1 Druck und Druckeinheiten

Zwei gleich schwere Männer, einer ohne, einer mit Schneeschuhen, erzeugen im Schnee verschieden tiefe Eindrücke, weil die gleiche Gewichtskraft auf verschieden große Flächen wirkt, ➔ 1.

In geschlossenen Behältern werden Flüssigkeiten und Gase unter Druck gesetzt, wenn eine Kraft auf einen Kolben wirkt, vgl. Luftpumpe, ➔ 2.

Wirkt eine Kraft senkrecht auf eine Fläche, entsteht Druck. Dieser ist umso größer, je größer die Kraft und je kleiner die Fläche ist.

> Druck ist Kraft geteilt durch Fläche, ➔ 3

Gesetzliche **Einheit** für Druck ist **1 N/m²**; der besondere Name dafür ist 1 Pascal[1] (**1 Pa**).
1 Pa ist ein äußerst geringer Druck. Er entspricht etwa dem Druck, den eine Fliege auf eine Fingernagelfläche ausübt.

Das Pascal liefert in der Technik meist zu große Zahlenwerte, deshalb wurde als Einheit für größere Drücke die Einheit „bar" eingeführt.
Hohe Drücke bei Flüssigkeiten und Gasen misst man in bar, geringere in mbar bzw. hPa (Hektopascal), noch kleinere in Pa.

Bei vielen Berechnungen muss man die Einheiten „bar" oder „Pa" in N/m² oder in N/cm² umwandeln und damit rechnen, ➔ 4.

Begriffe zum Druck kann man einteilen nach:
- Druckgrößen nach DIN 1314
- dem Medium, in dem der Druck auftritt, z. B. Luftdruck, Druck in Flüssigkeiten bzw. hydrostatischer Druck
- Energiezustand des Mediums, z. B. statischer Druck, dynamischer Druck, Fließdruck

3.1.2 Druckgrößen nach DIN 1314

Nach DIN 1314 unterscheidet man folgende Druckgrößen, ➔ 5:
- absoluter Druck
- Druckdifferenz - Differenzdruck
- Überdruck

Der **absolute Druck** p_{abs} ist der Druck gegenüber dem Druck Null im luftleeren Raum.
In Rohrleitungen, Behältern, Räumen, Schornsteinen u. Ä. hängen viele Erscheinungen oder Vorgänge oft nur vom Unterschied (Differenz) des darin herrschenden Druckes gegenüber einem bestimmten Bezugsdruck ab. Bezugsdruck ist meist der umgebende Luftdruck p_{amb}[2].

[1] Pascal, Blaise: franz. Mathematiker und Physiker 1623-1662
[2] ambiens ⟨lat.⟩: umgebend

1 Druck ist Kraft durch Fläche

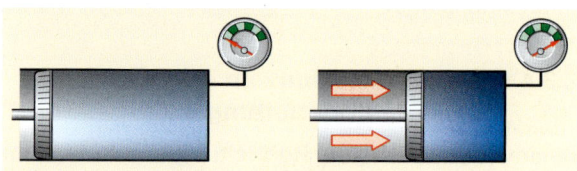

2 Druck in Flüssigkeiten und Gasen

$$p = \frac{F}{A}$$

p	Druck in Pa (= N/m²)
F	Kraft in N
A	Fläche in m²

3 Berechnen des Druckes

$$\textbf{1 bar} = 100\,000\ \text{Pa} = \frac{100\,000\ \text{N}}{\text{m}^2} = \frac{100\,000\ \text{N}}{10\,000\ \text{cm}^2} = \textbf{10}\ \frac{\textbf{N}}{\textbf{cm}^2}$$

$$1\ \text{mbar} = 100\ \text{Pa} = 1\ \text{hPa}$$

4 Umrechnen von Druckeinheiten

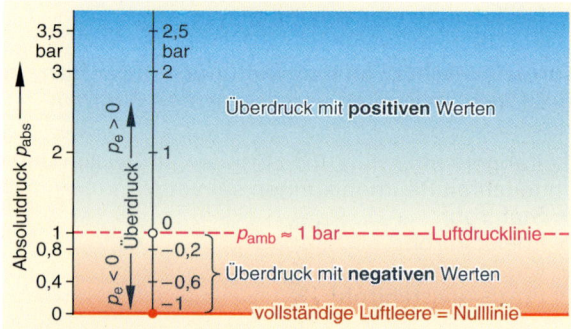

Bei den Druckskalen verhält es sich ähnlich wie bei den Temperaturskalen, ➔ 64.2
Skale Absolutdruck ≙ absolute Temperatur in K
Skale Überdruck ≙ Celsiustemperatur in °C
Luftdrucklinie ≙ Temperatur 0 °C
Ein Druck kann nicht geringer sein als $p_{abs} = 0$ bar ≙ $p_e = -1$ bar.
Eine Temperatur < 0 K ≙ −273 °C gibt es nicht.

5 Druckgrößen – Druckbereiche

Als **Druckdifferenz** Δp gilt die errechnete Differenz zweier Drücke, ➔ 1:

$\Delta p = p_1 - p_2$

Differenzdruck, ➔ 1, nennt man den Wert Δp, wenn er nicht errechnet, sondern direkt abgelesen wird.

Überdruck p_e[1] ist die Differenz zwischen einem absoluten Druck p_{abs} und dem (jeweiligen) Atmosphärendruck p_{amb}, ➔ 58.5:

$(p_e = p_{abs} - p_{amb})$

> Ein Überdruck hat:
> - einen positiven Wert ($p_e > 0$), wenn der absolute Druck größer als der Luftdruck ist:
> $(p_{abs} > p_{amb})$
> - einen negativen Wert ($p_e < 0$), wenn der absolute Druck kleiner als der Luftdruck ist:
> $(p_{abs} < p_{amb})$

Einen Überdruck mit negativem Wert nannte man früher >**Unterdruck**<.
Das Wort >Unterdruck< darf
- nur noch für die Bezeichnung eines Zustandes verwendet werden, z. B.:
  - in der Saugleitung herrscht >Unterdruck<
  - die >Unterdruckkammer<
- **nicht mehr** als Benennung einer Messgröße verwendet werden

> **Beispiel:**
> **Falsch** ist:
> Am Vakuummeter wird ein Unterdruck von 0,2 bar abgelesen.
>
> **Richtig** muss es heißen:
> Am Vakuummeter wird ein Überdruck von –0,2 bar abgelesen.

In Wortzusammensetzungen mit >Druck< darf das Wort „Über..." entfallen, wenn die Situation eindeutig ist.

> **Beispiel:**
> - Prüfdruck
> - Gasdruck
> - Reifendruck
>
> Bei allen 3 Beispielen handelt es sich um Überdruck.

3.1.3 Druckarten nach Medien

> Nach den Medien kann Druck eingeteilt werden in:
> - Luftdruck
> - hydrostatischer Druck

[1] execedens ⟨lat.⟩: überschreitend

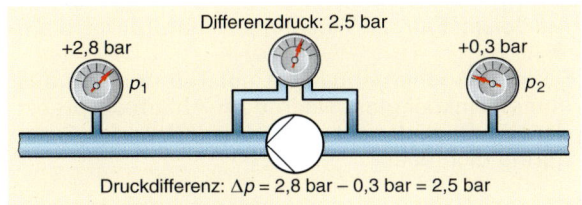

1 Druckdifferenz und Differenzdruck

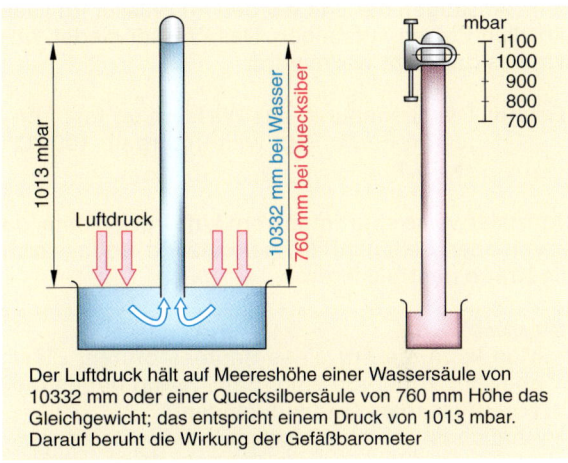

Der Luftdruck hält auf Meereshöhe einer Wassersäule von 10332 mm oder einer Quecksilbersäule von 760 mm Höhe das Gleichgewicht; das entspricht einem Druck von 1013 mbar. Darauf beruht die Wirkung der Gefäßbarometer

2 Luftdruck - Wirkung und Messen

3.1.3.1 Luftdruck (Atmosphärendruck)

Die Erde ist von einer bis zu 500 km dicken Lufthülle, der Atmosphäre, umgeben. Deren Masse wird von der Erde angezogen und übt auf die Erdoberfläche einen Druck aus, den Atmosphärendruck oder Luftdruck.

Auf Meereshöhe hält dieser Druck das Gleichgewicht, ➔ 2:
- einer Wassersäule von 10 332 mm ≈ 10 m oder
- einer Quecksilbersäule von 760 mm Höhe (Quecksilber ist 13,6-mal schwerer als Wasser)

Diese Entdeckung machte der italienische Physiker Evangelista Torricelli (1608-1647) und erfand das Quecksilberbarometer.
Torricelli zu Ehren gab es **früher** die Einheit
1 Torr = 1 mm QS.

Die Einheiten Torr und mm QS sind ebenso wie mm WS keine gesetzlichen Einheiten mehr und dürfen offiziell nicht mehr verwendet werden.

> Heute misst man den Luftdruck in mbar oder hPa (Hektopascal).

Der Luftdruck wird mit zunehmender Höhenlage immer geringer. Er nimmt je 8 m Höhe um etwa 1 mbar = 1 hPa ab, vgl.   10.1.

Dies kommt daher, weil die Dichte der Lufthülle mit steigender Entfernung von der Erde stark abnimmt. Die Hälfte der Lufthüllenmasse befindet sich erdnah bis zu einer Höhe von 5500 m über Meeresspiegel.

Als **Beispiel** für die Wirkung des Luftdruckes dient
➜ 1:
Beim Einkochen entweicht ein Teil der Luft aus
einem Einkochglas. Nach dem Abkühlen presst
der Luftdruck den Deckel auf das Glas; der Gummiring dichtet ab.

Statt das Glas zu erhitzen, kann man mit einer Vakuumpumpe die Luft daraus absaugen.
Beim Absaugen der Luft werden im Wasser im Glas
plötzlich Blasen aufsteigen. Das Wasser siedet, obwohl es gar nicht warm wird.

Grund: Der Siedepunkt des Wassers im fast luftleeren Raum liegt weit unterhalb 100 °C,
➜ 10.1.

Normalerweise spürt man vom Luftdruck nichts, da
er von allen Seiten auf Körper einwirkt, sodass sich
die Kräfte neutralisieren.

Beispiel:
- Man kann die Tür eines Raumes öffnen. Bläst
aber der Wind von einer Seite heftig gegen die
Tür, muss man Kraft aufwenden.
- Ähnlich ist es, bei einem im Wasser versinkenden Auto: Die Tür lässt sich erst öffnen, wenn
der Innenraum mit Wasser vollgelaufen ist.
Dann heben sich die Drücke auf.

3.1.3.2 Hydrostatischer Druck

Taucher wissen, dass je tiefer sie tauchen, der
Druck auf ihren Körper immer größer wird. Ein zu
schnelles Auftauchen ist lebensgefährlich, da ihre
Lunge sich nicht so schnell an den oben herrschenden geringeren Druck anpassen kann.
In U-Boot-Filmen erfährt man, dass die Wassersäule
in großer Tiefe ein U-Boot zusammenpressen kann.

Die Gewichtskraft von Körpern erzeugt Druck auf
ihre Auflagefläche.

Übt den Druck eine ruhende Flüssigkeitssäule
aus, nennt man ihn **hydrostatischen**[1] **Druck.**

Der hydrostatische Druck wird bestimmt von:
- der Höhe der Flüssigkeitssäule h in m
- der Dichte der Flüssigkeit ϱ in kg/m³
- der örtlichen Erdbeschleunigung bzw. dem Ortsfaktor g in N/kg

$$p = h \cdot \varrho \cdot g$$

Aus der Formel ersieht man, dass beim hydrostatischen Druck die Fläche keine Rolle spielt, ➜ 2.

Der hydrostatische Druck kann aber eine gewaltige
Kraft erzeugen, wenn er bei hohen Flüssigkeitssäulen auf eine große Fläche wirkt.

[1] hydro... ⟨griech.⟩: Wasser, Flüssigkeit; statisch ⟨griech.⟩: ruhend, fest

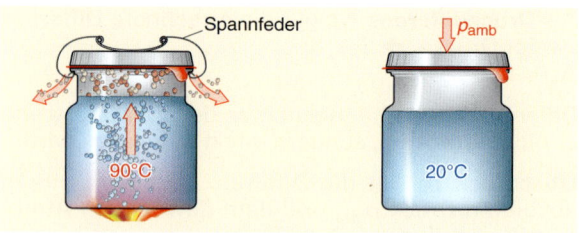

1 Luftdruckwirkung beim Einkochen

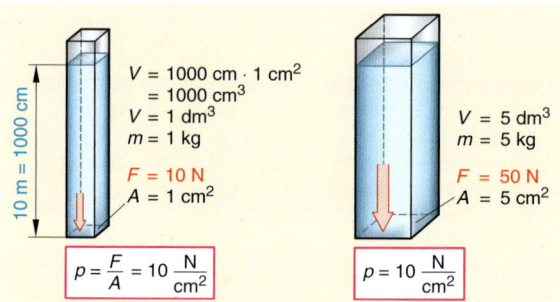

$V = 1000\ \text{cm} \cdot 1\ \text{cm}^2$
$= 1000\ \text{cm}^3$
$V = 1\ \text{dm}^3$
$m = 1\ \text{kg}$
$F = 10\ \text{N}$
$A = 1\ \text{cm}^2$

$V = 5\ \text{dm}^3$
$m = 5\ \text{kg}$
$F = 50\ \text{N}$
$A = 5\ \text{cm}^2$

$p = \dfrac{F}{A} = 10\ \dfrac{\text{N}}{\text{cm}^2}$ $p = 10\ \dfrac{\text{N}}{\text{cm}^2}$

Gleicher Druck trotz verschiedener Massen, weil Höhe und Dichte
der Wassersäulen gleich sind.

Gleicher Druck in ruhenden Flüssigkeiten unabhängig von
Querschnitt und Form der Röhre.

2 Hydrostatischer Druck

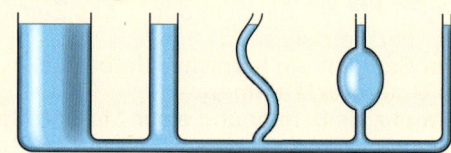

Beispiel:
Welcher Druck herrscht am Fuße einer 10 m hohen Rohrleitung, wenn sie gefüllt ist mit
1. **Wasser** (ϱ = 1000 kg/m³)

$$p = h \cdot \varrho \cdot g$$

$p_\text{W} = 10\ \text{m} \cdot 1000\ \dfrac{\text{kg}}{\text{m}^3} \cdot 10\ \dfrac{\text{N}}{\text{kg}}$

$p_\text{W} = 100\,000\ \dfrac{\text{N}}{\text{m}^2} = \textbf{1 bar}$

2. **Öl** (ϱ = 850 kg/m³)

$p_\text{Öl} = 10\ \text{m} \cdot 850\ \dfrac{\text{kg}}{\text{m}^3} \cdot 10\ \dfrac{\text{N}}{\text{kg}}$

$p_\text{Öl} = 85\,000\ \dfrac{\text{N}}{\text{m}^2} = \textbf{0,85 bar}$

Eine Wassersäule von 10 m Höhe erzeugt einen
Druck von 1 bar.

Das gilt allerdings nur für Wasser. Andere Flüssigkeiten, die eine andere Dichte besitzen, erzeugen
auch einen anderen hydrostatischen Druck.

Der hydrostatische Druck wird z. B. in der Wasserversorgung bei Hochbehältern genutzt, ➜ 180.3.
Die Wassersäule, die vom Hochbehälter ausgeht,
hält den Druck im Versorgungsnetz konstant, auch
wenn Versorgungspumpen vorübergehend ausfallen sollten.

3.1.4 Druckmessung

Zur Druckmessung werden eingesetzt:
• Vakuummeter
• Manometer

Vakuummeter messen den negativen Überdruck (früher: Unterdruck, Vakuum)

Mit **Manometern** misst man den Überdruck von Gasen und Flüssigkeiten.

Es gibt unterschiedliche Manometer, ➔ 1:
• Rohrfedermanometer
• Plattenfedermanometer
• Kapselfedermanometer
• Flüssigkeitsmanometer
• Barometer
• Hydrometer

Beim **Rohrfedermanometer** ist das Messglied eine Rohrfeder, ➔ 2. Diese windet sich auf, ähnlich wie aufblasbare Papierschlangen. Steigt der Druck im Rohr, versucht das Rohr sich zu strecken. Der Rohrwerkstoff ist elastisch

Beim **Kapselfedermanometer** wird, anstelle der Membran beim Plattenfedermanometer, ➔ 3, eine dünnwandige Dose als Messbasis benutzt. Beide Arten dienen zum Messen geringer Drücke.

Mit **Flüssigkeitsmanometern** kann man Überdrücke mit positiven und negativen Werten (Unterdruck) genau messen.

Flüssigkeitsmanometer sind z. B.:
• U-Rohr-Manometer
• Schrägrohrmanometer

Das **U-Rohr-Manometer** ist einfach, sehr preiswert und zeigt sehr präzise den Druck an. Deshalb ist es im Gasbereich das wichtigste Druckmessgerät für den Installateur, ➔ 4.

Das **Schrägrohrmanometer** ist für das Messen sehr geringer (Unter)Drücke geeignet, z. B. zum Messen des Schornsteinzuges, ➔ 5.

Mit **Barometern** misst man den Luftdruck. Es gibt sie als:
• Flüssigkeitsbarometer
• Dosenmanometer (ähnlich einem Kapselfedermanometer)

Hydrometer[1] messen genau genommen keinen Druck, sondern Wasserstandshöhen (in m). Sie werden bei Heizungsanlagen mit offenem Ausdehnungsgefäß verwendet, um zu erkennen ob das Ausdehnungsgefäß am höchsten Punkt – und damit die gesamte Heizungsanlage – mit Wasser gefüllt ist. Nicht verwechseln darf man sie mit dem Hygrometer[2], mit denen man die Luftfeuchte misst.

[1] Hydro...(griech.): Wasser, Flüssigkeit
[2] Hygro...(griech.): (Luft)Feuchte, Feuchtigkeit

Manometer mit	Messbereich	Anwendung bei
Rohrfeder	0/0,6 bar bis 0/1000 bar	Flüssigkeiten und Gasen
Plattenfeder	0/16 mbar bis 0/25 bar	Flüssigkeiten und Gasen
Kapselfeder	0/2,5 mbar bis 0/600 mbar	Gasen
Flüssigkeitsmanometer (U-Rohr-, Schrägrohr-Manometer)	0/2,5 mbar bis 0/600 mbar	Gasen

1 Manometer: Messbereich und Anwendung

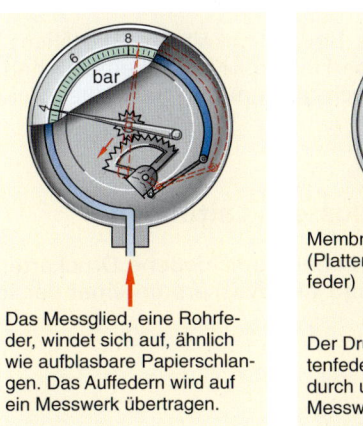

Das Messglied, eine Rohrfeder, windet sich auf, ähnlich wie aufblasbare Papierschlangen. Das Auffedern wird auf ein Messwerk übertragen.

2 Rohrfedermanometer

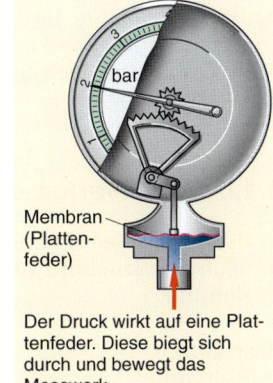

Der Druck wirkt auf eine Plattenfeder. Diese biegt sich durch und bewegt das Messwerk.

3 Plattenfedermanometer

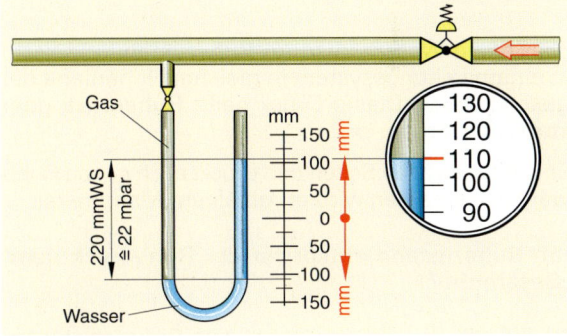

4 U-Rohr-Manometer

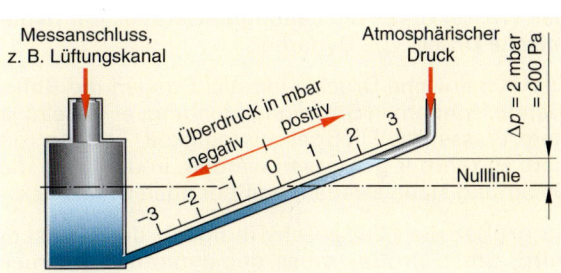

5 Schrägrohrmanometer

3.1.5 Druckfortpflanzung

Jeder hat sicher schon folgendes beobachtet:
- Taucht man eine Hand in einen Becher mit Wasser, weichen die Wassertropfen aus und der Wasserspiegel im Becher steigt.
- Versucht man aber einen Korken in eine randvoll gefüllte Flasche zu pressen, ist dies nicht möglich

Ergebnis:
- Teilchen einer Flüssigkeit lassen sich in offenen Gefäßen leicht verdrängen; sie sind sehr beweglich.
- Flüssigkeiten lassen sich praktisch nicht zusammenpressen wie Gase (Gase nehmen unter Druck einen kleineren Raum ein!).

Durch die leichte Beweglichkeit und die Nichtzusammenpressbarkeit von Flüssigkeitsteilchen wird Druck praktisch gleichmäßig nach allen Seiten fortgeleitet, ➜ 1.

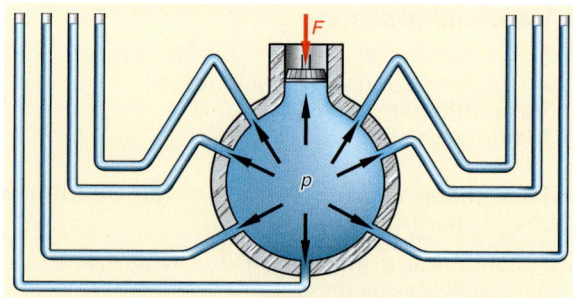

1 Druck pflanzt sich in Flüssigkeiten nach allen Seiten gleichmäßig fort

3.1.6 Druckverluste in Leitungen

In Rohrsystemen stehen verschiedene Druckarten je nach Fließzustand des Wassers miteinander in Beziehung.

Das sind:
- Ruhedruck
- dynamischer Druck
- Fließdruck
- Gesamtdruck

Fließt kein Wasser, also im Ruhezustand, herrscht in einem Leitungssystem in gleicher Höhenlage der gleiche Druck. Dieser Druck heißt **Ruhedruck** oder **statischer Druck**, ➜ 2a.

Er wirkt nach allen Seiten und drückt auch gegen Rohrwände. Gemessen wird er mit einem Manometer.

Im Ruhezustand entspricht der Ruhedruck dem Gesamtdruck.

Um die Wassermasse durch Leitungen zu bewegen, ist Druck nötig, ➜ 2b. Der Teil an Druck, der das Wasser durch die Leitung bewegt, ist der **dynamische Druck**, vgl. Dynamo.

Der dynamische Druck wirkt nicht gegen die Rohrwände, sondern in Strömungsrichtung, er verleiht ja dem Wasser die Fließgeschwindigkeit. Er kann mit dem Hakenrohr gemessen werden, in dem sich die Strömung staut. Deshalb heißt er auch **Staudruck**.

Je größer die Fließgeschwindigkeit des Wassers wird, umso größer muss der dynamische Druck werden, ➜ 3. Bei sehr hohen Fließgeschwindigkeiten an Engstellen in Leitungen oder in Armaturen kann dies dazu führen, dass der statische

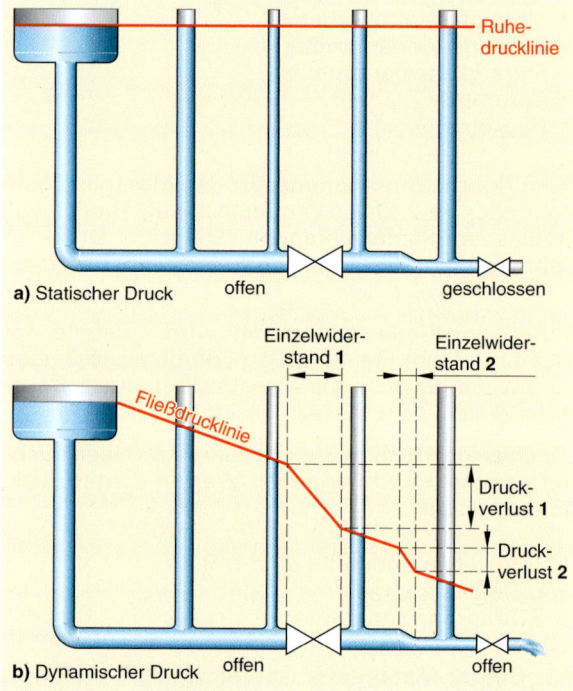

a) Statischer Druck   offen   geschlossen

b) Dynamischer Druck   offen   offen

2 Statischer und dynamischer Druck

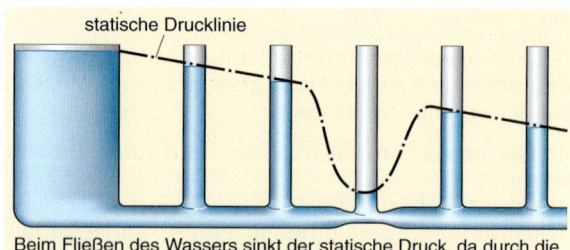

Beim Fließen des Wassers sinkt der statische Druck, da durch die Rohrreibung Energie umgewandelt wird. An Engstellen fällt er besonders stark ab, da hoher dynamischer Druck für die hohe Fließgeschwindigkeit benötigt wird.

3 Fließdruck an Engstellen von Rohren

Druck kleiner wird als der atmosphärische Druck (Luftdruck). Dann entsteht an dieser Engstelle ein negativer Überdruck („Unterdruck"). Bohrt man die Leitung dort an, wird Luft oder eine Flüssigkeit angesaugt. Dies nennt man **Injektorwirkung** oder **Venturi-Prinzip**, ➜ 63.1.

Dies nutzt man aus, z. B. bei:
- Luftsprudlern an Auslaufarmaturen; dort wird Luft angesaugt, dem Wasser beigemischt, sodass ein perlender Strahl entsteht (Perlator)
- Wasserstrahlpumpen, ➜ 1; mit ihnen werden kleine Flüssigkeitsmengen aus Gefäßen gesaugt, vor allem in Labors
- Venturi in den Wasserschaltern von Gas- oder Elektro-Durchflusswassererwärmern, ➜ 478.1
- Gasdüsen an Brennern, ➜ 389.3
- Zerstäuben von Benzin im Vergaser

In der Praxis kann man den dynamischen Druck kaum messen, aber leicht errechnen:

Dynamischer Druck = Ruhedruck – Fließdruck

Der verbleibende Rest des Ruhedrucks wird als **Fließdruck** bezeichnet. Er ist der statische Druck im Fließzustand und kann deshalb an einem Manometer abgelesen werden.

Fließdruck = Ruhedruck – dynamischer Druck

Es gelten weiter die Beziehungen:
- Im Ruhezustand ist:

Gesamtdruck = statischer Druck

- im Fließzustand ist:

Gesamtdruck = dynamischer Druck + Fließdruck

3.2 Wärme

3.2.1 Wärme – Temperatur

Beispiel:
- Beheizt man ca. 5 min lang einen Topf mit 1 l Wasser mit 1000 W, erwärmt sich das Wasser um ca. 60 K
- Führt man 2 l Wasser die gleiche Wärmemenge zu, werden diese nur um 30 K erwärmt, ➜ 2

Wärme und Temperatur sind also verschiedene Dinge:
- Wärmeenergie, kurz **Wärme**, ist die in einem Stoff gespeicherte Energie, also seine innere Energie, die durch die Bewegung seiner Moleküle entsteht; Beträge von Wärme bezeichnet man als **Wärmemenge**, z. B. in kWh.
- **Temperatur** ist der (gemessene) Wärmezustand eines Stoffes.

Je mehr Wärme einem Stoff zugeführt wird, umso heftiger bewegen sich dessen Teilchen. Sie schwingen immer stärker aus ihrer Ruhelage, ➜ 3. So erklären sich:
- der Temperaturanstieg, da durch innere Reibung der Stoffteilchen sich der Stoff erwärmt
- Änderungen des Aggregatzustandes (fest, flüssig, gasförmig)
- die Längen- bzw. Volumenausdehnung der Stoffe; dadurch können sich Spannung oder Druck ändern
- der Druckanstieg in flüssigkeits- oder gasgefüllten Behältern, da die einzelnen Stoffteilchen heftiger gegen die Gefäßwände prallen

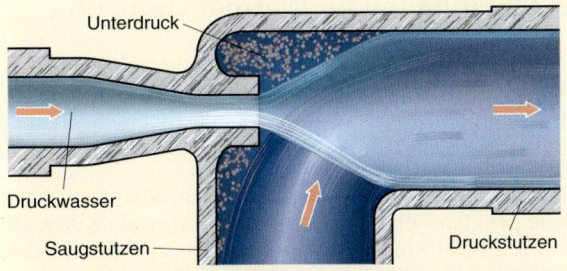

In der Düse der **Wasserstrahlpumpe** sinkt der statische Druck so stark, dass er niedriger als der Luftdruck wird. Dieser drückt dann über den Saugstutzen Wasser in den Pumpenraum. Die Pumpe „saugt". **Wasserstrahlpumpen** werden eingesetzt, wenn geringe Wassermengen nur wenige Male im Jahr gefördert werden müssen, z. B. in Kellern, in die ab und zu Sickerwasser eindringt. Sie fördern Wasser 2 m bis 3 m hoch. Je m³ Schmutzwasser ist etwa 1 m³ Druckwasser in bar nötig.

a) Düse

Die Pumpe muss mindestens 200 mm über dem Pumpensumpf liegen, der Rohrbelüfter mindestens 300 mm über dem freien Auslauf.

b) Einbauskizze

1 Wasserstrahlpumpe

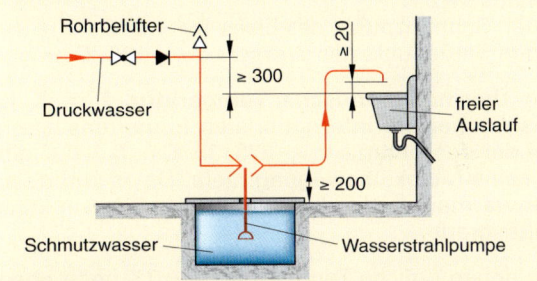

2 Begriffe Wärme - Temperatur

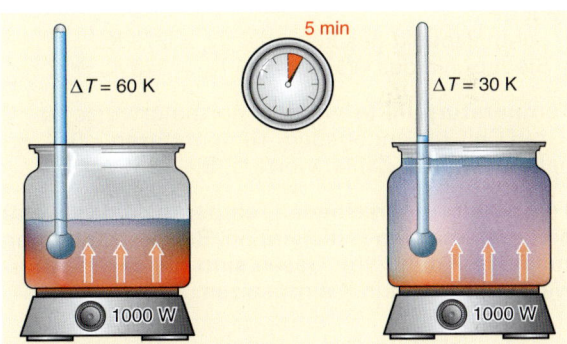

3 Teilchen-(Molekular-)bewegung in festen Körpern und in Gasen

3.2.2 Einheiten für Wärmemenge und Temperatur

Die Einheit der Wärmemenge ist:
1 Joule = 1 Wattsekunde
   1 J = 1 Ws

1 J bzw. 1 Ws ist eine winzig kleine Wärmemenge. Aus praktischen Gründen wird häufig die Kilowattstunde (kWh) bzw. deren Teile Wh oder deren Vielfache (MWh, GWh) verwendet, ➔ 1.

Einheit	Umrechnung		
J, Ws	1 J	=	1 Ws
Wh	1 Wh	= 3600 Ws	
kWh	1 kWh	= 1 000 Wh =	3 600 000 Ws
MWh	1 MWh	= 1 000 kWh =	1 000 000 Wh
GWh	1 GWh	= 1 000 MWh =	1 000 000 000 Wh

M = Mega (millionenfach), G = Giga (milliardenfach)

1 Einheiten für die Wärmemenge $\dot{Q}$

> **Temperaturen** misst man, ➔ 2, als:
> - Celsiustemperatur ϑ in **°C** (Grad Celsius[1])
> - thermodynamische Temperatur[2] T in **K** (Kelvin[2])

Celsius setzte:
- den Schmelzpunkt des Eises $\vartheta_E = 0\ °C$
- den Siedepunkt des Wassers $\vartheta_W = 100\ °C$

Die **thermodynamische Temperatur** T in K ist Basiseinheit im internationalen Einheitensystem. Bei der Temperatur $\vartheta = -273{,}15\ °C = T_0 = 0\ K$ gibt es keine Molekülbewegung mehr. Da es von da an nur wärmer werden kann, gibt es bei Kelvin keine Minusgrade.

Die tiefstmögliche Temperatur $T_0 = 0\ K$ heißt **absoluter Nullpunkt**. Dieser wurde bis auf wenige Zehntelgrade erreicht, aber noch nie ganz.

Da bei der thermodynamischen Temperatur die Skalenabstände nach Celsius beibehalten wurden, liegt der:
- Schmelzpunkt des Eises bei $T_E \approx 273\ K$
- Siedepunkt des Wassers bei $T_W \approx 373\ K$, ➔ 2

Temperaturpunkte werden normalerweise in °C (Grad Celsius) angegeben. Temperaturen < 0 °C erhalten negative Zahlenwerte, z. B. –12 °C.

Temperaturunterschiede (Temperaturdifferenzen) gibt man meist in K (Kelvin) an. Bei Berechnungen zur Ausdehnung von Gasen sind die Temperaturwerte unbedingt in K einzusetzen.

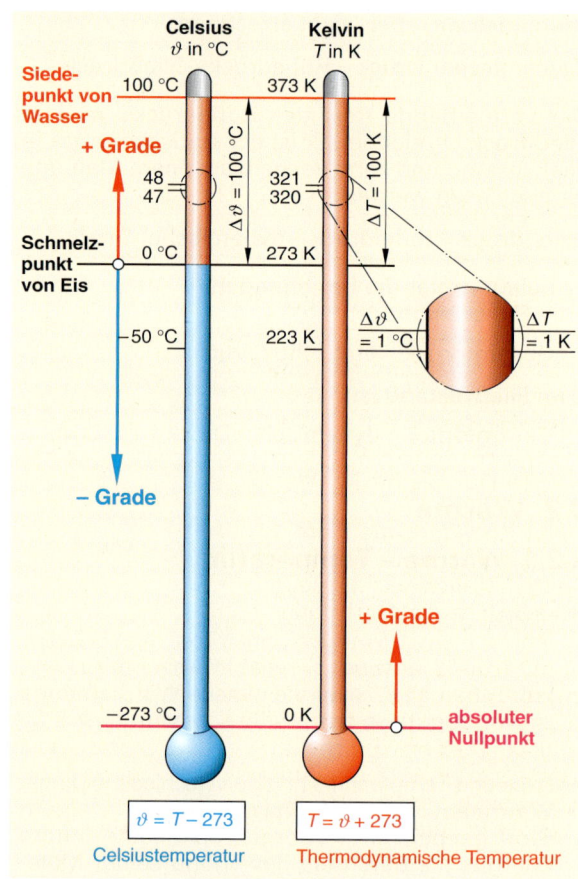

2 Einheiten für Temperaturen T in K und ϑ in °C

3.2.3 Temperaturmessung

Temperaturen kann man zwar erfühlen und spricht dabei von kalt, lau, warm, heiß usw. Genau feststellen kann man sie aber nur durch Messen mit Thermometern[3] oder Pyrometern[4].

> Zahlenwerte in K bzw. in °C sind für:
> - Temperaturpunkte verschieden, ➔ 2
> - Temperaturunterschiede sind gleich: $\Delta\vartheta = \Delta T$

Die Wirkung dieser Messinstrumente beruht auf:
- Ausdehnung von Stoffen, z. B. Flüssigkeits-, Bimetallthermometer, ➔ 65.1, 65.2
- elektrische Widerstände bekannter Stoffe: Widerstandsthermometer
- Erzeugung elektrischer Spannungen zwischen zwei Metallen: Thermoelemente, s. Kap. 13.4.2
- Stärke von Licht- und Wärmestrahlungen: Strahlungspyrometer
- Siede- und Schmelztemperaturen bekannter Stoffe wie Segerkegel, Umschlagfarben, z. B. Thermofarbstifte

---

[1] Anders Celsius (1701-1744): schwedischer Astronom
[2] Thermodynamik: Lehre der Beziehungen zwischen Wärme und Kraft
[3] thermo ⟨griech.⟩: Wärme
[4] pyros ⟨griech.⟩: Hitze

Der Installateur verwendet:
- Bimetallthermometer, ➜ 1
- Flüssigkeitsthermometer nach ➜ 2
- Thermometer mit Thermoelementen mit unterschiedlichen Messbereichen, ➜ 3
- Thermofarbstifte

Thermofarbstifte werden bei hohen Temperaturen an Körperoberflächen wie an Schweißspiegeln beim PE-Schweißen verwendet. Auf dem Farbstift ist die so genannte Umschlagtemperatur angegeben; ein Farbstrich am Schweißspiegel muss innerhalb weniger Sekunden in eine andere Farbe umschlagen. Anstelle von Thermofarbstiften treten meist Thermoelement- oder elektrische Widerstandsthermometer.

Segerkegel setzt man beim Brennen von Keramik ein; Kegel verschiedener Schmelztemperaturen werden mit dem Brenngut zusammen durch den Brennofen gefahren. Die genaue Brenntemperatur zeigt der knapp angeschmolzene Kegel an.

3.2.4 Wärmeübertragung

Beim Weichlöten von Kupferrohren wird die Lötstelle mit der Flamme erhitzt. Dann ist die Flamme wegzunehmen, denn das Lot soll von der erhitzten Lötstelle geschmolzen werden, ➜ 4. Die Wärme der heißen Lötstelle wird dabei auf das kalte Lot übertragen, sodass dieses schmilzt.

> Wärme fließt immer vom Körper mit der höheren Temperatur zu dem mit der niedrigeren Temperatur, ähnlich wie Wasser immer vom höheren Niveau zum tiefer gelegenen fließt.

Die Wärmeübertragung wird in vielen Fällen **genutzt**, z. B. beim Heizen, beim Kochen, bei der Wassererwärmung, beim Löten. Manchmal ist sie aber auch **unerwünscht**, z. B. zwischen beheizten Wohnräumen und der Außenluft, beim Abkühlen von Wassererwärmern, beim Erwärmen des Kaltwassers in Leitungen.

> Die Wärmeübertragung ist immer vom wärmeren Körper zum kälteren Körper gerichtet.

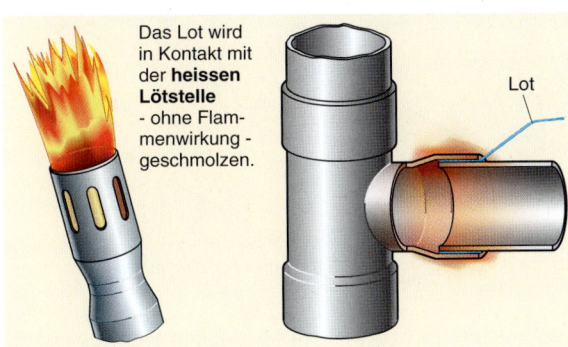

Das Lot wird in Kontakt mit der **heissen Lötstelle** - ohne Flammenwirkung - geschmolzen.

Lot

4 Wärmeleitung bei Weichlöten

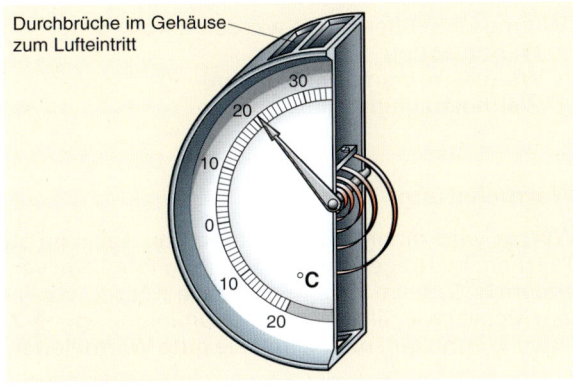

Durchbrüche im Gehäuse zum Lufteintritt

1 Bimetallthermometer

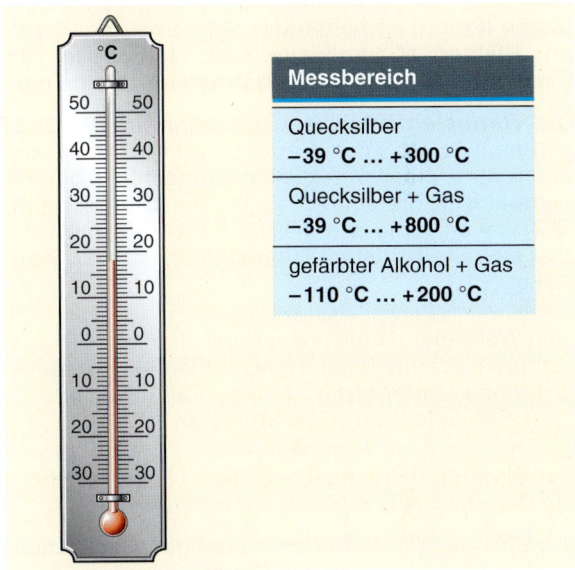

Messbereich
Quecksilber −39 °C … +300 °C
Quecksilber + Gas −39 °C … +800 °C
gefärbter Alkohol + Gas −110 °C … +200 °C

2 Flüssigkeitsthermometer

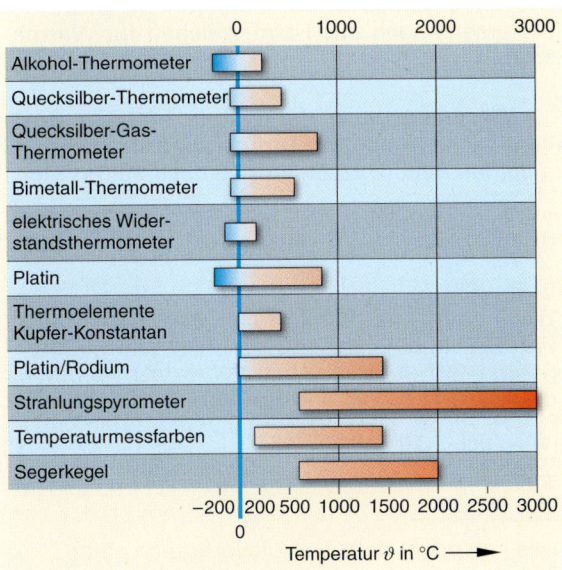

3 Messbereich von Temperaturmessern

Wärme kann übertragen werden durch, ➔ 1:
- Wärmeleitung
- Wärmeströmung (Konvektion)
- Wärmestrahlung

Wärmeleitung

Wärme wird innerhalb der Stoffe von Teilchen zu Teilchen übertragen, ohne dass diese ihre Lage verändern, z. B. beim Löten ➔ 1. Feste Körper, vor allem Metalle wie Silber, Kupfer, Aluminium, vgl. ➔ 2, leiten Wärme gut; man nennt sie **gute Wärmeleiter**.

Dagegen leiten Kunststoffe, Holz, Glas, Porzellan die Wärme schlecht. Besonders schlechte Wärmeleiter sind Gase, z. B. Luft, und Stoffe, die viele Lufträume (Poren) enthalten wie Schaumstoffe, Styropor, Blähton, Mineralwolle, Kork, Naturwolle, Filz. Diese Stoffe setzt man als **Wärmedämmstoffe** ein.

Die **Wärmeleitfähigkeit** λ (lambda) eines Stoffes gibt an, wie groß der Wärmestrom Φ (Phi) ist, der durch 1 m² einer 1 m dicken Stoffschicht bei 1 K Temperaturunterschied zu beiden Seiten fließt, ➔ 3; Φ wird gemessen in Wm/(m²·K) = W/(m·K) λ ist eine Stoffkonstante unabhängig von der Stoffdicke.

> Die Wärmeleitfähigkeit sagt uns also, wie gut ein Stoff die Wärme leitet. Hohe Zahlenwerte bedeuten hohe Leitfähigkeit, geringe Zahlenwerte zeigen eine gute Wärmedämmung an.

Der **Wärmedurchgangskoeffizient** U berücksichtigt die Wanddicke d, ➔ 3: $U = \lambda/d$ in W/(m²·K).

Bis 2001 galt für den Wärmedurchgangskoeffizienten das Formelzeichen k (**k-Wert**).

> Die europäische Normung ersetzt k durch U.
> Sie ersetzt auch das Formelzeichen für Wärmestrom $\dot{Q}$ durch Φ.

Ein **Wärmestrom** Φ durch eine beliebig große Wandfläche A mit dem Temperaturunterschied $\Delta\vartheta$ zu beiden Seiten errechnet sich nach der Formel:

$$\Phi = A \cdot U \cdot \Delta\vartheta$$

Beispiel:
Wie viel Wärme strömt durch eine 4,4 m² große Wärmeschutzverglasung mit dem Wärmedurchgangskoeffizienten U = 1,1 W/(m²·K), wenn es draußen –11 °C kalt und im Raum 20 °C warm ist?

$$\Phi = A \cdot U \cdot \Delta\vartheta$$

Φ = 4,4 m² · 1,1 W/(m²·K) · 31 K
Φ = 150,04 W

Das entspricht dem Energieverbrauch einer 150-W-Lampe.

Art	Stoffe	Wärmeübertragung erfolgt
Wärme-leitung	hauptsächlich bei festen Körpern	von Teilchen zu Teilchen ohne Bewegung der Teilchen
Wärme-strömung	bei Flüssigkeiten und Gasen	über wandernde Teilchen, die die Wärme mit sich tragen
Wärme-strahlung	ohne Stoffmitwirkung	durch elektromagnetische Wellen, sogar im luftleeren Raum

1 Arten der Wärmeübertragung

Stoff	λ in $\dfrac{W}{m \cdot K}$
Aluminium	200
Baustahl	60
Edelstahl	14
Gusseisen	58
Kupfer	380
Silber	410
Stahlbeton	2,1
Ziegel	0,5...0,9
Glas	0,80
Holz (Mittelwert)	0,15
Kork	0,05
Luft (ruhend)	0,023
Schafwolle	0,040
Wärmedämmstoffe	0,025...0,050

2 Wärmeleitfähigkeit von Stoffen

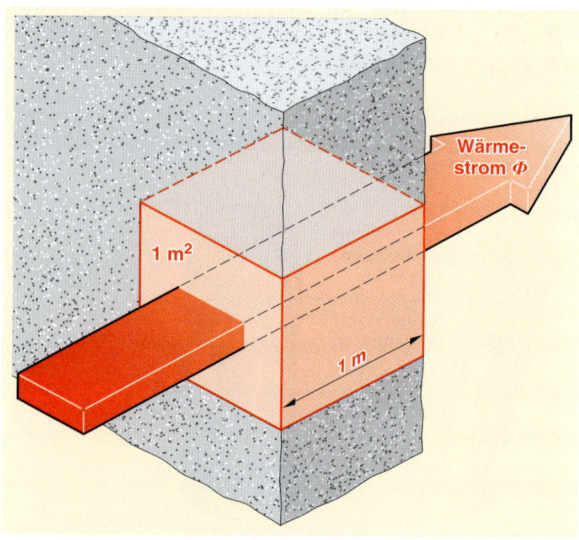

3 Wärmedurchlasskoeffizient

Wärmeströmung (Konvektion)

Bei der Wärmeströmung wird Wärme durch wandernde Stoffteilchen transportiert:
- in Gasen, z. B. im Wind, in Warmluftströmen, bei der Luftkonvektion in Räumen, ➔ 1
- in strömenden Flüssigkeiten, ➔ 2, wie bei der Zirkulation von Warmwasser in Rohrleitungen

Die Wärmeströmung kann durch:
- natürlichen Auftrieb erfolgen
- mechanische Kraft erzwungen werden

Natürlicher Auftrieb erfolgt, wenn in einem Stoff die Teilchen verschiedene Temperatur haben; wärmere und damit leichtere Teilchen streben dann nach oben, kältere sinken auf Grund des Dichteunterschiedes nach unten, ➔ 1, 2.

Mechanische Kraft für die Wärmeströmung erzwingt man z. B. durch:
- Pumpen in Zirkulationsleitungen, ➔ 507.2
- Ventilatoren in Lüftungsleitungen, ➔ 593.1

Wärmestrahlung

Bekannteste und wichtigste Wärmestrahlung ist die Wärmeübertragung von der Sonne durch den luftleeren Weltraum zur Erde. Alles Leben hängt davon ab.

Wärme wird durch Strahlung ohne ein Zwischenmittel durch elektromagnetische Wellen übertragen, vgl. Kaminfeuer, Heizstrahler, Sonnenstrahlen.

Wärmestrahlen können, ➔ 3:
- aufgenommen (**absorbiert**) werden
- ganz oder teilweise zurückgeworfen (**reflektiert**) werden
- Stoffe durchdringen, z. B. Glas

Dies ist abhängig von Farbe, Form und Oberfläche des (kälteren) Körpers. Dunkle, raue Oberflächen absorbieren Wärmestrahlen besser als helle, glatte und glänzende Flächen, siehe Sonnenkollektoren.

Übungen:
1. Was versteht man unter Wärme?
2. Was sagt uns der Begriff Wärmemenge?
3. Unterscheiden Sie die Begriffe: Temperatur - Wärme.
4. Auf welchem Gedanken beruht die Kelvin-Skale?
5. Welche Wirkungsweisen liegen Thermometern zugrunde? Nennen Sie dafür Beispiele.
6. Wie kann Wärme übertragen werden? Nennen Sie dazu jeweils Beispiele.
7. Was versteht man unter:
   a) Wärmedämmstoff? Nennen Sie 4 davon.
   b) einen guten Wärmeleiter? Nennen Sie 3 davon.

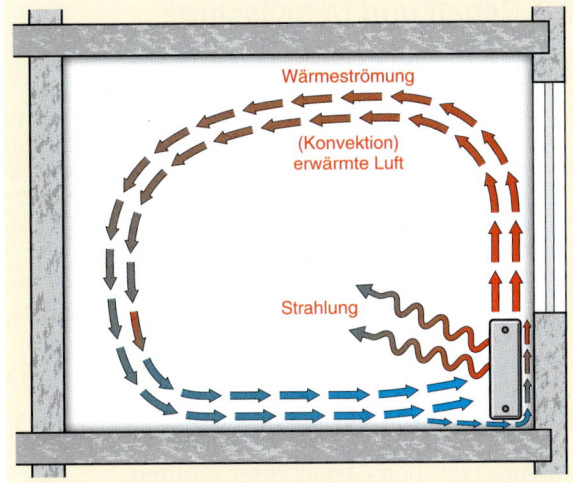

1 Wärmeströmung in Gasen, hier in Luft

2 Wärmeströmung in Flüssigkeiten durch Wärmeauftrieb (Thermik) bzw. durch mechanische Kraft

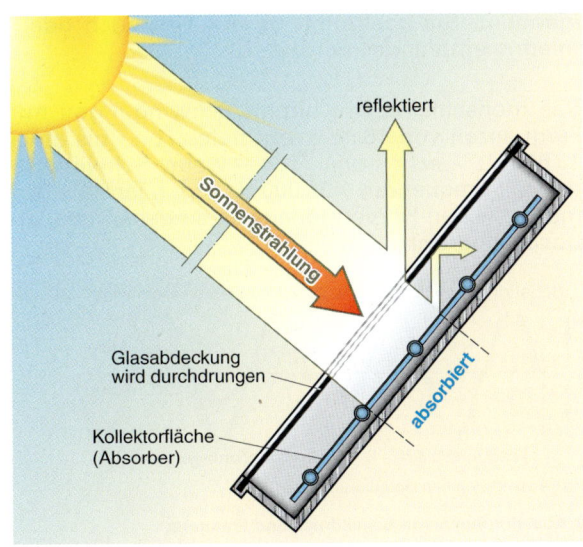

3 Sonnenkollektoren

3.3 Schall und Schallschutz

3.3.1 Grundbegriffe der Akustik[1]

Geräusche und Lärm wirken sich auf Personen je nach Veranlagung unterschiedlich aus. Sie können die Arbeits- und Konzentrationsfähigkeit herabsetzen, das Wohlbefinden mindern, die Nachtruhe stören und bei Dauereinwirkung zu gesundheitlichen Schäden führen.

Geräuschursachen können sein:
• die Außenwelt wie Verkehr, Gewerbe, Industrie, Menschen
• Verhalten der Mitbewohner und Besucher eines Gebäudes
• haustechnische Anlagen wie Aufzüge, Musik- und TV-Anlagen, Einrichtungen der Wärme-, Wasserver- und Abwasserentsorgung

Wirft man einen Stein in ruhiges Wasser, sieht man, wie sich Wellen vom Einschlagpunkt weg kreisförmig ausbreiten, → 2. Ein großer Stein lässt höhere Wellen mit größerem Druck an das Ufer schlagen als ein kleiner.

Ähnlich breiten sich in der Luft Schallwellen aus, wenn z. B. eine Trommel geschlagen wird, → 1:
• die Wellenberge entstehen beim Hochfedern des Trommelfells, die Luft wird verdichtet
• Wellentäler entstehen beim Absenken, die Luft wird verdünnt

Ob die Trommel laut oder leise tönt hängt ab, wie heftig darauf geschlagen wird, wie weit das Fell also ausschwingt, wie groß demnach der **Schalldruck** ist, → 3a.

Ein sehr straff gespanntes Fell vibriert sehr stark, macht viele Schwingungen je Sekunde; es tönt hell. Ist das Fell weniger gespannt, schwingt es nicht so schnell; die Trommel klingt dumpf.

> Die Schwingungszahl je Sekunde wird Frequenz genannt. Sie bestimmt, ob ein Ton hoch oder niedrig empfunden wird, → 3b.

Das menschliche Ohr nimmt Schwingungen mit Frequenzen von 16 Hz - sehr tiefer Ton - bis etwa 16 000 Hz – sehr hoher Ton – wahr. Schwingungen mit Frequenzen > 20 000 Hz liegen jenseits des menschlichen Hörvermögens im so genannten **Ultraschallbereich**.

Schall breitet sich nicht nur in der Luft aus, sondern in allen Stoffen.

> **Beispiel:**
> • Verschüttete im Bergbau oder bei Erdbeben konnten auf Klopfzeichen hin schon gerettet werden.
> • Nicht nur Gesellen verständigen sich mit ihren Helfern über mehrere Stockwerke durch verabredete Klopfzeichen gegen ein Stahlrohr; die Hammerschläge versetzen das Rohr in Schwingungen, die sich im Rohr als Körperschall fortpflanzen und hörbar werden.
> • Taucher kennen das sirrende Geräusch von Schiffsschrauben, deren Schall sich im Wasser ausbreitet.

> Schallwellen sind mechanische Schwingungen, die sich in gasförmigen, flüssigen oder festen elastischen Stoffen fortpflanzen.

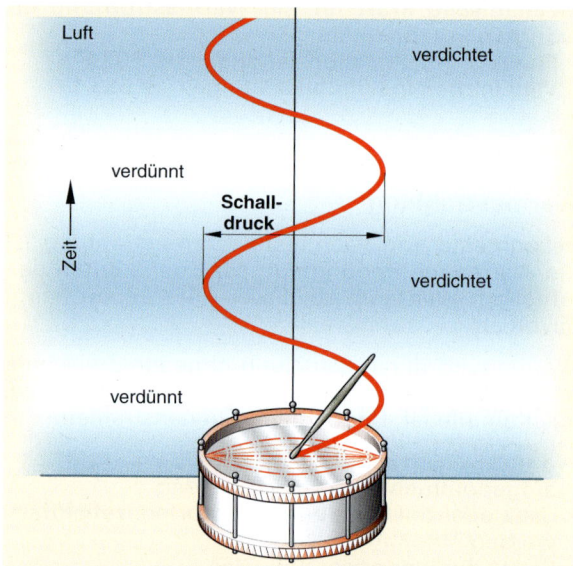

1 Schallwellen und Schalldruck

2 Wellenausbreitung auf dem Wasser

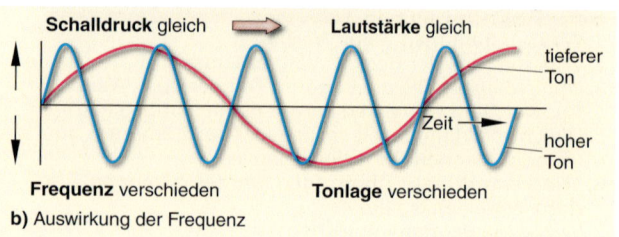

a) Auswirkung des Schalldrucks

b) Auswirkung der Frequenz

3 Auswirkungen von Schalldruck und Frequenz

[1] Akustik (griech.): Lehre vom Schall

Je nach Medium, in dem sich Schall ausbreitet, spricht man von:
- Luftschall
- Wasserschall
- Körperschall
- Trittschall

Luftschall, ➜ 1a, breitet sich mit der Schallgeschwindigkeit $v \approx 340$ m/s aus.

Wasserschall, ➜ 1b, entsteht z. B. in Engstellen von Armaturen und pflanzt sich mit $v = 1450$ m/s im Wasser fort. Er kann über Rohrwand und Rohrschelle aufs Mauerwerk übertragen werden.

Körperschall, ➜ 1c, wird in festen Körpern mit unterschiedlichen Geschwindigkeiten v weitergeleitet, z. B. in Stahl ($v \approx 5200$ m/s), Beton ($v \approx 4000$ m/s), Holz ($v \approx 3300$ m/s ... 4200 m/s), Kork ($v \approx 500$ m/s).

Trittschall, ➜ 1d, eine Sonderform des Körperschalls, entsteht beim Begehen von Decken. Er wird teils als Körperschall weitergeleitet, teils als Luftschall abgestrahlt.

3.3.2 Schallmessung

Ob ein Geräusch als laut oder leise empfunden wird, hängt vom Druck der Schallwellen ab, die das Trommelfell im Ohr schwingen lassen. Dieser so genannte **Schalldruck p** wird in Pascal (Pa) gemessen.

1 Pa ist ein äußerst geringer Druck. 1 Pa entspricht dem Druck einer Wassersäule mit $h_{WS} = 0,1$ mm.

Der Mensch nimmt Schalldrücke wahr zwischen:
Hörgrenze: 0,00002 Pa = 20 μPa
Schmerzgrenze: 20 Pa

Obwohl es hier um ganz geringe Drücke geht, ist der Druckbereich riesengroß, nämlich von: 0,000 02 bis 20 = 1 000 000 Einheiten, auf einem Maßband z. B. 1 mm bis 1 000 000 mm ≙ 1 km.

Solch feine Abstufung in dem großen Druckbereich ist für die Praxis unbrauchbar. Man verwendet deshalb für die Lautheit ein logarithmisches Maß[2], den **Schalldruckpegel**, oft auch nur Schallpegel genannt, gemessen in dB (Dezibel): Das ergibt eine gröbere Abstufung mit einfachen Zahlen, ➜ 2:

Hörbereich	Schalldruck p	Schalldruckpegel L_p
Hörgrenze	0,000 02 Pa	0 dB
Schmerz-grenze	20 Pa	120 dB

Beim logarithmischen Maßsystem wirkt bei einer Schallpegelzunahme um 10 dB ein Geräusch doppelt laut.

Das menschliche Ohr empfindet jedoch im Bereich bis etwa 40 dB anders, ➜ 3, bedingt durch:
- Umgebungslautstärke
- Frequenz der Schallwellen
- Schallleistung

---
[1] Logarithmusrechnung: eine Umkehr der Potenzrechnung; in der Akustik werden Lautstärkewerte in Pegel umgerechnet; die Angabe erfolgt in Dezibel (dB)

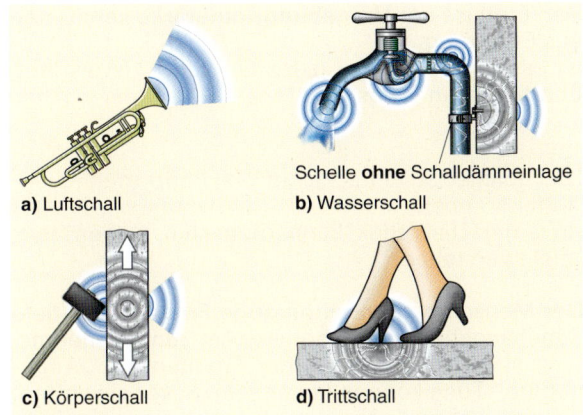

a) Luftschall   b) Wasserschall
Schelle **ohne** Schalldämmeinlage
c) Körperschall   d) Trittschall

1 Schallarten

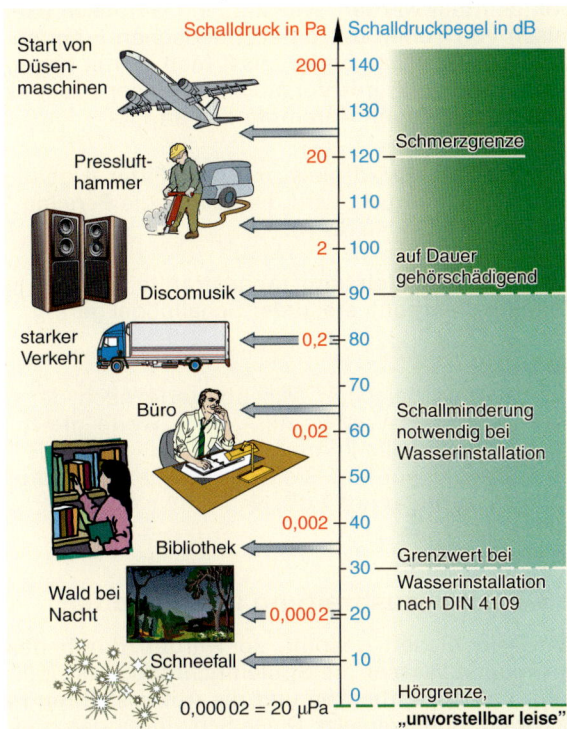

2 Wahrnehmungsbereich des menschlichen Gehörs

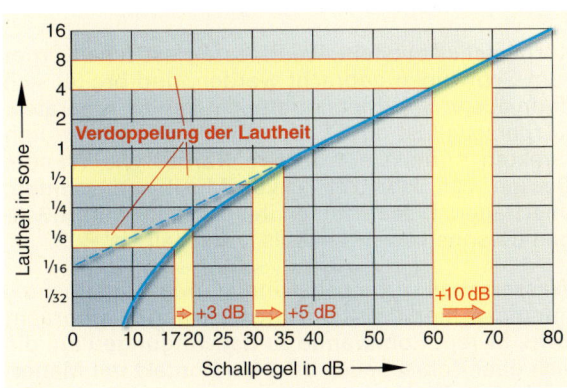

3 Zusammenhang zwischen Schallpegel und empfundener Lautheit

3

Den Einfluss der **Umgebungslautstärke** kennt man aus Erfahrung:
Ist es leise, hört man jedes Geräusch; ist es laut, überhört man vieles.

> **Beispiel:**
> Bei völliger Stille nachts im Wald hört man einen Käfer krabbeln.
> In einer Diskothek kann man sein Gegenüber nicht verstehen.

Der Mensch empfindet niedrige **Frequenzen** (tiefe Töne) angenehmer als höhere. Am „unangenehmsten" sind Töne meist hoher Frequenzen. „Angenehme" Töne können lauter sein, bevor sie stören; „unangenehme" stören auch, wenn sie leise sind.

Soll beurteilt werden, wie stark ein Geräusch (Gemisch von Tönen mit unterschiedlichen Frequenzen) auf Menschen wirkt, misst man es mit einem Schallmessgerät mit Vorsatzfilter. Dieser passt es dem menschlichen Hörempfinden an.

> Im Bauwesen wird meist mit dem **Filter A** gearbeitet. Ausgedrückt wird dies durch die Pegelangabe, z. B.: L_p = 40 dB(**A**).

Wird die **Schallleistung** (abgestrahlte Energie je Zeiteinheit) erhöht, steigt der Schallpegel gering.

> **Beispiel:**
> Öffnet man bei einer Mischbatterie nach dem KW- auch das WW-Ventil - eine zweite gleich laute Schallquelle kommt also hinzu - steigt der Schallpegel nur um 3 dB; bei 5 gleich lauten Quellen steigt er um 7 dB, ➜ 1.

3.3.3 Schallausbreitung in Baustoffen

Wird ein Klosett gespült, so werden durch das strömende Wasser die Spüleinrichtung, das Spülrohr, das Klosettbecken und die Abflussleitung in Schwingungen versetzt. Diese Schwingungen breiten sich in Bauteilen als Körperschall aus und werden als Luftschall abgestrahlt, ➜ 2.

Körperschall entsteht, wenn feste elastische Körper zum Schwingen gebracht werden, und breitet sich darin aus, z. B. in Metallrohren, in Sanitärapparaten. Körperschall ist direkt nicht hörbar. Er wird durch direkten Kontakt auf andere Körper wie Wände, Decken, vgl. Schallkörper von Musikinstrumenten, übertragen. Diese strahlen ihn durch ihr Mitschwingen (Resonanz) verstärkt als Luftschall ab, ➜ 3.

Wasserschall verhält sich ähnlich wie Körperschall, nur dass hier Wasser zum Schwingen gebracht wird. Er regt Rohrwände zu Schwingungen an, die sich über Rohrschellen oder bei Kontakt mit Mauerwerk (Schallbrücken) übertragen und als Luftschall abgestrahlt werden.

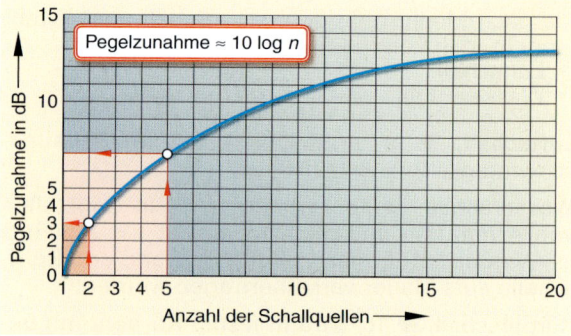

1 Schallpegelzunahme bei höherer Schallleistung

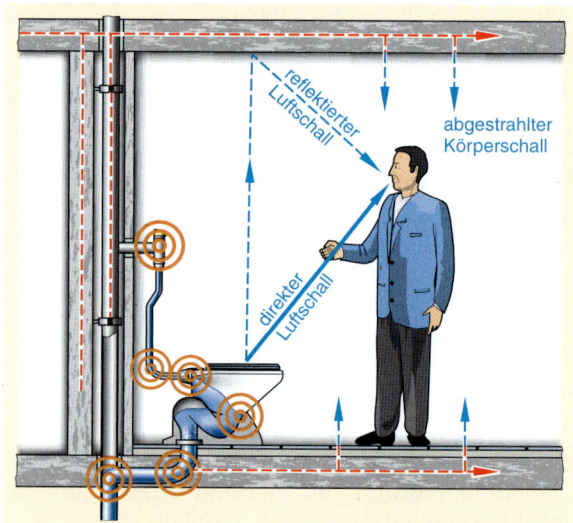

2 Schallausbreitung

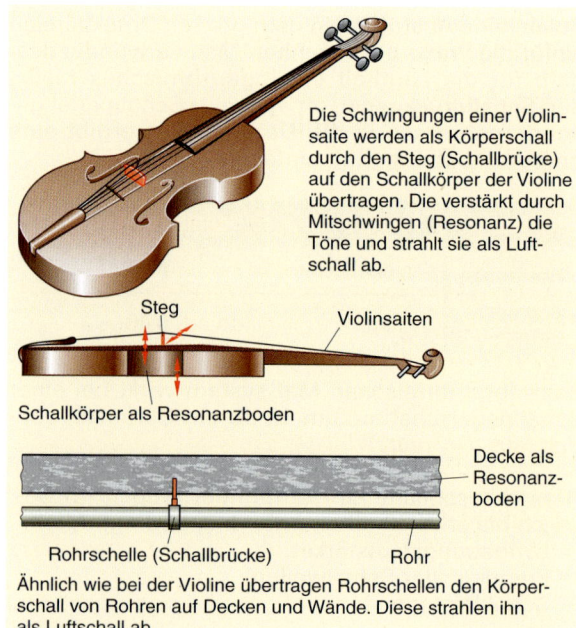

Die Schwingungen einer Violinsaite werden als Körperschall durch den Steg (Schallbrücke) auf den Schallkörper der Violine übertragen. Die verstärkt durch Mitschwingen (Resonanz) die Töne und strahlt sie als Luftschall ab.

Ähnlich wie bei der Violine übertragen Rohrschellen den Körperschall von Rohren auf Decken und Wände. Diese strahlen ihn als Luftschall ab.

3 Körperschall übertragen, verstärken und als Luftschall abstrahlen

Luftschall breitet sich im Raum aus; es wird die Luft in Schwingungen versetzt. Er trifft auf das Trommelfell im Ohr. Er trifft auch auf die Umfassungswände des Raumes. Diese werfen einen Teil des Luftschalls zurück (reflektieren), ein Teil tritt hindurch bzw. wird weitergeleitet, ein Teil wird absorbiert[1], also gedämpft, → 1. Die Anteile sind je nach Baustoff, Wanddicke und Art der Übertragungswege verschieden, → 2.

Dicke Baustoffe mit großer Masse werden von Luftschall kaum zum Schwingen gebracht. Sie reflektieren den Luftschall und verhindern, dass Luftschall durchdringt; sie **dämmen** ihn also, leiten aber Körperschall gut, vgl. Klopfen an Rohre.

Weiche Baustoffe wie Filz, Mineralfaser, Stoff, Gummi werden leicht zum Schwingen erregt; ihre Fasern reiben sich dabei gegeneinander. So wandeln sie die Schallwellen in Wärme(energie) um. Dies nennt man Schall absorbieren, ihn **dämpfen**. Körper- bzw. Trittschall wird von weichen Baustoffen also „geschluckt".

Deshalb werden weiche Baustoffe zum Körper- und Trittschallschutz eingesetzt.

Beispiel:
- Mineralfaser- oder Styroporplatten auf Rohdecken
- Gummieinlagen bei Rohrschellen, → 79.1
- Gummikompensatoren bzw. Schlauchstücke in Rohrleitungen, → 80.1
- Gummiplatten unter Maschinen
- Schallschutzmatten zwischen wandhängendem WC und Wand, → 588.2
- Hartschaumkörper beim Aufstellen von Bade- und Duschwannen

Schwere Baustoffe dämmen, weiche Baustoffe dämpfen (absorbieren) Schall.

3.3.4 Zulässige Schalldruckpegel in Gebäuden

Für den Installateur besonders bedeutsam sind:
- DIN 4109-1/ÖN B 8115 – *Schutz gegen Geräusche aus haustechnischen Anlagen und Betrieben* – und Beiblatt 2 *Hinweise für Planung und Ausführung*, → 1
- DIN 4109-Beiblatt 2 – *Schallschutz im Hochhaus; Hinweise für Planung und Ausführung*

In diesen Normen sind Anforderungen festgelegt, die das Entstehen von Schall und seine Übertragung in andere Räume verhindern sollen. Dadurch sollen Menschen in Aufenthaltsräumen vor unzumutbaren Belästigungen durch Schallübertragung von haustechnischen Anlagen und Betrieben aus fremden Räumen im selben Gebäude geschützt werden.

---

[1] absorbieren ⟨lat.⟩: verschlingen, aufsaugen, in sich aufnehmen

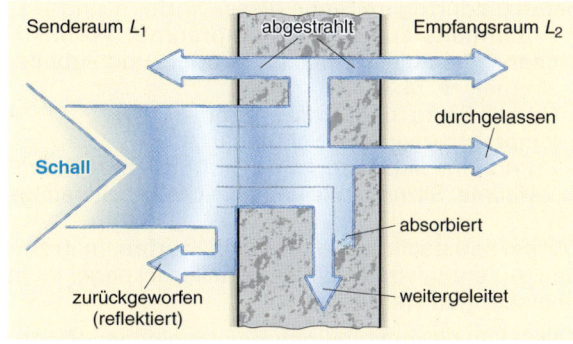

1 Schallenergieteilung beim Aufprall auf eine Wand

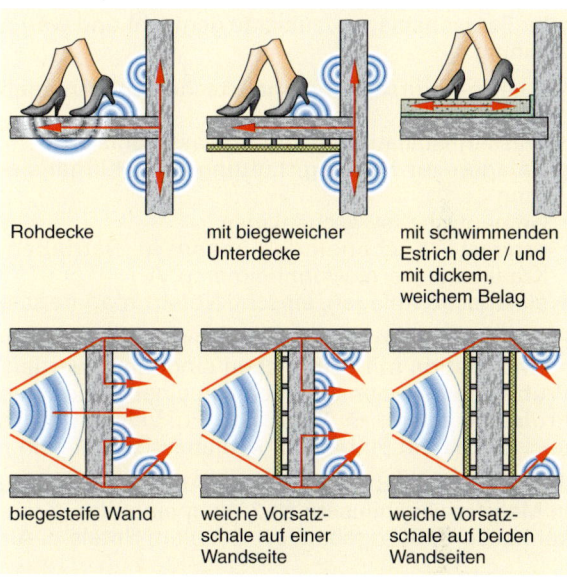

2 Wege der Schallübertragung in Wänden und Decken

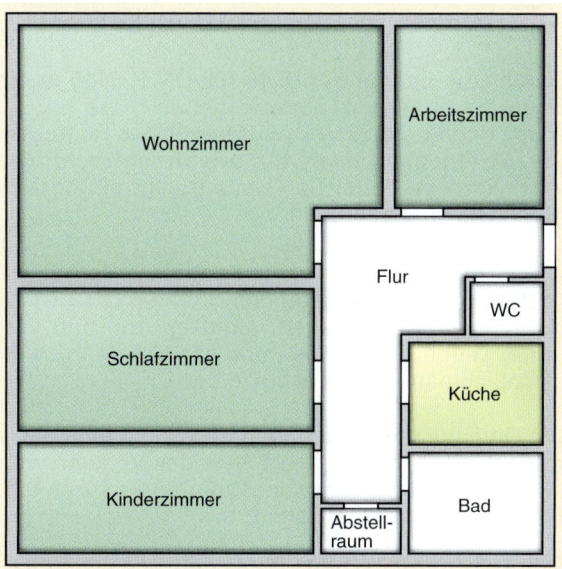

Küche nur, wenn für längeren Aufenthalt von Personen bestimmt.

3 Schutzbedürftige Räume im Wohnbereich

3

Schutzbedürftig im Sinne dieser Normen sind:
- Aufenthaltsräume wie Wohnräume, Wohnküchen, Wohndielen, Schlaf-, Kinder- und Arbeitszimmer, ➜ 71.3
- Hotel-, Gäste- und Krankenzimmer
- Unterrichtsräume in Schulen u. Ä.
- Büroräume (ausgenommen Großraumbüros), Praxisräume, Sitzungssäle und ähnliche Arbeitsräume

Durch haustechnische Anlagen dürfen in fremden Aufenthaltsräumen die Schalldruckpegel nicht überschritten werden, ➜ 1.

Teure Schallschutzmaßnahmen im eigenen Wohnbereich würden oft durch das Verhalten der Bewohner, wie offen stehende Türen, laute Rundfunk- oder Fernsehanlagen, zunichte gemacht und wären unsinnig.

Als Lärm verursachende haustechnische Anlagen gelten:
- Wasserinstallationen und Abwasseranlagen
- Anlagen zur Heizung, Lüftung oder Klimatisierung
- Gemeinschaftswaschanlagen
- ortsfeste Kücheneinrichtungen in Betrieben, Krankenhäusern, Wohnheimen u. Ä.
- elektrische Anlagen, einschl. Notstromaggregate

Es dürfen nur Armaturen und Geräte für die Wasserinstallation mit Prüfzeichen eingebaut werden. Prüfzeichen werden zzt. noch von einer geeigneten Prüfstelle erteilt, ➜ 223.2. Das Prüfzeichen muss auch nach dem Einbau der Armatur sichtbar sein.

DIN 4109/ÖN B 8115 gelten für Aufenthaltsräume in Mehrfamilienhäusern ab 2 Wohneinheiten, Krankenhäusern, Bürogebäuden, Schulen, Hotels u. Ä.

> Sie gelten nicht für den baulichen Schallschutz im eigenen Wohnbereich. Wird dieser gewünscht, muss dies besonders vertraglich vereinbart werden.

Durch Übernahme der DIN 4109/ÖN B 8115 in die Bauordnungen der Länder erhalten diese technischen Regeln Gesetzeskraft (**öffentliches** Baurecht). Sie gelten aber auch für **privatrechtrechtliche** Werkverträge. Jeder Bauleistung liegt ein derartiger Werkvertrag zu Grunde.

> Auftragnehmer wie Architekt, Planer, Bauunternehmer, die Vorschriften der DIN 4109/ÖN B 8115 fahrlässig oder bewusst verletzen, müssen mit einer Geldbuße rechnen und können dann zivilrechtlich haftbar gemacht werden.

Die Gerichte sprechen dabei z. T. großzügige Wertminderungen von 10 % bis 30 % des Verkehrswertes des Gebäudes bzw. der Wohnung (einschließlich der Grundstückskosten!) aus.

Die Anforderungen des baulichen Schallschutzes bei Sanitärgeräuschen in Wohnungen ergeben sich aus dem zivilen/privatrechtlichen Werkvertrag.

Geräuschquelle	Art der schutzbedürftigen Räume	
	Wohn- und Schlafräume	Unterrichts- und Arbeitsräume
Wasserversorgungs- und Abwasseranlagen gemeinsam	≤ 30[1,2]	≤ 35[1]
sonstige haustechnische Anlagen	≤ 30[3]	≤ 35[3]
Betriebe tags 6...22 Uhr	≤ 35	≤ 35[2]
Betriebe nachts 22...6 Uhr	≤ 25	≤ 35[2]

[1] Werksvertragliche Voraussetzung zur Erfüllung des zulässigen Schalldruckpegels von 30 dB(A): Die Ausführungsunterlagen müssen die Anforderungen des Schallschutzes berücksichtigen, d. h. u. a. zu den Bauteilen müssen die erforderlichen Schallschutznachweise vorliegen. – Außerdem muss die verantwortliche Bauleitung benannt und zu einer Teilabnahme vor Verschließen bzw. Verkleiden der Installation hinzugezogen werden.
[2] Einzelne, kurzzeitige Spitzen, die beim Betätigen von Armaturen, Spülkästen und Durchflusswassererwärmern entstehen, sind zzt. nicht zu berücksichtigen.
[3] Bei lüftungstechnischen Anlagen sind um 5 dB(A) höhere Werte zulässig, sofern es sich um Dauergeräusche ohne auffällige Einzeltöne handelt. Nutzgeräusche, wie Zuschlagen des WC-Deckels oder der Duschkabinentür, Abstellen von Zahnputzbechern auf Ablagen, bleiben unberücksichtigt.

1 Zulässige Schalldruckpegel *L* in dB(A) in schutzbedürftigen Räumen nach DIN 4109

Grundlagen sind:
- anerkannte Regeln der Technik (**aRdT**) gemäß BGB § 633
- Verdingungsordnung für Bauleistungen, Teil B (VOB/B) § 4 (Ausführung)
- VOB/B § 13 (Gewährleistung)

Das **Schutzziel** ist eine mangelfreie Werkleistung.

> Dabei wird unterschieden zwischen:
> - Einfamilienhaus
> - Mehrfamilienhaus

Für **Einfamilienhäuser** gibt es **keine** Anforderungen an den baulichen Schallschutz, wenn nicht werkvertraglich anderes vereinbart ist.

> Beim Schallschutz in **Mehrfamilienhäusern** wird unterteilt in, ➜ 73.1:
> - Schallschutzstufe I (SSt I)
> - Schallschutzstufe II (SSt II)
> - Schallschutzstufe III (SSt III)

Schallschutzstufe I ist der Standardschallschutz; es gelten die aRdT und DIN 4109. Darin ist vorgeschrieben, dass in Wohn-, Schlaf- und häuslichen Arbeitszimmern maximal 30 dB(A) auftreten dürfen.

Für Schallschutzstufe II ist ein erhöhter Schallschutz festgelegt. Es ist DIN 4109-11/A1 – *Schallschutz im Hochbau, Nachweis des Schallschutzes* – anzuwenden; in Wohn-, Schlaf- und häuslichen Arbeitszimmern dürfen maximal 27 dB(A) auftreten.

3

Schallschutzstufe III ist der Komfort-Schallschutz; er gewährleistet ein hohes Maß an Ruhe bei einem Schallpegel von maximal 24 dB(A).

Bei großem Schutzbedürfnis kann zwischen Bauherrn, Architekten und ausführenden Handwerkern ein Schallschutz vereinbart werden, der über die Anforderungen der SSt I hinausgeht.

In Werkverträgen (= zivilrechtliche Verträge), z. B. nach VOB, BGB[1], zwischen Bauherren und Auftragnehmern können höhere Anforderungen, also nach SSt II oder SSt III, gestellt werden.

Deshalb muss der Installateur unbedingt bei den Auftragsverhandlungen klären, welcher Schallschutzwert erzielt werden soll.

Das Einhalten des geforderten Schalldruckpegels setzt eine schallschutztechnische Planung voraus, die dem Auftragnehmer (Installationsbetrieb) auf Verlangen, spätestens jedoch vor Baubeginn auszuhändigen ist.

Sie muss folgende Angaben verbindlich enthalten:
- Lage und Anordnung der Nassräume zu schutzbedürftigen Räumen, vgl. → 74.1, 74.2
- Nachweise zur flächenbezogenen Masse biegesteifer Installationswände ($\geq$ 220 kg/m^2)
- Anordnung der Installationswände und der flankierenden Wände
- Festlegen einer schallschutzgünstigen Rohrführung
- Art und Beschaffenheit der Rohrleitungen, Befestigungen, Armaturen, Sanitärapparate mit Schallschutznachweisen, z. B. Armaturengruppe, akustische Entkopplung der Sanitärapparate, z. B: wandhängende oder bodenstehende WC, Wannenträger, Urinalbefestigung
- Ruhe- und Fließdruck
- zusätzliche Maßnahmen zum Dämmen von Körperschall

Die Ausführungsunterlagen wie Baupläne, Installationspläne müssen die Schallschutzanforderungen berücksichtigen, d. h. unter anderem, dass zu den Bauteilen die erforderlichen Schallschutznachweise vorliegen müssen.

Der Bundesgerichtshof (BGH) entschied in mehreren Urteilen, dass zum Zeitpunkt der Abnahme einer Bauleistung diese den anerkannten Regeln der Technik entsprechen muss.

Bei Großbauten erfolgt die Abnahme der gesamten Installationsarbeiten oft erst Jahre nach der Leitungsverlegung. Inzwischen schreitet der Stand der Technik aber ständig fort.

Deshalb ist es wichtig, dass die verantwortliche Bauleitung zu einer Teilabnahme vor Verschließen oder Verkleiden der Installation herangezogen wird.

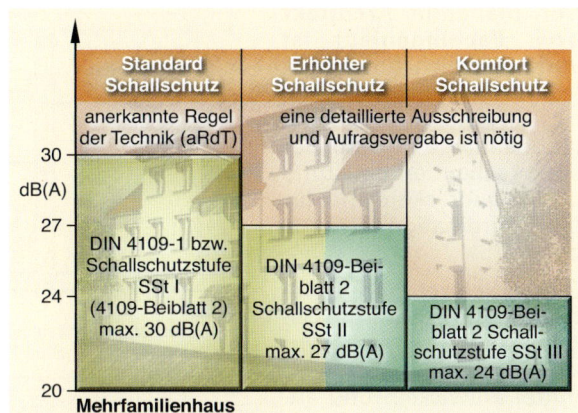

1 Anforderungen des baulichen Schallschutzes in Wohn- und Schlafräumen bei Sanitärgeräuschen

Für Arbeiten in Werkstätten und auf Baustellen schreiben die Arbeitsstättenrichtlinien bzw. die Unfallverhütungsvorschrift „Lärm" (BGV B 3) vor, dass bei einem Geräuschpegel:
- $\geq$ 80 dB(A) der Unternehmer persönliche Mittel zum Schallschutz wie Gehörschutzstöpsel, Gehörschutzwatte, Kapselgehörschützer bereitstellen muss
- $\geq$ 85 dB(A) ein Beschäftigter verpflichtet ist, diese zu benutzen

In Diskotheken gibt es keine derartigen Auflagen zum Schutz des Personals.

3.3.5 Schallschutzmaßnahmen

3.3.5.1 Koordination im Wohnungsbau

Die Schallschutzanforderungen nach DIN 4109 können vom Installateur allein nicht erfüllt werden. Er hat aber die Verhältnisse am Bau genau zu prüfen, ob überhaupt die Voraussetzungen für einen Schallschutz bestehen, siehe DIN 18 381, Ziffern 3.1.3, 3.1.4.

Dies erfordert gewisse Erfahrungen und Kenntnisse über das Mauerwerkswesen.

Fehler beim Schallschutz sind nachträglich kaum zu korrigieren und wenn, dann nur mit hohem Aufwand. Auch dann stellt sich der gewünschte Erfolg oft nicht ein.

Nur wenn alle am Bau Beteiligten vernünftig zusammenwirken, ist wirksamer Schallschutz zu erreichen.

Die am Bau Beteiligten sind:
- Architekt
- Unternehmer
- Zulieferer
- Bauherr

---

[1] VOB: Vergabe- und Verdingungsordnung für Bauleistungen
BGB: Bürgerliches Gesetzbuch

3

Der planende **Architekt** bzw. **Fachingenieur** ist verantwortlich für schalltechnisch günstige Grundrisse, Planung der Installationsanlagen, Wahl der entsprechenden Baustoffe und Wanddicken und für die Koordination aller Arbeiten.

Die **Zulieferer (Industrie)** müssen geräuscharme Geräte, Armaturen und wirkungsvolle Schallschutzmittel entwickeln und anbieten.

Ausführende **Unternehmer und Handwerker** haben technisch einwandfreie und sorgfältige Arbeit zu leisten.

Der **Bauherr** muss über die Aufwendungen entscheiden, denn Schallschutz ist teuer und er muss ihn letztendlich bezahlen.

Bei erhöhten Schallschutzanforderungen ist ein **Bauakustiker** zur Beratung zuzuziehen, denn die üblichen Fachkenntnisse reichen in der Regel nicht aus.

3.3.5.2 Planung akustisch günstiger Grundrisse

Räume, von denen Installationsgeräusche ausgehen wie Bad, Toilette, Flure, Küche, dürfen nicht an Schlaf- und Wohnräume sowie Arbeitszimmer fremder Wohnungen grenzen.

Lärm erzeugende haustechnische Anlagen und Teile, die Geräusche weiterleiten, z. B. Trink- und Abwasserleitungen, sollen nicht an Wänden „ruhiger" Räume liegen.

An Wohnungstrennwänden sollten diese nur angeordnet werden, wenn Räume angrenzen, in denen Lärm kaum stört, ➜ 1, 2.

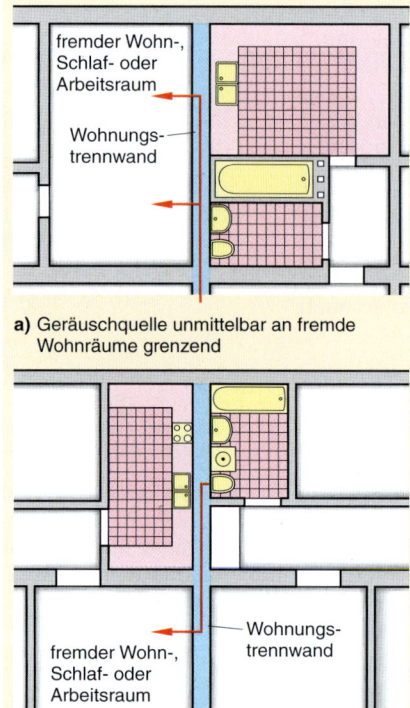

a) Geräuschquelle unmittelbar an fremde Wohnräume grenzend

b) Mittelbar an fremde Wohnräume grenzend

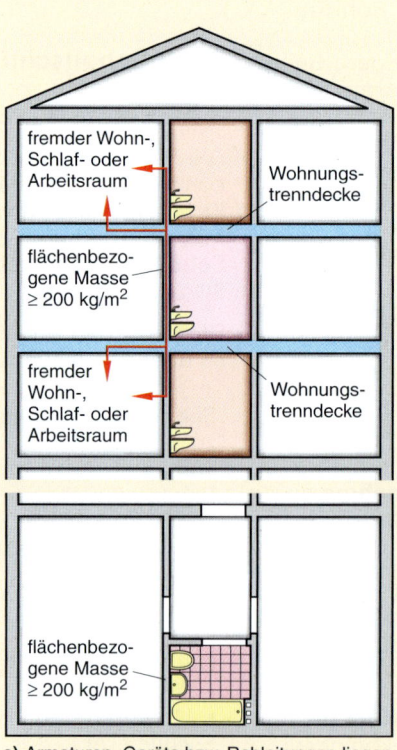

c) Armaturen, Geräte bzw. Rohleitungen liegen in oder an einer Trennwand zu fremden Aufenthaltsräumen

1 Grundrissanordnung I - bauakustisch ungünstig

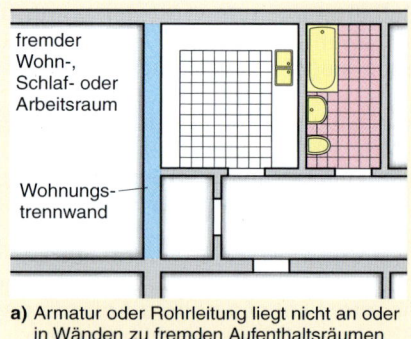

a) Armatur oder Rohrleitung liegt nicht an oder in Wänden zu fremden Aufenthaltsräumen

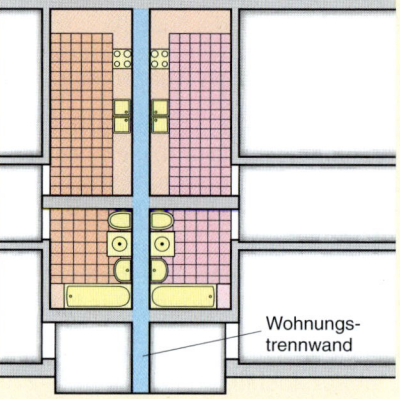

b) Armatur oder Rohrleitung liegt zwar an Wohnungstrennwand, dahinter aber keine Aufenthaltsräume

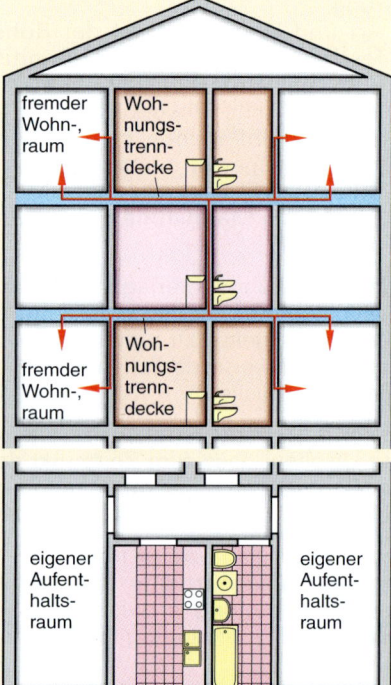

c) Eigene Räume grenzen an rohrführende Wände, über und unter der Wohnungstrenndecke keine fremden Aufenthaltsräume

2 Grundrissanordnung II - bauakustisch günstig

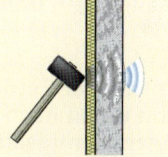

a) Einschalige, biegesteife Wand mit großer Masse dämmt Luftschall

b) Zweischalige, biegeweiche Wand mit Mineralfaserfüllung schluckt (absorbiert) Luftschall

c) Weicher Dämmstoff dämpft Körperschall

1 Schallschutz mit verschiedenen Wandkonstruktionen

3.3.5.3 Schallschutz durch schallhemmende Wände und Decken

Damit Schall aus „lauten Räumen" nicht in andere Räume dringt, sind schalldämmende bzw. schallschluckende Wände und Decken nötig, ➔ 1 und DIN 4109, Beiblatt 1.

Einschalige, biegesteife Wände mit großer flächenbezogener Masse dämmen Luftschall gut, leiten aber Körperschall, ➔ 1a, 2, 3.

Ihr Luftschalldämmwert R'_w kann mithilfe der Bilder ➔ 2 und 3 bestimmt werden.

Beispiel:	
Kalksandstein 24 cm	$m'' = 480$ kg/m²
+ Wandputz beidseitig	$m'' = 53$ kg/m²
Wandmasse gesamt	$m'' = 533$ kg/m²
Schalldämmmaß	$R'_w = $ **56 dB**

Mehrschalige Bauteile erreichen gute Dämmwerte mit wenig Masse, aber aufwändiger Konstruktion, ➔ 4.

Die Dämmwirkung ist umso besser, je größer der Schalenabstand und je sorgfältiger der Zwischenraum mit schallschluckendem Dämmstoff, z. B. Mineralwolle, gefüllt ist.

Beispiel:
- zwei biegesteife Schalen mit durchgehender Trennfuge, ➔ 4a
- eine biegesteife Schale mit biegeweicher Vorsatzschale, z. B. Ziegelmauer mit vorgestellter Dämmplatte, ➔ 1c, oder Gipskartonplatte, hinterfüllt mit Dämmmaterial, ➔ 4b
- zwei biegeweiche Schalen, Zwischenräume hinterfüllt, z. B. Gips-Ständerwände mit Mineralwollefüllung, ➔ 1b, 4c
- Massivdecke mit schwimmendem Estrich, um Luft- und Trittschall zu dämmen, ➔ 76.2

In lotrechten Installationsschächten und in Vorwandschächten dämpfen schallschluckende Auskleidungen Schallreflexionen, ➔ 76.1.

Um die Geräuschübertragung von Stockwerk zu Stockwerk zu mindern, ist auf Decken, besonders bei Massivdecken, unbedingt eine Trittschalldämmung einzubringen. Als Dämmmaterial dienen Platten oder Bahnen aus:
- Schaumkunststoff, z. B. Polystyrol
- Fasermaterial wie Matten und Filze aus Mineralwolle, Kokosfaser

Baustoffe unverpuzt (Rohdichte ohne Mörtelfugen)	Dichte kg/m³	Dicke cm	Flächenbezogene Wandmasse[1] kg/m²	Bewertetes Schalldämmmaß R'_w in dB
Betonplatten großformatig	2 400	10	240	46
		20	480	55
Kalksandstein	2 000	11,5	230	46
		24	480	55
Vollziegel	1 800	11,5	210	45
		24	430	53
Lochziegel	1 200	11,5	140	40
Bimsbeton	1 000	11,5	115	38
Hohlblocksteine aus Leichtbeton	1 000	24	240	46
Bauplatten aus - Leichtbeton - Gasbeton	1 200 800	6 8 10	72 96 80	-- 36 --
Gipskartonplatten	1 000	1,25	12,5	--
Wandputz beidseitig	350	je 1,5	53	--

[1] im Falle von Wandputz höhere Werte

2 Flächenbezogene Masse einschaliger Wände

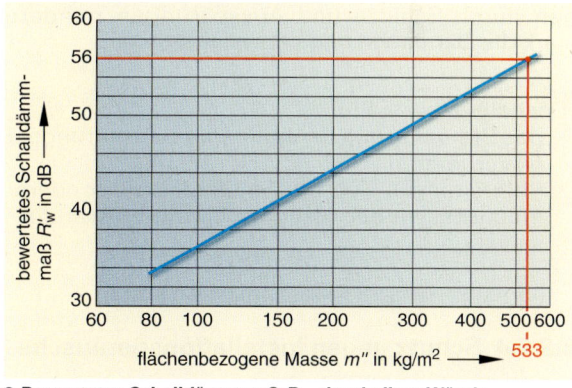

3 Bewertetes Schalldämmmaß R_w einschaliger Wände

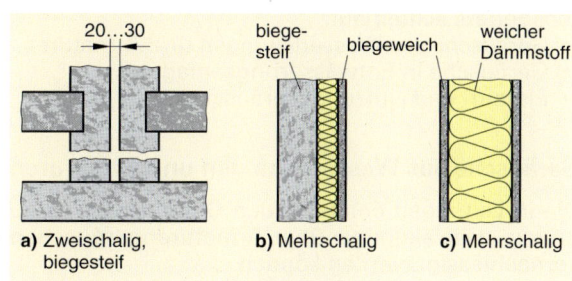

a) Zweischalig, biegesteif

b) Mehrschalig

c) Mehrschalig

4 Mehrschalige Wände – Ausführungsarten

Am wirksamsten dämmt ein **„schwimmender Estrich"**, ➔ 2.

„Schwimmender Estrich" besteht aus mehreren Lagen von unten nach oben, ➔ 2:
• Ausgleichsdämmschicht auf der Rohdecke
• Trittschalldämmschicht
• PE-Folie
• Estrichschicht

In die **Ausgleichsdämmschicht auf der Rohdecke** werden auch die auf der Rohdecke verlegten Rohrleitungen eingebettet.

Die **Trittschalldämmschicht** wird abgedeckt mit einer **PE-Folie**, damit keine Mörtelbrühe einsickert von der darüber liegenden Estrichschicht.

In die **Estrichschicht** dürfen keinesfalls Rohre bzw. Dämmschichten von Rohren ragen; an diesen Stellen würde der Estrich später reißen. Die Estrichschicht darf auch keinen Kontakt mit angrenzenden Wänden haben; deshalb sind:
• an den Umfassungswänden eines Raumes schallhemmende Dämmstreifen einzulegen; sie müssen die Estrichschicht überragen
• die schallhemmenden Dämmstreifen müssen mit dem Fußbodenbelag, in Sanitärräumen meist Fliesen oder Natursteinplatten, abschließen
• zum Schluss sind noch die Wand- und Bodenfliesen durch eine dauerelastische Fugenmasse zu unterbrechen

Fugen bzw. Wandrisse, die beim Stemmen von Schlitzen entstehen, sowie Querschnittsminderungen durch Schlitze und Aussparungen mindern stark die Dämmwirkung von Wänden.

Deshalb gilt:
• Das Stemmen von Schlitzen und Aussparungen ist verboten.
• Rohrleitungen sind nicht in der Wand, sondern möglichst vor der Wand zu führen (Vorwandinstallation!).

3.3.5.4 Schutz gegen Installationsgeräusche

Beim Schallschutz muss der Sanitärinstallateur besonders achten auf:
• Geräusche aus Wasserleitungen und Armaturen
• Geräusche in Entwässerungsanlagen
• Einlauf- und Nutzungsgeräusche

Geräusche aus Wasserleitungen und Armaturen

Die in Leitungen entstehenden Geräusche sind so gering, dass sie gegenüber Armaturengeräuschen vernachlässigt werden können.

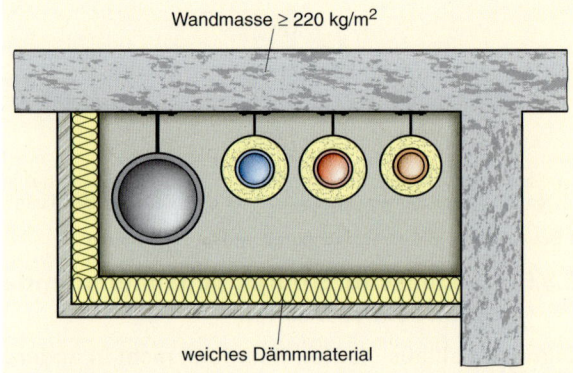

Wandmasse ≥ 220 kg/m²

weiches Dämmmaterial

Befestigung der Rohrleitung an Wand mit $m'' \geq 220$ kg/m², Schachtwände verschieden in Material und Dicke, z. T. mit weichem Dämmmaterial bekleidet.

1 Schallgeschützte Installationswände

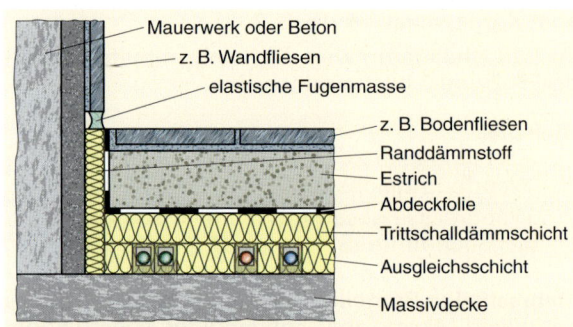

Mauerwerk oder Beton
z. B. Wandfliesen
elastische Fugenmasse
z. B. Bodenfliesen
Randdämmstoff
Estrich
Abdeckfolie
Trittschalldämmschicht
Ausgleichsschicht
Massivdecke

Beim schwimmenden Estrich wird die Estrichschicht, durch eine Folie getrennt, auf die Trittschalldämmschicht aufgebracht. Seitliche Dämmstreifen bis über Oberkante Fußbodenbelag unterbrechen zum Mauerwerk. Den harten Wandbelag wie Putz, Fliesen trennt eine elastische Fuge vom Bodenbelag.

2 Schwimmender Estrich

In Armaturen entstehen bei hohen Fließgeschwindigkeiten Geräusche, bedingt durch enge Querschnitte, z. B.:
• Druckschläge
• Rattergeräusche
• Rauschen
• Kavitationsgeräusche (Pfeifen)

Druckschläge entstehen durch schnell schließende Armaturen wie Magnetventile, Einhebelmischer, schadhafte Druckspüler.

Rattergeräusche treten bei locker sitzendem Ventilkegel auf.

Rauschen entsteht durch Wirbel an scharfen Armaturenkanten.

Kavitationsgeräusche[1] sind Pfeifgeräusche, die bei sehr hohen Fließgeschwindigkeiten auftreten können. Das schnelle Strömen erfordert hohen dynamischen Druck; er ist Teil des Gesamtdruckes in einer Leitung.

---
[1] Kavitation: Hohlraumbildung

Je höher der dynamische Druck wird, umso mehr fällt der restliche, der so genannte statische Druck. Dieser kann sogar niedriger als der Luftdruck werden. Dann herrscht Unterdruck im System, z. B. in einem Venturi, ➜ 1.

Bei Unterdruck aber sinkt der Siedepunkt des Wassers zum Teil weit unter die 100-°C-Marke. Bei einem absoluten Druck p_{abs} = 23,2 mbar siedet Wassers bereits bei 20 °C und Dampfblasen (Hohlräume) bilden sich. Erweitert sich nach der Engstelle der Querschnitt wieder, sinkt die Strömungsgeschwindigkeit, der statische Druck steigt, die Bläschen brechen zusammen. Das ergibt die starken Pfeifgeräusche.

Wichtigste **Maßnahmen** gegen Armaturengeräusche sind:
• Nennweiten der Rohrleitungen richtig bemessen, um hohe Fließgeschwindigkeiten (> 5 m/s) zu vermeiden
• bei Ruhedrücken > 5 bar vor Armaturen Druckminderer einbauen; bei sehr hohen Gebäuden sind mehrere Druckzonen zu bilden, die jeweils maximal 4 Geschosse umfassen sollen
• Auslaufarmaturen mit Strahlformer verwenden
• nur Qualitätsarmaturen der Geräuschklasse I einbauen; diese haben auch keine lockeren Ventilkegel

Armaturengeräusche pflanzen sich im Wasser als Wasserschall und in den Rohrwandungen, besonders in metallenen, als Körperschall fort.

> Deshalb muss jede starre Verbindung einer Rohrleitung mit der Wand oder der Decke (Schallbrücke) durch eine weiche, Körperschall schluckende Einlage unterbrochen werden, ➜ 2.

Schallbrücken werden unterbunden durch:
• Gummi-Einlagen in Rohrschellen, ➜ 79.1
• Rohrdurchführungen im Schutzrohr mit weicher Zwischenlage, ➜ 3
• Umhüllen der Rohre mit Dämmmaterial wie geschlossenporige Schaumstoffschläuche, Mineralfaser o. Ä. als Wärmeschutz, ➜ 79.2

> Wände, an denen Leitungen befestigt werden, müssen eine flächenbezogene Masse ≥ 220 kg/m² haben.

So werden Eigenschwingungen gemindert. Zusätzlich schützt es, wenn die Schachtwände, ggf. auch die Abdeckplatten, mit Mineralfasermatten bekleidet oder die Schächte mit Mineralwolle ausgefüllt werden. Die Leitungsschächte sind sorgfältig zu verschließen, ➜ 76.1.

Geräusche in Entwässerungsanlagen

> Entwässerungsanlagen sind so zu planen und zu installieren, dass unzulässige Geräuschübertragung vermieden wird.

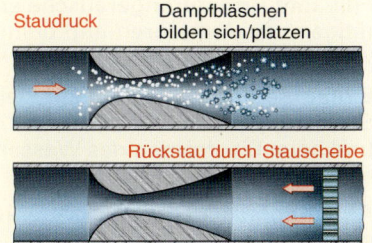

Durch nachschalten eines Strömungswiderstandes, z. B. Stauscheibe eines Luftsprudlers, wird der Druckabfall an der Verengung weitgehend aufgehoben.
Folge: Es bilden sich keine Dampfbläschen mehr.

Staudruck — Dampfbläschen bilden sich/platzen
Rückstau durch Stauscheibe

1 Kavitation bei hoher Fließgeschwindigkeit

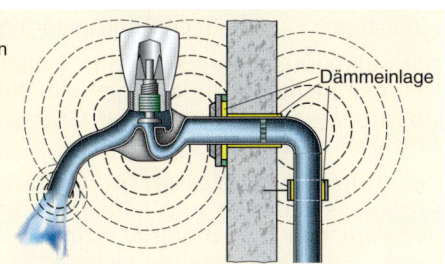

Elastische Zwischenlagen dämmen Körperschallübertragung aufs Mauerwerk, Strahlformer mit Stauscheibe verhindern Kavitation.
Dämmeinlage

2 Geräuschquelle „Armatur" – Schutzmaßnahmen

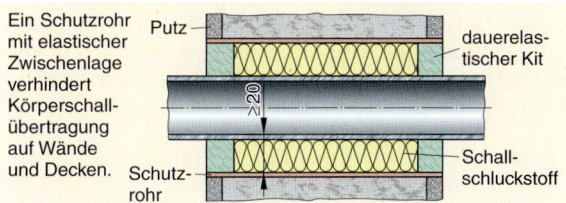

Ein Schutzrohr mit elastischer Zwischenlage verhindert Körperschallübertragung auf Wände und Decken.
Putz — dauerelastischer Kit
Schutzrohr — Schallschluckstoff

3 Körperschallgedämmte Rohrdurchführung

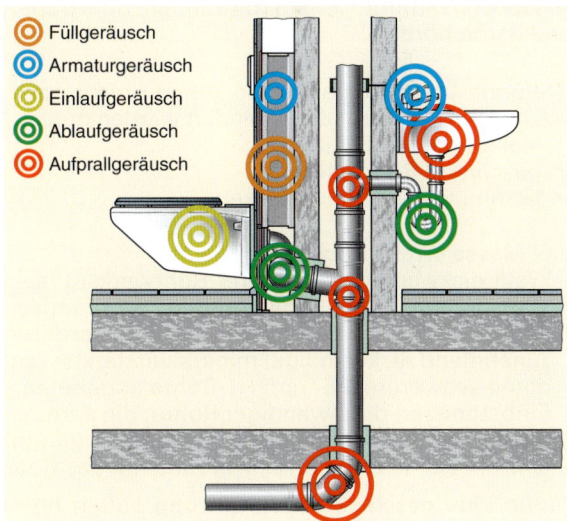

◎ Füllgeräusch
◎ Armaturgeräusch
◎ Einlaufgeräusch
◎ Ablaufgeräusch
◎ Aufprallgeräusch

4 Wo entstehen Geräusche?

Geräusche in Abwasserleitungen entstehen hauptsächlich als, ➜ 4:
• Füllgeräusch
• Armaturengeräusch
• Einlaufgeräusch
• Ablaufgeräusch
• Aufprallgeräusch

3

Füll- und Armaturengeräusche entstehen beim Betätigen von Armaturen und beim Wassereinlauf in Waschbecken, Spülkästen u. Ä., ➔ 77.4.

Einlaufgeräusche treten auf beim Benutzen von Sanitärapparaten wie WC, Bade- oder Duschwanne und beim Einströmen des Wassers in Fallleitungen, ➔ 79.4.

Ablaufgeräusche sind Fließgeräusche beim Wasserfluss:
• durch Klosetts, Geruchverschlüsse
• in Anschluss- und Sammelleitungen innerhalb abgehängter Decken über schutzbedürftigen Räumen

Aufprallgeräusche entstehen in Fallleitungen vor allem an Richtungsänderungen wie Verziehungen, Übergänge zu Sammel- oder Grundleitungen in Abwasserleitungen.

Der Aufprall des Wassers nach Sturzstrecken in Anschlussleitungen und besonders in Fallleitungen regt das Rohrmaterial zum Schwingen an. Große Fallhöhen machen sich natürlich bemerkbar. Jedoch wirkt sich eine Fallhöhe > 12 m kaum stärker aus, da dann die Fließgeschwindigkeit des Wassers kaum noch zunimmt, ➔ 284.1. In einem 15-geschossigen Gebäude gibt es deshalb in den Fallleitungen gleicher Bauart kaum lautere Fließgeräusche als bei einem 4-geschossigen Bau.

> Besonders stark schwingen leichte Werkstoffe wie dünnwandige Kunststoffrohre.

Das Schwingen der Rohrwandung wird als Luftschall abgestrahlt, aufs Trommelfell übertragen und damit hörbar.

> Aufprall- und Fließgeräusche können nicht ganz vermieden, sondern nur gemindert werden durch:
> • viel Masse der Leitung
> • geschickte Rohrführung
> • lärmmindernde Formstücke

Viel **Masse** erreicht man z. B. durch:
• Wahl dickwandiger, schwerer Rohrwerkstoffe, z. T. mit inneren, schallschluckenden Dämpfungseigenschaften; deshalb werden neben Gussrohren zunehmend dickwandige, mineralverstärkte, und damit schwerere, PE- und HT-Rohre angeboten
• Einbetonieren dünnwandiger Rohre, die dadurch nicht mehr schwingen können, ➔ 1; oft genügt eine ≈ 2 cm dicke Betonschicht rund um das Rohr

Durch eine **geschickte Rohrführung** sollen hohe Fließgeschwindigkeiten in liegenden Leitungen vermieden (Gefälle 1 % … 2 %, auf keinen Fall > 5 %) und Aufprallgeräusche an Richtungsänderungen gemindert werden.

Auch lärmmindernde Formstücke tragen dazu bei:
• Auflösen eines 90°-Bogens in 2 Bogen von 45°, am besten mit ca. 25 cm langem Zwischenstück, ➔ 284.3
• Einbau von Abzweigen mit 88°- statt mit 45°-Abzweigen in die Fallleitung, ➔ 286.1; besonders

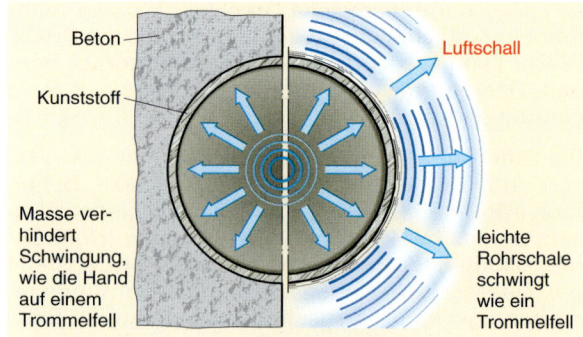

1 Luftschall bei leichten Kunststoffrohren

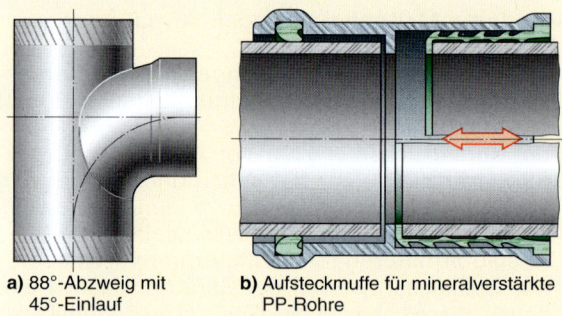

2 Abwasser-Formstücke, die zur Schalldämmung beitragen
a) 88°-Abzweig mit 45°-Einlauf
b) Aufsteckmuffe für mineralverstärkte PP-Rohre

günstig sind 88°-Abzweige, deren Einlaufkante auf 45° gebrochen ist, ➔ 2a, 139.1, 286.1c
• Formstücke mit Schwingungsdämpfern, um das Vibrieren der Rohrwand zu verhindern, ➔ 139.1

Die Körperschallfortpflanzung zwischen einzelnen Rohrstücken wird auch durch die elastischen Dichtungen der Rohrverbinder oder in den Muffen gedämmt, ➔ 2b. Je nach Rohrart sind z. T. unterschiedliche Schallschutzmaßnahmen erforderlich.

Weitere Maßnahmen zum Schallschutz bei Abwasserleitungen sind:
• Abwasserleitungen bemessen und vorschriftsmäßig lüften, um Gurgelgeräusche zu vermeiden
• keine Abwasserrohre in schutzbedürftigen Räumen frei liegend verlegen; notfalls Schachtwände mit Mineralwolle, ≥ 30 mm dick, zur Schallabsorption auskleiden oder mit Mineralwolle ausfüllen, ➔ 76.1
• Abwasserrohre nur an Wänden mit einer Wandmasse ≥ 220 kg/m² befestigen, ➔ 92.1, oder Vorsatzschalen (biegeweiche Wände) vorblenden, ➔ 75.4
• Rohrschellen wegen ihrer Schallbrückenwirkung nicht in Aufprallzonen setzen
• Sanitärapparate wie Bade- und Duschwannen, Bidets, Spülklosetts körperschallgedämmt aufstellen bzw. befestigen

> Schwere Rohre werden zwar kaum zum Schwingen angeregt. Sie können aber Geräusche als Körperschall weiterleiten und direkt oder über Schallbrücken auf Wände und Decken übertragen.

Dadurch kommen diese selbst zum Schwingen und strahlen Luftschall ab. Schallbrücken sind z. B. Rohrschellenhalter, am Rohr und am Mauerwerk anliegende Rohre.

> Um Kontakte mit dem Baukörper zu unterbinden, sind Rohrleitungen vom Baukörper durch weiche, schalldämmende Zwischenschichten zu entkoppeln.

Schallbrücken werden unterbunden z. B. durch:
- Gummieinlagen in Rohrschellen, ➜ 1
- Dämmschläuche um Rohre und Formstücke, ➜ 2
- Rohrdurchführungen durch Decken und Wände in Schutzrohren mit Steinwoll- oder dauerelastischer Brandschutzkitt-Einlage oder flexible, intumeszierende Dämmschläuche, ➜ 87.1 bis 87.3

> Fast unmöglich bzw. sehr teuer ist es, Versäumnisse zum Schallschutz nachträglich zu korrigieren.

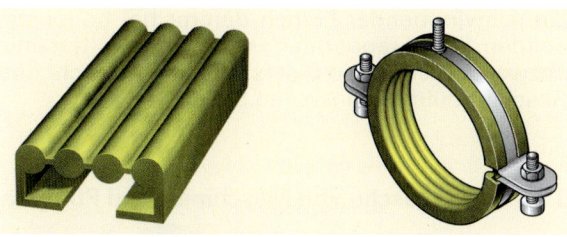

1 Rohrschelle mit Gummieinlage

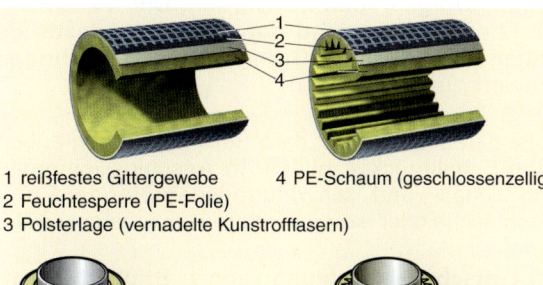

1 reißfestes Gittergewebe   4 PE-Schaum (geschlossenzellig)
2 Feuchtesperre (PE-Folie)
3 Polsterlage (vernadelte Kunststofffasern)

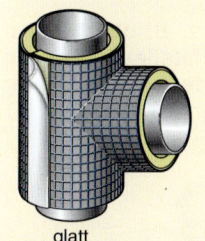

glatt   mit Wellenprofil
a) Für schwere, harte Rohre   **b)** Für leichte Kunststoffrohre
2 Dämmschläuche mit selbstklebendem Verschlussband

Geräusche von Abgas- und Heizanlagen

Heizanlagen zählen zu den „Dauerläufern", die auch des Nachts betrieben werden. Ausgehende Geräusche stören dann in Wohngebäuden erheblich, ➜ 3.

Nachteilig für die heutige Geräuschausbreitung ist:
- Sie sind nicht mehr in einem „abgekapselten" Heizraum mit schweren Brandschutztüren aufgestellt.
- leichte Bauweise der Abgassysteme, wenig Masse und glatt (keine gemauerten Schornsteine mehr!)
- die oft leichte Gebäudebauweise
- Heizkessel sind oft leicht gebaut mit Brennern mit niederfrequentem Geräuschspektrum, das schwer zu dämpfen ist.

Um Geräusche aus Heiz- und Abgasanlagen zu dämpfen werden eingesetzt:
- Schalldämmhauben für Öl- bzw. Gasbrenner
- Schalldämpfer bzw. -absorber in Abgasrohren,
- Rohrschellen mit Dämmeinlage für Abgasleitungen
- Türen mit Schalldämmung für Räume mit Kesseln
- Fenster mit Schalldämmung

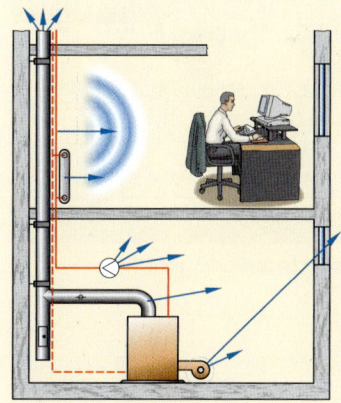

Geräusche
- vom Heizraum
- als Luftschall direkt oder durch Reflexion
- als Körperschall
- als Abgas- und Verbrennungsgeräusch
- durch Pumpen
- als Strömungsgeräusch
- vom Brenner

3 Geräuscheübertragungsweg bei Heiz- und Abgasanlagen

Einlauf- und Nutzungsgeräusche

Einlaufgeräusche bei Badewannen mindert man durch Wanneneinläufe, die den Wasserstrahl schräg gegen die Wannenwand leiten, ➜ 4. Die Geräuschübertragung auf Abwasserleitungen, Wände und Decken beim Benutzen von Sanitärapparaten verringert man durch schallschluckende und dauerelastische Zwischenlagen, z. B. bei wandhängenden Klosetts oder Sitzwaschbecken nach ➜ 588.2, bei Bade- und Duschwannen nach ➜ 539.2. Bei Wannen dämpfen auch Hartschaumwannenträger den Schall zusätzlich.

a) Starkes Einlaufgeräusch   **b)** Geräusch reduzieren durch Ablenken des Wasserstrahls
4 Einlaufgeräusch bei Badewannen

3

Ein schwimmender Estrich dämmt bei bodenstehenden Sanitärapparaten wie Wannen, Klosetts, Sitzwaschbecken und Bidets sowie bei Wasch- und Geschirrspülmaschinen den Schall.

3.3.5.5 Geräusche von Maschinen und Pumpen

Körperschall muss durch Unterbrechen der Übertragungswege gedämmt werden. Die Maschinen bzw. deren Sockel sind durch weiche, elastische Platten wie Presskork, Gummimetall vom übrigen Bauwerk zu trennen, ➔ 1.

Es ist darauf zu achten, dass Befestigungsschrauben keine Schallbrücken bilden. In Anschlussleitungen sind schall- und schwingungsdämpfende Gummischläuche oder -kompensatoren einzubauen, ➔ 1a.

Die **Luftschallabstrahlung** kann z. B. durch Lärmschutzkapseln oder separates Aufstellen in benachbarten Räumen vermindert werden. Es sollten lärmarme Aggregate eingesetzt werden.

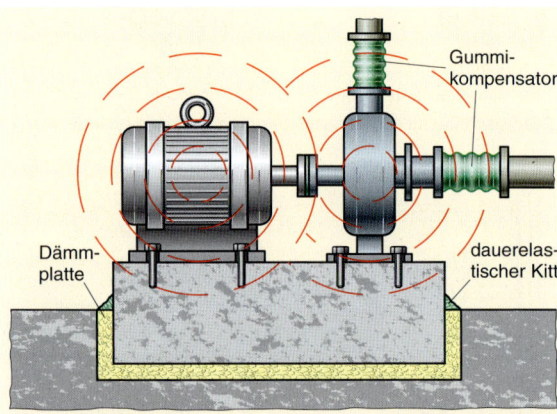

a) Pumpensockel mit Pumpe schalltechnisch vom Bauwerk und von den Leitungen getrennt

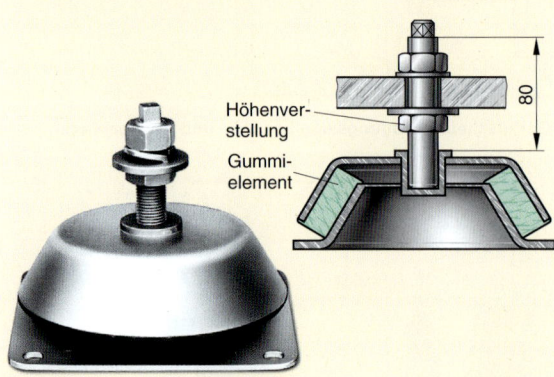

Belastung 100 N ... 21 000 N/Element, je nach Größe und Qualität

b) Höhenverstellbares Maschinenaufstellelement für Pumpen, Waschmaschinen u. Ä.

1 Körperschalldämmung durch Dämmplatten und/oder Maschinenaufstellelemente

Übungen:

1. Was versteht man unter Schall?
2. Was versteht man unter Frequenz?
3. Welchen Schall-Frequenzbereich kann der Mensch wahrnehmen?
4. Wie breitet sich Schall aus?
5. Was versteht man unter Schalldruck?
6. a) Warum wurde der Schalldruckpegel eingeführt?
   b) Welches Kennzeichen führt der Schalldruckpegel?
7. a) Welche Schalldruckpegel kann der Mensch erfassen?
   b) Nennen Sie einige Beispiele.
8. a) Wie pflanzt sich Körperschall fort?
   b) Wie kann man seine Ausbreitung dämmen?
9. a) Wie breitet sich Luftschall aus?
   b) Nennen Sie Möglichkeiten, seine Ausbreitung zu mindern.
10. Welche technische Vorschrift ist bestimmend für den Schallschutz?
11. a) Welchen Schalldruckpegel dürfen Anlagen einer Wasserinstallation in fremden Wohnräumen nicht überschreiten?
    b) Wann gilt dieser Wert auch für die eigene Wohnung?
12. Was sind schutzwürdige Räume im Sinne der Schallschutznorm?
13. a) Wer muss bei der Planung zum Schallschutz von Gebäuden zusammenarbeiten?
    b) Wie kann der Sanitärinstallateur zum Schallschutz beitragen?
    c) Nennen Sie einzelne Maßnahmen, die der Installateur ergreifen muss, um die Entstehung und Ausbreitung von Schall aus Installationsanlagen zu mindern.
14. Wie kann der Architekt zum Schallschutz beitragen?
15. Was wissen Sie über die Schalldämmung durch Wände?
16. Beschreiben Sie den Aufbau eines „schwimmenden Estrichs". Fertigen Sie dazu eine Skizze an.
17. Wie kann der Installateur den Schalldämmwert einer Wand herabsetzen?
18. Bestimmen Sie aus ➔ 75.2, 75.3 den Schalldämmwert einer Wand mit
    a) $m'' = 120\ kg/m^2 + 2 \cdot 1{,}5\ cm$ Putz
    b) $m'' = 300\ kg/m^2$
19. Suchen Sie aus ➔ 75.2 einige Wände aus, an denen keine Rohrleitungen oder Armaturen befestigt werden dürfen.
20. a) Was versteht man unter „Kavitation"?
    b) Wie entsteht Kavitation?
    c) Wie kann man der Kavitation vorbeugen?
21. Nennen Sie Maßnahmen, um Armaturengeräusche zu verhindern bzw. um sie zu dämmen.
22. Wie können beim Verlegen von Abwasserleitungen Fließ- und Ablaufgeräusche vermindert werden?

3.4 Brandschutz in der Sanitärtechnik

3.4.1 Feuer und Brandschutz

Das Feuer hat in der Entwicklung der Menschheit über Tausende von Jahren eine entscheidende Rolle gespielt. Feuer war für die Menschen als Licht- und Wärmequelle von unschätzbarem Wert. Aber mit den ersten Brandkatastrophen zeigte sich auch die vernichtende Kraft des Feuers.

Die enge und dichte Bebauung der Städte mit vielen Gebäuden in Holzbauweise führte schon im Mittelalter zu ausgedehnten Feuersbrünsten. Die damaligen geringen technischen Mittel ließen keine wirksame Brandbekämpfung zu. So kam es schon frühzeitig zu Vorschriften, um das Übergreifen von Bränden zu verhindern, z. B. größere Abstände zwischen den Häusern, sog. Feuergassen.

Eine der letzten Brandkatastrophen in Deutschland, 1995 am Düsseldorfer Flughafen, hat den Brandschutz auch der Öffentlichkeit wieder nahe gebracht. Sie zeigte vor allem deutlich:
- Bei einem Brand spielen die Baustoffe eine erhebliche Rolle; so entstanden damals giftige Dämpfe, vor allem durch verbrennendes PVC; dabei wird Chlor frei.
- Neben dem Feuer ist vor allem der Rauch zu fürchten. Laut Statistik sterben bei Bränden 95 % aller Opfer durch Rauch und nur 5 % durch direkte Feuereinwirkung. Zum Vergleich: In Deutschland gibt es ca. 1500 Tote/Jahr durch Rauch, im Flugverkehr beklagt man weltweit 800 Tote/Jahr

Der Rauch, ➔ 1, ist so gefährlich, weil:
- Rauch giftige Dämpfe enthalten kann
- bereits wenig brennbares Material sehr viel Rauch entwickeln kann; so qualmt ein brennender Autoreifen oft stundenlang und 1 kg brennendes Holz entwickelt 700 m³ Rauchgas
- Rauch sich sehr schnell und geräuschlos überall hin ausbreitet; er dringt selbst durch feine Spalte und Öffnungen, z. B. bei Wand- und Deckendurchführungen von Rohren, ➔ 2, noch stärker natürlich durch Schächte und Lüftungskanäle; in diesen kann durch Sog die Ausbreitung noch beschleunigt werden
- Rauch Räume so verqualmt, dass die Orientierung unmöglich wird, vgl. Brände in Tunnels

> Daraus ist zu ersehen, dass beim Brandschutz die Rauchdichtheit aller Öffnungen unerlässlich ist.

Brandschutz gliedert sich in:
- den vorbeugenden baulichen Brandschutz
- den abwehrenden (aktiven) Brandschutz
- den betrieblichen Brandschutz

1 Kampf gegen Feuer und Rauch

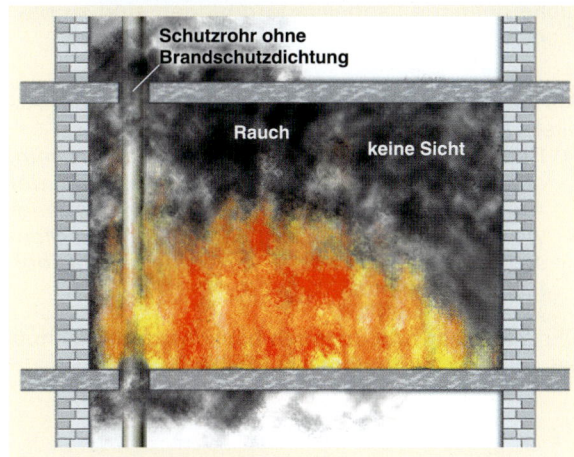

2 Feuer – Rauch – keine Sicht

Der **vorbeugende** bauliche Brandschutz soll beitragen, Brände durch bauliche Vorschriften zu verhindern, vor allem mit:
- Brandschutzvorschriften für Gebäude (in der Bauordnung)
- Unfallverhütungsvorschriften der Berufsgenossenschaften
- Sicherheitsvorschriften der Versicherungsträger

Der **abwehrende** (aktive) Brandschutz, umfasst die Brandbekämpfung, ➔ 1, und die Rettung gefährdeter Personen und Tiere durch Feuerwehr und Rettungswesen (Feuerwehrgesetze).

Der **betriebliche** Brandschutz kann beim Brandschutz durch Warn-, Melde- und automatische Feuerlöschanlagen mithelfen.

3.4.2 Brandschutzvorschriften

Rechtliche Grundlagen des vorbeugenden baulichen Brandschutzes, → 1, sind die Landesbauordnungen (LBO) der einzelnen Bundesländer, denn in Deutschland fällt das Baurecht unter Länderhoheit. Jede LBO hat Gesetzeskraft. Bei Zuwiderhandeln drohen empfindliche Strafen, auch ohne Schadensfall. Zwar beruhen alle LBO auf der Musterbauordnung (MBO) der ARGEBAU[1], Fachkommission Bauaufsicht, von 1996, aber zahlreiche detaillierte Vorschriften der einzelnen Länder führten zum Teil zu erheblichen Unterschieden.

Die **eingeführten technischen Baubestimmungen** ETB, insbesondere DIN 4102-1 bis -18 – *Brandverhalten von Baustoffen und Bauteilen* – sind in das Baurecht eingeführt und verdeutlichen die brandschutztechnischen Begriffe. Das Deutsche Institut für Bautechnik in Berlin zeichnet dafür verantwortlich. Es erteilt auch allgemeine bauaufsichtliche Zulassungen (**ABZ**) für spezielle Bauteile bzw. allgemeine bauaufsichtliche Prüfbescheide (**ABP**) für Bauausführungen, z. B. nach → 91.2.

> In diesem Buch kann für alle Aussagen nur die Musterbauordnung (MBO) Grundlage sein. Örtliche geltende Landesbauordnungen sind zu beachten.

Als **Ziel des baulichen Brandschutzes** nennt der Artikel 17 der Musterbauordnung:
(1) *Bauliche Anlagen müssen so beschaffen sein, dass der Entstehung eines Brandes und der Ausbreitung von Feuer und Rauch vorgebeugt wird und bei einem Brand die Rettung von Menschen und Tieren sowie wirksame Löscharbeiten möglich sind.*

Die Ziele des vorbeugenden baulichen Brandschutzes zeigt zusammengefasst Bild → 2.

3.4.3 Klassifizierung der Baustoffe - Begriffe

Beim Brandschutz wird eingeteilt (klassifiziert):
• Baustoffe in Baustoffklassen
• Bauteile in Feuerwiderstandsklassen

Die **Baustoffklassen**, → 3, sind unterteilt in:
• Baustoffklasse A – nicht brennbar
• Baustoffklasse B – brennbar
• Baustoffklasse AB – wesentliche Teile sind aus nicht brennbaren Baustoffen, gemischt bzw. verbunden mit geringen Anteilen brennbarer Baustoffe

---

[1] ARGEBAU: Arbeitsgemeinschaft der für das Bau-, Wohnungs- und Siedlungswesen zuständigen Minister der Länder Bundesrepublik Deutschland

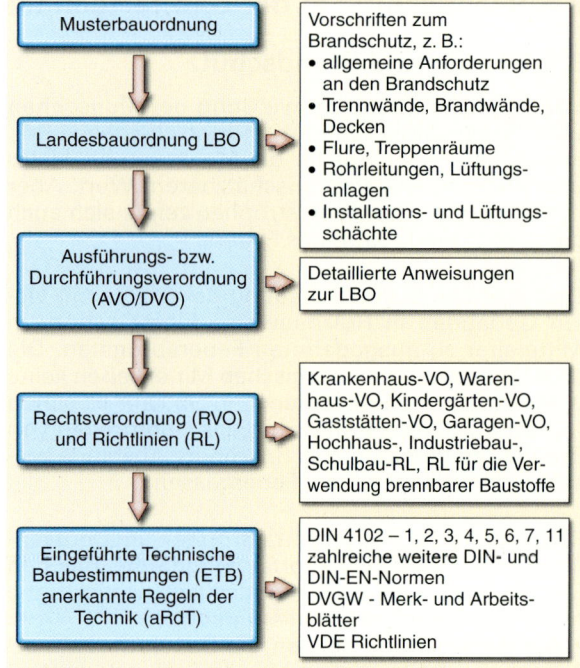

1 Vorschriften zum vorbeugenden Brandschutz

Musterbauordnung	Vorschriften zum Brandschutz, z. B.: • allgemeine Anforderungen an den Brandschutz • Trennwände, Brandwände, Decken • Flure, Treppenräume • Rohrleitungen, Lüftungsanlagen • Installations- und Lüftungsschächte
Landesbauordnung LBO	
Ausführungs- bzw. Durchführungsverordnung (AVO/DVO)	Detaillierte Anweisungen zur LBO
Rechtsverordnung (RVO) und Richtlinien (RL)	Krankenhaus-VO, Warenhaus-VO, Kindergärten-VO, Gaststätten-VO, Garagen-VO, Hochhaus-, Industriebau-, Schulbau-RL, RL für die Verwendung brennbarer Baustoffe
Eingeführte Technische Baubestimmungen (ETB) anerkannte Regeln der Technik (aRdT)	DIN 4102 – 1, 2, 3, 4, 5, 6, 7, 11 zahlreiche weitere DIN- und DIN-EN-Normen DVGW - Merk- und Arbeitsblätter VDE Richtlinien

Ziele des baulichen Brandschutzes sind:
• Leben und Gesundheit von Mensch und Tier schützen
• Brände durch Wahl geeigneter Baustoffe verhindern
• Ausbreitung von Feuer und Rauch auf den unmittelbaren Brandbereich begrenzen – Abschottungsprinzip
• Brandbereich eingrenzen – Brandabschnitt im Bauwerk bilden
• Löscharbeiten und Rettung von Menschen und Tier ermöglichen

2 Ziele baulichen Brandschutzes

Baustoff-klasse	Bauaufsichtliche Bezeichnung	Beispiele
A	nicht brennbare Baustoffe (nbr)	Beton, Ziegel, Guss-eisen, Stahl, Kupfer
A 1	ohne	w.o.
A 2	mit brennbaren Bestandteile	Gipskartonplatten
B	brennbare Baustoffe (br)	Holz, Kunststoffe, Papier
B 1	schwer entflammbar	Holzwolle-Leichtbau-platten, PP, PVC
B 2	normal entflammbar	Holz, PB, PE, PU-Schaum
B 3	leicht entflammbar	Papier, Holz < 2 mm dick

3 Baustoffklassen und Brandverhalten von Baustoffen

Die **Feuerwiderstandsklasse** (F 30, F 60, F 90, F 120, F 180) kennzeichnet tragende, aussteifende und raumabschließende Wände, Decken, Stützen und Treppen, → 1. Sie entspricht der Feuerwiderstandsdauer eines Bauteils, also der Zeit, die es bei Brandversuchen unter bestimmten Bedingungen dem Feuer mindestens standhält. So hält z. B. eine „F-30-Wand" dem Feuer mindestens 30 min stand.

Durch die **Feuerwiderstandsdauer F** eines Brandabschnittes sollen Feuer und Rauch an ihrem Entstehungsort so lange „eingesperrt bleiben", bis die Feuerwehr eingreifen kann.

Bei kleineren Gebäuden sind dies etwa 30 min (F 30), bei größeren 90 min (F 90).

Angaben für bauaufsichtlich klassifizierte Bauteile:
- F 30 A = feuerhemmend, nicht brennbare Baustoffe
- F 90 A = feuerbeständig, nicht brennbare Baustoffe
- F 90 AB = feuerbeständig, wesentliche Teile nicht brennbar mit Anteilen brennbarer Stoffe

Baustoffe und Bauteile werden zugelassen durch:
- DIN 4102 – Brandverhalten von Baustoffen und Bauteilen
- allgemeine bauaufsichtliche Zulassung (ABZ)
- allgemeines bauaufsichtliches Prüfzeugnis (ABP) einer anerkannten Prüfstelle
- eine Zustimmung im Einzelfall

Sogenannte Sonderbauteile wie Außenwände, Rohrleitungen, Installationsschächte, Feuerschutzabschlüsse erhalten für ihre Feuerwiderstandsdauer statt des Buchstabens F einen anderen, → 1.

Die geforderte Feuerwiderstandsdauer richtet sich:
- nach Art und Nutzung des Gebäudes
- nach Geschosszahl bzw. Gebäudehöhe

Feuerwider-standsklasse	Gegen Brandübertragung bei folgenden Bauteilen
F 30 ... F 180	Feuerwiderstandsklasse allgemein
W 30 ... W 180	Brandwände[1], nicht tragende Außenwände
T 30 ... T 180	Feuerschutzabschlüsse wie selbst schließende Türen, Klappen, Rollläden, Fahrschachttüren
R 30 ... R 120	Rohre (Dämmungen, Rohrabschottungen)
I 30 ... I 120	Installationsschächte, -kanäle, Abschlüsse ihrer Revisionsöffnungen
L 30 ... L 120	Lüftungsleitungen, Rohre, Formstücke, Schächte
K 30 ... K 120	Absperrvorrichtungen (Brandschutzklappen) in Lüftungsleitungen

[1] Brandwände sollen die Brandausbreitung auf angrenzende Gebäude oder Gebäudeabschnitte verhindern. Öffnungen sind nur bei inneren Brandwänden zulässig, wenn die Nutzung dies erfordert. Bauteile dürfen nur soweit eingreifen, dass der verbleibende Wandquerschnitt feuerbeständig bleibt. Mindestdicke siehe DIN 1053-1.

1 Feuerwiderstandsklassen von Sonderbauteilen

Bei der **Art und Nutzung des Gebäudes** ist zu unterscheiden zwischen frei stehenden und nicht frei stehenden Gebäuden, zwischen Wohngebäuden und Sonderbauten wie Betriebe, Kaufhäuser, Schulen, Krankenhäuser. Darin können Löschen und Retten erschwert werden z. B. wegen teurer elektrischer Geräte und Anlagen oder der eingeschränkten Beweglichkeit der Patienten.

Bei Gebäuden mit großer **Geschosszahl** bzw. großer **Höhe** sind Lösch- und Rettungsmaßnahmen aufwendiger als bei kleinen Gebäuden.

Die Musterbauordnung 2002 in § 2 unterscheidet im Wohnungsbau Gebäudeklassen nach Bild, → 2.

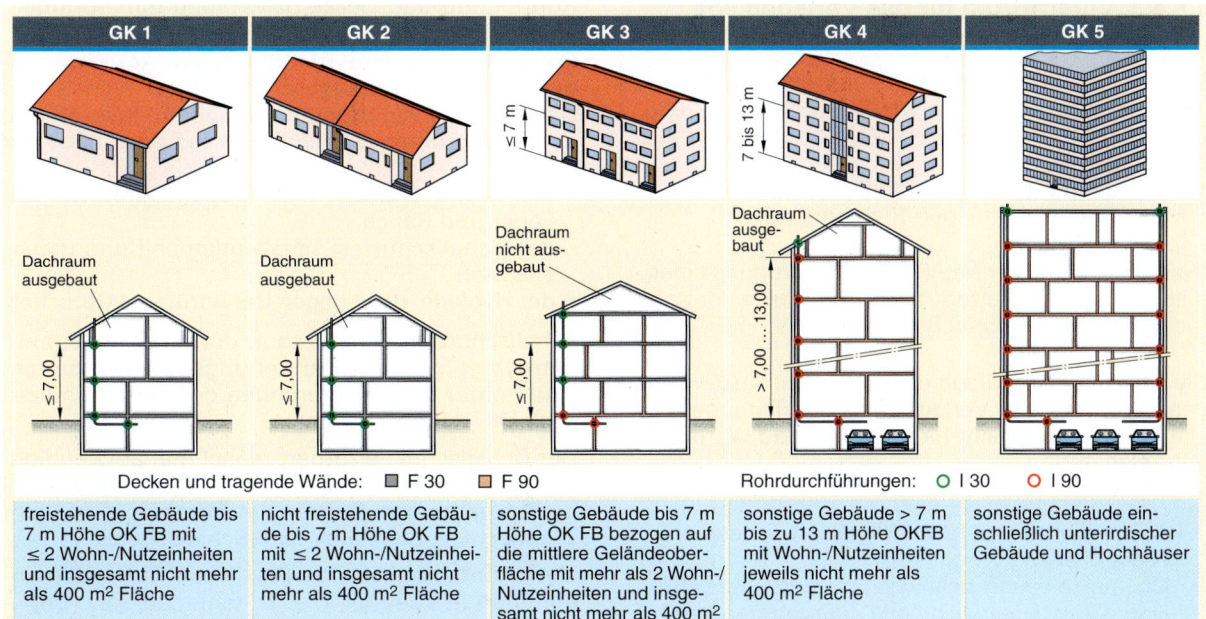

GK 1	GK 2	GK 3	GK 4	GK 5

Decken und tragende Wände: ■ F 30 ■ F 90   Rohrdurchführungen: ○ I 30 ○ I 90

freistehende Gebäude bis 7 m Höhe OK FB mit ≤ 2 Wohn-/Nutzeinheiten und insgesamt nicht mehr als 400 m² Fläche	nicht freistehende Gebäude bis 7 m Höhe OK FB mit ≤ 2 Wohn-/Nutzeinheiten und insgesamt nicht mehr als 400 m² Fläche	sonstige Gebäude bis 7 m Höhe OK FB bezogen auf die mittlere Geländeoberfläche mit mehr als 2 Wohn-/Nutzeinheiten und insgesamt nicht mehr als 400 m²	sonstige Gebäude > 7 m bis zu 13 m Höhe OKFB mit Wohn-/Nutzeinheiten jeweils nicht mehr als 400 m² Fläche	sonstige Gebäude einschließlich unterirdischer Gebäude und Hochhäuser

2 Gebäudeklassen und Brandschutzanforderungen bei Wohn- und Nutzbauten

3

Manche LBO unterteilt nicht nach Anzahl der Vollgeschosse, sondern nach Gebäudehöhe. Zu unterscheiden sind dann:
- Geschosse, die vollständig über der natürlichen oder festgelegten Geländeoberfläche liegen und zu $2/3$ ihrer Grundfläche mindestens 2,3 m hoch sind
- Kellergeschosse, deren Deckenunterkante im Mittel 1,2 m über Geländeoberfläche liegt

Um einen Brand auf möglichst kleinen Raum zu begrenzen, werden Gebäude in **Brandabschnitte** unterteilt. Erster Brandabschnitt ist die Nutzungseinheit, im Wohnungsbau die Wohnung selbst, begrenzt durch Geschossdecke, Wohnungs- bzw. Treppenhaustrennwand.

> Bei Wohngebäuden geringer Höhe genügt als Brandschutz F30 (feuerhemmend).

Weitere Brandabschnitte werden durch Brandwände (F 90) begrenzt.

Brandwände sind vorgeschrieben bei:
- mindestens alle 40 m - bei größeren Gebäuden zwischen einzelnen Gebäudeteilen
- bei geringen Gebäudeabständen zum Nachbargrundstück, z. B. < 2,5 m

An Brandwände werden hohe Anforderungen gestellt, z. B.:
- zwischen Reihenhäusern: feuerbeständige Mauern (F 90) anstelle feuerhemmender (F 30)
- bei Fluren > 40 m Länge: Brandschutztüren anstelle normaler Türen
- in Lüftungskanälen: Brandschutzklappen einbauen

3.4.4 Brandschutz bei Rohrleitungen

3.4.4.1 Vorschriften für das Verlegen von Rohrleitungen

Neben den allgemeinen Vorschriften für das Verlegen von Rohrleitungen wie DIN 1986, EN 12056, DIN 1988, EN 806, TRGI gelten für den Brandschutz besonders die:
- Bauordnung des jeweiligen Bundeslandes
- Muster-Leitungsanlagen-Richtlinie (MLAR)

> Nach Aufnahme der MLAR in die Bauordnung eines Landes hat sie Gesetzeskraft. Sie hat damit Vorrang gegenüber technischen Regeln wie DIN, TRGI.

Die **MLAR** ist Grundlage der folgenden Ausführungen. Sie gilt für das Verlegen von Rohrleitungen für alle Medien, **aber nicht** für Lüftungs- und Warmluftheizanlagen.

> Viele Vorschriften der MLAR werden in bestimmten Fällen ersetzt durch:
> - allgemeine bauaufsichtliche Prüfzeugnisse (ABP)
> - allgemeine bauaufsichtliche Zulassungen (ABZ)
> - Zustimmung der obersten Baubehörde im Einzelfall

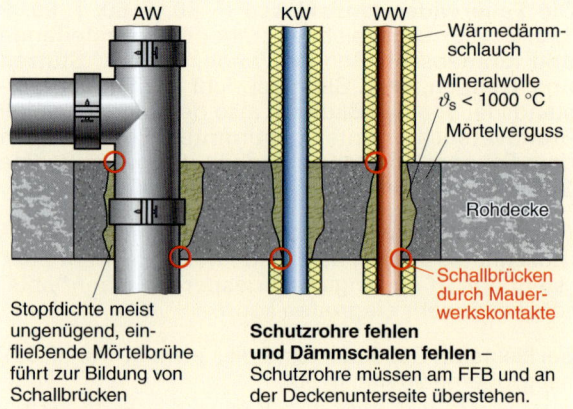

Stopfdichte meist ungenügend, einfließende Mörtelbrühe führt zur Bildung von Schallbrücken

Schutzrohre fehlen und Dämmschalen fehlen – Schutzrohre müssen am FFB und an der Deckenunterseite überstehen.

1 Für den Schall- und Brandschutz völlig ungenügende Deckendurchführung

3.4.4.2 Rohrdurchführungen - Anforderungen

Führen Rohrleitungen, Lüftungskanäle usw. durch Decken und Wände von Brandabschnitten, darf deren Feuerwiderstandsdauer nicht darunter leiden.

Bei Rohrdurchführungen ist zu unterscheiden zwischen:
- **nicht brennbaren** Rohren; dazu zählen Guss-, Stahl-, Edelstahl- und Kupferrohre
- **brennbaren** Rohren; dazu gehören Kunststoff-, Glas- und Aluminiumrohre (Verbundrohre!)

> Eine **brennbare Dämmschicht** um das Rohr macht aus einem nichtbrennbaren Rohr praktisch ein brennbares, da nach Abbrennen der Dämmung, z. B. Schaumstoffschlauch, Rauch und Feuer durch die entstandene Öffnung dringen.

Damit im Brandfall Feuer und Rauch nicht zwischen Rohrleitung und Decke bzw. Wand durchdringen, ist fachgerecht abzuschotten (abzudichten): Rohrleitungen sind in Rohrhülsen körperschallgedämmt und brandgeschützt durch Wände und Decken von Wohnungen, Treppenhäusern, und Brandabschnitten (Brandwände) zu führen und zwar wegen
- des Brandschutzes: dicht gegen Durchtritt von Feuer und Rauch
- des Schallschutzes: schallentkoppelt und dauerelastisch
- der Hygiene: dicht gegen Durchtritt von Gerüchen

Schallschutz und Brandschutz dürfen nicht getrennt betrachtet werden. Bei Leitungsdurchführungen sind immer auch Forderungen des Schallschutzes nach DIN 4109 zu beachten.

Der Schallschutz erfordert manchmal aufwendigere Maßnahmen als der Brandschutz. So genügt bei nicht brennbaren Rohren ein Mörtelverguss zum Brandschutz, nicht aber zum Schallschutz.

Leider findet man in der Praxis zum Teil völlig ungenügende Lösungen, z. B. fehlende bzw. ungenügende Abschottungen, Schallbrücken zwischen Rohr und Decke, ➔ 1.

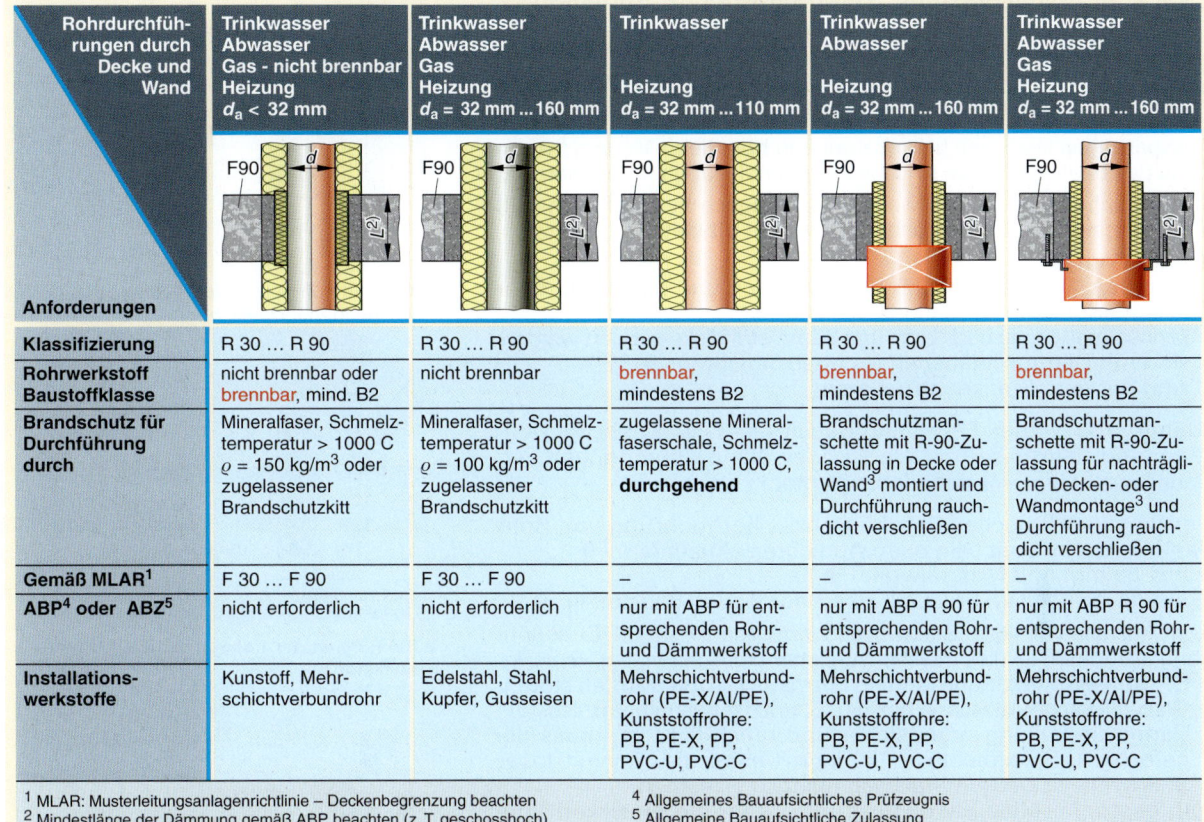

Rohrdurchfüh-rungen durch Decke und Wand	Trinkwasser Abwasser Gas - nicht brennbar Heizung $d_a < 32$ mm	Trinkwasser Abwasser Gas Heizung $d_a = 32$ mm ...160 mm	Trinkwasser Heizung $d_a = 32$ mm ...110 mm	Trinkwasser Abwasser Heizung $d_a = 32$ mm ...160 mm	Trinkwasser Abwasser Gas Heizung $d_a = 32$ mm ...160 mm
Anforderungen					
Klassifizierung	R 30 ... R 90	R 30 ... R 90	R 30 ... R 90	R 30 ... R 90	R 30 ... R 90
Rohrwerkstoff Baustoffklasse	nicht brennbar oder brennbar, mind. B2	nicht brennbar	brennbar, mindestens B2	brennbar, mindestens B2	brennbar, mindestens B2
Brandschutz für Durchführung durch	Mineralfaser, Schmelz-temperatur > 1000 C ϱ = 150 kg/m³ oder zugelassener Brandschutzkitt	Mineralfaser, Schmelz-temperatur > 1000 C ϱ = 100 kg/m³ oder zugelassener Brandschutzkitt	zugelassene Mineral-faserschale, Schmelz-temperatur > 1000 C, **durchgehend**	Brandschutzman-schette mit R-90-Zu-lassung in Decke oder Wand³ montiert und Durchführung rauch-dicht verschließen	Brandschutzman-schette mit R-90-Zu-lassung für nachträgli-che Decken- oder Wandmontage³ und Durchführung rauch-dicht verschließen
Gemäß MLAR[1]	F 30 ... F 90	F 30 ... F 90	–	–	–
ABP[4] oder ABZ[5]	nicht erforderlich	nicht erforderlich	nur mit ABP für ent-sprechenden Rohr- und Dämmwerkstoff	nur mit ABP R 90 für entsprechenden Rohr- und Dämmwerkstoff	nur mit ABP R 90 für entsprechenden Rohr- und Dämmwerkstoff
Installations-werkstoffe	Kunstoff, Mehr-schichtverbundrohr	Edelstahl, Stahl, Kupfer, Gusseisen	Mehrschichtverbund-rohr (PE-X/Al/PE), Kunststoffrohre: PB, PE-X, PP, PVC-U, PVC-C	Mehrschichtverbund-rohr (PE-X/Al/PE), Kunststoffrohre: PB, PE-X, PP, PVC-U, PVC-C	Mehrschichtverbund-rohr (PE-X/Al/PE), Kunststoffrohre: PB, PE-X, PP, PVC-U, PVC-C

[1] MLAR: Musterleitungsanlagenrichtlinie – Deckenbegrenzung beachten
[2] Mindestlänge der Dämmung gemäß ABP beachten (z. T. geschosshoch)
[3] Bei Wanddurchführungen beidseitig
[4] Allgemeines Bauaufsichtliches Prüfzeugnis
[5] Allgemeine Bauaufsichtliche Zulassung

1 Rohrabschottung in Decke und Wand – Klassifizierung, Brandschutz, Rohrarten, Rohrdurchmesser

Der Installateur muss vor Verlegen seiner Leitun-gen beim Planer bzw. Architekten immer die Feu-erwiderstandsdauer von Decken und Wände erfra-gen, z. B. F 30, F 90. Dementsprechend muss er die Rohrabschottungen in R 30 bzw. R 90 ausführen.

R-90-Durchführungen, ➔ 83.2, werden gefordert für:
• alle Gebäude mit Fußboden der obersten Nut-zungseinheit, z. B. Wohnung, höher als 7 m
• Kellerdecken oder andere Gebäudeteile mit be-sonderer Nutzung, z. B. Heizraum, Tiefgarage
• Gebäudeteile, für die eine Nutzungsänderung möglich ist, z. B. Wohnung wird Büro, Restaurant, oder Arztpraxis mit darüber liegender Wohnung

Der Installateuer allein ist verantwortlich, Rohr-leitungen vorschriftsmäßig durch Decken und Wände zu führen, auch wenn diese Arbeiten an andere übertragen werden.

Er muss sich immer des § 323 StGB (Strafgesetz-buch) bewusst sein:
„Wer bei der Planung, Leitung oder Ausübung ei-nes Baues oder des Abbruchs eines Bauwerkes ge-gen die allgemein anerkannten Regeln der Technik verstößt und dadurch Leib und Leben eines ande-ren gefährdet, wird mit Freiheitsstrafe bis zu 5 Jah-ren oder mit Geldstrafe bestraft."

Unterlassener Brandschutz kann wie Brandstif-tung geahndet werden.

Fehlerhafte Rohrdurchführungen bieten im Brand-fall Feuer und Rauch keinen Widerstand. Brand-fahnder werden Ursachen und Schuldige relativ leicht finden.

Maßgebend für den Brandschutz bei Leitungs-durchführungen sind, ➔ 1:
• die Brandschutz-Klassifizierung der Bauteile
• das Rohrmaterial (brennbar, nicht brennbar)
• die Rohraußendurchmesser d_a
• das in den Rohren transportierte Medium

Die **Brandschutz-Klassifizierung** der Bauteile, z. B. F 30, F 90, ist im Kap. 3.4.3 beschrieben.

Je nach **Rohrmaterial** und **Rohraußendurchmesser** – ohne Dämmung gemessen – werden unterschieden:
• nicht brennbare Rohre mit $d_a \leq 160$ mm
• brennbare Rohre mit $d_a < 32$ mm
• brennbare Rohre mit $d_a \geq 32$ mm

Das in den Rohren **transportierte Medium** kann sein:
• nicht brennbar, z. B. Trinkwasser, Abwasser, Heizwasser, Stickstoff, CO_2
• brennbar, z. B. Erdgas, Flüssiggas, Heizöl
• brandfördernd wie Sauerstoff, Luft

3

3.4.4.3 Rohrabschottung – Dämmstoffe und Anwendung

Um Rohre durch Decken und Wände zu führen, sind darin nötig:
- Aussparungen bzw. Durchbrüche mit Rohrhülsen für die Rohre
- Kernbohrungen – nur bei Massivdecken bzw. -wänden

Aussparungen lässt man beim Betonieren bzw. beim Mauern frei. Im Zuge des Baufortschrittes sind sie manchmal jedoch falsch platziert.

Durchbrüche stellt man aufwendig nachträglich her, dafür (meist!) am richtigen Platz. Durchbrüche sind jedoch oft statisch bedenklich.

Kernbohrungen
- ersparen Aussparungspläne, Rohrhülsen und den Ärger über falsch angelegte Deckenaussparungen
- können maßgenau nach Lage und Dämmstoffdicke gebohrt werden
- sind mit Dämmschläuchen leicht abzudichten, ➔ 87.2
- sind mit dem Statiker abzuklären

> Damit im Brandfall Feuer und Rauch nicht zwischen Rohrleitung und Rohrhülse bzw. Decke oder Wand durchdringen, ist fachgerecht abzuschotten (abzudichten).

Der Ringspalt zwischen Rohrhülse bzw. Kernbohrung und Rohr darf höchstens breit sein beim Abdichten (Ausfüllen), ➔ 1:
- $a \leq 50$ mm, mit Mineralwolle, ➔ 1a
- $a \leq 15$ mm, mit im Brandfall aufschäumenden Baustoffen, ➔ 2

Vom Ausfüllen mit loser Steinwolle (Schmelzpunkt > 1000 °C) ist dringend abzuraten, da dies meist unzureichend geschieht, vgl. ➔ 84.1:
- Bei Abwasserleitungen können Formstücke bzw. Muffen stören.
- Glaswolle schmilzt, schon bei 850 °C, und ist deshalb unzulässig.
- Damit die Füllung brandsicher und rauchdicht ist, muss die geforderte Stopfdichte > 120 kg/m³ sein, dies ist mit loser Steinwolle in Decken praktisch nicht zu erreichen.
- In gestopfte Mineralwolle kann Mörtelbrühe einsickern, die nach dem Aushärten Schallbrücken bildet.

> Anstelle loser Mineralwolle sind bauaufsichtlich zugelassene (ABZ) bzw. bauaufsichtlich geprüfte (ABP) Dämmverfahren einzusetzen:
> - mineralische Dämmschalen oder synthetische Dämmschläuche
> - intumeszierende, im Brandfall aufschäumende Baustoffe, wie:
>   - Brandschutzkitt
>   - Brandschutzplatte
>   - flexible Dämmschläuche
> - Deckenabschottsysteme auf Mörtelbasis
> - intumeszierende Brandschutzkartuschen bzw. -manschetten

Mit besonderer bauaufsichtlicher Zulassung können in fest anliegenden, gepressten Steinwolldämmschalen (Dichte ca. 150 kg/m³), ➔ 4, oder in mit Alu-Folie gittervernetzten Hartschaumrohren, ➔ 5, nichtbrennbare Rohre bis $d_a = 160$ mm oder brennbare Rohre, z. B. Verbund- und Kunststoffrohre für TW-Leitungen mit $d_a = 50$ mm durch F90-Wände bzw. -Decken geführt werden. Außerhalb der Decke sind die Leitungen geschosshoch zu umhüllen, z. B. mit Steinwolleschalen kaschiert auf reißfester Alu-Gitterfolie. Die Umhüllung muss so dickwandig sein, dass die Forderungen der EnEV erfüllt werden.

Brandschutzkitt ist leicht und zeitsparend aus Kartuschen einzuspritzen. Bei der optimalen Spaltbreite von ca. 10 mm sackt der Kitt bei Decken nicht durch, evtl. etwas einlegen, ➔ 2a. Bei gutem Brandschutzkitt genügt eine ca. 5 cm tiefe Kittschicht. Bei Wänden ist von beiden Seiten einzuspritzen.

Brandschutzkitt muss
- gut haften und nach Abbinden sicher abdichten
- schalldämmend, dauerelastisch und feuchtbeständig
- leicht zu handhaben und lange lagerfähig
- feuer- und rauchdicht, im Brandfall intumeszierend und alle Öffnungen schließend

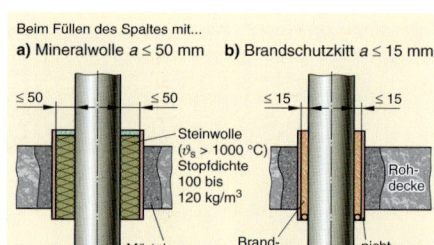

1 Abstand Rohrhülse - Rohrleitung beim Ausfüllen mit a) Steinwolle, b) Branbdschutzkitt

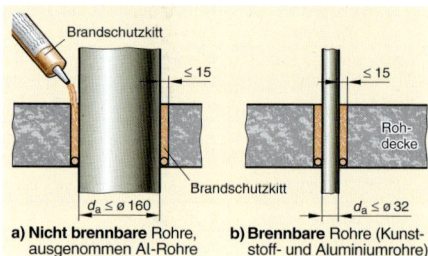

2 Bei R 90 ist der Rohr-⌀ abhängig vom Rohrwerkstoff

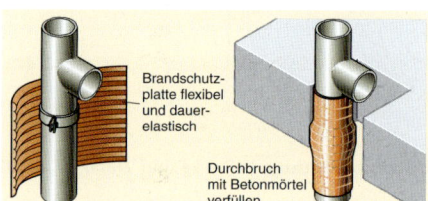

3 Rohrabschottung mit Brandschutzplatte

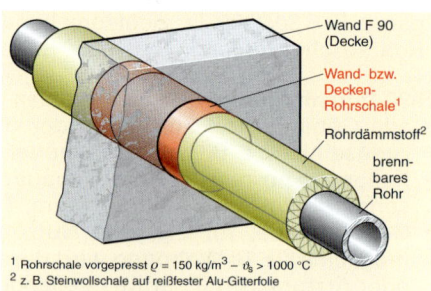

4 Rohrabschottung R 90 mit gepresster Steinwolledämmschale für Wand und Decke

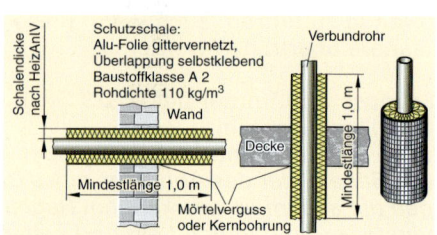

5 Rohrdurchführung von Verbundrohren für TW bis DN 50 in Hartschaumrohr mit ABZ für R 90

a) So nicht mehr!

b) Schienen und Spezialfolie anbringen

c) Stahlträgerband einsetzen

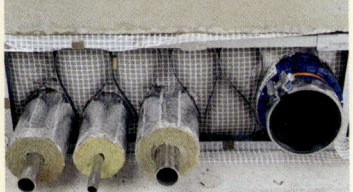
d) Folie sternenförmig einschneiden und Rohre durchschieben

e) Vergussmasse anrühren

f) bodengleich einfüllen – fertig

1 Deckendurchbruch einfach, schnell und fachgerecht schließen

2 Intumeszierende, flexible Dämmschläuche „AF-Pro"

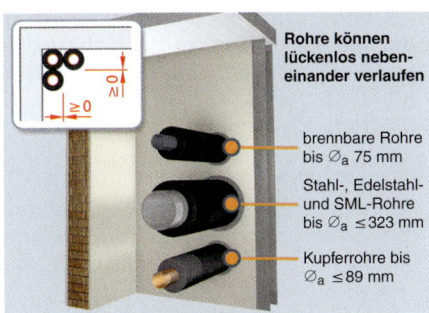

Rohre können lückenlos nebeneinander verlaufen

brennbare Rohre bis $\varnothing_a$ 75 mm

Stahl-, Edelstahl- und SML-Rohre bis $\varnothing_a$ ≤ 323 mm

Kupferrohre bis $\varnothing_a$ ≤ 89 mm

3 Geeignete Rohrwerkstoffe zu ➜ 2 und mit Verlegeabstand a = 0 mm („Null")

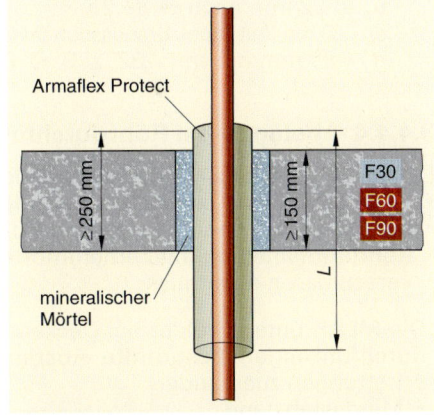

Armaflex Protect

≥ 250 mm

≥ 150 mm

F30
F60
F90

L

mineralischer Mörtel

4 Deckendurchführung mit Dämmschlauch zu ➜ 2

Die **Brandschutzplatte**, eine mit Brandschutzkitt beschichtete ca. 4 mm dicke Alufolie, ist einfacher als Kitt, mit Überlappung um Rohre zu legen und zu fixieren, ➜ 86.3. Damit erhält man bei Decken und Wänden eine sichere Schallentkopplung brandgeschützte Rohrdurchführung mit:
- **R 90** (feuerbeständig) bei **nicht brennbaren** Rohren bis d_a = 160 mm
- **R 30** (feuerhemmend) bei **brennbaren** Rohren mit d_a < 32 mm

Intumeszierende, flexible Dämmschläuche mit ABZ, ➜ 2 bis 5, eignen sich zur Abschottung R 90 bei Decken und (Leichtbau-) Wänden, dicker 100 mm, für Rohre aus Stahl, Edelstahl, Kupfer, SML und auch für brennbare Rohre aus PE, PP, PVC und für Verbundrohre. All diese Rohre können ohne Mindestabstand eingebaut werden, ➜ 3.

Durch Wände wird AF-Pro mittig eingebaut; bei Deckendurchführungen ist mittig möglich, besser aber ist unterseitig, ➜ 4 und 5.

Ein zugelassenes **Deckenverschluss-System** ersetzt aufwendige Abschottungen, die nicht dem geforderten Brand- und Schallschutz genügen und lästige Nacharbeiten bedingen, ➜ 1a, und ist einfach anzubringen:
- Vor Einbringen der Leitungen kann ein Mann die Unterseite der Deckenaussparung ohne Spezialwerkzeug verschließen mithilfe stufenlos anpassbarer U-Schienen und einer Spezialfolie, ➜ 1b.
- Ein Stahlband, in Schleifen eingelegt, stützt die Folie unten, ➜ 1c.
- Die Stellen zum Durchführen der Leitungen werden markiert, kreuzförmig eingeschnitten, dann die Leitungen, mit Dämmung, durchgeschoben, ➜ 1d.
- Mit zugelassener, mineralischer Vergussmasse, „nach Rezept" angerührt, wird damit die Öffnung ausgegossen, ➜ 1e; die Masse ist so gut fließfähig, dass sie kleinste Ritzen und Fugen verschließt und sich selbst nivelliert; nach ca. 6 Stunden ist sie abgebunden, ➜ 1f.

Rohr-werkstoff	Außen-⌀ d_a in mm	Dämmschicht-Länge L in mm
Kupfer, Stahl, Edelstahl, SML	d_a ≤ 28	≥ 500
	28 < d_a ≤ 42	≥ 1000
	42 < d_a ≤ 89	≥ 1000
Stahl, Edelstahl, SML	89 < d_a ≤ 169	≥ 1400
Verbundrohr	16 < d_a ≤ 75	≥ 1000
Kunststoffrohre	16 < d_a ≤ 75	≥ 1000

5 Rohrwerkstoffe und Dämmschichtlängen zu ➜ 4

Dieses Verschlusssystem ersetzt mehrere Rohrhülsen, deren Einmauern und Ausfüllen. Es spart Zeit, ist sicher und kostengünstig.

Nur mit zugelassenen **Brandschutzmanschetten** bzw. **Brandschutzkartuschen** dürfen brennbare Rohre $d_a \geq 32$ mm und Deckenabläufe mit senkrechtem Abgang durch F-90-Decken oder F-90-Wände geführt werden, ➔ 1 bis 3. Sie enthalten eine Brandschutzpackung, die ab 180 °C stark aufschäumt. Deren Blähdruck wird so groß, dass die Rohröffnung völlig abgeschottet wird, wenn brennbare z. B. bei ca. 600 °C schmelzen oder bei Deckenabläufen Durchgänge frei würden, ➔ 1d und 2.

Brandschutzmanschetten sind einzubauen:
- innerhalb von Wand oder Decke, ➔ 1a
- unter der Decke bzw. beidseitig der Wand, ➔ 1b,c
- in Deckenabläufen, ➔ 2

In Brandschutzmanschetten **innerhalb von Wand oder Decke** dürfen keine Rohrverbindungen liegen. Der Ringspalt rund um das Rohr muss zudem rauchdicht verschlossen werden, z. B. mit Brandschutzkitt, Brandschutzplatte oder nach Bild ➔ 3.

Zusammengefasst:
Rohrdurchführungen durch Decken und Wände können erfolgen bei Feuerwiderstandsklasse:
- F 30 für alle Rohre nach ➔ 85.1 problemlos, ➔ 87.1 und 87.2
- F 90 für nicht brennbare Rohre mit $d_a \leq 160$ mm nach ➔ 86.1 und 2
- F 90 für brennbare Rohre und Aluminiumrohre mit:
  - $d_a \leq 32$ mm nach ➔ 86.2b
  - $d_a > 32$ mm mit zugel. Brandschutzmanschetten, ➔ 1
  - $d_a < 89$ mm nur mit ABZ, z. B. ➔ 87.2 bis 5

3.4.4.4 Abstände bei Rohrdurchführungen

Die Muster-Leitungsanlagen-Richtlinie legt fest, dass:
- Decke bzw. Wand mindestens 8 cm dick sein muss
- der Raum zwischen Bauteil und Rohrhülse bzw. Rohrummantelung mit Zementmörtel vollständig verschlossen sein muss

Die MLAR unterscheidet bei Decken- und Wanddurchführungen bestimmte Abstände der Abschottungen zueinander:
- Mindestabstand
- Abstand bei Leitungen ohne Dämmung
- Abstand bei Leitungen mit Dämmung

Der **Mindestabstand** zwischen 2 Abschottungen R 90 ergibt sich aus den Bestimmungen des allgemeinen bauaufsichtlichen Prüfzeugnisses (ABP) oder der jeweiligen allgemeinen bauaufsichtlichen Zulassung (ABZ). Fehlen entsprechende Festlegungen, ist ein Abstand $a \geq 50$ mm erforderlich, ➔ 2.

Für einzelne Leitungen ohne Dämmung (sehr selten!) ist ein lichter Rohrabstand a einzuhalten:
- $a \geq 1 \times \oslash$ des größeren Rohres - bei nicht brennbaren Rohren, auch mit brennbarer Beschichtung bis 2 mm dick, wie WICU-Rohr
- $a \geq 5 \times \oslash$ des jeweils größeren Rohres - bei brennbaren Rohren (einschl. Glas- und Aluminiumrohre) mit $d_a < 32$ mm

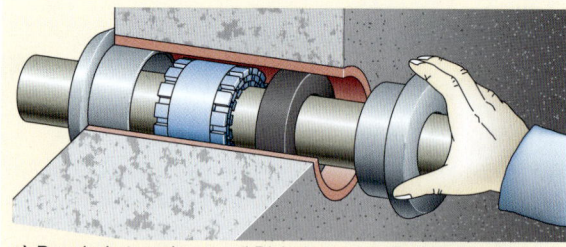

a) Brandschutzpackung und Dichtring gegen Feuchtigkeit in Rohrhülle eingelegt

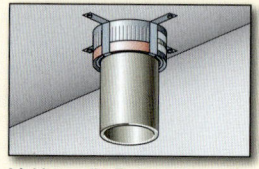

b) Unter die Rohdecke geschraubt

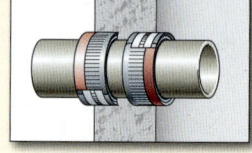

c) Bei Wänden beidseitig, hier eingemauert

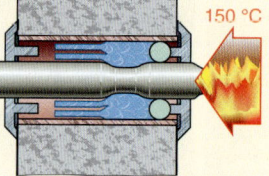

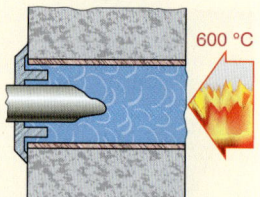

d) Brandschutzpackung flammt im Brandfall auf und schottet ab

1 Brandschutzmanschette – Brandschutzkartusche

a) Brandschutzeinsatz (rot) unter dem Geruchverschluss

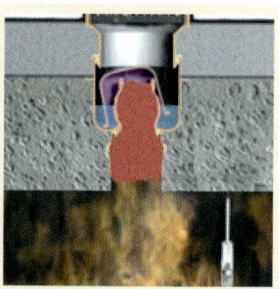

b) Einsatzaufschäumend und das Abflussrohr verschließend

2 Deckenablauf mit Brandschutzeinsatz im Ablauf

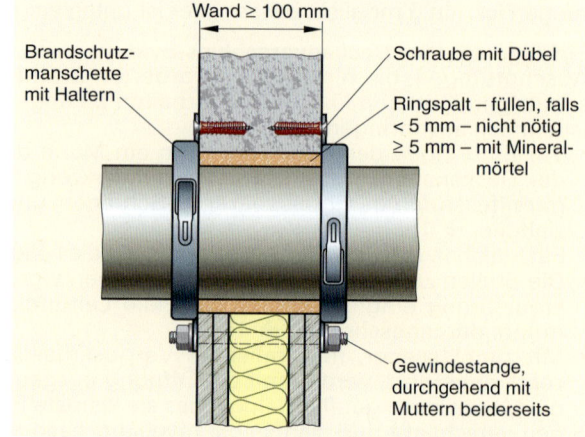

Wand ≥ 100 mm

Brandschutzmanschette mit Haltern

Schraube mit Dübel

Ringspalt – füllen, falls < 5 mm – nicht nötig ≥ 5 mm – mit Mineralmörtel

Gewindestange, durchgehend mit Muttern beidseits

3 Brandschutzmanschette anlegen – hier an der Wand

3

In Durchbrüchen oder Bohröffnungen bei einzelnen **Leitungen mit weiterführender Dämmung** muss der lichte Abstand a betragen, ➔ 1:
- $a \geq 50$ mm bei nicht brennbaren Dämmstoffen
- $a \geq 160$ mm bei brennbaren Dämmstoffen

Der lichte Abstand wird gemessen zwischen den Dämmschichtoberflächen nahe Decke bzw. Wand.

Dämmstoffe innerhalb der Wand bzw. Decke sind:
- Steinwolle, Schmelztemperatur > 1000 °C
- intumeszierende Dämmstoffe, wie Brandschutzkitt, o. Ä.

3.4.5 Leitungsführung und Brandschutz

3.4.5.1 Führung von Leitungen durch Räume und Schächte

Rohrleitungen können verlegt werden:
- in notwendigen Treppenräumen bzw. Sicherheitstreppenräumen, Kap. 3.4.5.2
- durch mehrere Geschosse mit Rohrabschottungen, Kap. 3.4.5.3
- in Schächten oder über Unterdecken, Kap. 3.4.5.4

3.4.5.2 Rohrleitungen in notwendigen Treppenräumen und Fluren

Nach der Musterbauordnung MBO muss in Gebäuden jede Nutzungseinheit mit Aufenthaltsräumen wie Wohnungen, Büros erreichbar sein über:
- notwendige Treppenräume und einen 2. Rettungsweg
- Sicherheitstreppenräume

Ein **notwendiger Treppenraum** besteht z. B. aus einer notwendigen Treppe mit den notwendigen Fluren als Verbindung zwischen Aufenthalts- und Treppenräumen bzw. zu deren Ausgängen ins Freie.
In notwendigen Treppenräumen und Fluren dürfen einzelne Leitungen offen verlegt werden aus:
- nicht brennbaren Werkstoffen mit $d_a \leq 160$ mm für alle Medien, z. B. Wasser, Heizöl, Gas
- brennbaren Werkstoffen mit $d_a \leq 32$ mm für nicht brennbare Medien, z. B. Wasser

Der **2. Rettungsweg** kann eine mit Rettungsgeräten der Feuerwehr erreichbare Stelle sein.
In **Sicherheitstreppenräumen** dürfen Feuer und Rauch nicht eindringen können. Dort ist ein 2. Rettungsweg nicht erforderlich.

In Sicherheitstreppenräumen und in Räumen zwischen Sicherheitstreppenräumen und Ausgängen ins Frei sind nur Leitungen zulässig, die ausschließlich diese Räume versorgen oder der Brandbekämpfung dienen.

Bei der Leitungsverlegung in notwendigen Treppenräumen usw. sind zu unterscheiden:
- Rohrleitungen für nicht brennbare Medien
- Rohrleitungen für brennbare bzw. brandfördernde Medien

Nicht brennbare Medien sind nicht brennbare Flüssigkeiten, Gase, Dämpfe und Stäube.

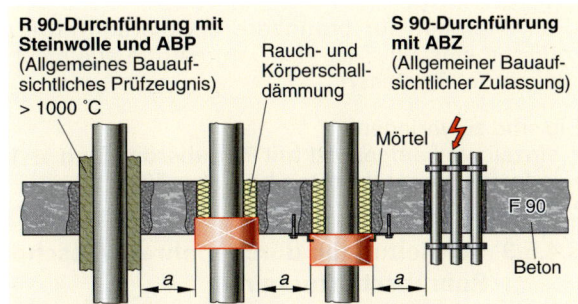

1 Mindestabstände für Rohrleitungen nach MLAR

R 90-Durchführung mit Steinwolle und ABP (Allgemeines Bauaufsichtliches Prüfzeugnis) > 1000 °C — Rauch- und Körperschalldämmung — S 90-Durchführung mit ABZ (Allgemeiner Bauaufsichtlicher Zulassung) — Mörtel — F 90 — Beton

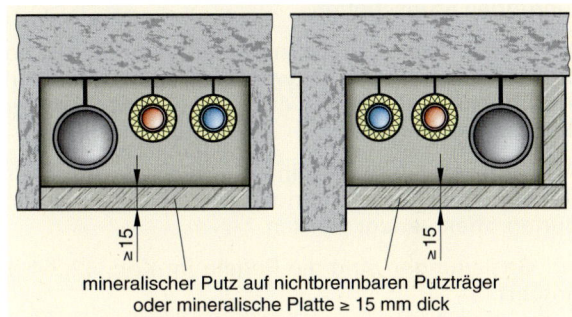

2 Brennbare Rohre in Aussparungen oder Wanddecken

mineralischer Putz auf nichtbrennbaren Putzträger oder mineralische Platte ≥ 15 mm dick

Rohrleitungen für nicht brennbare Medien können bestehen aus:
- nicht brennbaren Rohren mit nicht brennbaren Dämmstoffen
- brennbaren Rohren
- Rohren mit brennbaren Dämmstoffen

Nicht brennbare Rohre mit nicht brennbaren Dämmstoffen für nicht brennbare Medien können offen, d. h. frei vor der Wand, verlegt werden.

Zu den **brennbaren Rohren** zählen im Sinne des Brandschutzes Kunststoff-, Glas-, Aluminiumrohre und auch alle Metallrohre **mit brennbaren Dämmstoffen**. Diese Rohre sind zu verlegen:
- in Aussparungen von Wänden oder in Wandecken massiver Wände, ➔ 2, die mit mineralischem Putz ≥ 15 mm dick auf nicht brennbarem Putzträger oder mit mineralischen Bauplatten wie Gipskartonplatten ≥ 15 mm dick abgeschlossen sind
- über Unterdecken, deren nötige Feuerwiderstandsdauer von oben und unten gewährleistet ist (F 30)
- in Installationsschächten bzw. -kanälen aus nicht brennbarem Material (F 30)

Hüllrohre und eventuelle Leitungsdämmungen müssen im Durchführungsbereich aus nicht brennbarem Material sein.

Brennbare bzw. brandfördernde Medien sind z. B.:
- Flüssigkeiten wie Heizöl
- Gase oder Dämpfe wie Erdgas, Flüssiggas
- brandfördernde Gase wie Sauerstoff, Pressluft

3

Rohrleitungen für brennbare bzw. brandfördernde Medien müssen einschließlich der Dämmstoffe aus nicht brennbaren Baustoffen bestehen.

Sie sind zu verlegen:
- einzeln voll eingeputzt mit Putzüberdeckung ≥ 15 mm
- in Installationsschächten bzw. -kanälen
- über Unterdecken

3.4.5.3 Rohrleitungen durch mehrere Geschosse mit Rohrabschottungen

Leitungen dürfen **offen** verlegt werden. Beim Durchführen durch Brandabschnitte, z. B. Decken und Wände F 90, sind die Durchführungen abzuschotten.

In Wände, Decken sowie in Bauteile von Installationsschächten dürfen Leitungen nur so weit eingreifen, dass deren Restquerschnitte so groß bleiben, dass sie die erforderliche Feuerwiderstandsdauer behalten.

Abzweigende Leitungen innerhalb eines Geschosses, die nicht durch (Wohnungs-)Trennwände oder Brandwände verlaufen, dürfen offen verlegt werden.

Für Gasleitungen sind die Regeln im Kap. 12.3.4 detailliert aufgeführt.

3.4.5.4 Rohrleitungen in Schächten und über Unterdecken

Installationsschächte müssen aus nicht brennbaren Baustoffen bestehen, deren Feuerwiderstandsdauer sich nach der Gebäudehöhe und -nutzung richtet, siehe Kap. 3.4.3.

Wenn Brandabschnitte mit R-90-Anforderungen zu überbrücken sind, sind Installationsschächte so zu erstellen, dass Feuer und Rauch nicht an andere Geschosse oder Brandabschnitte übertragen werden. Die Schächte bilden einen eigenen Brandabschnitt.

Man unterscheidet verschiedene Leitungsschächte:
- offener Schacht
- geschlossener Schacht
- Schacht ohne Brandschutzanforderung
- zertifizierter Schacht

Im **offenen Schacht**, bei dem einzelne Deckenaussparungen nicht verschlossen sind, → 1, können brennbare Rohrleitungen mit $d_a > 32$ mm praktisch nicht geführt werden. Es müssten Rohrabschottungen auf beiden Wandseiten angebracht werden. Das ist auf der Schachtinnenseite unmöglich.

Beim **geschlossenen Schacht**, in Ausführung F90, wird in jedem Geschoss die Decke mit Beton ≥ 200 mm dick rauchdicht vergossen, → 2. Im geschlossenen Schacht können brennbare und nicht brennbare Rohrleitungen verlegt werden. Rohrdurchführungen durch die Decke sind schall- und brandgeschützt entsprechend auszuführen. Bild → 2 zeigt als Beispiel einen Installationsschacht in Vorwandausführung.

Rohrdurchführungen durch die Schachtwände müssen schallentkoppelt, rauchdicht, dauerelastisch und wasserunempfindlich sein, → 2.

Lüftungsleitungen in diesem Schacht müssen:
- stockwerkweise durch Brandschutzklappen gesichert sein oder
- brandschutzgerecht getrennt sein, z. B. abgemauert, → 91.1, Spalte 2

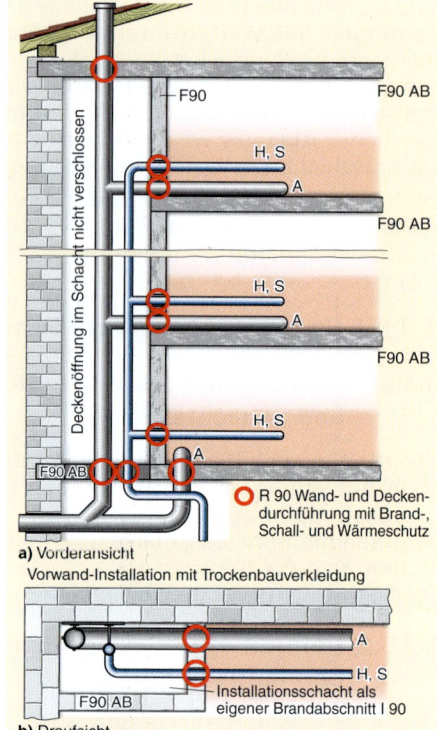

1 Offener Schacht

a) Vorderansicht
Vorwand-Installation mit Trockenbauverkleidung
b) Draufsicht

○ R 90 Wand- und Deckendurchführung mit Brand-, Schall- und Wärmeschutz

Installationsschacht als eigener Brandabschnitt I 90

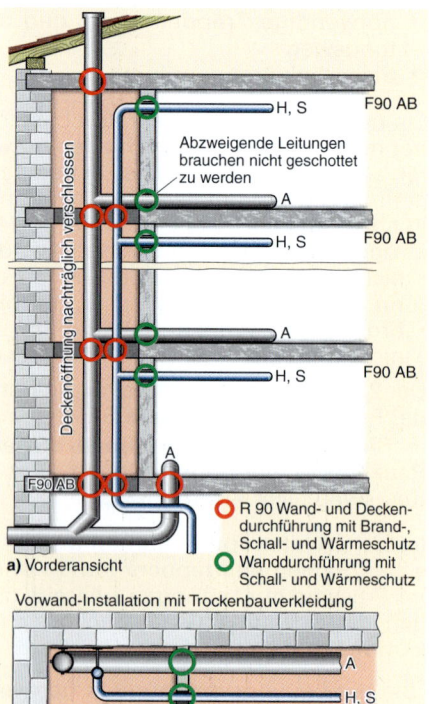

2 Geschlossener Schacht

a) Vorderansicht
Vorwand-Installation mit Trockenbauverkleidung
b) Draufsicht

Abzweigende Leitungen brauchen nicht geschottet zu werden

○ R 90 Wand- und Deckendurchführung mit Brand-, Schall- und Wärmeschutz
○ Wanddurchführung mit Schall- und Wärmeschutz

Diese müssen ebenfalls aus nicht brennbaren Baustoffen bestehen, jeweils mit einer Feuerwiderstandsdauer entsprechend der Decken.

Lüftungsleitungen in diesem Schacht müssen brandschutztechnisch getrennt, z. B. abgemauert, werden, ➜ 1, Spalte 2, wenn die Lüftungsleitung nicht eigens abgeschottet wird, z. B. durch Brandschutzklappen.

Beim **Installationsschacht ohne Brandschutzanforderung** werden die Deckenöffnungen vergossen. In diesem Schacht können brennbare und nicht brennbare Rohrleitungen verlegt werden. Deckendurchführungen sind abzuschotten. Rohrdurchführungen durch die Schachtwand müssen schallentkoppelt und dauerelastisch sein.

Um ein **zertifiziertes Schachtsystem** handelt es sich bei einem Vorwand-Schachtsystem, das stockwerksweise abgeschottet wird,
- geprüft nach DIN 4102-4
- mit besonderer bauaufsichtlicher Zulassung (ABZ), ➜ 2.

In derartigen Schächten dürfen nur die Leitungssysteme für Trinkwasser, Abwasser, Heizung und das Lüftungssystem nach DIN 4102-6 verlegt werden. Die Systeme werden mit dem Schacht geprüft.

In einem zertifizierten Schacht können brennbare und nicht brennbare Versorgungs- und Entsorgungsleitungen und ein bauaufsichtlich zugelassenes Lüftungssystem ohne Trennsteg nebeneinander geführt werden. Auch die Beplankung ist nicht nur eine Verkleidung, sondern erfüllt Brandschutzaufgaben.

Die Gruppierung der Leitungen im zertifizierten Schacht und in der Vorwand ist beliebig; ihre Abstände voneinander richten sich nach den Montagebedingungen.

Ein derartiges System vereinfacht die Planung und spart Arbeitszeit. Es garantiert das Einhalten der vielfältigen Bau-, Schall- und Brandschutzvorschriften, wenn die in der Zulassung festgelegten Einbauvorschriften **strikt** eingehalten werden.

Bei Leitungen über **Unterdecken** muss die erforderliche Feuerwiderstandsdauer der Konstruktion von oben und von unten gewährleistet sein. Dies gilt auch für das Verschließen von Öffnungen in den Unterdecken.

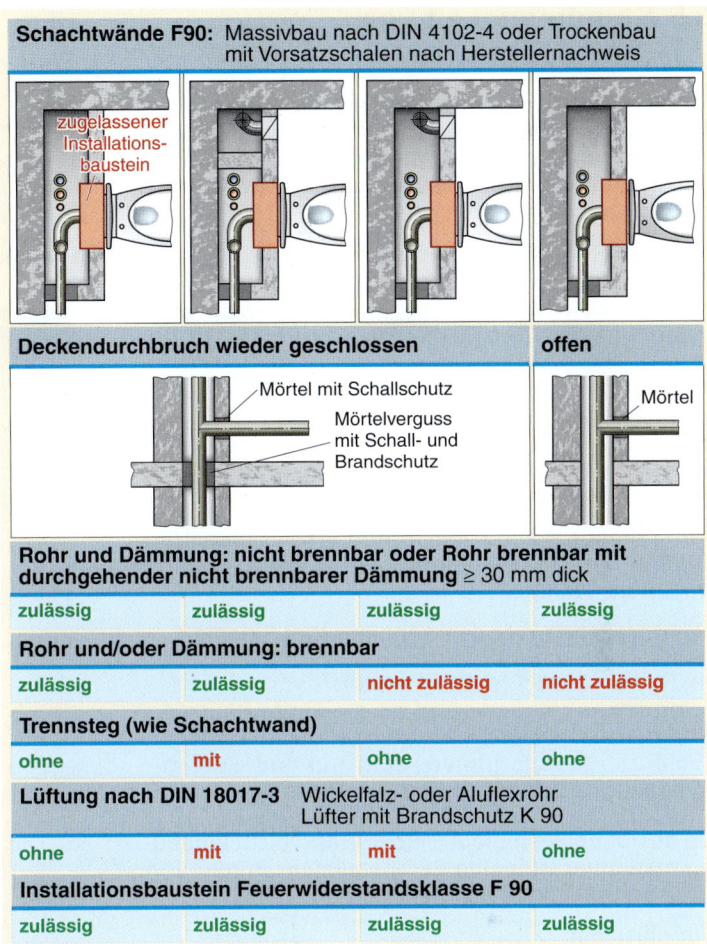

Schachtwände F90: Massivbau nach DIN 4102-4 oder Trockenbau mit Vorsatzschalen nach Herstellernachweis

zugelassener Installationsbaustein

Deckendurchbruch wieder geschlossen   **offen**

Mörtel mit Schallschutz
Mörtelverguss mit Schall- und Brandschutz
Mörtel

Rohr und Dämmung: nicht brennbar oder Rohr brennbar mit durchgehender nicht brennbarer Dämmung ≥ 30 mm dick			
zulässig	zulässig	zulässig	zulässig
Rohr und/oder Dämmung: brennbar			
zulässig	zulässig	nicht zulässig	nicht zulässig
Trennsteg (wie Schachtwand)			
ohne	mit	ohne	ohne
Lüftung nach DIN 18017-3 Wickelfalz- oder Aluflexrohr Lüfter mit Brandschutz K 90			
ohne	mit	mit	ohne
Installationsbaustein Feuerwiderstandsklasse F 90			
zulässig	zulässig	zulässig	zulässig

1 Anforderungen und Ausführung von Installationsschächten nach DIN 4102-4

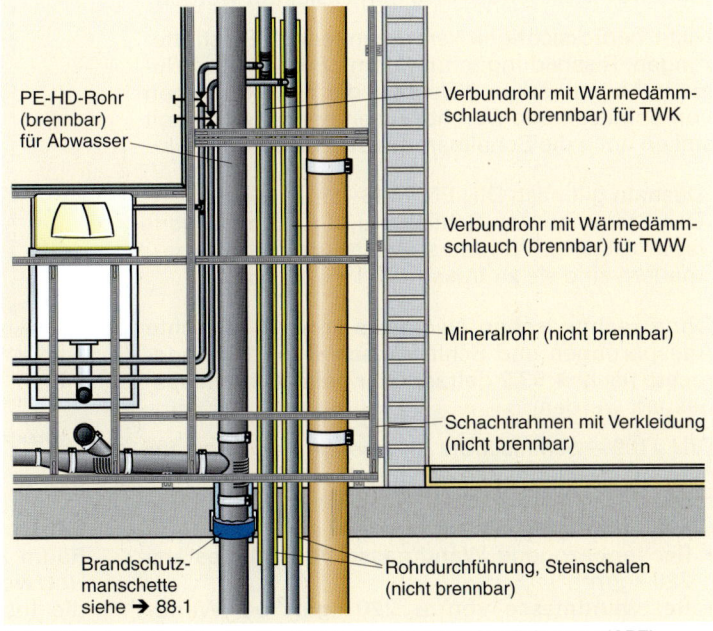

PE-HD-Rohr (brennbar) für Abwasser

Verbundrohr mit Wärmedämmschlauch (brennbar) für TWK

Verbundrohr mit Wärmedämmschlauch (brennbar) für TWW

Mineralrohr (nicht brennbar)

Schachtrahmen mit Verkleidung (nicht brennbar)

Brandschutzmanschette siehe ➜ 88.1

Rohrdurchführung, Steinschalen (nicht brennbar)

2 Zertifizierter Schacht mit allgemeiner bauaufsichtlicher Zulassung (ABZ)

3

3.5 Standfestigkeit von Gebäudeteilen

In Bauwerken müssen Decken, Wände, Pfeiler, Treppen usw. ausreichend stabil sein, um eventuellen Belastungen standzuhalten. Statiker berechnen die erforderlichen Abmessungen und Bewehrungen für Decken, Wände usw., damit deren Stabilität gewährleistet ist.

In DIN EN 1996-1-1/NA – *Bemessung und Konstruktion von Mauerwerksbauten/Nationaler Anhang* – werden unterschieden:
- tragende Wände
- aussteifende Wände
- nicht tragende Wände

Tragende Wände nehmen lotrechte und waagerechte Lasten von Decken und Windlasten auf.

Aussteifende Wände dienen zum Stabilisieren (Versteifen) des Gebäudes oder zur Knickaussteifung tragender Wände.

Nicht tragende Wände tragen nur ihre Eigenlast.

In DIN EN 1996-1 heißt es weiter:
Eingriffe in tragende und aussteifende Bauteile, die diese schwächen können, wie Durchbrüche, Schlitze, Aussparungen, sind nur mit Zustimmung des zuständigen Statikers zulässig.

Da aus Bauplänen die Art einer Wand nicht eindeutig erkennbar ist, sollte der Installateur immer von tragenden Wänden ausgehen.

Für diese gilt:
Aussparungen und Schlitze beeinträchtigen die Standfestigkeit einer Wand. Bei der Bemessung einer Wand (Material, Dicke) muss dies berücksichtigt werden.

Nicht berücksichtigen kann man jedoch Erschütterungen, Rissbildungen und damit Festigkeitsverluste in Mauerwerk und Decken, die beim Stemmen von Schlitzen und Durchbrüchen entstehen. Damit sinken auch die Schalldämmwerte dieser Bauteile.

Deshalb gilt nach DIN EN 1996-1:
Das Stemmen von Schlitzen und Aussparungen ist unzulässig. Werden sie nicht im Verband gemauert, sind sie zu fräsen.

Ohne rechnerischen Nachweis können lotrechte Aussparungen und Schlitze nach ➔ 93.1, waagerechte nach ➔ 93.2 gefräst oder beim Mauern ausgespart werden.

DIN 4109 – *Schallschutz im Hochbau* – fordert für einschalige Wände, an denen oder in denen Armaturen oder Wasserinstallationen einschließlich Abwasserleitungen befestigt werden, eine
- flächenbezogene Wandmasse von mindestens 220 kg/m²
- Restwandmasse von ≥ 220 kg/m² bei Wandschlitzen für Abwasserleitungen, ➔ 1

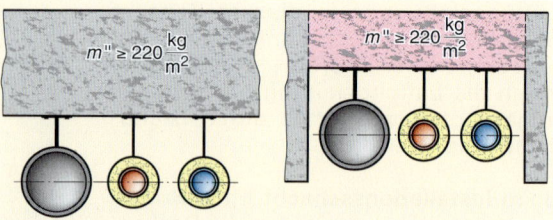

1 Mindestwanddicke zum Schallschutz nach DIN 4109

Wandart	Dicke cm	Wandmasse kg/m²
Beton	12	280
Vollziegel + 2 1,5 cm Putz	11,5	237
Kalksandstein + 2 1,5 cm Putz	11,5	231
Hochlochziegel + 2 1,5 cm Putz	17,5	275
Bims-Vollstein + 2 1,5 cm Putz	17,5	222

2 Geeignete Wände für Leitungsbefestigung (nach DIN 4109)

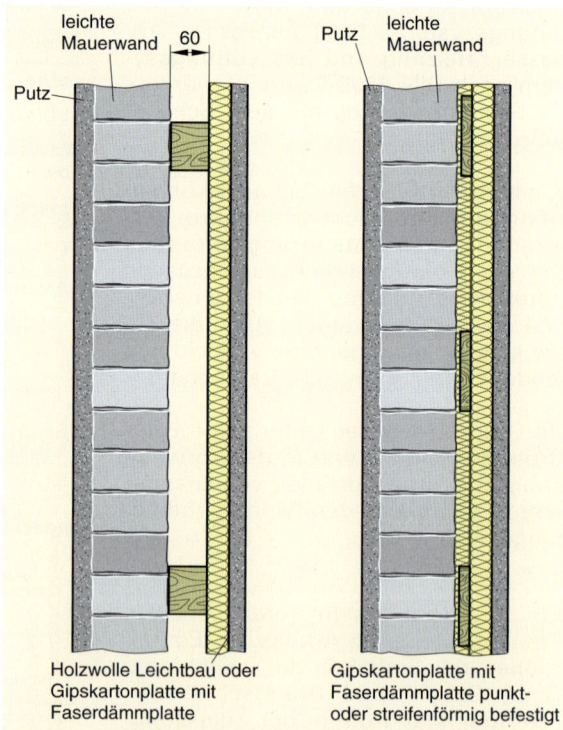

Beispiele für biegeweiche Vorsatzschalen an biegesteifer Wand

3 Vorsatzschale an leichter Wand zur Luftschalldämmung

Bild ➔ 2 zeigt beispielsweise geeignete Wände.

Bei leichten Wänden kann im schutzbedürftigen Raum zum Schallschutz eine Vorsatzschale, z. B. Holzwolleleichtbauplatte, Gipskartonplatte vor die Installationswand gestellt werden, ➔ 3, s. DIN 4109, Beiblatt 1.

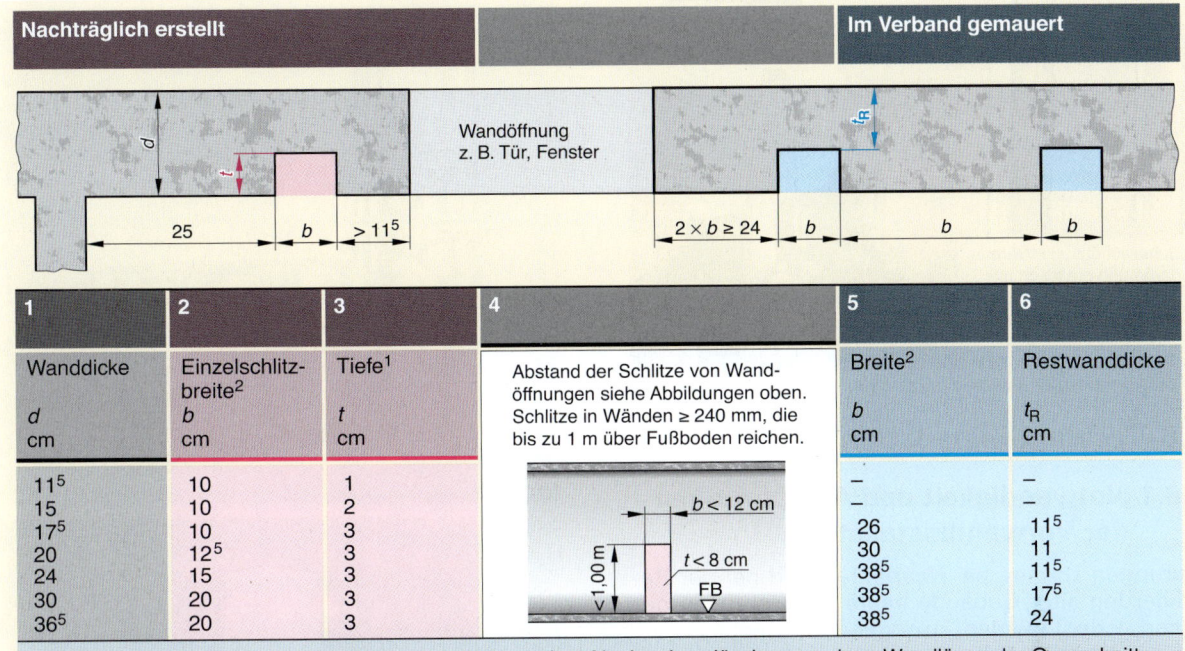

Nachträglich erstellt				Im Verband gemauert	
1	**2**	**3**	**4**	**5**	**6**
Wanddicke d cm	Einzelschlitz-breite[2] b cm	Tiefe[1] t cm	Abstand der Schlitze von Wand-öffnungen siehe Abbildungen oben. Schlitze in Wänden ≥ 240 mm, die bis zu 1 m über Fußboden reichen.	Breite[2] b cm	Restwanddicke t_R cm
11^5	10	1		–	–
15	10	2		–	–
17^5	10	3		26	11^5
20	12^5	3		30	11
24	15	3		38^5	11^5
30	20	3		38^5	17^5
36^5	20	3		38^5	24

Vertikale Schlitze und Aussparungen sind auch dann ohne Nachweis zulässig, wenn je m Wandlänge der Querschnitt nicht mehr als 6 % geschwächt wird. Dabei darf die Wand nicht drei- oder vierseitig gehalten gerechnet sein (aus Bauzeichnung aber nicht zu erkennen).

Beispiel: A_{Wand} = 100 cm · 24 cm = 2400 cm^2
$A_{Schlitz}$ = 0,06 · 2400 cm^2 = 144 cm^2
24 cm × 6 cm oder 12 cm × 12 cm

[1] Schlitze bis maximal 1,0 m über Fußboden dürfen bei Wanddicken ≥ 24 cm 8 cm tief und 12 cm breit sein
[2] Die Gesamtbreite von Schlitzen nach Spalte 2 und Spalte 4 darf je 2 m Wandlänge die Maße in Spalte 4 nicht überschreiten.

1 Lotrechte (vertikale) Schlitz und Aussparungen nach DIN EN 1996, zulässig ohne statischen Nachweis

Übungen:

1. Welche technische Regel gilt für die Festigkeit von Wänden?
2. Beschreiben Sie die verschiedenen Arten von Wänden nach ihrer Festigkeit.
3. a) Warum dürfen in Wände keine Schlitze geschlagen werden?
   b) Wie können dann nachträglich Wandschlitze geschaffen werden?
4. a) Wie tief dürfte ein nachträglich erstellter, lotrechter Schlitz in einer 24 cm dicken Wand maximal sein?
   b) Wie breit dürfte dieser Schlitz werden?
5. a) In welchen Wandbereichen dürfen keine waagerechten Schlitze nachträglich erstellt werden?
   b) Wie tief dürfte ein nachträglich erstellter, waagerechter Schlitz im zulässigen Bereich einer 24 cm dicken Wand maximal sein?
6. Welche Schlitztiefe wäre nötig für ein Warmwasserrohr 15 × 1 bei 100 % Wärmedämmung λ = 0,004 W/(m·K)?
7. Zur Befestigung von Wasser-, Abwasserleitungen und Armaturen an Wänden sind bestimmte Wandmassen vorgeschrieben. Welche? Warum?

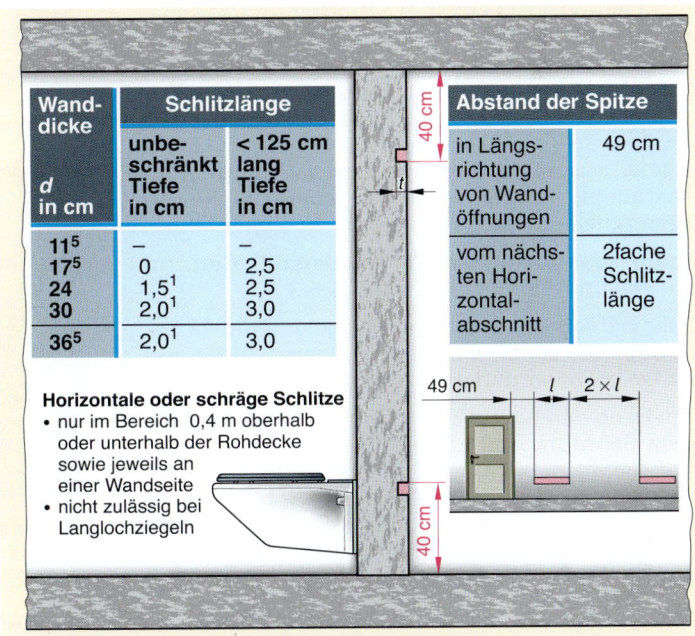

Wand-dicke d in cm	Schlitzlänge		Abstand der Spitze	
	unbe-schränkt Tiefe in cm	< 125 cm lang Tiefe in cm	in Längs-richtung von Wand-öffnungen	49 cm
11^5	–	2,5		
17^5	0	2,5		
24	$1,5^1$	2,5	vom nächs-ten Hori-zontal-abschnitt	2fache Schlitz-länge
30	$2,0^1$	3,0		
36^5	$2,0^1$	3,0		

Horizontale oder schräge Schlitze
- nur im Bereich 0,4 m oberhalb oder unterhalb der Rohdecke sowie jeweils an einer Wandseite
- nicht zulässig bei Langlochziegeln

[1] Die Tiefe darf um 10 mm erhöht werden, wenn Werkzeuge verwendet werden, mit denen die Tiefe genau eingehalten werden kann.

2 Waagerechte (horizontale) Schlitze und Aussparungen nach DIN EN 1996 (auch nachträglich erstellt und ohne statischen Nachweis zulässig.

Schallschutz und Wärmedämmung praktisch unmöglich, Kosten unkalkulierbar, auf jeden Fall sehr hoch

1 Schlitzinstallation (Inwandinstallation)

3.6 Vorwandinstallation

3.6.1 Notwendigkeit und Ausführungen der Vorwandinstallation

Leitungen können bei Neubauten und bei der Renovierung alter Gebäude heute nicht mehr in der Wand verlegt werden. Dagegen sprechen:
- hohe bauliche Anforderungen an Standfestigkeit der Wände, Schallschutz und Brandschutz
- große Außendurchmesser gedämmter Rohrleitungen
- geringe zulässige Schlitztiefen

Ohne Vorwandinstallation können die technischen Vorschriften am Bau nicht eingehalten werden.

Die früher übliche, teils leider immer noch anzutreffende Leitungsinstallation in Schlitzen und Aussparungen, die so genannte **Unterputz- bzw. Inwandinstallation** ist praktisch nicht mehr möglich. Solch chaotische „Mauerwerksveränderungen" wie in → 1:
- verursachen nicht kalkulierbare, enorm hohe Kosten
- bieten miserable Montagevoraussetzungen, da Festpunkte für Halterungen oft fehlen und außerdem schwer einzumessen sind

Abhilfe schafft nur die **Vorwandinstallation**, im Neu- wie im Altbau, s. auch Kap. 3.6.3.

Bei ihr werden Leitungen und Trageelemente für Sanitärapparate vor der Rohbauwand oder in Ständerwänden montiert und danach verkleidet, → 2, 95.1.

Beim Renovieren alter Bäder fürchten die Leute den vielen Schmutz, den Lärm und die hohen Kosten einer Schlitzinstallation. Bei einer Altbadrenovierung mithilfe einer Vorwandinstallation legt man die alten Leitungen tot und lässt sie in der Wand. Auch die alten Fliesen bleiben an der Wand, → 3.

Somit fallen keine Stemmarbeiten an und Maurerarbeiten sind überflüssig:
- es werden keine Steine und kein Mörtel über Treppen und durch Hausflure geschleppt
- Staub, Schmutz, Lärm wird vermieden
- die Wohnung wird nicht zur Baustelle

2 Vorwandinstallation mit Schienensystem

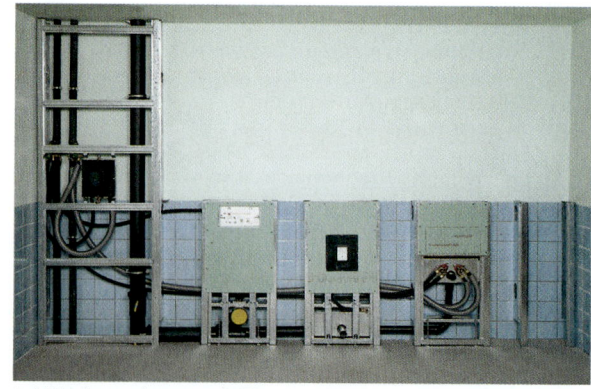

3 Altbadrenovierung mit Einzelmodulen und separatem Schachtelement

So ergeben sich erhebliche Arbeitszeitersparnisse und genau kalkulierbare Kosten.
Die Angst der Bewohner vor einer Modernisierung schwindet. Die Arbeit des Installateurs wird müheloser und macht mehr Spaß.

3

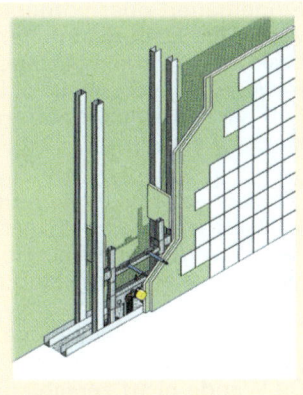

a) Ein- und Ausmauern   **b)** Vormauern   **c)** Trockenausbau mit   **d)** Trockenbau (Ständerwand)
                                                              Montageelementen

1 Vorwandinstallation

Bei Renovierungen können dank der Vorwandinstallation komplett neue, moderne Bäder mit neuen Leitungssystemen in kurzer Zeit erstellt werden.

Es erfolgt dabei nicht nur ein Austausch einzelner Sanitärapparate oder Armaturen und eine „Kosmetik" alter Badewannen. Dies alles könnte den Benutzer auf längere Sicht nicht zufrieden stellen, da die oft ungünstige Raumaufteilung und die unmodernen, alten Fliesen den optischen Eindruck störten.

Erst recht ist ein bloßer Apparate- und Armaturentausch technisch keine gute Lösung, da alte, oft korrodierte und kaum wärmegedämmte Leitungssysteme nicht ersetzt werden.

Weiterhin blieben:
• Wärmeverluste durch schlecht oder gar nicht gedämmte WW-Leitungen
• verkrustete, korrosionsgefährdete Leitungen mit dem Risiko hoher Sach- und Wasserschäden
• Armaturen- und Leitungsgeräusche über bestehende Schallbrücken
• zu groß bemessene Leitungen mit Stagnationswasser und gefährlicher Keimbildung
• schlechtes Ablaufverhalten des Abwassers, Gurgelgeräusche, Geruchsbelästigungen

Bei der Vorwandinstallation kann aus wirtschaftlichen Gründen auf industriell vorgefertigte **Montagehilfen** nicht verzichtet werden. Sie sind als Montageelemente, -bausteine, -ständer, -rahmen u. Ä. im Handel. Angearbeitet an die Elemente sind Halterungen für Rohrleitungen und Sanitärapparate. Für wandhängende Klosetts und Urinale sind Spüleinrichtungen verschiedener Art bereits vormontiert.

Leitungen und Montageelemente werden verdeckt durch:
• Einmauern bzw. Ausmauern
• Vormauern bzw. Vorblenden von Wänden
• Trockenverkleidung (Trockenausbau)
• Einfügen in Leichtbauwände (Trockenbau)

Durch **Einmauern und Ausmauern** werden Rohrleitungen und die wandbefestigten Montageelemente verdeckt, ➔ 1a. Die Installation geht fest ins Bauwerk ein. Das ist nachteilig (mangelnder Schallschutz). Ohne einen Schallschutzkorb, in dem Abwasserleitungen ohne Kontakt mit dem Mauerwerk geführt werden, sollte überhaupt nicht eingemauert werden, ➔ 1a.

Beim **Vormauern bzw. Vorblenden** einer Wand liegt die Installation hinter der Vormauerung praktisch frei, wie in einem Schacht, ➔ 1b/c/d. Das ist für den Schallschutz und den Korrosionsschutz günstiger als das Einmauern.

Grundsätzlich sollte bei der Vorwandinstallation auf Mauern verzichtet werden im Hinblick auf Schallschutz, Schmutz, Kosten, Reparaturen und eventuelle spätere Änderungen.

Statt zu mauern sollte bevorzugt werden:
• die **Trockenverkleidung** mit Leichtbauplatten
• das **Einfügen in Leichtbauwände** (Gipsständerwände nach DIN 18183)

Bei Trockenverkleidung bzw. dem Leichtbau werden die Montageelemente mit nässebeständigen Gipskartonplatten (GKP) o. Ä. beplankt, ➔ 1 c/d, 96.2b, 97.2, 98.3.

Sicher werden einmal Platten mit fertiger Wandoberfläche die Gipskartonplatten plus Fliesenarbeit ersetzen, sodass vom Installateur alles bis zur fertigen Wandoberfläche montiert wird.
Für das Einfügen in Leichtbauwände, ➔ S. 96 bis 99, eignen sich viele handelsübliche Montageelemente, teils gibt es spezielle Wandeinbauelemente.

Installation und Bauwerk sind bei einer Trockenverkleidung klar getrennt.

Dies erleichtert erheblich das Einhalten der:
• DIN 4109 (Schallschutz)
• DIN EN 1996 (Bemessung und Konstruktion von Mauerwerksbauten)
• Heizungsanlagen-Verordnung (Dämmschichtdicken)

3

Eingemauert oder vorgeblendet wird nur so hoch wie nötig. Dadurch entstehen architektonisch und praktisch nutzbare Ablagen in 90 cm bis 115 cm Höhe, ➜ 94.2, 97.4b, 98.4. Lediglich im Bereich der Fall- und Steigleitungen muss geschosshoch verkleidet werden.

Die Vorwandinstallation hat viele Vorteile:
• Wände werden nicht zerschlagen
• großzügige und freie Rohrführung ist möglich
• Montageelemente sind schnell und maßgenau befestigt
• es entstehen zusätzliche Ablageflächen

Da **Wände nicht zerschlagen** werden, müssen sie auch nicht anschließend kostspielig wiederhergestellt werden. Es fällt kein Bauschutt und keine Schuttbeseitigung an.

Durch die **großzügige und freie Rohrführung**:
• entfällt das umständliche Arbeiten in engen Wandschlitzen
• sind die Leitungen bequem und wirksam gegen Wärmeverluste, Schallübertragung und ggf. gegen Korrosion zu schützen
• besteht keine Korrosionsgefahr von außen durch aggressive Baustoffe

Die **schnelle Befestigung** der Montageelemente mit den maßgenauen Rohranschlussstutzen erleichtert die „Fertiginstallation". Sie lässt im Wohnungsbau Änderungswünsche zur Sanitärausstattung kurzfristig realisieren.

3.6.2 Montageelemente zur Vorwandinstallation

Fast alle Montageelemente gibt es für die üblichen Sanitärapparate wie Wand-WC, Wand-Bidet, Waschtisch, Urinal, Dusche. Dazu gibt es vielfältige Armaturenhalterungen für Leitungsschächte und Befestigungsplatten für Behinderten-Haltesysteme.

Beim Einbau der Montageelemente sind deren Achsmaße, abgestimmt auf die Fliesenachsen, vom Installateur an der Aufstellwand anzureißen. Höhen sind vom Meterriss ausgehend einzumessen.

Zur **Montage** bietet die Industrie an:
• Montagerahmen zum Einmauern
• Montageständer
• Kombination von Ständern mit Schienen
• Installationsbaustein (-block, -modul)
• Vorwand-Schienensysteme

Montagerahmen aus verzinktem Blech, direkt an der Wand befestigt, ➜ 1, müssen komplett eingemauert werden, um die hohen Biegemomente, vor allem von wandhängenden Klosetts oder Bidets, aufzufangen.

1 Montagerahmen aus verzinktem Stahlblech

vor der Wand

in Ständerwand
a) Profilständer

b) Blechprofilständer

2 Selbsttragende Montageständer - kein Ausmauern nötig

Montageständer aus stabilen, selbsttragenden Profilstahlrahmen oder Blechprofilen ➜ 2a, 2b, nehmen die Belastungen auf. Sie sollten nicht aus- bzw. ummauert werden, sondern mit Rahmen, Ständer und den Rohrleitungen in Schienensysteme, z. B. ➜ 94.3, 97.3, oder in Leichtbauwände eingebunden werden, ➜ 97.1.

Montageständer werden direkt an die Wand geschraubt oder in Einzelschienen bzw. durchgehenden Wandschienen eingehängt, ➜ 97.3. Am Fußboden werden sie höhenverstellbar befestigt. Immer lassen sich dabei Schalldämmplatten einfügen.

Mithilfe durchgehender **Wand- bzw. Bodenschienen** lassen sie sich leichter „in Flucht bringen" als einzeln montierte Elemente. In die Schienen eingehängte bzw. geführte Ständer sind schnell und exakt zu befestigen.

1 Ständerwand mit Montageelementen

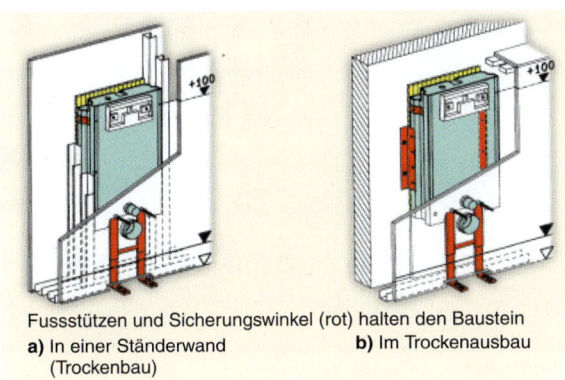

Fussstützen und Sicherungswinkel (rot) halten den Baustein
a) In einer Ständerwand (Trockenbau)
b) Im Trockenausbau

2 Installationsbausteine im Trocken(aus)bau

In **Installationsbausteinen (-blöcken)** sind ggf. Unterputzarmaturen eingebaut und mit den Auslaufanschlüssen, z. B. für Wanne und Brause, komplett verrohrt. In Aussparungen hinter dem Block können Rohrleitungen durchgeführt werden.

Sie werden:
- an der Rohbauwand in Montagebügeln eingehängt; zwischen Wand und Baustein ist eine Schalldämmplatte einzulegen, ➔ 4a, bei Schachtinstallationen mit Brandschutzanforderungen muss diese der geforderten Brandschutzklasse (F 30 / F 90) entsprechen
- auf Füße gestellt und später in eine Mauer einbezogen, z. B. in eine Trennwand zwischen Dusch- und Badewanne, ➔ 4a, rechts im Bild
- in Ständerwände eingefügt, ➔ 2a

Danach können die Front der Bauelemente mit imprägnierten Gipskartonplatten (GKFl) oder Kalziumsilikatplatten (KS) verkleidet werden. Bei Plattenverkleidung müssen massive Fußstützen Belastungen aufnehmen, z. B. bei Klosetts, Bidets, ➔ 2.

Leitungsschacht aus Profilstahlschienen mit Montageständern, Zu-fluss- und Abwasserleitungen bereits installiert – Im **Detail** erkennbar: Tragebolzen für Waschtisch und Anschlussstutzen für KW-, WW- und Abwasserleitungen.

3 Kombiniertes System mit Montageschienen und -ständern

a) Installationsbausteine mit Leitungen, rechts ein Duschbaustein auf Füßen für nachträgliches einmauerrn

b) Fertiginstallation – Vorwand als Ablage über WC und WT nutzbar

4 Installationsbausteine

3

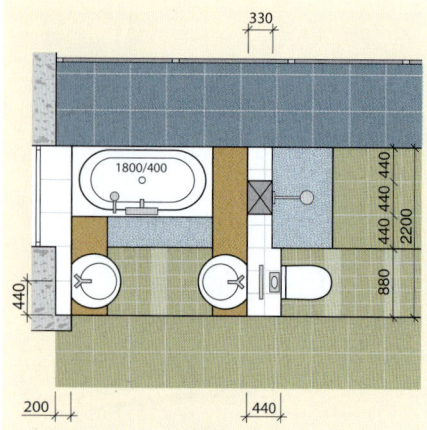

1 Bad-Grundriss mit Raumteilern

2 Schienensystem Vorwand und Raumteiler

Vorwand-Schienensysteme werden zusammen mit Montageelementen bzw. Armaturenplatten als Träger der Sanitärapparate bzw. von Armaturen vielseitig eingesetzt:

- in Neubauten und bei Renovierungen
- für den Bau von Vorwand- und Leitungsschächten vor Massiv- oder Leichtbauwänden, ➔ 94.2
- frei im Raum als Raumteiler, ➔ 1
- zum Bau einer Raumtrennwand (geschosshoch), ➔ 2, 3, 4

> Schienensysteme sind besonders für den Trockenbau und auch die Vorfertigung besonders geeignet.

Grundbestandteile sind:

- verzinkte Stahlprofile mit Profilverbinder, Abstandhalter und Montagewinkel zur Wandbefestigung
- Montageelemente mit Halterungen für Sanitärapparate, Rohrleitungen und Armaturenanschlüsse
- bei WC- und Urinalelementen sind eingebaut: Spülkasten, berührungslos gesteuerte Spülarmatur o. Ä.
- Armaturen- und Montageplatten für Auf- oder Unter-Putz-Armaturen, auch mit Rohrschellen für Abläufe, z. B. für Waschtische, Waschmaschine
- Montageplatten für Elektro-Durchfluss- bzw. Speicher-Wassererwärmer
- Einbaukasten für Elektro-Durchflusswassererwärmer
- Montageplatten für Behinderten-Haltesysteme
- Trockenbaupaneele (imprägnierte Gipskartonplatten), nicht brennbar (Baustoffklasse A2) ≥ 18 mm dick, für mäßig oder hoch nässebeanspruchte Räume; werden mit Selbstbohrschrauben auf den Schienen oder Montageelementen befestigt.

3 Systeme und Rohrinstallation, teilweise beplankt

4 Fertiges Bad mit zwei Waschtischen, Wanne, Dusche und WC

98

3.6.3 Vorwandinstallation im Leichtbau (Ständerbau) und Trockenausbau

Beim **Leichtbau** (Trockenbau) werden leichte Trennwände in Skelettbauweise erstellt. Die Tragkonstruktion, das **Ständerwerk**, besteht meist aus verzinkten Metall-[-Profilen oder Profilschienen eines Vorwandsystems. Für Rohrleitungen in der Wand sind Doppelständerwände mit entsprechendem Zwischenraum für die Rohrleitungen nötig. Die Metall-[-Profile dürfen aus Stabilitätsgründen nicht an- oder ausgeschnitten werden. Zwischen die Metallständer können Montageelemente für Sanitärapparate, Armaturen u. Ä. eingesetzt werden, ➔ 1 oben.

Beim **Trockenausbau** werden Installationsschächte mit wasserfesten Wandplatten, meist Gipskartonplatten (GPK) verkleidet. Die Schächte, teil- oder geschosshoch, enthalten Rohrleitungen oder/und Montageelemente der Sanitärinstallation, ➔ 1 Mitte.

Es kann auch ein Installationsschacht für Trockenausbau einer Einfachständerwand vorgesetzt werden.

> Bei der Vorwandinstallation wird im Leichtbau und im Trockenausbau nicht gemauert.

Bauteile im Trockenausbau sind:
- Montageelemente (-ständer bzw. Installationsblöcke)
- Zwischenträger (Stützelemente)
- Schienensysteme
- Trockenbaupaneele

Der Trockenausbau bietet bei der Vorwandinstallation zusätzliche Vorteile:
- Installationswände lassen sich
  - vor fertige Wände setzen, ➔ 1, Mitte.
  - frei im Raum als Raumteiler aufstellen, ➔ 98.3
  - als Trennwand nutzen, ➔ 1 oben
- Die Achsen der Montageelemente lassen sich leicht auf die lotrechten Fliesenachsen (Fuge oder Fliesenmitte) abstimmen, sodass die fliesengerechte Installation vereinfacht wird.
- Verkleidungsplatten sind z. T. werkseitig zugeschnitten und mit den erforderlichen Bohrungen und Ausschnitten versehen. Für Zwischenräume sind nur gerade Teile einzupassen. Sie werden mit Selbstbohrschrauben befestigt oder „angetackert". Fliesen können auf die glatten Flächen geklebt werden (Dünnbettverfahren).
- Der Installateur kann, ausgenommen Elektro- und Fliesenarbeiten, unabhängig von anderen Handwerkern, die Installationswände einschließlich Beplankung in einem Zug erstellen.
- Installationsanlage und Bauwerk sind klar voneinander getrennt. Dadurch sind technische und gesetzliche Vorschriften überhaupt erst einzuhalten, besonders zum Schallschutz (DIN 4109-1 und DIN 4109-10), zur Heizungsanlagen-Verordnung und zur Stabilität der Wände (DIN 1053).

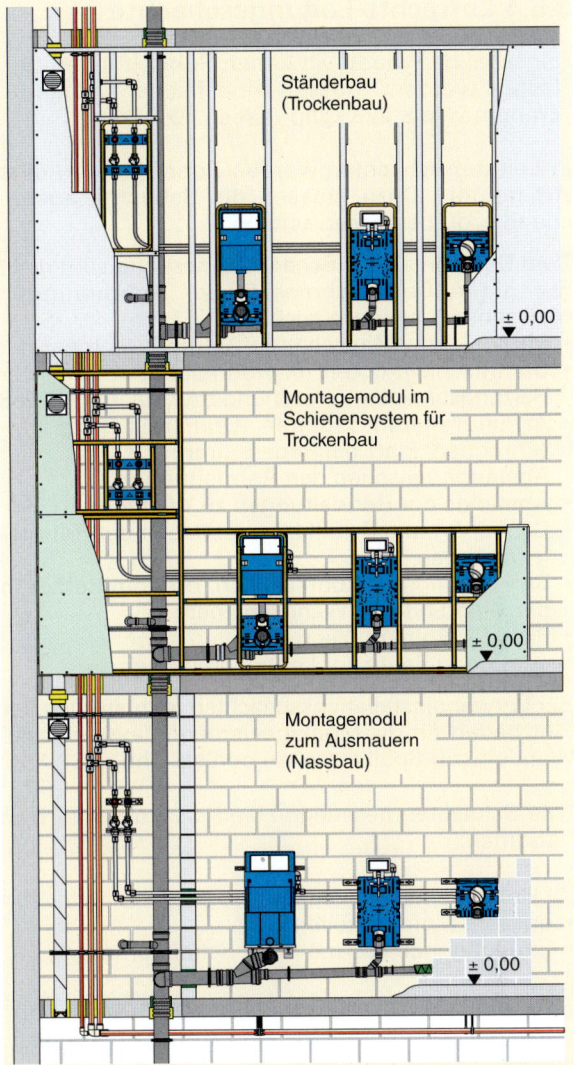

1 Vorwandinstallation mit Modulen für verschiedene Anwendungen, komplett verrohrt

---

Übungen:

1. Was versteht man unter Vorwandinstallation?
2. Warum ist Vorwandinstallation nötig?
3. Welche Möglichkeiten gibt es?
4. Was versteht man unter Trockenverkleidung?
5. Welche Vorteile bietet die Vorwandinstallation allgemein?
6. a) Welche Hilfsmittel gibt es zur Vorwandinstallation?
   b) Beschreiben Sie diese Hilfsmittel im Einzelnen.
7. a) Was versteht man unter Schienensystemen bei der Vorwandinstallation?
   b) Welche Bauteile gehören dazu?
   c) Wo kann man sie einsetzen?
8. Wo lassen sich Montageständer und wo Installationsblöcke einsetzen?
9. Unterscheiden Sie: Leichtbau (Ständerbau) und Trockenausbau.
10. Welche besonderen Vorteile bietet der Trockenausbau?

3.6.4 Lotrechte Leitungsschächte

Einschalige Wände, an denen Rohrleitungen befestigt werden, müssen eine flächenbezogene Wandmasse ≥ 220 kg/m² haben, → 92.1.

In Leitungsschächten werden Rohrleitungen aller Art geführt. Dazu müssen die Schächte ausreichend groß bemessen sein, → 1.

Zum Bestimmen der **Schachtabmessung** sind nicht nur die Außendurchmesser der Rohrleitungen maßgebend, sondern auch die:
- Muffen- bzw. Manschetten-Außendurchmesser
- Dämmschichtdicken für Rohrleitungen nach der Heizungsanlagen-Verordnung bzw. nach DIN 1988
- Armaturenabmessungen (Drehkreis beim Einschrauben; Platz bei Reparaturen)
- Abstände zwischen den Rohrleitungen
- Abstände der Rohrleitungen zu Wänden
- Größe, Art und Schalldämmeinlagen der Rohrbefestigungen
- Befestigung der Rohrschellen, ob unmittelbar in der Wand oder in Wandschienen
- Platz für Rohrkreuzungen
- genügend Raum zur Leitungsmontage

Bei Vorwandinstallationsschächten ist zusätzlich der Platzbedarf für die Montageelemente (evtl. einschl. Wandeinbau-Spülkasten) zu berücksichtigen.

Die Schachtabmessungen sind großzügig zu bestimmen.

Zu kleine Schächte können zur Folge haben:
- erhöhte Montagezeiten
- ungenügende Wärme- bzw. Schalldämmung

Schächte für Abwasserleitungen DN 100 mit parallel geführten Versorgungsleitungen müssen ≥ 200 mm tief sein, → 1.

Eine Abwasseranschlussleitung mit DN 50 kann geradlinig an Steigleitungen für TWK, TWW u. Ä. vorbei zur Fallleitung DN 100 geführt werden, wenn der Abstand a zwischen Hinterkante Rohr bzw. Dämmschicht und Wand misst:
- $a ≥ 40$ mm bei der Fallleitung
- $a ≤ 20$ mm bei Steigleitungen mit $d_a ≤ 35$ mm + 2 × Dämmschichtdicke

Bei Rohrschellen in Wandschienen ist die Schienentiefe zum Maß a hinzuzurechnen.

Rohrleitungen für KW, WW, Zirkulation, Heizung, Gas sind grundsätzlich so anzuordnen, dass sie auf der anderen Seite der Fallleitung verlaufen als der WC-Anschluss liegt, → 2.

Leitungskreuzungen sind vermeidbar, wenn man die Versorgungsleitungen an einer Raumseite und die Abwasserleitung an der gegenüber liegenden anordnet. Dies erfordert jedoch eine geschosshohe Ver-

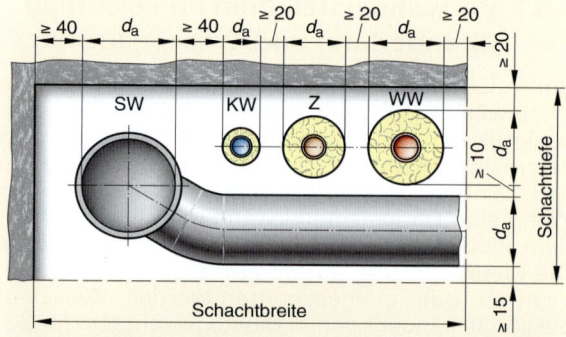

| WW | | | | | | | | | Schachtbreite in mm |
Z	KW	SW	RW	G	HV	HR	L		
									400 … 500
									550 … 750
									750 … 950
									1200 … 1400
									1450 … 1800

Liegt der Leitungsschacht hinter Bade- bzw. Duschwanne, bestimmt deren Abmessung die Schachtbreite

KW	Kaltwasser	HV	Heizung Vorlauf
WW	Warmwasser	HR	Heizung Rücklauf
Z	Zirkulation	G	Gas
SW	Schmutzwasser	L	Lüftung
RW	Regenwasser		

1 Größe von Leitungsschächten

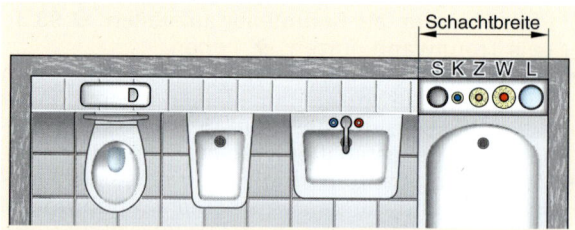

2 Schachtanordnung hinter der Badewanne, links große Ablage

kleidung rechts und links im Raum. Man erhält dafür aber bei gleicher Schachtbreite eine gute Raumoptik. Dann genügen auch Schachttiefen ≥ 16 cm.

Bei der Rohrverlegung sollen die **Mindestabstände** a betragen:
- zwischen Wand und Hinterkante Leitung bzw. Dämmschicht:
  - bei Rohren < DN 50: $a ≥ 20$ mm
  - bei Rohren ≥ DN 50: $a ≥ 40$ mm
- zwischen Rohrleitungen untereinander: $a ≥ 40$ mm, wenn die Brandschutzvorschriften keine größeren Abstände fordern

3.7 Schächte für erdverlegte Leitungen

3.7.1 Zweck von Schächten

Schächte erleichtern den Zugang zu
- im Erdreich liegenden Leitungen, Messeinrichtungen und Armaturen
  - der Wasserversorgung
  - der Regenwassernutzung
  - zu Entwässerungsanlagen
- Pumpen, die unter Erdoberkante eingebaut werden müssen (im Freien)

Für die **Wasserversorgung** im Freien, z. B. Gärtnereien, setzt man Schächte für Wasserzähler, ➔ 1a, Absperr- und Entleerungsarmaturen, z. B. zum Absperren im Winter. Auch Förderpumpen für Grundwasser mit Membrandruckbehältern und zugehörige Armaturen für Grünanlagen u. Ä. werden in Schächten untergebracht.

Bei der **Regenwassernutzung** dienen Schächte zum Speichern und Versickern von Wasser, ➔ 2.

Bei **Entwässerungsanlagen** sind Schächte nötig:
- zur Kontrolle
- für die Rohrreinigung
- zur Rohrinspektion außerhalb und ggf. innerhalb eines Gebäudes

Auch Hebeanlagen für Abwasser müssen in einem Schacht angeordnet werden, ➔ 1b.

3.7.2 Schachtarten

Schächte kann man je nach Verwendung, nach Bauart und nach Werkstoff unterscheiden.

Man **verwendet** Schächte:
- bei erdverlegten Wasserleitungen für Wasserzähler und zum Absperren bzw. Entleeren, ➔ 1
- als Brunnen- bzw. Pumpenschacht, ➔ 173.2
- zur Regenwasserspeicherung, ➔ 2
- bei der Grundstücksentwässerung
- als Sickerschacht, ➔ 2
- im öffentlichen Kanalsystem, ➔ 267.1

Nach **Bauart** unterteilt man:
- gemauerte Schächte
- vorgefertigte Schächte

Gemauerte Schächte werden im Keller für Reinigungsstücke in Grundleitungen angelegt. Besser und einfacher sind vorgefertigte Kunststoffschächte.

Vorgefertigte Schächte können bestehen aus
- einem Stück (Monolithschacht), ➔ 2
- mehreren zusammensetzbaren Bauteilen, ➔ 1:
  - Schachtsockel, eventuell mit Boden
  - ein oder mehrere Zwischenringstücke
  - Schachtaufsatz
  - Schachtdeckel

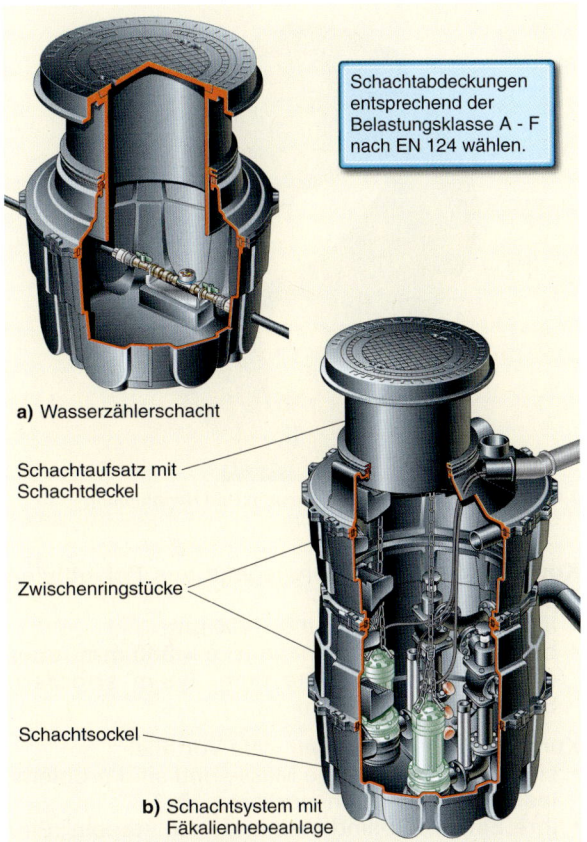

Schachtabdeckungen entsprechend der Belastungsklasse A - F nach EN 124 wählen.

a) Wasserzählerschacht

Schachtaufsatz mit Schachtdeckel

Zwischenringstücke

Schachtsockel

b) Schachtsystem mit Fäkalienhebeanlage

1 Kunststoffschächte aus Einzelteilen aufgebaut, variabel in der Höhe und für den Einsatz

2 Monolithschacht aus PE, hier als Regenwasserspeicher- und Sickerschacht

Alle Teile der vorgefertigten Schächten, außer dem Deckel, bestehen aus:
- Beton
- Kunststoff

Betonschächte sind stabil und korrosionsfest. Ihre große Masse erfordert zum Transport und Versetzen einen Kran o. Ä. Sie können in einem Stück gegossen sein oder aus Teilen zusammengefügt werden.

1 Geringe Masse erleichtert Transport und Handhabung

Kunststoffschächte, vorwiegend aus Polyethylen PE, gibt es als

2 Schachteinbau - Aufsetzen eines Zwischenstückes

- Inspektionsschacht mit ø = 400 mm
- besteigbaren Schacht mit ø = 800 mm oder ø = 1000 mm; Schächte tiefer 0,8 m erfordern Steighilfen (Steigeisen)

Kunststoffschächte haben viele Vorteile:
- sie haben eine geringe Masse und sind problemlos von Hand zu transportieren, ➔ 1
- ihre Einzelteile sind ineinander zu stapeln (Einsparung von Lager- und Transportraum)
- sie sind schnell, einfach und ohne fremde Hilfe (Maurer, Kran) zu setzen, ➔ 2, und sparen so Zeit und Kosten beim Transport und Setzen
- sie sind bruchsicher und absolut dicht
- das Material ist beständig, auch gegen aggressive Abwässer
- ihr teleskopartiges und neigbares Aufsatzstück kann stufenlos jeder Höhe und jedem Bodenniveau angepasst werden, ➔ 3
- Aufsatzstück und konische Zwischenstücke lassen jede Einbautiefe bis zu 5 m zu
- Leitungen können im Schacht im offenen Gerinne, ➔ 4a, oder geschlossen, ➔ 4b, durchgeführt werden, jeweils für 1 bis 3 Zuläufe; beim geschlossenen Durchfluss ist eine Reinigungsöffnung mit Deckel, evtl. mit Rückstauverschluss, vorhanden
- seitliche Zuläufe können nachträglich angebohrt und die Rohreinmündungen dauerhaft und elastisch abgedichtet werden, ➔ 5
- sie sind recyclebar

3 Teleskopartiges und neigbares Aufsatzstück

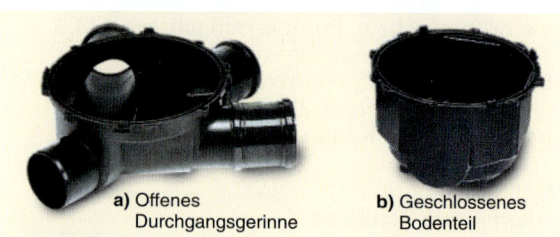

a) Offenes Durchgangsgerinne   b) Geschlossenes Bodenteil

4 Verschiedene Schachtbodenteile

Der offene Durchfluss lässt eine Kanalfernsehkamera leicht einführen. Er verteuert aber die Druckprüfung von Anschlusskanälen, da sie eine Leitung in mehrere Abschnitte aufteilen und eigens abgeschottet werden müssen, ➔ 278.2.

Schachtabdeckplatten sind aus Kunststoff, für höhere Verkehrslasten aus Gusseisen. Sie sind je nach Anforderung tagwasserdicht zu wählen oder können Ventilationsöffnungen haben.

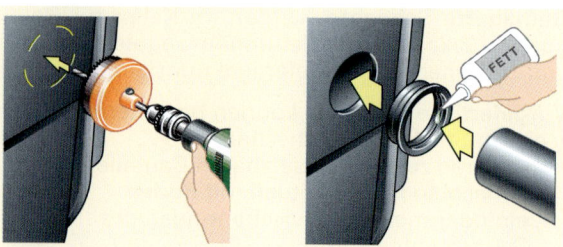

5 Anbringen seitlicher Zuläufe

4 Rohrleitungen

4.1 Rohre

4.1.1 Kenngrößen von Rohren

Rohrleitungen, einschließlich der Form- und Verbindungsstücke, müssen:
- dicht sein
- so beschaffen und eingebaut sein, dass sie den Beanspruchungen standhalten, die bei bestimmungsgemäßem Gebrauch auftreten
- so ausgewählt werden, dass eine Trinkwasserbehandlung zum Korrosionsschutz überflüssig ist

Für Rohre und Rohrverbindungen in der Trinkwasserinstallation fordert DIN EN 806-2, dass sie den wechselnden Betriebsbedingungen mindestens 50 Jahre standhalten, → 1.
Höhere Beanspruchungen erfordern besondere Vorkehrungen.

> Für Rohre, Formstücke und Armaturen werden angegeben:
> - Nenndruck
> - Nennweite

Der **Nenndruck** (PN)[1] beträgt, z. B. für Trinkwasserleitungen 10 bar.

Die **Nennweite** (DN)[2] ist eine Kenngröße, die zueinander passende Teile wie Rohre, Fittings, Armaturen kennzeichnet.

Nach EN ISO 6708 gilt als Nennweite die Größe der Außendurchmesser der Anschlüsse in mm. Um Rohre aus verschiedenen Werkstoffen einfach miteinander vergleichen zu können, sollen die Angaben DN/OD oder DN/ID enthalten sein (O = Outside, D = Diametral, I = Internal). Tatsächlich entspricht bei Rohren in der Trinkwasser- und Gasinstallation die Nennweite DN ungefähr dem Innendurchmesser.

Als **Rohrweitenangabe** dient für:
- Gewinderohre die Nennweite,
  z. B. DN 25 (Innendurchmesser etwa 25 mm)
- alle anderen Rohre:
  Außendurchmesser × Wanddicke, z. B. $28 \times 1{,}5$
  ($d_a = 28$ mm, $s = 1{,}5$ mm $\rightarrow d_i = 25$ mm)

Genaue Rohrabmessungen sind im Anhang 2, Seiten 623, 624 zu finden.

> Angaben in PN und DN bzw. $d_a \times s$ werden ohne Einheit geschrieben, z. B. PN 10, DN 25, 54×2.

Rohre für Gas- und Wasserleitungen müssen in Längsrichtung folgende **Angaben** zeigen, → 2:
- DIN-EN- oder Werkstoff-Nr.
- Rohrabmessung (Außendurchmesser × Wanddicke bzw. DN)
- evtl. nahtlos oder geschweißt
- Hersteller
- evtl. DVGW-Zertifizierungszeichen mit Registrier-Nr. und **für Gasleitungen** unbedingt **mit DV-Nummer**

[1] PN = Pression nominale ⟨franz.⟩: Druck-Nenn
[2] DN = Diametre nominale ⟨franz.⟩: Durchmesser-Nenn

Art	Betriebsdruck bar	Temperatur °C	Jährliche Betriebsstunden h/a
Kaltwasser	0 ... 10 schwankend	≤ 25[1]	8760
Warmwasser	0 ... 10 schwankend	≤ 60[2] ≤ 85	8710 50

[1] Bezugstemperatur für die Zeitstandsfestigkeit: 20 °C
[2] für Kunststoffrohre gelten 70 °C

1 Betriebsbedingungen für Trinkwasserleitungen

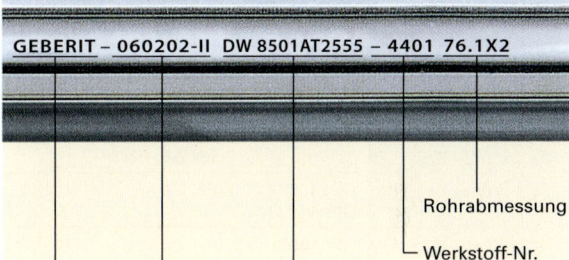

2 Rohrkennzeichnung – Nichtrostendes Stahlrohr (Edelstahlrohr)

- zusätzlich bei Kunststoffrohren: PN, Erstelldatum, Maschinennummer
- weitere Kennzeichnungen wie Produktname sind zulässig

Rohre bzw. Rohrleitungen erfordern unter Umständen besondere Schutzmaßnahmen. Dafür wird häufig der Ausdruck „Isolieren" benutzt. Wogegen „isoliert" wird, sagt dieses Wort nicht.

> Fachmännisch nennt man Maßnahmen gegen die Wirkung von:
> Außenkorrosion: umhüllen
> Wärme: dämmen
> Schall: dämmen und/oder dämpfen
> Schwingungen: dämpfen, unterbrechen
> Strom: isolieren
> Feuchtigkeit: sperren

4.1.2 Rohre für Wasser- und Gasleitungen

4.1.2.1 Rohrarten für Wasser- und Gasleitungen

Rohrarten für Wasser- und Gasleitungen, → 104.1:
- Metallrohre
- Kunststoffrohre
- Verbundrohre
- gewellte Edelstahlrohre und Schläuche

4

Rohre Schlauchleitungen	lt. technischer Regel	Ausführung	Abmessung	Bestellangabe für Rohr DN 25	Verwendung für Leitungen bei…
Metallrohre					
Stahlrohre					
☐ Gewinderohr - mittelschwer (M) - schwer (H)	EN 10255	nahtlos S geschweißt W	DN 10 … DN 150	W-Gewinderohr - DN 25 - M	Gas, Kaltwasser, Heizungsbau, Druckluft, u. Ä.
☐ Siederohr	EN 10220	nahtlos geschweißt	42· 2,6…406,4· 8,8 48· 2,3…406,4· 6,3	Rohr EN 10220, 60· 2,6	Gasleitungen, Heizungsbau
☐ Präzisionsstahlrohr	EN 10305-1 EN 10305-2 EN 10305-3	nahtlos geschweißt geschweißt und maßgewalzt	6· 1 … 54· 2, kaltgezogen, normalgeglüht NBK 12· 1,2 … 35· 1,5	Rohr EN 10305-1 28· 2x - B - NBK Rohr EN 10305-3 28· 1,5	Flüssiggas, Erdgas, Druckluft Heizungsbau
Nichtrostendes (Edel-) Stahlrohr	DVGW GW 541	geschweißt	15· 1 … 35· 1,5	Edelstahlrohr 28· 1,2 - DVGW W 541	Kalt-, Warmwasser, Heizwasser, Gas, Druckluft
Kupferrohre	EN 1057	nahtlos	6· 1 … 267· 3	Kupferrohr EN 1057 28· 1,5 - Rg 25 m	Kalt-, Warmwasser, Heizwasser, Gas, Heizöl, Druckluft
Kunststoffrohre					
Polyethylen-Rohr PE-100 (PE-HD)	DIN 8074/8075	PN 10 PN 2,5, PN 6	10· 2 … 100· 12,7	PE-HD-Rohr - 32· 3,0 PN 10	Kaltwasser
PE-X-Rohr (vernetztes PE-Rohr)	DIN 16892 DIN 16893	PN 20	162,2 ... 638,8	PE-X-Rohr - 32· 4,4 PN 16	Kalt- und Warmwasser Gasleitungen DVGW VP 624
Polybuten-Rohr PB-Rohr	DIN 16968 DIN 16969	PN 16	16· 2,2 … 63· 5,8	PB-Rohr - 32· 3,0 PN 16	Kalt- und Warmwasser
Polyvinylchloridrohr PVC-U-Rohr	DIN 8061 DIN 8062	PN 16 PN 10	16· 1,2 … 225· 16,7 280· 13,4 … 450· 21,5	PVC-U-Rohr - 32· 2,4 PN 16	Kaltwasser
chloriertes PVC-Rohr PVC-C-Rohr	DIN 8079 DIN 8080 DVGW W 544	PN 25	16· 1,8 … 63· 7 75· 5,6 … 90· 6,7	PVC-C-Rohr - 32· 3,6 PN 25	Kalt- und Warmwasser
Polypropylen-Rohr PP-R-Rohr	DIN 8077 DIN 8078 DVGW W 544	PN 25	16· 2,7 … 75· 12,5	PP-Rohr - 40· 6,7	Kalt- und Warmwasser
Verbundrohre					
PE-X / Al / PE[1]-Rohr PP / Al / PP-Rohr [1]oder PE-X, je nach Fabrikat	DVGW W 542	PN 10 PN 20	16· 2,25…75· 4,7 Stange 16· 2,25…20· 2,5 Rg	PE-X-AL-PE 32· 3,0 PN 10	Kalt- und Warmwasser, Regenwasser, Heizwasser, Gas, Druckluft (ölfrei)
Gewellte Edelstahlrohre und Schläuche					
Ganzmetallschlauch, gewellt	DIN 3383 und 3384 DIN-DVGW-Prüfzeichen	PN 1 … PN 21	DN 6 … DN 150 für Wasser, Gas, Heizung	Gasschlauch Hauseinbau, ummantelt Typ XX, DN 25, Nippel und/ oder Verschraubung IG	aus Edelstahl, ohne oder mit Umflechtung oder mit Korrosionsschutzmantel - vielerlei Anschlüsse
Wellrohrleitungen (Edelstahlwellrohr)	EN 15266	PN 15	DN 12 … DN 25	Wellrohr - Trinkwasser GW 354	Gas, Trink-, Heizwasser
Kautschukschlauch, metallbewehrt	DVGW-Prüfzeichen Bauart-zulassung	PN 10 … PN 35	DN 10 … DN 50, 300 mm … 1500 mm lang	EPDM-Sanitärschlauch, edelstahlumflochten, mit Überwurfmutter G½ und Klemmring-anschluss 10 .	Innenschlauch Kautschuk umhüllt mit Edelstahl - oder verzinktem Stahlgeflecht - vielerlei Anschlüsse

1 Rohre für Trinkwasserleitungen (DIN 1988-2), Gasleitungen (TRGI, TRF) u. A. – siehe auch, ➜ 623, 624

4.1.2.2 Metallrohre für Wasser- und Gasleitungen

Metallrohre für Wasser- und Gasleitungen sind, ➜ 1:

• Stahlrohre
• Kupferrohre

Stahlrohre für Wasser- und Gasleitungen

Es gibt verschiedene Stahlrohre für Gas- und Wasserleitungen: Stahlsorten, deren Festigkeit und die Art der Rohrverbindung wie Gewinde-, Schweiß- oder Pressverbindung erfordern unterschiedliche Außendurchmesser und Wanddicken bei Stahlrohren gleicher Nennweite. Bild ➜ 105.1 zeigt, dass sich daraus auch unterschiedliches Fließverhalten ergibt.

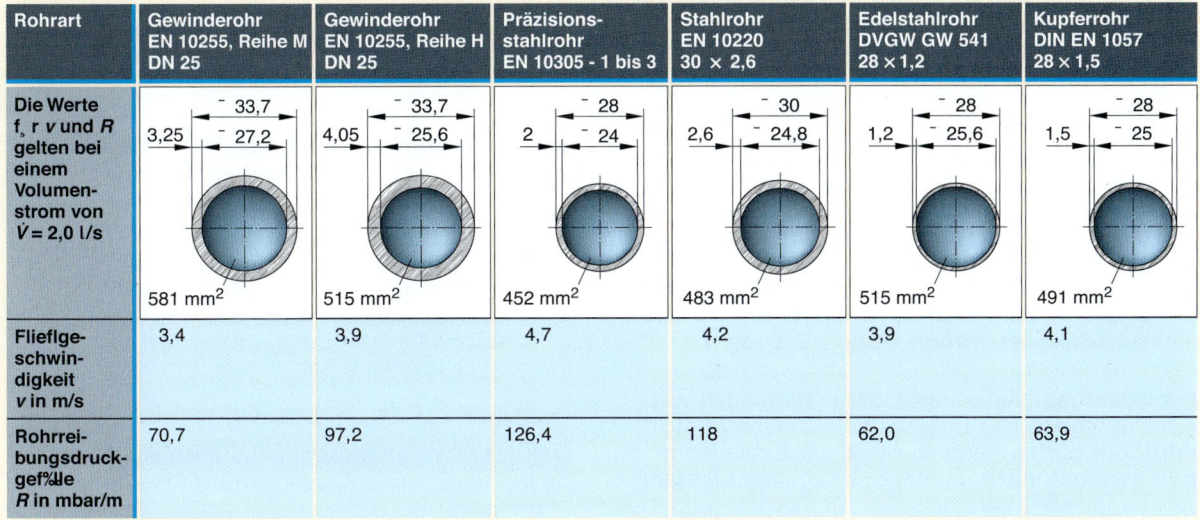

Rohrart	Gewinderohr EN 10255, Reihe M DN 25	Gewinderohr EN 10255, Reihe H DN 25	Präzisions-stahlrohr EN 10305 - 1 bis 3	Stahlrohr EN 10220 30 × 2,6	Edelstahlrohr DVGW GW 541 28 × 1,2	Kupferrohr DIN EN 1057 28 × 1,5
Die Werte f, r v und R gelten bei einem Volumen-strom von $\dot{V}$ = 2,0 l/s	3,25 — 33,7 — 27,2 — 581 mm²	4,05 — 33,7 — 25,6 — 515 mm²	2 — 28 — 24 — 452 mm²	2,6 — 30 — 24,8 — 483 mm²	1,2 — 28 — 25,6 — 515 mm²	1,5 — 28 — 25 — 491 mm²
Fließge-schwin-digkeit v in m/s	3,4	3,9	4,7	4,2	3,9	4,1
Rohrrei-bungsdruck-gefälle R in mbar/m	70,7	97,2	126,4	118	62,0	63,9

1 Einfluss der Rohrabmessungen – bei gleicher Nennweite auf das Fließverhalten von Wasser

Stahlrohre gibt es als:
- Gewinderohr
- Siederohr
- Präzisionsstahlrohr
- nichtrostendes Stahlrohr

Gewinderohre, Stahlrohre zum Schweißen und Ge-windeschneiden nach EN 10255, nahtlos (S-Rohr) und längsnahtgeschweißt (W-Rohr) gibt es:
- mittelschwer (Reihe M)
- schwer (Reihe H)

Gewinderohre werden in 6-m-Stangen geliefert, und mit Fittings, meist aus Temperguss, verbun-den. Zum Korrosionsschutz werden sie verzinkt, im Erdreich ist eine Kunststoffummantelung nötig, wenn man stattdessen nicht PE-Rohre verwendet.

Für **Gasleitungen** und Sprinkleranlagen setzt man Gewinderohre noch häufig ein, für Wasserleitungen praktisch nicht mehr.
Für Warmwasser sind Gewinderohre nicht zugelas-sen, da bei Temperaturen um 60 °C der Korrosions-schutz (Verzinkung) nicht wirkt.

Zum Schutz gegen Legionellen wird in Warmwas-seranlagen aber Wasser von ca. 60 °C nach DVGW-Arbeitsblatt W 551 gefordert, bei thermischer Desin-fektion sind mindestens 70 °C nötig, s. Kap. 17.2.2.

In Warmwasserleitungen kommt es ab ca. 60 °C:
- zur Blasenbildung
- zur Potenzialumkehr

Bei der **Blasenbildung** dringt Wasserstoff in die Zinkschicht ein und lässt diese abplatzen.

Durch **Potenzialumkehr** wird Zink edler als Eisen.

Siederohre nach EN 10220 gibt es:
- nahtlos
- geschweißt, Oberfläche walzblank

Sie werden im Heizungsbau, aber auch für Gaslei-tungen ab DN 25 eingesetzt. Verbunden werden sie durch Gasschmelz- oder Lichtbogenschweißen.

Präzisionsstahlrohre gibt es:
- nahtlos nach EN 10305-1
- geschweißt nach EN 10305-2
- geschweißt und maßgewalzt nach EN 10305-3

Sie sind sehr maßgenau hergestellt und relativ dünnwandig. Durch Glühen nach dem Kaltziehvor-gang werden sie weich und gut biegbar. Sie wer-den mit Schneidringverbindern oder Klemmverbin-dern verbunden. Ihre Verzinkung ist nur ein Lager-schutz und kein dauerhafter Korrosionsschutz. Ver-wendet werden sie für Flüssiggas-Innenleitungen. Sie dürfen aber nicht unter Putz oder erdbedeckt verlegt werden. Bei Flüssiggasleitungen sind Min-destwanddicken vorgeschrieben, s. Kap. 13.3.1.

Präzisionsstahlrohr geringer Nennweite ist leicht biegbar. Es wird mit Kunststoffmantel als Weich-stahlrohr im Heizungsbau eingesetzt.

Nichtrostende Stahlrohre (Edelstahlrohre) sind längsgeschweißt und bestehen aus hochlegiertem Stahl mit Werkstoff-Nummer:
- 1.4401 X5CrNiMo17-12-2 (Chrom-Nickel-Molyb-dän)
- 1.4571 X6CrNiMoTi17-12-2 (zusätzlich noch Ti-tan)
- 1.4521 (X2CrMoTi18-2) – ohne Nickel. Das Rohr 1.4521 – Kennzeichen: grüner Längsstrich – ist für Wasserleitungen gut geeignet und gut zu verar-beiten. Für Gasleitungen ist es nicht zugelassen.

Edelstahlrohre werden in 6-m-Stangen mit blanker Oberfläche geliefert; genaue Maße siehe ➔ 623.2. Sie sind festgelegt in:

- DIN EN 10217-7 – *Rohre aus nichtrostenden Stählen*
- DVGW GW 541 – *Rohre aus nichtrostenden Stählen für die Gas- und Trinkwasser-Installation*

Edelstahlrohre werden verwendet für Leitungen für Kaltwasser, Warmwasser, Heizwasser, Gas, Druckluft. Bei Wässern mit einem Chloridgehalt > 250 mg/l sind sie nicht einsetzbar. Derartige Wässer gibt es aber in Deutschland kaum (Grenzwert für Chloridgehalt laut Trinkwasser-Verordnung < 250 mg/l).

> Edelstahlrohre dürfen nicht wärmebehandelt werden, da sonst ihre Passivschutzschicht zerstört wird. Sie dürfen deshalb nicht mit Schleifscheiben getrennt, nicht gelötet oder vor dem Biegen nicht angewärmt werden.

Schweißen von Edelstahlrohren, z. B. bei großen Durchmessern, ist nur zulässig, wenn in der Rohrleitung eine Schutzgasatmosphäre geschaffen wird, damit keine Oxide entstehen. Das ist auf Baustellen praktisch nicht durchzuführen. Einfacher als Schweißen ist das Verbinden großer Rohre durch Rohrkupplungen nach ➔ 121.3, 122.1.

Begleitheizungen sind bei Edelstahlrohren zulässig, wenn die Rohrinnenwandtemperatur 60 °C auf Dauer nicht übersteigt. Zur thermischen Desinfektion der Rohre sind kurzzeitig 70 °C zulässig.

> Vorteile von Edelstahlrohren:
> - korrosionsbeständig
> - geringe Wanddicke
> - glatte Rohroberfläche
> - geringe Masse und niedrige spezifische Wärmekapazität
> - schnelle und einfache Verarbeitung

Edelstahlrohre sind gegenüber (fast) allen Trinkwässern **korrosionsbeständig** und übertreffen darin Kupferrohre erheblich.

Die **geringe Wanddicke** ergibt eine geringe Masse je Meter Rohr (kg/m).

Die **glatte Rohroberfläche** ruft nur geringe Reibungsverluste hervor. Daraus ergeben sich Rohre mit relativ geringer Nennweite, geringem Wasserinhalt und geringer Gesamtmasse – günstig wegen Wärmeverlust, Aufheizzeit, Befestigungen.

Durch die **geringe Masse** und die **niedrige spezifische Wärmekapazität** entziehen Edelstahlrohre durchfließendem Warmwasser kaum Wärme. Richtig bemessene Stichleitungen (kleine Nennweiten!) haben deshalb geringe Ausstoßverluste und liefern sehr schnell warmes Wasser.

Edelstahlrohre sind schnell zu verarbeiten mit Pressverbindungen und weil sie bis DN 25 mit Biegemaschinen maßgenau zu biegen sind.

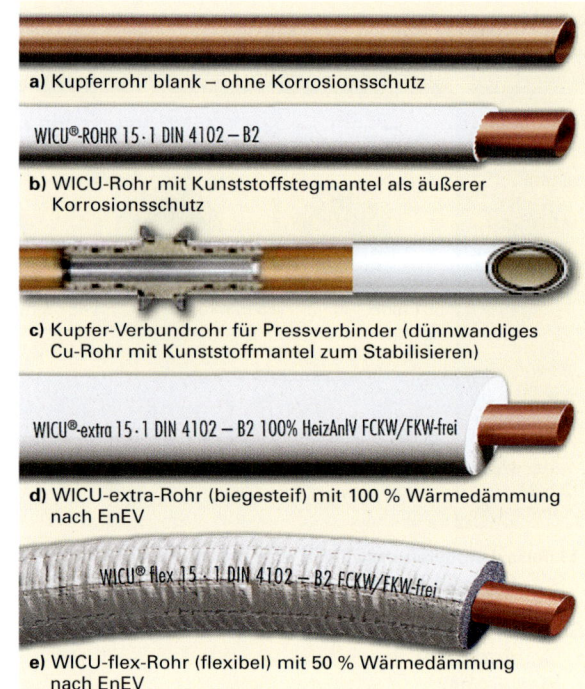

a) Kupferrohr blank – ohne Korrosionsschutz

b) WICU-Rohr mit Kunststoffstegmantel als äußerer Korrosionsschutz

c) Kupfer-Verbundrohr für Pressverbinder (dünnwandiges Cu-Rohr mit Kunststoffmantel zum Stabilisieren)

d) WICU-extra-Rohr (biegesteif) mit 100 % Wärmedämmung nach EnEV

e) WICU-flex-Rohr (flexibel) mit 50 % Wärmedämmung nach EnEV

1 Kupferrohre, z. T. werkseitig umhüllt

Edelstahlrohre werden mit Pressfittings aus Edelstahl oder aus Rotguss verbunden. Eine Mischinstallation mit Kupferrohren oder mit verzinkten Gewinderohren ist möglich. Edelstahl und verzinktes Rohr sind durch ein Buntmetallzwischenstück, z. B. eine Armatur, zu trennen. Eine Fließregel wie bei Kupferrohr muss nicht beachtet werden.

Kupferrohre für Wasser- und Gasleitungen

Kupferrohre nach EN 1057, ➔ 1, sind geeignet für KW-, WW-, Feuerlösch-, Gas-, Druckluft und Öleitungen, siehe auch DVGW-Arbeitsblatt GW 392.

Es gibt bei **blanken Rohren** die Qualitäten:
- R 220[1] (weich) bis 22 × 1 im 25-m- oder 50-m-Ring
- R 250 (halbhart) in 5-Stangen (bis 28 × 1,5)
- R 290 (hart) in 5-m-Stangen, nur noch ≥ 35 × 1,5

Diese Rohre gibt es zum Teil mit **werkseitigen Umhüllungen**, ➔ 1:
- als **w**erkstoff**i**soliertes Cu-Rohr (WICU-Rohr 12 × 1 bis 54 × 2); ein PVC-Mantel schützt bei Installation unter Putz oder in aggressiver Atmosphäre
- PUR Hartschaumwärmedämmung 100 % nach EnEV (WICU-Eco 12 × 1 bis 54 × 2)
- flexibel mit PE-Schaum-Wärmedämmung, nicht nach EnEV, gegen Tauwasserbildung und als äußerer Korrosionsschutz (WICU Flex 12 × 1 bis 22 × 1)

Kupfer-Verbundrohre sind sehr leicht und flexibel, ➔ 1c. Sie sind für Trink- und Heizwasser-, aber nicht für Gasleitungen geeignet, siehe Kap. 4.1.2.3.

---
[1] R 220: Zugfestigkeit R_m = 220 MPa = 220 N/mm²

Kupferrohre weisen ähnliche Vorzüge wie Edelstahlrohre auf. Jedoch gibt es u. U. Probleme bei aggressiven Wässern mit pH-Wert < 7. In diesem Fall sind **innenverzinnte** Kupferrohre COPATIN einzusetzen. Die homogene Zinnschicht verhindert, dass Kupfer gelöst wird. Der Einsatz von DVGW-zertifizierten COPATIN-Rohren ist in Verbindung mit DVGW-zertifizierten Kupfer-Press- und Lötfittings für Trinkwasser jeder Qualität möglich. Verzinnte Pressfittings wie in ➜ 1 sollen grundsätzlich nicht mehr verwendet werden.

Kupferrohre sind bis zur Abmessung 108 × 2 für Kapillarlötung geeignet. Bei Trinkwasserleitungen **müssen** Kupferrohre ≤ 28 × 1,5 wegen Korrosionsgefahr **weichgelötet** werden und dürfen vor dem Biegen auch nicht ausgeglüht werden. Kupferrohre > 28 × 1,5 können notfalls hartgelötet werden.

Hartzulöten sind jedoch alle Gas- und Heizölleitungen.

> Statt zu löten werden hauptsächlich Pressfittings eingesetzt, auch bei Gasleitungen.

Rohre mit d_a > 108 mm sind zu schweißen oder mit Kupplungen zu verbinden.

4.1.2.3 Verbundrohre

Verbundrohre vereinigen die Vorzüge von Metallrohren (hohe Eigenstabilität, relativ geringe Längenänderung, diffusionsdicht) mit denen der Kunststoffrohre (korrosionsbeständig, leicht biegbar, geringe Masse, gute Schalldämpfung, schnelle Montage). Verbundrohre werden verwendet für Heizwasser-, Kalt- und Warmwasserleitungen, ➜ 2, 3. Manche Verbundrohrsysteme sind auch für Gasleitungen und in der Industrie einsetzbar (bitte Zulassung prüfen!)

Bei Verbundrohren unterscheidet man:
• Metallverbundrohre
• Kupferverbundrohre
• Folienkaschierte Rohre

Metallverbundrohre sind durch ihr Trägerrohr aus Aluminium 0,2 mm bis 1 mm dick (je nach Durchmesser und Fabrikat) biegesteif. Ihr Innenrohr ist aus PE-X, die Außenschicht aus PE oder PE-X, ➜ 3.

Lieferbar sind sie:
• in 5-m-Stangen als Rohre bis Abmessung 75 × 4,7
• 50- oder 100-m-Ring bis 26 × 3
• als Ring, im Schutzrohr oder vorgedämmt, in Abmessungen von 16 × 2,25 und 20 × 2,5

Metallverbundrohre werden mit Pressfittings verbunden, ➜ 3; einzelne Fabrikate auch durch Bördel- oder durch Steckverbinder, ➜ 126.1.

Kupferverbundrohre, 14 × 2,16, 16 × 2, 20 × 2, 26 × 3, sind dünnwandige Cu-Rohre (Cu 0,3 bis 0,5 mm dick) mit einem fest haftenden PE-Mantel, ➜ 106.1e, für Trink- und Heizwasserleitungen, aber nicht für Gasleitungen. Sie sind korrosionsbeständig und etwa halb so schwer wie normales Cu-Rohr. Sie werden mit der Rohrschere getrennt und in einem Arbeitsgang entgratet und kalibriert.

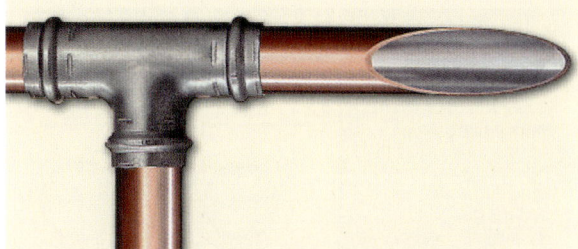

1 Innen verzinntes Kupferrohr mit verzinntem Pressfitting

2 Metallverbundrohr in einer Kellerverteilung

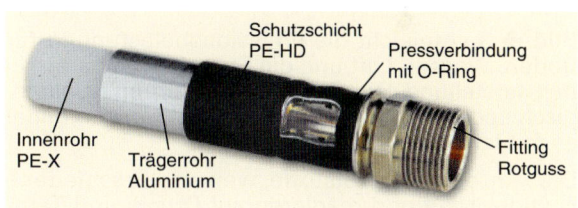

3 Metallverbundrohr

Sie sind mit geringem Radius leicht zu biegen und erfordern deshalb nur wenige, handelsübliche Pressverbinder.

Folienkaschierte Rohre sind meist grün oder gelb gefärbt. Sie sind sehr biegesteif durch das dickwandige Innenrohr aus PP. Eine dünne Al-Folie, < 0,1 mm dick, trennt es von der äußeren, dünnen Kunststoffschicht. Die Al-Folie soll die Längenänderung gering halten und macht die Rohre diffusionsdicht.

Folienkaschierte Rohre werden durch Heizelement-Muffenschweißen oder Elektro-Schweißmuffen verbunden. Die Al-PP-Verbundschicht ist mit einem Schälwerkzeug vorher abzudrehen.

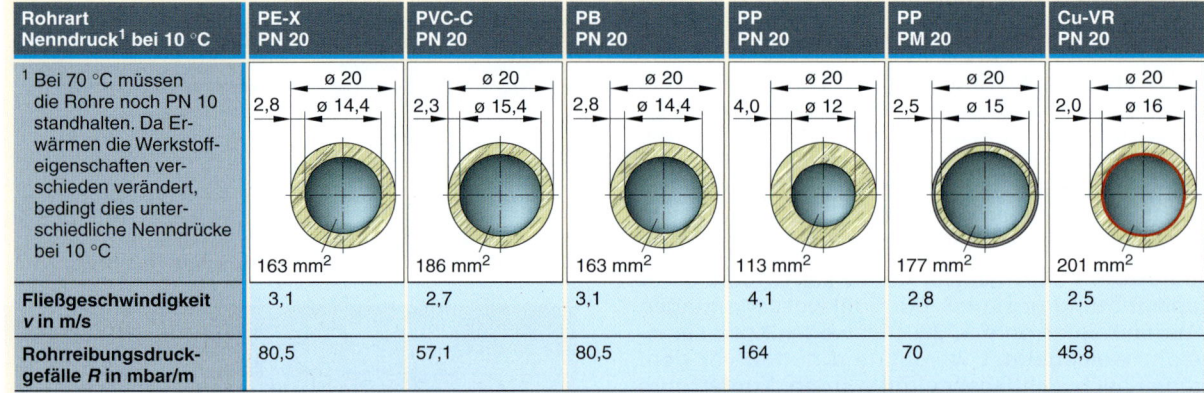

Rohrart Nenndruck[1] bei 10 °C	PE-X PN 20	PVC-C PN 20	PB PN 20	PP PN 20	PP PM 20	Cu-VR PN 20
[1] Bei 70 °C müssen die Rohre noch PN 10 standhalten. Da Erwärmen die Werkstoffeigenschaften verschieden verändert, bedingt dies unterschiedliche Nenndrücke bei 10 °C	ø 20 / 2,8 / ø 14,4 / 163 mm²	ø 20 / 2,3 / ø 15,4 / 186 mm²	ø 20 / 2,8 / ø 14,4 / 163 mm²	ø 20 / 4,0 / ø 12 / 113 mm²	ø 20 / 2,5 / ø 15 / 177 mm²	ø 20 / 2,0 / ø 16 / 201 mm²
Fließgeschwindigkeit v in m/s	3,1	2,7	3,1	4,1	2,8	2,5
Rohrreibungsdruckgefälle R in mbar/m	80,5	57,1	80,5	164	70	45,8
Die verschiedenen Innendurchmesser bewirken beim Durchfließen, hier 2,0 l/s, unterschiedliche Fließgeschwindigkeiten und Druckverluste						

1 Kunststoffrohre und Verbundrohre für Trinkwasserleitungen, d_a = 20 mm – Die Werte für v und R gelten bei einem Volumenstrom $\dot{V}$ = 0,5 l/s

4.1.2.4 Kunststoffrohre für Wasser- und Gasleitungen

Kunststoffrohre unterscheiden sich in manchen Eigenschaften je nach Kunststoffart und unterschiedlicher Verbindungstechnik, → 2.
Allen ist gemeinsam:
- die hohe Korrosionsbeständigkeit
- die geringe Masse
- die glatte Rohrwand (damit geringe Rohrreibungs-verluste und kaum Ablagerungen im Rohr)
- die gute Schalldämpfung[1]
- die geringe Wärmeleitfähigkeit
- kaum Kalkablagerungen, wegen der hohen Längen- und Breitenausdehnung beim Erwärmen
- gut recycelbar (Abfälle als Rohstoff wieder verwendbar), ähnlich wie Metallrohre
- dass sie sich relativ schadstofffrei herstellen lassen, anders als Metallrohre

Bild → 3 vergleicht die Emissionsbelastungen für Boden, Wasser, Luft und die Energiekennwerte bei der Herstellung. Das Chlor in PVC-Rohren ist ökologisch bedenklich und gefährlich. Bei Bränden bildet es mit Löschwasser Salzsäure.

Die einzelnen Kunststoffe weisen verschiedene Festigkeit auf und reagieren auf Druck- und Temperaturanstieg unterschiedlich, → 32.3.

So fällt bei PP die Festigkeit bei ca. 60 °C stärker ab als bei PB. Für WW-Leitungen ist deshalb eine höhere Nenndruckstufe bei PP-Rohr (PN 25) als bei PB-Rohr (PN 16) zu wählen. Dies bedingt auch dickere Rohrwandungen für PP. Daraus ergeben sich für Rohre mit gleichem Außendurchmesser unterschiedliche Strömungswerte, → 1.

Nachteilig bei Kunststoffrohren ist:
- ihre hohe Längenausdehnung beim Erwärmen
- sie verspröden bei UV-Licht
- die aufwendige Druckprüfung bei Trinkwasser, siehe Anhang 4

Die **Ausdehnung** beim Erwärmen ist etwa 10-mal so groß wie bei Kupfer. Dies ist beim Verlegen zu be-

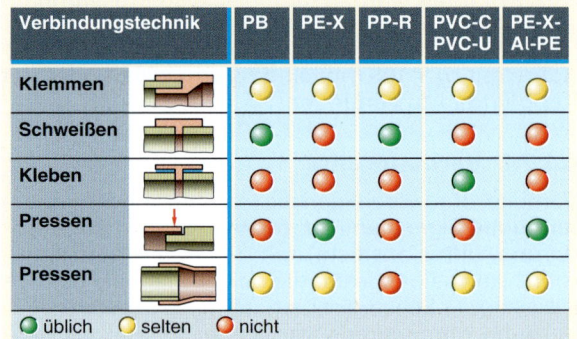

Verbindungstechnik		PB	PE-X	PP-R	PVC-C PVC-U	PE-X Al-PE
Klemmen		○	○	○	○	○
Schweißen		●	●	●	●	●
Kleben		●	●	●	●	●
Pressen		●	●	●	●	●
Pressen		○	○	●	○	○
● üblich ○ selten ● nicht						

2 Verbindungen bei Kunststoff- und Verbundrohren

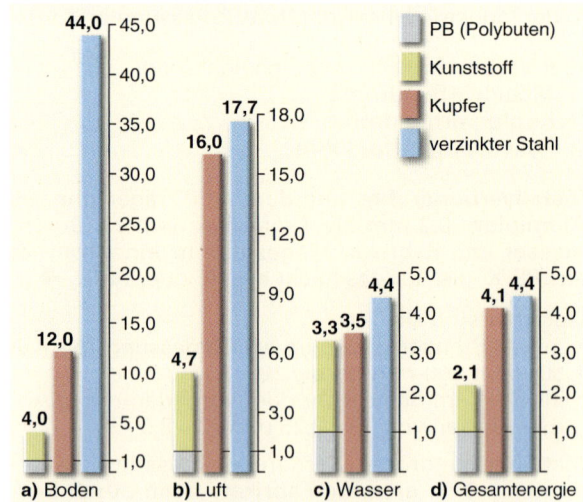

3 Belastungskennwerte von Kunststoff- und Metallrohren (nach einer Untersuchung der TU Berlin)

rücksichtigen und entsprechend aufzufangen. Vorteilhaft dabei ist, dass die ständigen Bewegungen verhindern, dass sich Kalk in WW-Rohren anlagert. Kunststoffrohre **versproden im UV-Licht.** Deshalb dürfen sie keiner direkten Sonnenbestrahlung ausgesetzt und nicht ohne Schutz im Freien gelagert oder verlegt werden.

[1] Schalldämpfung: Schallenergie wird in Wärmeenergie umgewandelt

Schutz gegen UV-Strahlung bieten:
- Schutzrohre, z. B. PE-Wellrohre
- schwarze Folienhüllen bei Lagerung und Transport
- Stabilisatoren im Rohrmaterial, z. B. Ruß-Färbung

Bild ➔ 104.1 zeigt die Arten der Kunststoffrohre für den Sanitär- und Heizungsbau.

PE-Rohre gibt es in den Qualitäten PE-HD[1] , unterteilt in PE 80, PE 100. Die Werte 80 bzw. 100 geteilt durch 10 ergeben den unteren Grenzwert der Zeitstand-Innendruckfestigkeit MRS[2].

PE-Rohre sind gegen UV-Strahlung beständig. Es gibt sie schwarz eingefärbt im Ring bis 300 m lang.

Für Wasserleitungen (PN 10, PN 16, PN 20) und Gasleitungen (PN 4, PN 10) ist die Qualität farblich gekennzeichnet:
- PE 80 Trinkwasser: schwarz mit blauen Streifen
- PE 100 Trinkwasser: königsblau
- PE 80 Gas: gelb oder schwarz mit gelben Streifen
- PE 100 Gas: orange oder schwarz mit orangefarbenen Streifen

Die Druckstufen PN 2,5 und PN 6 eignen sich nur für spezielle Anwendungsfälle, z. B. bei offenen Düsen für oberirdische Pflanzenbewässerung.

Meist verwendet man PE-HD-Rohre in PE 80:
- im Erdreich zur Trinkwasserversorgung, für Hausanschlüsse, bei Sportplatzbewässerung
- im Erdreich für Gasleitungen nach DVGW GW 335
- für oberirdische Bewässerungsanlagen im Obst-, Wein- und Gartenbau, ➔ 1a,
- um Zapfstellen an Baustellen zu versorgen, ➔ 1b

PE-Rohre werden verbunden durch:
- Klemmverbinder aus PP oder Messing
- Heizelement-Muffenschweißen
- Heizwendelschweißen

PE-X-Rohre aus vernetztem PE, PN 10, sind für Wasser dauernd bis 70 °C einsetzbar, kurzzeitig bis 95 °C. Sie sind durchscheinend, manche schwarz eingefärbt. Sie werden in 6-m-Stangen, im 25-m- oder 50-m-Ring geliefert, teils auch im gewellten Schutzrohr (Rohr im Rohr), ➔ 149.2. Durchscheinende Rohre werden durch schwarze Folie oder im Wellrohr beim Liefern und Lagern gegen UV-Strahlung geschützt.

PE-X-Rohre verbindet man je nach System, z. B. mit:
- Pressverbinder
- Klemmverbinder
- Schiebehülse, Bördel plus Überwurfmutter

PP-Rohre (Polypropylen), grün, gelb oder grau eingefärbt, sind in PN 25 zu verlegen; dies bedingt hohe Wanddicken. Deshalb muss ihr Außendurchmesser meist eine Abmessung größer gewählt werden als bei anderen Kunststoffrohren.

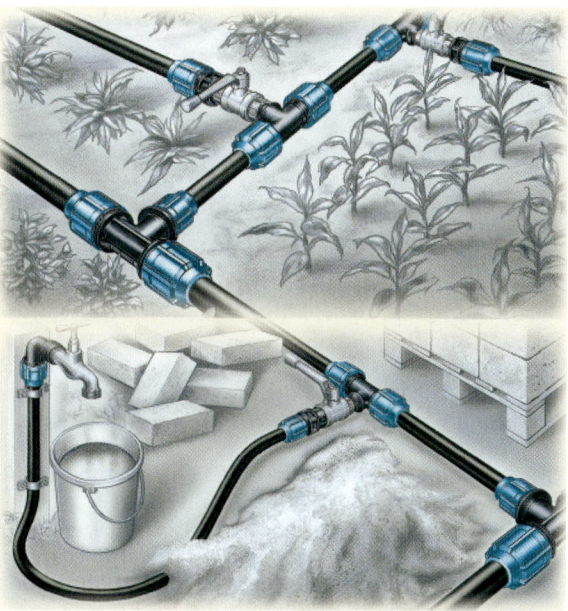

1 PE-HD-Rohre zur Bewässerung und zur (provisorischen) Wasserversorgung, z. B. im Gartenbau oder an Baustellen

2 PVC-U-Leitung für Schwimmbadwasser PVC-U

PVC-U-Rohre in DN 12 bis DN 280, meist dunkelgrau gefärbt, sind nicht wärmestabil. Geeignet sind sie für:
- kaltes Wasser wie Trinkwasser
- entsalztes Wasser für Industrie, Krankenhäuser u. Ä.
- chlorhaltiges Schwimmbadwasser, ➔ 2
- erdverlegte Gasleitungen

PVC-C-Rohre gibt es in DN 12 bis DN 80, ➔ 110.1, je nach Fabrikat in unterschiedlichen Farben. Sie sind temperaturbeständig und damit für Kalt- und Warmwasserleitungen tauglich.

Alle PVC-Rohre werden in 6-m-Stangen geliefert. Sie werden durch Klebefittings verbunden, je nach Art jedoch auf verschiedene Weise.

PB-Rohre (Polybuten), ➔ 110.2, sind hochwertig, grau eingefärbt und werden wie PE-X-Rohre eingesetzt. Sie sind flexibler als diese, ihre Längendehnung beim Erwärmen und ihre Kriechdehnung[3] ist geringer. Und sie sind UV-beständiger als nicht eingefärbte PE-X-Rohre. Unter Lichteinfall in Gebäuden ist kein UV-Schutz nötig.

---

[1] HD/LD = High/Low Density ⟨engl.⟩: hohe/niedrige Dichte
[2] MRS = Minimum Required Strength ⟨engl.⟩: erforderliche Mindestfestigkeit
[3] Kriechdehnung: ⟨langsames⟩ Fließen der Kunststoffe unter Druck

PB-Rohre werden verbunden durch:
• Heizelement-Muffenschweißen, → 133.1
• Verschrauben mittels Klemmverbinder
• unlösbar Zusammenstecken (werkzeuglos),
  → 126.1
• Pressverbinder

In den Nennweiten DN 12 und DN 15 sind PE-X-und PB-Rohre flexibel, ähnlich wie spezielle Metallverbundrohre.

Mit umfangreichem Zubehör an Anschluss- und Verbindungsstücken können sie im gewellten Schutzrohr (Rohr-im-Rohr-System) unkompliziert verlegt werden, z. B. über Rohfußböden, → 141.2, in Rohdecken, hinter Vorbauwänden, siehe Kapitel 4.3.5.

Flexible Kunststoffrohre wie PE-X-, PB- und Metallverbundrohre bis d_a = 20 mm sind:
• schnell und unkompliziert zu verlegen, wenn von der vorgegebenen Sanitäreinrichtung abgewichen werden soll, z. B. bei Eigentumswohnungen
• wintertauglich, d. h., Eisbildung im Rohr schadet dem Rohr nicht
• an Wohnungsverteiler mit KW- und WW-Zähler problemlos anzuschließen
• temperaturbeständig bis 70 °C, kurzfristig bis 110 °C

4.1.2.5 Bewegliche Leitungen

Bewegliche Leitungen sind ummantelte Schläuche und Edelstahlwellrohre. Sie werden im Gas-, Wasser-, Abgas-, Heizungs- und Lüftungsbereich immer mehr eingesetzt. Bewegliche Leitungen
• gleichen Ungenauigkeiten bei der Montage aus und vermeiden Spannungen beim Anschluss, → 4
• gleichen Dehnungen aus, vor allem bei warm gehenden Leitungen
• erleichtern den Anschluss von Geräten wie TW-Aufbereitungsanlagen, Sanitärapparaten, Armaturen, z. B. für Wannenrand, → 231.1
• sparen Arbeitszeit an schwer zugänglichen Stellen, z. B. bei der Sitzwaschbeckenmontage,
• lassen Längen-, Lage- und Richtungsänderungen von Leitungen zu, z. B. bei Mauerversatz oder Geländeabsenkungen,
• verhindern, dass Schwingungen und Geräusche von Maschinen wie Pumpen, Spül- und Waschmaschinen, Ventilatoren, Gas- und Ölbrennern auf Leitungen übertragen und fortgeleitet werden.

Bewegliche Leitungen können sein:
• metallummantelte Schläuche
• Wellrohrleitungen (Edelstahlwellrohre)
• Sicherheitsgasschläuche

Metallummantelte Schläuche, meist auf EPDM-Basis, → 111.1, sind im Trinkwasser nicht toxisch (giftig). Mit Edelstahlumflechtung sind sie auch gegen Schwitzwasser beständig und für den Sanitärbereich geeignet.

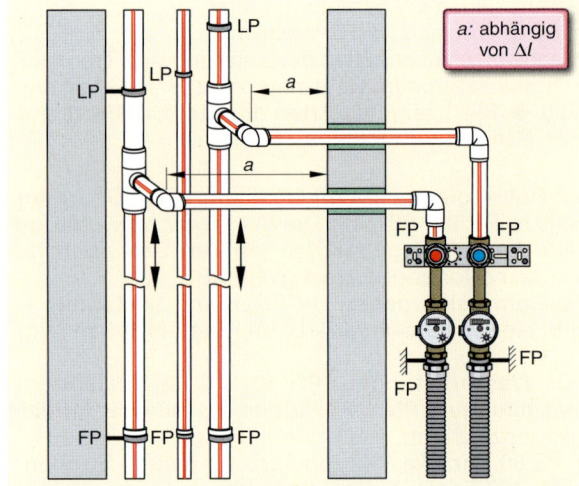

a: abhängig von Δl

1 PVC-C-Rohre als Steigleitung mit flexiblen PB-Rohren für Stockwerksleitungen

2 Polybutenrohr (PB) im Schutzrohr

3 PB-Rohre als Steigleitung (muffengeschweißt) und im Schutzrohr zum Armaturenanschluss

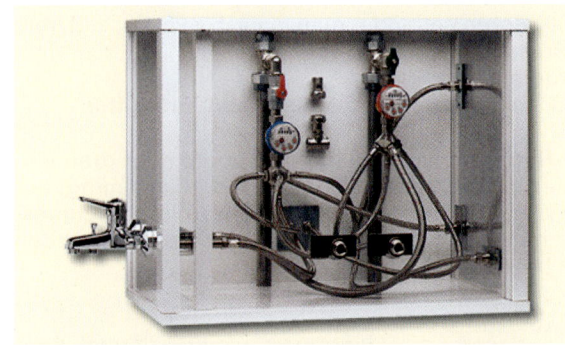

4 Ummantelte Schläuche für den Anschluss von Armaturen

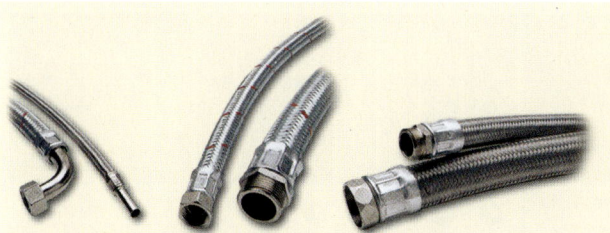

a) Schläuche mit verschiedenen Anschlussstutzen

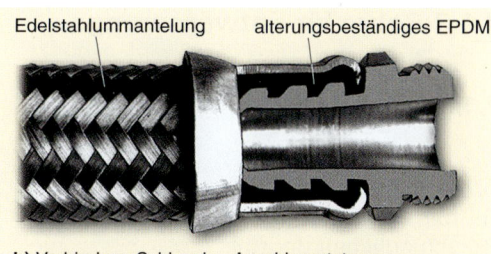

Edelstahlummantelung   alterungsbeständiges EPDM

b) Verbindung Schlauch – Anschlussstutzen

4

1 Metallummantelte Anschlussschläuche für Geräte und Armaturen

Sie erleichtern die Anschlüsse von Armaturen an schwer zugänglichen Stellen, z. B. unter Sitzwaschbecken, bei Waschtischen in Einbauschränken. Mit ihnen können auch Standarmaturen mit stark verformten oder zu kurzen Anschlussrohren mit Eckventilen verbunden werden. Für den Heizungsbereich genügt eine Ummantelung mit verzinktem Geflecht.

Wellrohrleitungen (gewellte Ganzmetallschläuche) bestehen aus nichtrostendem Stahl (Edelstahlwellrohre), ➔ 2a. Sie gibt es in präzisen Längen, können aber auch von der Rolle abgelängt und vor Ort relativ einfach mit Anschlusteilen versehen werden, ➔ 2.

Sicherheitsgasschläuche, z. B. für Gasherde, siehe Kap. 12.7.3

Die Schlauchanschlüsse sind sehr vielgestaltig, z. B. Flansch, Überwurfmutter, Gewindestutzen, Gewindemuffe, glatter Rohrstutzen für Quetschverschraubung, für Klemmring-, Schneidring- oder Pressfitting-Verbindung, Sicherheitsstecker, ➔ 1a.

Beim Montieren der Schläuche muss unbedingt der vorgeschriebene Biegeradius und nach dem Anschlussstück ein gerades Schlauchstück von $l = 5d_a$ eingehalten werden. Genaue Einbauanleitungen liefern die Schlauchhersteller bzw. -vertreiber mit.

Falsche Schlauchlänge, mangelhafte Unterstützung oder Befestigung verursachen Schäden, ➔ 3.

Schläuche dürfen beim Einbau und im Betrieb auf keinen Fall:
- in sich verdreht oder abgeknickt werden
- gestreckt oder überbogen werden

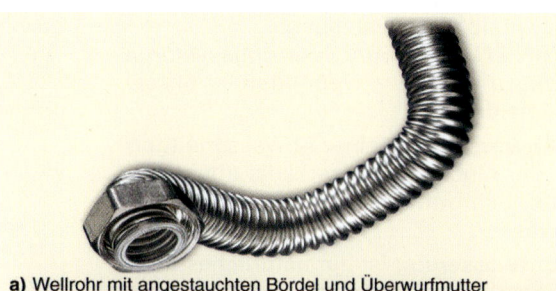

a) Wellrohr mit angestauchten Bördel und Überwurfmutter

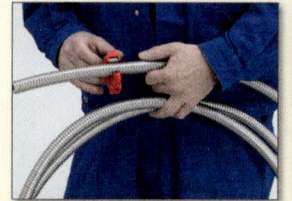

b) Ablängen mit Rohrschere

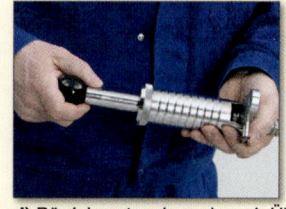

c) Rohrhalter ins Bördel-Schlagset schieben

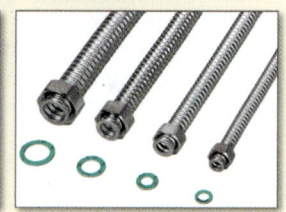

d) Bördel anstauchen, danach Überwurfmutter aufschieben und Dichtring einlegen

2 Herstellen beliebiger Schlauchlängen von der Rolle

Enden nicht knicken, keine Zugkraft aufbringen

Waagerechte Anschlüsse unterstützen

Nur hängende Anschlüsse mit großen Radien und genügend Schlauchlänge, keine Verdrehung zulassen

3 Richtiger Einbau von Schläuchen

4.1.3 Rohre für Entwässerungsanlagen

4.1.3.1 Rohrarten

Vorbemerkung:
In folgenden Kapiteln könnten die unterschiedlichen Begriffe:
„Entwässerungsanlage – Abwasserleitung" verwirren.

Deshalb zur Klarstellung:
DIN EN 752 – *Entwässerungssysteme außerhalb von Gebäuden* – unterscheidet:

Abwasser ist in einer Abwasserleitung oder einem Abwasserkanal abgeleitetes Schmutzwasser und/oder Regenwasser.

Entwässerung ist ein natürliches oder künstliches System zur Entwässerung eines Einzugsgebietes.

Bild ➜ 1 zeigt eine Übersicht der nach DIN 1986-4 zugelassenen Rohre und Formstücke für Entwässerungsanlagen.

Rohre, Formstücke und Dichtmittel dürfen nur dann verwendet werden, wenn sie in einer der in der Bauregelliste A, Teil 1 (geregelte Bauprodukte), aufgeführten Technischen Regel, z. B. DIN EN 877, bzw. einer allgemeinen bauaufsichtlichen Zulassung, entsprechen, vgl. ➜ 1, äußerste rechte Spalte.

Rohrart	Verbindungs-, Anschlussleitung	Falleitung	Sammelleitung	Grundleitung	Lüftungsleitung	Regenfallleitung im Gebäude	im Freien	Brennverhalten[1]	Norm bzw. bauaufsichtl. Zulassung (Z)
Gusseisernes Rohr (SML, KML, TML)	🟢	🟢	🟢	🟢	🟢	🟢	🟢	nb	DIN EN 877
Stahlrohr, verzinkt	🟢	🟢	🟢	🟢②	🟢	🟢	🟢	nb	DIN EN 1123
Edelstahlrohr	🟢	🟢	🟢	🟢②	🟢	🟢	🟢	nb	DIN EN 1124
Blechrohre (Zink, Kupfer, Aluminium, verz. Stahl)	🔴	🔴	🔴	🔴	🔴	🔴	🟢③	nb	DIN EN 612
Glasrohr	🟢	🟢	🟢	🔴	🟢	🟢	🔴	nb	Zulassung
PE-HD-Rohr	🟢	🟢	🟢	🟢	🟢	🟢	🟢	ne	DIN EN 1519 und DIN 19 537
PE-Rohr mineralverstärkt	🟢	🟢	🟢	🟡④	🔴	🟢	🟢	ne	Zulassung
ABS/ASA/PVC (HT)	🟢	🟢	🟢	🟡④	🟢	🟢	🟢	ne	Zulassung
Zweischichtrohr (SAN/PVC)	🟢	🟢	🟢	🔴	🟢	🔴	🟢	se	DIN EN 1565
PP-Rohr im Gebäude (HT)	🟢	🟢	🟢	🟡④	🟢	🟢	🟢	se	DIN EN 1451
PP mineralverstärkt	🟢	🟢	🟢	🔴	🟢	🔴	🟢	ne	Zulassung
PP erdverlegt (KG)	🔴	🔴	🟢	🟢	🔴	🔴	🟢	se	Zulassung EN 1852
PVC-U erdverlegt (KG)	🔴	🔴	🟢	🟢	🔴	🔴	🟢	se	DIN 19 534
Faserzement	🟢	🟢	🟢	🟢	🟢	🟢	🟢	nb	DIN EN 12 763
Steinzeug	🔴	🔴	🟢	🟢	🟢	🟢	🟢	nb	DIN EN 295

Es bedeuten: 🟢 zugelassen 🟡 zugelassen mit Auflagen 🔴 nicht zugelassen

1 nb = nicht brennbar; se = schwer entflammbar; ne = normal entflammbar
2 nur mit Korrosionsschicht außen
3 nicht als Standrohr verwendbar
4 unzugänglich im Baukörper, aber nicht im Erdreich

1 Zugelassene Rohre und Formsücke für Entwässerungsleitungen nach DIN 1986-4 (Auszug)

Für Abwasserleitungen werden eingesetzt:
- Metallrohre
- Glasrohre
- Kunststoffrohre
- Steinzeugrohre

4.1.3.2 Metallrohre für Abwasserleitungen

Metallrohre gelten als nicht brennbar. Sie dehnen sich bei Erwärmung weniger als Kunststoffrohre.

Eingesetzt werden für Abwasserleitungen:
- Gussrohre, muffenlos nach DIN EN 877
- Stahlrohre mit Muffe nach DIN EN 1123
- Edelstahlrohre mit Muffe nach DIN EN 1124

Muffenlose Gussrohre (ML) sind sehr fest, formbeständig, unempfindlich gegen hohe und tiefe Temperaturen, nicht brennbar und recycelfähig. Mit ihrer großen Masse dämmen sie Schall. Der eingelagerte, sehr fein ausgebildete Lamellengrafit dämpft den Schall.

Es gibt sie in 3-m-Längen als:
- SML-Rohre
- KML-Rohre
- VML-Rohre
- TML-Rohre
- BML-Rohre
- RML-Rohre

S(ML)[1]-**Rohre** (S für Schutzbeschichtung), ➔ 1a, sind Rohre für die normale Gebäudeentwässerung. Sie gibt es in DN 50 bis DN 300. Außen sind sie rotbraun farbgrundiert, innen zusätzlich dick ockerfarbig epoxidharzbeschichtet und dadurch sehr glatt. Sie werden auch für das Rohrsystem zur Raumentlüftung benutzt.

Die folgenden Rohre sind muffenlose Gussrohre mit besonderen Beschichtungen:

K(ML)[1]-**Rohre** (K für Küche), ➔ 1b, sind geeignet für aggressive Abwässer. Sie gibt es in DN 50 bis DN 200. Außen sind sie verzinkt, darüber grau acrylharzbeschichtet, innen noch dicker als SML-Rohre beschichtet. Formstücke tragen innen und außen eine Epoxidharzschmelzschicht. Schnittkanten sind mit einer Zweikomponentenschicht (Lack + Härter) zu überziehen.

V(ML)[1]-**Rohre** (V für Verbund), ➔ 1c, werden in frostgefährdeten Räumen verlegt. Sie gibt es in DN 50 ... DN 200. VML-Rohre sind SML-Rohre mit Duromer-Hartschaum-Wärmedämmung und verzinktem Blechmantel. Sie sind schwitzwassersicher. Es gibt sie auch mit eingeschäumter Begleitheizung.

T(ML)[1]-**Rohre** (T für Terra ⟨lat.⟩: Erde), ➔ 1d, werden für Erdverlegung eingesetzt. Sie gibt es in DN 100 bis DN 200. Innen sind sie mit Epoxidharz, außen mit Zink, darüber mit dunkelbraunem Acrylharz beschichtet.

B(ML)[1]-**Rohre** (B für Brücke), ➔ 1e, eignen sich für Abwasserleitungen in freier Witterung, z. B. für Brücken, Parkdecks. Sie gibt es in DN 100 ... DN 600. Außen sind sie spritzverzinkt und haben eine Epoxid-Deckschicht. Innen sind sie epoxidharzbeschichtet.

Gerade Rohrstücke sind an der Baustelle mit einem Rohrabschneider, mit vier Schneidrädchen für Gusseisen, maßgenau und winkelrecht im Kettenschraubstock abzulängen, ➔ 2. Nicht winkelrecht getrennte Rohre ergeben keine dichte Verbindung.

Brandklassifizierung A2-s1, d0
A2 = nicht brennbar
s1 = Rauchklasse mit geringer Menge und Geschwindigkeit der Rauchentwicklung
d0 = keine abtropfenden oder glühende Bestandteile

> Trennen mit dem Winkelschleifer, selbst mit Trennvorrichtung, gilt auch wegen der Unfallgefahr als überholt: Es verstaubt Räume, deshalb ist es besonders unerwünscht bei Fertigmauerwerk.

---

[1] „ML" stand bis 2013 für muffenlos;ist bei vielen Anwendern noch so bekannt

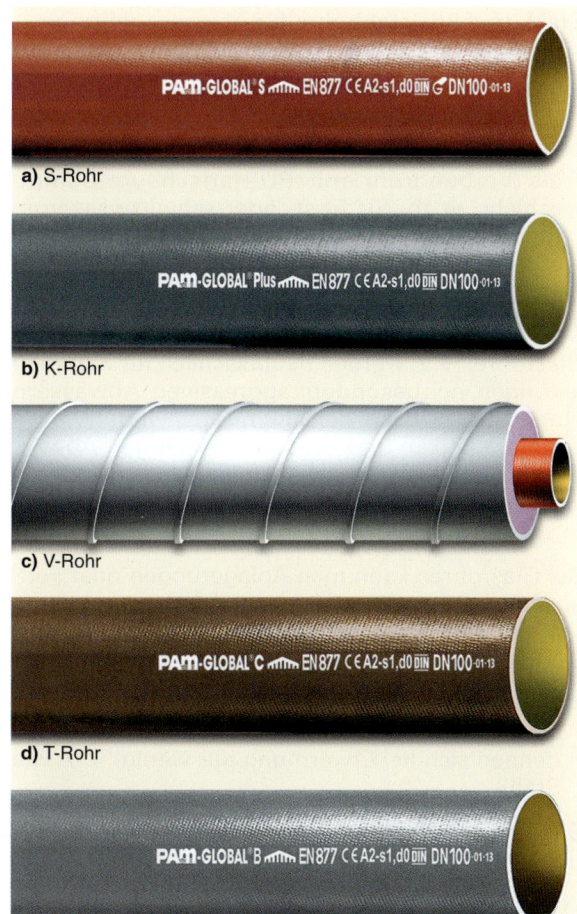

a) S-Rohr

b) K-Rohr

c) V-Rohr

d) T-Rohr

e) B-Rohr

1 Muffenlose Gussrohre

2 Ablängen eines SML-Rohres mit Rohrabschneider

4

Stahl- und Edelstahlrohre für Abwasserleitungen

Stahlrohre mit Steckmuffen, ➔ 1a, gibt es in DN 50 … DN 200 mit Längen von 25 cm … 3 m aus:
- verzinktem Stahl, innen kunstharzbeschichtet
- aus Edelstahl rostfrei
- als Verbundrohr mit PU-Hartschaum-Dämmschicht, ➔ 1b, für frost- oder schwitzwassergefährdete bzw. schallgeschützte Bereiche, auch mit elektrischer Begleitheizung

4.1.3.3 Glasrohre für Abwasserleitungen

Glasrohre, ➔ 2, werden hauptsächlich für Sammelleitungen bei besonders aggressiven Abwässern eingesetzt, z. B. in der chemischen Industrie, in Labors, Kliniken und bei sehr fetthaltigen Abwässern in der Fleisch verarbeitenden Industrie oder in Großküchen. Lieferbar sind Rohrlängen mit Bördel in Längen von 10 cm … 200 cm.

Bei Glasrohren kann man Ablagerungen oder Fettansätze rechtzeitig erkennen und Verstopfungen vorbeugen.

Glasrohre:
- sind sehr glattwandig, porenfrei
- sind gegen hohe Temperaturen beständig
- dehnen sich bei Erwärmung nur wenig (≈ $1/3$ wie Stahl)

Sie sind relativ schlagfest und nicht so bruchempfindlich wie allgemein befürchtet wird.

> Allerdings dürfen sie beim Befestigen keinen Zug- und/oder Biegekräften ausgesetzt werden.

Vorteilhaft ist, vor der eigentlichen Rohrmontage in der Höhe einstellbare, seitlich und axial verschiebbare Rohrhalterungen zu setzen, die auf die Lage der Leitung genau ausgerichtet werden können.

Glasrohre können mit einer akkubetriebenen Diamantsäge gekürzt werden. Dabei zulaufendes Wasser schmiert, kühlt und bindet Staub.

4.1.3.4 Steinzeugrohre für Abwasserleitungen

Steinzeugrohre, „uralte" Rohre für Abwasserleitungen, werden nur im Erdreich verwendet. Sie sind durch ihre Glasur gegen Abwässer gut beständig und sehr formstabil (beim Verfüllen der Rohrgräben). Die Dichtung in den Muffen, früher sehr problematisch, erfolgt mit Gummiroll- oder Profilringen, ähnlich ➔ 140.5. Der Sanitärinstallateur verwendet Steinzeugrohre jedoch kaum.

4.1.3.5 Kunststoffrohre für Abwasserleitungen

Kunststoffrohre bzw. Rohrsysteme (System: Rohr und Formstücke), ➔ 3, sind glattwandig und beständig gegen alle normalerweise in Abwässern vorkommenden Stoffe. Mit Ausnahme der mineralverstärkten Rohre sind sie relativ leicht. Die Einfärbung mit Ruß wie bei PE-HD-Rohren oder Stabilisatoren schützen gegen UV-Strahlen, die sonst das Material verspröden.

> KG- und HT-Rohre sind als Regenfall- und als Standrohre nicht geeignet, da sie nicht UV-beständig sind.

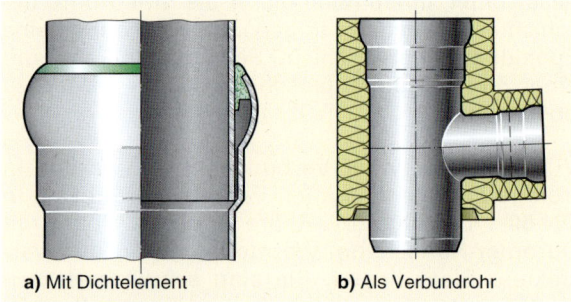

a) Mit Dichtelement   b) Als Verbundrohr

1 Stahlrohrmuffe

2 Glasrohre für Abwasserleitungen

Rohre bzw. Rohrmaterial	Kennfarbe	Nennweite DN	Länge in m - mit Muffe: MM - muffenlos: ML	Wanddicke bei DN 100 in mm
HT-Rohr:				
- PP	mittelgrau	40 … 150	MM: 0,15 … 2	2,7
- ABS/ASA/PVC	dunkelgrau[1]	40 … 150	MM: 0,15 … 2	2,7
PE-HD-Rohre	schwarz	40 … 300	ML: 5	4,3
KG-Rohr:				
- PVC	orangebraun	100 … 500	MM: 0,5-2,0-5,0	3,0
- PP	grün	100 … 150	MM: 0,5-2,0-5,0	3,4
Schalldämmende (mineral- und/oder wandverstärkte) Abwasserrohre aus				
PE-HD	schwarz	50 … 100	ML: 3	6,0
PP	lichtgrau	50 … 150	ML: 3	5,0
PVC-U	außen[1] dunkel, innen hell	70-100-125-150	ML: 3	5,3

[1] mit gelbem oder rotem Längs-Farbstrich

3 Kunststoffrohre für Abwasserleitungen

Bei Lagerung im Freien sollen Kunststoffrohre, vor allem Dichtringe, keiner direkten Sonnenbestrahlung ausgesetzt sein.

Alle Kunststoffrohre können brennen; manche gelten als schwer, andere als normal entflammbar. Dies spielt für den **Brandschutz** nach DIN 4102 keine Rolle. Dort zählt nur, ob ein Material brennbar oder nicht brennbar ist. Das „schwer entflammbar" wird oft zur Werbung angeführt. Aber derartige Rohre setzen im Brandfall giftige Gase frei wie Chlor, Brom.

Wichtig für die Abstände von Rohrbefestigungen ist, wie beständig Rohre gegen Erweichen bzw. Durchhängen beim Erwärmen sind, z. B. beim Durchfluss warmen Wassers.

Nur **bis ca. 60 °C beständig** sind Rohre aus PVC-U, wie orangebraun gefärbte KG-Rohre (Kunststoff-Grundleitung) und Fallrohre für Dachrinnen.

Temperaturbeständig bis ca. 80 °C, kurzzeitig bis ca. 100 °C, sind:
• PE-HD-Rohrsysteme
• HT-Rohrsysteme
• KG-Rohre aus PP, grün gefärbt
• schalldämmende PE-HD- und HT-Rohrsysteme

PE-HD-Rohre sind schlagfest bis −40 °C, ziemlich dickwandig und sehr fest gegen Abrieb, z. B. durch Sand, Glas-, Metallteile. Durch die schwarze Einfärbung sind sie UV-beständig. Sie sind zudem beständig gegen viele Chemikalien und Lösungsmittel, sodass sie auch für Leitungen in Labors u. Ä. verwendbar sind. Weil sie gegen viele Lösungsmittel so beständig sind, können sie nicht geklebt werden.

Da PE ein schlechter Wärmeleiter ist, werden die Rohre bei kurzer Wärmeeinwirkung kaum durchwärmt, bei kurzfristiger Unterkühlung bildet sich kaum Schwitzwasser. Eisbildung schadet dem Rohr nicht; nach dem Auftauen nimmt es seine alte Form an.

Weil PE-HD elastisch ist, können Rohre auch starken Erschütterungen ausgesetzt werden, z. B. beim Einbetonieren (Rüttler!), bei Dehnungsfugen, beim Einbau in Brücken.

PE-Rohre gibt es in 5-m-Längen mit glatten Enden. Bei geschickter Verarbeitung fällt kaum Verschnitt an. Reststücke können angeschweißt werden.

PE-HD lässt sich gut Heizelement-stumpfschweißen und mit so genannten Schweißmuffen heizwendelschweißen.

Da Schweißverbindungen dicht **und** längskraftschlüssig sind, eignen sich PE-Rohre ideal auch für die Erdverlegung und bedürfen keiner Widerlager bei Druckprüfungen.

Bei keiner Verbindungsart können Abzweige so dicht aufeinander folgen, wie bei stumpfgeschweißten PE-Rohren, ➔ 1. Das ist u. U bei Platzmangel wichtig. Weitere PE-Rohrverbindungen zeigt ➔ 138.3.

1 Abzweigende Leitungen dicht aufeinander folgend – nur durch Stumpfschweißen

HT-Rohr-Systeme (HT: Hoch Temperaturbeständig; grundsätzlich gehören dazu auch PE-HD-Rohre) sind aus den Werkstoffen:
• PP (Polypropylen)
• ABS/ASA/PVC-Mischpolymerisat

PP ist gegen viele Chemikalien und Lösungsmittel beständig; somit sind PP-Rohre nicht klebbar. Bei Temperaturen > −10 °C ist es schlagzäh.

ABS/ASA/PVC-Mischpolymerisat[1] ist beständig gegen die üblichen Haushaltsabwässer, wird aber von Lösungsmitteln angegriffen. Als anlösbares Material kann ABS/ASA/PVC geklebt werden, z. B. mit Klebemuffen oder Sattelstücken für nachträgliche Abzweige.

Reiniger und Klebstoffe enthalten Lösungsmittel. In geschlossenen Räumen ist für gute Durchlüftung zu sorgen.

KG-Rohre (**K**unststoffrohre **G**rundleitungen) sind nur für den Einsatz im Erdreich zugelassen. Es gibt sie in Längen ≤ 5 m mit Steckmuffe.

KG-Rohre sind aus:
• PVC
• PP

KG-Rohre aus PVC sind orangebraun. Es gibt sie in DN 100 bis DN 500. In Gebäuden dürfen sie nicht verwendet werden, denn sie:
• sind nur bis ca. 60 °C temperaturbeständig (Waschmaschinen)
• setzen im Brandfall giftiges Chlor frei, das zusammen mit Löschwasser Salzsäure bildet; diese zerstört unter Umständen Betonarmierungen

[1] ABS: Acrylnitril-Butadien-Styrol; ASA: Acrylester-Styrol-Acrylnitril

KG-Rohre aus PP (Polypropylen) sind grün gefärbt, ➔ 1. Sie sind PVC-frei und wegen der großen Wanddicke formstabiler als KG-Rohre aus PVC. Ihr speziell geformter Dichtring „verzeiht" geringe Abweichungen von der Kreisform beim Rohr.

Schalldämmende Kunststoffrohre werden wie Gussrohre in Gebäuden mit erhöhten Schallschutzanforderungen, z. B. Wohnungen, Wohnheime, Krankenhäuser, eingesetzt.

Verwendet werden:
- schalldämmende PE-Rohre
- mineralverstärkte PP-Rohre
- Zweischichtrohre

Schalldämmende PE- und **PP-Rohre** sind mineralverstärkt und dickwandig.

Zweischichtrohre werden wegen der unterschiedlichen Farben innen und außen so genannt. Sie sind zum Teil aus PVC-Recyclingmaterial mit größerer Wanddicke als ABS/ASA/PVC-Rohre. Da sie durch Lösungsmittel wie Benzin, Benzol, Nitroverdünnung u. a. anlösbar sind, eignen sie sich nicht für mit Lösungsmittel belastete Leitungen.

Die Schalldämmung beruht auf:
- den Schall dämpfenden Eigenschaften der Werkstoffe PE und PP
- den bei PE-Formstücken angeformten Schwingungsdämpfern an den Aufprallzonen, ➔ 78.2, 139.1

1 KG-Rohr aus PP für das Erdreich

- der Wanddicke und der durch etwa 20 % Steinmehlanteil relativ großen Masse der wand- und mineralverstärkten Rohre, sodass kaum Luftschall entstehen kann

Bei Kontakt mit dem Baukörper sind die Leitungen gegen Körperschallübertragung vom Baukörper zu entkoppeln.

4.1.4 Rohre für Abgas- und Lüftungssysteme

Rohre für Abgas- und Lüftungsanlagen werden zum besseren Verständnis in den einschlägigen Kapiteln 15 und 18.4 ausführlich behandelt; sehen Sie bitte dort.

Übungen:

1. Welche grundsätzlichen Forderungen stellt man an Rohrleitungen?
2. Erklären Sie die Fachbegriffe „Nennweite", „Nenndruck". Wie lauten die Kurzzeichen dafür?
3. Wie werden Rohre nach der Rohrweite benannt?
4. Welche Betriebsbedingungen gelten für Kalt- und Warmwasserleitungen?
5. Welche Rohre sind für Trinkwasserleitungen zugelassen? Unterteilen Sie zunächst nach Gruppen, dann nach Arten.
6. Welche Innendurchmesser haben:
   a) Gewinderohr EN 10 255-M DN 25
   b) Kupferrohr 28 × 1,5
   c) PE-X-Rohr 32 × 4
   d) PB-Rohr 32 × 3,0
   e) PP-Rohr 32 × 5,4
7. a) Welche Arten von Stahlrohren gibt es für Gas- und Wasserleitungen?
   b) Wozu werden die einzelnen Arten verwendet?
8. Nennen Sie Vorteile und Nachteile von
   a) Metallrohren
   b) Kunststoffrohren
   für Gasleitungen
9. a) Was versteht man unter „Verbundrohr"?
   b) Welche Arten unterscheidet man? Nennen Sie je ein Beispiel.
10. Welche Vorteile haben Verbundrohre?

11. Nach welchen Gesichtspunkten würden Sie ein Kunststoffrohr auswählen?
12. Welche Kunststoffrohre kann man einsetzen
    a) für Kalt- und Warmwasserleitungen
    b) nur für Kaltwasserleitungen
13. Welches Rohr würden Sie für ihren eigenen Neubau für Trinkwasser wählen? Nennen Sie mindestens 5 Gründe.
14. Schreiben Sie zu folgenden Kurzzeichen die vollständigen Namen:
    a) PE-HD
    b) PP
    c) PB
    d) PVC
    e) PE-X
15. Wovon hängt die Lebensdauer von Metallrohren stark ab?
16. Warum soll Gewinderohr nicht für Warmwasserleitungen verwendet werden? Nennen Sie mindestens 4 Gründe.
17. a) Wann sind Schlauchleitungen sinnvoll?
    b) Welche Arten unterscheidet man?
    c) Wofür verwendet man die einzelnen Arten?
18. Worauf muss man beim Einbau von Schlauchleitungen achten? Fertigen Sie dazu auch mindestens 4 Skizzen an.

4.2 Rohrverbindungen

4.2.1 Rohrverbindungen - Anforderungen und Arten

> Rohrverbindungen müssen unter den im Betrieb auftretenden Wechselwirkungen dauerhaft dicht sein.

Viele Rohrverbindungen, die bei Wasserleitungen eingesetzt werden, sind auch für Gasleitungen nach den Technischen Regeln für Gasinstallation (TRGI) bzw. den Technischen Regeln für Flüssiggas (TRF) zugelassen. Sie werden eigens aufgeführt, im ➜ 359.1.

Für die **klassischen Rohrarten** (Guss, Stahl, Kupfer, PVC-U, PE-HD/LD) enthält das DVGW-Arbeitsblatt W 534 eine Zusammenstellung der ohne besondere Eignungsnachweise verwendbaren Rohrverbindungen nach ➜ 1.

Für die **neueren Rohrarten** wie Edelstahl-, Metallverbund-, PB-, PE-X-, PP-Rohre beschreibt es Anforderungen und Prüfungen für den Nachweis der dauerhaften Dichtheit von Rohrverbindungen in Leitungen für kaltes und erwärmtes Trinkwasser.

Danach können Rohre und Verbinder ein **DVGW-Prüfzeichen** erhalten, wenn sie ein komplettes System mit folgenden Merkmalen nach DVGW-Arbeitsblatt W 534 bilden:
- Ein System benötigt mindestens zwei Nennweiten.
- Das Fittingprogramm muss Übergänge auf andere Rohrwerkstoffe sowie Anschlüsse an Bauteile, Armaturen, Apparate und Geräte ermöglichen.
- Zur Verarbeitung nötige Spezialwerkzeuge und spezielle Hilfsmittel wie Dichtstoffe, Dichtelemente, Klebstoffe, Reiniger sind vom Systemhersteller anzubieten.
- Ähnliches gilt für nicht allgemein handelsübliches Isolier- und Befestigungsmaterial wie Tragschalen, Schutzrohre oder zum Herstellen von Festpunkten.
- Zugehörige Planungsunterlagen und Montagehinweise sind anzubieten; eventuell ist auf Verlangen das Montagepersonal des Installateurs an der Baustelle systemgerecht zu schulen bzw. zu unterweisen.

> Der Installateur muss sich vergewissern, ob ein Prüfzeichen erteilt wurde. Will er im Ausnahmefall Bauteile zweier Systeme miteinander kombinieren, muss er vor Einbau beim Systemvertreiber nachfragen, ob dies zulässig ist.

Als dauerhaft dicht gelten folgende fachgerecht hergestellte Verbindungen nach bestandener Druckprüfung nach DIN 1988	Bevorzugter Anwendungsbereich in Gebäuden	
	kalt	warm
1	metallene Gewindeverbindungen nach EN 10 226 in Verbindung mit EN 10 242, EN 10 241 und EN 1092, unter Verbindung von Gewindedichtmitteln nach DIN 30 660	⚬	⚬
2	metallene Gewindeverbindungen nach EN 10 226 in Verbindung mit Bauteilen aus Kupferlegierungen sowie aus nichtrostenden Stählen unter Verwendung von Gewindedichtmitteln nach DIN 30 660	⚬	⚬
3	Flanschverbindungen nach EN 1092.1-4 [*Flansche - Allgemeines*]	⚬	⚬
4	Flanschverbindungen nach DVGW GW 2 (A) [*Verbinden von Kupferrohren*]	⚬	⚬
5	Konisch/konisch bzw. konisch/kugelig oder flachdichtende Verschraubungen für Stahlrohre mit Gewindeanschluss, für Kupferrohre mit Lötanschluss	⚬	⚬
6	Flach oder mit Runddichtung dichtende Rohrverschraubungen für PVC-Rohre mit Klebeanschluss nach DIN 8063-3 [*PVC-U*]	⚬	⚬
7	Übergangsverbinder mit einerseits Gewindeanschluss aus Kupferlegierungen oder verzinktem Temperguss, andererseits mit Klebeanschluss für PVC-Rohre	⚬	🔴
8	Löt- und Schweißverbindungen nach DVGW GW 2	⚬	⚬
9	Klebeverbindungen nach DVGW W 320 (A) [*Rohre und Rohrverbindungen aus PVC-U, PE-HD*]	⚬	🔴

⚬ zulässig   🔴 nicht zulässig

1 Rohrverbinder und Rohrverbindungen in Trinkwasseranlagen nach DVGW - W 534

4

Es geht dabei auch um Gewährleistungsansprüche bei Schäden.

Rohrverbindungen, die als dauerhaft dicht gelten, dürfen überall in Trinkwasserleitungen eingebaut werden, unabhängig von:
- den **Verbindungseigenschaften** wie zugfest oder nicht, lösbar oder nicht, verdrehsicher (torsionsfest) oder nicht, metallisch dichtend oder nicht
- der **Verbindungsart**, z. B. durch Schweißen, Löten oder Kleben, Klemmen, Pressen
- der **Einbausituation** wie vor oder in der Wand, im Erdreich, im Schacht, zugänglich oder nicht

Auf eine Rohrleitung wirken Kräfte, hervorgerufen durch:
- Leitungsmasse
- Druckschwankungen
- Längenänderungen

Vor dem Einbau von Rohrverbindungen müssen diese Kräfte aufgefangen bzw. ausgeglichen werden, z. B. durch:
- entsprechende Befestigungen
- Einbau von Dehnungsausgleichern
- richtiges Anordnen und Ausbilden von Festpunkten
- sorgfältige Führung in Gleitschellen
- Einbau von Widerlagern bei nicht zugfesten Verbindungen wie Steck- oder Stopfbuchsmuffen

Bei **Wasser- und Gasleitungen** sind folgende Rohrverbindungen gebräuchlich:
- Gewindeverbindungen
- lösbare Verbindungen wie Verschraubungen, Kupplungen, Flansche
- kraftschlüssige Verbindungen durch Pressen, Klemmen
- stoffschlüssige Verbindungen durch Kleben, Löten, Schweißen

Rohrverbindungen für **Abwasserleitungen** s. Kap. 4.2.6.

4.2.2 Gewindeverbindungen

Rohre und/oder Armaturen können verbunden werden durch **Fittings** (Verbindungsstücke) mit Gewinde aus:
- Temperguss (nach DIN EN 10 242, Design-Symbol A[1])
- Stahl (DIN EN 10 241)
- Kupferlegierungen wie Rotguss, Messing (DIN EN 12 54-4)

Bei Gewinden in Leitungen unterscheidet man:
- Befestigungsgewinde nach DIN EN ISO 228-1
- Rohrgewinde nach EN 10 226

Bei **Befestigungsgewinden**, Kurzzeichen G bzw. GB, z. B. G3/4 (ohne Zollzeichen), sind Außen- und Innengewinde **zylindrisch**. Sie werden verwendet für Verschraubungen in Leitungen bzw. an Armaturen.

---
[1] Design-Symbol: legt Werkstoff und Gewindeart fest; Symbol A: Außengewinde kegelig, Innengewinde zylindrisch, weißer Temperguss W 400

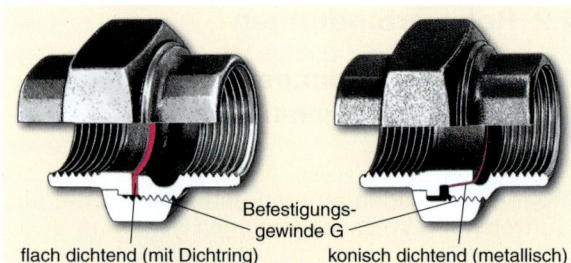

flach dichtend (mit Dichtring)   Befestigungsgewinde G   konisch dichtend (metallisch)

1 Verschraubungen für Gewinderohre

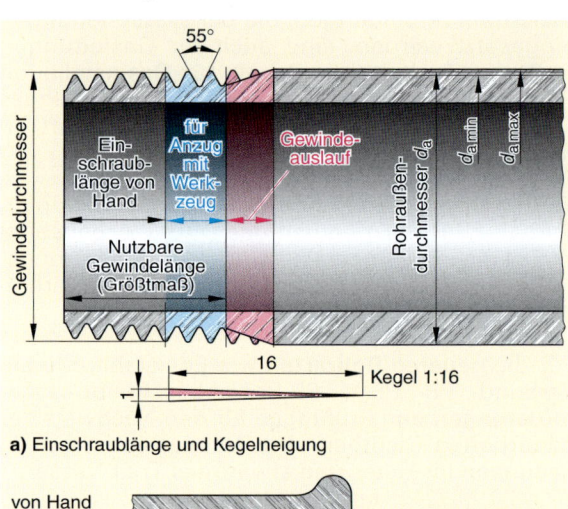

a) Einschraublänge und Kegelneigung

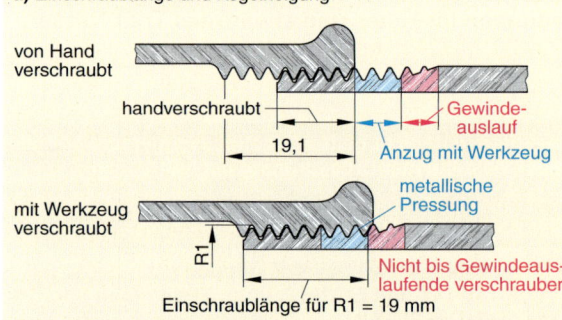

b) Gewindeverbindung beim Rohrgewinde nach EN 10 226

2 Rohrgewinde nach EN 10 226

Die Dichtwirkung entsteht durch Zusammenpressen:
- eines Dichtringes zwischen glatten Flächen, ➔ 1a; Dichtringe sind bei
  - Wasser aus EPDM (Ethylen-Propylen-Dien-Monomer) mit Gewebeeinlage, bei
  - Gas aus Elastomeren wie NBR (Nitrile Butadiene Rubber) oder Graphitmaterial wie Ibenulit, Nyhalit
- metallischer Kegelflächen, ➔ 1b

Bei **Rohrgewinden** nach EN 10 226 ist das:
- Außengewinde **kegelig**, Kurzzeichen z. B. R3/4, ➔ 2a
- Innengewinde **zylindrisch**, Kurzzeichen Rp (parallel), z. B. Rp3/4

Bei Rohrgewindeverbindungen nach EN 10 226 muss beim Verschrauben eine metallische Pressung zwischen kegeligem Außengewinde und zylindrischem Innengewinde entstehen; nur dann bleibt die Verbindung dauerhaft dicht, ➔ 2b. Es handelt sich um eine unlösbare Verbindung.

Dichtmittel sind sparsam in die Gewindegänge zu legen. Sie sollen lediglich raue Gewindeflächen und/oder geringe Maßabweichungen ausgleichen.

Dichtmittel sind nach Angaben der Hersteller anzuwenden.

Zugelassen als Dichtmittel sind:
• Dichtmasse mit dünner Hanfsträhne
• Gewindedichtband
• Gewindedichtfäden aus Polyamid
• flüssige Dichtmittel

Die **Dichtmasse** ist zuerst auf das Gewinde aufzutragen. Darüber wird eine dünne **Hanfsträhne** breit in die Gewindegänge eingezogen.

Zu viel Hanf schadet. Bei zu viel Hanf:
• wird Hanf aus dem Gewindebereich herausgeschoben; dadurch entsteht im vorderen Teil der Gewindeverbindung ein Spalt, der bei Wasserleitungen Spaltkorrosion auslösen kann, ➜ 1
• werden Fittingsmuffen über die Elastizitätsgrenze gedehnt; sie können nicht mehr zurückfedern; die metallische Pressdichtung ist aufgehoben
• können Muffen aufplatzen
• wird nach Austrocknen des Dichtmittels die Gewindeverbindung undicht
• muss nach dem Zusammenschrauben „abgehanft" werden; dies kostet Zeit und damit Geld

Nicht aushärtende Dichtmasse als Paste oder Gel zusammen mit Hanf darf nicht für PVC-Leitungen verwendet werden.

Gewindedichtband gibt es als:
• Kunststoffvlies, präpariert mit Dichtmasse; das Dichtband ist 1,5- bis 2-mal um das Rohrgewinde zu legen und fest einzuziehen
• PTFE-Band (Teflonband); wird nur selten eingesetzt beim Einschrauben von Armaturen

Achtung! Gewindeverbindungen in PVC-U-Leitungen sind nur mit PTFE-Band abzudichten.

Gewindedichtflächen aus Polyamid härten nicht aus. Der Fadenanfang ist quer zum Gewinde aufzulegen und dann bis zum Gewindeende hin zu umwickeln; aber möglichst nicht genau in den Gewinderillen.

Flüssige Dichtmittel sind ohne Hanf anzuwenden. Sie sind nur einzusetzen für das Zusammenschrauben industriell gefertigter Teile, z. B. im Armaturenbau. Für Gasleitungen ist flüssiges Dichtmittel nicht zugelassen.

Zum **Gewindeschneiden** verwendet man:
• Schneidkluppen
• Gewindeschneidmaschinen

Gewindeschneidkluppen werden mit Ratschenhebel oder elektrisch angetrieben (Elektro-Handkluppe), ➜ 2.

Gewindeschneidmaschinen gibt es in der Ausführung als:
• Rohrdreher: Schneidkopf ist fest, Rohr dreht
• Kopfdreher: Schneidkopf dreht, Rohr ist fest, ➜ 3

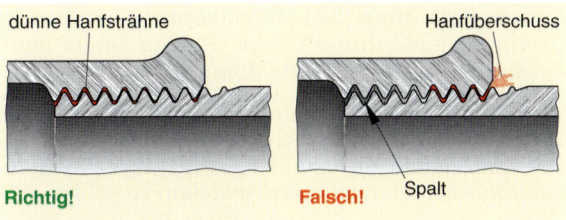

1 Auftrag von Gewindedichtmitteln

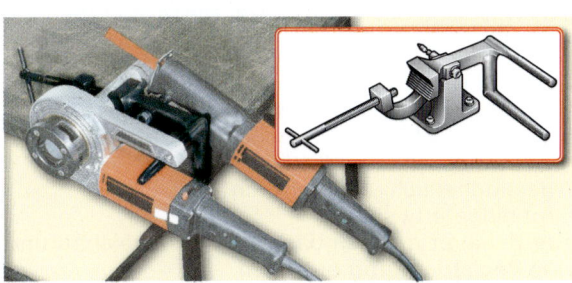

2 Elektrische Handkluppe und Rohrsäge mit Rohrhalter

3 Gewindeschneidmaschine (Kopfdreher) mit Zubehör

Bei der Rohrdrehversion ist das freie Rohrende höher als der Schneidkopf zu lagern, damit eingespültes Gewindeschneidmittel nicht durch das Rohr geschleudert wird. Da das drehende Rohr zu Unfällen führen kann, muss ein Notschalter eingebaut sein.

Gewindeschneidkluppen und -maschinen sind mit **Schnellwechselschneidköpfen** mit fest eingestellten Schneidbacken ausgestattet. Sie liefern genaue Gewindedurchmesser.

Außerdem gibt es:
• von Hand zu öffnende Schneidköpfe
• automatisch öffnende Schneidköpfe
• Schneidköpfe mit einstellbaren Schneidbacken

Von Hand zu öffnende Schneidköpfe schonen Schneidbacken und ersparen Zeit, da der Schneidkopf nicht zurückgedreht werden muss.

4

Automatisch öffnende Schneidköpfe liefern zudem Gewinde in genormter Länge. So sind Fehler beim Zusammenbau z. T. vermeidbar, ➜ 1.

Bei **Schneidköpfen mit einstellbaren Schneidbacken** sind diese radial verschiebbar. Nach jedem Öffnen sind sie neu einzustellen. Der richtige Gewindedurchmesser ist nach dem Einstellen zu prüfen.

Man prüft mit Gewindelehren, mindestens aber durch Aufschrauben eines Markenfittings. Dieser darf von Hand nur bis etwa vor die letzten drei voll ausgeschnittenen Gewindegänge zu schrauben sein.

Gewindeschneidmittel sind zum Kühlen und Schmieren unerlässlich. Sie müssen dem DVGW-Arbeitsblatt W 521 entsprechen und demnach
• wasserlöslich,
• gesundheitlich unbedenklich
• rot eingefärbt sein.
Ihre Behälter müssen das DVGW-Prüfzeichen und eine Registriernummer tragen.

> Normgerechte Gewindedurchmesser und Gewindelänge, ➜ 2, sind Voraussetzung für dichte Gewinde und für maßhaltiges Arbeiten; nur so ist eine Vorfertigung nach z-Maß möglich.

Gewindegrößen an Fittings gibt man nach ➜ 2 an.

> Rohrgewindeverbindungen nach EN 10 226 in verlegten Leitungen gelten als **unlösbar**, ebenso wie Löt-, Schweiß-, Klebe-, Press- und manche Klemmverbindungen, z. B. Schiebehülsenverbindungen.

4.2.3 Lösbare Rohrverbindungen

Armaturen und Apparate in Leitungssystemen müssen austauschbar sein. Dies erfordert **lösbare** Rohrverbindungen.

> Zu lösbaren Rohrverbindungen zählen:
> • Verschraubungen
> • Doppelnippel
> • Langgewinde
> • Flansche
> • Rohrkupplungen für glatte Rohre
> • Rohrkupplungen für genutete Rohre

Verschraubungen, ➜ 118.1, werden zum Anschluss von Armaturen oder zum Übergang auf andere Rohrwerkstoffe verwendet.

Dementsprechend besitzen sie:
• auf beiden Seiten Gewinde (Innen- oder/und Außengewinde)
• oder ein Gewinde und einen entsprechenden Anschluss wie Press-, Löt-, Klebe-, Schweißstutzen bzw. -muffe, ➜ 223.1, 224.3

Es gibt Verschraubungen:
• mit Dichtring, nichtmetallisch bzw. flach dichtend
• ohne Dichtring, metallisch bzw. kegelig dichtend

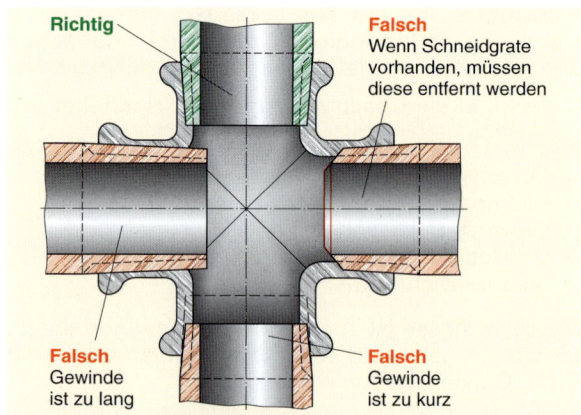

1 Fehler bei Gewindeverbindungen

Nennweite DN Gewindegröße R	10 3/8	15 1/2	20 3/4	25 1	32 1 1/4	40 1 1/2	50 2
Mittlere Einschraublänge in mm	10	13	15	17	19	19	24
Anzug mit Hand in mm	6	8	10	10	11	13	17
Anzug mit Werkzeug (Umdrehungen) ca.	2¾	2¾	2¾	2¾	2¾	2¾	3¼
Gangzahl auf 25,4 mm Gewindelänge	19	14	14	11	11	11	11

2 Rohrgewinde nach EN 10 226

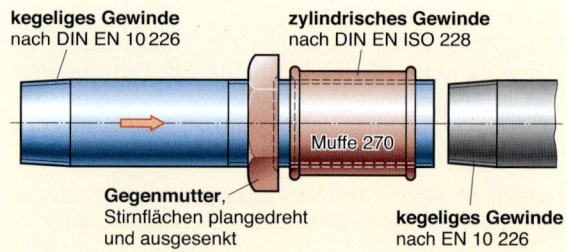

Das zylindrische, lange Gewinde des Langnippels wird nicht eingehanft. Die Muffe wird zur Rohrverbindung auf das normal eingehanfte Rohr geschraubt. Dann wird eine Hanfsträhne zur Schnur gerollt, mit Dichtmittel bestrichen, vor und in die Ausfräsung der Muffe rund um den Rohrnippel gelegt und die Gegenmutter fest angezogen.

3 Langgewinde

Verschraubungen gibt es aus Temperguss, Stahl, Edelstahl, Kupferlegierungen (Messing oder Rotguss) oder aus Kunststoff, z. B. PP.

Doppelnippel mit Sechskant mit Rechts- und Linksgewinde mit zugehöriger Muffe werden aber ebenso wie **Langgewinde** kaum mehr eingesetzt, ➜ 3.

Flansche werden vor allem bei großen Rohrweiten zum Anschluss an Armaturen und Apparate angewendet.

> Es gibt sie als:
> • Festflansch
> • Losflansch

Festflansch gibt es je nach Rohrart bzw. Verbindung als Gewinde-, Löt-, Anschweiß- oder Klebeflansch, ➔ 1a, b.

Der **Losflansch** ist als beweglicher Ring hinter einem Bördelrand oder einem Bund am Rohr, ➔ 1c, d.

Bördelränder können handgebördelt oder mit Bördelwerkzeugen gepresst sein; Bunde werden angeschweißt, angelötet oder angeklebt.

Flanschverbindungen sind aufwändig zu erstellen. Zum Verbinden von Rohren werden sie im Sanitärbereich immer mehr durch Platz sparende Rohrkupplungen ersetzt, ➔ 2.

Rohrkupplungen für Rohre mit glatten Enden werden vor allem im Gewerbe und im Industriebau für Leitungen mit Kaltwasser, Warmwasser, Heizwasser < 100 °C, Öl, Druckluft, Kälte/Klima, Feuerlöschanlagen, vielen Chemikalien u. Ä. eingesetzt.

Rohrkupplungen gibt es, ➔ 3:
• mit Gummidichtring
• mit Dichtmanschette aus synthetischem Kautschuk

Bei der Rohrkupplung für Rohre mit glatten Enden **mit Gummidichtring** wird durch den Druck in der Leitung die Dichtlippe auf das Rohr gedrückt und die Rohrverbindung wird abgedichtet. Steigt der Druck in der Leitung, so steigt proportional der Anpress-Effekt der Dichtlippen.

Rohrkupplungen für Rohre mit glatten Enden **mit Dichtmanschetten aus synthetischem Kautschuk** sind verwendbar für:
• Metallrohre (Verankerungsring grob gezahnt)
• Kunststoffrohre (mehrreihige, feingezahnte Ringe ohne Kerbwirkung), ➔ 3b links
• Übergänge von Metall- auf Kunststoffrohr, ➔ 3b rechts

Als Reparaturschellen bei undichten Rohren oder bei Leitungsbrüchen sind sie eine schnelle, vorübergehende Hilfe.

Vorteile der Rohrkupplungen sind:
• zugfest, weich dichtend und dauerhaft dicht
• betriebssicher und korrosionsbeständig
• leicht demontier- und wieder verwendbar
• erlauben Rohrabknickungen bis 6°
• Platz sparend, da sie nicht viel über den Rohrdurchmesser hinausragen; sie lassen so geringe Rohrabstände zu, ➔ 2; das gilt besonders bei großen Nennweiten
• schnell montiert, da Rohrenden nicht bearbeitet werden müssen wie etwa bei Gewinde-, Flansch-, Löt- oder Schweißverbindungen und nur zwei – stets gut zugängliche – Schrauben mit Drehmomentschlüssel (!) anzuziehen sind, vgl. ➔ 3
• sehr wirtschaftlich
• wegen ihrer elastischen Dichtung und geringen Masse schall- und schwingungsdämpfend

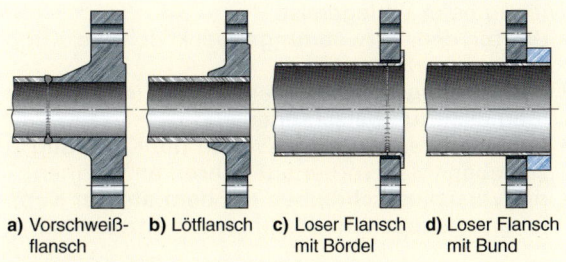

a) Vorschweißflansch b) Lötflansch c) Loser Flansch mit Bördel d) Loser Flansch mit Bund

1 Flansche

4

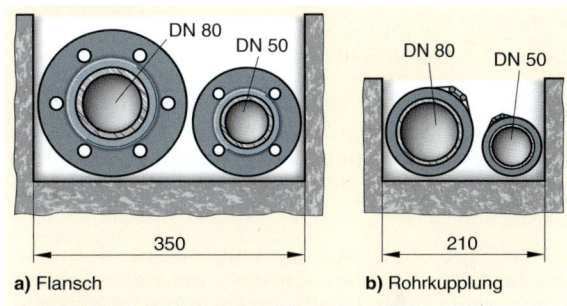

a) Flansch   b) Rohrkupplung

2 Platzbedarf von Rohrverbindungen

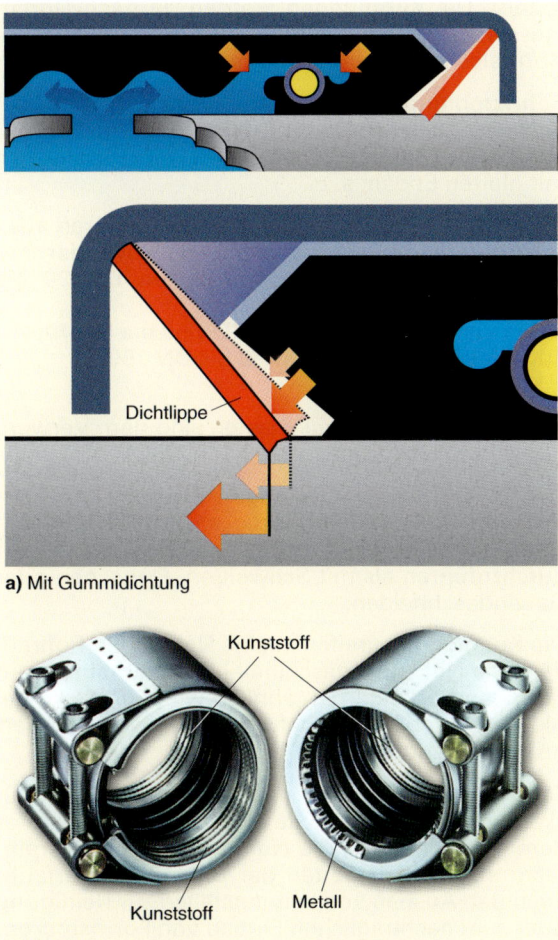

a) Mit Gummidichtung

b) Mit Dichtmanschette aus synthetischen Kautschuk

3 Rohrkupplungen für Rohre mit glatten Enden

4

Wichtig beim Verlegen ist:
- die für den Verwendungszweck richtige Kupplung auszuwählen
- den zulässigen Rohrendenabstand in der Kupplung nicht zu überschreiten
- beide Rohrenden gleichweit in die Kupplung zu schieben (Maß vorher auf Rohren anzeichnen)
- die Verschlussschrauben mit dem auf der Kupplung angegebenem Drehmoment anzuziehen

Rohrkupplungen für genutete Rohre lassen sich einteilen in:
- flexible Kupplungen
- starre Kupplungen

Flexible Kupplungen lassen Rohrbewegungen zu für:
- Längenänderungen bis 6,4 mm je Verbindung, sodass evtl. Kompensatoren überflüssig werden
- Abwinkelungen, die Spannungen bei Absetzungen erdverlegter Rohre verringern, ➜ 1

Starre Kupplungen werden eingesetzt z. B. für Anschlüsse von Ventilen, Geräten, bei Befestigungsproblemen wie bei Leitungssprüngen, bei Steigleitungen (Rohre würden durch ihre Masse abrutschen). Die Kupplungen werden, je nach Durchmesser, von 2 bis 4 Schrauben zusammengehalten. Normales Anziehen der Muttern genügt.

Rohrkupplungen für genutete Rohre werden fast ausschließlich im Gewerbe und Industriebau eingesetzt für Leitungen wie bei den Rohrkupplungen mit glatten Enden, s. o.

Sie sind geeignet zum Verbinden von Rohren aus:
- Stahl, schwarz oder verzinkt, wie Gewinderohre oder Siederohre mit Nennweiten DN 20 bis DN 700
- Edelstahl DIN EN ISO 1127 (DN 50 bis DN 400)
- Kupfer DIN EN 1057 (DN 50 bis DN 150)
- Kunststoff

Die Dichtungsstoffe aus Elasten sind dem Verwendungsbereich anzupassen, ➜ 2, 123.4.

Zum System Rohrkupplungen für genutete Rohre gehören viele Formstücke und Armaturen. Das Rohrverlegen ist einfacher und zeitsparender durchzuführen als mit Schweißen, Flanschen oder Gewindeschneiden.

Die Kupplungen greifen in eine Nut an den Rohrenden. Die Nut wird maschinell bis maximal 9,5 mm Rohrwanddicke gerollt, ähnlich wie eine Sicke bei Blechen, oder sie wird gefräst. Das Fräsen erfordert größere Wanddicken als das Rollen.

Das **Nutsystem** erlaubt das Drehen von Formstücken wie Bogen, T-Stücke und von Armaturen vor dem Festziehen um die eigene Achse und vereinfacht so das Ausrichten der Bauteile. Es erlaubt auch den Ausbau von Leitungsteilen zur Reinigung oder zum nachträglichen Einbau von Formstücken.

Da die einzelnen Rohrstücke in den Kupplungen sich nicht berühren, wird das Übertragen von Ge-

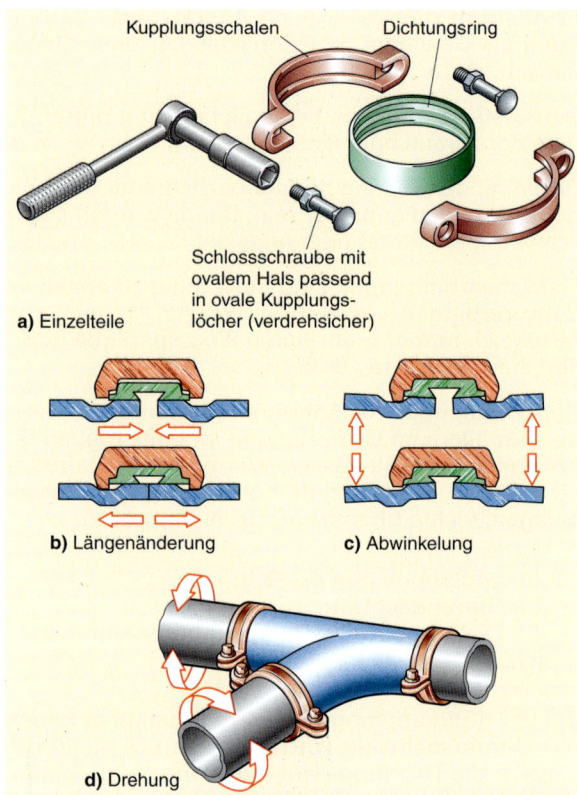

1 Rohrkupplungen für genutete Rohre

Kurzname Werkstoff Beispiele	chemische Widerstandsfähigkeit „+" günstig „–" ungünstig evtl. auch Beispiele zu Spalte 1	Betriebstemperatur °C
NBR[1] **(Acryl)-Nitril-Butadien-Kautschuk Perbunan**	+ CnHm-Verbindungen (Flüssig Erdgas, Mineralöle (Hydraulik-öl), Benzin, Wasser – bei oxidierenden Medien	–30 bis 70
PTFE Polytetra-fluorethylen Teflon	++ gegen alle Chemikalien dieser Liste, gute Gleiteigenschaften	bis 250, kurz 300
EPDM Ethylen-Propylen-Kautschuk	++ aggressive Chemikalien – Mineralöle und Fette Buna, Vistalon	90 bis 120 (Dampf 200, Heißwasser)
CR Chloropren-R Kautschuk, z. B. Neopren	+ Kältemittel, Ammoniak, Wasser, pflanzliche u. Silikon-Öle – Mineralöle und Fette	–40 bis 100
FPM, FFKM Fluor-Kautschuk Viton, Kalrez	++ gegen alle Lösungsmittel, alle Öle, Kraftstoffe, Wasser, Dampf, Ozon, Sauerstoff	–25 bis 200
CSM Chlor-sulfonyl-PE Hypalon	ähnlich EPDM	100 bis 140

[1] R steht für Rubber (Gummi, Kautschuk)

2 Dichtungsstoffe

räuschen und Vibrationen verhindert. Der kräftige Dichtring unterstützt diese Dämpfung.

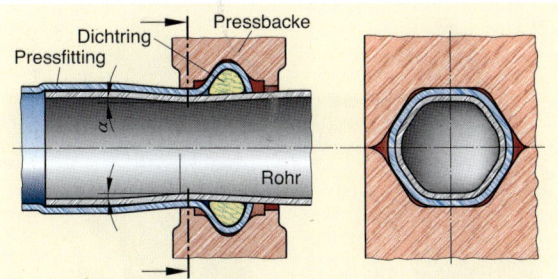

1 Pressfitting für Edelstahlrohre (Schnitt)

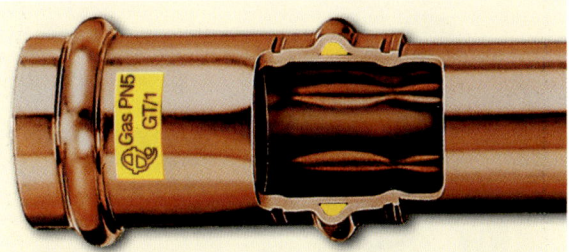

2 Pressfitting aus Kupfer für Kupferrohr, hier für Gas

4

4.2.4 Mechanische Rohrverbindungen

4.2.4.1 Pressverbindungen

Die Pressverbindungen ist heute die Verbindungsart, die am häufigsten angewendet wird, denn sie dichten zuverlässig und sind schnell und einfach auszuführen. Die Rohre werden radial oder axial verpresst, ➔ 1,3.

> Pressverbindungen sind:
> • kraftschlüssig und dicht
> • schnell auszuführen

Kraftschlüssig wirkt die Press-Verformung mit hoher Presskraft gegen Auseinandergleiten der Rohre.

Abgedichtet zwischen Rohr und Fitting wird je nach Rohrsystem
• - durch einen O-Ring:
  - werkseitig in die Rille der Fittingmuffe eingelegt, ➔ 1
  - auf den Fittingstutzen (Stützkörper) gesteckt, ➔ 4;
• - ohne Dichtring: allein durch eine hohe Werkstoffpressung auf einen Stützkörper, ➔ 124.1

Dichtringe für Pressverbinder aus Edelstahl, Cu oder Rotguss müssen je nach Durchflussstoff spezielle Anforderungen erfüllen, z. B. chemisch- und temperaturbeständig sein; ihre Farben sind verschieden, ➔ 4.

> Fittings für Gasleitungen tragen ein gelbes Rechteck mit Aufdruck „PN5 - GT" (HTB-Ausführung), ➔ 2; die Farbe des Dichtrings ist gelb, ➔ 5.

Beim Pressen werden verformt
• bei Metallrohren: Rohr und Fitting, ➔ 1, 2
• bei Fittings mit Stutzen: das (Verbund-)Rohr, ➔ 4
• bei Raxial-Fittings: nur der Fitting ➔ 124.2, 124.3

Eingesetzt werden Pressverbindungen bei:
• Trinkwasser- und Gasleitungen[1] aus:
  - Edelstahl mit Edelstahl- oder Rotguss-Fittings, ➔1
  - Kupfer mit Fittings aus Kupfer oder Rotguss (Rg), ➔1
  - Metallverbundrohr (PE-AI-PE-X) mit Rotguss-, oder PVDF-Fittings, ➔ 4
  - PE-X- und PB-Rohren, z. B. an Rg-Rohrverteilern, Rohrübergängen, Anschlussdosen, ➔ 124.3
• Heizungsanlagen mit Rohren wie bei Trinkwasser-, Gasleitungen, dazu noch kunststoffbeschichtete Präzisionsstahlrohre mit Pressfittings aus Stahl
• Solaranlagen mit Kupferrohren
• Fernwärmeanlagen mit ϑ_{HW} > 110 °C
• Heizölleitungen
• Sprinkleranlagen

[1] für Erdgas und Flüssiggas (in der Gasphase) mit $p \leq 5$ bar

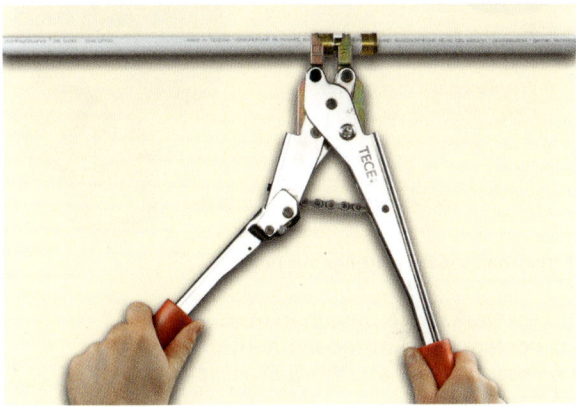

3 Axialverpressung

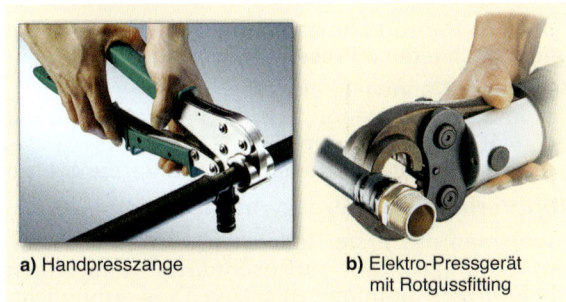

a) Handpresszange   **b)** Elektro-Pressgerät mit Rotgussfitting

4 Pressverbindung für Verbundrohre (hier PE-AI-PE-X-Rohr)

Anwendung	Kennfarbe	Betriebstemperatur	Betriebstemperatur
Wasser	schwarz	−20 °C bis +180°C	EPDM[1]
Erdgas, Flüssiggas	gelb oder grün	−20 °C bis +180°C	(H)NBR[2]
Solaranlage	dunkelgrün schwarz	−30 °C bis +180°C	FPM[3] FKM[4]
Heizöl	rot	−30 °C bis +180°C	FPM[3]

[1] Ethylen-Prophylen-Dien-Kautschuk (VISTALON, BUNA)
[2] NBR, HNBR - Acryl-Nitril-Butadien-Kautschuk, Hydrierter...(Rubber = Gummi) (PERBAN, PERBUNAN)
[3] Fluorkautschuk (VITON) – [4] Fluorkarbon-Kautschuk (Technoflon)

5 Dichtringe für Pressfittings aus Elastomeren

4

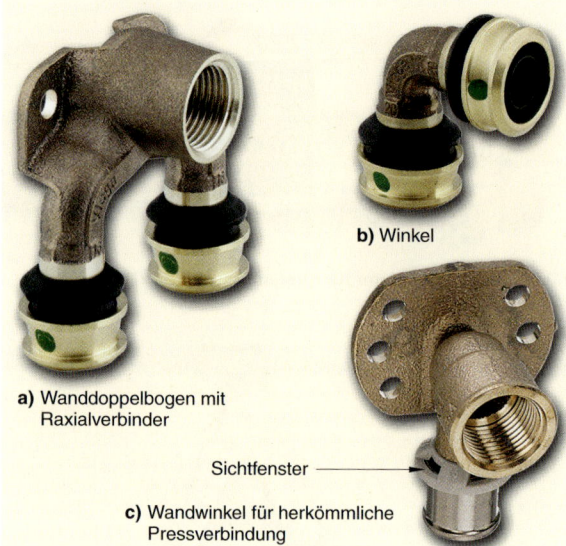

b) Winkel

a) Wanddoppelbogen mit Raxialverbinder

Sichtfenster —

c) Wandwinkel für herkömmliche Pressverbindung

1 Verschiedene Pressfittings aus Rotguss

Presswerkzeuge bestehen aus:
- Pressgerät (Antriebseinheit) und
- Pressbacken, ab DN 75 Pressschlingen

Für alle Rohrarten genügt ein und dasselbe **Pressgerät** für Strom ~230 V, → 4, oder mit Akkubetrieb, → 5.

Für jeden Rohrdurchmesser und für jedes Fabrikat sind jedoch eigene **Pressbacken** nötig.

Bei kleiner Nennweite erleichtern die Arbeit:
- eine Handpresszange, z. B. für Verbundrohre mit d_a = 16 mm bis 25 mm, → 123.3a
- eine Rohrschere für Kunststoff- und Verbundrohre

Rohrverlegen mit Pressverbindungen

Bevor man das erste Rohr trennt, ist es sinnvoll, den Leitungsverlauf „abzuschnüren" und zuerst alle Rohrbefestigungen zu setzen. Dies ermöglicht, beim Rohrverlegen mehrere Stücke einer Nennweite zusammenzustecken und nacheinander zu verpressen.

Bei der Rohrführung ist darauf zu achten, dass:
- überall genügend Platz zum Ansetzen des Presswerkzeuges vorhanden ist, → 125.2
- ggf. Dehnungsausgleicher für Längenänderungen der Rohre vorgesehen sind
- Fest- und Gleitpunktschellen richtig gesetzt werden

Pressen der Verbindungen

Beim Pressen der Verbindungen ist wichtig, dass
- die Verbindungsstellen spannungsfrei sind
- bei Fittings mit Muffen ohne Sichtfenster die Einschubtiefe am Rohr markiert ist, → 125.1

Nur die Markierung am Muffenrand bzw. im Sichtfenster der Muffe, → 1a, zeigt, dass die Rohre bis zum Muffengrund eingeschoben sind.

Verbindungen wurden schon undicht, weil Rohre nicht bis zum Muffengrund eingeschoben waren. Dadurch entstanden hohe Sachschäden.

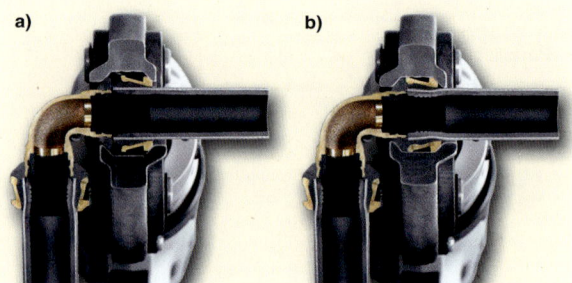

a) **b)**

2 Raxial-Pressung – a) die innen abgeschrägten Pressbacken schieben das Rohr in Achsrichtung (axial) auf den Fittingstutzen; **b)** dann wird radial fest verbunden

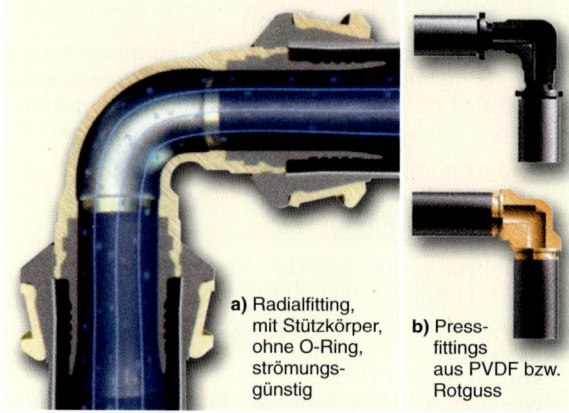

a) Radialfitting, mit Stützkörper, ohne O-Ring, strömungsgünstig **b)** Pressfittings aus PVDF bzw. Rotguss

3 Umlenkungen bei Pressverbindungen mit Kunststoffrohren

4 Pressen von Edelstahlverbindungen

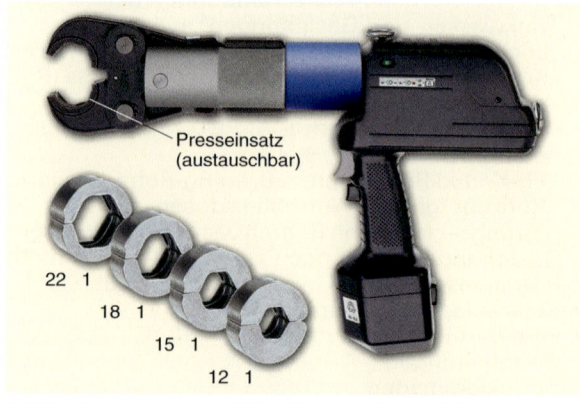

Presseinsatz (austauschbar)

22 1
18 1
15 1
12 1

5 Akku-Presswerkzeug mit Einsätzen – netzunabhängig

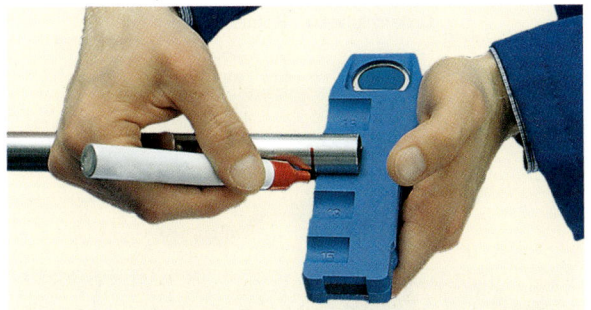

1 Markieren der Einschubtiefe am Rohr bzw. am Einsteck-Fitting

Dichtringe (O-Ringe) in den Muffen sind gegen Sand, Staub, Mörtel empfindlich.

Deshalb gilt:
- Fittings erst vor Gebrauch aus dem Schutzbeutel nehmen bzw. deren Schutzkappen entfernen.
- Dichtringe anschauen, ob sie nicht verletzt sind. Nicht abtasten! Nicht aus der Muffenrille nehmen!

Nach dem Setzen aller Rohrschellen sind:
- die einzelnen Rohrstücke abzulängen, zu entgraten und zu kalibrieren, ➜ 3a, 3b
- bei Fittings mit Muffen unbedingt die Einschubtiefe mit Filzstift am Rohr anzuzeichnen, ➜ 1
- Rohr und Fitting bis Anschlag zusammenzuschieben, ➜ 3c
- die Rohrstücke bzw. Rohrkombinationen lose in die Rohrschellen zu legen und auszurichten
- zu prüfen, ob alle Verbindungsstellen gut sitzen und ob die Markierung genau am Muffenrand liegt
- die Pressbacken genau in die Positionierungsrillen am Fitting einzulegen
- alle Muffen **eines** Durchmessers nacheinander zu verpressen, ➜ 3d bis 3f

Ändert sich der Rohrdurchmesser, sind die Pressbacken zu wechseln und wie vor weiter zu verfahren.

Zum Schluss zieht man die Schellenbügel fest.

Fehlerhafte Verbindungen lassen sich bei Verbundrohren nachpressen.

Die Vorarbeiten gehen schnell wie Rohrtrennen, Entgraten, evtl. Kalibrieren, Fitting aufstecken. Der eigentliche Pressvorgang dauert nur Sekunden. Bei Raxial-Pressfittings entfällt sogar das Kalibrieren.

Damit beim Einschrauben von Armaturen in Winkel bzw. T-Stücke mit Pressverbindung diese nicht locker wird, sind Fittings mit Wandscheiben sinnvoll, ➜ 124.1, falls keine Montagehilfen mit stabilen Haltern vorgesehen sind, siehe Kap. 3.6.2.

Werkzeuglose Press-Steckverbinder verbinden Rohre dauerhaft dicht, bei manchen Fabrikaten auch unlösbar. Derzeit gibt es sie für Trink- und Heizwasserleitungen (nicht für Gas) und zwar für:
- PB-, PE-Xc- und Metallverbund-Rohre mit d_a = 16 mm bis 25 mm, ➜ 126.1
- Kupferrohre mit d_a = 12 mm bis 28 mm, ➜ 126.2

		An Wänden		In Ecken		
DN	d_a mm	A mm	C mm	A mm	B mm	C mm
Metallverbundrohr						
12	16	14	42	19	31	58
15	20	18	46	20	34	57
20	26	21	53	23	37	62
25	32	27	62	27	45	67
32	40	31	72	31	51	77
Edelstahlrohr						
12	15	20	56	25	28	75
20	22	25	65	31	35	80
25	28	25	75	31	35	80
32	35	30	75	31	44	80
40/50	42/54	60	140	60	110	140

Im Bild links sind Pressbacken für Metallverbundrohr, im Bild rechts Pressbacken für Edelstahlrohr dargestellt.

2 Platzbedarf für Pressbacken

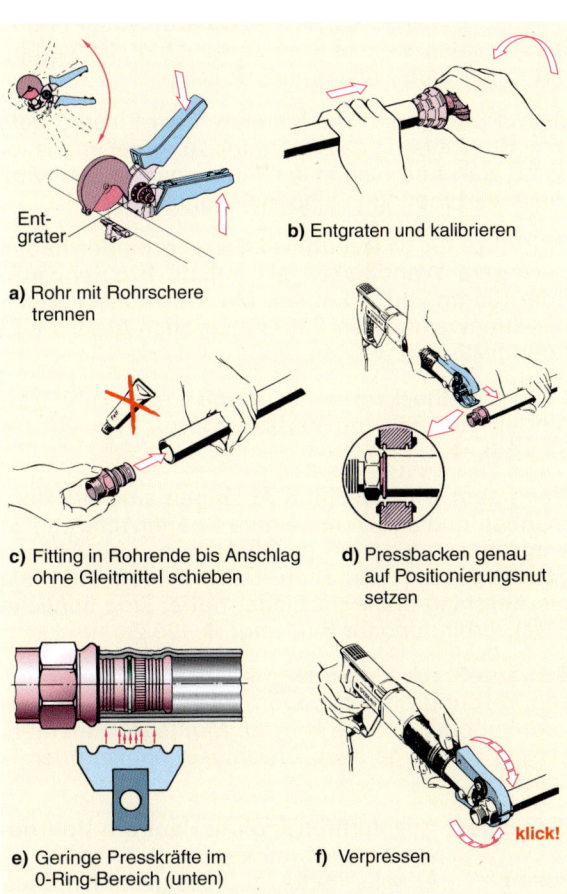

a) Rohr mit Rohrschere trennen

b) Entgraten und kalibrieren

c) Fitting in Rohrende bis Anschlag ohne Gleitmittel schieben

d) Pressbacken genau auf Positionierungsnut setzen

e) Geringe Presskräfte im 0-Ring-Bereich (unten)

f) Verpressen

klick!

3 Herstellen einer Pressverbindung bei Metallverbundrohr

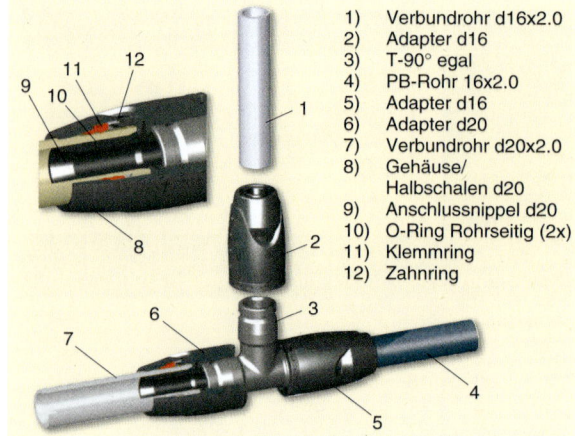

1) Verbundrohr d16x2.0
2) Adapter d16
3) T-90° egal
4) PB-Rohr 16x2.0
5) Adapter d16
6) Adapter d20
7) Verbundrohr d20x2.0
8) Gehäuse/
   Halbschalen d20
9) Anschlussnippel d20
10) O-Ring Rohrseitig (2x)
11) Klemmring
12) Zahnring

1 Mehrrohrsteckverbinder

Arbeitsgänge bei Steckverbindern

Die Rohrstücke werden vom Ringbund bei Kunststoffrohr mit einer Rohrschere, bei Kupferrohr mit einem Rohrabschneider winkelrecht abgelängt.

Bei Steckverbindern für Kupfer ist das Rohr innen und außen zu entgraten und mit Kalibrier-Dorn, danach mit -Ring zu kalibrieren, ➔ 2b. Die Einstecktiefe ist zu markieren, ➔ 124.1. Dann ist der Fitting bis Anschlag auf das Rohr zu schieben. So verbindet man Rohre zeitsparend, ➔ 2c.

Beim PB-Rohr ist nach Markieren der Einstecktiefe eine Stützhülse in das Rohrende zu schieben, bevor es bis zum Anschlag in den Fitting geschoben wird; diese Verbindungen sind meist unlösbar.

PB-Rohre für werkzeuglose Steckverbinder haben geringere Wanddicken als solche für Schweiß- oder Klemmverbindungen. Mit Stützhülse können die dünnwandigeren Rohre aber auch geschweißt oder geklemmt werden.

Mehrrohr-Steckverbinder eignen sich zum Verbinden von PB- und Verbundrohren 16 x 2,0 bis 32 x 3,0, ➔ 1.

Nach dem winkelrechten Ablängen sind die Rohre innen und außen mit einem Spezialwerkzeug zu entgraten, um genau gleiche Innen- und Außendurchmesser zu erhalten. Dann schiebt man sie bis Anschlag in die Verbindermuffe. Eine ähnliche Steckverbindung für PVC zeigt ➔ 129.2.

Schraub-Steck-Verbinder mit Überwurfmutter lassen Verbundrohr-Leitungen leicht lösen von Eckventilen oder Fittings R ½ an Montageelementen. Es gibt sie als geraden Anschluss, Winkel oder T-Stück, ➔ 3.

Befestigen: Adaptermutter ohne Hanf am Rohrgewinde anschrauben.
Lösen: Adaptermutter im Uhrzeigersinn drehen und Fittingstutzen herausziehen.

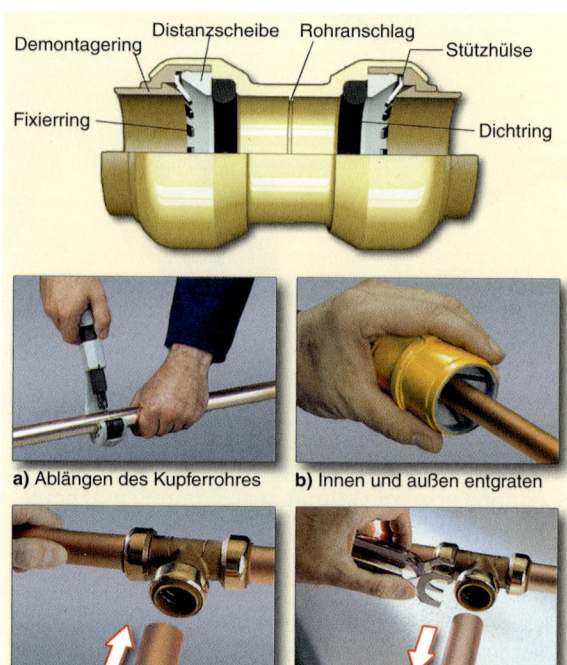

a) Ablängen des Kupferrohres
b) Innen und außen entgraten
c) Einstecken des Kupferrohres
d) Demontage des Kupferrohres

2 Werkzeuglose Steckverbinder für Kupferrohr

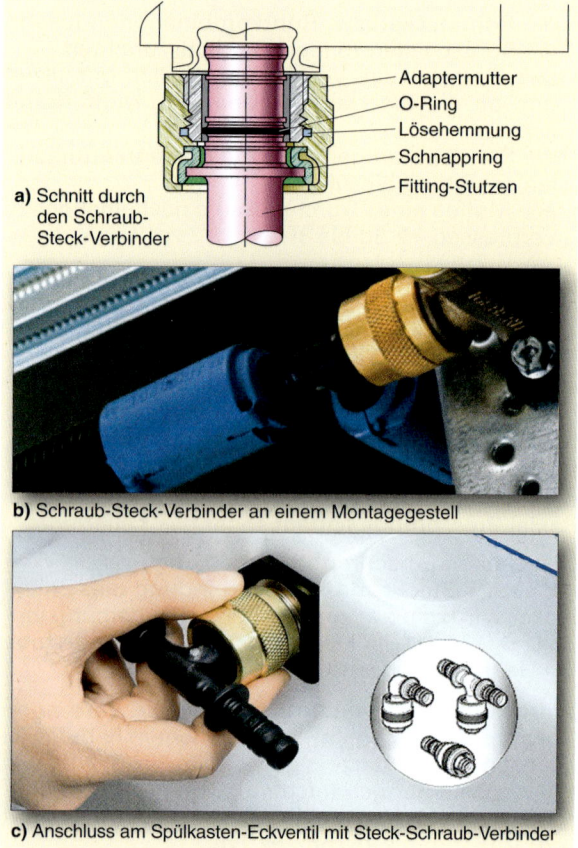

a) Schnitt durch den Schraub-Steck-Verbinder

Adaptermutter
O-Ring
Lösehemmung
Schnappring
Fitting-Stutzen

b) Schraub-Steck-Verbinder an einem Montagegestell

c) Anschluss am Spülkasten-Eckventil mit Steck-Schraub-Verbinder

3 Schraub-Steck-Verbinder für Verbundrohr

1 Klemmverbinder aus Temperguss in HTB-Ausführung mit Messing-Überwurfmutter

4.2.4.2 Klemmverbindungen

Mit Klemmverbindern als Muffe, Winkel oder T-Stück fügt man Rohre mit glatten Enden zusammen.

Es gibt sie auch als Übergang von glatten Rohren zu Rohrgewinden. Ein Klemmverbinderstutzen hat dann ein Innen- oder Außengewinde, z. B. bei:
- Gewinderohren als lösbare Verbindung anstelle eines Langgewindes oder wenn es mangels Platzes unmöglich ist, ein Gewinde zu schneiden, → 1
- Edelstahl- oder Kupferrohren, falls Pressen oder Löten nicht sinnvoll ist, z. B. bei Platzmangel, Brandgefahr oder bei zu großem Werkzeugaufwand, → 2
- Kunststoffrohren als gerade Rohrkupplung, → 3, für Richtungsänderungen (Winkel), Abzweigungen (T) oder zum Übergang auf Metallrohre, → 128.1

Klemmverbinder setzt man ein:
- bei Neuinstallationen
- zur Erweiterung von Leitungsteilen, vor allem mit PE- und PE-X-Rohren
- bei Leitungsreparaturen
- um Armaturen und T-Stücke nachträglich einzubauen

Klemmverbinder gibt es aus:
- verzinktem Temperguss
- Messing
- PP

Klemmverbinder aus **verzinktem Temperguss** für:
- Wasser mit NBR-Dichtring (Perbunan)
- Gas in HTB-Ausführung[1] mit Messing-Überwurfmutter, Graphit-Dichtring und NBR-O-Ring, → 1

Manche Temperguss-Verbinder erlauben ein Abwinkeln bis 8° aus der Rohrachse.

Klemmverbinder aus **Messing** sind geeignet für Metallrohr, → 2, und Kunststoffrohr, → 128.1, 128.2.

Klemmverbinder aus **PP** sind für Wasserleitungen aus PE-Rohren geeignet, → 4, die im Freien oder im Erdreich verlegt werden, z. B. in Gewächshäusern, an Baustellen, zur Garten- und Feldbewässerung. Im Freien verlegte Leitungen sind damit leicht zu demontieren und wieder zu verwenden.

> Alle Klemmverbindungen sind genau nach Herstellerangaben auszuführen. Vorgegebene Anzugsmomente sind einzuhalten.

[1] HTB: hoch temperaturbeständig

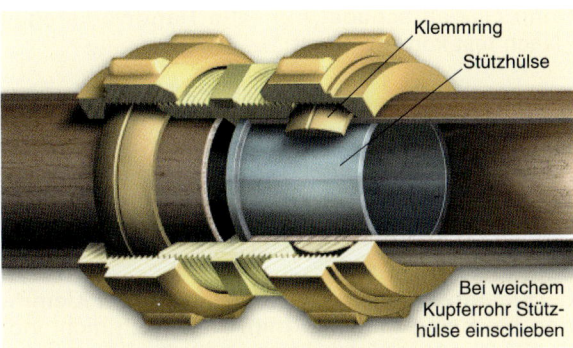

2 Klemmverbinder aus Messing für Metallrohre

Bei weichem Kupferrohr Stützhülse einschieben

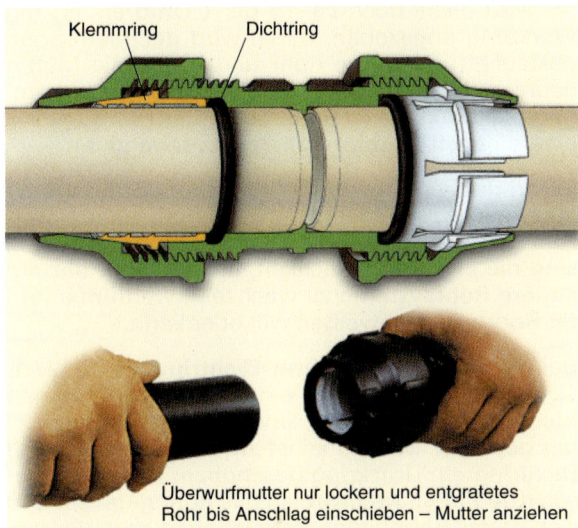

Überwurfmutter nur lockern und entgratetes Rohr bis Anschlag einschieben – Mutter anziehen

3 Klemmverbinder für Kunststoffrohre als gerade Rohrkupplung

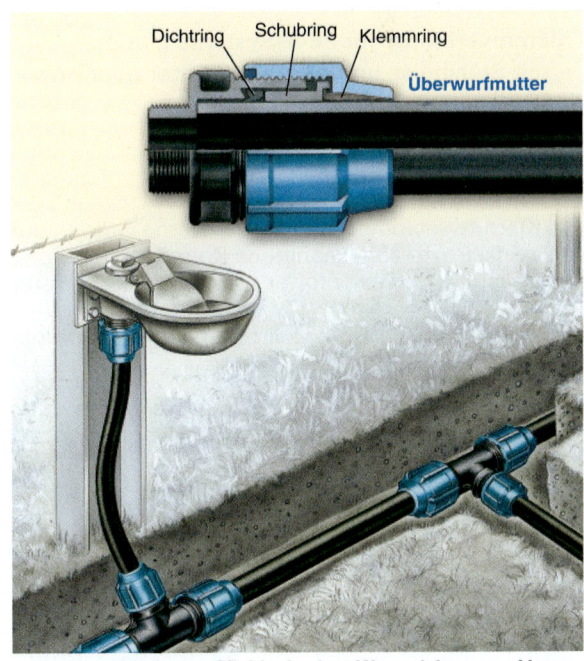

4 Klemmverbinder aus PP, hier in einer Wasserleitung zur Versorgung von Weidetränken

Rohe Gewalt schadet nur (alte Handwerksregel: „Nach fest kommt kaputt!").

Es gibt Klemmverbinder:
- ohne Dichtring
- mit Dichtring
- für PE-X-Systeme
- mit Schneidring

Bei **Klemmverbindern ohne Dichtring** ist der Klemmring beidseitig tonnenförmig, metallisch dichtend, ➜ 127.2, oder er ist keilförmig für Kunststoffrohr. Nach handfestem Anziehen einer Überwurfmutter wird diese noch ca. $1/2$ bis 1 Umdrehung mit Werkzeug angezogen. Dabei wird der Klemmring gestaucht und gegen Rohr und gegen die Mutter gepresst. Nach dem Stauchen lässt sich der Klemmring nicht mehr vom Rohr lösen. Der Fitting ist mit einem neuen Klemmring wieder verwendbar.

Derartige Klemmverbinder mit einem Außen- oder Innengewindeanschluss und eingeformtem Stutzen zur Aufnahme eines Kunststoffrohres, ➜ 2, sind die einzige Möglichkeit, um von PP-Rohr auf andere Rohrsysteme zu wechseln, wenn man am PP-Rohr nicht schweißen will oder kann.

Bei **Klemmverbindern mit Dichtring**, ➜ 1, 127.1, 127.3, wird dieser durch einen meist keilförmigen Klemmring gegen Rohr und Verschraubungskörper gepresst. Manchmal ist zwischen Klemm- und Dichtring ein Druckring geschoben. Der meist geschlitzte Klemmring wird an das Rohr gepresst und sichert das Rohr gegen Herausziehen bzw. Herausdrücken (Kraftschluss!); der Dichtring dichtet ab.

Klemmverbinder für PE-X-Systeme gibt es:
- mit Stützhülse und Überwurfmutter oder Rohrband
- mit Stütz- und Schiebehülse
- für Bördel

Bei Klemmverbindern für PE-X-Systeme werden auf das winkelrecht abgeschnittene Rohr geschoben:
- erst eine Überwurfmutter bzw. ein Rohrklemmband
- danach der Klemmring (auf Markierung achten!)

Nachdem das Rohr bis zum Anschlag auf die **Stützhülse** am Fitting gedrückt ist, wird die Überwurfmutter angezogen. Um die nötige Anpresskraft zu erzielen, sind die Herstellerangaben zu beachten.

Manche Klemmverbinder haben anstelle der Überwurfmutter eine **Schiebehülse**. Diese wird mit Werkzeug über das Rohr auf der Stützhülse geschoben, ➜ 3. Bei der Schiebehülsenverbindung wird die erforderliche Anpresskraft genau eingehalten.

Bördelklemmverbinder gibt es für PE-X-Rohre DN 12 und DN 15, ➜ 4.

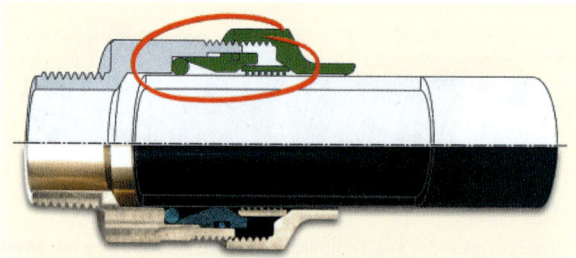

1 Klemmverbinder aus Messing für Kunststoffrohre; hier zum Übergang auf Metallrohre

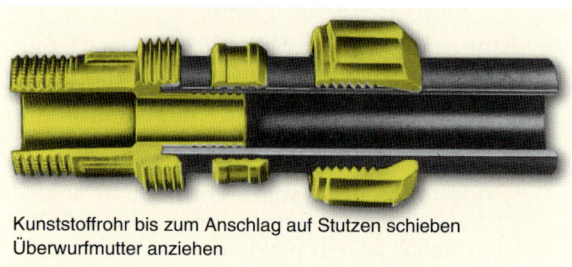

Kunststoffrohr bis zum Anschlag auf Stutzen schieben
Überwurfmutter anziehen

2 Klemmverbinder ohne extra Dichtring mit Stutzen und mit Gewindeanschluss

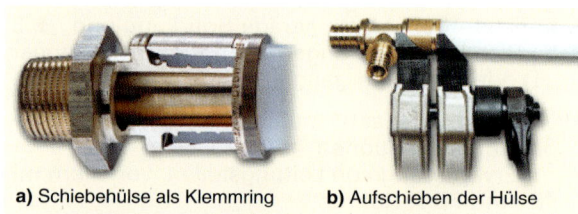

a) Schiebehülse als Klemmring   b) Aufschieben der Hülse

3 Klemmverbindung mit Schiebehülse mit PE-X-Rohr

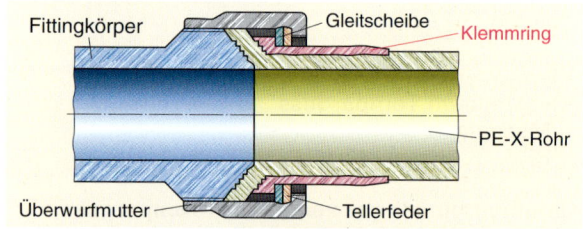

Fittingkörper — Gleitscheibe — Klemmring
Überwurfmutter — Tellerfeder — PE-X-Rohr

4 Bördelklemmverbinder beim PE-X-Rohr

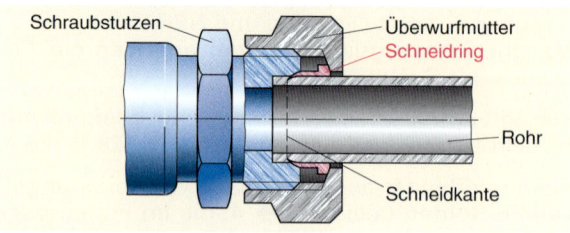

Schraubstutzen — Überwurfmutter — Schneidring — Rohr — Schneidkante

5 Schneidringverbinder für Stahlrohr

Schneidringverbindungen für Stahlrohre verwendet man bei Flüssiggas- und Heizölleitungen, ➜ 5; für Kupferrohre sind sie nur bei Ölleitungen zugelassen. Ihr Dichtring muss fest ins Rohr einschneiden. Dazu ist so viel Kraft aufzuwenden, dass die Überwurfmutter erst einmal an einem im Schraubstock eingespannten Fitting anzuziehen ist. Der Schneidring lässt sich danach nicht mehr vom Rohr lösen.

4.2.5 Stoffschlüssige Rohrverbindungen

4.2.5.1 Merkmale stoffschlüssiger Verbindungen

Zu den stoffschlüssigen Verbindungen zählen:
- Klebeverbindungen
- Lötverbindungen
- Schweißverbindungen

Beim **Kleben** haftet der Zusatzstoff an den Oberflächen der zu verbindenden Teile.

Beim **Löten** oder **Schweißen** verbindet sich der Zusatzstoff teilweise oder ganz mit den Grundwerkstoffen.

4.2.5.2 Klebeverbindungen

PVC-U und PVC-C zählen zu den **amorphen Kunststoffen**, → 1. Deren thermoplastischer Bereich ist zu klein, als dass unter Baustellenbedingungen einwandfreie Schweißverbindungen möglich wären. Im Gegensatz dazu lassen sich teilkristalline Kunststoffe, die so genannten **Polyolefine** wie PB, PE, PP, hervorragend schweißen.

PVC lässt sich im Rohrleitungsbau kaum schweißen, dafür aber sehr gut kleben.

Zur Rohrverbindung dienen Klebefittings und Spezialkleber. Nach dem Trennen sind die Rohrenden innen und außen zu entgraten. Vor dem Einstreichen mit Kleber ist die Einstecktiefe am Rohr zu markieren.

Da bei PVC-U-Rohren mit zylindrischem Muffeninnern, Kleber und Klebeverfahren von dem für PVC-C-Rohre mit innen kegeligen Muffen, → 2, abweichen, kann hier nur auf Herstelleranweisungen verwiesen werden.

Achtung! Bei Verstößen gegen Herstelleranweisungen erlischt die Gewährleistungspflicht.

Bei großen Rohrnennweiten sind Hilfsgeräte nötig, um ein Rohr in die Muffe zu ziehen, → 3. Nach dem Verkleben sind bestimmte Wartezeiten bis zur Inbetriebnahme bzw. zum Abdrücken einzuhalten, je nach Druck und Temperatur zwischen 30 min ... 60 min.

Reiniger und Klebstoff sind feuergefährlich, zum Teil auch gesundheitsgefährdend.

Deshalb beim Kleben:
- keine offene Flamme brennen lassen
- nicht rauchen
- keine Lösungsmitteldämpfe einatmen
- für ausreichende Lüftung sorgen
- in Kellerräumen besonders vorsichtig sein

Reiniger sind nicht bei allen Fabrikaten erforderlich.

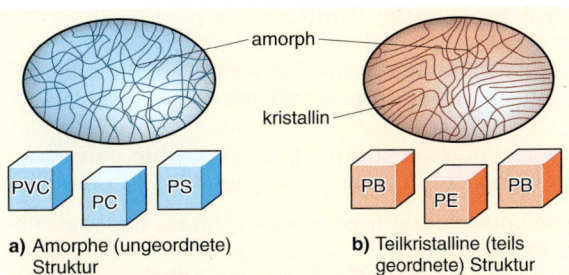

1 Molekülstruktur thermoplastischer Kunststoffe

a) Amorphe (ungeordnete) Struktur
b) Teilkristalline (teils geordnete) Struktur

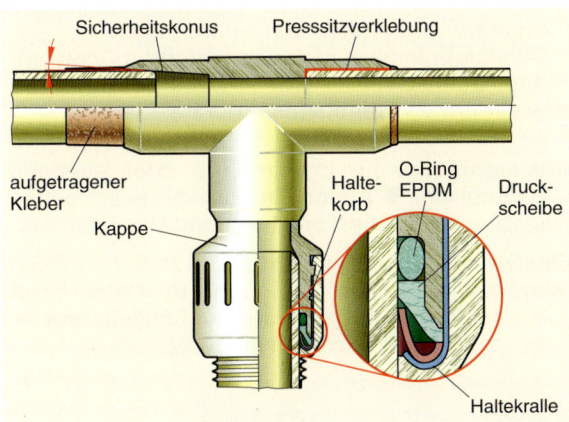

2 Klebeverbindung bei PVC-C und – unten – unlösbare Steckverbindung zu flexiblem PB-Rohr

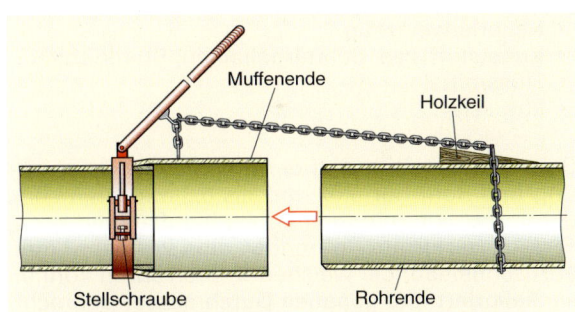

3 Zusammenziehen beim Kleben – PVC-Rohre ≥ DN 125

4.2.5.3 Lötverbindungen (bei Kupferrohren)

Kupferrohre können heute durch Pressen wesentlich schneller als durch Löten, zudem noch ohne Brand- und Korrosionsgefahr, verbunden werden. Auch kann im Reparaturfall bei Kupferrohren sofort verpresst werden, ohne auf nachtropfendes Wasser zu warten. Trotzdem werden Kupferrohre auch heute noch durch Löten verbunden, vor allem in der Gasinstallation und beim Verlegen von Ölleitungen.

Je nach Löttemperatur unterscheidet man:
- Weichlöten (≤ 450 °C) mit Kapillarlötfittings[1] aus Kupfer oder aus Rotguss
- Hartlöten (> 450 °C) mit Kapillarlötfittings oder ohne Fittings, z. B. bei selbst gefertigten Muffen oder bei ausgehalsten Rohren

---
[1] Kapillare, hier: sehr enges Röhrchen, enger Spalt

4

Weichlöten von Kupferrohren

> Weichzulöten sind grundsätzlich Trinkwasserleitungen, um Korrosionsschäden zu vermeiden.

Weichlöten mit Lötfittings ergibt dichte Verbindungen und ist mit relativ einfachen Mitteln möglich.

Die Löttemperatur ist niedrig, sodass das Material:
- nicht ausglüht
- seine ursprüngliche Festigkeit behält
- im Gegensatz zum Hartlöten nicht verzundert, → 1

Lötgeräte zum Weichlöten sind:
- Ansaugbrenner für Propan-Luft- oder Acetylen-Luft-Gemisch
- elektrische Widerstandslötgeräte

Ansaugbrenner für Propan-Luft- oder Acetylen-Luft-Gemisch, → 2, sind Brenner mit gekoppeltem Piezozünder. Sie sind praktisch und Gas sparend.

Elektrische Widerstandslötgeräte 230 V~ vermeiden Brandgefahr und arbeiten bis d_a = 28 mm sehr wirtschaftlich. Je nach Zugang zur Lötstelle werden Flach- oder Stabelektroden eingesetzt, → 3.

Arbeitsgänge beim Weichlöten

Für die **Vorbereitung** zum Weichlöten benötigt man:
- Kalibrierwerkzeug
- Kunststoffvlies, Schmirgelleinen, Stahlbürsten
- Flussmittel
- Lötpaste

Beim Kapillarlöten darf der Lötspalt zwischen Fitting und Rohr nur 0,02 mm bis 0,3 mm breit sein, damit das Lot im engen Lötspalt aufsteigen kann, → 11.3. Verformte Rohrenden sind vor dem Löten abzuschneiden; bei weichen Kupferrohren können sie **kalibriert** (auf genauen Durchmesser gebracht) werden, → 4.

Lötflächen müssen metallisch blank sein. Man reinigt sie mit **Kunststoffvlies, Schmirgelleinen** (Körnung > 180) oder mit einer der Rohrabmessung angepassten **Stahlbürsten** (Rundbürste für Fitting, Ringbürste für Rohr).

Ein **Flussmittel** sorgt dafür, dass die Oxidschicht beseitigt wird und sich in der Hitze nicht neu bilden kann. Da Flussmittel Korrosion auslösen können, → 48.1, sind sie dünn auf das Rohrende aufzutragen, damit sie nicht ins Leitungsinnere gelangen.

Saubere, ansehnliche Lötstellen erhält man, wenn nach dem Zusammenstecken von Rohr und Fitting vor dem Erwärmen überstehendes Flussmittel abgewischt wird.

Lote bzw. Lötpasten müssen bei Trinkwasser für Lebensmittel unbedenklich sein. Sie dürfen auf keinen Fall Blei und Cadmium enthalten.

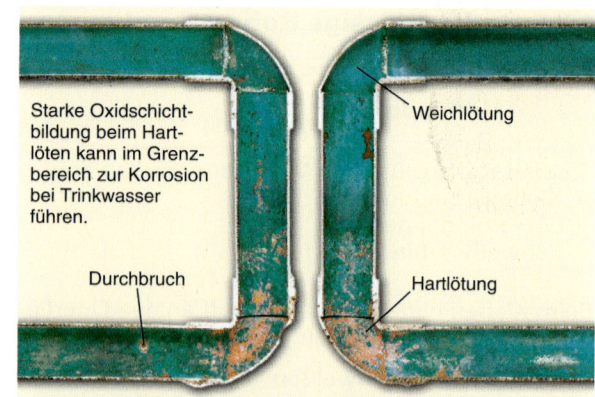

1 Innere Rohroberfläche nach Weichlöten und nach Hartlöten

Starke Oxidschichtbildung beim Hartlöten kann im Grenzbereich zur Korrosion bei Trinkwasser führen.

Durchbruch

Weichlötung

Hartlötung

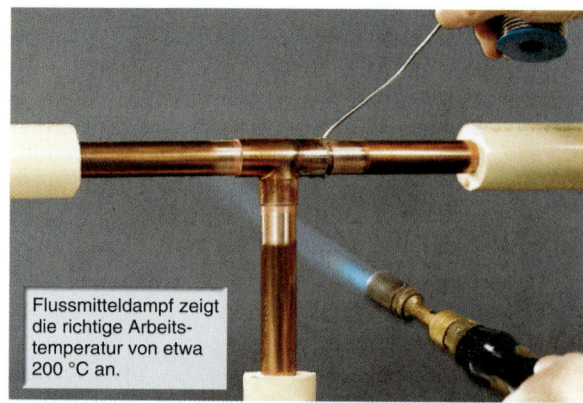

Flussmitteldampf zeigt die richtige Arbeitstemperatur von etwa 200 °C an.

2 Weichlotzugabe bei abgewendeter Flamme

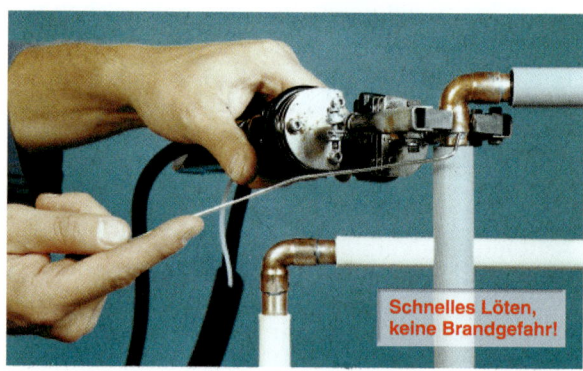

Schnelles Löten, keine Brandgefahr!

3 Elektro-Weichlötgerät: Ansetzen der Lötzange

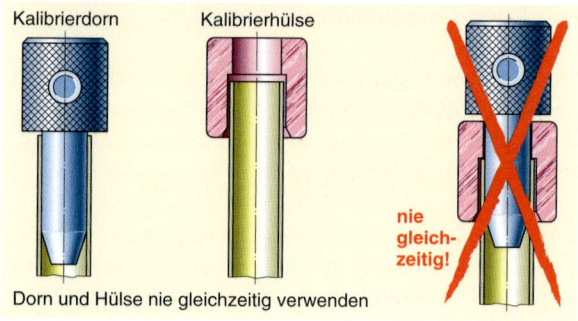

Kalibrierdorn   Kalibrierhülse

nie gleichzeitig!

Dorn und Hülse nie gleichzeitig verwenden

4 Kalibrierwerkzeug

Lötpaste ist ein Gemisch aus Flussmittel und Lot. Sie reinigt benetzte Stellen und verzinnt sie beim Erwärmen. Da sie aber den Lötspalt nicht voll füllt, ist unbedingt das gleiche Lot wie das in der Paste zuzugeben.

Lote, ➜ 27.2, und Flussmittel müssen entsprechen
• dem DVGW-Arbeitsblatt GW 2 – Verbinden von Kupferrohren für die Gas- und Wasserinstallation
• den DVGW-Arbeitsblatt GW 7 – Flussmittel zum Löten von Cu-Rohr

Beim Löten ist mit weicher Flamme, vom Rohr zum Fitting gehend, die Lötstelle so lange zu erwärmen, bis das Flussmittel anfängt zu rauchen - ähnlich wie eine Zigarette. Dann ist die Flamme wegzunehmen, denn das Lot soll durch die Wärme der Lötstelle schmelzen.

Ob die Naht gefüllt ist, erkennt man bei
• senkrechter Naht: wenn ein geschlossener Lotring erscheint (ist bei Lötpaste kaum zu erkennen)
• waagerechter Naht: wenn sich an der Nahtunterseite (6-Uhr-Lage) ein Lottropfen bildet

Verwendet man Lötpaste, kann man nicht erkennen, ob der Ringspalt zwischen Rohr und Fitting ganz mit Lot gefüllt wird, denn es glänzt immer rundum.

Nach dem Löten sind die Lötstellen mit nassem Lappen abzuwischen und die Leitung möglichst bald zu spülen, um eventuelle Flussmittelreste im Rohr zu beseitigen.

Hartlöten von Kupferrohren

Hart zu löten sind in Deutschland Leitungen für:
• Erdgas, Flüssiggas und Heizöl
• Heizanlagen mit Vorlauftemperaturen > 110 °C (Heißwasserleitungen)
• ausgehalste Rohrverbindungen

Kupferrohre für Trinkwasserleitungen ab Abmessung 35 × 1,5 **kann** man evtl. hartlöten. Aber:
• Beim Hartlöten werden Rohr und Fitting über 700 °C erhitzt und weichgeglüht. Sie verzundern dabei, ➜ 130.1. Die Zunderschicht im Rohrinnern ist bei Wasserleitungen häufig Ursache der Lochkorrosion, kleiner punktförmiger Löcher im Rohr.
• Hartgelötete Rohre können zudem beim Einschrauben von Armaturen in sich verdreht werden, in der Wand zunächst sogar unbemerkt - bis es zu spät ist.

Warum sollte man Kupferrohre für Trinkwasserleitungen also hartlöten?

Lötgeräte zum Hartlöten sind:
• Acetylen- oder Propan-Luft-Ansaugbrenner
• Acetylen- oder Propan-Sauerstoffbrenner mit speziellen Hartlöteinsätzen

Acetylen- oder Propan-Luft-Ansaugbrenner sind jedoch nur für kleine Rohrdurchmesser geeignet.

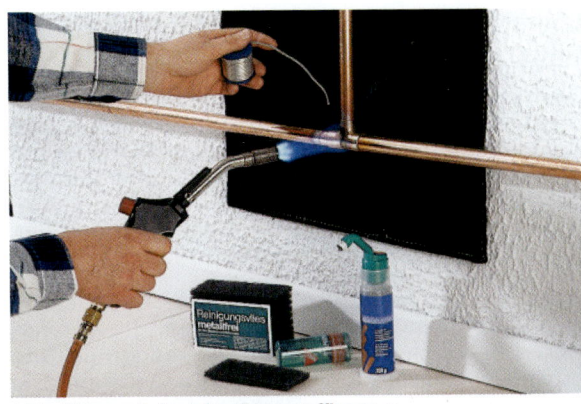

1 Hartlöten mit Acetylen-Sauerstoffbrenner

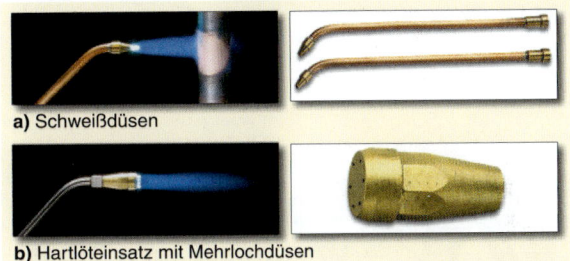

a) Schweißdüsen

b) Hartlöteinsatz mit Mehrlochdüsen

2 Flammenbilder für Hartlötbrenner

Acetylen- oder Propan-Sauerstoffbrenner mit speziellen Hartlöteinsätzen (Mehrlochdüsen) ergeben weichere Flammen als Acetylen-Sauerstoff-Brenner mit Schweißeinsatz, ➜ 1, 2. Deren scharfe Flamme kann zum schädlichen Sauerstoffeintrag in Kupfer und damit zur Versprödung führen.

Lote für das Hartlöten sind nach ➜ 27.3 zu wählen, **Flussmittel** siehe Kap. 2.1.8.4.

Bei den häufig verwendeten phosphorhaltigen Hartloten CuP179 (CP 203) und CuP279 (CP 105) benötigt man kein Flussmittel, wenn Rohr **und** Fitting aus Kupfer sind. Bei Rotguss- und bei Messingfittings muss ein Flussmittel das Ausdampfen des Zinks verhindern, sonst können Korrosionsschäden auftreten. Die phosphorhaltigen Lote führen in ammoniakhaltiger Umgebung wie in Viehställen auch sehr schnell zur Korrosion; deshalb dürfen sie dort auch nicht verwendet werden.

Die hochsilberhaltigen Lote AG 134, AG 145 und AG 244 erfordern immer Flussmittel. Sie schmelzen schnell, sind dünnflüssig und ersparen Arbeitszeit. Dadurch werden sie preiswert.

Die **Arbeitsgänge** beim Hartlöten sind ähnlich wie beim Weichlöten:
• weiche Kupferrohre kalibrieren
• Lötflächen reinigen und je nach Lot ggf. Flussmittel auftragen
• Lötstelle anwärmen – Brennerabstand 2 × Flammenkegellänge - und auf dunkle Rotglut erwärmen
• Lot abschmelzen – Brennerabstand ca. 5 × Flammenkegellänge – bis Lötnaht rundum gefüllt ist (saubere Lötnähte haben eine Hohlkehle)

Lötverbindungen bei Kupferrohr ohne Fittings

Besonders bei großen Rohrabmessungen mit relativ hohen Kosten für ein T-Stück lassen sich Kosten einsparen, wenn Muffen durch Aufweiten der Rohre mit **Expandern** (Zangen- oder Hydraulikwerkzeugen) und Abzweige mit **Aushalsern** oder mit **Abzweiggeräten** selbst erstellt werden, ➔ 1, 2, 3.

Dabei werden in der Regel zuerst die Hauptleitungen verlegt und Abzweigungen maßgenau platziert. Der Durchmesser der abzweigenden Leitung muss kleiner als der des Hauptstranges sein. Die Verbindung muss hartgelötet werden, sodass dies für abzweigende Trinkwasserleitungen < DN 32 nicht in Frage kommt.

Für Gasleitungen sind Aushalsungen verboten.

In der Fachliteratur wird zwar darauf hingewiesen, dass aufgemuffte Rohre auch weichgelötet werden können, wenn der Lötspalt 0,02 mm … 0,3 mm breit ist. Jedoch:
Wer garantiert diese genaue Breite, wenn die Muffe mit einem Expander von Hand aufgeweitet wird?

An die Fließregel beim Verlegen von Kupferrohren wird erinnert:
Nach Rohren oder Behältern aus Kupfer dürfen in Fließrichtung keine verzinkten Rohre u. Ä. folgen.

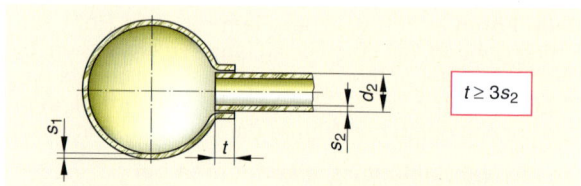

$t \geq 3s_2$

1 Ausgehalste Rohre – Mindesteinstecktiefe bei T-Abgang

a) Bohrloch mit Zentrierbohrer bohren

b) Aushalsstift ausfahren

c) Aushalskopf formt den Abzweig

2 Aushalsen mit Abzweiggerät mit Vorsatz für langsam laufende Bohrmaschine oder Kompaktwerkzeug

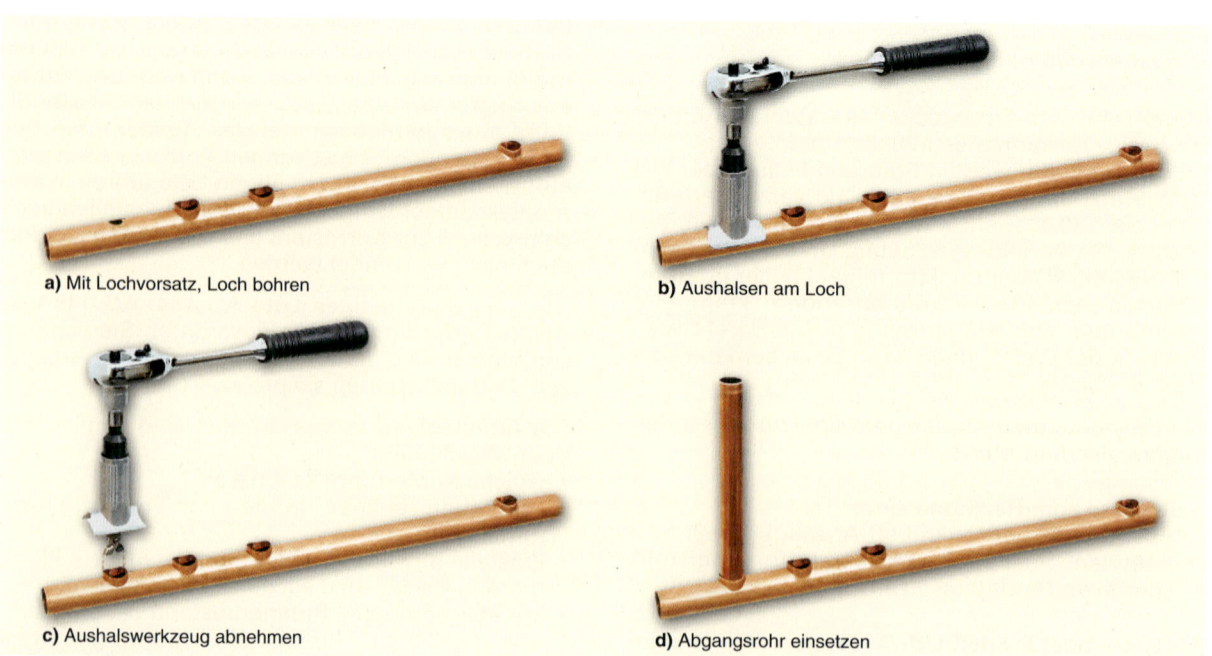

a) Mit Lochvorsatz, Loch bohren

b) Aushalsen am Loch

c) Aushalswerkzeug abnehmen

d) Abgangsrohr einsetzen

3 Aushalsen von Rohren mit Hand

4.2.5.4 Schweißverbindungen (bei Kunststoffrohren)

Schweißen von Metall wurde in der Grundstufe abgehandelt.

Viele Installateure schweißen, wenn überhaupt, nur Rohre aus Kunststoff. Dazu bedarf es, im Gegensatz zum Schweißen von Metallen, keiner allzu großen Übung. Jedoch ist auf Sauberkeit und auf die vorgeschriebenen Schweißbedingungen zu achten.

Leitungen für Trinkwasser, Abwasser und Gas aus teilkristallinen, thermoplastischen Kunststoffen, den Olefinen, lassen sich hervorragend verschweißen, da ihr thermoplastischer Bereich, in dem sich die langen Molekülketten lösen und beim Abkühlen wieder verknüpfen, sehr groß ist.

Zu den Olefinen zählen:
• PB (Polybuten)
• PE (Polyethylen)
• PP (Polypropylen)

Schweißverfahren für olefine Kunststoffrohre sind, ➜ 1:
• Heizwendelschweißen
• Heizelement-Muffenschweißen
• Heizelement-Stumpfschweißen

Bei allen Schweißvorgängen sind die vorgeschriebenen Schweißtemperaturen an den Heizelementen nach ➜ 1 einzustellen und, besonders bei Schweißbeginn, mit Thermometer zu kontrollieren.

Heizwendelschweißen

Beim Heizwendelschweißen mit Schweißfittings für PB-, PP-, PE-HD- und PVDF-Rohre sind Heizdrähte in die Fittings eingebettet, ➜ 2a.

Schweißvorgang:
Die Heizdrähte werden über ein vollautomatisches Schweißgerät erhitzt, ➜ 2c, sodass die aneinander grenzenden Flächen von Fitting und Rohr aufschmelzen, ➜ 2b.

Der Schweißdruck entsteht durch die Wärmedehnung des Materials. Saubere Oberflächen in der Schweißzone (Rohr abschaben, Fitting bis kurz vor dem Verarbeiten in der Verpackung belassen) sind Voraussetzung für einwandfreie Schweißungen.

Heizelement-Muffenschweißen

Das Heizelement-Muffenschweißen wird bei PB-, PP- und PVDF-Rohren für Trinkwasserleitungen und bei PE-HD-Rohren für Gasleitungen (gelb durchgefärbt) eingesetzt.

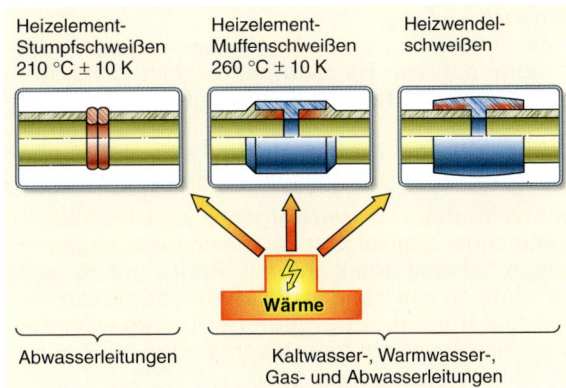

1 Schweißverfahren für Kunststoffrohre

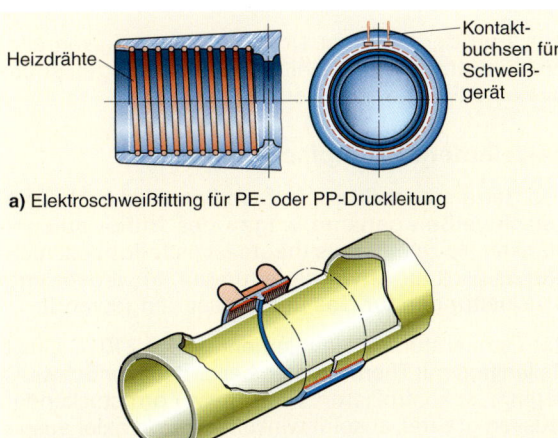

a) Elektroschweißfitting für PE- oder PP-Druckleitung

b) Elektroschweißmuffe für PE-Abwasserleitung

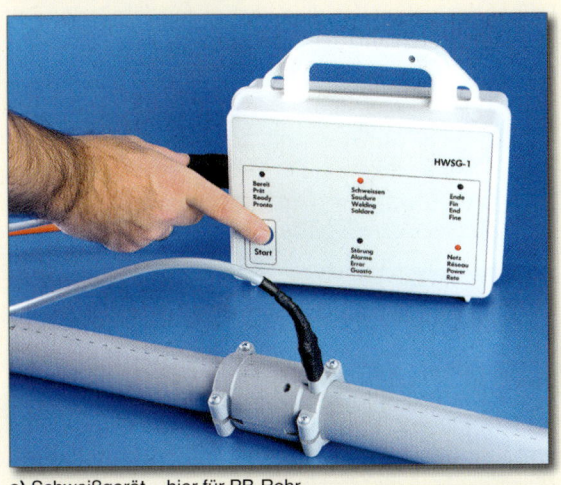

c) Schweißgerät – hier für PB-Rohr

2 Heizwendelschweißen mit Schweißfitting bzw. Schweißmuffe

Rohrende und Fitting sind an den Schweißflächen mit Krepppapier und Brennspiritus zu reinigen. Ob Rohrenden angefast oder gar abzuschälen sind, ist den Verarbeitungshinweisen zu entnehmen. Manche Rohre dürfen nicht geschält werden, da sich sonst der nötige Schweißdruck nicht aufbauen kann.

Schweißvorgang:

- das Rohrende wird in der Heizbuchse, die Fitting-muffe auf dem Heizdorn eines elektrisch betriebenen Heizgerätes auf Schweißtemperatur erwärmt, → 1b
- anschließend werden beide Teile sofort ohne Drehbewegung ineinander geschoben, → 1c

Rohre, Muffe und Heizelemente sind maßlich so aufeinander abgestimmt, dass sich beim Fügen der nötige Schweißdruck aufbaut. Rohre mit $d_a \leq 63$ mm können von Hand in die Muffe geschoben werden. Bei Rohren mit größerem Durchmesser sind Muffenschweißschlitten zu verwenden, → 2.

Nach dem Schweißen muss sich am Muffenrand eine Schweißwulst am ganzen Umfang gebildet haben, → 1d.

Bis zum Beginn einer Druckprüfung müssen alle Verbindungen abgekühlt sein. In der Regel ist etwa eine Stunde abzuwarten.

Heizelement-Stumpfschweißen

Das Heizelement-Stumpfschweißen wird auch **Spiegelschweißen** genannt wegen des früher spiegelblanken Heizelementes (heute ist es teflonbeschichtet). Es wird für Abwasserleitungen, für erdverlegte Druckleitungen für Gas und Wasser angewandt.

Die Temperatur am Heizelement ist auf 210 °C einzustellen und mit Thermometer, besonders vor Schweißbeginn, zu kontrollieren. Rohr- bzw. Formstückenden müssen gratfrei, absolut winkelrecht und axial ausgerichtet zueinander stehen, → 3. Damit mehrere Formstücke wie Bogen, Abzweigungen die richtige Lage zueinander haben, ist dies vorher mit Filz- oder Fett-Filzstift an den Nahtstellen zu markieren.

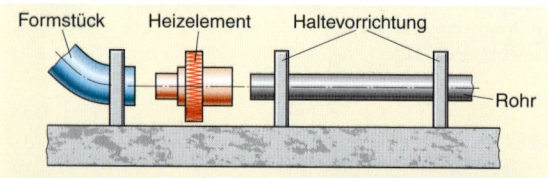

2 Heizelement-Muffenschweißen mit Maschine

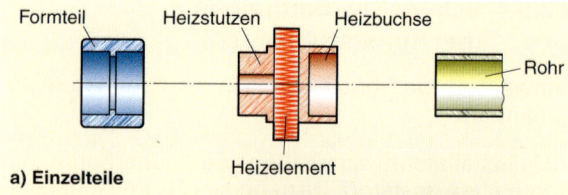

a) Einzelteile

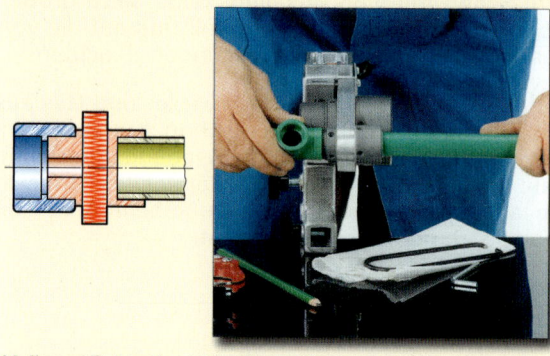

Muffe und Rohrende gleichzeitig und langsam auf das Heizelement aufschieben, das auf Schweißtemperatur (250 °C - 270 °C) erwärmt ist.

b) Anwärmen

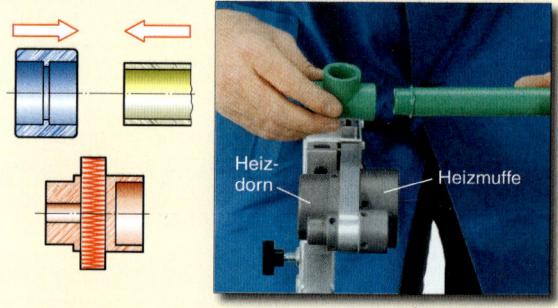

Angeschmolzene Teile abziehen und von Hand bzw. bei größeren Nennweiten in der Schweißmaschine zusammenschieben; das Heizelement wird vorher ausgeschwenkt.

c) Fügen

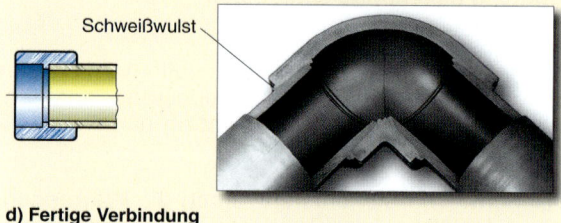

d) Fertige Verbindung

1 Heizelement-Muffenschweißen von Hand

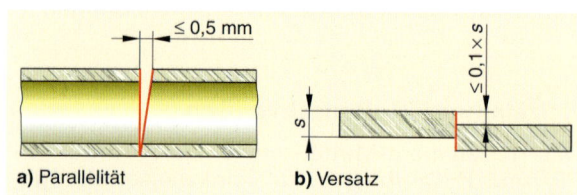

a) Parallelität   **b) Versatz**

3 Vorbedingung für die Schweißflächen beim Heizelement-Stumpfschweißen

Abwasserrohre ≤ DN 70 können von Hand verschweißt werden, ➔ 1.
Rohre ab DN 100 und für Druckleitungen sind in eine Schweißmaschine zu spannen, ➔ 3.

Die **Schweißmaschinen** sind ausgestattet mit
• Spann- und Stützvorrichtungen für verschiedene Nennweiten; damit können die Rohre und Formstücke axial gefluchtet und beim Schweißen der nötige Anpressdruck aufgebracht werden, ➔ 2
• einem ausschwenkbaren Hobel für saubere Stirnflächen an der Schweißstelle
• einem ausschwenkbaren Heizelement

Schweißvorgang:
• Beim Anwärmen sind die Rohrenden zuerst leicht an die sauberen Heizflächen zu drücken, dann nur noch zu halten, damit die Wärme gleichmäßig einfließen kann, ➔ 1b.
• Wenn sich eine Wulst von etwa halber Rohrwanddicke gebildet hat, sind die Rohrteile abzuziehen und genau fluchtend aneinander zu pressen, ➔ 1c.
• Der Druck ist allmählich zu steigern, je nach Skalenwert an der Schweißmaschine, und bis zum Erkalten (≥ 30 s) zu halten.

Fertige Schweißnähte sind durch Augenschein zu beurteilen, ➔ 1d.

Unfallverhütung beim Kunststoffschweißen

Beim Kunststoffschweißen:
• sind vor jedem Gebrauch Geräte auf einwandfreien Zustand zu überprüfen
• ist auf einwandfreie elektrische Kabelanschlüsse zu achten; Kabel sind vor scharfen Kanten zu schützen
• sind beschädigte Geräteteile bzw. Kabel unverzüglich vom Gerätehersteller bzw. Elektrofachmann auszuwechseln
• sind Schweißgeräte vor Wasser bzw. Niederschlag zu schützen
• können die über 200 °C erwärmten Heizelemente bei Berührung Verbrennungen verursachen
• sind teflonbeschichtete Heizelemente nach jedem Gebrauch erst im handwarmen Zustand mit tro-ckenem Papier zu reinigen
• sind flüssige Reinigungsmittel wie Spiritus feuergefährlich; entsprechende Brandschutzvorkehrungen sind einzuhalten

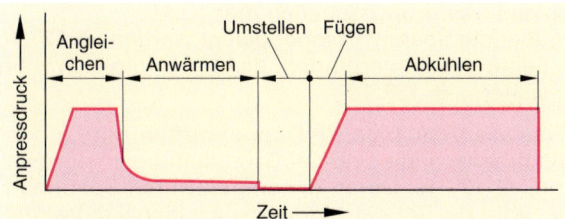

2 Anpressdruck beim Heizelement-Stumpfschweißen

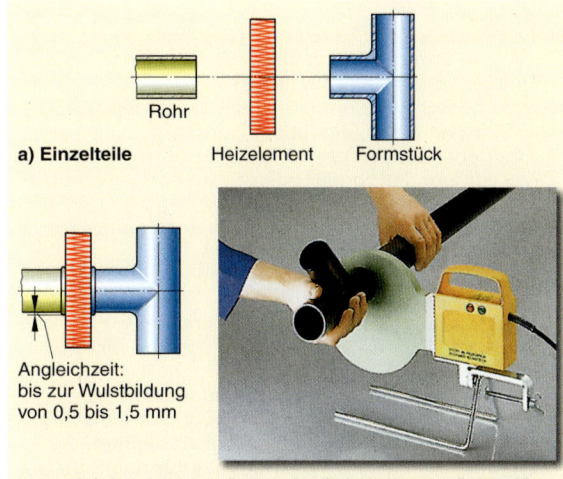

a) Einzelteile Heizelement Formstück

Angleichzeit:
bis zur Wulstbildung
von 0,5 bis 1,5 mm

b) Angleichen und Anwärmen der Rohrenden am Schweißspiegel - ohne Druck

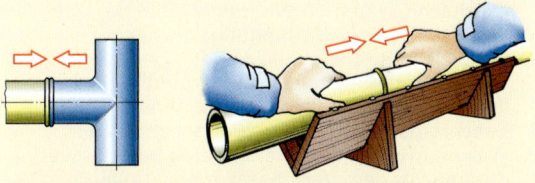

c) Zusammenpressen der teigig gewordenen Rohrenden - Anpressdruck langsam steigern, halten und abkühlen lassen.

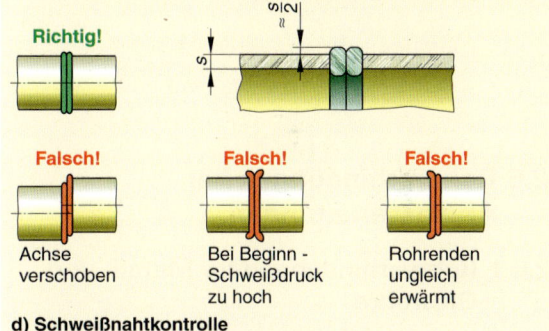

Richtig!

Falsch!
Achse verschoben

Falsch!
Bei Beginn - Schweißdruck zu hoch

Falsch!
Rohrenden ungleich erwärmt

d) Schweißnahtkontrolle

1 Heizelement-Stumpfschweißen von Hand

Planhobeln der Rohrenden in der PE-Schweißmaschine, danach Schweißspiegel einschwenken, Anwärmen und sofort stumpfschweißen

3 Heizelement-Stumpfschweißen mit Maschine

4

Übungen:

1. Welche Vorschriften gelten grundsätzlich für den Einbau von Rohrverbindungen?
2. Welche Rohrverbindungen können verdeckt, z. B. in der Wand, eingebaut werden?
3. Überlegen Sie, warum z. B. PE-X-Rohre nur mit Verbindern des zugehörigen Systems eingebaut werden dürfen.
4. Welche Gewindearten gibt es im Rohrleitungsbau? Wie lauten ihre Kurzzeichen?
5. a) Warum benötigen Rohrgewinde nach EN 10 226 nur ganz wenig Dichtmittel?
6. b) Warum schadet zu viel Dichtmaterial?
7. Welches Dichtmaterial ist für PVC-Rohre nicht zulässig?
8. Worauf ist beim Gewindeschneiden zu achten?
9. Welche Voraussetzungen sind nötig, damit Rohrgewindeverbindungen auf Dauer dicht bleiben?
10. Nennen Sie lösbare Verbindungen für den Rohrleitungsbau.
11. Was versteht man unter einer
    - kraftschlüssigen Verbindung
    - stoffschlüssigen Verbindung
12. Für welche Rohre eignen sich Pressverbindungen?
13. Welche Vorteile bieten Pressverbindungen?
14. Welche Arten von Presswerkzeugen kennen Sie? Beschreiben Sie deren Anwendungsbereich.
15. Warum müssen die Einstecktiefen bei Pressverbindungen vor dem Verpressen markiert sein?

16. a) Nennen Sie Vorteile und Bauarten von Rohrkupplungen.
    b) Welche Arten kennen Sie?
17. Wann und wofür setzt man Klemmverbinder ein?
18. Nennen Sie Bauarten von Klemmverbindern und zählen Sie auf, welche Sorten Sie verwenden.
19. Nennen Sie Verbindungsmöglichkeiten für Stahlrohre EN 10 255 und für Rohre aus:
    - Kupfer
    - Edelstahl
    - PE-HD
    - PE-X
    - Metallverbundrohr
20. Wie sind Trinkwasserleitungen aus Kupfer grundsätzlich zu löten? Nennen Sie Lote und Flussmittel dafür?
21. Wann müssen Kupferrohre hart gelötet werden?
22. Bei welchen Leitungen kann man Kupferrohre ohne Bedenken aushalsen?
23. Beschreiben Sie das Stumpfschweißen eines PE-HD-Rohres DN 100.
24. Wie wird ein Polybutenrohr mit einem PB-Winkel verschweißt?
25. Wie entsteht der Schweißdruck beim
    a) Heizwendelschweißen
    b) Spiegelschweißen
    c) Heizelement-Muffenschweißen

4.2.6 Rohrverbindungen bei Abwasserleitungen

4.2.6.1 Rohrverbindungen für Metall- und Glasrohre

Gussrohre und Formstücke verbindet man durch:
- Spannverbinder aus Chromstahl mit Dichtmanschetten aus Synthetikkautschuk
- Sicherungsschellen für hohen Innendruck
- PP-Doppelmuffen, glasfaserverstärkt mit Lippendichtmanschette
- Gummiverbinder mit Lippendichtung und stufenweise austrennbaren Böden

Spannverbinder aus Chromstahl mit Dichtmanschetten aus Synthetikkautschuk sind einfach zu handhaben. Ein Distanzring in der Dichtmanschette mindert die Körperschallübertragung, da er die Rohrenden nicht aneinander stoßen lässt.

Zu unterscheiden sind:
- Profilverbinder
- Spannbänder

Profilverbinder mit abgewinkelten Flanken und 1 Spannschraube, ➜ 137.1a, sind schnell anzubringen, denn sie werden nur auf das Rohrende gesteckt und nur eine Schraube ist anzuziehen. Bis kurz vor dem Festziehen lassen sich Formstücke noch ausrichten.

Spannbänder (CV-Verbinder) mit 2 Spannschrauben, ➜ 137.1b, sind für Übergänge auf ältere Gussrohre geeignet oder für den nachträglichen Einbau von Formstücken in bestehende Leitungen, z. B. Abzweige.

Sicherungsschellen für hohen Innendruck, z. B. bei Druckleitungen von Hebeanlagen, Regen- und Schmutzwasserleitungen im Rückstaubereich, ergeben kraftschlüssige Verbindungen bei Innendrücken bis 3 bar (DN 200) bzw. ≤ 10 bar (DN 50 bis DN 100).

Es gibt Sicherungsschellen die:
- über die Spannverbinder gelegt werden, ➜ 137.1c
- Leitungsteile verbinden, dichten und gleichzeitig sichern, ➜ 137.1d

Glasfaserverstärkte **PP-Doppelmuffen** mit Lippendichtmanschette sind bei Grundleitungen einzusetzen, ➜ 137.1e. Durch die eingeformten Spannbänder wird die Rohrverbindung auch längskraftschlüssig (wichtig bei Druckproben ohne Erddeckung).

Gummiverbinder mit Lippendichtung und stufenweise austrennbaren Böden (Konfix-Verbinder) eignen sich zum Anschluss von Rohren aus anderen Werkstoffen, z. B. aus Kunststoff, oder von Rohren mit geringerem Außendurchmesser, → 2. Gegen Abgleiten soll ein Spannband sichern.

Stahlrohre und zugehörige Formstücke werden mit ihrem Spitzende in die Muffe des nächsten Leitungsstückes gesteckt. Abgedichtet wird durch eine in die Muffe eingelegte Lippenmanschette aus Perbunan, → 114.1a. Beim Ablängen mit dem Rohrabschneider wird das Rohrende leicht eingezogen. Dies erleichtert das Einschieben und schützt das Dichtelement vor Beschädigung. Vor dem Einschieben sind die elastischen Dichtringe oder das Rohrende mit Gleitmittel, notfalls mit Schmierseife, zu bestreichen. Öl oder Fett sind ungeeignet, da sie Dichtungen angreifen.

Industriell können ganze Elemente aus Stahlrohren mit Halterungen für andere Versorgungsleitungen und für Sanitärapparate vorgefertigt werden. Rohrverbindungen werden dabei geschweißt. Erst nach dem Schweißen werden die Kombinationen verzinkt und innen beschichtet.

Glasrohre werden durch Kupplungen verbunden, → 3. Diese bestehen aus:
- Edelstahlschelle mit elastischer Gummieinlage aus EPDM, ein- oder zweiteilig
- chemisch sehr beständigem PTFE-Dichtring

Die Spannmutter ist mit dem Drehmomentschlüssel anzuziehen.

Unmittelbar am Übergang zu Fremdrohren sind Glasrohre mit einer Festpunkthalterung zu sichern, damit Längenänderungen nicht auf das Glasrohr einwirken. Deshalb dürfen Glasrohre auch nicht in gemeinsamen Halterungen mit anderen Rohren verlegt werden.

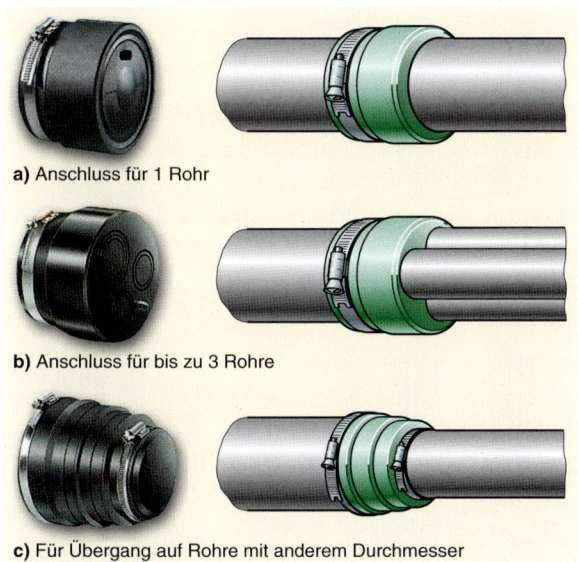

a) Anschluss für 1 Rohr

b) Anschluss für bis zu 3 Rohre

c) Für Übergang auf Rohre mit anderem Durchmesser

2 Gummiverbinder bei SML-Rohren

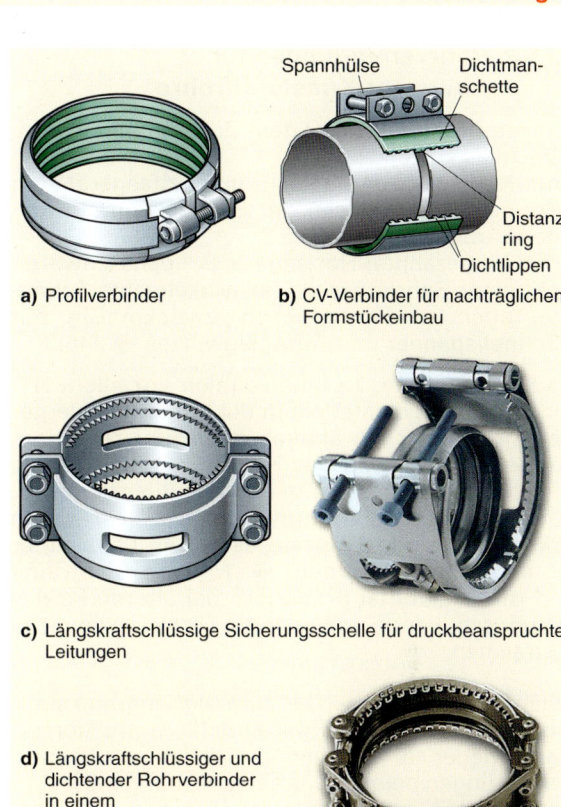

a) Profilverbinder

b) CV-Verbinder für nachträglichen Formstückeinbau

c) Längskraftschlüssige Sicherungsschelle für druckbeanspruchte Leitungen

d) Längskraftschlüssiger und dichtender Rohrverbinder in einem

e) Spannverbinder für TML-Rohre zur Erdverlegung

1 Rohrverbinder für Gussrohre

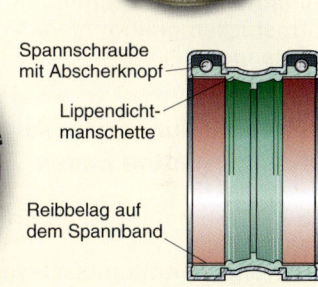
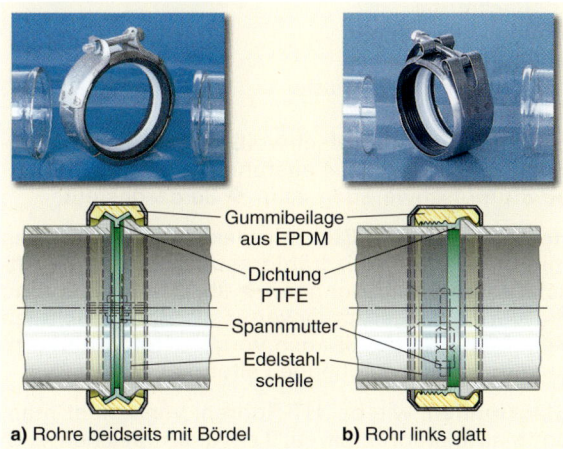

a) Rohre beidseits mit Bördel

b) Rohr links glatt

3 Rohrkupplungen für Glasrohre

4.2.6.2 Rohrverbindungen für Abwasser-Kunststoffrohre

Kunststoffrohre sind vor dem Zusammenbau winkelrecht zu kürzen:

- mit Kunststoffrohrabstech- und Anfasgerät zum Trennen und Anfasen der Einsteckenden in einem Arbeitsgang, ➜ 145.2
- mit feingezahnter Holzsäge, z. B. Fuchsschwanz
- mit einer Gehrungssäge für winkelrechte Schnitte, auch an Formstücken, zweckmäßig mit Schnellspanner und Anschlagwinkel, ➜ 145.3

Bei **Muffenrohren**, zu ihnen zählen vor allem HT- und KG-Rohre, dichtet ein in die Muffe eingelegter Lippenring oder ein ähnlich geformter Dichtring. Um das Einschieben des Rohres in die Muffe zu erleichtern, genügt es, bei Lippendichtringen o. Ä. das Spitzende zu entgraten. Bei den früheren Rollringdichtungen musste es außen etwa unter 15° angeschrägt werden, ➜ 1. Neue Dichtringe sind mit Gleitmittel präpariert; bei älteren ist das Rohreinschubende und/oder der Dichtring damit zu bestreichen.

> Nach dem Einschieben bis zum Muffengrund sind Rohre am Muffenrand mit Filzstift zu markieren, dann wieder ca. 1 cm herauszuziehen, um Längenänderungen beim Erwärmen aufzufangen, ➜ 1.

Dies ist nicht nötig bei Aufsteckmuffen nach ➜ 2. Bei aufeinander folgenden, kurzen Rohr- oder Formstücken genügt etwa 1 cm Dehnraum je 2 m Rohrlänge.

Rohrverbindungen für Abwasser-Kunststoffrohre mit glatten Enden

PE-HD-Rohre mit glatten Enden werden verbunden durch:

- Heizelement-Stumpfschweißen
- Heizwendelschweißen mit Schweißmuffen mit eingelegten Heizdrähten
- Spannverbinder
- Steckmuffe
- Verschraubung
- Langmuffe
- Stütz- und Dehnmuffe

Heizelement-Stumpfschweißen (Spiegelschweißen) ist in Kap. 4.2.5.4 ausführlich beschrieben. Eine Stumpfschweißung ist in ➜ 3a dargestellt.

Heizwendelschweißen mit Elektroschweißmuffen mit eingelegten Heizdrähten ergibt schnelle kraftschlüssige Verbindungen, ➜ 3b. Bis DN 125 sind die Verbindungen preiswerter als Spiegelschweißen. Man fügt damit auch vorgefertigte Rohrkombinationen an bestehende Leitungsteile.

Steckmuffen, wie bei HT-Rohren, verwendet man, um Maßtoleranzen bis ca. 3 cm auszugleichen, z. B. bei Wannen- oder Waschtischanschlüssen, ➜ 3d.

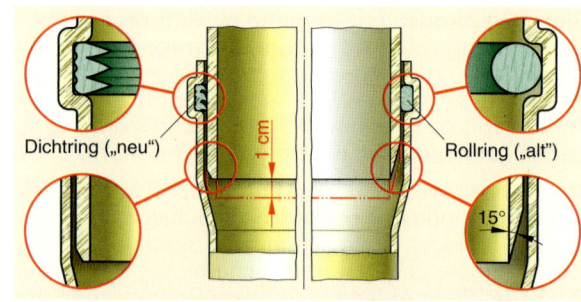

1 Steckmuffe mit Dichtring neu und Rollring alt

Dichtring („neu") — Rollring („alt") — 1 cm — 15°

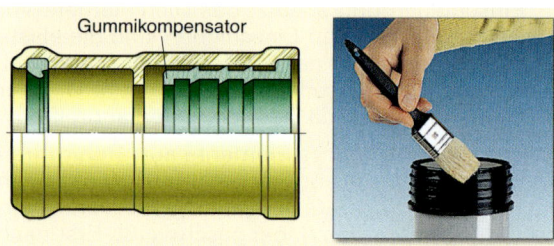

Gummikompensator

Gummikompensator vor Montage herausnehmen, auf das nicht angefaste Rohreinsteckende stülpen und mit Gleitmittel bestreichen.

2 Aufsteckmuffe für mineralverstärkte HT-Rohre

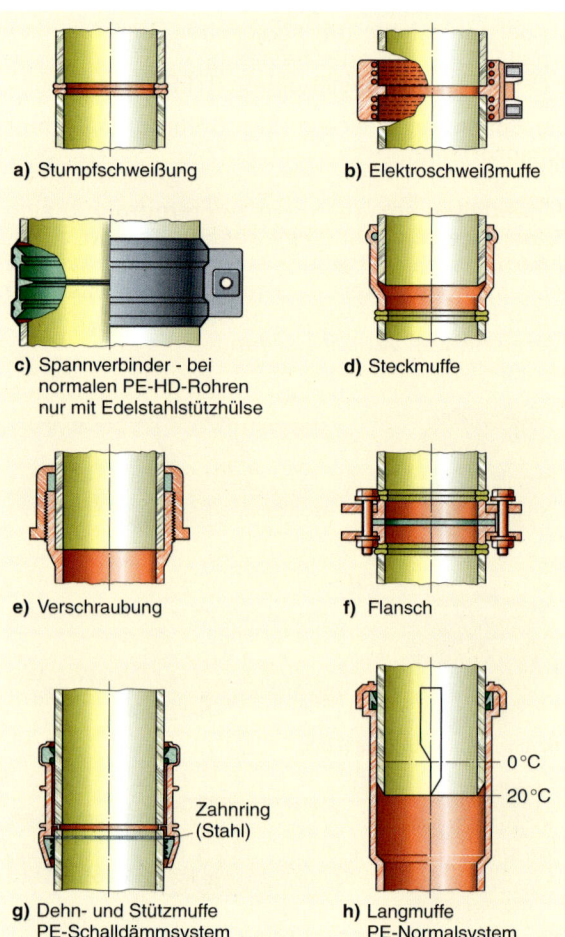

a) Stumpfschweißung

b) Elektroschweißmuffe

c) Spannverbinder - bei normalen PE-HD-Rohren nur mit Edelstahlstützhülse

d) Steckmuffe

e) Verschraubung

f) Flansch

g) Dehn- und Stützmuffe PE-Schalldämmsystem

Zahnring (Stahl)

h) Langmuffe PE-Normalsystem

0°C — 20°C

3 Rohrverbindung bei PE-HD-Rohren

Verschraubungen bei kleiner Nennweite und **Flansche** bei großer Nennweite sind sinnvoll, wenn die Verbindungen lösbar sein sollen, z. B. bei Verbindungsleitungen, Anschlussleitungen, ➜ 138.3e.

Langmuffen dienen als Steckverbindung zum Dehnungsausgleich, sie sind in Fallleitungen in jedem Stockwerk, bei waagerechten Rohrstrecken mindestens alle 6 m vorzusehen, ➜ 138.3h.

Stütz- und Dehnmuffen ersetzen beim PE-Schalldämmsystem Langmuffen, ➜ 138.3g, 162.2b.

Schalldämmende PE-Rohre verbindet man mit Spannverbindern (ähnlich wie SML-Rohre) oder mit Schweißmuffen wie normale PE-HD-Rohre, ➜ 1, 138.3c. Nur eine Inbusschraube ist festzuziehen.

HT- bzw. PP-Rohre mit glatten Enden werden mit Doppelmuffe verbunden, ➜ 2a.

ABS-Rohre mit glatten Enden werden mit Klebe-, Doppel- oder Überschiebmuffen verbunden, ➜ 2.

Schalldämmende HT-Rohre mit glatten Enden werden durch Doppelmuffen verbunden, ähnlich ➜ 2a, oder durch Aufsteckmuffen, die mögliche Längenänderungen der Rohre aufnehmen, ➜ 138.2.

In bestehende Leitungen baut man **nachträglich Formstücke** ein:
- bei HT-Rohren mit Überschiebmuffen mit Dichtringen, ➜ 2c,
- bei PE-Rohren mit Heizwendel-Schweißmuffen, ➜ 3; um die Schweißmuffe mit ganzer Länge zunächst auf ein Rohrteil zu schieben, wie in ➜ 2c, ist darin der Anschlagring zu entfernen.

4.2.6.3 Rohrübergänge bei Abwasserleitungen

Übergänge auf andere Rohrarten sind problemlos, wenn die Außendurchmesser der Rohre gleich groß sind.

Bei geringen Abweichungen genügt es manchmal, ein Schlauchstück auf das dünnere Rohr zu schieben, um die Außendurchmesser einander anzupassen.

> Wenn dies nicht ausreicht, helfen Übergangsstücke mit entsprechenden Dichtringen, z. B.:
> - Spannverbinder
> - Schrumpfmuffen
> - Gummiverbinder
> - Gummisteckverbinder

Bei **Spannverbindern** mit Dichtmanschette (CV-Verbinder) ist beim Übergang von Kunststoffrohr auf Gussrohr gleichen Außendurchmessers in das Kunststoffrohr eine Edelstahlstützhülse einzuschlagen, da Kunststoff im Zeitlauf „wegfließt", ➜ 4, 138.3c.

Schrumpfmuffen mit Dichtringeinlage ergeben sichere Übergänge in Fließrichtung auf PE- oder HT-Rohre. Man kann sie als Formstück kaufen, notfalls selbst anfertigen; dazu ist das Ende eines PE-, HT- oder PVC-Rohres vorsichtig anzuwärmen, mit entsprechendem Dorn (Rohrstück mit entsprechendem Durchmesser) aufzuweiten und rasch abzukühlen. Beim Wiedererwärmen schrumpft die Muffe auf den ursprünglichen Durchmesser und presst sich fest an das eingeschobene Rohr mit eingelegtem Dichtring, ➜ 5.

Spezielle Gummiverbinder für den Anschluss an SML-Rohre bis DN 100 zeigt Bild ➜ 137.2. Sie sind mit einem Spannband zu sichern. Öffnungen werden nachträglich mit dem Taschenmesser ausgeschnitten.

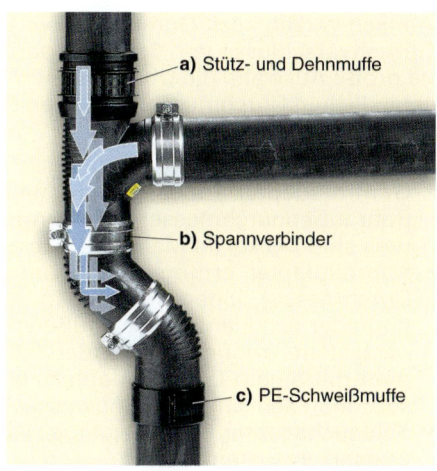

1 Schalldämmende PE-Leitung (Ausschnitt)

a) Stütz- und Dehnmuffe
b) Spannverbinder
c) PE-Schweißmuffe

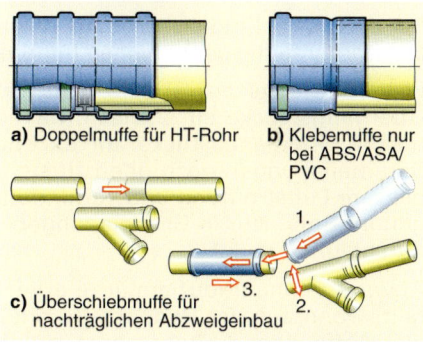

a) Doppelmuffe für HT-Rohr
b) Klebemuffe nur bei ABS/ASA/PVC
c) Überschiebmuffe für nachträglichen Abzweigeinbau

2 Muffen für HT- und KG-Rohr mit glatten Enden

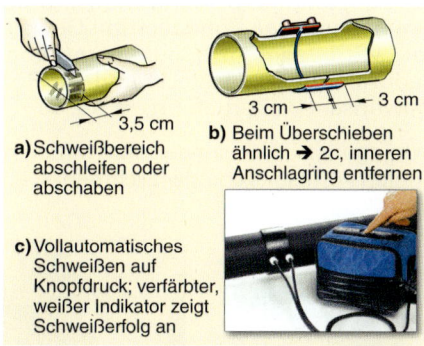

a) Schweißbereich abschleifen oder abschaben — 3,5 cm
b) Beim Überschieben ähnlich ➜ 2c, inneren Anschlagring entfernen — 3 cm / 3 cm
c) Vollautomatisches Schweißen auf Knopfdruck; verfärbter, weißer Indikator zeigt Schweißerfolg an

3 Heizwendel-Schweißmuffe - Schweißvorgang

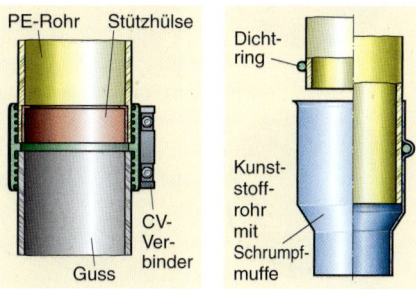

PE-Rohr   Stützhülse
CV-Verbinder
Guss

Dichtring
Kunststoffrohr mit Schrumpfmuffe

4 Spannverbinder mit Dichtmanschette (CV-Verbinder)

5 Schrumpfmuffe

4

4

Ähnlich wirken auch **Gummisteckverbinder** zum Anschluss der Geruchverschlüsse von Sanitärapparaten, ➜ 1 bis 3. Es gibt eine große Auswahl, die Übergänge ermöglichen zwischen unterschiedlichen Durchmessern und verschiedener Rohrarten, auch sehr alter.

Man unterscheidet:
- Gummiadapter für verschiedene Rohrwerkstoffe und für Rohraußendurchmesser von 32 mm bis 160 mm, ➜ 1. Eventuell sind Deckel an Markierungen auszuschneiden, ➜ 137.2.
- Kombiadapter ermöglichen Übergänge auch auf mehrere Durchmesser, indem man einen Teil des Adapters abtrennt und/oder den Flansch nach außen oder innen stülpt und/oder nach dem Trennen ineinander stülpt, ➜ 3. Eventuell kann man mit einem Gummiadapter kombinieren. Kombiadapter setzt man ähnlich ein wie Abwasser-Innenreduzierstücke, ➜ 6.
- Schlauchadapter für Übergänge zwischen verschiedenen Abwasserrohrsystemen, ➜ 2.
- Adapterkupplungen (zentrisch) mit Spannbändern für Übergänge bei Änderungen von Nennweiten und/oder Rohrmaterial.

Bei der Vielzahl möglicher Rohrübergange kann hier nur auf die Lieferprogramme der einzelnen Rohrhersteller verwiesen werden.

Für Übergänge auf andere Rohrweiten sind entsprechende Übergangsstücke einzusetzen; für liegende Leitungen exzentrische Übergangsstücke. Ihr Excenter ist in Anschluss- und Sammelleitungen nach oben zu stellen, ➜ 4. Dies ergibt eine bessere Luftströmung und verhindert weitgehend Rückspülungen im Rohr. Nur in Grundleitungen, muss die Rohrsohle glatt durchlaufen, ➜ 275.3.

Abwasser-Innenreduzierstücke erleichtern die Arbeit, wenn aus der Bodenplatte oder aus Decken die Muffe eines Abflussrohres, aus HT- oder KG-Rohr zu weit herausragt oder falsch platziert ist, ➜ 6a. Statt stundenlang mühsam aufzustemmen um das zu lange Rohrstück mit Gewalt herauszuholen, wird das Rohr bündig abgetrennt, das Innenreduzierstück eingesteckt und die Rohrleitung wie gewünscht weitergeführt, ➜ 6b, 6c.

> Übergänge auf Steinzeugrohre dürfen nur mit geeigneten Formstücken oder Dichtringen erfolgen, ➜ 5.

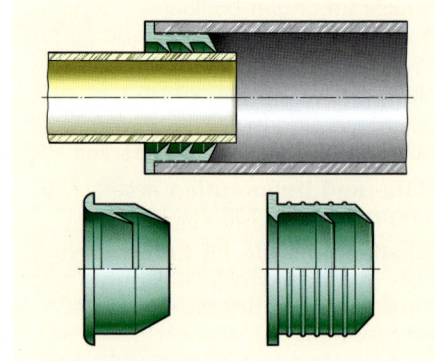

1 Gummisteckverbinder

2 Adapterkupplung mit Spannbändern für Nennweiten und Werkstofffänderungen

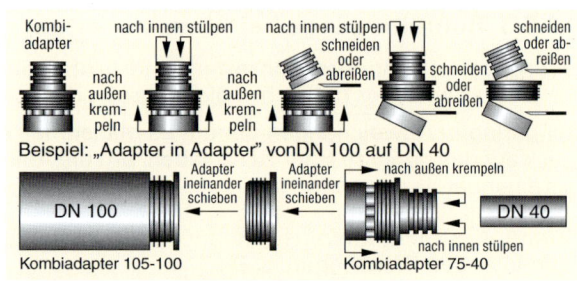

3 Kombiadapter – vielfach verwendbbar

b) Statt mühsamen Aufstemmens

a) Innenreduzierstücke

c) ...Muffe mit Rohr abtrennen und Innenreduzierstück einsetzen

6 Innenreduzierstücke für HT und KG-Rohr in Nennweiten DN 75x50 bis 160x110

4 Nennweitenänderung in Anschluss- und Sammelleitungen – in Grundleitungen ist der Excenter nach unten zu stellen, vgl. ➜ 275.3

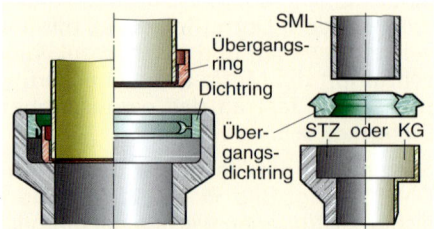

5 Übergang Kunststoff oder Guss auf Steinzeug

4.3 Verlegen von Rohrleitungen

4.3.1 Grundsätze für das Verlegen von Rohrleitungen

Rohrleitungen sind übersichtlich anzuordnen, auf kürzestem Wege und senkrecht zu Decken und Wänden zu verlegen, ➜ 1.

Sie sind mit ausreichendem Abstand zu Decken, Wänden und anderen Leitungen zu befestigen, z. B. ➜ 158.2. Dabei ist zu berücksichtigen, dass Rohre u. U. nachträglich zu dämmen sind. Vor allem ist zu achten auf Forderungen der Energiesparverordnung zum Schall- und Brandschutz und zur Standsicherheit von Wänden.
Bei der Druckprüfung sind alle Verbindungsstellen einer Rohrleitung, bis zum Leitungsauslass vor die fertige Wand, zu erfassen.

Beispiel:
So genannte „Hahnverlängerungen" bzw. „Messingverlängerungen", oft bei der Armaturenmontage eingesetzt, sind nicht fachgerecht. Ihre Dichtfläche liegt hinter bzw. innerhalb der Wand, ist nicht prüfbar.

Rohrleitungen dürfen nicht durch Schornsteine, Schornsteinwangen, Müllabwurf- und Lüftungsschächte geführt werden. Tragende Gebäudeteile dürfen nicht geschwächt werden, z. B. Deckenelemente, Fenster- und Türstürze, Unterzüge, Balken, Doppel-T-Träger. Nur mit ausdrücklicher Genehmigung des verantwortlichen Statikers sind Eingriffe möglich.

Rohrleitungen
- werden in Kellerräumen meist unterhalb der Kellerdecke bzw. vor der Wand verlegt
- sollten durch die Stockwerke in Vorwandschächten geführt werden, wenn keine Wandaussparungen vorhanden sind
- sollten in den Stockwerken unbedingt in eine Vorwandinstallation einbezogen werden
- werden heute auch auf der Rohdecke verlegt
- können in der Bauphase auch in die Rohdecke verlegt werden

Eine **„Schlitzinstallation"** ist die schlechteste und teuerste Lösung.

Beim Verlegen von Leitungen **auf der Rohdecke**, ist zu beachten, ➜ 2:
- Im Fußbodenbereich sollen keine Rohrverbindungen liegen, auch nicht als dauerhaft dicht geltende, denn langfristig sind sie ein Risikofaktor. Deshalb sind Rohre vom Ring in einem Stück zu verlegen.
- Leitungen müssen innerhalb der Trittschalldämmung liegen; sie dürfen keinen Kontakt mit dem Estrich haben (Schallbrücke!); günstig sind in Wellrohr bzw. in Dämmschalen verlegte Rohre; dies schützt auch Kaltwasserleitungen vor Tauwasserbildung bzw. vor Erwärmung, ➜ 3.
- Auf keinen Fall dürfen Leitungen bzw. deren Dämmung in den Estrich ragen; der Estrich und Bodenbeläge wie Fliesen, Steinplatten, Parkett würden unvermeidbar reißen, ➜ 4.
- Obwohl Warmwasserleitungen ≤ DN 20 ohne Zirkulation nach EnEV nicht unbedingt wärmegedämmt sein müssen, sollte dies auf Rohdecken trotzdem geschehen, um eine lokale Überhitzung des Estrichs direkt über dem Rohr zu vermeiden. Der Estrich bzw. die darüber liegenden Bodenfliesen, könnten sonst reißen.

In die Rohdecke werden vor allem flexible Rohre für Trinkwasserleitungen und Abwasserleitungen meist aus PE verlegt, ➜ 2.

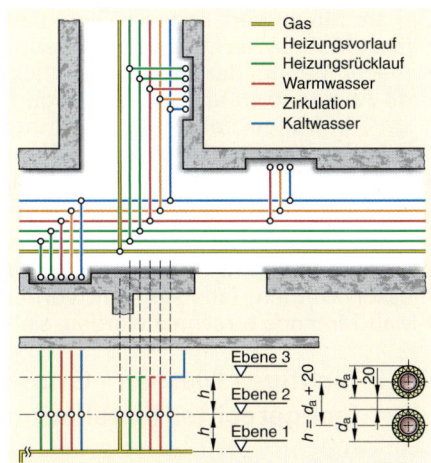

1 Übersichtliche Anordnung von Rohrleitungen

Geringe Druckverluste, gute Schalldämmung, schnelle Rohrverlegung, große Biegeradien für eventuelles Auswechseln der Rohre.

2 Verlegen von Flex-Rohren auf Rohfußboden und vor der Wand

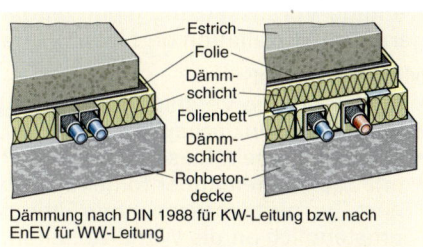

Dämmung nach DIN 1988 für KW-Leitung bzw. nach EnEV für WW-Leitung

3 Leitungseinbettung in die Trittschalldämmung

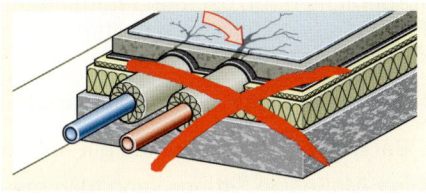

4 Unsachgemäßes Verlegen von Leitungen auf der Rohdecke

Grundsätzlich ist vor dem Verlegen von Leitungen der Leitungsverlauf an Decken und Wänden anzureißen, um die Rohrbefestigungen zu setzen.

Lange gerade Rohrstrecken reißt man an:
- durch „Abschnüren" mit einer in Farbmehl, z. B. Ocker, getauchter Schnur, die längs der gedachten Linie gespannt und gegen die Decke bzw. Wand geschnellt wird
- durch Einbrennen eines Laserstrahls

Der am Mauerwerk so festgelegte Leitungsverlauf:
- lässt Maßabweichungen vom Bauplan erkennen
- macht Mängel der Planung deutlich, z. B. fehlende Abstände zu anderen Leitungen, wie Abwasser-, Lüftungs-, elektrische Leitungen oder zu Wänden, Decken, Unterzügen, Türen
- kann vor Probleme an Kreuzungen mit anderen Rohrsystemen und Verkehrswegen bewahren

Nachdem die Rohrbefestigungen gesetzt sind, können die einzelnen Rohrlängen nacheinander abgemessen werden, falls sie nicht vorher mithilfe der z-Maß-Methode errechnet wurden, siehe Kap. 4.3.2.

4.3.2 Richtiges Messen - Grundlage fachgerechter Installation

> Genaues Messen muss jeder Fertigung unbedingt vorausgehen.

Ideal ist es, wenn die Leitungsmaße genauen Plänen entnommen werden können, ➔ 1. Selbstverständlich müssen beteiligte Gewerke plangenau arbeiten, vor allem Maurer, Trockenbauer Architekten und Sanitärplaner haben dabei eine wichtige Aufgabe auch als Koordinator.

> Es ist zweckmäßig, immer zur Mitte von Rohrleitungen oder Apparaten zu messen (**Achsmaße**), ➔ 1.

Das **Messen mit Achsmaßen (Mitte-Mitte)** ist notwendige Voraussetzung jeder zeitgemäßen, fachgerechten Installation und jeder Vorfertigung.

Mitte-Mitte-Maße
- erleichtern die Verständigung bei Absprachen,
- vermeiden Unklarheiten,
- ermöglichen ein fliesengerechtes Planen,
- erlauben, aufeinander folgende Rohrstücke in einem Zug auszumessen, ohne Fittings als Maßhilfe umständlich an die Wand zu halten.

Aus den „Mitte-Mitte-Maßen (M)" lässt sich der erforderliche Rohrzuschnitt l mithilfe der z-Maße von Fittings bzw. Armaturen bestimmen, ➔ 3.
Bei Fittings bzw. Armaturen ist das z-Maß

> z = Fittingachse - Einschraublänge[1] des Rohres

([1]Bei Rohren ohne Gewinde gilt Rohr-Einstecktiefe.)

Die z-Maße von Fittings kann man messen, ➔ 3; bei speziellen Armaturen ist es schwierig.

Bei ganzen Leitungssystemen sind z-Maß-Tabellen sinnvoll; alle Formstück- und Armaturenhersteller bieten derartige an, Auszug siehe ➔ 143.1.

Die Zuschnittlänge eines Rohres erhält man, ➔ 3:

> Rohrlänge $l = M - (z_1 + z_2)$

Ermitteln des Rohrzuschnittes im Einzelfall, ➔ 3:
- entsprechende Fittings auf die Werkbank legen und ihre Achsen nach Maß M ausrichten mm
- Länge > 1,0 m bleibt zunächst unberücksichtigt,
- die Rohrzuschnittlänge l messen, eventuell Längenmaße > 1,0 m addieren.

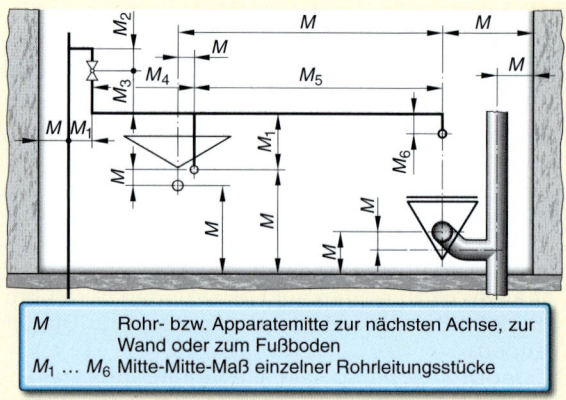

| M | Rohr- bzw. Apparatemitte zur nächsten Achse, zur Wand oder zum Fußboden |
| $M_1 \dots M_6$ | Mitte-Mitte-Maß einzelner Rohrleitungsstücke |

1 Messen Mitte-Mitte

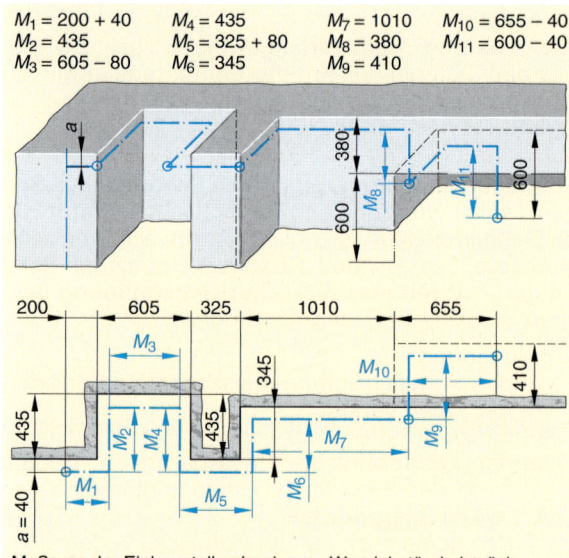

$M_1 = 200 + 40$ $M_4 = 435$ $M_7 = 1010$ $M_{10} = 655 - 40$
$M_2 = 435$ $M_5 = 325 + 80$ $M_8 = 380$ $M_{11} = 600 - 40$
$M_3 = 605 - 80$ $M_6 = 345$ $M_9 = 410$

Maße an der Einbaustelle abnehmen, Wandabstände berücksichtigen und Maß M in Schemablatt, ➔ 143.2, eintragen

2 Ermitteln der Maße Mitte-Mitte-Maße M aus Plänen

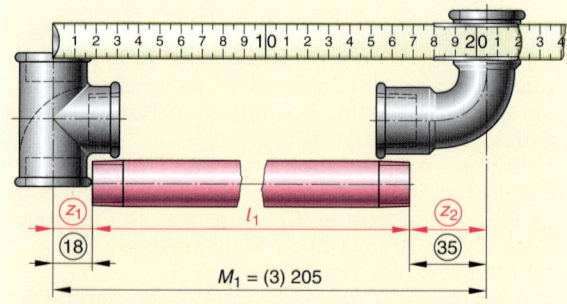

3 Bestimmen der Rohrzuschnittlänge mithilfe des Achsmaßes M und der z-Maße $z_1 + z_2$

1. Beispiel - Rohrzuschnitt l **ohne** Tabelle:

Maß Mitte-Mitte: M = 3205 mm, ➔ 3:

- Fittings hier im Abstand M_1 = 205 mm auflegen, dabei Länge > 1 m weglassen, hier 3 m
- Rohrlänge l_1 ausmessen l_1 = 152 mm
- Rohrzuschnittlänge (= l_1 + 3 m) l_1 = **3152 mm**

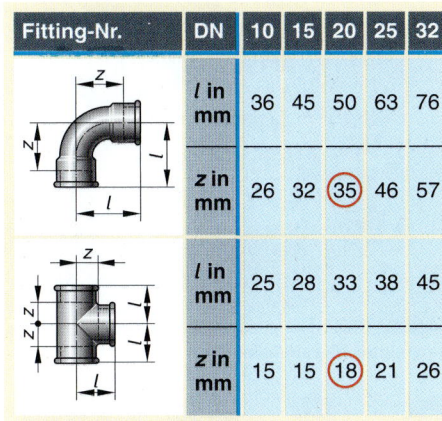

Fitting-Nr.	DN	10	15	20	25	32
	l in mm	36	45	50	63	76
	z in mm	26	32	(35)	46	57
	l in mm	25	28	33	38	45
	z in mm	15	15	(18)	21	26

1 Auszug aus *z*-Maß-Tabelle für Gewindefittings

Rohrzuschnitte mit z-Maß-Tabellen

z-Maß-Tabellen ersparen ein Messen am Fitting oder an Armaturen, ➔ 1, 3. Mit Tabellenmaßen lassen sich die Rohrzuschnitte ganzer Rohrsysteme berechnen. Dies ist bei einer Vorfertigung unerlässlich.

2. Beispiel - Rohrzuschnitt *l* **mit** Tabelle:
Maß Mitte-Mitte: $M = 3205$ mm, ➔ 142.3:

Die in ➔ 1 eingekreisten Maße „*z*", sind vom Maß „*M*" abzuziehen:
$$l = M - (z + z) = 3205 \text{ mm} - (35 \text{ mm} + 18 \text{ mm})$$
$$l = 3152 \text{ mm}$$

Bei **Fittingkombinationen** erhält man das Maß *M*, ➔ 4:

$$M = h + z$$

Schräg führende Rohrleitungsstücke werden immer rechtwinklig ausgemessen. Die schräge Rohrlänge wird errechnet[1] , ➔ 5.

Die Vorfertigung in der Werkstatt spart Zeit und Kosten, denn es herrschen keine Baustellenbedingungen:
- **räumlich**: kurze Wege, hell, warm, trocken, weniger Lärm und Staub
- **Material**: großes, geordnetes Fitting- und Rohrlager, dem Arbeitsplatz günstig zugeordnet
- **Werkzeug**: da nicht auf Baustellen verteilt, sind nicht so viele, dafür hochwertige Maschinen möglich wie EDV-gesteuerte Elektrosäge, stationäre Kunststoffschweißmaschine, Gewindeschneidmaschine - dazu noch weitgehend diebstahlsicher; Pflegeaufwand und Verschleiß sind ohne Bauschmutz geringer
- **personell**: Hilfskräfte sind einsetzbar, kaum Wegezeiten, Büronähe bei Rückfragen
- **Kosten**: geringer Fahrzeugpark, keine Auslösung und Fahrtkosten, bessere Kontrolle, niedriger Unkostenfaktor; beim Transport kompletter Einheiten zur Baustelle wird kaum etwas „vergessen", ➔ 144.1

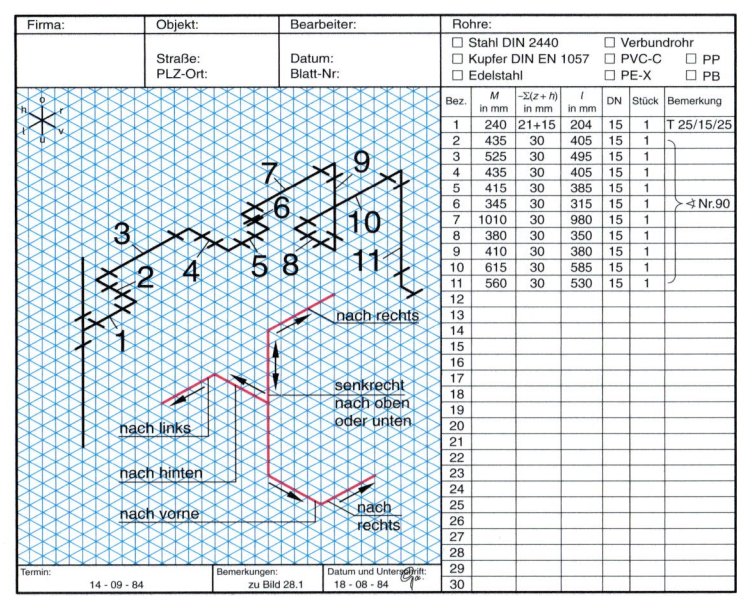

2 Rohrzuschnitte mit Fittingsauszug nach Raumschemablatt ➔ 142.2

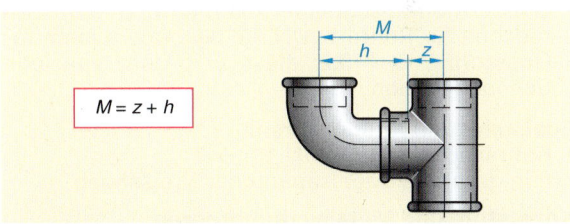

Fitting-Nr.	DN	12	15	20	25
	d	16	20	26	32
	R	1/2	1/2	3/4	1
	l	22	25	35	36
	l_1	50	53	53	62
	z	9	12	20	19
	z_1	24	25	25	34
Fitting-Nr.	**DN**	**15/12/15**	**15/15/12**	**20/12/20**	**20/20/15**
	d	20	20	26	26
	d_1	16	20	16	26
	d_2	20	16	26	20
	l	101	99	100	115
	l_1	48	51	52	58
	z/z_2	22	22	17	22
	z_1	22	22	26	228

3 Beispiele für z-Maße von Verbundrohr-Fittings

$$M = z + h$$

4 Maß *M* bei Fittingkombination mit Innen- und Außengewinde

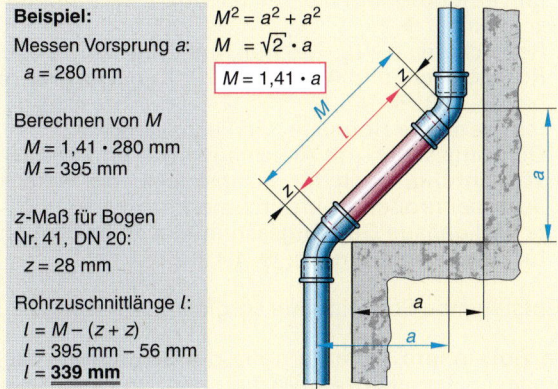

Beispiel:
Messen Vorsprung *a*:
$a = 280$ mm

$M^2 = a^2 + a^2$
$M = \sqrt{2} \cdot a$
$M = 1,41 \cdot a$

Berechnen von *M*
$M = 1,41 \cdot 280$ mm
$M = 395$ mm

z-Maß für Bogen Nr. 41, DN 20:
$z = 28$ mm

Rohrzuschnittlänge *l*:
$l = M - (z + z)$
$l = 395$ mm $- 56$ mm
$l = \underline{\mathbf{339 \text{ mm}}}$

5 Messen und Berechnen schräger Rohrlängen

Wer glaubt, die z-Maß-Methode sei nur bei Gewinderohren bedeutend, irrt.

Die z-Maß-Methode ist unerlässlich als Basis der Planung, Arbeitsvorbereitung und der Vorfertigung.

Denn sie eignet sich für jede Rohrverlegung mit Formstücken, also z. B. auch bei Edelstahl-, Kupfer-, Verbundrohren und, leicht abgewandelt, auch bei Abwasserleitungen, nicht nur bei Gewinderohren. So bieten Hersteller von Fittings, Formstücken **und** Armaturen auch z-Maß-Listen ihrer Produkte an.

Wichtig ist, dass der Installateur sich daran gewöhnt, in Millimeter zu messen und auch zu denken, damit er auch millimetergenau arbeiten kann.

Eine fliesengerechte Installation ist ohne „Millimeterarbeit" nicht möglich.

4.3.3 Trennen und Entgraten von Rohren

Rohre sind winkelrecht zu trennen.

Rohrabschneider, Rohrscheren, Schneidladen für Handsägen, Gehrungssägen oder Maschinensägen ermöglichen dies.
Bei den verschiedenen Rohrwerkstoffen und auch Nennweiten benutzt man unterschiedliche Trennwerkzeuge. Einzusetzen sind bei:
Stahl- und Gussrohren:
• Bügelsägen
• elektrische Metall-Kreis- oder Planetensägen für alle Nennweiten; sie sind oft an Gewindeschneidmaschinen angebaut, z. B. ➔ 119.3
• für Rohre ab DN 25 Rohrabschneider mit einem Schneidrädchen, ➔ 2
• Glieder-Rohrabschneider mit mehreren Schneidrädchen für Rohre ≥ DN 70, besonders auch für Gussrohre, ➔ 113.2; diese erfordern spezielle Schneidrädchen

Edelstahl- und Kupferrohren:
• Rohrabschneider ab DN 10, ➔ 2
• fein gezahnte Bügelsägen oder Kreissägen

Kunststoff und Metallverbundrohren:
• Rohrabschneider für PE-HD-, PE-X-, PB- und Metallverbundrohren bis d_a = 63 mm, bzw. Einhandschneider, ➔ 2
• Rohrscheren bis d_a = 26 mm, mit Entgrater, ➔ 3b
• Rohrabstech- und Anfasgerät für Kunststoffrohre bis DN 100, ➔ 145.1
• fein gezahnte Holzsäge wie Fuchsschwanz
• Gehrungssägen mit Anschlagwinkel und Spannvorrichtung, auch für Formstücke; sie liefern auch bei großen Rohrdurchmessern winkelrechte und genaue Gehrungsschnitte, z. B. bei Bogen für Abwasserleitungen, ➔ 4.

Entstehende Schneidgrate sorgfältig zu entfernen.

Im Rohrinnern behindern sie die Strömung, verursachen Turbulenzen (Wirbel) und Druckverluste und können Korrosionsschäden auslösen.

1 Verladen vorgefertigter Montageelemente

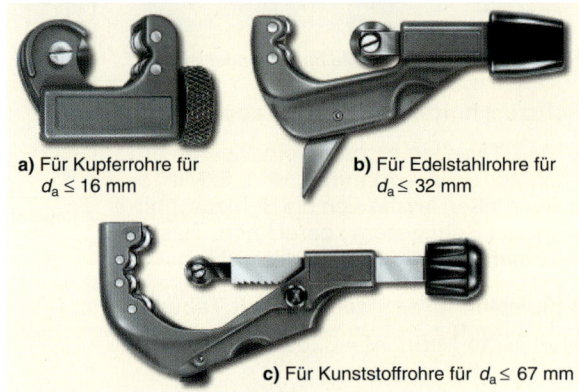
a) Für Kupferrohre für d_a ≤ 16 mm
b) Für Edelstahlrohre für d_a ≤ 32 mm
c) Für Kunststoffrohre für d_a ≤ 67 mm
2 Rohrabschneider für Cu- und Kunststoffrohre

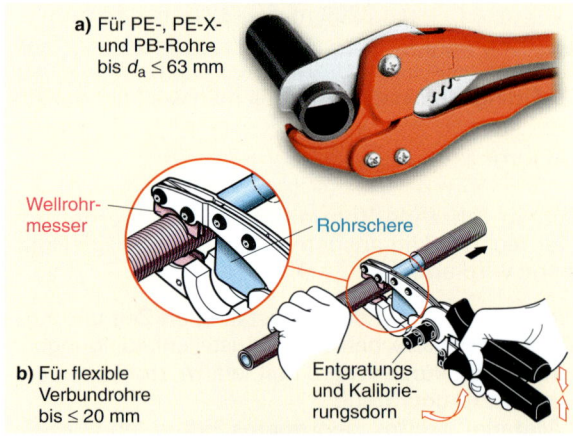
a) Für PE-, PE-X- und PB-Rohre bis d_a ≤ 63 mm
Wellrohrmesser
Rohrschere
Entgratungs und Kalibrierungsdorn
b) Für flexible Verbundrohre bis ≤ 20 mm
3 Rohrscheren, zum Teil mit Entgrater

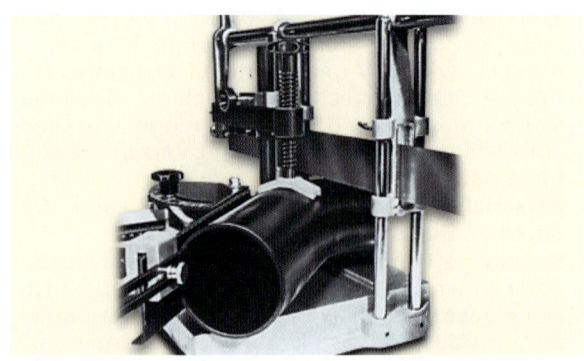
4 Gehrungssäge mit Spannvorrichtung und Winkelanschlag

Außengrate behindern das Anschneiden von Gewinden, das Einschieben der Rohre in Lötmuffen, Steckmuffen, Klemm- und Pressverbinder und sie verletzen evtl. deren Dichtringe oder den Verarbeiter.

Zum Entgraten benutzt man materialspezifische Entgrater, die bei Kunststoff- und Verbundrohren in Rohrscheren (bis d_a = 26 mm) integriert sind, ➔ 3. Entgrater haben mindestens drei Schneidkanten für innen oder für außen, ➔ 4.

Nach dem Entgraten sind Kupferrohre, Kunststoff- und Verbundrohre zu kalibrieren, das heißt auf genaues Maß zu bringen. Manche Werkzeuge erledigen dies in einem Arbeitsgang, ➔ 2, 3.

Bei Rohren, die in Muffen geschoben werden, wie Kupfer-, Edelstahl- und viele Kunststoffrohre, ist unbedingt die Einstecktiefe zu markieren.

Durch „Vergessen bzw. Unterlassen" sind schon erhebliche Wasserschäden entstanden, die von Versicherungen oft nicht abgedeckt wurden.

4.3.4 Biegen von Rohren

Wer beim Rohrverlegen keine Winkel bzw. Bogen einbaut, und statt dessen Rohre biegt, spart:
- Fittings und deren Einbau
- Nahtstellen, als Ursachen möglicher Undichtheit
- Arbeitszeit

Rohre können gebogen werden:
- von Hand
- mithilfe von Biegewerkzeugen

Von Hand zu biegen sind von PB-, PE-X- und Verbundrohre mit kleinen Nennweiten. Auch weiche Kupferrohre (F 220[1]) können notfalls von Hand kalt gebogen werden.

Maßgerechtes, mm-genaues Biegen ist nur mit **Biegewerkzeugen** möglich.

Auch Rohrknicke und große Biegeradien vermeidet man durch Biegewerkzeuge, wie Biegezangen, Biegegeräte bzw. Biegemaschinen, zum Teil mit Voreinstellmöglichkeit für den Biegewinkel, ➔ 146.1, 146.2, 146.3. Dabei müssen Rohrdurchmesser und Biegesegment immer genau zusammenpassen.

Mindermaß (= Rückmaß) bedeutet die eingesparte Rohrlänge. Eine Verkürzung ergibt sich, weil die Bogenlänge kürzer ist als die Summe der Rohrschenkel bis zum Eckpunkt E, ➔ 146.2a.

Das **Rückmaß** ist auf dem Biegesegment angegeben; um dieses Maß ist die Maßschenkellänge des Rohres vom 0-Punkt am Biegesegment in Richtung Segment zu verschieben, ➔ 5.

Die Werkzeughersteller geben das Rückmaß auf den Werkzeugen bzw. in Tabellen an, ➔ 146.1.

[1] F 220: Zugfestigkeit R_m = 220 N/mm²

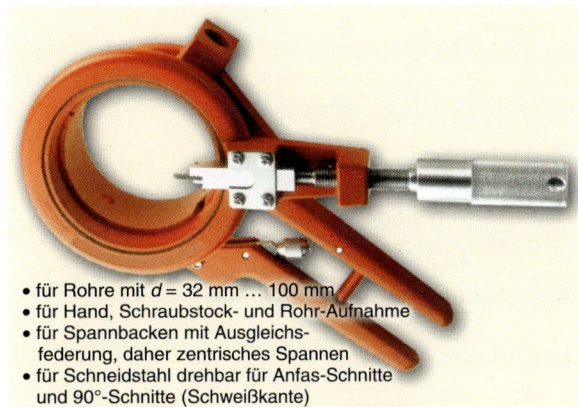

- für Rohre mit d = 32 mm … 100 mm
- für Hand, Schraubstock- und Rohr-Aufnahme
- für Spannbacken mit Ausgleichsfederung, daher zentrisches Spannen
- für Schneidstahl drehbar für Anfas-Schnitte und 90°-Schnitte (Schweißkante)

1 Abschneid- und Anfasegerät für Kunststoffrohre

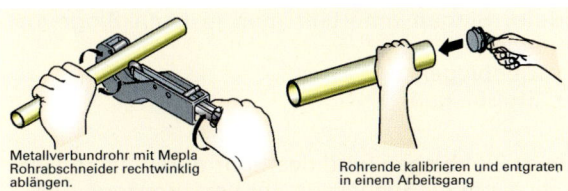

Metallverbundrohr mit Mepla Rohrabschneider rechtwinklig ablängen.

Rohrende kalibrieren und entgraten in einem Arbeitsgang

2 Rohrabschneider und Entgrater mit Kalibrierwerkzeug für Verbundrohre bis d_a = 63 mm

3 Rohrschere und Entgrater mit Kalibrierwerkzeug für Verbundrohre bis d_a = 26 mm

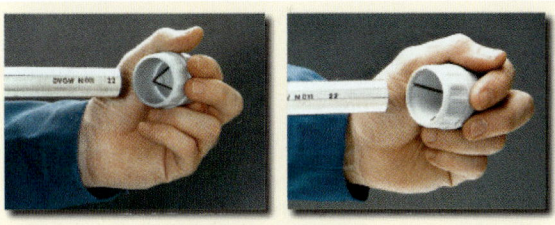

4 Innen- und Außenentgrater für Edelstahl- und Kupferrohre

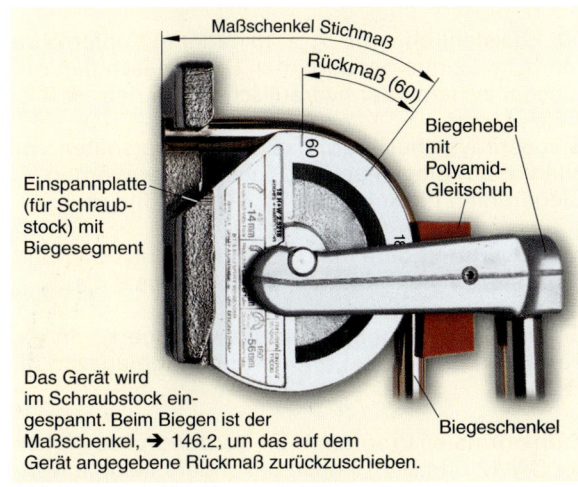

Maßschenkel Stichmaß

Rückmaß (60)

Biegehebel mit Polyamid-Gleitschuh

Einspannplatte (für Schraubstock) mit Biegesegment

Das Gerät wird im Schraubstock eingespannt. Beim Biegen ist der Maßschenkel, ➔ 146.2, um das auf dem Gerät angegebene Rückmaß zurückzuschieben.

Biegeschenkel

5 Maßgerechtes Ziehbiegen mit Biegewerkzeug

4

Beispiel:
Ein Rohr 22 × 1 ist um 90° zu biegen. Wie lang sind Maßschenkel und Anlegemaß, wenn l_W = 850 mm und Wandabstand a_W = 50 mm sind?

Maßschenkel l_m:

$l_m = l_W - a_W$

l_m = 850 mm – 50 mm

l_m = **800 mm**

Anlegemaß a:

$a = l_m$ – Rückmaß l_r

a = 800 mm – 85 mm

a = **715 mm**

Beim Biegen unterteilt man je nach Biegevorgang:
- Ziehbiegen
- Stoßbiegen

Beim **Ziehbiegen** wird das Rohr durch einen Gleitschuh um ein Biegesegment herumgezogen, ➔ 1, 145.5.

Beim **Stoßbiegen** schiebt ein Stößel das Biegesegment mit dem Rohr gegen die Haltevorrichtung, ➔ 2. Ähnlich wie ➔ 2c wirken hydraulische Stoßbiegemaschinen.

Kupferrohre und Edelstahlrohre sind kalt zu biegen. Aus Korrosionsschutzgründen dürfen sie nicht angewärmt werden.

Weiche Kupferrohre vom Ring (R 220 – R in N/mm² ist die Zugfestigkeit) ≤ 15 x 1 können notfalls von Hand gebogen werden ($r_m ≈ 6 d_a$).

Neben weiteren Kupferrohren (R220) fertigt die Kupferrohrindustrie halbharte Kupferrohre (R 250) bis 28 x 1,5 anstelle harter Rohre (R 290). Dadurch wird das Biegen wesentlich erleichtert.

Für Edelstahlrohre mit d_a ≥ 18 mm und Kupferrohre mit d_a ≥ 22 mm benötigt man Biegemaschinen mit mechanischem oder hydraulischem Antrieb, ➔ 3.

Biegesprays erleichtern das Biegen; sie sollten vor allem beim Biegen ab DN 25 verwendet werden. Biegeradien für Rohre bis 28 x 1 zeigt Bild ➔ 1.

Metallverbundrohre mit d_a ≤ 26 mm sind von Hand zu biegen, auch mehrmals (r_m = 6 d_a bis 8 d_a).

Einwandfreie Bögen und kleinere Biegeradien als von Hand erhält man mit der Einhandbiegezange, ➔ 2.

Zum normalen Programm für Verbundrohre gibt es für DN 12 und DN 15 noch besonders flexible Rohre. Dies ist sehr vorteilhaft hinter Verkleidungen.

Rohr-druch-messer d_a in mm	Biege-Radius r_m in mm	Bogen 45°		Bogen 90°	
		Rück-maß l_R in mm	Rück-maß l_m in mm	Rück-maß l_R in mm	Rück-maß l_m in mm
12	39	15	15	40	20
15	45	17	20	44	22
18	65	25	28	67	30
22	82	30	30	85	40
28	116	40	40	116	50

a) Maße (werkzeugabhängig)

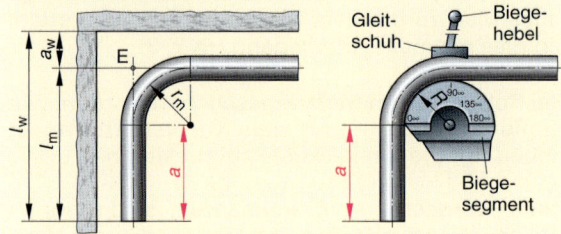

b) Beispiel für maßgerechtes Ziehbiegen mit Handbiegegerät

1 Ziehbiegen mit Biegewerkzeug

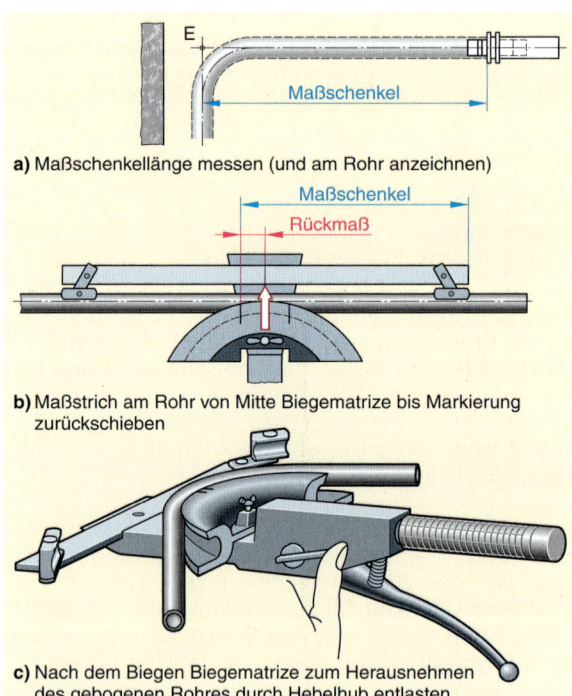

a) Maßschenkellänge messen (und am Rohr anzeichnen)

b) Maßstrich am Rohr von Mitte Biegematrize bis Markierung zurückschieben

c) Nach dem Biegen Biegematrize zum Herausnehmen des gebogenen Rohres durch Hebelhub entlasten

2 Stoßbiegen mit Einhandbiegezange für Verbundrohr

3 Elektrischer Handbieger für Edelstahl- und Kupferrohr

Verzinkte Rohre dürfen nicht gebogen werden.

Beschädigungen der Zinkschicht im Rohr können nicht erkannt und nicht nachträglich geschützt werden.

Biegen von Kunststoffrohren

PE-HD- und **PE-LD-Rohre** werden mit relativ großem Biegeradius kalt gebogen. Da sie meist im Erdreich verlegt werden, spielen große Bögen keine Rolle.

PE-X- und **PB-Rohre** bis $d_a \leq 25$ mm werden kalt gebogen. Bei der Rohr-in-Rohr-Verlegung sind Biegeradien von mindestens $8d_a$ einzuhalten. Beim Übergang vom Fußboden zur Wand ist wegen dieses Radius darauf zu achten, dass das Rohr später nicht aus der fertigen Wand ragt. Deshalb Vorsicht beim Verlegen.

Für frei gebogene Rohre mit oder ohne Wellrohr gibt es jeweils Führungsbogen aus Blech, ➔ 1.

Da das Biegen von **PVC-Rohr** sehr aufwändig ist, verwendet man Formstücke. Nur bei geringfügigen Richtungskorrekturen kann das Rohr nach vorsichtigem Erwärmen mit Heißluft freihändig gebogen werden. Färbt sich das Material braun, ist es zu ersetzen.

Bei Platzmangel und bei Rohren $d_a \geq 32$ mm werden Kunststoffrohre nicht gebogen, sondern Winkel-Formstücke eingesetzt, ➔ 2.

4.3.5 Besonderheiten beim Verlegen flexibler Rohre

An Stelle starrer Leitungen werden flexible Rohre mit Außendurchmessern bis ca. 22 mm verlegt. Sie werden oft im gewellten, sehr beweglichen Schutzrohr geführt (Rohr-in-Rohr-Prinzip), ➔ 1a, 4. Sie können aber auch ohne Wellrohr verlegt werden, ➔ 3.

Flexible Rohre sind:
- PE-X-Rohre
- PB-Rohre
- z. T. auch Metallverbundrohre

Die Flexibilität (Beweglichkeit) der Rohre ermöglicht zum Teil völlig neue Verlegearten

Vorteile beim Verlegen von Flex-Rohren geringer Nennweite:
- Die Rohre sind leicht zu biegen; so benötigt man meist nur ein Formstück je Strang und vermeidet Knotenpunkte im Fußboden und in der hinteren Vorwand.
- Dabei kann viel Zeit gespart werden.
- Der geringe Formstückverbrauch und die Zeitersparnis mindern die Kosten erheblich.

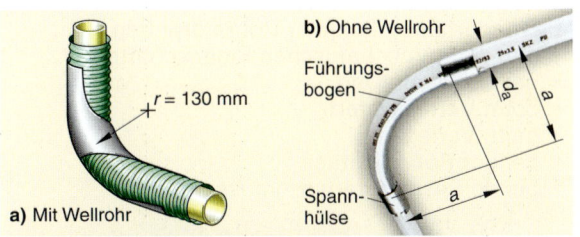

1 Führungsbogen aus Blech beim Biegen enger Radien

2 Bei großen Rohrweiten oder engen Biegeradien (wie hier bei PB-Rohr) sind Winkel einzusetzen

3 Anschlusswinkel – hier mit Wandscheibe für den Anschluss einer Wandeinbaubatterie und eines Brauseschlauches

4 WW- und KW-Verteiler an der Kellderdeckenunterseite

Beispiel:
In einem Bungalow wird ein Verteiler an die Kellerdeckenunterseite gehängt, ➔ 4. Die einzelnen Rohre werden durch die Decke geführt und in Wellrohren oder in Dämmschalen auf dem Rohfußboden des Erdgeschosses verlegt. Später werden diese Rohre in die Trittschalldämmung einbezogen.

4

Besonderheiten flexibler Rohre ergeben sich:
* aus deren mechanischen Eigenschaften
* bei der Dämmung
* beim Verteilsystem
* beim Verlegen
* bei der Rohrmontage
* bei den Armaturenanschlüssen

Die **mechanischen Eigenschaften** von Kunststoff-rohren nehmen mit höherer Temperatur ab, besonders die Zeitstandfestigkeit. Sehr hohe Temperaturen und Druck können entstehen, wenn in Störfällen Durchfluss-Wassererwärmer nachheizen. Ob flexible Rohre dies aushalten, kann nur der Vertreiber der Rohre beantworten (Rückfragen vor dem Verlegen!).

Für das **Dämmen flexibler Rohre** gilt:
* WW-Leitungen sind mindestens gemäß der EnEV zu dämmen.
* KW-Leitungen **im** Wellrohr bedürfen keiner zusätzlichen Dämmung; außerhalb sind KW-Rohre gegen Kondenswasser zu schützen.

Elektrische Warmhaltebänder sind bei Kunststoff- und Verbundrohren durchgehend mit Alu-Klebeband zu befestigen, um die Wärmeübertragung zu verbessern.

Als **Verteilungsleitungen** in Gebäuden dienen meist Kupfer-, Edelstahl-, Verbund- oder Kunststoffrohre. Ab Wohnungs- bzw. Stockwerksverteiler setzt man häufig flexible Rohre ein, z. B. in Mehrfamilienhäusern, Bürogebäuden, Schulen, Krankenhäusern. In Einfamilienhäusern sitzt dieser Verteiler oft knapp unter der Kellerdecke, → 147.4.

Ab Stockwerksverteiler **verlegt** man flexible Rohre:
* innerhalb der Rohdecke
* auf dem Rohfußboden in der Trittschalldämmung
* innerhalb von Leichtbauwänden oder im Schacht der Vorwandinstallation

Beim **Verlegen in der Rohdecke** sind die Leitungen im Wellrohr vor dem Betonieren in die Deckenarmierung einzubetten, → 1 links. Dabei sind Leitungen:
* an der Armierung gut zu befestigen, damit sie in der schweren Betonschicht nicht „aufschwimmen"
* aus der Decke durch Schalungsdurchführungen und beim Deckenaustritt durch Rohrstützen hoch genug zu schieben, damit sie im rauen Baustellenbetrieb nicht „verschwinden", → 1

Ein über die Rohrstütze geschobenes PE-Rohr DN 70 zeigt dem Maurer die Aussparung und schützt die Rohre.

1 Rohrverlegung in der Deckenarmierung, rechts Rohrstützen beim Deckenaustritt

Vorteile beim Verlegen in der Rohdecke sind:
* das schnelle Verlegen vom Ringbund
* die gute Schalldämmung im Wellrohr

Auf dem Rohfußboden schützt das Wellrohr bzw. die Wärmedämmung flexible Rohre vor mechanischen Schäden. Im Mauerwerk sind die Rohre ähnlich zu schützen.

In **Leichtbauwänden und Schächten der Vorwandinstallation** ist ein sehr freizügiges Verlegen möglich.

Flexible Rohre verlegt man bei Strang- bzw. Ringleitungen von der letzten Entnahmestelle zum Verteiler hin – anders als bei herkömmlicher Installation. Ausmessen ist dabei nicht nötig, da das Rohr vom Ringbund abgewickelt wird.

Flexible Rohre werden auf Aufnahmestutzen von Verteilerarmaturen, Anschluss-T-Stücken bzw. -Winkeln, Press-Steck-Verbindern, Fittings oder Armaturen am Montageständer geschoben, dann gepresst oder geklemmt. An Wänden, Decken, Fußböden befestigt man Rohre mit Rohrschellen oder Haltebändern. Anschluss-Winkel bzw. -T-Stücke selbst befestigt man an Montageständern, an Wand- bzw. Verkleidungsplatten, in Einbaumöbeln, am Mauerwerk – auch innerhalb von Ständerwänden zum Teil in Anschlussdosen, → 2, 147.3 u. 4, 149.1.

Anschlussdosen dienen auch zur Schallentkopplung.

Anschlüsse an Spülkasten zeigt auch Bild → 149.2.

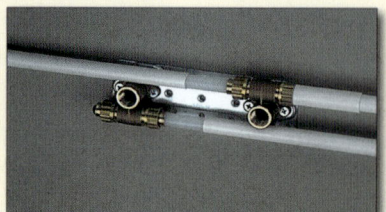

a) Einzelanschluss   b) KW- und WW-Leitung durchgehend   c) KW- und WW-Anschluss von oben

2 Armaturenanschlüsse auf einer Wandplatte

a) Armaturenanschluss hinter Wandplatte

b) Anschlussdose in Vorwandinstallation

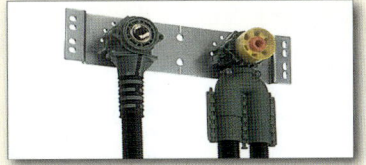
c) Anschlussdosen – auf Montageschiene

1 Anschlusswinkel, evtl. in Lärmschutzdosen – einfach- und doppelt

4

a) Dose an UP-Spülkasten befestigt

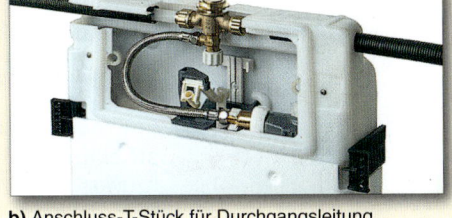
b) Anschluss-T-Stück für Durchgangsleitung

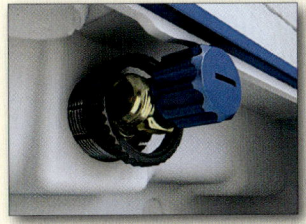
c) Fix-Anschluss im Spülkasten

2 UP-Spülkastenanschlüsse

Für das Verlegen von Flexrohren gilt:
- Kunststoffrohre sind empfindlich gegen Einkerbungen; deshalb ist zum Ablängen von Wellrohren mit dem Wellrohrabschneider eine Schutzhülse zwischen Well- und Leitungsrohr zu schieben. Angekerbte Rohrstücke gehören in den Abfall!
- Flexrohre dürfen nicht über scharfe Kanten gezogen werden.
- Sie sind vor UV-Strahlung zu schützen, indem sie in Wellrohren oder in Schutzhüllen der Wärmedämmung verlegt werden – falls die Rohre nicht schwarz oder grau eingefärbt sind.
- Formstücke müssen aus Kunststoff, Rotguss oder Sondermessing bestehen; sie sind vor Gipsmörtel zu schützen.
- Beim Biegen ist ein Krümmungsradius $r = 6\,d_a$ bis $8\,d_a$ einzuhalten. Bei Rohren mit $d_a > 20$ mm helfen Rohrbieger, → 146.2.
- Bei Rohren ohne Wellrohr sind beim Biegen Führungsbogen aus Blech sehr hilfreich, → 147.1.

Flexible Leitungen ab Stockwerksverteiler, wie Stichleitungen zu Küche, Bad, Sauna, Schwimmbad, Ferienwohnungen und vor allem zu Nasszellen von Hotels, Altenheimen, Krankenhäusern, sind nicht als Strangleitung mit T-Verzweigung zu verlegen, → 3b. Dies ist ungünstig für die TW-Hygiene, da sich im stagnierenden Wasser einzelner Stichleitungen Krankheitskeime vermehren können.

Statt Leitungen mit T-Verzweigung sind sinnvoll:
- Einzelleitungen
- Strangleitungen
- Ringleitungen

Einzelleitungen, ohne Verbindungsstück bis Auslauf, erfordern nur geringe Nennweiten und wenig Fußbodenaufbau, → 3c. Sie sind zudem druckverlustarm, enthalten wenig Wasser (< 3 l) und bedürfen nach DVGW W 551 keiner Zirkulation, denn ihr geringer Wasserinhalt ist nach einer Stagnationsphase rasch ausgetauscht.

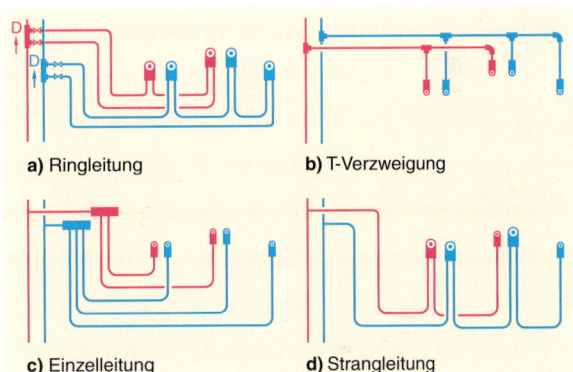
a) Ringleitung   b) T-Verzweigung
c) Einzelleitung   d) Strangleitung

3 Leitungssysteme bei Stockwerksleitungen

Bei der **Strangleitung** hängen alle Entnahmestellen an einer Leitung, → 3d. Gegenüber Einzelleitungen werden Rohrlängen gespart und es gibt kaum Stagnationswasser, vor allem, wenn am Ende der Strangleitung ein WC angeordnet ist. Nur in Sonderfällen, z. B. in einer Schule, wo tagelang in den Ferien kaum Wasser entnommen wird, ist dort ein Spülkasten für Hygienespülung zu installieren, → 245.2.

Eine **Ringleitung** versorgt jede Entnahmestelle von zwei Seiten, auch die letzte, → 3a.

Optimal funktionieren Strang- und Ringleitungen, wenn deren Nennweiten über ein Rechenprogramm ermittelt wurden. Die Rechnung würde auch zeigen, dass der Wasserinhalt der Ringleitung geringer ist als der einer Strangleitung, trotz größerer Leitungslänge; denn die Nennweiten der Strangleitung sind größer.

Vorteile der Ringleitung: Sie ist einfach zu verlegen, hat kaum Druckverluste und führt kein Stagnationswasser, → 1.

Ring- bzw. Strangleitungen benötigen zum „Durchschleifen" der Leitungen Doppelanschlusswinkel, → 124.1b

4

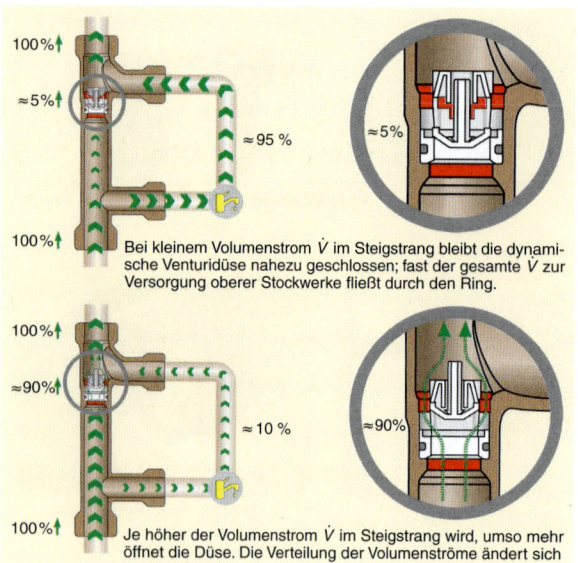

Bei kleinem Volumenstrom $\dot{V}$ im Steigstrang bleibt die dynamische Venturidüse nahezu geschlossen; fast der gesamte $\dot{V}$ zur Versorgung oberer Stockwerke fließt durch den Ring.

Je höher der Volumenstrom $\dot{V}$ im Steigstrang wird, umso mehr öffnet die Düse. Die Verteilung der Volumenströme ändert sich entsprechend.

1 Wirkung des dynamischen Strömungsteilers bei unterschiedlichen Durchflüssen

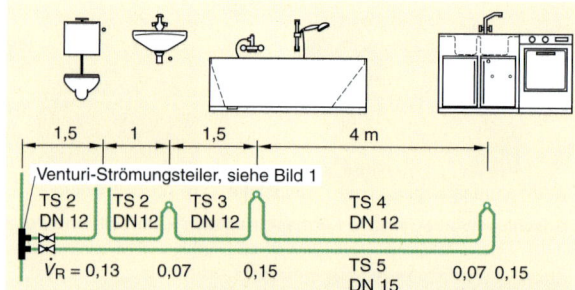

2 Fließverhältnisse bei Zwangsdurchströmung einer Ringleitung über einen Venturi-Strömungsteiler, wenn in einem darüber liegendem Geschoss > 0,15 l/s Wasser entnommen werden

Ein regelmäßiger Wasseraustausch kann in mehrstöckigen Gebäuden durch dynamische Strömungsteiler für Stockwerks-Ringleitungen ausgelöst werden, → 2.

Immer wenn aus nachgeschalteten Zapfstellen des Systems Wasser entnommen wird, wird in allen Ringleitungen das Wasser ohne Verlust ausgetauscht. Deshalb sollte immer ein Zimmer des obersten Stockwerks „bestimmungsgemäß betrieben werden", vor allem in Hotels, Krankenhäusern, Altenheimen, Ferienwohngebäuden.

In Leitungen zu unregelmäßig genutzten Nasszellen stagniert Wasser.

Übungen:

1. Welche Vorteile bringt das Messen „Mitte-Mitte"?
2. Wie ermittelt man die Länge schräg (unter 45°) geführter Leitungen?
3. Warum soll man Rohrleitungen vorfertigen?
4. Was versteht man unter „z-Maß-Methode"?
5. Verschrauben Sie einen Winkel Nr. 92, DN 15 mit einem T-Stück, Nr. 130. Skizzieren Sie die Kombination, tragen z- bzw. h-Maße ein.
6. Nennen Sie für vier Rohrarten jeweils das günstigste Trennwerkzeug.
7. Warum sind winkelrechte Schnitte nötig bei:
   a) Kupferrohren
   b) Metallverbundrohren
   c) Flexrohren
8. Warum sind Rohrenden innen und außen zu entgraten? Welche Werkzeuge nutzt man?
9. Welche Vorteile bringt das Biegen von Rohren?
10. Beschreiben Sie Stoßbiegen und Ziehbiegen.
11. Welche Rohre eignen sich besonders zum Biegen?
12. Wie können Rohre maßgenau auf mm gebogen werden?
13. Nennen Sie Werkzeuge bzw. Hilfsmittel zum Rohrbiegen.
14. Wie verhindert man das Einknicken der Rohre beim Biegen?
15. Warum darf man Edelstahl- und Kupferrohre vor dem Biegen nicht anwärmen?
16. Beschreiben Sie, wie man ein Verbundrohr DN 20 biegt.
17. Wo dürfen Rohrleitungen nicht durchgeführt werden?
18. Worauf ist schon beim Verlegen von Rohren im Hinblick auf eine vorschriftsmäßige Druckprüfung zu achten?
19. Wo werden Rohrleitungen auf dem Weg vom Verteiler im Keller bis zu Entnahmestellen sinnvoll geführt?

20. Wie sind Leitungen auf Rohdecken zu verlegen?
21. a) Können Leitungen auch in Rohdecken verlegt werden?
    b) Welche Rohre eignen sich dafür?
    c) Worauf wäre dabei zu achten?
22. a) Welche Arbeiten sollten beim Verlegen von Leitungen erledigt werden, bevor das 1. Rohrstück abgelängt wird?
    b) Welche Vorteile bringt das?
23. Beschreiben Sie das Verlegen folgender Rohre DN 20
    a) Edelstahlrohr
    b) Kupferrohr
    c) Metallverbundrohr
    d) Polybutenrohr
24. a) Welche Rohre gelten als flexibel?
    b) Welche besonderen Verlegemöglichkeiten bieten diese Rohre?
    c) Welche Vorteile bringt dies?
25. Welche Möglichkeiten gibt es, um Armaturen bei der Vorwandinstallation anzuschließen? Nennen Sie dazu mögliche Bauteile.
26. a) Warum ist bei Stockwerksleitungen die T-Verzweigung ungünstig?
    b) Skizzieren Sie andere Verlegemöglichkeiten.
27. Nennen Sie Verlegegrundsätze für Stockwerksleitungen.
28. Wozu dienen Wand-Doppelbogen
29. Beschreiben Sie, wie Sie eine Ringleitung aus Flexrohr zu verlegen ist?
30. Beschreiben Sie anhand einer Skizze ein Venturirohr. Wozu dient es?
31. Wo verwendet man Venturi-Strömungsteiler? Wozu dienen sie?
32. Wie sind die Stockwerksleitungen bis ins oberste Geschoss zu durchspülen, wenn nicht jeweils Wasser entnommen wird?

4.4 Schutz der Rohrleitungen gegen Wärmeübertragung

4.4.1 Vorschriften für Wasserleitungen

Alle Leitungen sind so zu verlegen, dass sie von Bauteilen und von anderen Leitungen wie Kaltwasser-, Warmwasser-, Heizwasser-, Gasleitungen so viel Abstand haben, dass jede Leitung für sich vorschriftsmäßig gedämmt werden kann.

Da eine Wärmedämmschicht auf Dauer nicht verhindern kann, dass eine Leitung „einfriert", sind zum Schutz gegen Frost

- Wasserleitungen nicht in Außenwände zu legen
- nicht dauernd benutzte Leitungen für sich absperr- und entleerbar auszuführen
- Leitungen im Erdreich in frostfreie Tiefe zu verlegen, z. B. zu Nebengebäuden wie Werkstätten oder Ställe; je nach Klima und Bodenart sind dies in Deutschland ≥ 1,2 m, in Österreich ≥ 1,5 m unter Erdoberkante
- frostgefährdete Räume mit Frostschutzgeräten zu „beheizen" (Raumtemperatur > 0 °C)

Zu schützen sind:
- Kaltwasserleitungen gegen
  - Tauwasser
  - Erwärmung
- Warmwasserleitungen

Auch Kaltwasserleitungen sind mit einem Dämmstoff geschützt. In warmen Räumen kondensiert Wasserdampf der Luft, sodass Tauwasser entsteht und abtropft. Bild ➔ 1 zeigt, dass bei Sommertemperaturen sich Tauwasser schon bei geringer Luftfeuchte bilden kann. Deshalb sind Kaltwasserleitungen nach DIN 1988-200 mit Dämmstoff zu umhüllen, ➔ 2.

Beim Rohr-im-Rohr-System erübrigt sich der Tauwasserschutz.

Um die geforderte Trinkwasserqualität, hier Temperatur ≤ 15 °C, zu gewährleisten, sind KW-Leitungen, die neben Warm- bzw. Heizwasserleitungen liegen, zusätzlich gegen **Erwärmung** zu dämmen.

Warm- und Heizwasserleitungen sind vor allem gegen Wärmeverluste zu schützen. Aus ➔ 152.3 und ➔ 152.4 wird am Beispiel Kupferrohr deutlich, dass ungedämmte, warmgehende Rohrleitungen viel Wärme verlieren, und zwar umso mehr, je größer der Rohrumfang ist. Bei anderen Rohren verhält es sich ähnlich, vgl. ➔ 153.1 für PE-X-Rohr.

Wegen der hohen Wärmeverluste verlangt die Energie-Einspar-Verordnung (EnEV), Warmwasser- und Heizungsleitungen gegen Wärmeverluste nach ➔ 3 zu dämmen.

Wer Warm- oder Heizwasserleitungen nicht fachgerecht dämmt, muss mit einer Geldbuße rechnen.

Lufttemperatur °C	Taupunkttemperatur in °C						
	Relative Luftfeuchte in %						
	30	40	50	60	70	80	90
10	−6,0	−2,6	0	2,6	4,8	6,7	8,4
15	−2,2	1,5	4,7	7,3	9,6	11,6	13,4
20	1,9	6,0	9,3	12,0	14,4	16,4	18,3
25	6,2	10,5	13,9	16,7	19,1	21,3	23,2
30	10,5	14,9	18,4	21,4	23,9	26,1	28,2

1 Taupunkt der Luft abhängig von Temperatur und Luftfeuchte

Einbausituation der Kaltwasserleitung	Dämmschichtdicke in mm bei $\lambda = 0,040$ W/(m · K)
Stockwerksleitungen und Einzelzuleitungen in Vorwandinstallationen und Fußboden	4 oder Rohr-in-Rohr
frei verlegte Rohrleitungen in nicht beheizten Räumen, Umgebungstemperatur ≤ 20 °C (Tauwasserschutz)	9
Stockwerksleitungen und Einzelzuleitungen im Fußbodenaufbau neben warmgehenden, zirkulierenden Rohrleitungen; Rohrleitungen verlegt in Rohrschächten, Bodenkanälen und abgehängten Decken, Umgebungstemperatur ≤ 25 °C	13
Rohrleitungen verlegt, z. B. in Technikzentralen oder Medienkanälen und Schächten mit Wärmelasten und Umgebungstemperatur > 25 °C	wie PWH

2 Mindestdicke der Dämmschicht δ für KW-Leitungen nach DIN 1988-2, bezogen auf eine Wärmedämmzahl des Dämmstoffes $\lambda = 0,04$ W/(m·K)

Zeile	Leitungen und Armaturen mit Innendurchmesser d_i	Mindestdämmschichtdicke bei $\lambda = 0,035$ W/(m·K)
1	bis 22 mm	20 mm
2	über 22 mm bis 35 mm	30 mm
3	über 35 mm bis100 mm	gleich d_i
4	über 100 mm	100 mm
5	Leitungen und Armaturen Zeile 1 bis 4 • in Wand- und Deckendurchbrüchen • im Kreuzungsbereich von Leitungen • an Leitungsverbindungsstellen • bei zentralen Leitungsnetzverteilern	½ der Anforderungen der Zeilen 1 bis 4
6	Wärmeverteilleitungen nach den Zeilen 1 bis 4, die nach dem 31. Januar 2002 in Bauteilen zwischen beheizten Räumen verschiedener Nutzer verlegt werden	½ der Anforderungen der Zeilen 1 bis 4
7	Leitungen nach Zeile 6 im Fußbodenaufbau	6 mm
8	Kälteverteil- und Kaltwasserleitungen, Armaturen von Raumlufttechnik- und Klimakältesystemen	6 mm

Soweit Wärmeverteil- und WW-Leitungen an Außenluft grenzen, sind diese mit dem 2-Fachen der Mindestdicke nach Zeile 1 bis 4 zu dämmen, siehe EnEV § 14, Abs. 5
Keine Anforderungen an die Dämmschichtdicke gelten für:
· Heizwasserleitungen nach Zeile 1 bis 4 in beheizten Räumen oder in Bauteilen zwischen beheizten Räumen, die vom Nutzer absperrbar sind.
· WW-Leitungen ohne Zirkulation bzw. ohne elektrische Begleitheizung (Stichleitungen) bis 4 m Länge

3 Wärmedämmung von Wärmeverteilungs- und Warmwasserleitungen nach EnEV

Den Tabellen der EnEV für Dämmstoffe liegt die Wärmeleitzahl $\lambda = 0{,}035$ W/(m·K) zugrunde. Bei abweichender Wärmeleitzahl ist umzurechnen. Bei höherer Leitfähigkeit wird die Dämmschicht dicker, bei geringerer dünner, ➔ 1, 2.

Beispiel:
Kupferrohr 15 × 1, $\lambda = 0{,}026$ W/(m·K)
Dämmschichtdicke nach ➔ 1:
$\delta = \underline{\mathbf{11\ mm}}$ ($d_a = 37$ mm)

Dämmmaterialhersteller geben in ihren Werkslisten die notwendigen Schichtdicken an. Unbedingt zu beachten ist, ob die Angabe „Dämmschichtdicke nach EnEV 100 %" oder nur 50 % beträgt. Oft wird auch ungeeigneter Dämmstoff angeboten.

Vorsicht! Der PVC-Stegmantel von WICU-Rohr ist **kein** Wärmeschutz, sondern nur Korrosionsschutz. Er vergrößert aber die Abstrahlfläche des Rohres und so entstehen höhere Wärmeverluste als bei blankem Cu-Rohr, ➔ 3.

Nie Cu-Rohr mit Stegmantel für Warmwasser- oder Heizwasserleitungen verwenden. Beachten Sie Bild ➔ 106.1

DN	Stahlrohr		Kupfer- bzw. Edelstahlrohr	Wärmeleitfähigkeit bei 40 °C nach VDI 2055 λ in W/(m·K)				
	R	d_i mm	d_i mm	0,045 δ	0,040 δ	**0,035** δ	0,030 δ	0,025 δ
10	⅜	12,6	10	33	26	**20**	15	11
15	½	16,1	13 und 16	32	25	**20**	25	11
20	¾	21,7	20	31	25	**20**	16	12
25	1	27,3	25	46	38	**30**	23	18
32	1¼	36,0	32	45	37	**30**	24	19
40	1½	41,9	39	62	50	**40**	31	24

1 Umrechnung der Dämmschichtdicke δ gemäß EnEV

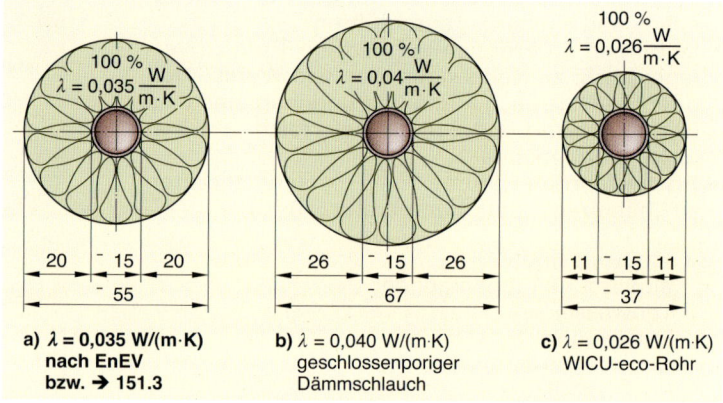

a) $\lambda = 0{,}035$ W/(m·K) nach EnEV bzw. ➔ 151.3

b) $\lambda = 0{,}040$ W/(m·K) geschlossenporiger Dämmschlauch

c) $\lambda = 0{,}026$ W/(m·K) WICU-eco-Rohr

2 100 % Wärmedämmschichtdicke für Kupferrohr 15 × 1 nach EnEV

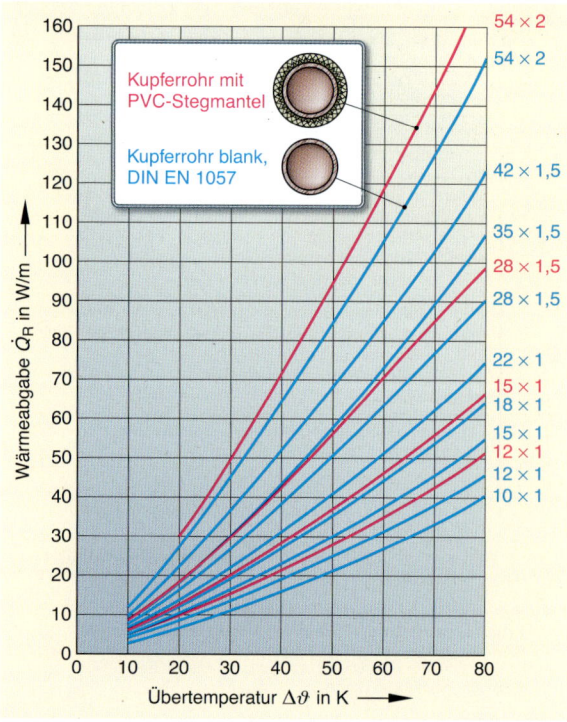

3 Wärmeabgabe von frei verlegtem blankem Kupferrohr (blau) und von Kupferrohr mit PVC-Stegmantel (rot)

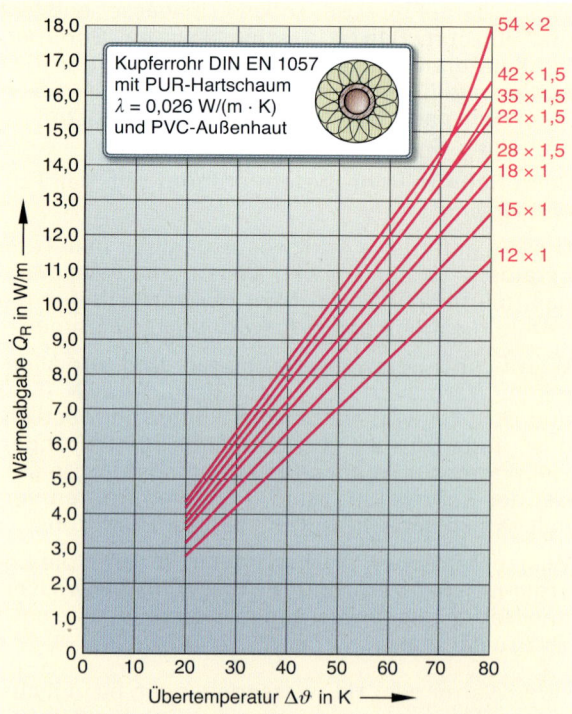

4 Wärmeabgabe von Kupferrohr mit 100 % Wärmedämmung nach EnEV

Wie wichtig die Wärmedämmung ist, zeigt der Vergleich der Wärmeverluste zwischen blankem und nach EnEV gedämmtem Cu-Rohr, → 152.4.

Den Preis für eine gute Wärmedämmung zahlt man nur einmal, Betriebskosten dagegen ein Leben lang.

Wärmeverluste von ungedämmten und gedämmten PE-X-Rohren zeigt → 1.

Grundsätzlich gilt:
Bei 100% Wärmedämmung nach EnEV beträgt der Wärmeverlust eines Rohres = 10 W/m bei einer Übertemperatur von 50 K, unabhängig vom Rohrdurchmesser und vom Rohrwerkstoff.

Übertemperatur von 50 K herrscht z. B. bei 60 °C Wassertemperatur bei 10 °C Umgebungstemperatur.

Der Wert 10 W/m muss im Gedächtnis gegenwärtig sein, wenn es um die Frage geht, ob eine Zirkulationsleitung überhaupt sinnvoll bzw. nötig ist.

Beispiel:
Ein Zirkulations-Rücklauf, 20 m lang, erzeugt je Tag einen Wärmeverlust von: 20 m · 10 W/m · 24 h/d = 4800 Wh/d = 4,8 kWh/d = **144,4 kWh/Monat**

Zusätzlich der Strombedarf für die Pumpe mit etwa 50 W · 24 h/d = 1200 Wh/d = 1,2 kWh/d = **36 kWh/Mt**

4.4.2 Dämmen von Rohrleitungen

Als Wärmedämmstoffe für Rohrleitungen setzt man Mineralwolle, weich und hart geschäumte Kunststoffe, ein.

Bestehen gleichzeitig Anforderungen an Brandschutz, sind diese zu beachten.

Beispiel:
Statt Glaswolle (Schmelzpunkt ca. 900 °C) oder geschlossen poriger Schaumstoffe (Brandklasse B 1) ist z. B. Steinwolle mit einem Schmelzpunkt über 1000 °C zu verwenden.

Eine durchfeuchtete Wärmedämmung schützt so wenig wie nasse Kleidung bei Kälte, denn Wasser besitzt eine 25-mal höhere Wärmeleitfähigkeit als ruhende Luft. Durchfeuchtete Dämmstoffe lassen deshalb wesentlich mehr Wärme durchströmen.

Damit Dämmstoffe kein Wasser aufnehmen, müssen:
• Schaumstoffe geschlossen porig sein
• mineralische Dämmstoffe mit einer wasserundurchlässigen Verkleidung wie Hartfolie, Aluminiumfolie, Blech verkleidet werden
• Dämmstoffe, Dämmschläuche und ihre Nahtstellen sorgfältig gegen Eindringen von Feuchte geschützt werden, → 154.1

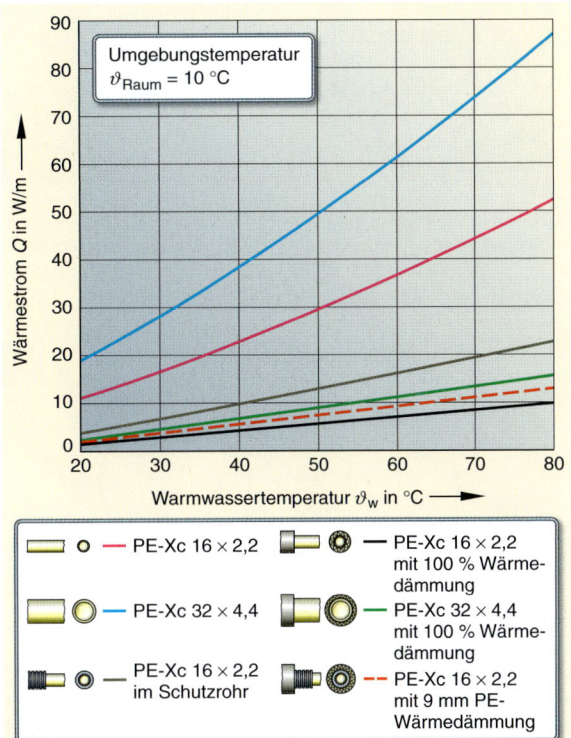

1 **Wärmeverlust von ungedämmtem und gedämmtem PE-X-Rohr**

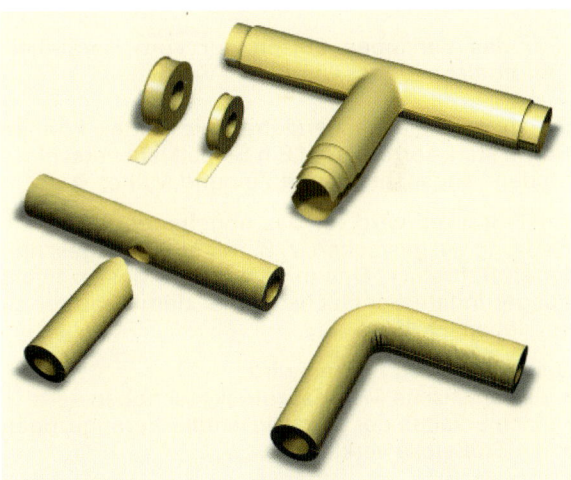

2 **Werkseitige Wärmedämmschalen für Bogen und T-Stück**

Der Installateur dämmt Leitungen:
• durch Einsatz von Rohren mit werkseitiger Wärmedämmung
• mit geschlossenporigen, flexiblen Dämmschläuchen
• mit Rohrschalen aus Steinwolle oder Polyurethan (PU)

Über Bogen und T-Stücke für Kupferrohre mit **werkseitiger Wärmedämmung** können vorgefertigte Dämmschalen geklappt werden, → 2.

4

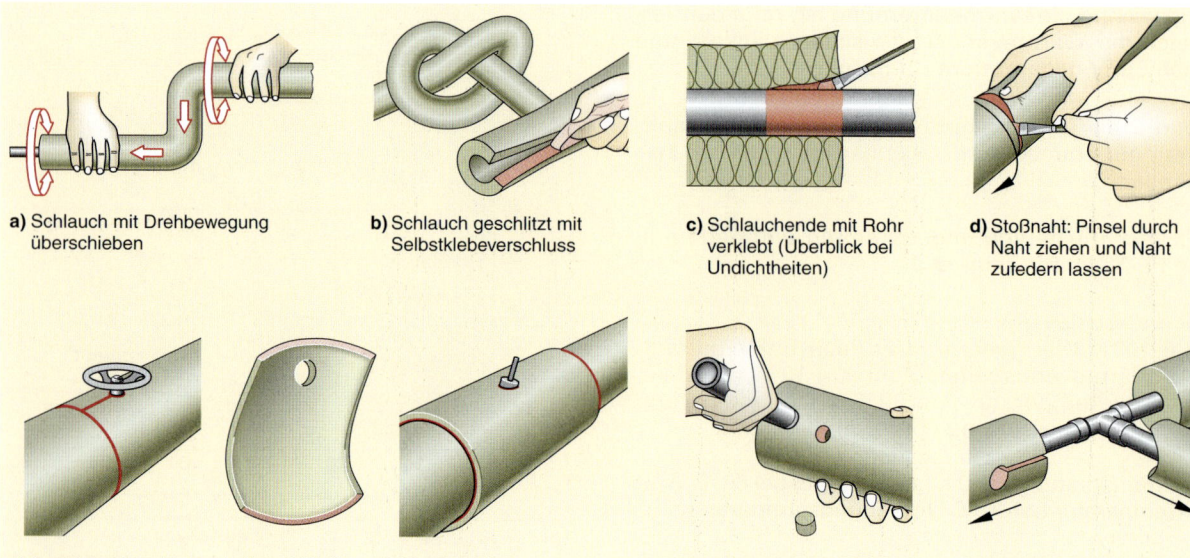

a) Schlauch mit Drehbewegung überschieben

b) Schlauch geschlitzt mit Selbstklebeverschluss

c) Schlauchende mit Rohr verklebt (Überblick bei Undichtheiten)

d) Stoßnaht: Pinsel durch Naht ziehen und Naht zufedern lassen

e) Armaturen bzw. Rohrschellen einbinden – Schlauchstück überkleben

f) Abzweig ausstechen – einschneiden, anpassen und verkleben

1 Arbeit mit Dämmschläuchen

Geschlossen porige **Dämmschläuche** aus PE oder auf Kautschukbasis (mit Chloranteilen) werden vor der Verlegung über das Rohr geschoben oder geschlitzt und danach um das Rohr gelegt, ➔ 1; Längsnähte und Stoßstellen von Schläuchen sind zu verkleben.

Für das Verkleben dürfen nur vom Hersteller empfohlene Kleber verwendet werden.

Durch normale Bastlerkleber wie Pattex können Rohre stark korrodieren. Ein Selbstklebeverschluss an den Längsnähten spart Zeit und Mühe, ➔ 1b.

An T-Stücken wird für das abgehende Rohr eine Bohrung ausgestochen, z. B. mit einem angeschliffenen Rohrstück. Das mit scharfem Messer leicht ausgerundete Schlauchstück ist damit sauber zu verkleben, ➔ 1f.

Beim **Löten** von Rohren wird:
• das elastische Material zurückgeschoben
• nach Erkalten der Lötstelle wieder herangezogen
• die Stoßstelle verklebt

Spezielle Dämmhülsen gibt es zum Einbau in die Fußbodenisolierung, ➔ 2.

Beim Dämmen der Leitungen an Rohrschellen ist zu unterscheiden zwischen:
• Gleitschellen
• Festpunktschellen

Um an **Gleitschellen** den Dämmschlauch nicht zu unterbrechen, verwendet man Gleitschellen mit einem dem Dämmschlauch entsprechenden Durchmesser. Zweckmäßig wird eine druckfeste Steinwoll- oder PU-Hartschale um den Schlauch gelegt. So wird Zeit gespart.

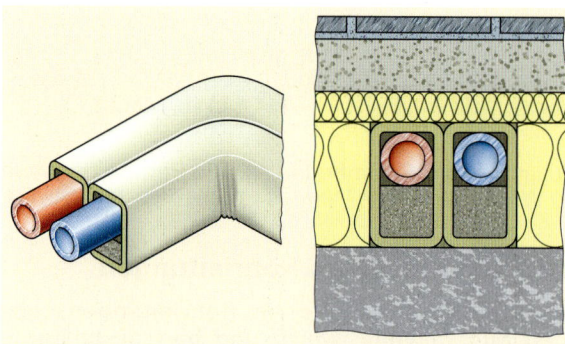

2 Kompakt-Dämmhülse für Einbau in die Fußbodenisolierung

Bei **Festpunktschellen** muss die Schelle am Rohr sitzen, die Stelle ist nachzudämmen, z. B. mit selbstklebendem Dämmband oder durch Überkleben eines größeren Dämmschlauchstückes.

Ähnlich verfährt man bei **Armaturen**, die in die Dämmung einzubeziehen sind, ➔ 1e.

Vorgepresste **Rohrschalen aus PU oder Steinwolle** werden über das Rohr geschoben oder geklappt und mit ca. 6 Windungen Bindedraht je lfd. m stramm umwickelt, evtl. wird auch mit Hartfolien umhüllt. Quer- und Längsnähte sind mit Klebeband zu verschließen.

Bei Steinwollrohrschalen auf reißfester, gitterverstärkter Alu-Folie, längs geschlitzt und mit Klebeverschluss, sind die Querstöße mit Alu-Klebeband zu verschließen. Diese Rohrschalen werden auch zum Brandschutz bei brennbaren Kunststoffrohren eingesetzt, ➔ 86.2. Zur Brandabschottung bei Deck-en- bzw. Mauerdurchführungen werden druckfeste Steinwollhartschalen um das Rohr gelegt, ➔ 155.1.

Für größere Leitungen oder Behälter verwendet man Steinwolle als Matte auf Papier, im Drahtgewebe oder auf reißfester, gittervernetzter Aluminiumfolie. Zum Schutz vor Feuchte wird Steinwolle mit Hartfolien umhüllt und mit Klebeband, Kunststoffnieten oder vorgepressten Falzen verschlossen. Bei Beschädigungsgefahr, z. B. an Transportwegen in Betrieben, wird mit grobkorngeprägten Alu-Folien oder mit verzinktem Blech verkleidet.

Übungen:

1. Worauf ist beim Verlegen von Leitungen im Hinblick auf eine spätere Wärmedämmung zu achten?
2. Warum müssen Kaltwasserleitungen gedämmt werden?
3. Warum sind Warmwasserleitungen gegen Wärmeverluste zu dämmen?
4. Ermitteln Sie aus ➔ 152.3, 152.4 den Wärmeverlust für 1 m Kupferrohr 54 × 2 bei einer Übertemperatur von 50 K:
   a) ohne Wärmedämmung
   b) mit PVC-Stegmantel
   c) mit 100 % Dämmung nach EnEV
5. Wie groß ist im Allgemeinen der Wärmeverlust in W/m für Rohre mit 100%iger Wärmedämmung bei ϑ = 50 K?
6. Welche Dämmschichtdicke ist vorgeschrieben für KW-Leitungen:
   a) in unbeheizten Räumen
   b) neben Warmwasserleitungen
7. Welche Dämmschichtdicke ist vorgeschrieben für WW-Leitungen:
   a) DN 15, Länge < 8 m
   b) 28 × 1,5, Länge > 8 m
   c) 50 × 2, Länge > 8 m
8. Wann dürfen WW-Leitungen nur zu 50 % gedämmt werden?
9. a) Womit kann man WW-Leitungen wärmedämmen?
   b) Welches Dämmmaterial verwendet vor allem der Installateur?
10. a) Wie ist die Wärmedämmung an T-Stücken auszuführen?
    b) Wie dämmt man bei Rohrschellen?

4.5 Befestigen von Rohrleitungen

4.5.1 Befestigungselemente und Einsatz

Rohrleitungen sind mit ausreichendem Abstand von Wänden, Decken und anderen Leitungen so zu befestigen, dass ➔ 158.2:
- die einwandfreie Montage der Bauteile gesichert ist
- die im Betrieb auftretenden Beanspruchungen und Belastungen sicher aufgefangen werden
- Geräusche nicht auf den Baukörper übertragen werden (Schallbrücken vermeiden)
- der Brandschutz gewährleistet ist
- Leitungen fachgemäß zu umhüllen sind

Art und Ausführung der Befestigungen hängen ab von:
- bau- und sicherheitstechnischen Auflagen
- Rohrwerkstoff, Rohrdurchmesser, ggf. Rohrumhüllung
- Art und Temperatur des Durchflussstoffes
- Art und Ausführung der Decken, Wände u. Ä.

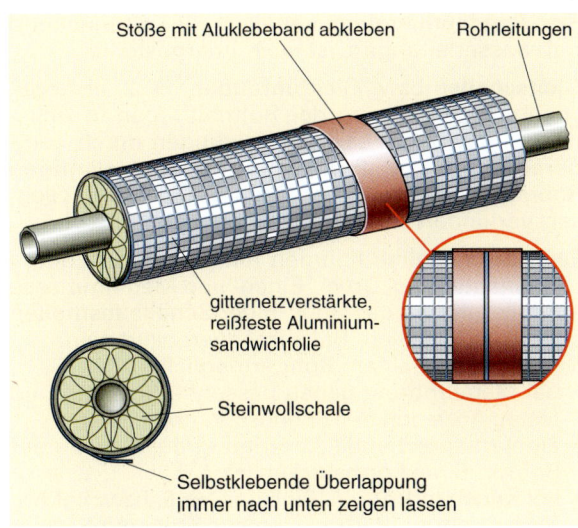

Stöße mit Aluklebeband abkleben — Rohrleitungen

gitternetzverstärkte, reißfeste Aluminiumsandwichfolie

Steinwollschale

Selbstklebende Überlappung immer nach unten zeigen lassen

1 Wärmedämmschale aus Steinwolle

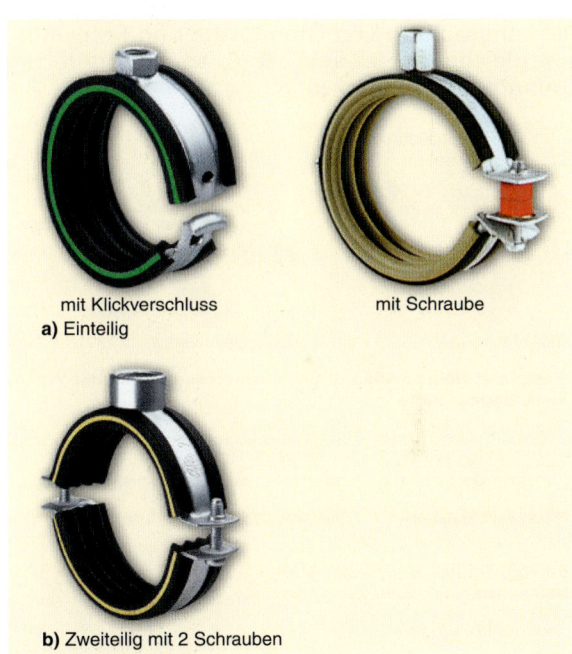

mit Klickverschluss   mit Schraube
a) Einteilig

b) Zweiteilig mit 2 Schrauben

2 Rohrschellen

Zur Rohrbefestigung dienen:
- Rohrschellen, Rohrbänder für Pendelschellen, Rohrbügel für Montageschienen
- Gleitschellen bzw. Gleitelemente
- Festpunktschellen
- Zubehör zu Befestigungsteilen

Rohrschellen für Befestigungen ohne besondere Ansprüche gibt es:
- einteilig mit Klickverschluss oder mit Schraube, ➔ 2a
- zweiteilig mit 2 Verschlussschrauben, auch mit montagefreundlichem Gelenkbügel und mit Fangverschluss; dieser erlaubt einhändiges Arbeiten, ➔ 2b

Eine **Bandaufhängung**, vor allem für Lüftungs- und Heizwasserleitungen, ist in ➜ 1 dargestellt.

Gleitschellen bzw. Gleitführungen, ➜ 2, ermöglichen eine Bewegung der Rohrleitung in Achsrichtung, z. B. bei Längenänderungen durch Temperatureinflüsse. Für Kunststoffrohre genügen Rohrschellen mit Gleitsatz nach ➜ 155.2a; der Gleitsatz verhindert das feste Schließen der Schelle.

Festpunktschellen nehmen Reaktionskräfte durch Längenänderung, Druck, Eigen- und Mediummasse auf. Sie müssen das Rohr in der Schelle festhalten und selbst stabil am Baukörper verankert sein.
Den sicheren Halt am Rohr ermöglichen
- bei Metallrohren: genau passende Schellen und festes Anziehen der Spannschrauben, ➜ 3
- eine entsprechende Anordnung der Schelle am Rohr, z. B. an Formstücken, ➜ 4, 5
- bei Kunststoffrohren: Einlagen, ➜ 6, bzw. bei Abwasserrohren: Halbschalen aus Stahl mit Sickenrändern, ➜ 157.4c

Die Längsachsen von Grundplatte und Rohr müssen gleichgerichtet sein, ➜ 6, sonst könnte die Grundplatte wegknicken.

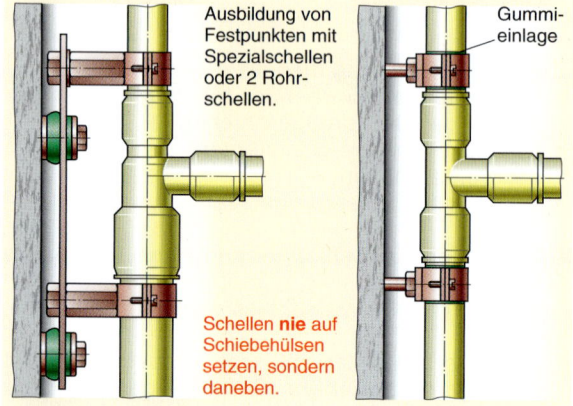

a) Einfach   b) Doppelbausatz

3 Festpunkt-Rohrschelle mit Schalldämmelement an der Wandbefestigungsplatte

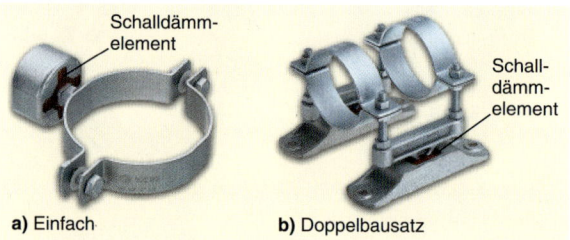

Bei **PVC-Rohren** können statt Muffen **Halbschalen** aufs Rohr geklebt werden.

4 Festpunkte am Rohr

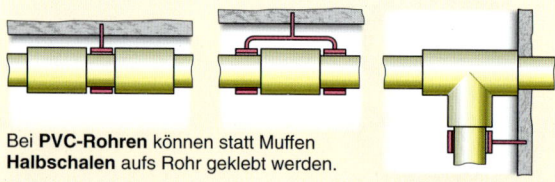

Ausbildung von Festpunkten mit Spezialschellen oder 2 Rohrschellen.

Gummieinlage

Schellen **nie** auf Schiebehülsen setzen, sondern daneben.

5 Festpunktschellen für Kunststoffrohre

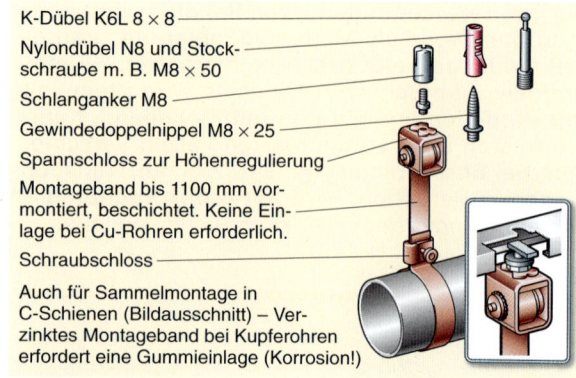

K-Dübel K6L 8 × 8
Nylondübel N8 und Stockschraube m. B. M8 × 50
Schlanganker M8
Gewindedoppelnippel M8 × 25
Spannschloss zur Höhenregulierung
Montageband bis 1100 mm vormontiert, beschichtet. Keine Einlage bei Cu-Rohren erforderlich.
Schraubschloss

Auch für Sammelmontage in C-Schienen (Bildausschnitt) – Verzinktes Montageband bei Kupferrohren erfordert eine Gummieinlage (Korrosion!)

1 Bandaufhängung

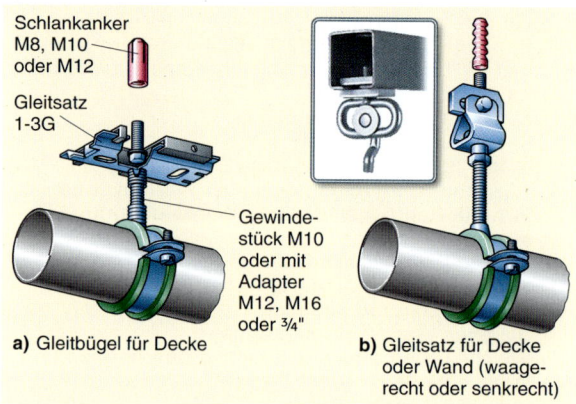

Schlankanker M8, M10 oder M12

Gleitsatz 1-3G

Gewindestück M10 oder mit Adapter M12, M16 oder ¾"

a) Gleitbügel für Decke
b) Gleitsatz für Decke oder Wand (waagerecht oder senkrecht)

2 Gleitführung

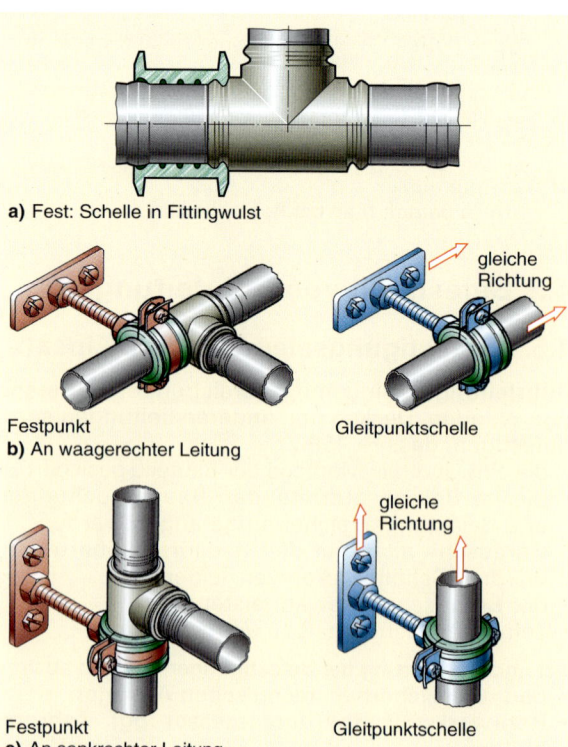

a) Fest: Schelle in Fittingwulst

gleiche Richtung

Festpunkt   Gleitpunktschelle
b) An waagerechter Leitung

gleiche Richtung

Festpunkt   Gleitpunktschelle
c) An senkrechter Leitung

6 Einlageschalen für Fest- und Gleitpunkte an waagerechten und senkrechten Leitungen

Alle Rohrschellen müssen werkstoffgerecht sein, also z. B. keine verzinkten Schellen an Kupferrohren.

Nicht eingesetzt werden sollen:
• Rohrhaken
• Kunststoffclips

Rohrhaken sind nicht fachgerecht. Sie geben keinen sicheren Halt, können Geräusche übertragen und durch Beschädigen des Rohrschutzes Korrosion verursachen.

Kunststoffclips sind zu leicht zu verformen und bieten besonders bei WW-Leitungen zu wenig Halt.

Zubehör zu Befestigungsteilen

Zubehör zu Befestigungsteilen an der Wand sind z. B.:
• Grundplatten, eckig oder rund, ➔ 156.6
• Sammelschienen, ➔ 1
• Konsolen, ➔ 3
• entsprechende Gewindestäbe, Hammerkopfschrauben, Halteklammern, Trägerklammer u. Ä.

Zubehör zu Befestigungsteilen am Rohr sind z. B.:
• Gleitsätze bzw. -bügel, ➔ 156.2
• Festpunktverankerungen,
  ➔ 156.4, 156.5
• Einlagen für Fest- bzw. Gleitpunkte,
  ➔ 4b,c, 156.6
• Schalldämmeinlagen, ➔ 4a

Zum Zubehör zu Befestigungsteilen zählen auch Verbindungstücke zwischen Schelle und Haltepunkt, z. B.:
• Schlagstift, Stockschraube, Gewindestange, Gewinderohr, Übergangsmuffen, ➔ 5
• Pendelaufhänger (2 Pendelgelenke nötig; 1 langer Aufhänger genügt zum Höhenverstellen), ➔ 2

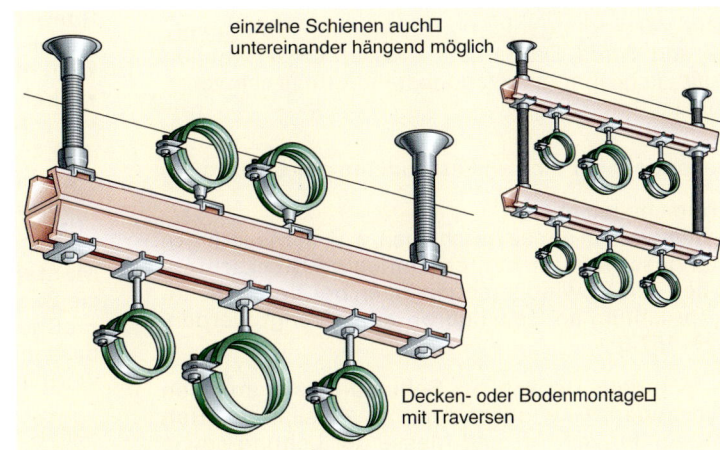

einzelne Schienen auch untereinander hängend möglich

Decken- oder Bodenmontage mit Traversen

1 Sammelschiene zur Rohrbefestigung

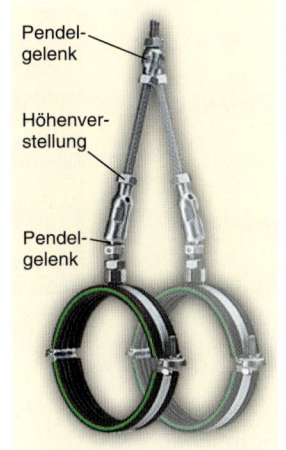

Pendelgelenk

Höhenverstellung

Pendelgelenk

2 Pendelaufhänger

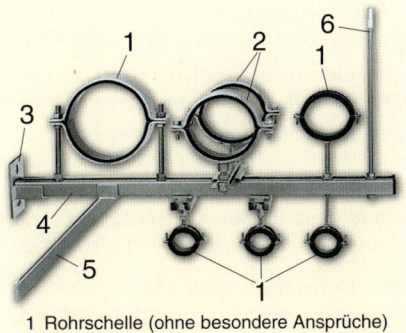

1 Rohrschelle (ohne besondere Ansprüche)
2 Gleitschelle mit Gleitsatz
3 Konsole
4 Schlitzschiene
5 Stütze
6 Abhängung

3 Wandkonsole mit Schlitzschiene für Rohrschellen

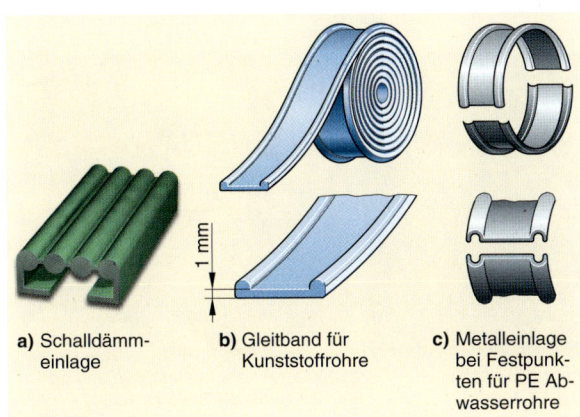

a) Schalldämmeinlage

1 mm

b) Gleitband für Kunststoffrohre

c) Metalleinlage bei Festpunkten für PE Abwasserrohre

4 Rohrschelleneinlagen

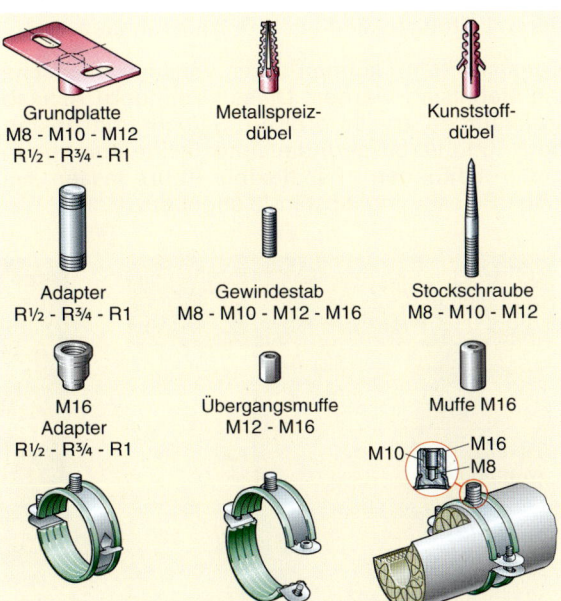

Grundplatte
M8 - M10 - M12
R½ - R¾ - R1

Metallspreizdübel

Kunststoffdübel

Adapter
R½ - R¾ - R1

Gewindestab
M8 - M10 - M12 - M16

Stockschraube
M8 - M10 - M12

M16 Adapter
R½ - R¾ - R1

Übergangsmuffe
M12 - M16

Muffe M16

M10   M16
       M8

5 Zubehör zu Befestigungsteilen von Rohrleitungen

Die Verbindungselemente zwischen Rohrschelle und Wand, Decke usw. müssen umso stabiler sein, je größer der Wandabstand und je schwerer die Leitung ist.

Besonders gilt dies an Festpunkten der Leitung.

Rohrschellen mit
• Stift werden nur eingeschlagen, z. B. in Mauerfugen
• angeschweißter Mutter können an Stockschrauben, an Gewindestangen oder bei hoher Beanspruchung an Gewinderohren befestigt werden, ➔ 157.5

In Wänden, Decken an Schienen usw. müssen Schrauben, Gewindestangen u. Ä. sicheren Halt finden. Je nach Art und Masse der Leitung sowie Material und Beschaffenheit der Wand usw. sind entsprechende Dübel bzw. Anker auszuwählen, siehe dazu Kap. 4.5.4.

Bei sicherheitstechnischen Auflagen dürfen nur Dübel mit bauaufsichtlicher Zulassung verwendet werden.

Die **Sammelbefestigung** von Rohrschellen, z. B. an Montageschienen, Konsolen, evtl. mit Rohrstützen, erspart Zeit, Platz und schafft Ordnung, ➔ 157.1, 157.3.

Der **Befestigungsabstand** von Rohrschellen untereinander ist bei **waagerechten** Leitungen umso kürzer zu wählen, je geringer:
• die Nennweite der Rohrleitung ist ➔ 1
• die Biegefestigkeit des Werkstoffes ist

Bei **senkrechten** Leitungen setzt man 2 Rohrschellen je Geschoss.

Befestigungsabstände zu Decken, Wänden und anderen Leitungen sind nach ➔ 2 einzuhalten.

Kunststoffrohre können durch verzinkte **Tragschalen** stabilisiert werden. Diese verhindern Achsabweichungen, lassen größere Befestigungsabstände zu und verbessern die Optik (keine durchgebogenen Leitungen). Für flexible Rohre lassen sich keine Befestigungsabstände angeben.

Rohrleitungen sind möglichst nahe der Armaturen zu befestigen, um diesen sicheren Halt zu geben. Das kann mithilfe von **Wandscheibenwinkeln** erfolgen:
• direkt an der Wand, ➔ 149.3, ähnlich 3a
• an Montagelementen der Vorwandsysteme, ➔ 159.1b
• an Montageschienen mit Lochabständen für Sanitärstichmaße wie 100 mm/120 mm/153 mm, ➔ 3, 159.1

Montageschienen sind sehr vielseitig verwendbar; sie lassen sich mit einem einfachen Biegewerkzeug maßgenau abwinkeln, ➔ 159.1d. Wesentlich ist, dass diese Schienen genau „in Waage" angebracht werden.

An Rohrleitungen selbst dürfen keine anderen Gegenstände befestigt werden, ➔ 159.2.

Gewinderohr	DN	10	15	20	25	32	40	50
	a_B in m	2,25	2,75	3,00	3,50	3,75	4,25	4,75
Kupferrohr/Edelstahlrohr	d_a in mm	12/15	18	22	28	35	42	54
	a_B in m	1,25	1,50	2,00	2,25	2,75	3,00	3,50
Verbundrohr	d_a in mm	16	20	26	32	40		
	a_B in m	1,50	1,50	1,50	2,00	2,00		
PVC-U-Rohr bei 20 °C	d_a in mm	16	20	25	32	40	50	53
	a_B in m	0,80	0,90	0,95	1,05	1,20	1,40	1,50

≤ 300
≤ 300
≤ 300
≤ a_B
≤ a_B

Metallverbundrohre am Boden befestigt, bei Flexrohren a_B ≤ 0,7 m

1 Befestigungsabstände a_B bei verschiedenen Rohrarten

Vom tatsächlichen Außenmantel einer Rohrleitung	Abstand mm
zu Wänden	30 … 50
zu anderen Rohren (Außenmantel)	50 … 80
zu Decken (Mindestdurchgangshöhe: 1,90 m)	60 … 120

2 Abstände von Rohrleitungen

a) Mit Schalltrenner und Anschlusswinkel

b) Verdrehsicher befestigten und bis zur Bodenplatte dämmen

3 Montageschiene mit Lochabständen für Sanitärstichmaße

Um die **Geräuschübertragung** aus Leitungen auf den Baukörper (Mauern, Decken, Wände) zu dämmen, ist zwischen Rohrschelle und Wand ein Dämmelement einzufügen, z. B. ein Profilgummi um das Rohr (Härte eines mittelharten Radiergummis), ➔ 155.2, 157.4a.

An Festpunkten kann der Profilgummi der hohen Schubkraft u. U. nicht standhalten. Hier kann ein **schallentkoppelter Festpunktbausatz** helfen, der den Köperschall bis zu 40 dB reduziert, ➔ 156.3. Eine andere Lösung bieten Schalldämmelemente zwischen Rohrschellenträger und Wand, ➔ 3, 4.

Durch Wände und Decken sind Leitungen in fest eingemauerten **Schutzrohren** zu führen, ➔ 5; der Raum zwischen Schutz- und Leitungsrohr ist gegen Schallübertragung, ggf. zum Brandschutz und auch gegen Wasser abzudichten.

Schutzrohre müssen an Wänden und bei Decken einige Zentimeter vorstehen. Im Baukörper verlegte Leitungen müssen eventuell gegen Wärmeverluste bzw. gegen Schallübertragung gedämmt und vor Korrosion geschützt werden. Je nach Anforderung sind verschiedene Materialien einzusetzen, z. B. Korrosionsschutzband, Wärmedämmstoff, Brandschutzkitt.

Dabei können Rohre durchgehend z. B.:
* mit Dämmschläuchen umhüllt sein bzw. werden, z. B. ➔ 106.1, 154.1; die Stoßfugen der Schutzschläuche sind mit Klebeband sorgfältig zu schließen
* im Schutzrohr, flexible Rohre im Wellrohr, verlegt werden

Dämmstoffe und -einlagen dürfen nicht saugfähig sein, da sie sonst von Mörtelbrühe durchhärtet und damit unwirksam werden können; also keinen Filz oder offenporigen Schaum verwenden.

Alle aufwändigen Schalldämm-Maßnahmen sind **nutzlos, wenn eine Schallbrücke**, also eine starre Verbindung zwischen Rohrleitung und Baukörper, besteht.

Besonders sorgfältig müssen Leitungsaustritte aus der Wand, z. B. bei Armaturenanschlüssen, gedämmt werden, ➔ 158.3, 240.1.

a) Sammelschiene für Leitungsbefestigung

b) Für Armaturenanschlüsse in und an Leichtbauwänden

c) Mit Schalltrenner für Wandeinbau-Wannenbatterie

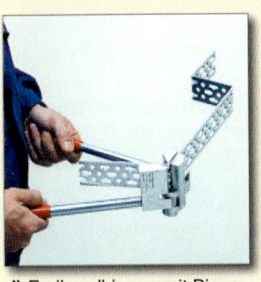

d) Freihandbiegen mit Biegezange und Gegenhalter

e) Als Hilfe in schwierigen Situationen im Altbau

1 Gelochte Montageschienen – Verwendungsbeispiele

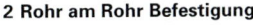

falsch! Eine Leitung darf nicht an eine weitere Leitung gehängt werden.

richtig! An einer am Baukörper befestigten Rohrschelle darf eine weitere Leitung befestigt werden.

2 Rohr am Rohr Befestigung

Schalldämmeinsatz

3 Rohrschelle mit Schalldämmelement

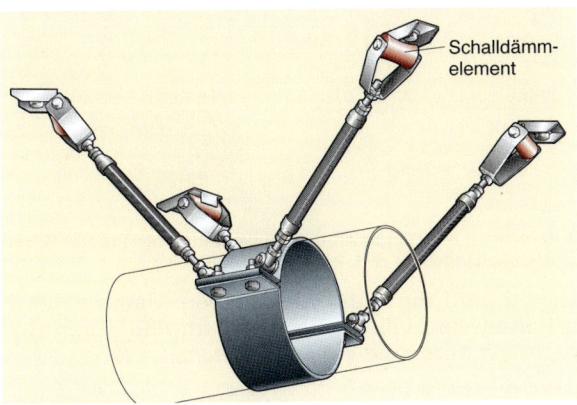

Schalldämmelement

4 Schallgedämmter Festpunkt

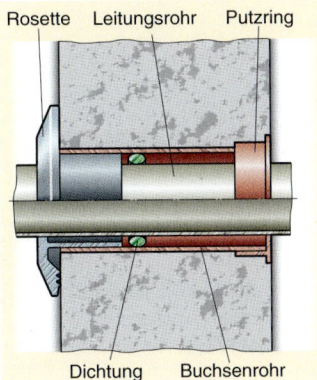

Rosette　　Leitungsrohr　　Putzring

Dichtrosette

Dichtung　　Buchsenrohr

5 Rohrdurchführung mit eingemauertem Schutzrohr

4.5.2 Längenausgleich bei Temperaturänderung

Beim Verlegen von Warmwasser-, Zirkulations-, Gas-, Abwasserleitungen u. Ä. sind deren Längenänderung durch Temperaturschwankungen zu berücksichtigen.

Die Längenänderung eines Rohres hängt ab vom:
- Werkstoff
- Temperaturunterschied

Beispiel:
Im Vergleich zu Stahlrohren dehnen sich, ➜ 1:
- Kupferrohre: etwa um das 1,5fache
- Kunststoffrohre um das 10- bis 15fache

Längenänderungen sind auszugleichen durch:
- Biegeschenkel
- Kompensatoren
- Dehnungsbogen
- Metallschläuche

Biegeschenkel, ➜ 2, sind problemlos im Betrieb, erfordern keine Wartung, sind jedoch aus Platzgründen nicht immer möglich. Die Leitungsführung und das Platzieren der Rohrbefestigungen (Gleit- und Fixpunkte) sind dabei gut zu überlegen, ➜ 163.2.

Die erforderliche Biegeschenkellänge kann berechnet oder Diagrammen entnommen werden, ➜ 3:

$$l_B = K \cdot \sqrt{d_a \cdot \Delta l}$$

l_B Biegeschenkellänge
K Werkstofffaktor, ➜ 3
d_a Rohraußendurchmesser in mm
Δl Längenänderung in mm

Beispiel:
Wie lang muss der Biegeschenkel für ein PE-HD-Rohr DN 100 (d_a = 110 mm) werden, wenn die Längenänderung 25 mm beträgt?

Lösung:
Geg.: K = 27   Ges.: l_B
      d_a = 110 mm
      Δl = 25 mm

$$l_B = K \cdot \sqrt{d_a \cdot \Delta l}$$

$l_B = 27 \cdot \sqrt{110 \text{ mm} \cdot 25 \text{ mm}}$
$l_B = 27 \cdot 52{,}44 \text{ mm}$
$l_B = \underline{\textbf{1416 mm}}$

Der Vergleich der berechneten Längenänderung und der Biegeschenkellänge verschiedener Rohrmaterialien in ➜ 3 ergibt:
- Obwohl Stahlrohr sich nur wenig ausdehnt, ist doch ein langer Biegeschenkel nötig.
- Bei PB ist es genau umgekehrt.

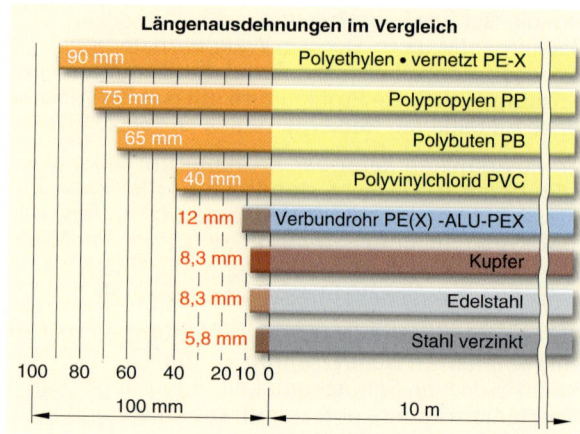

1 Längenausdehnung verschiedener Rohrmaterialien bei Rohrlänge l_0 = 10 m und $\Delta\vartheta$ = 50 K

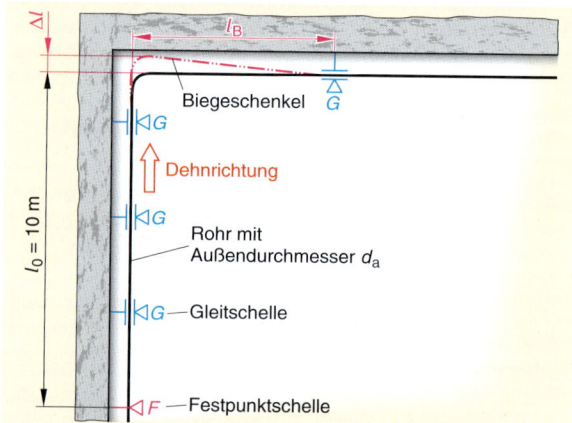

2 Dehnungsausgleich durch Biegeschenkel

Rohre mit l = 10 m bei $\Delta\vartheta$ = 50 k		Längenänderung $\Delta l = l_0 \cdot \alpha \cdot \Delta\vartheta$		Biegeschenkel $l_B = K \cdot \sqrt{d_a \cdot \Delta l}$		
	d_a mm	α mm/(m·K)	Δl mm	K	d_a mm	l_B mm
PE	32	0,18	90	27	32	1449
PP	40	0,15	75	30	40	1643
PB	32	0,13	65	10	32	456
PVC-C	32	0,08	40	34	32	1216
Verbundrohr	32	0,026	13	33	32	673
Kupfer	32	0,0166	8,3	58	32	884
Edelstahl	32	0,0165	8,25	65	32	978
Stahl	32	0,0115	5,75	91	32	1253

Δl Längenänderung l_0 Ausgangslänge
α Längenausdehnungskoeffizient $\Delta\vartheta$ Temperaturunterschied
l_B Biegeschenkellänge K Werkstoffkonstante
d_a Rohraußendurchmesser

3 Berechnen und Vergleich der Längenänderung und der Biegeschenkellängen zu ➜ 1, 2

Grund sind die unterschiedlichen Materialeigenschaften, speziell der Elastizitätsmodul[1], hier ausgedrückt durch die Werkstoffkonstante K.

---
[1] Der Elastizitätsmodul (E-Modul) ist das Verhältnis von Spannung zur Dehnung im noch elastischen Bereich des Werkstoffes. Je kleiner der E-Modul, umso flexibler ist der Werkstoff.

Kunststoffrohre dehnen sich bei Erwärmung viel mehr als Metallrohre. Trotzdem genügen z. T. kürzere Biegeschenkel, da manche Kunststoffe viel elastischer sind als Metalle.

Kompensatoren benötigen wenig Platz, müssen aber immer zugänglich, kontrollier- und auswechselbar sein, ➔ 1.

Es gelten folgende Forderungen:
- Kompensatoren aus Elastomeren müssen baumustergeprüft sein (Prüfbescheinigung!).
- Kompensatoren mit Metallbalg müssen mindestens für eine Temperatur von 85 °C und für 10 000 volle Dehnungshübe ausgelegt sein.

Legt man einen Kompensator mit größerer Dehnung und/oder für höheren Druck als erforderlich aus, wird seine Lebensdauer wesentlich erhöht. Ein außen montiertes Schutzrohr schützt gegen Bauschmutz, dient als Führungsrohr gegen seitliches Ausknicken, vereinfacht die Wärmedämmung und verhindert, dass Dämmstoff die Balgbewegung einschränkt.

Beiderseits eines Kompensators sind Rohrschellen anzuordnen, um sein Abknicken zu verhindern (Bruchgefahr für den Metallbalg!), aber nicht so nahe am Kompensator, dass sie seine Längsbewegung (Axialbewegung) behindern.

Die Längenänderung der Steigleitung und Ausbiegung waagerechter Abzweigungen werden durch die Anordnung des Kompensators, der Festpunkte und der Biegelänge des abzweigenden Schenkels beeinflusst, ➔ 3.
Liegen abzweigende Leitungen in Aussparungen, sind diese nur locker mit Mineralwolle auszufüllen, damit die Leitungen bewegungsfrei bleiben.

Dehnungsbogen sind wartungsfrei, benötigen aber viel Platz, ➔ 2.

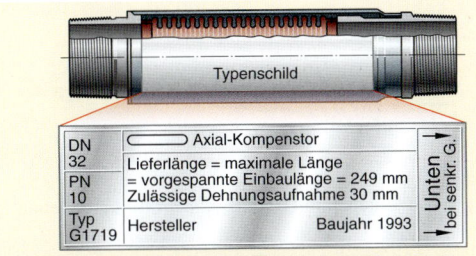

a) Metallbalgkompensator mit Schutzrohr und Rohrgewinde

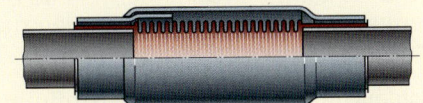

b) Metallbalgkompensator mit Schutzrohr und Lötenden

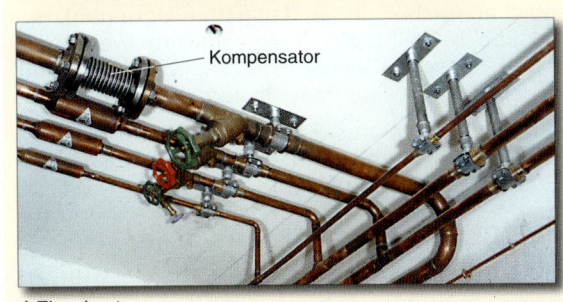

c) Eingebaut

1 Kompensator zum Dehnungsausgleich von Trinkwasserleitungen

Annahme: Längenänderung 30 mm,
1. Festpunkt im Kellergeschoss

Einbauort des Kompensators	Oberes Ende Steigleitung	Mitte Steigleitung	in ⅓ Höhe Steigleitung
2. Festpunkt	Oberhalb Kompensator	am Ende der Steigleitung	in ⅔ Höhe Steigleitung
Längenänderung in mm	30	2 · 15 = 30	3 · 10 = 30
größte Abweichung der Anschlussleitung in mm	30	15	10

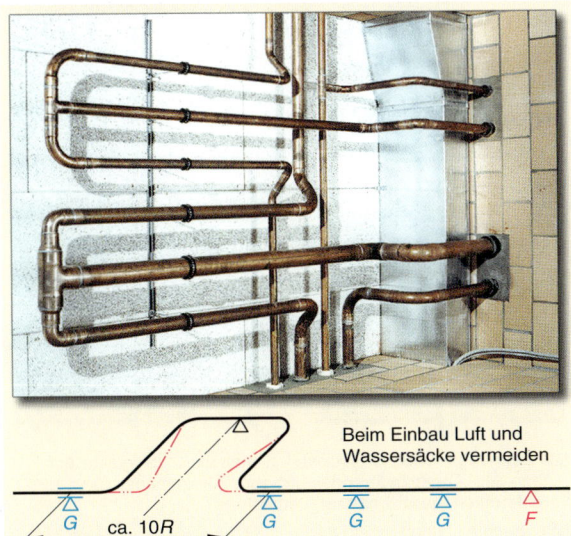

Beim Einbau Luft und Wassersäcke vermeiden

2 Dehnungsausgleich durch Dehnungsbogen

3 Einfluss des Einbauortes der Festpunkte und des Kompensators

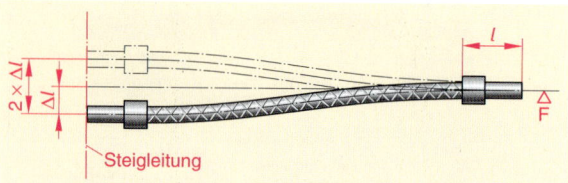

1 Edelstahl-Wellschlauch mit Schutzgeflecht für Lateralausgleich

> Bei allen Maßnahmen zum Dehnungsausgleich ist für die Wirkung der Dehnmaßnahme die Positionierung der Fest- und Gleitschellen maßgebend, → 160.2, 161.2, 161.3.

Metallschläuche oder flexible Kunststoffrohre können zum Ausgleich von Längenänderungen oder seitlichen Ausbiegungen (Lateralbewegungen), → 1, oder von Winkelbewegungen eingesetzt werden. Sie haben Flansche, Gewindestutzen, Löt-, Anschweißenden oder Steckkupplungen zum Anschließen.

Metallschläuche aus Edelstahl werden auch bei Hausanschlussleitungen eingesetzt, um Erdverschiebungen auszugleichen.

4.5.3 Befestigung von Abwasserleitungen und Dehnungsausgleich

Abwasserleitungen müssen wegen ihrer großen Masse, besonders bei Vollfüllung, z. B. bei Verstopfung oder bei Rückstau, sicher befestigt sein.

Die **Abstände** der Befestigungen richten sich nach:
- der Masse der Rohrleitung, → 623.1 bis 6, 624.1 bis 6
- der Biegefestigkeit der Rohre; sie lässt nach bei Durchfluss warmen Wassers durch Kunststoffrohre (Waschmaschinen 95 °C!)
- der Quersteifigkeit der Rohrverbindungen
- dem Verlauf der Rohrleitung:
  - bei liegenden Leitungen gelten die Bilder → 2, 3a
  - für lotrechte Leitungen sind Befestigungen alle 2 m erforderlich, je Stockwerk mindestens zwei, → 3b

Stahlrohrleitungen mit Steckmuffen besitzen hohe Quersteifigkeit und sind leichter als Gussrohre. Deshalb sind bei liegenden Leitungen größere Rohrschellenabstände als bei SML-Rohren nach → 2 zulässig.

Auf das Befestigen von **Glasrohren** wird im Kap. 4.2.6.1 extra hingewiesen.

Frei verlegte **Kunststoffrohrleitungen** sind so zu befestigen, dass sie sich nicht durchbiegen:
- Bei **liegenden** Leitungen soll der Rohrschellenabstand nicht mehr als 10 × Rohrdurchmesser betragen. Bei spiegelgeschweißten PE-Rohren mit ihrer relativ glatten Auflage (keine Muffen!) kann man Tragschalen unterlegen und den Schellenabstand auf den 15fachen Rohrdurchmesser vergrößern, → 3a.
- Senkrechte Kunststoffrohrleitungen erhalten je Geschoss 2 Rohrschellen, → 3a.

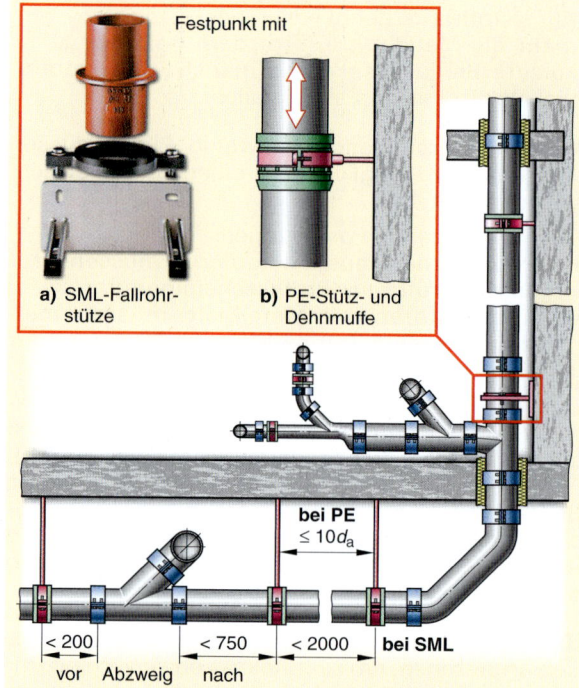

2 Befestigung bei PE- und SML-Rohren

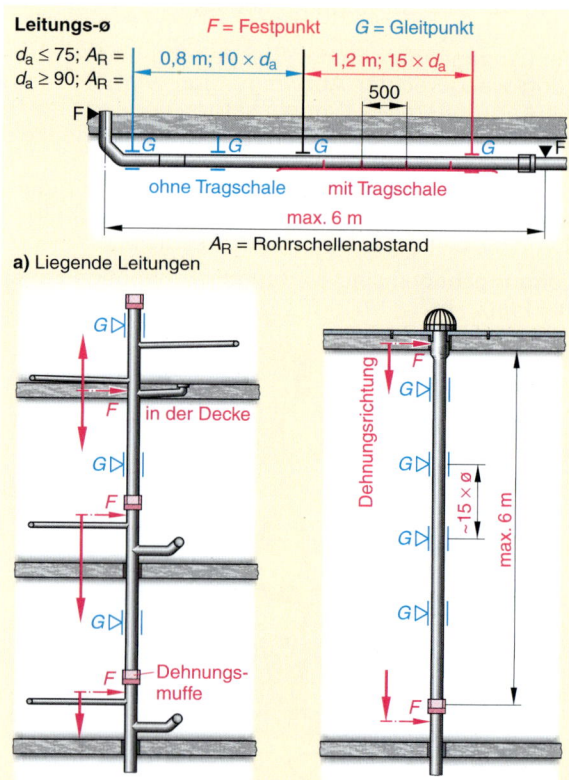

Die Dehnungsmuffen je Stockwerk dienen gleichzeitig zum Auffangen der Längenänderungen und zum Zusammenstecken der vorgefertigten (geschweißten) Elemente.

b) Lotrechte Leitungen

3 Abstände der Befestigungen an Wasserleitungen aus PE

Die **Längenänderung** der Rohrleitungen bei Erwärmung ist auch bei Abwasserleitungen, ähnlich wie bei Warmwasserleitungen, zu berücksichtigen:

- **Guss-** und **Stahlrohre** dehnen sich bei $\Delta\vartheta = 50$ K um ca. 0,6 mm/m, **Glasrohre** um ca. 0,16 mm/m; dies wird meist in den elastischen Rohrverbindern kompensiert.
- **Kunststoffrohre** dehnen sich erheblich mehr; diese Dehnung ist aufzufangen bzw. auszugleichen. Ihre Größe wird Diagrammen entnommen, z. B. ➜ 1, oder ähnlich dem Beispiel in Kap. 4.5.2 berechnet.

1 m Kunststoffrohr dehnt sich bei $\Delta\vartheta = 50$ K ungefähr um 1 cm.

Bei Kunststoffrohren **aus PE**, verschweißt oder mit Spannverbindern, gleicht man aus durch:
- Biegeschenkel
- Langmuffen oder Dehnmuffen

Bei **Dehnmuffen** oder **Langmuffen** ist die Einschubtiefe von der Verlegetemperatur abhängig. Bei 20 °C ist das Rohr tiefer einzuschieben als bei 0 °C, vgl. Markierung ➜ 3b, 138.1, 138.3h.

In allen Fällen sind Fest- und Gleitpunkte sinnvoll zu setzen, zu befestigen. Die Wandabstände sind so zu wählen, dass die Biegeschenkel sich frei dehnen können, ➜ 2.

Da die Schubkräfte bei Längenänderungen sehr hoch sind, müssen an Festpunkten die Rohrschellen sicheren Halt finden, z. B.:
- zur Wand hin mit Rohr R1/2 bis R2 in massiver Grundplatte, ➜ 3, je nach Wandabstand und Leitungsdurchmesser
- zum Rohr an Rohrvorsprüngen, z. B. zwischen 2 Elektromuffen oder einer Langmuffe und einer Stumpfschweißnaht oder mit Stahleinlagen in der Schelle, die sich ins Rohr pressen

Schallbrücken zwischen Rohr und Wand sind zu vermeiden.

Bei mineralverstärkten Rohren mit glatten Enden wird die Dehnung in den Aufsteckmuffen aufgefangen, ➜ 138.2. Ihr Gummikompensator gleicht Längenänderungen ≤ 16 mm aus. Vor dem Zusammenschieben ist dieser auf das nicht angefaste Rohrende zu stecken und außen mit Gleitmittel zu bestreichen.

Bei Kunststoffrohren mit Muffe (KG-, HT-, mineralverstärkte HT-Rohre) genügt etwa 1 cm Dehnraum je 2 m Rohrlänge. Nach dem Einschieben des Rohres bis zum Muffengrund ist das Rohr am Muffenrand zu markieren. Dann ist das Rohr um etwa 1 cm wieder aus der Muffe zu ziehen, ➜ 138.1. Bei aufeinander folgenden, kurzen Rohr- oder Formstücken genügt dies einmal je 2 m Rohrlänge.

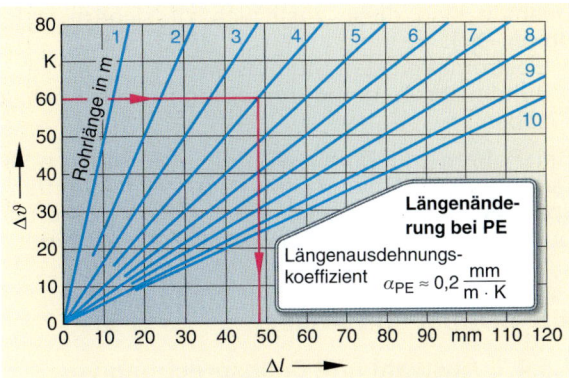

1 Bestimmen der Längenänderung Δl bei PE-Rohren

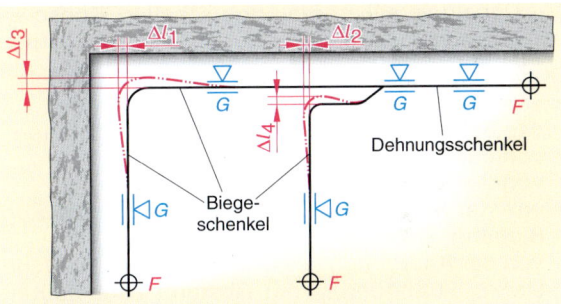

2 Biegeschenkel zum Ausgleich von Längenänderungen und Anordnen der Fest- (F) und Gleitpunkte (G)

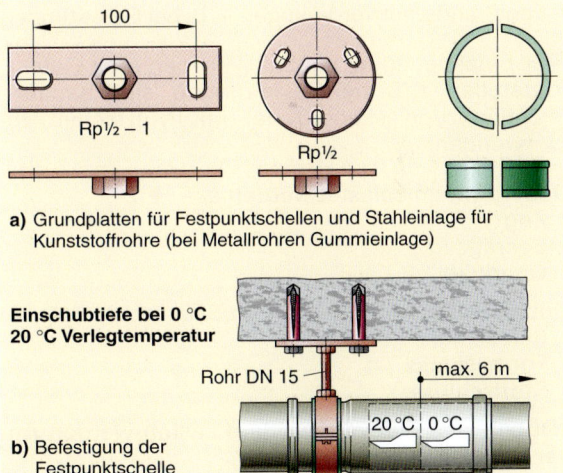

a) Grundplatten für Festpunktschellen und Stahleinlage für Kunststoffrohre (bei Metallrohren Gummieinlage)

b) Befestigung der Festpunktschelle

3 Sicherer Halt für Festpunktschellen

Bei senkrecht verlegten Rohren sind die einzelnen Leitungsteile sofort durch Rohrschellen zu befestigen, damit die 1-cm-Dehnstrecke nicht durch Nachrutschen aufgehoben wird.

Werden verschweißte **PE-HD-Rohre** in Decken **einbetoniert**, nimmt der Werkstoff PE durch seine Elastizität die Dehnung in sich auf. Da PE sich nicht mit dem Beton verbindet, gleiten also die glatten Rohre im Beton. Allein die Formstücke müssen den großen Dehnkräften standhalten. Reduzierte Abzweige könnten dabei abscheren.

4

Deshalb sind diese zusätzlich zu sichern, z. B. durch, ➔ 1:
• Elektromuffen statt Stumpfschweißungen
• Bundbuchsen, deren Vorsprünge Halt im Beton geben

Bei Rohren mit Muffe wie HT-, KG-Rohre oder Dehnmuffen ist beim Einbetonieren der Muffenspalt mit Klebeband gegen Eindringen von Mörtelbrühe zu sichern, da sonst die Dichtung verhärtet.

4.5.4 Dübel und Anker

4.5.4.1 Auswahl und Beanspruchung von Dübeln

Mit Dübeln verankert man Rohrschellen, Konsolen, sanitäre Apparate, Badzubehör u. Ä. am Baukörper.

Die Auswahl des geeigneten Dübels ist abhängig:
• vom Baumaterial, an dem befestigt werden soll wie Beton, Vollsteine, Hohlsteine, Wandplatten
• von der Baustoffdicke
• von der Größe der Last
• von der Richtung, in der die Last wirkt wie Zug, Biegung, Querzug, Schrägzug
• von der Anordnung des Dübels im Bauteil (Wand, Decke, Fußboden), vom Abstand zum Bauteilrand, vom Achsabstand zu anderen Dübeln
• von der Lastart, ob ruhend oder bewegt, z. B. Rohrleitung, Pumpe
• von Brandschutzforderungen, z. B. bei Gasleitungen

> Für Befestigungen, die bei Versagen eine Gefahr darstellen, z. B. bei Gasleitungen, sind bauaufsichtlich zugelassene Dübel (mit Prüfzeichen) zu verwenden.

Dübel können belastet werden auf, ➔ 2
• Zug
• Schrägzug
• Querkraft

Dübel haften auf drei Arten im Baukörper, ➔ 3:
• Reibschluss
• Formschluss
• Stoffschluss

„Dübel" aus Stahl für größere Lasten werden **Anker** genannt.

4.5.4.2 Dübelarten und ihre Montage

Man unterscheidet je nach Haftart:
• Reibschluss: Spreizdübel, Spreizanker
• Formschluss: Hohlraumdübel
• Stoffschluss: Injektionsbefestigung, Reaktionsanker

Spreizdübel werden durch die Schraube auseinander gedrückt und an die Bohrlochwand gepresst (Reibschluss), ➔ 3a, 4a. Die Sperrzungen verhindern, dass sich der Dübel im Bohrloch mitdreht. Der Dübelhals weitet sich nicht, sodass Putz oder Fliesen

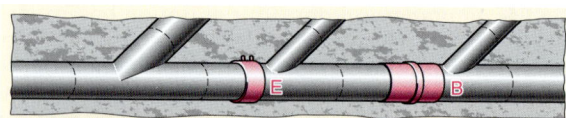

Abzweigungen geringer Nennweite sind durch die Elektromuffen (E) oder Bundbuchsen (B) in Abzweignähe gegen Abscheren bei einbetonierten Leitungen zu sichern.

1 Abzweige von PE-Leitungen

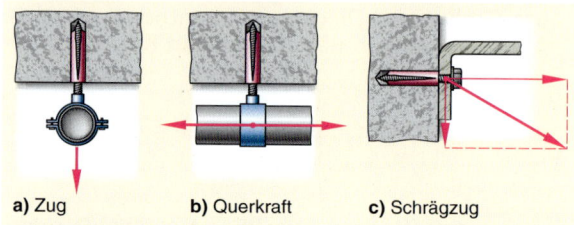

a) Zug b) Querkraft c) Schrägzug

2 Beanspruchung von Dübeln

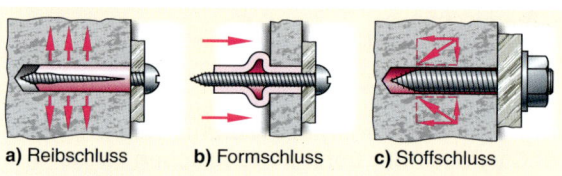

a) Reibschluss b) Formschluss c) Stoffschluss

3 Wirkungsweise von Dübeln

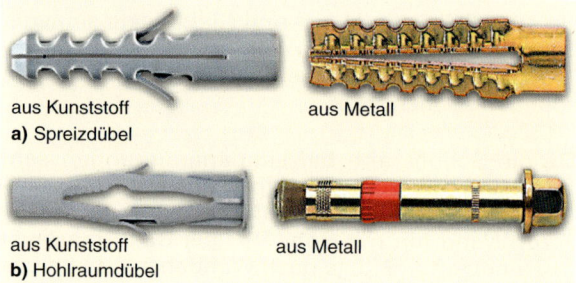

aus Kunststoff aus Metall
a) Spreizdübel

aus Kunststoff aus Metall
b) Hohlraumdübel

4 Dübelarten

nicht reißen. Spreizdübel eignen sich in festen Baustoffen wie Beton, Vollziegel oder Kalksandstein.

Hohlraumdübel (Quetschdübel, der hinter der Bauplatte einen „Knoten" bildet) werden in leichten Baustoffen mit Hohlräumen, z. B. Porenbeton, Hohlblocksteinen, Hohlziegeln, Bauplatten, verwendet. Die Schraube zieht den Dübel so zusammen, dass er sich gegen das Material von der Hohlraumseite her anpresst (Formschluss), ➔ 3b, 4b.

Allzweck- bzw. Universaldübel können je nach Baukörper spreizen oder quetschen.

Injektionsbefestigungen, ➔ 3c, erfolgen mit schnell abbindendem Injektionsmörtel (Stoffschluss) und zwar mit:
• 2-Komponenten-Kunstharzmörtel in Kartuschen, der mit einer Presspistole eingespritzt wird
• mineralischem Injektions-Trockenmörtel in Eimern; er wird mit Wasser angerührt, ist lösungsmittelfrei und dadurch umweltfreundlich; angerührter Mörtel wird mit einer einfachen Mörtelpresse eingespritzt, ➔ 165.3

Bei Injektionsbefestigungen wird eingespritzt bei
- Vollbaustoffen: direkt ins Bohrloch, ➜ 1
- Lochbaustoffen: in eine vorher ins Bohrloch eingeführte Netzhülse, Siebhülse oder einen Injektionsanker, ➜ 2
- bei Porenbeton, wie Bimsstein, und bei Vollgipsplatten: in einen Injektionsanker mit M-Gewinde; dieser wird in ein mit einem Konusbohrer und Bohrglocke konisch erweitertes Bohrloch eingesetzt, ➜ 3; der Anker, auch für Lochsteinmauerwerk geeignet, ist mit einem Netz umgeben und spart so an Mörtel, ➜ 4

In den eingespritzten Mörtel wird sofort ein Gewindestab, ein Innengewindeanker aus Metall oder eine Kunststoffeinschraubhülse nachgeschoben. Sie ist nach der Abbindezeit fest im Mörtel verankert.

Aus Innengewindeanker bzw. Einschraubhülse können Gewindeschrauben beliebig oft entfernt werden.

Die Abbindezeit hängt von der Temperatur ab. Sie dauert bei:
- Injektionsmörtel:
  - bei 40 °C: ca. 20 min
  - bei 5 °C: ca. 6 Stunden
- 2-Komponenten-Kunstharz-Kartuschen:
  15 min bis 90 min (teurer aber Zeit sparend!)

Reaktionsanker für Beton bestehen aus Glaspatrone mit Kunstharzmörtel und Anker oder Gewindestange, ➜ 5. Beim Eintreiben des Ankers zerspringt das Glas; nach dem Aushärten des Mörtels sind hohe Lasten möglich. Der Mörtel verschließt das Bohrloch und schützt den Anker vor Korrosion. Die Verankerung ist spreizdruckfrei und erlaubt geringe Randabstände.

Bei Reaktionsankern muss das Bohrloch staubfrei sein, bevor die Patrone eingeschoben wird. Je nach Patronenart ist die Gewindestange mit dem Schlag- oder Hammerbohrer drehend/schlagend einzuführen oder mit einem Fäustel einzutreiben.

Aus der Vielzahl der Dübel- bzw. Ankerarten werden hier nur einige beispielsweise aufgeführt:
- Kunststoffdübel
- Metalldübel
- Anker
- Nageldübel für Schnellmontagen

Kunststoffdübel, ➜ 164.4, gibt es als:
- Spreizdübel
- Hohlraumdübel

Mit Kunststoffdübeln befestigt man z. B. Rohrleitungen ohne besondere Anforderungen, Sanitärapparate wie Waschbecken, Standklosett, Zubehör in Bad und Toilette.

Metalldübel, ➜ 164.4, bestehen aus verzinktem oder nichtrostendem Stahl. Metalldübel und Metallanker dienen zur brandsicheren Befestigung für Löschwasser- und Gasleitungen.

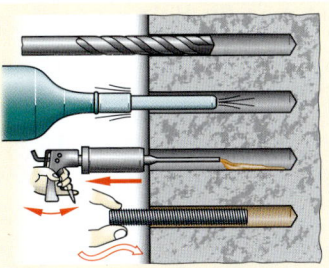
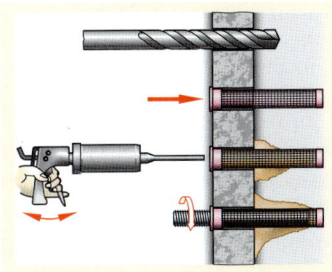

1 Injektionsbefestigung in Vollbaustoffen

2 Injektionsbefestigung in Lochbausteinen

4

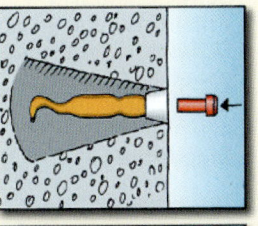
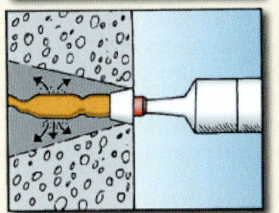
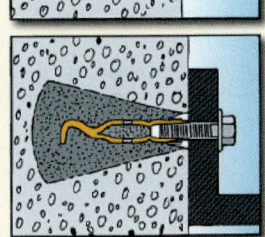

3 Injektionsbefestigung in Porenbeton

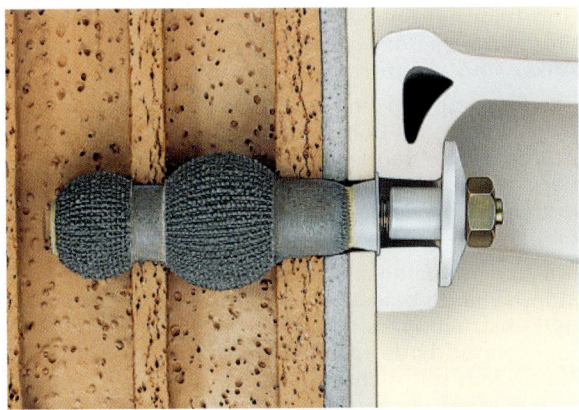

4 Netzhülse für die Injektionsbefestigung in Lochbausteinen

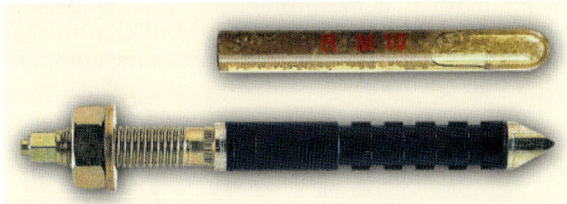

5 Reaktionsanker

Metalldübel gibt es als:
- Spreizdübel
- Hohlraumdübel

4

Spreizdübel aus Metall verwendet man für Holzschrauben:
- in Beton
- in Vollsteinen wie Ziegel, (Kalk-)Sandstein
- zum Einschlagen ohne Vorbohren in Porenbeton

Hohlraumdübel aus Metall mit metrischem Gewinde werden bei Wandbauplatten und abgehängten Decken eingesetzt.

Anker werden für schwere Lasten eingesetzt.

Man unterscheidet:
- Einschlaganker
- Schwerlastanker
- Ankerbolzen bzw. Hochleistungsanker
- Schellenbefestigungsanker wie Stift- oder Nagelanker
- Reaktionsanker
- Injektionsanker
- Kippdübel

Bei **Einschlagankern** für Beton liegt in der vierfach geschlitzten Dübelhülse ein Spreizkonus. Durch Schläge mit einem passenden Setzwerkzeug auf den Konus spreizt sich die Dübelhülse und presst sie ans Mauerwerk, ➔ 1. Gewindeschrauben u. Ä. können beliebig oft gewechselt werden. Bohrlochdurchmesser und -tiefe müssen genau den Vorgaben entsprechen.

Schwerlastanker nutzen den hinterschnittenen Freiraum des Bohrloches aus, der mit einem Bundbohrer (Zyklonbohrer) bei Kreisbewegungen des Bohrhammers entsteht, ➔ 2. Die Konushülse im Freiraum des Bohrloches füllt dieses aus. Derartige Anker sind spreizdruckfrei (Wandkanten, ➔ 168.1).

Für Ankerbolzen und Hochleistungsanker genügt ein zylindrisches Bohrloch (Zeitersparnis). Beim Anziehen der Schraube wird ein Konus am Schraubenende in die Ankerhülse gezogen. Er spreizt diese und verankert sie damit fest im Bohrloch, ➔ 3, 4. Der Einbau ist zeitsparend, da kein Hinterschnitt nötig ist.

Mit Schwerlastankern, Ankerbolzen oder Hochleistungsankern befestigt man große Lasten wie Trägerkonstruktionen, Konsolen oder Schlitzschienen für viele und/oder große Rohrleitungen in Beton, Naturstein mit dichtem Gefüge wie Muschelkalk, Sandstein u. Ä., auch in Vollziegel und Kalksand-Vollstein. Sie können auch im so genannten gerissenem Beton in der Zugzone bei Decken eingesetzt werden, da ihr Konus den Spreizteildurchmesser des Ankers vergrößert und durch seine Vorspannung ggf. nachspreizt.

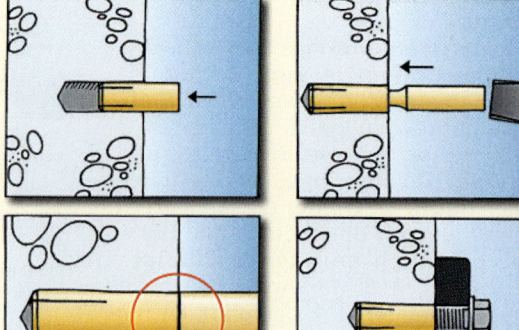

1 Einschlaganker

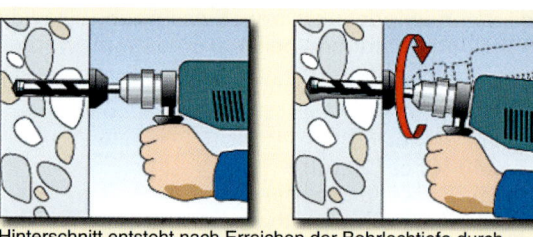

Hinterschnitt entsteht nach Erreichen der Bohrlochtiefe durch Kreisen des Bohrhammers
a) Bohren des Loches mit Hinterschnitt

Beim Eintreiben des Ankers schiebt sich die Ankerhülse auf den Konusbolzen und füllt Hinterschnitt
b) Befestigen der Ankerhülse

2 Befestigung eines Zyklon-Schwerlastankers

Edelstahlhülse

Konus

a) Ankerbolzen

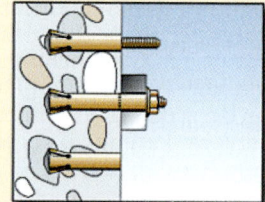

b) Hochleistungsanker

3 Ankerbolzen und Hochleistungsanker

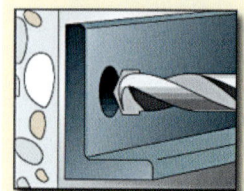 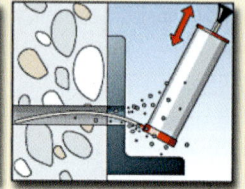 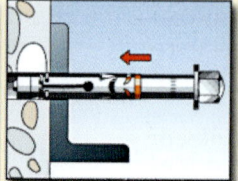 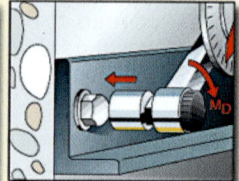 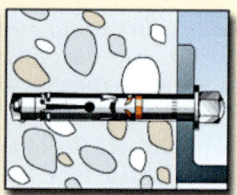

4 Befestigung eines Hochleistungsankers

166

Schnellbefestigungsanker wie Stiftanker, ➜ 1a, oder Nagelanker, ➜ 1b, mit Gewinde M 6 und M 8, Nagelkopf, Haken oder Öse eignen sich für die schnelle Montage, z. B. von Rohrschellen für Gasleitungen in Beton ≥ B15[1], da nur ein Loch mit ø = 6 mm zu bohren ist.

In dieses wird der Anker geschoben und beim Nagelanker mit 2 Hammerschlägen fixiert. Der Stiftanker wird durch kurzes Anziehen belastet und gespreizt (Reibschluss). Am Gewinde M 6 oder M 8 können z. B. Rohrschellen direkt oder mittels Gewindemuffe und Gewindestab mit beliebigem Abstand zur Decke befestigt werden.

Reaktions- bzw. Injektionsanker sind bereits oben beschrieben. Die Injektionsbefestigung ist zwar (zeit-) aufwändig, aber bei schweren Lasten an Lochsteinen, Leichtbeton- oder Porenbetonwand, z. B. Bimsstein, unumgänglich, wenn:
- von der Rückseite der Wand her keine Bolzen an Halteplatten durchgesteckt werden können
- oder keine Schwerlastkippdübel eingesetzt werden können

Schwerlastkippdübel werden bei leichten Trennwänden zum Befestigen von Waschtischen, Elektrospeichern u. Ä. eingesetzt. Sie bestehen aus, ➜ 2:
- einem Kippflügel
- einer Gewindestange M 10 mit darüber geschobener Stützhülse ø 30, die beim Montieren die Bohrung ausfüllt
- Bundscheibe und Sechskantmutter

Einfache Kippdübel (Gewinde M 4, M 6) verwendet man auch bei Hohldecken für einfache Zwecke.

Zum Befestigen von Sanitärapparaten wie Standklosett, Urinal, Waschtisch oder von Elektro-Speicher-Wassererwärmern gibt es **spezielle Dübelbausätze** mit Stockschrauben, Bundmuttern oder Bundhülsen, Metallscheibe und Sechskantmutter.

Grundsätze bei der Dübelmontage

Grundsätzlich kann ein Dübel nicht mehr tragen als die Wand bzw. Decke hält. Bei geschickter Dübelwahl kann sein Auszugswert (wie fest er in der Wand hält) den Festigkeitswert der Wand nahezu erreichen.

In einer Gipskartonwand hält beispielsweise ein Kunststoff-Universaldübel, ➜ 164.4b, eine größere Last als ein teurer Schwerlastanker. Es geht also immer um die richtige Auswahl. Bei dieser helfen umfangreiche Informationsschriften bekannter Dübelhersteller; notfalls gibt es auch kostenfreie Auskünfte über eine Hotline.

Bei Dübelmontagen ist zu beachten:
- es darf nicht zur Rissbildung am Baukörper kommen
- Befestigungen müssen zu Bauteilrändern ausreichende Abstände haben

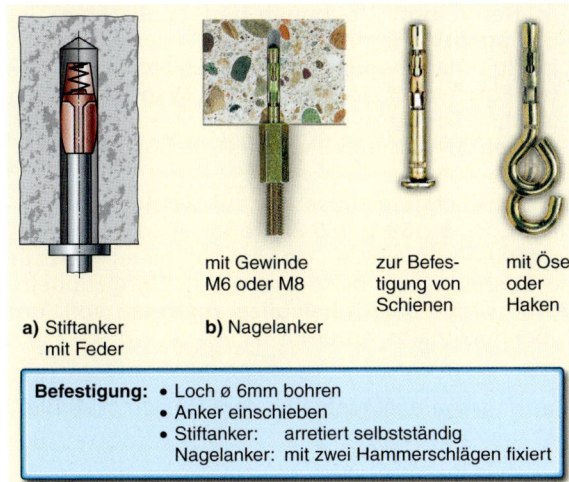

mit Gewinde M6 oder M8   zur Befestigung von Schienen   mit Öse oder Haken

a) Stiftanker mit Feder   **b) Nagelanker**

Befestigung:
- Loch ø 6mm bohren
- Anker einschieben
- Stiftanker: arretiert selbstständig
  Nagelanker: mit zwei Hammerschlägen fixiert

1 Schnellbefestigungsanker

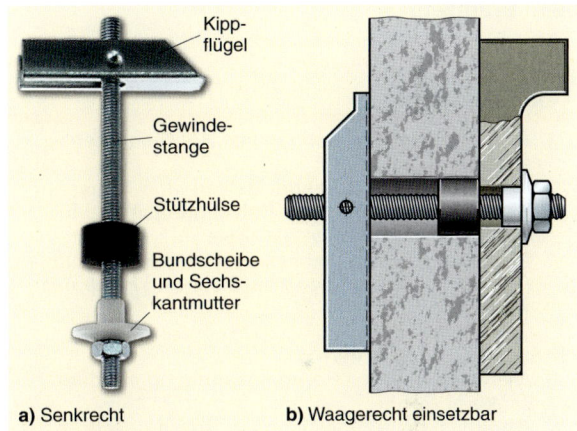

Kippflügel

Gewindestange

Stützhülse

Bundscheibe und Sechskantmutter

a) Senkrecht   **b) Waagerecht einsetzbar**

2 Schwerlastkippdübel

Risse können im Mauerwerk bzw. im Beton durch Belastungen entstehen, z. B. durch die Masse angehängter Leitungen bzw. Apparate, Verkehrserschütterungen, Spreizwirkung von Dübeln.

Der **Abstand zum Rand** von Bauteilkanten soll bei Kunststoffdübeln ≥ 1 × Verankerungstiefe (Dübellänge) sein.

An Wandkanten soll die Dübelspreizung parallel, nie senkrecht zum Rand wirken, ➜ 168.1.

Beachten Sie bei der Montage die Angaben der Dübelhersteller.

Beim Bohren ist rechtwinklig zum Mauerwerk anzusetzen. Die Richtung darf nicht verändert werden.

Grundsätzlich gilt:
- Bei Fliesen ist leicht anzukörnen, damit der Bohrer punktgenau angreift. Gebohrt wird zunächst „ohne Schlag", bis deutlich wird, was sich hinter den Fliesen „verbirgt".

[1] B15: Beton mit Druckfestigkeit 15 N/mm², meist verwendet wird B25

4

- In Beton und Vollbaustoffen (Vollsteine) ist Schlag- bzw. Hammerzubohren.
- In Hohlmauerwerk, weichem Leichtmauerwerk wie Poren- oder Gasbeton und in Wandbauplatten ist ohne Schlag zu bohren, sonst werden die Bohrungen zu groß und Baustoffstege brechen weg.

Die Bohrlochtiefe muss bis auf wenige Ausnahmen, z. B. → 166.1, 166.2, größer als die Verankerungstiefe sein. Diese „Überlänge" bietet Platz für die Schraube, die bei den meisten Spreizdübeln, → 164.3, aus der Dübelspitze austreten soll, um Dübel maximal zu spreizen.

> Der Bohrstaub ist stets aus dem Bohrloch zu blasen oder zu saugen.

Ein ungesäubertes Bohrloch reduziert den Haltewert. Bohrstaub wirkt wie Rollsplitt auf der Straße beim Bremsen.

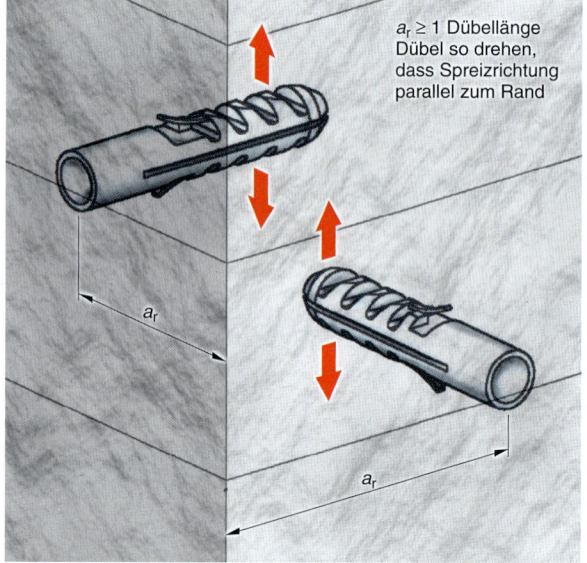

$a_r \geq 1$ Dübellänge
Dübel so drehen, dass Spreizrichtung parallel zum Rand

1 Spreizdübel an Wandkanten

Übungen:

1. Worauf ist beim Befestigen von Rohrleitungen zu achten?
2. Wovon hängt die Wahl der Befestigungsmittel ab?
3. Nennen Sie verschiedene Befestigungsmittel für Rohre und beschreiben Sie diese kurz.
4. Wozu dienen Gleit- und Festpunkte an Rohrleitungen.
5. Wodurch unterscheiden sich Gleit- und Festpunktschellen:
   a) für Metallrohre
   b) für Kunststoffrohre
6. Wie verbindet man Rohrbefestigungen mit dem Baukörper?
7. Worauf ist beim Befestigen der Rohre zu achten?
8. Wonach richten sich Befestigungsabstände an Rohrleitungen?
9. a) Wie gelangen Geräusche von Rohrleitungen trotz Gummieinlagen in Rohrschellen ungehindert zum Baukörper?
   b) Was kann man dagegen tun?
10. Wie sind Rohrleitungen durch Decken und Wände zu führen, um Schall- und Brandübertragung zu unterbinden?
11. Was gilt grundsätzlich für Dämmstoffe von Leitungen?
12. a) Wie kommt es zur Längenänderung von Rohren?
    b) Welche Rohre dehnen sich besonders (bitte ungefähr Dehnungswert angeben)?
13. Geben Sie die ungefähre Längenänderung für 10 m Rohr bei $\Delta\vartheta = 50$ K an für:
    a) Edelstahlrohr
    b) PE-X-Rohr
    c) Metallverbundrohr
14. Wodurch kann man Längenänderungen von Rohren ausgleichen (Bauteile, Maßnahmen)?
15. a) Welche Vorteile bieten Biegeschenkel?
    b) Worauf ist bei der Rohrbefestigung zu achten?
    c) Fertigen Sie dazu eine Skizze.
16. Berechnen Sie die Länge eines Biegeschenkels für Kupferrohr 28 × 1,5 bei 40 mm Längenänderung ($K = 61$).
17. a) Nennen Sie Arten von Kompensatoren.
    b) Geben Sie deren Vor- und Nachteile an.

18. Worauf ist beim Einbau von Kompensatoren zu achten?
19. Was gilt besonders beim Befestigen von Abwasserleitungen?
20. Wie fängt man Längenänderungen auf bei Abwasserrohren aus:
    a) PE frei verlegt bzw. in Decken einbetoniert
    b) HT-Material normal und wandverstärkt
21. a) Wann können Festpunktschellen ihre Aufgabe erfüllen?
    b) Was ist dafür zu tun?
22. Wovon ist die Auswahl eines Dübels zur Befestigung von Rohrschellen und von Sanitärapparaten abhängig?
23. Welche Belastungen können auf Dübel wirken. Nennen Sie dazu jeweils ein Beispiel.
24. Nennen Sie mindestens 4 verschiedene Dübelarten.
25. Wie können Dübel im Bauwerk haften? Fertigen Sie Skizzen.
26. Wann benötigt man Metalldübel? Nennen Sie Arten.
27. Worin besteht der Unterschied zwischen Dübeln und Befestigungsankern?
28. Wann verwendet man Hohlraumdübel?
29. Nennen Sie verschiedene Ankerarten.
30. a) Welche Vorteile haben Hochleistungsanker?
    b) Beschreiben Sie das Setzen des Ankers.
31. Wie und womit sind Gasleitungen an Decken zu befestigen?
32. Was versteht man unter:
    a) Reaktionsanker?
    b) Injektionsanker?
    c) Beschreiben Sie jeweils, wann und wie diese Anker verwendet werden.
33. a) Worauf ist beim Bohren von Dübellöchern zu achten?
    b) Wie tief muss gebohrt werden?
34. Worauf ist bei der Dübelmontage zu achten?
35. Beschreiben Sie das Setzen eines Injektionsdübels in:
    a) Vollmauerwerk
    b) Gasbeton
    c) Lochsteinmauerwerk

5 Trinkwasserversorgung

5.1 Trinkwasser und Nichttrinkwasser

Zur Versorgung von Haushalt, Gewerbe, Industrie und Landwirtschaft werden je nach Anspruch folgende Wässer eingesetzt.
- Trinkwasser
- Nichttrinkwasser

Trinkwasser ist ein notwendiges und durch nichts zu ersetzendes Lebensmittel. Damit der Verbraucher das Trinkwasser entnehmen kann, muss es verfügbar sein:
- in ausreichender Menge
- in möglichst hoher Güte (Qualität)
- mit einem bestimmten Druck im Versorgungssystem

Als Grundlage für die Planung von Trinkwasser-Installationen gelten die jeweiligen Teile der EN 806. Zur Ergänzung sind die Teile der DIN 1988 unbedingt zu beachten, vgl. Kap. 5.9.1

Um allen Missverständnissen vorzubeugen, werden in diesem Buch die landesüblichen Abkürzungen, d. h. **Abkürzungen nach dem Sprachgebrauch**, verwendet:
- KW für Kaltwasser
- WW für Warmwasser

Als **Nichttrinkwasser** bezeichnet man alle Wässer, die nicht DIN 2000 entsprechen, s. Kap. 5.2.

Nichttrinkwasser ist z. B.:
- Betriebswasser bzw. Brauchwasser
- Heizwasser
- Regenwasser

Betriebswasser BW wird auch **Brauchwasser** genannt. Es wird verwendet für industrielle, gewerbliche, landwirtschaftliche oder ähnliche Zwecke wie Gieß-, Kühl-, Schwimmbad-, Löschwasser, entsalztes Wasser.

Heizwasser HW dient als Wärmeträger in Heizungsanlagen.

Als **Regenwasser RW** werden in der Entwässerungstechnik alle Formen von Niederschlag wie Schnee, Hagel, Graupel bezeichnet. Bei der Regenwassernutzung wird RW direkt zur Gartenbewässerung, WC-Spülung und zum Wäschewaschen genutzt, s. Kap. 5.8.1.

Kurzzeichen nach	Trinkwasser kalt	Trinkwasser warm	Zirkulationsleitung
DIN 1988-200 EN 806-1	PWC[1]	PWH[1]	PWH-C[2]
allgemeinem Sprachgebrauch	KW	WW	Z

[1] PW: Potable Water (engl.) : „trinkbares" Wasser
   C: cold (engl.) : kalt
   H: hot (engl.) : heiß, warm
[2] C: circulating (engl.) : zirkulierend

1 Abkürzungen für Trinkwasser

Sind innerhalb eines Grundstückes Leitungen für Trinkwasser und Nichttrinkwasser vorhanden, ist zu beachten:
- Die Leitungen sind so anzuordnen und zu kennzeichnen, dass sie nicht verwechselt werden können, z. B. durch Farbmarkierungen, Schilder an Entnahmestellen *„Kein Trinkwasser"*, ➔ 203.2.
- Die unmittelbare Verbindung von Trinkwasser- mit Nichttrinkwasserleitungen ist nicht zulässig, auch nicht durch Schlauchverbindung.

5.2 Güteanforderungen an Trinkwasser

Trinkwasser ist lebensnotwendig und kann durch nichts ersetzt werden. Es gelten die gleichen Qualitätsanforderungen wie an andere Lebensmittel auch.

Diese Forderungen sind festgelegt in:
- Trinkwasserverordnung (TrinkwV)
- DIN 2000 bzw. DIN 2001 – *Zentrale bzw. Eigen-Trinkwasserversorgung – Leitsätze für Anforderungen an Trinkwasser, Planung und Betrieb der Anlagen*

Die **TrinkwV** – *Verordnung über Trinkwasser und Wasser für Lebensmittelbetriebe* – gibt u. a. zulässige Grenzwerte oder Richtwerte an, ➔ 170.1, für:
- bakteriologische Inhaltsstoffe
- chemische Inhaltsstoffe

Sie schreibt zudem noch Pflichten für den Betreiber von Trinkwasser-Anlagen vor.

Hierzu gehören:
- die Untersuchungspflicht für Wasser aus Großanlagen (Speichervolumen > 400 l bzw. Leitungsvolumen mit > 3 l)
- der Austausch von noch vorhandenen Bleileitungen, da der Grenzwert nicht eingehalten werden kann

Die **TrinkwV 2001** wurde im Dezember 2011 durch eine neue Fassung geändert. Die Kennwerte in ➔ 1 entsprechen bereits den neuen Werten.

Nach **DIN 2000** betreffen die **Anforderungen** an Trinkwasser:
- das Aussehen und den Geschmack
- die Gesundheit (Hygiene)
- Werkstoffe für Leitungen und Apparate

Das **Aussehen** muss farblos und klar sein; sein **Geschmack** sollte appetitlich sein und zum Genuss anregen; dazu muss es kühl, geruchlich und geschmacklich einwandfrei sein.

Hinsichtlich der **Gesundheit** muss Trinkwasser:
- keimarm sein und mindestens den gesetzlichen Forderungen entsprechen, z. B. der TrinkwV
- mikrobiologisch[1] so beschaffen sein, dass durch seinen Genuss oder Gebrauch eine Erkrankung des Menschen nicht zu befürchten ist, d. h. es dürfen keine Krankheitserreger wie Legionellen, Kolibakterien, Pilze, Amöben (Kleinstlebewesen), nicht in Konzentration enthalten sein, die Sorge um die menschliche Gesundheit aufkommen ließe.

Stellt ein Arzt bei einem Patienten solche Krankheitserreger fest, ist er auf Grund des Bundesseuchengesetzes verpflichtet, dies dem Gesundheitsamt zu melden. Dieses wiederum ermittelt, woher diese Erreger kommen, z. B. aus dem Trinkwasser.

Nach der TrinkwV, Fassung 2011, werden die Eigenschaften des Trinkwassers als Lebensmittel bis zur Entnahmestelle, d. h. bis zum „Zapfhahn", beurteilt, und nicht wie bisher bis zum Wasserzähler. Das häusliche Rohrnetz, also die Arbeit des Installateurs, wird mitbewertet.

Installateure, die fehlerhaft gearbeitet haben, können so zur Verantwortung gezogen werden.

Chemisch muss Trinkwasser so zusammengesetzt sein, dass darin Stoffe, z. B. Schwermetalle, Salze, nur in solchen Konzentrationen vorkommen, dass selbst bei lebenslangem Genuss keine gesundheitlichen Schäden zu befürchten sind.

Trinkwasser muss so beschaffen sein, dass zugelassene **Werkstoffe für Leitungen und Apparate** mit dem Wasser verträglich sind, d. h. die Werkstoffe:
- dürfen keine gesundheitlichen Schäden bewirken
- müssen für den Gebrauch im Haushalt geeignet sein

Trinkwasser soll aufweisen:
- eine Mindestsäurekapazität
- einen Mindestgehalt an Calcium

Die Säurekapazität und der Gehalt an Calcium bewirken die Härte des Wassers.

[1] Mikrobiologie: Wissenschaft, die Kleinstlebewesen betreffend

Stoff	mg/l	Stoff		mg/l
Acrylamid	0,0001	Aluminium	Al	0,2
Benzol	0,001	Antimon	Sb	0,005
Benzo-(a)-pyren	0,00001	Arsen	As	0,01
Bor	1,0	Blei	Pb	0,01
Bromat	0,01	Cadmium	Cd	0,005
Chlorid Cl⁻	250,0	Chrom	Cr	0,05
Cyanid CN⁻	0,05	Eisen	Fe	0,2
1,2 Dichlorethan	0,003	Kupfer	Cu	2,0
Epichlorhydrin	0,001	Mangan	Mn	0,05
Fluorid F⁻	1,5	Natrium	Na	200
Nitrat NO₃⁻	50,0	Nickel	Ni	0,02
Nitrit NO₂⁻	0,1	Quecksilber	Hg	0,001
Selen Se	0,01	Trichlorethen		insges.
Sulfat SO₃⁻	250,0	Tetrachlorethen		0,01
Trihalogen-methane, insges.	0,05	**Krankheits-erreger**		**Anzahl[1] je 100 ml**
Pflanzenschutzm. u. Biozide insges.	je 0,0001 0,0005	Escherichia coli		0
Polycykl. aromat. Kohlenwasser-stoffe, insges.	0,0001	Coliforme Bakt. Enterokokken		0 0
		Pseudomonas		
Vinylchlorid	0,0005	aeurugionsa		0

[1] Bei Abfüllung in Flaschen o. Ä. für den menschlichen Gebrauch: Grenzwert 0/250 ml

1 Grenzwerte für Stoffe und Keime im Trinkwasser

Bezeichnung der Probe:	Reinwasser
Ort der Probenahme:	Stadtwaldwasserwerk
Datum der Probenahme:	23.10.20xy

Parameter		Einheit	Zahlenwert
Wassertemperatur		°C	9,6
pH-Wert			7,42
spez. elektr. Leitfähigkeit		µS/cm	660
Säurekapazität	$K_{S4,3}$	mol/m³	3,43
Basekapazität	$K_{B8,2}$	mol/m³	0,33
Summe Erdalkalien (≙ Gesamthärte)		mol/m³	2,94
Calcium-Ionen	$c(Ca^{2+})$	mol/m³	2,47
Magnesium-Ionen	$c(Mg^{2+})$	mol/m³	0,5
Chlorid-Ionen	$c(Cl^-)$	mol/m³	1,16
Nitrat-Ionen	$c(NO_3^-)$	mol/m³	0,46
Sulfat-Ionen	$c(SO_4^{2-})$	mol/m³	0,99
Phosphorverbindungen		g/m³	1,2
Siliciumverbindungen	$c(SiO_3)$	g/m³	3,6
Gelöster organischer Kohlenstoff (DOC)		g/m³	0,29
Aluminium	Al	g/m³	0,03
Sauerstoff	O_2	g/m³	9,6

2 Analyse zur Beurteilung der Wasserqualität

Die Werte sollen aber nicht so hoch sein, dass der Gebrauch für technische Zwecke erheblich beeinträchtigt wird, z. B. Verkalken von Wassererwärmern, Leitungen, Wasch- oder Geschirrspülmaschinen.

Um die Güte eines Trinkwassers zu prüfen, wird eine **Wasseranalyse** (Wasseruntersuchung) durchgeführt. Sie zeigt Kenngrößen des Wassers und Stoffanteile im Wasser, ➔ 2.

Erläuterungen zur Wasseranalyse:
- die genaue **Wassertemperatur** ist nur für bestimmte Untersuchungen wichtig
- **pH-Wert** nach Trinkwasser-Verordnung:
  pH = 6,5 … 9,5
- hohe elektrische **Leitfähigkeit**, z. B. > 2000 µS/cm, zeigt an, dass im Wasser sehr viele Ionen („Stromträger") vorhanden sind, und damit auch ein hoher Salzgehalt; bei Einsatz elektrischer DWE, mit Blankdrahtheizsystem muss der elektrische Widerstand des Wassers > 1200 $\Omega \cdot$cm sein; bei der Befüllung von Heizungsanlagen muss nach Angaben der Hersteller auf salzarmes Wasser geachtet werden (ggf. aufbereiten)
- **Säurekapazität** K_S bzw. **Basekapazität** K_B sind neuere Messwerte, s. Kap. 1.3.2.2; gemessen werden:
  - die Karbonathärte K_S; hohe K_S-Werte deuten auf hartes Wasser hin
  - die freie Kohlensäure K_B im Wasser; hohe K_B-Werte lassen auf aggressives Wasser schließen
- hohe **Calcium- und Magnesium-Gehalte** weisen auf hartes Wasser hin
- Chlorid ist in jedem natürlichen Wasser enthalten; bei **Chloridgehalten** > 100 mg/l können Metalle zerstört werden, ab 1000 mg/l sogar Edelstahl
- **Natrium** bildet mit Chlor NaCl (Kochsalz); hohe Kochsalzgehalte sind Blutdruck steigernd; sie sind aber bei Elektrolyseverfahren zur Legionellenbekämpfung vorteilhaft
- **Nitrat** ist gesundheitsschädlich; für Trinkwasser gilt der Grenzwert = 50 mg/l, vgl. ➔ 1
- **Sulfatgehalte** > 100 mg/l können je nach Wasserzusammensetzung Korrosion auslösen
- **Phosphat** wird in geringen Mengen (1 … 5 mg/l) zum Stabilisieren von Härtebildnern eingesetzt
- der **DOC-Gehalt** (organische Wasserinhaltsstoffe) soll 12 mg/l nicht übersteigen
- **Aluminiumreste** im Wasser sind unbedenklich
- **Sauerstoffgehalt** > 5 mg/l ist für eine natürliche Schutzschichtbildung erforderlich

Die einzelnen Werte können sich auswirken auf die
- Gesundheit von Mensch und Tier
- Korrosion in Leitungen und Behältern für Wasser

Die Wasserversorgungsunternehmen (WVU) sind verpflichtet **gesundheitlich** einwandfreies Trinkwasser anzubieten. Dies wird auch von den Gesundheitsbehörden überwacht.
WVU können auch Installationsfirmen bei der Auswahl der Werkstoffe von Trinkwasserleitungen beraten, um **Korrosionsschäden** zu vermeiden bzw. um ggf. Schutzmaßnahmen zu ergreifen, s. Kap. 2.3.3.1.

Installateur bzw. Planer einer Wasserversorgungsanlage sind gehalten, ggf. beim zuständigen WVU zu erfragen, ob ein bestimmter Rohrwerkstoff nicht empfehlenswert ist.

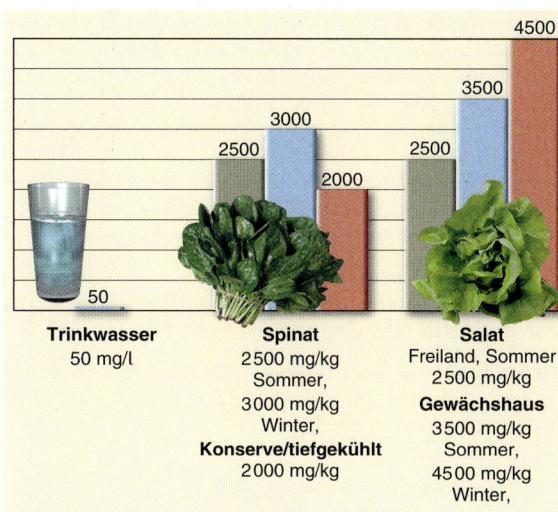

1 Nitratgrenzwerte im Vergleich

Trinkwasser	Spinat	Salat
50 mg/l	2500 mg/kg Sommer, 3000 mg/kg Winter, **Konserve/tiefgekühlt** 2000 mg/kg	Freiland, Sommer 2500 mg/kg **Gewächshaus** 3500 mg/kg Sommer, 4500 mg/kg Winter,

2 Aufbereitungsanlage der Bodenseewasserversorgung auf dem Sipplinger Berg.

5.3 Trinkwasservorkommen – Trinkwassergewinnung

Wie im Kapitel 1.1 ausgeführt, gibt es auf der Erde genügend Wasser. Für die Trinkwassergewinnung, können jedoch nur 1 % oder 2 % genutzt werden. Auch regional sind die Vorkommen sehr unterschiedlich groß. In Deutschland herrscht grundsätzlich kein Wassermangel.

Trinkwasser kommt vor im
- Oberflächenwasser
- Grundwasser
- Quellwasser

Oberflächenwasser ist Wasser aus natürlichen oder künstlichen oberirischen Gewässern wie Flüsse, Seen, Talsperren, ➔ 2. Es kann verschmutzt und durch Staub, Einschwemmungen, Abwasser verunreinigt sein.
Wird Trinkwasser aus großer Tiefe von Talsperren oder großen Seen, z. B. Bodensee, entnommen, ist es meist hygienisch einwandfrei.

Grundwasser ist durch Versickern in den Boden gelangtes Wasser. Es füllt Hohlräume der lockeren Erde und des anstehenden Gesteines, gleichgültig ob Sand, Kies oder poriges Gestein, z. B. Sandstein, Kalkstein. Die Deckschichten bilden ein natürliches Filtersystem. Dadurch ist Grundwasser in der Regel biologisch einwandfrei, in seiner Beschaffenheit und in der Temperatur gleich bleibend und somit für die Trinkwassergewinnung gut geeignet, ➜ 1.

Von Oberflächengewässern seitlich in die Erdschichten einsickerndes Wasser wird als **Uferfiltrat** oder **uferfiltriertes Grundwasser** bezeichnet, ➜ 2.

Quellwasser ist Grundwasser, das an die Oberfläche tritt, z. B. an Berghängen. Zur Entnahme wird die Quelle gefasst, ➜ 3.

Begriffe zum Grundwasser sind:
- Grundwasserstrom
- Grundwasserspiegel
- Grundwasserleiter
- Grundwasserstockwerke
- Grundwasseranreicherung
- Grundwasserschutz

Der **Grundwasserstrom** folgt dem natürlichen Gefälle und bewegt sich einige cm/Tag bis 10 km/Tag, meist einem Oberflächengewässer zu.

Der **Grundwasserspiegel** ist die obere Grenze des Grundwassers. Durch Flussregulierung, Kanalbauarbeiten o. Ä. kann der Grundwasserspiegel abgesenkt werden.

Grundwasserleiter ist eine Grundwasser führende Bodenschicht. Sie ist nach unten durch eine Wasser undurchlässige Schicht begrenzt, der Sohlschicht, z. B. Fels, Ton.

Grundwasserstockwerke entstehen, wenn sich mehrere Sohlschichten überlagern, ähnlich wie durch Decken mehrgeschossige Gebäude entstehen.

Eine **Grundwasseranreicherung** erhält man, wenn dem Grundwasser Wasser aus Oberflächengewässern über Versickerungsbecken oder Schluckbrunnen künstlich zugeführt wird.

Grundwasserschutz ist die Umsetzung des Wasserhaushaltsgesetzes. Danach sollen im Einzugsbereich von Anlagen zur Trinkwassergewinnung (Grundwasserschutzgebiet) Verunreinigungen des Grundwassers vermieden werden.

Verunreinigt werden Trinkwasservorräte z. B. durch:
- Landwirtschaft
- Gewerbe/Industrie
- Kfz-Gewerbe und Verkehr

Die **Landwirtschaft** verunreinigt Grundwasser mit Pflanzenschutzmitteln, Unkrauvernichtungsmitteln und Überdüngung.

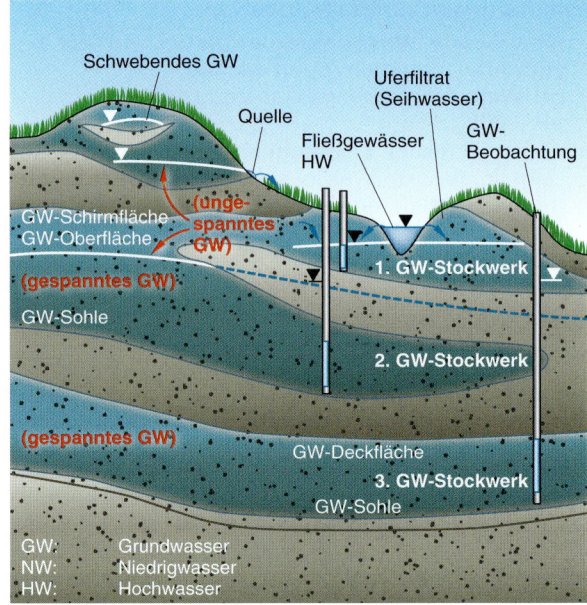

1 Grundwasser

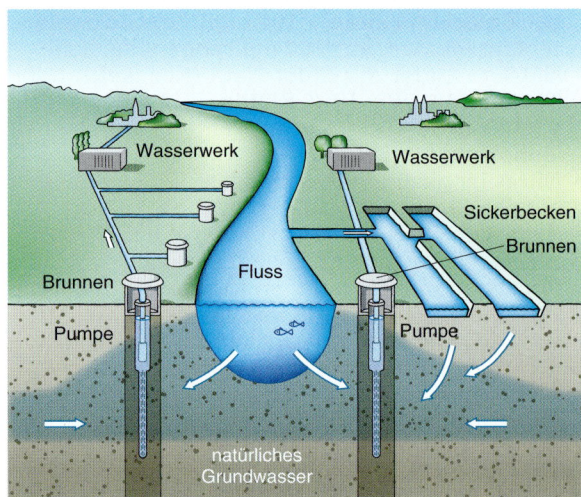

2 Uferfiltration und Infiltration

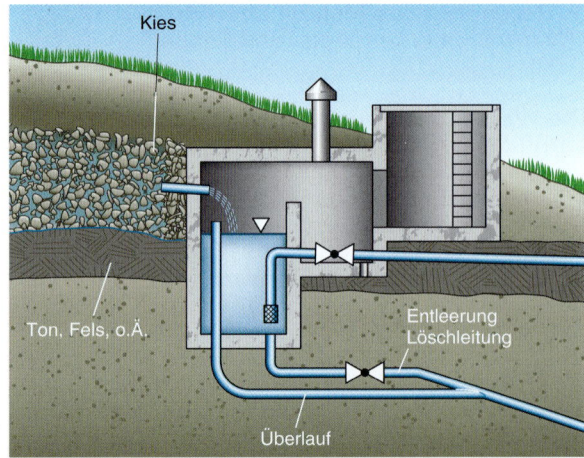

3 Quellfassung

Gewerbe/Industrie verunreinigen über die Abwässer die Trinkwasservorräte besonders mit Schwermetallabfällen, chlorierten Kohlenwasserstoffen, z. B. aus Lösungsmitteln bei chemischen Reinigungsprozessen.

Kfz-Gewerbe und Verkehr verbrauchen Kraftstoffe, Mineralöl, Reinigungsmittel, die in das Grundwasser gelangen können.
Diese Verunreinigungen erschweren in manchen Gegenden das Gewinnen von gutem Trinkwasser.

Grundwasser wird aus Brunnen gefördert.

Man unterscheidet **Brunnen**:
- Rammbrunnen
- Schachtbrunnen
- Bohrbrunnen (Vertikalbrunnen)
- Horizontalbrunnen

Rammbrunnen können nur bei sandigen, lockeren Böden, für geringe Tiefen (bis ca. 7 m) und geringe Fördermengen geschlagen werden, z. B. in Schrebergärten. Auf den unteren Teil des Saugrohres ist ein fein geschlitztes Rohrstück mit einer Rammspitze geschraubt.

Schachtbrunnen wurden früher gegraben bzw. in felsiges Gestein mühevoll geschlagen, z. B. bei alten Burgen, ➔ 1. Man findet sie mit Durchmessern ab ca. 80 cm, vgl. ➔ 2, auch auf Bauernhöfen.

Bohrbrunnen können bei jeder Bodenart bis in große Tiefen niedergebracht werden, ➔ 2a. Bei lockeren Böden wird das Bohrrohr im Brunnen belassen. Unterhalb des Grundwasserspiegels ist das Bohr- bzw. das Förderrohr ggf. in jedem Grundwasserstockwerk geschlitzt. Um dieses Filterrohr wird meist eine Kiespackung eingebracht.

Mit der heutigen Bohrtechnik lassen sich Bohrbrunnen nicht nur vertikal (senkrecht) bohren, sondern auch in größerer Tiefe seitlich (horizontal) vortreiben. Beim **Horizontalbrunnen** werden, von einem größeren Schacht aus, Sicker- und Filterrohre sternförmig horizontal bis 100 m weit in die Wasser führende Schicht vorgetrieben, ➔ 2b. Beim Betrieb dient der Brunnenschacht als Sammelschacht für das Grundwasser.

5.4 Wasserförderung

5.4.1 Physikalische Grundlagen zur Wasserförderung mit Pumpen

Grund- und Oberflächenwasser aus der Tiefe werden mithilfe von Pumpen gefördert. Beim Ansaugen des Wassers durch Pumpen spielt der Luftdruck eine große Rolle. Er lastet auf dem Wasserspiegel mit etwa 1 bar = 10 N/cm². Dieser Druck hält einer Wassersäule von ca. 10 m Höhe das Gleichgewicht.

1 Schachtbrunnen

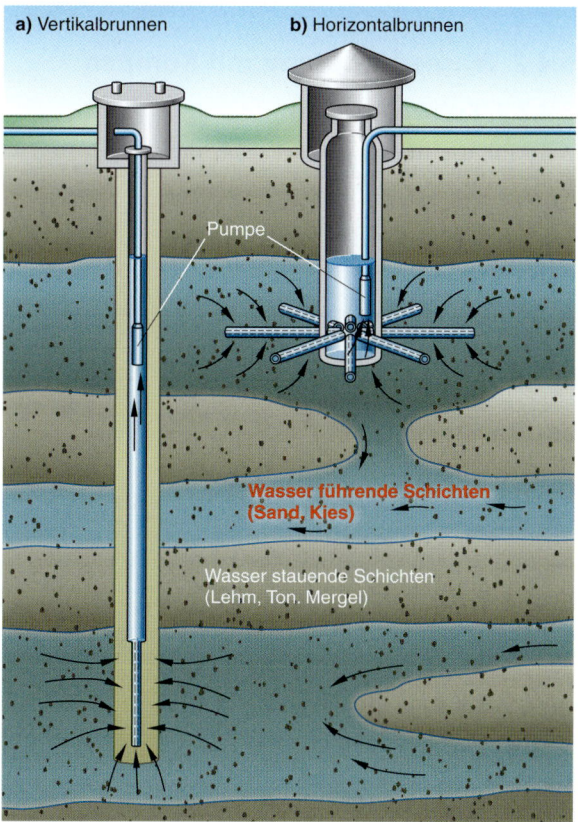

a) Vertikalbrunnen   b) Horizontalbrunnen

Pumpe

Wasser führende Schichten (Sand, Kies)

Wasser stauende Schichten (Lehm, Ton, Mergel)

2 Bohrbrunnen

5

Beispiele:
- Stechheber (Saugheber), → 1; damit kann man z. B. Wein aus einem Fass entnehmen
- Saugheberprinzip bei Wasserförderung aus einzelnen Brunnen, → 4
- Entleeren eines Behälters durch Ansaugen am tiefer liegenden Schlauchende, → 5
- Entleeren von Wasserleitungen; das Wasser läuft bis 10 m Höhe nicht aus, wenn das Rohr nicht belüftet wird, → 2
- Rücksaugen bei Trinkwasserleitungen, → 3
- Sog in einer Abwasserleitung, → 286.3; dann wird das Sperrwasser aus Geruchverschlüssen „abgesaugt"
- wird im Saugraum einer Pumpe der Luftdruck vermindert, so drückt die Luft über die Saugleitung das Wasser im Rohr so weit nach, wie der Luftdruck vermindert wird, → 6
- Barometer, bei dem der Luftdruck einer Flüssigkeitssäule das Gleichgewicht hält; Quecksilber (Hg), 13,6mal schwerer als Wasser, bedingt geringere Höhen der Säule und ist frostsicher; bei Normaldruck (= 1013 mbar) entspricht die Quecksilbersäule von 760 mm einer Wassersäule von 10332 mm

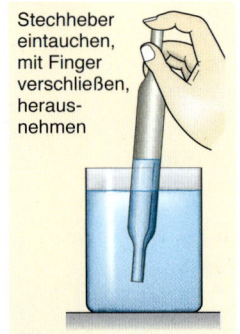

1 Stechheber

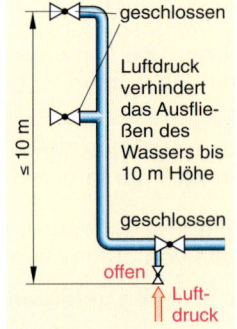

2 Entleerung von Wasserleitungen

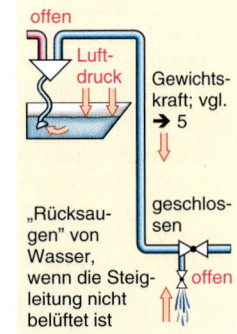

3 Rücksaugen bei Trinkwasserleitungen

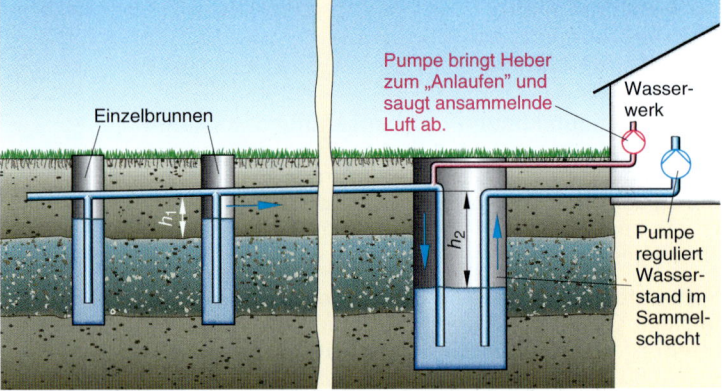

4 Anwendung des Saugheberprinzips bei der Wasserförderung aus zahlreichen flachen Einzelbrunnen

5.4.2 Wasserförderung mit Pumpen

5.4.2.1 Kolbenpumpen

Bei Kolbenpumpen wird Wasser durch Auf- und Abwärtsbewegen (Hub) eines Kolbens im Pumpenzylinder gefördert.

Es gibt 2 Arten von Kolbenpumpen:
- Saugpumpe mit Kolben
- Saug- und Druckpumpe mit Kolben

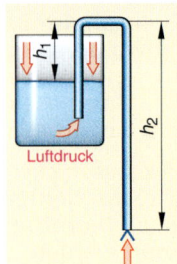

Nach dem Absaugen der Luft aus dem Rohr steigt das Wasser im Schenkel mit der Höhe h_1 auf und fließt bei h_2 aus.

Wenn das Wasser fließt, hebt sich die Wirkung des Luftdruckes auf die beiden Rohröffnungen auf. Am Saugheber fließt so lange Wasser, wie $h_2 > h_1$, da die Gewichtskraft $F_{G2} > F_{G1}$ ist.

$$F_G = m \cdot g = A \cdot h \cdot \varrho \cdot g$$

5 Saugheber

Saugpumpe mit Kolben

Saugpumpen, → 6, heben im Saugrohr das Wasser an und führen es ohne Druck dem Ausflussstutzen zu.

Aufwärtshub:
- das Anheben des Kolbens erzeugt einen luftverdünnten Raum im Pumpenzylinder
- der Luftdruck schiebt das Wasser im Saugrohr bis in den Pumpenzylinder nach
- das Kolbenventil schließt und Wasser, das vom vorangegangenen Abwärtshub in den Zylinder geströmt ist, wird zum Auslauf hinausgeschoben

Abwärtshub:
- beim Abwärtsgehen des Kolbens wird das Saugventil geschlossen
- das Wasser strömt durch das Kolbenventil nach oben und wird beim nächsten Aufwärtshub zum Auslauf hinausgeschoben
- gleichzeitig wird neues Wasser „angesaugt"

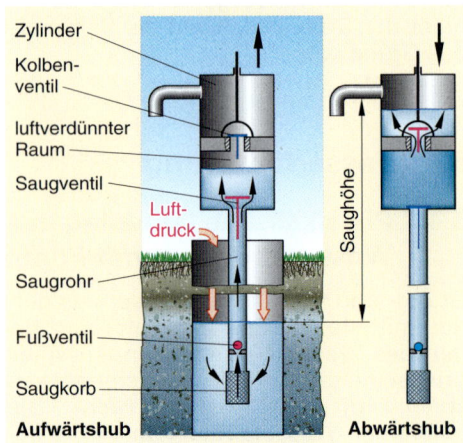

6 Einfache Saugpumpe mit Kolben

Bei **Funktionsstörungen** der Saugpumpe sind meist defekt:
• Fußventil
• Kolbenventil

Das **Fußventil** hat die Aufgabe, das Wasser im Saugrohr beim Abwärtsgehen des Kolbens und während des Stillstandes zu halten, ➔ 1. Es hält durch sein Sieb groben Sand von der Saugleitung fern und wirkt wie ein Rückflussverhinderer. Bei niedrigstem Wasserstand soll es noch 30 cm im Wasser liegen, um das Eindringen von Luft unmöglich zu machen.

Nach längerem Stillstand ist die Dichtung (Manschette) des **Kolbenventils** meist so trocken, dass kein luftverdünnter Raum entstehen kann; deshalb schüttet man zur Abdichtung Wasser von oben auf den Kolben.

Saugpumpen können eingesetzt werden bis zu einer Förderhöhe von ca. 7 m. Nicht ganz dichte Kolbenmanschetten bzw. Ventildichtungen reduzieren die theoretische Förderhöhe von 10 m.

Saug- und Druckpumpe mit Kolben

Saug- und Druckpumpen haben keinen durchbohrten Kolben. Anstelle des Kolbenventils ist ein Druckventil im Druckrohr. Durch dieses wird das angesaugte Wasser mit Druck weitergefördert, ➔ 2.

Aufwärtshub:
• das Anheben des Kolbens erzeugt einen luftverdünnten Raum im Pumpenzylinder
• der Luftdruck schiebt das Wasser im Saugrohr bis in den Pumpenzylinder nach
• das Druckventil schließt, sodass Wasser aus der Druckleitung nicht zurückfließen kann

Abwärtshub:
• beim Abwärtsgehen des Kolbens wird das Saugventil geschlossen
• Wasser, das vom vorangegangenen Aufwärtshub in den Zylinder geströmt ist, wird durch das Druckventil über das Pumpenniveau Richtung Auslauf gedrückt

Man verwendet Saug- und Druckpumpen, wenn das Wasser über das Pumpenniveau gedrückt werden muss, ➔ 2. Statt zu einem freien Auslauf kann es auch (mit Motorkraft) in einen Druckbehälter gepumpt werden.

Der Förderstrom von Saug- und Druckpumpen hängt ab von der Antriebsleistung. Die Förderhöhen sind:
• Saughöhe ≤ 7 m
• die Druckhöhe ist theoretisch unbegrenzt

Der Einsatz von Kolbenpumpen beschränkt sich auf geringe Fördermengen. Hauptsächlich werden heute Kreiselpumpen mit kontinuierlichem, d. h. mit gleichmäßig fließendem Förderstrom eingesetzt.

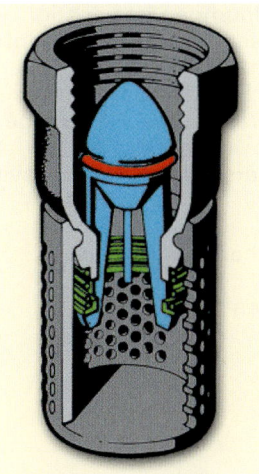

1 Fußventil; hier beim Ansaugen

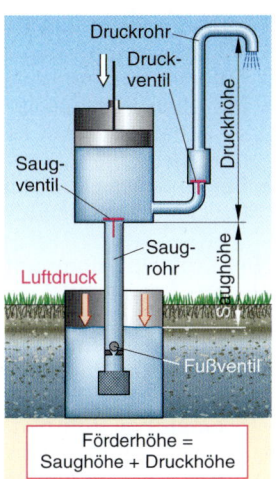

2 Saug- und Druckpumpe mit Kolben

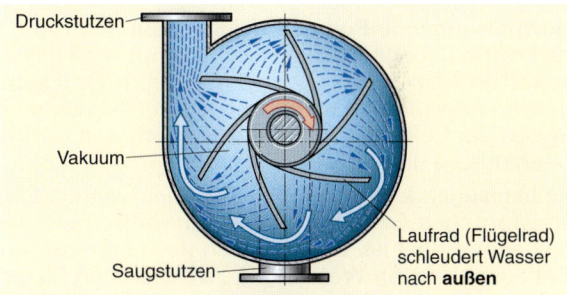

3 Normalsaugende Kreiselpumpe mit radialem Laufrad

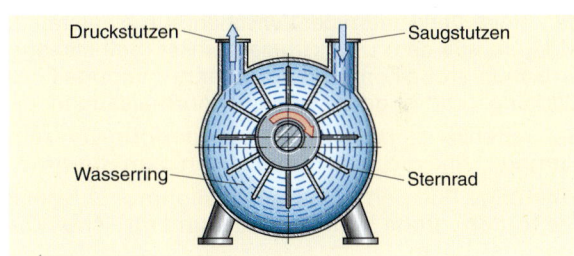

4 Selbstsaugende Wasserringpumpe mit Sternrad

5.4.2.2 Kreiselpumpen

Kreiselpumpen werden im Installationsbereich eingesetzt:
• in der öffentlichen Wasserversorgung zur Förderung und zum Transport des Wassers, auch über weite Entfernungen
• bei Eigenwasserversorgungs- und Druckerhöhungsanlagen
• als Zirkulationspumpen bei Warmwasseranlagen
• als Umwälz- oder Speicherladepumpen in Heizungsanlagen

Kreiselpumpen haben ein Laufrad, je nach Konstruktion ein Flügelrad oder ein Sternrad, ➔ 3, 4. Druck in der Pumpe entsteht, wenn bei großen Umdrehungszahlen das Wasser aufgrund der Fliehkraft nach außen geschleudert wird.
Sie liefern gleichmäßige Wasserströme.

5

Für die Funktion von Kreiselpumpen ist wichtig:
- Alle Kreiselpumpen müssen vor der ersten Inbetriebnahme mit Wasser gefüllt werden.
- Bei allen Pumpen ist am Fuß des Saugrohres ein Fußventil einzubauen, damit kein Wasser aus der Pumpe in den Brunnen zurückfließt.
- Bei Unterwasserpumpen ersetzt ein Rückflussverhinderer im Druckstutzen das Fußventil.

Bei Kreiselpumpen unterscheidet man nach:
- dem Ansaugen
  - normalsaugende Pumpen
  - selbstsaugende Pumpen
  - Seitenkanalpumpen
- der Zahl der Laufräder
  - einstufige Pumpen
  - mehrstufige Pumpen
- nach der Einbausituation
  - Überflurpumpen
  - Unterwasserpumpen

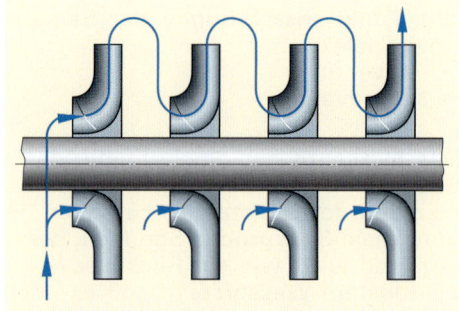

1 Anordung der Flügelräder einer vierstufigen Pumpe

Normalsaugende Pumpen besitzen ein Laufrad (Flügelrad) mit rückwärts gebogenen Schaufeln. Damit wird das Wasser an die spiralförmige Gehäusewand und beim Druckstutzen hinausgeschleudert. Es entsteht an der Laufradachse ein Hohlraum, in den der Luftdruck das Wasser durch den dort angeordneten Saugstutzen drückt, → 175.3.

Selbstsaugende Pumpen, → 175.4, besitzen ein Sternrad, das im kreisförmigen Gehäuse exzentrisch (außerhalb des Mittelpunktes) angeordnet ist. Beim Drehen des Laufrades entsteht an der Gehäusewand ein Wasserring, zwischen den Flügeln bilden sich zunächst immer größere Hohlräume, sodass dort ein Sog entsteht und Flüssigkeiten oder Gase bzw. deren Gemische angesaugt werden. Beim Verkleinern der Zwischenräume entsteht Druck, der das Medium aus dem Druckstutzen presst. Selbstsaugende Pumpen erreichen große Förderhöhen, aber nur geringe Förderströme. Ihr Wirkungsgrad ist geringer als der normalsaugender Pumpen.

Bei **Seitenkanalpumpen**, einer Sonderform von selbstsaugenden Pumpen, sind die Hohlräume neben dem Sternrad angeordnet.

Einstufige Pumpen (Spiralgehäusepumpen) besitzen 1 Laufrad. Sie fördern große Wasserströme und erreichen Druckhöhen bis maximal 100 m.

Mehrstufige Pumpen erhalten mehrere, hintereinander geschaltete Laufräder, die durch feste Leitwände getrennt sind; man könnte sie als mehrere hintereinander geschaltete Pumpen auf einer Antriebswelle auffassen. Ihre Kanäle leiten den Wasserstrom jeweils von außen nach innen, um ihn der nächsten Stufe zuzuführen. Dadurch werden je nach Stufenzahl sehr große Förderhöhen erreicht, → 1.
Bei mehrstufigen Pumpen ist höchstens nur die 1. Stufe selbstsaugend.

Überflurpumpen werden bis zu ca. 7 m über dem Wasserspiegel montiert, → 174.4.

Unterwassermotorpumpen, → 2 werden unterhalb des Wasserspiegels im Brunnen eingebaut. Motor und Pumpe sitzen auf einer Welle übereinander in einem Gehäuse. Die Pumpe wird an der Druckrohrleitung hängend in das Brunnenrohr abgesenkt. Der Motor darf nicht auf der Brunnensohle aufsitzen. Der niedrigste Wasserstand des Brunnens muss 20 cm über der Zulauföffnung der Pumpe liegen. Die elektrische Zuleitung wird am Druckrohr befestigt. Auf sie darf kein Zug ausgeübt werden.

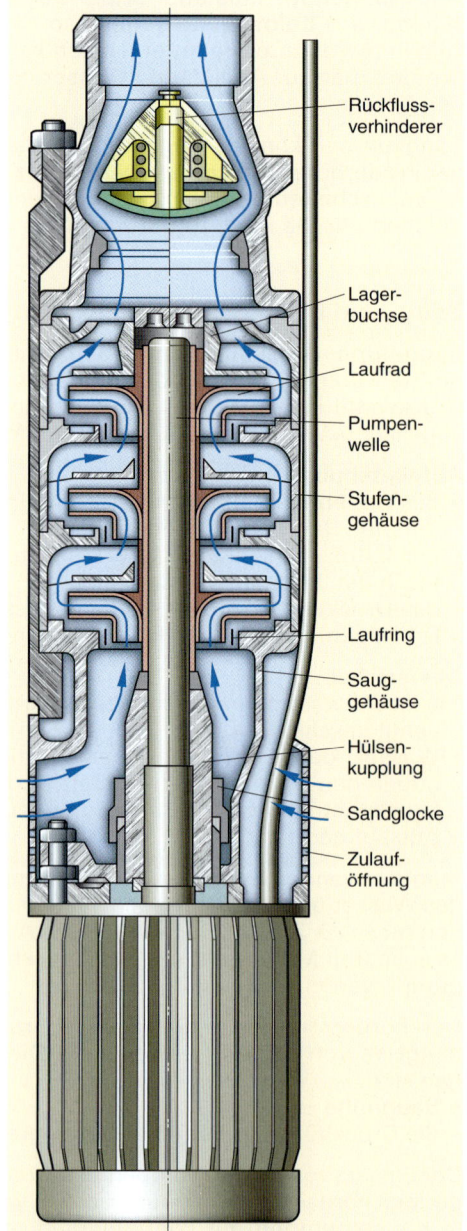

Rückfluss-
verhinderer

Lager-
buchse

Laufrad

Pumpen-
welle

Stufen-
gehäuse

Laufring

Saug-
gehäuse

Hülsen-
kupplung

Sandglocke

Zulauf-
öffnung

2 Unterwassermotorpumpe – mehrstufig

Unterwassermotorpumpen können in Bohrbrunnen mit Durchmessern ab 80 mm abgelassen werden. Sie arbeiten sehr wirtschaftlich und ersetzen die bei großen Wassertiefen früher üblichen Tiefsaugevorrichtungen.

Man setzt sie ein:
• immer bei Saughöhen größer als 7 m
• bei Saughöhen < 7 m wegen ihres guten Wirkungsgrades und des geräuscharmen Laufes, → 186.1

Der wassergekühlte Motor ist unterhalb der eigentlichen Pumpe angeordnet; darunter ist noch ein Membranbehälter, der beim Betrieb das durch Erwärmung sich ausdehnende Kühlwasser aufnimmt.

Auf der verlängerten Motorwelle sind die einzelnen Laufräder in ihrem Stufengehäuse montiert. Durch ein Sieb der Zulauföffnungen strömt Wasser in die Pumpe. Jedes Laufrad führt es dem darüber liegenden mit Druck zu. Dadurch steigert sich der Druck von Stufe zu Stufe, wie bei hintereinander angeordneten Förderbändern die Förderhöhe erhöht wird.

Der Förderstrom kann durch mehrere Stufen nicht gesteigert werden - genauso wenig wie bei den Förderbändern die Fördermenge.

Nach der Form des Pumpenlaufrades unterscheidet man zusätzlich:
• Radialpumpe
• Axialpump

Bei **Radialpumpen** wird das Wasser nach außen geschleudert.

Bei **Axialpumpen** (Propellerpumpen) wird das Wasser in Achsrichtung durch das Laufrad gefördert, ähnlich der Luft bei Flugzeugpropellern. Sie haben die höchste Drehzahl und eignen sich für große Förderströme bei geringer Förderhöhe, → 1.

Pumpenkennlinie

Charakteristisch für Kreiselpumpen ist der Zusammenhang zwischen:
• Förderstrom $\dot{V}$
• Förderdruck Δp
• Motorleistung P

Ändert sich der Förderstrom, ändert sich auch der Förderdruck, z. B. → 2. Dieser Zusammenhang wird in der **Pumpenkennlinie** dargestellt.

Mit ihrer Hilfe kann man den jeweiligen Betriebspunkt einer Pumpe bestimmen. Der Betriebspunkt ist ein Punkt der Kennlinie, der bei gegebenem Förderstrom den Förderdruck anzeigt und umgekehrt.

Etwa im mittleren Kennlinienbereich hat eine Pumpe den besten Wirkungsgrad. Deshalb soll man bei der Auswahl einer Pumpe den Betriebspunkt in diesen Bereich legen.

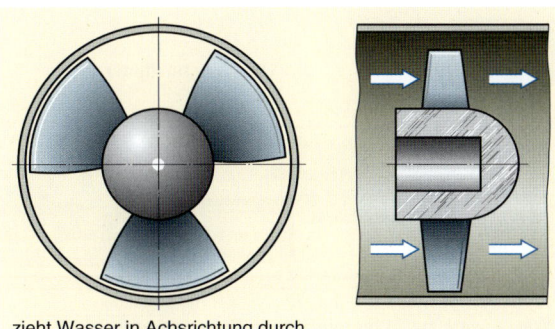

zieht Wasser in Achsrichtung durch

1 Axialrad (Propeller)

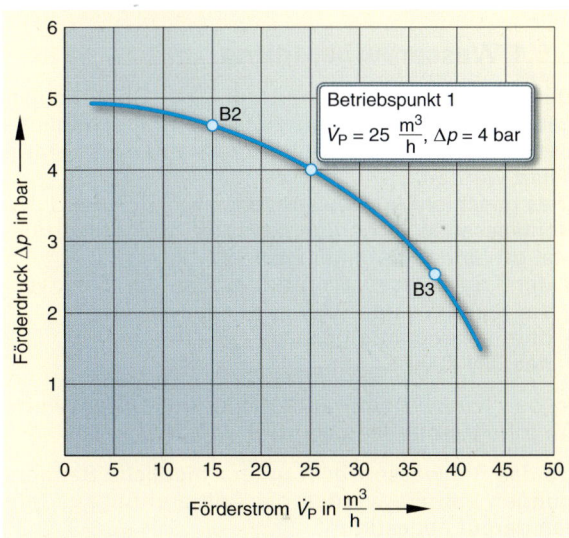

Betriebspunkt 1
$\dot{V}_P = 25\ \frac{m^3}{h}$, $\Delta p = 4$ bar

2 Kennlinien einer Kreiselpumpe

Drehzahl n in 1/min	Förderstrom $\dot{V}$ in l/s	Förderdruck Δp in bar	Motorleistung P in kW
1000	5	1	1
2000	10	4	8

3 Wirkung von Drehzahländerungen bei Pumpen

Die Drehzahl einer Pumpe beeinflusst stark deren Förderverhalten. Bei Drehzahländerung gelten folgende Zusammenhänge, s. auch → 3:

Förderstrom $\dot{V}_P$:
$$\dot{V}_{P2} = \dot{V}_{P1} \cdot \left(\frac{n_2}{n_1}\right)$$

Förderdruck Δp:
$$\Delta p_2 = \Delta p_1 \cdot \left(\frac{n_2}{n_1}\right)^2$$

Motorleistung P:
$$P_2 = P_1 \cdot \left(\frac{n_2}{n_1}\right)^3$$

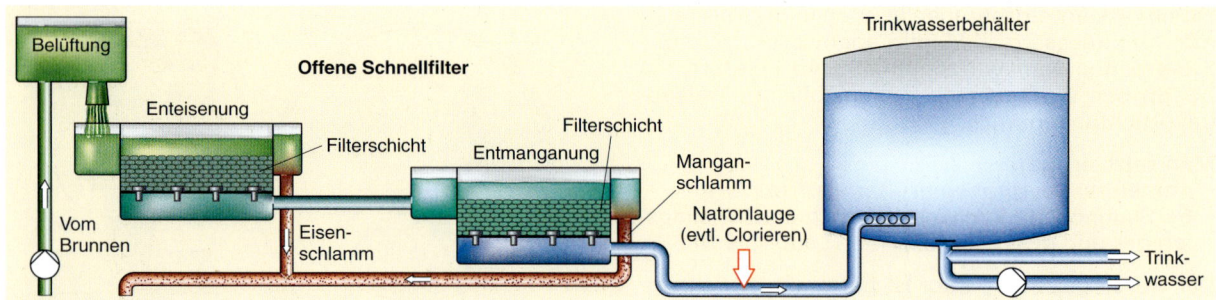

1 Wasserwerk zur Aufbereitung von Grundwasser

5.5 Öffentliche Wasserversorgung

5.5.1 Wasseraufbereitung

Dem Wasser aus Brunnen oder aus Oberflächengewässern müssen unerwünschte und schädliche Bestandteile entzogen oder diese müssen neutralisiert werden.
Dies geschieht im Wasserwerk, ➔ 1. Dort wird das Rohwasser so aufbereitet, dass es Trinkwasserqualität erhält und damit entspricht:
- der Trinkwasserverordnung bzw. der Trinkwasser-Richtlinie der EU
- dem Lebensmittelgesetz
- der DIN 2000

In der TrinkwV sind auch bestimmte Grenzwerte für Inhaltsstoffe festgelegt, ➔ 170.1.

Da das Rohwasser recht unterschiedliche Beimengungen enthält, werden die Aufbereitungsverfahren darauf abgestimmt.

Je nach Bedarf kommen in Frage:
- Zerstäuben und Durchlüften
- Filtern
- Chlorieren oder Ozonieren
- Enthärten
- Entsäuern

Durch **Zerstäuben** des Wassers und Durchlüften wird es zum Teil entsäuert, enteisent, und es werden gelöste Schwermetallverbindungen ausgeflockt.

Durch **Filtern** in Sand-, Mehrschicht- oder Aktivkohlefiltern werden z. B. Eisen, Mangan und gröbere Beimengungen wie Sand zurückgehalten.

Durch **Chlorierung** oder **Ozonierung** des Wassers werden Mikroorganismen unschädlich gemacht.
Chlor verleiht dem Wasser unangenehmen Geschmack; Ozon ist stark reizend und giftig, sodass beide Verfahren sehr sorgfältig durchgeführt werden müssen, um Überdosierungen und Gefahren zu vermeiden.
Zur Vorbeugung wird Trinkwasser meist mit Chlor desinfiziert. Eine sichere Desinfektion[1] hat Vorrang vor eventuellen minimalen Nebenwirkungen.

Durch Ionenaustausch kann das Wasser **enthärtet** werden, s. Kap. 5.10.4.

Beim **Entsäuern** kann freie Kohlensäure durch Rieseln über Kalkstein gebunden werden.

5.5.2 Transport, Verteilung und Speicherung von Wasser

5.5.2.1 Versorgungsleitungen – Rohrnetz

Nach der Wasseraufbereitung gelangt das Trinkwasser von den Pumpstationen der Wasserwerke über Versorgungsleitungen zum Verbraucher. Dies kann oft über große Entfernungen geschehen.

Beispiel:
Der Stuttgarter Raum erhält einen Großteil seines Trinkwassers aus dem Bodensee.

Das Wasser wird gefördert durch Pump- und Zwischenpumpwerke.

Am Verbrauchsort muss das Wasser noch mit ausreichendem Druck zur Verfügung stehen.
Die Leitungen in Gemeinden verlaufen in den Straßenzügen. Alle Versorgungsleitungen in einer Gemeinde bilden deren **Rohrnetz**.

Das Rohrnetz kann sein:
- Verästelungsnetz
- Ringnetz

Beim **Verästelungsnetz** gehen die einzelnen Leitungsstränge strahlenförmig vom WVU aus; das findet man nur anfangs in Neubauvierteln.

Beim **Ringnetz**, ➔ 179.1, werden die einzelnen Leitungsstränge in den Straßenzügen quer verbunden. Dies ermöglicht:
- einen Druckausgleich, wenn in einem Gebiet besonders viel Wasser entnommen wird, z. B. bei einem Brand
- dass bei Arbeiten am Rohrnetz, z. B. einem Rohrbruch, nur ein kleiner Bereich abgesperrt wird, sodass nur einzelne Häuser nicht versorgt werden

[1] Desinfektion ⟨lat.⟩: Unschädlichmachen von Krankheitserregern; sie werden dabei so geschädigt bzw. reduziert, dass sie keine Infektion mehr hervorrufen können

Versorgungsleitungen bestehen aus:
- Stahlrohr
- Gussrohr
- Faserzementrohr
- Kunststoffrohr, meist PE-HD oder PVC-U

Forderungen an Versorgungsleitungen sind:
- zum Frostschutz müssen Leitungen im Erdreich mindestens 1,2 m überdeckt sein
- Stahl- und Gussrohre müssen gegen Korrosion geschützt sein

Beim **Herstellen von Gräben** sind Sicherheitshinweise zu beachten:
- Aufgrabungen sind ausreichend abzusperren und bei Tag und Nacht kenntlich zu machen
- bei Tiefen > 1,25 m sind Gräben abzusteifen, bei Rutschgefahr schon früher
- Holzbohlen zum Verschalen sollen mindestens 5 cm dick sein, die Spreizen müssen mindestens 10 cm Durchmesser haben

Für den Betrieb sind in Versorgungsleitungen nötig:
- Absperrvorrichtungen
- Hydranten
- Be- und Entlüftungsventile
- Hinweisschilder

Als **Absperrvorrichtungen** in Rohrnetzen werden langsam schließende Keilschieber eingebaut, ➔ 3.

Hydranten, ➔ 2, dienen Feuerlösch-, Straßenreinigungs- und Rohrspülzwecken. Man unterscheidet:
- Überflurhydranten
- Unterflurhydranten

Be- und Entlüftungsventile benötigt man an den Hochpunkten und evtl. Enden der Stränge, wenn die Rohrleitung nicht durchlaufend verlegt werden kann.

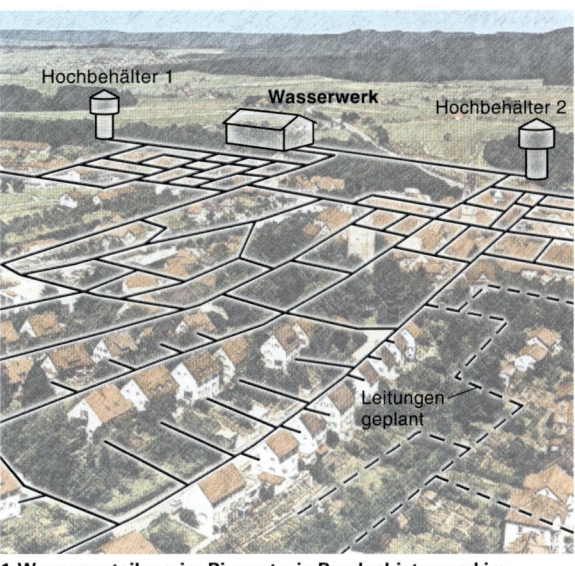

1 Wasserverteilung im Ringnetz, in Randgebieten und im Verästelungsnetz

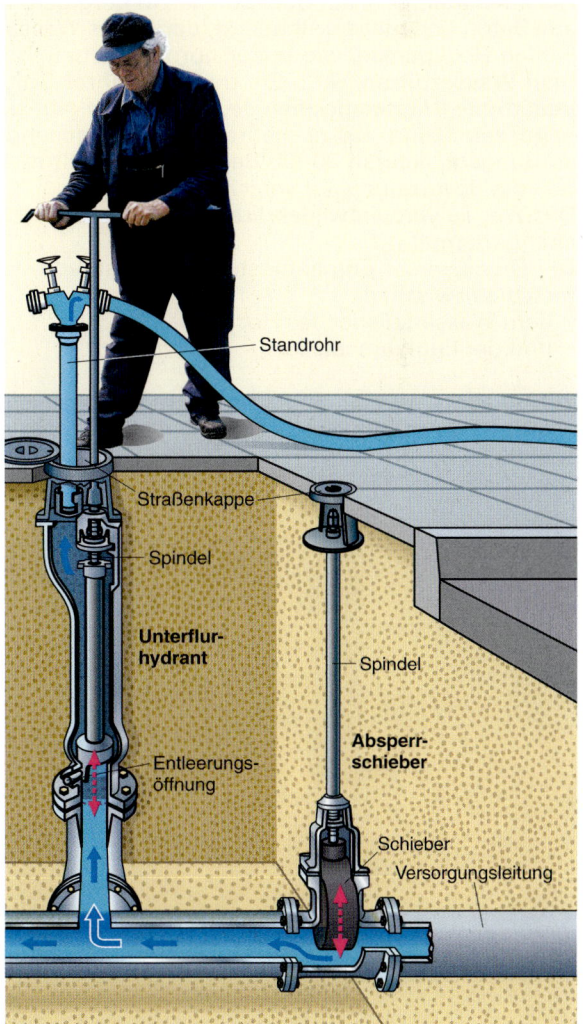

3 Unterflurhydrant und Abperrschieber

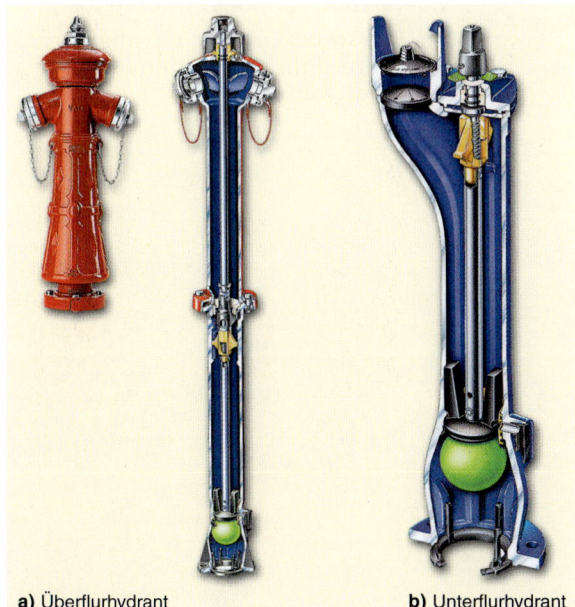

a) Überflurhydrant b) Unterflurhydrant

2 Hydranten

Hinweisschilder, ➔ 1, kennzeichnen die Lage von Armaturen und erleichtern deren Auffinden:
- blaue Schilder: Trinkwasserversorgung
- weiße Schilder, rot umrandet: Feuerlöschzwecke

5.5.2.2 Hochbehälter – Wassertürme

Große Wasserspeicher werden benötigt, um:
- eine Wasserreserve zu bilden, falls die Pumpstation ausfällt
- vor allem nachts mit billigem Nachtstrom Wasser zu speichern, sodass ins Versorgungsnetz Wasser eingespeist werden kann, wenn der Verbrauch die Förderung übertrifft
- den Druck im Rohrnetz möglichst konstant zu halten

> Wasserspeicher müssen mindestens 10 m über der höchsten Entnahmestelle liegen.

> Je nach Gelände werden eingesetzt:
> - Hochbehälter
> - Wassertürme

Hochbehälter, ➔ 3, auf Hochpunkten in bergigem Gelände, sind aus Beton und meist erdbedeckt, damit das Wasser kühl bleibt. Fehlen Hochpunkte, wie in der norddeutschen Tiefebene, baut man **Wassertürme**, ➔ 2. Sie tragen an ihrer Spitze große gut gedämmte Wasserspeicher. Je nach Bedarf gibt es Speicherbehälter mit 500 m³ bis zu mehreren hunderttausend m³. Für Versorgungsgebiete ab 30 000 Bewohner verteilt man zur Sicherheit die Bevorratung auf verschiedene Orte.
Das Wasser wird entweder direkt oder über das Netz in die Speicher gepumpt.
Der Druck an der Entnahmestelle hängt ab von dem Höhenunterschied zwischen:
- dem Wasserspiegel des Hochbehälters
- und der Entnahmestelle

> Wenn kein Wasser fließt, herrscht **Ruhedruck**; in bar gemessen, entspricht der Ruhedruck $1/10$ der Wassersäulenhöhe h in m, z. B.
> $h = 50$ m $\triangleq$ $p = 5$ bar

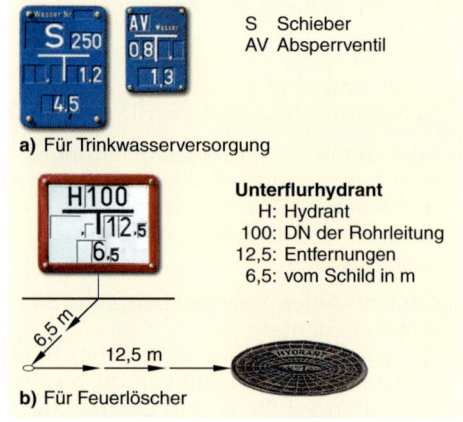

S   Schieber
AV Absperrventil

a) Für Trinkwasserversorgung

Unterflurhydrant
H: Hydrant
100: DN der Rohrleitung
12,5: Entfernungen
6,5: vom Schild in m

b) Für Feuerlöscher

1 Hinweisschilder

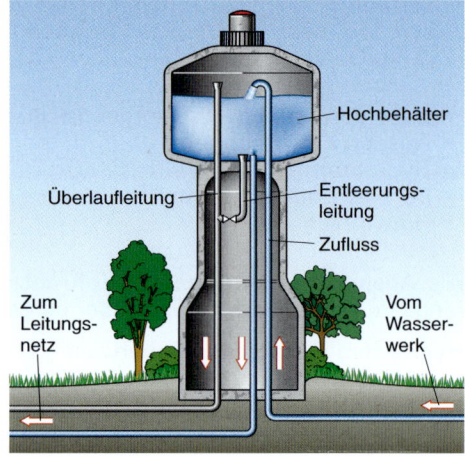

Hochbehälter
Überlaufleitung
Entleerungsleitung
Zufluss
Zum Leitungsnetz
Vom Wasserwerk

2 Wasserturm

Ein Teil des Ruhedruckes geht beim Strömen des Wassers durch Reibungswiderstände verloren (Druckverlust).

Der **Fließdruck** ist der um den Druckverlust im Rohrnetz verminderte Ruhedruck, vgl. Kap. 3.1.

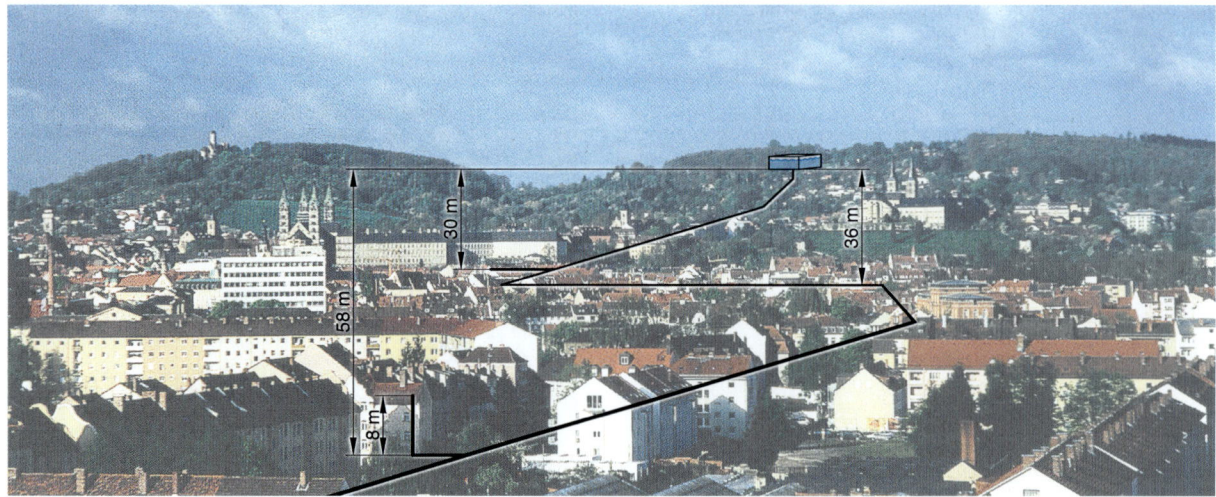

3 Hochbehälter zur Wasserspeicherung, zum Ausgleich Förderung-Verbrauch und zum Druckausgleich

5.5.3 Hausanschluss

5.5.3.1 Bestandteile des Hausanschlusses

Über den Hausanschluss werden die einzelnen Gebäude bzw. Grundstücke an die Versorgungsleitungen angeschlossen, ➔ 1.

Zum Hausanschluss gehören:
• Anschlussleitung
• Hausanschlussraum
• Wasserzähleranlage

5.5.3.2 Anschlussleitung

Die Anschlussleitung beginnt an der Versorgungsleitung und endet mit der Hauptabsperrarmatur im Gebäude bzw. Grundstück. Hauptabsperrarmatur ist die 1. Absperrarmatur auf dem Grundstück; sie kann auch Bestandteil der Wasserzähleranlage sein.

Anbohren der Versorgungsleitung

An der Versorgungsleitung wird zunächst eine Ventilanbohrschelle mit einem Spannbügel (Anschlussvorrichtung) befestigt. Anstelle des Ventiloberteiles wird das Anbohrgerät gesetzt. Die Versorgungsleitung wird dann unter Druck angebohrt, ➔ 2. Nach dem Durchbohren wird der Bohrer zurückgezogen und der Spülhahn geöffnet, um die Bohrspäne auszuspülen. Nach dem Schließen des Hilfsschiebers wird das Anbohrgerät durch das Ventiloberteil ersetzt. Das Anbohren unter Druck lässt keine Bohrspäne in die Versorgungsleitung fallen und erspart Betriebsunterbrechungen.

Verlegen von Anschlussleitungen

Für das Verlegen von Anschlussleitungen gilt:
• Anschlussleitungen sind frostsicher, geradlinig und rechtwinklig zur Grundstücksgrenze zu verlegen
• sie dürfen nicht überbaut werden
• ihr seitlicher Abstand muss betragen
  - zu Entwässerungsleitungen mindestens, ➔ 253.2:
    wenn sie höher als diese liegen: > 0,2 m
    wenn sie gleich hoch oder tiefer liegen: ≈ 1,0 m
  - zu anderen Leitungen und Kabeln ohne Schutzmaßnahmen: > 0,2 m

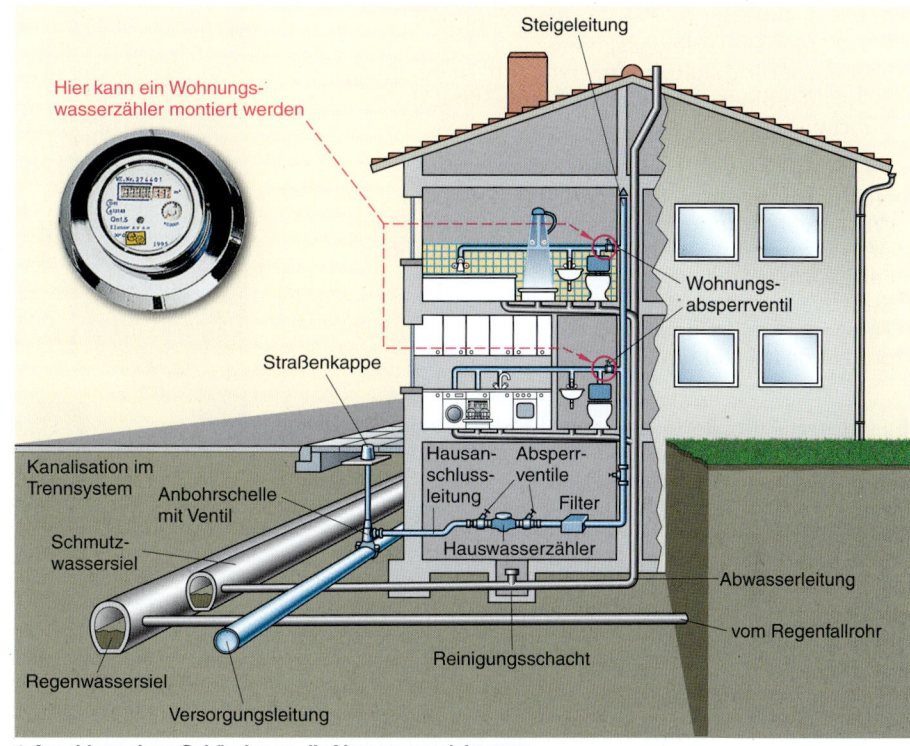

1 Anschluss eines Gebäudes an die Versorgungsleitungen

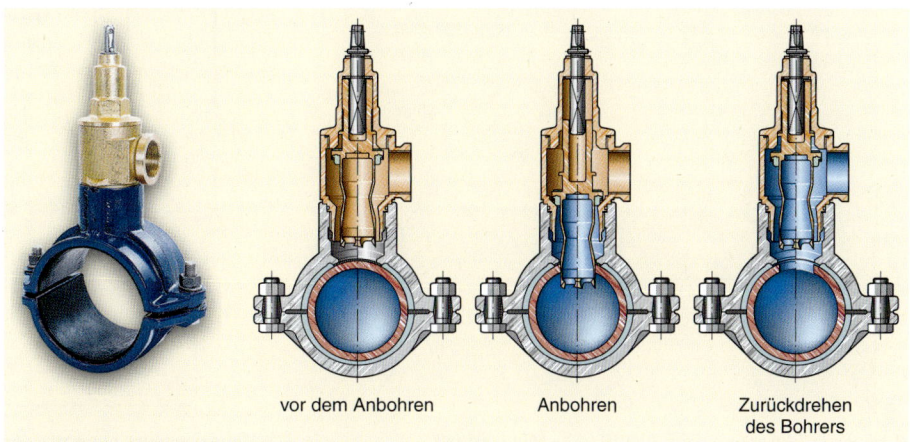

2 Ventilanbohrschelle zum Anbohren von Kunststoffrohr

5.5.3.3 Hausanschlussnische, -wand, -raum

Zum Einführen aller Anschlussleitungen in ein Gebäude und zur Aufnahme der erforderlichen Anschluss- und ggf. Betriebseinrichtungen muss vorhanden sein:

- eine Hausanschlussnische **HA-N**, ➔ 1, bei nicht unterkellerten Einfamilienhäusern, nicht mehr als 3,0 m von der Gebäudeaußenwand entfernt
- eine Hausanschlusswand **HA-W** bei bis zu 5 Wohneinheiten
- ein Hausanschlussraum **HA-R**, ➔ 2, mindestens ab 6 Wohneinheiten

Dort sind auch anzuordnen, ➔ 3:
- die Anschlussfahne des Fundamenterders
- die Potentialausgleichsschiene
- Entwässerungsleitungen, evtl. mit Revisionsschacht, sollten von dort aus dem Gebäude geführt werden

Anschlusseinrichtung ist lt. DIN 18 012 bei der
- Wasserversorgung: die Hauptabsperreinrichtung
- Gasversorgung: die Hauptabsperreinrichtung
- Fernwärmeversorgung: die Übergabestelle
- Stromversorgung: der Hausanschlusskasten
- Telekommunikationsversorgung: die Anschlusspunkte der einzelnen Netze

Es werden Anforderungen gestellt an:
- HA-N, HA-W bzw. HA-R
- die Leitungen dorthin

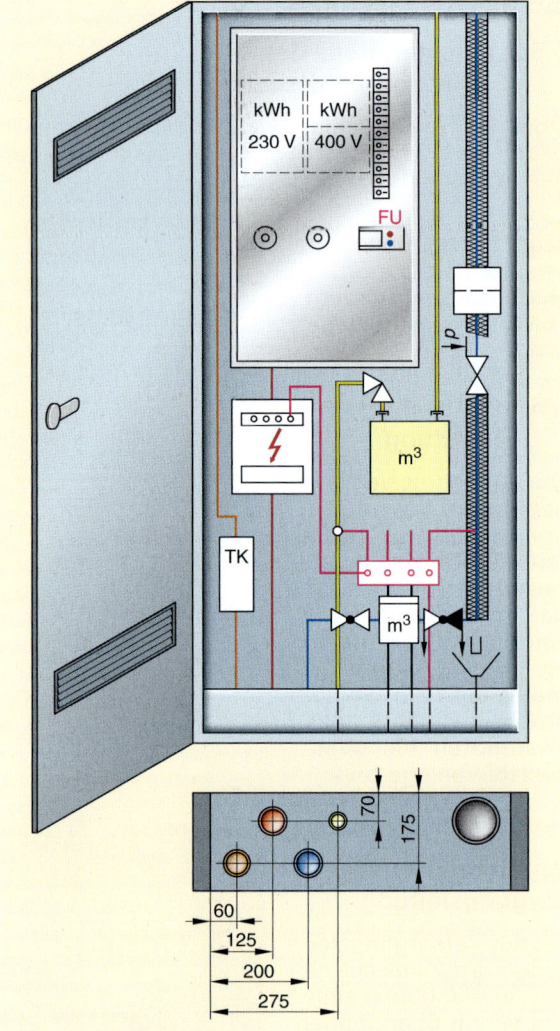

1 Ausführungsbeispiel für die Anordnung der Anschluss- und Betriebseinrichtungen in der Hausanschlussnische

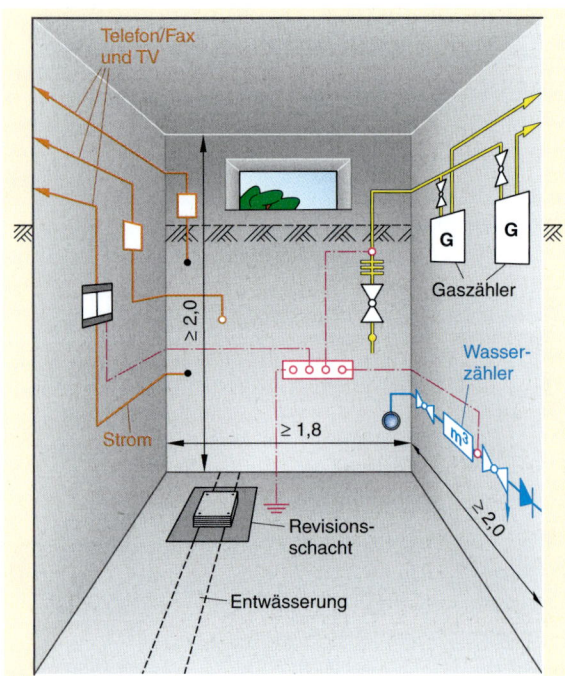

2 Hausanschlussraum nach DIN 18 012 – Mindestmaß (TV = Fernsehen)

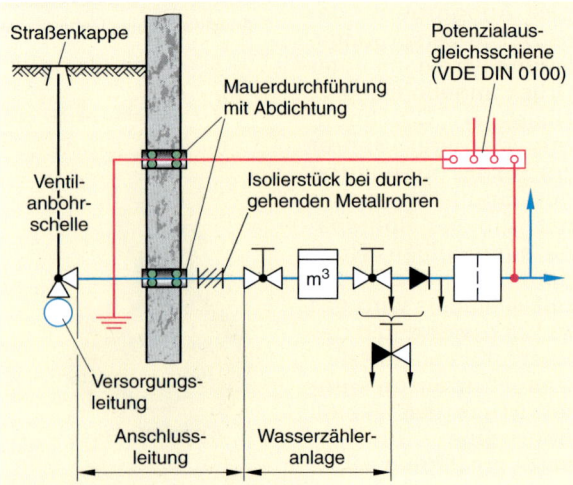

3 Hausanschluss einer Wasserleitung

Anforderungen an HA-N, HA-W bzw. HA-R:

- Sie müssen jederzeit über allgemein zugängliche Räume, wie Treppenraum, Kellergang, oder von außen erreichbar sein.
- Sie sollen verschließbar sein; ihre Tür muss groß genug sein, dass alle Betriebseinrichtungen eingebracht werden können.
- Sie müssen be- und entlüftet und ausreichend beleuchtet sein; im HA-R ist eine Schukosteckdose anzubringen.
- HA-R bzw. HA-W müssen an der Gebäudeaußenwand liegen, durch die Leitungen ins Haus führen; die HA-N sollte nicht mehr als 3 m von dieser Außenwand entfernt sein.
- Der Schallschutz nach DIN 4109 ist sicherzustellen.
- Wände müssen ausreichend tragfähig sein, um Leitungen und Anlagenteile zu befestigen.
- Die Entleerung der Wasser- bzw. Fernheizleitungen muss möglich sein; ein rückstaugesicherter Ablauf mit Geruchverschluss ist zu empfehlen.
- Die Räume müssen frostfrei gehalten werden; ihre Temperatur darf 30 °C, die des KW darf 25 °C nicht übersteigen.
- Bei der HA-N sind alle Leitungseinführungen mit den Versorgungsbetrieben abzustimmen und entsprechend anzuordnen.

Abmessungen:

- Die Größe der HA-N wird durch das Rohbaurichtmaß einer gängigen Tür mit 875 mm × 2000 mm bestimmt; die Tiefe muss ≥ 250 mm sein, ➔ 182.1.
- Länge und Breite der HA-W sind mit den örtlichen Versorgungsbetrieben abzustimmen.
- Der HA-R muss ≥ 2,0 m lang sein; er muss bei einseitiger Anordnung der Anschlusseinrichtungen ≥ 1,5 m, bei zweiseitiger ≥ 1,8 m breit sein, ➔ 182.2.
- HA-W bzw. HA-R müssen ≥ 2,0 m hoch sein; die freie Durchgangshöhe unter Leitungen muss 1,8 m betragen.

Anforderungen an die Leitungen zum HA-R:

- Alle Leitungen, die durch Außenwände führen, ➔ 1, sind in Mauer-Durchführungen (Schutzrohre) zu legen und senkrecht zur Wand einzuführen.
- Die Schutzrohre sind gas- und wasserdicht in die Außenwand einzusetzen und müssen beidseitig überstehen, ➔ 1.
- Der Raum zwischen Leitung und Schutzrohr ist dauerelastisch und so abzudichten, dass Kantenpressung nicht auftritt.
- Bei metallenen Anschlussleitungen sind am Hauseingang Isolierstücke (elektrische Trennstellen), mit der Kennfarbe >grün< (für Wasser) bzw. >gelb< (für Gas), einzubauen; sie dienen dem Schutz der im Erdreich liegenden Leitungen gegen Außenkorrosion.
- Kaltwasserleitungen müssen gegen Schwitzwasser gedämmt werden.

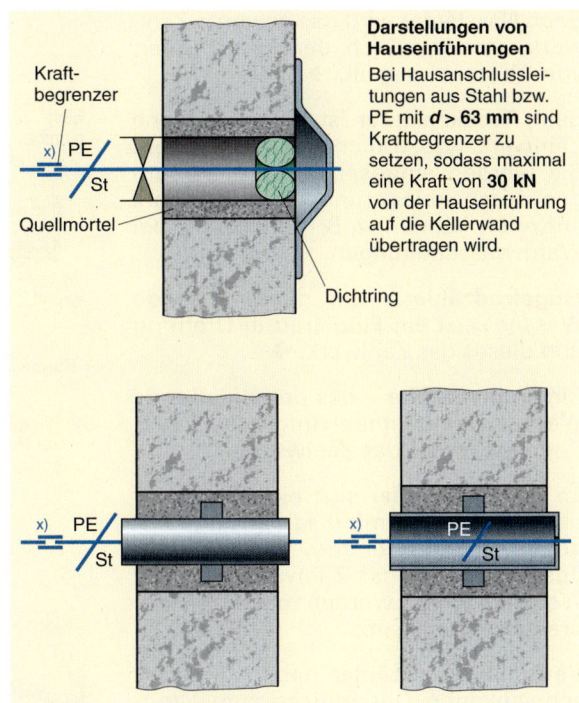

Darstellungen von Hauseinführungen

Bei Hausanschlussleitungen aus Stahl bzw. PE mit d > 63 mm sind Kraftbegrenzer zu setzen, sodass maximal eine Kraft von **30 kN** von der Hauseinführung auf die Kellerwand übertragen wird.

1 Darstellungen von Hauseinführungen

5.5.3.4 Wasserzähleranlage

Wasserzähler dienen zum Messen und damit zur Abrechnung des Wasserverbrauchs in Gebäuden.

Zum Wasser- und zum Energiesparen fordern die Heizkostenabrechnungs- bzw. Neumieten-Verordnung bei Gebäuden mit mehr als zwei Wohnungen den Einbau von Warmwasser- und auch Kaltwasserzählern in Wohnungen.

Zur Wasserzähleranlage nach der Hausanschlussleitung gehören, ➔ 182.3:

- **vor** dem Wasserzähler eine Absperrarmatur **ohne** Entleerung
- **nach** dem Wasserzähler:
  - eine Absperrarmatur **mit** Entleerung
  - ein Rückflussverhinderer oder ein Rohrtrenner EA1
  - evtl. ein Feinfilter (bei Metallrohren Pflicht!)

Wasserzähler gibt es in verschiedenen **Bauarten**:
- nach Kontakt Zählwerk – Wasser
  - Nassläufer
  - Trockenläufer
- nach Messverfahren
  - Flügelradzähler
  - Ringkolbenzähler
- Woltman- und Verbundwasserzähler
- nach Einbau
  - waagerecht
  - senkrecht (Steigrohrzähler)
  - Wohnungswasserzähler

5

Beim **Nassläufer** wird das gesamte Zählwerk, einschließlich der Zifferblätter, vom Wasser umspült, → 1.

Beim **Trockenläufer** ist das eigentliche Zählwerk wasserdicht abgeschlossen. Sie werden eingesetzt, wenn Störungen durch Ablagerungen im Zählwerk auftreten können, z. B. Verkalkung bei Warmwasserleitungen.

Flügelradzähler – das durchfließende Wasser setzt ein Flügelrad in Drehung und dieses das Zählwerk, → 2.

Ringkolbenzähler – das durchfließende Wasser bringt einen Ringkolben zum Rotieren, dieser das Zählwerk.

Im **Woltmanzähler** sitzt ein sehr leicht bewegliches Rad mit diagonal angeordneten Flügeln quer zum Wasserdurchfluss und treibt das Zählwerk an, → 2. Woltmanzähler werden bei Großverbrauchern eingesetzt.

Verbundwasserzähler haben für stark schwankende Durchflüsse zum Woltmanzähler einen kleineren Wasserzähler parallel geschaltet, → 3.

Steigrohrzähler werden nur in Sonderfällen für senkrechte Leitungsteile verwendet, → 4.

Wohnungswasserzähler messen den Wasserverbrauch einzelner Wohnungen u. Ä, → 185.1, 2.

Nach dem Eichgesetz sind Kaltwasserzähler alle sechs, Warmwasserzähler alle fünf Jahre auszutauschen und zu überprüfen.

Montage von Wasserzählern

Die Wasserzähleranlage ist frostsicher unterzubringen, vorzugsweise im Hausanschlussraum o. Ä.

Außerhalb von Gebäuden wird der Zähler in einem **Schacht** untergebracht, → 101.1:
• Mindestmaße: 1,2 m × 1,0 m mit einer Höhe bis 1,8 m Höhe
• Einsteigöffnung: 0,7 m × 0,7 m

Wasserzähler werden meist in waagerechte Leitungen eingebaut. Sie sind in einer Halterung, dem Wasserzählerbügel, mit Ausgleichsverschraubung für 3 mm bis 4 mm Spiel, einzubauen, → 5. Fehlt ein Wasserzählerbügel, ist vor einem Austausch des Wasserzählers die Leitung mit einem Cu-Draht, ≥ 4 mm², für den Potenzialausgleich zu überbrücken.

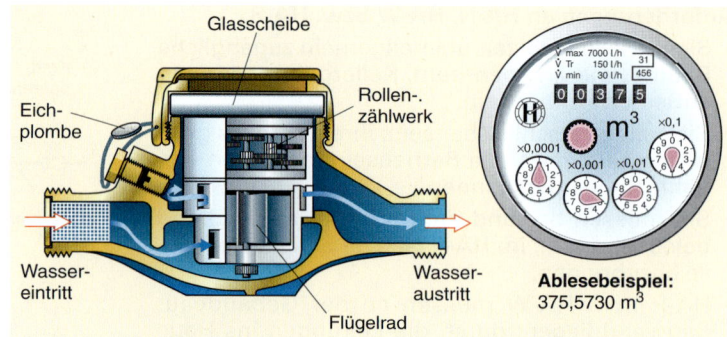

1 Hauswasserzähler (Nassläufer)

Ablesebeispiel: 375,5730 m³

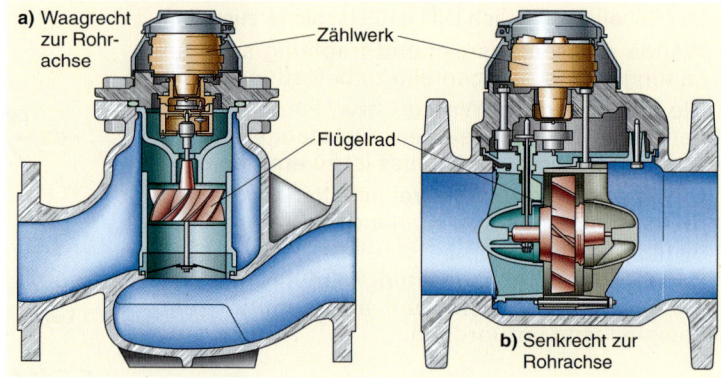

2 Wasserzähler mit Woltmannflügelrad

a) Waagrecht zur Rohrachse

b) Senkrecht zur Rohrachse

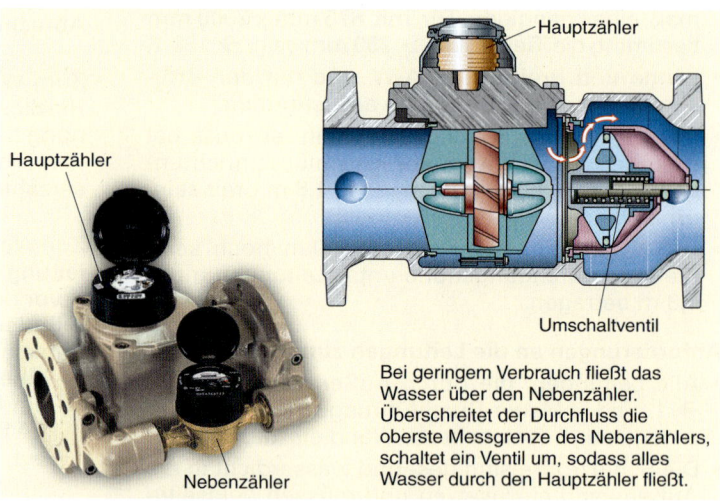

3 Verbund-Wasserzähler für stark wechselnde Durchflüsse

Bei geringem Verbrauch fließt das Wasser über den Nebenzähler. Überschreitet der Durchfluss die oberste Messgrenze des Nebenzählers, schaltet ein Ventil um, sodass alles Wasser durch den Hauptzähler fließt.

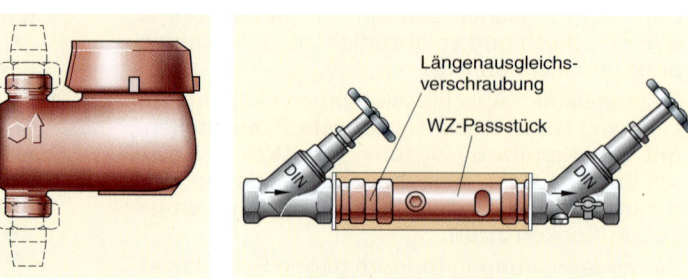

4 Steigrohr-Wasserzähler   5 Wasserzähler-Einbaugarnitur

Abstände von Wänden und Boden sind so zu wählen, dass ihr Austausch leicht möglich ist und dabei auftretendes Wasser aufgefangen bzw. abgeleitet werden kann.

Wohnungswasserzähler werden am Anfang der Stockwerksleitung eingebaut. Für ihren Einbau gibt es:

- vorgefertigte Blöcke mit Wandeinbauventil für einen oder zwei Wasserzählern (KW + WW), ➔ 2
- so genannte Ventilzähler; sie sind mit dem Ventilunterteil eines Wandeinbauventils kombiniert; beim nachträglichen Einbau sind nur die Ventiloberteile auszutauschen, ➔ 1.

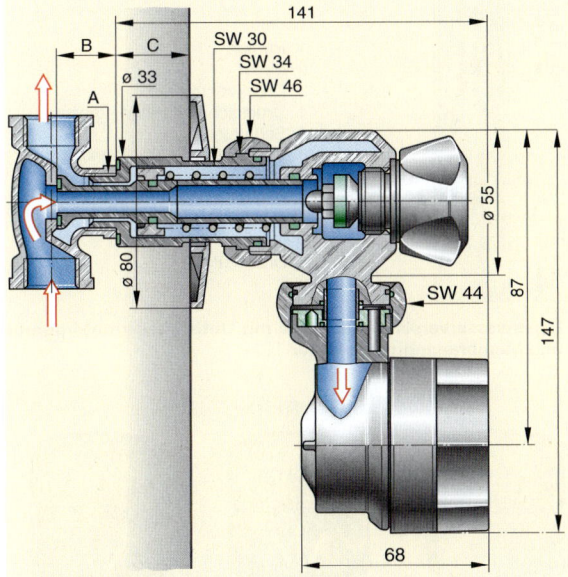

1 Ventilzähler für nachträglichen Einbau auf übliche Wandeinbauventile

a) Wasserzähler-Kombination

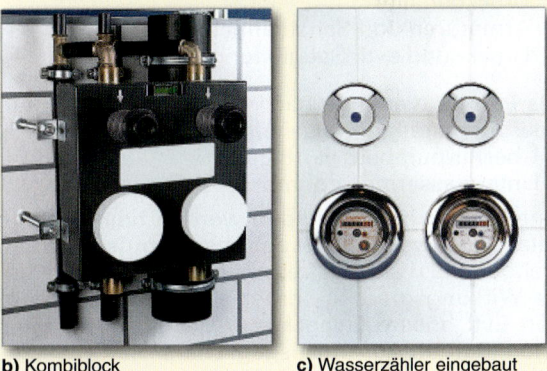

b) Kombiblock   c) Wasserzähler eingebaut

2 Montageblock mit Wohnungsabsperrventilen und -zählern für KW und WW

Übungen:

1. Welche Vorteile hat Grundwasser für die Wasserversorgung?
2. Beschreiben Sie drei verschiedene Brunnenarten.
3. Wie bedeutsam ist der Luftdruck für die Wasserförderung?
4. Wie groß sind bei Pumpen die theoretische Saughöhe, die praktische Saughöhe und die Druckhöhe?
5. Wie funktioniert eine einfache Saugpumpe?
6. Erklären sie das Grundprinzip einer Kreiselpumpe.
7. Wodurch unterscheiden sich normalsaugende Kreiselpumpen von selbstsaugenden in Bau und Wirkung?
8. Beschreiben Sie den Aufbau einer Tauchmotorpumpe.
9. Welche Bedeutung haben die Punkte B2 und B3 in ➔ 177.2?
10. Wie ändern sich Förderstrom (3 m³/h), Förderhöhe (45 m) und Motorleistung (0,8 kW) einer Kreiselpumpe bei Drehzahlwechsel von 1400/min auf 2800/min?
11. Warum muss im Wasserwerk Wasser aufbereitet werden?
12. Welche Aufgaben erfüllen Hochbehälter?
13. Beschreiben Sie Verteilnetze der Trinkwasserversorgung.
14. Wozu dienen Hydranten? Welche Arten gibt es?
15. Nennen Sie Rohrwerkstoffe für die öffentliche Trinkwasserversorgung?
16. Skizzieren Sie ein Hinweisschild mit folgenden Angaben:
    a) Entleerungshahn
    b) Abstand 3,1 m
    c) 4,5 m nach links versetzt
17. Wie wird eine Versorgungsleitung angebohrt?
18. Wie werden Anschlussleitungen ins Haus geführt?
19. Wie sind Wasserzähleranlagen zu gestalten?
20. Welche Arten von Wasserzählern gibt es?
21. Aus welchen Teilen besteht ein Hausanschluss?
22. Welche Armaturen gehören zu einer Wasserzähleranlage?
23. Worauf achtet man beim Einbau eines Wasserzählers?
24. Beschreiben Sie die Mauerdurchführung eines Rohres.
25. Welche Vorteile bietet ein Hausanschlussraum?

5.6 Eigenwasserversorgungsanlage

5.6.1 Aufgaben und Bauteile von Eigenwasserversorgungsanlagen

Eigenwasserversorgungsanlagen (**EVA**) stellen Wasser für einen begrenzten Bereich bereit, wenn an keine öffentliche Trinkwasserversorgung angeschlossen werden kann, etwa bei:
- einzeln stehenden Gebäuden wie Landhäuser, Aussiedlerhöfe
- Gewerbe- oder Industriebetrieben mit eigener Wasserförderung

Wird das Wasser einer Eigenwasserversorgung als Trinkwasser genutzt, muss es DIN 2001 – *Eigen- und Einzeltrinkwasserversorgung – Leitsätze für Anforderungen an Trinkwasser – Planung, Bau und Betrieb der Anlagen* – entsprechen. DIN 2001 entspricht in etwa der DIN 2000, s. Kap. 5.2.

Bauteile einer Eigenwasserversorgungsanlage sind, ➔ 1:
- Pumpe
- Druckbehälter
- Armaturen und Schalteinrichtungen
- Druck- und evtl. Saugleitung

Als **Pumpe** dienen je nach benötigtem Druck ein- oder mehrstufige Kreiselpumpen:
- Überflurpumpen, ➔ 187.2
- Unterwassermotorpumpen, ➔ 1

Unterwassermotorpumpen werden häufig eingesetzt, auch wenn die Saughöhe < 7 m ist. Sie sind weitgehend wartungsfrei, absolut geräuschlos und ihr Wirkungsgrad ist besser als bei Überflurpumpen. Evtl. höhere Anlagekosten werden durch günstigere Betriebskosten ausgeglichen.

Die früher üblichen verzinkten **Druckbehälter** nach DIN 4810 werden heute durch **Membrandruckbehälter** ersetzt. Diese ersparen aufwändige Armaturen für die Luftregulierung im Behälter. Beim Membrandruckbehälter trennt eine Gummimembran ein werkseitig vorgepresstes Stickstoffpolster völlig von der Wasserseite, ➔ 2. Lediglich beim Einbau muss das Stickstoffpolster dem Einschaltdruck der Pumpe angepasst werden. Kleinere Anlagen arbeiten auch ohne Druckbehälter, s. nächste Absätze.

Bei den **Armaturen und Schalteinrichtungen** für EVA ist zu unterscheiden zwischen:
- kleinen Anlagen
- großen Anlagen

Für eine **kleine Anlage** mit Förderströmen ≤ 10 m³/h, z. B. für Einfamilienhaus, Kleingewerbebetrieb, genügt ein elektronisch gesteuerter Strömungs- und Druckwächter (Schaltautomat).
Es gibt aber auch kleine Anlagen mit Membrandruckbehälter, siehe bei „große Anlagen".

Strömungs- und Druckwächter benötigen keinen zusätzlichen Membrandruckbehälter und keine weiteren Schaltorgane, ➔ 187.1a, b.

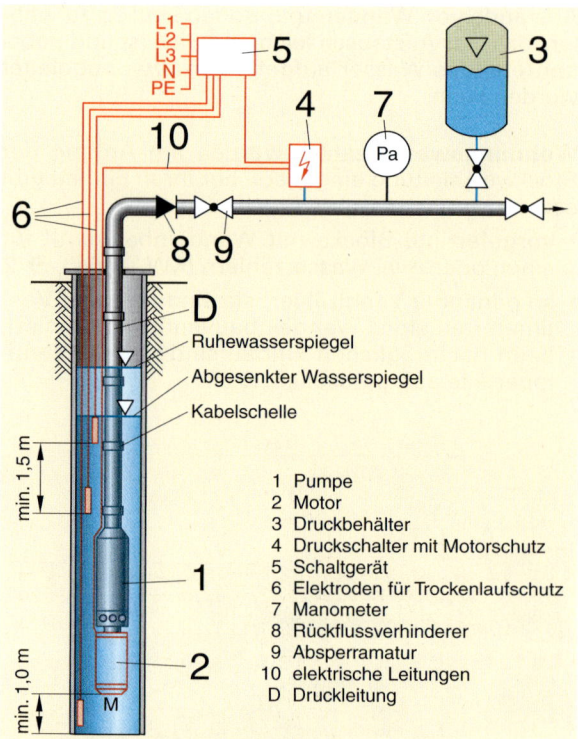

1 Eigenwasserversorgungsanlage mit Unterwassermotorpumpe und Membranandruckbehälter

1 Pumpe
2 Motor
3 Druckbehälter
4 Druckschalter mit Motorschutz
5 Schaltgerät
6 Elektroden für Trockenlaufschutz
7 Manometer
8 Rückflussverhinderer
9 Absperrarmatur
10 elektrische Leitungen
D Druckleitung

Ruhewasserspiegel
Abgesenkter Wasserspiegel
Kabelschelle

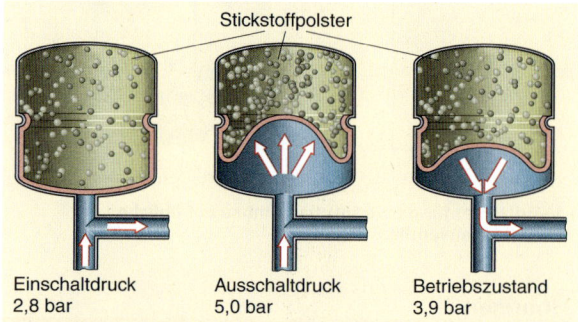

Einschaltdruck 2,8 bar | Ausschaltdruck 5,0 bar | Betriebszustand 3,9 bar

Stickstoffpolster

2 Membrandruckbehälter

Sie werden bei:
- Überflurpumpen direkt auf die Pumpe montiert, ➔ 187.2
- Unterwasserpumpen in die Druckleitung vor der 1. Entnahmestelle eingesetzt, ➔ 187.3

Vorteilhaft sind:
- der Pumpenbetrieb wird automatisiert und überwacht
- beim Betrieb fällt der Druck nicht ab wie bei Membrandruckbehältern, sondern ein konstanter Druck ist gewährleistet, ➔ 187.1c
- die Pumpe ist vor Trockenlauf und Überhitzung geschützt
- Leuchtdioden zeigen die Betriebszustände an
- Pumpe und Schaltorgan bilden eine komplette Anlage
- geringer Platzbedarf

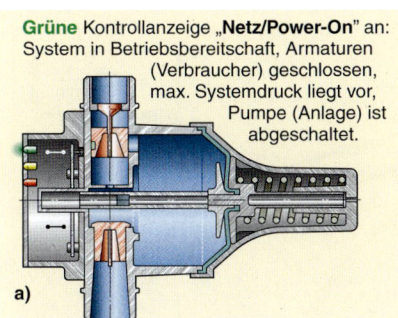

Grüne Kontrollanzeige „**Netz/Power-On**" an: System in Betriebsbereitschaft, Armaturen (Verbraucher) geschlossen, max. Systemdruck liegt vor, Pumpe (Anlage) ist abgeschaltet.

a)

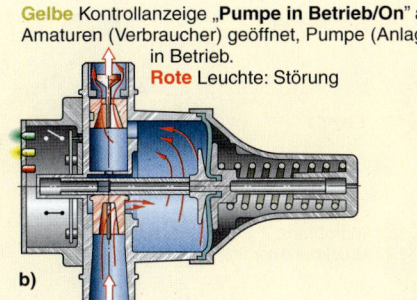

Gelbe Kontrollanzeige „**Pumpe in Betrieb/On**" an: Amaturen (Verbraucher) geöffnet, Pumpe (Anlage) in Betrieb.
Rote Leuchte: Störung

b)

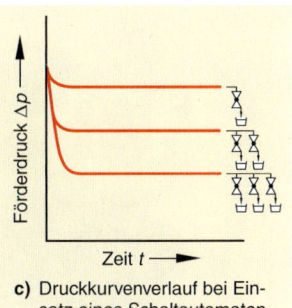

c) Druckkurvenverlauf bei Einsatz eines Schaltautomaten

1 Strömungs- und Druckwächter für Eigenwasserversorgungsanlagen

5

Große Anlagen benötigen einen Druckbehälter, um Druckstöße zu verhindern und häufiges Ein- und Ausschalten der Pumpe zu vermeiden, → 4.

Armaturen und Schalteinrichtungen von großen Anlagen bestehen aus, → 186.1:
- Druckschalter
- Sicherung gegen Trockenlauf
- Rückflussverhinderer
- Absperrschieber
- Sicherheitsventil
- Manometer
- Membrandruckbehälter

Ein **Druckschalter (Druckwächter)** mit Motorschutz wird vom Druck im Verbrauchsnetz gesteuert. Er schaltet die Pumpe ein, wenn der vorbestimmte Einschaltdruck (Mindestdruck der Anlage) unterschritten wird. Die Pumpe fördert so lange Wasser, wie die Entnahme dauert bzw. bis der Enddruck im Druckbehälter erreicht ist.

Zur **Sicherung gegen Trockenlauf** werden bei Unterwasserpumpen Elektroden in den Brunnen gehängt, → 186.1. Über sie wird bei zu geringem Wasserstand der Stromfluss abgeschaltet.

Ein **Rückflussverhinderer** in der Druckleitung oder am Druckstutzen der Unterwassermotorpumpe verhindert, dass bei Pumpenstillstand Wasser aus dem Druckbehälter zurück in den Brunnen fließt. Ähnlich wirkt ein Rückflussverhinderer am Fuß der Saugleitung, sog. **Fußventil**, → 175.1. In Fließrichtung nach dem Rückflussverhinderer kann ein **Absperrschieber** eingebaut werden.

Ein **Sicherheitsventil** ist bei Kreiselpumpen nur nötig, wenn der Förderdruck der Pumpe das 1,1fache des zulässigen Betriebsdruckes des Behälters übersteigt.

Ein **Manometer** dient zur Kontrolle und zum Einstellen des Druckschalters.

Membrandruckbehälter, → 186.2, werden als MAG-W bezeichnet. Sie müssen DIN 4807-5 – *Geschlossene **A**usdehnungs**g**efäße mit **M**embrane für Trink**w**asserinstallationen ...* – entsprechen. Sie:
- vermeiden Druckstöße im System
- verringern die Schalthäufigkeit, indem sie geringe Wasserentnahmen durch ihren Inhalt ausgleichen
- gleichen Volumenänderungen im System bei Temperaturänderungen aus

2 Überflurpumpe mit Strömungs- und Druckwächter

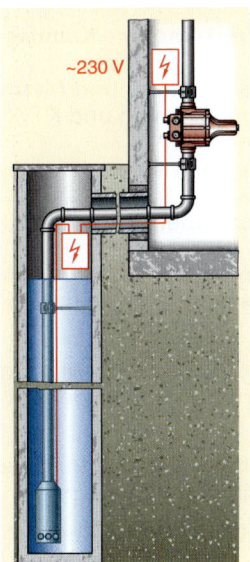

3 Unterwassermotorpumpe mit Strömungs- und Druckwächter

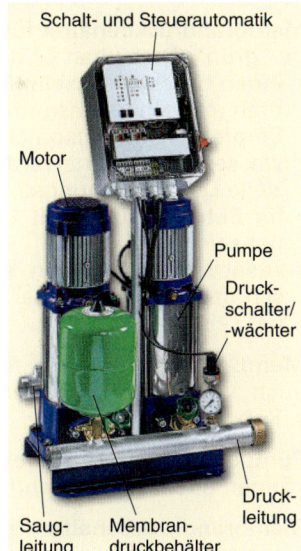

4 Druckerhöhungsanlage mit 2 Überflurpumpen und Zubehör

Membrandruckbehälter sind Druckausdehnungsgefäße, die durch eine Gummimembran zweigeteilt sind. Der eine Teil enthält ein Gaspolster unter einem den Betriebsverhältnissen entsprechenden Druck. Es wird über ein Füllventil, wie bei einem Autoreifen, mit Stickstoff erzeugt. Der andere Teil, mit der Wasserleitung verbunden, ist mit Wasser gefüllt.

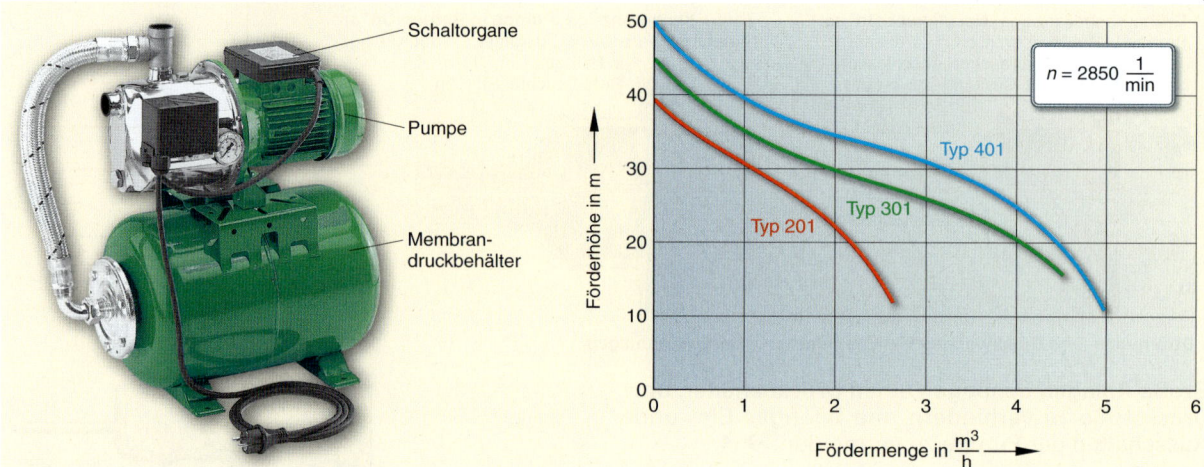

1 Selbstansaugende Pumpenanlage mit Kennlinien unterschiedlicher Typen

Steigt der Druck in der Anlage, wird das Gaspolster zusammengepresst, z. B. bei:
- Wasserförderung durch Pumpen, bis der Ausschaltdruck erreicht ist
- der Wassererwärmung durch Ausdehnung, bis das Sicherheitsventil anspricht

Es gibt Membrandruckbehälter für
- Trinkwasseranlagen – Kennfarbe „grün"
- Heizungsanlagen – Kennfarbe „rot"

Membrandruckbehälter für Trinkwasser – Kennfarbe „grün", Nutzinhalt 6 l bis 1500 l, müssen:
- innen beschichtet sein; Beschichtung und Membran müssen lebensmittelgerecht sein und KTW-Empfehlungen entsprechen
- wasserdurchströmt werden; dafür sorgt eine spezielle Durchströmungsarmatur
- für Betriebsdrücke mit 10 bar oder 16 bar geeignet sein
- zusätzlich zur grünen Kennfarbe mit der Aufschrift >Für Trinkwasser geeignet< gekennzeichnet sein

Membrandruckbehälter für Trinkwasser werden auch vor Speicherwassererwärmern eingebaut, s. Kap. 17.3.3

Pumpe, Membrandruckbehälter und Schaltorgane können direkt zusammengekuppelt werden, → 1.

Membrandruckbehälter für Heizwasser – Kennfarbe „rot":
- sind nur für Drücke bis 3 bar geeignet
- benötigen keine Durchströmungsarmatur
- erfüllen keine lebensmittelrechtlichen Vorschriften

Sie dürfen auf keinen Fall für Trinkwasseranlagen eingebaut werden.

Als **Saugleitung** bzw. als **Druckleitung** von Unterwasserpumpen bis zum Druckkessel bzw. zum

Druck- und Strömungswächter verwendet man häufig PE-Rohre anstelle von Gewinderohren. Am Fuß der Saugleitung ist ein Fußventil (Rückflussverhinderer) mit Sieb anzuordnen. Die Saugleitung muss zur Pumpe steigen und darf keine Luftsäcke enthalten. Alle Leitungen müssen absolut dicht, frei von Schmutz, Fremdkörpern und Querschnittsverengungen sein.

5.6.2 Arbeitsweise von Eigenwasserversorgungsanlagen

EVA arbeiten vollautomatisch. Bei größeren Anlagen fördert eine Pumpe Wasser in einen Druckbehälter. Dort wird die eingeschlossene Luft oder ein Gaspolster zusammengepresst. Wird Wasser entnommen, so drückt das elastische Gaspolster das Wasser zur Entnahmestelle, ohne dass jedes Mal die Pumpe anlaufen muss. Die Größe des Druckbehälters wird so bestimmt, dass die Pumpe höchstens 10- bis 20-mal je Stunde eingeschaltet wird.

5.6.3 Aufstellen von Eigenwasserversorgungsanlagen

EVA müssen trocken, kühl und frostsicher aufgestellt werden. Wegen des hohen Druckes sind besondere Sicherheitsbestimmungen[1] zu beachten. Die Anlagen sind nach Fertigstellung durch einen TÜV-Sachverständigen zu prüfen.

Diese Prüfung kann durch eine Abnahmebescheinigung des Installateurs ersetzt werden, wenn:
- serienmäßige Druckbehälter baumustergeprüft sind
- das Luftpolster im Druckkessel nur durch die Wasserpumpe und nicht aus Pressluftflaschen oder durch einen Kompressor ergänzt wird
- das Produkt von Volumen V in l und Druck p in bar kleiner ist als 6000 ($p \cdot V < 6000$ l·bar)

[1] VDMA-Einheitsblätter 3411 bis 3413

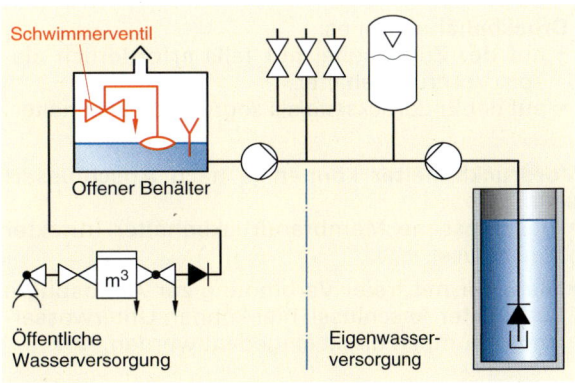

1 Verbindung öffentliche und eigene Wasserversorgung

5

Beispiel:
Eine Eigenwasserversorgungsanlage mit einem Druckbehälter, Fassungsvermögen $V = 800$ l, wird bei einem Maximaldruck von 6 bar aufgestellt.

$p \cdot V = 800 \, l \cdot 6 \, bar = 4800 \, l \cdot bar$

Da $p \cdot V < 6000 \, l \cdot bar$ ist, kann die TÜV-Prüfung hier entfallen.

Eigenwasserversorgungsanlagen dürfen nicht unmittelbar mit der öffentlichen Trinkwasserversorgung verbunden werden, ➔ 1.

5.7 Druckerhöhungsanlagen

5.7.1 Aufgaben und Wirkungsweise von Druckerhöhungsanlagen

Druckerhöhungsanlagen (**DEA**) sind Anlagen, die den Versorgungsdruck der öffentlichen Trinkwasserversorgung für hoch gelegenen Entnahmestellen in Gebäuden erhöhen.

Die DIN 1988-500 ist gegenüber der DIN EN 806-2 zu bevorzugen wegen der Möglichkeit, drehzahlgeregelten Pumpen einzusetzen.

DEA müssen nach DIN 1988-500 eingebaut werden, wenn der Versorgungsdruck p_V an Entnahmestellen:
- in Gebäuden: $p_V < 1{,}5$ bar
- bei nassen Feuerlöschleitungen: $p_V < 6$ bar

DEA sind in Aufbau und Wirkungsweise EVA sehr ähnlich, nur: Im Gegensatz zu EVA entnehmen DEA das Wasser dem öffentlichen Versorgungsnetz. Deshalb muss der Anschluss einer DEA mit dem örtlichen Wasserversorgungsunternehmen abgesprochen werden und von ihm genehmigt sein.

DEA sollten bei sehr hohen Gebäuden in bestimmte Druckzonen eingeteilt und nur für die Gebäudeteile gebaut werden, die nicht mit dem Druck vom öffentlichen Netz ständig versorgt werden können, ➔ 2.

5.7.2 Bauteile an Druckerhöhungsanlagen

Alle Bauteile von DEA sind mindestens für Nenndruck PN 10 zu bemessen.

DEA bestehen aus:
- Pumpen
- Druckbehälter bzw. drucklose Behälter
- Armaturen und Schalteinrichtungen

Als **Pumpen** werden normalsaugende Kreiselpumpen eingesetzt. Bei besonderen Ansprüchen an Laufruhe, Betriebssicherheit und geringer Wartung verwendet man Unterwassermotorpumpen.

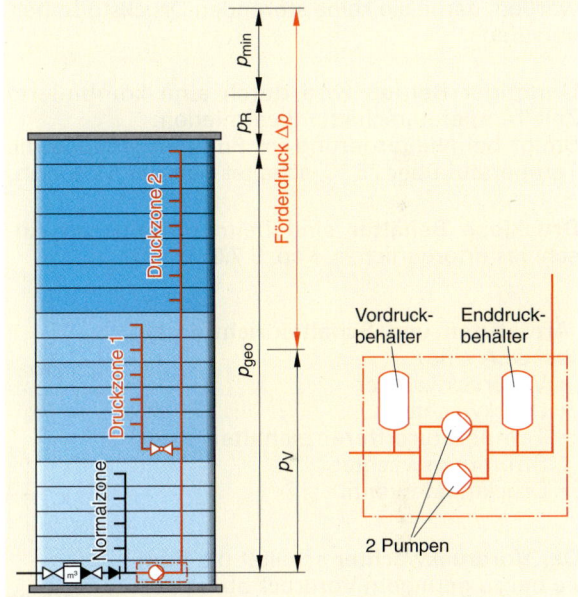

2 Druckbereich im Hochhaus – Einteilung in Druckzonen

Eine Anlage besteht immer aus mindestens 2 Pumpen; eine davon dient als Reservepumpe. So wird bei Ausfall einer Pumpe die Mindestwasserversorgung im Gebäude gesichert, ➔ 190.1a.
Damit durch langen Stillstand die Reservepumpe nicht ausfällt, z. B. durch Verkalken, wird nach jedem Pumpenlauf die Reservepumpe zur Betriebspumpe. Das Steuergerät sorgt über ein Schaltrelais für den Lastwechsel.

Vorteilhaft bei mehreren Pumpen in einer Anlage ist auch, dass eine Pumpe nur den Mindestbedarf decken muss. Bei höherem Bedarf wird die Reservepumpe oder weitere, so genannte **Spitzenlastpumpen**, druck- oder strömungsabhängig, dazugeschaltet. Bild ➔ 190.1b zeigt, dass sich die Förderströme mehrerer Pumpen addieren.

Die Pumpen werden vor Trockenlauf geschützt bei:
- direktem Anschluss durch einen Druckwächter
- indirektem Anschluss durch eine Elektrodensteuerung

Druckbehälter gibt es:
- auf der Zulaufseite, nur falls erforderlich als sog. Vordruckbehälter
- auf der Enddruckseite als sog. Enddruckbehälter

Vordruckbehälter können je nach Anschlussart sein:
- geschlossene Membrandruckbehälter (direkter Anschluss)
- Behälter mit freier Verbindung zur Atmosphäre (indirekter Anschluss); hier können Unterwassermotorpumpen direkt eingebaut werden, → 2

Der **Enddruckbehälter** kann entfallen, wenn die Pumpen druck- oder durchflussabhängig gesteuert werden, damit sie keine störenden Druckstöße hervorrufen.

Unnötiger Betrieb wird durch eine kombinierte Zeit-Temperaturschaltung vermieden: Steigt bei Nullförderung im Pumpengehäuse die Temperatur über 25 °C, schaltet sich der Motor ab.

Drucklose Behälter sind beim mittelbaren Anschluss erforderlich, s. Kap. 5.7.3.

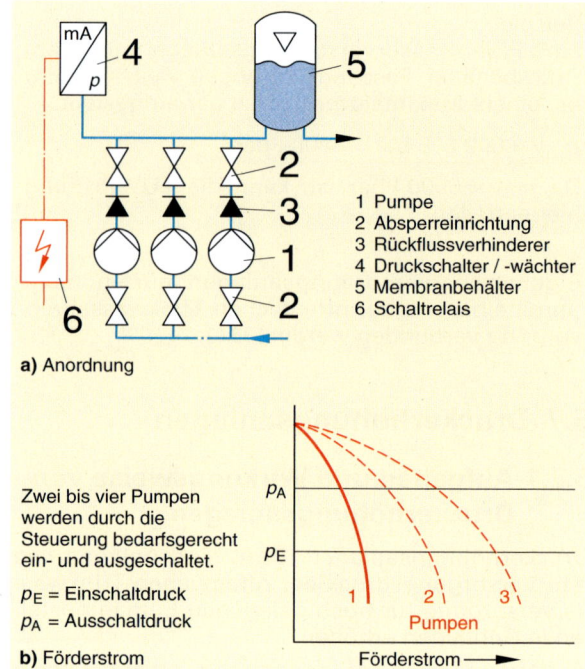

1 Pumpe
2 Absperreinrichtung
3 Rückflussverhinderer
4 Druckschalter / -wächter
5 Membranbehälter
6 Schaltrelais

a) Anordnung

Zwei bis vier Pumpen werden durch die Steuerung bedarfsgerecht ein- und ausgeschaltet.

p_E = Einschaltdruck
p_A = Ausschaltdruck

b) Förderstrom

1 Druckerhöhungsanlage mit 3 Pumpen

Armaturen und Schalteinrichtungen bei DEA sind:
- Vordruckwächter
- Druckwächter
- Temperaturdifferenzschalter oder Strömungswächter
- Druckminderventil

Der **Vordruckwächter** schaltet die Pumpe bei zu geringem Vordruck ab, sodass sie nicht aus dem Netz saugen kann.

Ein **Druckwächter** (Druckschalter) schaltet auf der Enddruckseite die Pumpe(n).

Fällt der Druck in der Anlage, schaltet dieser die Pumpe ein. Ist der Ausschaltdruck erreicht, lässt ein Zeitrelais die Pumpe bis zu 5 min weiterlaufen. Dadurch werden die Schaltspiele auf ≤ 12/h begrenzt.

Das Abschalten kann auch durch einen **Temperaturdifferenzschalter** erfolgen, wenn kein Wasser mehr entnommen wird und unmittelbar vor und hinter der Pumpe eine bestimmte Temperaturdifferenz überschritten wird.

In bestimmten Fällen sorgt ein **Strömungswächter** dafür, dass die Pumpen bei geringen Volumenströmen nicht ständig geschaltet werden.

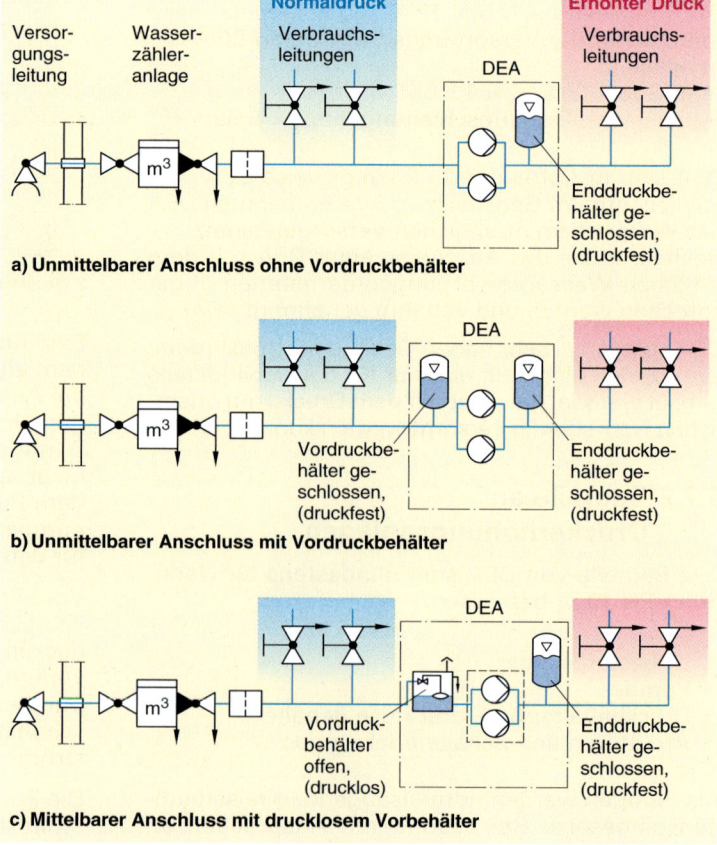

a) Unmittelbarer Anschluss ohne Vordruckbehälter

b) Unmittelbarer Anschluss mit Vordruckbehälter

c) Mittelbarer Anschluss mit drucklosem Vorbehälter

2 Anschlussmöglichkeiten für Druckerhöhungsanlagen an das öffentliche Versorgungsnetz

Ein **Druckminderventil** ist in die Pumpen-zuleitung einzubauen, wenn der Druck
- im Versorgungsnetz stark schwankt ($\Delta p \geq 2$ bar)
- höher ist als die Hersteller für ihre Anlagen zulassen

5.7.3 Anschluss von Druckerhöhungsanlagen

Man unterscheidet bei DEA im Wesentlichen 2 Anschlussarten:
- unmittelbarer (direkter) Anschluss
- mittelbarer (indirekter) Anschluss mit drucklosem Vorbehälter

Beim **unmittelbaren Anschluss** entnimmt die Pumpe das Wasser unmittelbar (direkt) aus der von der Versorgungsleitung abzweigenden Anschlussleitung, ➔ 190.2a/b.

DEA mit unmittelbarem (direktem) Anschluss können ohne betrieben werden:
- ohne Vordruckbehälter, ➔ 190.2a
- mit Vordruckbehälter, ➔ 190.2b

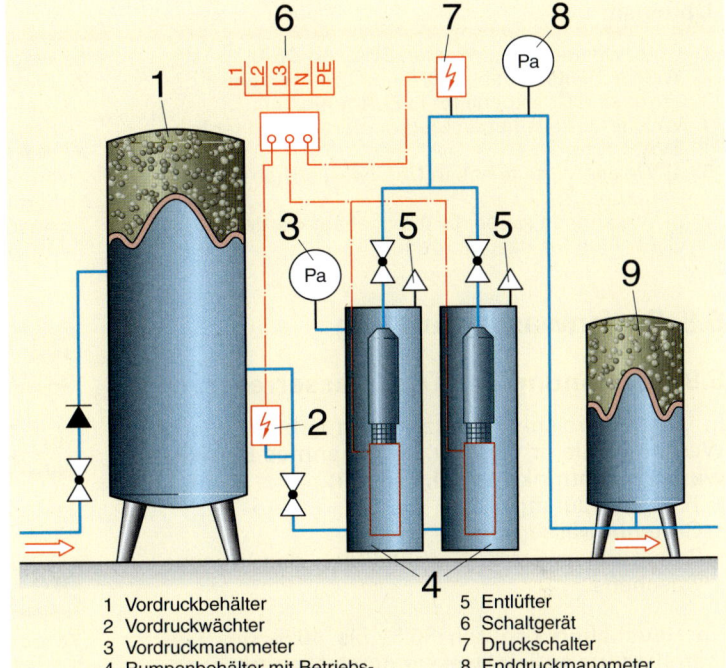

1 Vordruckbehälter
2 Vordruckwächter
3 Vordruckmanometer
4 Pumpenbehälter mit Betriebs- und Reservepumpe (wechselnd)
5 Entlüfter
6 Schaltgerät
7 Druckschalter
8 Enddruckmanometer
9 Enddruckbehälter

1 Druckerhöhungsanlage für direkten Anschluss mit Membrandruckbehälter auf der Vordruck- und Enddruckseite

Um Druckstöße zu vermeiden, z. B. bei Stromausfall, ist ein **unmittelbarer Anschluss ohne Vordruckbehälter** zulässig:
a) wenn die Fließgeschwindigkeit in der zur DEA führenden Anschluss- bzw. Verbrauchsleitung sich nicht mehr ändert als um:
- 0,15 m/s bei Ein- bzw. Ausschalten einzelner Pumpen
- 0,5 m/s bei plötzlichem Ausfall aller Betriebspumpen

oder

b) wenn sichergestellt ist, dass:
- der Mindestdruck beim Pumpenanlauf in der Versorgungsleitung um nicht mehr als 50 % abfällt und ≥ 1 bar bleibt
- der zulässige Betriebsdruck beim Abschalten der Pumpen um nicht mehr als 1 bar überschritten wird

Werden die Bedingungen a) **oder** b) nicht erfüllt, ist vor der Pumpe ein Druckbehälter (Vordruckbehälter) einzubauen mit einem Inhalt ≥ 300 l (Membranbehälter dürfen kleiner sein), ➔ 1.

Vorteile des unmittelbaren Anschlusses von DEA sind:
- er erfordert den geringsten Aufwand
- er beeinträchtigt die Qualität des Trinkwassers nicht
- er nutzt den Druck im Versorgungsnetz voll aus

Deshalb ist der unmittelbare (direkte) Anschluss an DEA zu bevorzugen.

Beim **mittelbaren Anschluss** entnimmt die Pumpe das Wasser einem Vorbehälter, der mit der Atmosphäre über ein Belüftungsventil und dem Überlauf in Verbindung steht, oft als **druckloser Behälter** bezeichnet, ➔ 190.2c. Er ähnelt einem überdimensionalen Spülkasten. Obwohl der Vorbehälter aus hygienischen Gründen einen Deckel hat, gilt er nach Norm als offener Behälter, da er mit der Atmosphäre in offener Verbindung ist.

Der Behälter wird über ein Schwimmerventil, maximal DN 50, gefüllt. Reicht dies nicht aus, ist ein zweites Schwimmerventil einzubauen.

Der mittelbare Anschluss ist erforderlich, ➔ 190.2c:
- bei ungünstigen Druckverhältnissen in der Versorgungsleitung, wenn der erforderliche Mindestfließdruck an der höchstgelegenen Entnahmestelle benachbarter Anlagen unterschritten wird
- zum Schutz des Trinkwassers, wenn Leitungen der öffentlichen Trinkwasserversorgung mit EVA oder mit Nichttrinkwasseranlagen zusammengeführt werden

Der mittelbare Anschluss ist energieaufwändiger, da der (Über)Druck in der Versorgungsleitung im offenen Behälter auf 0 bar abfällt, damit nicht genutzt wird und neu aufgebaut werden muss.

Der mittelbare Anschluss ist nur im Notfall zu wählen. Vor allem sprechen auch hygienische Gründe dagegen.

Übungen:

1. Unterscheiden Sie zwischen EVA und DEA.
2. Welche Bauteile haben EVA und DEA gemeinsam?
3. Wozu sind Druckbehälter in EVA nötig?
4. Welche Vorteile haben Membrandruckbehälter in EVA?
5. a) Welche Vorteile haben Unterwassermotor-pumpen?
   b) Wie können sie bei DEA eingebaut werden?
   c) Fertigen Sie dazu Skizzen.
6. Wann benötigt man DEA?
7. Welche Anschlussarten an das öffentliche Versorgungsnetz unterscheidet man bei DEA? Fertigen Sie dazu Skizzen.
8. Wie kann man erreichen, dass bei DEA eine Pumpe immer einsatzbereit ist?
9. Fertigen Sie eine Skizze für eine DEA mit indirektem Anschluss mit Membrandruckbehälter auf der Enddruckseite.

5.8 Regenwassernutzung

5.8.1 Schonung der Trinkwasserreserven

In vielen Bereichen des täglichen Lebens genügt Wasser minderer Qualität, so genanntes **Betriebswasser** (Nichttrinkwasser), z. B. für:
- Toilettenspülung
- Gartenbewässerung
- Reinigungszwecke, einschließlich des Wäschewaschens

In Haushalten könnten 30 % bis 40 % des Gesamtbedarfs an Trinkwasser durch Nichttrinkwasser ersetzt werden, ➔ 1.

Beispiel:
Da an Schulen die Toilettenspülung das meiste Wasser benötigt, betrüge die Ersparnis sogar fast zwei Drittel.

Jedoch sind nicht überall Regenwassernutzungsanlagen möglich, z. B. in Ballungsgebieten.

In Risikobereichen wie Krankenhäuser, Altenheime, Kindergärten gebietet die Hygiene besondere Sorgfalt bei Ersatz von Trinkwasser.

Wenn es um Gesundheit geht, ist Trinkwasser nötig:
- bei der Nahrungszubereitung
- beim Geschirrspülen
- bei der Körperpflege, lt. Bundesseuchengesetz

An die Güte und Qualität des Trinkwassers werden hohe Forderungen gestellt, s. Kap. 1.3.3.
In Deutschland nimmt der **Wasserverbrauch** in den Haushalten seit 1990 ab, ➔ 1.

Trotzdem stehen der Trinkwasserversorgung immer größere Probleme entgegen:
- Belastung des Bodens mit Schadstoffen
- zunehmende Versiegelung des Bodens

Schadstoffe, die den Boden belasten, gefährden Grund- und Oberflächenwässer, aus denen Trinkwasser gewonnen wird.

Schädlich wirken:
- fahrlässiger Umgang mit wassergefährdenden Stoffen, wie übermäßiger Gebrauch von Dünger und Pflanzenschutzmittel
- Schadstoffe aus Verkehrs-, Industrieanlagen und aus der Luft
- Altlasten im Boden wie Schwermetalle, Öle, Gifte

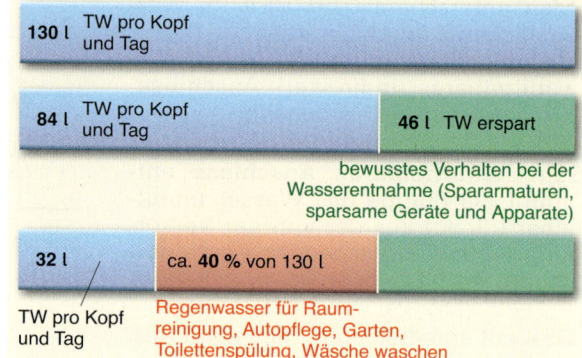

1 Wasser sparen durch bewusstes Verhalten und Regenwassernutzung

Die **zunehmende Versiegelung des Bodens**, ➔ 193.1, durch immer mehr Gebäude und befestigte Verkehrswege, auch im landwirtschaftlichen Bereich, verhindern das Einsickern von Niederschlagswasser ins Erdreich.

Beispiel:
Etwa 14 % der Gesamtfläche Deutschlands, mehr als die Fläche ganz Nordrhein-Westfalens, sind bereits versiegelt.

Diese Versiegelung und die Kanalisierung von Bächen und Flüssen fördern den raschen Abfluss der Niederschläge, ➔ 193.2. Wiederkehrende gewaltige Überschwemmungen, vor allem an Oder, Rhein, Elbe, Donau und deren Nebenflüssen, sind Anzeichen dafür.

Da unser wichtigstes Lebensmittel, das Trinkwasser, durch nichts ersetzt werden kann, sind wir bei der Trinkwassergewinnung auf die Wasservorräte angewiesen, die uns die Natur bietet. Damit ist sorgsam umzugehen, s. Kap. 1.1.

Wir können Trinkwasservorräte schonen durch:
- sparsamen Umgang mit Wasser
- Abrechnung des Kalt- und Warmwasserverbrauchs über Wohnungswasserzähler
- Einbau wassersparender Armaturen und Apparate
- Versickern des Regenwassers
- ganzjährig genutzte Regenwassernutzungsanlagen
- Verwenden von Regen- oder Grauwasser zum Spülen der Toilette

Sparsamer Umgang mit Wasser ist sehr wirkungsvoll und praktisch ohne Kosten durchzuführen, z. B.:
- Duschen statt Baden
- Wasserfluss stoppen beim Einseifen, Rasieren, Zähneputzen
- Stopptaste am WC zur Urinspülung nutzen
- tropfende Ausläufe reparieren
- Geschirrspül- und Waschmaschinen voll auslasten
- kein Rasensprengen – vertrockneter Rasen erholt sich nach einigen Regentagen

Die **Abrechnung des Kalt- und Warmwasserverbrauchs über Wohnungswasserzähler** erzieht den Benutzer zum sparsamen Umgang.

Wassersparende Armaturen und Apparate sind:
- Spülkasten mit 2-Tasten-Technik oder Spülstopptaste
- Urinale in Wohnungen
- Wasch- und Geschirrspülmaschinen mit Öko-Zeichen

Das **Versickern des Regenwassers** von Dächern und befestigten Flächen soll auf dem eigenen Grundstück erfolgen über:
- im Kies oder Schotter eingebettete Entwässerungsrohre oder Sickerkästen, **Rigolen** genannt, ➜ 3
- Sickerschächte, ➜ 196.1
- Regen-Sicker-Speicher, ➜ 198.1

Sickerkästen aus Kunststoff, ➜ 194.1, mit 4 Anschlüssen DN 150, Außenmaße 1,0 m × 0,5 m × 0,4 m, nehmen je Kasten ca. 160 l Wasser auf. Sie können flächig, bis zu 5 Lagen übereinander gestapelt werden. Ein wartungsarmer Filter im Regenfallrohr, der Laub u. Ä. nach vorne auswirft, ➜ 1, 196.2b, schützt gegen Einschwemmen von Schmutz.
Damit kein Erdreich einsickert, genügt die Hülle einer dünnen Geotextilplane statt einer dicken Schotterschicht. Sie sind also billig und schnell zu verlegen. Die Erddeckung muss ohne Verkehrsbelastung ≥ 40 cm dick sein, mit ≥ 80 cm.

5

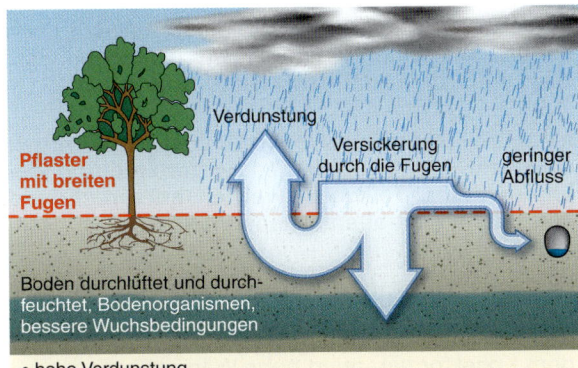

- hohe Verdunstung
- hohe Versickerung
- gute Grundwasserneubildung
- geringer Abfluss

a) Wasserdurchlässige Flächen

- geringe Verdunstung
- minimale Versickerung
- Senkung des Grundwasserspiegels
- Belastung der Kanalisation, schneller und erhöhter Abfluss
- große Überschwemmungen (Oder, Rhein, Mosel)

b) Versiegelte Flächen

1 Folgen der Versiegelung des Bodens

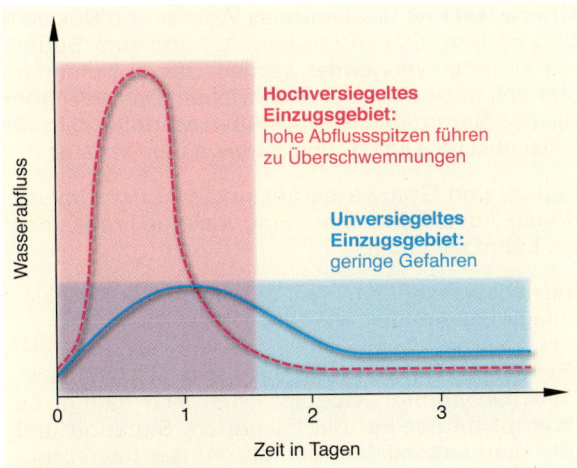

2 Ableitung der Niederschläge

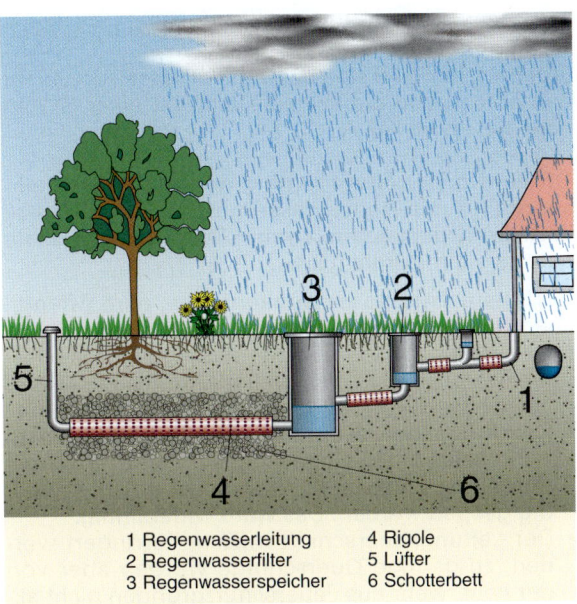

1 Regenwasserleitung	4 Rigole
2 Regenwasserfilter	5 Lüfter
3 Regenwasserspeicher	6 Schotterbett

3 Regenwasserversickerung in Rigolen

Regenwasserversickerung ist die einfachste und billigste Art, Grundwasservorräte zu schonen. Sie trägt außerdem zum Hochwasserschutz bei.

Bebauungspläne für neue Siedlungsgebiete enthalten zunehmend Anordnungen zur Versickerung von Regenwasser. Teilweise werden entsprechende Maßnahmen mit öffentlichen Mitteln bezuschusst.

Es ist sinnvoll den Erdkollektor für eine Wärmepumpe unter Rigolen anzulegen, → 1, 193.3. Das darin versickernde Regenwasser konzentriert über dem Kollektor garantiert hohe Wärmeausbeute.

In **ganzjährig genutzte Regenwassernutzungsanlagen (RWNA)** wird Dachablaufwasser in Behältern, so genannten **Zisternen**, gesammelt und als Betriebswasser verwertet, → 196.1.
Viele Einzelzisternen bilden ein großes Regenrückhaltebecken. Sie tragen somit zum Hochwasserschutz bei.

Regenwasser- und Grauwassernutzungsanlagen erfordern erhebliche Investitionen, kosten also Geld. Eine wichtige Frage dabei ist: Lohnt sich das?

Der Bau einer Regenwassernutzungsanlage (RWNA) ist sorgfältig zu überlegen. Je nach den Voraussetzungen kann eine Wirtschaftlichkeitsrechnung sehr verschieden ausfallen.

Beispiel:
Bau der Einfamilienhäuser A und B:
- Fall A: 2 Bewohner, geringer Wasserverbrauch, Haus bereits Jahre genutzt, Einbauort für Zisterne nicht für Lkw anfahrbar, kleiner Garten
- Fall B: kinderreiche Familie, Neubau, erst in der Planung, großer Garten

Ergebnis: Im Fall B sind bessere Voraussetzungen für den Einbau und die Wirtschaftlichkeit einer RWNA gegeben als im Fall A.

Oft wird die Größenordnung der Trinkwassereinsparung durch Regenwassernutzung überschätzt. In Ballungsgebieten mit hoher Bevölkerungsdichte beträgt sie maximal 0,5 % … 3 %.

Geringere Trinkwasserabnahme aus dem öffentlichen Netz hat auch **Nachteile**:
- Der Wasserpreis je m³ kann ansteigen, da die festen Kosten für Bau, Betrieb und Unterhalt der Rohrnetze etwa 80 % des Wasserpreises ausmachen.
- Damit Trinkwasser nicht stagniert, müssen in dünn besiedelten Gebieten die meist zu groß bemessenen Trinkwasser-Rohrnetze u. U. aufwändig gespült werden. Das wäre widersinnig.
- Der Leitungsquerschnitt müsste verringert werden; zu geringe Querschnitte werden aber von der Feuerwehr aus Feuerschutzgründen nicht akzeptiert.

1 Sickerkasten aus Kunststoff

Sinnvoll können RWNA sein für:
- Ein- und Zweifamilienhäuser
- Betriebe mit großen Regenwasserauffangflächen und hohem Betriebswasserbedarf

Da für einen Haushalt mit 3-4 Personen etwa 100 m² Dachgrundfläche zum Auffangen des Regenwassers nötig sind, kommt die Regenwassernutzung im Wohnbereich meist nur für **Ein- und Zweifamilienhäuser** in Frage.

Landschaftliche Gegebenheiten spielen bei der Entscheidung zusätzlich eine Rolle, z. B.:
- jährliche Niederschlagsmenge
- mögliche Vorräte zur Trinkwassergewinnung

Für **Betriebe** wie Gärtnereien mit großem Gießwasserbedarf oder Fuhrunternehmen mit vielen anfallenden Fahrzeugwäschen kann eine RWNA sinnvoll sein. Voraussetzungen dafür sind:
- große Regenwasserauffangflächen
- hoher Betriebswasserbedarf
- geeignete, nicht mehr benutzte unterirdische Lagertanks

Grauwasser ist fäkalienfreies Wasser von Duschen und Bädern. Es kann aufbereitet und zum Spülen der Toiletten verwendet werden. Das ist besonders sinnvoll in Hotels oder in Betrieben. Das setzt aber für das Sammeln separate Abwasserleitungen für Waschtische, Dusch- und Badewannen voraus.

Regen- und Grauwassernutzung erfordern Investitionen, kosten also Geld. Eine wichtige Frage dabei ist: Lohnt sich das?

Betriebswasser kann seit 2001 auch aus Kleinkläranlagen gewonnen werden, s. Kap. 7.3.

Schutz der Umwelt (Ökologie) und Wirtschaftlichkeit (Ökonomie) widersprechen sich häufig. Es kommt immer auf die besondere Situation und auf den persönlichen Standpunkt des Interessenten an.

5.8.2 Regenwasserqualität

Privat oder öffentlich genutztes Regenwasser
- muss gesundheitlich unbedenklich sein
- soll farblos, klar und geruchsarm sein
- soll keine Feststoffe wie Sand enthalten, die Pumpen und Armaturen schaden können
- soll nährstoffarm sein, damit sich keine Algen bilden und das Wasser „umkippt"
- soll eingesetzte Werkstoffe nicht schädigen

Untersuchungen beweisen, dass die:
- EU-Grenzwerte, die für Badegewässer gelten, bei Regenwasser zumindest eingehalten werden
- Keimbelastung im Allgemeinen gering ist

Regenwasser gilt als sauer.

Sein pH-Wert liegt bei 4 bis 5,6, → 18.1, dadurch ist es aggressiv. Es behält bei längerer Speicherung seine Qualität, wenn es kühl und lichtgeschützt, am besten mit Erddeckung ≥ 80 cm, damit auch frostsicher, bevorratet wird.
In Betonspeichern kann sein pH-Wert ansteigen; es wird also weniger sauer.

Da Regenwasser nur wenig gelöste Stoffe enthält, ist es sehr weich und eignet sich gut zur Gartenbewässerung. Beim Wäschewaschen spart man Waschmittel, erübrigt Weichmacher und schont so die Umwelt.

Wäsche für Risikogruppen mit geschwächtem Organismus, z. B. in Altersheimen, Krankenhäusern, sollte nicht mit Regenwasser gewaschen werden.

In der TrinkwV 2000 heißt es im § 3, dass Trinkwasser u. a. bestimmt ist „zur Reinigung von Gegenständen, die bestimmungsgemäß nicht nur vorübergehend mit dem menschlichen Körper in Kontakt kommen". Danach dürfte z. B. Unterwäsche, Bettwäsche nicht mit Regenwasser gewaschen werden. Für den Eigenbedarf liegt die Nutzung im eigenen Ermessen.

Dachablaufwasser ist Regenwasser, das von einer Dachfläche aufgefangen und über Regenrinne und Fallrohr abgeleitet wird.

Dachablaufwasser kann sich von dem relativ sauberen Regenwasser unterscheiden, je nach:
- Standort
- Dachbeschaffenheit

Durch den **Standort** des Hauses kann das Dach das Regenwasser unterschiedlich verschmutzen:
- freie Landschaft oder Industriegegend
- Verkehrsreichtum (Staub, Ruß, Gummi- und Asbestabrieb)
- Baumbestand
- Vogelbesatz

Bei der **Dachbeschaffenheit** spielt die Art der Dachhaut eine wichtige Rolle. Nicht jede Dachhaut ist für die Nutzung des Dachablaufwassers geeignet.

Für die Nutzung kann Dachablaufwasser sein:
- gut geeignet
- bedenklich
- sehr problematisch

Gut geeignet ist Regenwasser, das über glatte Deckstoffe floss wie:
- Tonziegel
- Schiefer
- Kunststoffbahnen
- Aluminiumdächer

Bedenklich ist Regenwasser, das floss über
- ältere Betondachsteine, die zur Verwitterung neigen: wegen Moosbesatz und Staubablagerungen
- Bleidächer wegen möglicher Schwermetallbelastung; es sollte nur zur Toilettenspülung verwendet werden; bei Zink und Kupfer gibt es weniger Bedenken
- mit Bitumenbahnen gedeckte Dächer: da sie Wasser oft gelblich färben, sodass Wäsche beeinträchtigt werden kann

Sehr problematisch und nicht genutzt werden sollte Regenwasser:
- von asbesthaltigen Dächern
- nahe großer Taubensammelplätze, spöttisch „Spatzenschisswasser" genannt (Spatzen werden zu Unrecht in Verruf gebracht, denn der Kot der Taube, der „Ratte der Lüfte", ist weitaus gefährlicher)
- das viel Gummiabrieb enthält, z. B. nahe kurvenreicher Bergstrecken

Nährstoffarm bleibt Regenwasser, wenn Dachflächen und Regenrinnen frei von Blättern, Vogelkot, Moos u. Ä. sind. Ein so genannter „**Kupferfirst**" soll Dächer von Moos, Algen, Flechten frei halten bzw. befreien. In die Firstziegel werden ihnen nachgeformte Kupferbleche eingeklemmt, → 1. Geringe Mengen gelöste Kupferionen verhindern offensichtlich, dass sich Moos u. Ä. am Dach ansammelt.

1 „Kupferfirstziegel" auf Firstziegel geklemmt

5.8.3 Bauteile für Regenwasser-nutzungsanlagen

Bauteile für Regenwassernutzungsan-lagen (**RWNA**) sind, ➜ 1:
- Filter
- Zuleitungen zur Zisterne
- Zisterne
- Pumpe mit Leitungen und Schaltein-richtungen

5

Filter

Mit Filtern, ➜ 2, 3, wird Grob- und Fein-schmutz, wie Laub, Moos, Blüten, Insek-ten, Sand in fester Form > 0,5 mm aus dem Dachablaufwasser entfernt.

Rinnensiebe sind **nicht geeignet**, denn sie halten Blätter zurück. Diese vermo-dern, halten die Dachrinnen feucht und fördern so die Keim- und Moosbildung.

Filter für RWNA sind:
- leicht zu reinigende Filter
- Korbfilter
- die Regenwasserzisterne

Gut sind **leicht zu reinigende Filter** mit Maschenweite von 0,1 mm bis 0,4 mm, die aus dem Dachablaufwasser Grob- bis Feinschmutz aussondern. Der Schmutz wird meist in den Kanal gespült. Der Fil-terwirkungsgrad kann 95 % erreichen.

Einzubauen sind leicht zu reinigende Filter:
- in das Fallrohr, ➜ 2
- als Sammelfilter für mehrere Fallrohre in einen Schacht bzw. in die Zisterne, ➜ 3

Bei Filtern im Fallrohr unterscheidet man
- Fallrohrfilter, deren Schmutzfracht in den Kanal geschwemmt wird, ➜ 2a; gefiltertes Wasser fließt über eine Lei-tung ≤ DN 50 zu kleineren Behälter (< 1000 l)
- Fallrohrfilter, die Schmutzfracht überir-disch auswerfen, ➜ 2b; das gereinigte (von Dächern ≤ 80 m²) Wasser fließt:
  - in einen neuen Erdspeicher, ➜ 197.2, oder vorhandenen Altspeicher
  - zu Rigolen bzw. Versickerkästen, ➜ 194.1
  - in einen Gartenteich

Sammelfilter sind einzubauen in die
- Grundleitung zur Zisterne, ➜ 1
- Direkt in die Zisterne, ➜ 197.1b

Korbfilter sind umständlich zu reinigen. Sie sind in der Zwischenplatte mancher Betonzisternen eingebaut, ➜ 198.2

Filter müssen leicht zugänglich sein. Selbstreinigende Filter sind jährlich zweimal zu warten, Korbfilter öfter.

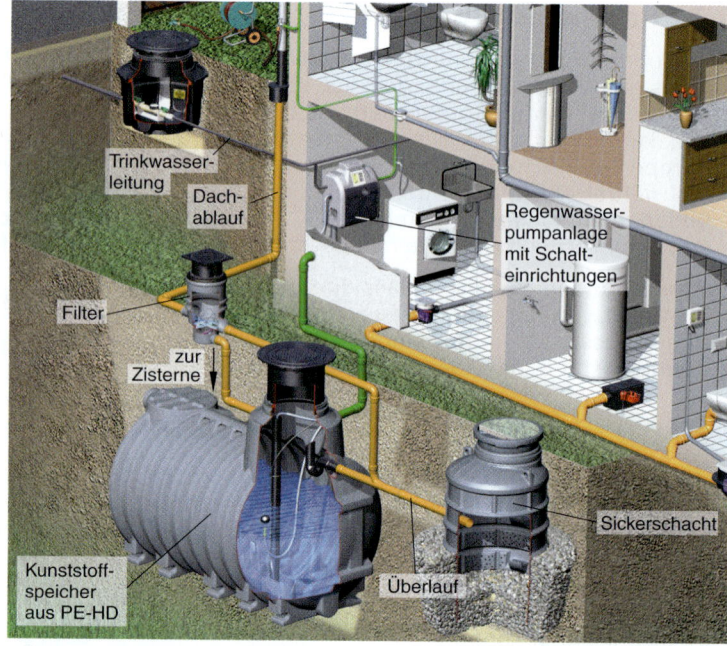

1 Regenwassernutzungsanlage

Beschriftungen: Trinkwasser-leitung; Dach-ablauf; Regenwasser-pumpanlage mit Schalt-einrichtungen; Filter; zur Zisterne; Sickerschacht; Kunststoff-speicher aus PE-HD; Überlauf

Der Großteil des Regen-wassers fließt an der Rohr-wand abwärts, durchströmt das Filtergewebe, wird un-ten gesammelt. Meist kön-nen bis zu 90 % des Dach-ablaufwassers, bei Stark-regen noch > 50 % der Zisterne zugeleitet werden. Die Schmutzfracht wird in den Kanal abgeführt. Zweimal im Jahr soll der Filtereinsatz herausge-nommen und von außen abgespritzt werden.

a) Schmutz in den Kanal spülen
Gefiltertes Regenwasser entnehmen

b) Schmutz auswerfen zu Rigolen oder Speichern

2 Selbstreinigender Regenrohrfilter

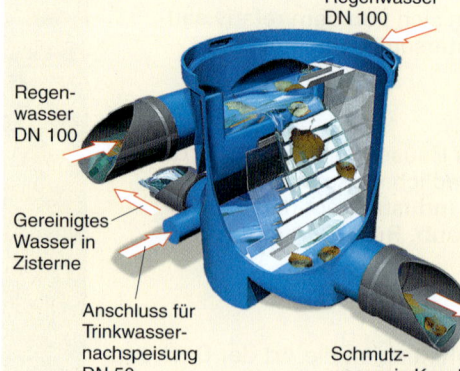

Beschriftungen: Regenwasser DN 100; Regen-wasser DN 100; Gereinigtes Wasser in Zisterne; Anschluss für Trinkwasser-nachspeisung DN 50; Schmutz-wasser in Kanal

1. Zufließendes Regenwasser wird angestaut und in voller Breite über die Kaskaden geleitet
2. Grobschmutz wird über die Kaskaden direkt in die Kanalisation geleitet
3. Restschmutz im grobgerei-nigten Wasser wird durch die Webestruktur des Fein-siebers (Maschenweite 0,5 mm) dem Kanal zu-geführt, d. h. Filter ist selbstreinigend. Gereinigtes Wasser fließt in die Zisterne. Grob- und Feinschmutz wird in den Kanal gespült.

3 Sammelfilter für Erdeinbau, auch mit automatischer Rückspühlung

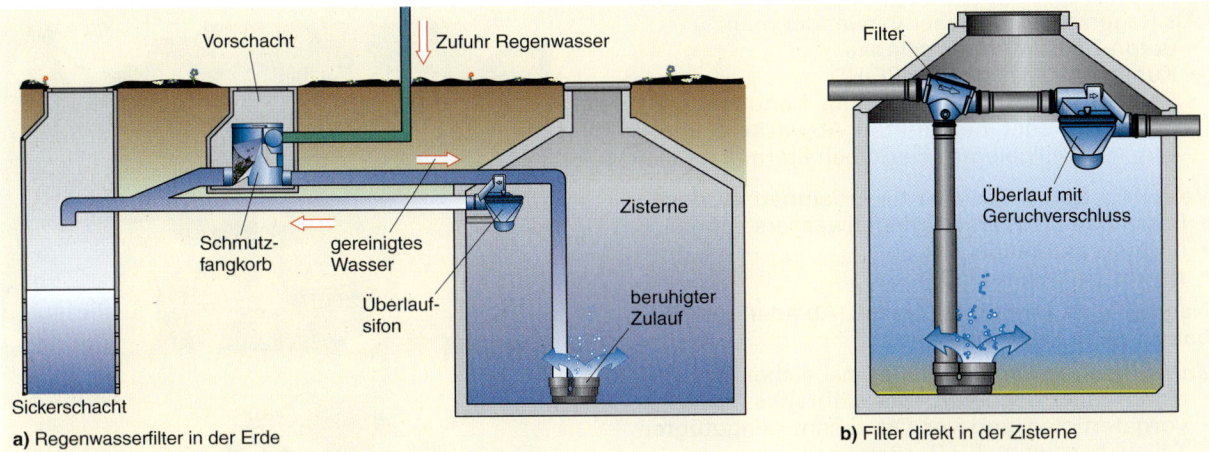

a) Regenwasserfilter in der Erde   **b)** Filter direkt in der Zisterne

1 Reinhalten des Zisternenwassers durch Filterung

„Billigfilter" lagern den Schmutz im Filter ab. Blätter, Vogelkot u. ä. keimen dort auf. Der nächste Regen schwemmt das Keimkonzentrat in die Zisterne.

Gewissermaßen als Filter wirkt auch die Regenwasserzisterne durch:
- die Sedimentation
- den Überlauf

Durch die **Sedimentation**[1] setzt sich der feine Schmutz anorganischer Stoffe, wie Schwermetalle, Staub, Sand am Zisternenboden ab. Organische Stoffe wie Blattreste, Vogelkot, Keime werden zersetzt. So wird das Wasser im Speicher „geklärt".

Durch den **Zisternenüberlauf** fließen Schwimmteilchen an der Wasseroberfläche ab, wie Blütenpollen, Staub, Ruß, Gummiabrieb. Sehr gut sind Überläufe mit breitem Einlaufschlitz, ➔ 3. Die schlitzförmige Skimmeröffnung saugt bei Vollfüllung die Schwimmteilchen regelrecht ein. Sie wirkt auch als Sperre gegen Kleintiere von außen, wie Ratten, Frösche.

Zuleitungen zur Zisterne

Regenwasserzuleitungen zur Zisterne sind nach EN 752 bzw. DIN 1986-100/ÖN B 2510 zu verlegen. Jeder Regenwasserzufluss erhöht zwar den Sauerstoffgehalt des Speicherwassers, kann aber auch abgesetzten Feinschlamm aufwirbeln. Deshalb ist der Speicherzulauf so zu gestalten, dass:
- das Zulaufrohr bis knapp über den Boden reicht,
- die Ausströmgeschwindigkeit vermindert wird.

Dazu ist die Zuflussmündung nach oben zu richten und ihr Querschnitt zu vergrößern, z. B. durch:
- einen erweiterten U-Bogen, ➔ 3
- das Rohrende in einem „Auslauftopf", ➔ 200.3

Regenwasserspeicher, Zisternen

Zisternen sollen mindestens 80 cm mit Erdreich überdeckt sein, damit Wasser kühl und frostsicher gespeichert wird. Nur ausnahmsweise kann man lichtundurchlässige Behälter in kühlen Kellern aufstellen.

2 Filter wirft Schmutz aus, gefiltertes Wasser fließt zum Speicher

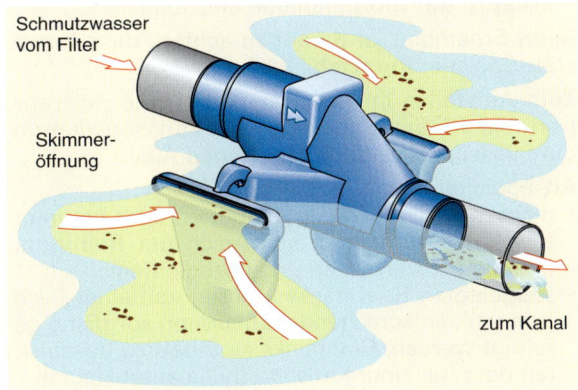

3 Überlauf mit Einlaufschlitzen und Geruchverschluss

Wird Dachablaufwasser bei Temperaturen > 18 °C und/oder Lichtzutritt gespeichert, wachsen Algen und Mikroorganismen[2]. Diese trüben das Wasser, verschlechtern die Qualität und lassen es übel riechen.

Übler Geruch zeigt das „Umkippen" des Wassers wegen zu vieler Nährstoffe und/oder zu geringen Sauerstoffgehalt an.

---

[1] Sedimentation: Absetzen von Feststoffteilchen aufgrund der Schwerkraft
[2] Mikroorganismen: Kleinstlebewesen, nur im Mikroskop zu sehen

Als Regenwasserspeicher verwendet man:
- Beton-Speicher für Erdeinbau
- Kunststoff-Speicher aus PE-HD
- „Alt-Speicher" aus nicht mehr benutzten gemauerten oder betonierten Abwassergruben bzw. aus stillgelegten Heizölbehältern

Vorteil für **Beton-Speicher** für Erdeinbau ist, dass
- Beton den pH-Wert des Regenwassers anhebt
- ihr Preis akzeptabel ist
- sie korrosionsbeständig sind

Nachteilig ist ihre große Masse. Abladen und Einbau ist ohne Kran unmöglich.

Zum Einsatz kommen z. B. Betonspeicher aus:
- einem Stück gegossen: **Monolithtanks**[1], → 1
- vorgefertigten und vor Ort zusammengefügten Teilen, besonders für Großanlagen
- Beton-Einzelringen; die bei Erdversetzungen dicht bleiben, sie benötigen ein sicheres Fundament.

Beim **Regen-Sicker-Speicher** liegt zwischen Behälter und Aufsatzkonus ein Porenbetonring. Durch die Poren dringt überschüssiges Regenwasser nach außen in eine Rigole als Zwischenspeicher, bevor es im Untergrund versickert; das erübrigt einen Kanalanschluss. Ein Geotextil-Sack[2] schützt die quaderförmige, ca. 50 cm dicke Schotter- oder Kiespackung vor Einsickern umgebenden Erdreiches.

Falls ein Versickern nicht möglich ist, entlasten **Betonspeicher mit Abflussdrossel** das Kanalnetz. Bei Starkregen lässt die Abflussdrossel, je nach Einstellung, den Rückhalteraum nur langsam leer laufen. Das Verhältnis Speicher-/Rückhaltevolumen ist einstellbar.

Immer häufiger werden **Kunststoff-Speicher aus PE-HD** eingebaut, → 3. Sie sind
- korrosionsfest und dauerhaft dicht,
- leicht zu transportieren und einzubauen.

Beim Erdeinbau ist darauf zu achten, dass Kunststoff-Speicher formstabil bleiben.

Zum Aufstellen im Keller eignen sich leicht transportable PE-Einzelspeicher. Sie müssen lichtundurchlässig sein zum Schutz gegen Algen.

Alt-Speicher aus:
- nicht mehr benutzten gemauerten oder betonierten Abwassergruben sind nach der Reinigung evtl. neu zu verputzen und abzudichten
- stillgelegten Heizöltanks müssen von einer Fachfirma mit entsprechender Zulassung sorgfältig gereinigt werden; Stahltanks sind neu zu beschichten oder mit einer Kunststoffhülle auszukleiden

Solche „alten" Speicher müssen von der Bauaufsichtsbehörde genehmigt werden, s. DIN 4261-1.

Bei Erdeinbau von Zisternen sind die Herstelleranweisungen und die Unfallverhütungsvorschriften zu beachten. Die Grubenwände sind nach UVV „Bauarbeiten" (BGV C 22) abzustützen.

---

[1] monolithisch: aus einem Stein bestehend, fugenlose Bauweise, z. B. Betonguss
[2] Geotextil: Gewebe aus unverrottbaren Textilfasern verhindert Einspülen von Erdreich

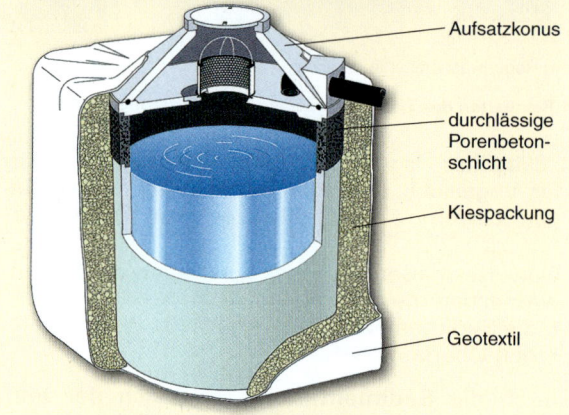

Aufsatzkonus

durchlässige Porenbetonschicht

Kiespackung

Geotextil

1 Regen-Sicker-Speicher aus Beton mit Geotextil-Sack

Filterkorb

herausziehbarer Ablaufstutzen

Abflussdrossel

2 Regenspeicher mit Abflussdrossel

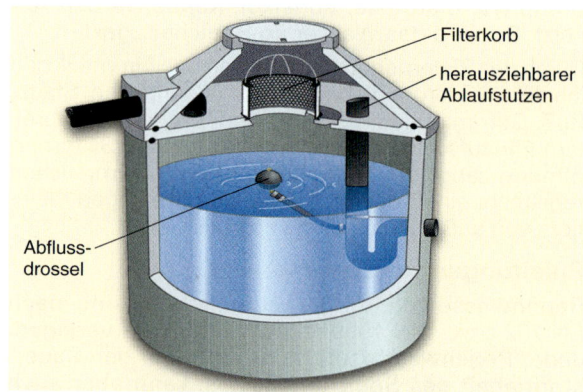

Mehrere Speicher können parallel oder hintereinander verbunden werden

3 PE-Erdspeicher – bei V = 3000/4500/6000 l ist m = 190/270/370 kg

Beispiel:
Bei einer ≈ 2 m tiefen Grube beträgt die Erdmasse beim Zusammenrutschen des Erdreiches ca. 4 t. Das lässt niemand eine Überlebenschance.

Die **Zisternengröße** ist abhängig:
- von der örtlichen Niederschlagsmenge, **➔ 1**, im Mittel etwa 750 mm/(m²·a); genaue Werte sind beim örtlichen Wetterdienst zu erfragen
- von der Auffangfläche, z. B. Dachgrundfläche (= Gebäude**grund**fläche + Dachvorsprungsfläche) in m²
- vom Ertragsbeiwert
- vom Filterwirkungsgrad[1]
- vom Betriebswasserbedarf, **➔ 3**

Bei Starkregen werden ca. 25 l Luft je Liter Wasser durch das Regenfallrohr mitgerissen und in die Zisterne gespült.

Diese Luft kann durch Zisternendeckel nicht entweichen. Sie drückt in die Regenwasserzuleitung zurück und verursacht im Filter erhebliche Turbulenzen. Dies kann den Filterwirkungsgrad erheblich mindern – und damit den Regenertrag. Deshalb sollte die Zisterne entlüftet werden, **➔ 196.1**.

Um das Volumen des Regenwasserspeichers zu bestimmen, ist es erforderlich, Lage, Neigung und Art der Auffangfläche zu berücksichtigen. Bei Aufprall des Regens auf sie zerstäubt, verweht, verdunstet ein Teil oder wird aufgesaugt. Um nicht bei jeder Fläche eine entsprechende Analyse zu betreiben, wird zur Vereinfachung ein Ertragswert *e* verwendet, **➔ 2**.

---
[1] Bei Filtern sind die Herstellerangaben zum nutzbaren Regenwasserertrag zu berücksichtigen.

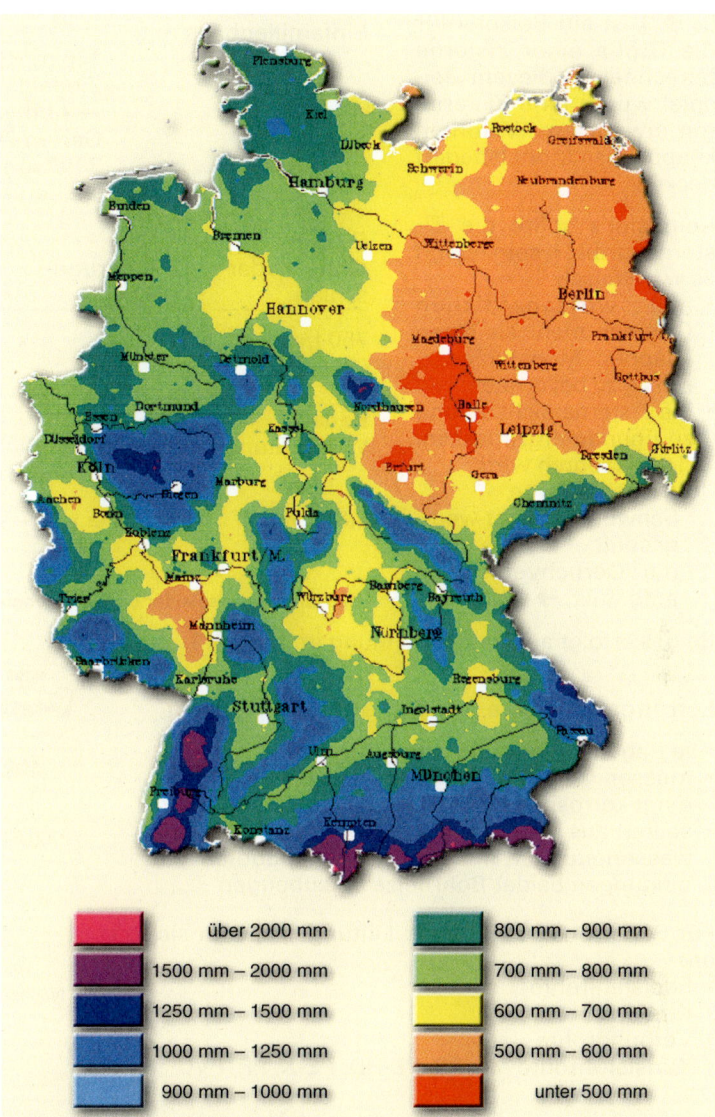

![] über 2000 mm		![] 800 mm – 900 mm	
![] 1500 mm – 2000 mm		![] 700 mm – 800 mm	
![] 1250 mm – 1500 mm		![] 600 mm – 700 mm	
![] 1000 mm – 1250 mm		![] 500 mm – 600 mm	
![] 900 mm – 1000 mm		![] unter 500 mm	

1 Mittlere jährliche Niederschlagshöhe in Deutschland

Beschaffenheit	Ertragsbeiwert *e* in %
Geneigtes Hartdach (Neigung > 15°)	80 … 90
Flachdach, unbekiest / bekiest	80 / 60
Gründach, intensiv / extensiv	30 / 50
Pflasterfläche (Verbundpflaster)	50
Asphaltbelag	80

2 Abflussbeiwerte von Regensammelflächen nach E DIN 1989-1

Verbraucher	Betriebswasserbedarf l/(Person/Tag)	Spezifischer Jahresbedarf m³/(Jahr•Person)
Toiletten[1] im Haushalt	24	8,8
im Bürobereich	12	4,4
in Schulen	6	2,2
Putzwasser im Haushalt	3	1,1
Waschmaschine	10	3,7
Garten	–	60 l/(m² · a)

[1] nur Wasser sparende WCs mit 6 l bzw. 4,5 l Spülvolumen

3 Jährlicher Betriebswasserbedarf

In ➔ 1 ist ein Beispiel für die Größe einer Zisterne berechnet. In diesem Beispiel würde eine Zisterne mit etwa 4,4 m³ Volumen knapp einen Monatsbedarf decken.

Keinesfalls sollte die Zisterne größer sein, denn es wäre falsch:
- aus wirtschaftlichen Gründen mehr als einen knappen Monatsniederschlag zu bevorraten
- die Zisterne nicht ab und zu überlaufen zu lassen, denn dadurch wird:
  - die schmutzige Schwimmschicht weggespült
  - der Geruchverschluss aufgefüllt, ➔ 202.2

Beides erfolgt auch laut Rechnung im Bild ➔ 1.

Einfamilienhaus mit:

140 m² Grundfläche
Ziegeldach mit 30°-Neigung
→ Abflussbeiwert = 80 % = 0,8
Garten 200 m²
3 Personen
Niederschlag 750 mm/Jahr

Ertrag:

jährl. Niederschlag	×	Dachgrundfläche	×	Ertragsbeiwert	×	Filterwirkungsgrad	=	Regenwasserertrag
750 l/m²	×	140 m²	×	0,8	×	0,9	=	75,6 m³/a
							=	**6,3 m³/Monat**

Bedarf:

WC-Spülung	+	Reinigung	+	Waschmaschine	+	Garten	=	Gesamtbedarf
8,8 m³/a × 3	+	1,1 m³/a × 3	+	3,7 m³/a × 3	+	2 × 6 m³	=	53,3 m³/a
							=	**4,45 m³/Monat**

1 Berechnungsbeispiel für die Zisternengröße

Leitungen, Pumpe und Schalteinrichtungen

Alle Regenwasser führenden Leitungen:
- müssen wegen des aggressiven Wassers unbedingt korrosionsbeständig sein
- sollten aus anderem Material sein als die Trinkwasserleitungen im Haus, um unerlaubten Verbindungen beider Rohrnetze vorzubeugen

Für Regenwasser führende Leitungen bieten sich an:
- Edelstahlrohre
- Kupferrohre
- Verbundrohre
- Kunststoffrohre aus PB, PE-HD, PE-X, PP, PVC

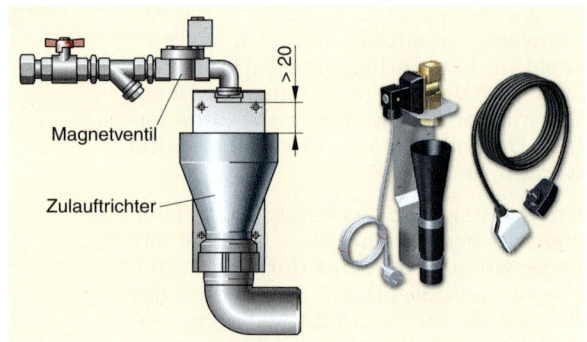

2 Nachspeiseinrichtung mit Magnetventil und freiem Auslauf

Wichtige Leitungen und Schalteinrichtungen für RWNA sind:
- Nachspeiseleitung
- zentrales Steuergerät
- Förderpumpe
- Leerrohr
- Saugschlauch
- Speicherüberlauf

Damit auch in regenarmen Zeiten die Entnahmestellen für Regenwasser versorgt werden können, muss bei fast leerer Zisterne Trinkwasser automatisch **nachgespeist** (nachgefüllt) werden.

Trinkwasser kann nachgespeist werden:
- über ein von einem Schwimmer oder von Elektroden gesteuertes Magnetventil, ➔ 2, 3
- durch eine vollautomatische Regenwasserstation

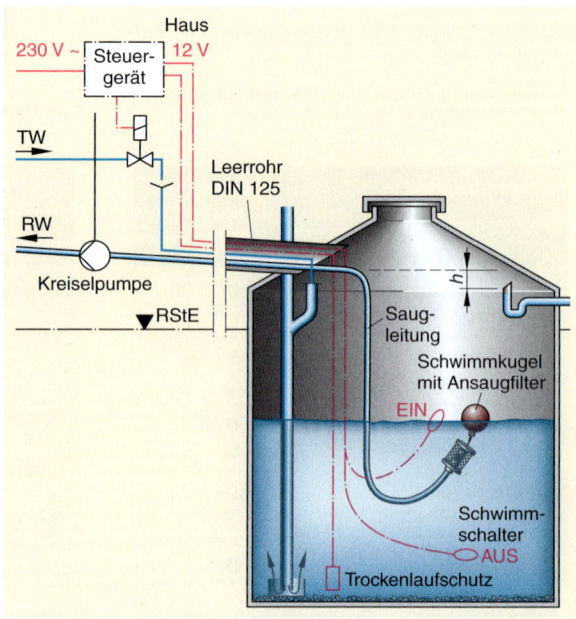

3 Steuerung einer RWNA mit Schaltorgan

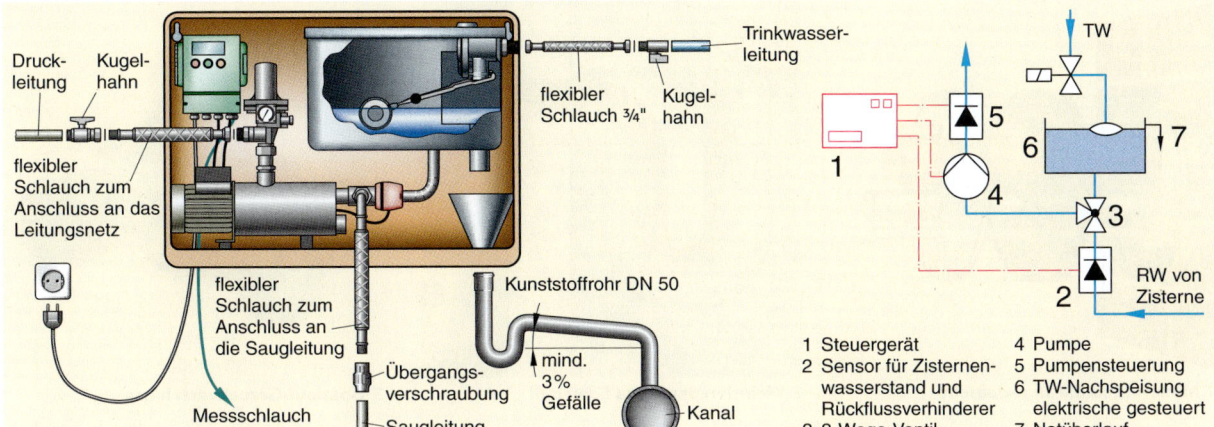

1 Vollautomatische Regenwasserstation

1 Steuergerät
2 Sensor für Zisternen-
   wasserstand und
   Rückflussverhinderer
3 3-Wege-Ventil
4 Pumpe
5 Pumpensteuerung
6 TW-Nachspeisung
   elektrische gesteuert
7 Notüberlauf

Bei der vollautomatischen Regenwasserstation wird das Trinkwasser über einen Vorlagebehälter in den Saugstutzen der Pumpe direkt eingespeist, → 1. Der Vorlagebehälter ist eine Art Spülkasten mit Schwimmerventil und freiem Auslauf. Die vollautomatische Regenwasserstation spart Energie für die Pumpe, da das Nachspeisewasser nicht erst in die Zisterne fließt.

Bei Unterwasserpumpen in der Zisterne, → 2, muss Trinkwasser in die Zisterne geleitet werden und dort frei einfließen.

Um eine Gefährdung des Trinkwassers auszuschließen, ist zwischen Trinkwasserleitung und Einspeisepunkt unbedingt ein freier Auslauf, → 1, 200.2, einzubauen.

Die Impulsgeber der vollautomatischen Regenwasserstation sind so einzustellen, dass jeweils nur etwa ein Tagesbedarf nachgefüllt, und nicht die ganze Zisterne aufgefüllt wird.

Die RWNA wird über ein **zentrales Steuergerät** betrieben. Ein Druckschaltautomat reguliert je nach Druck im Regenwasser-Rohrnetz den Pumpenlauf. Membrandruckbehälter werden dadurch überflüssig.

In der Zisterne sorgt, im Zusammenwirken mit Steuergerät und Druckschaltautomat, ein Schwimmschalter für den Betrieb der Pumpe und rechtzeitiges Nachspeisen von Trinkwasser. Ein Trockenlaufschutz schaltet ab, bevor Luft in die Saugleitung gelangt und die Pumpe ohne Wasserschmierung und -kühlung läuft.

Moderne Steuerungen (**KIM** – **K**abelloses **I**ntelligentes **M**anagement) arbeiten ohne Kabel und ohne Schaltorgan in der Zisterne. Mit einer besonderen Sensorik wird im Zentralgerät der Wasserstand ermittelt und bei Regenwassermangel Trinkwasser nachgespeist, → 200.3. Ein besonderes Druckschaltorgan mit Lichtschranke als Trockenlaufschutz erfordert nur 75 % Energie gegenüber herkömmlichen Druckschaltautomaten.

Förderpumpen für Regenwasser müssen, wegen dessen niedrigen pH-Wertes, aus korrosionsbeständigen Werkstoffen sein, z. B. aus Edelstahl oder hochwertigen Kunststoffen.

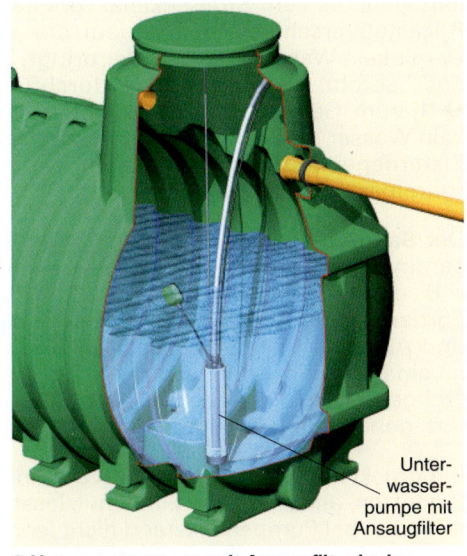

2 Unterwasserpumpe mit Ansaugfilter in der Zisterne

Man verwendet als Förderpumpen:
• Kreiselpumpe
• Unterwasserpumpe

Kreiselpumpen werden im Gebäude aufgestellt. Sie sind bei Saughöhen < 7 m und Ansauglängen < 20 m geeignet. Herstellerangaben sind zu beachten!

Unterwasserpumpen können bei größeren Höhenunterschieden bzw. Entfernungen eingesetzt werden oder wenn selbst geringe Pumpengeräusche im Gebäude stören. Unterwasserpumpen werden direkt in die Zisterne gesetzt, → 2.

Durch ein **Leerrohr** ≥ DN 100 sind zu führen, → 200.3:
• Saugleitung bzw. Druckleitung bei einer Unterwasserpumpe in der Zisterne
• Steuerleitungen
• ggf. Trinkwassernachspeiseleitung mit Gefälle zur Zisterne

5

1 Mauerdurchführungselement

2 Kleintiersperre aus Edelstahl

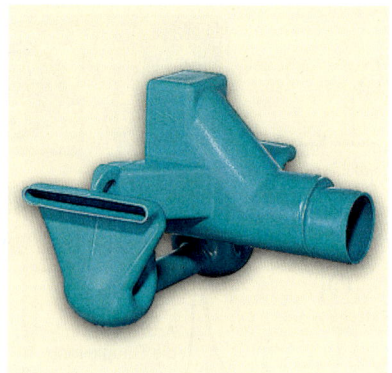

3 Überlauf-Geruchverschluss

Bei einem Starkregen kann eine Zisterne so gefüllt werden, dass sie am Einstieg überläuft, vor allem wenn es vom Straßenkanal rückstaut und der Rückstauverschluss im Überlaufrohr abschließt. Damit kein Wasser in den Keller dringt, ist deshalb das Leerohr mit einem Mauerdurchführelement, ➜ 1, zum Gebäude hin abzudichten. Wenn auch kein Wasser ins Leerohr dringen darf, ist es an der Zisterneneinmündung mit einem flexiblen Dichtrohreinsatz abzudichten.

Der **Saugschlauch** in der Zisterne muss gegen Zusammenziehen beim Ansaugen beständig sein, z. B. durch Spiralummantelung. Zum Schutz von Förderpumpe, Regenwasser-Entnahmearmaturen und Apparaten ist dem Ansaugende in der Zisterne ein Filter vorzuschalten. Ist das Zisternenwasser fachgerecht mit Maschenweite < 0,2 mm vorgefiltert, genügt ein Grobfilter.

Ein druckverlustarmer Rückflussverhinderer im Filterstutzen, ähnlich einem Fußventil, lässt den Saugschlauch bei Pumpenstillstand nicht leer laufen. Eine Schwimmkugel gewährleistet, dass Wasser aus einem sauberen Bereich, etwa 15 cm unterhalb der Wasseroberfläche, angesaugt wird, ➜ 200.3.

Der **Speicherüberlauf** ist anzuschließen an:
- eine Rigole, ➜ 193.3, bzw. einen Sickerschacht, ➜ 196.1
- den Straßenkanal, ➜ 196.2

Bei Anschluss des Speicherüberlaufs an den Straßenkanal sind einzubauen:
- ein Geruchverschluss, um bei Mischsystemanschluss Kanaldünste von der Zisterne fernzuhalten
- eine Kleintiersperre (sog. Rattensperre), ➜ 2
- ein Rückstaudoppelverschluss, wenn der Überlauf in der Zisterne unterhalb der Rückstauebene liegt; sonst könnte bei Rückstau im Kanal Abwasser in die Zisterne drücken, s. Kap. 8.6

Endet der Überlauf frei, ist sein Auslauf gegen Eindringen von Kleintieren mit einer Froschklappe zu sichern.

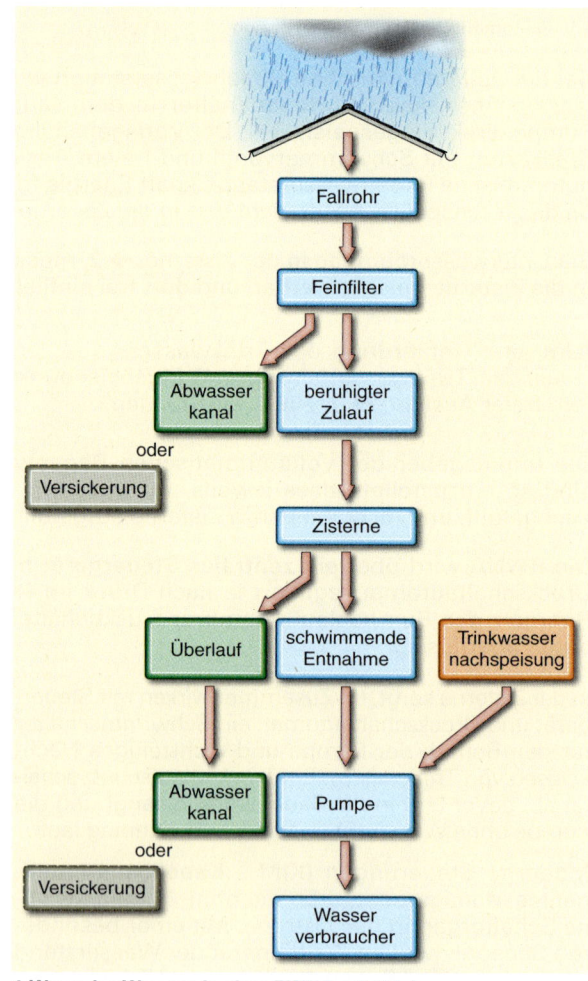

4 Wege des Wassers in einer RWNA mit Trinkwassernachspeisung

Ein Überlauf-GV mit schmalem Einlaufschlitz, ➜ 3:
- saugt beidseitig Wasser mit Schmutz an der Oberfläche ab, vgl. ➜ 197.3
- erübrigt eine Rattensperre

Abschließend zeigt ➜ 4 den Weg des Wassers in einer RWNA mit Trinkwassernachspeisung.

5.8.4 Betrieb und Wartung von Regenwassernutzungsanlagen

Nach der AVB Wasser V 06/1980 – *Verordnung über Allgemeine Bedingungen für die Versorgung mit Wasser* – ist der Bau und Betrieb einer RWNA **vor** Baubeginn beim zuständigen Wasserversorgungsunternehmen (WVU) anzuzeigen. Das WVU kann den Bau aber nicht verbieten. Eine Anzeige ist auch bei der Gemeinde wegen der Abwassergebühren und bei Regenwasserversickerung wegen der Bodenaufnahmefähigkeit erforderlich. Die Regelungen sind unterschiedlich.

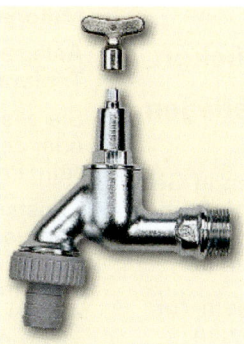

1 Wasserhahn mit abnehmbarem Griff

2 Hinweisschilder zum Einbau von RWNA

Alle hygienischen Bedenken zur Qualität des Dachablaufwassers sind minimal anzusehen gegenüber der Gefahrenquelle, die eine RWNA darstellt, wenn bei ihrem Bau oder ihrer späteren Erweiterung „gepfuscht" wird.

Schlimmste Folgen kann der Zusammenschluss von Regenwasserleitungen mit Trinkwasserleitungen, egal ob durch Unkenntnis oder Nachlässigkeit, haben.

Niemals dürfen Trink- und Regenwasserleitungen:
- miteinander verwechselt werden
- miteinander verbunden werden, auch nicht:
  - über Rohrtrenner o. Ä., da Dachablaufwasser der höchsten Flüssigkeitskategorie (5) nach DIN EN 1717 zuzurechnen ist, → 252.1
  - wenn später die RW-Nutzung aufgegeben wird

Regenwasserleitungen und -entnahmestellen sind gegen unbefugtes Benutzen:
- zu sichern
- gesondert zu kennzeichnen

Auslaufventile sind möglichst hoch anzuordnen und durch einen abnehmbaren Griff **zu sichern**, → 1, damit Kinder nicht Wasser zum Trinken entnehmen.

Zur **Kennzeichnung** der Regenwasserleitungen eignen sich im Handel erhältliche, selbst klebende Banderolen mit der Aufschrift „Regenwasser" bzw. „Kein Trinkwasser", → 2.

Für das Anbringen der Kennzeichnungen ist der ausführende Installateur verantwortlich.

Alle Regenwasserspeicher sollten zugänglich sein und sind mit dauerhaft dichten Deckeln zu verschließen. Falls erforderlich, müssen diese verkehrssicher sein. Bei Einstieg in Schächten oder Speicher, z. B. zur Wartung, muss eine 2. Person außerhalb sichern können. Die Unfallverhütungsvorschriften sind zu beachten.

Bei sorgfältig erstellten Anlagen mit selbstreinigenden Filtern und richtig bemessenen Speichern ist der Wartungsaufwand gering. Das mit Sediment vermischte Restwasser kann nach 10 bis 15 Jahren mit einer Tauchpumpe in den Kanal gespült werden.

Wenn bei zu groß gewählten Speichern die Schwimmschicht über lange Zeit nicht abfließt, muss diese abgeschöpft werden, da sie die Betriebswasserqualität verschlechtert.

Zur Reinigung und zum Betrieb sollen keine Chemikalien eingesetzt werden.

Da beim Ausfall der Förderpumpe alle angeschlossenen Entnahmestellen kein Wasser erhalten, ist **bei großen Anlagen** eine zusätzliche Pumpe einzubauen. Beide Pumpen sind elektrisch so zu schalten, dass sie abwechselnd in Betrieb gehen. Sonst könnte nach längerer Stillstandzeit die „Reservepumpe" blockiert sein, s. Kap. 5.4.2.

Übungen:

1. In welchen Bereichen des täglichen Lebens
   a) muss Trinkwasser verwendet werden?
   b) kann es ersetzt werden?
2. Welche Gefahren bestehen für unsere Trinkwasserreserven?
3. Wie kann man die Trinkwasservorräte schonen?
4. Welche Vorteile hat die Regenwasserversickerung?
5. Wie kann man große Regenwassermengen versickern lassen?
6. Worauf ist zu achten, wenn Regenwasser Trinkwasser teilweise ersetzen soll (vgl. Übung 1)?
7. a) Fertigen Sie eine Skizze einer RWNA.
   b) Beschreiben Sie die einzelnen Bauteile und ihre Aufgaben.
8. Skizzieren und beschreiben Sie verschiedene Regenwasserfilter.
9. Welche Maschenweite sollen die einzelnen Filter haben?
10. Erklären Sie, warum verschiedene Weiten sinnvoll sind.
11. Nennen Sie Vor- und Nachteile verschiedener Regenwasserzisternen.
12. Wie bestimmt man die Größe einer Zisterne?
13. Wie läuft der Betrieb einer RWNA automatisch ab?
14. Wann kann keine Saugpumpe eingesetzt werden?
15. Warum soll zwischen Keller und Erdspeicher ein Leerrohr eingebaut werden? Worauf ist dabei zu achten?
16. Warum darf man Regenwasserleitungen nicht mit Trinkwasserleitungen verbinden?
17. Welche Schutzmöglichkeiten gibt es dagegen?
18. Überlegen Sie, warum auch nach Abbau einer RWNA die Trink- und die Regenwasserleitungen nicht mehr zusammengeschlossen werden dürfen.

5.9 Trinkwasserleitungen in Gebäuden und auf Grundstücken

5.9.1 Technische Regeln für das Verlegen von Trinkwasserleitungen

Für das Verlegen von Trinkwasserleitungen in Gebäuden und auf Grundstücken gibt es technische Regeln und gesetzliche Vorschriften. Der Installateur muss deren Inhalt und Bedeutung kennen.

Als Grundlage für die Technische Regeln für Trinkwasser-Installationen gelten die Normen:
- EN 806-1 bis -5 – *TRWI* und
- EN 1717 – *Schutz des Trinkwassers vor Verunreinigungen* – EN 1717 darf nur zusammen mit DIN 1988-100 angewendet werden
- DIN 1988-100, -200, -300, -500, -600 als Ergänzung zu EN 806 und EN 1717

Neben vielen Produktnormen für Rohre, Verbindungsstücke, Armaturen u. Ä. sind vor allem zu beachten:
- DIN 4109: *Schallschutz im Hochbau* – s. Kap. 3.3
- DIN 4102: *Brandschutz im Hochbau* – s. Kap. 3.4
- DIN 1053: *Rezeptmauerwerk – Berechnung und Ausführung* – s. Kap. 3.5
- DIN 18381: *Verdingungsordnung für Bauleistungen* – (VOB Teil C) – *Allgemeine Technische Vertragsbedingungen für Gas-, Wasser- und Abwasser-Installationsarbeiten*
- DVGW-Regelwerk (Arbeits- und Merkblätter), an entsprechenden Textstellen im Buch genannt
- EnEV: *Energieeinspar-Verordnung*
- AVB Wasser: *Allgemeine Vertragsbedingungen für die Versorgung mit Wasser*

Wer nach diesen technischen Regeln handelt, kann versprechen, dass - bis zu den Zapfstellen - die Güte des Trinkwassers erhalten bleibt.

5.9.2 Wichtige Bestimmungen aus den TRWI

Die *TRWI* behandeln folgende Themen:
- Planung und Ausführung
- Bauteile, Apparate und Werkstoffe
- Leitungen
- Bemessen der Rohrweiten
- Schutz des Trinkwassers
- Druckerhöhung, Druckminderung
- Betrieb von Trinkwasseranlagen

Planung und Ausführung

Alle mit Trinkwasser in Berührung kommenden Anlagenteile sind Bedarfsgegenstände im Sinne des Lebensmittel- und Bedarfsgegenstände-Gesetzes LMBG. Das bedeutet, dass diese Teile so hergestellt, gelagert, verarbeitet und verwendet werden, dass durch sie das Trinkwasser – und durch seinen Genuss die menschliche Gesundheit – nicht beeinträchtigt oder gar gefährdet wird, siehe Kap. 6.7.3.

Bauteile, Apparate und Werkstoffe

Materialien und Apparate müssen den anerkannten Regeln der Technik entsprechen.

Materialien sind Werkstoffe und Bauteile.

Anlagen sind Vorrichtungen aller Art – als Teil der Trinkwasseranlage sind oder an diese angeschlossen.

Sie alle müssen mit CE-, DIN- bzw. DVGW-Zeichen oder Zeichen anerkannter Prüfstellen gekennzeichnet sein; Prüfzeichen sind in Kapitel 2.2 beschrieben.

Kunststoffe und andere nicht metallische Werkstoffe müssen den KTW-Empfehlungen[1] entsprechen. Sie müssen hygienisch einwandfrei sein, sodass sie Trinkwasser:
- nicht beeinträchtigen können (z. B. Farbe, Geruch, Geschmack, Aussehen)
- nicht gesundheitsgefährdend verändern können

Bemessen der Rohrweiten

Die Rohrleitungen in Ein- und Zweifamilienhäusern können nach dem vereinfachten Verfahren in EN 806-3 berechnet werden.
Mehrfamilienhäuser sind nach dem Verfahren der DIN 1988-300 zu berechnen, um eine hygienisch einwandfreie Leitungsführung zu erhalten.
Um Stagnationswasser zu vermeiden, ist in der Trinkwasserinstallation bei Spitzenbelastung und kleinstmöglichen Innendurchmessern der Mindestdurchfluss an allen Entnahmestellen sicherzustellen.

Leitungsführung und Schutz des Trinkwassers gegen Stagnation

Im Stagnationswasser vermehren sich Keime, Bakterien u. Ä. Da aber Stagnationswasser sich nicht völlig vermeiden lässt, sind sein Volumen und die Stagnationszeit durch geschicktes Leitungsverlegen weitgehend einzuschränken.
Dazu sind Leitungen, ➔ 110.3, 141.1, 205.1:
- auf kürzestem Wege, rechtwinklig zu Decken und Wänden, zu führen
- übersichtlich anzuordnen; eventuell sind sie durch Farbanstriche nach DIN 2403 oder/und Schilder zu kennzeichnen und
- Absperreinrichtungen mit Entleerung sind nötig:
  - bei zeitweise benutzten Leitungen am Hauptstrang oder wenn dies nicht möglich ist
  - unmittelbar nach einer häufig genutzten Leitung, wie Gartenleitung, Leitungen zu Ferienwohnungen, Gästezimmern, z. B. im Dachgeschoss
- die Stränge sind nach Absperren zu entleeren
- Steig- und Stockwerksleitungen bzw. Leitungen zu abgeschlossenen Wohnungen sind so zu verlegen, dass sie einzeln abzusperren und zu entleeren sind
- nicht mehr benötigte Leitungsteile sind abzutrennen, statt ihr Ende mit Stopfen zu verschließen
- Absperrarmaturen sind jederzeit zugänglich und leicht auffindbar anzuordnen, z. B. im Kellerflur und nicht in abgeschlossenen Räumen, ➔ 1, 110.3

Zu jeder Auslaufstelle ist ein Ablauf vorzusehen, auch z. B. für Tropfwasser von Sicherheitsventilen.

---

[1] KTW: Kommision des Bundesgesundheitsamtes für Trinkwasser

Durch Schornsteine, Schornsteinwangen, Müllabwurf- und Lüftungsschächte dürfen Leitungen nicht geführt werden. Tragende Gebäudeteile dürfen nicht geschwächt werden.

Luftpolster in Leitungen sind zu vermeiden. Erforderlichenfalls, z. B. bei Frostgefahr, sind an den tiefsten Punkten von Leitungen Entleerungen vorzusehen.

Betrieb von Trinkwasseranlagen – Druckerhöhung, Druckminderung

Alle Teile der Trinkwasseranlage müssen einem Betriebsdruck p_B = 10 bar (in EN 806-2: PMA = 1MPa) standhalten, wenn nicht höhere Betriebsdrücke zu berücksichtigen sind.

> **Ausnahme:**
> Wassererwärmer, mit entsprechendem Sicherheitsventil, sind zulässig für p_B = 6 bar ≙ 6 MPa, wenn zusätzlich ein Druckminderer in die Trinkwasseranlage eingebaut ist.

Der Druckminderer ist nötig, wenn der Betriebsdruck p_B ≥ 0,8 x Ansprechdruck des Sicherheitsventils ist.

An allen Auslaufstellen muss der Druck ausreichen. Ist der Versorgungsdruck
• zu gering, ist eine Druckerhöhungsanlage nötig
• zu hoch, ist ein Druckminderer einzubauen.

Da der Druck für Kalt- und Warmwasser in gleicher Höhenlage nahezu gleich sein soll, ist der Druckminderer einzubauen, → 1:
• nach dem Hauptwasserzähler, Rückflussverhinderer und Feinfilter – besser noch -
• im Verteiler: nach dem T-Stück der Gartenleitung.

5.9.3 Verteiler in Wasserleitungen

Verteiler, → 1, 110.2, tragen bei:
• Absperrarmaturen leicht aufzufinden
• Leitungen übersichtlich zu führen

Verteiler erlauben zudem das Absperren einzelner Leitungsstränge bei Reparaturen.

Keinesfalls dürfen Verteiler im Heizraum installiert werden, da dort in Stillstandszeiten, vor allem nachts, das Trinkwasser stagniert und unnötig erwärmt wird und so Keimbildung und Legionellenwachstum gefördert wird.

> Verteiler sind im Hausanschlussraum zu installieren.

Zu unterscheiden sind:
• zentrale Verteiler
• dezentrale Verteiler

Zentrale Verteiler für Gesamtgebäude sind nur bei überaus großen Bauten wie großen Krankenhäusern, Verwaltungs- und Bürogebäuden, Fabrikanlagen, sinnvoll. Ihnen sollten weitere Abschnittsverteiler folgen.

In anderen Gebäuden wie Wohn-, kleineren Verwaltungsbauten u. Ä. sind **dezentrale Verteiler** vorzuziehen, z. B. im Kellerflur.

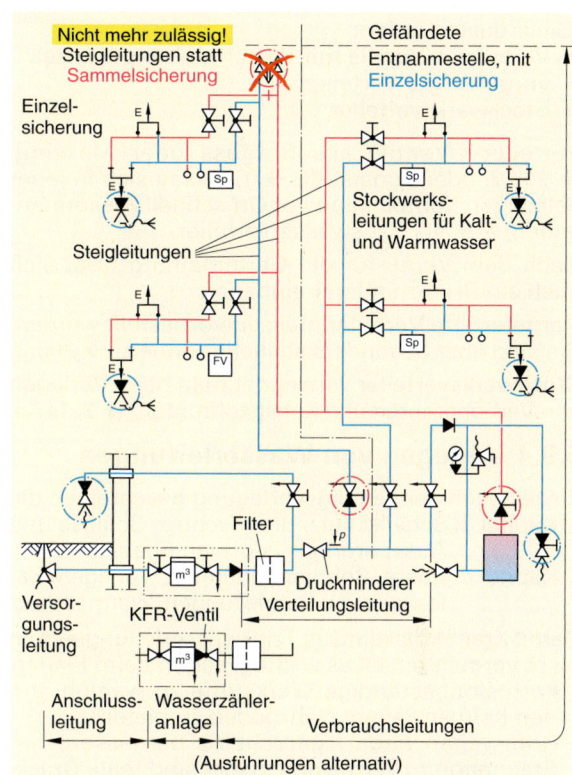

1 Leitungsanlage mit Einzelsicherung, teils auch umgerüstet

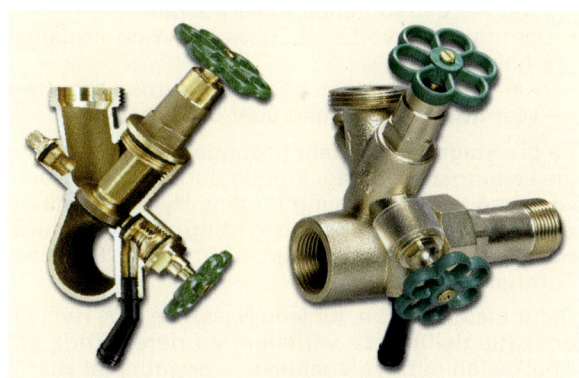

2 Verteiler-T-Ventil aus Messing, Anwendung siehe → 206.1

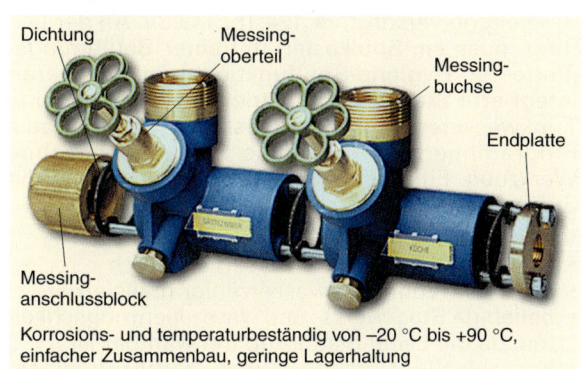

Korrosions- und temperaturbeständig von –20 °C bis +90 °C, einfacher Zusammenbau, geringe Lagerhaltung

3 Verteiler mit Ventilen aus Kunststoff

Die Industrie liefert:
• Verteiler-T-Ventile mit Verschraubungsstutzen
• vorgefertigte Verteiler
• Stockwerksverteiler

Verteiler-T-Ventile aus Rotguss oder Messing, ➔ 205.2, oder Kunststoff, ➔ 1, lassen sich in jeder beliebigen Kombination vor Ort schnell zusammenbauen, z. B. als Hauswasserverteiler.

Nach dem Ventil für die Gartenleitung lässt sich auch ein Druckminderer einbauen.

Vorgefertigte Verteiler müssen vorbestellt werden. Sie sind aber besonders schnell montiert, ➔ 205.3.

Stockwerksverteiler verwendet man beim Verlegen von Verbundrohren und Kunststoffrohren, ➔ 2, 147.4.

5.9.4 Verlegen von Wasserleitungen

Einzelheiten der Leitungsverlegung beschreiben die
• Kapitel 3: Schallschutz, Brandschutz, Schlitze und Aussparungen, Vorwandinstallation
• Kapitel 4: Rohre, Rohrverbindungen, Verlegen, Befestigen von Rohrleitungen, Wärmeschutz

Damit Krankheitskeime in Trinkwasserleitungen sich nicht vermehren, ist es wichtig, schon beim Planen
• korrosionbeständige Werkstoffe zu wählen, um den Keimen keinen Nährboden zu bieten
• Rohrweiten bedarfsgerecht zu bemessen, um Stagnation zu vermeiden; dabei sind reale Druckverluste und Nutzerverhalten zu berücksichtigen
• dafür sorgen, dass Leitungen regelmäßig durchspült werden (Stagnation vermeiden)
• Dämmung so vorsehen, dass die Wasserqualität erhalten bleibt:
  - Kaltwasserleitungen gegen Erwärmen schützen
  - Warmwasserleitungen über 55 °C halten

Da die **Stagnationsgefahr** besonders groß ist, wenn die Leitungen nicht regelmäßig durchspült werden, ist schon bei der Planung für eine Hygienespülung zu sorgen, wie für Ferien-Wohnungen/-Häusern, Hotels, Altenheimen, Krankenzimmern, Schulen, Turnhallen.

Dafür bieten sich an, für jede Nasszelle eine Reihen- oder Ringleitung zu verlegen, an deren Ende ein Spülkasten mit Hygienefunktion angebracht ist.

Die Entnahmestellen werden über Doppelwandscheiben aus einer eingeschleiften Reihen- oder Ringleitung versorgt, ➔ 124.1b, 149.3a. An der Leitung muss ein Spülkasten mit einer Betätigungsplatte für Hygiene-Spülfunktion hängen. Deren integrierte Steuerung registriert die ausbleibende Trinkwasserentnahme und löst eine Spülung aus. Programmiert wird über die Sensorfläche ohne Werkzeug. Einstellbar ist die Spülmenge und die Spülzwischenräume, siehe Seite 245.

Vorteile:
• kein unnötig erhöhter Wasserverbrauch
• auch mit Wohnungswasserzähler realisierbar
• beliebige Stockwerks- und Nasszellenmöglichkeiten, da die Leitungsführung frei wählbar ist
• hygienische Nutzung durch berührungslose, elektronische Betätigungsplatte

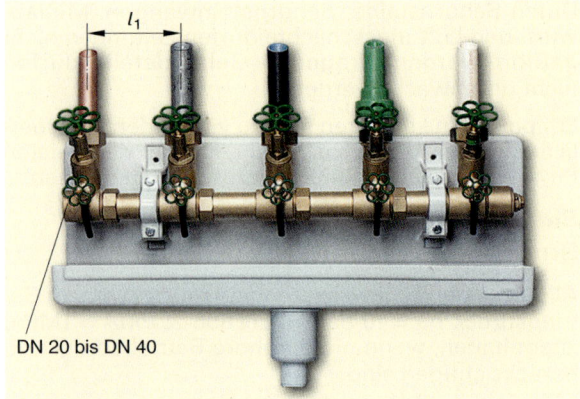

1 Vorgefertigter Verteiler, DN 20 bis DN 40 (Oberteilgröße) aus T-Ventilen mit Ablaufrinne – hier für verschiedene Rohrarten – l_1 ca. 150 mm

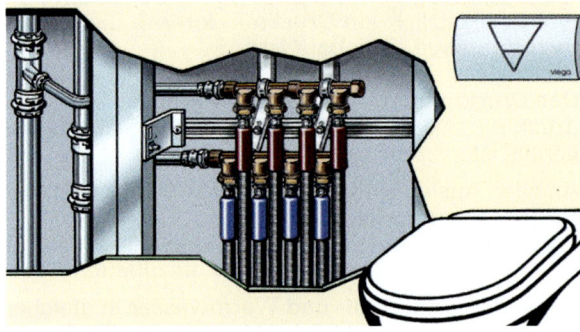

2 Stockwerksverteiler für KW und WW in einer Vorwand

5.10 Trinkwasserbehandlung

5.10.1 Gründe für Trinkwasserbehandlung

Die Wasserversorgungsunternehmen sind verpflichtet, hygienisch einwandfreies Trinkwasser zu liefern.

Es kann der Wunsch bestehen, Trinkwasser in seinen physikalischen und/oder chemischen Eigenschaften zu verändern, denn Trinkwasser wird neben Trinken und Kochen für viele andere Zwecke genutzt:
• im Haushalt, auch als Warmwasser, zur Körperpflege, zum Wäschewaschen
• in Gewerbe und Industrie für viele Zwecke

Veränderungen am Trinkwasser können sein:
• Reinheitsgrad
• Härte
• Gehalt an Kalk, Phosphat, Silikat u. a.
• Gehalt an Salzen
• Desinfizieren (Abtöten von Krankheitskeimen)

Um Trinkwasser wie gewünscht zu verändern, sind vor entsprechenden Entnahmestellen Geräte und Anlagen zur Trinkwasserbehandlung, einzubauen z. B.:
• Feinfilter
• Dosiergeräte
• Enthärtungsanlagen
• Geräte zur alternativen Trinkwasserbehandlung
• Desinfektionsanlagen für Trinkwasser

Bei Einsatz dieser Geräte und Anlagen ist zu beachten:
- der Einsatz muss auf die Wasserqualität und die Werkstoffe abgestimmt sein
- die Behandlung ist auf den eigentlichen Verwendungszweck zu begrenzen
- die Anlagen sind sorgfältig und regelmäßig zu warten, → 6.7.1, da sie sonst verkeimen können

Bei Lieferung und Einbau ist zu beachten:
- es dürfen nur Geräte mit DIN-DVGW- bzw. ÖVGW-Prüfzeichen eingebaut werden, vgl. Kap. 2.2.2; dann sind keine Sicherungsarmaturen nach EN 1717 erforderlich
- zur Kontrolle der Wirkungsweise (ausgenommen Feinfilter) sollen immer kurze Prüfstrecken mit Verschraubungen in die Leitungsanlage eingebaut werden

5.10.2 Feinfilter

Feinfilter halten vom Trinkwasser mitgeführte Partikel zurück, → 1, z. B.:
- Sandkörner
- Korrosionsprodukte aus Leitungen (Rostteilchen)
- Gewindespäne
- Hanfreste

DIN 1988-200 schreibt den Einbau von Feinfiltern unmittelbar nach der Wasserzählanlage vor, unabhängig vom Rohrwerkstoff.

Ein Feinfilter besteht im Wesentlichen aus, → 2:
- Gehäuse aus Messing mit Manometer
- Anschlussverschraubungen
- Filtertasse aus Messing, meist aber Kunststoff glasklar
- Feineinsatz bei
  - rückspülbarem Feinfilter aus Edelstahl, auch mit Silberbeschichtung als Keimschutz
  - nicht rückspülbarem Feinfilter austauschbarer Kunststoffgewebeschlauch auf einem Stützgerüst
- Kugelhahn mit Ablaufanschluss bei rückspülbarem Feinfilter
- evtl. kombiniert mit einem Druckminderer (und Verteiler), → 206.3

Beim **Einbau** der Feinfilter ist darauf zu achten, dass:
- der Feinfilter **vor** dem ersten Füllen der Leitung eingebaut wird
- der Feinfilter unmittelbar nach der Wasserzähleranlage am Hausanschluss angeordnet ist
- die Filterdurchlassweite ca. 80 bis 150 µm (0,08 bis 0,15 mm) beträgt, wie in EN 13 443-1 und DIN 19 628 gefordert

Achtung: Bei Feinfiltern keine Umgehungsleitung einbauen.

Falls die Trinkwasserversorgung auf keinen Fall unterbrochen werden darf, sind zwei (kleinere) Feinfilter parallel zu schalten, die aber ständig durchflossen werden sollen, sonst besteht Verkeimungsgefahr.

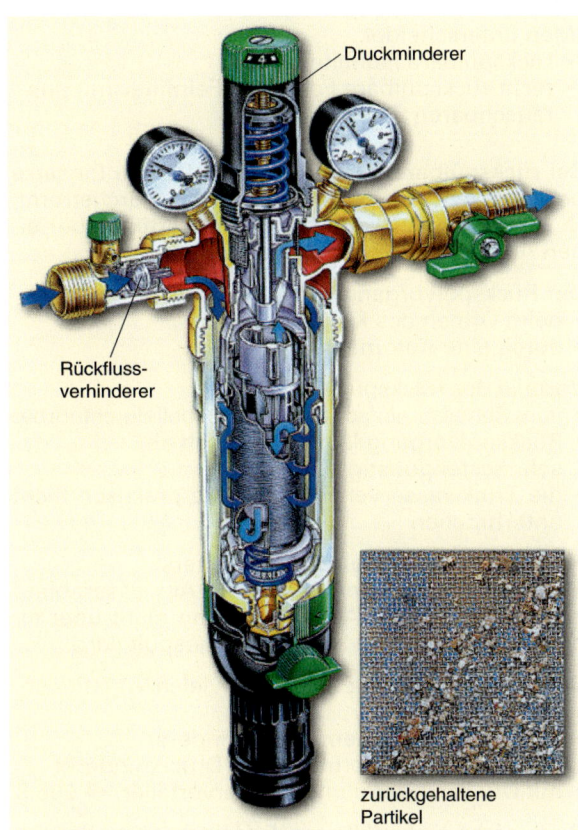

Druckminderer

Rückfluss-verhinderer

zurückgehaltene Partikel

1 Rückspülbarer Feinfilter mit Rückflussverhinderer und Druckminderer

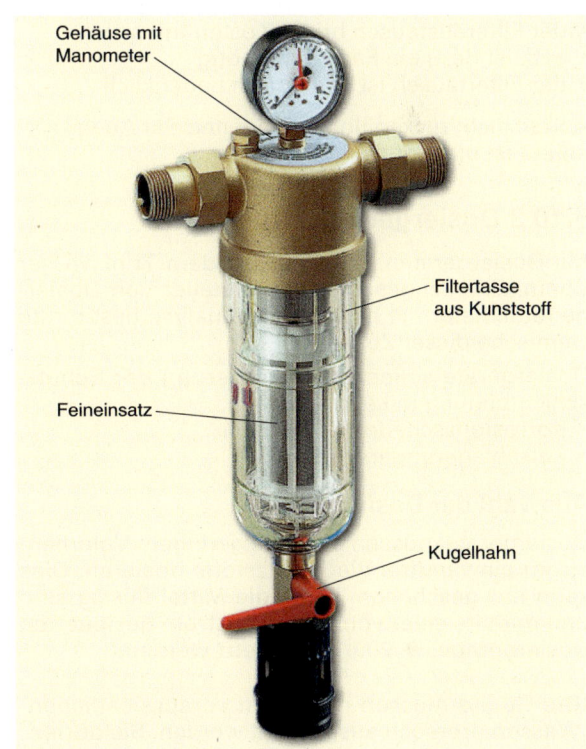

Gehäuse mit Manometer

Filtertasse aus Kunststoff

Feineinsatz

Kugelhahn

2 Rückspülbarer Feinfilter

Man unterscheidet:
- rückspülbare Feinfilter
- nicht rückspülbare Feinfilter (Feinfilter mit austauschbaren Einsätzen)

Bei **rückspülbaren Feinfiltern** werden die Einsätze beim Ruckspülen vom Trinkwasser so durchströmt, ➔ 1, dass im Feinfilter hängende Partikel über einen Auslauf ins Freie gelangen.

Der Rückspülvorgang wird ausgelöst, ➔ 1:
- beim Öffnen des Kugelhahns
- durch eine Automatik

Vorteile des Rückspülens:
- vom Betreiber einfach und sehr schnell durchführbar
- Rückspülvorgang läuft hygienisch ab
- sehr kostengünstig
- die Trinkwasserversorgung wird praktisch nicht unterbrochen

Nachteil des rückspülbaren Feinfilters:
In der Nähe des Feinfilters ist ein Abwasserablauf erforderlich (Gully, Ausguss), wenn nicht über einen Schlauch in den Hausgarten gespült wird.

Rückspülbare Feinfilter gibt es in vielen Variationen:
- als Einzel-Feinfilter
- kombiniert mit einem Druckminderer
- nachrüstbar am vorhandenen Druckminderer
- mit Druckminderer und Wasserverteiler, ➔ 206.3

Beim **nicht rückspülbaren Feinfilter** muss der Filterstrumpf regelmäßig gewechselt werden.

Nachteile nicht rückspülbarer Feinfilter:
- der Filteraustausch bringt Kosten mit sich
- evtl. ist dazu ein Fachmann nötig
- der Filtertausch ist hygienisch bedenklich

Vorteil nicht rückspülbarer Feinfilter: Ein Abwasserablauf ist nicht nötig.

5.10.3 Dosiergeräte

Mit Dosiergeräten, ➔ 2, werden dem Trinkwasser Chemikalien zugesetzt. Die Hersteller von Dosiergeräten liefern je nach Wasseranalyse bestimmte Gemische dieser Zusätze.

Dosiergeräte sollen durch Förderung der Schutzschichtbildung in Leitungen:
- Korrosionsschäden vorbeugen
- Kalkablagerungen verhindern

Auswahl der Dosiergeräte

Dosiergeräte müssen auch bei geringem Volumenstrom einwandfrei die Zusatzstoffe dosieren. Dies kann nur geschehen, wenn die Mittel flüssig sind und mithilfe einer vom Volumenstrom gesteuerten Dosierpumpe, ➔ 209.1, zugesetzt werden.

Die Geräte müssen nach dem voraussichtlichen Wasserverbrauch ausgewählt werden. Sie dürfen auf keinen Fall zu groß sein.

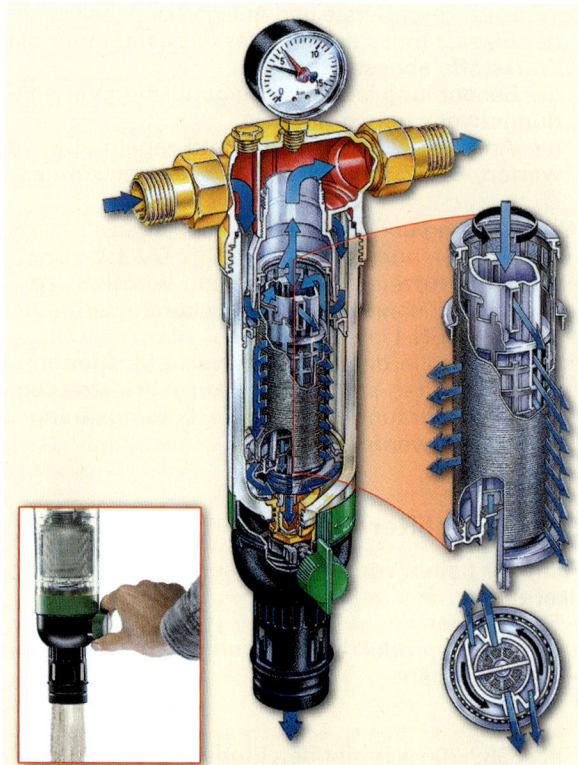

Beim Rückspülen werden Wasserstrahlen durch den Impeller gebündelt und mit hohem Druck von innen nach außen durch das Sieb gepresst. Alle Schmutzteilchen werden entfernt.

1 Rückspülbarer Feinfilter mit rotierender Düse (Impeller)

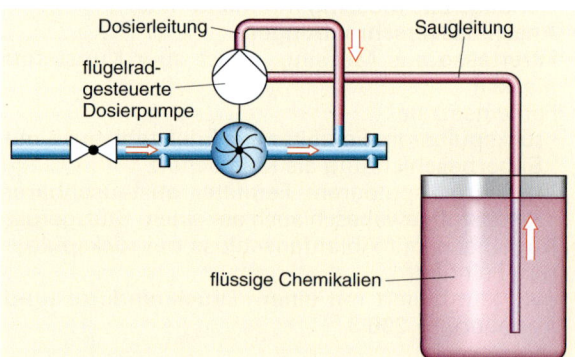

2 Flüssigkeitsdosiergerät zur Wasserbehandlung mit Chemikalien

Der Installateur bewahrt sich vor Ersatzansprüchen des Kunden, wenn er sich die Wirksamkeit des Gerätes vom Hersteller garantieren lässt.

Chemikalien zur Behandlung

Die Trinkwasserverordnung legt für die zugesetzten Chemikalien Art und Höchstmengen fest.

Dem Trinkwasser werden in Dosieranlagen Chemikalien zugesetzt, vor allem:
- Phosphate
- Silicate
- andere Stoffe

Phosphate dürfen dem Trinkwasser bis zu 5 mg/l bezogen auf Phosphorpentoxid beigegeben werden. Polyphosphate verringern Kalkablagerungen. Sie wirken nur bei niedriger Temperatur und haben keine korrosionsschützende Wirkung. Bei höheren Temperaturen zeigen sie umgekehrte Wirkung wie Orthophosphate, sie fördern den Aufbau einer Schutzschicht, verhüten aber nicht die Steinbildung.

Silicate können bis 40 mg/l zugesetzt werden. Sie sorgen für den Aufbau einer Schutzschicht, Kalkablagerungen werden kaum vermieden.

Andere Zusatzstoffe, wie:
- alkalisierende Substanzen binden Kohlensäure
- Natriumsulfit schützt vor Korrosion

Abschließende Einschätzung von Dosiergeräten

Dosiergeräte können Korrosions- und Steinschutz in Trinkwasseranlagen erhöhen, aber:
- ein ausreichender Schutz wird nur durch die Mischung verschiedener Chemikalien erreicht
- die Mischung muss auf die Wasserzusammensetzung abgestimmt werden
- bei Temperaturen > 60 °C lässt die Wirksamkeit der Chemikalien stark nach

5.10.4 Enthärtungs- und Entsalzungsanlagen

Enthärtungsanlagen

Enthärtungsanlagen sollen Kalkablagerungen aus dem Trinkwasser in Leitungen und Behältern entgegenwirken.

> Kalkablagerungen werden verursacht durch:
> - Calciumionen Ca^{2+}
> - Magnesiumionen Mg^{2+}

Durch Polyphosphatdosierung können Ca- und Mg-Ionen zwar begrenzt in Lösung gehalten werden, sodass sie sich nicht an Rohrwandungen ablagern. Sie bleiben aber im Wasser.

Die (echte) Enthärtung des Wassers erfolgt durch Austausch der Ca^{2+} bzw. Mg^{2+} gegen Natriumionen (Na^+) in Ionenaustauschern. Das Wasser wird dadurch weich.

Ionenaustauscher

Der Ionenaustauscher, ➔ 2 enthält eine Harzmasse, in die Na^+ eingelagert sind. Beim Durchfließen des Wassers erfolgt der Austausch gegen Ca^{2+} bzw. Mg^{2+}. Ist die Austauschermasse erschöpft – das Harz enthält keine Na-Ionen mehr – muss es neu beladen (regeneriert) werden.

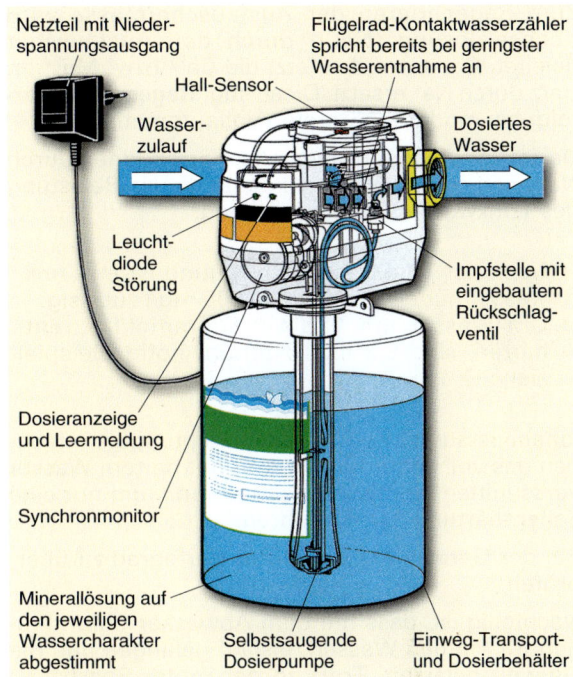

Netzteil mit Niederspannungsausgang
Flügelrad-Kontaktwasserzähler spricht bereits bei geringster Wasserentnahme an
Hall-Sensor
Wasserzulauf
Dosiertes Wasser
Leuchtdiode Störung
Impfstelle mit eingebautem Rückschlagventil
Dosieranzeige und Leermeldung
Synchronmonitor
Minerallösung auf den jeweiligen Wassercharakter abgestimmt
Selbstsaugende Dosierpumpe
Einweg-Transport- und Dosierbehälter

1 Dosierpumpe

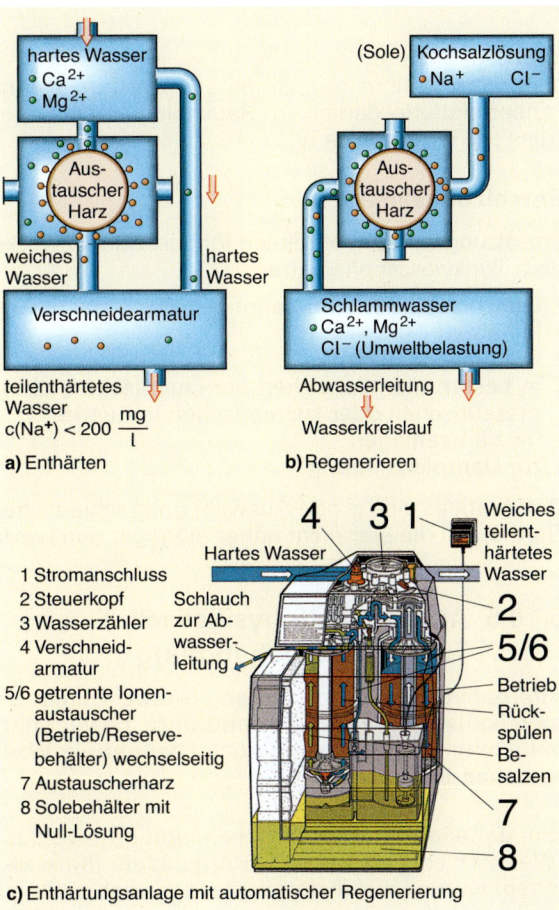

hartes Wasser
- Ca^{2+}
- Mg^{2+}

(Sole) Kochsalzlösung
- Na^+ Cl^-

Austauscher Harz

weiches Wasser
hartes Wasser

Verschneidearmatur

teilenthärtetes Wasser
$c(Na^+) < 200 \frac{mg}{l}$

a) Enthärten

Austauscher Harz

Schlammwasser
- Ca^{2+}, Mg^{2+}
- Cl^- (Umweltbelastung)

Abwasserleitung

Wasserkreislauf

b) Regenerieren

Hartes Wasser
Weiches teilenthärtetes Wasser

1 Stromanschluss
2 Steuerkopf
3 Wasserzähler
4 Verschneidarmatur
5/6 getrennte Ionenaustauscher (Betrieb/Reservebehälter) wechselseitig
7 Austauscherharz
8 Solebehälter mit Null-Lösung

Schlauch zur Abwasserleitung

Betrieb
Rückspülen
Besalzen

c) Enthärtungsanlage mit automatischer Regenerierung

2 Ionenaustauscher

Zum Regenerieren der Austauschermasse wird Kochsalzlösung (NaCl) durch den Austauscher geleitet. Dabei werden jetzt die Ca^{2+} bzw. Mg^{2+} im Harz durch Na^+ ersetzt. Diese sog. **Regeneration** erfolgt bei modernen Geräten vollautomatisch.

Da im Ionenaustauscher alle Härtebildner durch Na-Ionen ersetzt werden, könnte die Na-Belastung des Trinkwassers zu groß werden.

> • Nach der Trinkwasserverordnung ist im Trinkwasser nur ein Na-Anteil < 200 mg/l zulässig.
> • Um Wasser um 1 °d ≙ 0,178 mmol/l zu enthärten, sind 8,2 mg/l Natrium nötig, Beispiel siehe ➔ 1.

Ionenaustauscher enthalten Einrichtungen, mit denen das voll enthärtete Wasser mit hartem Wasser verschnitten (gemischt) werden kann, um nur eine **Teilenthärtung** durchzuführen.

Bei der **Gerätewartung** ist der Härtegrad zu überprüfen.

Nachteilig ist, dass mit dem Abwasser Chlorid-Ionen (Cl⁻) in den Wasserkreislauf gelangen und die Umwelt belasten. Trotz so genannter Sparbesalzung fließt etwas mehr als die Hälfte der Kochsalzlösung ungenutzt durch den Austauscher.

> Deshalb gilt:
> Enthärter sollten nur eingebaut werden, wenn unbedingt erforderlich; im Haushaltsbereich wäre dies ab Härtebereich IV.

Entsalzungsanlagen

Entsalzungsanlagen entziehen für besondere Zwecke dem Trinkwasser alle Salze.

Entsalztes Wasser wird benötigt z. B.:
• in Labors
• in Krankenhäusern
• in bestimmten Bereichen der chemischen, pharmazeutischen oder kosmetischen Industrie
• für Klimaanlagen
• zur Dampferzeugung

Dafür gibt es eine große Auswahl unterschiedlicher Geräte, auf die hier nicht näher eingegangen wird.

5.10.5 Alternative (physikalische) Trinkwasserbehandlung

Alternative Wasserbehandlung wurde früher als physikalische Wasserbehandlung bezeichnet, manchmal nennt man sie auch **chemiefreie Wasserbehandlung.**

> Bei der alternativen Wasserbehandlung wird das Wasser nicht enthärtet. Die Härtebildner (Kalkteilchen) werden stabilisiert, sodass sie sich nicht in Leitungsanlagen ablagern.

> **Beispiel:**
> Um wie viel °d kann Wasser enthärtet werden:
>
> a) maximal
> b) wenn Wasser bereits 30 mg/l Na enthält
>
> a) $\dfrac{200 \text{ mg/l}}{8,2\ \dfrac{\text{mg}}{(\text{l·°d})}} = \underline{\textbf{24,4 °d}}$
>
> b) Enthält Wasser laut Analyse bereits 30 mg/l Na, ist dieser Wert von den 200 mg/l zu subtrahieren:
>
> $\dfrac{200 \text{ mg/l} - 30 \text{ mg/l}}{8,2\ \dfrac{\text{mg}}{(\text{l·°d})}} = \underline{\textbf{20,7 °d}}$
>
> Dieses Wasser darf nur um 20,7 °d enthärtet werden.

1 Höchstmögliche Enthärtung von Trinkwasser laut TrinkWV

Bei alternativen Wasserbehandlungsgeräten fließt das Wasser durch ein elektrisches oder magnetisches Feld. Dabei werden Kristallisationskeime (winzige, im Wasser schwebende Kalkteilchen) freigesetzt, an denen sich Calciumcarbonatkristalle anlagern. Diese Kristalle werden mit dem Fließwasser ausgeschwemmt. Sie lagern sich nicht an den Wänden von Rohren, Behältern oder Oberflächen von Waschmaschinen, Entwässerungsgegenständen o. Ä. im Haushalt an.

> **Beispiel:**
> Kristallisationskeime kann man vergleichen mit feinsten Staubkörnchen in der Luft, an die sich bei hoher Luftfeuchte Wasserdampf anlagert und winzige Tröpfchen bildet, z. B. Nebel, Wolken.

Vielerlei alternative Wasserbehandlungsgeräte sind im Einsatz. Aber nur wenige bestanden die vorgeschriebene Prüfung des DVGW und erhielten ein DVGW-Prüfzeichen.

Hier kann nur beispielhaft die **Arbeitsweise** eines Gerätes beschrieben werden, ➔ 211.1a:
Im Gerät befinden sich:
• ein platinierter Titanstab als Anode
• eine sich drehende Edelstahlbürste als Kathode

Sobald Wasser fließt, wird eine pulsierende Gleichspannung an beide Elektroden gelegt, sodass zwischen beiden Gleichstrom fließt. Dieser fällt[1] im Wasser gelösten Kalk, $Ca(HCO_3)_2$ aus, ➔ 211.1b:
$$Ca(HCO_3)_2 \rightarrow CaCO_3 + H_2O + CO_2$$

Es lagern sich, je Impuls, winzige Kalkkristalle ($CaCO_3$) an den Edelstahlborsten (Kathode) an, ➔ 211.1c. Diese so genannten **Impfkristalle** werden beim Drehen der Bürste von Abstreifern wieder abgesprengt und in das fließende Wasser katapultiert, ➔ 211.1d.

[1] ausfällen: Ausscheiden gelöster Stoffe in Form von Kristallen, Flocken o. A.

Enthält Wasser mehr Kalk als im natürlichen Gleichgewicht, ➜ 17.1, klammert sich der überschüssige Kalk an die Impfkristalle an, ➜ 1e, wie Schiffbrüchige an einem Rettungsfloß, und wird mit dem Wasser ausgeschwemmt. Er lagert sich dann nicht in Rohren, Behältern, an Heizstäben u. Ä. ab.

Alternative Wasserbehandlung führt zu keiner gesundheitlichen Beeinträchtigung und belastet die Umwelt nicht.

Aus dieser Sicht ist der Einsatz qualifizierter Geräte mit eindeutiger Angabe der Einsatzgrenzen zu begrüßen.

Wer Geräte ohne DVGW-Zulassung einbaut oder einbauen lässt, sollte sich bei den Herstellern um entsprechende Garantien bemühen.

5.10.6 Desinfektion von Trinkwasseranlagen

5.10.6.1 Gründe für eine Desinfektion

In weit ausgedehnten Leitungssystemen von Wohn- oder öffentlichen bzw. gewerblichen Gebäuden kann Trinkwasser durch mikrobiologische Kontamination (Verunreinigungen mit **Mikroorganismen**[1]) belastet sein.

Solche öffentlich-gewerblichen Gebäude sind Krankenhäuser, Altenheime, Pflegeheime, Hotels, Kureinrichtungen, Schwimmbäder, Sport- und Freizeitstätten, Industriebetriebe u. Ä.

Mikroorganismen können sein:
- Bakterien
- Viren
- Pilze, Hefen
- Parasiten

Die Mikroorganismen können:
- auf Leitungsteile schon vor bzw. bei deren Einbau gelangen
- in die Leitungen in minimaler Menge eingespült werden

Vermehrung und Ausbreitung wassergängiger Mikroorganismen werden begünstigt durch:
- höhere Temperaturen
- große Leitungsquerschnitte mit langen Wegstrecken
- bestimmte Materialien
- raue Oberflächen mit Aufwachsungen
- Stagnationsphasen

Temperaturen > 20 °C sind für die Vermehrung von Mikroorganismen günstig.

Beispiel:
Legionellen vermehren sich besonders stark bei Temperaturen von 28 °C … 48 °C, optimal bei 36 °C.

[1] Mikroorganismen: Kleinstlebewesen (vgl. Mikroskop, Organismus)

a) Gerät (ca. M 1 : 10)

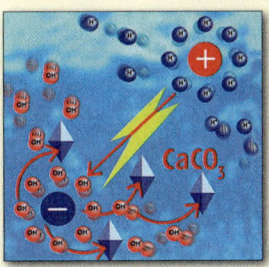

b) Impfkristallbildung

c) Kalkkristalle an Edelstahlbürste

d) Abkatapultieren der Kristalle

e) Überschüssiger Kalk „dockt an"

1 Beispiel eines alternativen Wasserbehandlungsgerätes

Große Leitungsquerschnitte mit langen Wegstrecken enthalten meist „Toträume" wie abzweigende Leitungen, Reduzierungen, in denen kaum Wasserströmung stattfindet. Dort bilden sich Ablagerungen und Verkrustungen, in denen Mikroorganismen „gut leben" können.

Einige **Materialien** begünstigen diesen Effekt enorm. Das sind Materialien, die über ihre Oberfläche bioverwertbare Stoffe abgeben bzw. die selbst bioverwertbar sind wie manche Gummi- und Kunststoffsorten, pflanzliche Fasern (Hanf), Fett (Dichtmittel).

5

Raue Oberflächen, z. B. Stahlrohre mit rauer Zinkschicht, Korrosionspusteln und Aufwachsungen aus Kalkablagerungen und Rost, sind ein geradezu idealer Untergrund für mikrobiologische Besiedlungen: Es entstehen so genannte **Biofilme**.

Biofilme:
• bestehen aus einheitlichen oder gemischten Kolonien von Mikroorganismen, die miteinander verbunden sind
• haften an einem Nährboden (Substrat); darin sind sie vollständig oder teilweise eingebunden in eine von den Lebewesen produzierte vielgestaltige, organische Masse (Schleim), → 1
• sind nur einige μm dick (1 μm = 1/1000 mm)

Ein Biofilm ist die Lebensgrundlage der Mikroorganismen. Darin leben sie, ernähren sich, vermehren sich durch Zellteilung, z. T. gewaltig, und sterben auch ab.

Bei günstigen Bedingungen wie guter Nährboden, entsprechende Wassertemperaturen teilt sich z. B. eine Zelle Escheria Coli-Bakterien[1] etwa halbstündlich.

Beispiel:
Nach 24 Stunden erhält man rechnerisch aus 1 Zelle:
2^{48} Zellen = 281 Billionen Zellen

Das ist eine unvorstellbar große Menge. Allerdings sind in 1 ml (= 1/1000 l) Nährlösung kaum mehr als 1 Milliarde Zellen ermittelt wurden, denn zum ständigen Neubilden gehört auch ständiges Absterben.

Trinkwasser kann aus dem Biofilm mit pathogenen[2] Keimen belastet sein. Es kann dadurch eine ständig aktive Kontaminationsquelle (Ansteckungsquelle) bilden.

So können:
• Viren z. B. Hepatitis A und Hepatitis E (Leberentzündung), Poliomyelitis (Kinderlähmung) auslösen
• Bakterien Legionärskrankheit, Darm- und Harnwegserkrankungen verursachen
• Pilze Haut, Schleimhäute und innere Organe befallen

Zum Schutz der Trinkwasserverbraucher (Patienten, Altenheimbewohner, Badegäste usw.) vor solchen Krankheitserregern wie Legionellen, Pseudomonaden sind regelmäßige Wasseruntersuchungen und Desinfektionsmaßnahmen erforderlich.

Zur Desinfektion[3] von Trinkwasserleitungen werden eingesetzt:
• chemische Desinfektion
• thermische Desinfektion
• UV-Desinfektion
• elektrolytische Desinfektion

[1] Escheria Coli: Kolibakterien, die schwere Darmerkrankungen auslösen können
[2] pathogen ⟨griech./neulat.⟩: krank machend
[3] Desinfektion ⟨lat.⟩: Entseuchung, Unschädlichmachen von Krankheitserregern

1 Biofilm durchs Mikroskop gesehen (Schichtdicke einige μm)

5.10.6.2 Chemische Desinfektion von Trinkwasser

Wasser allgemein kann chemisch, d. h. mit Chemikalien, desinfiziert werden, z. B. mit Chlor, Ozon in Wasserwerken. Das geschieht nicht nur mit Trinkwasser, sondern vor allem auch mit dem Wasser in Schwimmbädern.

Chemische Desinfektionsmittel in hoher Konzentration sind sehr gefährlich.

Deshalb muss sehr sorgfältig umgegangen, genau dosiert und ständig kontrolliert werden.

5.10.6.3 Thermische Desinfektion von Trinkwasser

Erst bei einer Materialtemperatur von 70 °C über mindestens 3 min wird ein Biofilm zerstört und damit die Lebensgrundlage von Legionellen.

Dies muss an jedem Quadratzentimeter der Leitung geschehen, damit der gesamte Biofilm erfasst wird.

Bei der thermischen Desinfektion muss längere Zeit heißes Wasser, mit ca. 80 °C wegen möglicher Abkühlverluste, durch die Leitungen geschickt werden.

Nachteile dieses Verfahrens:
• Es können im Biofilm nicht alle schädlichen Mikroorganismen wirksam bekämpft werden.
• Es nutzt nicht, wenn das heiße Wasser nur im WW-Zirkulationssystem umläuft. Der Biofilm kommt auch in Stichleitungen zu den Entnahmestellen vor, z. B. zu Duschen. Das heiße Wasser muss also an den Entnahmestellen ca. 15 min auslaufen. Dies erfordert gerade in Großbauten wie Krankenhäuser, Altenheimen riesige Heißwassermengen, die kaum bereit gestellt werden können.

- Bei den hohen Temperaturen besteht für die Nutzer Verbrühungsgefahr. Die thermische Desinfektion sollte also zu „nachtschlafender Zeit" vorgenommen werden, etwa ab 0 Uhr.
- Das Verfahren muss häufig wiederholt werden in Abständen z. B. von einigen Wochen; die Abstände müssen jeweils neu ermittelt werden.
- Durch die hohen Temperaturen entstehen bei wiederholter Durchführung Kalkablagerungen.
- Das Verfahren ist sehr personal-, wasser- und energieaufwändig und auch gefährlich.
- Die Abkühlzeit der Leitungen währt relativ lange; bei vorschriftsmäßiger Dämmung beträgt der Wärmeverlust ca. 10 W/m.

Beispiel:
1 m Rohr DN 32 (Wärmeverlust $\dot{Q}$ = 10 W) wird mit dem Wasserinhalt $V \approx$ 1 dm³:
a) von 20 °C (Raumtemperatur) auf 70 °C erwärmt. Wie groß ist die gespeicherte Wärme Q?
b) kühlt sich von 70 °C auf 50 °C (Betriebstemperatur) ab. Wie groß ist die Abkühlzeit t?

Lösung:
a) $Q = m \cdot c \cdot \Delta\vartheta$

$\quad = 1\,\text{kg} \cdot 1{,}16\,\dfrac{\text{Wh}}{(\text{kg}\cdot\text{K})} \cdot 50\,\text{K} = \underline{58\,\text{Wh}}$

b) $Q = m \cdot c \cdot \Delta\vartheta$

$\quad = 1\,\text{kg} \cdot 1{,}16\,\dfrac{\text{Wh}}{(\text{kg}\cdot\text{K})} \cdot 20\,\text{K} = 23\,\text{Wh}$

$t = \dfrac{Q}{\dot{Q}} = \dfrac{23\,\text{Wh}}{10\,\text{W}} = \mathbf{2{,}3\,h}$

5.10.6.4 UV-Desinfektion von Trinkwasser

Bekannt ist, dass man sich durch ultraviolette (UV-)Strahlung einen Sonnenbrand holen kann. UV-Strahlen töten aber auch Mikroorganismen ab. So können UV-Strahlen zur Desinfektion von Trinkwasser verwendet werden. Dabei wird das Erbgut (DNS) von Bakterien, Viren, Pilzen u. Ä. zuverlässig zerstört.

Wichtigste **Bauteile** eines UV-Desinfektionssystems sind, ➜ 1:
- Bestrahlungskammer
- UV-C-Strahler
- Quarzglasrohr
- UV-Sensor
- Regelgerät mit Regelleitungen

Die lichtdichte **Bestrahlungskammer**, aus poliertem Edelstahl, ist der Reaktionsbehälter in dem Mikroorganismen augenblicklich abgetötet werden.

Darin sind 1 bis 7 Stück **UV-C-Strahler** eingebaut, je nach Durchfluss, ➜ 2. UV-C-Strahler sind Niederdruck-Quecksilberstrahler; das C gibt einen bestimmten Wellenbereich an, ➜ 214.1. Jeder Strahler hat eine Leistung von 125 Watt.

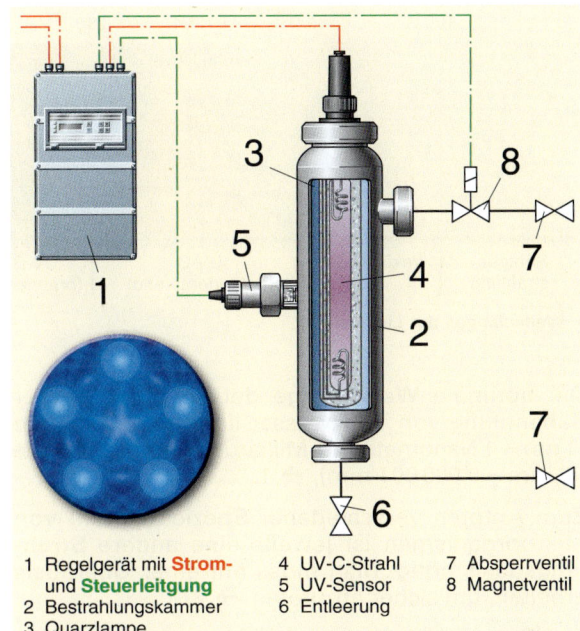

1 Regelgerät mit **Strom-** und **Steuerleitung**	4 UV-C-Strahl　7 Absperrventil
2 Bestrahlungskammer	5 UV-Sensor　8 Magnetventil
3 Quarzlampe	6 Entleerung

1 Bestrahlungskammer mit 5 UV-C-Strahlern

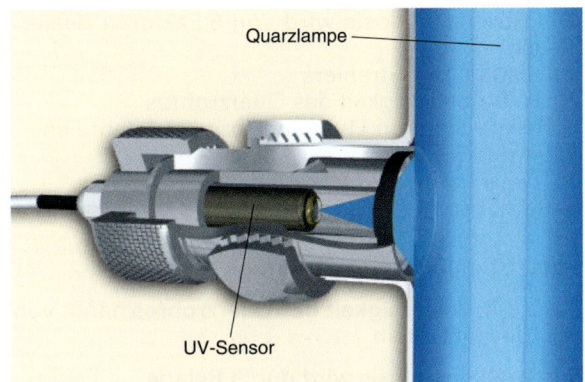

2 UV-Sensor an einer Bestrahlungskammer

Ein lichtdurchlässiges **Quarzglasrohr** schützt den Strahler.

Der **UV-Sensor**, ➜ 2, überwacht ständig die Bestrahlungsstärke und meldet dies dem Regelgerät. Sein Messfenster muss sauber gehalten werden. Durch Lösen einer Verschraubung ist es zugänglich (nach Absperren und Entleeren der Bestrahlungskammer).

Das **Regelgerät** überwacht den Betriebszustand des Gesamtsystems. Es zeigt an seinem Display an:
- die aktuelle Bestrahlungsstärke in W/m²
- die Betriebsstunden und Schaltzyklen
- Wartungs- und Störhinweise

Die Wirkung der UV-Strahlung ist abhängig:
- von der Wellenlänge der UV-Strahlen
- von der Strahlungsdosis
- vom Wasserdurchfluss

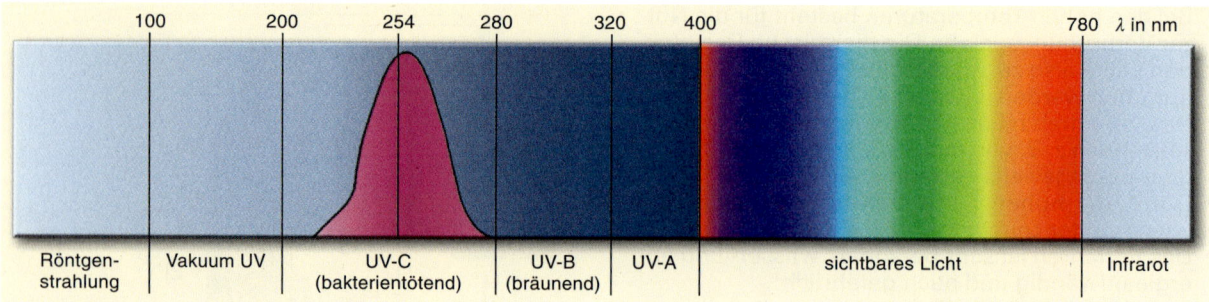

| 100 | 200 | 254 | 280 | 320 | 400 | | 780 λ in nm |

| Röntgen-strahlung | Vakuum UV | UV-C (bakterientötend) | UV-B (bräunend) | UV-A | sichtbares Licht | Infrarot |

1 Wellenlängen des Lichtes

Die optimale **Wellenlänge** der UV-Strahlen zur Behandlung von Trinkwasser liegt bei λ = 254 nm (1 nm = 1 Nanometer = 1 Milliardstel m = 1 Millionstel mm = 0,000 001 mm), ➔ 1.

Zum Abtöten verschiedener Spezies (Arten) von Mikroorganismen ist jeweils eine andere **Strahlungsdosis** nötig. Man muss mit einer Überdosis arbeiten, um sicher abzutöten, ➔ 2.

Eine Strahlungsdosis von mindestens 400 Ws/m² wirkt zuverlässig bei allen Arten von Krankheitserregern.

Die Strahlungsdosis wird von 5 Faktoren beeinflusst:
• Leistung des Strahlers
• UV-Durchlässigkeit des Quarzrohres
• Beläge auf dem Quarzrohr bzw. auf dem Fenster des Sensors
• Transmission des Wassers
• Betriebsdauer des Strahlers

Jeder Strahler hat eine **Leistung** von 125 W.

Die **UV-Durchlässigkeit des Quarzrohres** hängt von der Glasqualität ab.

Die Strahlungsdosis wird durch **Beläge**
• auf dem Quarzrohr: gemindert
• auf dem Fenster des Sensors: nicht richtig gemessen

Es ist also bei jeder Wartung wichtig, diese Beläge zu entfernen.

Transmission bedeutet hier die Übertragungsfähigkeit des Wassers für Licht. Je geringer die Transmission des Wassers ist, desto schwächer wird die Strahlungsdosis der UV-Strahlung. Dann müsste das Wasser länger der Strahlung ausgesetzt werden, d. h. das Wasser müsste langsamer fließen, der Durchfluss müsste reduziert werden.

UV-Strahler haben eine begrenzte **Lebensdauer** von maximal 10 000 Betriebsstunden. Da die Geräte nur bei Wasserdurchfluss arbeiten, ergeben sich häufige Schaltwechsel (EIN/AUS). Diese reduzieren die Lebensdauer. Deshalb sollten die Strahler nach 8 000 Betriebsstunden ausgewechselt werden. Man wird u. U. auch die Strahler wechseln, wenn eine Wartung früher, nötig wird z. B. bei 6 800 h (Arbeitsaufwand!).

Mikro-organismen	Verursachte Erkrankung	Strahlungs-dosis in Ws/m²
Legionella pneumophila	Legionellose, Pontiac-fieber	160
Pseudomonas aerugin	Wundinfektion, Entzündungen	105
Escheria coli	Darmerkrankungen	66
Dysenteri facili	Wundinfektion	42
Salmonella	Darmerkrankung, Durchfall	100
Mycobacterium tubercul.	(Lebensmittel-)Vergiftung Tuberkulose	100
Influenca	Influenza, „Grippe"	66

2 Erforderliche UV-Strahlungsdosen zur Desinfektion von Wasser

Bei Unterschreiten der Mindestbestrahlungsdosis werden nicht alle Mikroorganismen sicher abgetötet, z. B. bei zu geringer Strahlerleistung, zu hohem Wasserdurchfluss oder zu geringer Transmission. Dann sperrt das Regelgerät den Wasserdurchfluss über ein Magnetventil, ➔ 213.1 Teile 1, 8.

Schon bei der Planung muss die Gerätegröße nach dem erforderlichen **Wasserdurchfluss** und der Transmission des Wassers ausgewählt werden.

Grundsätzlich gilt:
• Das Bestrahlungsgerät muss auf den maximalen Wasserdurchfluss abgestimmt sein; je größer der geforderte Durchfluss, umso mehr Strahler sind nötig.
• Trübstoffe im Wasser, welche die Transmission behindern, sollen ausgefiltert werden; zum Ausfiltern muss das Wasser vorbehandelt werden, z. B. enteisent, vgl. Kap. 5.5.1.
• Beläge sind bei jeder Wartung unbedingt vollständig zu entfernen.

Grundvoraussetzungen für den Einsatz des UV-Verfahrens:
• das Wasser muss klar sein
• es muss eine Grunddesinfektion durchgeführt werden

Klares Wasser darf keine Trübstoffe, z. B. keinen hohen Eisengehalt, aufweisen.

Die **Grunddesinfektion** der Leitungsanlage erfolgt vor der Inbetriebnahme. Dabei müssen alle Leitungsteile nach der UV-Bestrahlungskammer desinfiziert werden. Sie erfolgt mit geeigneten Desinfektionsmitteln in wirksamen Konzentrationen, z. B. mit Chlor (Cl_2), Chlordioxid (ClO_2), unterchlorige Säure (HOCl – bitte nicht verwechseln mit der äußerst starken Salzsäure HCl).

Die Grunddesinfektion muss von speziellen Fachfirmen durchgeführt werden, denn das Verfahren ist sehr aufwändig hinsichtlich:
• nötiger Pumpstationen und Schlauchmaterial
• notwendiger Messungen vor Ort
• Erfahrung der Ausführenden
• Dauer

Während das Desinfektionsmittel durch die Leitungen kreist, wird es immer mehr aufgebraucht, seine Konzentration im Wasser wird aufgezehrt. Desinfektionsmittel muss ständig ergänzt werden.
Ab dem Zeitpunkt, an dem keine Zehrung mehr bemerkbar ist, muss das Mittel noch ca. 8 h durch die Leitungen zirkulieren.

> Nach Abschluss der Grunddesinfektion der Leitungen:
> • sind alle Trinkwasserleitungen mit UV-behandeltem Wasser gründlich zu spülen
> • ist die Wirksamkeit der Desinfektion durch ein mikrobiologisches Labor oder ein Hygiene-Institut zu bestätigen

Eine **UV-Desinfektionsanlage** eignet sich besonders für Gebäude mit zentralen Sanitärräumen, wie Wasch- und Duschräume in Schwimmbädern, Betrieben, Sportstätten, Schulen. Sie soll dort in die Wasserzuleitung des zu schützenden Bereiches eingebaut werden, → 213.1.

Bei weit verzweigten Entnahmestellen wie in Krankenhäusern, Altenheimen kann die Anlage nicht nahe aller Entnahmestellen eingebaut werden. Dann wären regelmäßige Wasseruntersuchungen vorzunehmen. Werden dabei Krankheitskeime festgestellt, ist eine thermische oder eine chemische Desinfektion durchzuführen. Für solch ausgedehnte Anlagen wählt man besser ein elektrolytisches Desinfektionsverfahren, s. Kap. 5.10.6.5.

Vor und nach der Bestrahlungskammer sind Absperrventile und Auslaufventile zur Entleerung bzw. zur Probenentnahme einzubauen. Oberhalb der Bestrahlungskammer muss mindestens 1 m Freiraum sein, damit die UV-Strahler problemlos auszutauschen sind.

Vorteile des UV-Verfahrens:
Die UV-Desinfektion:
• ist ein natürliches physikalisches Verfahren
• tötet die Keime während des Strömens durch die Bestrahlungskammer augenblicklich ab
• verändert die natürlichen Wassereigenschaften wie Farbe, Geschmack, pH-Wert nicht
• ist wirtschaftlich, denn mit 1 kWh können bis zu 20 m³ Trinkwasser desinfiziert werden
• ist chemikalienfrei und damit umweltfreundlich

Nachteil der UV-Desinfektion:
Nicht wirksam ist die Bestrahlung
• auf eventuell vorhandene Biofilme **hinter** der Bestrahlungskammer in bestehenden Trinkwasseranlagen
• bei einer Rekontamination (Wiederverseuchung)

5.10.6.5 Elektrolytische Trinkwasserdesinfektion

In vielen Fällen kann die UV-Behandlung des Trinkwassers nicht eingesetzt werden, weil sie eine Grunddesinfektion des gesamten Leitungsnetzes voraussetzt. Diese Grunddesinfektion zieht sich u. U. über Tage hin. Das ist bei in Betrieb befindlichen Gebäuden wie Krankenhäusern, Altenheimen, großen Stadthotels praktisch nicht möglich. Für derartige Fälle empfiehlt sich die elektrolytische Desinfektion.

> Bei der **elektrolytischen Desinfektion** werden desinfizierend wirkende Stoffe erzeugt. Sie werden mithilfe einer Elektrolysezelle aus dem Wasser und seinen natürlichen Inhaltsstoffen, vor allen den Chlorid-Ionen (Cl^-), gebildet[1].

Cl^- enthält jedes Trinkwasser in unterschiedlichen Mengen; reicht die Menge nicht aus, wird Kochsalz entsprechend zudosiert.

Hauptwirkstoffe zur elektrolytischen Trinkwasserdesinfektion sind elektrolytisch erzeugte
• unterchlorige Säure HOCl
• aktiver Sauerstoff
• Wasserstoffperoxyd H_2O_2

Damit werden:
• die Keimzahlen von planktonischen[2] Mikroorganismen drastisch reduziert[3]
• Biofilme als Quelle von Mikroorganismen in alten Leitungen mittelfristig abgebaut
• Biofilme in neuen Leitungen verhindert

> Bei der elektrolytischen Desinfektion, wie auch bei der UV-Desinfektion:
> • behält das Wasser seine natürlichen Eigenschaften wie Farbe, Geschmack, Geruch
> • werden keine Fremdstoffe bzw. Chemikalien ins Wasser gebracht, außer evtl. geringer Mengen Kochsalz (NaCl) im Rahmen der TrinkwV

---

[1] hierzu gibt es eine multimediale Funktionsbeschreibung auf CD-ROM, Aqua: Äquades, Elektrolytische Trinkwasserdesinfektion
[2] planktonisch ⟨griech.⟩: im Wasser schwebend
[3] Reduzierung etwa im Verhältnis 10^5 : 1 (100 000 : 1)

Die Anlage wird im **Bypass** betrieben, d. h. nicht das gesamte Trinkwasser strömt durch die Anlage, sondern nur ein Teilstrom.

Die elektrolytische Desinfektion ist einsetzbar für:
• das gesamte Leitungssystem
• das Warmwassersystem allein

Besser ist, das gesamte Leitungssystem zu schützen, sonst können u. U. über „Brücken" wie Mischbatterien, bei Leitungsentleerungen, undichte Armaturen (RV) Keime ins Kaltwassersystem gelangen.

Zur Anlage gehören:
• Schaltschrank
• Regelgerät
• Umwälzpumpe
• Reaktorgerät mit Elektrolysezelle
• Sensoren (Fühler) mit zugehörigen Stellventilen
• Chloriddosierung
• Magnetventile und Absperrarmaturen

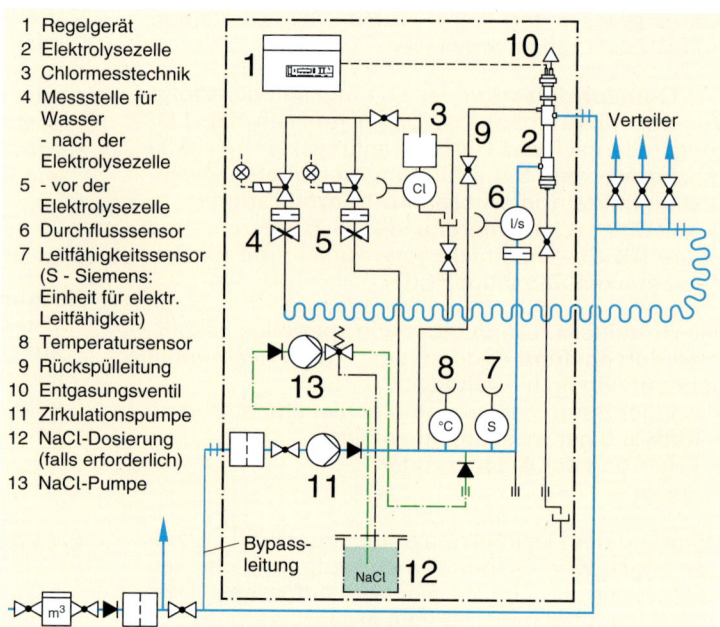

1 Regelgerät
2 Elektrolysezelle
3 Chlormesstechnik
4 Messstelle für Wasser
 - nach der Elektrolysezelle
5 - vor der Elektrolysezelle
6 Durchflusssensor
7 Leitfähigkeitssensor (S - Siemens: Einheit für elektr. Leitfähigkeit)
8 Temperatursensor
9 Rückspülleitung
10 Entgasungsventil
11 Zirkulationspumpe
12 NaCl-Dosierung (falls erforderlich)
13 NaCl-Pumpe

1 Elektrolytische Trinkwasserdesinfektions-Anlage

Die gesamte Anlage, ➜ 1, ist in einem **Schrank** untergebracht. Sie wird vom **Regelgerät** (Bauteil 1) überwacht. Die Leitungen werden durch Schrauben verbunden.

Aus dem Trinkwasserstrang wird:
• ein Teilstrom über eine **Umwälzpumpe** (Bauteil 11) entnommen
• durch das Reaktorgerät mit **Elektrolysezelle** (Bauteil 2) geschickt
• mit den dort erzeugten Wirkstoffen wieder in den Hauptstrom zurückgeführt

Im Regelgerät werden alle Messdaten der **Sensoren** ausgewertet und für den Betrieb genutzt.

Gemessen werden vom Teilstrom:
• die Konzentration an „freiem Chlor"[1] im Wasser
• die elektrische Leitfähigkeit
• Spannung und Stromstärke
• der Volumenstrom
• die Temperatur

Das zur Desinfektion notwendige „**freie Chlor**", z. B. unterchlorige Säure, wird in der Elektrolysezelle aus den Chlorid-Ionen (Cl$^-$) im Wasser erzeugt. Dazu müssen im Wasser Cl$^-$ > 20 mg/l vorhanden sein. Enthält Trinkwasser zu wenig Cl$^-$, wird Kochsalzlösung aus der NaCl-Dosierung (Bauteil 12) über die Pumpe (Bauteil 13) zudosiert.

Erfasst wird die Konzentration an „freiem Chlor" durch die Chlormesstechnik über die **elektrische Leitfähigkeit** des Wassers an 2 Messpunkten:
• am Leitfähigkeitssensor (Bauteil 7)
• nach dem Einmischen in den Hauptstrom

Die im Hauptstrom vorhandene Konzentration an „freiem Chlor" ist der wichtigste Wert zum Regeln der Elektrolysezelle. Durch Verändern von **Spannung und Stromstärke** wird der zulässige Gehalt von „freiem Chlor" in Grenzen 0,1 mg/l ... 0,3 mg/l gehalten (zulässig nach TVO: ≤ 0,3 mg/l).

Bei zu geringem **Volumenstrom** (Bauteil 6) wird die Elektrolysezelle abgeschaltet.

Die Elektroden der Elektrolysezelle würden durch **Vorlauftemperaturen** > 60 °C geschädigt. Deshalb wird die Zulauftemperatur am Messpunkt (Bauteil 8) überwacht.

Alle Messwerte gehen an das Regelgerät. Bei einem vorgegebenen Wert wird vom Regelgerät:
• die Umwälzpumpe (Bauteil 11) abgeschaltet
• damit der Durchfluss der Elektrolysezelle unterbrochen
• zusätzlich die dort anliegende Spannung abgeschaltet

Alle Messwerte, Steuersignale und Regelvorgänge werden gespeichert. Sie können für Auswertungen und Protokolle per Modem, auch für die Gebäudeautomation, abgerufen werden. Wartung und Instandsetzung sind dadurch sehr wirksam.

Elektrolyseanlagen sind sehr kostengünstig zu betreiben. Mit 1 kWh können ca. 10 m³ Wasser desinfiziert werden ; Preis: ca. 0,1 €.

Die notwendigen Chloridkonzentrationen liegen innerhalb des zugelassenen Wertes der TrinkwV. Vergleichen Sie bitte mit Angaben auf Etiketten von Mineralwasserflaschen, ➜ 13.3.

---

[1] freies Chlor: hier als Summenwert aller desoxidierenden Reagenzien (Keim tötende Mittel)

5.11 Dichtheits- und Belastungsprüfung von Trinkwasserleitungen

Fertiggestellte TW-Leitungen sind zu prüfen, noch bevor sie angestrichen, verkleidet oder verputzt werden.

Zur Dichtheitsprüfung werden sie abgedrückt mit:
- ölfreier Druckluft oder Inertgas
- filtriertem Wasser

Ein unzulässiger Druckabfall und Geräusche zeigen, dass die Leitung undicht ist. Alle Verbindungen sind auch zu besichtigen, um geringe Leckstellen zu erkennen, z. B. an Gewinde-, Löt-, Pressverbindungen.

Mit **Druckluft** sind TW-Leitungen zu prüfen, wenn sie
- wegen Frost nicht vollständig gefüllt bleiben,
- nicht bald nach der Prüfung betrieben werden.

Wasser als Prüfmittel wäre ungeeignet, denn im stagnierenden Wasser vermehren sich Bakterien. Der Prüfdruck bei der Dichtheitsprüfung beträgt $p_P = 150$ mbar.

Leitungen sind in kleine Prüfabschnitte aufzuteilen; das ist prüfgenau und sicherer. Druckbehälter, Apparate, Wassererwärmer mit großem Volumen sind vor der Dichtheitsprüfung abzutrennen.

Die Leitungsabschnitte sind mit Metallstopfen dicht zu verschließen; Absperrarmaturen gelten als undicht.

Mit **Inertgas**, z. B. Stickstoff, ist zu prüfen in Gebäuden mit hohen Anforderung an Hygiene, z. B. in Krankenhäusern, Arztpraxen. Inertgas enthält keine Feuchte, die in Rohrleitungen kondensieren könnte.

Ist die Leitung undicht, sind die Rohrverbindungen mit Sprühmittel, das Blasen bildet, zu prüfen.

Der Dichtheitsprüfung muss eine Belastungsprüfung mit Druckluft folgen. Bei der Belastungsprüfung bis DN 50 beträgt aus Sicherheitsgründen der max. Druck 3 bar. Bei dieser Prüfung werden alle Fügestellen auf Dichtheit geprüft.

Die **Dichtheitsprüfung mit filtriertem Wasser** ist nur unmittelbar vor Inbetriebnahme zulässig, sonst könnten Bakterien sich vermehren und Metallrohre rosten.

Bei Pressverbindungen ist zunächst der Leitungsdruck, jedoch max. 6 bar, aufzubringen. Nun wird geprüft, ob alle Pressverbindungen ordnungsgemäß verpresst wurden. Die Prüfzeit beträgt 15 min.

Unterscheiden sich Umgebungs- und Wassertemperatur um mehr als 10 K, ist nach Aufbringen des Systemdrucks eine Temperaturausgleichszeit von 30 min abzuwarten. Der Prüfdruck muss min. 10 min aufrechterhalten werden. Erst danach beginnt die eigentliche Druckprüfung.

Bei Metall-, Verbund- sowie PVC-Rohren beträgt der aufzubringende Prüfdruck 11 bar und muss 30 min. gehalten werden. Es darf kein Druckverlust festgestellt werden.

Bei allen anderen **Kunststoffleitungen** sowie damit kombinierte Installationen aus Metall- und Verbundrohren beträgt der Prüfdruck ebenfalls 11 bar und muss ebenfalls 30 min. aufrechterhalten werden. Wenn kein Druckabfall festgestellt wird, wird der Prüfdruck auf 5,5 bar halbiert. Nun beginnt eine 2-stündige Prüfzeit (= 120 min.) Die Leitung gilt als dicht, wenn kein Druckabfall gemessen wird.

Genaue Daten zur Dichtheitsprüfung, siehe S. 626, 627.

Beim **Füllen** der neuen Leitungen im Gebäude über
- den Hausanschluss: ist dieser vorher zu spülen
- den Bauwasseranschluss: sind nur Schläuche zu verwenden, die hygienisch einwandfrei sind

Beim Füllen ist ein **Hygienefilter** mit Steckverbindungen vorzuschalten, → 1. Er schützt vor Keimen und Schmutz aus Prüfpumpen und Schläuchen.

5.12 Spülen von Trinkwasserleitungen

Trinkwasserleitungen sind durchzuspülen, damit Sandkörner, Gewindespäne, Reste von Hanf, Fluss- und Dichtmitteln ausgeschwemmt werden. Diese könnten Korrosion in der Leitung verursachen oder Armaturen, Dichtungen und Strahlformer schädigen.

Also darf nur sauberes Material zur Baustelle. Rohre, Verbindungsstücke, Armaturen und Geräte sind mit Schutzkappen oder in Schutzbeuteln zu liefern. Diese dürfen erst **unmittelbar** vor dem Einbau entfernt werden. Sie müssen auf offene Rohrenden o. Ä. wieder aufgesteckt werden, z. B. wenn beim Bohren oder Schleifen viel Schmutz anfällt sowie bei jedem Verlassen der Arbeitsstelle

Beim Spülen von Trinkwasserleitungen gilt:
- Empfindliche Bauteile sind erst nach dem Spülen einzubauen, wie Druckspüler Magnetventile, Thermostate, Trinkwassererwärmer, Brausen, Strahlformer.
- UP-Armaturen sind durch Passstücke oder eigene Spülarmaturen zu ersetzen.
- Wartungsarmaturen, Absperr-, Eckventile und Druckminderer müssen auf vollem Durchfluss stehen.

TW-Leitungen sind, ausgehend von der Hauptabsperrarmatur, abschnitts- und strangweise mit filtriertem Wasser gründlich zu spülen.

Dabei sind:
- zuerst die waagerechten Verteilungsleitungen zu spülen, möglichst stoßweise; ein Kugelhahn erleichtert dies
- dann sind stockwerksweise, vom Steigstrangende aus, mehrere Entnahmestellen ≥ DN 15, für mindestens 5 min nacheinander voll öffnen, → 2:

Innerhalb eines Geschosses öffnet man zuerst die vom Steigstrang am weitesten entfernte Zapfstelle; danach die anderen. Sie bleiben mind. 5 Minuten offen. In umgekehrter Reihenfolge schließt man sie.

Wurde eine Leitungsanlage wochenlang nicht benutzt, muss der gesamte Wasserinhalt erneuert werden. Der Wasserinhalt der Gesamtanlage kann beim Füllen am Wasserzähler genau abgelesen werden.

5

5.13 Zerstörungsfreie Leckortung bei Wasserleitungen

Wasserschäden in Gebäuden nehmen immer mehr zu. In Dämmstoffen, Holzbalkendecken, Wänden, unter Fliesen, in der Trittschalldämmung kann Feuchte oft erhebliche Schäden verursachen.

Die Ursachen, unter Umständen nur kleine Lecks in Wasserleitungen, sind oft kaum zu finden:
- Mauerwerk und Dämmstoffe saugen große Wassermengen auf.
- Relativ dichte Betondecken und Abdeckfolien lassen Wasser oft weit entfernt von der Leckstelle austreten, ggf. im Mauerwerk aufsteigen.

Beispiel:
An der Kellerdecke eines 5-geschossigen Gebäudes zeigten sich 4 Jahre nach Bezug nasse Flecken. Daraufhin wurde eine Installationsfirma beauftragt:
- In dem darüber liegenden Bad wurde die gefliste Wannenverkleidung aufgebrochen, weil durch die Revisionsöffnung keine Undichtheit am Wannenablauf genau zu erkennen war. Ergebnis: Nichts!
- Im Leitungsschacht des EG waren feuchte Rohre, aber keine Undichtheit zu erkennen.
- Man arbeitete sich von Stockwerk zu Stockwerk hoch.

Resultat: Überall aufgebrochene Wände und kaputte Fliesen, aber kein Leck zu sehen, ➔ 1.

Endlich – eine lächerlich kleine Ursache:
Im obersten Geschoss hatte ein Mieter einen Schwammhaken angebracht. Dabei hatte er den Wandeinbau-Spülkasten 3 cm unter dem höchsten Wasserstand angebohrt.
Kunststoffdübel und Schraube hatten ziemlich gut abgedichtet. Das austretende Wasser suchte sich seinen Weg an Zufluss- und Abwasserleitungen entlang bis zum Keller. Anscheinend mangelte es auch an sorgfältigen Deckendurchführungen.

Der Gesamtschaden: Sehr teuer!!!

An diesem Beispiel sieht man:
- Selbst kleine Lecks lassen erhebliche Wasservolumen austreten, ➔ 2, und verursachen allein schon hohe Wasserkosten.
- Wasserschäden können lange unbemerkt bleiben, wenn sie weit entfernt vom Leck auftreten.
- Unkontrollierte Lecksuche kann teuer werden, im schlimmsten Fall ergebnislos verlaufen.

Schäden durch Feuchte

In Wänden, Fußböden, Balkendecken, Dämmstoffen kann Feuchte oft erhebliche Schäden verursachen:
- physikalische Schäden: „Hochgehen" von Parkettböden, Paneelen, Materialschäden durch „Auffrieren"
- chemische Schäden: Zersetzen von Teppichklebern, Festigkeitsverlust von gipsgebundenen Baustoffen, Korrosion bei Stahl(armierungen)
- biologische Schäden: Pilzbildung, vor allem giftige Schimmelpilze, Geruchsbelästigungen, Bildung von Hausschwamm

Feuchteschäden schreiten schnell voran:
- bereits nach 24 Stunden quillt unbehandeltes Papier und Holz auf, behandeltes nach 48 Stunden
- nach 3 Tagen beginnen Gipsbaustoffe sich zu zersetzen.
- nach 1 Woche zeigen sich Schimmelpilze

Wärme und hohe Luftfeuchte beschleunigen diese Prozesse noch. Daher ist schnelles Handeln ungeheuer wichtig.

> Schnelle und präzise Leckfindung kann erhebliche Kosten sparen und irreparable (nicht wieder herstellbare) Schäden vermeiden helfen.

1 Wandaufbrüche lassen oft ein vermutetes Leck nicht entdecken

Leck-ø	Wasserverlust bei							
	2 bar				6 bar			
mm	l/min	l/h	m³/Tag	m³/Mt	l/min	l/h	m³/Tag	m³/Mt
1,0	0,5	30	0,72	21,6	0,9	54	1,3	39
2,0	2,0	60	1,44	43,2	3,4	204	4,9	147
5,0	12,3	138	17,7	532	21,4	1284	30,8	924
10	49	2940	70,6	2117	86	5160	154,8	4644
20	200	12000	288	8640	340	20400	490,0	14700

2 Wasserverlust bei Lecks in Wasserleitungen

Methoden der Lecksuche

Auch im Verborgenen zeigt ein Leck eine Reihe Veränderungen, ➔ 1:
- Materialfeuchte
- Temperaturdifferenz zur Umgebung
- Geräusche, wenn auch minimal

Vor Ort stellen in der Leckortung geschulte Spezialisten mithilfe von Bauplänen und/oder einer elektromagnetischen Leitungsortung den Verlauf metallischer Leitungen (und Kabeln) fest. Aus winzigen Details diagnostizieren sie die ungefähre Lage verborgener Lecks.

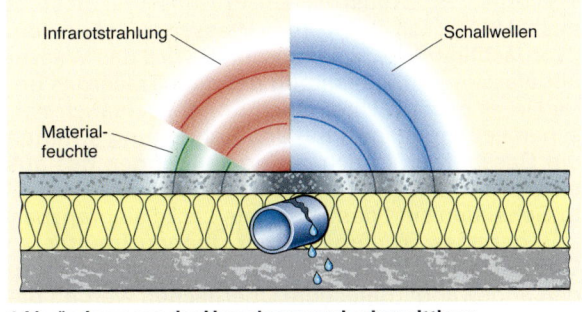

1 Veränderungen der Umgebung zur Leckermittlung

5

Durch die entsprechende Technik können Lecks meist auf wenige Zentimeter genau geortet werden:
- elektro-akustische Leckortung
- Feuchtemessung
- Thermografie
- Endoskopie
- Tracergasmethode (Gasspürtechnik)
- Korrelationsverfahren

Elektro-akustisch werden mit Teststab, Geophon, Spezialverstärker und Kopfhörer sehr häufig Lecks mit hoher Trefferquote geortet, ➔ 2. Das Geophon wandelt kleinste Erschütterungen in elektrische Signale um.

Durch **Feuchtemessung** wird ermittelt, ob:
- ein Bauteil überhaupt von Feuchte befallen ist, ob also eine Leckstelle in einer Wand sein kann
- eine technische Trocknung notwendig ist.

Bei der **Thermografie** erzeugt eine Infrarotkamera, ➔ 4, ein Wärmebild der betrachteten Wand- oder Fußbodenfläche, ➔ 3. Da das aus der Leckstelle austretende Wasser seine Umgebung erwärmt oder kühlt, sind die Lecks leicht auszumachen.

Die **Endoskopie** ist aus der Medizintechnik bekannt. Mit dem Endoskop, einem beweglichen Rohr mit Beleuchtungseinrichtung (Niedervoltlampe) und einem optischen System können Hohlräume, z. B. hinter Wannenverkleidungen, in Leitungsschächten, ausgeleuchtet und auf einem Bildschirm beobachtet werden, ➔ 220.1. Der Endoskopkopf ist nach allen Seiten dreh- und neigbar, ➔ 220.1. Zum Einführen ist in der Verkleidung nur 1 Loch mit ø = 10 mm nötig.

2 Ortung von Schall mit dem Geophon

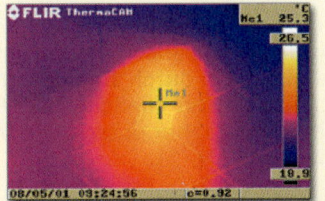

a) Thermoaufnahme

b) Schadensstelle nach Aufbruch

3 Schadensortung durch Thermografie

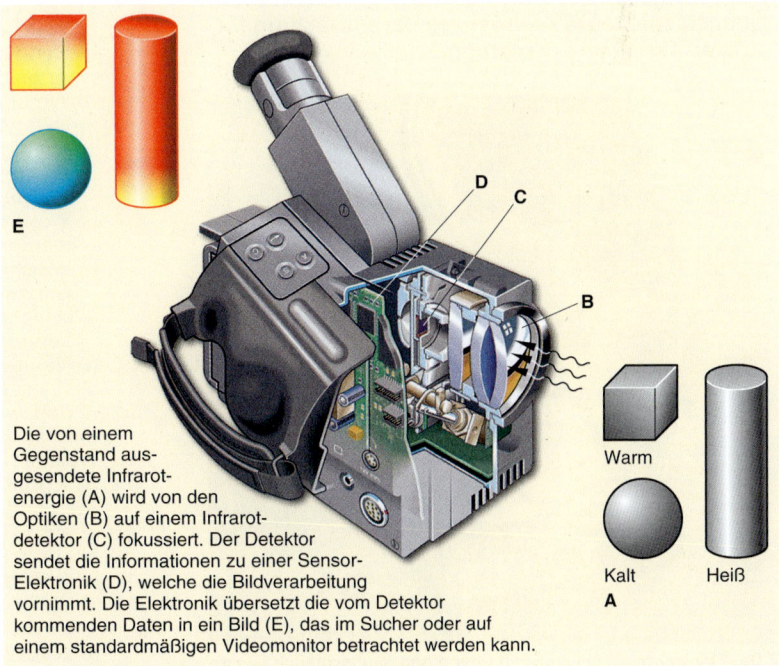

Die von einem Gegenstand ausgesendete Infrarotenergie (A) wird von den Optiken (B) auf einem Infrarotdetektor (C) fokussiert. Der Detektor sendet die Informationen zu einer Sensor-Elektronik (D), welche die Bildverarbeitung vornimmt. Die Elektronik übersetzt die vom Detektor kommenden Daten in ein Bild (E), das im Sucher oder auf einem standardmäßigen Videomonitor betrachtet werden kann.

Warm

Kalt　Heiß

4 Infrarotkamera für Thermografische Aufnahmen

Tracergas (Spürgas) ist ein Prüfgas und besteht aus 90 % Stickstoff und 10 % Wasserstoff. Aus dem „verdächtigen" Leitungsabschnitt wird das Wasser abgelassen und die Leitung mit dem Tracergas unter Druck gesetzt. Über einen Sondenschlauch zwischen Leitungsdämmung und Rohrleitung ermittelt ein Gasspürgerät auch geringste Mengen des aus einem Leck austretenden Gases, → 2.
In Gebäuden sind damit kleinste Lecks eingrenzbar, z. B. geringes Tropfen an einer Überwurfmutter. Das Verfahren wird auch bei erdverlegten Leitungen angewandt. Befestigte Oberflächen werden dazu z. B. in 1-m-Abständen durchbohrt, um Gas ins Gasspürgerät zu saugen.

Färbemittel in verschiedenen Farben können dem Wasser einzelner Rohrabschnitten zugesetzt werden. Einige sind nur durch Bestrahlung mit UV-Licht sichtbar. So kann zunächst der lecke Rohrstrang ermittelt und näher untersucht werden, z. B. mit dem Endoskop.

Das **Korrelationsverfahren** ist auch ein elektroakustisches Verfahren, aber mit 2 Mikrofonen. Aus der Laufzeitdifferenz der Schallwellen wird die Lage des Lecks errechnet. Es wird bei erdverlegten Leitungen und in Gebäuden mit sehr langen Leitungssträngen in Kanälen oder Schächten angewendet.

Selbstverständlich sind die genannten Verfahren auch bei Abwasser- und Heizungsleitungen einsetzbar.

Grundsätzlich gilt:
In schwierigen Fällen – und die meisten sind schwierig – müssen mehrere der vorgenannten Verfahren miteinander kombiniert werden. Neben gut geschulten und erfahrenen Fachleuten ist auch eine teure Ausrüstung Voraussetzung für eine erfolgreiche Leckortung.

2 Das Gasspürgerät erschnüffelt über einen Saugschlauch feinste Tracergaskonzentrationen

Der Endoskopkopf ist nach allen Seiten hin dreh- und neigbar.

1 Das Endoskop zeigt verborgene Stellen, z. B. hinter Wannenverkleidungen

Übungen:

1. Welche technischen und welche gesetzlichen Vorschriften gelten hauptsächlich für das Verlegen von Trinkwasserleitungen?
2. Nennen Sie 5 wichtige Grundsätze für das verlegen von Trinkwasserleitungen
3. a) Was versteht man unter Stagnationswasser?
   b) Wie kann man Stagnationswasser vermeiden?
4. Wie werden rationell Verteiler gebaut?
5. a) Warum muss unter Umständen Trinkwasser im Gebäude besonders behandelt werden?
   b) Welche Geräte gibt es dafür; nennen Sie mindestens 4.
6. a) Warum sind Feinfilter für Trinkwasser einzubauen?
   b) Welche Arten von Feinfiltern gibt es?
   c) Nennen Sie Vor- und Nachteile der einzelnen Arten.
   d) Wo und wann sind Feinfilter einzubauen?
7. a) Nennen Sie Vorteile alternativer Trinkwasserbehandlung.
   b) Beschreiben Sie die Wirkungsweise eines Gerätes.
8. a) Warum müssen TW-Leitungen u. U. desinfiziert werden?
   b) Welche TW-Anlagen sind besonders gefährdet? Geben Sie dafür Gründe an.
9. a) Welche Maßnahmen gibt es gegen verkeimte Leitungssysteme?
   b) Nennen Sie 2 Verfahren, die mit Strom arbeiten.
   c) Wann kann man die einzelnen Verfahren anwenden, wann nicht?
   d) Beschreiben Sie eines dieser Verfahren näher.
10. Welche Nachteile hat die thermische Desinfektion?
11. Beschreiben Sie die Dichtheitsprüfung einer neuen TW-Leitung
    a) aus Metallrohr,
    b) aus Kunststoffrohr.
12. Beschreiben Sie 2 Arten, um TW-Leitungen zu spülen.
13. a) Welche Schäden können Lecks in TW-Leitungen verursachen?
    b) Welche Möglichkeiten gibt es, um Lecks in der Wand zerstörungsfrei aufzuspüren?

6 Armaturen

6.1 Aufgaben – Anforderungen

Armaturen[1] sind Ausrüstungsteile von Rohrleitungen, Sanitärapparaten, Heizkesseln u. Ä.

Sie dienen zum:
- Absperren der Rohrleitungen
- Regeln der Durchflüsse
- Messen und Kontrollieren des durchfließenden Mediums
- Entnehmen von Wasser, Gas u. Ä.

Es gibt dafür mehr als 350 technische Regeln, wie DIN- bzw. DIN EN-, ISO-Normen, DVGW-Blätter; eine allgemeingültige Regel gibt es nicht.

Nach den **Aufgaben** unterscheidet man, ➔ 1:
- Absperr-, Drossel- und Entleerungsarmaturen
- Sanitärarmaturen wie Auslaufarmaturen, Mischarmaturen und Spülarmaturen für Klosetts und Urinale
- Gas-, Abfluss-, Heizungsarmaturen u. a.
- Sicherheits- und Regelarmaturen
- Sicherungsarmaturen
- Mess-, Prüf- und Anzeigearmaturen

Anforderungen an Armaturen

Armaturen sollen:
- leicht zu montieren und einfach auszutauschen sein
- aus korrosionsbeständigen Werkstoffen gefertigt und damit wartungsarm und kaum störanfällig sein
- formschön sein
- leicht zu bedienen sein
- den Mindestdurchfluss liefern
- druckverlustarm und bei geringem Fließdruck voll funktionsfähig sein
- zulässige Druckstöße nicht überschreiten
- gegen Verbrühen schützen
- geräuscharm sein
- Wasser sparend sein

Leicht zu montieren sind z. B. Standarmaturen, die von oben, also nicht unter dem Waschtisch befestigt werden, ➔ 554.2. Eine defekte Armatur muss leicht **austauschbar** sein, damit die Versorgung mit Wasser oder Gas (Winter!) nicht lange unterbrochen ist.

Korrosionsbeständige Werkstoffe sind Armaturenmessing, Rotguss, Edelstahl oder geeignete Kunststoffe.

Zur **Formschönheit** tragen auch veredelte wie verchromte, vergoldete, farbbeschichtete Oberflächen bei, ➔ 232.1.

Leicht zu bedienen sind z. B. Eingriff- und Thermostatarmaturen, frostsichere Außenventile.
Bei frostsicheren Außenventilen liegt der Ventilkörper im Hausinnern, betätigt wird die Armatur jedoch von außen, ➔ 2. Nach jedem Schließen entleert sich die Außenleitung selbstständig.

[1] armare ⟨lat.⟩: bewaffnen, ausrüsten, mit Geräten versehen

Verwendungszweck	Armaturengruppe	Beispiele
Absperren von Leitungen	Absperr- armaturen	Absperrventile, -schieber, -hähne; in Durchfluss- und Eckform, auch für Wandeinbau; hand- oder automatisch betätigt
Wasser- entnahme	Auslauf- armaturen	Auslaufventile, Mischbatterien, Einzelthermostate, Schwimmer-, Selbstschluss-, Magnetventile, Druckspüler
Regeln	Regelarmaturen für Druck, Temperatur, Volumenstrom	Druckminderer, Einzel- und Zentralthermostate, thermostatische Drosselventile, Durchflussbegrenzer
Schutz der Anlage	Sicherheits- armaturen	Sicherheitsventile, thermische Ablaufsicherung
Schutz des Trink- wassers	Sicherungs- armaturen	Rückflussverhinderer, Rohrunterbrecher, Rohrbe- und -entlüfter, Rohrtrenner, Systemtrenner
Messen, Prüfen	Mess- und Prüfarmaturen	Manometer, Thermometer, Wasserzähler, Messfühler für Druck und Temperatur
Abfluss aus Apparaten	Abfluss- armaturen	Ab- und Überlaufventil, Geruchverschluss

1 Armaturen für Wasserleitungen

2 Frostsichere Außenarmatur

Der **Mindestdurchfluss** von Armaturen ist in DIN 1988-300 festgelegt. Armaturen müssen demnach mindestens so viel Wasser liefern, wie benötigt wird.

Druckverlustarme Armaturen lassen geringe Leitungsdurchmesser zu. Dies erspart Kosten. Enge Leitungen enthalten wenig abgestandenes Wasser (Stagnationswasser). Alle Armaturenhersteller sollten Angaben nach → 1 veröffentlichen, um günstige Armaturen auswählen zu können.

Druckstöße können beim Öffnen und Schließen der Armatur entstehen, → 2. Dies gilt besonders für Eingriffmischer. Da diese ruckartig zu schließen sind, ist die Forderung nach zulässigen Druckstößen nur schwer einzuhalten und liegt auch „in der Hand" des Benutzers.

Gegen **Verbrühen** schützen Thermostatbatterien oder Eingriffmischer mit Anschlagbegrenzer.

In Armaturen entstehen bei Wasserdurchfluss **Geräusche**, → 4. Diese pflanzen sich im Wasser als „Wasserschall" bzw. in Rohrwandungen, besonders in metallenen, als „Körperschall" fort.

Diese Geräusche werden bei eingemauerten Rohren direkt, bei frei liegenden über so genannte Schallbrücken wie Rohrschellen, Rohrdurchführungen, Wandeinbauarmaturen auf Wände und Decken übertragen. Dadurch werden Wände und Decken zum Schwingen angeregt und strahlen Luftschall in Räume ab, → 3.

> Deshalb sind direkte Kontakte von Rohren mit dem Mauerwerk bzw. Schallbrücken durch Körperschall schluckende Einlagen zu unterbrechen.

> Armaturen sollen:
> • günstig für Einbau und Lagerhaltung sein
> • Wasser sparend sein

Günstig für **Einbau und Lagerhaltung** sind Armaturen mit Verschraubungsanschlüssen. Zu einer Grundarmatur passen Anschlussstutzen für vielerlei Rohrarten, → 223.1.

Wasser sparende Armaturen bewahren unser wichtigstes Lebensmittel und sparen auch Energie und Geld.

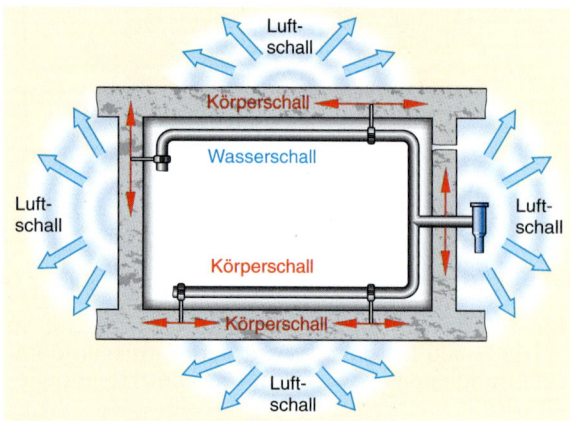

3 Ausbreitung von Armaturengeräuschen

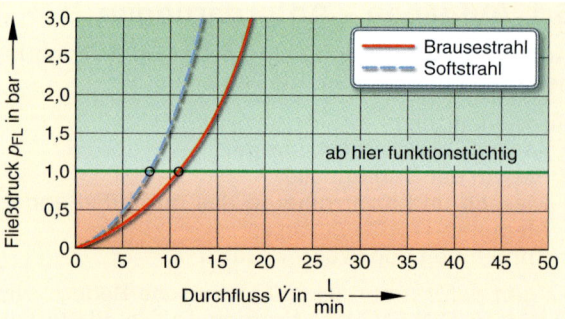

1 Funktionsfähigkeit von Armaturen, abhängig von Fließdruck und Durchfluss

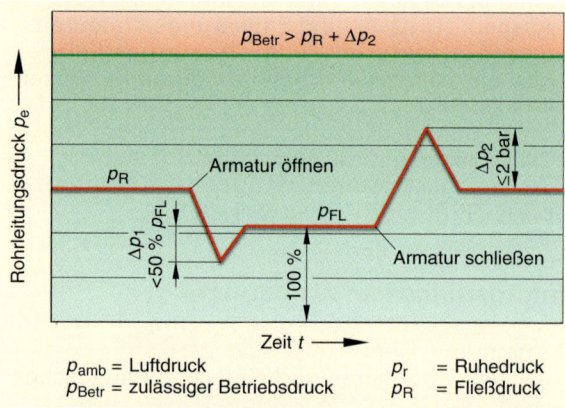

p_{amb} = Luftdruck p_r = Ruhedruck
p_{Betr} = zulässiger Betriebsdruck p_R = Fließdruck

2 Druckstöße bei Armaturenbetätigung

	Art der Armatur	Armaturengeräuschpegel L_{ap} für kennzeichnenden Fließdruck oder Durchfluss nach DIN EN ISO 3822-1...-4	Armaturengruppe
1	Auslaufarmaturen	≤ 20 dB(A) oder ≤ 30 dB(A)	I oder II
2	Geräteanschlussarmaturen		
3	Druckspüler		
4	Spülkasten		
5	Durchfluss-Wassererwärmer		
6	Durchflussarmaturen wie - Absperrventil - Eckventil - Rückflussverhinderer		
7	Drosselarmaturen wie Strangregulierventil		
8	Druckminderer		
9	Brause		
10	Auslaufvorrichtungen[1] wie - Strahlformer - Durchflussbegrenzer - Rohrbelüfter - Rückflussverhinderer - Kugelgelenk	≤ 15 dB(A)	I
		≤ 25 dB(A)	II

[1] Für Auslaufarmaturen mit Auslaufvorrichtungen und für Eckventile sind Durchflussklassen mit maximalen Durchflüssen festgelegt, → 223.3

4 Armaturengeräuschgruppen nach DIN 4109

Als Wasser sparende Armaturen gelten:
- berührungslos gesteuerte Armaturen
- Selbstschlussarmaturen
- Thermostatmischbatterien (auch in Kombination mit vorgenannten Armaturen)
- Klosettspülkästen mit Spartaste
- Urinale, auch im privaten Bereich, besonders mit Spülautomatik
- Eingriffmischer - mit erheblichen Einschränkungen

Nach DIN 4109 – *Schallschutz* – gelten zulässige Schallpegel für schutzbedürftige Räume wie Wohn-, Schlaf-, Unterrichts- und Arbeitszimmer, Büros, ➜ 71.3. Der Höchstwert beträgt 30 dB(A).

Dass der Höchstwert von 30 dB(A) durch Trinkwasseranlagen nicht überschritten wird, gilt als nachgewiesen, wenn:
- Armaturen mit Prüfzeichen und der entsprechenden Durchflussklasse verwendet werden, ➜ 2, 3
- der Ruhedruck vor Armaturen kleiner als 5 bar bleibt
- Absperrarmaturen voll geöffnet sind; sie sollen nicht zum Drosseln verwendet werden, ausgenommen Drosselventile
- die flächenbezogene Masse m'' einschaliger Wände, an denen Armaturen und Rohrleitungen befestigt sind, $m'' \geq 220$ kg/m^2 beträgt, ➜ 92.1
- Armaturen, Geräte und deren Rohrleitungen normgerecht zu schutzbedürftigen Räumen angeordnet sind

Die in **Rohrleitungen** entstehenden Geräusche kann man gegenüber den durch Armaturen hervorgerufenen vernachlässigen.

Strömungsgünstige Formstücke in Leitungen, wie Bogen statt Winkel, verbessern das Geräuschverhalten praktisch nicht.

Zum **Schutz gegen Krankheitsübertragung** ist für Arbeitsräume und Toiletten im Bereich der Medizin[1], der Fleisch[2]-, der Milchverarbeitung[3] und in gewerblichen Küchen[4] verpflichtend, dass Auslaufarmaturen:
- nicht mit der Hand betätigt werden dürfen
- zum Reinigen der Hände fließendes Wasser, kalt und warm oder auf eine angemessene Temperatur vorgemischt, liefern müssen

Im Hinblick auf **Legionellen** soll:
- sich Brausekopf und Brauseschlauch nach Benutzung selbsttätig entleeren
- sichergestellt sein, dass man sich an Entnahmestellen, z. B. bei thermischer Desinfektion, nicht verbrühen kann
- an Ausläufen Aerosolbildung[5] vermieden werden, z. B. durch geeignete Brausen oder Strahlformer, ➜ 229.1, die einen weichen Wasserstrahl liefern, der bei Aufprall, z. B. auf die Waschtischkeramik, nicht spritzt und zerstäubt

1 Verteiler-Armaturen mit Verschraubungsanschluss für vielerlei Rohrarten

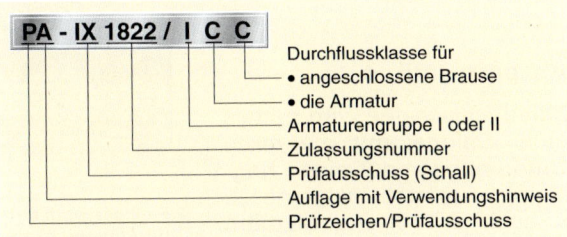

2 Prüfzeichen einer Wannenbatterie

PA - IX 1822 / I C C
- Durchflussklasse für
  - angeschlossene Brause
  - die Armatur
- Armaturengruppe I oder II
- Zulassungsnummer
- Prüfausschuss (Schall)
- Auflage mit Verwendungshinweis
- Prüfzeichen/Prüfausschuss

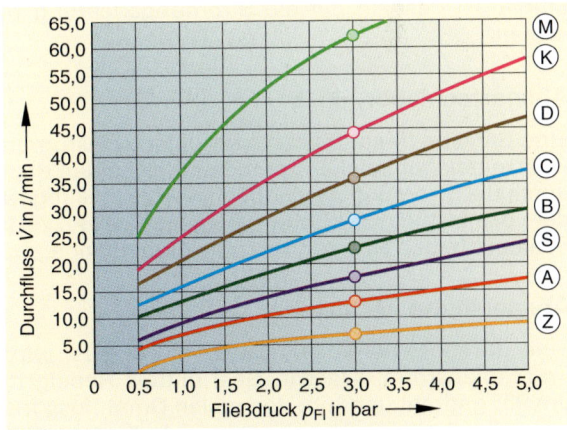

3 Durchflussklassen für Auslaufvorrichtungen

Armaturen, die in die Gebäudeautomation GA bzw. Gebäudeleittechnik GLT einbezogen werden sollen, müssen vollautomatisch sein.

[1] Unfallverhütungsvorschrift Gesundheitsdienst, BGV C8
[2] Fleischhygiene-Verordnung
[3] Milchverordnung
[4] Infektionsschutzgesetz
[5] Aerosol: feinste Verteilung flüssiger Stoffe in Luft

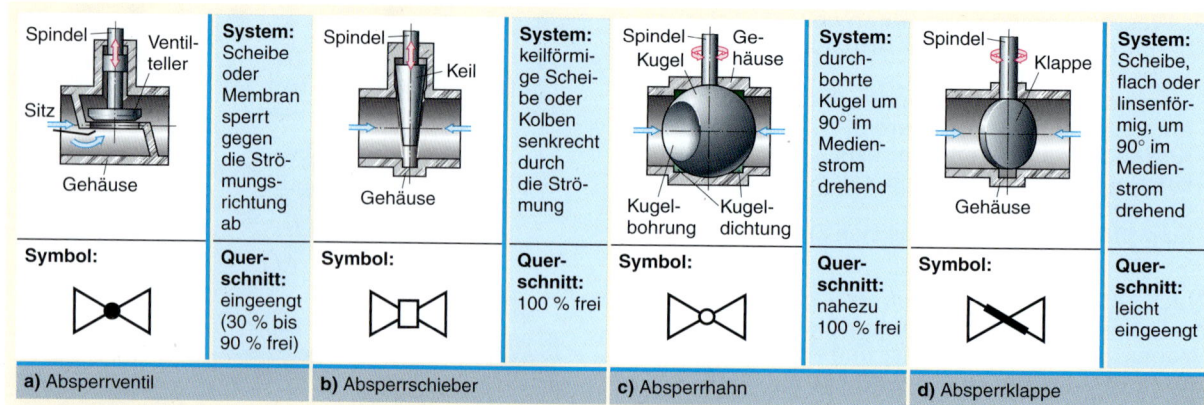

a) Absperrventil		b) Absperrschieber		c) Absperrhahn		d) Absperrklappe	
Spindel, Ventilteller, Sitz, Gehäuse	**System:** Scheibe oder Membran sperrt gegen die Strömungsrichtung ab	Spindel, Keil, Gehäuse	**System:** keilförmige Scheibe oder Kolben senkrecht durch die Strömung	Spindel, Kugel, Gehäuse, Kugelbohrung, Kugeldichtung	**System:** durchbohrte Kugel um 90° im Medienstrom drehend	Spindel, Klappe, Gehäuse	**System:** Scheibe, flach oder linsenförmig, um 90° im Medienstrom drehend
Symbol:	**Querschnitt:** eingeengt (30 % bis 90 % frei)	**Symbol:**	**Querschnitt:** 100 % frei	**Symbol:**	**Querschnitt:** nahezu 100 % frei	**Symbol:**	**Querschnitt:** leicht eingeengt

1 Unterscheidungsmerkmale von Absperrarmaturen

6.2 Absperrarmaturen

Zum Absperren von Leitungen dienen:
- Absperrventile
- Absperrschieber
- Absperrhähne
- Absperrklappen

Absperrventil, ➜ 1a

Eine Dichtscheibe wird mittels einer Spindel mit mehreren Umdrehungen auf einen ringförmigen Metallsitz gepresst, s. auch ➜ 2, 3. Das Medium muss gegen den Ventilteller strömen (Ausnahme: Magnetventile, ➜ 226.2). Beim Einbau ist deshalb auf die Strömungsrichtung zu achten.

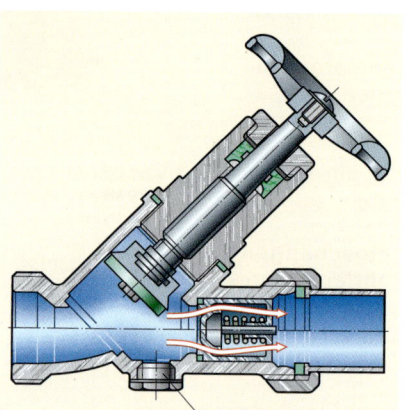

2 Freiflussventil strömungsgünstig – hier mit Rückflussverhinderer

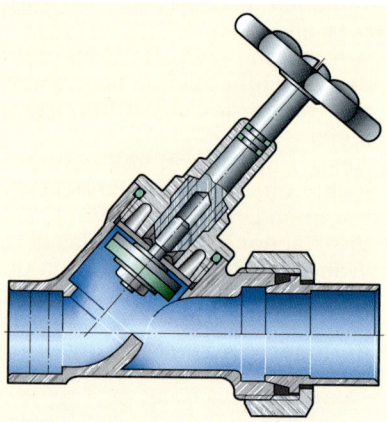

3 Schrägsitzventil – hier mit Lötstutzen

Absperrschieber, ➜ 1b

Eine Scheibe (Metall) bzw. ein Kolben (Elastomer) wird mittels zahlreicher Spindelumdrehungen quer durch die Strömung geschoben. In Offenstellung ist der volle Leitungsquerschnitt freigegeben, ➜ 225.1. Schieber haben eine sehr geringe Einbaulänge.

Absperrhahn, ➜ 1c

Eine durchbohrte Kugel, früher ein Konus, wird im Medienstrom (Wasser, Gas) mittels Hebelgriff um 90° gedreht und gibt den vollen Durchfluss frei oder sperrt ab. Die hochglanzpolierte Kugel (messing-verchromt oder Edelstahl) dichtet gegen eingelegte Elastomerringe, ➜ 225.2, bei Wasser meist aus EPDM oder IIR, bei Gas und Öl meist NBR.

Absperrklappe, ➜ 1d

Eine Scheibe als Absperrkörper wird mittels Hebel um 90° um ihre Achse gedreht. Sie dichtet durch einen eingelegten Elastomerring.

Nach DIN 1988-1 dürfen in Trinkwasserleitungen nur strömungsgünstige Absperrarmaturen eingebaut werden.

Strömungsgünstige Armaturen sind:
- Freiflussventile
- Schrägsitzventile
- (Kolben)Schieber
- Kugelhähne

Freiflussventile werden auch kombiniert mit Rückflussverhinderern, ➜ 2. Sie werden dann **KFR-Ventil** genannt. Freiflussventile sind nicht genormt.

Schrägsitzventile nach DIN 3502, ➜ 3, ähneln Freiflussventilen, haben aber etwas größeren Durchflusswiderstand.

Schieber, auch **Kolbenschieber** genannt, nach DIN 3500, ➜ 225.1, haben von allen Armaturen den geringsten Durchflusswiderstand.

Kugelhähne, ➜ 225.2, sollen nur zum Absperren bei Wartungsarbeiten verwendet werden. Die Kugel dichtet gegen einen Einsatz:
- aus EPDM bei Wasser, Kennzeichen grüner Griff
- NBR bei Gas, Kennbuchstaben „G" bzw. gelber Griff

Kugelhähne gibt es für Nenndruck PN 1 bar oder 4 bar. Auf die Druckangabe ist zu achten.

Nicht verwendet werden sollten:
- Konushähne
- Geradsitzventile

Konushähne sind für Trinkwasser ungeeignet, da sie Metall auf Metall dichten; auch in Gasleitungen baut man sie nicht mehr ein.

Geradsitzventile sind strömungsungünstig und nur bei ausreichendem Druck in Stockwerksleitungen für Fließgeschwindigkeiten ≤ 2,5 m/s zulässig.

Ventile und Schieber gibt es mit:
- steigender Spindel
- nicht steigender Spindel

Bei Armaturen mit **steigender Spindel** ist am Hub die Ventilöffnung in etwa zu erkennen, ➔ 3a.

Bei Armaturen mit **nicht steigender Spindel** bleibt der Griff immer in gleicher Höhe, ➔ 3b. Das gibt eine gute Optik. Auf die Spindelabdichtung wirken keine axialen Kräfte – dadurch bessere Haltbarkeit. Der Ventilteller am langen, meist sechseckigen Schaft, wird im Oberteil gut geführt und kann nicht rattern (geräuscharm). Die Spindel wird durch O-Ringe oder besser durch eine stets leichtgängige Lippendichtung gegen das Gehäuse gedichtet. Stopfbuchsdichtungen, findet man nur noch bei Billigmodellen.

Wandeinbau-Absperrarmaturen, ➔ 4:
- sollen für beliebige Einbautiefen geeignet sein
- ihre Oberteile sollen leicht austauschbar sein

Mit Steckanschluss sind sie schnell mit der Rohrleitung verbunden.

Eckventile, ➔ 5, für Standarmaturen, z. B. bei Waschtischen oder für Spülkästen, sollen stets ganz geöffnet sein, da sie sonst „pfeifen" können. Sie dürfen nicht zum Drosseln des Wasserstromes verwendet werden.

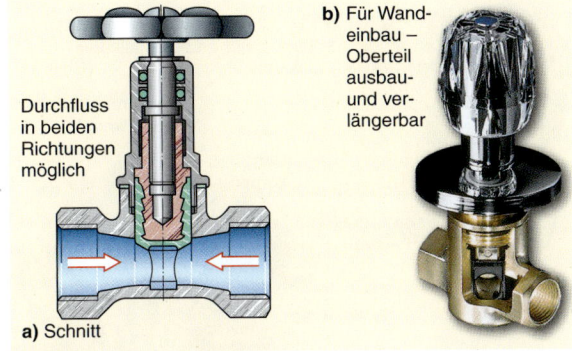

1 Kolbenschieber für Wandeinbau

Durchfluss in beiden Richtungen möglich

a) Schnitt

b) Für Wandeinbau – Oberteil ausbau- und verlängerbar

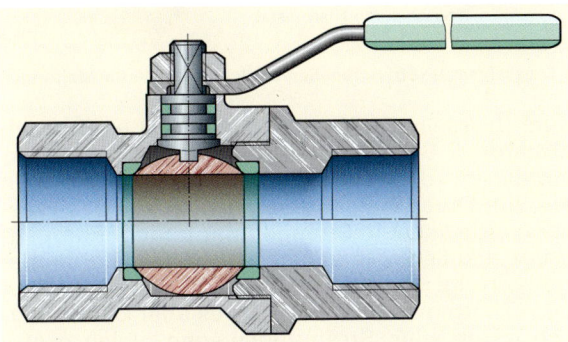

2 Kugelhahn für Trinkwasser, für Gas mit gelbem Griff

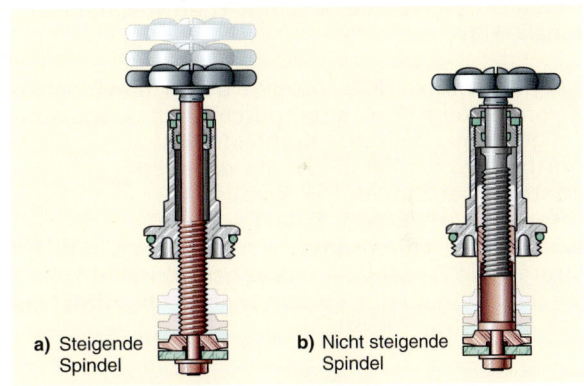

a) Steigende Spindel

b) Nicht steigende Spindel

3 Spindel an Armaturen

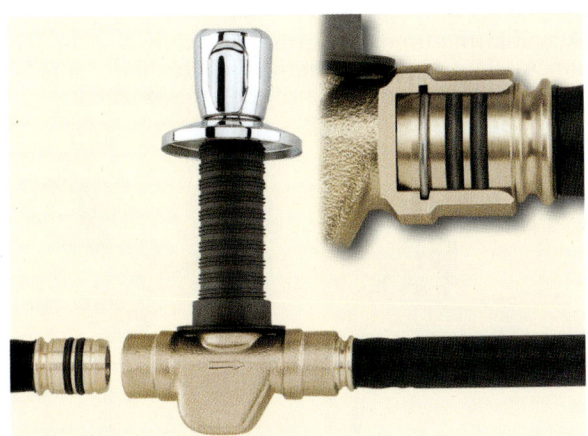

4 Wandeinbauventil mit Steckanschluss

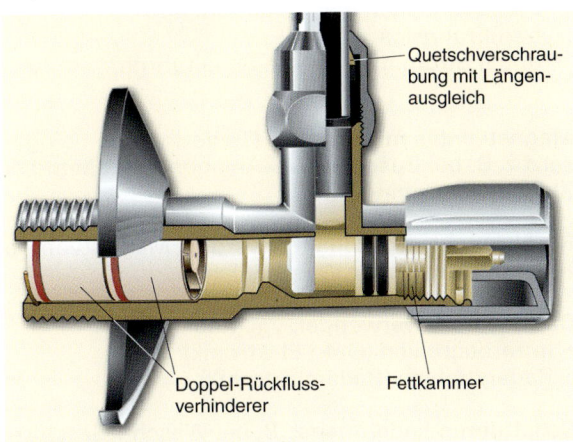

Quetschverschraubung mit Längenausgleich

Doppel-Rückflussverhinderer

Fettkammer

5 Eckventil

6

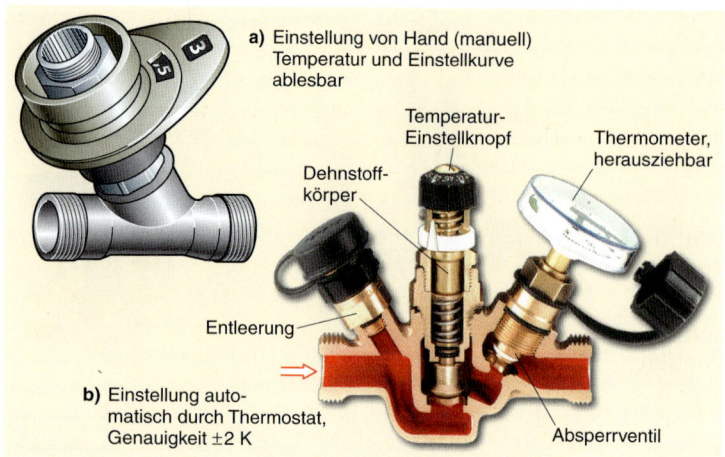

1 Drosselventile (Strangregulierventile) für Zirkulationsleitungen

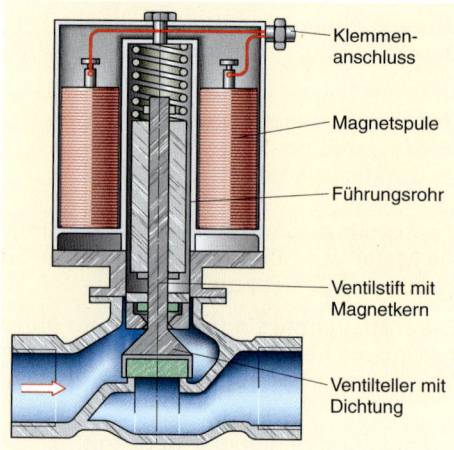

2 Magnetventil – stromlos geschlossen

Zum Drosseln des Wasserstroms gibt es **Drossel-armaturen**. Sie setzt man z. B. als Strangregulierventile in Teilsträngen von Zirkulationsanlagen ein, um Drucküberschüsse abzubauen. Das Wasser würde sonst in Strängen mit hohem Pumpendruck zirkulieren, in anderen nicht. Die Einregulierung erfolgt von Hand mithilfe von Einstellskalen oder Thermometern, ➔ 1a. Da es aber kaum möglich ist, in allen Strömungswegen gleich große Druckverluste einzuregulieren, sind selbstregulierende Drosselventile, z. B. mit Thermostataufsatz, ideal, ➔ 1b.

Magnetventile, ➔ 2, werden durch elektrischen Strom betätigt. Eine stromdurchflossene Spule erzeugt ein magnetisches Kraftfeld. Dieses zieht Eisen dorthin, wo die Feldlinien am dichtesten sind (im Zentrum der Spule). Der Ventilstift ist von einem Eisenkern umgeben. Eine Feder, oberhalb des Eisenkernes angeordnet, schließt das Ventil im stromlosen Zustand (stromlos geschlossen).
Ist sie unterhalb des Kernes angebracht, öffnet sie es (Ventil stromlos offen).

Magnetventile werden geschaltet:
• durch Betätigen von Schaltern
• berührungslos
• durch Stromimpulse von Schaltuhren

Magnetventile **mit Schalter** (Taster) werden eingesetzt z. B. bei Duschen, WC-Anlagen, vor allem bei Klosetts für Behinderte.

Berührungslos geschaltet werden Magnetventile z. B. bei Urinal- oder Waschanlagen.

Dafür werden verwendet, vgl. Kap. 6.3.5:
• Infrarotstrahlen (Opto-Elektronik)
• Radarstrahlen (Radarelektronik)

Schaltuhren findet man z. B. bei Wasch-, Geschirrspülmaschinen, Urinalanlagen.

6.3 Auslaufarmaturen

6.3.1 Einteilung der Auslaufarmaturen

Bei Auslaufarmaturen zur Wasserentnahme aus Kalt- und Warmwasserleitungen unterscheidet man:
• Auslaufventil und Auslaufhahn an einer einzelnen Kalt- oder Warmwasserleitung
• Mischbatterien an beiden Leitungen

6.3.2 Auslaufarmatur für Einzelleitungen

Als Auslaufarmatur für eine einzelne Leitung gibt es:
• einfache Auslaufarmaturen
• Schwimmerventile
• Selbstschlussventile
• Sanitärarmaturen (s. Kap. 6.3.3)

Einfache Auslaufarmaturen gibt es als
• Auslaufventil
• Kugelhahn

Sie sind aus Messing, poliert oder matt verchromt. Sie werden mittels Knebel, Handrad, Steckschlüssel oder Hahngriff betätigt. Im Auslauf steckt als einfacher Strahlformer ein Blechstern.

Auslaufarmaturen für Garten, Heizraum o. Ä. haben am Auslauf ein Gewinde für Schlauchanschlüsse, ➔ 3, oder für Durchflussrohrbelüfter, ➔ 255.2.

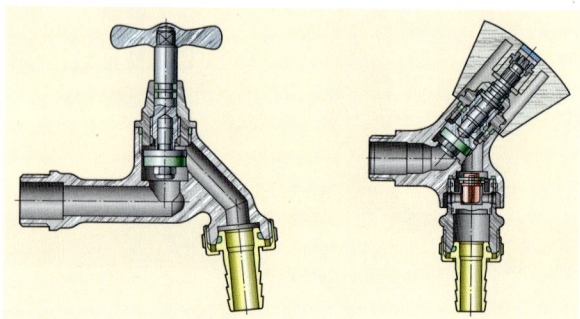

3 Auslaufventile mit Schlauchverschraubung

Schwimmerventile, ➔ 1, regeln selbsttätig den Wasserstand in Vorratsbehältern wie Spülkästen, ➔ 242.2, oder von Pumpen, ➔ 190.2c.

> Ihr Auslauf muss $h \geq 2d_i$, mindestens 20 mm, über dem höchstmöglichen Wasserstand enden.

Selbstschlussventile steuern nach Betätigen eines Hilfsventils die Wasserabgabe. Sie schließen automatisch, ➔ 2.
Die Betätigung kann erfolgen:
- von Hand
- mit Fuß
- durch elektrischen Impuls

Selbstschlussventile werden eingesetzt als:
- Auslaufarmatur
- Durchflussarmatur, ➔ 2
- Mischarmatur, ➔564.1
- Druckspüler, ➔ 246.1

Drückt man den Betätigungsknopf (**Signalglied**, **Eingangsgröße**), ➔ 2, fließt Wasser aus der Gegendruckkammer über das Hilfsventil (**Steuerglied**) und über den Entleerungskanal ab, sodass in der Gegendruckkammer der Druck abfällt. Der nun höhere Druck (**Steuergröße**) in der Zuleitung schiebt den Ventilkörper in die Gegendruckkammer. Das Hauptventil (**Stellglied**) öffnet, Wasser fließt. Über den Druckausgleichskanal füllt sich die Gegendruckkammer. Das Hauptventil schließt rückschlagfrei.

Mit der Regluliernadel (**Zeitglied**) wird der Hub des Hauptventils begrenzt und damit die Spüldauer eingestellt. Jede Bewegung des Ventilkörpers reinigt den Druckausgleichskanal.

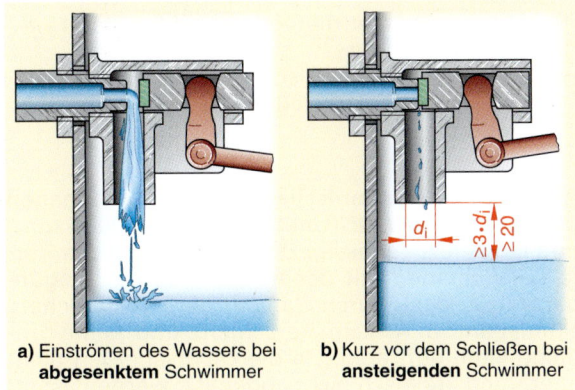

a) Einströmen des Wassers bei **abgesenktem** Schwimmer

b) Kurz vor dem Schließen bei **ansteigenden** Schwimmer

1 Schwimmerventil

6.3.3 Sanitärarmaturen

Sanitärarmaturen nach DIN EN 200 sind für Sanitärapparate bestimmt, die der Hygiene dienen, wie Waschtisch, Dusch- und Badewanne. Sie sind aus Messing, mit meist veredelter Oberfläche, z. B. verchromt, vergoldet, farbbeschichtet.

Ihre Griffe aus Messing, veredelt, oder Acryl, glasklar oder eingefärbt, gibt es in vielerlei Formen, wie Krone, Haube, Drei- oder Vierspitz, ➔ 230.1

Die Griffe sind markiert:
- für kaltes Wasser: blau
- für warmes Wasser: rot

Ventilsitz und Auslauf liegen im Armaturenunterteil. Ventilsitze für Ventile nach ➔ 226.2, können bei festem Zudrehen durch Gewindespäne, Sand- oder Kalkteilchen, die am Dichtgummi haften, beschädigt werden.

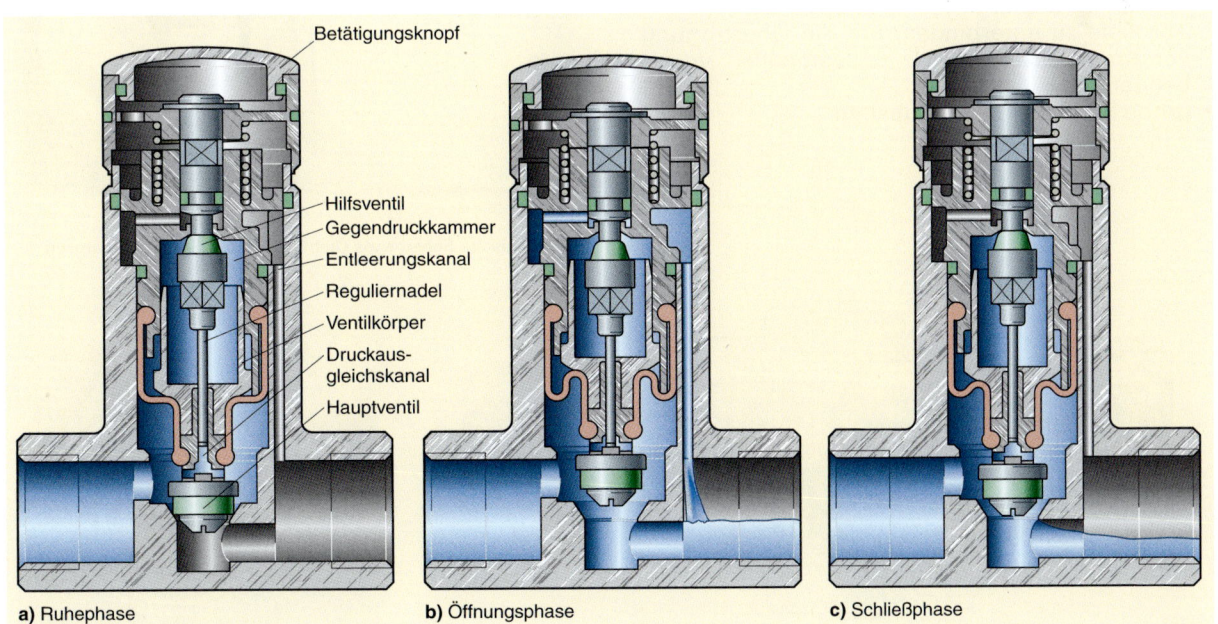

Betätigungsknopf

Hilfsventil
Gegendruckkammer
Entleerungskanal
Regluliernadel
Ventilkörper
Druckausgleichskanal
Hauptventil

a) Ruhephase

b) Öffnungsphase

c) Schließphase

2 Selbstschlussventil als Durchflussarmatur

Deshalb verwendet man heute bei Sanitärarmaturen:
- Armaturen mit keramischen Scheiben
- Oberteile mit federgelagerter Gummidichtmanschette

Armaturen mit keramischen Scheiben, ➔ 1, haben genauen Planschliff (Unebenheit ca. 0,000 6 mm) und dichten zuverlässig. Die diamantähnliche Härte der Scheiben mit der hohen Oberflächengüte garantiert, dass durch Sandkörner, Rostteilchen, Stahlspäne u. Ä. kein Verschleiß und keine Undichtheiten auftreten. Da die Dichtscheiben nicht altern und praktisch nicht abgenutzt werden, ist ihre Lebensdauer extrem hoch.

Eingesetzte Siebe sind keine Schmutzfänger, sondern mindern Fließgeräusche.

Oberteile mit federgelagerter Gummidichtmanschette nach ➔ 2 helfen auch bei extremen Wasserverhältnissen, wenn keramische Scheiben schwergängig werden.

Strahlregler (Strahlformer)

An Ausläufen vieler Sanitärarmaturen für Wanne, Wasch- und Spültisch sind Strahlregler angeschraubt, ➔ 3. Da sie nicht regeln, sondern nur formen, müssten sie Strahlformer heißen.
Für Strahlregler sind Anforderungen an Durchfluss und Armaturengeräusch in DIN EN 246 festgelegt, ➔ 222.4.
Aufgaben eines Strahlreglers sind:
- einen weichen, nicht spritzenden Wasserstrahl zu formen
- Armaturengeräusche zu dämpfen
- Wasser- und Energiekosten zu sparen
- Aerosole zu unterbinden, um die Übertragung von Krankheitserregern, z. B. Legionellen, vorzubeugen
- grobe Feststoffe zurückzuhalten

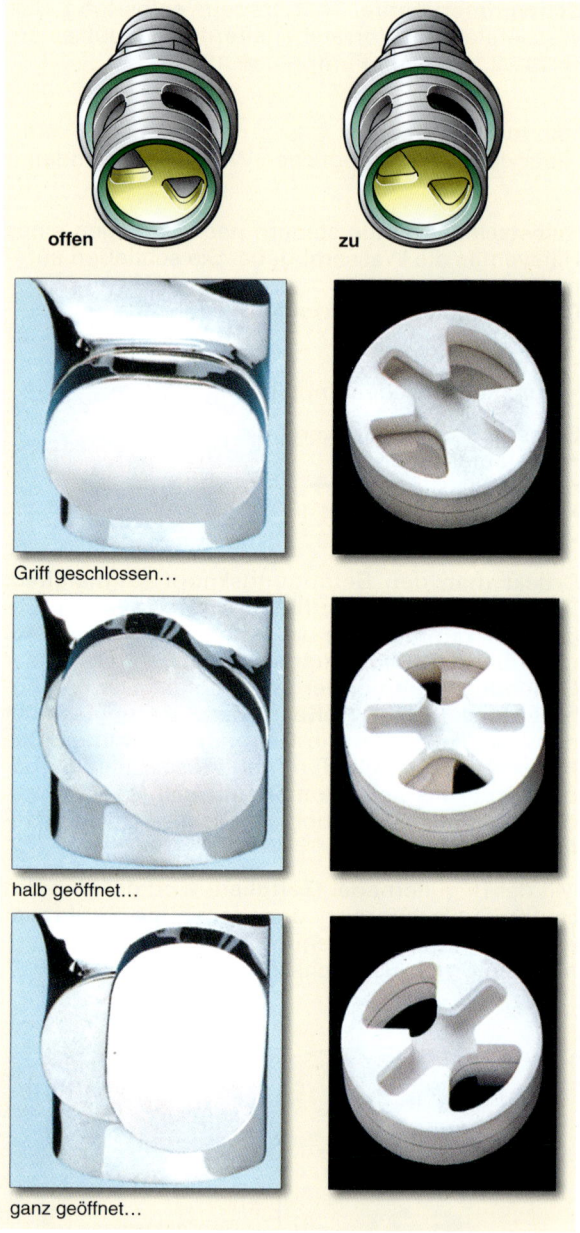

offen   zu

Griff geschlossen…

halb geöffnet…

ganz geöffnet…

1 Keramische Scheibe als Dichtelement in Sanitärarmaturen

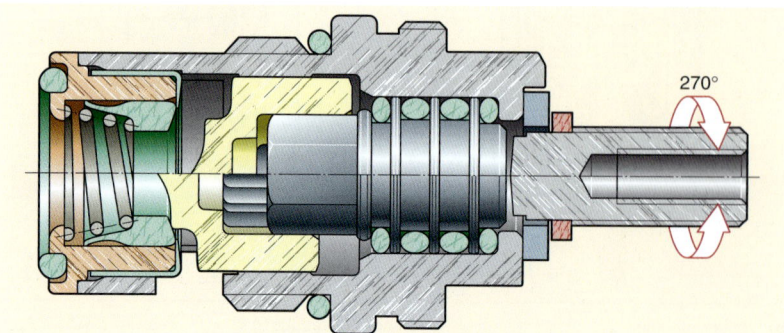

270°

2 Ventiloberteil mit federgelagerter Gummimanschette

3 Auslauf mit Strahlregler

Mögliche Strahlformen sind, ➔ 1:
• weicher Komfortstrahl
• klarer Laminarstrahl
• Brausestrahl

Der weiche **Komfortstrahl** entsteht, wenn dem Wasserstrahl Luft beigemischt wird, ➔ 1a.

Einen **Laminarstrahl**, Strahl ohne Verwirbelungen, erhält man, wenn keine Luft beigemischt wird, ➔ 1b.

Ein **Brausestrahl** ist Wasser sparend, erlaubt trotzdem gutes Abspülen der Hände oder von Geschirr und wird in öffentlichen Gebäuden, an Reihenwaschanlagen oder an Spülen verwendet, ➔ 1c.

Strahlregler, besonders für Küchenarmaturen, gibt es auch mit Kugelgelenk und verstellbarer Brause für verschiedene Strahlformen, ➔ 2.

Man unterscheidet Strahlregler
• mit Luftbeimischung
• ohne Luftbeimischung
• „echte" Strahlregler

Strahlregler **mit Luftbeimischung**, so genannte Luftsprudler, ➔ 3a, haben eine Scheibe mit vielen feinen Bohrungen. Dort staut sich der Wasserstrom. Unter der Scheibe entsteht Unterdruck. Dieser saugt die Luft durch einen Ringspalt zwischen Gehäuse und dem nachgeschalteten Kunststoffkörper an. In dessen Stufen wird sie innig mit Wasser durchmischt. So entsteht ein weicher, perlender, nicht spritzender und doch voller Wasserstrahl.

Früher verwendete Siebeinsätze neigten zu sehr zum Verkalken. Strahlregler ohne Luftbeimischung gibt es:
• mit Lochplatte und grobem Sieb
• mit Reglerstern, ➔ 3b

Strahlregler **ohne Luftbeimischung** sind einzusetzen:
• bei Auslaufarmaturen offener (druckloser) Elektro-Wassererwärmer, da sie nicht rückstauen
• in Krankenhäusern, Altersheimen u. Ä., weil sie kaum Aerosole bilden und damit die Legionellengefahr mindern

Bei hohen Drücken lassen sie viel Wasser durch. Dann sollten sie mit Durchflussregler ausgestattet sein, ➔ 4.

Besonders Wasser sparend sind **„echte" Strahlregler**, die unabhängig vom Wasserdruck, den Wasser-durchfluss mit 3 l, 6 l oder 8 l konstant halten. Ein spezieller O-Ring vor der Stauscheibe verändert je nach Wasserdruck seine Form, damit den Durchflussquerschnitt und regelt so den Durchfluss, ➔ 4. Die Wasserersparnis durch Begrenzen und regeln zeigt Bild ➔ 230.1

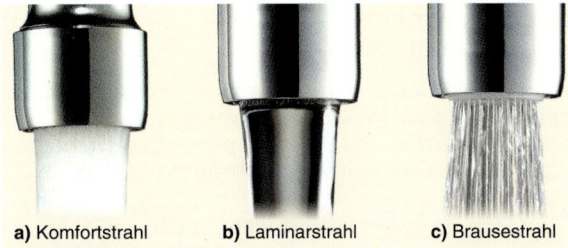

a) Komfortstrahl   b) Laminarstrahl   c) Brausestrahl
1 Strahlformen

a) Brause   b) Vollstrahl
2 Verstellbarer Strahlregler mit Kugelgelenk

a) Mit Luftbeimischung   b) Ohne Luftbeimischung
   (Perlstrahl)   (Laminarstrahl)
3 Strahlregler

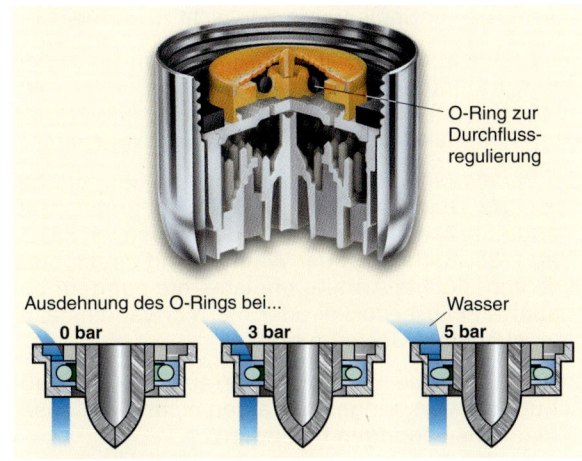

O-Ring zur Durchflussregulierung

Ausdehnung des O-Rings bei...   Wasser
0 bar   3 bar   5 bar

4 „Echter" Strahlregler zum Wasser sparen und für konstanten Durchfluss

Beim Spülen von Leitungen sind Strahlregler abzuschrauben.

Zusätzliche Einrichtungen an Sanitärarmaturen

Um Wasser und Energie zu sparen, können bei hohem Leitungsdruck **Durchflussbegrenzer:**
- in Strahlformer und Brauseköpfe eingesetzt werden
- als eigenes Bauteil vorgeschraubt werden, ➔ 2

Der Einsatz von Durchflussbegrenzern ist aber nur in den unteren Geschossen einzelner Druckzonen bei hohen Gebäuden sinnvoll.

Bei zu hohem Druck in den Obergeschossen, ist ein **Druckminderer** nach dem Wasserzähler zweckmäßiger. Noch besser ist, hohe Drücke im Leitungssystem durch geringere Rohrweiten abzubauen. Dazu sind diese genau zu berechnen.

Auch Armaturen zum Mischen von Kalt- und Warmwasser zählen zu den Sanitärarmaturen. Sie werden wegen des Umfangs aber als eigenes Unterkapitel geführt, s. Kap. 6.3.4.

6.3.4 Mischarmaturen

Mischarmaturen werden auch **Mischbatterien** genannt. Sie gehören zur Gruppe der Sanitärarmaturen. Mischbatterien besitzen einen Kaltwasseranschluss **und** einen Warmwasseranschluss. Sie mischen Kalt- und Warmwasser beim Ausfließen.

Nach der **Montage** unterscheidet man:
- Standbatterie
- Wandbatterie
- Klemm- bzw. Überschubbatterie

Standbatterien, ➔ 3, verwendet man vor allem bei Waschtischen und Bidets. Bei Spülen für Einbauküchen steht bei der Rohrinstallation der Einbauort meist nicht genau fest. Maßabweichungen der Armaturenanschlüsse zur Spülenmitte sind nicht zu vermeiden.

Da später aber die Eckventile für Standbatterien durch Einbaumöbel verdeckt werden, setzt man auch hier gerne Standarmaturen ein, obwohl sie beim Reinigen der Spülen störend im Wege sind.

Bei Badewannen mit breitem Rand, besonders bei Eck- und Diagonalwannen, ➔ 518.1, findet man Standbatterien als **Wannenrandbatterien,** ➔ 231.1. Träger der Batterie ist der Wannenrand direkt, oder eine vorgelochte Armaturenplatte, die auf dem gemauerten Fliesensockel oder, bei Vorwandinstallation, auf einem Gestell ruht.

Im später verdeckten Montageraum dürfen Bauschutt und vorspringende Kanten nicht die Brauseschlauchbewegungen behindern.

Bei guten Standbatterien sind Revisionsöffnungen überflüssig, da alle Servicearbeiten von oben möglich sind. Dadurch kann die Armaturenplatte überfliest werden, wenn die Bohrungen frei bleiben.

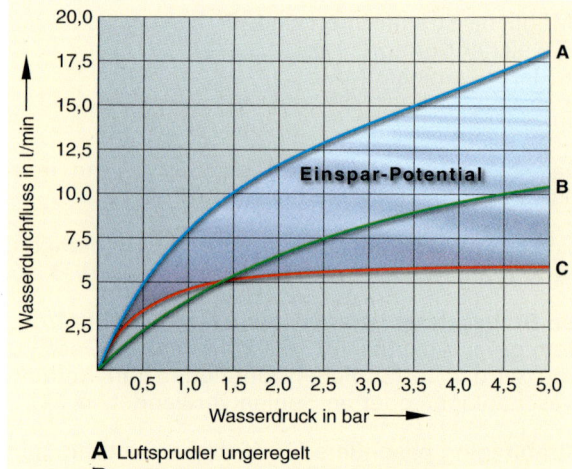

A Luftsprudler ungeregelt
B Luftsprudler mit Begrenzer auf 7,5 l/min … 9 l/min
C „Echter Strahlregler" auf 6 l/min, danach unabhängig

1 Wasser sparen durch Begrenzen und Regeln

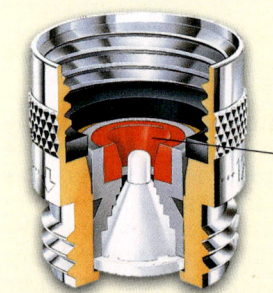

Silikonformteil verändert seinen Querschnitt abhängig vom Fließdruck. Somit wird der genannte Durchfluss auch bei stark schwankenden Fließdrücken gewährleistet.

2 Durchflussbegrenzer

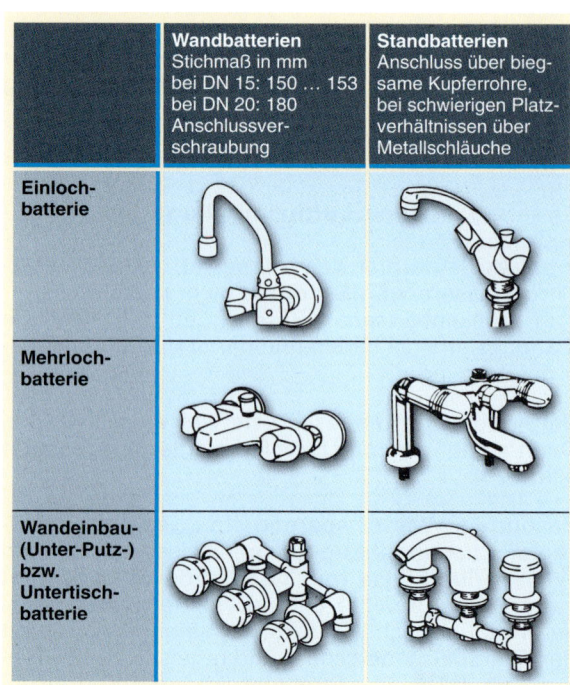

	Wandbatterien Stichmaß in mm bei DN 15: 150 … 153 bei DN 20: 180 Anschlussverschraubung	**Standbatterien** Anschluss über biegsame Kupferrohre, bei schwierigen Platzverhältnissen über Metallschläuche
Einlochbatterie		
Mehrlochbatterie		
Wandeinbau-(Unter-Putz-) bzw. Untertischbatterie		

3 Montagearten für Mischbatterien, hier Zweigriffbatterien

Wandbatterien, ➔ 2, bilden mit Armaturenplatten von Waschtischen usw. keine Schmutzecken, erleichtern die Reinigungsarbeiten und sind somit hygienefreundlich. Deshalb setzt man sie gerne in öffentlichen Gebäuden wie Krankenhäuser, Wohnheimen, Hotels ein.

Sie können vor der Wand (auf Putz) oder in der Wand (Wandeinbaubatterie) montiert werden. Wandbatterien werden meist bei Bade- und Duschwannen, aber auch bei Spülen und Waschbecken verwendet. Manche Hersteller liefern heute Wandeinbaukörper für Mauerwerk oder Trockenausbau, in die später, je nach Wunsch des Benutzers, ein Eingriffmischer oder eine Thermostatbatterie eingesetzt werden kann, ➔ 240.2.

Klemm- bzw. Überschubbatterie werden als Sonderform für Reihenwaschanlagen verwendet.

Man unterscheidet nach dem **Anschlussdruck** Mischbatterien für:
• geschlossene (druckfeste) Anlagen
• offene (drucklose) Anlagen

Geschlossene Anlagen stehen immer unter dem vollen Leitungsdruck. Das ist in der Regel der Fall.

Offene (drucklose) Anlagen stehen mit der Atmosphäre in offener, nicht absperrbarer Verbindung, z. B. Kohlebadeöfen, offene elektrische Wassererwärmer; deren Mischbatterien haben immer drei Anschlussstutzen, ➔ 471.2.

Nach der **Bedienung** kann man Mischbatterien einteilen in:
• Zweigriffbatterien
• Eingriffbatterien, Einhebelmischer
• Thermostatbatterien
• Temperierbatterien

Zweigriffbatterien, z. B. in ➔ 2, 3, mit eigenen Bedienungsgriffen für Kalt- und Warmwasser, sind preisgünstig, wenn es sich nicht um Luxusmodelle mit besonderer Form bzw. veredelter Oberfläche handelt.

Die Mischtemperatur gleich zu halten, ist schwierig, wenn sich der Leitungsdruck oder die WW-Zuflusstemperatur ändert.

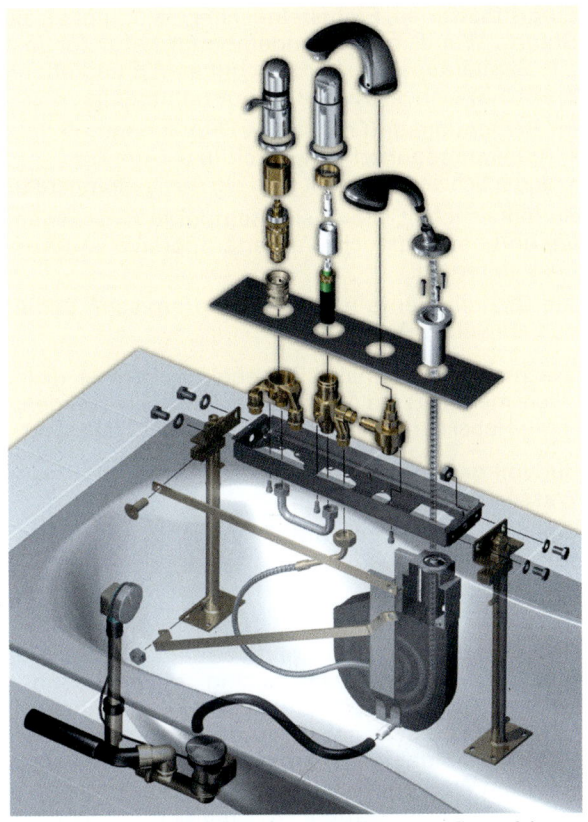

1 Standbatterie für den Wannenrand (Wannenrandbatterie)

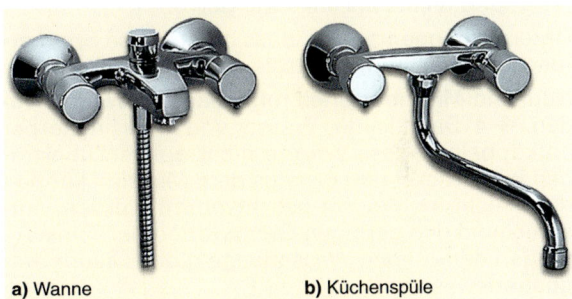

a) Wanne   b) Küchenspüle

2 Zweigriffbatterien

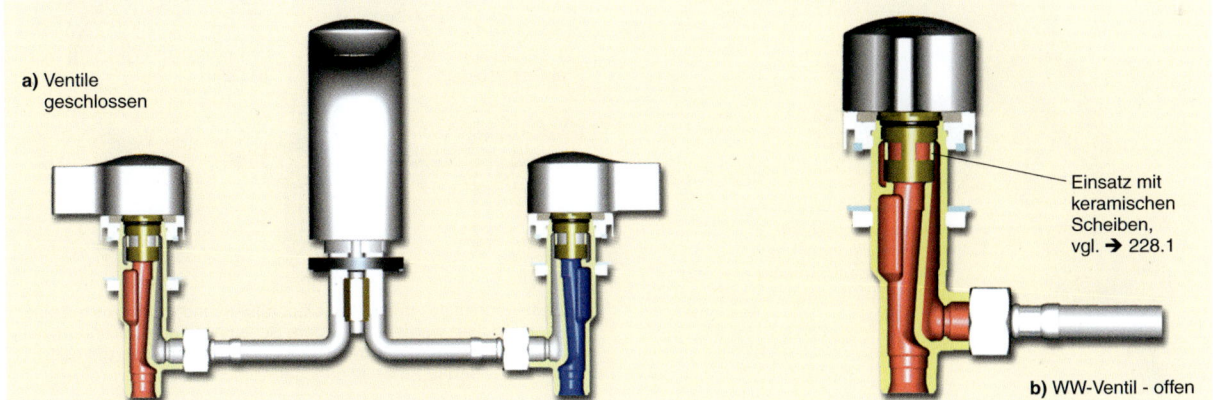

a) Ventile geschlossen

Einsatz mit keramischen Scheiben, vgl. ➔ 228.1

b) WW-Ventil - offen

3 Zweigriff-Standbatterie mit keramischen Scheiben

Eingriffbatterien, Einhebelmischer, ➜ 1, gibt es als Stand-, Wand- oder Wandeinbauarmatur für fast alle Sanitärapparate. Für Durchfluss-WE und offene Elektro-Speicher-WE gibt es Spezialmodelle.

Ihr Bedienungsgriff erfüllt zwei Funktionen, ➜ 2, 3:
• Anheben reguliert den Durchfluss (Auf-Zu)
• durch Schwenken wählt man die Auslauftemperatur

So fällt es leicht, die Auslauftemperatur vorzuwählen und bei Gebrauch Wassertemperatur und Ausfluss zu regeln.

Als Dichtelemente haben sich keramische Scheiben, bewährt, ➜ 3, 228.1.

Nachteilig bei normalen Einhebelmischern ist, dass
• sie meist bis zum Anschlag „aufgerissen" werden,
• ihr Hebel der Optik wegen meist „auf Mitte" steht.

Bei voll **geöffneter Armatur** fließt meist viel mehr Wasser als nötig.

Steht der Hebel **„auf Mitte"**, strömt warmes Wasser oft unnötig aus.

Trinkwasser und Energie werden so verschwendet.

Hebelmischer mit Spareffekt vermeiden dies, ➜ 2:
• Von rechts bis zur Hebelstellung „Mitte" fließt nur kaltes Wasser; das reicht zum Händewaschen.
• Hebt man den Hebel an, spürt man einen Widerstand. Bis dahin („Sparzone") fließen maximal 5 l/min Wasser. Nach Überwinden des Widerstandes, im „Komfortbereich", fließt mehr Wasser mit ständig zunehmender Temperatur von Hebelstellung rechts bis links wie gewohnt.

Untersuchungen zeigen, dass durch diese **Sparkartuschen** Wasser und Energie gespart werden, ➜ 2.

Neu sind **Mischbatterien mit isolierten Wasserwegen**, ➜ 4. Darin ist das Wasser vom Messingkörper entkoppelt, sodass Wärme nicht auf ihn übertragen wird. Nickel und Blei aus dem Messing können nicht nicht ins Wasser geschwemmt werden, entsprechend den geringen Grenzwerten der TrinkwV. Wegen der dünnen Wasserwege gibt es kaum Stagnationswasser.
Das alles spart Energie.

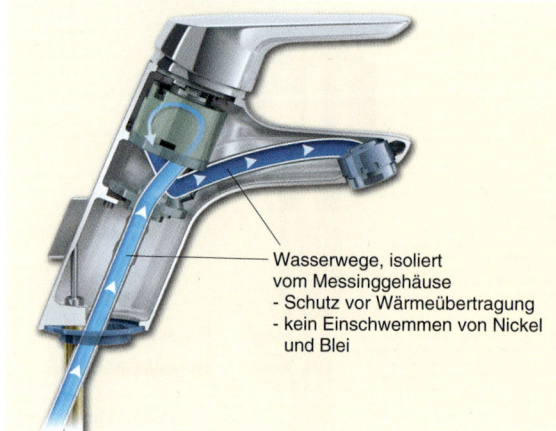

4 Einhebelmischer mit isolierten Wasserwegen

Wasserwege, isoliert vom Messinggehäuse
- Schutz vor Wärmeübertragung
- kein Einschwemmen von Nickel und Blei

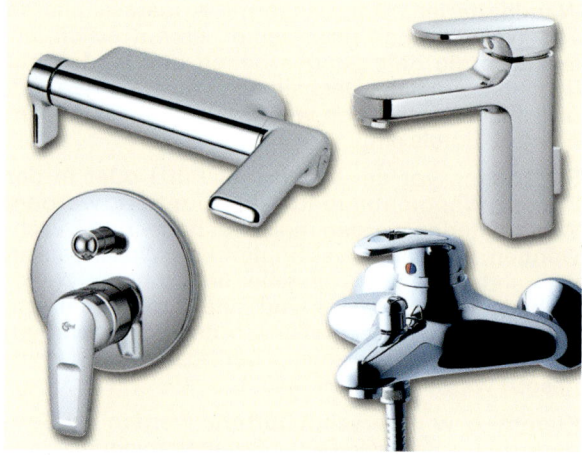

1 Eingriffmischer – Beispiele für Ausführungen

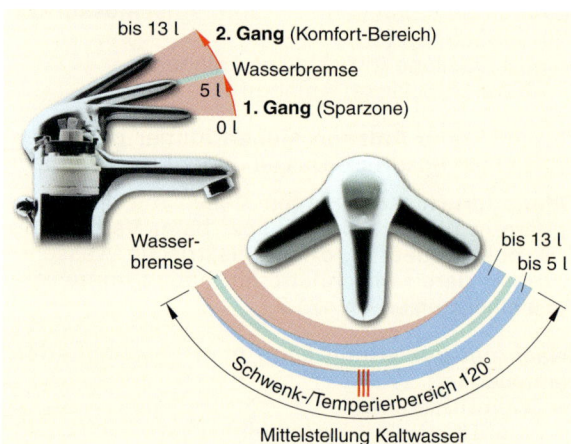

bis 13 l
2. Gang (Komfort-Bereich)
Wasserbremse
5 l
1. Gang (Sparzone)
0 l
Wasserbremse
bis 13 l
bis 5 l
Schwenk-/Temperierbereich 120°
Mittelstellung Kaltwasser

2 Eingriffmischer mit Wasserbremse und Energiesparzone

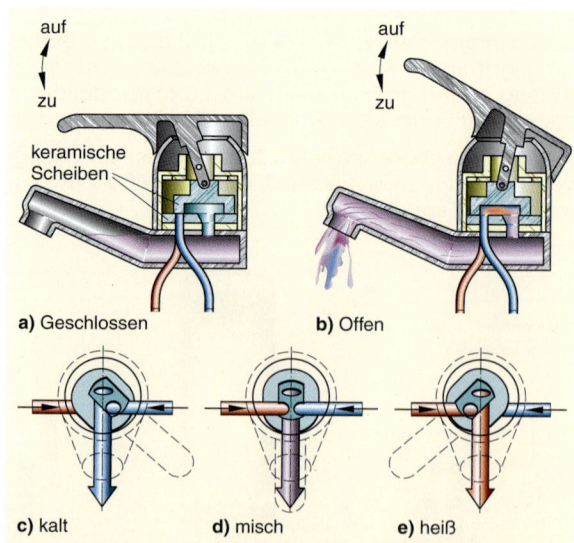

auf
zu
auf
zu
keramische Scheiben

a) Geschlossen   **b)** Offen

c) kalt   **d)** misch   **e)** heiß

Wasserdurchfluss und Mischtemperatur können stufenlos mit einer Hand reguliert werden. Die untere Scheibe mit den Zu- und Ablauföffnungen für Kalt-, Warm- und Mischwasser liegt fest, **die obere mit der Mischkammer** ist dagegen verschiebbar.

3 Einhebelmischer mit keramischen Scheiben – Wasserfluss bei verschiedenen Betriebsstellungen

Thermostatbatterien

Thermostatbatterien[1], z. B. → 1,

- erlauben, die Auslauftemperatur genau vorzuwählen, und halten diese von 20 °C bis 60 °C auf ±1 K konstant, unabhängig von Druck- und Temperaturschwankungen in den Zuleitungen
- lohnen die Anschaffungs- bzw. Nachrüstkosten; Bild → 2 zeigt, wie schnell die gewählte Auslauftemperatur erreicht wird und die Wasser- und Energieeinsparung
- schützen vor Verbrühen (möglich ab 60 °C!)

Thermostatbatterien gibt es als:
- Einzelthermostat
- Zentralthermostat, jeweils als
- Aufputz-Thermostatbatterie
- Wandeinbauthermostat

Einzelthermostate sind für **eine** Entnahmestelle, wie Dusche, Wanne, Waschtisch, Bidet, geeignet.

Zentralthermostate werden für mehrere Entnahmestellen, z. B. für Duschen in Hallenbädern, Sportstätten, Betrieben, eingesetzt. Sie werden durch Einzelthermostate ersetzt, da wegen der Legionellengefahr zwischen Zentralthermostat und Entnahmestelle der Leitungsinhalt < 3 l sein muss.

Aufputz-Thermostatbatterien haben ein Absperrventil zum Regulieren des Ausflusses, → 1.

Wandeinbauthermostate mit Absperrventil (AV), → 3 oder ohne AV, → 234.4, können mehrere Entnahmestelle versorgen. Es sind danach entsprechende Um-schaltventile bzw. jeweils eigene Wandeinbau-Absperrventile vorzusehen, → 550.2.

Spezielle Ausführungen eignen sich auch für Durchfluss-Wassererwärmer.

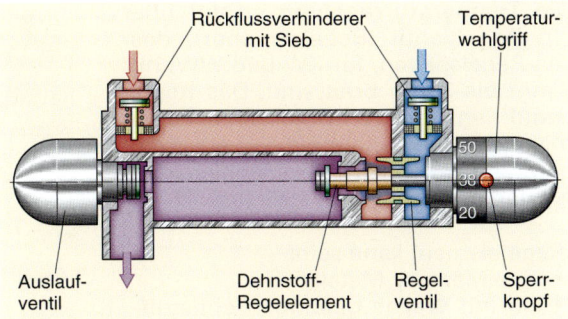

1 Aufputz-Thermostat mit Dehnstoffregelelement

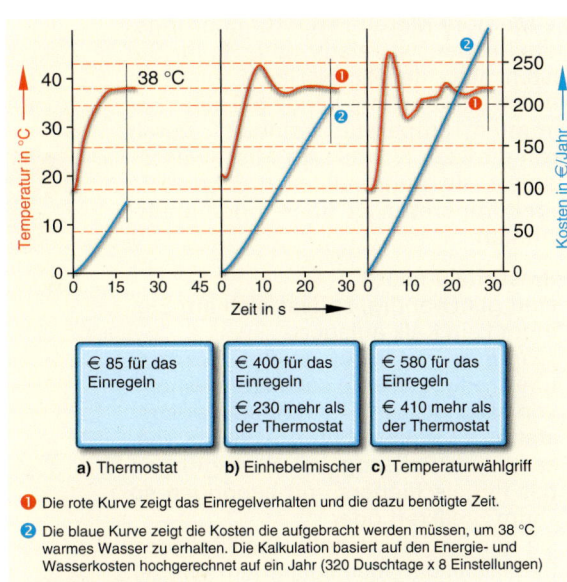

❶ Die rote Kurve zeigt das Einregelverhalten und die dazu benötigte Zeit.

❷ Die blaue Kurve zeigt die Kosten die aufgebracht werden müssen, um 38 °C warmes Wasser zu erhalten. Die Kalkulation basiert auf den Energie- und Wasserkosten hochgerechnet auf ein Jahr (320 Duschtage x 8 Einstellungen)

2 Einregulierungsdauer und Kosten von Armaturen

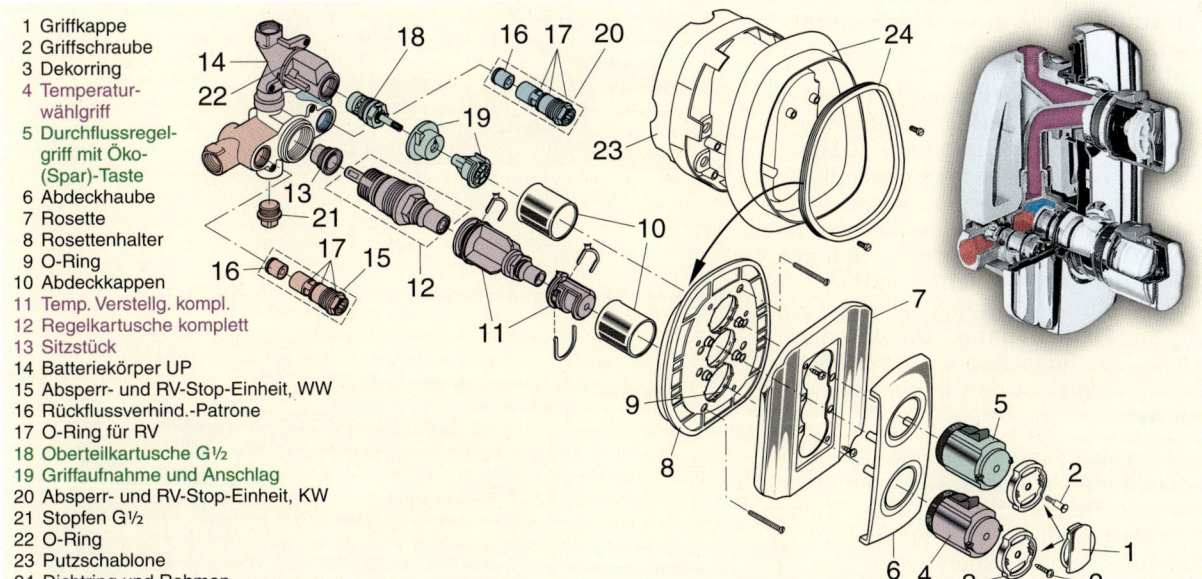

1 Griffkappe
2 Griffschraube
3 Dekorring
4 Temperaturwählgriff
5 Durchflussregelgriff mit Öko-(Spar)-Taste
6 Abdeckhaube
7 Rosette
8 Rosettenhalter
9 O-Ring
10 Abdeckkappen
11 Temp. Verstellg. kompl.
12 Regelkartusche komplett
13 Sitzstück
14 Batteriekörper UP
15 Absperr- und RV-Stop-Einheit, WW
16 Rückflussverhind.-Patrone
17 O-Ring für RV
18 Oberteilkartusche G½
19 Griffaufnahme und Anschlag
20 Absperr- und RV-Stop-Einheit, KW
21 Stopfen G½
22 O-Ring
23 Putzschablone
24 Dichtring und Rahmen

3 Einzelteile einer Thermostatbatterie mit Dehnstoffelement und Absperrung mit keramischen Scheiben für Wandeinbau

1 thermo – statisch (griech.): Wärme – gleichbleibend, ruhig

Die **Temperaturregelung** erfolgt über ein Regelventil (Regelschieber), dessen Regelspalten, für KW und WW, nur 1 mm bis 2 mm breit sind. Das Regelventil liegt im Kräftespiel einer Feder, mit deren Vorspannung die Auslauftemperatur gewählt wird, des Regelelementes und evtl. einer Rückstellfeder, ➜ 1.

Regelelement kann sein:
- eine Memory-Metall-Feder
- ein mit Wachs gefülltes Dehnstoffelement, ➜ 1b

Die **Memory-Metall-Feder** (Erinnerungs-Metall-Feder) ist relativ neu, ➜ 1a. Sie besteht aus einer Nickel-Titan-Legierung, die sich exakt an ihre Länge bei einer bestimmten Temperatur „erinnert". Durch ihren direkten Kontakt im Mischwasser reagiert sie augenblicklich, ohne die Regeltemperatur zu über- oder unterschreiten.

Dehnstoffelemente
- sind glattwandig, sodass sich am Element kein Kalk anlagert
- reagieren mit ihrer großen Wärmeübertragungsfläche sekundenschnell
- verursachen, mit Trennmembran ausgestattet, zwischen Kalt- und Warmwasser keine Reibung bei Bewegungen des Regelschiebers und benötigen so kaum Stellkraft oder
- sie können durch hohe Stellkraft den Regelschieber auch bei hartem Wasser bewegen, da sie Kalkansätze abstreifen

Wirkungsweise einer Thermostatbatterie am Beispiel ➜ 2-4

Mit dem Temperaturwählgriff wird die gewünschte Auslauftemperatur vorgewählt (**Sollwert einstellen**). Dadurch wird der Regelschieber (**Stellglied**) in eine bestimmte Stellung gebracht.
Beim Öffnen des Auslaufes strömen Kalt- und Warmwasser über Schmutzfangsiebe und Rückflussverhinderer durch die Spalte am Regelschieber zum Mischwasserausgang. Dabei umspülen sie das Regelelement – **den Regler**. Dieser **vergleicht den Istwert mit dem Sollwert**.

Ändern sich Temperatur oder Druck des zufließenden Wassers, sorgt das Regelelement (**Regler**) durch seinen direkten Kontakt mit dem Mischwasser für sekundenschnelles Verschieben des Regelschiebers (**Stellglied**) gegen die Kraft der Rückstellfeder. So wird die Auslauftemperatur auf ±1 K genau eingehalten.

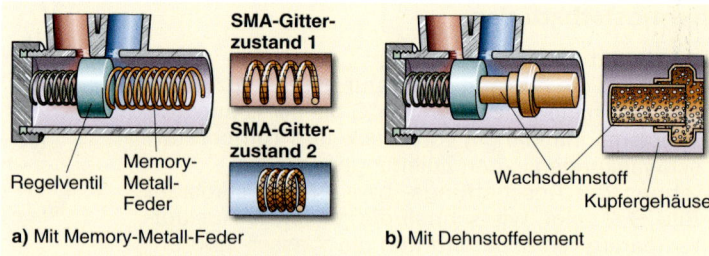

a) Mit Memory-Metall-Feder   b) Mit Dehnstoffelement

1 Regelelemente für Thermostate

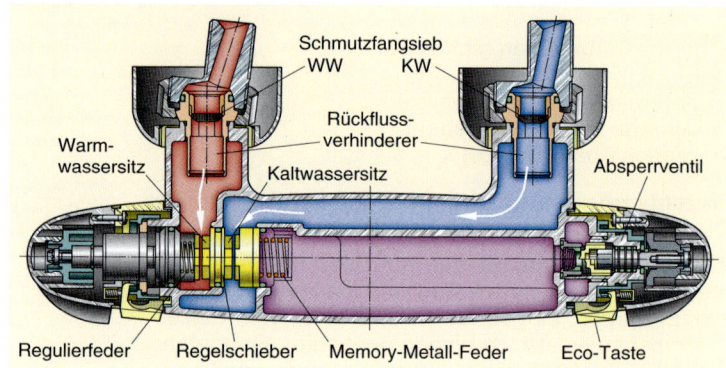

2 Aufputz-Thermostat mit Memory-Metall-Feder

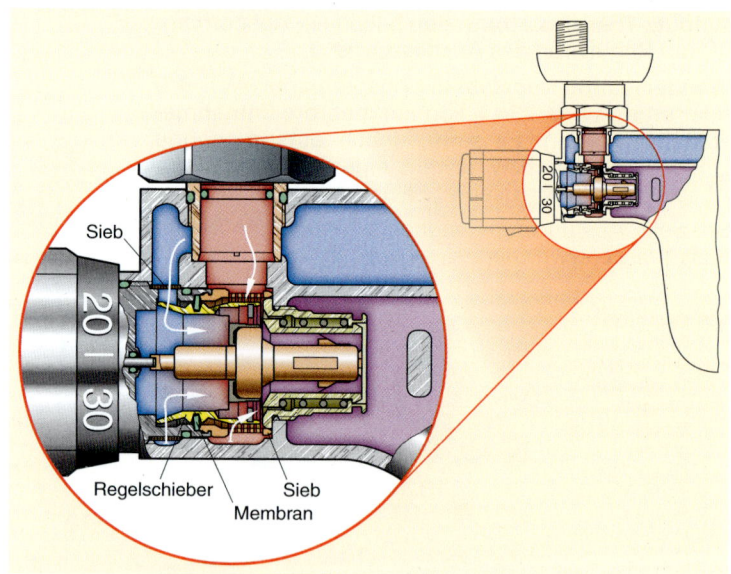

3 Aufputz-Thermostat mit Dehnstoffelement mit Trennmembran

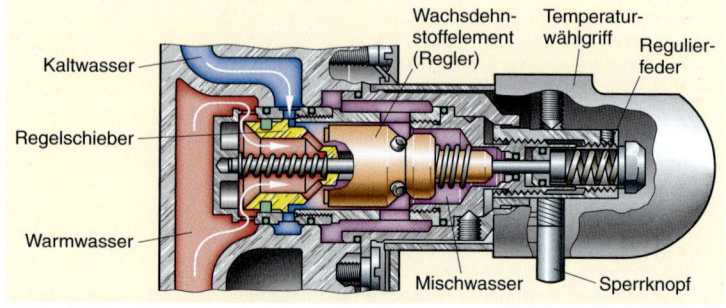

4 Wandeinbau-Thermostat mit Dehnstoffelement

Gute Thermostate zeichnen sich durch schnelle, exakte Temperaturangleichung aus, → 1. Sie sperren automatisch ab, wenn Kalt- oder Warmwasser ausfallen. Aus Sicherheitsgründen hat der Temperaturwählgriff einen Sperrknopf bei ca. 38 °C. Erst nach Lösen der Sperre sind höhere Auslauftemperaturen einstellbar.

Manche Thermostate besitzen noch eine Wasserstoptaste, die den Durchfluss auf 50 % begrenzt. Auf Tastendruck der wird der volle Durchfluss frei.

Enge Regelspalte in Thermostaten sind gegen Verschmutzung empfindlich. Deshalb sind an den Eingängen **Schmutzfangsiebe** wichtig.

Damit kein Kaltwasser in die WW-Leitung drückt und umgekehrt, muss bei Thermostatmischbatterien ohne Absperrung je ein **Rückflussverhinderter** am KW- und WW-Eintritt eingebaut sein.

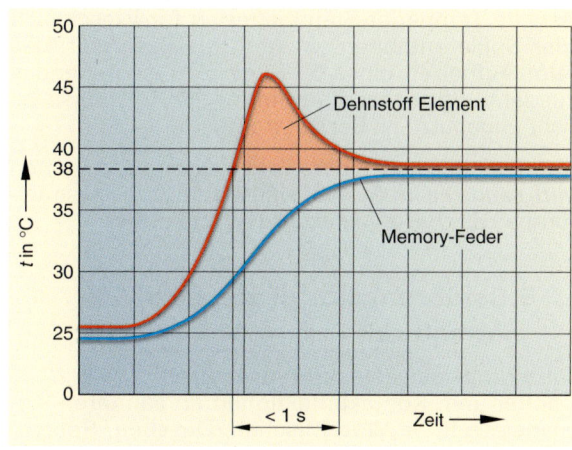

1 Temperaturangleichung guter Thermostate

Thermostate sind werkseitig **vorjustiert**, meist auf 3 bar Fließdruck und 60 °C Warmwassertemperatur. Bestehen am Einbauort andere Bedingungen, ist entsprechend der Einstellanweisung nachzuregulieren.

Für die **Justierung** genügen einfache Werkzeuge wie Schraubendreher, Schrauben- und Inbusschlüssel, Wasserpumpenzange, ein Thermometer wenige Handgriffe – und – die Einstellanweisung.

Vor dem **Einbau** der Thermostate sind die Leitungen für KW und für WW gründlich durchzuspülen.

Bei jeder **Wartung** sind die RV und die Siebe zu überprüfen, ggf. zureinigen oder auszutauschen.

> Bei **Reparaturen** (Instandsetzung) sind nach Absperren der KW- und WW-Zuleitungen meist komplette Einheiten problemlos austauschbar, → 2.

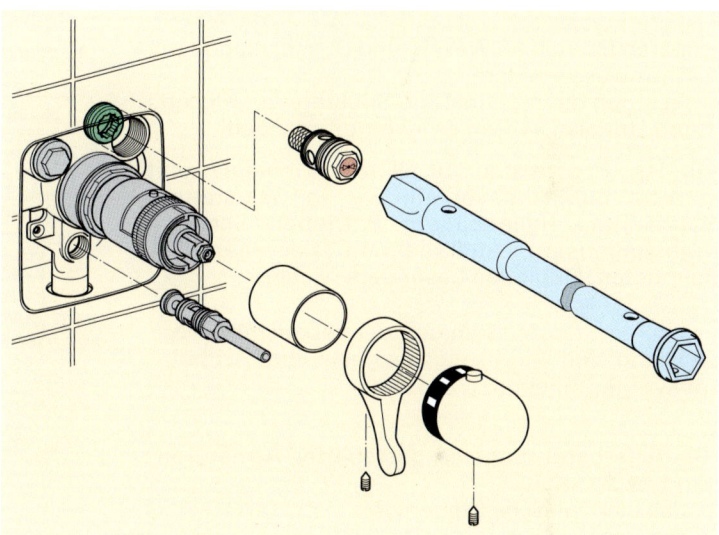

2 Austausch von Funktionseinheiten bei Thermostatbatterien

Temperierbatterien

Temperierbatterien, → 3, eignen sich als preiswerte Armatur für offene (drucklose) Elektro-Speicherwassererwärmer. Bei ihnen wird an einem Griff die Temperatur (vor)gewählt, am anderen der Auslauf reguliert. Trotz der 2 Griffe sind sie in der Wirkung Einhebelmischern ähnlich.

Mit dem Temperaturwählgriff wird die Position des Temperaturwählkolbens eingestellt, → 3a. Öffnet man das Auslaufventil, strömt Kaltwasser an diesem vorbei. Je nach dessen Stellung fließt das kalte Wasser direkt zum Auslauf, in den Wassererwärmer oder bei Mischstellung in beide Richtungen. Im Wassererwärmer drückt einströmendes Kaltwasser das Warmwasser zum Auslauf, → 3b, 3c.

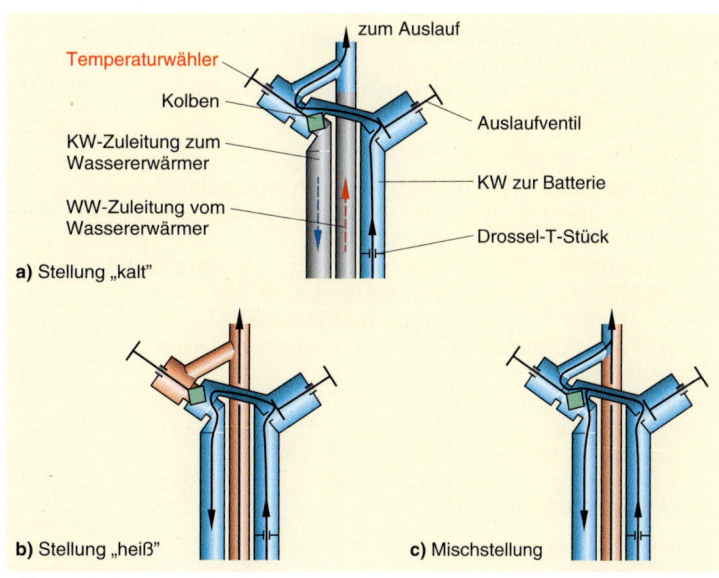

a) Stellung „kalt"
b) Stellung „heiß"
c) Mischstellung

3 Temperierbatterie – Funktion

Manche Temperier-Standbatterien für Waschtisch oder Spüle enthalten ein Antitropf-Reservoir, das beim Aufheizen eines 5-l-Speichers entstehendes Ausdehnungswasser aufnimmt, ➔ 1, sodass es nicht ungenutzt ins Becken tropft.

Wenn wieder Kalt- oder Warmwasser entnommen wird, saugt die im Auslauf eingebaute „Wasserstrahlpumpe" das Reservoir ab und mischt es bei.

6.3.5 Berührungslos gesteuerte Armaturen

Berührungslos gesteuerte Armaturen:
• helfen mit, Kontaktinfektionen an sanitären Anlagen, z. B. an Waschtischen, Duschen, Spülen, Klosetts und Urinalen, zu vermeiden, und erfüllen damit hohe Ansprüche der Hygiene[1].
• sparen Wasser
• sparen Energie an Wasch- und Duschanlagen mit Warmwasserbedarf
• besorgen die regelmäßige Spülung von Klosetts und Urinalen, woran es leider oft mangelt

All diese Punkte sind vor allem in Gebäuden mit starkem Publikumsverkehr wie in Gaststätten, Sportstätten, Hallenbädern, Betrieben, Schulen, Krankenhäusern, Altersheimen, Kasernen, auf Bahnhöfen, Flughäfen besonders wichtig.

> Im Bereich der Medizin und der Lebensmittelversorgung sind berührungslos gesteuerte Armaturen vorgeschrieben.

Bauteile berührungslos gesteuerter Armaturen sind, ➔ 2:
• das elektronische Steuerteil
• der Sensor
• das Stellglied

Das **elektronische Steuerteil** arbeitet mit:
• Fremdstrom als Hilfsenergie
• Netzanschluss und Transformator 230 V/24 V~ oder 230 V/12 V~
• Batterie

Der **Sensor** (Signalglied elektrischer Impulsgeber):
• arbeitet bei der Opto-Elektronik mit einem unsichtbaren Infrarotlichtstrahl, ➔ 237.2
• sendet bei der Radar-Elektronik elektromagnetische Mikrowellen (Radarwellen) aus, ➔ 237.3
• nutzt bei der Zeit-Elektronik mit Piezotaster[2] eine elektrische Spannung, die durch leichten Druck darauf entsteht
• reagiert auf Erwärmung, elektrische Leitfähigkeitsänderung oder chemische Veränderung des Sperrwassers in Geruchverschlüssen, ➔ 580.2, 3b/c
• als Schaltuhr löst an vorgewählten Zeitpunkten elektrische Impulse aus

---

[1] Hygiene (griech.): Gesundheitslehre, aber auch Gesundheitsfürsorge, Sauberkeit
[2] piezo (lat.): ich drücke; Piezoeffekt: durch Druck entstandene Elektrizität, s. auch Kap. 13.3.2

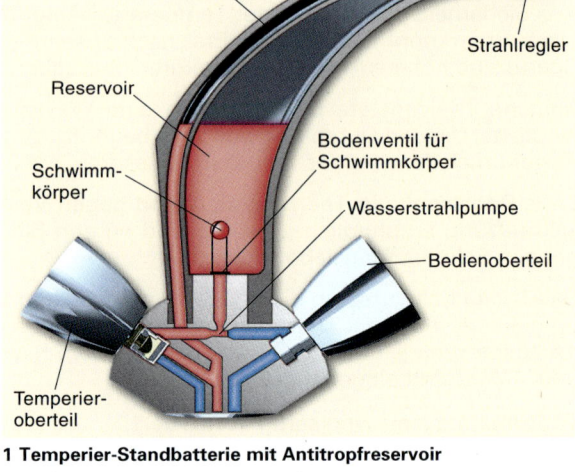

1 Temperier-Standbatterie mit Antitropfreservoir

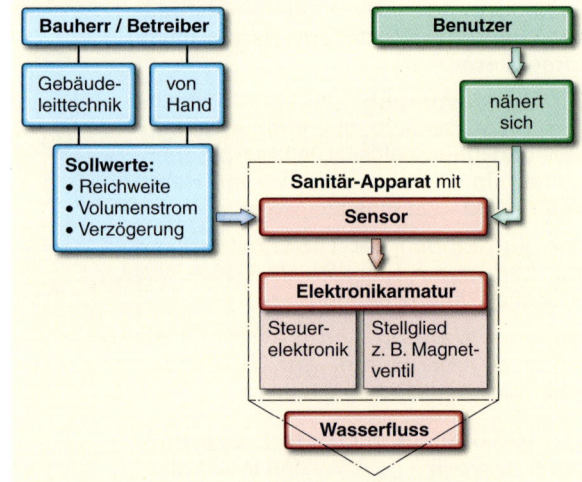

2 Elektronisch gesteuerte Armaturen – Funktionsaufbau

Das **Stellglied** (Schaltarmatur) ist vorhanden, um den Wasserfluss freizugeben oder zu stoppen. Das Stellglied kann sein ein:
• Magnetventil – Öffnen und Schließen durch Strom, ➔ 226.2
• Magnetselbstschlussventil:
  - Öffnen: ein Magnetschalter betätigt den Druckknopf eines Selbstschlussventils, ➔ 227.2
  - Schließen: selbsttätig

> Vor dem Magnet- bzw. Magnetselbstschlussventil sind ein Absperrorgan und ein Filter einzubauen, ➔ 237.2a.

Berührungslos gesteuerte Armaturen können ausgestattet sein mit einer, ➔ 237.1:
• Opto-Elektronik
• Radarelektronik
• Zeit-Elektronik
• Temperatur-Elektronik

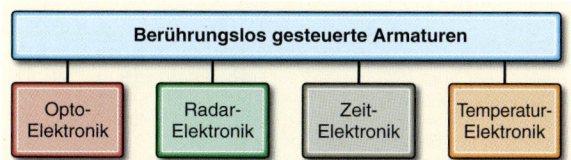

1 Berührungslos, elektronisch gesteuerte Armaturen

Bei der **Opto-Elektronik** reflektiert[1] ein Benutzer den von einem „Auge" des Sensors ausgehenden Infrarotlichtstrahl. Das andere „Auge", ein Fototransistor, registriert dies und löst einen Stromimpuls aus, → 2a.

Dieses Signal kann über ein Kabel bis zu 30 m weit zu einer zentralen Steuereinheit weitergeleitet werden, sinnvoll z. B. bei mehreren Urinalen.

Sensor, Steuerelektronik, Magnetventil und evtl. sogar die Batterie können auch in einer Waschtischarmatur, → 2c, einer Duscharmatur oder einem Urinalspüler, → 247.1, direkt oder in einem Wandkasten, z. B. über dem Urinal, eingebaut sein.

[1] reflektieren ⟨lat.⟩: wiederspiegeln, zurückstrahlen
[2] vgl.: Beim Anschwimmen gegen Wellen treffen einen mehr Wellen als wenn man mit ihnen schwimmt

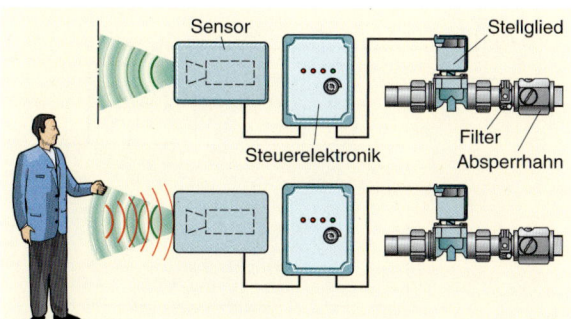

a) Opto-Elektronik registriert Person mit Hilfe eines Infrarotlichtstrahles

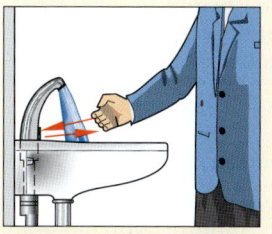 

b) Beispiele für Opto-Elektroniksteuerung an Waschtisch und Urinal

Ein **Doppelsensor** mit 2 Infrarotsendern bzw. -empfängern soll sicheres Auslösen gewährleisten. Zusätzlicher Komfort auf Tastendruck möglich:
• Dauer „Ein"
• „Kurz-Aus" (90 s, z. B. für Beckenreinigung)
• „Lang-Aus", z. B. Urlaub

c) Opto-Elektronische Waschtischarmatur für Netz- oder Batteriebetrieb

2 Funktionsprinzip der Opto-Elektronik-Steuerung und Anwendung

Bei der **Radarelektronik** werden elektromagnetische Wellen, so genannte Radarwellen, ausgestrahlt, → 3a, deren Wirkbereich einstellbar ist.

Beim Annähern reflektiert ein Nutzer andere Wellenlängen als beim Weggehen, sog. Dopplereffekt[2].

Die Elektronik des Steuerteils kann dies unterscheiden und lässt je nach Erfordernis Wasser fließen:
• beim Annähern, z. B. bei Waschtisch oder Dusche
• beim Weggehen, z. B. bei Urinal oder WC

Da Radarwellen dünne Wände wie Fliesen oder die Keramik des Sanitärapparates durchdringen, kann der Sensor bei der Radarelektronik dahinter verdeckt angebracht werden. Dort ist er vor Beschädigungen völlig geschützt – vandalensicher.

Sensor und Schaltarmatur mit Steuerteil können getrennt voneinander montiert werden.

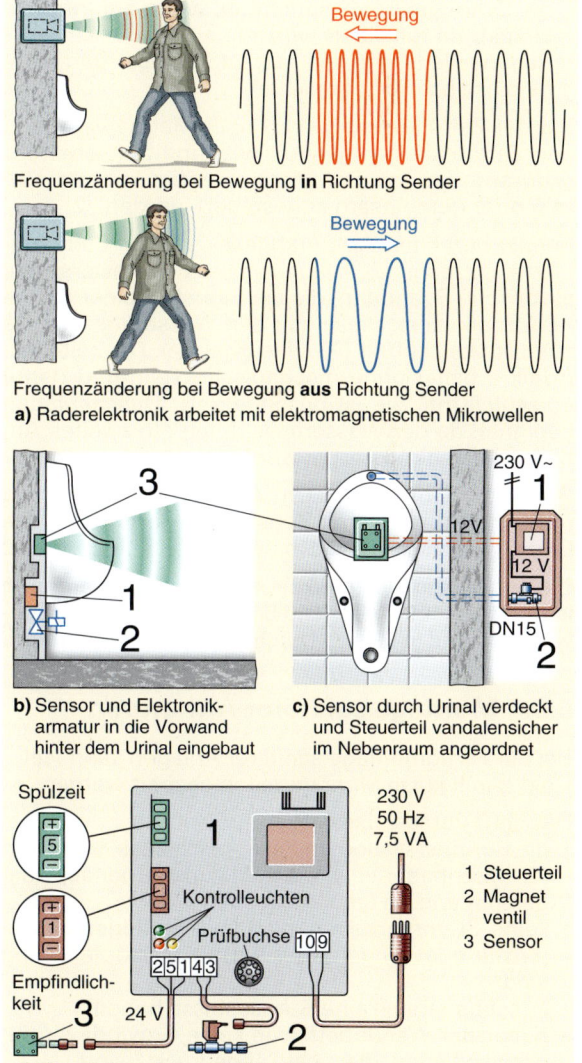

Frequenzänderung bei Bewegung **in** Richtung Sender

Frequenzänderung bei Bewegung **aus** Richtung Sender
a) Raderelektronik arbeitet mit elektromagnetischen Mikrowellen

b) Sensor und Elektronikarmatur in die Vorwand hinter dem Urinal eingebaut

c) Sensor durch Urinal verdeckt und Steuerteil vandalensicher im Nebenraum angeordnet

1 Steuerteil
2 Magnetventil
3 Sensor

d) Steuerteil von Innen mit Einstellschrauben

3 Radar-Elektronik, hier für Urinal

Magnetventile und zugehörige Sensoren können für zahlreiche und unterschiedliche Entnahmestellen wie WC, Urinal und Waschtisch in einem Steuerschrank untergebracht werden. Sie können in verschiedenen Räumen bzw. Stockwerken angeordnet sein, ➔ 1.

Von den Sensoren ausgehend werden so genannte Rohrantennen aus Kupferrohr 12 x 1, maximal 15 m lang, hinter Fliesen völlig unsichtbar an Waschtisch, Urinal o. Ä. geführt. Rohrantennen sind getrennt von der Wasserleitung zu verlegen. Die Verlegevorschriften der Hersteller sind zu beachten.

Bei opto- und radargesteuerten Anlagen sind bestimmte Abstände vor und seitlich von Urinalen nötig, damit die Anlagen einwandfrei arbeiten, ➔ 581.3.

Bei Benutzung eines zu nahe gegenüberliegenden Waschtisches könnte z. B. die Urinalspülung ausgelöst werden.

Unterscheidungsmerkmal Radar- zur Opto-Elektronik:
• die Opto-Elektronik spricht an, wenn ein Infrarot-Lichtstrahl reflektiert wird
• Radarwellen reagieren nur auf Bewegungen – ohne diese passiert gar nichts

Bei der **Zeit-Elektronik** wird über Magnetventile in den Zeitabständen gespült wie eine Zeitschaltuhr programmiert ist. Die Magnetventile können einzeln oder gemeinsam angesteuert werden, 2.

Bei der bezahlten Wasserabgabe, z. B. auf Campingplätzen, erzeugt das Antippen eines Piezotasters, eine elektrische Spannung, die ein Signal zu einer Steuerelektronik leitet. Diese gibt den Wasserfluss für die eingestellte Laufzeit (20 s bis 60 s) frei. Die Zeit-Elektronik arbeitet ohne mechanische Teile und damit verschleißfrei. Sie ist besonders für Duschanlagen geeignet, da der Wasserfluss durch ein zweites Antippen vorzeitig gestoppt werden kann.

Berührungslos gesteuerte Armaturen für Urinale mit **Schaltuhr** bzw. mit Sensor im Sperrwasser des Geruchverschlusses sind in Kap. 18.3.7.5 beschrieben.

Die Temperaturelektronik regelt Wassertemperaturen in direkt beheizten Gas- und Elektro-Speicherwassererwärmern und in Elektro-Durchflusswassererwärmern.

6.3.6 Montage sanitärer Armaturen

Bei der Fertigmontage sanitärer Anlagen kann viel Geld durch kurze Montagezeiten gespart werden.

Das setzt voraus, dass:
• die Rohrinstallation und alle Anschlüsse, vor allem für Mischbatterien, auf den Millimeter genau, waagerecht und im Lot verlegt sind
• keine Stemmarbeiten, also kein Freilegen eingeputzter oder eingefliester Verschlussstopfen nötig sind
• Mischbatterien keine S-Anschlüsse haben
• hinter der Wandoberfläche keine Gewindeverbindungen liegen, die nicht „abgedrückt" sind
• im Nassbereich bei Duschen und Wannen hinter den Fliesen gegen Wasser abgedichtet ist, ➔ 240.1

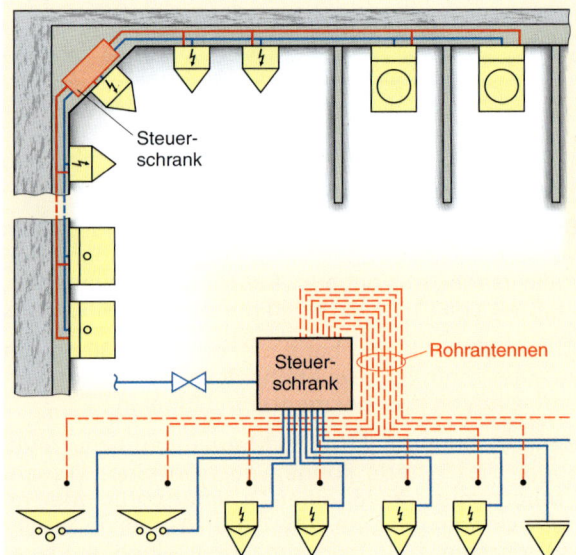

1 Grundriss und Schaltschema einer Radar-Elektroniksteuerung mit Rohrantennen in einer Raststätte

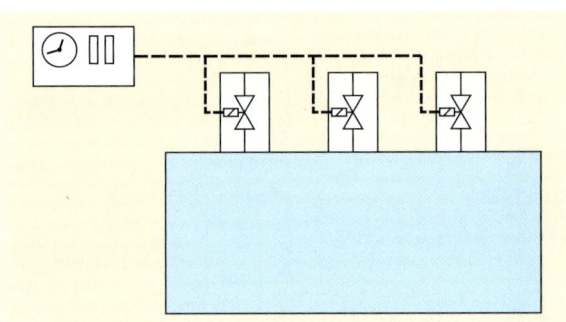

2 Zeitelektronische Steuerung einer Duschanlage

Diese Forderungen werden erfüllt und eine präzise, Zeit sparende Montage von Armaturen wird vereinfacht, wenn man einsetzt:
• Montageeinheiten
• Bauelemente
• Montagegestelle

Montageeinheiten mit zwei oder mehreren Anschlusswinkeln, evtl. mit langen Stutzen, sind auf einer Distanzplatte montiert, ➔ 159.1. Im Bild ➔ 239.1a sind die Anschlusswinkel mit Gewinde-, Löt- oder Pressfittinganschluss um 360° drehbar; ihre Abgangsstutzen gibt es unterschiedlich lang.

Bauelemente DN 10 / DN 15 / DN 20, ➔ 239.1b, mit Messingstopfen und Dichtring gewährleisten allein ein sicheres Abdichten von Rohrdurchtritten bei Fliesen, ➔ 239.2, 240.1. Sie erlauben zudem das Entlüften der Leitungen nur durch Lockern des Stopfens (kein Herausdrehen, kein neues Einhanfen!).

Nach ihrem Einschrauben werden die Anschlüsse mit der Montagelehre maßgenau, parallel zueinander und winkelrecht zur Wand ausgerichtet, ➔ 239.1c.

Montagegestelle für Sanitärapparate werden bei der Vorwandinstallation eingesetzt, vgl. Kap. 3.6.2. Sie haben maßgenau fixierte Anschlussstutzen mit dem richtigen Abstandsmaß für Mischbatterien oder für zwei Eckventile.

Die genannten Bauteile machen die leider immer noch von der Armaturenindustrie mit Wandbatterien gelieferten **S-Anschlüsse** überflüssig.

Bei genauer Vorinstallation bringen S-Anschlüsse, so genannte **Dackelfüße**, nur Nachteile:
- Ihre Gewindestutzen sind überlang und müssen vor Ort gekürzt werden, meist ohne Schraubstock, also durch mühevolles Hin- und Herschieben auf dem Blatt einer irgendwo eingeklemmten Bügelsäge.
- Da die Gewinde der S-Anschlüsse wegen ihrer Länge nicht kegelig sein können, gibt es beim Einschrauben keine metallische Pressung, die ein geringes Zurückdrehen in der Muffe erlauben würde. Das ist aber beim genauen Ausrichten manchmal nötig. Also müssen sie wieder herausgeschraubt und neu eingehanft werden.
- Bei genauen Stichmaßen stören S-Anschlüsse sogar und sie sind bei fliesengerechter Installation schwer einzumessen.

Dies alles kostet viel Zeit, zu viel! Zudem sind S-Anschlüsse auch noch strömungsungünstig.

Im Endausbau überstehende Anschlussstutzen von Bauelementen oder langschenkligen Wandwinkeln werden bei der Fertigmontage auf einheitlichen Vorsprung gekürzt mit:
- Spezialsenkfräsern bei geringem Überstand, → 2a
- Trennscheiben mit Trennschutzhaube, → 2b, c

Der Trennschutz aus Messing (früher Aluminium) hinterlässt auf Fliesen keine Spuren (Berührungskante evtl. mit Isolierband abkleben). Er ist auf 5 mm, 10 mm oder 13 mm Überstand einstellbar, sodass **eine** Rosettenhöhe bei **allen** Anschlüssen ausreicht.

Das erspart:
- langes Suchen nach Rosetten
- hohe Rosetten abzuschneiden, deren Rand dann oft wellig ist

Um fabrikmäßig eingelegte Dichtringe an den Gewinden von Eckventilen u. Ä. nicht zu zerschneiden, sind nach dem Kürzen mit der Trennscheibe die Gewindestutzen innen zu entgraten.

Dafür eignet sich gut ein 60°-Fräser in einer Bohrwinde.

Ähnlich wie Bauelemente, → 2, werden Oberteile (Schutzrohr, Spindel) von Wandeinbauarmaturen oder frostsicheren Außenarmaturen, abgelängt.

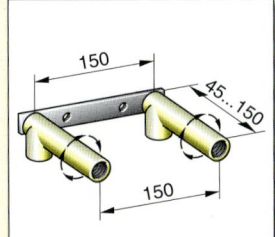

Auf Distanzscheibe...

a) Montageeinheit

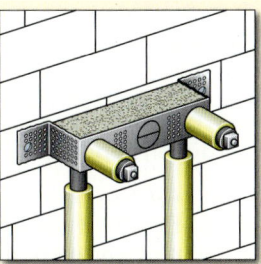

und in Schallschutzbox eingebaut

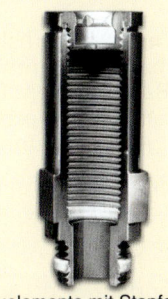

Bauelemente mit Stopfen und Dichtring haben durchgehende Innengewinde. Ihr Stopfen muss beim Leitungsfüllen zum Entlüften nur gelockert werden.

b) Bauelement R_D ½ bis R_D 1

Die Montagelehre mit einer aufgesetzten Wasserwaage garantiert maßgenaue, parallele und winkelrechte Ausrichtung der Anschlüsse.

c) Montagelehre zum Ausrichten

1 Hilfsmittel zur Armaturenmontage bei der Rohrinstallation

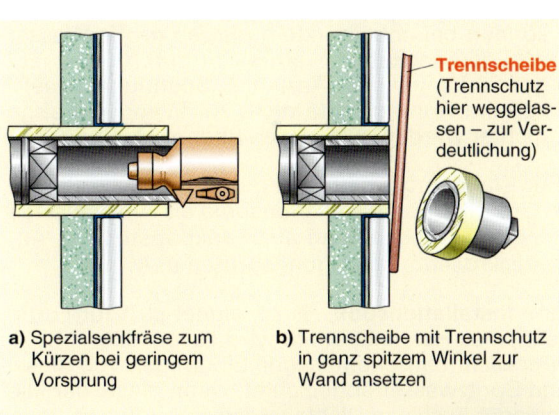

Trennscheibe (Trennschutz hier weggelassen – zur Verdeutlichung)

a) Spezialsenkfräse zum Kürzen bei geringem Vorsprung

b) Trennscheibe mit Trennschutz in ganz spitzem Winkel zur Wand ansetzen

c) Einheitliche Rohrstutzenlängen durch Kürzen mit einer Trennscheibe mit Trennschutzvorrichtung

2 Kürzen aus der Wand ragender Anschlussstutzen auf einheitliches Maß

6.3.7 Armaturenmontage – Schutz gegen Eindringen von Feuchte in Wände

Nach den Bauordnungen der Länder sind in Bädern, Duschen und ähnlichen Räumen die Wände und Böden gegen Durchfeuchtung zu schützen.

Wand- und Bodenbeläge aus keramischen Fliesen oder Platten sind wegen des hohen Fugenanteils und nicht gewarteten dauerelastischen Fugen niemals ganz dicht. Die fachgerechte Abdichtung aller Bewegungsfugen in Böden und Wandflächen, vor allem bei Gipskartonplatten o. Ä., muss sehr sorgfältig erfolgen.

Besondere Gefahrenstellen sind nicht abgedichtete Rohrdurchtritte und Wandeinbauarmaturen im Spritzbereich von Duschen und Badewannen. Eindringendes Wasser hinter Rosetten kann zu erheblichen Bauschäden mit hohen Folgekosten führen.

Diese Stellen sind hinter den Fliesen mit Dichtmanschetten zu umgeben und in die Flächenabdichtung einzubeziehen, → 1, 2c.

Leider werden häufig noch verwendet:
- nicht fachgemäße **Baustopfen** oder **Montagekonusse** bei der Rohrmontage
- **Messingverlängerungen**, manchmal mehrere hintereinander bei der Fertigmontage

Beides führt zu großen Nachteilen, denn bei in der Wand liegenden Gewindeverbindungen
- können nicht geprüft werden, ob sie dicht sind
- können bei unbemerktem platzen große Wasserschäden entstehen, verursacht durch übermäßiges Einhanfen oder Anziehen (Spannungsrisse)
- können Rohraustritte nicht zur Wand hin abgedichtet werden, wie in den Bildern → 1 und 2.

Für Wandeinbaubatterien gibt es:
- Grundkörper (Installationsbox) als Anschlussteil
- Fertigset, bestehend aus Funktionsteil mit Abdeckrosette, Betätigungsgriffen u. Ä.

Eine **Installationsbox**, → 2a, eignet sich für Fertigsets eines Herstellers. Sie wird zuverlässig mithilfe ihrer Dichtmanschette gegen Eindringen von Riesel- und Spritzwasser abgedichtet, wenn diese der Fliesenleger in seinen Dichtanstrich einbindet, → 2b.

Die Wasser führenden Teile der Installationsbox sind gummigelagert, dadurch schallschluckend und absolut dicht. Da Kondenswasser durch eine kleine Öffnung nach vorne über die Fliesen ablaufen kann, ist sie für den Trockenbau besonders geeignet.

Die Einbautiefe von 60 mm bis 110 mm kann mithilfe von Verlängerungen ausgeglichen werden.

Erst bei der Fertiginstallation wird das Fertigset eingesetzt (keine Frost- und Diebstahlgefahr).

Als Fertigset ist eine Einhebel-, Thermostat- oder Duschpaneelarmatur aus dem Komplettprogramm eines Herstellers zu wählen. Auch nach Jahren ist ein Austausch möglich, z. B. Thermostat- gegen Einhebelmischarmatur, → 543.1.

Alle Servicearbeiten sind problemlos durchzuführen.

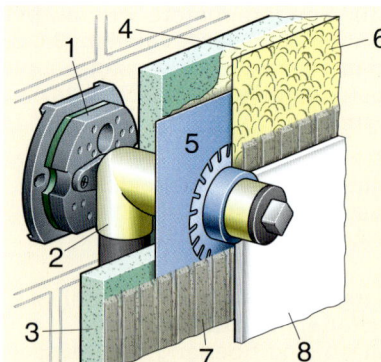

1 Befestigungsplatte für
2 Wandwinkel
3 Leichtbauplatte
4 Flächenabdichtung 1. Schicht (flüssig aufgetragen)
5 Dichtmanschette
6 Flächenabdichtung 2. Schicht
7 Fliesenkleber
8 Wandfliese

Das Einbauset mit schalldämmender Montageplatte und Dichtmanschette schützt gegen Körperschallübertragung und gegen Einsickern von Spritz- und Rieselwasser. Die Dichtmanschette wird über den Rohrstutzen geschoben und in die Flächenabdichtung einbezogen.

1 Schalldämm- und Dichtset für Wandwinkel, Rohrstutzen u. Ä.

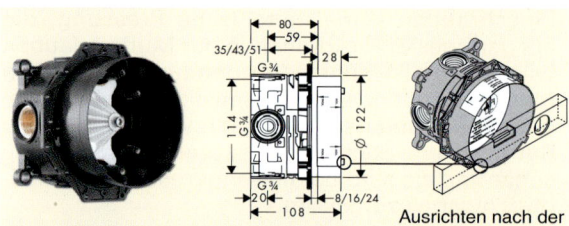

Grundset mit Spülblock für alle Rohrsysteme

Ausrichten nach der Befestigung

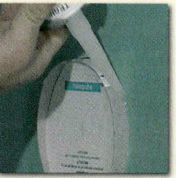
in der Wand

vor der Wand

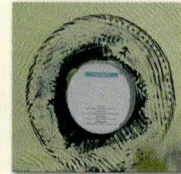
bei Vorwandsystemen

a) Beim Rohbau: Einbau einer Wandeinbau-Installationsbox

Naht zwischen Wand- und Kunststoffrand mit Silikon ausspritzen; 1. Flächendichtschicht auftragen.

Dichtmanschette überstülpen und in frische Schicht, z. B. Lastogum, drücken.

2. Dichtschicht nach ca. 5h auftragen, dabei auch Dichtmanschette überstreichen.

b) Einbinden des Grundkörpers in die Wandabdichtung

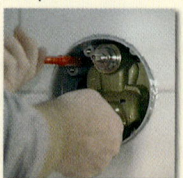
Rand der Installationsbox 2 mm vor den Fliesen kürzen; Fuge mit Silikon dichten.

Spülblock durch Funktionsblock ersetzen, darauf Trägerrosette befestigen

Sichtrosette über Trägerrosette stülpen und Armaturengriffe anbringen

c) Einbau von Funktionsblock, Abdeckung und Griffen

2 Wandeinbausystem für Hebelmischer und Thermostat

In Sanitärräumen ist bei Wand- und Bodenflächen zu unterscheiden zwischen

- **normal belasteten Flächen** wie im Wohnungsbau, in Toiletten und Bädern von Gaststätten, Hotels, Schulen
- **hochbelasteten Flächen**, z. B. in Duschräumen von Sportstätten, Fabriken, im Wellnessbereich von Hotels

Bild → 1 zeigt **Gefahrenstellen**, an denen Feuchte bei der Vorwandinstallation mit isolierten Gipskarton- oder Kalzium-Silikat-Verkleidungsplatten (GFKI/KS) eindringen kann. An diesen Stellen sind

- die Schnittkanten mit Tiefengrund zu versiegeln
- Ringspalte bei Rohrdurchführungen abzudichten, vgl. → 240.1, 240.2
- Schnittkanten mit Spachtelmasse zu füllen
- Spalte Boden/Vorwand bzw. Boden/Massivwand mit Silikon auszuspritzen
- Stoßkanten mit Spachtelmasse zu füllen
- Flächenabdichtungen aufzutragen und mit Dichtflansch abzudichten, → 240.2.

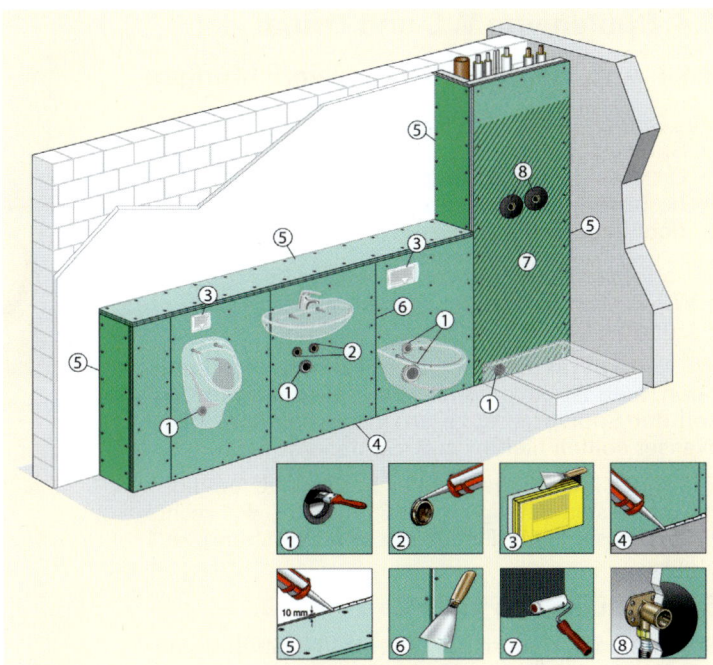

1 Abdichten zum Feuchteschutz bei Vorwandplatten

Übungen:

1. Wozu dienen Armaturen? Nennen Sie je ein Beispiel.
2. Welche Anforderungen stellt man an Armaturen?
3. Welche Anforderungen erfüllt eine frostsichere Außenarmatur?
4. Welche Armaturen gelten als „Wasser sparend"?
5. Was wissen Sie zum Thema: „Armaturen und Schall"?
6. Was bedeutet bei einer Armatur: „PA IX 2310/IB"?
7. Wie können Armaturen zur Gesundheit beitragen?
8. Wodurch unterscheiden sich Ventil - Hahn - Schieber nach:
   a) Bauart
   b) Durchfluss
   c) Verwendung?
9. Welche Armaturen dürfen in Wasserleitungen nur mit Einschränkung eingebaut werden? Warum?
10. Welche Strahlformer kennt man bei Auslaufarmaturen?
11. a) Wie wird Luft beim Luftsprudler beigemischt?
    b) Welche Nachteile sind damit verbunden?
12. Wie funktioniert ein
    a) Selbstschlussventil
    b) Magnetventil?
13. a) Was haben Eingriffmischer und Temperierbatterien gemeinsam?
    b) Wodurch unterscheiden sie sich?
14. Unterscheiden Sie Mischbatterien nach
    a) Bedienung
    b) Montage
    c) Druck
    d) Komfort
15. a) Wie wirken Thermostatmischbatterien?
    b) Welche Regelelemente gibt es dafür?
    c) Welches Element hat die größten Vorteile? Warum?
16. Wo setzt man berührungslos gesteuerte Armaturen ein?
17. a) Welche Bauteile gehören zu „berührungslos gesteuerten Armaturen"?
    b) Beschreiben Sie verschiedene Impulsgeber.
    c) Nennen Sie Vorteile der Radar-Elektronik.
18. Welche Vorteile hat eine passgenaue Vormontage von Armaturen?
19. Warum sind zur Vormontage von Armaturen Montageeinheiten (-winkel) und/oder Bauelemente zu verwenden?
20. Wie können überstehende Montagestutzen gekürzt werden?

6.4 Spülen von WC und Urinal

6.4.1 Anforderungen an Spüleinrichtungen

Als Spüleinrichtungen eignen sich:
- Spülkästen für WC
- Druckspüler für WC oder Urinal
- berührungslos gesteuerte Armaturen, besonders für Urinale

Die erforderlichen Spülwassermengen betragen bei:
- WC-Becken 6 l bzw. 9 l, ausnahmsweise 4,5 l
- Urinalen 2 l bis 3 l

WC, die 6 l Wasser oder weniger zum Spülen benötigen, sind zu bevorzugen. Bei Spülkästen für WC soll der Spülvorgang zu unterbrechen sein; ≥ 3 l Wasser sollten fließen, z. B. Spülen von Urin.

Für diese Spülmengen gibt es bei Spülkästen die:
- Zwei-Tasten-Betätigung für 3 l bzw. 6 l, ➜ 1 rechts
- Stop-Taste zur individuellen Unterbrechung, ➜ 1 links

6.4.2 Spülkästen für WC

Spülkästen speichern die für eine WC-Spülung nötige Wassermenge von 6 l bis 9 l.

Aus ökologischen und aus wirtschaftlichen Gründen (steigende Kosten für Trink- und Abwasser) sollten alte 9-l-WC ausgetauscht werden gegen sparsamere mit 6-l- oder sogar 4,5-l-Spülung, ➜ 2.

Anschlussleitungen für 4,5-l-WC müssen in DN 80/90 verlegt sein. Sammel- bzw. Grundleitungen sollten durch andere, größere Abwassermengen ab und zu durchspült werden.

Die Funktionsmerkmale eines Spülkastens zeigt ➜ 3.

Vorteile von Spülkästen sind:
- geringer Füllstrom, ca. 0,1 l/s,
- großer Spülstrom, 2 l/s bis 2,2 l/s
- Spülmenge kann unterbrochen werden
- genaue Spülwassermenge wird eingehalten, z. B. 6 l; bei Zwei-Tasten-Spülung auch noch 3 l
- Spülkästen sind kaum störanfällig

Der **geringe Füllstrom** von ca. 0,1 l/s belastet die Verteilungsleitung im Haus kaum (Druckspüler ≥ 1 l/s):
- Spülkästen sind an jede Stockwerksleitung ab DN 10 anschließbar, auch bei geringem Fließdruck
- Fließ- und Füllgeräusche entstehen kaum, da das Wasser am Einlaufrohr rotierend einströmt, zum Großteil unter dem Wasserspiegel.

Ihr **großer Spülstrom**, bis 2,5 l/s, schwemmt die Fäkalien ruckartig aus dem Becken, sodass noch eine große Nachspülmenge folgt. Diese spült die Fäkalien sicher in die Fallleitung und verringert das Risiko, dass sich in der Anschlussleitung Feststoffe ablagern; deren Länge bis zur folgenden Leitung muss ≤ 4 m und sollte DN 80 bzw. DN 90 sein – **nicht** DN 100.

Ein Tausch Spülkasten gegen Druckspüler löst u. U. Geräuschprobleme oder Spülprobleme bei ungünstigen Druckverhältnissen oder eng bemessenen Zuleitungen.

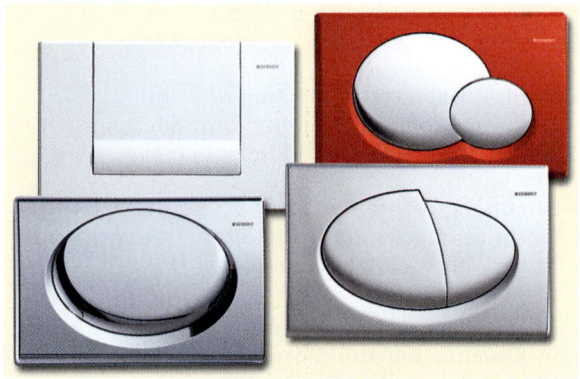

1 Stopptaste (links) und Zwei-Tasten Betätigung für Spülkästen

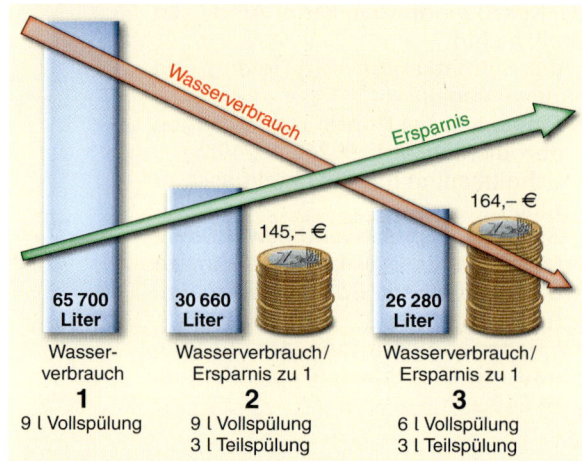

2 Wasser – und Geld – sparen durch kleinere Spülmengen

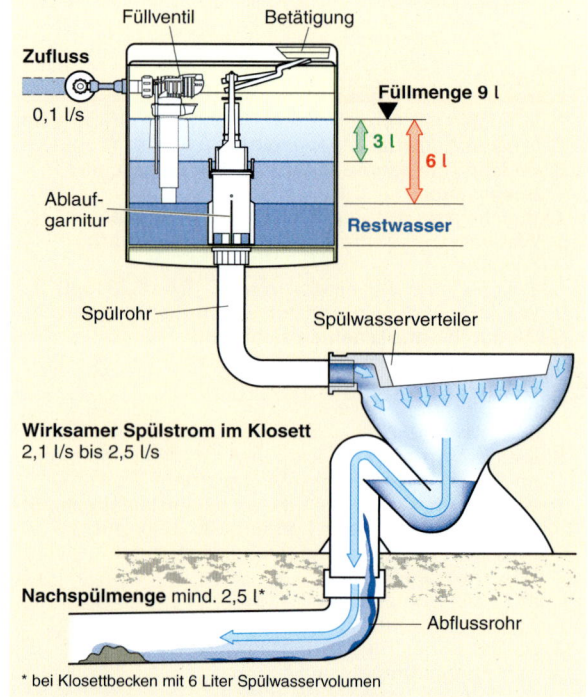

3 Merkmale einer WC-Spülung mit 6 l-Spülkasten

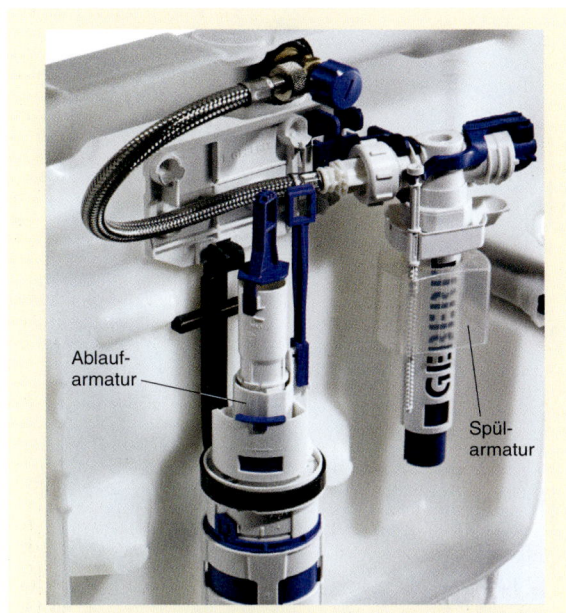

1 Innengarnitur eines Spülkastens mit Füll- und Ablaufarmatur

Spülkästen sind in der Regel aus Kunststoff; nur bei Luxus-WC gibt es auch Spülkästen aus Keramik.

Die **Innengarnitur** von Spülkästen, ➜ 1 besteht aus:
- Füllarmatur (Füllventil), ➜ 1
- Ablaufarmatur (Heberglocke), ➜ 2

Die **Füllmenge** stellt man an der Stellschraube des Schwimmers im Spülkasten ein, ➜ 2b. Bei 9-l-Füllung und 6 l Spülmenge bleiben 3 l Restwasser im Kasten, ➜ 244.1. Durch diese Restwassermenge ist:
- der Spülkasten schnell neu spülbereit,
- die Spülenergie durch größere Fallhöhe intensiver.

Füllen des Spülkastens, ➜ 2a.
Beim Füllen fließt Wasser durch den Zuflusskanal A bis zur Membran des Schließeinsatzes. Von dort fließt wenig Wasser durch je eine Bohrung der Membran und am Verschlussdeckel in das Auffangbecken 4. Das meiste Wasser fließt rotierend durch das Einlaufrohr in den Kasten; ein kleiner Teil davon tropft auch in das Auffangbecken. Der steigende Wasserspiegel im Kasten hebt den Hohlschwimmer 5 und mit ihm das Gestänge. Dieses drückt den Schließhebel B hoch und dessen Drehbewegung verschließt den Durchfluss am Verschlussdeckel.

Der Spülkasten ist nahezu gefüllt, ➜ 2b
Jetzt baut sich hinter der Membran Druck auf. Da die Fläche dort größer ist als davor, wirkt dort auch eine größere Kraft auf den Schließeinsatz. Sie schiebt diesen nach links und sperrt den Zufluss zum Spülkasten. Jetzt fließt das Wasser aus dem Auffangbecken über die Bohrung E ab. Dies entlastet den Schwimmer. Der zusätzliche Auftrieb verschließt das Schwimmerventil sicher. Ein Rohrunterbrecher im Einlaufrohr schützt gegen Rücksaugen.

Beim Entleeren des Spülkastens auf Tastendruck wird die Heberglocke des Ablaufventils angehoben, ➜ 244.1. Wasser aus dem Kasten fließt ab und spült.

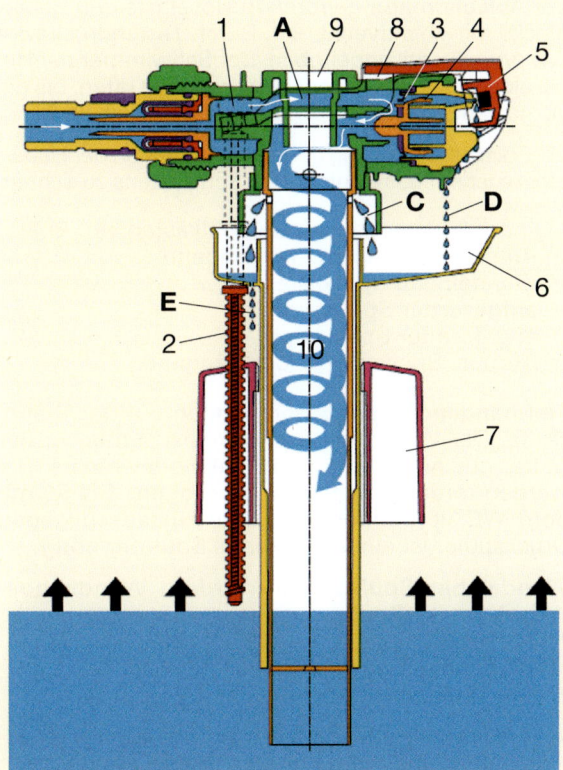

a) Füllen: Füllventil offen

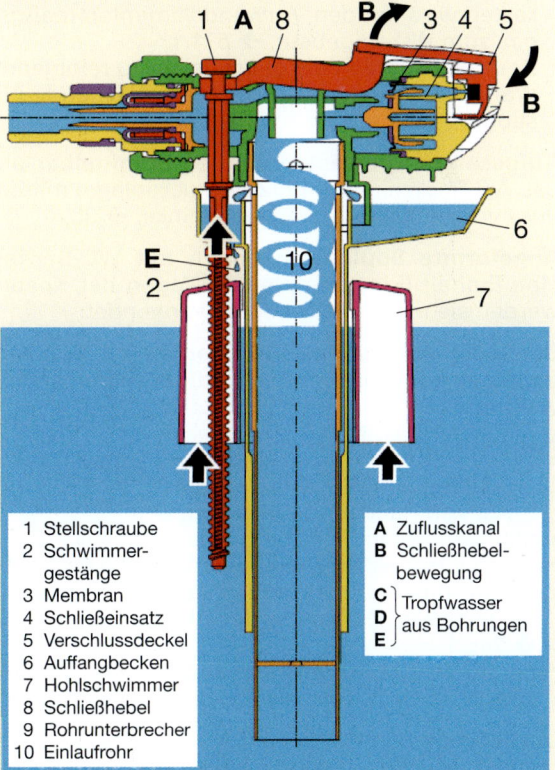

1 Stellschraube	A Zuflusskanal
2 Schwimmer- gestänge	B Schließhebel- bewegung
3 Membran	C ⎱ Tropfwasser
4 Schließeinsatz	D ⎰ aus Bohrungen
5 Verschlussdeckel	E
6 Auffangbecken	
7 Hohlschwimmer	
8 Schließhebel	
9 Rohrunterbrecher	
10 Einlaufrohr	

b) Kasten fast gefüllt, Füllventil schließt

2 Füllventil mit Stellschraube für Schwimmerhöhe

Zur **Ablaufarmatur** gehören Auslösetaste und Heberglocke mit Ablaufventil, ➔ 1. Durch Tastendruck wird das Ablaufventil angehoben. Der Schwimmer der Heberglocke hält das Ablaufventil so lange offen, bis die vorgewählte Wassermenge abgeflossen ist, ➔ 2.

Bei Ersatz der Dichtung des Ablaufventils an der Heberglocke ist auf das Baujahr des Spülkastens zu achten.

Je nach Montage teilt man Spülkästen ein, ➔ 3:
• Aufputz-Spülkasten, tief hängend
• Wandeinbau-Spülkasten
• aufgesetzter Spülkasten
• angeformter Spülkasten
• Aufputz-Spülkasten, hoch hängend

Tief hängende Spülkästen hängen vor der Wand, ➔ 3a. Der Wasserzufluss ist meist hinten in der Mitte, nur noch selten von links oder rechts. Sie werden mithilfe eines Spülrohrbogens DN 50 mit dem WC verbunden. Für den Austausch gegen Druckspüler ist ein verlängertes Spülrohr nötig.

Wandeinbau-Spülkästen erfordern Wandhänge-WC, ➔ 3c. Die Spülauslösung ist möglich:
• von vorne
• von oben, z. B. bei Einbau unter Fenstern
• über Taster in Stützgriffen, ➔ 4

Wandeinbau-Spülkästen werden bei der Vorwandinstallation und wegen ihrer Vorteile immer mehr bevorzugt:
• Der Installateur spart Arbeitszeit, denn der Spülkasten wird mit den Vorwandelementen maßgenau zum WC eingebaut, ➔ 571.1.
• Der Kunde erhält eine glatte, leicht zu reinigende Wandfläche und eine optisch ansprechende Lösung.

Aufgesetzte Spülkästen werden unmittelbar auf das WC-Becken montiert (Zweistückanlage) mit Zufluss von hinten oder von unten links, ➔ 3b.

Angeformte Spülkästen bilden mit WC-Becken eine Einheit (Einstückanlage). Wegen der Kosten werden sie nur in Luxusbauten verwendet.

Bei **hoch hängenden Spülkästen** ist der Spülkastenboden höher 1500 mm, ➔ 3d; sie sollten ersetzt werden.

Spülung von WC

Die Spülung von WC wird ausgelöst:
• meist von Hand am Spülkasten, ➔ 1
• über Drücker im Fußboden oder in der Wand
• durch Funk per Stützgriff oder Wandtaster, ➔ 4
• berührungslos, elektronisch zwangsgesteuert, in gewissen Zeitabständen (Hygienespülung), ➔ 245.1
• berührungslos infrarotgesteuert (IR) über Batterie oder Netz, bei Stromausfall von Hand auslösbar

Die IR-Steuerung löst beim Verlassen des WC automatisch aus, zum Teil auch beim Herantreten. Dies ist günstig wegen der Sauberkeit in (halb)öffentlichen Gebäuden.

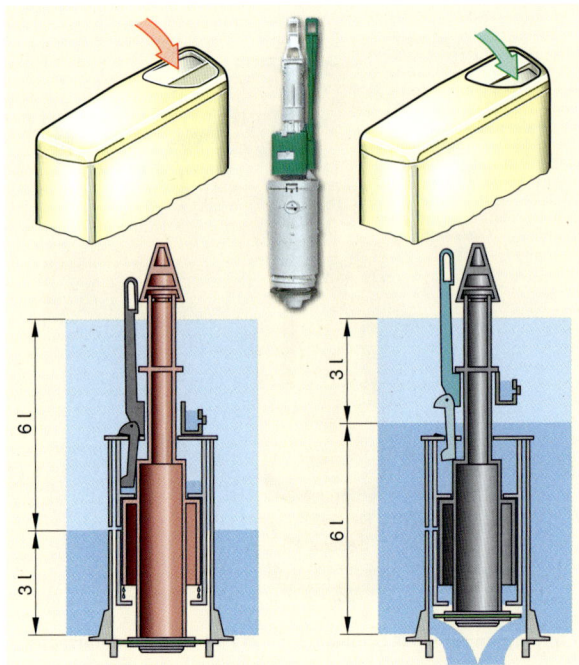

1 Auslösetaste und Heberglocke der Ablaufarmatur für 2-Mengen-Spülung mit Ablaufventil

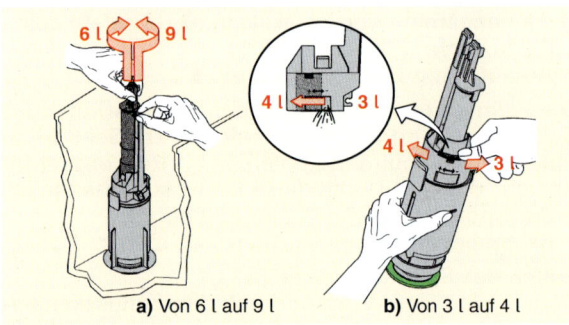

a) Von 6 l auf 9 l   **b)** Von 3 l auf 4 l

2 Umstellen der Spülmenge

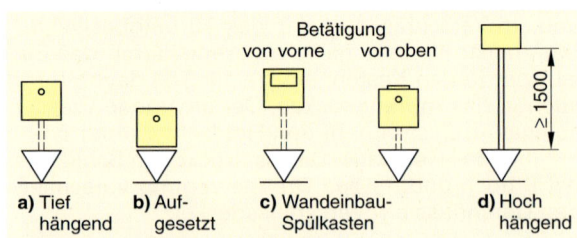

a) Tief hängend   **b)** Aufgesetzt   **c)** Wandeinbau-Spülkasten   **d)** Hoch hängend

3 Montagearten und Montagehöhen bei Spülkästen

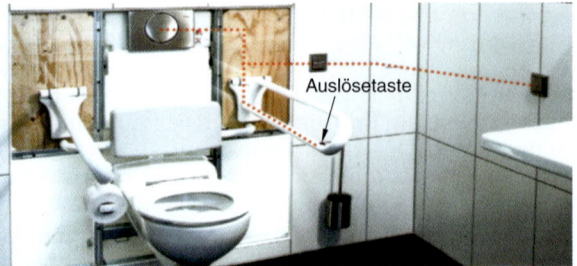

4 Mögliche Spülauslösung am WC für körperbehinderte Personen

Hygiene-Spülung

Eine Elektronik löst im Hygiene-Spül-kasten eine Zwangsspülung aus; da-durch werden Stockwerksleitungen im Strang- oder Ringsystem durchspült. Dies vermeidet Stagnation und erhält die Güte des Trinkwassers, siehe Kap. 5.9.1.

a) Einstellen von Spülzeit, Spülmenge, Spülintervall

Stufe	Spülintervall	Spül-menge	Spülzeit
1	aus	3 l	aus
2	3 x je Woche	4 l	58 h
3	2 x je Woche	5 l	84 h
4	1 x je Woche	6 l	168 h
5	1 x in 2 Wochen	7 l	336 h
6	1 x in 4 Wochen	9 l	672 h

b) Einstellwerte

1 Dezentrale Hygiene-Spülung über Spülkasten mit Sensorplatte

Ein Hygiene-Spülkasten ist sinnvoll für unregelmäßig genutzte Nasszellen, z. B. in Hotel-, Patientenzimmern, Ferienwohnungen. Ein entsprechendes **Spülventil** kann den Hygiene-Spülkasten erset-zen. Dieses Zusammenspiel von Spülsystem und Strangleitung(en) vermeidet hohen Wasserverbrauch und schützt vor Stagnation.

Man unterscheidet:
* dezentrale Hygiene-Spülung
* zentrale Hygiene-Spülung

Bei **dezentraler** Hygiene-Spülung löst eine integrierte Steuerung in der Platte der Spülkasten-Betätigung die Spülung aus. Das Programm ist mithilfe eines Magnetstabes, ohne Werkzeug, ein-zustellen, → 1.

Als Spülmenge ist das Volumen in l der vorgelagerten Stock-werksleitung einzustellen. Bei einer Strangleitung ist das WC mit Spülkasten am Leitungsende anzuordnen. Es funktioniert mit oder ohne Wasserzähler. Nötig ist ein Leerrohr für die Steu-erleitung und ein 230-V-Anschluss.

Zentrale Hygiene-Spülungen sind in Schienensysteme einzu-bauen, wie → 2. Nennweiten von Rohren, Spülzeiten und Spül-reihenfolge sind mittels Planungssoftware zu bestimmen. De-tails sind beim Hersteller abzurufen.

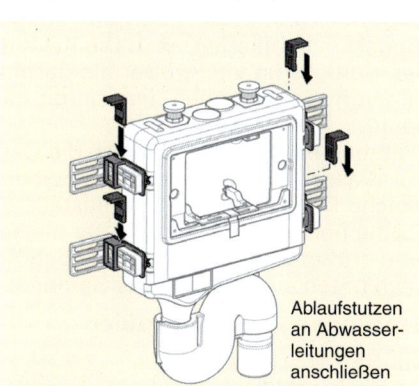

Ablaufstutzen an Abwasser-leitungen anschließen

2 Hygiene-Spülkasten für zentral gesteuerte Spülung für mehrere Strangleitungen

6.4.3 Druckspüler nach EN 12 541

Forderungen an Druckspüler:
* Druckspüler müssen bei kurzer, einmaliger Betätigung Spül-ströme nach → 3 liefern. Der Spülstrom muss während zwei Drittel der Spüldauer gleichmäßig sein.
* Beim Spülen muss der Fließdruck mindestens 50 % des Ruhe-druckes in der Anschlussleitung betragen.
* Der Schließdruck des Spülers darf den Ruhedruck der An-schlussleitung um nicht mehr als 2 bar übersteigen.

Für Spüler DN 20 ist der Spülstrom ≥ 1 l/s, das erfordert Zu-leitungen mit DN 25; für 1- und 2-Familienhäuser ist dies eine große Nennweite, denn das Wasser kann stagnieren.

Nachteile großer Leitungsdurchmesser sind:
* viel Stagnationswasser in den Leitungen
* bei geringem Bedarf geringe Fließgeschwindigkeit
* Wasserzähler müssen Wasser ≥ 5 m³/h durchlassen

Bei Druckspülern ist eine exakte Spülmenge nicht garantiert. Das liegt „in der Hand" des Benutzers.

Einbau von Druckspülern für WC

Der Spüleranschluss für WC, in DN 20, soll 950 mm bis 1050 mm über Fertigfußboden liegen. Fehlt ein Wohnungsabsperrven-til, ist vor dem Spüler ein Vorabsperrventil zweckmäßig. Vor Einschrauben des Spülers ist die Leitung zu spülen.

Spüler sind ohne Werkzeug einzuschrauben.

Spüler sind mit dem WC durch ein Spülrohr 28 x 1 zu verbinden. Um das Rücksaugen von Schmutzwasser in die Trinkwasser-leitung zu verhindern, ist im Druckspülerausgang ein Rohrun-terbrecher eingebaut, siehe auch Kap. 6.6.

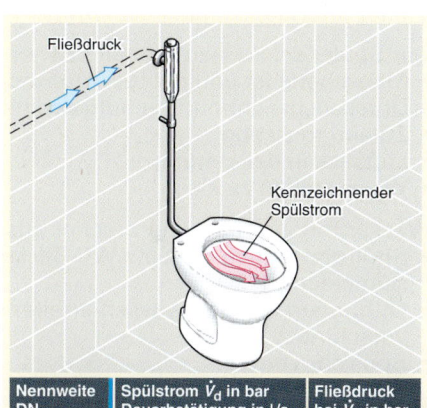

Fließdruck

Kennzeichnender Spülstrom

Nennweite DN	Spülstrom $\dot{V}_d$ in bar Dauerbetätigung in l/s	Fließdruck bei $\dot{V}_d$ in bar
15	0,7 … 1,0	1,2 … 4,0
20	1,0 … 1,3	1,2 … 4,0
25	1,0 … 1,8	0,4 … 4,0

3 Druckspüler – Fließdruck und Spülstrom

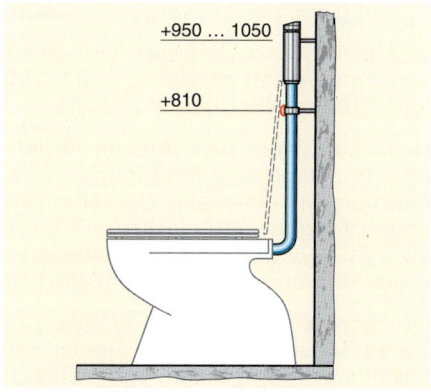

+950 … 1050

+810

4 Einbaumaße für WC-Druckspüler

Das Spülrohr ist nach dem Ablängen zu entgraten. Es ist in den Eingangsstutzen des WC zu schieben; ein Gumminippel dichtet das Spülrohr zur Keramik ab, ➔ 1. Befestigt wird das Spülrohr mit einer Spülrohrschelle mit Gummipuffer; dieser dient dem WC-Deckel als Anschlag, ➔ 245.4.

Wirkungsweise von Druckspülern

Druckspüler öffnen durch Drücken eines Knopfes bzw. Hebels. Dabei wird ein Hilfsventil geöffnet; dieses lässt Wasser aus der Gegendruckkammer oberhalb des Kolbens über den Entlastungskanal abfließen, ➔ 1. Die Kraft durch den Druck unterhalb des Kolbens ist viel größer als darüber. Dadurch wird der Kolben vom Sitz gehoben, und damit das Hauptventil. Der Spüler spült.

Während des Spülens füllt sich die Gegendruckkammer langsam mit Wasser über den Druckausgleichkanal, sodass sich dort der gleiche Druck wie darunter einstellt. Da die druckbeaufschlagte Fläche über dem Kolben größer als darunter ist, wirkt dort auch eine größere Kraft. Diese drückt den Kolben und das Hauptventil nach unten auf den Sitz. Der Spüler schließt automatisch.

Störungen am Druckspüler

Der Spüler schließt nicht:
- Hauptventil, Hilfsventil oder deren Sitze defekt
- Druckausgleichbohrung verstopft
- Innenteile stark verkalkt, zu geringer Wasserdruck, evtl. Feinfilter am Hauseingang verstopft

Der Spüler schließt zu schnell bzw. er „schlägt":
- Manschette ist undicht bzw. gerissen
- Druckausgleichbohrung aufgeweitet
- Zuleitung zu eng
- Luftsack in der Leitung
- Wasserzähler zu klein

Wasser tritt am Rohrunterbrecher aus:
- Spülrohr ragt zu weit ins WC-Becken (vor Einbau schräg anschneiden, ➔ 3!)
- Öffnungen am Spülwasserverteiler im WC sind verkalkt oder verschmutzt
- Spülrohr verengt

Druckspüler für Urinale

Druckspüler in DN 15 dienen hauptsächlich zur Urinalspülung in öffentlich zugänglichen Räumen wie Schulen, Gaststätten, Ämtern, Betrieben. Sie sind häufig unter Putz eingebaut. Handbetätigte Druckspüler sollten wegen der Hygiene durch berührungslos gesteuerte Armaturen ersetzt werden. Dann kann die Spülung auch nicht „vergessen" werden.

Ältere Auf- und Unterputz-Urinalspüler können ausgetauscht bzw. umgerüstet werden gegen berührungslos gesteuerte Spüler mit Batteriebetrieb, ➔ 2, 247.1.

Beim Umrüsten bzw. Austausch ist zuerst das Wasser abzusperren. Dann sind Betätigungs- bzw. Wanddeckplatten abzunehmen. Die Innenteile, Deckel mit Hilfsventil und Kolben, sind gegen Magnetventileinsatz und Batterie auszutauschen. Dann sind nur noch der neue Ventilaufsatz bzw. die Halteplatte zu montieren und der Spülstrom einzustellen.

Druckspüler in DN 15 bis DN 25 gibt es für Sonderfälle, z. B. zur Fußdesinfektion, zum Spülen von Hock-WC, Speibecken, Fäkalienausgussbecken, Bodenabläufe, Fixierbäder in Röntgenapparaten, Laborgeräten.

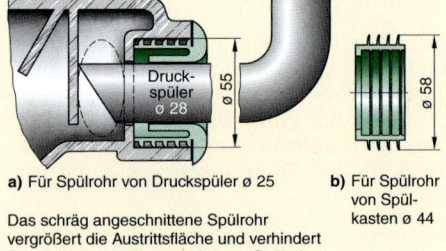

a) Für Spülrohr von Druckspüler ø 25   **b)** Für Spülrohr von Spülkasten ø 44

Das schräg angeschnittene Spülrohr vergrößert die Austrittsfläche und verhindert Stau bei zu weit eingeschobenem Spülrohr.

1 Spülrohr-Innenverbinder

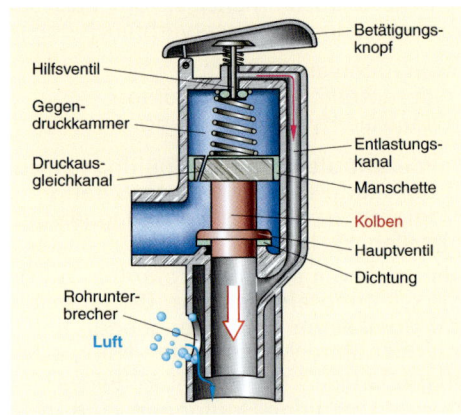

2 Druckspüler – Wirkungsweise

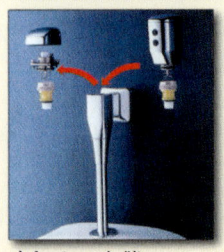

a) Austausch älterer Aufputz-Urinal-Spüler oder Umrüsten   **b)** Ältere Wandeinbau-Urinal-Spüler können auf Elektronik umgerüstet werden

3 Ersatz alter Handspüler durch berührungslos gesteuerte Urinalspüler

An der Funktion von Druckspüler und Spülkasten lässt sich der Unterschied zwischen Steuerung und Regelung darstellen.

Steuerung (mechanisch-hydraulisch) Beispiel Funktion des Druckspülers:
- **Steuerstrecke** ist der Druckspüler
- **Eingangsgröße:** Fingerdruck
- **Steuereinrichtung** sind Hilfsventil (**Steuerglied**) und Kolben mit Druckausgleichsbohrung (**Stellglied**)
- **Ausgangsgröße:** Spülwasservolumen
- **Signalglied:** Betätigungsknopf

Mit einem Fingerdruck auf den Betätigungsknopf (**Eingangsgröße**) wird das Hilfsventil (**Steuerglied**) geöffnet. Dadurch kann Wasser aus der Gegendruckkammer fließen. Die Druckdifferenz (**Steuergröße**) zur Wasserzuleitung lässt das Hauptventil am Kolben (**Stellglied**) öffnen. Wasser fließt durch den Spüler.

Das durchfließende Wasservolumen ist die **Ausgangsgröße**.

Die Spülzeit wird durch die Weite des Druckausgleichkanals (**Zeitglied**) bestimmt.

Störgrößen beeinflussen die Ausgangsgröße (Spülwasservolumen) erheblich.

Beispiele:
- geringer Wasserdruck verzögert Schließen des Spülers (Gegendruckkammer füllt sich zu langsam)
- verstopfte Durchgangsbohrung verhindert Schließen des Spülers
- eine gerissene Kolbenmanschette lässt den Spüler „schlagen"

Regelung:

Beispiele Wasserstand im Spülkasten:

- **Regeleinrichtung** ist die Füllarmatur
- **Regelstrecke** ist der Spülkasten (Behälter)
- **Eingangsgröße:** Einstellung der Schwimmerhöhe
- **Ausgangsgröße:** gleichbleibender Wasserstand

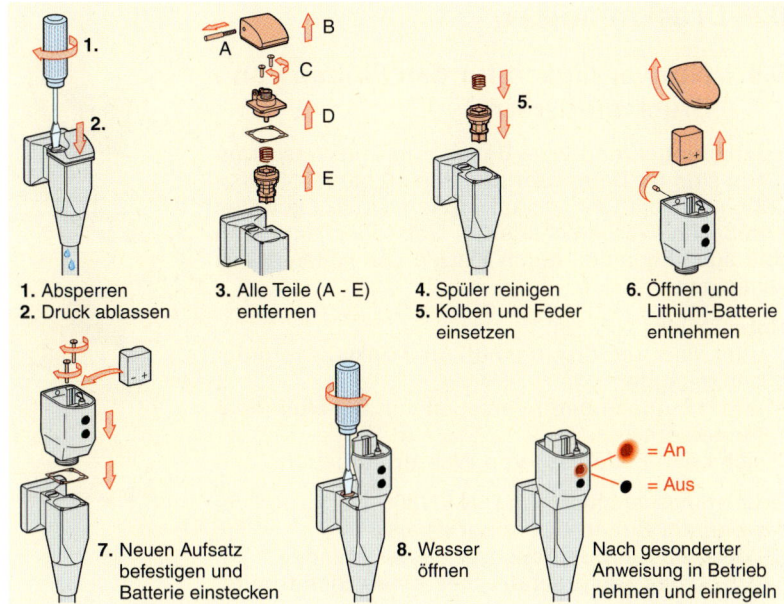

1. Absperren
2. Druck ablassen

3. Alle Teile (A - E) entfernen

4. Spüler reinigen
5. Kolben und Feder einsetzen

6. Öffnen und Lithium-Batterie entnehmen

7. Neuen Aufsatz befestigen und Batterie einstecken

8. Wasser öffnen

Nach gesonderter Anweisung in Betrieb nehmen und einregeln

= An
= Aus

1 Umrüsten von Handbetrieb auf Automatik bei einem Aufputz-Urinalspüler

An der Füllarmatur wird die Wasserstandshöhe eingestellt (**Sollwert**), ➔ 243.2 Der Schwimmer 7 ist der Messfühler. Er vergleicht den jeweiligen Wasserstand im Spülkasten (**Istwert**) mit dem **Sollwert**.

Gleichzeitig ist der Schwimmer auch Regler, der über das Gestänge 6 auf den Schließeinsatz (**Stellglied**) wirkt und diesen schließt, sobald der Kasten gefüllt ist (Sollwert erreicht). Ist z. B. das Ablaufventil undicht, sinkt der Wasserstand (**Störgröße**); der Schwimmer (**Messfühler**) registriert dies und lässt Wasser nachfließen (**Regler**).

Störgrößen beeinflussen die Ausgangsgröße nicht, sie werden korrigiert.

Das unterscheidet eine **Regelung** von einer **Steuerung**.

Im Beispiel ist dies der Wasserstand. Andere Störgrößen wären z. B. ein zu geringer Wasserdruck, eine verstopfte Zuflussbohrung, ein undichtes Ablaufventil.

Übungen:

1. Mit welchen Wassermengen sind Klosetts zu spülen?
2. Warum sind 6-l-Klosetts zu bevorzugen?
3. Welche Spülmengen sind für Urinale nötig?
4. Warum werden heute meist Spülkästen eingebaut?
5. Welche Vorteile bieten Spülkästen?
6. Beschreiben Sie, wie ein Spülkasten funktioniert.
7. Bezeichnen Sie Spülkästen nach Art der Montage.
8. Woran kann es liegen, wenn beim Spülkasten Wasser dauernd abläuft?
9. a) Nennen Sie Arten der Spülauslösung bei Spükästen.
   b) Beschreiben Sie die einzelnen Arten.
10. a) Was bedeutet „Hygienespülung" gegen Stagnation?
    b) Welche zwei Arten unterscheidet man?
11. Worauf ist beim Einbau von Druckspülern zu achten?
12. Beschreiben Sie die Wirkungsweise eines Druckspülers.
13. Woran kann es liegen, wenn ein Druckspüler nicht völlig schließt?
14. Wann kommt es bei Druckspülern zu starken Geräuschen?
15. Wozu werden Druckspüler eingesetzt?
16. Welche Urinalspüler sollen in öffentlichen Bereichen eingesetzt werden?
17. Wie kann ein handbetätigter Urinalspüler in einen berührungslos gesteuerten umgebaut werden?

6.5 Druckminderer

6.5.1 Notwendigkeit für den Einbau von Druckminderern

Rohrleitungen und viele Behälter in Trinkwasseranlagen sind für Betriebsdrücke von 10 bar (DIN 1988-200) ausgelegt und geprüft. Höhere Drücke könnten erhebliche Wasserschäden in Gebäuden anrichten und auch Personen durch Platzen von Anlageteilen schädigen.

Hohe Drücke können:
- über das Versorgungsnetz in Trinkwasseranlagen gelangen
- durch Pumpen beim Versagen von Schalteinrichtungen entstehen
- sich beim Erwärmen von Wasser aufbauen

Druckminderer sind nach DIN EN 806-2 erforderlich:
- wenn der Ruhedruck höher ist als
  - der zulässige Betriebsdruck einer Anlage
  - 75 % des Ansprechdruckes eines Sicherheitsventils
  - an Entnahmestellen 5 bar übersteigt, als Schutz gegen Geräusche
- wenn nach einer Druckerhöhungsanlage mehrere Druckzonen gebildet werden

6.5.2 Funktion und Arbeitsweise von Druckminderern

Druckminderer, ➔ 1
- reduzieren den Eingangsdruck auf den eingestellten Wert und halten diesen Druck konstant (gleichmäßig)
- verschließen den Fließweg bei zu hohem Druck und öffnen ihn bei Druckabfall

Der Druckminderer ist ein Beispiel einer **hydraulischen Druckregelung**:
Regelgröße: Leitungsdruck
Regelstrecke: Hinterdruckbereich
Eingangsgröße: Federspannung
Ausgangsgröße: konstanter Wasserdruck

Wie auf einer Wippschaukel gleichen sich im Druckminderer die Kraftwirkung des Hinterdruckes (**Istwert**) und die Spannkraft (**Führungsgröße**) einer Druckfeder auf eine Membran (**Fühler und Regler**) immer wieder aus. Die Membran stellt die Schaukel dar. Mit ihr fest verbunden ist das Regelventil (**Stellglied**). Der Hinterdruck wirkt durch mehrere Öffnungen von unten gegen die Membran, die Druckfeder von oben, vgl. auch ➔ 2.

Fällt der Hinterdruck p_A unter die vorgegebene Federspannung ab (**Sollwert**), so lässt die Kraft auf die Membran von unten nach, die Druckfeder drückt das bewegliche Regelventil nach unten und lässt Wasser durchfließen. Je größer der Durchfluss (**Stellgröße**), umso stärker fällt der Hinterdruck, umso weiter öffnet das Regelventil – und umgekehrt.

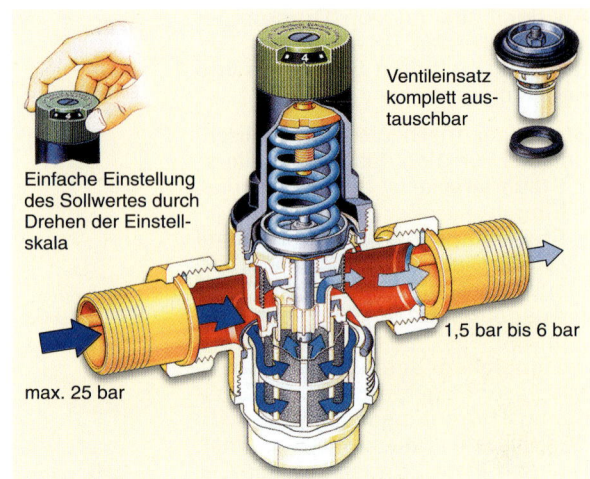

Einfache Einstellung des Sollwertes durch Drehen der Einstellskala

Ventileinsatz komplett austauschbar

max. 25 bar

1,5 bar bis 6 bar

1 Druckminderer

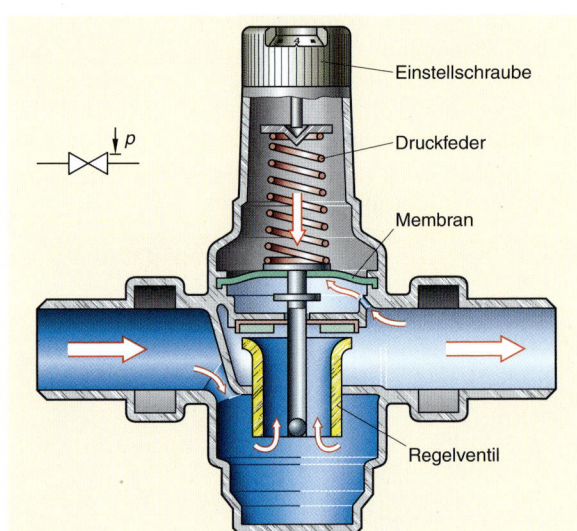

Einstellschraube

Druckfeder

Membran

Regelventil

2 Druckminderer – Funktion und Arbeitsweise

Steigt der Hinterdruck wieder auf die Höhe des Sollwertes an, so wirkt er über die Bohrung auf die Membran. Diese wird gegen die Spannung der Druckfeder angehoben und mit ihr das Regelventil, bis es schließt. So wird der Hinterdruck stets auf den gewünschen Wert (**Ausgangsdruck**) gehalten.

Das Durchflussmedium, z. B. Wasser, strömt durch ein feinmaschiges Schmutzfangsieb durch das Regelventil von unten gegen den fest stehenden Ventilsitz. Kleinste Schmutzteilchen, die beim Schließen die Dichtung beschädigen könnten, lagern sich dadurch nicht ab.

Druckschwankungen auf der Vordruckseite beeinflussen aufgrund der Konstruktion des Regelventils den Hinterdruck nicht.

Die Kompaktbauweise erlaubt Wartungsarbeiten schnell auszuführen, da das Schmutzfangsieb und das komplette Ventilsystem mit wenigen Handgriffen und ohne Spezialwerkzeug leicht austauschbar sind.

6.5.3 Bemessung von Druckminderern

Die Nennweite (DN) eines Druckminderers ist nach dem Spitzendurchfluss $\dot{V}_S$ zu bemessen, ➜ 1, und nicht der DN einer Rohrleitung anzugleichen.

Bei **Wasser** sind Druckminderer für Fließgeschwindigkeiten zwischen 1 m/s bis 2 m/s zu bemessen.

Leistungsfähige Druckminderer liefern jedoch das 2- bis 3-fache des Spitzenvolumenstromes.

Vorteile „zu klein gewählter" Druckminderer:
- sie verursachen weniger Geräusche, da ihr Regelventil bei Durchfluss weiter öffnet
- wegen des größeren Regelspaltes regeln sie genauer

Beispiel, ➜ 1:
1. Welche Nennweite ist für einen Druckminderer in einem 8-Familienhaus ($\dot{V}_S$ = 2,25 l/s) zu wählen?

Lösung: $\dot{V}_S$ = 2,25 l/s = 135 l/min = 8,1 m³/h
Auf der waagerechten Linie für Durchfluss nach rechts gehen bis $\dot{V}_S$ = 8,1 m³/h, dann nach oben zum Schnittpunkt bis ca. v = 2,0 m/s.

Ergebnis:
a) bei v = 1,9 m/s schneidet die Linie die von DN 40
b) ohne weiteres könnte ein Druckminderer DN 32 (v = 2,8 m/s) gewählt werden, da leistungsfähige Druckminderer das 2- bis 3-fache des Spitzenvolumenstromes liefern.

2. Welchen Durchfluss liefert ein Druckminderer DN 20
a) bei v = 1,8 m/s?
b) bei v = 3,0 m/s? (ohne Lösung)

Lösung:
Auf der senkrechten Linie für Durchfluss nach oben bis v = 1,8 m/s gehen, dann nach rechts zum Schnittpunkt mit DN 20, von dort senkrecht nach unten und $\dot{V}_S$ = 2,0 m³/h ≈ 33 l/min ablesen.

6.5.4 Einbau von Druckminderern

Druckminderer sind einzubauen am Hausanschluss
- nach dem Wasserzähler und dem Feinfilter oder
- im Verteiler nach dem T-Stück für die Gartenleitung, ➜ 205.1, in der Regel die 1. Abzweigung

Dadurch erreicht man im gesamten Gebäude je Stockwerk nahezu gleiche Druckverhältnisse in den Kalt- **und** Warmwasserleitungen.

Sind Druckminderer erst unmittelbar vor dem Wassererwärmer eingebaut, führt dies zu
- keiner befriedigenden Mischtemperatur an Mischbatterien, besonders nicht bei Einhebelmischern
- ständig tropfenden Sicherheitsventilen wegen „Brückenbildung", ➜ 2

Zur Strömungsberuhigung ist Druckminderern ein Rohrstück nachzuschalten mit einer Länge $l \geq$ 5 DN in der Nennweite des Druckminderers

Vor dem Einbau von Druckminderern ist die Leitung gründlich zu spülen. Nach dem Einbau sind sie mithilfe der Einstellschraube, ➜ 248.1, und ihres Manometers auf den gewünschten Hinterdruck einzustellen.

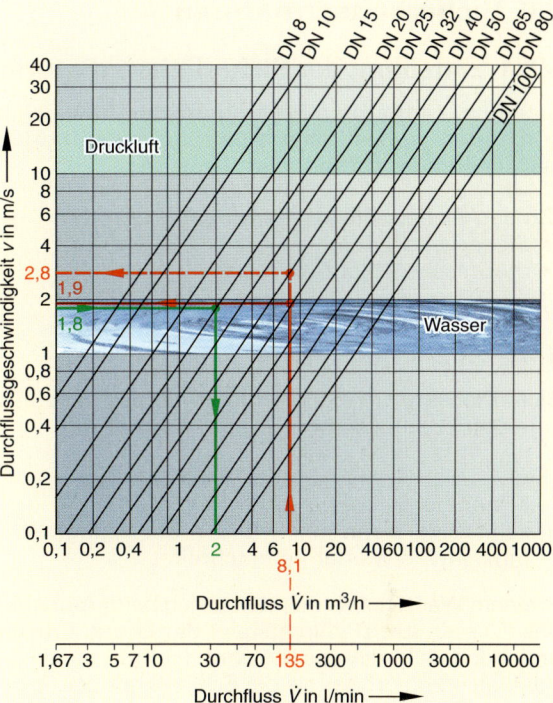

1 Nennweitenbestimmung für Druckminderer

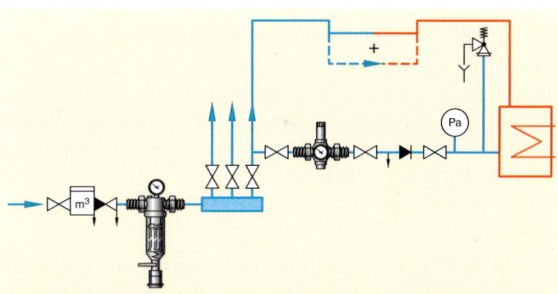

Am Sicherheitsventil tropft und läuft Wasser ständig, weil der KW-Druck über die Brücke voll durchsteigt. Temperaturwechsel an Mischbatterien und kein Komfortbereich bei Einhebelmischern sind weitere Folgen.

a) Druckminderer unmittelbar vor Wassererwärmer – falsch!

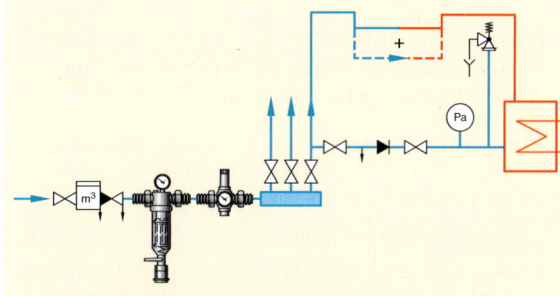

Das Durchdrücken des Ausdehnungswassers über die „Brücke" kann wegen einer (zu) hohen Manometeranzeige einen defekten Druckminderer vortäuschen. An der Mischbatterie sind Rückflussverhinderer einzubauen oder integrierte sind zu warten.

b) Druckminderer nach der Wasserzählanlage

2 Mängel bei „Brückenbildung"

6.6 Sicherheitsarmaturen

6.6.1 Einteilung der Sicherheitsarmaturen

Sicherheitsarmaturen verhindern das Abweichen von einem vorbestimmten Betriebszustand durch selbstständiges Öffnen oder Schließen.

Zu den Sicherheitsarmaturen gehören:
• Sicherheitsventil
• thermische Ablaufsicherung

6.6.2 Sicherheitsventil

6

Sicherheitsventile (**SV**) verhindern, dass der zulässige Betriebsdruck überschritten wird, ➔ 1.

SV:
• öffnen bei zu hohem Druck
• schließen, wenn der Druck in der Anlage den Einstellwert wieder unterschreitet

In einem Wassererwärmer dehnt sich beim Aufheizen das Wasser aus. Dadurch steigt der Druck. Erreicht er den Einstelldruck des SV, wird die Kraft gegen die Ventildichtung größer als die Schließkraft der Feder: Das Ventil öffnet bis das Ausdehnungswasser über die Abblaseleitung entwichen ist und schließt dann durch die Federkraft. Die Membran im SV verhindert, dass Wasser in das obere Ventilteil gelangt.

Für SV gilt:
• sie müssen mit Membran ausgestattet, federbelastet und bauteilgeprüft sein (TÜV-Kennzeichen)
• ihr Abgangsstutzen muss eine DN größer sein als ihr Eingangsstutzen
• sie müssen der Technischen Regel für Dampfkessel TRD 721 entsprechen

SV werden vom Hersteller auf ihren Ansprechdruck fest eingestellt und verplombt. Für Trinkwasserwärmer gibt es sie für 6 bar und 10 bar.

Der maximale Druck in der Kaltwasserleitung muss mindestens 20 % kleiner sein als der Ansprechdruck des SV; wenn nicht, ist ein Druckminderer einzubauen.

SV sind einzubauen:
• bei Wassererwärmern: nach DIN 1988-200
• bei Pumpenanlagen: nach AD-Merkblatt A 2[1]

In **Wassererwärmern** dehnt sich das Wasser beim Erwärmen von 10 °C auf 60 °C nur um ca. 1,7 % des Behältervolumens aus.

Beispiel:
Wasser in einem Wassererwärmer mit 300 l Inhalt wird von 10 °C auf 60 °C erwärmt. Es dehnt sich dabei um 1,7 % aus. Um wie viele Liter vergrößert sich das Wasservolumen?

$\Delta V = 0,017 \cdot V_1 = 0,017 \cdot 300 \, l = \underline{5,1 \, l}$

---
[1] AD: Arbeitsgemeinschaft für Druckbehälter

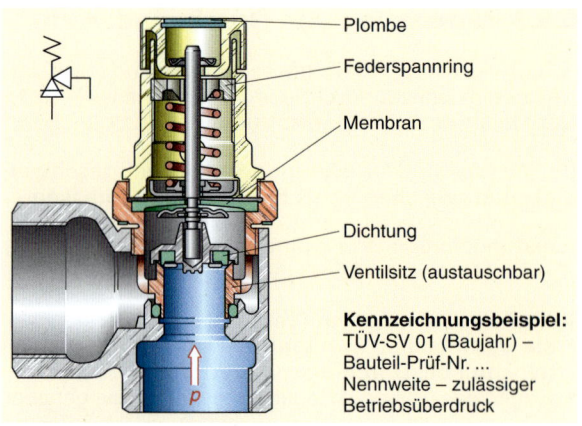

Plombe
Federspannring
Membran
Dichtung
Ventilsitz (austauschbar)

Kennzeichnungsbeispiel:
TÜV-SV 01 (Baujahr) –
Bauteil-Prüf-Nr. ...
Nennweite – zulässiger
Betriebsüberdruck

1 Membran-Sicherheitsventil

DN	Wasserinhalt l	Heizleistung kW
15	200	75
20	1000	150
25	5000	250

2 Mindestgröße von SV für Trinkwassererwärmer

Für diese geringe Menge genügt bei SV für Wassererwärmer ein geringer Durchflussquerschnitt.

SV in Pumpenanlagen mit Druckbehälter, z. B. für Eigenwasserversorgungen, Druckerhöhungsanlagen, müssen den gesamten Förderstrom der Pumpe durchlassen, wenn z. B. ein Druckschalter versagt. Sie benötigen größere Ventilquerschnitte als bei Wassererwärmern.

Anschluss von Sicherheitsventilen

SV sind, ➔ 1:
• vor Wassererwärmern an die Kaltwasserleitung anzuschließen
• über Behälteroberkante anzuordnen
• knapp über KW-Zuleitung sitzen

SV sind **an die Kaltwasserleitung** anzuschließen, weil im Kaltwasser die Verkalkung geringer als im Warmwasser ist, vgl. Kap. 1.3.2.2.
Sie sind so anzuschliessen, dass
• Fremdkörper möglichst nicht an den Ventilsitz gespült werden
• kaum Stagnationswasser entsteht

SV sind **über Behälteroberkante** anzuordnen, um bei Reparaturen, den Behälter nicht entleeren zu müssen, ➔ 466.2.

Zwischen SV und Wassererwärmer darf keine Absperrarmatur und kein Rückflussverhinderer angeordnet sein.

Für Wassererwärmer sind bestimmte Mindestgrößen von SV vorgeschrieben, ➔ 2.

Die **Abblaseleitung** muss mindestens eine Nennweite größer als die Zuflussleitung sein und sie:
- darf nicht verschließbar sein
- muss sichtbar 20 mm … 40 mm über einem Trichter oder einem Entwässerungsgegenstand innerhalb von Gebäuden enden, → 466.2
- darf höchstens zwei Bögen enthalten und nicht länger als 2 m sein
- ist noch um 1 DN zu erweitern bei mehr als zwei Bögen oder bei Längen > 2 m
- darf nicht mehr als drei Bögen enthalten und nicht länger als 4 m sein

Bei **undichtem SV**
- ist das Ventiloberteil abzuschrauben
- Dichtung und Sitz sind zu prüfen, evtl. zu reinigen
- ist das komplette Ventil auszutauschen, wenn die Ventildichtung beschädigt ist.

Bei manchen SV kann mit dem Oberteil auch der Ventilsitz getauscht werden, vgl. → 250.1. Das ist wesentlich kostengünstiger, da die Abblaseleitung nicht entfernt wird und der Ventilgrundkörper in der Leitung bleibt.

In einer **Sicherheitsgruppe**, → 1, sind alle Armaturen zusammengefasst, die zum Anschluss eines geschlossenen Wassererwärmers nötig sind. Sicherheitsgruppen ersparen Montagezeit, können jedoch zu ungleichen Druckverhältnissen führen, wenn ein Druckminderer integriert ist.

> Deshalb sollen Sicherheitsgruppen nur in Ausnahmefällen verwendet werden.

Verschiedene Ausführungen sind möglich. Für elektrische Wassererwärmer gibt es besondere Bauformen, s. → 473.1.

6.6.3 Thermische Ablaufsicherungen

Thermische Ablaufsicherungen (**TA**) sichern Anlagen, die mit festen Brennstoffen beheizt werden, vor Temperaturen > 90 °C. Sie öffnen bei Erreichen der Wassertemperatur von 90 °C selbsttätig. Heißes Wasser fließt aus dem WW-Erwärmer ab, kaltes Wasser strömt nach und senkt die Temperatur.

Thermische Ablaufsicherungen sind einzubauen bei:
- mit Festbrennstoffen **unmittelbar** beheizten Trinkwasserwärmern, → 2a; Einbau nach EN 12897
- **mittelbar** beheizten Trinkwassererwärmern durch geschlossene Heizungsanlagen nach EN 12828, wie Umstellbrand- oder Wechselbrandkessel; Einbau, → 2b:
  - Fühler im Heizwasser
  - Armatur in der Warmwasserleitung

TA müssen nach EN 14597 gebaut und mit TÜV-Kennzeichen versehen sein.

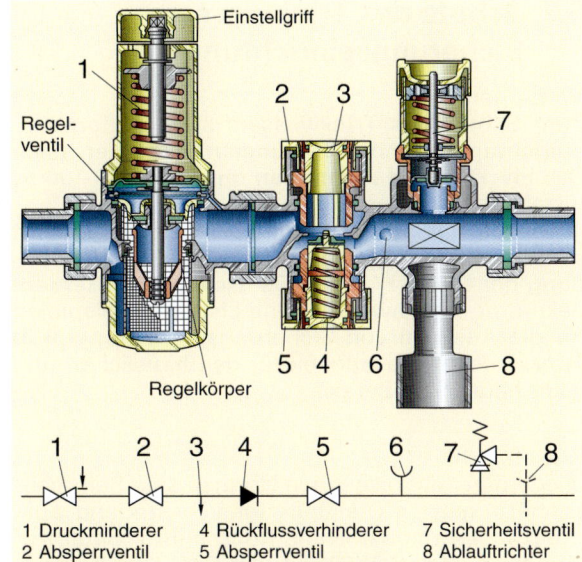

1 Druckminderer   4 Rückflussverhinderer   7 Sicherheitsventil
2 Absperrventil   5 Absperrventil   8 Ablauftrichter
3 Prüfstutzen   6 Manometeranschluss

1 Sicherheitsgruppe für geschlossene Wassererwärmer

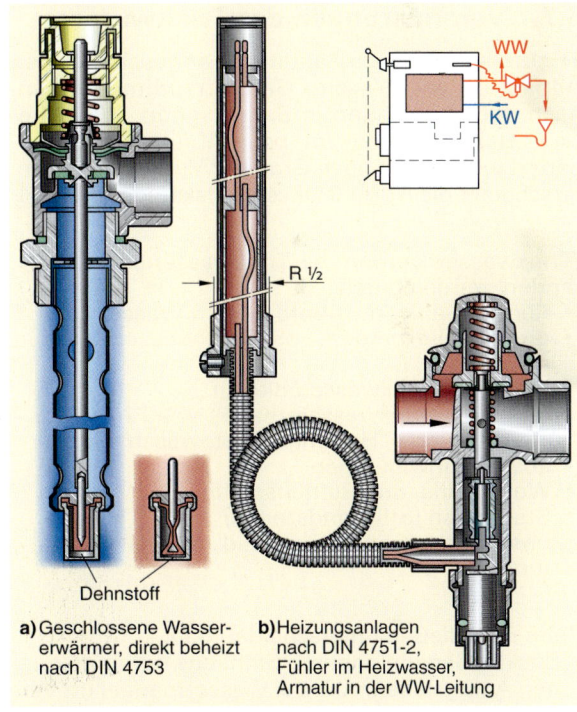

a) Geschlossene Wassererwärmer, direkt beheizt nach DIN 4753

b) Heizungsanlagen nach DIN 4751-2, Fühler im Heizwasser, Armatur in der WW-Leitung

2 Thermische Ablaufsicherungen bei Beheizung mit festen Brennstoffen oder mit Abgasen

---

Übungen:

1. Welche Aufgaben erfüllen Sicherheitsarmaturen?
2. Wozu dienen Druckminderer?
3. Wann sind Druckminderer erforderlich?
4. Warum sollen Druckminderer nicht nur für den Warmwasserbereich eingebaut werden?
5. Wozu dienen Sicherheitsventile (SV)?
6. Wie funktioniert ein Sicherheitsventil?
7. Welche unterschiedlichen Arten von SV gibt es?
8. a) Welche Wassererwärmer benötigen ein SV?
   b) Welche Nennweiten sind vorgeschrieben bei Wassererwärmern mit b1) 160 l - b2) 250 l Inhalt?
9. Welche Regeln gelten für Abblaseleitungen von SV?
10. Unterscheiden Sie Druckminderer - Sicherheitsventil je nach Aufgabe, Wirkungsweise und Einbauort.
11. Wozu dienen thermische Ablaufsicherungen?

6.7 Schutz des Trinkwassers – Sicherungseinrichtungen

Vorbemerkung:
Zum Schutz des Trinkwassers sind Sicherheitseinrichtungen und Sicherungsmaßnahmen nach DIN EN 1717 **und zusammen** mit DIN 1988-100 zu installieren und auszuführen.
In DIN 1988-100 sind nationale Hinweise genannt sowie Erläuterungen und Hinweise zur Anwendung der DIN EN 1717 in Deutschland. Außerdem bekommt der Anwender eine Liste mit Beispielen für die Auswahl von Sicherungseinrichtungen in Trinkwasser-Installationen für den häuslichen und nicht-häuslichen Bereich.

> **Besonderheit:**
> Gegenüber der bisherigen Normen sind Sammelsicherungen an Steigleitungen, bestehend aus Rückflussverhinderer und Rohrbelüfter Bauform D oder E nach DIN 3266-1 und DIN 3266-2, nicht mehr als Sicherungseinrichtungen vorgesehen.

6.7.1 Veränderungen des Trinkwassers

Trinkwasser kann in Leitungen, angeschlossenen Apparaten wie Wasch-, Geschirrspülmaschinen, nach dem Ausfließen in Badewannen, Waschbecken, Behältern, Fässern, beim Abfüllen u. Ä. verändert werden. Je nach Grad der Veränderung unterscheidet die Norm 5 Flüssigkeitskategorien, ➔ 1.

> Trinkwasser kann in der Trinkwasserleitung verändert werden durch:
> - Rückfließen von verunreinigtem Wasser
> - direktes Verbinden von Trinkwasseranlagen mit
>   - anderen Trinkwasseranlagen
>   - mit Nichttrinkwasseranlagen wie Regenwassernutzungs-, Heizungs-, Autowaschanlagen
> - äußere Einwirkungen
> - Werk-, Hilfs- und Betriebsstoffe
> - Stagnation (Stillstandszeiten)
> - unsachgemäßen Betrieb und mangelnde Wartung

Beim Rückfließen unterscheidet man:
- Rückfließen (im engeren Sinn) aus höher gelegenen Anlageteilen, z. B. bei Wassermangel im Versorgungsnetz, Pumpenausfall, beim Absperren im Haus und Öffnen tiefer liegender Ausläufe, ➔ 2a.
- Rücksaugen ist meist eine Folge des Rückfließens, wenn Unterdruck in der Leitung entsteht, wie beim Entleeren von Leitungen oder bei Rohrbruch, ➔ 2 b/c; vgl. Saugheber ➔ 28.1.
- Rückdrücken (Gegendruck aus Behältern) z. B. bei Druckanstieg in Wassererwärmern oder bei höherem Betriebsdruck angeschlossener Anlagen, z. B. während des Nachfüllens einer Heizungsanlage.

Kategorie	Flüssigkeit	Gefährdung der Gesundheit
1	Wasser für den menschlichen Gebrauch, das direkt aus einer Trinkwasser-Installation entnommen wird **Beispiele:** Trinkwasser	ohne
2	Flüssigkeiten, die geeignet für den menschlichen Gebrauch sind, einschließlich Wasser aus einer Trinkwasserinstallation, das eine Veränderung in Geschmack, Geruch, Farbe oder Temperatur (Erwärmung oder Abkühlung) aufweisen kann **Beispiele:** abgestandenes Wasser, Kaffee, Tee, stark eisenhaltiges Wasser (tintenartiger Geschmack)	ohne
3	Flüssigkeit, die eine Gesundheitsgefährdung durch die Anwesenheit einer oder mehrerer giftiger oder besonders giftiger Stoffe darstellt.[1] **Beispiele:** wenig giftige Stoffe wie Glykol, Kupfersulfat, Heizungswasser ohne Zusatzstoffe	mit
4	Flüssigkeit, die eine Gesundheitsgefährdung für Menschen durch die Anwesenheit einer oder mehrerer giftiger oder besonders giftiger Stoffe oder einer oder mehrerer radioaktiven, mutagenen oder kanzerogenen Substanzen darstellt [1] **Beispiele:** giftige, sehr giftige, radioaktive oder Krebs erzeugende Stoffe, wie Fungizide, Herbizide, Insektizide [1], Hydrazin, Lindan	Lebensgefahr
5	Flüssigkeit, die eine Gesundheitsgefährdung für Menschen durch die Anwesenheit von Erregern übertragbarer Krankheiten darstellt **Beispiele:** Erreger übertragbarer Krankheiten wie Hepatitisviren, Salmonellen (verursachen Leberentzündungen, Darmkrankheiten, Typhus)	Lebens- und Seuchengefahr

[1] Die Abgrenzung zwischen Kategorie 3 und Kategorie 4 ist LD_{50} -, eine Dosis, bei der innerhalb von 15 Tagen 50 % der Einnehmenden sterben
LD: Letalitätsdosis – letal [lat.] „tödlich"

1 Flüssigkeitskategorien bei (verändertem) Trinkwasser nach EN1717

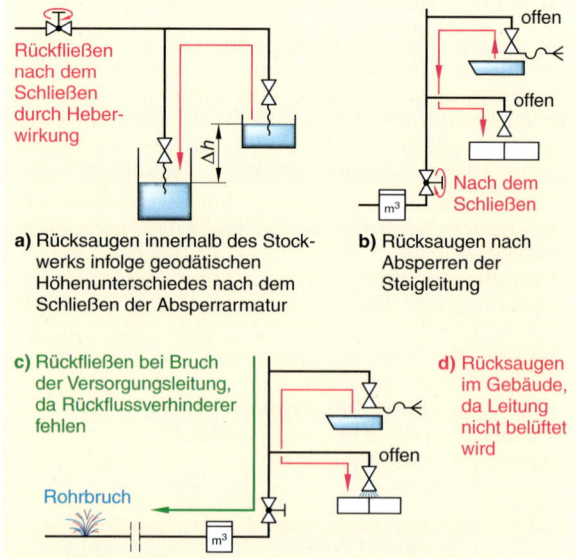

a) Rücksaugen innerhalb des Stockwerks infolge geodätischen Höhenunterschiedes nach dem Schließen der Absperrarmatur

b) Rücksaugen nach Absperren der Steigleitung

c) Rückfließen bei Bruch der Versorgungsleitung, da Rückflussverhinderer fehlen

d) Rücksaugen im Gebäude, da die Leitung nicht belüftet wird

2 Rückfließen bei fehlenden Sicherungsmaßnahmen

Um **Rückfließen** von Wasser zu verhindern, sind nach EN 1717 nötig:
- Sicherungsmaßnahmen
- Sicherungseinrichtungen (Sicherungsarmaturen)

6.7.2 Sicherungsmaßnahmen nach EN1717

Sicherungsmaßnahmen und Sicherungseinrichtungen, s. Kap 6.7.3, sind vorgeschrieben zum Schutz von:
- Trinkwasser im öffentlichen Versorgungssystem, bzw. Brunnenwasser bei Eigenwasserversorgung
- Trinkwasser in den Leitungen der Abnehmer

Die **direkte** Verbindung einer Trinkwasseranlage mit einer anderen Trinkwasseranlage ist grundsätzlich **nicht** zulässig, z. B. mit einer weiteren zentralen Wasserversorgung oder mit einer Eigenwasserversorgungsanlage.

Normalerweise darf eine Trinkwasseranlage mit einer anderen Trinkwasseranlage oder einer Nichttrinkwasseranlage nur **indirekt** (mittelbar) verbunden werden, also unter Zwischenschalten eines besonderen Mittels, z. B. des Schwimmerventils mit freiem Auslauf in einem offenen Behälter, ➔ 1.

Ausnahme: Vertrag (!) um Anlagen zu verbinden von Verbraucher mit Versorger, wenn beide Wässer:
- dauernd DIN 2000 entsprechen
- nach Trinkwasser-Verordnung überwacht werden und beim Mischen ihre Trinkwassergüte behalten nach DIN 2000, siehe DVGW- Arbeitsblatt W 216

Direkt darf eine Trinkwasseranlage nicht verbunden werden mit Nichttrinkwasseranlagen wie Heizungs-, Regenwassernutzungs-, Autowaschanlagen.

Nach DIN EN 1717 dürfen geschlossene Heizungsanlagen mit der Trinkwasserleitung nur verbunden werden über einen festen Anschluss, der gesichert ist durch einen Systemtrenner Typ BA oder CA, Kap. 6.7.3.8. und Kap. 6.7.3.9.

Trinkwasser kann durch **äußere Einwirkungen** verändert werden, nämlich durch:
- Abwasser
- gefährliche Stoffe
- Licht
- Werk-, Hilfs- und Betriebsstoffe
- stagnierendes Wasser
- unsachgemäßen Betrieb, mangelnde Wartung

Abwasser kann an metallischen Trinkwasserleitungen im Erdreich Korrosionsschäden verursachen. Daher ist festgelegt:
- Trinkwasserleitungen im Abstand ≤ 1 m zu Abwasserleitungen dürfen nicht tiefer als diese liegen; ihr Abstand muss aber ≥ 0,2 m sein, sonst sind in Absprache mit dem Wasserversorgungsunternehmen spezielle Schutzmaßnahmen zu ergreifen, ➔ 2.
- Trinkwasserleitungen dürfen nicht geführt werden
  - durch Sicker- bzw. Fäkaliengruben
  - durch Abwasserschächte bzw. Abwasserkanäle

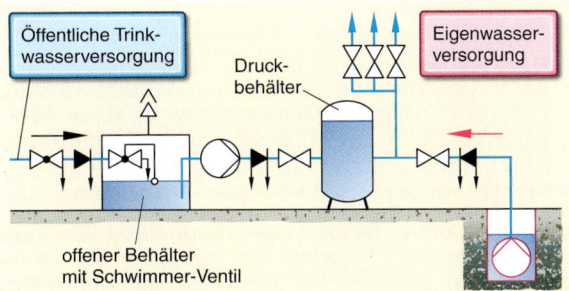

1 Indirekte Verbindung einer Eigenwasserversorgung mit der öffentlichen Wasserversorgung

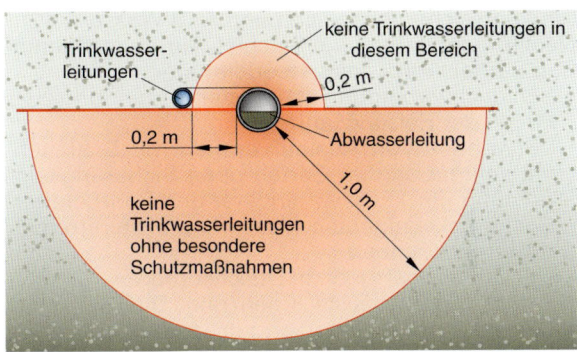

2 Abstände zwischen Trink- und Abwasserleitungen im Erdreich (DIN 1988-100)

Gefährliche Stoffe entstehen in Industrie- und Gewerbebetrieben.
Das sind:
- aggressive Dämpfe; sie bewirken Korrosion
- radioaktive Stoffe; sie bewirken Diffusion bei Kunststoffrohren oder Verstrahlung

Können Gase oder Dämpfe über Sicherungseinrichtungen in das Trinkwasser gelangen, sind diese Einrichtungen in andere Räume zu verlegen.

Licht fördert im Wasser Algenbildung. Deshalb sind z. B. durchscheinende Kunststoffrohre oder Filtertassen vor Lichteinwirkung zu schützen durch:
- Verlegen in Schutzrohren (Wellrohren)
- Auswählen dunkel eingefärbter Rohre
- Einbau in abgedunkelten Räumen

Werk-, Hilfs- und Betriebsstoffe, die mit Trinkwasser in Kontakt kommen, dürfen die Trinkwassergüte nicht nachteilig beeinflussen. Sie müssen Europäischen Normen und nationalen Bestimmungen entsprechen, z. B. Kunststoffe den KTW-Empfehlungen (Kunststoffe im Trinkwasser) u. Ä. Liegen keine technischen Regeln vor, müssen die Stoffe gesundheitlich, geschmacklich, geruchlich unbedenklich und technisch unvermeidbar sein.

Hilfsstoffe wie Gewindeschneid-, Fluss-, Entkalkungsmittel müssen wasserlöslich und auszuspülen sein. Werden dem Trinkwasser Betriebsstoffe zugefügt, sind, je nach Flüssigkeitskategorie, ➔ 252.1, entsprechende Sicherungsarmaturen erforderlich, ➔ 256.1.

Die Gefahren **stagnierenden Wassers** wurden bereits im Kap. 5.9.2 beschrieben.

Deshalb sind:
- Leitungen nach längerer Unterbrechung gründlich zu spülen, bevor Trinkwasser entnommen wird
- Leitungen, die längere Zeit nicht benutzt werden, z. B. für abgelegene Gästezimmer, direkt an ihrer Abzweigstelle abzusperren; nach Wiederinbetriebnahme sind die Leitungen zu spülen
- nicht mehr genutzte Leitungen abzutrennen

Unsachgemäßer Betrieb oder **mangelnde Wartung** der kompletten Trinkwasseranlagen kann die Trinkwasserqualität beeinträchtigen. Um Schäden rechtzeitig zu erkennen bzw. zu vermeiden, sind Trinkwasseranlagen sachgemäß zu betreiben und regelmäßig zu warten, → 265.1; siehe auch BGB § 823 (Verkehrssicherungspflicht) und AVB Wasser § 12. Nachfolgend nur einige Beispiele für unsachgemäßen Betrieb von Trinkwasserleitungen:
- Schlauchverbindung statt fester Verbindung zum Füllen der Heizungsanlage
- Verwenden von Auslaufventilen mit Schlauchver-schraubung im Garten ohne Sicherungseinrichtung (Rückflussverhinderer und Rohrbelüfter)
- Hochdruckreinigeranschluss ohne Systemtrenner (Rohr(netz)trenner)
- Duschmittelpatronen in Duschköpfen
- Betrieb von Ionenaustauschern ohne DVGW-Zeichen
- Reinigen von Kleintierkäfigen, -fressnäpfen u. Ä. in Geschirrspülmaschinen

6.7.3 Sicherungseinrichtungen zum Schutz des Trinkwassers

6.7.3.1 Zweck der Sicherungseinrichtungen

Sicherungseinrichtungen verhindern das Rückfließen von Wasser in den Leitungen und wirken zusammen mit den Sicherungsmaßnahmen zum Schutz des Trinkwassers. Dazu sind die Sicherungseinrichtungen fachgerecht zu installieren. Ihre Funktion darf nicht durch Höhen- oder Schräglage beeinträchtigt werden.

> Die Entnahmestelle mit dem höchsten Gefährdungsgrad bestimmt die Art der Absicherung.

Symbole für Sicherungseinrichtungen zeigt Bild → 1; als Ersatz dient nebenstehendes Symbol mit je einem Buchstaben - für Schutzgruppe und Typ.

> Zum Schutz des Trinkwassers im öffentlichen Versorgungssystems bzw. von Brunnenwasser ist ein Rückflussverhinderer (RV), → 255.1, oder eine höherwertige Einrichtung, z. B. Rohrtrenner, → 261.3, direkt an der Hauseinführung, in der Regel nach dem Wasserzähler, einzubauen.

Dies soll verhindern, dass Wasser aus dem Gebäude zurückfließt. Unabhängig vom RV o. Ä. sind zum Schutz des Trinkwassers im Leitungssystem des Gebäudes Sicherungseinrichtungen, nach → 1, an allen Apparaten oder Entnahmestellen einzubauen, an denen Trinkwasser verändert werden kann.

Kurzzeichen	Symbol	Sicherungseinrichtung	Flüssigkeitskategorie				
			1	2	3	4	5
A		**Freier Auslauf**					
AA		Ungehinderter Freier Auslauf	🟠	🟢	🟢	🟢	🟢
AB		Freier Auslauf mit nicht kreisförmigem Überlauf (uneingeschränkt)	🟠	🟢	🟢	🟢	🟢
AC		Freier Auslauf mit belüftetem Tauchrohr und Überlauf	🟠	🟢	🟢	🔴	🔴
AD		Freier Auslauf mit Injektor	🟠	🟢	🟢	🟢	🟢
AF		Freier Auslauf mit kreisförmigem Überlauf (eingeschränkt)	🟠	🟢	🟢	🟢	🔴
AG		Freier Auslauf mit Überlauf durch Versuch mit Unterdruckprüfung bestätigt	🟠	🟢	🟢	🔴	🔴
B/C		**Kontrollierbare Trennung**	🟠	🟢			
BA		Rohrnetztrenner mit kontrollierter Mitteldruckzone (Systemtrenner d. Autor)	🟢	🟢	🟢	🟢	🔴
CA		Rohrtrenner mit unterschiedlichen, nicht kontrollierbaren Druckzonen	🟢	🟢	🟢	🔴	🔴
D		**Atmosphärische Belüftung**					
DA		Rohrbelüfter in Durchgangsform	🟡	🟡	🟡	🔴	🔴
DB		Rohrunterbrecher Typ A2; mit beweglichen Teilen	🟡	🟡	🟡	🔴	🔴
DC		Rohrunterbrecher Typ A1; mit ständiger Verbindung zur Atmosphäre	🟡	🟡	🟡	🟡	🔴
E		**Rückflussverhinderer**					
EA		Kontrollierbarer Rückflussverhinderer	🟢	🟢	🔴	🔴	🔴
EB		Nicht kontrollierbarer Rückflussverhinderer	nur für bestimmten häuslichen Gebrauch				
EC		Kontrollierbarer Doppelrückflussverhinderer	🟢	🟢	🔴	🔴	🔴
ED		Nicht kontrollierbarer Doppelrückflussverhinderer	nur für bestimmten häuslichen Gebrauch				
G		**Rohrtrenner**					
GA		Rohrtrenner, nicht durchflussgesteuert	🟠	🟢	🟢	🟢	🔴
GB		Rohrtrenner, durchflussgesteuert	🟠	🟢	🟢	🟢	🔴
H		**Belüfter für Schlauchanschlüsse**					
HA		Schlauchanschluss mit Rückflussverhinderer	🟢	🟢	🟡	🔴	🔴
HB		Rohrbelüfter für Schlauchanschlüsse	🟡	🟠	🟢	🔴	🔴
HC		Automatischer Umsteller	nur für bestimmten häuslichen Gebrauch				
HD		Rohrbelüfter für Schlauchanschlüsse, kombiniert mit Rückflussverhinderer (Sicherungskombination)	🟢	🟢	🟢	🔴	🔴
LA		**Druckbeaufschlagter Belüfter**	🟠	🟠	🟠	🔴	🔴
LB		Druckbeaufschlagter Belüfter, mit nachgeschaltetem Rückflussverhinderer	🟠	🟠	🟠	🔴	🟠

Einrichtungen mit atmosphärischer Belüftung (z. B. BA, CA, GA, GB) dürfen nicht eingebaut werden, wenn die Gefahr einer Überflutung besteht.

Erklärung der Zeichen:
🟢 deckt das Risiko ab   🟡 deckt das Risiko nur ab, wenn p = atm
🔴 deckt das Risiko nicht ab   🟠 trifft nicht zu

1 Sicherungseinrichtungen – Symbole nach EN 1717

Sicherungseinrichtungen nach EN 1717 sind in der Regel **Einzelsicherungen**, ➔ 2. Bei der Einzelsicherung wird nur die Entnahmestelle eigens gesichert, an der Rückfließen, Rücksaugen oder Rückdrücken droht, z. B. ein Auslaufventil mit Schlauchanschluss oder eine Schlauchbrause, ➔ 2, 205.1 (rechter Strang).

Häufig wird als Einzelsicherung eine sogenannte Sicherungskombination eingesetzt: Rückflussverhinderer plus (Durchfluss)-Rohrbelüfter, ➔ 4.

Sammelsicherungen sicherten mehrere Entnahmestellen gemeinsam durch eine Sicherung ➔ 3. Sammelsicherungen sind in den Trinkwassernormen nicht mehr vorgesehen; sie dürfen wegen ihrer Nachteile nicht mehr verwendet werden, denn
- Anschlussrohre für Rohrbelüfter auf den Steigleitungen enthalten Stagnationswasser, ➔ 205.1
- bei Einbaufehlern kann verschmutztes Wasser rückfließen, ➔ 4
- bei Mängeln an einer Sicherungsarmatur sind alle „gesicherten" Entnahmestellen gefährdet

Apparate, z. B. Wasch- und Geschirrspülmaschinen, bei denen ein DIN-, DIN-DVGW- oder gleichwertiges Zeichen nachweist, dass aus ihnen kein Trinkwasser zurückfließen kann, gelten als **eigensicher**. Sie dürfen ohne Sicherungseinrichtung an die Trinkwasserleitung angeschlossen werden.

> Man sollte bei Schlauchanschlüssen grundsätzlich so genannte Geräteanschlussventile mit Rohrbelüfter + Rückflussverhinderer (= Sicherungskombination), ➔ 5, verwenden, z. B. in Gärten, Waschküchen, Garagenplätzen.

Jederzeit kann dort aus einem untergestellten Regenfass, Waschbottich, Eimer Schmutzwasser über den Schlauch rückgesaugt werden. Auch der Schlauch eigensicherer Geräten kann abgeschraubt, in eine Abflussleitung gesteckt und diese durchspült werden.

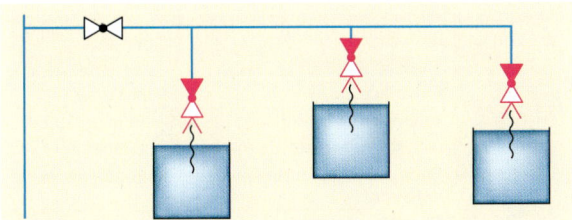

2 Einzelsicherung mit Rückflussverhinderer und Durchflussrohrbelüfter

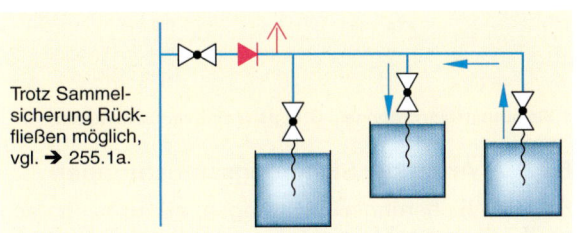

Trotz Sammelsicherung Rückfließen möglich, vgl. ➔ 255.1a.

3 Sammelsicherung mit Rohrbelüfter und Rückflussverhinderer

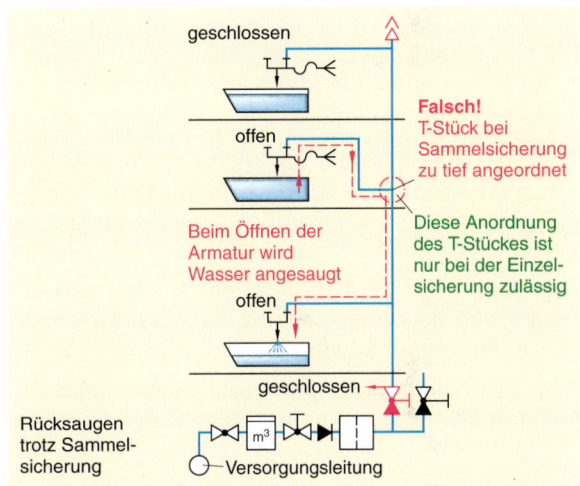

4 Installation mit Sammelsicherung – mit Fehler bei der Installation

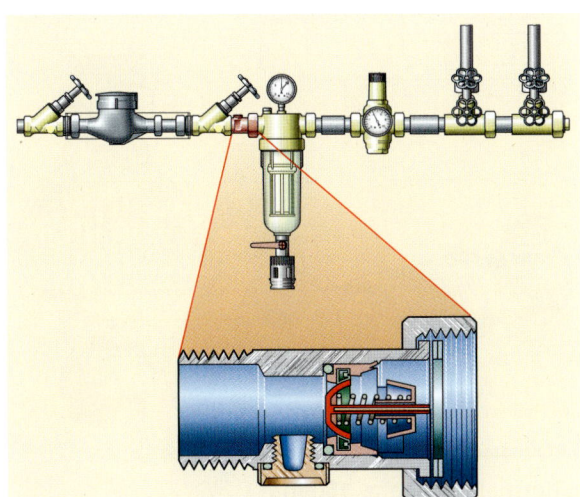

1 Rückflussverhinderer (EA) als Sicherung am Hausanschluss nach EN 1717

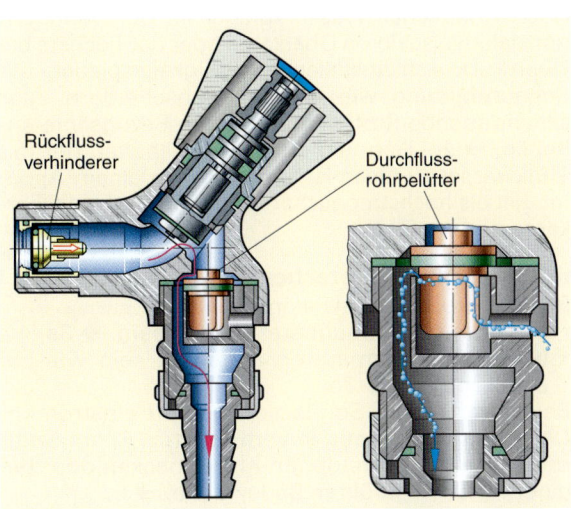

5 Auslaufventil mit RV und Durchflussrohrbelüfter (Geräteanschlussventil)

Kennbuch-staben	Sicherungseinrichtung, siehe auch → 254.1	Bemerkung
A + Typ	Freier Auslauf	sechs Arten
B + Typ	kontrollierbare Trennung	Systemtrenner BA
C + Typ	nichtkontrollierbare Trennung	Systemtrenner CA
D + Typ	Prinzip: atmosphärische Belüftung	Rohrunterbrecher
E + Typ	Rückflussverhinderer	Einzel- u. Doppel-RV
G + Typ	Rohrtrenner	ähnlich BA u. CA
H + Typ	Belüfter für Schlauch-anschlüsse	Rohrbelüfter mit RV
L + Typ	druckbeaufschlagte Belüfter; bei Unterdruck öffnend	nur in Skandina-vien üblich

1 Sicherungseinrichtungen, Gruppen mit Kennbuchstaben

6.7.3.2 Arten der Sicherungseinrichtungen

Einzelne Sicherungseinrichtungen, einzusetzen nach → 257.1, sind acht Gruppen zugeordnet, → 1.

6.7.3.3 Freier Auslauf ⟨AA⟩

Von den sechs Arten des freien Auslaufs nach EN 1717 sind in Deutschland üblich:

- der freie, ungehinderte Auslauf ⟨AA⟩, → 2

- der freie Auslauf ⟨AB⟩

- der freie Auslauf ⟨AC⟩, bei dem ständig ein senkrechter Abstand zwischen Lufteinlassöffnung im Einlaufrohr zum höchstmöglichen Wasserspiegel sein muss, → 242.3

Der freie Auslauf ⟨AA⟩ bietet das Höchstmaß an Sicherheit gegen Eindringen von Nichttrinkwasser, Fremd- und Schadstoffen.

Das Maß h der freien Fließstrecke (senkrechter Abstand Auslauf bis höchstmöglicher Wasserspiegel), → 2, muss sein:

$$h \geq 3d_i \geq 20\ \text{mm}$$

Höchstmöglicher Wasserspiegel ist bei Behältern normalerweise deren Oberkante oder der höchste bei Überdruck sich einstellende Flüssigkeitsspiegel.
Schaumbildung wie bei Stärkeabscheidern oder schwimmende Stoffe können diese Bezugslinie anheben, → 2b. Liegt ein druckloser Behälter, der mit Trinkwasser zu füllen ist, unsichtbar in einem Apparat, gilt als höchstmöglicher Wasserspiegel die Oberkante des Apparates.

6.7.3.4 Rohrunterbrecher ⟨DB⟩ ⟨DC⟩

Rohrunterbrecher (**RU**) können:
- ein eigenes, schraubbares Bauteil sein, → 3a, 4
- in manchen Armaturen angebaut sein wie bei Druckspülern, → 3b

Bei auftretendem Sog lassen sie Luft einströmen. Damit wird Rücksaugen verhindert, z. B. am Spülrohr bei einem verstopften Klosettbecken oder bei einer randvoll gefüllten Badewanne, → 5.
RU sind über dem höchstmöglichen Wasserspiegel anzuordnen:

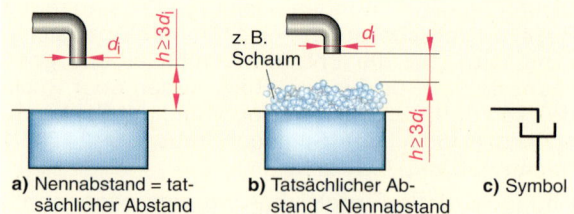

a) Nennabstand = tatsächlicher Abstand
b) Tatsächlicher Abstand < Nennabstand
c) Symbol

2 Freier Auslauf ⟨AA⟩

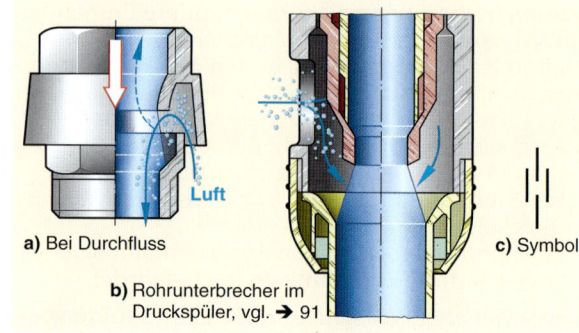

a) Bei Durchfluss
b) Rohrunterbrecher im Druckspüler, vgl. → 91
c) Symbol

3 Rohrunterbrecher Typ ⟨DC⟩ (freie Belüftungsöffnung)

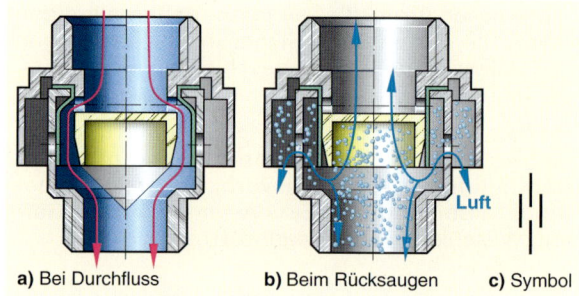

a) Bei Durchfluss
b) Beim Rücksaugen
c) Symbol

4 Rohrunterbrecher Typ ⟨DB⟩ (mit elastischer Membran)

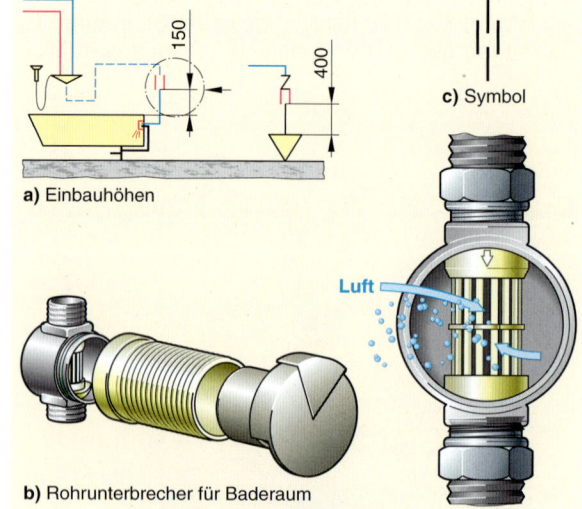

a) Einbauhöhen
b) Rohrunterbrecher für Baderaum

5 Rohrunterbrecher für Wanneneinlauf zu → 543.1

- normalerweise ≥ 150 mm
- bei Druckspülern ≥ 400 mm, → 5b

Nach RU darf keine Absperrung eingebaut werden.

Legende: 🟢 deckt das Risiko ab   🔴 deckt das Risiko nicht ab   🟡 deckt das Risiko nur ab, wenn p = atm am Einbauort

Nr	Entnahmestelle, Apparat	AA	AB	AC	BA	CA	DB	DC	EA	EB	GA	GB	HA	HB	HC	HD
1	Aktivkohlefilter bei chem. Apparaten	🟢	🟢	🔴	🔴	🔴	🟢	🟡	🔴	🔴	🔴	🟢	🔴	🔴	🔴	🔴
2	Badelifter - Öffnungen und Funktionsteile über Wannenrand	🟢	🟢	🟢	🔴	🔴	🟡	🟡	🔴	🔴	🔴	🟢	🔴	🔴	🔴	🔴
3	Schlauchbrause für Bade-, -Duschwanne a) in Wohnung, Hotels	🟢	🟢	🔴	🔴	🔴	🔴	🔴	🟢	🟢	🟢	🟢	🟡	🔴	🟢	🟢
4	b) im Krankenhaus, Pflegeheim	🟢	🟢	🔴	🔴	🔴	🔴	🔴	🔴	🔴	🔴	🟢	🔴	🔴	🔴	🔴
5	Wanneneinlauf unterhalb Wannenrand a) häuslicher Bereich	🟢	🟢	🔴	🔴	🔴	🔴	🔴	🔴	🔴	🟢	🟢	🟡	🔴	🔴	🟡
6	b) nicht häuslicher Bereich	🟢	🟢	🟢	🔴	🔴	🔴	🔴	🔴	🔴	🔴	🔴	🔴	🔴	🔴	🔴
7	Behälterbefüllung, z. B. Tankwagen, Jauche-, Spritzmittelfässer	🟢	🟢	🟢	🔴	🔴	🔴	🔴	🔴	🔴	🔴	🔴	🔴	🔴	🔴	🔴
8	Beregnungsanlage, Unterfluranlage	🟡	🟡	🟡	🟡	🟡	🟡	🟡	🟡	🔴	🟢	🟢	🔴	🔴	🔴	🔴
9	Chemikalienmischvorrichtung für Desinfektions-, Düngemittel u. Ä.	🟡	🟡	🔴	🔴	🔴	🔴	🔴	🟡	🔴	🔴	🟢	🔴	🔴	🔴	🔴
10	Chem. Reinigungsapparat	🟢	🟢	🟢	🔴	🔴	🔴	🔴	🔴	🔴	🟢	🟢	🔴	🔴	🔴	🔴
11	Dialysegerät ohne Desinfektion	🟢	🟢	🟢	🔴	🔴	🔴	🔴	🔴	🔴	🟢	🟢	🔴	🔴	🔴	🔴
12	Druckerei, Reproduktions-, Foto-Betrieb, z. B. Klischeemasch., Stopp-, Fixierbad	🟢	🟢	🟢	🔴	🔴	🔴	🟡	🔴	🔴	🔴	🟢	🔴	🔴	🔴	🔴
13	Enthärtungs- und Entsäuerungsanlagen, Regeneration a) ohne Säuren/Laugen	🟢	🟢	🟢	🔴	🔴	🔴	🔴	🔴	🔴	🟢	🟢	🟡	🔴	🔴	🟡
14	b) mit Säuren/Laugen	🟢	🟢	🟢	🔴	🔴	🔴	🔴	🔴	🔴	🔴	🟢	🔴	🔴	🔴	🔴
15	Entkarbonisierung vor Getränkebereitern, Klarspülern, gewerbl. Spülmaschinen	🟢	🟢	🟢	🔴	🔴	🔴	🔴	🔴	🔴	🟢	🟢	🔴	🟢	🔴	🔴
16	Entnahmearmatur mit Schlauchverschraubung in Haus u. Garten	🟢	🟢	🟢	🔴	🔴	🔴	🟡	🔴	🔴	🟢	🔴	🟢	🔴	🔴	🟡
17	Filmentwicklungsmaschine	🟢	🟢	🟢	🔴	🔴	🔴	🟡	🔴	🔴	🔴	🟢	🔴	🔴	🔴	🔴
18	Fleisch- u. fleischverarb. Maschinen	🟢	🟢	🟢	🔴	🔴	🔴	🔴	🔴	🔴	🟢	🟢	🔴	🔴	🔴	🔴
19	Frisörsalon, Rückwärtswaschanlage	🟢	🟢	🟢	🔴	🔴	🔴	🔴	🟢	🔴	🟢	🟢	🔴	🟡	🟡	🟢
20	Geschirrspülbrause mit Rückholfeder	🟢	🟢	🟢	🔴	🔴	🔴	🟡	🔴	🔴	🟢	🟢	🔴	🔴	🔴	🔴
21	Getränkeautomat für Kaffee, Säfte	🟢	🟢	🟢	🔴	🔴	🔴	🟡	🔴	🔴	🟢	🟢	🔴	🔴	🔴	🔴
22	Gläserspüleinrichtung für Schanktische	🟢	🟢	🟢	🔴	🔴	🔴	🟡	🔴	🔴	🟢	🟢	🔴	🔴	🔴	🔴
23	Großkochgeräte, wie Kochkessel, Wasserbäder, Heißumluftgeräte	🟢	🟢	🟢	🔴	🔴	🔴	🟡	🔴	🔴	🟢	🟢	🔴	🔴	🔴	🔴
24	Heizungsfülleinrichtung für Wasser a) ohne Inhibitoren	🟢	🟢	🟢	🟢	🟢	🔴	🔴	🔴	🔴	🟢	🟢	🔴	🔴	🔴	🟡
25	b) mit Inhibitoren (Hemmstoffe, hier um Korrosion zu mindern)	🟢	🟢	🟢	🔴	🔴	🔴	🔴	🔴	🔴	🔴	🟢	🔴	🔴	🔴	🔴
26	Hochdruckreiniger m. Chemikalienzusatz	🟢	🟢	🟢	🔴	🔴	🔴	🟡	🟡	🔴	🔴	🟢	🔴	🔴	🔴	🔴
27	Kartoffelschälmaschine	🟢	🟢	🟢	🔴	🔴	🔴	🔴	🔴	🔴	🟢	🟢	🔴	🔴	🔴	🔴
28	Melkmaschinen, Spülautomat mit Desinfektionsmittelzugabe	🟢	🟢	🟢	🔴	🔴	🔴	🔴	🔴	🔴	🟢	🟢	🔴	🔴	🔴	🔴
29	Regenwassernutzung	🟢	🟢	🟢	🔴	🔴	🔴	🔴	🔴	🔴	🔴	🔴	🔴	🔴	🔴	🔴
30	Reinigungsgerät für Getränkeleitungen	🟢	🟢	🟢	🔴	🔴	🔴	🟡	🔴	🔴	🟢	🟢	🔴	🔴	🔴	🔴
31	Schlauchbrause in Haushaltsküche	🟢	🟢	🟢	🔴	🔴	🔴	🔴	🟢	🔴	🟢	🟢	🟢	🔴	🔴	🔴
32	Schwimm-/Badebecken a) Füllen und Nachfüllen	🟢	🟢	🟢	🔴	🔴	🔴	🔴	🟡	🔴	🔴	🟢	🔴	🔴	🔴	🔴
33	b) mit Aufbereitung und Desinfektion	🟢	🟢	🔴	🟢	🔴	🔴	🔴	🔴	🔴	🔴	🟢	🔴	🔴	🔴	🔴
34	Spül- u. Reinigungsgerät für Abwasserltg.	🟢	🟢	🔴	🔴	🔴	🔴	🔴	🔴	🔴	🔴	🔴	🔴	🔴	🔴	🔴
35	Sterilisatoren für a) desinfiziertes, verpacktes Material	🟢	🟢	🟢	🔴	🟢	🔴	🟡	🔴	🔴	🟢	🟢	🔴	🔴	🔴	🟡
36	b) kanzerogenes Material	🟢	🟢	🔴	🟢	🔴	🟢	🔴	🟡	🔴	🔴	🟢	🔴	🔴	🔴	🔴
37	c) Labor- und Dampfdesinfektion	🟢	🟢	🔴	🔴	🔴	🔴	🟡	🟡	🔴	🔴	🟢	🔴	🔴	🔴	🔴
38	Umkehrosmoseanlagen	🟢	🟢	🔴	🔴	🔴	🔴	🔴	🔴	🔴	🟢	🟢	🔴	🔴	🔴	🔴
39	Unterwassermassageanlage	🟢	🟢	🔴	🔴	🔴	🔴	🔴	🔴	🔴	🟢	🟢	🔴	🔴	🔴	🔴
40	Viehtränkebecken	🟢	🟢	🔴	🔴	🔴	🔴	🔴	🔴	🔴	🔴	🔴	🔴	🔴	🔴	🔴
41	WC-Becken, Urinal	🟢	🟢	🔴	🔴	🔴	🔴	🔴	🔴	🔴	🔴	🔴	🔴	🔴	🔴	🔴
42	WC-Reinigungsspritze	🟢	🟢	🔴	🔴	🔴	🔴	🔴	🔴	🔴	🔴	🔴	🔴	🔴	🔴	🔴
43	Zahnarzteinrichtung/Behandlungsstuhl	🟢	🟢	🔴	🔴	🔴	🔴	🟡	🔴	🔴	🔴	🟢	🔴	🔴	🔴	🔴

1 Beispiele für die Wahl von Sicherungsarmaturen für den häuslichen und den nicht häuslichen Bereich in Deutschland, Österreich, Schweiz, Polen

6.7.3.5 Rückflussverhinderer

  EC ED

Rückflussverhinderer sind Sicherungsarmaturen, die selbsttätig verhindern, dass Wasser in einer Leitung zurückfließt. Sie müssen sicher absperren.

Rückflussverhinderer (RV) in Rohrleitungen:
* lassen Wasser in normaler Richtung fließen
* verhindern das Rückfließen von Wasser
* schließen, wenn kein Wasser fließt

Fließt Wasser in **normaler Richtung**, öffnet die Kraft des vorwärts strömenden Wassers gegen die Federkraft das Sperrventil, ➔ 1a.

Rückfließendem Wasser sperrt das federbelastete Ventil den Rückweg, ➔ 1b, und wenn **kein Wasser fließt**, bleibt das Ventil durch Federkraft geschlossen, ➔ 1b.

Sonderformen von Rückflussverhinderern sind:
* Einsteck-RV in Absperrarmaturen, ➔ 224.2, Eckventile, Schlupfbrausen, Wasserzählereingängen, Rohrbelüfter, ➔ 260.4
* Doppelrückflussverhinderer ED, z. B. bei Wannenrandbatterien mit Schlupfbrause

Einbau von Rückflussverhinderern

RV müssen waagerecht oder von unten durchströmt werden. Sie dürfen nicht in abwärts führende Leitungsteile eingebaut werden.

Grund:
In abwärts führenden Leitungen könnte die evtl. größere Kraft der statischen Wassersäule das Sperrventil des RV gegen dessen Federkraft öffnen und so die Sperrfunktion aufheben.
Damit RV funktionssicher arbeiten ist eine regelmäßige Inspektion (jährlich einmal) bzw. Wartung nötig. Deshalb sind sie zugänglich und so einzubauen, dass sie ohne Veränderung der Leitung wieder auszubauen sind (Verschraubungen!).
Zur Wartung und Kontrolle müssen RV überprüfbar sein. Gute RV enthalten deshalb vor und hinter ihrem Sperrventil einen Verschlussstopfen als Prüföffnung bzw. Entleerung, ➔ 1.

Durchfließendem Wasser sollen RV nur geringen Widerstand entgegensetzen, damit der Fließdruck in den Leitungen nicht zu stark abfällt, denn:
* hohe Druckverluste bedeuten in Anlagen mit Pumpenbetrieb auch hohen Energieaufwand, vor allem in Zirkulationssystemen
* geringer Fließdruck bedingt relativ große Rohrweiten mit all deren Nachteilen wie Stagnationswasser, Platzbedarf (einschließlich Dämmung), Kosten.

Deshalb ist beim Auswählen eines RV darauf zu achten, dass sein Druckverlust möglichst gering ist.

Dafür sind Herstellerunterlagen zu beachten, ➔ 1d.

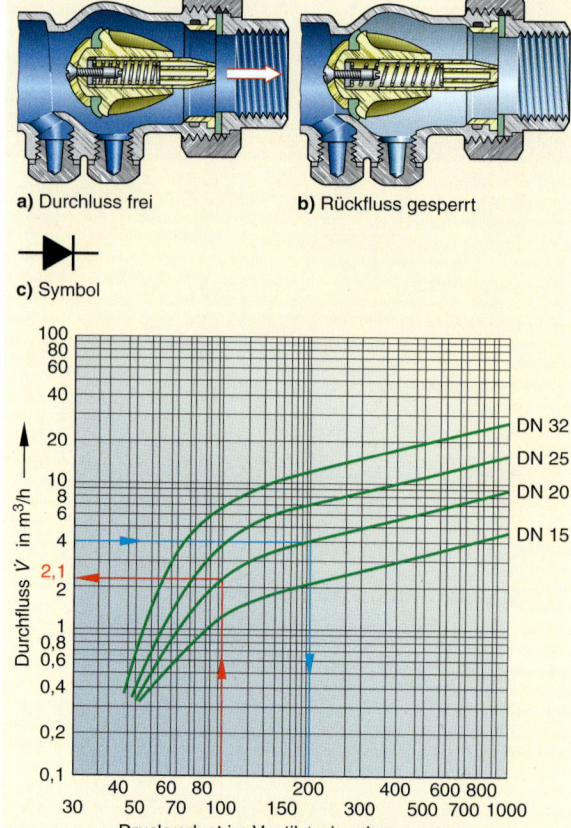

a) Durchluss frei   **b)** Rückfluss gesperrt

c) Symbol

d) Durchfluss und Druckverlust (Herstellerangaben)

1 Rückflussverhinderer mit Prüfeinrichtungen

Beispiel:
Der RV in ➔ 1 mit DN 20 hat bei einem:
* Durchfluss $\dot{V}$ = 4 m³/h einen Druckverlust Δp = 200 mbar (blaue Linien in ➔ 1d)
* Druckverlust Δp = 100 mbar einen Durchfluss $\dot{V}$ = 2,1 m³/h (rote Linien in ➔ 1d)

Einbauort von Rückflussverhinderern

Ein kontrollierbarer RV ist nach EN 1717 nach dem Hauswasserzähler einzubauen. Er soll das Rückfließen von Wasser aus der Hausinstallation ins öffentliche Rohrnetz verhindern.

Da dieser RV ein Rückfließen im Leitungssystem des Gebäudes nicht verhindern kann, sind zusätzlich RV erforderlich, z. B.:
* bei Druckerhöhungsanlagen hinter deren Pumpen, ➔ 190.1, falls nicht schon darin eingebaut, ➔ 176.2
* im Kaltwasseranschluss geschlossener Wassererwärmern mit Nenninhalt > 10 l, ➔ 465.2
* in WW-Zirkulationssystemen vor Eintritt des Rücklaufwassers in den WW-Speicher, ➔ 465.2
* in Thermostatbatterien, wenn hinter ihnen das Wasser abgesperrt werden kann, ➔ 550.2
* in Sicherungskombinationen, z. B. ➔ 255.5

6.7.3.6 Belüfter für Schlauchanschlüsse (Rohrbelüfter) ⟨H...⟩

Belüfter für Schlauchanschlüsse (Rohrbelüfter, besser **Schlauchbelüfter**) lassen bei Unterdruck Luft in das Rohrsystem einströmen, um das Rücksaugen von Nichttrinkwasser ins Trinkwassernetz zu verhindern. Die Luftzufuhr erfolgt durch den atmosphärischen Druck.

> Mit Schlauchbelüftern dürfen nur Anschlussstellen bzw. Apparate bis höchstens Kategorie 3 nach ➜ 254.1 abgesichert werden.

- In Deutschland, Österreich und der Schweiz sind üblich, ➜ 1:
- Durchfluss-Schlauchbelüfter ⟨HB⟩ (ohne RV)
- Schlauchbelüfter ⟨HC⟩ in Mischbatterien
- Schlauchbelüfter ⟨HD⟩ (mit RV)

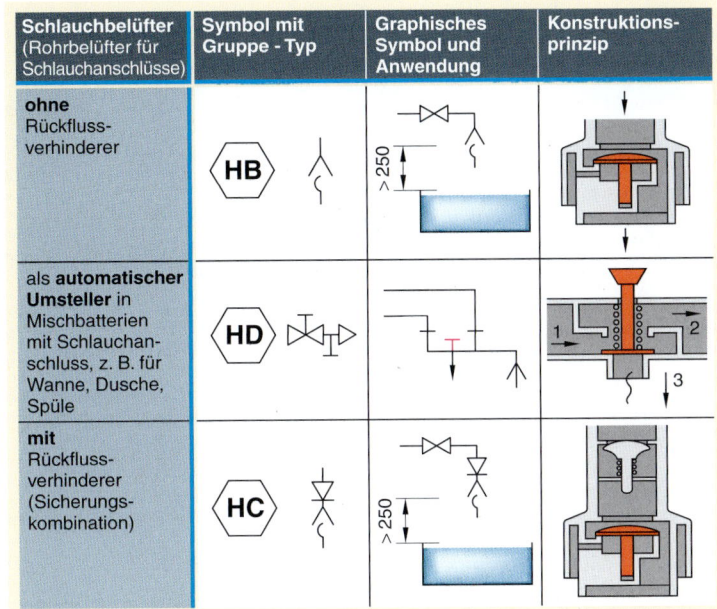

Schlauchbelüfter (Rohrbelüfter für Schlauchanschlüsse)	Symbol mit Gruppe - Typ	Graphisches Symbol und Anwendung	Konstruktionsprinzip
ohne Rückflussverhinderer	⟨HB⟩		
als **automatischer Umsteller** in Mischbatterien mit Schlauchanschluss, z. B. für Wanne, Dusche, Spüle	⟨HD⟩		
mit Rückflussverhinderer (Sicherungskombination)	⟨HC⟩		

1 Schlauchbelüfter für Einzellüftung - üblich in Deutschland, Österreich, Schweiz

Durchfluss-Schlauchbelüfter ⟨HB⟩ sind an Ausläufe mit Schlauchverschraubung angeschraubt oder angeformt, ➜ 255.4 c, rechts.

Ein **Schlauchbelüfter** ⟨HC⟩ z. B. ist auch der automatische Umsteller einer Mischbatterie mit Auslauf und Schlauchbrause, wie z. B. bei Dusch-, Badewannen-, Spültischarmaturen mit Auslauf und Brauseschlauch, ➜ 2.

Schlauchbelüfter ⟨HD⟩, kombiniert mit einem Rückflussverhinderer, bilden eine Sicherungskombination, ➜ 3.

Eine Sicherungskombination besteht aus zwei unabhängig voneinander wirkenden Sicherungseinrichtungen. Sie muss mindestens 250 mm über dem höchstmöglichen Betriebswasserspiegel liegen.

Sicherungskombinationen können das Leitungssystem in Gebäuden und auf Grundstücken mit Ausläufen mit Schlauchanschluss schützen, z. B. in Waschküchen, Gärten, Gärtnereien, bei Autowaschplätzen.

Bei Wasserdurchfluss öffnet das Wasser den Rückflussverhinderer, drückt den Kegel des Rohrbelüfters auf seinen Sitz und fließt zum Auslauf, ohne im Belüfterkanal auszutreten, ➜ 3a.

Beim Rücksaugen kann der RV dies zwar nicht ganz verhindern. Aber durch den Sog wird der Rohrbelüfterkegel vom Sitz gehoben: Luft strömt über ihn in den Belüfterkanal und gleicht den Sog aus, ➜ 3b.

Bei der Einzelsicherung ist die Sicherungskombination in einer Armatur eingebaut, z. B. Auslaufventil mit Schlauchverschraubung, ➜ 255.4, Brauseschlauchanschlusswinkel, ➜ 4a, Mischbatterie mit automatischem Umsteller, ➜ 4b.

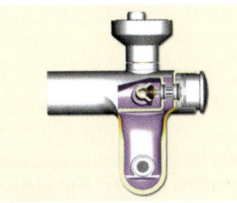

2 Automatischer Umsteller in Wannenmischbatterie - hier in Schließstellung zum Füllen der Wanne

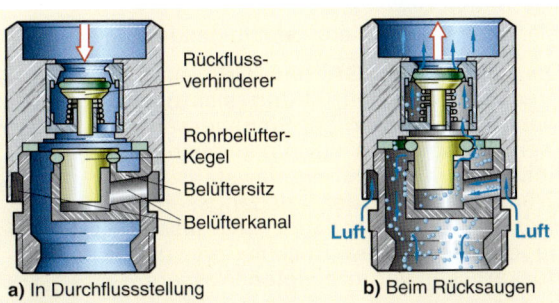

Rückflussverhinderer
Rohrbelüfter-Kegel
Belüftersitz
Belüfterkanal
Luft | Luft

a) In Durchflussstellung | b) Beim Rücksaugen

3 Sicherungskombination mit Rückflussverhinderer und Durchfluss-Schlauchbelüfter in Funktion

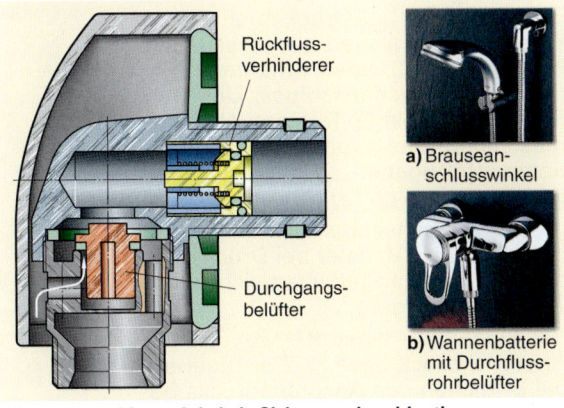

Rückflussverhinderer
Durchgangsbelüfter

a) Brauseanschlusswinkel
b) Wannenbatterie mit Durchflussrohrbelüfter

4 Brauseanschlusswinkel als Sicherungskombination

6

Rohrtrenner GA / GB	Systemtrenner BA / CA
• zeigen deutlich, ihre Geschlossen- bzw. Offenstellung an • ihr Zustand kann, über ein Magnetventil der Leitzentrale einer Gebäudeautomation übermittelt werden • zur Überprüfung und Wartung des RT ist kein Messgerät erforderlich	• Schmutzfänger integriert • kein Tropfen bei Druck schwankungen • dreifache Sicherheit • bei Reparaturen beide Kartuschen leicht auszuwechseln, kein Spezialwerkzeug nötig • geringe Masse • hohe Korrosionsbeständigkeit als Edelstahlarmatur, geringe Einbaulänge • preisgünstig

1 Merkmale Rohrtrenner – Systemtrenner

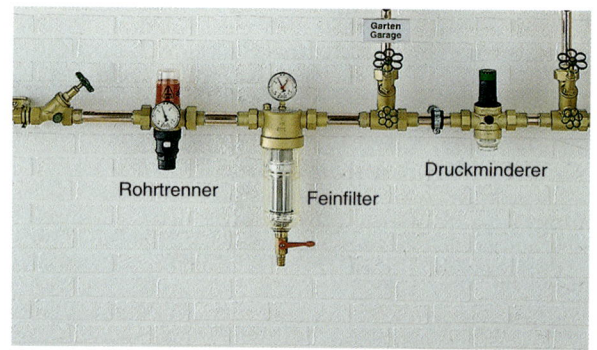

2 Rohrtrenner ⟨GA⟩ nach dem Hauswasserzähler eingebaut

6.7.3.7 Rohrtrenner

Rohr- bzw. Systemtrenner baut man ein, wenn Trinkwasserleitungen durch Schlauch oder durch feste Leitung mit Behältern oder Apparaten für Flüssigkeiten bis Kategorien 3 bzw 4 (auch kurzzeitig) verbunden werden, ➜ 4.

DIN EN 1717 unterscheidet bei Rohrtrennern, ➜ 4
• BA Rohrtrenner mit kontrollierbarer Mitteldruckzone
• CA Rohrtrenner mit unterschiedlichen, nicht kontrollierbaren Druckzonen
• GA Rohrtrenner, nicht durchflussgesteuert
• GB Rohrtrenner, durchflussgesteuert

Die **Rohrtrenner** ⟨BA⟩ **und** ⟨CA⟩ (nach EN 1717) wurden bisher **Systemtrenner** genannt, siehe Kap. 6.7.3.8. Der Rohrtrenner BA hat zusätzlich auch die Bezeichnung **Rohrnetztrenner**. In diesem Buch werden die Bezeichnungen **Systemtrenner** für BA/CA und **Rohrtrenner** für GA/GB angewandt.

Markante Unterschiede zeigt folgende Übersicht, ➜ 1

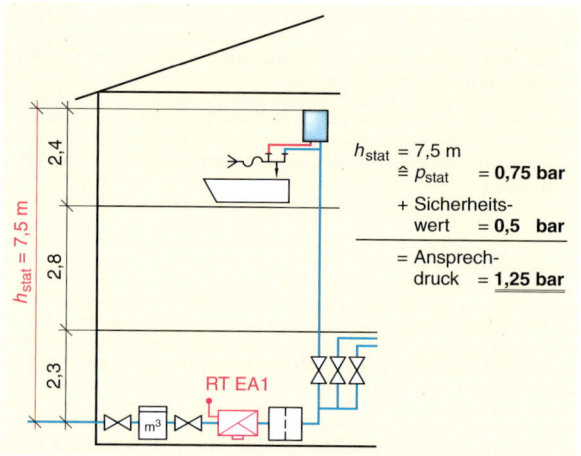

$h_{stat} = 7,5$ m
$\widehat{=} \; p_{stat} = 0,75$ bar
+ Sicherheits-
wert $= 0,5$ bar
= Ansprech-
druck $= 1,25$ bar

3 Bestimmen des Ansprechdruckes eines Rohrtrenners

Die **Rohrtrenner** ⟨GA⟩ und ⟨GB⟩ unterbrechen eine Rohrleitung sichtbar, wenn der Druck an der Eingangsseite (p_F) nur noch um 0,5 bar (= Sicherheitswert) höher ist als der statische Druck (p_{stat}) auf der Ausgangsseite, ➜ 3. Sie schützen damit zuverlässig gegen Rücksaugen, Rückfließen oder Rückdrücken verunreinigten Wassers.

Der nicht durchflussgesteuerte Rohrtrenner GA – früher Einbauart (EA 1) - ist ständig in Durchflussstellung, ➜ 1. Er trennt erst bei Druckabfall in der Zuleitung und sichert alle Anschlüsse bis Kategorie 3, wie Entnahmearmatur mit Schlauchanschluss, Überflur-Beregnungsanlage, Klimagerät, Melkmaschinen-Spülautomat mit Desinfektionsmittelzugabe.

Der ist nach der Wasserzähleranlage am Hausanschluss, ➜ 1, verlässlicher als ein RV, da er bei Druckabfall automatisch und jederzeit sichtbar in Trennstellung geht.

Bei Bestellung eines RT ⟨GA⟩ ist der Ansprechdruck nach ➜ 2 anzugeben; bei Erreichen des Ansprechdrucks beginnt der Schließkörper zu öffnen.

Rohrtrenner	Symbol mit Gruppe - Typ	Graphisches Symbol und Anwendung	Konstruktions- prinzip
mit kontrollierbarer Mitteldruckzone Systemtrenner bis Kat. 4	**BA**		
mit unterschiedlichen, nicht kontrollierbaren Druckzonen Systemtrenner bis Kat. 3	**CA**		
nicht durchfluss- gesteuert bis Kat. 3	**GA**		
durchfluss- gesteuert bis Kat. 4	**GB**		

4 Rohrtrenner nach EN 1717 – mit üblicher Bezeichnung für Gruppe BA und CA

260

Arbeitsweise der Rohrtrenner

RT ⟨GA⟩ - nicht durchflussgesteuert - sichern Leitungen bis Kategorie 3.

Überschreitet der Eingangsdruck den Sollwert der Schließfeder, wird der Tropfwasseranschluss vom Schließkörper verschlossen. Der RT befindet sich in Durchflussstellung, ➜ 1a.

Fällt der Eingangsdruck unter den Ansprechdruck des RT, ➜ 259.2, so wird der Schließkörper von der Sollwertfeder in die Trennstellung gesteuert, ➜ 1b.

Die Trennstellung ist am durchsichtigen Haubenteil erkennbar. Das im RT vorhandene Wasser fließt über den Tropfwasseranschluss ab. Der eingebaute Rückflussverhinderer unterbindet ein Leerlaufen der nachgeschalteten Anlage.

RT ⟨GB⟩ – durchflussgesteuert - sichern Leitungen bis Kategorie 4.
Diese sind ständig in Trennstellung, ➜ 1b. Sie öffnen nur, wenn ein Strömungs- oder Druckwächter signalisiert, dass Wasser entnommen wird. Das Umschalten erfolgt durch die Druckdifferenz einer hydraulischen Steuereinheit. Anlagen nach ➜ 2 und 257.1 werden damit abgesichert.
Der durch ein Differenzdruck gesteuerte RT, ➜ 2, bietet sicheren Schutz gegen Rücksaugen oder Rückdrücken von Wasser, auch wenn höhere Anlagendrücke als projektiert auftreten. Er arbeitet vollautomatisch, sodass immer ein Trennvorgang stattfindet, wenn während des Betriebes eine Druckdifferenz 0,1 bar bis 0,5 bar zwischen Ein- und Ausgang des RT auftritt.

> Eine Trinkwasserleitung darf nie mit Behältern oder Leitungen für Wässer der Kategorie 5 verbunden werden, auch nicht vorübergehend über einen Schlauch.

Im Bedarfsfall ist bei Anlagen der Kategorie 5 Trinkwasser über einen freien Auslauf zuzuspeisen.

Rohr- und Systemtrenner gibt es mit:
- Anschlussverschraubungen in DN 15 bis DN 50
- Flansche ab DN 65 bis DN 200

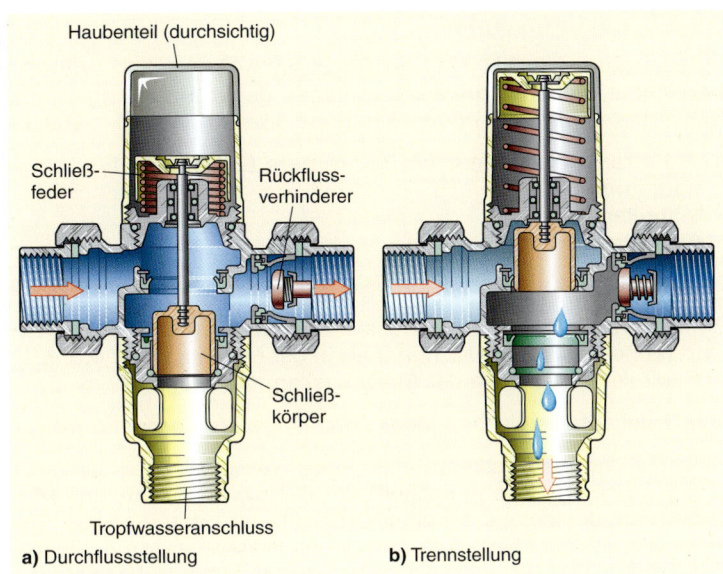

a) Durchflussstellung   **b)** Trennstellung

1 Rohrtrenner GA (früher EA 1)

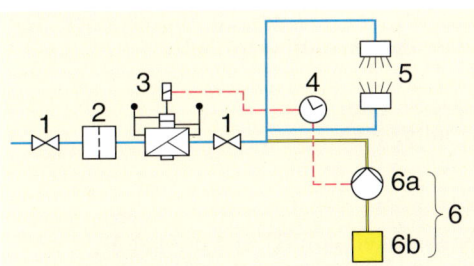

1 Absperrventil
2 Feinfilter, rückspülbar
3 Rohrtrenner EA2, elektrisch gesteuert
4 Schaltuhr
5 Sprühsystem einer Gewerbespülmaschine
6 Chemikalienzumischvorrichtung
6a Pumpe
6b Chemikalienbehälter

2 Anwendungsbeispiel für einen differenzdruckgesteuerten Rohrtrenner ⟨GB⟩

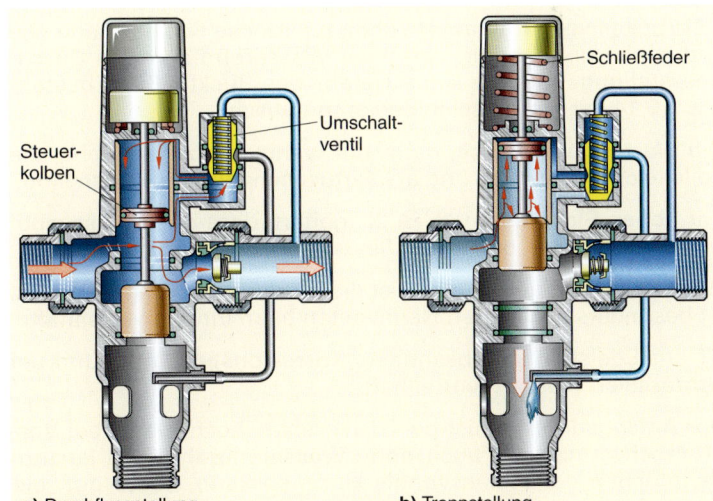

a) Durchflussstellung   **b)** Trennstellung

Druckdifferenz zwischen Ein- und Ausgang $p_E - p_A = \Delta p$:

Δp > 0,5 bar:
Das Umschaltventil wird nach oben gedrückt. Der Eingangsdruck wirkt auf den Steuerkolben. Dieser fährt nach unten. RT geht in Durchflussstellung.

Δp ≤ 0,5 bar:
Der Ausgangsdruck schiebt das Umschaltventil nach unten. Der Eingangsdruck belastet nicht mehr den Steuerkolben von oben. Die Schließfeder zieht hoch. Der RT geht in Trennstellung.

3 Differenzdruckgesteuerter Rohrtrenner GB (EA 2)

6.7.3.8 Systemtrenner

Systemtrenner, in EN 1717 als Rohrtrenner Type BA und CA bezeichnet, sichern Trinkwasseranlagen gegen Rücksaugen und Rückdrücken bis Gefährdungskategorie 3 bzw. 4, → 254.1, 259.3.

Systemtrenner bestehen aus 3 Kammern (Zonen), → 1
- Vorkammer
- Mittelkammer
- Ausgangskammer

Zwischen den Kammern ist jeweils ein RV eingesetzt, → 1, 262.2

Beim Durchströmen fließt Wasser zunächst in die **Vorkammer**. Dort (Zone 1) ist der Druck höher als in der Mittelkammer (Zone 2), dort wieder höher als in der Ausgangskammer (Zone 3).

Der Druckabfall zwischen jeder Zone ist genau vorbestimmt.

Sinkt der Vordruck, besteht Gefahr, dass Wasser rückgedrückt oder rückgesaugt wird. Dann schließt der RV zwischen Vor- und **Mittelkammer** spätestens bei einer Druckdifferenz von 0,14 bar. Das Ablassventil in der Mittelkammer öffnet, Wasser strömt in die Abflussleitung. Das Leitungssystem ist unterbrochen und gesichert.

Der RV zwischen Mittel- und Ausgangskammer schließt ebenfalls. Er verhindert, dass Wasser aus den Leitungen nach dem Systemtrenner durch das Ablassventil wegfließt.

Vorteile der Systemtrenner sind:
- vollautomatische Arbeitsweise
- einfache Wartung
- hohe Sicherheit
- geringe Masse
- hohe Korrosionsbeständigkeit von ST aus Edelstahl
- sie können unterhalb des höchstmöglichen Wasserspiegels nachfolgender Entnahmestellen montiert werden

ST arbeiten **vollautomatisch**, ohne zusätzliche Schaltorgane. Sie verbleiben unabhängig von einer Wasserentnahme in Durchflussstellung, solange keine Gefahr des Rückfließens besteht ($\Delta p > 0,14$ bar). Dann schließen automatisch

Die **Wartung ist einfach**, da es nur wenige Einzelteile gibt, alle Teile leicht zugänglich und als Kartuschen auszutauschen sind.

Zur **hohen Sicherheit**, vgl. → 2c, gehört, dass das Ablassventil öffnet, auch wenn beide Rückflussverhinderer undicht sind.

Wegen der wenigen Bauteile ist die **Masse** eines ST gering. Das ist besonders bei großen Nennweiten beim Einbau vorteilhaft.

ST aus Edelstahl sind besonders **Korrosionsbeständig** und bei aggressiven Wässern vorteilhaft.

Der Anfangsdruckverlust bei ST ist relativ hoch. Da es bei Vordruckschwankungen auch ohne Wasserentnahme zu kurzem Ansprechen des Ablassventils kommen kann, sollte ggf. ein Druckminderer vorgeschaltet werden.

Einsatz, Einbau und Wartung von Rohr- und Systemtrennern

Systemtrenner und Rohrtrenner sind in waagerechte Leitungen einzubauen, → 262.1 Systemtrenner können auch an Auslaufarmaturen angeschraubt werden, → 262.4.

Häufig wird vergessen Sicherungsarmaturen nach → 255.1 einzubauen. Das kann fatale Folgen haben.

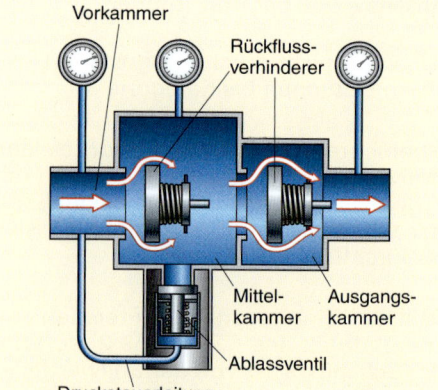

Solange der Druck in der Zuleitung um > 0,14 bar höher ist als in der Mittelkammer, bleibt das Ablassventil geschlossen, auch wenn keine Wasserabnahme erfolgt.

a) Durchflussstellung

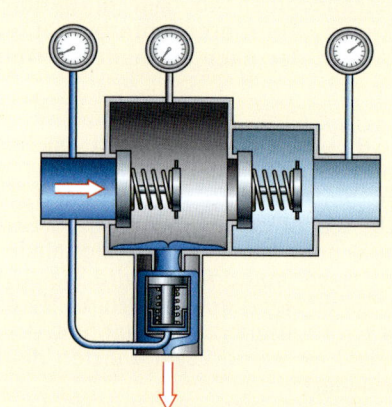

Sinkt der Differenzdruck zwischen Vor- und Mittelkammer auf 0,14 bar ab, öffnet spätestens das Ablassventil, entlastet so die Mittelkammer, bevor es zum Rückfließen kommen kann, und leitet das Wasser gefahrlos ab.

b) Trennstellung

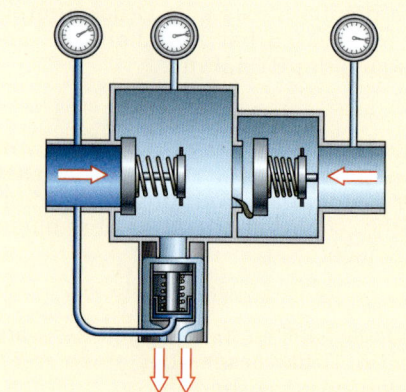

Steigt der Druck auf der Ausgangsseite gegenüber dem Eingangsdruck, öffnet das Ablassventil selbst bei undichten Rückflussverhinderern.

c) Dreifache Sicherheit

1 Wirkungsweise von Systemtrennern

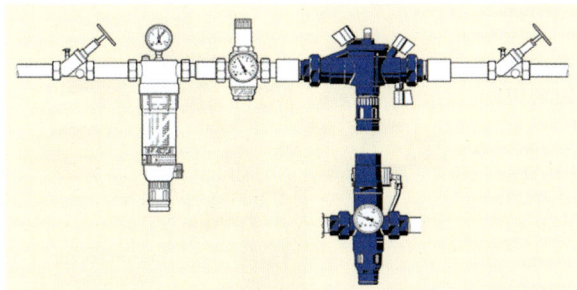

1 Systemtrenner (oben) bzw. **Rohrtrenner** (unten) **sind in waage-rechte Leitungen einzubauen**

Beispiel:
Oft liegt der TW-Spiegel der Entnahmestellen höher als Sicherheitskombinationen (RV + RB) am Standrohr, wenn dort überhaupt welche vorhanden sind; diese müssen geeignet sein und mindestens 250 mm **über** dem höchstmöglichen Trinkwasserspiegel angebracht sein, ➔ 4.

In solchen Fällen sind unbedingt Systemtrenner nötig.

Zur Kontrolle, Wartung oder Reparatur sind bei Rohr- bzw. Systemtrennern in Fließrichtung anzuordnen:
vor der Armatur, ➔ 1:
• 1 Absperrarmatur **mit** Entleerung
• 1 Filter
• 1 Druckminderer bei Füllarmaturen von Heizungen
nach der Armatur:
• 1 Absperrarmatur

Rohrtrenner bzw. Systemtrenner sind regelmäßig auf Funktion und Dichtheit zu prüfen und zwar:
• RT ⟨CA⟩ und ⟨GA⟩: alle 12 Monate
• RT ⟨BA⟩ und ⟨GB⟩: alle 6 Monate, ➔ 265.3.

Für Systemtrenner und für Rohrtrenner ist jeweils Funktions- und Dichtheitsprüfung vorgeschrieben.

6.7.3.9 (Nach-)Füllen von Heizungsanlagen

Nach EN 1717 dürfen geschlossene Heizungsanlagen zum (Nach-)Füllen nur noch durch einen **ständigen** Anschluss über eine Nachfüllarmatur mit der Trinkwasserleitung verbunden werden.

Die **kurzzeitige Schlauchverbindung** zwischen Auslaufventil mit Rückflussverhinderer oder mit Sicherungskombination und Heizkessel ist **nicht mehr zulässig**.
Dies gilt für Neuanlagen und Reparaturen.

Der Anschluss kann starr (Rohr) oder/und biegsam sein (zugelassener Druckschlauch).
Zum Schutz des Trinkwassers dient jeweils ein **Systemtrenner** der Gruppe:
• **CA** bei Heizwasser ohne Inhibitoren, Kategorie 3
• **BA** bei Heizwasser mit Inhibitoren, Kategorie 4, ➔ 1.

Ein Systemtrenner BA ist zu empfehlen, da nie sicher ist, ob dem Heizwasser ein Inhibitor zugesetzt wird.

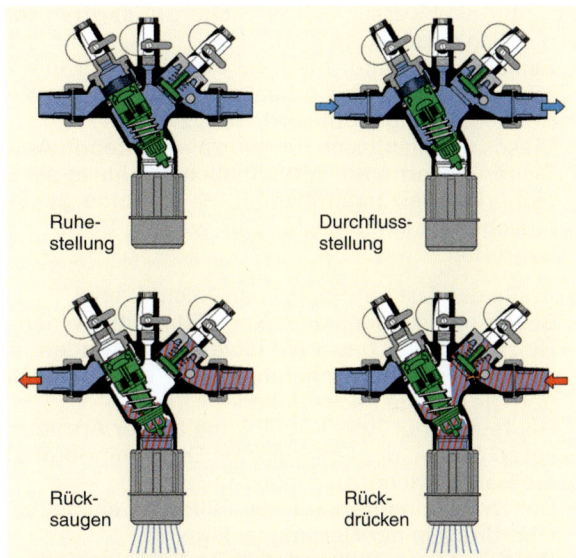

2 Betriebszustände am Systemtrenner BA

Ruhe-stellung   Durchfluss-stellung

Rück-saugen   Rück-drücken

3 Lebensgefahr! - Sicherungsarmaturen am Standrohrverteiler des Unterflur-Hydranten fehlen

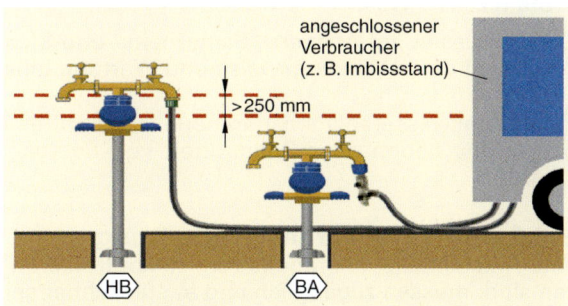

angeschlossener Verbraucher (z. B. Imbissstand)

> 250 mm

⟨HB⟩   ⟨BA⟩

4 Sicherheitskombinationen müssen > 250 mm über dem höchstmöglichen Wasserspiegel liegen

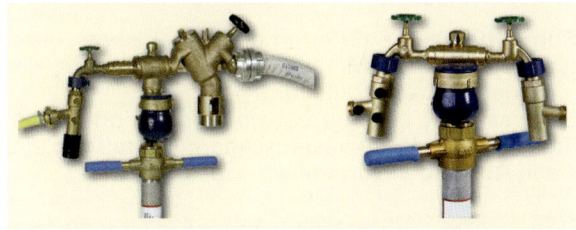

5 Systemtrenner für Garten – und für C-Schlauch-Anschluss

Es gibt zwei verschiedene Sicherungsarmaturen, die unterschiedlich einzusetzen sind:
- Sicherungsarmatur mit zwei Kugelhähnen und einem Druckminderer 0,5 bar bis 4 bar, die direkt in die KW-Leitung zum Heizkessel eingebaut wird, ➔ 1, 2.
  Dieses empfiehlt sich für neu zu errichtende Anlagen.
- Sicherungsarmatur mit Schlauchanschluss als Ersatz für das bisherige Heizungsfüllventil, ➔ 3. Beide gegeneinander zu tauschen ist kinderleicht; dies werden Besitzer **alter** Anlagen begrüßen.

Vorteile des fast automatischen Nachfüllens:
- Bisher musste bei jedem Nachfüllen über einen Schlauch der Heizkessel und das KW-Füllventil verbunden, später wieder gelöst werden; zwischendurch war der Schlauch zu entlüften und die Anlage nachzufüllen.
- Heute sind nur zwei Kugelhähne an der Armatur und am Kessel zu öffnen, der Fülldruck am Druckminderer abzulesen und die Hähne wieder zu schließen.
- Der Druckminderer, auf den Fülldruck einstellbar, schützt vor Überdruck in der Heizungsanlage.
- Der Systemtrenner trennt bei Rückdrücken und unterbindet so das Rückfließen von Heizwasser in die TW-Leitung.
- Über seinen Ablauftrichter kann bei der Wartung Wasser einer Abwasserleitung zugeführt werden.

> Die Hähne zum Füllen an der Armatur und am Heizkessel dürfen nicht offen bleiben. Bei einer undichten Heizanlage würde ständig Wasser fließen.

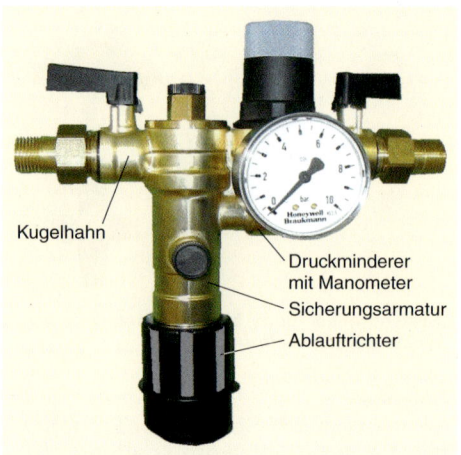

Kugelhahn
Druckminderer mit Manometer
Sicherungsarmatur
Ablauftrichter

1 Sicherungsarmatur BA zum Nachfüllen von WW-Heizungsanlagen mit ständigem Anschluss in der WW-Leitung

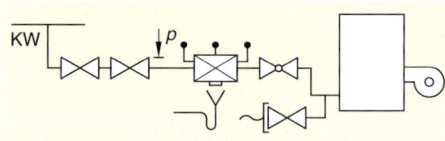

KW

2 Anschlussschema für Sicherungsarmatur BA vor Heizkessel

6.8 TW-Anlagen: Inspektion und Wartung

6.8.1 Pflichten des Installateurs

Nach EN 806-5 muss der Installateur bei der Übergabe einer Trinkwasseranlage:
- dem Betreiber die Anlage erklären
- mit deren Betriebsweise vertraut machen
- auf die AVB-Wasser[1] hinweisen

Dabei muss er auf Absperr-, Sicherheits- und Sicherungsarmaturen und deren Wirkungsweise und Wartung hinweisen, ➔1.

> Eine Trinkwasseranlage ist an neue Vorschriften anzupassen, nur wenn Leben oder Gesundheit von Personen gefährdet werden.

6.8.2 Hinweise zur Instandhaltung

Alle Anlagenteile, die regelmäßig zu kontrollieren bzw. zu warten sind, müssen zugänglich und austauschbar sein, z. B. Filter, Absperr-, Sicherheits-, Sicherungsarmaturen, Zirkulationspumpen, ➔ 1. Sie dürfen also nicht hinter Regalen, Möbeln u. Ä. „verschwinden".

Rohrleitungen bedürfen in der Regel keiner besonderen Wartung. Jedoch sind Metallschläuche, Wellrohre, Kompensatoren u. Ä. genau zu kontrollieren.
Es ist sinnvoll, bei aggressiven Wässern oder nach TW-Behandlungsanlagen leicht austauschbare Rohrstücke einzubauen, um sie in Abständen kontrollieren zu können.

3 Sicherungs-Auslaufarmatur BA zum Nachfüllen von WW-Heiz-Anlagen mit ständigem Anschluss an der KW-Leitung

Sicherheits- und Sicherungsarmaturen, Wassererwärmer, Druckerhöhungsanlagen u. a. sind stets funktionsfähig zu halten. Regelmäßige Kontrollen, die auch der Betreiber der TW-Anlage durchführen kann, vgl. ➔ 265.1, können Schäden aufzeigen, deren Reparatur im Anfangsstadium oft nur geringe Kosten verursachen und kostspielige Folgeschäden vermeiden helfen.

---

[1] Verordnung über Allgemeine Bedingungen für Versorgung mit Wasser erhält der Betreiber vom Wasserversorgungsunternehmen

Übungen:

1. Wodurch kann Trinkwasser in Leitungen verändert werden? Nennen Sie mindestens 5 Beispiele.
2. Wie und wann kann Trinkwasser in Leitungen zurückfließen?
3. Wodurch kann das Rückfließen von Trinkwasser verhindert werden?
4. Wann sind Sicherungsmaßnahmen gegen Rückfließen zu ergreifen?
5. Darf eine Trinkwasseranlage verbunden werden
   a) mit einer Regenwassernutzungsanlage?
   b) mit einer Eigenwasserversorgung?
   c) mit einer anderen öffentlichen Trinkwasserversorgung, z. B. von einer anderen Gemeinde?
6. Begründen Sie jeweils ihre Antworten zur Übung 5.
7. a) Wie kann Trinkwasser in Leitungen durch Einflüsse von außen verändert werden?
   b) Wie kann Trinkwasser dagegen geschützt werden?
8. Nennen Sie Sicherungsmaßnahmen zum Schutz des Trinkwassers in den Leitungen.
9. Wann sind Trinkwasserleitungen in Gebäuden zu spülen?
10. a) Was versteht man unter Einzelsicherungen?
    b) Warum sind Sammelsicherungen nicht mehr Stand der Technik?
11. Ordnen Sie Sicherungsarmaturen nach ihrem Sicherungsgrad (mindestens 5)!
12. Welche Sicherungseinrichtung gilt als absolut sicher?
13. a) Auf welche Weise schützt ein Rohrunterbrecher?
    b) Welche verschiedenen Rohrunterbrecher gibt es?
    c) Worauf ist bei deren Einbau zu achten?
14. Welche Aufgaben haben Rückflussverhinderer?
15. Wo sind überall Rückflussverhinderer einzubauen?
16. Welchen Sinn hat der Rückflussverhinderer an der Hauseinführung?
17. a) Welche Bauformen von Rohrbelüftern gibt es?
    b) Wann sind die einzelnen Arten zu verwenden, fertigen Sie dazu Montageskizzen an.
18. a) Woraus besteht eine Sicherungskombination?
    b) Welche Arten gibt es davon? Fertigen Sie Skizzen.
    c) Nennen Sie Fälle für deren Einsatz.
19. a) Was versteht man unter einem Rohrtrenner?
    b) Wie funktioniert ein Rohrtrenner?
20. a) Welche Bauarten von Rohrtrennern gibt es?
    b) Wofür sind die einzelnen Bauarten geeignet?
21. Beschreiben Sie, wie ein Rohrtrenner ⟨GA⟩ arbeitet.
22. a) Welche Arten Systemtrenner unterscheidet man?
    b) Welche Aufgaben erfüllen diese?
    c) Welche Sicherungsarmatur wirkt ähnlich?
23. Beschreiben Sie, wie ein Systemtrenner funktioniert.
24. Welche Vorteile haben Systemtrenner gegenüber vergleichbaren Armaturen?
25. a) Welche Gefahren drohen dem Trinkwasser an Festplätzen u. Ä.?
    b) Welche Schutzmaßnahmen gibt es dagegen?
    c) Beschreiben Sie Sicherungseinrichtungen bzw. -maßnahmen.
26. a) Was muss ein Installateur bei der Übergabe einer neuen Installationsanlage an den Benutzer tun?
    b) Worauf muss er besonders hinweisen?
    c) Was sollte er zum Nutzen des Betreibers und zu seinem eigenen noch tun?

27. a) Welchen Vorteil bringt ein Nutzungsvertrag dem Installateur?
    b) Welche Vorteile hat der für die Betreiber?
28. Was erleichtert die Wartung von Anlageteilen?
29. Wie können Schäden an Installationsanlagen vermieden werden oder zumindest gemindert werden?
30. In welchen Abständen sind zu überprüfen und wer kann dies tun?
    a) Rohrtrenner
    b) Feinfilter nach dem Wasserzähler
    c) Druckminderer
    d) Sicherheitsventile

Nr.	Anlagenteil, Apparat	Inspektion[2]			Wartung[2]		
		mtl.	jhl.	Durchführung	mtl.	jhl.	Durchführung
1	Freier Auslauf		1	🟢🟡			
2	Rohrunterbrecher DB, DC		1	🟢🟡			
3	Rohrtrenner BA, GB	6		🟢🟡			
4	Rohrtrenner CA, GA		1	🟢🟡			
5	Rückflussverhinderer EA, EB		1	🟢🟡			
6	Rohrbelüfter HA, HB, HC, HD		5	🟢🟡			
7	Sicherheitsventil	6		🟢🟡		1	🟡
8	Druckminderer		1	🟢🟡		1...3	🟡
9	Druckerhöhungsanlage		1	🟡		1	🟡
10	Filter, rückspülbar	2		🟢🟡	2		🟢🟡
	Filter, nicht rückspülbar	2		🟢🟡	6		🟢🟡
11	Dosiergerät	6		🟢🟡		1	🟡
12	Enthärtungsanlage	2		🟢🟡	6[1]	1	🟡
13	Trinkwassererwärmer		1	🟡			
14	Löschwasserversorgung	1		🟢🟡			
15	Brandschutzeinrichtungen	6		🟢🟡			
16	Rohrleitungen		1	🟡			
17	Kaltwasserzähler	1		🟢		8	🟡
18	Warmwasserzähler	1		🟢		5	🟡

[1] bei Gemeinschaftsanlagen
[2] die Angaben in den Spalten bedeuten:
- mtl.: monatlich, z. B. 6: alle 6 Monate
- jhl.: jährlich, z. B. 1: jedes Jahr, 2: alle 2 Jahre
- 🟢 Betreiber
- 🟡 Installationsunternehmen, Hersteller, WVU

1 Trinkwasseranlagen - Inspektions- und Wartungsplan

6

7 Abwasserbeseitigung

7.1 Notwendigkeit und Entwicklung der Abwasserbeseitigung

In den vergangenen Jahrhunderten wuchs mit steigender Bewohnerzahl von Dörfern und Städten auch die Gefahr für die Gesundheit der Menschen in den Ansiedlungen. Es brachen Epidemien aus wie:
- Ruhr
- Cholera
- Typhus
- Pest

Auch heute noch geißeln manche dieser Krankheiten die Menschen, vor allem in unterentwickelten Gebieten.

Diese Epidemien sind zurückzuführen auf:
- die soziale Enge in Wohnungen und Siedlungen
- den Kontakt mit Abwässern
- der Verschmutzung und Verseuchung von Grund- und Oberflächenwasser
- Naturkatastrophen, bei denen die Wasserversorgung und/oder die Abwasserbeseitigung zusammenbricht

Bild ➜ 1 zeigt für Berlin ab 1870 die Zusammenhänge zwischen:
- Einwohnerzahl (steigend)
- Zahl der an die Kanalisation angeschlossenen Grundstücke (steigend)
- Typhussterblichkeit (stark abnehmend)

Als zu Kriegsende 1945 die Kanalisation z. T. zerstört war, kam es wieder zu einem deutlichen Anstieg der Typhustoten.

Es zeigt, wie wichtig es ist:
- Abwässer kontrolliert abzuleiten
- Abfälle ordnungsgemäß zu entsorgen

Außer im alten Rom mit seiner berühmten „Cloaca Maxima", ein Kanalsystem, das bereits 300 v. Chr. gebaut in Teilen heute noch genutzt wird, gab es in Europa keine Abwässerkanäle. Erst im 19. Jahrhundert begann man mit der Entwicklung der Stadtentwässerung. Allerdings wurden damals die Abwässer meist nur mechanisch geklärt in Gewässer geleitet. Ein Großteil der Abwässer versickerte damals einfach.

Dieses „Versickern" wird heute **nur** für Regenwasser stark propagiert, um Kanalsysteme zu entlasten und Überschwemmungen zu mindern.

Immer noch werden heute, auch in Europa
- Abwässer unkontrolliert abgeleitet
- riesige Gefahrstoffmengen ins Meer verklappt (versenkt)

Die Abwasserbeseitigung ist in Deutschland gesetzlich, z. B. im Wasserhaushaltsgesetz, und durch kommunale Vorschriften geregelt.
Wichtige Etappen auf dem Weg zur Abwasserbeseitigung waren:
- **im Mittelalter**: einzelne Gemeindeordnungen zum Beseitigen von Unrat, ➜ 2

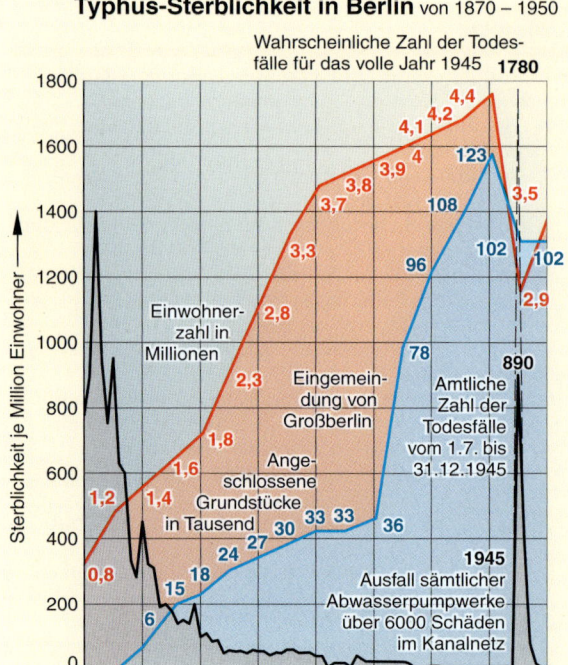

Typhus-Sterblichkeit in Berlin von 1870 – 1950

Die wahrscheinliche Zahl der Todesfälle liegt wesentlich höher als die amtliche Zahl. **Grund**: Bei der Zahl der „Toten durch Kriegseinwirkung" ist wahrscheinlich auch eine Anzahl Typhustoter enthalten.

1 Zusammenhang zwischen Typhuskrankenstand und dem Bau der Kanalisation

„Damit die Stadt rein erhalten wird, soll jeder seinen Mist alle Wochen hinausführen. Jeder soll seinen Winkel alle 14 Tage, doch nur bei Nacht, sauber ausräumen lassen und an der Straße nie einen anlegen. Wer kein eigenes Sprechhaus (Abort) hat, muß den Unrath jede Nacht in den Bach tragen, auch darf bei 5 Sch. Strafe, Niemand Mist oder andere Unsauberkeit vor Nachbars Haus schütten.
Der Bäcker soll keine Schweine mehr in der Stadt mästen; wer tote Hunde, Katzen und anderes Aas, Spreu, Asche und dergleichen in den Bach wirft, wird gestraft."

2 Auszug aus: Stuttgarter Stadtrecht von 1492

- **1775**: das Patent zum WasserClosett (WC) von Alexander Cummings
- **um 1820**: erste Abwassergesetze
- **ab 1842**: Bau von ersten Kanalisationen in Frankfurt/Main, Hamburg, London

Bis zum heutigen Stand der Abwasserbeseitigung war noch ein langer Weg.

7

Je nach Herkunft unterscheidet man bei Abwasser heute:
- häusliches Schmutzwasser
- betriebliches bzw. industrielles Schmutzwasser
- Regenwasser

Häusliches Schmutzwasser stammt aus Toiletten, Badezimmern, Küchen, Waschküchen; dabei wird noch unterschieden:
- Grauwasser – fäkalienfreies Abwasser
- Schwarzwasser – fäkalienhaltiges Abwasser

Betriebliches (s. EN 752) bzw. **industrielles** (s. EN 12 056) **Schmutzwasser** ist durch industriellen oder gewerblichen Gebrauch verschmutzt oder diente als Kühlwasser.

Regenwasser ist Niederschlag, der nicht im Boden versickert ist und von befestigten Flächen wie Dächern, Straßen, Hofflächen abfließt.

Bei der **Abwasserbeseitigung** ist zu unterscheiden:
- öffentliche Abwasserbeseitigung
- private Abwasserbeseitigung

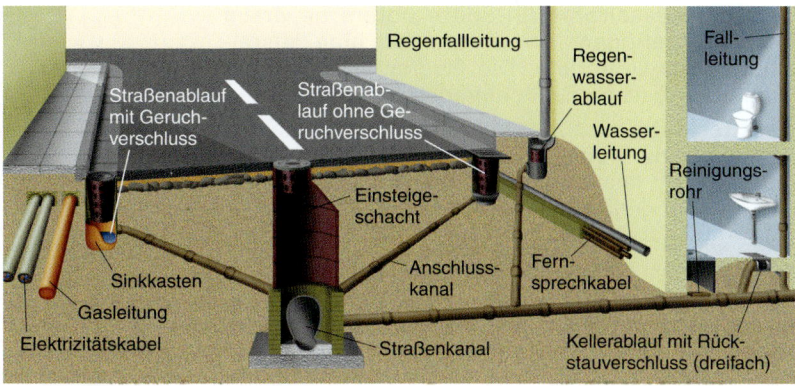

1 Kanalisation, hier als Mischsystem

7.2 Öffentliche Abwasserbeseitigung

Ohne eine gut funktionierende Abwasserbeseitigung wäre ein Leben für uns heute undenkbar.

Bei der öffentlichen Abwasserbeseitigung:
- werden die Abwässer über ein **Kanalnetz** einer **Kläranlage** zugeführt
- fließen die Abwässer nach der Klärung (Reinigung) in einen **Vorfluter**, z. B. Bach, Fluss, See, Grundwasser

In jedem Straßenzug verläuft mindestens ein Abwasserkanal, → 1. Die einzelnen Kanäle münden in größere Kanäle, sog. Sammler. Kanäle und **Sammler** zusammen bilden ein **Kanalnetz**. An dieses werden die Abwasserleitungen von Gebäuden und Grundstücken angeschlossen.

Dabei unterscheidet man 2 Abwasserkanalsysteme:
- Trennsystem
- Mischsystem

Beim **Trennsystem** werden Schmutz- und Regenwasser getrennt geführt, → 2a:
- Schmutzwasser: im Schmutzwasserkanal
- Regenwasser: im Regenwasserkanal

Das Trennsystem wird gerne angewandt, wenn eine Gemeinde längs eines Vorfluters verläuft. Bei starken Niederschlägen kann vom Regenwasserkanal direkt in den Vorfluter entwässert werden. Die Kläranlage kann kleiner ausgelegt werden und wird nur durch Schmutzwasser belastet.

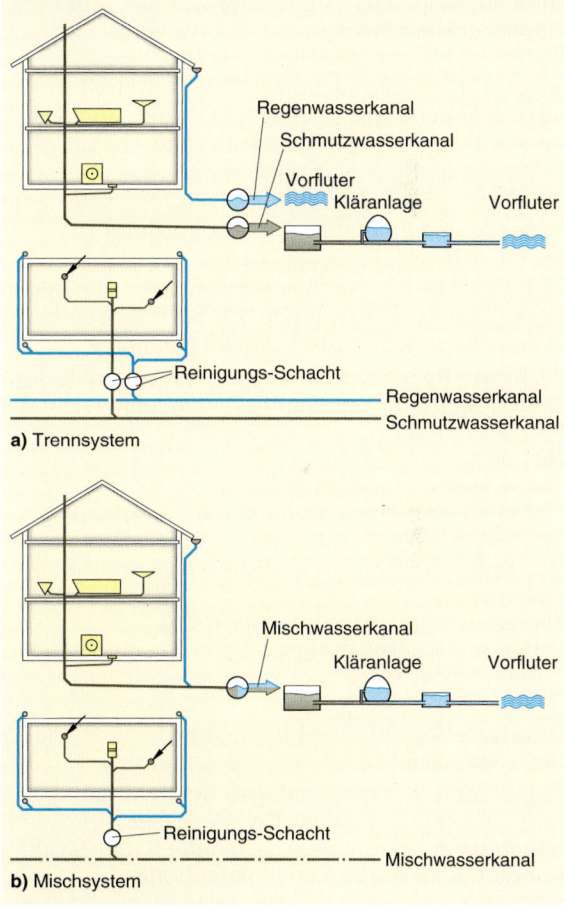

2 Abwasserkanalsysteme

Der Anteil des Trennsystems in Deutschland beträgt knapp 50 %.

Beim **Mischsystem** werden Schmutz- und Regenwasser, gemeinsam als Mischwasser, im Mischwasserkanal abgeleitet, 2b.

Damit gröbere Schmutzstoffe im Mischwasserstrom mitschwimmen, nicht am Grund schleifen und liegen bleiben, darf der Querschnitt eines Mischwasserkanals nicht zu groß gewählt werden.

Eiförmige Kanalrohre (Ei-Spitze unten) bewirken auch bei geringem Abwasseranfall eine ausreichende Schwimmtiefe. Die Querschnittserweiterung oben lässt große Volumenströme zu.

Der Gesamtquerschnitt des Mischwasserkanals kann aber bei heftigen Regengüssen das Mischwasser nicht fassen. So muss zeitweise ein Rückstau in Kauf genommen werden.

Das Ableiten des Regenwassers bei heftigen Regengüssen ist besonders problematisch bei großen versiegelten Flächen, z. B. große Siedlungen im hügeligen Gelände. Dort fließt das Wasser besonders schnell ab.

> Damit bei Starkregen der Mischwasserkanal und die Kläranlage nicht überlastet werden, legt man **Regenrückhaltebecken** an.

Dies sind gewaltige unterirdische Behälter, die vorübergehend große Wassermengen speichern. Ihnen ist oft ein **Regenüberlauf** vorgeschaltet, → 1.

Im Regenüberlauf fließt bei Starkregen Abwasser mit einer hohen Verdünnung, z. B. 1:7, über eine Schwelle und dann direkt einem Vorfluter zu.

Das folgende Regenrückhaltebecken ist ein so genanntes Fang- oder ein Durchlaufbecken, das bei heftigen Regengüssen die erste, grobe Schmutzfracht auffängt, so dass diese nicht in den Vorfluter gelangt → 2.

Nach dem Regenrückhaltebecken ist der weiterführende Kanal im Querschnitt kleiner bemessen als der zuführende.
Das führt:
• zum Aufstau im Becken
• zu einer intensiven Spülung nach Starkregen

> Zur Entlastung der öffentlichen Kanalnetze können beitragen:
> • private Regenwasserversickerung
> • Regenwassernutzungsanlagen mit Regenwasserspeichern

Die **private Regenwasserversickerung** entlastet die öffentlichen Kanäle bei starken Regengüssen, → 193.3.

Regenwassernutzungsanlagen (RWNA) halten mit ihren Speichern ebenfalls Regenwasser zurück und ersparen der Kommune u. U. eigene Regenrückhaltebecken oder große Kanalquerschnitte.

Pumpstationen sind je nach Geländeform im Kanalnetz nötig. Sie:
• heben das Abwasser an, damit es der Kläranlage mit natürlichem Gefälle zufließen kann
• pumpen über Druckleitungen das Abwasser zur Kläranlage

> In der **zentralen Kläranlage** werden Abwässer gereinigt, → 269.1:
> • mechanisch (Stufe 1)
> • biologisch (Stufe 2)
> • evtl. chemisch (Stufe 3)

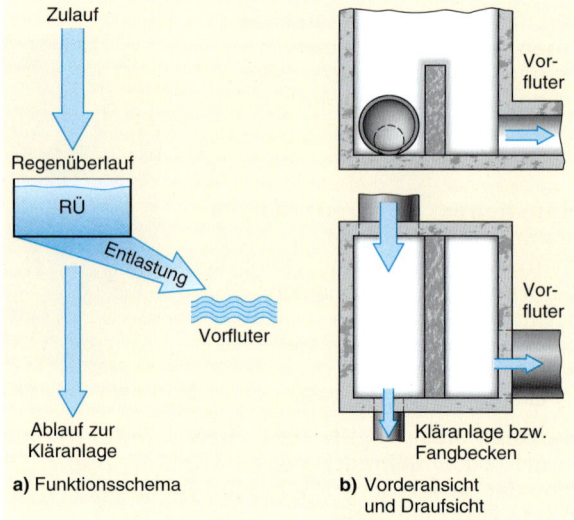

a) Funktionsschema   **b)** Vorderansicht und Draufsicht

1 Regenüberlauf

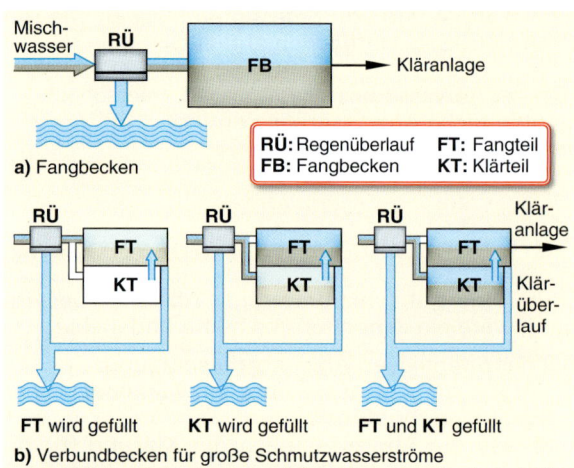

a) Fangbecken

| RÜ: Regenüberlauf | FT: Fangteil |
| FB: Fangbecken | KT: Klärteil |

FT wird gefüllt   **KT** wird gefüllt   **FT** und **KT** gefüllt
b) Verbundbecken für große Schmutzwasserströme

2 Regenrückhaltebecken

Mechanische Abwasserreinigung

Die **mechanische Reinigung** ist die 1. Stufe der Abwasserreinigung.

> Sie besteht aus:
> • Rechen (Gitter)
> • Sandfang
> • Absetzbecken (Vorklärbecken)

Im **Rechen** werden grobe Schmutzstoffe wie Büchsen, Flaschen, Lumpen zurückgehalten.

Mitgeführter Sand soll sich im **Sandfang**, das sind lange tiefe Rinnen, absetzen.

In großen **Absetzbecken** fällt Schmutz aus, der als Schlamm zu Boden sinkt. Dieser wird in große Behälter zum Ausfaulen gedrückt. Beim Ausfaulen entsteht Methangas (Erdgas ist zu 90 % Methan), das zur Energieversorgung der Kläranlage genutzt wird.

Bei der mechanischen Reinigung werden ca. 40 % des Schmutzes entfernt.

a) mechanische Abwasserreinigung
1 Rechen
2 Sandfang
3 Vorklärbecken

b) biologische Abwasserreinigung
4 Belebtschlamm-becken
5 Nachklärbecken 1
6 Fällmittel-Dosierstation

c) chemische Abwasserreinigung
7 Flockungsbecken
8 Nachklärbecken 2
9 Einleitung in den Vorfluter

Schlammbehandlung
10 Schlamm eindicken
11 Faulbehälter
12 Gasbehälter
13 Trockenbeete

1 Zentrale Kläranlage (Schulwandbild der Vereinigung deutscher Gewässerschutz)

Biologische Abwasserreinigung

Aus dem Absetzbecken fließt das vorgereinigte Abwasser zur **biologischen[1] Reinigung**.

Sie besteht aus:
- Belebtschlammbecken oder sog. Tropfkörpern
- Nachklärbecken 1 und 2
- Fällmittel-Dosierstation
- Flockungsbecken
- Faulbehälter

Im **Belebtschlammbecken**, auch Belebungsbecken genannt, oder in **Tropfkörpern** werden die Schmutzstoffe durch Kleinstlebewesen wie Bakterien, Amöben, Algen „aufgefressen".
Wie bei einem Quirl wird das Abwasser umgerührt und dabei der für die Kleinstlebewesen nötige Sauerstoff mit der Luft zugeführt.

In den **Nachklärbecken** 1 und 2 setzt sich weiterer Schlamm ab.

Mithilfe von **Fällmitteln** in fester oder flüssiger Form können gelöste Stoffe ausgefällt werden, die dann im **Flockungsbecken** vom Wasser getrennt werden.

Aus den Vor- und Nachklärbecken wird Schlamm in die **Faulbehälter** zum Ausfaulen gepumpt; ein Teil davon – mit den wertvollen Bakterien u. a. – wird ins Belebtschlammbecken zurückgeführt.

Beim Ausfaulen entsteht auch hier Methangas.

[1] Biologie ⟨griech./lat.⟩: Wissenschaft von der belebten Natur – Pflanze, Tier, Mensch

Vom Nachklärbecken fließt das Abwasser, Reinigungsgrad ca. 90 %, in einen Vorfluter. Die Lebewesen eines gesunden Baches, Flusses oder Sees verzehren den Restschmutz. „Gesund" ist ein Vorfluter nur, wenn sein Wasser genügend Sauerstoff enthält und nicht durch Chemikalien belastet ist.

Chemische Abwasserreinigung

Chemikalien wie Säuren, Laugen, Salze, Reinigungs- und Lösungsmittel gefährden die biologische Reinigung, da sie die Lebewesen abtöten. Sie können nur über eine **chemische (3.) Reinigungsstufe** vollständig entfernt werden. Diese 3. Stufe ist sehr teuer und fehlt den meisten Klärwerken (noch).

> Der Mensch kann durch sein Verhalten wesentlich beitragen, die Abwasserklärung funktionsfähig zu halten.

So sind:
- keinerlei Chemikalien ins Entwässerungssystem zu kippen
- Klosetts mit Wasser ausreichend zu spülen
- Salzstreuung im Winter einzuschränken

Chemikalien, die nicht ins Entwässerungssystem gehören, sind z. B. chemische Lösungs- und Reinigungsmittel, Mineralöl, Benzin, Säuren, Laugen, Medikamente.

Klosetts sind **ausreichend mit Wasser** zu spülen, statt:
- WC-Reiniger zu verwenden
- unzulässige Spülunterbrecher in Spülkästen einzubauen, z. B. Einhängegewichte

7.3 Behördliche Überwachung der Entwässerungsanlagen

Entwässerungsanlagen von Gebäuden und Grundstücken werden durch die Gemeinde überwacht.

> Deshalb sind Neuanlagen oder größere Veränderungen an bestehenden Anlagen der örtlichen Baubehörde zu melden. Diese muss sie genehmigen.

Dazu sind einzureichen:
- Lageplan Maßstab 1:1000
- Grundrisse der einzelnen Geschosse Maßstab 1:100
- Grundriss des Kellergeschosses Maßstab 1:100
- Höhenschnittpläne
- Detailpläne, soweit sie zur Klärung bestimmter Fragen nötig sind, wie beim Einbau von Fettabscheidern

> Der Installationsbetrieb muss vor Beginn seiner Arbeit die Genehmigung der Behörde einsehen.

Die für die örtliche Entwässerung zuständige Behörde überwacht den Bau und den Betrieb der Entwässerungskanäle und der dazugehörigen Kläranlage. Dazu gehört auch zu kontrollieren, ob DIN EN 1610 eingehalten wird. Diese Norm gilt für die Dichtheitsprüfung von Grundleitungen und für deren periodische Überwachung.

Die Entwässerungsbehörde kontrolliert auch die Zusammensetzung der Abwässer und achtet darauf, dass keine unzulässigen Stoffe in Kanäle und Kläranlage gelangen, vgl. Kap. 8.6.
Dazu werden
- Proben aus dem Abwasser genommen
- in bestimmten Kanälen Mess- und Aufzeichnungsgeräte eingebaut
- die Einläufe von Regenüberlaufbecken in den Vorfluter optisch überwacht
- der Zustand des Kanalisationssystems periodisch mit Fernsehkameras kontrolliert

> Grundlage sind:
> - Wasserhaushaltsgesetz
> - örtliche Entwässerungssatzung und -richtlinien
> - Arbeits- bzw. Merkblätter der Abwassertechnischen Vereinigung ATV

Das **Wasserhaushaltsgesetz** ist gesetzliche Grundlage für das Einleiten von Abwässern in öffentliche Gewässer.

Örtliche Entwässerungssatzungen und -richtlinien bestimmen Einzelheiten für den Anschluss an das örtliche Entwässerungssystem.

Arbeits- bzw. Merkblätter Deutsche Vereinigung für Wasserwirtschaft, Abwasser und Abfall e. V. (DWA) regeln Einzelheiten, z. B.:
- Arbeitsblatt DWA-A 100: Leitlinien der integralen Siedlungsentwässerung (ISiE)
- Merkblatt DWA-M 115: Indirekteinleitung nicht häuslichen Abwassers
- Arbeitsblatt DWA-A 251: Kondensate aus Brennwertkesseln

7.4 Private Abwasserbeseitigung

7.4.1 Arten privater Abwasserbeseitigung

Wenn Gebäude nicht an ein öffentliches Kanalnetz angeschlossen werden können, müssen die Abwässer auf dem Grundstück verbleiben.

> Die Gemeinde schreibt je nach örtlichen Gegebenheiten für die Abwässer vor:
> - Klärung in eigenen Kleinkläranlagen:
>   - mit Einleiten des Überlaufwassers in den natürlichen Wasserkreislauf
>   - mit Versickern des Überlaufwassers bzw. Nutzen als Betriebswasser
> - Sammeln in abflusslosen Behältern

In **Kleinkläranlagen** wird das Abwasser mechanisch und biologisch gereinigt. Dieses Wasser kann eventuell versickert oder in einen Vorfluter geleitet werden.

In manchen Gebieten darf Abwasser nicht versickert werden, z. B.:
- in Grundwasserschutzgebieten
- wenn das eigene Grundstück zu klein ist **und** kein geeigneter Vorfluter zur Verfügung steht

> Dann kann das Abwasser:
> - in dichten, abflusslosen Behältern gesammelt werden
> - in Kläranlagen mit Membranreinigung behandelt werden

Dichte, abflusslose Behälter wurden meist aus Beton vorgefertigt. Heute sind sie vielfach aus Kunststoff, wegen dessen erheblicher Vorteile:
- wenig Masse, dadurch leicht zu transportieren und einzubauen
- korrosionsbeständig und absolut dicht

Ihr Schlamminhalt wird von Zeit zu Zeit durch Entsorgungsfahrzeuge, meist jährlich einmal, in eine öffentliche Kläranlage transportiert.

7.4.2 Kleinkläranlagen mit biologischer Reinigung

Kleinkläranlagen sind nach DIN 4261 und DIN EN 12 566 genormt. Sie bestehen aus vorgefertigten und geprüften Behältern. In manchen Bundesländern muss ihr Einbau durch die untere Wasserbehörde (Landratsamt) genehmigt werden.

Heute arbeiten Kleinkläranlagen meist nach dem SBR-Verfahren (sequencing batch reactor). Dabei erfolgen alle zur biologischen Reinigung notwendigen Schritte in mehreren getrennten Reaktionsräumen, → 271.1.

> Eine Kleinkläranlage nach SBR Verfahren besteht aus:
> - Steuereinheit und Verdichter
> - Schlammfang
> - Belebungskammer

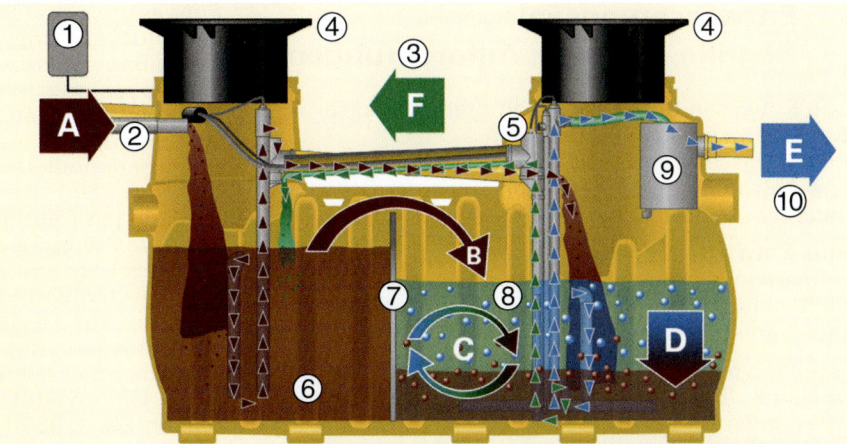

1 Steuerung und Verdichter
2 Zufluss Schwarzwasser
3 Behälter der Kleinkläranlagen
4 geschlossene, Pkw-befahrbare und kindersichere Abdeckung
5 Belebungsanlage
6 Schlammfang
7 Trennwand
8 Belebungskammer
9 Probenahme
10 Abfluss geklärtes Wasser

A Einleiten des Schwarzwassers
B Füllen der Belebungskammer
C Behandeln des Schwarzwassers
D Absetzphase
E Ableiten des Klarwassers
F Rücksaugen von Belebtschlamm

1 Ablauf des Klärprozesses in einer Kleinkläranlage nach dem SBR-Verfahren – 1 Behälter: bis 6 Einwohner-Gleichwerten

Über die Steuereinheit wird der Klärprozess vollautomatisch durchgeführt. Dazu muss der (kaum hörbare) Verdichter Luft in die Anlage blasen und Wasser und Schlamm darin umpumpen. Beide können im Gebäude oder im Freien in einem Stahlschrank untergebracht werden.

Sämtliches häusliches Abwasser fließt in den **Schlammfang** (Vorklärkammer) (A), ➔ 1. Dort sinken die Schwer- und Grobstoffe zum Boden, bilden eine Schlammschicht und werden gespeichert. Der verdichtete Schlamm aus der Vorklärkammer muss periodisch durch ein Entsorgungsfahrzeug abgefahren werden.

Die **Belebungskammer** wird mit dem Abwasser aus der Vorklärkammer befüllt (B) und mit kurzen Belüfterstößen durch den Kompressor durchgerührt (C). Durch zeitweises Belüften gelangt Sauerstoff in das Abwasser. Darin vermehren sich die Mikroorganismen (Bakterien, Pilze) explosionsartig; dabei bildet sich Belebtschlamm.

Der Stoffwechsel der Mikroorganismen reinigt das Abwasser von organischen Verbindungen, teilweise auch von Eisen und Mangan. Da zwischen den Belüfterphasen Sauerstoffmangel auftritt, leben die Mikroorganismen auch im anaeroben Bereich (ohne Sauerstoff). Sie zerlegen dann Nitrate in unschädlichen Stickstoff und Sauerstoff (Denitrifikation).

Diese Behandlungsphase dauert 6 Stunden.

In der folgenden **Absetzphase** von 2 Stunden setzen sich alle im Abwasser vorhandenen Feststoffe ab und bilden am Boden eine Schlammschicht mit Mikroorganismen (Bio- oder Belebtschlamm).

Oberhalb der Schlammschicht schwimmt gesäubertes Wasser. Es wird automatisch abgepumpt in einen Sickerschacht, ➔ 2, oder es fließt in einen Vorfluter (genehmigungspflichtig).

Ein Klärzyklus dauert ca. 8 Stunden. Er endet mit Ableiten des geklärten Wassers.

2 Kleinkläranlage SBR mit Sickerschacht – Steuereinheit und Kompressor im Gebäude

Übungen:

1. Welche Arten von Abwasser unterscheidet man?
2. Warum müssen Abwässer abgeleitet und geklärt werden?
3. Beschreiben Sie den Weg des Abwassers ab dem Grundstück.
4. Nach welchen Systemen können Kanalnetze gebaut sein?
5. Beschreiben Sie die jeweiligen Systeme.
6. Nennen Sie jeweils Vor- und Nachteile.
7. Warum baut man Regenüberläufe in das Kanalnetz ein?
8. Wozu dienen Regenrückhaltebecken?
9. Beschreiben Sie die Hauptteile einer öffentlichen Kläranlage.
10. Welche Aufgaben erfüllen die einzelnen Sektionen?
11. Was versteht man unter „biologischer Reinigung" des Abwassers?
12. Was bedeutet „Vorfluter"?
13. Wann sind Kleinkläranlagen nötig?
14. Beschreiben Sie die Funktion einer Kleinkläranlage mit biologischer Reinigung.
15. Welche Aufgaben haben bei einer Kleinkläranlage
    a) Schlammfang?
    b) Belebungskammer?
    c) Steuereinheit und Kompressor
16. Was bedeutet beim Klärprozess „Denitrifikation"?

8 Entwässerungsanlagen für Grundstücke und Gebäude

8.1 Entwässerungsanlagen - Begriffe, Normen, Anforderungen

Eine Entwässerungsanlage sammelt Abwasser in Gebäuden und auf Grundstücken.
Sie entwässert meist mittels Schwerkraft, obwohl eine Abwasserhebeanlage auch Teil einer Schwerkraftentwässerungsanlage sein kann.

Eine Entwässerungsanlage wird aus Entwässerungsgegenständen wie Waschtisch, Spüle, WC, Badewanne, Abläufen, Rohrleitungen und anderen Bauteilen erstellt.

Den Bau von Entwässerungsanlagen bestimmen:
• EN 752 - Entwässerungssysteme **außerhalb** von Gebäuden
• EN 12056 - Entwässerungssysteme **innerhalb** von Gebäuden
• DIN 1986-100 - Entwässerungsanlagen für Gebäude und Grundstücke (als Ergänzung)

Die technischen Aussagen in den EN-Normen sind außerordentlich spärlich. Sie definieren eine Reihe von Begriffen zur Gebäudeentwässerung und drücken oft nur Allgemeines aus. Nur erfahrene Fachleute werden nach derartigen Normen Anlagen in Zukunft fachgerecht planen und ausführen können.

DIN 1986-100 ergänzt die EN-Normen, um der gewohnten Vorgehensweise in Deutschland zu entsprechen.

Grundsätzlich sind zu unterscheiden:
• Entwässerung
• Abwasser

Entwässerung ist ein natürliches oder künstliches System zur Entwässerung eines Einzugsgebietes.

Abwasser ist in einer Abwasserleitung oder einem Abwasserkanal abgeleitetes Schmutzwasser und Regenwasser. Es ist eine häufig wechselnde Mischung aus Flüssigkeiten, Feststoffen und Luft.

Beim Abwasser unterscheidet man:
• Regenwasser
• industrielles Abwasser
• häusliches Abwasser
• Schmutzwasser
• Grauwasser
• Schwarzwasser

Regenwasser stammt aus natürlichen Niederschlägen; es ist durch Gebrauch nicht verunreinigt.

Industrielles Abwasser ist nach industriellem oder gewerblichem Gebrauch verändertes Wasser, einschließlich Kühlwasser.

Häusliches Abwasser kommt aus Küchen, Waschküchen, Badezimmern, Toiletten und ähnlichen Räumen; u. U. wird noch getrennt in:
- **Grauwasser**: fäkalienfreies Schmutzwasser
- **Schwarzwasser**: fäkalienhaltiges Schmutzwasser

Entwässerungsanlagen müssen folgenden Anforderungen entsprechen:
• Alle Bauteile müssen DIN-, DIN-EN-Normen bzw. der Bauproduktenrichtlinie entsprechen, → Kap 2.
• Bauteile für Entwässerungsanlagen wie Rohre, Formstücke, Abläufe müssen korrosionsbeständig gegen alle im Haushalt vorkommenden Abwässer sein.
• Leitungen müssen dicht gegen auftretende Drücke von Flüssigkeiten, Gasen und Dämpfen und frostsicher verlegt sein.
• Sie dürfen an ihrer Außenfläche nicht von Stoffen berührt werden, die den Werkstoff angreifen.
• Die Ausdehnung durch Temperaturunterschiede ist zu berücksichtigen.
• Die Nennweiten von Abwasserleitungen sind nach EN 12056-2 zu bemessen. Größere Rohrweiten sind nicht zulässig.
• Entwässerungsanlagen sind so zu planen und zu installieren, dass:
  - die Anlagen leer laufen können
  - Geräuschbildung und Geräuschübertragung vermieden werden

Zu Entwässerungsanlagen gehören:
• Abwasser- mit Lüftungsleitungen – Kap. 8.2
• Geruchverschlüsse – Kap. 8.3
• Ablaufstellen – Kap. 8.4
• Schutzeinrichtungen gegen Rückstau – Kap. 8.5
• Schutzeinrichtungen gegen gefährliche Stoffe – Kap. 8.6

Innerhalb von Gebäuden wird im **Trennsystem** entwässert, → 267.2a. Dabei wird Schmutzwasser und Regenwasser in getrennten Leitungen abgeführt.

Außerhalb von Gebäuden können Schmutz- und Regenwasser in einer Leitung zusammen geführt werden: **Mischsystem**, → 267.2b

8.2 Abwasserleitungen

8.2.1 Einteilung der Abwasserleitungen

Abwasserleitungen nehmen Abwasser von Ablaufstellen auf und führen es dem Straßenkanal oder einer Kleinkläranlage zu.

Gegen die Fließrichtung gesehen sieht man folgende **Leitungsabschnitte**, → 273.1:
• Anschlusskanal
• Grundleitung
• Druckleitung der Hebeanlage
• Sammelleitung
• Fallleitung
• Anschlussleitung
• Verbindungsleitung
• Lüftungsleitung, eventuell mit Umgehungsleitung

Der **Anschlusskanal** führt vom meist öffentlichen Straßenkanal bis zur Grundstücksgrenze oder zur ersten Reinigungsöffnung auf dem Grundstück, z. B. dem Übergabeschacht.

Die **Grundleitung** ist eine im Erdreich oder im Fundament auf einem Grundstück verlegte Leitung, die Abwasser dem Anschlusskanal zuführt.

Die **Druckleitung der Hebeanlage** ist bis über die Rückstauebene zu führen.

Die **Sammelleitung** ist eine frei liegende Leitung zur Aufnahme des Abwassers von Fall- und Anschlussleitungen.

Die **Fallleitung** ist eine lotrechte Leitung, gegebenenfalls mit Verziehungen, als:
- **Schmutzwasserfallleitung**: sie führt durch ein oder mehrere Geschosse, ist über Dach gelüftet und leitet Abwasser einer Sammel- oder Grundleitung zu
- **Regenfallleitung**: sie ist im Gebäude oder außen verlegt und leitet Regenwasser von Dachflächen, Balkonen o. Ä. ab

Anschlussleitungen gibt es als:
- Einzelanschlussleitung: Leitung vom Geruchverschluss eines Entwässerungsgegenstandes bis zur Einmündung in eine weiterführende Leitung
- Sammelanschlussleitung: vereint mehrere Einzelanschlussleitungen bis zur Fall-, Sammel- oder Grundleitung

Die **Verbindungsleitung** ist die Leitung zwischen Ablaufstelle und Geruchverschluss.

Die **Lüftungsleitung** nimmt kein Abwasser auf, muss aber die Entwässerungsanlage be- und entlüften.

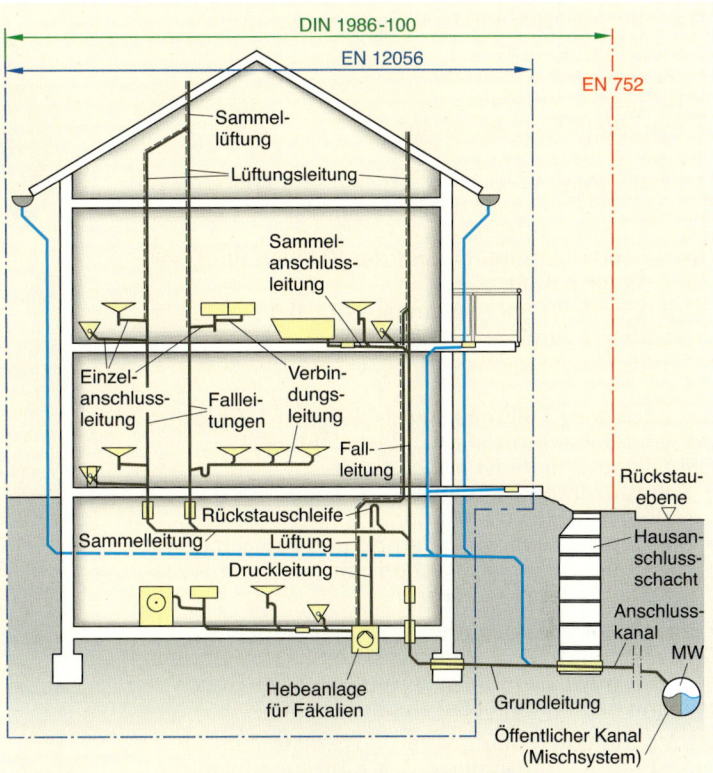

1 Entwässerungsanlage eines Gebäudes - Leitungsabschnitte

Eine **Umgehungsleitung** ist nur in hohen Gebäuden im Staubereich einer Fallleitungsverziehung oder beim Übergang einer Fallleitung zur Sammel- bzw. Grundleitung nötig. Sie nimmt dort Abwasser von Ablaufstellen auf, ➔ 285.3.
Aufgenommen wird Abwasser von Ablaufstellen wie Klosett, Waschtisch, Bidet, Dusche, Badewanne, Bodenablauf.

Ein **Ablauf** entwässert Flächen, z. B.:
- Fußboden von Räumen wie Keller, Bad, Toilette, Wasch-, Duschräume
- befestigte Freiflächen wie Flachdächer, Balkon, Terrasse, Hof, Gehweg

Regenwasser, auch von kleinen Flächen wie Balkone, darf nicht in Schmutzwasserfallleitungen eingeleitet werden, ➔ 1.

Rohre, Formstücke und Rohrverbindungen für Abwasserleitungen sind im Kap. 4.1.3 *Rohre für Entwässerungsanlagen* beschrieben.

In Abwasserleitungen bewegen sich neben dem Abwasser z. T. große Luftströme zum Be- und Entlüften der Leitungen und der Straßenkanäle.

Abwasser führende Leitungen unterteilt man je nach Gefälle in
- liegende Leitungen
- Fallleitungen

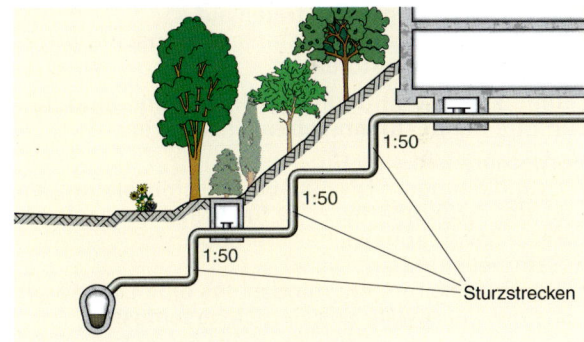

2 Sturzstrecken in liegenden Leitungen

8.2.2 Liegende Leitungen

8.2.2.1 Grundlagen für Planen und Verlegen liegender Leitungen

In liegenden Leitungen fließt das Abwasser mit geringem Gefälle.

Zu den liegenden Leitungen zählen, auch wenn diese Abstürze geringer Höhe, sogenannte Sturzstrecken, enthalten, ➔ 1.
- Grundleitungen
- Sammelleitungen
- Anschlussleitungen

Das Abwasser zeigt in allen liegenden Leitungen nahezu gleiches Fließverhalten

Das Fließverhalten in Leitungen bestimmt:
- der Füllungsgrad
- die Mindestnennweite
- das Leitungsgefälle
- eventuelle Sturzstrecken

Der **Füllungsgrad** ist ein Vergleich von Füllhöhe zu lichtem Durchmesser der Leitung, → 1.

In liegende Leitungen kann der Wasserstand unterschiedlich hoch sein:
- geringe Füllhöhe: Füllungsgrad < 0,5
- mittlere Füllhöhe: Füllungsgrad ≈ 0,5 ... 0,7
- Vollfüllung: Füllungsgrad = 1

Bei **geringem Füllungsgrad** (< 0,5) wird die erforderliche **Schwimmtiefe** nicht erreicht, → 1.
Die Schwimmtiefe ist nötig, damit
- Schmutzanteile im Abwasser schwimmen und sich nicht ablagern können
- die Leitung nicht verschlammt und zuwächst, wie man das in breiten Bächen mit geringem Wasserstand beobachten kann

Ein **mittlerer Füllungsgrad** (Füllungsgrad ≈ 0,5 bis 0,7) ist erwünscht. Deshalb sind Leitungsdurchmesser dem Abwasserabfluss anzupassen. Die Rohrweiten sind nach EN 12056-2 zu berechnen.

Bei **Vollfüllung** (Füllungsgrad = 1) entsteht im Rohrinnern ein Luftabschluss; das führt zu Absaugungen. Folgen von Absaugungen sind:
- Geruchverschlüsse werden unwirksam
- Geruchsbelästigungen treten auf
- Gurgelgeräusche und starke Geräuschübertragungen können stören

Damit keine Vollfüllungen entstehen, sind bestimmte **Mindestnennweiten** einzuhalten.

Vorgeschrieben sind für:
- Grundleitungen: DN 100; bei Anschlussleitungen in der Grundplatte, z. B. für Waschmaschinen, kann davon abgewichen werden
- Sammelleitungen: DN 70
- Anschlussleitungen: mindestens eine DN größer als die Nennweite des Geruchverschlusses

Die relativ große Nennweite 100 für Grundleitungen in 1- und 2-Familienhäusern lässt später eventuell weitere Anschlüsse zu. Sie nachträglich zu ändern, wäre im Gebäudefundament sehr schwierig.

Zu großes **Leitungsgefälle** führt zu hoher Ablaufgeschwindigkeit und damit zu geringer Schwimmtiefe.

Früher galt in DIN 1986 für das **Höchstgefälle** I_{max}:

$$I_{max} = 1 : 20 = 5 : 100 = 5 \% \,\hat{=}\, 3°$$

Dieser Wert sollte weiterhin beibehalten werden.

Bei größeren Höhenunterschieden, z. B. an Berghängen, sind in die Leitungen senkrechte Abstürze einzubauen. Dann ist wieder mit geringem Gefälle weiterzufahren, → 273.2. Infolge der größeren Fließgeschwindigkeit könnten sich vor Richtungsänderungen durch Stau leicht Vollfüllungen ergeben.

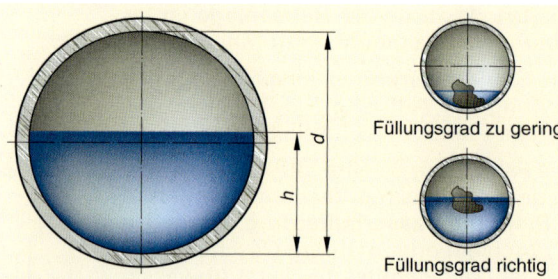

2 Füllungsgrad

Füllungsgrad zu gering

Füllungsgrad richtig

Land	Deutsch-land D	Österreich A	
	Mindestgefälle J in %		
Anschlussleitung			
- unbelüftet	1 : 100	1 : 100	
- belüftet	1 : 200	1 : 100	
Sammel- u.		2 : 100	bei DN
Grundleitungen	1 : 200	2 : 100	≤ 100
innerhalb von		1,5 : 100	125 / 150
Gebäuden		1 : 100	≥ 200
außerhalb von Gebäuden	1 : DN	wie in Gebäuden	

2 Mindestgefälle liegender Leitungen in D und in A

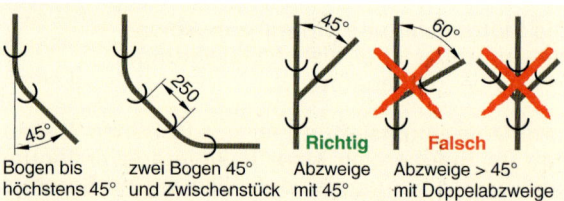

Bogen bis höchstens 45°   zwei Bogen 45° und Zwischenstück   **Richtig** Abzweige mit 45°   **Falsch** Abzweige > 45° mit Doppelabzweige

3 Richtungsänderungen und Abzweige in Grundleitungen

Um Stau vorzubeugen, löst man einen 90°-Bogen in zwei 45°-Bogen mit Zwischenstück auf, → 3, links

Doppelabzweige und Abzweige mit Anschlusswinkel > 45° dürfen in liegenden Leitungen nicht eingebaut werden, → 3, rechts.

Ein einheitliches **Mindestgefälle** für liegende Leitungen ist in den Normen nicht mehr ausgewiesen, → 2

Grundsätzlich gilt:
Leitungen müssen selbstreinigend sein. Dazu muss die Fließgeschwindigkeit in liegenden Leitungen $v \geq 0,7$ m/s sein, damit Sand nicht liegen bleibt. Sie soll den Wert $v = 2,5$ m/s nicht überschreiten.

Entsprechende Werte für Abwasserströme, Fließgeschwindigkeit und Gefälle finden sich in Tabellen zur Rohrweitenberechnung von Abwasserleitungen.

Liegende Regenwasserleitungen mit Druckrohrströmung werden ohne Gefälle verlegt, s. Kap. 9.3.

Um Rückspülungen einzuschränken:
- dürfen Anschlüsse an liegende Leitungen nur mit Abzweigen von 45° ausgeführt werden, → 275.1a
- die Anschlüsse sollen zur Seite geneigt erfolgen mit Winkeln $\alpha > 15°$, → 275.1b

Winkel weiterführender Bogen zeigt → 1. PE-Bogen können entsprechend zugeschnitten und angeschweißt werden. Für HT-Rohre gibt es verstellbare Bogen, → 2.

8.2.2.2 Grund- und Sammelleitungen

Grundleitungen und Sammelleitungen nehmen Abwasser von Fall- oder von Anschlussleitungen auf:
- Die **Grundleitung** ist die im Erdreich oder im Gebäudefundament unzugänglich verlegte Leitung.
- Die **Sammelleitung** ist frei verlegt, meist unter der Kellerdecke.

Grundleitungen in Gebäuden sollen nach DIN 1986 durch Sammelleitungen ersetzt werden, die leicht zu inspizieren sind. In Gebäuden mit geringer Kellerhöhe wird es allerdings schwierig sein, Sammelleitungen unterzubringen; man denke nur an Türen, Kellertreppen und andere Rohrleitungen.

Richtungsänderungen in Grund- oder Sammelleitungen sind nur mit Bogen bis 45° auszuführen. Richtungsänderungen > 45° sind in zwei Bogen aufzulösen, evtl. mit Zwischenstück, → 274.3.
In Grundleitungen ist nahe bei Richtungsänderungen ≥ 45° eine Inspektionsöffnung einzubauen, z. B. ein Schacht mit Deckel mit ca. 40 cm Ø, s. Kap. 3.7. Dies ist nicht nötig bei Axialsprüngen mit zwei 30°-Bogen.

Übergänge auf andere **Rohrarten** sind problemlos, wenn die Rohre gleiche Außendurchmesser haben. Manchmal genügt es, ein Schlauchstück auf das dünnere Rohr zu schieben. Weichen die Maße stärker voneinander ab, verwendet man entsprechende Übergangsstücke. Für **Nennweitenübergänge** dienen exzentrische Übergangsstücke.
Nur in Grundleitungen ist der Exzenter nach unten zu legen, um selbstfahrende Minikameras bei einer Leitungskontrolle nicht zu behindern, → 3.

Durch **Reinigungsöffnungen** lassen sich Leitungen beliebig oft öffnen und wieder verschließen, um:
- verstopfte Leitungen mit Wasserstrahl, Reinigungsspirale o. Ä. zu säubern
- die Leitungen mit Fernsehkameras inspizieren zu können, → 278.2

Als Reinigungsöffnung eignen sich:
- Reinigungsrohr
- Rohrendverschluss
- Schacht mit offenem Durchfluss

Reinigungsrohre mit, → 4a,
- rundem Deckel sind zulässig für freiliegende Fall-, Sammel- oder Anschlussleitungen,
- rechteckigem Deckel sind für Grundleitungen vorgeschrieben; ihre große Öffnung erleichtert auch die Reinigung bei anderen Leitungen.

Reinigungsrohre müssen gasdicht schließen und stets zugänglich sein. Für vertieften Einbau gibt es Reinigungsrohre mit Aufsatzstück, → 300.1.

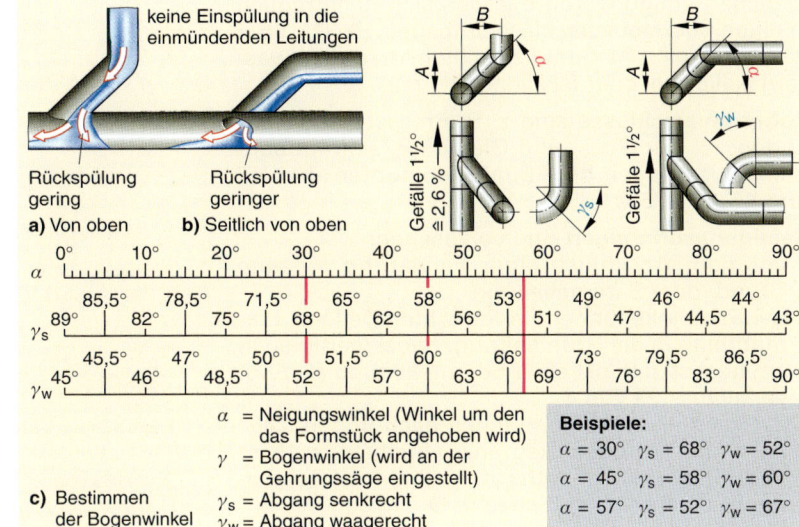

Rückspülung gering | Rückspülung geringer
keine Einspülung in die einmündenden Leitungen
a) Von oben | b) Seitlich von oben

Gefälle 1½ % ≙ 2,6 % Gefälle 1½ Gefälle 1½

α	0°	10°	20°	30°	40°	50°	60°	70°	80°	90°
γ_s	89° 85,5°	82° 78,5°	75° 71,5°	68° 65°	62° 58°	56° 53°	51° 49°	47° 46°	44,5° 44°	43°
γ_w	45° 45,5°	46° 47°	48,5° 50°	52° 51,5°	57° 60°	63° 66°	69° 73°	76° 79,5°	83° 86,5°	90°

c) Bestimmen der Bogenwinkel

α = Neigungswinkel (Winkel um den das Formstück angehoben wird)
γ = Bogenwinkel (wird an der Gehrungssäge eingestellt)
γ_s = Abgang senkrecht
γ_w = Abgang waagerecht

Beispiele:
$\alpha = 30°$ $\gamma_s = 68°$ $\gamma_w = 52°$
$\alpha = 45°$ $\gamma_s = 58°$ $\gamma_w = 60°$
$\alpha = 57°$ $\gamma_s = 52°$ $\gamma_w = 67°$

1 Einmündungen in liegende Leitungen

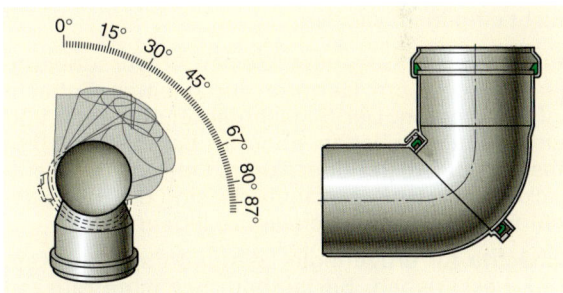

2 Verstellbarer HT-Bogen für DN – 70 – 100

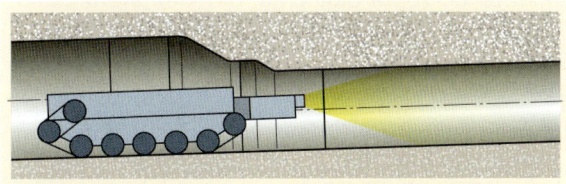

3 Übergänge auf andere Nennweiten in Grundleitungen

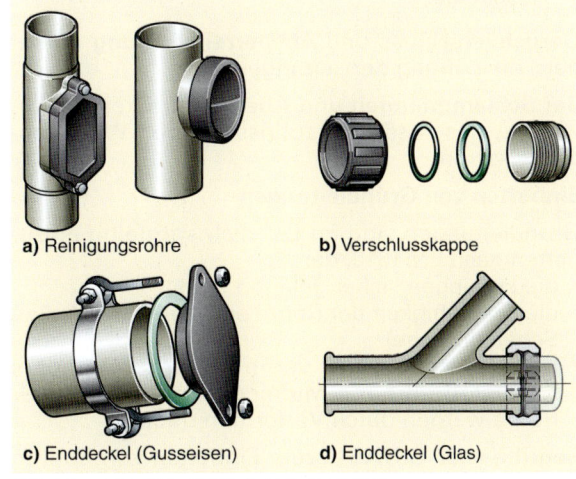

a) Reinigungsrohre b) Verschlusskappe
c) Enddeckel (Gusseisen) d) Enddeckel (Glas)

4 Reinigungsrohre und Rohrendverschlüsse

Manche Reinigungsrohre lassen sich nachträglich in einen Rückstauverschluss umbauen, → 311.1 Bei deren Auswahl ist darauf zu achten, ob das Abwasser fäkalienfrei oder fäkalienhaltig ist.

Rohrendverschlüsse sind z. B. Pressstopfen oder Enddeckel für Guss- und Glasrohre, schraubbare Verschlusskappen bei PE, Muffenstopfen bei HT und KG, → 275.4.

Reinigungsöffnungen sind vorzusehen:
* vor dem Anschluss einer Fallleitung an eine Grund- oder Sammelleitung
* bei Sammelleitungen im lotrechten Teil vor Einmündung in die Grundleitung, zweckmäßig auch am höchsten Punkt einer Sammelleitung als Endverschluss, → 275.4
* in Grundleitungen unmittelbar nach Bögen > 45°
* nahe der Grundstücksgrenze, höchstens 15 m vom Straßenkanal entfernt, in einem besteigbaren (Hausanschluss-)Schacht, → 273.1

In Räumen, in denen Lebensmittel zubereitet oder gelagert werden, dürfen Reinigungsöffnungen nicht eingebaut werden.

Außerhalb von Gebäuden können Abwasserleitungen mit offenem Gerinne durch einen Schacht geführt werden. Der Schachtdeckel soll dann Lüftungsöffnungen haben, aber nur bei mehr als 5 m Abstand zu Fenster oder Türen. Liegt der Schachtdeckel unter der Rückstauebene, sind die Rohre geschlossen durch den Schacht zu legen.

Schächte für erdverlegte Leitungen sind im Kap. 3.7.2 beschrieben. Besteigbare Schächte müssen mindestens 800 mm Durchmesser haben.
Nicht besteigbare Schächte, mit kleinerem Durchmesser, nennt man **Inspektionsöffnungen**.

Bei Trennsystem sind für Schmutzwasser und Regenwasser eigene Schächte zu setzen.

In Grundleitungen dürfen nicht eingebaut werden:
* Geruchverschluss
* Absperreinrichtung
* Schlammfang
* Abscheider

Geruchverschluss und **Absperreinrichtung** behindern die Lüftung der Leitungen.

Bei **Schlammfängen** und **Abscheidern** könnte Abwasser, das zusätzlich zuflösse, deren Wirkungsweise stören.

Einbetten von Grundleitungen

Grundleitungen sind im Erdreich sorgfältig einzubetten nach EN 1610, damit:
* die Leitungen sicher gelagert sind
* die Tragfähigkeit der Rohre erhalten bleibt (keine Scheitelbrüche)
* ihr Querschnitt nicht verformt wird; besonders Kunststoffrohre mit Muffendichtringen wie KG-Rohre werden durch Verformen undicht.

Begriffe nach DIN 1610 zum Einbetten von Rohren zeigt Bild → 1.

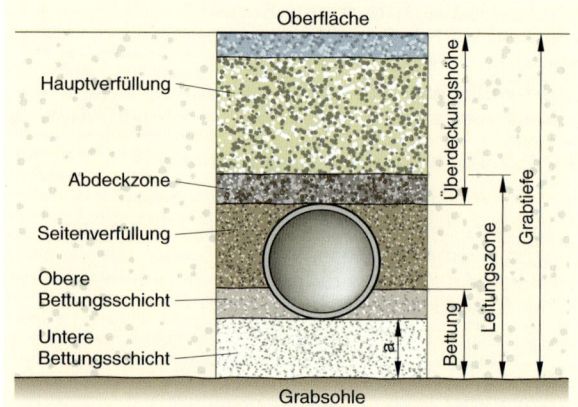

1 Begriffe bei Verfüllen von Rohrgräben

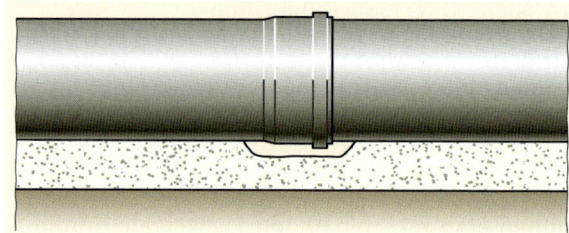

2 Vertiefung im Auflager für Muffen

Das Einbetten erfolgt in vier Schritten, → 1
* Grabensohle vorbereiten
* Rohre müssen auf ganzer Länge unterstützt sein
* Einbetten mit feinkörnigem, nicht bindigem Material
* Lagenweise verfüllen und verdichten

Die **Grabensohle** muss im erforderlichen Gefälle eben und glatt sein. Unebenheiten könnten beim Verfüllen durch Belastung mit Erdreich oder durch Bodenverdichtung Muffen abreißen oder Rohre beschädigen. Auch spätere Unterspülungen wirken ähnlich.

Damit Rohre auf **ganzer Länge satt unterstützt** sind, müssen sie in feinkörnigem, nicht bindigem Material, wie Sand, verlegt werden.

Auf lockere, feinkörnige (Größtkorn ⌀ 20 mm) und verdichtungsfähige Böden können Rohre direkt verlegt werden, wenn diese eine Unterstützung auf ganzer Rohrlänge zulassen.

Für die Rohrmuffen sind entsprechende Vertiefungen zu schaffen, damit die Rohre auf ganzer Länge satt aufliegen, → 2.

Bei anderen Böden, wie Kies, steinige, bindige (lehm- oder tonhaltig) oder felsige Böden, ist die Grabensohle tiefer auszuheben und ein „Auflager" zu schaffen, das frostfrei ist, z. B. Sand, stark sandhaltiger Kies (Größtkorn 32 mm ⌀), gesiebter Boden.

Dicke der unteren Bettungsschicht a:
* bei normalen Bodenbedingungen: a ≥ 100 mm
* auf Fels oder festgelagertem Boden: a ≥ 150 mm

Die Art der Auflagerung beeinflusst die Tragfähigkeit der Rohrleitung wesentlich.

8

Beim **Einbetten mit feinkörnigem, nicht bindigem Material** in der Leitungszone bis 30 cm über Rohrscheitel, ist darauf zu achten, dass
- die Leitung nicht aus ihrer Lage und Rich-tung verschoben wird, z. B. durch Fixieren mit Sandkegeln, ➔ 1a
- die Zwickel unter dem Rohr vorsichtig verdichtet werden, z. B. durch Einfüllen von Sand o. Ä. in Lagen mit 10 cm … 15 cm dick, ➔ 1b
- bis 30 cm über Rohrscheitel nur von Hand (Stampfer) oder mit leichten Geräten verdichtet wird, ➔ 1c

Ab 30 cm über Rohrscheitel kann mit dem Grabenaushub verfüllt werden. Die Schüttung ist **lagenweise einzubringen** und einwandfrei zu verdichten, Hier sind auch Plattenverdichter einsetzbar, ➔ 1d.

Schäden an Grundleitungen

In Deutschland gibt es ein riesiges Abwassernetz:
- die Gesamtlänge aller öffentlichen Abwasserkanäle wird auf ca. 500 000 km geschätzt
- bei den privaten Grundleitungen geht man von ca. 1 300 000 km aus.

Bundesweite Untersuchungen ergaben, dass vor 1970 gebaute Leitungen bis zu 80 % beschädigt sind. Die Untersuchungen wurden vor allem mit fahrbaren Fernsehkameras durchgeführt, ➔ 278.2 und dokumentiert, ➔ 279.1

Schäden an Grundleitungen und Kanälen entstehen durch:
- deren Alter
- falscher Materialwahl und Verlegefehler

Naturgemäß sind **ältere** Grundleitungen stärker gefährdet als in jüngerer Zeit verlegte.
Ursachen sind:
- Schlechtere Rohr- und Dichtwerkstoffe als heute
- Korrosion
- früher nicht geahnt hohe Verkehrslasten
- Bombenschäden (direkte Treffer oder Erschütterungen) aus dem 2. Weltkrieg.

Vor allem aber verursachen **falsche Materialwahl** und **Verlegefehler** Schäden, wie:
- Rissbildung, ➔ 278.3e, und Lageveränderung durch unsachgemäßes Einbetten der Leitungen und/oder falsches Verfüllen der Rohrgräben, ➔ 278.2f
- Abscheren durch Unterspülung und Bodensetzung, ➔ 278.3d
- Wurzeleinwuchs an Leitungsrissen oder mangelhaften Muffenabdichtungen, z. B. bei alten Beton- und Steinzeugrohren, „vergessenen" Dichtringen in Rohrmuffen, meist bei KG-Rohren, ➔ 278.3a
- Schäden an Rohrwänden bzw. Zusetzen der Rohre durch unerlaubt eingeleitete Stoffe wie Säuren, Fette, Lösungsmittel, bzw. Mörtelschlämme Textilien, Kartoffelstärke, Farben ➔ 278.3b und 278.3d
- nicht fachgerechte Arbeiten, ➔ 278.3a und 278.3c
- Missbrauch von Klosetts als „Mülleimer"

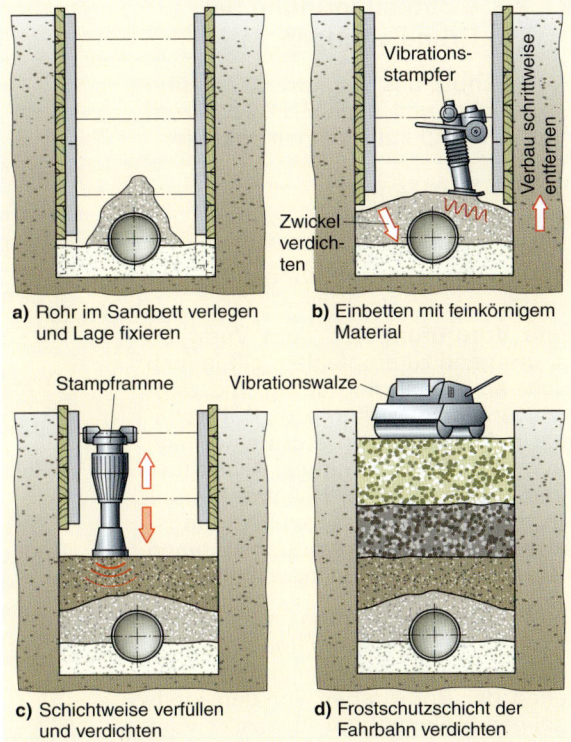

a) Rohr im Sandbett verlegen und Lage fixieren

b) Einbetten mit feinkörnigem Material

c) Schichtweise verfüllen und verdichten

d) Frostschutzschicht der Fahrbahn verdichten

1 Arbeitsschritte beim Verfüllen von Rohrgräben und zulässiger Einsatz von maschinellen Verdichtern

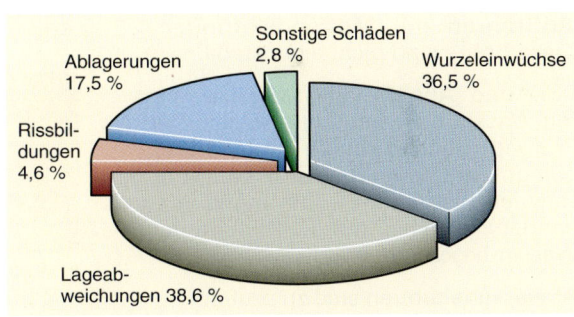

2 Schadensverteilung bei Grundleitungen und Abwasserkanälen

Durch defekte Abwasserleitungen ergeben sich hauptsächlich drei Probleme:
- Gefährdung der natürlichen Trinkwasserreserven durch austretendes Schmutzwasser
- zusätzliche Belastung der Kläranlagen durch Eindringen von Grund- und Schichtenwasser
- Rückstau in Abwasserleitungen, der zu hohen Sachschäden in überfluteten Kellern und Wohnräumen führen kann

Um Schäden an Grundleitungen aufzudecken, sind diese vor Inbetriebnahme und in gewissen Zeitabständen auf Dichtheit zu prüfen. Die Gemeinde überwacht, dass diese Prüfungen erfolgen, s. Kap. 8.2.2.3.

8.2.2.3 Dichtheitsprüfung bei Grundleitungen

Zum Schutz des Grundwassers sind Grundleitungen nach EN 12 056 und nach EN 1610 auf Dichtheit zu prüfen.

Es ist durchzuführen:
• Vorprüfung
• Abnahmeprüfung
• wiederkehrende Prüfungen

Eine **Vorprüfung** vor dem Verfüllen ist dringend zu empfehlen, gilt jedoch nicht als Abnahmeprüfung. Sie zeigt aber undichte Muffen bzw. Rohrschäden sofort auf, denn diese sind nach dem Verfüllen nur mit viel Arbeit und Kosten aufzuspüren. Nachteil bei der Vorprüfung ist, dass bei Richtungsänderungen Rohrverbindungen gegen Auseinandergleiten zu sichern sind.

Bei der **Abnahmeprüfung** nach EN 1610 müssen Anschlusskanäle, Schächte und Grundleitungen nach dem Verfüllen der Rohrgräben vor dem erstmaligen Einleiten von Abwasser vom Installateur auf Dichtheit geprüft werden. Damit sollen auch Undichtheiten erfasst werden, die bei fehlerhaftem Verfüllen entstehen, z. B. bei Kunststoffrohren mit Muffendichtringen. Diese Rohre sind nicht eigenstabil.

Vor- und Abnahmeprüfung können mit Wasser oder mit Luft erfolgen. Die Prüfbedingungen sind in EN 1610 festgelegt. Da die Prüfung mit Luft sehr schwierig ist (kaum Erfahrungen vorhanden), wird hier nur die Prüfung mit Wasser beschrieben:

Abwasserleitungen sind zu prüfen:
• mindestens 30 min lang
• mit einem Druck von $p = 0,5$ bar an der tiefsten Stelle der Grundleitung

Wird an der höchsten Stelle der Grundleitung geprüft, ist der Prüfdruck um den durch das Gefälle bedingten Druckunterschied zu reduzieren:
$p = 0,5$ bar $- \Delta p$ (Der Druck $p = 0,5$ bar entspricht dem Druck einer Wassersäule $h = 5$ m).

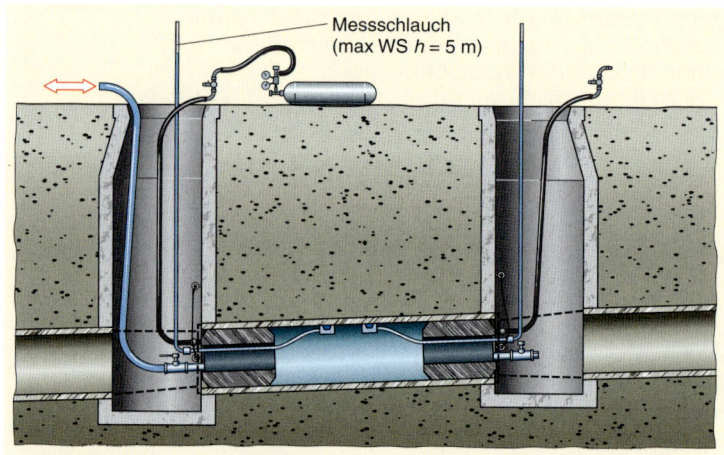

1 Dichtheitsprüfung einer Grundleitung

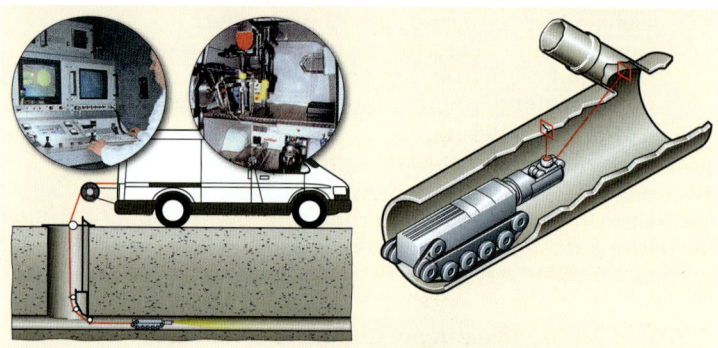

2 Selbstfahrende Minikamera beim Prüfen von Abwasserleitungen

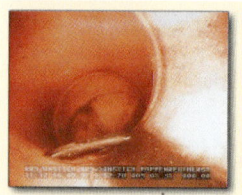 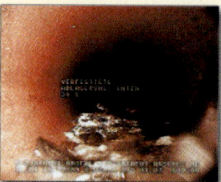 

a) Dichtring herausgeschoben   b) Verfestigte Ablagerung   c) Nicht fachgerechter seitlicher Anschluss

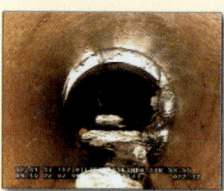  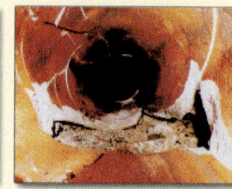

d) Vertikaler Versatz und Ablagerungen   e) Rohrwand längs gerissen   f) Rohrwand ausgebrochen

3 Beispiele für Schadensbilder in Grundleitungen

Bei der Vor- bzw. Abnahmeprüfung ist zu beachten:
• Die Leitungen prüft man zweckmäßig vor dem Setzen von Boden- bzw. Hofabläufen, falls diese keinen verriegelbaren Verschluss haben.
• Alle Öffnungen der zu prüfenden Leitung sind mithilfe von Stopfen oder Absperrblasen druckdicht zu verschließen; ein Reinigungsschacht nahe Grundstücksgrenze erleichtert dies, → 273.1.

• Liegt die Rückstauebene > 5 m über der Grundleitung, ist der Prüfdruck entsprechend zu erhöhen
• Vor der eigentlichen Prüfzeit ist die Leitung mit Wasser zu füllen. Diese Vorfüllzeit kann betragen:
  - 1 Stunde bei Guss- und Kunststoffrohren
  - bis 24 Stunden bei Betonrohren

Anlagen gelten als dicht, wenn je m^2 innen benetzte Fläche in jeweils 30 min nicht mehr Wasser zugefüllt werden muss als:

- 0,15 l/m^2 bei Rohrleitungen
- 0,20 l/m^2 bei Rohrleitungen mit Schächten
- 0,40 l/m^2 bei Schächten und Inspektionsöffnungen

Beispiel:

Bestimmen Sie den zulässigen Wasserverlust einer Grundleitung mit Rohren aus PE-HD.

Nennweite und Leitungslängen:
DN 125 - 20 m und DN 100 - 40 m.

Berechnen der innen benetzten Fläche A:

$$A = d_i \cdot \pi \cdot l$$

d_i nach Tabelle ➔ 624.6:
$d_{i1} = 115{,}2$ mm, $d_{i2} = 101{,}4$ mm
$A_1 = 0{,}1152$ m $\cdot$ 3,14 $\cdot$ 2000 cm
$\quad = 7{,}23$ m^2
$A_2 = 0{,}1014$ m $\cdot$ 3,14 $\cdot$ 4000 cm
$\quad = 12{,}74$ m^2
$A = A_1 + A_2 = 7{,}23$ m$^2 + 12{,}74$ m^2
$\quad = 19{,}97$ m$^2 \approx 20$ m^2
$V_{\text{Wasser}} \leq 0{,}15$ l/m$^2 \cdot 20$ m^2
$V_{\text{Wasser}} \leq 3{,}0$ l

Die PE-Grundleitung gilt als dicht, wenn während der Prüfzeit von 30 min weniger als 4,0 l Wasser nachgefüllt werden müssen.

Wiederkehrende Prüfungen nach DIN 1986-30 sollen in Betrieb befindliche Leitungen auf Dichtheit prüfen. Sie werden in bestimmten Zeitabständen durchgeführt, siehe DIN 1986-30.

Die Zeitabstände für die Überprüfung sind abhängig von:
- der Abwasserherkunft wie häuslich, gewerblich/industriell
- der Lage zu Trinkwasser-Schutzzonen

Bei den wiederkehrenden Prüfungen werden selbst fahrende Mini-Fernsehkameras eingesetzt, ➔ 278.2.

Diese sind 90°-bogengängig ab DN 100. Ihre Kamera, gekoppelt mit Scheinwerfer, ist in alle Richtungen schwenkbar, liefern Farbbilder und sie erlauben Videoaufzeichnungen bzw. gekoppelt mit einem Prozessrechner dokumentieren sie genaue Schadensbilder von Leitungsstrecken, ➔ 1.

```
Kennziffer:          Abwasseranlage: EG Bamberg-Nord       ¹ Videostand in Echtzeit
Stadt:               Bamberg                                ² Entfernung von Ansatz-
Straße:              Moritzstraße 130/132                     punkten
Untersuchungsart: Zustandskontrolle nach hydrod. Reinigung ³ Schadensklassifizierung,
Datum:               10.12.99                                 5 = minimal, 1 = maximal
Anwesende des AN: Herr R. Schmidt
Anwesende des AG: Herr G. Maurer (kibs, Nbg.)
Eigentümer:          EG Bamberg-Nord
Haltungsnr.:         HSK130.2/RS130
Anschluss-Nr.:       RS130                    StreckenNr: kibs 2
RV-Schacht:          HSK130.2
Fahrtrichtung:       gegen Fließrichtung
Kanalart:            Mischwasserkanal
Werkstoff:           Steinzeug
Rohrform:            Kreis                    Höhe: 150
Bearbeiter:          RAUSCH
Videozähler:         00:00:00                 BandNr: 991210
Foto Video¹ Distanz² SKL³ Beschreibung
       0:00:04   0.00      (HA  ) Anschluss-Nr. RS130
       0:00:15   0.50      (PA  ) Rohranfang
   7   0:20:06   0.60   3  (RQ--) Querriss gesamt, 1 mm
   1   0:00:49   0.72   4  (LV-O) vertikaler Versatz oben, 1.2 cm
       0:02:30   1.95      (A--L) Abzweig links (D) zulauf SW130.3)
       0:02:59   2.32   5  (LV-O) vertikaler Versatz oben, 0.5 cm
       0:03:17   2.72      (K--L) Krümmer/Bogen nach links
       0:03:49   2.94   5  (HF-U) Verfestigte Ablagerung, unten, 3 % (verfestigte Bitumenmasse)
       0:04:11   3.24   5  (LH-R) horizontaler Versatz rechts, 0.5 cm
   2   0:04:45   4.21   4  (LV-O) vertikaler Versatz oben, 0.8 cm
       0:05:22   5.17   4  (LV-O) vertikaler Versatz oben, 1 cm
       0:07:56   6.56      (A--O) Abzweig oben (E) zulauf HSK130.1
   3   0:09:03   9.12   4  (LV-O) vertikaler Versatz oben, 0.8 cm
       0:09:27   9.12   4  (HF- ) Verfestigte Ablagerung, 10 % (verfestigte Bitumenmasse)
       0:10:33  10.08   5  (LV-O) vertikaler Versatz oben, 0.5 cm
       0:11:03  10.08   5  (HF-U) Verfestigte Ablagerung, unten, 6 % (Bitumenmasse)
       0:11:09  10.08      (A   ) Anfang Streckenschaden 1
   4   0:11:43  11.14   4  (LV-O) vertikaler Versatz oben, 1.2 cm
       0:12:19  12.19      (K--O) Krümmer/Bogen nach oben
   5   0:12:38  12.19   5  (RX-O) vernetzte Risse oben, 0.5 mm
       0:14:27  12.42   5  (HF-U) Verfestigte Ablagerung, unten, 6 %
       0:14:32  12.42      (E   ) Ende Streckenschaden 1
   6   0:14:59  12.42   3  (RL-L) Lagerriss links, 1 mm
       0:15:45  13.18      (TVS ) Kamera kann nicht weiter (Stopp)
       0:15:51  13.18      (IGN ) Inspektion von der Gegenseite aus nicht möglich
       0:15:56  13.18      (IAB ) Abbruch der Inspektion
untersuchte Länge: 13.18
Videozähler:         00:15:56
```

1 Dokumentation der Prüfung einer Grundleitung mit einer Mini-Fernsehkamera

Übungen:

1. Welche Leitungen zählen zu den liegenden Leitungen?
2. Erklären Sie: „Füllungsgrad" und „Schwimmtiefe".
3. Warum ist großes Gefälle für Abwasserleitungen ungünstig?
4. Was kann bei Vollfüllung in Abwasserleitungen geschehen?
5. Welche Gefälle sind für Abwasserleitungen ≤ DN 100 einzuhalten?
6. Wie sind Richtungsänderungen in Grundleitungen auszuführen?
7. Welche Abzweige dürfen in Grund- und Sammelleitungen nicht verwendet werden?
8. a) Wo sind Reinigungsöffnungen in Grund- und Sammelleitungen erforderlich?
   b) Welche Arten von Reinigungsöffnungen sind möglich?
9. Wo dürfen keine Reinigungsöffnungen eingebaut werden?
10. Wo sind Schächte für Reinigungsöffnungen erforderlich?
11. Welche Schäden können in Kanälen und Grundleitungen auftreten? Nennen Sie mindestens vier Arten.
12. a) Warum müssen Grundleitungen auf Dichtheit geprüft werden?
    b) Wie erfolgt die Erstprüfung?
13. Was kann bei undichten Grundleitungen passieren?
14. Welche Prüfungen sind für Grundleitungen vorgeschrieben?
15. Bild ➔ 278.1 zeigt die Prüfsituation einer Grundleitung. Angenommen, die beiden Prüfstellen liegen 24 m auseinander und die Leitung ist mit 1,5 % Gefälle verlegt: Um wie viel bar ist der Prüfdruck zu reduzieren, wenn an der höchsten Stelle gemessen wird?

8

8.2.2.4 Anschlussleitungen

Eine Anschlussleitung verbindet Ablaufstellen, z. B. Sanitärapparate, Decken- oder Bodenabläufe, mit einer weiterführenden Leitung wie Fall-, ➜ 1, Sammel- oder Grundleitung.

Anschlussleitungen zählen zu den liegenden Leitungen; sie sind also mit Gefälle ≤ 1 : 20 zu verlegen. Bei größeren Höhenunterschieden sind senkrechte Sturzstrecken einzubauen (keine schräg verlaufenden!); ggf. sind die Leitungen aufzuweiten, ➜ 2.

EN 12 056-2 unterscheidet für Entwässerungsanlagen die **Systemtypen I bis IV**, ➜ 3:
- System I wird in Deutschland (D) und in Österreich (A) vorwiegend verwendet. Anders als nach EN 12 056-2 sind zulässig:
  - in Deutschland (DIN 1986-100): 2 WCs an Sammelanschlussleitungen in DN 80 und DN 90; entgegen Bild ➜ 3 dürfen un-belüftete Sammelanschlussleitungen bis 10 m lang sein
  - in Österreich (ÖN B 2501): 2 WCs nur bei Sammelanschlussleitungen in DN 90; sie dürfen nur einen 90°-Bogen enthalten, unbelüftete dürfen sie höchstens 4 m lang sein.
- Systeme II und III sind in D und in A nicht zugelassen.
- System IV kommt in D und A nur bei Grauwassernutzung vor.

Anschlussleitungen - belüftet oder nicht belüftet - gibt es als
- Einzelanschlussleitung
- Sammelanschlussleitung

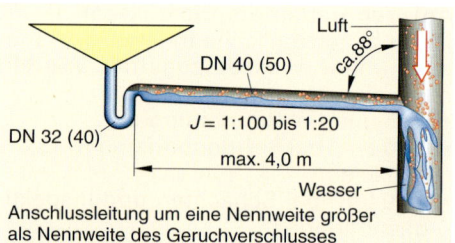

1 Optimaler Anschluss einer Einzelanschlussleitung an eine Fallleitung

Anschlussleitung um eine Nennweite größer als Nennweite des Geruchverschlusses

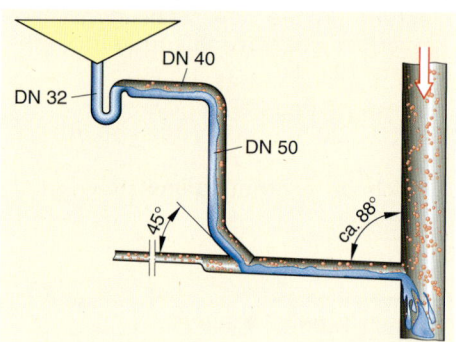

2 Hohe Abstürze sind senkrecht zu führen und aufzuweiten

Art	System I	System II	System III	System IV
Fallleitung	Einzelfallleitung mit Anschlussleitungen teilbefüllt		Einzelfallleitung Anschlussleitungen vollgefüllt	getrennte Fallleitungen für Grau- und Schwarzwasser
Füllungsgrad	0,5	0,7	1,0	wie System I, II oder III
Belüftet/unbelüftet	unbelüftet oder belüftet	unbelüftet oder belüftet	belüftet	s. einzelne Systeme
Anwendungsgrenzen bei **unbelüfteten** Anschlussleitungen				
Leitungslänge in m	≤ 4,0	≤ 10,0	*Da System III bei uns nicht üblich ist, wird hier auf Tabelle 6 in EN 12 056-2 verwiesen*	≤ 10,0
Anzahl 90°-Bogen max.[1]	3	1		3
Absturzhöhe H_{max} in m	1,0	$DN^2 > 70: 6,0$ $DN^2 = 70: 3,0$		1,0
Mindestgefälle in %	1 (1 : 100)	1,5		1
Anwendungsgrenzen für **belüftete** Anschlussleitungen				
Leitungslänge in m	≤ 10,0	keine Begrenzung	*Da System III bei uns nicht üblich ist, wird hier auf Tabelle 9 in EN 12 056-2 verwiesen*	≤ 10,0
Anzahl 90°-Bogen max.[1]	keine Begrenzung	keine Begrenzung		keine Begrenzung
Absturzhöhe H_{max} in m	3,0	3,0		3,0
Mindestgefälle in %	0,5	0,5		0,5

[1] Anschlussbogen nicht eingeschlossen
[2] Ist DN < 100 und ein Klosett an die unbelüftete Anschlussleitung angeschlossen, darf kein weiterer Entwässerungsgegenstand im Bereich von 1 m über dem Anschluss an eine belüftete Anlage angeschlossen sein

3 Systemtypen und Anwendungsgrenzen für Fallleitungen

Einzelanschlussleitungen sind in der Regel nicht belüftet. Ab bestimmter Länge oder Absturzhöhe müssen sie belüftet werden. Es gelten bestimmte Anschlussgrenzen nach, ➔ 280.3.

Nicht belüftete Einzelanschlussleitungen dürfen nicht länger als 4 m sein, z B. bei WC, Waschtisch, Badewanne, Urinal.

Nennweiten für nicht belüftete Einzelanschlussleitungen zeigt:
• für Deutschland die Tab. 4 in DIN 1986-100
• für Österreich die Tab. 2 in ÖN B 2501

Zu enge Anschlussleitungen neigen zur Vollfüllung. Dies führt zum Absaugen des Sperrwassers im Geruchverschluss (GV) und zu Gurgelgeräuschen. Um dies zu verhindern, einige praxisbewährte Hinweise:
• Niemals Rohre mit DN 40 (d_i = 34 mm!!!) verwenden.
• Nennweite von Einzelanschlussleitungen mindestens eine DN größer wählen als die des Geruchverschlusses, ➔ 280.1.
• trotz dieser Erweiterung um eine Nennweite sind Vollfüllungen in folgenden Fällen zu erwarten:
  - bei Längen > 3 m für DN 40 oder DN 50
  - bei Sturzstrecken mit Höhen > 50 cm, ➔ 280.2
  - bei mehr als drei Richtungsänderungen (ohne den Einlaufbogen nach dem Geruchverschluss)
In diesen Fällen ist die Anschlussleitung um zwei Nennweiten zum GV zu vergrößern oder durch eine Um-, Neben- oder Zweitlüftung oder durch Belüftungsventile zu lüften, siehe Kap. 8.2.4.2.

Einzelanschlussleitungen des Systems I sind immer zu lüften bei:
• Länge l > 4 m
• Höhenunterschied h > 1 m
• einem Schmutzwasserabfluss $\dot{V}_s$ > 2,5 l/s ($\hat{=}$ 16 DU bei Wohnungen, Pensionen, Büros)

DU steht für **Anschlusswert**, einst **Abflusswert AWs**. DU ist der durchschnittliche Abfluss eines einzelnen Sanitärapparates in l/s.

Bei mehreren angeschlossenen Sanitärapparaten reduziert sich der Abfluss (Volumenstrom $\dot{V}$) durch die Abflusskennzahl K, ➔ 1. Sie korrigiert die unterschiedliche Nutzung von Sanitärapparaten.

$$\dot{V} = K \cdot \sqrt{\Sigma\,DU}$$

Eine **Sammelanschlussleitung** entsteht durch Zusammenführen mehrerer Einzelanschlussleitungen. Deren Einmündungen sind so auszubilden, dass Überspülungen ausgeschlossen und Rückspülungen weitgehend vermieden werden, ➔ 275.1.

In Sammelanschlussleitungen sind deshalb einzubauen, z. B.
• nur Einzelabzweige mit 45° Spreizwinkel, ➔ 280.2,
• Doppelbogen mit Sturzstrecke, ➔ 2,
• höhenversetzte Einmündungen wie in Bild ➔ 275.1,
• Sonderformstücke, ➔ 3,
• Übergänge exzentrisch, den Exzenter nach oben, ➔ 4

Nur in Grundleitungen sollte bei Übergängen der Exzenter nach unten stehen, um selbstfahrende Minikameras bei Prüfungen gefahrlos einzusetzen, ➔ 5.

Sammelanschlussleitungen sollten wegen der größeren Schwimmtiefe nicht in DN 100 sondern in DN 80/DN 90 verlegt werden. Von der Industrie wären entsprechende Formstücke, vgl. ➔ 3, nötig.

Zulässige Schmutzwasserabflüsse $\dot{V}_{max}$ für Anschlussleitungen nach EN 12056 zeigt Bild ➔ 6.

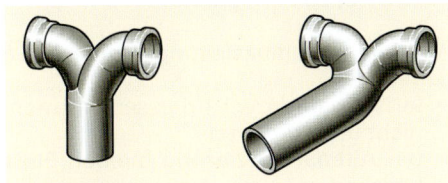

Gebäudeart	K
unregelmäßiges Benutzen, wie in Wohnungen, Büros	0,5
regelmäßiges Benutzen, wie in Krankenhäusern, Hotels, Schulen, Altenheimen	0,7
häufiges Benutzen, z. B. in öffentlichen Toiletten, Duschen	1,0

1 Abflusskennzahlen K je nach Benutzerhäufigkeit

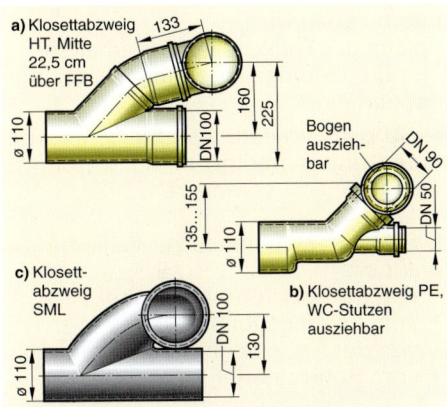

2 Doppelbogen mit Sturzstrecke – rechts für waagerechten Einbau

3 Sonderformstücke für Sammelleitungen

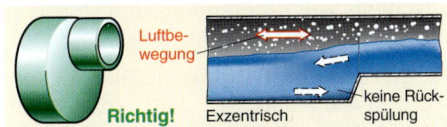

4 Übergänge auf andere Rohrdurchmesser in Sammelanschluss- und in Sammelleitungen

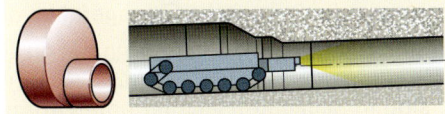

5 Übergänge auf andere Rohrdurchmesser in Grundleitungen

DN	$d_{i,\,min}$	K=0,5 $\Sigma\,DU$	K=0,7 $\Sigma\,DU$	K=1,0 $\Sigma\,DU$	Rohrlänge maximal m
50	44	1,0	1,0	0,8	4,0
56/60	49/56	2,0	2,0	1,0	4,0
70[1]	68	9,0	4,6	2,2	4,0
80	75	13,0[2]	8,6[2]	4,0	10,0
90	79	13,0[2]	10,0[2]	5,0	10,0
100	96	16,0	12,0	6,4	10,0

[1] keine Klosetts   [2] maximal zwei Klosetts

6 Nennweiten unbelüfteter Sammelanschlussleitungen

8

Verlegen von Anschlussleitungen

Für die Statik von Bauwerken ist es vorteilhaft, wenn in Rohdecken keine Schlitze oder Aussparungen vorgesehen werden. Es ist beinahe unmöglich, eine Decke nachträglich aufzubrechen, um Anschlussleitungen einzulassen.

Im Rahmen der Vorwandinstallation ist es günstig, Anschlussleitungen oberhalb des fertigen Fußbodens (FFB) zu verlegen.

Vorteile, Anschlussleitungen oberhalb FFB zu verlegen:
• In Neubauten wird der schwimmende Estrich nicht unterbrochen.
• Bei Altbaurenovierung bleiben Fußböden unbeschädigt.

Da in Neubauten der **schwimmende Estrich nicht unterbrochen** wird,
• bleibt der Trittschallschutz erhalten,
• ist die Leitungsverlegung unabhängig von Rohbauarbeiten.

Bei Altbaurenovierungen bleiben vorhandene **Fußböden unbeschädigt**, somit werden Schallschutz und Statik nicht verändert.

Die Apparateabstände zur Fallleitung werden beeinflusst:
• von der Anschlusshöhe über FFB
• vom Leitungsgefälle
• von der Nennweite der Rohrleitung
• vom Rohrmaterial

Vor allem für Apparate mit **tief liegendem Abwasseranschluss** wie Bidet, Bade- und Duschwanne ist damit der Abstand von der Fallleitung begrenzt, ➜ 1a.

Je größer das **Leitungsgefälle** ist, umso kleiner werden die Abstände. Je 1 cm Höhenunterschied zwischen Fallleitungsabzweig und Apparateanschlussmitte ergibt sich ein Abstand
• von 50 cm bei einem Leitungsgefälle von 2 %,
• von 2 m bei einem Leitungsgefälle von 0,5 %.

Kleine **Nennweiten**, z. B. DN 80/DN 90 statt DN 100
• erhöhen dieses Abstandsmaß, ➜ 1b,
• sind in Schächten leichter unterzubringen.

Das für Sammelanschlussleitungen zulässige Mindestgefälle von 0,5 % und die für WCs **zulässige Nennweite DN 80** begünstigen das Verlegen von Sammelanschlussleitungen über FFB in Wohnungen.

Anschlussleitungen für WCs sollten bei Gefälle < 2 % grundsätzlich in DN 80/DN 90 statt in DN 100 verlegt werden. Die größere Schwimmtiefe gegenüber DN 100 verbessert das Ausspülen der Leitungen.

Bedingungen für Leitungen in DN 80 (d_a/d_i = 83/76 mm) und DN 90 (d_a/d_i = 90/83 mm) sind in EN 12 056 bzw. in DIN 1986-100/ÖN B 2501 festgelegt.

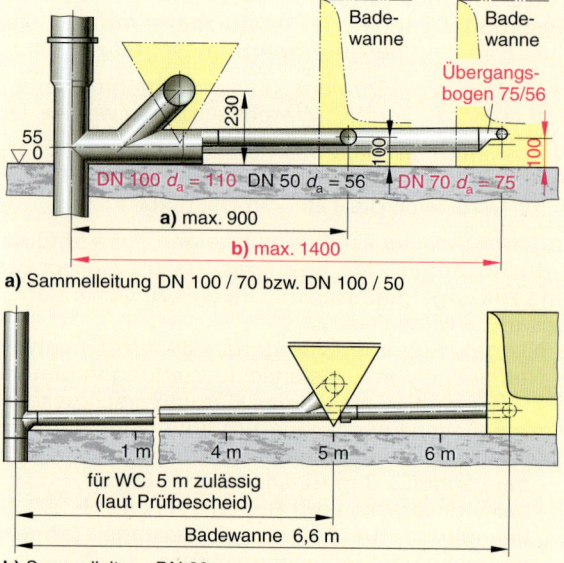

a) Sammelleitung DN 100 / 70 bzw. DN 100 / 50

b) Sammelleitung DN 80

1 Apparatabstände zur Fallleitung bei Sammelleitungen in DN 70 und DN 50

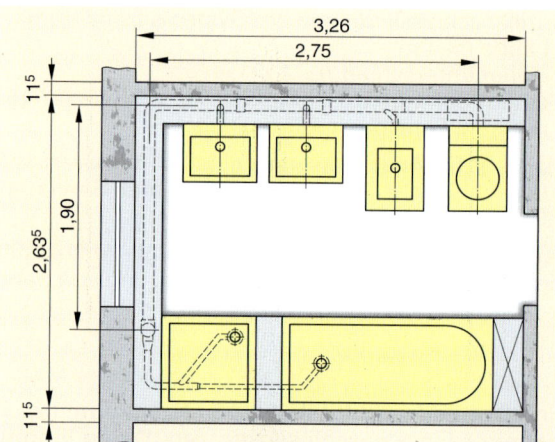

2 Zulässige Sammelleitung in DN 80

Wichtigste Bedingungen sind, vgl. ➜ 2 und 280.3:
• Anschließbar sind Sanitärapparate bis 13 DU (1,8 l/s bei K = 0,5), darunter ein wandhängendes 6-l-WC mit Spülkasten bei DN 80, zwei Wand-WCs bei DN 90.
• Maximal eine Richtungsänderung 90° zulässig.
• Mindestgefälle 0,5 % (0,5 cm/m) bei belüfteten bzw. 1 % (1 cm/m) bei unbelüfteten Anschlussleitungen.

Grundsätzlich sind Einrichtungen so zu planen, dass Sanitärapparate mit tief liegendem Abwasseranschluss wie Bidet, Dusch- oder Badewanne nahe am Fallstrang angeordnet werden. Bei dem geringen Gefälle von 0,5 % können sie aber relativ weit entfernt vom Fallstrang platziert werden, auch wenn die Anschlussleitung über Fertigfußboden verlegt wird, ➜ 2.

Übungen:

1. Wonach richtet sich die Nennweite einer Anschluss-leitung?
2. Wann müssen Anschlussleitungen aufgeweitet werden?
3. Wann müssen Anschlussleitungen belüftet werden?
4. Welche Systeme unterscheidet EN 12056 zum Anschluss von Sanitärapparaten an Fallleitungen?
5. Welche Systeme sind für Anschlussleitungen in Deutschland üblich?
6. Welche Bedingungen gelten für Anschlussleitungen in DN 80/90?
7. Welche Vorteile bieten Anschlussleitungen in DN 80/90?
8. Wann sind Sammelanschlussleitungen in DN 80/90 auszuführen?
9. Wann können bei Anschlussleitungen Belüftungsventile verwendet werden?

8.2.3 Fallleitungen für Schmutzwasser

8.2.3.1 Forderungen an Fallleitungen

Fallleitungen sind lotrechte Leitungen – ohne oder mit Verziehung –, die durch ein oder mehrere Geschosse führen und über Dach gelüftet werden. Sie enden in einer Sammel- oder Grundleitung.

An Fallleitungen werden folgende Forderungen gestellt:
- Von der Einmündung in die Grundleitung bis über Dach darf der Querschnitt einer Fallleitung nicht verringert werden.
- die Mindestnennweite für Fallleitungen ist DN 70
- In Fallleitungen für Schmutzwasser darf kein Regenwasser, in Fallleitungen für Regenwasser darf kein Schmutzwasser eingeleitet werden. Schmutz- und Regenwasser sind in getrennten Fall- und Grundleitungen abzuführen; beim Mischsystem dürfen sie erst außerhalb des Gebäudes in der Grundleitung zusammen geführt werden.

Beispiel:
Nach DIN 1986-100 dürfen Abläufe kleiner Dachflächen, von Balkonen o. Ä., nicht in Fallleitungen für Schmutzwasser eingeleitet werden.

8.2.3.2 Strömungsverhältnisse in Fallleitungen

Entgegen der weit verbreiteten Meinung fließt das Abwasser in Fallleitungen ohne Drall, zum Großteil an der Rohrwand, nach unten, ➜ 1. Dabei werden erhebliche Mengen Luft angesaugt und mitgerissen, ➜ 288.1.

Abwasser verdrängt die Luft in der Fallleitung, schiebt diese vor sich her und drückt sie in angeschlossene Leitungen.

Durch Abwasser- und Luftströme entstehen in Fallleitungen
- Überdruck
- Unterdruck

Überdruck entsteht vor Widerständen. Dort stauen sich Abwasser und Luft, ➜ 2, z. B. bei:
- starken Richtungsänderungen
- Leitungsverziehungen

Unterdruck entsteht unterhalb von Einlaufstellen durch Ansaugwirkung. Bei geringen Umlenkungen bildet sich kein Stau wie vor Bogen mit 30° oder 45°.

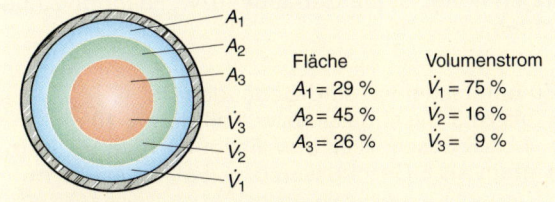

Fläche	Volumenstrom
$A_1 = 29\%$	$\dot{V}_1 = 75\%$
$A_2 = 45\%$	$\dot{V}_2 = 16\%$
$A_3 = 26\%$	$\dot{V}_3 = 9\%$

a) Wasserverteilung im Fallrohrquerschnitt

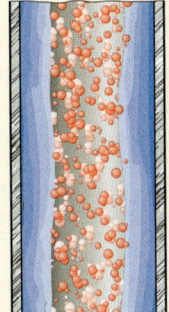

Wasser wird durch Luftwiderstand an die Rohrwand gepresst.

Fließgeschwindigkeit wird durch Luftwiderstand und Reibung Wasser/Rohrwand auf 10 m/s bis 12 m/s begrenzt, ➜ 284.1.

Stau vor Umlenkungen, Sog nach Einspülungen, ➜ 3.

Große Luftansaugung – bis zum 35fachen des Wasserstromes, ➜ 288.1.

b) Wasser- /Luft-Strömung im Fallrohr

1 Strömungsverhältnisse in Fallrohren

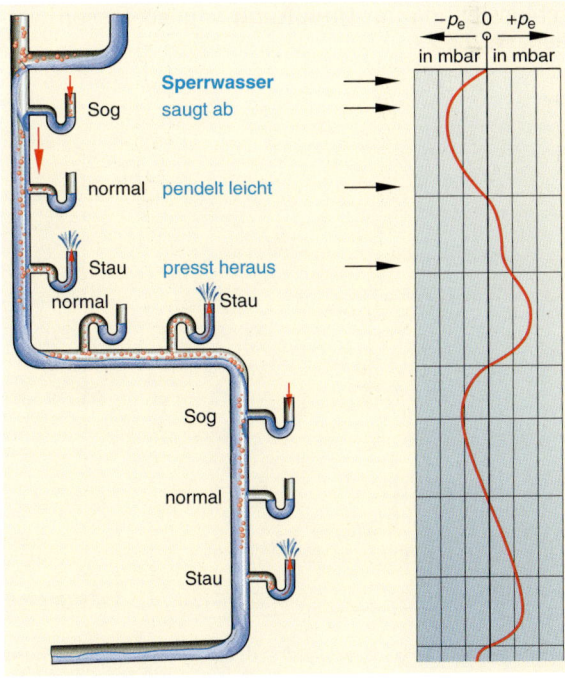

2 Druckverhältnisse in Fallleitungen

Die Geschwindigkeit des Abwassers ist erheblich. Sie wird jedoch nach 12 m bis 15 m Fallhöhe auf 10 m/s bis 12 m/s durch den Widerstand der Luft und die Rohrreibung begrenzt, → 1.

Deshalb sind sogenannte Fallbremsen bei großer Fallhöhe überflüssig.

Bei geringer Umlenkung staut sich das Wasser kaum. Problemlos sind Umlenkungen in Fallleitungsverziehungen mit 30°- oder 45°-Bogen, → 2.

Sind in Fallleitungen Umlenkungen oder Verziehungen nötig, ist die Gebäude- bzw. Fallhöhe zu beachten.

Zu unterscheiden sind Gebäude mit:
- bis zu 3 Geschossen bzw. Fallhöhe < 10 m
- 4 bis 8 Geschossen bzw. Fallhöhe 10 m bis 22 m
- mehr als 8 Geschossen bzw. Fallhöhe > 22 m

Bei Gebäuden **bis zu 3 Geschossen** bzw. bei Fallhöhe < 10 m können beim Übergang in eine Grund- oder Sammelleitung 90°-Bogen eingesetzt werden, → 2. Wegen des Schallschutzes sind statt des 90°-Bogens zwei 45°-Bogen besser.

In Fallleitungen durch **4 bis 8 Geschosse** bzw. bei 10 m bis 22 m Fallhöhe sind bei größeren Verziehungen oder beim Übergang in eine Grund- oder Sammelleitung 90°-Bogen in zwei 45°-Bogen mit Zwischenstück aufzulösen, → 2.

Sind größere Verziehungen unumgänglich, darf in den Über- und Unterdruckzonen kein Anschluss an die Fallleitung erfolgen, → 285.1.

Anstelle mehrerer Einzelanschlüsse wie in → 285.1b können Sanitärapparate auch an eine Sammelanschlussleitung mit **Umlüftung** angeschlossen werden, → 285.2.

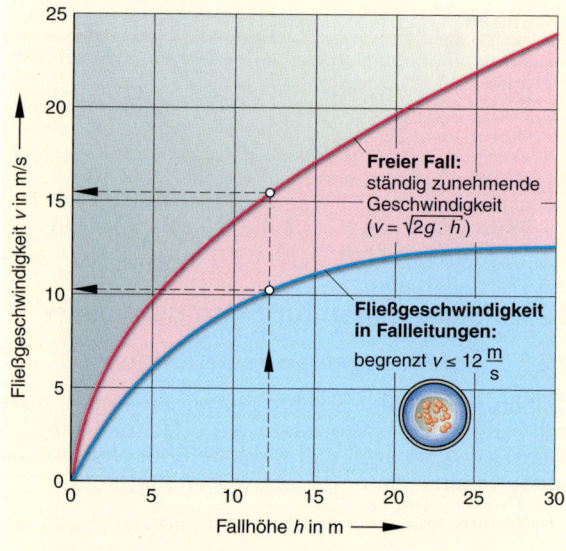

Nach 12 m Fallhöhe wächst die Fließgeschwindigkeit auf etwa 10 m/s in der Fallleitung statt 15,5 m/s wie beim freien Fall.

1 Begrenzung der Fließgeschwindigkeit in Fallleitungen

Freier Fall: ständig zunehmende Geschwindigkeit ($v = \sqrt{2g \cdot h}$)

Fließgeschwindigkeit in Fallleitungen: begrenzt $v \leq 12\,\frac{m}{s}$

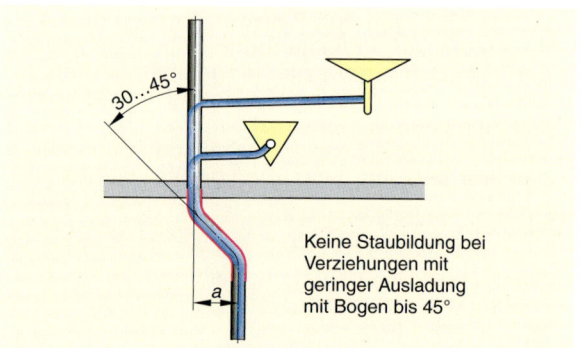

30...45°

Keine Staubildung bei Verziehungen mit geringer Ausladung mit Bogen bis 45°

2 Geringe Umlenkung in Fallleitungen

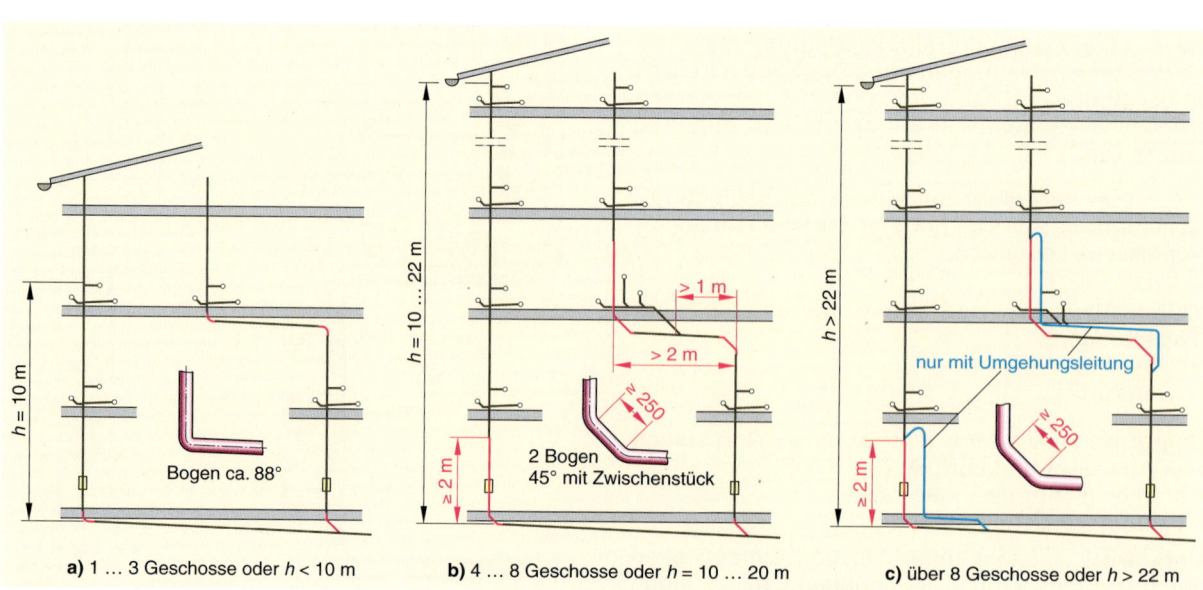

a) 1 ... 3 Geschosse oder h < 10 m   Bogen ca. 88°

b) 4 ... 8 Geschosse oder h = 10 ... 20 m   >1 m   > 2 m   2 Bogen 45° mit Zwischenstück

c) über 8 Geschosse oder h > 22 m   nur mit Umgehungsleitung

3 Übergänge der Fallleitung in eine Grund- oder Sammelleitung bei verschiedenen Gebäudehöhen

Bei Fallleitungsverziehungen < 2 m muss für Anschlüsse eine Umgehungsleitung gelegt werden, ➜ 1b, da in Verziehungen 1 m nach und 1 m vor Umlenkungen keine Anschlüsse zulässig sind.

Bei **mehr als 8 Geschossen** bzw. bei mehr als 22 m Fallhöhe ist bei Verziehungen oder bei Übergängen zur Sammel- oder Grundleitung immer eine Umgehungsleitung vorzusehen, ➜ 284.3c, 3.

Bei **Umgehungsleitungen** ist zu beachten:
- Alle Anschlüsse in ihrem Bereich sind an die Umgehungsleitung anzuschließen.
- Ein Entwässerungsgegenstand mit großer Spülwirkung, z. B. ein WC oder eine Badewanne, ist immer in das senkrechte Rohrstück der Umgehungsleitung oder der Umlüftung einzuleiten, ➜ 3. So wird der von anderen Abläufen rückgespülte Schmutz weggeschwemmt; es können die Leitungen nicht zuwachsen.
- Die Umgehungsleitung bzw. Umlüftung ist in gleicher Nennweite wie die Fallleitung auszuführen, höchstens jedoch in DN 100.

Bei **mehrfach verzogenen Fallleitungen**, z. B. in Terrassenhäusern, ist parallel zur Fallleitung eine Lüftungsleitung zu verlegen. Diese sogenannte **Nebenlüftung** ist in jedem Stockwerk so an die Fallleitung anzubinden, dass keine Einspülungen möglich sind, ➜ 4.

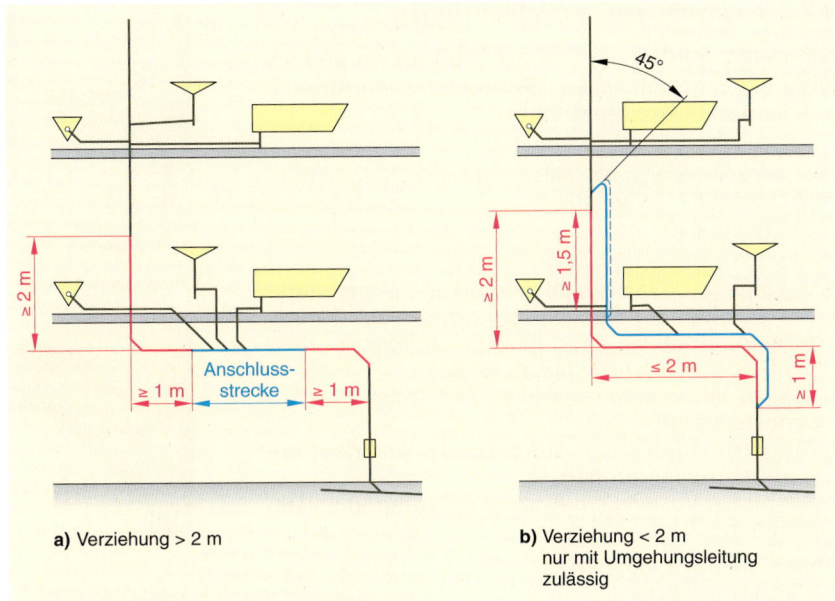

a) Verziehung > 2 m

b) Verziehung < 2 m nur mit Umgehungsleitung zulässig

1 Fallleitungsverziehung bei 4 … 8 Geschossen

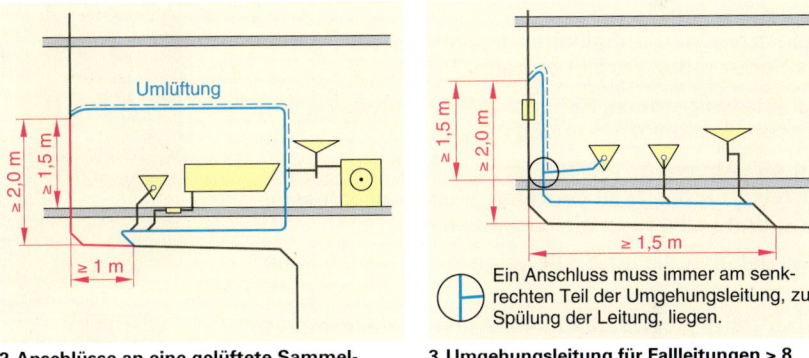

2 Anschlüsse an eine gelüftete Sammelanschlussleitung

Ein Anschluss muss immer am senkrechten Teil der Umgehungsleitung, zur Spülung der Leitung, liegen.

3 Umgehungsleitung für Fallleitungen > 8 Geschosse bzw. > 22 m Fallhöhe

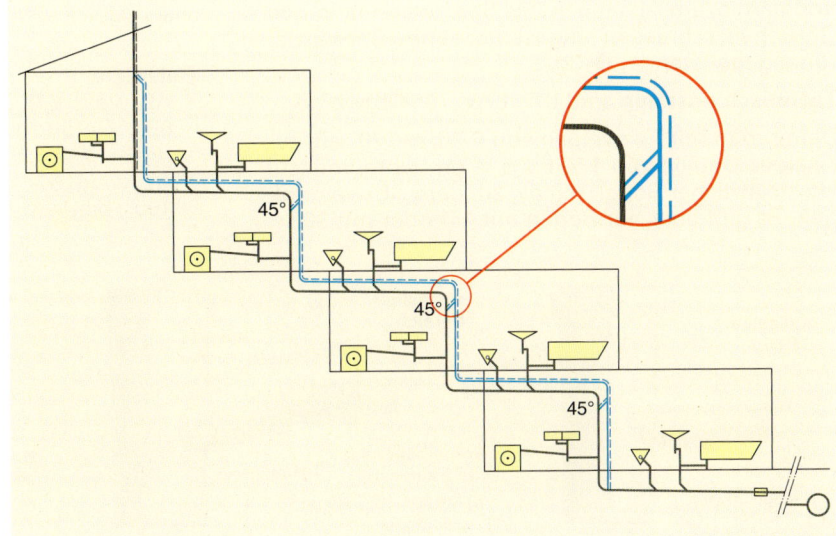

4 Direkte Nebenlüftung bei einer mehrfach verzogenen Fallleitung in einem Terrassenhaus

8.2.3.3 Anschlüsse an Fallleitungen

Leitungen werden mithilfe von Abzweigen an Fallleitungen angeschlossen. Wichtig bei allen Abzweigen ist deren Anschlusswinkel.

Der Anschluss an eine Fallleitung kann erfolgen mit:
- Abzweig 87° bzw. 88¹/₂°
- Abzweig 45°

Abzweige mit 87° bzw. 88¹/₂° sind zu bevorzugen:
- Sie ergeben für Anschlussleitungen zur Fallleitung automatisch das zulässige Gefälle von 1 % bis 5 %, entspricht 1° bis 3°, ➔ 4a.
- Sie gewährleisten eine gute Belüftung der Anschlussleitung.
- Sie vermeiden darin Unterdrücke mit nachfolgen-den Absaugungen.
- Sie bieten Vorteile bei Anschlussleitungen im Deckenbereich.

Abzweige mit ca. 88° gibt es
- gleich weit, ➔ 1b
- reduziert, ➔ 1a
- mit 45°-Einlaufwinkel, ➔ 1c

Bei Abzweigen in Fallleitungen mit ca. 88°, gleich weit oder reduziert gibt es kaum Probleme

Der Abzweig mit ca. 88° und 45°-Einlaufwinkel verbessert das Einströmen des Abwassers.

Ein **45°-Abzweig**, 100/100 ist zum Anschluss eines einzelnen Klosetts zu vertreten, wenn Anschlussleitung und Fallleitung gleich weit sind.

Dies gilt aber nicht für Abzweige 80/100 und 90/100.

Reduzierte Abzweige mit 45° sind in Fallleitungen zu vermeiden.

Sie führen zu Vollfüllungen in der Anschlussleitung und damit zum Absaugen des Sperrwassers in den Geruchverschlüssen angeschlossener Entwässerungsgegenstände, ➔ 2b, 3.

Technisch unsinnig sind 67°- bzw. 70°-Abzweige.

Damit man mit Abzweigen von 67° bzw. 70° ein zulässiges Gefälle von 1 % bis 5 % erreichte, müsste ein zusätzlicher Bogen mit ca. 20° dem Abzweig folgen. Es gibt aber nur Bogen mit 15° oder mit 30°.

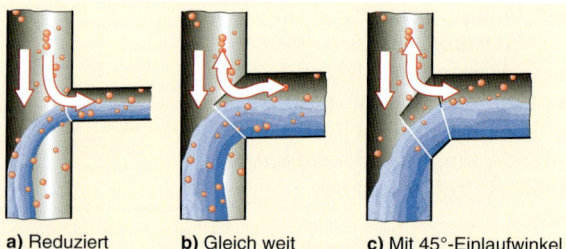

a) Reduziert   **b)** Gleich weit   **c)** Mit 45°-Einlaufwinkel

1 Abzweig mit ca. 88°

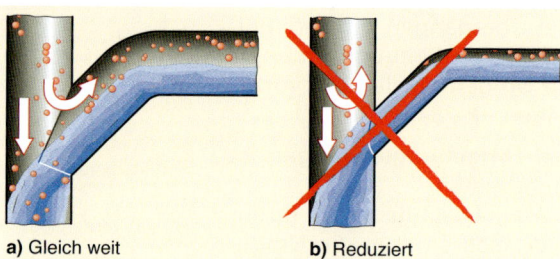

a) Gleich weit   **b)** Reduziert

2 Abzweige mit 45°- gleich weit und reduziert

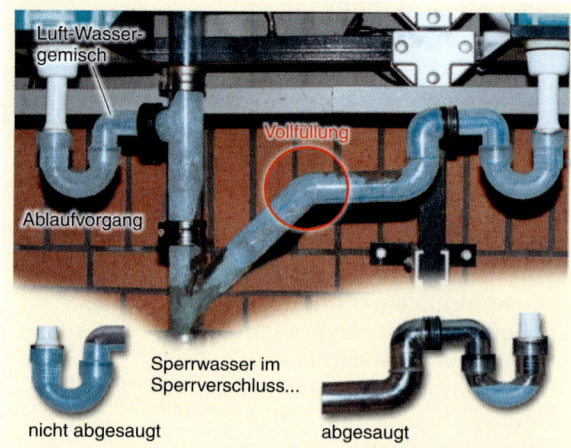

Luft-Wasser-gemisch

Vollfüllung

Ablaufvorgang

Sperrwasser im Sperrverschluss...

nicht abgesaugt   abgesaugt

3 Abzweige mit ca. 88° und mit 45° an einem Prüfstand

Beispiele:
- Abzweig 67° bzw. 70° + Bogen 15° = 82° bzw. 85°; Gefälle 14 % bzw. 9 % - beide Male zu groß, ➔ 4b
- Abzweig 67° bzw. 70° + Bogen 30° = 97° bzw. 100°; beide Male entstünde Gegengefälle, ➔ 4c

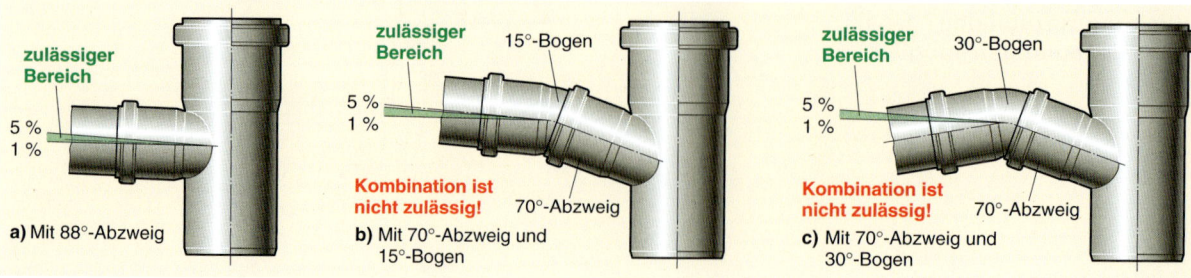

zulässiger Bereich   zulässiger Bereich   15°-Bogen   zulässiger Bereich   30°-Bogen

5 %   5 %   5 %
1 %   1 %   1 %

Kombination ist nicht zulässig!   Kombination ist nicht zulässig!

a) Mit 88°-Abzweig   70°-Abzweig   70°-Abzweig

b) Mit 70°-Abzweig und 15°-Bogen   **c)** Mit 70°-Abzweig und 30°-Bogen

4 Anschluss an die Fallleitung mit 88°- und 70°-Bogen

Mögliche Abzweigformen für Fallleitungen sind:
- Einfachabzweig
- Eckabzweig oder Doppelabzweig
- Kugelabzweig
- Soventabzweig

Benachbarte Anschlussleitungen sind mit **Einfach**- oder **Eckabzweigen** so in die Fallleitung einzuführen, dass Überspülungen bzw. Fremdeinspülungen vermieden werden, z. B.:
- unterhalb von Klosettanschlüssen ist zum nächsten Abzweig ein Abstand von mindestens 200 mm einzuhalten, → 2a, Sturzstrecke $h \geq 100$ mm.
- ist dies nicht möglich, sind die Anschlüsse im Winkel versetzt einzuleiten, → 2b
- in die tiefer einzuführende liegende Leitung ist zusätzlich ein Absturz von $h \geq$ DN einzubauen; als Maß h gilt der Höhenunterschied zwischen dem Wasserspiegel im Geruchverschluss und der Sohle des Fallleitungsabzweiges, → 2a
- gegenüberliegende Klosetts sind über **Doppelabzweige** anzuschließen, jeder WC-Anschluss mit Sturzstrecke $h \geq 100$ mm, → 3

Entwässerungsgegenstände nebeneinander liegender Wohnungen dürfen nur dann an eine gemeinsame Fallleitung angeschlossen werden, wenn der Brand- und der Schallschutz sichergestellt sind.

Ein **Kugelabzweig**, → 4, für mehrere Anschlüsse auf einer Ebene und vor allem der Soventabzweig, → 5
- sorgen durch Querschnittserweiterungen für eine gute Luftströmung neben dem abfließenden Wasser,
- lassen höhere Belastungen der Fallleitung zu gegenüber normalen Abzweigen.

Vor Anschluss einer Fallleitung oder des lotrechten Teiles einer Sammelleitung an eine Grundleitung ist ein Reinigungsstück einzubauen.

DN		Schmutzwasserabfluss $\dot{V}_{s,\,max}$ in l/s bei Fallleitungen mit			
Falllei-tung	Neben-lüftung	Hauptlüftung Abzweige		Nebenlüftung Abzweige	
		scharf-winklig 45° / 90°	mit Innen-radius	scharf-winklig 45° / 90°	mit Innen-radius
70	50	1,5	2,0	2,0	2,6
80[1]	50	2,0	2,6	2,6	3,4
90	50	2,7	3,5	3,5	4,6
100[2]	50	4,0	5,2	5,6	7,3
125	70	5,8	7,6	10,0	12,4
150	80	9,5	12,4	14,1	18,3

[1] Mindest-DN bei WC mit 4 bis 6 l Spülwasservolumen
[2] Mindest-DN bei WC mit > 6 l Spülwasservolumen

1 Zulässiger Schmutzwasserabfluss für Fallleitungen mit Hauptlüftung und mit Nebenlüftung (DN der Nebenlüftung)

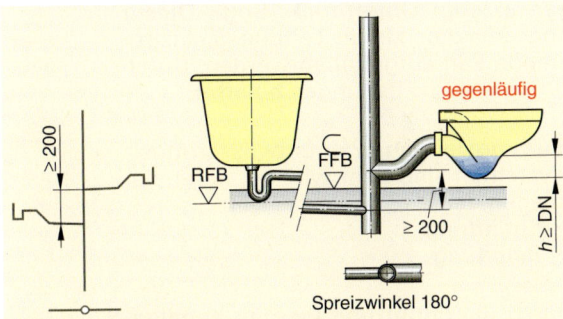

Bei Massivdecken schwer zu realisieren
a) Spreizwinkel 180°

b) Spreizwinkel 90°

2 Einmündung benachbarter Anschlussleitungen in eine Fallleitung

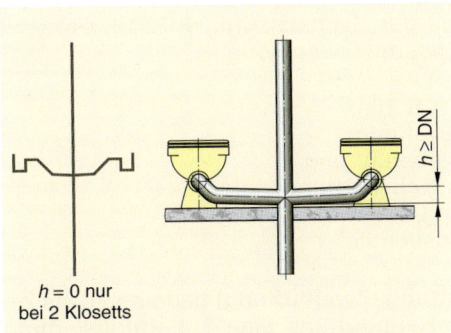

$h = 0$ nur bei 2 Klosetts

3 Anschluss gegenüberliegender WCs über Sturzstrecken an einen Doppelabzweig

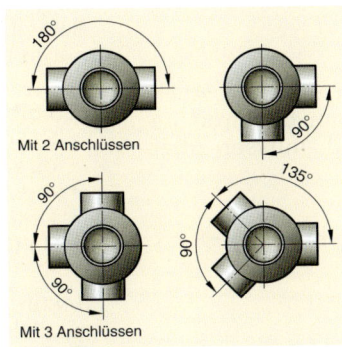

Mit 2 Anschlüssen

Mit 3 Anschlüssen

4 Kugelabzweige mit zwei oder drei Zuflussstutzen

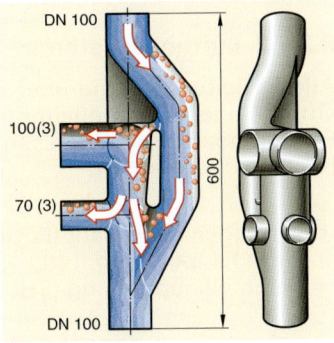

5 Sovent-Abzweig mit sechs seitlichen Zuflussstutzen

8.2.4 Lüftungsleitungen

8.2.4.1 Zweck der Lüftungsleitungen

Im Schmutzwasserkanal, in Schmutzwasserleitungen und in Schmutzwasserbehältern wie bei Hebeanlagen, Fettabscheidern vergären Fäkalien (menschliche Auswurfstoffe), Speisereste u. Ä.

Dabei entstehen:
- übel riechende, z. T. auch giftige oder explosible Gase
- Wärme

Die Wärme lässt Gase nach oben steigen. Sie müssen aus den Leitungen entweichen können. Die Leitungen sind zu **entlüften**.

Herabstürzendes Wasser in Fallleitungen erzeugt Unterdruck (Sog). Dieser Sog kann durch in die Leitungen einströmende Luft aufgehoben werden. Durch sie werden die Leitungen **belüftet**.

> Lüftungsleitungen in Entwässerungssystemen sind sehr wichtig, denn sie dienen der:
> - Entlüftung
> - Belüftung

Durch die **Entlüftung** werden Kanalgase aus den Leitungen ins Freie geführt. Geruchsbelästigungen und eventuell gefährliche Gasansammlungen werden vermieden. Damit werden auch Arbeiter in Kanalsystemen geschützt.

Die **Belüftung** der Schmutzwasserleitungen hinter dem abfließenden Wasser verhindert Unterdrücke, die Geruchverschlüsse leer saugen und dabei Gurgelgeräusche und Geruchsbelästigungen hervorrufen würden.

> Zur Belüftung der Leitungen sind sehr große Luftströme nötig. Sie können das 35fache des abfließenden Wassers erreichen, also 35 l Luft je 1 l Schmutzwasser, → 1.

8.2.4.2 Lüftungssysteme

Alle Fallleitungen sind über Dach zu lüften. Auch Grund- oder Sammelleitungen, an denen keine Fallleitungen angeschlossen sind, müssen über Dach gelüftet werden.

Diese sogenannte **Hauptlüftung** gibt es als, → 2:
- Einzelhauptlüftung (EHL)
- Sammelhauptlüftung (SHL)

Bei der **Einzelhauptlüftung (EHL)** wird jede Leitung einzeln über Dach geführt.

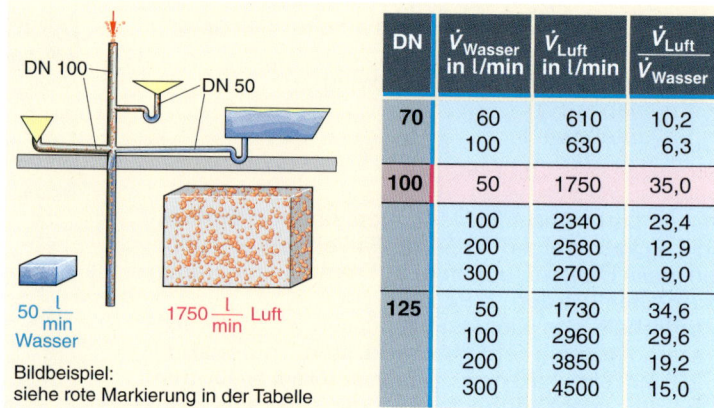

DN	$\dot{V}_{Wasser}$ in l/min	$\dot{V}_{Luft}$ in l/min	$\dfrac{\dot{V}_{Luft}}{\dot{V}_{Wasser}}$
70	60	610	10,2
	100	630	6,3
100	50	1750	35,0
	100	2340	23,4
	200	2580	12,9
	300	2700	9,0
125	50	1730	34,6
	100	2960	29,6
	200	3850	19,2
	300	4500	15,0

50 $\frac{l}{min}$ Wasser

1750 $\frac{l}{min}$ Luft

Bildbeispiel: siehe rote Markierung in der Tabelle

1 Verhältnis Luftstrom $\dot{V}_{Luft}$ zu Wasserstrom $\dot{V}_{Wasser}$ in Fallleitungen verschiedenen Durchmessers (Leitungen unten offen)

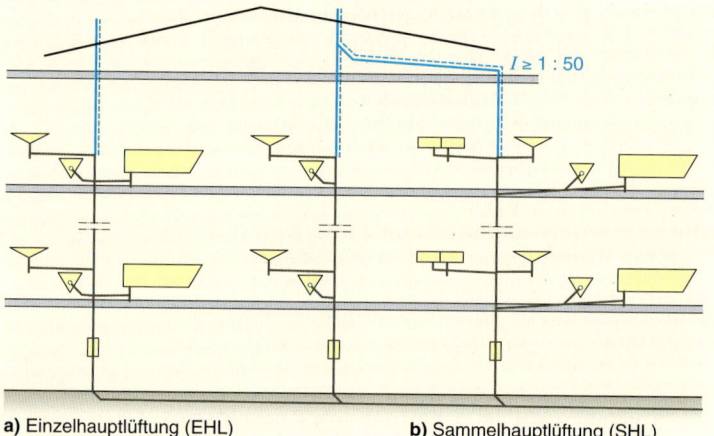

$I \geq 1 : 50$

a) Einzelhauptlüftung (EHL)   **b)** Sammelhauptlüftung (SHL)

2 Haupt-Lüftungsleitungen in Gebäuden

Mehrere Lüftungsleitungen können als **Sammelhauptlüftung (SHL)** unter 45° zusammengeführt werden. Ihr Gesamtquerschnitt ergibt sich aus der halben Summe der Einzelquerschnitte. Die Leitung muss jedoch um mindestens eine DN größer sein als die der größten EHL, ausgenommen bei Einfamilienhäusern. Die Zusammenführung muss mind. 10 cm höher als die höchste Ablaufstelle liegen.

Alle weiteren Lüftungssysteme verbessern die Lüftung der Schmutzwasserleitungen und erhöhen die Belastbarkeit des Systems, vgl. → 287.1. Sie sind nur in besonderen Fällen nötig.

So gibt es z. B. die:
- Sekundärlüftung
- direkte Nebenlüftung
- indirekte Nebenlüftung
- Umlüftung
- Belüftungsventile

Sekundärlüftung (Zweitlüftung) bedeutet, dass zusätzlich zur Hauptlüftung eine 2. Lüftungsleitung für jede Anschlussleitung, nahe bei deren Geruchverschluss, abzweigt, → 289.4, 289.5.

Die Sekundärlüftung ist die beste, aber aufwendigste Lüftungsart:
- Fallleitungen sind um etwa 70 % höher belastbar als bei Hauptbelüftung
- geringe Nennweiten mit hohen Fließgeschwindigkeiten sind in Anschlussleitungen möglich bei evtl. großem Gefälle
- bei Vollfüllung gibt es keine Absaugung

Die **direkte Nebenlüftung (DNL)** wird direkt parallel neben der Fallleitung geführt und in jedem Geschoss mit ihr verbunden, ➔ 3. Angewandt wird sie bei mehrmaligem Verziehen der Fallleitung, z. B. bei Terassenhäusern, ➔ 285.4.

Die **indirekte Nebenlüftung (IDNL)**, ➔ 2, verläuft nicht unmittelbar neben der Hauptlüftung. Sie ist erforderlich, wenn z. B. Anschlussleitungen:
- länger als 10 m sind
- mit mehr als 16 DU (Abflusswerte) belastet sind (1 WC = 2 DU)

Eine **Umlüftung (UL)**, ➔ 3, entspricht einer indirekten Nebenlüftung. Bauliche Verhältnisse, vor allem die Geschosszahl bis zum Dach entscheiden, welche von beiden gewählt wird. Ihre Nennweite ist nach ➔ 287.1 zu bestimmen.

Belüftungsventile nach EN 12 380 müssen bauaufsichtlich zugelassen sein, ➔ 7:
- Sie dürfen niemals eine Hauptlüftung oder eine Umgehungsleitung ersetzen; Ausnahme: 1- und 2-Familienhäuser mit mindestens einer Lüftung über Dach.
- Sie können eine Sekundärlüftung, indirekte Neben- oder Umlüftung ersetzen, ➔ 5, 6, 7.
- Sie dürfen nicht eingesetzt werden:
  - für die Belüftung von Hebeanlagen,
  - in rückstaugefährdeten Bereichen (Wasser könnte austreten).

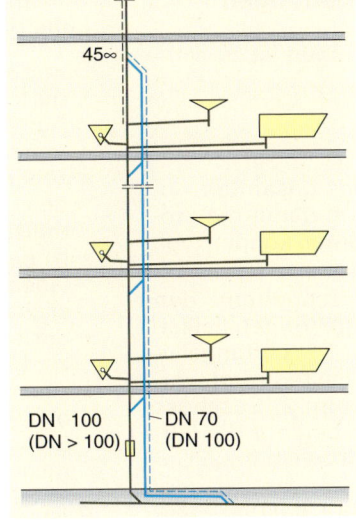

1 Direkte Nebenlüftung (DNL)

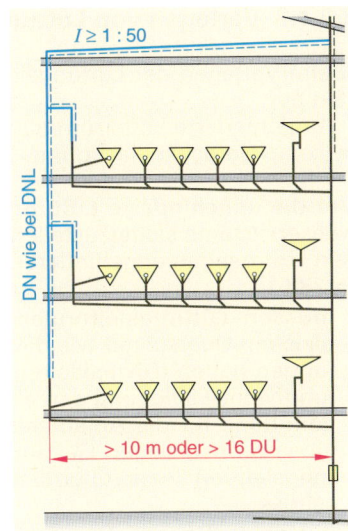

2 Indirekte Nebenlüftung (IDNL)

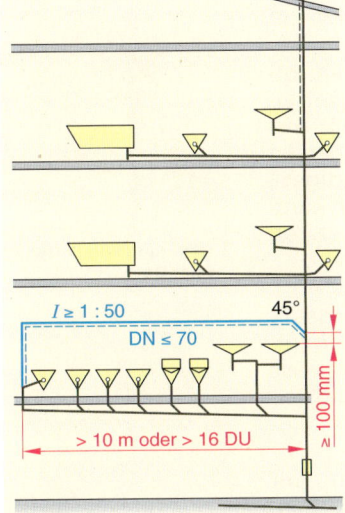

3 Umlüftung (UL)

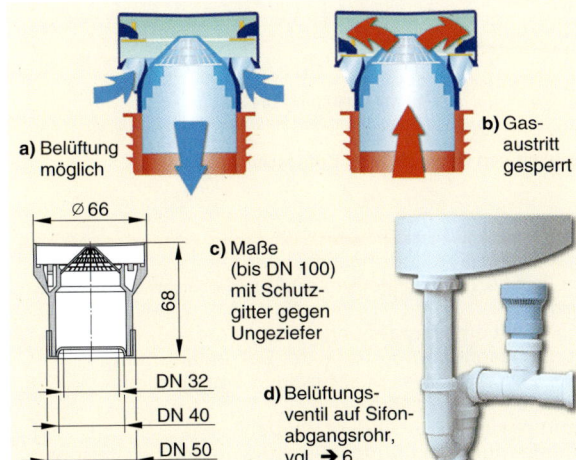

a) Belüftung möglich

b) Gasaustritt gesperrt

c) Maße (bis DN 100) mit Schutzgitter gegen Ungeziefer

d) Belüftungsventil auf Sifonabgangsrohr, vgl. ➔ 6

7 Belüftungsventil bei Abwasserleitungen

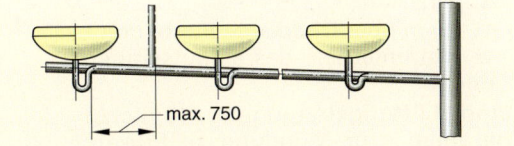

5 Sammelanschlussleitung mit Sekundärlüftung, indirekter Nebenlüftung oder Umlüftung

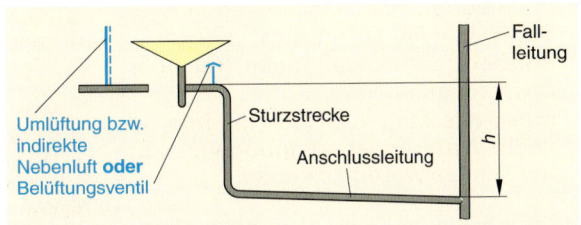

6 Belüftungsventil auf Anschlussleitung ersetzt Umlüftung oder indirekte Nebenlüftung

8.2.4.3 Verlegen von Lüftungsleitungen

Beim Verlegen der Lüftungsleitungen ist zu achten auf:
- ungehinderte Luftströmung
- keine Geruchsbelästigung

Um die **ungehinderte Lüftung** des gesamten Abwassersystems sicherzustellen und damit die großen Luftmengen ungehindert strömen können, vgl. ➜ 288.1:
- müssen Lüftungsleitungen durchgehend den gleichen Querschnitt wie die zugehörigen Fallleitungen haben (DN Fallleitung = DN Lüftungsleitung); eine Fallleitung darf also nie reduziert werden, denn für die Ablaufstellen im 2. Geschoss eines zehnstöckigen Gebäudes beginnt die Lüftungsleitung knapp über dem Abzweig im 2. Geschoss
- dürfen in Grund-, Sammel- und Fallleitungen keine Geruchverschlüsse und keine Rückstauverschlüsse eingebaut werden (Rückstauverschlüsse sind nur in Anschlussleitungen zur Grundleitung zulässig)
- dürfen Lüftungsleitungen nur an lotrechte Teile von Schmutzwasserleitungen angeschlossen werden; vor allem bei Um- und Nebenlüftungen ist darauf zu achten; ein „spülkräftiger" Anschluss am lotrechten Rohr kann durch Rückspülungen abgesetzten Schmutz wieder weg schwemmen, ➜ 289.2, 289.3
- sind Einmündungen in Lüftungsleitungen, z. B. von Neben- oder Umlüftungen, unter 45° so auszuführen, dass kein Schmutzwasser in die Lüftungsleitungen gelangen kann, vgl. ➜ 289.1, 289.3
- müssen Umgehungsleitungen mit 45°-Abzweigen angeschlossen werden, ➜ 285.1b, 285.3:
  - ≥ 2 m oberhalb des zulaufseitigen Bogens
  - ≥ 1,5 m über Oberkante Fußboden
  - ≥ 1 m unterhalb des ablaufseitigen Bogens
- sind Lüftungsleitungen möglichst geradlinig zur Mündung zu führen; Verziehungen müssen ein Mindestgefälle von 1 : 50 aufweisen und sind bei mehr als fünf Geschossen in zwei Bogen von 45° aufzulösen
- müssen Lüftungsleitungen frei über Dach ausmünden
- muss das Maß h ≥ 150 mm sein, je nach Witterungsbedingungen, z. B. bei Schnee wesentlich mehr

Lüftungsleitungen müssen nach oben offen sein.

Dunsthüte sind überflüssig. Sie behindern nur die Luftströmung, ➜ 1.

Damit **keine Geruchsbelästigung** entsteht:
- dürfen Lüftungsleitungen nicht in der Nähe von Aufenthaltsräumen münden
- müssen sie von bewohnten Fenstern oder Türen seitlich ≥ 2 m oder senkrecht ≥ 1 m darüber enden, ➜ 2; statt dessen wird die Lüftungsleitung meist unter Dach verzogen
- ist bei Ausmündung im Sogbereich von Klimaanlagen Rücksprache mit der Herstellfirma unerlässlich
- dürfen Lüftungsschächte und Schornsteine nicht zur Lüftung von Schmutzwasserleitungen dienen
- sind Behälter oder Schächte, die innerhalb von Gebäuden liegen und Schmutzwasser enthalten, z. B. Schlammfänge, Abscheider, Hebeanlagen, geruchdicht abzudecken, notfalls zu lüften, ➜ 302.2

Gästetoiletten im Erdgeschoss dürfen ohne Lüftungsleitung oder mit Umlüftung nach ➜ 3 angeschlossen werden.

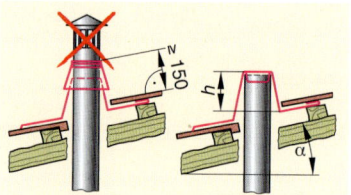

1 Mündung von Lüftungsleitungen über Dach

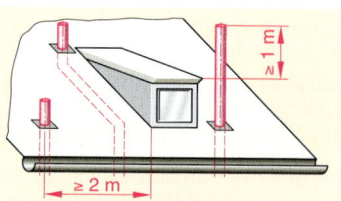

2 Mündung von Lüftungsleitungen nahe Fenster von Aufenthaltsräumen

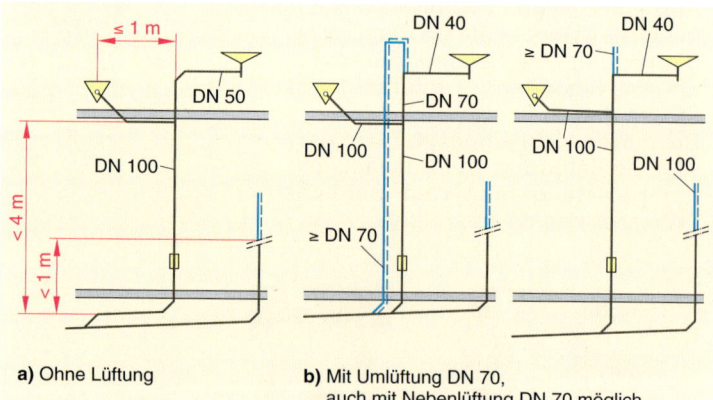

a) Ohne Lüftung

b) Mit Umlüftung DN 70, auch mit Nebenlüftung DN 70 möglich

3 Anschlussmöglichkeit von Gäste-WCs im Erdgeschoss

Übungen:

1. Welche Aufgaben erfüllen Lüftungsleitungen?
2. Welche Arten von Lüftungssystemen gibt es? Fertigen Sie zu jeder Art eine Skizze an.
3. Welche Aufgabe hat eine Umgehungsleitung? Skizze.
4. Worin liegen die besonderen Vorteile der Sekundärlüftung?
5. Warum fordert DIN 1986, dass die Mündung von Lüftungsleitungen nach oben offen ist?
6. Wie sollen Lüftungsleitungen verlegt werden?
7. Welche Abstände müssen Lüftungsaustritte von den Fenstern bewohnter Dachräume haben?

8.3 Geruchverschlüsse in Entwässerungsanlagen

8.3.1 Geruchverschlüsse in Entwässerungsanlagen – Aufgaben und Anforderungen

Geruchverschlüsse (**GV**) in Entwässerungsanlagen sind notwendig, um das Austreten von Kanaldünsten an Entwässerungsgegenständen zu verhindern.
Sie begrenzen außerdem, evtl. mit den zugehörigen Ablaufventilen, den Abfluss aus Sanitärapparaten. Der Anschlusswert von Ablaufstellen ist Grundlage für die Rohrweitenbestimmung.
GV können:
- jedem Entwässerungsgegenstand nachgeschaltet sein, ➔ 1, z. B. bei Waschtisch, Badewanne
- im Entwässerungsgegenstand eingeformt sein, z. B. Klosett, Bodenablauf

Durch seine **Form** hält der GV bei jedem Ablaufvorgang „Sperrwasser" zurück.

Damit verhindert er Geruchsbelästigungen und Geräuschübertragungen.

Die **Wasserstandshöhe** (Sperrwasserhöhe) h, ➔ 1, muss ausreichend sein, um bei:
- Überdruck im Leitungssystem, ➔ 2a, das Durchdrücken von Gasen und Schaum in den Sanitärapparat bzw. in den Sanitärraum zu verhindern
- geringfügiger Absaugung (Unterdruck im Leitungssystem), ➔ 2b, das Sperrwasser nicht vollständig aus dem GV zu saugen (Restwasserhöhe ≥ 25 mm) und die Funktion zu erhalten

Daraus ergibt sich die Sperrwasserhöhe nach DIN 1986-100 bei GV:
- für alle Regenwasserabläufe: 100 mm
- für alle Schmutzwasserabläufe: 50 mm

GV sollen sein:
- strömungsgünstig geformt, damit sie nicht verschlammen
- selbstreinigend
- leicht zu reinigen, ➔ 292.4

Der **Geruchverschluss-Ablauf** soll eine Nennweite größer sein, als der GV, ➔ 1.
Dadurch:
- wird im GV die Strömungsgeschwindigkeit hoch, sodass sich nichts ablagert (Selbstreinigung)
- strömt Luft durch die Anschlussleitung – bei fachgerechter Verlegung – bis zum GV (kein Leersaugen)

8.3.2 Geruchverschlüsse – Formen, Arten und Montage

Um Wasser im GV zurückzuhalten, das den Durchtritt für Kanalgase sperrt, gibt es verschiedene Geruchverschlussformen.

Geruchverschlussformen sind:
- Rohrgeruchverschluss
- Tauchwandgeruchverschluss
- Flaschengeruchverschluss
- Glockengeruchverschluss

Der **Rohrgeruchverschluss** ist durch seine Form strömungsgünstig, selbstreinigend – wegen der großen Strömungsgeschwindigkeit im GV – und damit wartungsarm, ➔ 3. Er wird bei Waschtischen, Bidets, Küchenspülen, Reihenwaschanlagen, Laborbecken u. Ä. eingesetzt. Besonders bei Dusch- und Badewannen ist auf selbstreinigende, hochwertige GV zu achten, da sie schwer zugänglich sind, ➔ 4.

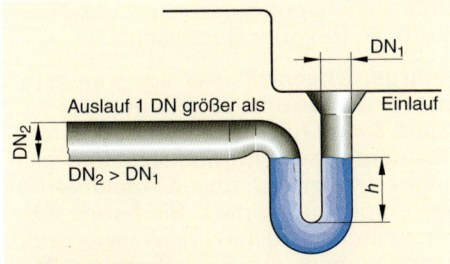

Anforderungen:
Geruchssperre, kein Leersaugen, strömungsgünstig, geräuscharm, selbstreinigend

1 Geruchverschluss

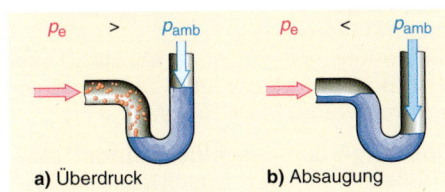

a) Überdruck b) Absaugung

2 Störfälle bei Geruchverschlüssen

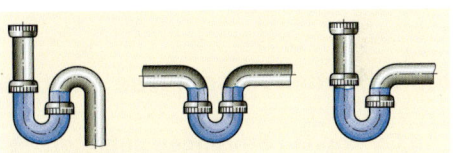

3 Rohrgeruchverschluss

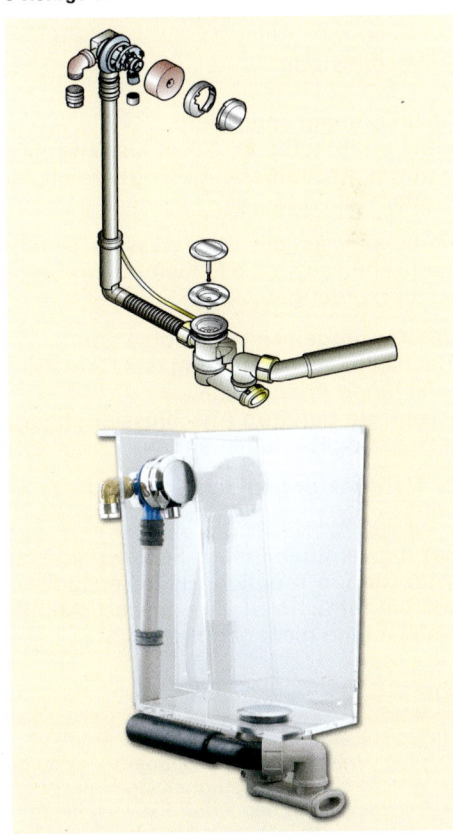

4 Normgerechter Wannen-Geruchverschluss (Rohr-GV) mit Exzenter-Ab- und Überlaufgarnitur

8

Rohrgeruchverschlüsse sind aus Messing (verchromt), Kunststoff (PP, PE) oder Gusseisen.

Rohrgeruchverschlüsse aus Kunststoff sind besonders leicht zu montieren und zu reinigen, da zum Zusammenschrauben keine Zange nötig ist. Sie lassen große Maßtoleranzen bei der Vormontage zu. Mit Zusatzteilen nach dem Baukastenprinzip können sie zu beliebigen Ablaufverbindungen für Doppelspülen umgebaut werden. Sie haben zusätzlich Anschlussstutzen für Ablaufschläuche von Wasch- und Geschirrspülmaschinen, Tropfleitungen von Sicherheitsventilen und Rohrbelüftern, → 1.

Ähnliches gilt auch für **Tauchwandgeruchverschlüsse**, z. B. bei Waschtischen, Reihenwaschanlagen, → 2.

Flaschengeruchverschlüsse, → 3, sind wegen ihrer Form nicht selbstreinigend.
Sie werden fast nur noch bei Handwaschbecken mit geringem Abstand des Ablaufventils zur Wand verwendet, denn sie erfordern nur wenig Platz zur Wand hin.

Glockengeruchverschlüsse findet man meist in Badabläufen und bodengleichen Duschwannen, → 4. Sie lassen sich durch Abheben des Einlaufrostes leicht reinigen.

8.3.3 Geruchverschlüsse – Störungen

An GV können Störungen auftreten, → 5:
- Absaugungen
- Herauspressen des Sperrwassers
- Verstopfungen
- Verdunstung

Absaugungen entstehen:
- bei Vollfüllung der Anschlussleitung
- durch Anschlüsse im Sogbereich einer Sammelanschluss- oder Fallleitung

Herauspressen des Sperrwassers (Durchdrücken) entsteht durch:
- Anschlüsse an die Fallleitung im Staubereich
- Überspülungen

Verstopfungen sind die Folge von:
- schlechter Konstruktion des Geruchverschlusses
- fehlende Ablaufsiebe
- schlecht geführte Anschlussleitungen
- zu geringe Ablaufspenden

Zu **Verdunstungen** des Sperrwassers kommt es bei zu seltener Benutzung.

Bei den erstgenannten Fehlern sind nachträglich nur schwer Änderungen möglich. Beim letztgenannten besorgt Einfüllen von säurefreiem Öl eine gewisse Abhilfe, z. B. wenn ein Ablauf wochenlang nicht benutzt wird.

Übungen:

1. Welche Aufgaben haben GV zu erfüllen?
2. Was versteht man unter „Sperrwasser" bei GV?
3. Welche Sperrwasserhöhen sind bei GV vorgeschrieben?
4. Skizzieren und benennen Sie verschiedene Arten von GV.
5. Welche Vorteile haben Badabläufe mit GV?
6. Beschreiben Sie mögliche Störungen an GV und deren Ursachen.

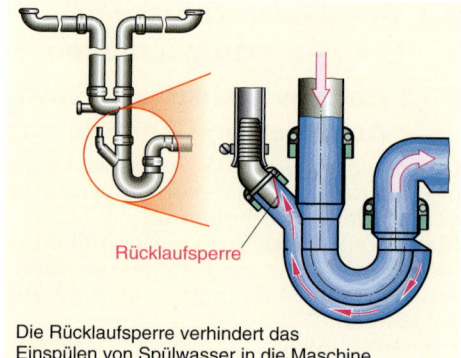

Rücklaufsperre

Die Rücklaufsperre verhindert das Einspülen von Spülwasser in die Maschine

1 Ablaufverbindung und Geruchverschluss für Spülbecken

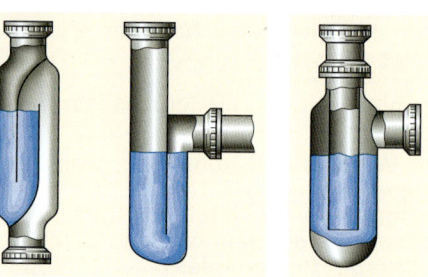

2 Tauchwandgeruchverschluss   3 Flaschengeruchverschluss

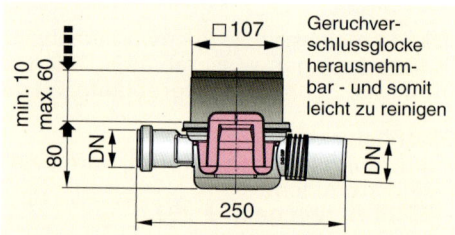

Geruchverschlussglocke herausnehmbar - und somit leicht zu reinigen

□ 107
min. 10
max. 60
80
DN
DN
250

4 Glockengeruchverschluss für flache Duschwannen

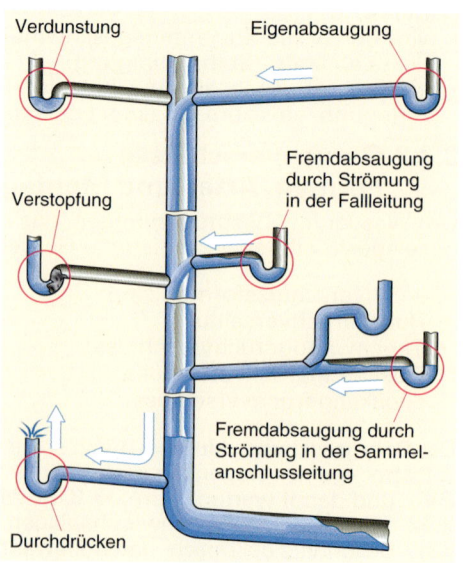

Verdunstung   Eigenabsaugung

Fremdabsaugung durch Strömung in der Fallleitung

Verstopfung

Fremdabsaugung durch Strömung in der Sammelanschlussleitung

Durchdrücken

5 Störfälle an Geruchverschlüssen

8.4 Ablaufstellen – Abläufe

8.4.1 Ablaufstellen – Notwendigkeit und Arten

Ablaufstellen sind Klosett, Waschtisch, Bidet, Dusche, Badewanne, Ablauf.

DIN 1986-100 fordert, dass jeder Wasserentnahmestelle eine Ablaufstelle zugeordnet ist. Ausgenommen davon sind Entnahmestellen für Feuerlöschzwecke, Wasch- und Geschirrspülmaschinen.

Auch Tropfleitungen von Sicherheitsventilen, Rohrbelüftern, Überläufe von offenen Behältern sind Ablaufstellen.

Über Ablaufstellen wird den Abwasserleitungen Schmutz- oder Regenwasser zugeführt.

Ablaufstellen, deren Ablaufventil verschlossen werden kann, müssen einen Überlauf haben wie bei Waschbecken, Bade- und Duschwannen; bei Duschwannen gilt ein Standrohr als Überlauf.

Wenn ein Überlauf im Becken aus hygienischen Gründen nicht tragbar ist, z. B. in Krankenhäusern, ist im Raum ein Bodenablauf vorzusehen.

Jede Ablaufstelle muss einen Geruchverschluss haben, ausgenommen:
* Abläufe für Regenwasser, angeschlossen an:
  - Regenwasserleitungen im Trennverfahren
  - Regenwasserleitungen im Mischverfahren, wenn sie mindestens 2 m von Tür oder Fenster eines Aufenthaltsraumes entfernt sind
* Bodenabläufe, die an Leichtflüssigkeitsabscheider angeschlossen sind

Alle Ab- und Überläufe, bei denen die Erneuerung des Sperrwassers im Geruchverschluss nicht gesichert ist, dürfen nicht unmittelbar an die Abwasserleitung angeschlossen werden.

Sie müssen frei und sichtbar über einem Entwässerungsgegenstand oder einem Trichter mit nachfolgendem Geruchverschluss enden.

Dazu gehören:
* Überläufe von Springbrunnen, Wasserbehältern u. Ä.
* Überläufe und Abläufe von Behältern und Armaturen, die an eine Trinkwasserleitung angeschlossen sind, z. B. Rohrbelüfter, Sicherheitsventile
* Abläufe von Behältern für Lebensmittel, z. B. Kühlschränke, Kühlanlagen, Fischkästen, Gefriertruhen u. Ä.

Bei Frostgefahr, z. B. bei Balkon- oder Terrassenabläufen, verwendet man Abläufe ohne Geruchverschluss. Wenn Geruchsbelästigungen stören könnten, ist in frostfreier Tiefe ein GV einzubauen.

Bei Ablaufstellen unterscheidet man:
* Entwässerungsgegenstand, häuslich oder gewerblich
* Abläufe

Entwässerungsgegenstände sind z. B. Badewanne, Duschwanne, Waschtisch, Klosett, Urinal, Küchenspüle, Spülmaschine, Waschmaschine, Spülapparate in Krankenhäusern, Großküchen, Brauereien.

Das Wasser aus Tropfleitungen und Überläufen darf wegen Frostgefahr nicht auf Dächer geleitet werden.

Der Ablaufstelle darf Wasser auch über dem Fußboden ohne Pfützenbildung zufließen, z. B. in Kellerräumen, Gemeinschaftsduschen.

Alle Ablaufstellen sind unter Rückstauebene gegen Rückstau zu sichern, s. Kap. 8.6.

8.4.2 Abläufe in Entwässerungsanlagen

8.4.2.1 Abläufe – Aufbau und Anforderungen

Abläufen fließt Abwasser über ihren Einlaufrost oder über seitliche Anschlussstutzen zu; sie leiten es ab.

Über einen Ablauf werden Flächen entwässert z. B.:
* Fußböden von Räumen wie Keller, Bad, Toilette, Wasch-, Dusch-, Werkräume
* befestigte Freiflächen wie Flachdach, Balkon, Terrasse, Hof, Gehweg

Abläufe müssen korrosionsbeständig sein, z. B. aus Kunststoff, Edelstahl, Gusseisen, asphaltiert oder kunstharzbeschichtet.
Im Medizinbereich und in Fleisch und Lebensmittel verarbeitenden Betrieben wie Großküchen, Metzgereien, Molkereien, Brauereien werden Abläufe und Ablaufrinnen aus Edelstahl eingesetzt, auch weil Edelstahl unempfindlich gegen Hochdruckdampfreinigung ist.

Alle Abläufe müssen DIN EN 1253-1 bis -3 – *Abläufe für Gebäude* – entsprechen.

Ihre Nennweite richtet sich nach dem Abwasseranfall, ➜ 1. Abläufe an Verkehrsflächen müssen der Belastung angepasst sein, ➜ 294.1.

DN	Niederschlagswasser		Schmutzwasser	
	Mindestabfluss l/s	Anstau[1] h mm	Mindestabfluss l/s	Anstau[1] h mm
50	0,7	15	0,8	15
70	1,7	25	0,8	15
100	4,5	35	1,6	15
125	7,0	45	2,8	15
150	8,1	45	4,0	15

[1] Anstauhöhe h vor dem Rost

1 Mindestabfluss von Abläufen nach EN 1253-1

Abläufe bestehen aus, ➔ 2a:
- Einlaufrost für den oberen Wasserzulauf
- Ablauf- oder Grundkörper mit Abflussstutzen
- Schlammeimer
- Geruchverschluss bzw. Rückstauverschluss mit GV

Der **Einlaufrost** aus Gusseisen, Kunststoff oder Edelstahl kann bei Bedarf evtl. durch eine Abdeckplatte, z. B. mit Öffnung für ein Standrohr, ersetzt werden, ➔ 296.2, 295.1. Die Öffnung, exzentrisch angeordnet, lässt verschiedene Wandabstände für ein Regenfallrohr ausgleichen. Rost oder Abdeckplatte gibt es für verschiedene Verkehrslasten. Ein seitlich verschiebbarer und höhenverstellbarer Rost, wie bei manchen Deckenabläufen, lässt sich an das Fliesenraster anpassen, ➔ 297.2.

Der **Ablauf- oder Grundkörper** kann aus Gusseisen, Kunststoff oder Edelstahl sein. Seitliche Zuflussstutzen lassen noch Anschlüsse zu, z. B. von Dusch- oder Badewannen, Waschmaschinen, ➔ 3, 297.2.

Der **Schlammeimer** soll mit dem Wasser ablaufende Schmutzstoffe sammeln, damit sie nicht in die Leitung gespült werden.

In Räumen und überdachten Gebäudeflächen müssen Abläufe einen **Geruchverschluss** besitzen.

Als Geruchverschluss (GV) dient:
- eine herausnehmbare Glocke, ➔ 2b
- eine Tauchwand oder ein Tauchrohr, ➔ 2a, ohne Werkzeug auszutauschen gegen
- einen Rückstauverschluss (RV), ➔ 3

Nach Ausbau des GV sind nachfolgende Leitungen leicht zu reinigen.

Klasse	Belastbar	Verwendungsbereich
H 1,5	≤ 1,5 kN	nicht genutzte Flachdächer, z. B. Kiesschüttdächer, Kiespressdächer
K 3	≤ 3 kN	Flächen ohne Fahrverkehr, z. B. Baderäume, Schwimmhallen, Waschanlagen, Duschen, Terrassen, Balkone, Loggien
L 15	≤ 15 kN	Flächen mit leichtem Fahrverkehr ohne Gabelstapler in gewerblich genutzten Räumen
M 125	≤ 125 kN	Flächen mit Fahrverkehr wie in Werkstätten, Fabriken und Parkhäusern

1 Belastungsklassen für Abläufe in Gebäuden nach DIN 1253-1

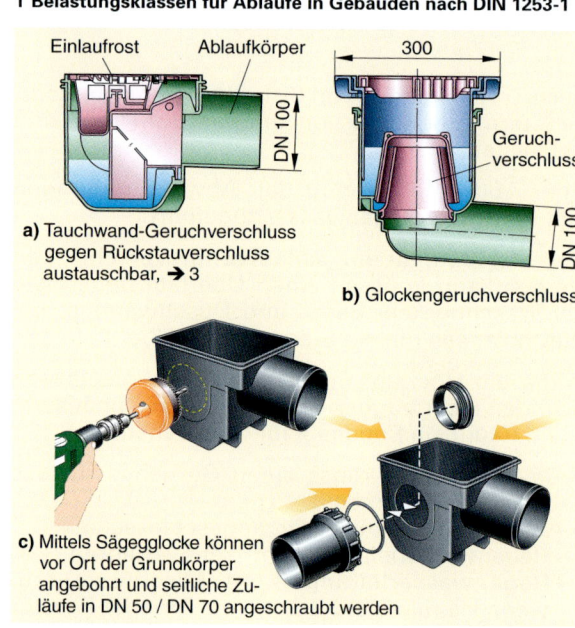

a) Tauchwand-Geruchverschluss gegen Rückstauverschluss austauschbar, ➔ 3

b) Glockengeruchverschluss

c) Mittels Sägeglocke können vor Ort der Grundkörper angebohrt und seitliche Zuläufe in DN 50 / DN 70 angeschraubt werden

2 Bodenabläufe

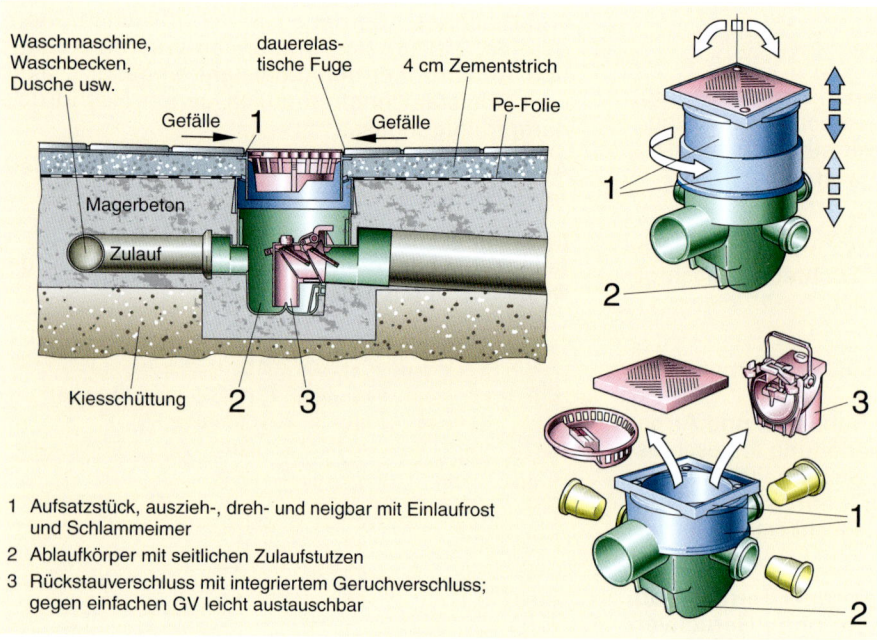

1 Aufsatzstück, auszieh-, dreh- und neigbar mit Einlaufrost und Schlammeimer
2 Ablaufkörper mit seitlichen Zulaufstutzen
3 Rückstauverschluss mit integriertem Geruchverschluss; gegen einfachen GV leicht austauschbar

3 Kellerablauf mit seitlichen Zulaufstutzen und Rückstauverschluss

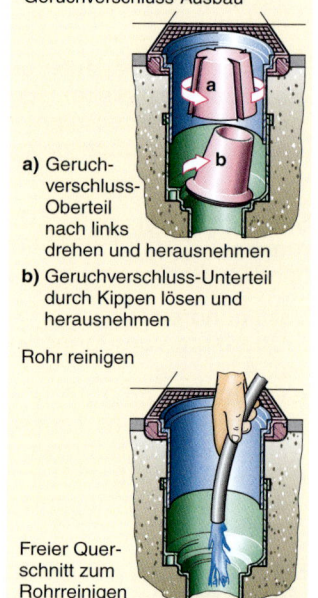

Geruchverschluss-Ausbau

a) Geruchverschluss-Oberteil nach links drehen und herausnehmen
b) Geruchverschluss-Unterteil durch Kippen lösen und herausnehmen

Rohr reinigen

Freier Querschnitt zum Rohrreinigen

4 Geruchverschlussdemontage/ Rohrreinigung

Herrscht kein Rückstau, fließt das Abwasser im üblichen Gefälle zum Straßenkanal.

Die Pumpe sitzt über der Abwasserleitung; so behindert sie nicht den Wasserfluss, → 301.1.

Da Rückstau oft nur einige Stunden im Jahr auftritt, fließt das Wasser die meiste Zeit normal ab. So muss die Pumpe auch nur wenige Stunden im Jahr arbeiten und verbraucht somit nur wenig Strom.

Rückstaupumpen sparen viel Energie, im Vergleich zu Hebeanlagen, vgl. Kap. 8.5.3.

Wirkungsweise der Rückstau-Pumpanlagen
Bei Rückstau wird die Rückstauklappe nach der Pumpe durch rückstauendes Wasser und durch Motorkraft fest verschlossen, → 1b. Fällt Abwasser im Gebäude an, kann es zunächst nicht abfließen; in der Zuflussleitung steigt der Wasserstand. Überschreitet der Wasserstand das zulässige Niveau, schaltet sich die Pumpe ein, → 1c.

Rückstau-Pumpanlagen fördern Abwasser
• direkt zum Kanal
• indirekt über eine Druckleitung

Bei **direkt fördernden Rückstau-Pumpanlagen** strömt bei Rückstau das Abwasser durch die Pumpe vom Pumpenausgang über die Rückstauklappe hinweg direkt in die Abwasserleitung, → 1. Der Pumpenausgang ist durch eine Art Rückflussventil gegen Rückstauwasser gesichert.

Indirekt fördernde Rückstau-Pumpanlagen drücken bei Rückstau im Gebäude anfallendes Abwasser durch eine eigene Druckleitung über RSTE und führen es so dem Kanal zu, → 2, ähnlich wie Hebeanlagen, → 302.2. Sie entsprechen der DIN-Forderung: Unter RSTE anfallendes Abwasser ist über die RSTE anzuheben, bevor es in den Kanal fließt. Ihr Einbau ist etwas aufwendiger als bei direktem Anschluss; in Neubauten fällt dies aber kaum ins Gewicht.

Direkt und indirekt fördernde Rückstau-Pumpanlagen sind in der Wirkung nahezu gleichwertig

Sie können eingebaut werden in:
• freiliegende Abwasserleitungen
• die Bodenplatte des Gebäudes
• einen Hausanschlussschacht vor dem Gebäude, ähnlich → 304.3

In **freiliegende Abwasserleitungen** werden Rückstau-Pumpanlagen nach Bild → 1 eingebaut.

Bei **Einbau in die Bodenplatte** sitzt die Rückstau-Pumpanlage in einem Behälter mit Zu- und Ablaufstutzen, → 2. Mit dem teleskopartigen Aufsatzstück wird die Höhe ausgeglichen. Die Abdeckplatte des Aufsatzstücks kann geschlossen sein oder einen Einlaufrost für anfallendes Oberflächenwasser besitzen. Das ist vorteilhaft, wenn z. B. der Kellerboden nass gewischt wird oder wenn durch ein Kellerfenster Regen eindringen kann.

Weitere Zuflüsse sind mithilfe von Anbohrstutzen anzuschließen.

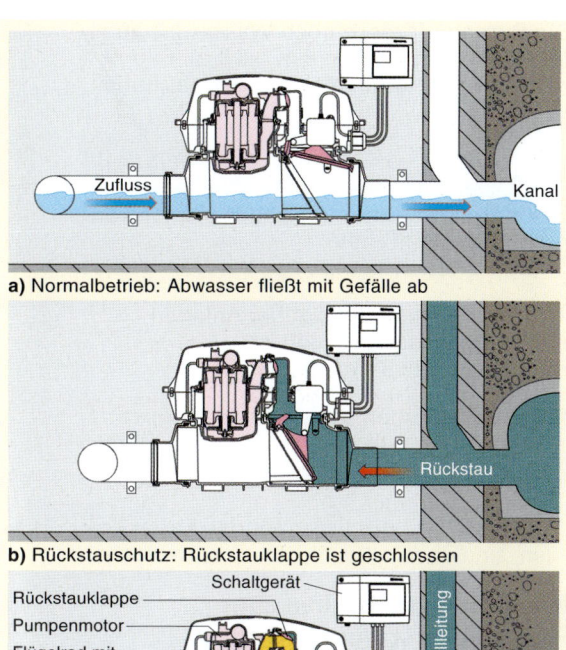

a) Normalbetrieb: Abwasser fließt mit Gefälle ab

b) Rückstauschutz: Rückstauklappe ist geschlossen

c) Abwasser wird auch bei Rückstau entsorgt

1 Rückstau-Pumpanlage, direkt angeschlossen - hier in freiliegender Abwasserleitung

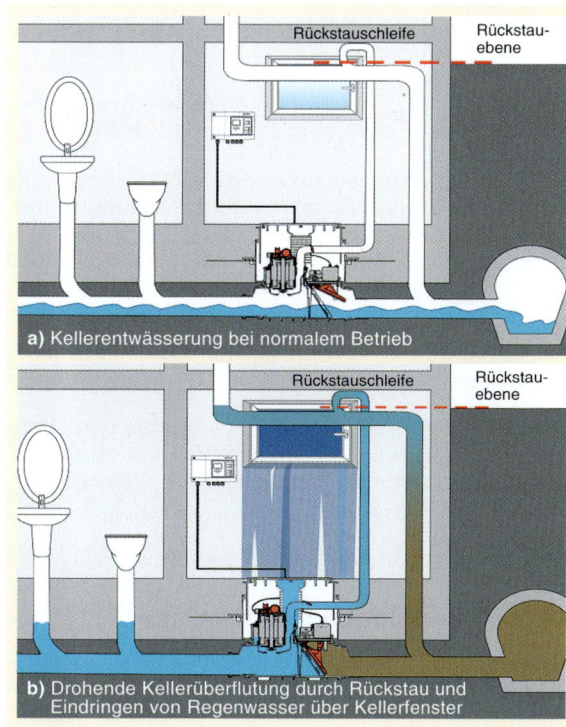

a) Kellerentwässerung bei normalem Betrieb

b) Drohende Kellerüberflutung durch Rückstau und Eindringen von Regenwasser über Kellerfenster

2 Rückstau-Pumpanlage, indirekt angeschlossen mit Druckleitung über Rückstauebene - hier in die Bodenplatte eingebaut

Die Pumpen fördern noch Wasser bis zu einer Rückstauhöhe von 8 m bis 9 m. Bild → 1 zeigt Förderströme je nach Rückstauhöhe.

Beispiel:
Beim Abfluss von ca. 1,0 l/s ≙ 3,6 m³/h, z. B. beim Leerlaufen einer Badewanne fördert
• die Grauwasserpumpe gegen einen Rückstau bis 5,2 m Höhe
• die Schwarzwasserpumpe bis 7,8 m Höhe

Ihre Nutzleistung beträgt bei Anlagen
• für Grauwasser: ca. 350 W
• für Schwarzwasser: ca. 550 W

Rückstaupumpen können nur eingesetzt werden, wenn die Abwasserleitung Gefälle zum Straßenkanal aufweist.

Ablaufstellen, die tiefer als der Kanal liegen, sind über Hebeanlagen zu entwässern.

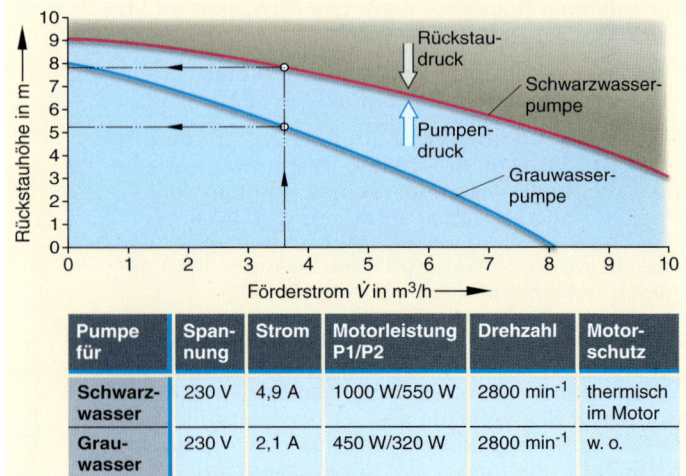

Pumpe für	Span-nung	Strom	Motorleistung P1/P2	Drehzahl	Motor-schutz
Schwarz-wasser	230 V	4,9 A	1000 W/550 W	2800 min⁻¹	thermisch im Motor
Grau-wasser	230 V	2,1 A	450 W/320 W	2800 min⁻¹	w. o.

1 Pumpenkennlinien für Rückstaupumpen

Nachträglicher Umbau zum Rückstauverschluss

Zu Rückstauverschlüssen können umgebaut werden:
• Reinigungsrohre mit viereckigem Deckel
• Kellerabläufe

Bestimmte **Reinigungsrohre mit viereckigem Deckel** können im eingebauten Zustand nachträglich umgerüstet werden:
• zum Doppelrückstauverschluss, sogar mit elektrischem Antrieb
• zur Rückstaupumpe

Wichtig ist, dass bei Einbau eines **Motorantriebs** ein **Leerrohr** DN 50 verlegt wird, vgl. → 300.1.

Dafür eignet sich beispielsweise ein HT-Rohr, das aus dem RVS bis etwa 40 cm über Fußboden führt, um die elektrische Zuleitung aufzunehmen, → 300.1. Damit ein Schukostecker durchzuschieben ist, sind anstelle eines 90°-Bogens 2 Bogen von 45° zu setzen.

Bestimmte **Kellerabläufe** können durch Austausch des GV zu einem RVS für fäkalienfreies Abwasser umfunktioniert werden, → 311.1.

Da es oft nicht möglich ist oder vergessen wird, den Notverschluss bei einsetzendem Rückstau zu schließen, bieten **automatisch arbeitende Verschlüsse** mit elektrischem Antrieb mehr Sicherheit.

Weitere Informationen siehe Videofilm auf CD

8.5.3 Hebeanlagen für Abwasser

Hebeanlagen sammeln unterhalb der RSTE anfallendes Abwasser in einem Behälter. Ab einem bestimmten Wasserstand im Behälter wird das Abwasser durch eine Pumpe über die RSTE gefördert, sodass es mit natürlichem Gefälle dem Kanal zufließen kann.

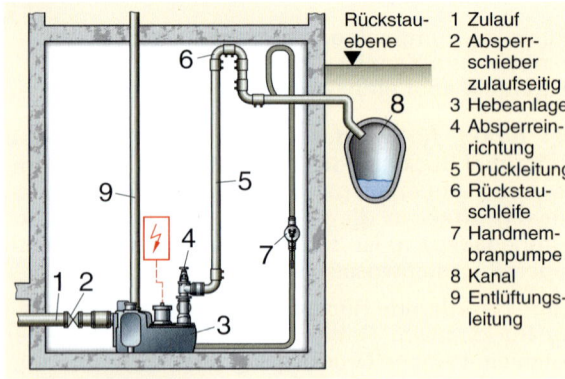

1 Zulauf
2 Absperr-schieber zulaufseitig
3 Hebeanlage
4 Absperrein-richtung
5 Druckleitung
6 Rückstau-schleife
7 Handmem-branpumpe
8 Kanal
9 Entlüftungs-leitung

2 Fäkalienhebeanlage

Hebeanlagen sind nötig, wenn:
• Gebäude(komplexe) tiefer als der Straßenkanal liegen, z. B. hangabwärts
• unterhalb der RSTE fäkalienhaltiges Wasser aus WC- oder Urinalanlagen anfällt
• evtl. für alle Abläufe unterhalb der RSTE

Hebeanlagen für Abwasser werden im Keller, zunehmend auch im Freien eingebaut, → 304.3.

Hebeanlagen für Abwasser bestehen aus, → 2:
• Sammelbehälter
• Pumpe
• Pumpensteuerung
• Druckleitung
• Rückstauschleife
• Armaturen

Sammelbehälter gibt es aus:
• kunststoffbeschichtetem Stahlblech
• Kunststoff
• Edelstahl

Die **Pumpe** fördert das Abwasser über die Rückstauebene. Von dort fließt es mit natürlichem Gefälle dem Kanal zu. Pumpen gibt es auch mit Zerhackereinsatz bei grobstoffhaltigem Abwasser. Dieser mindert aber die Pumpenleistung.

Bei Anlagen, die keine Betriebsunterbrechung erlauben, werden 2 Pumpen verwendet, die bei jedem Schaltvorgang abwechselnd arbeiten, → 1; vgl. auch Kap. 5.7.2. Damit ist die Abwasserförderung bei Ausfall einer Pumpe gesichert.

Bei nur einer Pumpe ist eine zusätzliche Membranpumpe für Handbetrieb zu empfehlen, die an einem extra Stutzen am Sammelbehälter angeschlossen ist.

Die **Pumpensteuerung** erfolgt über Schwimmer oder Sonden im Behälter. Sie ist auf dem Sammelbehälter oder separat mit Motorschutzschalter, Wahlschalter „Hand/Automatik" und Sicherungen untergebracht.

Die **Druckleitung**
• muss von anderen Anschlüssen frei bleiben
• darf nicht an eine Abwasserfallleitung angeschlossen werden
• endet mit der **Rückstauschleife**; dies ist eine Rohrschleife, die bis über die Rückstauebene gezogen wird und dann in eine belüftete Sammel- oder Grundleitung mündet, → 302.2

> Nur die Rückstauschleife verhindert, dass bei auftretendem Rückstau Abwasser aus dem Kanalsystem in den Sammelbehälter fließt.

Nach der Rückstauschleife fließt das Abwasser mit natürlichem Gefälle weiter.

> In die Druckleitung ist ein Rückflussverhinderer einzubauen, damit beim Abschalten der Pumpe kein Wasser zurückfließt, → 2.

Das Sperrventil des Rückflussverhinderers muss von außen zum Anheben sein, um anstehendes Wasser rückfließen zu lassen.

Absperrarmaturen in der Zuleitung und nach dem Rückflussverhinderer in der Druckleitung ermöglichen ungestörte Reparaturen. Bei Druckleitungen < DN 80 kann darauf verzichtet werden.

Beim **Einbau** einer Hebeanlage für Abwasser ist zu beachten:
• Hebeanlagen müssen auftriebssicher eingebaut werden; d. h. sie müssen am Boden fest verankert sein, wenn ihre Eigenmasse nicht so groß ist, dass sie z. B. bei einem Hochwasser nicht aufschwimmen und dabei angeschlossene Leitungen abreißen.
• Rohrleitungen müssen spannungsfrei und flexibel mit dem Behälter verbunden werden; dazu verwendet man kurze Schlauchstücke. Diese dämpfen Schall und Schwingungen. Die Rohrleitungsmasse ist bauseits durch geeignete Befestigungen aufzufangen.
• Neben und über allen zu bedienenden und zu wartenden Teilen muss ein freier Arbeitsraum von mindestens 60 cm sein.
• Der Sammelbehälter ist vertieft anzuordnen, damit Abwasserleitungen im Kellerfußboden angeschlossen werden können.

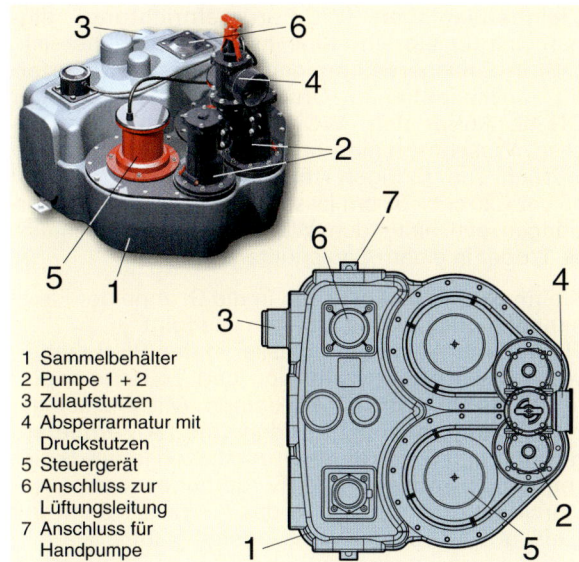

1 Sammelbehälter
2 Pumpe 1 + 2
3 Zulaufstutzen
4 Absperrarmatur mit Druckstutzen
5 Steuergerät
6 Anschluss zur Lüftungsleitung
7 Anschluss für Handpumpe

1 Hebeanlage mit 2 Pumpen

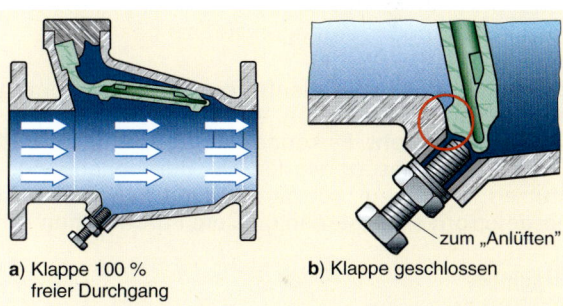

a) Klappe 100 % freier Durchgang
b) Klappe geschlossen
zum „Anlüften"

2 Rückflussverhinderer in einer Hebeanlage für Abwasser

• Bei Hebeanlagen mit nur einer Pumpe empfiehlt es sich, den tiefsten Punkt des Sammelbehälters an eine Handmembranpumpe anzuschließen, mit der man im Notfall das Wasser über die Rückstauebene pumpen kann.

Da heute im Schadensfall Leitungen und Behälter mit Nasssaugern abgesaugt werden, kann auf zusätzliche Schmutzwasserpumpen im Hebeanlagenschacht verzichtet werden.

> Man unterscheidet Hebeanlagen:
> • Fäkalienhebeanlage (für fäkalienhaltiges Abwasser)
> • Kleinhebeanlage (für Einliegerwohnungen)
> • für fäkalienfreies Abwasser

Bei **Fäkalienhebeanlagen** muss der Sammelbehälter geruchdicht sein, → 302.2. Er ist über Dach mit einer Lüftungsleitung ≥ DN 70 zu lüften. Die Lüftungsleitung dient:
• der Entlüftung, um Gase des Faulprozesses abzuführen
• vor allem der Belüftung, um Unterdruck in der Entwässerungsanlage durch Pumpensog zu verhindern

8

Kleinhebeanlagen (WC-Fördereinrichtung) eignen sich für einzelne Klosetts im Rückstaubereich, z. B. in Einliegerwohnungen. Sie sind „steckerfertig" anschließbar an Druckleitungen DN 25 oder DN 40. Außer dem WC können noch Waschbecken, Waschmaschine und Dusche angeschlossen werden. Die geringen Abmessungen von maximal 45 cm × 20 cm × 30 cm lassen sie überall leicht unterbringen, evtl. hinter dem WC mit direktem Anschluss, → 1, oder in einem Spülenunterschrank.

Kleinhebeanlagen gehören in die Gruppe der Fäkalienhebeanlagen und arbeiten wie folgt:
Fließt beim WC-Spülen Wasser in den PE-Behälter, werden eingespülte Fäkalien und Toilettenpapier in einem Schneidwerk zerkleinert. Mit Wasser gemischt, werden sie am Boden von der Pumpe angesaugt und durch einen Druckstutzen in das Steigrohr d_i = 28 mm gedrückt (Förderhöhe < 4 m).
Durch ein Rohr DN 40 soll das Abwasser dann mit Gefälle ≥ 1 % einer Abwasserleitung zufließen.

1 Kleinhebeanlage, hinter dem WC angebracht

> Vor Einbau einer WC-Fördereinrichtung ist deren bauaufsichtliche Zulassung genau zu prüfen. Die darin enthaltenen Auflagen sind zu beachten.

Bei Behältern für **fäkalienfreies Abwasser** genügt eine einfache Abdeckung, wenn keine Geruchsbelästigung entsteht. Es können Anlagen ähnlich Bild → 2, 301.2 eingesetzt werden. Der Pumpenabgangsstutzen ist ggf. zu reduzieren, denn bei geringem Förderstrom erreicht man größere Förderhöhen.

Beispiel:
Beträgt für eine Pumpe der Förderstrom $\dot{V}$ = 7 m³/h, fördert sie das Wasser h ≈ 3 m hoch.
Bei $\dot{V}$ = 2 m³/h wird h = 8 m.

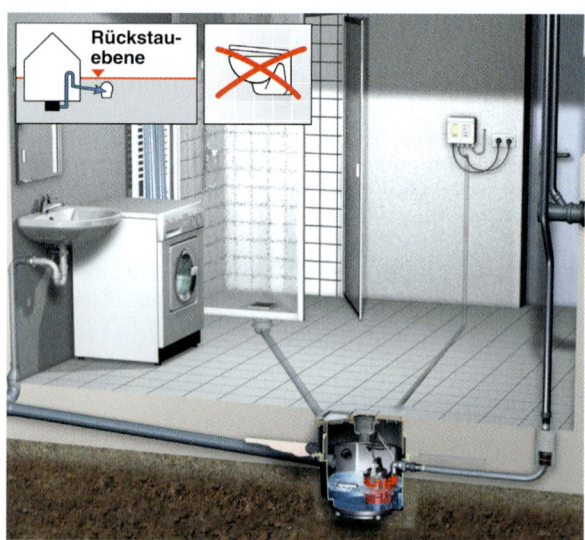

2 Hebeanlage für fäkalienfreies Abwasser – hier mit Zulaufrost in der Abdeckung

Hebeanlagen können im Gebäude untergebracht werden, dabei dürfen Sammelbehälter für fäkalienhaltiges Wasser nicht mit dem Gebäude verbunden sein, z. B. ausbetonierter Schacht. Zunehmend ordnet man sie außerhalb des Gebäudes in vorgefertigten Kunststoffschächten an, → 3.

Weitere Informationen siehe Videofilm auf CD

Übungen:
1. Was versteht man unter Rückstau?
2. Wie kann man Ablaufstellen gegen Rückstau schützen?
3. Mit welchen Einrichtungen können Ablaufstellen trotz Rückstau benutzt werden?
4. Wann sind unbedingt Hebeanlagen erforderlich?
5. Unter welchen Bedingungen sind Anschlüsse unterhalb der RSTE ohne Hebeanlagen zulässig?
6. Nennen Sie Bauteile einer Fäkalienhebeanlage.
7. Wie ist die Druckleitung einer Hebeanlage auszuführen?
8. Welche Aufgaben kommen der Lüftung einer Fäkalienhebeanlage über Dach zu?
9. Worauf ist beim Einbau einer WC-Fördereinrichtung im Keller zu achten?

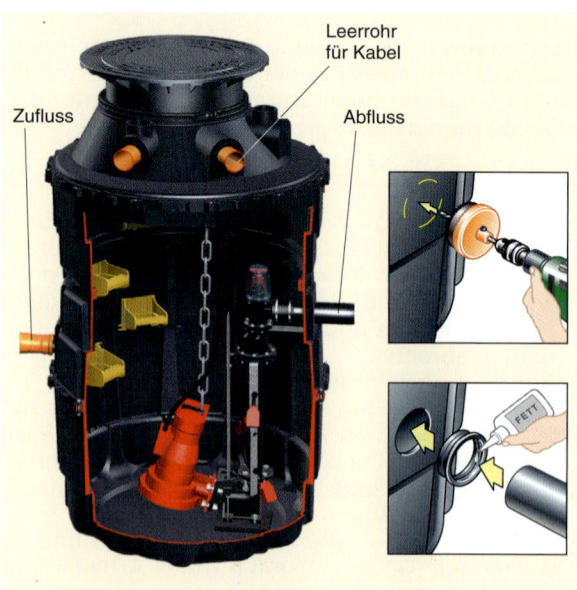

Mehrere Zuläufe möglich durch Anbohren (Bildausschnitt) an allen glatten Flächen aus jeder Richtung.

3 Fäkalienhebeanlage für Erdeinbau

8.6 Schutz der Entwässerungsanlagen vor schädlichen bzw. gefährlichen Stoffen

8.6.1 Schädliche bzw. gefährliche Stoffe

Abwasser kann enthalten:
- schädliche Stoffe
- gefährliche Stoffe

DIN 1986-3 nennt **Stoffe**, die für Entwässerungsanlagen **schädlich** sind. Diese können:
- Leitungswerkstoffe angreifen bzw. zerstören
- das Betreiben der Anlage behindern
- im Kanalsystem beschäftigtes Personal gefährden
- üble Gerüche verbreiten
- die Klärung und Reinigung der Abwässer stören oder verhindern
- Gewässer (Vorfluter) übermäßig belasten

Als schädliche Stoffe gelten z. B:
- Stoffe, die Anlagen verstopfen können wie Schutt, Sand, Mörtelreste, Stoffreste, Kinderwindeln, Müll, Glas, Fette, Teer
- Abfälle aus Gewerbe und Landwirtschaft wie Lederreste, Borsten, Treber, Molke, Dung, Mist
- Stoffe, die Leitungen angreifen oder die Abwasserreinigung verhindern, wie Säuren, Laugen, Salze
- Stoffe, die üble Gerüche verbreiten können wie Tierkadaver, Schlachthofabfälle, Gülle
- Kondensate aus Brennwertkesseln mit pH-Werten < 6,5; sie dürfen nur in entsprechend korrosionsbeständige Rohrleitungen geleitet werden

Gefährliche Stoffe schädigen die Gesundheit von Menschen schwer und/oder verursachen hohe Sachschäden, das sind z. B.:
- Stoffe, die feuergefährlich, explosionsfähig, giftig oder radioaktiv sind wie Benzin, Öl, Fette, Reinigungsmittel, Lacke, Farben
- Farben, Lösungsmittel (wie Nitroverdünnung, Tri- und Perchlorethylen), Phenole, Insektizide, Pestizide, radiologische Abfälle aus Labors oder Krankenhäusern
- mit hochgiftigen Keimen behaftete oder infektiöse Stoffe, z. B. aus Krankenhäusern.

Abwasser, das schädliche und/oder gefährliche Stoffe enthält, ist in besonderen Anlagen so zu behandeln, dass es nicht mehr als schädlich gilt, z. B. in Abscheidern, Neutralisations-, Entgiftungsanlagen.

Nach solchen Anlagen sind ein Probenahme- und ein Prüfschacht einzubauen, ➔ 1.

Liegen diese Anlagen unter der Rückstauebene, dürfen sie nur über eine Hebeanlage entwässert werden, ➔ 306.1, Teil 9

1 Kombinierter Schlamm- und Fettabscheider im Erdreich

8.6.2 Schutz vor Schlamm-, Fett- und Stärkeablagerungen

Aus dem Abwasser werden abgesondert:
Sand und Schlamm durch Schlammabscheider
- **Fett durch Fettabscheider**
- **Stärke durch Stärkeabscheider**

Alle Abscheider sind von Zeit zu Zeit zu entleeren!

Sand- oder Schlammfänge sind dort vorzusehen:
- wo sinkstoffhaltiges Abwasser abgeführt wird,
- vor Abscheidern, ausgenommen vor Stärkeabscheidern

Der Sand- oder Schlammfang besteht aus einem Behälter, in dem sich der Schlamm aufgrund der Schwerkraft am Boden, bei kleinen Einläufen in einem Schlammeimer, absetzt. Zulauf und Ablauf befinden sich im oberen Teil. Als Zulauf kann auch ein Rost dienen.
Schlammfang und Fettabscheider können sich im gemeinsamen Behälter befinden (DIN EN 1825-1), ➔ 1.

Fettabscheider nach DIN EN 1845-1, -2, trennen Fette aufgrund der geringeren Dichte vom Wasser.

Fett schwimmt oben und wird an der Wasseroberfläche abgesondert, ➔ 1, 306.2.

Fettabscheider sind einzubauen in allen Gewerbe- und Industrie-Betrieben, in denen fetthaltiges Wasser anfällt, z. B. in:
- Küchen, Großküchen
- Grill-, Frittierküchen, Bratwurststände u. Ä.
- Essensausgabestellen mit Rücklaufgeschirr
- Metzgereien, Fleisch- und Wurstfabriken, mit und ohne Schlachtung
- Schlachthöfe und Geflügelschlachtereien
- Fischverwertungsbetrieben
- Ölmühlen, Speiseölraffinerien
- Margarine- und Seifenfabriken
- Tierkörperverwertungen
- Seifen- und Stearinfabriken
- Knochen- und Leimsiedereien

In Fettabscheider dürfen **nicht** eingeleitet werden:
- Abwasser mit mineralischen Fetten und Ölen, z. B. Schmierfett, Motoröl, Diesel, Heizöl
- fäkalienhaltiges Schmutzwasser
- Regenwasser

Bei Fettabscheidern sind hintereinander einzubauen, → 1:
- Zulauf mit Geruchverschluss
- möglichst kurze Anschlussleitung
- Schlammfang in ausreichender Größe
- Fettabscheider in ausreichender Größe nach DIN EN 1845-2
- Lüftungsleitung über Dach, bei Länge > 5 m auch für die Zu- und Abflussleitungen
- Probenahmeschacht

Fettabscheider stellt man wegen Geruchsbelästigung gerne ins Freie, → 305.1. Wegen Frost sind sie entsprechend tief zu setzen.
Bei hohem Grundwasserstand sind sie gegen Auftrieb zu sichern.

1 Abwasserleitung (Zulauf)
2 Entlüftungsleitung
3 Entsorgungsleitung
4 Fülleinrichtung R 1
5 Fettabscheiderbehälter
6 Schauglas
7 Auslauf
8 Probenahmeeinrichtung
9 Hebeanlage
10 Anschluss zum Kanal
11 Druckleitung mit Storz-kupplung

1 Fettabscheider nach DIN EN 1825-1 und Hebeanlage für frostgeschützten Raum

Für den Einbau in Räumen gibt es Fettabscheider ohne oder mit Entsorgungseinrichtung, → 1.

Bei Abscheidern **mit** Entsorgungseinrichtung werden die Inhalte des Schlammfangs und des Abscheiders in Entsorgungsfahrzeuge umgepumpt, → 1. Die Deckel der Abscheider brauchen dabei nicht geöffnet zu werden. Auch das unhygienische Verlegen der Abpumpschläuche durch Räume entfällt. Damit entsteht keine Geruchsbelästigung.
Zum Homogenisieren[1] können die Inhalte von Fettabscheidern getrennt umgepumpt werden.

Zum Spülen des Abscheiders ist ein Warmwasseranschluss in den Raum zu legen.
Bei entsprechender Ausstattung erfolgt das Spülen über Kegel- und Strahldüsen im Abscheider automatisch (keine Geruchsbelästigung).

Für das Wiederauffüllen des Behälters nach der Entleerung ist für größere Anlagen ein Frischwasseranschluss über eine spezielle Fülleinrichtung (mit Rohrunterbrecher) zu empfehlen.

Fettabscheider für Selbstentsorger aus PE-HD gibt es für Nenngrößen NG 2 und NG 4 (200 bzw. 400 Essensportionen/Tag). Ihre Einzelteile können nachträglich auch durch Türen transportiert und vor Ort zusammengebaut werden, → 2.

Die aus dem Abwasser abgeschiedenen Anteile von Schlamm und Fett, ≈ 10 % des Abwassers, werden jeweils für sich, während des Betriebes in 60-l-Kunststoffbehälter mit geruchsdichtem Deckel, abgelassen.
Diese 60-l-Fässer können vom Nutzer der Anlage selbst abgefahren werden. Das reduziert die Entsorgungskosten erheblich und spart Trinkwasser für deren Reinigung. Das Fett kann umweltverträglich in der Schmierstoffindustrie verwertet werden.

Das von Fett und Schlamm befreite Abwasser fließt, evtl. über eine Hebeanlage, in den Kanal. Fettabscheidung und Abtransport erfolgen ohne Geruchsbelästigung.

Weitere Informationen siehe Videofilm auf DVD.

Schlammfang — Durchlüftung
Zulauf — Ablauf
Heizhaube
Fettfang
Pumpe
Schlammsammelbehälter — Fettsammelbehälter

2 Fettabscheider für Selbstentsorger

Fettabscheider für Selbstversorger müssen halbjährlich gereinigt und gewartet werden.

Im Fettabscheider abgesetzte
- Schlammteile werden durch die außen liegende Pumpe in den Schlammbehälter gepumpt, → 2,
- Fette werden durch Beheizen der Haube wieder fließfähig, → 2.

Stärkeabscheider entfernen Kartoffelstärke aus dem Abwasser. Kartoffelstärke würde Abwasserleitungen verkrusten und wäre kaum mehr zu entfernen. Sie fällt vor allem in Betrieben an, die Stärkepulver, Kartoffelchips, Kloßteig, Pommes frites u. Ä. herstellen.

Der beim Schälen und Reiben von Kartoffeln anfallende Stärkeschaum muss mithilfe einer Stab- oder Ringbrause im Abscheider niedergeschlagen werden; deren Anschluss an die Trinkwasserleitung ist über einen Rohrunterbrecher DB bzw. DC zu sichern.

Stärkeabscheider gibt es für Erdeinbau und zum Aufstellen in frostgeschützten Räumen. Ähnlich den Fettabscheidern werden sie manuell oder vollautomatisch entsorgt und gereinigt.

Da Kartoffelstärke im Wasser absinkt, darf dem Abscheider kein Schlammfang vorgeschaltet werden.

---

[1] Homogenisieren: nicht mischbare Flüssigkeiten durch Zerkleinern der Bestandteile mischen, z. B. Fett und Wasser in Milch

Fettschichtdickenmessung

DIN EN 1825-2 bzw. DIN 4040-100 „Abscheideanlagen für Fette" fordern:

- Schlammfänge und Abscheider sind mindestens einmal im Monat, vorzugsweise zweiwöchentlich, zu entleeren, zu reinigen und wieder mit Frischwasser zu füllen.
- Entsorgungsintervalle sind so festzulegen,
  - dass die Speicherfähigkeit des Schlammfanges und des Abscheiders nicht überschritten wird,
  - Schlammfang und Abscheider sind mindestens einmal im Monat zu entleeren – sofern nichts anderes vorgeschrieben ist.

Das Entsorgen des Fettes ist arbeitsaufwendig, schmutzig und kostet viel Geld. Manche Kommunen bieten an, bei geringem Fettanfall das Entsorgungsintervall gegen **Nachweis** zu verlängern. Den Nachweis können Betreiber mithilfe eines **Fettschichtdicken-Messgerätes** führen.

Eine Sonarsonde wird in den Fettabscheider eingebaut; das zugehörige Schalt- und Anzeigegerät wird außerhalb montiert, ➜ 1. Die Sonarsonde sendet Ultraschallwellen (Sonarwellen) nach oben. Dort reflektiert die Fettschicht diese, sodass sie zum Sensor zurückkehren. Aus der Zeit – hin und zurück – errechnet das Sonargerät die Schichtdicke:

Schichtdicke = (Referenzmaß – Messwert) x 1,1

Der Faktor 1,1 korrigiert, da Fett um etwa 10 % leichter ist als Wasser.

8.6.3 Schutz vor gefährlichen Leichtflüssigkeiten

8.6.3.1 Leichtflüssigkeiten

Leichtflüssigkeiten nach DIN EN 858-1 werden auch **Mineralöl-Kohlenwasserstoffe (MKW)** genannt, z. B.:
- Benzin / Benzol
- Dieselkraftstoff
- Heizöl
- Petroleum
- Schmieröle

Sie und andere chemische Lösungsmittel sind zudem leicht **entzündliche Stoffe**. Sie entwickeln Gase, die zusammen mit Luft explosiv sind. Bei Kanalexplosionen wurden schon ganze Straßenzüge aufgerissen, angrenzende Gebäude schwer beschädigt und Personen verletzt oder gar getötet.

Leichtflüssigkeiten sind **wassergefährdende Stoffe**, weil sie Gewässer verschmutzen und Trinkwasservorräte verderben können.

Leichtflüssigkeiten können im Abwasser in verschiedenen Zustandsformen vorhanden sein:
- gelöst
- emulgiert, aber nicht gelöst
- frei schwebend, nicht gelöst, nicht emulgiert

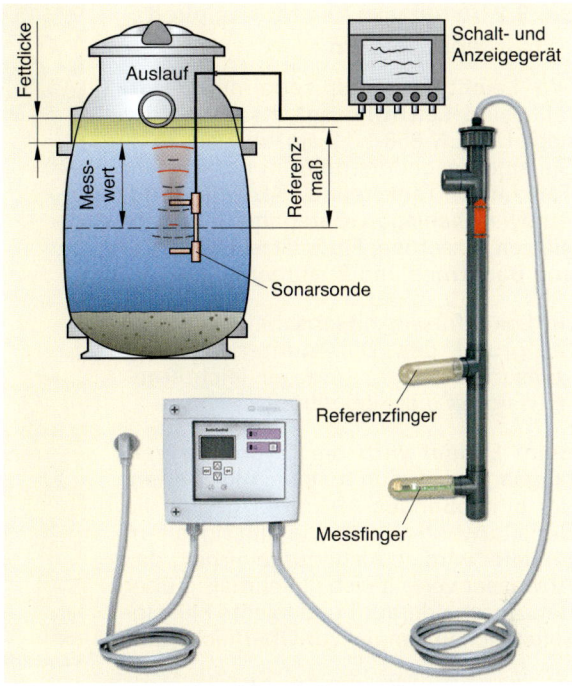

1 Messen der Fettschichtdicke mit Sonarwellen

Gelöst bedeutet, dass sich ihre Moleküle im Wasser vollkommen gelöst haben, wie Zucker in Wasser.

Emulgiert[1] sind Stoffe, wenn ein Stoff im anderen in Form feinster Tröpfchen verteilt ist **(Emulsion)**, z. B. Fett in der Milch oder Bohrölemulsionen als Schmiermittel für spanabhebende Arbeiten.

Frei schwebend sieht man öfter Ölfilme auf Wasser. Diese Zustandsformen werden bestimmt durch:
- die chemische Zusammensetzung der Leichtflüssigkeiten im Hinblick auf ihre Löslichkeit im Wasser
- die Anwesenheit von Tensiden[2], Lösungs- oder Reinigungsmitteln, z. B. Kaltreiniger, Petroleum, Waschmittel, z. B. in Autowaschanlagen
- mechanisches Verwirbeln, Sprühen z. B. durch Hochdruckreiniger, Strahlregler an Schläuchen
- die Temperatur der Leichtflüssigkeiten

Für Leichtflüssigkeiten nach DIN EN 848-1 gilt:
- Für **Altöle** sind zur Lagerung separate Sammelbehälter aufzustellen.
- Zur Sonderverwertung sind sie abzutransportieren.
- Abwasser, das durch Leichtflüssigkeiten verunreinigt ist, darf **nicht** ohne Vorbehandlung in die öffentliche Entwässerungsanlage geleitet werden.
- Im Abwasser vorhandene Leichtflüssigkeiten sind mithilfe von Leichtflüssigkeitsabscheidern daraus zu entfernen, siehe Kap. 6.3.2.

Organische Fette und Öle pflanzlichen oder tierischen Ursprungs zählen **nicht** zur **Gruppe der Leichtflüssigkeiten**.

---

[1] Emulsion: zwei nicht mischbare Flüssigkeiten, in sich fein verteilt, z. B. Milch: Fett im Wasser
[2] Tenside verringern die Oberflächenspannung von Wasser; sie sind in Wasch- und Haushaltsspülmitteln enthalten

8.6.3.2 Arten von Leichtflüssigkeits-abscheidern

Wo Leichtflüssigkeit regelmäßig an-fällt, sind **Leichtflüssigkeitsabscheider** nach DIN EN 858-1, -2 einzubauen, → 1. Sie sind besonders nötig in Raffinerien, Tanklager, Tankstellen, Kfz-Betrieben, Autowaschanlagen, Garagen mit Wasch-plätzen, Kasernen, Flugplätze, Fuhrparks von Baufirmen und Busunternehmen.

In Leichtflüssigkeitsabscheidern wird aufgrund des Dichteunterschiedes zwischen Wasser und der leichteren Flüssigkeit diese abgetrennt.

Beim Einlauf wird die Strömung ver-langsamt, z. B. durch einen 180°-Bogen, der einfließendes Abwasser gegen die Behälterwand richtet. Die Flüssigkeit im Behälter wird so nicht aufgewirbelt; das Abwasser verteilt sich gleichmäßig über den Abscheideraum und leichte Flüssig-keitsteilchen steigen zur Oberfläche auf.

Nach der Bauart unterscheidet man bei Leichtflüssigkeitsabscheidern:
• Öl/Benzin-Abscheider
• Koaleszenzabscheider
• Heizölsperren

Im **Öl/Benzin-Abscheider** sinken feste Stoffe wie Sand und Schlamm zu Bo-den, Öl und Benzin sammeln sich an der Oberfläche wegen der geringeren Dichte (ϱ = 0,95 kg/dm^3). Das spezielle Auslauf-system schließt selbsttätig, wenn mehr Leichtflüssigkeit zufließt, als der Ab-scheider speichern darf, → 2 bis 4.

Der Auslaufverschluss besteht aus ei-nem in einem Rohr geführten Schwim-mer geringerer Dichte als Wasser, → 2. Er schwimmt also im Wasser; in Leicht-flüssigkeiten wie Öl, Benzin sinkt er.

Ist im Abscheider die maximal zuläs-sige Leichtflüssigkeitsschichtdicke er-reicht, gelangt Öl bzw. Benzin in den Schwimmraum. Der Schwimmer sinkt ab und verschließt den Auslauf.

Koaleszensabscheider[1], → 3, sind Ben-zinabscheider mit zusätzlichem Koaleszenzfilter. Beim Durchströmen des Filters vereinigen sich fein-ste „Öltröpfchen" zu größeren Tropfen. Dadurch wird Altbenzin besser abgeschieden und damit der Wirkungsgrad des Abscheiders erhöht, → 309.1.

Öl-, Benzin- und Koaleszensabscheider sind mit ei-nem selbsttätigen Verschluss ausgestattet. Dieser verhindert, dass Leichtflüssigkeit in den Kanal fließt, wenn im Abscheider der zulässige Höchststand er-

[1] Koaleszenz: Vereinigung von kleinen Tropfen oder Blasen zu großen

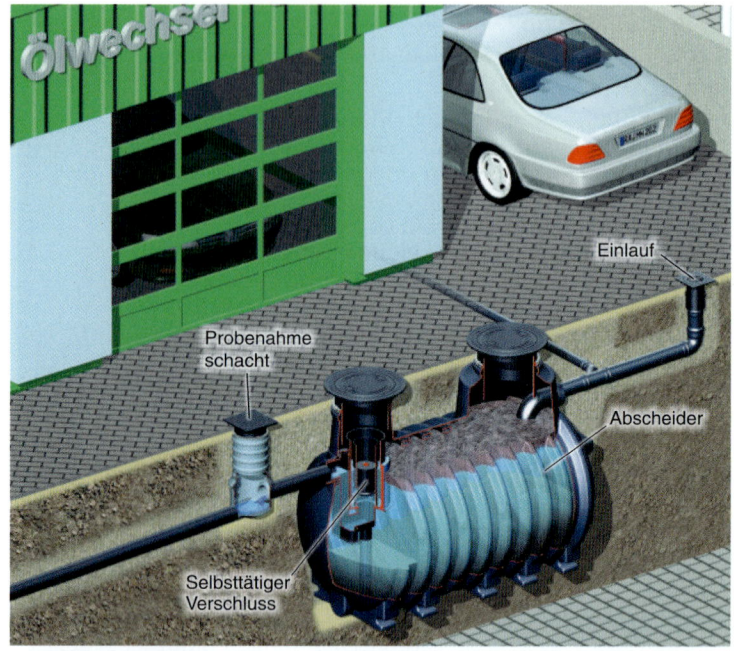

1 Leichtflüssigkeitsabscheider

(Beschriftungen: Einlauf, Abscheider, Selbsttätiger Verschluss, Probenahme-schacht)

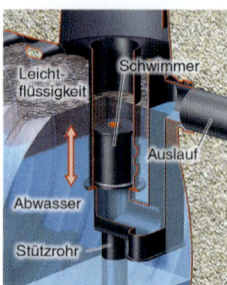

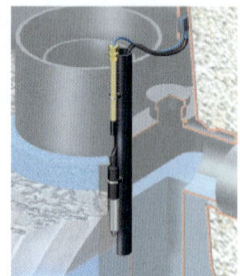

2 Koaleszenzfilter im Auslauf des MKW Abscheiders

3 Selbsttätiger Ver-schluss im Auslauf des Abscheiders

4 Sonde für Alarmlampe und Sirene o. Ä.

(Beschriftungen 2: Leicht-flüssigkeit, Schwimmer, Auslauf, Abwasser, Stützrohr; 3: Koales-zenzfilter)

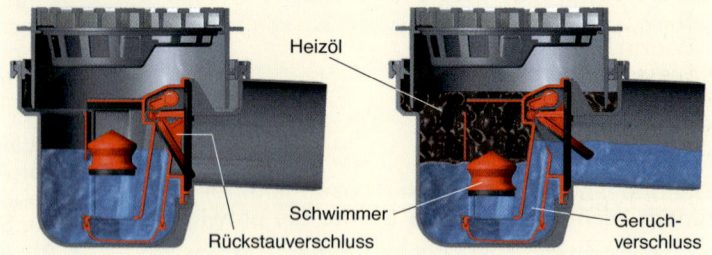

5 Heizölsperre – hier mit Rückstauverschluss

(Beschriftungen: Heizöl, Schwimmer, Rückstauverschluss, Geruch-verschluss)

reicht ist, → 2, 3. Dann löst auch eine **Überwachungs-sonde** Alarm aus, optisch und akustisch, → 4.

Eine **Heizölsperre** ist vorgeschrieben für Bodenab-läufe in Kesselräumen mit Ölfeuerung. Befinden sich in der Heizölsperre ca. 5 l Heizöl, verschließt ein Schwimmerventil den Ablauf, → 5. Dann muss das Heizöl aus dem Abscheideraum abgesaugt und vorschriftsmäßig entsorgt werden.

Ein Zufluss darf nur über einen Einlaufrost erfol-gen. Da die Sperre nur selten beansprucht wird, ist der Wasserstand regelmäßig zu kontrollieren.

8.6.3.3 Einbauhinweise für Leichtflüssigkeits-abscheider

Für den Einbau von Leichtflüssigkeitsabscheidern gilt:

- Leichtflüssigkeitsabscheider sind nahe der Abwassereinlaufstelle möglichst im Freien anzuordnen.
- Alle Bodenflächen, auf denen Leichtflüssigkeiten anfallen, sind öldicht zu befestigen, sodass ein Versickern ins Grundwasser unmöglich wird.
- Jedem Leichtflüssigkeitsabscheider ist ein Schlammabscheider vorzuschalten; beide bilden heute meist eine Einheit, ➜ 308.1.
- Einläufe für Leichtflüssigkeitsabscheider dürfen keinen Geruchverschluss haben; Benzin bliebe im GV, Wasser flösse weg (Explosionsgefahr!).
- Das Niveau der Bodenabläufe muss tiefer liegen als die Abscheideroberkante, damit keine Leichtflüssigkeit aus den Abdeckungen bzw. Aufsatzstücken des Abscheiders (unbeachtet) austreten kann. Die Überhöhung h muss betragen:
  - Abscheider-Nenngröße $NG \leq 6$: $h \geq 130$ mm
  - Abscheider-$NG > 6$: h nach Herstellerangabe
- Häusliches Abwasser und Regenwasser dürfen nicht in den Abscheiderraum geleitet werden.
- Leichtflüssigkeitsabscheider sind immer an den Schmutz- oder Mischwasserkanal anzuschließen, nie an Regenwasserkanäle.

8.6.3.4 Neutralisations- und Emulsionsspalt-anlagen

Manche gewerblichen und industriellen Abwässer enthalten Säuren, Laugen o. Ä. Abscheider können diese nicht abtrennen. Das Abwasser muss in Aufbereitungsanlagen vor Einleiten in das Kanalsystem auf einen ph-Wert ≈ 7 eingestellt (neutralisiert) werden. Dazu werden in **Neutralisationsanlagen** in mehreren Kammern Laugen oder Säuren zugesetzt. Solche **Anlagen** sind nötig z. B. in Labors, Industrie- bzw. Chemiebetrieben, u. U. auch bei Brennwertkesseln mit hoher Leistung.

Abwässer mit Emulsionen, z. B. Öl in Wasser, werden in Emulsionsspaltanlagen aufbereitet, falls deren Trennung aufgrund des Dichteunterschiedes nicht möglich ist.

8.6.3.5 Werkstoffe für Abscheider

Bei der Werkstoffwahl für Abscheider jeder Art sind zu berücksichtigen:
- die aus dem Abwasser abzuscheidenden Stoffe
- der Aufstellort des Abscheiders:
  - in Gebäuden
  - im Erdreich

Abzuscheidende Stoffe sind:
Schlamm, Fette, Stärke und Leichtflüssigkeiten, wie Heizöl, Diesel, Benzin.

Werkstoffe für Abscheider müssen beständig gegen abzuscheidende Stoffe sein und gegen Abwasser und Regenwasser (Streusalz im Winter!).

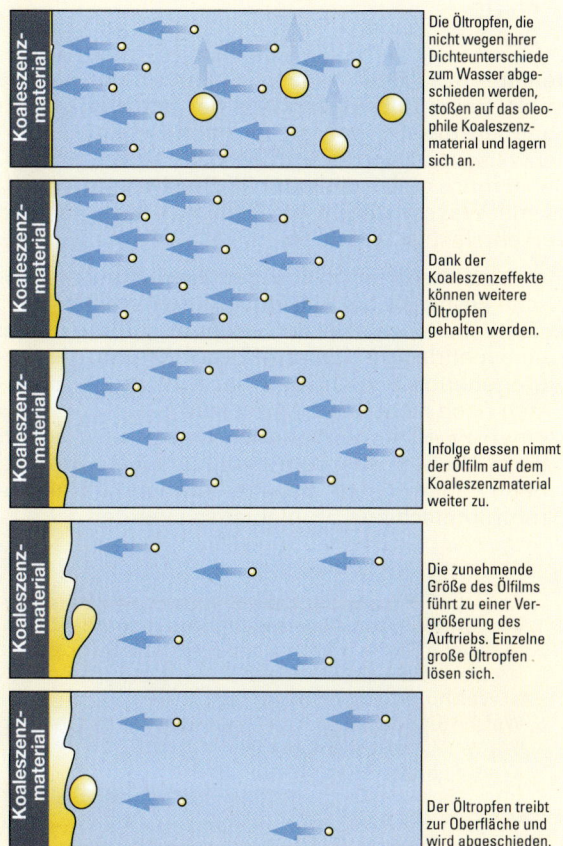

Die Öltropfen, die nicht wegen ihrer Dichteunterschiede zum Wasser abgeschieden werden, stoßen auf das oleophile Koaleszenzmaterial und lagern sich an.

Dank der Koaleszenzeffekte können weitere Öltropfen gehalten werden.

Infolge dessen nimmt der Ölfilm auf dem Koaleszenzmaterial weiter zu.

Die zunehmende Größe des Ölfilms führt zu einer Vergrößerung des Auftriebs. Einzelne große Öltropfen lösen sich.

Der Öltropfen treibt zur Oberfläche und wird abgeschieden.

1 Wirkungsweise eines Koaleszenzfilters

Die Innenwände der Abscheider sollen glattwandig und vor allem Fett abweisend sein. Die glatte, wachsartige Oberfläche von PE-HD verhindert Ablagerungen und ist leicht zu reinigen.

Weitere Vorzüge sind im Kap. 3.7.2 – *Schachtarten* – beschrieben.
Wichtig ist auch die Stabilität der Behälterwände.

Werkstoffe für Abscheider sind vor allem PE-HD, Edelstahl und Stahlbeton.

In Gebäuden sind beim Einbringen der Abscheider zu achten auf:
- Größe und Masse der Abscheider (Treppen, Türen!)
- mögliche Verbindungstechniken, falls sie aus einzelnen Teilen zusammengesetzt werden müssen

Mit PE-HD und Edelstahl sind Schwierigkeiten beim Einbringen am besten zu meistern.

Auch große Abscheider aus PE-HD können nachträglich in Gebäude über enge Zugänge, eingebracht werden. Dort werden sie aus vorgefertigten Teilen vor Ort zusammengeschweißt oder – ähnlich den Schachtteilen nach Bild ➜ 102.1 – 102.2, zusammengesetzt.

Weitere Informationen siehe Videofilm auf CD.

8

Im **Erdreich** setzt man Behälter ein aus:
- PE-HD
- Stahlbeton

Behälter aus PE-HD haben sich im Erdreich gut bewährt. Beim Einbringen muss der Behälter auf ein Sandbett gesetzt werden. Um den Behälter ist lagenweise mit Sand zu verfüllen und zu verfestigen. Dabei muss gleichzeitig der PE-Behälter stufenweise mit Wasser gefüllt werden. Auf die zulässige Verkehrslast ist zu achten.

Stahlbetonbehälter überzeugen durch hohe mechanische Festigkeit bei Belastung durch Lkw-Verkehr. Auf ihrer Innenwand ist der Beton zu schützen durch:
- eine mehrlagige Kunststoffbeschichtung; die vorhergehende Schicht darf bei Auftrag der nächsten noch nicht ausgehärtet sein
- einen PE-HD-Innenbehälter, dieser wird schon beim Gießen des Betonbehälters eingebracht; beim Lagern dieser Behälter können Lufttemperaturunterschiede problematisch werden

8

Übungen:

1. Wodurch werden Abwasseranlagen gefährdet?
2. a) Welche Stoffe dürfen nicht in Abwasseranlagen gelangen?
   b) Warum sind sie fernzuhalten?
3. Welche Einrichtungen zum Schutz des Kanals gibt es?
4. Vor welchen Abscheidern ist
   a) ein Schlammfang einzubauen?
   b) kein Schlammfang einzubauen? Begründen Sie dies.
5. Vor welchen Abscheidern
   a) muss der Ablauf einen Geruchverschluss haben?
   b) darf der Ablauf keinen Geruchverschluss haben?
   c) Begründen Sie dies jeweils.
6. Beschreiben Sie die Wirkungsweise eines Fettabscheiders
7. a) Warum müssen Fettabscheider eine Lüftungsleitung erhalten?
   b) Wie ist diese zu gestalten?
8. a) Was versteht man unter „Fettabscheider für Selbstentsorger"?
   b) Fertigen Sie eine Skizze der Anlage und beschreiben Sie diese kurz.
   c) Welche Vorteile haben diese Anlagen?
9. Nennen Sie mindestens 6 Anwendungsfälle für Fettabscheider.
10. Wie oft müssen Fettabscheider entleert werden?
11. a) Wann sind Stärkeabscheider einzubauen?
    b) Warum müssen sie eingebaut werden?
    c) Welches wichtige Bauteil unterscheidet sie von anderen Abscheidern?
    d) Wozu dient es?
12. Wie funktionieren Benzinabscheider?
13. a) Wodurch unterscheiden sich Koaleszenzabscheider von normalen Benziabscheidern?
    b) Welche Vorteile haben sie?
14. In welchen Zustandsformen kommen Leichtflüssigkeiten in Abwässern vor?
15. Wo werden Heizölsperren eingesetzt?
16. Was sind Emulsionen?
17. Wann benötigt man Emulsionsspaltanlagen?
18. a) Welche Werkstoffe eignen sich für Abscheider?
    b) Für welchen Werkstoff würden Sie sich entscheiden?
    c) Begründen Sie dies.

8.7 Betriebssicherheit und Instandhalten von Entwässerungsanlagen

8.7.1 Schäden an Abwasserleitungen

Entwässerungsanlagen gewinnen wegen ihrer Betriebssicherheit zunehmend öffentliche Aufmerksamkeit. Es geht vor allem darum, dass:
- Schmutzwasser aus undichten Leitungen bzw. Kanälen lebenswichtige Grundwasservorräte gefährden
- einsickerndes Regenwasser in schadhafte Kanäle und Grundleitungen den Abwasserzufluss zu Kläranlagen erhöht
- fehlende Abscheider, vor allem für Fett und Öl, fehlende Neutralisation gewerblicher Abwässer, Verlegefehler und mangelnde Wartung Verbrauchern und Kommunen zunehmend Probleme bereiten, nämlich:
  - bewegliche und dichtende Bauteile von Pumpwerken, Abwasserhebeanlagen, Rückstauverschlüssen werden durch Verschmutzung und Korrosion funktionsunsicher
  - die Abwasserreinigung in den Kläranlagen wird gestört bzw. verhindert.

Deshalb müssen:
- Entwässerungsanlagen regelmäßig gewartet werden
- von Benutzern bestimmungsgemäß betrieben werden
- Anschlusskanäle und Grundleitungen in bestimmten Zeitabständen auf Dichtheit geprüft werden; die **Dichtheitsprüfung** wurde im Abschnitt 8.3.2.3 beschrieben.

8.7.2 Instandhalten von Entwässerungsanlagen

Damit Entwässerungsanlagen stets betriebsbereit sind, müssen sie nach DIN 1986-3 und -30 in Stand gehalten werden, → 311.3.

Bei der Instandhaltung wird unterschieden:
- Inspektion
- Wartung
- Instandsetzung

Inspektion bedeutet nur eine Inaugenscheinnahme, also nur besichtigen, z. B.
- Geruchverschlüsse, Abläufe für Schmutz und Regenwasser, Filter für Dachablaufwasser, Schächte, Reinigungsrohre, sind auf Sauberkeit, ungehinderten Abfluss und Wasserstand zu kontrollieren,
- Ablaufschläuche von Waschmaschinen, Geschirrspülern u. Ä. prüfen auf festen Sitz, Knickstellen und Dichtheit.

Wartung bedeutet, den ordnungsgemäßen Zustand einer Anlage wieder herzustellen. Das geschieht hauptsächlich durch Reinigen, aber auch durch Gängigmachen von Bauteilen.

Die Wartung der Entwässerungsanlagen umfasst besonders Geruchverschlüsse und die beweglichen Teile von:
Rückstauverschlüssen
- Abwasserhebeanlagen
- Tauchpumpen
- Abscheider
- Emulsions- und Neutralisationsanlagen

Rückstauverschlüsse müssen stets betriebsbereit sein, um Keller und andere Räume vor Rückstau zu schützen. Schon beim Einbau ist zu achten, dass alle Teile leicht zugänglich sind. Die Wartung sollte vor allem erfolgen, wenn die Zeit heftiger Regengüsse (Gewitterregen) bevorsteht. Die Wartungsarbeiten sind für Rückstauverschlüsse für fäkalienfreies und fäkalienhaltiges Wasser gleich.
Sie umfassen:
- Entfernen von Schmutz und Ablagerungen mit Ausbau der Rückstauklappen, → 1
- Prüfen der dichtenden, beweglichen ggf. auch der elektrischen Teile (bei **fäkalienhaltigem** Wasser) durch eine Funktionsprüfung nach → 2
- Überprüfen der Mechanik und der elektrischen Funktion bei RVS für
- Dichtheitsprüfung durch Simulieren eines Rückstaus, → 2

Bei der Wartung von **Abwasserhebeanlagen**, → 301.3, sind folgende Arbeiten auszuführen:
- dichtende und bewegliche Teile ggf. reinigen
- absperrende Teile auf Leichtgängigkeit kontrollieren
- Pumpe, Sammelbehälter und Rückflussverhinderer reinigen
- Funktion der elektrischen Schalter prüfen

Tauchpumpen sind zu prüfen, ob sie betriebsfähig, dicht und nicht durch Korrosion beschädigt sind.

Abscheider, Emulsions- und Neutralisationsanlagen sind zu inspizieren, ggf. zu warten oder instand zu setzen. Dabei sind die Anlagen zu entleeren, zu reinigen und bei einem Probelauf zu prüfen.

Von einer **Instandsetzung** spricht man, wenn es nötig ist, Bauteile auszuwechseln, um den ordnungsgemäßen Zustand der Anlage wieder herzustellen.
Bei der Instandsetzung von Apparaten und Geräten in Entwässerungsanlagen ist nach den Herstellerangaben zu verfahren.

Bei **Übergabe einer Entwässerungsanlage** an den Benutzer ist dieser hinzuweisen:
- auf die Pflicht zur Inspektion und Wartung der Anlagen
- auf das richtige Betreiben, vor allem dass keine schädlichen und gefährlichen Stoffe eingeleitet werden dürfen, s. Kap. 8.7.1
- Inspektionsarbeiten selbst durchführen zu können

Zeitpunkte bzw. -abstände für Inspektions- und Wartungsarbeiten an Entwässerungsanlagen zeigt → 3.

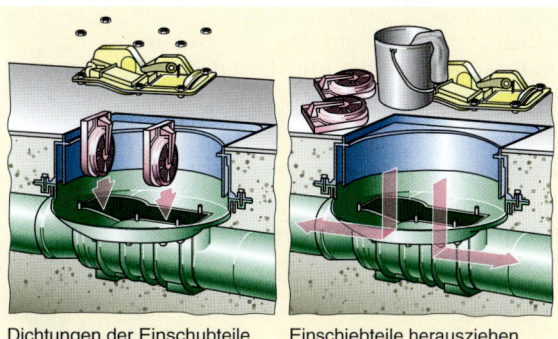

Dichtungen der Einschubteile mit Gleitmittel bestreichen, Teile exakt einsetzen, Deckel aufschrauben.

Einschiebteile herausziehen, reinigen, Dichtungen prüfen. Nach Ausbau der Teile optimale Rohrreinigung möglich.

1 Umrüstung eines Reinigungsrohres zum Rückstauverschluss – Wartungsarbeiten

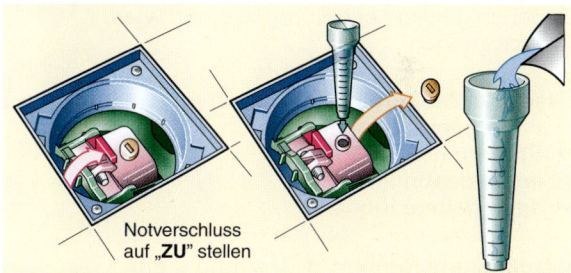

Notverschluss auf „ZU" stellen

Verschlussschraube G ½ entfernen und Trichter mit Dichtung einschrauben.
Klarwasser einfüllen bis Wasserspiegelhöhe mind. 100 mm erreicht hat. Die Wasserspiegelhöhe im Trichter 10 Min. lang beobachten und gegebenenfalls durch Nachfüllen auf der ursprünglichen Höhe halten. Der Rückstauverschluss gilt als ausreichend dicht, wenn in dieser Zeit nicht mehr als 500 cm³ nachgefüllt werden müssen. Nach der Prüfung Trichter entfernen und Notverschluss öffnen.

2 Funktionsprüfung bei einem Rückstaudoppelverschluss

Nr	Anlagenteil, Apparat	Inspektion		Wartung	
		monatl.	jährl.	monatl.	jährl.
1	Abwasser-, Lüftungsleitungen		1		1
2	Reinigungsverschlüsse, -öffnungen		1		1
3	Geruchverschlüsse, Ablaufstellen, Einläufe	6/3[1]			1
4	Ablaufschläuche von Apparaten	6			1
5	Schächte	6	1		1
6	Dachrinnen, Regenfallrohre, Kehlen	6			1
7	elektr. Begleitheizung von Nr. 6	6			1
8	Überläufe verdeckter Rinnen, Balkone u. Ä.	6			1
9	Abwasserhebe-, Tauchpumpenanlage	1		3[2]/6[3]	1[4]
10	Rückstauverschlüsse	1		6	
11	Leichtflüssigkeitsabscheider, -sperre	1		min. 6	
12	Fettabscheideranlage	1		min. 6	
13	Sand-, Schlammfänge soweit sie nicht Bestandteil von Nr. 11 und 12 sind	1		6	
14	Grundstückskläranlage	1		6	

Die Angaben in den Spalten „monatlich" und „jährlich" bedeuten Zeitintervalle z. B. 6: alle 6 Monate, 1: einmal jährlich
[1] wenn selten benutzt   [2] in gewerblichen Betrieben
[3] in Mehrfamilienhäusern   [4] in Einfamilienhäusern

3 Inspektions- und Wartungsplan für Entwässerungsanlagen nach DIN 1986-30

8

9 Dachentwässerung

9.1 Dachrinnen

9.1.1 Aufgabe von Dachrinnen

Dachrinnen sammeln das von Dächern ablaufende Wasser und leiten es den Regenfallrohren zu.

9.1.2 Rinnenarten

Dachrinnen können unterschieden werden nach:
- Form
- Montage

Nach der **Form** unterscheidet man nach DIN EN 612, ➔ 1:
- halbrunde Rinnen
- Kastenrinnen

Daneben gibt es noch Sonderformen wie Dreiecksrinnen.

Nach der **Montage** teilt man ein in:
- vorgehängte Rinnen
- Standrinnen
- liegende Rinnen
- eingebettete Rinnen

Vorgehängte Rinnen, ➔ 2, sind die einfachste und gebräuchlichste Form.

Standrinnen, ➔ 3, werden auf Gesimsen stehend angebracht. Sie sind vor allem bei älteren Gebäuden zu finden. Manchmal haben sie noch eine profilierte Verkleidung an der Vorderseite und werden dann **Attikarinne**[1] genannt.

Liegende Rinnen, ➔ 4, finden Anwendung bei engen Traufgassen, um den Lichteinfall nicht zu behindern oder bei schmalen Durchfahrten, um Beschädigungen der Rinne an niedrigen Gebäuden zu vermeiden, z. B. an Garagen, Stallungen. Sie dienen gleichzeitig als Schneefang, wenn die Wulst durch einen eingelegten Wulststab verstärkt wird. Nachteilig ist die große Zuschnittbreite, besonders bei flach geneigten Dächern.

---
[1] Attika: die Brüstungsmauer, die bei antiken Gebäuden über dem Hauptgesims verläuft und oft Träger von Statuen und Skulpturen

9

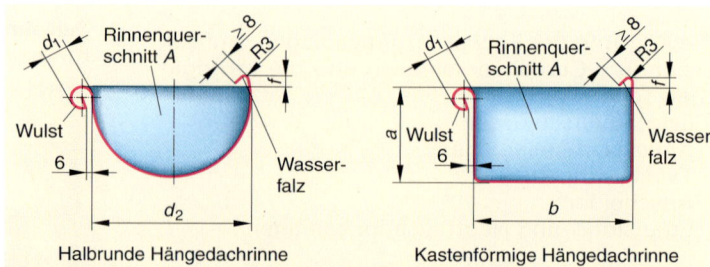

Halbrunde Hängedachrinne   Kastenförmige Hängedachrinne

Zuschnittbreite nach DIN 1986-100				halbrunde Rinne		Kastenrinne		
in mm	-teilig[1]	d_1 in mm	f in mm	d_2 in mm	A in cm²	a in mm	b in mm	A in cm²
200	10	16	8	80	31	42	70	29
250	8	18	10	105	53	55	85	47
285	7	18	10	127	73	–	–	–
333	6	20	11	153	106	75	120	90
400	5	22	11	192	164	90	150	135
500	4	22	21/11	250	270	110	200	220

[1] Manchmal werden die Rinnen nach der Anzahl der Meterstücke bezeichnet, die man aus einer Tafel 2 m 1 m schneiden kann, z. B. 6-teilig = 6 1 m-Stück mit Zuschnitt 333 mm.

1 Zuschnittbreite und Maße für Halbrund- und Kastenrinnen nach DIN EN 612

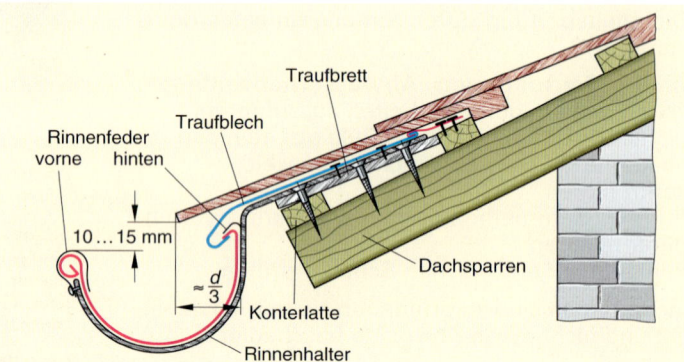

Die Rinnenoberkante hinten (am Wasserfalz) muss 10 mm bis 15 mm höher liegen als vorne (an der Wulst).
Der Rinneneingang (Traufblech) muss in den Wasserfalz oder tiefer einhängen und mindestens 150 mm auf die Dachfläche hinaufgreifen.

2 Vorgehängte Dachrinne

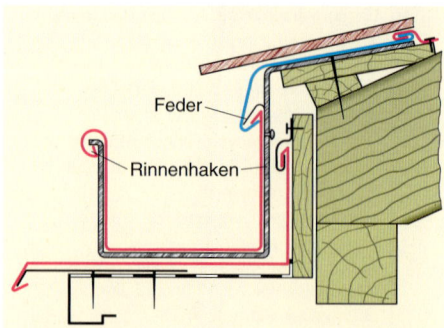

Die Gesimsabdeckung muss nach vorne geringes Gefälle haben und hinten so hoch ragen, dass beim Überlauf der Rinne das Wasser nicht hinten ins Gebäude eindringen kann.

3 Standrinne auf dem Hauptgesims

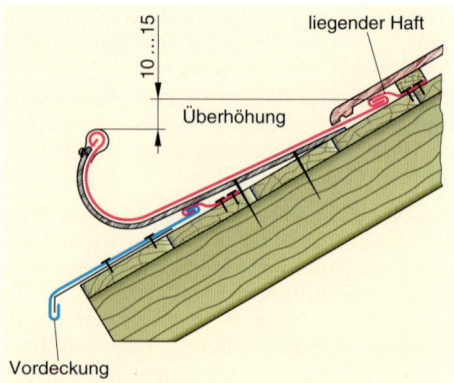

Unterhalb der Rinne ist eine Vordeckung nötig.

4 Liegende Dachrinne

Eingebettete Rinnen, ➔ 1, 2, auch **Shedrinnen**[1] genannt, müssen einen Notüberlauf erhalten, der Verstopfungen anzeigt.

9.1.3 Rinnenteile

Die Dachrinne, ein trogartiges Profil in verschiedenen Formen, wird an der Vorderseite durch eine Wulst verstärkt, nur selten durch einen Dreikant, an der Rückseite durch einen Wasserfalz, ➔ 312.1.

Dachrinnen werden heute meist industriell angefertigt.

Werkstoffe für Dachrinnen sind:
• Kupfer
• Titanzink
• Aluminium
• verzinktes Stahlblech (kaum mehr)
• PVC

Außer den geraden Rinnenteilen benötigt man beim Anbringen von Dachrinnen:
• Rinnenwinkel
• Rinnenendstücke mit Rinnenboden
• Rinnenhalter
• Rinnenabläufe

Rinnenwinkel sind bei Richtungsänderungen an Außen- und Innenecken einzusetzen.

Rinnenendstücke mit Rinnenboden: Rinnenböden werden auch auf die Rinnen direkt aufgefalzt oder/und gelötet. Häufig werden so genannte Patentböden verwendet, die nur aufgesteckt werden und durch Hammerschläge auf den Rand automatisch einen Falz bilden.

Rinnenhalter müssen aus gleichem oder ähnlichem Material wie die Rinne sein. Bei Dachrinnen aus Titanzink oder Aluminium verwendet man verzinkte Rinnenhalter. Für Kupferrinnen gibt es auch Halter aus verbleitem Stahl mit Kupfer ummantelt. Sie sind billiger als Massivkupferhalter; ihre Lebensdauer ist geringer.

Der Querschnitt des Halters richtet sich nach örtlichen und klimatischen Bedingungen (Schnee, Eis). Rinnenhalter sollten mindestens 5 mm dick sein, in schneereichen Gegenden ≥ 6 mm. Rinnenhalter mit Spreize (Zugband) geben der Rinne sehr guten Halt, doch ist das Anbringen zeitraubend.

Rinnenabläufe als Übergang zum Regenfallrohr sollen trichterförmig sein. Bei zylindrischen Stutzen dürfen die Fallrohre nur mit der Hälfte des normal üblichen Regenwasserabflusses belastet werden.

---

[1] Shed ⟨engl.⟩: eigentlich Schuppen, sägezahnähnliche Dachform für Werkhallen und Fabrikgebäude

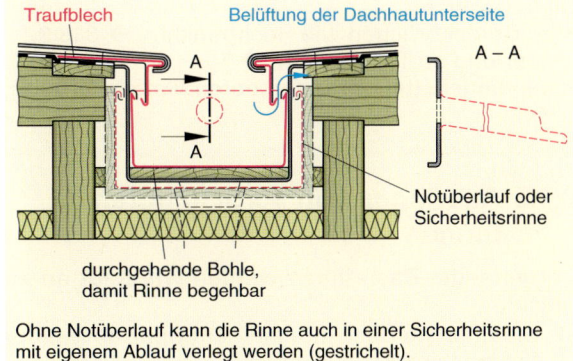

Ohne Notüberlauf kann die Rinne auch in einer Sicherheitsrinne mit eigenem Ablauf verlegt werden (gestrichelt).

1 Innen liegende Rinne mit Notüberlauf in Haltern verlegt

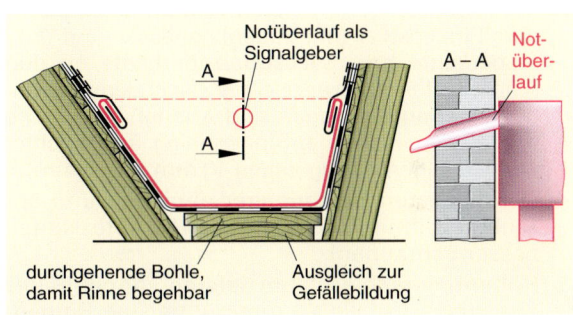

2 Shedrinne

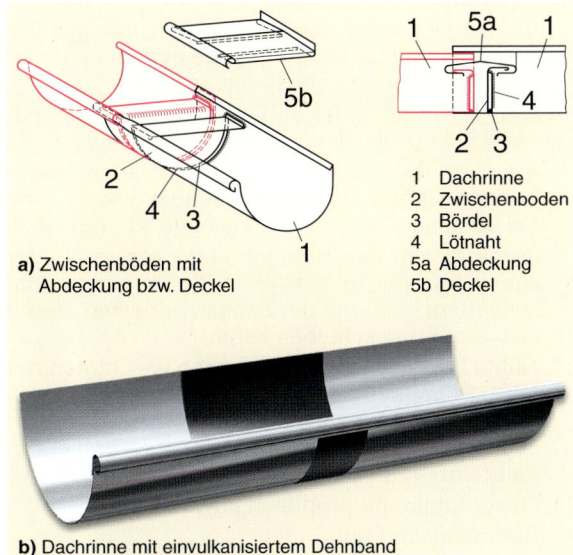

a) Zwischenböden mit Abdeckung bzw. Deckel

1 Dachrinne
2 Zwischenboden
3 Bördel
4 Lötnaht
5a Abdeckung
5b Deckel

b) Dachrinne mit einvulkanisiertem Dehnband

3 Schiebenaht am Hochpunkt eines Gefällebruches

9.1.4 Dehnungsmöglichkeiten bei Dachrinnen

Bei Erwärmung dehnen sich die Dachrinnen aus.

Die Längenänderung muss möglich sein. Wenn die Anordnung der Rinnen eine freie Ausdehnung nicht zulässt, müssen bei Rinnenlängen über 15 m besondere Dehnungsmöglichkeiten eingebaut werden.

Dies geschieht:
- an Gefällebrüchen wie Hochpunkten, ➜ 313.3, oder/und an Tiefpunkten, ➜ 1
- bei eingebetteten Rinnen durch Gefällesprünge, ➜ 2

9.1.5 Anbringen von vorgehängten Rinnen

Vorgehängte Dachrinnen werden wie folgt angebracht:

1. Die unterste Dachlatte auf dem Sparren mit der Schlauchwaage auswiegen.
2. Rinnenhalter in das Traufbrett einlassen.
3. Den höchsten und tiefsten Rinnenhalter an einem Rinnenstück (mit Boden) anpassen und Wulstoberkante bzw. Wasserfalzoberkante an den Rinnenhalterfedern anzeichnen. Nachdem die Rinnenhalter angeschlagen sind, können so mithilfe der Wasserwaage die Rinnenhalter ausgerichtet werden (Überhöhung hinten 10 mm bis 15 mm).
4. Den höchsten Rinnenhalter abbiegen und anschlagen (mindestens zwei angeraute Nägel, besser Schrauben).
5. Höhenunterschied zum tiefsten Rinnenhalter errechnen (Gefälle > 1 mm/m); tiefsten Rinnenhalter abbiegen und anschlagen.
6. Rinnenschnur im Wasserlauf und an Wulstauflage der Rinnenhalter spannen; bei großen Rinnenlängen auf halber Länge evtl. noch einen Halter anbringen und Gefälle prüfen.
7. Übrige Rinnenhalter abbiegen, anschlagen, danach Schnur entfernen.
8. Rinnenteile einlegen, ineinander drehen (Nahtbreite bei Lötverbindungen mindestens 15 mm, bei genieteten Nähten mindestens 30 mm), ➜ 3.
9. Rinne fest in den Rinnenhalter pressen, Feder zuerst an der Wulst, dann an Rinnenhinterkante schließen; nicht mit der Zange zudrücken, damit sich die Rinne schieben kann.
10. Nähte bei Zink- und Kupferrinnen weichlöten mit Lot S-Pb60Sn40 oder bei Kupferrinnen hartlöten (mit Lot CP 105, evtl. das zwar teurere, aber etwa 100 K niedriger schmelzende und besser fließende Lot AG 106 einsetzen (Zeitersparnis!)).
11. Flussmittelreste gründlich abwaschen.
12. Rinnenauslauf anbringen.
13. Ablauf prüfen (Wasser eingießen), evtl. einzelne Rinnenhalter nachrichten.
14. Traufblech in Rinnenfedern einhängen oder hintere Federn abschneiden und Traufblech in Wasserfalz einhängen, dann am Traufbrett befestigen; das Traufblech muss mindestens 150 mm hoch greifen.
15. Wenn die Regenfallrohre nicht umgehend angebracht werden können, ist ein Notauslauf zu befestigen, damit bei starkem Regen das Dachablaufwasser das Mauerwerk nicht zu sehr durchfeuchtet.

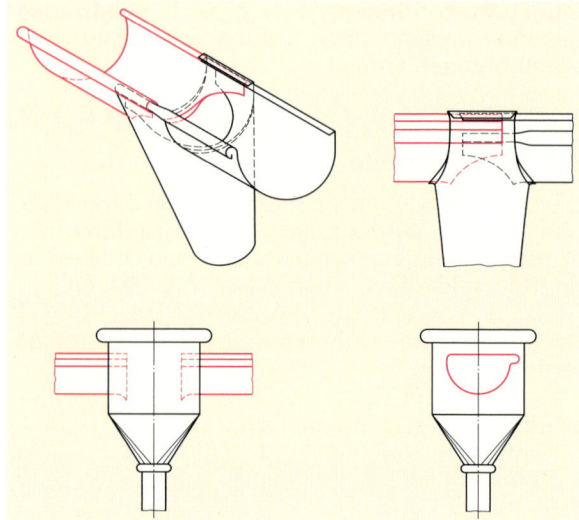

1 Dehnungsmöglichkeiten an Tiefpunkten mit konischem Rinnenstutzen oder mit Rinnenkessel

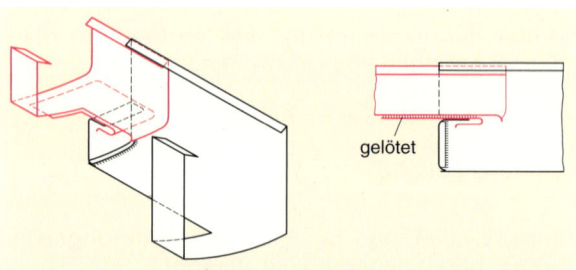

gelötet

2 Gefällesprung bei einer innen liegenden Rinne (ähnlich auch bei einer eingebetteten Rinne)

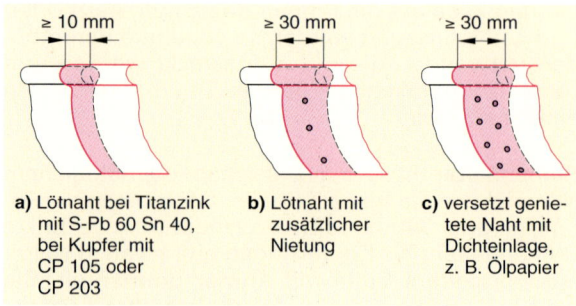

a) Lötnaht bei Titanzink mit S-Pb 60 Sn 40, bei Kupfer mit CP 105 oder CP 203

b) Lötnaht mit zusätzlicher Nietung

c) versetzt genietete Naht mit Dichteinlage, z. B. Ölpapier

3 Nahtbreiten bei Dachrinnen

9.1.6 Kehlrinnen

Wenn zwei geneigte Dachflächen zueinander stoßen, entsteht eine Kehle. Kehlrinnen fangen das anfallende Wasser auf und leiten es der Dachrinne zu.

Kehlrinnen, ➜ 315.1, erhalten an beiden Rändern einen Wasserfalz. Darin werden liegende Hafte zur Befestigung eingehängt. Sie lassen eine Dehnung der Rinne in Längsrichtung zu. Rinnen > 4 m Länge sollten etwa 100 mm ungelötet überdecken (Schiebenaht). An den Quernähten sind die Bleche anzureifen (leicht ankanten), damit sich kein Wasser zwischen ihnen hochzieht, ➜ 315.2.

Bei geringer Dachneigung sind versenkte Kehlrinnen zweckmäßig, ➜ 1b. Je geringer die Dachneigung ist, umso größer muss der Rinnenzuschnitt sein. Treffen unterschiedlich geneigte Dächer zusammen, dient eine 5 cm bis 10 cm hohe Blechfalte in Kehlrinnenmitte als Wasserabweiser, ➜ 1c.

9.1.7 Dachrinnenheizung

Besonders in innen liegenden Rinnen kann sich bei Eisbildung Schmelzwasser anstauen.

> Die Einläufe sollen deshalb trichterförmig, wärmegedämmt und notfalls beheizt werden.

Dazu verwendet man elektrische Heizbänder, ➜ 3, mit 18 W/m … 36 W/m Heizleistung, siehe Kap. 17.6.3.3.

Das Heizband wird in den Wasserlauf der Rinne gelegt, bei breiten Shedrinnen doppelt geführt. Das eine Ende wird genügend weit in das Regenfallrohr gehängt (Kantenschutz am Einlauf anbringen), das andere Ende zur Anschlussdose unter Dach geführt. Die Steuerung erfolgt über Handschalter mit Kontrolllampe, evtl. mit Thermostat oder Feuchtefühler.

9.2 Regenfallleitungen

9.2.1 Vorschriften und Größen für Regenfallleitungen

Regenfallleitungen werden außen am Gebäude oder im Gebäudeinnern herabgeführt.

> Für Regenfallleitungen gilt:
> - In Fallleitungen für Regenwasser darf kein Schmutzwasser eingeleitet werden, in Schmutzwasserfallleitungen kein Regenwasser.
> - Beim Mischsystem dürfen Regen- und Schmutzwasser erst außerhalb des Gebäudes in der Grundleitung zusammengeführt werden.

> Man unterscheidet:
> - außen liegende Regenfallleitungen
> - innen liegende Regenfallleitungen

9.2.2 Außen liegende Regenfallleitungen

Bei vorgehängten Dachrinnen, Gesims- und Liegerinnen wird das anfallende Wasser meist über außen liegende Regenfallrohre abgeführt. Diese sind in der Regel aus dem gleichen Werkstoff wie die Dachrinne.

Manchmal werden jedoch auch PVC-Fallrohre verwendet. Sie müssen UV-stabilisiert sein (keine HT- oder KG-Rohre verwenden!).

> Runde Rohre:
> - bieten bei gleichem Zuschnitt einen größeren Querschnitt als eckige
> - sind am einfachsten anzufertigen und anzubringen

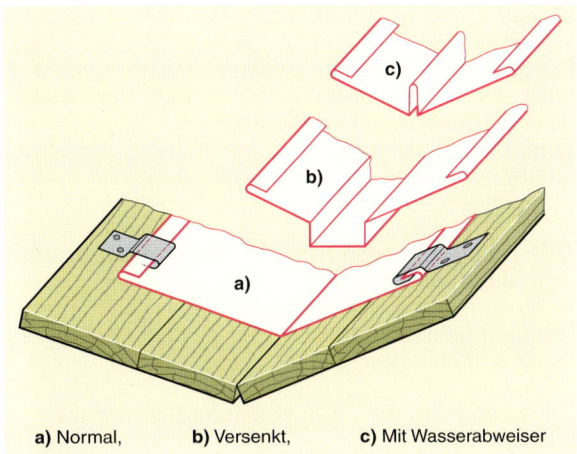

a) Normal, **b)** Versenkt, **c)** Mit Wasserabweiser

1 Kehlrinnen

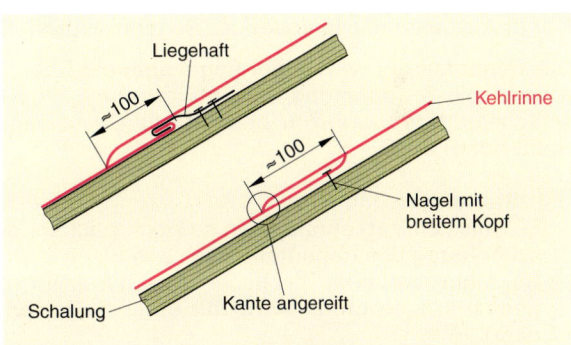

Nahtkanten angereift, um Kapillarwirkung auszuschließen.

2 Quernähte an Kehlrinnen

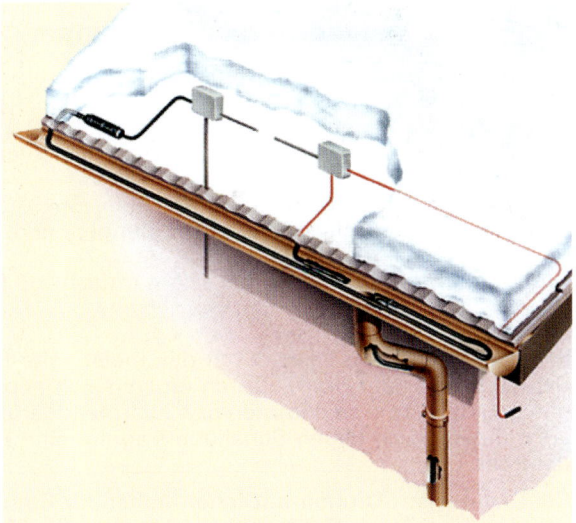

3 Elektrisches Heizband für Dachrinnen

Man verwendet 2 m lange Rohrstücke, die > 50 mm ineinander gesteckt werden sollen. Quernähte werden kaum mehr gelötet. Bei jeder Stecknaht wird das Rohr mit einer Rohrschelle mit gekröpftem Einschlagstift im Mauerwerk befestigt, ➜ 316.1.

Ist das Mauerwerk mit einer Wärmedämmschicht > 10 cm dick verputzt, sind zur Befestigung des Regenfallrohrs **Isolier-Verankerungen** zu verwenden, → 1, links oben. Die Isolier-Verankerungen verhindern, dass Wärmebrücken entstehen.
Eine Sicke im Fallrohr, ein daran angenieteter Blechstreifen oder eine angelötete Halbrundwulst verhindern dessen Abrutschen.

Die Dachrinne wird mit dem Regenfallrohr verbunden durch, → 2:
• ein konisches Schrägrohr
• einen Schwanenhals
• einen Schweizer Bogen

Am häufigsten wird das **konische Schrägrohr** verwendet.
Stilgründe können aber auch **Schwanenhals** oder **Schweizer Bogen** erfordern.

Nur in Ausnahmefällen endet das Regenfallrohr frei.

Das Regenfallrohr wird in der Regel über ein Standrohr an die Grundleitung der Entwässerung angeschlossen. Das Standrohr besteht aus Gusseisen, Stahl oder PE-HD.

Für **Standrohre** gilt:
• Es muss an Verkehrsflächen so hoch reichen, dass eine Beschädigung des Regenfallrohres aus Blech vermieden wird.
• Der Übergang vom Blechrohr zum Standrohr darf nicht abgedichtet werden; er wird mit einer Halbrundwulst abgedeckt, → 1.

Zur Regenwasserentnahme, z. B. zum Blumengießen, können in Regenfallrohren **Regenwasserklappen** eingebaut werden, → 3.

9.2.3 Innen liegende Regenfallleitungen

Bei Flachdächern wird das Regenwasser häufig innen im Gebäude abgeführt.
Innen liegende Regenfallleitungen müssen bei Rückstau im Kanal oft hohem Innendruck standhalten. Deshalb verwendet man Rohre aus
• Gusseisen, evtl. mit Sicherungsschellen, → 137.2
• PE-Rohre mit geschweißten Verbindungen, → 139.2

Rohre mit Steckmuffen eignen sich nur für $p \leq 0,5$ bar. Blechrohre dürfen nicht verwendet werden.

In warmen Räumen kann durch das meist kalte Regenwasser Schwitzwasser am Rohräußeren entstehen. Dann sind Leitungen gegen Wärme zu dämmen bzw. wärmegedämmte Rohre zu verwenden. Auch gegen Schallübertragung sind Rohre ggf. zu dämmen.

Bei Dachkonstruktionen mit innen liegender Rinnenentwässerung und bei Flachdächern in Leichtbauweise (Trapezdächer) sind **immer Notüberläufe** vorzusehen.
Von jedem Dachablauf aus muss ein freier Abfluss auf der Dachabdichtung zu einem Notüberlauf führen. Wenn ein freier Notüberlauf über die Fassade nicht möglich ist, muss eine zusätzliche Leitung, mit freiem Auslauf auf das Grundstück, diese Aufgabe übernehmen. Die Unterkante des Notüberlaufs muss über der erforderlichen Stauhöhe des gewählten Dachablaufs liegen.

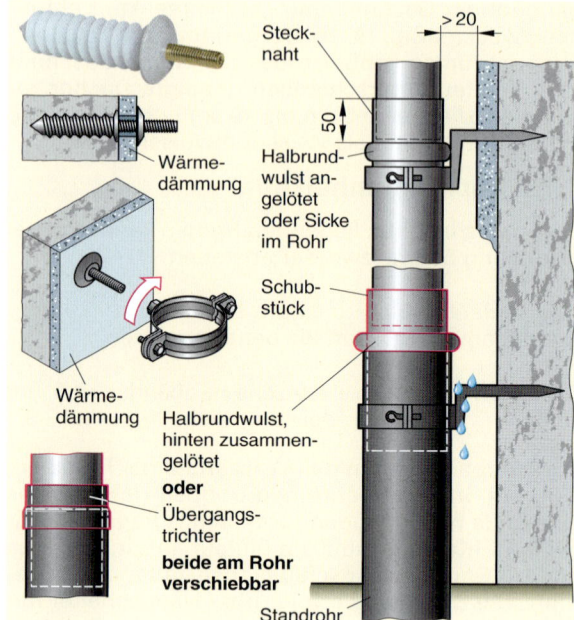

1 Konstruktive Details am Regenfallrohr

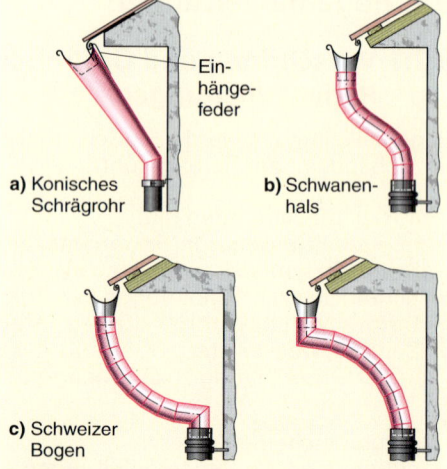

a) Konisches Schrägrohr
b) Schwanenhals
c) Schweizer Bogen

2 Verbindung von Dachrinnenstutzen mit dem Regenfallrohr

3 Regenwasserklappe

9

316

9.2.4 Dachabläufe

Dachabläufe leiten Regenwassers, das sich auf der Dachhaut sammelt, durch die Dachkonstruktion den innen liegenden Regenfallleitungen zu. Dazu muss die Dachhaut mit Gefälle zum Dachablauf verlegt sein.

Dachabläufe müssen wasserdicht in die Dachhaut eingebunden werden. Dazu besitzen Dachabläufe einen breiten Klemm- oder Klebeflansch zum Einklemmen oder Aufkleben der obersten Dachabdichtungsbahn, z. B. Bitumenbahn oder hochpolymere Folie, ➜ 1.

Dachabläufe sind aus Gusseisen, Edelstahl, Kunststoff wie PP, PE, PUR und aus Kombinationen PUR/Edelstahl. Gegen Schwitzwasserbildung gibt es werkseitig wärmegedämmte Dachabläufe.

Für Dachabläufe gilt:
• Ablauf und ein Notüberlauf bzw. Notablauf erforderlich; die Größe von Notüberläufen sind zu berechnen. Nur für Balkone o. Ä. genügt ≥ 40 mm lichte Weite.
• Bei größeren innen liegenden Dächern sind ausreichend Notüberläufe vorzusehen.

Dachabläufe unterscheidet man nach:
• Dachart
• Ablaufsystem

Dachabläufe nach Dachart gibt es für:
• Kaltdächer
• Warmdächer

Kaltdächer sind zweischalige Dächer bestehend aus:
• Unterkonstruktion, als Träger der Dachhaut
• der obersten Geschossdecke mit darüber liegender Wärmedämmung

Zwischen den beiden Schalen befindet sich ein durchlüfteter Dachraum.

Beim Dachablauf für Kaltdach ist nur ein Flansch zum dichten Anschluss der Dachhaut nötig, ➜ 1.

Warmdächer sind einschalige Dächer, bei denen die oberste Geschossdecke gleichzeitig Unterkonstruktion für den gesamten Dachaufbau, einschließlich der nötigen Wärmedämmung.

Feuchte darf nicht in die Wärmedämmung eindringen, sonst ginge deren Dämmwirkung verloren.

Deshalb wird die Wärmedämmung vor Feuchte geschützt
• von oben her: durch die Dachhaut.
• von innen her: durch eine polymere Folie, ➜ 2

Feuchte von innen her entsteht durch Wasserdampf, der in der Raumluft enthalten ist.

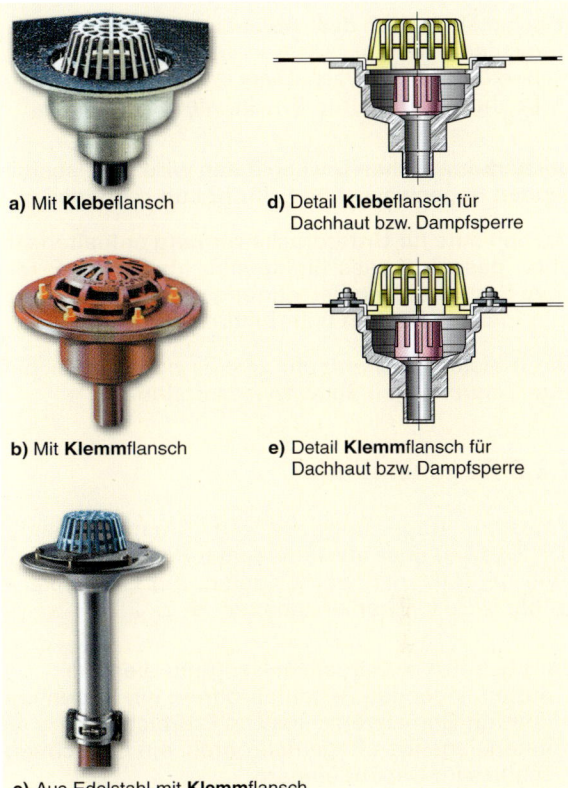

a) Mit **Klebe**flansch

d) Detail **Klebe**flansch für Dachhaut bzw. Dampfsperre

b) Mit **Klemm**flansch

e) Detail **Klemm**flansch für Dachhaut bzw. Dampfsperre

c) Aus Edelstahl mit **Klemm**flansch

1 Dachabläufe für Kaltdach

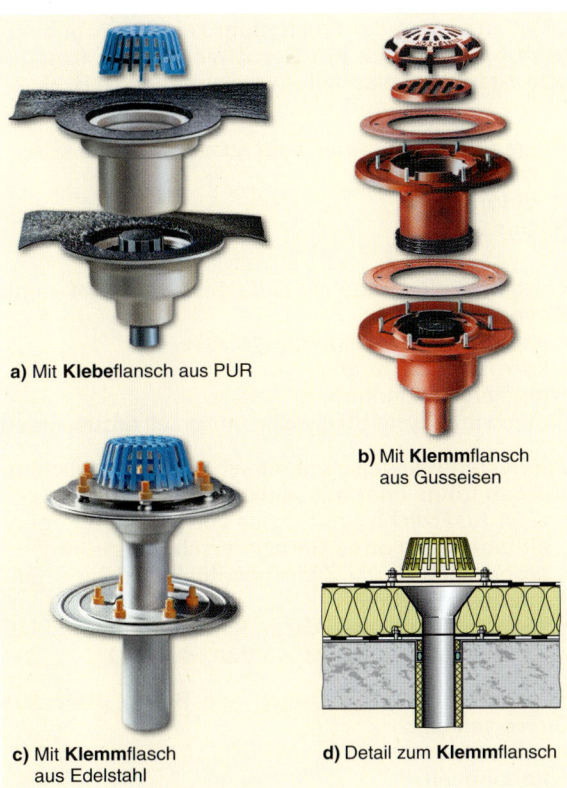

a) Mit **Klebe**flansch aus PUR

b) Mit **Klemm**flansch aus Gusseisen

c) Mit **Klemm**flasch aus Edelstahl

d) Detail zum **Klemm**flansch

2 Dachabläufe für Warmdach

Dachabläufe nach dem Ablaufsystem werden unterschieden in:
- herkömmlicher Dachablauf
- Dachablauf für Unterdrucksystem

Bei **herkömmlichen Dachabläufen** wird vom abstürzenden Regenwasser im Fallrohr Luft mitgerissen.

Dachabläufe für Unterdruckströmung enthalten ein oben geschlossenes Einlaufsieb, das beim Erreichen des jeweiligen Berechnungsregens die Luftzufuhr in die Leitungen unterbindet, ➔ 1, s. Kap. 9.3.

Die meisten Dachabläufe gibt es auch beheizbar zum Schutz gegen Schwitzwasserbildung.

9.2.5 Regeneinläufe

Münden Regenfallrohre auf Dachterrassen, Dachgärten oder vor bewohnten Räumen, so ist, wie bei Balkonentwässerungen, ein Geruchverschluss frostsicher einzubauen, ➔ 2.

Zum Schutz vor Geruchsbelästigung dient bei:
- außen liegenden Regenfallrohren: ein Regeneinlauf mit Geruchverschluss im Erdreich, ➔ 2
- innen liegenden Regenfallrohren: ein Geruchverschluss im Gebäudeinnern

Das Regenwasser von Balkonen, Terrassen u. Ä. ist in gesonderten Leitungen abzuführen. Die Einläufe erhalten wegen der Frostgefahr keinen Geruchverschluss, jedoch ist ein Geruchverschluss frostgeschützt in die Ablaufleitung einzubauen, z. B. ➔ 2.

Regeneinläufe können sein aus:
- Kunststoff
- Beton
- Gusseisen

Vorteilhaft sind Regeneinläufe **aus Kunststoff**, denn diese sind:
- leicht, haben eine geringe Masse
- korrosionsbeständig
- einfach zu handhaben
- durch ihre Systembauweise universell anzuwenden

Die Systembauweise mit verschiedenen Zwischenstücken (ohne oder mit seitlichem Zulauf):
- lässt zusätzliche Anschlüsse von anderen Regeneinlaufstellen ohne Geruchverschluss zu, ➔ 2
- eignet sich durch Zwischenstücke für jede Einbautiefe, ➔ 296.2
- kann verschiedenen Geländeneigungen und Plattenbelägen angepasst werden, ➔ 295.1

Regeneinläufe für Erdreich aus **Beton oder aus Gusseisen** sind:
- sehr schwer
- unhandlich
- erfordern wesentlich längere Einbauzeiten

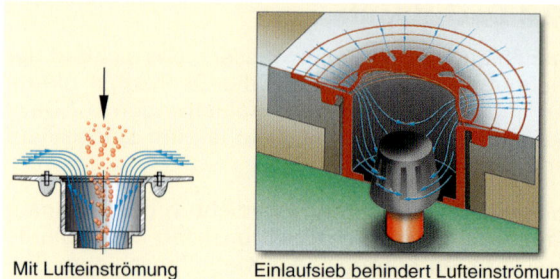

Mit Lufteinströmung
a) Herkömmlicher Dachablauf

Einlaufsieb behindert Lufteinströmung
b) Dachablauf für Druckrohrsystem

1 Luftströmung in Dachabläufen

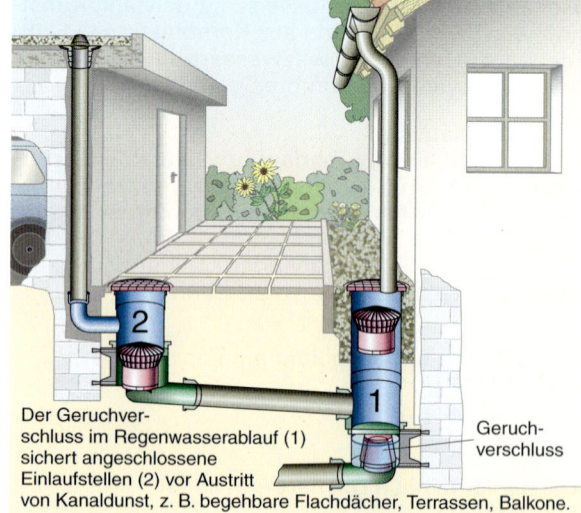

Der Geruchverschluss im Regenwasserablauf (1) sichert angeschlossene Einlaufstellen (2) vor Austritt von Kanaldunst, z. B. begehbare Flachdächer, Terrassen, Balkone.

Geruchverschluss

2 Regenwassereinlauf 1 mit Geruchverschluss – schützt hier 2 Ablaufstellen

9.3 Dachentwässerung mit Druckrohrströmung

Beim Dachentwässerungssystem mit Druckrohrströmung (**DED-System**) wird gezielt die Vollfüllung der Leitungen angestrebt. Manchmal findet man statt DED auch den Ausdruck **UV-System** (Unterdruck-Dachentwässerung mit Vollfüllung).

Die Vollfüllung wird erreicht durch:
- DED-Dachabläufe oder DED-Dachrinneneinläufe
- hydraulischen Abgleich des Dachentwässerungssystems

DED-Dachabläufe oder DED-Dachrinneneinläufe verhindern bei Erreichen des berechneten Regenwasserstromes das Ansaugen von Luft, ➔ 1, 319.1.

DED-Dachabläufe, auch beheizbare, sind aus:
- Kunststoff mit Anschlussstutzen aus PE-HD
- Edelstahl
- Gusseisen

Entsprechende **Rinneneinläufe** sind aus Edelstahl-, Kupfer- oder Titanzinkblech für einen Durchfluss bis 12 l/s, ➔ 319.2.

Der **hydraulische Abgleich des Dachentwässerungssystems** erfordert eine genaue Berechnung der Rohrweiten. Zu dieser Rohrweitenberechnung bieten die Hersteller Softwareprogramme mit Schulung an.

Der Unterdruck im DED-System ergibt sich aus der Höhe der vollgefüllten Fallleitung. Die Mindesthöhe der Fallleitung ist abhängig von der Rohrnennweite, z. B. bei
- DN ≤ 70: $h \geq 3$ m
- DN ≥ 90: $h \geq 5$ m

Vorteile und Kosteneinsparung durch das DED-System, → 3:
- die Dachläufe lassen große Abflüsse zu:
  - bei DN 50: ≤ 6 l/s
  - bei DN 100: ≤ 12 l/s gegenüber ≤ 4,5 l/s (herkömmlich)
- damit sind weniger Abläufe nötig
- wesentlich geringerer Leitungsquerschnitt (etwa ¼) als herkömmlich
- geringere Leitungslängen
- weniger Fallleitungen
- Rohrgräben, Schächte und Grundleitungen entfallen
- kürzere Bauzeit durch einfachere Montage
- Selbstreinigung der Leitungen durch hohe Fließgeschwindigkeiten (etwa 2 m/s bis 8 m/s)
- liegende Leitungen ohne Gefälle, damit einheitliches Höhenniveau, lichte Durchfahrtshöhe überall gleich groß (Gabelstapler, Lastzüge, Flugzeuge) und damit bessere Hallenausnutzung
- geringe Belastung der Dachkonstruktion durch:
  - geringe Masse der abgehängten Leitungen
  - weniger Wasseraufstau auf dem Dach

Das System ist besonders geeignet für große Verwaltungsgebäude, Sporttribünen, Großhallen wie Bahnhofs-, Lager-, Sport-, Flughafen-, Flugzeug-, Frachtguthallen. Es eignet sich für Warm- und Kaltdächer.

Rohre beim DED-System:
- PE-HD-Rohre
- Gussrohre (SML und VML)

Das VML-Rohr ist ein Verbund von SML-Rohr und Wärmedämmschicht, evtl. mit eingeschäumter Begleitheizung. Es wird eingesetzt, wenn Schwitzwassergefahr droht.

Rohrverbindungen müssen vor allem den auftretenden Unterdruckbelastungen durch die hohen Fließgeschwindigkeiten bis zu 10 m/s standhalten.

Verbunden werden:
- PE-HD-Rohre: durch Spiegelschweißen oder mit Elektromuffen, siehe Kap. 4.2.5.4
- Gussrohre: mit Chromstahl-Spannverbindern wie bei normalen Abwasserleitungen; an Stellen, die längskraftschlüssig sein müssen, montiert man zusätzlich Sicherungsschellen, → 137.1

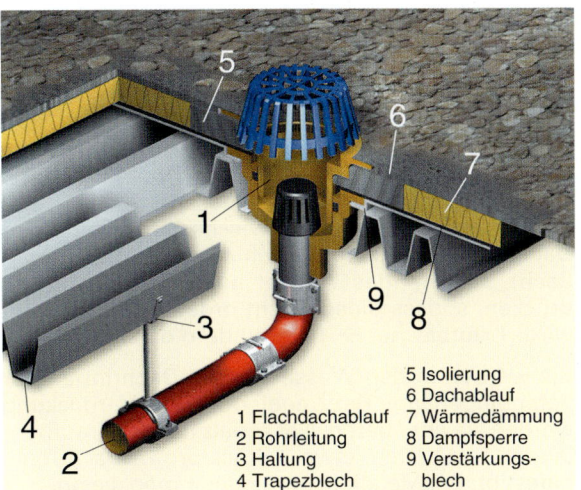

5 Isolierung
6 Dachablauf
1 Flachdachablauf   7 Wärmedämmung
2 Rohrleitung   8 Dampfsperre
3 Haltung   9 Verstärkungs-
4 Trapezblech   blech

1 DED-Dachablauf in einem Trapezdach (Warmdach)

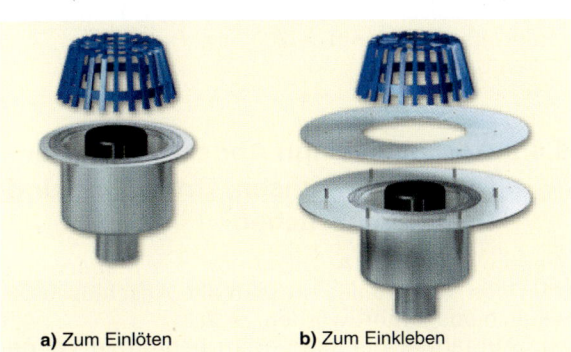

a) Zum Einlöten   **b)** Zum Einkleben

2 Rinneneinlauf für DED

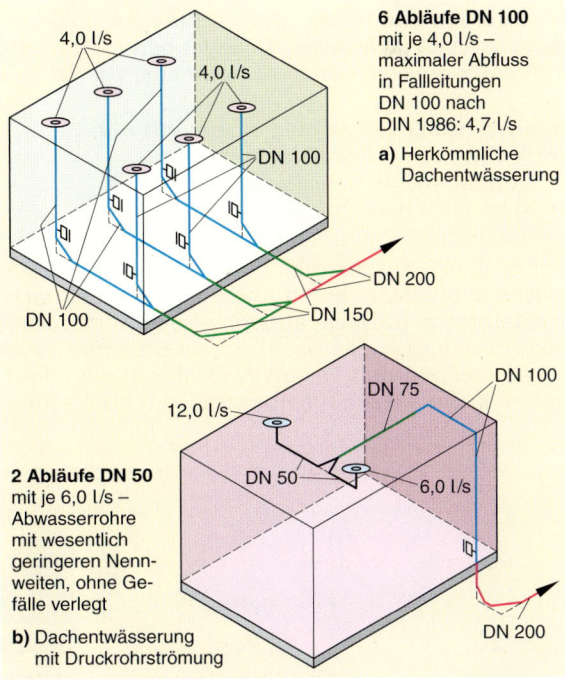

4,0 l/s
4,0 l/s
DN 100
DN 100
DN 200
DN 150

6 Abläufe DN 100 mit je 4,0 l/s – maximaler Abfluss in Fallleitungen DN 100 nach DIN 1986: 4,7 l/s

a) Herkömmliche Dachentwässerung

DN 75
DN 100
12,0 l/s
DN 50
6,0 l/s
DN 200

2 Abläufe DN 50 mit je 6,0 l/s – Abwasserrohre mit wesentlich geringeren Nennweiten, ohne Gefälle verlegt

b) Dachentwässerung mit Druckrohrströmung

3 Vergleich der Rohrweiten und der Zahl der erforderlichen Dacheinläufe bei Dachentwässerungen

9.4 Traufbleche, Maueranschlüsse und -abdeckungen, Ortgangbleche, Einfassungen

9.4.1 Traufbleche

Der Wind kann, vor allem bei flachen Dächern und größerem Zwischenraum zwischen Dachrinne und Dachhaut (Dachziegel, Schieferplatten, Metalldach), ablaufendes Wasser hinter die Dachrinne drücken, sodass dieses nicht ordentlich abgeleitet wird. Traufbleche, ➜ 1, verhindern dies.

Sie werden in den Wasserfalz der Dachrinne oder tiefer eingehängt. Bei Ziegel- oder Schieferdeckung werden sie am oberen Wasserfalz auf der Traufbohle mit Liegehaften, etwa 3 Stück pro m Dachrinne, befestigt. Bei Metalldächern nagelt man sie an.

> Das Traufblech soll ≥ 150 mm auf die Traufe hinaufgreifen, Zuschnitt ≥ 200 mm (> 10-teilig).

9.4.2 Anschlüsse und Abdeckungen von Mauern, Gesimsen, Ortgängen und Dachdurchbrüchen

Wegen möglicher Absetzungen des Mauerwerks oder des Dachstuhles müssen alle Anschlüsse beweglich ausgeführt werden, ➜ 2.
Zur Aufnahme der temperaturbedingten Längenänderungen sind Dehnungsmöglichkeiten vorzusehen, z. B. ➜ 322.1a.

Man spricht von linken bzw. rechten Anschlüssen der Dachhaut an Mauern, Dachgauben u. Ä. Es gilt immer die Ansicht von der Straße aus, vgl. ➜ 3.

> **Maueranschlüsse** werden ausgeführt mit:
> • Seitenblech (Winkelblech)
> • Noggen (Schichtbleche, Schichtstücke)
> • Kappleiste (Überhangstreifen)

Bei großem Wasseranfall verwendet man **Seitenbleche** mit Rinne oder mit Abweiser, ➜ 4. Bei Dachausbauten, z. B. Dachgauben, wird zum stirnseitigen Anschluss an die Dachhaut ein Brustblech zwischen rechtem und linkem Winkelblech eingefalzt, vgl. ➜ 3. Der Zuschnitt beträgt 250 mm bis 400 mm.

Kappleisten schließen Seitenbleche, Noggen u. Ä. nach oben ab. Ihr oberer Rand ist verschieden bei Kappleisten für Mauerwerk mit nachträglichem Putzauftrag zu denen für Klinkermauerwerk, ➜ 321.1. Befestigt werden sie mit Mauerhaken in Dübeln.

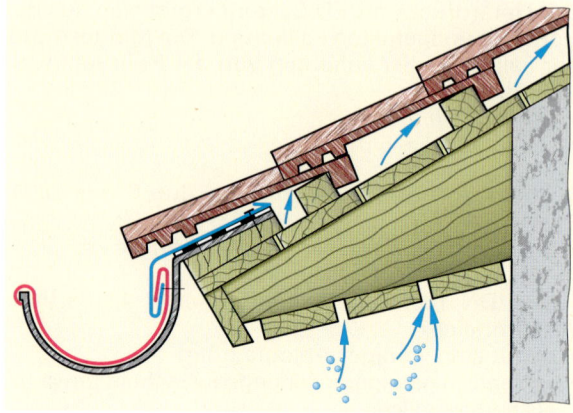

1 Traufbleche – hier in Rinnenfeder eingehängt

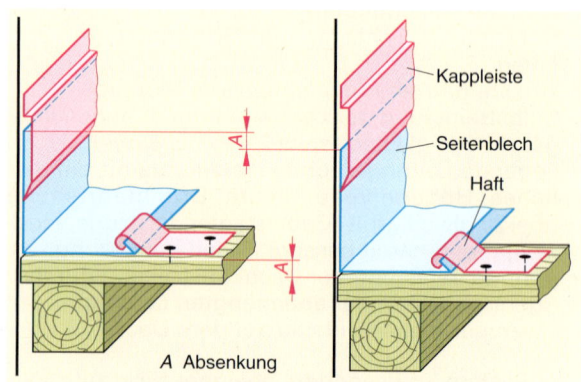

2 Bewegliche Anschlüsse an das Mauerwerk

A Absenkung

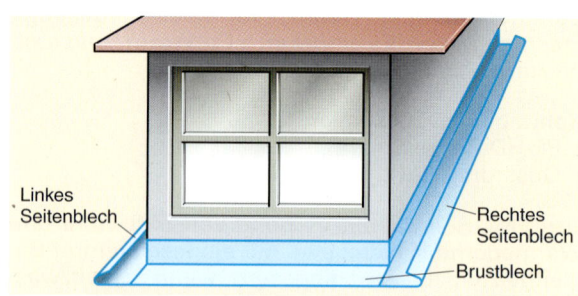

3 Benennen der Anschlussbleche: rechts – links

Linkes Seitenblech

Rechtes Seitenblech

Brustblech

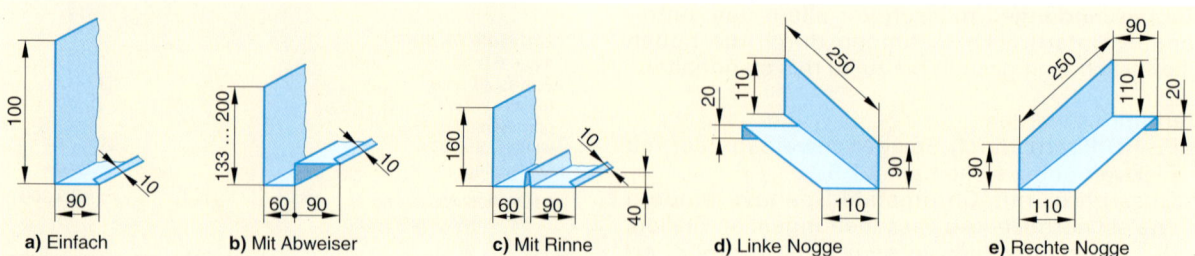

a) Einfach   b) Mit Abweiser   c) Mit Rinne   d) Linke Nogge   e) Rechte Nogge

4 Seitenbleche (Winkelbleche)

Bei Biberschwanzziegeln deckt man, vor allem in Süddeutschland, mit **Noggen** ein, ➜ 2. Weil diese schichtförmig mit den Ziegeln verlegt werden, heißen sie mancherorts auch **Schichtbleche** oder **Schichtstücke**.

Bei Klinkermauerwerk soll keine Fuge mit der Trennscheibe ins Mauerwerk geschnitten werden (verletzte Glasur lässt Wasser ansaugen).

Besser ist, die Naht zwischen Kappleiste und Mauerwerk mit dauerelastischem Kitt abzudichten (vorher Primeranstrich – Rückfrage beim Lieferanten!).

Der Zuschnitt von Kappleisten ist 100 mm. Die Industrie liefert sie zum Einhängen in eine Putzleiste oder mit eingelegtem Dichtstreifen. Diese Leisten werden angeschraubt.

Ortgänge sind der Dachabschluss an den Giebelseiten von Gebäuden. Ortgangbleche, ➜ 4, sollen vor allem die Eindeckung vor dem Abheben bei Windangriff schützen und verhindern, dass Regenwasser das Giebelmauerwerk durchnässt und Wasserstreifen im Putz verursacht.

Gesimse sind Vorsprünge im Mauerwerk, häufig reich profiliert und meist aus Sandstein. Man unterscheidet:
• Hauptgesims
• Gurt- oder Bandgesims
• Fenstergesims

Um Regenwasser vom Gestein und vom Mauerwerk abzuhalten und damit die Verwitterung zu stoppen, müssen die Gesimse mit Blech abgedeckt werden.

Die Abtropfkante der Abdeckung muss mindestens 40 mm vorstehen (an der Wetterseite möglichst mehr) oder die Abdeckung ist über die Vorderseite des Gesimses herabzuziehen. Als Tropfkanten und zur Verstärkung sind Wulste, Dreikante oder schräg bzw. senkrecht stehende Umschläge zweckmäßig, ➜ 3.

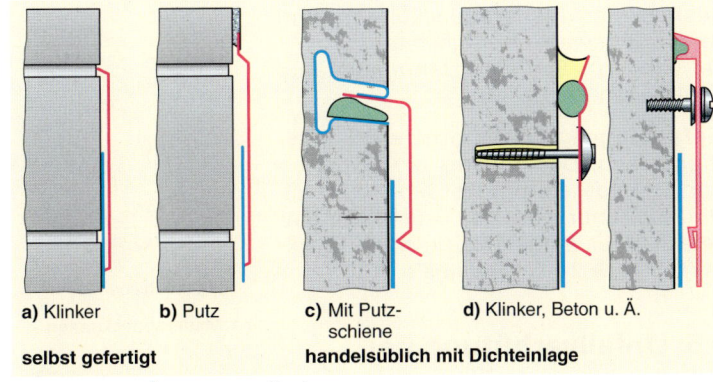

a) Klinker   **b)** Putz   **c)** Mit Putzschiene   **d)** Klinker, Beton u. Ä.

selbst gefertigt   handelsüblich mit Dichteinlage

1 Kappleisten (Überhangstreifen)

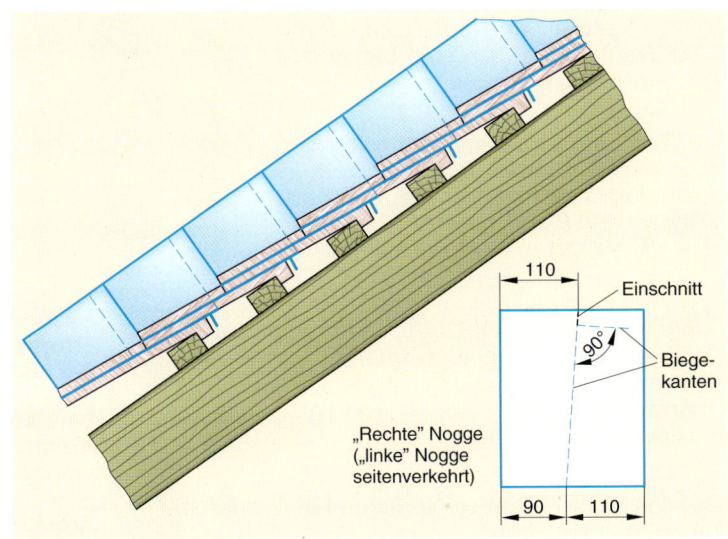

110   Einschnitt

90°   Biegekanten

„Rechte" Nogge („linke" Nogge seitenverkehrt)

90   110

2 Noggen für Biberschwanzdeckung

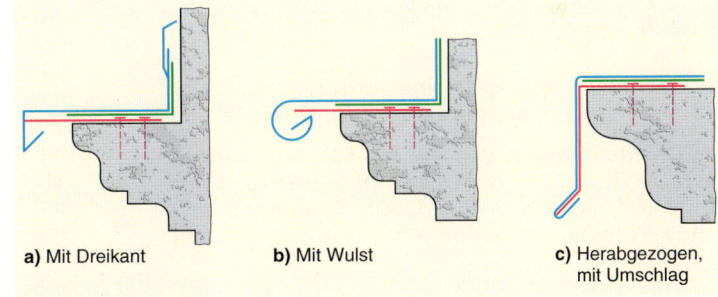

a) Mit Dreikant   **b)** Mit Wulst   **c)** Herabgezogen, mit Umschlag

3 Gesimsabdeckungen

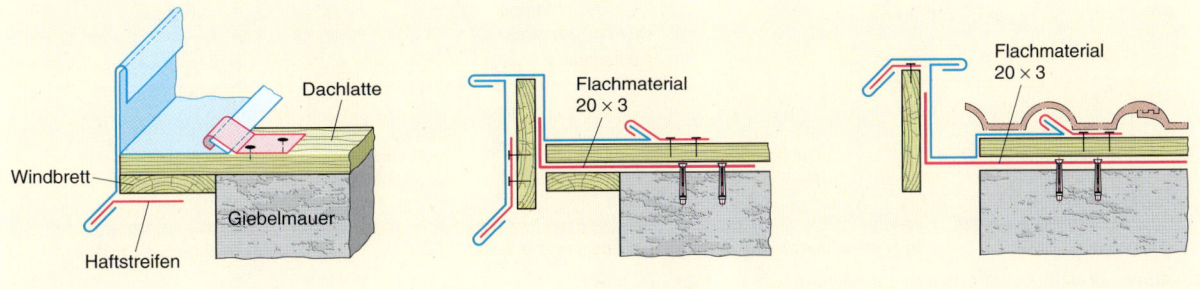

Dachlatte

Windbrett

Giebelmauer

Haftstreifen

Flachmaterial 20 × 3

Flachmaterial 20 × 3

4 Ortgangbleche für Giebelkanten

9

Gesims- und Mauerabdeckungen sind ebenfalls beweglich zu gestalten.
Bei Längen > 8 m sind Dehnungsnähte einzubauen, ➔ 1.

Einfassungen für Schornsteine, Ausstiegsluken, Dachfenster u. Ä. können zum Teil vorgefertigt werden. Am Dach wird dann nur noch das Brustblech eingefalzt oder eingelötet, je nach Werkstoff. Bild ➔ 2 zeigt Beispiele.

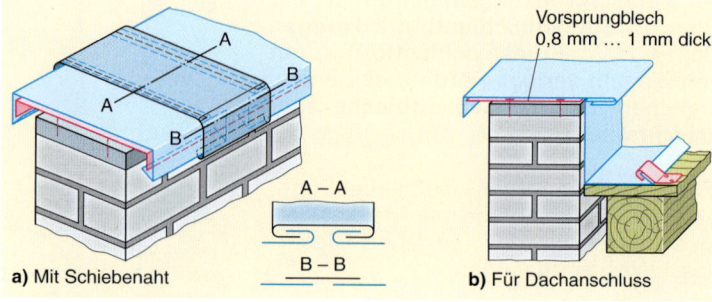

a) Mit Schiebenaht   b) Für Dachanschluss

1 Mauerabdeckungen

9.5 Unfallverhütung bei Dacharbeiten

Bei Arbeiten an und auf Dächern mit einer Traufhöhe ≥ 3 m sind besondere Vorschriften zu beachten.

Vor Beginn aller Dacharbeiten sind die neuesten Fassungen der Unfallverhütungsvorschriften UVV „Leitern und Tritte" (BGV[1] D 36) und UVV „Bauarbeiten" (BGV C 22) zu berücksichtigen.

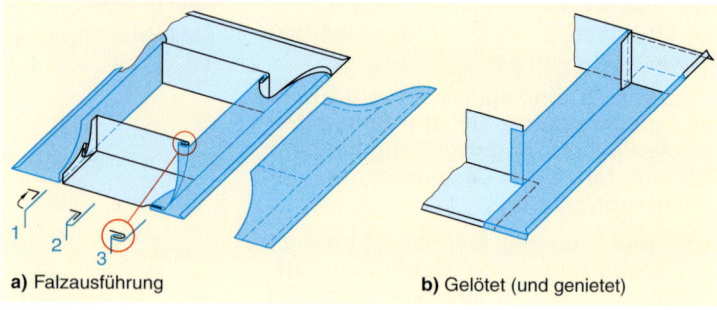

a) Falzausführung   b) Gelötet (und genietet)

2 Einfassungen

Wegen deren großen Umfangs können hier nur Auszüge wiedergegeben werden:
- Gerüste
- Anlegeleitern
- allgemeine Vorschriften

Bei den **Vorschriften zu Gerüsten** bei Dacharbeiten wird unterteilt in:
- Dachneigung < 20°
- Dachneigung ≥ 20° bis 60°
- Dachneigung > 60°

Bei **Dachneigungen < 20°** sind Absturzsicherungen, z. B. dreiteilige Seitengerüste, nötig, ➔ 3a.

Bei **Dachneigungen von 20° bis 60°** sind Fanggerüste ➔ 3b, 323.1, bzw. Dachfanggerüste (Dachfangwand, siehe auch BGV C 22), nötig, um abstürzende Personen aufzufangen. Zusätzlich sind bei

Dachneigungen > 45° „besondere Arbeitsplätze" erforderlich, ➔ 3c, wie Dachdeckerstühle, ➔ 323.2, Dachdeckerauflageleitern.

Bei **Dachneigungen > 60°** sind auf den Dachflächen Arbeitsgerüste erforderlich, ➔ 3d, da keine Dachfanggerüste mehr möglich sind.

Arbeiten auf Anlegeleitern sind nur zulässig, wenn:
- der Standplatz < 2 m Höhe aufweist
- bei Höhen zwischen 2 m - 7 m die Arbeit je Tag für alle Beschäftigten zusammen < 2 Stunden dauert
- die Windangriffsfläche des mitgeführten Materials, z. B. Blechstück, < 1 m² ist
- mitgeführtes Material und Werkzeug ≤ 10 kg wiegt
- von Stoffen und Geräten keine Gefahren ausgehen wie von Löt- oder Schweißgeräten, Bohrmaschinen, Trennschleifern
- der Beschäftigte mit beiden Füßen auf einer Sprosse steht

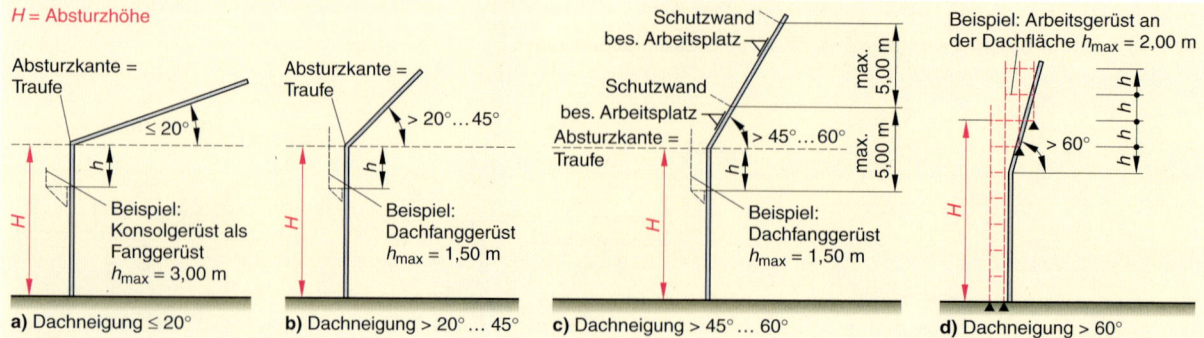

a) Dachneigung ≤ 20°   b) Dachneigung > 20° … 45°   c) Dachneigung > 45° … 60°   d) Dachneigung > 60°

3 Schutzmaßnahmen bei Arbeiten auf Dächern mit Traufhöhen > 3 m

[1] BGV: Berufsgenossenschaften – Vorschrift

Aus den **allgemeinen Vorschriften** zu Dacharbeiten sind ausgewählt:
• Leitern und Tritte
• Ablegen von Werkzeugen und Geräten
• Arbeitsschutzkleidung

Leitern und Tritte müssen BGV D 36 entsprechen:
• Leitern sind so aufzubewahren, dass sie sich nicht verziehen oder Witterungsschäden erleiden.
• Vor jeder Benutzung sind sie auf einwandfreien Zustand zu prüfen.
• Sprossen dürfen nicht aufgenagelt oder aufgeschraubt sein (Ausnahme: Dachleitern, die in Leiterhaken hängen und auf dem Dach aufliegen).
• Holzleitern dürfen nicht mit deckendem Anstrich versehen sein.
• Dachauflegeleitern dürfen:
  - nicht in die Dachrinne gestellt werden
  - nicht nur mit der obersten Sprosse in Dachhaken eingehängt werden
  - nur bei Dachneigungen ≤ 75° eingesetzt werden
• Leitern und Tritte dürfen nicht durch Hocker, Stühle, Kisten, Steine o. Ä. ersetzt werden.

Beim **Ablegen von Werkzeugen und Geräten** ist darauf zu achten, dass sie:
• gegen Herabfallen gesichert sind
• nie auf Leiterpodesten, fahrbaren Arbeitsbühnen o. Ä. liegenbleiben

Anlegeleitern als Verkehrswege, z. B. Aufstieg auf Gerüste oder Dächer, sind nur zulässig:
• bei Höhen ≤ 5 m oder für kurzzeitige Bauarbeiten
• wenn sie gegen Abrutschen gesichert sind
• wenn ihre Holme den oberen Anlegepunkt um ≥ 1 m übertragen

Arbeitsschutzkleidung wie Schutzhelme, gut anliegende Kleidung, rutschsicheres und festes Schuhwerk helfen Unfälle vermeiden. Sie zu tragen ist Pflicht.

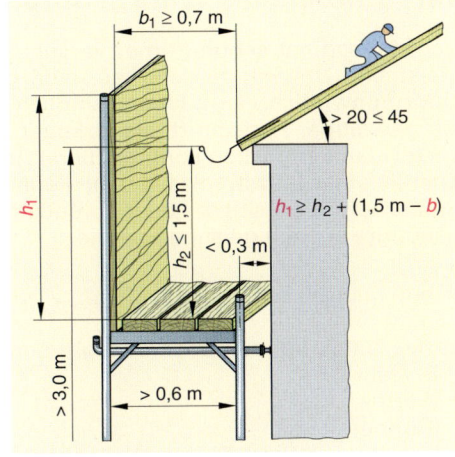

1 Dachfanggerüst – Abmessungen

1 Verstelleinrichtung zum Anpassen an verschiedene Dachneigungen (mit Absteckdornen sichern)
2 Abrutschen der Belagbohle durch Aufkantungen sichern
3 Dachhaken auf Festigkeit prüfen
4 Belagbohlen ≥ 40 mm dick; ≥ 240 mm breit

2 Dachdeckerstuhl auf Gleitbürsten mit Sicherheitsseilen an Dachhaken hängend

Übungen:

1. Welche Unterschiede gibt es bei Dachrinnen nach Form und Montage?
2. Nennen Sie fünf Bauteile zu Dachrinnen und geben Sie deren Aufgaben an.
3. a) Welche Werkstoffe werden für Dachrinnen und außen liegende Fallrohre verwendet?
   b) Woraus sind die zugehörigen Befestigungsteile?
4. Welche Dehnungsmöglichkeiten gibt es für Dachrinnen? Fertigen Sie dazu auch Skizzen an.
5. Beschreiben Sie das Anbringen vorgehängter Dachrinnen.
6. Wann verwendet man Kehlrinnen? Skizzieren Sie Formen.
7. Warum darf in Regenfallrohre kein Schmutzwasser geleitet werden und umgekehrt?
8. Wie bestimmt man den Querschnitt von Regenfallrohren?
9. Wie sind Regenfallrohre anzubringen?
10. Nennen Sie Materialien und Aufgaben für Standrohre.
11. Skizzieren Sie Verbindungsstücke zwischen Dachrinnen und außen liegenden Regenfallrohren.
12. Unterscheiden Sie Kaltdach und Warmdach.
13. Wann erhält ein Regenfallrohr einen Geruchverschluss?
14. Welche Vorteile bieten Regeneinläufe mit Geruchverschluss aus Kunststoff?
15. a) Was versteht man unter Dachentwässerung mit Druckrohrströmung (DED)?
    b) Beschreiben Sie das System in Stichworten.
16. Welche Werkstoffe kommen bei der DED zum Einsatz?
17. Welche Vorteile bietet die Dachentwässerung mit Druckrohrströmung?
18. Wozu benötigt man Traufbleche?
19. Wie sind Anschlüsse der Dachhaut an Mauerwerk auszuführen? Warum?
20. Skizzieren Sie verschiedene Arten von
    a) Seitenblechen
    b) Kappleisten
    c) Ortgangblechen
21. Skizzieren Sie eine Schornsteineinfassung und listen Sie die Arbeitsgänge auf.
22. Wann sind bei Arbeiten an Dächern Fanggerüste nötig?
23. Welche Vorschriften gelten bei Arbeiten mit Anlegeleitern?
24. Ab welcher Höhe sind Anlegeleitern nicht zulässig?
25. Ab welcher Arbeitshöhe sind an Dächern Gerüste nötig?

10 Energie

10.1 Energie als Wahrnehmung

Der Mensch hat schon immer versucht, sich eine künstliche Umwelt zu schaffen, weil die natürliche zu unwirtlich, ja oft lebensfeindlich ist. Es war ein gewaltiger Fortschritt, als er Feuer bewahren, später dann entfachen konnte. Zuerst nutzte er die Energie eines Blitzstrahles, der ein Feuer entfachte. Später lernte er, selbst Feuer zu entzünden. Dazu benötigte er auch geistige Energie.

> Ohne Energie kein Leben.

In der Natur freiwerdende Energie bemerken wir z. B. als:
- Wärme
- (Sonnen-)Licht
- Bewegung (Wind, Sturm, Wellen)
- Schall (Donner, Heulen des Windes)

Jeder Körper enthält Energie, auch der menschliche. Von außen ist dies oft nicht erkennbar. Nur wenn Energie freigesetzt wird, kann man dies an den Auswirkungen feststellen.

Beispiel:
- Der Kohle kann man nicht ansehen, dass sie Energie enthält. Nur beim Verbrennen spürt man Wärme: Chemische Energie wird in Wärmeenergie umgewandelt.
- Gewaltige Energiemengen können in einem Stausee gespeichert sein.

> Energie ist gespeicherte Arbeit, d. h. Energie hat die Fähigkeit, Arbeit zu verrichten.

Ein einfaches Beispiel dafür ist das Wasserrad, → 1. Durch die Energie des Wassers wird das Wasserrad in Bewegung gesetzt. Die dabei entstehende mechanische Arbeit wurde früher genutzt, z. B. zum Antrieb des Mühlsteins.

> Energie lässt sich einteilen nach:
> - Energieformen
> - Energieträger
> - Energiestufen

10.2 Energieformen

> Energie kann uns in vielerlei Formen begegnen, z. B. als:
> - mechanische Energie
> - Wärmeenergie
> - chemische Energie
> - elektrische Energie
> - Kernenergie

Mechanische Energie zeigt sich als:
- potenzielle Energie oder Lageenergie
- kinetische Energie oder Bewegungsenergie

1 Energie aus Wasserkraft

Potenzielle Energie oder Lageenergie besitzt jeder Körper, der:
- im Schwerefeld der Erde eine gewisse Höhenlage hat, wie z. B. ein hochgezogenes Uhrgewicht
- mechanische Spannung hat, z. B. die aufgezogene Feder einer Uhr

Mit **kinetischer oder Bewegungsenergie** werden die Mühlen, Sägewerke, Hammerschmieden angetrieben oder es wird Strom über Turbinen und Generatoren erzeugt. Bewegungsenergie kann aber auch verheerende Schäden anrichten, z. B. beim Brechen einer Staumauer, bei Lawinenabgängen.

Wärmeenergie bzw. Wärme (**thermische Energie**) ist die Bewegungsenergie kleinster Teilchen, vgl. Kap. 3.2 und Kap. 10.7.

Chemische Energie ist in chemischen Verbindungen gespeichert. Sie wird bei Umsetzung frei; so
- liefern Brennstoffe: Wärme
- spenden Lebensmittel bei ihrer „Verbrennung" im Körper: Kraft und Wärme
- liefert eine elektrische Batterie (Akku): Strom
- richtet die Explosion einer Bombe riesige Zerstörungen an

Elektrische Energie wird wegen des großen Umfangs als eigenes Kap. 10.8 behandelt.

Kernenergie (nukleare[1] Energie) ist in radioaktiven Stoffen gespeicherte Energie. Sie kann, wie alle anderen Energiearten, nützlich sein, wenn man sie beherrscht. Wird die Kernenergie nicht beherrscht oder wird sie zur Zerstörung eingesetzt, richtet sie unvorstellbare Verheerungen an. Weitere Informationen zur Kernenergie siehe Kap. 10.3.3.

[1] nuklear: den Atomkern betreffend

10.3 Energieträger

10.3.1 Energien nach Energieträger

Energieträger wie Kohle, Kraftstoff, Brennstoff, Wasserkraft liefern uns direkt Energie. Sie speichern je Einheit eine bestimmt Energiemenge.

Nach dem Ursprung unterscheidet man:
- fossile Energien
- Atomenergie
- erneuerbare Energie

10.3.2 Fossile Energien

Fossile Energien[1] wie Steinkohle, Braunkohle, Torf, Erdöl, Erdgas entstanden aus untergegangenen Wäldern oder Meeresgetier, die mit Gestein überlagert wurden (Sedimentsprozess), → 1.

Fossile Energien scheinen unersetzlich zu sein, sie decken zzt. mehr als 80 % unseres Primärenergiebedarfs. Ihre Anteile betrugen i. J. 2012, → 2:
- Mineralöl: 33 %
- Erdgas: 21 %
- Steinkohle: 13 %
- Braunkohle: 12 %

> Fossile Energien sind nach ihrer Verbrennung verbraucht und nicht mehr zu erneuern. Die Vorräte werden eines Tages erschöpft sein, → 3.

Nachteilig ist außerdem, dass beim Verbrennen jeden Tag gewaltige Mengen Kohlendioxid, → 4, Schwefeldioxid, Stickoxide, Rußpartikel und Feinstaub in die Atmosphäre entweichen.
Die Oxide tragen zum sauren Regen bei, Kohlendioxid und Stickoxide fördern den Treibhauseffekt. Deshalb ist es notwendig:
- Energie zu sparen, siehe Kap. 10.6
- erneuerbare Energien einzusetzen, s. Kap. 10.3.4

10.3.3 Atomenergie

Atomenergie (Kernenergie) wird von Kernbrennstoffen (radioaktive Stoffe) wie Uran, Radium, Plutonium, Thorium abgestrahlt, vgl. Kap. 10.2. Diese Stoffe strahlen auf Grund ihrer großen Atomkerne (Kernladungszahl > 82) ständig Energie ab, ohne äußere Beeinflussung. Ursache der Strahlung ist ein Zerfall der Atomkerne. Dabei entstehen neue Elemente und aus den Zerfallsprodukten radioaktive Strahlen.
Alle radioaktiven Strahlen sind lebensgefährlich, da manche (γ-Strahlen) sehr durchdringungsfähig und schwer abzuschirmen sind ("harte" Röntgenstrahlen).
Bei radioaktiven Strahlen unterscheidet man:
- α-Strahlen: positiv geladene Heliumkerne, relativ schwere Teilchen, Geschwindigkeit ca. 16 000 km/s, gefährlich, wenn sie die Haut treffen (Abschirmung)
- β-Strahlen: Elektronen oder Positronen (β+) schädigen die Haut sehr stark (Spätfolge Hautkrebs) – Schutz durch abschirmen, kurzzeitig Sonnencreme
- γ-Strahlen: kurzwellige Röntgenstrahlen, sehr energiereich, dringen tief in Körper ein (auch in Metalle).

---
[1] fossil: vorweltlich, urzeitlich

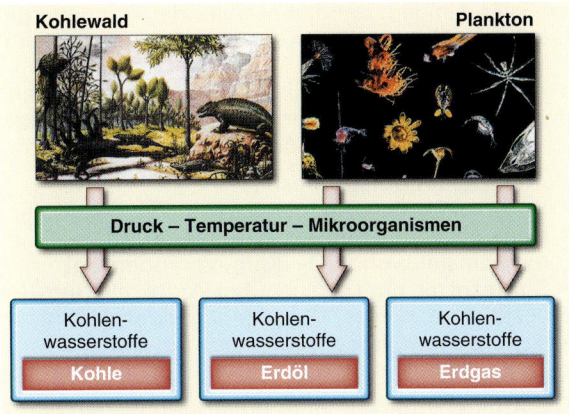

1 Fossile Energien

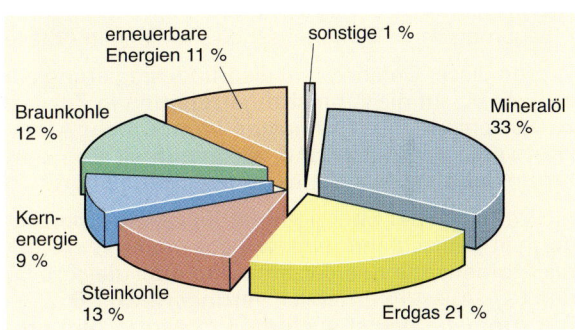

2 Primärenergieverbrauch in Deutschland (2012)

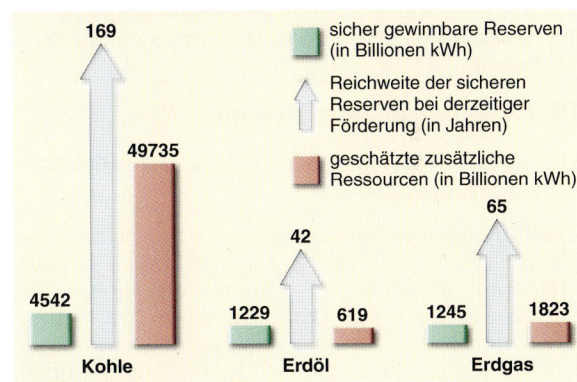

3 Vorräte an Primärenergie

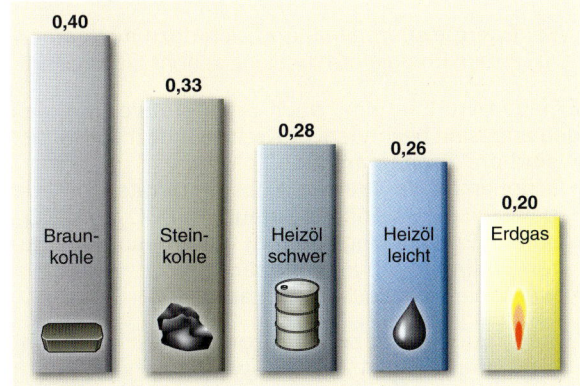

4 CO_2-Bildung bei Verbrennen fossiler Energie

In vielen Ländern werden mithilfe der Atomenergie erhebliche Mengen Strom erzeugt, ➔ 1, so vor allem:
- in Frankreich, Belgien
- in der Schweiz (ausschließlich neben Wasserkraft)
- in osteuropäischen Länder wie Litauen, Slowakei, Ukraine, z. T. mit geringem Sicherheitsstandard.

Vorteile des Atomstromes:
- Schonen fossiler Energiereserven (Öl, Gas, Kohle)
- keine Belastung der Umwelt und der Atmosphäre mit Feinstaub und CO_2 (Klimaveränderung!)
- Stromkosten nur $1/3$ gegenüber Windkraftstrom, Investitionskosten ca. $1/4$ entsprechender Windräder
- sichere Stromversorgung, auch bei wenig Wind

Nachteile:
Die Atomenergie ist heftig umstritten wegen der:
- gefährlichen Strahlung und großen Gefahren bei Störfällen in Atomkraftwerken
- Lagerung der z. T. Jahrtausende strahlenden Abfälle

Wegen dieser Gefahren hat die Bundesregierung beschlossen, auf die Atomstromerzeugung in Zukunft zu verzichten, obwohl ringsum immer mehr Atomkraftwerke entstehen und wir eventuell von dort Strom beziehen. Was ist bei einem Störfall dort?

Ein Vergleich der Energieträger für die Stromerzeugung in Deutschland zeigt, wie schwer es sein wird, die Atomenergie zu ersetzen, wenn man gleichzeitig den CO_2-Ausstoß erheblich verringern will, ➔ 2. Auf Atomenergie ist auch die Erdwärme zum großen Teil zurückzuführen. Nur ein minimaler kommt aus dem Erdinnern. Hauptsächlich entsteht sie durch radioaktive Strahlung im Urgestein wie Granit, Basalt.

10.3.4 Erneuerbare Energien

10.3.4.1 Wärme und Strom aus erneuerbaren Energien

Die Bundesbürger verbrauchen pro Jahr eine Energiemenge, die der von rund 500 Millionen Tonnen Steinkohle entspricht. Das entspräche einem Zug mit ca. 333 Millionen Waggons zu je 15 t. Aneinander gereiht wäre dieser Zug ca. 40 000 km lang; das ist einmal der Erdumfang. Nach der Statistik setzt damit jeder Bundesbürger 12 t Kohlendioxid frei und erhöht so die Klimagefahren.

> Wer Energie sparen will und sich dazu noch einer CO_2-armen Energieform bedient, schont die Umwelt.

Erneuerbare Energien, auch **regenerative Energien** genannt, sind besonders umweltfreundlich, denn sie:
- sind praktisch unerschöpflich
- schonen die Ressourcen (Rohstoffvorräte) der Erde
- belasten die Atmosphäre kaum mit CO_2 und NO_x
- sind in Entwicklungsländern unter besonders guten Bedingungen anwendbar
- werden in der Gesellschaft anerkannt

> Energiequellen bzw. Energieträger, die sich ständig erneuern bzw. nachwachsen, sind nach menschlichen Ermessen unerschöpflich.

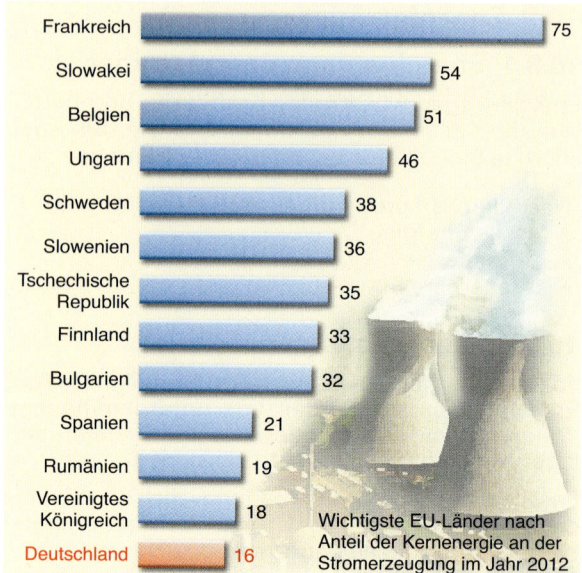

Wichtigste EU-Länder nach Anteil der Kernenergie an der Stromerzeugung im Jahr 2012

1 Atomstrom – Anteil der Kernernergie an der Stromerzeugung in % (z. T. geschätzt)

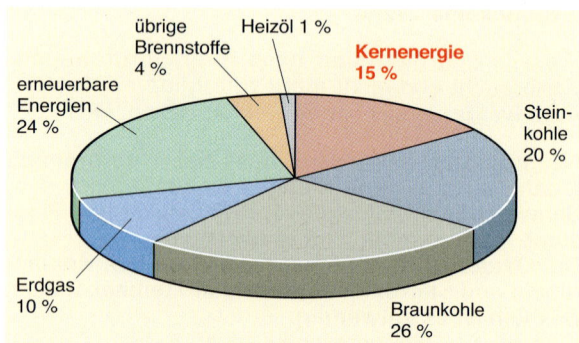

2 Stromerzeugung in Deutschland (2013)

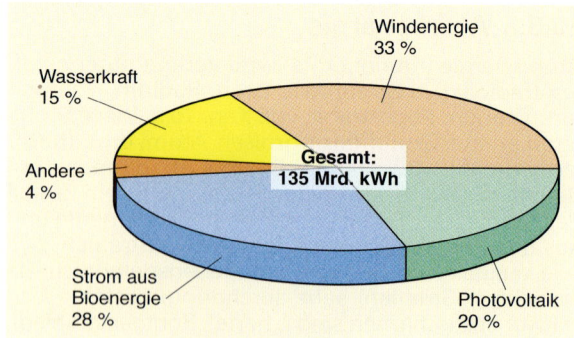

3 Insgesamt 11 %Anteil der erneuerbaren Energien am Endenergie-Verbrauch in Deutschland 2012

Der jährlich steigende Anteil der erneuerbare Energien zur Primärenergie-Erzeugung in Deutschland betrug 2012 etwa 11 %. Bild ➔ 3 zeigt, welchen Beitrag erneuerbare Energien lieferten.

Im Jahr 2012 wurden in Deutschland 617 Mrd. kWh Strom erzeugt. Der Anteil erneuerbarer Energien betrug 135,6 Mrd. kWh = 21,9 %, ➔ 327.1. 2008 waren es beim Strom 84,7 Mrd. kWh, Anteil EE 15,1 %.

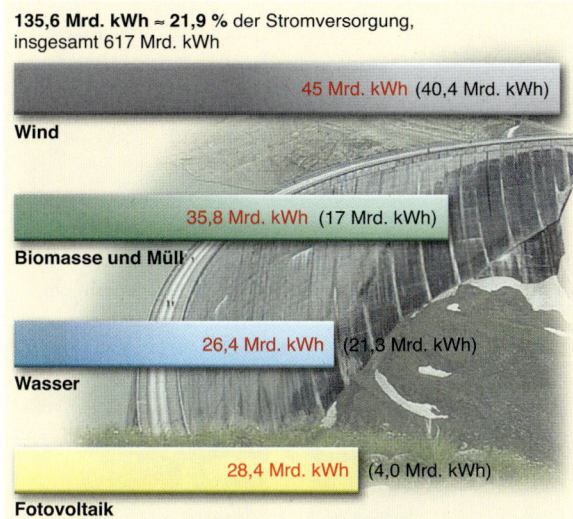

135,6 Mrd. kWh ≈ 21,9 % der Stromversorgung, insgesamt 617 Mrd. kWh

45 Mrd. kWh (40,4 Mrd. kWh) — **Wind**

35,8 Mrd. kWh (17 Mrd. kWh) — **Biomasse und Müll**

26,4 Mrd. kWh (21,3 Mrd. kWh) — **Wasser**

28,4 Mrd. kWh (4,0 Mrd. kWh) — **Fotovoltaik**

1 Insgesamt 21,9 % Anteil erneuerbarer Energien am Stromerzeugung in Deutschland 2012 (Werte in 2008)

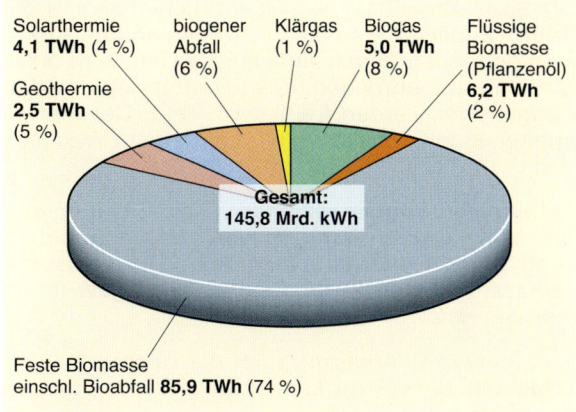

2 Insgesamt 10,4 % Anteil der erneuerbaren Energien am Wärmeerzeugung in Deutschland im Jahr 2012

Zu den Quellen erneuerbarer Energien zählen:
- im engeren Sinne:
  - die Sonne
  - die Erdwärme
  - die Gravitation
- weiteren Sinne:
  - Wasserkraft
  - Windkraft
  - Biomasse
  - Biogas

Die Bilder → 1 und 2 zeigen die unterschiedliche Bedeutung von erneuerbaren Energien bei der Stromerzeugung und bei der Wärmeerzeugung.

10.3.4.2 Sonnenenergie

Sonnenenergie steht als direkte Strahlungswärme und als gespeicherte Wärme in Luft, Wasser und Erdreich in großer Menge praktisch kostenlos zur Verfügung, aber:
- nicht immer gleichmäßig (Sommer viel – Winter geringer)
- nicht überall mit gleicher Intensität (Tropen, Polarregion)

Die Sonne liefert uns Licht und Wärme. Ihre Strahlungsleistung erreicht bei uns bis zu 1000 W/m².

Mit Sonnenstrahlung werden erzeugt:
- Strom in Solarzellen (Fotovoltaik), → 3
- Wärme aus Sonnenkollektoren zur Wassererwärmung und zur Heizung (Solarthermie)
- Wärme in den oberen Bodenschichten
- Wärme und Licht zur Erzeugung von Biomasse (fotochemisch)

In **Solarzellen** wird auf fotoelektrischem Wege Sonnenlicht in Gleichstrom umgewandelt.

Die Energieerzeugung mit Solarzellen und deren Einsatz wird als **Fotovoltaik** bezeichnet, → 4.

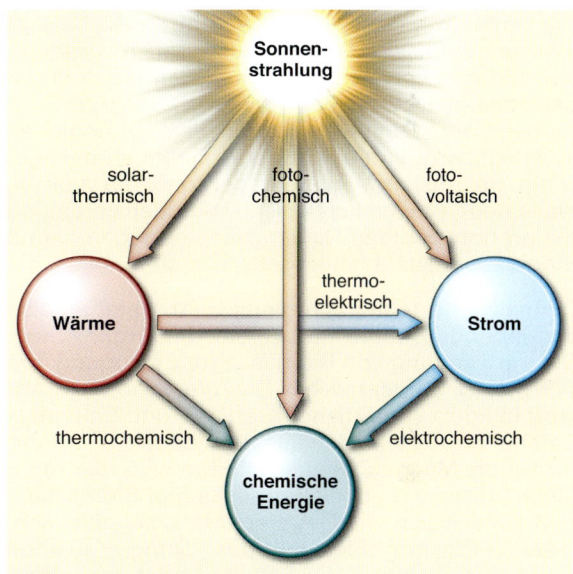

3 Nutzung der Sonnenwärme

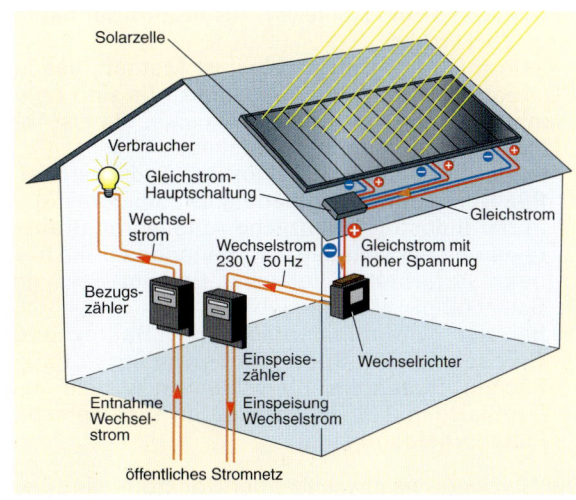

4 Fotovoltaikanlage zur Stromerzeugung auf Hausdach

Die Basis einer Solarzelle ist ein Halbleiter, z. B. Silizium. Zunächst sind die Elektronen an den Atomkern gebunden. Durch einfallendes Licht wird diese Bindung aufgebrochen: Positive und negative Ladungsträger werden freigesetzt, → 1. Der hierbei entstehende Gleichstrom wird mit einem Wechselrichter in Wechselstrom umgewandelt.

Mithilfe von **Sonnenkollektoren** kann Sonnenwärme zur Wassererwärmung und zur Gebäudeheizung genutzt werden. Auch über Glasvorbauten (Solararchitektur) kann Raumwärme gewonnen werden, → 2.

Sonnenwärme erwärmt auch die **oberen Bodenschichten**. Die Wärme kann mittels Wärmepumpen genutzt werden über
• Erdkollektoren (PE-Rohrschlangen), → 504.1,
• Erdsonden bis in 200 m Tiefe, → 504.2.

Die Sonne mit ihrer Wärme und ihrem Licht lässt Pflanzen wachsen. Sie lässt Wasser auch verdampfen, sodass sich Wolken bilden. Zusammen mit der Schwerkraft der Erde, der Gravitation, sorgt sie auch für den Wind, denn wenn Luft in warmen Regionen aufsteigt, wird Luft aus kälteren Gebieten nachgesaugt. So entsteht Wind. Und der treibt die Wolken, die in hohen kalten Luftschichten kondensieren und die oft notwendigen Niederschläge bringen, damit Biomasse entsteht (chemische Energie).

Biomasse besteht aus organischem Material, also aus lebenden, toten und zersetzten Organismen. Die Verwendung von Biomasse zur Erzeugung von Wärme, → 3, elektrischer Energie oder als Kraftstoff in Form von Ethanol-Kraftstoff und Cellulose-Ethanol ermöglicht eine ausgeglichene CO_2-Bilanz, da nur die Menge CO_2 ausgestoßen wird, die zuvor biochemisch gebunden wurde. Es gibt Biomasse:
• in fester Form wie Getreide, Mais, schnellwachsende Pflanzen (Elefantengras), Dung, Hausmüll und natürlich Holz (in Scheiten oder zerkleinert und zu Pellets gepresst) für Heizungen
• in flüssiger Form als Flüssigbrennstoff, z. B. Palmöl, Rapsöl (Biodiesel), Alkohol (Bio-Ethanol aus Zuckerrohr)
• gasförmig - Hauptbestandteil ist Methan, das in Gärbehältern entsteht. Ausgangsstoffe sind Kohlenhydrate, Eiweiße, Fette, Cellulose, die als Abfälle und Nebenprodukte anfallen:
  - in der Landwirtschaft: Flüssig- und Festmist, Pflanzenreste (z. B. Rübenblätter, Silagereste)
  - in der Industrie: pflanzliche Abfälle aus Brauereien und der Gemüse verarbeitenden Industrie
  - beim Aufarbeiten tierischer Erzeugnisse wie Schlachthof-, Metzgereiabfälle
  - bei der Kommunalentsorgung: Baum- und Grünschnitt von Sport-, Naherholungs-, Parkflächen, Biotonnen, Klärschlamm, Abfälle aus Großküchen, Hotels, Gaststätten (Speisereste, Fettabscheiderinhalte)

Die Heizwerte nachwachsender Rohstoffe sind beachtlich. Einen Vergleich zeigt Bild → 4.

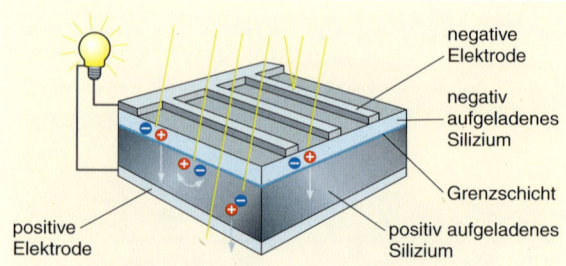

1 Fotovoltaikzellen wandeln Sonnenlicht in Gleichstrom um

2 Solararchitektur und Solarkollektoren liefern Wärme

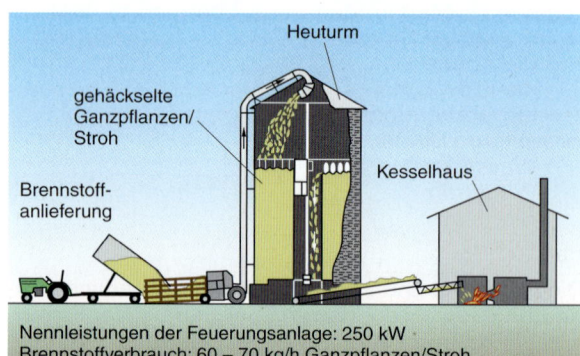

Nennleistungen der Feuerungsanlage: 250 kW
Brennstoffverbrauch: 60 – 70 kg/h Ganzpflanzen/Stroh

3 Heizen mit Biomasse

Biomasse	Stroh	Schilf	Holz	Biogas	Rapsöl
Heizwert	4 kWh/kg	4 kWh/kg	2,9...4,7 kWh/kg	6,2 kWh/m³	9,9 kWh/l

4 Heizwerte von Biomasse – Beispiele

10.3.4.3 Energie aus Gravitation

Auf Gravitation (Schwerkraft hier von Erde und Mond) sind die Gezeiten der Meere zurückzuführen. Den Höhenunterschied zwischen Ebbe und Flut, der **Tidenhub**, nutzt man in Gezeitenkraftwerken zur Stromerzeugung. In St. Malo/Bretagne beträgt der Tidenhub bis zu 12 m. Bei Flut strömt Wasser in den tiefen Mündungstrichter des Flusses Rance und treibt Turbinen zur Stromerzeugung an. Bei Ebbe strömt das Wasser zurück und treibt die gleichen Turbinen, gewissermaßen im „Rückwärtsgang", wieder an, → 329.1.

Ähnlich plant man auch viele kleine Turbinen vor der Küste am Meeresboden zu installieren, um bei Flut und Ebbe ständig Strom zu erzeugen. Davor sind aber noch viele Probleme zu bewältigen.

10.3.4.4 Energie aus Erdwärme

Erdwärme ist die Wärme aus dem Erdinneren. Sonneneinstrahlung, die nur die obere Erdschicht bis ca. 20 m Tiefe erwärmt, soll hier nicht betrachtet werden.

> Im Erdreich nimmt mit zunehmender Tiefe die Temperatur im Durchschnitt um etwa 3 K je 100 m zu.

In manchen Gebieten ist der Temperaturanstieg deutlich höher, wie in der Toskana z. T. 20 K/100 m Tiefe.

Auch in Deutschland gibt es ähnliche Gebiete wie:
• im Oberrheingraben
• im Molassebecken[1] zwischen Bodensee, Passau und Alpen
• in Mecklenburg, südlich und östlich von Schwerin

Erdwärme ist eine riesige Energiequelle, die bisher kaum genutzt und immer noch erforscht wird. Sie ist **nicht abhängig**, wie viele erneuerbare Energien, von:
• der Sonne
• Tages- und Jahreszeit

> Das ist auf die Erdwärme zurückzuführen:
> • auf das glühend heiße Erdinnere zu etwa 1/3
> • auf den Zerfall radioaktiver Stoffe im Gestein zu 2/3

Erdwärme aus dem **heißen Erdinnern** tritt bei Vulkanausbrüchen deutlich zutage. Spür- und sichtbar wird sie bei heißen Quellen wie Thermalquellen von Heilbädern, den Geysiren in Island oder im Yellowstone Nationalpark in USA.

Zirka zwei Drittel der Erdwärme entstehen aber durch den Zerfall **radioaktiver Stoffe** wie Uran, Thorium, Radium. Sie sind in geringen Mengen im Erdgestein, z. B. Granit, enthalten. Bei ihrem Zerfall entsteht Wärme (vgl. Kernbrennstäbe in Atomkraftwerken).

> Erdwärme wird in Deutschland auf drei Arten genutzt mithilfe:
> • oberflächennaher Erdsonden
> • natürliche Vorkommen heißen Wassers
> • Gesteinswärmetauscher

Mithilfe **oberflächennaher Erdsonden** in den oberen Erdschichten, bis ca. 200 m Tiefe, können auch bei geringen Grundstücksgrößen Wärmepumpen ausreichend versorgt werden. Vor allem bei nachträglichem Einbau muss nicht das gesamte Erdreich großer Grundstücke abgetragen werden, um PE-Rohr-Schlangen in ca. 1,3 m Tiefe zu verlegen. Fast alle Bundesländer bezuschussen Bohrarbeiten für Erdsonden von Wärmepumpen.

Natürliche Heißwasservorkommen in 1500 m bis 3000 m Tiefe liefern große Wärmemengen mit Wasser aus
• Ablagerungsbecken urzeitlicher Meere, die bis in 2000 m Tiefe hinabreichen,
• porösen Gesteinsschichten wie Sandstein, Kalkstein.

Genutzt wird die Wärme in so genannten **hydrothermalen Anlagen**, in Deutschland z. B.:

[1] Molassebecken: mehrere 1000 m mächtige Ablagerungsgesteine im nördlichen Alpenvorland mit Kohle-, Ergas- und Erdöllagern

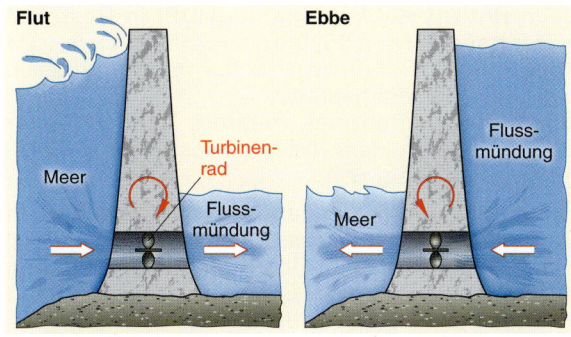

1 Gezeitenkraftwerk

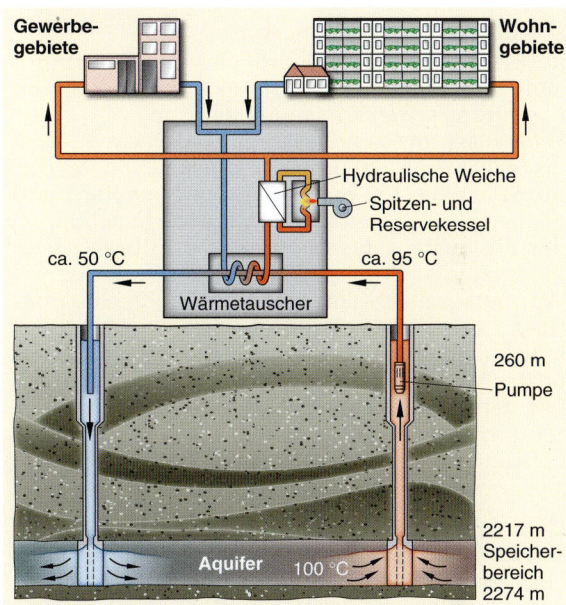

2 Hydrothermale Anlage

• in Mecklenburg-Vorpommern
• zwischen Donau und Alpen (Molassebecken)

Tief liegendes heißes Wasser wird durch eine Förderbohrung vom natürlichen Druckspiegel bis etwa 200 m unter Erdoberfläche gedrückt und muss dann durch Pumpen nur noch den Rest hoch gefördert werden, ➜ 2:
• in einer ersten Stufe durch normale Wärmetauscher
• in nachfolgenden Stufen durch Wärmepumpen

In Thermalbädern wird es z. B. bis auf eine Temperatur von 10 °C gekühlt, bevor es durch eine 2. Bohrung (Injektionsbohrung) in den ursprünglichen Grundwasserhorizont zurückgeführt wird. Dort ergänzt es die Vorräte in der Tiefe und wird dort wieder erwärmt.

> **Beispiel:** Hydrothermale Anlage, ➜ 1:
> In Neustadt Glewe (Mecklenburg) kommt das Wasser aus einer Sandsteinschicht in mehr als 2000 m Tiefe mit 96 °C an der Oberfläche an. Es ist mit ca. 240 g Salz je Liter Wasser sehr aggressiv. Das erfordert besondere Maßnahmen gegen Korrosion der Rohre. Förder- und Injektionsbohrung liegen ca. 1,5 km auseinander. Man rechnet, dass das rückgeführte Wasser mehr als 30 (!) Jahre benötigt, um wieder zur Förderbohrung zu gelangen.

Beim **Hot-Dry-Rock-Verfahren (HDR)** in **Gesteinswärmetauschern** in 2500 m bis 5000 m Tiefe wird Wasser von oben durch eine Bohrung hinunter in das heiße Gestein gepresst.

Durch eine 2. Bohrung, mehrere hundert Meter entfernt, steigt dann heißes Wasser bzw. Heißdampf nach oben, ➔ 1.

Günstige Voraussetzungen für das HDR gibt es in Deutschland und im Elsass:
- in Granitschichten im Oberrheingraben zwischen Worms und Colmar, z. B. bei Soultz sour Forets
- in porösen Gesteinsschichten, dem sog. Malm, zwischen Donau und Alpen, z. B. bei Unterhaching

Beispiel: HDR-Verfahren, ➔ 1:
Im Elsass, ca. 50 km nördlich von Strassburg, läuft seit Jahren sehr erfolgreich ein Versuch einer europäischen Forschungsgruppe:
Feine Risse im Grundgestein in Tiefen von 3600 m bis 5000 m wurden durch Einpressen von Wasser mit Druck bis 150 bar geringfügig erweitert und blieben – durch ständige geringe Verschiebungen der Erdkruste – dauerhaft ca. 1 mm breit offen. Sie bilden im Granitgestein einen unterirdischen Wärmetauscher. Kaltwasser, das durch eine Bohrung nach unten gepumpt wird, strömt durch eine knapp 500 m entfernte 2. Bohrung als überhitztes Wasser (Dampf) mit ca. 200 °C nach oben. Mit dem Dampf werden Turbinen zur Stromerzeugung betrieben.
Leistung im Versuch: > 50 000 kW.

Unterschiede:
- Hydrothermale Anlage: Heißes Wasser wird aus der Tiefe hochgepumpt und fließt durch Injektionsbohrung zurück.
- Hot-Dry-Rock-Verfahren: Kaltes Wasser wird in die Tiefe gepresst, durchfließt den unteririschen Wärmetauscher und strömt heiß nach oben.

10.3.4.5 Energie aus Wind- und Wasserkraft
Niederschläge füllen Flüsse und Stauseen und liefern uns Wasserkraft.
Mit Wasserkraft wurden schon immer Mühlen, Sägewerke und Hammerschmieden betrieben, ➔ 324.1. Heute wird Wasserkraft vorwiegend zur Stromerzeugung genutzt, ➔ 327.2.

1 Hot-Dry-Rock-Verfahren

Übungen:
1. a) Was versteht man unter Energie?
   a) Woran erkennt man sie?
2. Was versteht man unter erneuerbaren Energien?
3. Nennen Sie 5 Beispiele für erneuerbare Energie
4. Warum sind erneuerbare Energien so wichtig?
5. Beschreiben Sie, wie die Sonnensstrahlung technisch genutzt wird.
6. Was bedeutet Fotovoltaik?
7. Auf welche Art können Naturkäfte, die oft große Schäden anrichten, genutzt werden?
8. a) Auf welche Weise können wir aus der Erde Erneuerbare Energien gewinnen?
   b) Beschreiben Sie mindestens 2 Verfahren.
9. Woher stammt die von uns genutzte Erdwärme?
10. a) Was versteht man unter „Biomasse"?
    a) Nennen Sie 5 Beispiele für Biomasse.
11. a) Welche Arten von Strahlen liefert die Sonne?
    b) Wie viel können wir davon auf der Erde nutzen?

10.4 Energiestufen

Energiestufen sind die verschiedenen Energieebenen vom Ursprung bis zur Nutzung, ➔ 331.1.

Man unterscheidet verschiedene Energiestufen:
- Primärenergie
- Sekundärenergie
- Endenergie
- Nutzenergie

Primärenergien sind Stoffe – und eventuell daraus entstehende Vorgänge wie Sonnenstrahlung, Wind, Gezeiten – die uns die Natur direkt anbietet, ➔ 331.1.

Größte Primärenergiequelle ist die Sonne mit ihren andauernden Kernreaktionen.

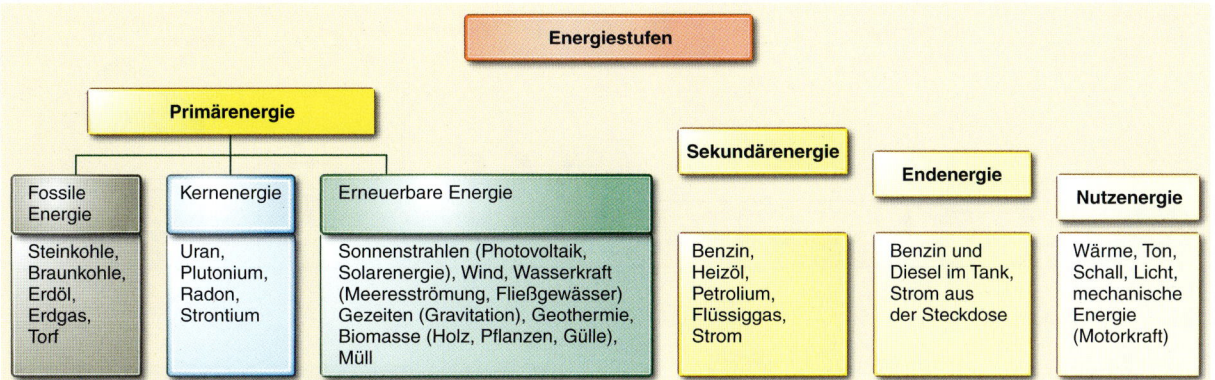

1 Energiestufen und Energiearten

Die Sonnenstrahlung ist die Voraussetzung allen pflanzlichen, tierischen und menschlichen Lebens. Der Sonne verdanken wir auch die meisten gewaltigen Energievorräte unserer Erde.

Primärenergien sind z. B.
• fossile Energien
• erneuerbare Energien
• Kernenergie

Viele Primärenergiequellen wie Erdöl, Kernbrennstoffe, Wasserkraft können nicht direkt genutzt werden. Sie müssen erst in Sekundärenergie umgewandelt werden.

Sekundärenergie ist eine zweite Energieform, die aus Primärenergie entsteht bzw. hergestellt wird.

So entsteht z. B.:
• in Raffinerien aus Erdöl → Heizöl, Benzin, Petroleum, Flüssiggas
• in Heizkraftwerken aus Braunkohle, Steinkohle oder mit Wasserkraft → Strom und Fernwärme
• in Kokereien aus Steinkohle → Koks, daneben noch Steinkohlengas, Teer, Ammoniak, Naphthalin
• in Wasserkraftwerken → Strom
• in Windkraftanlagen → Strom

Als **Endenergie** wird die verbrauchsgerechte Energie am Ort des Verbrauchers bezeichnet, z. B. Benzin oder Heizöl im Tank, Strom aus der Steckdose, → 2.

Endenergie ist Primär- oder Sekundärenergie abzüglich der Verluste bei der Energieumwandlung und beim Energietransport.

> Endenergie =
> Primär-/Sekundärenergie – Energieverluste

Wegen der Energieverluste können zzt. durchschnittlich nur ca. zwei Drittel der Primärenergien als Endenergie genutzt werden.

Viele Verbraucher interessiert kaum, woher „die Energie kommt".

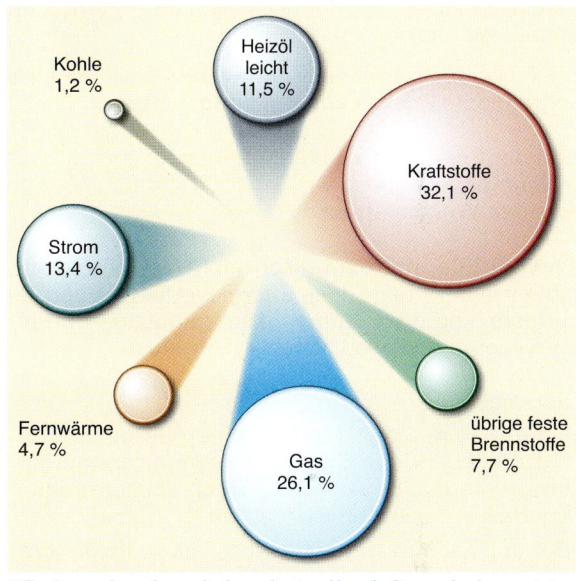

2 Endenergieverbrauch der privaten Haushalte nach eingesetzten Energieträgern (2011)

Beispiel:
Viele Verbraucher wollen nur, dass:
• es im Zimmer warm und hell ist
• beim Fernsehen auch das Bier gekühlt ist
• beim Auto der Tank voll ist
• in den Läden die Regale gefüllt sind

Für sie zählt nur die **Nutzenergie**. Zur Nutzenergie gehören z. B. Licht, Ton (Schall), Heizwärme, Prozesswärme, mechanische Energie (Motorkraft).

10.5 Energieumwandlung

Auf unserer Welt ist eine bestimmte Energiemenge vorhanden, vgl. „Weltwassermenge". Diese Energiemenge ist immer gleich geblieben und wird auch immer gleich bleiben.

Energie kann nicht erzeugt werden und nicht verloren gehen. Sie kann immer nur in eine andere Form umgewandelt werden (1. Energieerhaltungssatz).

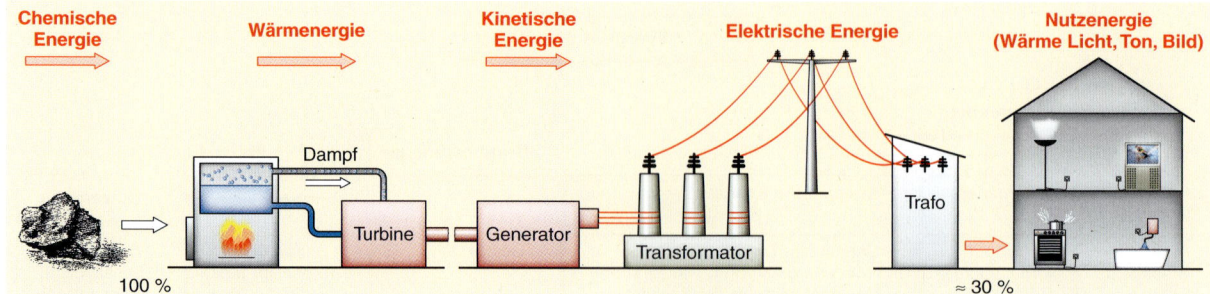

1 Energieumwandlungskette

So wird z. B. bei der Stromerzeugung, ➔ 1:
Aus chemischer Energie (Kohle) → Wärmeenergie (Dampf) → kinetische Energie (Turbine) → elektrische Energie (Generator) → Nutzenergie (Licht, Schall, Wärme).

Die Folge mehrere Energieumwandlungen ist eine so genannte **Energieumwandlungskette**.

Bei der Energieumwandlung gibt es:
• Energieverluste
• einen Wirkungsgrad

Obwohl Energie theoretisch nicht verloren geht, gibt es in der Praxis doch **Energieverluste**. Energieverluste sind die Summe der ungenutzten Energien. Sie sind praktisch nicht zu vermeiden.

Beispiel:
Fährt man mit dem Auto auf einen Berg, wird im Benzin gebundene Energie in Bewegungsenergie umgewandelt. Ein Teil steckt auch als potenzielle Energie in der Automasse.

Bei der Talfahrt benötigt man keinen Kraftstoff; die gespeicherte potenzielle Energie wird zur Bewegungsenergie.

Damit die Talfahrt nicht zu schnell wird, muss man bremsen. Die Bremsen werden dabei heiß. Bewegungsenergie wird in Wärmeenergie umgewandelt. Diese geht scheinbar verloren. Man spricht vom „Energieverlust". In Wirklichkeit wird Luft erwärmt, für uns aber unmerklich.

Ein Maß für die Energieverluste ist der Wirkungsgrad. Als **Wirkungsgrad** der Energieumwandlung bezeichnet man den Prozentsatz an Energie, der für den Gebrauchszweck nutzbar umgewandelt wird, ➔ 2.

10.6 Energiesparen

Energiesparen ist wichtig, weil:
• die fossilen Energien eines Tages erschöpft sind, vgl. ➔ 325.3
• fossile Energieträger bei der Verbrennung die Umwelt belasten, vgl. ➔ 325.4

Energie können wir zum Teil auch heute schon ohne wesentlichen Komfortverlust sparen.

Energiewandler	Wirkungsgrad in %
Generator	95
Elektromotor	90 … 95
Gasheizkessel	85 … 92
Gas-Wassererwärmer	80 … 85
Ölbadeofen	60 … 65
Kohlekraftwerk	35 … 40
Dieselmotor	35
Leuchtstofflampe	22
Automobil	5 … 20
Glühlampe	6

2 Wirkungsgrad (Nutzungsgrad) bei der Energieumwandlung

Beispiele zum Energiesparen:
Beim Heizen:
• Absenken der Raumtemperatur bei Nacht
• bessere Wärmedämmung von Gebäuden und Rohrleitungen (wie oft wird noch beim Dämmen von Rohrleitungen gegen die HeizAnlV durch unsachgemäße Arbeit des Installateurs verstoßen!)
• Räume kurz lüften, statt stundenlang Fenster gekippt

Im Straßenverkehr:
• unnötige Fahrten und Stand-by-Betrieb vermeiden
• überlegt Fahren (mäßig beschleunigen – wenig bremsen)
• Fahrrad benutzen

Bei elektrischen Geräten vermeiden:
• Stand-by-Betrieb
• unnötige Beleuchtung
• Musikberieselung
• halbvolle Wasch- und Geschirrspülmaschinen

Die Aufzählung könnte beliebig fortgesetzt werden.

Jeder muss über Energiesparen nachdenken und dazu beitragen.

10.7 Wärmeenergie aus Verbrennung

10.7.1 Verbrennungs-voraussetzungen

Damit eine Verbrennung stattfinden kann, müssen bestimmte Voraussetzungen vorhanden sein.

Beispiel:
Um eine Wachskerze zu entzünden, benötigt man ein brennendes Streichholz. Man muss zuerst das Wachs am Docht schmelzen und mindestens teilweise verdampfen lassen, bevor sich eine Flamme bildet.

Ähnlich ist es bei allen Brennstoffen, z. B. Holz, Kohle, Heizöl.

Bei jeder Verbrennung verbinden sich brennbare Stoffe mit Sauerstoff. Dabei entsteht Wärme.

Verbrennungsvoraussetzungen sind:
• Brennstoff
• Sauerstoff
• Wärme

Der **Brennstoff** kann fest, flüssig oder gasförmig sein.

Brennbare Bestandteile aller Brennstoffe sind in erster Linie, ➔ 1:
• Kohlenstoff (Carbon, C)
• Wasserstoff (Hydrogen, H)

Dazu kann Schwefel (Sulfur, S) kommen, der in vielen Brennstoffen enthalten ist, z. B. in Braun- und Steinkohle, Heizöl, Steinkohlengas.

Erdgase enthalten meist keinen Schwefel.

Schwefel ist unerwünscht, weil beim Verbrennen die gefährlichen Schwefeloxide SO_2 und SO_3 entstehen. Sie bilden mit Wasser schweflige Säure H_2SO_3 bzw. Schwefelsäure H_2SO_4, z. B.:
• in Wassererwärmern oder Heizkesseln, wenn die abgasberührten Teile nicht mindestens 60 °C haben (Taupunktunterschreitung, Schwitzwasserbildung)
• im Schornstein, bei niedrigen Abgastemperaturen
• in der Atmosphäre, wenn Schwefeloxide vom Regen aus der Luft gewaschen werden (saurer Regen)

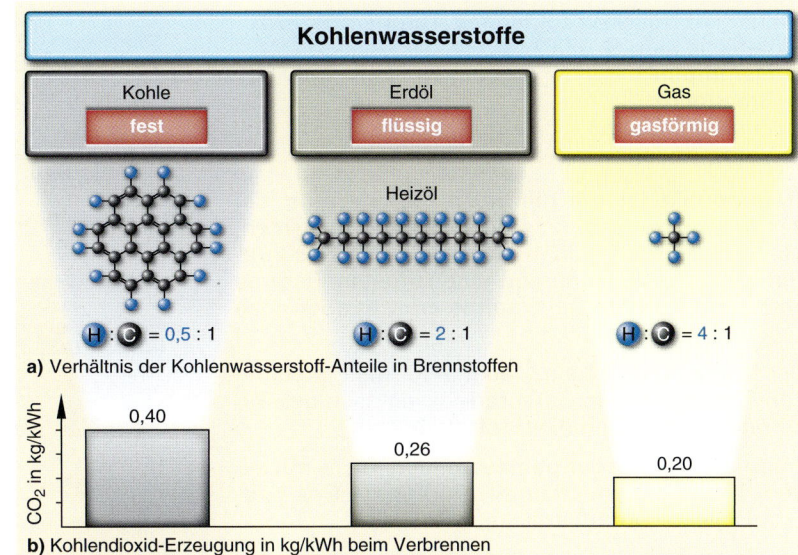

Kohlenwasserstoffe

| Kohle | Erdöl | Gas |
| fest | flüssig | gasförmig |

Heizöl

H : C = 0,5 : 1   H : C = 2 : 1   H : C = 4 : 1

a) Verhältnis der Kohlenwasserstoff-Anteile in Brennstoffen

CO_2 in kg/kWh

0,40   0,26   0,20

b) Kohlendioxid-Erzeugung in kg/kWh beim Verbrennen

1 Chemischer Aufbau von Brennstoffen und CO_2-Emmision

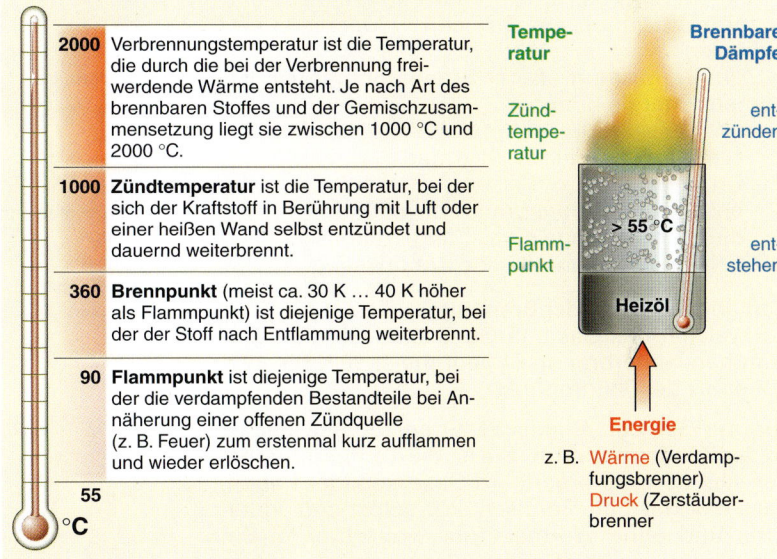

2000 — Verbrennungstemperatur ist die Temperatur, die durch die bei der Verbrennung freiwerdende Wärme entsteht. Je nach Art des brennbaren Stoffes und der Gemischzusammensetzung liegt sie zwischen 1000 °C und 2000 °C.

1000 — **Zündtemperatur** ist die Temperatur, bei der sich der Kraftstoff in Berührung mit Luft oder einer heißen Wand selbst entzündet und dauernd weiterbrennt.

360 — **Brennpunkt** (meist ca. 30 K … 40 K höher als Flammpunkt) ist diejenige Temperatur, bei der der Stoff nach Entflammung weiterbrennt.

90 — **Flammpunkt** ist diejenige Temperatur, bei der die verdampften Bestandteile bei Annäherung einer offenen Zündquelle (z. B. Feuer) zum erstenmal kurz aufflammen und wieder erlöschen.

55 °C

Temperatur — Brennbare Dämpfe

Zündtemperatur — entzünden

> 55 °C

Flammpunkt — entstehen

Heizöl

Energie
z. B. Wärme (Verdampfungsbrenner)
Druck (Zerstäuberbrenner)

2 Temperaturen beim Verbrennungsvorgang am Beispiel von Heizöl

Sauerstoff (Oxygen, O) ist selbst nicht brennbar. Er ist aber zu jeder Verbrennung nötig. Sauerstoff ist in Luft zu 21 % enthalten. Reiner Sauerstoff wird in Flaschen, mit blauer Kennfarbe, angeboten, z. B. für das Autogenschweißen.

Wärme ist notwendig für die Verbrennung fester und flüssiger Brennstoffe.

Vor der Verbrennung muss der Brennstoff mindestens teilweise gasförmig werden, ehe er mit sichtbarer Flamme verbrennt.

Feste oder flüssige Brennstoffe müssen deshalb erwärmt werden, bis brennbare Gase austreten, ➔ 2.

Dabei ist zwischen folgenden Temperaturen zu unterscheiden, → 333.2 :
- Flammpunkt
- Brennpunkt
- Zündtemperatur
- Verbrennungstemperatur

Flammpunkt ist die niedrigste Temperatur, bei der brennbare Gase aus Flüssigkeiten austreten. Mit Luftsauerstoff bilden diese Gase ein Gas-Luft-Gemisch. Dieses kann von einer offenen Flamme entzündet werden. Die Flamme erlischt aber nach kurzer Zeit wieder.

Der Flammpunkt ist ein Merkmal für die Einteilung von Flüssigkeiten in Gefahrenklassen nach der Gefahrstoffverordnung (GefStoffV), → 1.

Oberhalb des Flammpunktes bilden Gase mit einem bestimmten Luftanteil zündfähige Gas-Luft-Gemische, die **Zündbereiche**, → 2, 3.

Beispiel:
- Bei Gasen und sehr kleinen Brennstoffmengen wie einem Wachsdocht oder Papierblatt reicht zum Entzünden ein Streichholz oder gar ein Funke.
- Zum Vergasen größerer Brennstoffmengen ist mehr Energie nötig:
  - im Benzinvergaser oder bei Zerstäubungsbrennern für Heizöl wird der Brennstoff mit Druck vergast
  - bei Verdampfungsbrennern in Ölöfen reicht die Wärmemenge eines Zündstreifens
  - beim Holzkohlengrill eine Zündpaste o. Ä.

Demgegenüber ist der **Brennpunkt** die Temperatur, bei welcher das Gas-Luft-Gemisch nach dem Entflammen weiterbrennt. Er liegt meist 30 K bis 40 K höher als der Flammpunkt.

Um die Gas-Luft-Gemische zu entzünden, bedarf es der **Zündtemperatur**. Sie ist die Temperatur, bei der sich so viele brennbare Gase gebildet haben, dass das Gas-Luft-Gemisch sich selbst entzünden kann und ohne Wärmezufuhr weiterbrennt. Ein Funke oder eine heiße Kochplatte genügt, und es erfolgt eine sehr schnelle Entzündung (Explosion). Die Zündtemperatur liegt meist höher als der Flammpunkt. Gase haben relativ hohe Zündtemperaturen, ausgenommen Ethin (Azetylen), → 2.

Verbrennungstemperatur entsteht durch die frei werdende Wärme bei der Verbrennung. Je nach Brennstoff kann sie 1000 °C bis 2200 °C betragen.

Übungen:
1. Welche Energiearten unterscheidet man? Nennen Sie mindestens drei Arten.
2. Unterscheiden Sie Primär- von Sekundärenergie und geben Sie je vier Beispiele an.
3. Wodurch unterscheiden sich: Sekundärenergie – Endenergie – Nutzenergie?
4. Welcher Grundsatz gilt bei der Energieumwandlung?
5. Zeigen Sie eine Energieumwandlungskette auf.

Einstufungs-kriterium	Flammpunkt in °C	Brennstoff
hochentzündlich F+	< 0	Benzin
leichtentzündlich F	0 … < 21	Ethanol
entzündlich	21 … 55	Terpentinersatz

1 Brennbare Flüssigkeiten nach Gefahrstoffverordnung (GefStoffV)

Brennstoff	Flamm-punkt °C	Zünd-temperatur °C	Zündbereich Volumen %
fest			
Holz		200 … 400	
Holzkohle		250 … 450	
Briketts		200 … 250	
Steinkohle	440	250 … 450	
Koks		550 … 650	
flüssig			
Alkohol	12	540	3,5 … 20
Benzin	− 16 … 15	430 … 550	1,2 … 7
Benzol	− 11	730	1,4 … 9,5
Heizöl	55 … 65	360	0,6 … 6,5
Petroleum	51	380	–
gasförmig			
Ethin (Azetylen)		335	2 … 82
Butan		490	1,5 … 10
Erdgas		640	4 … 17
Flüssiggas		490	2 … 9
Kohlenmonoxid		610	12 … 74
Methan		645	5 … 14
Propan		510	2,1 … 11
Stadtgas		480	6 … 36
Wasserstoff		510	4 … 77

2 Flammpunkt, Zündtemperatur, Zündbereich von Brennstoffen

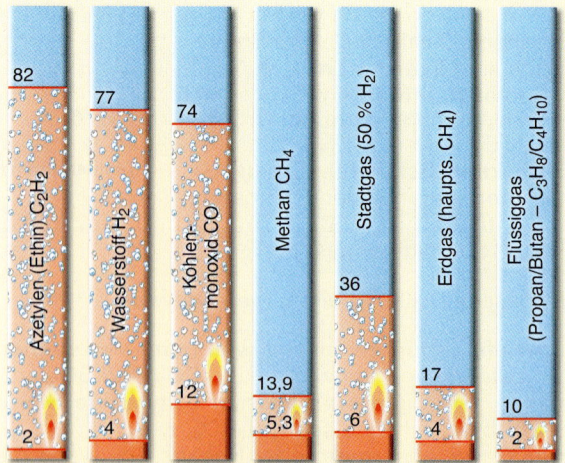

Untere und obere Zündgrenze in % Gasanteil der Luft.

Beispiel:
Ein Propan-Luft-Gemisch zündet nicht < 2 % und nicht > 10 % Propananteil in Luft.

3 Zündbereiche von Gas-Luft-Gemischen

Vorgang	Flammenfortpflanzungsgeschwindigkeit	Druckanstieg
Verpuffung	einige cm/s bis m/s	gering
Explosion	< 1 km/s	sehr hoch
Detonation	> 1 km/s	gewaltig, > 500 bar

1 Zündungsformen mit Druckanstieg

10.7.2 Verbrennung – Luftbedarf – Verbrennungsprodukte

Verbrennung nennt man die chemische Reaktion eines Brennstoffes mit Sauerstoff oberhalb der Zündtemperatur. Dabei wird Wärme frei (exothermer Vorgang). Sichtbares Zeichen ist eine Flamme.

Vor allem in geschlossenen Räumen kann es zu plötzlichen Reaktionen mit Druckanstieg kommen, wenn sehr fein verteilter, staub- oder gasförmiger Brennstoff, der gut mit Luft durchmischt ist, sich entzündet. Man unterscheidet zwischen, ➔ 1:
• Verpuffung
• Explosion
• Detonation

Eine Verbrennung kann sein:
• vollständig
• unvollständig

Zu einer **vollständigen Verbrennung** ist ausreichend Luft notwendig, ➔ 2.

Dabei entsteht:
• Kohlendioxid CO_2
• Wasserdampf H_2O

Aus Umweltgesichtspunkten ist Wasserstoff der ideale Brennstoff, da bei seiner Verbrennung nur reines Wasser entsteht.

Bei Luftmangel gibt es eine **unvollständige Verbrennung**. Dabei entsteht das giftige Kohlenmonoxid CO. Außerdem wird Energie verschenkt, vgl. ➔ 2, die letzten 2 Zeilen.

Zur unvollständigen Verbrennung kann es in kleinen Räumen mit ungenügender Luftzufuhr kommen, vgl. Kap. 14.11.2.

Der Verbrennungsluftbedarf wird aus der Brennstoffzusammensetzung errechnet.

Grundsätzlich gilt:
Je höher der Heizwert eines Gases, umso höher der Luftbedarf, ➔ 3.

Die großen Luftströme sollen dem Gas schon vor der Verbrennung, möglichst als Primärluft (Erstluft), beigemischt werden.

Sekundärluft (Zweitluft) fördert die Stickoxidbildung, ➔ 4; sie soll möglichst überflüssig sein.

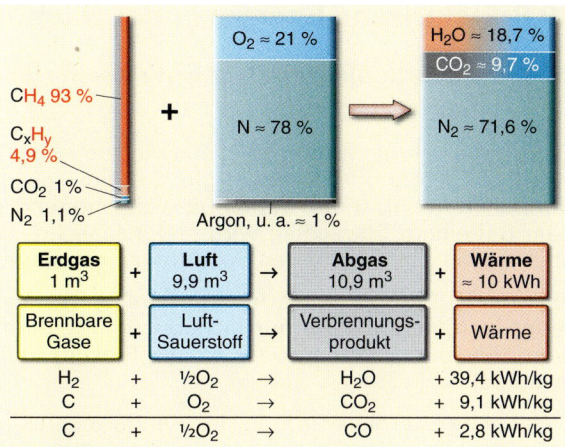

2 Vollständige Verbrennung von Erdgas mit Luft (ohne Anteile < 1 %)

Gasart	Heizwert H_i kWh/m³	Luftbedarf m³/m³	CO_{2max} %
Stadtgas	4,2	3,8	13,8
Erdgas LL	8,8	8,4	11,7
Erdgas E	10,5	9,9	12,0
Flüssiggas (100 % Propan)	25,9 12,8 kWh/kg	23,9 12,1 m³/kg	13,9

3 Heizwert, Luftbedarf und Kohlendioxidgehalt der Abgase

10

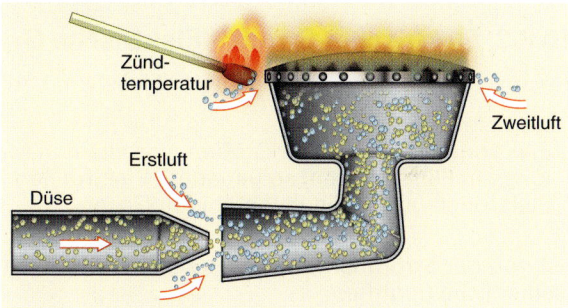

4 Erstluftbeimischung vor der Verbrennung von Gas

Die Luftbeimischung erfolgt durch:
• die Saugwirkung des durch eine Düse strömenden Gases, ➔ 4, z. T. auch mit Gebläseunterstützung
• ein Luftgebläse des Brenners (Gebläsebrenner)

Je höher der Heizwert des Gases ist, umso höher muss der Druck an der Düse sein, da ja mehr Luft angesaugt werden muss.

Übungen:

1. Welche Voraussetzungen benötigt man für eine Verbrennung?
2. Nennen Sie brennbare Bestandteile von Brennstoffen.
3. Warum muss vor der Verbrennung dem Brennstoff Energie zugeführt werden?
4. Unterscheiden Sie:
   Flammpunkt – Zündtemperatur – Brennpunkt.
5. Wie kommt es zu einer unvollständigen Verbrennung.
6. Welche Gefahren drohen der Erde durch Verbrennungsvorgänge?

10.8 Elektrische Energie in der Sanitärtechnik

10.8.1 Einsatz elektrischer Energie in der Sanitärtechnik

Elektrische Energie wird erzeugt aus mechanischer Energie, chemischer Energie oder Kernenergie. Sie kann auch mithilfe der Sonnenstrahlung (Fotovoltaik) umweltschonend erzeugt werden. Bei einem Blitzschlag wird elektrische Energie frei, kann aber wegen der ungeheuren Spannung nicht genutzt werden.

Elektrische Energie muss im Augenblick des Verbrauchs erzeugt werden; sie kann nur in geringen Mengen gespeichert werden wie in Batterien oder Akkus (Riesenproblem für Elektroautos).

Elektrische Energie wurde in der Sanitärtechnik schon immer genutzt:
• als Wärmeenergie bei der Wassererwärmung
• durch Umwandeln in mechanische Energie bei:
  - Pumpen zur Förderung und zur Zirkulation von Wasser
  - Werkzeugen zum Antrieb, z. B. beim Bohren, Pressen, Schrauben, Gewindeschneiden

Zusätzlich wird elektrische Energie angewandt:
• zum Steuern oder Regeln beim Betrieb von selbsttätigen Armaturen, Elektro- und Gasgeräten, Gasbrennern, Pumpenanlagen u. Ä.
• zum Messen bzw. Überprüfen der Funktion von Armaturen und Geräten
• in der Gebäudeautomation

10.8.2 Elektrischer Strom – Elektrische Grundgrößen

Elektrischer Strom ist ein gerichteter Fluss von Ladungsträgern.

Ladungsträger sind, ➔ 1:
• Elektronen in festen Werkstoffen, vor allem in Metallen
• Ionen in Flüssigkeiten, so genannte Elektrolyten
• Elektronen und Ionen in leitfähigen Gasen

Ist von der **Stromrichtung** die Rede, trifft man auf zwei unterschiedliche Begriffe:
• technische Stromrichtung
• physikalische Stromrichtung

Als so genannte **technische Stromrichtung** wurde einst willkürlich, aber falsch festgelegt:
Der Strom fließt vom +Pol zum –Pol.

In Wirklichkeit bewegen sich die Elektronen, außerhalb einer Stromquelle, vom –Pol zum +Pol, ➔ 2. Man nennt dies die **physikalische Stromrichtung**.

Damit elektrischer Strom fließt, die Ladungsträger also strömen, muss
• eine Spannungsquelle vorhanden sein
• ein geschlossener Stromkreis da sein

Die **Spannungsquelle** lässt den Strom fließen; sie wirkt wie eine Umwälzpumpe, die den Elektronenstrom bewegt.
Der geschlossene **Stromkreis** ist die „Zirkulationsleitung" für den Elektronenstrom, ➔ 3.

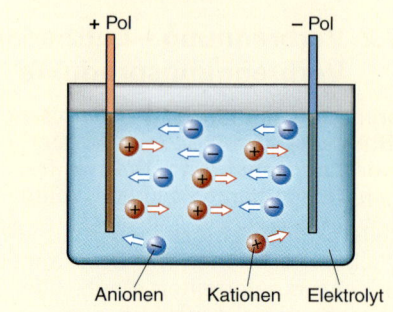

a) Fester Leiter: Elektronenströmung

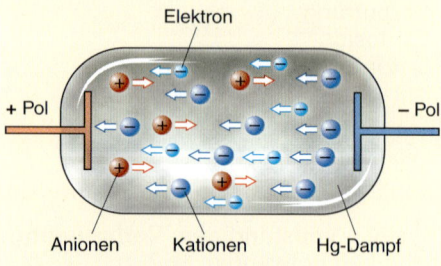

b) Flüssiger Leiter: Ionenströmung

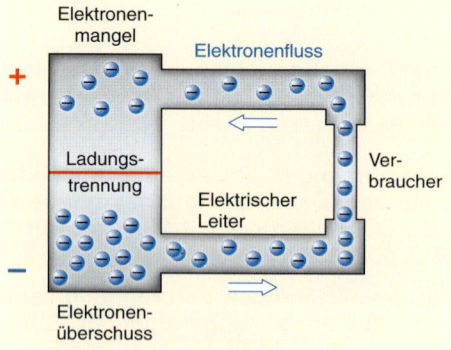

c) Gas: Ionen- und Elektronenströmung

1 Freie Ladungsträger

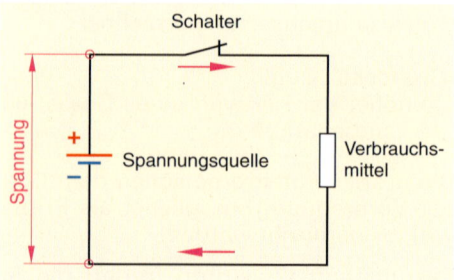

2 Stromrichtung und Stromfluss

3 Elektrischer Stromkreis, technische Stromrichtung

Spannungsquelle kann sein:
• öffentliches Stromnetz
• Batterie und Akkumulator
• Solarzelle
• Stromversorgungsgerät

Im **öffentlichen Stromnetz** wird die Spannung durch einen Generator in einem Kraftwerk erzeugt. Er wird z. B. durch eine Turbine mit Dampf, Wasserkraft oder durch ein Windrad angetrieben, ➜ 332.1. Der Generator lässt sich mit einem Dynamo am Fahrrad vergleichen.

In **Batterien** und **Akkumulatoren** (kurz Akkus) wird chemische in elektrische Energie umgewandelt. Die Wirkung beruht auf die von Alessandro Volta aufgestellte Spannungsreihe der Elemente und das von ihm entdeckte galvanische Element, siehe Kap. 2.3.2.3.

Der Akkumulator ist im Gegensatz zur Batterie wieder aufladbar, denn das Lade- und Entladeverhalten sind umkehrbar.

Zwei Elektroden mit unterschiedlichem elektrischem Potenzial, beispielsweise Kupfer und Zink, tauchen in einen Elektrolyten. Zwischen den Metallen entsteht eine elektrische Spannung. Von der unedleren Zinkelektrode gehen Zinkionen in Lösung, an der Kupferelektrode werden Kupferionen aus der Lösung mittels freier Elektronen zu Kupfer reduziert. Verbindet man die Elektroden durch einen äußeren Leiter, so fließen Elektronen von einer Elektrode zur anderen, d. h. es fließt ein Strom, ➜ 42.2.
Strom fließt so lange, bis alle gespeicherte chemische in elektrische Energie umgewandelt ist, d. h. bis alle Kupferionen aus der Lösung verbraucht sind.

Am bekanntesten ist der Bleiakkumulator als Starterbatterie in Autos. Er funktioniert mit Blei- und Bleioxid-Elektroden in verdünnter Schwefelsäure als Elektrolyt. Diese Akkus sind relativ groß und schwer. Es gibt aber auch Nickel-Cadmium-Akkus im Format kleiner Rund- oder Flachbatterien zum Wiederaufladen.

Die Batterie liefert Strom mit geringer Spannung. Batterien sind meist zylinderförmige Rundzellen. Als Elektrodenpaare dienen Kohle-Zink (für Taschenlampen u. Ä.), ➜ 43.3, Alakali-Mangan Kofferradio), Quecksilberoxid (Uhren, Taschenrechner) oder Lithiumzellen (hochwertige Kameras, Herzschrittmacher).

Ein (Not-)**Stromversorgungsgerät** ist ein Generator, der von einem Verbrennungsmotor angetrieben wird. Er übernimmt die Stromversorgung wichtiger Verbraucher bei Netzausfall, z. B. im Krankenhaus, Bahnhof, Flughafen. Transportable Stromversorgungsgerät, meist benzin- oder dieselmotorbetrieben, sind auch für Baustellen geeignet.

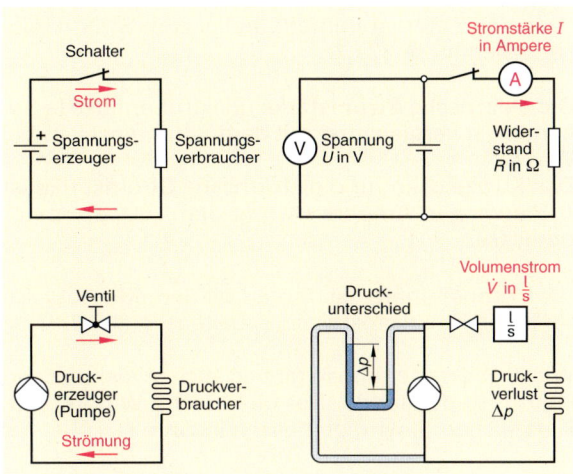

1 Vergleich elektrischer Stromkreis – Wasserzirkulation

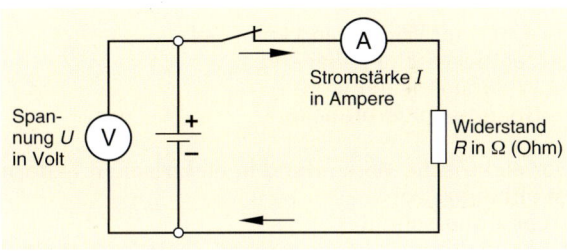

2 Wichtige Größen im Stromkreis

Der **elektrische Stromkreis** lässt sich mit einer Zirkulationsleitung vergleichen.

Beispiel:
• In der Zirkulationsleitung besorgt den Druckunterschied eine Umwälzpumpe; beim elektrischen Strom eine Stromquelle.
• Ähnlich wie bei Wasser der Druckunterschied oder ein Gefälle lässt die elektrische Spannung den Strom fließen; Wasser fließt von oben nach unten; elektrischer Strom fließt vom –Pol zum +Pol.
• Den Wassertropfen im Wasserstrom entsprechen die freien Elektronen oder Ionen im elektrischen Strom.
• Die Wasserströmung kann durch ein Absperrventil, der Stromfluss durch einen Schalter unterbrochen werden, ➜ 1.

Bestimmende Größen im elektrischen Stromkreis sind, ➜ 2:
• elektrische Spannung
• elektrische Stromstärke
• elektrischer Widerstand

Die elektrische Spannung ist Ursache, dass elektrischer Strom fließt.
Das Kurzzeichen der elektrischen Spannung ist **U**.
Sie wird gemessen in Volt (**V**) mit dem Voltmeter.

Das Voltmeter ist immer parallel zum Stromkreis zu schalten, ➔ 337.2.

Die **elektrische Stromstärke** (Elektronenfluss je Sekunde) ist vergleichbar mit dem Volumenstrom bei Wasser.
Das Kurzzeichen für die elektrische Stromstärke ist I. Sie wird in Ampere (**A**) mit dem Amperemeter gemessen.

Das Amperemeter ist immer mit dem Messobjekt in Reihe im Stromkreis zu schalten, ➔ 337.2.

Wie in Wasserleitungen gibt es auch in elektrischen Leitern Widerstände. Der **elektrische Widerstand**, Kurzzeichen **R**, wird gemessen in Ohm (Ω).

Elektrische Widerstände sind immer nur im spannungsfreien Zustand zu messen!

Elektrischer Widerstand kann sein:
• der elektrische Leiter selbst
• Widerstandselemente
• Spannungsverbraucher

Der **elektrische Widerstand in elektrischen Leitern** ist abhängig von:
• Leiterquerschnitt
• Länge des Leiters
• elektrische Leitfähigkeit des Werkstoffs

Beispiel:
Wenig elektrischen Widerstand leisten Leiter mit:
• großem Querschnitt
• geringer Länge
• hoher elektrischer Leitfähigkeit

Temperaturabhängige Widerstände werden eingesetzt als Sensor oder als Temperaturfühler.

Es werden unterschieden:
• NTC (negativ temperature coeffizient) = **Heißleiter**; er leitet den elektrischen Strom im heißen Zustand besser als im kalten Zustand
• PTC (positiv temperature coeffizient) = **Kaltleiter**; er leitet den elektrischen Strom im kalten Zustand besser

Die **elektrische Leitfähigkeit** hat das Symbol κ (griech. kappa) und die Einheit m/(W·mm²), ➔ 1. Hohe Zahlenwerte zeigen gute Leitfähigkeit an. Umgekehrt dazu verhält es sich mit dem elektrischen Widerstand. Ein hoher spezifischer Widerstandswert bezeugt geringe Leitfähigkeit.

Nach dem Wert der elektrischen Leitfähigkeit unterteilt man:
• gute elektrische Leiter
• schlechte elektrische Leiter
• Nichtleiter
• Halbleiter

Werkstoff	Spezifische Leitfähigkeit κ in $\dfrac{m}{\Omega \cdot mm^2}$	Spezifischer Widerstand ϱ in $\dfrac{\Omega \cdot mm^2}{m}$
Silber	61,3	0,016 3
Kupfer	56,0	0,017 8
Gold	45,4	0,022
Aluminium	35,0	0,028 57
Wolfram	18,0	0,055 6
Zink	16,5	0,060 6
Eisen	10,4	0,096 2
Blei	4,8	0,208 3
Quecksilber	1,04	0,961 5
Widerstandswerkstoff		
Konstantan CuNi 44		0,44
Nikrothal NiCr 3020		1,04
Cronix NiCr 8020		1,12
Aluchrom CrAl 255		1,44

1 Spezifische Leitfähigkeits- und spez. Widerstandswerte

Gute elektrische Leiter sind z. B. alle Metalle, besonders Silber, Kupfer, Gold, Aluminium, ➔ 1.
Schlechte elektrische Leiter sind Flüssigkeiten und Gase.
Nichtleiter isolieren elektrischen Strom. Das sind z. B. Kunststoffe, Glas, Porzellan, destilliertes Wasser, trockene Luft.
Halbleiter sind z. B. Germanium und Silizium. Sie leiten unter bestimmten Voraussetzungen, z. B. Stoffstruktur, Temperatur, Verunreinigung mit Fremdatomen. Halbleiter spielen bei der Herstellung von Solarzellen und Elektronikbauelementen eine große Rolle, z. B. Computerchips.
Widerstandselemente sind meist aus Chrom- und/oder Nickellegierungen mit Eisen oder Aluminium. Sie werden genutzt als Festwiderstand oder veränderbarer Widerstand.
Spannungsverbraucher wie Glühlampe, elektrischer Heizofen, Bohrmaschine bilden ebenfalls elektrische Widerstände.

10.8.3 Elektrische Leistung

Wie herabstürzendes Wasser ein Mühlrad antreibt, liefert elektrischer Strom elektrische Leistung:

Beispiel:
• **Wechselstrom 230 V~**

$$P = U \cdot I$$

P elektrische Leistung in W
U elektrische Spannung in V
I elektrische Stromstärke in A

• **Drehstrom 400 V 3~**

$$P = U \cdot I \cdot 1{,}73$$

1,73 ist der Verkettungsfaktor (bedingt durch die Phasenverschiebung bei Drehstrom)

Je größer die elektrische Spannung ist, umso kleiner kann die elektrische Stromstärke sein und umgekehrt.

10.8.4 Elektrische Arbeit

Je länger ein Verbraucher, z. B. eine Glühlampe, in Betrieb ist, umso größer ist die elektrische Arbeit, also der Stromverbrauch.

$$W = P \cdot t$$

W elektrische Arbeit in Ws, größere Einheiten: Wh, kWh, MWh
P elektrische Leistung in W
t Zeit in s

10.8.5 Messen elektrischer Größen im Sanitärfach

Zur Strom- und Spannungs- und Widerstandsmessung werden vom Installateur nicht spezielle, sondern Vielfachmessinstrumente benutzt, die Ampere-, Volt- und Ohmmeter, beinhalten, ➔ 1. Bild ➔ 3 zeigt den Einsatz des Vielfachmessinstrumentes an Beispielen.

Um festzustellen, ob überhaupt eine elektrische Spannung anliegt, genügt eine **Spannungsprüfung**.

Dazu verwendet man einen zweipoligen Spannungsprüfer, ➔ 2. Er ist geeignet für elektrische Spannungen 6 V bis 700 V von Gleich- und Wechselstrom.

10.8.6 Stromarten

Man unterscheidet:
- Gleichstrom
- Wechselstrom
- Drehstrom (dreiphasiger Wechselstrom)

Beim **Gleichstrom (DC – Direct Current)**, Kennzeichen z. B.: −12 V, fließen die Elektronen immer in die gleiche Richtung, ➔ 4a, 337.1. Stromstärke und Spannung sind gleich gerichtet. Gleichstrom liefern Akkus und Batterien und Gleichstromgeneratoren.

Öffentliche Stromnetze und bewegliche Stromerzeuger, liefern **Wechselstrom (AC – Alternating Current)**. Bei Wechselstrom pendeln die Elektronen im Leiter hin und her, ➔ 4b, ähnlich wie bei einer Kolbenpumpe Druck und Sog abwechselnd. Strom und Spannung ändern periodisch[1] Größe und Richtung, in europäischen Stromnetzen 50-mal je Sekunde; man nennt dies eine Frequenz von $f = 50$ Hz.

[1] periodisch: regelmäßig wiederkehrend

1 Spannungsmessung mit Vielfachmessgerät

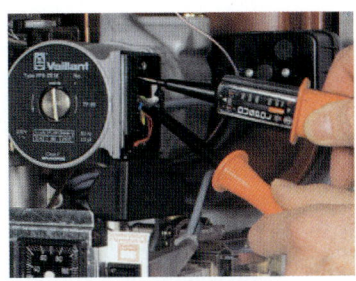
2 Spannungsprüfung mit Dipol

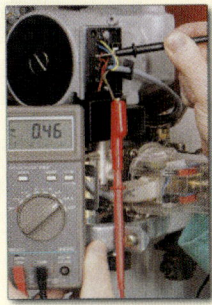
a) Stromaufnahme (A) messen (Leiter im Messstromkreis)

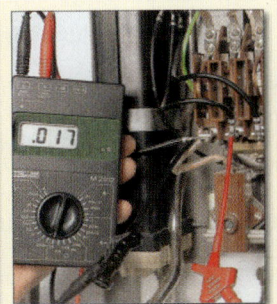
b) Messen des Ionisationsstromes (mA) (Leiter im Messstromkreis)

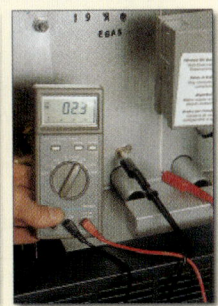
c) Widerstandsmessung (Ω) Gerät **spannungsfrei** schalten!

3 Beispiele für den Einsatz von Vielfachmessinstrumenten

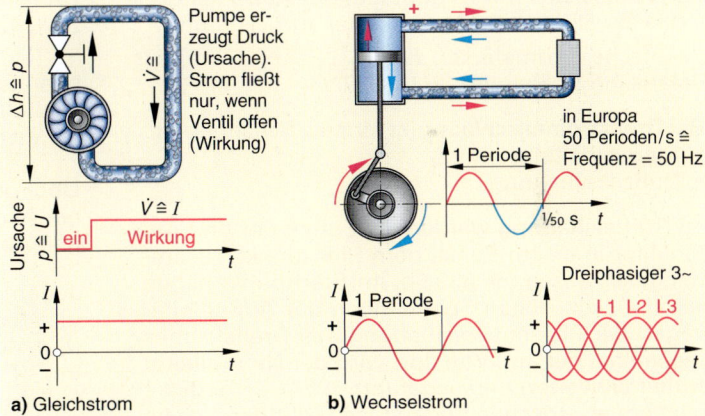
a) Gleichstrom

b) Wechselstrom

4 Stromarten

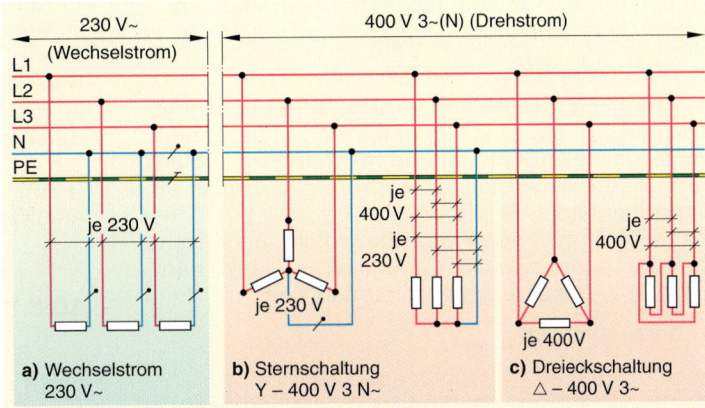
a) Wechselstrom 230 V~

b) Sternschaltung Y – 400 V 3 N~

c) Dreieckschaltung △ – 400 V 3~

5 Vierleitersystem

Beim **Drehstrom** oder **dreiphasigen Wechselstrom** wirken 3 Wechselströme zusammen, ➜ 339.4b. Sie sind in ihrem zeitlichen Verlauf je um ⅓ Periode versetzt (verdreht). Man nennt dies **Phasenverschiebung.**

In Deutschland wird Wechselstrom nach dem **Vierleitersystem** verteilt, ➜ 339.5:
- drei Strom führende Leiter L1, L2, L3, Farben schwarz/braun/schwarz
- ein Neutralleiter N, Kennfarbe hellblau
- dazu innerhalb von Gebäuden ein Schutzleiter PE (Potential gegen Erde), Kennfarbe gelb-grün

Im Vierleitersystem stehen zwei elektrische Spannungen bereit:
- 230 V zwischen einem Außenleiter L und dem Neutralleiter N: Wechselstrom 230 V ~, ➜ 339.5a
- 400 V zwischen je zwei Außenleitern (Drehstrom 400 V 3~ N), ➜ 339.5b, 339.5c

10.8.7 Anschluss elektrischer Geräte

Der Anschluss elektrischer Geräte erfolgt bei:
- geringer elektrischer Leistung (≤ 4 kW): an Wechselstrom 230 V ~, ➜ 339.5a
- höherer elektrischer Leistung: an Drehstrom 400 V 3 N ~

Bei **Wechselstrom** wird nur einer der Außenleiter L in das Gerät und zum Neutralleiter zurückgeführt.
Elektrische Stromstärke: $I = I_{Str}$
Elektrische Spannung: $U = 230$ V ~

Bei **Drehstromanschluss** gibt es zwei Schaltungen:
- Sternschaltung
- Dreieckschaltung

Bei **Sternschaltung** werden die Enden der drei Außenleiter in einem Punkt, dem Sternpunkt, zusammengeschlossen, ➜ 339.5b. Im Sternpunkt heben sich die elektrischen Spannungen der Außenleiter wegen der Phasenverschiebung des Drehstromes gegeneinander auf. Von dort wird der Neutralleiter (früher **Nullleiter**) herausgeführt.
In jedem elektrischen Widerstand fließt der gleiche elektrische Strom wie im Außenleiter.
An den Einzelwiderständen liegt die Strangspannung von je $\frac{400\ V}{1,73} = 230$ V an.

Bei der **Dreieckschaltung** wird, z. B. bei Wassererwärmern, je ein Eingang eines Heizwiderstandes mit je einem Außenleiter und mit dem Eingang des vorherigen Widerstandes verbunden, sodass ein Dreieck entsteht, ➜ 339.5c.
An den Widerständen liegt die gleiche elektrische Spannung wie zwischen zwei Außenleitern, nämlich 400 V. Der Strangstrom hat den Wert:
Außenleiterstrom $\frac{I}{1,73}$.

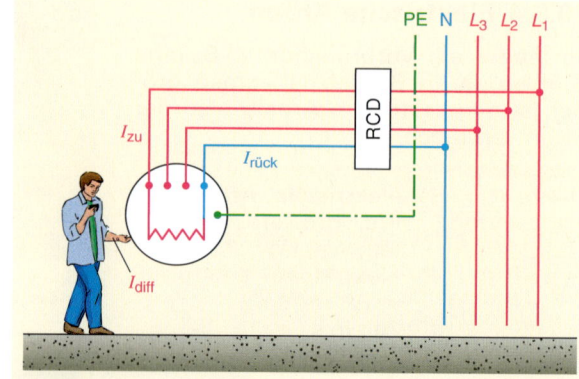

1 Fehlerstromschutzschalter

Drehstrom:	„Y"-Schaltung	„Δ"-Schaltung
Stromstärke:	$I_{Str} = I$	$I_{Str} = \dfrac{I}{1,73}$
Spannung:	$U_{Str} = \dfrac{U}{1,73}$	$U_{Str} = U$

Bei der Dreieckschaltung erreicht man im Vierleitersystem die dreifache elektrische Leistung gegenüber der Sternschaltung.

Größere Elektromotore werden erst auf „Y" (⅓ Leistung), dann auf „Δ" geschaltet, um den Anlaufstrom gering zu halten.

Bei jedem Geräteanschluss schließt man als Schutzmaßnahme das Metallgehäuse eines Verbrauchers an den Schutzleiter PE[1] bzw. PEN.

Über diesen bildet sich bei Körperschluss zusätzlich ein so genannter Fehlerstromkreis, der zum sofortigen Abschalten der schadhaften Anlage führt.

Jedem elektrischen Gerät fließt im **Normalfall** der gleich große Strom (in Ampere) im Außenleiter zu (I_{zu}), der auch im Neutralleiter zurückfließt ($I_{rück}$). Ein **Fehlerstromschutzschalter RCD**[2], auch **FI-Schutzschalter** genannt, misst diese Ströme und stellt fest: $I_{zu} - I_{rück} = 0$ A

Berührt ein Mensch ein schadhaftes Gerät oder den Außenleiter, fließt ein Teilstrom, der Differenzstrom $I_{Diff} = I_{zu} - I_{rück}$, über seinen Körper zur Erde, ➜ 1. Stellt der RCD fest, dass $I_{Diff} \geq 30$ mA, unterbricht er sofort den Stromkreis und schützt so vor Schaden durch einen Stromschlag, der auch tödlich sein kann.

Fehlerstromschutzeinrichtungen sind regelmäßig zu überprüfen.

10.8.8 Elektrische Leitungen und Absicherung

Elektrische Leitungen:
- verbinden Stromquelle und Verbraucher
- übertragen elektrische Energie

---

[1] PE = protection earth ⟨engl.⟩: Schutzerde bzw. PEN = **p**rotection **e**arth **n**eutral: erfüllt die Aufgabe des Schutz- (PE) und des Neutralleiters (N)
[2] RCD = Residual Current protective Device (engl.): Reststromschutzgerät

Bei elektrischen Leitungen unterscheidet man, ➔ 1:
- Ader
- Leitung
- Kabel

Eine **Ader** ist ein ein- oder mehrdrahtiger Kupferleiter. Geschützt wird sie durch eine Kunststoffumhüllung.

Eine **Leitung** besteht aus mehreren Adern in einer Kunststoffumhüllung. Es gibt sie für:
- festen Anschluss von Geräten, z. B. Mantelleitung, Stegleitung
- ortsveränderliche Geräte, z. B. Gummi- oder Kunststoffschlauchleitung

Kabel sind Leitungen in der Energietechnik (mit zusätzlichem Mantel), z. B. Starkstromkabel, Erdkabel.

Für elektrische Leitungen wählt man meist Kupferleiter. Sie leiten Strom gut und erwärmen sich nicht so leicht. Ist die Stromstärke aber zu hoch, kann durch Erwärmung die Isolation schmelzen und ein Brand entstehen. Bei Stromdurchfluss wird jeder elektrische Leiter erwärmt.

Deshalb sind elektrische Leiter:
- mit ausreichendem Querschnitt zu wählen
- Kabel zur besseren Kühlung von Leitungsrollen (Kabel-Trommel) abzurollen
- durch Leitungsschutzeinrichtungen wie Leitungsschutzschalter oder Schmelzsicherungen, ➔ 3, zu sichern

Die Nennstromstärke einer elektrischen Sicherung hängt vom Leiterquerschnitt und der Verlegungsart ab, ➔ 2.

10.8.9 Anschlussverbindungen elektrischer Geräte

Elektrische Geräte werden angeschlossen:
- mit Steckverbindungen an Netz-Steckdosen
- fest ans Stromnetz

Steckverbindungen werden für ortsbewegliche Geräte vor allem im Haushalt, für elektrische Kleingeräte, Handwerkszeuge und auf Baustellen benutzt.

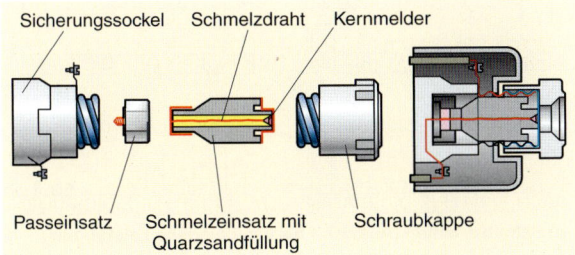

3 Schmelzsicherung

Leitung	Aufbau	Verwendung
Kunststoffader HO5V	ein- oder mehrdrahtiger Cu-Leiter, PVC isoliert	Verdrahtungsleitungen für innere Verdrahtung
Mantelleitung NYM, NVMZ:	ein- oder mehrdrähtiger Cu-Leiter, Isolierhülle PVC, Adern verseilt mit plastischer Füllmasse umpresst	für trockene, feuchte und nasse Räume, explosions- und feuergefährdete Betriebsstätten, im Freien, nicht im Erdreich
Stegleitung NYIF:	eindrähtiger Cu-Leiter, Isolierhülle PVC, 2, 3, 4 oder 5 Adern in einer Ebene, mit Gummihülle umgeben	für feste Verlegung unter Putz in trockenen Räumen, auch zulässig in Sanitärräumen von Wohnungen und Hotels
Kunststoffschlauchleitung HO3VV-F	feindrähtiger Cu-Leiter mit PVC-Isolierhülle, Adern verseilt darüber PVC-Mantel	für **ortsveränderliche** Verbraucher in trockenen Räumen bei geringer Beanspruchung für leichte Handgeräte
Schwere Gummischlauchleitung HO7RN-F	verzinnter feindrähtiger Cu-Leiter, Isolierhülle vulkanisiertes Gummigemisch, Adern verseilt, Gummi-Innenmantel, darüber zweiter Mantel aus ölbeständigem, schwer entflammbarem Kautschuk	für **ortsveränderliche** Verbraucher in trockenen und nassen, auch feuergefährdeten Räumen, im Freien sowie im Nutzwasser, auf Baustellen, bei mittlerer mechanischer Beanspruchung für Werkzeuge, fahrbare Motoren u. Ä.

1 Isolierte Leitungen für feste Verlegung und für bewegliche Anschlüsse

Querschnitt in mm^2	I_z in A		Sicherung in A	
	B 1	C	B 1	C
1,5	15,5	17,5	16 (grau)	16 (grau)
2,5	21	24	20 (blau)	20 (blau)
4	28	32	25 (gelb)	25 (gelb)
6	36	41	35 (schwarz)	35 (schwarz)

Verlegeart B1 Verlegung in Rohren oder Kanälen auf oder im Mauerwerk

Aderleitungen im Elektroinstallationsrohr auf der Wand

Aderleitungen im Elektroinstallationsrohr auf der Wand

Aderleitungen im Elektroinstallationsrohr im Mauerwerk

einadrige Mantelleitungen mehradrige Leitungen im Elektroinstallationsrohr im Mauerwerk

Verlegeart C Verlegung von Mantel- und Stegleitung auf oder in der Wand

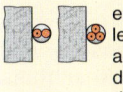

einadrige Mantelleitungen, mehradrige Leitung auf der Wand oder auf dem Fußboden

mehradrige Leitung Stegleitung in der Wand oder auf dem Fußboden

Stegleitung in der Wand oder unter Putz

2 Strombelastbarkeit I_z und zugehörige Sicherungen für dreiadrige Kupferleitungen bei 30 °C Umgebungstemperatur

10

10

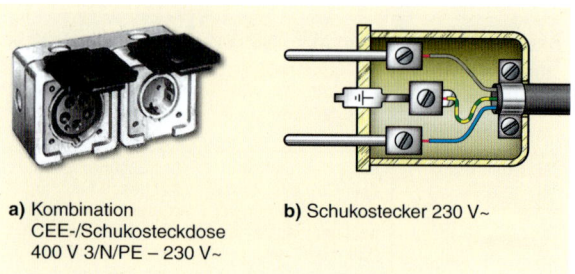

a) Kombination
CEE-/Schukosteckdose
400 V 3/N/PE – 230 V~

b) Schukostecker 230 V~

1 Schutzkontaktsteckdosen und Schukostecker 230 V~

Als Steckverbindungen werden verwendet:
- zweipolige Stecker ohne PE-Kontakt
- Schutzkontaktstecker (Schukostecker)
- CEE-(CECON-)Stecker-/Steckdose mit Nase und Nut

Zweipolige Stecker ohne PE-Kontakt findet man an schutzisolierten Geräten (Kennzeichen auf dem Geräteschild: □). Sie sind unlösbar mit der Anschlussleitung verschweißt.

Schutzkontaktstecker (Schukostecker) für Wechselstrom 230 V besitzen einen 3-poligen Stecker. Sie werden in eine Schutzkontaktsteckdose gesteckt, → 1.

Die Schutzleiterader PE (grün/gelb) muss länger als die Anschlussadern L (braun oder schwarz) und N (blau) sein, damit bei einem eventuellen Abriss der Leitung der PE-Anschluss am längsten besteht, → 1b.

CEE[1]-(CECON-)Stecker-/Steckdose mit Nase und Nut, → 2, Kennfarbe rot, sind rund und 5-polig (L1, L2, L3, N, PE). Sie werden bei Drehstrom 400 V 3 N ~ eingesetzt.

CEE-Steckvorrichtungen haben die Kennfarbe
- Blau: für Spannung 200 V bis 250 V
- Rot: für Spannung 380 V bis 480 V

Fest ans Stromnetz angeschlossen werden elektrische Geräte und Maschinen über einen Anschlusskasten mit einer Klemmleiste. Dieser Anschluss ist vorgeschrieben bei:
- Geräten mit hoher elektrischer Leistung
- Geräten mit Wechselstromanschluss, wenn der Stromleiter L nicht mit dem Neutralleiter N vertauscht werden darf; z. B. würde sich der Drehsinn von Umwälzpumpen bei vertauschten Anschlüssen ändern

Für elektrische Geräte, z. B. Elektro-Wassererwärmer, wird für den festen Anschluss ein Anschlussplan und ein Stromlaufplan, → 3, vom Hersteller mitgeliefert. Darin sind Leitungen und Bauteile durch Sinnbilder gekennzeichnet, → 343.1.

[1] CEE: internationale Commission Elektrotechnische Erzeugnisse

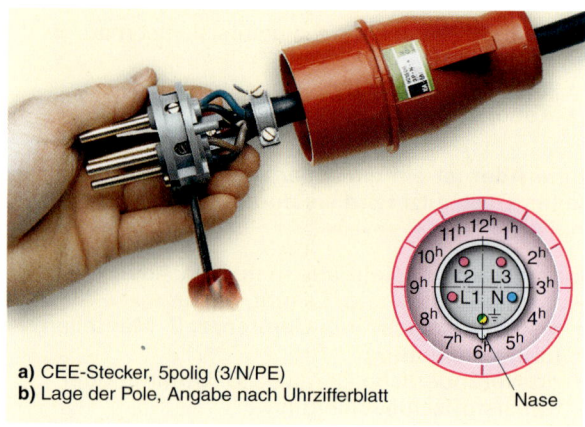

a) CEE-Stecker, 5polig (3/N/PE)
b) Lage der Pole, Angabe nach Uhrzifferblatt

Nase

2 CEE-Stecker zu CEE-Steckdose

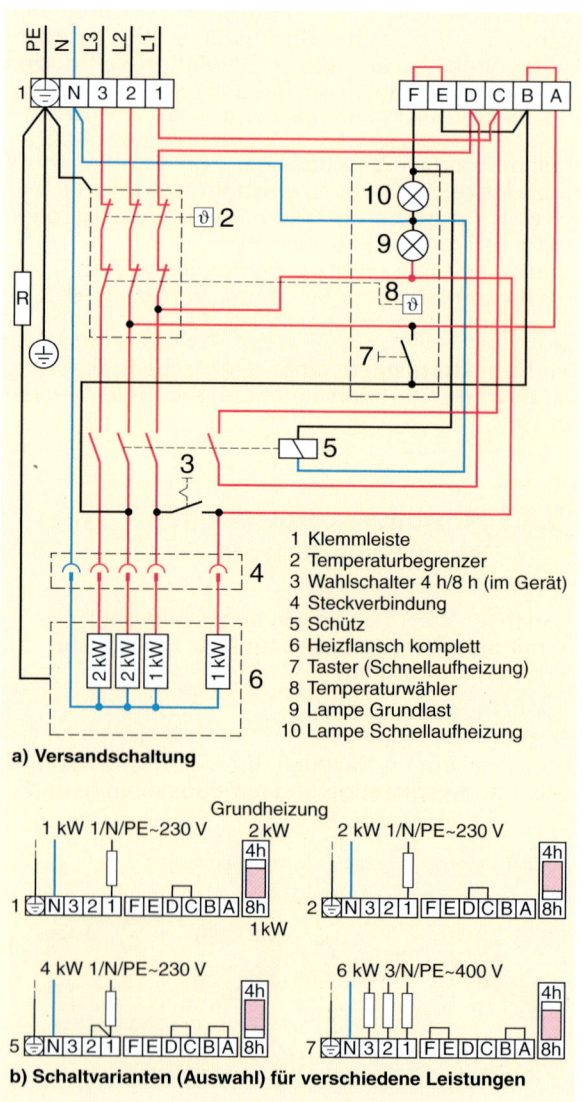

1 Klemmleiste
2 Temperaturbegrenzer
3 Wahlschalter 4 h/8 h (im Gerät)
4 Steckverbindung
5 Schütz
6 Heizflansch komplett
7 Taster (Schnellaufheizung)
8 Temperaturwähler
9 Lampe Grundlast
10 Lampe Schnellaufheizung

a) Versandschaltung

b) Schaltvarianten (Auswahl) für verschiedene Leistungen

3 Stromlaufplan für Elektro-Speicherwassererwärmer

Der Monteur muss eventuell die vom Hersteller vorgegebene Schaltung (Versandschaltung) ändern, um die Geräteleistung den örtlichen Gegebenheiten anzupassen, z. B. wenn vorhandene Leiterquerschnitte bzw. Leitungsschutzeinrichtungen die höchstmögliche Geräteleistung nicht zulassen. Die Bilder ➜ 2, 3, 4 zeigen Anschlussmöglichkeiten elektrischer Wassererwärmer an das Netz.

Nur Fachleute mit entsprechender Ausbildung dürfen Geräte an das elektrische Stromnetz fest anschließen und Veränderungen an der Verdrahtung vornehmen.

Anlagenmechaniker SHK dürfen aufgrund ihrer Ausbildung als Elektrofachkraft für eingeschränkte Tätigkeiten arbeiten.

Aber: Die Benennung muss durch den Betrieb erfolgen.

Hierzu ist die Meldung bei der zuständigen Berufsgenossenschaft erforderlich. Es besteht die Pflicht zur Fortbildung, mindestens alle drei Jahre.

Schaltzeichen	Benennung	Schaltzeichen	Benennung
	Leitung allgemein	10 A	Sicherung mit Nennstrom A
	Schutzleiter PE (wahlweise) – für PE oder für PEN		Widerstand allgemein
			Widerstand veränderbar
	Leitungen mit leitender Verbindung	⊗	Lampe, Leuchte allgemein
	Kreuzung ohne Verbindung		Steckverbindung allgemein
⏚	Anschlussstelle für Schutzleiter	a) b)	Einfachsteckdose a) ohne b) mit Schutzkontakt
	Öffner	3/N/PE	Schutzkontaktsteckdose für Drehstrom
	Schließer		Kondensator
ϑ /°C	Schalter betätigt durch Thermostat		Transformator
1 2 3 4	Klemmleiste mit lösbarer (schaltbarer) Verbindung	E	Elektrogerät allgemein

1 Schaltzeichen elektrischer Anlagen

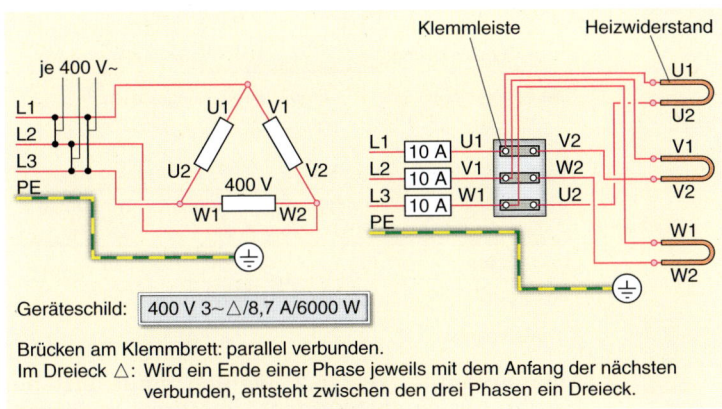

Geräteschild: 400 V 3~ △ /8,7 A/6000 W

Brücken am Klemmbrett: parallel verbunden.
Im Dreieck △: Wird ein Ende einer Phase jeweils mit dem Anfang der nächsten verbunden, entsteht zwischen den drei Phasen ein Dreieck.

2 Drehstromanschluss △ ohne Neutralleiter

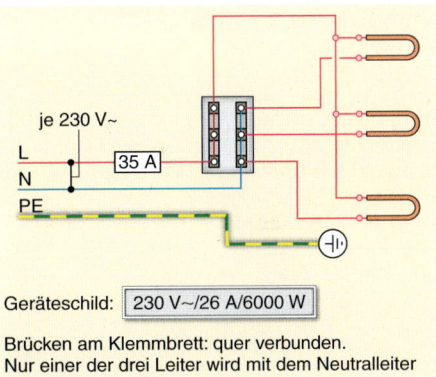

Geräteschild: 230 V~/26 A/6000 W

Brücken am Klemmbrett: quer verbunden.
Nur einer der drei Leiter wird mit dem Neutralleiter verbunden.

3 Wechselstromanschluss

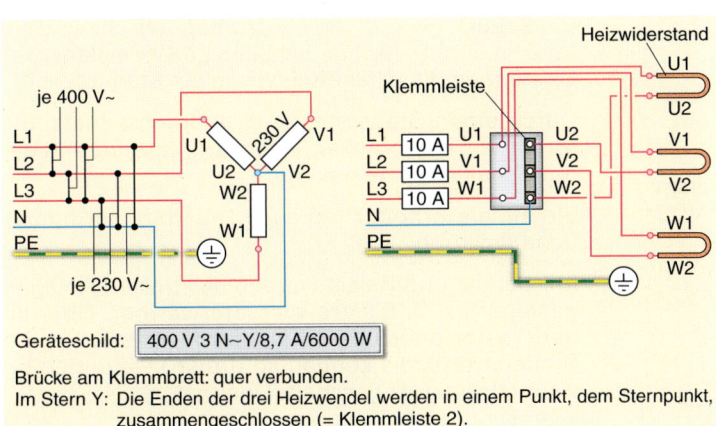

Geräteschild: 400 V 3 N~Y/8,7 A/6000 W

Brücke am Klemmbrett: quer verbunden.
Im Stern Y: Die Enden der drei Heizwendel werden in einem Punkt, dem Sternpunkt, zusammengeschlossen (= Klemmleiste 2).

4 Drehstromanschluss Y mit Neutralleiter N

5 DIP-Schalter in einem Elektro-Wassererwärmer

Heute wird durch so genannte **DIP**-Schalter[1] die Leistungsverstellung von Speicher-Wassererwärmern eingestellt. Ein Dreh mit dem Schraubendreher ersetzt das Umklemmen von Drähten und Einsetzen von Brücken an der Klemmleiste, → 343.5.

10.8.10 Leistungsschilder bei Elektrogeräten

Leistungsschilder elektrischer Geräte geben Hinweise auf, → 1:
- zulässige elektrische Spannung
- erforderliche Stromstärke
- Anschlussart

Notfalls kann daraus mithilfe der Formeln für die elektrische Leistung die Stromstärke errechnet werden. Die Stromstärke ist maßgebend für Querschnitt und Sicherungsgrößen für elektrischer Leiter.

Ein elektrischer Wassererwärmer kann mit unterschiedlicher Leistung betrieben werden, → 342.3. Je höher die Leistung ist, umso schneller wird das Wasser erwärmt.

Beispiel:
Bild → 1 zeigt das Leistungsschild eines Elektro-Wassererwärmers mit den Werten:
- elektrische Leistung: 6 kW
- elektrische Spannung:
  a) 230 V ~
  b) 400 V 3N ~

Welche Stromstärken sind für die elektrische Absicherung zugrunde zu legen?
Geg.: $P = 6$ kW $= 6000$ W Ges.: I
  a) $U = 230$ V ~
  b) $U = 400$ V 3N ~

a) $\boxed{P = U \cdot I}$

$I = \dfrac{P}{U} = \dfrac{6000 \text{ W}}{230 \text{ V}} = \underline{26 \text{ A}}$

b) $\boxed{P = U \cdot I \cdot 1{,}73}$

$I = \dfrac{P}{(U \cdot 1{,}73)} = \dfrac{6000 \text{ W}}{(230 \text{ V} \cdot 1{,}73)} = \underline{8{,}6 \text{ A}}$

10.8.11 Elektrische Bauteile und Geräte in der Sanitärtechnik

Elektrische Bauteile und Geräte, die in der Sanitärtechnik verwendet werden, müssen das VDE- bzw. ÖVE-Zeichen tragen:
- Magnetventil
- Schütz
- Relais
- Transformator
- Elektromotor
- Geräte für Heizzwecke

---

[1] DIP: Abkürzung für **D**ual **I**nline **P**ackage: Packung mit zwei (Kontakt-)Reihen

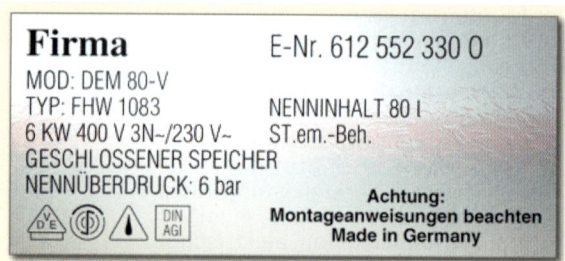

1 Leistungsschild für Elektro-Wassererwärmer

Firma

MOD: DEM 80-V
TYP: FHW 1083
6 KW 400 V 3N-/230 V~
GESCHLOSSENER SPEICHER
NENNÜBERDRUCK: 6 bar

E-Nr. 612 552 330 0

NENNINHALT 80 l
ST.em.-Beh.

Achtung:
Montageanweisungen beachten
Made in Germany

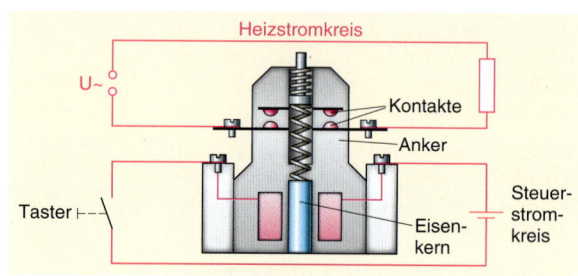

2 Schütz (automatischer Schalter)

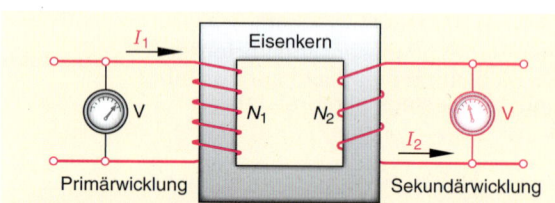

Die Spannungen verhalten sich wie die Windungszahlen:

Aus $\dfrac{U_1}{U_2} = \dfrac{N_1}{N_2}$ folgt $N_2 = \dfrac{N_1 \cdot U_2}{N_2}$

Fall	Primärspule		Sekundärspule	
	Spannung U_1 in V	Windungszahl N_1	Spannung U_2 in V	Windungszahl N_2
1	400	100	40	10
2	400	100	1000	250

3 Transformator

Magnetventile, → 226.2, werden eingesetzt bei berührungslos gesteuerten Armaturen, in Wasch- und Geschirrspülmaschinen.

Ein **Schütz**, → 2, ist ein elektromagnetischer Schalter zum automatischen Schalten großer elektrischer Leistungen. Es wirkt ähnlich wie ein Magnetventil.

Durch einen Steuerstrom wird eine Magnetspule erregt, die einen Anker (Eisenkern) anzieht und damit Schaltkontakte betätigt.

Ein **Relais** arbeitet genauso, nur mit geringerer Schaltleistung.

Mit Schütz und Relais werden elektrische Anlagen gesteuert, z. B. Elektro-Wassererwärmer. Über einen Taster oder über einen Temperaturfühler im Steuerstromkreis können so große Leistungen im Hauptstromkreis geschaltet werden, → 342.3.

Transformatoren wandeln elektrische Spannungen in niedrigere oder höhere Spannungen um, → 3.

Ein Transformator besteht aus einem Eisenkern mit zwei getrennten Spulen. Fließt Strom durch eine Spule (Primärspule), entsteht ein Magnetfeld bestimmter Größe. Dieses bewirkt in der zweiten Spule (Sekundärspule) einen Stromfluss. Dadurch können elektrische Spannungen umgewandelt (transformiert) werden.

So bewirken Transformatoren:
• Spannungsminderung
• Spannungserhöhung

Eine **Spannungsminderung** dient meist zum Schutz des Betreibers (Schutzkleinspannung), z. B. bei berührungslos gesteuerten Armaturen, beim Elektroschweißen.

Eine **Spannungserhöhung** ist erforderlich z. B. zur Stromverteilung aus Kraftwerken, für Hochspannungszünder bei Gas- oder Ölbrenner.

Spannungen $U > 50$ V bei Wechselstrom sind lebensgefährlich (Schutzkleinspannung $U < 50$ V~).

Elektromotoren wandeln die zugeführte elektrische Energie in mechanische Energie um. Sie wirken damit umgekehrt wie Generatoren.

In der Sanitärtechnik werden Elektromotoren eingesetzt zum:
• Antrieb von Pumpen, z. B. zur Wasserförderung, in Zirkulationsanlagen
• Betrieb von Abgasklappen, Brennergebläsen
• Antrieb von Handwerkszeugen und Maschinen wie Bohrmaschine, Schrauber, Press- und Biegewerkzeug

Die Wirkung von Elektromotoren beruht auf der gegenseitigen Abstoßung und Anziehung magnetischer Felder.

Zwei beliebige magnetische Felder, die aufeinander einwirken, wollen den zwischen ihnen entstehenden Spannungszustand ausgleichen. Sie wollen sich „gleichstellen", ➔ 1.

Beispiel:
Um jeden stromdurchflossenen Leiter herum entsteht ein Magnetfeld. Baut man in eine fest stehende Stromspule (Wicklung) eine drehbar gelagerte Stromspule ein und schließt elektrische Spannung an, dann entstehen zwei Magnetfelder, die sich gleichstellen wollen. Ein Stromwender sorgt dafür, dass diese Gleichstellung nie ganz gelingt.

Je nach Stromart unterteilt man Elektromotore:
• Drehstrommotor
• Wechselstrommotor

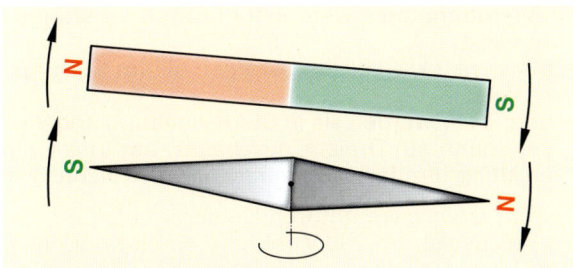
1 Gleichstellen magnetischer Felder

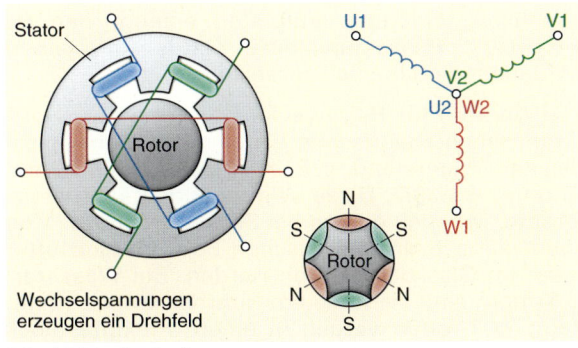
2 Drehfelder im Drehstrommotor

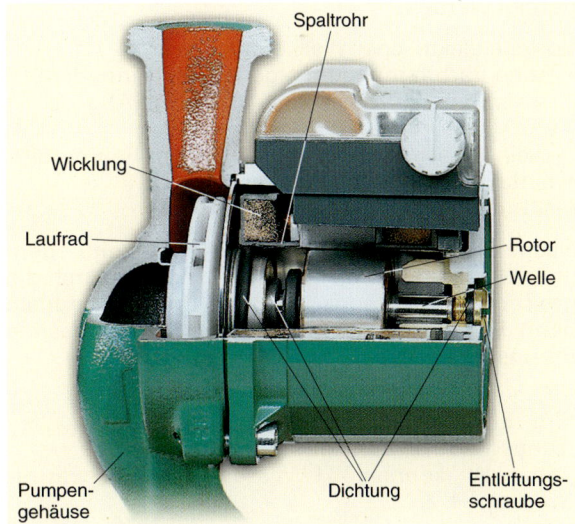
3 Drehstrommotor für Pumpe gekoppelt

Im **Drehstrommotor** erzeugen die drei um 120° versetzten Wechselspannungen ein drehendes Magnetfeld – auch Drehfeld genannt – daher der Name „Drehstrom", ➔ 2. Die Wicklungen dieser Drehfelder liegen im ruhenden Gehäuse (Stator) und im umlaufenden Teil (Rotor), ➔ 3.

Drehstrommotoren werden für größere Leistungen eingesetzt:
- bis etwa 3 kW Leistung werden sie im Stern geschaltet
- über 3 kW werden sie in Sternschaltung angelassen, dann auf Dreieck geschaltet, um ihre volle Leistung (dreifach gegenüber Y) zu erreichen

Es gibt Drehstrommotoren kleinerer Leistung, die an Wechselstrom 230 V mithilfe eines Kondensators angeschlossen werden können, z. B. bei Umwälzpumpen.

Der **Wechselstrommotor** ist ein abgewandelter Drehstrommotor. Da zum Erregen eines Drehfeldes mindestens zwei gegeneinander phasenversetzte Wechselspannungen nötig sind, erzeugt man die versetzte 2. Phase durch einen Kondensator, einen Widerstand oder eine Drosselspule.

Bei **Geräten für Heizzwecke** wählt man als Heizdraht einen elektrischen Leiter mit hohem spezifischen Widerstand, z. B. Konstantan, Aluchrom, Cronix, → 338.2. Diese Widerstandsdrähte (Heizdrähte, -wendel) glühen bei Stromdurchfluss. Man sieht sie z. B. im elektrischen Fön, im Heizlüfter oder im Glaskochfeld von Herden. Bei Wassererwärmern sind sie in einem Rohrheizkörper eingelegt, → 1, oder werden in einem Plexiglasblock unmittelbar vom Wasser umströmt, wie bei vielen Durchfluss-Wassererwärmern, → 479.1/2.

Am Beispiel eines elektrischen Wassererwärmers sollen die Vor- und Nachteile elektrischer Geräte gezeigt werden.

Vorteile elektrischer Wassererwärmer:
- keine Verbrennung im eigentlichen Sinn, damit:
  - kein Sauerstoffverbrauch und keine Abgase
  - kein Schornstein erforderlich
  - keine Beschränkung wegen geringer Raumgröße
- einfache Bedienung, sauber
- ständig betriebsbereit

Nachteilig sind die höheren Energiekosten gegenüber Gas oder Heizöl. Sie sind – bedingt durch die großen Umwandlungs- und Übertragungsverluste beim Erzeugen elektrischer Energie aus fossilen Brennstoffen – bis 70 % höher, vgl. → 332.1.

> Für Elektro-Wassererwärmer mit einem Wirkungsgrad von 87 % gilt:
> Mit 1 kWh können 15 l Wasser um 50 K erwärmt werden, → 2.

Das Erwärmen eines 120-l-Speichers von 10 °C auf 60 °C dauert:
- bei 1 kW Anschlussleistung: 8 h
- bei 4 kW Leistung: immerhin noch 2 h

Dazu reicht Wechselstrom noch aus. Bei höheren elektrischen Leistungen, wie sie vor allem Elektro-Durchflusswassererwärmer haben (12 kW bis 33 kW), ist Drehstromanschluss nötig, da sonst die Leiterquerschnitte zu groß würden, vgl. → 341.3.

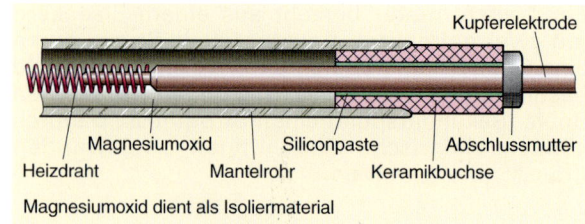

1 Rohrheizkörper für Elektro-Wassererwärmer

Magnesiumoxid dient als Isoliermaterial

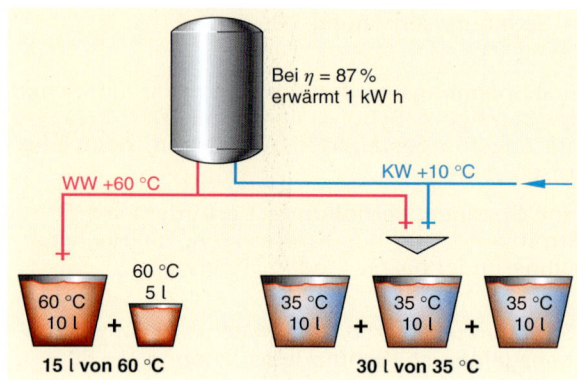

2 Stromverbrauch bei der Wassererwärmung

Drehstrom steht aber nicht überall zur Verfügung. Vor allem in Altbaugebieten reichen oft die Querschnitte im Versorgungsnetz kaum aus, sodass ein Anschluss nicht möglich ist oder hohe Anschlussgebühren anfallen.

Bei Arbeiten an elektrischen Geräten sind folgende Sicherheitsvorkehrungen zu treffen:
- Gerät freischalten; Anlage abschalten
- gegen Wiedereinschalten sichern
- Spannungsfreiheit feststellen
- Gerät erden und kurzschließen
- benachbarte Teile, die unter Spannung stehen, abdecken oder abschranken

10.8.12 Elektrische Schutzmaßnahmen im Sanitärbereich

10.8.12.1 Schutzerdung

Alle metallenen Leiter in Sanitärräumen können durch Kontakt mit elektrischen Leitern unter elektrische Spannung kommen.

Betroffen davon sind:
- Metallrohre für Abwasser, Trinkwasser, Gas, Heizung
- Sanitärapparate aus Gusseisen oder Stahl, z. B. Dusch- und Badewanne
- Bewehrungen in der Rohdecke

Kommt der Mensch mit einem Strom führenden Leiter und mit einem geerdeten Leiter, z. B. metallene Trinkwasserleitung, in Berührung, so fließt Strom durch seinen Körper, der tödlich wirken kann.

Alle metallenen Rohre sind deswegen an die Potenzialausgleichsschiene anzuschließen. Bei einem Austausch von Armaturen oder dem Wasserzähler ist die Stelle mit einem elektrisch leitenden Kabel zu überbrücken, z. B. Kupferseil mit Querschnitt ≥ 4 mm².

Badewannen und Duschen aus Metall müssen nicht mehr an den Potenzialausgleich angeschlossen werden.

Die Hauptpotenzialausgleichsschiene ist meist im Hausanschlussraum.

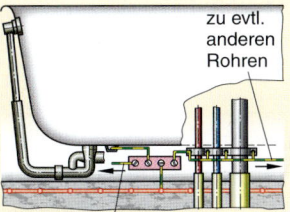

Potenzialausgleichsleiter ungeschnitten durch alle Klemmen führen oder Potenzialausgleichsschiene verwenden und mit Hauptpotenzialausgleich verbinden; Querschnitt: Cu mind. 6 mm²

1 Elektrische Ausgleichsleitung in Sanitärräumen

Bereich	Bäder in Wohnungen, in denen sich nur selten Nässe durch Kondensation bildet	Bäder in öffentlichen und Sportanlagen mit häufiger Nässebildung
0	IP x 7	IP x 7
1	IP x 4 (x 5)[1, 2]	IP x 5
2	IP x 4	IP x 5

[1] bei Strahlwasser z. B. bei Massageduschen
[2] x steht für Ziffern des Berührungsschutzgrades 0 … 6 (z. B. 0 kein besonderer Schutz; 2 Schutz gegen Eindringen von festen Körpern mit ø >12 mm; 6 Schutz gegen Eindringen von Staub)

2 IP-Wasserschutzarten für elektrische Betriebsmittel

10.8.12.2 Elektrische Schutzbereiche

Es bestehen für alle Sanitärräume wie Dusche, Bad, Waschräume in Betrieben höhere Anforderungen zum Schutz gegen Körperströme.

Nach DIN VDE 0100-701 werden Sanitärräume in 3 Schutzbereiche eingeteilt, ➜ 4:
• Schutzbereich 0
• Schutzbereich 1
• Schutzbereich 2

Im **Schutzbereich 0** werden die höchsten Anforderungen gestellt.

Er umfasst das Innere von Dusch- und Badewannen. Bekannt sind viele tödliche Unfälle in diesem Bereich durch in die gefüllte Wanne gefallene Elektrogeräte.

Die Schutzbereiche 1 und 2 sind auf die Höhe von 2,25 m begrenzt.

Schutzbereich 1 liegt:
• unmittelbar ober- und unterhalb von Bade- oder Duschwanne
• im Abstand von 120 cm vom Mittelpunkt der festen Wasseraustrittsstelle (Brausekopf) an Wand oder Decke bei Duschen ohne Wanne bzw. Flachwannen.

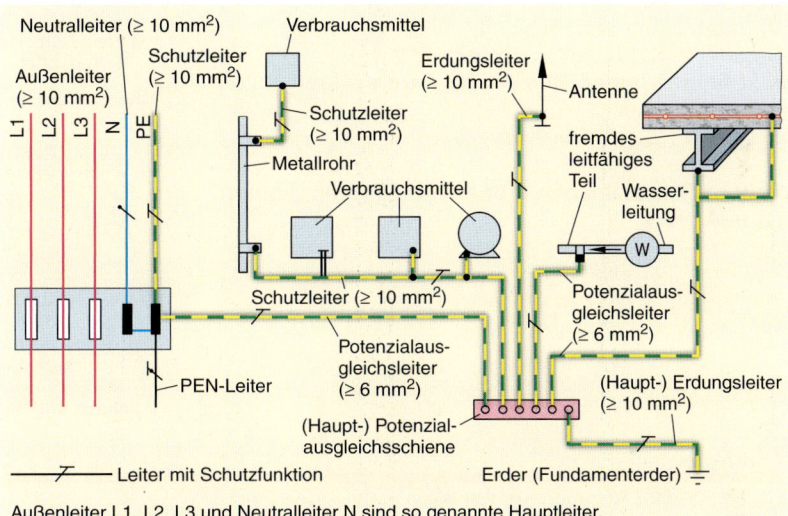

Außenleiter L1, L2, L3 und Neutralleiter N sind so genannte Hauptleiter.

3 Hauptpotenzialausgleich im Hausanschlussbereich

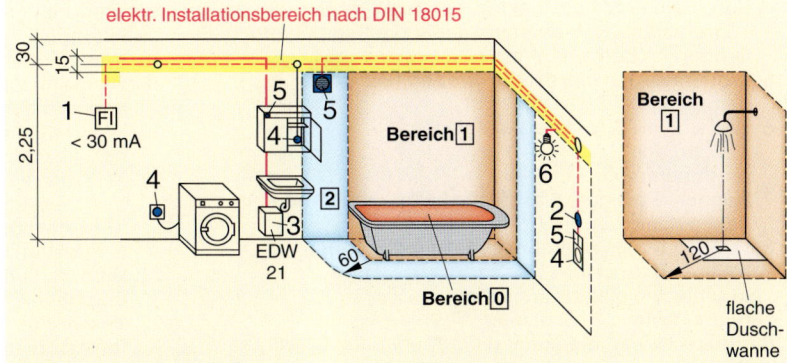

Schalter und Steckdosen (auch in Spiegelschränken) dürfen von der Bade- oder Duschwanne nicht erreichbar sein

1 Fehlerstromschutzschalter (FI) ≤ 30 mA
2 Abzweigdose aus Kunststoff
3 Elektrische Wassererwärmer (oder WE mit elektrischen Zusatzeinrichtungen) außerhalb Bereich 2 anordnen, sonst hoher Schutzgrad
4 Steckdosen (nur außerhalb von Bereich 2 zulässig) und nur
  • über FI-Schalter ≤ 30 mA oder
  • mit Schutzkleinspannung versorgt oder
  • einzeln über einen Trenntrafo gespeist
5 Ventilator nicht unmittelbar über Wannenrand
6 Leuchten im Bereich 2 zulässig

4 Schutzbereich in Bad- und Duschräumen

Schutzbereich 2 ist 60 cm breit und schließt sich als „Sprühbereich" an Bereich 1 an. Bei Duschen ohne Wanne entfällt Bereich 2.

Elektrische Anlagen, Geräte, Leuchten müssen in diesen Bereichen zugeordneten Schutzarten entsprechen, und mit Kennungen, z. B. IP[1] 2 4, versehen sein, ➔ 347.2.

Dabei markiert
- die erste Ziffer (2) den Schutzgrad gegen Berührung nach ➔ 1a, im Bild 347.2 ist dafür „x" gesetzt
- die zweite Ziffer (4) den Schutzgrad gegen Wassereinwirkung, ➔ 1b

Beispiel:
Ventilator (5) nach ➔ 347.4:
Bereich 2, Schutzart nach ➔ 1: IP 2 4
- 2: Schutz gegen Berührung durch mittelgroße Fremdkörper
- 4: Schutz gegen Spritzwasser

Weitere Schutzzeichen gibt es auf Geräten, Leuchten u. Ä., ➔ 2.

Kenn-ziffer	Schutz gegen Berührung durch	Kenn-ziffer	Schutz gegen Berührung durch
0	kein Schutz	0	kein Schutz
1	große Fremdkörper < 50 mm	1	Tropfwasser senkrecht
2	mittelgroße Fremdkörper < 12 mm	2	Tropfwasser schräg
3	kleine Fremdkörper < 2,5 mm	3	Sprühwasser
		4	Spritzwasser
4	korngroße Fremdkörper < 1 mm	5	Strahlwasser
		6	schwere See
5	Staub	7	Eintauchen
		8	Untertauchen

a) Fremdkörperschutz: 1. Kennziffer
b) Wasserschutz: 2. Kennziffer

1 Kennziffern für Berührungs- und Wasserschutz

	Gerät entsprechend VDE-/ÖVE-Bestimmungen gebaut		CEE-Prüfzeichen
	Gerät ist funkentstört		Schutzklein-spannung
	Gerät gegen Tropfwasser nach IP 1 geschützt. Schutzart gegen Berührung und gegen Wasser.		Schutzisoliertes Betriebsmittel

2 Schutz- und Sicherheitszeichen für Elektrogeräten

[1] IP: International Protection; Protection: Schutzart

Übungen:

1. Wofür wird Strom in der Sanitärtechnik verwendet?
2. Wer transportiert elektrischen Strom in festen, flüssigen und in gasförmigen Leitern?
3. Welche Stromquellen werden meist verwendet?
4. Beschreiben Sie die elektrischen Größen Spannung – Stromstärke – Widerstand anhand entsprechender Größen im Bereich „Wasser".
5. Womit werden elektrische Größen laut Übung 4 gemessen?
6. Wie sind im Stromkreis anzulegen:
   a) Voltmeter,
   b) Amperemeter?
7. Nennen Sie 3 gute elektrische Leiter, abnehmend in der Leitfähigkeit.
8. Nennen Sie 2 Widerstandsmetalllegierungen.
9. Nennen Sie:
   a) schlechte elektrische Leiter
   b) mindestens 3 Nichtleiter
10. Unterscheiden Sie anhand der Merkmale: Gleich-, Wechsel- und Drehstrom.
11. Skizzieren Sie die Schaltung und nennen Sie die Werte für Stromstärke und Spannung bei:
    a) Sternschaltung
    b) Dreieckschaltung
12. Welche Vorteile hat das Vierleitersystem in der Stromversorgung?
13. Welche Schutzmaßnahmen gibt es bei Geräteanschlüssen?
14. Nennen Sie Steckverbindungen für Wechsel- und Drehstrom.

15. Wann werden Elektrogeräte fest angeschlossen?
16. Nennen Sie verschiedene Arten elektrischer Leitungen.
17. Wodurch unterscheiden sich Mantel- von Stegleitungen?
18. Was zeigt ein Stromlaufplan?
19. Wie kann ein elektrischer Wassererwärmer ans Netz angeschlossen werden (Spannung, Leistung)?
20. Wer darf elektrische Wassererwärmer ans Stromnetz anschließen?
21. a) Wozu dienen elektrische Leitungsschutzsicherungen?
    b) Nennen Sie Arten und beschreiben Sie die Funktion.
22. Wodurch unterscheiden sich Magnetventil, Schütz und Relais?
23. Beschreiben Sie die Wirkungsweise eines Transformators.
24. a) Worauf beruht die Wirkungsweise eines Elektromotors?
    b) Wie funktioniert er?
25. Nennen Sie Vor- und Nachteile des elektrischen Stromes bei der Wassererwärmung.
26. a) Warum ist in Sanitärräumen ein Potenzialausgleich nötig?
    b) Wie erfolgt er?
27. Was bedeutet das Schutzzeichen IP 4 4?

11 Gas als Brennstoff

11.1 Gase

Im Jahre 1609 stellte der Naturforscher van Helmont fest, dass beim Erhitzen von Kohle unter Luftabschluss bräunliche, brennbare Schwaden entweichen, die beliebige Formen annehmen. Festhalten konnte van Helmont sie nicht. So nannte er diesen Stoff Gas nach dem griechischen Wort *chaos* [das Formlose].

Als Gase bezeichnet man alle Stoffe, die wegen der leichten Beweglichkeit ihrer Moleküle jeden Raum einnehmen und ausfüllen, ➜ 1.

Gase können einheitlich oder verschieden zusammengesetzt vorkommen als:
- Grundstoffe
- chemische Verbindungen
- Gasgemische

Grundstoffe, Elemente, bestehen aus einem oder mehreren Atomen mit gleicher Kernladungszahl, z. B:
- Wasserstoff H
- Helium He
- Stickstoff N
- Sauerstoff O
- Neon Ne
- Chlor Cl

Chemische Verbindungen bestehen aus 2 oder mehreren Elementen, z. B.:
- Kohlenmonoxid CO
- Kohlendioxid CO_2
- Kohlenwasserstoffe wie Methan CH_4, Ethan C_2H_6, Propan C_3H_8, Butan C_4H_{10}, Ethin (= Acetylen) C_2H_2

Gasgemische sind z. B.:
- Luft aus N_2, O_2, CO_2, Edelgase, ➜ 4.2
- Erdgase, ➜ 350.1
- Abgase

11.2 Brenngase

11.2.1 Zusammensetzung der Brenngase

Brenngase sind Gase, die in bestimmten Mischungsbereichen mit Luft (Sauerstoff) brennbar sind. Sie werden im Haushalt, Gewerbe oder in der Industrie zur Wärmeerzeugung eingesetzt werden.

Brenngase enthalten:
- einen hohen Anteil brennbarer Gase
- einen geringen Anteil nichtbrennbarer Gase

Die im Brenngas enthaltenen **brennbaren Gase** sind:
- Wasserstoff H (Hydrogen)
- Kohlenwasserstoffe C_xH_y (Carbon-Hydrogen), ➜ 2, 3

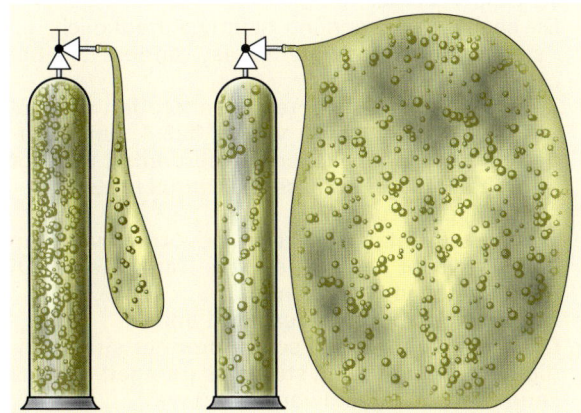

1 Gase im Raum

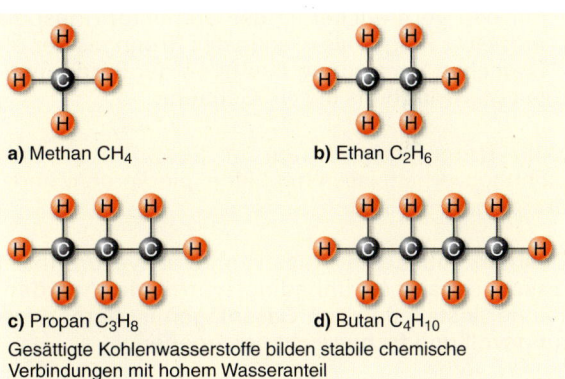

a) Methan CH_4 **b)** Ethan C_2H_6
c) Propan C_3H_8 **d)** Butan C_4H_{10}
Gesättigte Kohlenwasserstoffe bilden stabile chemische Verbindungen mit hohem Wasseranteil

2 Gesättigte Kohlenwasserstoffe bei Erd- und Flüssiggas

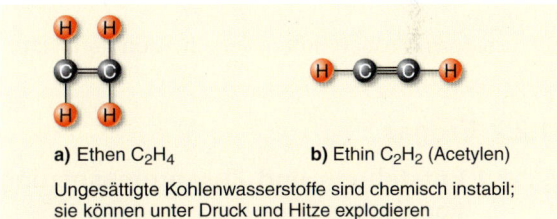

a) Ethen C_2H_4 **b)** Ethin C_2H_2 (Acetylen)
Ungesättigte Kohlenwasserstoffe sind chemisch instabil; sie können unter Druck und Hitze explodieren

3 Ungesättigte Kohlenwasserstoffe mit Doppel- oder Dreifachbindung

Die **nichtbrennbaren Gase** werden auch Inerte[1] genannt.
Von den **Inerten** sind im Brenngas enthalten:
- Stickstoff N (Nitrogen)
- Kohlendioxid CO_2
- Wasserdampf H_2O
- Edelgase

Kohlenstoff ist in Brenngasen immer chemisch gebunden an:
- Wasserstoff in vielfältigen Formen, in den so genannten Kohlenwasserstoffen, ➜ 2, 3
- Sauerstoff als Kohlenmonoxid CO oder als Kohlendioxid CO_2

---
[1] Inert ⟨lat.⟩: untätig, träge, unbeteiligt

11

Für Umwelt und Verbraucher hat Gas als Brennstoff viele **Vorteile**:

- Die saubere Verbrennung ist umweltfreundlich, da:
  - sie praktisch schwefelfrei ist, anders als bei Heizöl
  - gegenüber allen anderen Brennstoffen am wenigsten CO_2 entsteht, vgl. ➔ 325.4; dafür entsteht viel unschädlicher Wasserdampf, bedingt durch den hohen Wasserstoffanteil im Gas
  - sie praktisch rußfrei ist
- Gas muss nicht gelagert bzw. bevorratet werden; so sind weder Lagerraum bzw. -tank wie bei Öl noch Kosten im Voraus nötig.
- Asche und Schmutz fallen nicht an.
- Die meist vollautomatischen Brenner sind ständig betriebsbereit und stufenlos geregelt, sodass kaum Bedienungsaufwand nötig wird.
- Die Geräte haben einen hohen Wirkungsgrad.
- Das Preis-Leistungs-Verhältnis ist günstig.
- Für den Verbraucher ist der Brennstofftransport mühelos; Erdgas als wichtigstes Brenngas der öffentlichen Versorgung fließt von der Förderquelle unterirdisch bis in sein Gebäude.

> Alle Brenngase können in bestimmten Mischungsverhältnissen mit Luft explodieren (Zündbereiche), ➔ 334.3.

Deshalb muss ein Ausströmen unverbrannten Gases in Räumen unbedingt vermieden werden. Bei der Installation von Gasanlagen ist verantwortungsvoll und fachgerecht vorzugehen.

> **Brenngase** für Haushalt, Gewerbe und Industrie sind:
> - Erdgas
> - Flüssiggas (Propan/Butan, verschieden gemischt)

11.2.2 Erdgas

11.2.2.1 Entstehung und Zusammensetzung von Erdgas

Erdgas ist wie Erdöl aus abgestorbenen Meerestieren, vor allem Plankton (treibende Kleinstlebewesen) entstanden. Sie wurden im Laufe von Millionen von Jahren von gewaltigen Erdablagerungen (Sedimenten) überdeckt. Darunter fehlte der zur Verwesung nötige Luftsauerstoff. Durch Verwesung und Druck entstanden hohe Temperaturen. Der Vorgang ist vergleichbar mit dem Entstehen von Faulgas in Faulbehältern der Klärwerke oder dem Entstehen von Kohle aus Pflanzen.

Erdgas:
- enthält mehr als 80 % Methan, ➔ 1
- ist leichter als Luft
- ist nicht giftig, im Gegensatz zu Steinkohlengas (Stadtgas)

Früher wurde Erdgas bei der Erdölförderung abgefackelt (nutzlos verbrannt). Erst in den sechziger

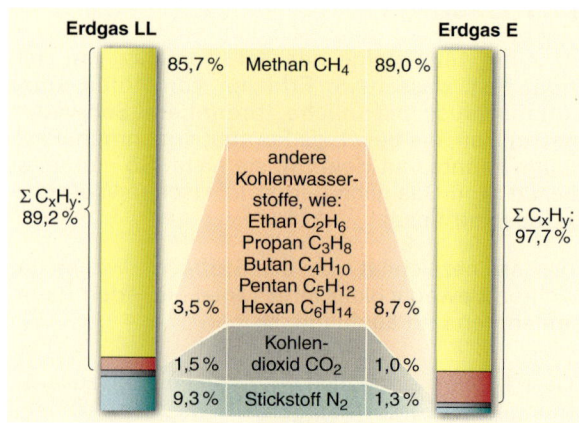

1 Zusammensetzung von Erdgas

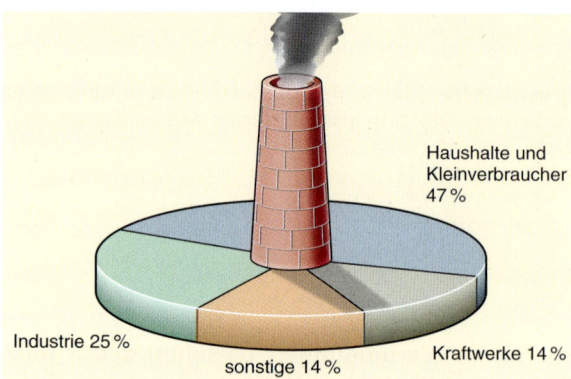

2 Erdgasverbrauch in Deutschland

Jahren erlebte Erdgas in Westeuropa den Durchbruch als wichtiger Energieträger. Heute werden fast ausschließlich Erdgase in der öffentlichen Gasversorgung eingesetzt. Den Erdgasverbrauch in Deutschland zeigt ➔ 2.

Reine **Erdgaslager** (Erdgasfelder) findet man in allen Erdteilen: Unter der eisigen Tundra in Sibirien wie auch unter den heißen Wüsten Arabiens und Algeriens oder unter dem Meeresboden.
Erdgas ist in porösen Gesteinsschichten, vorwiegend Sandstein, in Tiefen von 2000 m bis 10 000 m unter Drücken bis 300 bar eingeschlossen.
Aus dem Meer wird es mithilfe gewaltiger Bohrinseln gefördert, ➔ 351.1. Häufig lagert Erdgas wie eine Kappe über Erdöl oder es ist darin gelöst, bis zu 1500 m³ Gas je m³ Erdöl.

Die größten Erdgasvorkommen besitzen Russland, Kasachstan, der Nahe Osten, die USA, Nordafrika und Anlieger der Nordsee.

11.2.2.2 Transport und Verteilung von Erdgas

Erdgas wird zum Teil unter sehr harten klimatischen Bedingungen gefördert, z. B. in Nordsibiriens Eiswüsten, auf Bohrinseln in der stürmischen Nordsee, in der Gluthitze Arabiens. Die Entfernungen zum Verbraucher sind zum Teil riesig, z. B: Sibirien–Westeuropa: Entfernung ≈ 5000 km, ➔ 351.3.

> Erdgas wird transportiert:
> - gasförmig in Rohrleitungen
> - verflüssigt in speziellen Tankschiffen

Erdgas wird aus den Erdgasfeldern z. B. in Russland, Holland und in der Nordsee **gasförmig durch Rohrleitungen** nach Deutschland transportiert, denn die Inlandförderung deckt nur etwa ¹/₅ des Bedarfs. Bild ➔ 2 zeigt Deutschlands Lieferanten.

Rohrleitungen können durch unwirtliche Gegenden führen. In weit verzweigten unterirdischen Rohrnetzen mit Rohrdurchmessern bis 1,6 m und mit Drücken bis 100 bar wird das Gas über Berge und Täler, z. T. durch Flussläufe, ➔ 4, zu den Verbrauchern geführt. Verdichterstationen, die in Abständen von 100 km bis 200 km entlang der Fernleitungen installiert sind, sorgen für den notwendigen Druck.

Der Gastransport kann durch Ausfall von Verdichterstationen oder Schäden an Transportleitungen über Tage oder Wochen unterbrochen sein. Dann muss Gas aus riesigen Speichern verfügbar sein. In Europa stellt ein riesiges Verbundnetz sicher, dass Erdgas überall zur Verfügung steht, ➔ 3.

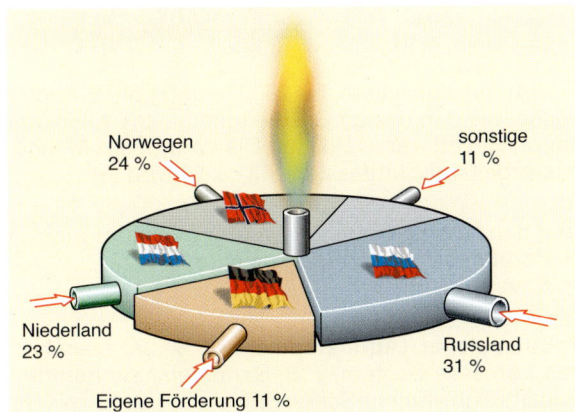

2 Erdgas-Lieferanten für Deutschland

Norwegen 24 %　sonstige 11 %
Niederland 23 %　Russland 31 %
Eigene Förderung 11 %

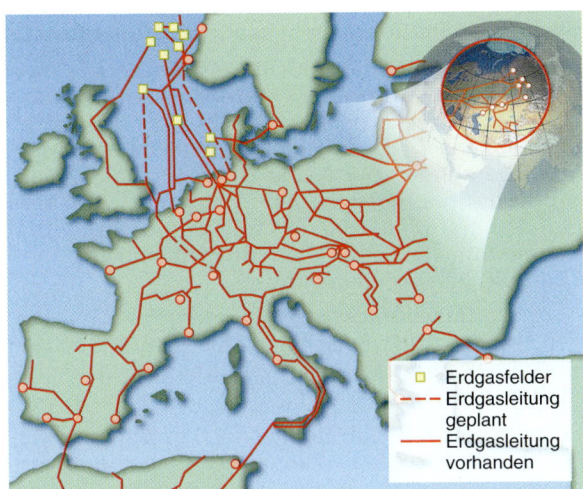

3 Erdgas-Verbundnetz in Europa

- ▫ Erdgasfelder
- --- Erdgasleitung geplant
- — Erdgasleitung vorhanden

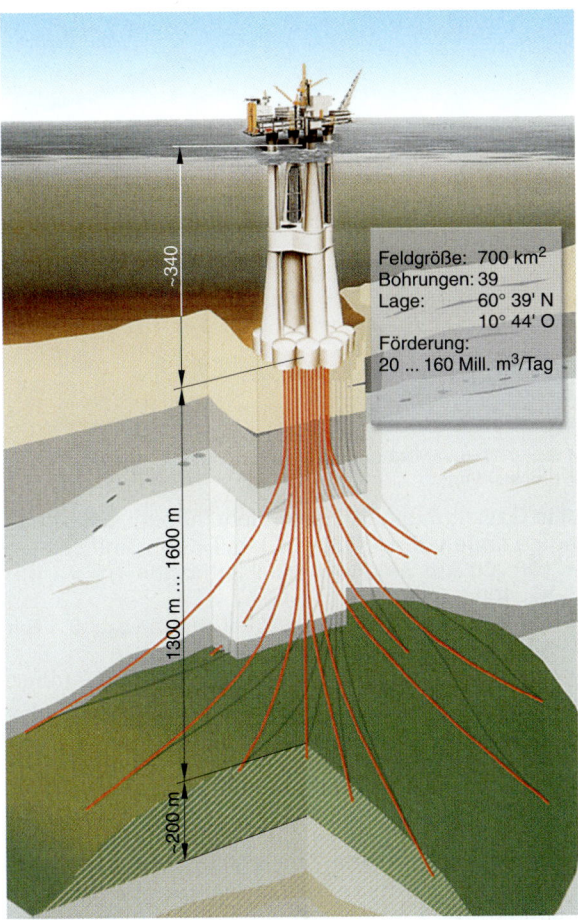

Feldgröße: 700 km²
Bohrungen: 39
Lage: 60° 39' N
10° 44' O
Förderung: 20 ... 160 Mill. m³/Tag

~340

1300 m ... 1600 m

~200 m

1 Bohrplattform mit abgelenkter Bohrung (Trollprojekt in der Nordsee, ca. 100 km vor der Küste)

Schwimmkörper

a) Einschieben der Dükers Gasleitung durch einen Fluss

b) „Ankunft" des Dükers am Ufer

4 Verlegen einer Erdgasleitung durch einen Fluss

11

1 Schweißen von Nähten an Stahlrohren für eine Erdgas-Hochdruckleitung

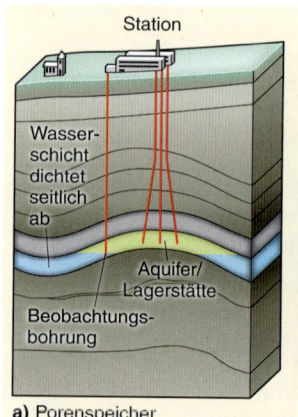

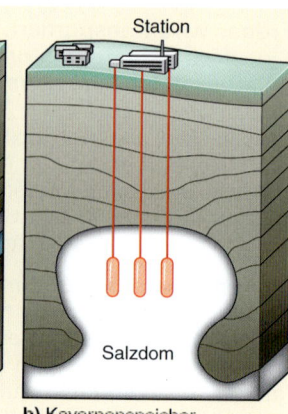

2 Erdgas-Untertagespeicherung

a) Porenspeicher

b) Kavernenspeicher

Alle Gasleitungen in Deutschland haben zusammen eine Länge von ca. 350 000 km. Davon sind ca.:
- 100 000 km als Hochdruckleitungen (p_e > 1 bar bis 100 bar)
- 120 000 km als Mitteldruckleitungen (p_e > 0,1 bar bis 1 bar) als örtliche Versorgungsnetze
- 130 000 km Niederdruckleitungen (p_e ≤ 100 mbar)

Bezirks- oder Hausdruckregler sorgen für einen Anschlussdruck bei Gasgeräten von ca. 23 mbar.

Für Hochdruckleitungen werden Stahlrohre verwendet. Die Nähte werden meist schutzgasgeschweißt, → 1.
Im Mittel- und Niederdruckbereich setzt man im Erdreich zunehmend korrosionsbeständige, gelb eingefärbte PE-HD-Rohre ein, die mit Heizelementen stumpf- oder muffengeschweißt werden.

Erdgas wird auch in verflüssigter Form als Liquiefied Natural Gas (LNG) in **speziellen Tankschiffen** übers Meer transportiert, z. B. von Algerien, Libyen oder Arabien nach Belgien, Frankreich, Italien, Japan. Bei starker Abkühlung (−163 °C) oder hohem Druck wird Erdgas flüssig. Sein Volumen verringert sich dann auf ca. ¹/₆₀₀.

11.2.2.3 Speicherung von Erdgas

Damit Gas jederzeit für Verbraucher verfügbar ist, sind Gasspeicher notwendig.

Vom Gasspeicher sind auszugleichen:
- Unterbrechungen des Gastransportes aus den Fördergebieten
- schwankender Gasverbrauch

Der **Gasverbrauch** unterliegt vor allem jahreszeitlich großen Schwankungen (Heizperioden!).

Wichtig ist deshalb, dass Gas gespeichert werden kann:
- in unterirdischen Gasspeichern (Untertagespeicher)
- in überirdischen Gasbehältern
- in den Gasleitungsnetzen

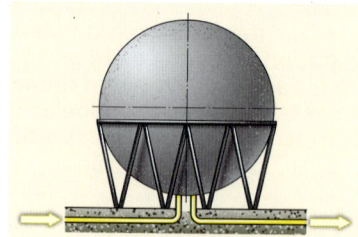

3 Kugelgasbehälter, p_e = 10 bar … 20 bar

In **Untertagespeichern**, bis 2500 m unter der Erdoberfläche, werden riesige Gasmengen gelagert. Ein Teil davon ist verlorenes Polster. Die verfügbare Menge, das Arbeitsgas, umfasste 2010 ca. 21 Mrd. m³.

Bei den Untertagespeichern unterscheidet man:
- Porenspeicher (Aquiferspeicher)
- Kavernenspeicher

Porenspeicher (Aquiferspeicher), → 2a, bestehen aus porösem Gestein, z. B. Sandstein; sie nehmen Gas ähnlich wie ein Schwamm auf.

Kavernenspeicher, → 2b, sind Hohlräume bis zu 80 m Durchmesser und Höhen von 50 m bis 400 m. Sie werden im Salzgestein ausgespült (ausgesolt).

Mit **überirdischen Gasbehältern** gleichen die Gasnetzbetreiber kurzfristige Verbrauchsspitzen im örtlichen Bereich aus. Heute werden nur noch Kugelgasbehälter für Gasdrücke bis etwa 20 bar gebaut, → 3. Sie können bei 20 bar Überdruck das Zwanzigfache ihres rechnerischen Volumens speichern (vgl. Sauerstoffflasche). Die früheren Glocken- und Scheibengasbehälter sind unwirtschaftlich und überholt (Industriedenkmäler!).

Auch die **Gasleitungsnetze** können große Gasmengen speichern. In Deutschland gibt es ca. 100 000 km Hochdruckleitungen, die mit Drücken bis 100 bar betrieben werden.

So speichert z. B. 1 m Rohr mit 1,0 m Durchmesser bei p_e = 60 bar etwa 47 m³ Gas. Auch die ausgedehnten Ortsnetze, die zum Teil mit hohen Drücken gefahren werden, speichern große Gasmengen.

11.2.3 Flüssiggas

Als Flüssiggase gelten, ➔ 349.2c, d:
- Propan C_3H_8
- Butan C_4H_{10}

Die Flüssiggase Propan, Butan und deren Gemische werden in Haushalten, Gewerbe und Industrie eingesetzt. Sie werden gewonnen aus:
- Erdöl und Erdgas durch Extraktion (Aussonderung) an deren Förderstätten
- Erdöl bei dessen Verarbeitung in Raffinerien

Die **Dampfdruckkurve** eines Gases zeigt die jeweiligen Übergangspunkte vom flüssigen in den gasförmigen Zustand (Siedepunkt), abhängig von Temperatur und Druck. Die Dampfdruckkurven in Bild ➔ 1 zeigen, dass Propan und Butan bei Normaltemperatur und/oder bei geringem Druck flüssig sind.

Beispiel:

1. Der Siedepunkt von Propan bei 10 bar ist 28 °C, vgl. ➔ 1.
2. Butan wird flüssig bei normalem Luftdruck und 0 °C.

Das 2. Beispiel bedeutet, dass bei normalem Luftdruck und einer Temperatur unter 0 °C Butan flüssig bleibt, also nicht mehr aus einem Behälter nach oben entweicht.

Beim Verflüssigen schrumpft das Volumen bis auf $1/260$. So können in relativ kleinen Behältern große Gasmengen gespeichert und transportiert werden. Dadurch können Flüssiggasanlagen, unabhängig von öffentlichen Leitungsnetzen, überall installiert werden.

Flüssiggase sind mit ihrer Dichte $\varrho = 2$ kg/dm³ bis 2,7 kg/dm³ schwerer als Luft ($\varrho = 1,29$ kg/dm³).

Strömt Flüssiggas in Räumen unter Erdgleiche aus, z. B. in Kellern, oder sickert es in Kanalschächte, kann das Gas dort kaum mehr entfernt werden und bildet gefährliche Explosionsquellen.

Deshalb dürfen **unter Erdgleiche**:
- Flüssiggasbehälter nicht gelagert werden
- Geräte und Leitungen für Flüssiggas nur unter besonderen Auflagen installiert werden, siehe Kap. 12.4

11.3 Öffentliche Gasversorgung

11.3.1 Gasfamilien

Brenngase der öffentlichen Gasversorgung werden im DVGW-Arbeitsblatt G 260 – *Technische Regeln für die Gasbeschaffenheit* – bzw. auf europäischer Ebene in DIN EN 437 – *Prüfgase, Prüfdrücke, Gerätekategorien* – beschrieben und in 3 Gasfamilien mit je 2 Gruppen nach Bild ➔ 2 eingeteilt.

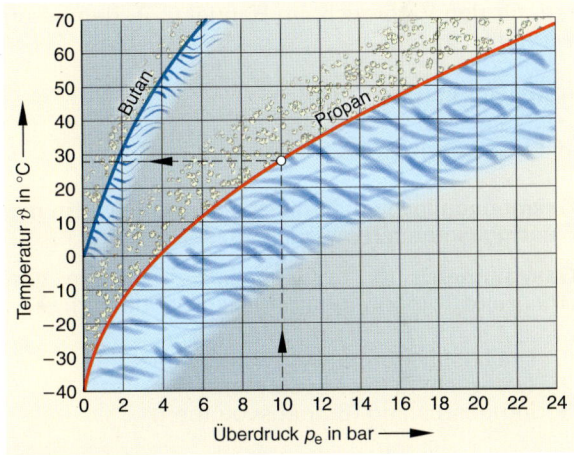

1 Dampfdruckkurve von Propan und von Butan

Gasfamilie – Kurzzeichen Gasart	1 – S Wasserstoffreiche Gase		2 – N Methanreiche Gase			3 - F Flüssiggase[1]	
Gruppe	**A**	**B**	**LL (Deutschland)**	**E**	**H (Österreich)**	**Propan**	**Propan-Butan[2]**
Wobbe-Index W_S in kWh/m³ in kWh/kg	6,4 … 7,8 –	7,8 … 9,3 –	10,5…13,0 –	12,8…15,7 –	13,4…16,1 –	22,6	25,7
Kennwert W_S für die in kWh/m³ Geräteeinstellung nach EN 437				12,2	14,9		
Brennwert H_S in kWh/m³ in kWh/kg	4,6 … 5,5 –	5,0 … 5,9 –		8,4 … 13,1 –		28,1 14,0	37,2 13,7
Relative Dichte d	0,4 … 0,6	0,33…0,55		0,55 … 0,75		1,55	2,09
Anschlussdruck p_A	6 … 15		18…25		20…25	50	

[1] Werte nicht nach DVGW G 260 sondern nach TRF
[2] Kennwerte für reines Butan
[3] Nennwerte nach DVGW G 260 für die Geräteeinstellung: Gruppe LL 12,4 kWh/m³, Gruppe E 15,0 kWh/m³

2 Kennwerte der Gasfamilien nach DVGW Arbeitsblatt G 260 bzw. nach EN 437

Brenngase werden in 3 Gasfamilien eingeteilt:
- Gasfamilie 1
- Gasfamilie 2
- Gasfamilie 3

Die **Gasfamilie 1**, Kurzzeichen S, sind wasserstoffreiche Gase, vor allem, Steinkohlengase wie Stadt- und Ferngas, ➔ 353.2.
Die 1. Gasfamilie wurde bedeutungslos und wird deshalb nicht weiter beschrieben.

Zur **2. Gasfamilie**, Kurzzeichen N (Naturgase), gehören methanreiche Gase. Das sind Erdgase, unterteilt in die Gruppen LL und E, bzw. H und L, ➔ 353.2.

Die **3. Gasfamilie**, Kurzzeichen F, enthält die Flüssiggase. Dazu gehören Propan und Propan/Butan-Gemische, ➔ 353.2.

11.3.2 Gaskenndaten

Gasmengen müssen beim Einstellen von Gasgeräten, für den Verbrauch, im Handel u. Ä. gemessen werden.

Dabei ist zu unterscheiden:
- Gasmenge
- Flüssiggasmenge

Gasmengen misst man meist als Volumen V in **m³**, **Flüssiggasmengen** meist als Masse m in **kg**.

Gasvolumen sind, im Gegensatz zur Masse, von Druck und Temperatur am Messort abhängig, ➔ 1.

Deshalb ist bei Brenngas zu unterscheiden:
- Normzustand (Normvolumen)
- Betriebszustand (Betriebsvolumen)

Um volumenbezogene Eigenschaften eines Gases, z. B. den Brennwert, ortsunabhängig vergleichen zu können, legte man einen **Normzustand** mit bestimmten Druck- und Temperaturwerten fest.

Das **Normvolumen** V_n eines Gases wird bestimmt bei:
- der Temperatur $\vartheta_n = 0\,°C \triangleq T_n = 273\,K$
- einem Druck $p_n = 1013{,}25\,mbar$

Im Gegensatz dazu kennzeichnen den **Betriebszustand** bzw. das **Betriebsvolumen** V_B die jeweils örtlichen Bedingungen an der Messstelle, z. B. bei $\vartheta_n = 15\,°C$, $p = 990\,mbar$, dazu evtl. „feucht" (wenn ein Gas Wasserdampf enthält).
Das dabei entstandene Betriebsvolumen kann man nach der allgemeinen Gasgleichung errechnen.

So dehnt sich beispielsweise 1 m³ Gas im Normzustand auf 1,08 m³ im Betriebszustand (bei $\vartheta = 15\,°C$, $p = 990\,mbar$) aus, also nimmt sein Volumen um 8 % zu.

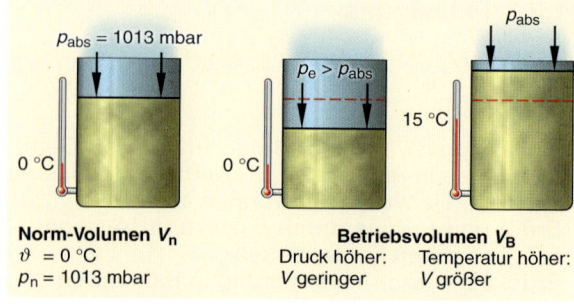

Norm-Volumen V_n
$\vartheta = 0\,°C$
$p_n = 1013\,mbar$

Betriebsvolumen V_B
Druck höher: V geringer
Temperatur höher: V größer

1 Gasvolumen, abhängig von Druck und Temperatur

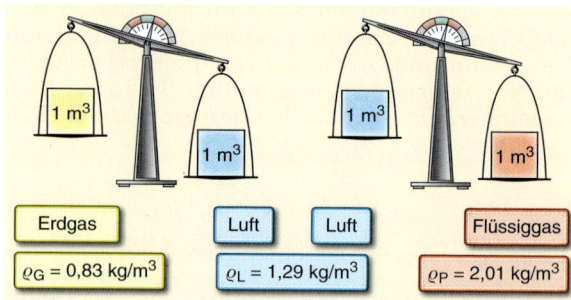

Erdgas $\varrho_G = 0{,}83\,kg/m^3$ Luft $\varrho_L = 1{,}29\,kg/m^3$ Flüssiggas $\varrho_P = 2{,}01\,kg/m^3$

2 Dichte von Erdgas, Luft und Flüssiggas (Propan)

Das bedeutet aber auch, dass 1 m³ Gas bei diesen Bedingungen 8 % weniger Wärme enthält, ➔355.1.

Die wichtigsten Kenndaten von Gasen sind:
- Dichte ϱ
- relative Dichte d
- Wärmewert H
- Wobbe-Index W
- Zündgeschwindigkeit v

Dichte ϱ ist Masse je Volumeneinheit; bei Gasen wird ϱ in kg/m³ angegeben, ➔ 2.

Die **relative Dichte** d (eines Gases zu Luft) gibt das Verhältnis der Gasdichte zur Luftdichte an. Sie sagt aus, ob ein Gas:
- leichter als Luft ist: $d < 1$
- schwerer als Luft ist: $d > 1$

$$d = \frac{\varrho_G}{\varrho_L}$$

d relative Dichte
ϱ_G Normdichte des Gases in kg/m³
ϱ_L Normdichte von Luft ($= 1{,}29\,kg/m^3$)

Beispiel:
Nach Bild ➔ 2 ist:
$\varrho_E = 0{,}83\,kg/m^3$, $\varrho_L = 1{,}29\,kg/m^3$, $\varrho_P = 2{,}01\,kg/m^3$

$$d = \frac{\varrho_G}{\varrho_L}$$

$$d_E = \frac{0{,}83\,kg/m^3}{1{,}29\,kg/m^3} = \underline{0{,}64}$$

$$d_P = \frac{2{,}01\,kg/m^3}{1{,}29\,kg/m^3} = \underline{1{,}56}$$

11

Die relative Dichte von Erdgas d_E = 0,64 bzw. von Propan d_P = 1,56 im Beispiel zeigt, dass:
- Erdgas nur 0,64-mal so schwer wie Luft, also leichter ist, und beim Ausströmen nach oben strömt, vgl. linke Waage in ➜ 354.2
- Propan 1,56-mal so schwer wie Luft ist und in Luft zu Boden sinkt, vgl. rechte Waage in ➜ 354.2

Der **Wärmewert**, ➜ 1, gibt die in 1 m³ bzw. in 1 kg eines Brennstoffes enthaltene Wärmemenge Q in kWh/m³ bzw. in kWh/kg an. Er ist eine Sammelbezeichnung für Brenn- und Heizwerte, s. auch ➜ 2.

Um auch hier bei Brenngasen einerseits ortsunabhängige Vergleichswerte, andererseits den tatsächlichen Wärmewert am Verbrauchsort zu haben, unterscheidet man:
- Wärmemenge in kWh für V_n = 1 m³ Gas im Normzustand
- Wärmemenge in kWh für V_B = 1 m³ Gas im Betriebszustand

Zusätzlich unterteilt man noch für die bei der Verbrennung entstandene Wärmemenge in:
- Brennwert und Betriebsbrennwert
- Heizwert und Betriebsheizwert

Brennwert H_s bzw. **Betriebsbrennwert** H_{sB} ist die Wärmemenge, die beim vollständigen Verbrennen von 1 m³ Gas im Normzustand bzw. Betriebszustand frei wird, wenn der bei der Verbrennung entstehende Wasserdampf als Wasser mit 25 °C flüssig vorliegt, ➜ 2. Die im Wasserdampf der Abgase enthaltene Wärmemenge ist die **Wasserdampfwärme**.

Heizwert H_i bzw. **Betriebsheizwert** H_{iB} ist die Wärmemenge, die 1 m³ Gas im Normzustand bzw. Betriebszustand liefert, wenn der Wasserdampf noch nicht kondensiert ist, ➜ 2. Der Heizwert berücksichtigt also die Wasserdampfwärme nicht.

Brennwert und Heizwert unterscheiden sich also durch die bei Kondensation des Wasserdampfes und Abkühlung des Kondensates gewonnene Wärme.

Sie beträgt etwa 10 % des Brennwertes:

$H_i \approx H_s - 10\,\%$ H_i Heizwert
H_s Brennwert

Die **Brennwerttechnik** nutzt die im Abgas enthaltene (**latente**, d. i. versteckte) Wärme des Wasserdampfes und erzielt damit einen um etwa 10 % höheren Wirkungsgrad bei den Brennwertgeräten, s. Kap. 14.7.

Verbrennt 1 m³ Gas im Betriebszustand, ➜ 1b, ist das Verbrennungswasser beim:
Betriebsbrennwert H_{sB}: flüssig
Betriebsheizwert H_{iB}: dampfförmig

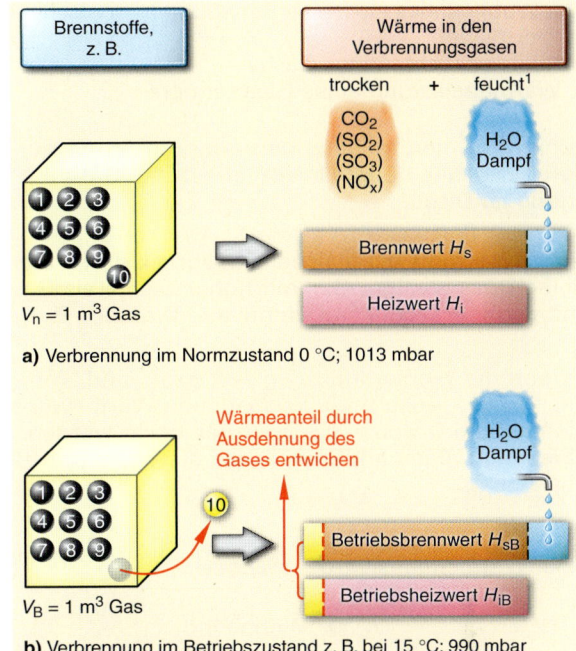

a) Verbrennung im Normzustand 0 °C; 1013 mbar

b) Verbrennung im Betriebszustand z. B. bei 15 °C; 990 mbar

[1] nur, wenn Abgas kondensiert und abkühlt, z. B. im Brennwertgerät

1 Wärmewert von Gas

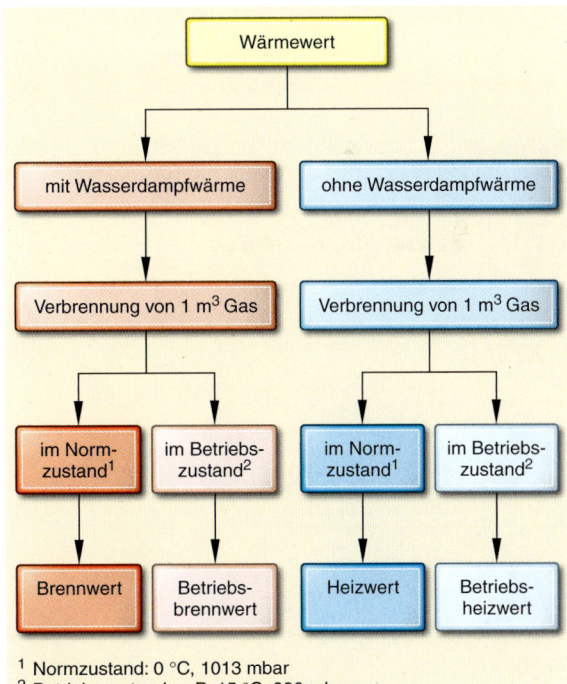

[1] Normzustand: 0 °C, 1013 mbar
[2] Betriebszustand: z. B. 15 °C, 990 mbar

2 Wärmewert als Sammelbezeichnung für Brennwert und Heizwert

Der **Betriebsbrennwert** wird von den Gasversorgungsunternehmen bei der Abrechnung angesetzt.

Der **Betriebsheizwert** ist beim Einstellen der Gasgeräte wichtig, da dieser am Aufstellungsort vorliegt.

Der **Wobbe-Index** stellt eine Beziehung her zwischen:
- Wärmewert
- relativer Dichte eines Gases
- Wärmebelastung eines Gasbrenners

Beim Strömen in Leitungen erfahren Stoffe mit großer Dichte höhere Druckverluste als Gase mit geringer Dichte.

Folglich strömt bei gleichem Gasdruck durch dieselbe Düse weniger Gas mit hoher Dichte als Gas mit geringer Dichte (vgl. Honig und Wasser), ➔ 1.

Wenn die Wobbe-Indizes gleich groß sind, können Gase – auch mit verschiedenen Wärmewerten – ohne Düsenwechsel ausgetauscht werden. Sie liefern dann am Brenner die gleiche Wärmebelastung.

Der Wobbe-Index wird errechnet:

$$W_s = \frac{H_s}{\sqrt{d}}$$

W_s, W_i Wobbe-Index in $\frac{kWh}{m^3}$

oder

$$W_i = \frac{H_i}{\sqrt{d}}$$

H_s Brennwert in $\frac{kWh}{m^3}$

H_i Heizwert in $\frac{kWh}{m^3}$

d relative Dichte

Beispiel:
Sind die Gase G1 und G2 ohne Düsenwechsel gegeneinander austauschbar?

G1: H_{i1} = 12 kWh/m³, d_1 = 0,64

G2: H_{i2} = 10 kWh/m³, d_2 = 0,444

$$W_i = \frac{H_i}{\sqrt{d}}$$

$$W_{i1} = \frac{12\ \frac{kWh}{m^3}}{\sqrt{0,64}} = 15\ \frac{kWh}{m^3}$$

$$W_{i2} = \frac{10\ \frac{kWh}{m^3}}{\sqrt{0,444}} = 15\ \frac{kWh}{m^3}$$

Ergebnis:
Die Wobbe-Indizes sind gleich groß. Austausch der Gase ist ohne Düsenwechsel möglich.

Der Wobbe-Index ist ein Kennwert für die Austauschbarkeit von Gasen hinsichtlich ihrer Wärmebelastung. Er sagt nichts aus über die anderen Verbrennungseigenschaften.

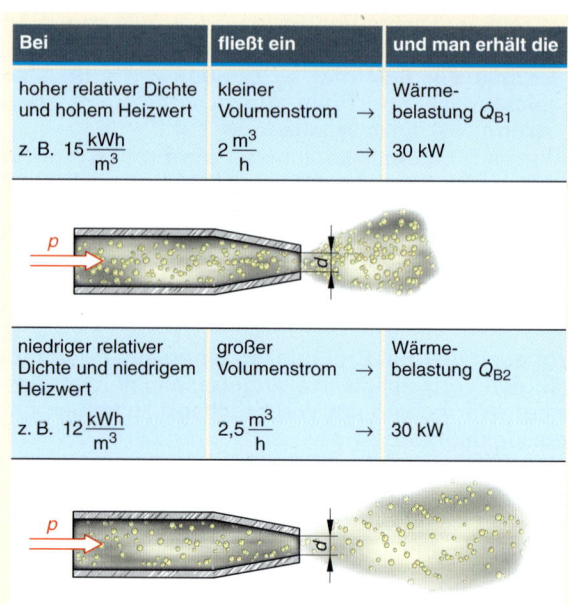

Bei	fließt ein	und man erhält die
hoher relativer Dichte und hohem Heizwert z. B. 15 $\frac{kWh}{m^3}$	kleiner Volumenstrom → 2 $\frac{m^3}{h}$ →	Wärmebelastung $\dot{Q}_{B1}$ 30 kW
niedriger relativer Dichte und niedrigem Heizwert z. B. 12 $\frac{kWh}{m^3}$	großer Volumenstrom → 2,5 $\frac{m^3}{h}$ →	Wärmebelastung $\dot{Q}_{B2}$ 30 kW

1 Wobbe-Index

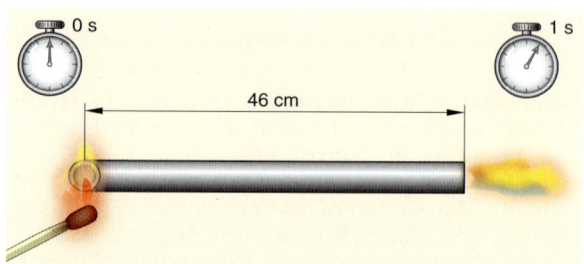

2 Zündgeschwindigkeit eines Gases; z. B. $v = 46\ \frac{cm}{s}$

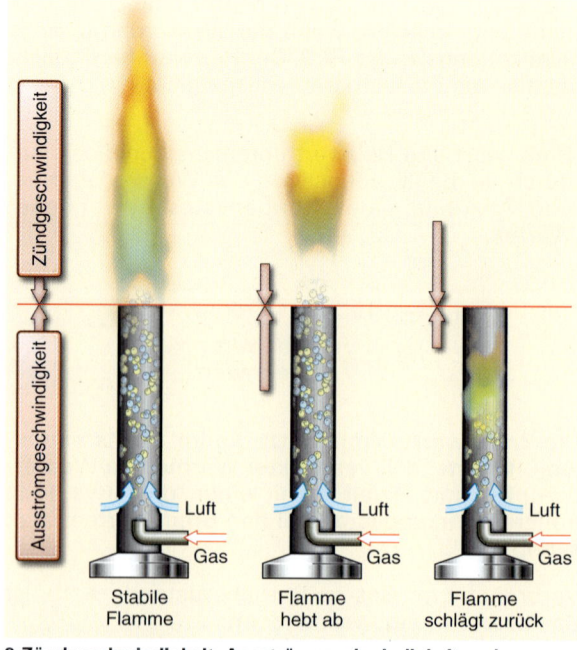

3 Zündgeschwindigkeit, Ausströmgeschwindigkeit und Flammenstabilität

11

356

Die **Zündgeschwindigkeit**, auch **Flammengeschwindigkeit** genannt, ist die Geschwindigkeit, mit der sich die Flamme in einem brennfähigen Gas-Luft-Gemisch fortpflanzt (ähnlich der Abbrenngeschwindigkeit bei einer Zündschnur), → 356.2. Ihr Wert wird von der Gasart und vom Mischungsverhältnis Gas/Luft bestimmt.

> Eine Brennerflamme brennt nur dann stabil, wenn:
> Zündgeschwindigkeit = Ausströmgeschwindigkeit

Bei zu kleiner Zündgeschwindigkeit – und damit zu großer Ausströmgeschwindigkeit – hebt die Flamme ab, bei zu großer Flamme kann sie zurückschlagen, → 356.3.

11.3.3 Gasdruck

Der Gasdruck wird als Überdruck p_e gegenüber dem atmosphärischen Druck p_{amb} gemessen.

> Im Gasfach unterscheidet man folgende Druckarten:
> • Nenndruck
> • Ruhedruck
> • Fließdruck
> • Betriebsdruck
> • Prüfdruck

Der **Nenndruck (PN)** ist der maximal zulässige Druck für ein Bauteil bei einer festgelegten Temperatur.

Ruhedruck ist der Druck des nicht strömenden Gases.

Fließdruck ist der Druck des strömenden Gases
• in der Versorgungsleitung (**Versorgungsdruck**)
• am Geräteanschlussstutzen (**Anschlussdruck**)
• am Ausgang des Druckreglers (**Ausgangsdruck**)
• vor der Brennerdüse (**Düsendruck**) – bei Brennern mit Luftvormischung
• am Gasbrenner (**Brennerdruck**) – bei Brennern ohne Luftvormischung

Druckart	Gasfamilie		
	1	**2**	**3**
Versorgungsdruck	9,2	22,4	–
Anschlussdruck	7,5 … 15	18 … 25	42,5…57
Nennwert	8	20	50

1 Gasdrücke in mbar nach DVGW 260

Der Fließdruck wird beeinflusst von der Leitungslänge, den Rohrweiten und von der Leitungsverlegung. Um Gasgeräte ausreichend mit Gas zu versorgen, sind die Rohrweiten zu berechnen und die Werte nach → 1 einzuhalten.

Betriebsdruck ist der Gasdruck, der in einem Anlagenteil bei richtigem Betrieb auftritt.

> Man unterscheidet beim Betriebsdruck:
> • Hochdruck mit p_e > 1 bar
> • Mitteldruck mit p_e > 100 mbar bis 1000 mbar
> • Niederdruck mit p_e ≤ 100 mbar

Mit **Hochdruck** betreibt man die großen Überlandleitungen.

Mitteldruckleitungen sind in den Versorgungsgebieten und in großen Betrieben bzw. Gebäudekomplexen üblich. Man misst diese Drücke mit Rohrfeder- oder Plattenfedermanometern.

Niederdruck in Gebäuden misst man genau mit einem elektronischen Manometer (Anzeigegenauigkeit 0,1 mbar), meist aber mit dem U-Rohr-Manometer über die Höhe h einer Wassersäule, vgl. Kap. 3.1.4.

> p = 1 mbar ≙ Δh = 1 cm = 10 mm

Prüfdruck ist der nötige Überdruck beim Prüfen von Leitungen.

11

Übungen:

1. a) Erklären Sie die Begriffe: Gas, Brenngas, Flüssiggas, Gasfamilie.
   b) Geben Sie dazu Beispiele an.
2. Welche Gasarten unterscheidet man nach der Zusammensetzung?
3. Was sind „Inerte"? Nennen Sie einige.
4. a) Welche Gase werden in der öffentlichen Gasversorgung eingesetzt?
   b) Nennen Sie besondere Merkmale.
5. a) Was versteht man unter „Kohlenwasserstoffe"?
   b) Nennen sie Beispiele.
6. Welcher Druck herrscht in einer Propangasflasche bei 20 °C? Wo findet man diese Angabe? Was kann man noch ablesen?
7. a) Was sagt uns die relative Dichte bei Gas?
   b) Wie ermittelt man sie?
8. Was gibt der Wärmewert eines Gases an? Welche Einheit hat er?
9. Wodurch unterscheiden sich Brennwert, Heizwert, Betriebsheizwert?
10. a) Was versteht man unter Brennwerttechnik?
    b) Worin besteht ihr Vorteil?
11. Wie können Gase mit unterschiedlichen Heizwerten in demselben Brenner bei gleichem Gasdruck gleiche Wärmeleistungen liefern?
12. Was gibt der Wobbe-Index W_S an?
13. Wann hebt eine Gasflamme bei einem Brenner ab?
14. Erklären Sie Anschlussdruck, Düsendruck.
15. Welcher Mindestanschlussdruck ist bei Flüssiggas nötig?
16. Ein Erdgas-Raumheizer ist anzuschließen. Der Anschlussdruck beträgt 17 mbar. Wie verfährt man?
17. a) Warum sind Gasspeicher nötig?
    b) Welche Arten gibt es?
18. Erklären und skizzieren Sie einen Aquiferspeicher.
19. Welche Drücke herrschen in Gas-Fernleitungen?
20. Grenzen Sie die Bereiche Nieder-, Mittel-, Hochdruck ein.
21. a) Woher beziehen wir Erdgas in Deutschland?
    b) In welcher Form kommt es zu uns?
22. Was bedeutet LNG?

12 Gasanlagen

12.1 Gasanlagen – Brenngase

Gasanlagen[1] dienen der Fortleitung und Nutzung von Brenngasen.

> In Deutschland werden Gasanlagen betrieben mit:
> - Erdgas
> - Flüssiggas

Erdgas strömt durch erdverlegte Versorgungsleitungen vor allem in Städte und größere Gemeinden.

Flüssiggas vertreibt der Handel. Er transportiert es:
- in speziellen Tankwagen zum Befüllen von stationären Flüssiggastanks
- in beweglichen Flüssiggasflaschen

12.2 Netzbetreiber NB und Vertragsinstallationsunternehmen VIU

Netzbetreiber NB für Erdgas sind meist große Unternehmen wie EON, aber auch Kommunen mit ihren Versorgungsbetrieben. Diese beziehen Erdgas aus einem riesigen Verbundnetz.

Der NB ist verantwortlich für:
- die Versorgung der Kunden mit Gas in ausreichender Menge, mit dem erforderlichen Druck
- die Gasleitungen ab Übernahmestelle aus dem Verbundnetz bis zum Kundenanschluss
- die Zulassung und Überwachung der VIU

Zugelassen werden durch NB nur Betriebe, die
- geleitet werden von einem bei der Handwerkskammer eingetragenen
  - Installateur- und Heizungsbauermeister,
  - Diplom-Ingenieur mit > 3 Jahren Praxiserfahrung,
  - erfahrenen und besonders geschulten Gesellen,
- einschlägige technische Regeln kennen und fähig sind, Arbeiten an Gasanlagen auszuführen,
- die Werkzeuge und Prüfgeräte besitzen, die für eine einwandfreie Arbeit nötig sind,
- für die Arbeiten geeignete, zuverlässige und unterwiesene Mitarbeiter einsetzen, unter Aufsicht des verantwortlichen Fachmanns,
- ihre Mitarbeiter mindestens einmal jährlich unterweisen; über die Teilnahme an der Unterweisung ist ein schriftlicher Nachweis zu führen,
- eine Betriebshaftpflichtversicherung abgeschlossen haben.

Vertragsinstallationsunternehmen VIU sind Betriebe, die vom NB für die Installation von Gasanlagen in Gebäuden oder auf Grundstücken zugelassen sind.

Das VIU installiert im Auftrag des Gebäude-Inhabers oder des Mieters die Gasanlage und führt Änderungen und/oder die Instandhaltung aus. Es trägt für seine Arbeiten die volle Verantwortung.
NB und VIU müssen als Partner zusammenarbeiten, um eine sichere Gasversorgung zu garantieren.
Der NB ist berechtigt, Arbeiten des VIU zu kontrollieren.

[1] „Gasanlage" entspricht dem in der TRGI verwendeten Begriff „Gasinstallationen"

12.3 Erdgasanlagen

12.3.1 Bestandteile einer Erdgasanlage

Erdgasanlagen umfassen:
- Rohrleitungen (mit Armaturen), siehe Kap. 12.3.3
- Gasgeräte, siehe Kap. 14
- Abgasanlagen, siehe Kap. 15.2
- Verbrennungsluftversorgung der Gasgeräte, siehe Kap. 14.11.2

Die Erdgasanlage wird über ein öffentliches Versorgungsrohrnetz mit Erdgas versorgt.
Die Hausanschlussleitung (**HAL**) verbindet das Versorgungsnetz mit der Gasanlage in einem Gebäude bzw. auf einem Grundstück. Sie ist Eigentum des Gasversorgungsunternehmens. Sie endet mit der Hauptabsperreinrichtung (**HAE**).
Der Teil, für den der Installateur zuständig ist, beginnt an der HAE und endet an der Ausmündung der Abgasanlage.

12.3.2 Regeln, Verordnungen und Vorschriften für Gasanlagen

Regeln, Verordnungen und Vorschriften für Gasanlagen zeigt Bild ➔ 1:
- Landesbauordnung
- Landesfeuerungsverordnung
- Arbeits-, Merk- und Hinweisblätter der Deutschen Vereinigung des Gas- und Wasserfaches e. V.
- Technische Anschlussbedingungen der Netzbetreiber
- Unfallverhütungsvorschriften der Berufsgenossenschaften

Die **Landesbauordnung** regelt u. a. die Bauvorschriften für Gebäude, die zum Wohnen oder Arbeiten benutzt werden.

Die **Landesfeuerungsverordnung** verdeutlicht die Forderungen, welche die Landesbauordnung an Feuerungsanlagen allgemein stellt.

In dieser werden die technischen Voraussetzungen beschrieben für die Installation von:
- Gasgeräten zum Heizen, Kochen (ausgenommen gewerbliche Kochgeräte), zur Wassererwärmung
- Wärmepumpen
- Blockheizkraftwerken

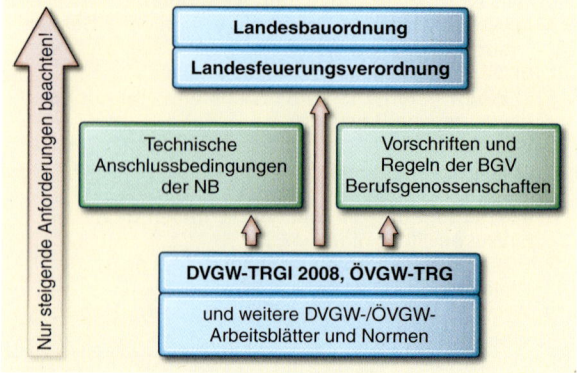

1 Regeln und Vorschriften für Gasanlagen

Der Deutsche bzw. Österreichische Verein des Gas- und Wasserfaches e. V. (DVGW bzw. ÖVGW) geben **Arbeits-, Merk- und Hinweisblätter** heraus, die auf den Landesfeuerungsverordnungen basieren und angeben, wie Gasanlagen zu installieren sind.

> Wichtigsten Vorschriften für Erdgasanlagen enthält das DVGW-Arbeitsblatt G 600 – **Technische Regeln für Gasinstallationen** – kurz: **TRGI 2008**. In deren Anhang sind weitere Vorschriften aufgeführt.

Die TRGI gelten für:
- Planung, Erstellung, Änderung und Instandhaltung und dem Betrieb von Gasanlagen
- Gase nach dem DVGW-Arbeitsblatt G 260 der Gasfamilie 1 und 2, siehe ➜ 353.2
- Gebäude und auf Grundstücken
- Betriebsdruck bis 1 bar (Niederdruck $p_e \leq 100$ mbar oder Mitteldruck $p_e > 100$ mbar bis 1000 mbar)
- Anlagen hinter Hauptabsperreinrichtung bis zum Austritt der Abgase

Für Gasanlagen außerhalb des häuslichen Bereiches, z. B. in Backstuben, Großküchen Labors, sind eigene DVGW-Arbeitsblätter und auch Auflagen der Berufsgenossenschaft zu berücksichtigen.

Erfüllen bestehende Gasanlagen nicht die aktuellen Anforderungen der Regeln, Verordnungen und Vorschriften, müssen diese nur dann auf den neuesten Stand der Technik gebracht werden, wenn:
- größere Änderungen an der Gasanlage erfolgen, z. B. die Erneuerung ganzer Leitungsteile
- Gefahr droht

An Gasleitungsanlagen werden für den Brandschutz folgende Forderungen gestellt:
- Von Gasleitungsanlagen dürfen im Brandfall weder Brandverstärkung noch Explosionsgefahren ausgehen.
- Das Ausströmen unverbrannten Gases ist so lange zu verhindern, bis Fachleute die Gefahr beseitigt haben.

Technische Anschlussbedingungen der Netzbetreiber beschreiben Anforderungen an die Gasanlage, die über die Festlegungen der TRGI hinausgehen und die erforderlich sind, um die störungsfreie Versorgung der Gaskunden sicherzustellen.
Sie werden von jedem NB individuell festgelegt und können daher örtlich sehr verschieden sein.

Verhaltensregeln der Berufsgenossenschaften, früher **Unfallverhütungsvorschriften**, z. B. UVV BGV D2, jetzt BGR 500,2 /31, sind einzuhalten.

> Widersprechen sich Vorschriften, gilt die technisch höher stehende Vorschrift. Dies muss der Installateur stets beachten, um sich abzusichern.

12.3.3 Erdgasleitungen

12.3.3.1 Anforderungen an Erdgasleitungen

> Bauteile für Gasleitungen müssen in den TRGI aufgeführt sein oder ein (DIN)-DVGW-Zertifizierungszeichen tragen bzw. das einer anerkannten Prüfstelle.

In Brandfällen dürfen von Gasanlagen
- keine Brandverstärkung und keine Explosionsgefahr ausgehen,
- unterhalb von 650 °C keine gefährlichen Gas-Luft-Gemische entstehen.

Dies soll erreicht werden durch:
- Einbau von Gaszählern und Armaturen in hochtemperaturbeständiger Ausführung (HTB-Ausführung)
- Einbau thermisch auslösender Absperreinrichtungen (TAE) vor Gasgeräten und - immer vor jeder Kunststoffleitung - von Gasströmungswächtern Typ K, kombiniert mit der TAE
- besonderen Schutz der Rohrleitungen an Rettungswegen
- Rohrleitungsbefestigungen, die auch im Brandfall nicht auseinanderbrechen

Verantwortungsbewusste Fachleute befestigen Leitungen so, dass sie bei Brand mindestens 30 min (F30) standhalten.

> **Anmerkung:** Die Temperaturgrenze von 650 °C beruht darauf, dass Erdgas erst bei 645 °C zündet und brennt. Bei genügend Sauerstoff brennt bei 650 °C austretendes Gas sofort ab, kann sich nicht ansammeln, sodass sich auch kein explosionsfähiges Gemisch aus Gas und Sauerstoff bilden kann.

12.3.3.2 Rohrleitungen für Erdgas

Rohrleitungen für Erdgas werden auf Grundstücken oder in Gebäuden installiert; im Folgenden werden sie vereinfacht **Gasleitungen** genannt.

Je nach Lage von Gasleitungen unterscheidet man:
- **Außenleitungen**: sind außerhalb eines Gebäudes im Freien oder im Erdreich verlegt
- **Innenleitungen**: liegen im Gebäude

12

Rohre	Rohrverbindungen durch							
					Klemmen			
	Gewinde	Schweißen	Hartlöten	Pressen	metallisch	weichdichtend	Schneidringverschraubung	Kupplung
Metallrohre								
Gewinderohre[1]	🟢	🟢	🟠	🟠	🟠	🟢[2]	🟠	🟢[3]
Siederohre	🟠	🟢	🟠	🟠	🟠	🟠	🟠	🟢[3]
Präzisionsstahlrohre	🟠	🟢	🟠	🟠	🟠	🟠	🟢	🟠
Edelstahlrohre	🟠	🟢	🟠	🟠	🟠	🟠	🟠	🟠
Kupferrohre[6]	🟠	🟢	🟢	🟢[4]	🟠	🟠	🟢	🟢[3]
Kunststoffrohre für Erdleitungen								
PE 80/100	🟠	🟢	🟠	🟠	🟠	🟠	🟠	🟢[3,5]
PE-X	🟠	🟢	🟠	🟠	🟠	🟠	🟠	🟠
Kunststoffrohre für Innenleitungen								
Mehrschicht-Verbundrohre VP 632	🟠	🟠	🟠	🟢	🟠	🟠	🟠	🟠
PE-X-Rohre VP 624	🟠	🟠	🟠	🟠	🟠	🟢[7]	🟠	🟠

[1] Im Erdreich nur schwere Gewinderohre (H) zulässig.
[2] In frei verlegten Außenleitungen und in Innenleitungen nur zu Reparaturzwecken in Ausführung „HTB" erlaubt.
[3] Kupplungen vor Korrosion schützen.
[4] In erdverlegten Leitungen nicht erlaubt.
[5] Kupplungen in schwerer Ausführung
[6] In Österreich: Im Erdreich nicht erlaubt
[7] Rohrverbindungen nach DVGW VP 625 und VP626

🟢 = zulässig 🟠 = nicht zulässig

1 Zugelassene Rohre und Rohrverbindungen für Gasleitungen nach TRGI

Von der Gasversorgungsleitung auf öffentlichem Grund führt die Hausanschlussleitung ins Gebäude, ➜ 1. Sie wird vom NB oder dessen Beauftragten erstellt, unterliegt nicht der TRGI.

Sie bleibt Eigentum des NB, ebenso wie HAE und Hausdruckregler im Gebäude.

Mit der HAE kann man die Gaszufuhr zur Gasanlage des Gebäudes bzw. des Grundstücks absperren.

> Für Leitungen nach der HAE gelten die TRGI; zuständig ist das VIU.

12.3.3.3 Gas-Hausanschluss

Der Hausanschluss besteht aus ➜ 1:
- 1. Gas-Strömungswächter
- Außenabsperrarmatur
- Hausanschlussleitung
- Kraftbegrenzer } zuständig NB
- Außenwanddurchführung mit Abdichtung
- Ausziehsicherung
- Hauptabsperreinrichtung HAE (Grenze NB – VIU)
- Isolierstück
- 2. Gas-Strömungswächter } zuständig VIU
- lösbare Verbindung
- Hausdruckregler } NB

Der **1. Gas-Strömungswächter** im Erdreich, ➜ 1, schließt, wenn die Hausanschlussleitung (HAL) abreißt, z. B. durch Baggerzugriff; er kann entfallen im Niederdruck (≤ 25 mbar) wenn Einbau schwierig.

Über die **Außenabsperrung** ist die Gaszufuhr bei Gasgeruch oder im Brandfall schnell abzusperren, z. B. über:
- das Gestänge einer Armatur, die im Erdreich in die HAL eingebaut ist, ➜ 1, Nr. 2
- eine Absperrarmatur in einem Stahlschrank, meist bei Gebäuden ohne Keller, ➜ 2a
- die Fernauslösung der HAE, z. B. Kugelhahn, Magnetventil oder mit Seilzugbetätigung, ➜ 2b

> Eine Außenabsperrung ist nicht erforderlich für Wohngebäude geringer Höhe, ➜ 83.2, wenn der Betriebsdruck des Hausanschlusses ≤ 1 bar ist.

Die **Hausanschlussleitung** verbindet die öffentliche Gas-Versorgungsleitung mit der Gasleitungsanlage des Gebäudes bzw. des Grundstücks. Verlegen der Hausanschlussleitung siehe Kap. 12.3.4.1.

Der **Kraftbegrenzer** dient als Sollbruchstelle. Wird eine Gasleitung durch Baggerzugriff erfasst, soll sie auseinanderreißen, damit Schäden an Gasleitungen im Haus verhindert werden. Kraftbegrenzer sind nur zusammen mit einer Ausziehsicherung einzusetzen.

Die **Außenwanddurchführung** führt die Gasleitung gas- und wasserdicht durch die Außenwand.

Die **Ausziehsicherung** stützt sich auf die Gebäudeaußenwand, hält die Gasleitung fest und lenkt die Kraft auf den in der Erde liegenden Kraftbegrenzer, ➜ 1. Sie verhindert, dass die Gasleitung bei einem Baggerzugriff aus dem Haus herausgezogen wird.

Mit der **Hauptabsperreinrichtung (HAE)** endet die Hausanschlussleitung. Mit ihr sperrt man die Gaszufuhr zum Gebäude bzw. zum Grundstück, ➜ 3.

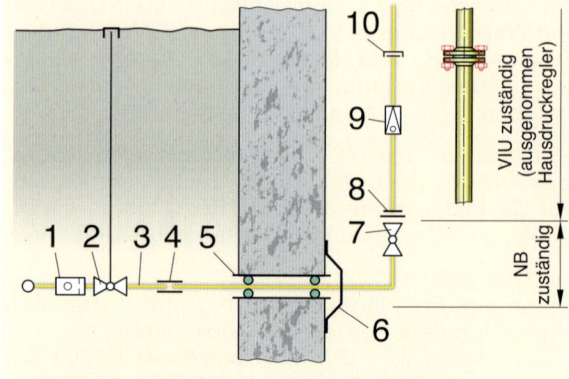

1 Gas-Strömungswächter 6 Ausziehsicherung
2 Außenabsperrarmatur 7 Hauptabsperreinrichtung
3 Hausanschlussleitung 8 Isolierstück (integriert in 7)
4 Kraftbegrenzer 9 Hausdruckregler (GS integriert)
5 Außenwanddurchführung 10 lösbare Verbindung

1 Gas-Hausanschlussleitung – Reihenfolge der Bauteile

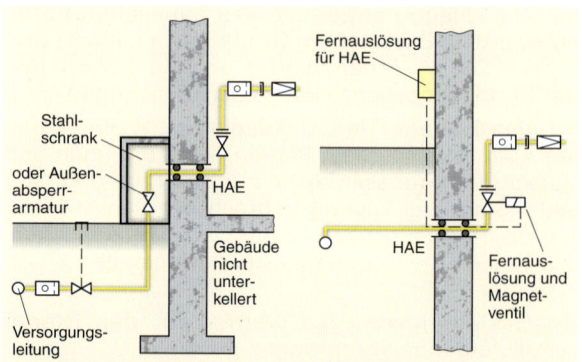

a) Außerhalb des Gebäudes in eigenem Installationsschacht **b)** Mit Fernauslösung außerhalb des Gebäudes

2 Absperren der Gaszufuhr außerhalb des Gebäudes

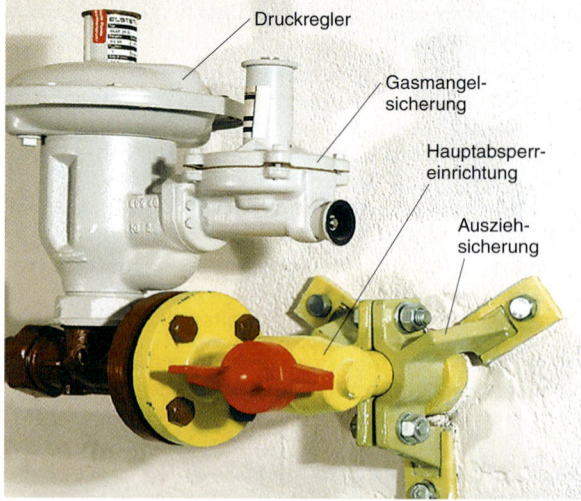

3 Gas-Hausanschluss am Gebäudeeingang

Ein **Isolierstück** verhindert, dass elektrischer Fehlerstrom von der Versorgungsleitung auf Leitungen im Haus übertragen wird und umgekehrt. Bei Hausanschlüssen aus Kunststoffrohr ist es überflüssig.

Der **Gas-Strömungswächter** (GS) ist als Sicherungs-element vor, nach oder im Hausdruckregler einge-baut, siehe auch → 1.

Wenn die Gasversorgung im Niederdruck (≤ 25 mbar) betrieben wird, soll im Hausanschluss kein GS ein-gebaut werden; der Restdruck im Gebäude wäre u. U. zu gering. Alle lösbaren Rohrverbindungen sind im ungeschützten Leitungsverlauf bis zu den GS vor den Gaszählern passiv zu sichern.

Eine **lösbare Verbindung**, wie Flansch, Verschrau-bung, ist nach der HAE anzuordnen, um sie ggf. austauschen zu können.

Der **Hausdruckregler** gehört zum Gas-Hausan-schluss, obwohl dieser nach der HAE eingebaut wird. Er ist Eigentum des NB.

12.3.3.4 Gasleitungen in Gebäuden

Gasleitungen in Gebäuden unterteilt man in, → 1, 2:
• Gas-Hausanschluss(armaturen), s. Kap. 12.3.3.3
• Verteilungsleitung
• Verbrauchsleitung
• Abzweigleitung
• Geräteanschlussleitung
• Steigleitung
• Einzelzuleitung

Die **Verteilungsleitung** führt vom Hausanschluss zu den Gaszählern, → 2. Von ihr zweigen die Verbrauchs-leitungen ab; darin ist der Gaszähler eingebaut.

Die **Verbrauchsleitung** führt zur **Abzweigleitung**, ggf. zur Geräteanschlussarmatur eines Gasgerätes.

Die **Geräteanschlussleitung** verbindet die Abzwei-gleitung mit dem Gasgerät. Diese kann auch aus einem Gas-Sicherheitsschlauch bestehen.

Eine **Steigleitung** führt senkrecht von Geschoss zu Geschoss; sie kann Teil jeder Leitungsart sein.

Gibt es nur ein Gasgerät im Gebäude, wird es mit einer **Einzelzuleitung** angeschlossen. Sie führt von der HAE bis zum Gerät, → 3.

An Gasleitungen werden besondere Anforderun-gen gestellt. Deshalb sind Rohre und Rohrverbin-dungen für Trinkwasseranlagen nicht automatisch für Gasleitungen geeignet.

Zu den Rohrleitungen gehören:
• Rohre
• Rohrverbindungen
• Armaturen

Rohre, Rohrverbindungen und Verlegetechniken für Rohrleitungen sind im Kap. 4 behandelt; die Übersicht Bild → 359.1 erinnert an für Gas zuge-lassene Teile.

Gasleitungen müssen dauerhaft dicht sein und sind gegen Korrosion zu schützen, siehe Kap. 2.

Als **Armaturen in Gasanlagen** dienen, vgl. Kap 12.7:
• Absperrarmaturen (Hahn, Schieber, Ventil)
• Hausdruckdruckregler
• Gaszähler
• Sicherheitsarmaturen wie Gasmangelsicherung, thermisch auslösende Absperreinrichtungen

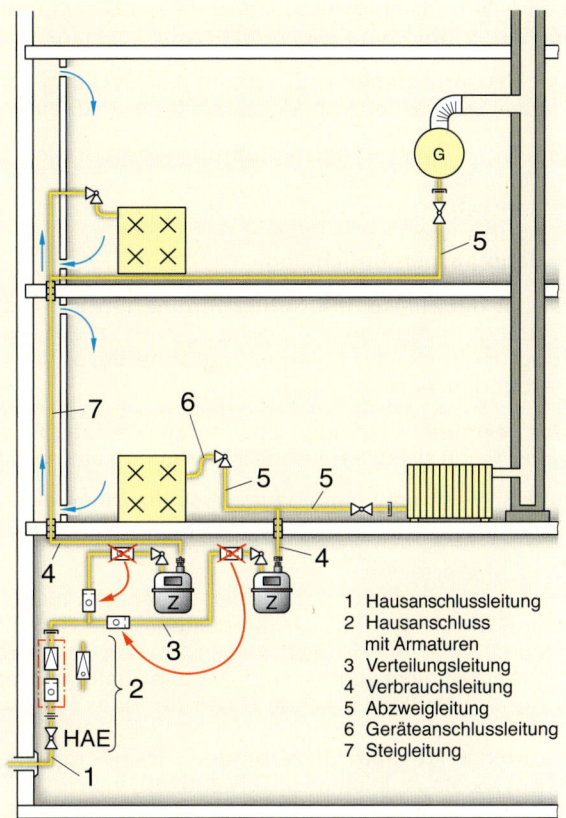

1 Hausanschlussleitung
2 Hausanschluss mit Armaturen
3 Verteilungsleitung
4 Verbrauchsleitung
5 Abzweigleitung
6 Geräteanschlussleitung
7 Steigleitung

1 Gasleitungsanlage im Gebäude und Einbau von GS

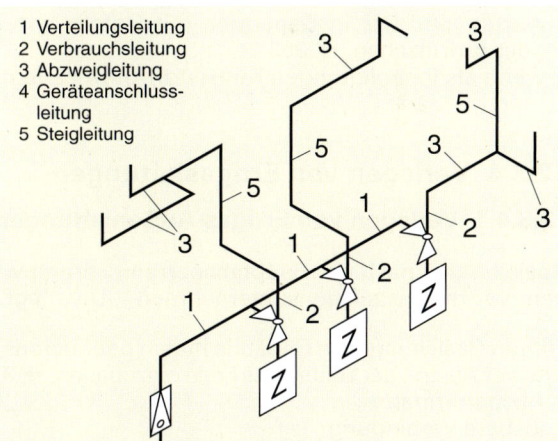

1 Verteilungsleitung
2 Verbrauchsleitung
3 Abzweigleitung
4 Geräteanschluss-leitung
5 Steigleitung

2 Gasleitungsabschnitte im Gebäude (ohne Hausanschluss)

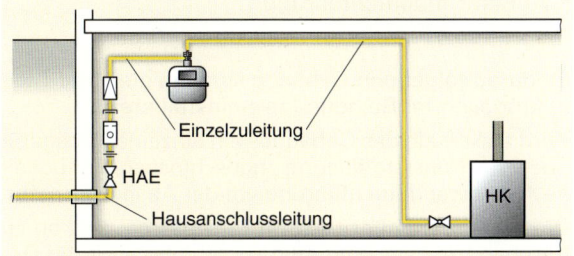

3 Einzelleitungsanlage – mit nur einem Gasgerät im Gebäude

Um eine undichte HAE austauschen zu können, ist danach eine **lösbare Verbindung** wie Verschraubung, Flansch anzuordnen.

Der **Hausdruckregler** ist Eigentum des GVU und gehört zum Gas-Hausanschluss, obwohl dieser nach der HAE eingebaut wird.

Eine vormontierte **Hauseinführungskombination** ersetzt, ➔ 1:
- Mantelrohr (Schutzrohr)
- Rohrleitung
- Abdichtung
- Hauptabsperreinrichtung

Ist bei der Hauseinführungskombination ein Festpunkt in die Gebäudegrundmauer eingebaut, kann die Hausanschlussleitung (HAL) mit der Innenleitung ohne besondere Maßnahmen verbunden werden.

Der **Festpunkt** verhindert Spannungen auf die Rohrleitungen im Haus, wenn sich die Hausanschlussleitung einmal bewegen sollte.

Ist kein Festpunkt eingebaut, muss die Innenleitung geringfügige Längsbewegungen der HAL von ca. 1 cm zulassen.

Dies wird erreicht:
- wenn die Innenleitung auf den ersten 2 m nicht befestigt wird und in diesem Bereich mindestens eine Richtungsänderung von 90° hat; dies ist nicht zulässig, wenn Rohrverbindungen im Brandfall nicht zugfest sind, z. B. hartgelötete Verbindungen
- durch gelenkig wirkende Gewinde- oder Pressverbindungen, ➔ 2
- durch HTB-Glattrohrverbinder (HochTemperaturBeständig) mit Axialausgleich nach DIN 3387-1
- durch Stahlbalg-Kompensatoren mit axialem Längenausgleich
- durch Edelstahlschläuche, wenn größere Bewegungen zu erwarten sind wie in Gegenden mit Gefahr von Bergschäden oder Erdrutschen, ➔ 363.2
- wenn als Innenleitungen Kunststoffrohre verlegt werden

12.3.4 Verlegen von Erdgasleitungen

12.3.4.1 Verlegen von Erdgas-Außenleitungen

Gasleitungen **nach** der Hauptabsperreinrichtung werden von einem Vertragsinstallationsunternehmen VIU verlegt.

Führen Gasleitungen in Gebäude hinein oder heraus, sind vor Austritt der Leitung ins Freie einzubauen, ➔ 3:
- Absperrarmatur
- lösbare Verbindung
- beweglicher Leitungsteil
- Ausziehsicherung
- Außenwanddurchführung
- Kraftbegrenzer im Erdreich

Im darauffolgenden Gebäude sind die gleichen Teile in umgekehrter Reihenfolge zu installieren.

Wird außerhalb des Gebäudes ein einzelnes Gasgerät über eine Kunststoffleitung angeschlossen, genügt eine Außenwanddurchführung vor der Absperrarmatur.

Die HAE und weitere Absperrarmaturen sind so zu beschildern, dass eindeutig ist, welche anderen Gebäude(-Teile) versorgt und evtl. abgesperrt werden.

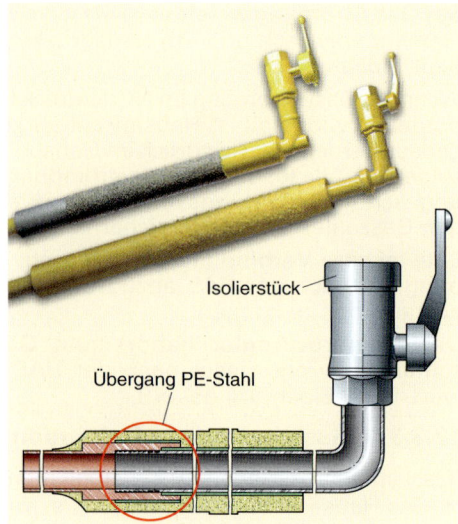

Isolierstück

Übergang PE-Stahl

1 Hauseinführungskombination mit Absperrung

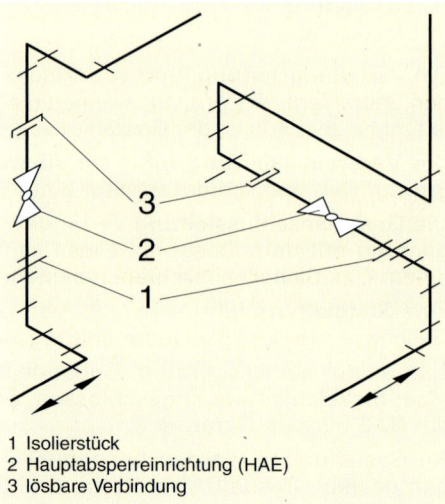

3
2
1

1 Isolierstück
2 Hauptabsperreinrichtung (HAE)
3 lösbare Verbindung

2 Außen- und Innenleitung beweglich verbinden

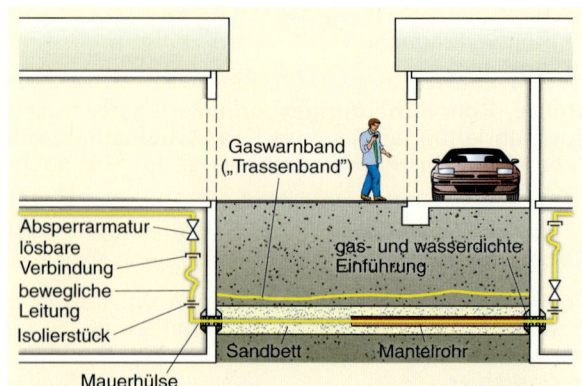

Gaswarnband ("Trassenband")

Absperrarmatur
lösbare Verbindung
bewegliche Leitung
Isolierstück

gas- und wasserdichte Einführung

Sandbett   Mantelrohr

Mauerhülse

3 Gasleitungen im Erdreich – zwischen Gebäuden – mit erforderlichen Bauteilen am Austritt bzw. beim Eintritt ins Gebäude

Außenleitungen können verlegt werden:
- in der Erde
- im Freien

Für **erdverlegte Außenleitungen** gelten die TRGI und zusätzlich folgende DVGW-Arbeitsblätter:
- G 459: *Gas-Hausanschlüsse bis 4 bar*
- G 462: *Gasleitungen aus Stahlrohren p_B bis 16 bar Betriebsdruck* (gilt ähnlich für Cu-Rohre)
- G 472: *Gasleitungen aus Polyethylen (PE 80, PE 100 und PE-Xa) bis 10 bar Betriebsdruck*

Darin ist für erdverlegte Leitungen festgelegt, dass sie
- 0,5 m bis 1,0 m mit Erde zu überdecken sind, jedoch nicht mehr als 2,0 m,
- allseitig mind. 10 cm in Sand einzubetten sind; ist bei PE-X-Rohren nicht nötig,
- ca. 20 cm oberhalb ihres Verlaufs zu markieren sind mit gelbem, unverrottbarem Warnband >ACHTUNG! GASLEITUNG<, bei PE-Rohren zusätzlich ca. 10 cm unter Geländeoberfläche, ➜ 1

Warnbänder mit Metalleinlage erleichtern, PE-Leitungen mit Metallsuchgeräten „wieder zu finden".

Erdverlegte Gasleitungen müssen zugänglich bleiben, sind einzumessen und in Bestandspläne einzutragen. Die Leitung muss man jederzeit freilegen können, ohne die Standsicherheit von Gebäuden zu gefährden und ohne Bäume zu fällen, ➜ 2.

Erdverlegte Gasleitungen sind im Mantelrohr zu verlegen, abzudichten gegen Eindringen von Wasser und Gas, ➜ 183.1:
- bei Außenwänden von Gebäuden
- bei Grundplatten nicht unterkellerter Gebäude
- durch Schächte und Kanäle

Das Mantelrohr muss
- korrosionsbeständig und aus einem Stück sein,
- im Erdreich vor dem Gebäude beginnen und im Gebäudeinnern enden, ➜ 362.3

Als Mantelrohre verwendet man
- bei tragenden Gebäudeteilen: Stahl- oder Gussrohre
- bei nicht tragenden Gebäudeteilen: Kunststoffrohre

Für Verbundrohr mit PVDF-Verbindern ist im Erdreich kein Korrosionsschutz nötig.
Rotguss-Pressverbinder für PE-HD- und PE-X-Rohre sind mit Korrosionsschutzband oder Schrumpfschläuchen zu schützen.

Bei PE-Pressverbindungen ist in das Rohr ein Stützkörper einzusetzen.

Bei WICU-Rohren ist auf beiden Seiten einer Außenwanddurchführung der Stegmantel zu entfernen. Die Schnittstellen sind mittels Korrosionsschutzband oder Schrumpfschlauch abzudichten, damit innerhalb des Schutzmantels kein Gas ins Gebäude dringen kann.

Im Freien verlegte Gasleitungen sind zu schützen:
- gegen Witterung wie Sturm und Regen (Korrosion), starke Sonnenstrahlung (Druckanstieg!)
- gegen Beschädigen durch Kraftfahrzeuge, spielende Kinder oder Rabauken; dazu sind Gasleitungen in entsprechender Höhe zu verlegen oder durch Stahlprofile zu schützen

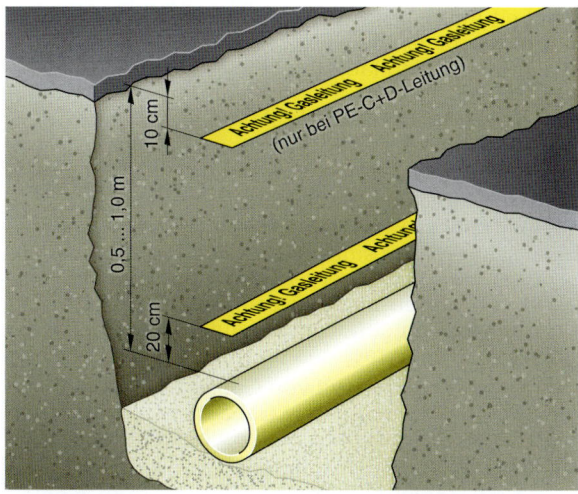

1 Schutzbänder beim Einbetten erdverlegter Gasleitungen

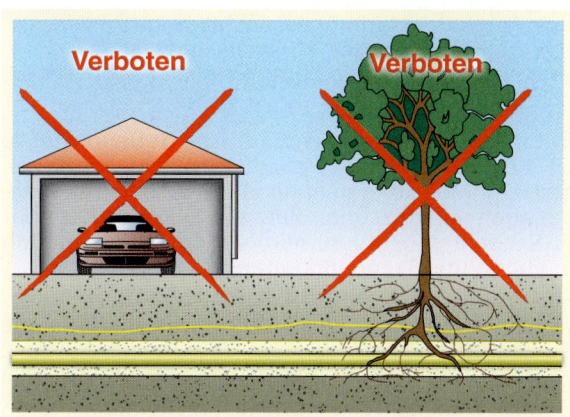

2 Gasleitungen dürfen nicht überbaut oder überpflanzt werden

12.3.4.2 Verlegen von Erdgas-Innenleitungen

Das Verlegen von Rohrleitungen allgemein ist im Kap. 4.3 beschrieben. Beim Verlegen von Erdgas-Innenleitungen gelten die Vorschriften, Regeln und Verordnungen aus Kap. 12.3.2 und allgemeine Regeln für das Rohrverlegen.

Erdgas-Innenleitungen
- sollen auf kürzestem Wege und rechtwinklig zu Wänden und Decken verlaufen,
- sind vor mechanischer Beschädigung und Korrosion von außen zu schützen,
- dürfen die Standsicherheit von Gebäudeteilen nicht gefährden,
- sind so zu verlegen, dass bei einer Undichtheit Gas sich nur über einen kleinen Gebäudeteil verteilen kann,
- dürfen den Brandschutz nicht gefährden.

Die Leitungen sind **rechtwinklig zu Wänden und Decken** zu verlegen, sodass die Leitungsführung bei späterer Reparatur oder Umbau weitgehend rekonstruiert werden kann. Leitungen mit Betriebsdruck über 100 mbar dürfen nicht unter Putz verlegt werden.

Verdeckt oder unter Putz liegende Leitungen sind in Bestandspläne einzuarbeiten oder deren Verlauf ist mit entsprechenden Anhaltspunkten zu fotografieren.

Um Leitungen vor **mechanischer Beschädigung** zu schützen, dürfen diese
- nicht durch Müllabwurfschächte und Schornsteine führen,
- nicht unter Kohle- und Abfalllagern verlaufen, ➔ 1.

Sie dürfen auch nicht in Schornsteinwangen eingelassen werden.

Eingemauerte Rohre in Mauerschlitzen, Decken, feuchten Räumen sind durch einen Kunststoffmantel oder durch mehrere Lagen Korrosionsschutzband **von außen zu schützen**, vgl. Kap. 2.3.4. Die Rohrumhüllung soll sichtbar aus dem Mauerwerk oder aus Decken ragen, am Fußboden etwa 5 cm.

Um die **Standsicherheit** von Gebäudeteilen nicht zu gefährden, dürfen tragende Gebäudeteile wie Pfeiler, Unterzüge, Tragbalken nicht geschwächt werden.

Damit sich Gas aus undichten Leitungen nicht **so leicht im Gebäude verteilen** kann, dürfen Gasleitungen nicht durchqueren, ➔ 1:
- Aufzugs- und Lüftungsschächte
- Abgasleitungen und Müllschächte

Forderungen zum **Brandschutz** an Erdgas-Innenleitungen behandelt Kap. 12.3.4.3.

In Ein- und Zweifamilienhäusern (Gebäudeklasse GK 1 und GK 2) dürfen Gasleitungen auch aus Kunststoff sein. Sie können ohne besondere Sicherheitsauflagen auf Putz, unter Putz satt eingemauert oder in Schächten (Hohlräumen) verlegt werden, auch in Fluren und Treppenräumen.

Für Wohnhäuser ab GK 3 gelten besondere Anforderungen an den Brandschutz für Gasleitungen aus Kunststoff.

Gasleitungen aus Metall können verlegt werden:
- frei in allgemein zugänglichen notwendigen Fluren
- aber **nicht** in Treppenräumen und deren Ausgänge ins Freie (Rettungswege) und nicht in Sicherheitstreppenräumen

Gasleitungen in Gebäuden ab GK 4 (Fußbodenhöhe > 7 m im obersten Geschoss) können Gasleitungen aus Metall verlegt werden. In notwendigen Treppenräumen sind sie in längs gelüfteten Schächten mit Feuerwiderstandsklasse I 90 zu verlegen. Die Lüftungsöffnungen im Schacht dürfen nicht in Treppenräume münden.

Einzelne Gasleitungen in **Mauerschlitzen** (Wandaussparungen) sind satt einzumauern und ≥ 15 mm dick mit mineralischem Putz zu überdecken.

> Mineralwolle ist zum Füllen nicht geeignet.

Sie enthält Lufteinschlüsse und ist nicht formstabil.

Hohlräume, in denen Gasleitungen liegen, sind z. B.:
- Leitungskanäle in Kellern, ➔ 1,
- Leitungsschächte, ➔ 2,
- vorgesetzte Wände wie Leichtbauwände, ➔ 3
- abgehängte Decken, ➔ 365.1

Hohlräume hinter nichtbrennbaren Baustoffen sind durch zwei Öffnungen zu be- und entlüften (Luftdurchzug), jede mindestens 10 cm² groß, abschnittsweise oder im Ganzen, ➔ 3. Falls eine Gasleitung undicht wird, verhindert der Luftdurchzug, dass sich Gas ansammelt.

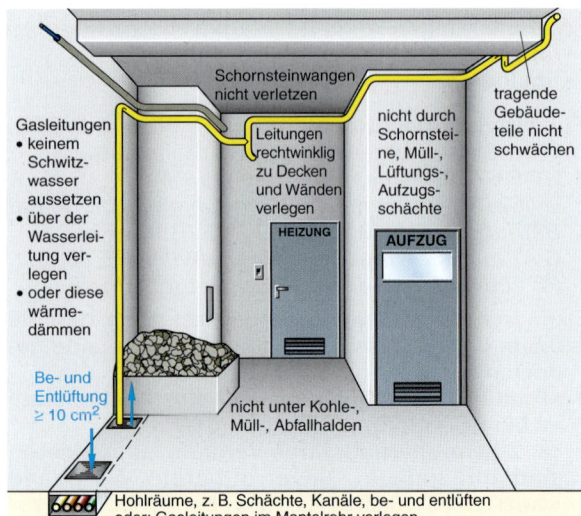

1 Schutz der Leitungen und der Standsicherheit der Gebäude

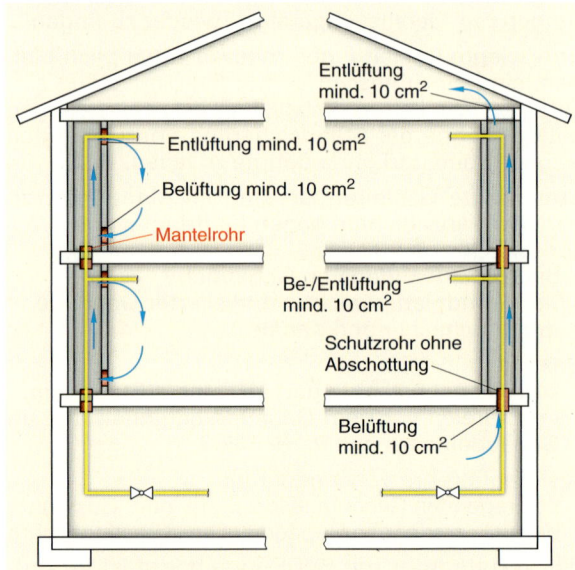

2 Belüftung senkrechter Mauerschlitze

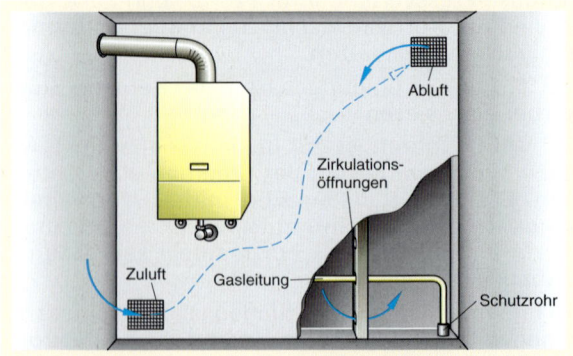

3 Lüftungsöffnungen in einer Leichtbauwand

Die zwei Öffnungen sollten größer als 10 cm² sein, damit sie nicht irrtümlich zugegipst oder überklebt werden.

Bei abgehängten Decken oder vorgesetzten Wänden, z. B. Trockenbau-Ständerwände, sind anzubringen:
- zwei Lüftungsöffnungen, diagonal versetzt in die Wandecken, ➜ 1, 364.3, oder
- ein Rundumschlitz an den Umfassungswänden, falls die Lüftungsöffnungen im Hohlraum diagonal mehr als 5 m Abstand haben

In unbelüfteten Hohlräumen sind Gasleitungen durchgehend in ein korrosionsbeständiges Mantelrohr zu legen, das mindestens auf einer Seite belüftet ist. Liegt im Hohlraum kein weiteres Verbindungsstück als das zum Geräteanschluss oder zur Gassteckdose führende, ist kein Mantelrohr erforderlich.

Mantelrohre, eventuell mit Abdichtung, sollen:
- Rohre bei Wand- und Deckendurchführungen vor Korrosion durch aggressive Baustoffe schützen
- Rohrbewegungen bei Temperaturänderung zulassen, um Schäden an Rohren, Wänden und Decken zu vermeiden
- Ansammlung von Gas in Hohlräumen verhindern

12.3.4.3 Brandschutz für Gas-Innenleitungen

Führen Gasleitungen durch Geschossdecken oder Trennwände mit einer Feuerwiderstandsdauer, wie F 30, F 90, oder durch Bewegungsfugen zweier Gebäudeteile, dürfen Rauch und Feuer nicht durchdringen. Dann sind die Gasleitungen durch ein stabiles Stahlrohr zu schützen. Der Spalt zwischen Schutz- und Leitungsrohr ist mind. 40 mm tief mit zugelassenen Brandschutzmitteln zu verschließen, z. B. mit intumeszierenden Mitteln (bei Hitze aufschäumend und abdichtend), Mineralfasern ($\vartheta_s > 1000\ °C$), vgl. Kap. 3.4.4.3.

12.3.4.4 Schutz vor Gasexplosion

Gasexplosionen verursachen oft hohe Sachschäden, ➜ 2; leider gibt es dabei manchmal auch Tote.

Grund ist unkontrollierter Gasaustritt, wenn
- an einer Gasleitung leichtsinnig hantiert oder sie beschädigt wurde, z. B. beim Abflexen einer Konsole,
- sie verändert (manipuliert) wurde, um Gas zu stehlen,
- jemand eine Explosion bewusst herbeiführen will,
- eine Gasleitung mechanisch beschädigt ist.

Als Schutz gegen derartige Fälle unterscheidet man:
- aktive Schutzmaßnahmen
- passive Schutzmaßnahmen

12.3.4.4.1 Aktiver Schutz gegen Gasexplosion

Eine aktive Schutzmaßnahme ist der Einbau von Gas-Strömungswächtern (GS) oder Gasdruckregler mit eingebautem (integriertem) GS.

Aktive Schutzmaßnahmen sollen Vorrang haben.

Gas-Strömungswächter

Ein Gas-Strömungswächter (**GS**) ist eine Sicherheitsarmatur nach DVGW VP 305-1, ➜ 3. Er ist in den Leitungsverlauf zu schrauben – wie ein Absperrhahn.

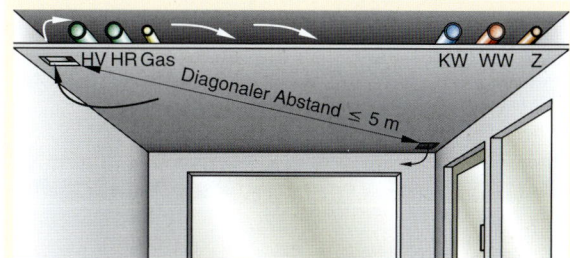

1 Belüftung einer abgehängten Decke (Hohldecke)

2 Folgen einer Manipulation an einer Gasleitung

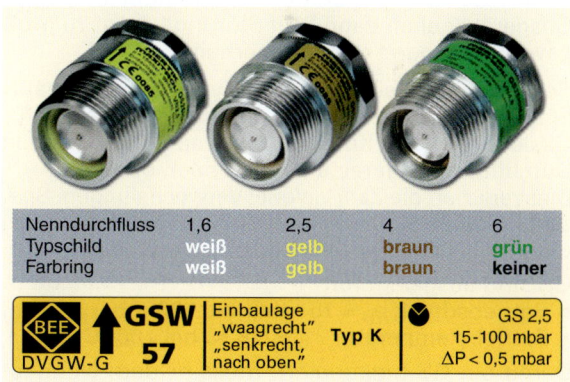

Nenndurchfluss	1,6	2,5	4	6
Typschild	weiß	gelb	braun	grün
Farbring	weiß	gelb	braun	keiner

BEE DVGW-G	↑ GSW 57	Einbaulage „waagrecht" „senkrecht, nach oben"	Typ K	⏱ GS 2,5 15-100 mbar ΔP < 0,5 mbar

3 Gas-Strömungswächter und Beispiel eines Typenschildes

GS dienen zum Schutz von Gasleitungen aus
- Metall: vor allem gegen Manipulation
- Kunststoff: vor allem gegen Gasaustritt bei Brand und mechanischer Beschädigung

GS sind einzubauen bei Anschluss
- eines einzelnen Gasgerätes mit $Q'_B \leq 110$ kW, ➜ 361.3,
- mehrerer Gasgeräte mit Gesamt-$Q'_B \leq 138$ kW.

Keine GS sind nötig:
- in Verteilungsleitungen mit einer Eingangsbelastung $Q'_B > 138$ kW
- bei nur einem Gasgerät $Q'_B > 110$ kW

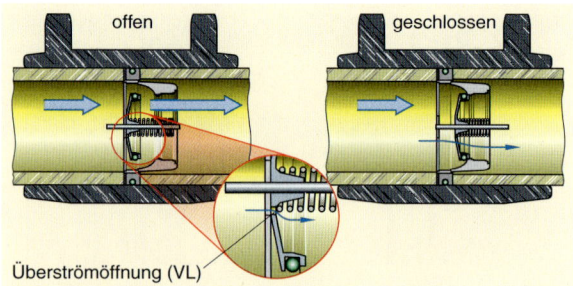

1 Gas-Strömungswächter in einem PE-Schweißfitting

Bei Verbrauchs- oder Abzweigleitungen mit einer Wärmebelastung $Q'_B \leq 138$ kW sind GS einzubauen, unmittelbar nachdem diese abzweigen; nicht erst direkt vor dem Gaszähler, vgl. → 361.1.

Im GS hält eine schwache Feder das Ventil gegen anströmendes Gas offen, wenn dahinter ein bestimmter Gasdruck herrscht. Fällt dieser Druck, weil z. B. eine Leitung viel Gas verliert, schließt das Ventil und verhindert, dass weiter Gas ausströmt, → 1. Durch eine Überströmöffnung fließen 30 l/h Gas, kaum gefährlich. Ist die Leitung dicht, baut sich dadurch hinter dem GS wieder Druck auf. Dieser reicht, um mit der Federkraft das Ventil wieder zu öffnen.

Ein Merkmal der GS ist ihr Schließfaktor f_s, → 2:
- $f_{s, min} = 1{,}3$: mind. das 1,3-Fache (130 %) seines Nennvolumenstromes V'_N muss durchfließen, um zu schließen
- $f_{s, max} = 1{,}45$: der GS muss beim 1,45-Fachen = 145 % seines V'_N zuverlässig schließen

Ist ein GS zu klein bemessen, schließt er zu oft; Gasgeräte gehen dann „auf Störung"; ist er zu groß gewählt, mangelt es an Sicherheit.

Seit TRGI 2008 sind **GS vom Typ K** - mit Gewährleistung des Herstellers - universell geeignet für Gasleitungen aus Kunststoff **und** aus Metall für den Durchfluss waagerecht (→) und nach oben (↑).
Dies reduziert die Zahl vielerlei Verwechslungen. Spezielle Gas-Strömungswächter für Durchfluss nach unten (↓), sind für Zwei-Stutzen-Gaszähler nötig.

GS sind ausgelegt für:
- Betriebsdruck p_B = 15 mbar bis 100 mbar
- Betriebstemperatur ϑ_B = -20 °C bis +60 °C

Damit ein GS funktioniert, muss er dem Nennvolumenstrom $\Sigma V'_N$ der nachfolgenden Geräte angepasst sein.

$$\Sigma V'_N = \frac{Q'_B}{H_i}$$

$\Sigma V'_N$ = Nennvolumenstrom in m³/h
Q'_B = Nennbelastung aller Geräte in kW
H_i = Betriebsheizwert in kW/m³

Mithilfe seiner Nennleistung Q_N in kW bzw. des Nennvolumenstromes $\Sigma V'_N$ in m³/h kann die Nennweite der Gasleitung nach Tabellen bzw. Diagrammen der DVGW-TRGI 2008 bestimmt werden.

Wer Gasleitungen aus Kunststoffrohr verlegt, ohne deren Nennweiten zu bestimmen, handelt grob fahrlässig.

K	Einsatz-Bedingungen		GS	Kennfarbe	Q'_{NB} in kW	
					E/A-Ltg	Vb-Vt
	Schutz gegen Beschädigung und bei Brand von **Kunststoff-Leitungen** gegen Manipulation bei **Metallleitungen**	Schließfaktor $f_{s,min}$ 1,3 $f_{s,max}$ 1,8 für 15 bis 100 mbar	1,6	weiß	≤ 13	< 13
			2,5	gelb	12 – 17	14 – 22
			4	braun	18 – 27	23 – 34
			6	grün	28 – 41	35 – 51
			10	rot	42 – 61	52 – 86
			16	orange	62 – 86	87 – 138

2 Gas-Strömungswächter für Metall-und für Kunststoffrohre
E/A: Einzel-/Abzweigleitung -
Vb/Vt: Verbrauchs-/Verteilungsleitung

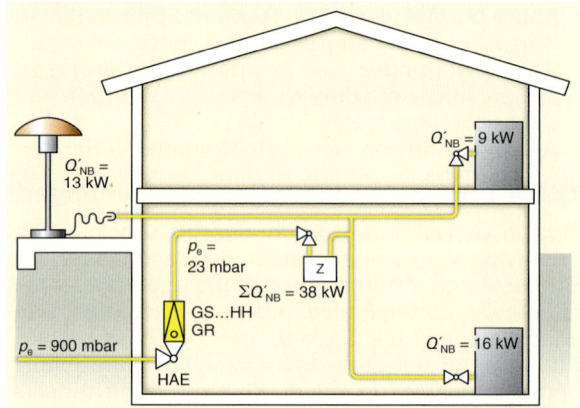

3 Ein Gas-Strömungswächter bei nur einem Zähler im Gebäude

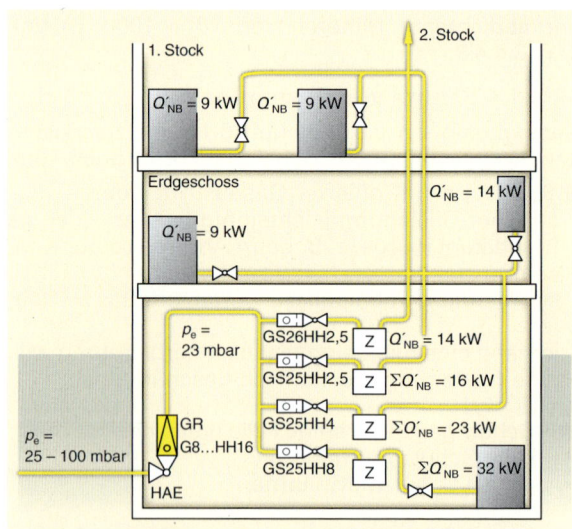

4 Einbau von GS bei mehreren Gaszählern bei Metallrohren

Die Folgen können unabsehbar sein, → 365.2.

Der Einbau von Gas-Strömungswächtern ist abhängig:
- vom Versorgungsdruck p_e, → 4, 367.1
- von der Anzahl der Gaszähler im Gebäude
- vom Material der Gasleitung (Metall – Kunststoff)

Bei p_e < **25 mbar** wird nur ein GS eingebaut, da sonst der Gasdruck im Gebäude u. U. zu gering wird:
- bei nur einem Gaszähler im Gebäude an der HAE
- bei mehreren Gaszählern erst vor den Gaszählern

12

366

Bei p_e = 25 mbar mbar bis 100 mbar, ➔ 366.4:
- ein GS unmittelbar nach der HAE; evtl. integriert im Gasdruckregler, ➔ 360.1
- nach einer Verteilungsleitung mit Q'_B > 138 kW: am Beginn jeder Einzelleitung
- bei mehr als einem Gaszähler im Gebäude direkt am Beginn der Verbrauchsleitung – nicht erst unmittelbar vor dem Gaszähler, ➔ 361.1

Bei p_e > 100 mbar, ➔ 2c:
Anordnung der GS wie bei p_e > 25 mbar bis 100 mbar; jedoch sind alle lösbaren Verbindungen vor dem Strömungswächter passiv zu sichern.

Entlang eines Fließweges dürfen **nicht** zwei GS desselben Typs und derselben Nennweite eingebaut werden.

Einbau von GS bei Kunststoffleitungen, siehe Kap. 12.3.4.5.

12.3.4.4.2 Passiver Schutz gegen Gasexplosion

Passive Schutzmaßnahmen für lösbare Rohrverbindungen sind in „allgemein zugänglichen Räumen" für Leitungsabschnitte erforderlich, die vor „aktiven Maßnahmen" wie Gasströmungswächter liegen; z. B. sind:
- Hausanschlussarmaturen und Gaszähler in einem sicher verschließbaren Raum bzw. Stahlschrank einzubauen, ➔ 182.1;
bei Bedarf kann eine Vertrauensperson öffnen, z. B. Hausmeister; notfalls sperrt die Feuerwehr oder der NB die Gaszufuhr außerhalb des Hauses ab
- lösbare Verbindungen wie Flansche und Verschraubungen einzukapseln, ➔ 2a
- verdrehsichere Sicherheitsstopfen bzw. -kappen, Verschraubungs- und Flansch-Sicherungen u. Ä. zu verwenden; sie dürfen nur mit Spezialwerkzeug zu lösen sein, ➔ 2b
- Gewinde mit Spezialkleber (Gewindeklebstoff) zu sichern; diese sind erst bei Temperaturen > 140 °C zu lösen

In allgemein zugänglichen Räumen sind Passivschutzmittel in Leitungsabschnitten vor dem 1. Gas-Strömungswächter einzusetzen.

In Ein- und Zweifamilienhäusern sind passive Schutzmaßnahmen überflüssig, da es dort keine allgemein zugänglichen Räume gibt.

Die Erfahrung lehrt, dass in Mehrfamilienhäusern die Tür zum Hausanschlussraum oft nicht sicher verschlossen ist; auch dort sollte besser passiv gesichert werden.

12.3.4.5 Erdgas-Innenleitungen aus Kunststoff

Für Gasleitungen sind vom DVGW in sich geschlossene Kunststoffrohr-Systeme mit Rohren d_a = 20 mm / 26 mm / 32 mm zugelassen, ➔ 3:
- Mehrschicht-Metallverbundrohre (PE-x/Al/PE) nach DVGW VP 632/625
- PE-X-Rohre nach DVGW VP 624/626

Beide werden künftig **Kunststoffrohr** genannt.

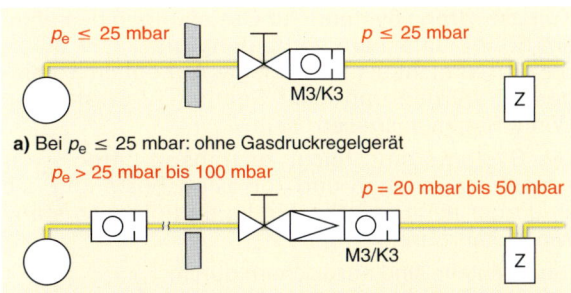

a) Bei p_e ≤ 25 mbar: ohne Gasdruckregelgerät

b) Bei p_e > 25 mbar bis 100 mbar: GS nach dem Gasdruckregelgerät

1 Einbau von Gas-Strömungswächtern nach Versorgungsdruck

a) Kapseln für Verschraubungen   b) Sicherheitsstopfen

2 Passive Schutzmaßnahmen

3 Kunststoffrohrsystem: Rohr + unlösbare Verbinder

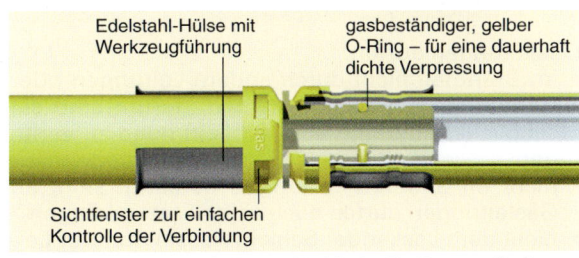

Edelstahl-Hülse mit Werkzeugführung

gasbeständiger, gelber O-Ring – für eine dauerhaft dichte Verpressung

Sichtfenster zur einfachen Kontrolle der Verbindung

4 Unlösbarer, dauerhaft dichter Verbinder für Kunststoffrohre

12

Kunststoffrohr-Systeme für Gasleitungen bestehen am Rohr + unlösbare Verbindungsstücke, → 367.4. Sie dürfen nicht als frei verlegte Außenleitung eingesetzt werden und nicht Sonne (UV-Strahlung), Wind, Regen ausgesetzt sein.

Die Systeme sind leicht zu transportieren, sehr schnell zu verlegen und korrosionsbeständig; sie sind aber nicht feuerbeständig und nicht so stabil wie Metallrohre.

Die Nachteile sind abzusichern durch:
- Gas-Strömungswächter
- Einsatz der Kunststoffrohre nur als Innenleitung
- spezielle Verlegevorschriften

In Kunststoffleitungen kann der GS selbst bei Brand beschädigt werden; er erfüllt seine Schutzfunktion nicht mehr. Deshalb muss in Kunststoffleitungen der GS immer mit einer thermisch auslösenden Absperreinrichtung (TAE) zur GS-TAE wärmeleitend verschraubt werden, → 1. Bei brandbedingtem Ausfall des GS sperrt die TAE dann den Gasdurchfluss.

Auf den Anschlussstutzen eines Gaszähler-Eckhahnes mit eingebauter (integrierter) TAE, → 2a, ist deshalb ein GS zu schrauben und umgekehrt, → 2b.

Da Kunststoffleitungen brennbar sind, dürfen sie nicht verlegt werden in notwendigen Treppenräumen, Fluren und Ausgängen ins Freie – anders als Metallrohre.

Wenn Kunststoffleitungen ohne Rohrverbindungen oder mit Geräteanschlussfitting, → 367.3 (links), in Hohlräumen wie Ständerwände, Schächte, Kanäle verlaufen, müssen sie nicht belüftet werden.

Sie sind nicht zulässig im Estrich, in der Trittschalldämmung, unter Heißasphalt, jedoch in der Ausgleichsschicht bzw. in Aussparungen der Rohdecke.

> Da es noch keine R-90-Rohrdurchführungen für Kunststoffleitungen gibt, dürfen diese in Wohnhäusern ab Gebäudeklasse GK 3 nicht als Gasleitung dienen (Stand Juli 2010).

12.3.4.6 Befestigung von Gasleitungen

Im Kap. 4.5 sind die Rohrbefestigungen ausführlich beschrieben. Hier wird eingegangen, worauf beim Befestigen von Gasleitungen zu achten ist.

Gasleitungen sind sicher zu befestigen
- vor und in der Wand: mit Abstandsschellen
- an der Decke: mit Rohrschellen oder Rohrbändern

> Im Brandfall müssen Gasleitungen erhebliche Längenänderungen aufnehmen können.

Gasleitungen dürfen
- im Brandfall nicht durch andere Leitungen oder Gebäudeteile belastet werden; darum sind sie möglichst oberhalb anderer Leitungen zu verlegen,
- nicht an anderen Leitungen befestigt sein; an Gasleitungen dürfen auch keine Lasten hängen,
- nicht dem Leck- oder Schwitzwasser anderer Leitungen ausgesetzt sein, → 364.1

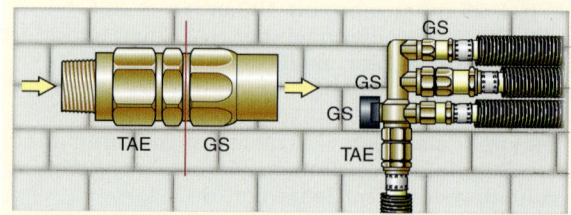

1 Gasströmungswächter mit thermisch auslösender Absperreinrichtung verschraubt (GS-TAE) hier in Verteilerbatterie

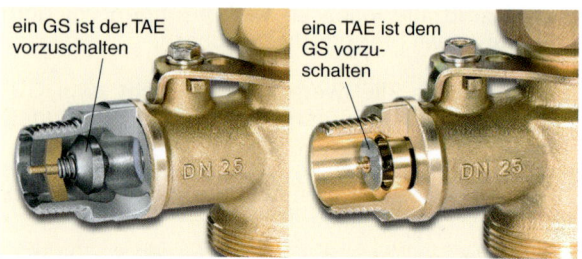

ein GS ist der TAE vorzuschalten

eine TAE ist dem GS vorzuschalten

2 Gaszählerkugelhahn, darin integriert: a) TAE – b) GS
Vor Einbau in Kunststoffleitungen ist unmittelbar auf den Hahnstutzen zu schrauben bei: a) ein GS – b) eine TAE

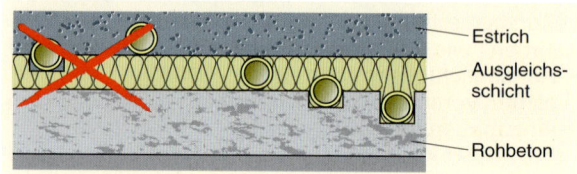

Estrich
Ausgleichsschicht
Rohbeton

3 Kunststoffleitungen nicht in den Estrich legen – auch nicht z. T.

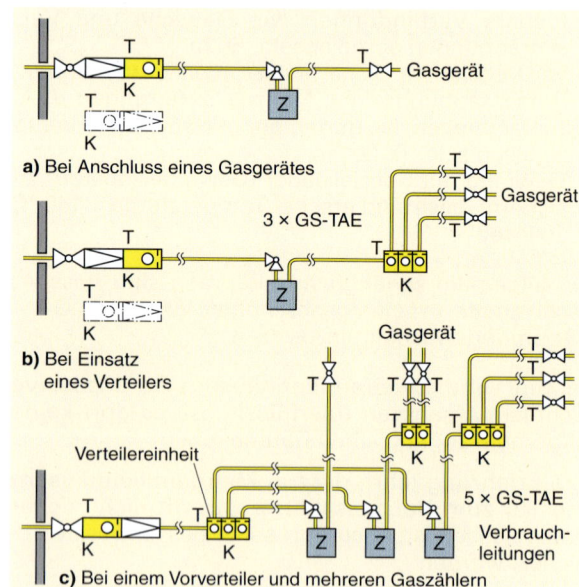

a) Bei Anschluss eines Gasgerätes

3 × GS-TAE

b) Bei Einsatz eines Verteilers

Verteilereinheit

5 × GS-TAE
Verbrauchsleitungen

c) Bei einem Vorverteiler und mehreren Gaszählern

4 Einbau von GS in Leitungen aus Kunststoffrohren

Gasleitungen sind gegen völliges Abstürzen zu sichern, z. B. mithilfe von Wanddurchführungen.

Hartgelötete Kupferrohre oder Rohre mit Klemmverbindungen mit weicher Dichtung sind bei großer Hitze nicht mehr zug- bzw. schubfest. Sie müssen mit nicht brennbaren Rohrschellen und in **Metalldübeln** befestigt werden, → 369.1.

Als **Befestigungspunkte** sind massive Bauteile des Gebäudes wie Beton, Mauerstein notwendig. Auch im Holz eines Balkens ≥ 10 cm × 12 cm widersteht eine Rohrschelle mit Stockschraube, > 50 mm tief im Holz als Festpunkt, lange genug einen Brand, ➔ 1c.

Lösen sich Rohrverbindungen bei Brandtemperatur ≥ 650 °C, besteht nach TRGI keine Gefahr, denn:
- ausgeströmtes Gas kann sicher abbrennen, ohne zu explodieren, denn ϑ_{Brand} ≥ 650 °C liegt höher als die Zündtemperatur von Erdgas mit 640 °C (gilt nur bei reichlich Sauerstoff in der Umgebung!)
- vorgeschaltete Gas-Strömungswächter sperren bei großem Gasdurchfluss ab

In **Kunststoffdübeln** dürfen befestigt werden:
- Stahlrohre mit Gewinde- oder Schweißverbindungen
- Edelstahl- und Kupferrohre mit Pressverbindungen, die auch im Brandfall längskraftschlüssig bleiben
- Kunststoffrohre (Verbund- und PE-X-Rohre)

Damit senkrechte Leitungsteile nach Schmelzen des Profilgummis in Rohrschellen nicht durchsacken, sind die Rohrschellen anzubringen
- bei Stahlrohren: unterhalb einer Fittingmuffe
- bei Kupferrohren: unterhalb eines T-Stückes oder einer Etage, die notfalls eigens einzubiegen ist

Kunststoffleitungen sind freiliegend, unter Putz ohne Hohlraum, in Schächten bzw. Kanälen zu verlegen.

Richtwerte für Befestigungsabstände ➔ 2.

12.3.5 Prüfen von Erdgasleitungen

12.3.5.1 Zweck der Prüfung

Gasleitungen sind sofort nach dem Verlegen zu prüfen, **bevor** Rohrverbindungen beschichtet oder umhüllt und bevor die Rohre selbst umhüllt, verdeckt bzw. verputzt werden:
- auf Materialfehler
- ob sie dicht sind

Nur so ist zu verhindern, dass undichte Rohrverbindungen durch ihren Korrosionsschutz abgedichtet und Fehler verdeckt werden. Undichte Erdgasleitungen können verheerende Folgen haben.

Erdgasleitungen sind mit Luft oder inertem Gas wie Stickstoff zu prüfen. Sauerstoff ist verboten.

Öl und Fett können sich in reinem Sauerstoff selbst entzünden und so mit Gas eine Explosion herbeiführen. Gefettete Teile gibt es ja in Rohrleitungen zuhauf.

Zu unterscheiden ist die Prüfung einer:
- Niederdruck-Erdgasleitung
- Mitteldruck-Erdgasleitung

12.3.5.2 Prüfen von Niederdruck-Erdgasleitungen

Niederdruck-Erdgasleitungen werden mit einem Betriebsdruck p_B ≤ 100 mbar betrieben.

Vor der Prüfung ist die zu prüfende Leitung mit Stopfen, Kappen, Flansche aus Metall fachgerecht zu verschließen. Die Leitung darf auch mit keiner Gas führenden Leitung verbunden sein. Prüfungsergebnisse sind in einem Protokoll zu dokumentieren, ➔ 378.1.

Die Verbindungen von Kupferrohrleitungen sind i. d. R. im Brandfall nicht mehr längskraftschlüssig (z. B. Hartlötverbindungen). Deshalb muss jede Befestigung brandsicher sein.

A Abstand der Befestigungsschelle zu Richtungsänderungen oder Abzweigen (Dehnbereichen) ca. 1,0 m … 2,0 m (abhängig von Rohrmaterial und Rohr-DN)
B Dehnbereich der Leitung im Brandfall

a) Kupferrohrleitung

Führt die Stahlrohrleitung durch Wände, so kann teilweise auf brandsichere Befestigung verzichtet werden, wenn die Rohrverbindungen im Brandfall die Längskraftschlüssigkeit nicht verlieren (z. B. Gewinde).

b) Stahlrohrleitung

c) Stahlrohrleitung am Holzbalken

1 Brandsichere Befestigung von Gasleitungen

Außendurchmesser in mm	16	20	25	32	40 – 63
Befestigungsabstand in m	1,00	1,25	1,50	1,75	2,00

2 Befestigungsabstände horizontal verlegter Kunststoffrohre

Zu unterscheiden sind bei Niederdruck-Gasleitungen:
- Belastungsprüfung
- Dichtheitsprüfung
- Druckmessung
- Gebrauchsfähigkeitsermittlung

Die **Belastungsprüfung** soll Materialfehler wie Haarrisse, Gussfehler in Fittings (Lunkerstellen) aufzeigen. Geprüft wird mit einer handelsüblichen Gasprüfpumpe. Jeder plötzliche Druckanstieg während der Prüfung ist zu vermeiden.

Der Prüfdruck beträgt p = 1 bar; gemessen wird er mit einem Federmanometer, mit Anzeigengenauigkeit 0,1 bar, ➔ 370.2a. Die Prüfzeit dauert mindestens 10 min.

Geprüft werden nur Rohrleitungen. Armaturen können mit einbezogen werden, falls diese für den Prüfdruck geeignet sind. Bei der Prüfung müssen sie offen sein. Während die Leitung unter Druck steht, werden alle Verbindungsstellen optisch kontrolliert und leicht mit einem Hammerstiel abgeklopft.

12

Die **Dichtheitsprüfung** soll feine Undichtheiten aufzeigen bei einem Prüfdruck von 150 mbar, ➔ 2b. Sehr genau ist dies mit einem U-Rohr-Manometer zu messen. Dieses zeigt an der Wassersäule einen Druckabfall von 0,1 mbar an, ➔ 2b.

> Der Druck $p = 0,1$ mbar entspricht einem $\Delta h = 1$ mm

Geprüft werden die Leitungen zusammen mit den Armaturen; auch Gaszähler können eingebaut sein. Da Regel- und Sicherheitseinrichtungen der Geräte oft nur mit $p \leq 50$ mbar belastbar sind, ist der Gas-Anschlusshahn vor diesen Geräten zu schließen.

Beim Einpressen mit der Prüfpumpe erwärmt sich das Prüfgas. Da es sich beim Abkühlen zusammenzieht, sinkt der Druck in der kalten Leitung. Dies könnte vortäuschen, dass die Leitung undicht sei.

> Deshalb ist beim Prüfen abzuwarten, bis Prüfgas und Rohrleitung gleiche Temperatur haben.

Diese Anpassungszeit ist abhängig vom Volumen der zu prüfenden Leitung. Die Mindestprüfdauer zeigt Bild, ➔ 3. Während dieser Zeit darf der Druck weder steigen noch fallen, ➔ 2b.

In Betrieb befindliche Gasleitungen mit Betriebsdrucken ≤ 100 mbar sind nach dem Grad der **Gebrauchsfähigkeit** zu beurteilen, ➔ 4.

Dabei zählen der äußere Zustand der Leitung, wie Korrosion und Funktionsfähigkeit der Bauteile, und die sogenannte Leckmenge in l/h. Die Leckmenge misst man schnell und genau mit einem elektronischen **Leckmengenmessgerät**.
Dieses misst die Gasmenge, die in eine abgesperrte Leitung konstant nachströmen muss, um den Druck von zu halten. ➔ 371.2.

Als **unbeschränkt gebrauchsfähig** gilt eine Leitung mit einer Leckmenge < 1 l/h (bei Betriebsdruck) die keine Bau- bzw. äußerliche Mängel aufweist. Sie kann weiter betrieben werden. Einmal je Jahr sollte die Leckmenge erneut gemessen werden.

Eine **vermindert gebrauchsfähige Leitung** weist eine Leckmenge 1 l/h bis 5 l/h auf, sie darf für vier Wochen weiter betrieben werden. Dann ist durch eine Dichtheitsprüfung nachzuweisen, dass die Leitung instand gesetzt wurde.

Nicht mehr gebrauchsfähig ist eine Leitung mit einer Leckmenge > 5 l/h bei Betriebsdruck. Sie ist unverzüglich abzusperren und instand zu setzen.

Ist eine Leitung instand zu setzen, kann sie in Abschnitte aufgeteilt werden. Einzelne Abschnitte können teilweise oder ganz erneuert werden. Sie müssen danach auf jeden Fall dicht sein.

Vermindert gebrauchsfähige Leitungen mit Rohrgewindeverbindung sind nach DVGW Arbeitsblatt G 624 abzudichten. Dass sie danach dicht sind, muss eine Dichtheitsprüfung bestätigen.

Ausgenommen von der genannten Prüfung sind Verbindungsstellen mit der HAE, Gasdruckregelgeräten, Gaszählern, Gasgeräten, Geräteanschlussarmaturen und Gas führenden Leitungen.

> Bei Gasgeruch ist eine Gasleitung abzusperren und sofort zu reparieren, danach auf Dichtheit zu prüfen. Eine Leckmengenprüfung ist unzulässig.

Bereich	Niederdruck $p_e \leq 100$ mbar		Mitteldruck $p_e > 100$ mbar … 1 bar
Prüfung	Belastungsprobe	Dichtheitsprüfung	Kombinierte Belastungsprobe und Dichtheitsprüfung
Zweck	Materialfehler aufzeigen	feinste Undichtheiten aufzeigen	Materialfehler und Undichtheiten aufzeigen
Leitungsteile	neu verlegte Leitungen ohne Armaturen	Leitungen mit Armaturen, aber ohne Sicherheits- und Regeleinrichtungen und ohne Geräte	
Zeitpunkt	Bevor die Leitung verputzt bzw. verdeckt ist oder die Verbindungsstellen beschichtet sind		
Prüfmedium	Luft oder inertes Gas, z. B. Stickstoff		
Prüfdruck und Dauer	1 bar	150 mbar	≥ 3 bar (Druckzunahme ≤ 2 bar/min)
Prüfgeräte	handelsübliche Gasprüfpumpe mit • Zeigermanometer bis 1,6 bar • U-Rohr-Manometer bis 150 mbar (Anzeigegenauigkeit 0,1 mbar (WS $h = 1$ mm))		

1 Prüfen von Erdgasleitungen

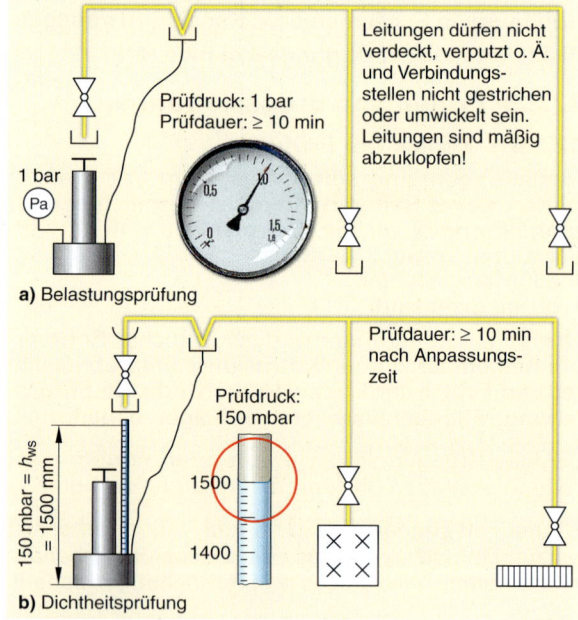

a) Belastungsprüfung

Prüfdruck: 1 bar
Prüfdauer: ≥ 10 min

Leitungen dürfen nicht verdeckt, verputzt o. Ä. und Verbindungsstellen nicht gestrichen oder umwickelt sein. Leitungen sind mäßig abzuklopfen!

b) Dichtheitsprüfung

Prüfdruck: 150 mbar

$150 \text{ mbar} = h_{WS} = 1500 \text{ mm}$

Prüfdauer: ≥ 10 min nach Anpassungszeit

2 Prüfen von Niederdruck-Erdgasleitungen

Leitungsvolumen	l	< 100	100… < 200	≥ 200
Anpassungszeit	min	10	30	60
Mindestprüfdauer	min	10	20	30

3 Anpasszeit und Prüfdauer bei der Dichtheitsprüfung

Leckmenge in l/h	Leitungszustand
0,0	dicht
>0… <1,0	unbeschränkt gebrauchsfähig
1,0… <5,0	vermindert gebrauchsfähig
≥5,0	nicht gebrauchsfähig

4 Beurteilen der Gebrauchsfähigkeit von Niederdruck-Gasleitungen

12

12.3.5.3 Prüfen von Mitteldruck-Erdgasleitungen

Mitteldruck-Erdgasleitungen werden mit p_B > 100 mbar bis 1000 mbar betrieben. Geprüft werden sie mit einem Prüfdruck p_P = 3 bar durch eine **kombinierte Belastungs- und Dichtheitsprüfung**.

Beim Füllen der Leitung mit dem Prüfgas (Luft oder Inertgas) darf der Druck maximal 2 bar pro Minute steigen. Steht der Prüfdruck, ist ein Temperaturausgleich von mind. 3 Stunden abzuwarten.

Dann beginnt die eigentliche Prüfzeit von 2 Stunden. Enthält die Leitung mehr als 2000 l Gas, ist die Prüfdauer je 100 l Mehrvolumen um 15 Minuten zu verlängern.

Als Messgeräte sind einzusetzen:
• Manometer Klasse 0,6 mit ≥ 1,5-fachem Messbereich
• Druckmessschreiber Klasse 1

Nicht geprüft werden Verbindungsstellen mit der HAE, Gasdruckregler, Gaszähler, Gasgeräte, Geräteanschlussarmaturen und Gas führende Leitungen.

Während Gas führende Leitungen geprüft werden, sind sie von anderen zu trennen; eine Absperrarmatur zu schließen genügt nicht.

12.3.5.4 Einlassen von Gas in Leitungen

Unmittelbar vor dem Einlassen von Gas in Leitungen muss sicher sein, dass alle Leitungsöffnungen verschlossen sind, z. B. durch
• eine unmittelbar vorausgegangene Dichtheitsprüfung,
• eine Druckmessung mit mindestens Betriebsdruck.

Fällt bei der Druckmessung der Druck innerhalb von 5 Minuten nicht, sind scheinbar alle Leitungsöffnungen verschlossen, aber nicht sicher! Die gesamte Leitungsanlage ist deshalb zu besichtigen und zu prüfen, ob alle Leitungsanschlüsse mit Stopfen, Kappen, Steckscheiben oder Blindflansche aus Metall dicht verschlossen sind.

> Geschlossene Absperreinrichtungen gelten nicht als sicher, ausgenommen Gasanschlussarmaturen mit betriebsbereit angeschlossenen Geräten bis zum Betriebsdruck p_e = 100 mbar.

In die Leitungsanlage ist Gas einzulassen, bis die Luft verdrängt ist. Diese ist durch einen antistatischen Schlauch gefahrlos ins Freie zu leiten.

Unmittelbar nach dem Einlassen von Gas sind die durch Dichtheitsprüfung nicht erfassten Verbindungsstellen mit Gasspürgeräten oder Schaum bildenden Mitteln zu prüfen, ob sie dicht sind, ➔ 3, z. B. HAE, Geräteanschlussarmaturen, Gasdruckregler, Gaszähler, Geräteanschlussleitungen.

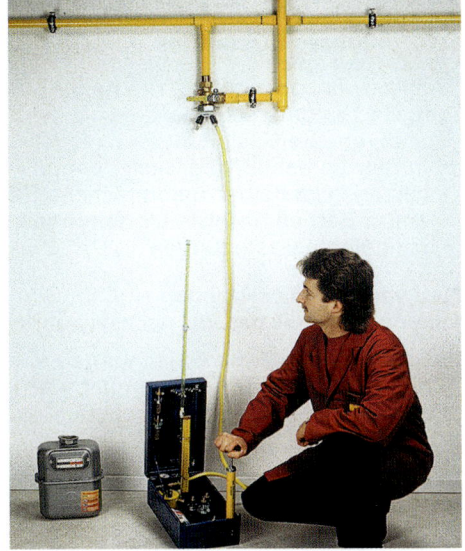

1 Belastungs- bzw. Dichtheitsprüfung bei Niederdruckgasleitungen

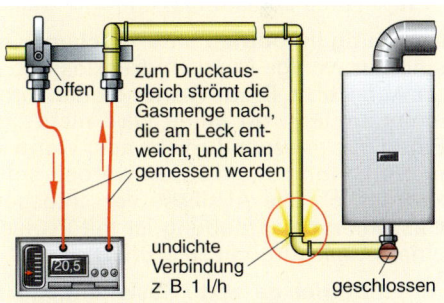

2 Ermitteln der Leckmenge nach Durchfluss

> Das Ableuchten einer Leitung mit offener Flamme ist grob fahrlässig und verboten. Es kann tödlich enden!

Achtung! Gasspürgeräte reagieren nur auf Kohlenwasserstoffverbindungen. Deshalb darf eine Leitung keine Luft, sondern sie muss Brenngas enthalten.

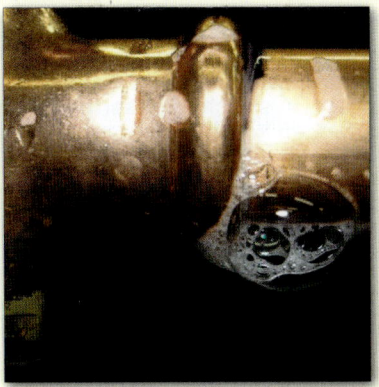

a) Mit Prüfschaum – Blasen zeigen an: Undicht

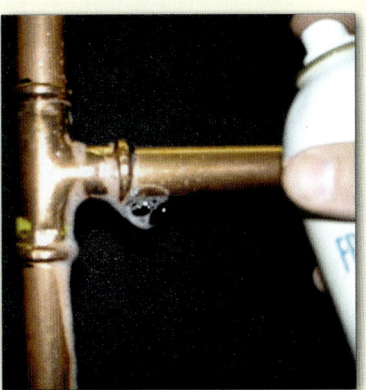

b) Mit Gasspürgerät

3 Dichtheitsprüfung an Gasleitungen

12

12.3.5.5 Prüfen von Erdgasleitungen nach Art ihres Zustandes

Bei Auswahl des Prüfverfahrens für Erdgasleitungen sind zu unterscheiden:
- neu verlegte Gasleitungen
- in Betrieb befindliche Gasleitungen
- kurzzeitig im Betrieb unterbrochene Gasleitungen
- außer Betrieb gesetzte Gasleitungen
- stillgelegte Gasleitungen

Neu verlegte Gasleitungen sind im Sinne der TRGI Leitungen, für die das VIU noch gewährleisten muss.

In Betrieb befindliche Gasleitungen sind im Sinne der TRGI Leitungen, die genutzt werden, für die aber die Gewährleistung abgelaufen ist.

Auf ihren einwandfreien Zustand zu überprüfen sind
- alle 12 Jahre: Niederdruck-Gasleitungen in Wohngebäuden; jährlich einmal soll die Gasanlage optisch auf Mängel durchgesehen werden
- alle 4 Jahre: erdverlegte Niederdruck-Leitungen
- alle 2 Jahre: erdverlegte Mitteldruckleitungen durch eine Belastungs- und Dichtheitsprüfung

Kurzzeitig im Betrieb unterbrochene Gasleitungen sind nur wenige Minuten drucklos und ständig unter Aufsicht, z. B. zur Wartung oder zum Austausch eines Zählers. An ihnen wird nicht „gearbeitet". Eine Druckmessung reicht aus, wenn wieder Gas in die Leitung eingelassen werden soll, um zu erkennen, ob alle Auslässe verschlossen sind. Die Gaszählerverschraubung ist mit Prüfschaum oder einem Gasspürgerät zu prüfen.

Außer Betrieb gesetzte Gasleitungen sind vorübergehend drucklos, z. B. wegen Reparatur, Änderung oder Erweiterung. Nach Zusammenschließen neu verlegter Leitungsteile mit vorhandenen sind diese einer Belastungs- und Dichtheitsprüfung zu unterziehen. Die gesamte Gasanlage muss mindestens „unbeschränkt gebrauchsfähig" sein.
Mitteldruckleitungen müssen nach kombinierter Belastungs- und Dichtheitsprüfung dicht sein.

Stillgelegte Gasleitungen wurden (auf Wunsch des Inhabers) von Gas führenden Leitungen getrennt. Wird diese Leitung später neu betrieben, ist
- sie durch Inaugenscheinnahme auf ihren baulichen Zustand zu prüfen
- eine Dichtheitsprüfung mit Belastungsprobe bzw. kombinierter Belastungs- und Dichtheitsprüfung vorzunehmen
- Gas einzulassen, siehe Kap. 12.3.5.4

12.4 Flüssiggasanlagen

12.4.1 Regeln, Verordnungen und Vorschriften für Flüssiggasanlagen

Für Flüssiggasanlagen gelten die Technischen Regeln Flüssiggas 2012 (TRF). Die TRF sind anzuwenden auf Flüssiggasanlagen in Gebäuden und auf Grundstücken bei Planung, Errichtung, Prüfung, Instandhaltung.

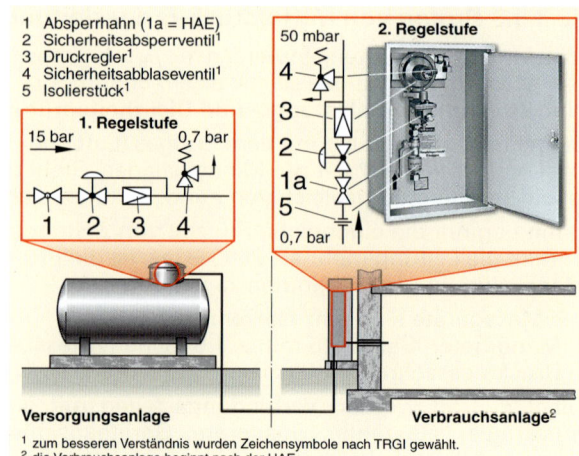

1 Absperrhahn (1a = HAE)
2 Sicherheitsabsperrventil[1]
3 Druckregler[1]
4 Sicherheitsabblaseventil[1]
5 Isolierstück[1]

[1] zum besseren Verständnis wurden Zeichensymbole nach TRGI gewählt.
[2] die Verbrauchsanlage beginnt nach der HAE

1 Flüssiggasanlage

12.4.2 Teile von Flüssiggasanlagen

Die Einlagerung von verflüssigtem Gas, kurz Flüssiggas, erfolgt im flüssigen Aggregatzustand. Flüssiggasanlagen müssen aber in der gasförmigen Phase betrieben werden. Sie werden aus Flüssiggasflaschen oder aus Flüssiggasbehältern mit Fassungsvermögen $V < 7$ m³ versorgt.

Zusätzlich zu den TRF sind zu beachten, analog Kap. 12.3.2:
- Landesbauordnung
- Feuerungsverordnung
- Regeln der Berufsgenossenschaften

Flüssiggasanlagen bestehen aus, ➜ 1
- Versorgungsanlage
- Verbrauchsanlage

Die **Versorgungsanlage** umfasst alle Anlagenteile, die nötig sind, um die Verbrauchsanlage mit Gas zu versorgen. Sie beginnt bei dem Flüssiggasbehälter, beinhaltet Regeleinrichtungen und Rohrleitung und endet mit der HAE.

Die **Verbrauchsanlage** umfasst alle Flüssiggasrohrleitungen und Gasgeräte, die in Fließrichtung nach der HAE installiert sind.

Als Rohrwerkstoffe können die in ➜ 359.1 genannten Werkstoffe verwendet werden.

Für Innenleitungen aus Kunststoff sind jedoch nur Mehrschichtverbundrohre (Kunststoff/Aluminium/Kunststoff) zugelassen. Als Sicherheitsarmatur bei Kunststoff-Innenleitungen kommen Gasströmungswächter Typ K zum Einsatz.

12.4.3 Lagerung von Flüssiggas

Flüssiggas wird in Flüssiggasbehältern gelagert.

Flüssiggasbehälter können sein:
- Flüssiggastanks
- Flüssiggasflaschen

12.4.3.1 Flüssiggastanks

Ein Flüssiggastank (Flüssiggas-Druckbehälter) wird fest installiert. Er wird am Aufstellort befüllt.

Flüssiggastanks sind zylindrische Stahlbehälter mit einem Volumen $V = 1,775$ m³ bis 6,4 m³. Die Rohrleitungen werden am Domschacht angeschlossen, einem zylindrischen Aufsatz auf dem Tank.

Flüssiggastanks sind so groß zuwählen, dass der Gasvorrat mindestens ½ Jahr reicht.

Flüssiggastanks sind nur bis zu 85 % ihres Volumens zu füllen, um ein Reservevolumen für die Ausdehnung der Flüssigphase bei Erwärmung durch Sonnenstrahlen zu haben.

> Schutzeinrichtungen gegen Überfüllen des Flüssiggastanks:
> • Peilventil
> • Sicherheitsventil DN 25
> • Inhaltsanzeiger

Beim Füllen zeigt über ein **Peilventil** entweichendes Gas an, dass der Behälter 85 % gefüllt ist.

Ein **Sicherheitsventil DN 25** schützt vor Drucküberschreitung.

Der max. zul. Druck beträgt 15,6 bar, die max. zul. Betriebstemperatur beträgt 40 °C.

Der **Inhaltsanzeiger** informiert über Tankinhalt.

Um notfalls den Tank zu entleeren, ist am Fuß des Behälters ein Flüssig-Entnahmeventil eingesetzt.

Aufstellen von Flüssiggastanks
Flüssiggastanks werden meist im Freien (außerhalb von Gebäuden) aufgestellt; selten innerhalb von Gebäuden, weil die Kosten hoch und die Sicherheitsauflagen streng sind.

Oberirdische Behälter sind mit einem weißen oder hellgrünen, reflektierenden Anstrich versehen, erdgedeckte Behälter mit einer Korrosionsschutzbeschichtung.

Das Aufstellen im Freien **über der Erde** ist preiswert. Der Behälter ist auf einer Grundplatte aus Beton befestigt, ➔ 1a und ➔ 374.1. Sind größere Brandlasten in der Nähe, so ist er gegen deren mögliche Wärmeeinstrahlung im Brandfall zu schützen.

Halboberirdisch im Freien aufgestellt liegen die Behälter bis zur Mittelachse im Erdreich.

Erdgedeckte Flüssiggastanks werden im Freien allseitig im Sandbett gelagert und sind ≥ 50 cm mit Erde bedeckt. Sie beeinträchtigen die Optik des Grundstücks nicht und erfordern einen erheblich geringeren Schutzbereich.

Der Aufstellort von Flüssiggastanks außerhalb von Gebäuden ist so zu wählen, dass:
• für Arbeiten zum Instandhalten und Reinigen um die Tanköffnungen eine Zone mit 1 m Radius zugänglich bleibt; zu den Tankwänden oberirdischer bzw. halboberirdischer Behälter genügt ein 0,5 m breiter Freiraum
• Unbefugte nicht an den Flüssiggastank herankommen, z. B. durch Einzäunen des Tanks selbst oder des gesamten Grundstückes, bei erdgedeckten Flüssiggastanks durch abschließbare Domschachtdeckel
• die erforderlichen Schutzzonen um den Flüssiggastank eingehalten werden können, ➔ 1
• er vom Tankwagen gut erreicht und der Schlauch direkt angeschlossen werden kann (der Füllschlauch am Tankwagen ist in der Regel 25m lang); sonst ist eine spezielle Befüllungsleitung vorzusehen

Schutzziele
Für den sicheren Betrieb eines Flüssiggasbehälters gelten folgende Schutzziele:
• Schutz der Umgebung vor Gefahren, die von Flüssiggasbehälter ausgehen können
• Schutz der Flüssiggasbehälter vor Gefahren, die auf die Flüssiggasbehälter einwirken können

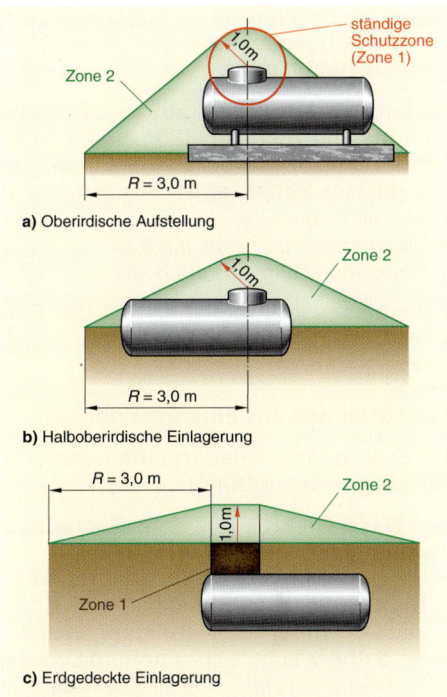

1 Ständige und temporäre Schutzzone

a) Oberirdische Aufstellung
b) Halboberirdische Einlagerung
c) Erdgedeckte Einlagerung

> Flüssiggastanks dürfen nie in Rettungswegen aufgestellt werden, also nicht in Durchfahrten, Durchgängen, Feuerwehrzufahrten.

Schutzzonen
• Schutzzone 1: umfasst bei erdbedeckten Tanks den Domschacht, ➔ 1, und bei Aufstellung in besonderen Aufstellräumen im Radius 1,35 m von Mitte Domschacht; sie ist dauerhaft von Zündquellen frei zu halten.
• Schutzzone 2: ist während des Füllvorgangs von Zündquellen frei zu halten. Sie dürfen sich nicht auf Nachbargrundstücke oder Verkehrsflächen erstrecken.

In den Bereich der Schutzzonen müssen die Anforderungen der Explosions-Richtlinie erfüllt sein.

Der Kegel kann auch durch gasdichte Abmauerungen eingeschränkt werden, das aber höchstens an zwei Seiten, um das gefahrlose Abziehen von ausgetretenem Flüssiggas nicht zu behindern. Im Umkreis von 3 m um die Armaturen des Flüssiggastanks dürfen sich keine Hohlräume befinden, in die Flüssiggas einsickern könnte, wie:
• offene Kanäle
• Schächte
• Bodenabläufe ohne Geruchverschluss
• Öffnungen zu tief liegenden Räumen
• Luftansaugöffnungen von Lüftungs- oder Klimaanlagen

Derartige Hohlräume im Abstand von 3 m bis 5 m müssen abgedeckt werden, solange der Flüssiggastank befüllt wird.

Ist ein Flüssiggastank am Hang mit mehr als 30° Neigung aufzustellen (30° ≙ 0,6 m Höhenunterschied je 1 m waagerechter Länge), müssen Öffnungen im Boden einen Abstand zu den Tankarmaturen haben
- hangaufwärts: mehr als 5 m
- hangabwärts mehr als 8 m

Falls dies nicht möglich ist, ist das Einsickern von Flüssiggas durch eine Schutzmauer o. Ä. zu verhindern.

Gasentnahme aus Flüssiggastanks

Im Flüssiggastank lagert eine Gasglocke über dem flüssigen Propan/Butan.

Die **Gasentnahme aus dem Gasraum** erfolgt über zwei Regelstufen:
- 1. Regelstufe: Der Vorstufenregler mindert den Druck in der nachgeschalteten Rohrleitung auf ca. 700 mbar. Der Ausgangsdruck am Regler wird überwacht. Bei zu hohem Druck schließt das Sicherheitsabsperrventil und das Sicherheitsabblaseventil öffnet.
- 2. Regelstufe: Der gewünschte Verbrauchsdruck von 50 mbar wird erreicht, ➔ 372.1. Die Armaturen der zweiten Regelstufe können inner- oder außerhalb des Gebäudes angeordnet sein. Bei Einbau im Haus muss eine TAE vorgeschaltet werden.

Eine **Entnahme von flüssigem** Propan/Butan erfordert einen Verdampfer nach dem Behälteraustritt. Dies ist nur für Großverbraucher wirtschaftlich, ➔ 2.

12.4.3.2 Flüssiggasflaschen

Eine Flüssiggasflasche ist ein Druckbehälter, der nicht vor Ort befüllt wird.

Verbraucher mit geringem Flüssiggasbedarf wie einzelne Wohnungen, Einfamilienhäuser, Gewerbe versorgen ihr Gebäude oder ihre Arbeitsstelle durch den Austausch einzelner Flüssiggasflaschen.

Flaschengröße

In Haushalt und Gewerbe setzt man Gasflaschen mit einer Füllmasse von 5 kg, 11 kg oder 33 kg ein. Ihr Entnahmeventilausgang (R ¾ -Linksgewinde) ist mit einer dicht schließenden Kunststoffmutter abgesichert. Am Entnahmeventilabgang ist ein Druckregler – je nach Ventil – anzuschrauben oder anzustecken. Eine Schutzkappe schützt das Ventil gegen Schäden beim Transport der Flaschen.

Für Handwerker gibt es Kleinstflaschen, sog. Lötflaschen, mit 0,425 kg Füllung. Diese können über ein Kupplungsstück aus 5- oder 11-kg-Flaschen befüllt werden.

12

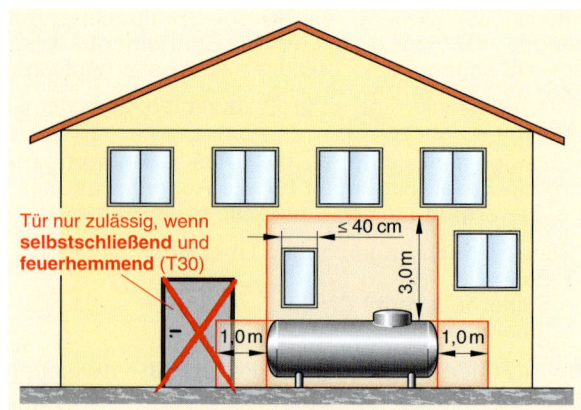

1 Wandflächen bei einem Behälterabstand zum Gebäude < 3 m

Tür nur zulässig, wenn **selbstschließend** und **feuerhemmend (T30)**
≤ 40 cm
3,0 m
1,0 m   1,0 m

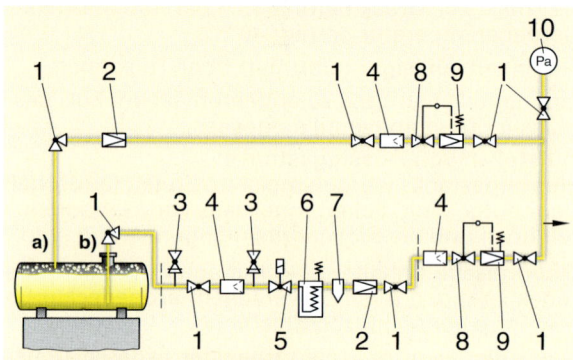

1 Absperrventil
2 Druckregler
3 Sicherheitsventil
4 Filter
5 Magnetventil
6 Verdampfer
7 Abscheider
8 Sicherheitsabsperrventil
9 Druckregelgerät mit Sicherheitsabblaseventil
10 Manometer

2 Notwendige Armaturen bei Entnahme von a) gasförmigem b) flüssigem Propan/Butan

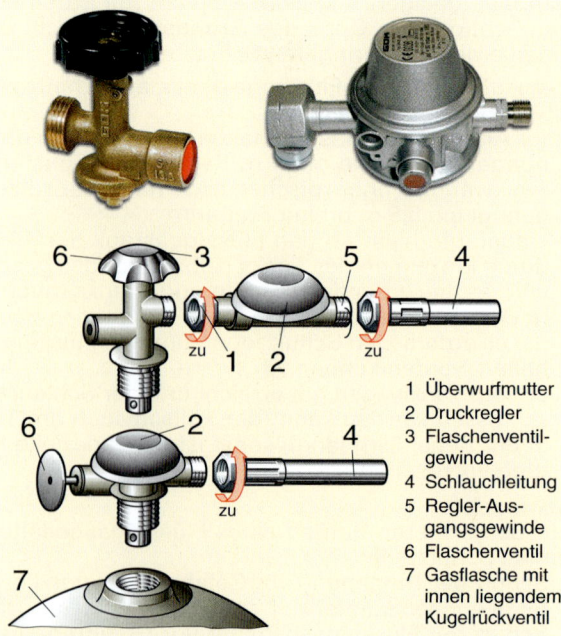

1 Überwurfmutter
2 Druckregler
3 Flaschenventilgewinde
4 Schlauchleitung
5 Regler-Ausgangsgewinde
6 Flaschenventil
7 Gasflasche mit innen liegendem Kugelrückventil

3 Entnahmeventil und Druckregler für Flüssiggasflaschen

Aufstellen von Flüssiggasflaschen

Beim Aufstellen von Flüssiggasflaschen ist zu unterscheiden zwischen:
- Flüssiggasflaschen mit einer Füllmasse ≤ 16 kg
- Flüssiggasflaschen mit einer Füllmasse > 16 kg

Flüssiggasflaschen mit einer Füllmasse ≤ 16 kg dürfen in Aufenthaltsräumen, ausgenommen Schlafräumen, aufgestellt werden. Je Wohnung dürfen höchstens zwei Flaschen, einschließlich entleerter, je Raum nur eine Flasche vorhanden sein. In gewerblichen Räumen können auch mehr Flaschen aufgestellt werden, wenn diese nur unter Aufsicht betrieben werden.

Flüssiggasflaschen dürfen **nicht** aufgestellt werden:
- in Räumen unter Erdgleiche
- an Rettungswegen wie Treppenräume, Flure, Durchfahrten

Flüssiggasflaschen mit einer Füllmasse ≤ 16 kg dürfen maximal auf 40 °C erwärmt werden. Deshalb sind sie zu Wärmequellen im ausreichenden Abstand aufzustellen, → 1. Gasgeräte die zur Aufnahme der Flüssiggasflasche geeignet sind, müssen eine übermäßige Erwärmung der Flasche bei Gerätebetrieb konstruktiv verhindern. Bei Aufstellung einer Gebrauchs- oder einer Vorratsflasche in einem Schrank muss der Schrank Lüftungsöffnungen von 1/100 seiner Bodenfläche, mindestens aber 100 cm² freien Querschnitt haben.

Flüssiggasflaschen mit einer Füllmasse > 16 kg sind nur im Freien oder in besonderen Räumen aufzustellen. Für Mehrflaschenanlagen gilt Schutzzone 2, → 3. Werden Flüssiggasflaschen mit einer Füllmasse > 16 kg in Räumen aufgestellt, sind zu beachten, → 2:
- Aufstellraum nur von außen zugänglich
- Türen nach außen aufschlagend
- Decken und Wände feuerbeständig
- ohne Türen und Fenster in andere Räume
- Fußboden nicht brennbar
- Aufstellraum muss belüftet werden
- kein offenes Feuer zulässig
- Schutzzonen:
  - Bei Lagerung von mehr als einer Flasche im Freien: Zone 2 EX-RL
  - Bei Lagerung im Flaschenschrank: Zone 1 EX-RL im Schrank, Zone 2 außerhalb im Radius von 0,5 m
- um die Be- und Entlüftlüftungsöffnungen muss außerhalb des Aufstellraumes kein Schutzbereich eingehalten werden
- unmittelbar neben diesen Öffnungen dürfen sich keine Schächte oder Gebäudeöffnungen befinden

Wärmestrahlungsquelle	Mindestabstände in cm	
	ohne Strahlungsschutz	mit Strahlungsschutz
Gasherde	30	10
Heizkörper	50	10
Heizgeräte, Feuerstätten	70	30

1 Mindestabstände von Flüssiggasflaschen zu Wärmequellen

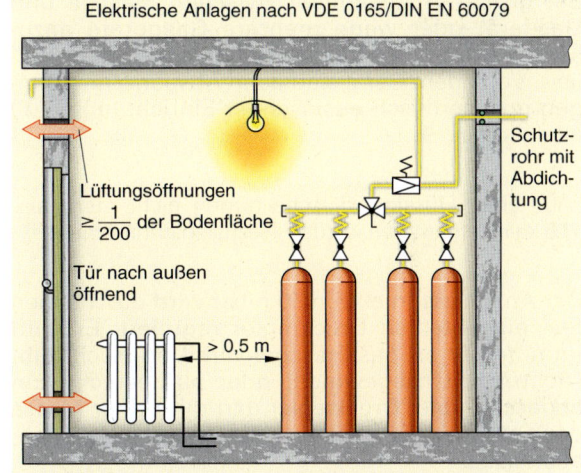

2 Aufstellraum für Flüssiggasflaschen mit Füllmasse > 16 kg

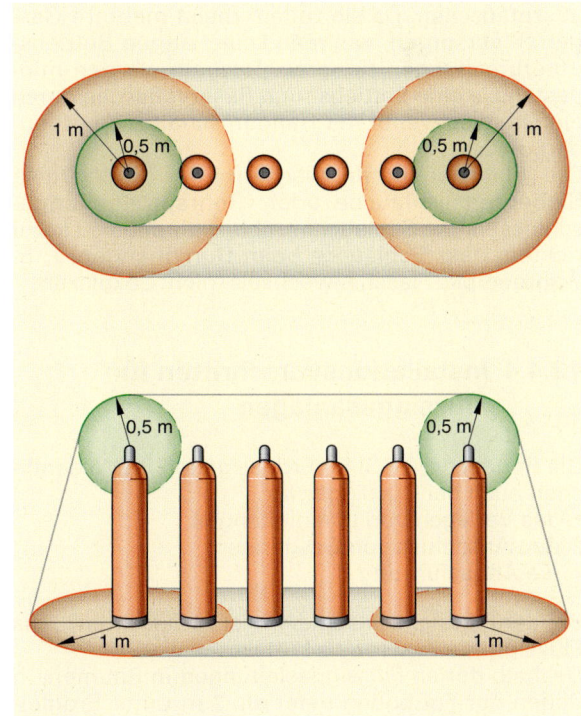

3 Explosionsgefährdeter Bereich (Zone 2) für Mehrflaschenanlagen im Freien

12

Anschluss von Flüssiggasflaschen

Auch beim Anschluss von Flüssiggasflaschen muss unterschieden werden zwischen:
- Flüssiggasflaschen mit einer Füllmasse ≤ 16 kg
- Flüssiggasflaschen mit einer Füllmasse > 16 kg

Flüssiggasflaschen mit einer Füllmasse ≤ **16 kg** verbindet man in der Regel über Sicherheitsgasschläuche, Druckklasse 30 (Ruhedruck ≤ 30 bar) mit maximal 400 mm Länge mit dem Gasgerät.
Bei größeren Abständen zwischen Flasche und Gasgerät oder wenn mehrere Gasgeräte anzuschließen sind, werden Rohrleitungen fest installiert. Vor jedem Gerät sind dann Absperreinrichtungen mit thermisch auslösender Einrichtung (TAE) einzubauen, ➔ 1.

Aus einer Flüssiggasflasche dürfen nicht mehr als 1,5 kg/h entnommen werden (Höchstentnahmemenge).

Der Anschlussdruck von 50 mbar wird durch einen fest eingestellten Druckregler reguliert. Er wird unmittelbar an das Flaschenventil angeschraubt (Achtung! Linksgewinde) oder aufgesteckt. Ein abgeschraubter Druckregler darf mit seiner Masse den Schlauch nicht abknicken, z. B. beim Flaschenaustausch.

Flüssiggasflaschen mit einer Füllmasse > **16 kg** sind, von ihrer Masse her, nicht von jedermann auszutauschen. Da sie zudem meist mehrere Gasgeräte versorgen, will man keine langen Betriebsunterbrechungen riskieren. Deshalb werden mindestens je eine Betriebs- und Reserveflasche durch ein Dreiwegeventil mit Handumschaltung verbunden, ➔ 2.
Die Flaschenventile werden über Hochdruck-Sicherheitsschläuche oder -Rohrspiralen angeschlossen. Die Schlauchanschlussnippel sind so zu richten, dass Schläuche beim Durchhängen, z. B. während des Flaschenwechsels, nicht abknicken.

12.4.4 Installationsvorschriften für Flüssiggasanlagen

Die Regeln der TRGI für Erdgas gelten im Wesentlichen auch bei Flüssiggas für
- das Verlegen von Innenleitungen
- den Anschluss von Gasgeräten
- die Abgasführung

Bei der Flüssiggasinstallation ist zu beachten, dass Flüssiggas schwerer als Luft ist.
Deshalb dürfen Flüssiggasleitungen in Räumen, in denen der Fußboden tiefer als 1 m unter Erdgleiche liegt, nicht mit Gewinden verbunden werden, ausgenommen solche zum Gasgeräteanschluss.

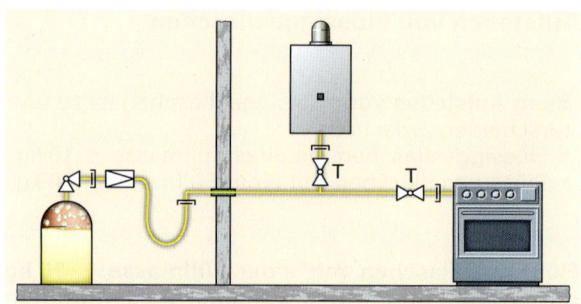

1 Innenanlage mit Flüssiggasflasche ≤ 16 kg Füllmasse

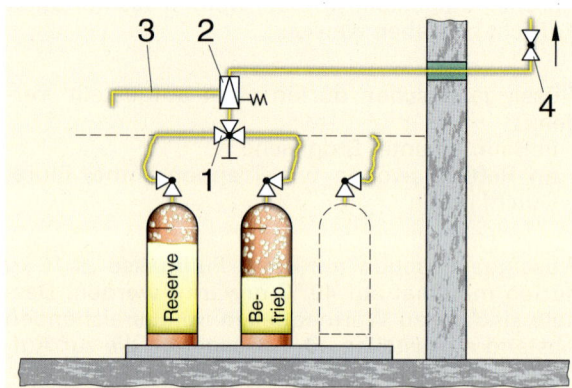

1 Umschaltventil (Hand- oder Automatikbetätigung)
2 Druckregler mit Sicherheitsventil
3 Ausblasleitung in Aufstellräumen oder bei Flaschenschränken
4 Hauptabsperreinrichtung

2 Außenanlage – Anschluss der Gasflaschen

Alle Leitungen sind brandsicher in Metalldübeln zu befestigen.

Bei Gasgeräten in Räumen unter Erdgleiche ist zur Absicherung eine Zündsicherung ausreichend.

Die Zündsicherung unterbricht beim Erlöschen der Flammen auch die Gaszufuhr zu einem eventuell vorhandenen Zündbrenner. Bei derartigen und nach der europäischen Gasgeräterichtlinie geprüften Geräten dürfte nach DVFG bei abgeschaltetem Gerät kein Gas austreten.

Kann dies trotzdem nicht ausgeschlossen werden, ist:
- vor dem Gasgerät ein Magnetventil einzubauen, das die Gaszufuhr beim Erlöschen der Brennerflamme während der Stillstandszeiten unterbricht
oder
- eine ständig wirksame Belüftungsanlage muss für einen mindestens 1,5-fachen Luftwechsel je Stunde sorgen; sicherheitshalber sollte das Magnetventil vor dem Raum auch die Gaszufuhr in den Aufstellraum bei Ausfall der Lüftungsanlage unterbrechen.

12.4.5 Prüfen von Flüssiggasleitungen

Flüssiggasleitungen müssen nach Fertigstellung geprüft werden.

Flüssiggasleitungen sind zu unterziehen:
- Festigkeitsprüfung
- Abnahmeprüfung
- Dichtheitsprüfung
- regelmäßig wiederkehrende Prüfung

Festigkeitsprüfung

Nach Fertigstellung werden die Flüssiggasleitungen einer Festigkeitsprüfung unterzogen. Bei der Festigkeitsprüfung wird nur die Rohrleitung geprüft. Gasgeräte, Gaszähler sowie Regel- und Sicherheitseinrichtungen sind von der Prüfung ausgenommen.

Die Festigkeitsprüfung wird durchgeführt mit:
- Luft oder inertem Gas
- Wasser

Bei **Luft oder inertem Gas** als Prüfmedium wird ein Prüfdruck aufgebracht, der dem 1,1-Fachen des zulässigen Betriebsdruckes entspricht – mindestens aber 1 bar.

Wird **Wasser** als Prüfmedium verwendet, muss der Prüfdruck dem 1,3-Fachen des zulässigen Betriebsdruckes betragen, und die Rohrleitung muss so verlegt sein, dass eine vollständige Entleerung möglich ist.

Die Rohrverbindungen der Leitung müssen zum Zeitpunkt der Festigkeitsprüfung frei zugänglich sein.

Das verwendete Manometer muss die Klasse 1 (±1 % Abweichung in der Anzeigegenauigkeit) entsprechen.

Nach Aufbringen des Prüfdruckes sind mindestens 10 Minuten für den Temperaturausgleich abzuwarten. Während der anschließenden Prüfdauer von mindestens 10 Minuten sind alle Rohrverbindungen auf Austritt des Prüfmediums zu untersuchen (z. B. mittels Schaum bildenden Mitteln).

Abnahmeprüfung

Die Abnahmeprüfung ist die Prüfung vor der Inbetriebnahme der Anlage. Sie beinhaltet die Überprüfung:
- der Dokumente hinsichtlich der Herstellung und Errichtung,
- der Festigkeitsprüfung
- ggf. des Korrosionsschutzes

Dichtheitsprüfung

Die Dichtheitsprüfung einer Flüssiggasleitung erfolgt unmittelbar vor der Inbetriebnahme. Diese ist wie die Dichtheitsprüfung einer Erdgasleitung auszuführen.

Gebrauchsfähigkeitsprüfungen sind an Flüssiggasleitungen unzulässig.

Regelmäßig wiederkehrende Prüfung

Regelmäßig wiederkehrend sind Flüssiggasleitungen auf Dichtheit und Betriebssicherheit zu überprüfen, →1. Die Überprüfung hat der Betreiber der Anlage zu veranlassen. Über das Ergebnis der Überprüfung ist ein schriftlicher Nachweis (Prüfprotokoll) zu führen.

Flüssiggasanlagenteil	Fachbetrieb/ TRF-Sachkundiger		befähigte Personen		Prüfungen durch zugelassene Überwachungsstelle		
	äußere Prüfung	Dichtheitsprüfung	äußere Prüfung	Funktionsprüfung	äußere Prüfung	innere Prüfung	Funktionsprüfung
Flüssiggasbehälter < 3 t oberirdisch und erdgedeckt mit besonderem Korrosionsschutz	–	–	2 J	–	–	10 J[1]	–[1]
KKS[3]-Anlage mit Fremdstrom KKS[3]-Anlage mit galv. Anoden	– –	– –	2 J 2 J	– –	4 J –	– –	– –
Flüssiggasflaschen (Aufstellung)	10 J	–	–	–	–	–	–
Rohrleitungen PS[4] ≤ 0,5 bar	10 J[2]	10 J[2]	–	–	–	–	–
Rohrleitungen PS[4] x DN ≤ 2000 bar PS[4] > 0,5 bar DN > 25 und Flüssigphase	–	–	2 J	10 J[2]	–	–	–
Rohrleitungen PS[4] x DN ≤ 2000 bar PS[4] > 0,5 bar	–	–	10 J[2]	10 J[2]	–	–	–
Rohrleitungen PS[4] x DN > 2000 bar PS[4] > 0,5 bar und DN > 25	–	–	–	–	5 J	–	5 J

[1] unter Einhaltung bestimmter Voraussetzungen
[2] nicht in der BetrSichV geregelt, sondern in der TRF
[3] KKS: kathodischer Korrosionsschutz
[4] PS: maximal zulässiger Druck

1 Wiederkehrende Prüfung von Flüssiggasanlagen in Jahren (J)

12

12.5 Inbetriebnahme von Erdgas- und Flüssiggasanlagen

Unter der Inbetriebnahme einer Gasanlage versteht man alle Arbeitsschritte, die nötig sind, um die Anlage dem Betreiber betriebsbereit zu übergeben.

Bevor in eine Gasanlage Brenngas eingelassen wird, muss sicher sein, dass alle Leitungsteile dicht sind.

Ist die neu verlegte, stillgelegte oder außer Betrieb gesetzte Gasleitung der erforderlichen Prüfung erfolgreich unterzogen worden (vgl. Kap. 12.3.5.5), erfolgt die Inbetriebnahme.

Wurde nicht unmittelbar vor dem Gaseinlassen eine Leitungsprüfung ausgeführt, muss durch Augenschein und eine Druckmessung mit $p \leq 50$ mbar festgestellt werden, dass kein Anschluss offen ist, s. Kap. 12.3.5.4. Unbenutzte Leitungsauslässe müssen mit metallenen Stopfen, Kappen, Blindflanschen o. Ä. gasdicht verschlossen und Gasgeräte müssen installiert sein.

> Absperreinrichtungen, ausgenommen Gassteckdosen, gelten nicht als sichere Verschlüsse.

Die vom einströmenden Gas verdrängte Luft ist über einen antistatischen Schlauch ins Freie zu leiten. Anschließend kontrolliert man die noch nicht geprüften Verbindungsstellen wie Gaszählerverschraubungen, Geräteanschluss-leitungen mit einem Gasspürgerät oder mit Prüfschaum. Nach dem Gaseinlassen ist an allen Gasgeräten die Geräteeinstellung (Nennbelastung, Nennleistung) zu überprüfen.

Bei B_1- und B_4-Geräten[1] sind noch zu kontrollieren:
- ob an der Strömungssicherung, bei geschlossenen Fenstern und Türen, 5 Minuten nach Inbetriebnahme keine Abgase austreten (Abgastester, Taupunktspiegelkontrolle), bzw. ob die Abgase einwandfrei abziehen
- ob die Abgasüberwachungseinrichtung bei Stau anspricht (Abgasrohrstutzen kurz verschließen)
- eventuell nötige Verbrennungsluftöffnungen

Unmittelbar nach der Inbetriebnahme wird die Gasanlage dem Betreiber übergeben. Bei der Übergabe einer Gasanlage an den Betreiber (d. h. an den, der die Anlage gebrauchen will, z. B. der Eigentümer oder der Mieter), muss die Anlage erklärt werden, z. B. Absperreinrichtungen, Funktion der Gasgeräte.

Alle für einen Betrieb nötigen Betriebs- und Wartungsanleitungen der installierten Geräte sind dem Betreiber auszuhändigen. Es ist hinzuweisen, dass Gasgeräte regelmäßig zu warten und Gasleitungen in gewissen Zeitabständen zu kontrollieren sind.

Der Kunde muss erfahren,
- wie Gasgeräte sicher betrieben werden
- dass er Verbrennungsluftöffnungen freihalten muss
- woran er Korrosionsschäden an Leitungen erkennt
- dass Gasleitungen keine Regalträger sind

Ein detailliertes Abnahmeprotokoll, das die Prüfung der Gasleitung mit Prüfergebnis und die erfolgte Einweisung des Betreibers dokumentiert, wird von Betreiber und VIU unterschrieben. VIU und Betreiber bekommen hiervon je ein Exemplar, ➔ 1. Zusätzlich muss die Dokumentation der Lage verdeckt verlegter Gasleitungen übergeben werden.

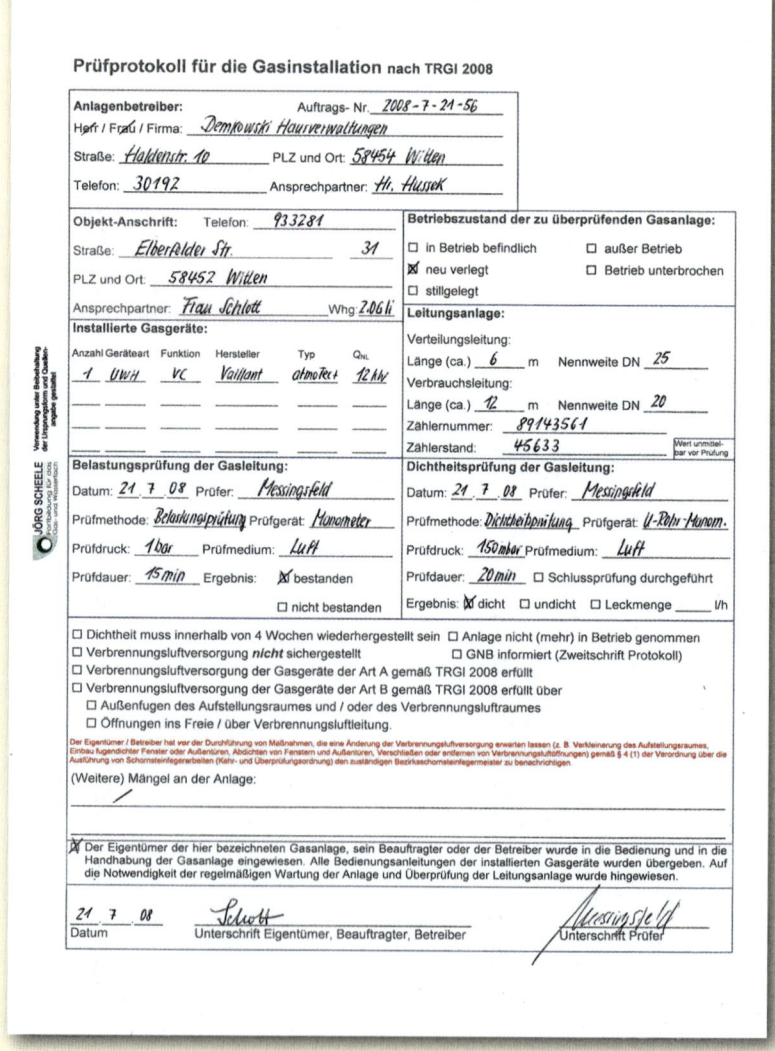

1 Abnahmeprotokoll für eine Gasleitung

---

[1] B_1- und B_4-Geräte: vgl. letzte Umschlaginnenseite

12.6 Unfallverhütung bei Arbeiten an Gasleitungen

Die Mitarbeiter eines Installationsbetriebes sind bei der Bau-Berufsgenossenschaft pflichtgemäß unfallversichert.

Die Berufsgenossenschaft erlässt Berufsgenossenschaftliche Regeln (BGR), die einzuhalten sind.

> An Gasleitungen dürfen nur fachlich geeignete zuverlässige Personen arbeiten, die in den Berufsgenossenschaftlichen Regeln unterwiesen sind.

Bevor an Gasleitungen gearbeitet wird,
* sind diese abzusperren und drucklos zu machen; geschlossene Armaturen sind gegen versehentliches Öffnen zu sichern, z. B. mit einer Gashahnsicherung, ➜ 1
* muss der gesamte Arbeitsbereich durch Öffnen der Fenster und Türen gut durchlüftet werden (Querlüftung)
* müssen offene Flammen gelöscht sein
* sind elektrische Einrichtungen, die eine Zündquelle darstellen, außer Betrieb zu setzen

Beim Ein- und Ausschalten entstehen Funken, die Gas-Luft-Gemische zünden können.

Deshalb sind bei Arbeiten an Gasleitungen abzuschalten oder außer Betrieb zu setzen:
* elektrische Schalter (Türklingel nicht vergessen!)
* elektrische Geräte (z. B. Kühlschrank, Kühltruhe und Werkzeuge, wie Trennschleifer, Bohrmaschinen, Pressgeräte, Sägen)
* Telefon- und Faxgeräte
* Funkrufgeräte
* Handys

Bestehende Erdgasleitungen sind mit Inertgas z. B. Stickstoff zu spülen, wenn:
* sie mit einer elektrischen Säge oder einem Trennschleifer getrennt werden
* an ihnen geschweißt oder gelötet wird

> Bei Arbeiten an Flüssiggasleitungen muss generell vorher mit Inertgas gespült werden.

Zum Schutz gegen elektrische Berührungsspannung und Funkenbildung sind Trennstellen vor dem Trennen mit einem Kupferkabel > 16 mm² Querschnitt und maximal 3 m lang zu überbrücken, ➜ 2.

Beim Verlassen der Arbeitsstelle, auch bei Arbeitsunterbrechungen, z. B. Mittagspause, sind alle Leitungsauslässe mit metallenen Stopfen, Kappen, Blindflanschen o. Ä. dicht zu verschließen. Absperreinrichtungen gelten nicht als sicherer Verschluss, auch nicht, wenn sie wie ➜ 1 gesichert sind. Sie können undicht sein. Ohne Sicherung könnten sie zudem von Unbekannten geöffnet werden.

1 Gashahnsicherung

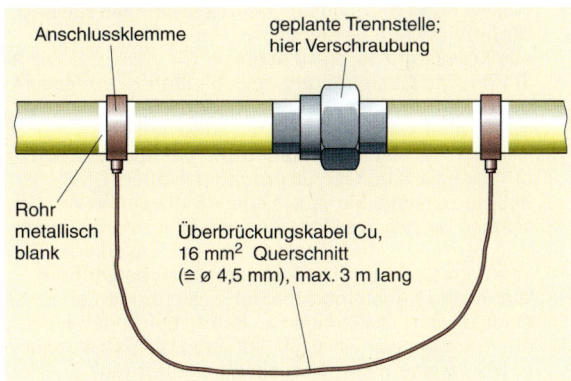

2 Elektrisch leitende Überbrückung an Trennstellen

Beim Wiedereinlassen von Brenngas darf die Gasleitung nur über antistatische Schläuche ins Freie entlüftet werden.

Bei **Gasgeruch**
* dürfen keine elektrischen Kontakte wie Lichtschalter, Klingel, Türöffner, Telefon betätigt werden,
* ist in jedem Fall offenes Feuer zu vermeiden (nicht rauchen),
* dürfen nur explosionsgeschützte Taschenlampen verwendet werden,
* sind vor Ort zunächst die Räume durch Öffnen von Fenster und Türen durchzulüften und die HAE zu schließen,
* aus dem Keller darf der Keller nicht betreten werden; er ist zu durchlüften, evtl. auch durch Einschlagen von Kellerfenstern; gleichzeitig ist der NB zu verständigen,
* aus den Räumen, die nicht ohne weiteres zugänglich sind, sind Polizei und NB zu verständigen

> Der Installateur muss einer Gasgeruchsmeldung sofort nachgehen. Ist ihm das nicht möglich, muss er den NB umgehend informieren.

12

Wenn nach Lüften der Gasgeruch verschwunden ist, kann die HAE wieder geöffnet werden.

Auch wenn festgestellt werden sollte, dass die Leitung unbeschränkt gebrauchsfähig sei, muss sie repariert werden.

Nach Gasgeruch ist eine Leitung immer mit Gasspürgeräten oder mit Prüfschaum systematisch auf undichte Stellen zu untersuchen und zu reparieren und danach muss die Leitung dicht sein.

Übersteigt im Rahmen der regelmäßigen Leitungsprüfung die festgestellte Leckrate nicht die Grenze von 5 l/h, kann die Gasleitung – durch besonders geschulte Personen – mit einem Innenabdichtungsverfahren nach DVGW-Arbeitsblatt G 624 instand gesetzt werden.

Mit Innenabdichtungsverfahren können Gewinde abgedichtet, jedoch keine Korrosionsschäden beseitigt werden.

Übungen:

1. Unterscheiden Sie NB und VIU.
2. Was gehört zu einer Gasanlage?
3. a) Was bedeutet die Abkürzung „TRGI"?
   b) Wofür gelten die „TRGI"?
4. Welche Bauteile gehören zu einem Gas-Hausanschluss?
5. Wodurch unterscheiden sich laut TRGI Abzweigleitung und Geräteanschlussleitung?
6. Wie sind Gasleitungen richtig ins Erdreich zu legen?
7. Welche Rohrarten sind für Gas-Innenleitungen zulässig?
8. Worauf ist beim Verlegen von Gas-Innenleitungen aus Kunststoffrohren zu achten?
9. a) Wie sind Gasleitungen in Gebäuden zu verlegen?
   b) Wo dürfen sie nicht verlegt werden?
   c) Wie sind sie in Hohlräumen zu verlegen?
10. Wie schützt man Gasanlagen vor Manipulationen?
11. a) Was bewirken Gas-Strömungswächter (GS)?
    b) Unterscheiden Sie verschiedene Einbauarten von GS.
12. Nennen Sie passive Manipulations-Schutzmaßnahmen.
13. Wie vermeidet man Explosionen bei Gasanlagen?
14. Wie sind Gasleitungen fachgerecht zu befestigen?
15. Wann sind Kunststoffdübel für Gasleitungen erlaubt?
16. Wann dürfen Gasleitungen an Balken befestigt werden?
17. a) Wozu dient eine Belastungsprüfung bei Gasleitungen?
    b) Mit welchem Druck ist sie durchzuführen?
18. Dürfen Gaszähler in die Dichtheitsprüfung einbezogen werden?
19. Was tun Sie, wenn Gasgeruch aus dem Keller kommt?
20. Bei einem U-Rohr-Manometer endet die Wassersäule bei 985 mm. Welchem Druck in mbar entspricht dies?

21. a) Gasprüfpumpen haben zwei Messinstrumente; warum?
    b) Nennen Sie deren Messbereich.
22. a) Wozu dient die Dichtheitsprüfung einer Gasleitung?
    b) Wann ist sie nötig?
23. Warum ist bei der Dichtheitsprüfung einer Gasleitung eine Anpassungszeit nötig?
24. a) Wie heißt die Dichtheitsprüfung für Mitteldruckleitungen?
    b) Welcher Prüfdruck ist dabei anzulegen?
25. Worüber kann die Gebrauchfähigkeitsprüfung bei Gasleitungen Aufschluss geben?
26. Für eine Gasleitung wird eine Leckrate von 2,8 l/h ermittelt. Welche Maßnahmen sind zu ergreifen?
27. a) Wie lange gilt eine Gasleitung als „neu verlegt"?
    b) Was ist zu tun, bevor sie in Betrieb genommen wird?
28. a) Wodurch unterscheidet sich eine „außer Betrieb gesetzte" von einer „stillgelegten" Gasleitung?
    b) Wie ist zu verfahren bevor sie wieder betrieben werden?
29. Welche Sicherheitsmaßnahmen müssen Sie ergreifen, bevor eine Gasleitung getrennt wird?
30. a) Warum sind Gasleitungsauslässe bei Arbeitsunterbrechungen sicher zu verschließen?
    b) Wie kann man Gasleitungen sicher verschließen?
31. Es riecht nach Gas. Nennen Sie Zündquellen, die ein Gas-Luft-Gemisch entzünden könnten.
32. Nennen Sie Möglichkeiten des Lagerns von Flüssiggas
    a) außerhalb von Gebäuden – b) innerhalb.
33. Beschreiben Sie die Schutzzonen bei Flüssiggastanks.

12.7 Armaturen in Gasanlagen

12.7.1 Forderungen zum Brandschutz bei Gasarmaturen

Der Brandschutz für Sanitäranlagen ist in Kap. 3.4 grundsätzlich beschrieben.

Gasleitungen sind so zu erstellen, dass es im Brandfall zu keiner Explosion kommt.

Deshalb sind in Leitungen einzubauen:
• hochtemperaturbeständige Gasarmaturen (HTB)
• Gasarmaturen mit thermisch auslösender Absperreinrichtung (TAE)

Gasarmaturen in hochtemperaturbeständiger Ausführung müssen einer Temperatur von 650 °C über einen Zeitraum von 30 Minuten widerstehen. Dabei ist ein gewisser Gasaustritt (Leckrate) zulässig. Der Gasdurchfluss wird nicht unterbrochen.

Bei Temperaturen > 650 °C dürfen die HTB-Armaturen versagen, da die Erdgas-Zündtemperatur dann

erreicht ist, und man einen „kontrollierten Abbrand" des austretenden Gases annimmt.

Hochtemperaturbeständige Ausführung (HTB) ist gefordert für:
• Hauptabsperreinrichtungen
• Isolierstücke
• Gaszähler
• Gasmangelsicherungen
• Niederdruck-Gasdruckregler

Thermisch auslösende Absperreinrichtungen (TAE) sperren bei einer Temperatur von 100 °C (±5 K) die Gaszufuhr ab. TAE müssen dabei mindestens so temperaturbeständig sein wie HTB-Armaturen. Da 650 °C im Brandfall schnell erreicht sind (< 10 min), ist der Einsatz von thermisch auslösenden Absperreinrichtungen empfehlenswert, die 925 °C über einen Zeitraum von 60 Minuten widerstehen.

TAE müssen unmittelbar vor Gasgeräten eingebaut werden. Nicht hochtemperaturbeständige Mitteldruck-Gasregler werden durch eine TAE gesichert.

12.7.2 Aufgaben der Armaturen in Gas- anlagen

Armaturen in Gasanlagen dienen als Absperr-, An- schluss-, Regel-, Mess- und Sicherheitseinrichtung. Sie müssen ein DVGW-Zertifizierungszeichen oder das CE-Kennzeichen tragen, ➜ 1 und 2.

Zu den Armaturen in Gasanlagen zählen:
- Gasgeräteanschluss- und Gasabsperrarmaturen
- Isolierstücke
- Gas-Strömungswächter
- Gasdruckregler
- Gasmangelsicherungen
- Gasfilter
- Gasdichtheitswächter
- Sicherheitsabsperr- und Sicherheitsabblaseventile
- Gaszähler

12.7.3 Gasgeräteanschluss- und Gasabsperrarmaturen

Gasgeräteanschlussarmaturen ermöglichen das Ab- sperren der Gaszufuhr zu einem Gasgerät, z. B. bei Reparaturen oder Wartungsarbeiten. Im Brandfall sperrt die integrierte TAE die Gaszufuhr automa- tisch ab.

Eine Gasgeräteanschlussarmatur ist vor jedem Gasgerät einzubauen.

Mit **Gasabsperrarmaturen** unterbricht man in Gas- anlagen die Gaszufuhr zu Leitungsteilen, z. B. bei Reparaturen oder wenn Gefahr droht.

Eine Gasabsperrarmatur ist einzubauen:
- in der Hausanschlussleitung vor Einführung in das Gebäude, ausgenommen Wohngebäude mit geringer Höhe bei einem Hausanschluss-Betriebs- druck $p \leq 1$ bar
- an der Hauseinführung als Hauptabsperreinrichtung
- am Ein- oder Austritt von Gasleitungen bei Ge- bäuden
- vor jedem Gaszähler; in die Absperrarmatur kann ein Gas-Strömungswächter und/oder eine thermisch auslösende Absperreinrichtung integriert sein
- vor und hinter der Rohrdurchführung durch Brand- schutzwände

Nach Konstruktion und Verwendung unterschei- det man Gasabsperrarmaturen in, vgl. Kap. 6.2:
- Schieber
- Ventil
- Hahn
- Sicherheits-Gasanschlussarmatur

Schieber werden in Leitungen großer Nennweite und/oder hohem Betriebsdruck eingesetzt.

Ventile werden verwendet für Betriebsdrücke $p \leq 4$ bar:
- in Erdgasmitteldruck- oder -hochdruckleitungen
- in Flüssiggasanlagen
- als Schnellschluss-, Membran- oder Motorventil in Armaturenkombinationen, sogenannten Gas- straßen von Heizkesseln

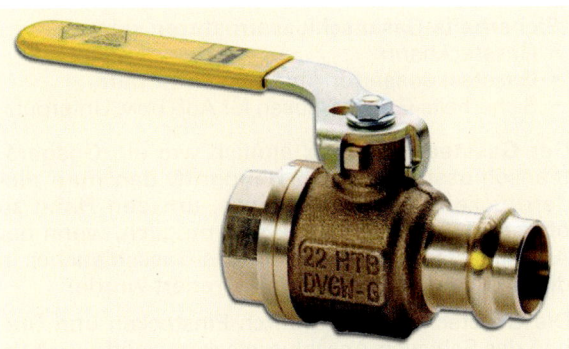

1 Gas-Durchgangs-Kugelhahn mit Gewinde- und Pressanschluss

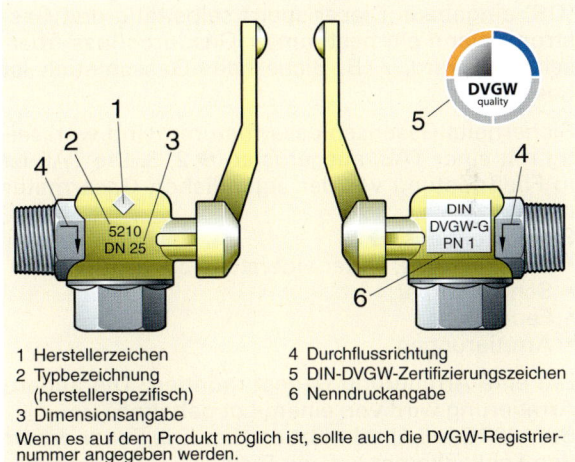

1 Herstellerzeichen
2 Typbezeichnung
  (herstellerspezifisch)
3 Dimensionsangabe
4 Durchflussrichtung
5 DIN-DVGW-Zertifizierungszeichen
6 Nenndruckangabe

Wenn es auf dem Produkt möglich ist, sollte auch die DVGW-Registrier- nummer angegeben werden.

2 Gas-Eck-Kugelhahn mit Innen- und Außengewinde

Hähne gibt es als:
- Kugelhahn
- Geräteanschlusshahn (mit Verschraubung)

Kugelhähne gibt es für Nenndruck PN 1 in:
- Durchgangsform ➜ 1
- Eckform, ➜ 2

Kugelhähne für Gas (meist gekennzeichnet durch gelben Griff) dichten elastisch mit einer durchbohr- ten, hochglanzpolierten Edelstahlkugel gegen eine NBR-Dichtung (Nitrilbutylkautschuk) ab.
Sie dürfen nicht verwechselt werden mit Kugelhäh- nen für Wasser (meist grüner Griff); deren EPDM- Dichtung ist nicht gasbeständig.

Gasgeräteanschlusshähne sind Kugelhähne mit Verschraubung. Sie sind mit einer „Kindersiche- rung" ausgestattet; das bedeutet: Sie lassen sich nur öffnen, wenn der Handgriff niedergedrückt und gleichzeitig gedreht wird.

Sicherheits-Gasanschlussarmaturen ermöglichen den lösbaren Anschluss eines Gasgerätes über ei- nen Sicherheits-Gasschlauch, ➜ 382.2.
Lösbare Anschlüsse ermöglichen auch Laien, den Gasanschluss zu lösen und wiederherzustellen.

Sicherheits-Gasanschlussarmaturen sind:
• Gassteckhahn
• Gassteckdosen für Auf- bzw. Unterputz
• Sicherheits-Gassteckdosen für Auf- bzw. Unterputz

Der **Gassteckhahn** hat, ähnlich wie ein Gasgeräteanschlusshahn, einen Handgriff, den man niederdrücken und drehen muss, um den Hahn zu öffnen, ➔ 1a. Dies ist aber erst möglich, wenn der Anschlussstecker des Sicherheits-Gasschlauches in die Armatur eingesteckt und arretiert wurde.

Die Gassteckdose wird durch Einstecken und Drehen des Schlauch-Anschlusssteckers geöffnet, ➔ 1b.

In **Sicherheits-Gassteckdose**n ist zusätzlich zur TAE in der Armatur noch ein Gas-Strömungswächter (GS) eingebaut. Dieser sperrt selbsttätig den Gasstrom, wenn ein bestimmter Gasdurchfluss überschritten wird, z. B. Sicherheits-Gasschlauch ist beschädigt.

Sicherheits-Gasanschlussarmaturen sind werkseitig mit einer TAE, ausgerüstet, ➔ 2, 3. Die TAE ist in Fließrichtung vor der eigentlichen Gasarmatur montiert.
Sie besteht aus, ➔ 2:
• Stahlgehäuse; Feuerwiderstand ca. 60 min
• Schließkörper
• Feder
• Arretierungen

Die eine Arretierung ist fest montiert. Die andere Arretierung wird von einem Lot gehalten.
Bei 100 °C (± 5 K) schmilzt das Lot. Die Feder drückt den Schließkörper auf den Dichtsitz. Der Gasdurchfluss ist abgesperrt.

Ein Gasgerät an einer Sicherheits-Gasanschlussarmatur und Sicherheits-Gasschlauch bleibt beweglich, ➔ 1. So kann z. B. ein Gasherd zum Reinigen von seinem Stand weggerückt werden oder ein mobiler Gasgrill oder Terrassenstrahler ist zu nutzen.

Beim Abziehen des Steckers schließt die Gassteckdose automatisch, sodass selbst Manipulationen ausgeschlossen sind. Zu Sicherheits-Gasanschlussarmaturen gibt es Sicherheits-Gassteckschläuche. Zur nachträglichen Absicherung von Gasarmaturen können vor diesen auch TAE als Einzelbauteile geschraubt werden, z. B. bei einer HAE, bei GS für Kunststoff-Gasleitungen, ➔ 3.

Sicherheits-Gasschläuche

Ein Sicherheits-Gasschlauch (**SG-Schlauch**) ist eine „biegsame Geräteanschlussleitung", die eine Sicherheits-Gasanschlussarmatur mit einem Gasgerät verbindet.

Arten von SG-Schläuchen aus Edelstahl:
• Typ GA 6xx, DIN 3383 (SG-Schlauch „M")
• Typ GA 7xx, DIN EN 14800, ➔ 383.1b und 383.1c

SG-Schlauchleitungen **Typ GA 6xx** sind zweischichtig:
• innen: gasdichter Edelstahl-Wellschlauch
• außen: robuster Agraff-Schutzschlauch (ineinander gehakte gefalzte Edelstahl-Profile, ➔ 383.1a)

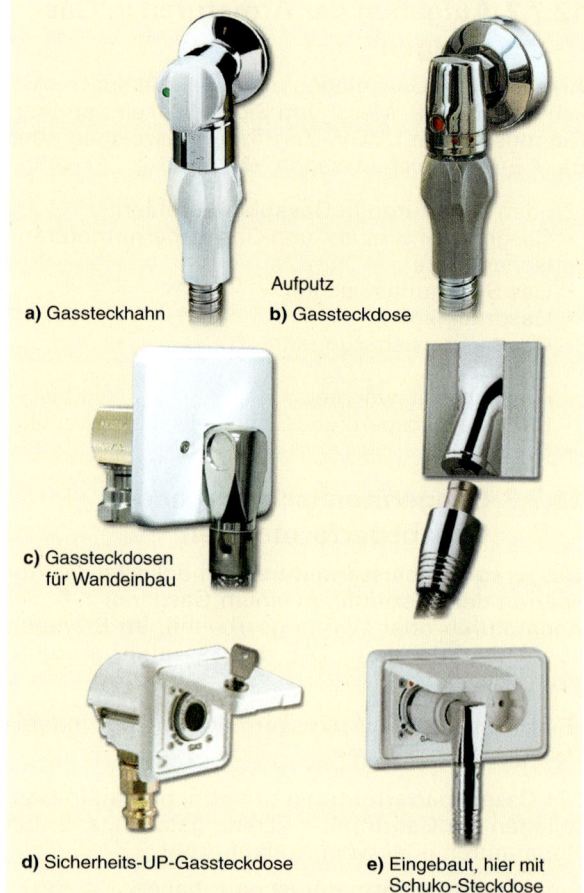

a) Gassteckhahn   Aufputz   **b)** Gassteckdose

c) Gassteckdosen für Wandeinbau

d) Sicherheits-UP-Gassteckdose   **e)** Eingebaut, hier mit Schuko-Steckdose

1 Sicherheits-Gasanschlussarmaturen mit Sicherheits-Gasschlauch

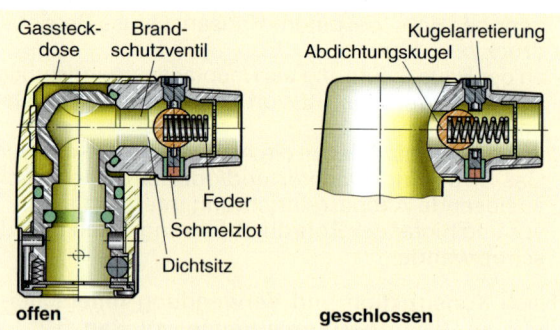

Gassteckdose   Brandschutzventil   Kugelarretierung   Abdichtungskugel   Feder   Schmelzlot   Dichtsitz

offen   **geschlossen**

2 Gassteckdose mit TAE - ohne GS

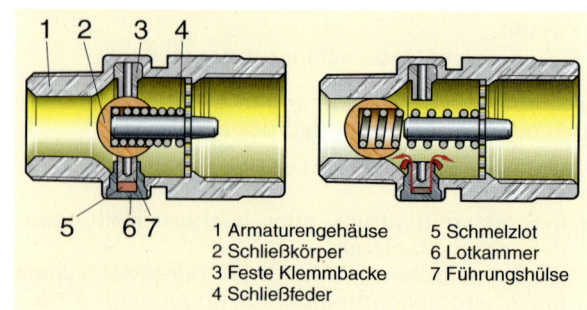

1 Armaturengehäuse   5 Schmelzlot
2 Schließkörper   6 Lotkammer
3 Feste Klemmbacke   7 Führungshülse
4 Schließfeder

3 Thermisch auslösende Absperreinrichtung

12

Dieser begrenzt den Biegeradius auf 100 mm (kein Überbiegen des gasführenden Innenschlauches). Er schützt vor mechanischer Beschädigung, Schmutz und unzulässiger Zugbeanspruchung; auf Wunsch gibt es zusätzlich einen äußeren PVC-Schutzschlauch.

GA 6xx-Schläuche sind zugelassen vom DVGW, auch für Freiluftanlagen, siehe „F" auf der Sechskantmuffe.
Nennlängen: 500 mm bis 2000 mm, 20 mm gestuft.

DIN EN 14 800 ersetzt die unterschiedlichen Ländernormen in Europa. Sie bringt einen einheitlichen hohen Sicherheitsstandard für SG-Schläuche der Typen GA 7xx zum Anschluss von Haushaltsgeräten, z. B. Gasherde, Terrassenheizstrahler und -grills an Sicherheitsgassteckdosen nach DIN 3383-1.

SG-Schlauchleitungen **Typ GA 7xx** sind dreischichtig:
• innen: gasdichter Edelstahl-Wellschlauch
• außen: hochflexibles Edelstahl-Geflecht, erlaubt Biegeradien $\geq$ 40 mm; es schützt vor mechanischer Beschädigung und unzulässiger Zugbeanspruchung
• PVC-Überzug, schützt das metallische Innenleben des Schlauches zuverlässig, denn er ist durch Endhülsen aus Edelstahl rutschfest und dicht gegen Feuchtigkeit auf den Anschlussarmaturen verpresst; er ist leicht zu reinigen und schützt vor Verschmutzung und aggressiven Haushaltsreinigern

An den Schlauchenden dienen für den flexiblen Anschluss an Gasgeräten als Anschlüsse
• zum Gasgerät eine Sechskantmuffe, Rohrgewinde Rp $^1/_2$ und zur Gassteckdose bzw. zum Gassteckhahn ein Anschluss-Drehstecker aus Edelstahl/Kunststoff nach DIN 3383, Betriebsdruck: p_{max} = 100 mbar, ➜ 1b,
• zur UP-Gassteckdose ein Sicherheits-Winkelstecker, ➜ 382.1c/d
• zum Geräteanschlusshahn eine Verschraubung

Diese neue Baureihe ist kompatibel zu den bewährten Sicherheits-Gassteckdosen nach DIN 3383. Der Anschluss an die Gassteckdose erfolgt wie gewohnt durch Einstecken und Drehen des am Schlauch angebrachten Schaltgriffs.

Korrosionsbeständige **Wellschläuche** nach DIN 3384 aus Edelstahl 1.4404 eignen sich für den festen Anschluss, z. B. von Gaszählern, Heizkesseln, Gasbrennern an Industrieöfen, von Hausanschlüssen in unsicherem Erdreich. Sie erleichtern diese Anschlüsse besonders auf engem Raum, übertragen keine Erschütterungen und gleichen Längenänderungen von Leitungen aus.

Es gibt diese flexiblen Edelstahl-Wellschläuche mit verschiedenen Anschlüssen, z. B. mit Messing-Überwurfmuttern und Flachdichtung, ➜ 2
• einwandig, in Fixlängen oder vom Ring abläng-bar
• doppelwandig mit Edelstahlschutzgeflecht

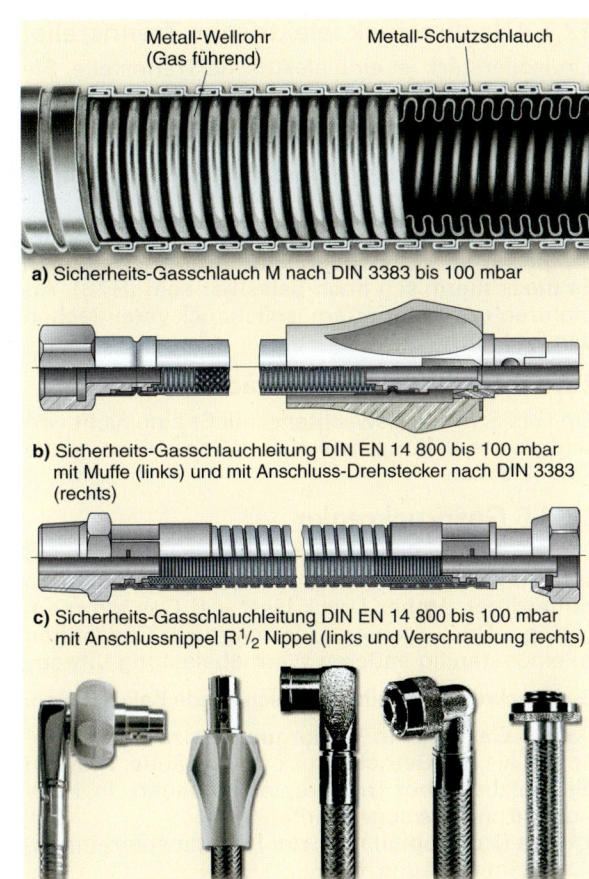

a) Sicherheits-Gasschlauch M nach DIN 3383 bis 100 mbar

b) Sicherheits-Gasschlauchleitung DIN EN 14 800 bis 100 mbar mit Muffe (links) und mit Anschluss-Drehstecker nach DIN 3383 (rechts)

c) Sicherheits-Gasschlauchleitung DIN EN 14 800 bis 100 mbar mit Anschlussnippel R $^1/_2$ Nippel (links und Verschraubung rechts)

d) Gas-Anschlussstecker bzw. -Verschraubungen nach DIN 3383 an Gas-Schläuchen nach DIN 3383 (Winkelstecker) bzw. nach DIN EN 14 800

1 Sicherheits-Gasschläuche

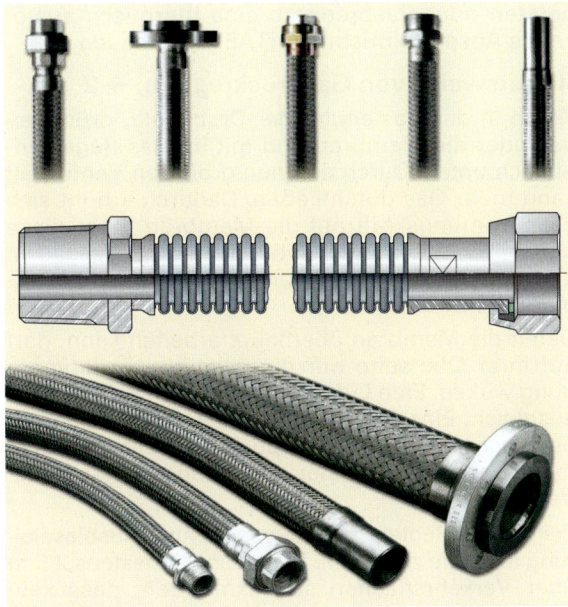

2 Gasschläuche aus Edelstahlwellrohr einwandig (oben) und mit Schutzgeflecht (unten) mit verschiedenen Anschlüssen

12.7.4 Isolierstück (elektrische Trennstelle)

Ein Isolierstück ist eine elektrische Trennstelle. Sie unterbricht die metallische Verbindung in Armaturen oder Leitungen aus Metall und verhindert so, dass Fehlerströme aus Gebäuden auf das Versorgungsnetz übertragen werden – und umgekehrt, → 1 (Nr. 5).

Das Isolierstück wird dicht vor oder nach der HAE, möglichst an der Gebäudeeinführung, eingebaut. Es muss thermisch hoch belastbar sein (HTB). Armaturen mit integriertem Isolierstück vereinfachen den Einbau.

12.7.5 Gas-Strömungswächter

Ein Gas-Strömungswächter schließt eine nicht verschlossene Leitung, wenn dort Gas strömt, siehe Kap 12.3.4.4.

12.7.6 Gasdruckregler

Ein Gasdruckregler mindert zu hohen Vordruck und sorgt bei Druckschwankungen für gleichmäßigen Hinterdruck. Hoher Druck lässt viel Gas strömen, geringer Druck weniger. Dies würde in Gasgeräten zu einer ständig anderen Wärmebelastung führen.

Gasdruckregler verhindern wechselnde Belastungen.

Da der Gasdruck in Versorgungsnetzen meist höher ist als der Betriebsdruck im Gebäude, müssen die Netzbetreiber Druckregler einbauen, in HTB-Ausführung, als sogenannte:
• Haus-Druckregler: nach der Hauptabsperreinrichtung im Gebäude, oder
• Zähler-Druckregler: vor jedem Gaszähler

Geräte- und Brennerhersteller bauen Druckregler ein:
• in die Gasarmatur von Gasgeräten
• in Armaturengruppen (Gasstraßen) vor Gaskesseln

Eine HTB-Ausführung erübrigt sich hier, da vor Gasgeräten oder Gasbrennern eine thermisch auslösende Absperreinrichtung (TAE) einzubauen ist.

Arbeitsweise von Gasdruckreglern, → 2

Wenn in der Gasleitung der Druck fällt, drückt eine Feder die Membran und mit ihr das Regelventil nach unten. Durch den nun größeren Ventilspalt kann mehr Gas durchfließen. Dadurch erhöht sich die Strömungskraft auf die Membran, hebt diese und mit ihr das Regelventil wieder an. Dieses Hin und Her dauert so lange, bis ein konstanter (gleichmäßiger) Gasstrom fließt.

Damit die Membran überhaupt arbeiten kann, darf auf ihrer Oberseite nur die gewählte Federspannung wirken. Eine Lüftungsöffnung sorgt für Druckausgleich. Eine Sicherheitsmembran bewirkt, dass bei einer gerissenen oder porösen Membran nicht mehr Gas als 30 l/h über die Lüftungsöffnung austreten.

Bei großen Reglern ist eine sogenannte **Ausblaseleitung** ins Freie zu führen. Sie muss mindestens 2,5 m über Verkehrsflächen so ausmünden, dass kein Niederschlagswasser und kein Schmutz eindringen kann. Dazu ist das Rohrende nach unten zu biegen.

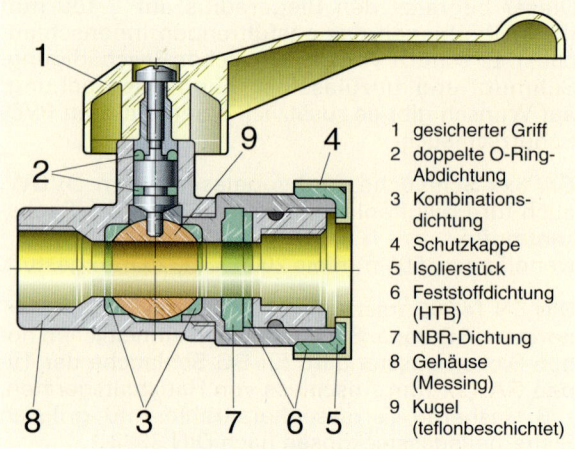

1 gesicherter Griff
2 doppelte O-Ring-Abdichtung
3 Kombinationsdichtung
4 Schutzkappe
5 Isolierstück
6 Feststoffdichtung (HTB)
7 NBR-Dichtung
8 Gehäuse (Messing)
9 Kugel (teflonbeschichtet)

1 Kugelhahn mit eingebauter elektrischer Trennstelle

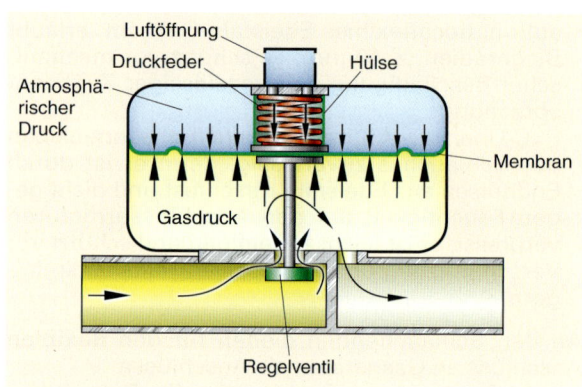

2 Gasdruckregler

12.7.7 Gasmangelsicherung

Eine Gas(mangel)sicherung - beide Namen sind üblich - ist dem Strömungswächter ähnlich:
• Sie verhindert beim Öffnen einer Absperreinrichtung, dass Gas in Leitungsabschnitte strömt, in denen ein Auslass offen ist.
• Sie sperrt die Gaszufuhr sofort ab, wenn in einer Leitung der Druck stark fällt.
• Sie gibt den Gasweg erst dann frei, wenn alle Auslässe der angeschlossenen Leitung geschlossen sind, sodass sich ein Druck aufbauen kann.

Eine Gasmangelsicherung wird eingesetzt:
• in Gasleitungen vor Labors, Unterrichtsräumen u. Ä.
• nach Münzgaszählern für Gasgeräte mit Zündflamme, z. B. Gaskocher in Jugendherbergen
• in Haus- oder Zählerdruckreglern

Arbeitsweise der Gasmangelsicherung, → 385.1

Fällt der Gasdruck, bewegt sich die durch eine Feder bzw. ein Massestück belastet Membran nach unten. Das mit ihr gekoppelte Hauptgasventil schließt. Es fließt kein Gas mehr, da der Gasdruck auf die relativ kleine Ventilfläche nicht ausreicht, das Ventil anzuheben. Wird das Druckknopfventil betätigt, strömt über den Umgehungsweg (Bypass) sehr wenig Gas.

Nur wenn die Leitung dahinter dicht ist, baut sich langsam ein Druck auf, der auf die große Membranfläche wirkt. Er hebt die Membran und mit ihr das Hauptventil an. Gas kann wieder fließen.

Bild → 2 zeigt viele Einzel-Entnahmestellen, die über eine Gasmangelsicherung geschützt werden können. Heute ersetzen meist Magnetventile über elektronische Flammenfühler eine Gasmangelsicherung.

12.7.8 Gasfilter

Durch Korrosion entsteht im Gasrohrnetz Rost. Rostteilchen können abblättern und die einwandfreie Funktion von Gasarmaturen und Gasbrenner beeinträchtigen.

Vor allem bei hoher Fließgeschwindigkeit des Gases, z. T. $v > 6$ m/s, werden sie mitgerissen. Gasfilter sollen die Schmutzpartikel zurückhalten, damit Gasgeräte störungsfrei funktionieren.

Gasfilter sind notwendig bei:
- älteren Gasversorgungsleitungen, in denen das früher feuchte Gas Korrosion verursachte
- Fließgeschwindigkeit des Gases > 3 m/s

Gasfilter werden eingebaut:
- hinter der Geräteanschlussarmatur
- werkseitig am Eingang von Gerätearmaturen

Gasfilter sind bei jeder Gasgerätewartung zu reinigen.

12.7.9 Gasdichtheitswächter

Gasdichtheitswächter überprüfen bei Gasgebläsebrennern vor jedem Brennerstart, ob beide selbsttätigen Gasventile (Selbststellglieder) der Brennerstraße dicht sind. Bei undichten Ventilen könnte Gas in den Gaskessel sickern, sich dort sammeln und beim ersten Zündfunken verpuffen oder sogar explodieren.

Gasdichtheitswächter werden auch **Ventilüberwachungssystem** genannt.

Die Normen EN 746-2 und EN 676 fordern sie für Brenner mit Leistung > 1200 kW.

Je nach Art der Gasstraße unterscheiden sich die Einbauarten, → 3.

12.7.10 Sicherheitsabsperr- und Sicherheitsabblaseventil

In Mitteldruckleitungen wird bei Gasgeräten ein Sicherheitsabsperrventil (SAV) vor dem Druckregler der Gasstraße eingebaut; SAV; vgl. Seite 420.

Das SAV überwacht den Ausgangsdruck des Reglers über eine Messleitung. Hinter dem Druckregler wird ein Sicherheitsabblaseventil (SBV) eingebaut; SVB vgl. Seite 420.

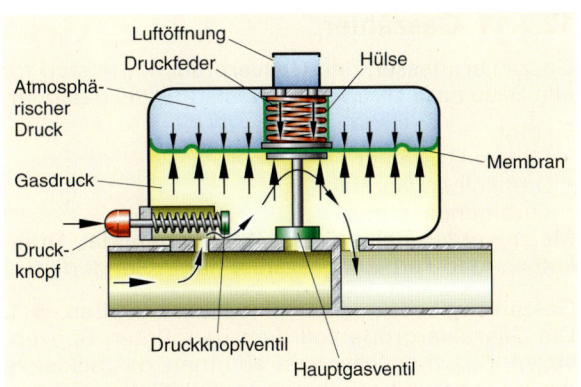

1 Gasmangelsicherung

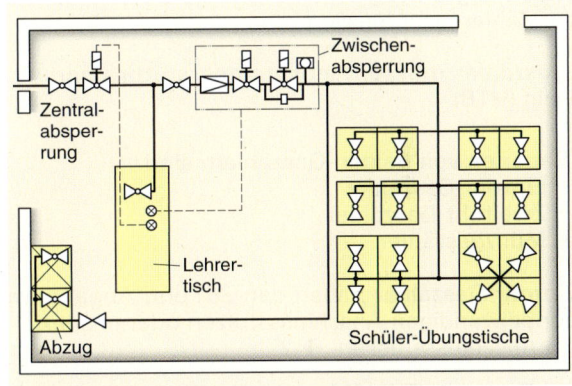

2 Gasmangelsicherung in einem Unterrichtsraum

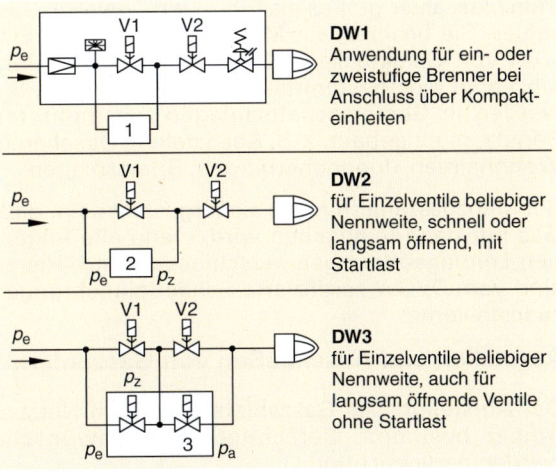

3 Dichtheitswächter DW – Einbau je nach Armaturenausführung

Bei zu hohem Ausgangsdruck
- sperrt das SAV die Gaszufuhr,
- öffnet das SBV hinter dem Druckregler und lässt Gas über eine Ausblaseleitung Gas ins Freie strömen, sodass der Druck wieder sinkt.

Nach einer Sperrung ist zu prüfen, warum der Druck zu hoch war. Ist der Fehler behoben, kann die Anlage wieder betrieben werden.

12.7.11 Gaszähler

Gaszähler messen den Gasverbrauch. Sie sind für alle Gase nach DVGW-Arbeitsblatt G 260 geeignet.

Es gibt
- Balgen-Gaszähler
- Drehkolbengaszähler
- Turbinengaszähler

Meist werden **Balgen-Gaszähler** verwendet, **Dreh-kolben**- und **Turbinengaszähler** nur in Sonderfällen.

Gaszähler gibt es in unterschiedlichen Größen, → 1. Die Gaszählergröße soll dem benötigten Spitzen-strom V_{max} möglichst nahe kommen, da „Schleich-gasmengen" mit zunehmender Gaszählergröße er-heblich größer werden.

„**Schleichgasmengen**" sind geringe Gasströme, die der Zähler nicht messen kann.

> Gaszähler müssen „hochtemperaturbeständig" sein (HTB).

Bauarten von Balgen-Gaszählern sind:
- Einrohr-Gaszähler
- Zweirohr-Gaszähler
- Münzgaszähler

Einrohr-Gaszähler haben den Zu- und Abgang im doppelwandigen Anschlussstutzen oder in speziel-len Anschlussstücken, → 2.

Bei **Zweirohr-Gaszählern** ist der Zu- und Abgang gesondert, → 3.

Münzgaszähler gibt es als Ein- oder Zweirohr-Gas-zähler. Sie besitzen ein Münzwerk, das beim Ein-wurf von Geldstücken oder Sondermünzen über ein Ventil eine bestimmte Gasmenge freigibt. Sie werden in Gemeinschaftsanlagen mit mehreren Benutzern eingebaut, z. B. Kochstellen, Duschen in Wohnheimen, Jugendherbergen, Sportanlagen.

Bei Münzgaszählern muss sichergestellt sein, dass Gas nur dann feigegeben wird, wenn alle folgen-den Leitungsöffnungen verschlossen sind. Hierzu sind vom DVGW zertifizierte Schließeinrichtungen zu installieren.

Aufstellen und Anschließen von Gaszählern

Der Aufstellort des Gaszählers wird vom Netzbe-treiber bestimmt. Berechtigte Kundenwünsche werden berücksichtigt.
Der Aufstellort muss:
- zugänglich sein; in Mehrfamilienhäusern müssen Gaszähler in einem abschließbaren Raum instal-liert sein (Schutz vor Manipulation), z. B. im Hausanschlussraum
- trocken sein, da Gaszähler korrodieren können
- mechanische Beschädigungen, z. B. durch eine aufschlagende Tür, ausschließen

In notwendigen Fluren dürfen Gaszähler kein Hin-dernis für die Funktion als Rettungsweg sein.

Nenn-größe	An-schluss DN	Volumenstrom		Anschluss-leistung$_{max}$ kW
		$\dot{V}_{min}$ (m³/h)	$\dot{V}_{max}$ (m³/h)	
G 4	25	0,04	6	57
G 6	25	0,06	10	96
G 10	40	0,10	16	154
G 16	40	0,16	25	240
G 25	50	0,25	40	380

1 Balgen-Gaszähler Nenngrößen für Haushalt und Gewerbe

2 Hausanschluss, Einrohr-Gaszähler und Gasverteiler

3 Zweirohr-Gaszähler in Reihe montiert

In Treppenräumen und ihren Ausgängen ins Freie, die als Rettungsweg dienen, dürfen keine Gaszäh-ler installiert werden; nur in Wohngebäuden gerin-ger Höhe[1] mit nicht mehr als zwei Wohnungen ist dies zulässig.

Leider wird gegen diese Forderung noch immer verstoßen, obwohl die TRGI 1986 sie schon enthielt.

---
[1] Wohngebäude geringer Höhe: höchste begehbare Fläche ≤ 7 m über der befestigten Geländeoberfläche

Gaszähler dürfen in allgemein zugänglichen Fluren und Rettungswegen (die nicht als Ausgang eines Treppenraumes, der Rettungsweg ist, dienen) und ihren Ausgängen ins Freie, installiert werden. Aber die Gaszähler:

• dürfen kein Hindernis darstellen
• müssen in abgeschlossenen Bereichen untergebracht sein, z. B. in Zählernischen oder -schränken, ➔ 1

Die Zählerschränke müssen oben und unten mit einer Be- und Entlüftungsöffnung von jeweils mindestens 5 cm² versehen sein oder einen Türspalt mit je 1 mm haben, ➔ 1.

Vor jedem Gaszähler ist ein Gaszählerhahn möglichst in HTB-Ausführung einzubauen, eventuell mit integriertem Gas-Strömungswächter und/oder mit TAE, ➔ 367.1.

Gaszähler dürfen keinen Kontakt mit Wänden haben (Spannungen, Korrosionsgefahr). Die Zählerrückwand soll etwa 20 mm vor der Wand, ihre Ableseskale in Augenhöhe, also etwa 1,7 m über Fußboden liegen.

Gaszähler sind spannungsfrei zu montieren.

Bei Einrohr-Gaszählern gibt es keine Spannungen, wenn genügend Wandabstand vorhanden ist.

Bei Zweirohr-Gaszählern sollen Zähleranschlussplatten mit Gelenkanschlüssen für Spannungsfreiheit sorgen, ➔ 2.

Rohranschluss-Einheiten (Verteiler aus einem Stück) nach ➔ 3 minimieren die Gewindeverbindungen, sparen Montagezeit und bewirken spannungsfreie Anschlüsse.

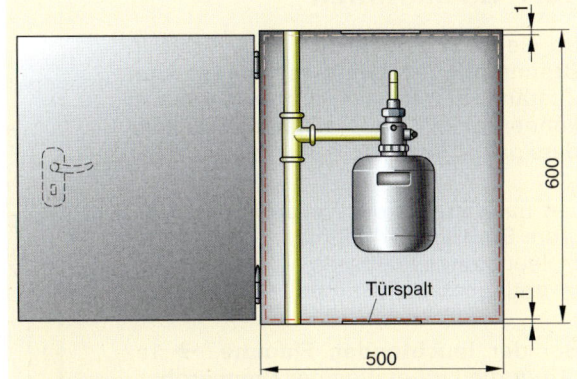

Schrankgröße für Gaszähler bis G 6; Tiefe mindestens 200 mm. Schrankbelüftung oben und unten je 5 cm² freier Querschnitt, entspricht bei 50 cm Türbreite einem Türspalt von 1 mm.

1 Gaszählerschrank

2 Anschlussarmaturen und Halter für Ein- und Zweirohrzähler

3 Vorgefertigte Reiheninstallation für Gaszähler

Übungen:

1. An welchen Stellen sind in einer Gasanlage Absperrarmaturen einzubauen?
2. Welche Bauarten unterscheidet man bei Gas-Absperrarmaturen?
3. Wann werden in Gasleitungen Schieber eingebaut?
4. a) Wozu dienen Sicherheits-Gasabsperrarmaturen?
   b) Wie sind sie gebaut?
5. a) Welche Bedeutung hat die Kennzeichnung „M" an einem Sicherheitsgasschlauch?
   b) Welche Sicherheitsgasschläuche dürfen in Wohnungen eingebaut werden?
6. a) Erklären Sie die Bezeichnung HTB-Ausführung.
   b) Woran erkennt man diese?
   c) Welche Aufgabe hat sie?
7. a) Erklären Sie den Begriff „thermisch auslösende Absperreinrichtung (TAE)".
   b) Wie funktioniert diese?
8. Welche Aufgabe hat ein Gasdruckregler?
9. Wie funktioniert ein Gas-Strömungswächter?
10. Wie wirkt eine Gasmangelsicherung?
11. Wann benötigt man Gasdichtheitswächter?
12. Welche Arten von Gaszählern unterscheidet man nach dem Anschluss?
13. Welche Vorteile haben Einrohr-Gaszähler?
14. Worauf ist beim Aufstellen und beim Anschluss von Gaszählern zu achten?

13 Gasbrenner

13.1 Gasflammen

Im Gegensatz zu festen und flüssigen Brennstoffen haben Gase bereits den Zustand, in dem sie verbrannt werden können. Daher sind Gasflammen besonders gut regulierbar.

Je nach Zutritt der Verbrennungsluft zum Brenngas erhält man:
- leuchtende Flammen
- entleuchtete Flammen

Bei der **leuchtenden Flamme**, ➔ 1a, dringt die Luft erst an der Brenneroberfläche in das Brenngas ein; Fachleute sprechen von **Diffusion**[1]. Nur am bläulichen Flammenrand findet eine vollkommene Verbrennung statt.

Die Hitze dieses Flammensaumes spaltet Brenngas in seine Hauptbestandteile.

Die Hauptbestandteile von Brenngas sind:
- Kohlenstoff
- Wasserstoff

1 Flammenbilder bei Gasbrennern – Luftzufuhr und Verbrennungsvorgang

a) Leuchtende Flamme

b) Entleuchtete Flamme mit Flammenkegel

c) Entleuchtete Flamme mit Flammenschleier

Die Hitze bringt im Inneren der Flamme die Kohlenstoffteilchen zum Glühen. Diese Teilchen leuchten gelblich. Im dunklen Kern der Flamme ist der Kohlenstoff noch kalt.

Nachweis:
- kalte Platten beschlagen dort mit Ruß
- ein Streichholzkopf entflammt dort nicht
- ein durch die Flamme gehaltener Draht glüht nur an den Flammenrändern

Die leuchtende Flamme:
- zündet leicht
- kann nicht zurückschlagen
- ist daher sehr betriebssicher

Die leuchtende Flamme rußt aber, wenn sie Teile berührt.

Deshalb ist die leuchtende Flamme für Kochbrenner und auch für Brenner in Gasgeräten ungeeignet.

Vor Erfindung der Glühlampe diente sie in Leuchtbrennern zur Beleuchtung, zuletzt noch für Zündbrenner von Zündsicherungen. Heute entzündet man noch Labor- und Lötbrenner mit ihr, lässt dann Luft nach der Düse zuströmen und erhält eine entleuchtete Flamme.

Bei der **entleuchteten Flamme** saugt der aus einer Düse mit hoher Geschwindigkeit ausströmende Gasstrahl Luft an und mischt sich mit ihr im venturiförmigen Mischrohr des Brenners. Der so im Brenn-

gas mitgeführte Sauerstoff lässt die Kohlenstoffteilchen schon im Inneren der Flamme verbrennen. Deshalb fehlen der dunkle Kern und der leuchtende Teil. Die straffere Flamme konzentriert die Wärmeabgabe und bewirkt höhere Temperaturen.

Entleuchtete Flammen gibt es mit:
- scharfem Flammenkegel
- Flammenschleier

Entleuchtete Flammen mit Flammenkegel, ➔ 1b, haben eine Temperatur von ca. 1700 °C. Sie werden in Teilvormischbrennern eingesetzt.

Entleuchtete Flammen mit Flammenschleier, ➔ 1c, erreichen eine Temperatur von 1000 °C bis 1200 °C. Sie werden bei Vollvormischbrennern eingesetzt.

Da Vollvormischbrenner nicht rußen, eignen sie sich auch dort, wo die Flammen Gegenstände berühren wie Topfböden, Wärmetauscher, Heizkästen.
Man verwendet sie bei:
- allen Gasgeräten wie Herd, Raumheizer, Speicher- und Durchfluss-Wassererwärmer, Heizkessel
- Brennern in Industrie und Gewerbe

Weil Verbrennungsluft durch eine Gaseinspritzung (Injektion) an der Düse ins Mischrohr beigemischt wird, nennt man Brenner mit entleuchteter Flamme **Vormischbrenner**, früher auch **Injektorbrenner**. Der **Bunsenbrenner**, nach seinem Erfinder[2] benannt, war der erste Brenner dieser Art.

---

[1] Diffusion ⟨lat.⟩: Ausgleich von Konzentrationsunterschieden ohne äußere Einwirkung; diffundieren: eindringen

[2] Bunsen, Robert Wilhelm (1811-1899): Chemiker

13.2 Arten von Gasbrennern

13.2.1 Aufgaben und Einteilung der Gasbrenner

Gasbrenner für Feuerstätten sollen:
- das richtige Gas-Luft-Verhältnis herstellen und gefahrlos zünden
- die chemische Energie des Brennstoffes möglichst vollständig in Wärme umwandeln
- Gas schadstoffarm verbrennen, also mit möglichst wenig CO- und NO_x-Anteilen

Gasbrenner werden, je nach Luftbeimischung zum Brenngas, unterschieden in, ➔ 1:
- Gasbrenner ohne Luftvormischung
- Gasbrenner mit Luftvormischung

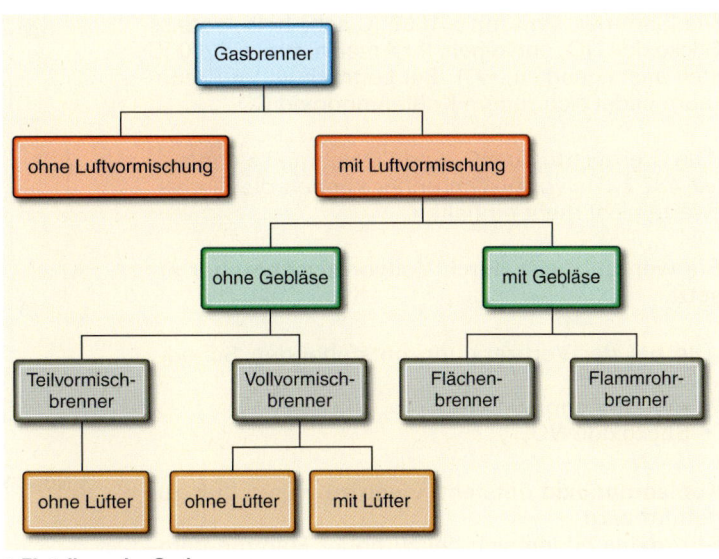

1 Einteilung der Gasbrenner

Gasbrenner ohne Luftvormischung, ➔ 388.1a, 2, werden auch genannt:
- **Diffusionsbrenner**, weil Luft erst beim Brennen in die Flamme diffundiert (eindringt)
- **Leuchtbrenner**, wegen ihrer leuchtenden Flamme

Sie sind praktisch bedeutungslos geworden.

Gasbrenner mit Luftvormischung, ➔ 388.1b, 388.1c, 1, auch Vormischbrenner genannt, unterteilt man in:
- Gasbrenner ohne Gebläse
- Gasbrenner mit Gebläse

13.2.2 Gasbrenner ohne Gebläse

Gasbrenner ohne Gebläse werden auch **atmosphärische Gasbrenner** genannt. In der Brennkammer herrscht Unterdruck. Für das Mischen von Brenngas und Luft sorgt der umgebende Luftdruck, die Atmosphäre.

Vorteilhaft sind bei atmosphärischen Brennern:
- der geräuscharme Betrieb
- eine hohe Betriebssicherheit
- die kostengünstige Anschaffung

Nach der Konstruktion unterscheidet man bei Gasbrennern ohne Gebläse, ➔ 1:
- Teilvormischbrenner
- Vollvormischbrenner

Teilvormischbrenner, ➔ 388.1b, 3, saugen an der Düse ≈ 60 % der erforderlichen Verbrennungsluft, die Primär- oder Erstluft, an. Der restlich benötigte Sauerstoff diffundiert in den Flammenkegel als Sekundär- oder Zweitluft aus der Luft, welche die Flamme umgibt.

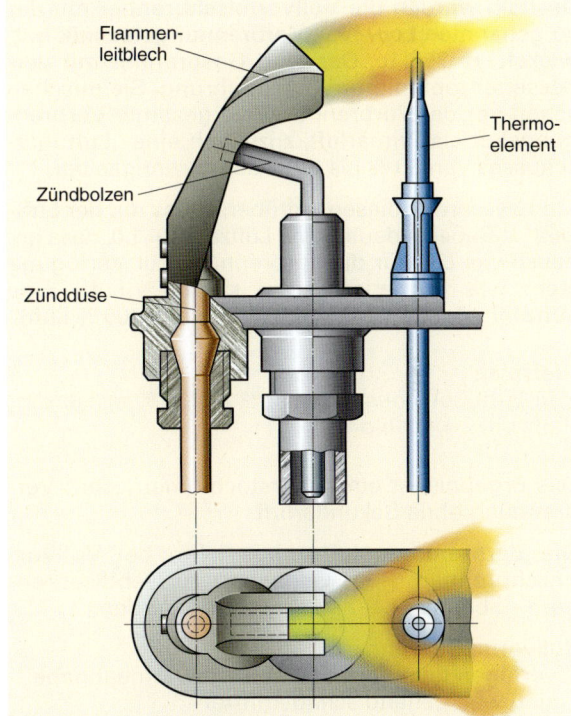

2 Gasbrenner ohne Luftvormischung, z. B. Zündbrenner

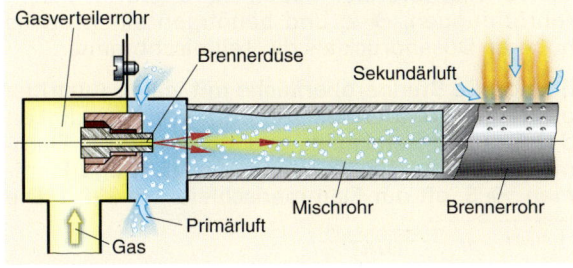

3 Teilvormischbrenner

13

Die Flammen sind mit > 1600 °C sehr heiß, sodass Stickoxide NO_x entstehen. Ihr Anteil nimmt > 1200 °C steil ansteigend zu, ➔ 1. Bei Luftmangel im Brennraum bildet sich zudem Kohlenmonoxid CO.

Die Grenzwerte für NO_x und CO nehmen stetig ab, ➔ 432.2. Teilvormischbrenner können die Grenzwerte nicht mehr einhalten.

Sie werden meist durch Vollvormischbrenner ersetzt.

Die bei der Verbrennung entstehenden Schadstoffe sind:
• Kohlenmonoxid CO
• Stickoxide NO_x

Kohlenmonoxid entsteht, wenn zu wenig Luft zugeführt wird.
Stickoxide bilden sich bei zu hoher Flammentemperatur.

Deshalb wurden die **Vollvormischbrenner** mit der so genannten **Low-Nox-Verbrennungstechnik** entwickelt, ➔ 388.1c. Das sind Gasbrenner mit verbesserter (optimierter) Luftzuführung. Sie mischen schon vor der Verbrennung die gesamte Verbrennungsluft als Primärluft, zuzüglich eines Luftüberschusses von 20 % bis 30 % dem Brenngas bei.

Man beschreibt diesen Luftüberschuss mit der **Luftzahl**[1] λ. Dabei bedeutet eine Luftzahl $\lambda = 1,0$, dass genauso viel Luft für die Verbrennung zur Verfügung steht, wie rechnerisch nötig ist (100 % Luft). Eine Luftzahl > 1,0 gibt Luftüberschuss an (> 100 % Luft).

Beispiel:
Ein Luftüberschuss von 20 % bis 30 % erhält die Luftzahl $\lambda = 1,2$ bis 1,3.

Das Ergebnis ist eine überstöchiometrische[2] Verbrennung ohne Sekundärluft.

Die Verbrennungsluftmenge kann bei Vollvormischbrennern – im Gegensatz zu Gebläsebrennern – aber nicht genau eingestellt werden.

Vollvormischbrenner:
• verfügen über große Strahlungswärmeabgabe
• sind weit gehend schadstofffrei
• verbrennen teilweise katalytisch

Vollvormischbrenner haben extra große Mischrohröffnungen, ➔ 2, und benötigen einen etwas höheren Düsendruck als die Teilmischbrenner.

Eine große Brenneroberfläche mit vielen Austrittsöffnungen mindert die Austrittsgeschwindigkeit des Gas-Luft-Gemisches und stabilisiert die Flamme. Es bilden sich sehr kurze, pilzförmige Flammen, ➔ 3, oft nur Flammenschleier, ➔ 392.1. Die

---

[1] Luftzahl $= 1 + \dfrac{\text{Luftüberschuss in \%}}{100\ \%}$

[2] überstöchiometrisch [Chemie]: mehr Mengenanteile als nötig (hier: Sauerstoffanteile gemeint)

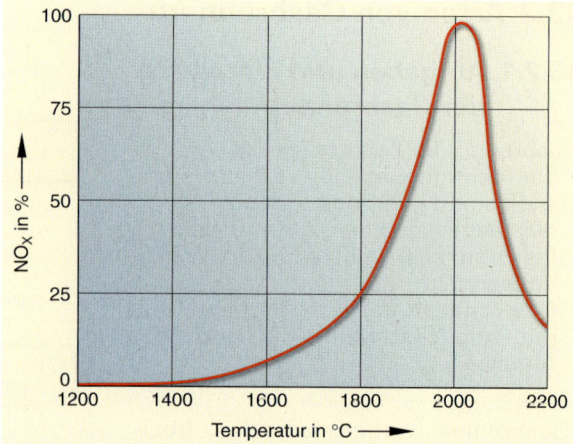
1 NO_x-Bildung und Flammentemperatur

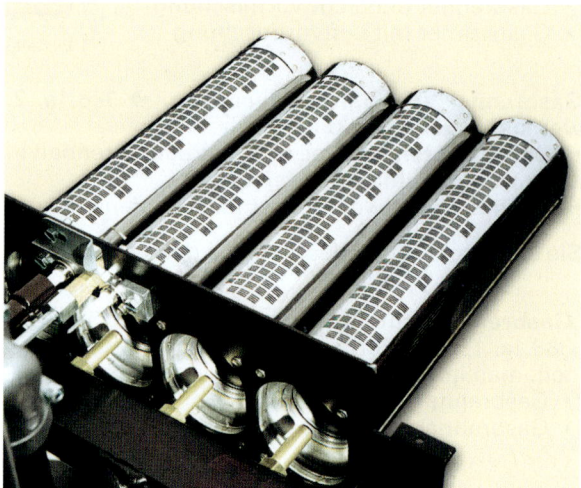
2 Vollmischbrenner – extra große Luftansaugöffnungen und große Brenneroberfläche

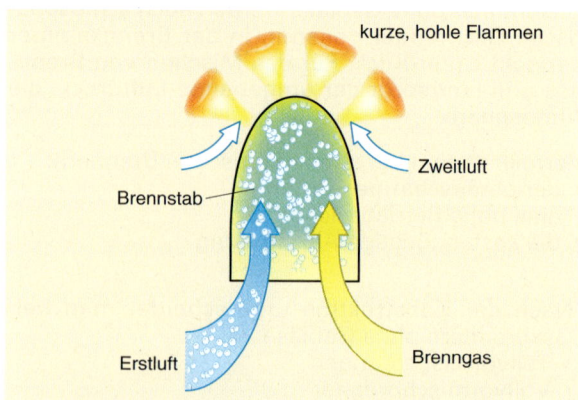
3 Luftbeimischung an einem Vollmischbrenner

Flammentemperatur sinkt bis auf ca. 1000 °C, sodass kaum NO_x entsteht.

Vollvormischbrenner arbeiten sehr leise. Um die NO_x- und CO-Bildung weiter zu reduzieren, ist die Flammentemperatur < 1000 °C zu halten.

Dazu dienen verschiedene Verfahren:
- Wärmeauskopplung
- katalytisch unterstützte Brenner
- wassergekühlte Brenner
- 2-stufige Brennerregelung

Bei der **Wärmeauskopplung** gibt der Brenner einen Teil seiner Wärmeleistung durch Strahlung ab.

Noch stärker reduziert werden die Schadstoffe, wenn an der Brenneroberfläche durch platin- oder palladiumbeschichtete Drahtgewebe eine so genannte **flammenlose, katalytisch[1] unterstützte Verbrennung** stattfindet, ähnlich ➔ 392.1, jedoch ohne Lüfter. Dabei nutzt man die Entdeckung, dass Platin und Palladium, sehr hochwertige Metalle, als Katalysator wirken. Ähnlich arbeiten auch die Abgaskatalysatoren in Kraftfahrzeugen.

Bei Umlauf- oder Kombi-Wasserheizern mit **wassergekühltem Brenner** kühlt man mit dem Rücklaufwasser den Brenner und damit das Gas-Luft-Gemisch und die Flammen, ➔ 1. Die Verbrennung wird weit gehend schadstofffrei. Zudem fällt der Wirkungsgrad im Teillastbetrieb bei Erdgas nicht ab.

Bei **2-stufigen (modulierenden) Gasbrennern** (gilt auch für Gebläsebrenner) verringern sich die Brennerstarts auf ca. 30 %, weil bei niedrigem Wärmebedarf der Brenner nur auf Teillaststufe, dafür aber länger brennt.

Es gilt:
- Weniger Brennerstarts verursachen weniger Startemissionen (jeder Kaltstart erzeugt, wie bei Kraftfahrzeugen, mehr Schadstoffe).
- Längere Brennerlaufzeiten bedeuten geringere Stillstandszeiten bzw. geringere Wärmeverluste.

Vollvormischbrenner gibt es:
- ohne Lüfter
- mit Lüfter

[1] Katalysator: Stoff der nur durch seine Anwesenheit chemische Reaktionen herbeiführt, dabei selbst aber unverändert bleibt – katalytisch: durch einen Katalysator bewirkt

Bei Vollvormischbrennern **ohne Lüfterunterstützung** muss die Verbrennungsluft durch den Unterdruck, den die Abgasanlage erzeugt, herangeführt werden.

Beim **lüfterunterstützten** Vollvormischbrenner ist ein Lüfter (Gebläse) vor oder hinter dem Brenner eingebaut.
Er begünstigt, hauptsächlich bei Brennwertgeräten:
- die Luftzufuhr
- die Abgasabführung direkt über Dach, durch die Außenwand oder bis in den Abgasschacht eines Luft-Abgas-Systems

13.2.3 Gasbrenner mit Gebläse

Gasbrenner mit Gebläse werden auch **Gas-Gebläsebrenner** genannt. Unabhängig vom Zug der Abgasanlage wird die Verbrennungsluft durch ein Gebläse herangeführt. Sie ist dadurch genau dosierbar, ➔ 2.

1 Wassergekühlter Rippenbrenner für Umlauf- und Kombiwasserheizer

13

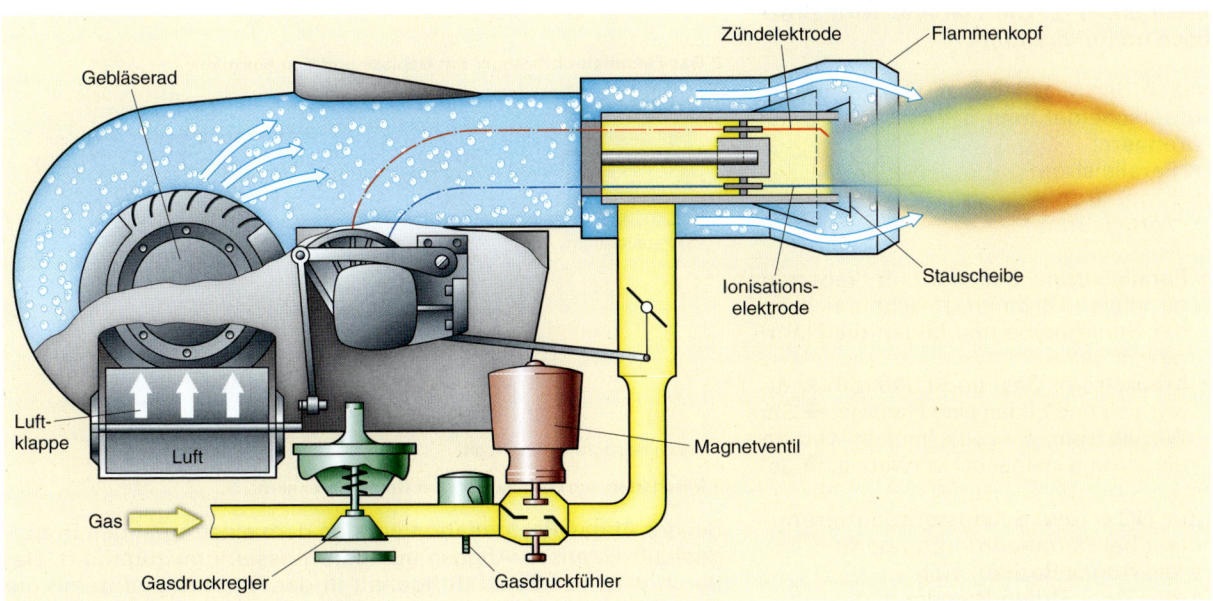

2 Gasbrenner mit Gebläse für Heizkessel

Gas-Gebläsebrenner erzeugen in der nachgeschalteten Brennkammer einen Überdruck, der sich im Bereich des Abgasweges innerhalb des Gasgerätes abbaut. Die Abgasabführung erfolgt durch den thermischen Auftrieb der Abgasanlage.

Feuerstätten mit Gas-Gebläsebrenner haben **keine** Strömungssicherung.

Gas-Gebläsebrenner:
- können an jedem Kessel, unabhängig vom abgasseitigen Widerstand des Feuerraumes, angebaut werden
- können Ölbrenner an Heizkesseln ersetzen
- ermöglichen hohen Gasdurchsatz, damit hohe Wärmeleistung, und eignen sich besonders für sehr hohe Kesselleistungen
- erreichen mit ihrem genau regulierbaren Luftüberschuss und der modulierenden Regelung einen hohen feuerungstechnischen Wirkungsgrad über weite Lastbereiche

Gas-Gebläsebrenner gibt es als, ➜ 389.1:
- Flächenbrenner
- Flammenrohrbrenner

Bei **Flächenbrennern** wird das austretende Brenngas-Luft-Gemisch auf eine große Fläche verteilt. Die Flammenhöhe ist gering; oft ist dies nur ein Flammensaum, ➜ 1. Dadurch wird die Flammentemperatur gering (< 1000 °C) und es entsteht wenig NO_x.

Beim **Flammenrohrbrenner** werden Brenngas und Luft an der Stauscheibe in einem Brennrohr gemischt und verbrennen, ➜ 2. Die Flamme wird praktisch im Rohr geführt.

Nach der Mischart von Gas und Luft unterscheidet man bei Flammenrohrbrennern:
- Parallelstrom
- Kreuzstrom
- Wirbelstrom

- **Parallelstrom:** Gas und Luft fließen in parallelen Strömen, mischen sich an der Stauscheibe und bilden die Flamme, ➜ 3a.
- **Kreuzstrom:** Gas- und Luftstrom kreuzen sich und bilden eine Flamme, ➜ 3b.
- **Wirbelstrom:** An Leitschaufeln werden die Ströme ineinander verwirbelt, ➜ 3c.

Zur NOx- bzw. Schadstoffreduzierung dient bei Flammenrohrbrennern:
- die Abgas-Rezirkulation
- der Zwei-Stufen-Brenner

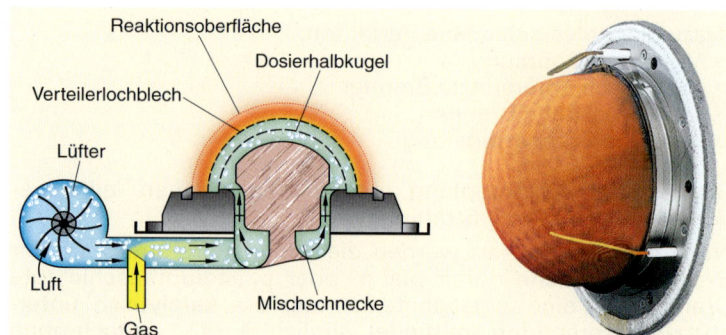

1 Flächenbrenner – Zündelektroden und Ionisationselektrodee im Bild rechts gut zu erkennen

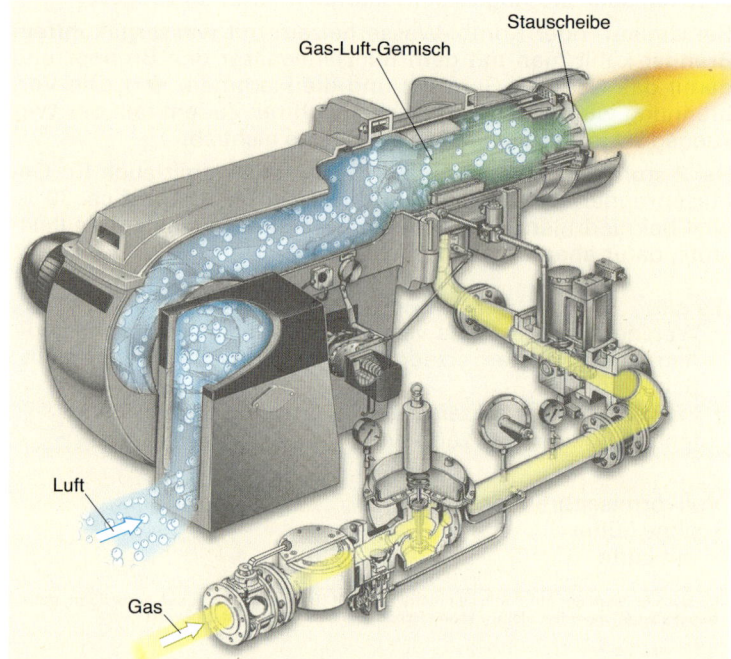

2 Gas-Flammenrohrbrenner mit Gebläse und Kombiarmatur

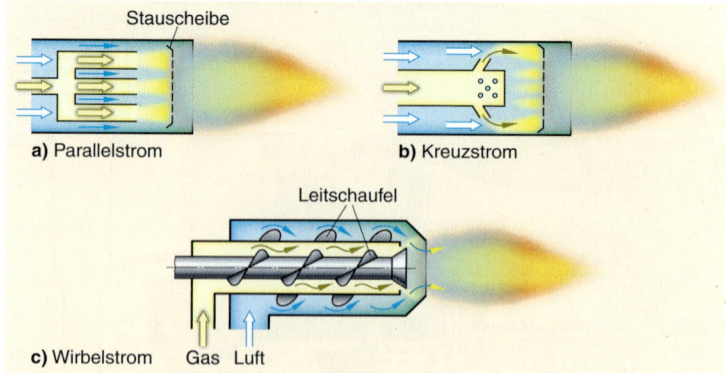

3 Mischarten von Gas und Luft bei Gebläsebrennern

Bei der **Abgas-Rezirkulation** werden dem einströmenden Brenngas-Luft-Gemisch Abgase aus dem Kesselraum zugeführt. Dadurch wird der Sauerstoffgehalt in der Flamme und damit die Flammentemperatur gesenkt.

13

392

Beim **2-Stufen-Brenner** ist die Flammentemperatur deutlich niedriger; es entstehen weniger Schadstoffe, → 1, und die
Anzahl der Brennerstarts wird auf ca. 30 %
reduziert, weil der Brenner zur Deckung
des Wärmebedarfs länger in Betrieb bleiben muss.

13.3 Zündeinrichtungen

13.3.1 Aufgaben von Zündeinrichtungen

Mit Zündeinrichtungen wird das Gas-
Luft-Gemisch durch Druckknopfbetäti-
gung oder automatisch entzündet. Moderne Gasgeräte haben generell automatische Zündeinrichtungen.

Es werden folgende Zündeinrich-
tungen eingesetzt:
• Piezozündung
• Funkenzündung

13.3.2 Piezozündung – ohne Fremdstrom

Die Piezozündung kann nur zum Zünden
der Zündflamme von Hand bei so genannten **„Halbautomaten"** – Gasgeräte
mit ständig brennender Zündflamme –
und an Kochstellenbrennern von Gasherden genutzt werden.

Die Piezozündung beruht darauf, dass
an den Grenzflächen bestimmter Kristalle, z. B. Quarz, elektrische Ladungen
auftreten, wenn diese Kristalle unter
Druck verformt werden.

Wenn von außen wirkende Kräfte das
Kristallgitter verzerren, bilden sich an
den Grenzflächen elektrische Oberflä-
chenladungen, weil negative Ladungen
des Gitters gegenüber positiven Ladungen verschoben werden, → 2. Damit
wird der Kristall elektrisch polarisiert. Je
größer die Deformation ist, desto größer
ist die entstehende Ladung.

Anstelle von Naturkristallen verwendet
man meist gesinterte keramische Massen (Blei-Zirkonat-Titanat), welche die
entsprechende Form erhalten. Zum Po-
larisieren und zur Stromaufnahme werden Metallelektroden aufgebracht.

Um ohne allzu großen Kraftaufwand
hohe Spannungen zu erzeugen, schaltet
man mehrere Elemente hintereinander.

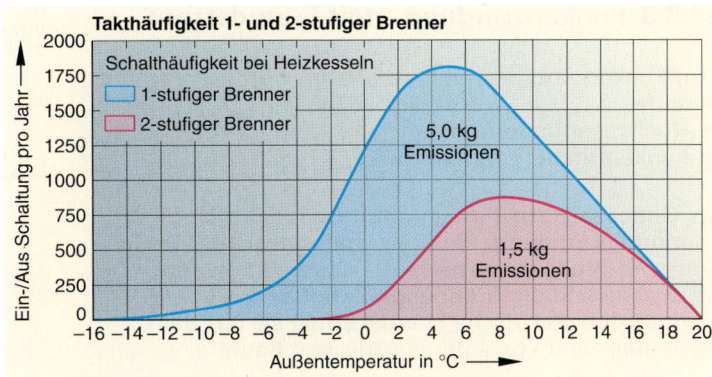

1 Schalthäufigkeit von Brennern und Schadstoffemission

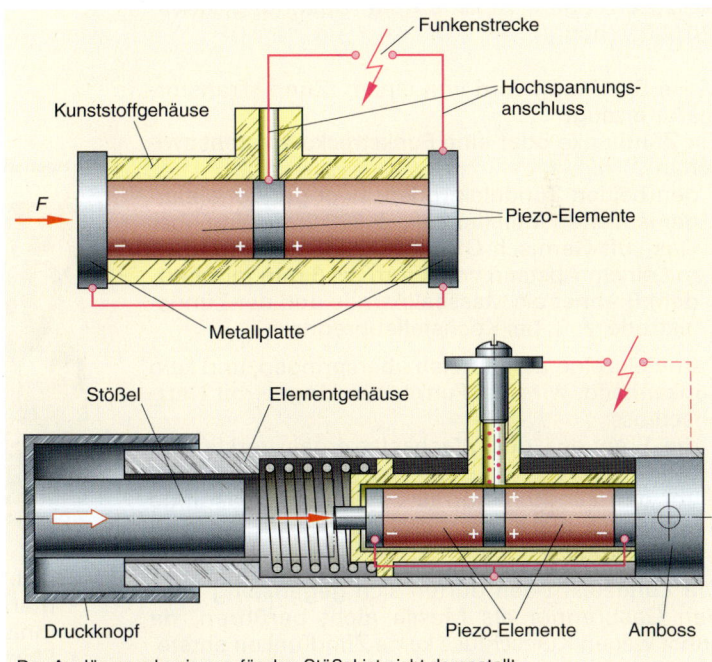

Der Auslösemechanismus für den Stößel ist nicht dargestellt.

2 Piezozünder (Schema)

Die in Gasgeräten eingebauten Piezozünder erzeugen eine Ent-
ladungsspannung von ca. 20 000 V. Damit können Funkenstre-
cken bis 6 mm überbrückt werden.

Da nur minimale Stromstärken fließen, sind die hohen Spannungen für den Menschen ungefährlich.

Bei Betätigung eines Druck- oder Drehknopfes wird zum Defor-
mieren der Kristalle eine Feder gespannt, die bei einer genau
bestimmten Spannung frei wird und einen Stößel auf die Pie-
zoelemente schlägt. Piezokristalle unterliegen nahezu keinem
Verschleiß.

Versagt der Zünder, können folgende **Fehler** vorliegen:
• Spannfeder gebrochen oder ausgehakt (kein Schlagge-
  räusch)
• zu großer Abstand der Zündelektroden vom Brenner
• elektrische Verbindung von Piezozünder zur Zündelektrode
  unterbrochen

13

13.3.3 Funkenzündung – mit Fremdstrom

Zur Funkenzündung mit Fremdstrom werden verwendet:
- Hochspannungszündung
- Funkenzündung mit Batterie

Im Gegensatz zur Piezozündung wird die **Hochspannungszündung**, ➜ 1, als automatische Zündung bei **„Vollautomaten"** – Gasfeuerstätten ohne bzw. ohne ständig brennende Zündflamme – verwendet. Ihre elektrische Energie erhält sie aus dem Stromnetz oder von einer elektrischen Batterie.

Um elektrische Funken mit geringer Stromstärke zu erzeugen, ist eine hohe Spannung, etwa 10 000 V, nötig.

Diese Spannung wird von einem (Zünd-)Transformator erzeugt.
Ein Zündfunke oder eine Funkstrecke entsteht zwischen
- den beiden Zündelektroden, zwei gut voneinander isolierten Metallstiften, ➜ 393.2; sie sind über Gas-Luft-Gemisch-Öffnungen des Gasbrenners mit einem Abstand von 4 mm bis 6 mm montiert,
- dem Brenner als Masseelektrode und der Zündelektrode, z. B. bei Kochstellenbrennern.

Damit einzelne Zündfunken überspringen, und kein Funkenband, wird bei Funkenzündungen mit Netzanschluss:
- die Frequenz des Wechselstromes verkleinert oder
- vor den Zündtransformator wird eine Gasdiode eingebaut; diese sperrt den Wechselstrom für eine Richtung

Die Zündelektroden dürfen sich gegenseitig oder den Gasbrenner als Masse nicht berühren, da sonst wegen Kurzschluss keine Zündfunken entstehen. Schuld am Versagen kann auch ein Defekt am Zündtrafo oder eine falsch justierte Zündelektrode sein. **Doppelzündelektroden**, ➜ 2, schließen falsche Anordnung aus.

Die **Funkenzündung mit Batterie** an Durchfluss-Wassererwärmern entzündet zunächst eine Zündflamme, die dann den Gasbrenner zündet. Die Batterie versorgt während des Betriebes auch die Ionisationszündsicherung mit elektrischem Strom.

13.4 Zündsicherungen

13.4.1 Aufgaben der Zündsicherung

Zündsicherungen haben die Aufgabe, das Ausströmen von Gas zu verhindern:
- wenn keine Flamme am Brenner entsteht
- die Flamme erlischt

Zündsicherungen erhöhen die Sicherheit der Geräte.

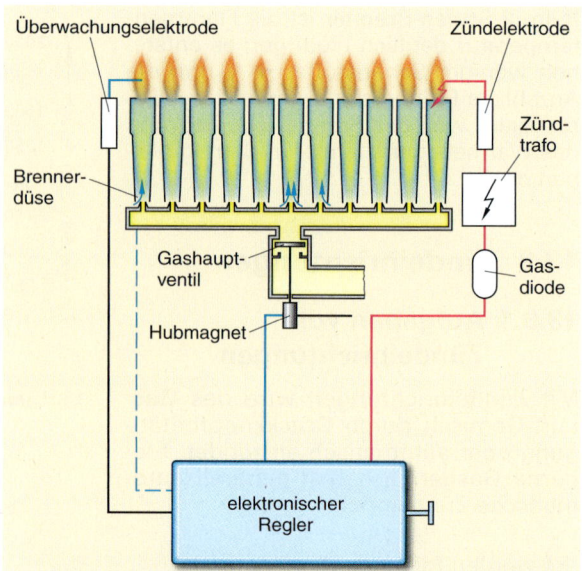

1 Hochspannungszünder mit Netzanschluss

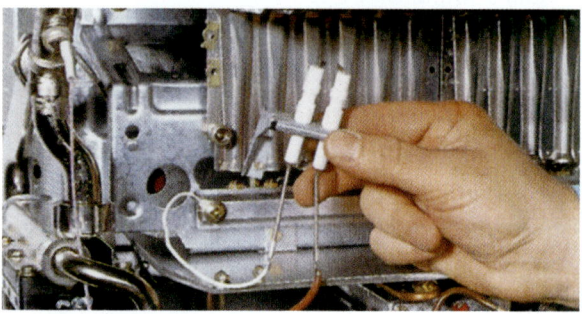

2 Doppelzündelektrode

Es gibt folgende Zündsicherungen:
- thermoelektrische Zündsicherung
- Ionisationszündsicherung
- Flammenwächter

13.4.2 Thermoelektrische Zündsicherung

Physikalische Grundlagen der thermoelektrischen Zündsicherung sind:
- Stromerzeugung durch Wärme
- magnetische Wirkung des elektrischen Stromes

Thermoelektrische Zündsicherungen gibt es:
- mit eigenem Zündbrenner, z. B. an Speicherwassererwärmern, ➜ 395.1
- ohne Zündbrenner, z. B. an Kochbrennern, ➜ 395.2

Sie sind nur einsetzbar bei:
- handbedienten Brennern wie Kochbrenner
- halbautomatischen Geräten wie:
  - thermostatisch geregelte WW-Speicher
  - Raumheizer bzw. differenzdruckgesteuerte Durchfluss-Wassererwärmer, wenn deren Zündflamme ständig brennt

13

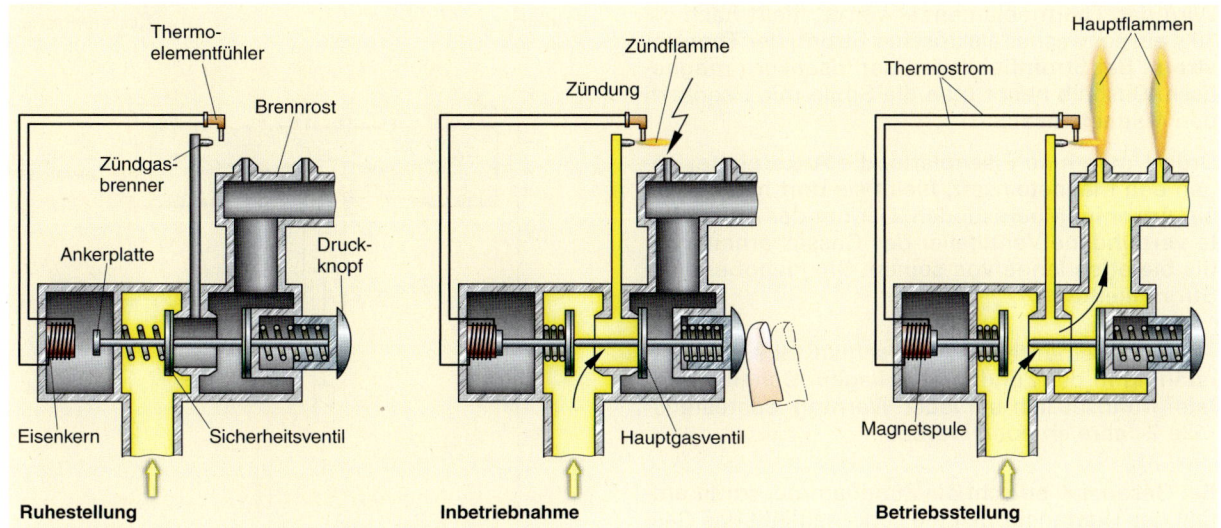

1 Betriebsstellungen einer thermoelektrischen Zündsicherung

Thermoelektrische Zündsicherungen schließen langsam. Sie haben Schießzeiten von bis zu 30 s. Als Absicherung bei großen Gasbrennern sind thermoelektrische Zündsicherungen daher ungeeignet, da bei Ausfall der Flamme wegen der langen Schließzeit zu große Gasströme unverbrannt austreten.

Die thermoelektrische Zündsicherung besteht aus, ➜ 3:
• Thermoelement
• Sicherheitsschalter mit Elektromagneteinsatz

Das **Thermoelement** besteht aus zwei verschiedenen Metalllegierungen, z. B. Chrom-Nickel und Eisen-Konstantan, die an einem Ende miteinander verlötet sind. Da diese Lötstelle im Betrieb erwärmt wird, heißt sie **Warmlötstelle**.

Die freien Enden sind mit den Drahtenden einer Spule verlötet, die einen Eisenkern enthält, ➜ 3. Diese Lötstellen nennt man **Kaltlötstellen**, da sie im Betrieb kalt bleiben.

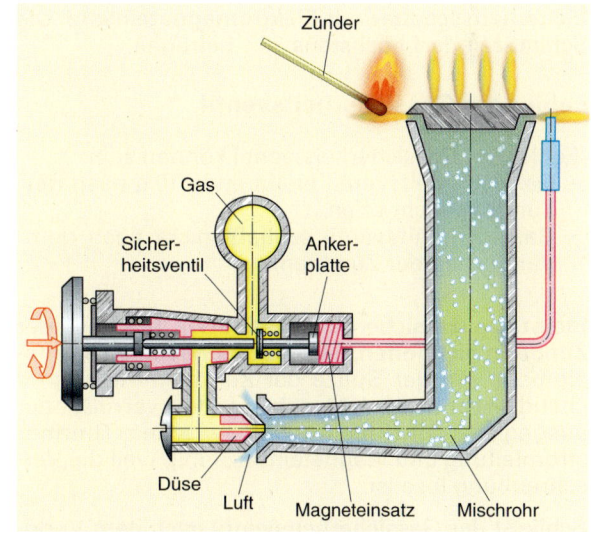

2 Thermoelektrische Zündsicherung ohne eigene Zündgasleitung am Kochbrenner, hier in Anzündstellung

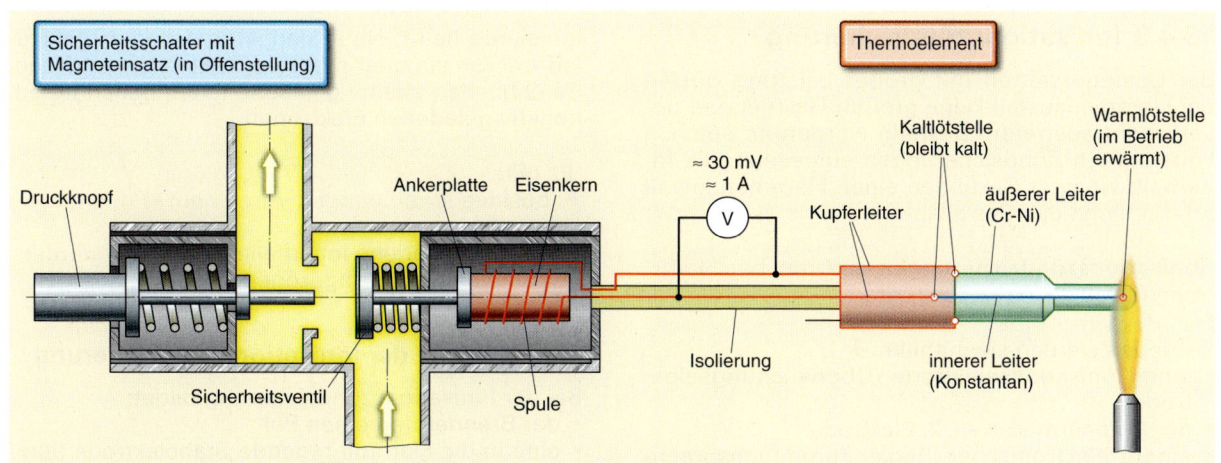

3 Thermoelektrische Zündsicherung mit Thermoelement und Sicherheitsschalter

Wird das Thermoelement erwärmt, fließt nach ca. 10 s ein schwacher elektrischer Strom, der **Thermostrom**. Bei Stromfluss wird der Eisenkern magnetisch. Deshalb nennt man die Spule mit Eisenkern den **Magneteinsatz**.

Drückt man eine Eisenplatte, die Ankerplatte, gegen den Magneteinsatz, bleibt sie dort haften, wie ein Anker im Meeresboden. Der mit der Ankerplatte verbundene Ventilteller des Gassicherheitsventils bleibt so lange von seinem Sitz gehoben, wie Strom fließt.

> Thermoelemente sind Verschleißteile, da sie ständig in der Zündflamme liegen. Daher sollen sie grundsätzlich bei jeder Wartung, spätestens alle 2 Jahre erneuert werden.

Bei Gasausfall erlischt die Zündflamme, somit entfällt der Thermostrom. Eine Feder schließt das Gassicherheitsventil. Eisenplatte, Magneteinsatz, Feder und Ankerplatte bezeichnet man deshalb auch als **Sicherheitsschalter mit Elektromagneteinsatz**. Die Schließzeit darf höchstens 30 s betragen.

Fehler am Gassicherheitsventil

> Fehler am Gassicherheitsventil können sein:
> * Gassicherheitsventil bleibt etwa 10 s nach der Zündung nicht offen
> * Gassicherheitsventil schließt nicht nach dem Verlöschen der Zündflamme

Bleibt das Gassicherheitsventil etwa 10 s nach der Zündung nicht offen, ist zu prüfen, ob das Thermoelement von der Spitze der Zündflamme ausreichend erwärmt wird. Manchmal ist es verrußt oder ausgeglüht oder der Kontakt zwischen Thermostromleitung und Magneteinsatz fehlt, weil die Verschraubung lose ist.

Schließt das Gassicherheitsventil nach dem Verlöschen der Zündflamme nicht, ist es verklemmt.

13.4.3 Ionisationszündsicherung

Bei Gasfeuerstätten mit großer Leistung dürfen bei Flammenausfall keine großen Gasmengen unverbrannt austreten. Deshalb werden an solchen Feuerstätten Zündsicherungen eingesetzt, die innerhalb weniger Sekunden einen Flammenausfall erfassen und das Gas absperren.

> **Ionisationszündsicherungen** sperren bei Flammenausfall die Gaszufuhr sofort.

Betrieben werden sie mithilfe, ➜ 1,
* einer Ionisationselektrode (Überwachungselektrode)
* der Brennermasse als 2. Elektrode
* einem elektronischen Regler (umgangssprachlich „Steuergerät")

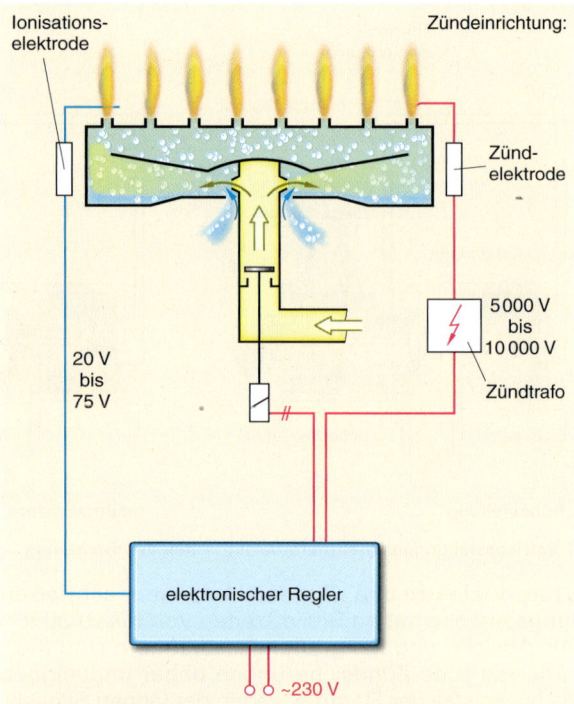

Über den elektronischen Regler wird das Gas gezündet und die Flamme überwacht

1 Ionisationszündsicherung mit fremdstrombetriebener Hochspannungszündung für vollautomatischen Betrieb

Diese Regelung:
* hält, ein Gasventil offen, so lange es einen elektrischen Gleichstrom registriert
* schließt das Ventil sofort, wenn kein Strom oder wenn Wechselstrom fließt.

> Die Ionisationszündsicherung nutzt das physikalische Prinzip:
> * Gase leiten elektrischen Strom normalerweise nicht.
> * Gase werden durch Wärme-, Licht- bzw. ultraviolette Strahlen ionisiert und leiten dann Strom.

Ionisieren heißt: Neutralen Atomen oder Molekülen werden ein oder mehrere Elektronen entrissen. So entstehen positiv geladene Ionen neben freien, negativ geladenen Elektronen.

> Es gilt:
> * positive Ionen werden von einem –Pol angezogen
> * negativ geladene Ionen wie Elektronen werden von einem +Pol angezogen

Arbeitsweise der Ionisationszündsicherung

Bei der Ionisationszündsicherung bildet:
* der Brenner den einen Pol
* eine in die Flamme ragende Stabelektrode (Ionisationselektrode) den anderen Pol

13

Vom Regler des Brenners wird nach der Zündung des Gas-Luft-Gemisches an beide Pole eine Wechselspannung (≤ 20 V) gelegt, sodass die beiden Pole ständig ihre Polarität wechseln, 100-mal je Sekunde bei der Frequenz von 50 Hz.

Die Elektronen mit ihrer geringen Masse folgen diesem Spiel. Sie wandern zum Brenner bzw. zur Stabelektrode, wenn diese jeweils +Pol sind. Ein Ionisationsstrom fließt. Die Blaswirkung der Flamme lässt die +Gasionen, wegen ihrer relativ großen Masse, immer nur zur Stabelektrode strömen, auch wenn diese positiv ist, ➜ 1.

Dort werden sie von den 2 Elektronen entladen, sodass zu diesen Zeitpunkten kein Strom fließen kann. Dadurch erzeugt die Flamme einen pulsierenden Gleichstrom mit der Stärke von einigen Mikroampere. Dies nennt man den **Gleichrichtereffekt** der Flamme.

Er wird vom Regler als Zeichen einer Flamme registriert. Erlischt die Flamme, fließt kein Gleichstrom mehr und das Gasventil wird sofort geschlossen.

Der Gleichrichtereffekt der Gasflamme ist für die Sicherheit äußerst wichtig:
Wenn sich nämlich Ionisationselektrode und Brenner berühren, fließt Wechsel- und kein Gleichstrom. Ein Indiz für die Regelung, dass ein Fehler vorliegt.

Erlischt die Flamme, wird innerhalb 1 s ein neuer Zündversuch vorgenommen. Kommt keine Flamme zustande, schließt das Gasventil spätestens nach 10 s. Die Störung wird optisch angezeigt.

Ionisationszündsicherungen benötigen keine Zündflamme. Dadurch wird viel Energie gespart, denn eine ständig brennende Zündflamme benötigt Gas.

Beispiel:
Bei einer Flammenlänge von 1 mm ist der Gasverbrauch 1 l/h.

1 l/h = 0,72 m³/Monat

13.4.4 Flammenwächter

Flammenwächter sprechen auf sichtbares Licht an, ähnlich wie Fotozellen bei Ölbrennern.

Sie sind zur Überwachung von Gasflammen ungeeignet, da:
- die Gasflammen zu wenig sichtbares Licht ausstrahlen
- sie zu langsam reagieren, sodass zu viel unverbranntes Gas ausströmen könnte

Deshalb werden sie zur Zündsicherung an Gasgeräten nicht verwendet.

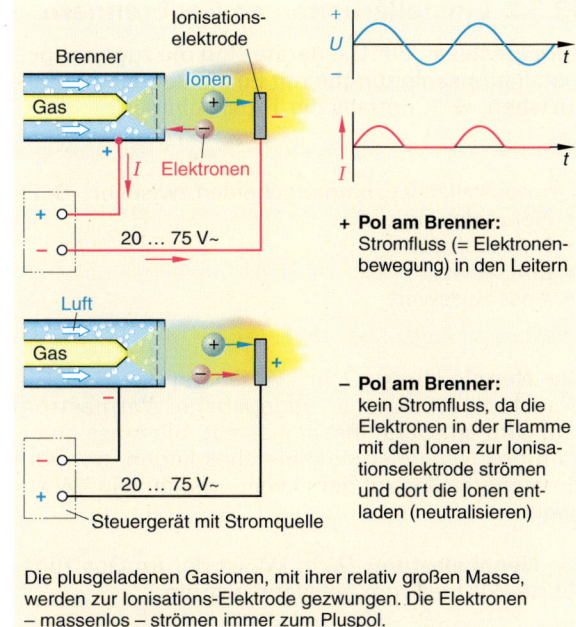

+ **Pol am Brenner:**
Stromfluss (= Elektronenbewegung) in den Leitern

– **Pol am Brenner:**
kein Stromfluss, da die Elektronen in der Flamme mit den Ionen zur Ionisationselektrode strömen und dort die Ionen entladen (neutralisieren)

Die plusgeladenen Gasionen, mit ihrer relativ großen Masse, werden zur Ionisations-Elektrode gezwungen. Die Elektronen – massenlos – strömen immer zum Pluspol.

1 Gleichrichterwirkung durch die Blaswirkung der Flamme bei der Ionisationszündsicherung

13.5 Einstellen von Gasbrennern

13.5.1 Erfordernis zur Geräteeinstellung

Eine „Flammenbeurteilung" mit bloßem Auge ist unsicher und nicht zu verantworten.

Um Gasgeräte optimal zu betreiben und damit auch zum Umweltschutz beizutragen, müssen Gasflammen genau eingestellt werden.

Sie müssen so eingestellt werden, dass dem Gasbrenner:
- nicht zu viel Gas zugeführt wird
- nicht zu wenig Gas zugeführt wird

Wird einem Gasbrenner **zu viel Gas** zugeführt, kann beim Verbrennen Ruß entstehen, vor allem aber das giftige Kohlenmonoxid CO.

Zu **geringe Gaszufuhr** verringert die Wärmeleistung des Gerätes und kann auch seinen Wirkungsgrad mindern.

Gasgeräte sind entsprechend der Betriebsanleitung auf Nennwärmebelastung genau, evtl. bis 5 % darunter, einzustellen.

Dies geschieht:
- unmittelbar nach Inbetriebnahme neuer Gasgeräte
- nach Wartungsarbeiten an Gasgeräten
- nach einer Gasumstellung, z. B. von Flüssig- auf Erdgas

13

13.5.2 Einstellarbeiten an Gasbrennern

Zum Einstellen der Gasgeräte sind die zugehörigen Installationsanleitungen mit Einstelltabellen heranzuziehen, → 1, notfalls die Typenschilder.

Grundsätzlich ist zu unterscheiden zwischen, → 2:
- Nennleistung
- Nennbelastung
- Einstellwert
- Anschlusswert

Die **Nennleistung** $\dot{Q}_L$ in kW ist der für den Gebrauchszweck nutzbar abgegebene Wärmestrom und wird am Gerät fest eingestellt. Sie muss innerhalb des Nennleistungsbereiches liegen, der vom Gerätehersteller auf dem Leistungsschild in kW angegeben ist.

Die **Nennbelastung** $\dot{Q}_B$ in kW ist der im Gas zugeführte Wärmestrom bei Nennleistung.

Der **Einstellwert** $\dot{V}_E$ ist der zugeführte Gasvolumenstrom, gemessen in l/min.

Der **Anschlusswert** $\dot{V}_A$ gibt den zugeführten Gasvolumenstrom in m³/h an.

Wichtig für das **Einstellen des Gasbrenners** sind folgende Werte:
- Nennleistung, -belastung bzw. Nennbelastungsbereich (evtl. Gasgeräteschild)
- Düsendruck für den Gasbrenner (Installationsanleitung)
- Wobbe-Index (beim NB zu erfragen)
- Betriebsheizwert des Gases (beim NB zu erfragen)
- Anschlussdruck; er ist als Fließdruck vor dem Einstellen des Gasgerätes zu messen und soll betragen:
  - bei Erdgas (Gasfamilie 2):
    p_A = 18 mbar … 25 mbar
  - bei Flüssiggas (Gasfamilie 2):
    p_A = 50 mbar … 57 mbar

Ist bei Erdgas der Anschlussdruck:
- p_A < 18 mbar, darf das Gerät nur auf 85 % seiner Nennbelastung eingestellt werden, um das Gerät nicht zu überlasten, falls der Anschlussdruck sich normalisiert
- p_A < 15 mbar oder p_A > 25 mbar, darf das Gerät nicht in Betrieb genommen werden; das NB ist zu verständigen und die Ursache für den abnormen Anschlussdruck ist zu beseitigen

Gasbrenner können eingestellt werden mithilfe des:
- Düsendruckes (manometrische Methode)
- Gaszählers (volumetrische Methode)

Wobbe-Index kWh/m³	Düsendruck mbar					
	Nennleistung kW					
	9	10	12	14	16	18
14,00	1,3	1,6	2,3	3,0	3,9	4,9
14,25	1,3	1,5	2,2	3,0	3,8	4,8
14,50	1,2	1,5	2,1	2,9	3,7	4,6
14,75	1,2	1,5	2,1	2,8	3,6	4,5
15,00	1,1	1,4	2,0	2,7	3,4	4,3
15,25	1,1	1,4	1,9	2,6	3,3	4,2
15,50	1,1	1,3	1,9	2,5	3,2	4,0

a) Düsendrucktabelle

Betriebs-heizwert kWh/m³	Gasdurchfluss[1] l/min					
	Nennleistung kW					
	9	10	12	14	16	18
10,0	17,5	19,4	23,1	26,8	30,4	34,0
10,4	16,8	18,6	22,2	25,8	29,2	32,7
10,8	16,2	17,9	21,4	24,8	28,2	31,5
11,2	15,6	17,3	20,6	23,9	27,2	30,4

[1] bei 15°C / 1013 mbar

b) Gasdurchflusstabelle

1 Einstelltabellen für ein Gasgerät, Erdgas, 2. Gasfamilie E

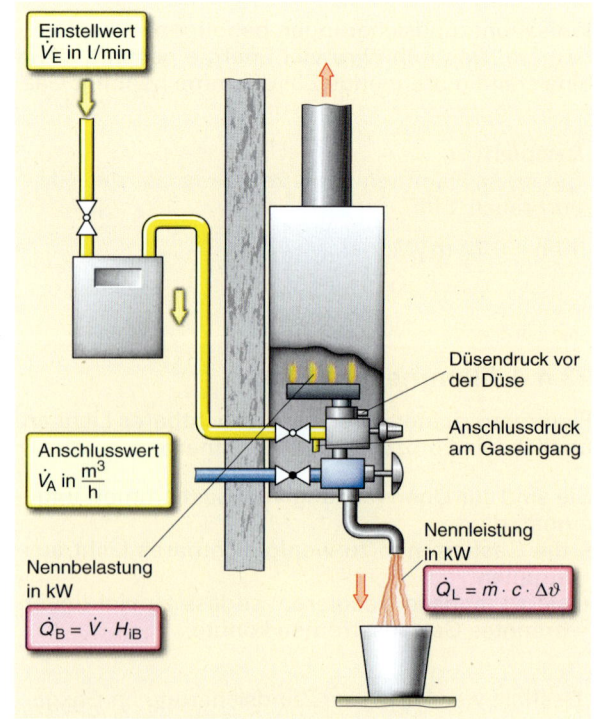

Einstellwert $\dot{V}_E$ in l/min

Düsendruck vor der Düse

Anschlussdruck am Gaseingang

Nennleistung in kW

$$\dot{Q}_L = \dot{m} \cdot c \cdot \Delta\vartheta$$

Anschlusswert $\dot{V}_A$ in $\frac{m^3}{h}$

Nennbelastung in kW

$$\dot{Q}_B = \dot{V} \cdot H_{iB}$$

2 Begriffe an Gasgeräten für das Einstellen

13

Das **Einstellen mithilfe des Düsendruckes** wird auch **manometrische Methode** genannt, weil mit dem U-Rohr-Manometer oder einem elektronischen Feinmanometer gemessen wird, → 1. Dabei nutzt man aus, dass die Gasdüsen des Brenners sehr genau gebohrt sind. Je nach Gasdruck, relativer Dichte und Heizwert fließt ein gewisser Wärmestrom durch eine bestimmte Bohrung. Diese Zusammenhänge berücksichtigt der Wobbe-Index des Gases.

> Deshalb muss der Wobbe-Index und nicht der Betriebsheizwert beim Einstellen nach Düsendruck herangezogen werden.

Einstellen des Gasbrenners:
- Das U-Rohr-Manometer oder das elektronische Feinmanometer ist auf Null einzuregulieren und am Messstutzen für den Düsendruck anzuschließen, → 1.
- Bei Volllastbetrieb ist über eine Einstellschraube der Düsendruck so zu regulieren, dass er dem Wert aus der Einstelltabelle der Installationsanleitung entspricht, → 398.1a.
- Bei modulierenden Gasbrennern stellt man erst danach die Startgasmenge ein.

Da niemand garantieren kann, ob am Gasbrenner die richtigen Düsen eingebaut sind, ist zur Kontrolle eine Überprüfung nach der volumetrischen Methode zweckmäßig.

Das **Einstellen mithilfe des Gaszählers** wird auch **volumetrische Methode** genannt, weil der Gasvolumenstrom gemessen wird.

Dabei ist der für den Gasbrenner richtige Einstellwert $\dot{V}_E$ in l/min:
- über die Werte Nennwärmebelastung und Betriebsheizwert aus der Einstelltabelle des Gasgerätes zu entnehmen, → 398.1b
- oder zu berechnen

Am Gaszähler wird bei Volllastbetrieb des Gasgerätes der Gasverbrauch innerhalb von 60 s (= 1 min) abgelesen und so der Volumenstrom in l/min bestimmt. Längere Messzeiten ergeben genauere Werte und sind zu empfehlen.

An der Gaseinstellschraube wird der Wert nun so einreguliert, bis der Volumenstrom einer Genauigkeit von 0 bis − 5 % entspricht.

> Überbelastungen sind auf jeden Fall zu vermeiden.

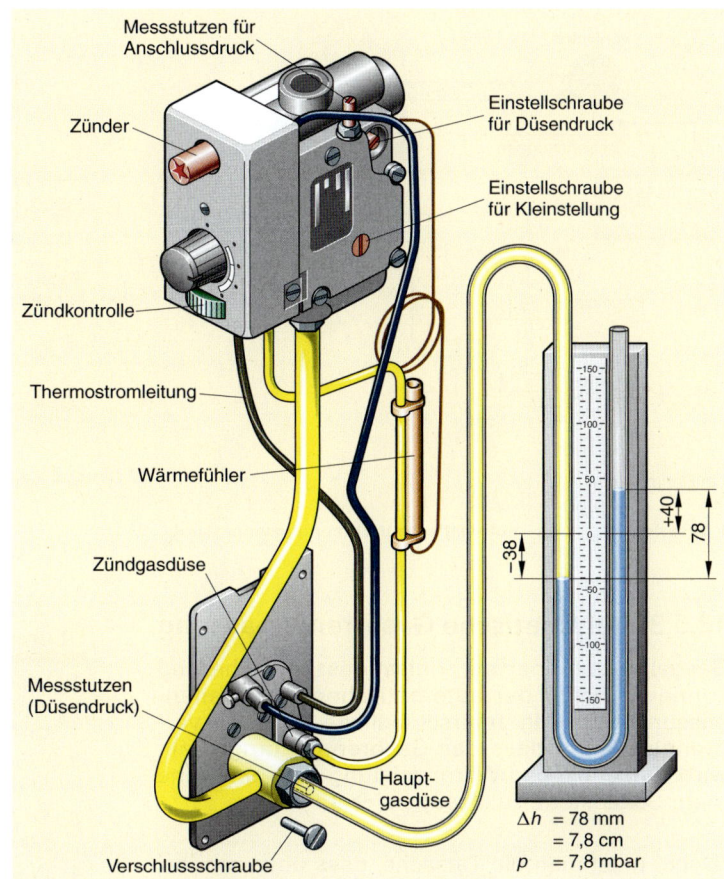

Messstutzen für Anschlussdruck
Zünder
Einstellschraube für Düsendruck
Einstellschraube für Kleinstellung
Zündkontrolle
Thermostromleitung
Wärmefühler
Zündgasdüse
Messstutzen (Düsendruck)
Hauptgasdüse
Verschlussschraube

Δh = 78 mm
       = 7,8 cm
p = 7,8 mbar

1 Einstellen eines Gasheizautomaten nach Düsendruck

Gasgeräte mit Kennzeichnung „EE" für **E**rdgas-**E**instellung sind werkseitig so eingestellt, dass beim Wobbe-Index W_s = 15,0 kWh/m³ die Nennbelastung erreicht wird, aber auch noch ein Betrieb bis W_s = 12,0 kWh/m³ möglich ist.

> Die Einstellung der Gasgeräte mit Kennzeichnung „EE" soll vom Installateur nicht verändert werden.

Ausnahmen:
Die Einstellung der Gasgeräte mit Kennzeichnung „EE" muss verändert werden bei:
- Gasumstellung
- Anpassung an veränderte Gaszusammensetzung

Gasgeräte mit geringer Wärmeleistung wie Gasherde haben Festdüsen für die jeweilige Gasart. Bei den Gasbrennern dieser Gasgeräte ist nur die Primärluftzufuhr einzustellen.

Die Gasflamme muss einen scharf umgrenzten, grünlichen Kern und darf keine gelben Spitzen oder einen Schleier haben. Letzteres weist auf Luftmangel hin.

Bei der **Umstellung** von Gasgeräten auf eine andere Gasart, z. B. von Erdgas- auf Flüssiggasbetrieb, sind die Brennerdüsen zu wechseln. Sie sind mit Zahlen gekennzeichnet (siehe Installationsanleitung). Nach dem Düsenwechsel ist der Gasbrenner neu einzustellen.

13

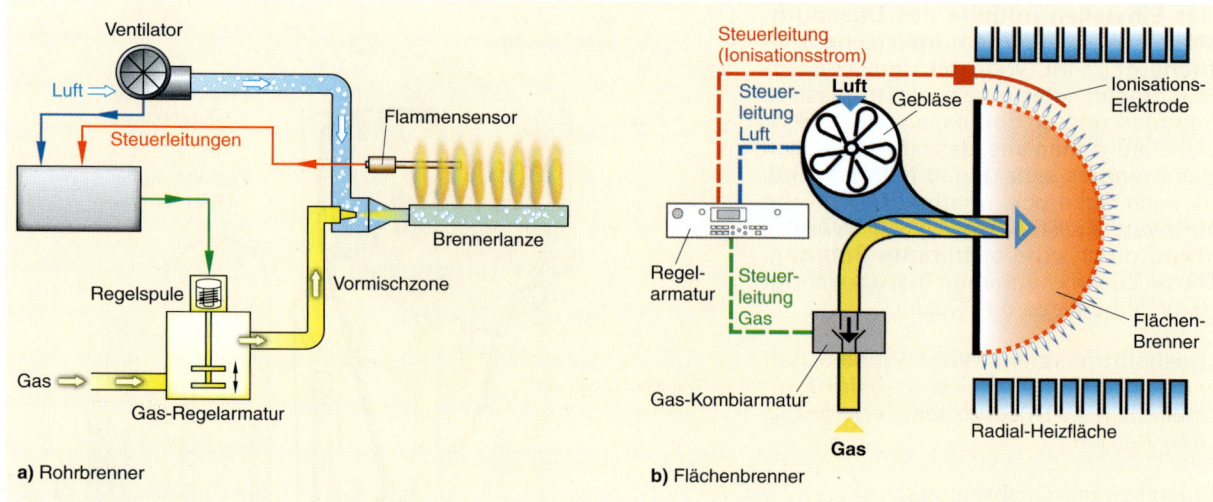

1 Gasartenerkennung – automatische Verbrennungsanpassung

a) Rohrbrenner   b) Flächenbrenner

13.5.3 Automatische Gasartenanpassung

Gasgebläsebrenner mit Ionisationszündsicherung können mithilfe der automatischen Gasartenanpassungsregelung unterschiedliche Gasarten verbrennen, ohne dass der Gasbrenner umgestellt wird. Dabei bleiben Wärmeleistung konstant ohne mehr Schadstoffe zu erzeugen, → 1.

> Dabei nutzt man die Tatsache, dass über den Ionisationsstrom messbar sind:
> • Flammentemperatur
> • Luftzahl

Jedes Gasgemisch benötigt zur vollständigen, schadstofffreien Verbrennung eine bestimmte Luftmenge. Durch ständiges automatisches Messen und Vergleichen der zugeführten Luftmenge mit einem werkseitig vorgegebenen Sollwert erkennt die automatische Gasartenanpassung Abweichungen sofort und kann in Sekundenschnelle korrigieren. Dabei wird der Gasstrom über ein Regelventil ständig der vorgegebenen Wärmeleistung angepasst.

Die **Vorteile** der automatischen Gasartenanpassung sind:
• Gas-Luft-Gemisch wird ständig überwacht und wenn nötig neu eingestellt (geregelt), auch bei Kaltstart
• gute Verbrennung auch bei Druck- und Temperaturschwankungen
• gleichmäßige Wärmebelastung unter verschiedenen Betriebsbedingungen
• schnelle Anpassung der Verbrennung bei sich ändernden Betriebsbedingungen
• Einstellarbeiten am Brenner entfallen

Übungen:

1. Wodurch unterscheiden sich Leuchtflammen und entleuchtete Flammen hinsichtlich Aussehen (Skizze), Wirkung und Einsatz?
2. Woran erkennt man atmosphärische Gasbrenner und Gas-Gebläsebrenner?
3. Erläutern Sie, warum Vollvormischbrenner nur sehr kurze Flammen haben.
4. Welche Aufgaben kann ein Lüfter in einem Gasgerät mit atmosphärischem Brenner übernehmen?
5. Benennen Sie Bauarten von Gebläsebrennern.
6. Beschreiben Sie das Prinzip der Erzeugung elektrischen Stromes bei der Piezozündung.
7. Nennen Sie mögliche Ursachen für ein Versagen der Funkenzündung bei Piezo- und bei Hochspannungszündern.
8. Wozu dienen Zündsicherungen und welche Arten von Zündsicherungen gibt es?
9. Beschreiben Sie die Funktionsweise einer thermoelektrischen Zündsicherung.
10. Wie viele m³ Gas benötigt eine ständig brennende Zündflamme mit 20 mm Länge im Jahr?
11. Beschreiben Sie die Wirkungsweise einer Ionisations-Zündsicherung.
12. Welches physikalische Prinzip verhindert, dass der Gasbrenner bei einer kurzgeschlossenen Ionisationszündsicherung weiter mit Gas versorgt wird?
13. Wann darf ein Gasbrenner nur auf 85 % der Nennbelastung eingestellt werden?
14. Beschreiben Sie eine Brennereinstellung
    a) nach der manometrischen Methode
    b) nach der volumetrischen Methode
    Welches physikalische Prinzip liegt der automatischen Gasartenanpassung zugrunde?

13

14 Gasgeräte

14.1 Einteilung der Gasgeräte

Gasgeräte verbrennen Gas und liefern Wärme. Der Begriff „Gasgerät" hat dabei eine doppelte Bedeutung:
- Oberbegriff für *alle* Gas verbrauchenden Apparate
- Unterbegriff für die Gasgeräte ohne Abgasabführung

In diesem Buch wird deshalb immer der Ausdruck „Gasgeräte A" verwendet, wenn es sich um Gasgeräte ohne Abgasabführung wie Gasherde, -kocher, -kühlschränke handelt.

Gasgeräte mit einer Abgasabführung werden auch als Gasfeuerstätten bezeichnet, ➜ 1.

Nach Art der Verbrennungsluftzuführung und der Abgasabführung unterscheidet man, ➜ letzte Umschlaginnenseite:
- Gasgeräte der Art A
- Gasgeräte der Art B
- Gasgeräte der Art C

Gasgeräte der Art A entnehmen die Verbrennungsluft aus dem Aufstellungsraum (**raumluftabhängig**). Sie besitzen keine Abgasanlage. Die Abgase strömen in den Aufstellungsraum.

Gasgeräte der Art B entnehmen die Verbrennungsluft ebenfalls aus dem Aufstellungsraum. Die Abgase werden aber über eine Abgasanlage, z. B. über Abgasrohr und Schornstein, ins Freie abgeführt.

Gasgeräten der Art C wird die Verbrennungsluft dirket aus dem Freien zugeführt. Sie benötigen keine Luft aus dem Aufstellungsraum (**raumluftunabhängig**). Die Abgase werden über eine Abgasanlage ins Freie geführt.

Je nach der Konstruktion der Gasgeräte können diese mit Lüfter vor dem Brenner oder im Abgasweg ausgestattet sein. Ferner gibt es zahlreiche Arten der Abgasabführung. Daraus ergeben sich bei den Gerätearten weitere Differenzierungen. Durch die Verwendung von Indexzahlen zusätzlich zum Buchstaben der Geräteart, werden Angaben über Lüfter bzw. Art der Abgasabführung gemacht, vgl. ➜ letzte Umschlaginnenseite.

Nach der möglichen Verwendung für eine oder mehrere Gasfamilien unterteilt man Gasgeräte in:
- Gasgeräte Kategorie I
- Gasgeräte Kategorie II
- Gasgeräte Kategorie III

Gasgeräte der Kategorie I sind für den Betrieb mit Gasen einer Gasfamilie geeignet.

Beispiel:
Ein Gasgerät Kategorie I_2 ist nur für Gase der 2. Gasfamilie geeignet.

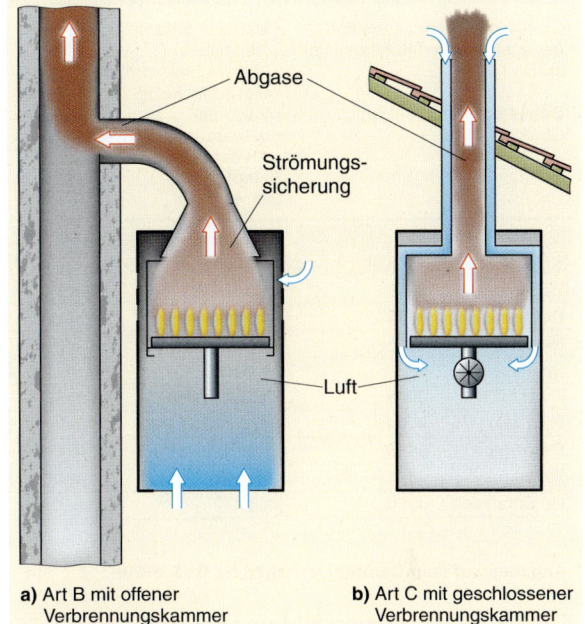

a) Art B mit offener Verbrennungskammer   **b)** Art C mit geschlossener Verbrennungskammer

1 Gasfeuerstätten

Gasgeräte der Kategorie II sind für den Betrieb mit Gasen zweier Gasfamilien geeignet.

Beispiel:
Ein Gasgerät Kategorie II_{23} ist für Gase der 2. und 3. Gasfamilie geeignet.

Gasgeräte der Kategorie III sind Gasgeräte, die für den Betrieb aller Gasfamilien geeignet sind. Daher entfallen hier die Indizes bei der Kategoriebezeichnung.

Bei Gasen der 2. und 3. Gasfamilie werden meist noch die Gasgruppen angegeben.

Beispiel:
Gasherd $II_{2ELL3P/B}$ bedeutet:
Gasherd, Kategorie II, also für zwei Gasfamilien geeignet, nämlich:
- 2. Gasfamilie (Erdgas) der Gruppe E und LL
- 3. Gasfamilie (Flüssiggas) der Gruppen P (Propan) und B (Butan)

14.2 Gerätetypenschild an Gasgeräten

Es dürfen nur Gasgeräte installiert werden, die geprüft und zugelassen und für das Land, in dem sie eingebaut werden sollen, geeignet sind. Das Gerätetypenschild gibt Auskunft darüber, ob diese Anforderungen erfüllt sind.

14

MUSS	MUSS	KANN	KANN
CE-Kennzeichen mit Angabe der ausführenden Konformitätsprüfstelle **Beispiel:** CE-0085	• Name und Kennzeichen des Herstellers • Handelsbezeichnung • Gasgerätekategorie • Gasdruck • Jahreszahl des Inverkehrbringens • Art der Stromversorgung **Beispiel:** Bild ➔ 2	Produkt-Identnummer **Beispiel:** CE-0085CL1235 laufende Nummer der Konformitätsprüfung bei der benannten Konformitätsprüfstelle im angegebenen Bezugsjahr.	Nationales Qualitätszeichen 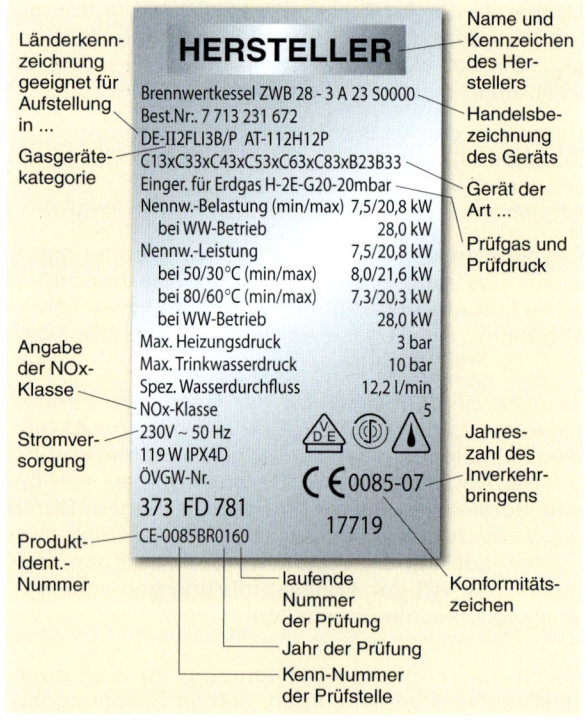

Kenn-Nr. von Zertifizierungsstellen innerhalb der EU		Länderkennzeichnung (kann lt. Gasgeräterichtlinie auch entfallen)		Buchstabencode		Bedeutung
Dänemark	0048	Belgien BE	Island IS		1. Buchstabe	Zusätzliche und freiwillige Prüfung des Gasgerätes (z. B. Zuverlässigkeit, Gebrauchstauglichkeit, Umweltschutz, etc.)
Deutschland	**0085**	Dänemark DK	Luxemburg LU	A	199...	
Niederlande	0063	**Deutschland DE**	Norwegen NO	B	200...	
Spanien	0099	Finnland FI	**Österreich AT**	C	201...	
Frankreich	0049	Frankreich FR	Portugal PT		2. Buchstabe	
Portugal	0064	Griechenl. GR	Niederlande NL	L = 0	Q = 5	
Österreich	**0433**	Gr. Britannien GB	Spanien ES	M = 1	R = 6	
Italien	0051	Irland IE	Schweden SE	N = 2	S = 7	
Gr. Britannien	0086	Italien IT	Schweiz CH	O = 3	T = 8	
				P = 4	U = 9	

1 Angaben auf dem Gerätetypenschild für Gasgeräte

Auf dem Gerätetypenschild sind angegeben, ➔ 1, 2:
• CE-Kennzeichen
• Name und Kennzeichen des Herstellers
• Handelsbezeichnung des Gasgerätes
• ggf. Art der erforderlichen Stromversorgung
• Jahreszahl des Inverkehrbringens
• Gaskategorie und Gasdruck
• Länderkennzeichnung (freiwillig)
• Produkt-Identnummer (freiwillig)
• NOx-Klasse (freiwillig)

Das **CE-Kennzeichen** (Konformitätszeichen[1]) bestätigt, dass das Gasgerät die Anforderungen der europäischen Gasgeräterichtlinie erfüllt und in Europa frei gehandelt werden darf („Freihandelszeichen"). Da nur Anforderungen geprüft werden können, die überall in Europa gültig sind, müssen bei der Installation der Geräte die nationalen Anforderungen beachtet werden. Seit dem 1. Januar 1996 dürfen nur noch Gasgeräte eingebaut werden, die das CE-Kennzeichen tragen. Die Überprüfung wird von Konformitätsprüfstellen durchgeführt. In Deutschland prüft der DVGW.

Name und Kennzeichen des Herstellers sind für den Handwerker für Rücksprachen nötig.

Die **Handelsbezeichnung** zur Produktkennzeichnung ist vom Hersteller frei wählbar.

Die **Art der erforderlichen Stromversorgung** gibt Stromart, Stromspannung, elektrische Leistung des Gerätes und Schutzart an.

Die **Jahreszahl des Inverkehrbringens** nennt das Auslieferungsjahr aus dem Herstellerwerk.

Der Installateur in Deutschland muss darauf achten, dass er ein für Deutschland geeignetes Gerät anschließt.

[1] konform: übereinstimmend

2 Gerätetypenschild für Gasgeräte

Dies erkennt er an den Angaben der **Gaskategorie, der Prüfgase und des Gasdruckes**, evtl. an der Art der Stromversorgung.

Beispiel:
• G20: Prüfgas für Erdgas E
• G25: Prüfgas für Erdgas LL
• G30 / 31: Prüfgas für Flüssiggase

Die **Länderkennzeichnung** erleichtert dem Handwerker das Erkennen.

Die **Produkt-Identnummer** wird bei jeder CE-Konformitätsprüfung vergeben. Sie dient dem eindeutigen Nachweis der CE-Prüfung.

Die **NOx-Klasse**, muss vom Hersteller nicht auf dem Gerät angegeben werden. In Deutschland dürfen nur Geräte betrieben werden, die der NOx-Klasse 5 entsprechen (NOx-Ausstoß max. 70 mg/kWh). Ist weder auf dem Gerät noch in der Bedienungs- u. Installationsanleitung die NOx-Klasse angegeben, muss der Schornsteinfeger die Inbetriebnahme verbieten, da nicht nachgewiesen ist, ob das Gerät der Klasse „5" entspricht.

14.3 Gas-Haushaltskochgeräte

14.3.1 Arten von Gas-Haushaltskochgeräten

Gas-Haushaltskochgeräte sind Gasgeräte der Art A (ohne Abgasanlage) mit einer Nennwärmebelastung bis maximal 11 kW.

> Nach DIN EN 30 werden Gas-Haushaltskochgeräte unterschieden in:
> • Gasherde mit Koch- und Backteil
> • Gaskocher
> • Gasbacköfen
> • Gasheizherde

Gasherde mit Koch- und Backteil sind als Standgeräte oder als Einbaugeräte erhältlich. Der Backteil wird heute meist nicht mehr mit Gas, sondern elektrisch beheizt.

Gaskocher werden als Einzelbauteil an provisorischen Kochstellen genutzt. Spezielle Ausführungen, zwei- oder vierflammig, werden in die Küchenarbeitsplatten eingebaut.

Seltener sind **Gasbacköfen**, die als Standmodell oder zum Einbau in Küchen verwendet werden.

Gasherde als Standgeräte mit eingebautem Raumheizer, geprüft nach DIN EN 30 und DIN EN 613, bezeichnet man als **Gasheizherde**. Der Raumheizerteil ist mit einer Abgasabführung ausgestattet (Gasgerät Art B).

Für die Aufstellung der Gasherde werden bestimmte Raumgrößen gefordert, vgl. Kap. 14.11.2. Die Aufstellung gewerblich genutzter Gas-Kochgeräte erfolgt nach den Bestimmungen von DVGW G 631.

14.3.2 Komfort-Gasherd

> Ein Komfort-Gasherd besteht aus:
> • Kochteil, meist ausgestattet mit verschiedenen Brennern
> • Backteil
> • Dunstabzugshaube

Der **Kochteil** der Gasherde ist meist ausgestattet mit:
• 1 H-Brenner (Hilfsbrenner) mit einer Nennwärmebelastung von 1,0 kW
• 2 A-Brennern (Normalbrenner) mit einer Nennwärmebelastung von je 2,0 kW
• 1 B-Brenner (Starkbrenner) mit einer Nennwärmebelastung von 3,0 kW, teilweise ausgeführt als Variobrenner mit leicht auswechselbaren Brenneraufsätzen (rund und oval), um eine bessere Wärmeausnutzung auch bei ovalen Töpfen zu erreichen

Gasherde sind auch mit Glaskeramik-Kochfeld, → 1, erhältlich. Die glatte Kochfläche verhindert, dass Töpfe kippen und erleichtert die Reinigung. Die Glaskeramikabdeckung ist allen üblichen Belastungen in einer Küche gewachsen. Sie hat eine Wärmeausdehnung von praktisch Null und ist deshalb unempfindlich gegen Temperaturschocks zwischen −200 °C und 600 °C. Angeordnet sind zwei bzw. drei Kochzonen, beheizt durch Strahlungsheizkörper und eine Fortkochzone, die durch die Abgase erwärmt wird. Sie dient dem Warmhalten von Speisen.

Der **Backteil** ist mit einem thermostatisch geregelten Backbrenner ausgestattet. Zusätzlich können elektrisch betriebene Heizstäbe als Grill eingesetzt sein. Um zu verhindern, dass Backbrenner und Grill gleichzeitig in Betrieb sind, werden beide über den Schaltgriff des Backbrenners bedient oder es werden Vorrangschaltungen eingesetzt. Heute sind Kombi-Gasherde üblich, bei denen der Kochteil mit Gas betrieben, der Backofen aber ausschließlich elektrisch beheizt wird.

Dunstabzugshauben über Gasherden oder Gaskochern müssen einen Abstand von mindestens 65 cm zu den Kochbrennern haben, → 2. Der Abstand stellt sicher, dass Fettrückstände in den Filtern der Haube sich nicht entzünden können.

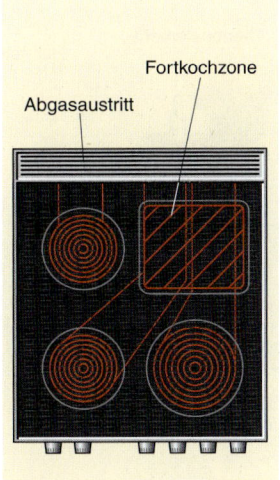

1 Gasherd mit Glaskeramik-Kochfeld

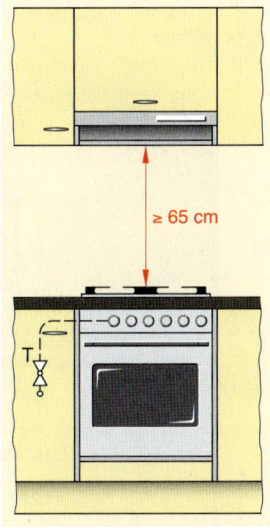

2 Abstand der Dunstabzugshaube zum Gasherd mit offenen Kochstellenflammen

14

14.3.3 Gaskochbrenner

Gaskochbrenner mischen dem Gas an der Brenner-düse einen Primärluftanteil bei. Die Zweitluft (Sekundärluft) tritt am Kochbrenner zur Flamme. Die Primärluftöffnung liegt dabei im Herdgehäuse, etwa auf Höhe der Schaltgriffe, ➔ 1a. Neue Brenner-konstruktionen haben die Brennerdüse und die Primärluftansaugung in den Kochbrenner verla-gert, ➔ 1b. Hierdurch erübrigt sich eine Primärluft-einstellung und die Flamme wird durch Luftdruck-schwankungen im Gerät - die z. B. beim schnellen Öffnen der Backofentür entstehen - nicht mehr be-einflusst.

Die Kochbrenner an Gasherden sind mit und ohne thermoelektrischer Zündsicherung erhältlich.

Gasherde mit nicht zündgesicherten Kochstellen dürfen nur unter Einhaltung besonderer Sicher-heitsbestimmungen, vgl. Kap. 14.11.1, aufgestellt werden.

Gasweg bei einem Gaskochbrenner mit thermo-elektrischer Zündsicherung, ➔ 2:
Das Gas steht in der Anschlussleitung bis zum Gas-Sicherheitsventil des Brennerhahnes. Durch Eindrücken des Schaltgriffes wird das Gas-Sicher-heitsventil geöffnet und über einen Mikroschalter die elektrische Funkenzündung, bei einfacheren Herdmodellen eine Piezozündung, aktiviert. Durch Drehen des Schaltgriffes wird die Flammengröße reguliert. Nach Entstehen der Flamme muss der Schaltgriff noch kurze Zeit niedergedrückt werden, bis durch die thermoelektrische Zündsicherung ein Thermostrom entsteht, der das Gas-Sicherheits-ventil geöffnet hält.

14.3.4 Einstellkorrekturen an Gasherden

Gasherde sind werkseitig eingestellt bei:
• Flüssiggas auf einen Betriebsdruck von 50 mbar
• Erdgas auf einen Betriebsdruck von 20 mbar

Gasherde mit Glaskeramik-Kochfeld sind Gasgeräte der Kategorie I (für Gase der 2. oder 3. Gasfamilie) oder der Kategorie II (für Gase der 2. und 3. Gas-familie).

Bei Einstellkorrekturen gilt:
Bei Geräten mit Netzanschluss ist vor Einstell- oder Reparaturarbeiten der Netzstecker zu ziehen.

Die Einstellschrauben, ➔ 3, Teil A, für Vollbrand, Kleinbrand und Erstluft der Kochbrenner sind nach Abziehen der Brennergriffe und durch Abnehmen der Hahnblende zugänglich. Auch die Justier-schraube des Backofenthermostaten und die Kl-einstellschraube des Backbrenners liegen dort. Nur die Vollbranddüse und die Luftregulierung für den Backbrenner befinden sich unter dem Backofen.

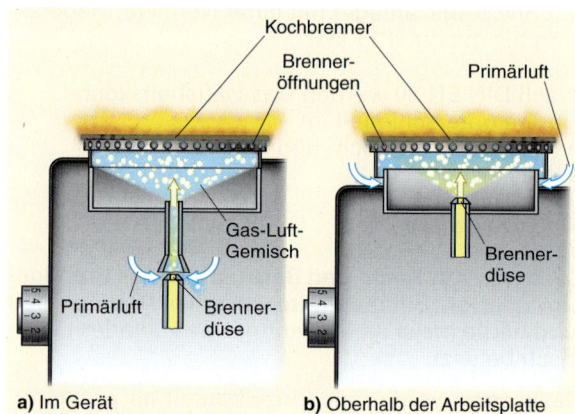

a) Im Gerät   b) Oberhalb der Arbeitsplatte

1 Zweitlufmischung an Gasherden

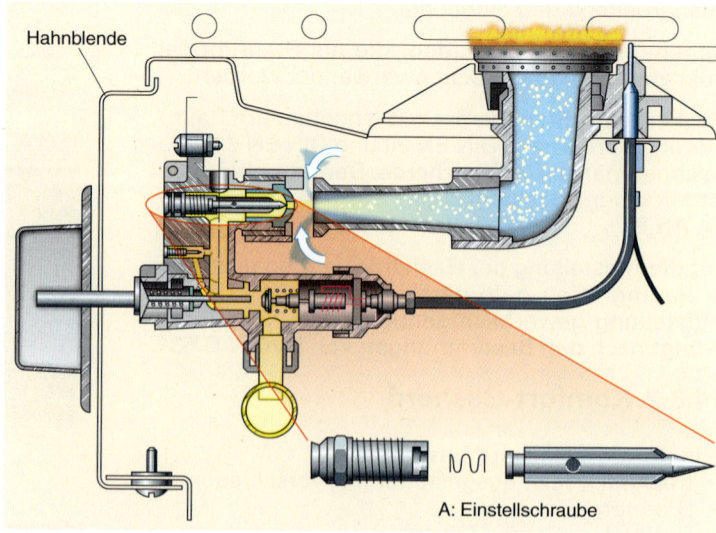

2 Gaskochbrenner mit thermoelektrischer Zünd-sicherung

3 Kochbrenner mit Einzeldüsen für Groß- und Kleinbrand

14

Die Gasarmaturen der Kochstellenbrenner sind heute vielfach mit **Kombi-Düsen** für Voll- und Kleinbrand ausgestattet, → 1. Bei Umstellung auf eine andere Gasart sind diese nach Herstellerangaben auszutauschen, → 2.

Eine **Einstellung der Erstluftmenge** ist vorzunehmen, wenn die Flamme
• stark rauscht (zu viel Erstluft)
• gelbe Spitzen oder Schleier zeigt (zu wenig Luft)

Bei Kochbrennern mit Primärluftansaugung außerhalb des Gerätegehäuses, → 404.1b, ist keine Erstlufteinstellung erforderlich.

14.4 Gasraumheizer

14.4.1 Arten von Gasraumheizern

Gasraumheizer dienen der Beheizung einzelner Räume. Sie sind heute fast ausschließlich in Altbauten zu finden. Die Wärmeabgabe erfolgt hauptsächlich durch Konvektion. Nur in geringem Umfang wird Strahlungswärme frei. Da ein Gasraumheizer mit Heizkörper der Zentralheizung vergleichbar ist, ist die Anordnung unter dem Fenster wärmetechnisch günstig. Einströmende Kaltluft wird hier sofort erwärmt, was zu einer vorteilhaften Wärmeverteilung im Raum führt, → 3, 67.1.

Gasraumheizer arbeiten:
• raumluftunabhängig
• raumluftabhängig

Raumluftunabhängige Gasraumheizer (Gasgeräte Art C) sind „Außenwandgeräte" (Art C₁₁).

Sie holen die Verbrennungsluft von außen und führen die Abgase durch einen Mauerkasten über die Außenwand ab, → 3.

Allerdings ist der Einbau von Außenwandgeräten nur erlaubt, wenn die Abgasabführung „über Dach", z. B. über einen Schornstein, nicht möglich ist. Die Installation unterliegt aber stark einschränkenden Bestimmungen der TRGI.

Raumluftabhängige Gasraumheizer (Gasgerät Art B) werden an einen Schornstein angeschlossen, → 4.

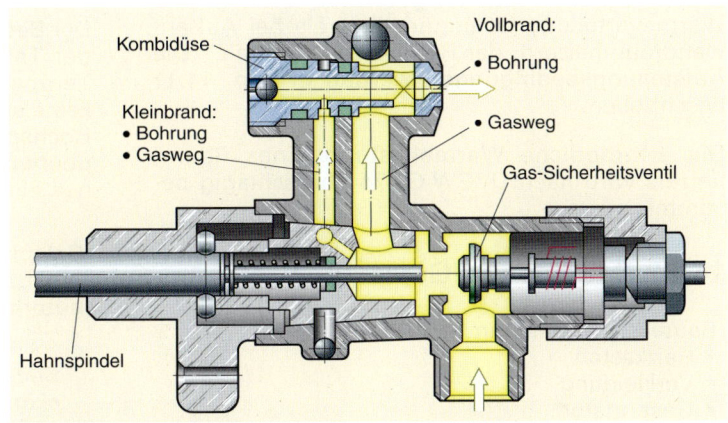

1 Kochbrennerhahn mit Kombidüse für Voll- und Kleinbrand

Gasart			Erdgas L		Erdgas E	
Wobbeindex kWh/m³			12,4		15	
Gasdruck in mbar			20		20	
Farbliche Kennzeichnung der Armaturen		Nennbelastung kW	Großstelldüse (GD)	Kleinstelldüse (KD)	Großstelldüse (GD)	Kleinstelldüse (KD)
Hilfsbrenner „H"	blau	1,0	82	44	75	40
Normalbrenner „A"	rot	1,74	110	44	100	40
Starkbrenner „B"	gelb	2,67	140	60	125	54
Backofenbrenner	–	2,8	140	70	135	70

Die Durchmesser der Düsenbohrungen für die Groß- und Kleinstellung sind in hundertstel Millimeter auf der Stirnseite der Kombi-Düse aufgeprägt. Beispiel: Prägung 75 entspricht 0,75 mm Düsenbohrung

2 Durchmesser der Düsenbohrungen in hunderstel Millimeter

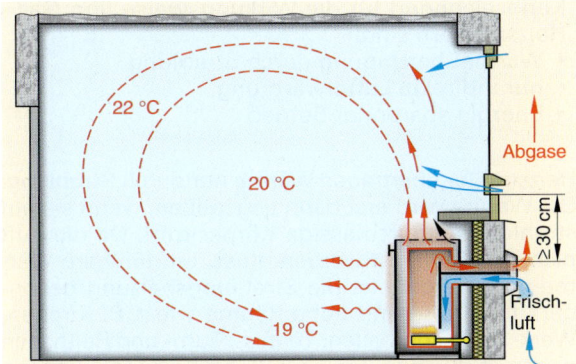

3 Wärmeverteilung bei einem Außenwandraumheizer

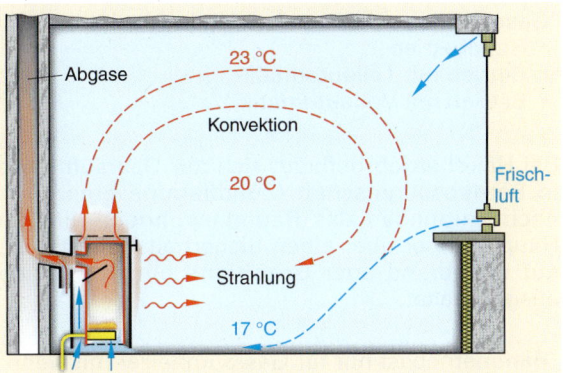

4 Wärmeverteiler bei einem Raumheizer mit Schornsteinanschluss

14

Sie entnehmen dem Aufstellungsraum und weiteren Räumen der Wohnung die Luft zur Verbrennung und führen die Abgase über den Schornstein ab.

Schornsteingebundene Raumheizer können nicht unter einem Fenster angeordnet werden. Die Wärmeverteilung ist ungünstiger als bei Außenwandraumheizern, der Raum wirkt „fußkalt". Die Aufstellungsbedingungen werden in Kap. 14.11 beschrieben.

Die erforderliche Wärmeleistung eines Raumheizers wird nach DVGW G 674 überschlägig bestimmt.

14.4.2 Bauteile von Gasraumheizern

Bauteile von Gasraumheizern sind:
• Heizkasten
• Verkleidung
• Gasarmatur
• Brennerrohr

Der **Heizkasten** umgrenzt die Feuerung und ist mit einem Abgasstutzen ausgerüstet. Bei raumluftunabhängigen Geräten ist er gegenüber dem Aufstellraum dicht ausgeführt.

Die **Verkleidung**, meist aus emailliertem Stahlblech, umfasst den Heizkasten. Sie dient auch bedingt der Strahlungswärmeabgabe.

Die **Gasarmatur** ist je nach Regelung unterschiedlich gebaut, vgl. Kap. 14.4.3.

Das meist aus Edelstahl gefertigte **Brennerrohr** des atmosphärischen Teilmischbrenners ragt in den Heizkasten. Das Brenngasgemisch tritt aus Düsen, Schlitzen, Bohrungen oder einer gitterartigen Keramikplatte aus.

14.4.3 Betriebsweisen von Gasraumheizern

Gasraumheizer können betrieben werden im:
• Handbetrieb
• Betrieb mit Teilautomatik
• Betrieb mit Vollautomatik

Bei **Handbetrieb** befindet sich der Gasraumheizer in Betriebsbereitschaft (Zündflamme brennt). Je nach Empfinden des Raumbewohners wird der Hauptbrenner über einen Sicherheitshahnschalter auf Kleinbrand oder Großbrand eingestellt oder ausgeschaltet.

Handbetrieb ist nur für Gasraumheizer mit Nennleistungen ≤ 4 kW zulässig.

Für den **Betrieb mit Teilautomatik** haben Gasraumheizer eine ständig brennende Zündflamme. Der Hauptbrenner wird über ein Thermostatventil mit Temperaturfühler nach Bedarf automatisch aktiviert und mit seiner Leistung dem Wärmebedarf des Raumes ständig angepasst. Das geschieht stufenlos, man spricht von **modulierender Betriebsweise**.

Der **Betrieb mit Vollautomatik** erfolgt, wie auch bei der Teilautomatik, über ein Thermostatventil mit Temperaturfühler. Vollautomaten haben jedoch keine ständig brennende Zündflamme. Sie sind mit Hochspannungszündung und Ionisationsflammenüberwachung ausgestattet, benötigen deshalb einen elektrischen Stromanschluss von 230 V.

Beispiel:
Inbetriebnahme eines Gasraumheizers mit Teilautomatik:
1. Zünden:
   Bedienungsknopf in Zündstellung niederdrücken (Gas strömt am Zündbrenner aus), Piezo-Zündung betätigen (Hochspannungsfunke entzündet das Gas), Bedienungsknopf ca. 10 s gedrückt halten (Thermoelement muss sich erwärmen und Thermostrom entstehen lassen)
2. Maximalleistung einstellen:
   Im kalten Zustand des Gerätes Bedienungsknopf auf Maximalstellung drehen, Druckregler einstellen
3. Minimalleistung einstellen:
   Im kalten Zustand des Gerätes Bedienungsknopf auf Minimalstellung drehen, Hauptgasmengendrossel einstellen

14.5 Gas-Heizstrahler

14.5.1 Wirkungsweise von Gas-Heizstrahlern

Kennzeichnend für die Wirkungsweise von Gas-Heizstrahlern sind:
• Wärmeübertragung durch Strahlung
• nur indirekte Lufterwärmung
• Energie sparender Betrieb

Heizstrahler übertragen Wärme nur durch **Strahlung**. Die Wärme wird erst dann abgegeben, wenn sie auf strahlungsundurchlässige Körper trifft. Da die Luft nicht erst erwärmt werden muss, um fühlbare Wärme zu erzeugen, ist die Strahlungsheizung besonders für große und hohe Räume wie z. B. Kirchen, Werk- und Lagerhallen, Tennis-, Turn- und Reithallen geeignet. Auch im Freien, z. B. bei Tribünen, können Heizstrahler eingesetzt werden, ➔ 407.1.

14

Eine **Lufterwärmung** erfolgt nur indirekt über die vom Heizstrahler erwärmten Personen, Bauteile, Produkte. Dadurch ist die Temperatur unter der Raumdecke kaum höher als am Boden, ➔ 2.

Die **Energieeinsparung** gegenüber der „normalen" Beheizung kann in großen Hallen durch den Strahlerbetrieb bis zu 50 % betragen.

Im Kleinen werden transportable, mit Flüssiggas betriebene Heizstrahler häufig als Wärmequelle auf Terrassen, an Marktständen, für Arbeitsplätze im Freien, Trocknen von Neubauten usw. eingesetzt.

14.5.2 Aufbau und Funktion der Gas-Heizstrahler

Man unterscheidet:
- Gas-Infrarotstrahler (Hellstrahler)
- Infrarot-Niedertemperaturstrahler (Dunkelstrahler)

Gas-Infrarotstrahler nach DIN 3372 sind Gasgeräte mit Brennern ohne Gebläse und einer Heizflächentemperatur ≥ 500 °C, ➔ 3. Die Geräte mit Leistungen von ca. 6 kW bis ca. 36 kW für Erdgas und Propangas bestehen aus einer oder mehreren Brennkammern, Keramikplatten, Brennerdüse, Injektor, Reflektor und Brennerrahmen. Die Gaszufuhr wird geregelt und überwacht durch:
- Druckregelgerät
- Sicherheitsabsperreinrichtung
- Zündeinrichtung
- Ionisationsflammenüberwachung

Vor den Keramikplatten befindet sich das Strahlungsgitter aus temperaturbeständigem Material. Der Reflektor ist in Größe und Form auf die Leistung und den Einsatz des Strahlers abgestimmt.

Die gesamte, zur Verbrennung erforderliche Luft wird durch die Saugwirkung der Brennerdüse über die Ansaugöffnung angesaugt und gelangt in das Mischrohr. Das Gas-Luft-Gemisch wird in der Mischkammer zunächst an der Keramikplattenoberfläche verbrannt.

Glüht die Keramikplatte sichtbar, vollzieht sich die Verbrennung in den feinen Bohrungen. Dabei erreicht die Platte eine Oberflächentemperatur von ca. 900 °C.

Die Plattenrückseite wird vom Gas-Luft-Gemisch gekühlt. Dies und die Konstruktion der Bohrungen verhindern einen Flammenrückschlag. Wegen des sichtbaren Glühens des Strahlers bezeichnet man diesen auch als **Hellstrahler**.

Gas-Infrarotstrahler erbringen die volle Leistung schon ca. 1 Minute nach dem Einschalten. Die Wärmewirkung ist sofort spürbar.

1 Tribünenheizung mit Gas-Heizstrahlern

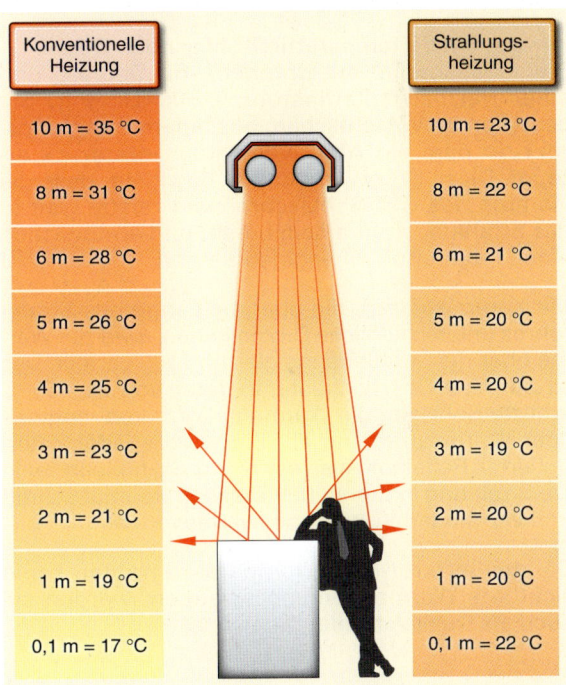

Konventionelle Heizung	Strahlungsheizung
10 m = 35 °C	10 m = 23 °C
8 m = 31 °C	8 m = 22 °C
6 m = 28 °C	6 m = 21 °C
5 m = 26 °C	5 m = 20 °C
4 m = 25 °C	4 m = 20 °C
3 m = 23 °C	3 m = 19 °C
2 m = 21 °C	2 m = 20 °C
1 m = 19 °C	1 m = 20 °C
0,1 m = 17 °C	0,1 m = 22 °C

2 Temperaturprofile einer konventionellen Heizung und einer Strahlungsheizung

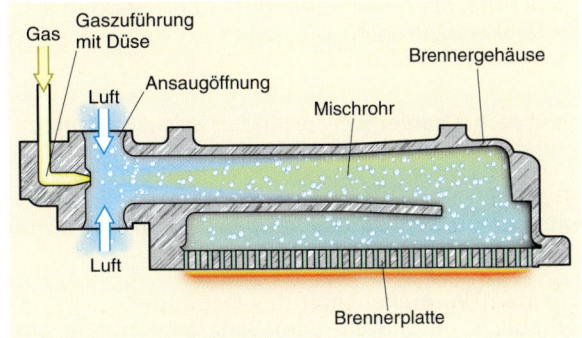

3 Gas-Infrarotstrahler (Hellstrahler)

14

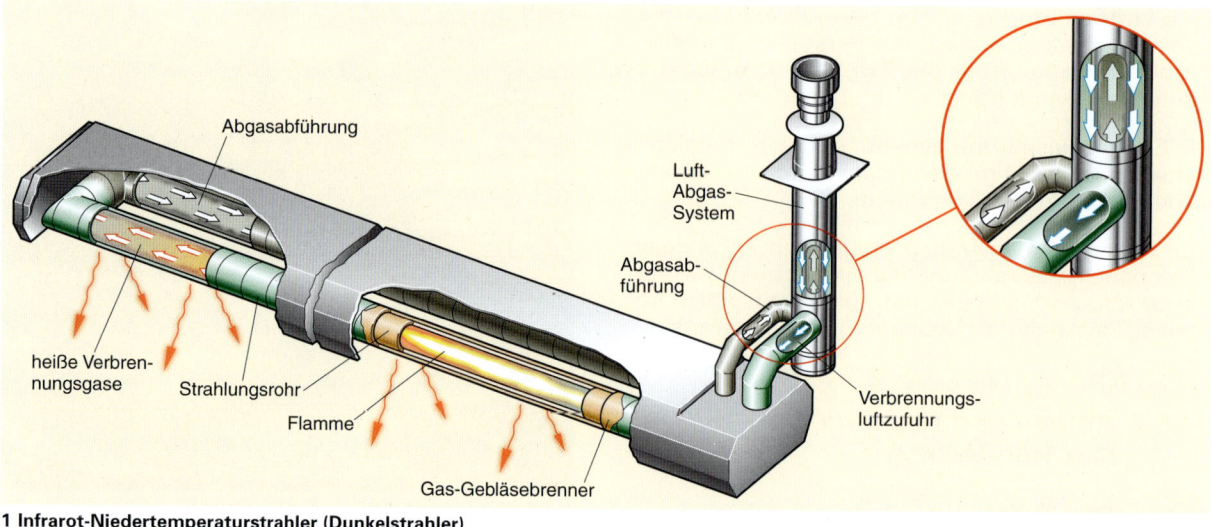

1 Infrarot-Niedertemperaturstrahler (Dunkelstrahler)

Infrarot-Niedertemperaturstrahler nach DIN 3372-6 sind Gasgeräte mit Brennern mit Gebläse und einer Heizflächentemperatur < 500 °C, ➜ 1. Sie bestehen im Wesentlichem aus einem Strahlungsrohr, in dem ein Abgasventilator Unterdruck erzeugt. Diese Druckverhältnisse bewirken, dass die Flamme des Gas-Gebläsebrenners relativ weit in das Strahlungsrohr hinein brennt und ermöglichen einen raumluftunabhängigen Betrieb.

Mit Keramikhülsen, die über die Länge des Strahlrohres unterschiedliche Dicken haben, wird die Wärme über die Strahlerlänge gleichmäßig verteilt. Das so auf eine Oberflächentemperatur von ca. 350 °C erhitzte Rohr gibt die Wärme in Form von langwelliger Wärmestrahlung ab. Ein wärmegedämmter, polierter Reflektor aus rostfreiem Stahlblech lenkt die Strahlung in den zu beheizenden Raumabschnitt und vermindert Konvektionswärmeverluste.

Da die Infrarot-Niedertemperaturstrahler keine sichtbare Wärmestrahlung erzeugen, werden sie auch als **Dunkelstrahler** bezeichnet.

14.5.3 Montage der Infrarot-Strahler

Gas-Infrarotstrahler können montiert werden als:
• Senkrechtstrahler
• Schrägstrahler

Senkrechtstrahler werden an der Dachkonstruktion angebracht und waagerecht ausgerichtet.

Schrägstrahler können in der Dachkonstruktion oder an Außenwänden und Hallenstützen angebracht werden.

Für den **Wärmehaushalt** des Gebäudes ist es unerheblich, ob Schräg- oder Senkrechtstrahler eingesetzt sind. Bei Schrägstrahlern wirkt die Strah-

lungsenergie auf eine größere Grundfläche, was die Wärmestrahlung pro Quadratmeter verringert, nicht jedoch die abgegebene Wärme reduziert.

Infrarot-Strahler müssen so angeordnet werden, dass Personen im Strahlungsbereich keiner größeren Wärmestrahlung als 200 W/m² ausgesetzt sind.

Die nötigen **Mindestmontagehöhen** sind von der Nennwärmebelastung des Strahlers und vom Neigungswinkel abhängig. Sie sind im DVGW-Arbeitsblatt G 638-1 (Hellstrahler) und im G 638-2 (Dunkelstrahler) festgelegt.

Beispiel:
Bei einem Heizstrahler mit Nennbelastung = 10 kW und einem Neigungswinkel von 45° ist die Mindestmontagehöhe für:
• Hellstrahler: 4 m
• Dunkelstrahler: 3 m

An brennbaren Bauteilen im Strahlungsbereich darf keine höhere Temperatur als 85 °C entstehen.

Deshalb sind beim Einsatz von Infrarot-Strahlern die Abstände zu brennbaren Bauteilen zu beachten:
• der Abstand der Wärme abstrahlenden Seiten des Strahlers zu brennbaren Bauteilen:
  - bei Hellstrahlern: ≥ 2 m
  - bei Dunkelstrahlern: ≥ 1,5 m
• der Abstand der **nicht** Wärme abstrahlenden Seiten zu Wänden und brennbaren Bauteilen:
  - bei Hellstrahlern: ≥ 20 cm, oberhalb des Strahlers ≥ 80 cm
  - bei Dunkelstrahlern: Abstand brennbarer Stoffe seitlich zum Strahlrohr und nach oben ≥ 80 cm

14

408

14.6 Umlauf-Wasserheizer – Kombi-Wasserheizer

14.6.1 Aufgaben und Unterschiede bei Umlauf- und Kombi-Wasserheizern

Umlauf- und Kombi-Wasserheizer sind wandhängende Gasgeräte mit geringem Platzbedarf.

Umlauf-Wasserheizer erwärmen umlaufendes Heizwasser beim Durchfließen. Warmwasser zum Duschen, Baden usw. wird in einem separaten Speicher-Wassererwärmer durch das Heizwasser indirekt erwärmt. Umlaufwasserheizer und damit zusammengeschaltete Speicher-Wassererwärmer nennt man **Gaswärmezentrum**, ➔ 1a.

Kombi-Wasserheizer erwärmen umlaufendes Heizwasser und durchfließendes Trinkwasser in einem Gerät, ➔ 1b.

> Umlauf- und Kombi-Wasserheizer dienen:
> - der Beheizung einzelner Wohnungen bzw. kleiner Gebäude
> - der Warmwasserbereitung

Umlauf- und Kombi-Wasserheizer werden häufig für einzelne Wohnungen in Mehrfamilienhäusern, als so genannte Etagenheizung eingesetzt. Sie ermöglichen die Abrechnung der Kosten für **Heizung** und **Warmwasserbereitung** über den Gaszähler. Dadurch werden Heizkostenabrechnungen mit erheblichem Aufwand (eigene Wärmemessgeräte) und Kosten (Abrechnungsverfahren) eingespart.

Durch den sinkenden Wärmebedarf bei Neubauten können Umlauf- und Kombi-Wasserheizer auch bei kleinen Gebäuden wie Einfamilienhäuser, Gewerbebetriebe verwendet werden. Sie werden meistens im Dachgeschoss angeordnet. Sie verringert den Aufwand für die Abgasabführung.

Vorteil des Kombi-Wasserheizers ist, dass kein eigener Speicher-Wassererwärmer nötig ist.

Nachteilig ist, dass der Brenner bei der geringsten Warmwasserentnahme, z. B. beim Händewaschen, anspringt. Sehr häufig ergibt das Brennzeiten von weniger als 30 Sekunden, bei der sich keine optimale Gasverbrennung einstellen kann. Das ist zu vergleichen mit einem Auto, das nur in der Stadt fährt (hoher Verbrauch, schädliche Abgase).

Umweltschonender ist das „**Gas-Wärmezentrum**". Die Bevorratung von Warmwasser bietet gegenüber dem Gas-Durchlaufwasserheizer höheren Komfort, die Wassererwärmung erfolgt mit längeren Brennerlaufzeiten.

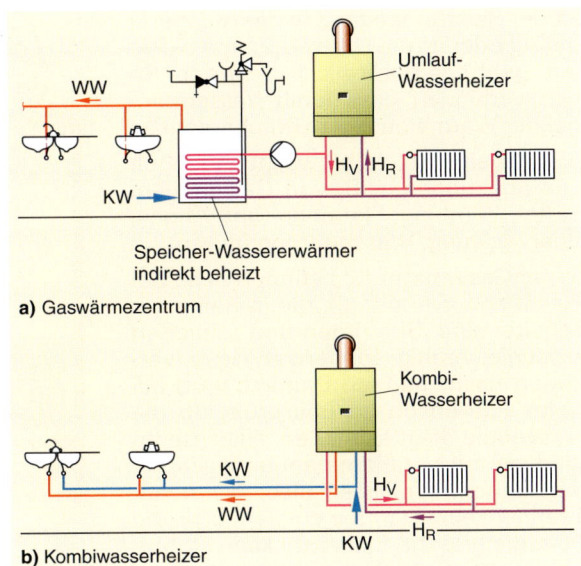

a) Gaswärmezentrum

Speicher-Wassererwärmer indirekt beheizt

WW

KW

Umlauf-Wasserheizer

H_V H_R

b) Kombiwasserheizer

KW

WW

KW

H_V

H_R

Kombi-Wasserheizer

1 Unterschiede bei Umlauf- und Kombi-Wasserheizern

Die **Nennheizleistung** der Kombigeräte ist zwischen 8 kW bis 26 kW einstellbar. Für die Warmwasserbereitung kann unabhängig von der Heizleistung die maximale Geräteleistung eingestellt werden.

Umlauf- und Kombiwasserheizer gibt es als:
- raumluftabhängige B-Geräte für Schornsteinanschluss
- raumluftunabhängige C-Geräte mit geschlossener Verbrennungskammer mit Abgasab- und Verbrennungsluftzuführung direkt über Dach, über die Außenwand oder für den Anschluss an ein Luft-Abgas-System (LAS)

14.6.2 Aufbau und Funktion eines Gas-Kombi-Wasserheizers

Gas-Kombi-Wasserheizer bestehen im Wesentlichen aus den Bauteilen, ➔ 410.1:
- Regelgerät, im allgemeinen Sprachgebrauch auch als Steuergerät bezeichnet
- Gasarmatur
- Gasbrenner
- Brennkammer
- Wärmetauscher
- Heizwasserkreislauf
- Hydraulikschalter
- Wasserschalter
- Ausdehnungsgefäß
- Umwälzpumpe

Fordert die raum- oder witterungsgeführte Regelung der Heizung Wärme an, wird die **Umwälzpumpe** eingeschaltet (1). Sie ist im Heizungsrücklauf des Gerätes eingebaut; bei ihrem Anlauf erzeugt sie Überdruck im Hydraulikschalter (2), der einen Mikroschalter (3) bewegt.

14

Ist der Heizwasserstand in der Anlage zu gering oder ist die Umwälzpumpe blockiert, geht das Gerät nicht in Betrieb. So wird verhindert, dass durch Wassermangel der Wärmetauscher „durchbrennt".

Das **Regelgerät** (4) überwacht und regelt alle Funktionen, z. B. von Gasventilen, Lüfter, Zündung, Flammen- und Abgasüberwachung, Wassertemperaturen.

In der **Gasarmatur** (5) befinden sich zwei Gas-Magnetventile (6), die in Reihe geschaltet sind. Sie öffnen und schließen nicht gleichzeitig, sondern etwas zeitverzögert nacheinander. Dadurch wird bei jeder Betriebsphase überprüft, ob die Gasventile dicht schließen. Gleichzeitig sind sie mit der Flammenüberwachung verbunden, schließen also, wenn am Brenner keine Flamme entsteht bzw. die Flamme erlischt. Ein Ventil kann stufenlos geöffnet werden, es reguliert damit die Gasmenge - je nach erforderlicher Wärmeleistung.

Das Gas gelangt so zum **Gasbrenner** (7), heute vorwiegend ein lüftergestützter, atmosphärische Vollvormischbrenner. Der Lüfter (8) mischt dem Gas vor dem Brenner einen genau dosierten Primärluftstrom zu.

Das Gas-Luft-Gemisch wird durch einen **Hochspannungszünder** (9) gezündet. Die **Ionisationszündsicherung** (10) kontrolliert die Flamme.

Die heißen Verbrennungsgase durchströmen die Brennkammer (11) und den **Wärmetauscher** (12). Dieser besteht aus einer mit Blechlamellen bestückten Rohrschlange, durch den das Heizwasser fließt. Die Blechlamellen helfen mit ihrer großen Oberfläche, die Wärme besser aufzunehmen. Das so erhitzte Heizwasser wird zur Raumheizung oder zur Trinkwassererwärmung genutzt.

Das Heizwasser kreist zwischen Wärmetauscher und Raumheizkörpern, bewegt von der Umwälzpumpe. Ein im Gerät eingebautes **Ausdehnungsgefäß** (14) nimmt das beim Erwärmen sich ausdehnende Wasser auf und drückt es beim Abkühlen zurück.

Bei gleichzeitigem Wärmebedarf der Raumheizung und der Wassererwärmung wird zuerst durch die Geräteregelung Wärme der Wassererwärmung zugeführt; das nennt man **Warmwasservorrangschaltung**.

Beispiel:

Wer unter der Dusche steht, will keinen WW-Temperaturabfall hinnehmen. Ein Absinken der Raumtemperatur um einige Gradbruchteile wird man dagegen kaum bemerken.

Wird Trinkwasser entnommen fällt der Druck im **Wasserschalter** (15). Dadurch wird über Mikroschalter (16)
• die Umwälzpumpe im Rücklauf des Heizkreislaufes eingeschaltet
• im Hydraulikschalter der Heizungsrücklauf abgesperrt (17)

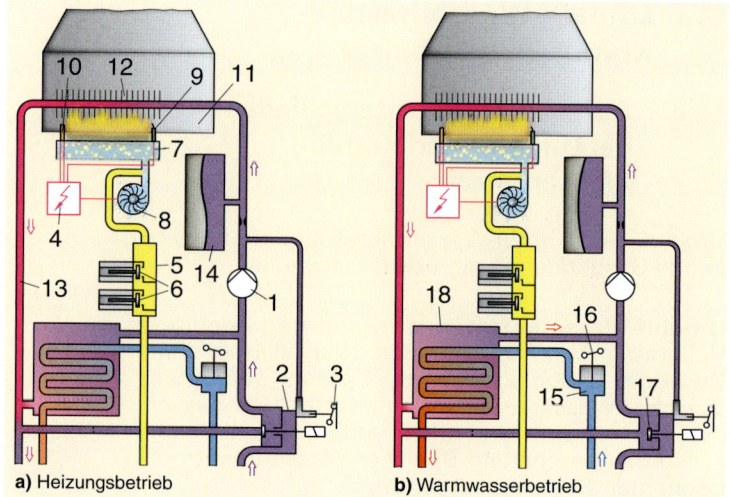

a) Heizungsbetrieb   **b)** Warmwasserbetrieb

1 Gas-Kombi-Wasserheizer

Das Heizwasser fließt jetzt innerhalb des Gerätes im „**kleinen Kreislauf**". In einem eigenen Wärmetauscher (18), gibt das Heizwasser seine Wärme an das durchfließende Trinkwasser ab. Der Trinkwasserwärmetauscher kann auch in den Wärmetauscher oberhalb der Brennkammer eingebaut sein. Um Überhitzungen zu verhindern sind Kombiwasserheizer mit Sicherheitstemperaturbegrenzern ausgestattet:
• am Wärmetauscheraustritt des Heizungsvorlaufes
• am Heizungsvorlaufanschluss des Gerätes

Wird an diesen Messpunkten die vorgegebene Heizwassertemperatur überschritten, schaltet das Gerät auf Störung.

14.7 Brennwertgeräte

14.7.1 Nutzungsgrad von Brennwertgeräten

In herkömmlichen (konventionellen) Wärmeerzeugern werden die heißen Verbrennungsgase durch einen Wärmetauscher auf ca. 120 °C bis 180 °C abgekühlt. Dabei wird die **fühlbare (sensible) Wärme** entzogen. Deren restliche Wärme ist nötig für den Auftrieb der Abgase in der Abgasanlage.

Beim Verbrennen wasserstoffhaltiger Gase wie Erdgas oder Flüssiggas entsteht neben Kohlendioxid auch Wasserdampf. Die darin **versteckte (latente) Wärme** nutzen Brennwertgeräte. In ihnen werden die Abgase weit unter den Kondensationspunkt des Wassers, in günstigen Fällen bis auf ca. 40 °C abgekühlt und so vor allem die Kondensations- und Abkühlwärme genutzt, → 355.1.

Der Name **Brennwertgerät** leitet sich vom Brennwert der Gase ab, bei dem, im Gegensatz zum Heizwert, auch die latente Wärme des Wasserdampfes gemessen wird, s. Kap. 11.3.2 und → 355.2.

	Wärme je m³ Gas	
	Konventionelles Gerät	Brennwertgerät
Erdgas H	10,4 kWh	10,4 kWh
Wasserdampf	–	1,0 kWh
gesamt	10,4 kWh	11,4 kWh

Für das Brennwertgerät ergibt sich gegenüber dem konventionellen Gerät:

$$\text{Nutzungsgrad} = \frac{11,4 \text{ kWh}}{10,4 \text{ kWh}} \cdot 100\,\% = \underline{\underline{110\,\%}}$$

1 Nutzungsgrad von Brennwertgeräten

Wenn man überlegt, dass beim Verbrennen von 1 m³ Erdgas ca. 1,5 kg Wasser(dampf) entstehen und allein dessen Kondensationswärme ca. 1 kWh Wärme ausmachen, s. Kap. 11.3.2, ersieht man einen erheblichen Wärmegewinn, ➜ 1.

Der **Nutzungsgrad** der Brennwertgeräte liegt damit höher als bei konventionellen Gasgeräten, die nur den Heizwert nutzen können, bezogen auf diesen liegt er über 100 %, ➜ 2.

14.7.2 Anwendungsvoraussetzungen für die Brennwerttechnik

Ein Gas-Brennwertgerät kann praktisch in jede Heizungsanlage installiert werden. Sein Nutzungsgrad hängt allerdings von der Auslegung und dem Betrieb des Heizsystems ab.

Damit möglichst häufig Abgase am Wärmetauscher kondensieren, muss die Rücklauftemperatur niedriger als die Taupunkttemperatur der Abgase sein.

Die **Taupunkttemperatur** der Abgase ist abhängig von:
- deren CO_2-Gehalt
- der Luftzahl

Je höher der **CO_2-Gehalt**, umso höher ist der Wasserdampfanteil und damit auch der Anteil latenter Wärme.

Je geringer die **Luftzahl** bzw. der Luftüberschuss bei der Verbrennung, ➜ 3, umso höher der Taupunkt.

Das bedeutet, dass bei gut eingestellten Brennern – geringer Luftüberschuss und hoher CO_2-Gehalt – der Taupunkt der Abgase relativ hoch ist. Damit wird auch bei relativ hoher Temperatur des Rücklaufwassers, z. B. < 50 °C, latente Wärme genutzt.

Beispiel:
Bild ➜ 4 zeigt den Wassergehalt und den Taupunkt des Abgases bei der Verbrennung von Erdgas.
- CO_2-Gehalt = 8,5 %:
  Wassergehalt = 14,1 %
  Taupunkt = 52 °C
- CO_2-Gehalt = 9,5 %:
  Wassergehalt = 15,5 %
  Taupunkt = 53 °C

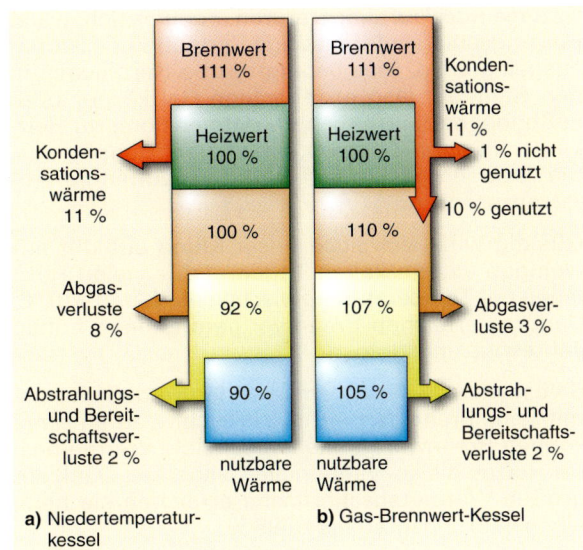

a) Niedertemperatur-kessel   b) Gas-Brennwert-Kessel

2 Vergleich des Nutzungsgrades

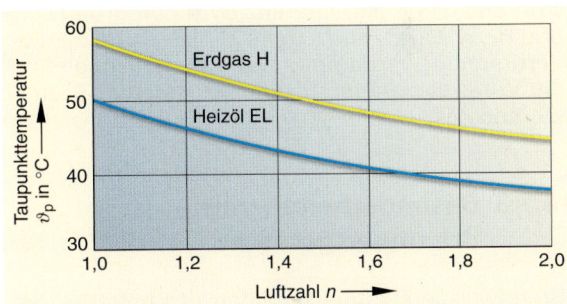

3 Taupunkttemperatur der Abgase- und Luftzahl

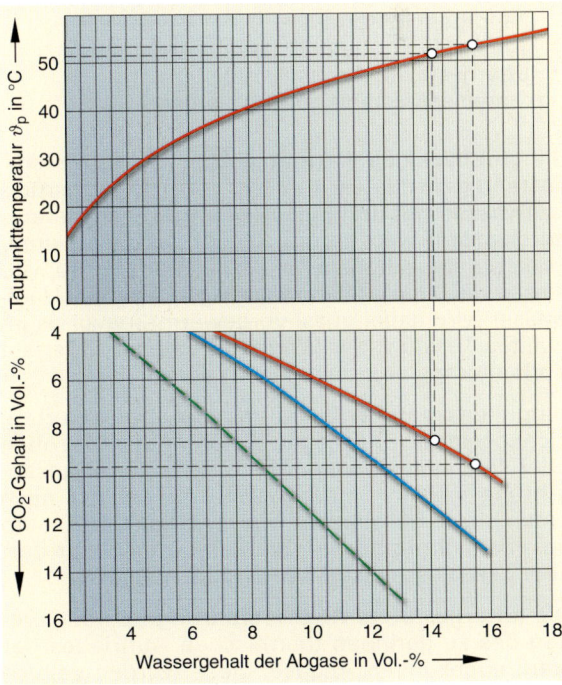

4 Wassergehalt und Taupunkt des Abgases

Geringe Rücklauftemperaturen ergeben sich, wenn Heizungsanlagen für niedrige Vorlauftemperaturen ausgelegt sind. Dies bedingt große Heizflächen in den Räumen, also großflächige Heizkörper oder Fußbodenheizung. Auch überdimensionierte Heizkörper in alten Anlagen wirken sich günstig aus. Sie erlauben es, Vorlauf- und Rücklauftemperaturen abzusenken.

Günstig wirkt sich auch unser **Klima** aus mit nur wenigen extrem kalten Tagen, dafür vielen Heiztagen mit Temperaturen zwischen –5 °C und +10 °C. Dadurch erreichen Brennwertgeräte einen hohen Jahresnutzungsgrad.

Selbst wenn kein kondensierender Betrieb und damit keine Brennwertnutzung erreicht werden kann, können Brennwertgeräte die sensible Wärme besser nutzen als konventionelle Gasgeräte. Dank der großen Wärmetauscherfläche erreichen sie noch einen Nutzungsgrad bis zu 95 %.

> Je höher der Wasserstoffanteil in einem Brennstoff und damit die Differenz zwischen Brennwert und Heizwert ist, desto mehr Wasser wird bei der Verbrennung verdampft und desto günstiger sind die Voraussetzungen für den Einsatz der Brennwerttechnik.

14.7.3 Besonderheiten von Brennwertgeräten

> Brennwertgeräte unterscheiden sich in folgenden Punkten von konventionellen Gasgeräten, ➔ 1:
> - großflächige Wärmetauscher aus korrosionsbeständigem Material
> - Brenner liegt oberhalb des Brennraumes
> - lüftergestützte Abgasführung
> - kondensatbeständige Abgasanlage

Die **großflächigen Wärmetauscher** aus korrosionsbeständigem Material sollen vom Heizungsrücklaufwasser mit möglichst geringer Temperatur durchströmt werden, um die Abgase weit unter ihren Kondensationspunkt abzukühlen; nur so wird diesen die latente Wärme entzogen. Das Rücklaufwasser wird dabei quasi vorgewärmt, bevor es im zweiten Teilstück des Wärmetauschers wieder auf Vorlauftemperatur hochgeheizt wird.

Damit das anfallende Kondensat die Feuerung nicht beeinträchtigt, liegen die **Brenner meist oben** oder sind seitlich angeordnet, ➔ 1. Die Abgasabführung erfolgt – mechanisch unterstützt – nach unten hin. In Stillstandszeiten kühlt das Gerät kaum aus, da Wärme nach oben steigt, das Gerät dort aber geschlossen ist (**Thermoshiponeffekt**).

Die **lüftergestützte Abgasabführung** ist nötig wegen des zu geringen thermischen Auftriebes der stark abgekühlten Abgase; diese werden seitlich aus dem Gerät in die Abgasleitung geblasen.

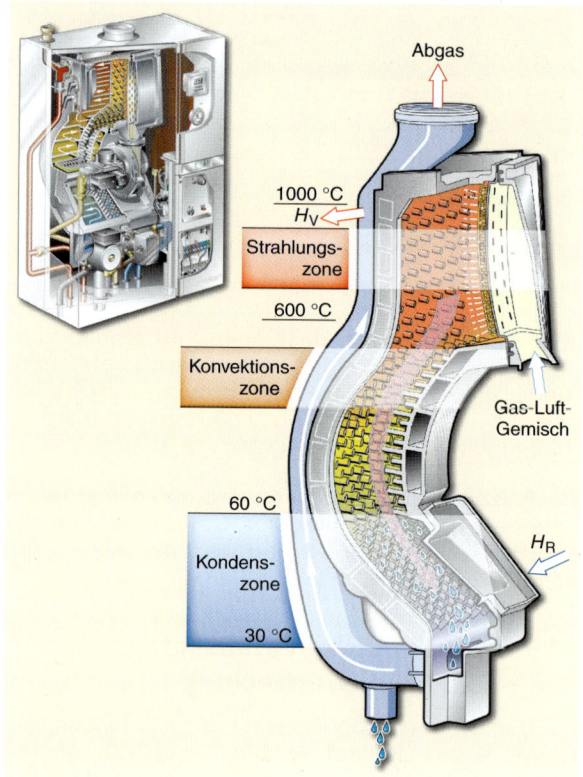

1 Brennwertgerät

Die in den Abgasen verbleibenden Wasserdampfanteile, die eventuell in der Abgasanlage zu Wasser werden und mit dem CO_2 (schwache) Kohlensäure bilden, erfordern eine **kondensatbeständige Abgasanlage**.

14.7.4 Kondensatentsorgung bei Brennwertgeräten

> Erdgas enthält praktisch keine Schwefelverbindungen im Gegensatz zu Heizöl.

Das Kondensat ist wegen der geringen Kohlensäureanteile nur schwach sauer, etwa mit Regenwasser vergleichbar, ➔ 18.1. Es fallen relativ geringe Kondensatmengen an. Bei Erdgas-Brennwertgeräten entsteht pro Tag ca. 1 Liter Kondensat je kW Leistung. Deshalb eignen sich Erdgasheizgeräte besonders für die Brennwerttechnologie.

Da im Wohnungsbau bei etwa 10 kW Heizleistung je Wohnung (≈ 10 l Kondensat / Tag) bei 3 Bewohnern etwa 300 l Schmutzwasser anfallen, davon ein Großteil mit Seifenlauge versetzt, wird das Kondensat neutralisiert bzw. so verdünnt, dass es den Abwasserrohren nicht schadet.

Werden Brennwertgeräte in **Büro- und Verwaltungsgebäuden** eingesetzt, muss zur Kondensatneutralisation ein Mindestschmutzwasserabfluss sichergestellt sein.

Hier geht man von der Anzahl der Mitarbeiter aus: Ein 200-kW-Brennwertgerät reicht für ein Bürogebäude mit mindestens 80 Beschäftigten; gegebenenfalls ist entsprechend umzurechnen.

Beispiel:
Bei einem 50-kW-Gerät:

$$\frac{50\ kW \cdot 80\ Beschäftigte}{200\ kW} = \underline{\mathbf{20\ Beschäftigte}}$$

Erst wenn dieses Verhältnis unterschritten wird, ist das Kondensat zu neutralisieren ➔ 1.

14.8 Blockheizkraftwerke

14.8.1 Kraft-Wärme-Kopplung

Herkömmliche Wärmekraftwerke (zur Stromerzeugung) können nur ca. 35 % der eingesetzten Primärenergie in elektrischen Strom umwandeln, ca. 65 % gehen bei der Stromerzeugung als Prozesswärme ungenutzt verloren. Damit sind die Energieverluste der Wärmekraftwerke bei der Stromerzeugung und -verteilung doppelt so hoch wie der gesamte Heizwärmebedarf Deutschlands.

Bei der Kraft-Wärme-Kopplung in sogenannten **Blockheizkraftwerken** (BHKW), wird Brennstoffenergie zu 90 %, mit Brennwerttechnik bis zu 98 % genutzt. Die Forderungen der EnEV sind mit BHKWs leichter zu erfüllen, da deren Primärenergiebedarf sehr niedrig angesetzt werden kann. Das ist ohne deren eigene Stromerzeugung mit dem hohen Wirkungsgrad (bis 98%) nie möglich. Normal liegt dieser in Wärmekraftwerken bei 35%.
Geringer Brennstoffbedarf bedeutet auch weniger Abgase und eine geringere Umweltbelastung.

Bei der Kraft-Wärme-Kopplung werden gleichzeitig (gekoppelt) erzeugt:
• mechanische Energie bzw. elektrischer Strom
• Wärme

Die Kraft-Wärme-Kopplung kennt jeder von Kraftfahrzeugen her.

Beispiel:
• Durch Verbrennen von Kraftstoff im Kfz-Motor entsteht mechanische Energie zum Antrieb des Fahrzeuges und der Lichtmaschine.
• Diese liefert wie ein Generator den nötigen Strom zum Betrieb und zur Beleuchtung.
• Die Motorabwärme beheizt das Fahrzeug.

BKHWs arbeiten ähnlich, jedoch mit anderen Schwerpunkten:
• Die Abwärme (Prozesswärme) mit ca. 65 % der eingesetzten Primärenergie wird genutzt
• Strom wird mithilfe von Generatoren erzeugt

Am effektivsten kann die Kraft-Wärme-Kopplung eingesetzt werden, wenn Strom und Wärme dort erzeugt werden, wo Bedarf besteht.

Nenn- leistung in kW	Neutra- lisation	Bemerkungen – Einschränkungen
≤ 25	nein	Bei Ableitung des Kondensats in Kleinkläranlagen muss es neutralisiert werden
> 25 … 200	nein	Neutralisation ist erforderlich • bei Ableitung in Kleinkläranlagen • in Büro- und Verwaltungsgebäuden, wenn eine ausreichende Vermischung nicht zu erwarten ist
> 200	ja	

1 Neutralisation des Kondesats von Brennwertgeräten

2 Montage eines BHKWs im Haustechnik-Bereich

Die Erzeugung vor Ort minimiert die Transportverluste. Diese Verluste sind beim Transport von elektrischem Strom und Wärme über größere Entfernungen erheblich (bei Strom bis 65 %).

14.8.2 Aufbau und Funktion eines Blockheizkraftwerks

Blockheizkraftwerke werden kompakt und betriebsbereit wie ein Heizkessel geliefert. In der Gebäudetechnik werden Blockheizkraftwerke mit 12 kW thermischer und 5,5 kW elektrischer Leistung eingesetzt, ➔ 2. Eventuell ist zusätzlich ein Gasheizkessel nötig.

Bauteile eines BHKWs für Gebäude sind, ➔ 414.1:
• gas- oder dieselbetriebener Verbrennungsmotor
• Wärmetauscher
• Asynchrongenerator
• Regeleinheit

14

Der **Verbrennungsmotor** eines BHKWs kann mit Erdgas, Heizöl oder Biodiesel betrieben werden. Er erzeugt wie im Auto Wärme und mechanische Energie, die wird hier zur Stromerzeugung genutzt.

Die Wärme wird über **Wärmetauscher** dem Motor entzogen (Motorkühlung) und dem Rücklaufwasser des Heizsystems zugeführt.

Mit der erzeugten mechanischen Energie wird ein **Generator** angetrieben, der durch Induktion elektrischen Strom erzeugt.

Die **Regeleinheit** schaltet das BHKW ein und aus.

Die Schaltvorgänge können dabei sein:
• wärmegeführt
• stromgeführt

Die **wärmegeführte Regelung** schaltet das BHKW in Abhängigkeit eines Temperatursollwertes, wie Heizkurve, Raumtemperatur, ein bzw. aus.
Wird von der Heizung keine Wärme gefordert, geht das BHKW auch nicht in Betrieb. Der in dieser Zeit im Gebäude benötigte elektrische Strom muss aus dem Netz des Energieversorgers bezogen werden.

Wird Wärme verlangt, aber kein Strom im Gebäude benötigt, wird der erzeugte Strom in das Netz des Energieversorgers eingespeist, → 2.

Die **stromgeführte Regelung** schaltet das BHKW bei Strombedarf, z. B. Lastkennlinie für den Strombedarf, ein und aus. Wird die bei der Stromerzeugung entstehende Wärme nicht im Heizsystem benötigt, muss sie in Pufferspeichern „zwischengelagert" werden oder sie wird über BHKW-Kühler ins Freie abgegeben.

14.8.3 Einsatzbereiche für Blockheizkraftwerke

Der Einsatz von BHKW ist in Gebäuden nur sinnvoll, wenn gleichzeitig Wärme und Strom benötigt und verbraucht werden. Dies ist z. B. möglich in
• Ein- und Mehrfamilienhäusern,
• Hotels,
• Krankenhäusern,
• Altenheimen,
• Hallenbädern.

In Krankenhäusern kann ein BHKW erforderliche Notstromaggregate ersetzen.
Notstromaggregate – meist mit Dieselmotoren angetrieben – dienen ausschließlich der Stromversorgung wichtiger Gebäudebereiche bei Stromausfall. Meist sind sie, bis auf einen monatlichen Probelauf, außer Betrieb.
Wenn der Bedarf an elektrischen Strom geringer ist als der Wärmebedarf des Gebäudes, werden die BHKW auf den Strombedarf ausgelegt. Zur Deckung des Wärmebedarfs wird zusätzlich zum BHKW ein zusätzlicher Heizkessel (Spitzenlastkessel) eingebaut.

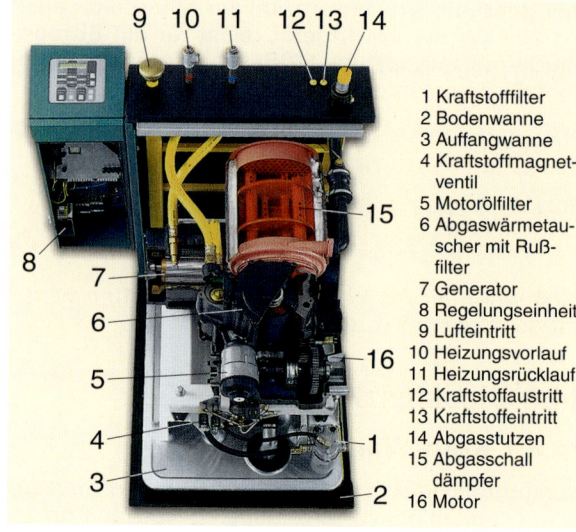

1 Kraftstofffilter
2 Bodenwanne
3 Auffangwanne
4 Kraftstoffmagnetventil
5 Motorölfilter
6 Abgaswärmetauscher mit Rußfilter
7 Generator
8 Regelungseinheit
9 Lufteintritt
10 Heizungsvorlauf
11 Heizungsrücklauf
12 Kraftstoffaustritt
13 Kraftstoffeintritt
14 Abgasstutzen
15 Abgasschalldämpfer
16 Motor

1 Blockheizkraftwerk – Bauteile

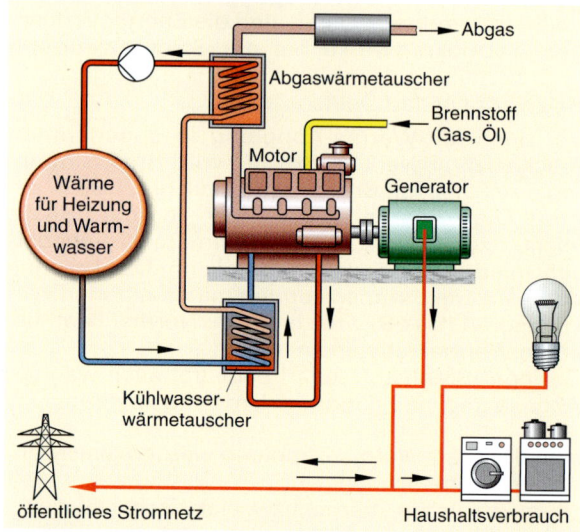

2 Arbeitsweise eines Blockheizkraftwerkes

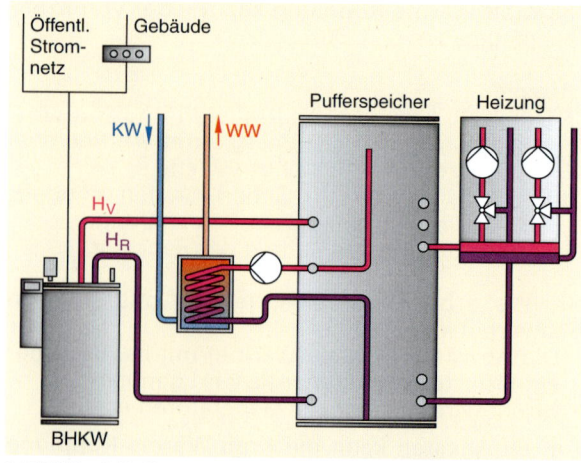

3 BHKW mit Pufferspeicher für Heizung und Wassererwärmung – Stromleitungen für Gebäude und zur Netzeinspeisung

14.9 Brennstoffzellen[1]

14.9.1 Zweck und Funktion von Brennstoffzellen

Brennstoffzellen sind Stromerzeuger, die aus der chemischen Energie eines Brennstoffes und eines Oxidationsmittels „direkt" – ohne den Umweg über eine herkömmliche Verbrennung – elektrische Energie erzeugen, ➜ 1.

Brennstoff ist Wasserstoff, **Oxidationsmittel** ist in der Regel Luftsauerstoff.

Mischen sich in einem Raum Wasserstoffatome mit Sauerstoffmolekülen, entsteht das gefährliche Knallgas. Knallgas kann heftig explodieren. Dabei kommt es zu einer Temperatur bis 3000 °C.

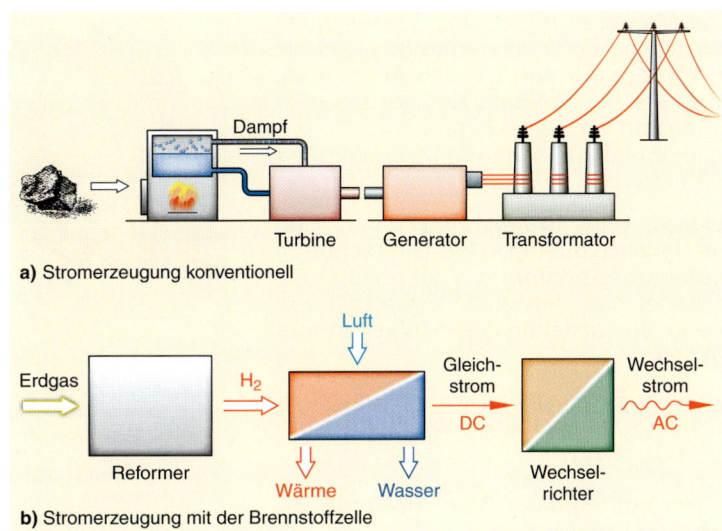

a) Stromerzeugung konventionell

b) Stromerzeugung mit der Brennstoffzelle

1 Vergleich der Stromerzeuger

Für diese **Verbrennung** (**Oxidation**) gilt die Formel:

$$2\,H_2 + O_2 \rightarrow 2\,H_2O$$

In einer Brennstoffzelle läuft diese Oxidation kontrolliert langsam und fast ohne Wärmeentwicklung ab („**kalte Verbrennung**"), ➜ 2:
- In verschiedenen Kanälen werden Wasserstoff und Luftsauerstoff in die Brennstoffzelle geführt.
- Jedes Wasserstoffatom gibt sein Elektron ab, und wird zum H^+-Ion; Wasserstoff bildet also die Anode[2].
- Die freien Elektronen fließen über einen äußeren Stromkreis, ähnlich wie bei einer Batterie, als nutzbarer Gleichstrom zur Kathode.
- Eine Elektrolytmembran trennt Anode und Kathode.
- An der Kathode nimmt jedes Sauerstoffatom 2 Elektronen auf und wird zum O^{2-}-Ion.
- Nur die winzigen H^+-Ionen durchdringen den Elektrolyten und je 2 davon bilden mit einem O^{2-}-Ion ein Wasser-Molekül, das dann die **Brennstoffzelle** verlässt:

$$2\,H^+ + O^{2-} \rightarrow H_2O$$

Wenn sich Wasserstoff- mit Sauerstoff-Ionen mischen, entsteht Wasser – gefahrlos!

> Im Gegensatz zu einer Batterie erzeugt die Brennstoffzelle Strom nicht aus einem begrenzten chemischen Energievorrat, sondern unter ständiger Energiezufuhr von außen.

Der erzeugte Gleichstrom kann in Wechselstrom umgewandelt und in ein Versorgungsnetz eingespeist werden.

> Bei dem in der Brennstoffzelle ablaufenden Prozess entsteht auch Wärme.

Je nach Typ der Brennstoffzelle können Temperaturen von 80 °C … 1000 °C entstehen.

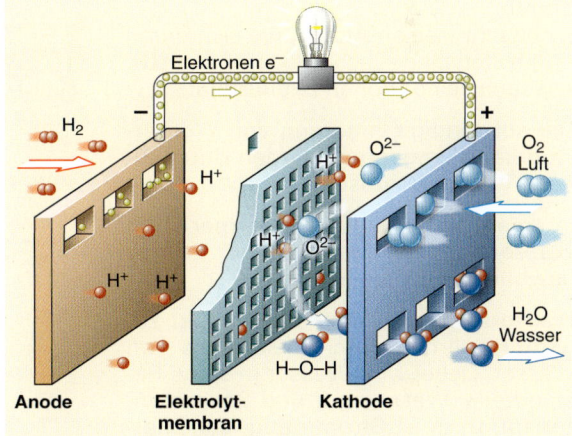

2 Funktion einer Brennstoffzelle

Für die Raumheizung werden zzt. Brennstoffzellen mit Betriebstemperaturen von 70 °C … 850 °C entwickelt.

Das „Abgas" der Brennstoffzelle ist reiner Wasserdampf und damit sehr umweltfreundlich. Bei Einsatz von Erdgas zur Wasserstoffgewinnung fällt in geringem Maße CO_2 an.

14.9.2 Bau und Betrieb von Brennstoffzellen

Die Membranbrennstoffzelle besteht aus, ➜ 416.1:
- Anode
- Kathode
- Membran

Die **Anode** wird über ein Bipolarelement mit Wasserstoff versorgt, die **Kathode** ebenfalls über ein Bipolarelement mit Sauerstoff. **Bipolarelemente** sind Grafitplatten mit eingefrästen Kanälen. Durch diese Kanäle strömt Wasserstoff zur Anode bzw. Sauerstoff zur Kathode.

---

[1] Sehen Sie hierzu die Animation der Initiative Brennstoffzelle auf der beiliegenden DVD.
[2] Elektronenabgabe = Anode, Elektronenaufnahme = Kathode, vgl. Kap. 2.3.2.3

Die **Membran** bildet eine Trennschicht zwischen Anode und Kathode. Sie muss
- Wasserstoff und Sauerstoff trennen, da sie bei direktem Kontakt eine Explosion auslösen können,
- Ionen leitend sein, d. h. als Elektrolyt fungieren.

Eine einzelne Brennstoffzelle liefert eine Gleichspannung < 1 V. Um technisch nutzbare Spannungen zu erreichen, schaltet man sehr viele Einzelzellen in Serie. So entstehen Zellenstapel, **Stacks** genannt.

Je nach Einsatzgebiet wurden verschiedene Typen von Brennstoffzellen entwickelt, ➜ 2.

Zum Betrieb einer Brennstoffzelle ist Wasserstoff nötig.

Wasserstoff ist schwer zu lagern aufgrund
- der sehr kleinen Atome, die sich durch Behälterwände „schmuggeln" können,
- wegen seiner hohen Explosivität.

Die aufwändige Lagerung von Wasserstoff kann umgangen werden durch einen Vorschaltprozess.

In einem so genannten **Reformer** kann Wasserstoff aus Methan bzw. Erdgas gewonnen werden, ➜ 3.

Wasserstoff kann aber auch direkt zugeführt werden durch Elektrolyse von Wasser. Dabei wird Wasser in seine Bestandteile, Wasserstoff und Sauerstoff, zerlegt. Dazu ist Strom nötig, der Energie sparend erzeugt werden kann, z. B. über Photovoltaikanlagen.

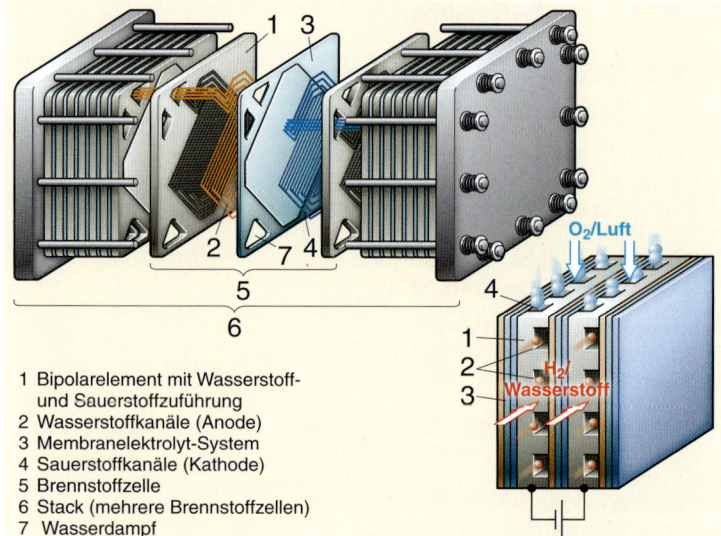

1 Bipolarelement mit Wasserstoff- und Sauerstoffzuführung
2 Wasserstoffkanäle (Anode)
3 Membranelektrolyt-System
4 Sauerstoffkanäle (Kathode)
5 Brennstoffzelle
6 Stack (mehrere Brennstoffzellen)
7 Wasserdampf

1 Aufbau einer PEM-Brennstoffzelle

Brennstoff-zelle (Abkürzung)	Elektrolyt	Anoden-gase	Betriebs-tempera-tur ˚C	Leis-tung kW	Anwen-dungen
Alkalische-BZ (AFC)	Kaliauge	Wasserstoff	< 100	ca. 10 ca. 100	Raumfahrt, U-Boot
Polymer-membran-BZ (PEMFC)	Polymer-membran	Wasserstoff Methanol	80 … 120	1 … 250	Kfz-Antrieb, Blockheiz-kraftwerk
Phosphorsäure BZ (PAFC)	Phosphor-säure	Wasserstoff aus Erdgas	ca. 200	50 bis 11 000	Blockheizkraft-werk, Kraftwerk
Karbonat-schmelzen-BZ (MCFC)II	Alkali-karbonat schmelzen	Wasserstoff Kohlegas Methan	600 bis 700	250 bis 300 000	Blockheizkraft-werk, Kraftwerk
Feststoff-BZ (SOFC)I	Keramik-Festelek-trolyt	Wasserstoff Kohlegas Methan	850 bis 1000	1 bis 300 000	Klein-BHKW, Kraftwerk

2 Typen von Brennstofffzellen

14

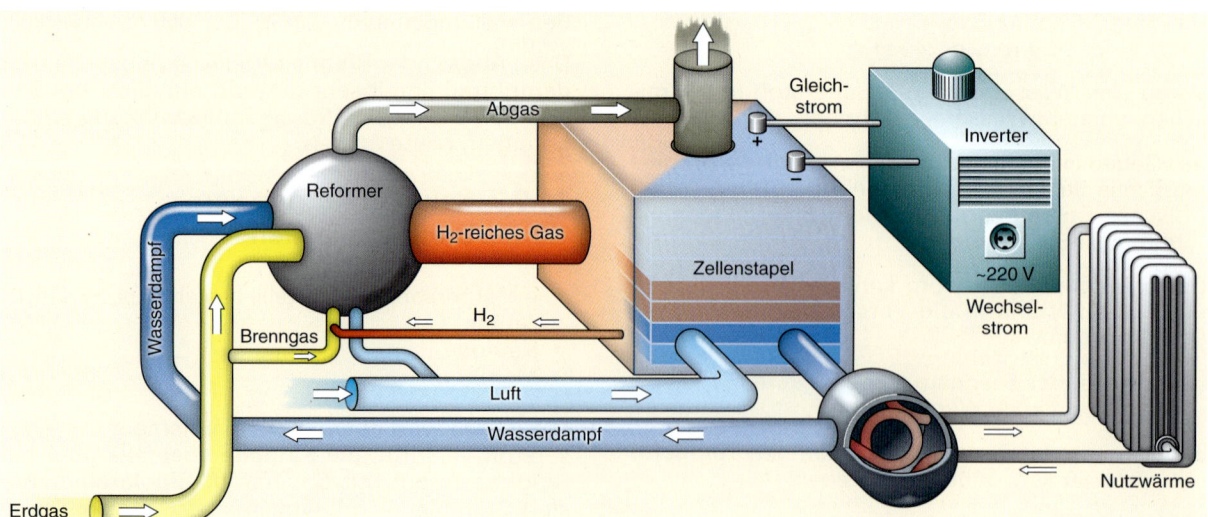

3 Wasserstoffgewinnung im Reformer

Da die Herstellung von Wasserstoff und der Bau von Brennstoffzellen bisher sehr kostspielig war, ruhte die Entdeckung des englischen Physikers WILLIAM GROVE aus der Zeit um 1840 ca. 130 Jahre.

Die heutige Neuentwicklung von Brennstoffzellen hat mehrere Gründe, vor allem:
• der technische Fortschritt
• das erwachte Umweltbewusstsein
• die Schonung der Energiereserven

Durch den **technischen Forstschritt** ist es möglich
• Wasserstoff in großen Mengen relativ preisgünstig zu erzeugen, z. B. aus Erdgas,
• Brennstoffzellen mit hohem Wirkungsgrad herzustellen,
• die gewonnenen Energien, Wärme und Strom, vielseitig zu nutzen wie
  - zur Stromerzeugung in großen Anlagen,
  - in Brennstoffzellen-Fahrzeugen,
  - zur Raumheizung,
  - in der Raumfahrttechnik; so nutzte die NASA beim Apollo-Programm bereits Brennstoffzellen,
  - zum geräuschlosen Antrieb von U-Booten.

Das **erwachte Energiebewusstsein** fördert den Einsatz, da Brennstoffzellen sehr umweltfreundlich und effektiv Energie erzeugen. Dabei werden Energiereserven geschont, da Brennstoffzellen mit hohem Wirkungsgrad arbeiten, ➔ 1.

14.9.3 Vorteile von Brennstoffzellen

Vorteile von Brennstoffzellen:
• umweltschonend
• hoher Wirkungsgrad
• leise und wartungsarm
• unabhängig vom öffentlichen Stromnetz
• Leistung anpassungsfähig

Da in der Brennstoffzelle als Endprodukt reines Wasser entsteht, ist die Energiegewinnung äußerst **umweltschonend** und weit gehend frei von Schadstofemissionen. Eventuelle CO_2-Emissionen sind weit geringer als bei anderen Verbrennungsprozessen.

Durch die direkte Energieumwandlung (ohne Verbrennung) wird ein **hoher Wirkungsgrad** erzielt. Der theoretische Wirkungsgrad liegt bei 95 %, aufgeteilt in:
• Wirkungsgrad der elektrischen Energie: 40 % bis 65 %
• Wirkungsgrad der thermischen (Wärme-)Energie: 55 % bis 30 %

Bild ➔ 1 zeigt die Überlegenheit der Brennstoffzelle in ihrem elektrischen Wirkungsgrad gegenüber anderen Techniken.

Brennstoffzellen sind sehr **leise und wartungsarm**, denn:
• sie besitzen nur wenige bewegliche Teile,
• die chemische Reaktion selbst läuft rückstandsfrei ab; also gibt es keine Verunreinigungen wie bei herkömmlichen Heizkesseln.

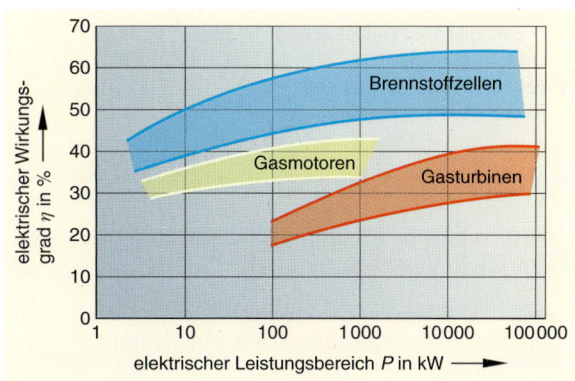

1 Wirkungsgrad von Brennstoffzellen

Brennstoffzellen sind **unabhängig** von der öffentlichen Stromversorgung einsetzbar, da sie gleichzeitig Wärme und elektrische Energie erzeugen.

Da sich eine Brennstoffzelle aus vielen Einzelzellen zusammensetzt, ist ihre Leistung beliebig **anpassungsfähig** von 1 Watt bis zu mehreren 100 Megawatt.

14.10 Anschluss von Gasgeräten

14.10.1 Gasanschluss haushaltsüblicher Gasgeräte

Haushaltsübliche Gasgeräte wie Herde, Raumheizer, Heizkessel mit atmosphärischen Brennern ≤ 70 kW, Durchfluss- und Umlaufwasserheizer werden angeschlossen über:
• Gasgeräteanschlussarmatur (Gasanschlusshahn, Gassteckdose oder Gassteckhahn)
• Rohrleitung oder Sicherheits-Gasschlauch

Nach der Anschlussarmatur und der Rohr- oder Sicherheits-Gasschlauchverbindung zum Gerät sind Sicherheits- und Regelarmaturen als Kombiarmatur („Gasregelblock", „Gascontrol") im Gasgerät eingebaut. Da diese Kombiarmaturen, zum Teil aus Zink- oder Aluminiumdruckguss, bei einem Brand schmelzen könnten und Gas unkontrolliert austräte, müssen die Gasgeräteanschlussarmaturen jedes einzelnen Gasgerätes mit einer thermisch auslösenden Absperreinrichtung (TAE) ausgestattet sein, ➔ 2.

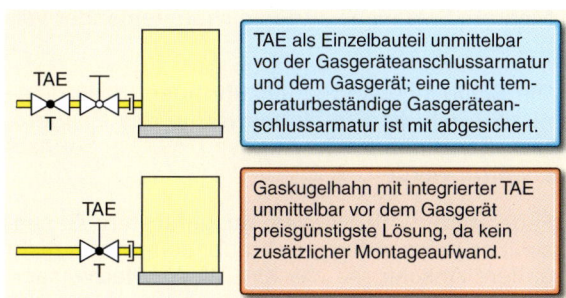

TAE als Einzelbauteil unmittelbar vor der Gasgeräteanschlussarmatur und dem Gasgerät; eine nicht temperaturbeständige Gasgeräteanschlussarmatur ist mit abgesichert.

Gaskugelhahn mit integrierter TAE unmittelbar vor dem Gasgerät preisgünstigste Lösung, da kein zusätzlicher Montageaufwand.

2 Einsatz einer TAE vor Gasgeräten

14

Ein Gasgeräteanschluss kann sein, ➜ 1:
- fest und starr
- fest und biegsam
- lösbar und biegsam

Ein Gasgeräteanschluss ist

- **fest** , wenn er nur mit Werkzeug gelöst werden kann, wie Verschraubungen.

- **starr** , z. B. wenn die Gasgeräteanschlussleitung aus Stahlrohr oder Edelstahlrohr besteht,

- **biegsam**, wenn Sicherheits-Gasschläuche oder Schlauchleitungen aus Edelstahl als Geräteanschlussleitung dienen; auch Anschlussleitungen aus Kupfer- oder Präzisionsstahlrohren gelten als biegsam, da diese Rohre ein Abrücken, z. B. eines Gas-Raumheizers von der Wand, nicht sicher verhindern.

- **lösbar** , z. B. bei Anschlusssteckern für Gassteckdosen, wenn die Anschlüsse ohne Werkzeug, auch durch einen Nichtfachmann zu lösen sind.

> Lösbare Anschlüsse sind bei Flüssiggas-Geräten nur an Gasgeräten Art A (raumluftabhängig, ohne Abgasanlage) zulässig. Gasfeuerstätten sind fest anzuschließen.

Für **Anschlüsse** mit **Sicherheits-Gasschläuchen** gilt:

- Im häuslichen Bereich wird die Ausführung M (Innenschlauch aus Metall) eingebaut.

- Die Ausführung K, mit Gas führendem Innenschlauch aus Kunststoff darf im häuslichen Bereich eingesetzt werden, wenn die Gasinstallation aus Kunststoffrohren besteht und der Anschluss fest ausgeführt wird.

- Gasgeräte Art A und Gasfeuerstätten dürfen bis zu einem Betriebsdruck von 100 mbar mit Sicherheits-Gasschläuchen nach DIN 3383-1 lösbar angeschlossen werden.

- Diese Gasschläuche dürfen in Wohngebäuden maximal 2 m lang sein.
  Mehrere Schläuche dürfen nicht miteinander verbunden werden.

- Die Schläuche sind so anzubringen, dass diese nicht durch die Strahlungswärme des Gasgerätes oder durch heiße Abgase bzw. Kochdünste erwärmt werden, ➜ 2.

- Feuerstätten mit biegsam ausgeführtem Gasanschluss müssen festgeschraubt sein, wenn nicht andere Anschlüsse wie KW-, WW-, Heizwasserleitungen ein Verschieben der Feuerstätte und damit ein Lockern der Abgasleitung verhindern.

Geräteanschluss-armatur bzw. Gas-steckdose, zusammen mit	starr	bieg-sam	fest	lös-bar	Geeignet für den Anschluss von
Stahlrohr EN 10 255	●		●		Gasgerät A Gasfeuer-stätten
Kupfer- oder Präzisionsstahlrohr		●	●		Gasgerät A Gasfeuer-stätten
Sicherheitsgas-schlauch DIN 3383-1, Ausführung M		●		●	Gasgerät A Gasfeuer-stätten
		●	●		Gasgerät A Gasfeuer-stätten
Sicherheitsgas-schlauch DIN 3383-1, Ausführung K[1]		●	●		Gasgerät A
Edelstahl-Gas-schlauch DIN 3384		●	●		Gasfeuer-stätten

[1] im häuslichen Bereich nur zulässig bei Gasleitungen aus Kunststoffrohren

1 Anschlussmöglichkeiten für Gasgeräte

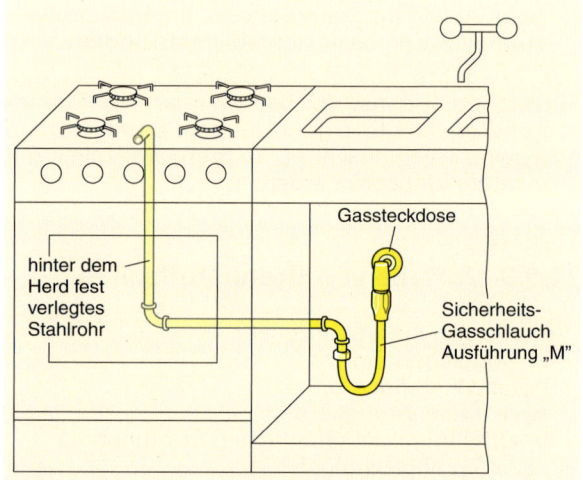

hinter dem Herd fest verlegtes Stahlrohr

Gassteckdose

Sicherheits-Gasschlauch Ausführung „M"

2 Vermeidung einer Erwärmung des Gasschlauches

Sicherheits-Gasschläuche sind temperaturbeständig in der Ausführung:
- K: bis 135 °C, kurzzeitig bis 200 °C
- M: höher als die in Ausführung K; bei hohen Temperaturen leiten sie aber die Wärme in die Gassteckdose oder in den Gas-Steckhahn; das kann zu Undichtheiten führen.

Biegsame, lösbare Anschlüsse für Gasgeräte kommen für den Einsatz von Gas-Grills, Gas-Wäschetrocknern, Gas-Heizstrahlern auf Terrassen bevorzugt in Frage. Solche Haushaltsgasgeräte ohne Abgasanlage dürfen, mit einem speziellen Verbindungsteil ausgerüstet, auch durch den Betreiber angeschlossen werden.

Dafür gibt es Unterputz-Gassteckdosen, ➜ 382.1a, die, ähnlich wie für elektrische Steckdosen, an vielen Stellen im Haus montiert werden können.

14

14.10.2 Gasgeräte mit Gebläsebrenner-Anschluss

Bei Gasgebläsebrennern sind die Sicherheits- und Regelarmaturen nicht im Brenner selbst eingebaut, sondern werden im Gasanschluss des Brenners als Einzelbauteile oder als Kombiarmatur eingesetzt. DIN 4702 schreibt die Anschluss- und Sicherheitseinrichtungen für Gasbrenner bei Heizkesseln vor. Für den gasseitigen Anschluss von Gasgebläsebrennern ist auch DIN EN 676 zu beachten.

Die geforderten und nacheinander oder als Kombiarmatur in den Gasanschluss eingebauten Armaturen werden als **Gasstraße** oder **Gasrampe** bezeichnet.

Als Normalausrüstung einer Gasstraße nach DIN EN 676 sind einzubauen, ➔ 1:
- Absperrvorrichtung
- Gasfilter nach DIN 3386
- Gasdruckregler vor dem Selbststellglied
- Gasdruckwächter
- 2 automatische Absperrventile nach DIN EN 161

Die **Absperrvorrichtung** kann z. B. ein Kugelhahn mit thermischer Sicherung sein, ➔ 1, Bauteil (1).

Gasfilter nach DIN 3386 und **Gasdruckregler** vor dem Selbststellglied sind die Bauteile (2) und (3) in ➔ 1.

Der **Gasdruckwächter** (4) in ➔ 1, sorgt für konstanten Druck vor dem Brenner. Er muss bei zu geringem Gasdruck den Brenner abschalten und, wenn kein Gasdruckregler vorhanden ist, bei 1,3facher Überschreitung des Nenneingangsdruckes eine Störabschaltung herbeiführen.

Die zwei **automatischen Absperrventile** nach DIN EN 161, Bauteile (5) und (7) in ➔ 1, geben die Gaszufuhr erst frei, wenn der Regler Wärme anfordert und wenn sichergestellt ist, dass alles einwandfrei funktioniert.

Automatische Absperrventile sind:
- Magnetventile
- manchmal Motor- oder Pneumatikventile

Alle Absperrventile schließen schnell. Sie öffnen ein-, zwei-, dreistufig oder stufenlos, schnell oder langsam, um ein weiches Anfahren des Brenners zu erreichen. Manche Ausführungen öffnen mit einstellbarem Startgasstrom.

Die Verbindung von der Gasstraße zum Brenner hin kann mit einer **Gasschlauchleitung** aus nicht rostendem Stahl nach DIN 3384 erfolgen, ➔ 2. Diese bewegliche Verbindung ermöglicht das Ausschwenken des Brenners und erleichtert so die Wartungsarbeiten. Eine Sicherheitseinrichtung muss den Betrieb des ausgeschwenkten Brenners verhindern.

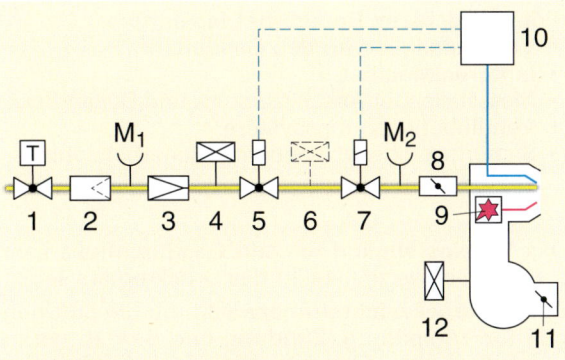

1 Absperrhahn mit thermischer Sicherung	5 Selbststellglied
	6 Dichtheitswächter
	7 Selbststellglied
2 Gasfilter	8 Voreinstellglied (Gasdrossel)
3 Druckregler	9 Zündelektrode
4 Gasdruckwächter	10 Steuergerät
	11 Luftklappe
	12 Luftdruckwächter
	M₁, M₂ Messstellen

1 Sicherheitsgasstraße mit Dichtheitskontrolle für Gasgebläse-Brenner

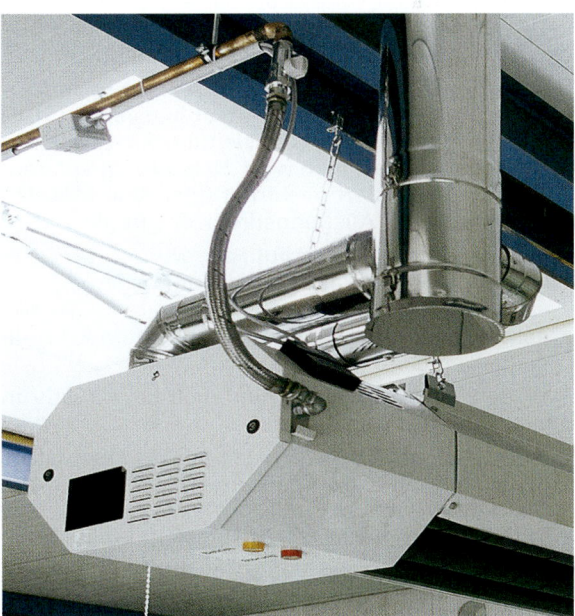

2 Gasschlauchleitung an einem Gas-Heizstrahler

Die **Zündung** der üblichen Gebläsebrenner erfolgt mittels Zündtrafo und Zündelektrode.
Sie kann erfolgen bei Brennern mit einer Nennleistung:
- ≤ 120 kW mit voller Wärmeleistung
- > 120 kW mit einer Startwärmeleistung von 120 kW oder mit einer Startwärmeleistung in Prozent von der Wärmeleistung, die mit der Sicherheitszeit, ➔ 420.1, multipliziert einen Zahlenwert ≤ 100 ergibt

Bei Gasgeräten mit Gebläsebrennern > 350 kW wird auch beim Abschalten die Wärmeleistung zunächst auf < 50 % der maximalen Wärmeleistung zurückgefahren.

14

Für den **sicheren Brennerbetrieb** sorgen:
- Voreinstellglied für den Gasdurchfluss
- Luftdruckwächter
- Messstellen für Anschlussdruck und Düsendruck
- Ventilüberwachungssystem
- Sicherheitsabsperrventil mit Sicherheitsabblasventil

Das **Voreinstellglied** für den Gasdurchfluss kann z. B. der Sollwerteinsteller des Druckreglers sein.

Der **Luftdruckwächter** überwacht, ob die Luftmengen für Vorspülung, Zündung und Betrieb herangeführt werden. Eine zu geringe Gebläseleistung führt z. B. zu einer Störabschaltung des Brenners.

Die **Messstellen** für Anschlussdruck und Brennerdruck müssen absperrbar sein; meist sind sie in den entsprechenden Armaturen enthalten.

Das **Ventilüberwachungssystem** zeigt auf, ob während der Betriebspausen kein Gas unkontrolliert in den Kessel strömt. Diese Dichtheitskontrolle arbeitet auf Über- oder Unterdruckbasis. Der Dichtheitswächter wird in die Gasstraße zwischen den beiden Sicherheitsabsperrventilen eingebaut.

Das **Sicherheitsabsperrventil (SAV)**, ➔ 2, in Verbindung mit einem **Sicherheitsabblasventil (SBV)** ist erforderlich, wenn die Gasleitung zur Gasstraße im Mitteldruck betrieben wird. Das SAV ist vor dem Druckregler montiert und fragt über eine Messleitung ständig den Ausgangsdruck des Reglers ab.

Das SAV sperrt die Gaszufuhr ab, wenn:
- der Druckregler nicht mehr ordnungsgemäß arbeitet
- der Ausgangsdruck den vorbestimmten Einstellwert übersteigt

SAV und Druckregler können auch konstruktiv in einem Gehäuse vereinigt sein.

Ein SBV, das nach dem Druckregler montiert ist,
- öffnet bei Überschreiten eines vorbestimmten Gasdruckwertes
- und lässt Gas über eine Ausblasleitung ins Freie strömen.

Überschreitung des maximal zulässigen Betriebsdruckes wird so, selbst bei Versagen von Druckregler und SAV, verhindert.

Zur **Flammenüberwachung** dienen Ionisationselektrode und elektronisches Regelgerät. In diesem werden die Impulse aller Regler und Wächter empfangen und programmgemäß verarbeitet.

Funktionsablauf bei Gasgeräten mit Gebläsebrennern, ➔ 3

1. Bei Wärmeanforderung schließt ein Temperaturregler den Steuerstromkreis. Bei ausreichendem Gasdruck gibt der Gasdruckwächter den Kontakt weiter, das Brennergebläse läuft an und die Luftüberwachungseinrichtung gibt bei ausreichender Luftmenge den Kontakt weiter, sodass der Regelablauf beginnen kann.

Brennerleistung Q_n in kW	≤ 70	> 70 ... 120	> 120
max. zulässige Startwärmeleistung Q_s in kW	≤ 70	> 70 ... 120	≤ 120
max. zulässige Sicherheitszeit t_s in s	5	3	3

1 Sicherheitszeiten nach DIN EN 676

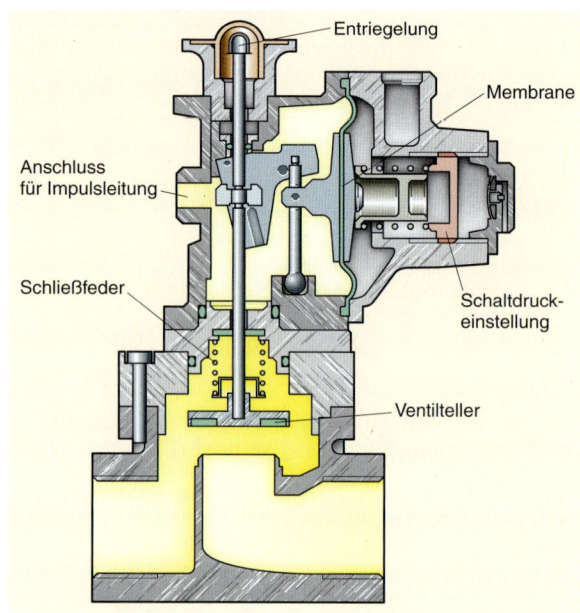

2 Sicherheitsabsperrventil

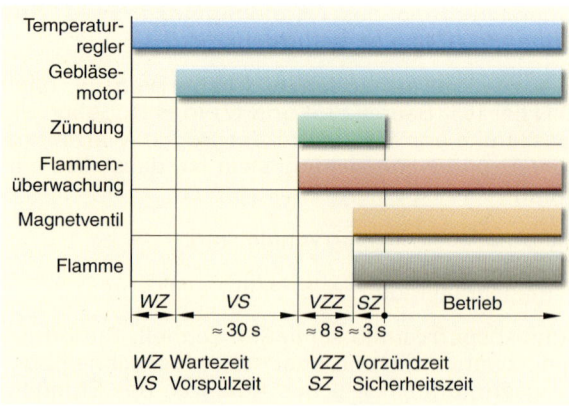

WZ Wartezeit   VZZ Vorzündzeit
VS Vorspülzeit   SZ Sicherheitszeit

3 Funktionsablauf an einem Gas-Gebläsebrenner (Beispiel)

2. Nach Ablauf der Vorspülzeit (20 s bei 100 %, 40 s bei 50 %, 60 s bei 33 % Verbrennungsluftvolumenstrom) startet die Zündung und die Flammenüberwachung wird aktiviert. Anschließend werden die Magnet- bzw. die Motorventile geöffnet und die Gaszufuhr freigegeben. Innerhalb einer Sicherheitszeit muss die Flammenüberwachung eine Flamme registrieren.

3. Die Länge der Sicherheitszeit ist von der Nennleistung des Brenners abhängig. Sie beträgt höchstens 5 s, ➜ 420.1. Kommt innerhalb dieser Sicherheitszeit keine Flamme zu Stande:
   - kann bei Brennern mit Nennleistung ≤ 120 kW ein Wiederanlauf erfolgen; bleibt der Wiederanlauf erfolglos, muss eine Störabschaltung erfolgen
   - muss bei Brennern mit Nennleistung > 120 kW das Nichtentstehen einer Flamme nach Ablauf der Sicherheitszeit sofort zu einer Störabschaltung führen; ein Wiederanlauf ist nicht zulässig

4. Kommt es während des Betriebes zum Flammenausfall, muss die Gaszufuhr zum Brenner innerhalb einer Zeitspanne von maximal 2 s automatisch unterbrochen werden; es erfolgt die Störabschaltung. Ist der Flammenausfall auf Gasdruckschwankungen oder auf einen Defekt am Gasdruckwächter zurückzuführen, erfolgt bei Brennern mit Nennleistung ≤ 120 kW ein Wiederanlauf; ist dieser erfolglos, kommt es zur endgültigen Störabschaltung.

Im normalen Betriebsfall erfolgt die Brennerabschaltung durch den Regelthermostat.

14.10.3 Brenner ohne Gebläse – Anschlussarmaturen

Bei den atmosphärischen Brennern ist zu unterscheiden zwischen Brennern mit:
- Nennleistung ≤ 70 kW
- Nennleistung > 70 kW … < 100 kW
- Nennleistung ≥ 100 kW

Anschlussarmaturen und sicherheitstechnische Ausrüstung sind für atmosphärische Brenner mit:
- **Nennleistung ≤ 70 kW** meist im Gasgerät eingebaut
- **Nennleistung > 70 kW** vorgeschaltet, ➜ 1

Diese Gasstraßen sind mit denen für Gebläsebrenner nach DIN EN 676 weit gehend vergleichbar.

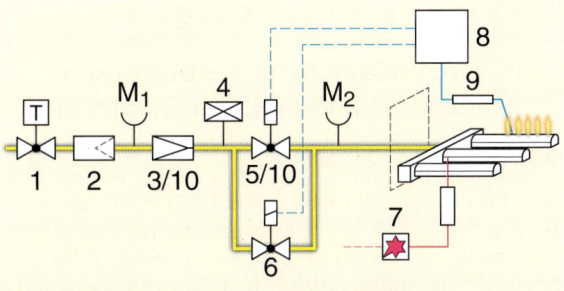

a) Mit Gasfeuerungsautomat (und Druckwächter)

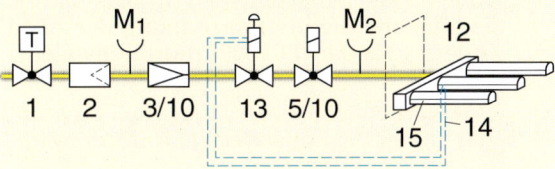

b) Mit Zündung von Hand und thermoelektrischer Zündsicherung

1 Absperrhahn mit thermischer Sicherung
2 Gasfilter
3 Gasdruckregler
5 Selbststellglied als Sicherheitseinrichtung (Magnet- oder Motorventil)
6 Zündgasventil als Startlastventil bei großen Brennern
7 Hochspannungszünder mit Zündelektrode
8 Steuergerät mit ⎫
9 Überwachungselektrode ⎬ **(Gasfeuerungsautomat)**
10 Voreinstellglied für Gasdurchfluss, kombiniert mit 3 oder 5
12 Öffnung für Luftzutritt
13 Sicherheitsgasventil mit Magneteinsatz ⎫ **Zündung**
14 Thermoelement ⎬ **von Hand**
15 Zündbrenner (dauernd brennend) ⎭

1 Norm-Gasstraße für Brenner ohne Gebläse

Bei **Nennleistungen ≥ 100 kW** verwendet man Startbrenner mit einem Magnetventil oder mehrstufig, langsam öffnende Ventile, um einen hohen Druckabfall beim Brennerlauf zu vermeiden.

14

Übungen:

1. Welche Gasgerätearten werden nach den TRGI unterschieden?
2. Erläutern Sie die Bezeichnung „Gasgerät der Kategorie II₂₃".
3. Was versteht man unter Nennleistungsbereich eines Gasgerätes?
4. Welche Funktion sollen TAE im Gasgeräteanschluss erfüllen?
5. Wie lang dürfen Sicherheits-Gasschläuche im häuslichen Bereich maximal sein?
6. Beschreiben Sie in Fließrichtung des Gases alle Bauteile, die zur Normalausrüstung einer Gasstraße für Gebläsebrenner nach DIN EN 676 gehören.
7. Wann ist die Gastrasse eines Brenners zusätzlich mit einem Sicherheitsabsperrventil (SAV) auszurüsten?
8. Nennen Sie die wesentlichen Bauteile eines Gas-Raumheizers.
9. Wann sind Gas-Heizstrahler sinnvoll einzusetzen?
10. Wie funktioniert ein Infrarot-Niedertemperaturstrahler?
11. Welche Einrichtungen an einem Gas-Kombiwasserheizer verhindern die Überhitzung?
12. Wodurch unterscheiden sich Brennwertgeräte von konventionellen Gasgeräten?
13. Warum ist der Einsatz von Brennwertgeräten bei der Erdgasbefeuerung günstig?
14. Ab welcher Feuerungsleistung müssen die Kondensate von Brennwertgeräten vor Einleitung in das Entwässerungssystem neutralisiert werden?
15. Was geschieht bei einem Blockheizkraftwerk?
16. a) Was versteht man unter einer Brennstoffzelle?
    b) Warum gelten Bernnstoffzellen als umweltfreundlich?
17. Erklären sie, wie ein fester und biegsamer Gasgeräteanschluss ausgeführt wird.
18. a) Welche Gasgeräte dürfen lösbar angeschlossen werden?
    b) Welche Bauteile gehören dazu?

14.11 Aufstellen von Gasgeräten

14.11.1 Grundsätzliche Festlegungen zum Aufstellen von Gasgeräten

Das Aufstellen von Gasfeuerstätten sowie deren Luftzu- und Abgasführung wird in der **Feuerungsverordnung (FeuV)** und in den **TRGI** 2008 geregelt. Die FeuV als Teil der Bauordnung fällt unter die Länderhoheit. Deshalb gibt es in Deutschland in jedem Bundesland – außer Hessen und Saarland – eine länderspezifische FeuV, die sich z. T. geringfügig voneinander unterscheiden. In diesem Buch wird die **Muster-Feuerungsverordnung** der ARGE-BAU[1] (zuletzt geändert 11/2002) zugrunde gelegt.

> Bei widersprüchlichen Aussagen in FeuV und TRGI gilt immer die höherwertige Anforderung.

Gasgeräte dürfen nur in Räumen aufgestellt werden, wenn keine Gefahren entstehen.
Zu achten ist auf die:
- Nennleistung $\dot{Q}_{NL}$ und Geräteart
- Raumgröße – nach lichten Maßen der Oberflächen fertigen Räume berechnen
- Raumlage – mit oder ohne Fenster ins Freie
- Art der Verbrennungsluftzufuhr
- Abstände zu Bauteilen aus brennbaren Stoffen
- Einbauanleitungen der Hersteller

> Gasgeräte allgemein dürfen **nicht** aufgestellt werden
> - in Treppenräumen, außer in Wohngebäuden von geringer Höhe mit maximal zwei Wohnungen,
> - in Fluren, die als Rettungswege nötig sind,
> - in Räumen, in denen Explosionsschutz gefordert ist; für Gasgeräte Art C sind Ausnahmen durch die Baubehörde möglich, vor allem in Garagen.

Gasherde mit $\dot{Q}_{NL} \leq 11$ kW dürfen nur in Räumen > 15 m³ mit Fenster oder Tür ins Freie zum Lüften aufgestellt werden. Mit ihnen darf nicht geheizt werden.

Eine Abluft-Dunstabzugshaube mit Sicherheitsschaltung ist vorgeschrieben
- für Räume ≤ 15 m³,
- wenn nicht direkt ins Freie gelüftet werden kann,
- für Gasherde ohne Zündsicherung.

Die Sicherheitsschaltung muss gewährleisten, dass ein Herd nur benutzbar ist, wenn die Dunstabzugshaube Luft ins Freie fördert, sodass Verbrennungsluft nachströmt.

Für Gasherde **ohne** Zündsicherung muss eine Abluft-Dunstabzugshaube einen Luftaustausch von ≥ 100 m³/h sicherstellen. Werden andere Gasgeräte ohne Zündsicherung installiert, muss eine Lüftungsanlage für einen mindestens fünffachen Luftwechsel je Stunde sorgen.

1 Beispiel für unzulässiges Aufstellen von Gasfeuerstätten

> Deshalb sollten sich Kunde und Installateur nicht mit nicht zündgesicherten Gasgeräten befassen.

Gasgeräte der Art B dürfen **nicht** aufgestellt werden:
- in Räumen, die über Sammelschächte ohne Motorkraft entlüftet werden; zu finden sind solche Anlagen noch in Altbauten
- in Räumen mit Entlüftung über Einzelschächte nach DIN 18 017-1, außer B_1-Geräten, deren Abgase in den Abluftschacht geführt werden,
- in Räumen und damit lufttechnisch verbundenen Räumen, in denen offene Kamine ohne eigene Verbrennungsluftversorgung aufgestellt sind,
- in Räumen, außer Aufstellräumen mit Öffnungen ins Freie, bzw. in Wohnungen, aus denen Ventilatoren Luft absaugen, ➔ 1; Ausnahmen sind zulässig, wenn
  - die Abgase nach DVGW-Arbeitsblatt G 626 in Lüftungsanlagen nach DIN 18 017-3 geleitet werden, s. Kap. 14.11.3,
  - der Ventilator die Luftzu- und Abgasabführung nicht beeinflusst,
  - Sicherheitseinrichtungen sicherstellen, dass bei laufenden Ventilatoren kein Brenner eines Gerätes in Betrieb sein kann.

Letzter Spiegelpunkt gilt z. B. für das Aufstellen von raumluftabhängigen Gasfeuerstätten in Küchen mit Abluftbetrieb, z. B. Wäschetrockner oder Dunstabzugshaube.

Bei Umluftbetrieb, wie bei Dunstabzugshauben mit Filter, bestehen keine Bedenken.

Gasgeräte Art B_1 und B_4 dürfen nur mit Abgas-Überwachungseinrichtung aufgestellt werden in Wohnungen, in Hobby-, Party-, Wirtschaftsräumen u. Ä. in Keller- und Dachgeschossen. Darauf kann verzichtet werden in Räumen mit dicht- und selbstschließenden Türen, wenn die Räume Öffnungen ins Freie haben, vgl. ➔ 425.2.

> Gasfeuerstätten mit $\dot{Q}_{NL} > 100$ kW erfordern besondere Aufstellräume.

Da Gerätegrößen > 100 kW in der Regel den Aufgabenbereich des Sanitärinstallateurs überschreiten, wird hier nicht näher darauf eingegangen.

---

[1] ARGEBAU: Arbeitsgemeinschaft der für Bau-, Wohnungs- und Siedlungswesen zuständigen Minister der BR Deutschland

14

Abstände zu brennbaren Bauteilen

Gasgeräte sind so aufzustellen, dass die Oberflächen angrenzender Bauteile oder Möbel nicht über 85 °C erwärmt werden.

Notwendige Mindestabstände oder andere Schutzmaßnahmen, z. B. Wärmedämmschicht, belüfteter Schutz gegen Wärmestrahlung, ➜ 1, sind den Einbauanleitungen der Hersteller zu entnehmen.
Bei fehlenden Angaben ist ein Abstand ≥ 40 cm einzuhalten.

14.11.2 Raumgröße und Raumlüftung für raumluftabhängige Gasfeuerstätten

Früher waren Fenster- und Türfugen undicht. So konnte Luft in den Aufstellraum eines Gasgerätes leicht nachströmen (natürlicher Luftwechsel). Mit der 1. Wärmeschutzverordnung (1978) wurden fugendichte Fenster eingeführt.

Dichte Fenster schränken den natürlichen Luftwechsel stark ein. Daraus ergeben sich Probleme beim Betrieb aller Feuerstätten, wenn Frischluft nicht direkt oder indirekt über Öffnungen ins Freie herangeführt wird.

Um lebensbedrohenden Unfällen vorzubeugen, müssen Schornsteinfeger und Installateure bei Kunden auf Veränderungen an Lüftungseinrichtungen achten:

Beispiel:
- Einbau neuer Fenster oder Türen
- nachträglich angebrachte Abdichtung bei Fenstern, z. B. mit selbstklebenden Moosgummistreifen
- nachträglich verschlossene Luftwege (Lüftungsgitter, Türschlitze)
- nachträglich installierte Dunstabzüge
- Wäschetrockner mit eingebauten Ventilatoren

Der ordnungsgemäße Betrieb raumluftabhängiger Feuerstätten der Geräteart B erfordert ausreichende Luftvolumen.

Ausreichende Luftvolumen sind nötig, damit
- bei Inbetriebnahme einer Feuerstätte (Anfahrzustand) austretendes Abgas verdünnt wird,
- beim Betrieb der Feuerstätte ständig genügend Luftsauerstoff für die Verbrennung vorhanden ist.

Schutzziel 1: Sicheres Betriebsverhalten im Anfahrzustand (Abgasverdünnung im Raum)

Wird eine Gasfeuerstätte **mit** Strömungssicherung in Betrieb genommen (Anfahrzustand), kann kurzzeitig Abgas in den Raum gelangen, bedingt durch
- Stau, z. B. bei kalten Luftsäulen in der Abgasanlage, verzögertes Öffnen einer Abgasklappe, ungünstige Witterungsverhältnisse,
- Rückstrom, z. B. durch Fallwind, hohe Gebäude in der Nähe.

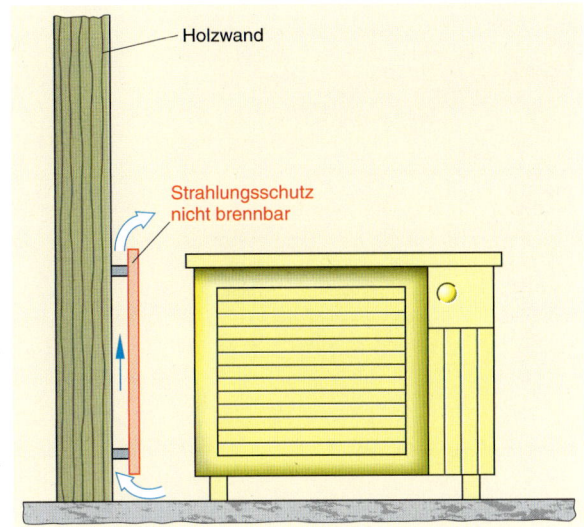

Holzwand

Strahlungsschutz nicht brennbar

1 Belüfteter Strahlungsschutz an brennbaren Bauteilen

Damit der Sauerstoffanteil der Raumluft nicht zu sehr abnimmt und als Folge der CO_2-Gehalt zunimmt, muss das austretende Abgas durch genügend Raumluft verdünnt werden.

Ist $RLV_A < 1 \text{ m}^3/\text{kW}$, muss der Aufstellraum erweitert, d. h. vergrößert werden.
Dazu muss man keine Wände einreißen.

Daraus erwächst die Forderung für Raumgrößen:

Der **Aufstellraum V_A** für raumluftabhängige Feuerstätten der Geräteart B_1 / B_4 (mit Strömungssicherung) muss größer sein als 1 m³ je 1 kW Wärmeleistung aufgestellter Gasgeräte, ➜ 424.1a:
$V_A \geq 1 \text{ m}^3$ je 1 kW Gesamtleistung

$$\text{Schutzziel 1} = \frac{\text{Raumgröße } V_A \text{ in m}^3}{\text{Wärmeleistung } Q'_L \text{ in kW}} \geq 1$$

Ist $V_A/Q'_L < 1$, wird das „Schutzziel 1" nicht erfüllt; dann muss der Aufstellraum erweitert, d. h. vergrößert werden.

Beispiel:
$$V_A = 18 \text{ m}^3$$
$$Q'_L = 28 \text{ KW}$$
$$\text{Schutzziel 1} = V_A/Q'_L$$
$$= 18 \text{ m}^3/28 \text{ kW} = 0{,}64 \text{ m}^3/\text{kW} < 1$$

Der Aufstellraum ist zu vergrößern.

Dazu muss man keine Wände einreißen.

14

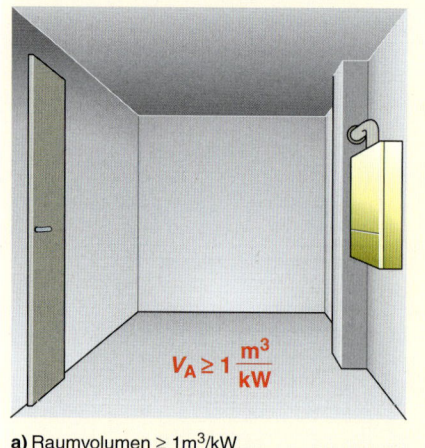
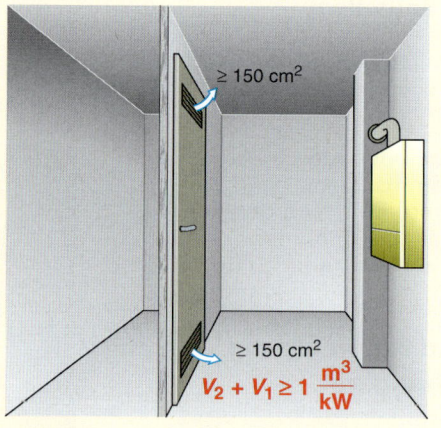
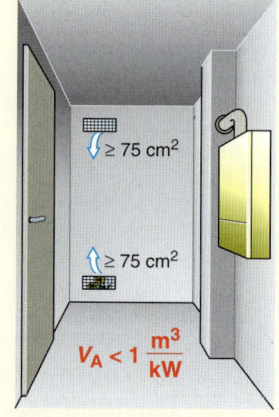

a) Raumvolumen ≥ 1 m³/kW

b) Raumvolumen < 1 m³/kW
Lüftungsöffnungen zum Nachbarraum

c) Raumvolumen < 1 m³/kW
Lüftungsöffnungen ins Freie

1 Notwendiges Volumen von Aufstellräumen für Schutzziel 1

Um Schutzziel 1 zu erfüllen, genügt es, wenn der Aufstellraum für B_1- und B_4-Geräte verbunden wird durch
- Öffnungen mit anderen direkt angrenzenden Räumen oder
- Öffnungen mit dem Freien.

Wird der **Aufstellraum mit anderen Räumen** verbunden, geschieht das über **2 Lüftungsöffnungen** mit jeweils freiem Querschnitt ≥ 150 cm² zum direkt angrenzenden Nachbarraum bzw. zu Nachbarräumen, ➔ 1b, Einbau s. Kap. 14.11.3.

Wird der **Aufstellraum mit dem Freien** verbunden, geschieht das über 2 Lüftungsöffnungen mit jeweils freiem Querschnitt ≥ 75 cm², ➔ 1c.

Achtung:
Die Lüftungsöffnungen dürfen **nicht** verschließbar sein.

Als **Aufstellräume** zählen alle Räume mit oder ohne Fenster bzw. Tür ins Freie.

Bei Feuerstätten mit Gebläsebrennern sind für Aufstellräume keine Mindestgrößen vorgeschrieben, denn diese Feuerstätten haben keine Strömungssicherung, an der Abgase austreten könnten.

Schutzziel 2: Sicherung der Verbrennungsluftversorgung (CO-Bildung vermeiden)

Damit eine Verbrennung sicher abläuft und kein CO entsteht, muss genügend Frischluft zugeführt werden. Nach TRGI sind dies 1,6 m³/h je 1 kW anrechenbarer Gesamtnennleistung $\Sigma\dot{Q}_{NLanr}$ aller schornsteingebundenen Feuerstätten in der Nutzereinheit, z. B. Wohnung. Es ist egal ob sie mit Gas, Öl, Kohle, Holz beheizt werden.

Es gelten, ➔ 2
- für Geräte Art B_1 und B_4 (**mit** Strömungssicherung): die Schutzziele 1 und 2,
- für Geräte Art B_2, B_3 und B_5 (**ohne** Strömungssicherung): nur Schutzziel 2.

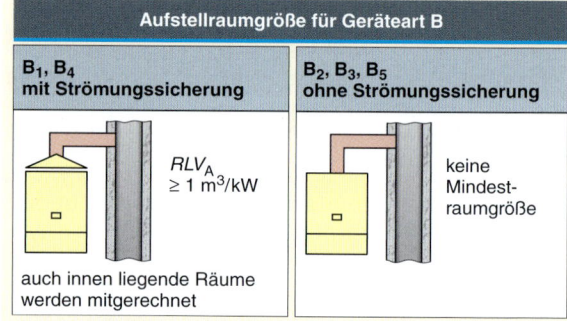

2 Mindestraumgröße für Aufstellräume raumluftabhängiger Feuerstätten

Die Nennleistungen aller Feuerstätten in den verbundenen Räumen sind zur Gesamtnennleistung $\dot{Q}_{NLges}$ zu addieren.

Beim Aufstellen sind zu unterscheiden:
- Feuerstätten bis 35 kW Nennleistung
- Feuerstätten > 35 kW Nennleistung
- Feuerstätten > 50 kW bis 100 kW Nennleistung
- Feuerstätten > 100 kW Nennleistung

Aufstellen von Feuerstätten mit $Q'_L \leq 35$ kW

Der Verbrennungsluftraum V_V für raumluftabhängige Feuerstätten der Geräteart B_1 / B_4 bis zu einer Gesamtwärmeleistung ≤ 35 kW muss sein:
$V_V \geq 4$ m³/kW, ➔ 425.2.

Für den Verbrennungsluftraum gilt also:

$$\text{Schutzziel 2} = \frac{\text{Verbrennungsluftraum } V_V \text{ in m}^3}{\text{Wärmeleistung } Q_L \text{ in kW}} \geq 4$$

Anrechenbar auf den Verbrennungsluftraum V_V sind nur Räume mit zu öffnendem Fenster oder Tür ins Freie (Außenfugen), denn nur über diese kann Verbrennungsluft nachströmen.

14

Für Feuerstätten bis zu 35 kW Gesamtnennleistung gilt die Verbrennungsluftversorgung nachgewiesen, wenn die Feuerstätten aufgestellt sind in einem Raum

- mit Außenfugen und einem Rauminhalt von mindestens 4 m³/kW Gesamtnennleistung, ➔ 1,
- mit ins Freie führenden Öffnungen,
- Außenfugen und Öffnungen ins Freie,
- mit Verbrennungsluftverbund.

Außenfugen sind:
- die Fugen eines Fensters, das geöffnet werden kann, ➔ 424.1,
- die Fugen einer Tür,
- Fugen ins Freie.

Die Verbrennungsluftversorgung für Feuerstätten der Geräteart B gilt auch als gewährleistet, wenn sie in Räumen aufgestellt werden, die **ins Freie führende Verbrennungsluftöffnung**(en), ➔ 2, haben mit:
- $1 \times \geq 150$ cm² freiem Querschnitt,
- $2 \times \geq 75$ cm² freiem Querschnitt.

Bei innen liegenden Räumen kann die Verbrennungsluft zuströmen
- über einen angrenzenden Raum mit Außenwand über Luftöffnungen, ➔ 3,
- durch eine Leitung, ➔ 4; der Leitungsquerschnitt ist je nach Leitungslänge zu vergrößern, z. B. bei einer Leitungslänge von 5 m auf 250 cm², von 10 m auf 300 cm²; ein Bogen 90° ≙ 3 m gerader Länge.

Außenfugen der Fenster und Türen ins Freie werden vor allem bei Niedrigenergie- und Passivhäusern besonders dicht gefertigt, damit Raumwärme nicht nach außen dringt. Es wäre unsinnig, in diesen Häusern Lüftungsöffnungen in Freie für raumluftabhängige Gasgeräte der Art B zu schaffen. Hier wird besonders deutlich, dass raumluft**un**abhängige Gasgeräte zu bevorzugen sind. Es stellt sich also die Frage ob der Einsatz überhaupt Sinn macht. Gasgeräte Art B mit Brenner ohne Gebläse können in einer dichten Ummantelung aufgestellt werden. Aus der Abtrennung muss eine Öffnung ≥ 150 cm² ins Freie führen, ➔ 5. Problematisch sind Frostschutz, Schwitzwasserbildung und Luftzufuhr bei ungünstigen Windverhältnissen.

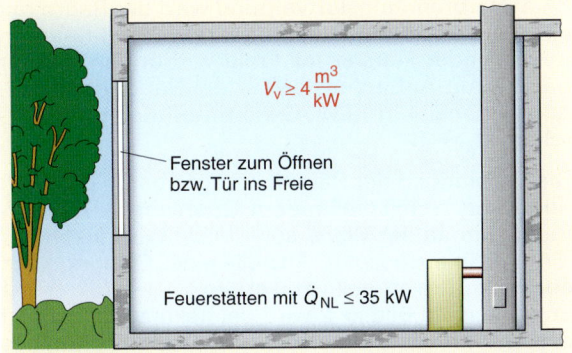

1 Verbrennungsluftraum bei raumluftabhängigen Feuerstätten bis 35 kW

$V_V \geq 4 \frac{m^3}{kW}$

Fenster zum Öffnen bzw. Tür ins Freie

Feuerstätten mit $\dot{Q}_{NL} \leq 35$ kW

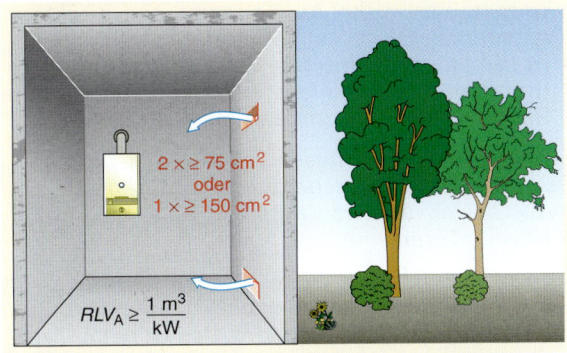

2 Verbrennungsluftzufuhr vom Freien bei $V_V < 4$ m³/kW

$2 \times \geq 75$ cm² oder $1 \times \geq 150$ cm²

$RLV_A \geq \frac{1\ m^3}{kW}$

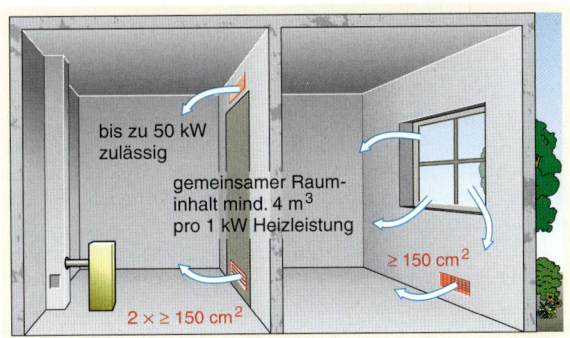

3 Luftöffnung ins Freie über Verbundraum bei $V_V < 4$ m³/kW

bis zu 50 kW zulässig

gemeinsamer Rauminhalt mind. 4 m³ pro 1 kW Heizleistung

≥ 150 cm²

$2 \times \geq 150$ cm²

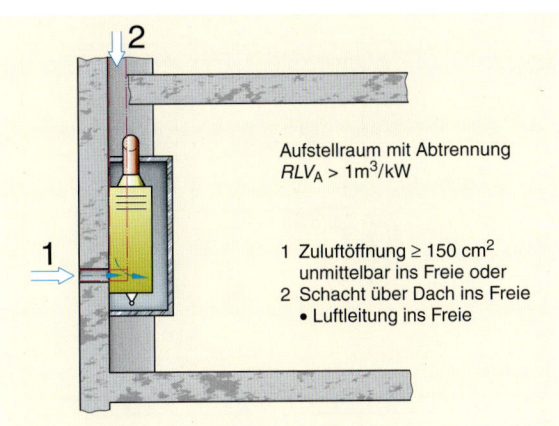

5 Gasfeuerstätte in besonderer Ummantelung

Aufstellraum mit Abtrennung
$RLV_A > 1$ m³/kW

1 Zuluftöffnung ≥ 150 cm² unmittelbar ins Freie oder
2 Schacht über Dach ins Freie
- Luftleitung ins Freie

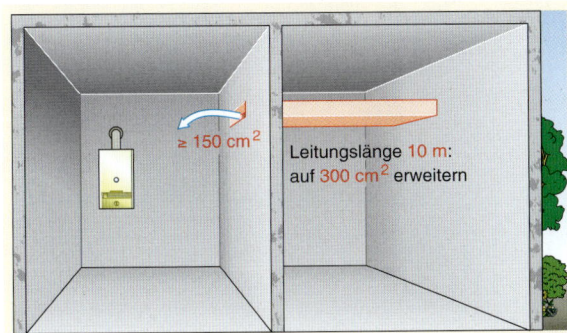

4 Luftöffnung ins Freie über Schacht

≥ 150 cm²

Leitungslänge 10 m: auf 300 cm² erweitern

14

Beim **Verbrennungsluftverbund** wird der Raum mit der Feuerstätte mit einem oder mehreren Räumen mit Tür oder Fenster ins Freie verbunden, bis für Räume mit Außenfenster/Tür ein Rauminhalt von mindestens 4 m³/(kW Gesamtnennleistung) erreicht ist, ➜ 1.

Die Verbindung der Räume erfolgt über je eine Öffnung von ≥ 150 cm² freiem Querschnitt. Die Öffnung kann in der Wand sein. Meist wird sie in der Zimmertür ausgespart. Anstelle einer Öffnung kann auch ein Türblatt gekürzt werden.
Entsprechend Bild ➜ 2 wird bei gekürztem Türblatt evtl. nur ein Teilvolumen des angrenzenden Raumes für die Luftversorgung angerechnet, s. Kap. 14.11.3.

Der Verbrennungsluftverbund gilt als:
• unmittelbar, wenn Aufstellraum und direkt angrenzender Raum mit verbunden werden, ➜ 3,
• mittelbar, wenn zwischen Aufstellraum und Raum (Räumen) mit Außenfenster/Tür ein oder mehrere Räume (Verbundraum/räume) liegen, ➜ 4.

Ein Verbrennungsluftverbund ist meist problematisch wegen Zugerscheinungen, Geräusch- und evtl. Geruchsübertragungen, Einschnitte in z. T. wertvolle Türen.

An abgeschnittenen Türen bringen Bewohner oft Bürstenleisten an oder legen dicke Läufer davor, um die Luftströmung zu behindern. Das ist gefährlich.

> Auch deswegen sind raumluft**un**abhängige Geräte zu bevorzugen, s. Seite 425.

Das ist bei Neubauten kein Problem und auch bei der Altbaurenovierung kostengünstig zu realisieren, denn:
• häufig ist ein gemauerter Schornstein zu sanieren. Daraus kann relativ leicht ein LAS werden, wenn man eine Abgasleitung einzieht für Geräte Art C₄,
• raumluft**un**abhängige Geräte der Art C_{82}, C_{83} (Zuluft vom Freien) können an einen herkömmlichen oder einen FU-Schornstein angeschlossen werden, ➜ 439.2,
• bei dachnahen Wohnungen können C₃-Geräte vorgesehen werden, ➜ 450.2, 451.1.

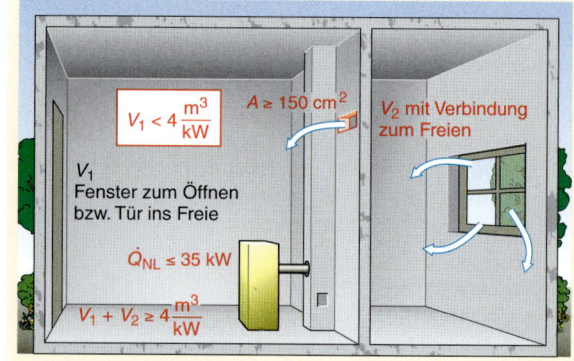

1 Verbrennungsluftverbund

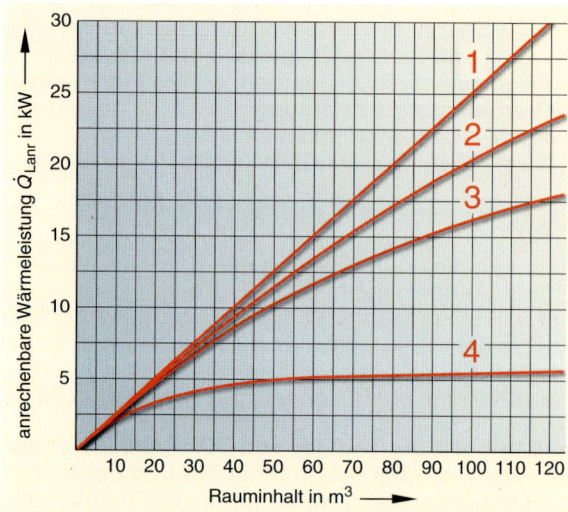

1 Innentüre mit Verbrennungsluftöffnung mit 150 cm² freiem Querschnitt und Aufstellraum mit Fenster **oder** Türe ins Freie

2 Innentür mit 3seitig umlaufender Dichtung, Türblatt 1,5 cm gekürzt **oder** ohne Dichtung, Türblatt 1,0 cm gekürzt

3 Innentür mit 3seitig umlaufender Dichtung, Türblatt 1,0 cm gekürzt **oder** ohne Dichtung, Türblatt ungekürzt

4 Innentür mit 3seitig umlaufender Dichtung, Türblatt ungekürzt

2 Anrechenbare Wärmeleistung $\dot{Q}_{Lanr}$ bei Verbrennungslufttransport über Türen

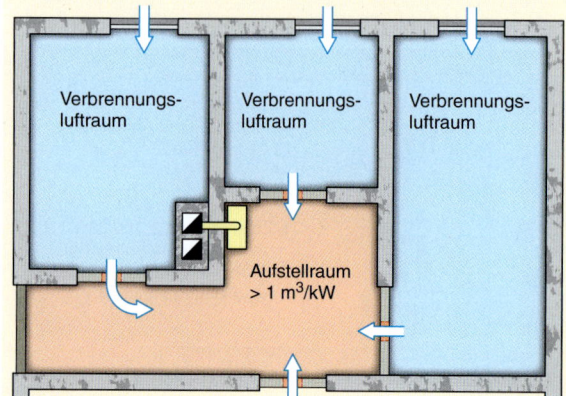

3 Unmittelbarer Verbrennungsluftverbund

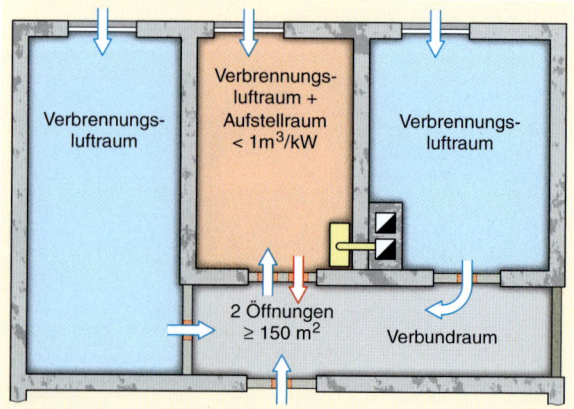

4 Mittelbarer Verbrennungsluftverbund

14

In Aufstellräumen von Feuerstätten mit Nennleistung bis 35 kW sind nötig bei:
Aufstellräumen < 1 m³/kW zum Erreichen von:
- Schutzziel 1
  Sicherer Betrieb im Anfahrzustand:
  2 Öffnungen, je ≥ 150 cm² zum Nachbarraum **oder:**
  2 Öffnungen, je ≥ 75 cm² ins Freie, ➔ 424.1b/1c.
- Schutzziel 2
  „Sichere Verbrennungsluftversorgung":
  jeweils 1 Öffnung ≥ 150 cm² zum Nachbarraum
  und evtl. jeweils 1 Öffnung zu weiteren Räumen

Aufstellen von Feuerstätten Q_{NLges} > 35 kW

Zu unterscheiden sind, ➔ 1:
- Feuerstätten $\dot{Q}_{NLges}$ > 35 kW bis 50 kW
- Feuerstätten $\dot{Q}_{NLges}$ > 50 kW bis 100 kW
- Feuerstätten $\dot{Q}_{NLges}$ > 100 kW

Feuerstätten > **35 kW** müssen die nötige Verbrennungsluft über Lüftungsöffnungen **direkt vom Freien** erhalten, ➔ 2. Bei Feuerstätten mit Gesamtnennleistung $\dot{Q}_{NLges}$ > **50 kW** müssen für jedes über 50 kW hinausgehende kW die Verbrennungsluftöffnungen noch um 2 cm² vergrößert werden.

Beispiel:
Feuerstätte mit Brenner Q_{NL} = 62 kW = (50 + 12) kW
Lüftungsöffnung: (150 + 12 · 2) cm²
$$= \mathbf{174\ cm^2}\ \text{bzw.}\ \mathbf{2 \times 87\ cm^2}$$

Bei B_1- und B_4- Geräten mit Aufstellraum < 1 m³/kW ist der Lüftungsquerschnitt auf 2 Öffnungen zu verteilen.

14.11.3 Lüftungsöffnungen – Ausführung und Einbau

Zu unterscheiden sind Öffnungen:
- von Raum zu Raum
- ins Freie

Öffnungen von Raum zu Raum dürfen nicht verschließbar sein, jedoch dürfen Sichtblenden eingebaut werden, die den Luftstrom nicht behindern. Es gibt zahlreiche Ausführungen von Einbauöffnungen, meist aus Kunststoff. Beim Einbau ist auf die richtige Schlitzneigung zu achten (Sichtschutz, kein Zusetzen durch Staub, Papierschnitzel), ➔ 3.

Zwei Öffnungen müssen immer in den gleichen Raum führen. Die untere Öffnung ist nahe dem Fußboden, die obere mindestens 1,80 m über dem Fußboden anzubringen. Sie dürfen nicht verschlossen werden, z. B. durch Überkleben mit Tapeten, Zustellen mit Schränken, Zuhängen mit Bildern, Vorhängen. Zweckmäßig werden Öffnungen in die Tür eingefügt, ➔ 4.
Bei nur einer Öffnung ist die Lage frei wählbar.
Anstelle der unteren Öffnung kann das Türblatt entsprechend gekürzt werden.

Aber Vorsicht:
Häufig werden dicke Teppiche gelegt oder Borstenleisten an Türen unten angebracht. Der Installateur sollte bei jeder Gelegenheit die Verbrennungsluftöffnungen kontrollieren.

Feuerstätten Q_{NLges} in kW	Aufstellraumgröße	Lüftungsöffnungen direkt ins Freie	
35 bis 50 kW	≥ 1 m³/kW	1 Öffnung	≥ 150 cm²
	< 1 m³/kW	2 Öffnungen, je ≥ 75 cm²	
(50 + x) kW	≥ 1 m³/kW	1 Öffnung	≥ 150 cm² + x · 2 cm²
	< 1 m³/kW	2 Öffnungen, je ≥ 75 cm²	
> 100 kW	wie bei (50 + x) kW ist der Raum nur zu nutzen • zum Aufstellen des Gasgerätes bzw. weiterer Feuerstätten • für den Hausanschluss mit den nötigen Armaturen, Regel- und Messgeräten, z. B. Gaszähler		

Eigene Aufstellräume benötigen ebenfalls
- Wärmepumpen > 50 kW,
- Blockheizkraftwerke, ortsfeste Verbrennungsmotoren einschl. Brennstofflagerung, > 35 kW

1 Verbrennungsluftversorgung für Gasfeuerstätten > 35 kW

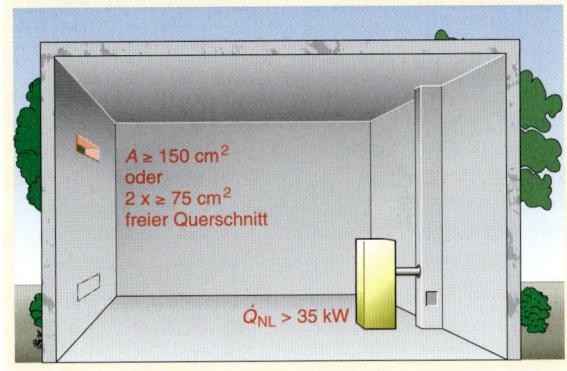

A ≥ 150 cm²
oder
2 x ≥ 75 cm²
freier Querschnitt

$\dot{Q}_{NL}$ > 35 kW

2 Verbrennungsluftzufuhr und Aufstellen von Feuerstätten > 35 kW

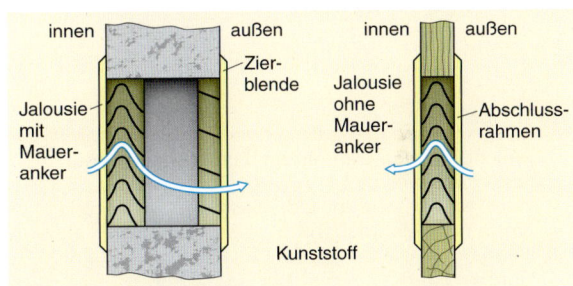

innen | außen | innen | außen
Zierblende
Jalousie mit Maueranker
Jalousie ohne Maueranker
Abschlussrahmen
Kunststoff

3 Sichtschutzblenden aus Kunststoff für Luftöffnungen

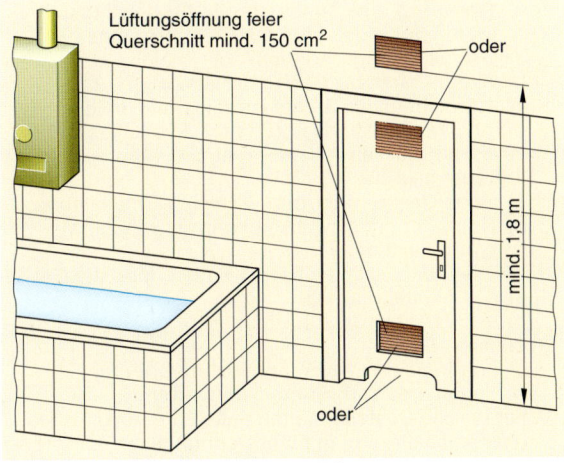

Lüftungsöffnung feier Querschnitt mind. 150 cm²

oder

mind. 1,8 m

oder

4 Einbau von Lüftungsöffnungen in Räumen

14

Bei **Öffnungen ins Freie** können ein Gitter oder ein Drahtnetz mit Maschenweite ≥ 10 mm und Drahtdicke ≥ 0,5 mm angebracht werden, wenn der freie Mindestquerschnitt erhalten bleibt.

Die Verbrennungsluftöffnungen, die nur dem Schutzziel 2 (Sichere Verbrennungsluftversorgung) dienen, dürfen verschließbar sein, wenn Sicherheitseinrichtungen gewährleisten, dass die Brenner nur bei geöffnetem Verschluss betrieben werden können.

Eine Verbrennungsluftzufuhr über Öffnungen ins Freie ist für Aufenthaltsräume, Küchen, Bäder nur zumutbar, wenn diese während der Brennerstillstandszeit verschlossen werden. Die Bewohner würden sie sonst wegen Zugerscheinungen und Auskühlen der Räume umgehend abdichten.

Automatische Verbrennungsluftklappe nach DIN 32 732, ➔ 1, verschließen in Betriebspausen Öffnungen ins Freie, z. B. wenn Gasfeuerstätten wie Heizkessel u. Ä. in Kellerräumen angeordnet sind. Sie mindern
• den Energieverbrauch,
• Zugerscheinungen im Gebäude.

Die Verbrennungsluftklappe wird ähnlich wie eine Motorabgasklappe in den Steuerstromkreis „Kesselthermostat – Gasbrenner (Steuergerät)", ➔ 453.3, eingebunden.

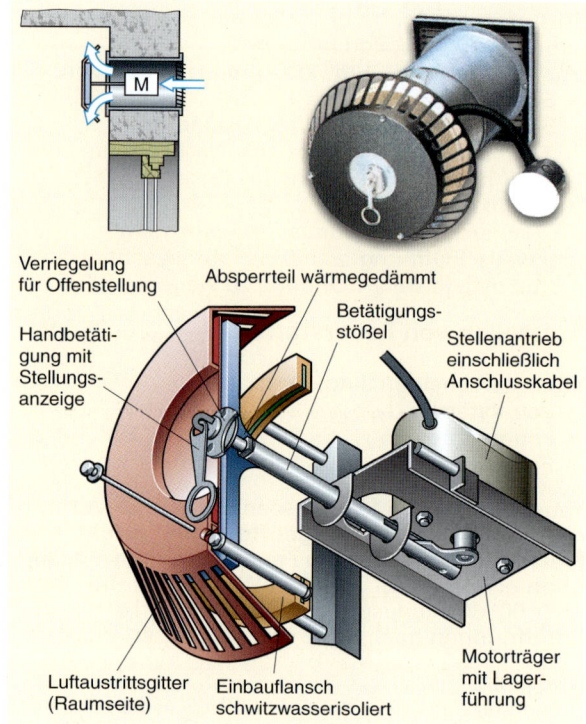

Verriegelung für Offenstellung
Absperrteil wärmegedämmt
Betätigungsstößel
Handbetätigung mit Stellungsanzeige
Stellenantrieb einschließlich Anschlusskabel
Luftaustrittsgitter (Raumseite)
Einbauflansch schwitzwasserisoliert
Motorträger mit Lagerführung

1 Automatische Verbrennungsluftklappe

Übungen:

1. Welche Vorschriften regeln das Aufstellen von Feuerstätten?
2. Welchen Abstand müssen Gasgeräte von brennbaren Bauteilen haben?
3. Nennen Sie die Schutzziele für das Aufstellen von Geräten Art B.
4. Warum gelten diese Schutzziele nicht für Gasgeräte Art C?
5. a) Warum ist eine Mindestgröße für den Aufstellraum von Gasgeräten mit Brennern ohne Gebläse vorgeschrieben?
   b) Warum nicht für Geräte der Art C_{83x}?
6. Warum gibt es für Geräte Art B_{23} (mit Gebläsebrenner) keine Mindestgröße für den Aufstellraum?
7. Wie groß müssen Aufstellraum und Verbrennungsluftraum sein für
   a) einen Gasraumheizer mit 7 kW Wärmeleistung,
   b) einen Durchflusswassererwärmer mit 28 kW Wärmeleistung?
8. Welche Räume zählen bei der Berechnung der Größe
   a) des Aufstellraumes,
   b) des Verbrennungsluftraumes?
9. Erklären Sie:
   a) unmittelbarer Verbrennungsluftverbund,
   b) mittelbarer Verbrennungsluftverbund.
10. Für welche Gasfeuerstätten gelten die Vorschriften über Aufstellraum- und Verbrennungsluftraumgröße nicht?
11. Unter welchen Umständen kann in einem innen liegenden Abstellraum ein Umlaufwasserheizer mit 18 kW aufgestellt werden, wenn ein Verbrennungsluftverbund nicht möglich ist?
12. a) Können raumluftunabhängige Gasfeuerstätten auch in innen liegenden Räumen aufgestellt werden?
    b) Wenn ja, unter welchen Umständen?
13. Welche Bestimmungen gelten für Lüftungsöffnungen unmittelbar ins Freie?
14. Wie sollen Lüftungsöffnungen im Raumverbund beschaffen sein für
    a) Aufstellräume,
    b) den Verbrennungsluftverbund?
15. An welchen Stellen sind sie im Raum anzuordnen?
16. Welche Kontrollaufgabe sollte der Installateur beim Aufenthalt in Wohnungen immer im Auge haben?
17. Wie kann innen liegenden Räumen Luft vom Freien zugeführt werden?
18. Welche Regel zur Verbrennungsluftversorgung gilt für Gasfeuerstätten > 35 kW Nennleistung?
19. Wie können Lüftungsöffnungen ausgeführt werden
    a) zwischen Räumen im Gebäude,
    b) ins Freie?
20. a) Dürfen Verbrennungsluftöffnungen ins Freie verschlossen werden, wenn viel kalte Luft einströmt?
    b) Was ist zu tun?

15 Abgas

15.1 Abgase und Feuerstätten

15.1.1 Notwendigkeit der Abgasabführung

Beim Verbrennen von Gasen entstehen heiße Verbrennungsgase. Nach deren Wärmeabgabe in Feuerstätten nennt man sie **Abgase**.

> Werden die Abgase aus dem Verbrennungsraum nicht abgeführt,
> - mangelt es an Sauerstoff,
> - schlägt sich Wasserdampf nieder.

An **Sauerstoff mangelt** es, weil keine frische Luft nachströmen kann. Die Abgase umgeben den Brenner und füllen allmählich den gesamten Raum aus.

Wegen Sauerstoffmangel
- kann das hoch giftige Kohlenmonoxid CO entstehen, ➔ 1,
- ersticken schließlich die Flammen und alles Leben, ➔ 2.

> Erdgas, sehr reich an Wasserstoff, ➔ 335.1, liefert beim Verbrennen etwa 1,4 kg Wasser/m³ Gas.

Der im Abgas enthaltene **Wasserdampf**
- bewirkt hohe Luftfeuchte im Raum, die zusammen mit höherer Raumtemperatur Beklemmung, Kopfschmerzen, Schwindel und sogar Ohnmacht bei empfindlichen Menschen auslösen kann,
- kann Wände und Decken durchfeuchten, sodass sich Schimmelpilze bilden können; diese
  - können zu gefährliche Krankheiten führen,
  - erzeugen schwarze Flecken an Wänden.

Abgase werden durch besondere Anlagen, die **Abgasanlagen**, abgeführt.

Abgase müssen durch Abgasanlagen abgeführt werden, damit es in Räumen
- nicht an Sauerstoff mangelt,
- keine hohe Luftfeuchte entsteht.

Abgase werden abgeführt mithilfe
- des natürlichen Auftriebes der warmen Abgase (durch Unterdruck), s. Kap. 15.1.3,
- mechanischer Gebläse (durch Überdruck).

Auf eine Abgasabführung kann verzichtet werden, wenn keine größeren Gasmengen verbrannt werden, wie bei Laborbrennern, Gas-Kühlschränken und
– in Räumen > 15 m³ – bei häuslichen Gasherden.
Jedoch muss bei deren Benutzung der Raum gelüftet werden.

15.1.2 Verbrennungsluftzuführung – Abgasabführung

> Feuerstätten, in denen Brennstoffe verbrannt werden, unterteilt man je nach Luftzufuhr:
> - raumluftabhängige Feuerstätten
> - raumluft**un**abhängige Feuerstätten

CO-Anteil in Luft %	Kopfschmerzen, Schwindel Übelkeit innerhalb von … min	Eintritt des Todes innerhalb von … min
0,08	45	–
0,16	20	120
0,32	5 … 10	30
0,64	1 … 2	15
1,28	–	1 … 3

1 Folgen von Kohlenmonoxid in Atemluft

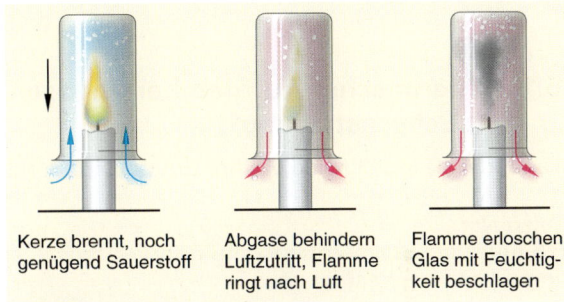

Kerze brennt, noch genügend Sauerstoff

Abgase behindern Luftzutritt, Flamme ringt nach Luft

Flamme erloschen, Glas mit Feuchtigkeit beschlagen

2 Abgase behindern die Verbrennung

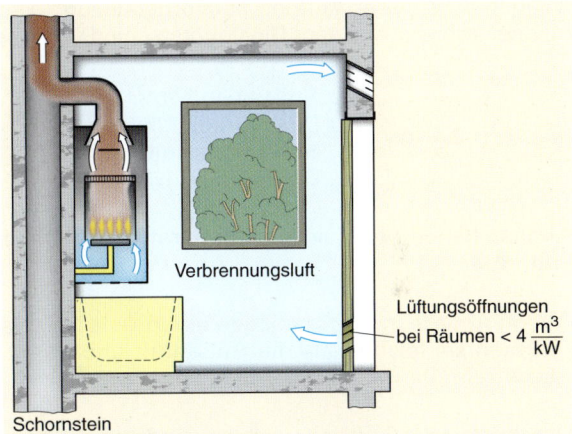

Verbrennungsluft

Lüftungsöffnungen bei Räumen < 4 $\frac{m^3}{kW}$

Schornstein

3 Luft- und Abgasführung bei raumluftabhängigen Feuerstätten mit Schornsteinanschluss (Geräteart B)

Raumluftabhängige Feuerstätten (Geräteart **B** nach TRGI), ➔ 3
- entnehmen die Verbrennungsluft dem Aufstellraum,
- besitzen eine **offene** Verbrennungskammer.

Wenn die Abgase durch die Abgasanlage ins Freie strömen, entsteht im Raum ein Unterdruck. Luft wird durch undichte Tür- und Fensterfugen nachgeschoben. Die Wärmeschutzverordnung zum Energieeinsparungsgesetz schreibt weitgehend fugendichte Fenster vor. Auch in Altbauten wurden viele Fenster nachträglich abgedichtet.

> Dadurch kann es zu gefährlichen Situationen kommen, wenn nicht durch besondere Lüftungsöffnungen für Luftzufuhr gesorgt wird, s. Kap. 14.11.2.

15

Bei **raumluftunabhängigen Feuerstätten** (Geräteart **C** nach TRGI), → 1:
- ist der Verbrennungsraum des Gerätes zum Aufstellraum abgedichtet (geschlossene Verbrennungskammer),
- wird die Verbrennungsluft durch besondere Leitungen vom Freien zugeführt, z. B. über ein Luft-Abgas-System (LAS), → 2.

Der Installateur muss beim Aufstellen von Gasfeuerstätten im Einvernehmen mit dem zuständigen Schornsteinfeger besorgt sein um
- die Abgasabführung **und**
- den Zustrom frischer Verbrennungsluft.

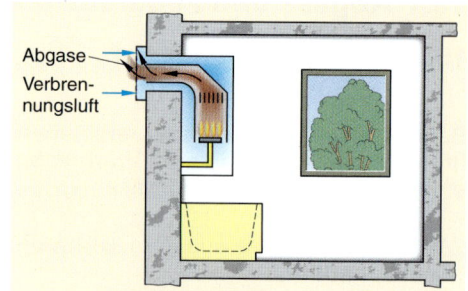

1 Luft- und Abgasführung einer Außenwand-Feuerstätte (Gasgerätart C$_{1..}$)

15.1.3 Thermischer Auftrieb bei Abgasen ("Schornsteinzug")

Alle Stoffe, die leichter sind als ihre Umgebung, streben nach oben.

Beispiel:
Ein unter die Wasseroberfläche gedrückter Ball schnellt nach dem Loslassen nach oben.

Die Kraft, die nach oben treibt, beruht auf dem **Auftrieb**. Bei Abgasanlagen hieß dieser Auftrieb „**Schornsteinzug**". Der Auftrieb berechnet sich u. a. aus dem Dichteunterschied von Abgas und Luft.

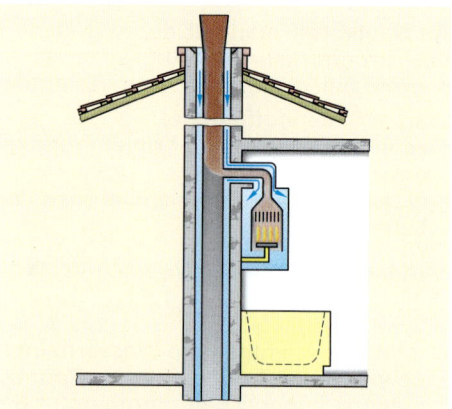

2 Raumluftunabhängige Feuerstätte am Luft-Abgas-System (Geräteart C$_{4..}$)

$$p = h \cdot \Delta\varrho \cdot g$$

p Auftrieb in N/m² = Pa
$\Delta\varrho$ Dichteunterschied in kg/m³
h Höhe Abgasleitung in m
g Ortsfaktor in N/kg

Abgase haben bei gleicher Temperatur eine höhere Dichte als Luft, → 3.

Wenn Abgase in Abgasanlagen einen Auftrieb erfahren sollen, müssen sie leichter als die Außenluft und damit wärmer als diese sein. Dann „zieht der Schornstein", → 4.

Temperatur in °C	Dichte in kg/m³	
	Luft	Abgase
−10	1,34	1,38
0	1,29	1,33
+10	1,24	1,28
+30	1,15	1,18
+70	–	1,00
+140	–	0,83
+220	–	0,70

3 Dichte von Luft und Abgas bei verschiedenen Temperaturen

Der thermische Auftrieb wird vermindert bei Abgasanlagen
- mit zu großem Querschnitt bzw. bei zu geringem Abgasmassenstrom (starke Abkühlung),
- von geringer Höhe,
- mit hohen Reibungswiderständen wie raue Wandungen, viele Umlenkungen,
- mit schlechter Wärmedämmung bzw. in ungünstiger Lage wie an kalten Außenwänden, in hohen unbeheizten Dachräumen,
- mit ungünstigen Klimabedingungen (Luftdruck, Temperatur, Wind).

Moderne Gasfeuerstätten arbeiten mit niedrigen Abgastemperaturen, um die Brennstoffwärme gut zu nutzen.
Dies fordert Abgasanlagen,
- in denen die Abgase kaum abkühlen, s. Kap. 15.2.3,
- mit einer bestimmten Mindestabgastemperatur.

Die **Mindestabgastemperatur** bestimmt bei Feuerstätten ohne Abgasgebläse die obere Grenze des Gerätewirkungsgrades. Sie soll bei thermischem Auftrieb an der Mündung der Abgasanlage (Schornsteinkopf) > 50 °C sein.

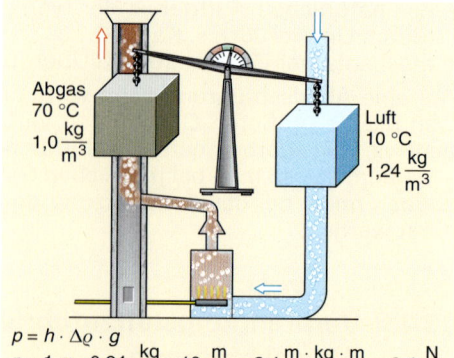

Abgas 70 °C   1,0 $\frac{kg}{m^3}$ Luft 10 °C   1,24 $\frac{kg}{m^3}$

$p = h \cdot \Delta\varrho \cdot g$
$p = 1\,m \cdot 0{,}24\,\frac{kg}{m^3} \cdot 10\,\frac{m}{s^2} = 2{,}4\,\frac{m \cdot kg \cdot m}{m^3 \cdot s^2} = 2{,}4\,\frac{N}{m^2}$
$p = 0{,}024\,mbar$

Bei 10 m Höhe (h = 10 m) wird p = 0,24 mbar
Je höher der Schornstein, umso größer der Auftrieb bzw. Schornsteinzug

4 Auftrieb im Schornstein je m Höhe

15

430

15.1.4 Luftbedarf

Die Luftzufuhr zu Gasbrennern ohne Gebläse wird stark vom thermischen Auftrieb (Schornsteinzug) beeinflusst.

Damit die Verbrennung immer vollständig abläuft, muss mehr Luft zugeführt werden, als rein rechnerisch (theoretisch) notwendig ist.

Theoretischer Luftbedarf und Luftüberschuss ergeben den praktischen Luftbedarf, → 1.

Hoher Luftüberschuss erhöht die Wärmeverluste, denn:
- Die überschüssige Verbrennungsluft, meist < 20 °C, kühlt die Wärmeübertragungsflächen in den Gasfeuerstätten, ähnlich wie kaltes Wasser in einer Mischbatterie die Temperatur des Warmwassers herabsetzt.
- Der um den Luftüberschuss vergrößerte Abgasstrom strömt schneller an den Wärmeübertragungsflächen vorbei. Somit haben die Verbrennungsgase weniger Zeit, ihre Wärme abzugeben. Erhöhte Abgastemperaturen und damit größere Wärmeverluste sind die Folge.

Diese Wärmeverluste über das Abgas nennt man **Abgasverluste**.

Sehr hoher Luftüberschuss fördert auch die CO-Bildung, da die überschüssige Luft die Flamme unter Zündtemperatur abkühlt, sodass die Verbrennung unvollständig ist.

Bei Gebläsebrennern kann der Luftüberschuss auf 15 % bis 25 % genau festgelegt werden.

Bei atmosphärischen Brennern ist der Luftüberschuss wesentlich höher, besonders an kalten Tagen. Wegen des großen Temperaturunterschiedes (Abgas – Außenluft), „zieht" die Abgasanlage besser und saugt mehr Luft durch die Feuerstätte als an warmen Tagen.

Günstiger als ältere atmosphärische Brenner (Teilvormischbrenner) sind moderne Vollvormischbrenner, denn sie sind konstruktiv auf einen bestimmten Luftüberschuss vorberechnet.
Bei gebläseunterstützten Brennern ist der Luftstrom und damit der Luftüberschuss genau einstellbar, ähnlich wie bei Gebläsebrennern.

Je größer der Luftüberschuss und je höher die Abgastemperatur, umso höher sind die Abgasverluste.

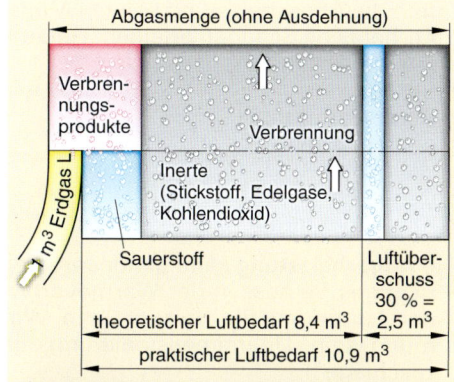

a) Luftbedarf und Verbrennungsprodukte

Gasart	Luftbedarf in m³/m³		Abgasmenge in m³/m³ bei $\Delta\vartheta$ = 180 K
	theoretisch	praktisch	
Erdgas LL	8,4	11…15	20
Erdgas E	9,9	13…16	23
Flüssiggas (Propan/Butan)	24,5 12,1 m³/kg	32…40 16 m³/kg	54 28 m³/kg

b) Luftbedarf und Abgasmengen von Brenngasen

1 Theoretischer und praktischer Luftbedarf

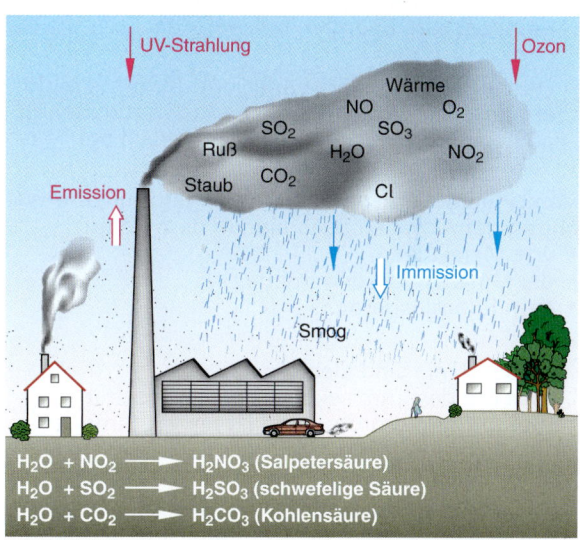

$H_2O + NO_2 \longrightarrow H_2NO_3$ (Salpetersäure)
$H_2O + SO_2 \longrightarrow H_2SO_3$ (schwefelige Säure)
$H_2O + CO_2 \longrightarrow H_2CO_3$ (Kohlensäure)

2 Emission und Immission von Schadstoffen in der Luft

15.1.5 Abgasüberwachung

15.1.5.1 Umweltbelastung durch Abgase

Abgase belasten die Umwelt.

Bei der Abgasbelastung ist zu unterscheiden zwischen:
- Abgasemission
- Schadstoffimmission

Abgase werden in gewaltigen Mengen in die Atmosphäre geblasen; man nennt dies **Abgasemission**.

Bei bestimmten Wetterlagen werden niedrige Luftschichten in ihrer Zusammensetzung durch die Abgase verändert, z. B. der NO_x-, der SO_2-Gehalt. Das ist gesundheitsschädlich, sodass u. U. Smogalarm ausgelöst wird. Gebietsweise wird bei Smogalarm das Benutzen von Kraftfahrzeugen eingeschränkt oder ganz verboten.

Durch Regen wird ein Teil der Abgase wieder herabgespült. Das Regenwasser mischt sich mit den Gasen in der Luft und bildet Säuren (saurer Regen). Einwirkungen von Schadstoffen aus der Atmosphäre auf die Erde nennt man **Schadstoffimmission**, → 2.

15

Durch die Abgasbelastung können Mensch und Natur erhebliche Schäden erleiden. Geläufige Schlagworte dafür sind:
- Smog
- Abgasvergiftung
- saurer Regen
- Waldsterben
- Ozonloch
- Klimaerwärmung

Die **Abgasbelastung kann gemindert** werden, durch
- richtiges Bemessen der Wärmeverbraucher und der Leitungen für Heizung und Wassererwärmung (keine Überdimensionierung durch „Angstzuschläge"),
- Einbau von Wärmeerzeugern mit Umweltschutzzeichen und
- sorgfältiges Warten und Einstellen der Brenner,
- sparsamen Umgang mit Brennstoffen, z. B.:
  - sorgfältiges Dämmen der Heizkessel, Wasserwärmer und zugehörigen Leitungen gegen Wärmeverluste,
  - alte Heizgeräte ersetzen,
  - nicht an guten Regeleinrichtungen sparen,
  - Räume nicht überheizen,
  - vernünftig lüften (Stoßlüftung statt Dauerlüftung), besser: kontrolliert Lüften, s. Kap. 18.4.3
  - (Warm-)Wasser sparende Armaturen einbauen,
  - erneuerbare Energien nutzen.

Installateure, Heizungsbauer und Schornsteinfeger tragen durch gewissenhafte Arbeit zum Schutz von Leben, Umwelt und Klima erheblich bei.

Verschiedene Vorschriften und Regeln zur Überwachung der Abgasanlagen dienen dem Schutz
- von Menschen,
- der Umwelt und dem Klima,
- dem Energiesparen.

In erster Linie sind dies:
- das Bundes-Immissionsschutz-Gesetz mit 18 zugehörigen Verordnungen (1. bis 18. BlmschV),
- die Kehr- und Überprüfungsordnung (KÜO).

Das **Bundes-Immissionsschutz-Gesetz** schreibt in der „Verordnung über Kleinfeuerungsanlagen", besser bekannt als **1. BlmSchV**[1] vor, den Stickstoffoxid-Ausstoß (NO$_x$-Ausstoß) und die Abgasverluste in der Haustechnik zu begrenzen, ➜ 1, 2. Kessel, die den Anforderungen nicht genügen, müssen zu bestimmten Zeitpunkten ausgetauscht werden, ➜ 3.

Siebzehn weitere BlmSchV zielen z. B. auf Verkehr, Müllverbrennung, Industriefeuerungen.

Die **Kehr- und Überprüfungsordnung** (KÜO) dient der Sicherheit der Abgasanlagen, siehe Kap. 15.1.5.2.

Zu unterscheiden sind also
- 1. BlmSchV: soll Abgasverluste begrenzen,
- KÜO: dient der Sicherheit von Abgasanlagen.

[1] auch als „Kleinfeuerungsanlagen-Verordnung" bekannt

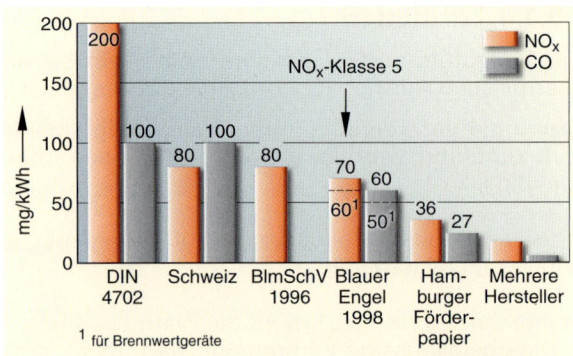

1 **Grenzwerte für NO$_x$- und CO$_2$-Ausstoß bei Feuerstätten**

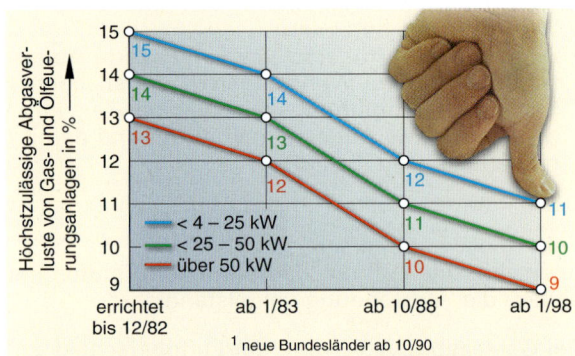

2 **Höchstzulässige Abgasverluste in % nach BlmSchV**

Nenn-wärme-leistung in kW	Ermittelter Abgasverlust bei Einstufungsmessung					
	< 9 %	< 10 %	< 11 %	< 12 %	< 13 %	> 13 %
4 … 25	zulässig	zulässig	zulässig	2004[1]	2002[1]	2001[1]
25 … 50	zulässig	zulässig	2004[1]	2002[1]	2001[1]	2001[1]
50 … 100	zulässig	2004[1]	2002[1]	2001[1]	2001[1]	2001[1]
> 100	zulässig	2004[1]	2002[1]	1999[1]	1999[1]	1999[1]

[1] jeweis zum 01.11

3 **Austauschfrist für nicht sanierbare Heizkessel nach BlmSch-V**

15.1.5.2 Abgasmessung

Die Abgasmessung gibt für Abgase Aufschluss über die
- physikalische Zusammensetzung wie Druck, Temperatur, Volumenstrom,
- chemische Zusammensetzung (Gasanteile wie O$_2$, CO$_2$, CO, NO$_x$).

Zu unterscheiden ist die Abgasmessung zum
- Einstellen des Brenners,
- Überwachen der Abgasverluste,
- Ermitteln der Wirtschaftlichkeit,
- Gewährleisten der Sicherheit.

Beim **Einstellen der Gasbrenner** muss der Installateur u. a. Luftüberschuss, CO$_2$-, CO-, NO$_x$-Gehalt der Abgase und die Abgastemperatur messen.

15

Für die Sicherheit von Abgasanlagen ist wichtig, dass
- die Abgase einwandfrei abströmen und
- bestimmte CO- und NO_x-Gehalte
- bestimmte Temperaturen nicht überschreiten

Mit der **Überwachung der Abgasverluste** sind die Schornsteinfeger (Kaminkehrer) beauftragt. Die Überwachung der Abgasverluste setzt ein Messen der Abgaswerte voraus, ➜ 1.
Für das **Ermitteln der Wirtschaftlichkeit** sind die Abgasverluste wichtig.

Beim Überwachen der Abgasverluste sind zu messen:
- die Verbrennungsluft- und Abgastemperatur
- der thermische Auftrieb
- der Sauerstoff- oder Kohlendioxidgehalt (O_2- oder CO_2-Gehalt) der Abgase
- der NO_x-Anteil im Abgas
- der Rußgehalt der Abgase

Die **Verbrennungslufttemperatur** (Raumlufttemperatur) ist nahe der Ansaugöffnung des Wärmeerzeugers, ➜ 1, bei raumluft**un**abhängigen Feuerstätten im Luftzuführungsrohr zu messen.

Die **Temperatur der Abgase** ist im Kern des Abgasstromes am höchsten, ➜ 3; man muss den Höchstwert mit dem Messfühler ertasten, ➜ 2, 434.1.

Der **thermische Auftrieb** (Zug) in der Abgasanlage soll 0,03 mbar bis 0,1 mbar (= 3 Pa bis 10 Pa) betragen.

Der **Sauerstoffgehalt** dient heute meist anstelle des CO_2-Wertes zur Errechnung der Abgasverluste.

Der **Kohlendioxidgehalt** ($CO_{2,gem}$) soll 1 % bis 3 % unter dem CO_2-Höchstwert ($CO_{2,max}$) liegen; er ist beim Einstellen des Luftüberschusses am Brenner wichtig.

Der **NO_x-Gehalt** darf bei Umlauf-, Kombiwasserheizern und Gasheizkesseln < 120 kW den Wert von 70 mg/kWh nicht übersteigen (NO_x-Klasse 5).

Diese Werte sind zeitgleich durch eine Messöffnung im Verbindungsstück (Abgasrohr) zu messen; bei atmosphärischen Brennern nach deren Strömungssicherung, ➜ 1.

Rußgehalt und Staubemissionen spielen bei Gasfeuerungen keine Rolle; anders ist dies als bei Festbrennstoff- oder Ölfeuerungen.

Aus den Messdaten lässt sich der **Abgasverlust** berechnen.

Moderne, handliche Messgeräte mit vielerlei Zubehör zeigen ihn direkt an, ➜ 2. Diese
- lesen Kundendaten über einen Lesestift ein,
- berechnen aus den Messdaten die Abgasverluste,
- drucken Messprotokolle, ➜ 433.1b
- von Gasgeräten, eignen sich zur Druck-, Volumenstrom- oder Temperaturmessung jeder Art,
- ermöglichen über die eigentliche Abgasmessung hinaus vielerlei Messungen, z. B. beim Einstellen
- helfen bei der Gaslecksuche

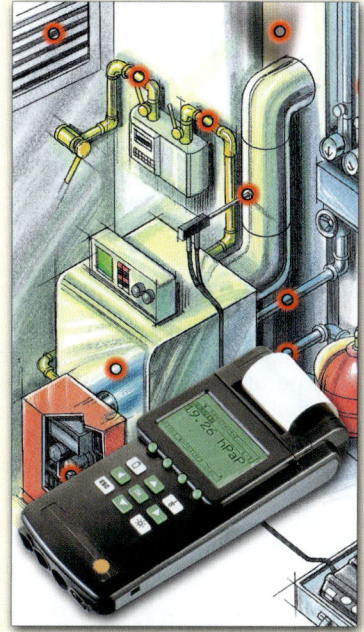

a) Messstelle und Messgerät   b) Messprotokoll

1 Bestimmen der Abgasverluste mit elektronischem Messgerät

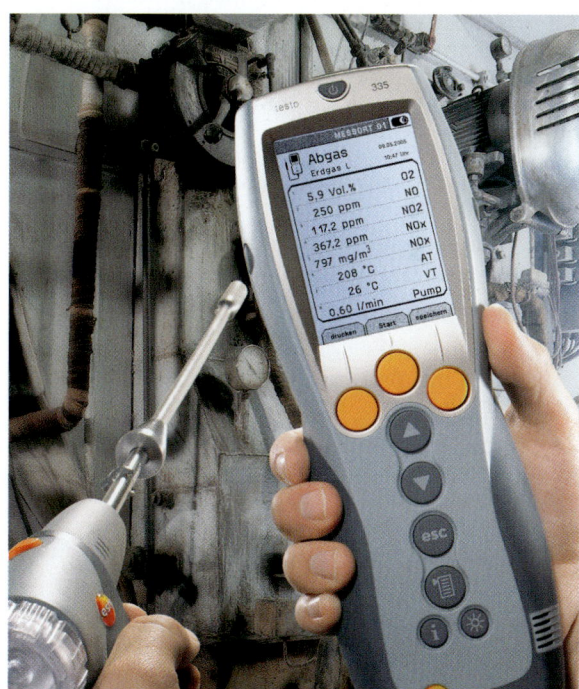

2 Vielseitiges Handmessgerät für Abgase

Die Messgeräte müssen geeignet sein (Eignungsprüfung) und halbjährlich in einer technischen Prüfstelle überprüft werden.

Gas- und ölbefeuerte Feuerungsanlagen erfordern
- eine Erstmessung,
- wiederkehrende Messungen.

15

Die **Erstmessung**, spätestens 4 Wochen nach Inbetriebnahme, betrifft folgende Feuerstätten mit Nennleistungen Q'_L:
- neue oder wesentlich geänderte mit $Q'_L > 4$ kW,
- zum Heizen eines Einzelraumes mit $Q'_L > 11$ kW,
- ausschließlich zur Wassererwärmung mit $Q'_L > 28$ kW,
- für bivalenten Heizbetrieb, z. B. Heizkessel und Wärmepumpe.

Wiederkehrend zu messen sind einmal im Kalenderjahr:
- Feuerungsanlagen $Q'_L > 11$ kW
- Feuerungsanlagen – nur für die Wassererwärmung – mit $Q'_L > 28$ kW

Nicht gemessen auf Abgasverluste werden: **Brennwertgeräte**.

Abgase an Gasfeuerstätten sind zu **messen**:
- bei Kesselwassertemperatur ≥ 60 °C, ausgenommen Brennwertgeräte und Niedertemperaturkessel mit gleitender Regelung,
- im ungestörten Betriebszustand bei Nennleistung,
- frühestens 2 min nach Einschalten des Brenners.

Zeitgleich mit der Abgasverlustmessung wird die **Sicherheit der Abgasanlagen überprüft**.
Sie wurde aufgrund der Kehr- und Überwachungsordnung (KÜO) den Schornsteinfegern übertragen.

Dazu gehören:
- eine Kontrolle der Luft- und Abgaswege und der Abgasanlagen,
- das Messen des CO-Gehaltes im Abgas.

Die Luft- und Abgaswegeführung ist jährlich zu kontrollieren, zusammen mit der Messung nach BImSchV.
Sie umfasst:
- die gesamte Abgasanlage wie Verbindungsstücke, Abgasleitungen
- Abgasleitungen für Brennwertfeuerstätten,
- Luft-Abgas-Schornsteine,
- Lüftungseinrichtungen zum Betrieb der Feuerstätten,
- Dichtheitsprüfung von Abgasleitungen bei Überdruckbetrieb.

Bei Gasfeuerstätten mit Strömungssicherung ist der einwandfreie Abzug der Abgase zu prüfen.

Dazu dienen batteriebetriebene Abgastester, ➔ 3b.

Bei **Abgasaustritt** ist die Feuerstätte außer Betrieb zu setzen, bis die Ursache ermittelt **und** beseitigt ist, evtl. mit Unterstützung des Schornsteinfegers.

Zu prüfen ist 5 min nach der Inbetriebnahme der Gasfeuerstätte. Dabei sind in der Wohnung:
- alle Fenster und Türen zu schließen,
- alle Gasfeuerstätten inBetrieb zu nehmen,
- bei mehreren Feuerstätten alle Innentüren einmal zu öffnen und einmal zu schließen,
- Ventilatoren, die Luft aus der Wohnung absaugen wie Dunstabzugshaube, Badlüfter, mit größter Förderleistung sind einzuschalten.

Der Kohlenmonoxid-**CO-Gehalt der Abgase ist zu messen**, unterschiedlich je nach Bundesland,
- bei Kleinwasserheizern (jährlich 1×),
- bei raumluftabhängigen Gasfeuerstätten mit Strömungssicherung zum Heizen oder zur Wassererwärmung (meist 1 × im Jahr),
- bei raumluft**un**abhängigen Gasfeuerstätten (meist alle 2 Jahre) benutzt, ➔ 2.

Ausgenommen von der CO-Messung sind Gasfeuerstätten, die in Heizräumen aufgestellt sind.

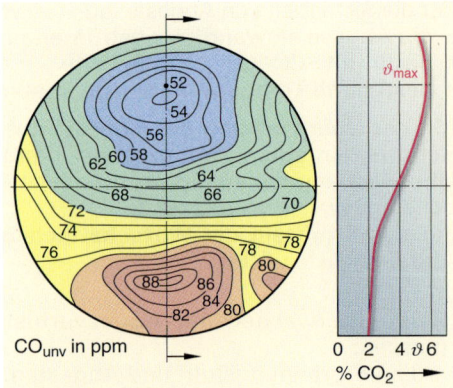

1 Verteilung von CO und CO_2 im Abgasstrom und zufällige Lage des Kernstroms

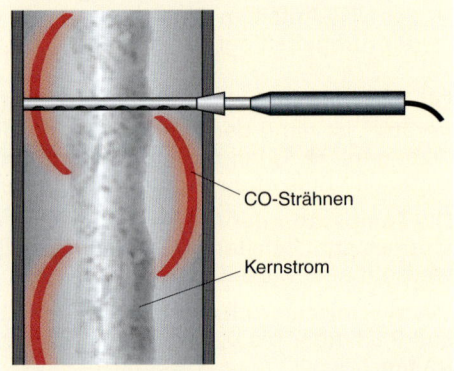

2 Messen des CO-Gehaltes im Abgas mit einer Mehrlochsonde, siehe auch ➔ 433.1

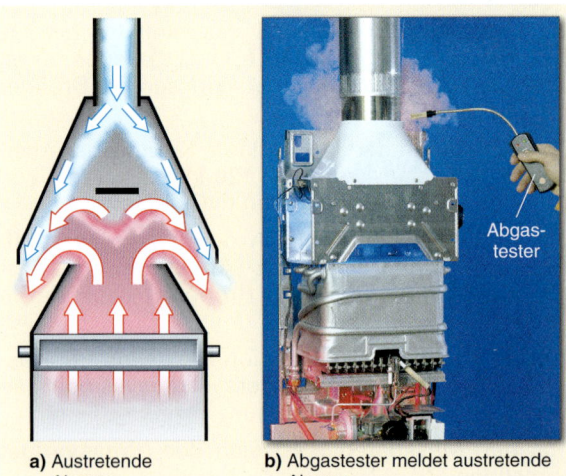

a) Austretende Abgase   **b)** Abgastester meldet austretende Abgase

3 Prüfen des Abzugs der Abgase mit Abgastester

Der CO-Gehalt im unverdünnten Abgas muss sein bei Feuerstätten
- ohne Strömungssicherung < 1000 ppm[1],
- mit Strömungssicherung < 250 ppm, da hier die Abgase stark mit Luft verdünnt sind.

---

[1] 1 ppm: part per million: 1 ppm = $^1/_{1\,000\,000}$ (1 Millionstel)
(1 ppm ≙ 1 **p**reuße **p**ro 1 000 000 **m**ünchner)

Zu hohe CO-Gehalte sind zurückzuführen auf Luftmangel durch:
- zu hohe Wärmebelastung (zu hohe Gaszufuhr),
- verschmutzte Brenner und/oder Primärluftöffnungen,
- Ablagerungen in den Abgaswegen führen zu Rückstau im Verbrennungsraum.

Zu Ablagerungen kommt es, z. B. im Abgasrohr, Abgasschornstein oder in den Heizgaswegen der Wärmetauscher, z. B. im Lamellenblock von Gas-Durchfluss-Wasserwärmern bzw. Kombigeräten.

Raumluft**un**abhängige Feuerstätten werden in den einzelnen Bundesländern in unterschiedlichen Zeitabständen überprüft, so, alle 2 Jahre in Baden-Württemberg, Bayern, Hamburg, Niedersachsen, Rheinland-Pfalz, Sachsen, Sachsen-Anhalt, Thüringen.

15.1.5.3 Abgasüberwachung an Gasfeuerstätten

Laut TRGI 2008 ist eine Abgasüberwachungseinrichtung vorgeschrieben für raumluftabhängige Gasfeuerstätten mit Strömungssicherung - Gasgeräte Art B_1 in Räumen, die dem dauernden Aufenthalt von Menschen dienen wie Wohnungen, Hobby-, Party-, Fitness-, Wirtschaftsräume.

Die Abgasüberwachungseinrichtung besteht aus einem bzw. zwei Abgassensoren, die an der Strömungssicherung des Gasgerätes und ggf. in der Brennkammer angebracht sind, → 1.

Über den Abgassensor wird ein Gasgerät abgeschaltet,
- wenn Abgase in den Aufstellraum austreten,
- wenn in der Brennkammer hoch giftiges Kohlenmonoxid CO entsteht.

Der/die Sensor(en) sind eingeschaltet in
- den Thermostromkreis der thermoelektrischen Zündsicherung, → 483.1,
- das Steuergerät mit der Ionisationszündsicherung

Sie unterbrechen bei Gefahr den entsprechenden Stromkreis und schalten das Gasgerät ab.
Dadurch wird vermieden, dass Abgase bei Stau oder Rückstrom austreten.

15 min bis 20 min nach der Unterbrechung geht das Gasgerät wieder in Betrieb. Bei häufigen Betriebsunterbrechungen wird so an eine Gerätewartung „erinnert".

Die Funktion des Abgassensors wird geprüft, indem man den Abgasweg bei Gerätebetrieb verschließt.

> Beim Einbau von Gasgeräten ausländischer Hersteller ist Vorsicht geboten, da diese Abgasüberwachungseinrichtung fehlen kann.

Typenschilder von Gasgeräten der Arten B_1 und B_4 mit den Zusätzen (BS oder AS) zeigen eine Abgasüberwachung an.

Beispiel:
Nach der europäischen Gasgeräterichtlinie dürfen Durchfluss-WE jeder Größe ohne Abgasanlage (als Gasgerät der Art A) aufgestellt werden, in Deutschland jedoch nur mit einer Kohlenmonoxid-Überwachungsanlage.

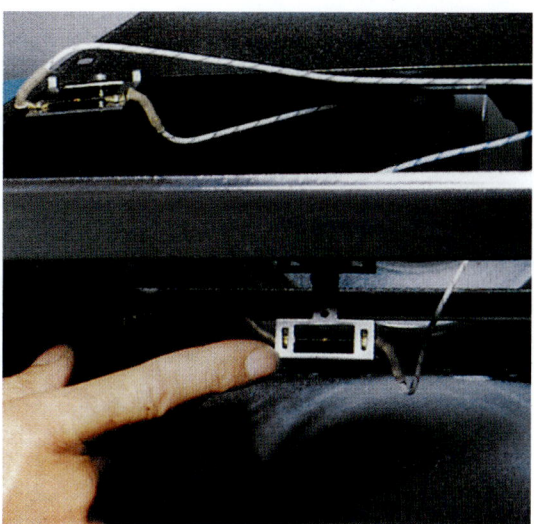

1 Abgassensor an einer Strömungssicherung

Auf den Einbau derartiger Durchfluss-WE sollte unbedingt verzichtet werden, denn:
- der Installationsbetrieb muss allein die Gesamtverantwortung für die Auslegung der Anlage tragen (Raumgröße, Wärmeleistung, maximale Betriebszeit, Betriebssicherheit!!!),
- es fallen jährlich **sehr** hohe Wartungskosten an.

Übungen:
1. Warum müssen Abgase abgeführt werden?
2. Nennen Sie Möglichkeiten der Abgasabführung und erläutern Sie diese.
3. Wodurch unterscheiden sich Feuerstätten mit offener Verbrennungskammer von denen mit geschlossener
   a) in der Bauweise
   b) in der Luftzu- und der Abgasabführung?
4. Warum ist Luftüberschuss bei der Gasverbrennung in Feuerstätten nötig?
5. Welche Nachteile hat zu hoher Luftüberschuss?
6. Beschreiben Sie, was man unter Emission versteht.
7. Was versteht man unter Immission?
8. a) Warum müssen die Abgasverluste von Feuerstätten kontrolliert werden?
   b) Wer übernimmt die Kontrolle?
9. Wie werden die Abgasverluste bestimmt?
10. Welche Messungen sind zur Übung 8 nötig?
11. a) Was bedeutet CO-Messung?
    b) Wer misst dabeo Wo, Was, Wann?
12. Was ist die Ursache für hohe Abgasverluste?
13. Nennen Sie Ursachen zu hoher CO-Werte.
14. Welche Gasfeuerstätten werden nicht auf Abgasverlust gemessen?
15. Welche Gasfeuerstätten müssen mit einer Abgasüberwachungsanlage ausgestattet sein?
16. Wie prüft man eine Abgasüberwachungsanlage, ob sie einwandfrei funktioniert?
17. Welche Gasfeuerstätten müssen nicht auf CO gemessen werden?

15

15.2 Abgasanlagen für Gasfeuerstätten

15.2.1 Vorschriften beim Erstellen von Abgasanlagen

Das Aufstellen von Gasfeuerstätten sowie deren Luft-zu- und Abgasabführung wird in der Feuerungsverordnung (**FeuV**) geregelt. Die FeuV als Teil der Bauordnung fällt unter die Länderhoheit. So gibt es in Deutschland in jedem Bundesland – ausgenommen Hessen und Saarland – eine länderspezifische FeuV, die sich untereinander geringfügig unterscheiden.

Deshalb wird in diesem Buch die **Muster-Feuerungsverordnung** der ARGEBAU[1] (zuletzt geändert 06/2005) zugrunde gelegt.

Die Muster-FeuV (2005) gibt mehr Freiräume als ihre Vorgänger, verlangt aber ein stärkeres Abwägen aller Gefahrenmomente vor Ort.

Entscheidungshilfen und Ergänzungen liefern
• DIN V 18 160 – *Abgasanlagen*
• EN 13 384-1 – *Abgasanlagen - Wärme- und strömungstechnische Berechnungsverfahren mit einer Feuerstätte*
• EN 13 384-2 – *Abgasanlagen - Wärme- und strömungstechnische Berechnungsverfahren mehrer Feuerstätten*
• DVGW-TRGI 2008 – *Technische Regeln für Gasinstallationen*
• Prüfbescheide und Herstellerangaben
• DIN 18 017 – *Lüftungsanlagen*

In den technischen Regeln hat der Begriff „Abgasanlage" weitgehend das Wort „Schornstein" ersetzt, da weitere Möglichkeiten der Abgasabführung geschaffen wurden.
Auch sind oft keine festen Werte, z. B. für wirksame Schornsteinhöhe, mehr vorgeschrieben.

Beispiel:
Wenn die Berechnung für eine Abgasanlage ergibt, dass sie funktionieren wird, können bisher übliche Grenzwerte unterschritten werden.

Der Praktiker wird aber gut daran tun, gewisse frühere Richtwerte im Auge zu behalten. Im Folgenden wird daran erinnert.

Nach DIN 18 160 ist eine Abgasanlage aus Bauprodukten erstellt, um Abgase von Feuerstätten ins Freie zu führen.

15.2.2 Klassifizierung und Kennzeichnung von Abgasanlagen

Abgasanlagen müssen für den jeweiligen Verwendungszweck geeignet sein. Dazu werden sie nach DIN 18 160-1 klassifiziert und gekennzeichnet.

Klassifizieren bedeutet, dass Dinge oder Begriffe nach gemeinsamen Merkmalen eingeteilt werden.
Die **Kennzeichnung** muss am Bauprodukt dauerhaft sichtbar bleiben.

Beispiel:
Soll nach 10 Jahren ein vorhandener Gaskessel gegen einen Heizkessel für Biomasse, z. B. für Pellets[2], ersetzt werden, muss erkennbar sein, ob die Abgasanlage dafür geeignet ist.

Unterschieden werden:
• Systemabgasanlagen
• Montageabgasanlagen

Systemabgasanlagen sind zusammengesetzt aus kompatiblen Bauprodukten eines Herstellers, der dafür haften muss.
Montageabgasanlagen bestehen aus kompatiblen Bauteilen mehrerer Hersteller. Sie werden auf der Baustelle montiert oder eingebaut.

Klassifizierung der Abgasanlagen

Bauprodukte von Abgasanlagen werden nach folgenden Leistungskenngrößen klassifiziert:
• Temperaturklasse
• Druckklasse
• Rußbrandbeständigkeitsklasse
• Kondensatbeständigkeitsklasse
• Korrosionswiderstandsklasse
• Wärmedurchlasswiderstandsklasse
• Feuerwiderstandsklasse
• Abstandsklasse
• Baustoffklasse

Die **Temperaturklasse** gibt an, bis zu welcher Abgastemperatur die Anlage geeignet ist. Es gibt 11 Stufen von T 080 bis T 600.

Beispiel:
T 120 ist zulässig bis 120 °C.

Die **Druckklasse** gibt für das Produkt an:
• welche Leckrate (**Lr**) es bei einem bestimmten Prüfdruck aufweisen darf
• für welche Betriebsweise, z. B. Über-/Unterdruckbetrieb, es geeignet ist
• ob es im Freien und/oder im Gebäude verwendet werden darf

Beispiel:
In Deutschland kommen hauptsächlich in Frage die Klassen
• N 2: (Lr: 3,0 l/(s·m²), Unterdruck, im Freien und in Gebäuden)
• P 1: (Lr: 0,006 l/(s·m²), Über-/Unterdruck, im Freien und in Gebäuden)

---

[1] ARGEBAU: Arbeitsgemeinschaft der für Bau-, Wohnungs- und Siedlungswesen zuständigen Minister der BR Deutschland

[2] Pellets: oft aus Abfallholz oder Holzspänen gepresste Holzstäbchen

Die **Rußbrandbeständigkeitsklasse**[1] sagt aus, ob das Bauprodukt rußbrandbeständig ist oder nicht.

Beispiel:
- G: rußbrandbeständig bei Systemabgasanlagen
- S: rußbrandbeständig bei Montageabgasanlagen
- O: nicht rußbrandbeständig

Die **Kondensatbeständigkeitsklasse** gibt an, ob das Bauprodukt für trockene oder für feuchte Betriebsweise geeignet ist.

Beispiel:
- D: für trockene Betriebsweise geeignet (**d**ry ⟨engl.⟩: trocken)
- W: für feuchte Betriebsweise geeignet (**w**et ⟨engl.⟩: nass)

Die **Korrosionswiderstandsklasse** gibt an, für welche Brennstoffe das Bauprodukt ausreichend korrosionsbeständig ist.

Beispiel:
- 1: Gas
- 2: Öl/Gas
- 3: feste Brennstoffe/Öl/Gas

Die **Wärmedurchlasswiderstandsklasse TR** zeigt den Wärmedurchlasswiderstand in $m^2 \cdot K/W$ eines Bauproduktes an:
Bei 1 K Temperaturunterschied lässt 1 m² Schornsteinwand 1 Wh/h = 1 W an Wärme durch.
Je höher der TR-Wert ist, umso besser ist die Wärmedämmung.

Beispiel:
TR 54: Wärmedurchlasswiderstand = 0,54 $m^2 \cdot K/W$

Die **Feuerwiderstandsklasse** gibt die Zeitspanne an, der das Bauprodukt bei Brandbeanspruchung widersteht, vgl. Kap. 3.4.

Beispiel:
- L 30: Eine Leitung L 30 widersteht mindestens 30 min dem Feuer.
- L 90: Ein Schacht L 90 widersteht mindestens 90 min.

Die **Abstandsklasse** gibt den Abstand an, der von den Außenflächen der Abgasanlage zu angrenzenden Bauteilen aus oder mit brennbaren Bauteilen einzuhalten ist, vgl. Kap. 15.2.7.3.

Beispiel:
C 50: es ist ein Abstand ≥ 50 mm einzuhalten

---

[1] Rußbrand: Verbrennung abgelagerter und entzündbarer Rückstände im Innenrohr

Die **Baustoffklasse** gibt das Brandverhalten der Baustoffe an, aus denen die Abgasanlage besteht.

Beispiel:
- A: nicht brennbare Baustoffe
- B: brennbare Baustoffe

Kennzeichnung der Abgasanlagen

Die Bauprodukte für Abgasanlagen müssen gekennzeichnet sein mit
- dem CE-Zeichen oder dem Ü-Zeichen, ausgenommen Produkte nach Liste C der Bauregelliste, s. Kap. 2.2,
- den Leistungskennzeichen, z. B. ➜ 1.

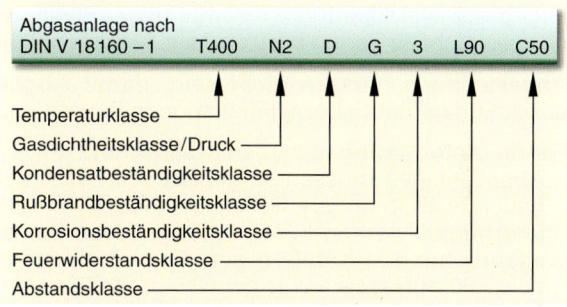

1 Kennzeichnung von Abgasanlagen (Beispiel)

15.2.3 Abgasanlagen – Anforderungen und Einteilung

Eine Abgasanlage, ➜ 438.1, 439.2, muss dafür sorgen, dass
- die Abgase ins Freie geführt werden, auch bei ungünstigen Betriebsbedingungen,
- den Feuerstätten genügend Verbrennungsluft zugeführt wird.

Dazu werden an die Abgasanlage **Anforderungen** gestellt hinsichtlich:
- wirksamer Höhe
- Wärmedämmung
- Querschnitt
- Dichtheit
- Brandschutz
- Kondensatbeständigkeit

Bei der **wirksamen Höhe** ist zu unterscheiden:
- wirksame Höhe der Abgasanlage H
- wirksame Auftriebshöhe H_A

Die **wirksame Höhe der Abgasanlage H** ist das Maß von Einmündung oberster Feuerstätte in die senkrechte Abgasanlage bis zu ihrer Mündung, ➜ 445.1; feste Maße sind heute nicht mehr dafür vorgeschrieben. Als sinnvoll hat sich bei gasförmigen Brennstoffen $H ≥ 4$ m erwiesen. Ein geringerer Wert ist zulässig, wenn dies eine Berechnung nach EN 13 384, s. Seite 436, ergibt.

15

Die **wirksame Auftriebshöhe** H_A ist der Höhenunterschied zwischen dem Abgasstutzen der Feuerstätte und der Mündung der senkrechte Abgasanlage.

> Je größer die wirksame Höhe einer Abgasanlage ist, umso besser ist der thermische Auftrieb.

Abgasanlagen müssen eine gute **Wärmedämmung** (hoher Wärmedurchlasswiderstand) besitzen. So wird verhindert, dass Abgase schnell abkühlen. Dies würde den thermischen Auftrieb mindern.

> Moderne, mehrschalige Abgasanlagen sind gut wärmegedämmt.

Der **Querschnitt** der Abgasanlage muss dem Abgasstrom angepasst sein, damit die Strömungsgeschwindigkeit der Abgase nicht zu gering wird und sie zu stark abkühlen.

Abgasanlagen müssen **dicht** sein, damit Abgase nicht durch Fugen und Schornsteinwände in Räume austreten.

Für die Anforderungen an den **Brandschutz** gilt:
- Abgasanlagen müssen so gebaut sein, dass Feuer und Rauch nicht in andere Geschosse oder Brandabschnitte übertragen werden können. Sie müssen bei Brandbeanspruchung von außen eine Feuerwiderstandsdauer von F 90 aufweisen. Nur bei Gas- und Ölfeuerstätten in Wohngebäuden geringer Höhe genügt F 30.
- Abgasanlagen müssen unmittelbar auf dem Baugrund gegründet oder auf einem feuerbeständigen Unterbau errichtet sein. Ein nicht brennbarer Unterbau genügt in Gebäuden geringer Höhe, oberhalb der obersten Geschossdecke sowie für Schornsteine (außen) an Gebäuden.

Zur **Kondensatbeständigkeit** siehe Kap. 15.2.2.

> Vor Arbeitsbeginn an Abgasanlagen müssen sich Bauherr, Installateur und zuständiger Bezirksschornsteinfeger auf eine Lösung einigen.

Bei der Auswahl einer Abgasanlage sind 11 Arten von Gasgeräten zu berücksichtigen, die sich nach Abgasabführung und Verbrennungsluftversorgung unterscheiden, ➔ letzte Umschlaginnenseite.

Eingeteilt werden Abgasanlagen nach
- Betriebsdruck
- Bauart

15.2.4 Betriebsdruck von Abgasanlagen

Beim **Betriebsdruck** unterscheidet man
- Unterdruckbetrieb
- Überdruckbetrieb

Bei **Unterdruckbetrieb** müssen Abgasanlagen „ziehen". Die Abgase dürfen nicht so weit abkühlen, dass sie schwerer als die Umgebungsluft werden und den thermischen Auftrieb verlieren, ➔ 430.4.

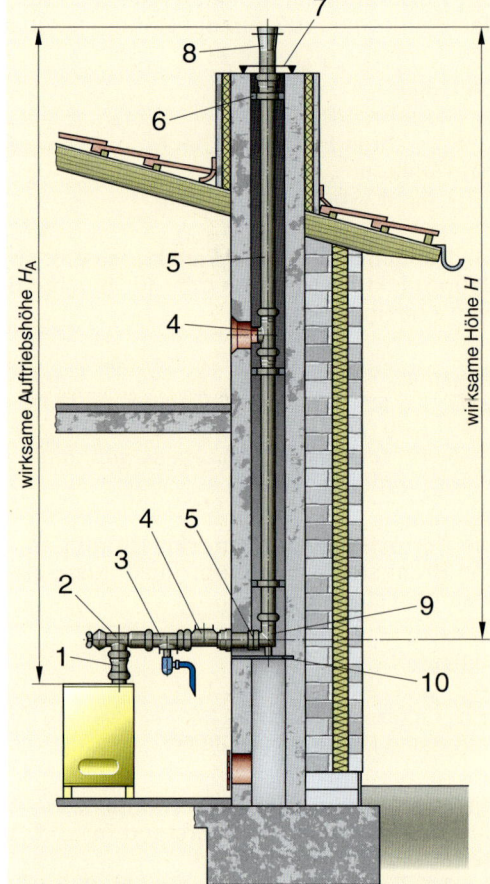

wirksame Auftriebshöhe H_A

wirksame Höhe H

1 Kesselanschlussstück mit Messnippel
2 Revisions-T-Stück
3 Kondensatablauf
4 Revisionsstück
5 Rohr mit einer Muffe
6 Abstandhalter
7 Schachtabdeckung
8 Windschutzaufsatz
9 Stützbogen
10 Auflageschiene

1 Abgasleitung aus Edelstahl- oder Kunststoffrohr

Beispiel:
- Eine Gasfeuerstätte mit Strömungssicherung kann nie mit Überdruck betrieben werden; die Abgase würden an der Strömungssicherung austreten.
- In einem Heizkessel mit Gebläsebrenner entsteht zwar durch das Brennergebläse auch ein Überdruck. Dieser wird aber in der Regel im Kessel abgebaut, sodass die Abgasanlage selbst mit Unterdruck betrieben wird.

Mit **Überdruck** können Abgasanlagen nur dann betrieben werden, wenn
- durch einen Ventilator ein Überdruck erzeugt werden kann **und**
- dem Abgasstrom ein Widerstand entgegenwirkt, z. B. „Gegendruck" durch eine enge und relativ lange Abgasleitung.

Ein Beispiel zeigt Bild ➔ 1.

15

15.2.5 Bauart von Abgasanlagen

Nach **Bauart** unterteilt man Abgasanlagen in, ➔ 1:
- Schornsteine
- Abgasleitungen
- Luft-Abgas-Systeme
- Verbindungsstücke

Abgasanlage	Brennstoff	Druckart
Schornstein	feste, flüssige, gasförmige Brennstoffe	Unterdruck
Abgasleitung	flüssige, gasförmige Brennstoffe	Überdruck/ Unterdruck
Luft-Abgas-System	neben gasförmigen auch für flüssige und feste Brennstoffe vorgesehen	Überdruck/ Unterdruck

1 Arten von Abgasanlagen

15.2.5.1 Schornsteine

Durch Schornsteine, ➔ 2 können Abgase von allen Feuerstätten abgeführt werden, denn Schornsteine sind rußbrandbeständig.

Schornsteine müssen außer den allgemeinen Anforderungen, DIN 18160 entsprechen, siehe Kap. 15.2.3, d. h. sie müssen
- gegen Rußbrand beständig sein,
- in Gebäuden F 90 entsprechen,
- durchgehend sein,
- Reinigungsverschlüsse haben.

Nach Bauart unterscheidet man:
- gemauerte Schornsteine
- Montageschornsteine aus Formsteinen und keramischen Stoffen
- Systemschornsteine aus Leichtbeton
- Montageschornsteine aus Edelstahl

Gemauerte Schornsteine gibt es nur als Altbestand. Bei Anschluss moderner Öl- oder Gasfeuerstätten sind sie zu sanieren, s. Kap. 15.2.5.2.

System- und Montageschornsteine aus Formsteinen und keramischen Stoffen sind
- mehrschalig,
- feuchteunempfindlich,
- ein- oder mehrzügig, auch mit Abluftschacht, ➔ 3,
- mit Hinterlüftung oder mit dichtem Innenrohr, ➔ 2,
- geeignet für alle Feuerstätten, auch für Brennwertgeräte.

Feuchteunempfindliche Schornsteine werden auch **FU-Schornsteine** genannt.

Mehrschalige Abgasanlagen bestehen aus:
- Außenschale
- Wärmedämmschicht
- Innenrohr

Die **Außenschale** (Mantelstein) sorgt für Festigkeit, Standsicherheit, Brandschutz und sie schützt die Wärmedämmschicht. Sie enthält bei manchen FU-Schornsteinen die Hinterlüftungskanäle.

Die **Wärmedämmschicht** mindert die Auskühlung. Sie besteht aus
- mineralischen Dämmplatten oder Dämmstoffen, ➔ 440.1a,
- Schaumbeton, fest in den Mantelstein eingeformt, erspart Arbeitszeit beim Erstellen des Schornsteins, ➔ 440.1b.

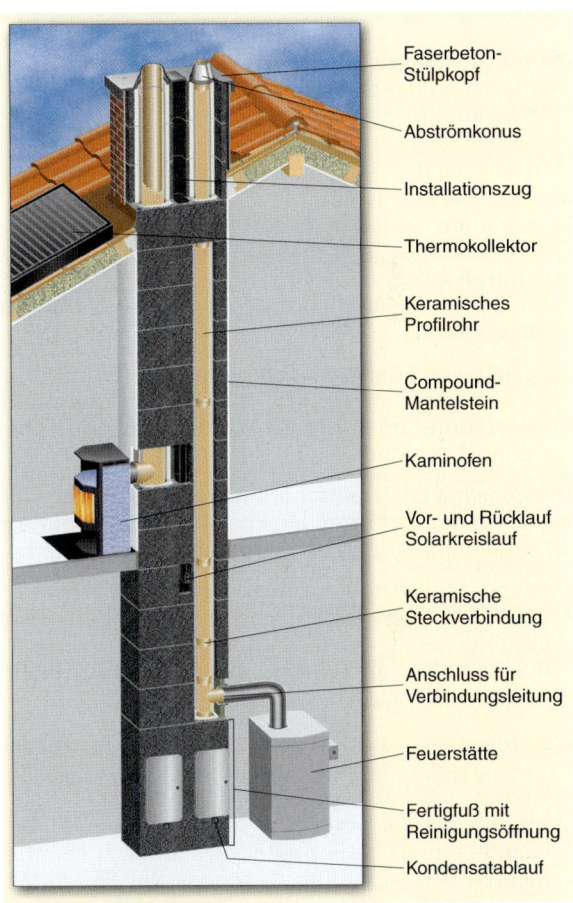

Faserbeton-Stülpkopf
Abströmkonus
Installationszug
Thermokollektor
Keramisches Profilrohr
Compound-Mantelstein
Kaminofen
Vor- und Rücklauf Solarkreislauf
Keramische Steckverbindung
Anschluss für Verbindungsleitung
Feuerstätte
Fertigfuß mit Reinigungsöffnung
Kondensatablauf

2 Mehrschaliger Systemschornstein, hier mit Hinterlüftung

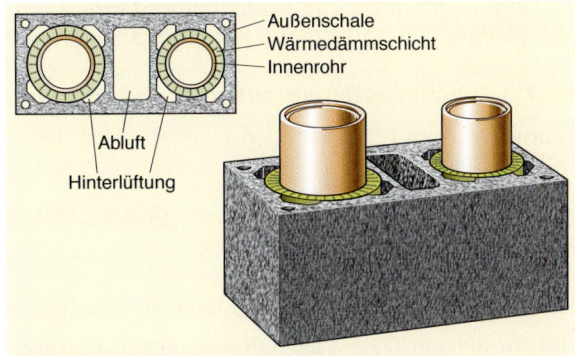

Außenschale
Wärmedämmschicht
Innenrohr
Abluft
Hinterlüftung

3 Mehrzügiger hinterlüfteter Schornstein mit Luftschächten

15

Das Abgas führende **Innenrohr** erwärmt sich schnell, ist feuerfest und unempfindlich gegen Feuchte und Säuren. Es ist bei FU-Schornsteinen
- **mit** Hinterlüftung aus Schamotte und hat relativ viel Masse; es lässt etwas Feuchte durch, die über die Hinterlüftung abgeführt wird, ➔ 1a, 439.2,
- **ohne** Hinterlüftung und feuchteundurchlässig aus
  - innen glasierter Schamotte mit relativ großer Masse,
  - dichter, dünnwandiger Keramik mit geringer Masse; damit ist es schneller erwärmt; Innenrohrformstücke sind 1,3 m statt 0,33 m bei den Schamotterohren, ➔ 1b.

Montageschornsteine aus Edelstahl (Edelstahlschornsteine) gibt es:
- einwandig
- zweischalig
- dreischalig

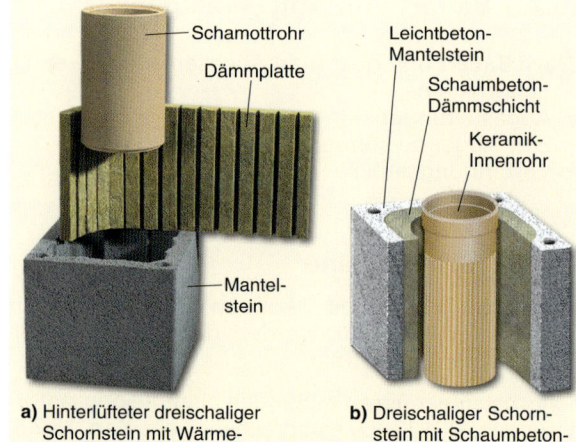

a) Hinterlüfteter dreischaliger Schornstein mit Wärmedämmplatte

b) Dreischaliger Schornstein mit Schaumbetondämmschicht

1 System-Schornsteine aus Leichtbeton

Einwandige Edelstahlschornsteine eignen sich
- zum Einziehen in vorhandene Schächte zur Schornsteinsanierung, ➔ 442.2,
- mit Schachtummantelung zum Betrieb raumluftunabhängiger Feuerstätten.

Zweischalige Edelstahlschornsteine, mit Außenrohr und Innenrohr aus Edelstahl, sind für den Betrieb raumluftunabhängiger Feuerstätten (Innenrohr für Abgas, konzentrisches Mantelrohr für Zuluft) geeignet.

Dreischalige Edelstahlschornsteine haben eine Wärmedämmung zwischen dem schützenden Edelstahl-Außenrohr und dem Abgas führenden Innenrohr, Werkstoff-Nr. 1.4571 oder 1.4401, ➔ 2.

Edelstahlschornsteine können aufgestellt werden
- außen am Gebäude frei stehend; für sichere Befestigung ist zu sorgen,
- in Gebäuden mit Schachtumkleidung außerhalb des Aufstellraumes, ➔ 438.1.

Der Installateur kann Edelstahlschornsteine mit Einverständnis des zuständigen Schornsteinfegers selbst erstellen.

Vorteile von Edelstahlschornsteinen sind:
- leichte, handliche Formstücke, schnell zusammenfügbar, einfach zu befestigen, im Geschoss der Feuerstätte auf Wandkonsole aufsetzbar, geringe Gesamtmasse des Schornsteins,
- die sehr geringe Masse des Innenrohres wird schnell erwärmt (Taupunktbereich wird schnell durchfahren),
- feuchteunempfindlich und korrosionsbeständig.

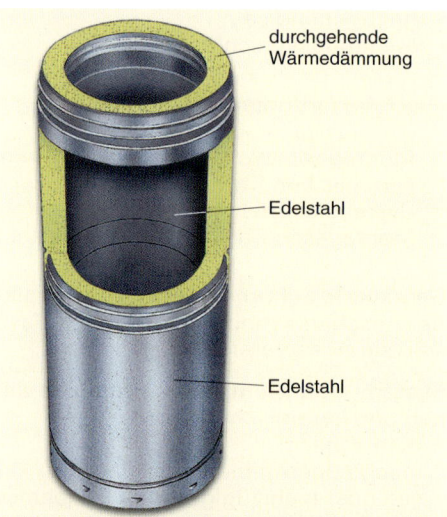

2 Edelstahlrohr mit Schnappverschluss, 3-schalig mit durchgehender Wärmedämmung

15.2.5.2 Schornsteinversottung – Schornsteinsanierung

Früher wurden hauptsächlich feste Brennstoffe verbrannt. Die Schornsteine waren:
- einschalig gemauert,
- mit großem Querschnitt und von großer Masse,
- ungedämmt,
- ständig durchwärmt.

Und es galt der Satz: Schornsteine müssen trocken bleiben.

Bei modernen Gas- oder Ölfeuerstätten werden alte Schornsteine durchfeuchtet. Sie „versotten", ➔ 3.

3 Versotteter Schornstein

15

Gründe für die (heutige) Durchfeuchtung sind:
• Der Taupunkt liegt relativ hoch.
• Der Heizbetrieb ist unterbrochen je nach Brennerlaufzeit.
• Die Abgasmassen sind relativ gering.
• Die Abgastemperaturen sind niedrig.
• Erdgas und Öl enthalten hohe Wasserstoffanteile und deren Abgase viel Wasserdampf.

Taupunkt ist die Temperatur, bei der das Abgas die Sättigungsgrenze überschreitet und Wasserdampf kondensiert, s. Kap. 1.2.

Unterbrochener Heizbetrieb und relativ **geringe Abgasmassen** lassen die Schornsteine auskühlen.

Geringe Abgasmassen sind bedingt durch
• bessere Brennstoffausnutzung,
• genaue Größenbestimmung der Wärmeerzeuger (keine Überdimensionierung mehr wie früher),
• Einsatz modulierender Brenner (hohe Heizleistung erst bei großem Wärmebedarf),
• geringeren Wärmebedarf für Heizung und Wassererwärmung infolge
  - besserer Wärmedämmung der Gebäude, Kessel, Wassererwärmer, Rohre,
  - Einsatz Wasser sparender Armaturen,
  - Änderung von Gewohnheiten, z. B. Duschen statt Baden.

Auskühlung und **niedrige Abgastemperaturen** lassen Wasserdampf im Abgas kondensieren.

Begünstigt wird dies, weil
• Erdgas und Öl mit **höheren Wasserstoffanteilen** als Kohle oder Koks, → 333.1 **hohe Wasserdampfanteile im Abgas** haben,
• bei deren hohen Taupunkttemperaturen das Abgas die hohe Feuchte nicht mehr speichern kann und kondensiert,
• die Taupunkttemperatur durch den geringen Luftüberschuss (= geringe Luftzahl) bei modernen Brennern noch erhöht wird, → 1.

Beispiele für Taupunkttemperaturen zeigt Bild → 1:
• Erdgas E bei Luftverhältniszahlen $n_1 = 1,3$ und $n_2 = 1,6$
• Steinkohle bei den gleichen Luftverhältniszahlen

Je stärker Abgase abgekühlt werden und je mehr Feuchte sie enthalten, umso mehr werden die alten Schornsteine durchfeuchtet, besonders in kalten Dachräumen.

Bei auftretenden Feuchteschäden, → 440.3, können u. U. folgende Maßnahmen abhelfen, die während der Heizperiode laufend zu kontrollieren sind:
• Einbau einer Nebenluftvorrichtung, um in den Betriebspausen den Schornstein zu durchlüften und damit zu trocknen, → 454.2.
• Schornsteine in kalten (Dach-)Räumen von außen mit Mineralwollmatten (ohne Alu-Kaschierung!) gegen Wärmeverlust dämmen.
• Verbindungsstücke (Abgasrohre) mit nicht brennbarem Wärmedämmstoff umhüllen.

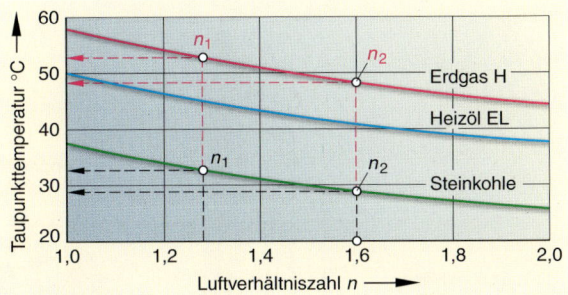

1 Taupunkttemperatur bei Abgasen

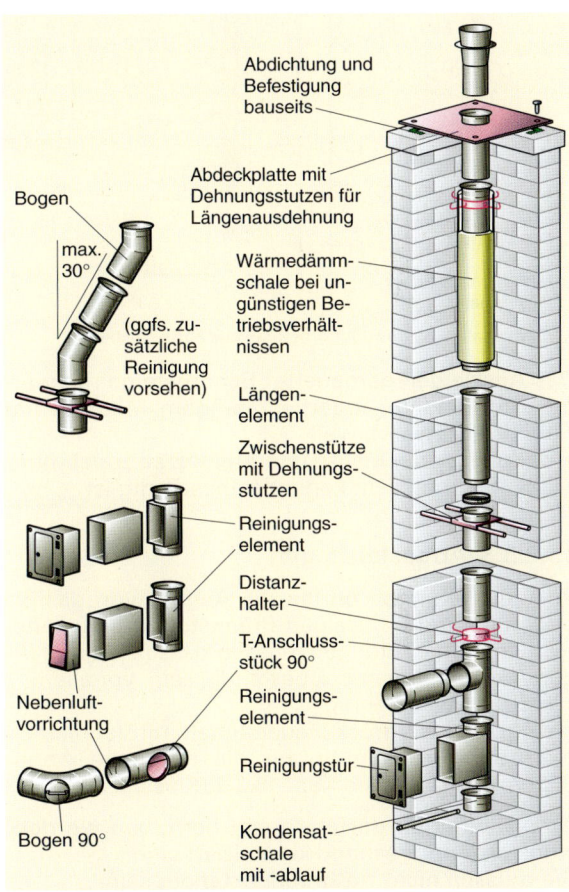

2 Schornsteinsanierung mit Edelstahlrohr – bei Schrägführung eventuell flexible Schläuche verwenden

Ungeeignete Abgasanlagen sind zu ersetzen oder zu sanieren.

Abgasanlagen sind vor Anschluss moderner Wärmeerzeuger durch den zuständigen Schornsteinfeger auf ihre Eignung zu überprüfen.

Bei der **Sanierung** ist der lichte Querschnitt zu mindern durch
• Einbau glatter, feuchtebeständiger Rohre, z. B. aus Edelstahl, → 2, Kunststoff oder Keramik,
• Einziehen flexibler Schläuche aus Edelstahl oder Kunststoff, → 442.2, vor allem bei Schornsteinen mit Schrägführung.

15

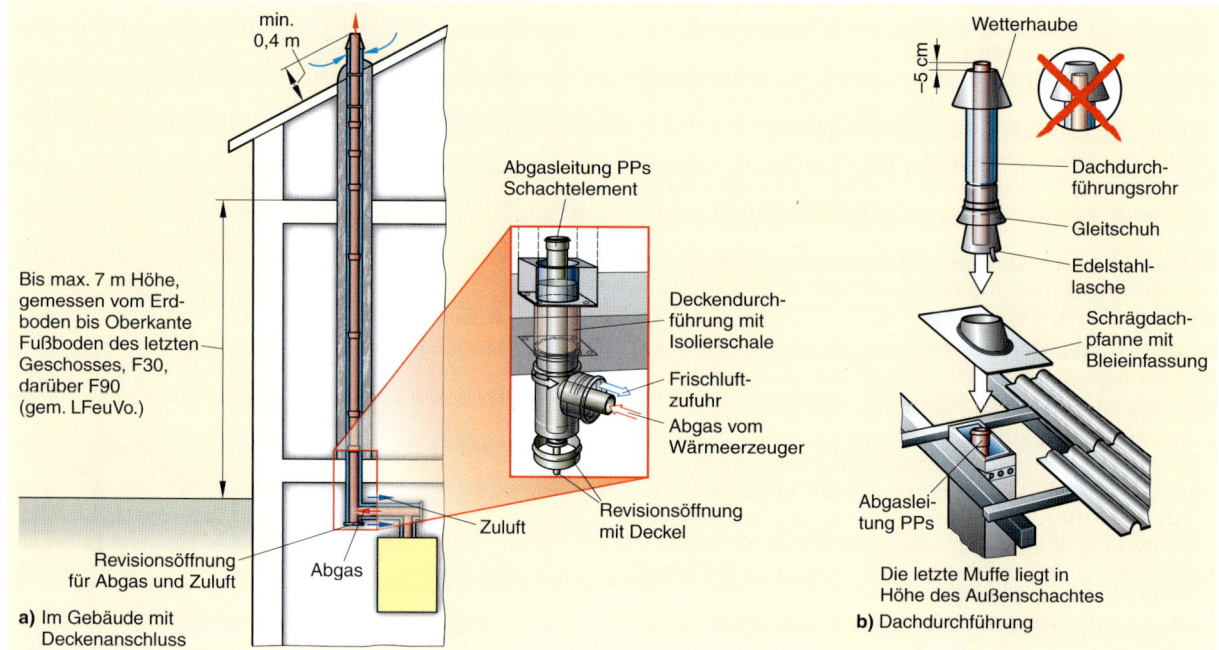

1 Mehrschalige System-Schornsteine aus Formstücken

a) Im Gebäude mit Deckenanschluss

b) Dachdurchführung

Das Auskleiden gemauerter Schornsteine mit wärmedämmendem, feuerbeständigem Material hat sich nicht bewährt, weil
- dadurch deren Masse und Aufheizzeit zunehmen,
- das Material nicht kondensatbeständig ist.

15.2.5.3 Abgasleitungen

In Abgasleitungen dürfen die Abgase von gasförmigen und/oder flüssigen Brennstoffen eingeleitet werden. Abgasleitungen müssen klassifiziert und für den Anwendungszweck beständig sein, vor allem
- korrosionsbeständig,
- dicht bei Überdruck (Feuerstätten mit Ventilator),
- temperaturbeständig für die mögliche Abgastemperatur, siehe Kap. 15.2.2 (Klassifizierung)

Abgasleitungen dürfen feucht betrieben werden, wenn sie entsprechend klassifiziert sind.
Sie müssen **nicht rußbrandbeständig** sein.

Abgasleitungen bestehen aus:
- Außenschale
- Innenschale
- Doppelrohr für Überdruckbetrieb
- ggf. mit Wärmedämmung

Die **Außenschale** muss F 90 beständig sein, in Gebäuden geringer Höhe genügt F 30.
Die Außenschale kann z. B. ein viereckiger Schacht aus Formsteinen bzw. Formstücken oder aus Plattenmaterial sein. So gibt es z. B. L-30- und L-90-Leichtbauschächte aus Schaumkeramik mit geringen Außenmaßen, wenig Masse und sind mit einer Nut- und Feder-Stoßfuge, die zusätzlich geklebt wird, schnell aufgebaut, ➔ 1.

2 Schornsteinsanierung durch Einziehen flexibler Rohre (Kunststoff- oder Edelstahlwellschlauch)

Beispiel:
Leichtbauschacht aus Leichtkeramik:
- L 30: 150 mm × 260 mm, Masse: 10 kg/m
- L 90: 230 mm × 230 mm, Masse: 16 kg/m

Die **Innenschale** ist ein
- starres Rohr,
- flexibles Rohr.

Das **starre Rohr** kann bestehen aus, ➔ 2:
- Edelstahl,
- Aluminium, jedoch stark rückläufig,
- Keramik,
- Kunststoff wie PP, PVDF (Polyvinylidenfluorid), PEI (Polyetherimid), PPS (Polyphenylensulfid).

Das **flexible Rohr** ist aus Kunststoff oder Edelstahl.

Rohre und Formstücke mit Muffe gibt es einwandig und konzentrisch doppelwandig mit Zwischenraum (**Doppelrohr**). Das Außenrohr kann verzinkter Stahl oder Aluminium sein. Im inneren Rohr strömt das Abgas. Im Zwischenraum strömt bei Überdruckbetrieb die Zuluft für raumluft**un**abhängige Feuerstätten. Sie wird dort gleichzeitig vorgewärmt, ➔ 442.1, 449.2; dies spart Energie.

Die Rohre werden mithilfe Abstandhalter in der Außenschale konzentrisch geführt, damit die Zuluft ungehindert strömen kann.

Falls im kalten Dachraum eine **Wärmedämmung** nötig ist, werden mineralische Dämmstoffmatten oder -platten verwendet.

> In Gebäuden ist jede Abgasleitung in einem eigenen Schacht anzuordnen, ➔ 442.1, 438.1, jedoch nicht
> • in Aufstellräumen von Feuerstätten,
> • wenn sie bei Unterdruck betrieben wird und ≥ L 90 ist.

Beim Deckenanschluss nach ➔ 442.1 können Abgasleitung und Ringspalt von unten überprüft werden. Zusätzliche Einrichtungen wie obere Reinigungsöffnung, Dachausstieg, Dachtreppen sind überflüssig.
Die Dachdurchführung zeigt Bild ➔ 442.1b.

Mehrere Abgasleitungen in einem gemeinsamen Schacht sind nur zulässig, wenn
• die Abgasleitungen aus nicht brennbaren Baustoffen bestehen,
• die zugehörigen Feuerstätten im gleichen Geschoss aufgestellt sind **oder**
• für sie eine allgemeine bauaufsichtliche Genehmigung vorliegt.

Schächte für Abgasleitungen müssen eine Feuerwiderstandsdauer ≥ F 90 aufweisen, bei Gebäuden mit geringer Höhe (oberster Wohngeschossfußboden ≤ 7 m über Geländeoberfläche) genügt ≥ F 30, ➔ 442.1.

Bei **Überdruckbetrieb** müssen Abgasleitungen
• der Druckklasse P oder H entsprechen,
• im Schacht hinterlüftet sein, ➔ 1, Mindestabstände zur Schachtwand zeigt Bild ➔ 2,
• in Räumen liegen, die vom Freien vollständig gelüftet sind durch
  - eine ins Freie führende Öffnung ≥ 150 cm² freiem Querschnitt
  - **oder** 2 Öffnungen je ≥ 75 cm²
  - **oder** entsprechende Leitungen ins Freie, ähnlich ➔ 425.4

15.2.5.4 Luft-Abgas-Systeme

Luft-Abgas-Systeme **LAS** (inkorrekt oft Luft-Abgas-Schornstein genannt) müssen bauaufsichtlich genehmigt, aber nicht rußbrandbeständig sein.

> LAS führen in getrennten konzentrischen oder nebeneinanderliegenden Schächten den Gasfeuerstätten Verbrennungsluft zu und leiten Abgase ab, ➔ 3.

Anschließbar an LAS sind raumluftunabhängige, für LAS zugelassene Gasfeuerstätten der Art C_4 (C_{42}, C_{43}), in Zukunft auch entsprechende Feuerstätten für flüssige und feste Brennstoffe. Am Schornsteinfuß sind Luft- und Abgasschacht bei Anschluss mehrerer Feuerstätten für Unterdruckbetrieb durch eine Überströmöffnung miteinander zu verbinden.

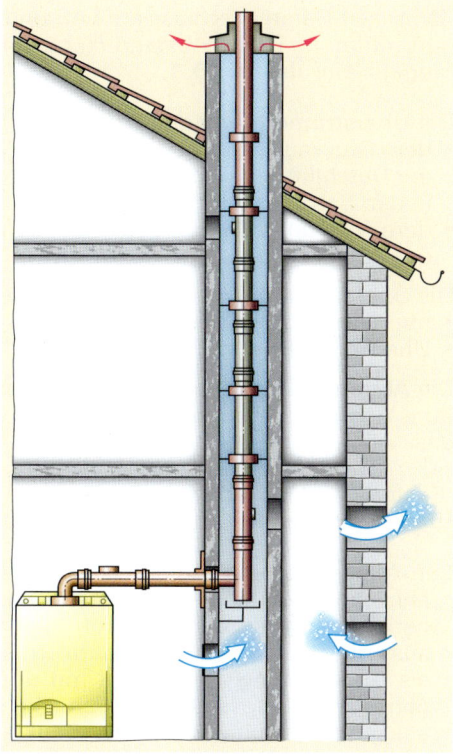

1 Hinterlüftete Abgasleitung für Überdruckbetrieb

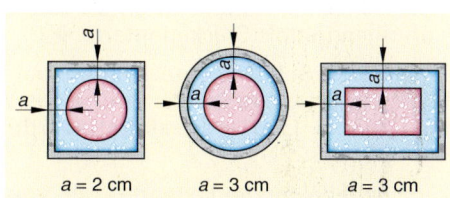

$a = 2$ cm　　　$a = 3$ cm　　　$a = 3$ cm

2 Abstände _a_ hinterlüfteter Abgasleitungen zur Schachtwand, abhängig von Querschnittsformen

3 Luft-Abgas-System (LAS)

15

Zwischen Geräteanschluss am LAS und der Überströmöffnung ist ein Abstand $H_{ü}$ nach Herstellerangabe einzuhalten, ➔ 1.

Die **Überströmöffnung** dient
- dem Druckausgleich in den einzelnen Schächten,
- der Durchlüftung (Trocknen) des Abgasschachtes in den Betriebspausen,
- dem Verdünnen der Abgase zum Herabsetzen des Taupunktes.

Die Überströmöffnung ist überflüssig bei
- nur einer Feuerstätte am LAS,
- Überdruckbetrieb.

Die **Abgasmündung** überragt die Zuluftöffnung. Eine Abströmplatte zwischen beiden verhindert, dass Abgase angesaugt werden, ➔ 2.

Es darf nur das vom Hersteller des LAS gelieferte Bauprodukt aufgesetzt werden.

Luft-Abgas-Systeme können gebaut sein
- ähnlich wie Montage-Schornsteine aus Formsteinen (Mantelstein und Innenrohr), ➔ 440.1, oder aus Edelstahlrohr, jeweils ohne Wärmedämmung,
- als Abgasleitung im Schacht mit doppelwandigem Verbindungsstück zum Schacht, ➔ 442.1a,
- aus geschosshohen Bauteilen (Baukran nötig).

Anschlüsse von Gasfeuerstätten,
- müssen in der Höhe ≥ 30 cm versetzt sein, ➔ 1,
- erfolgen mittels Steckadaptern, ➔ 3.

Einschalige Schornsteine können bei Sanierung durch Einzug eines Rohres oder eines Wellschlauches in ein LAS umgestaltet werden, ähnlich ➔ 441.2, 442.2.

Auch nebeneinander liegende Züge von Altschornsteinen können mithilfe von Sonderformstücken an der Einmündung des Verbindungsstückes als LAS genutzt werden (**Bestands-LAS**), ➔ 4. An der Sohle müssen sie eine Überströmöffnung erhalten.

Die Züge sind vorher gründlich vom Schornsteinfeger zu reinigen, damit keine Rußteilchen zum Brenner gesaugt werden.

Vorteile von LAS mit zugehörigen Feuerstätten:
- gesicherte Verbrennungsluftzufuhr zu den Gasfeuerstätten
- Geräteinstallation ohne Rücksicht auf Raumgröße, siehe Kap. 14.11.2
- kein Luftverbund innerhalb der Wohnung nötig
- Abgasführung über Dach, problemlos für die Gebäudefassade
- Anschluss bis zu 10 Feuerstätten an ein LAS ist möglich

15.2.5.5 Verbindungsstücke

Verbindungsstücke (früher **Abgasrohre** genannt) verbinden den Abgasstutzen der Feuerstätte mit dem senkrechten Teil der Abgasanlage. Sie müssen DIN 18 160-1 und DIN 1298 entsprechen.

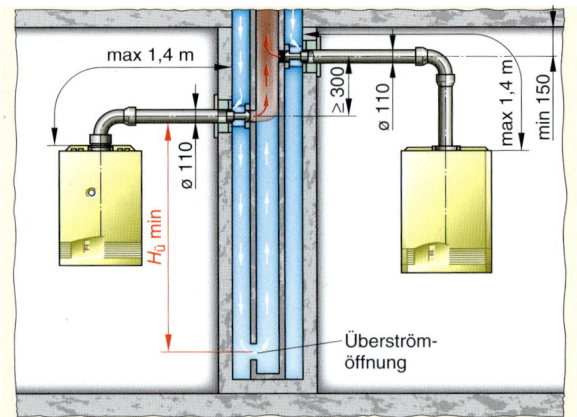

1 LAS – Anschlussdetails und Lage der Überströmöffnung

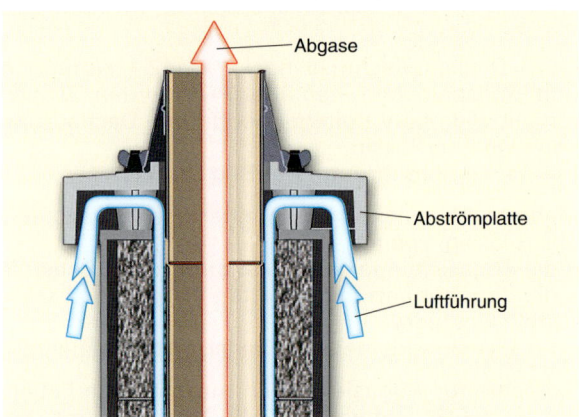

2 Abströmplatte an der Abgasmündung

3 Anschluss von Gasfeuerstätten mit Steckadapter

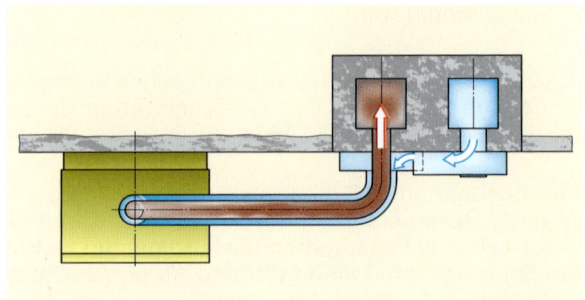

4 Anschlussstück am Bestands-LAS aus 2 alten Schornsteinzügen

Ein Verbindungsstück besteht meist aus, ➜ 1:
- Anlaufstrecke
- Krümmer (Rohrbogen)
- ansteigend verlegtem Rohrteil

In der **Anlaufstrecke** h_V erhalten die Abgase Auftrieb, um die Widerstände im fast waagerechten Rohrteil zu überwinden. Je länger dieses Rohrstück ist, desto größer sollte die Anlaufstrecke sein.

Krümmer bzw. Rohrbogen sind für Umlenkungen nötig und können – mit Tür – günstig als Reinigungs- und Prüföffnung dienen.

Der **ansteigende Rohrteil** soll nahe der Decke verlegt werden, damit sich eine lange Anlaufstrecke ergibt.
Das Verbindungsstück soll kurz sein. Dazu ist es nötig, die Feuerstätte nahe dem Schornstein bzw. der Abgasleitung aufzustellen.

> Heizkessel mit Gebläsebrenner werden oft direkt – ohne Krümmer und Auftriebsstrecke – an eine Abgasanlage angeschlossen, da in der Feuerstätte Überdruck durch das Brennergebläse herrscht.

In EN 13384 wird für die gestreckte Länge des Verbindungsstückes empfohlen:
- Gestreckte Länge ≤ 0,5 m ohne Anlaufstrecke.
- Gestreckte Länge ≤ 2,5 m mit Anlaufstrecke; die Anlaufstrecke soll mindestens die Hälfte der Gesamtrohrlänge betragen.

Verbindungstücke von Gas-/Öl-Feuerstätten, die an einen gemischt belegten Schornstein angeschlossen sind, müssen rußbrandbeständig sein.

Material und Verlegen der Verbindungsstücke

Bauprodukte für Verbindungsstücke mit Kennzeichnung nach Bild ➜ 2 gelten als geeignet.

Verbindungsstücke müssen aus korrosions- und hitzebeständigem Material gefertigt werden, z. B. Bleche aus Aluminium, feueraluminiertem oder emailliertem Stahl.

Wenn die Gefahr der Auskühlung der Abgase besteht, z. B. bei Rohrführung durch unbeheizte Nebenräume oder bei ungünstigen Zugverhältnissen in der Abgasanlage, eignen sich doppelwandige Blechrohre mit einer ca. 2 cm dicken Wärmedämmung aus Steinwolle o. Ä.

Die einzelnen Rohrteile sind gegen den üblichen Schornsteinzug dicht schließend zu verbinden. Dichtungsmittel müssen wärmebeständig sein. Bei rechteckigen Verbindungsstücken darf die eine Seite nicht mehr als 1,5-mal länger als die kürzere sein. Zum Reinigen und Prüfen müssen sie an jeder Richtungsänderung dicht verschließbare Öffnungen besitzen, sofern sie selbst nicht leicht ausbaubar sind.
Verbindungsstücke sind gut passend in die Strömungssicherung einzusetzen, um „Rußfahnen" am Rohr zu vermeiden, ➜ 3.

Die feuchteunempfindlichen Verbindungsstücke sind mit einem Gefälle ≥ 3° zum Kondensatablauf anzuordnen. Sie sind so in den senkrechten Teil der Abgasanlage einzuführen, dass der Anschluss
- gas- und ggf. kondensatdicht ist,
- nicht hineinragt.

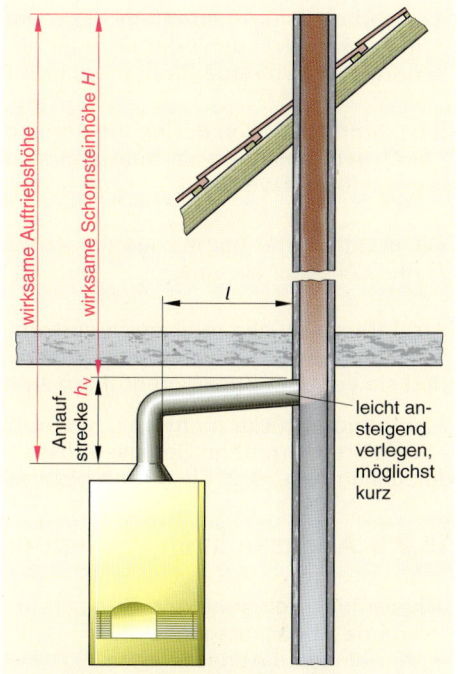

1 Bezeichnungen an einer Abgasanlage

Klasse	Merkmale
Temperatur	T 80 oder höher[1]
Druck	N1, N2, P1, P2, H1 oder H2
Rußbrandbeständigkeit	O oder S
Kondensatbeständigkeit	D oder W
Korrosionswiderstand	1, 2 oder 3[1]

[1] bei Festbrennstoffen ≥ T 400 und nur 3

2 Kennzeichnungsmerkmale für Verbindungsstücke in Abgasanlagen

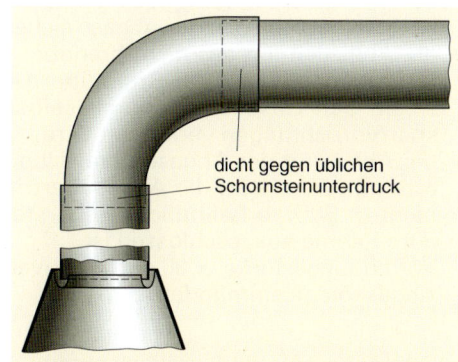

dicht gegen üblichen Schornsteinunterdruck

Abgasrohr passend in die Strömungssicherung einsetzen und Teile dicht schließend verbinden

3 Sitz des Abgasrohres

Verbindungsstücke sind zu verlegen:
- durch Wände: in einem Futterrohr,
- durch Einbauschränke: in einem Schutzrohr aus wärmedämmenden Baustoffen

Verbindungsstücke dürfen nicht geführt werden:
• in Decken, Wänden oder unzugänglichen Hohlräumen,
• durch „unzulässige Räume", s. Kap. 14.11.1.

In bestimmten Fällen dürfen die Abgase zweier Feuerstätten mit einem gemeinsamen Verbindungsstück an eine Abgasanlage angeschlossen werden.

Feuerstätten mit gemeinsamem Verbindungsstück gelten im Sinne der FeuV als eine.

Verbindungsstücke müssen in spitzem Winkel, in Strömungsrichtung gesehen, zusammengeführt werden. Gegebenenfalls sind sie vor dem Zusammenführen zu erweitern, ➔ 1.

Verbindungsstücke mehrerer, zusammengeschalteter Heizkessel mit Brennern ohne Gebläse müssen bauartgeprüft und handelsüblich sein, ➔ 2. Sie dürfen nicht selbst angefertigt werden.

15.2.6 Abgasanlagen – Belegung und Querschnitt

Hinsichtlich Belegung und Querschnitt sind zu unterscheiden:
• eigene Abgasanlagen
• gemeinsame Abgasanlagen
• gemischt belegte Abgasanlagen

Eigene (einfach belegte) Abgasanlagen benötigen raumluftabhängige Gasfeuerstätten (Art B), sofern dort nicht mehrere Feuerstätten im selben Raum aufgestellt sind,
• in Aufstellräumen mit ständig offener und ins Freie führender Verbrennungsluftöffnung,
• in Gebäuden über dem 5. Vollgeschoss.

An eine eigene Abgasanlage ist nur eine Feuerstätte anzuschließen.

An eine **gemeinsame Abgasanlage** dürfen mehrere Feuerstätten angeschlossen werden, wenn
• durch die Berechnung nach EN 13 384 bei allen Betriebszuständen das Ableiten der Abgase sichergestellt ist,
• die Abgasleitung aus nicht brennbaren Baustoffen besteht **oder** eine Brandübertragung zwischen den Geschossen durch selbsttätige Absperrvorrichtungen verhindert wird,
• bei Ableitung der Abgase unter Überdruck (Geräte mit Ventilator) die Abgasübertragung über nicht in Betrieb befindliche Feuerstätten in andere Räume ausgeschlossen ist,
• Verbindungsstücke ≥ 30 cm höhenversetzt in die Abgasanlage einmünden.

Nicht angeschlossen werden sollten
• raumluftabhängige gemeinsam mit raumluft-**un**abhängigen Feuerstätten,
• Feuerstätten ohne Gebläse gemeinsam mit Feuerstätten mit Gebläse (Ausnahmen möglich),
• Feuerstätten über dem 5. Vollgeschoss,
• Feuerstätten mit Abgastemperaturen > 400 °C,
• offene Kamine und Kaminöfen.

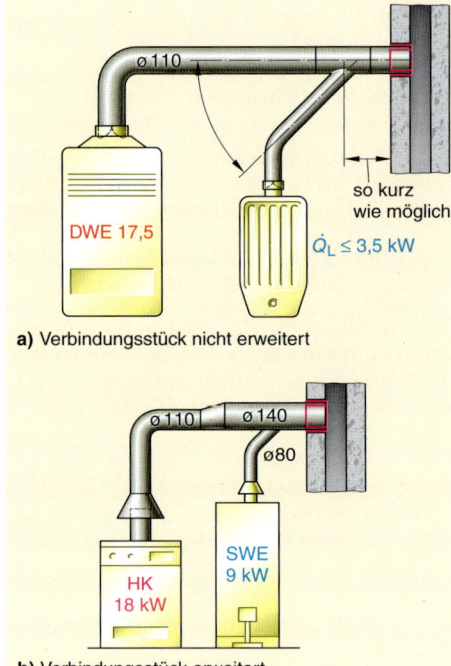

a) Verbindungsstück nicht erweitert

b) Verbindungsstück erweitert

1 Gemeinsames Abgasrohr

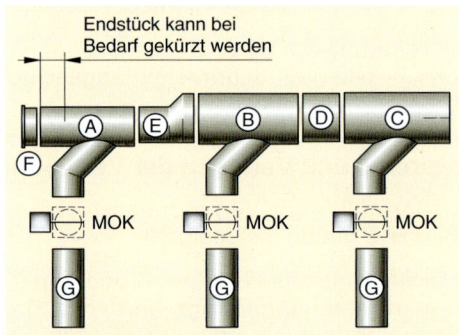

2 Geprüftes Verbindungsstück (Abgassammler) bei Mehrkesselanlagen (MOK: Motor-Abgas-Klappe)

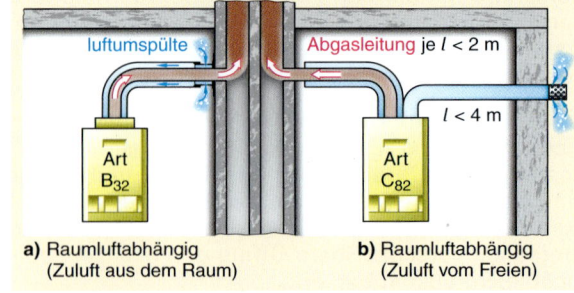

a) Raumluftabhängig (Zuluft aus dem Raum)

b) Raumluftabhängig (Zuluft vom Freien)

3 Abgasanlage mit Anschluss gebläseunterstützter Feuerstätten Art B_{32} und C_{82x}

Für raumluftabhängige Feuerstätten (Art B) gilt zusätzlich:
• Oberste und unterste Einmündung sollen nicht mehr als 6,5 m Abstand haben.
• Den Anschluss von Feuerstätten Art B_3 regelt DVGW Arbeitsblatt G 637/1.

15

Für raumluft**un**abhängige Feuerstätten (Art C) gilt zusätzlich:
- Mehrere Feuerstätten Art C_4 dürfen an bauaufsichtlich zugelassen LAS angeschlossen werden, → 443.3.
- Den Anschluss von Gasfeuerstätten Art B_3 bzw. Art C_8, → 446.3 regelt DVGW-Arbeitsblatt G 637/I.

An **gemischt belegten Abgasanlagen** dürfen auch Feuerstätten für Festbrennstoffe angeschlossen werden, wenn
- die Verbindungsstücke der Feuerstätten für feste oder flüssige Brennstoffe eine Anlaufstrecke von ≥ 1 m haben, → 1,
- der senkrechte Teil der Abgasanlage und sämtliche Verbindungsstücke die Anforderungen für Festbrennstoffe erfüllen, z. B. rußbrandbeständig, temperaturbeständig bis 400 °C.

> Abgasanlagen müssen einen gleich bleibenden lichten Querschnitt besitzen.

Dieser soll bestimmt werden
- bei einfach belegten Abgasanlagen: nach EN 13 384-1 bzw. nach Herstellerdiagrammen,
- bei mehrfach belegten Abgasanlagen: nach EN 13 384-2.

Für gemeinsame kurze Verbindungsstücke (waagerechte Länge < $1/4$ wirksame Abgasanlagenhöhe) kann deren gemeinsamer Querschnitt A_{gem} vereinfacht berechnet werden:

$$A_{gem} = 0,8 \cdot \text{(Summe der einzelnen Abgasrohrquerschnitte)}$$

15.2.7 Bau von Abgasanlagen

15.2.7.1 Teile von Abgasanlagen

> Wichtige Teile von Abgasanlagen sind:
> - Beginn und Sohle der Abgasanlage
> - der senkrechte Teil
> - Reinigungsöffnungen
> - die Ausmündung
> - Abstände zu anderen Bauteilen

Abgasanlagen dürfen in dem Geschoss **beginnen**, in dem die unterste Feuerstätte angeschlossen ist. Der Unterbau muss feuerbeständig sein.
Damit Ablagerungen an der **Sohle** das Abströmen der Abgase nicht behindern, muss die Sohle mindestens 20 cm unterhalb des untersten Feuerstättenanschlusses liegen, ausgenommen bei offenen Kaminen.

> Bei feuchteunempfindlichen Abgasanlagen muss an der Sohle unterhalb der Reinigungsöffnung noch eine Kondensatschale bzw. ein Kondensatablauf angeordnet sein, → 2.

Die Abgasanlage
- ist **senkrecht** durch die Geschosse zu führen,
- kann einmal mit einem Winkel aus der Senkrechten
  - bis 30° schräg geführt werden, → 448.2,
  - bis 90° umgelenkt werden bei Anlagen, die für Überdruck geeignet sind, → 3.

Die Höhe bis zur Schrägführung muss ≤ 10 m sein.

Über **Reinigungsöffnungen** müssen Abgasanlagen
- leicht und sicher zu reinigen sein,
- auf freien Querschnitt zu prüfen sein.

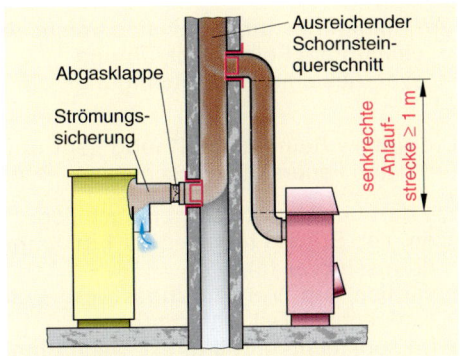

1 Gemischt belegte Abgasanlage, hier Öl/Festbrennstoff

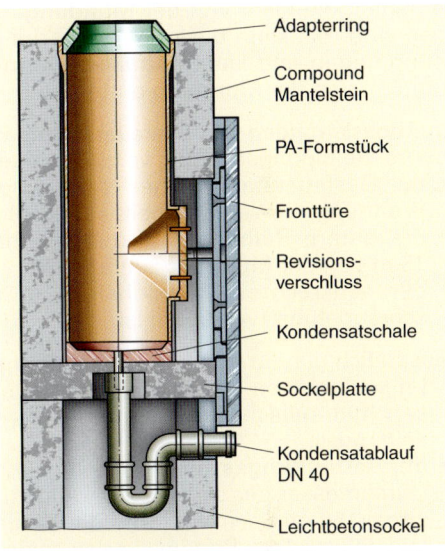

2 Untere Reinigungsöffnung und Kondensatablauf in der senkrechten Abgasanlage

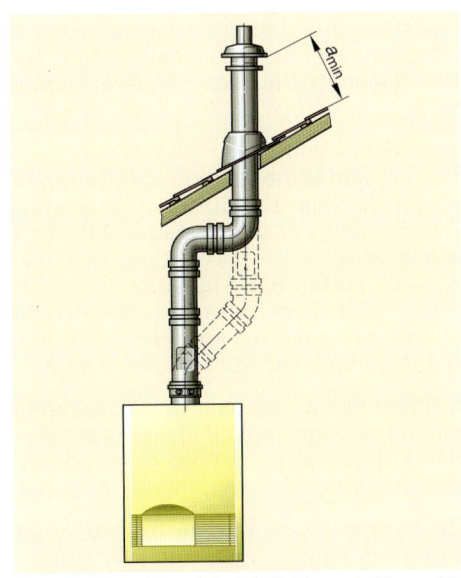

3 Verziehen einer Frischluft-Abgas-Leitung für Überdruckbetrieb

15

An Reinigungsöffnungen sind vorzusehen:
- eine untere Reinigungsöffnung
- eventuell eine obere Reinigungsöffnung

Die **untere Reinigungsöffnung** liegt unterhalb des untersten Feuerstättenanschlusses, → 439.2, 441.2.

Sie darf bei Abgasleitungen auch liegen, → 1
- an der Stirnseite eines ≤ 1 m langen Verbindungsstückes (a),
- seitlich am Verbindungsstück ≤ 30 cm vom senkrechten Teil entfernt (b),
- im senkrechten Teil direkt nach Einführung des Verbindungsstückes (c).

Eine **obere Reinigungsöffnung** ist vorzusehen bei Anlagen, die nicht von der Mündung aus zu reinigen sind. Sie kann bis zu 5 m unterhalb der Mündung liegen und kann entfallen, wenn die untere nur 5 m von der Mündung entfernt ist.

In **Abgasleitungen von Gasfeuerstätten** kann auf die obere Reinigungsöffnung verzichtet werden, wenn
- nur Gasfeuerstätten einer Nutzungseinheit, wie Wohnung, Gewerbeeinheit, angeschlossen sind,
- die untere Reinigungsöffnung nicht mehr als 15 m von der Mündung entfernt ist,
- der senkrechte Teil höchstens einmal ≤ 30° schräggeführt (verzogen) ist.

Zusätzlich gilt, für eine untere Reinigungsöffnung:
- im **senkrechten Teil** der Abgasanlage, dass dessen hydraulischer Durchmesser D_h ≤ 200 mm sein muss,
- im **Verbindungsstück**, dass der hydraulische Durchmesser der senkrechten Abgasleitung maximal 150 mm sein darf und der Biegeradius der Umlenkung (des Bogens) in den senkrechten Teil mindestens so groß wie deren Durchmesser ist.

Bei **Abgasleitungen mit Schrägführung** sind Reinigungsöffnungen vor oder nach den Knickstellen einzubauen, wenn die Ausladung l_a größer ist als der 2fache hydraulische (innere) Durchmesser D_h, → 2.

Bei Abwinkelung
- < 15° sind keine Reinigungsöffnungen nötig,
- von 15° bis 30° dürfen die Abstände zu den Knickstellen (vor oder danach) bis zu 1,0 m betragen, → 2,
- > 30° dürfen die Abstände zu den Knickstellen nur noch 0,3 m betragen; größere Winkel als 30° sind nur zulässig, wenn Feuerstätte und Abgasanlage für Überdruck geeignet sind.

Anfallendes **Kondensat** in Abgasanlagen ist über einen Kondensatablauf abzuführen, → 447.2, wenn das Kondensat nicht über ein Brennwertgerät abgeleitet wird.

Bei Gasfeuerung darf es bis zu einer gewissen Brennerleistung, z. B. 100 kW, ohne besondere Maßnahmen in die Abwasserleitung eingeleitet werden. Darüber bestimmen örtliche Vorschriften.

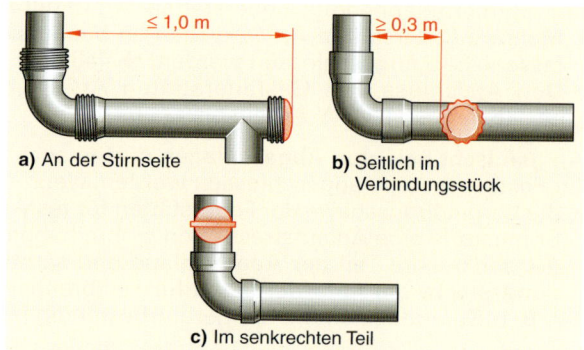

a) An der Stirnseite
b) Seitlich im Verbindungsstück
c) Im senkrechten Teil

1 Reinigungsöffnungen in Abgasleitungen

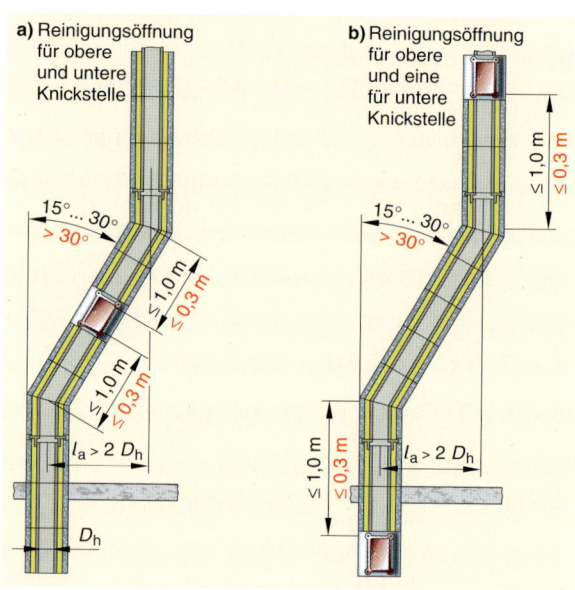

a) Reinigungsöffnung für obere und untere Knickstelle
b) Reinigungsöffnung für obere und eine für untere Knickstelle

2 Reinigungsöffnungen in schräg geführten Abgasanlagen, wenn $l_a > 2\,D_h$ – Abstände von Knickstellen

15.2.7.2 Mündung von Abgasanlagen über Dach

Abgasleitungen und Schornsteine von Gasfeuerstätten müssen im freien Windstrom enden.

Ihre Mündungen
- dürfen nicht unmittelbar neben Fenstern, Balkonen, Zuluftöffnungen liegen,
- sollen bei Dächern mit Dachneigung > 20° nahe der höchsten Dachkante enden.

Sie müssen bei raumluftabhängigen Feuerstätten bei Dachneigung > 20°, → 449.1
- den Dachfirst um ≥ 40 cm überragen **oder**
- von der Dachfläche ≥ 1,0 m entfernt sein,
- Dachaufbauten, Öffnungen zu Räumen und ungeschützte brennbare Bauteile, ausgenommen Bedachung, um ≥ 1,0 m überragen oder von ihnen ≥ 1,5 m entfernt sein.

Bei Dachneigung > 40° müssen sie immer mindestens 40 cm über First geführt werden.

15

Bei raumluft**un**abhängigen Gasfeuerstätten mit Abgasventilator (Art C₃) mit $\dot{Q}_L$ < 50 kW dürfen sie ≥ 40 cm über der Dachfläche enden, ➜ 2. Zu dachnahen Öffnungen (Fenster!) müssen sie ≥ 1,5 m entfernt sein oder diese um ≥ 1,0 m überragen.

Bei Dächern mit weicher Bedachung, wie Stroh, Schilf, Dachpappe, und bei festen Brennstoffen muss der Schornstein am First austreten und diesen mehr als 0,8 m überragen.

Abweichend von der Muster-FeuV können weiter gehende Anforderungen gestellt werden
- von einzelnen Bundesländern,
- wenn Gefahren bzw. unzumutbare Belästigungen zu befürchten sind.

15.2.7.3 Abstände von Abgasanlagen zu Bauteilen aus brennbaren Baustoffen

Abgasanlagen und Schächte von Abgasleitungen müssen von brennbaren Baustoffen so weit entfernt sein, dass an diesen – bei Nennwärmeleistung –
- keine höheren Temperaturen als 85 °C auftreten,
- bei Rußbränden in Schornsteinen nicht > 100 °C auftreten.

Bauteile aus oder mit brennbaren Baustoffen müssen zu den Außenflächen von Abgasanlagen mindestens den Abstand einhalten, der dem Zahlenwert der Abstandsklasse in mm entspricht (s. Klassifizierung Kap. 15.2.2).

Die entsprechenden Zwischenräume sind, ➜ 3,
- mit nicht brennbaren Dämmstoffen auszufüllen,
- zu belüften bzw. offen zu halten.

Im Einzelnen gilt für Abstände brennbarer Bauteile:
- zu Schornsteinen
- zu Abgasleitungen in Schächten
- zu Abgasleitungen außerhalb von Schächten
- zu Verbindungsstücken

Bei **Schornsteinen** mit Abstandsklasse ≤ C 50
- genügt zu Holzbalken u. Ä. ein Abstand ≥ 2 cm,
- dürfen Fußböden, Fußleisten, Dachlatten u. Ä. ganz an die Schornsteinaußenfläche herangeführt werden.

Bei **Abgasleitungen in Schächten** L 90 oder L 30 gilt:
- Bei Temperaturklasse bis T 160 ist kein Abstand nötig.
- Bei Temperaturklasse bis T 200 ist kein Abstand nötig, wenn der Schacht nicht brennbar, die Abgasleitung im Schacht dauernd hinterlüftet ist und zwischen Abgasleitung und Schacht ein Abstand ist:
  - im rechteckigen Schacht: 2 cm,
  - im runden Schacht: 3 cm.
- Bei Temperaturklasse über T 200 ist kein Abstand nötig, wenn die Bedingungen wie bis T 200 sind und der Schacht einen Wärmedurchlasswiderstand von ≥ 0,12 m²·K/W hat.
- Bei Temperaturklasse über T 400 ist kein Abstand nötig, wenn nachgewiesen wird, dass an den brennbaren Bauteilen keine höheren Temperaturen als 85 °C auftreten können.

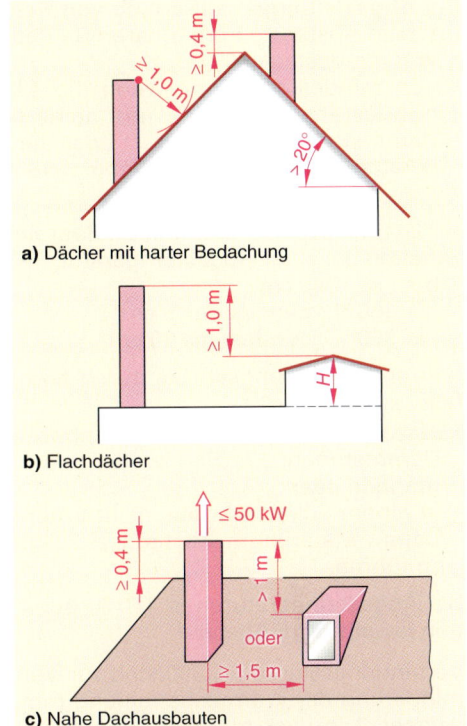

a) Dächer mit harter Bedachung

b) Flachdächer

c) Nahe Dachausbauten

1 Mündung von Abgasanlagen über Dach (Landesbauverordnung beachten)

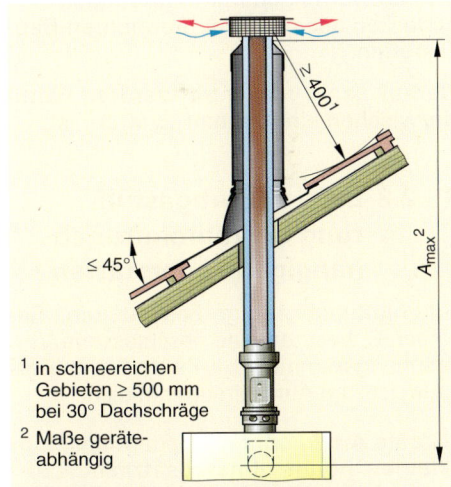

[1] in schneereichen Gebieten ≥ 500 mm bei 30° Dachschräge

[2] Maße geräteabhängig

2 Luft-Abgasführung senkrecht über Dach (Gasgeräte-Art C₃₂, C₃₃) mit Doppelrohrsystem

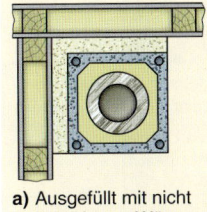
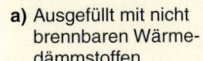

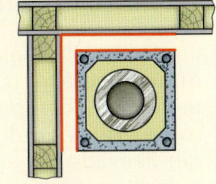

a) Ausgefüllt mit nicht brennbaren Wärmedämmstoffen

b) Abgeschlossen, unten und oben belüftet

Belüftungsöffnungen oben und unten vorsehen

c) Offen (jedoch schwer zu reinigen)

3 Räume zwischen Abgasschornstein und brennbaren Bauteilen

15

Bei **Abgasleitungen außerhalb von Schächten** genügt ein Abstand zu brennbaren Bauteilen
- von mindestens 20 cm,
- von mindestens 5 cm, wenn die Abgasleitung mindestens 2 cm dick mit nicht brennbaren Dämmstoffen ummantelt ist **oder** die Abgastemperatur bei Nennwärmeleistung ≤ 160 °C beträgt.

Zwischen **Verbindungsstücken** von Feuerstätten für Öl und Gas und brennbaren Bauteilen sind einzuhalten bei einer Abgastemperatur, → 1
- bis   85 °C: 0 cm
- bis 160 °C: mindestens 5 cm
- bis 300 °C: mindestens 20 cm

Führen Verbindungsstücke durch brennbare Bauteile, sind sie, → 1
- ≥ 20 cm dick mit nicht brennbaren Dämmstoffen, z. B. Steinwolle, zu ummanteln **oder**
- in einem Schutzrohr aus nicht brennbarem Material im Abstand ≥ 20 cm zu führen.

Bei Abgastemperaturen ≤ 160 °C genügen jeweils 5 cm Abstand.

Verbindungsstücke > T 300 sind zur Verminderung der Wärmeabstrahlung mindestens 2 cm dick mit nicht brennbaren Dämmstoffen zu ummanteln, → 1, gegenüber
- hoch wärmegedämmten Wänden
- Decken aus oder mit brennbaren Baustoffen.

Darauf kann verzichtet werden, wenn dazwischen ein Abstand ≥ 40 cm ist.

15.2.8 Luft- und Abgasführung bei raumluft**un**abhängigen Feuerstätten

Raumluft**un**abhängige Feuerstätten, Geräteart C, besitzen eine geschlossene Verbrennungskammer, d. h. ihr Verbrennungsraum ist zum Aufstellraum hin dicht.

> Geräte Art C können in jedem beliebig kleinen Raum ohne zusätzliche Lüftungsöffnungen aufgestellt werden, denn die Verbrennungsluft wird vom Freien durch besondere Leitungen zugeführt, Abgas dorthin abgeleitet.

Raumluft**un**abhängige Feuerstätten
- **ohne** Gebläse (Geräteart C_{11}) sind technisch überholt
- **mit** Gebläse und Abgasmündung an der Fassade (C_{12}-, C_{13}-Geräte) werden aufgrund komplizierter Vorschriften für die Abgasausmündung (s. TRGI 2008, Abschnitt 10.4.2.7) kaum mehr eingesetzt.

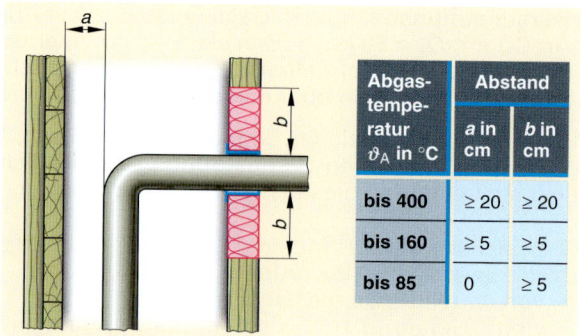

Abgastemperatur ϑ_A in °C	Abstand	
	a in cm	b in cm
bis 400	≥ 20	≥ 20
bis 160	≥ 5	≥ 5
bis 85	0	≥ 5

1 Abstand von Abgasleitungen bzw. Verbindungsstücken zu brennbaren Bauteilen

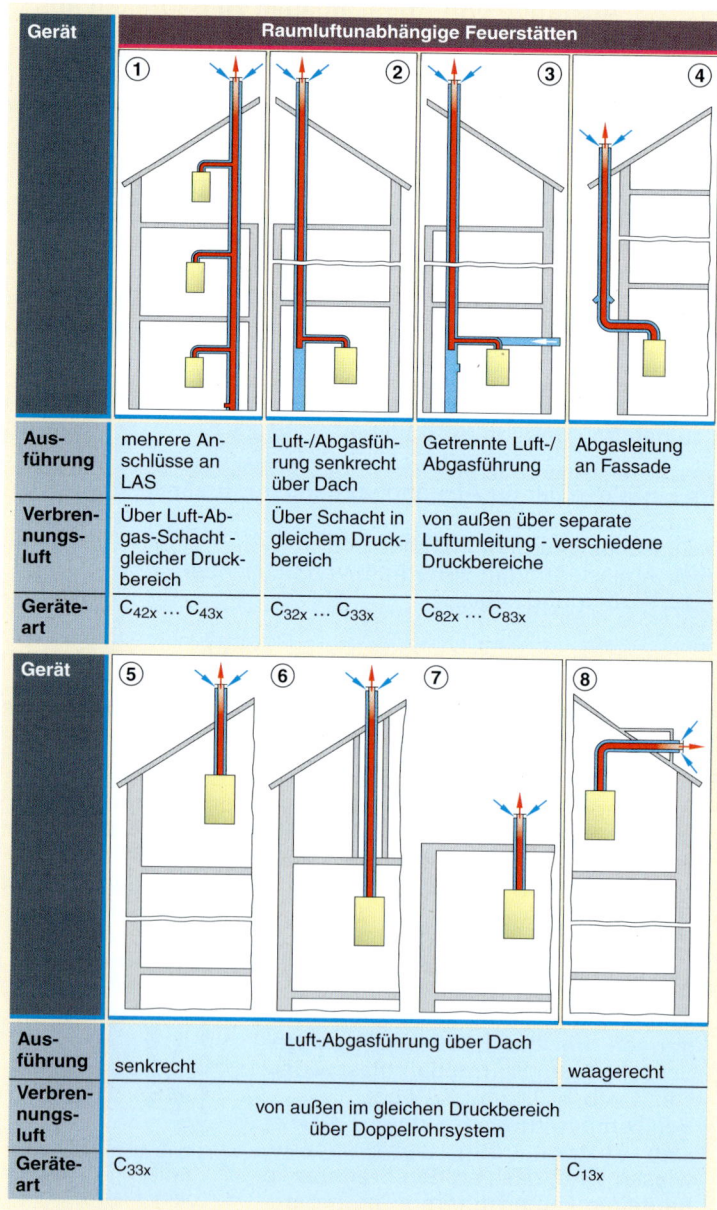

Gerät	Raumluftunabhängige Feuerstätten			
	①	②	③	④
Ausführung	mehrere Anschlüsse an LAS	Luft-/Abgasführung senkrecht über Dach	Getrennte Luft-/Abgasführung	Abgasleitung an Fassade
Verbrennungsluft	Über Luft-Abgas-Schacht - gleicher Druckbereich	Über Schacht in gleichem Druckbereich	von außen über separate Luftumleitung - verschiedene Druckbereiche	
Geräteart	$C_{42x} \ldots C_{43x}$	$C_{32x} \ldots C_{33x}$	$C_{82x} \ldots C_{83x}$	

Gerät				
	⑤	⑥	⑦	⑧
Ausführung	Luft-Abgasführung über Dach			
	senkrecht			waagerecht
Verbrennungsluft	von außen im gleichen Druckbereich über Doppelrohrsystem			
Geräteart	C_{33x}			C_{13x}

2 Luft-/Abgasführung bei raumluftunabhängigen Feuerstätten

Raumluft**un**abhängige Gasfeuerstätten für einzelne Wohnungen u. Ä. werden überwiegend angeschlossen, ➔ 450.2,
• an Luft-Abgas-System,
• mit Doppelrohrsystem direkt über Dach,
• mit Doppelrohrsystem durch Geschosse,
• mit Anschluss an einen Hausschornstein und Zuluftführung von außen (Geräteart C_{82}, C_{83}),
• Führung einer Abgasleitung durch Schornstein (Geräteart C_9).

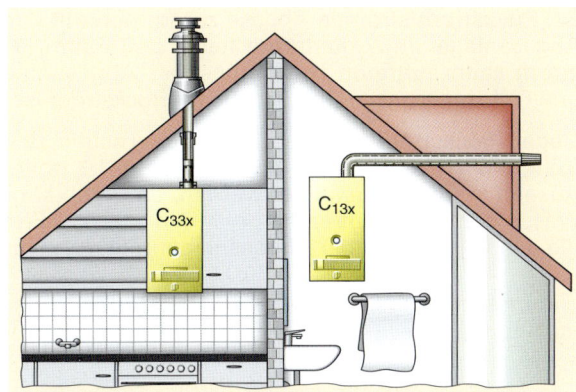

1 Abgas-Zuluft-Führung senkrecht und waagerecht über Dach

Das **Luft-Abgas-System** ist im Kap. 15.2.5.4 beschrieben.

Das **Doppelrohrsystem direkt über Dach** ist eine sehr gute Lösung für Feuerstätten in
• dachnahen Wohnungen wie Dachgeschosswohnungen,
• Räumen, bei denen die Decke gleichzeitig das Dach bildet,
• Räumen, auf deren Decke die Dachkonstruktion sitzt.

Über das Doppelrohr wird
• Verbrennungsluft angesaugt,
• Abgas ins Freie befördert.

Das Doppelrohr mündet bei Feuerstätten mit Gebläse, ➔ 1:
• der Art C_{33x} senkrecht über Dach,
• der Art C_{13x} waagerecht über Dach

Es dürfen nur die vom Gerätehersteller für das entsprechende Gerät gelieferten Originalteile eingebaut werden. Höchstens 3 Umlenkungen sind zulässig.

Hersteller geben in ihren Montageanleitungen an, für welche maximal gestreckte Länge das Luft-Abgasrohr geeignet ist, z. B. $L_{max} = 23$ m.

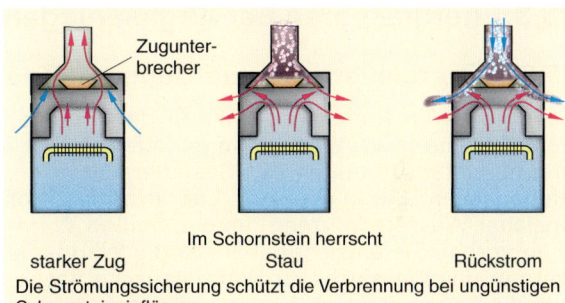

Zugunterbrecher

Im Schornstein herrscht

starker Zug   Stau   Rückstrom

Die Strömungssicherung schützt die Verbrennung bei ungünstigen Schornsteineinflüssen.

2 Strömungssicherung

> Für Formstücke sind der tatsächlichen Rohrlänge zusätzlich Längen zu addieren, z. B. für:
> • 1 Bogen 90° = 2 Bogen 45° ≙ 1 m Rohrlänge
> • 1 Bogen 15°, 30°, 45° ≙ 0,5 m Rohrlänge

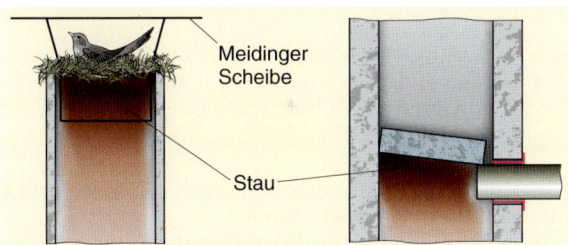

Meidinger Scheibe

Stau

3 Ursachen für einen Stau in einem Schornstein

Das **Doppelrohrsystem** ist auch **durch mehrere Geschosse** für Feuerstätten Art C anwendbar:
• außerhalb des Gebäudes, ➔ 450.2 (4),
• innerhalb des Gebäudes, ➔ 450.2 (6).

Doppelrohrsysteme müssen im Gebäude außerhalb des Aufstellraumes in einem Schacht F 90, bei Wohngebäuden geringer Höhe F 30, geführt werden.

Wird bei einer Sanierung die Abgasleitung durch den Schornstein verlegt, kann der Spalt zwischen Abgasleitung und Schornsteinwandung als Verbrennungsluftzuführung dienen, ➔ 450.2.

15.2.9 Strömungssicherung

Die Strömungssicherung ist zwar Teil der Feuerstätte wird aber sinnvoll hier angesprochen.

Abgase raumluftabhängiger Feuerstätten mit Brennern ohne Gebläse strömen mit thermischem Auftrieb durch Strömungssicherung, Verbindungsstück und Abgasleitung bzw. Schornstein ins Freie.

Die Strömungssicherung verhindert einen wesentlichen Einfluss auf die Verbrennung, ➔ 2, bei
• zu starkem Auftrieb
• Stau
• Rückstrom

Bei starkem **Auftrieb** wird zusätzlich Luft angesaugt. Sie strömt am Zugunterbrecher ein und nicht durch den Verbrennungsraum. Diese zusätzliche Luft, durch die Feuerstätte gesaugt, ließe die Flammen am Brenner abheben oder erlöschen und das Gerät auf Störung gehen.

Bei **Stau** im Abgasweg wird die Verbrennung im Gerät nicht behindert, da die Abgase am Zugunterbrecher in den Raum treten.
Ursachen von Stau, z. B. ➔ 3, sind umgehend zu beseitigen, wenn der Stau nicht nur vorübergehend ist, wie bei starker Sonnenstrahlung auf den Schornsteinkopf. Notfalls ist der Schornsteinfeger hinzuziehen.

15

Bei **Rückstrom** strömen Abgase zusammen mit der Luft aus der Abgasanlage am Zugunterbrecher in den Raum, ➔ 451.2. Rückstrom kann auftreten bei ungünstiger Abgasanlagenmündung und Fallwinden, ➔ 1. Die Ursache für Rückstrom ist zu ermitteln.

Gegen Rückstrom hilft u. U., den Schornstein zu erhöhen. Die früher üblichen **Meidinger-Scheiben**, ➔ 451.3, sollen nur noch in Ausnahmefällen verwendet werden, da daran kondensierender Wasserdampf bei Außentemperaturen und 0 °C Eiszapfen bildet, die den Querschnitt der Abgasanlagenmündung blockieren.

> Feuerstätten mit Gebläsebrenner benötigen keine Strömungssicherung.

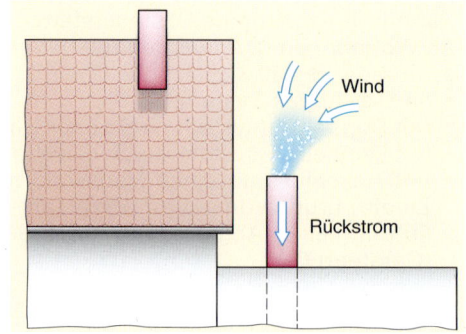

1 Rückstrombildung in einem Schornstein

15.3 Energiesparen bei Abgasanlagen

15.3.1 Energieverluste und Gegenmaßnahmen

Solange es im Freien kälter als in den Räumen ist, saugen Schornsteine bzw. Abgasleitungen ständig Luft über die Verbrennungsluftöffnungen der Gasfeuerstätten an, auch in Betriebspausen. Die angesaugte Luft strömt in Heizkesseln und Speicher-Wassererwärmern an den heißen Wärmetauscherflächen vorbei. Sie entzieht dabei ständig Wärme, je mehr, umso wärmer das Wasser hinter Wärmetauscherflächen und je wärmer die Raumluft ist, ➔ 2.
Je kälter es draußen ist, umso größer ist der Dichteunterschied und damit der Auftrieb in der Abgasanlage („Schornsteinzug"!).

> Zum Energiesparen sollen
> • die Wassertemperaturen möglichst niedrig gehalten werden,
> • der Luftstrom in Betriebspausen gebremst werden,
> • hoher thermischer Auftrieb ausgeglichen werden.

Niedrige Wassertemperaturen in Heizkesseln und Wassererwärmern sind nur möglich durch
• angepassten und nicht überzogenen Bedarf,
• gute Regeleinrichtungen für Raumwärme und an Wassererwärmern.

Der **Luftstrom in Betriebspausen** wird durch Abgasklappen gebremst, s. Kap. 15.3.2.

Hoher thermischer Auftrieb kann durch Nebenluftvorrichtungen ausgeglichen werden, s. Kap. 15.3.3.

15.3.2 Abgasklappen

Abgasklappen helfen Energie sparen.

Sie verhindern
• Zugstörungen an gemeinsamen Abgasanlagen,
• den Einfall kalter Außenluft durch die Abgasanlage ➔ 3,
• den Abzug teurer Raumwärme,
• Zugerscheinungen, vor allem in kleinen Räumen mit Gasfeuerstätten, z. B. im Bad.

> Abgasklappen müssen selbsttätig arbeiten und für die Feuerstätte zugelassen sein (CE-Zeichen).

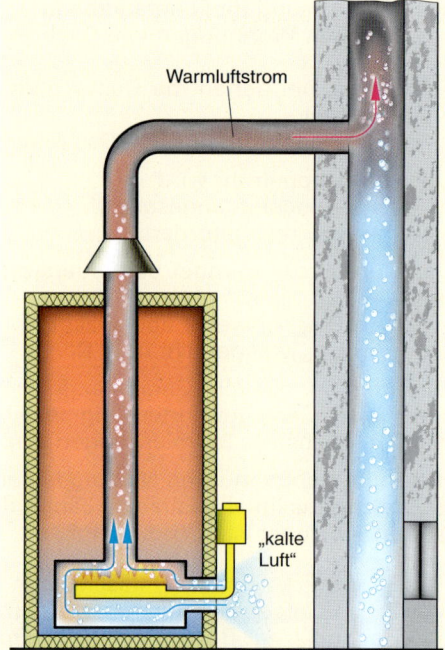

2 Aufheizen des Luftstromes im Wassererwärmer an Wärmetauscherflächen

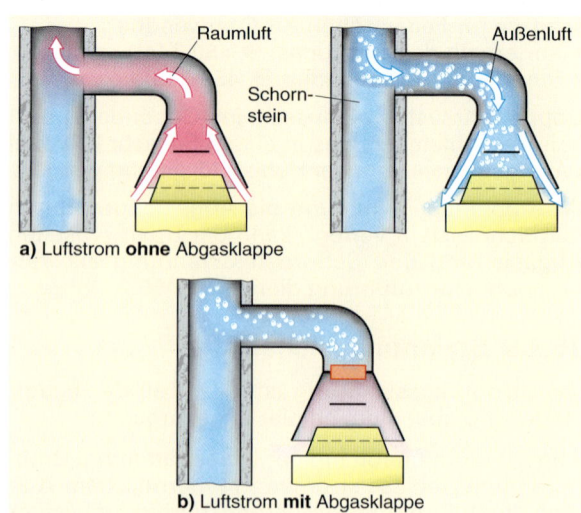

a) Luftstrom **ohne** Abgasklappe

b) Luftstrom **mit** Abgasklappe

3 Wirkung der Abgasklappe

15

Man unterscheidet 2 Arten von Abgasklappen:
- thermisch gesteuerte Abgasklappe
- motorisch gesteuerte Abgasklappe

Thermisch gesteuerte Abgasklappen nach DIN 3388-4 sind selbsttätig. Sie geben über Bimetallstreifen, die sich bei Erwärmen krümmen, den Abgasrohrquerschnitt frei, → 1. Die Bimetalle öffnen bereits bei Abgastemperaturen ab 50 °C.
Für die verschiedenen Bauarten von Gasfeuerstätten gibt es unterschiedliche Abgasklappen. Auswahl und Einbau müssen nach Angaben der Hersteller erfolgen.

Thermisch gesteuerte Abgasklappen werden in Gasgeräten Art B$_1$ eingesetzt. Sie sind unmittelbar nach der Strömungssicherung einzubauen.

Grundsätzlich gilt:
- Bimetall nie mit heißer Flamme prüfen.
- Klappe spannungsfrei in Abgasstutzen einsetzen.
- Bimetall muss in Richtung der Feuerstätte zeigen.
- Bimetall niemals von Hand bewegen (Spannung lässt nach, keine einwandfreie Funktion mehr).
- Öffnen der Klappe nicht behindern durch Schrauben o. Ä.

Motorgesteuerte Abgasklappen nach DIN 3388-2, → 2, werden in Gasgeräten Art B$_1$ und B$_2$ eingesetzt. Sie sind für Gasfeuerungsanlagen mit elektrisch gesteuerter Brennstoffzufuhr geeignet. Sie werden in den Steuerstromkreis „Thermostat – Gasbrenner" einbezogen. Fordert der Thermostat Wärme an, öffnet erst der Stellmotor die Abgasklappe. Ist diese ganz geöffnet, schließt ein Endlagenschalter den Stromkreis. Dann kann Strom zum Magnetventil des Brenners fließen, dieses öffnen, und damit die Brennstoffzufuhr freigeben, → 3.
Beim Abschalten der Feuerstätte (Stromunterbrechung) schließt eine Rückstellfeder die Abgasklappe.

Bei Gasbrennern ohne Programmsteuerung (ohne Vorspülung) darf nur eine Abgasklappe mit Mindestöffnung eingesetzt werden.

Über die Mindestöffnung können Gasmengen entweichen, die in Betriebspausen aus undichter Stelle in den Kessel strömen. Damit wird die Gefahr einer Verpuffung oder gar Explosion beim Zünden des Brenners vermieden.

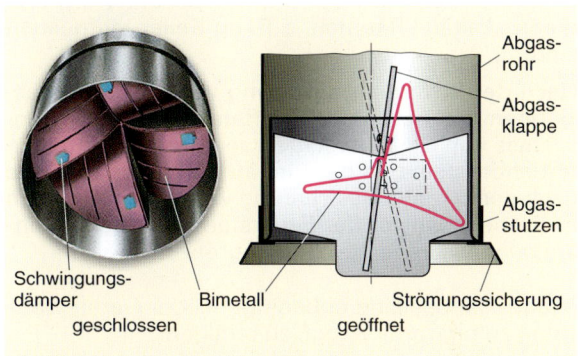

a) Für Raumheizer, Speicherwasserwärmer

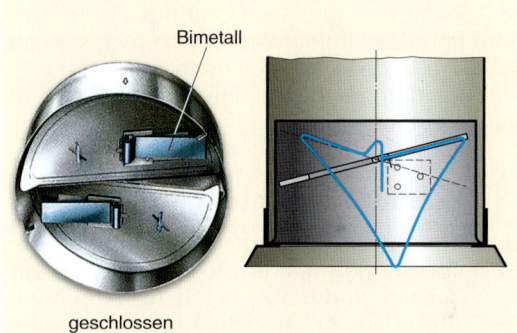

b) Für Durchfluss Wasserwärmer

1 Thermische gesteuerte Abgasklappe

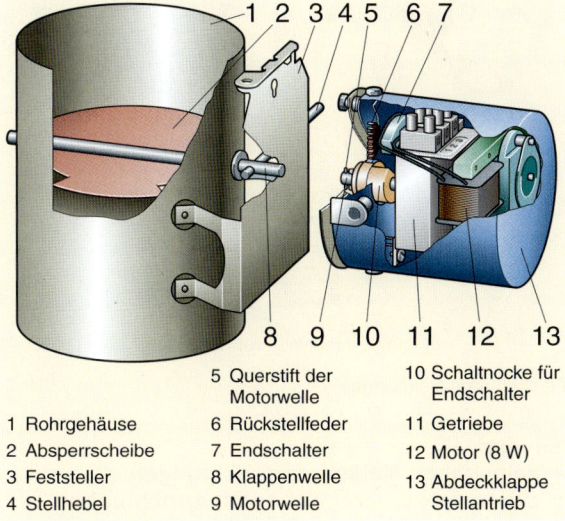

2 Motorgesteuerte Abgasklappe

1 Rohrgehäuse	5 Querstift der Motorwelle
2 Absperrscheibe	6 Rückstellfeder
3 Feststeller	7 Endschalter
4 Stellhebel	8 Klappenwelle
	9 Motorwelle
	10 Schaltnocke für Endschalter
	11 Getriebe
	12 Motor (8 W)
	13 Abdeckklappe Stellantrieb

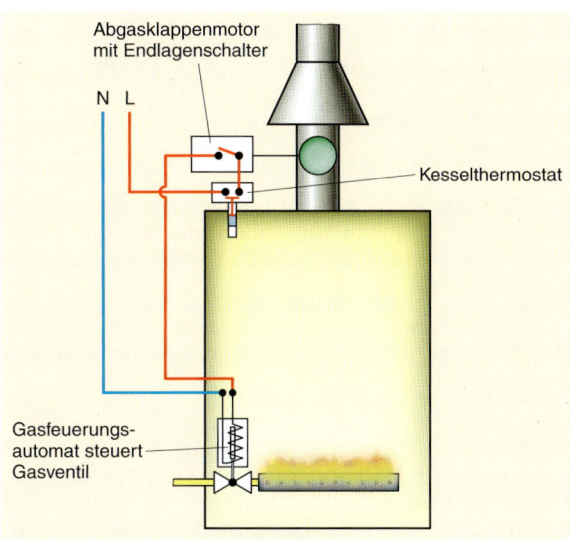

3 Stromlauf bei einer Motor-Abgasklappe

Motorgesteuerte Abgasklappen werden eingebaut:
- vor der Strömungssicherung
- nach der Strömungssicherung

Vor der Strömungssicherung verhindern Abgasklappen das Auskühlen der Feuerstätte, ➔ 1a. Wärme, die besonders im Heiz- oder Warmwasser gespeichert ist, geht nicht über die Abgasanlage oder in den Aufstellraum verloren. Dieser Einbau empfiehlt sich bei Heizkesseln und Wassererwärmern, die in „kalten" Räumen, z. B. im Keller, aufgestellt sind.

Nach der Strömungssicherung verhindern Abgasklappen das Auskühlen der Räume, ➔ 1b. Bei Anschluss von Gasfeuerstätten an gemeinsam belegte Schornsteine ist der Einbau einer Abgasklappe nach der Strömungssicherung vorgeschrieben, um in Betriebspausen der Feuerstätte den Falschlufteinfall in die Feuerstätte zu begrenzen.

> Abgasklappen sind unbedingt bei der Gerätewartung zu überprüfen, ggf. zu reinigen.

In Küchen wirkt das offene Abgasrohr als willkommener Dunstabzug. Bei Gas-Durchfluss-Wassererwärmern und Gas-Umlaufwasserheizern sollte eine Abgasklappe in der Küche deshalb nur eingesetzt werden, wenn in der Küche eine eigene Dunstabzugshaube eingebaut ist.

15.3.3 Nebenluftvorrichtungen

Abgasanlagen müssen auch unter ungünstigen Betriebsbedingungen den erforderlichen Zug aufbringen. Danach sind die Anlagen zu berechnen. Das bedeutet, dass bei günstigen Bedingungen, wie niedrige Außentemperatur und/oder hoher Luftdruck, der thermische Auftrieb („Schornsteinzug") höher als nötig ist – und damit auch der Abgasverlust.

> Nebenluftvorrichtungen nach DIN 4795, auch **Zugbegrenzer** genannt, sorgen für
> - Zugbegrenzung
> - Trocknung

Die **Zugbegrenzung** sorgt für gleichmäßigen Auftrieb in der Abgasanlage, indem die Nebenluftvorrichtungen bei zu starkem Zug dem Abgasstrom Luft zuführen.

Die **Trocknung** der Abgasanlage erfolgt durch Durchlüftung in den Betriebspausen. So wird der Durchfeuchtung entgegengewirkt, ➔ 2.

Dies sind wichtige Voraussetzungen für
- eine optimale Brennereinstellung,
- einen hohen Wirkungsgrad der Feuerstätte,
- geringe Bereitschaftsverluste,
- nicht durchnässte Abgasanlagen (bei feuchteunempfindlichen Anlagen nicht wichtig).

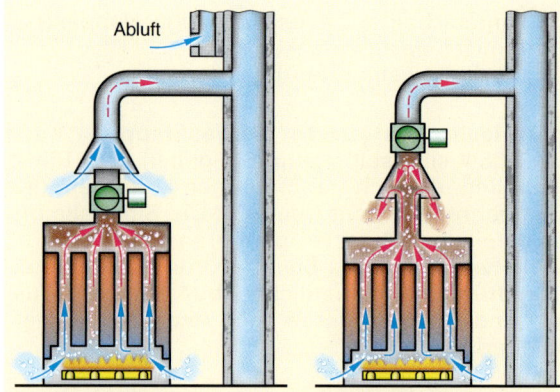

a) In „kalten Räumen" Einbau vor der Strömungssicherung

b) In „warmen Räumen" Einbau nach der Strömungssicherung

1 Motorklappe

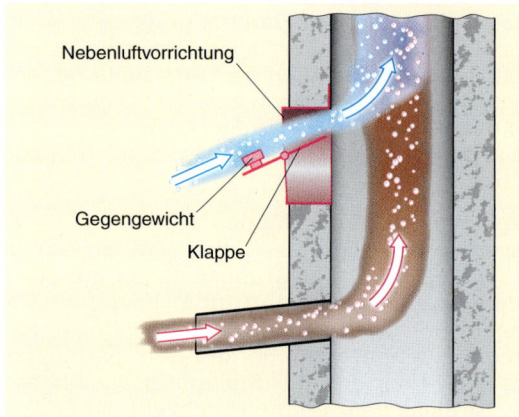

Nebenluftvorrichtung

Gegengewicht

Klappe

2 Durchlüftung der Abgasanlage in Betriebspausen

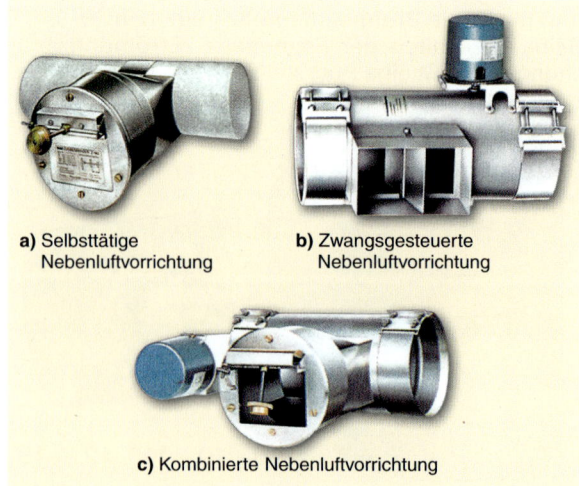

a) Selbsttätige Nebenluftvorrichtung

b) Zwangsgesteuerte Nebenluftvorrichtung

c) Kombinierte Nebenluftvorrichtung

3 Nebenluftvorrichtungen

Es gibt:
- selbsttätige Nebenluftvorrichtungen
- zwangsgesteuerte Nebenluftvorrichtungen
- kombinierte Nebenluftvorrichtungen

Selbsttätige Nebenluftvorrichtungen, Zugbegrenzer genannt, besitzen eine Regelscheibe mit Einstellgewichten (Pendelklappe). Deren Schließkraft wirkt dem thermischen Auftrieb entgegen (Prinzip einer Balkenwaage), ➔ 454.2. Sie halten den thermischen Auftrieb konstant und sorgen – bei genügend „Zug" – für eine Durchlüftung der Abgasanlage in den Betriebspausen, ➔ 454.3a.

Zwangsgesteuerte Nebenluftvorrichtungen (mit Motorantrieb) geben in den Betriebspausen, unabhängig vom Schornsteinzug, eine Öffnung für die Durchlüftung frei, ➔ 454.3b.

Kombinierte Nebenluftvorrichtungen wirken als
• Zugbegrenzer, s. o.,
• zwangsgesteuerte Nebenluftvorrichtung, d. h. sie durchlüften die Abgasanlage; im Bild ➔ 454.3c weist die weit geöffnete Regelscheibe auf hohen thermischen Auftrieb hin.

> Der Einbau einer Nebenluftvorrichtung sollte mit dem Schornsteinfeger abgestimmt werden.

Nebenluftvorrichtungen, ➔ 1, können im Aufstellraum der Feuerstätte oder in angrenzenden Verbrennungsluftverbundräumen
• in die Schornsteinwandung eingebaut werden,
• am Verbindungsstück befestigt werden.

Das Befestigen am Verbindungsstück, kurz vor der Einmündung in die senkrechte Abgasanlage, ist einfach und Zeit sparend. Beide Aufgaben, Trocknen und Zug begrenzen, werden gut erledigt. Der Einbau in eine mehrschalige Abgasanlage ist schwierig und zeitaufwändig.

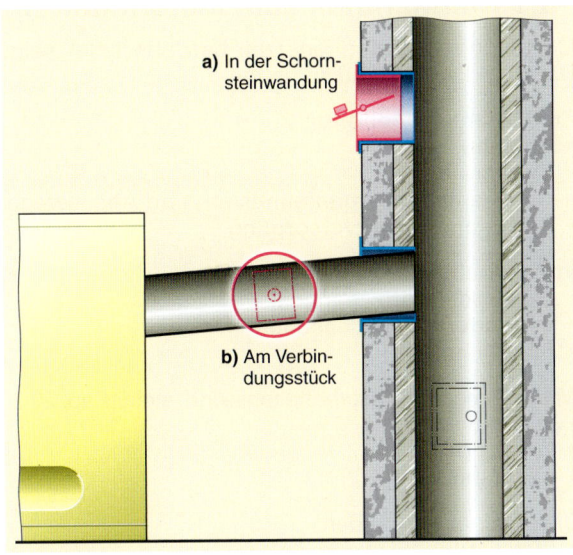

a) In der Schornsteinwandung

b) Am Verbindungsstück

1 Montageplätze für Nebenluftvorrichtungen

Sind Feuerstätten in verschiedenen Räumen an einer gemeinsamen Abgasanlage angeschlossen, ist der Einbau einer Nebenluftvorrichtung nur mit Zustimmung des Schornsteinfegers zulässig.

Um optimale Betriebsbedingungen für die Feuerstätte zu erreichen, ist die Nebenluftvorrichtung nach Herstellerangaben auf den Mindestzugbedarf der Feuerstätte (s. Montageanweisung) einzustellen. Anschließend ist zu prüfen, ob bei bestimmungsgemäßem Betrieb der Feuerstätte der thermische Auftrieb an der Messöffnung kurz hinter der Feuerstätte ausreicht.

Übungen:

1. Worauf ist bei der Planung von Abgasanlagen zu achten?
2. Welche Aufgaben hat eine Abgasanlage zu erfüllen?
3. Nennen Sie Arten von Abgasanlagen und ihre Merkmale.
4. a) Warum erfordern moderne Gasfeuerstätten oft auch neue Abgasanlagen?
   b) Welche Schäden könnten sonst auftreten?
   c) Wie kann man noch abhelfen?
5. a) Wozu dienen Abgasleitungen?
   b) Welche Unterschiede bestehen zu Schornsteinen?
6. a) Was versteht man unter LAS?
   b) Welche Vorteile bietet dieses System?
7. a) Welche Arten von Feuerstätten kann man an die verschiedenen Abgasanlagen anschließen?
   b) Skizzieren Sie den Anschluss von Geräten Art B_{32} und C_{82} an einen Schornstein.
8. Wann benötigt eine Feuerstätte eine eigene Abgasanlage?
9. Wann ist eine gemischt belegte Abgasanlage möglich?
10. Wann können Feuerstätten mit gemeinsamem Verbindungsstück an eine Abgasanlage angeschlossen werden? Nennen Sie mindestens 2 Beispiele.
11. a) Wo sind Reinigungsöffnungen in Schornsteinen,
    b) wo in Abgasanlagen vorgeschrieben?
12. Zeigen Sie anhand von Skizzen, wie Abgasanlage über Dach enden müssen.
13. Welche Aufgabe hat die Strömungssicherung einer Gasfeuerstätte?
14. Wie kommt es zu Rückstrom im Abgasanlage? Was ist zu tun?
15. Welche Gasfeuerstätten haben keine Strömungssicherung?
16. Was versteht man unter „wirksamer Schornsteinhöhe"?
17. Woraus sind Abgasrohre anzufertigen?
18. Wie weit müssen Teile von Abgasanlagen von brennbaren Bauteilen entfernt verlaufen?
19. a) Nennen Sie mögliche Luftzu- und Abgasabführungen für raumluftunabhängige Feuerstätten der Art C.
    b) Welche erheblichen Vorteile bieten diese?
20. Welche Vorteile bieten Abgasklappen? Wann sind sie nötig?
21. a) Wann ist eine Abgasklappe vor der Strömungssicherung sinnvoll?
    b) Welche Bauart muss das sein?
22. Wann ist der Einbau nach der Strömungssicherung richtig?
23. a) Welche Aufgaben erfüllen Nebenluftvorrichtungen?
    b) Wo können sie eingebaut werden?

15

16 Instandhalten von Gasanlagen

16.1 Maßnahmen zum Instandhalten

Gasanlagen müssen jederzeit betriebssicher sein. Dazu sind sie instand zu halten.

Zur Gasanlage gehören:
- Gasleitungen
- Gasgeräte
- Abgasanlage, Verbrennungsluft- und Abgaswege
- Verbrennungsluftversorgung

Instandhalten der Gasanlage
- sichert die Wirtschaftlichkeit,
- verlängert die Lebensdauer,
- gibt Sicherheit.

Maßnahmen des Instandhaltens sind, siehe Kap. 20.2:
- Inspektion
- Wartung
- Instandsetzung

Sie erfolgen durch den:
- Installateur
- Schornsteinfeger (Kaminkehrer)

Wichtig für das Instandhalten einer Gasanlage ist:
- Mängel, die nicht sofort beseitigt werden können, müssen dem Netzbetreiber (NB) gemeldet werden.
- Bei Gefahr drohenden Mängeln muss der NB die Gasanlage „sperren".
- Erst nach der Instandsetzung und Dichtheitsprüfung darf die Anlage wieder betrieben werden.

Die Zeitspanne, in der Inspektionen und Wartungen nötig sind, hängt von den Betriebsbedingungen ab.

Beispiel:
Ein Kombiwasserheizer in einer Küche saugt mit der Verbrennungsluft auch Kochschwaden an. Er muss in kürzeren Zeitabständen gewartet werden als dasselbe Gerät im Flur einer Wohnung.

1 Unzulässig ist es, wenn Gaszähler und Gasarmaturen zugestellt werden

- Leitungsenden vorschriftsmäßig verwahrt sind
- eine andere Nutzung eines Raumes (z. B. Abstellraum wird zur Waschküche) der Gasleitung schaden kann
- alle Absperreinrichtungen zugänglich sind und sich öffnen und schließen lassen, ➔ 1
- Sicherheits-Gasschlauchleitungen ausreichenden Schutz vor Hitze haben

Die **Gebrauchsfähigkeit** ist alle 12 Jahre zu ermitteln. Die Leitungen müssen dicht oder unbeschränkt gebrauchsfähig sein. Leitungen, die unbeschränkt gebrauchsfähig sind (< 1,0 l/h Gasverlust unter Betriebsdruck), sollten jährlich geprüft werden, vgl. Kap. 12.3.8.2.

16.2 Instandhalten der Gasleitungen

Die Betriebssicherheit der Gasanlagen muss nach TRGI 2008 erhalten werden durch:
- jährliche Hausschau (Besichtigung)
- Ermitteln der Gebrauchsfähigkeit: mind. alle 12 Jahre

Eine **Hausschau** sieht vor, dass ein Mal jährlich durch den Hausbesitzer oder durch den Installateur kontrolliert wird, ob:
- Rohrleitungen durch Anhängen von Gegenständen, Befestigen von Wäscheleinen etc. belastet werden
- Korrosion an den Leitungen zu sehen ist
- die Befestigungen der Leitung in Ordnung sind
- Kästen oder Schächte, durch die Gasleitungen laufen, belüftet sind

16.3 Instandhalten von Gasgeräten

Umfang und Anforderungen an die Wartung sind vom Gerätetyp abhängig. Für jeden Gerätetyp ist ein eigener Wartungsplan erforderlich, ➔ 457.1.

Zum **Instandsetzen** von Geräten und zur Fehlersuche bei Störungen ist es unerlässlich, Bauteile und Wirkungsweise von Gasgeräten genau zu kennen. Wertvolle Hilfe leisten dabei Installations- und Bedienungsanleitungen der Geräte. Sie müssen bei Übergabe eines Gerätes dem Nutzer ausgehändigt werden mit der Verpflichtung, diese sorgfältig aufzubewahren.
Im Reparaturfall werden heute meist ganze Baugruppen ausgetauscht, z. B. ein kompletter Wasserschalter statt der einzelnen Membran eines Gas-Durchfluss-Wassererwärmers. Das kommt für den Kunden billiger als langwieriges montieren.

16.4 Instandhalten der Abgasanlagen

Der **Schornsteinfeger** hat nach der Kehr- und Überprüfungsordnung (**KÜO**) der Bundesländer, Abgasanlagen zu inspizieren und zu warten.

Auch der **Installateur** muss die Abgasanlage instand halten, weil er dafür verantwortlich ist.

Für das Instandsetzen der Abgasanlage ist allein der Installateur zuständig.

Das Instandhalten der Abgasanlage
• erhöht die Brandsicherheit
• sichert die Luftzufuhr zur Feuerstätte und den einwandfreien Abzug der Abgase
• dient der Energieeinsparung und dem Umweltschutz, siehe Kap. 15.1.5

Die **Inspektion** der Abgasanlagen umfasst:
• die Kontrolle
• das Messen des Kohlenmonoxidgehalts im Abgas

Der Schornsteinfeger **kontrolliert** die Abgasanlage meist optisch. Dabei prüft er, ob sich Abgasschornsteine, Abgasleitungen und Verbindungsstücke in einwandfreiem Zustand befinden. Er kann zusätzlich den freien Querschnitt der Abgasanlage auch mit dem „Kehrbesen mit Kugel" prüfen.

Die Zeitabstände der Kontrolle sind in den KÜO der einzelnen Bundesländer unterschiedlich geregelt.

Beispiel:
Die KÜO des Landes **Nordrhein-Westfalen** fordert die Kontrolle der Abgasanlagen von:
• Gasgeräten der Arten B_1 und B_2: jährlich
• Gasgeräten der Arten B_3, C_1, C_4, C_6 und C_8: alle zwei Jahre
• Gasgeräten der Arten C_3 und C_5: erstmals nach drei Jahren, dann alle zwei Jahre

In **Bayern** müssen die Abgasanlagen kontrolliert werden von:
• Gasgeräten der Arten B_1, B_2 und B_3: jährlich
• Gasgeräten der Arten C_1, C_3, C_4, C_5, C_6 und C_8: alle zwei Jahre

In **Berlin** sind die Abgaswege aller Gasgeräte jährlich zu kontrollieren.

1. Gerät durch Kunden in Betrieb nehmen lassen, um so mögliche Bedienungsfehler des Kunden zu erkennen.
2. Geräteverkleidung abnehmen.
3. Funktionskontrolle im Beisein des Kunden vornehmen.
4. Wartungshähne, Absperrventil und Gashahn schließen.
5. Brenner ausbauen und reinigen, ➔ 2a.
6. Injektor und Düsen reinigen.
7. Zünd- und Überwachungselektroden reinigen, Thermoelement ggf. erneuern.
8. Wärmetauscher des Gerätes reinigen, optisch prüfen, ➔ 2b.
9. Funktion des Wasserschalters prüfen, wenn nötig reinigen (z. B. Stopfbuchse, Langsamzündventil).
10. Druck des Ausdehnungsgefäßes überprüfen und wenn nötig ergänzen.
11. Gerätebauteile wieder montieren.
12. Wartungshähne, Absperrventil und Gashahn öffnen.
13. Dichtheit der Gas- und Wasseranschlüsse optisch prüfen; Gasweg bis zum Gasregelblock mit Prüfschaum kontrollieren.
14. Gerät in Betrieb nehmen.
15. Verbindungen im Gasweg nach dem Gasregelblock (Brennerverschraubung) mit Schaum bildenden Mitteln kontrollieren.
16. Gaseinstellung des Gerätes überprüfen.
17. Taupunktspiegelkontrolle durchführen.
18. Funktion der Abgasüberwachungseinrichtung prüfen.
19. Funktion aller Schaltteile, wie Zündsicherung, Wasserschalter, Vorlaufweiche, Raumthermostat, prüfen.
20. Temperatur des Warmwassers prüfen.
21. CO-Gehalt messen und Abgasverlust berechnen[1]; die Messung des Schornsteinfegers wird dadurch nicht ersetzt.
22. Verbrennungsluftwege zum Gerät prüfen (Größe und freier Querschnitt der Lüftungsöffnungen).
23. Ausgeführte Arbeiten, Messwerte und Zustand der Verbrennungsluftwege protokollieren.
24. Ausgeführte Arbeiten dem Kunden erläutern; Gerät betriebsbereit übergeben.
25. Protokoll vom Kunden unterschreiben lassen.

---

[1] Die Abgasverlustmessung wird an Gasgeräten mit maximal 11 kW Heizleistung bzw. mit maximal 28 kW Warmwasserleistung nach BImSchV nicht wiederkehrend verlangt.
Nach einer Wartung ist der Abgasverlust aber eine zusätzliche Kontrolle dafür, ob das Gerät einwandfrei arbeitet.

1 Wartungsplan für einen Kombiwasserheizer Art B_{11BS} (Beispiel)

a) Brenner reinigen   b) Wärmetauscher reinigen

2 Wartung von Gasgeräten

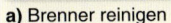

[1] Ausgenommen: Gasraumheizer der Geräteart C_{11}

16

Das **Messen des Kohlenmonoxidgehalts** im Abgas wird in den Bundesländern unterschiedlich verlangt.

Eine **Wartung** der Abgasanlage umfasst die Reinigung der:
- Verbindungsstücke
- Abgasleitungen bzw. der Schornsteine

Nach Inspektion und Wartung durch den Schornsteinfeger muss auf Grund seines Mängelberichtes der Installateur während einer bestimmten Frist die Anlage instand setzen.

Der Schornsteinfeger prüft nach. Er selbst darf aber keine Arbeiten ausführen, die er zu kontrollieren hat.

Zur Abgasanlage gehören auch die Verbrennungsluft- und Abgaswege der Feuerstätten.
Sie sind meist nur zu inspizieren, evtl. zu reinigen.

Instandsetzungen sind eventuell nötig an:
- Verbindungsstücken
- Abgasklappen
- Nebenluftvorrichtungen

An **Verbindungsstücken** sind es meist Korrosionsschäden oder eigenmächtige Veränderungen durch den Nutzer. So kommt es vor, dass dieser bei Renovierungen ein Verbindungsstück abbaut und nicht wieder fachgerecht einbaut.

An **Abgasklappen** oder **Nebenluftvorrichtungen** können mechanische Schäden auftreten, die dann meist einen Austausch erfordern.

Folgendes Problem ist häufig anzutreffen:
Der Laie stellt keinen Zusammenhang zwischen einem Lüftungsschlitz in der Zimmertür und dem sicheren Betrieb des Gasgerätes in seiner Wohnung her. Oft unbeabsichtigt oder gedankenlos wird eine intakte Verbrennungsluftversorgung beeinträchtigt oder sogar aufgehoben.

Beispiel:
- Lüftungsschlitze werden verklebt und abgedichtet, um Zugerscheinungen oder Geruchsbelästigungen zu beseitigen.
- Einer gekürzten Zimmertür wird ein dicker Teppich vorgelegt.
- Eine neue Einbauküche erhält einen Dunstabzug, der dem Gasgerät die Luft „wegzieht".

Der Zustand der Verbrennungsluftwege ist deshalb nach Arbeiten an der Gasanlage zu kontrollieren bei:
- jeder Geräte-Wiederinbetriebnahme
- Gasgerätewartung

Aber auch der Installateur sollte bei jeder Arbeit in Wohnungen von Kunden ein wachsames Auge für derartige Veränderungen haben.

16.5 Protokoll der Maßnahmen zum Instandhalten

Alle Instandhaltungsmaßnahmen sind zu protokollieren.

Das Protokoll, → 378.1, dient als:
- Nachweis für die ausgeführten Arbeiten und für die betriebsbereite Übergabe der Anlage
- Beschreibung des Anlagenzustandes

Im Schadensfall muss der Installateur beweisen können, was er an der Gasanlage gemacht hat. Es könnte ein Nichtfachmann Änderungen an der Anlage vorgenommen haben, die zu Schäden führten.

Deshalb muss der Kunde oder der Mieter der Wohnung, in der gearbeitet wurde, das Protokoll gegenzeichnen.

Zusätzlich sollte Gaszählernummer und Zählerstand vermerkt werden. Der NB kann mit seiner EDV feststellen, ob der im Protokoll angegebene Gasverbrauch zum Datum passt. Selbst wenn der Kunde ein Protokoll nicht unterschrieben hat, kann so bewiesen werden, dass das Protokoll nicht erst nachträglich ausgefüllt wurde.

Dem Kunden dient das Protokoll als Beweis, seine vertraglichen Pflichten erfüllt zu haben, denn im Netzanschlussvertrag ist festgelegt, dass der Kunde dafür zu sorgen hat, dass seine Gasinstallation sich immer in einem ordnungsgemäßen Zustand befindet.

Übungen:

1. Warum müssen Gasanlagen instand gehalten werden?
2. Welche Maßnahmen gehören zur Instandhaltung bei allen Anlagen im Haus?
3. a) In welchen Fällen übernimmt der Schornsteinfeger die Instandhaltung der Gasanlage?
   b) Was darf er dabei nicht tun?
4. Kunden klagen oft über hohe Instandhaltungskosten. Welche Vorteile haben sie von der Instandhaltung?
5. Was kontrolliert der Installateur bei der Hausschau bei Gasanlagen?
6. Was benötigt der Installateur zur Wartung und Instandsetzung von Gasgeräten?
7. Welche Teile der Abgasanlage müssen ab und zu instand gesetzt werden?
8. Worauf sollte der Installateur in einer Wohnung immer achten?
9. a) Warum ist nach einer Instandhaltungsmaßnahme immer ein Protokoll auszustellen?
   b) Warum soll der Nutzer gegenzeichnen?

16

17 Wassererwärmung

17.1 Vorschriften zur Wassererwärmung

Warmwasser zu jeder Tageszeit an vielen Entnahmestellen in Wohnungen, Krankenhäusern, Wohnheimen, Büros, Betrieben u. Ä. ist heute selbstverständlich.

Das Warmwasser muss, ➔ 1:
- in ausreichender Menge vorhanden sein,
- die nötige Temperatur besitzen,
- jederzeit verfügbar sein.

Da mit der Wassererwärmung technische, ökologische, wirtschaftliche und gesundheitliche Probleme verknüpft sind, gibt es dafür zahlreiche Vorschriften:
- Energieeinsparverordnung (EnEV), in Kraft seit 1.2.2002,
- DIN 1988 bzw. DIN EN 806 – *Technische Regeln für Trinkwasserinstallationen*,
- DIN 4753 – *Wassererwärmer und Wassererwärmungsanlagen für Trink- und Betriebswasser*,
- DIN 4708 – *Zentrale Wassererwärmungsanlagen – Regeln zur Ermittlung des Wärmebedarfs zu Erwärmung von Trinkwasser in Wohnbauten*,
- DVGW-Arbeitsblätter W 551, W 552 – *Technische Maßnahmen zur Verhinderung des Legionellenwachstums in Trinkwasser-Erwärmungsanlagen*,
- DIN- und DIN-EN-Normen für spezielle Wassererwärmer.

Leider (und nicht verständlich) sind die Normen für spezielle Wassererwärmer nicht immer auf die grundlegende DIN 4753 – *Wassererwärmungsanlagen* – abgestimmt. So gibt es in einzelnen Normen – und auch bei Herstellern – unterschiedliche Begriffe für gleichartige Geräte.

Beispiel:
Nach DIN 4753 wird Wasser im **Speicher-** oder im **Durchfluss**-System **erwärmt**.
Trotzdem gibt es in manchen Normen **Vorrats-** und **Durchlauf-Wasserheizer**

In diesem Buch werden stets die Bezeichnungen nach DIN 4753 verwendet, wie:
- Speicher-Wassererwärmer
- Durchfluss-Wassererwärmer

Beim Bau der Anlagen ist zu unterscheiden, ob die Wassererwärmer eingesetzt werden:
- für Trinkwasser nach DIN 1988,
- für Betriebswasser.

Da bei Gerätebeschreibungen im Buch nicht vorhersehbar ist, ob Trinkwasser oder Betriebswasser zu erwärmen ist, wird grundsätzlich von Wassererwärmern (WE) gesprochen, vgl. DIN 4753, Ziff. 2 Begriffe. Nur wenn es speziell um Trinkwasser geht, z. B. aus gesundheitlichen Gründen, wird genau unterschieden.

Im Buchtext werden bei Abkürzungen die in ➔ 2 angegebenen Buchstabenkombinationen verwendet.

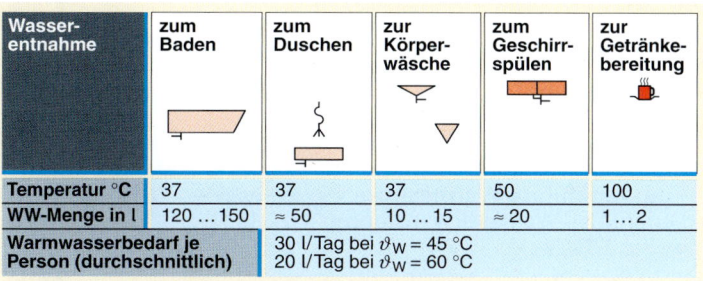

Wasser-entnahme	zum Baden	zum Duschen	zur Körper-wäsche	zum Geschirr-spülen	zur Getränke-bereitung
Temperatur °C	37	37	37	50	100
WW-Menge in l	120 …150	≈ 50	10 …15	≈ 20	1 …2
Warmwasserbedarf je Person (durchschnittlich)	30 l/Tag bei ϑ_W = 45 °C 20 l/Tag bei ϑ_W = 60 °C				

1 Wasserbedarf und Wassertemperaturen im Haushalt

KW	Kaltwasser	kaltes Trinkwasser nach DIN 2000
WW	Warmwasser	erwärmtes Trinkwasser bis 95 °C
KoW	Kochendwasser	siedendes Wasser > 95 °C
HW	Heizwasser	Wasser in Heizungsanlagen, zur indirekten Erwärmung von Wasser
WE		Wassererwärmer allgemein
WEA		Wassererwärmungsanlage

Energieart		Erwärmsystem		Wassererwärmer
E	Elektro	D	Durchfluss	W Trinkwasser
G	Gas	S	Speicher	
Ö	Öl	DS	Durchflussspeicher	

Beispiele:
GDW Gas-Durchfluss-Wassererwärmer
ESW Elektro-Speicher-Wassererwärmer
EDS Elektro-Durchflussspeicher

2 Im Buch verwendete Abkürzungen für Wasser und detailliert für Wassererwärmer

17.2 Unterscheidungsmerkmale von Wassererwärmern bzw. Wasererwärmungsanlagen

Das Kapitel 17.2 gibt eine Übersicht über die verschiedenen Wasserwärmer. Die einzelnen Arten werden in den Kapiteln 17.4 und 17.5 näher beschrieben.

Wassererwärmer (**WE**) und Wassererwärmungsanlagen (**WE-Anlagen**) werden nach verschiedenen Gesichtspunkten eingeteilt:
- Größe der Anlagen
- Bauweise der Wassererwärmer
- Versorgung der Entnahmestellen

17.2.1 Größe von WE-Anlagen

Bei Wassererwärmungsanlagen werden unterschieden:
- Anlagengröße nach DIN 4753
- Anlagengröße nach DVGW-Arbeitsblatt W 551

17.2.1.1 WE-Anlagen nach DIN 4753

In DIN 4753 wird geregelt, wie WE-Anlagen gegen hohe Temperaturen und gegen Überdruck abzusichern sind, ➔ 467.1.

17

Unterschieden werden 2 Gruppen, ➔ 1:
- Gruppe I
- Gruppe II

Gruppe I umfasst:
- Speicher-Wassererwärmer, bei denen
  - das Produkt aus zulässigem Betriebsdruck p in bar und Nenninhalt V in l ($p \cdot V$) ≤ 300 ist und
  - der zugeführte Wärmestrom Φ_{zu} ≤ 10 kW
- Durchfluss-Wassererwärmer mit V ≤ 15 l und Φ_{zu} ≤ 50 kW

Gruppe II umfasst alle übrigen Anlagen.

17.2.1.2 WE-Anlagen nach DVGW-Arbeitsblatt W 551

Das DVGW-Arbeitsblatt W 551 beschreibt Maßnahmen, um das Legionellenwachstum in Trinkwasser-Erwärmungsanlagen zu mindern.

Es unterteilt in:
- Kleinanlagen
- Großanlagen

Kleinanlagen sind Anlagen mit Speicher- oder zentralen Durchfluss-Wassererwärmern
- in Ein- oder Zweifamilienhäusern,
- Anlagen mit Speicher-WE V ≤ 400 l Inhalt **oder** einem Inhalt V ≤ 3 l in jedem Rohrstrang zwischen Abgang WE und (entfernkester) Entnahmestelle.

Unter **Großanlagen** fallen alle übrigen WE-Anlagen; in Großanlagen mit ihren großen wasserbenetzten Oberflächen können leicht Legionellen siedeln.

17.2.2 Einteilung der Wassererwärmer nach Bauart

Die Bauart von Wassererwärmern (WE) richtet sich
- nach der Wärmeabgabe, Kap. 17.2.2.1
- nach dem Innendruck, Kap. 17.2.2.2
- nach der Wasserbevorratung, Kap. 17.2.2.3

17.2.2.1 Wassererwärmer nach der Wärmeabgabe

Nach **der Wärmeabgabe** an das Wasser unterscheidet man:
- direkte Wassererwärmung
- indirekte Wassererwärmung

Direkt (**unmittelbar**, ohne Zwischenschalten eines Mittels) erwärmt wird das Wasser, wenn feste, flüssige, gasförmige Brennstoffe oder elektrischer Strom ihre Wärmeenergie vom Brennraum durch die Behälterwand direkt an das zu erwärmende Wasser abgeben, ➔ 2a.

Direkt beheizte WE werden eingeteilt in:
- Speicher-Wassererwärmer
- Durchfluss-Wassererwärmer

Direkt beheizte WE verwendet man vor allem für die Einzel- und Gruppenversorgung von Entnahmestellen wie Waschtisch, Spüle, Dusche, Badewanne. Nur selten setzt man sie zur Zentralver-

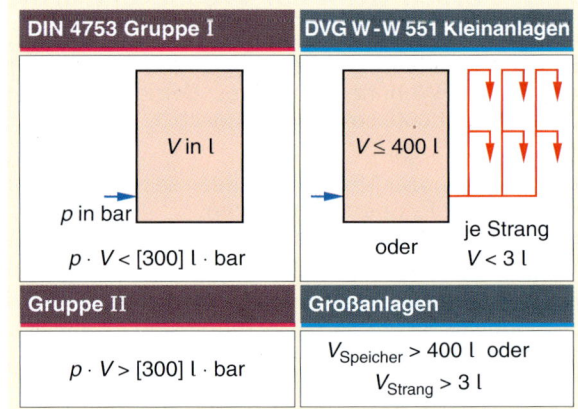

1 Einteilung von Wassererwärmungsanlagen nach DIN 4753 und DVGW-Arbeitsblatt W 551

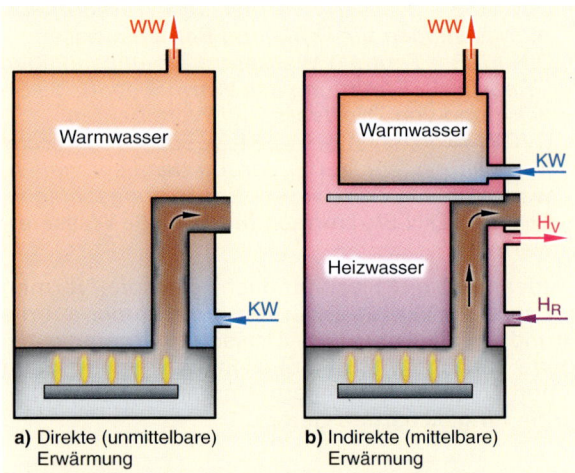

a) Direkte (unmittelbare) Erwärmung   **b)** Indirekte (mittelbare) Erwärmung

2 Direkte und indirekte Erwärmung von Trinkwasser

sorgung von Einfamilienhäusern, dann meist als Gas-Speicher-Wassererwärmer.

Indirekt (**mittelbar**) erwärmt wird Wasser, wenn durch die Wärme eines Brennstoffes, wie Gas, Heizöl, durch elektrischen Strom, Sonnenstrahlen o. Ä., erst ein so genannter Wärmeträger (früher Heizmittel) wie Heizwasser oder das Arbeitsmittel einer Solaranlage, erwärmt wird. Die dann im Wärmeträger gespeicherte Wärme wird in einem Wärmeübertrager (Wärmetauscher) an Trinkwasser abgegeben. Als Wärmetauscher dienen Rohrwendel oder Plattenwärmetauscher, ➔ 486.1, 487.1

Indirekt erwärmt wird Warmwasser:
- in Speicher-Wassererwärmern (SWE), ➔ 487.1
- in Wärmeübertragern (Wärmetauschern) im Durchflusssystem, ➔ 487.1, 487.2
- im Speicher-Ladesystem

Der allgemein gebräuchliche Begriff „**Wärmetauscher**" wird künftig verwendet, statt des normgerechten „Wärmeübertrager", um Verwechslungen mit „Wärmeträger" auszuschließen.

17

17.2.2.2 Wassererwärmer nach Innendruck

Nach dem Druck im Wassererwärmer unterscheidet man:
• offene Wassererwärmer
• geschlossene Wassererwärmer

Offene WE stehen über eine offene Leitung ständig mit der Atmosphäre in Verbindung. Diese Leitung ist nicht absperrbar. Über sie fließt auch das beim Erwärmen sich ausdehnende Wasser ab, sodass kein Sicherheitsventil nötig ist. Sie stehen nicht unter dem Druck der KW-Zuleitung. Deshalb wurden sie früher **drucklose WE** genannt.

Offene SWE funktionieren nach dem **Überlaufprinzip**. Das bedeutet: Wenn Kaltwasser in den gefüllten Behälter strömt, läuft Warmwasser über den stets offenen Auslauf heraus, ➔ 1.

Offene Wassererwärmer können nur eine Entnahmestelle versorgen. Zur Wasserentnahme sind Spezialarmaturen, so genannte Überlaufbatterien, erforderlich, ➔ 471.2.

Geschlossene WE, früher **druckfeste WE** genannt, stehen unter dem Druck der KW-Leitung, ➔ 2. Damit das beim Erwärmen sich ausdehnende Wasser keinen Druckanstieg erzeugt, muss es über ein Sicherheitsventil abfließen.

17.2.2.3 Wassererwärmer nach Wasservorrat

Nach der Wasserbevorratung unterteilt man:
• Speicher-Wassererwärmer
• Durchfluss-Wassererwärmer
• Speicher-Ladesystem

Speicher-Wassererwärmer

In Speicher-Wassererwärmern (**SWE**) wird Wasser vor der Entnahme erwärmt und auf Vorrat gehalten, ➔ 2, 463.2.

Vorteilhaft bei SWE ist, dass man entnehmen kann:
• große Volumenströme
• mit hoher Temperatur
• und hohem Druck – ausgenommen bei offenen SWE

Entnahmemenge und Erwärmzeit bei SWE sind abhängig, ➔ 462.1:
• vom Volumen des Speichers,
• von der gewählten Speicherwassertemperatur,
• von der Wärmeleistung des Speichers bzw. der Wärmezufuhr.

Das **Volumen eines Speichers** wird nach Art und Zahl der Entnahmestellen bestimmt. Es soll nicht zu groß gewählt werden, denn beim Speichern von Warmwasser über lange Zeiträume gibt es Wärmeverluste, sog. **Betriebsbereitschaftsverluste**. Diese können eingeschränkt werden durch:
• geringe Speichergröße,
• gute Wärmedämmung des Speichers,
• niedrige Speicherwassertemperatur.

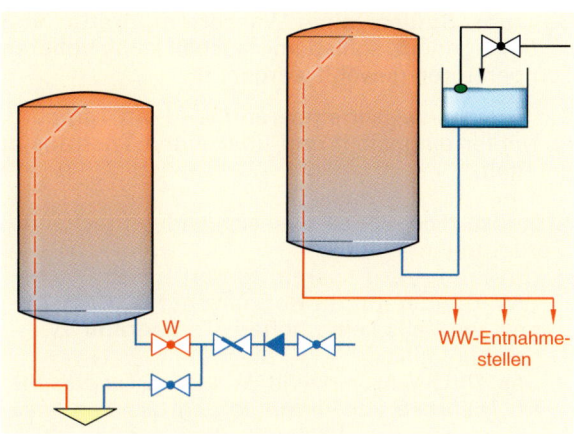

1 Offener (druckloser) Wassererwärmer

WW-Entnahmestellen

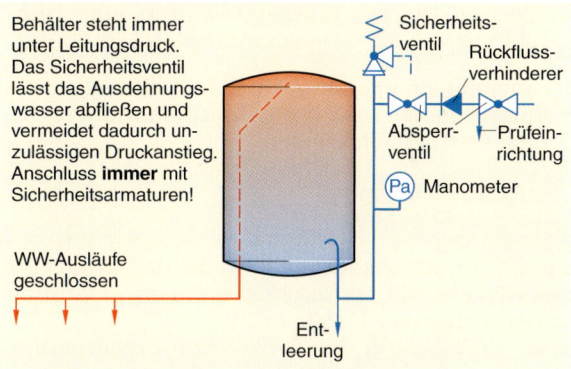

Behälter steht immer unter Leitungsdruck. Das Sicherheitsventil lässt das Ausdehnungswasser abfließen und vermeidet dadurch unzulässigen Druckanstieg. Anschluss **immer** mit Sicherheitsarmaturen!

Sicherheitsventil
Rückflussverhinderer
Absperrventil
Prüfeinrichtung
(Pa) Manometer

WW-Ausläufe geschlossen

Entleerung

2 Geschlossener (druckfester) Wassererwärmer

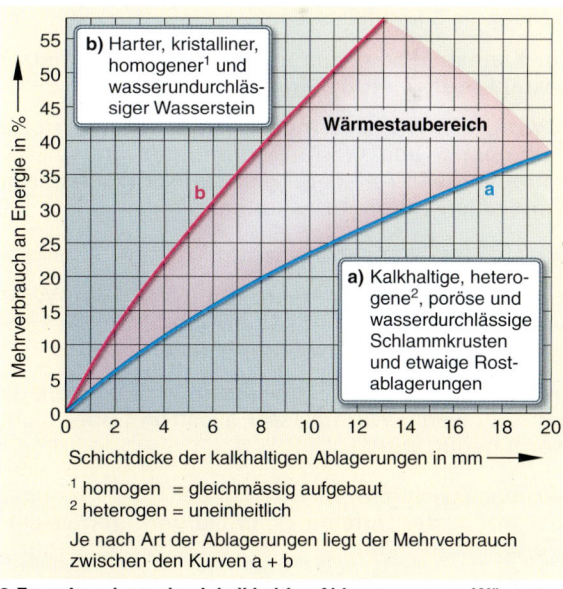

b) Harter, kristalliner, homogener[1] und wasserundurchlässiger Wasserstein

Wärmestaubereich

b

a

a) Kalkhaltige, heterogene[2], poröse und wasserdurchlässige Schlammkrusten und etwaige Rostablagerungen

Mehrverbrauch an Energie in %

Schichtdicke der kalkhaltigen Ablagerungen in mm

[1] homogen = gleichmässig aufgebaut
[2] heterogen = uneinheitlich

Je nach Art der Ablagerungen liegt der Mehrverbrauch zwischen den Kurven a + b

3 Energieverluste durch kalkhaltige Ablagerungen an Wärmetauscherflächen

Niedrige **Speicherwassertemperaturen**
• mindern bei hartem Wasser Kalkbeläge im Speicher,
• dienen dem Energiesparen.

Schon dünne Kalkbeläge in Wassererwärmern bedeuten höheren Energieverbrauch, ➔ 3.

17

Da zum Spülen eine Wassertemperatur von ca. 50 °C genügt, sollten im Haushalt keine höheren Temperaturen gewählt werden, → 1.

Die Speicherwassertemperatur wird am Temperaturwähler eingestellt und über einen Thermostat geregelt.

Grundsätzlich gibt es zwei sich widersprechende Forderungen:
- Um Energie zu sparen, fordert die EnEV, die WW-Temperatur im Rohrnetz auf 60 °C zu begrenzen, falls keine höhere Temperatur zwingend nötig ist.
- Das DVGW-Arbeitsblatt W 551 – *Technische Maßnahmen zur Verminderung des Legionellenwachstums* – verlangt, dass zumindest in Großanlagen (Einteilung s. Kap. 17.2.2) am WW-Austritt des Wassererwärmers eine Temperatur von 60 °C gehalten werden kann[1].

Es entsteht ein Interessenkonflikt zwischen
- Energiesparen bzw. Korrosionsgefahr und
- dem Gesundheitsschutz.

Grundsätzlich gilt:
Gesundheit geht vor.

Zum **Gesundheitsschutz** schreibt das DVGW-Arbeitsblatt W 551 vorgeschrieben, dass in Großanlagen, siehe Kap. 17.2.2,
- am WW-Austritt des Trinkwasser-Erwärmers eine Temperatur von 60 °C einzuhalten ist,
- im Zirkulationssystem die Temperatur nicht mehr als 5 K abfallen darf.

Für Kleinanlagen (keine ausgedehnten Rohrnetze) besteht kaum eine Gefahr.

SWE für Trinkwasser müssen ausreichend große Reinigungs- und Wartungsöffnungen aufweisen, um eventuelle Ablagerungen als Nährboden von Legionellen entfernen zu können.

Durchfluss-Wassererwärmer

In Durchfluss-Wassererwärmern (**DWE**) wird Wasser während des Durchfließens erwärmt. Sie können unbegrenzt Warmwasser liefern.

DWE müssen große Wärmeleistungen abgeben, da sonst zu wenig Warmwasser ausströmt oder nicht warm genug wird.

Grundsätzlich gilt:
Je größer der Durchfluss, umso geringer ist die Temperaturerhöhung.

DWE gibt es nur in geschlossener Bauart als:
- direkt beheizte DWE, wie
  - Elektro-DWE
  - Gas-DWE
- indirekt beheizte DWE

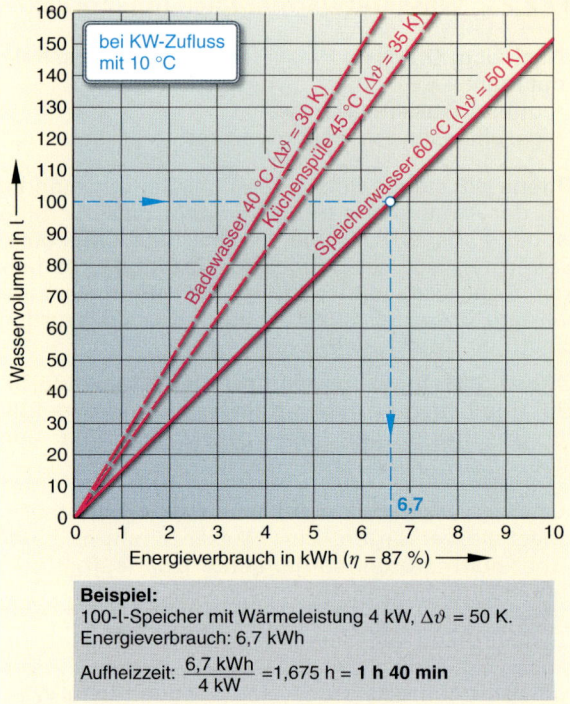

Beispiel:
100-l-Speicher mit Wärmeleistung 4 kW, $\Delta\vartheta$ = 50 K.
Energieverbrauch: 6,7 kWh

Aufheizzeit: $\dfrac{6,7 \text{ kWh}}{4 \text{ kW}}$ =1,675 h = **1 h 40 min**

1 Energieverbrauch bei der Wassererwärmung
(Wirkungsgrad η = 87 %)

Elektro-DWE können zwar im kleinsten Raum angeschlossen werden, erfordern aber große Querschnitte der Stromleitungen. In Altstadtgebieten ist dies oft kaum möglich. Der Anschluss elektrischer DWE muss vom Stromversorgungsunternehmen u. U. eigens genehmigt werden. Hohe Grundgebühren können monatlich anfallen.

Faustregel:
Ein Elektro-DWE (η ca. 95 %) liefert bei $\Delta\vartheta$ = 28 K etwa 0,5 l/min Wasser je kW Wärmeleistung.

Weitere Informationen zu Elektro-DWE siehe Kap. 17.4.3.2.

Bei **Gas-DWE** (GDW) in Wohnungen ist der große Verbrennungsluftbedarf problematisch. Er ist in kleinen Räumen wie Küche oder Bad nur über Raumverbund zu erreichen. Die dafür nötigen Lüftungsöffnungen in den Türen (Geräusch- und Geruchsübertragung) werden gescheut.

GDW werden meist ersetzt durch:
- zentrale Wassererwärmer,
- SWE + raumluftunabhängige Umlaufwasserheizer

Neue Geräte dienen nur noch dem Ersatzbedarf in älteren Wohnungen.

Weitere Informationen zu Gas-DWE finden Sie in Kap. 17.4.3.4.

---

[1] Unter Berücksichtigung der Schaltdifferenz des Reglers darf eine Temperatur von 55 °C nicht unterschritten werden

Indirekt beheizte DWE sind vorteilhaft,

- wenn Wasser andauernd erwärmt wird, z. B. bei Schwimmbecken,
- wenn Heizwasser, Fernwärme, Abdampf oder heißes Wasser aus anderen Energieprozessen zur Verfügung steht.
- zum Mindern der Legionellengefahr.

> Indirekt beheizte DWE mit geringer Leistung in Wohnungen, wie Kombiwasserheizer, sollten durch SWE ersetzt werden, denn
> - sie bieten wenig Komfort,
> - ihre Verbrennung kann umweltbelastend sein.

Wenig Komfort bietet z. B. ein Kombiwasserheizer mit 18 kW Wärmeleistung. Er erwärmt nur ca. 9 l/min Wasser um 28 K. Wird während des Duschens noch andernorts Wasser entnommen, teilen sich die 9 l/min noch auf.

Die **Verbrennung belastet die Umwelt**, weil bei geringster Warmwasserentnahme der Brenner des Heizgerätes anspringt und nur kurz läuft. Dabei
- wird viel Energie verbraucht,
- stauen sich Abgase, da es an Auftrieb fehlt,
- lagern sich Schmutzteilchen ab.

Solch kurze Laufzeiten wirken wie viele Kaltstarts mit dem Auto im Stadtverkehr.

Weitere Informationen zu indirekt beheizten DWE finden Sie im Kap. 17.5.4.

Speicher-Ladesystem

Das Speicher-Ladesystem ist eine Kombination von Speicher- und Durchfluss-System:
Das Wasser wird im Durchfluss erwärmt und mithilfe einer Pumpe in einen (Puffer-)Speicher gefördert und dort bevorratet, ➜ 1.

Das Sicherheitsventil sitzt über Oberkante des WE, damit dieser bei einer Reparatur des SV nicht entleert werden muss. Die KW-Leitung zum SV als Schleife wird so zum Schutz gegen Legionellen immer durchspült.

Der Speicher selbst wird nicht beheizt. Er wird auch als **Pufferspeicher** bezeichnet. Sein Inhalt wird von oben nach unten erwärmt („aufgeladen"), sodass unmittelbar nach Heizbeginn schon WW zur Verfügung steht, s. Kap. 17.5.3.3.

Bild ➜ 2 fasst Merkmale von Speicher-, Durchfluss-Wassererwärmern oder solchen mit Speicher-Ladesystem zusammen.

17.2.3 Beheizung der Wassererwärmer

Direkt beheizte Wassererwärmer werden beheizt mit
- Gas
- Heizöl
- festen Brennstoffen
- elektrischem Strom

Diese Brennstoffe stehen heute praktisch überall zur Verfügung.

> Wärmeträger für die **indirekte Erwärmung** sind:
> - Heizwasser oder Dampf aus Heizkesseln
> - Heizwasser aus Fernwärmeanlagen
> - Wasserdampf
> - Abgase
> - Arbeitsmittel von Solaranlagen oder Wärmepumpen

Heizwasser aus
- Heizkesseln oder Umlaufwasserheizern für die Zentralheizung ist häufig vorhanden, außer in abgelegenen Wochenendhäusern u. Ä.,
- Fernwärmekraftwerken, Müllverbrennungs- oder Industrieanlagen wird zum Teil über verzweigte Rohrnetze angeboten.

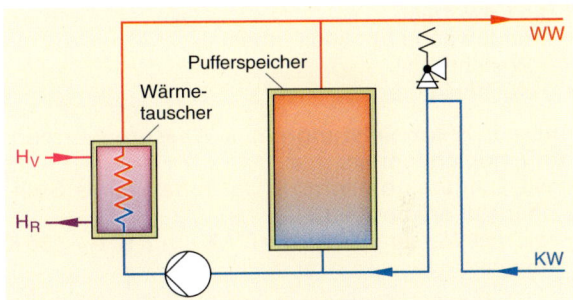

1 Speicher-Ladesystem (ohne Absperrorgane dargestellt)

Merkmale	Speichersystem	Durchflusssystem	Speicher-Ladesystem
Funktionsprinzip			
zugeführter Wärmestrom	gering	groß	groß
Entnahmestrom	groß	begrenzt	groß
Aufheizzeit	je nach Wärmeleistung	sofort	sehr schnell
höchste Auslauftemperatur	max. 80 °C, je nach Speichertemperatur	max. 60 °C, abhängig vom Durchfluss	max. 60 °C, je nach Speichertemperatur
Entnahmemenge	begrenzt je nach Speichervolumen	unbegrenzt	fast unbegrenzt
Fülldauer in min für 1 Badewanne	5 … 7	15 … 20	5 … 7
Bereitschaftswärmeverluste: • ohne Wärmedämmung • mit Wärmedämmung	sehr groß gering	praktisch keine	– gering

2 Unterschiede: Speichersystem, Durchflusssystem und Speicher-Ladesystem

17

Wasserdampf und **Abgase** fallen in manchen Betrieben an und eignen sich wie Heizwasser gut zur Wassererwärmung.

Arbeitsmittel von Solaranlagen oder Wärmepumpen nutzen erneuerbare Energien:
- In Solaranlagen wird die Strahlungswärme der Sonne direkt genutzt.
- Wärmepumpen nutzen
  - in Wasser, Luft oder in oberen Erdschichten gespeicherte Sonnenwärme,
  - geothermische Energie aus tieferen Erdschichten.

Die Wärme des Wärmeträgers geht im Wärmetauscher auf Trink-, Betriebs- oder Schwimmbadwasser über.

> Die Größe und die Erwärmungsdauer von Wasserwärmern werden bestimmt durch deren:
> - Leistungskennzahl
> - Wärmeleistung

Die **Leistungskennzahl** N_L eines Wasserwärmer gibt an, wieviele sog. Einheitswohnungen nach DIN 4708-1 er versorgen kann.

> **Beispiel:**
> N_L = 3,9 bedeutet, dass knapp 4 Einheitswohnungen versorgt werden können.

Eine **Einheitswohnung nach DIN 4708-1** umfasst:
- 3,5 Bewohner
- 1 Badewanne mit 140 l Inhalt
- 1 Waschtisch
- 1 Küchenspüle

Aus der **Wärmeleistung** eines Wasserwärmers kann man errechnen,
- wie lange es dauert, bis der Inhalt eines Speicher-WE erwärmt ist,
- wie viel Wasser in l/min ein DWE um z. B. $\Delta\theta = 30$ K erwärmt.

Über relativ große Wärmeleistungen verfügen
- mit Gas direkt beheizte SWE,
- indirekt erwärmte SWE und DWE.

Relativ lange dauert das Erwärmen elektrischer SWE ab 80 l Inhalt mit Wechselstrom, da deren Leistung maximal 4 kW beträgt, → 471.1.

17.2.4 Wassererwärmer und Entnahmestellen

> Man unterscheidet je nach Anzahl der Entnahmestellen:
> - Wassererwärmer für Einzelversorgung
> - Wassererwärmer für Gruppenversorgung
> - Wassererwärmer für zentrale Versorgung

Bei der **Einzelversorgung**, → 1, hat jede Entnahmestelle einen eigenen WE. Dafür können auch offene WE eingesetzt werden. Da praktisch keine WW-Leitungen verlegt werden, ist die Installation einfach.

Einzel-WE haben meist einen günstigen Gesamtwirkungsgrad, da es keine Wärmeverluste in Warm-

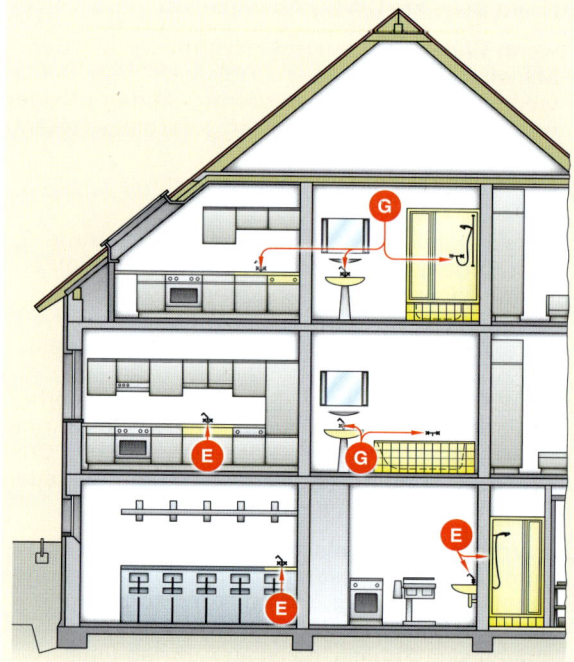

1 Einzel- (E) und Gruppenversorgung (G)

wasserleitungen gibt. Jedoch sind Anschaffungs- und Wartungskosten hoch, wenn viele Geräten in einem Gebäude installiert werden.

Gruppenversorgung liegt vor, wenn in einer Versorgungseinheit, z. B. eine Wohnung, mehrere Entnahmestellen von einem Wassererwärmer versorgt werden, → 1.
Die WW-Leitungen sollen möglichst kurz sein und geringe Nennweite haben. Der WE ist möglichst nahe der Entnahmestelle zu montieren, an der häufig, aber immer nur wenig Wasser entnommen wird, z. B. Waschtisch, Spüle.

Bei der **zentralen Versorgung**, → 465.1, erhalten alle Entnahmestellen eines Gebäudes das Warmwasser von einem Wassererwärmer über ein WW-Leitungssystem.

> Der Wassererwärmer einer zentralen Versorgung kann beheizt werden:
> - direkt
> - indirekt

Bei kleineren, gasbeheizten Anlagen wie in Einfamilienhäusern wird häufig das Trinkwasser **direkt** in einem mit Gas beheiztem SWE erwärmt, unabhängig von der Heizungsanlage.

Indirekt erwärmt wird ein zentraler Wassererwärmer z. B. durch einen Heizkessel, eine Solaranlage.

> Um die Wärmeverluste in den Rohrleitungen gering zu halten, sind diese entsprechend der EnEV sorgfältig gegen Wärmeverluste zu dämmen, → 151.3.

17.3 Anschluss der Wassererwärmer an die Kaltwasserleitung

17.3.1 Anschluss offener Wassererwärmer

Vor offenen Wassererwärmern sind in Fließrichtung einzubauen, → 461.1:
- 1 Absperrventil,
- 1 Rückflussverhinderer bei Behältern > 10 l,
- 1 Drosseleinrichtung (einstellbar oder mit Festbohrung).

Die Drosseleinrichtung bewirkt, dass das Verbindungsrohr mit der Atmosphäre, meist der WW-Auslauf, im Querschnitt größer als der Zufluss ist. Dadurch wird verhindert, dass im Behälter ein Staudruck > 1 bar auftritt.

Hat die Auslaufbatterie einen Brauseanschluss, wie bei Kohlebadeöfen oder Elektro-SWE mit 30 l bis 100 l Inhalt, könnte Stau im Brauseweg entstehen. Deshalb muss der
- Brauseschlauch-Innendurchmesser ≥ 12 mm,
- Brauseschlauch metallummantelt sein,
- Brausekopf für offene WE geeignet sein, d. h. er muss entsprechend große Bohrungen und einen gelochten oder gewellten Rand haben, damit z. B. beim Zuhalten Wasser nicht gestaut wird.

17.3.2 Anschluss geschlossener Wassererwärmer

Zur Versorgung mehrerer Entnahmestellen benötigt man geschlossene (druckfeste) Wassererwärmer. Zur Wasserentnahme steht der entsprechende Fließdruck zur Verfügung.

> Vor geschlossenen Wassererwärmern sind einzubauen, → 2:
> - Absperrventil mit Entleerung
> - (Druckminderer)
> - Prüfeinrichtung
> - Rückflussverhinderer
> - (2. Absperrventil)
> - Manometer
> - Membransicherheitsventil
> - Entleerung

Das **Absperrventil** (1) ermöglicht, zusammen mit der **Entleerung** (8), die WW-Anlage bei eventuellen Reparaturen drucklos zu machen und zu entleeren.

Ein **Druckminderer** (2) ist nötig, wenn der Ruhedruck ≥ 80 % ist als der Ansprechdruck des Sicherheitsventils vor dem WE.

> Der Druckminderer ist aber im zentralen Trinkwasserverteiler und nicht erst vor dem Wassererwärmer anzuordnen, damit in den KW- und WW-Leitungen im Gebäude annähernd gleicher Druck herrscht.

Mit der **Prüfeinrichtung** (3) kann kontrolliert werden, ob tatsächlich kein Wasser zurück fließt. Prüfeinrichtung ist z. B. das Entleerungsventil am Absperrventil (1) oder eine Prüfschraube am Rückflussverhinderer, → 107.1.

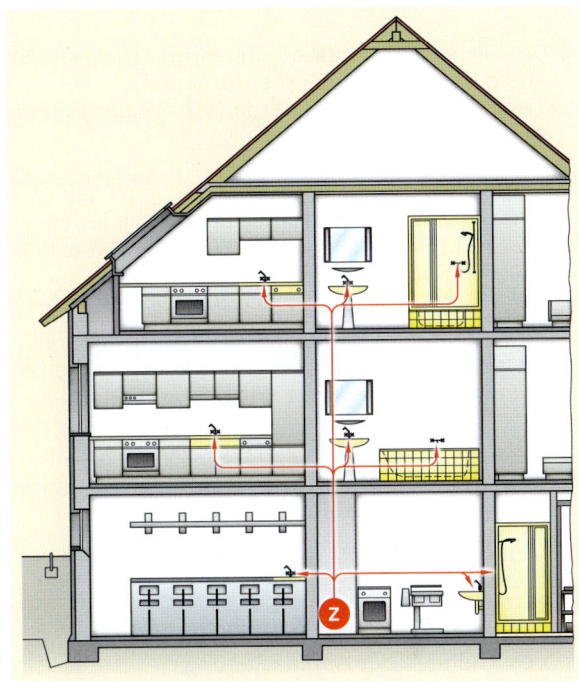

1 Zentralversorgung

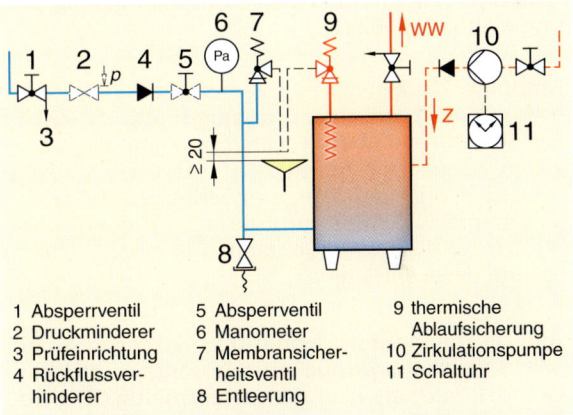

1 Absperrventil	5 Absperrventil	9 thermische Ablaufsicherung
2 Druckminderer	6 Manometer	10 Zirkulationspumpe
3 Prüfeinrichtung	7 Membransicher-heitsventil	11 Schaltuhr
4 Rückflussver-hinderer	8 Entleerung	

2 Anschluss eines geschlossenen Wassererwärmers an die Kaltwasser-, Warmwasser- und Zirkulationsleitung

Der **Rückflussverhinderer** (4), lässt kein WW in die KW-Leitung zurückdrücken, wenn der Druck im WE beim Erwärmen steigt. Er ist nur bei WE mit Inhalt > 10 l nötig.

Das **2. Absperrventil** (5) – bei WE mit Inhalt > 150 l gefordert – ermöglicht das Auswechseln des Rückflussverhinderers, ohne den WE entleeren zu müssen. Es ist überflüssig, wenn der Rückflussverhinderer in der KW-Leitung über dem WW-Speicher sitzt, wie in → 2.

Das **Manometer** (6) dient der Druckkontrolle. Die Forderung in DIN 4753 nach nur einem Prüfstutzen für Wassererwärmer < 1000 l Inhalt ist veraltet.

Das **Sicherheitsventil** (7) lässt das Ausdehnungswasser beim Erwärmen gefahrlos abfließen. Erforderliche Nennweiten zeigt → 250.2.

17

Achtung:
- Das Sicherheitsventil ist unbedingt vor dem WE in die Kaltwasserleitung einzubauen.
- Zwischen WE und Sicherheitsventil darf keine Absperrung sein.

Für DWE mit einem Wasserinhalt ≤ 3 l ist kein Sicherheitsventil nötig. Damit im DWE kein Überdruck beim Erwärmen entsteht, darf kein Rückflussverhinderer vorgeschaltet werden.

Um bei Reparatur des Sicherheitsventils den WE nicht entleeren zu müssen, ist das Sicherheitsventil über WE-Oberkante einzubauen, ➔ 465.2.

Es kann auch in einem Nebenraum zum WE montiert werden, ➔ 1; beim WE ist dann ein entsprechender Hinweis anzubringen.

Die Abblasöffnung des Sicherheitsventils, ➔ 2,
- darf nicht verschlossen werden,
- muss beobachtbar sein,
- muss ≥ 20 mm enden über Oberkante
  - des Trichters der Abblaseleitung,
  - eines Entwässerungsgegenstandes.

Zulässige Längen und Nennweiten der Abblaseleitung siehe Kap. 6.5.1.

Montagehinweis:
- Werden alle Anschlussarmaturen und die Zirkulationspumpe über Behälteroberkante angeordnet, können sie bei Reparaturen ausgetauscht werden, ohne den Wassererwärmer zu entleeren.
- Das in DIN 1988-2 geforderte 2. Absperrventil (5) in ➔ 465.2, für Behälter mit Inhalt > 150 l, kann dann entfallen.

Alle vorgenannten Armaturen können in einer **Sicherheitsgruppe** zusammengefasst sein, ➔ 251.1; auch sie baut man zweckmäßig über Behälteroberkante ein.

Eine **Entleerung** (8) in ➔ 465.2 ist am tiefsten Punkt des WE nötig, um den WE bei Reinigungsarbeiten oder beim Austausch zu entleeren.

Eine **thermische Ablaufsicherung** (9) in ➔ 465.2 ist nur bei WE erforderlich, die mit Festbrennstoffen oder mit Abgasen beheizt werden.

Am **Eingang der Zirkulation** in den WE sind in Fließrichtung nötig, ➔ 465.2
- vor der Zirkulationspumpe eine Absperrarmatur
- nach der Pumpe ein Rückflussverhinderer

Auf dem **Geräteschild** von Wassererwärmern ist u. a. deren Leistungskennzahl NL angegeben, ➔ 3.

Regler und sonstige Sicherheitseinrichtungen, die z. T. werkseitig in WE eingebaut sind, zeigt Bild ➔ 467.1.

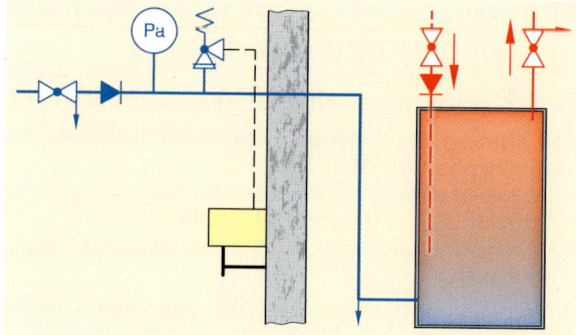

1 Anordnung des Sicherheitsventiles im Nebenraum

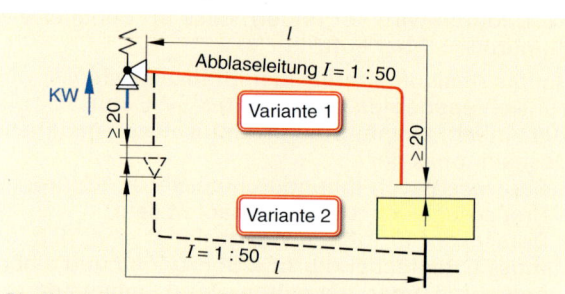

Die Abblaseleitung eines Sicherheitsventiles ist um eine Nennweite größer als die Zuleitung zu verlegen. Sie darf nicht länger als 2 m sein **und** nicht mehr als 2 Bogen enthalten. Bei einer Länge > 2 m lang **oder** bei 3 Bogen muss sie um noch eine Nennweite erweitert werden.
Unzulässig sind Längen > 4 m **oder** mehr als 3 Bogen. Das SV ist u. U. weiter entfernt vom Wassererwärmer anzuordnen (siehe Bild 1).

2 Tropfenwasserableitung von Sicherheitsarmaturen

Hersteller	Hersteller-Nr.	Baujahr	
AG – BA	201030	2001	
		Heizung	**WW**
zulässiger Betriebsdruck in bar		8	108
zulässige Betriebstemperatur in °C		110	---
Inhalt in l		12,5	350
Leistungskennzahl		Korrosionsschutz	
NL 16		MG-Anode	

3 Geräteschild eines Speicher-WE

Bei den Regeleinrichtungen in ➔ 467.1 sind zu unterscheiden:
- TR – Temperaturregler schalten „Aus-Ein-Aus..." und halten die eingestellte Temperatur in bestimmten Grenzen, z. B. ±5 K.
- TB – Temperaturbegrenzer schalten bei der eingestellten Temperatur aus und nicht wieder ein; das muss von Hand geschehen.
- STB – Sicherheitstemperaturbegrenzer schalten bei fest eingestellten Temperaturen ab, z. B. bei 90 °C oder 110 °C; Wiedereinschalten ist nur durch Fachleute möglich.
- ThA – Thermische Ablaufsicherungen, s. Kap. 6.6.3.
- StW – Strömungswächter in DWE verhindern, dass die Temperatur von 95 °C überschritten wird, indem sie den Wasserdurchfluss sperren und damit die Beheizung unterbrechen.

17

Sicherheitstechnische Ausrüstung — TR Temperaturregler / TB Temperaturbegrenzer	WE-Gruppe lt. DIN 4753	direkt beheizt durch — elektr. Strom DWE	SWE	Gas DWE	SWE	Öl DWE	SWE	Festbrennstoff oder Abgas SWE	indirekt beheizt durch Heizmedium mit — ≤ 100 °C (DWE oder SWE)	> 100 °C … 110 °C	> 110 °C
TR	I und II	nein	nein	ja[1]	ja	ja[1]	ja	ja[2]	nein	ja	ja
TR oder TB	I und II	nein	ja[1]	nein	nein	nein	nein	nein	nein	nein	nein
Strömungswächter	I und II	ja[1]	nein	ja[1]	nein	ja[1]	nein	nein	nein	nein	nein
Zugregler		nein	nein	nein	nein	nein	nein	ja	nein	nein	nein
Sicherheits-TB	II	ja[2,4]	ja[2,4,5]	ja	ja[5]	ja	ja[5]	nein	nein	nein	ja[4]
Sicherheits-TB	I	ja[2,3,4]	ja[2,4]	ja[2]	ja	ja	ja	nein	nein	nein	nein
Therm. Ablaufsicherung		nein	nein	nein	nein	nein	nein	nein	nein	nein	nein
Sicherheitsventil		ja[6]	ja	ja[6]	ja	ja[6]	ja	ja	ja	ja	ja

🟢 ja   🔴 nein

[1] Wahlweise TR oder StW oder Wasserdurchflussregler
[2] Kann entfallen, wenn durch geeignete Maßnahmen sichergestellt ist, dass ein Ansteigen der Temperatur > etwa 95 °C nicht eintreten kann.
[3] Kann ersetzt werden durch andere geeignete Einrichtungen, siehe z. B. VDE 0720 Teil 2 D § 22.
[4] Auf die Eigensicherheit im Sinne der DIN 3440 bzw. VDE 0631 kann verzichtet werden, falls nicht die Grenzen der Fußnote 5 überschritten sind.
[5] Bei TWE mit Inhalt > 5000 l oder bei Wärmebelastungen > 250 kW sind zwei TB-Einrichtungen erforderlich. Anstelle dieser Einrichtung kann auch ein Elektrodenwasserstandsbegrenzer treten.
[6] Bei Durchfluss-WE mit Inhalt ≥ 3 l, mit Strömungsschalter, kann auf das Sicherheitsventil verzichtet werden.

1 Sicherheitstechnische Ausrüstung von WEA mit geschlossenen Wassererwärmern nach DIN 4753

Übungen:

1. Unterscheiden Sie: Warm-, Kochend-, Heizwasser.
2. Unterscheiden Sie: SWE, DWE.
3. Welche Vorteile bieten SWE, z. B. beim Füllen einer Badewanne oder beim Duschen?
4. Nennen Sie WW-Mengen und WW-Temperaturen für
   a) Badewanne,
   b) Waschtisch,
   c) Küchenspüle.
5. Wie hoch können Energieverluste durch einen 2 mm dicken Kalkbelag am WE sein?
6. Welche Vor- und Nachteile haben DWE?
7. Wodurch sind gekennzeichnet
   a) offene WE,
   b) geschlossene WE?
8. Welche Trinkwassererwärmungsanlagen gelten nach DVGW-Arbeitsblatt W 551 als
   a) Kleinanlage,
   b) Großanlage?
9. Was versteht man bei der Erwärmung des Wassers unter
   a) direkter Erwärmung,
   b) indirekter Erwärmung?
10. Welche Wärmeträger kommen nur für indirekte Erwärmung des Wassers in Frage?
11. Welche Vorteile bietet die Einzel-WW-Versorgung?
12. Was versteht man unter zentraler WW-Versorgung?
13. Was geschieht beim Öffnen des WW-Ventils an einem offenen WE?
14. Warum benötigen geschlossene WE Sicherheitsventile?
15. a) Skizzieren Sie den Anschluss der KW-Leitung mit allen Armaturen an einen geschlossenen SWE mit 300 l Inhalt bei einem Ruhedruck von 5,5 bar.
    b) Benennen Sie die einzelnen Armaturen.
16. Welchen Vorteil hat es, die KW-Anschlussleitung über Oberkante eines WE zu verlegen?
17. Damit das Sicherheitsventil eines Wassererwärmers bei einem Versorgungsdruck nahe 6 bar nicht ständig läuft, ist ein Druckminderer nötig. Wo im Gebäude ist er einzubauen?
18. Wie kann das Ausdehnungswasser bei geschlossenem WE abgeleitet werden? Fertigen Sie dazu eine Skizze!

17

17.4 Direkt beheizte Speicher-Wassererwärmer

Direkt beheizt sind Wassererwärmer, bei denen das Wasser nur durch eine dünne Behälter- oder Rohrwand von den Flammen fester Brennstoffe, Gas- oder Ölbrennern oder von elektrischen Heizstäben getrennt ist.

Man verwendet direkt beheizte WE vor allem für die Einzel- und Gruppenversorgung von Entnahmestellen, wie Waschtisch, Spüle, Dusche, Badewanne. Wenn eine Zentralheizung im Gebäude ist, werden sie kaum noch eingesetzt, höchstens Gas-Speicher-Wassererwärmer in Einfamilienhäusern.

Vorteile direkt beheizter Wassererwärmer sind:
- meist kleine Geräte, die einfach zu montieren und notfalls leicht auszutauschen sind
- individuell ein- und auszuschalten
- lange Warmwasserleitungen mit ihren Wärmeverlusten entfallen
- Heizkostenabrechnung in Mehrfamilienhäusern entfällt

Die einzelnen Arten direkt beheizter WE zeigt Bild → 1.

1 Direkt beheizter Speicher-Wassererwärmer für Gruppenversorgung

17.4.1 Offene Speicher-Wassererwärmer

17.4.1.1 Bauarten offener Speicher-Wassererwärmer

Bei offenen Speicher-Wassererwärmer (**offene SWE**) ist der Warmwasserauslauf stets offen. Er ist gleichzeitig Überlauf für das „Ausdehnungswasser". Deshalb tropft es beim Aufheizen ständig aus dem Auslauf.
Beim Öffnen des WW-Ventils strömt Kaltwasser durch das Ventil unten in den Behälter und drückt das Warmwasser durch den offenen Auslauf oben hinaus (**Überlaufsystem**).

Offene SWE können nur eine Entnahmestelle versorgen.

Um Fehler beim Anschluss an die Wasserleitung zu vermeiden, sind offene SWE am Geräteschild deutlich gekennzeichnet: „Nennüberdruck: 0 bar".

Es gibt folgende Bauarten offener SWE:
- Badeöfen, mit Kohle oder Öl beheizt
- offene Elektro-Speicher-Wassererwärmer

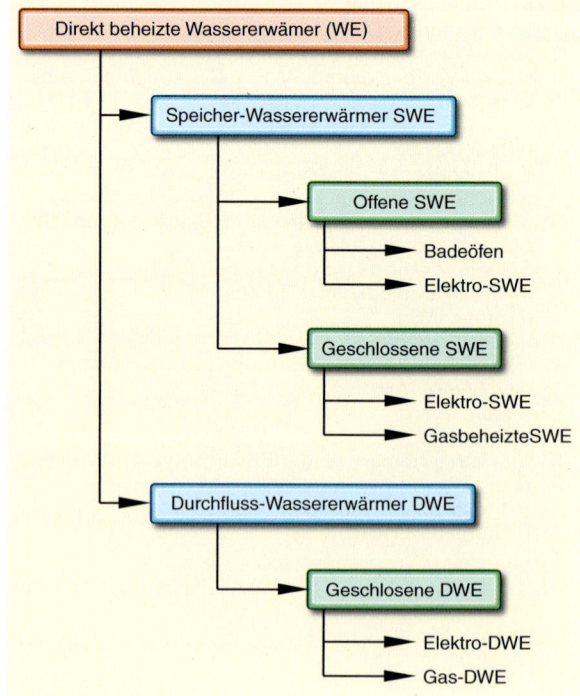

2 Übersicht

17.4.1.2 Badeöfen

Badeöfen, ➔ 1, bieten wenig Komfort, sodass sie heute nur noch eventuell als Ersatz „Neu gegen Alt" verwendet werden.

Badeöfen bestehen aus:
• Unterofen
• Wasserbehälter
• Überlaufmischbatterie

Im **Unterofen** verbrennen feste Brennstoffe oder Öl und liefern Wärme für Warmwasser und Raumheizung. Die Wärmeleistung beträgt 10 kW bis 12 kW.

Der **Wasserbehälter** mit ca. 95 l Inhalt ist aus Kupferblech oder aus einbrennlackiertem Stahlblech.

Die **Überlaufmischbatterie** am Badeofen ist umschaltbar von Wannen- auf Brauseauslauf. Ihr Anschluss an die Kaltwasserleitung muss spannungsfrei sein. Man verwendet zum Vorabsperren ein Eckventil mit verchromtem Kupferverbindungsrohr 10 × 1, besser ein Schrägsitzventil mit Quetschverschraubung R1/2 × 10. Damit im Behälter kein Druck entsteht, ist am Eingang zur Mischbatterie eine Drosselscheibe eingebaut. Bei geringem Leitungsdruck kann die Bohrung erweitert werden.

Bedienung:

Vor dem Anheizen ist das WW-Ventil zu öffnen, bis der Behälter ganz gefüllt ist. Bei nicht ganz vollem Kupferbehälter würde die Weichlötnaht zwischen Oberboden und Flammrohr schmelzen. Während des Aufheizens dehnt sich das Wasser im Behälter aus. Das Ausdehnungswasser tropft über den freien Auslauf bzw. die stets offene Brause ab.

17.4.1.3 Offene Elektro-Speicher-Wassererwärmer

Offene Elektro-Speicher-Wassererwärmer (**offene ESW**) gibt es, ➔ 2:
• wandhängend als Übertisch-Gerät ≤ 100 l Inhalt
• in Untertischausführung mit 5 l oder 10 l Inhalt.

Offene ESW gibt es:
• mit Wärmedämmung,
• ohne Wärmedämmung, dann auch Elektro-Boiler genannt,
• als Elektro-Kochendwassergerät.

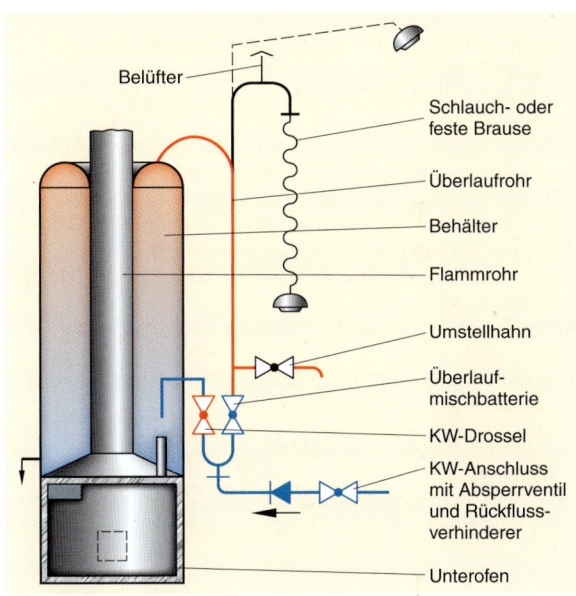

1 Badeofen – offener Wassererwärmer

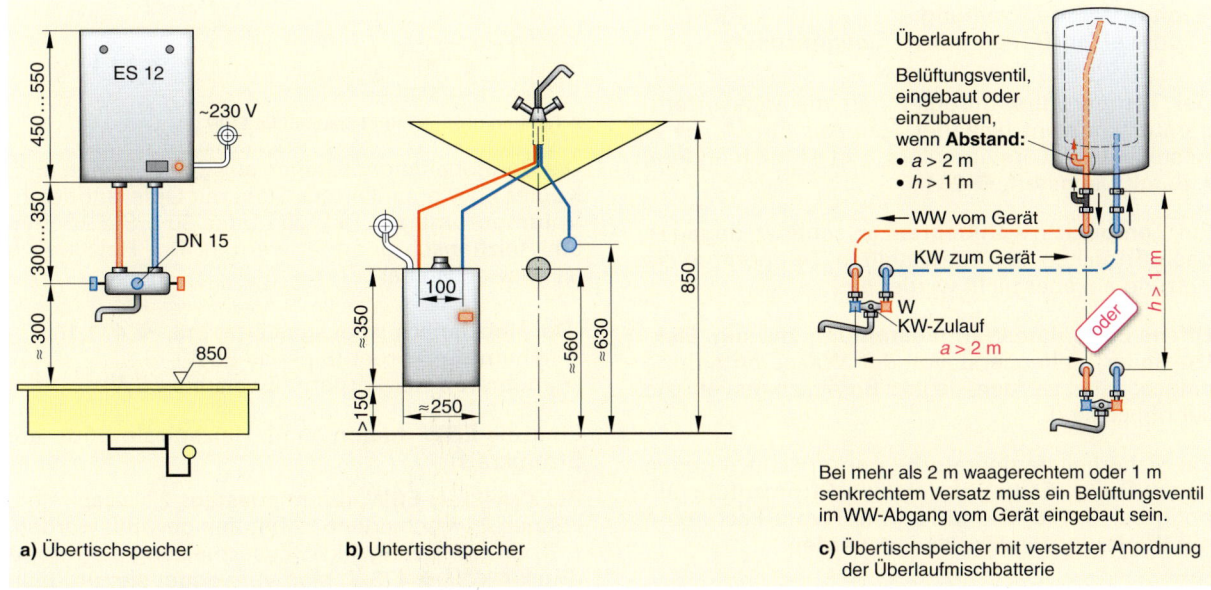

a) Übertischspeicher   **b)** Untertischspeicher   **c)** Übertischspeicher mit versetzter Anordnung der Überlaufmischbatterie

Bei mehr als 2 m waagerechtem oder 1 m senkrechtem Versatz muss ein Belüftungsventil im WW-Abgang vom Gerät eingebaut sein.

2 Offene Elektro-Speicher-Wassererwärmer – Montagearten

17

Offene ESW mit Wärmedämmung, → 1, speichern Warmwasser über längere Zeit ohne größere Wärmeverluste.

> **Beispiel:**
> Bei Speicherwassertemperatur ϑ_W = 60 °C betragen die Bereitschaftsverluste beim
> • 5-l-Gerät ≈ 0,3 kWh/d,
> • 80-l-Gerät ≈ 0,8 kWh/d.

> Da die Bereitschaftsverluste beim 85-°C-Betrieb mehr als doppelt so hoch liegen, soll die Speichertemperatur nicht > 60 °C gewählt werden.

Die Begrenzung der Speichertemperatur
• spart Energie,
• mindert die Verkalkung.

Ein Energiesparanschlag am Temperaturwählgriff unterstützt die Einstellung am Gerät.

Bei einer Speichertemperatur von ca. 60 °C kann man dem Warmwasser zumischen, → 346.2:
• für die Körperpflege: knapp die gleiche Menge Kaltwasser,
• zur Geschirrreinigung: knapp 1/3 Kaltwasser.

Darauf muss bei der Größenbestimmung von ESW Rücksicht genommen werden.

> **Beispiel:**
> Für ein Wannenbad, Wasserbedarf ca. 180 l, ist ein Speicher mit 100 l bis 120 l Inhalt zu wählen.

Die Temperaturregelung erfolgt bei Geräten
• **mit** Wärmedämmung:
  über einen Temperaturwähl**regler**,
• **ohne** Wärmedämmung:
  über einen Temperaturwähl**begrenzer**.

Der **Temperaturwählregler** hält die Wassertemperatur konstant (schaltet „Ein-Aus-Ein..."), → 2. Anstelle des Invarstabreglers gibt es auch andere, z. B. mit Dehnstoff, → 234.1.

Ein **Temperaturwählbegrenzer** schaltet dagegen nach Erreichen der eingestellten Temperatur die Heizung ab, aber nicht wieder ein.

Offene ESW ohne Wärmedämmung, die sog. **Elektro-Boiler**, sollen erst vor der Wasserentnahme eingeschaltet werden, da ihre Bereitschaftsverluste sehr hoch sind.

Ein Sicherheitstemperaturbegrenzer schützt gegen Überhitzung. Er unterbricht die Stromzufuhr allpolig bei ≈ 100 °C und kann nur vom Fachmann mit Werkzeug wieder aktiviert werden.

---

[1] invar: unveränderlich; Invarstahl: Eisen-Nickel-Legierung mit besonders niedriger Wärmedehnung

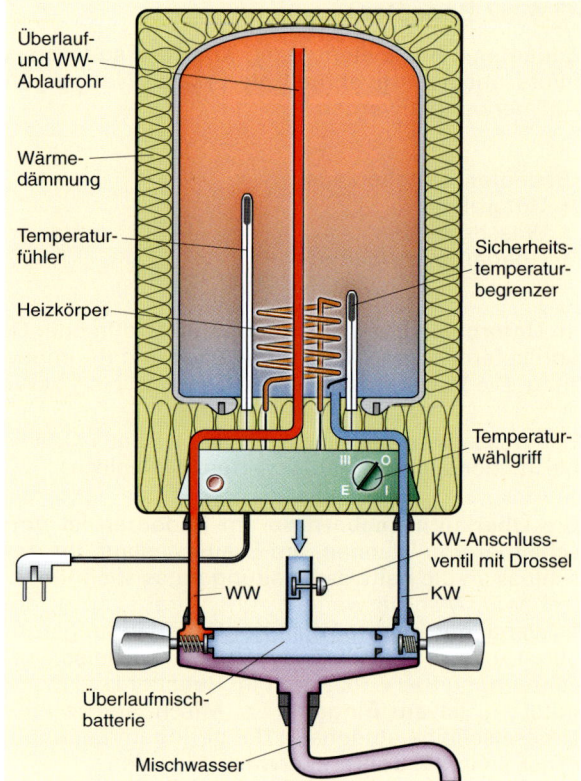

1 Offener Elektro-Speicher-Wassererwärmer – Bau

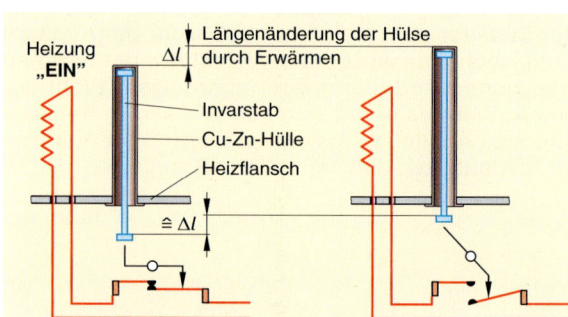

2 Temperaturregler mit Invarstab für ESW

Die Gerätebehälter bestehen aus Polypropylen (PP), Kupfer oder emailliertem Stahl mit Opferanode. Ihr Volumen umfasst 15 l, 30 l oder 80 l. Sie können am Heizflansch geöffnet werden. Der Heizflansch ist auswechselbar.

Der **Heizflansch** ist ausgestattet mit, → 471.1,
• einem Heizkörper (Einkreis-ESW),
• mehreren Heizkörpern (Zweikreis-ESW).

Einkreis-ESW haben eine Heizspirale (nur ein Stromkreis).

Bei **Zweikreis-ESW**, mit mindestens 2 Heizspiralen, können 2 verschiedene Heizstufen gewählt werden, z. B. Grundheizung 1 kW, Zusatzheizung auf Knopfdruck 4 kW, → 473.3. Man verwendet sie, um billigeren Nachtstrom zu nutzen.

Kochendwassergeräte heizen Wasser bis zum Kochpunkt. Je nach Bedarf können 0,5 l bis 5 l Wasser eingelassen werden. Am hitzebeständigem Glasbehälter bzw. am Inhaltsanzeiger bei Kunststoff- bzw. Edelstahlbehältern ist die Füllmenge abzulesen. Nach der Wasserentnahme bleibt das Gerät leer.

Kochendwassergeräte sind ausgerüstet mit, ➜ 3,
- Füll- und Entleerungsarmatur,
- Signallampe und einem Summer (Signal beim Kochen),
- Überlaufrohr; es dient bei der Wasserentnahme auch zur Belüftung des Behälters,
- Temperaturwählbegrenzer,
- Übertemperatursicherung; wenn sie einmal anspricht, muss sie ausgewechselt werden,
- Fortkochstufe, die beim Kochen des Wassers nicht abschaltet, oder einer Kochautomatik, die am Kochpunkt zwar abschaltet, aber durch Intervallschaltung die Wassertemperatur auf ca. 90 °C hält.

Anschluss offener ESW

Offene ESW haben einen Direktauslauf. Sie sind nachträglich leicht zu installieren. Voraussetzungen sind lediglich:
- KW-Anschluss DN 15,
- Elektroanschluss mit entsprechendem Leiterquerschnitt.

Gemeinsames Kennzeichen von Mischbatterien für offene SWE sind 3 Wasseranschlüsse.

Die 3 Wasseranschlüsse sind, ➜ 470.1, 2a/b:
- KW-Zufluss zur Batterie
- KW-Zufluss zum Speicher
- WW-Ausfluss vom Speicher

Das KW-Anschlussstück enthält ein kombiniertes Drossel/Rückschlagventil, mit dem auch das Wasser abgesperrt werden kann, ➜ 472.1b.

Für den Wasseranschluss benötigen sie **spezielle Mischbatterien**:
- Überlaufmischbatterien
- Temperierbatterien

Bei **Überlaufmischbatterien**, ➜ 2a, ist das WW-Ventil immer rechts angeordnet. Öffnet man dieses, fließt KW hindurch. Dieses drückt Warmwasser oben aus dem Speicher durch den stets offenen Auslauf heraus.

Bei **Temperierbatterien**, ➜ 2b, wird am Entnahmeventil lediglich der Durchfluss bestimmt. Mit dem Temperatureinstellgriff kann die gewünschte Auslauftemperatur stufenlos gewählt werden.

Damit in offenen ESW kein Überdruck entsteht, muss der Kaltwasserzufluss gedrosselt werden.

Speicher		Inhalt in l	Leistung in kW	Spannung in V	Aufheizzeit von 10 °C auf 60 °C in min
	Ein-kreis	5/8	2	230	10/16
		10/12	2	230	20/24
		15	2/4	230	30/15
		30	1/4	230	120/30
		80	1/4/6	230/400	320/80/55
		100	1/4/6	230/400	400/100/60
	Zwei-kreis	30	1; 4	230	120; 30
		80	1; 4	230	320; 80
		80	1; 6	230/400	320; 55
		100	1; 4	230	400; 100
		100	1; 6	230/400	400; 60

1 Daten offener ESW

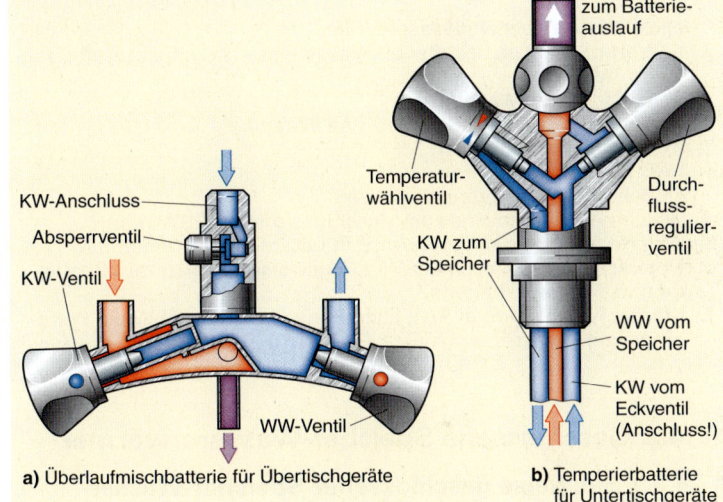

a) Überlaufmischbatterie für Übertischgeräte
b) Temperierbatterie für Untertischgeräte

2 Mischbatterien für offene Elektro-Speicher-WE

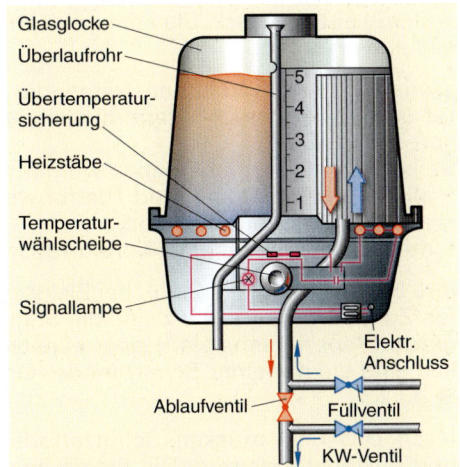

Füllventil öffnen, gewünschte Wassermenge einlaufen lassen, Temperatur vorwählen, Beheizung wird dabei eingeschaltet. Zur Warmwasserentnahme WW-Ventil öffnen.

3 Kochwassergerät mit Füll- und Entleerungsarmatur

17

Das geschieht wie folgt:
• Bei Wandbatterien ist der Zufluss am KW-Anschlussstutzen mithilfe eines Messbechers einzustellen, → 1.
• Bei Einlochbatterien ist ein PVC-Schlauch im KW-Anschlussrohr je nach Vordruck nach Herstellerangaben zu kürzen.

Bei größerer Entfernung der WW-Entnahmestelle vom Gerät, → 469.2c, kann durch Sogwirkung im Behälter Unterdruck entstehen. Deshalb ist im WW-Abgang des Gerätes ein Belüftungsventil eingebaut. Durch Kalkansatz kann dieses Ventil nach Jahren undicht werden und der Auslauf tropfen. Dann ist lediglich die eingesetzte Dichtung zu erneuern.

Bild 471.1 zeigt technische Daten offener Elektro-WE.

Übungen:

1. Unterscheiden Sie nach Bau und Anwendung:
   a) offene Elektro-Speicher mit Wärmedämmung,
   b) Elektro-Boiler,
   c) elektrische Kochendwassergeräte.
2. a) Warum tropft es bei offenen Wassererwärmern beim Aufheizen am Auslauf?
   b) Ist dagegen etwas zu tun?
3. Unterscheiden Sie nach Einsatz und Wirkung:
   a) Temperaturwählregler,
   b) Temperaturbegrenzer,
   c) Sicherheitstemperaturbegrenzer.
4. Welche Armaturen sind zum Anschluss offener ESW nötig?
5. Welche Aufgabe hat das KW-Anschlussstück bei offenen SWE?
6. Unterscheiden Sie nach der Wirkungsweise Überlaufmischbatterie und Temperierbatterie.
7. Warum ist bei längerer WW-Leitung nach offenen ESW ein Belüftungsventil nötig?

17.4.2 Geschlossene Speicher-Wassererwärmer

17.4.2.1 Bauweise geschlossener Speicher-Wassererwärmer

Geschlossene Speicher-Wassererwärmer (**SWE**) stehen unter vollem Leitungsdruck. Sie können deshalb mehrere Entnahmestellen versorgen.

Wegen der hohen Volumenströme, die sie mit hoher Temperatur und hohem Druck liefern, bieten sie mehr Komfort als entsprechende DWE.
So können mit ihnen betrieben werden:
• alle üblichen Einhand- und Thermostatbatterien,
• alle Arten von Duschköpfen,
• mehrere Duschköpfe bei Komfortduschanlagen.

Ihre Behälter sind aus Stahl, bei Elektrospeichern z. T. aus Kupfer. Zum Korrosionsschutz sind die Stahlbehälter innen thermoglasiert (spezial emailliert) oder kunststoffbeschichtet. Zusätzlich sind sie mit einer Schutzanode (Opferanode) ausgerüstet, → 43.2.

Nach DIN 4753 müssen Schutzanoden leicht kontrollierbar und austauschbar sein. Die Praxis hat gezeigt, dass die Wartung häufig vernachlässigt wird. Deshalb sind Anoden mit Verbrauchsanzeige vorteilhaft, → 2.

Zur Reinigung von Kalk und Korrosionsschlamm, besonders wichtig im Kampf gegen Legionellen, müssen SWE eine große Reinigungsöffnung besitzen. Bei ESW ist dies der Heizflansch.

Speichergröße in l	5	8 … 15	30	60 … 150
Durchfluss in l/min	5	8 … 12	15	18

a) Einzustellender Wasserdurchfluss

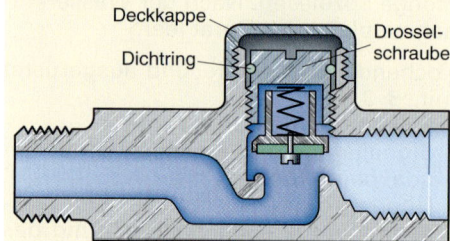

Deckkappe — Drosselschraube — Dichtring

b) Armatur mit Drosselschraube

10 mm

Einstellwerte für offene ESW l/min.

5 8 10 12 15 18

Messschieber auf gewünschten Durchfluss stellen, KW- oder WW-Ventil voll öffnen, Messbecher unter Auslauf halten und Drosselschraube so regulieren, dass der Wasserspiegel im Messbecher etwa 10 mm unter Oberkante stehen bleibt.

Messschieber

Öffnung veränderlich

c) Messbecher zur Durchflusseinregulierung

1 Durchfluss einstellen bei offenem ESW

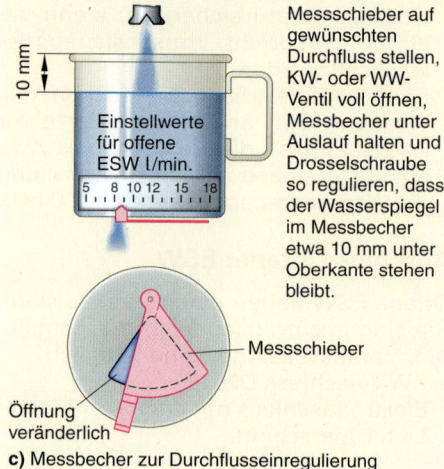

Signalstift auf Alarm (5 mm herausragend) — in Ruhestellung

Wassereintrittsöffnungen

Opferanode

Wasserdruck

Stahlhülse mit Stahlseele fest verbunden

2 Magnesium-Opferanode mit Verbrauchsanzeige (Signalanode)

Vorteilhaft ist, dass geschlossene SWE mit direkter Beheizung unabhängig von Heizungsanlagen funktionieren. Der Heizkessel kann also außerhalb der Heizperiode völlig abgeschaltet werden.

17

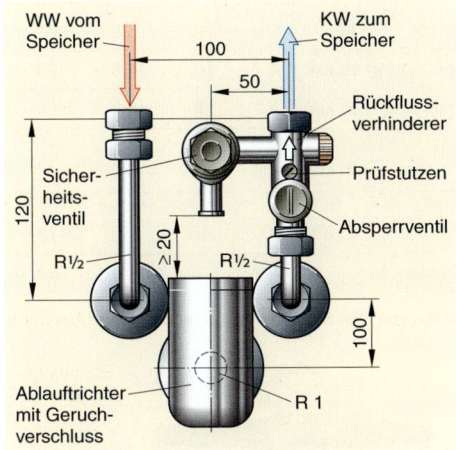

1 Sicherheitsgruppe für geschlossene ESW mit Inhalt bis 150 l

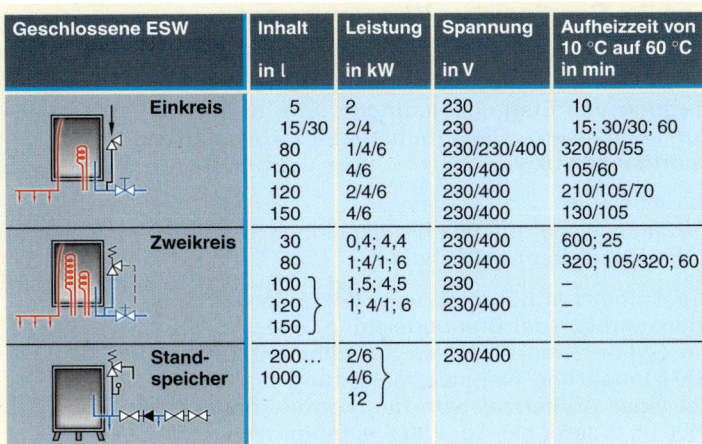

Geschlossene ESW		Inhalt in l	Leistung in kW	Spannung in V	Aufheizzeit von 10 °C auf 60 °C in min
	Einkreis	5	2	230	10
		15/30	2/4	230	15; 30/30; 60
		80	1/4/6	230/230/400	320/80/55
		100	4/6	230/400	105/60
		120	2/4/6	230/400	210/105/70
		150	4/6	230/400	130/105
	Zweikreis	30	0,4; 4,4	230/400	600; 25
		80	1;4/1; 6	230/400	320; 105/320; 60
		100	1,5; 4,5	230	–
		120	1; 4/1; 6	230/400	–
		150			–
	Standspeicher	200… 1000	2/6 4/6 12	230/400	–

2 Technische Daten geschlossener Elektro-Speicher-Wassererwärmer

Da geschlossene SWE mehrere Entnahmestellen versorgen, muss das Speicherwasser ständig warm gehalten werden.

Deshalb müssen die Speicher
• sorgfältig gegen Wärmeverluste gedämmt sein,
• thermisch geregelt sein, s. Kap. 17.4.1.3

Anschluss geschlossener Speicher-Wassererwärmer (SWE)

Geschlossene SWE werden nach Kap. 17.3.2 an die Kaltwasserleitung angeschlossen.

Beim Anschluss wandhängender geschlossener ESW (Inhalt ≤ 150 l) verwendet man Sicherheitsgruppen, → 1.

Direkt beheizte geschlossene SWE gibt es als:
• Elektro-Speicher-Wassererwärmer
• Elektro-Durchfluss-Speicher
• Gas-Speicher-Wassererwärmer

17.4.2.2 Geschlossene Elektro-Speicher-Wassererwärmer

Geschlossene Elektro-Speicher-Wassererwärmer (**ESW**) werden auch als **Elektro-Druckspeicher** bezeichnet, da ihr Innenbehälter unter dem vollen Leitungsdruck steht, → 3.

Sie werden zur Einzel-, Gruppen- und Zentralversorgung in Haushalt, Gewerbe und Industrie eingesetzt, z. B. zum Versorgen zweier Entnahmestellen wie Waschtisch/Bidet oder Waschtisch/Spüle, aber auch zur WW-Versorgung von 1- und 2-Familien-Häusern oder von größeren Betrieben. Dazu gibt es vom 5-l-Untertischspeicher bis zum 1000-l-Standspeicher eine große Auswahl. Mehrere Großspeicher können noch parallel geschaltet werden.

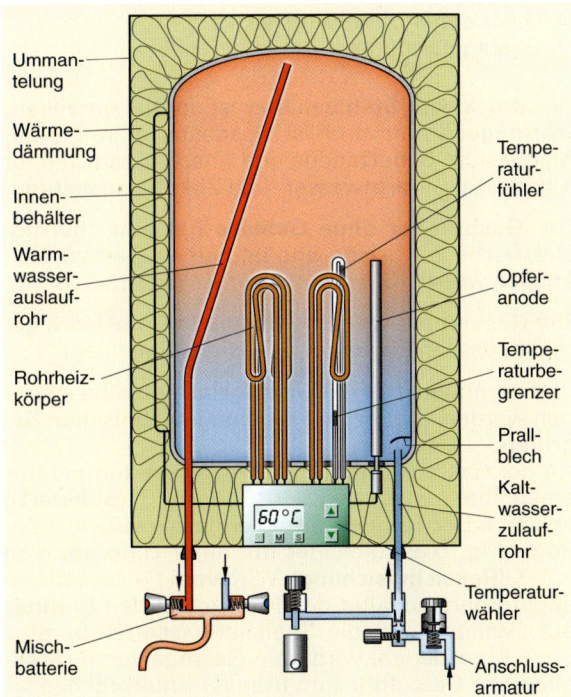

3 Geschlossener Elektro-Speicher-Wassererwärmer

Der Innenbehälter von geschlossenen ESW besteht aus
• Stahl, spezial emailliert, mit Schutzanode,
• Kupfer,
• mehrschichtigem, glasfaserverstärktem Kunststoff.

Geschlossene ESW können mit Ein- oder Zweikreisheizung ausgestattet sein.

Die Anschlusswerte betragen, → 2
• 2 kW bis 6 kW: für einen Inhalt ≤ 400 l
• 9 kW bis 12 kW: für einen Inhalt von 600 l bis 1000 l

Bei einem Anschlusswert > 4 kW muss Drehstrom (400 V ~3N) verfügbar sein.

17.4.2.3 Gas-Speicher-Wasserwärmer

Gas-Speicher-Wasserwärmer (**GSW**) eignen sich für die komfortable und wirtschaftliche WW-Versorgung von Etagenwohnungen, Ein- und Mehrfamilienhäusern, Gewerbebetrieben, Gaststätten, Sportheimen usw.

Es gibt sie als
- Standspeicher mit 80 l bis 400 l Inhalt,
- Wandspeicher mit 85 l Inhalt.

Die Aufheizzeit hängt ab vom Volumen des Speichers und von der Brennerleistung, ➜ 1.
Für Sonderzwecke gibt es Speicher mit 260 l bis 380 l Inhalt und Nennwärmeleistung bis 110 kW. Bei einer Aufheizzeit von nur 12 min können bis 3400 l/h Wasser bei $\Delta\vartheta$ = 30 K entnommen werden.

Bauteile und Ausrüstung eines GSW sind, ➜ 2:
- druckfester Stahlbehälter
- Gasbrenner ohne Gebläse
- Gasregelarmatur

Der **druckfeste Stahlbehälter** ist spezial emailliert, wärmegedämmt und ist ausgestattet mit einer Magnesium-Schutzanode und Anschlussstutzen für Kaltwasser-, Warmwasser- und Zirkulationsleitung.

Der **Gasbrenner ohne Gebläse** hat eine thermoelektrische Zündsicherung und einen Piezozünder, ähnlich wie ein Gasraumheizer, s. Kap. 13.2.2.

Der Gasbrenner wird über einen Thermostaten geregelt, dessen Fühler im Speicherwasser liegt.

Im Folgenden soll die **Gasregelarmatur** beschrieben werden, ergänzt mit **regelungstechnischen Begriffen**.
An der Gasregelarmatur ist die Wassertemperatur einstellbar zwischen 35 °C und 75 °C (**Sollwert**), ➜ 475.1. Der Temperaturregler besitzt eine Auf-Zu-Regelung. Diese schaltet mit einer Differenz von ≈ 6 K (**Regelabweichung**). Wird vom Fühler Wärme angefordert, schaltet der Thermostat den Brenner auf „Vollgas". Ist die Speicherwassertemperatur um 6 K gestiegen, wird vom Gasregelventil (**Stellglied**) die Gaszufuhr zum Brenner unterbrochen.

> **Beispiel:**
> Die Wassertemperatur eines GSW ist eingestellt auf 58 °C.
> Das Wasser wird erwärmt bis auf 61 °C, dann schaltet der Temperaturregler den Brenner ab.
> Sinkt die Temperatur auf 55 °C ab, schaltet der Temperaturregler den Brenner wieder zu.

Funktion der Gasregelarmatur, ➜ 475.1

Der Startknopf für Zündgas kann, wie bei allen Brennern mit thermoelektrischer Zündsicherung, nur gedrückt werden, wenn der Gashahngriff in Zündstellung steht. Mit dem Piezozünder wird das Zündgas entzündet. Ist das Thermoelement er-

Nenninhalt	in l	130	150	190	280
Nennwärmebelastung	in kW	8,7	10,3	11,6	103
Nennwärmeleistung	in kW	7,2	8,7	9,8	88,5
Aufheizzeit bei $\Delta\vartheta$ = 50 K	in min	60	60	70	12
Dauerausfluss mit 45 °C	in l/h	160	190	230	2170
Leistungskennzahl N_L		1,7	3,0	4,0	19

1 Technische Daten von Gas-Speicher-Wasserwärmern (Auswahl)

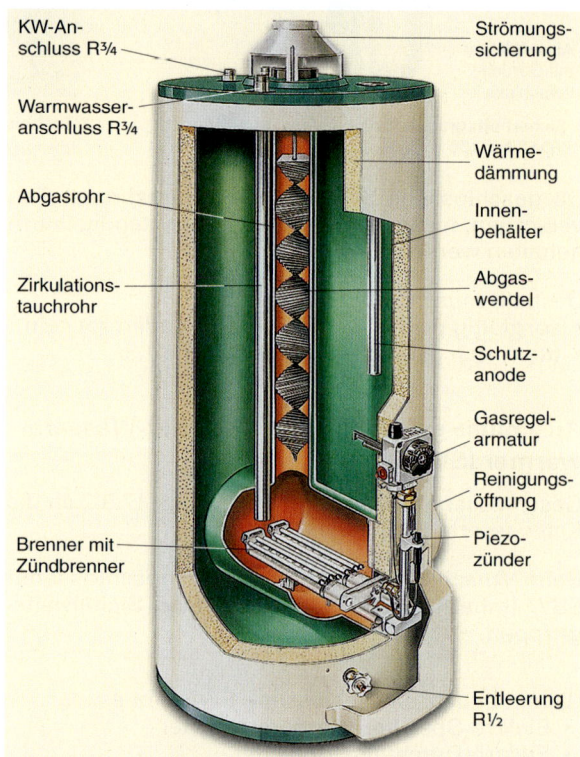

2 Gas-Speicher-Wasserwärmer

wärmt, kann in Vollbrandstellung gedreht werden. Die Zündflamme entzündet Gas am Hauptbrenner, sobald Wärme durch den Temperaturfühler gefordert wird. Dessen Kupferhülse ist an einem Ende mit dem Gehäuse der Regelarmatur fest verbunden. Am anderen Ende ist ein Invarstab festgelötet. Ist die gewählte Temperatur erreicht, hat sich die Kupferhülse so weit gedehnt, dass die Spannung über den Wipphebel und einen Zwischenstift auf die Öffnungsfeder, eine Schnappfeder, nachlässt. Diese springt um und die Schließfeder drückt das Gasregelventil zu.
Zieht sich die Hülse beim Abkühlen des Wassers zusammen, drückt der Invarstab über Wipphebel, Zwischenstift auf die Öffnungsfeder. Sie springt bei einer bestimmten Spannung um und öffnet, gegen die Schließfeder, schlagartig das Gasregelventil. Der Wipphebel wird beim Drehen der Temperaturwählscheibe vorgespannt.

Bei Ausfall des Reglers unterbricht ein Bimetallkontakt des Temperaturbegrenzers die Thermostromleitung. Das Gas-Sicherheitsventil schließt sofort.

Wartung von Gas-Speicher-Wasserwärmern

Alle 2 Jahre sollte die Schutzanode überprüft werden: Eventuell abgelagerter Schlamm im Behälter als Nährboden für Legionellen ist zu entfernen bzw. auszuspülen. Der Benutzer sollte dazu angehalten werden, von Zeit zu Zeit den Entleerungshahn mehrmals hintereinander kurz ruckartig zu öffnen.

Aufstellen und Anschluss von GSW

Bei der Aufstellung und beim Anschluss von GSW sind zu beachten:
- Für das Aufstellen von GSW gelten die FeuV und die TRGI.
- Die Speicher sollten in frostgeschützten Räumen in Schornsteinnähe aufgestellt werden.
- Vor dem Gerät ist in die Gaszuleitung ein Absperrhahn einzubauen.
- Der Anschluss an die KW-Leitung erfolgt nach ➔ 465.2.
- Nach Anschluss des Gerätes ist es auf Nennwärmebelastung einzustellen.
- Der Abgasabzug ist zu prüfen.

Übungen:

1. Unterscheiden Sie Bauarten geschlossener WE.
2. Warum haben geschlossene WE für Gas oder Strom keine thermische Ablaufsicherung?
3. Welche Vorteile haben geschlossene SWE gegenüber DWE?
4. Wie werden geschlossene SWE an die KW-Leitung angeschlossen? Fertigen Sie dazu eine Skizze und benennen Sie die Armaturen.
5. Welche Vorteile bieten GSW?
6. a) Aus welchen Bauteilen bestehen GSW? b) Welche Bauteile enthält deren Gasarmatur?
7. Worauf ist beim Aufstellen von GSW zu achten?
8. Welche Inhalte haben geschlossene ESW?
9. Zeigen Sie an einer Skizze die Abstände zwischen KW-, WW- und Abflussanschluss bei Sicherheitsgruppen für ESW.
10. Wie wird bei ESW die Temperatur geregelt?
11. Was geschieht, wenn der Temperaturregler nicht abschaltet?
12. a) Woraus sind Innenbehälter von ESW angefertigt? b) Wie sind diese gegen Korrosion geschützt?

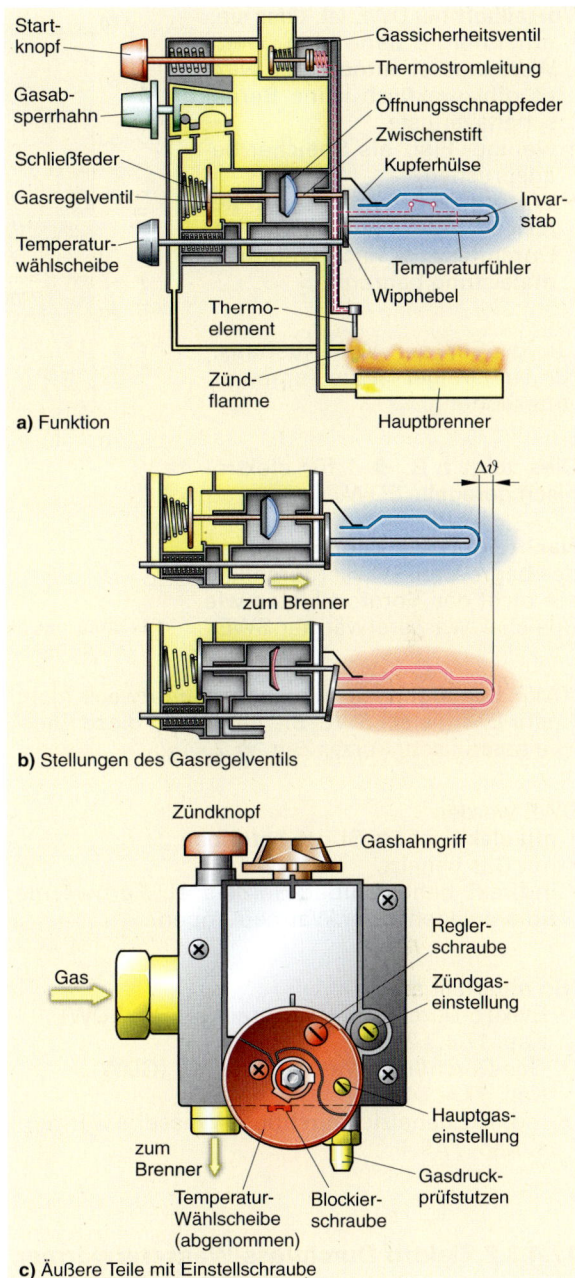

a) Funktion

b) Stellungen des Gasregelventils

zum Brenner

c) Äußere Teile mit Einstellschraube

1 Gasregelarmatur mit Wärmefühler

17.4.3 Durchfluss-Wassererwärmer

17.4.3.1 Einteilung der Durchfluss-Wassererwärmer

Durchfluss-Wassererwärmer (**DWE**) erwärmen das Wasser während des Durchfließens.

> Sie stehen unter vollem Leitungsdruck, zählen also zu geschlossenen Wassererwärmern.

Mehrere Entnahmestellen können angeschlossen werden.

> DWE werden oft als „**Durchlauferhitzer**" bezeichnet. Dies ist aber weder normgerecht (DIN 4753 – *Wassererwärmung*) noch korrekt, denn:
> - Wasser läuft nicht, sondern fließt,
> - es wird nur erwärmt (maximal 60 °C),
> - es wird gar nicht gesagt, wer oder was überhaupt „erhitzt" wird.

17

Vorteilhaft bei DWE ist, dass sie:
- nur Energie benötigen, wenn Warmwasser entnommen wird; es gibt praktisch keine Bereitschaftsverluste,
- weniger Platz als Speicher beanspruchen,
- Warmwasser unbegrenzt liefern können; jedoch ist der Durchfluss, je nach Nennwärmeleistung begrenzt.

> Je größer der WW-Ausfluss, umso geringer ist die Temperaturerhöhung.

Dies zeigt z. B. → 1 für elektronisch geregelte EDW.

Nachteil: DWE können wegen des begrenzten Wasserdurchflusses nicht den Komfort bieten wie Speicher-Wassererwärmer SWE.

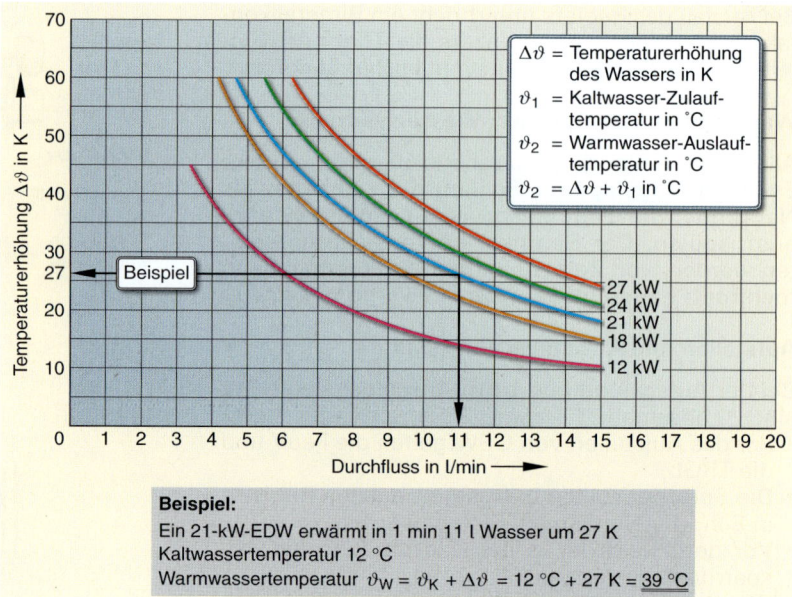

$\Delta\vartheta$ = Temperaturerhöhung des Wassers in K
ϑ_1 = Kaltwasser-Zulauftemperatur in °C
ϑ_2 = Warmwasser-Auslauftemperatur in °C
$\vartheta_2 = \Delta\vartheta + \vartheta_1$ in °C

Beispiel:
Ein 21-kW-EDW erwärmt in 1 min 11 l Wasser um 27 K
Kaltwassertemperatur 12 °C
Warmwassertemperatur $\vartheta_W = \vartheta_K + \Delta\vartheta$ = 12 °C + 27 K = <u>39 °C</u>

1 Leistung von Elektro-Durchfluss-Wassererwärmer

> DWE benötigen für den Verbrauchszweck nicht mehr Energie als SWE. Sie benötigen diese Energie aber in sehr kurzer Zeit, → 2.

DWE werden
- mit elektrischem Strom betrieben,
- mit Gas beheizt,
- indirekt beheizt über Heizkessel, Fernwärme, Solaranlagen- oder Wärmepumpen.

> So unterteilt man:
> - Elektro-Durchfluss-Wassererwärmer (EDW), Kap. 17.4.3.2
> - Gas-Durchfluss-Wassererwärmer (GDW), Kap. 17.4.3.4
> - Indirekt beheizte Durchfluss-Wassererwärmer, s. Kap. 17.5.4

17.4.3.2 Elektro-Durchfluss-Wassererwärmer

Elektro-Durchfluss-Wassererwärmer (**EDW**) sind geschlossene Geräte und können mehrere Entnahmestellen versorgen.

Üblicherweise werden EDW mit einem Anschlusswert von 12 kW, 18 kW, 21 kW, 24 kW oder 27 kW geliefert. Dementsprechend werden sie bezeichnet, z. B. als EDW 12, EDW 21.

> ACHTUNG! Als Anschlusswert gilt bei
> - Elektrogeräten: die zugeführte elektrische Leistung in kW,
> - Gasgeräten: der zugeführte Gasvolumenstrom in m³/h.

Gerät	Energiebedarf : Leistung = Erwärmzeit		
Speicher-WE	6 kWh	: 4 kW	= 1,5 h = 90 min
Durchfluss-WE	6 kWh	: 24 kW	= ¼ h = 15 min

2 Energiebedarf und Erwärmzeit zum Füllen einer Badewanne

Der Warmwasserausfluss in l/min bei EDW lässt sich nach → 1 bestimmen. Überschlägig kann man den Warmwasserausfluss in l/min mit einer Faustregel bestimmen. Je nach Temperaturerhöhung gilt bei:

- $\Delta\vartheta$ = **28 K**:

$$\text{WW-Ausfluss in l/min} = \frac{\text{Anschlusswert in kW}}{2}$$

- $\Delta\vartheta$ = **43 K**:

$$\text{WW-Ausfluss in l/min} = \frac{\text{Anschlusswert in kW}}{3}$$

> **Beispiel:**
> Wie viel l/min WW von 40 °C liefert ein EDW 18?
> KW-Temperatur ≈ 12 °C
> $\Delta\vartheta$ = 40 °C – 12 °C = <u>28 K</u>
>
> $$\text{WW-Ausfluss in l/min} = \frac{\text{Anschlusswert in kW}}{2}$$
>
> $$\text{WW-Ausfluss in l/min} = \frac{18}{2}$$
>
> WW-Ausfluss = <u>9 l/min</u>

Vorteilhaft bei EDW sind:
- hoher Wirkungsgrad, bei Direktentnahme > 95 %,
- geringe Abmessungen bei hydraulisch gesteuerten bzw. elektronisch geregelten Geräten, ➜ 480.1,
- relativ niedrige Anschaffungskosten,
- sofortige Betriebsbereitschaft, also praktisch keine Aufheizzeit,
- keine Bereitschaftsverluste.

Nachteil:
Bei den hohen Anschlusswerten ist Drehstromanschluss (400 V 3~) nötig. Dieser ist nicht überall vorhanden und kostet, je nach Verbrauchsgebiet, evtl. eine hohe Grundgebühr.

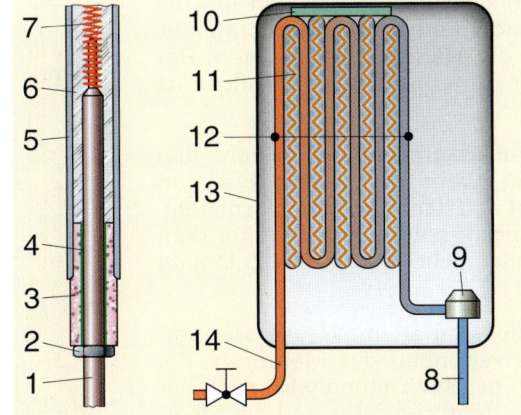

1 Kupferelektrode
2 Abschlussmutter
3 Keramikbuchse
4 Siliconpaste
5 Mantelrohr aus Cu
6 Magnesiumoxid
7 Heizdraht
8 KW-Zufluss
9 Strömungsschalter
10 Sicherheitstemperaturbegrenzer
11 Rohrheizkörper
12 Heizblock
13 Abdeckhaube
14 WW-Auslauf

1 Rohrheizkörper-System

Als **Heizsysteme** werden bei EDW verwendet:
- Rohrheizkörper-System
- Blankdraht-Heizsystem

Beim **Rohrheizkörper-System**
- sind die Rohrheizkörper fest an eine Kupferrohrschlange angelötet, die vom zufließenden Wasser durchströmt wird, ➜ 1,
- sitzen die Rohrheizkörper, ähnlich wie ein großer Tauchsieder, in einem innen verzinnten Kupferbehälter mit 0,5 l bis 1 l Inhalt, ➜ 2, 473.3.

Rohrheizkörper, ➜ 1b, sind bei sehr aggressivem Wasser – spezifischer Widerstand < 1200 Ω · cm – zu verwenden.

Beim meist verwendeten **Blankdraht-Heizsystem** umspült das durchfließende Wasser die Strom führenden Heizwendel unmittelbar. Diese sind in einem Keramik- oder Plexiglasblock eingebaut, ➜ 479.2. Entsprechende Vor- und Nachschaltstrecken sorgen für den notwendigen Isolationswiderstand, wenn der spezifische Widerstand des Leitungswassers > 1200 Ω · cm beträgt. Dies ist in Deutschland der Fall bis auf wenige Orte mit besonders aggressivem Wasser (hohe Anteile von Kohlensäure u. Ä. leiten Strom gut; Rückfrage beim Wasserwerk).
Das Blankdraht-Heizsystem System verhindert ein Verkalken auch bei hartem Wasser.

Die **elektrische Beheizung** wird geschaltet:
- hydraulisch
- elektronisch

Demnach unterscheidet man:
- EDW hydraulisch gesteuert
- EDW elektronisch geregelt

EDW hydraulisch gesteuert

Hydraulisch gesteuerte EDW verfügen über einen
- Druckdifferenzschalter mit Wasserschalter,
- Sicherheitsdruckbegrenzer,
- Wasserdurchflussregler,
- Stufenschalter.

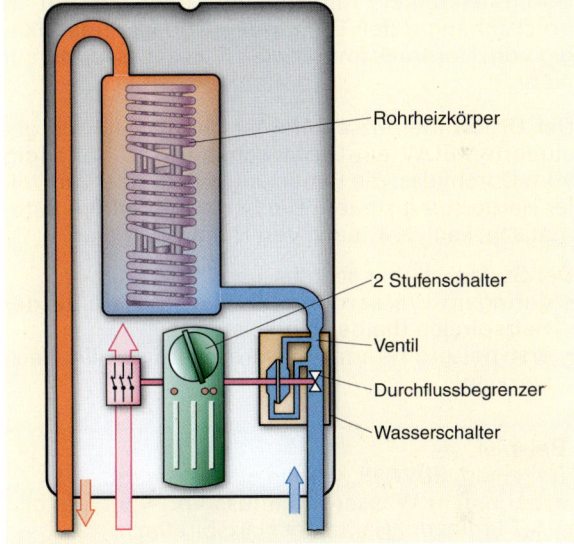

Rohrheizkörper
2 Stufenschalter
Ventil
Durchflussbegrenzer
Wasserschalter

2 Hydraulisch gesteuerte EDW mit Rohrheizkörpern

Der **Druckdifferenzschalter** wird über den **Wasserschalter** im KW-Zufluss zum Heizblock hydraulisch gesteuert, ➜ 478.1.

Wirkungsweise des Druckdifferenzschalters:
Wird an einer Entnahmestelle ein Warmwasserventil geöffnet, fließt kaltes Wasser im Wasserschalter durch ein düsenförmiges Strömungsrohr, Venturi genannt. Vor der Engstelle im Venturi staut sich das Wasser. Ein Staudruck baut sich auf; er wird umso höher, je größer der Durchfluss ist.
Der hohe Staudruck im unteren Membranraum drückt Membran – und mit ihr den Membranteller und einen Stift – hoch, der den Strömungsschalter schließt. Dies ist nur möglich, weil das Wasser oberhalb der Membran durch einen feinen Kanal herausfließen kann. Dieser verbindet die Engstelle im Venturi mit dem oberen Membranraum. An dieser Engstelle im Venturi herrscht geringer Druck, eventuell sogar Sog, weil dort die Druckenergie in Bewegungsenergie umgewandelt ist, um das Wasser zu beschleunigen, vgl. Wasserstrahlpumpe, Kap. 3.1.6.

17

Wird das WW-Ventil geschlossen gleichen sich die Drücke oberhalb und unterhalb der Membran aus. Eine Feder drückt die Membran nach unten. Der Strömungsschalter öffnet und der Stromfluss ist unterbrochen.

Der **Sicherheitsdruckbegrenzer** unterbricht den Stromfluss allpolig, wenn im Heizblock wegen Überhitzung Dampf und damit Überdruck entsteht. Diesen lässt der Rückflussverhinderer hinter dem Druckdifferenzschalter nicht über die KW-Zuleitung ausgleichen.

Ein **Wasserdurchflussregler** im Wasserschalter, → 1, folgt den Bewegungen der Membran. Bei hohem Vordruck in der KW-Leitung wird auch der Staudruck vor dem Venturi größer und die Membran stärker nach oben gedrückt, damit auch der Durchflussregler. Mit seinem Kegel verengt er druckabhängig den Durchgang, sodass unabhängig vom Vordruck immer gleich viel Wasser durchfließt.

Der Druckdifferenzschalter ist bei hydraulisch gesteuerten EDW ein **Stufenschalter**, der abhängig vom Durchfluss, die Beheizung mit 2/3 oder mit voller Heizleistung steuert. Die Schaltung erfolgt automatisch, kann z. T. auch von Hand erfolgen.

Der Stufenschalter schaltet bei:
• geringem Wasserdurchfluss nur die Hälfte der Heizspiralen (halbe Nennleistung),
• erst bei größerem Wasserdurchfluss alle Heizspiralen.

> **Beispiel:**
> Bei einem EDW 18 werden eingeschaltet:
> • bei einem Wasserdurchfluss von 4,5 l/min bis 5,2 l/min: die Hälfte der Heizspiralen
> • bei einem Wasserdurchfluss > 5,2 l/min: alle Heizspiralen

Bei einem Durchfluss < 4,5 l/min ist der Differenzdruck im Wasserschalter so gering, dass der Strömungsschalter den Stromfluss nicht einschaltet.

Bei Versagen des hydraulischen Schalters wird die Stromzufuhr allpolig abgeschaltet
• bei Blankdraht-Heizwendeln: durch einen Sicherheitsdruckbegrenzer,
• bei Rohrheizkörpern: durch einen Sicherheitstemperaturbegrenzer.

> Bei hydraulisch gesteuerten EDW ist die gleichzeitige Wasserentnahme an 2 Stellen, z. B. an Dusche und Spüle, ohne Komfortverlust nicht möglich.

Nachteile der hydraulischen Steuerung:
• Im Grenzbereich der Leistungsstufen kann es zu häufigen Schaltwechseln kommen, wenn der Leitungsdruck sich ändert. Das führt zu Leistungswechseln und zu Temperatursprüngen (Takten des Gerätes).

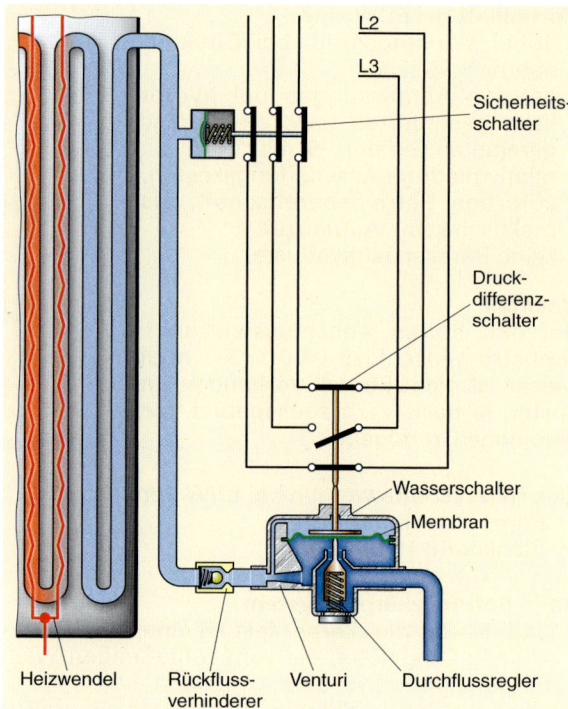

1 Strömungsschalter (Druckdifferenz- und Wasserschalter) für hydraulisch gesteuerte EDW

• Einhebelmischer und normale Thermostatbatterien sind nicht verwendbar. Es gibt aber spezielle Thermostatbatterien dafür.

Diese Nachteile haben **elektronisch geregelte EDW** nicht.

EDW mit vollelektronischer Regelung

Vorteile vollelektronisch geregelter EDW:
• Die WW-Temperatur kann zwischen 35 °C bis 60 °C vorgewählt werden.
• Über 2 Speichertasten können vorprogrammierte „Wunschtemperaturen", z. B. 37 °C für Körperpflege und 50 °C zum Spülen, abgerufen werden.
• Ein Mikroprozessor steuert die elektrische Leistung abhängig von KW-Zuflusstemperatur und Durchfluss.
• Der Wasserdurchflussregler sorgt zusammen mit der Elektronik für gradgenaue Zapftemperaturen, unabhängig von Druck- und Temperaturschwankungen des Kaltwassers.
• Einhebelmischer und Thermostatbatterien sind anschließbar.

Der Wasserdurchfluss ist normal auf 12 l/min begrenzt.

> Wird eine Thermostatbatterie verwendet, ist ein Durchflussbegrenzer (7,5 l/min) einzusetzen.

Dieser gehört zum Lieferumfang der Geräte.

Elektronisch geregelte EDW sind ausgestattet mit, → 1:
- LCD-Display für Temperaturwahl
- Mikroprozessor (vollelektronische Regelung)
- Durchflussmessung
- Durchflussbegrenzer
- Funktions- und Störungsanzeige
- Heizblock mit Blankdraht-Heizsystem

Am **LCD-Display**[1] kann die gewünschte Auslauftemperatur gradgenau eingestellt werden.

Der **Mikroprozessor** regelt die Warmwasserentnahme vollelektronisch. Er passt, je nach gewählter Auslauftemperatur, in Bruchteilen von Sekunden die elektrische Leistung des Gerätes den aktuellen Bedingungen im KW-Zufluss, wie Durchfluss-, Druck- und Temperaturschwankungen, an.

Zur vollelektronischen Regelung gehören so genannte Triacs[2]. Sie schalten die Stromzufuhr zu den Heizwendeln im Millisekundenbereich und ermöglichen hohe Schaltströme und eine praktisch unbegrenzte Schaltspielzahl.

Eine direkte **Durchflussmessung** erlaubt zusammen mit dem **Durchflussbegrenzer** schnelle Regelreaktionen, sodass die WW-Temperatur gradgenau zwischen 30 °C und 60 °C eingehalten wird.

Die **Funktions- und Störungsanzeige** gestattet, Fehler schnell zu erkennen und zu beheben.

Der **Isolierheizblock mit dem Blankdraht-Heizsystem** aus Edelstahl ist korrosionsfest und besonders auch für kalkhaltiges Wasser geeignet, s. u.

Anmerkung:
Bei elektronisch geregelten EDWs gibt es verschiedene Komfortstufen, natürlich mit unterschiedlichen Preisen. Ob sich diese Mehrschienigkeit in der Fertigung und Lagerhaltung lohnt? Sicher könnte bei nur einer Ausführung die komfortabelste Ausführung preisgünstiger als zzt. sein.

Funktionsbeschreibung, zu Bildern → 1, 2:

Regelungstechnische Begriffe sind in grüner Schrift.
Vor dem Öffnen des WW-Ventils ist die gewünschte WW-Temperatur (**Sollwert**) am Temperaturwähler **2**, z. B. dem LCD-Display, einzustellen. Bei geöffnetem WW-Ventil fließt Wasser durch das KW-Anschlussventil mit Sieb **1**, durch das Flügelrad **5** und am KW-Temperaturfühler **7** zur Durchfluss- und KW-Temperaturmessung. Der Mikroprozessor (**Regler**) **13** erfasst die **Messwerte** als **Eingangsgrößen** 1 und 2.

[1] LCD-Display 〈engl.: **l**iquid **c**rystal **d**isplay〉: Bildschirm mit Flüssigkeitskristallanzeige
[2] Triacs 〈engl.: **tri**-electrode **a**lternating **c**urrent **s**witch〉: Drei-Elektroden-Wechselstromschalter

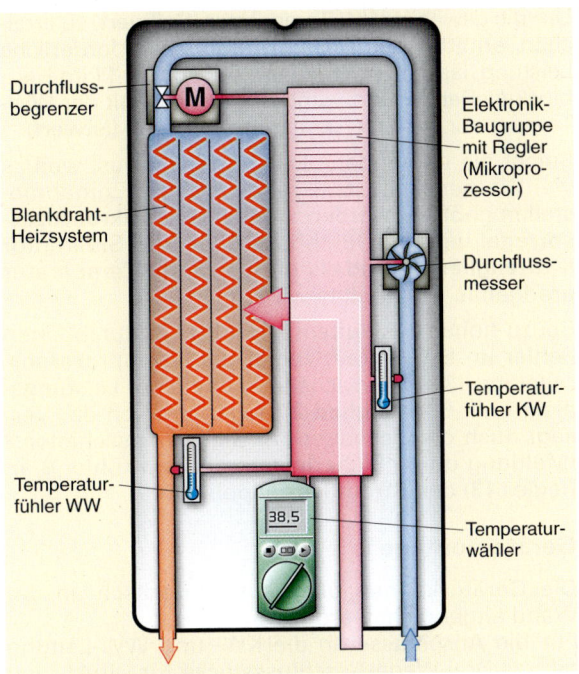

1 Vollelektronisch geregelter Durchlauferhitzer

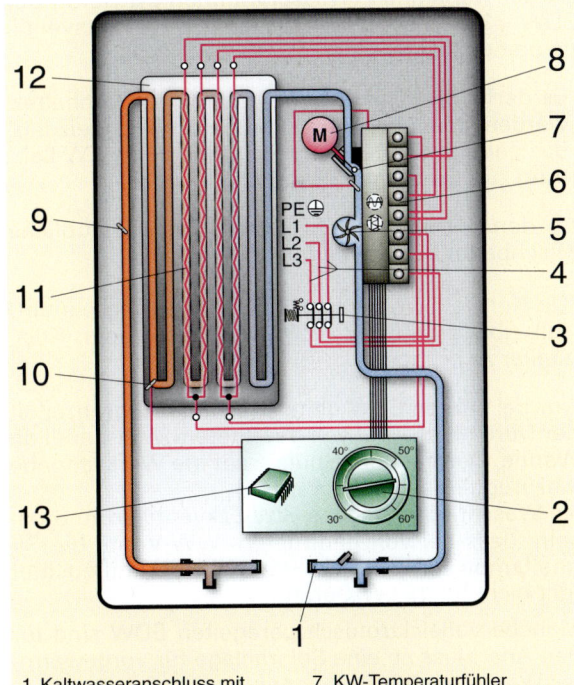

1 Kaltwasseranschluss mit Absperrventil und Sieb	7 KW-Temperaturfühler
2 Temperaturwähler	8 Stellmotor
3 Sicherheitsschalter	9 Sicherheits-Temperaturfühler
4 Stromanschluss	10 WW-Temperaturfühler
5 Flügelrad	11 Heizwendel
6 Leistungselektronik	12 Heizblock
	13 Mikroprozessor

2 Vollelektronisch geregelter EDW mit Blankdrahtheizsystem

Um die gewählte WW-Temperatur (**Sollwert**) zu erreichen, ermittelt der Mikroprozessor die erforderliche Leistung, lässt Strom zu den Heizwendeln **11** im Heizblock fließen **12** und vergleicht ständig mit der WW-Temperatur am WW-Temperaturfühler **10** (**Istwert**).

Reicht die vorhandene Leistung nicht aus, weil zu viel Wasser fließt, z. B. wenn weitere Entnahmestellen geöffnet werden, mindert die **Mikroprozessorregelung** den Durchfluss über den Stellmotor **8** (**Stellglied 1**), sodass die gewählte Temperatur gradgenau eingehalten wird.

Bei zu hoher Auslauftemperatur, z. B. durch einen Fehler im EDW, greift zuerst die Mikroprozessorregelung **13** ein und schaltet mithilfe der Leistungselektronik **6** (**Stellglied 2**) augenblicklich ab. Versagt auch dies, schaltet der Sicherheitsschalter **3** (Meldung durch Sicherheitstemperaturfühler **9** an Regler **13**) den Stromfluss allpolig ab.

Gerätemontage

Die Geräte können über- und untertisch an der Wand angebracht werden, → 1.
Für die Anschlüsse an die KW- und WW-Leitung gibt es Drei-Wege-Anschlussstücke für Direkt- und Fernentnahme, bei KW mit Absperrung, → 1c.
Da der Nenninhalt (Wasservolumen im Gerät) der EDW < 3 l ist, benötigen sie kein Sicherheitsventil, da erst geheizt wird, wenn Wasser fließt.

> Es darf kein Rückflussverhinderer vorgeschaltet werden, damit bei einer eventuellen Nachheizung das geringe Ausdehnungsvolumen in die KW-Leitung zurückweichen kann.

An den Entnahmestellen werden handelsübliche Mischbatterien verwendet.

> Ob Kunststoffrohre für die KW-Zuleitung bis unmittelbar zum EDW möglich sind, ist beim Hersteller zu erfragen.

Nur bei älteren EDW ohne Durchflussbegrenzer ist der Durchfluss – bei voll geöffnetem WW-Ventil an Wanne, Dusche oder Spüle – auf die Werksangabe einzuregulieren (zu begrenzen).
An Waschtischen ist das WW-Eckventil so zu drosseln, dass bei voll geöffnetem WW-Ventil die Signallampe für die Starkheizung nicht aufleuchtet (gilt nicht für 12-kW-Geräte).

Manche vollelektronisch geregelten EDW sind für den Anschluss an eine Solaranlage für vorgewärmtes Wasser bis 60 °C geeignet:
- Bei vorgewärmtem Wasser wird, wenn nötig, gradgenau nacherwärmt.
- Liegt die Zuflusstemperatur über dem am EDW voreingestellten Wert, bleibt der Strom ausgeschaltet.

Der EDW ist möglichst nahe den Entnahmestellen anzuordnen, denn kurze Wege sparen Energie und Wasser. Wenn WW-Temperaturen > 60 °C möglich sind, muss ein Thermostatmischventil eingebaut werden, → 2.

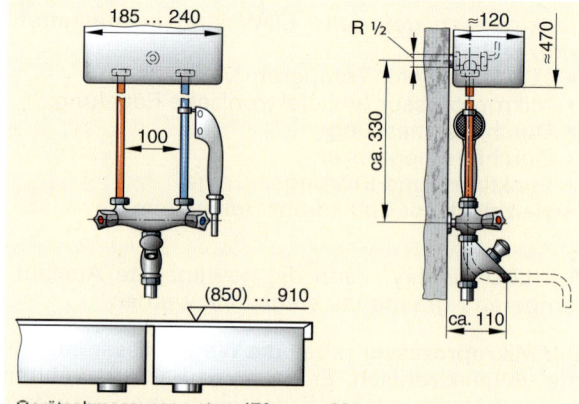

Geräteabmessungen etwa 470 mm × 230 mm × 110 mm
a) Übertischmontage

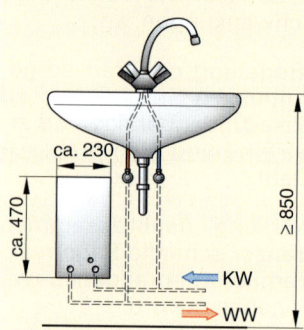

b) Untertischmontage

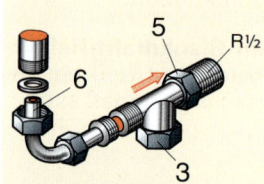

1 KW-Anschluss
2 KW-Absperrventil und Drossel
3 Anschluss für Mischbatterie für Direktzapfung

4 Gerätestutzen KW
5 WW-Anschluss für weitere Entnahmestellen
6 WW-Anschlussbogen vom Gerät

c) KW- und WW-Anschlussstücke für EDW

1 Montage von EDW

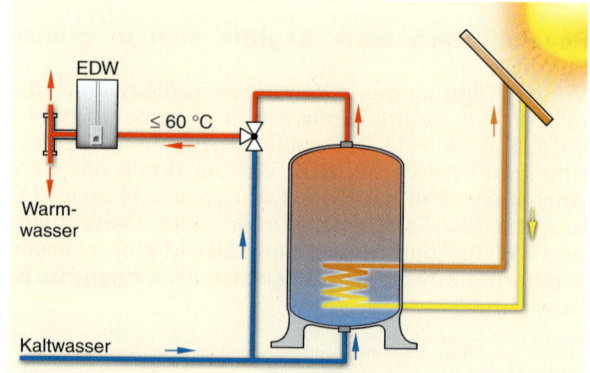

2 Vollelektronische EDW für Solar-Nacherwärmung

17.4.3.3 Elektro-Durchfluss-Speicher-Wassererwärmer

Elektro-Durchfluss-Speicher-Wassererwärmer (**EDS**), ➔ 1, sind geschlossene, thermisch geregelte Speicher mit hohem Anschlusswert. Geregelt werden sie mithilfe eines Temperaturwählreglers, überwacht von einem Sicherheitstemperaturbegrenzer, genau wie ESW.

Ihr Speichervolumen beträgt: 30 l, 80 l oder 100 l. Sie verfügen über zwei Heizstufen mit Heizleistungen:
- 3 kW bis 4 kW bei Kleinbedarf,
- 18 kW bis 24 kW bei Großbedarf.

Vorteile von EDS:
- Bei der Wasserentnahme steht zunächst eine große Speichermenge zur Verfügung.
- Nachgeheizt wird mit hoher Leistung (Erwärmung von 80 l Wasser um 50 K in etwa 15 min!)
- Sie bieten von allen Elektro-Wassererwärmern den höchsten Komfort:
  - großer Volumenstrom,
  - hohe WW-Temperatur (auf Wunsch),
  - schnelle Wiedererwärmung.

Anschluss Elektro-Durchfluss-Speicher-Wassererwärmer

Sie werden wie geschlossene Speicher mit Sicherheitsgruppen an die KW-Leitung angeschlossen, ➔ 465.2.

> Elektrische EDW und EDS dürfen nur vom zugelassenen Elektroinstallateur angeschlossen werden.

17.4.3.4 Gas-Durchfluss-Wassererwärmer

Gas-Durchfluss-Wassererwärmer (**GDW**) erwärmen das Wasser beim Durchfließen. Sie sind genormt in DIN 3368-4 und EN 26.

Gerätegrößen – Handelsbezeichnung, ➔ 2

> Nach DIN EN 26 werden GDW nach ihrer Nennleistung Φ_{NL} eingeteilt in:
> - Klein-GDW
>   (Klein-Gas-Durchfluss-Wassererwärmer)
> - Groß-GDW
>   (Groß-Gas-Durchfluss Wassererwärmer)

Klein-GDW (Kleinwasserheizer) mit Nennleistung Φ_{NL} = 9 kW wurden früher vorwiegend über Küchenspülen eingebaut, heute kaum mehr. In Campingwagen findet man sie noch.

Groß-GDW (Großwasserheizer) mit Nennleistung Φ_{NL} von ca. 18 kW, 23 kW, 28 kW sind noch im Althausbestand und werden dort als Ersatz „Neu für Alt" verwendet. Man kann zwar mehrere Entnahmestellen versorgen, gleichzeitig aber nur bedingt, z. B. Wanne bzw. Dusche und Spüle.

Bild ➔ 3 zeigt Auslaufströme und -temperaturen für GDW mit Leistungssteuerung.

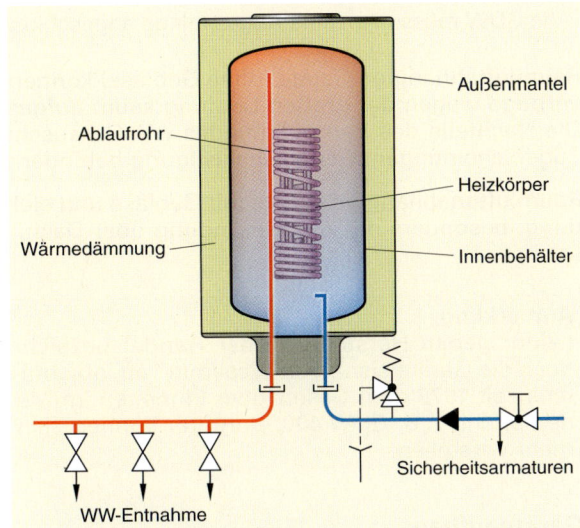

1 Elektro-Durchfluss-Speicher-Wassererwärmer

Gerätebe-zeichnung	Nenn-		Nenn-[1]	Mindest-[2]
	Leistung	Belastung	Wasserstrom	
	kW (kcal/min)	max. kW	l/min	l/min
GDWL[3] 19	7 bis 19,2 (275)	21,8	10	2
GDWL[3] 24	7 bis 24,4 (350)	27,9	13	2
GDWL 28	7 bis 27,9 (400)	32,1	16	2

[1] Beim Nennwasserstrom ist die Temperaturerhöhung $\Delta\vartheta$ = 25 K; daher früher die Bezeichnungen 10-l, 13-l, 16-l-Gerät.

[2] Der Mindestwasserstrom muss fließen, damit das Gerät zündet („anspringt"), dabei ist $\Delta\vartheta$ = 55 K. Bei den temperaturgesteuerten Geräten beträgt der Mindestwasserstrom bei $\Delta\vartheta$ = 50 K immer 2 l/min, ➔ 3.

[3] GDWL haben eine automatische Leistungssteuerung. Die Geräte werden mit 17,5 kW bzw. 23,2 kW ausgeliefert, können aber höher eingestellt werden.

2 Gerätegrößen und Nennwasserstrom leistungsgesteuerter GDW

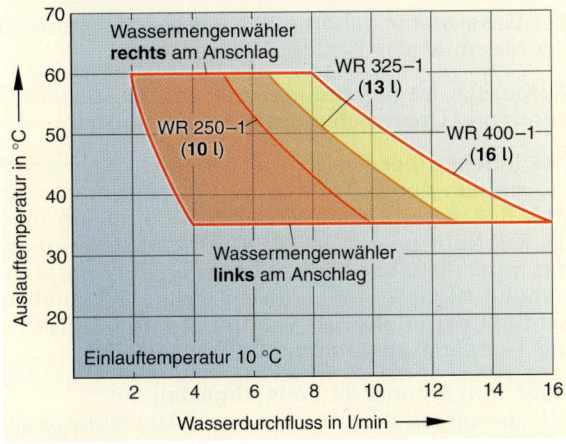

3 Auslaufströme und -temperaturen für GDW mit Leistungsanpassung

17

Alle GDW müssen an eine Abgasanlage angeschlossen werden.

Raumluftabhängige Geräte (ohne Gebläse) können ohne Raumverbund wegen der großen Leistung kaum aufgestellt werden. Die Nachteile des Raumverbundes wie Geräuschübertragung, Zugerscheinungen, Geruchsbelästigung behindern den Absatz.

Raumluftunabhängige Geräte mit Gebläse und elektrischer Zündung, besonders mit Abgasmündung über Dach, sind gut einsetzbar.

Anmerkung:
Leider geben Hersteller in der Handelsbezeichnung immer noch die Geräteleistung in „kcal/min" an, obwohl dies spätestens seit 1978 dem Gesetz über Einheiten im Messwesen widerspricht, z. B. GDW 400. Darunter können sich viele nichts mehr vorstellen.

Geräteaufbau

Die GDW bestehen aus, ➜ 1:
- Gehäuse
- Steuergerät
- Wasserarmatur
- Gasarmatur
- Brenner
- Innenkörper
- Abgasteil

Das **Gehäuse** aus emailliertem bzw. kunststoffbeschichtetem Stahlblech wird von der Geräterückwand und dem abnehmbaren Mantel gebildet. An der Geräterückwand sind alle anderen Bauteile befestigt.

Das **Steuergerät** wird vom Hydrogenerator bei Wasserentnahme mit Strom versorgt. Mittels der von den verschiedenen Fühlern eingehenden Daten steuert es die Zündung des Brenners und den Betriebsablauf. Bei Störmeldungen, z. B. Abgasaustritt an der Strömungssicherung, zu hohe WW-Temperatur, schaltet es das Gerät ab.

Die **Wasserarmatur** enthält die KW- und WW-Anschlüsse, evtl. Entnahmearmaturen, Temperaturwähler, und den Wasserschalter.

Zur **Gasarmatur** gehören das wassergesteuerte Gasventil und der Membranschalter mit Zündgasrohr.

Aufgesetzt ist der **Brenner** mit den Gasdüsen, Zündbrenner, Zünd- und Überwachungselektrode (Ionisations-Elektrode).

Der **Innenkörper** (Heizkörper), wegen der guten Wärmeleitfähigkeit aus Kupfer, ist mit der Wasserarmatur durch KW- und WW-Rohre verbunden. Das KW-Rohr ist um den Heizschacht als Kühlrohr gelegt. In der Wärmetauscherrohrschlange wird das durchfließende Wasser erwärmt. Zur besseren Wärmeübertragung ist diese mit Lamellen bestückt (Lamellenblock); diese sind mit dem Rohr hart verlötet. An der Rohrschlange ist auch der Temperaturbegrenzer (110 °C) befestigt.

Über dem Brenner sitzt das **Abgasteil** mit
- Strömungssicherung mit dem Abgasüberwachungssensor und
- dem Abgasstutzen.

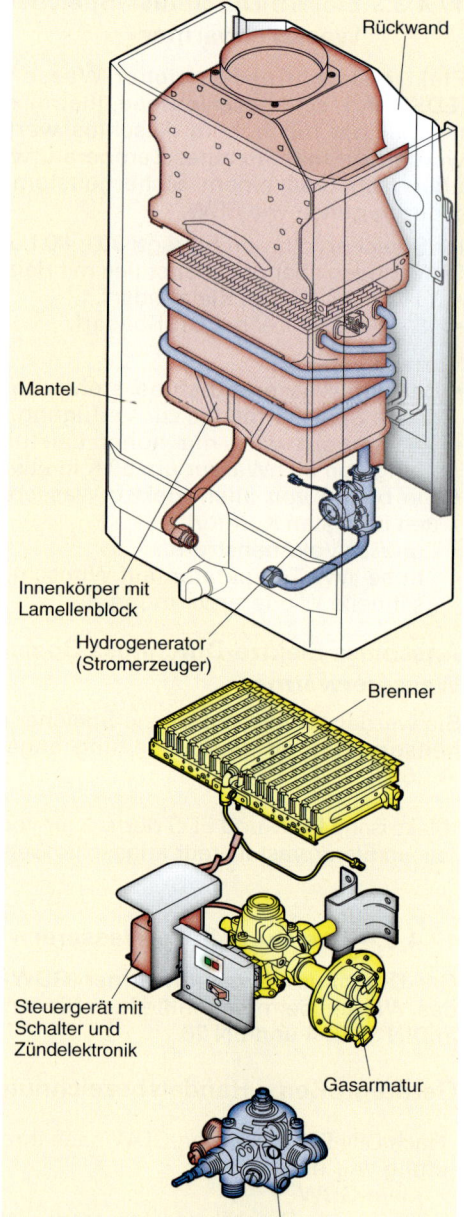

Rückwand

Mantel

Innenkörper mit Lamellenblock

Hydrogenerator (Stromerzeuger)

Brenner

Steuergerät mit Schalter und Zündelektronik

Gasarmatur

Wasserarmatur

1 Bauteile eines GDW

Bauarten von GDW

Die Geräte gibt es
- für Direkt- und/oder Fernentnahme; dabei werden u. U. die Kalt- und Warmwasser-Oberteile durch Stopfen ersetzt; Geräte ab 1990 sind verwendbar für Einhebelmischer und Thermostate,
- als Allgasgeräte; durch Austausch weniger Teile (Hauptdüsen, Zündgasdüse, evtl. Überzündbolzen) sind die Geräte für alle Gasfamilien einsetzbar,
- auch mit Gebläse; sie sind dann raumluftunabhängig.

Wirkungsweise von GDW, → 1

Zur 1. Inbetriebnahme ist der Betriebsschalter 41 einzuschalten; danach bleibt dieser meist „Ein".
Wird nun ein WW-Ventil geöffnet, steuern Steuergerät 42 und Wasserschalter 1 den weiteren Betriebsablauf, wenn mindestens 2,5 l/min durch das Venturi 9 im Wasserschalter 1 fließen. Dieser Durchfluss (Mindestwasserstrom) ist nötig, damit der entstehende Differenzdruck die Membrane nach oben drücken und das wassergesteuerte Gasventil 28 gegen den Druck einer Feder öffnen kann, vgl. → 478.1.

Elektrischen Strom bzw. Spannung für die weiteren Vorgänge liefert bei Geräten

- GDW ohne Gebläse: ein kleiner Generator, der über ein Flügelrad vom durchfließenden Wasser angetrieben wird (Hydrogenerator 43)
- GDW mit Gebläse: der Netzstrom

Im Membranschalter 24 lässt bei Mindestdurchfluss (≙ Spannungserzeugung), → 2:

- das Steuergerät 42 das Zündgasventil 26 öffnen,
- bei gleichzeitig schon offenem Servoventil 27 fließt nun Gas über den Bypass und dem Zündgasrohr zum Zündbrenner,
- dort setzt die Zündung ein: Zündfunken springen von der Zündelektrode 45 zum Brenner 32 über,
- das brennende Zündgas lässt zwischen Ionisationselektrode 44 und Brennermasse Strom fließen,
- dieser Ionisationsstrom von ca. 5 µA bewirkt, dass das Servoventil Spannung erhält: es schließt[1] den Bypass, die Zündflamme geht aus,
- ein Druckunterschied entsteht zwischen linkem Membranraum (Gasüberdruck ≈ 20 mbar) und rechtem Membranraum (Luftdruck):
  - die Membran wird nach rechts gedrückt, das Hauptgasventil öffnet,
  - Gas strömt durch das wassergesteuerte Gasventil zum Brenner,
  - an den Düsen im Brenner wird Luft beigemischt,
  - das Gas-Luft-Gemisch verbrennt und erwärmt das durch den Wärmetauscher fließende Wasser.

[1] **Achtung!** Das Servoventil schließt unter Spannung – das Zündgasventil öffnet unter Spannung

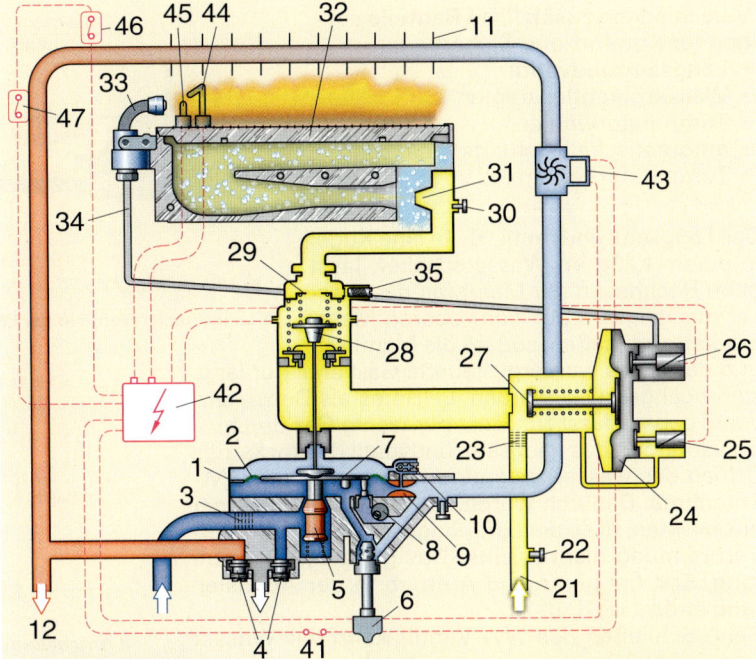

Bauteile im Wasserweg	... im Gasweg	33 Zündbrenner
1 Wasserschalter	21 Gasanschluss	34 Zündgasrohr
2 Membran	22 Messstutzen	35 Gaseinstellschraube
3 Sieb im KW-Anschluss	(Anschlussdruck)	
4 Verschlussstopfen/	23 Gassieb	**... in den Strompfaden**
Ventiloberteile	24 Membranschalter	41 Betriebsschalter
5 Wasserdurchflussregler	25 Servoventil	ein/aus
6 Temperaturwähler	26 Zündgasventil	42 Steuergerät
7 Membranteller mit	27 Hauptgasventil	43 Hydrogenerator
Steuerkegel	28 wassergesteuertes Gasventil	44 Überwachungselektrode (Ionisationselektrode)
8 Einstellschraube für	29 Drosselscheibe	45 Zündelektrode
$\Delta\vartheta$ = SOK (Mindestwasserdurchfluss)	(Flüssiggas)	46 Abgasüberwachungssensor
9 Venturi	30 Messstutzen	47 Temperaturbegrenzer
10 Langsamzündventil	(Düsendruck)	
11 Wärmetauscher	31 Gasdüse(n)	
12 WW-Anschluss	32 Brenner	

1 Gas-Durchfluss-Wassererwärmer mit Leistungssteuerung (GDWL)

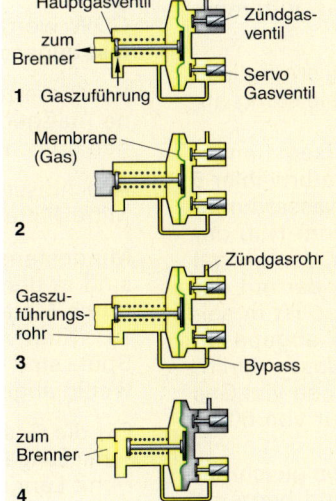

1 Gaszuführung — Hauptgasventil, zum Brenner, Zündgasventil, Servo Gasventil

2 Membrane (Gas)

3 Gaszuführungsrohr — Zündgasrohr, Bypass

4 zum Brenner

1. Warmwasserventil zu (keine Zündung).
Zündgasventil geschlossen (stromlos). Druckdifferenz gleich. Servoventil geöffnet (stromlos). Über Bypassleitung Druckausgleich an der Membrane.

2. Warmwasserventil auf (Zündung an).
Zündgasventil geöffnet (unter Spannung) Druckdifferenz gleich. Servoventil geöffnet (stromlos). Über Bypassleitung strömt Zündgas über Zündgasventil zum Zündbrenner.

3. Warmwasserventil offen (Zündung aus) Servoventil geöffnet (unter Spannung) Servoventil geschlossen (unter Spannung). Zündflamme verbindet Ionielektrode mit Brennermasse, dadurch fließt über das brennende Zündgas ein Ionistrom von ca. 5 µA. Sobald Ionistrom fließt, bekommt Servoventil Spannung und schließt den Bypass.

4. Warmwasserventil offen (Zündung aus)
Ionisationsstrom fließt. Zündgasventil geöffnet (unter Spannung). Servoventil geschlossen (unter Spannung). Durch Druckdifferenz zwischen dem rechten – und linken Membranteiler (links hoher Gasdruck; rechts niedriger Luftdruck) wird die Membrane nach rechts gedrückt, gleichzeitig öffnet das Hauptgasventil. Aus der rechten Membrankammer entweicht das Gas und die Zündflamme geht aus.

2 Membranschalter eines GDW

Verschiedene **zusätzliche Bauteile** sorgen für Komfort und Sicherheit:
- Langsamzündventil
- Wasserdurchflussregler
- Temperaturwähler
- automatische Leistungsanpassung
- Temperaturbegrenzer

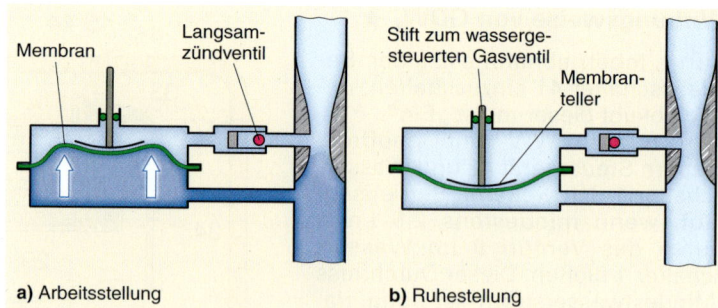

a) Arbeitsstellung   b) Ruhestellung

1 Langsamzündventil in der Wasserarmatur

Das **Langsamzündventil**, → 1a eine Kugel in einem Käfig im Wasserschalter, lässt beim Hochheben der Membran das Wasser nur langsam aus dem oberen Membranraum abfließen, sodass die Membran und damit das wassergesteuerte Gasventil nur langsam hochgedrückt werden. Letzteres als Doppelsitzventil gebaut, lässt zunächst nur wenig Gas durch.
So verhindert das Langsamzündventil das ruckartige Öffnen des wassergesteuerten Gasventils bei WW-Entnahme. Dadurch würde so viel Gas am Brenner ausströmen, dass die Luftmenge im Heizschacht zur Verbrennung nicht reichte. Das gäbe eine Verpuffung. Erst bei genügend Auftrieb in der Abgasleitung strömt viel Luft zu.
Beim Schließen des WW-Ventils kann das Wasser ungehindert in den oberen Membranraum strömen, → 1b, sodass keine Verzögerung eintritt.

Achtung!
Bei Wartung Langsamzündventil richtig einsetzen!

Der **Wasserdurchflussregler** 5, → 483.1, sorgt für gleich bleibenden Wasserdurchfluss bei Druckschwankungen im KW-Zufluss und verhindert so Temperaturschwankungen. Sein Regelbolzen ist mit der Membran durch eine Feder kraftschlüssig verbunden. Der Bolzen verengt bei hohem Druck Durchgang und gibt ihn bei geringem Druck frei: Der Wasserdurchfluss bleibt konstant, vgl. → 478.1.

Mit dem **Temperaturwähler** 6 kann der Benutzer einen Umgehungskanal am Venturi öffnen, sodass mehr Wasser als der Mindestwasserstrom durch das Gerät fließt. Dadurch wird die Auslauftemperatur herabgesetzt.

Die **automatische Leistungsanpassung** ermöglicht, den Gasstrom der geforderten Wärmeleistung anzupassen:
Am Membranteller 7 sind zwei Steuerkegel angebracht, die in Bohrungen zum Temperaturwähler 6 und Einstellschraube für den Mindestwasserdurchfluss greifen. Sie steuern abhängig vom Hub der Membran den Wasserdurchfluss. Der Ventilkegel des wassergesteuerten Gasventils 28, der mit der Membran kraftschlüssig verbunden ist, ist in seiner Form dem Wasserdurchfluss so angepasst, dass dieses Gasventil bei geringem Wasserdurchfluss (> 2,5 l/min) zwar öffnet, aber nur so viel Gas durchlässt, dass die Auslauftemperatur von 60 °C nicht überschritten wird.
Der Wasserdurchflussregler 5 regelt den gleichmäßigen Durchfluss druckunabhängig und begrenzt ihn auf maximal 8 l/min.

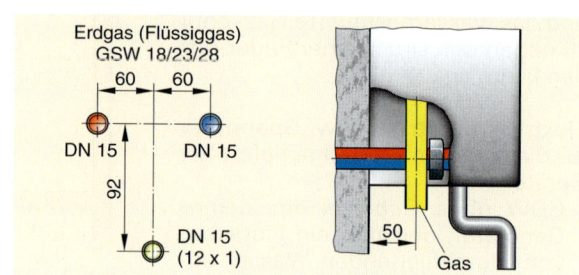

2 Anschlussmaße von GDW für Erd- bzw. Flüssiggas

Der Sensor des **Temperaturbegrenzers** 47 unterbricht den Stromfluss im Gerät, falls der Brenner einmal nachbrennen sollte und die WW-Temperatur zu hoch wird. Der Stromfluss wird auch durch die Abgasüberwachung 46 unterbrochen, wenn Abgase an der Strömungssicherung austreten.
In beiden Fällen schaltet das Steuergerät den GDW ab.

Aufstellen und Anschluss von GDW

Beim Aufstellen der GDW sind TRGI und Feuerungsverordnung des jeweiligen Bundeslandes zu beachten, s. Kap. 14.11.

Für ihren Anschluss an Gas-, KW- und WW-Leitung gilt:
GDW werden an die Gas- und die Wasserleitung **fest** angeschlossen.

Voraussetzung für eine ordentliche Montage ist eine maßgenaue Rohrinstallation. Montageschablonen erleichtern die Arbeit.

Anschlussmaße für Gas, KW und WW (alle Maße: Mitte-Mitte) zeigt Bild → 2.

Mindestens 1,5 m vor und 1,5 m nach dem GDW sind in der KW- und WW-Leitung Kunststoffrohre durch Metallrohre zu ersetzen. Für WW-Leitungen zu „Kleinverbrauchern" wie Waschtisch, Bidet, Spüle sind Rohre in DN 12 sinnvoll (geringer Inhalt, wenig abgekühltes Wasser fließt aus).

Für die Gasanschlussleitung
- mit Länge ≤ 2 m: genügt DN des Geräteanschlusses,
- mit Länge > 2 m: DN ist nach TRGI zu ermitteln.

In der KW-Leitung soll der Fließdruck ≥ 1,5 bar sein.

17

484

Störung	mögliche Ursache	Behebung
Gerät zündet nicht	Schalter auf „AUS"	Gerät einschalten, prüfen ob Gashahn offen
Zündflamme zündet nicht sofort	Wasserdurchfluss zu gering (siehe auch übernächste Zeile)	Prüfen und korrigieren
Wasser wird nicht recht warm	Wasserdurchflussregler nicht richtig eingesetzt	Position des Reglers prüfen
Es fließt zuwenig Wasser	Wasserdruck zu gering	Feinfilter und Absperrungen in der Zuleitung prüfen; AV weit öffnen bzw. reinigen oder ersetzen
	Auslaufventil zu wenig geöffnet, falscher Luftsprudler oder verstopft	
	Wassersieb verstopft	Reinigen
	Innenkörper verkalkt	Entkalken
Wasser wird nicht recht warm und Flammen sind zu klein	Gasdurchfluss zu gering	Alle Gashähne in der Zuleitung prüfen, Gassieb reinigen, Gasdüsen prüfen
Gerät schaltet während der Wasserentnahme aus	Abgasüberwachung spricht an	Raum lüften, nach 10 min wieder einschalten – Falls Fehler nochmals auftritt, Sensor überprüfen

1 Störungen und ihre Behebung

Die Inbetriebnahme des Gerätes ist nach der Herstelleranweisung vorzunehmen. Sie ist dem Kunden eingehend zu erklären und vorzuführen.

Einstellen von GDW

GDW sind werkseitig eingestellt (Gasart auf Geräteschild bzw. Verpackung beachten). Der Installateur muss prüfen, ob die angegebene Gasart mit der örtlichen übereinstimmt. Bei Abweichung ist das Gerät auf die andere Gasart umzustellen bzw. neu einzustellen, s. Kap. 13.5.

Zum Einstellen von GDW benötigt man:
• die Installationsanleitung mit den genauen Einstellwerten bzw. den Düsendrücken für das Gerät,
• U-Rohrmanometer,
• Uhr mit Sekundenzeiger,
• Schraubendreher,
• Thermometer.

Einzustellen sind, s. auch Kap. 13.5.2:
• Hauptbrenner
• Abgasabzug
• Abgasüberwachung

Hauptbrenner, Einstellschraube 35 siehe ➔ 482.1:
• Düsendruckmethode – zeitsparend
• volumetrische Methode – zur Kontrolle

Der **Abgasabzug** ist an der Unterkante der Strömungssicherung mit der Hand oder dem Tauspiegel bei geschlossenen Fenstern und Türen zu prüfen. Nach mindestens 5 min Betriebszeit dürfen keine Abgase mehr austreten.

Die **Abgasüberwachung** prüft man, indem man den Abgasweg verschließt. Kurz danach muss der GDW automatisch abschalten.

Störungen an GDW – Fehlersuche

Um Fehler zu erkennen, ist es unerlässlich, Bauteile und die Wirkungsweise des GDW genau zu kennen. Wertvolle Hilfe leistet die Einbau- und Bedienungsanleitung. Im Reparaturfall werden aus Kostengründen z. T. ganze Bauteile ausgetauscht.

Beispiel:
Es wird der komplette Wasserschalter ausgetauscht, statt die einzelne Membran.

Einige typische Störungen und ihre Beseitigung zeigt Bild ➔ 1.

Für die eingehende Störungssuche liefern Gerätehersteller Anleitungen zur Störungssuche und -behebung.

Die **erste Maßnahme bei der Störungssuche** sollte sein:
Prüfen, ob sich beim Öffnen des WW-Ventils der Ventilstift des wassergesteuerten Gasventils hebt. Das ist durch die Bohrung an der Nahtstelle Wasserteil/Gasteil erkennbar; evtl. Taschenlampe benutzen.
• Wenn nein: Fehler wasserseitig.
• Wenn ja: Fehler gasseitig.

Zur Reparatur von GDW sind nur Originalersatzteile, Spezialfette für Gas bzw. Wasser und fachgerechtes Werkzeug zu verwenden.

Übungen zu diesem Teilkapitel finden Sie auf S. 492.

17

17.5 Indirekt beheizte Wassererwärmer

17.5.1 Energiebedarf

Der Energiebedarf für Gebäude wird häufig unterschätzt. Er ist in Deutschland höher als für den gesamten Verkehr oder für die gesamte Industrie nötig ist, ➜ 1. Allein die Raumwärme schluckt schon mehr, wie Bild ➜ 1 zeigt.
Auch beim privaten Energieverbrauch ist der Anteil für die Raumheizung sehr hoch, ➜ 2.

Nutzt man zum Wassererwärmen die Sonne mithilfe von Solaranlagen oder Wärmepumpen, kann viel Energie gespart werden. Die Sonne scheint ja umsonst. Aber der Aufwand für diese Anlagen ist hoch: Sonnen- oder Erdkollektoren bzw. Tiefbohrung, großer Warmwasserspeicher, Leitungssystem, Regelung, Umwälzpumpe(n) – und natürlich Arbeitszeit – und beim Umbau Schmutz.
Auf ein paar Quadratmeter Kollektorfläche sollte es da nicht mehr ankommen. Deshalb sollte der Aufwand für Trinkwassererwärmung immer verknüpft werden mit dem „großen Brocken" Raumheizung, ➜ 3. Erst dann spart man viel Energie und der Aufwand wird wirtschaftlich.

> Grundsätzlich sollen Solaranlagen zur Wassererwärmung **und** Heizung eingesetzt werden, nach dem Motto: „Wenn schon, denn schon!".

Bei gemeinsamer Nutzung (Heizung + Wassererwärmung) zahlt der Staat auch höhere Zuschüsse.

17.5.2 Wärmeträger und Wärmetauscher

In direkt beheizten Wassererwärmern wird Trinkwasser durch eine Brennerflamme oder durch elektrischen Strom erwärmt. Bei indirekter Erwärmung wird ein so genannter Wärmeträger erhitzt, z. B das Wasser eines Heizkessels oder einer Solaranlage.

Wärmeträger für indirekt beheizte Wassererwärmer sind:
• Heizwasser
• Wasserdampf
• Abgase
• Arbeitsmittel von Wärmepumpen oder Solaranlagen, vgl. Kap. 17.2.2.1

Vor allem Solaranlagen liefern an Tagen mit ungetrübter Sonnenstrahlung oft viel mehr Energie (Wärme) als gebraucht wird. Überschüssige Wärme wird für sonnenarme Tage in großen SWE gespeichert, z. B. für Einfamilienhäusern in SWE ab 300 l Inhalt.

Der **Wärmeträger** gibt dann die mitgeführte Wärme in einem Wärmetauscher an Trinkwasser ab, vgl. Kap. 17.2.2.1.
Bei Wärmetauschern kann die Strömungsrichtung des Wärmeträgers (Heizmittels) zum erwärmenden Wasser sein, ➜ 4 :
• gleich gerichtet
• gegenläufig, daher der Name „Gegenstromapparat"
• gekreuzt, meist bei Plattenwärmetauschern

> Wärmetauscher sind:
> • Rohrwendel im Wassererwärmer
> • Plattenwärmetauscher außerhalb des Wassererwärmers

Rohrwendel im Wassererwärmer sind Rohrheizflächen oder Rohrschlangen. Sie bestehen aus Stahl, Kupfer oder Edelstahl. Zur besseren Wärmeübertragung sind die Rohre z. T. auf einer Seite mit Rippen oder Noppen versehen oder spiralig verformt, ➜ 487.2.

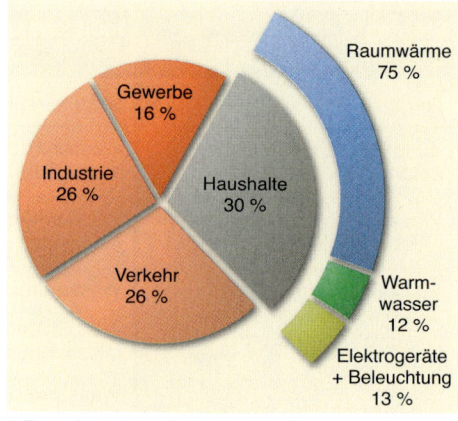

1 Energieverbrauch Deutschland

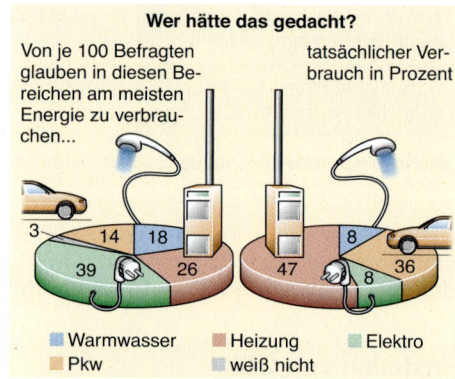

2 Privater Energieverbrauch in 2008 – Schätzung und Realität

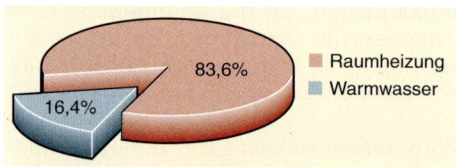

3 Verhältnis des Energiebedarfs für Raumheizung und Trinkwassererwärmung

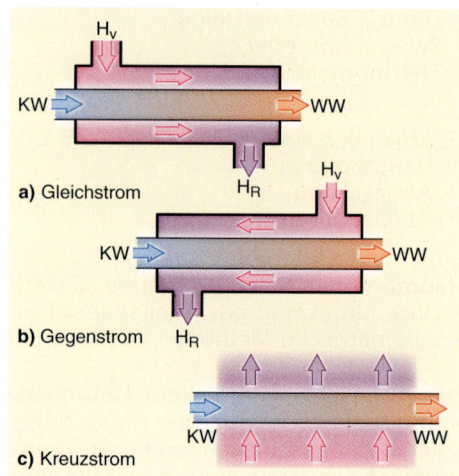

4 Strömungsrichtung bei Wärmetauschern

17

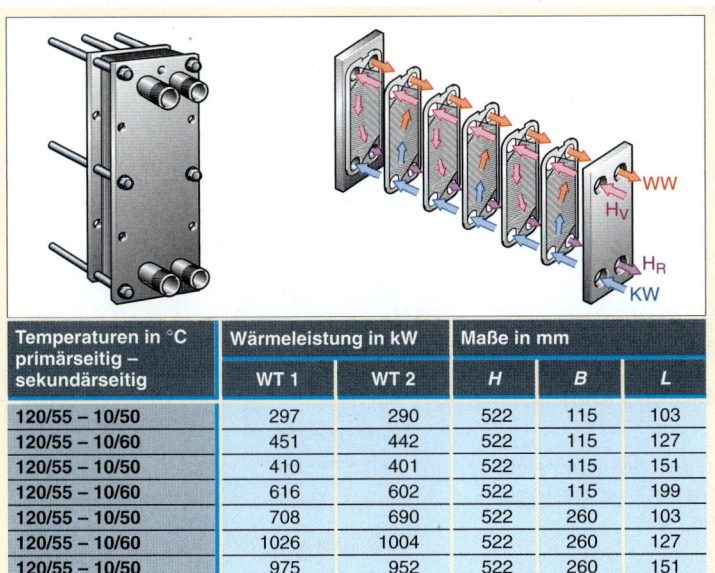

Temperaturen in °C primärseitig – sekundärseitig	Wärmeleistung in kW		Maße in mm		
	WT 1	WT 2	H	B	L
120/55 – 10/50	297	290	522	115	103
120/55 – 10/60	451	442	522	115	127
120/55 – 10/50	410	401	522	115	151
120/55 – 10/60	616	602	522	115	199
120/55 – 10/50	708	690	522	260	103
120/55 – 10/60	1026	1004	522	260	127
120/55 – 10/50	975	952	522	260	151
120/55 – 10/60	1324	1296	522	260	199

1 Plattenwärmetauscher – Wärmeleistung (Beispiel)

Die Achse der Rohrwendel sollte immer senkrecht sein, ➜ 2c und 488.1, sodass
- die Rohrwendel gut zu entlüften sind,
- sich darin kein Schlamm, Rost u. Ä. ablagern kann und ihren Querschnitt verringert wie bei waagerechter Rohrachse, ➜ 3.

Plattenwärmetauscher bestehen aus korrosionsbeständigen, rippenartig geprägten Edelstahlplatten. Diese sind miteinander hart verlötet, verschweißt oder mit Zwischendichtungen verpresst. Zwischen den kreuzförmig verlaufenden Einpressungen strömt auf der einen Seite der Wärmeträger (**Primärseite**), auf der anderen Seite das Trinkwasser (**Sekundärseite**), ➜ 1.
Das ergibt große Berührungsflächen und eine intensive Wärmeübertragung, sodass auf kleinem Raum große Wärmemengen übertragen werden.

Bei großer Wasserhärte ist vor dem Einbau eines Plattenwärmetauschers beim Hersteller nachzufragen.

Plattenwärmetauscher sind außerhalb (extern) des Wassererwärmers angeordnet. Sie eignen sich gut für die Wärmeübertragung:
- bei der Trinkwassererwärmung
- bei Solaranlagen
- bei Fernwärmeübergabestationen
- bei Speicher-Lade-Systemen
- bei gasförmigen Heizmitteln, die beim Kondensieren noch latente Wärme abgeben, wie Abgase

17.5.3 Indirekt beheizte Speicher-Wassererwärmer (SWE)

17.5.3.1 Indirekt beheizte SWE – Einsatz und Werkstoffe

- Speicher-Wassererwärmer (SWE) nehmen Wärme auf und speichern diese im Wasser („Speicher laden"), ➜ 487.3. ,
- geben sie bei Bedarf als Warmwasser ab („Speicher entladen").

Allgemein sind SWE im Kap. 17.2.2.3 beschrieben.

[1] latente Wärme: versteckte Wärme, die ein Stoff bei Änderung des Aggregatzustandes abgibt

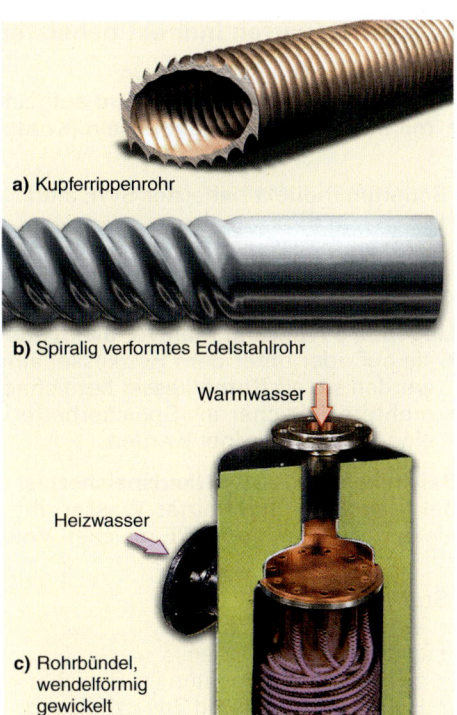

a) Kupferrippenrohr

b) Spiralig verformtes Edelstahlrohr

Warmwasser

Heizwasser

c) Rohrbündel, wendelförmig gewickelt

2 Rohre und Rohrwendel für mittelbar beheizte WE

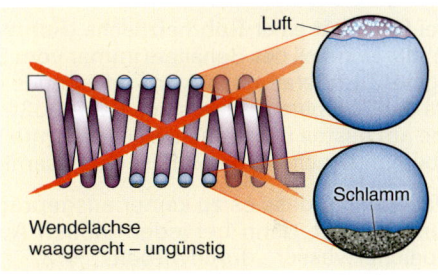

Luft

Schlamm

Wendelachse waagerecht – ungünstig

3 Rohrwendelachse waagerecht – ungünstig

Indirekt beheizte SWE werden gefertigt aus:
- Stahl, innen emailliert (Thermoglasur) oder kunststoffbeschichtet; diese SWE sind zusätzlich mit einer Schutzanode ausgestattet,
- rostfreiem Chrom-Nickel-Stahl, landläufig „Edelstahl", ➜ 488.1,
- Polypropylen (PP), nur in Einzelfällen.

Üblicher **Betriebsdruck** bei SWE ist für:
- den Trinkwasserbehälter: p_{WW} = 10 bar
- die Heizrohrwendel: p_{HR} = 1,8 bar bis 2,5 bar

Alle SWE müssen zu entleeren sein; die Entleerung ist direkt am WW-Speicher angeordnet oder wird in den KW-Zufluss eingebaut. Auch müssen SWE in Bodennähe durch eine große Öffnung zugänglich sein, um abgelagerten Kalk- und Korrosionsschlamm zu entfernen, Reinigungsöffnung in ➜ 488.1.

17

17.5.3.2 Bauarten indirekt beheizter SWE

Indirekt beheizte SWE können:
• vom Wärmeerzeuger getrennt aufgestellt werden, ➔ 1,
• mit ihm zusammengebaut sein (Kombikessel), ➔ 2.

Bauarten indirekt beheizter SWE sind:
• liegende SWE
• stehende SWE
• SWE für moderne Speichertechnik, siehe Kap. 17.5.3.4

Liegende SWE wählt man vor allem aus Platzgründen, wenn
• sie auf oder unter dem Heizkessel eingebaut sind, ➔ 2; dann werden sie als **Kombikessel** bezeichnet,
• mehrere Speicher als Speicherbatterie (Platz sparend) übereinander angeordnet werden.

Bei stehenden SWE (Standspeicher) ist unterhalb der Rohrwendel nur wenig unbeheiztes Wasser. Ihr „Totraum" ist geringer als der bei liegenden SWE gleichen Volumens, ➔ 1.

Standspeicher gibt es mit:
• einer Rohrheizfläche
• zwei Rohrheizflächen
• zusätzlichen Einbauten im Speicher
• Rohrheizflächen und Zusatzheizung
• Speicher-Ladesystem

Bei **SWE mit einer Rohrheizfläche** (Rohrwendel), ➔ 1, 2, ist diese im unteren Teil des Behälters immer vom Speicherwasser mit niedrigster Temperatur bzw. vom zufließenden Kaltwasser umspült.
Da der Temperaturunterschied am größten ist, wird dort die Wärme am besten übertragen. Das erwärmte Wasser steigt dann nach oben und nach einiger Zeit ist der gesamte Inhalt durchwärmt.

Nachteil ist, dass es zu keiner ausgeprägten Temperaturschichtung kommt, denn bei jedem neuen Aufheizvorgang wird das Speicherwasser „durchwirbelt", ➔ 3.

SWE mit zwei Rohrheizflächen verwendet man, wenn zwei verschiedene Wärmequellen genutzt werden, z. B. ein Heizkessel und eine Wärmepumpe oder eine Solaranlage, ➔ 489.1.
In ➔ 489.1 ist die untere Rohrwendel für den Wärmeträger der Solaranlage, die obere für das Heizwasser vom Heizkessel.

Durch die obere Rohrwendel wird nur das obere Speicherdrittel erwärmt. Das erwärmte Speicherwasser „schwimmt" oben auf dem darunter liegenden kühlen Wasser – und bleibt oben „liegen".

Diese Bauart ist jedoch bedenklich, weil sich Legionellen ansiedeln können, denn im unteren Teil ist die Mindesttemperatur von 60 °C oft nicht zu erreichen. Diese ist aber zum Abtöten von Legionellen erforderlich und nach DVGW W 551 bei Großanlagen gefordert.

Manche Hersteller versuchen durch zusätzliche Einbauten in indirekt beheizte SWE eine Schichtung des Wassers zu erzielen, d. h. oben heiß, unten kühl, z. B. durch Leitrohre, mit und ohne Klappen, vgl. ➔ 489.2.
Dies kann eines Tages zu Störungen und damit zu Kosten führen. Auch können sich in Einbauten Ablagerungen als Nährboden bilden. All dies kostet Geld und ist einfacher beim echten Schichtspeicher zu erreichen, siehe Kap. 17.5.3.3.

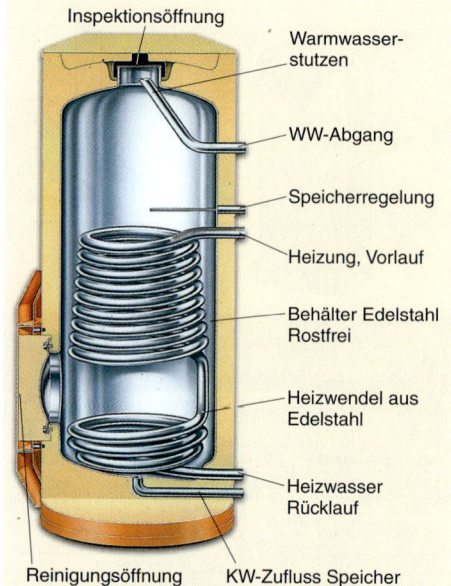

1 Rohrwendel im separaten Standspeicher

Labels (von oben):
Inspektionsöffnung · Warmwasserstutzen · WW-Abgang · Speicherregelung · Heizung, Vorlauf · Behälter Edelstahl Rostfrei · Heizwendel aus Edelstahl · Heizwasser Rücklauf · Reinigungsöffnung · KW-Zufluss Speicher

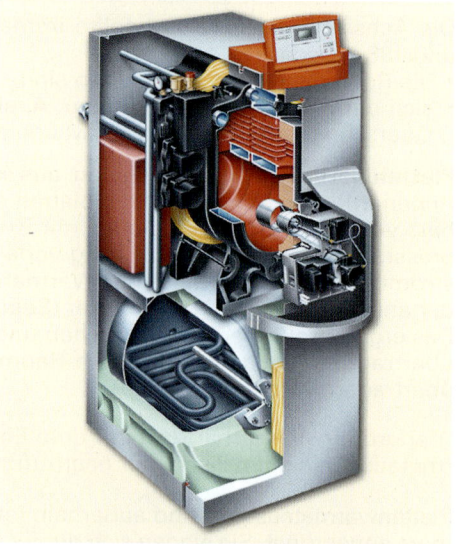

2 Rohrwendel im liegenden Einbauspeicher

Versuch:
Deponiert man am Boden eines Glases mit kaltem Wasser einen Farbstoff, steigen beim Erwärmen des Bodens Farbschlieren auf. Sie zeigen die Turbulenz im Wasser an, die durch den Auftrieb entsteht.

3 **Auftrieb durch Heizwendel „durchwirbelt Speicherwasser"**

17

488

Bei SWE mit Rohrheizflächen und Zusatzheizung wird im SWE für Solaranlagen ein Brennwertgerät eingebaut (integriert). Dieses ersetzt die zweite Heizwendel und einen Heizkessel, ➔ 3:
- dies vereinfacht den Regelaufwand,
- erfordert weniger Platz für die Anlage,
- verkürzt die Montagezeit.

Das Brennwertgerät ist so angeordnet, dass beim Betrieb die Abgase im Abgaswärmetauscher immer kondensieren. Das garantiert auf Dauer einen sehr hohen Wirkungsgrad.

Speicherwassererwärmer mit Speicherladesystem

Das Wasser mancher Warmwasserspeicher wird in einem Platten-Wärmetauscher erwärmt und im gut wärmegedämmten Behälter auf Vorrat gehalten, ➔ 4. Dies nennt man Speicherladesystem.

Dieses System wird noch zur Trinkwassererwärmung genutzt. Wegen der großen Speicher, mit WW-Temperaturen teils < 50 °C, birgt es aber Gefahren vor allem durch Legionellen.

Es gibt Speicherladesysteme mit:
- externem (außen liegendem) Wärmetauscher
- internem (innen liegendem) Wärmetauscher

Beim Speicherladesystem mit **externem Wärmetauscher**, ➔ 4, wird Trinkwasser
- in einem Plattenwärmetauscher mit hoher Leistung kontinuierlich (fortlaufend) erwärmt,
- in einen unbeheizten, gut wärmegedämmten Speicher gepumpt,
- dort auf Vorrat gehalten.

Sinkt die Speicherwassertemperatur, wird das Wasser über die temperaturgesteuerte Ladepumpe durch den Wärmetauscher gedrückt und wieder erwärmt.

Bei großem WW-Bedarf werden oft mehrere Speicher hintereinander geschaltet.
Nur im ersten Speicher, dem **Ladespeicher**, ist eine Rohrheizwendel mit großer Wärmeleistung eingebaut, der **interne Wärmetauscher**. Aus dem Ladespeicher werden die nachgeschalteten Speicher, ohne Beheizung, sogenannte Pufferspeicher, über eine Umwälzpumpe, die Speicherladepumpe „aufgeladen".
Derartige Anlagen werden gebaut für kurzfristig sehr hohen Warmwasserbedarf, z. B. in großen Sportanlagen, Wintersporthotels.

Nachteilig ist, dass darin Legionellen gute Nährböden finden. Deshalb werden sie heute ersetzt durch:
- moderne Schichtspeicheranlagen, siehe Kap. Kap. 17.5.3.3
- indirekt beheizte Durchfluss-Wassererwärmer, ➔ 17.5.4

17.5.3.3 Schichtspeicher

Indirekt beheizte Speicher sollen so betrieben werden, dass Wasser je nach Temperatur im Behälter geschichtet ist – oben heiß, nach unten zu kühl, als sogenannte Schichtspeicher, ➔ 490.2.

Vorteile des Schichtspeichers:
- Schichtspeicher sind flink, d. h., sie liefern schon beim Aufheizen sehr schnell warmes Wasser.
- Bei der geringen Rücklauftemperatur am Speicherboden, ➔ 2
  - können Solarkollektoren bei geringer Sonnenstrahlung noch Wärme abgeben,
  - erzielen Wärmepumpen hohe Wirkungsgrade.
  - kondensieren Abgase von Brennwertgeräten; die im Wasserdampf der Abgase enthaltene Wärme, die latente Wärme wird so voll genutzt.

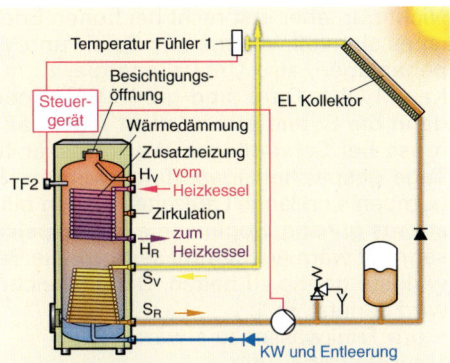

1 Standspeicher mit zwei Rohrheizflächen für den Betrieb mit Heizkessel und Solaranlage

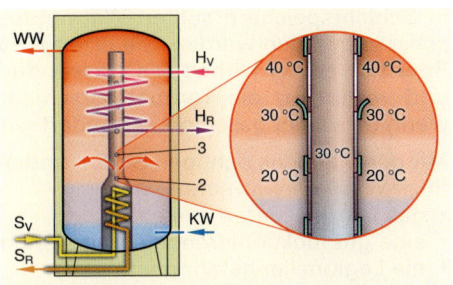

2 Leitrohr mit Ventilklappen zur Schichtung nach Temperatur

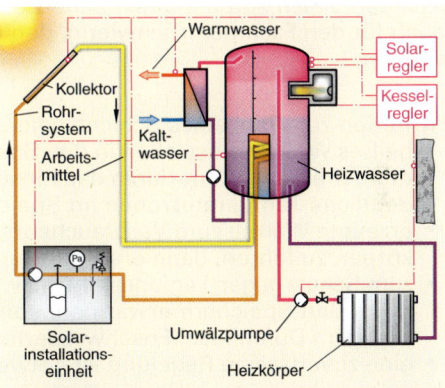

3 Solaranlage mit eingebautem Brennwertgerät für Heizung und Trinkwassererwärmung über externen Wärmetauscher

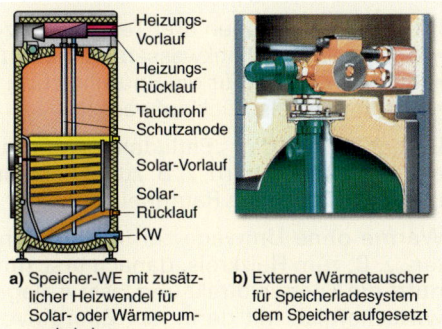

a) Speicher-WE mit zusätzlicher Heizwendel für Solar- oder Wärmepumpenbeheizung

b) Externer Wärmetauscher für Speicherladesystem dem Speicher aufgesetzt

4 Speicherladesystem mit externem Plattenwärmetauscher

Nicht nur, aber erst recht bei hohen Energiepreisen ist es sinnvoll, Wärme aus Solar- und Wärmepumpenanlagen, also Umweltenergie, zu nutzen, siehe Kap. 17.5.1. Dazu sind große WW-Speicher nötig, denn die Sonne scheint nicht regelmäßig. Deshalb muss bei Solaranlagen Warmwasser für mehrere Tage gespeichert (gepuffert[1]) werden. Bei Wärmepumpen sind lange Laufzeiten wegen billigen Nachtstroms günstig. Sogenannte **Pufferspeicher** müssen sehr gut wärmegedämmt sein, um die Bereitschaftsverluste gering zu halten. Die gespeicherte Wärme wird genutzt, ➔ 1:
- um Trinkwasser zu erwärmen
- zur Raumheizung

Ist der Wärmebedarf sehr groß, werden mehrere Pufferspeicher, je 300 l bis 1500 l Inhalt, parallel geschaltet.

In Schichtspeichern sollten Wärmetauscher möglichst vermieden werden. Sie erzeugen Auftrieb im Speicher. Dieser wirbelt das Wasser durcheinander und verhindert die Temperaturschichtung, ➔ 1, wenn dies nicht geschickt verhindert wird.

Mit der Wahl des richtigen SWE – und eines Durchfluss-Wassererwärmers – wird
- das Energiesparen erleichtert,
- eine gut funktionierende Anlage lange gesichert,
- die Legionellengefahr gemindert,
- Wärme für Heizung und zur Wassererwärmung preiswert genutzt, siehe Kapitel 17.5.1.

Aus den vielen Arten indirekt beheizter SWE ist es auch für den Fachmann schwierig, den richtigen zu wählen.

Kriterien zur Wahl eines Schichtspeichers sind:
- heißes Wasser muss oben in den Speicher strömen, präzise geführt durch das Einströmrohr
- deutliche Temperaturzonen im Speicher
- erzeugte Wärme zum Verbrauchsort, z. B. Heizkörper, zu führen, dann erst speichern
- zum Schutz gegen Legionellen Trinkwasser nicht in großen Speichern erwärmen, sondern kurzfristig im Durchfluss (Frischwassertechnik)
- eine zuverlässige Regelung ist notwendig

Heißes Wasser ist oben präzise durch das Einströmrohr in den SWE zu führen. Dies fördert die Schichtenbildung je nach Wassertemperatur, ➔ 1.

Im Speicher genügen drei Temperaturzonen, ➔ 2:
- oben heiß, um Trinkwassers schnell zu Erwärmen
- darunter warm, für die Raumheizung
- unten kühl, als Rücklaufwasser

Bild ➔ 3 zeigt das „Entladen", wenn heißes Wasser entnommen wird, z. B. zum Duschen bzw. warmes Wasser für die Raumheizung.

Wärme ohne Umwege zum Verbrauchsort zu leiten, z. B. zum Heizkreis, danach erst zum Speicher, nutzt die Energie direkt und lässt Anlagen flink und wirtschaftlich mit geringem Energieverlust arbeiten, ➔ 491.1.

---
[1] puffern: ausgleichen; abfedern, vgl. Puffer bei Eisenbahnwagen

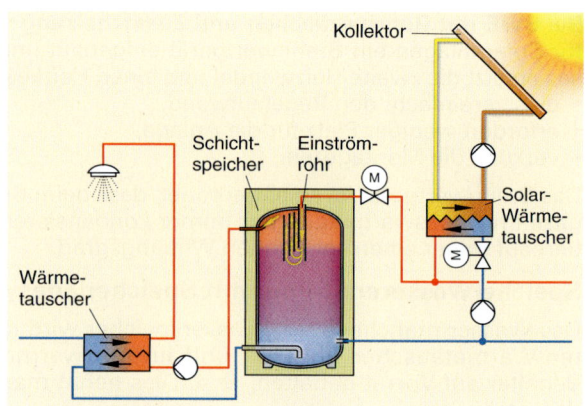

1 Schichtspeicher mit externem Wassererwärmer an einer Solaranlage - siehe auch ➔ 491.1.

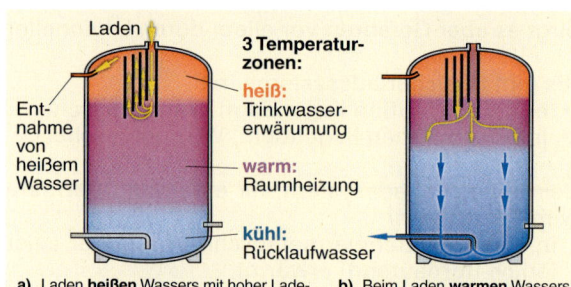

3 Temperaturzonen:
heiß: Trinkwassererwärmung
warm: Raumheizung
kühl: Rücklaufwasser

a) Laden **heißen** Wassers mit hoher Ladeleistung über alle Strömungskanäle, bei geringer über einzelne Kanäle

b) Beim Laden **warmen** Wassers sackt dieses in die Heizungszone durch.

2 Beladen eines Schichtspeicher - drei Temperaturzonen

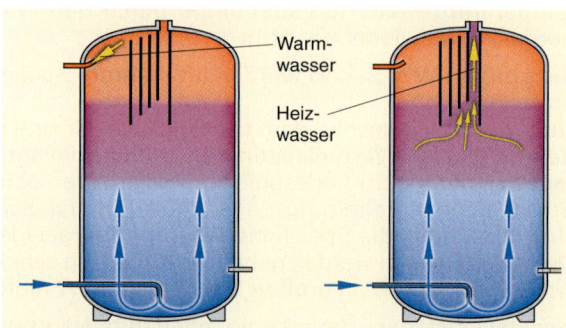

Warmwasser

Heizwasser

a) Entnahme zum Wassererwärmen   b) Entnahme für die Heizung

3 Entladen des Speichers

Nur Wärmeüberschuss ist in den Speicher zu führen, z. B. von Solaranlagen an heißen Tagen, wenn mehr Wärme erzeugt als genutzt wird.

In indirekt beheizten SWE ist Trinkwasser durch Legionellen sehr gefährdet. Diese finden dort ideale Lebensräume, z. B:
- günstige Temperaturen von 25 °C bis 55 °C
- Nährböden in Ablagerungen von Kalk und Korrosionsprodukten, wie am Speicherboden, in „toten Ecken" von Einbauten, an Klappen, auf Membranen, ➔ 491.2.

In kleinen direkt beheizten SWE dagegen, die oft keine 100 l Inhalt haben, wird der gesamte Inhalt in der Regel über 55 °C erwärmt. So können Legionellen kaum existieren.

Indirekt beheizte Wassererwärmer sind mit einer Heizanlage kombiniert.

Bild ➔ 1 zeigt einen Schichtspeicher im Heizkreis einer Solaranlage und eines Heizkessels.

Der Wärmeträger der Solaranlage (Wasser mit Frost- und Verdampfungsschutz) kann seine Wärme nur über einen Plattenwärmetauscher abgeben und so dem Speicher zuführen.

Als guter **Schutz gegen Legionellen** erfolgt die Trinkwassererwärmung mit heißem Speicherwasser über einen separaten (gesonderten) Wärmetauscher. Dieser liefert immer „frisch" erwärmtes Wasser (Frischwassertechnik).

Nur bei einer **zuverlässigen Regelung**, die über ihre Fühler die jeweiligen Bedingungen erfasst und sich daran anpasst, werden Kunden zufrieden sein.

Separate Wärmetauscher gibt es als:
• externe Plattenwärmetauscher
• interne Wellrohrwärmetauscher

1 Schichtspeicher mit externem TW-Erwärmung mit externem Durchfluss-Wasserwärmer, beheizt durch Heizkessel, Solaranlage

Externe Plattenwärmetauscher

Sie erzielen hohe Wärmeleistungen bei geringen Abmessungen, ➔ 487.1.

Zum **Schutz gegen Verkalken** darf der Wärmetauscher nicht in Höhe der Heißwasserzone angeordnet werden, ➔ 3.
Wird nämlich kein Wasser entnommen, in der Stillstandszeit, ist der Wärmetauscher der gleich hohen Temperatur ausgesetzt wie in gleicher Höhe im Speicher, und das oft stundenlang bis tagelang. Dies kann zu Kalkablagerungen im Wärmetauscher führen.

Richtig angeordnet ist der Wärmetauscher knapp über dem Fußboden. Dort liegt er mit allen Einbauteilen in einer WW-Box in Höhe der kühlen Rücklaufwasserzone und ist vor Verkalken geschützt, ➔ 4.

Zum Absperren sind motorbetriebene Ventile nötig. Weitere Informationen zur Regelung indirekt beheizter Wassererwärmer finden Sie in Kap. 17.5.5.

Für die „Frischwassertechnik" ist ebenfalls eine präzise Regelung notwendig. Im externen Wärmetauscher muss der zugeführte Wärmestrom Φ_1 dem geforderten Wärmestrom Φ_2 genau entsprechen.
Dazu sind über Sensoren von dem durch den Wärmetauscher fließenden Heiz- bzw. Frischwasserstrom die Temperaturen und die Volumenströme zu erfassen. Die Regelung sorgt dann für die Anpassung.

Diese Aufgabe löst eine patentierte Warmwasserbox, ➔ 5. Sie ist ca. 580 mm x 290 mm x 330 mm groß.
In ihr sind zusammengefasst:
• ein Trinkwasser-Platten-Wärmetauscher
• die Regelelektronik mit den Sensoren
• eine Ladepumpe mit Leistungsregelung

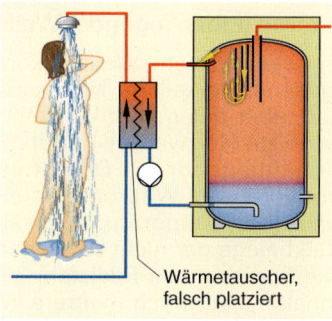

2 Konventionelle TW-Erwärmung über Rohrwendel mit Heizwasser

Gefahr durch **Legionellen** im Speicher mit Trinkwasser

3 Trinkwasser extern erwärmen, legionellengeschützt, aber falsch platziert

Wärmetauscher, falsch platziert

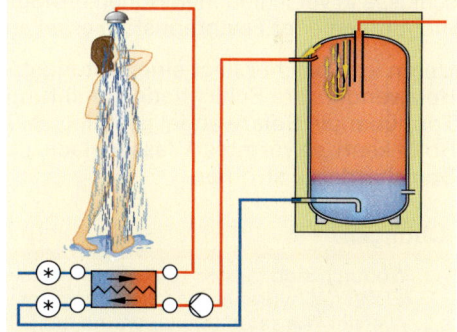

4 Wärmetauscher bodennah eingebaut zum Schutz gegen Verkalken

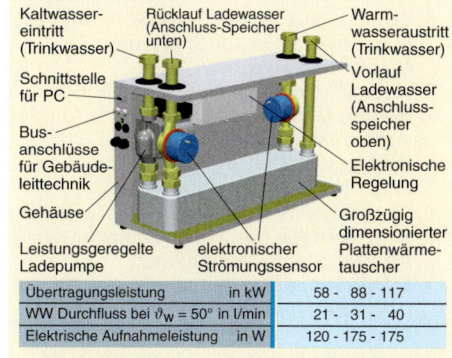

Kaltwassereintritt (Trinkwasser)
Rücklauf Ladewasser (Anschluss-Speicher unten)
Warmwasseraustritt (Trinkwasser)
Schnittstelle für PC
Vorlauf Ladewasser (Anschluss-speicher oben)
Busanschlüsse für Gebäudeleittechnik
Elektronische Regelung
Gehäuse
Großzügig dimensionierter Plattenwärmetauscher
Leistungsgeregelte Ladepumpe
elektronischer Strömungssensor

Übertragungsleistung	in kW	58 -	88 - 117
WW Durchfluss bei $\vartheta_W = 50°$ in l/min		21 -	31 - 40
Elektrische Aufnahmeleistung	in W	120 -	175 - 175

5 Durchfluss-Wassererwärmer mit Regeleinheit für Wärmeströme

17

Alle Teile sind verdrahtet für steckerfertigen Anschluss 230 V~/50 Hz. Die Regelung der WW-Box ist BUS-fähig, d. h., sie kann über eine Datenübertragungsleitung (BUS) in eine Gebäudeautomation einbezogen werden, siehe Kap. 19.5.2.2.

Die WW-Box wird mithilfe von flach dichtenden Verschraubungen in den Heizwasser- und in den Frischwasserstrom eingebunden. Es gibt WW-Boxen in verschiedenen Leistungsgrößen, → 491.2.

Je nach örtlichen Verhältnissen sind bei kurzzeitig hohem Warmwasserbedarf mehrere WW-Boxen
- parallel zu schalten, z. B. bei vielen Duschplätzen beim Sport,
- zusammen mit je einem kleinen Schichtspeicher, wie Planeten um die Sonne zu verteilen, z. B. in weitläufigen Hotels; dadurch erhält man kurze WW-Stränge (weniger Wärmeverluste).

Interne (innenliegende) Wellrohrwärmetauscher

Bei sehr hartem Wasser könnten Plattenwärmetauscher verkalken. Man kann diese zwar entkalken, aber das macht Umstände. Hier sind indirekt beheizte Heizwasser-Pufferspeicher mit internem (innenliegendem) Durchfluss-Wassererwärmer aus Edelstahl-Wellrohr gut einzusetzen, → 1. Die häufigen Temperaturwechsel im Wellrohr lassen Kalkbeläge gar nicht entstehen.
Die Speicher aus Edelstahl – mit 750 l oder 1000 l Inhalt – sind durch mehrere Wärmeerzeuger zu beheizen. Ideal geeignet sind sie für die Kombination Solaranlage und Gas/Öl-Heizkessel. Heizwasseranschlüsse in verschiedenen Höhen ermöglichen, Wärmepumpen oder Festbrennstoffkessel anzubinden.

Unten im Speicher liegt eine leistungsfähige Solar-Heizwendel. Ihre Schichtladeeinrichtung ist wie ein Topf über die Solarwendel gestülpt, → 1. Durch ein Rohr kann erwärmtes Wasser nach oben bis zur Speicherdecke strömen.

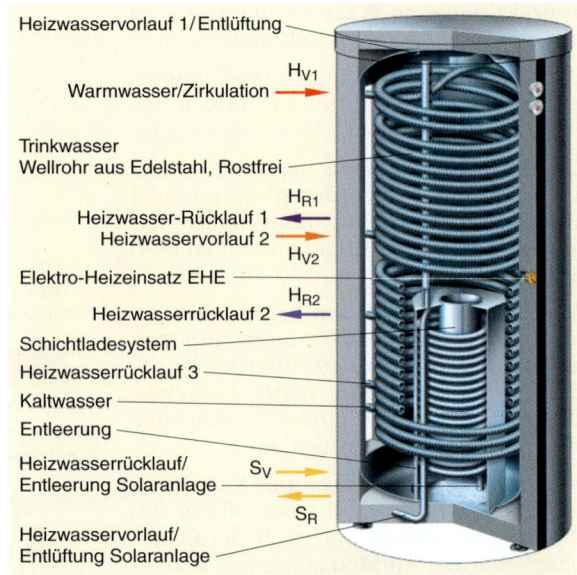

1 Heizwasser-Pufferspeicher mit eingebautem Durchfluss-Wassererwärmer aus Edelstahl-Wellrohr

Maximale Zapfströme[1] in l/min		
Heizleistung Q_L in kW	bei Speicherinhalt in l	
	750 l	1000 l
15	19,0	21,4
22	21,0	23,6
27	22,0	25,6
33	23,0	27,3

[1] Heizwasservorlauftemperatur 70 °C, TW-Erwärmung von 10 °C auf 45 °C

2 Dauerleistung von Durchfluss-Wassererwärmern nach → 1

Das Rohr ist in Abständen durchbohrt. So wird erwärmtes Wasser in die richtige Temperaturzone eingelagert, ohne die Schichtung im Speicher zu stören, vgl., → 497.1.

Übungen

1. Wodurch sind Elektro-Durchfluss-Wassererwärmer (EDW) mit hydraulischer Steuerung gekennzeichnet?
2. Wie viel Wasser in l/min erwärmt ein EDW um 28 K?
3. Wann sind Blankdraht-Heizwendel, wann Rohrheizkörper in EDW angebracht und möglich?
4. Nennen Sie vier wesentliche Bauteile von GDW.
5. Beschreiben Sie die Schaltvorgänge bei einem EDW
   a) mit hydraulischer Steuerung,
   b) mit Vollelektronik.
6. Unterscheiden Sie Nenn- und Mindestwasserstrom.
7. Warum „springt" ein GDW ohne Mindestwasserstrom nicht an?
8. Was geschieht in einem GDW, wenn das WW-Ventil a) geöffnet, b) geschlossen wird?
9. Beschreiben Sie, wie ein GDW nach → 482.1 funktioniert.
10. Skizzieren Sie den Wasserschalter eines GDW und erklären Sie die Aufgaben.
11. a) Wie kann im Wohnbau Energie für Heizen und Wassererwärmen gespart werden?
    b) Welche Wärmeträger kommen dabei in Frage?
12. Welche Bauteile sorgen in einem GDW für Sicherheit?
13. Beschreiben Sie „indirekte Wassererwärmer".

14. Was bedeuten Primär- bzw. Sekundärseite bei?
15. Unterscheiden Sie Rohrwendelwärmetauscher – Platten-WT.
16. Welche Arten indirekt beheizter WE unterscheidet man?
17. a) Beschreiben Sie das Speicherladesystem bei WE.
    b) In welchen Fällen kann es angewendet werden?
18. a) Wozu dienen Wassererwärmer mit 2 Heizflächen?
    b) Welche Nachteile kann es dabei geben?
19. Wie kann man Wassererwärmung und Raumheizung umweltfreundlich miteinander kombinieren. Fertigen Sie dazu Skizzen mit Leitungsschemen an.
20. a) Was bedeutet Schichtspeicher? Nennen Sie Vorteile.
21. Worauf ist bei Auswahl eines Schichtspeichers zu achten?
22. Wie erreicht man die Schichtbildung im laufenden Betrieb?
23. Wie kann man durch Leitungsführung Temperaturschichtung fördern?
24. Wodurch unterscheiden sich externe von internen WT?
25. Nennen Sie Vorteile und (unter Umständen) Nachteile externer Wärmetauscher. Welche Umstände könnten dies sein?

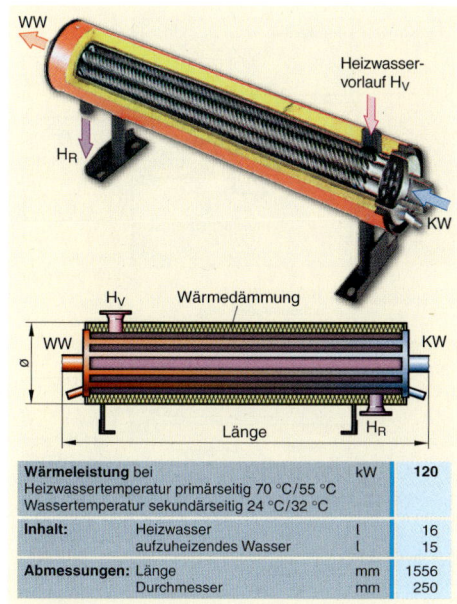

Wärmeleistung bei Heizwassertemperatur primärseitig 70 °C/55 °C Wassertemperatur sekundärseitig 24 °C/32 °C	kW	120
Inhalt: Heizwasser	l	16
aufzuheizendes Wasser	l	15
Abmessungen: Länge	mm	1556
Durchmesser	mm	250

1 Durchfluss-Wassererwärmer für Schwimmbad oder Gewerbebedarf

Die Regelanlage schaltet
die Speicherladepumpe **1**,
die Zirkulationspumpe **2**,
die Heizungsumwälzpumpe **3**,
den Mischmotor **4**,
den Brenner **5**.

Der Temperaturfühler TFS meldet der Regelanlage die Speicherwassertemperatur.

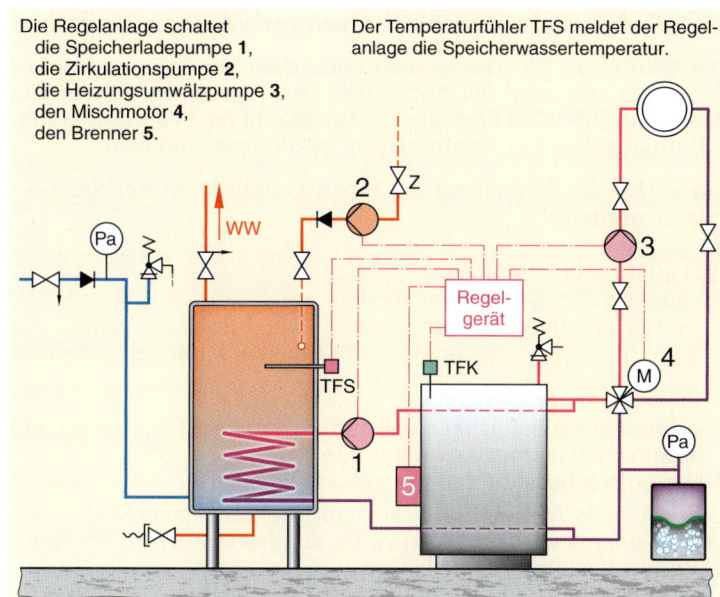

2 Regelanlage für Heizkessel und indirekt beheiztem Speicherwassererwärmer

17.5.4 Indirekt beheizte Durchfluss-Wassererwärmer

Indirekt beheizte Durchfluss-WE (Wärmetauscher) erwärmen Wasser beim Durchfließen, siehe Kap. 17.5.2. Sie übertragen dabei große Wärmemengen trotz ihrer relativ geringen Abmessungen, ➔ 1.

Indirekt beheizte DWE werden eingesetzt:
• bei der Fernwärmeversorgung
• in Krankenhäusern und Industriebetrieben
• bei großem WW-Bedarf
• für langdauernd gleichmäßige WW-Ströme

Bei **Fernwärmeversorgung** sind die Temperaturunterschiede zwischen Vor- und Rücklauf hoch. Das ermöglicht große Leistungen der Wärmetauscher.

In **Krankenhäusern, Gewerbe- und Industriebetrieben** können Wärmetauscher eventuell mit anfallendem Abdampf oder Heißwasser betrieben werden.

Bei großem WW-Bedarf und geringem Platzangebot lässt sich mit Wärmetauschern eine WW-Großanlage nach DVGW W 551 (Speicherinhalt > 400 l) umgehen.

Mit **andauernden WW-Strömen** erwärmt man z. B. Schwimmbecken, ➔ 1. Das erzeugte Warmwasser wird direkt genutzt oder mithilfe einer Umwälzpumpe in einen gut gedämmten, unbeheizten Speicher geladen und dort bereitgehalten (**Speicherladesystem**).

17.5.5 Regelung indirekt beheizter Wassererwärmer

Um Warmwasser und Heizungsbetrieb gut aufeinander abzustimmen, ist eine aufwendige Regelung erforderlich.

Als Grundsatz gilt:
Warmwasser hat Vorrang vor der Raumheizung (Warmwasservorrangschaltung).

Beispiel:
• Wenn für die Raumheizung vom Kessel kurzzeitig keine Wärme geliefert wird, sinkt die Raumtemperatur nicht einmal um 1 K ab. Das fällt praktisch nicht auf.
• Wird dagegen dem Wassererwärmer keine Wärme zugeführt, sinkt die Wassertemperatur spürbar, z. B. wenn mehrere Personen duschen.

Deshalb muss die Regelung bei Wärmeanforderung durch den Speichertemperaturfühler (TFS) ➔ 2:
• die Speicherladepumpe 1 einschalten
• die Heizungsumwälzpumpe 3 ausschalten und ggf. den Heizkreis am Mischer 4 absperren, um die gesamte Kesselleistung der Wassererwärmung zuzuführen (WW-Vorrangschaltung)
• ggf. den Brenner 5 einschalten
• niedrigste Speicherwassertemperatur frei wählen lassen und auch den Zeitpunk für das Laden des Speichers, damit der Kessel nicht zu oft und nicht während der Nachtabsenkung „hochfährt"
• im Sommerbetrieb den Heizkessel nur einmal pro Tag zum Laden des Speichers hochfahren, um die Bereitschaftsverluste des Kessels zu mindern

Manche WE haben an ihren Anschlüssen eine Konvektionsbremse, um bei Pumpenstillstand ein Entladen des Speichers über waagerecht angeschlossene Leitungen zu vermeiden. Das kühle und damit dichtere Wasser kann die Barriere nicht überwinden, ➔ 494.1.

17

17.5.6 Auswahl indirekt beheizter Wassererwärmer

Die Größe der WE richtet sich nach dem Warmwasserbedarf je Stunde und nach der Aufheizzeit des Wassererwärmers. Sie wird nach DIN 4708 über die **Leistungszahl N_L** bestimmt. Jeder WE muss mit seiner Leistungszahl gekennzeichnet sein.

> Je kürzer die Aufheizzeit ist, umso kleiner kann der WE gewählt werden.

Beispiel (grob vereinfacht):
Bei einem WW-Bedarf von 400 l/h:
- ist bei einstündiger Aufheizzeit ein 400-l-Speicher nötig
- genügt bei viertelstündiger Aufheizzeit ein 100-l-Speicher

Vorteile kleinerer Behälter:
- sie sind wirtschaftlicher (Anschaffungskosten, Platzbedarf und Bereitschaftsverluste sind geringer)
- hygienisch besser (häufiger Wasserwechsel)

Bei großem WW-Bedarf ist es sinnvoll, mehrere kleine SWE (Speicherzellen) mit vorgefertigten Verbindungsleitungen zu Speicherbatterien zusammenzuschließen.
Das hat Vorteile in der Lagerhaltung, beim Einbau und bei nachträglichen Erweiterungen und auch beim Transport, vor allem ins Gebäude (Türgrößen).

Für Speicherbatterien gibt es steckfertige und erweiterungsfähige Verkleidungen mit Wärmedämmung.

Speicher-WE für Solaranlagen sollten ein Mindestvolumen haben
- für die Wassererwärmung $V \geq 300$ l
- für Wassererwärmung + Heizung $V \geq 750$ l

Bei der Wahl eines indirekten WE ist zu beachten:
- Das Speichervolumen muss dem Bedarf entsprechen.
- Um die Umwelt zu schonen und Energie zu sparen, soll:
  - das Speicherwasser durch große Wärmeströme schnell aufzuheizen sein und so kleine Speichervolumen zulassen,
  - durch eine gute Wärmedämmung der Bereitschaftsverlust des Speichers gering bleiben.

Eine gute Regelung sorgt für Komfort und Wirtschaftlichkeit. Eine hohe Lebensdauer erreicht man durch korrosionsbeständige, hygienisch unbedenkliche Werkstoffe und eine regelmäßige Wartung.

Für die Wartung muss am Speicherboden eine Entleerung und eine große Reinigungsöffnung vorhanden sein, um Ablagerungen zu entfernen, → 488.1.

17.5.7 Solaranlagen zur Wassererwärmung

17.5.7.1 Sonneneinstrahlung und Sonnenkollektoren

Solaranlagen nutzen die Strahlungswärme der Sonne direkt. Die ca. 150 000 000 km von uns entfernte Sonne strahlt ununterbrochen ungeheure Energiemengen in den Weltraum. Von der Strahlungsenergie geht auf dem Weg zur Erde kaum etwas verloren. Außerhalb der Erdatmosphäre kommen ca. 1300 W/m² an.

> Im Durchschnitt ergibt sich bei uns in Deutschland eine Einstrahlung von ca. 800 kWh/(m²·a). Das entspricht der Energie von ca. 100 m³ Erdgas oder 80 l Heizöl.

Eine vernünftig ausgelegte Solaranlage kann in Deutschland die Trinkwassererwärmung durchschnittlich zu 59 % decken, → 2.

Außer der Energieersparnis reduziert eine Solaranlage den Schadstoffausstoß erheblich, → 3. Je nach Kollektortyp können ca. 75 % der Globalstrahlung in Wärme umgesetzt werden.

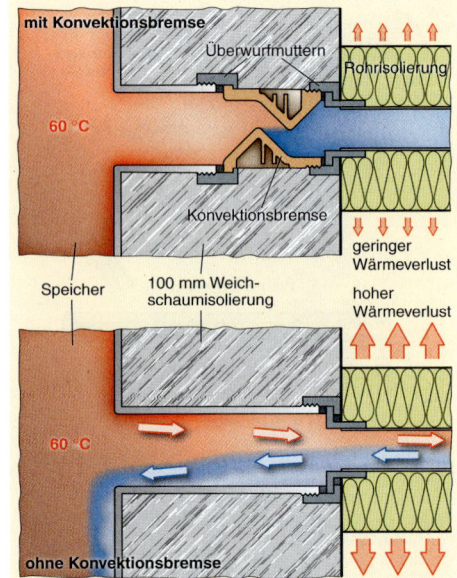

1 Konvektionsbremse verhindert Wärmeverluste über angeschlossene Leitungen

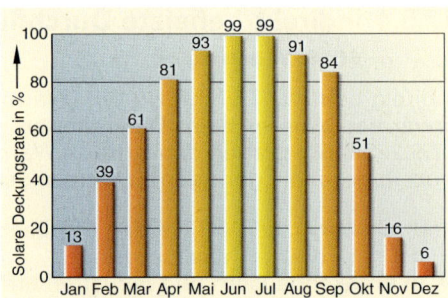

2 Deckungsrate für die Trinkwassererwärmung mit Solaranlagen

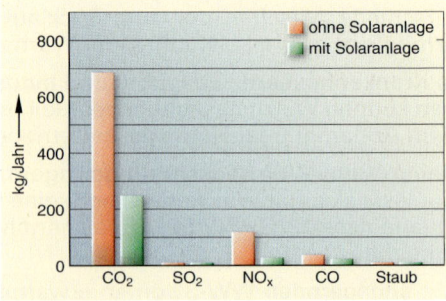

3 Schadstoffemission mit und ohne Solaranlage

Bei der Solarstrahlung zur Erde unterscheidet man, → 495.1:
- direkte Strahlung
- diffuse Strahlung
- Globalstrahlung

Die **direkte Strahlung** fällt ohne Streuung, d. h. ohne Ablenkung, auf die Erde.

Diffuse Strahlung ist der Teil der Solarstrahlung, der durch feinste Schwebeteilchen, wie Wassertröpfchen, Staubkörner, Gasmoleküle, in der Atmosphäre abgelenkt, reflektiert, z. T. absorbiert wird und dadurch gestreut auf die Erdoberfläche trifft. Ihre Wärme wird natürlich genutzt.

Globalstrahlung ist die Energie, die bei wolkenlosem, klarem Himmel die Erde erreicht, ➔ 1. Dies sind in unseren Breiten im Sommer bis zu 240 kWh/m², an trüben Wintertagen oft nur 30 kWh/m².

$$\text{Globalstrahlung} = \begin{array}{c}\text{direkte}\\\text{Strahlung}\end{array} + \begin{array}{c}\text{diffuse}\\\text{Strahlung}\end{array}$$

17.5.7.2 Bauteile für Solaranlagen

Bauteile einer Solaranlage sind:
- der Absorber im Kollektor
- das Rohrsystem
- das Wärmetransportmittel, Wärmeträger genannt
- eine Umwälzpumpe
- ein Speicher-Wassererwärmer
- Regel- und Sicherheitseinrichtungen

Der **Absorber** fängt die Sonnenenergie ein. Der Absorber besteht meist aus einem dunklen Blech, das von einem Wasser führenden Rohr durchzogen ist. Sonnenstrahlen werden von dunklen Flächen besser absorbiert (aufgesaugt) als von hellen.

Beispiel:
Liegt ein Gartenschlauch in der Sonne, wird darin Wasser stärker als die Umgebung erwärmt.

Ähnliches nutzt man in Freibädern, um Badewasser zu erwärmen. Ganze Dachflächen belegt man mit Matten eng nebeneinander liegender, flexibler, schwarzer PE-Schläuche, ➔ 2. Sie enden in Sammelrohren des Vor- und Rücklaufs. Der Beckenumlauf führt durch eine Filteranlage. Die Regelung vergleicht die Temperaturen in den Matten und mit dem Beckenwasser und schaltet die Umwälzpumpe, die mit Armaturen im Rücklauf eingebaut ist. Ein zusätzlicher Wärmetauscher ist überflüssig.

1 m² Matten-Absorber liefert 250 kWh bis 350 kWh je Badesaison, je nach örtlicher Gegebenheit

Mit Mattenabsorbern erreicht man Temperaturen ca. 25 K über der Umgebungstemperatur.

Höhere Temperaturen, wie sie zur Warmwasserbereitung oder für Heizzwecke in Gebäuden nötig sind, erreicht man mit verglasten Kollektoren.

Ein **Kollektor** (vgl. Kollekte: Sammlung) sammelt die Sonnenstrahlen. Dazu ist er wie eine Falle gebaut: In einer flachen Aluminiumwanne unter Spezialglasabdeckung oder in Glasröhren saugt der eingebettete Absorber die kurzwelligen Sonnenstrahlen ein und wandelt sie in Wärme um.
Das Glas ist gut lichtdurchlässig, bruch- und hagelfest, UV- und witterungsbeständig. Es schützt Absorber und Wärme führende Rohre vor Regen, Wind und Wärmeverlust. Vom Absorber abprallende langwellige Wärmestrahlen können die Glasabdeckung nicht mehr durchdringen.

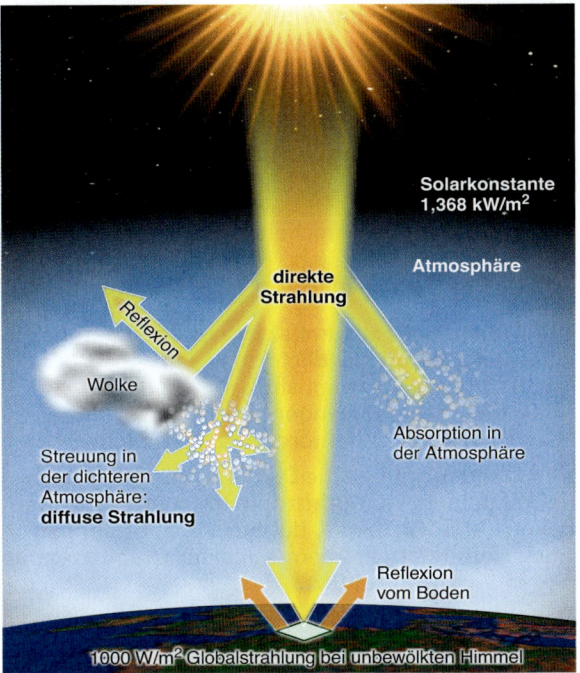

1 Durchschnittliche Globalstrahlung in Deutschland

2 Beheizen von Freibädern mit Solarmatten

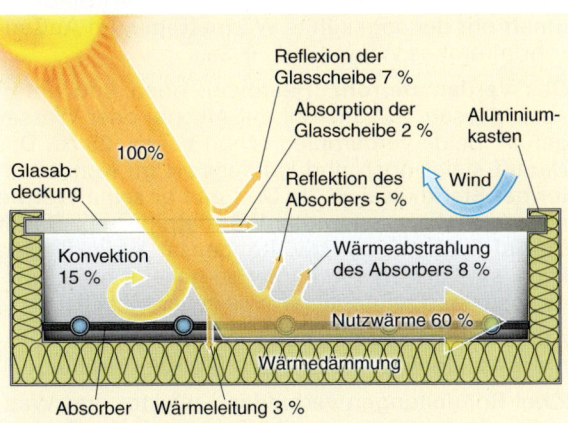

3 Absorber im Kollektor wandelt Strahlungsenergie in Nutzwärme um

So bleibt die Wärme in der „Falle", ➔ 3. Dadurch entstehen im Kollektor normal Temperaturen nahe 200 °C, bei Überhitzung mehr.

17

Absorberflächen bestehen aus dünnem Kupfer oder Aluminiumblech, beschichtet mit Schwarznickel oder Titan-Nitrit-Oxid: **Tinox**. Dieses, bringt auch bei diffuser Strahlung beste Ergebnisse.

In die Absorberfläche ist Kupferrohr eingebettet, das vom Wärmeträger durchströmt wird und die eingefangene Wärme abtransportiert.

Bei Kollektoren unterscheidet man, ➔ 1:
• Flachkollektor
• Vakuum-Röhrenkollektor

Der Aufbau des **Flachkollektors** ist oben bereits beschrieben. Unterschiedlich ist, wie im Absorber die Kupferrohre eingeformt sind:
• als Mäander – schlangenförmig, ➔ 2
• als Register – harfenförmig bzw. wie eine Leiter

Im Mäander-Rohr ist die Dampfproduktionsleistung sehr hoch: Bei Überhitzung entsteht sekundenschnell eine Gasblase, die der Wärmeträger nach oben und unten aus dem Kollektor treibt – und so gegen Verkoken schützt.

Beim Register mit seinen vielen Einzelsträngen geht dies nicht so schnell. Vor allem bei Anschlüssen nach oben läuft immer wieder Flüssigkeit in den Kollektor.

Ein **Vakuum-Röhrenkollektor** besteht aus einem Gestell mit 10 bis 30 parallelen doppelwandigen Glasröhren. Aus dem Zwischenraum ist die Luft abgesaugt (Vakuum), Dadurch gibt es keine Luftumwälzung und kaum Wärmeverluste. In jeder Röhre ist ein schmaler Kupferblechstreifen, der Absorberflügel, eingesetzt. Der Flügel hat keinen Kontakt zum Glas. Dadurch arbeiten Röhrenkollektoren effektiver als Flachkollektoren. Sie kosten dafür aber auch mehr.

Im Absorberflügel ist eingebunden
• ein U-Rohr oder Koaxial-Rohr,
• ein Verdampferrohr (Heatpipekollektor)

Beim **Koaxial-Kupferrohr** (Rohr im Rohr) fließt im Innenrohr der abgekühlte Wärmeträger, im Außenrohr nimmt es Wärme auf, ➔ 3a.

Das **Verdampferrohr** (Heatpipe), oben und unten verschlossen, ist zum Teil mit Alkohol oder Wasser gefüllt. Beide verdampfen schon bei ca. 25 °C. Der Dampf steigt hoch und kondensiert im Kondensator der Steckhülse, ➔ 3b. Dort gibt er seine Wärme an den vorbeiströmenden Wärmeträger ab. Damit Dampf hochsteigen bzw. Kondensat zurückfließen kann, sind die Röhren immer so geneigt bzw. senkrecht stehend zu montieren, wie in der Mitte bei ➔ 1.

Auf dem Dach werden mehrere Kollektoren zusammengeschlossen, meist durch Steckverbindungen.

Zwei Rohrleitungen verbinden Kollektor und Wassererwärmer: Solarvorlauf S_V und Solarrücklauf S_R. Die im Kollektor gesammelte Wärme strömt im Wärmeträger im Solarvorlauf zum WE. Dort wird sie in der Rohrwendel des WE an das Speicherwasser abgegeben, ➔ 497.1. Die besten Wirkungsgrade erreichen Solaranlagen mit Schichtspeichern.

17

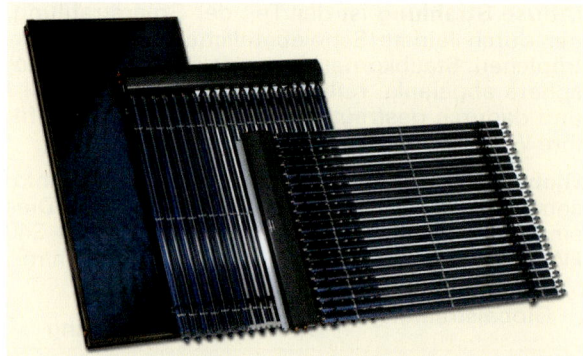

1 Sonnenkollektoren: Flach- und Röhrenkollektor

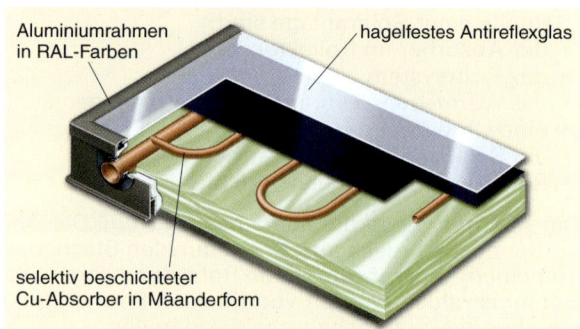

Aluminiumrahmen in RAL-Farben

hagelfestes Antireflexglas

selektiv beschichteter Cu-Absorber in Mäanderform

2 Flachkollektor mit Mäanderrohr (Ausschnitt)

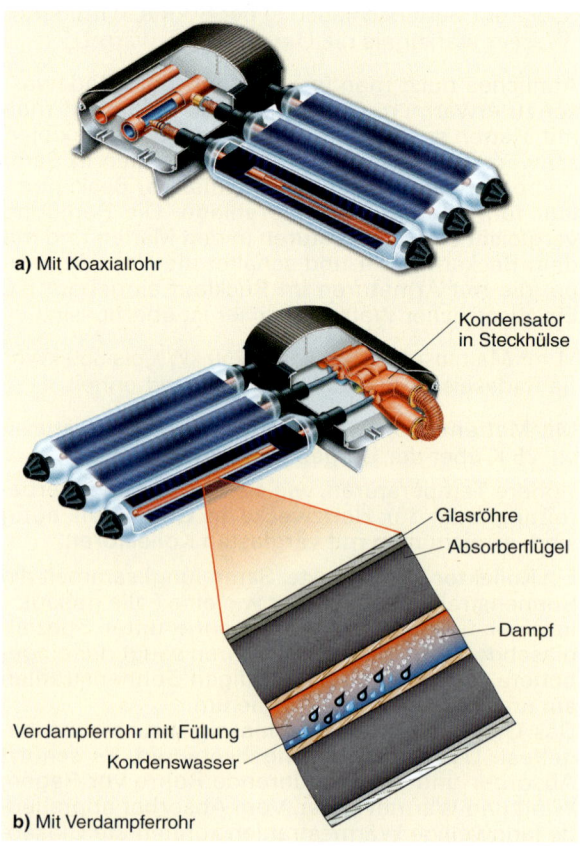

a) Mit Koaxialrohr

Kondensator in Steckhülse

Glasröhre
Absorberflügel

Dampf

Verdampferrohr mit Füllung
Kondenswasser

b) Mit Verdampferrohr

3 Vakuum-Röhrenkollektor

Als Leitung für Vor- und Rücklauf eignet sich gut ein flexibles Doppelrohr in gemeinsamer Wärmedämmung mit eingeschäumten Kabel für Fühler, → 2.

Bei Neubauten sollte vorsorglich immer vom Dachboden zum Heizraum ein wärmegedämmtes Doppelrohr, zumindest ein Leerrohr DN 100, verlegt werden.

> Weichlöten ist wegen Rohrtemperaturen > 110 °C nicht zulässig. Beim Hartlöten entsteht Zunder, der beim Abblättern zu Störungen führen kann.

Es bieten sich an:
- Pressfittings mit speziellen Dichtelementen
- metallisch dichtende Klemmringverschraubungen

Die Längenänderung durch Erwärmung ist durch geeignete Maßnahmen auszugleichen.

Als Wärmeträger dient Wasser. Da Wasser im Kollektor bei Frost gefrieren und bei starker Wärmestrahlung verdampfen kann, wird ähnlich wie bei Autokühlern ein Schutz gegen Frost und gegen Verdampfung zugemischt: Propylenglykol; da dieses die Korrosion fördert, sind Inhibitoren nötig, um einen Schutzfilm auf Metallflächen auszubilden.

Im Kollektor nimmt der **Wärmeträger** Wärme auf und transportiert sie zum Wassererwärmer.

Bei starker Sonnenstrahlung und geringer Wärmeabnahme, kann der Wärmeträger zu heiß werden, er verkokt. Dabei fallen feste Bestandteile aus; sie und evtl. auch abblätternder Zunder verengen Rohrquerschnitte. Das führt zu Störungen, die schwer zu beseitigen sind. Langfristig ist ein störungsfreier Betrieb nur möglich, wenn Wärmeträger und System aufeinander abgestimmt sind. Dazu gehört auch, dass im System keine Luftblasen treiben, die sich aus feinsten Mikrobläschen gebildet haben.

Luft im Solarkreislauf wird vermieden, wenn, → 1:
- beim Einfüllen der Solarflüssigkeit in die Anlage stundenlang, besser tagelang über die Fülleinrichtung, gespült wird; dann wird der Entlüfter oben am Kollektor überflüssig
- Luft im Solarvorlauf über einen Luftabscheider entweichen kann, möglichst über einen Mikroblasenabscheider

Dies sichert einen weitgehend störungsfreien Betrieb.

Ein **Regelgerät**, → 1, regelt die Anlage mithilfe von Wärmefühlern:
- am Kollektor
- am Speicher-WE
- evtl. im Heizkreis

Im Kollektor erreicht der Wärmeträger die höchste Temperatur und die geringste Dichte. Es muss durch

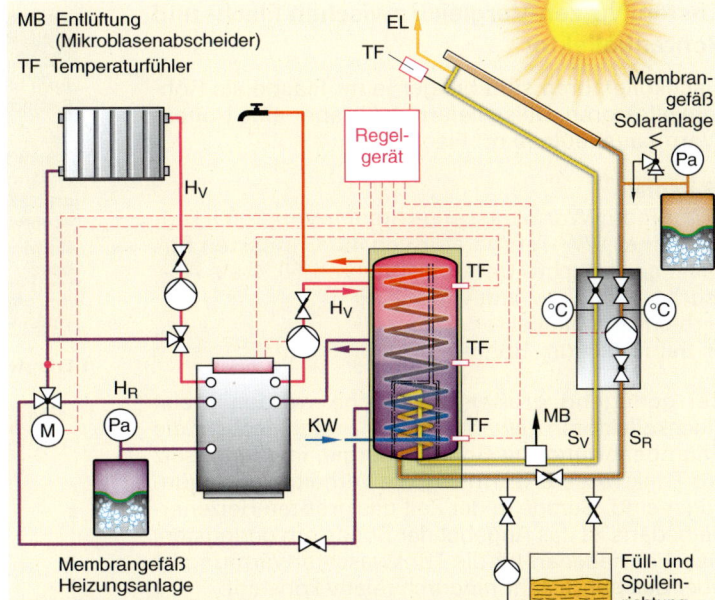

Die Füll- und Spüleinrichtung wird nur bei Inbetriebnahme der Solaranlage angeschlossen. Dann wird das Absperrorgan zwischen den Anschluss-ventilen mit Schlauchverschraubung geschlossen. Je nach Größe der Anlage ist evtl. mehrere Tage nach dem Füllen zu spülen, um alle Luftblasen im System auszutreiben.

1 Solaranlage und Heizkessel mit Schichtspeicher, internem Durchflusswassererwärmer

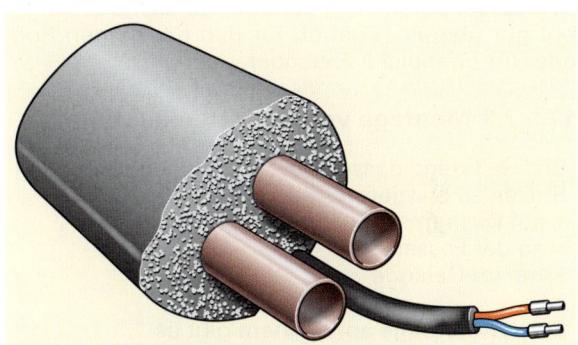

2 Cu-Doppelrohr für Solaranlagen, gemeinsam wärmegedämmt

eine **Umwälzpumpe** gezwungen werden, zwischen Kollektor und Wassererwärmer zu zirkulieren. Die Umwälzpumpe wird durch einen Temperaturfühler im Kollektor gesteuert. Der schaltet ab, wenn die Temperatur niedriger ist als im SWE; sonst würde der SWE entladen.

Nur wenn ein SWE höher angeordnet ist als der Kollektor, benötigt man keine Pumpe, z. B.
- bei Kollektoren auf Garagendächern und der zugehörige SWE im Dachraum eines angrenzenden Gebäudes
- Kollektoren auf Dächern in südlichen Ländern wie Spanien, Italien, darüber der SWE montiert

Das Sicherheitsventil schützt gegen Überdruck.

Das Membranausdehnungsgefäß der Anlage gleicht Volumenänderungen des Wärmeträgers bei Temperaturänderung aus. Da im Kollektor bei Überhitzung Dampf entsteht, ist das Gefäß großzügig zu bemessen.

17

Kosten-Nutzen-Vergleich zwischen Flach- und Röhrenkollektor

Flachkollektoren sind billiger je m² Fläche als Röhrenkollektoren. Diese liefern dafür aber eine höhere Wärmeausbeute je m² Fläche.

Beispiel:
Bei einem Warmwasserverbrauch von 200 l/Tag mit einer WW-Temperatur von 45 °C müssten für eine gewünschte Deckungsrate von 60 % als Absorberfläche gewählt werden, ➔ 1:
• beim Flachkollektor: 5 m²
• beim Vakuum-Röhrenkollektor: 3,5 m²

Bei genügend großer Dachfläche werden meist Flachkollektoren gewählt. Bild ➔ 2 zeigt, dass für die Raumbeheizung mit Sonnenenergie, im Gegensatz zur Trinkwassererwärmung, die Verhältnisse ungünstiger sind. Gerade in der Zeit des größten Heizenergiebedarfs ist das Angebot der Sonne am geringsten. Der Wärmebedarf für die Trinkwassererwärmung ist über das ganze Jahr hindurch relativ konstant.

Um die Raumbeheizung zu unterstützen, muss die Kollektorfläche relativ groß bemessen werden. Dadurch kann es im Sommer zu Stagnation im Solarkreis kommen. Dies könnte zum Beheizen eines Freibades genutzt werden. Denn für die Schwimmbadwassererwärmung stimmen Bedarf und Angebot gut überein, egal ob für den häuslichen Pool oder für öffentliche Freibäder.

17.5.7.3 Montage von Sonnenkollektoren

Bild ➔ 3 zeigt, dass Kollektoren an verschiedenen Stellen zu platzieren sind:
• auf Dächern
• an der Fassade
• frei im Gelände

Bei der **Montage auf Dächern** gibt es
• die Auf-Dach-Montage (oberhalb der Dachhaut)
• die In-Dach-Montage (in die Dachhaut eingebunden).

Die **Auf-Dach-Montage** ist geeignet für Steil- und Flachdächer. Dabei werden die Kollektoren auf Montageschienen am Dachstuhl befestigt, ohne das Dach aufzudecken. Ihre Neigung kann geringfügig von der Dachneigung abweichen. Kurze, gedämmte flexible Verbindungen zum Zirkulationssystem gleichen Dehnungen durch Wärme aus.

Die **In-Dach-Montage** wirkt gefälliger. Sie ist ab 27°-Dachneigung möglich. Vorgefertigte Eindeckbleche aus Titanzink oder Walzblei ermöglichen eine dichte Einbindung in die Dachhaut ohne Lötarbeiten.

An senkrechter **Fassade** eignen sich nur waagerecht montiert durchströmte Röhrenkollektoren, da bei ihnen die Kollektorflügel für einen günstigen Neigungswinkel gestellt werden können.

Auf **Flachdächern** und bei **Freiaufstellung** ist durch Trägergestelle die Befestigung und ein geeigneter Neigungswinkel, z. B. $\alpha = 45°$, zu gewährleisten.

Anwendungszeitraum		Flach-kollektor	Vakuum-Röhren-kollektor mit	
April bis September		WW-Bedarf	durch-strömtem Kupferrohr	Verdamp-ferrohr (Heatpipe)
Trinkwasser-erwärmung 1- und 2-Familienhaus	m²/Person	1,5	0,90	0,80
Mehrfamilienhaus	m²/Person	1,1	0,70	0,60
Heizung Wohnhaus	m²/m² Wohnfl.	0,10	0,08	0,07

1 Erforderliche Kollektorfläche (überschlägig)

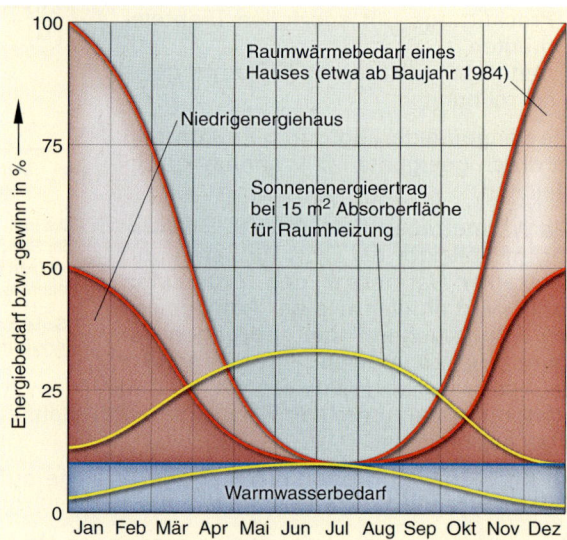

2 Absorberoberfläche und Raumheizung

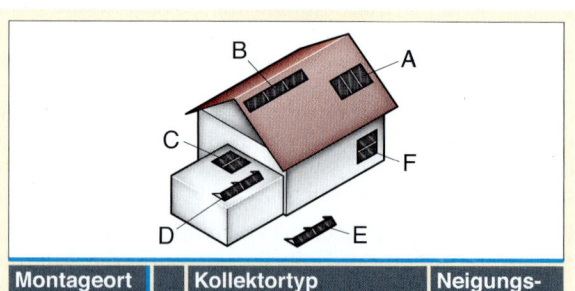

Montageort		Kollektortyp	Neigungs-winkel α
Schrägdach	A	Flachkollektor (senkr.)	20° ... 70°
		Vakuum-Röhrenkollektor durchströmt	25° ... 70°
		Heatpipe-Kollektor	25° ... 70°
	B	Flachkollektor (waager.)	20° ... 70°
Flachdach	C	Vakuum-Röhrenkollektor durchströmt	
	D	Flachkollektor (waager.)	20° ... 70°
frei stehend	E	Flachkollektor (waager.) Heatpipe-Kollektor	20° ... 70°
Fassade	F	Vakuum-Röhrenkollektor durchströmt	Röhren waagerecht

3 Stellplätze für verschiedene Kollektoren

Kollektoren sind nach Süden auszurichten und so zu neigen, dass die Sonnenstrahlen möglichst senkrecht auftreffen, ➔ 1a.

Der Neigungswinkel eines Kollektors richtet sich bei Schrägdächern nach der Dachneigung. Zulässige und optimale Neigungswinkel zeigt ➔ 1b.

Die größeren Neigungswinkel bei Raumheizung berücksichtigen den niedrigeren Sonnenstand in der kälteren Jahreszeit.

Muss man vom optimalen Neigungswinkel abweichen, ist die errechnete Kollektorfläche mit dem Zuschlagsfaktor f_2 nach ➔ 1c zu multiplizieren.

Beispiel:
Gegebener Neigungswinkel $\alpha = 25°$
$f_2 = 1,05$ (vgl. ➔ 1c)

Die Kollektorausrichtung nach der Himmelsrichtung beeinflusst den Wärmegewinn. Optimal ist eine Ausrichtung nach Süden. Abweichungen $\leq 10°$ nach Westen oder Osten spielen kaum eine Rolle.

Für größere Abweichungen gilt der Korrekturfaktor f_1 als Zuschlag, ➔ 2.

Beispiel:
Abweichung nach Westen $\alpha = 50°$:
$\underline{f_1 = \mathbf{1,1}}$

Abweichung nach Osten $\beta = 50°$:
$\underline{f_1 = \mathbf{1,2}}$

Ostabweichungen wirken sich also stärker aus.

Die Korrekturfaktoren f_1 und f_2 sind gegebenenfalls zu multiplizieren.

Beispiel:
Nach den obigen Beispielen wäre also:
- eine angenommene Kollektorfläche von $A = 9\ m^2$
- Neigung = 25°
- Ostabweichung $f_2 = 50°$
$(f_1 \cdot f_2) = 1,05 \cdot 1,2 = \underline{\mathbf{1,26}}$
das ergäbe:
$A = 9\ m^2 \cdot 1,26 = \underline{\mathbf{11,34\ m^2}}$

Die Raumbeheizung durch Sonnenenergie stellt sich im Gegensatz zur Trinkwassererwärmung ungünstiger dar. Die Periode mit dem größten Sonnenenergieangebot ist gegenüber der Periode mit dem größten Heizenergiebedarf zeitlich versetzt. Während der Wärmeverbrauch für die Trinkwassererwärmung über das ganze Jahr hindurch relativ konstant ist, besteht zu Zeiten des größten Wärmebedarfs für die Raumbeheizung nur ein sehr geringes Sonnenenergieangebot, siehe ➔ 498.2. Um die Raumbeheizung zu unterstützen, muss die Kollektorfläche relativ groß bemessen werden. Dadurch kann es im Sommer zu Stagnation im Solarkreislauf kommen.

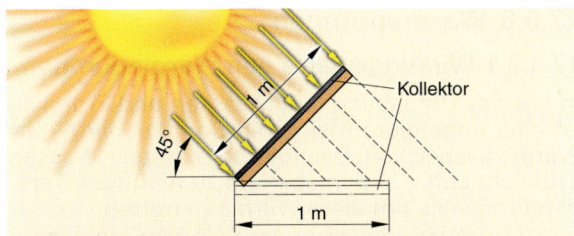

a) Flach liegender Kollektor fängt weniger Sonnenstrahlen ein

Verwendung der Solarwärme für	Neigungswinkel α
Warmwasser (+ Schwimmbad)	30° … 45°
Warmwasser + Raumheizung (+ Schwimmbad)	45° … 53°

Die größeren Neigungswinkel sind auf den niedrigeren Sonnenstand in der Übergangszeit ausgerichtet

b) Optimale Neigungswinkel bei Kollektoren

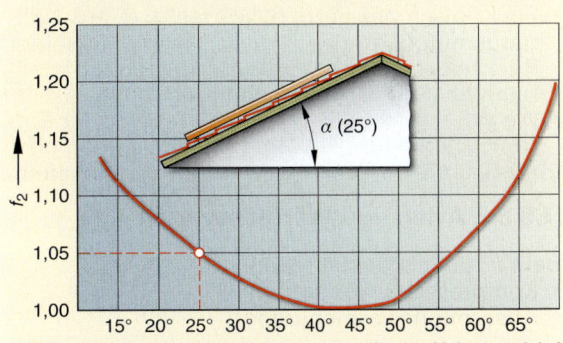

c) Korrekturfaktor f_2 bei Abweichung vom optimalen Neigungswinkel

1 Neigungswinkel bei Kollektoren in Deutschland

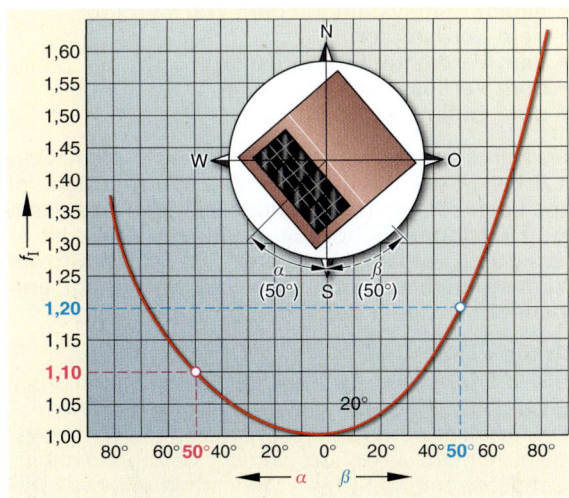

2 Korrekturfaktor bei Abweichung von der Südausrichtung

Hydraulisch können Anlagen die Heizung unterstützen durch den Einsatz eines Kombispeichers.

Solaranlagen zur Trinkwassererwärmung und Unterstützung der Raumheizung sind bereits praktisch erprobt.

17

17.5.8 Wärmepumpen

17.5.8.1 Wirkungsweise von Wärmepumpen

In unserer Umgebung (Luft, Wasser, und Erdreich) ist eine ungeheure Menge an Sonnenenergie als Wärme gespeichert. Die Speichermassen – Wasser, Erdreich, Luft – haben aber ein zu niedriges Temperaturniveau, um diese Wärme zu nutzen.

So wie eine Wasserpumpe Wasser auf höhere Ebenen fördert, können Wärmepumpen die gespeicherte Wärme auf ein höheres Temperaturniveau heben, ➔ 1.

> Wärmepumpen (**WP**) nutzen mit geringem Energieaufwand den riesigen Wärmevorrat, den die Sonne liefert und immer wieder ergänzt, ➔ 3.

Eine WP arbeitet wie ein Kühlschrank: Gleiche Technik nur umgekehrter Nutzen.

Beispiel:
- Ein Kühlschrank entzieht Wärme, z. B. aus Nahrungsmitteln, und gibt diese Wärme an seiner Rückseite scheinbar nutzlos in den Aufstellraum ab. Sein Zweck ist **Kühlung**.
- Die WP entzieht der Luft, dem Wasser oder Erdreich Wärme für die Warmwasserbereitung oder zur Raumheizung. Ihr Zweck ist, **Wärme zu liefern**.

17.5.8.2 Arten von Wärmepumpen

Bei WP unterscheidet man:
- Kompressionswärmepumpe
- Absorptionswärmepumpe

Kompressionswärmepumpe

Eine Kompressions-WP besteht aus, ➔ 2:
- einem Rohrsystem mit dem Wärmeträger
- dem Verdampfer
- dem Verdichter (Kompressor)
- dem Verflüssiger
- dem Expansionsventil

Das **Rohrsystem** ist ein geschlossenes System. Darin zirkuliert der **Wärmeträger**. Der Wärmeträger ist eine bei niedriger Temperatur siedende Flüssigkeit, vgl. Flüssiggas. Schon bei geringem Druck ist er flüssig und „verdampfungsbereit". Im Betrieb wird der Wärmeträger verdampft, verdichtet, verflüssigt, entspannt und wieder verdichtet (Kreisprozess), ➔ 1.

Anmerkung:
Bis 1994 wurden fluorhaltige Wärmeträger eingesetzt. Da Fluor-Kohlenwasserstoffe (FCKW) die Ozonschicht der Erdatmosphäre zerstören, dürfen sie nicht mehr verwendet werden; sie wurden durch Gemische mit ähnlichem Siedepunkt ersetzt, z. B. CO_2 (R^1 744), Propan (R 290), Ammoniak (R 717).

Der Wärmeträger gelangt in den **Verdampfer** und wird in einer Rohrschlange geführt, damit er von Luft, Grundwasser oder Sole umspült wird. Die enthaltene Sonnenenergie (Wärme) lässt ihn verdampfen, ohne dass sich dessen Temperatur erhöht.

¹ **R**: internationaler Kennbuchstabe vom engl. „refrigerant" (Kältemittel)

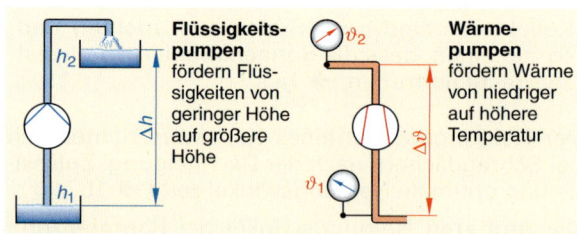

1 Vergleich: Wärmepumpe – Flüssigkeitspumpe

2 Wärmegewinn mit der Wärmepumpe

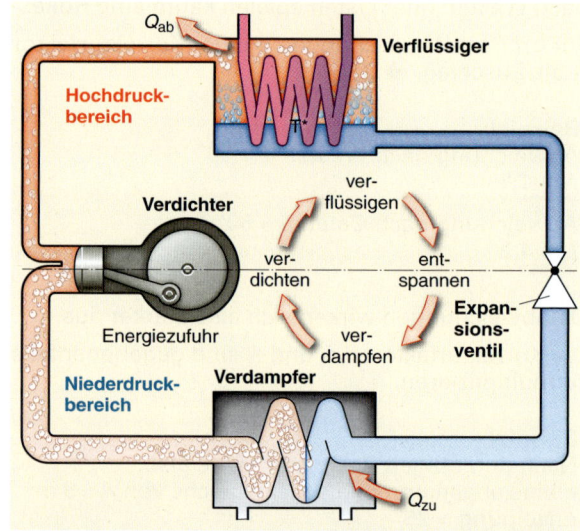

3 Bauteile der Kompressionswärmepumpe beim Kreisprozess

Anmerkung:
Dies kann man mit Wasser vergleichen:
Führt man bei normalem Luftdruck Wasser von ca. 100 °C in einem Kochtopf Wärme zu, z. B. durch eine Kochplatte, beginnt es zu sieden und zu verdampfen. Die Temperatur erhöht sich nicht, aber es bildet sich 100-grädiger Dampf, der nun wesentlich mehr Wärme enthält als das siedende Wasser, nämlich 627 Wh/kg mehr, die sogenannte Verdampfungswärme, vgl. Kap. 1.3.1.1.

Der **Verdichter** (Kompressor) saugt den Wärmeträgerdampf an, verdichtet (komprimiert) ihn und erhöht so den Druck, ➔ 3. Durch die Druckerhöhung steigt die Temperatur des Wärmeträgers, entsprechend seiner Dampfdruckkurve. Diese gibt den Siedepunkt des Mediums abhängig vom jeweils herrschenden Druck an. Sie gibt also an, bei welchem Druck aus der Flüssigkeit Dampf wird, s. Beispiele in ➔ 502.2.

Auf der Hochdruckseite (= Warmseite zwischen Verdichter und Expansionsventil)
- strömt der Wärmeträgerdampf mit hoher Temperatur in den **Verflüssiger** (Kondensator), ➜ 1,
- gibt dort Wärme an das durch eine Rohrschlange fließende Trink- oder Heizwasser ab,
- dadurch sinkt seine Temperatur,
- der Dampf kondensiert, wird flüssig.

Das nachgeschaltete **Expansionsventil**[1] wirkt wie ein Druckminderer. Es ist eigentlich ein sehr langes Röhrchen mit wenigen mm Durchmesser. Es bewirkt, dass sich
- über den Verdichter ein Druck aufbauen kann,
- der Wärmeträger entspannt, wobei Druck und Temperatur sinken.

Das setzt Energie (Wärme) frei, sodass ein Teil des Wärmeträgers wieder verdampfen könnte. Die dafür nötige Verdampfungswärme wird der Flüssigkeit entzogen, sodass sie sich stark abkühlt (vergleichen Sie das Vereisen von Flüssiggasflaschen bei großer Entnahme). Die entspannte und abgekühlte Flüssigkeit strömt nun erneut in den Verdampfer; der Prozess beginnt neu.

> Das abwechselnde Verdampfen (= Wärmeaufnahme) und Verflüssigen (= Wärmeabgabe) nennt man Kreisprozess, ➜ 1.

In Gang hält den Kreisprozess die Zufuhr
- mechanischer Energie bei der Kompressions-WP
- thermischer Energie (Wärme) bei der Absorptions-WP

Absorptionswärmepumpe

Bei der Absorptions-WP wird als Wärmeträger meist Ammoniak verwendet. Der Kreisprozess verläuft ähnlich wie bei der Kompressions-WP.

> Die Aufgabe des Kompressors übernehmen:
> - ein Absorber (er gibt der WP den Namen)
> - eine Flüssigkeitspumpe
> - ein Austreiber

Im **Absorber**[2] wird der Wärmeträgerdampf, meist Ammoniak (NH_3), aus dem Verdampfer vom Wasser aufgenommen und bildet die sog. **reiche Lösung**.

Dabei entsteht Wärme, die teilweise über einen Wärmetauscher (Rohrschlange) zur Wassererwärmung oder Raumheizung genutzt wird, ➜ 2.

[1] Expansion: ⟨lat.⟩: Ausdehnung
[2] absorbieren: aufnehmen, aufsaugen

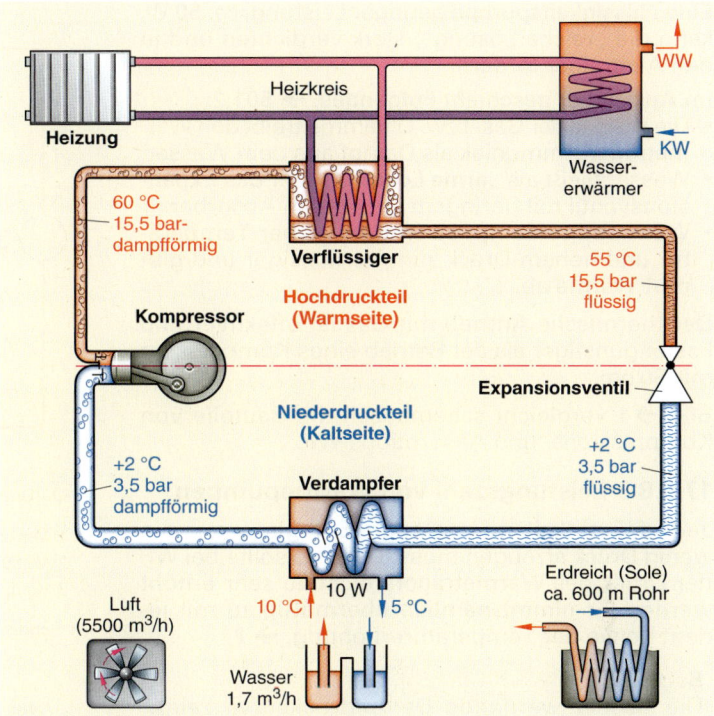

1 Funktion der Kompressionswärmepumpe

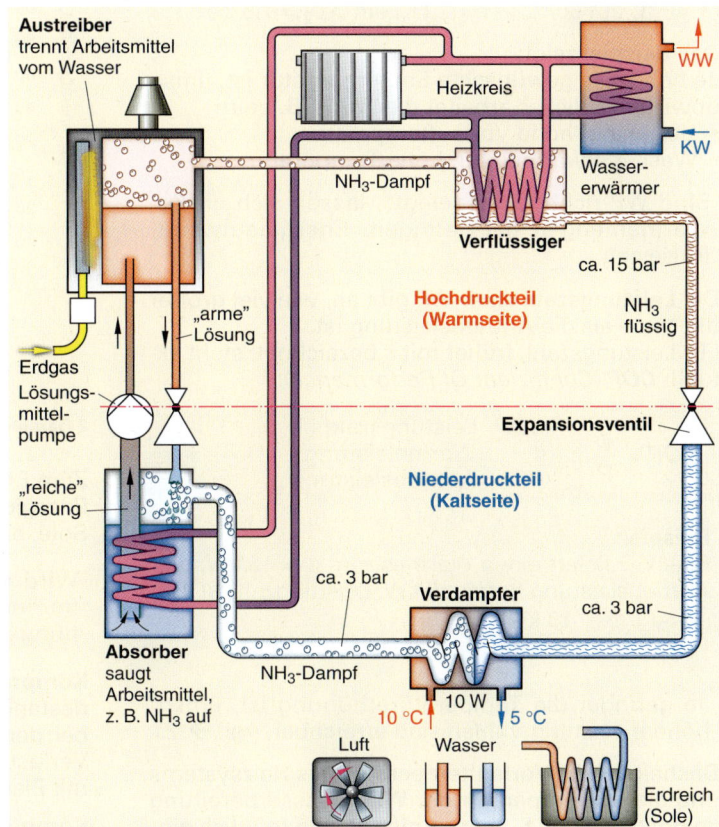

2 Funktion der Absorptionswärmepumpe

Eine **Flüssigkeitspumpe** geringer Leistung, ca. 50 W, kann die „reiche Lösung", stark verdichten und in den Austreiber fördern.

Im **Austreiber** geschieht Folgendes, ➔ 501.2:
- Die Wärme der Gas- bzw. Ölflamme treibt den Wärmeträger Ammoniak als Dampf aus dem Wasser.
- Wasser fließt als **„arme Lösung"** über das Expansionsventil mit geringem Druck zum Absorber.
- Wärmeträgerdampf strömt mit hoher Temperatur und hohem Druck zum Verflüssiger und gibt dort Wärme ab.

Der thermische Antrieb mit Gas ist effektiver und kostengünstiger als der Betrieb eines Kompressors mit Strom.

Bild ➔ 1 vergleicht schematisch die Bauteile von Kompressions- und Absorbtions-WP.

17.5.8.3 Leistungszahl von Wärmepumpen

Jede Flüssigkeitspumpe spart Energie, wenn sie wenig Druck erzeugen muss. Deshalb sollte bei WP der Druck des Wärmeträgers nicht zu sehr erhöht werden. Er nimmt nämlich übermäßig zu mit jedem Kelvin der Temperaturerhöhung, ➔ 2.

> **Beispiel:**
> Die flacher werdende Dampfdruckkurve zeigt, welcher Druckanstieg einer Temperaturerhöhung entspricht:
> - 0 °C auf 40 °C ($\Delta\vartheta$ = 40 K) ein Δp_1 = 5,5 bar
> - 40 °C auf 60 °C ($\Delta\vartheta$ = 20 K) ein Δp_2 = 7,5 bar

Das Beispiel zeigt:
Je höher die gewünschte Endtemperatur ist, umso unwirtschaftlicher arbeitet die WP, z. B. beim
- Heizen auf hohe Vorlauftemperatur,
- Wasser erwärmen auf hohe Temperatur.

> Sind WP richtig „ausgelegt", lassen sich große Wärmemengen bei geringem Energieaufwand freisetzen.

Die **Leistungszahl** einer WP gibt an, wie viel größer die Nutz- als die Antriebsleistung ist.
Für Leistungszahl, früher mit ε bezeichnet, steht aktuell: **COP** (*Coeffizient Of Performance*):

$$COP = \frac{\Phi}{P}$$

COP	Leistungszahl
Φ	Wärmeleistung
P	Antriebsleistung

> **Beispiel:**
> Eine WP liefert einen Wärmestrom Φ = 15 kW; die Antriebsleistung beträgt 5 kW. Leistungzahl COP?
>
> $$COP = \frac{\Phi}{P} = \frac{15\ kW}{5\ kW} = \underline{\underline{3}}$$

> Je geringer die Temperaturerhöhung ist, umso höhere Leistungszahlen sind erreichbar, vgl. ➔ 2.

Deshalb ist die Vorlauftemperatur des Heizsystems und die Solltemperatur der Warmwasserbereitung so hoch wie nötig, aber so niedrig wie möglich einzustellen.

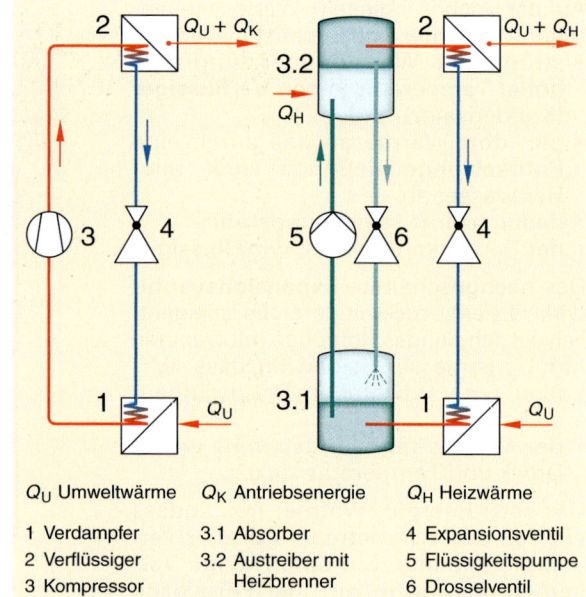

Q_U Umweltwärme Q_K Antriebsenergie Q_H Heizwärme

1 Verdampfer	3.1 Absorber	4 Expansionsventil
2 Verflüssiger	3.2 Austreiber mit	5 Flüssigkeitspumpe
3 Kompressor	Heizbrenner	6 Drosselventil

1 Schemavergleich von Kompressions-WP und Absorptions-WP

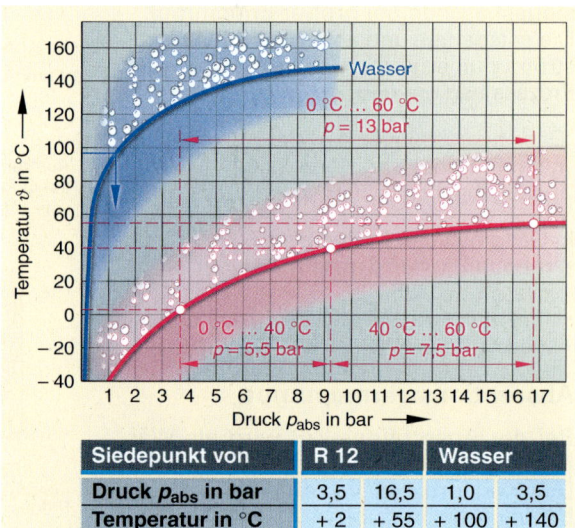

Siedepunkt von	R 12		Wasser	
Druck p_{abs} in bar	3,5	16,5	1,0	3,5
Temperatur in °C	+ 2	+ 55	+ 100	+ 140

2 Dampfdruckkurve: Temperaturanstieg durch Verdichtung

Zum Energieverbrauch einer WP ist auch die nötige Energie für Förderpumpen, für Grundwasser oder Sole, bzw. für Ventilatoren bei Luft hinzuzurechnen.

> Wird eine Leistungszahl für WP angegeben, ist immer nach der zugehörigen Temperaturerhöhung zu fragen.

Kompressions-WP erreichen bei normalem Gebäudestandard eine Leistungszahl COP = 2,5 bis 4. Da bei der Stromerzeugung und -verteilung ca. 65 % Verluste entstehen, werden diese Verluste bei WP mit Elektroantrieb erst bei COP ≈ 3 ausgeglichen.

Kompression-WP mit Diesel- oder Gasmotor erzeugen aus 100 % Primärenergie ca. 145 % Nutzenergie.

17

502

WP mit Diesel- oder Gasmotorantrieb arbeiten wirtschaftlicher, da neben der erzeugten mechanischen Energie noch die Wärme im Kühlwasser und im Abgas genutzt werden kann; vgl. Blockheizkraftwerk, Kap. 14.8.

Absorptions-WP erreichen zwar geringere Leistungszahlen als Kompressions-WP. Da sie aber mit Primärenergie betrieben werden, vermehren sie echt die eingesetzte Antriebsenergie. Leider sind Absorptions-WP für kleinere Anlagen (< 25 kW) noch nicht am Markt.

Vorteile der Absorptions-WP sind:
- Energieersparnis gegenüber den schon sparsamen Brennwert-Geräten ≈ 10 %.
- Es gibt kaum bewegliche Teile; damit geräusch- und verschleißarmer Betrieb.
- Förderpumpe für die „reiche Lösung" benötigt nur ca. 50 W (Kompressions-WP ca. 2 kW bis 3 kW).
- Echter Energiegewinn, da Primärenergie nicht umgewandelt werden muss.
- Bei bivalentem Betrieb, s. Kap. 17.5.8.1, wird das Brennwertgerät als Austreiber genutzt.

17.5.8.4 Wärmequellen und Bezeichnungen für Wärmepumpen

WP können verschiedenen Quellen gespeicherte Sonnenwärme entziehen, z. B.:
- Wärmequelle Luft
- Wärmequelle Wasser
- Wärmequelle Erdreich
- Abwärme

Luft steht überall reichlich zur Verfügung. Ein Ventilator führt Außenluft dem Verdampfer zu, ähnlich wie bei einem Autokühler, ➔ 1.
Nachteilig ist:
- Gerade an sehr kalten Tagen kann Luft nicht mehr wirtschaftlich genutzt werden. Ab ca. –2 °C beginnt der Verdampfer zu vereisen. Dann sind zusätzliche Enteisungsanlagen nötig, die elektrisch zu beheizen sind.
- In Wohngegenden kann das Geräusch des Ventilators stören.

Die **Wärmequelle Wasser** nutzen Grundwasser-WP, ➔ 2, auch Oberflächengewässer, Kühlwasser in Betrieben und Thermalwasser kann genutzt werden. In allen Fällen kommt es auf die Wasserqualität an und ob genügend Wasser verfügbar ist. Kühlwasser in Betrieben und Thermalwasser sind wegen des hohen Wärmegehaltes besonders günstig. Bei Grundwasser ist ein Förder- und ein Schluckbrunnen in den gleichen Grundwasserhorizont und im gewissen Abstand vorgeschrieben. Zu bedenken sind die hohen Bohrkosten, die Gefahr, dass Brunnen bei eisenhaltigem Wasser verockern können und ob die gewünschte Fördermenge sicher ist? Grund- und Oberflächenwasser sind genehmigungspflichtig.

Erdreich ist ein hervorragender Wärmespeicher, da die Temperatur das Jahr über mit 8 °C bis 12 °C relativ konstant ist.

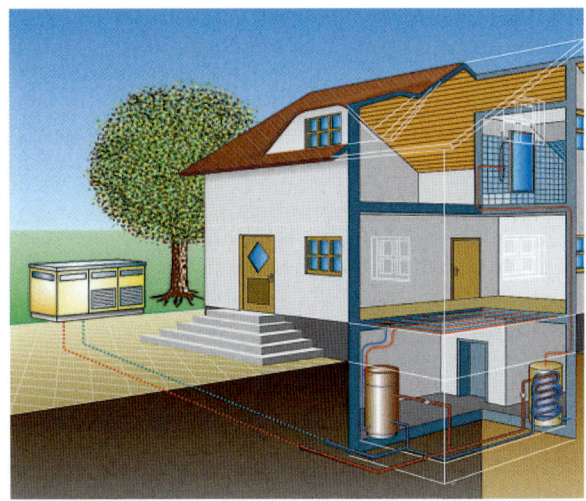

1 Wärmequelle Luft

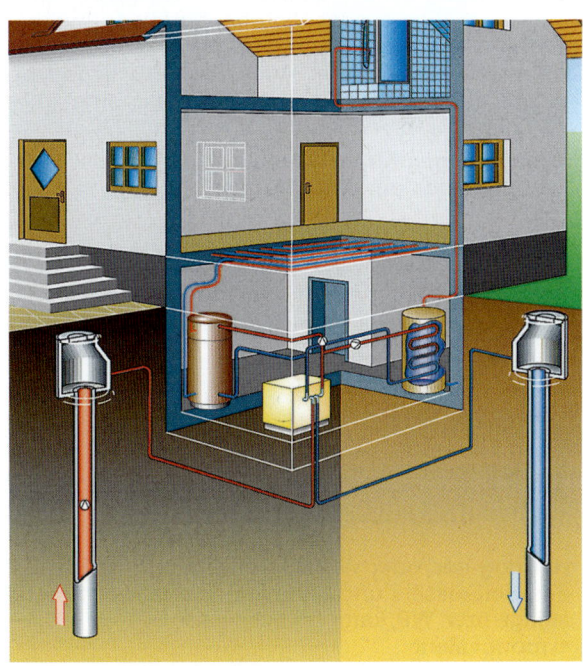

2 Wärmequelle Grundwasser

Es werden verwendet:
- Erdkollektoren
- Erdsonden

Bei **Erdkollektoren** wird ein waagerechtes Rohrschlangensystem aus PE-HD-Rohren etwa 1,2 m bis 1,5 m tief im Abstand von 0,6 m bis 1 m verlegt, ➔ 504.1. Da dies nur auf eigenem Grund verlegt werden darf, ist eine bestimmte Grundstücksgröße nötig. Je feuchter der Boden, umso besser.
Als Richtwert gilt:
Zweifache Wohnfläche bei feuchten Lehmböden bis vierfache bei trockenen Sandböden.

Erdkollektoren und Erdsonden werden mit einer Sole (Wassergemisch mit Glykol) als frostsicherem Wärmeträger gefüllt.

17

Der Pflanzenwuchs über Erdkollektoren wird kaum beeinträchtigt. Dem Erdreich strömt auch mit dem Regenwasser neue Wärme zu. Das ist ein Vielfaches des Wärmeentzugs durch Pflanzen.

Erdsonden werden senkrecht in den Boden eingelassen. Sie bestehen meist aus zwei U-förmigen Kunststoffrohren aus PB oder PE-HD, in DN 40, ➜ 2. Die Bohrung(en), 40 m bis 200 m tief, müssen vom Landratsamt genehmigt werden, ab 150 m Tiefe vom Bergamt. Sie werden nach Einbringen der Sonde mit einem Zement-Betonit-Gemisch verfüllt.

Erdsonden
• erfordern wenig Grundstücksfläche,
• sind in in manchen Gegenden zuschussfähig,
• sind anzeige- bzw. genehmigungspflichtig.

Abwärme ist ein guter Wärmelieferant. Überall, wo Abwärme auf niedrigem Wärmeniveau anfällt, wie bei der Raumlüftung, kann diese mit einer WP zur Raumheizung genutzt werden.
Ähnlich ist dies gut möglich bei Entfeuchtungsgeräten in Hallenbädern. Dort steckt in der feuchten Luft noch viel Wärme. Auch die Abwärme von Kühlgeräten oder Klimaanlagen stellt eine gute Wärmequelle für WP dar.

Bezeichnungen für WP leiten sich ab von der Wärmequelle und dem Wärmeträger.

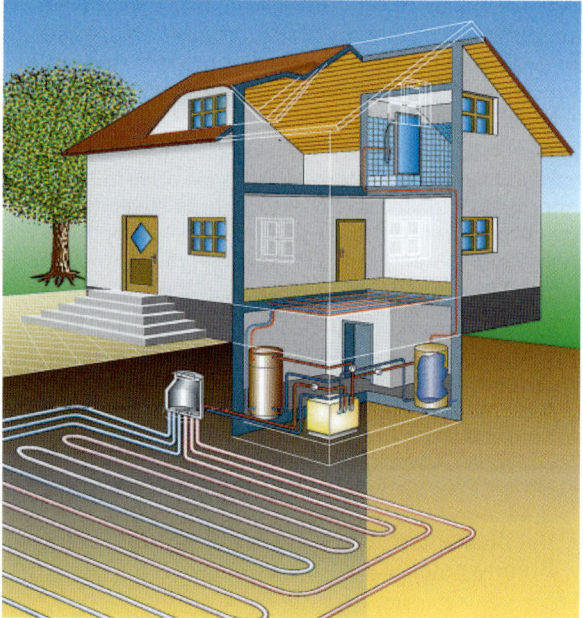

1 Wärmequelle Erdreich – hier mit Erdkollektor

Beispiel
Luft-Wasser-WP ist die Ableitung aus:
Wärmequelle: Luft, Wärmeträger: Wasser

Ähnlich ist es bei der
• Erdreich-Sole-WP
• Wasser-Wasser-WP
• Abwärme-Wasser-WP

17.5.8.5 Betriebsweise für Heizkessel und Solaranlage/Wärmepumpe

Heizung und/oder Wassererwärmung mithilfe eines Heizkessels und kombiniert mit einer Solaranlage bzw. WP, kann erfolgen nach Bild, ➜ 505.1:
• monovalent
• bivalent
• multivalent

Bei **monovalentem**[1] **Betrieb** erfolgt die gesamte Wärmeerzeugung über die WP, ➜ 505.1a. Das ist in der Regel nicht sinnvoll und unwirtschaftlich.
Nicht sinnvoll, da bei einem Ausfall der WP die gesamte Wärmeerzeugung ausfällt und nicht so schnell repariert ist, wie eine Störung an einem Heizkessel. Außerdem sind zum Erwärmen des WW hohe Temperaturen nötig. Die WP muss also hoch verdichten, siehe Kap. 17.5.8.3 mit ➜ 502.2.
Dies mindert stark die Leistungszahl (*COP*).
Unwirtschaftlich, da die WP sehr groß, nach dem höchsten Wärmebedarf, ausgelegt werden muss, und an den meisten Tagen im Jahr überdimensioniert ist. Das ist mit folgendem Beispiel vergleichbar.

[1] **mon**... ⟨griech.⟩: allein – **valere** ⟨lat.⟩: wirksam sein

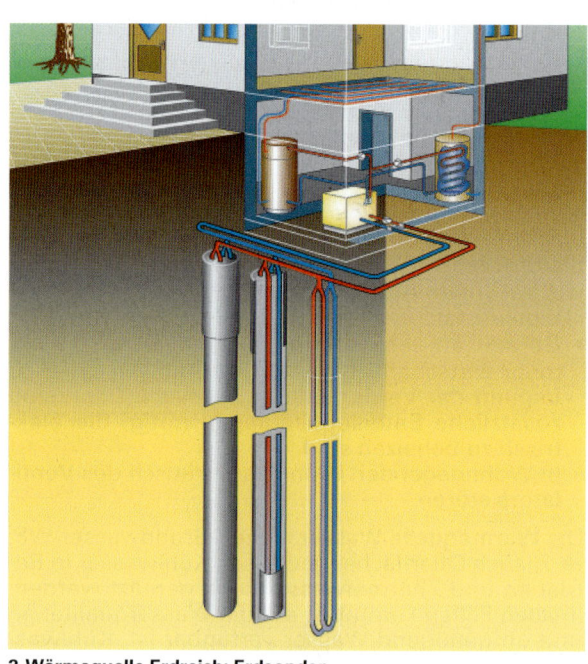

2 Wärmequelle Erdreich: Erdsonden

Beispiel:
Eine Firma hat als Fahrzeug nur einen großen Lkw und muss damit auch die kleinsten Päckchen zur Post befördern.

Das **Rohrsystem mit dem Wärmeträger** ist ein geschlossenes System. Der Wärmeträger zirkuliert, verdampft, wird verdichtet, verflüssigt, entspannt und wird wieder verdichtet (Kreisprozess).

17

Bivalenter[1] Betrieb geschieht zusammen mit einem 2. Wärmeerzeuger, z. B. einem Heizkessel, ➔ 1b.

Bivalenter Betrieb ist möglich, ➔ 1b:
- bivalent alternativ: WP **oder** Heizkessel ist in Betrieb
- bivalent parallel: WP **und** Heizkessel laufen gleichzeitig

Beispiel:
Eine WP, die der Luft Wärme entzieht, schaltet bei einer Lufttemperatur von +2 °C ab und der Heizkessel übernimmt die Wärmeversorgung.

Beim **multivalenten Betrieb** kommt mindestens ein 3. Wärmeerzeuger dazu z. B. eine elektrische Zusatzheizung, ➔ 1c.

Kontrolle und Wartung von Wärmepumpen

Durch Kontrolle der WP-Anlage kann ihre Effizienz (Wirkung) gesteigert werden. Der Benutzer sollte:
- den Wärmezähler und den Stromzähler monatlich ablesen und die Werte festhalten
- damit kann er die Jahresarbeitszahl J_{az} der Anlage ermitteln; (J_{az} ist nicht gleich *COP*; *COP* betrifft nur die „Maschine" WP)

$$J_{az} = \frac{Q_{ab}}{Q_{zu}}$$

J_{az} Leistungszahl
Q_{ab} Jahresheizarbeit in kWh/a
Q_{zu} Jahresstromverbrauch in kWh/a

Die „J_{az}" einer WP ist stark abhängig vom „Temperaturhub" ($\Delta\vartheta$); eine $J_{az} = 2$ muss gesteigert werden!

- Zu schauen ist nach undichten Stellen (Lecks) in der Anlage und (auch zu hören) nach sonst Auffälligem
- alle Drücke der Anlage sind zu kontrollieren und damit auch die Temperaturen des Kältemittels

Dazu notwendig ist ein Analysegerät für Kälteanlagen nach , ➔ 2, mit verschiedenen Fühlern für Temperatur, Druck (Nieder-, Hochdruck und Vakuum), evtl. ein Drucker für die Auswertung. Anschließbar an das Gerät ist eine Waage für das Befüllen der WP mit Kältemittel bzw. Evakuieren von Kältemittel.

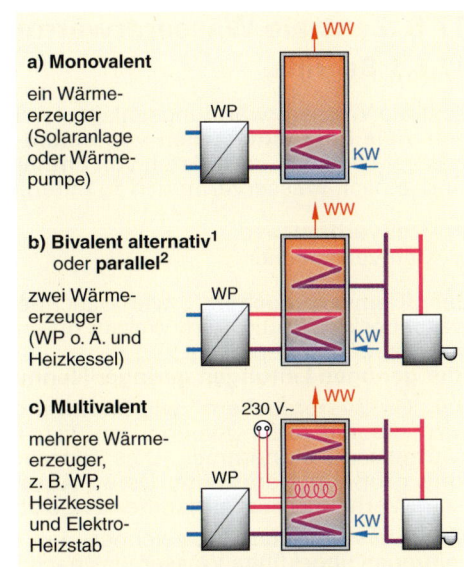

a) Monovalent
ein Wärmeerzeuger (Solaranlage oder Wärmepumpe)

b) Bivalent alternativ[1] oder **parallel[2]**
zwei Wärmeerzeuger (WP o. Ä. und Heizkessel)

c) Multivalent
mehrere Wärmeerzeuger, z. B. WP, Heizkessel und Elektro-Heizstab

[1] alternativ: nur einer der Wärmeerzeuger ist in Betrieb, z. B. eine WP schaltet unter +3 °C Lufttemperatur ab, Heizkessel übernimmt Betrieb
[2] parallel: beide Wärmeerzeuger arbeiten zusammen, der Heizkessel beispielsweise unter +3 °C zusätzlich

1 Wärmegewinn mit der Wärmepumpe

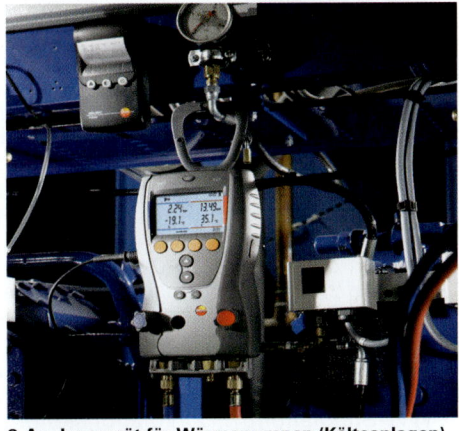

2 Analysegerät für Wärmepumpen (Kälteanlagen)

Übungen:

1. Wie kann mit Hilfe des Installateurs Sonnenenergie genutzt werden?
2. a) Welche Strahlungsarten liefert die Sonne?
   b) Welche Wärmemenge können wir davon in Deutschland maximal nutzen?
3. Welche Bauteile gehören zu einer Solaranlage? Fertigen Sie dazu auch eine Skizze an.
4. Beschreiben Sie verschiedene Absorber.
5. Welche Aufgabe hat ein Kollektor?
6. Wie sind Kollektoren grundsätzlich gebaut?
7. Welche verschiedenen Kollektoren gibt es?
8. Beschreiben Sie einen Hochleistungs-Kollektor.
9. a) An welchen Stellen können Kollektoren montiert werden?
   b) Welche Kollektoren sind nicht überall anzubringen? Warum?
10. a) Was vermag eine WP?

    b) Welche Arten unterscheidet man nach ihrer Wirkungsweise?
11. Was bedeutet bei einer WP „bivalenter Betrieb"?
12. Welche Bauteile hat die Kompressions-WP?
13. Was geschieht bei einer WP
   a) im Verdampfer
   b) im Verflüssiger?
14. a) Welche Aufgaben erfüllt das „Expansionsventil"?
   b) Woraus besteht es?
15. Was bedeutet die Leistungszahl 3,8 bei einer WP?
16. Bedeutet die „Leistungszahl 4,5", dass es eine gute oder eine weniger gute WP ist?
17. Welche Vorteile haben Absorptions-WP?
18. Woher können WP Wärme beziehen?
19. a) Welche Vorteile hat Erdreich als „Wärmequelle"?
   b) Wie kann man sie nutzen?
20. Was bedeutet „Luft-Wasser-WP"?

17

[1] **bi...** ⟨lat.⟩: zwei, doppelt – **multi** ⟨lat.⟩: viel(fach)

17.6 Zentrale Wassererwärmung

17.6.1 Begriffe

Zentrale Wassererwärmungsanlagen (WEA) versorgen **viele Entnahmestellen** von **einem** Wassererwärmer (WE) aus. Zwei Arten von **Entnahmestellen** sind je nach Wasserverbrauch zu unterscheiden.

- Großverbraucher
- Kleinverbraucher

Bei „**Kleinverbrauchern**", wie Waschbecken, Sitzwaschbecken, Spüle, wird Wasser oft entnommen, meist aber nur wenig, an.
Hier genügen Leitungen geringer Nennweite.

Bei „Großverbrauchern" wie Badewanne, Dusche wird nur ein- oder zweimal am Tag relativ viel Warmwasser entnommen. Dies erfordert eine Leitung größerer Nennweite. Deren **Ausstoßverlust** ist im Verhältnis zur Entnahmemenge auch gering.

Mit „**Ausstoßverlust**" bezeichnet man das in den Leitungen abgekühlte Wasser, das nach Entnahmepausen ausfließt, bevor warmes Wasser kommt; Bild → 507.1 zeigt Wasserinhalte von Rohren in l/m.

Als Wassererwärmer verwendet man:
- direkt beheizte Speicher-WE
- indirekt beheizte WE

Direkt beheizte Speicher-WE für Ein- und Zweifamilienhäuser werden meist mit Gas versorgt. Sie erreichen im Sommerbetrieb einen besseren Wirkungsgrad als indirekt beheizte, da der Heizkessel für die Raumheizung „kalt" bleibt. Ihre Anschaffungs- und Anschlusskosten sind relativ gering.

In großen Gebäuden nutzt man die (große) Leistung des Heizkessels, um damit einen **WW-Speicher indirekt zu beheizen**.
Vor allem dort lässt man das Warmwasser in den Leitungen zirkulieren (kreisen), damit beim Öffnen einer WW-Zapfstelle sofort warmes Wasser ausfließen kann.

Im sogenannten **WW-Zirkulationssystem** kreist das WW vom *Wassererwärmer → WW-Verteilung → WW-Steigleitung → Zirkulationsleitung → zurück zum Wassererwärmer*, → 1.

Zirkulationsleitungen führen abkühlendes Wasser zum WE zurück. Sie bestehen in der Regel aus gleichem Material wie die WW-Verteil- und WW-Steigleitungen. Man zweigt sie im obersten Geschoss, knapp über Fußboden, von den Steigleitungen ab.
Mehrere Zirkulationsleitungen, zusammengeschlossen, bilden im Untergeschoss den **Sammelrücklauf**. Darin wird kurz vor dem Wassererwärmer die **Zirkulationspumpe** eingebaut, → 1, 2.

Die Zirkulationspumpe sorgt für:
- den Förderstrom
- den Förderdruck

Förderstrom ist der Volumenstrom, der in der Leitung mit dem Wasser die Wärme transportiert, die das Leitungssystem abstrahlt.

Der **Förderdruck** der Pumpe muss die Reibungsverluste im Zirkulationssystem überwinden, damit Wasser zirkuliert, auch wenn kein Wasser gezapft wird.

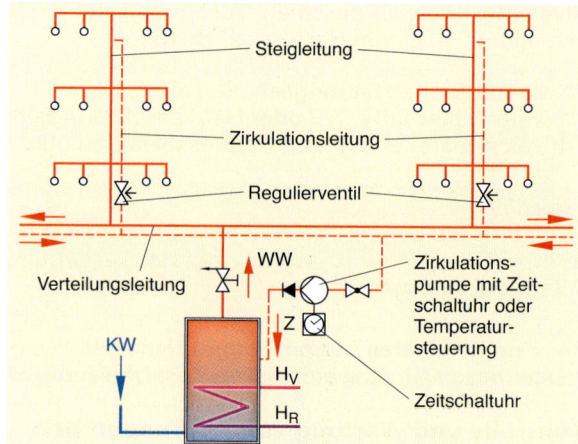

1 Zentrale Wassererwärmung – hier mit Zirkulation

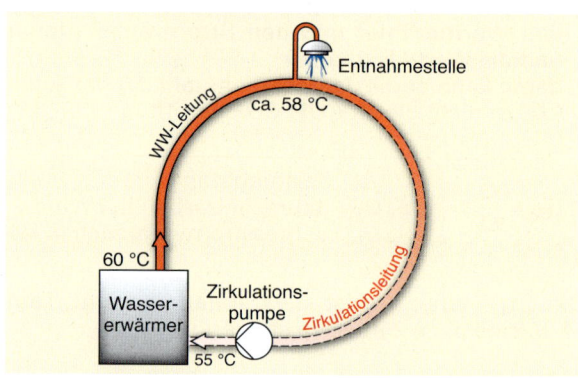

2 Zirkulationssystem

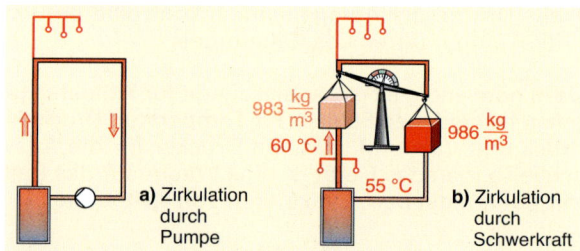

3 Zirkulation durch Umtriebsdruck (Förderdruck)

Der Förderdruck ist unabhängig von der Gebäudehöhe, obwohl er früher „**Förderhöhe**" genannt wurde.

Erklärung:
Im „Schwerkraftbetrieb" war der Begriff „Förderhöhe" wichtig, denn dort zirkuliert Wasser aufgrund der unterschiedlichen Gewichtskraft zwischen warmer und abgekühlter Wassersäule (warm = leicht – kalt = schwer). Die herabstürzende, abgekühlte (schwere) Wassersäule drückt (fördert) im warmen Vorlauf das Wasser nach oben (vgl. zwei Kinder auf einer Wippschaukel). Je größer der Höhenunterschied ist, umso stärker wirkt sich der Dichteunterschied der Wassersäulen aus. Die Druckverluste im Rohrnetz sind vergleichbar mit dem Reibungswiderstand am Wippschaukel-Drehpunkt.

17

17.6.2 Vor- und Nachteile zentraler Wasser-Erwärmungsanlagen

Vorteile zentraler Wassererwärmungsanlagen (WEA):
- ein zentraler WE, statt vieler Einzelgeräte; spart Kosten bei Anschaffung, Wartung und Energieverbrauch, besonders in Mehrfamilienhäusern
- die Trinkwassererwärmung erfolgt während der Heizperiode praktisch „nebenbei" durch den Heizkessel für die Raumheizung
- schnelles Aufheizen des WE dank relativ hoher Kesselleistung
- bei guter Regelanlage mit WW-Vorrangschaltung werden Bedarfsstörungen vermieden
- der Betrieb ist energiesparend in Kombination mit Solaranlagen oder Wärmepumpen
- die Anlage ist einfach zu bedienen und zu warten

Nachteile zentraler Warmwasseranlagen:
- mindestens ein Mal pro Tag ist **außerhalb** der Heizperiode der Raum-Heizkessel „hoch zu heizen"
- Wärmeverluste der WW-Verteil- und der Zirkulationsleitungen mit 8 W/m bis 12 W/m auch bei vorschriftsmäßiger Wärmedämmung nach EnEV
- Betriebskosten der Zirkulationspumpe sind durch energiesparende Pumpen erheblich zu mindern

17.6.3 Wassererwärmung und Energiesparen

Die Energieeinsparverordnung **EnEV** 2014 enthält detaillierte Vorschriften zum Energiesparen für Heiz- und Warmwasseranlagen.

Das EnEG fordert:
- Primärenergiebedarf für Gebäude ist zu begrenzen auf 12,5 kWh/($m^2 \cdot$ Jahr), siehe Kap. 18.4.2
- Zum Primärenergiebedarf zählt auch der Wärmebedarf für Heizung, Wassererwärmung, Lüftung; diesen berechnet man nach DIN 4701-10.
- Energiesparende Zirkulationspumpen bzw. elektrische WW-Temperaturhaltungen sind einzurichten; die Zirkulationspumpen müssen selbsttätig ein- und auszuschalten sein. Bei „Dauerlauf" steigt der Stromverbrauch erheblich, z. B. bei einer 100-W-Pumpe allein auf 72 kWh je Monat.

Heiz- und Warmwasser-Anlagen sind gegen Wärmeverluste zu dämmen; zugängliche ältere Wärmeanlagen **sind nachzurüsten**, denn:

Auch vorschriftsmäßig gegen Wärmeverlust gedämmte WW-Leitungen verlieren **8 W/m bis 12 W/m** beim Temperaturunterschied $\Delta\vartheta$ = 50 K, ➔ 152.4

Wenn die Dämmung unzureichend oder gar nicht vorhanden ist, liegen die Verluste wesentlich höher.

Beispiel für Cu-Rohr 42 × 1,5 ohne/mit Dämmung:
Wärmeverlust bei $\vartheta\Delta$ = 50 K = **70/9,5** W/m, ➔ 152.3.

Der **Gesamtjahresnutzungsgrad** zentraler WEA wird verbessert, wenn man
- die Größe des Wassererwärmers genau ermittelt (keine Überdimensionierung!).
- Wasserwärmer mit geringem Wasserinhalt bzw. die Heizleistung knapp wählt.

Rohr	DN	mm × mm	Rohrlängen in m bei	
			V = 1 l	V = 3 l
Cu/Edelstahl	10	12 × 1	12,5	~ 37
Cu/Edelstahl	12	15 × 1	7,5	~ 22
PE-X, PB, PP o. Ä.	12	16 × 2,2	9,1	~ 27
Cu/Edelstahl	15	18 × 1	5,0	15
Cu/Edelstahl	20	22 × 1	3,3	~ 10
PE-X, PB, PP o. Ä.	20	25 × ≈ 4	3 ... 4	~ 11

1 Rohrinhalte in l/m und Rohrlängen in m bei V = 3 l (Ausstoßverlust) - vgl. Tabellen S. 623-624

Rohrleitung	Wärmeleitfähigkeit	Wärmebedarf in Wh und % für 10 m Rohr DN 15 im Vergleich zu Gewinderohr	
Leitung aus	W/(m · K)	Wh	%
Gewinderohr	50 ... 60	80	100
Kupferrohr	370	21	26
Edelstahlrohr	≈ 20	23	29
Verbundrohr	0,43	30	37
PVC-C-Rohr	0,14	29	36
PB-Rohr	0,22	38	47
PB-Rohr	0,20	46	57
PE-X-Rohr	0,41	49	61

2 Daten von Rohren für WW-Leitungen (Auswahl)

- Wärmeerzeuger (Heizkessel), Wassererwärmer, und WW-Leitungen sorgfältig wärmedämmt.
- die Wassertemperatur auf genau 60 ° regelt.
- sorgfältig abwägt, ob eine Zirkulationsleitung überhaupt sinnvoll ist, s. Kap. 17.6.5.2
- in Zeiten geringer Nutzung die WW-Temperaturhaltung bei Kleinanlagen abschaltet,
- wassersparende Armaturen einbaut, vor allem in öffentlichen Gebäuden.

Dem Energiesparen dient auch die EnEG-Vorschrift: „WW-Kosten sind nach Verbrauch abzurechnen".

17.6.4 Rohre für Warmwasserleitungen

Rohre und das Verlegen von Wasserleitungen sind im Kap. 4.1 beschrieben. An wichtige Punkte, speziell für Warmwasserleitungen, wird hier erinnert.

Für Warmwasserleitungen gut geeignet sind:
- temperaturbeständige Rohre
- korrosionsbeständige, innen glattwandige Rohre
- Rohre mit geringer Masse, zusammen mit
- geringer Wärmeleitfähigkeit

Temperaturbeständig sind Metall-, Metallverbundrohre und Kunststoff-Rohre aus PB, PE-X, PP und, PVC-C, **aber nicht** Rohre aus PE oder PVC.

Korrosionsbeständige, innen glattwandige Rohre verkrusten nicht so leicht durch Rost oder Kalk; das mindert Rohrreibungsverluste. In Kunststoffrohren platzt Kalkbelag ab durch die hohe Wärmedehnung des Materials bei Temperaturwechsel.

Je geringer die Nennweite eines Rohres ist – und damit Rohrmasse und Rohrvolumen – umso weniger Wärme wird dem Wasser entzogen und umso geringer sind die Ausstoßverluste, ➔ **1**

17

Rohre mit **geringer Masse** und gleichzeitig
- **geringer Wärmeleitfähigkeit** entziehen bei kurzzeitiger Wasserentnahme dem Wasser kaum Wärme; dazu zählen Rohre aus PB, PE-X, PVC-C.
- **geringer spezifischer Wärmekapazität** werden vom durchfließenden Wasser schnell erwärmt, z. B. Kupfer-, Edelstahl- oder Metallverbundrohre.

Beispiel:
Um 10 m Gewinderohr **DN 15** von 10 °C auf 60 °C ($\Delta\vartheta$ = 50 K) zu erwärmen, sind **80 Wh** nötig, ➜ 623.3.

Rohre aus anderen Werkstoffen entziehen dem WW viel weniger Wärme als Gewinderohr; sie entziehen also weniger Wärme und deshalb fließt an ihrem Ende viel schneller warmes Wasser, ➜ 509.1.

Verzinktes Gewinderohr ist für WW-Leitungen nicht geeignet, da es bei WW nicht korrosionsbeständig ist und zuviel Wärme „schluckt", ➜ 509.1.

17.6.5 Verlegen von WW-Leitungen

Warmwasserleitungen werden grundsätzlich wie Kaltwasserleitungen verlegt, s. Kap. 4.3. Zu beachten sind:
Bei WW-Leitungen muss jedoch die Längenänderung der Leitungen durch Erwärmen ausgeglichen werden. Gleit- und Festpunkte sind überlegt anzuordnen, vgl. Kap. 4.5.

Alle WW-Rohre sind gegen Wärmeverluste zu dämmen, s. Kap. 4.4. Deswegen ist genügend Abstand zu Wänden, Decken und anderen Rohren nötig.

Nie dürfen WW-Leitungen zusammen mit KW-Leitungen in **einer** Dämmschicht verlegt werden.

17.6.6 Anlagengröße zentraler WE-Anlagen

Bei zentralen WEA unterscheidet man:
- Kleinanlagen
- Großanlagen

In **Kleinanlagen** kann laut DVGW Arbeitsblatt W 551 auf eine Temperaturhaltung verzichtet werden, z. B.
- in Ein- und Zwei-Familienhäusern
- bei Anlagen mit WW-Speicher < 300 l Inhalt
- bei Einzelleitungssträngen mit V < 3 l Inhalt, ➜ 507.1

Damit wurde erstmals festgeschrieben, dass ein Ausstoßverlust ≤ 3 l Wasser zumutbar ist.

In Kleinanlagen lässt sich die WW-Versorgung oft sehr wirtschaftlich betreiben, wenn man **keine WW-Zirkulation** einrichtet.
Die WW-Leitungen werden ab Wassererwärmer direkt zu den einzelnen Entnahmestellen verlegt, ➜ 509.1.
- Kleinverbraucher", wie Waschbecken, Spüle, Bidet an einer Leitung 12x1, 15x1 o.ä.
- Großverbraucher, wie Bade- und Duschwanne, mit eigener Leitung 15x1, 18x1,
- Je geringer nämlich die Nennweite einer Leitung ist und damit deren Rohrmasse - umso weniger Wärme entzieht sie dem Wasser, umso geringer werden die Ausstoßverluste; so benötigen 3 l Wasser 38 m Rohr 12x1, aber nur 15 m Rohr 18x1, ➜ 507.1.

Sinnvoll ist es, Verbrauchergruppen zu bilden, um möglichst Rohre geringer Nennweiten einzusetzen.

In **Großanlagen** darf im gesamten WW-System (WE, Leitungen) die WW-Temperatur nicht unter 55 °C sinken, (DVGW-Arbeitsblatt W 551), s. Kap. 17.5.

17.6.7 Zentrale Warmwasser-Verteilung

Zum Warmwasser-Verteil-System gehören
- WW-Verteilleitungen
- WW-Steigleitungen,
- WW-Stockwerksleitungen
- Absperr-, Entleer- und Regelarmaturen
- **eventuell** eine Temperaturhaltung, s.Kap. 17.6.9, (Begleitheizung oder Zirkulationssystem)

WW-Verteilleitungen verlaufen meist im Keller bzw. im Untergeschoss. Sie führen das Wasser den **Steigleitungen** zu; durch diese strömt das Warmwasser zu den Obergeschossen, ➜ 506.1
Stockwerksleitungen zweigen von den Steigleitungen ab und leiten das WW zu den Entnahmestellen.
In den Stockwerksleitungen von **nicht regelmäßig genutzten** Nasszellen, z. B. in Hotels, Krankenhäusern, Ferienwohnungen, soll Wasser ständig zirkulieren, ➜ 150.2, damit die Leitungen nicht verkeimen.
In **Wohnbauten** verhindern Wasserzähler die Zirkulation; dort ist sie auch nicht nötig, denn da häufig Wasser gezapft wird, verkeimen die Leitungen nicht.
Absperr- und Entleerarmaturen dienen bei Reparaturen zum Absperren bzw. Entleeren von Leitungen.
Bei der WW-Verteilung unterscheidet man:
- Warmwasser-Verteilung **ohne** Zirkulation
- Warmwasser-Verteilung **mit** Zirkulation

17.6.8 WW-Verteilung ohne Zirkulation

Warmwasser-Verteil-Systeme **ohne** Zirkulation beginnen am Wassererwärmer und enden an den Entnahmestellen, ➜ 509.1.

Bei ihrer Planung sind dabei zu vergleichen: die **Ausstoß- und die Wärmeverluste** von:
- Leitungen ohne Zirkulation, ➜ 511.1, mit
- Leitungen, die **ständig** von WW **durchströmt** werden; also auch Zirkulationsleitungen, ➜511.2.

WW führende Leitungen verlieren, je nach DN 10 …50, auch bei voschriftsmäßiger Wärmedämmumg, bei WW-Temperatur ϑ_{WW} = 60 °C und Raumtemperatur
- ϑ_R = 10 °C (wie in Kellerräumen): ca. 8 bis 15 W/m
- ϑ_R = 20 °C (in Rohrschächten): ca. 6 bis 10 W/m

In 100 Tagen summieren sich die Verluste für **eine nur 10 m lange WW-Leitung** im Keller:
10 m x 12 W/m x 24 h/d x 100 d ~ 290 kWh; mit der Zirkulationsleitung (ca. doppelte Rohrlänge) kommen noch 288 kWh dazu, **gesamt also 580 kWh.**
Diese Kosten werden oft unterschätzt!

17

Wirtschaftlich ist es, „Kleinverbraucher", wie Waschbecken, Bidet, Spüle, mit einer Leitung DN 12 und „Großverbraucher", wie Bade- und Duschwanne sind mit eigener Leitung DN 15/DN 20 „anzufahren".

Bild ➔ 507.1 zeigt, wie wenig Wasser 10-m-lange Rohrleitungen mit d_i = 10, 13, 16 mm enthalten. Um besser zu vergleichen, werden hier die Beispiele „ohne" bzw. „mit" Zirkulation einander gegenübergestellt.

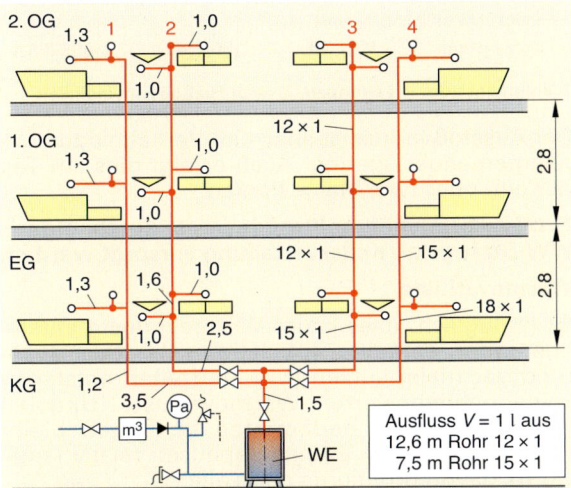

1 WE-Anlage für 6 Wohnungen - Verteilung ohne Zirkulation

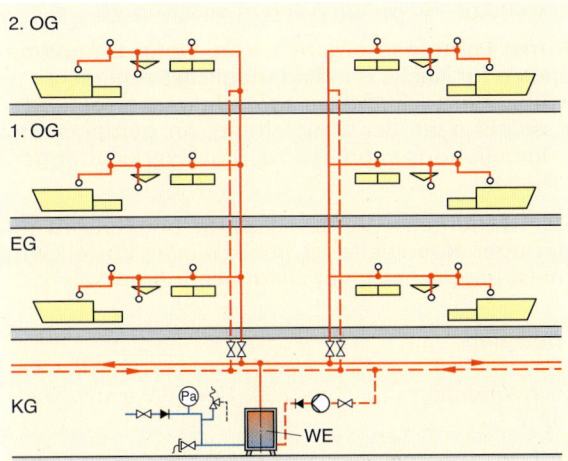

3 WE-Anlage für 6 Wohnungen - WW Verteilung mit Zirkulation

Ausstoßverluststrang 1 – mit Bade- und Duschwannen			
KG-EG	Cu 18 × 1	(1,5 + 3,5 + 1,2) m = 6,2 m 6,2 m · 0,2 l/m ≈	**1,2 l**
EG-2. OG	Cu 15 × 1	(2,8 + 2,8 + 3 · 1,3) m = 9,5 m 9,5 m · 0,13 l/m ≈	**1,3 l**

Ausstoßverluststrang 2 – mit Wasch- und Spülbecken			
KG-EG	Cu 15 × 1	(1,5 + 2,5 + 1,6) m = 5,6 m 5,6 m · 0,13 l/m ≈	**0,7 l**
EG-2. OG	Cu 12 × 1	(2,8 + 2,8 + 6 · 1,0) m = 11,6 m 11,6 m · 0,08 l/m ≈	**0,9 l**

Leitungsvolumen einer Gebäudeseite
V_{ges} = 1,2 l + 1,3 l + 0,7 l + 0,9 l ≈ **4 l**
Ausstoßverlust: Str. 1 · 4
(beide Seiten, je 2 Mal je Tag genutzt):
   V_1 = (1,2 l + 1,3 l) · 4 = **10 l**
Ausstoßverlust Str 2 · 10 (beide Seiten, je 5-mal je Tag genutzt)
   V_2 = (0,7 l + 0,9 l) · 10 = **16 l**

Wärmeverlust durch Ausstoß
4 Stränge gesamt, je Tag = 10 l/d + 16 l/d = **26 l/d**
Wärmeverlust:
   Q_1 = 26 kg/d · 1,16 Wh/(kg · K) · 50 K
   Q_1 = 1508 Wh/(kg · K) ≈ **0,15 kWh/d**

a) Wärmeverlust Q_1, bedingt durch Ausstoßverluste

KG   2 · (1,5 + 3,5 + 2,5) m = **15 m**
          Wärmeverlust = 10 W/m
          Q_K = 15 m · 10 W/m · 4 h/d = 600 Wh/d = **0,6 kWh/d**

EG bis OG   2 · (1,6 + 2,8 + 2,8 + 3 · 1,3 + 6 · 1,0) m = **34,2 m**
          Wärmeverlust = 7 W/m
          Q_{OG} = 34,2 m · 7 W/m · 4 h/d = 957 Wh/d = **1,0 kWh/d**

b) Wärmeverlust Q_K und Q_{OG}, bedingt durch Abkühlen der Rohre

   Q_{ges} = Q_1 + Q_K + Q_{OG}
   Q_{ges} = 0,15 kWh/d + 0,6 kWh/d + 1,0 kWh/d = **1,75 kWh/d**

c) Gesamtwärmeverlust Q_{Ges} je Tag (4 Stränge)

2 Berechnung zur WW-Verteilung ohne Zirkulation ➔ 1

Verteilungsleitung im Keller
l = 1 m + 2 · 3,5 m = 8 m
Q_K = 8 m · 10 W/m · 24 h/d = 1920 Wh/d = **1,92 kWh/d**

zwei Steigleitungen bis zum 2. OG
2 · (1,6 + 2,8 m + 2,8 m) = 14,4 m
Q_{SL} = 14,4 m · 7 W/m · 24 h/d = 2419 Wh/d = **2,42 kWh/d**

für die Zirkulationsleitungen noch einmal dasselbe:
Q_{ZL} = 1,92 kWh/d + 2,42 kWh/d = 4,34 kWh/d

Leitungen Steigleitung-Armaturen
(hier keine Zirkulation, Entnahmedauer 4 h/d)
l = 6 · 1,3 m + 12 · 1,0 m = 19,8 m
Q_A = 19,8 m · 7 W/m · 4 h/d = 554 Wh/d = **0,55 kWh/d**

Stromverbrauch der Zirkulationspumpe
(angenommen: 25 W, 16 h/d in Betrieb)
Q_P = 16 h/d · 25 W = 400 Wh/d = **0,40 kWh/d**

Insgesamt
Q_{ges} = Q_K + Q_{SL} + Q_{ZL} + Q_A + Q_P
Q_{ges} = (1,92 + 2,42 + 4,34 + 0,55 + 0,4) kWh/d = **9,63 kWh/d**

4 Wärmeverlust der WEA aus ➔ 3, bedingt durch Abstrahlverluste der Rohrleitungen

Ergebnis des Vergleichs:
Die 1,75 kWh , Beispiel 1, sind nicht einmal 1/5, also < 20%, verglichen mit den 9,63 kWh bei ähnlicher Anlage, aber mit Zirkulation, vgl. Kap. 17.6.9.

Vorteile von WEA ohne Zirkulation

Vorteile von WEA ohne Zirkulation sind:
- geringe Ausstoßverluste
- Bilden von Verbrauchergruppen
- kaum Wärmeverluste

17

Geringe Ausstoßverluste

Geringe Ausstoßverluste an WW sind möglich:
- bei kurzen Leitungen mit geringer Nennweite
- wenn nur „Kleinverbraucher" angeschlossen sind
- wenn laufend Warmwasser entnommen wird bzw.
- wenn große Mengen selten ausströmen

Kurze Leitungen ergeben sich, wenn Entnahmestellen für Küche und Bad möglichst senkrecht
- über dem WE und, waagerecht gemessen und
- relativ nahe der Steigleitung, an gemeinsamer Installationswand (kurze Stockwerksleitungen) liegen

Der Durchfluss (Volumenstrom) bei Rohren mit geringer Nennweite ist hoch; dieser Vorteil wird meist unterschätzt, vor allem bei Rohren 12 × 1:

Beispiel:

Durch ein Rohr 12 × 1 strömen bei der Fließgeschwindigkeit v = 2 m/s 9,4 l/min Warmwasser, → 1.

Diese WW-Ströme von ca. 60 °C werden z. B. beim Duschen durch Zumischen kalten Wassers mit 12 °C fast verdoppelt, also auf ca. 19 l/min von ca. 36 °C.

Abgekühltes Ausstoßwasser ist noch zu nutzen, z. B. zum Händewaschen, Zähneputzen, Blumengießen.

Verbrauchergruppen

In vielen Wohnungen entnehmen viele Menschen relativ gleichzeitig Warmwasser, weil sie etwa gleichzeitig aufstehen (Beruf, Schule), zur Mittagszeit bzw. abends kochen, spülen und sich waschen vor dem Zubettgehen. Dadurch verteilen sich Ausstoßverluste auf die Anzahl aller angeschlossenen Wohnungen. Diese Verluste sind je Wohnung umso geringer, je mehr Wohnungen angeschlossen sind.

Beispiele:
- Benutzen Bewohner im obersten Geschoss als Erste die Dusche, ist der Ausstoßverlust zwar groß. Da die Leitung aber jetzt warm ist, entfällt er für alle anderen „Zapfer".
- Entnehmen zuerst Bewohner im Erdgeschoss WW, steht nach oben nur noch ca. 1 l kühles Wasser an.

In Verbrauchergruppen fasst man nach Wasserverbrauch zweierlei Entnahmestellen zusammen:
- Kleinverbraucher
- Großverbraucher

Bei „**Kleinverbrauchern**" wird oft, aber nur wenig Wasser entnommen, z. B. an Spüle, Waschbecken. Hier genügen Leitungen DN 10, DN 12.

Bei „**Großverbrauchern**" wird ziemlich viel Warmwasser entnommen, z. B. Badewanne, Dusche. Deshalb sollen Zuleitungen, je nach Druck, in DN 15, DN 18 oder DN 22 sein.

Rohr mm × mm		12 × 1			15 × 1		
Fließgeschwindigkeit v in m/s		2	3	4	2	3	4
Volumenstrom $\dot{V}$ in l/min		9,4	14,1	18,8	15,9	23,9	31,8

Rohr mm × mm		18 × 1			22 × 1		
Fließgeschwindigkeit v in m/s		2	3	4	2	3	4
Volumenstrom $\dot{V}$ in l/min		24,1	36,2	48,2	37,7	58,5	75,4

1 Volumenstrom in Leitungen, je nach Fließgeschwindigkeit

Der Ausstoßverlust ist aber – im Verhältnis zur Entnahmemenge – gering. Auch erfolgt dies am Tag nur ein- oder zwei Mal je Person.

Großverbraucher sollten jeweils durch eigene WW-Stränge ab Kellerverteilung versorgt werden.

Wärmeverluste

Es ist logisch, dass kaum Wärmeverluste entstehen, wenn es keine Zirkulation gibt. Auch während der meist kurzen WW-Zapfzeiten entstehen keine nennenswerten Wärmeverluste. Und bei vorschriftsmäßig gedämmten Leitungen bleibt das Wasser in den Entnahmepausen relativ lange warm; davon profitieren dann alle.

Fazit: Die WEA ohne Zirkulation ist energie- und kostensparend in der Betriebsweise. Bei sehr günstigem Gebäudegrundriss kann man sie in Ein- bis Vier-, manchmal sogar bis Acht-Familienhäusern installieren.

Allerdings:

Der Installateur muss jede WEA genau durchrechnen, um eine energiesparende Lösung zu finden.

Plant er eine Anlage ohne Zirkulation, muss er diese dem Kunden genau erklären **und** auf die Ausstoßverluste hinweisen, um sich zu wappnen gegen eventuell späteres Reklamieren, dass „... beim Nachbarn **immer sofort** WW ausfließt".

17.6.9 WW-Verteilung mit Temperaturhaltung

Die für Großanlagen vorgeschriebene Mindesttemperatur von 55 °C kann nur eingehalten werden durch eine sog. Temperaturhaltung, s. Kap. 17.6.6

Unter **Temperaturhaltung** versteht man:
- ein WW-Zirkulationssystem, → 506.1
- eine Begleitheizung), s. Kap. 17.6.6

Bei Zirkulationssystemen unterscheidet man:
- Zwei-Rohr-Zirkulation mit unterer Verteilung, 17.6.9.1
- Zwei-Rohr-Zirkulation mit oberer Verteilung, 17.6.9.2
- Ein-Rohr-Zirkulation, Kap. 17.6.9.3

Die WW-Zirkulation als **Temperaturhaltung**
- liefert optimale Wassertemperatur bis zur Entnahmestelle und damit Komfort
- verhindert in Leitungen durch konstant hohe Wassertemperatur das Ausbreiten und Vermehren von Legionellen und anderen Krankheitskeimen

17

17.6.9.1 Zwei-Rohr-Zirkulation – untere Verteilung

Die „**untere Verteilung**" wird am häufigsten praktiziert. Bei ihr verlaufen die **WW-Verteil- und Zirkulationssammelleitung** im Untergeschoss; meist im Keller. **Steigleitungen** führen in die Obergeschosse. Im obersten Geschoss zweigt man von den Steigleitungen die Zirkulationsleitungen, über Fußboden, ab und führt sie zur Z-Sammelleitung, ➜ 3.

Angebunden an diesen Kreislauf sind die **WW-Entnahmestellen**.

Angetrieben wird der Kreislauf des Wassers heute durch eine **Zirkulationspumpe**, s. Kap. 17.6.1.

Die **Zirkulationspumpe** ist kurz vor Eintritt in den Wassererwärmer in den Rcklauf einzubauen, ➜ 1. Dort ist die Temperatur niedriger als im Vorlauf und damit auch der Kalkausfall. So verschleißt die Pumpe weniger und bleibt länger im Betrieb.

Die geringere Nennweite des Rücklaufs passt gut zur Nennweite der Pumpe.

Die Pumpe ist über Oberkante des WE anzuordnen. Je eine Absperrarmatur - im Vorlauf **nach** dem Wassererwärmer und - im Rücklauf **vor** der Zirkulationspumpe - erleichtern deren eventuellen Austausch, ohne den WE zu entleeren.

> Im Zirkulationssystem sind an Armaturen nötig:
> • Absperrarmaturen
> • Rückflussverhinderer
> • Regulierventile

Mit **Absperrarmaturen** kann man den Wasserfluss von Hand sperren. Je eine Absperrarmatur nach dem Wassererwärmer (im Vorlauf) und vor der Zirkulationspumpe (im Rücklauf) sind nützlich, z. B. beim Austausch von Pumpe, Wassererwärmer, Reparaturen am Rohrnetz o. Ä.

Rückflussverhinderer sperren selbsttätig den Wasserrückfluss; sie entlasten die Zirkulationspumpe.

Mit **Regulierventilen**, ➜ 226.1, kann man Fließdrücke der einzelnen Zirkulatonsstränge einander angleichen. Man nennt dies hydraulischen Abgleich.

Ohne diesen Abgleich würde das Warmwasser in einem Leitungsstrang „wie wild" zirkulieren, in anderen kaum oder gar nicht. Das bedeutet, dass an Auslaufarmaturen des „einen" Stranges sofort warmes Wasser ausflösse, an anderen Strängen müsste man lange warten und hohe Ausstoßverluste hinnehmen.

Zugegeben – mit einfachen Regulierventilen ist es schwierig, diesen Abgleich einzustellen - und wenn, kann er durch kleine Änderungen am System, wie Drosseln eines Ventils, wieder gestört werden.

> Deshalb ist es wichtig, **Thermostat-Regulierventile**, ➜ 226.1b, einzubauen, die **automatisch** abgleichen.

> Im Strang des größten Druckverlustes, dem „hydraulisch ungünstigsten Zirkulationsstrang", ist ein Regulierventil sinnlos – denn dort ist nichts zu regulieren.

„Ungünstigster Strang" ist meist der mit dem längsten Fließweg; in ➜ 3 ist dies Strang mit Ausläufen 5-7.

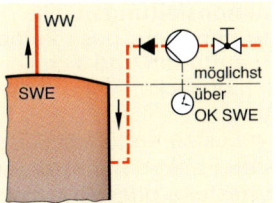

1 Einbau der Zirkulationspumpe in den Zirkulationsrücklauf

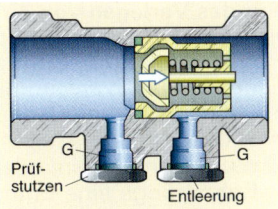

2 Druckverlustarmer Rückflussverhinderer

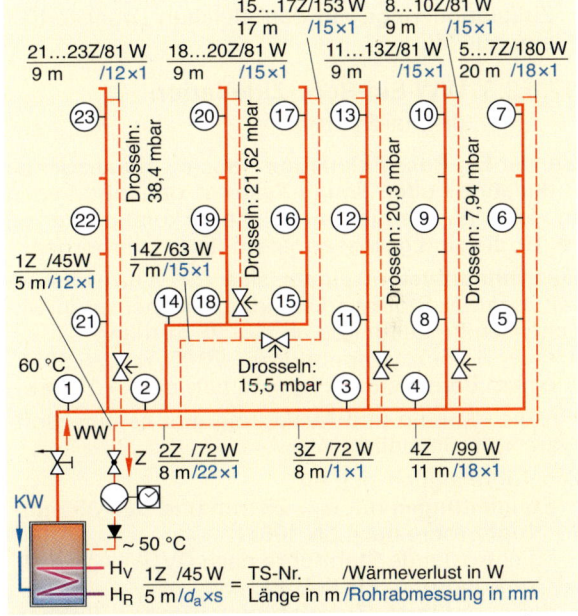

3 Untere Verteilung – Strangschema mit Armaturen – zur Übersicht und zum Berechnen der WW-Zirkulation

Vor Installieren eines Zirkulationssystems sind nach DVGW-Arbeitsblatt W 553 und EnEV zu ermitteln:
• die Nennweiten der WW- und Zirkulationsleitungen
• die erforderliche Leistung der Zirkulationspumpe
• das erforderliche Wärmedämm-Material

Eine „untere Verteilung" erfordert zwar mehr „Rohr-Meter" als eine obere Verteilung; dafür gilt aber:
• die Rohrführung ist nicht so kompliziert
• einzelne Stränge können bequem abgesperrt werden, da die Absperrventile für Vor- und Rücklauf gut zugänglich nebeneinander liegen (sollten!).
• alle **nötigen Armaturen** sind dort gut zugänglich

17.6.9.2 Zwei-Rohr-Zirkulation – obere Verteilung

Bei der **oberen Verteilung** verlegt man die waagerechte WW-Verteilungsleitung in der Dämmung über dem obersten Geschossfußboden oder hinter einer Verkleidung, knapp unterhalb des obersten Geschossfußbodens. Sie darf nicht im unbeheizten Dachraum liegen. Dazugehörige **Zirkulationssammelleitungen** verlaufen im Keller.

17

Für das **Verlegen von Zirkulationsleitungen** gilt:
- Alle Leitungen sind so zu verlegen, dass keine Querschnittsverengungen auftreten und sich keine Luftblasen ansammeln (Luftsäcke), denn diese unterbrechen die Zirkulation
- Jede Zirkulationsleitung muss zu entlüften sein; dazu ist immer am höchsten Punkt der einzelnen Rohrstränge eine Entnahmestelle oder eine Entlüftungsarmatur anzuordnen.
- Es ist auf freie Querschnitte zu achten
- Bei Inbetriebnahme ist ein hydraulischer Abgleich vorzunehmen, s. Kap. 17.6.9.1. Dabei sind alle Zirkulationsringe auf den gleichen Druckverlust einzustellen.

17.6.9.3 WW-Ein-Rohr-Zirkulation (Inline-System)

Bei der **Ein-Rohr-Zirkulation** – auch „innenliegende Zirkulation" oder „Inline-System" genannt, liegen in den WW-Steigleitungen die Zirkulationsrohre, ➜ 1b; sie sind gewissermaßen darin „verborgen".

Das **Inline-System** eignet sich für Warmwasserleitungen in Stockwerksbauten mit mehreren Geschossen für Leitungen ab $d_a = 28$ mm und
- einer Betriebstemperatur $\vartheta = 70\ °C$, $\vartheta_{max} = 90\ °C$
- einem Betriebsdruck $p_B = 10$ bar, $p_{max} = 16$ bar

Für die Planung und Auslegung gibt es eine Software vom Hersteller.

Als Rohre eignen sich für
- **Steigleitungen** mit $d_a = 28$ mm und $d_a = 35$ mm:
  - Kupferrohre nach EN 1057
  - nichtrostende Stahlrohre nach DVGW GW 541
  - Verbundrohre PE-X-Al-PE(-x)
- darin geführte **Zirkulationsleitungen** (Inliner) 12 x 1:
  - Verbundrohre (PE-X-Al-PE(-x)
  - Vernetzte PE-Rohre (PE-Xc-Rohre)
  - Polybuten-Rohr (PB-Rohre)

Zum Anschluss der Steig- und Stockwerksleitungen sind spezielle Pressverbinder nötig, ➜ 3, 513.3.

Beim Inline-System werden im Untergeschoss die Steigleitungen über die WW-Verteilung versorgt. Sie werden an die WW-Verteilungsleitung über Spezial-T-Stücke angeschlossen, ➜ 3a, 513.3.

Die Zirkulationspumpe fördert das Zirkulationswasser aus den Steigleitungen durch die Z-Sammelleitungen zum Wassererwärmer zurück, ➜ 1.
Mithilfe von Thermostat-Regulierventilen sind die Zirkulationsströme zu regeln, ➜ 3c.

Für die Ein-Rohr-Zirkulation gelten die gleichen Bedingungen wie bei der Zweirohr-Zirkulation nach DVGW Arbeitsblatt W 551:
- Zwischen Ein- und Ausgang des Wassererwärmers darf bei Großanlagen, nach DVGW W 551, die Temperaturdifferenz nicht mehr als 5 K betragen.
- Die Zirkulationsströme sind über den Wärmeverlust der Leitung zu ermitteln.
- Das erforderliche Druckgefälle ist zu bestimmen
- Ein hydraulischer Abgleich ist vorzunehmen, siehe Kap. 17.6.9.1.

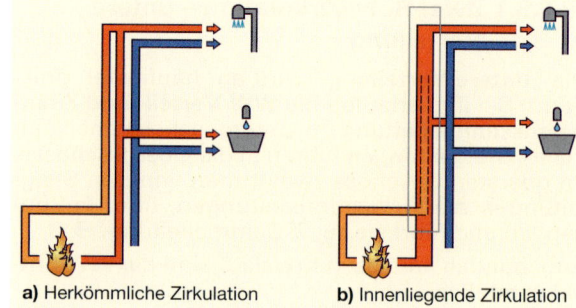

a) Herkömmliche Zirkulation   **b)** Innenliegende Zirkulation

1 WW-Verteilung mit Zirkulationsleitungen

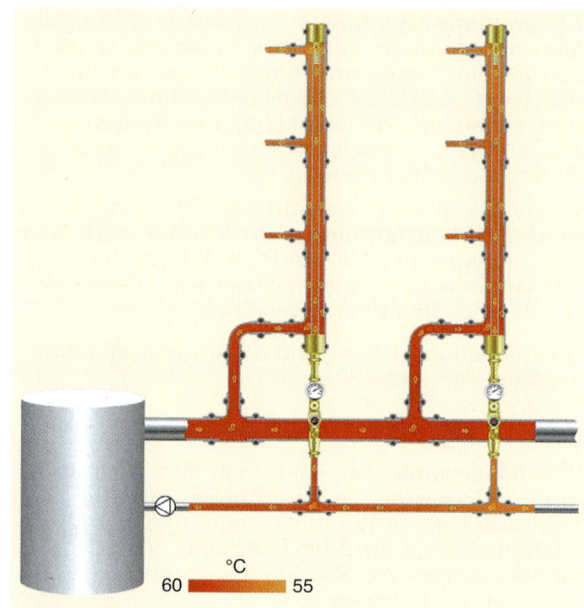

°C
60 ▬▬ 55

2 Ein-Rohr-Zirkulation – Leitungsverlauf

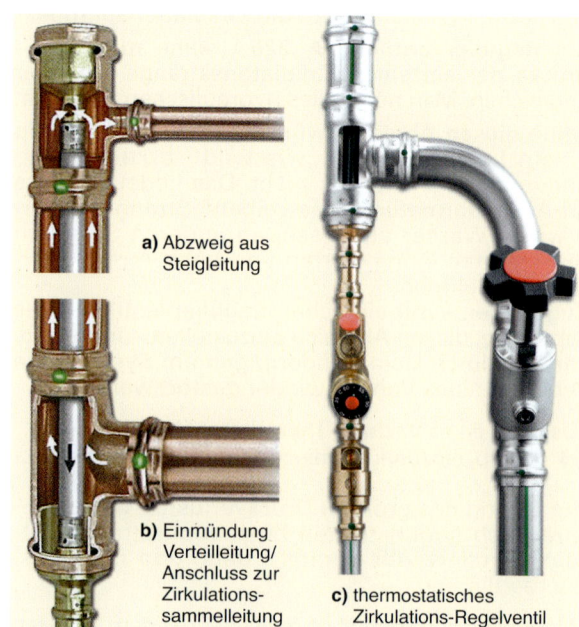

a) Abzweig aus Steigleitung

b) Einmündung Verteilleitung/ Anschluss zur Zirkulationssammelleitung

c) thermostatisches Zirkulations-Regelventil

3 Details zu Leitungsanschlüssen

17

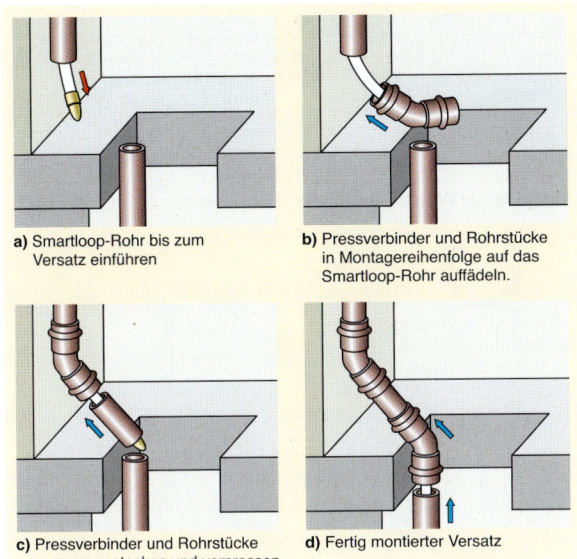

a) Smartloop-Rohr bis zum Versatz einführen

b) Pressverbinder und Rohrstücke in Montagereihenfolge auf das Smartloop-Rohr auffädeln.

c) Pressverbinder und Rohrstücke zusammenstecken und verpressen

d) Fertig montierter Versatz

1 Schrägführen von Leitungen

Bei versetzten Wänden in einzelnen Geschossen können Steigleitungen beim Installieren schräg geführt, ➔ 1, bei größeren Absätzen auch waagerecht versetzt werden, ähnlich ➔ 1. Zum Einführen des Inliners in das WW-Rohr, ist eine Zugkupplung auf den Inliner zu schrauben, ➔ 2.

Vorteile dieses System sind:
- Einsparen von Rohr- und Befestigungsmaterial,
- Zeitersparnis beim Verlegen, da nur ein Rohr statt zweier zu verlegen ist
- Platzersparnis, somit kleinere Installationsschächte
- je Geschossdecke nur **eine** Kernbohrung nötig
- geringer Installationsaufwand (Zeitersparnis)
- Einsparungen bei Dämm- und Befestigungsmaterial
- weniger Aufwand beim Brandschutz
- geringere Wärmeverluste für senkrechte Zirkulationsleitungen
- Sonderwerkzeuge sind nicht nötig

Bei der bisher üblichen WW-Zirkulation fällt die Wassertemperatur ziemlich gleichmäßig ab vom Austritt bis zum Wiedereintritt in den Wassererwärmer.

Beim **Inline-System** liegt die niedrigste Temperatur am Endverschlussstück der Steigleitung, etwa am höchsten Punkt der Anlage, also am Eintritt in die innenliegende Zirkulationsleitung, ➔ 512.3b.

Beim Rückströmen des Zirkulationswassers – inmitten des „heißen Vorlaufs"– erwärmt sich dieses wieder.

Dies bewirkt einen guten Wirkungsgrad der Anlage und spart Energie.

17.6.10 Temperaturhaltung mit Begleitheizung

Eine **Begleitheizung** ersetzt ein Zirkulationssystem. Sie hält WW-Leitungen auf der eingestellten Temperatur.

Dies geschieht durch elektrische **Warmhaltebänder** mit einer Wärmeleistung ab 7 W/m, ➔ 514.1.

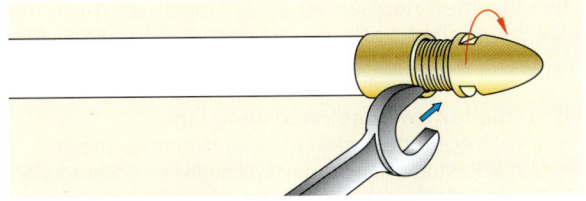

2 Zugkupplung

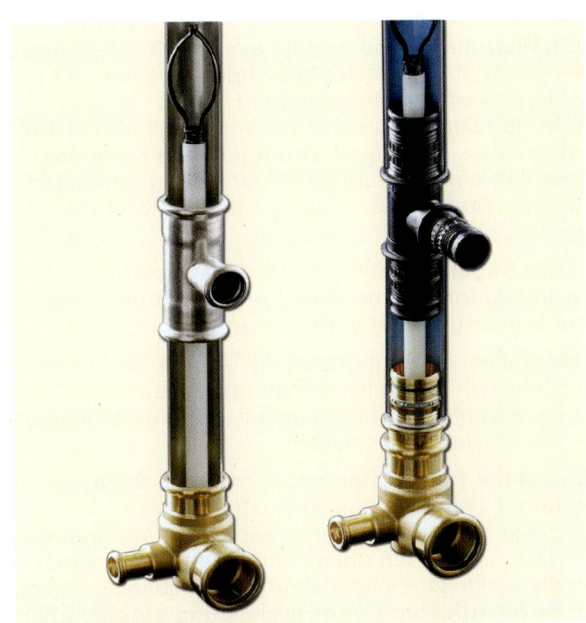

3 Steig- und Zirkulationsleitungsanschluss waagerecht hier mit Edelstahl- bzw. PEx-Al-PEx-Rohr

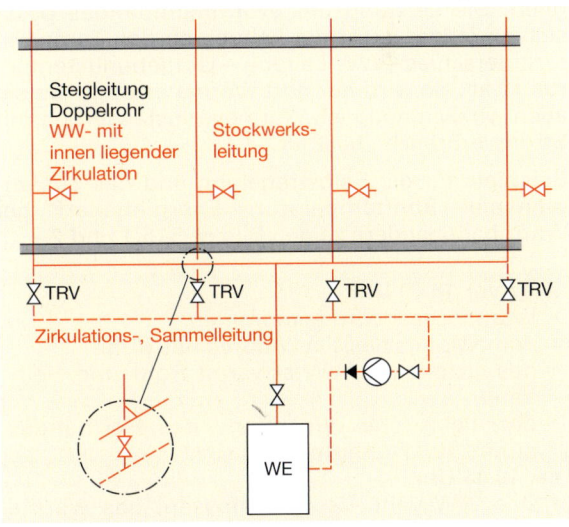

4 Einrohr-Zirkulation – Leitungsverlauf

Warmhaltebänder zählen zu den Heizbändern und sind zu unterscheiden von **Frostschutzbändern**. Diese dienen zum Frostschutz von Dachrinnen, Ablaufrohren, Rohrleitungen, für Kaltwasser, Öl, und von Freiflächen, wie Treppen, Einfahrten, s. Kap. 9.1.7.

17

Die einzelnen Heizbänder erkennt man an ihren unterschiedlichen Farben und den Aufdrucken. Alle Heizbänder müssen vom VDE zugelassen sein.

Bauteile für eine Begleitheizung sind:
- selbstregelndes, elektrisches Warmhalteband
- Schaltkasten mit Temperatursteller und Schaltuhr
- Warmhalteband-Verbinder
- Warmhalteband-Befestigung

Ein **Warmhalteband** besteht aus zwei Kupferleitern, eingebettet in ein selbstregelndes Heizelement mit entsprechender Ummantelung, ➜ 3a.
Das Heizelement besteht aus vernetzten Kunststoffmolekülen. Darin sind Strom leitende Kohlenstoffteilchen eingestreut, die je nach Umgebungstemperatur Strompfade zwischen beiden Kupferleitern bilden, ➜ 3b.

Selbstregelnd bedeutet, dass die elektrische Leistungsaufnahme bei zunehmender Rohrtemperatur immer geringer wird und umgekehrt, ➜ 3b.

Bei sinkender Temperatur, vgl. A in ➜ 3b,
- zieht sich das Kunststoffgefüge zusammen,
- es entstehen Strompfade aus Kohlenstoffteilen,
- die Heizleistung setzt ein.

Steigt die Temperatur, vgl. B und C in ➜ 3b,
- dehnt sich das Kunststoffgefüge,
- die Kohlenstoffteilchen rücken weiter auseinander,
- dadurch werden die Strompfade unterbrochen,
- der elektrische Widerstand des Heizbandes steigt,
- Stromaufnahme und Heizleistung sinken; überhitzen oder Durchbrennen sind ausgeschlossen.

Das Warmhalteband ist Fühler, Regler und Stellglied. Die Leistung des Warmhaltebandes passt sich an jedem Punkt der Leitung an den Temperaturunterschied „WW-Leitung – Umgebungstemperatur" an. So wird nur dort Wärme erzeugt, wo sie auch wirklich nötig ist. Wärmeverluste werden mit Stromverbrauch „bestraft".

Beispiele für die Selbstregelung und das Zusammenspiel „Rohrtemperatur – Energiebedarf" bei Warmhaltebändern zeigen Bild ➜ 515.1 und 2.

Kurz vor 18.00 Uhr:
- Warmwasser wird entnommen
- vom WE aus fließt WW durch das Rohr
- das strömende WW erwärmt Rohr und Heizband
- der elektrische Widerstand des Heizbandes nimmt zu, die Heizleistung sinkt

ca. 18.08 Uhr:
- Das WW-Ventil ist geschlossen, das warme Wasser „steht" in der Leitung
- Rohr und WW kühlen langsam ab; 19.00 Uhr: ≈ 54 °C
- die Temperatur am Heizband sinkt
- der elektrische Widerstand im Heizband wird geringer, die Heizleistung des Heizbandes steigt

Dies wiederholt sich bei jeder WW-Entnahme.

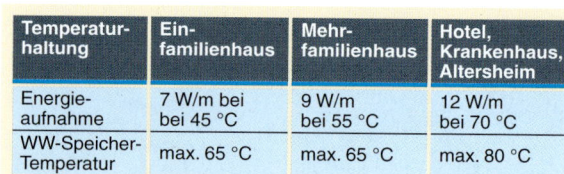

Temperatur-haltung	Ein-familienhaus	Mehr-familienhaus	Hotel, Krankenhaus, Altersheim
Energie-aufnahme	7 W/m bei bei 45 °C	9 W/m bei 55 °C	12 W/m bei 70 °C
WW-Speicher-Temperatur	max. 65 °C	max. 65 °C	max. 80 °C

1 Elektrische Warmhaltebänder (Heizbänder)

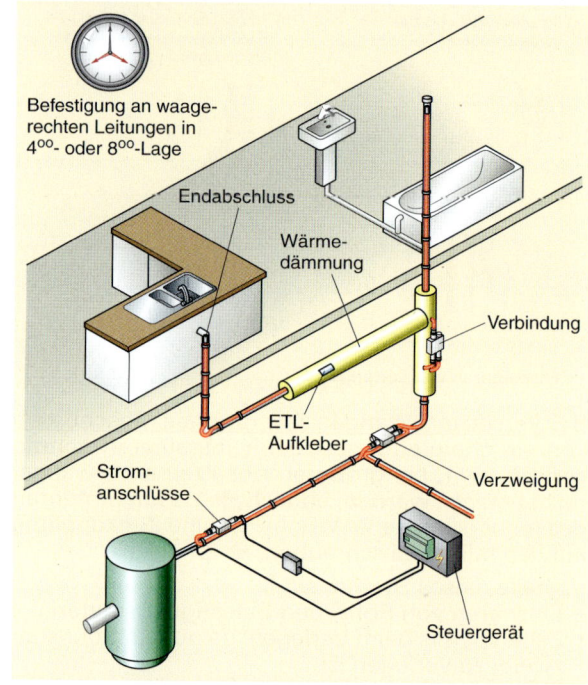

2 Verlegeschema für Warmhalteband

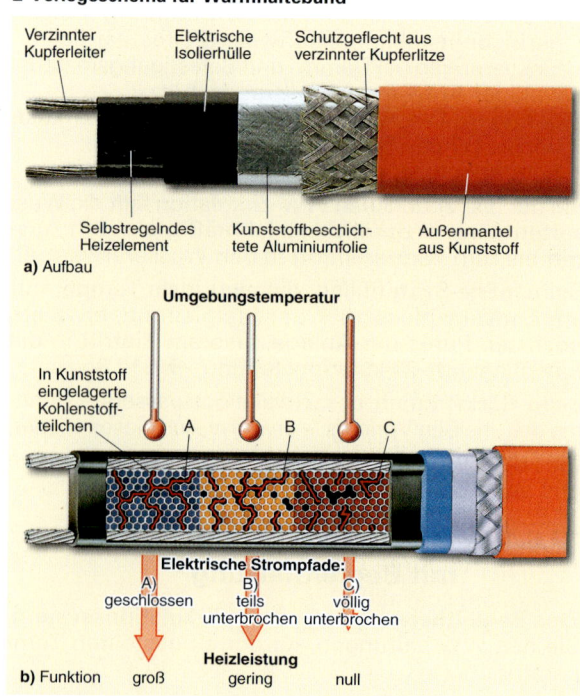

3 Selbstregelndes elektrisches Warmhalteband, hier als Warmhalteband, mit temperaturabhängiger Leistung

Je öfter Warmwasser entnommen wird, umso geringer ist der Stromverbrauch, denn das durchfließende Warmwasser erwärmt dann das Rohr, → 2.

In einem **Schaltkasten** befinden sich, → 508.2:
- ein Temperatursteller: mit ihm kann die Leistung des Heizbandes gesteuert werden leistungsmäßig und, bei integrierter Schaltuhr, auch zeitlich
- die Schaltuhr, über sie werden die Betriebszeiten bzw. Betriebsunterbrechungen reguliert

Bei dem in EnEV geforderten engen Temperaturbereich (60 °C bis 55 °C) schalten die Bänder nicht völlig ab. Nur über einen mikroprozessorgesteuerter Temperatursteller ist auf die speziellen Gegebenheiten der Nutzung und der Baubedingungen wie Rohrweiten, Dämmdicke, Umgebungstemperatur einzuwirken.

Dazu muss der Temperatursteller die WW-Temperatur abgreifen. Das geschieht über einen bauseits installierten Sensor:
- im WW-Abgang des Wassererwärmers, → 514.2
- bei Solarbetrieb: nach dem Mischventil

Mithilfe des Temperaturstellers ist eine thermische Desinfektion bequem durchzuführen, falls Heizbänder vom Typ „12 W/m bei 70 °C" nach → 514.1 verlegt sind.

Über Schaltuhr und Temperatursteller kann der „Heizbetrieb" in Zeiten größeren WW-Bedarfs bei sehr guter Leitungsdämmung ausgeschaltet bleiben, z. B. in Wohngebäuden zwischen 8–14 Uhr und 19–22 Uhr.

Die wichtigste Voraussetzung um Wärmeverluste im WW-System möglichst niedrig zu halten, ist eine sehr gute Wärmedämmung. Diese kann nicht gut genug sein.

Die Dämmschichtdicken nach EnEV, Ö-Norm o. Ä. sind Mindestwerte. In der Praxis werden sie leider oft unterschritten. Ob dies aus Dummheit der „Fachleute" oder aus Geldgier geschieht, ist zweitrangig. Gerade bei der Begleitheizung kommen größere Dämmschichtdicken nicht teurer, im Gegenteil: Sie machen sich bezahlt und sind sinnvoll: zum Schutz der Umwelt und finanziell für Eigentümer und Mieter.

Gute Wärmedämmung kostet nur einmal Geld, hohe Betriebskosten dagegen immer!

Anschluss- und Verbindungsgarnituren

Über eine Anschlussgarnitur wird dem Warmhalteband elektrischer Strom zugeführt.
Ein Stromanschluss kann auch in eine Verbindungsgarnitur integriert sein.

Verbindungsgarnituren (kurz **Verbinder**) verbinden und verzweigen Warmhaltebänder. Sie können einen Stromanschluss enthalten. Es gibt:
- gerade Verbinder (Muffe), → 2
- T-Abzweige, → 3a
- X-Abzweige, → 3b

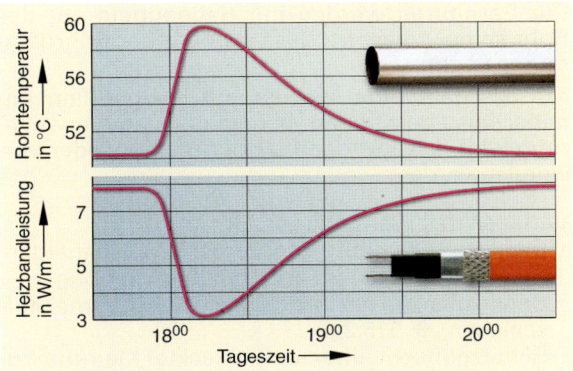

1 Zusammenspiel Rohrtemperatur und Energieentnahme

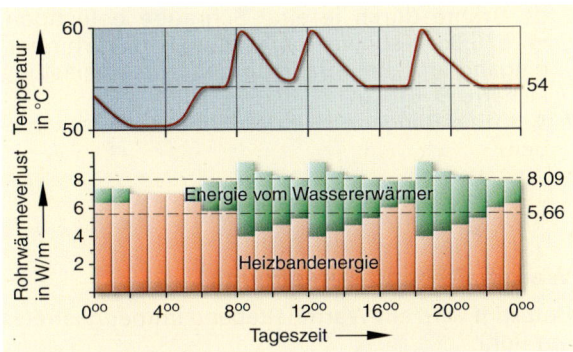

2 Zusammenspiel Rohrtemperatur und Energiebedarf - Werte in → 1 und 2 nur bei optimaler Wärmedämmung der WW-Leitungen

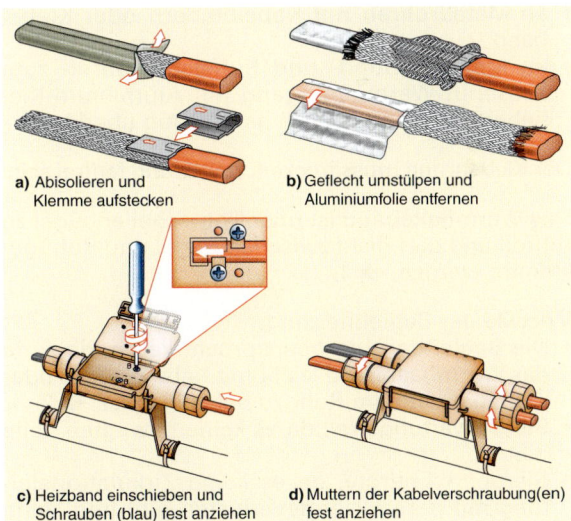

a) Abisolieren und Klemme aufstecken

b) Geflecht umstülpen und Aluminiumfolie entfernen

c) Heizband einschieben und Schrauben (blau) fest anziehen

d) Muttern der Kabelverschraubung(en) fest anziehen

3 Warmhalteband mit Schnellverbindern und Stromanbindern

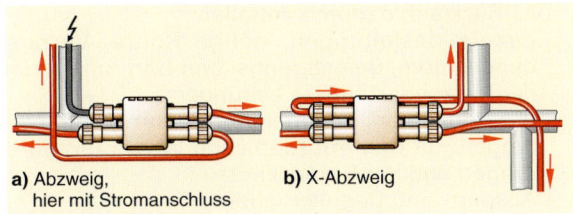

a) Abzweig, hier mit Stromanschluss

b) X-Abzweig

4 Verbindungsgarnitur, (a) mit Stromanschluss, (b) zum Verbinden von Heizbändern, hier X-Abzweig

17

Die Garnituren werden mit Haltebügeln auf das Rohr so hoch gesetzt, dass sie über der Rohrdämmung liegen.

Auf das Bandende wird ein mit Gel gefüllter Endabschluss geschoben; bei einer Anlagenerweiterung wird er abgezogen; er darf nicht wieder verwendet werden.

Verlegen des Warmhaltebandes:
- Band vor Ort direkt von der Rolle abschneiden; für jeden Anschluss ca. 30 cm Zugabe nötig.
- Band abisolieren und Sicherungsklemme aufschieben, ➔ 515.3a.
- Schutzgeflecht über aufgesteckte Klemme zurückklappen und Alu-Folie entfernen, ➔ 515.3b.
- In Verbinder einschieben und Strom führende Drähte durch je eine Schraube befestigen, ➔ 515.3c. Kabelverschraubung am Verbindereingang anziehen; Band so gegen Zugbelastung sichern, ➔ 515.3d.
- Auf freie Bandenden einen Endabschluss schieben.

Warmhalteband-Befestigung

Befestigt wird ein Warmhalteband immer gestreckt am Rohr:
- bei waagerechten Leitungen in 4-Uhr- bzw. 8-Uhr-Lage, ➔ 1
- an Metallrohren mit Kabelbindern oder Klebeband
- an Metallverbund- und Kunststoffrohren zum besseren Wärmeübergang mit Aluminium-Klebeband, der Länge nach ganzflächig überklebt

Der Klebegrund muss trocken, staub- und fettfrei sein.

Das Warmhalteband ist über Rohrschellenbügel zu führen und darf nicht zwischen Bügel und Rohr geklemmt werden, ➔ 1.

Vorteile der Begleitheizung:
- Die Begleitheizung beansprucht kaum Platz, da das Warmhalteband leicht mit Kabelbindern oder Klebebändern am Rohr zu befestigen ist, ➔ 2.
- Sie ist wartungsfrei, da es keine bewegten Teile gibt.
- Sie spart Energie, da es keine Zirkulationsleitung mit deren Wärmeverlusten gibt und keine Pumpe.
- Sie erspart für jeden WW-Strang den Zirkulations-Rücklauf; dadurch entfallen:
  - Zirkulationsleitungen, nötige Rohre, Verbindungsstücke, Befestigungs- und Dämmmaterial
  - der Platzbedarf für die Leitungen
  - das Berechnen, Verlegen und Dämmen der Leitungen mit den erforderlichen Wanddurchführungen und der Brandschutz
  - Absperr- und Regulierventile
  - der oft zeitraubende hydraulische Abgleich der WW-Zirkulation

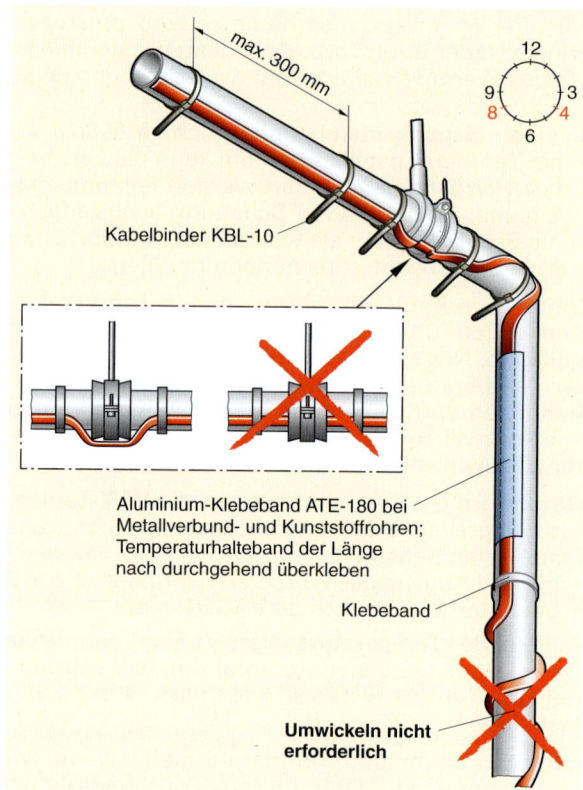

1 Befestigung von Warmhalteband an Rohren

Kabelbinder KBL-10

Aluminium-Klebeband ATE-180 bei Metallverbund- und Kunststoffrohren; Temperaturhalteband der Länge nach durchgehend überkleben

Klebeband

Umwickeln nicht erforderlich

max. 300 mm

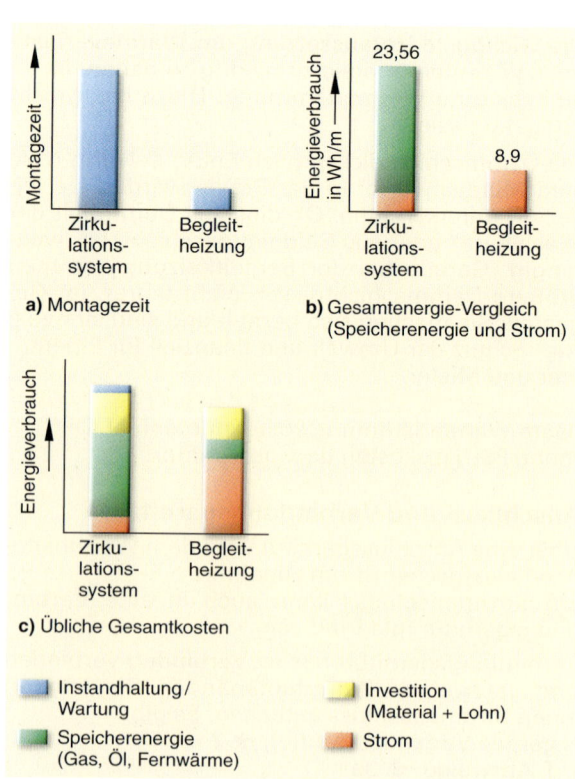

a) Montagezeit

b) Gesamtenergie-Vergleich (Speicherenergie und Strom)

23,56

8,9

c) Übliche Gesamtkosten

Instandhaltung/ Wartung

Speicherenergie (Gas, Öl, Fernwärme)

Investition (Material + Lohn)

Strom

2 Wirtschaftlichkeit der WW-Begleitheizung (lt. Firmenangaben)

Nachteil der Begleitheizung ist ihr Stromverbrauch, um zeitweise die Leitungen warm zu halten.

Dieser Nachteil wird aber mehr als ausgeglichen durch Wegfall:
- der Zirkulationsleitungen mit deren Zubehör (geringere Investitionskosten)
- der Zirkulationspumpe und deren Stromverbrauch
- der Wärmeverluste der Zirkulationsleitungen

Im Durchschnitt braucht eine Begleitheizung nicht mehr Strom als ein moderner Kühlschrank: etwa 10 Cent bis 15 Cent je Wohnung und Tag – das ist weniger als 1 Zigarette kostet

17.6.11 Schutz der WW-Systeme gegen Legionellen und andere Keime

Alle Trinkwasserleitungen sind zum Schutz gegen Legionellen nach DVGW-Arbeitsblatt W 551[1] zu erstellen und zu betreiben. Sie müssen korrosionsbeständig sein, ohne Inkrustierung, gut durchspült sein und sollen kein Stagnationswasser enthalten.

In **Kleinanlagen** soll der Regler des Wassererwärmers auf 60 °C eingestellt werden; Betriebstemperaturen < 50 °C sind jedoch zu vermeiden. Bei Rohrleitungen mit Inhalt ≥ 3 l ist zwischen Abgang WE und Zapfstelle ein Zirkulationssystem oder eine Begleitheizung einzurichten.

In **Großanlagen** muss das Warmwasser ca. 60 °C warm sein. Nach DVGW-Arbeitsblatt W 551 darf die Temperatur im Zirkulationssystem um max. 5 K abfallen; bis zur letzten Entnahmestelle wären dies ≈ 2 K.

Die Leitungen sind regelmäßig auf Hygiene zu untersuchen, ggf. zu desinfizieren, notfalls zu sanieren.

Damit Wasser in Betriebspausen nicht auskühlt, ist im Verteilsystem die Wassertemperatur hoch zu halten durch:
- Speicher-Wassertemperaturen ≥ 60 °C
- WW-Temperaturhaltungen
- Dämmen der WW- und Zirkulationsleitungen nach EnEV, siehe Kap. 4.4
- überlegte Leitungsführung

---

[1] DVGW W 551: Trinkwassererwärmungs-und Trinkwasserleitungsanlagen – Maßnahmen zur Verminderung des Legionellenwachstums – Planung, Errichtung, Betrieb und Sanierung von Trinkwasser-Installationen

Übungen:

1. Welche Vorteile bieten zentrale WE?
2. Wie kann der Gesamtjahresnutzungsgrad zentraler WEA verbessert werden?
3. Welche WE stehen für zentrale WEA zur Verfügung? Fertigen Sie dazu eine Schemaskizze.
4. a) Welche Grundeigenschaften sollen Rohre für WW-Leitungen haben?
   b) Geben Sie dazu Gründe an.
5. Was spricht gegen verzinktes Stahlrohr für WW-Leitungen?
6. Nennen Sie einige wichtige Verlegeregeln für WW-Leitungen.
7. Wie kann man bei zentralen WW-Verteilsystemen Energie einsparen?
8. a) Welche Vorschriften sprechen bei WW-Systemen gegeneinander?
   b) Worum geht es bei diesen Vorschriften?
   c) Welcher Grundsatz gilt bei Widerspruch?
9. Wie müssen zentrale WW-Verteilungen für Großanlagen beschaffen sein?
10. Welche Vorteile haben Kleinanlagen bei WW-Verteilsystemen?
11. Wie kann aus einer Großanlage eine Kleinanlage werden?
12. Was versteht man bei WEA unter Temperaturhaltung?
13. Ermitteln Sie anhand der Tabellen auf Seiten 623 und 624 die Längen gebräuchlicher Rohre für WW-Leitungen in DN 10, DN 15, DN 20, DN 25 (evtl. mit Zwischengrößen), die 2 l Wasser enthalten, ähnlich ➔ 507.1.
14. a) Welche Vorteile haben WW-Verteilungen ohne Temperaturhaltung?
    b) Wie sind solche WW-Verteilungen sinnvoll anzulegen?
15. Wie funktioniert die Zirkulation bei WW-Verteilungen?
16. a) In welche Leitung (Vorlauf oder Rücklauf) ist die Zirkulationspumpe einzubauen?
    b) Begründen Sie ihre Entscheidung.
17. Welche Nachteile haben Zirkulationssysteme?
18. a) Welche Verteilsysteme bieten sich für Zirkulationsleitungen an?
    b) Fertigen Sie Skizzen und nennen Sie jeweils die Vorteile.
19. Was versteht man unter einer Ein-Rohr-Zirkulation?
20. Beschreiben Sie den Bau einer Ein-Rohr-Zirkulation und fertigen Sie eine Skizze an.
21. a) Welche Rohre eignen sich für Ein-Rohr-Zirkulation?
    b) Welche Formstücke sind notwendig?
22. Was versteht man unter Selbstregelung bei einer Begleitheizung?
23. a) Beschreiben Sie ein Warmhalteband.
    b) Wie funktioniert dessen Selbstregelung?
24. Welche Vorteile bietet die Temperaturhaltung: mit Warmhalteband?
25. Warum kann die Begleitheizung ((hier ebenfalls)) trotz relativ hohen Stromverbrauchs wirtschaftlich sein?

17

18 Sanitäranlagen

18.1 Nutzung der Sanitäranlagen

Sanitäranlagen sollen der Hygiene[1] dienen. Unter dem Begriff **Hygiene** fasst man alle privaten und öffentlichen Maßnahmen zusammen, um die körperliche und die seelisch-geistige Gesundheit aufrecht zu erhalten:

> Hygiene ist vorbeugende Medizin.

Allgemein versteht man darunter vor allem die Körperpflege, aber auch Sauberkeit bei der Nahrungszubereitung und am Rande auch die Wäschepflege.

Gewarnt werden muss vor übertriebener Hygiene. „Keimfrei glänzende Fliesenflächen mit Meister XYZ", darf nicht das Ziel sein.
Eine totale Ausrottung aller Schmutzmikroben mit chemischen Mitteln ist hygienischer Unsinn. Dies fördert keine Bakterienfreiheit, sondern nur widerstandsfähigere Bakterien – bis uns eines Tages kein einziger Scheuerteufel mehr hilft.

> Sauberkeit am Körper und im Haushalt mit natürlichen Reinigungsmitteln reichen vollkommen aus.

Dazu sollen Sanitäranlagen beitragen in allen Gebäuden wie in Wohnungen, Wohnheimen jeder Art, Krankenhäusern, Hotels, Gast- und Raststätten, öffentlichen Gebäuden, Betrieben, Sportstätten.

Zu den Sanitäranlagen gehören:
* die Sanitärräume mit ihrer baulichen Ausstattung
* Sanitärapparate

18.2 Sanitärräume

18.2.1 Arten von Sanitärräumen

Als Sanitärräume gelten:
* Bad
* WC-Raum (Toilette)
* Wasch- bzw. Duschraum (in Nichtwohngebäuden)
* Küche
* Hausarbeitsraum

Das **Bad** in der Wohnung soll nicht nur reiner Zweckraum sein. Es soll der Ruhe und Entspannung (neudeutsch: „**Wellness**"!) dienen. Vor allem soll es kein Abstellraum sein.
Große, gut ausgestattete Badezimmer mit Trimmgeräten, einer Ruheliege, Grünpflanzen können auch die seelisch-geistige Gesundheit fördern, ➔ 1.

In Wohnungen mit mehr als drei Personen sollte zum Badezimmer mit WC zusätzlich ein **WC-Raum (Toilette)** mit WC, Waschtisch und Urinal vorhanden sein.

---
[1] Hygieia ⟨griech.⟩: Mythologie: Göttin der Gesundheit

a) Ansicht

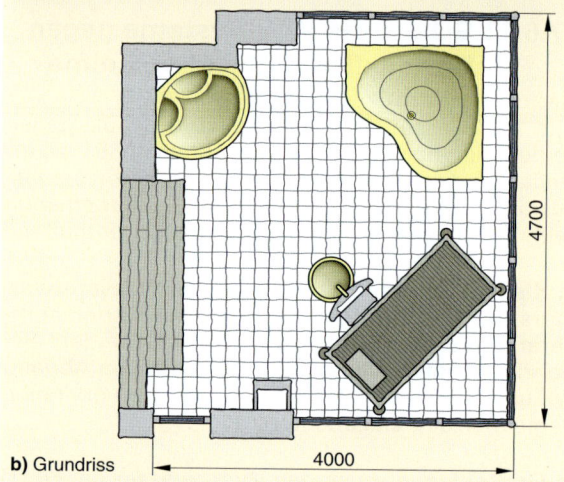

b) Grundriss   4000   4700

1 Wellness-Bad (Beispiel)

Ideal ist es, wenn in Einfamilienhäusern diese Toilette als Zweitbad (**Gästebad**) mit Waschtisch, Dusche und Klosett für die Kinder oder für Gäste eingerichtet werden kann, ➔ 519.1. Sie darf auch einmal romantisch ausfallen, ➔ 519.2.

Selbst in sehr kleinen Räumen lassen sich, dank asymmetrisch geformter Sanitärapparate, noch ansprechende „Baderäumchen" – mit Badewanne, Waschtisch, WC und Urinal – auf weniger als 3 m² einrichten.

Spezielle **Wasch- bzw. Duschräume**, ebenso wie spezielle **Toilettenanlagen**, werden in Kasernen, Jugendherbergen, einfachen Wohnheimen, Betrieben jeder Art, Sportstätten u. Ä. geschaffen

Die **Küche** dient vor allem der Speisenzubereitung und Geschirrreinigung. Dazu sind Spülbecken, und in Großküchen auch Ausgussbecken, nötig. Eine Spülmaschine kommt in der Regel hinzu. In Großküchen gibt es weitere Reinigungsgeräte mit Wasser- und Abflussanschluss; letzterer erfolgt oft über Abläufe bzw. Ablaufrinnen.

a) Ansicht

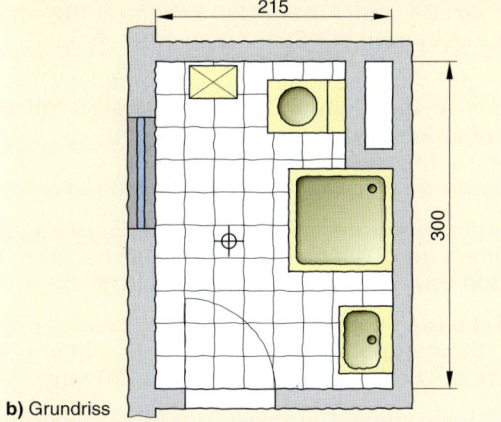

b) Grundriss

1 Duschbad als Zweit- oder Gästebad

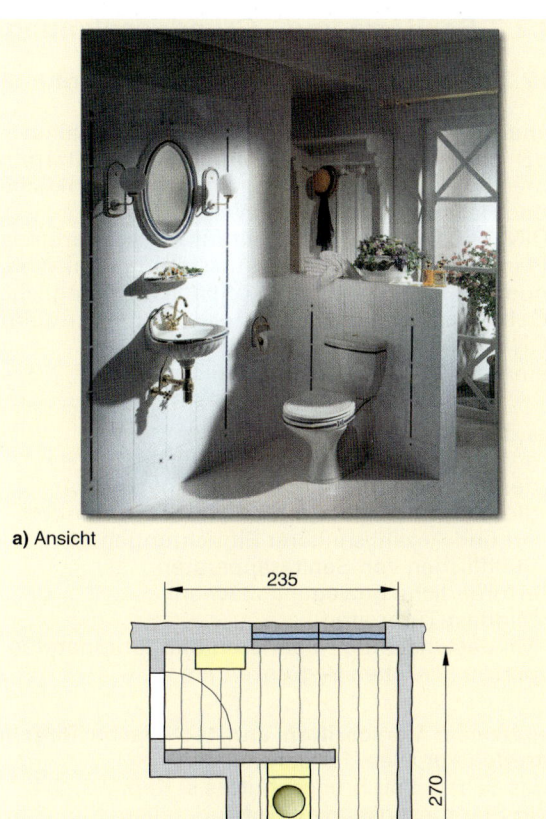

a) Ansicht

b) Grundriss

2 Gäste WC „Romantik"

Einen **Hausarbeitsraum** für Arbeiten wie Wäsche-, Kleider- und Schuhpflege und auch zur Speisenvorbereitung (Grobreinigung) gibt es vor allem in größeren Einfamilienhäusern und Etagenwohnungen, ➜ 3.

Waschmaschinen sollten nicht im Bad und erst recht nicht in der Küche aufgestellt werden (Schmutz, Staub, Wäschefusseln), sondern im Hausarbeitsraum oder in einem eigenen Waschraum, möglichst in Nähe eines Trockenraumes im Keller oder im Dachboden. In Wohnblöcken sind Gemeinschaftsanlagen zweckmäßig.
Nur wenn es nicht anders geht, ist das Bad besser geeignet als die Küche.

Zu versorgen sind Sanitärräume mit Kaltwasser, Warmwasser, Energie (Gas, Öl, Strom) und Frischluft. Abzuführen sind Abwasser, Abgas und Abluft.

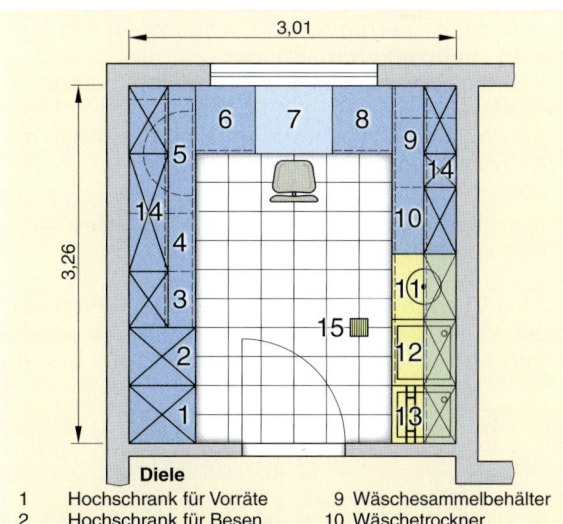

Diele

1	Hochschrank für Vorräte	9	Wäschesammelbehälter
2	Hochschrank für Besen,	10	Wäschetrockner
	Staubsauger, Putzmittel	11	Waschmaschine
3 + 4	Schuhschränke	12	Spülbecken
5	Eckschrank mit Drehboden	13	Ausgussbecken
6	Schrank für Nähzeug	14	Wandschränke
7	offener Arbeitsplatz	15	Bodenablauf
8	Nähmaschinenschrank		

3 Hausarbeitsraum

18

18.2.2 Sanitärräume – Grundrissplanung

18.2.2.1 Planungsgrundlagen für Sanitärräume

Planungsgrundlagen für Sanitärräume enthalten
* VDI 6000-1: Ausstattung von und mit Sanitärräumen wie Bad, Gäste-WC, Küche, Waschküche und Hausarbeitsräume in Wohnungen.
* DIN 18 040-2: Die Norm gilt für die barrierefreie Planung, Ausführung und Ausstattung von Wohnungen; im Teil 1 werden öffentlich zugängliche Gebäude behandelt; in Österreich gelten dafür ÖN B 1600/1601.
* einzelne Baurichtlinien für Sonderbauten

Bei der Planung sind zu beachten:
* gesetzliche Vorschriften und Regeln
* der Platzbedarf für die Vorwandinstallation,
* die Komfortansprüche und Mittel des Kunden.
* Art und Anzahl sanitärer Einrichtungen, → 1
* Stellflächen von Sanitärapparaten
* erforderliche Bewegungsflächen
* Mindest-Türbreiten
* Mindestabstände zu anderen Sanitärapparaten und zu seitlichen Begrenzungen

Gesetzliche Vorschriften und technische Regeln betreffen vor allem Forderungen:
* des Schall- und Brandschutzes s. Kap. 3.3, 3.4,
* zur Standfestigkeit von Gebäudeteilen, Kap. 3.5
* zur Wärmedämmung von Rohrleitungen, Kap. 4.4
* der Raumlüftung, siehe Kap. 18.4
* zum Feuchteschutz

Wände im Feucht- und Nassbereich von Sanitärräumen sind gegen eindringendes Spritz-, Riesel- oder Sickerwasser zu schützen, s. Kap. 6.3.6. Feuchtigkeitssperren sollen hochgezogen werden:
* ≥ 15 cm über Fertigfußboden,
* ≥ 30 cm über den obersten Brausekopf bei Duschwänden,
* ≥ 8 cm über Wannenrand bei Einbauwannen mit Festbrause oder mit Schlauchbrause.

Bei größeren Bauten besorgen den **Feuchteschutz** meist spezielle Bautenschutzfirmen.

Für die **Vorwandinstallation** ist genügend Platz vorzusehen, → 522.1, 523.3. Ohne sie sind die gesetzlichen und technischen Vorschriften zum Brand-,

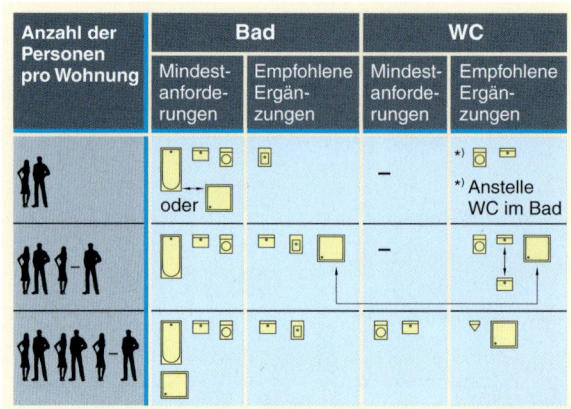

1 Sanitärräume in Wohnungen – Mindestforderungen und Ergänzungen nach VDI 6000 bzw. DIN 18 040-2 / ÖN B5410

Schall-, Wärmeschutz von Leitungen und zur Standfestigkeit von Wänden nicht zu erfüllen, → 522.2, 522.3.

Von der Größe der Wohnung und der Anzahl der Benutzer hängen **Art und Anzahl** der Sanitärapparate und der Sanitärräume ab → 1.

Bei Betrieben und öffentlichen Gebäuden bestimmen die Anzahl der Beschäftigten bzw. der Benutzer die Größe und Anzahl der Sanitärräume und die Art und Anzahl der Sanitärapparate, → 521.1

Je nach den Abmessungen des vorhandenen Raumes, den **Ansprüchen und der verfügbaren Mittel des Kunden** können geplant werden:
* die Ausstattung eines Sanitärraumes
* die Abstände zwischen einzelnen Sanitärapparaten

Die Forderungen der VDI 6000-1 zur Einrichtung von Bädern und Toiletten, für deren Platzbedarf mit Stell- und Bewegungsflächen, zeigt Bild → 2.

Stellfläche (gelb), ist die Grundfläche (Breite × Tiefe) des Sanitärapparates, bei WCs z. B. 400 mm × 560 mm, bei Badewannen 1800 mm × 750 mm.

Jeder Sanitärapparat erfordert außer der eigentlichen Stellfläche **Bewegungsflächen** (rot). Das sind Freiflächen davor und/oder seitlich davon, um die Apparate benutzen zu können, → 1.

Mindestabstände nach VDI 6000-1, → 2, lassen keinerlei Komfort zu. Sie sollten nicht als Regelmaße dienen.

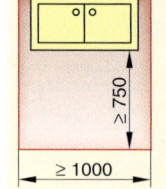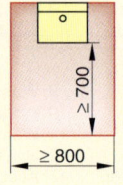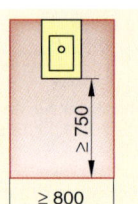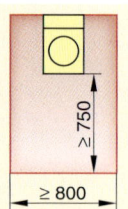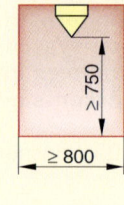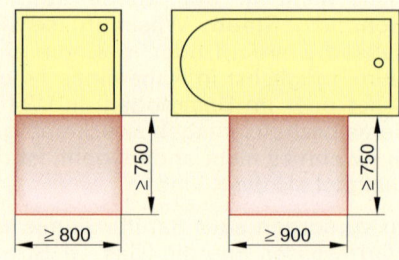

2 Bewegungsflächen an Sanitärapparaten

Richtwerte für		Urinale	WCs	Wasch-stellen
Gaststätten/Kaffeehäuser				
WC-Räume	Frauen (je 100 m² Raum)	–	1 - 2	1
	Männer (je 100 m² Raum)	2 - 3	1	1
Hotels				
WC-Räume	Frauen	–	1 je 10 Betten	1 je 5 WCs
	Männer	1 - 2 je 15 Betten	1 je 15 Betten	1 je 5 WCs
Baderäume		–	1	1 - 2
je Einzelzimmer		–	1	1
je Doppelzimmer		–	1	1 - 2
Büro/Verwaltung				
WC-Räume	Frauen, je 40 - 50	–	4 - 5	1 - 2
	Männer, je 50 - 75	5	5	1 - 2
Arbeitsstätten/Betriebe				
WC-Räume	Frauen, je 10	–	1	1
	Frauen, je 100	–	7	2
	Männer, je 10	1	1	1
	Männer, je 100	5	5	1 - 2
Krankenhäuser				
WC-Räume Besucher	Frauen, je Station	–	2	1
	Männer, je Station	1 - 2	1	1
WC-Räume Patienten	je 16 - 20 Betten	1	1 - 2	1
WC-Räume Personal	Frauen, je 20	–	2	1
	Männer, je 20	2	2	1
Schulen				
WC-Räume	Mädchen, je 40	–	4	1
	Knaben, je 40	4	2	1
	Lehrerinnen, je 20	–	2	1
	Lehrer, je 20	2	1	1
Kindergärten (Alter 3 - 6 Jahre)				
WC-Räume	je 30 - 40 Kinder	–	6 - 8	1
Waschräume	je 30 - 40 Kinder	–	–	10 - 20
Turnhallen				
Wasch- und Duschräume (Hand- und Fußwaschstellen)		–	–	20
Freibäder				
WC-Räume	Frauen, je 50 Aufbewahrungseinheiten	–	1	1
	Männer, je 100 Aufbewahrungseinheiten	1	1	1
Hallenbäder				
WC-Räume	Frauen, je 40 - 50 Aufbewahrungseinheiten	–	2 - 3	1
	Männer, je 40 - 50 Aufbewahrungseinheiten	1	1	1
Theater				
WC Besucher	Frauen, je 40 - 75	–	1	1
	Männer, je 60 - 100	2	1	1
WC Personal	Frauen, je 15	–	1	4
	Männer, je 20	2	1	5
Kasernen				
	je 15 - 20 Mann	1	1	15 - 20

1 Bedarfszahlen für Sanitärapparate

18

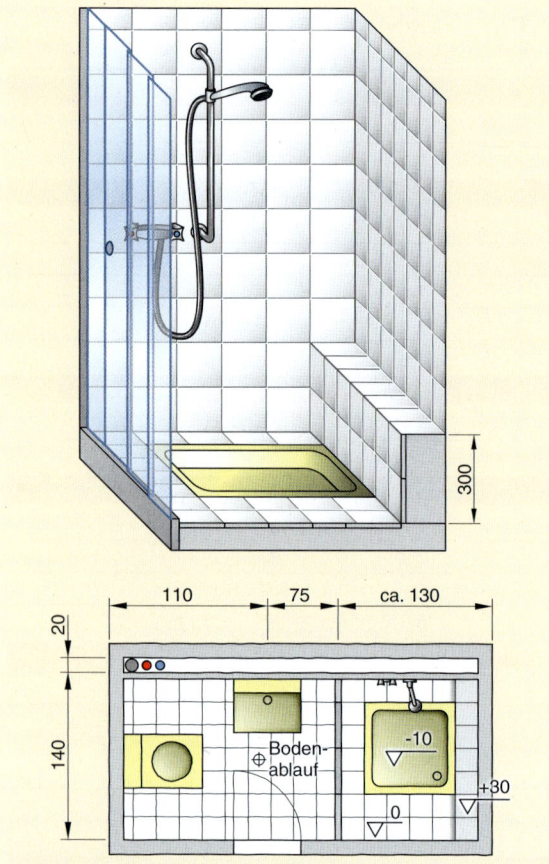

1 Duschkabine mit Freiraum in einem Hotelbad

Bewegungsflächen dürfen sich überlagern, ➜ 2. Sie dürfen aber nicht eingeschränkt werden, z. B. durch Vorsprünge, Handläufe, Heizkörper, Rohre, Möbel.

Beispiel: Freifläche für WC, ➜ 2
Breite ≥ 800 mm, Tiefe ≥ 750 mm + Tiefe des WC

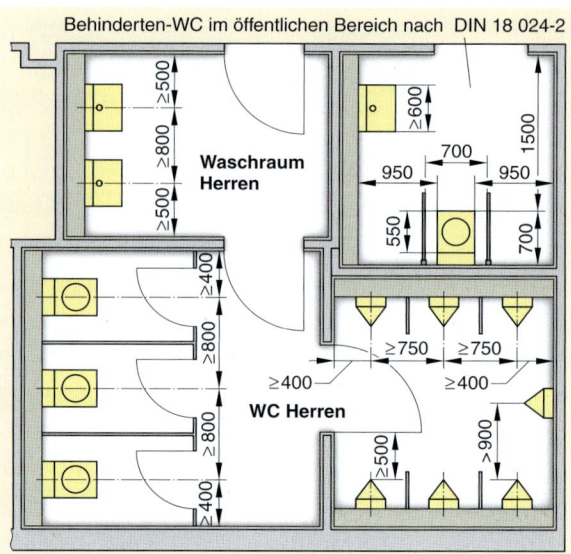

2 Herrentoilette in einem Restaurant

Erst wenn die Mindestmaße nach VDI 6000-1 überschritten werden, entstehen ansprechende Bäder zum Wohlfühlen.

Beispiel, Bild ➜ 1:
In einer abgeschlossenen Duschkabine mit 80 cm Duschwanne kommt sich der Duschende wie eingesperrt vor. Eine Dusche mit ca. 120 cm × 120 cm verleiht dagegen Bewegungsfreiheit und Wohlgefühl.

In kleinen Wohnungen ist es oft besser, ein großzügig gestaltetes Bad anzulegen, statt Bad und WC zu trennen.

Selbstverständlich ist bei entsprechender Wohnungsgröße ein Zweitbad sinnvoll, ➜ 519.1.

Nach DIN 18040-2 (Barrierefreies Bauen) erhält man erstrebenswerte Raummaße, s. Kap. 18.2.3.

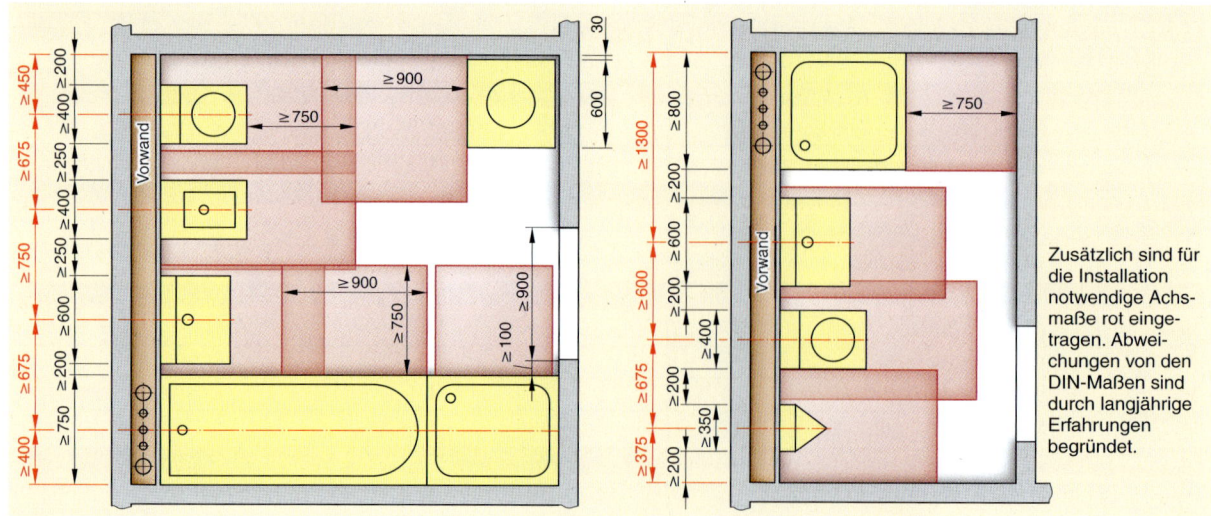

Zusätzlich sind für die Installation notwendige Achsmaße rot eingetragen. Abweichungen von den DIN-Maßen sind durch langjährige Erfahrung begründet.

3 Raumbedarf nach VDI 6000-1 bei Einhalten der Mindestmaße mit Überlagerung von Bewegungsflächen

18

18.2.2.2 Planen mit Achsmaßen

Als Achsmaß bezeichnet man den Achsabstand zwischen der Mitte zweier nebeneinander angeordneter Sanitärapparate (Mitte-Mitte-Maß) bzw. den Achsabstand, vgl. Maße in → 1, eines Sanitärapparates zu einer Wand.

Es ist besser, sich die Achsabstände zwischen Sanitärapparaten bzw. zu seitlichen Begrenzungen nach Bild → 1 einzuprägen statt die Abstände zwischen Sanitärapparaten nach VDI 6000-1, vgl. rote bzw. schwarze Maße in → 522.3.

Beispiel:
- VDI 6000-1 gibt als Mindestabstand der Außenkanten zwischen Waschtisch und WC 20 cm an.
- Bei der Rohinstallation ist oft noch nicht bekannt, ob später ein Waschtisch mit 63 cm oder 75 cm Breite montiert wird

Frage: Wie weit entfernt ist das WC vom Waschtisch zu platzieren?

Antwort: Bei dem Achsmaß von ≤ 75 cm wird man immer richtig liegen, falls nicht ein abnorm großer Waschtisch (mehr als 1 m breit) infrage kommt.

Die Achsmaße sind praktisch und nötig:
- für die Rohrverlegung
- für das Planen fliesengerechter Installationen

Bei einer fachgerechten **Rohrverlegung**
- sind zunächst die Abstände der Sanitärapparate untereinander festzulegen.
- müssen die Armaturenanschlüsse immer in gleicher Höhe und gleich weit von der Apparatemitte entfernt liegen, z. B. bei Waschtischen; dazu muss vorher die Achsmitte des Waschtisches angerissen werden.

Beim Einmessen der Apparateachsen für eine **fliesengerechte Installation** ist von der Wandmitte des Raumes auszugehen, da die Dicke des Fliesenmörtelauftrages an seitlichen Wänden nie genau vorhersehbar ist.

Selbstverständlich müssen auch die zulässigen Mindestabstände von Apparatemitten zu seitlichen Begrenzungen berücksichtigt werden, → 1.

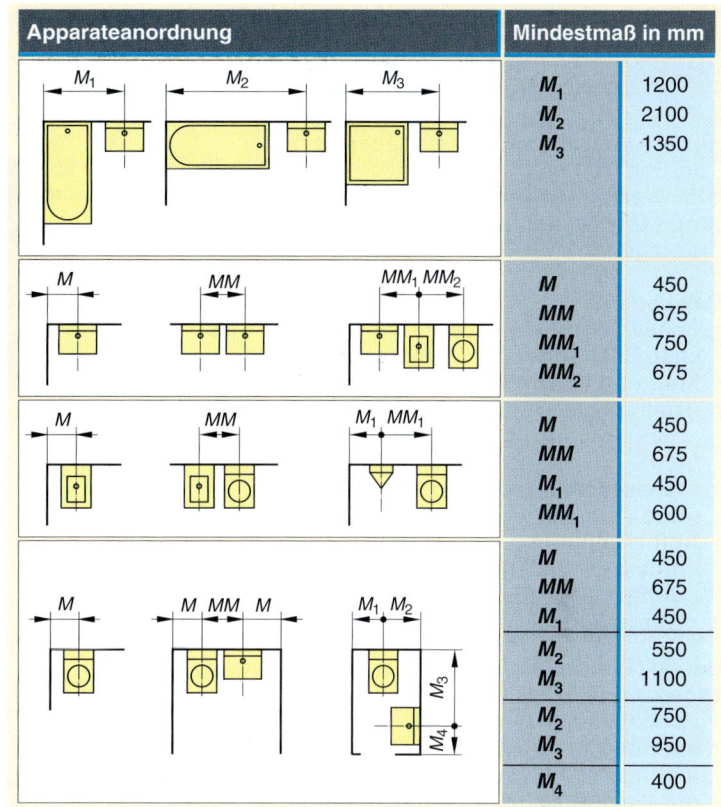

Apparateanordnung			Mindestmaß in mm	
			M_1	1200
			M_2	2100
			M_3	1350
			M	450
			MM	675
			MM_1	750
			MM_2	675
			M	450
			MM	675
			M_1	450
			MM_1	600
			M	450
			MM	675
			M_1	450
			M_2	550
			M_3	1100
			M_2	750
			M_3	950
			M_4	400

1 Achs- und Wandabstände von Sanitärapparaten für Fliesenbreite 50 mm

Achsmaße sind dem Fliesenraster anzupassen.

Beispiel:
Bei einer Fliesenbreite von 200 mm statt 150 mm ist das Achsmaß von 750 mm auf 800 mm + 4 × Fugenbreite zu vergrößern

Bei der großen Anzahl unterschiedlicher Fliesenformate sind hier keine genauen Angaben möglich sind.

Beispiel:
Bei der Angabe „Fliesenbreite = 200 mm" ist zu prüfen, ob die Fliese tatsächlich 200 mm oder nur 198 mm breit ist.

Zur exakten Fliesenbreite ist die Fugenbreite zwischen 2 Fliesen zu addieren. Fugenbreiten sind mit dem Fliesenleger abzusprechen. Nur so ist eine exakte Installation auf Fliesenmaß möglich.

Hohe Kundenansprüche – mit entsprechenden Kosten – und die hohe Qualität Sanitärprodukte der Industrie haben Anrecht auf eine fliesengerechte Installation.

Nur fliesengerechte Ausführungen dürfen einen Anspruch auf fachgerechte Arbeit erheben.

18

18.2.2.3 Technische Gesichtspunkte bei der Planung von Sanitärräumen

Für die Anordnung Sanitärapparate gilt:
Ein Bad soll nicht nur für das Auge schön sein. Die „versteckte Technik" muss einwandfrei funktionieren, sicher sein und zum Energie sparen beitragen.

Das bedeutet:
- Schall- und Brandschutz müssen den gesetzlichen Bestimmungen entsprechen.
- Kalt- und Warmwasserleitungen
  - sollen kurz sein, um Stagnationswasser zu vermeiden und die Wärmeverluste gering zu halten.
  - müssen abzusperren sein,
  - ihre Wasserdurchsätze müssen messbar sein,
- Abflussleitungen
  - müssen vollständig leer laufen können,
  - dürfen nicht zur Verstopfung neigen und keine Gurgelgeräusche hervorrufen,

Bei der Raumplanung sind Sanitärapparate so anzuordnen ➔ 522.3, dass möglichst:
- nur eine oder zwei Wände für sie benutzt werden
- **ein** Schacht mit Versorgungs- und Entsorgungsleitungen genügt
- nur kurze Anschlussleitungen nötig sind
- bei langen Anschlussleitungen die Bade- oder Duschwanne nahe der Fallleitung platziert wird, um ausreichendes Gefälle zu erzielen

Wände, an denen Rohrleitungen oder Armaturen befestigt werden, müssen eine flächenbezogene Wandmasse von ≥ 220 kg/m² haben.

Das gilt nicht für Leitungen bzw. Armaturen in der Vorwand, z. B. an Montagegestellen o. Ä.

Im Badezimmer bestimmt die Badewanne die Anordnung der übrigen Einrichtungsgegenstände wie Waschtisch, Klosett. Gründe dafür sind ihre Größe und ihr maximal möglicher Abstand von der. Abwasserfallleitung, siehe Kap. 8.2.3.4.

Für das Anordnen der Badewanne im Raum gilt:
- Längs der Wanne muss ein mindestens 60 cm breiter Bewegungsraum frei bleiben.
- Das Fußende der Wanne soll der Tür zugewandt sein, damit der Badende diese im Auge hat.
- Die Wanne sollte nicht unter einem Außenfenster aufgestellt werden. Zwar verhindern meist fugendichte Fenster den Einfall von Kaltluft, jedoch besteht beim Reinigen des Fensters erhebliche Unfallgefahr wegen der breiten Wanne davor. Auch besteht Frostgefahr für die Zuleitungen in oder an der Außenwand zur Wannenbatterie.

WC und evtl. Sitzwaschbecken sind möglichst so anzuordnen, dass sie beim Betreten des Raumes nicht im Blickfeld liegen.

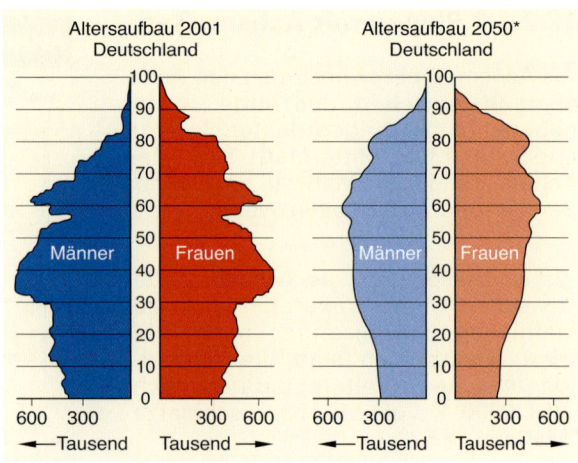

1 Altersentwicklung der Deutschen 2001 bis 2050

18.2.2.4 Sanitärräume auf lange Sicht planen

Junge Menschen denken beim Planen eines neuen Hauses oft nicht ans Älterwerden oder dass sie durch einen Unfall behindert werden.

Der Grad einer Behinderung kann sehr verschieden sein; besondere Probleme entstehen, wenn Bewohner auf einen Rollstuhl angewiesen sind.

Wohnungen müssen auf lange Sicht für ihre Bewohner nutzbar sein. Mit höherem Alter kann die Bewegungsfähigkeit der Benutzer eingeschränkt sein, z. B. auf dem Weg in die Räume, beim Benutzen von Badewanne oder WC.

Viele Menschen sind über 60 Jahre alt. In Deutschland wird ihre Zahl ansteigen, ➔ 1
- bis zum Jahr 2020: auf über 24 Millionen
- bis 2030: sogar auf 29 Mio. – das ist dann mehr als 1/3 der Bevölkerung

Weit blickend sollten deshalb Raumgrößen, Türenmaße und Türanordnungen so geplant werden, dass sie den Forderungen der Normen für „Barrierefreies Wohnen", wie DIN 18040 / ÖN B 1600/1601 entsprechen, falls die Bewohner noch jung und sportlich sind.

Falls die Räume vorerst nicht mit Sanitärapparaten für behinderte Menschen ausgestattet werden, so können sie Im Notfall nachgerüstet werden, da ja
- Raumgrößen,
- Türgrößen und Türanordnungen,
- Leitungsschächte und Rohrleitungen,
dies zulassen.

Das Ändern von Raumgrößen, Schacht- und Türanordnungen ist nachträglich kaum möglich und verschlingt viel Geld.

Gut ist es, wenn die individuellen Bedürfnisse behinderter Bewohner berücksichtigt werden. Das geht leider meist nicht bei öffentlichen Auftraggebern oder wenn es um öffentlich geförderte Bauprojekte geht.

18.2.3 Barrierefreie Sanitärräume

18.2.3.1 Planen barrierefreier Sanitärräume

Barrierefreie Sanitärräume unterscheiden sich von der üblichen Bauweise durch:
- große Bewegungsflächen
- spezielle Raumausstattung
- teils spezielle Sanitärapparate

Die **Bewegungsflächen** vor und neben den Sanitärapparaten müssen wesentlich größer als herkömmlich sein, da bewegungseingeschränkte Personen sich oft einer Gehhilfe bedienen müssen wie Stock, Krücke, Rollator oder gar Rollstuhl, → 1 und 2.

Diese **müssen** für behinderte Menschen, → 2
- mindestens 120 cm breit, 120 cm tief sein,
- mindestens 150 cm × 150 cm, für Rollstuhlbenutzer

Zur speziellen Raumausstattung für barrierefreie Räume gehören:
- Türen
- Bodenbeläge
- Raumlüftung
- Heizkörper
- Stützgriffe
- zusätzlicher Sanitärraum

- Türen sollten immer lichte Höhe ≥ 2,10 m haben und eine lichte Breite ≥ 90 cm, → 2a und 2b.
- Türen dürfen nicht in den Sanitärraum aufschlagen; günstig sind leichtgängige Schiebetüren, „verborgen" in Mauerschlitzen, → 2a
- abschließbare Türen müssen notfalls von außen zu entriegeln sein.
- Schwellen bzw. untere Türanschläge sind zu vermeiden; falls nötig, dürfen sie nicht höher als 2 cm sein.
- Türdrücker sind in 85 cm Höhe anzubringen; vor dem Drücker muss ein Abstand ≥ 50 cm zu einer vorspringenden Wand oder zu Möbeln sein.

Bodenbeläge müssen rutschhemmend, rollstuhlgeeignet und fest verlegt sein. Sie dürfen sich nicht elektrostatisch aufladen.

Bodenbeläge müssen rutschhemmend, rollstuhlgeeignet und fest verlegt sein. Sie dürfen sich nicht elektrostatisch aufladen.

Bei Bodenbelägen aus Kunststoff müssen Kanten abgerundet sein.

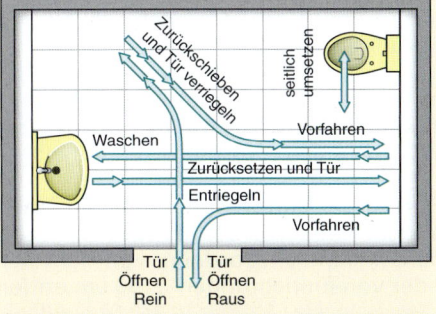

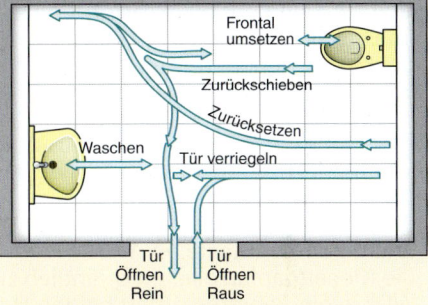

a) unterschiedliche Fahrwege je nach Behinderung

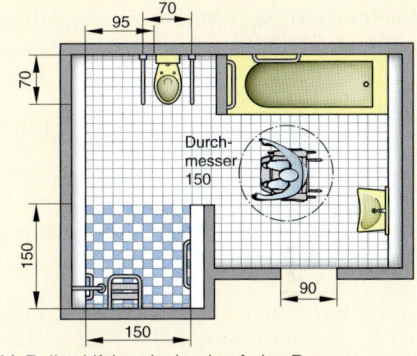

b) Rollstuhlfahrer im barrierefreien Raum

1 Große Freiräume um die Sanitärapparate erlauben ausreichende Bewegungsfreiheit

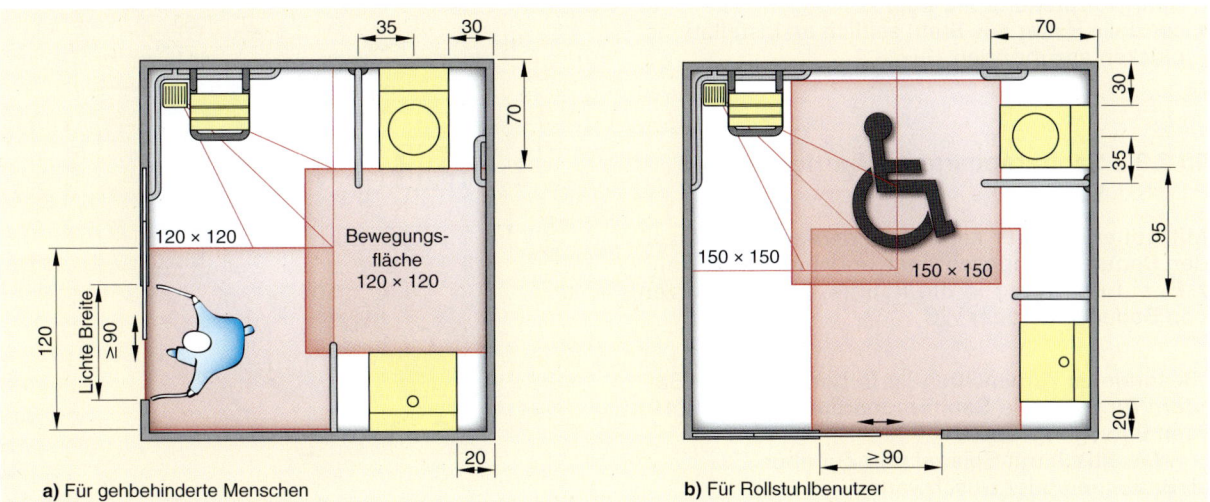

a) Für gehbehinderte Menschen

b) Für Rollstuhlbenutzer

2 Barrierefreie Sanitärräume

18

Sanitärräume für Behinderte müssen eine **Raumlüftung** mit Ventilator nach DIN 18 017-3 erhalten, siehe Kap. 18.4.

In Wohnungen für mehr als drei Personen ist ein **zusätzlicher Sanitärraum** mit mindestens einem WC und einem Waschbecken vorzusehen.

Heizkörper dürfen den Bewegungsraum nicht einengen. Heizkörperventile sind zwischen 40 cm und 80 cm Höhe anzuordnen, von der nächsten Wand oder von Einrichtungen ≥ 50 cm entfernt.

Stützgriffe sind vor allem erforderlich:
• im Duschbereich,
• beim WC und evtl. am Waschtisch, jeweils in 85 cm Höhe

Da behinderte Menschen sich u. U. nur schwer nach hinten drehen können, sollen an den Haltegriffen beim WC angebracht sein:
• die Auslösung für WC-Spülung, Raumlüftung und eine Notruftaste, ➜ 1
• die Klosettpapierrolle - in öffentlich zugänglichen WCs je ein Papierhalter an beiden Haltegriffen
• Um das Umsetzen vom Rollstuhl aufs WC zu erleichtern muss mindestens ein Stützgriff kippbar sein, ➜ 527.1 Ⓓ.

In der Dusche, ➜ 3, 527.1:
• soll in eine umlaufende Haltestange ein Duschsitz einzuhängen sein **oder**
• ist ein höhenverstellbarer Duschsitz anzubringen.

Neben einem Waschtisch sind Stützgriffe nur in Ausnahmefällen nötig.

In leichten Wänden mit Gipskartonplatten oder Gasbetonsteinen sind als sicherer Halt für die Befestigung von Stützgriffen u. Ä.
• massive Befestigungsplatten in die Verkleidung einzusetzen, z. B. dicke, mehrfach verleimte Sperrholzplatten, ➜ 2 **oder**
• spezielle Halter aus Stahl seitlich an Installationsblöcken anzubringen.

18.2.3.2 Sanitärapparate in barrierefreien Bädern

Mit höherem Alter kann die Bewegungsfähigkeit der Benutzer eingeschränkt und hinderlich sein, z. B. auf dem Weg in die Räume, beim Benutzen von Badewanne oder WC.

Besonderes zu beachten ist in barrierefreien Bädern für folgende Sanitärapparate mit zugehörigen Bewegungsflächen:
• Waschtisch mit Spiegel und Zubehör
• Bade- und/oder Duschwanne
• Klosett

1 Stützgriffe am WC mit Auslösetasten

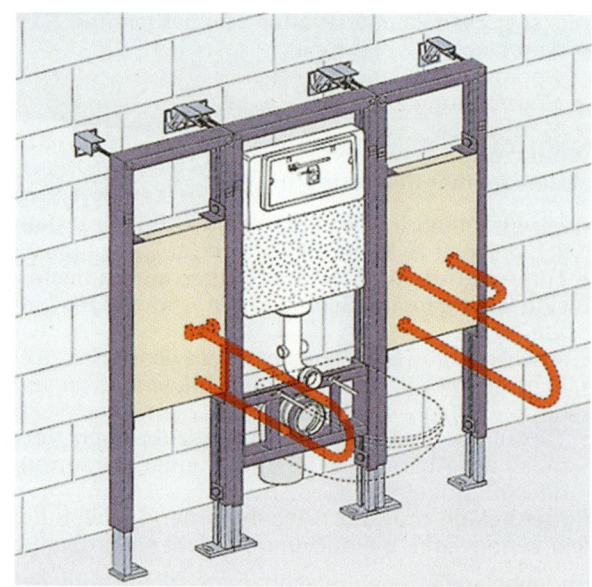

2 Massivholzplatten o. Ä. für sicheren Halt von Stützgriffen

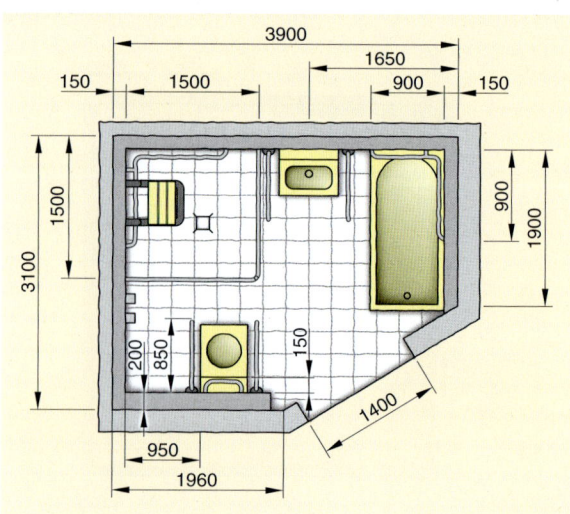

3 Duschraum, barrierefrei – Armlehnen zum Kippen: an WC und, am Waschtisch jeweils rechts davon

18

526

Waschtische in barrierefreien Bädern sollen ≥ 600 mm breit und müssen bis zu 55 cm Tiefe unterfahrbar sein; bis 30 cm Tiefe soll der Beinfreiraum 67 cm hoch sein, ➔ 3.

Dort sind Unterputz-Geruchverschlüsse oder flache wandanliegende zu verwenden, ➔ 528.1. Sie geben Raum frei und vermeiden Verletzungen.

Die Höhe der Waschtischoberkante ist individuell zu ermitteln. E DIN 18 030 gibt h ≥ 800 mm an.

Die Waschtischvorderkante soll gerade oder leicht vorgewölbt sein. Besser unterfahrbar, ➔ 2, wird der Waschtisch bei nach innen gewölbter Vorderkante; sie kann aber die Armfreiheit einschränken. Individuell abstimmen!

Als Auslaufarmaturen am Waschtisch eignen sich:
- Stand-Einhebelmischer, evtl. mit langem schwenkbaren oder mit ausziehbarem Auslauf, ggf. mit verlängertem Hebel
- Thermostatbatterien, vor allem bei gewissen Leiden

Wandarmaturen sind ungünstig, da der Behinderte u. U. nicht so hoch greifen kann.

Rechteckspiegel ≥ 1000 mm × 600 mm, hochkant, bieten ein gutes Blickfeld. Sie ermöglichen die Kommunikation mit einer Pflegeperson, auch bei Kindern, und verbessern die Raumoptik. Ihre Unterkante soll etwa 5 cm über Waschtisch-Oberkante liegen.

Beispiel: Kippspiegel
Sie werden häufig angepriesen, aber wie soll sie ein behinderter Mensch betätigen?

Zubehör ist 85 cm hoch anzubringen, z. B. Ablage, Seifenspender, Handtuchhalter, Zahnputzbecher, Steckdose.

Bade- und/oder Duschwanne in barrierefreien Bädern erfordern besondere Beachtung.

Die Praxis zeigt, dass ältere Menschen lieber duschen als baden, da sie den Ein- und Ausstieg aus der Badewanne fürchten.

Zwar gibt es Einstiegshilfen für Badewannen, jedoch ist der Aufwand meist sehr groß, ➔ 528.3.

Duschwannen in barrierefreien Bädern müssen grundsätzlich begeh- und befahrbar sein. Schwellen, um unkontrollierten Wasserfluss zu hemmen, dürfen nicht höher als 2 cm sein.

Der Duschplatz muss ≥ 120 cm × 120 cm sein, für Rollstuhlbenutzer ≥ 150 cm × 150 cm. Er kann als Anfahrbereich für das WC, als Bewegungsfläche vor einer (zusätzlichen) Badewanne und als Wendeplatz genutzt werden, ➔ 1.

Bewegungsflächen können sich überschneiden. Auch eine überfahrbare Dusche kann als Bewegungsfläche genutzt werden, ➔ 1.

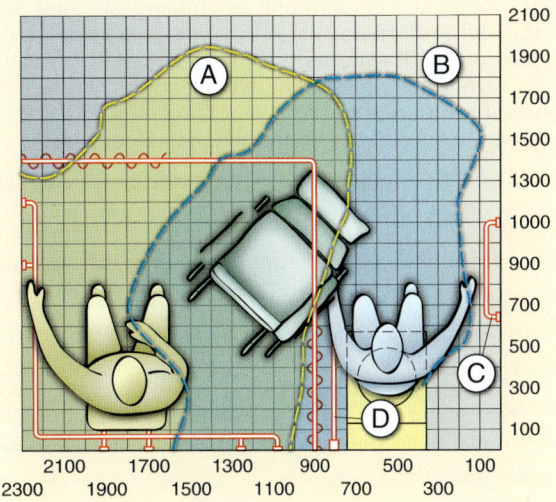

A gestrichelte Linie entspricht der für die Benutzung der Dusche notwendigen Grundfläche
B gestrichelte Linie entspricht der für das Umsetzen vom WC in die Dusche notwendige Grundfläche
C Stützgriff, fest
D Stützgriff, klappbar

1 Bewegungsflächen für Rollstuhlbenutzer und mögliche Überlagerung bei Dusche und WC

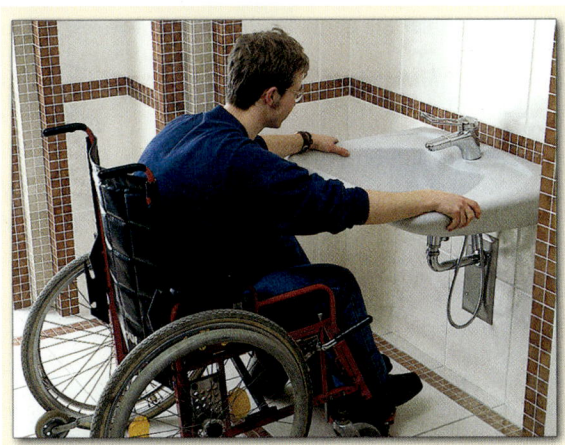

a) Anfahren an den Waschtisch

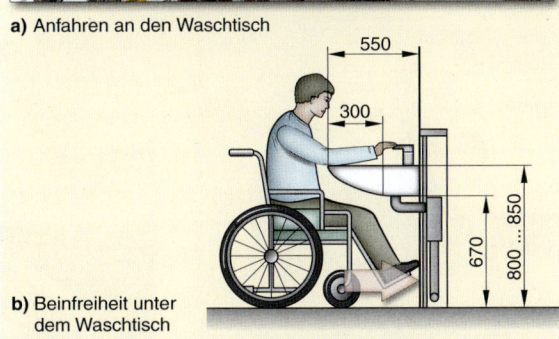

b) Beinfreiheit unter dem Waschtisch

2 Beinfreiheit unter dem Waschtisch für bequemes Anfahren

Die Duscharmatur muss ≥ 50 cm außerhalb einer Ecke in 85 cm Höhe montiert werden. Sie muss über einen Temperaturbegrenzer verfügen.

18

Der Duschsitz, ist so hoch anzubringen, dass die Füße sicheren Halt finden. Er sollte gepolstert, evtl. innen offen (Hygieneausschnitt) und mit Rücken- und Armlehnen versehen sein. Nach vorne um 1 m ausziehbare oder seitlich verschiebbare Sitze, → 1, eignen sich für nicht bodengleichen Duschwannen.

Falls eine Badewanne zur Heilbehandlung nötig ist, muss der erforderliche Platz vorgehalten werden, evtl. ist im Bereich des Duschplatzes eine Badewanne aufzustellen falls Pflegegründe dies erfordern.

Für Schwerstbehinderte:
- muss die Badewanne mit einem Hebelift unterfahrbar sein oder
- muss ein Hebelift in Wannennähe an der Wand angebracht bzw. zu befestigen sein, → 3b und 3c
- könnte eventuell auch ein Badewannenliftstuhl genügen, → 2

Freistehende Wannen auf Füßen sind mit einem **Hebelift unterfahrbar**. Schwerbehinderte sind damit sicher zu transportieren und in die Wanne zu heben.

Wandbefestigte Hebelifte, → 3 können leicht aus der Befestigung genommen und an anderer Stelle, z. B. neben dem Bett, in einen entsprechenden Wandhalter eingesetzt werden, → 3b. Sie beanspruchen weniger Platz als fahrbare Hebelifter.

Für einfache Fälle sind **Badewannenliftstühle** zu empfehlen, → 2. Sie werden in die Badewanne gestellt und man kann vom Wannenrand aus bequem auf den Liftstuhl
- hinübergleiten
- gut darauf sitzen und sich anlehnen
- auf Knopfdruck sich relativ schnell ins Wasser absenken und wieder anheben lassen

Je nach Behinderung werden **Klosetts** mit unterschiedlicher Wasserführung eingesetzt.

Je nach Wasserführung im WC unterscheidet man:
- Tiefspülklosetts
- Flachspülklosetts
- Duschklosetts

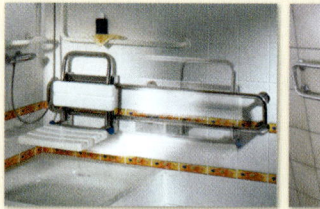

1 Duschsitz, seitlich verschiebbar, z. B. über hohe Duschwannenstege, evtl. mit Hygieneausschnitt und Armlehnen

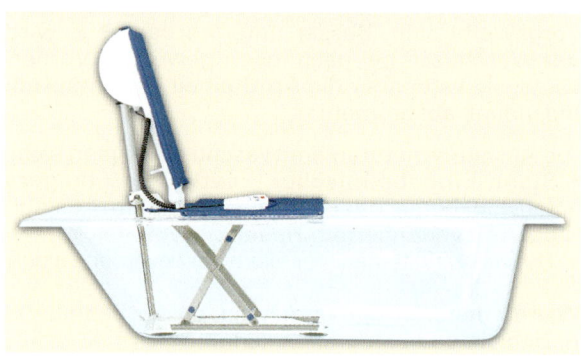

2 Badewannenliftstuhl

Tiefspülklosetts verfügen bessere Spüleigenschaften und mindern die Geruchsbelästigung viel stärker als Flachspülklosetts. Sie sind besonders bei Personen mit Darmlähmungen zu bevorzugen

Bei **Flachspülklosetts** ist der Stuhl[1] besser zu kontrollieren.

Duschklosetts mit eingebauter Unterdusche, Fön und Geruchabsaugung bieten sehr hohen Komfort, → 567.1, 568.1.

Nach Norm soll bei **Klosetts in barrierefreien Bädern**, die WC-Sitzfläche ≤ 48 cm über FFB liegen, die Vorderkante WC 70 cm vor der Wand sein. Dies ermöglicht bequemes Anfahren mit dem Rollstuhl und ein paralleles Umsetzen, → 527.1.

[1] Stuhl (*Med.*): Darmexkremente (Kot); Veränderungen lassen Schlüsse auf bestimmte Krankheiten zu

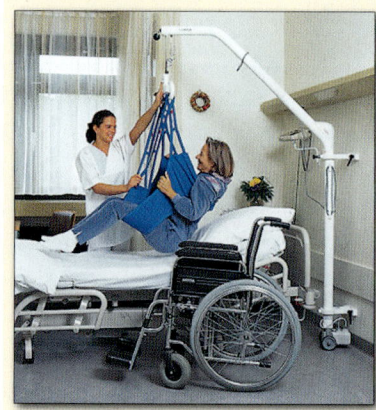

a) Liften in den Rollstuhl

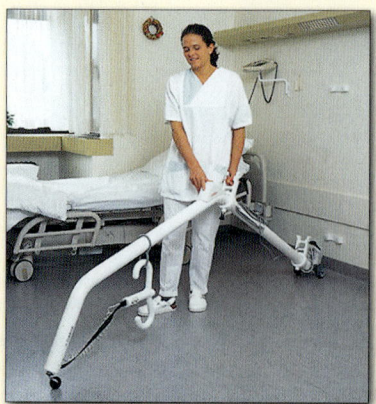

b) Umsetzen des Lifters

c) Absenken in die Badewanne

3 Wandbefestigter Hebelift

Wandhängende Klosetts sind je nach Bedarf in Höhen von 40 cm bis 48 cm zu montieren.

Notfalls dienen WC-Sitze mit Abstandspuffern, → 529.2.

Das Hub-WC nach Bild → 571.2 an einem speziellen Montagegestell, kann auch Jahre nach der Erstmontage um bis zu 6 cm höher gesetzt werden.

Ideal sind stufenlos **höhenverstellbare Klosetts** nach Bild → 1. Auch während der Benutzung können sie auf Knopfdruck um bis zu 30 cm auf und ab bewegt werden. Dies besorgt ein in der Vorwand eingebauter Elektromotor. Behinderten Menschen wird damit Niederlassen und Aufstehen sehr erleichtert. Klappbare Armlehnen mit integrierter Spül- und Notruftaste gibt es als Zubehör.

Die Bewegungsfläche für Rollstuhlbenutzer muss sein
• vor dem WC: ≥ 150 cm × 150 cm
• seitlich: jeweils 70 cm tief und auf einer Seite ≥ 95 cm breit, auf der anderen ≥ 30 cm breit, → 525.2

Nichtrollstuhlbenutzern reichen als Bewegungsfläche
• vor dem WC: ≥ 120 cm × 120 cm
• für das WC eine normale Tiefe von 60 cm
• zur Wandseite ≥ 20 cm

Spültasten an Spülkästen oder Druckspülern sind von stark Bewegungseingeschränkten nicht zu erreichen.

Deshalb ist eine Spülauslösetaste anzubringen:
• in 85 cm Höhe
• ≥ 50 cm von der Rückwand entfernt, evtl. auch an Stützgriffen, → 526.1

Öffentlich zugängliche barrierefreie WC-Räume sind auszustatten mit:
• Zapfstelle (mit Schlauchverschraubung),
• Handwaschbecken,
• Bodenablauf
• dichtem, geruchsverschlossenem Abfallbehälter.

18.2.4 Weitere Ausstattung von Sanitärräumen

Zur weiteren Ausstattung von Sanitärräumen gehören:
• Wand- und Fußbodenbelag
• Raumtextilien
• Badmöblierung
• Raumheizung
• Raumlüftung

Das Material für Sanitärapparate und Einrichtungsgegenstände sowie für **Wände und Fußböden**, die vom Wasser bespült werden können, soll
• wasserfest sein,
• eine dichte, nicht poröse, glatte Oberfläche haben,
• keine scharfen Kanten aufweisen,
• pflegeleicht sein.

Keramische Fliesen, geschliffener Naturstein wie Marmor, Granit (grau), Porphyr (rötlich) erfüllen am besten diese Forderungen.

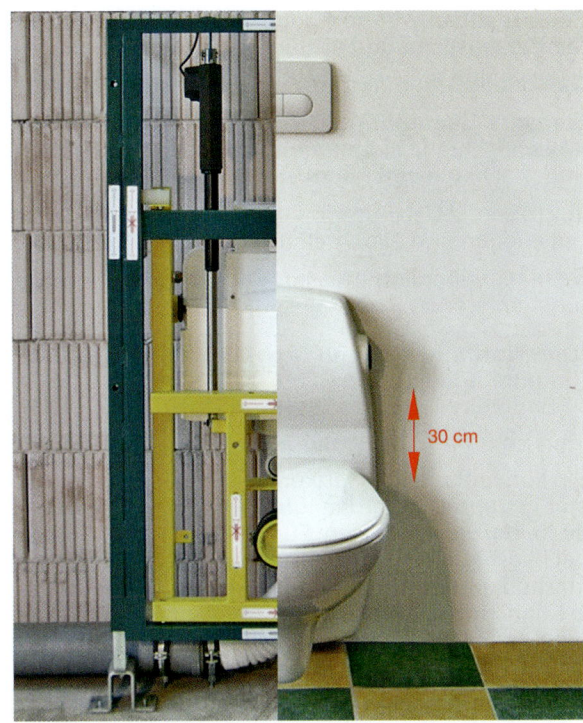

1 Stufenlos höhenverstellbares Komfort-Klosett – auch während der Benutzung

a) Gleich hoch   b) Verschieden hoch

2 WC-Sitz mit Abstandspuffern

Wandbeläge können völlig glatt, eventuell hochglänzend sein. Bei Fußböden muss die Oberfläche rutschfest sein; sie darf nicht völlig glatt, sondern muss leicht angeraut sein.

Teppiche oder Teppichböden sind für Sanitärräume schlecht geeignet.

Gründe:
• Haare, Hautschuppen, Kosmetikreste und Kosmetikflecken sind schwer zu entfernen.
• Pilze, Keime und Bakterien gedeihen darin bei Feuchte und Wärme besonders gut; WC-Vorleger oder WC-Deckelbezüge aus Textilien dürfte es gar nicht geben.

Dagegen sind rutschsichere und leicht waschbare Vorleger vor der Badewanne oder dem Waschtisch sehr angenehm.

18

Raumtextilien wie Vorhänge an Fenstern sind einfach zu waschen und schlucken Schall.

Geeignete Grünpflanzen verschönern den Raum.

Elegante **Badmöbel**, oft kombiniert mit dem/den Waschtisch/en, bieten viele Ablagemöglichkeiten und machen einen Raum wohnlicher.

In großen Badezimmern findet sich auch Platz für Ruheliegen und eventuell für Trimmgerät/e.

Selbstverständlich müssen Bad und WC eine gut funktionierende **Raumheizung** haben.

> Die Norm fordert für Privatwohnungen eine Raumtemperatur für:
> • Badräume von 24 °C
> • WCs von 20 °C

Ein konventioneller Heizkörper soll unter dem Fenster angebracht werden, um eventuell einströmende Kaltluft zu erwärmen. Für Fußwärme, besonders bei Fliesen- oder Steinböden, sorgt eine zusätzliche Fußbodenheizung. Sie kann ohne großen Aufwand an den Heizkörperrücklauf, über einen Rücklauftemperaturbegrenzer, angeschlossen werden.

Außerdem ist ein Badheizkörper mit elektrischer Zusatzheizung praktisch. Er kann als Raumteiler und zum Vorwärmen bzw. zum Trocknen der Handtücher dienen, ➜ 544.4.

Wichtig ist die **Lüftung** des Bades:
• Außen liegende Sanitärräume, also Räume mit Fenstern ins Freie, werden über Fenster gelüftet.
• Innen liegende Räume und Sanitärräume für Behinderte sind über eigene Lüftungsanlagen zu lüften, siehe Kap. 18.4.

18.2.5 Bauen im Bestand

Unter „Bauen im Bestand" versteht man Arbeiten zum Modernisieren und Sanieren von Altbauten. Das ist für Sanitärinstallateure ein weites Arbeitsgebiet, ➜ 1.

Gerade ältere Leute, die meist auch über die nötigen Mittel verfügen, möchten ihr altes Bad „aufmöbeln". Oft sind auch gesundheitliche Gründe für Änderungen maßgebend, s. Kap. 18.2.2.4.

Die Sanierung oder Modernisierung von Sanitäranlagen in Altbauten, beispielsweise Plattenhochhäuser in den neuen Bundesländern, muss zügig vorangehen, da die Bewohner während des Bauens ja nicht ausziehen können. Sie erfordert eine sorgfältige Planung.

> Vorzugehen ist folgendermaßen:
> • Bestand untersuchen
> • Schäden aufnehmen
> • Absprachen treffen
> • Material vorbereiten, ggf. Vorfertigen
> • Arbeiten ausführen

Beim **Untersuchen des Bestandes**, möglichst anhand ursprünglicher Bauzeichnungen (Pläne), sind unbedingt genau auszumessen und aufzunehmen:

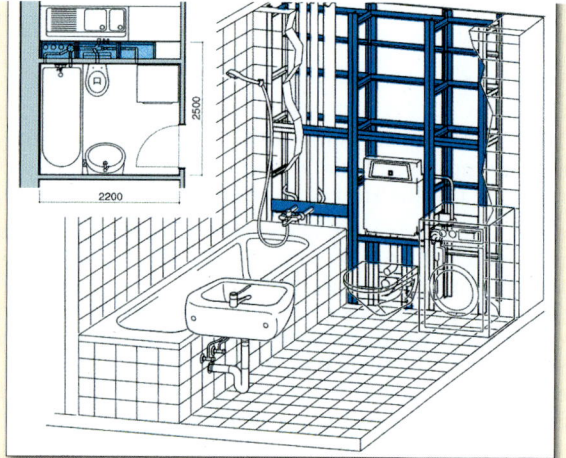

a) Grundriss und Modulwand

b) Fertiges Bad

1 Vorgefertigte, raumhohe Teile fördern den schnellen Umbau

• Zahl und Höhe der Geschosse
• Raummaße
• Art (Baustoff), Dicke und Zustand des Mauerwerks und der Geschossdecken
• Art, Material, Nennweite, Verlauf und Zustand vorhandener Rohrleitungen und Absperrungen
• Einrichtung und gewünschte Änderungen bei Sanitärapparaten und Armaturen
• Prüfen der Transportwege wie lichte Breite, Höhe bzw. Länge von Fluren, Treppen, Türen, Aufzug, evtl. Parkmöglichkeiten

Eventuelle **Schäden**, die vor der eigentlichen Sanierung behoben sein müssen, sind festzustellen.

Eine **Absprache** zwischen allen Beteiligten ist nötig:
• Bauherr - Anwesenheit in der Bauphase ist günstig
• Behörden: Bauamt, Gas-, Wasser-, Stromversorger
• Handwerkern: vor allem Maurer, Trockenbauer, Heizungsbauer, Elektriker, Fliesenleger
• Mieter, wegen besonderer Wünsche

18

Aufgrund der Bestandsuntersuchung ist das erforderliche **Material vorzubereiten**.

Damit die Bauzeit kurz gehalten wird:
- ist eine Vorwandmontage unerlässlich
- sind vorgefertigte Module einzusetzen, ➜ 1,
- sind abgebrochene Wandteile und neue Verkleidungen im Trockenbau zu erstellen, damit
  - keine Feuchte ins Bauwerk gebracht wird
  - Austrocknungszeiten vermieden werden

Ein Monteur mit Helfer saniert pro Tag eine Wohnung mithilfe vorgefertigter Module, ➜ 1.

Für die **eigentlichen Bauarbeiten** des Installateurs steht das folgende Beispiel in einem Plattenbau.

Beispiel:
- Nach Öffnen des Installationsschachtes von der Küche her werden die Sanitärteile im Bad abgebaut und die alten Leitungen entfernt.
- Dem Haustyp entsprechend vorgefertigte Module für Heizung, Lüftung, Zu- und Abfluss und WC mit Spülkasten werden eingesetzt, ➜ 1. Die Module werden an der Wand befestigt und durch Schläuche mit vorhandenen Leitungen vorerst verbunden.
- An den Montageschienen der Module werden die Wandverkleidungen, meist wasserfeste Leichtbauplatten, durch den Installateur befestigt.
- Für die Badewanne werden meist vorgefertigte Verkleidungen verwendet.

 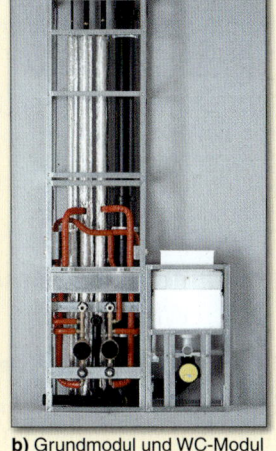

a) Montieren eines Grundmoduls   **b)** Grundmodul und WC-Modul

1 Sanierung in Altbauten (Plattenhäuser)

- Vor Feierabend können das WC und eine Entnahmestelle, meist in der Küche, provisorisch montiert werden; sie sind benutzbar.
- Nach den Fliesen- und Malerarbeiten, evtl. in Ei-genregie, werden WC, Waschtisch und Spüle endgültig angeschlossen.
- Nach dem Fertigstellen ist die Arbeit zu übergeben.

Übungen:

1. Was versteht man unter „Sanitärraum"? Zählen Sie verschiedene Arten auf.
2. Welche Sanitärräume sollte eine 4-Personen-Wohnung haben?
3. Welche Grundsätze gelten für das Anordnen von Sanitärapparaten im Bad?
4. Welche Vorteile bietet dabei die Vorwandinstallation?
5. a) Welche Bedeutung haben Abstandsmaße für Sanitärapparate nach VDI 6000?
   b) Wie soll man mit diesen Maßen umgehen?
   c) Welche Maße sollte man für Sanitärräume zu Grunde legen? Begründen Sie dies.
6. a) Was versteht man unter „Achsmaß"?
   b) Wann und wozu sind sie besonders wichtig?
7. a) Was bedeutet „barrierefreies Bauen"?
   b) Für wen gilt dies besonders wichtig?
   c) Für wen kann es wichtig werden?
8. Welche Schlussfolgerung legt uns Übung 7 nahe?
9. a) Welche Normen gelten für barrierefreie Sanitärräume?

b) Geben Sie daraus je 2 wichtige Punkte für die Fortbewegung in Räumen an.
10. Nennen Sie 4 allgemeine Baugrundsätze zum barrierefreien Sanitärbau.
11. a) Wo sind Stützgriffe in Sanitärräumen notwendig?
    b) Was gilt für deren Befestigung?
    c) Welche Punkte gelten dafür bei einem WC für Rollstuhlbenutzer?
12. Zählen Sie 4 Punkte auf, die Sie bei Waschtischen für Rollstuhlbenutzer beachten müssen?
13. Wie beraten Sie bei der Frage „Dusche oder Badewanne für Behinderte"?
14. Welche Hilfen gibt es, wenn eine Badewanne unbedingt nötig ist?
15. Welche Maßnahmen sind beim WC für Behinderte zu treffen?
16. Welche Arten von WCs sind für behinderte Menschen besonders zu empfehlen?

18

18.3 Sanitärapparate

Sanitärapparate in Wohnungen sind:
- Badewanne oder Whirlpool
- Duschwanne
- Waschtisch/Waschbecken
- Sitzwaschbecken
- Klosett
- Urinal
- Spüle und Ausguss

18.3.1 Rund um Badewanne und Whirlpool

18.3.1.1 Erholung in der Wanne

Ein Wannenbad dient heutzutage vor allem der Entspannung und Erholung. Die eigentliche Körperreinigung tritt in den Hintergrund. Dafür eignet sich das Duschbad besser.

> **Zitat** Prof. Kira, USA:
> „Beim Baden schwemmt man sich den Dreck der Füße nur an den Hals."

Die entspannende Wirkung eines Bades wird gefördert durch eine geschmackvolle, komfortable Ausstattung des Raumes. Ästhetik und ein gewisser Aufwand gehören zu einem gepflegten Badezimmer mit Dusche und Badewanne oder Whirlpool. Dies setzt entsprechend große Badezimmer voraus, um sie großzügig gestalten und elegant einrichten zu können, → 1.

Ein Bad soll bei einer Wassertemperatur von ca. 37 °C etwa 20 min bis 30 min dauern.
Im warmen Wasser des Bades:
- werden die Poren der Haut und die Blutgefäße geweitet, die Blutzirkulation und der Stoffwechsel angeregt, die Entschlackung gefördert
- wird die Muskulatur gelockert und die inneren Organe entlastet
- bewirken Kräuterzusätze und ätherische Öle gleichmäßige Atmung und pflegen die Haut
- kann der Geist entspannen und die „Seele baumeln"; ein passendes Getränk kann dies fördern

Die wohl tuende Wirkung wird durch Wasserstrahl- und Luftsprudel-Massage im Whirlpool verstärkt, → 2. Fast jede Badewanne kann bei Bestellung als Whirlpool (= Sprudelbad) geliefert werden, s. Kap. 18.3.1.3.

Nach dem warmen bzw. „heißen" Bad sorgt eine kurze, kalte Dusche für
- das Zusammenziehen der Blutgefäße,
- eine gute Blutzirkulation (Kreislauftraining!),
- die Körperabhärtung gegen Erkältungen.

Wer sich kurz nach dem Baden oder Duschen ins Freie begibt, sollte unbedingt zuletzt kalt duschen, um eine Erkältung zu vermeiden. Auf die kalte Dusche sollte (nur) verzichtet werden, wenn das warme Wannenbad als Schlafmittel dienen soll.

1 Wohlfühlbad (Wellnessbad)

2 Wassermassage und Luftwirbelung im Whirlpool

Meist werden Bade- und Duschwanne in einem Raum installiert. In kleineren Baderäumen fehlt dazu aber oft der Platz.

> In kleinen Baderäumen sollte die Frage „Dusch- oder Badewanne?" zu Gunsten der Badewanne entschieden werden.

Denn ein gemütliches, warmes Wannenbad in aller Ruhe, von allen Seiten vom Wasser umspült,
- schafft ein Gefühl großer körperlicher Behaglichkeit und entspannt strapazierte Muskeln und den Geist,
- kann Muskelkater verhindern,
- eignet sich für verschiedene Arten heilsamer Bäder; es kann durch Badezusätze Linderung verschaffen und die Heilung beschleunigen,
- bei Krankheit durch Badezusätze Linderung verschaffen und die Heilung beschleunigen.

Und – duschen kann man auch in der Badewanne, denn es gibt Wannenformen bzw. Bade- und Duschwannenkombinationen für kleine Räume, die Baden und Duschen ermöglichen, → 533.1a.

18

Als „Notlösung" bieten sich kombinierte Wannen an, die Baden und Duschen gleichermaßen gestatten, ➜ 1b.

18.3.1.2 Werkstoffe und Wannenformen

Badewannen und Duschwannen werden hergestellt aus:
* emailliertem Stahl
* Acryl oder Quarz-Acryl

Wannen aus **emailliertem Stahl**
* sind robust und ihre Kanten sind steif und formstabil, sodass bei Einbauwannen längs der Wandseite nur 2 Unterstützungspunkte nötig sind,
* sind gegen Lösungsmittel unempfindlich, wohl aber empfindlich gegen säurehaltige Reinigungsmittel,
* können durch Aufprall kantiger Gegenstände Emailschäden abkriegen.

Wannen aus **Acryl** bzw. **Quarz-Acryl**, ➜ 2,
* leiten die (Körper)wärme nicht so ab wie Metallwannen,
* fühlen sich deshalb wärmer an,
* sind rutschsicher, wenn keine Seifen oder Schaum bildenden Mittel daran haften,
* sind wegen ihrer geringen Masse leicht zu transportieren und beim Einbau einfach zu handhaben,
* sind kratzempfindlich,
* ihre Oberfläche lässt sich mit milden Reinigungsmitteln leicht reinigen, sie ist aber empfindlich gegen scheuernde Reinigungsmittel und gegen Lösungsmittel, z. B. Alkohol, Nitroverdünnung, Nagellackentferner, auch Kölnisch Wasser.

Kratzer können mit Schmirgel zwar ausgeschliffen und die Oberfläche danach mit einem Poliermittel wieder glänzend werden; in glänzenden Flächen fallen aber kleinste Unebenheiten auf.

Quarz-Acryl ist mit Quarz angereichertes Acryl. Wannen aus Quarz-Acryl haben im Vergleich zu Wannen aus ungefülltem Acryl:
* steifere Wände,
* glatte und glänzende Oberflächen innen **und** außen, sodass auch frei stehende Kunststoffwannen möglich sind, ➜ 532.1,
* engere Radien und schärfere Kanten beim Verformen; dadurch lassen sich z. B. Flachdüsen für Whirlpools gut integrieren, sodass sie kaum noch vorstehen, ➜ 2.

Die schärferen Kanten erlauben auch schmälere Silikonfugen bei Wandanschlüssen.

Badewannen gibt es in verschiedenen Arten und Formen:
* Liegewanne
* Schürzenwanne
* Eckwanne
* asymmetrische Wanne
* Stufenwanne
* Großraumwanne

a) Badewanne mit Erweiterung zum Duschen und mit Duschabschirmwand

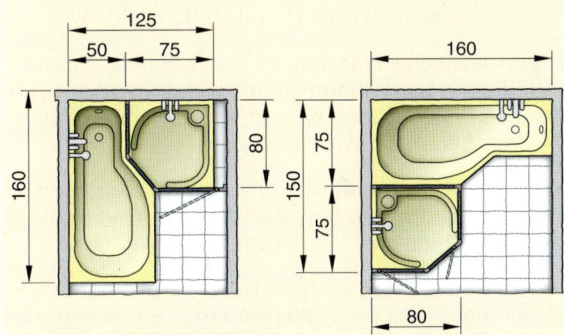

b) Bade- und Duschwannenkombination

1 Baden und Duschen in kleinen, beengten Räumen

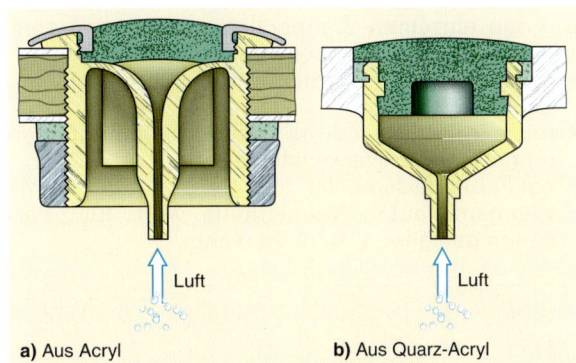

a) Aus Acryl   **b)** Aus Quarz-Acryl

2 Werkstoff einer Badewanne mit Luft-Bodendüse

Liegewannen sind jeweils zwischen 700 mm bis 900 mm breit. Es gibt sie:
* frei stehend
* als Einbauwanne

18

Schürzenwannen haben eine bis zum Boden reichende Verkleidung (Schürze), ➔ 1:
- an der Frontseite für den Einbau in eine Nische oder ins Eck
- an 2 Seiten für Eckeinbau
- an 3 Seiten für eine gerade Wand

Die Schürze erspart das z. T. aufwändige Verkleiden. Sie kann angeformt oder abnehmbar sein, z. B. für Wartung oder Reparaturen an der Whirlpooltechnik.

Viele Wannenformen werden angeboten, z. B. ➔ 2
- rechteckig ab 1080 mm bis 1900 mm lang:
  - eine oder beide Schmalseiten können abgerundet sein
  - eine oder alle Ecken können abgeschrägt sein (= achteckige Wanne)
  - das Fußende kann geschmälert sein, ➔ 533.1b
- sechseckig bis ca. 2100 mm lang; sie werden oft über Eck oder von einer Raumecke aus frei stehend schräg in den Raum gestellt, ➔ 3
- oval und rund

Eckwannen sind luxuriöse Wannen, die in eine Raumecke platziert werden. Mit ihren gleichseitigen Schenkellängen von ca. 1540 mm (Kleinstmaß 1210 mm) benötigen sie zwar ziemlich viel Raum, schaffen aber eine gute Raumoptik, ➔ 2d, 1.

Asymmetrische Wannen, in der Regel als Eckwannen, dienen besonderer Raumgestaltung oder werden aus Platzgründen wegen des schmalen Fußendes (≥ 450 mm) gewählt, ➔ 2c.

Stufen- und Kurzwannen erlauben nur ein Bad im Sitzen. Sie kommen bei beengten Raumverhältnissen infrage, da sie < 1200 mm lang sind, ➔ 4.

Großraumwannen, auch als Rund-, Eck- oder Diagonalwannen, sind bis 2100 mm lang. Sie werden oft frei im Raum aufgestellt. Damit sind sie von allen Seiten zugänglich. Sie dienen gehobenen Ansprüchen (Luxuswannen) oder der Heilbehandlung.

Bei den einzelnen Wannenformen gibt es unterschiedlich geformte Innenwannen, z. B.:
- mit glatten Flächen mit geraden oder geschweiften Innenwänden
- mit eingeformten Arm- und/oder Beinauflagen und/oder einer Nackenstütze
- am Fußende schmäler
- Wannenablauf in Wannenmitte, wenn für 2 Personen geeignet, z. B. ➔ 2a rechts

1 Luxus-Eckwanne mit Schürze

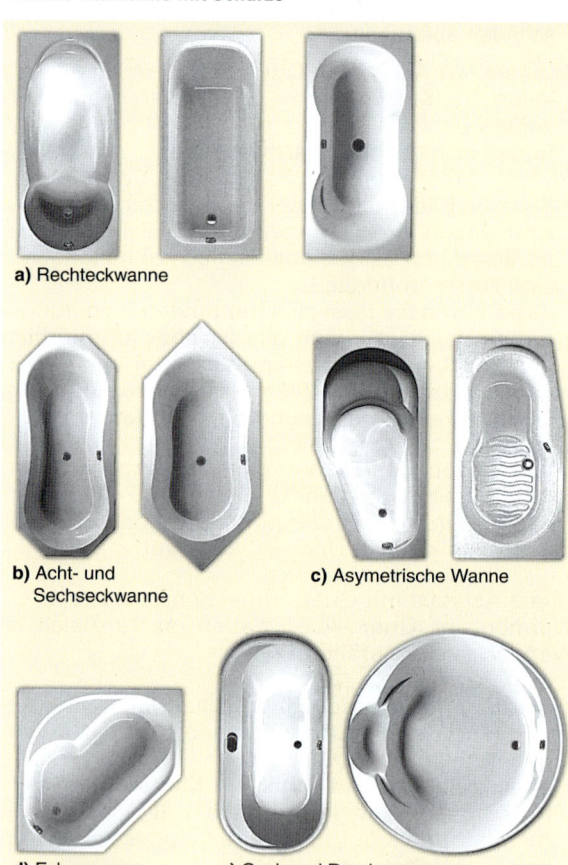

a) Rechteckwanne

b) Acht- und Sechseckwanne

c) Asymetrische Wanne

d) Eckwanne

e) Oval- und Rundwanne

2 Wannenformen

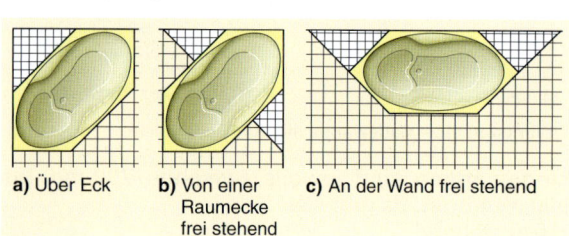

a) Über Eck

b) Von einer Raumecke frei stehend

c) An der Wand frei stehend

3 Stellen einer Sechseckwanne

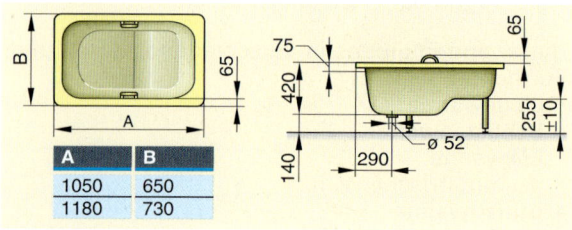

A	B
1050	650
1180	730

4 Stufenwanne

18

Durch eine Schlauchbrause, an einer Wandstange in der Höhe verstellbar aufgehängt, lässt sich auch in der Badewanne ein Duschbad nehmen.

Ausreichenden Spritzschutz bieten klappbare Glasabtrennungen:
- einteilige Abtrennungen: sie sind leicht zu handhaben, → 533.1a
- mehrteilige Abtrennungen: sie bieten mehr Schutz, sind aber „wackeliger"
- ein imprägnierter Textilvorhang: ist nur eine Notlösung; er soll etwa 5 mm über dem Wannenrand enden
- Folienvorhänge: sind unangenehm

18.3.1.3 Whirlpool

Whirlpool bedeutet Sprudelbad. Fast jede Badewanne kann werkseitig mit der Whirlpool-Technik ausgestattet werden, → 1.

Es gibt verschiedene Whirlpoolsysteme:
- Luftmassage
- Wasserstrahlmassage
- kombinierte Luft- und Wassermassage

Bei der **Luftmassage** wird vorerwärmte Luft mithilfe eines Gebläses durch zahlreiche Flachdüsen im Wannenboden und/oder von der Seite eingeblasen, → 2a.

Bei der **Wasserstrahlmassage** wird das Badewasser über eine Ansaugöffnung in der Wanne abgesaugt und über mehrere

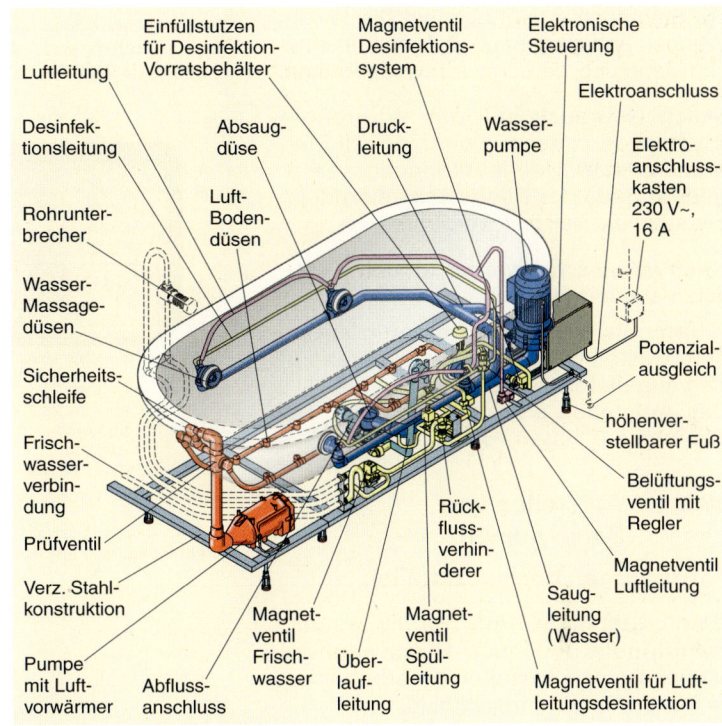

1 Whirlpool, Funktionsschema

Injektordüsen unter Druck, mit Luft gemischt, zurück in die Wanne gesprudelt, → 2b. Außer der Wannenfüllung wird kein zusätzliches Wasser benötigt.

Bei der **kombinierten Luft- und Wassermassage** werden beide Massagearten kombiniert, → 2c.

Richtung und Intensität der Strahlen sowie Art und Anzahl beteiligter Düsen kann beliebig, auch wechselnd, gewählt werden, → 3.

a) Luftmassage   b) Wasserstrahlmassage   c) Kombinierte Luft- und Wassermassage

2 Whirlpoolsysteme

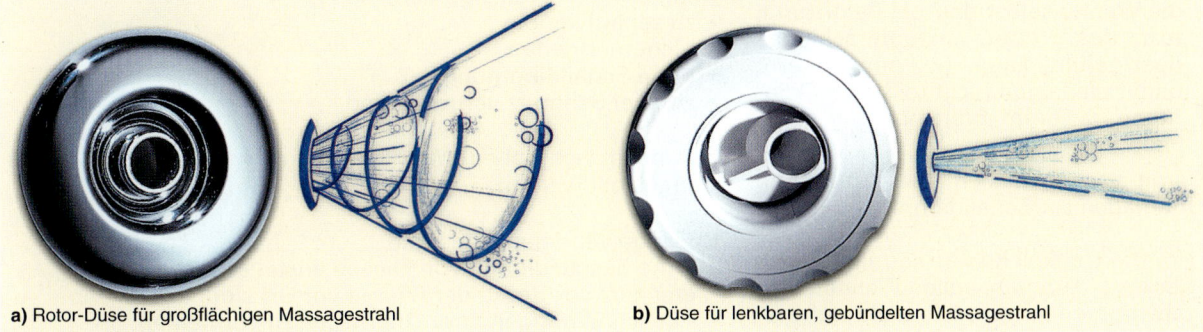

a) Rotor-Düse für großflächigen Massagestrahl   b) Düse für lenkbaren, gebündelten Massagestrahl

3 Düsen und Stahlarten beim Whirlpool

Die Steuerung erfolgt über ein Display, im Wannenrand eingebaut, → 1, oder in einer Fernsteuerung, die sogar schwimmen kann.

Nach Gebrauch soll das Whirlpool-System durchgespült und, je nach Einbausituation (Hotels, Wohnung), nach jedem Bad oder mindestens einmal je Woche, desinfiziert werden.

Unterwasserscheinwerfer können zusätzlich installiert werden.

Whirlpools werden einbaufertig auf einem Gestell mit höhenverstellbaren Füßen angeliefert, → 2.
Das Aufstellen erfolgt ähnlich wie bei Wannen auf Füßen, → 540.1, 542.1.

18.3.1.4 Aufstellen von Badewannen

Forderungen beim Aufstellen

Das Aufstellen von Badewannen, Whirlpools und auch Duschwannen stellt an den Installateur erhebliche Anforderungen hinsichtlich:
• Schallschutz
• Abdichtung gegen Feuchtigkeit

Der **Schallschutz** muss beachtet werden, denn:
• die Verbindung der Wanne mit Fußboden und Wänden schafft große Kontaktflächen für die Schallübertragung
• Einlaufgeräusche können durch geeignete Armaturenwahl reduziert werden, z. B. durch
  - Strahlformer und die Wannenwand tangierende Strahlrichtung,
  - eine mit dem Wannenüberlauf kombinierte Füllarmatur, → 543.1,
• Nutzergeräusche sind nicht beherrschbar.

Eine **Abdichtung gegen Durchfeuchtung** der Wände ist wichtig, denn:
• Anschlussfugen müssen gegen Strahl- und Rieselwasser dauerhaft dicht bleiben; das fordert dauerelastische Fugen
• die Wanne selbst darf bei Benutzung, trotz des großen Lastunterschiedes (leer/gefüllt) kaum (< 2 mm) federn, damit die Fugen nicht reißen; Silikonfugen ca. 7 mm breit nehmen diese Federung auf

Damit verbieten sich weich federnde Unterlagen zur Schalldämpfung.

Um die Geräuschübertragung auf die Decke zu dämmen, sollen Wannen auf schwimmenden Estrich, nicht auf die Rohdecke, gestellt werden.

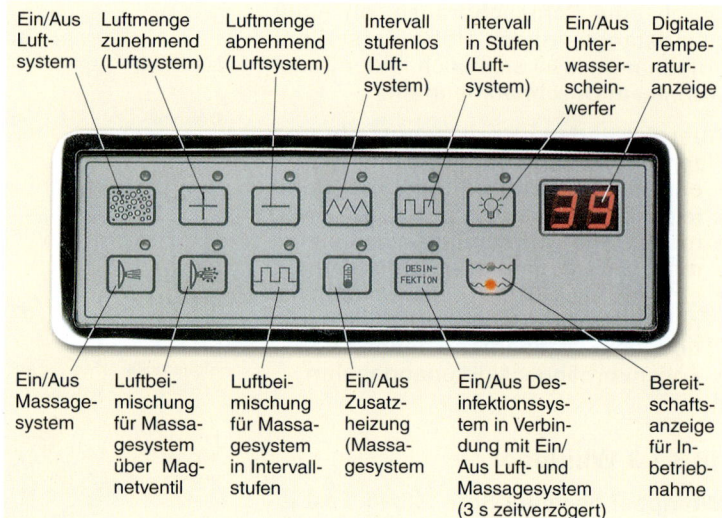

Ein/Aus Luftsystem	Luftmenge zunehmend (Luftsystem)	Luftmenge abnehmend (Luftsystem)	Intervall stufenlos (Luftsystem)	Intervall in Stufen (Luftsystem)	Ein/Aus Unterwasserscheinwerfer	Digitale Temperaturanzeige

Ein/Aus Massagesystem	Luftbeimischung für Massagesystem über Magnetventil	Luftbeimischung für Massagesystem in Intervallstufen	Ein/Aus Zusatzheizung (Massagesystem)	Ein/Aus Desinfektionssystem in Verbindung mit Ein/Aus Luft- und Massagesystem (3 s zeitverzögert)	Bereitschaftsanzeige für Inbetriebnahme

1 Elektronischer Funktionstaster für Whirlpool

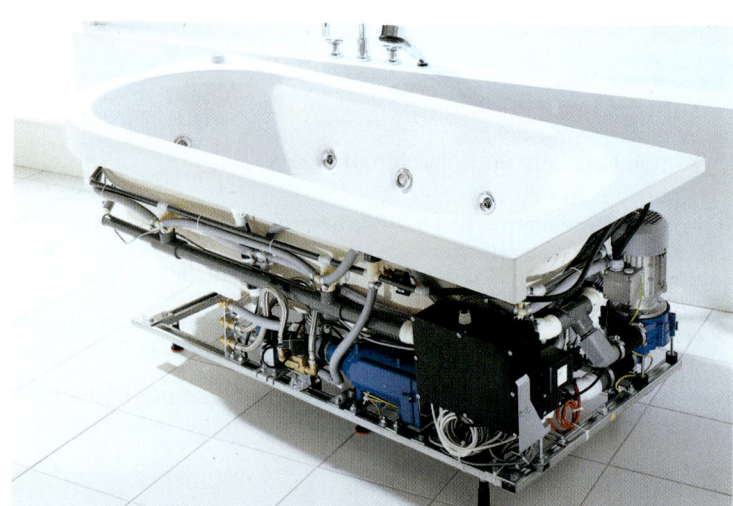

2 Whirlpool, einbaufertig, auf Gestell

Ausnahme: Wannen in Wannenträgern aus Styropor erreichen durch den Wannenträger gute Dämmwerte.

Das **Setzen einer Wanne auf Mauersteine** mit anschließendem Einmauern ist nicht mehr zeitgemäß.

Denn es ist nicht fachgerecht, da:
• zu zeitaufwändig
• nicht maßgenau
• ohne Schalldämmung
• (zu)viel Schmutz verursachend

Grundsätzlich sollen Wannen nach dem Fliesen der Wände aufgestellt werden.

So ist gewährleistet, dass sie:
• ohne Beschädigung von Fliesen austauschbar sind
• erst kurz vor Bezug der Räume vor Ort sind, um:
  - Beschädigungen ihrer Oberfläche zu vermeiden
  - Streit zu vermeiden, wer Schäden verursachte

18

Für diese Forderungen bieten sich als Lösung das Setzen der Wanne an:
- in einen Hartschaum-Wannenträger
- auf höhenverstellbare Wannenfüße auf dem Estrich
- in Stahlgestelle

Wannenträger aus Hartschaum

Wannenträger aus FCKW-freiem Hartschaum erlauben es, die Wanne erst bei der Fertigmontage von Waschtisch, Klosett u. Ä. einzusetzen, ➜ 538.1f. So werden Beschädigungen der Wanne an der Baustelle weitgehend vermieden.

Daneben gibt es weitere Vorteile, denn der Wannenträger aus Hartschaum
- kann wegen seiner hohen Schalldämpfung auch bei schallschutzbedürftigen Räumen auf die Rohdecke gestellt werden,
- erspart zeitaufwendiges und schmutzanfälliges Abmauern, auch bei Renovierungen,
- kann unmittelbar mit Fliesen beklebt werden,
- ist geeignet für Dünnbett- und für Dickbettverfliesung der Wand (Dickbettverfliesung erfolgt kaum mehr),
- dämmt hervorragend gegen Wärmeverluste des Badewassers (Temperaturabfall ≤ 2 K/h),
- erlaubt nachträglichen Wannenaustausch ohne Beschädigung der Fliesen; Voraussetzung dafür ist, dass die Wandanschlussfuge senkrecht liegt, ➜ 1.

Vor Aufstellen des Wannenträgers ist die Abwasserleitung in den Bereich des Wannenträgerschachtes zu verlegen, ➜ 2.

Wird eine verputzte Wand erst nach dem Aufstellen des Wannenträgers verfliest, ist als **Wandabstand** (verputzte Wand – Wannenrand) beim Ausrichten zur Wand im Normalfall einzuhalten:
- beim Dünnbettverfahren: Wandabstand = 14 mm, ➜ 3a
- beim Dickbettverfahren hängt die Dicke des Mörtelbettes vom Zustand des Mauerwerks ab; sie ist mit dem Fliesenleger genau abzuklären.

Wannenträger aus Hartschaum gibt es:
- als kompakten Wannenträgerblock für Rechteckwannen
- mit Zusatzteilen für andere Wannenformen, wie sechseckig, rund, oval und für Eckwannen

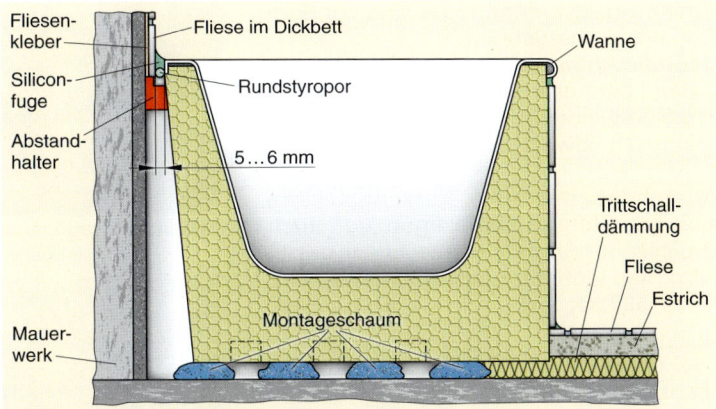

1 Wanne im Wannenträger aus Hartschaum – nachträglich austauschbar – direkt auf Rohdecke ohne Gewährleistung des Schallschutzes nach DIN 4109

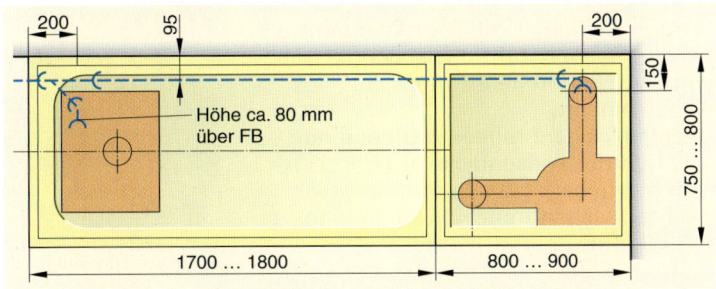

2 Lage der Anschlussleitung für Bade- und Duschwanne

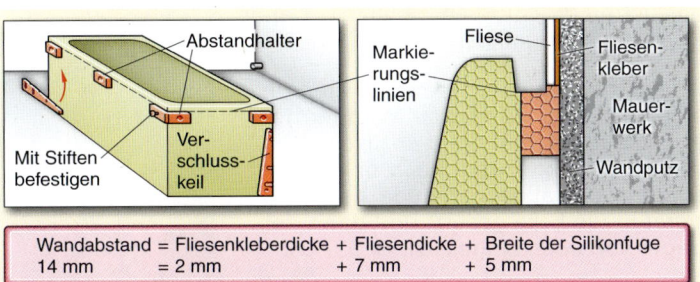

Wandabstand = Fliesenkleberdicke + Fliesendicke + Breite der Silikonfuge
14 mm   = 2 mm   + 7 mm   + 5 mm

a) Abstandhalter am Hartschaumblock

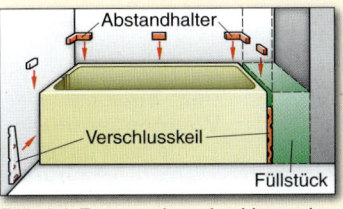

b) Zu breite Nische — Füllstück F passend zuschneiden und einsetzen

c) Enge Nische bzw. enger Raum — Keil von Träger mit Glühdraht abschneiden; Keil und Abstandsdreieck einpassen, dann Träger von oben einschneiden

3 Wandabstand bei Dünnbett-Verfliesung

Kompakte Wannenträger aus Hartschaum werden:
- im Rohbau aufgestellt und zusammen mit den Wänden eingefliest, ➜ 538.1
- erst kurz vor Bezug der Wohnung wird die Wanne (aus Stahl oder Acryl) in den Träger gesetzt und mit Silikon verfugt.

18

Am Kompaktwannenträger sind vor dem Aufstellen auszusägen:
- für die Abflussleitung eine Öffnung für den Leitungsanschluss
- die Revisionsöffnung, nach innen zu konisch, etwa 2 × 2 Fliesen groß

Abstandshalter und Verschlusskeile sind mit Stiften zu befestigen, ggf. auch Dreiecke für Stirnseitenanschluss; damit wird man jeder Einbausituation gerecht, ➔ 1a, 537.3a;

> Bei den Abstandshaltern ist darauf zu achten, ob die Fliesen im Dünnbett- (geklebt) oder im Dickbett-Verfahren (im Mörtelbett) verlegt werden.

Für den Einbau kompakter Wannenträger aus Hartschaum in Nischen ist eine lichte Nischenbreite erforderlich:
- im Dünnbett:
  lichte Nischenbreite = Wannenlänge + 20 mm (für Fliesendicke ≤ 5 mm)
- im Mörtelbett:
  lichte Nischenbreite = Wannenlänge + ≥ 60 mm

Ist die Nische breiter als die Wanne lang, wird der Hohlraum mit einem Nischenfüllstück (F) geschlossen, ➔ 537.3b. Darauf kann direkt gefliest werden.

Bei sehr engen Nischen oder Räumen ist eine Seitenwand des Wannenträgers mit einem Glühdraht abzuschrägen (unten ca. 15 cm breit, nach oben auslaufend); der abgeschnittene Keil wird zuerst in die Ecke gesetzt und dann der Träger von oben eingesetzt, ➔ 537.3c.

Hartschaum-Wannenträger werden mit 2-Komponenten-PUR-Schaum befestigt auf:
- dem Rohfußboden (Rohdecke)
- dem (schwimmenden) Estrich
- Spanplatten, z. B. bei Altbaurenovierungen

Wird der Wannenträger auf die Rohdecke gesetzt,
- kann der Einstieg in die Wanne niedrig gehalten werden,
- erreicht man die normale Wanneneinbauhöhe (ca. 56 cm), wenn eine Hartschaumplatte entsprechender Dicke untergelegt und befestigt wird.

> Nach dem Aufsetzen des Wannenträgers ist dieser sofort mit der Wasserwaage auszurichten. Die Aushärtezeit des Schaums dauert ca. 20 min.

a) Wandabstandshalter anbringen

b) Wannenträger umdrehen und einschäumen

c) Wannenträger setzen u. ausrichten

d) Wannenträger verfließen

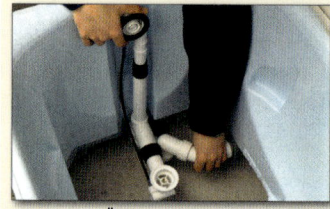

e) Ab- und Überlaufgarnitur einsetzen

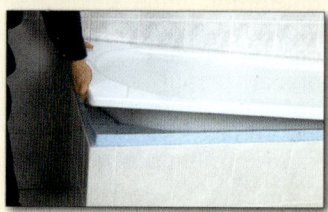

f) Wanne erst bei Fertigmontage in den Wannenträger einsetzen

1 Aufstellen einer Wanne im Wannenträger aus Hartschaum

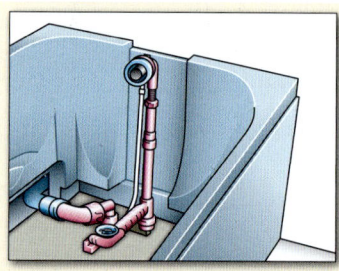

a) Ab- und Überlaufgarnitur mit Abflussleitung verbunden

b) Verschrauben mit Gewindestück des Überlaufs bzw. mit dem Ablaufventil

2 Spezial-Wannengarnitur zum Verbinden der Wanne mit der Abflussleitung

Bei der Fertiginstallation, kurz vor Bezug der Wohnung, wird vor dem Einsetzen der Wanne in den Wannenträger eine spezielle Wannengarnitur
- in eine Aussparung des Wannenträgers eingesetzt,
- ausgerichtet und mit der Abflussleitung verbunden,
- erst dann die Wanne in den Wannenträger eingesetzt und mit dem Ablaufventil und dem Überlaufgewindestück der Wanne verschraubt, ➔ 2.

Dieses Verfahren spart Arbeitszeit ein.

Danach ist
- zu prüfen, ob der Ablauf dicht ist,
- die Wanne zu belasten und auf einwandfreien Sitz zu prüfen.

Durch fertigungsbedingte Toleranzen ist es möglich, dass die Acrylwannen im Wannenträger bei wechselnder Belastung „quietschen" oder „kippeln", weil sie in sich instabiler als Stahlwannen sind.

Dagegen hilft, wenn man
- auf den Rand des Wannenträgers eine Schicht Montageschaum spritzt, darüber eine dünne Folie legt, z. B. von der Verpackung, so kann die Wanne evtl. später schadlos herausgehoben werden,
- den Rest der Schaumkartusche auf den Boden des Trägers verteilt und darüber auch eine Folie legt,
- dann die Wanne in den Träger setzt und dabei leicht hin und her schiebt.

Bei Wannen auf höhenverstellbaren Füßen oder auf Rahmengestellen sind Boden- und Wandflächen beim Fliesen auszusparen, je nach Wandanschlussfuge, ➔ 2.

Man unterscheidet:
- waagerechte Wandanschlussfuge
- senkrechte Wandanschlussfuge

Bei **waagerechter Fuge** steht die Fliesenkante über dem Wannenrand, die Fliesen ragen darüber, ➔ 2a. Ein späterer Wannenaustausch ist ohne Beschädigung der Fliesen kaum möglich.

Bei einer **senkrechten Fuge** stößt der Wannenrand an die senkrechte Fliesenfläche. Der Wannenrand wird nicht von Fliesen überdeckt, ➔ 2b, 537.1. Eine beschädigte Wanne kann nach Durchtrennen der Silikonfuge und Lösen von der Abflussleitung aus ihrer Box gehoben werden.

Bei der eigentlichen Wannenmontage ist der Wannenrand zu anschließenden Wänden zu unterstützen:
- bei Stahlwannen: an den Wandseiten durch drei Wannenrandstützen, ➔ 540.1a,
- bei Acrylwannen mit breitem Sitzrand: am besten mit durchgehenden, stabilen Leisten, ➔ 3.

Bei **waagerechter Fuge** ist am Wannenrand ein ca. 4 mm dicker Schalldämmstreifen aus Moosgummi anzukleben, ➔ 1b; dieser
- gleicht geringe Längenänderungen bei Temperaturwechsel aus,
- wird später abgerissen und schafft so eine Fuge für das Ausspritzen mit Silicon.

Danach ist die Wanne unter den Fliesenrand zu schieben. Höhenverstellbare Füße erleichtern das Einjustieren: auf Höhe und „in Waage" bringen, ➔ 540.1d.

An der Längs- und an einer Schmalseite ist die Wanne an den Wandhaltern mit Wandklammern festzuschrauben, ➔ 540.1e. Der überstehende Dämmstreifen wird an der Reißnaht abgetrennt, ➔ 540.1c. Die etwa 5 mm breite Fuge zwischen Fliesen und Wannenwulst wird mit Silicon gefüllt, ➔ 3a.

Vor dem Verkleiden der Wanne ist genügend Platz zum Arbeiten, um den Wannengeruchverschluss mit der Abflussleitung zu verbinden.

Das früher übliche „Einmauern" von Wannen
- war mit viel Schmutz verbunden (Mörtel, Ziegel oder Leichtbauplatten zerschlagen) und
- war sehr zeitaufwendig und damit teuer

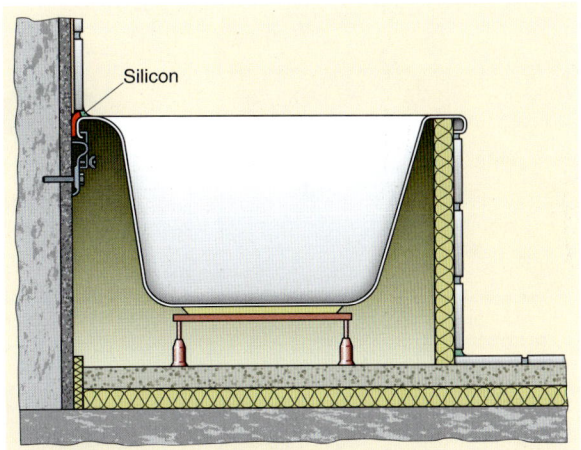

1 Wanneneinbau auf höhenverstellbaren Füßen

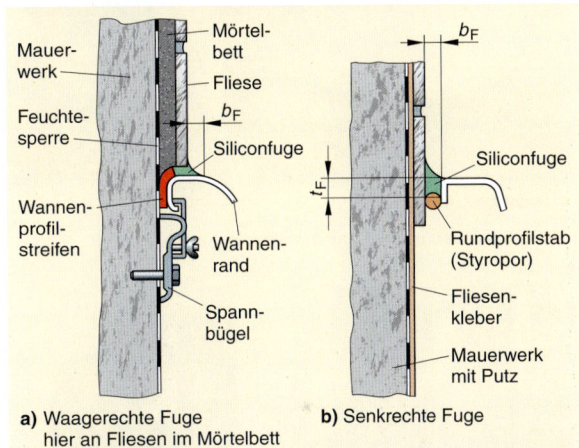

a) Waagerechte Fuge hier an Fliesen im Mörtelbett   **b)** Senkrechte Fuge

2 Wannenrandunterstützung bei Eckwannen durch Schienen

3 Wannenrandunterstützung mit Leisten

Heute werden Wannen auf Füßen verkleidet:
- mit abnehmbaren Wannenverkleidungen
- mit Hartschaum- oder gewebearmierten Polystyrolplatten
- durch vorgefertigte Wannenschürzen eine Fuge schafft für das spätere Ausspritzen mit Silicon.

Abnehmbare Wannenverkleidungen gibt es
- für Stahlwannen: aus emailliertem Stahlblech in gleicher Farbe wie die Wanne oder aus Aluminium, Edelstahl oder Glas, ➔ 2
- für Acrylwannen: aus Kunststoff

18

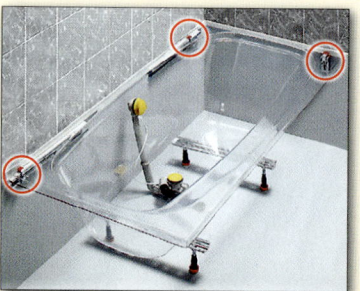

a) Fließenaussparung und Anordnung der Wandanker

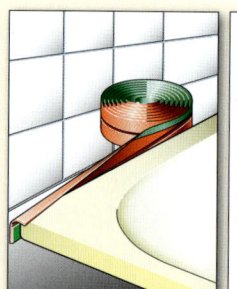

b) Ankleben eines Schalldämmstreifens

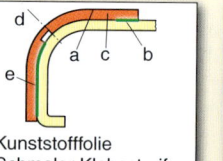

a) Kunststofffolie
b) Schmaler Klebestreifen
c) Schaumstoff
d) Reißnaht
e) Breiter Klebestreifen zum Ankleben an die Wannenwulst

c) Abtrennen des Dämmstreifens

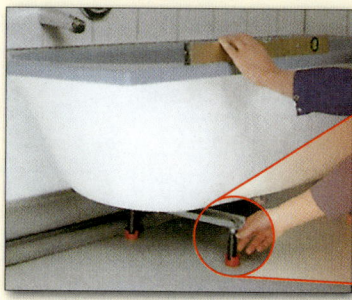

d) Ausrichten einer Wanne

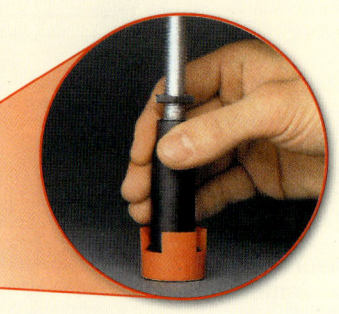

e) Befestigung am Wandanker

1 Wanneneinbau auf höhenverstellbaren Füßen

a) Befestigung durch Magnete

b) Auflage am Wannenfuß

2 Abnehmbare Wannenschürzen an Stahlgestellen

Wannenschürzen werden vor allem bei Wannen mit Rundungen wie Eckwannen, Ovalwannen eingesetzt. Die fertig geformte Schürze, ob aus Stahl oder Kunststoff, wird in die Wannenwulst eingehängt und durch Magnete am Wannentragegestell gehalten, ➜ 2. Sie ist damit leicht anzubringen und auch abzunehmen.

Wannenverkleidungen aus **Hartschaumplatten** oder aus **Polystyrolplatten**
• sind schnell, einfach und preiswert anzubringen,
• jederzet relativ leicht wieder abzunehmen, z. B. bei Reperaturen oder späterem Wannenausbau.

Die Bilder ➜ 3a bis 3c zeigen dies am Beispiel einer Wanne in einer Raumecke.

Ähnlich werden mit Spezialmörtel beschichtete **Polystyrolplatten** mit Schraubfüßen befestigt. An den Seitenwänden werden zuerst senkrechte Anschlagleisten angeschraubt. Daran und an der Stoßkante Front-Seite dient Silicon zum Verbinden der Platten. mit den Schraubfüßen, anstelle der Keile, werden sie unter den Wannenrand gespannt, dann wird die Bodenfuge ausgespritzt.

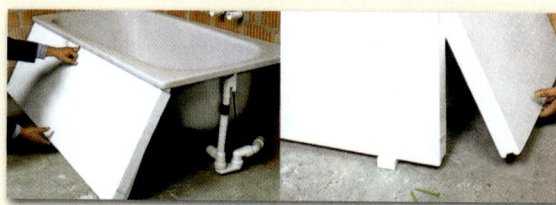

a) Markierte Einspritzöffnungen durchstechen und Front und Seitenschürze von innen in den Wannenwulst einhängen, mit mitgelieferten Keilen arretieren und alle Seiten mit Wasserwaage senkrecht ausrichten

b) Mit Kunststoffstiften Seitenschürze an Frontschürze befestigen und mit Wannenträgerschaum am Boden und Seitenwänden „festschäumen"

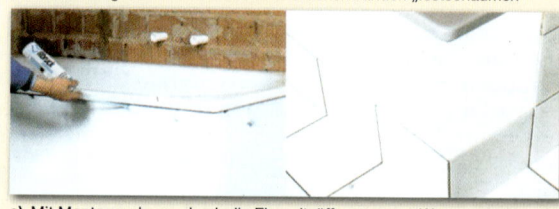

c) Mit Montageschaum durch die Einspritzöffnungen am Wannenrand befestigen – Fertige Verkleidung verfliesen

3 Wannenverkleidung mit Hartschaumplatten

Anstelle von Silicon kann auch Montageschaum verwendet werden. Auf die glatten Flächen können sofort Fliesen geklebt werden.

18

Stahlgestelle mit höhenverstellbaren Füßen und abnehmbaren Verkleidungen

In Stahlgestelle aus verzinkten Rahmenkonstruktionen mit höhenverstellbaren Füßen werden Großraumwannen und vor allem Whirlpools eingesetzt. Die Verkleidungsplatten aus Hartschaum, → 1a, werden in ein Trägerrohr, das zum Untertritt einen Luftspalt offen lässt, eingehängt. Magnete halten sie oben am Rahmen, → 1

Auf die Platten werden die Fliesen geklebt. Die Stoßfugen werden mit Siliconkitt abgedichtet. Vorher sind die Stoßflächen mit Schutzfolie zu bekleben und mit einem Trennmittel zu bestreichen. So können die Seitenverkleidungen, nach Durchschneiden der Siliconfugen, mit einem Sauger herausgeklappt und abgehoben werden, → 1c. Damit bleiben die Whirlpooltechnik, z. B. Pumpen, Schalter, Steuerung, Ablauf, und Wannenrandarmaturen leicht zugänglich.
Der Luftspalt zwischen Frontplatte und Untertritt sorgt für die nötige Frischluftzufuhr bei Whirlpools und erübrigt ein Lüftungsgitter.

Es gibt Rahmen für Rechteck-, Oval- und Eckwannen. Die Ablagenbreite beträgt ≈ 15 cm, bei Rechteckwannen sind auch 8 cm möglich.

Wannenbausteine aus geschäumtem Kunststoff, die mit Fliesen oder Marmor belegt werden können, ermöglichen zusätzliche breite Ablagen um die Wanne. Eine Aussparung darin dient zur Aufnahme einer Wannen-Standbatterie

Einbauhöhe und Anschluss von Badewannen und Whirlpool

Es wirkt optisch gut, wenn die Fuge Unterkante Wannenrand mit einer Fliesenfuge zusammenfällt. Normal liegt OK Wannenrand, je nach Fliesenformat, auf 550 mm bis 610 mm über Fertigfußboden. Bei großformatigen Fliesen ist gegebenenfalls die unterste Fliesenreihe zu schneiden, sodass ein Fliesensockel entsteht.

Nach dem Aufstellen der Wanne sind:
• die Wannenablaufarmatur mit der Abwasserleitung zu verbinden
• Ablaufarmatur und Ablaufanschluss auf Dichtheit zu prüfen
• die Wannenverkleidung (Hartschaumplatte) anzubringen
• Randfugen mit Siliconkitt auszuspritzen.

Vor dem Fugenausspritzen ist die Wanne mit Wasser zu füllen, um sie zu belasten.

18.3.1.5 Wasserzufluss zu Badewannen

Zum Füllen der Badewanne und zum Duschen in der Wanne dienen Badewannenbatterien. Sie sind im Kap. 6.3.4 beschrieben. Kommen Wandeinbau-

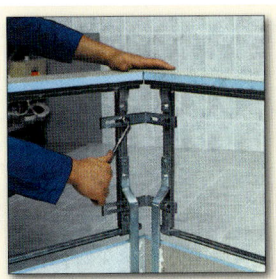

a) Verschrauben der Front- und Seitenteile

b) Einhängen der Segmente mit Lüftungsschlitz am Untertritt

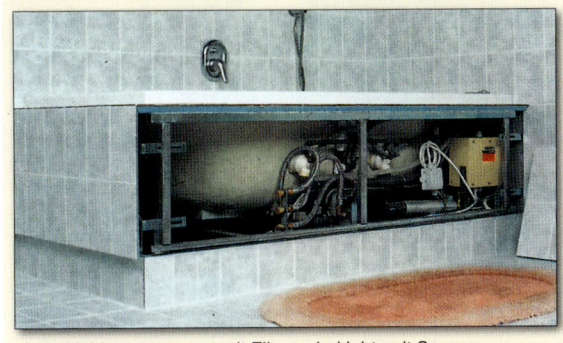

c) Verkleidungssegment mit Fliesen beklebt, mit Sauger herausgeklappt und abgenommen

1 Whirlpool im Metallrahmen mit höhenverstellbaren Füßen

batterien infrage, sollten Armaturengrundkörper verwendet werden, in die wahlweise Einhebelmischer oder Thermostatbatterien eingesetzt und auch nachträglich ausgetauscht werden können, → 240.2.

Badewannenbatterien verfügen über:
• einen Auslauf zum Füllen der Wanne
• einen Brauseanschluss für das hygienisch erforderliche Abduschen nach dem Wannenbad

Armaturen mit automatischem Umsteller (mit Prüfzeichen) und Einsteck-Rückflussverhinderer gelten als eigensicher im Sinne der heute üblichen Einzelsicherung. Der Umsteller schaltet automatisch von Dusche auf Auslauf um, wenn der Betriebsdruck vor der Batterie auf 0,5 bar abfällt, z. B. beim Schließen. Über den freien Wannenauslauf wird die Leitung belüftet.

> Diese Umschaltung ist zu warten (Verkalkungsgefahr!).

Für Wandeinbau- und Standbatterien gibt es:
• gegossene Wanneneinläufe; sie sind mit Strahlformer, z. B. Luftsprudler, ausgestattet
• Wanneneinläufe, die mit der Überlauföffnung der Ab- und Überlaufgarnitur kombiniert sind, → 542.1

> Zwischen Einlauf und Batterie ist nach DIN EN 1717 eine Sicherungseinrichtung nötig.

18

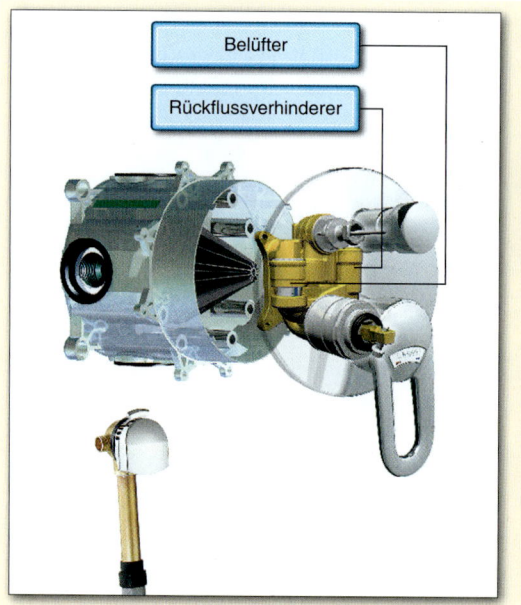

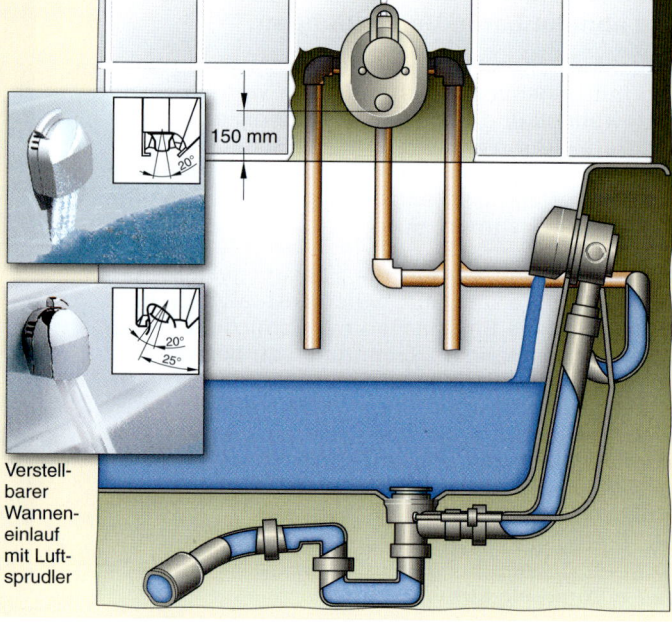

Wandeinbaubatterie mit Belüfter und Rückflussverhinderer

Verstell-
barer
Wannen-
einlauf
mit Luft-
sprudler

1 Wanneneinlauf, kombiniert mit Ab- und Überlaufgarnitur

Eine solche Sicherungseinrichtung kann sein:
- Rohrunterbrecher, ➜ 258.4
- Einsteck-Rückflussverhinderer
- Rohrbelüfter zum automatischen Umsteller

Bei Wandeinbaubatterien mit Handbrause gibt es Wandanschlussbogen mit eingebautem Rückflussverhinderer und Durchflussrohrbelüfter, ➜ 260.4.

Alle Anschlüsse sollen so gelegt werden, dass Wannenbatterien symmetrisch im Fliesenraster angeordnet sind. Hier können nur ungefähre Maße angegeben werden, ➜ 2. Vor Ort sind die Fliesenabmessungen zu berücksichtigen.

Wandbatterien an der Wannenstirnseite sind außer Wannenmitte zu setzen, damit das Auslaufwasser nicht z. T. in den Überlauf fließt, ➜ 2c.

Wannenrandarmaturen werden in eine Trägerplatte der Ummauerung bzw. eines Hartschaumblockes eingebaut, z. B. ➜ 231.1.

18.3.1.6 Wasserabfluss von Badewannen

Am Badewannenablauf wird eine Ab- und Überlaufgarnitur mit Stopfenventil, meist aber mit Exzentergarnitur angeschraubt, ähnlich ➜ 556.3.

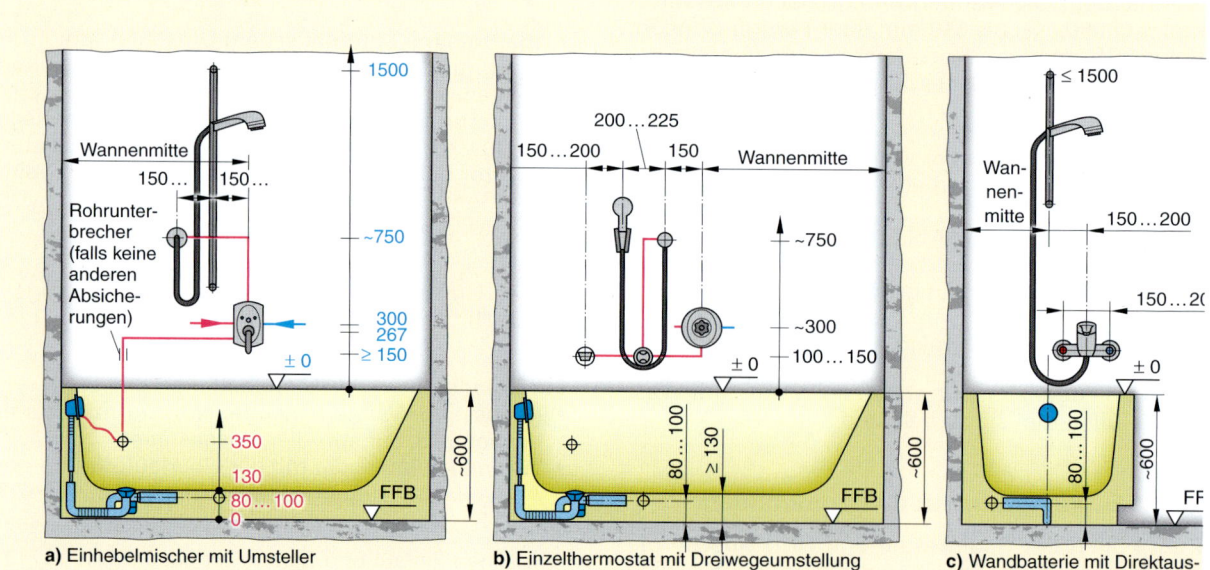

a) Einhebelmischer mit Umsteller

b) Einzelthermostat mit Dreiwegeumstellung

c) Wandbatterie mit Direktauslauf und Handbrause am

2 Beispiel für die Montage von Wannenbatterien

18

Die Bade- oder eine Duschwanne kann an die Abflussleitung angeschlossen werden:
- direkt
- indirekt

Beim **direkten Anschluss** wird an die Ab- und Überlaufgarnitur ein Geruchverschluss (GV) DN 40 angeschraubt. Sein Abgangsstutzen wird direkt mit der Abwasseranschlussleitung DN 50 verbunden, → 1.

Whirlpools sind immer direkt an die Abwasserleitung anzuschließen. Sie benötigen einen Geruchverschluss mit Anschluss für Restwasserentleerung. Der Entleerungsstutzen der Pumpe ist mit dem GV durch einen Schlauch zu verbinden, → 2.

Beim **indirekten Anschluss** über einen Badablauf DN 50 mit seitlichem Zulauf, → 297.1, wird vom Badewannenablaufventil eine Verbindungsleitung in DN 40, → 3, zum seitlichen Anschlussstutzen des Badablaufs verlegt. Ein Wannengeruchverschluss ist überflüssig, da im Badablauf ein GV eingebaut ist.

18.3.1.7 Zubehör im Bad

Zum Zubehör für Badewanne und Baderaum gehören:
- Wannengriff
- Badheizkörper
- Spritzschutz
- Badablauf
- viele „kleine Dinge"

Etwa in Wannenmitte soll ein **Wannengriff** angebracht werden, der das Ein- und Aussteigen erleichtert. Bei manchen Badewannen sind Wannengriffe integriert bzw. als Zubehör lieferbar. Zur Badewanne gehören eine Seifenschale und ein Badetuchhalter, 600 mm bis 1000 mm lang.

Spezielle **Badheizkörper** zum Trocknen der Handtücher sind praktisch und angenehm, → 4.

In Badezimmern ohne separate Dusche ist ein **Spritzschutz** an der Wanne sinnvoll, → 533.1a. Dies kann notfalls ein leicht abnehmbarer, waschbarer Vorhang aus Baumwolle oder Kunstfaser sein, der etwa 1 cm über Wannenrand enden soll. Komfortabler sind klappbare Wannenabtrennungen, die an der Wand am Wannenfußende angebracht werden. Es gibt eine schwenkbare zweitürige Abtrennung, die auf Wannenmitte auszurichten ist. Die Wannenbatterie muss dafür in Wannenmitte angeordnet werden.

DIN 1986-100 fordert für alle Räume mit Bad oder Dusche, die für einen größeren Personenkreis bestimmt sind wie in Hotels, Krankenhäusern einen **Badablauf**, für Bäder in Wohnungen wird er empfohlen, → 3.

Selbstverständlich gehören zur Einrichtung noch die **vielen „kleinen Dinge"** wie Spiegel ausreichende Beleuchtung, Ablagen, Handtuchhaken, ein leichter, aber standfester Hocker.

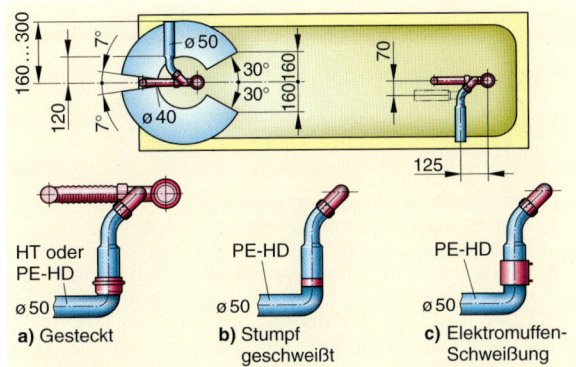

1 Abwasseranschluss einer Badewanne auf Füßen

a) Gesteckt b) Stumpf geschweißt c) Elektromuffen-Schweißung

HT oder PE-HD ø 50 · PE-HD ø 50 · PE-HD ø 50

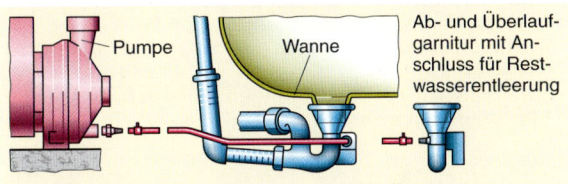

2 Schlauchanschluss an GV für Restwasserentleerung

Pumpe · Wanne · Ab- und Überlaufgarnitur mit Anschluss für Restwasserentleerung

3 Indirekter Anschluss der Badewanne über einen Badablauf

4 Badheizkörper als Wäschewärmer – mit Elektro-Zusatzheizung und Thermostat

Von einem Elektro-Installateur sind Rohre, Bade- und Duschwannen in den zentralen Potenzialausgleich einzubeziehen, → 347.1.

18

Übungen:

1. Welche Vorteile bietet ein Bad in der Wanne?
2. Wie kann man auch in kleinen Baderäumen baden und „komfortabel" duschen?
3. Welche Badewannen unterscheidet man
   a) nach Werkstoff,
   b) nach Art und Form?
4. Was versteht man unter einem Whirlpool?
5. Welche verschiedenen Massagearten gibt es bei Whirlpools?
6. Wie soll eine Whirlpoolwanne nach dem Baden behandelt werden?
7. Worauf ist beim Aufstellen und Einbauen von Einbauwannen zu achten?
8. Welche Möglichkeiten gibt es, um den Schallschutz und Feuchteschutz bei Badewannen zu erfüllen?
9. Welche Vorteile bietet der Einbau einer Wanne in einen Hartschaum-Wannenträger?
10. a) Warum sollen Wannen „austauschbar" eingebaut werden?
    b) Welche Grundbedingungen müssen dazu schon beim Einbau erfüllt werden?
11. Beschreiben Sie den Wanneneinbau mithilfe eines Hartschaumträgers.
12. Wie erfolgt der Wannenanschluss an die Abflussleitung bei Einbau nach Frage 11?
13. Wie kann der Installateur eine Wanne auf Füßen fertig bis auf das Fliesen einbauen?
14. Wie werden Whirlpools zugänglich eingebaut?
15. Welche Arten von Badewannenbatterien gibt es?
16. Warum muss der „Umsteller" bei Badewannenbatterien gewartet werden?
17. a) Beschreiben Sie eine Ab- und Überlaufgarnitur mit Wanneneinlauf.
    b) Worauf ist bei ihrem Einbau zu achten?
18. Skizzieren Sie eine eingebaute Wanne mit Zuflussarmaturen.
19. Beschreiben Sie den Unterschied zwischen direktem und indirektem Anschluss von Bade- und Duschwannen.
20. Welche Vorteile bietet der indirekte Anschluss von Wannen?
21. Welches Zubehör ist im Baderaum praktisch?

18.3.2 Rund um die Duschwanne

18.3.2.1 Nutzen und Vorteile eines Duschbades

Ein Duschbad dient:
- zur schnellen Körperreinigung
- zur Erfrischung und Kreislaufanregung, besonders bei Wechsel zwischen Warm- und Kaltduschen, evtl. unterstützt durch Massagebrausen
- zur Heilbehandlung mit Massagebrausen

Beim Duschen soll das Wasser Körpertemperatur (etwa 37 °C) haben. Für die Erfrischung des Körpers und zur Gesundheitsvorsorge soll ein schneller Temperaturwechsel auf kalt (10 °C bis 15 °C), evtl. mehrmals, möglich sein.

Vorteile eines Duschbades sind:
- geringer Raumbedarf
- hygienisch einwandfrei
- sparsamer Wasser- und Energieverbrauch gegenüber einem Wannenbad (normal ein Viertel bis ein Drittel; jedoch stark abhängig von Art und Anzahl der verwendeten Brauseköpfe)
- geringer Zeitaufwand für Gesamtkörperreinigung

Duschen werden installiert:
- in privaten Gebäuden:
  - in sehr kleinen Wohnungen für die Körperwäsche und zur Erfrischung
  - in größeren Wohnungen im Bad ergänzend zur Badewanne
  - als Zweit-/Gästebad, ➔ 519.1
- In (halb)öffentlichen Gebäuden, z. B. in Hotels, Wohnheimen, Kasernen, Krankenhäusern, Schulen, Betrieben, Sportstätten, Hallenbädern.

In kleinen Badezimmern muss oft die Badewanne mit Abtrennung eine seperate Duschwanne ersetzten, siehe Kap. 18.3.1.1.

18.3.2.2 Werkstoffe, Formen und Größen von Duschwannen

Duschen erstellt man mit:
- Duschwannen aus Stahlblech emailliert
- Duschwannen aus hochwertigem Sanitäracryl oder Quarzacryl
- Bodenbelägen, wie Fliesen, Naturstein, Mosaik, auf einer druckstabilen, wassersicht beschichteten Hartschaumplatte

Duschwannen gibt es in vielen Formaten wie rechteckig, quadratisch, dabei auch eine Ecke abgeschrägt (= fünfeckig) oder abgerundet (= Viertelkreis), seltener ganz rund oder oval, ➔ 1.

Die Wannen sind lieferbar in allen Sanitärfarben und in vielen Größen, ➔ 546.1, mit verschiedenen Wannentiefen, z. B. von 2,5 cm bis 28 cm.

Rechteckwannen mit 750 mm oder 800 mm Breite werden bevorzugt beim Aufstellen der Duschwanne in direkter Verlängerung der Badewanne. Duschabtrennungen müssen dann keine (sehr) teuren Sonderanfertigungen sein.

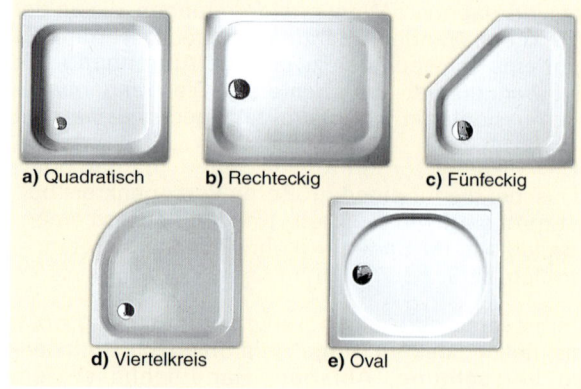

a) Quadratisch   b) Rechteckig   c) Fünfeckig

d) Viertelkreis   e) Oval

1 Formate von Duschwannen

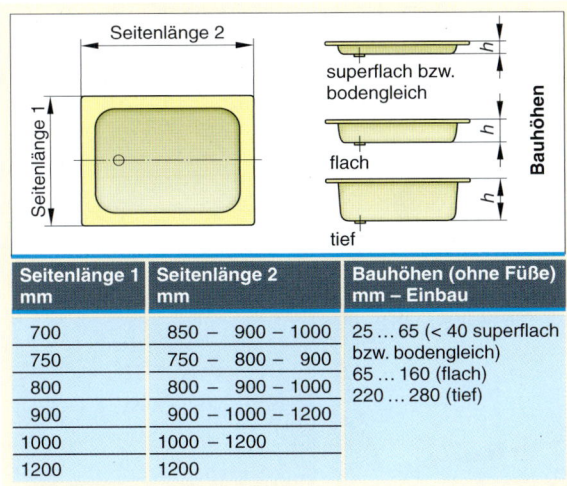

1 Grundmaße von Duschwannen

Seitenlänge 1 mm	Seitenlänge 2 mm	Bauhöhen (ohne Füße) mm – Einbau
700	850 – 900 – 1000	25 ... 65 (< 40 superflach bzw. bodengleich)
750	750 – 800 – 900	
800	800 – 900 – 1000	65 ... 160 (flach)
900	900 – 1000 – 1200	220 ... 280 (tief)
1000	1000 – 1200	
1200	1200	

Duschwannen gibt es mit flachem Rand oder herabgezogener Schürze. Ihr Boden kann glatt oder geriffelt sein.

Mehrzweckduschwannen mit breiten, meist vertieften Sitzflächen und/oder Bidetmulden, sind besonders für Duschen in Wohnungen und Hotels geschaffen. Sie eignen sich als Sitz-, Fuß- und Kinderbadewanne.

In zunehmendem Maße werden **bodengleiche Duschtassen** mit großem Ablaufventil eingebaut, ➜ 2.

Damit wird:
- dem barrierefreien Bauen entgegengekommen
- eine Stolperstelle, vor allem für ältere Menschen, vermieden
- die Reinigung des Badfußbodens erleichtert; mit einem Gummilippenbesen kann die Bodennässe in die Wanne geschoben werden

Anstelle einer Duschwanne kann auch eine zu einem Bodenablauf geneigte und gefliese Fläche sehr nützlich sein, vor allem bei großräumigen Duschen, z. B. in Betrieben, Sportstätten, bei einer Saunaanlage, ➜ 563.1.

18.3.2.3 Aufstellen von Duschwannen

Eine Dusche wird zweckmäßig in einer Raumecke angeordnet. Zum Schutz gegen Spritzwasser werden die freien Seiten abgeschirmt durch:
- eine Duschtrennwand aus Glas o. Ä.
- eine Ständerwand oder eine Wand aus Leichtbausteinen
- beschichtete Polystyrol-Hartschaumelemente, ➜ 5; darin können werkseitig Rohre und Duscharmaturen eingearbeitet sein.

Besonders wenn mehrere Seitenbrausen installiert werden, dienen mehrere Seitenwände der Aufnahme von Leitungen bzw. Armaturen. Diese später gefliesten Seitenwände oder die Glastrennwand bilden mit einer Glastüre an der Frontseite eine Duschzelle bzw. eine Duschkabine.

2 Bodengleiche Dusche mit Fliesenbelag, rollstuhlbefahrbar

3 Duschwanne mit Wannenmontagesystem

4 Duschwanne mit höhenverstellbaren Füßen

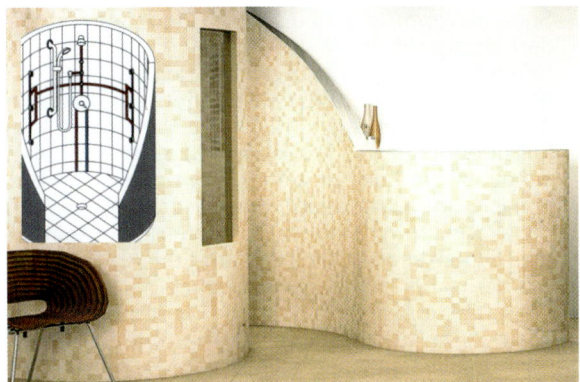

5 Polystyrol-Hartschaumelemente für Dusche – eingearbeitet können Rohre und Duscharmaturen sein

18

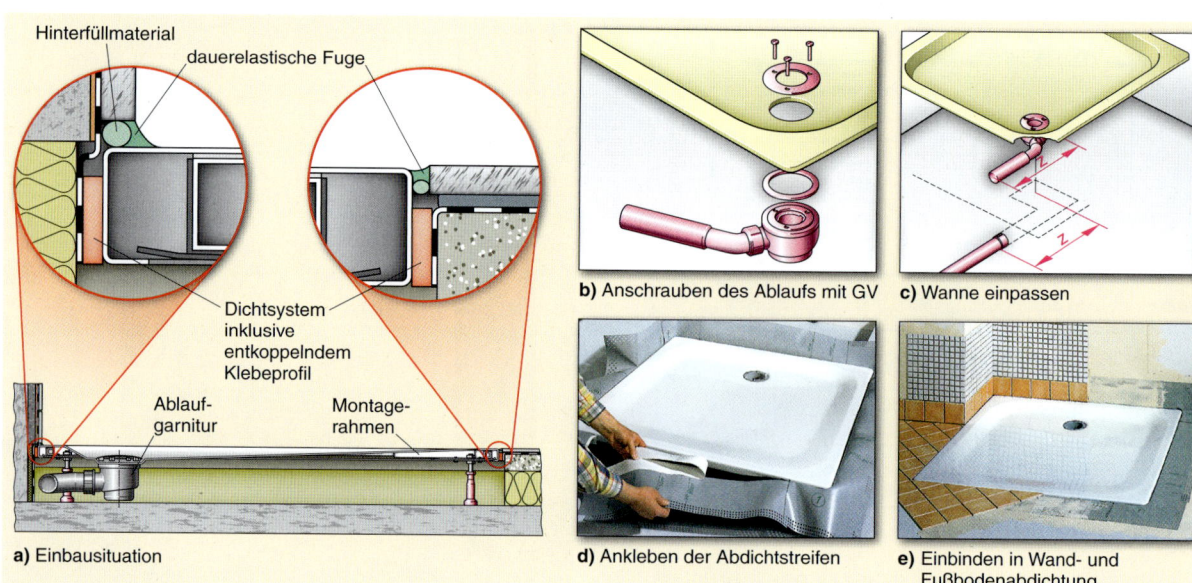

a) Einbausituation

b) Anschrauben des Ablaufs mit GV

c) Wanne einpassen

d) Ankleben der Abdichtstreifen

e) Einbinden in Wand- und Fußbodenabdichtung

1 Bodenebene Duschwanne in Deckenaussparung auf höhenverstellbarem Fußgestell

Auf keinen Fall dürfen Duschwannen auf Mauersteine gesetzt werden (Schall! Zeitaufwand!).

Für den Einbau bodengleicher Duschen bietet sich an:
- Duschwanne in Aussparung des Fußbodenaufbaus auf Tragegestell mit PVC-Abdichtung
- Duschplatte aus wasserfestem Material für verschiedenen Belag

Superflache Duschwannen aus emailliertem Stahl oder Sanitäracryl werden in eine Aussparung des Fußbodenaufbaus eingesetzt, → 1a. Dazu:
- werden die Wände der Aussparung mit Schalldämmstreifen ausgekleidet
- der Wannenablauf wird angeschraubt, die Wanne eingepasst und der Anschluss zur Ablaufleitung wird markiert und die Leitung verlegt, → 1b, 1c
- wird in die Aussparung ein höhenverstellbares Tragegestell aus Stahl eingesetzt; auf eine gute Schalldämpfung zu Fußboden und Seitenwänden ist zu achten
- ist die Abdichtschicht auf dem Estrich mit Lösungsmittel zu reinigen, um die Haftung zu verbessern
- die Abdichtstreifen sind je zur Hälfte auf den Fußboden und das Tragegestell zu kleben; dabei zunächst die Eckelemente (Innen-, Außenecken je nach Einbausituation), danach die Längsseiten
- die Wanne wird eingesetzt, ausgerichtet fest an die Dichtstreifen angepresst und ihr Ablaufventil mit dem Ablaufkörper verschraubt
- die angeklebten Dichtbahnen werden beim Fliesenlegen in die Fußbodenabdichtung eingebunden mit Fliesenkleber bespachtelt, → 1e
- die Fugen zwischen Wanne und Fliesenbelag werden mit Silikon verschlossen

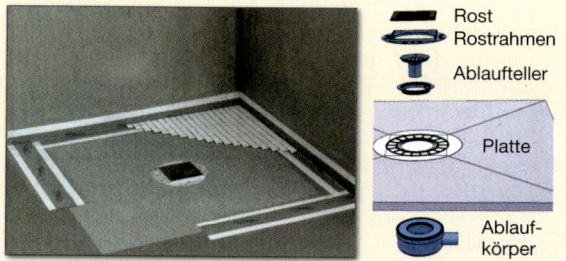

Rost

Rostrahmen

Ablaufteller

Platte

Ablaufkörper

2 Duschplatte, rollstuhl- und wasserfest für verschiedenen Belag

Eine wasserdichte, mit Spezialmörtel beschichtete Hartschaum-Duschplatte mit integriertem Gefälle von ca. 2,5 % auf Unterbauplatten mit Dicke nach Bedarf, ist Grundlage. Eingedichtet ist ein Ablaufteller für den Ablaufkörper. Dieser kann zentrisch oder im Eck sein, mit waagrechten oder senkrechten Abgang und mit dreh- bzw. verschiebbarem Ablaufrostrahmen, → 2.

Die Hartschaum-Platte ist der Unterbau für rollstuhlbefahrbare
- Fliesen-, Naturstein- oder Mosaik-Beläge
- aufzusetzende hochwertige Sanitäracryl-Abdeckungen mit
  - Ablaufhaube, → 547.3a
  - Ablaufrost über Ablaufkanälen, → 547.3e
  - Einlauffugen, → 547.3c

Diese Duschplatten gibt es quadratisch in Größen von 750 mm x 900 mm bis 1500 mm x 1500 mm und 1800 mm x 900 mm, auch eine Ecke abgerundet oder abgeschrägt zur fünfeckigen Platte für Innenbereiche
- mit mäßiger Feuchtebeanspruchung, wie Wohnungen, Hotels, Krankenzimmer, Wohnheime
- hoher Feuchtebeanspruchung, wie Sportstätten, Schwimmbäder, Saunen, Wellnessanlagen.

Beim Einbau der Duschplatten in eine Aussparung des Fußbodenaufbaus:

- Randdämmstreifen an den 4 Seiten der Aussparung sind einzulegen, siehe ➔ 1a
- der Duschablaufanschluss ist zu verlegen und ein Polystyrol-Hartschaum-Unterbauelement ist entsprechend auszusparen - ① in ➔ 1b; dieses dient als Höhenausgleich für die Duschplatte;
- alle Höhenmaße sind abhängig vom gewählten Duschelement (siehe Einbauanleitung)
- der Rohboden ist mit Fliesenkleber zu spachteln ④
- das Unterbauelement mit Aussparung für den Wannenablauf ist maßgerecht aufzusetzen und anzudrücken; die Platte muss 40 mm bis 60 mm unter Oberkante Raumestrich, s. o., ➔ 1a
- der Ablauf mit Ablauftopf ist maßgenau einzubauen (Mitte Duschtasse, Oberkante bündig mit Duschtasse); falls nötig muss der Ablauftopf unterfüttert werden, ➔ Detail von 1b
- auf diesen Unterbau und auf die Unterseite der Duschplatte wird Flex-Fliesenkleber aufgetragen, die Duschplatte eingesetzt, Außenkanten in Waage gerichtet und dann die Platte an den Unterbau fest angedrückt.

Danach sind:

- der Ablauftopf mittels Einschraubhilfe (Bauschutz) der Geruchverschlusstasse zu verbinden
- die Übergänge im Boden- und Wandbereich mittels Eckelementen und Dichtstreifen abzudichten, ➔ 1d
- und alles in die Boden- und Wandabdichtung einzubeziehen, ➔ 2
- danach ist die Duschfläche einzusetzen und die Fliesen sind zu verlegen, ➔ 1d. Nach dem Fliesenlegen ist der Bauschutz durch den Geruchverschluss-Einsatz zu ersetzten und der Ablaufrost einzulegen.

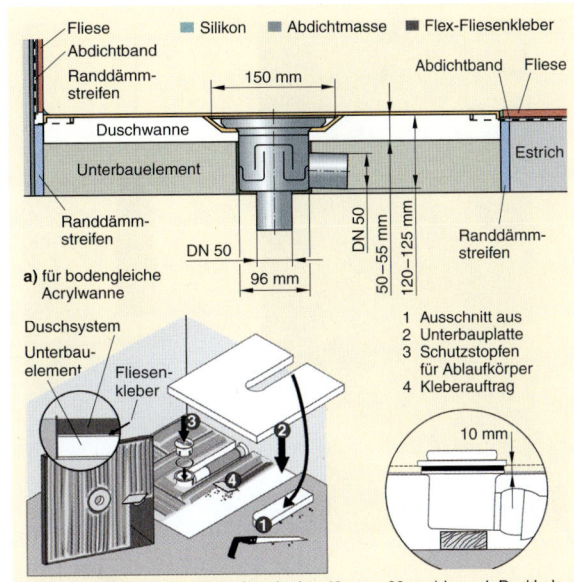

a) für bodengleiche Acrylwanne

b) Maße x (ca. 10 mm - 25 mm) und y (ca. 40 mm - 60 mm) je nach Deckbelag

1 Einbau der Unterbauplatte

2 Duschplatte eingebaut und die Bodenabdichtung eingebunden – hier mit zentrischem Ablauf, z. B. für Duschelement ➔ 3b

Auf die so vorbereitete Duschplatte können verschiedene Duschelemente gesetzt und ihre Ablaufroste auf den entsprechenden Ablauf gesetzt werden.

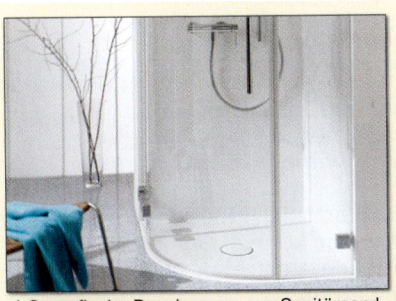

a) Superflache Duschwanne aus Sanitäracryl

b) Belag mit Glasmosaik

c) Ablauffuge an den Wänden (Schattenfuge)

d) Umlaufende Ablaufrinne für Platte – mit Fuge

e) wie d) – mit Edelstahlrost

f) wie e) – Platte gefliest

3 Duschelemente als Aufsätze zu dem Dusch-Plattensystem mit bodengleichen Duschen

18

a) Duschablaufrinne

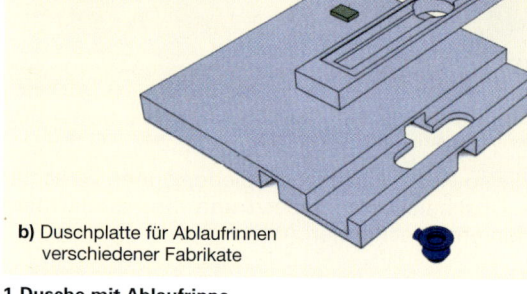

b) Duschplatte für Ablaufrinnen verschiedener Fabrikate

1 Dusche mit Ablaufrinne

2 Barrierefreie Dusche mit Haltestange, rollstuhlbefahrbar – als Basis eine Duschplatte

Ablaufrinnen in Duschen sind sehr gefragt.
Die Rinne sollte immer nahe der Wand angeordnet werden, sodass das Ablaufgefälle zur Wand zeigt. Das kann vor manchen Schaden bewahren.

Der Einbau der Rinnen ist nach Fabrikat verschieden. In die Duschplatte nach Bild ➜ 2 kann jede beliebige Ablaufrinne eingesetzt werden. Beim Bestellen der Platte ist lediglich das jeweilige Fabrikat anzugeben.

Der Einbau der Duschplatte wurde auf den Seiten vorher beschrieben.

Vorteile bodenebener Duschwannen sind:
• keine Beschränkungen in der Wannengröße
• gute Entwässerung des gesamten Raumes, z. B. von Badezimmern, ➜ 1
• die Abdichtung erfolgt im Verbund mit den Fliesen von Fußboden und den Wänden
• mehrere Duschköpfe, wie weiche Brause, Massagebrause, Schwallbrause, können bei großflächigen Duschen nebeneinander montiert werden, z. B. in Sauna-Vorräumen oder im Wellnessbereich von Hotels

18.3.2.4 Duscharmaturen

Für die Auswahl von Duscharmaturen sind wichtig:
• Art und Anzahl der Duschköpfe
• verfügbarer Volumenstrom
• Art der Wassererwärmer (Speicher- oder Durchfluss-WE)
• Volumen bzw. Wärmeleistung der Wassererwärmer; beispielsweise können Schulter- und mehrere Seitenbrausen nicht über einen 100-l-Speicher versorgt werden.

Speicher-WE sind vorzuziehen, denn sie liefern größere Volumenströme mit höherem Druck.

Nur bei geringen Ansprüchen genügen Durchfluss-WE.

Beispiel:
Es geben Wasser mit ca. 38 °C:
• 12-kW-DWE: ca. 6 l/min
• 18-kW-DWE: ca. 9 l/min

18

548

Als Duscharmaturen kommen infrage (siehe auch Kap. 6.3.4):
- Einhebelmischer
- Thermostatbatterien, möglichst als Einzelthermostate
- elektronische Duscharmaturen
- berührungslos gesteuerte Armaturen

Duscharmaturen gibt es für Einbau vor oder in der Wand. Bei Wandeinbauarmaturen ragt der Bedienungsgriff nur etwas aus der Wand; das ist besonders in engen Duschkabinen vorteilhaft.
Die Bedienungsarmatur soll in Duschkabinen, möglichst rechts, außer Mitte gesetzt werden.
Sie soll auch von außerhalb zu bedienen sein, z. B. zur Temperaturvorwahl, Reinigung der Wanne, Reparatur.

Berührungslos gesteuerte Armaturen sind für Gemeinschaftsduschen zu empfehlen.
Bei Gemeinschaftsduschen in Wohnheimen, Sportstätten, Betrieben kann über einen Zentralthermostat die Duschwassertemperatur vorreguliert werden. Bei Zentralthermostaten dürfen, laut DVGW-Arbeitsblatt W 552, nachfolgende Leitungen nicht mehr als 3 l Wasser enthalten.
An jedem Duschstand muss Kaltwasser individuell zumischbar sein.

Für **Duschanlagen mit mehreren Brauseköpfen** eignen sich Wandeinbaubatterien, ➔ 1:
- mit eingebautem Umsteller
- mit nachgeschalteter Umschaltarmatur
- mit je einem Wandeinbauventil für jede Auslaufgruppe

Umschaltarmaturen haben heute meist keramische Scheiben mit einem Mischwassereingang und drei Ausgängen (Vierwege-Umsteller).

Brauseköpfe werden nach Verwendung unterschieden:
- Handbrause
- Kopf- bzw. Schulterbrause
- Seitenbrause
- Duschpaneele
- Fitness-Duschkabinen

Besonders bei **Handbrausen** gibt es eine reiche Auswahl für verschiedene Strahlarten wie weicher Brauseregen, harter Nadelstrahl, pulsierender Massagestrahl und weicher Softstrahl, ➔ 2. Einige Brausen sind auf mehrere Strahlarten einstellbar.
Der Handbrauseschlauch wird an einen Wandanschlusswinkel mit Sicherungseinrichtung angeschlossen, wenn er nicht von einer Wannenbatterie direkt abgeht, ➔ 260.4.
Wird nur eine Handbrause installiert, empfiehlt sich eine Wandstange, 600 mm oder 1200 mm lang, mit verschiebbarem Brausehalter. Die Handbrause kann darin aufgesteckt und in beliebiger Höhe als feste Brause genutzt werden, ➔ 3, 550.2.

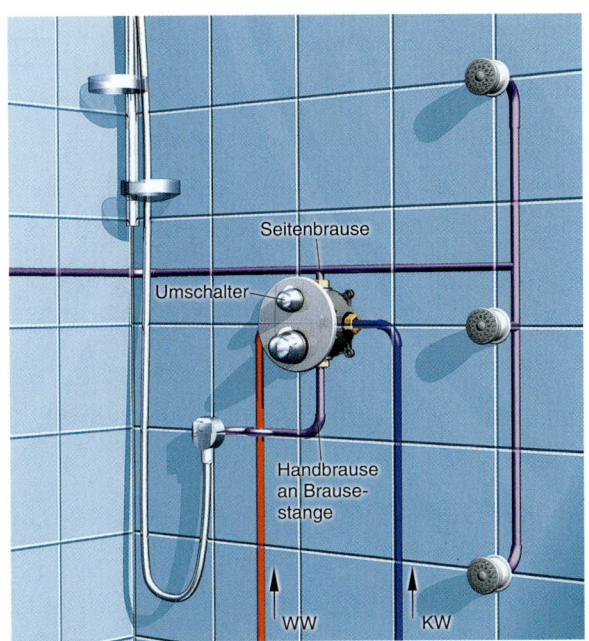

1 Wandeinbauarmatur (Einhebelmischer oder Thermostatbatterie) mit Umstellventil

2 Strahlarten bei Handbrausen

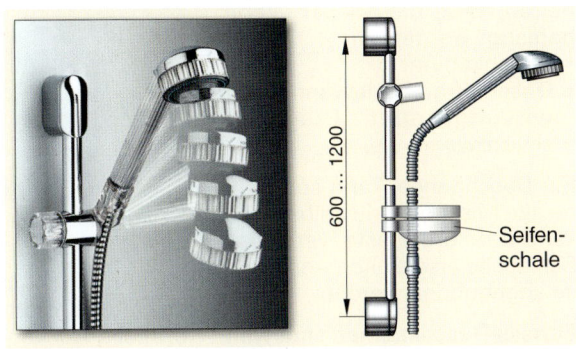

3 Wandstange mit verschiebbarem Brausehalter und mit Seifenablage

18

Duschkopf geeignet für:	 DN 15 / DN 15	DN 15 / DN 15	DN 15 / DN 15	DN 15 / DN 15 DN 20	Gemeinschafts-, Sportbrausen	
					DN 15	DN 15
Kopfbrause	🟢	🟢	🟢	🟢	🟢	🟢
Seitenbrause	🟢	🟢	🟢	für Sauna		
Strahlarten[1]	B, W, S	B, W, S, Mo	B, W, S	W, weicher Guss	B	B
Massage	pulsierend	pulsierend	pulsierend			
Durchfluss in l/min Kopfbrause/ Seiten- brause[2]	5 ... 8 1,5 ... 6	5 ... 8 1,5 ... 6	8 ... 20 2 ... 7	[4] DN 15: 6...23 [5] DN 15: 25...75 [5] DN 20: 60...150	6 ... 21	6 ... 17

[1] B = Brausestrahl   M = Massagestrahl   S = Softstrahl
W = weicher Brauseregen   Mo = Monostrahl
[2] Durchfluss bei 0,5 bar ... 3 bar Fließdruck

[3] mit Kugelgelenk, Schwenkbereich ca. 60°
[4] Regenbrause
[5] Schwallbrause

1 Auswahl von Duschköpfen DN 15 (ausgenommen Schwallbrausen) für Wohnbauten, einschl. Hotels u. Ä. und Gemeinschaftsanlagen

Feste **Kopf- und Schulterbrausen**, ➔ 1, werden besonders gerne in öffentlichen Duschanlagen eingesetzt, da sie gegen Beschädigungen sicherer sind.

Feste Seitenwände von Duschkabinen eignen sich zur Aufnahme von:
• Leitungen
• 2 bis 3 **Seitenbrausen** je Wandseite, ➔ 2

Bei der Installation mehrerer Seitenbrausen zur Kopf- oder Schulterbrause sollte eine Thermostatbatterie DN 20 (R 3/4) installiert werden.

Duschpaneele sind komplett vormontierte Installationseinheiten, ➔ 3, die an der Wand befestigt werden für:
• Duschkabine
• Dusche und Badewanne (mit wirkungsvoller Duschabschirmwand)

Ein Duschpaneel kann sogar eine alte Mischbatterie ablösen. Es kann über druckfeste, verdeckte Schläuche an die alten Anschlüsse angebunden werden.

Fitness-Duschkabinen sind weitgehend vormontiert, vorinstalliert und sehr komfortabel für

2 Komfortdusche mit Kopf-, Hand- und Seitenbrause

3 Duschpaneel

die körperlich-sportliche Leistungsfähigkeit. Es gibt sie mit unterschiedlicher Ausstattung, z. B. mit Kopfbrause, mehreren Seitenbrausen, Handbrause-, Rücken- und Fußmassage (dafür ein Klappsitz), Wasserschwallkaskade, Kneippschlauch (heiß/kalt) und auch mit heißem Wasserdampf für ein römisches Dampfbad, ➔ 551.1.

18

550

18.3.2.5 Wasserabfluss bei Duschwannen

Duschwannen werden wie Badewannen direkt oder indirekt, ➔ 2, an die Abwasserleitung angeschlossen, vgl. Kap. 18.3.1.6.

Angeschlossen werden:
- bodengleiche Duschwannen mit Ventilloch ø 90 mm: mittels Ablaufgarnitur nach ➔ 547.1b
- flache Duschwannen, ca. 150 mm tief: mittels Ablaufgarnitur mit Standrohr (als Stopfen und Überlauf)
- tiefe Duschwannen: mit einer Ablaufgarnitur ähnlich der von Badewannen, ➔ 543.1a

Bei vertieft angelegten, ausgefliesten Duschwannen oder -rinnen wird ein Bodenablauf am tiefsten Punkt eingebaut, ➔ 3. Er ist sorgfältig in die Fußbodenisolierung einzubinden, ➔ 297.3.

18.3.2.6 Zubehör für Duschräume

Duschabtrennungen gibt es in vielen Variationen. Sie bestehen aus:
- eloxierten Aluminiumrahmen mit Kunst- oder Sicherheitsglasscheiben
- einer ein- oder mehrteiligen Klapp- oder Schiebetür, ➔ 1, 546.2

Duschabtrennungen gibt es aus eloxiertem Aluminiumrahmen mit Echt- oder Kunstglasfüllungen in vielen Variationen. Sie werden immer erst nachträglich montiert.

Duschvorhänge aus Baumwolle oder Kunststofffasern sind ein Notbehelf; sie müssen häufig gewaschen werden. Plastikfolien als Vorhänge wirken unangenehm und sind unhygienisch.

Duschräume müssen gut zu lüften sein. Türen von Duschkabinen sollten, mindestens in der Trocknungsphase, offen bleiben, um Schimmelbildung zu vermeiden

Kleiderhaken bzw. -ablagen, Seifenablagen, Hand- bzw. Badetuchhalter sind genau so wie bei Badeanlagen erforderlich.

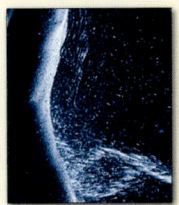

a) Rückenmassage

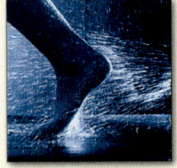

b) Fußmassage   **c)** Schwallkaskade   **d)** Kneipp-Schlauch

1 Komfortable Duschkabine für viele Anwendungen

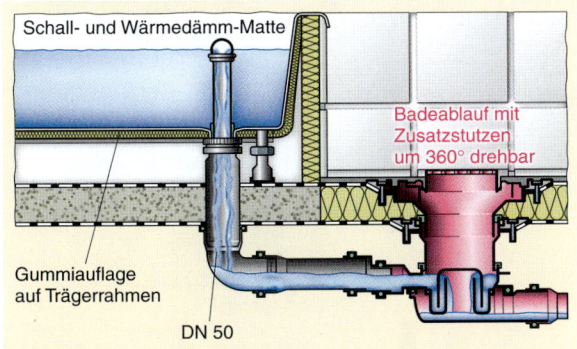

Badeablauf mit Zusatzstutzen um 360° drehbar

Schall- und Wärmedämm-Matte

Gummiauflage auf Trägerrahmen

DN 50

Badeablauf mit Aufsatz und zwei Flanschringen. In diese wird die Feuchtigkeitsisolierung eingeklemmt. Flanschringe am Aufsatzstück in der Höhe verschiebbar.

2 Duschwanne mit Standrohrventil, indirekt über einen Badablauf, an die Abflussleitung angeschlossen

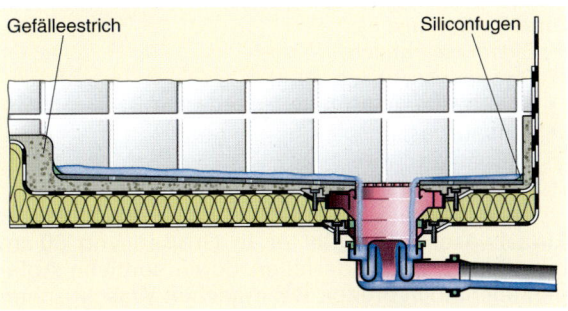

Gefälleestrich   Siliconfugen

3 Geflieste Bodenvertiefung mit Bodenablauf als Duschwanne

18

Übungen:

1. Welche Vorteile bietet ein Duschbad?
2. Welche Formate gibt es für Duschwannen? Fertigen Sie dazu einige Grundrissskizzen an.
3. Nennen Sie Mindest- und Größtmaße von Duschwannen.
4. Welche Arten von Duschwannen gibt es?
5. Wie können bodengleiche Duschwannen eingebaut werden?
6. Beschreiben Sie das Erstellen eines bodengleichen, gefliesten Duschplatzes.
7. Nennen Sie mögliche Duscharmaturen.
8. Skizzieren Sie den Einbau einer Wandeinbaubatterie für den Anschluss einer Hand-, einer Kopf- und 4 Seitenduschen.

9. Welche Vorteile haben Thermostatbatterien bei Duschen?
10. Was versteht man unter Mehrwege-Umstellern?
11. Beschreiben Sie ein Duschpaneel.
12. a) Welche Duscheinrichtungen bieten den größten Komfort?
    b) Welche Anwendungen sind dort möglich?
13. Welche verschiedenen Duschwannenabläufe kennen Sie?
14. Welche Vorteile hat eine ausgeflieste Bodenvertiefung als Duschwanne?
15. Worauf ist beim Einbau von Badabläufen mit Duschwannenanschluss zu achten?
16. Welche Arten von Duschabtrennungen unterscheidet man?

18.3.3 Rund um Waschtisch und Waschbecken

18.3.3.1 Waschtische – Waschbecken

Der Unterschied zwischen Waschtisch und Waschbecken ist nicht eindeutig festgeschrieben.

Allgemein spricht man von, ➔ 1,
- Waschbecken: bei Beckenbreiten < 560 mm und mit geringer Ausladung
- Waschtisch: bei Beckenbreiten ≥ 560 mm

Waschbecken, ➔ 2, werden vor allem zum Händewaschen genutzt und, wegen ihrer geringen Ausladung, meist in Toiletten mit geringem Platzangebot eingesetzt.
Ist an ihrer Rückseite keine Armaturenbank, kann eine Standarmatur hinten rechts oder links montiert werden, falls keine Wandarmatur infrage kommt.
Waschbecken gibt es in vielen Formen, auch für Eckeinbau, ➔ 2c.

Waschtische dienen zur Oberkörperwäsche und sollten so breit sein, dass bei vor dem Körper verschränkten Armen kein Wasser auf den Boden tropft. Sie haben eine breite Armaturenbank zur Aufnahme einer Standarmatur zur Wandseite hin. In diese können Seifenschalen eingeformt sein. Zum Teil haben die Becken einen nach innen überkragenden Spritzschutz.

Waschtische gibt es in vielen Größen, Formen und Farben als:
- Einzelwaschtisch
- Doppelwaschtisch
- Schrank- bzw. Möbelwaschtisch
- Aufsatzwaschtisch
- Einbauwaschtisch
- Unterbauwaschtisch

Einzelwaschtische gibt es in Größen von 60 cm bis 100 cm, in Sonderfällen durch seitliche Ablagen auch noch breiter. Bei manchen Waschtischen schließen sich seitlich breite Ablagen für Toilettenartikel an, ➔ 554.1.

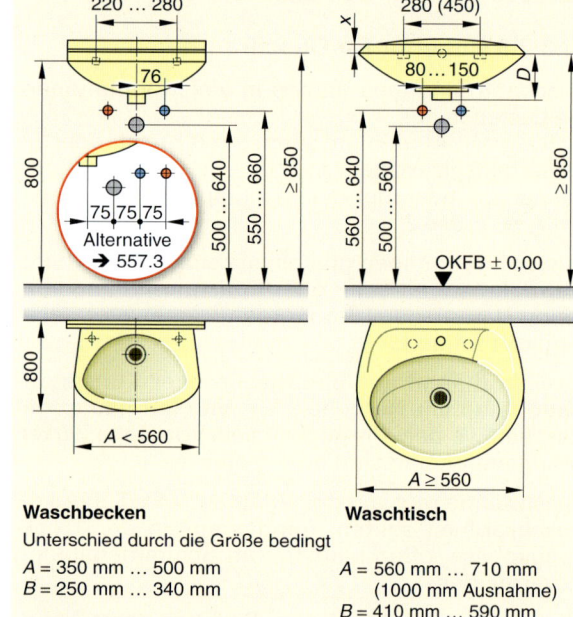

Waschbecken
Unterschied durch die Größe bedingt
A = 350 mm … 500 mm
B = 250 mm … 340 mm

Waschtisch
A = 560 mm … 710 mm
(1000 mm Ausnahme)
B = 410 mm … 590 mm

1 Waschbecken und Waschtisch – Abmessungen

a) 365 mm × 265 mm   **b)** 500 mm × 220 mm

c) 440 mm × 380 mm

2 Handwaschbecken für schmale Räume

18

1 Waschtisch mit Badmöbeln

a) Aufsatzwaschtisch modern geformt

b) Auch als Einbauwaschtisch

c) Unterbauwaschtisch und Waschtisch mit Unterbau

2 Waschtische mit besonderer Montageart

Doppelwaschtische sind, verglichen mit Einzelwaschtischen,
- u. U. Platz sparend, z. B. mit nur 94 cm Breite; trotzdem sind beide Becken oft durch ihre Schrägstellung bequem von 2 Personen nutzbar,
- als Einheit leicht zu reinigen,
- meist aber teurer als 2 Einzelwaschtische.

Schrankwaschtische, meist großzügig geformt, sind bequem zu nutzen, bieten viel Stauraum und können mit untergestellten, evtl. auch beigestellten Möbeln ein Bad anheimelnd gestalten, → 1.
Eine für Kinder sehr praktische Einrichtung zeigt Bild, → 3.

Aufsatzwaschtische sind der Versuch, den Waschplatz neu zu gestalten, → 2a. Eine Art tiefe „Waschschüssel", natürlich mit Ablaufanschluss, ruht auf einem Träger- oder Möbelgestell oder ist in eine Trägerplatte z. T. eingelassen.

Einbau- bzw. **Unterbauwaschtische** werden von oben bzw. von unten in durchgehende Abdeckungen eingebaut, → 2. Die Abdeckungen können z. B. aus Holz, Schichtstoff, Glas, aber auch Granit; Porphyr, edlem Marmor sein. Sie ermöglichen durchgehende Flächen, ohne störende Ecken und Kanten. Dies erleichtert ihre Reinigung erheblich. Deshalb werden sie gerne auch für Reihenanlagen in Gaststätten, Betrieben u. Ä. verwendet. Ihr Einbau ist in Kap. 18.3.9.2 beschrieben.

Zur Zierde werden bei Waschtischen zum Teil
- Halbsäulen unter das Becken gehängt, die das Bild des Waschtisches abrunden,
- Standsäulen untergestellt.

Säulen verdecken die Eckventile und den Geruchverschluss unter dem Waschtisch. Sie erschweren aber den Zugriff bei Wartungsarbeiten. Bei ordentlicher Installation sind Säulen nicht nötig.

Standsäulen behindern die Fußbodenreinigung – und sind nicht billig.

3 Aufsatzwaschtisch mit breiten Ablagen, kindergerecht

18.3.3.2 Werkstoffe für Waschtische und Waschbecken

Werkstoffe für Waschtische und Waschbecken sind:
- Kristallporzellan
- mineralverstärkter Kunststoff

Waschtische und Waschbecken sind meist aus **Kristallporzellan** gefertigt wegen dessen hervorragender Eigenschaften, siehe Kap. 2.1.7.2.

18

Die dichte glasartige Oberfläche kann zusätzlich ausgestattet sein durch:
- Silbereinlagerung, die sie antibakteriell macht und deshalb besonders hygienisch, nicht nur für Krankenhäuser,
- eine eingebrannte Oberflächenverdichtung, die besonders kalk- und schmutzabweisend ist und lange Zeit glattes, sauberes und glänzendes Aussehen sichert; Vorsicht! Scharfe Reinigungsmittel zerstören die Schicht, siehe auch Kap. 2.1.7.3

Waschtischkombinationen aus **mineral- oder glasfaserverstärktem Kunststoff** sind:
- leicht auf Maß zu formen, z. B.:
  - hochgezogene Rückwand
  - durchgehende seitliche Ablagen als Deckplatte kombiniert mit einem WC, → 1
  - in die Schürze eingeformter Papier- und Handtuchhalter
- vor Ort schneid- und schleifbar
- jedoch nicht 100%ig kratzfest und UV-beständig
- scheuerempfindlicher als Keramik
- teilweise hitzeempfindlich (glühende Zigaretten!)

18.3.3.3 Auslaufarmaturen für Waschtische und Waschbecken

Als Auslaufarmaturen bei Waschtischen/-becken kommen infrage:
- Standarmaturen
- Wandarmaturen
- Selbstschlussarmaturen
- berührungslos gesteuerte Armaturen

1 Hotel-Waschtischkombination mit Deckplatte aus mineralfaserverstärktem Kunststoff

Standarmaturen, als Einloch-, Mehrloch- oder Untertischbatterie, werden auf der Armaturenbank befestigt, → 2. Üblich sind Einhebelmischer; Mehrloch- oder Untertischbatterien. Sie werden aus „Geschmacksgründen" verwendet.
Ist das Ventilloch der Armaturenbank nur vorgeformt, ist es mit einem scharf geschliffenen Durchschlag oder Fliesenmeißel von der Glasurseite her durchzuschlagen.

Nie von der Unterseite durchschlagen, sonst platzt die Glasur unkontrollierbar ab.

Beim Durchstecken der Armatur wird zwischen Armatur und Beckenoberseite ein Rundgummiring gelegt, dann von unten zuerst ein Gummidichtring, dann eine Metallscheibe aufgeschoben. Zuletzt wird die Armatur festgezogen, je nach Befestigungssystem,
- mit einem Standventilmutternschlüssel bei einer Sechskant-Mutter am Schaft (nur noch selten), → 2a,
- mit Schraubendreher oder Steckschlüssel bei einem Spannring und Gewindeschraube, → 2b,
- mit Inbusschlüssel von oben bei einem Kipphebel am Befestigungsbolzen.

Bei der (neuen) Kipphebelbefestigung
- wird beim Durchstecken der Armatur der Kipphebel senkrecht gestellt, → 2c,
- dann kippt dieser von selbst in die waagerechte Position und
- wird von oben mit einem Inbusschlüssel gegen die Waschtischbank gezogen, sodass die Armatur fest hält.

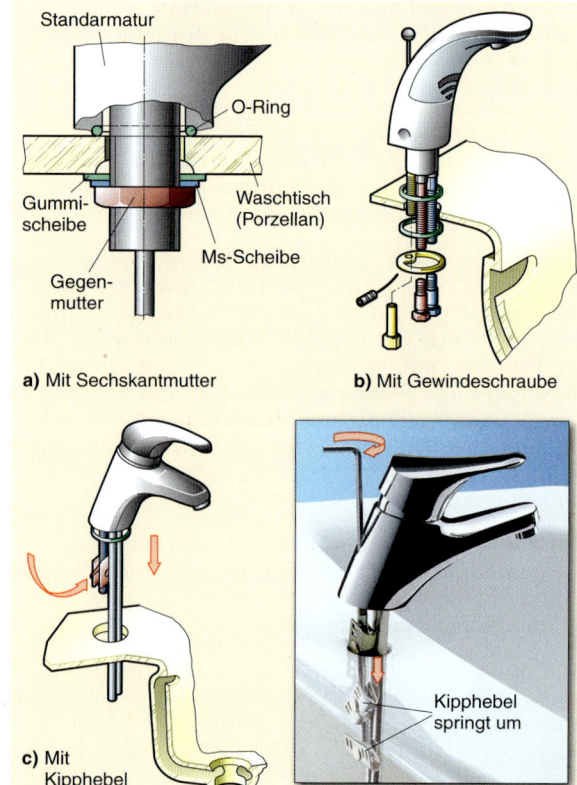

a) Mit Sechskantmutter   **b) Mit Gewindeschraube**

c) Mit Kipphebel

2 Befestigung von Standarmaturen am Waschtisch

18

Durch den hohlen Befestigungsbolzen wird die Zugstange der Exzentergarnitur geschoben.

Die Kipphebelbefestigung erspart das Kriechen unter den Waschtisch und das manchmal Zeit raubende „Gefummel". Sie ist bequem und Zeit sparend.

Standarmaturen werden mit den Eckventilen der Zuflussleitungen verbunden durch:
• verchromte Kupferrohre
• flexible Schläuche

Kupferrohre werden mit einem speziellen Rohrabschneider gekürzt, ➔ 144.2a. Der Schneidgrat ist unbedingt zu entfernen. Beim Biegen dürfen sie nicht geknickt werden. Eckventile mit Längenausgleich, ➔ 225.5, erleichtern das „Einfädeln".

Flexible Schläuche erleichtern die Arbeit, besonders an schwer zugänglichen Stellen, z. B. bei manchen Schrankwaschtischen, bei Sitzwaschbecken. Wichtig ist die richtige Schlauchlänge, damit die Schläuche nicht gedehnt und auch nicht abgeknickt werden.

Wandarmaturen haben eine Reihe von Vorteilen:
• freie Ablagefläche auf der Armaturenbank
• keine Schmutzfugen wie bei Standarmaturen am Becken
• deshalb leichtere Beckenreinigung
• Wegfall strömungsbehindernder Eckventile

Aufgrund dieser Vorteile werden sie in Deutschland bei Waschtischen verwendet:
• aus hygienischen Gründen, z. B. in Arztpraxen, im Krankenhaus, im Lebensmittelgewerbe
• aus Platzgründen, z. B. bei Handwaschbecken

Wandarmaturen werden so angebracht, dass ihr Auslauf ca. 160 mm über Beckenoberkante endet, ➔ 1. Die Höhe richtet sich auch danach, wie tief ihr Auslauf unter den Wandaustritt reicht.

Selbstschlussarmaturen öffnen auf Knopf- oder Hebeldruck und schließen selbsttätig, ➔ 564.1. Mit ihnen wird vor allem an öffentlich zugänglichen Waschtischen Wasser gespart, z. B. in Toiletten von Gast- und Raststätten, Amtsgebäuden, Bahnhöfen, Parkplätzen.
Sie sind bei ihrer Anschaffung und Installation billiger als berührungslos gesteuerte Armaturen.

Berührungslos gesteuerte Armaturen erfüllen die Forderungen der Hygiene am besten.

In bestimmten Bereichen der Medizin und der Lebensmittelverarbeitung dürfen keine anderen Auslaufarmaturen verwendet werden.

Sie sind radar- oder infrarotgesteuert, s. Kap. 6.3.5. Ihnen können Thermostatventile vorgeschaltet werden, ➔ 234.4.
Wenn z. B. eine Hand von den Infrarotstrahlen erfasst wird, setzt verzögerungsfrei der Wasserfluss ein. Er stoppt genau so schnell, wenn die Hand den IR-Strahlenbereich verlässt. So wird erheblich Wasser (und Energie) gespart.
Berührungslos gesteuerte Armaturen gibt es als Wand- und Standarmatur, ➔ 2.

1 Wandarmatur über Waschtisch

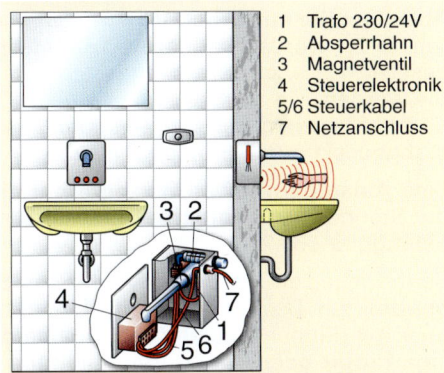

1	Trafo 230/24V
2	Absperrhahn
3	Magnetventil
4	Steuerelektronik
5/6	Steuerkabel
7	Netzanschluss

a) Opto-elektronisch gesteuerte Wandeinbauarmatur

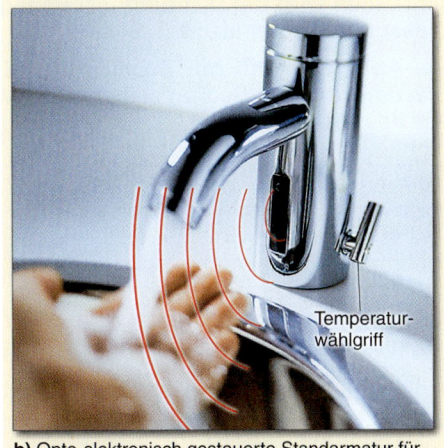

Temperatur-wählgriff

b) Opto-elektronisch gesteuerte Standarmatur für Waschtisch

2 Waschtisch-Elektronikarmaturen für berührungslose Betätigung

Armaturen sind so auszuwählen und zu installieren, dass ein spritzfreier Wasserstrahl, auch bei geringer Ventilöffnung, in das Becken trifft.

Das gilt besonders für Wandarmaturen bei Becken mit breiter Armaturenbank.

18

18.3.3.4 Ablaufarmaturen an Waschtischen und Waschbecken

Als Ablaufarmaturen werden verwendet:
- Ablaufventil
- Geruchverschluss

Bei den **Ablaufventilen** ist zu unterscheiden:
- Universal-Ablaufventil
- Ablaufventil mit Schaft
- Ablaufgarnitur mit Exzenterbetätigung
- Ablaufventil mit unsichtbarem Überlauf

Universal-Ablaufventile können nach der Beckenmontage mithilfe eines Schraubendrehers eingebaut werden. Sie werden mit einem
- Stopfen oder einem Standrohr verschlossen, → 1a/b,
- mit einem Sieb abgedeckt, → 1c.

Ablaufventile mit Schaft (R 1 1/4) – ohne oder mit Überlaufschlitzen, → 2, - werden vor der Beckenbefestigung an der Wand eingesetzt.
Sie werden
- verschlossen durch Stopfen oder Standrohr, → 2a/c,
- abgedeckt durch Sieb oder Haube, → 2b.

Eine **Ablaufgarnitur mit Exzenterbetätigung**, → 3, ist meist in die Standarmatur integriert und wird mit Hebel oder Zuggriff betätigt, → 560.2.

Beim Einsetzen des Ablaufventils ins Becken wird das Ventiloberteil zur Beckeninnenseite hin mit dauerelastischem Kitt oder mit dünner Weichgummischeibe abgedichtet. Außen wird eine Profil- oder Rundgummidichtung auf das Ventilunterteil bzw. auf die Beilagscheibe der Schaftmutter gelegt. Beim Verschrauben wird die Dichtung fest gegen den Beckenstutzen gepresst und dichtet ab, → 1, 3.

Bei Ablaufventilen mit Schaft muss der Überlaufschlitz zum Überlaufkanal im Becken zeigen. Eine Ventilhaltezange erleichtert das Festschrauben.

Anmerkung:
Unhygienisch sind in die Waschtische eingeformten Überläufe, → 3, weil sie nicht gründlich zu reinigen und eine Brutstätte gefährlicher Bakterien sind.

Außerdem stört die schlecht zu reinigende Überlauföffnung im Becken mit ihrem unappetitlichen Belag, aus dem Keime ins Becken gelangen können.

Den Überlauf fordert DIN 1986-100 für alle Ablaufstellen, deren Ablauf verschlossen werden kann, wie Waschtisch, Badewanne, Spülbecken.

Da beim Benutzen von Waschtischen, Sitzwaschbecken u. Ä. das Ablaufventil nur selten geschlossen wird, könnte auf den Überlauf im Becken verzichtet werden, wie dies bei Krankenhauswaschtischen und auch bei flachen Duschwannen üblich ist.
Für die seltenen Fälle, dass Wasser im Becken gestaut werden soll, z. B. wie beim Waschen von Feinwäsche, könnte man ein Standrohr ins Ventil setzen. Es wird an einem Haken unter dem Waschtisch aufgehoben.

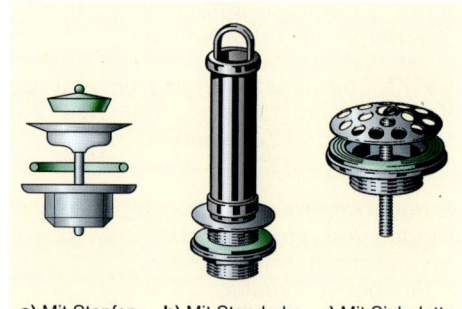

a) Mit Stopfen   **b)** Mit Standrohr   **c)** Mit Siebplatte

1 Universalablaufventil

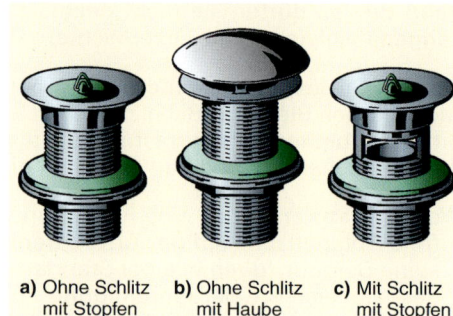

a) Ohne Schlitz mit Stopfen   **b)** Ohne Schlitz mit Haube   **c)** Mit Schlitz mit Stopfen

2 Ablaufventil mit Schaft

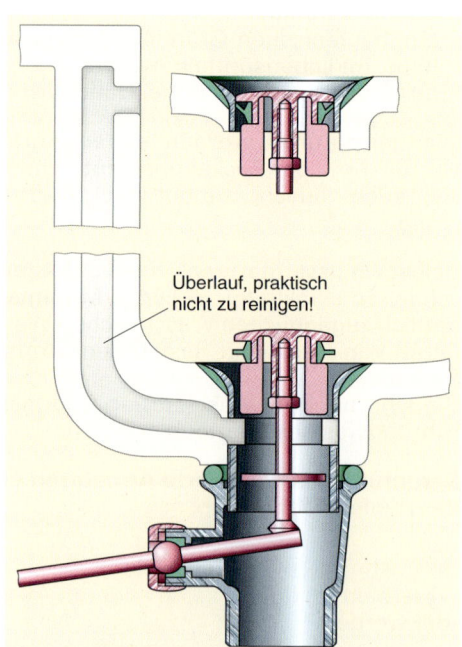

Überlauf, praktisch nicht zu reinigen!

3 Waschtischüberlauf und Ablaufgarnitur mit Hebel für Zugkopf, eingebaut

Anmerkung:
Normengremien und keramische Industrie sollten sich endlich von überkommenen Ansichten aus der „alten Waschschüsselzeit" lösen.

18

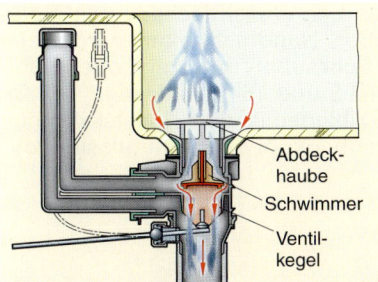

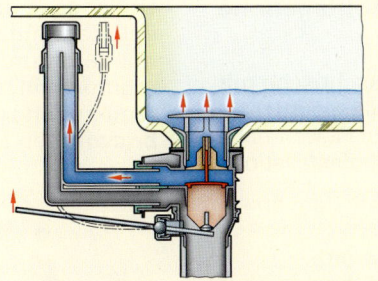

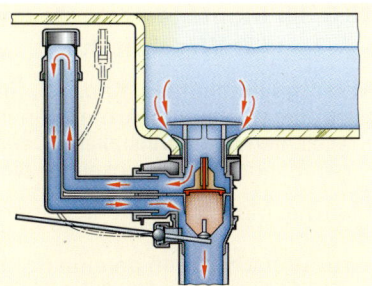

a) Geöffnetes Beckenventil – Wasser fließt in die Abflussleitung

b) Geschlossenes Beckenventil – Wasserstand im Becken und Überlaufkanal höhengleich. Fließt kein Wasser mehr, trennt der Schwimmer Überlaufkanal und Becken

c) Geschlossenes Beckenventil – Überlaufsituation: Höchster Wasserstand im Becken = Höhe der Überlaufkante im Überlaufkanal

1 Waschtischüberlauf und Ablaufgarnitur mit Hebel- für Zugknopf, eingebaut

Das **Ablaufventil mit unsichtbarem Überlauf** mindert das Problem „Überlauföffnung":
- Bei geöffnetem Ablauf fließt das Wasser durch das Ablaufventil ab, ➔ 1a.
- Ist der Ablauf durch den Ventilkegel verschlossen, wird das Wasser im Becken und im Überlauf höhengleich gestaut, ➔ 1b.
- Strömt von oben kein Wasser mehr nach (Füllstopp!), verschließt ein Schwimmer auf dem Ventilkegel den Rückfluss aus dem Überlaufkanal ins Becken, z. B. bei Waschbewegungen im Beckenwasser.
- Beim höchstzulässigen Wasserstand im Becken fließt Wasser über die Überlaufkante im zweigeteilten Überlaufkanal und weiter zur Abwasserleitung, ➔ 1c.

Als **Geruchverschluss (GV)** werden verwendet:

Rohr-, Tauchwand-, Flaschen- und Wandeinbaugeruchverschluss, siehe Kap. 8.4.2.

Handwaschbecken geringer Ausladung sind über einen strömungsgünstigen Rohr-GV nur anzuschließen, wenn, ➔ 2:
- der Abflussstutzen in der Wand um 80 mm (bei Kunststoff-GV um 75 mm) aus der Mitte nach rechts oder links versetzt ist
- der Rohr-GV abgewinkelt wird

Wandeinbaugeruchverschlüsse verschwinden unsichtbar hinter Wand. Sie können an Montagegestellen leicht vormontiert werden. Bei Bedarf kann das Einlaufteil herausgenommen werden. Wandeinbau-GV sind besonders vorteilhaft bei Waschtischen für Behinderte, ➔ 4.

Für Doppelwaschtische gibt es **Ablaufverbindungen mit Geruchverschluss**, ➔ 3.

2 Strömungsgünstiger Rohrgeruchverschluss am Waschbecken – hier Ablauf versetzt

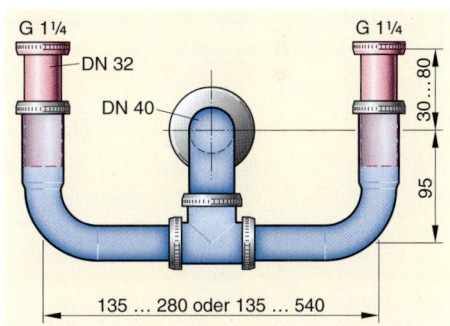

3 Ablaufverbindung einschließlich Geruchverschluss für Doppelwaschtisch

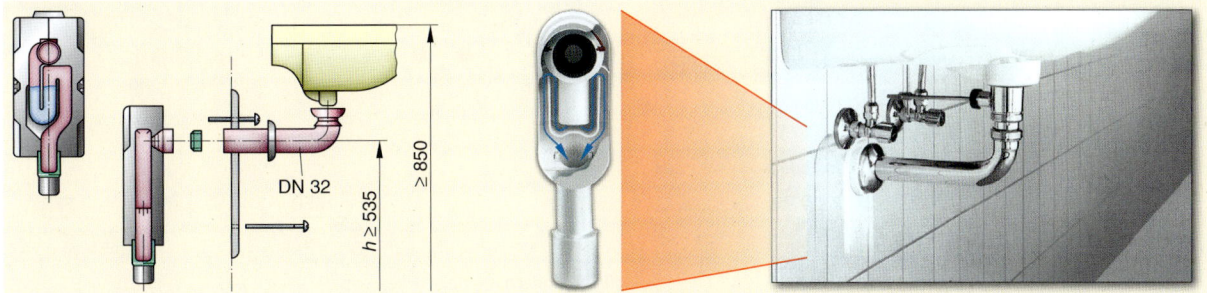

4 Waschtisch-Geruchverschluss für Wandeinbau, besonders geeignet für Rollstuhlbenutzer

18.3.3.5 Montageelemente und Montagehöhe für Waschtische

Montageelemente, s. Kap. 3.6, für Waschtische mit Gewindebolzen und Armaturenanschlussplatte
• erleichtern die Vorinstallation, auch auf Fliesenmaß,
• garantieren Maßhaltigkeit für die Fertiginstallation.

Manche Montageelemente eignen sich universell, ➔ 1,
• zum Anschrauben an eine Rohbauwand,
• zum Einpassen in eine Leichtbauwand (Ständerbau)
• zum Einfügen in ein Schienensystem.

Waschtische werden normalerweise mit ihrer Oberkante auf mindestens 85 cm Höhe gesetzt, in Hotels oft auf ≥ 90 cm. Der Abwasseranschluss ist möglichst hoch zu legen, damit zwischen Ablaufventil und Geruchverschluss wenig Platz bleibt. Nur so kann ein eingefülltes Desinfektionsmittel umfassend wirken. Lange Tauchrohre verhindern dies.

> **Beispiel:**
> Bei WT-OK = 850 mm über FFB ist die Höhe des Wasseranschlusses $h ≥ 535$ mm.

Montagehöhen, rund um den Waschtisch, zeigt Bild ➔ 2.

> Bei Waschtischen mit einteiliger Standsäule ist die Montagehöhe nach Unterstellen der Säule auszumessen.

Die eigentliche Waschtischbefestigung ist in Kap. 18.3.9 beschrieben.

Übliches Zubehör bei Waschtischen, wie Spiegel, Zahnputzbecher, Handtuchhalter, wird meist mit verchromten Schrauben in Spreiz- oder Hohlraumdübeln, ➔ 164.3 und 164.4, befestigt. Bei Keramikzubehör wie Ablagen ist eine Kunststoffscheibe zwischen Schraubenkopf und Keramik sinnvoll.

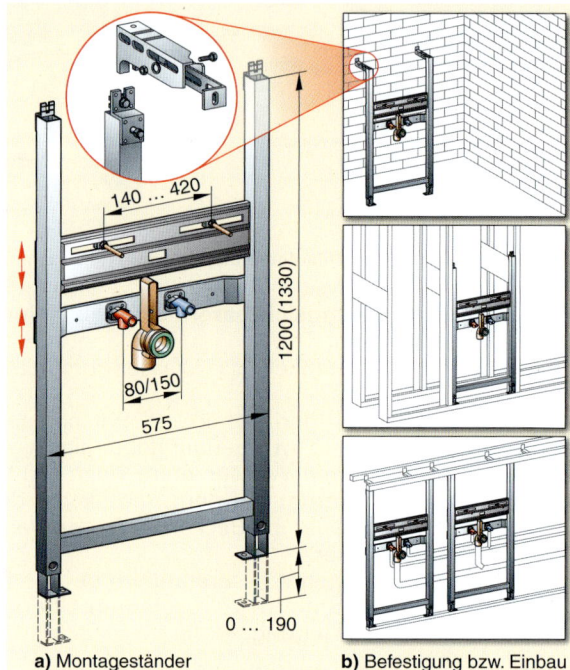

a) Montageständer   b) Befestigung bzw. Einbau

1 Montageständer für Waschtische – für Mauerwerk, für Leichtbauwand, im Schienensystem

Waschbecken/Waschtische	Montagemaße in mm
Oberkante WB/WT	
normaler Bedarf	≥ 850
Kinder < 6 Jahre (Kindergärten)	600 … 630
Kinder 6 ... 14 Jahre (Schulen)	700 … 750
für Rollstuhlbenutzer	850
Hotels	≥ 900
Friseur-, Schönheitssalons	≥ 760
Armaturen	
Eckventile (WT-OK 850 mm)	600 … 650
Abstand un- normal	1 × Fliesenbreite
tereinander: bei Becken mit Halbsäule	80 … 120
Wandarmaturen Auslaufstrahlregler über WT-OK	ca. 160
Abfluss (DN 40 bzw. DN 50)	
über FFB	≥ 535
Spiegel	
Querformat: Mitte über FFB	1600
Hochformat: UK über Anlage	≥ 100
Ablegeplatten	
über Becken-OK	ca. 300
bzw. unter Spiegelschrank	ca. 180
über Wandbatterieanschluss	≥ 100

a) Montagemaße bei Waschtischen

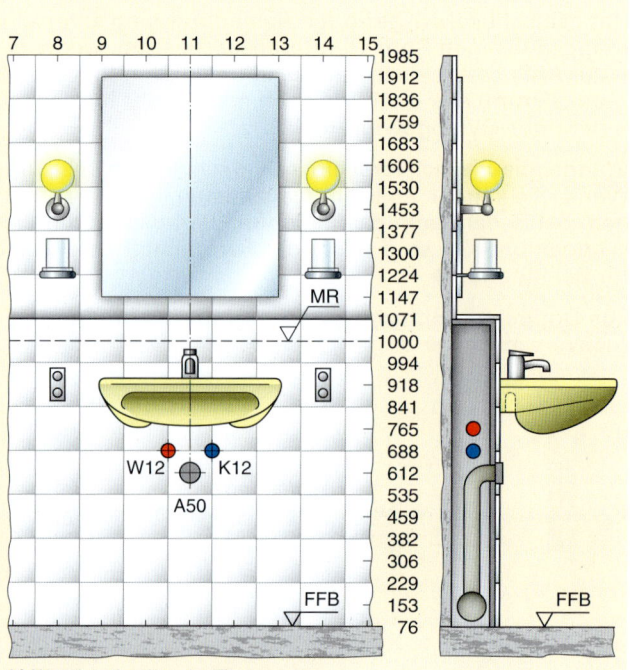

b) Waschtischanlage im Fliesenraster

2 Montagebeispiel für Waschtischanlagen

18

18.3.3.6 Zubehör für Waschtische und Waschbecken

Zubehör für Waschtische/ -becken sind:
• Spiegel oder Spiegelschrank
• Ablageplatte
• Handtuchhalter
• Mundglashalter
• Anbau- und Umbaumöbel

Spiegel sollen nicht breiter als das Becken sein. Da der Mensch normalerweise höher als breit ist, sollte man Spiegel hochformatig anbringen. Das verbessert die Optik im Bad.

Beispiel:
Bei einem 60-cm-Waschtisch sollte ein Spiegel 60 cm × 80 cm einen Spiegel 60 cm × 45 cm ersetzen.

Spiegelschränke, einfach und doppelt, auch für Wandeinbau, mit zahlreichen, verstellbaren Fächern, ersetzen häufig den gewöhnlichen Spiegel. Darin werden viele Toilettenartikel untergebracht, die auf breiten Waschtischablagen die oft erforderliche Beckenreinigung (Wasserspritzer) nur stören. Bei Wandeinbau ist es zweckmäßig, die Vorwandverkleidung bis zur Decke hochzuziehen. Dies gilt auch, wenn hinter einem Spiegel z. B. ein Verteiler für flexible Rohre „versteckt" werden soll.

Einfache Rechteckspiegel werden mit Spiegelklammern befestigt. Komfortablere Spiegel, auch mit integrierten Leuchten, und alle Spiegelschränke werden unsichtbar befestigt, siehe Anleitung.
Die Spiegelunterkante soll 12 cm bis 15 cm über der Ablage liegen. Bei Waschtischen für Behinderte sollte sie etwa 10 cm über Waschtisch-OK enden; der Spiegel sollte dann aber ca. 1 m hoch sein.

Die jeweilige Befestigungsanleitung nützt aber nur, wenn sie auch vor der Spiegelmontage gelesen wird!

Ablageplatten aus Porzellan werden mit verchromten Schrauben direkt an der Wand befestigt (Achtung! starke Geräuschübertragung, z. B beim Abstellen von Zahnputzgläsern!). Die Ablageplatten sind meist durch die bei der Vorwandinstallation entstehenden Ablagen, in 900 mm bis 1200 mm Höhe über FFB, überflüssig geworden.

Handtuchhalter, ein- oder zweiarmig, fest oder beweglich, sind höhengleich neben Waschtischen zu montieren.
Günstiger sind verchromte Einzelhaken in verschiedenen Formen. Sie ermöglichen größere Abstände zwischen den Handtüchern (hygienischer). Ihre Zahl kann jederzeit ergänzt werden und jeder Familienangehörige (und Gast) kann sein eigenes Handtuch leicht finden.

Mundglashalter mit Bechern aus Kristall-, Rauch-, Opalglas oder Kunststoff und Seifenschalen ergänzen das Zubehör.

Waschtische können Unterbauschränken aufgesetzt und/oder in **Anbau- und Umbaumöbel** aus Echtholz oder Kunststoff, eingebaut werden, → 553.1. Es gibt solche in großer Auswahl.

18.3.4 Rund um Sitzwaschbecken (Bidet)

18.3.4.1 Benutzen von Sitzwaschbecken

Niemand kommt wohl auf die Idee, sich Gesicht und Hals oder die Hände mit Papier, statt mit Wasser und Seife zu reinigen. Gerade an einem Körperteil ist diese Art der Reinigung leider häufig noch selbstverständlich.

Sitzwaschbecken (Bidets) erlauben bequem den Unterkörper zu reinigen, mit dem Gesicht oder Rücken zur Auslaufarmatur und entsprechen einem echten Hygienebedürfnis. Sie können also benutzt werden, → 1:
• in erster Linie als Waschbecken für die Anal- und Genitalgegend von Mann, Frau und Kind
• als Fußwaschbecken
• als bequemes Handwaschbecken für kleine Kinder, die ohne Stuhl oder den gefährlichen Badezimmerhocker die Armatur am Waschtisch nicht erreichen können

Sitzwaschbecken verhindern Körpergeruch, bringen bei manchen Erkrankungen Erleichterung und fördern die Heilung, z. B. bei Hämorriden.

Ein Sitzwaschbecken sollte deshalb in keinem gut ausgestatteten WC-Raum, Bade- oder Hotelzimmer fehlen. Sie sind im Ausland, vor allem in südlichen Ländern (größere Hitze, Schweiß), viel stärker verbreitet als bei uns.

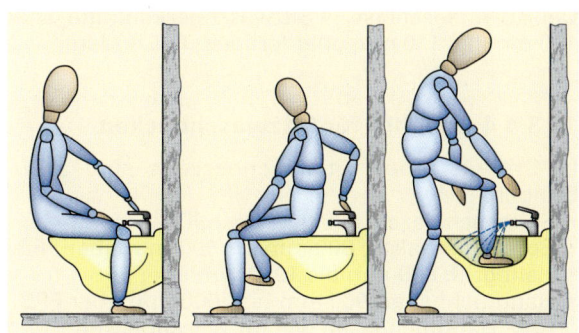

1 Waschen am Bidet

18

18.3.4.2 Wasserzufluss für Sitzwaschbecken

Sitzwaschbecken erfordern immer KW- und WW-Anschluss, ➔ 1.

Als Auslaufarmatur werden verwendet
• Einhebelmischer als Standbatterie, ➔ 2,
• Wandbatterien; diese dann meist als Thermostatarmatur mit einem Standauslauf auf dem Becken, ➔ 3.

Die Armaturen mit freiem Auslauf sind hygienisch einwandfrei, da
• eine offene Fließstrecke existiert
• der Wasserstrahl den Körperschmutz (und ggf. Keime) und –schweiß nach unten spült.

Früher übliche Armaturen für stehendes Wasser im Becken mit Unterdusche sind möglichst zu ersetzen. Sie widersprechen DIN EN 1717 bzw. DIN 1988-100, da sie keine freie Fließstrecke aufweisen.

Günstig ist am Auslauf ein Kugelgelenk und Luftsprudler. Damit kann man einen weichen Wasserstrahl gezielt richten.

Standbatterien werden wie bei Waschbecken montiert, ➔ 554.2:
• Eckventilhöhe über FFB: 100 mm bis 150 mm
• Mittenabstand untereinander: 150 mm bis 300 mm, je nach Form des Sitzwaschbeckens, ➔ 1

Flexible, druckfeste Metallschläuche sparen Arbeitszeit beim Anschluss der Standbatterien an die Eckventile.

18.3.4.3 Wasserabfluss an Sitzwaschbecken

Bei Sitzwaschbecken mit Überlauf wird eine Ablaufgarnitur DN 32 (Einbau wie bei Waschbecken) mit Exzenter- oder Zugknopfbetätigung verwendet, ➔ 2.

Hygienischer sind Sitzwaschbecken ohne eingeformten Überlauf mit einem Ablaufventil mit Siebplatte. Dieses macht den Überlauf überflüssig, da es nie verschlossen werden kann, ➔ 4.

Als Geruchverschluss dient ein Rohrgeruchverschluss DN 32, ➔ 5. Sein Ablauf wird in einem Gumminippel zur Abflussleitung ≥ DN 40 gedichtet, ähnlich wie bei Waschbecken.

Der Ablaufanschluss, in Sitzwaschbeckenmitte, liegt 100 mm bis 110 mm über fertigem Fußboden.

18.3.4.4 Zubehör für Sitzwaschbecken

In Griffweite des Sitzwaschbeckens sind anzubringen:
• Seifenschale: ca. 800 mm über FFB
• Schwammhaken: 800 mm bis 900 mm über FFB
• Haltegriff: 800 mm bis 1000 mm über FFB
• Handtuchhalter: 900 mm bis 1000 mm über FFB bzw. Handtuchhaken wie für Waschbecken
• günstig ist ein Papierhandtuchspender in der Nähe

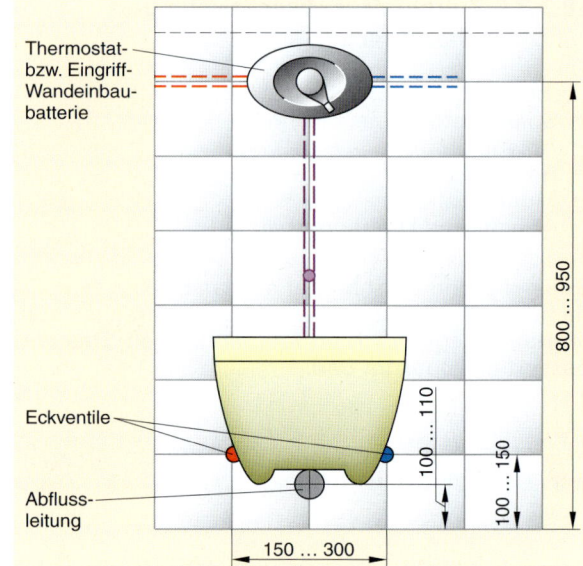

1 Anschlüsse für Sitzwaschbecken

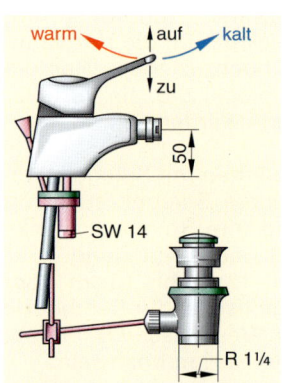

2 Einhebel-Einlochbatterie mit freiem Auslauf und Kugelgelenk

3 Sitzwaschbecken mit Wandeinbau-Thermostat mit freiem Auslauf für Sitzwaschbecken

4 Ablaufventil mit herausnehmbarer Siebplatte, nicht verschließbar, für Sitzwaschbecken ohne Überlauf

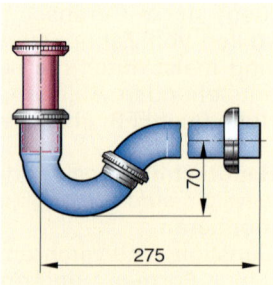

5 Rohrgeruchverschluss für Sichtwaschbecken

18

18.3.4.5 Werkstoff und Montage von Sitzwaschbecken

Sitzwaschbecken sind aus Sanitärporzellan. Ihre Abmessungen entsprechen etwa denen von Klosetts.

Sie werden auch in der gleichen Höhe, Oberkante ca. 400 mm über FFB, wandhängend oder stehend montiert, ➔ 1, siehe auch Kap. 18.3.6.6.

Der Achsabstand zwischen Sitzwaschbecken und Waschtisch muss aber größer sein (≥ 75 cm) als der zwischen WC und Waschtisch (≥ 60 cm), da für die Waschbewegungen zusätzlicher Raum nötig ist.

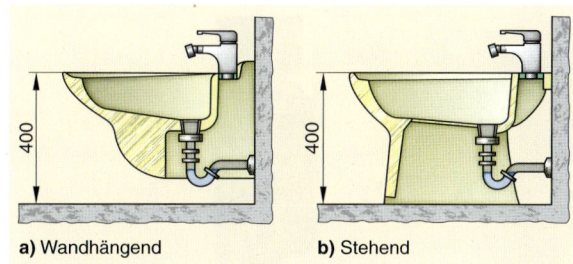

a) Wandhängend **b)** Stehend

1 Sitzwaschbecken mit freiem Wassereinlauf

18.3.5 Gemeinschaftswaschanlagen (Waschräume)

18.3.5.1 Bedarf an Gemeinschaftswaschanlagen

Für die einzelnen Einsatzgebiete von Wasch- und Toilettenräumen gibt es unterschiedliche **Vorschriften** wie:
- die Arbeitsstättenverordnung des Bundesministers für Arbeit und Soziales für Betriebe
- Schulbaurichtlinien der Länder
- Sportstätten-VO bzw. DIN 18 032 – *Sporthallen*
- Krankenhaus-VO der Länder
- Gaststätten-Verordnung

Gemeinschaftswaschanlagen (Waschräume) sind nötig in Gebäuden, in denen viele Menschen gleicher Tätigkeit nachgehen, wie in:
- Betrieben
- einfacheren Wohnheimen
- Sportstätten
- Kindergärten, Schulen
- größeren Toiletten von Gast- und Rasthäusern, Kulturstätten, Messe- und Versammlungshallen

Für **Betriebe** werden, je nach Verschmutzungsgrad und Arbeitsbedingungen, außer Waschbecken auch Duschen gefordert.

Beispiel:
Es sind vorgeschrieben:
- bei mäßig schmutzender Arbeit: je 1 Waschstelle für 5 Arbeitnehmer, sonst für vier
- bei stark schmutzender Arbeit muss 1/3 der Waschstellen aus Duschen bestehen; eine Dusche muss mindestens vorhanden sein
- wenn bei der Arbeit ätzende, infektiöse, giftige, gesundheitsschädliche, geruchsbelästigende oder stark schmutzende Stoffe vorkommen:
  - 1 Dusche je 4 Arbeitnehmer
  - 1 Fußwaschstand je 10 Waschstellen, die Duschen ausgenommen
- wenn Duschen oder Fußwaschstände vorhanden sind: 1 Fußdusche zum Desinfizieren der Füße

In **einfacheren Wohnheimen** wie Jugendheim, Jugendherberge, Kaserne, in denen in Schlafräumen keine Wascheinrichtungen vorhanden sind, werden gemeinsame Waschräume eingerichtet.

In **Sportstätten, Kindergärten und Schulen** fällt bei Sport, Spiel, evtl. „handwerklicher Tätigkeit" Schweiß und Schmutz an. Dort sind den Toiletten Wasch- und Duschräume zugeordnet.

Größeren Toiletten ist immer ein Raum mit mehreren Waschgelegenheiten zuzuordnen, ➔ 2.

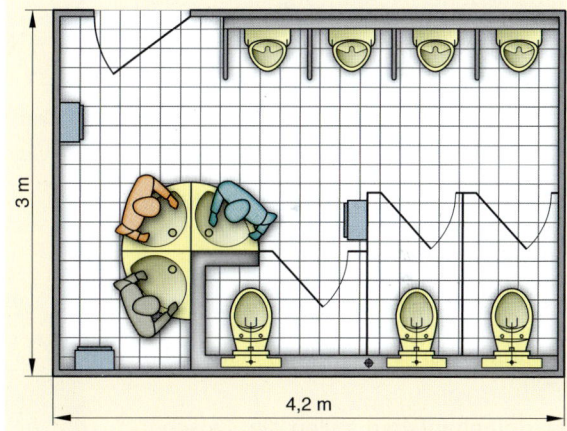

2 Beispielhafter Grundriss für größere Herrentoiletten

18.3.5.2 Arten von Gemeinschaftswascheinrichtungen

Als Wascheinrichtungen in Gemeinschaftsanlagen werden verwendet:
- Waschbecken
- Waschrinnen
- Waschbrunnen
- Duschen

Waschbecken in Gemeinschaftsanlagen werden montiert:
- einzeln
- in Reihe
- als Mehrfachstand

a) Fugenloses Hygienebecken mit Schürze und Selbstschlussarmatur

b) Dreifachstand im Modulsystem

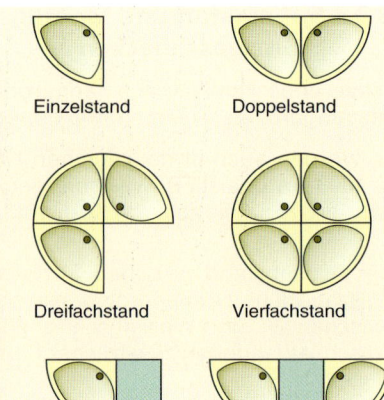

Einzelstand

Doppelstand

Dreifachstand

Vierfachstand

c) Erweitern durch variable Zwischenstücke

1 Waschplätze aus schlag- und kratzfestem Kunststoff

Einzelne Waschbecken in Gemeinschaftsanlagen werden meist in Büro- und Verwaltungsgebäuden oder in kleinen Betrieben installiert. Es gibt sie in verschiedenen Ausführungen für besondere Anforderungen, z. B. als Hygienewaschbecken ohne Fugen mit Schürze und Selbstschlussarmatur für Lebensmittel verarbeitende Betriebe, ➜ 1a.

Mehrfachstände können z. B. aus Viertelkreismodulen sehr variabel zusammengestellt werden, ➜ 1b-c. Die Module gibt es 850 mm hoch, für Kindergärten 600 mm hoch.

Die Module bestehen aus schlagfestem, glasfaserverstärktem Kunststoff mit minerarischer, extrem kratzfester Oberfläche.

Bei **Reihenanlagen** sollen die Zwischenräume zwischen den Becken geschlossen sein. Dies erleichtert die Reinigung erheblich. Gut eignen sich beispielsweise:
- Einbau- oder besser noch Unterbauwaschtische, denn bei letzteren bleibt die Abdeckplatte völlig glatt, ➜ 2
- Waschreihen mit Edelstahlbecken, die gegen Vandalismus ziemlich beständig sind, ➜ 3, 4

Waschrinnen mit je 2-3 Waschplätzen aus Sanitärporzellan, ohne oder mit Rückwand, können aneinander gereiht werden, ➜ 5. Jede einzelne Rinne wird eigens über einen Rohrgeruchverschluss aus PP, G $1^1/_2 \times 50$, an die Abflussleitung angeschlossen. Waschrinnen setzt man
- auf Wandkonsolen,
- auf oder zwischen Standkonsolen.

2 Waschraum mit Unterbauwaschtisch

3 Waschreihe mit Edelstahlbecken

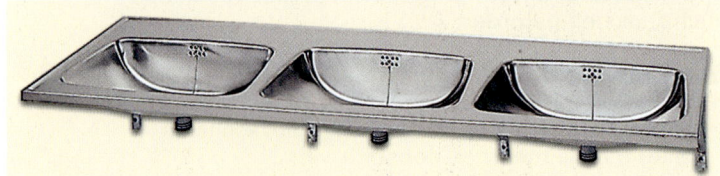

4 Edelstahl-Einzelbecken in Reihe

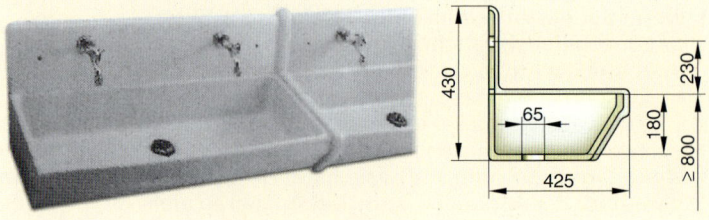

430

230

65

180

425

≥ 800

5 Waschrinnen aus Sanitärporzellan auf Wandkonsolen

18

562

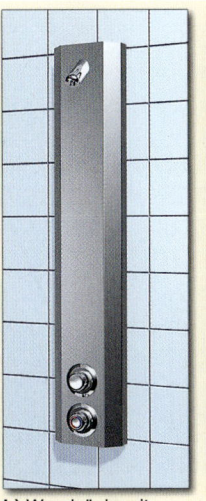

a) Reihenbrausestand paarig, mit Selbstschluss-Einhandbatterien, frei im Raum aufgestellt

b) Wandsäule mit Selbstschluss-Einhandbatterie

c) Runde Duschsäule mit Selbstschluss-Einhandbatterien, frei im Raum aufgestellt

1 Duscheinrichtungen aus Edelstahl für Gemeinschaftswaschanlagen

Waschbrunnen, meist in runder Form, haben in der Mitte eine Säule. Daraus ragen die Mischarmaturen vor und darin ist auch die Ablaufleitung verborgen.

Die Waschplatzbreite soll ≥ 700 mm sein; sie soll sich bis zum Wassereinlauf nicht verringern.

Oberkante von Waschbecken, Waschrinnen u. Ä. soll über Fußboden liegen, ➔ 562.5:
- normal: h ≥ 800 mm
- bei Kindern: h ≥ 600 mm

Duschen in Gemeinschaftsanlagen sollten aufgestellt werden:
- als Reihenduschen längs der Wände, ➔ 1b
- frei im Raum
  - als Doppelreihe, ➔ 1a
  - als Duschsäulen, ➔ 1c

Werkstoffe für Gemeinschaftswascheinrichtungen sind:
- Sanitärkeramik, also Sanitärporzellan oder Feinfeuerton
- Edelstahl rostfrei, meist X6 CrNi 18 10, Werkstoff-Nr. 1.4301
- mineralverstärkter Kunststoff (mit unterschiedlichen Handelsnamen, z. B. *Varicor, Romylit*)

18.3.5.3 Zuflussarmaturen für Gemeinschaftswaschanlagen

An allen Waschplätzen der Gemeinschaftswaschanlage muss fließendes Wasser, kalt und warm, vorhanden sein.

Die Warmwassertemperatur soll durch Vormischen begrenzt werden:
- auf ≤ 40 °C
- bei starker Verschmutzung durch Öle o. Ä.: auf ≤ 45 °C.

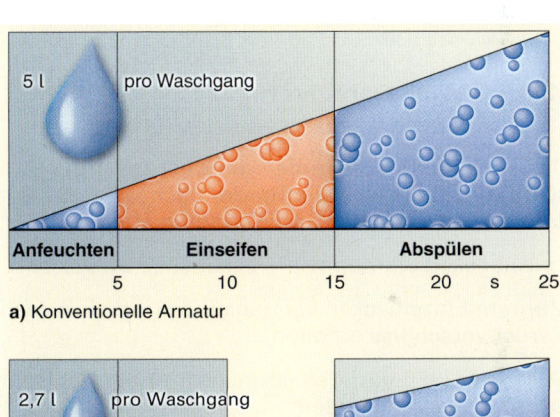

a) Konventionelle Armatur

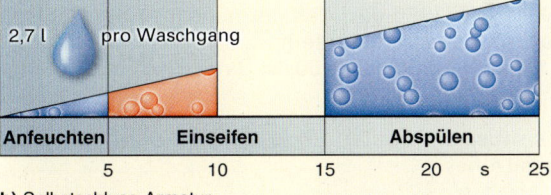

b) Selbstschluss-Armatur

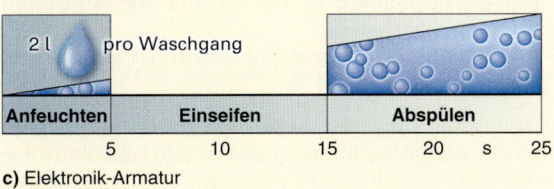

c) Elektronik-Armatur

 Nutzungszeit   Ungenutzter Wasserfluss

2 Wasserverbrauch beim Waschen

Armaturen an Waschstellen sollen Wasser sparend, ➔ 2, und auf einen Ausfluss von ≤ 5 l/min einstellbar sein, z. B. am Auslauf mittels Durchflussbegrenzer, ➔ 230.2, Strahlformer oder einstellbarer Filterbrausen, ➔ 229.1 bis 229.4.

Als Armaturen sind vorteilhaft :
• selbstschließende Einhandmischer
• berührungslos gesteuerte Mischbatterien

Selbstschließende Einhandmischer, ➔ 1, sind besonders bei „verschmierten" Händen sehr vorteilhaft. Das Selbstschließen spart Wasser, vgl. auch ➔ 227.2: Die Wassertemperatur kann durch Griffdrehen vorgewählt werden.

Berührungslos gesteuerte Batterien, ➔ 2, siehe Kap. 18.3.3.3 und ➔ 555.2.

Für Waschbrunnen gibt es auch selbstschließende, fußbetätigte Mischbatterien.
Duschköpfe in Gemeinschaftsduschen sollen robust und einstellbar sein, ➔ 550.1.

Bei hartem, kalkhaltigem Wasser ist ein zuverlässiger Schmutzfänger in den Zuleitungen zu den Waschstellen sinnvoll. Die Zuleitungen selbst sollen aus korrosionsbeständigem Material sein. Beides zusammen erspart häufiges Reinigen der Duschköpfe bzw. der Strahlformer.

18.3.5.4 Wasserabfluss für Gemeinschaftswaschanlagen

Unter jeder Beckenreihe, mindestens aber auf 30 m² zu reinigender Fußbodenfläche, ist ein Bodenablauf vorzusehen, ➔ 563.1a und ähnlich 297.3.

Einzelbecken werden wie Waschtische entwässert.

Mehrere Einzelbecken können einen gemeinsamen Geruchverschluss erhalten.

Nach DIN 1986 darf das gemeinsame Sammelrohr je Geruchverschluss sein:
• bei DN 40 oder DN 50: ≤ 3 m
• bei DN 70: ≤ 5 m

Es muss am oberen Ende eine Reinigungsöffnung besitzen.

Ablaufventile mit Sieb sind
• bei Einzelbecken: in DN 32 aus Messing, verchromt
• bei Waschrinnen bzw. -brunnen: in DN 40 oder DN 50 aus Edelstahl

Möglich ist auch der Ablaufanschluss ohne eigenen Geruchverschluss an einen Bodenablauf, der unterhalb der Waschrinne in einer Sammelrinne angeordnet wird, z. B. Bodenablauf mit seitlichem Zulauf, ➔ 297.2.

Lange Anschlussleitungen zur Fallleitung erfordern eine Neben- oder eine Umlüftung.

Wasserablauf ist:
• für Reihenduschen: eine gefliese Rinne oder ein flach geneigter Boden zum Ablauf
• für Duschsäulen: ein Bodenablauf im gefliesten Boden, frei im Raum

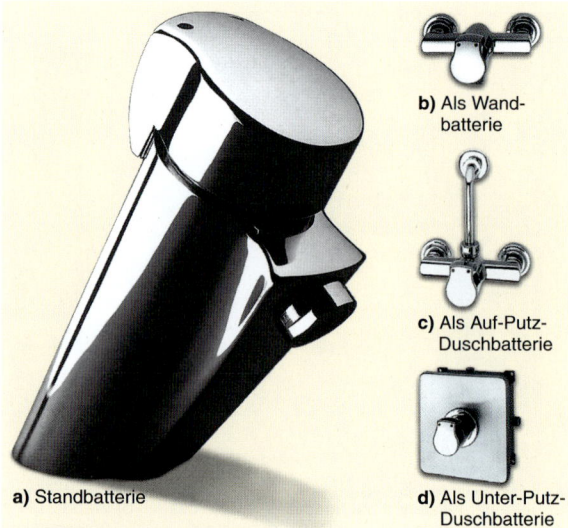

b) Als Wandbatterie

c) Als Auf-Putz-Duschbatterie

a) Standbatterie

d) Als Unter-Putz-Duschbatterie

1 Selbstschluss – Eingriffmischer

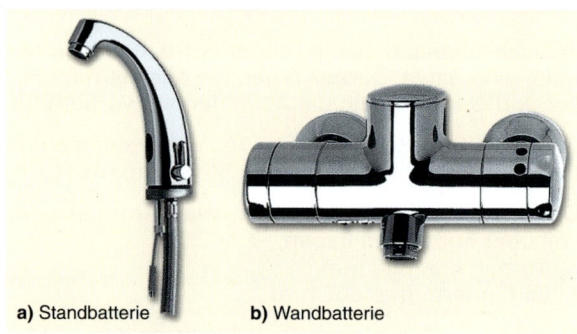

a) Standbatterie   **b)** Wandbatterie

2 Elektronische Waschplatzarmatur

18.3.5.5 Zubehör für Gemeinschaftswaschanlagen

Zu Gemeinschaftswaschanlagen gehören:
• Seifenablage
• Handtuchhaken
• Waschmittelspender
• Behälter für Einmalhandtücher
• Abfallbehälter
• Haartrockner
• Spiegel
• Zigarettenablage
• evtl. Ventilator zur Be- und Entlüftung

Für jede Waschstelle ist eine **Seifenablage** und ein **Handtuchhaken** erforderlich; ein **Waschmittelspender** genügt für je zwei Waschplätze.

Als hygienische Reinigungsmittel gelten:
• Seifencreme, besser Seifenschaum aus Spendern
• Seifenstücke, sofern ein Stück nur von einer Person benutzt wird

Zusätzlich können (sandfreie) Handwaschpasten oder -tabletten erforderlich sein.

18

Zum Händetrocknen sollen **Einmalhandtücher** angeboten werden, z. B.:
- Textiltücher aus Automaten, in denen verschmutzte Handtuchteile getrennt von unbenutzten aufgerollt sind
- Papierhandtücher aus Spendern oder von Rollen

Bei Papierhandtüchern muss in unmittelbarer Nähe des Handtuchspenders ein genügend großer **Abfallbehälter** aufgestellt werden.

Im Vorraum zum Duschraum sind fest montierte **Haartrockner** anzubringen.

Spiegel sind an geeigneter Stelle im Raum anzubringen. Sie sollen nicht über den Waschstellen montiert werden, damit sie sauberer bleiben. Für je 5 Waschplätze ist mindestens ein Spiegel vorzusehen.

Zigarettenablagen mit Aschenbechern sind im Raum zweckmäßig.

Waschräume sind ausreichend zu lüften.

Bei Zwangslüftung über **Ventilatoren** muss mindestens ein zehnfacher Luftwechsel je Stunde erfolgen.

Übungen:

1. Wodurch unterscheiden sich Waschbecken von Waschtischen?
2. Beschreiben Sie ein Waschbecken für schmale Räume.
3. a) Aus welchen Werkstoffen sind Waschtische?
   b) Zählen Sie die Vorteile der einzelnen Werkstoffe auf.
4. Welche Arten von Waschtischen gibt es?
5. Beschreiben Sie anhand von Skizzen, wie befestigt werden:
   a) Einbauwaschtische,
   b) Unterbauwaschtische.
6. Welche Auslaufarmaturen werden bei Waschtischen verwendet?
7. Auf welche Weise können Standarmaturen befestigt werden?
8. a) Welche Vorteile haben Wandarmaturen bei Waschtischen?
   b) Wo werden diese hauptsächlich eingesetzt?
9. a) Wann verwendet man eine berührungslos gesteuerte Armatur am Waschtisch?
   b) Welche Arten gibt es davon?
10. a) Welches Auslaufventil verwenden Sie bei Waschtischen?
    b) Welche anderen Formen gibt es noch?
    c) Beschreiben Sie, wie Sie ein Ablaufventil im Waschtisch anbringen können.
11. a) Warum sind Waschtischüberläufe unhygienisch?
    b) Wie kann man sie vermeiden?
12. Welche Arten von Geruchverschlüssen verwendet man
    a) bei Waschtischen,
    b) bei Waschbecken mit geringer Ausladung?
    Worauf ist dann zu achten?
13. Wann ist ein Wandeinbaugeruchverschluss nötig?
14. Welches Zubehör gehört zu einem Waschtisch?
15. Fertigen Sie Montageskizzen für
    a) Waschbecken geringer Ausladung mit Wandarmatur,
    b) Waschtisch mit Standarmatur,
    c) Waschtisch mit lichtstrahlgesteuerter Wandarmatur.
16. Welche Montagehöhen gelten bei Waschtischen für
    a) Abfluss,
    b) Eckventile,
    c) Spiegel?
17. Erstellen Sie einen vollständigen Materialauszug für
    a) ein Handwaschbecken mit Wandauslaufventil,
    b) einen Waschtisch mit Einhebelmischer und Zubehör.
18. Wozu dienen Sitzwaschbecken?
19. Welche Formen von Sitzwaschbecken gibt es?
20. Wie erfolgt die Wasserzu- und -ableitung bei Sitzwaschbecken?
21. Warum sind Sitzwaschbecken mit Unterdusche nicht mehr zulässig?
22. Warum müssen die Achsabstände zum Waschtisch von WC bzw. Bidet verschieden sein, obwohl WC und Bidet nahezu gleiche Abmessungen haben?
23. a) Was versteht man unter „Gemeinschaftswaschanlagen"?
    b) Welche Vorschriften sind u. U. beim Bau zu beachten?
24. Welche Arten von Wascheinrichtungen gibt es bei Gemeinschaftsanlagen?
25. Nennen Sie die Werkstoffe für Waschstellen.
26. Welche Ausflussarmaturen gibt es für Gemeinschaftswaschanlagen?
27. Welches Zubehör gibt es für Gemeinschaftswaschanlagen?

18

18.3.6 Klosettanlagen

18.3.6.1 Nutzung von Klosetts

Klosettanlagen dienen in erster Linie, um Fäkalien[1] zu beseitigen. Da in Wohnungen oft Ausgussbecken fehlen, werden Klosetts auch als Schmutzwasserausguss „missbraucht". Normales Putzwasser schadet nicht. Scharfe Reinigungsmittel können allerdings evtl. aufgebrachte Spezialglasuren beschädigen.

In Klosetts dürfen niemals gekippt werden:
- Fettreste
- Nahrungsreste
- Stoffe, die Klosett und Leitungen verstopfen können.

Nahrungsreste nähren Ungeziefer im Abwassersystem, vor allem Ratten; die sind vereinzelt auch schon in WC „aufgetaucht".

Fettreste aus Pfannen, Fritteusen u. Ä. lagern sich an und verstopfen nachfolgende Leitungen. Das führt zu penetrantem Gestank („riechen" ist zu gemäßigt).

Verstopfen können WC und Leitungen vor allem durch Papierknäuel, Pappe-Reste (Zigarettenschachteln u. Ä.), Textilien und Materialien.

18.3.6.2 Spülklosetts

Bei Klosetts unterscheidet man:
- Spülklosett (WC)
- Duschklosett, siehe Kap. 18.3.7.3
- Verbrennungsklosett

Spülklosetts (WC, engl. water closet) werden hauptsächlich eingebaut. Die Fäkalien werden mit Wasser in die Abwasserleitung geschwemmt.

Gespült wird meist mittels Spülkasten, ➔ 242.3, nur noch selten mit Druckspüler, ➔ 246.2. Die 2-Mengen-Spülung hilft Wasser sparen, ➔ 242.1. Das „Spülwasser" strömt hinten ins Becken, verteilt sich beidseitig gleichmäßig über die Spülränder, ➔ 3. Es sorgt für einwandfreies Ausspülen und Sauberkeit im Becken und schwemmt die Fäkalien in die Kanalisation.

Schmierfilme auf der Keramik lassen sich vermeiden, wenn **vor** der WC-Benutzung minimal gespült wird, sodass die Keramik nass wird.

Neu sind WC-Becken mit **offenem Spülrand** ➔ 3b. Darin gibt es keine Schmutzecken; er ist einfach, bequem zu reinigen, erfordert erheblich weniger Reinigungsmittel und bietet ein hohes Maß an Hygiene.

Deshalb werden solche WCs vor allem in öffentlichen Gebäuden jeder Art, wie Krankenhäuser, Schulen, Verwaltungs-, Büro-, Fabrikgebäude, Gaststätten, Wohnheime aller Art eingesetzt. Für „Bewohner" bestimmter Gebäude entfallen damit auch Verstecke.

Spülklosetts unterteilt man in:
- Standklosett (bodenstehendes WC)
- Wandklosett (wandhängendes WC)

Standklosetts befestigt man auf dem Fußboden, als:
- Standklosett mit innenliegendem Abgang, ➔ 1
- Universalklosett mit freiliegendem Abgang, ➔ 4

1 Standklosett mit innenliegendem Abgang und mit aufgesetztem Spülkasten

2 Wand Klosett

a) Mit verdecktem Spülrand

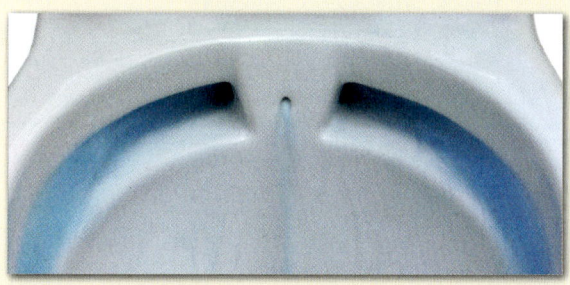

b) Mit offenem Spülrand

3 Spülwasserverteilung im WC über Spülränder, rechts/links

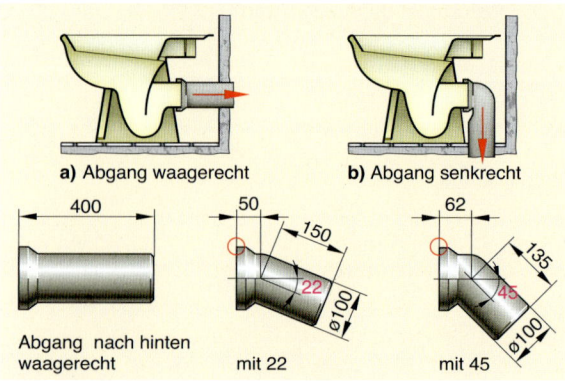

a) Abgang waagerecht   b) Abgang senkrecht

400   50   62

150   135

22   45

⌀100   ⌀100

Abgang nach hinten waagerecht   mit 22   mit 45

4 Universalklosett mit kurzem, freiliegendem, Abgang DN 100 – Abgangsstutzen auch in DN 100/DN 80; s. auch ➔ 567.1

[1] Fäkalien: von Mensch und Tier ausgeschiedener Kot und Urin

18

Der **freiliegend-senkrechte** Abgang des Universalklosetts ist zu vermeiden. Er stört beim Fußbodenreinigen und wird meist unhygienisch, weil oft eine Rosette um den Ablauf gelegt wird. Darunter wird kaum bis gar nicht gereinigt. Dort, in Urinresten und feuchtem Schmutz, wuchern Keime. Das riecht übel!

Besser sind Standklosetts mit **innenliegendem, senkrechtem Abgang**, ➔ 566.1. Sie wirken kompakt, ohne störenden Ablaufstutzen und lassen sich rundum am Fußboden leichter reinigen.

Wandklosetts (Wand-WC) haben viele Vorteile; diese fallen besonders bei der Raumreinigung auf, ➔ 566.2:
- Wand-WC liegen glatt an der Wand an, besonders m in Kombination mit einem Einbauspülkästen
- Der Fußboden unter dem Wand-WC ist frei; er kann sogar mit Bodenwischern gesäubert werden.

Die Vorteile der Wand-WCs gelten besonders für öffentlich zugängliche Toiletten. Dort kann man stark verschmutzte Fußböden sogar mit einem Wasserstrahl vorreinigen.

Ein **Fußbodenablauf** in diesen Räumen ist Pflicht.

18.3.6.3 Beckenformen bei Spülklosetts

Je nach Beckenform unterscheidet man bei WCs:
- Tiefspülklosett
- Zungenklosett (Kaskadenklosett)
- Flachspülklosett
- Hockklosett

Beim **Tiefspülklosett**, ➔ 2a, fallen die Fäkalien sofort ins Sperrwasser des Geruchverschlusses. Dies schränkt die Ge-ruchsbelästigung erheblich ein. Das Tiefspül-WC wird deshalb heute bevorzugt eingebaut, auch in Wohnungen.

Beim **Zungen- oder Kaskadenklosett**, einer Sonderform des Tiefspül-WCs, ➔ 2b, gleiten die Fäkalien ebenfalls ins Wasser, lösen aber kein Spritzen aus. Bei geänderter Sitzposition ist eine Stuhlkontrolle möglich.- Tiefspül- und Zungenklosetts werden gut ausgespült, da Fäkalien und Papier voll vom Spülstrom im WC-Geruchverschluss erfasst werden.

Beim **Flachspülklosett** mit flacher Mulde, ➔ 2c, bleiben Fäkalien bis zur Spülung liegen. Die so mögliche Stuhlkontrolle wird durch starke Geruchsbelästigung und hohen Reinigungsaufwand (teuer) erkauft. Dieses WC verschwindet auch bei uns immer mehr.

Absaugeklosetts sind wegen des hohen Spülwasserverbrauchs „out".

Hockklosetts, ➔ 3, sind in südlichen Ländern üblich; bei uns werden sie evtl. nur in Wohnheimen für Moslems eingebaut; dann sind sie so anzuordnen, dass der Benutzer in Richtung Mekka schaut.

Sie werden im Fußboden der Toilette eingelassen. Gespült wird mittels Druckspüler oder hochhängendem Spülkasten. - Vorsicht bei Benutzung! (Überschwemmung kann drohen!)

18.3.6.4 Werkstoffe für WCs

WC-Körper werden hergestellt aus
- Sanitärkeramik
- Edelstahl „Rostfrei"

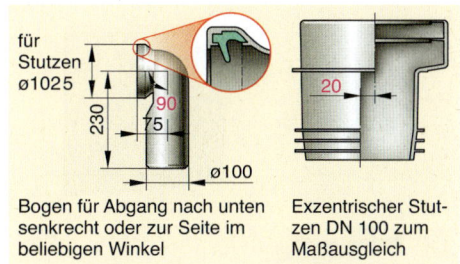

1 Anschlussbogen bzw. -stutzen für Univeresal-WC

Bogen für Abgang nach unten senkrecht oder zur Seite im beliebigen Winkel

Exzentrischer Stutzen DN 100 zum Maßausgleich

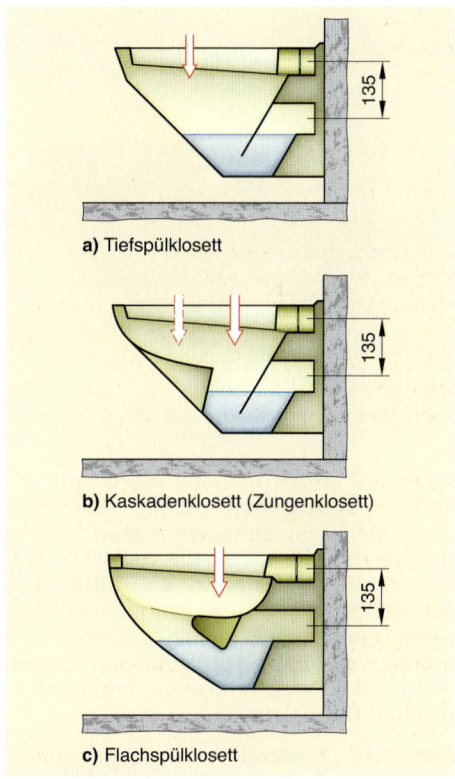

a) Tiefspülklosett

b) Kaskadenklosett (Zungenklosett)

c) Flachspülklosett

2 Spülklosetts

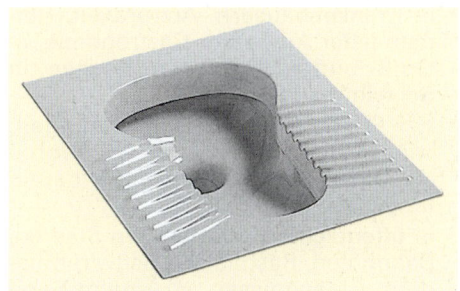

3 Hockklosett (Text s. S. 666)

Sanitärkeramik, 566.1, lässt sich gut formen, besitzt eine glas-ähnliche Oberfläche und ist formstabil. Damit ist es besonders geeignet bei schwierigen Bauformen und hohen Ansprüchen im Gebrauch (Fäkalien, Belastung, leicht zu reinigen).

18

1 WC aus Edelstahl

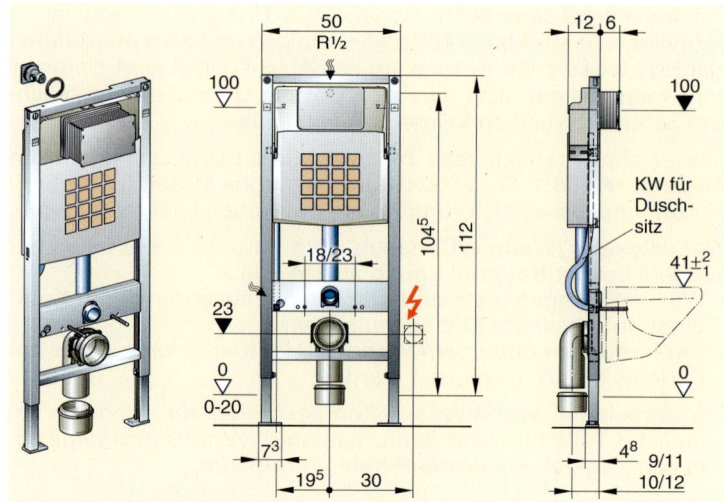

2 Montageelement für Wandklosett (Dusch-WC)

Edelstahl „Rostfrei" ist außerordentlich stabil; seine glatte, dichte, kratzfeste Oberfläche ist sehr widerstandsfähig und beständig gegen die meisten Desinfektions- und Reinigungsmittel. Sie schützt gegen das Eindringen von Keimen. Dies macht Edelstahl „Rostfrei" zu einem idealen Werkstoff für Sanitärausstattungen imm Ernährungs- und medizinischen Bereichen.

Edelstahl „Rostfrei" wird wegen seiner Vorteile an Stelle von Keramik vor allem eingesetzt z. B.:

- in Krankenhäusern, Arztpraxen, Heimen jeder Art, in der Gastronomie, in Groß- und auch privaten Küchen, in Schwimmbädern u.Ä.
- bei Gefahr durch Erschütterungen, wie in Zügen, in Toiletten von Wohncontainern, die auf Baustellen häufig umgesetzt werden.
- in **öffentlichen Toiletten** von Städten, Bahnhöfen, Rastplätzen Schwimmbädern, Gefängnissen, u. Ä. wird Sanitärkeramik leider oft aus Dummheit oder mutwillig brutal zerstört (Vandalismus). Dort „rentieren" sich höhere Beschaffungskosten für WCs, Waschbecken u. Ä. aus Edelstahl „Rostfrei".

Alle Sanitärapparate aus Edelstahl gelten als vandalensicher.

18.3.6.5 Montage von Wandklosetts

Die Oberkante des Sitzrandes von Wandklosetts soll heute 420 mm bis 450 mm über Fußboden liegen – gegenüber früher 400 mm. Danach richtet sich die Mitte des Abflussanschlusses, je nach Modell, auf 260 mm bis 290 mm über FFB;

Wandklosetts befestigt man bei

- Festmauerwerk mit
  - zwei Stockschrauben M 12x150 in Kunststoffdübeln Ø 14, ähnlich → 588.3 oder
  - mit verzinkten Gewindestäben in Metallspreizdübeln
- Vorwandinstallation an den Gewindestäben der Montageelemente, → 2, 569.1, die aus der fertigen (gefliesten) Wandoberfläche ragen; nach dem Einstellen auf Länge sind die Gewindestäbe zu kontern.

Daran wird später das WC mit Gewinde- oder Nylonbundmuttern festgeschraubt (Beilagscheiben nicht vergessen!)

Zwischen fertig gefliester Wand und WC-Körper ist eine Schallschutzmatte einzufügen, → 588.2.

Montageelemente der Vorwandinstallation garantieren maßgenaue Arbeit und sparen dabei viel Zeit ein, da festgelegt sind:

- alle Anschlüsse für Zu- und Abfluß
- alle Halter für die WC-Befestigung mit Gewindestäben M12, → 2, s. Kap. 3.6.2

Die Gewindeenden müssen ≥ 60 mm aus der fertigen Wand ragen.

Das Montageelement ist vorher an der richtigen Stelle zu platzieren.

Hubklosetts (Hub-WCs) lassen sich, auch Jahre nach dem Einbau, um bis zu 6 cm anheben, z. B. von 42 cm auf 48 cm, → 569.1.

Das **stufenlos höhenverstellbare WC** ist eine Sonderform des Hubklosetts.
Dieses lässt sich bis zu 30 cm auf- und absenken, auch während der Benutzung, → 529.1

Höhenverstellbare-WCs werden besonders von körperlich behinderten Menschen geschätzt.

a) Montagegestell mit flexiblen Rohren für Spülung und Abfluss (Ausschnitt)

b) Langrunde Ausschnitte in der Wandverkleidung

c) Anheben nach dem Lösen der Befestigungsmuttern

1 Hub-WC – auch nach Jahren – bis zu 6 cm anzuheben

WC-Module

Die großen Vorteile der Wand-WCs, – wie glatte Flächen an Wand und Fußboden, einfaches Reinigen des Raumes, gute Optik – rufen nach einer einfachen Möglichkeit ältere WC-Anlagen mit Aufputz-Spülkasten und Standklosett oder mit Druckspüler schnell und elegant zu modernisieren.

Dieses ermöglichen sogenannte **Sanitärmodule** für WCs
- mit stabilem Grundrahmen und hochwertiger Oberfläche.
- mit Wandspülkasten für 2-Mengen-Spülung
- vorne Fertigoberfläche aus Sicherheitsglas, schwarz oder weiss
- oben und an den Seiten gebürstetes Aluminium
- WC-Etagenbogen flachrund, verstellbar von 145 mm bis 345 mm

Das bodenstehende Modul ist selbsttragend. Anschließbar sind: Wand-WC, Stand-WC für wandbündige Montage und Dusch-WC.

Ähnliche Module gibt es für Duschklosetts, Waschtische, Bidets. Das Modul kann vor bestehende Fliesenwände gestellt werden.

Der Fußboden muss bis zum vorhandenen Ablaufstutzen 8,5 cm tief und ca. 13 cm breit (wegen der ovalen Form), geöffnet und später neu gefliest werden.

Perfekte **Lufthygiene** In Toiletten zeugt von Sauberkeit. Mangelt es daran, kann es übel riechen – präziser: Es stinkt! Ursache ist oft, wenn je Wohnung nur ein WC installiert ist oder bei mehreren WCs in relativ kleinen Räumen, wie in manchen Gaststätten.

Sind in Gaststätten, Hotels u. Ä mehrere WCs installiert, muss die Lüftung, wie. in Kap. 18.4.4.2 beschrieben, erfolgen.

Im privaten Bereich wird **Luft unter 45° aus dem Spülrohr** DN 50 mithilfe eines Ventilators **abgesaugt**. Die Absaugleitung ist über dem höchsten Wasserstand im Spülkasten auf DN 80 zu erweitern. Ein Alu-Flexrohr führt weiter zum Lüfter, der die Abluft
- über Dach bläst, ➜ 3
- durch die WC-Außenwand direkt ins Freie fördert.

Einzelne Klosetts mit 4,5 und 6 l Spülwasservolumen können an Abwasserleitungen mit Nennweite DN 80 (d_i = 75 mm) bzw. DN 90 (di = 79 mm) angeschlossen werden. 4,5-l-WCs **allein** sollten nicht allein an längere, liegende Sammel- oder Grundleitungen ≥ DN 100 angeschlossen werden. Gut ist es, wenn weitere Entwässerungsgegenstände an dieser Leitung für eine gute Schwemmwirkung sorgen, wie Waschmaschine, häufig genutzte Badewanne o. Ä.

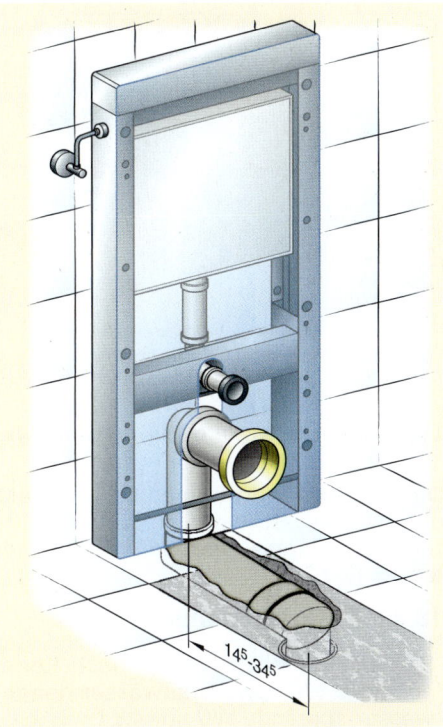
145-345
2 Bodenstehendes WC-Modul zum Modernisieren veralteter WCs

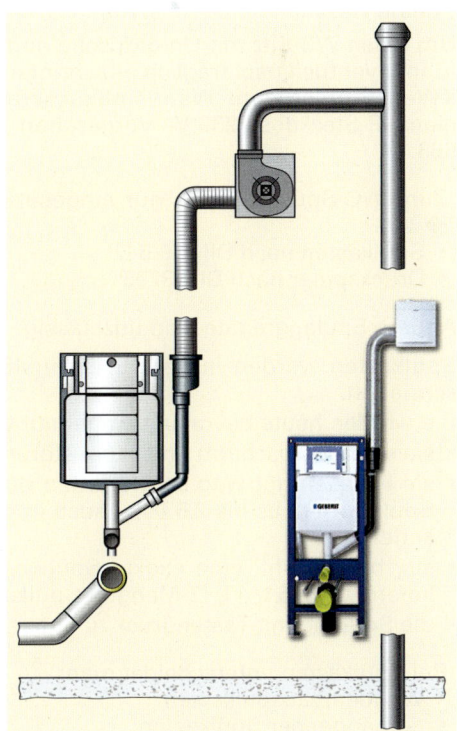
3 Geruchsabsaugung aus dem WC

18

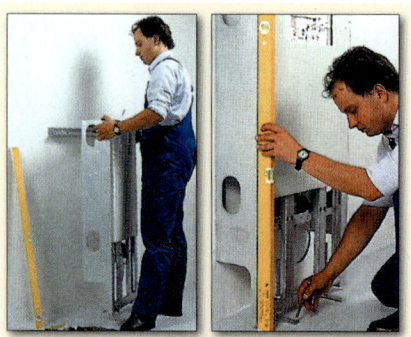

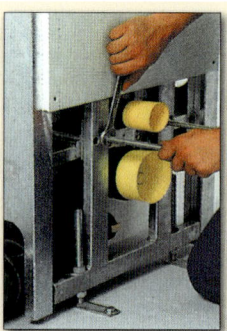

a) Einhängen in Wandschiene, senkrecht ausrichten, anschrauben

b) Waagerecht ausrichten, fixieren (kontern)

c) Abwasser verlegen, Gewindestangen einschrauben, kontern

d) Restbeplankung zuschneiden und anbringen

1 Montageständer WC für Trockenausbau mit Wandeinbauspülkasten

Die Außenwandöffnung, UK mindestens 2,0 m über Niveau, ist durch ein Lüftungsgitter zu schützen. Eine Klappjalousie soll kalte Außenluft abhalten, ➔ 569.2

18.3.6.6 Klosettspülung

> Spülklosetts erfordern, je nach Kennzeichnung auf dem WC, eine **Spülwassermenge** von 6,0 l, wasser-sparende WC nur 4,5 l

> **Alte 9-l-WCs** sind gegen wassersparende auszutauschen.

Beim WC-Spülen darf der Spülvorgang abgekürzt werden. Mindestens 3 l Wasser sollen aber fürs „kleine Geschäft" fließen, s. Kap. 6.4.1.

Um einen WC-Sitz mit Unterdusche und Warmluftföhn, eventuell nachträglich anzubringen, kann ein KW-Anschluss vom Wandeinbaukasten her und eine UP-Steckdose 230 V~ vorgesehen werden, ➔ 568.1.

> Zum WC-Spülen dürfen nur eingesetzt werden, ➔ 2:
> • Spülkästen nach DIN 19 542
> • Druckspüler nach DIN 3265

Andere Spülaggregate sind unzulässig.

Spülkästen werden in Kap. 6.4.2 ausführlich beschrieben.

Sie werden heute bevorzugt eingebaut weil:
• sie sehr geräuscharm und kaum störanfällig sind.
• sie Fäkalien gut weg schwemmen durch hohen Spülstrom (2 l/s bis 2,5 l/s) – auch in der Abwasserleitung
• sie, nach Wahl, eine exakte Spülwassermenge liefern , z. B. 6 l, 4 l, (2-Mengen-Spülkasten)
• die Spülung mit Tastendruck zu unterbrechen ist.

Bei Spülkästen unterscheidet man:
• Wandeinbauspülkasten
• tiefhängender Spülkasten
• aufgesetzter Spülkasten

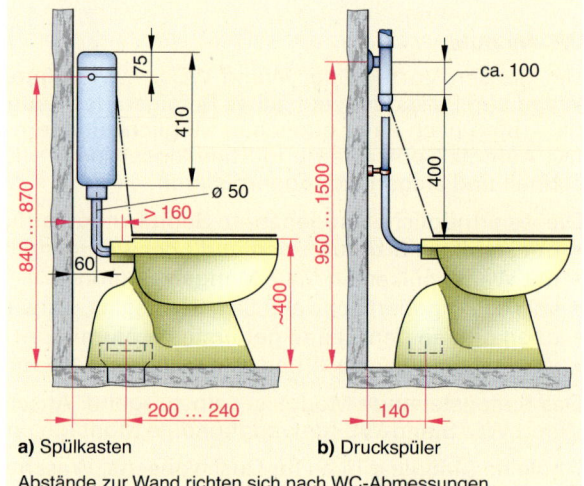

a) Spülkasten

b) Druckspüler

Abstände zur Wand richten sich nach WC-Abmessungen. Der WC-Deckel muss geöffnet allein stehen bleiben.

2 WC-Spüleinrichtungen – hier bei einem Stand-WC

Wandeinbauspülkästen sind in Montageelementen für die Vorwandinstallation enthalten. Darin sollten sie auch eingebaut werden, denn dies erfolgt zeitsparend und ist passgenau, ➔ 568.1.

Die Spülkastenbetätigungsplatte ragt nur etliche Millimeter aus der Wand.

Tiefhängende Spülkästen haben mit 130 mm eine so geringe Bautiefe, dass sie mit einem verlängerten Spülrohrbogen gegen Druckspüler austauschbar sind. Bei ihrer Montage ist darauf zu achten, dass der WC-Deckel um mehr als 90° aufzuklappen ist ➔ 2a.

Bei **aufgesetzten Spülkästen** (Zweistückanlagen) für Standklosetts mit senkrechtem Abgang, sind bei der Vormontage genau einzuhalten:
• die Abstände des Abflussstutzens zur Wand
• der Austritt des Spülkastenanschlusses

Hochhängende Spülkästen werden heute praktisch nicht mehr eingebaut, nur noch in Ausnahmefällen in öffentlichen Toiletten

18

Bei allen Montagearbeiten sind schon bei der Vorinstallation die Herstellerangaben zu beachten, damit es bei der Fertigmontage keine Schwierigkeiten gibt.

Mit **Montageelementen** der Vorwandinstallation, → 1, arbeitet man passgenau und spart viel Zeit.

Bei WCs **unter Dachschrägen** sind die Montageelemente so zu setzen, dass über WC-Vorderkante eine lichte Raumhöhe ≥ 2,0 m entsteht, → 1

Druckspüler zum Spülen von WCs, s. Kap. 6.4.3, sind so hoch zu installieren, dass beim Öffnen der WC-Deckel nicht gegen den Spüler schlägt, 950 mm bis 1050 mm über FFB, → 570.2b.

Das Spülwasservolumen des Druckspülers „hat man nicht genau in der Hand", da es von mehreren Faktoren abhängt, wie Leitungsdruck, Zustand der Armatur, „Handgefühl des Auslösers".

Damit gespült werden:
• Standklosetts, → 570.2:
• Wandhängeklosetts, → 571.1

Spülrohre mit festem Bogen
• aus Kunststoff, Ø 55x44, verbinden Spülkasten,
• meist aus Messing verchromt, Ø 28, verbinden Druckspüler mit dem Klosettbecken.

Vor der Wand erlauben zusätzliche Bogenstücke mit 90°, 60°, 45°, 30° oder Sichelform auch komplizierte Anschlüsse.

Kunststoffspülrohre können nach vorsichtigem Erwämen auf etwa 120 °C – am besten mit einem Föhn – nachgebogen werden.

Längere Spülrohre müssen mit Rohrbändern an der Wand befestigt werden. Bei Druckspülern wird für den Deckelanschlag ein Gummipuffer ans Spülrohr geklemmt. Bei tiefhängenden Spülkästen schützt ein anklebbarer Puffer in Spülkastenfarbe die Kastenvorderwand.

Spülrohre werden zum Wasseranschluss am Klosettbecken durch einen Spülrohr-Innenverbinder aus Gummi abgedichtet; ein leicht schräger Anschnitt des Spülrohres vergrößert die Austrittsfläche und verhindert Stau, wenn das Spülrohr einmal zu weit in den Spülwasserverteiler am WC geschoben ist, → 246.1.

18.3.6.7 Wasserablauf und WC-Anschluss

WC-Becken haben einen eingeformten Geruchverschluss.

Spülklosetts sind so an die Fallleitung anzuschließen, dass zwischen Wasserspiegel im Geruchverschluss und Sohle des Fallleitungsabzweiges ein Höhenunterschied ≥ 100 mm (≙ Nennweite) besteht, → 3.

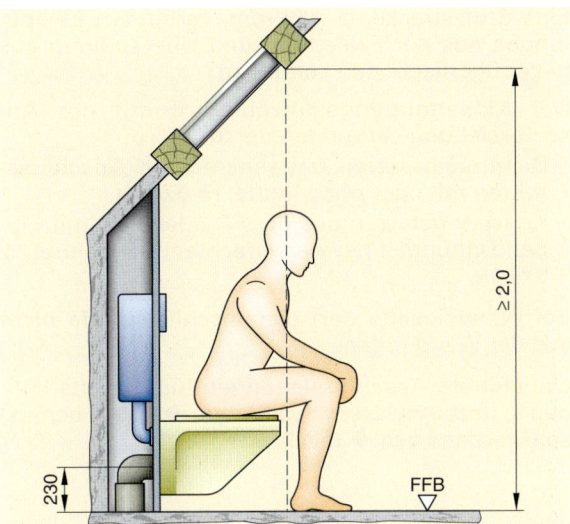

1 WC unter Dachschräge

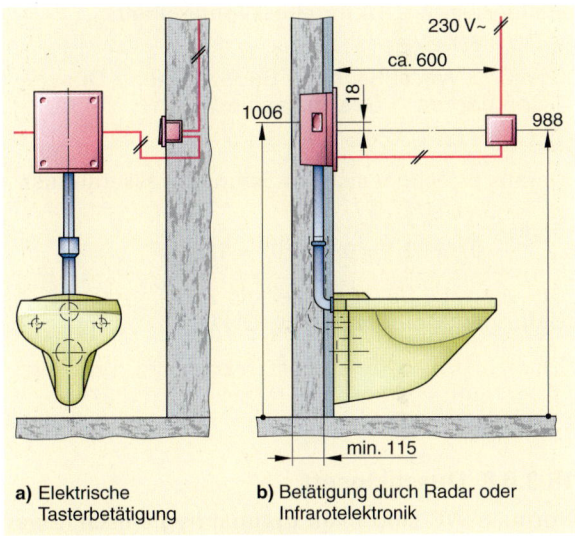

a) Elektrische Tasterbetätigung

b) Betätigung durch Radar oder Infrarotelektronik

2 Wandklosett mit Wandeinbauspüler

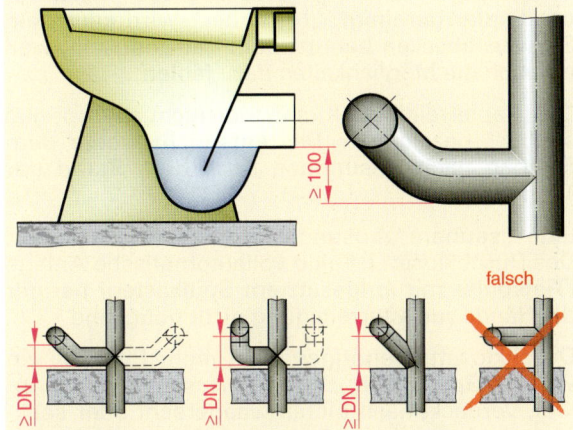

falsch

Die Sturzstrecke verhindert Einspülungen aus der Fallleitung und Überspülungen von gegenüberliegenden Anschlussleitungen.

3 Anschluss des Spülklosetts an die Fallleitung

18

Eine Sturzstrecke, ≥ 160 mm, verhindert Einspülungen aus der Fallleitung und Überspülung aus gegenüberliegenden Leitungen.

Der Klosettabgangsstutzen wird mit der Anschlussleitung verbunden durch:

- Dichtmanschetten bei senkrechten Anschlussrohren mit oder ohne Muffe, → 574.1a,
- Kunststoffstutzen aus PE, PP oder PVC mit Lippendichtungen bei waagerechtem Anschluss, → 574.1b.

Bei Wandklosetts darf die Anschlussmuffe nicht aus der Wand ragen.

Unbelüftete Anschlussleitungen für Klosetts können je nach Abwasser-Systemtyp, → 280.3, bemessen werden nach → 574.2.

Anmerkung:

Nach DIN EN 12 056-2 beträgt die Summe der Anschlusswerte (*DU*) für eine Wohneinheit:

$\Sigma\,DU = 9{,}1$

(2 WC, 3 Waschtische, 1 Badewanne, 1 Dusche, 1 Spülbecken, 1 Geschirrspüler

$DU = 2 \cdot 1{,}8 + 3 \cdot 0{,}5 + 1 + 1 + 1 + 1).$

Daraus errechnet sich ein Schmutzwasserabfluss:

$$Q_{max} = 0{,}5 \cdot \sqrt{\Sigma\,DU}$$
$$= 0{,}5 \cdot \sqrt{9{,}1} = 0{,}5 \cdot 3{,}02 = \underline{\mathbf{1{,}5\ l/s}}$$

Der Wert 1,5 l/s ist kleiner als 2,25 l/s nach → 2. Dafür genügen DN 90 bzw. DN 80.

18.3.6.8 Duschklosett

Normale WC sind nicht optimal hygienisch. Zwar werden Kot und Urin mit reichlich Wasser aus dem WC gespült. Die Analgegend wird aber meist nur mit Papier gereinigt. „Hinterher" wird kaum ein Sitzwaschbecken benutzt oder gar geduscht, weil oft auch die Möglichkeiten dazu fehlen.

Die „Papierreinigung" kann man nicht als „optimal sauber" bezeichnen. Das entspricht weder dem Streben nach Gesundheit noch dem Stand der Technik.

Eine „saubere" Lösung bietet ein Duschklosett. Das Duschklosett ist eine vollautomatische Anlage (Tiefspüler mit aufgesetztem Spülkasten) bei der die Hände zur Afterreinigung nicht nötig sind.

Duschklosetts benötigen nicht mehr Platz als ein WC mit Spülkasten, → 1. KW-Anschluss und Ablauf, verdeckt nach hinten waagerecht oder senkrecht nach unten, erfolgen wie bei jedem WC.

Notwendig ist ein Stromanschluss 230 V~ und natürlich ein KW-Anschluss.

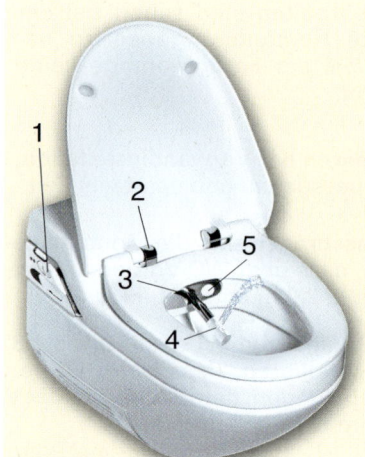

1 Bedienfeld mit LED-Anzeigen und Tasten für:
   - Dusche
   - Duschstrahlregler
   - Föhn
   - Geruchabsaugung
2 Benutzererkennnung betriebsbereit
3 Dusch- und Föhnarmabdichtung
4 Duscharm (in Funktion)
5 Föhnarm
   - eingezogen
   - ausgefahren, → 2c

1 Duschklosett

a) Durch Sitzbelastung wird ein Lüfter geschaltet, schlechte Luft aus dem Becken abgesaugt, und durch ein A-Kohlefilter gereinigt in den Raum zurückgeführt: Keine Geruchsbelästigung

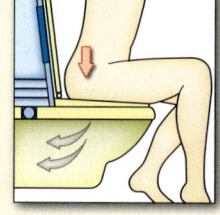 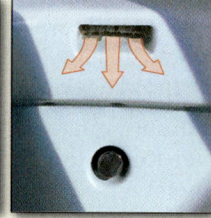

b) Drücken und Festhalten des Duschknopfes lässt einen Duscharm aus dem Becken ausfahren, der erst mit warmem, später mit abgekühltem Wasser die Analgegend reinigt. (Die Strahlstärke ist regulierbar)

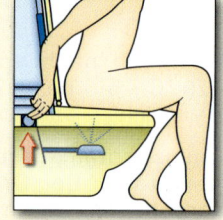 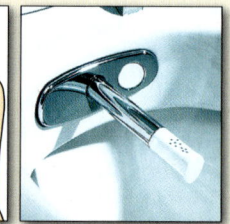

c) Sitzenbleiben nach dem Duschen löst einen trocknenden Warmluftstrom aus.

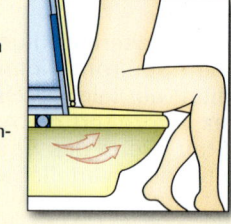 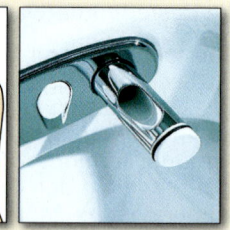

d) Die Spülung wird mit Tastendruck ausgelöst und kann unterbrochen werden

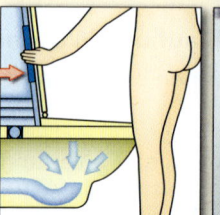 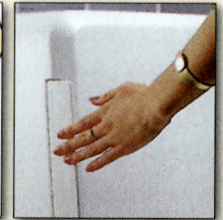

2 Duschklosett zum a) Reinigen der Analgegend mit Wasser, b) Trocknen mit Luft c) Geruchsabsaugen

Duschklosett-Anlagen sollten selbstverständlich sein:
- ab gewissen Komfortansprüchen
- vor allem in Betrieben zur Lebensmittelherstellung, besonders in Metzgereien, Bäckereien u. Ä.

Natürlich dienen sie in jeder Toilette der Sauberkeit und der Gesundheit.

> Das Duschklosett enthält:
> - einen Lüfter
> - eine eingebaute Warmwasserunterdusche
> - einen Föhn

Das Geruchabsaugen aus dem Becken erfolgt mittels **Lüfter**. Der Lüfter wird beim Belasten des WC-Sitzes geschaltet. Die Luft wird durch ein A-Kohlefilter gereinigt und in den Raum zurückgeführt. Geruchsbelästigung wird so vermieden, → 572.2a.

Die **eingebaute Warmwasserunterdusche** hat einen Ducharm. Durch Drücken und Festhalten des Duschknopfes wird der Ducharm aus dem Becken ausgefahren, durch den erst mit warmem, später abgekühltem Wasser die Analgegend gereinigt wird, → 572.2b; die Strahlstärke ist regulierbar. Seine Düse ist leicht auszutauschen.

Der **Föhn** mit seinem Warmluftstrom dient zum Trocknen. Sitzenbleiben nach dem Duschen schaltet den Föhn ein, → 572.2c. Der Föhn ist oberhalb des Schmutzbereiches angeordnet.

Der **Spülkasten** dient zum WC-Spülen. Die WC-Spülung wird mit Tastendruck am Spülkasten ausgelöst und kann unterbrochen werden, → 572.2d.

Die aufwändige Konstruktion eines Duschklosetts fordert auch ihren Preis.

Billiger und vor allem auch nachträglich kann ein normales Klosett mit einem **Toilettensitz mit Unterdusche** ausgestattet werden.

Es gibt drei Varianten dieser „Unterduschsitze", → 1:
- mit Unterdusche und Warmluftföhn
- mit Unterdusche und Geruchabsaugung
- nur mit Unterdusche

Auf Wunsch sind Unterduschsitze ausgerüstet mit:
- Unterdusche und Warmluftföhn
- Unterdusche und Geruchabsaugung
- Unterdusche mit einem Ducharm, der auf Knopfdruck aus seiner geschützten Stellung ausfährt, spült und nach ca. 30 s automatisch rückschwenkt; vorher wird die Düse noch 4 s mit Wasser gereinigt
- wahlweise mit Föhn oder Lüfter mit A-Kohle-Filter; die Föhnluft-Temperatur kann in 3 Stufen plus „kalt" gewählt werden

Nötig für den Anschluss der 3 Varianten sind:
- eine Steckdose 230 V~
- ein KW-Anschluss, selbst vor der Wand in DN 10 oder von einem wandhängenden Spülkasten z. B. nach → 568.1.

1 WC mit Unterduschsitz

18.3.6 Verbrennungsklosett

Verbrennungsklosetts sind zweckmäßig, wenn der Anschluss eines WC an einen Entwässerungskanal oder an eine Kleinkläranlage nicht möglich ist, z. B. bei Wochenendhäusern.

> Sie können betrieben werden
> - mit Propangas
> - elektrisch, ~230 V oder 2 Batterien = 12 V

In **Verbrennungsklosetts** verbrennt eine Propangasflamme die Fäkalien. Ein eingebauter Ventilator, der sich beim Öffnen des WC-Deckels einschaltet, bläst Abluft und Abgase ins Freie.

Der Verbrennungsvorgang wird durch Schließen des WC-Deckels eingeleitet. Fehlt ein Stromanschluss, können zwei 12-V-Batterien verwendet werden.

Beim **elektrischen Betrieb** schaltet sich der Lüfter beim Öffnen des Deckels ein. – Nach Schließen des Deckels startet die Verbrennung durch Drücken des Einschaltknopfes. Ein Katalysator, z. B. aus Platin, entfernt alle unangenehmen Gerüche aus der Abluft.

> Erforderlich sind:
> - ein durch Wand oder Decke geführtes Abluftrohr
> - ein Frischluft-Ventil
> - eine normale, geerdete Steckdose

18

18.3.6.10 Zubehör für Klosettanlagen

Als Zubehör gelten
- unmittelbar zum Klosett: der Klosettsitz
- Zubehörteile zur Toilettenanlage

Bei **Klosettsitzen** muss man unterteilen:
- normale Klosettsitze
- spezielle Klosettsitze

Normale Klosettsitze aus Kunststoff, weiß, farbig, auch gemustert, haben sich gut bewährt.

Es gibt auch wieder Sitze aus Echtholz mit dauerhaftem Oberflächenschutz.

Befestigt werden diese Klosettsitze auf dem WC-Becken mit:
- Standscharnieren aus Kunststoff oder Messing verchromt,
- Standscharnieren mit Absenkautomatik: der aufgeklappte Deckel bzw. Sitz ist zum Absenken nur leicht anzutippen; er senkt sich von selbst, → 3c
- kombinierter Steck-Schiebebefestigung, auch mit Absenkautomatik, → 3c:
  - die Befestigungsplatte lässt sich, befreit von Sitz und Deckel, bequem am WC anschrauben
  - Deckel und Sitz werden aufgesteckt, → 3a
  - zur gründlichen Reinigung sind sie leicht abzuziehen und wieder aufzustecken, → 3b

Als **spezielle Klosettsitze** gelten:
- Spezialtoilettensitze mit Unterdusche
- selbstreinigende Klosettsitze
- der eingelassene Sitzrand auf Keramikklosetts

Spezialtoilettensitze mit Unterdusche, s. Kap. 18.3.6.8.

Ein hohes Maß an Hygiene stellt der **selbstreinigende Klosettsitz** dar, → 575.1.

Nach jeder Benutzung
- fährt die Reinigungseinheit automatisch aus,
- die Hygieneschleuse presst sich auf den Spezial-Klosettsitz,
- sprüht frisches Wasser, gemischt mit Reinigungs-/Desinfektionsmittel auf den sich einmal um die eigene Achse drehenden Sitz,
- ein hoch flexibler Abstreifer entfernt rückstandsfrei mögliche Schmutzpartikel und die Flüssigkeit.

Der Reinigungsprozess dauert 15 s.

Der selbstreinigende Klosettsitz wird auf handelsübliche WCs montiert.

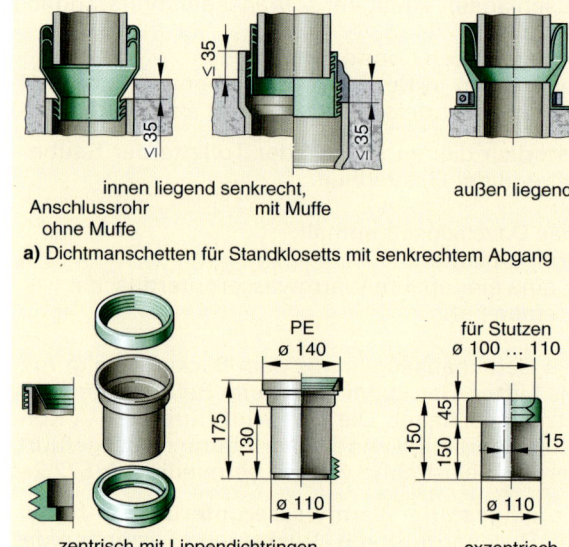

innen liegend senkrecht, Anschlussrohr ohne Muffe | mit Muffe | außen liegend

a) Dichtmanschetten für Standklosetts mit senkrechtem Abgang

zentrisch mit Lippendichtringen | exzentrisch

PE ø 140 · für Stutzen ø 100 … 110

b) Anschlussstutzen für Stand- und Wandklosetts

1 Klosettanschlussverbindungen zur Abwasserleitung

Q_{max} in l/s	System I	System II
2,25	DN 90 (d_i = 79 mm)[1]	DN 80 (d_i = 75 mm)[2]
2,50	DN 100 (d_i = 96 mm)	DN 90

[1] maximal 2 Klosetts und nicht mehr als eine 90°-Richtungsänderung
[2] maximal 1 Klosett

Anwendungsgrenzen	System I	System II
maximale Rohrlänge l in m	4,0	10,0
max. Anzahl der Rohrbogen	3[1]	1[1]
Mindestgefälle l in %	1	1,5
Schmutzwasserabfluss	siehe oben	

[1] Anschlussbogen nicht eingeschlossen

2 Zulässiger Schmutzwasserabfluss und Anwendungsgrenzen bei unbelüfteten Anschlussleitungen

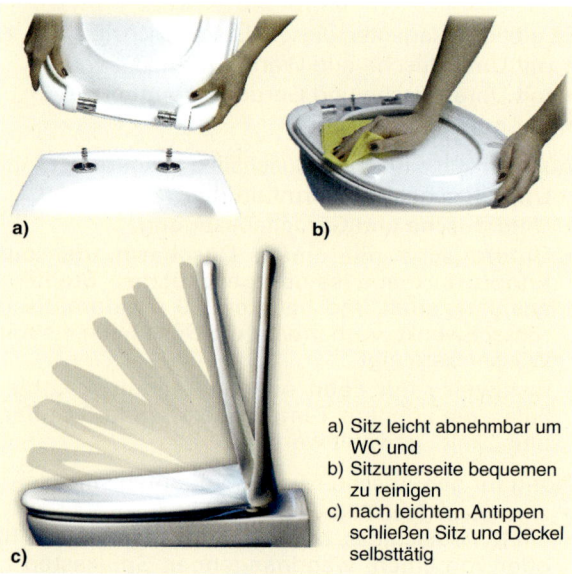

a) | b)

c)

a) Sitz leicht abnehmbar um WC und
b) Sitzunterseite bequem zu reinigen
c) nach leichtem Antippen schließen Sitz und Deckel selbsttätig

3 Abnehmbarer WC-Sitz mit Absenkautomatik

Der Frischwasseranschluss erfolgt über ein Eckventil R^1/$_2$. Die Energieversorgung ist möglich über:
- eine Steckdose 230 V~
- durch ein integriertes Turbinensystem mit Wasserkraft
- durch einen Batteriesatz

Keramikklosetts mit glattem Sitzrand werden in Klosettanlagen von niederem Standard aufgestellt. Die Sitzflächen sind eingefärbt und ohne Fugen; damit sind sie hygienisch und leicht zu reinigen.

Edelstahlklosetts verfügen nie über einen gesonderten Sitz, ➜ 568.1.

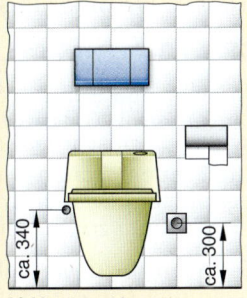

a) Reinigungseinheit ausgefahren, WC-Sitz dreht sich durch Hygieneschleuse   **b)** Montageskizze

1 Selbstreinigender Toilettensitz

Zubehörteile zur Toilettenanlage sind:
- Klosettpapierhalter
- Toilettenbürste
- Kleiderhaken
- Zigarettenablage
- Waschgelegenheit
- Urinalbecken
- Luftabsaugung aus dem WC

Klosettpapierhalter sind seitlich des WC-Beckens in Höhe Beckenvorderkante anzubringen:
Höhe über FFB
- normal: h = 700 mm bis 800 mm
- in Kindergärten: h = 600 mm bis 700 mm

Statt vergeblich zu versuchen, Schmierfilme im WC mit viel Wasser wegzuspülen, sollte eine **Toilettenbürste** benutzt werden. Von einfachen Bürsten in Kunststoffhaltern, bodenstehend, über sehr kitschigen Ausführungen bis zu hochwertigen Bürsten in Edelstahl- oder Kristallglashaltern gibt es eine große Auswahl. Zum Teil werden die Halter auch an der Wand montiert.

Ein **Kleiderhaken**, meist an der Eingangstür, ist sinnvoll. So darf vor allem in öffentlichen Anlagen ein massiver Hut- und Mantelhaken nicht fehlen.

Vor allem in öffentlich zugänglichen Toiletten sollte eine **Zigarettenablage** 800 mm bis 900 mm über FFB, aber nicht direkt über Klosettpapierhaltern oder anderen Papierbehältern, angebracht werden.

In der Toilette oder im Vorraum darf eine **Waschgelegenheit** nicht fehlen.

Ein **Urinalbecken** sollte im WC-Raum, auch in Wohnungen, besonders im Gäste-WC, installiert werden, s. Kap. 18.3.7.

Innen liegende WC-Räume benötigen unbedingt eine entsprechende **Luftabsaugung**, siehe Kap. 18.4.

Übungen:

1. Welche Stoffe sollen auf keinen Fall über Klosetts „entsorgt" werden?
2. Welche Arten von Klosetts unterscheidet man?
3. a) Beschreiben Sie ein Duschklosett.
   b) Welche Vorteile haben Duschklosetts?
4. Wie kann man ein vorhandenes WC mit einer Unterdusche ausstatten?
5. Welche Arten von WCs unterteilt man nach ihrer Spültechnik?
6. Welche Vor- und Nachteile haben
   a) Tiefspüler,
   b) Flachspüler?
7. a) Wodurch unterscheiden sich Standklosetts und Wandklosetts?
   b) Wie werden sie befestigt?
8. Welche Vorteile bieten Wandklosetts?
9. a) Was versteht man unter einem Universalklosett?
   b) Welche Vorteile und welche Nachteile hat es?
10. Welchen WC-Abgang sollte man vermeiden? Begründen Sie dies.
11. Worauf ist beim Festlegen des Wandabstandes für Standklosetts zu achten?
12. Warum werden heute meist Spülkästen zur WC-Spülung verwendet?
13. Welche Spüleinrichtungen eignen sich
    a) für Standklosetts,
    b) für Wandklosetts?
14. Wie werden Spülrohre am WC eingedichtet? Worauf ist zu achten?
15. Wie sind Spülklosetts mit der Abflussleitung zu verbinden?
16. Welche Möglichkeiten gibt es, WC-Sitze zu befestigen?
17. Was versteht man unter „Absenkautomatik" beim WC-Sitz?
18. Beschreiben Sie einen „selbstreinigenden" WC-Sitz.
19. Welche Zubehörteile dürfen in einer Toilette nicht fehlen?
20. a) Welche Vorteile bietet ein „WC mit Luftabsagung"?
    b) Beschreiben Sie dieses.

18

18.3.7 Urinalanlagen

18.3.7.1 Arten von Urinalanlagen

Männer und Buben können beim Harn-lassen am WC den WC-Rand, den WC-Sitz bzw. Deckel, den Fußboden, even-tuell auch Schuhe und Hosenbeine bespritzen. Das ist unhygienisch, aber nicht immer zu vermeiden, ➔ 1a.

Dies führt zu Geruchsbelästigungen, eventuell sogar zu Infektionen, und es erfordert unangenehme, zum Teil auch umständliche Reinigungsarbeiten, z. B. unter der Sitzbefestigung, hinter dem WC bzw. seinem Ablauf, ➔ 1b. Deshalb gibt es Urinalanlagen.

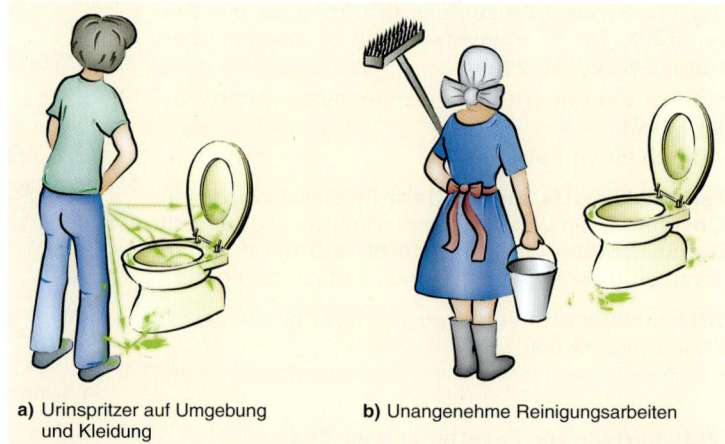

a) Urinspritzer auf Umgebung und Kleidung

b) Unangenehme Reinigungsarbeiten

1 Hier fehlt ein Urinal

Zu den Urinalanlagen zählen:
• geflieste Urinalwände
• Urinalstände
• Urinale

Geflieste Urinalwände und **Urinalstände** erfordern beim Spülen zu viel Wasser oder sie werden nicht ausreichend ge-spült. Deshalb sind sie nicht mehr zeit-gemäß.

Urinale mit Wanddruckspülern oder mit berührungslos gesteuerter Spülung sind heute üblicher Standard.

Urinale sollten nicht nur in öffentlich zugänglichen Toiletten wie Gaststätten, Schulen, Betrieben selbstverständlich sein, sondern auch im Wohnbereich.

Speziell für den Wohnbereich gibt es relativ kleine, formschöne Urinale mit Deckel, ➔ 2, die wenig Platz beanspru-chen und kaum auffallen.

18.3.7.2 Vorteile von Urinalen

Vorteile von Urinalen sind:
• sie vermeiden Urinspritzer
• sie sparen Wasser

Urinale **vermeiden** weitgehend **Urin-spritzer** auf die Beckenumgebung. Die „Zielsicherheit" erhöhen soll ein Ziel-punkt, den manche Hersteller knapp über den Wasserspiegel des Geruch-verschlusses ins Urinalbecken brennen, z. B. die Lunte einer Bombe, eine Fliege, eine Kerzenflamme, ➔ 3.

Bei den modernen Absaugurinalen rei-chen ≥ 2 l Wasser je Spülung. Damit **spart** man wesentlich an **Wasser** gegen-über Klosetts. Das spricht zusätzlich für Urinale, auch im Wohnbereich.

2 Urinal im Wohnbereich

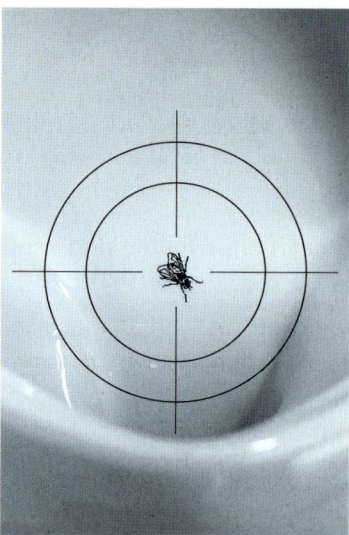

3 Eingebrannte Fliege als „Zielpunkt"

18.3.7.3 Arten von Urinalen und Werkstoffe für Urinalbecken

Urinale müssen EN 80 entsprechen. Sie dürfen kein frei aus-mündendes Ablaufrohr haben (DIN 1986).

Bei Urinalen unterscheidet man heute:
• wassergespülte Absaugurinale
• wasserlose Urinale

Die Becken von **wassergespülten Absaugurinalen** sind aus:
• Kristallporzellan, ➔ 2
• Edelstahl (vandalensicher), z. B. für Autorastplätze, in Betrie-ben, ➔ 580.3c

Bei Absaugurinalen wird beim Spülen der Geruchverschluss-inhalt total abgesaugt (deshalb Absaugurinal), auch Zigaretten-reste u. Ä. werden mitgerissen (aber keine Zigarettenschach-teln!). Anschließend wird aus kleinen Rückhaltebehältern mit klarem Wasser aufgefüllt.
Das Sperrwasser des Geruchverschlusses nimmt den Urin auf, sodass kaum Geruch entsteht.

18

576

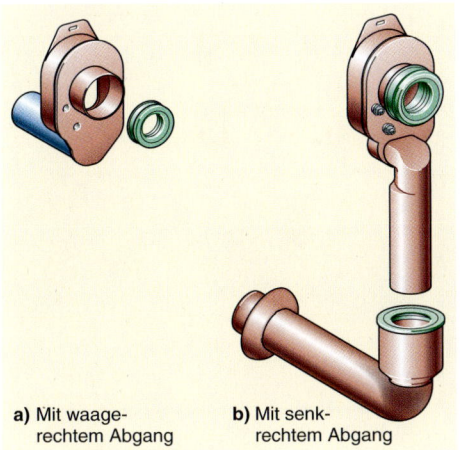

a) Mit waage-
rechtem Abgang

b) Mit senk-
rechtem Abgang

1 Ansaugformstück am Urinal

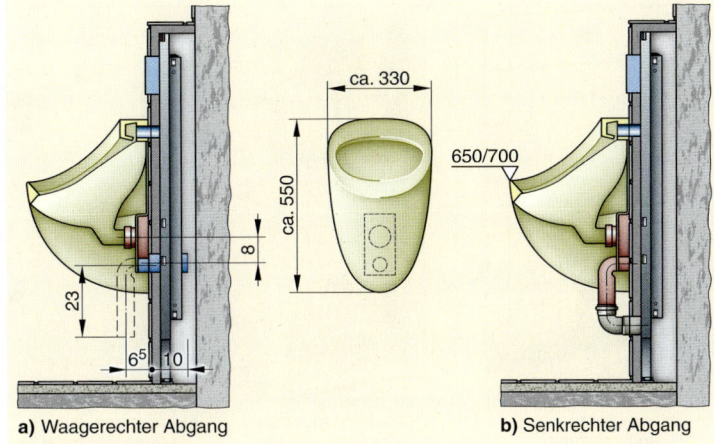

ca. 330

ca. 550

650/700

8

23

6⁵ 10

a) Waagerechter Abgang

b) Senkrechter Abgang

2 Einbau des Absaugformstückes am Urinal

Der Geruchverschluss
- ist als Absauggeruchverschluss (Absaug-GV), auch Absaug-Formstück ins Becken eingeformt (nur ganz selten),
- wird als Absaug-Formstück aus Kunststoff, ➜ 1, in einen Hohlraum hinter dem Becken eingebaut,
  - mit Abgang nach hinten (waagerechter Abgang), ➜ 2a,
  - nach unten (senkrechter Abgang), ➜ 2b; dazu gehört ein Anschlussbogen für den Abwasseranschluss.

Frei liegende Abflussleitungen sollten bei einer Sanierung beseitigt werden. Mithilfe einer Vorwandinstallation, ➜ 578.1, kann diese Renovierung viele „Schrecken" verlieren, denn am Mauerwerk und an den Fliesen muss nicht „gerüttelt" werden.

Ältere Urinale mit Siebboden haben einen:
- eingeformten Geruchverschluss mit Anschlussbogen, ➜ 3a,
- frei liegenden Rohrgeruchverschluss, ➜ 3b.

Bei diesen Urinalen verdunsten an der Siebunterseite hängen gebliebene Urintropfen. Dies führt zu Geruchsbelästigungen, vgl. Flachspül-/Tiefspülklosett.

Ähnlich wirken auch Kunststoff- oder Edelstahlsiebe, die wegen der Unvernunft mancher Benutzer, z. B. Raucher, leider manchmal in Urinale eingelegt werden (müssen).

Wasserlose Urinale kommen völlig ohne Spüleinrichtung aus.
Ihr keramischer Geruchverschluss (kein Absaug-GV!) wird mit einer blauen Spezial-Sperrflüssigkeit gefüllt.
Die Sperrflüssigkeit ist:
- nicht wasserlöslich
- spezifisch leichter als Wasser
- biologisch abbaubar

Bei jeder Benutzung durchdringt Urin die Sperrflüssigkeit und fließt über den Geruchverschluss ab, ➜ 4. Urin- und Kanalgeruch werden von ihr zurück gehalten.

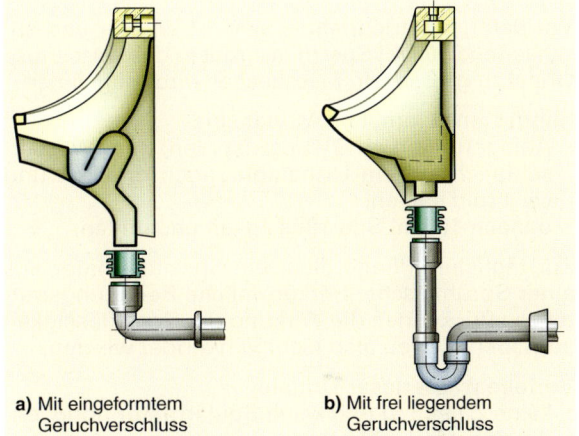

a) Mit eingeformtem
Geruchverschluss

b) Mit frei liegendem
Geruchverschluss

3 Ablauf für ältere Urinale

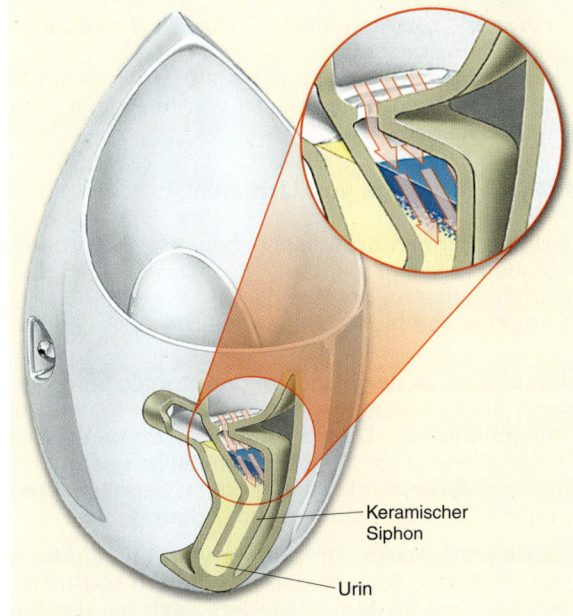

Keramischer
Siphon

Urin

4 Wasserloses Urinal

18

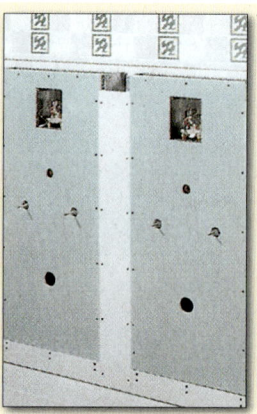

a) Ursprüngliche „Pissoirwand" mit vorgesetztem Urinal

b) Urinal durch Montageständer mit Elektronik ersetzt

c) Leitungen verlegt, Montageständer beplankt

d) Anlage fertiggestellt

1 Einsatz von Montageständern – hier bei Renovierung einer alten Anlage

Vor der 1. Inbetriebnahme sind 1 l Wasser und anschließend 100 ml Sperrflüssigkeit in das wasserlose Urinal zu gießen; ein Messbecher wird mitgeliefert.

Mindestens einmal im Monat sind
- Ablagerungen im GV auszuspülen; dazu Wasserschlauch auf ein Urinalablaufloch drücken und ca. 1 min spülen,
- danach 100 ml Sperrflüssigkeit nachfüllen.

Zur täglichen Pflege dient ein Spezialreiniger aus einer Sprühflasche. Herkömmliche Reinigungsmittel wie Pril können die Wirkung der Sperrflüssigkeit aufheben, dürfen also nicht verwendet werden.

Vorteile wasserloser Urinale:
- keine Zuleitung und keine Spülarmatur nötig, dadurch einfache Montage, nur:
  - Anschluss an Abwasserleitung mittels Steckmuffe DN 50
  - Wandbefestigung mittels 2 Überwurfmuttern an Gewindestutzen
- wegen der Wasserersparnis umso wirtschaftlicher, je häufiger sie benutzt werden (nicht über Bedarf installieren!)

18.3.7.4 Montage von Urinalen

Urinale können an Massiv- oder an Leichtbauwänden befestigt werden:
- unmittelbar an der Wand
- mithilfe von Montageelementen

Unmittelbar an der Wand werden Urinale befestigt, wenn die Leitungen in der Wand liegen, wie bei Altinstallationen. Druckspüler oder Einbaukästen in der Wand, z. B. für berührungslos gesteuerte Spülarmaturen, sind allseitig gegen Schallausbreitung mit Styroporplatten o. Ä. zu dämmen.

Montageelemente für die Vorwandinstallation, ähnlich → 97.2, 99.1, ersparen in hohem Maße Mühen, Zeit und Kosten, besonders auch bei der Renovierung veralteter Urinalwände, z. B. → 1.

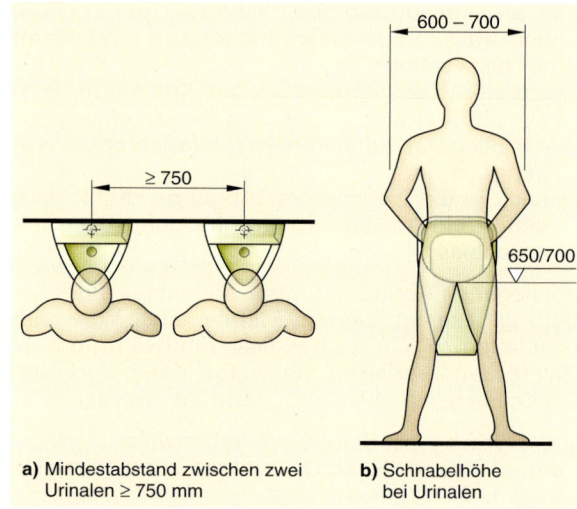

a) Mindestabstand zwischen zwei Urinalen ≥ 750 mm

b) Schnabelhöhe bei Urinalen

2 Wichtige Montagemaße bei Urinalen

An den Montageelementen sind Halterungen bzw. Halteschienen für
- das Urinalbecken wie Gewindestangen, Aufhängelaschen für Drehhaken,
- jede Art von Spüleinrichtung, z. B. Einbaukästen mit KW-Anschluss, ggf. auch Stromanschluss für berührungslos gesteuerte Armaturen,
- den Ablaufbogen.

Diese sind verstellbar, sodass ein Montageelement für viele Urinaltypen verwendbar ist. Beim Bestellen ist jedoch immer der Urinaltyp anzugeben.

Innerhalb der Vorwandinstallation ist auch immer genügend Platz für die Leitungen.

Für eine ordnungsgemäße Installation, besonders bei Urinalen in Reihe, sind Voraussetzung:
- gleichmäßiger Achsabstand
- der Meterriss

Der **Achsabstand** benachbarter Urinale muss ≥ 750 mm sein, → 2a.

Erfahrungsgemäß werden bei zu geringen Achsabständen nicht alle Becken benutzt. Ein Becken in einer Reihe weniger ist oft mehr!
Bei einem Achsabstand ≥ 750 mm reicht auch der Platz für Urinal-Trennwände.

> Die Achsen von Urinalen in Reihe, z. B. in Toiletten von Gaststätten, Betrieben, Schulen, sollen auf Fliesenfugen oder Fliesenmitte liegen, → 1.

Alles andere ist Pfusch!

Wird mit dem Fliesenleger eine gemeinsame Raumachse vereinbart, z. B. Raummitte, können die Achsabstände leicht auf das Fliesenmaß + Fuge abgestimmt werden. Gegebenenfalls sind gleich breite Randstreifen für die Wandecken zu schneiden. Daran darf es aber nicht scheitern.

> Für die Installation ist ein Fliesenplan sinnvoll.

Der **Meterriss** ist für die Montage bauseits eindeutig zu markieren (ein einfacher Bleistiftstrich lässt sich nachträglich ändern!).

Nach dem Meterriss kann die Schnabelhöhe *h*, der Urinalbeckenrand vorne, eingemessen werden: → 577.2b, 578.2b. Sind mehrere Urinale in Gaststätten u. Ä. angebracht, kann ein Urinal auf *h* = 600 mm gesetzt werden.

18.3.7.5 Spülvorrichtungen und Zuleitungen an Urinalen

> Spülvorrichtungen für Urinale können sein:
> • handbetätigt (Druckspüler)
> • selbsttätig (berührungslos gesteuert)

Im Privatbereich werden meist **handbetätigte Urinaldruckspüler**, auf oder unter Putz installiert, obwohl auch dort eine selbsttätige Spülung sinnvoll ist.
Druckspüler können auch später relativ leicht durch automatische ersetzt, manche auch umgebaut werden, → 247.1-2. Unter-Putz-Spüler müssen dafür aber im Wirkbereich der Elektronik platziert sein, möglichst senkrecht über dem Urinal.

> Im Nichtprivatbereich sollen Spülvorrichtungen für Urinale selbsttätig (automatisch) funktionieren.

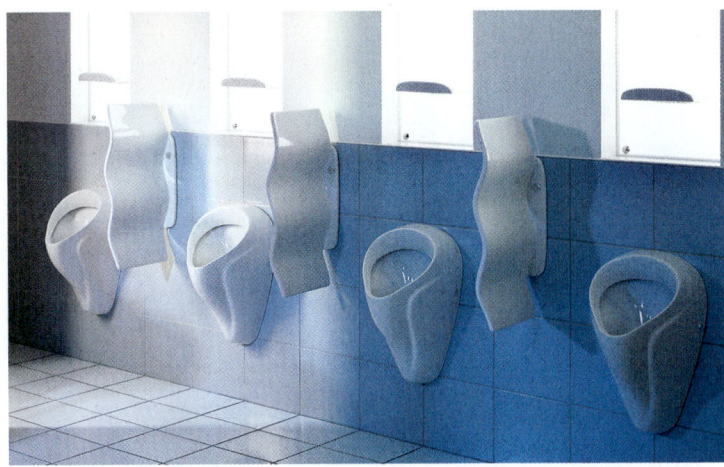

1 Urinale in Reihe, fliesengerecht montiert, mit Urinaltrennwand und mit Ablage

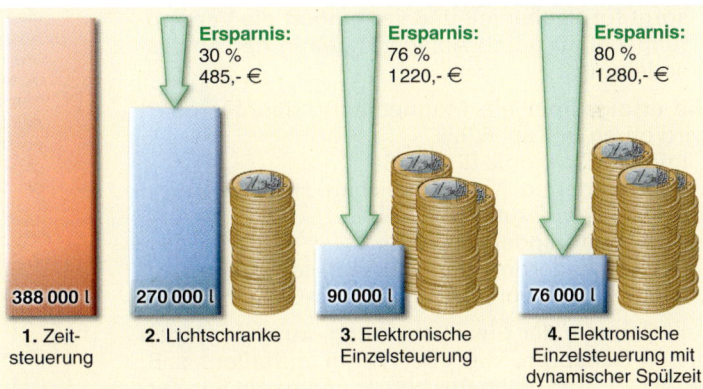

Berechnungsgrundlage
3 Urinale, Wasser- und Abwassergebühr 5,- €/m³, 3 l Spülwassermenge pro Urinal, tägliche Benutzer 100, tägliche Betriebszeit 12 Std., jährliche Betriebstage 300, Variante 1 Spülung in 5 min. Abstand

2 Wasserverbrauch beim Spülen von Urinalen

Denn die selbsttätige Urinalspülung ist
• hygienisch – kein Hautkontakt zur Spülauslösung
• nicht Ekel erregend – wie bei der häufig unterlassenen Spülung
• werterhaltend – nicht oder zu wenig spülen kann zur Verkalkung des Urinals und der Abwasserleitung führen
• wirtschaftlich – mit exakt eingestellter Spülmenge gespült

Bei Absaugurinalen genügt ein Spülstrom von 0,3 l/s bis 0,7 l/s und eine Spülwassermenge von 2 l bis 3 l.

Mit verkürzter Spülzeit und damit noch kleineren Spülmengen arbeitet eine „intelligente Steuerung", wenn ein Urinal in unmittelbarer Folge, z. B. in Betriebspausen, benutzt wird.

> Selbsttätige Urinalspülungen können gesteuert werden durch:
> • Zeitsteuerung
> • Lichtschranken
> • Einzelsteuerung

Zeit- oder **lichtschrankengesteuerte Anlagen** spülen immer mehrere Urinale gleichzeitig; dies ist Wasser- und Geldverschwendung, → 2.

Bei selbsttätiger Urinalspülung ist die **Einzelsteuerung** zu bevorzugen.

18

1 Infrarot-Elektronik im Einbaukasten – Bauteil Einstellen von Spüldauer

Die automatische Einzelspülung

- spült automatisch nach jeder Benützung,
- spült genau so lange, wie durch die eingestellte Zeitspanne vorgegeben, → 1,
- sorgt für Sauberkeit und vermindert die Verstopfungsgefahr durch Ablagerungen in der Abwasserleitung.

Sie erfolgt über ein Magnetventil, das gesteuert wird durch, s. Kap. 6.3.5:

- Infrarot-Elektronik (IR), → 3a
- Radar- oder noch empfindlichere HF-Sensoren
- pH-Wert-Änderung, → 3b
- Temperaturänderung, → 3c
- Leitwertänderung des Wassers, jeweils im Absaug-Geruchsverschluss (Absaug-GV), → 2

Alle Bauteile der Einzelsteuerung, ausgenommen die IR-Sensoren, die aber kaum auffallen, z. B. → 581.2a, sind völlig unsichtbar und damit vor Zerstörung geschützt (vandalensicher):

- Der Radarsensor wird hinter dem Urinal eingebaut, → 237.3, der HF-Sensor an dessen Rückwand angeklebt, → 581.1.
- die Sensoren für Temperatur-, pH-Wert- oder Leitwertänderung sitzen im Absaug-GV des Urinals, → 2, 3b, c; sie reagieren auf die entsprechende Änderung des Sperrwassers und lösen über die zugehörige Elektronik die Spülung aus.

Bild → 2 zeigt den Ablauf der Spülauslösung bei Leitwertänderung des Wassers im Absaug-GV.

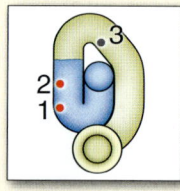

a) Ruhezustand (nach einer Spülung): Elektrode 1 und 2 liegen immer im Wasser, der Leitwert des Spülwassers wird am Ende der Spülung ermittelt und als Referenzwert für das Spülwasser gespeichert.

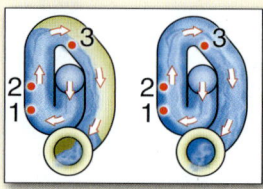 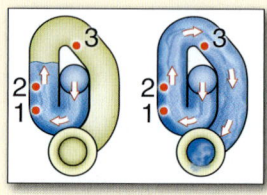

b) Normale Nutzung bei Benutzung ändert sich der Leitwert des Wassers im Siphon. Zusätzlich wird die Elektrode 3 benutzt. Die Änderung des Leitwertes und die Benutzung der Elektrode 3 werden von der Elektronik ausgewertet, das Ende des Benutzungsvorganges erkannt und nach einer vorgegebenen Verzögerungszeit die Spülung ausgelöst.

c) Minimale Benutzung Bei nur minimaler Benutzung erfolgt nur eine Änderung des Leitwertes im Siphon, die Elektrode 3 wird nicht benutzt. Der neue Leitwert wird von Elektrode 1 und 2 erkannt und die Spülung erfolgt nach integriertem Spülprogramm.

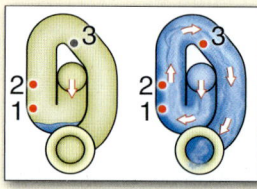 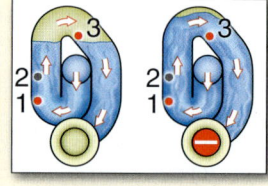

d) Austrocknungsschutz Wird die Anlage länger nicht benutzt, erfolgt 24 Stunden nach der letzten Spülung automatisch eine Spülung.

e) Abfluss verstopft Ein verstopfter Abfluss bewirkt, dass die Elektrode 3 entweder dauernd benutzt oder dauernd - auch während der Spülung in einem Luftpolster – also unbenutzt ist. Das wird vom Spülprogramm erkannt und weitere Spülungen unterdrückt, bis der Abfluss gereinigt wurde.

2 Spülauslösung bei Leitwertänderung des Wassers

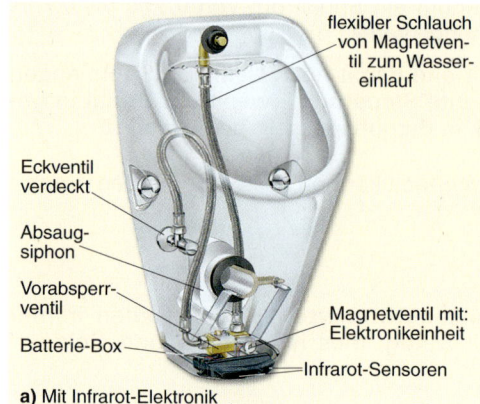

flexibler Schlauch von Magnetventil zum Wassereinlauf

Eckventil verdeckt

Absaugsiphon

Vorabsperrventil

Batterie-Box

Magnetventil mit: Elektronikeinheit

Infrarot-Sensoren

a) Mit Infrarot-Elektronik

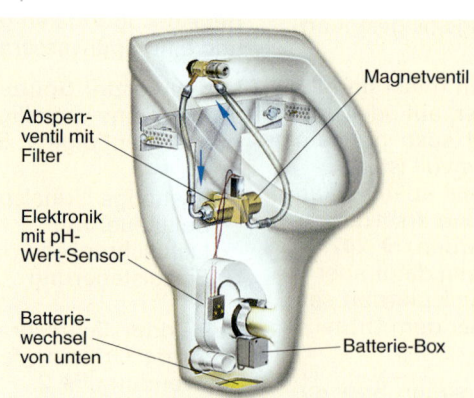

Absperrventil mit Filter

Elektronik mit pH-Wert-Sensor

Batteriewechsel von unten

Magnetventil

Batterie-Box

b) Mit pH-Wert-Elektronik

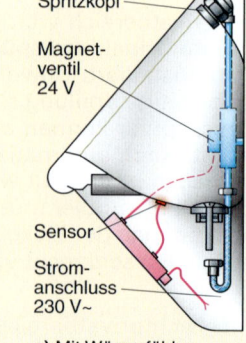

Spritzkopf

Magnetventil 24 V

Sensor

Stromanschluss 230 V~

c) Mit Wärmefühler

3 Automatische Einzelspülung am Urinal

18

Die komplette Elektronik mit Magnetventil ist verborgen
- hinter dem Urinal in der (Leichtbau-)Wand,
- im Vorwandelement eingefügt, ➔ 1
- im Urinal selbst, ➔ 580.3a, b

Alle Steuerungen können betrieben werden mit:
- Wechselstrom 230 V~/24 V
- langlebigen Lithium-Batterien (ca. 5 Jahre); sie können ausgetauscht werden, ohne das Urinal zu demontieren, ➔ 580.3b, c.

Der **Spülwasserzulauf** wird mittels Gummiverbinder ins Urinalbecken geführt und abgedichtet:
- bei Vorwand-Spülern: frei liegend von oben, ➔ 2a
- bei Inwand-Spülern (UP-Spüler) und bei Einzelsteuerung: verdeckt von hinten

Der verdeckte Zulauf ist vandalensicher und erfordert keine Pflege.
Der Anschlussnippel, ähnlich wie beim WC, ins Urinalbecken, ➔ 2b, verbindet und dichtet ab.

Elektronische Steuerungen können sich gegenseitig beeinflussen. Um dies zu verhindern, sind Mindestabstände zwischen Urinalreihen einzuhalten, ➔ 3.

18.3.7.6 Wasserabfluss bei Urinalen

Urinalbecken werden über den Geruchverschluss an die Abwasserleitung angeschlossen, ➔ 577.1. Senkrechte Abgänge von Urinalen können leicht beschädigt werden, sehen unschön aus und erschweren die Reinigung.

Abflussleitungen für Urinale sollen aus glattwandigem Material sein und häufig gespült werden, weil der so genannte Urinstein (Kalk) leicht ansetzt und verkrustet.
Die Einzelanschlussleitung für ein Urinalbecken muss DN 50 haben.

Ein freier Auslauf mit Rohr in eine Sammelrinne ist nicht zulässig.

Verbindungsstellen, z. B. zwischen Urinal, Geruchverschluss, Ablaufbogen, Abwasserleitung, werden mit Gummilippenring o. Ä. erstellt.

18.3.7.7 Zubehör für Urinalanlagen

Zubehör für Urinalanlagen sind:
- Urinaltrennwände
- Bodenablauf
- Waschbecken, Seifenspender, Händetrockner o. Ä.
- Ablage für kleine Gepäckstücke

Zwischen mehreren Urinalen sind **Urinaltrennwände** (ca. 750 mm × 450 mm) an der Wand anzubringen, ➔ 579.1.

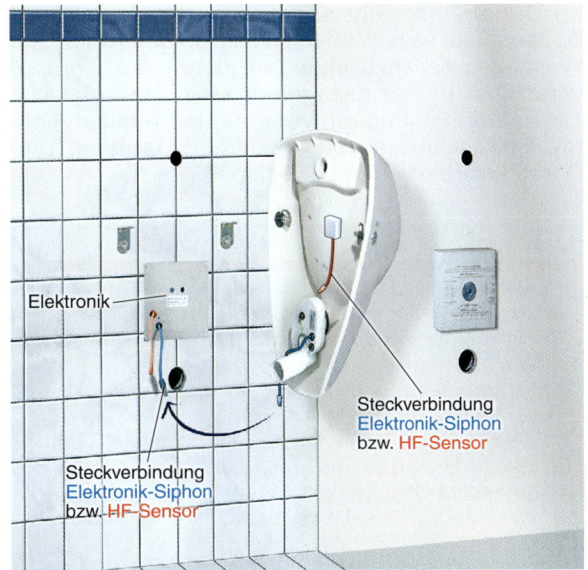

1 Elektronik nach Urinalmontage verborgen

Elektronik

Steckverbindung Elektronik-Siphon bzw. HF-Sensor

Steckverbindung Elektronik-Siphon bzw. HF-Sensor

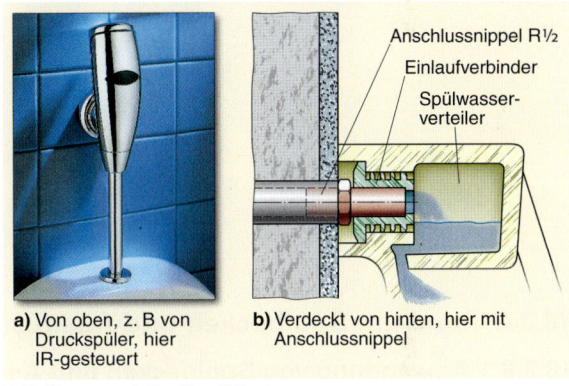

Anschlussnippel R½
Einlaufverbinder
Spülwasserverteiler

a) Von oben, z. B von Druckspüler, hier IR-gesteuert

b) Verdeckt von hinten, hier mit Anschlussnippel

2 Spülwassereinlauf im Urinal

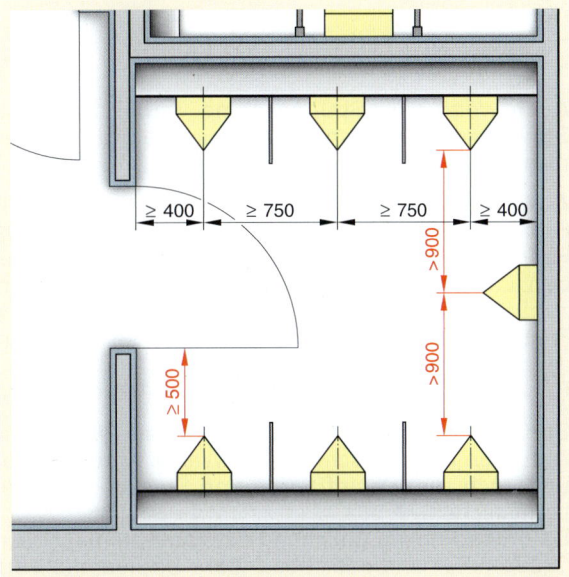

≥ 400   ≥ 750   ≥ 750   ≥ 400
> 900
> 900
≥ 500

3 Mindestabstände von Urinalen zur Vermeidung von Störungen bei Urinalen mit IR- oder Radar-Elektronik

18

Im Urinalraum nicht privater Anlagen muss ein **Bodenablauf** sein. Sinnvoll ist es, an den Ablauf ein Waschbecken anzuschließen, damit der Geruchverschluss immer nachgefüllt wird. Außerdem ist zur Raumreinigung ein verchromtes Auslaufventil mit Steckschlüssel, Schlauchverschraubung und Durchflussrohrbelüfter zweckmäßig.

Selbstverständlich müssen **Waschbecken, Seifencremespender, Händetrockner o. Ä.** vorhanden sein.

In öffentlichen Urinalanlagen wie in Bahnhöfen, Messehallen ist eine **Ablage** für kleinere Gepäckstücke wie Aktenkoffer im Blickfeld der Benutzer zweckmäßig. Bei einer Vorwandinstallation entsteht sie (fast) von selbst.

Übungen:

1. Warum sollen Urinale überhaupt eingebaut werden?
2. Was spricht für ein Urinal im Privatbereich?
3. Welche Art von Urinalbecken gibt es?
4. Wie funktioniert ein Absaugurinal?
6. Fertigen Sie eine Skizze mit 3 Urinalen nebeneinander an und tragen Sie die Montagemaße ein.
7. Welche Möglichkeiten gibt es für die Urinalspülung?
8. Welche Urinalspülvorrichtungen sollen im Nichtprivatbereich eingesetzt werden?
9. Welche Vorteile haben selbsttätige Urinalspüleinrichtungen?
10. Wie kann eine Urinalspülung ausgelöst werden?
11. Was bedeutet „Einzelsteuerung"?

12. a) Welche Vorteile hat die Einzelsteuerung?
    b) Welche anderen automatischen Spülsteuerungen kennen Sie?
13. a) Was versteht man unter wasserlosen Urinalen?
    b) Beschreiben Sie, wie diese funktionieren.
14. Welche Formstücke werden bei Urinalen für den Ablauf verwendet?
15. Welches Material sollte für Urinal-Abwasserleitungen verwendet werden? Warum?
16. Welches Zubehör ist bei Urinalanlagen in öffentlichen Anlagen wichtig?
17. Wie kann durch die Installation dem Reinigungspersonal in öffentlichen Urinalräumen die Arbeit erleichtert werden?

18.3.8 Rund um Spülbecken und Ausgüsse

18.3.8.1 Anwendung von Spülbecken und Ausgüssen

Spülbecken benötigt man in jeder Küche, auch in Hausarbeitsräumen zum:
• Säubern und Vorbereiten der Speisen, ➔ 584.1
• Reinigen des Geschirrs

Auch wenn eine Spülmaschine vorhanden ist, kann auf ein Spülbecken wegen sperriger Teile wie große Töpfe, Backbleche nicht verzichtet werden.

Ausgussbecken, ➔ 1, werden in Waschküchen, Hausarbeits-, Heiz- und Putzräumen oder in Toiletten öffentlicher Gebäude, Fabriken, Heimen, Gaststätten, Krankenhäuser, Gewerbebetrieben, Labors und in Großküchen eingebaut. Sie dienen vor allem zum Wegkippen verschmutzten Wassers. Darin können auch Feststoffe in geringer Größe enthalten sein wie Sand, kleine Gemüse oder Speisenreste.
Für Ausgüsse gibt es Klapproste zum Abstellen von Eimern u. Ä.

Spezielle Ausgüsse für Krankenhäuser eignen sich z. B. zum Abführen grob verschmutzten Wassers, zum Entleeren, Spülen und auch zum Desinfizieren von Steckbecken (Bettschüsseln), Urinflaschen, ➔ 583.1.
Dafür sind neben üblichen Mischbatterien auch Anschlüsse für Druckspüler und/oder besondere Spülventile vorhanden, ggf. auch für Desinfektionsmittel oder Dampf, z. B. bei Steckbeckenspülapparaten. Diese Ausgüsse haben Abläufe mit DN 100.

1 Ausgussbecken mit Klapprost

18

18.3.8.2 Werkstoffe und Formen von Spül- und Ausgussbecken

Spülbecken und Ausgüsse gibt es aus:
• Sanitärkeramik (Sanitärporzellan oder Feinfeuerton)
• Edelstahl
• Verbundwerkstoff

Hochwertige Spülbecken sind aus **Sanitärporzellan**.
Sie sind:
• praktisch porenfrei, lebensmittelecht und deshalb besonders hygienisch
• gegen Chemikalien und Hitze beständig
• mit schnittfester und pflegeleichter Oberfläche

Dank der Farben von weiß über viele Erdfarben bis grafit und sogar in Metallicfarben können sie eine Küche optisch aufwerten, ➜ 3 (Reihe 3).

So genannte Spülsteine, Ausgüsse, oft auch in Abwandlungen für den Krankenhausbedarf, sind vor allem aus **Feinfeuerton**, nur in weiß, ➜ 1.

Spülbecken und Ausgüsse aus **Edelstahl**, genauer: rostfreier Edelstahl (**Nirosta**[1]), ➜ 3 (Reihe 1):
• benötigen keinen Schutzüberzug, der abplatzen kann wie Email
• sind hitzebeständig, unempfindlich, schlagfest und pflegeleicht

Große und kleine Küchenzeilen mit eingearbeitetem Kochteil können aus Nirosta gefertigt werden, z. B. ➜ 2.

Spülen aus **Verbundwerkstoff** mit hohem Mineralienanteil (Handelsbezeichnung z. B. Silacron, Silagranit) haben gute Gebrauchseigenschaften. Sie können in Farbe und Beckenform mit jeder Art moderner Küchengestaltung harmonieren, ➜ 3 (Reihe 2).

1 Fäkalienausguss mit Spülarmatur zum Spülen von Steckbecken und Urinflaschen – auch mit Anschluss für Desinfektionsmittel möglich

2 Spül-Koch-Kombination aus Edelstahl

Spülbecken gibt es in vielen Formen, unterschiedlich variiert, für Unterschränke von 45 cm bis 90 cm Breite und für Eckunterschränke.

Es gibt sie als, ➜ 3:
• Einfachspüle
• Doppelspüle, jeweils
  - ohne oder mit Abtropfteil
  - auch mit Reste- bzw. Gemüseschale

Einfachspülen werden wegen ihres geringen Platzbedarfs gegenüber Doppelspülen (leider) häufig verwendet.

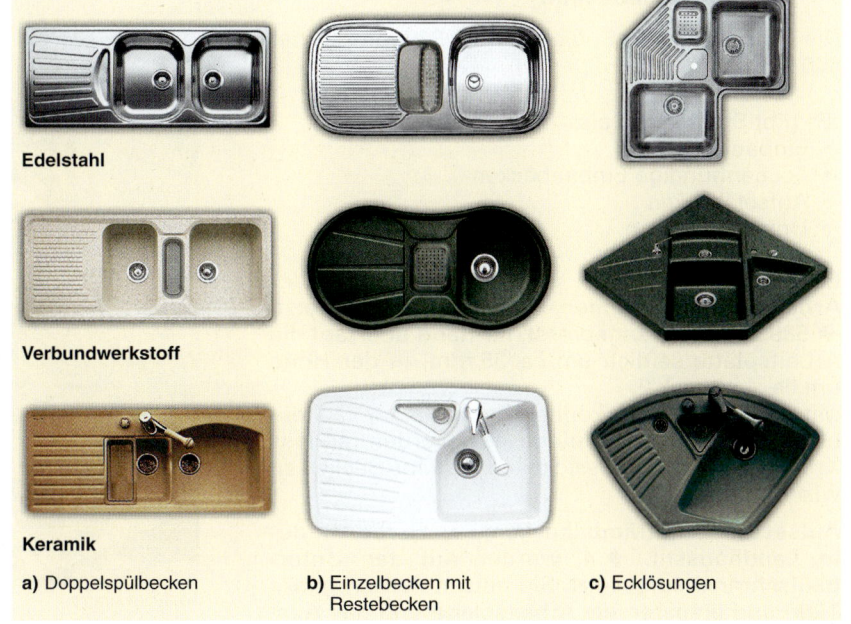

Edelstahl

Verbundwerkstoff

Keramik

a) Doppelspülbecken   b) Einzelbecken mit Restebecken   c) Ecklösungen

3 Spülbeckenformen

---
[1] Nirosta: **Nicht ros**tender **Stahl**

18

1 Edelstahleinbaubecken mit Abwurfschale und Abtropfbecken

In **Doppelspülbecken** wird am hygienischsten gespült, ➜ 1, 583.3, linke Reihe,
• denn ein Becken dient zum Abspülen,
• das andere zum Klarspülen ohne Spülmittelzusätze.

Auf dem **Abtropfteil** kann das Geschirr trocknen; das Tropfwasser fließt ins Becken.

Als kleines Becken, ➜ 4b, oder zum Einhängen in große Becken haben viele Spülen eine **Reste- oder Gemüseschale** mit Siebboden. Deren Tropfwasser fließt in die Ablaufverbindung. Die Schale mit Resten kann herausgehoben, ihr Inhalt leicht entleert werden.

Die Seitenlänge eines Spülbeckens soll 300 mm bis 400 mm betragen, die Tiefe 160 mm bis 200 mm; zu große Becken benötigen zu viel Warmwasser. Bei einem zweiten Becken zum Klarspülen kann die eine Seitenlänge kürzer sein, ➜ 2.

18.3.8.3 Arten und Montage von Spül- und Ausgussbecken

Die Arbeitshöhe für Spülen beträgt 910 mm, früher 850 mmm.

Es gibt Spülbecken als:
• Einbaubecken
• flächenbündige Einbaubecken
• Aufsetzbecken
• Unterbaubecken

Einbaubecken werden in einen Ausschnitt der Arbeitsplatte auf einen Silikonstreifen gesetzt, ➜ 589.2a, b und angepresst. Ihr Rand überragt die Arbeitsplatte seitlich um ca. 35 mm, in der Höhe um ca. 4 mm, ➜ 2.
Mit präziser Technik können Becken auch flächenbündig und fugenlos eingesetzt werden, sodass Krümel und sogar Flüssigkeiten glatt ins Becken zu wischen sind, ➜ 3.

Aufsetzbecken (Modulbecken), z. B. Eckmodule, Landhausstil, ➜ 4, werden auf den Unterbau(schrank) aufgesetzt. Sie nutzen dessen ganze Tiefe und ersparen die Arbeitsplatte und das Ausschneiden der Platte.

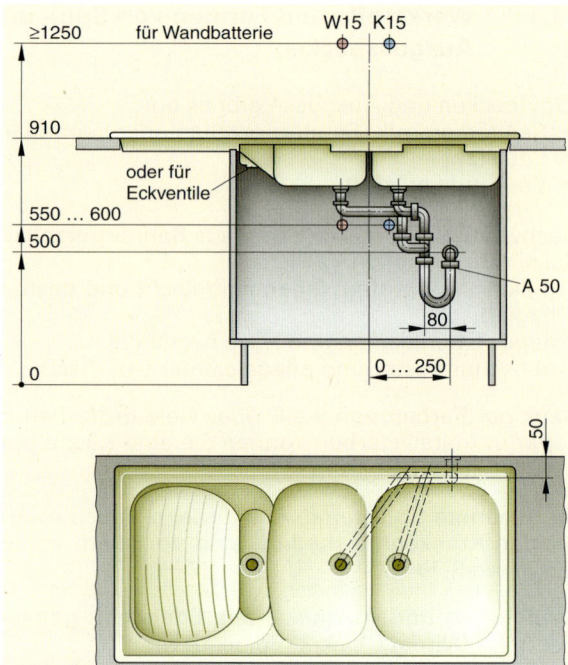

2 Doppelspülbecken mit Abtropfteil aus Nirosta, Ablaufverbindung mit Geruchsverschluss „Raumsparmodell"

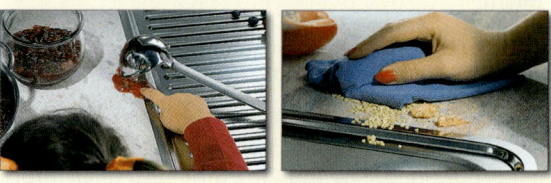

3 Einbaubecken fugenlos, flächenbündig

a) Landhausstil

b) Eckschrank

4 Aufsetzbecken

18

Unterbaubecken werden unter Ausschnitte von Arbeitsplatten aus Echtholz, Naturstein oder Verbundwerkstoff geschraubt, ➔ 1, 589.2c, d. Die Schnittkante muss gut zu schleifen bzw. zu schützen sein, damit keine Feuchte eindringt.
Mit einem Wisch über die Arbeitsfläche ist der gesamte Spülbereich einfach zu säubern.

Für gewerbliche Großküchen gibt es komplette Küchenzeilen aus Edelstahl, die meist von den Herstellfirmen auch aufgestellt werden.

18.3.8.4 Wasserzufluss und Armaturen für Spülbecken

Zum Geschirrspülen benötigt man Wasser mit 45 °C bis 55 °C.

> **Achtung:**
> Ab 60 °C kann man sich die Haut verbrühen.

Fehlt eine zentrale WW-Versorgung, ist ein Elektro-Wassererwärmer sinnvoll.

Dieser kann unter der Spüle eingebaut werden. Wird die Wassertemperatur auf 60 °C eingestellt, soll er mindestens 12 l Inhalt haben.

Als **Auslaufarmatur** eignet sich am besten ein Einhandmischer mit Schwenkauslauf. Er ist mit verschmutzten Händen noch leicht zu bedienen.

> Als Auslaufarmatur können eingesetzt werden:
> • Standbatterien
> • Wandbatterien

Eine **Standbatterie** mit Anschluss über Eckventile ist vorzuziehen, wenn bei der Rohrinstallation die genaue Lage der Spülbeckenmitte noch nicht feststeht.

Praktisch ist eine Batterie mit ausziehbarer Schlauchbrause mit Strahlumstellung, ➔ 2a, für das
• Abbrausen von Gemüse u. Ä. bei der Essensvorbereitung,
• Vor- und Klarspülen von Geschirr, vor allem bei nur einem Spülbecken,
• Ausspülen der Becken,
• Füllen eines Eimers am Fußboden.

In einer Standbatterie kann integriert sein:
• ein Bedienknopf für das Spülmaschinenabsperrventil
• ein Spülmittelspender, ➔ 2b

Für Spültische vor einer fast gleich hohen Fensterbrüstung gibt es Standbatterien mit Bajonettverschluss. Zum Öffnen des Fensters können sie gelöst und mit ihren Anschlussschläuchen herausgezogen werden, ➔ 2c.

Die **Wandbatterie** lässt den Beckenrand frei. Damit ist die Spüle leichter zu reinigen. Sie ist so hoch anzubringen, dass unter ihrem Auslauf noch ein Eimer zu stellen ist. Das bedingt eine Montagehöhe von ≥ 1250 mm über FFB, ➔ 584.2.

1 Unterbaubecken aus Edelstahl unter Verbundwerkstoffplatte

a) Ausziehbare Schlauchbrause für Brause- und Vollstrahl

b) Mit integriertem Spülmittelspender

c) Batterie mit Bajonettverschluss, lösbar für Spültisch am Fenster

2 Einhebelmischer für Küchenspüle als Standbatterie

18

18.3.8.5 Wasserabfluss von Spülbecken und Ausgüssen

Spülbecken werden mit Ablaufventilen aus Chromnickelstahl, mit DN 40 oder DN 50, bestückt.

An die Ablaufventile der Becken wird ein **Fertigablauf** aus PP mit 2 oder 3 Anschlüssen und nachfolgendem Geruchverschluss angeschraubt. Zusätzliche Anschlussstutzen erlauben die Ablaufschläuche von Geschirrspül- bzw. Waschmaschine (R 1) oder die Überläufe von Sicherheitsarmaturen anzuschließen, ➔ 1.

Fertigabläufe
- sind korrosionsbeständig,
- lassen große Maßabweichungen zwischen Ablaufventil(en) und Abflussleitung in Höhe und Breite zu,
- werden ohne Werkzeug verschraubt,
- sind bei Wartungsarbeiten auch von Laien leicht demontierbar.

So genannte **Raumsparmodelle**, die ganz nahe an der Wand liegen, lassen unter der Spüle viel freien Raum für Haushaltsgeräte, Reinigungsmittel, Abfallboxen, ➔ 1c.

> Das Abknicken angeschlossener Abflussschläuche ist durch Halter zu verhindern.

Dies gilt auch für Trinkwasseranschlüsse zu Geschirrspülern o. Ä.

Der Rohrgeruchverschluss DN 40 soll immer einen Ablaufstutzen DN 50 haben. Er wird durch einen Gumminippel mit der Abflussleitung verbunden.

In Ausgüssen in Krankenhäusern und Großküchen ist meist der Geruchverschluss eingeformt.

18.3.8.6 Zubehör für Spülbecken

Für Spülbecken gibt es, passend zum Einsetzen in Beckenaussparungen, reichhaltiges Zubehör wie:
- Einlegeroste aus Kunststoff oder Edelstahl
- Abtropfbleche und -roste und Geschirrkörbe (mit Tellerstapler) aus Edelstahl
- Restesiebe, Gemüseschalen
- Arbeits- und Schneidebretter aus Sicherheitsglas, Buchenholz oder Kunststoff

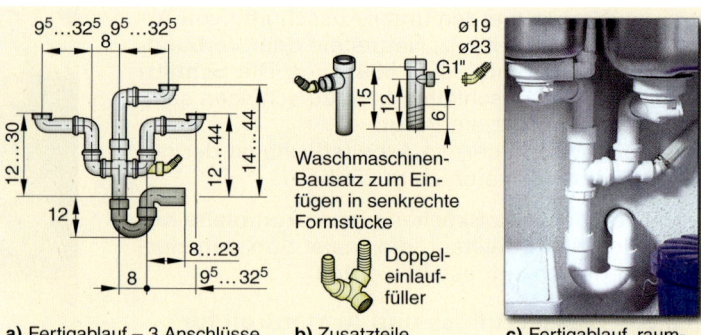

a) Fertigablauf – 3 Anschlüsse mit Geruchverschluss   b) Zusatzteile   c) Fertigablauf, raumsparend. Spülmaschinenanschlussschlauch gegen Abknicken sichern

1 Spültisch-Ablauf für drei Becken

a) Abfallsortierung   b) Flexible Schienen mit Bajonettverschluss befestigen. Seitenausgleich entfällt

2 Unterschrankeinbauten

Zum Einbau in Spültischunterschränke gibt es:
- Abfalleimer mit Deckel
- ausziehbare Schuber für Abfalltrennsysteme, ➔ 2

> Elektrische Abfallzerkleinerer für Küchenabfälle sind laut DIN 1986-100 für Spülen und Ausgüsse nicht zulässig.

Übungen:

1. Wozu dienen
   a) Spülbecken,
   b) Ausgussbecken?
   c) Zählen Sie zu jeder Art verschiedene Ausführungen auf.
2. a Aus welchen Materialien sind Spülbecken?
   b) Nennen Sie die Vorteile dieser Werkstoffe für Spülen.
3. Skizzieren Sie verschiedene Spültischformen.
4. a) Wie hoch soll heute die Oberkante für Spülbecken gewählt werden?
   b) Auf welche Höhe sind Zu- und Abflussanschlüsse zu legen?
5. Welche Montagearten gibt es für Spülbecken? Beschreiben Sie diese.
6. a) Welche Auslaufarmaturen werden für Spültische gewählt?
   b) Beschreiben Sie die Vorteile der einzelnen Arten?
7. Nennen Sie die Bauteile zwischen Spülbecken und Abwasserleitung
8. a) Was versteht man unter einem Fertigablauf „Raumsparmodell"?
   b) Welche Vorteile hat er?
9. Welche Vorteile bieten Ablaufverbindungen mit Zulaufstutzen?
10. Nennen Sie Zubehörteile für Spül- und Ausgussbecken.
11. Welches Zubehör gibt es für Spültischunterschränke?

18.3.9 Montagehinweise für Sanitärkeramik

18.3.9.1 Montagevorbereitung

Viele Sanitärapparate sind aus Keramik wie Waschtische, Sitzwaschbecken, Klosetts, Urinale, denn keramisches Material ist für Sanitärapparate sehr gut geeignet.

Keramisches Material ist dank seiner
• Härte besonders widerstandsfähig,
• glasartigen, glatten, praktisch porenfreien Oberfläche hygienisch und leicht zu reinigen.

Harte Werkstoffe sind aber bei Biegebelastung bruchgefährdet, vgl. Glas, Gusseisen.

Sanitärapparate aus Keramik
• dürfen bei der Montage keinen Schaden leiden,
• müssen dauerhaft und fest an Wand oder am Fußboden halten,
• sollen Schall nur wenig übertragen.

Dazu muss
• die Keramik richtig verarbeitet werden,
• die Montagewand eben und tragfähig sein,
• die Montage spannungsfrei erfolgen,
• ggf. Schalldämmmaterial zwischengeschoben werden.

Keramik richtig verarbeiten heißt:
• Schutzstreifen aus Papier o. Ä. dürfen erst nach der Montage vor Übergabe an den Kunden entfernt werden.
• Beim Durchschlagen vorgeformter Armaturenlöcher muss von der Glasurseite aus durchgeschlagen werden; dabei muss die Keramik auf weicher Unterlage, z. B. eine dicke Schaumgummiplatte, ruhen.
• Der Durchschlag oder Meißel muss scharf geschliffen sein.

Ebene und tragfähige Auflagen für Waschtisch, WC u. Ä. sind z. B.
• Plattenverkleidungen für Montageelemente der Vorwandinstallation,
• Gipskartonplatten u. Ä. mit dahinter liegender Stütze, mit Fliesen o. Ä. belegt.

Montageelemente der Vorwandinstallation besitzen in der Regel eine massive Stütze für wandhängende Sanitärapparate wie Klosetts und Waschbecken jeder Art. Montagerahmen für WC nach Bild ➔ 96.3 sind nur geeignet, wenn sie untermauert werden.

Die **Montage muss spannungsfrei** erfolgen. Spannungsfrei kann montiert werden, wenn die Berührungsflächen satt aufliegen. Das ist aber nicht immer der Fall.

Beispiel:
• Gemauerte Wände und Fußböden sind nicht immer plan und eben, selbst wenn sie gefliest sind. Sie können Wölbungen, leichte Durchbiegungen oder hoch stehende Fliesenkanten aufweisen.
• Die Rückwand der Sanitärkeramik ist nicht immer ganz plan.

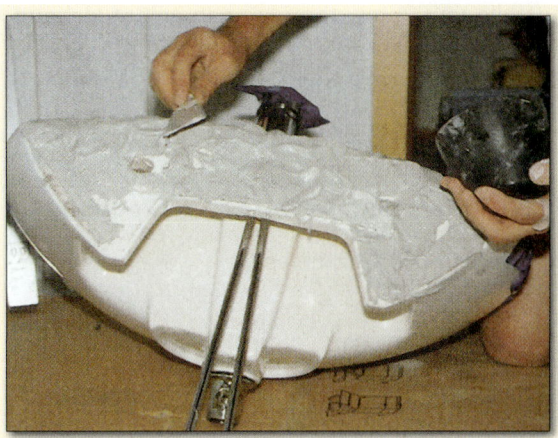

a) Waschtischrückwand mit Fugenzementbrei bestrichen

b) Aufschieben des Waschtisches auf die Befestigung

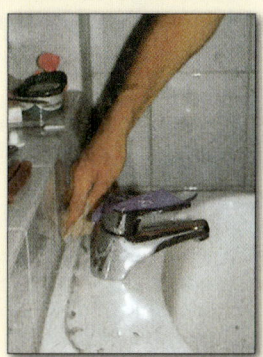

c) Säubern und Glattstreichen des Fugenzementes

1 Ausgleich von Unebenheiten mit Fugenzement

Beim Anziehen der Befestigungsmuttern entstehen dann Spannungen, die zum Bruch führen können.

Deshalb ist zwischen die harten und manchmal unebenen Keramikteile und den Fliesenflächen ein Ausgleichsmaterial oder ein Dämmstoff einzufügen.

Ausgleichsmaterial oder **Dämmstoff** können sein:
• Fugenzementbrei
• selbst klebende, elastische Montagestreifen
• spezielle Schalldämmplatten für WC

Zähedicker **Fugenzementbrei** wird auf die Rückwandfläche wandhängender Apparate wie Waschtische, Bidets, Urinale vor dem Aufschieben auf die Befestigungen etwa 0,5 cm dick aufgetragen. Nach Anziehen der Muttern ist der herausgepresste Zementbrei mit einem fast trockenen Lappen sauber abzuwischen, ➔ 1.
Vor dem Zementauftrag soll die unglasierte Keramikanpressfläche mit Vaselinefett dünn bestrichen werden. Das erleichtert eine spätere Demontage. Ähnlich verfährt man bei Standklosetts und -bidets. Der Fugenzement dichtet gleichzeitig ab und verhindert, dass Wasser und Urin unter das WC gelangen, oft eine Ursache unerklärlicher Geruchsbelästigung.

18

Anstelle von Zementbrei können **selbst klebende, elastische Montagestreifen** angebracht werden, → 1.

Bei Wand-WC wird anstelle des Zementbreies eine **Schallschutzmatte** eingefügt, → 2. Sie darf an ihrem tiefsten Punkt nicht mit Silikon abgedichtet werden

18.3.9.2 Befestigung von Sanitärkeramik

Sanitärkeramik wird befestigt:
- an der Wand
- am Fußboden
- in Einbauplatten

Sanitärapparate aus Keramik, die an der Wand oder am Fußboden befestigt werden, sind:
- Waschtische und Waschbecken, evtl. einschließlich Wand- und Standsäulen
- Ablagen (Wandplatten)
- Klosetts
- Urinale
- Spültische, Ausgüsse
- Keramik für Krankenhäuser wie Fäkalienausgüsse, Steckbeckenspülapparate

Wandbefestigung

Sanitärkeramik wird direkt an der Wand befestigt mittels:
- Stockschrauben (Expressbefestigung)
- Gewindestäben
- Holzschrauben

Die **Expressbefestigung** mit Stockschrauben in Spreizdübeln eignet sich bei Vollmauerwerk wie Vollziegel, Kalksandsteinen, Beton, → 3.

Nach dem genauen Anzeichnen der Bohrlöcher wird
- bei Wandfliesen die Bohrung zuerst leicht angekörnt, damit der Bohrer „sich nicht verläuft",
- die Löcher mit 14 mm ø gebohrt, danach mit Gummiball ausgeblasen,
- je 1 Spreizdübel eingesetzt,
- die Stockschrauben M 12 bei WC und Bidet oder M 10 bei Waschtischen, Waschbecken und Urinal eingeschraubt.

Gewindestäbe verwendet man bei
- Montageelementen, in die sie direkt geschraubt und mit einer Mutter gegen Verdrehen gesichert (gekontert) werden,
- Injektionsbefestigungen in Lochbaustoffen, Porenbeton u. Ä., → 165.1 bis 165.4
- Reaktionsankern, → 165.5

Die Gewindeenden der Stockschrauben oder der Gewindestäbe müssen so weit vor die Wand ragen, dass die Sanitärapparate aufgeschoben werden können (Wanddicke der Keramik messen) und noch genügend Platz bleibt für, → 3:
- eine Kunststoffscheibe, bzw. Bundbuchse
- eine Scheibe aus verzinktem Stahl oder Messing
- die Befestigungsmutter; wenn sie sichtbar ist, meist eine Hutmutter

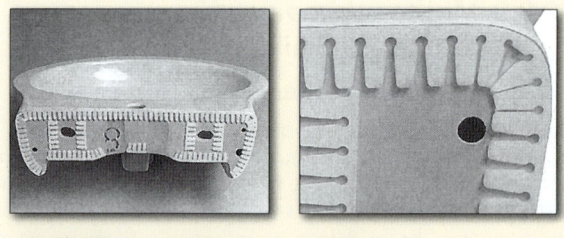

1 Montagestreifen zum Ausgleich von Unebenheiten

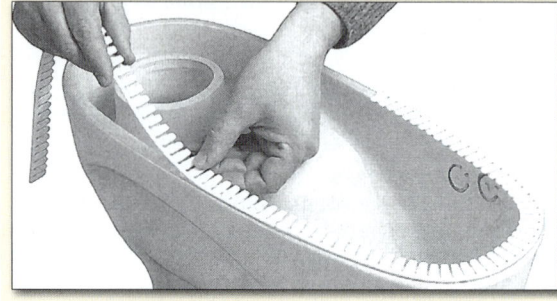

Schallschutzmatte

2 Schallschutzmatte und Montagegestell zum Ummauern an Vollbauwand

Fliesenkleber oder Mörtelbett

Bundbuchse (PVC)

Stockschraube M10

Mutter M10

Scheibe

Waschtischwandplatte

Kunststoffdübel ø 14

Fliese

3 Expressbefestigung von Sanitärkeramik, wie Waschtische an einer Vollwand

18

Mit **Holzschrauben** aus Messing in Kunststoffdübeln werden meist Ablageplatten aus Keramik an die Wand geschraubt.

Fußbodenbefestigung

Am Fußboden werden Ausgüsse in Großküchen und spezielle Sanitärapparate in Krankenhäusern befestigt. Dafür gelten deren Montageanleitungen.

Bodenstehende Klosetts, Sitzwaschbecken und Säulen für Waschtische in Wohnungen u. Ä. werden am Fußboden meist mit zwei Messing-Holzschrauben 6 × 75 mit Sechskantkopf und Abdeckkappe in Durchsteckdübeln aus Kunststoff angeschraubt, → 1.

Nur selten findet man für Klosetts am Boden verschraubte Spannfedern, in die eine gekröpfte Durchsteckwelle einhakt.

> Bei allen Befestigungen darf nie eine Metallscheibe durch eine Befestigungsmutter oder eine Metallschraube direkt auf die Keramik gepresst werden. Immer ist eine Kunststoffscheibe dazwischen zu fügen.

Beckenbefestigung in Einbauplatten

Werden Waschtische bzw. Spülen in Einbauplatten aus Holz, Schichtstoff, Stein (Marmor, Granit u. Ä. ≥ 25 mm dick) eingesetzt, ist zunächst mithilfe von Schablonen der richtige Plattenausschnitt anzuzeichnen. Das Ausschneiden, vor allem bei Stein, geschieht meist durch entsprechende Fachleute.

Dann wird das Becken eingesetzt als:
• Einbaubecken
• Unterbaubecken

Bei **Einbaubecken** wird auf den Auflagerand der Platte eine Silikonfuge gleichmäßig dick aufgetragen, → 2a. Der Waschtisch ist von unten mittels mitgelieferten Haltern mit Hakenschrauben mit Muttern zu befestigen, → 2b. Hervorquellendes Silicon ist zu entfernen. Ähnlich verfährt man bei Spülen.

Bei **Unterbaubecken** soll der Plattenrand ca. 5 mm allseitig überragen. Holzschnittflächen sind nach dem Schleifen mehrmals mit einem wasserfesten Holzlack zu streichen.

In Steinplatten sind bei Unterbaubecken Löcher ohne Schlagwerk zu bohren. Lochdurchmesser und -tiefe nach Herstellerangabe; ein Tiefenanschlag an der Bohrmaschine ist hilfreich.
In die Bohrlöcher werden gesteckt:
• bei Stiftschrauben: Spezialdübel
• bei Holzschrauben: Kunststoffspreizdübel, → 2d

Auf den geschliffenen Rand des Unterbaubeckens ist Silikonkautschuk gleichmäßig dick aufzutragen. Dann das Becken auf die Platte legen, ausrichten und gut andrücken. Danach Schrauben für die zugehörigen Halter anziehen, → 2c. Herausquellendes Dichtmittel ist sorgfältig zu entfernen.

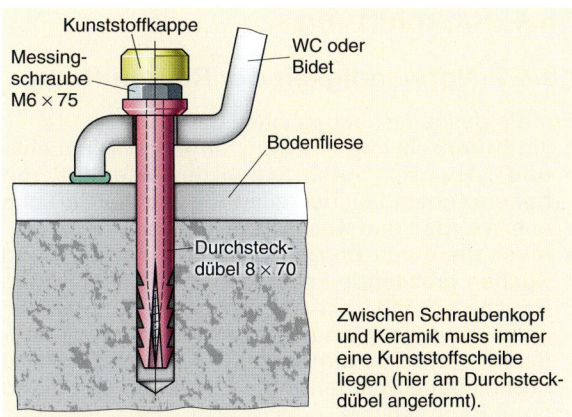

1 Befestigung von Sanitärkeramik am Fußboden

Zwischen Schraubenkopf und Keramik muss immer eine Kunststoffscheibe liegen (hier am Durchsteckdübel angeformt).

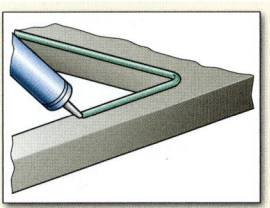

a) Silikonwulst auftragen   **b) Beckenhalter mit Haken**

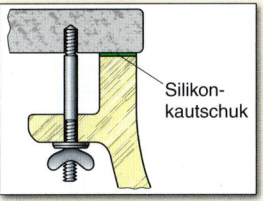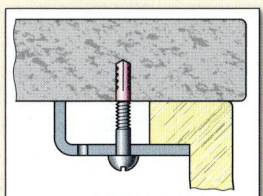

c) Löcher bohren, Dübel einsetzen, Schrauben anziehen

2 Befestigung von Einbaubecken

> **Alte Handwerkerregel:**
> Nach fest kommt kaputt!

Das gilt ganz besonders für die Befestigung von Keramikteilen.

Übungen:
1. Wie müssen Wände für die Montage von Sanitärkeramik beschaffen sein?
2. Warum muss beim Befestigen von Sanitärkeramik sorgfältig vorgegangen werden?
3. Wie kann man Risse in der Keramik oder gar Bruch beim Montieren keramischer Teile verhindern?
4. Beschreiben Sie ihr Vorgehen beim Befestigen eines Waschtisches an einer gefliesten Vollbauwand.
5. Wie gehen Sie vor, wenn Sie ein Standklosett befestigen müssen?
6. Welche Möglichkeiten gibt es, Sanitärkeramik zu befestigen
   a) an der Wand,
   b) am Fußboden?
7. Beschreiben Sie den Einbau eines Unterbauwaschtisches in eine Marmorplatte.
8. Nennen Sie 2 wichtige Regeln für das Befestigen von Sanitärkeramik.

18

18.4 Raumlüftung

18.4.1 Notwendigkeit der Raumlüftung

Für ein gesundes, behagliches Raumklima
• sind menschliche Ausdünstungen wie Feuchte und „Abgase" durch Schwitzen, Atemluft mit hohen Kohlendioxidanteilen u. a. sowie Gerüche aus WC, Bad und Küche abzuführen,
• muss die durch Duschen, Baden, Trocknen und Kochen anfallende Feuchte – im Vier-Personen-Haushalt ca. 10 l bis 15 l pro Tag – nach außen geleitet werden, um nasskalte Wände mit Stockflecken und Schimmelpilz, ➔ 1, zu verhindern; beschlagene Spiegel sind z. B. ein Zeichen für zu hohe Raumfeuchte,
• sind auch Schadstoffe aus Anstrichen, Reinigungsmitteln, Möbeln, Textilien abzuführen,
• soll die nachströmende Luft keine gesundheitsbeeinträchtigenden Stoffe enthalten,
• soll beim Lüften Straßenlärm und Staub – über offene Fenster – der Wohnung fern gehalten werden.

Sinkt der Sauerstoffgehalt und steigt die Luftfeuchte in Wohn-, Schul-, Arbeitsräumen an, fühlt sich der Mensch unbehaglich, wird müde, seine Konzentrationsfähigkeit und seine Leistung lassen nach, er kann schlecht schlafen.

> Das übliche Lüften von Wohnräumen durch Fensteröffnen ist im Hinblick auf Energiesparmaßnahmen nicht mehr zeitgemäß.

Untersuchungen zeigen, dass in 80 % der Fälle falsch, d. h. unkontrolliert, gelüftet wird.
Aufwändige Dämmmaßnahmen zur Energieeinsparung werden dadurch durchkreuzt. Es ist deshalb ein Lüftungskonzept nach DIN 1946 zu erstellen.

Ein stetiger Luftaustausch ohne Staub, Schmutz und Lärm vom Freien ist nötig, ➔ 1.

Dichte Fenster
• verhindern einen natürlichen Luftaustausch
• vermeiden hohe Wärmeverluste und weit gehend das Eindringen von Straßenlärm.

18.4.2 Energieeinspar-Verordnung und Raumlüftung

> Die Energieeinspar-Verordnung (**EnEV**) verlangt:
> den Jahresheizwärmebedarf[1] in kWh je m² und Jahr [kWh/(m²a)] deutlich abzusenken
> die Wärme übertragende Umfassungsfläche dauerhaft luftundurchlässig abzudichten, soweit technisch möglich
> den Mindestluftwechsel für die Gesundheit und Beheizung zu gewährleisten

---

[1] je nach Verhältnis (A/V_e); A Wärme übertragende Umfassungsfläche des Gebäudes in m³
V_e beheiztes Gebäudevolumen in m³

1 Schimmelpilzbildung bei unsachgemäßer Lüftung

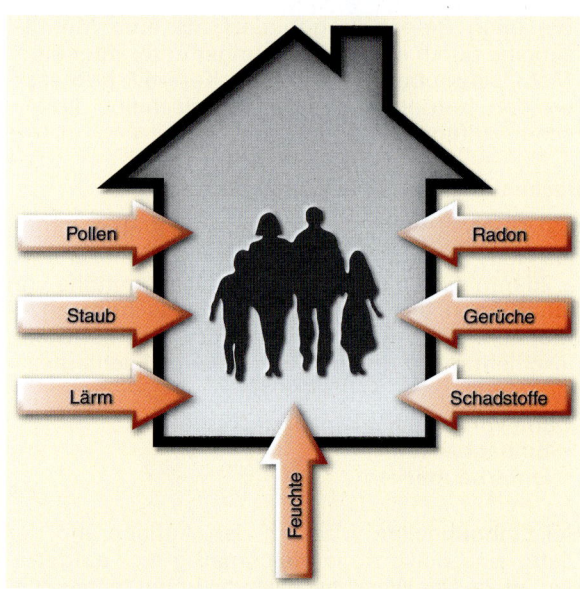

2 Luftaustausch ohne gesundheitsbeeinträchtigende Soffe

Der **Jahresheizwärmebedarf** beinhaltet zusätzlich
• den Wärmebedarf für die Trinkwassererwärmung, generell: 12,5 kWh/(m²·a)
• den Energiebedarf der Heizanlagentechnik, z. B. für Regelung, Brennerbetrieb, Umwälzpumpen

Er wird außerdem nicht als Endenergie-, sondern als **Primär-Energiebedarf** gewertet. Primär-Energiebedarf bedeutet, dass der genutzten Endenergie zusätzliche Energiemengen hinzugerechnet werden, die durch Prozesse bei Gewinnung, Transport, Umwandlung und Verteilung anfallen. Bei Strom ist beispielsweise mit dem Faktor 3 zu multiplizieren; bei Erdgas gilt der Faktor 1,1.

> **Beispiel:**
> Eine elektrische Pumpe verbraucht 1 kWh „Nutzstrom". Dafür sind 3 kWh Primärenergie aufzuwenden.

Wärme aus erneuerbaren Energien, wie von Holzpellets oder gewonnen aus Solaranlagen oder mithilfe von Wärmepumpen, verringern den Jahres-Primärenergiebedarf.

Alle oben genannten Faktoren wirken sich auf die Bauweise der Gebäude aus.

Die EnEV fordert Neubauten auszuführen als:
- Niedrigenergiehaus (Standardbauweise)
- Passivhaus

Beim **Niedrigenergiehaus** liegt der Jahresheizwärmebedarf beim
- Einfamilienhaus: < 65 kWh/(m²·a)
- Reihenhaus: < 50 kWh/(m²·a)
- Mehrfamilienhaus: < 40 kWh/(m²·a)

Gemäß EnEV 2001 müssen Neubauten mindestens als Niedrigenergiehaus ausgeführt werden.

Beim **Passivhaus** beträgt der Jahresheizwärmebedarf < 15 kWh/(m²·a). Das ist außerordentlich wenig, verglichen mit dem Jahresheizwärmebedarf bisheriger Bauten mit 150 kWh/(m²·a) bis 250 kWh/(m²·a).

Beispiel:
Das ist so, als wenn ein Pkw mit einem Benzinverbrauch von 10 l/100 km in Zukunft mit nur 1 l/100 km oder noch weniger auskommen sollte.

Der Ausdruck „**passiv**" zielt auf die Heizung des Hauses. Es muss sich weit gehend selbst heizen.

Dies wird nur möglich z. B. durch, ➔ 1:
- günstige Lage der Gebäudehauptfront zur Sonne – Wärmegewinn durch Einstrahlung
- außerordentlich gute Wärmedämmung der Außenwände und „Superfenster", die Wärme herein, aber nicht hinaus lassen
- luftdichte Gebäudehülle mit kontrollierter Lüftung mit Wärmegewinn aus der Abluft, s. Kap. 18.4.3
- vorgewärmte Außenluft über Erdwärmetauscher
- Warmwasserbereitung über Solaranlagen
- Photovoltaik-Anlage (Solarzellen) zur Stromerzeugung
- Energiespar-Haushaltsgeräte

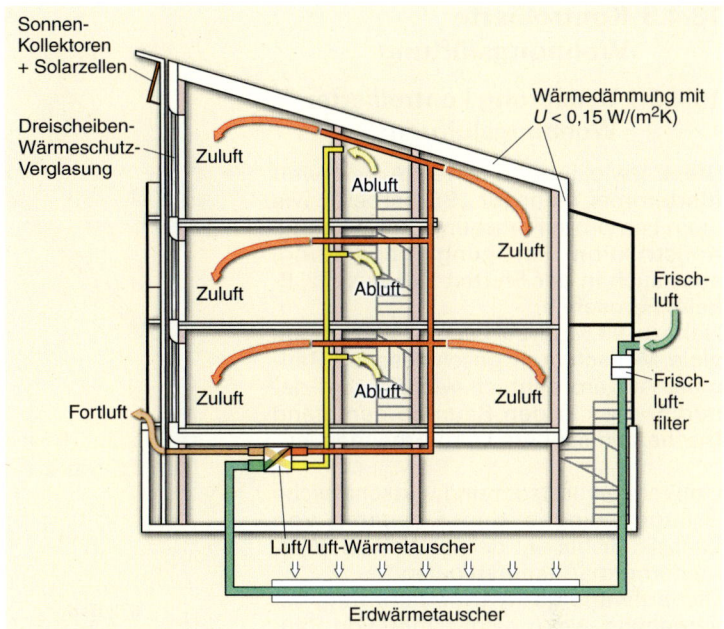

1 Schnitt durch ein Passivhaus; hochgedämmt, Superfenster und Lüftungswärmerückgewinnung

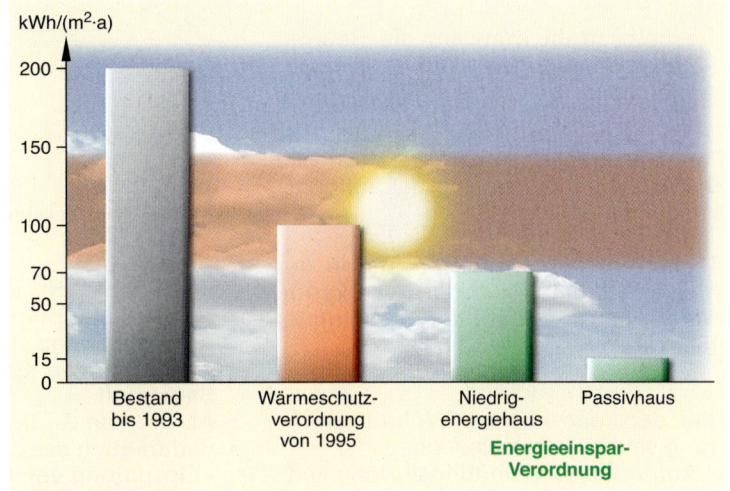

2 Durchschnittlicher Energieeinsatz in Wohngebäuden je Quadratmeter Wohnfläche und Jahr

Die relativ dichte Außenhülle der Gebäude bewirkt aber, dass Luftaustausch – und die damit verbundenen Wärmeverluste, ➔ 2 – deutlich reduziert werden.

Für Niedrigenergie- und Passivhäuser muss eine kontrollierte Wohnungslüftung installiert werden, für andere Wohn-, Bürogebäude u. Ä. ist sie ebenfalls vorteilhaft.

Als Lüftungssysteme bei Gebäuden sind zu unterscheiden:
- kontrollierte Wohnungslüftung mit Wärmerückgewinnung
- Einrohr-Lüftungs-System für innen liegende Sanitärräume
- Zentrale Lüftungssysteme mit Zuluft- und Abluftelementen
- Lüftungsanlagen bei außen liegenden Sanitärräumen

18

18.4.3 Kontrollierte Wohnungslüftung

18.4.3.1 Bedeutung kontrollierter Wohnungslüftung

Die Entwicklung unserer Arbeitswelt führt immer mehr zur „Büroarbeit", wie beim Lernen, in Forschung, Entwicklung, Konstruktion, Fertigung, Verwaltung, aber auch in der Freizeit zu Hause, z. B. beim Fernsehen.

Nahezu 90 % ihres Lebens verbringen viele Menschen in geschlossenen Räumen. Außerordentlich wichtig wird dadurch, dass in den Räumen genügend frische und saubere Luft vorhanden ist.

Umweltbewusstsein und wirtschaftliche Gründe zwingen zum Einsparen von Energie. Bisher wurde viel Wert auf Wärmedämmmaßnahmen gelegt.

Die aufwändige Wärmedämmung ist vergebens, wenn beim Lüften von Räumen über offene Fenster viel Raumwärme entweicht.

> Deshalb strebt man an, die Räume kontrolliert zu lüften, d. h. so viel wie nötig und so wenig wie möglich.

Die erforderlichen Luftströme nach Bild → 595.5 sind der Planung der Lüftungsanlagen zu Grunde zu legen.

Angestrebt wird weiterhin, die in der entweichenden Raumluft steckende Wärme an die zugeführte Frischluft zu übertragen.

> Bei der kontrollierten Wohnungslüftung sind zu unterscheiden:
> • kontrollierte Wohnungslüftung **mit** Wärmerückgewinnung
> • kontrollierte Wohnungslüftung **ohne** Wärmerückgewinnung

18.4.3.2 Kontrollierte Wohnungslüftung mit Wärmerückgewinnung

Vor allem seit Heranreifen und verstärkt nach Inkrafttreten der EnEV wird die **kontrollierte** Wohnungslüftung mit Wärmerückgewinnung (**KWL mit WRG**) zum Teil zwingend vorgeschrieben.

> Energiesparen und gesundes Raumklima müssen in Einklang gestellt werden.

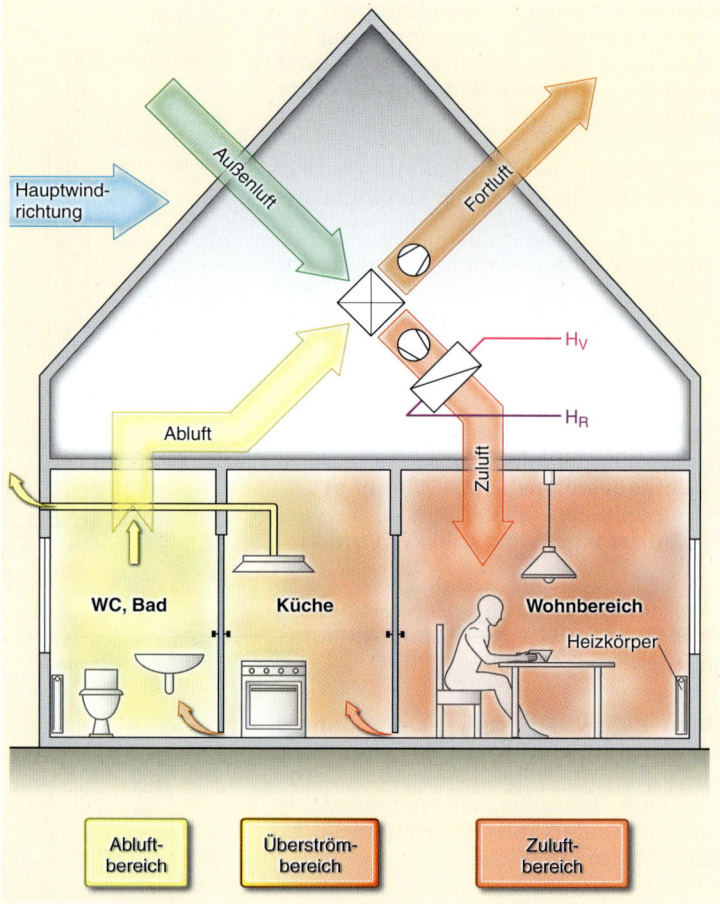

1 Arbeitsprinzip der kontrollierten Wohnungslüftung mit Wärmerückgewinnung

Die KWL mit WRG ist der Weg dazu. Sie sorgt für:
• bessere, staubfreie Luft im Raum durch ständige Lufterneuerung, siehe Kap. 18.4.1
• Austausch von Kohlendioxid und zu hoher Luftfeuchte gegen Sauerstoff
• Abfuhr von Gerüchen und Schadstoffen
• Reduzierung des Lüftungswärmebedarfs und damit
  - Einsparung von Energie
  - Sicherheit, da offene Fenster nicht nötig sind

All diese Punkte verhindern auch, dass sich Schädlinge wie Schimmelpilze, Hausstaubmilben in Räumen entwickeln.

Die KWL mit WRG ist in fast allen Gebäuden möglich wie Einfamilienhäuser, Etagenwohnungen, Büros, Arztpraxen, Gastwirtschaften, Büro- und Verwaltungsgebäude, Schulen.

Bauteile und Anlage einer kontrollierten Wohnungslüftung mit Wärmerückgewinnung

Bei der KWL mit WRG wird das Gebäude unterteilt in, → 1:
• den Zuluftbereich mit Wohn-, Arbeits-, Schlaf- und Kinderzimmer
• den Überströmbereich mit Diele, Flur, Treppenhaus
• den Abluftbereich mit Bad, WC, Küche

18

Für den Betrieb der KWL mit WRG sind nötig:
- Kompaktgerät mit Wärmerück-gewinnung
- Kondensatablauf
- Vereisungsschutz
- Nachheizung
- Leistungsregelung
- Abluft- und Zuluftelemente
- Rohrsystem
- Dachdurchführung mit Haube

Das **Kompaktgerät** zur KWL ist raum-sparend in einem Stahlgehäuse unter-gebracht, → 1.
Dieses ist kunststoffbeschichtet, allseitig schall- und wärmegedämmt und hat 4 Anschlussstutzen für:
- Außenluft vom Freien
- Fortluft ins Freie
- Abluft aus den Räumen
- Zuluft zu den Räumen

Im Gehäuse befinden sich:
- ein großflächiger Wärmetauscher aus Aluminium mit Wirkungsgrad über 90 %
- je ein geräuscharmer Ventilator für die Zu- und die Fortluft
- ein Vorfilter G (Grobstaub)
- zwei Feinfilter F (Feinstaub)

Alle Teile sind zum Reinigen oder zum Austausch, z. B. der Filter nach häufiger Reinigung, leicht zu entnehmen.

Unten am Gerät ist ein **Kondensatablauf**; er wird über einen Geruchverschluss an die Hausentwässerung angeschlossen, z. B. an deren Lüftungsleitung, wenn das Kompaktgerät im Dachraum aufge-stellt ist.

Ein **Vereisungsschutz** verhindert bei sehr niedrigen Temperaturen das Verei-sen des Wärmetauschers.

Da an besonders kalten Tagen die im Kompaktgerät an die Außenluft übertra-gene Wärme nicht ausreicht, kann durch **Nachheizung** über ein nachgeschaltetes WW-Heizregister, diese zusätzlich er-wärmt werden. Das Heizregister ähnelt einem Autokühler, der von Heizungs-wasser durchflossen wird und Wärme an die durchströmende Luft abgibt.

Die **Leistungsregelung** ist über den in der Wohnung montierten Betriebsschal-ter möglich.
Der elektrische Anschluss, 230 V~, Nennstrom < 1 A, erfolgt über einen An-schlusskasten am Gehäuse.

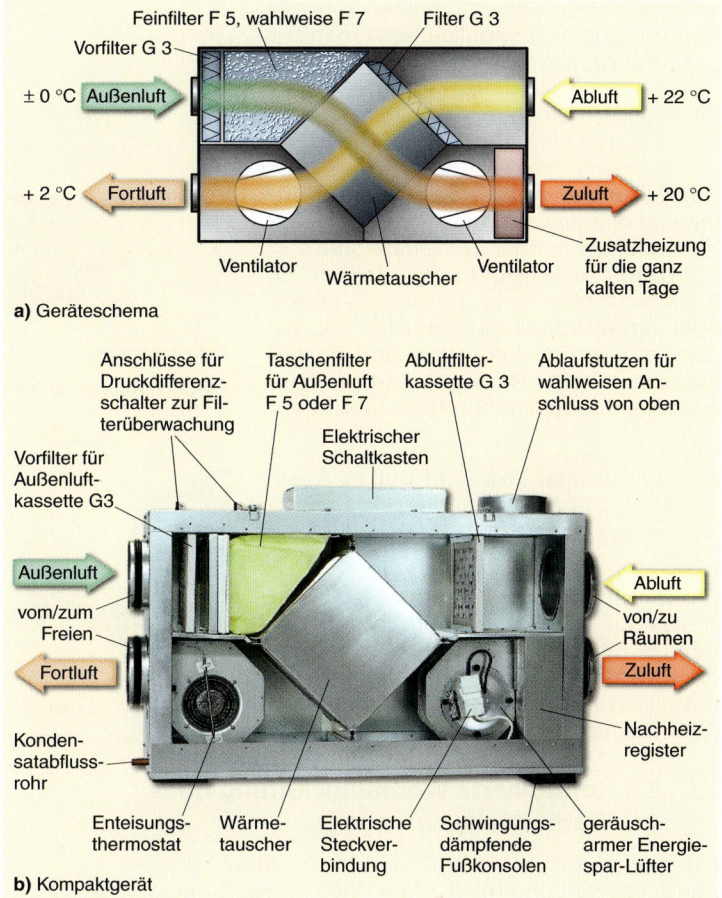

a) Geräteschema

b) Kompaktgerät

1 Kompaktgerät zur KWL

Das Kompaktgerät wird häufig im Dachraum aufgestellt. Dort sind Außenluft und Fortluftleitungen, ohne Deckendurchbrüche, leicht heranzuführen. Außerdem stört dort die geringe Geräu-schentwicklung des Gerätes am wenigsten.

Selbstverständlich kann das Kompaktgerät auch in Abstell-, Ge-räte- oder Kellerräumen aufgestellt werden. Dann erfolgt die Außenluftzuleitung und Fortluftableitung ebenerdig.

Bei ebenerdiger Außenlufteinführung ins Haus kann die Luft vorher durch einen Erdkollektor, z. B. 40 m PE-Rohr, ø 200, ge-leitet werden.

Vorteil:
Im Sommer wird die Außenluft um ca. 10 K abgekühlt, im Winter wird sie auf ca. 12 °C vorgewärmt.

Abluftöffnungen, → 598.3, sollen nahe bei Geruchsquellen und möglichst weit von der Tür entfernt sein.

Zuluftelemente, als Tellerventile, → 594.3, sollen nahe bei Heiz-körpern, nicht unmittelbar über Sitzplätzen liegen.

Abluftöffnungen und Zuluftelemente sind getrennt möglichst in Deckennähe so anzubringen, dass die Räume luftdurch-strömt werden.

18

Ist dies wegen Schwierigkeiten mit der Rohrführung nicht möglich, setzt man zur Luftzuführung Weitwurfdüsen ein, → 1.

Im Allgemeinen genügen je 25 m² Raum eine Zu- und eine Abluftöffnung.

Rohrleitungen sollen korrosionsbeständig und glattwandig sein. Gut eignen sich Kunststoffrohre oder Wickelfalzrohre. Rohre mit reckeckigem Querschnitt, → 2, sind oft leichter in Decken, Wänden oder hinter Verkleidungen unterzubringen. In den Rohrleitungen sind an geeigneter Stelle Reinigungsöffnungen oder Reinigungsendstücke anzubringen.

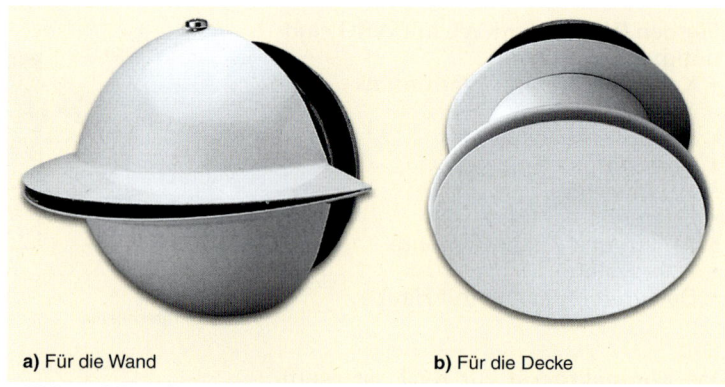

a) Für die Wand   b) Für die Decke

1 Weitwurfdüsen für die Luftzuführung

> Flexible Rohrstücke sind nur in Ausnahmefällen zu verwenden, da sich in den Rillen leicht Staub ablagert.

Die Zuluftleitung soll möglichst an der Hausseite der Hauptwindrichtung liegen, → 592.1, auch in der Wand unter der Dachtraufe. Die Fortluftleitung ist, möglichst in Lee[1], mit einer **Dachhaube** über Dach zu führen, → 4.

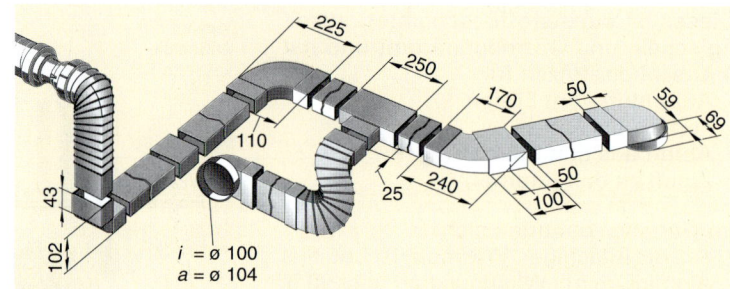

$i = ø 100$
$a = ø 104$

2 Flachkanalsystem aus Kunststoff oder aus verz. Stahl

18.4.3.3 Kontrollierte Wohnungslüftung ohne Wärmerückgewinnung

Die kontrollierte Wohnungslüftung **ohne** Wärmerückgewinnung (**KWL ohne WRG**) sorgt für eine zugfreie, geruchs- und schädlingsfreie Lüftung der Wohnung. Sie führt feuchte und verbrauchte Luft ab, aber ohne die darin enthaltene Wärme zu entziehen. Die Anschaffungskosten sind geringer als bei Anlagen mit Wärmerückgewinnung.

> Bauteile für KWL ohne WRG sind:
> • Außenluft-Einströmelemente
> • Abluftelemente
> • Abluftleitungen
> • Energiespar-Lüftungsbox

Bei der KWL ohne WRG strömt die Frischluft durch **Außen-Einströmelemente** fein dosiert ein, z. B.:
• Tellerventile mit Thermostat, → 595.1, lassen Volumenströme, je nach eingestellter Spaltbreite oder abhängig von der Außentemperatur, von 0 bis 30 m³/h zu, je nach raumseitigen Unterdruck.
• Einström-Elemente für Fenster oder Rollladenkästen, → 595.2, lassen je nach Unterdruck der Abluft in Küche, Bad und WC ein geregeltes Luftvolumen einströmen, z. B. 0 bis 30 m³/h oder bis 60 m³/h.

Abluftelemente und **Abluftleitungen** sind wie bei KWL mit WRG, siehe Kap. 18.4.3.3.

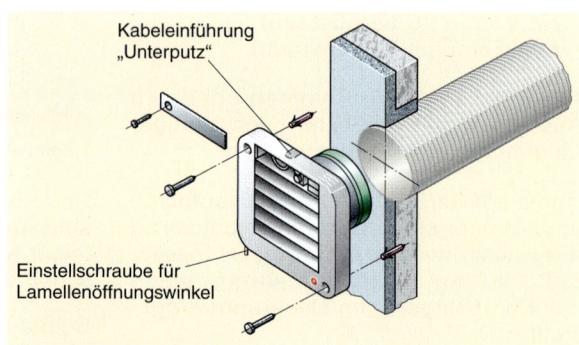

Kabeleinführung „Unterputz"

Einstellschraube für Lamellenöffnungswinkel

3 Zuluftleitung in der Wand

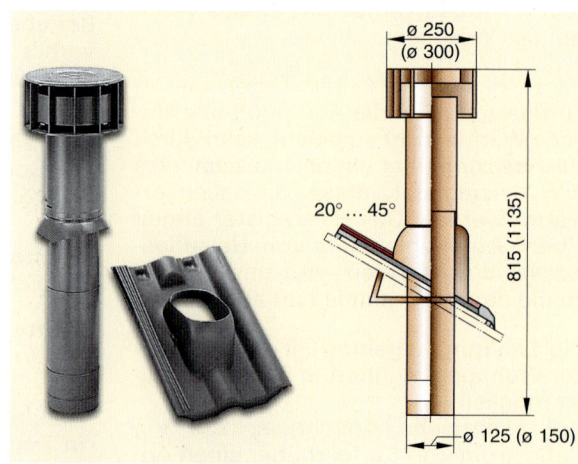

ø 250
(ø 300)

20°…45°

815 (1135)

ø 125 (ø 150)

4 Fortluftleitung mit Dachdurchführung und Haube

[1] Lee: dem Wind abgekehrte Seite

594

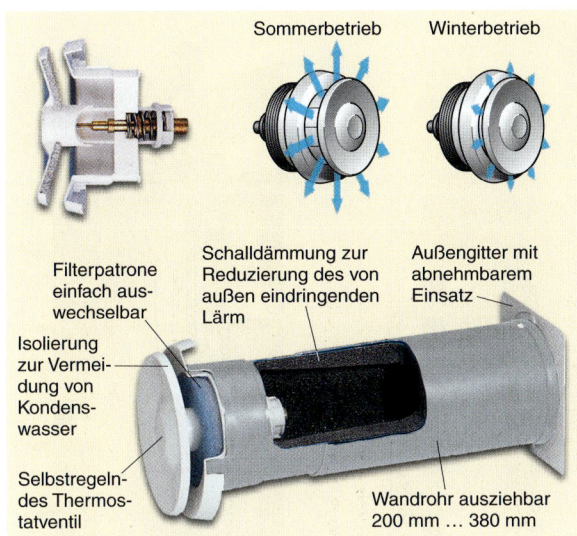

1 Tellerventil mit Thermostat und Schalldämpfer

Filterpatrone einfach auswechselbar

Schalldämmung zur Reduzierung des von außen eindringenden Lärm

Außengitter mit abnehmbarem Einsatz

Isolierung zur Vermeidung von Kondenswasser

Selbstregelndes Thermostatventil

Wandrohr ausziehbar 200 mm … 380 mm

Sommerbetrieb   Winterbetrieb

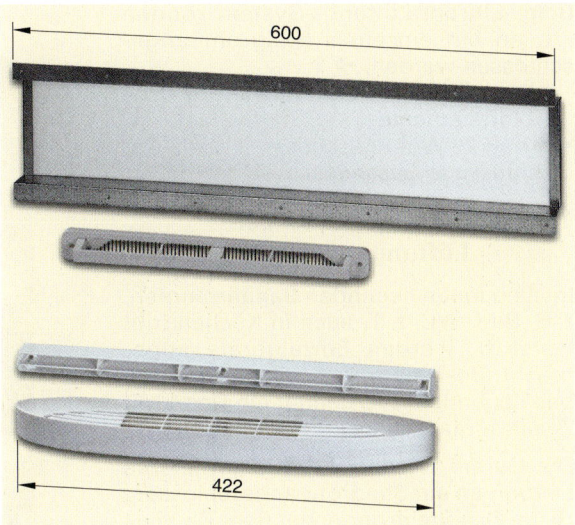

2 Einströmelemente für Fenster oder Rollladenkasten

600

422

Ähnlich wie bei KWL mit WRG wird eine **Energiespar-Lüftungsbox**, meist im Dachraum, aufgestellt. Diese hat 3 Luftansaug- und einen Luftausblasstutzen, von dem aus die Abluft über Dach geblasen wird, ➜ 3.

Bei der KWL **ohne** WRG dürfen Küchenablufthauben ohne Motor und mit Brandschutzklappe (stets offen, im Brandfall schließend) an die zentrale Lüftung angeschlossen werden.

Die Luftströmung zwischen Wohn/ Schlafräumen und Ablufträumen wie Küche, Bad, WC müssen ggf. Lüftungsgitter in den Türen ermöglichen, ➜ 4.

18.4.4 Lüftung innen liegender Sanitärräume

18.4.4.1 Lüftungssysteme für innen liegende Sanitärräume

Die Lüftung innen liegender Sanitärräume ist auszuführen nach DIN 18 017-3 *Lüftung von Bädern und Toilettenräumen ohne Außenfenster mit Ventilatoren.* Diese schreibt Luftströme vor nach Bild ➜ 5.

Alle Bauteile für Lüftungsanlagen müssen bauaufsichtlich und/oder brandschutztechnisch zugelassen sein.

Die Lüftung erfolgt über ein **Einrohr-Lüftungs-System (ELS)**, ➜ 596.1:
- mit Einzelgeräten (Einzellüftung)
- mit Dachventilator und Tellerventilen (zentrales Lüftungssystem)

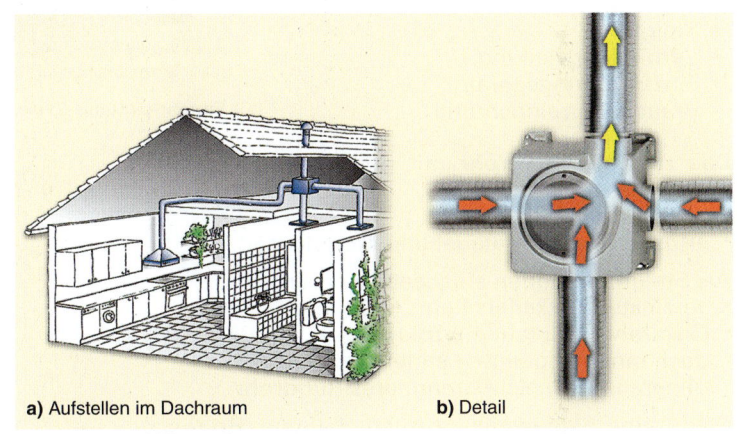

a) Aufstellen im Dachraum   **b)** Detail

3 Energiespar-Lüftungsbox

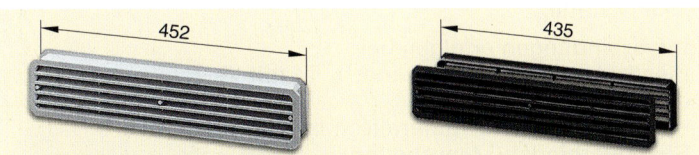

4 Lüftungsgitter für Türen (Nachströmgitter)

452

435

Betriebsdauer	Bad	WC
nur bei Bedarf	60 m³/h + (+5 m³/h Ventilatornachlauf)	30 m³/h + (+5 m³/h Ventilatornachlauf)
> 12 h (Grundlastbetrieb)	40 m³/h	15 m³/h

Als Nachströmöffnung aus der Wohnung in den Raum ist ein Lüftungsgitter mit freiem Querschnitt ≥ 150 cm² nötig

5 Mindestvolumenströme nach DIN 18 017-3

Anmerkung:
Die in der Praxis verwendeten Begriffe sind verwirrend. Auch das Zentral-Lüftungs-System ist ein Einrohr-Lüftungs-System (ELS), jedoch mit einem (zentralen) Dachventilator statt zahlreicher Einzellüftungsgeräte.

18

Beim Einrohr-Lüftungs-System können zzt. an ein einzelnes Steigrohr angeschlossen werden, ➔ 2:
- bis zu 40 Einzel-Lüftungsgeräte bzw. Abluftelemente
- bis zu 20 Wohngeschosse (1 bis 2 Anschlüsse je Geschoss)

18.4.4.2 Lüftung mit Einzel-Lüftungsgeräten

In allen innen liegenden Sanitärräumen, z. B. Bad, WC, z. T. auch in Küchen (mit Fenster), werden Einzelgeräte angebracht. Bei einem Bad mit direkt daneben liegendem WC genügt ein Gerät mit Zweitraumanschluss.

Die Geräte werden durch eine flexible Leitung an ein Steigrohr angeschlossen, ➔ 1a. Das Steigrohr endet über Dach.

Bauteile des ELS mit Einzelgeräten sind:
- Steigrohr
- Verbindungsleitung
- Einzel-Lüftungsgerät
- Brandschutzeinrichtung

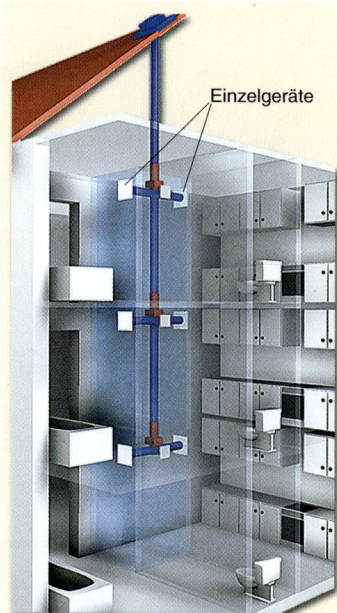

a) Mit Einzellüftungsgeräten   b) Mit Dachlüfter und Tellerventilen

1 Einrohr-Lüftungs-System ELS

Das zentrale **Steigrohr** mit geringem Leitungsdurchmesser, ➔ 1a:
- beansprucht wenig Platz
- erfordert wenig Material und Montagezeit

Als Steigrohr können eingesetzt werden:
- verzinktes Wickelfalz-Rohr, ➔ 3
- Gussrohr RML (außen grau-beige), wie SML, jedoch innen und außen anders beschichtet
- mineralisches, nicht brennbares Rundrohr

Dazu gibt es jeweils Formstücke wie Bogen, Abzweige, Dehnungsausgleicher, Brandschutz-Deckenschotts.

Rohrverbindungen erfolgen bei
- Blechrohren: durch Stecken, z. T. mit Gummidichtringen, ➔ 3
- bei Gussrohr und mineralischem Rohr: durch Spannverbinder (Manschetten)

Als **Verbindungsleitung** zwischen Einzel-Lüftungsgerät und Steigrohr werden verrillte, flexible Rohre eingesetzt aus:
- verzinktem Stahlblech, ➔ 4
- Aluminium (nur im klassifiziertem F-90-Schacht)

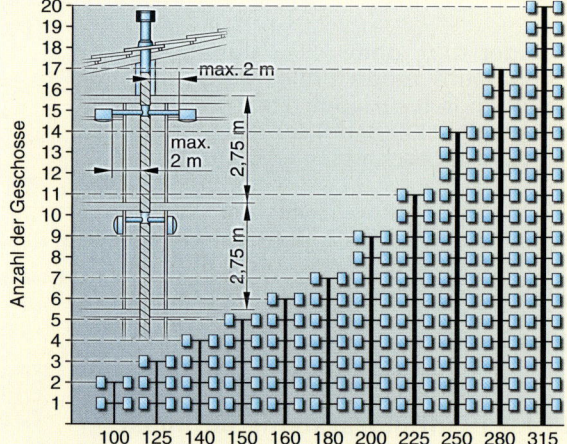

Berechnet für:
Volumenstrom 60 m³/h je Gerät
Restförderdruck 75 Pa
Anschlussleitung DN 80, Länge 2 m und 2 Bögen

2 Einrohr-Entlüftungssystem – Auslegungsbeispiel für gleichzeitigen Betrieb

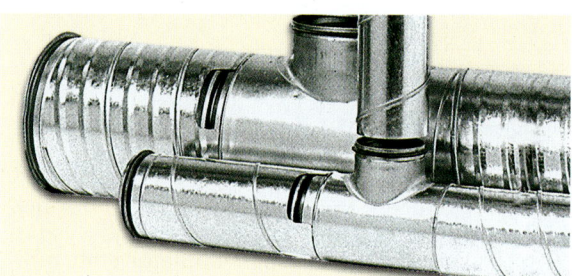

3 Steck- und Dichtungssystem für Wickelfalzrohre

a) Unisoliert

b) Thermisch isoliert

4 Flexible Schläuche

Einzel-Lüftungsgeräte (Kleinraumventilatoren) gibt es in ca. 40 Variationen, z. B. für Aufputz, Wandeinbau, vor und in der Decke, ohne/mit Brandschutz, mit Kunststoff- oder Stahlgehäuse, mit Ventilatoreinsätzen verschiedener Förderleistung (30 m³/h, 60 m³/h, 100 m³/h), vielerlei Steuerungsmöglichkeiten, verschiedenen Frontplatten.

Die Einzel-Lüftungsgeräte bestehen aus, → 1:
- dem Gehäuse für den Rohbau mit Ausblasstutzen, Brandschutzklappe, Zweitraumanschlussstutzen luftdichter Rückschlagklappe, Steckerverbindung für Elektroanschluss
- dem Ventilatoreinsatz, passend für jede Gehäuseart, mit Bajonettverschluss oder mit einer Schraube zu befestigen, wartungsfreiem Motor für 230 V~, Schutzklasse (Schutzbereich) 2, Schutzart IPX5 („5" ≙ Schutz gegen Strahlwasser, vgl. Kap. 10.8.12.2) mit elektrischer Steckverbindung

Die Schutzart IPX5 lässt zu, dass ein Einzellüftungsgerät unmittelbar in eine Duschkabine gesetzt werden darf.

Die Ventilatoren sind Strom sparend gebaut, z. B. 16 W bei $\dot{V}$ = 60 m³/h, äußerst laufruhig, und besitzen ein Dauerfilter. Dieses ist leicht auswechselbar und kann in der Spülmaschine gereinigt werden.

In innen liegenden Räumen werden die Geräte standardmäßig **mit** Einschaltverzögerung (ca. 45 s) über einen (Licht)Schalter geschaltet.

Ihre Schaltung kann zusätzlich automatisch gesteuert werden:
- mit Nachlauf (5 min für innen liegende WCs und Bäder vorgeschrieben)
- mit Raumlichtsteuerung
  EIN: bei einer Helligkeit > 30 Lux
  AUS: bei Dunkelheit
- mit Bewegungssensor, optimal in Sanitärräumen mit gewerblicher Nutzung:
  EIN: mit 45 s Verzögerung, bei Betreten des Raumes
  AUS: nach 3 min bis 12 min (Betriebszeit wählbar) – neuer Impuls führt zu Neustart
- mit Feuchtesteuerung, speziell für Dusch-, Bade-, Waschräume, jedoch nicht für die Zweitraumlüftung:
  EIN: bei relativer Luftfeuchte $\varphi \approx$ 70 % (Schaltpunkt voreingestellt)
  AUS: bei $\varphi \approx$ 60 %
- mit Intervallschaltung:
  einstellbar von 0 h bis 15 h, für das Lüften unregelmäßig genutzter Räume
- mit Grundlastschaltung:
  Gerät läuft dauernd mit 35 m³/h; mit zusätzlichem Schalter abschaltbar
- mit Dreistufenschaltung:
  Volumenströme von 40 m³/h, 60 m³/h, 100 m³/h sind einzeln wählbar

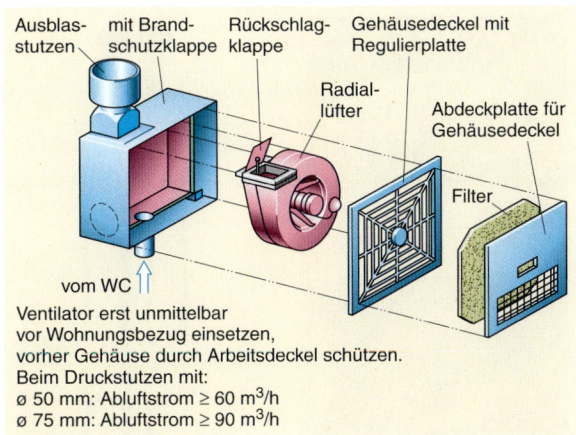

Ventilator erst unmittelbar vor Wohnungsbezug einsetzen, vorher Gehäuse durch Arbeitsdeckel schützen. Beim Druckstutzen mit:
ø 50 mm: Abluftstrom ≥ 60 m³/h
ø 75 mm: Abluftstrom ≥ 90 m³/h

vom WC

1 Einzelraumlüfter

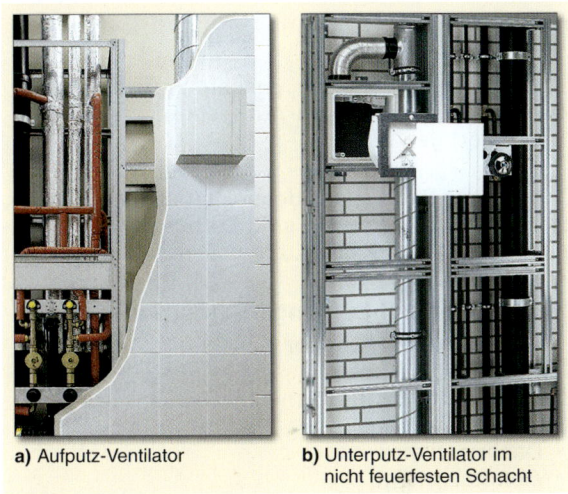

a) Aufputz-Ventilator   **b)** Unterputz-Ventilator im nicht feuerfesten Schacht

2 Einbau von Einzelventilatoren

18.4.4.3 Einbau der Lüftungsgeräte

Lüftungsgeräte können eingebaut werden, → 600.1:
- Aufputz
- Unterputz

Beim **Aufputzeinbau** des Lüftungsgerätes an Wand, → 2a, oder Decke muss:
- das Verbindungsrohr vom Steigrohr bis an Vorderkante Wand bzw. Unterkante Decke führen
- ein dreiadriges Stromanschlusskabel ca. 30 cm aus Wand oder Decke ragen

Erst kurz vor Bezug des Gebäudes wird das Ventilatorgehäuse an der fertigen Wand bzw. Decke montiert und der Ventilator eingesetzt.

Beim **Unterputzeinbau** des Lüftungsgerätes in der Wand, in abgehängten Decken oder in Schächten, → 2b, wird während des Rohbaues ein Unterputzgehäuse mit allen Anschlüssen montiert.
Unmittelbar vor Gebäudefertigstellung wird in das UP-Gehäuse der Ventilator mit Elektrostecker eingesetzt, mit einer Schraube oder mit Bajonettverschluss gesichert und die Abdeckplatte aufgesetzt.

18

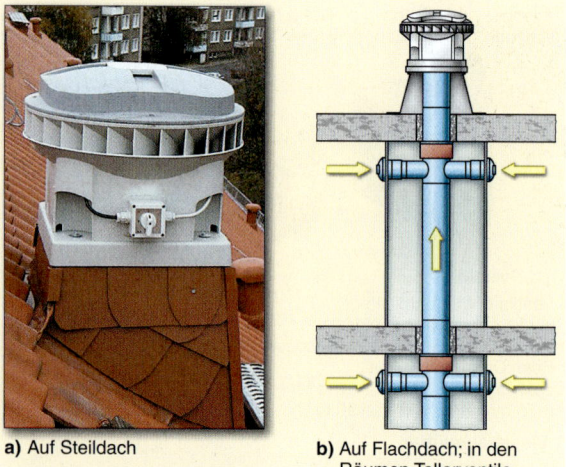

a) Auf Steildach

b) Auf Flachdach; in den Räumen Tellerventile

1 Dachventilator

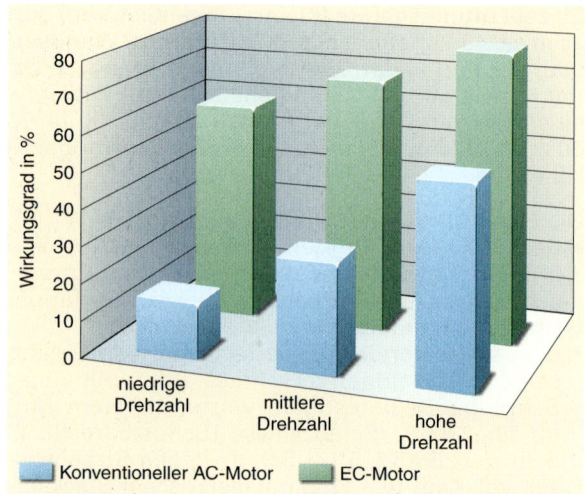

2 Wirkungsgrad – Vergleich zwischen EC- und konventionellen Elektro-Motoren

Alle Ventilatoreinsätze passen unverändert in Aufputz- und in Unterputzgehäuse. Sie sind gesondert gepackt.

Damit in die Räume, aus denen Luft abgesaugt wird, Luft nachströmen kann, sind Lüftungsgitter einzusetzen nach Bild ➜ 595.4, am besten in die Türen.

18.4.4.4 Zentral-Lüftungs-System mit Dachventilator

Zentral-Lüftungs-Systeme (**ZLS**) mit Dachventilator bestehen aus:
- Dachventilator
- Abluftelemente
- Einschub-Telefonie-Schalldämpfer

Bei der Zentral-Lüftung wird dem Steigrohr ein **Dachventilator** aufgesetzt, ➜ 1. Er saugt die Luft aus allen angeschlossenen Räumen ab und muss 24 h/Tag durchlaufen.
Dachventilatoren gibt es in verschiedenen Leistungsstufen. Sie können auf ihrem Sockel aufgeklappt werden.
Für Flachdächer gibt es einen speziellen Sockel.
Dachventilatoren besitzen elektronisch kommutative (veränderliche) Gleichstrommotoren (EC-Motoren),
- die ohne Schlupfverluste Wirkungsgrade bis 80 % (gegenüber 15 % bis 50 % üblicher Motoren) erreichen, ➜ 2,
- deren Drehzahl bedarfsgerecht veränderlich ist,
- die geräuscharm, verschleiß- und wartungsfrei arbeiten.

In den zu entlüftenden Räumen ersetzen **Abluftelemente** die Einzel-Lüftungs-Geräte, ➜ 3a.

Als Abluftelemente werden eingesetzt:
- Tellerventile
- selbstregelnde Abluftelemente
- Abluftelemente mit Lamellen

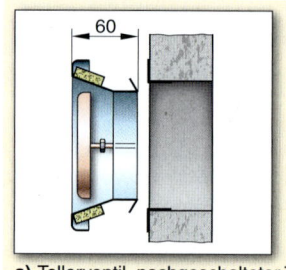

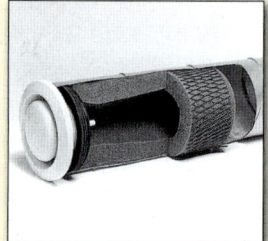

a) Tellerventil, nachgeschalteter Telefonieschalldämpfer

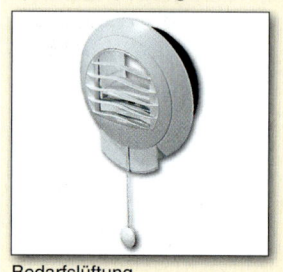

Bedarfslüftung

Grundlaststellung

b) Abluftelement für 2 Volumenströme

c) Abluftelement über Lichtschalter zu betätigen

d) Brandschutz-Tellerventil mit Schmelzloteinsatz

3 Abluftelemente

Bei **Tellerventilen** kann durch Drehen des Ventiltellers der Luftstrom reguliert werden, ➜ 3a. Bei Tellerventilen mit wartungsfreier Brandschutzeinrichtung für Brandschutzklasse K 90, ➜ 3d, sperrt die Klappe nach Schmelzen des Loteinsatzes (rot im Bild) bei 72 °C.

18

Selbstregelnde Abluftelemente, die den Volumenstrom konstant halten, müssen nicht einreguliert werden.

Es gibt auch selbstregelnde Abluftelemente für 2 Volumenströme (Grund- und Bedarfslüftung), ähnlich ➔ 598.3b.

Abluftelemente mit Lamellen werden über den Lichtschalter geöffnet, ➔ 598.3c. Wird der Raum nicht benutzt, ist die Grundlüftung gewährleistet, denn durch die geschlossenen Lamellen strömt eine Mindestluftrate. In Hotels u. Ä. wird damit erheblich Energie gespart.

Als Schutz gegen Geräuschübertragung von Raum zu Raum werden so genannte **Einschub-Telefonie-Schalldämpfer** für ø 100 und ø 125 direkt hinter den Abluftelementen in die Verbindungsleitung geschoben, ➔ 598.3a.

Bei Anlagen mit Dachventilator dürfen in Zeiten geringen Luftbedarfs die Volumenströme nach Bild ➔ 595.5 um die Hälfte reduziert werden.

Vorteile der Zentral-Lüftung:
• Es ist nur ein Gebläse erforderlich.
• Trotz Dauerbetrieb ist sie sehr sparsam dank moderner EC-Motoren (s. o.), da die Ventilatorleistung
  - vom individuellen Bedarf bestimmt wird,
  - vom einzelnen Nutzer eigens über Lichtschalter oder die Raumluftfeuchte als Führungsgröße gefordert wird,
  - dadurch auch individuell registriert und abgerechnet werden kann.

18.4.5 Lüftung außen liegender Sanitärräume

Außen liegende Sanitärräume werden meist über das Raumfenster gelüftet. Zusätzlich kann jedoch ein Einzellüftungsgerät in die Außenwand gesetzt werden. Damit ist es möglich in der kalten Jahreszeit den Raum kontrolliert zu lüften, um:
• Heizenergie durch gezieltes Abführen einer genau bestimmten Luftmenge (im Gegensatz zur Fensterlüftung) zu sparen
• Feuchteschäden im Raum zu vermeiden

Die Zuluft wird durch ein Lüftungsgitter in der Tür aus anderen Räumen zugeführt.

Achtung:
Dunstabzugshauben ohne Umluftbetrieb in Küchen müssen die Abluft, vor allem wegen deren Fettanteilen immer durch eine eigene Leitung direkt ins Freie fördern. Nie dürfen sie an ein Einrohr-Lüftungssystem angeschlossen werden (Keimbildung, Brandgefahr!).

18.4.6 Brandschutz bei Lüftungsanlagen

Beim Brandschutz bei Lüftungsanlagen ist zu unterscheiden:
• Gebäude bis zu 2 Vollgeschossen
• Gebäude mit mehr als 2 Vollgeschossen

Für **Lüftungsanlagen in Gebäuden bis zu 2 Vollgeschossen** ist kein Brandschutz erforderlich.

Bei **Gebäuden mit mehr als 2 Vollgeschossen** sind Lüftungsanlagen, mit gemeinsamer Hauptleitung und 1 oder 2 Anschlüssen je Geschoss, brandgeschützt auszuführen.

Obwohl für Gebäude von 3 bis 8 Vollgeschossen Feuerwiderstandsklasse K 60 genügt, wird grundsätzlich in K 90 ausgeführt.

Brandschutzeinrichtungen für Lüftungsanlagen sind zu unterscheiden, je nach Art des Lüftungsschachtes:
• klassifizierter Schacht, d. h. feuerbeständig L 90
• nicht klassifizierter Schacht

Beim **klassifizierten Schacht** sind erforderlich:
• Abluftgeräte mit feuerfestem Gehäuse und mit selbsttätigen Brandschutzklappen
• Deckenverguss im Schacht ≥ 10 cm, siehe Kap. 3.4
• ggf. ein Trennsteg im Schacht, wenn dieser auch brennbare Leitungen führt

Klassifizierte Schächte benötigen viel Platz und bedingen hohe Kosten.

Beim **nicht klassifizierten Schacht**, wie dem Schacht einer Vorwandinstallation mit Gipskartonplattenverkleidung, gilt das Brandschutzsystem nach Bild ➔ 1 als preiswert, wartungsfrei und sicher.

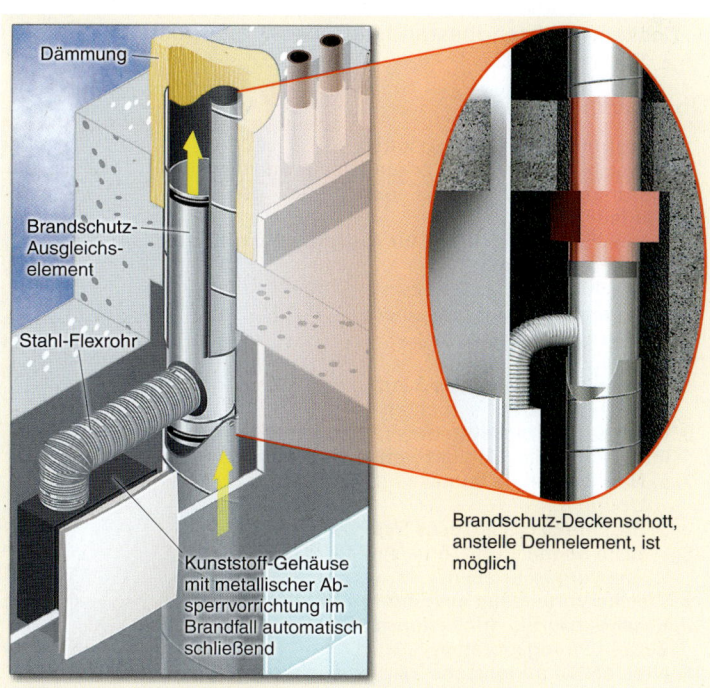

Dämmung

Brandschutz-Ausgleichselement

Stahl-Flexrohr

Kunststoff-Gehäuse mit metallischer Absperrvorrichtung im Brandfall automatisch schließend

Brandschutz-Deckenschott, anstelle Dehnelement, ist möglich

1 Brandschutz-Dehnelement für den nicht feuerfesten Schacht

18

Dieses Brandschutzsystem besteht aus dem, ➔ 1
- brandgeschützten Lüftungsgerät mit Absperr-klappe, siehe Kap. 18.4.3.3
- flexiblem Stahlverbindungsrohr (kein Alumini-umrohr!)
- Dehnungsausgleicher mit Anschlussstutzen in der Hauptsteigleitung
- Deckenverguss

Achtung:
Bei einem System müssen **alle** Teile den Vorga-ben entsprechen, sonst ist kein Schutz gegeben.

Das Dehnelement mit 1 oder 2 Anschlussstutzen wird in das Wickelfalzrohr eingeschoben. Das Wi-ckelfalzrohr muss fest im Deckendurchbruch einge-mauert (Deckenverguss), danach ≥ 1,0 m hoch wär-megedämmt werden.

Im Brandfall
- schließt die metallische Absperrklappe im Ventilator,
- das Dehnelement dehnt sich im Wickelfalzrohr, sodass keine Spannungen auftreten können,
- Risse in der Decke oder im Steigrohr treten nicht auf,
- in der Hauptleitung (Steigrohr) staut sich kein Rauch.

Die Wärmedämmung um das Hauptrohr schirmt andere brennbare Leitungen im Schacht ab, sodass ein Trennsteg im Schacht überflüssig ist.

Als Brandschutzsysteme sind weiter möglich: Feuerbeständige Einzelgeräte an einer Hauptsteig-leitung
- aus Wickelfalzrohr mit Brandschutz-Decken-schotts, ➔ 599.1 (Auszug), ähnlich 87.5
- aus feuerbeständigen Rohren im Schacht, z. B.
  - Gussrohr (RML) mit Wärmedämmung ≥ 1,0 m über Decke
  - mineralisches Rohr mit Brandschutz-Zulassung, Decken mit brandbeständigem Deckenverguss ≥ 15 cm, ➔ 91.2

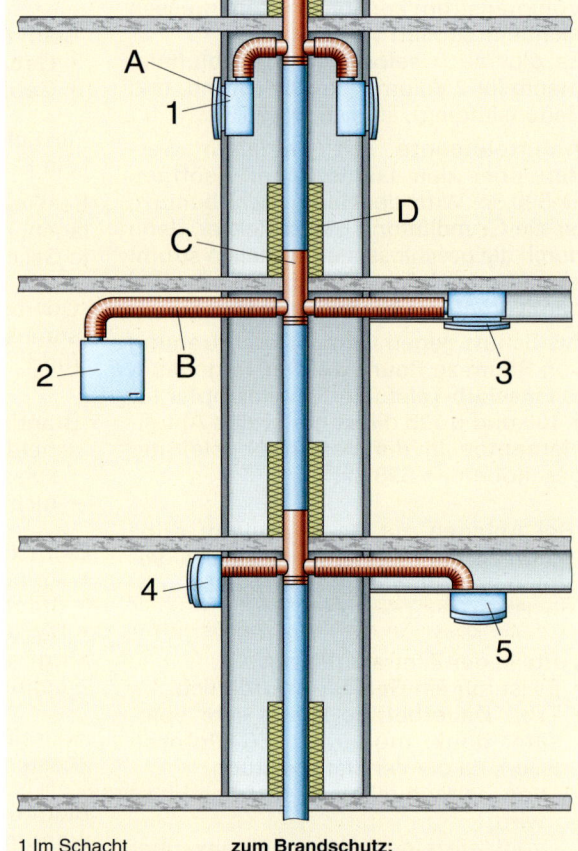

1 Im Schacht	**zum Brandschutz:**
2 In der Wand	A Abluftgerät mit Brandschutzklappe
3 In der Decke	B Flexibles Stahlrohr
4 Auf der Wand	C Dehnelement
5 An der Decke	D Wärmedämmung

1 Einbau von Ventilatoren

Übungen:

1. a) Warum sind Räume zu lüften
   b) Welche Punkte gelten besonders für Sanitärräume?
2. Warum soll nicht durch „Fensteröffnen" gelüftet werden?
3. a) Welche Lüftungsart ist für Niedrigenergiehäuser vorgeschrieben?
   b) Beschreiben Sie diese kurz.
4. Was versteht man unter einem
   a) Niedrigenergiehaus,
   b) Passivhaus?
5. Nennen Sie mindestens 3 Lüftungssysteme, die der Sanitärinstallateur einrichten kann.
6. Welches Lüftungssystem wird hauptsächlich bei innen liegenden Sanitärräumen eingesetzt?
7. a) Nennen Sie die Bauteile für das System zur Übung 6.
   b) Beschreiben Sie dieses System.
8. Welche Mindestluftströme sind für Bad, WC und Küche vorgeschrieben?
9. Welche Vorteile hat ein Einrohr-Lüftungssystem?
10. Beschreiben Sie mindestens 5 Variationen von Einzel-Lüftungsgeräten.
11. Nennen Sie mindestens 3 Arten, wie ein Einzel-Lüftungsgerät automatisch gesteuert werden kann.

12. Welche Rohrarten werden für Lüftungsleitungen verwendet?
13. Wie können Einzel-Lüftungsgeräte eingebaut werden?
14. a) Beschreiben Sie ein Zentral-Lüftungssystem.
    b) Welche Bauteile gehören dazu?
15. Welche Arten von Abluft-Elementen gibt es (mindestens 3)?
16. Auf welche Weise erhält man einen preiswerten und zuverlässigen Brandschutz bei der Raumlüftung? Fertigen Sie dazu eine Skizze an.
17. Zählen Sie mindestens 5 Vorteile einer kontrollierten Wohnraumlüftung mit Wärmerückgewinnung auf.
18. Welche Bauteile gehören zur kontrollierten Wohn-raumlüftung mit Wärmerückgewinnung?
19. Welche Teile gehören zum Zentralgerät der kon-trollierten Wohnraumlüftung mit Wärmerückge-winnung?
20. Wie funktioniert die kontrollierte Wohnraumlüftung mit Wärmerückgewinnung?
21. Zeigen Sie mithilfe einer Skizze das Grundprinzip der kontrollierten Wohnraumlüftung mit Wär-merückgewinnung.

18

19 Steuern und Regeln

19.1 Steuern und Regeln – Vorteile

Vorbemerkung:
Der Sanitärinstallateur muss für seinen Beruf über ein beträchtliches und breit gefächertes Wissen verfügen. Der Inhalt dieses Buches ist Beweis genug. Er wäre überfordert, wenn er auch noch Regelungstechniker sein sollte.

Da aber Steuer- und Regelvorgänge bei vielen Armaturen und Geräten heute einfach dazugehören, sollte ein Sanitärinstallateur einige Grundlagen von Steuerung und Regelung kennen, z. B. nach Bild ➜ 1.

Früher brauchte man viel Zeit und Kraft, wenn man ein warmes Bad nehmen wollte:
- Kaltes Wasser wurde in Eimern von der Pumpe oder aus dem Brunnen geholt und in einen Waschkessel geschüttet.
- Der Waschkessel wurde mit Holz und Kohle gefeuert, das Brennmaterial musste beschafft, oft mühsam gelagert und zur Feuerstätte gebracht werden.
- Heißes Wasser wurde mit Eimern aus dem Waschkessel in die Wanne geschüttet.
- Durch Zugießen von kaltem Wasser wurde versucht, eine angenehme Badetemperatur zu erreichen.
- Nach dem Baden wurde die Wanne mit Eimern entleert; dieses Abwasser konnte man oft nur versickern lassen.
- Die kleine Waschküche – zweckentfremdet zum Baderaum – wurde durch Heizen des Waschkessels meist überheizt.

Dieser große Aufwand schränkte die Reinlichkeit ein. Wenn gebadet wurde, dann nur einmal in der Woche, meist samstags. Duschen mit warmem Wasser war zu dieser Zeit nicht möglich.

Heute sind viele Tätigkeiten automatisiert:
- Warmwasser wird vom Wassererwärmer in beliebiger Menge geliefert.
- Kalt- und Warmwasser fließen aus Leitungen direkt in die Badewanne.
- Eine Mischarmatur lässt Wasser mit der gewünschten Temperatur, oft gradgenau geregelt, in die Wanne fließen.
- Abwasser strömt über die Abwasserleitung in das Kanalsystem und zur Kläranlage.
- Der Raum wird durch eine separate Heizung auf gewünschter Temperatur automatisch erwärmt.

Selbstverständlich ist, dass man genau so einfach und zu jeder beliebigen Zeit in Minuten duschen kann.

Was früher der Mensch mit Geschick und Muskelkraft erledigen musste, wird heute von Bauteilen, Geräten und Anlagen übernommen, die
- automatisch und Zeit sparend ablaufen,
- hohen Komfort bei geringem Bedienaufwand bieten,
- sicheren Betrieb gewährleisten,
- Wasser und Energie einsparen.

Begriff	Erklärung
Eingangsgröße	Größe, die auf die Steuerung bzw. Regelung einwirkt
Ausgangsgröße	Ergebnis des Steuer- bzw. Regelvorgangs
Regelgröße	Größe, die durch die Regelung beeinflusst wird, wie Raumtemperatur, Volumenstrom, Leitungsdruck
Störgröße	Äußere Einflüsse, die Abweichungen vom Sollwert bewirken, z. B. offenes Fenster, Sonneneinstrahlung in geheizten Räumen, Druckschwankung in Leitungen
Stellgröße	Energiestrom vom Regler zum Stellglied
Sollwert	Gewünschte Größe, die durch Regeln erreicht werden soll, z. B. konstante(r) Raumtemperatur, Volumenstrom, Leitungsdruck
Istwert	Wert der gemessenen Ausgangsgröße wie tatsächliche(r) Raumtemperatur, Volumenstrom, Leitungsdruck
Stellort	Stelle zum Verändern des Energiestroms
Messort	Stelle zum Messen des Istwertes
Regelstrecke	Weg zwischen Stell- und Messort, auf dem zugeführte Energie verarbeitet wird, z. B. Wärme an den Raum abgegeben wird
Regelabweichung	Differenz zwischen Istwert und Sollwert, Unterschied z. B. zwischen gewünschter und tatsächlicher Raumtemperatur, WW-Auslauftemperatur
Regler	Einrichtung, die Ist- und Sollwert miteinander vergleicht und bei Abweichungen auf das Stellglied einwirkt, z. B. Memory-Feder bzw. Dehnstoffelement in Thermostatbatterien, ➜ 234.2, Druckminderermembran, ➜ 248.2
Stellglied	Bauteil, das Regelgrößenänderungen auslöst, wie das Regelventil im Thermostat, ➜ 234.1, im Druckminderer, ➜ 248.2, im Gasdruckregler, ➜ 384.1, im Backofenthermostat, ➜ 607.2
Regelkreis	Weg vom Stellglied über Messort, Regler zurück zum Stellglied

1 Grundbegriffe der Steuerungs- und Regelungstechnik (Auswahl)

Damit Vorgänge automatisch ablaufen können, müssen die Bauteile, Geräte und Anlagen ausgerüstet sein mit:
- Steuereinrichtungen
- Regeleinrichtungen

19

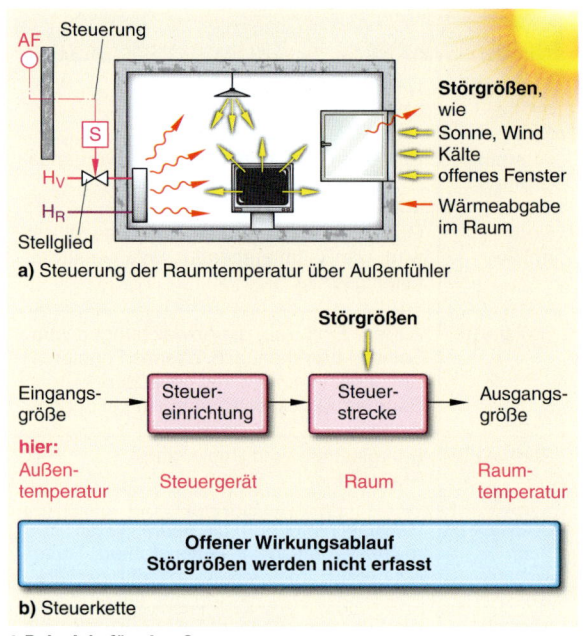

a) Steuerung der Raumtemperatur über Außenfühler

Störgrößen

Eingangs-größe → Steuer-einrichtung → Steuer-strecke → Ausgangs-größe

hier:
Außen-temperatur → Steuergerät → Raum → Raum-temperatur

**Offener Wirkungsablauf
Störgrößen werden nicht erfasst**

b) Steuerkette

1 Beispiele für eine Steuerung

19.2 Steuern und Regeln – Unterschiede

Am Beispiel Raumtemperatur soll der Unterschied zwischen Steuern und Regeln deutlich werden.

Beispiel 1: Steuern der Raumtemperatur:
Die Raumtemperatur wird je nach Außentempe-ratur gesteuert, ➜ 1a.
Ein Temperaturfühler ist außen am Haus ange-bracht. Er gibt seine Messwerte an die Steuerein-richtung. Diese sorgt je nach Außentemperatur für eine vorbestimmte Heizwasservorlauftempe-ratur, z. B. bei $\vartheta_A = -5\,°C$ $\vartheta_{HV} = 55\,°C$.

Treten keine Störungen auf, wird danach beispiels-weise eine Raumtemperatur von 20 °C gehalten.

Wird aber ein Fenster geöffnet, so sinkt die Tem-peratur. Umgekehrt wird sie ansteigen, wenn die Sonne durch Fenster in den Raum strahlt oder wenn viele Menschen im Raum sind, Fernseher und Raumbeleuchtung Wärme abstrahlen.

Der Außenfühler kann diese so genannten Störgrö-ßen nicht erfassen.

Beim Steuern werden Störgrößen nicht erfasst. Es erfolgt keine Rückmeldung über das Ergebnis der Steuerung und somit auch keine Korrektur.

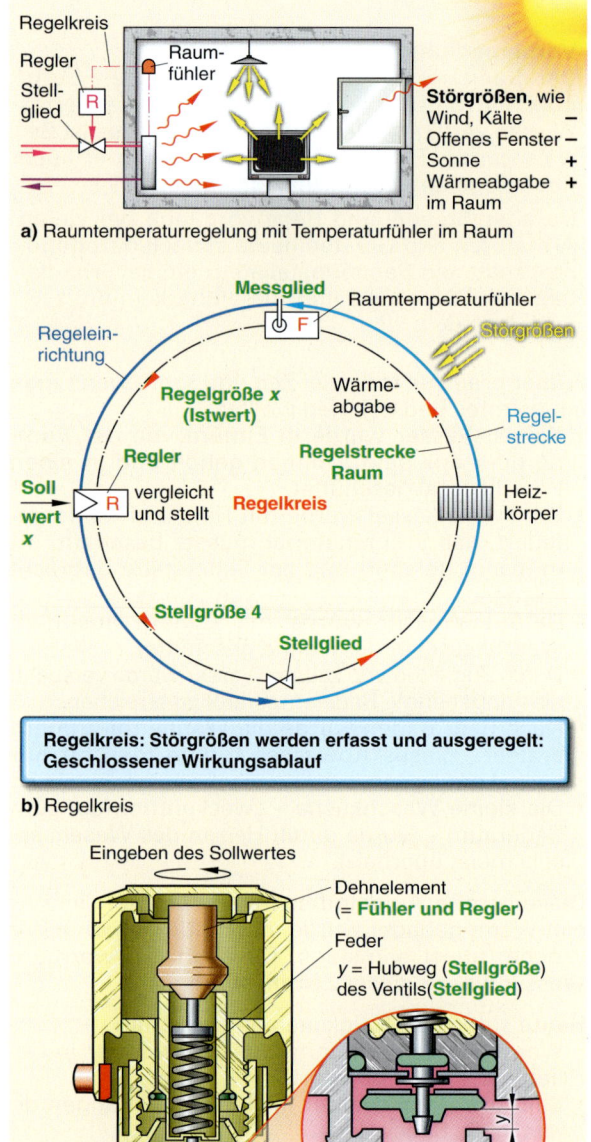

a) Raumtemperaturregelung mit Temperaturfühler im Raum

**Regelkreis: Störgrößen werden erfasst und ausgeregelt:
Geschlossener Wirkungsablauf**

b) Regelkreis

c) Heizkörper-Thermostatventil

2 Beispiele für eine Regelung

Beispiel 2: Regeln der Raumtemperatur:
Der Temperaturfühler wird in dem zu regelnden Raum angebracht, ➜ 2a. Er gibt seine Messwerte an den Regler. Dieser vergleicht ständig die tatsächliche Raumtemperatur, den **Istwert**, mit der gewünschten Temperatur, dem **Sollwert**. Bei Abweichungen wirkt er auf das Ventil in der Heizwasserleitung ein, d. h. er verändert die Ventilstellung am **Stellglied**. Dies könnte ein Heizkörper-Thermostatventil sein, ➜ 2c, auch wenn dies nach Bild ➜ 2a nicht so aussieht.

19

So wird die Raumtemperatur konstant gehalten, auch bei störenden Einflüssen, wie Fenster öffnen, Sonneneinstrahlung.

Beim Regeln werden Störgrößen erfasst, das Regelergebnis wird überwacht, wenn erforderlich vom Regler korrigiert und konstant gehalten. Einflüsse von Störgrößen werden „ausgeregelt".

Fazit:
- Steuern ist ein Vorgang, bei dem die Eingangsgröße, hier die Außentemperatur, die Ausgangsgröße, hier die Raumtemperatur, beeinflusst. Die Ausgangsgröße wird beim Steuern nicht überwacht und nicht „nachgebessert".
  Man spricht von einem **offenen Wirkungsablauf**, ➜ 602.1b.
- Regeln ist ein Vorgang, bei dem Störgrößen die gewünschte Ausgangsgröße, das Regelergebnis, nicht beeinflussen können, da dieses kontrolliert und ggf. korrigiert wird.
  Man spricht beim Regeln von einem **geschlossenen Wirkungsablauf**, dem Regelkreis, ➜ 602.2b.

Der Regelkreis teilt sich in 2 Abschnitte:
- die Regeleinrichtung
- die Regelstrecke

Am Eingang der **Regeleinrichtung** wirken **Sollwert (Führungsgröße w)** und **Istwert (Regelgröße x)**.
Der Regler vergleicht beide und – bei Abweichungen – wirkt die **Stellgröße y** auf das **Stellglied**.

Die **Regelstrecke** beginnt mit dem **Stellglied**. Auf die gesamte Regelstrecke können **Störgrößen z** einwirken.

Jede Auswirkung auf die **Regelstrecke** durch eine Stellgrößenänderung oder durch Störgrößen werden über die **Regelgröße x (Istwert)** an den **Regler** zurückgemeldet.

Dann beginnt das Spiel von Neuem.

In vielen Fällen genügt eine Steuerung. Eine Regelung ist aufwändiger und meist teurer. Häufig sind Steuer- und Regeleinrichtungen in einer Armatur, einem Gerät oder einer Anlage nebeneinander vertreten und manchmal auch schwer zu unterscheiden.

In Bedienungsanleitungen der Industrie wird oft kein Unterschied zwischen Steuern und Regeln gemacht.

Steuerung	Kap.	Regelung	Kap.
Druckerhöhungs-anlagen	5.7	UV-Desinfektion	5.10.6.4
Dosiergerät	5.10.3	Elektrolyt. Desinfektion	5.10.6.5
Berührungslos gesteuerte Armaturen	6.3.5	Thermostatbatterien, Thermostatventile	6.3.4
Druckspüler	6.4.3	Spülkasten	6.4
elektrisch-/hydraulisch gesteuerte Rohrtrenner	6.7.3.7	elektronisch geregelte Durchfluss-WE	17.4.3.2
Hebeanlagen	8.6.3	„echte" Strahlregler	6.3.3
		Druckminderer, Gasdruckregler	6.5 12.7.6
		Wasserdurchfluss-regler	17.4.3.4
		Elektr. Heizband	17.6.3.3

1 Beispiele für Steuerung und Regelungen im Buch

Steuerungen und Regelungen sind in der Sanitärtechnik vielfältig anzutreffen. In vielen Armaturen, Geräten oder Anlagen sind sie zu finden. Bitte lesen Sie nach in den einzelnen Kapiteln, z. B. nach Bild ➜ 1.

Einige Beispiele werden im Folgenden ausführlich erläutert.

19.3 Steuern und Regeln – Beispiele

19.3.1 Steuerung an einem Einhebelmischer

Die Steuerung eines **Einhebelmischers**, ➜ 232.3, bewirkt, dass in der Mischbatterie Kalt- und Warmwasser zusammenfließen und als Mischwasser ausströmen.

Es werden 2 Größen gesteuert:
- Temperatur
- Durchfluss

Zum Einstellen der **Temperatur** wird der Hebel durch Drehen in die Stellung geschwenkt, in der die gewünschte Wassertemperatur erfahrungsgemäß erreicht wird.

Zur Wahl des **Durchflusses** wird der Hebel angehoben; wenig für geringen, ganz für vollen Durchfluss.

Die Stellung des Hebels wird in der Steuerungstechnik als **Eingangsgröße** bezeichnet, weil hier die gewünschten Werte eingestellt werden.

Temperatur und Durchfluss sind die **Ausgangsgrößen**. Sie sind das Ergebnis der Steuerung.

In der Regel zeigt sich meist folgendes Ergebnis:
- Hebel in Mittelstellung: Wassertemperatur ca. 37 °C
- Hebel voll geöffnet: viel Wasser strömt aus

Störgrößen können aber Durchfluss oder Temperatur des ausströmenden Wassers beeinflussen.

19

Störgrößen sind z. B:
- schwankender Wasserdruck
- querschnittsverengte Leitungen
- unterschiedliche Temperatur im Wassererwärmer

Wenn der **Wasserdruck schwankt**, wird der Durchfluss am Einhebelmischer im gleichen Maße schwanken. Der Druck kann auch in einer Leitung kurzzeitig abfallen, z. B. in der Kaltwasserleitung, wenn ein Druckspüler betätigt wird. Die Steuerung im Einhebelmischer kann Druckschwankungen und damit zusammenhängende Temperaturschwankungen nicht ausgleichen.

Auch **querschnittsverengte Leitungen** bewirken eine Verringerung des Durchflusses, z. B. bei zunehmend verkalkenden WW-Leitungen, verstopftem Feinfilter.

Ändert sich die **Temperatur im Wassererwärmer**, ändert sich auch die Temperatur des ausströmenden Wassers. Statt der gewünschten 37 °C sind es dann z. B. nur 35 °C oder 39 °C. Es gibt im Einhebelmischer keinen Mechanismus, der versucht, die 37 °C konstant zu halten. Soll die Temperatur 37 °C weiterhin betragen, muss die Eingangsgröße geändert, d. h. der Hebel geschwenkt werden.

Steuern ist ein Vorgang, bei dem die Eingangsgröße (hier: Hebelstellung) die Ausgangsgröße/n (hier: Temperatur, Durchfluss) beeinflusst. Die Ausgangsgröße wird nicht überwacht und nicht „nachgebessert".

19.3.2 Steuerung bei hydraulischen Durchfluss-Wassererwärmern

Öffnet man bei einem hydraulisch gesteuerten DWE das Warmwasserventil (**Eingangsgröße**) strömt Kaltwasser durch das Venturi und hebt aufgrund des Differenzdruckes (**Steuergröße**) im Wasserschalter dessen Membran mit dem Membranteller an. Dadurch wird das **Stellglied**, beim:
- Elektro-DW der Druckdifferenzschalter geschlossen, sodass Strom durch die Heizdrähte fließt, → 478.1
- Gas-DW das wassergesteuerte Gasventil geöffnet, sodass Gas am Brenner ausströmt und zündet, → 483.1.

Warmwasser strömt am WW-Ventil aus. Volumenstrom und Auslauftemperatur (**Ausgangsgröße**) werden nicht überwacht.
Störgrößen, wie verkalkte Wärmetauscher oder defekte Heizdrähte bzw. ein verrußter Lamellenblock, werden von der Steuerung nicht erkannt.

Für einen konstanten Volumenstrom sorgt jedoch der im Wasserschalter eingebaute Wasser-Durchfluss**regler**, s. Kap. 17.4.3.4 und → 605.1.

Im obigen Beispiel laufen Steuern und Regeln in einem Gerät nebeneinander ab.

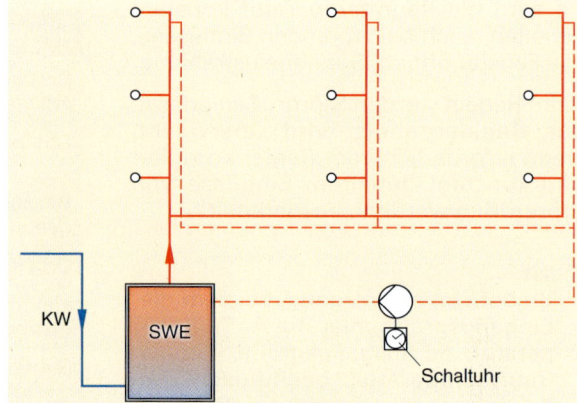

1 Pumpensteuerung durch eine Schaltuhr

19.3.3 Steuerung einer Zirkulationspumpe über Schaltuhr

Damit zu bestimmten Zeiten sofort Warmwasser an den Entnahmestellen bereit steht, soll das Wasser in der WW-Leitung ca. 58 °C haben. Dazu wird eine Zirkulationspumpe eingebaut, die einen bestimmten Volumenstrom (**Ausgangsgröße**) umwälzen muss. Sie wird mithilfe einer Zeitschaltuhr (**Steuerglied**) gesteuert, → 1. **Eingangsgröße** ist der jeweils eingestellte Zeitabschnitt an der Schaltuhr, der dann Spannung (**Steuergröße**) an das Schaltschütz (**Stellglied**) des Pumpenmotors legen lässt. **Steuerstrecke** ist die Zirkulationsleitung mit Pumpe.
Ob tatsächlich die Wärme des umgewälzten Wassers die Wärmeverluste der Leitung immer ausgleicht, z. B. bei zu geringer Speicherwassertemperatur, wird nicht überwacht.

19.3.4 Steuerung von Pumpen

Der Motor von **Trinkwasser-Druckpumpen**, z. B. → 186.1, wird über den Druck im Behälter der Anlage gesteuert. Eine Bezugselektrode zusammen mit je 1 Elektrode für niedrigsten und höchsten Wasserstand sichern die Pumpe vor Trockenlauf.

Bei Kellerabläufen mit **Rückstaupumpe** betätigt ein Schwimmer die Schaltkontakte und steuert so die Pumpe je nach Wasserstand im Schmutzwassersammelbehälter, auch bei auftretendem Rückstau.

In **Hebeanlagen** erfolgt die Pumpensteuerung über Schwimmer wie bei Rückstaupumpen oder über Elektroden wie zum Schutz von Druckpumpen vor Trockenlauf nach höchstem und niedrigstem Wasserstand.

19.3.5 Regeln der Speicherwassertemperatur bei Elektro-Wassererwärmern

Im Wasserbehälter eines Elektro-SW sind u. a. eingebaut, → 473.3:
- ein Temperaturfühler (Temperatursensor) als **Messglied**
- Elektro-Heizkörper (Heizblock)

Außerhalb des Behälters liegt der Temperaturwählregler als **Regel- und Vergleichsglied**, der die Messwerte des Temperaturfühlers auswertet und auf einen Schnappschalter als **Stellglied** wirkt.

Eingangsgröße ist die am Temperaturwählregler eingegebene WW-Temperatur (**Sollwert**), **Ausgangsgröße** ist die Speicherwassertemperatur.
Als **Störgröße** wirkt die Abkühlung im Wasserbehälter, die aber durch die Regelung korrigiert wird.

Vergleichen Sie auch bitte „Regelung bei Gas-Speicher-Wassererwärmern", Kap. 17.4.2.3.

19.3.6 Regeln des Volumenstromes in Durchfluss-Wassererwärmern

Im Wasserschalter von DWE ist ein Wasserdurchflussregler eingebaut, ➜ 1.

> **Anmerkung:**
> Fälschlich wird der Wasserdurchflussregler **Wassermengenregler** genannt, obwohl man eine Menge nicht regeln kann.

Der Wasserdurchflussregler sorgt für einen gleich bleibenden Volumenstrom im DWE und damit – bei gleich bleibender Wärmeleistung – für eine konstante Auslauftemperatur.

Der Regelbolzen (**Stellglied**) des Wasserdurchflussreglers mit einer Feder darunter bewirken zusammen mit der Membran im Wasserschalter (**Mess- und Regelglied**), dass im DW ein konstanter Volumenstrom fließt und die Auslauftemperatur konstant bleibt (**Regelgröße**).
Die Feder unter dem Regelbolzen ist abgestimmt mit der Feder (abgestimmtes Federpaar als **Sollwert** bzw. **Eingangsgröße**) überm
- Differenzdruckschalter bei EDW
- wassergesteuerten Gasventil bei GDW

Vordruckschwankungen als **Störgrößen** werden ausgeregelt, weil bei hohem Vordruck die Membran im Wasserschalter höher gehoben wird. Der durch die Federn kraftschlüssig mit ihr gekoppelte Kegel verengt den Ringspalt im Wasserschalter: Enger Ringspalt und hoher Druck liefern den gleichen Durchfluss als weiter Spalt und geringer Vordruck. Natürlich liegt dieser Regelung eine sorgfältige und aufwändige Konstruktion zu Grunde.

19.4 Regler

19.4.1 Einteilung der Regler

Regler wirken unterschiedlich auf das Stellglied. Sie beeinflussen die Stellgröße und verändern sie je nach ihrer Charakteristik, s. Kap. 19.4.2.

Regler können eingeteilt werden nach:
- der Art der physikalischen Größe
- der Signalverarbeitung
- der Hilfsenergie (Antrieb des Stellgliedes)
- dem Regelverhalten

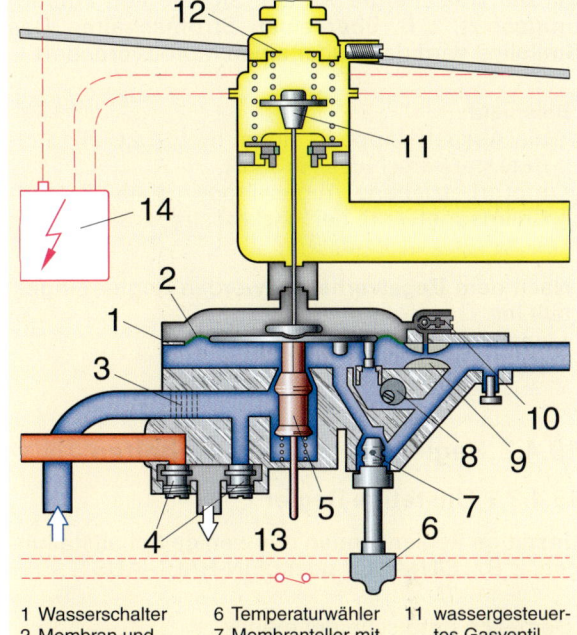

1 Wasserschalter	6 Temperaturwähler	11 wassergesteuertes Gasventil
2 Membran und Membranteller	7 Membranteller mit Steuerkegel	12 Drosselscheibe (Flüssiggas)
3 Sieb im KW-Anschluss	8 Einstellschraube für $\Delta\vartheta = 50$ K (Mindestwasserdurchfluss)	13 Betriebsschalter ein/aus
4 Verschlussstopfen/Ventiloberteile		14 Steuergerät
5 Wasserdurchflussregler	9 Venturi	
	10 Langsamzündventil	

1 Wasserdurchflussregler in Durchfluss-Wassererwärmern

Bei der **Art der physikalischen Größe**, die zu regeln ist, unterscheidet man beispielsweise:
- Temperaturregler
- Druckregler
- Feuchteregler
- Durchflussregler (Volumenstromregler)
- Füllstandsregler
- Drehzahlregler

Bei **Reglern nach der Hilfsenergie** unterscheidet man:
- Regler ohne Hilfsenergie
- Regler mit Hilfsenergie, z. B. Pneumatikregler, Elektronikregler, elektropneumatische Regler

Regler ohne Hilfsenergie entnehmen die erforderliche Energie zum Verstellen des Stellgliedes der Regelstrecke, z. B.:
- ein Schwimmerventil (Auftrieb im Behälter)
- Thermostatbatterien für Mischwasser oder Thermostatventile für Heizkörper (Wärmedehnung)
- Zirkulationsleitungen (Dehnung durch Wärme aus dem warmen Wasser)

Regler mit Hilfsenergie benötigen für ihre Funktion:
- elektrische Energie aus dem Stromnetz; in der Sanitärtechnik meist über einen Transformator 230 V~/24 V, um Gefahren bei Berührung auszuschließen,
- pneumatische oder hydraulische Energie, meist bei Werkzeug- und landwirtschaftlichen Maschinen.

19

Mit der Hilfsenergie werden Signale von Fühlern umgesetzt, z. B. über einen Stromschalter. Das Stellglied wird dann über einen Motor verändert.

Beispiele:
- die Absperrklappe in einem motorbetriebenen Rückstauverschluss, ➔ 300.1
- motorbetriebene Abgasklappe, ➔ 453.2, und Gasmagnetventil bei Heizkesseln, ➔ 394.1

Nach dem **Regelverhalten** werden Regler eingeteilt in:
- unstetige Regler
- stetige Regler

19.4.2 Regler nach ihrem Verhalten

19.4.2.1 Unstetige Regler

Unstetige Regler kennen nur wenige Schaltstellungen, z. B. „EIN–AUS" oder „EIN-HALT–AUS".

Demnach unterscheidet man:
- Zweipunktregler
- Dreipunktregler

Der **Zweipunktregler** wirkt auf das Stellglied nur mit einem EIN- oder AUS-Schaltbefehl.

Zweipunktregler werden eingesetzt, wenn größere Schaltdifferenzen akzeptabel sind, z. B. in Elektro- oder in Gas-Speicher-Wassererwärmern, s. Kap. 17.4.2.3.

Sie arbeiten meist mithilfe
- eines Bimetalls, das sich zwischen 2 Schaltkontakten hin und her krümmt, ➔ 1; damit beim langsamen Annähern oder Abheben von „EIN" die elektrischen Kontakte nicht verschmoren, ist dort ein kleiner Magnet angebracht, der das Bimetall zum Schaltkontakt plötzlich anzieht oder wegschnellen lässt
- mit einem Invarstab, z. B. bei Speicher-Wassererwärmern, ➔ 470.2, 475.1

Ist die gewünschte Temperatur noch nicht erreicht, gilt die Stellung EIN, ist sie erreicht, gilt AUS.
Damit diese Regler nicht ständig schalten, haben sie eine bestimmte Schaltdifferenz, auch **Hysterese**, ➔ 607.1, genannt. Bei Wassererwärmern beträgt diese ca. 6 °C, bei Raumtemperaturreglern meist ca. 2 °C.

Aufgrund der Trägheit des Systems, wie Totzeit beim Erfassen der Temperatur, Verzögerung beim Schalten, gibt es bei Zweipunktreglern bleibende Temperaturabweichungen nach oben und unten.

Unter **Totzeit** versteht man die Zeitspanne, die vergeht, bis beispielsweise die an einem Heizkörper abgegebene Wärme über die Luftzirkulation den Fühler des Reglers erreicht. Umgekehrt gibt der Heizkörper noch lange gespeicherte Wärme ab, nachdem der Regler schon abgeschaltet hat. In beiden Fällen können Minuten vergehen.

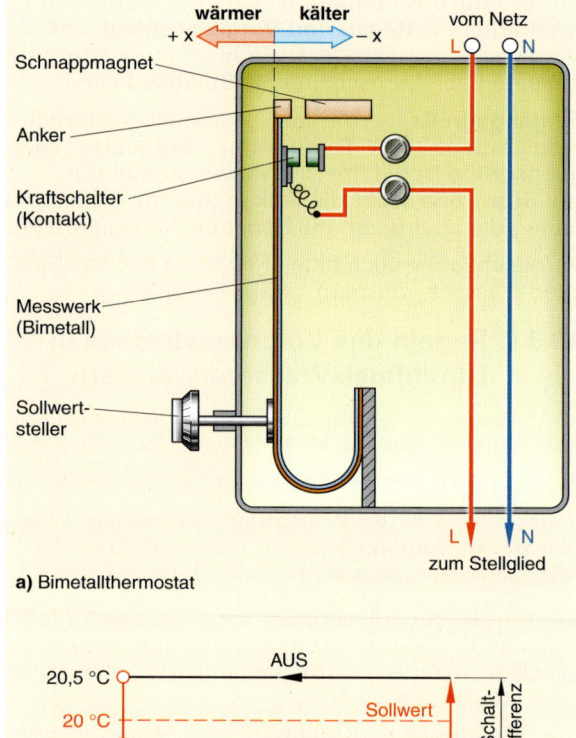

a) Bimetallthermostat

b) Schalthysterese bei Sollwert 20 °C, Schaltdifferenz 1 K

1 Zweipunktregler (Bimetall) als unstetiger Regler

Einen typischen Bimetall-Zweipunktregler findet man z. B. in Bügeleisen.

Dreipunktregler werden in der Heiz- und Lüftungstechnik eingesetzt, z. B. um Volumenströme zu regeln zwischen: „Zu – Minimal – Groß".

19.4.2.2 Stetige Regler

Stetige Regler wirken ständig (stetig) auf das Stellglied und korrigieren sofort geringe Abweichungen vom Sollwert. Das stetige Korrigieren und die dem Regler eigene Reaktionszeit führt selbst zu geringen Schwankungen um den Sollwert (Pendeln des Reglers).

Beispiel:
Das Regelelement einer Thermostatbatterie, ➔ 234.1, hält die vorgewählte Temperatur, z. B. 37 °C auf ± 1 K genau ein.

Stetige Regler können, im Gegensatz zu Zweipunkt-reglern, jede beliebige Stellung des Regelventils (Stellglied) zwischen AUF – ZU bewirken. Durch ständiges (gleitendes) Ändern des Energiestromes werden Abweichungen nach oben oder unten weit gehend vermieden.

Beispiel:
- Backofentemperaturregler
- Mikroprozessorregelung bei elektronisch gere-gelten Durchfluss-Wassererwärmern, ➜ 479.2
- Thermostatbatterien für Bade- oder Duschwan-ne, ➜ 234.2 bis 234.4
- Thermostat-Drosselventil für Zirkulationsleitun-gen, ➜ 226.1b
- Heizkörper-Thermostatventil, ➜ 602.2c

Bild ➜ 2 zeigt am Beispiel eines Backofentempera-turreglers das Regelverhalten eines stetigen Reglers.

Drehen am Gashahngriff 1 (**Sollwert eingeben**) öffnet über das Gashahnküken 2 die Gaszufuhr und bringt den Gasventilsitz 4 in die gewünschte Einstelltemperaturposition. Gleichzeitig wird beim Eindrücken des Hahngriffes das ausströmende Gas elektrisch gezündet.
Die Gasflammen erwärmen die Backröhre (**Regel-strecke**). Eine Dehnflüssigkeit im Temperaturfühler 7 (**Messglied**) verschiebt je nach Temperatur den Faltenbalg 6 (**Vergleichs- und Regelglied**) und das damit gekoppelte Gasregelventil (**Stellglied**).
So wird die Flammengröße ständig der gewünsch-ten Temperatur angepasst.

Über einen Umgehungsweg wird mit Einstell-schraube 3 ein Mindestgasstrom eingestellt, damit bei ganz geschlossenem Gasregelventil die Flam-men nicht völlig erlöschen.

Weitere stetige Regler findet man z. B. nach ➜ 603.1.

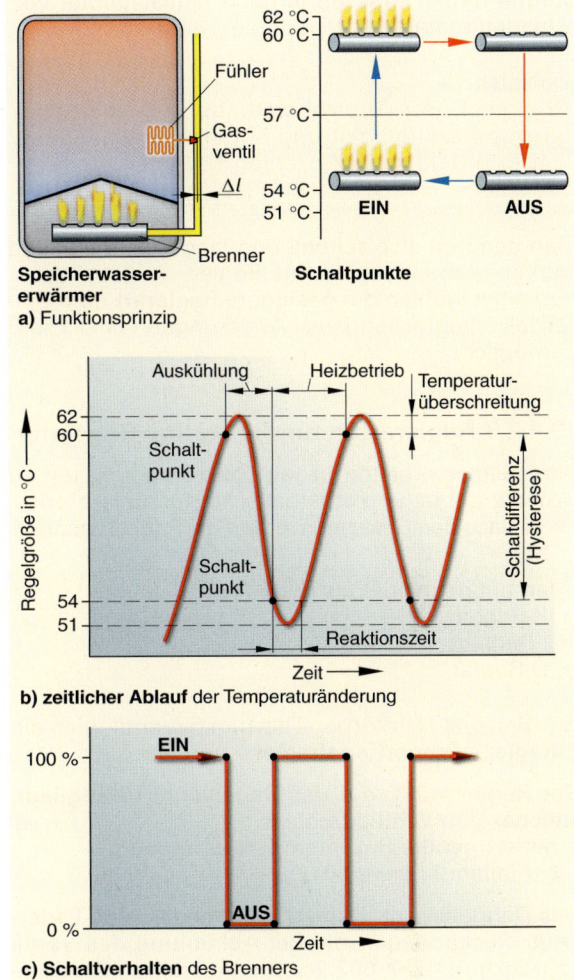

a) Funktionsprinzip

b) zeitlicher Ablauf der Temperaturänderung

c) Schaltverhalten des Brenners

1 Schaltverhalten eines Zweipunktreglers bei einem Speicher-Wassererwärmer

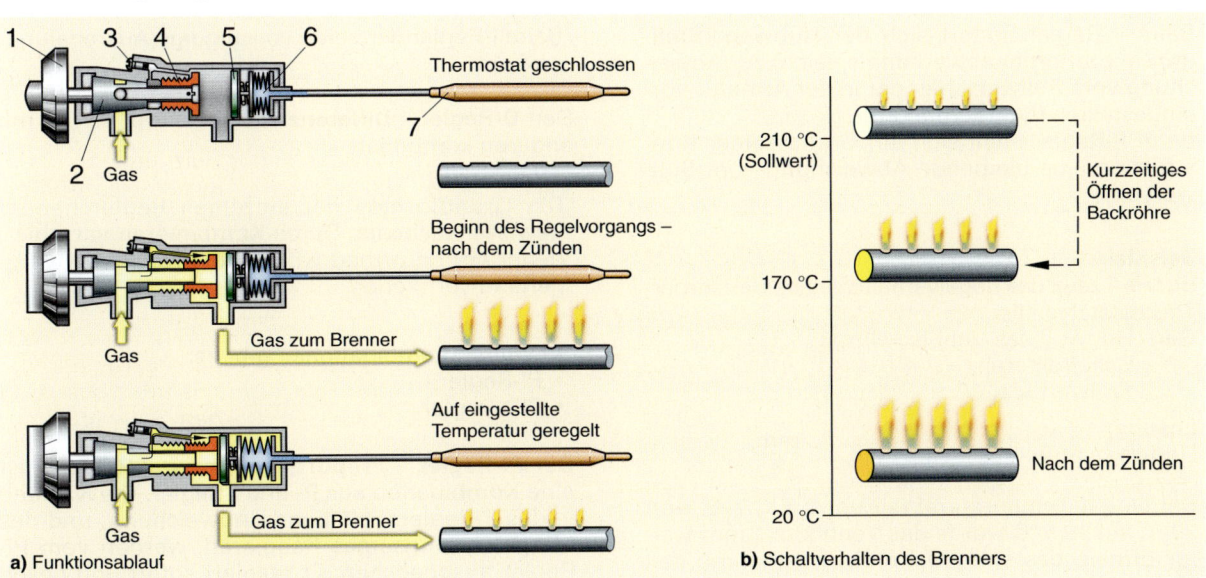

a) Funktionsablauf

b) Schaltverhalten des Brenners

2 Stetige Regelung am Beispiel Backofenthermostat

19

Stetige Regler müssen je nach Einsatzgebiet verschieden reagieren.

Beispiel:
In einer Dusch-Thermostatbatterie ist eine viel kürzere Reaktionszeit und höhere Regelgenauigkeit erforderlich als für einen Backofentemperaturregler.

Man benötigt also schnell und langsam, mehr und weniger genau reagierende Regler.
Hersteller wählen die geeignete Reglerart dem Einsatzfall entsprechend aus. Änderungen vor Ort sind unmöglich.

19.4.2.3 Reglerarten für die stetige Regelung

Dem Reglerverhalten liegen Gesetzmäßigkeiten zu Grunde, die hohe mathematische Kenntnisse erfordern. Nach den Gesetzen werden die Regler benannt.

Man unterscheidet als Grundform:
• P-Regler
• I-Regler
• D-Regler

Am Beispiel Heizkörper-Thermostatventil wird ein **P-Regler – Proportionalregler –** vorgestellt.

Der Regler wirkt auf das Regelventil (**Stellglied**), welches den Ventildurchlass
• bei steigender Raumtemperatur verengt,
• bei fallender erweitert.

Das Dehnelement (**Regler**) wirkt gegen eine Federkraft (Rückholfeder, die bei Abkühlung das Ventil „zurückholt"), ➔ 602.2c. Die Ausdehnungslänge des Dehnelementes ist der Hubweg des Ventils (**Stellgröße**).

Beim P-Regler ändert sich der Hubweg (Stellgröße) proportional (verhältnisgleich) zur Abweichung vom **Sollwert**, hier der in der Armatur voreingestellten Raumtemperatur.
Beim P-Regler stellt sich auf Grund seiner Konstruktion eine bleibende Abweichung vom Sollwert ein.

Beispiel:
Bild ➔ 1 zeigt das Regelverhalten eines Heizkörper-Thermostatventils.
Geg.: Hubweg des Ventils = 4 mm
       Schaltdifferenz = 2 K
       Sollwert = 20 °C
Lösung:
Hubwegänderung = 4 mm : 2 K = $2 \frac{mm}{K}$

Bei einem Temperaturabfall um 0,5 K, z. B. von 20 °C auf 19,5 °C würde das Ventil um 1 mm weiter öffnen, das entspräche einer Zunahme des Volumenstromes um 25 %.

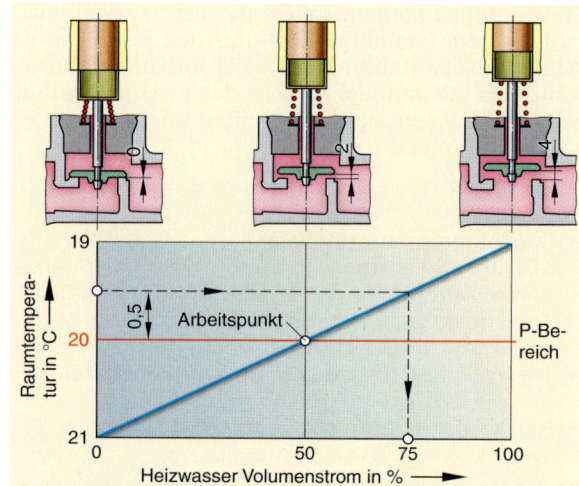

1 Regelverhalten des P-Reglers am Beispiel Heizkörper-Thermostatventil

Beim **I-Regler – Integralregler –** ändert sich die **Stellgröße** mit unterschiedlicher Geschwindigkeit.

Je größer die Abweichung, umso schneller wird das **Stellglied** bewegt. Je näher am **Sollwert** umso geringer wird die Geschwindigkeit. Damit „überfährt" der **Regler** das „Haltesignal" Sollwert nicht.

Beispiel:
Ein großer Eimer soll mit Wasser randvoll gefüllt werden (**Sollwert:** Wasserstand am oberen Rand): Zunächst wird das Auslaufventil (**Stellglied**) ganz geöffnet. Ein kräftiger Wasserstrahl fließt aus. Der Eimer füllt sich relativ schnell. Nähert sich der Wasserstand dem oberen Rand (**Regelgröße**), wird das Ventil immer mehr geschlossen, bis es am Schluss nur noch tröpfelt. Dann zu! Kein Tropfen ging daneben – punktgenau geregelt!

Beim I-Regler wird eine vollständige Ausregelung erreicht.

Den **D-Regler – Differenzialregler –** gibt es nur mit anderen kombiniert.

Die Grundformen der einzelnen Regler haben gewisse Nachteile. Durch Kombinieren verschiedener Grundformen werden die Nachteile weitgehend vermieden.

Als Reglerkombinationen gibt es:
• PI-Regler
• PID-Regler

Der **PI-Regler – Proportional-Integral-Regler –** ist eine Kombination aus P- und I-Regler. Die Nachteile des P-Reglers, bleibende Abweichung, und des I-Reglers, langsames Reagieren, werden vom PI-Regler ausgeglichen. Er reagiert sofort und beseitigt die Regelabweichung.

19

Beispiel:

Ein Gasdruckregler, ➔ 1, soll den Hinterdruck p_2 konstant (**Regelgröße**) halten für einen Gas-Gebläsebrenner:

Wenn der Brenner von Teil- auf Vollleistung umschaltet, fällt der Gasdruck ab. Die Membran (**Mess- und Regelglied**) erfasst den Druckabfall und korrigiert zusammen mit der Feder (**Vergleichsglied**) durch schnelles Öffnen des Reglerventils (**Stellglied**). Das schnelle Öffnen geschieht durch den P-Anteil des Druckreglers, das genaue Ausregeln des Hinterdruckes durch den I-Anteil.

PID-Regler – Proportional-Integral-Differenzial-Regler – arbeiten aufgrund ihres Differenzialanteiles noch genauer als PI-Regler. Sie sind aber aufwändiger gebaut und deshalb auch teurer.

Bei größeren Anlagen, z. B. einer Gebäudeheizung mit statischen Heizkörpern, Fußbodenheizung, zentraler Wassererwärmung, Schwimmbadheizung, Sauna, Raumlüftung mit Wärmerückgewinnung, können durch spontane, veränderte Abläufe Situationen entstehen, die ein „intelligentes" Regelverhalten erfordern. Der Regler sollte „mitdenken" können. Eine solche Regelung ist die Fuzzy[1]-Regelung.

Die **Fuzzy-Regelung** verwaltet in einem Speicherchip als Datenspeicher bzw. als Mikroprozessor Vorgänge und Abläufe über Jahreszeit, Witterung, Tagesablauf, Außen- und Raumtemperaturen, Stoßlüftung zu einer bestimmten Tageszeit, Brennstoffverbrauch usw. Das Schaltverhalten des Reglers berücksichtigt diese Speicherdaten und entscheidet dann nach dem Muster: „Wenn diese Situation vorliegt, dann …".

Den Eingangs- und Regelgrößen am Regler werden nicht die herkömmlichen Schaltbegriffe EIN oder AUS zugeordnet, sondern „unscharfe (fuzzy, fusselige)" Begriffe wie gering, mittel, groß, tief, hoch.

Beispiel:

Der Fuzzy-Regler ordnet zu:
- (sehr) niedrige Außentemperatur → (sehr) hohe Vorlauftemperatur
- großer Warmwasserbedarf in kurzer Zeit → hohe Vorlauftemperatur
- Außentemperatur steigend → Vorlauftemperatur fallend
- Nachttemperaturen steigend → Nachtabsenkung fallend

Die Fuzzy-Regelung richtet sich nach dem vorherrschenden Bedarf der Nutzer und vernachlässigt kurzzeitige Störeinflüsse.

Auf diese Weise kann eine Anlage gleichmäßig, Energie sparend und wirtschaftlich betrieben werden.

---
[1] fuzzy ⟨engl.⟩: fusselig, wirr, unscharf

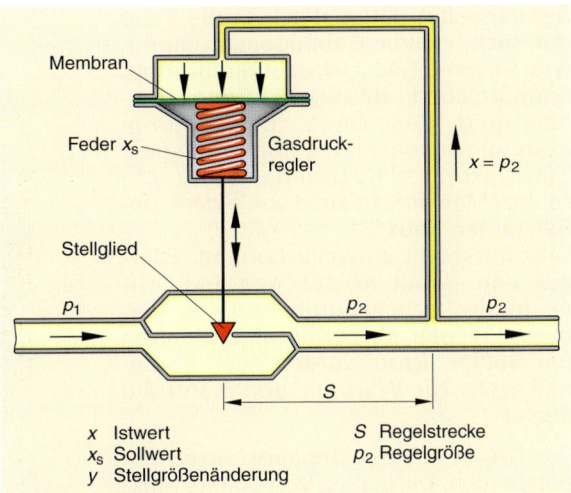

x Istwert S Regelstrecke
x_s Sollwert p_2 Regelgröße
y Stellgrößenänderung

1 Gasdruckregler

Beispiel:

Dies kann man vergleichen mit weit vorausschauendem Autofahren mit relativ gleichmäßiger Fahrgeschwindigkeit nahe der Durchschnittsgeschwindigkeit gegenüber häufigem Beschleunigen mit kurzzeitigen Geschwindigkeitsspitzen und darauf folgenden Bremsmanövern.

19.5 Gebäudeautomation

19.5.1 Begriffe[2] und Aufgaben

Die einwandfreie Funktion eines Betriebes, gleich ob Fertigungsunternehmen, Verwaltung, Krankenhaus, Schule, hängt neben der Fähigkeit des Personals stark von der Qualität der Gebäude samt deren technischer Ausstattung ab. Störungen an den technischen Einrichtungen behindern den Betriebsablauf und verursachen erhebliche Kosten.

Um die Betriebs-, Energie-, Unterhalts-, Reparaturkosten möglichst gering zu halten, entstand das **Facility-Management**, kurz **FM** (Gebäude- bzw. Anlagenverwaltung), ➔ 2. Zum technischen Management gehört die Gebäudeautomation.

Unter **Gebäudeautomation (GA)** versteht man die Mess-, Steuer-, Regel- und Leittechnik für alle automatisierbaren Baukonstruktionen, technischen Anlagen und Ausstattungen (DIN 276 – *Kosten im Hochbau*).

2 Umfang des Facility-Managements

---
[2] Hier sind, wie in der Computersprache, englischsprachige Ausdrücke üblich; um den Leser auf die Fachliteratur vorzubereiten, werden sie angeführt und möglichst „verdeutscht".

Sie verwaltet automatisch große Teile der technischen Gebäudeausrüstung, wie Strom-, Gas-, Wasserversorgung, Sanitärtechnik, Heizung, Lüftung, Sonnen- und Blendschutz, Beleuchtung, Kommunikationsmittel, Förderanlagen, Zutrittskontrolle, Brand-, Einbruchschutz. Man spricht auch von einem „**intelligenten Haus**".

Dies geschieht umweltschonend, Energie und damit Kosten sparend, ohne menschliches Zutun und frei von menschlichen Kurzschlusshandlungen bei Gefahr. Dazu werden noch Personalkosten für Wartung und Kontrolle erspart.

Die GA ist aus der **Gebäudeleittechnik** entstanden. Diese ging von bereits funktionierenden Systemen aus, wie Heizungs- und Klimaanlagen, und konnte Fehlfunktionen melden.

Leiten, im Sinne von eingreifen, tätig werden, musste der Mensch.

> Die Gebäudeautomation ist jedoch selbst verantwortlich für den störungsfreien Betrieb.

Die Gebäudeautomation kann die Haustechnik regeln, z. B. nach Bild ➜ 1.

Außer der Regelung der einzelnen Sparten werden auch Störungen an die Leitzentrale automatisch gemeldet. Von dort aus kann direkt eingegriffen werden.

Beispiel:
- Umstellen von Spülstrom und Spülzeit bei berührungslos gesteuerten Armaturen.
- Änderung von Raumtemperaturen und Heizzeiten.

19.5.2 System-Ebenen in der Gebäudeautomation

In der Gebäudeautomation ist es üblich, im „intelligenten Haus" das komplette System in drei übereinander liegende Ebenen einzuteilen, ➜ 2:
- Managementebene
- Automationsebene
- Feldebene

19.5.2.1 Managementebene

Oberste Stufe ist die Managementebene. Hier, in der Leitzentrale, laufen alle Fäden in einem PC mit Bildschirm zusammen; am PC angeschlossen sind

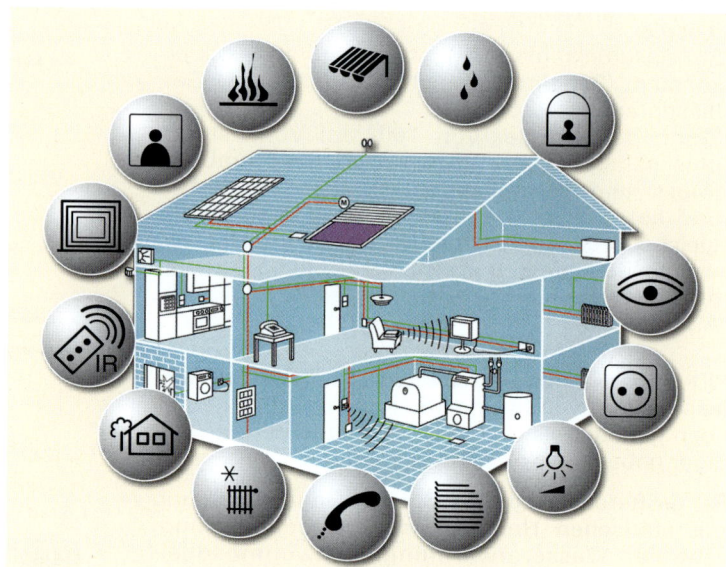

1 Regeln der Haustechnik mit Gebäudeautomation

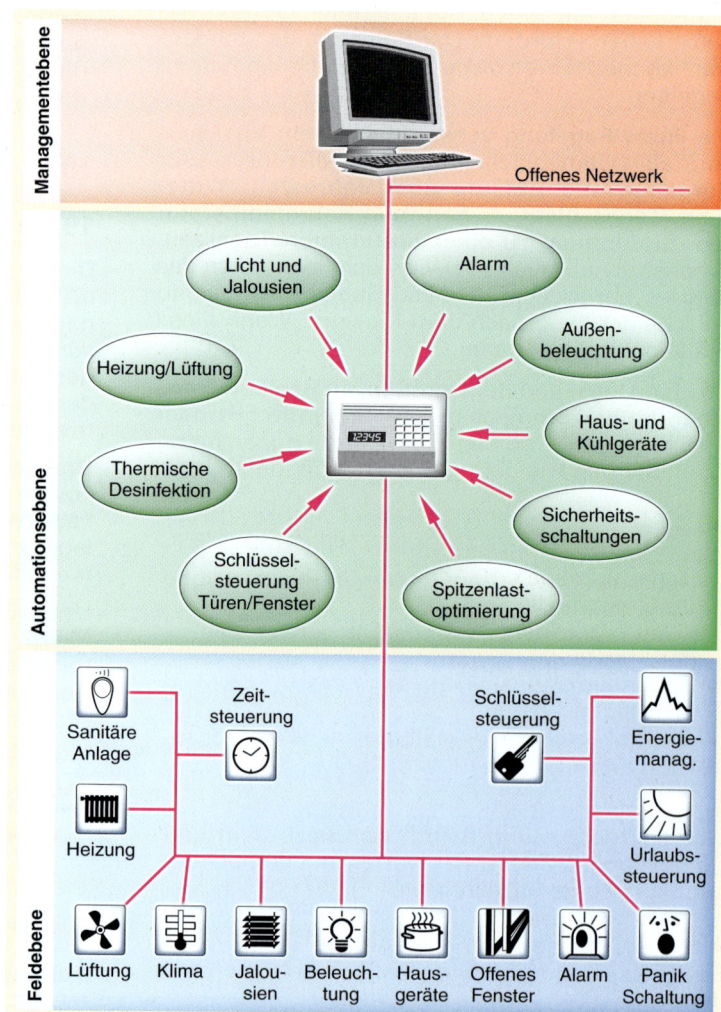

2 System-Ebenen in der Gebäudeautomation

Drucker und Anschlüsse an Fernübertragungsgeräte wie Telefon, Telefax, Funk. Dadurch sind auch Eingriffe von außen über weite Entfernungen möglich, z. B. aus dem Urlaub.

Vom PC aus können Daten weitergeleitet werden, auch an fern vom Gebäudekomplex liegende Stellen, z. B. an Betriebsinhaber, leitende Angestellte, Wartungspersonal, fremde Wartungsfirmen, Feuerwehr, Polizei.

In der Leitzentrale werden
- Prozessabläufe optisch sichtbar gemacht (visualisiert)
- Betriebszustände dokumentiert
- Verbrauchsdaten erfasst und ausgewertet
- Wartungs- und Reinigungsaufträge verteilt

Über die **Visualisierung** können auch mehrere Liegenschaften miteinander verknüpft werden, sodass z. B. **eine** Wartungsfirma für verschiedene Liegenschaften informiert wird.

Daten über **Betriebszustände** können auf einer Festplatte gespeichert und/oder ausgedruckt werden, sodass Unregelmäßigkeiten, z. B. beim **Verbrauch**, auffallen und auf Systemfehler reagiert werden kann.

19.5.2.2 Automationsebene

Die Mittelstufe, die Automationsebene, besteht im Wesentlichen aus intelligenten Regelsystemen, die miteinander verknüpft sind und Daten von Sensoren, z. B. Wärmefühlern, Windmessern, Feuchtefühlern, Helligkeitssensoren, gemeinsam auswerten können.

Auf dieser Ebene erfolgen:
- Regelungen, die sich auf einzelne Anlagenteile beziehen, wie Sanitäranlagen, Heizung, Fensteröffner, Lüftung
- Folgeregelungen bzw. Folgesteuerungen dieser Teile
- Zeit- und Sicherheitsschaltungen
- Störungsmeldungen und Spitzenlastausgleiche

Regelungseinheiten für verschiedene Regelbereiche sind hier miteinander verknüpft. Bisher unabhängig voneinander funktionierende Anlagen und Geräte, wie Belüftung, Heizung, Wassererwärmung, Beleuchtung, werden zu einem wirtschaftlichen, auf spezielle Bedürfnisse abgestimmten System verknüpft.

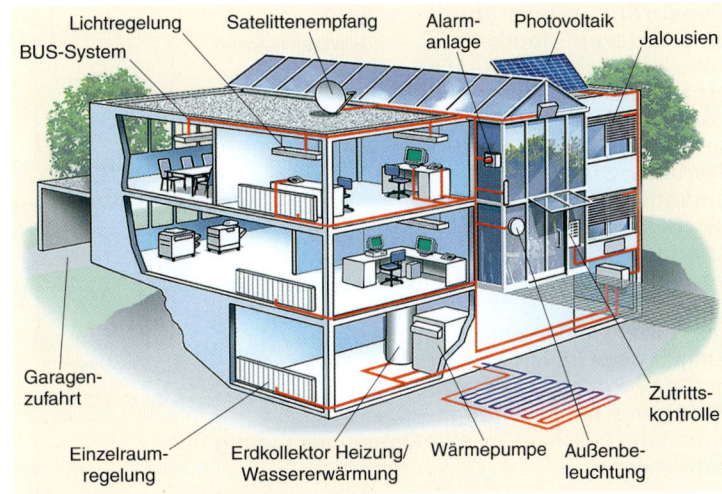

Lichtregelung Satellitenempfang Alarmanlage Photovoltaik
BUS-System   Jalousien

Garagenzufahrt

Einzelraumregelung Erdkollektor Heizung/ Wärmepumpe Außenbeleuchtung
                    Wassererwärmung   Zutrittskontrolle

1 BUS-Leitungen im Gebäude zur Datenübermittlung

Die geschieht über eine zusätzlich zur Stromnetzleitung verlegte, vieradrige Datenübertragungsleitung (BUS-Leitung), das sogenannte **EIB-System** (**E**uropäischer **I**nstallations **B**US), → 1.

Folgeregelungen bzw. -steuerungen für einzelne Bereiche, z. B. Spüleinrichtungen, Heizung/Lüftung, werden ausgeführt, z. B. Spülströme, Raumtemperaturen. Ebenso erfolgen **Zeit- und Sicherheitsschaltungen** für einzelne Systeme wie Heizzeit, Fensterverschlüsse.

Störungsmeldungen veranlassen das Auslösen von Wartungsdiensten. Um Spitzenlasten abzubauen, werden andere Systeme dazugeschaltet, z. B. Fotovoltaik-Anlagen, Solaranlagen oder Wärmepumpen zur Strom bzw. Wärmeversorgung.

19.5.2.3 Feldebene

Unterste Ebene ist die Feldebene.

Hier „spielt die Musik":
- Ablauf automatisch geregelter bzw. gesteuerter Vorgänge
- Einstellen spezieller Funktionen
- Einzelregelung bzw. -steuerung mit hoher Funktionssicherheit
- Datenaustausch über innovative BUS-Technologie

Bedarfsgerecht laufen auf der Feldebene **Vorgänge** für die einzelnen Bereiche **automatisch** ab, z. B. für die
- Wasserversorgung: Wasserabgabe über berührungslos gesteuerte Armaturen für Dusche, Badewanne, Waschtische, Urinal und WC, Trinkwasserdesinfektion, Steuerung der WW-Zirkulation, Zu- oder Abschalten der Solarzirkulation,
- Heizung und Lüftung: Raumtemperaturregelung, Einzelraumlüftung, Nachtabsenkung, Wochenendprogramme, Urlaubsregelung,
- Beleuchtung und Helligkeit: Lichtschaltung bei Aufenthalt in Räumen, Dämmerungsschaltung, Jalousienbedienung, Außenbeleuchtung.

Spezielle Funktionen, auf die Nutzer abgestimmt, können an den einzelnen Geräten oder Anlagen von der Leitzentrale aus eingestellt bzw. verändert werden, z. B. Wasserströme, Wasser- oder Raumtemperaturen.

Diese **Einzelregelungen** und Funktionen laufen mit hoher Präzision und Sicherheit ab.

19

Sensoren[1] (Messfühler) und Aktoren[2] (automatische Schalter), ➜ 1, für die einzelnen Regelbereiche können vom Installateur beliebig programmiert werden. Sie sind untereinander durch zweiadrige BUS-Leitungen (Kleinspannungskabel 24 V =) verbunden.

Die Nutzer können Verknüpfungen nach Bedarf ändern und das System erweitern. Wird eine neue Leitungsverlegung gescheut, ist eine **Datenübertragung** über Funk möglich.

Die Funktionen des EIB-Systems bedienen die Hausbewohner über Schalter, das Telefon oder berührungsempfindliche Bildschirme, ➜ 2.

Dies ist möglich zu jeder Tages-, Nacht- und Jahreszeitzeit.

Die Gebäudeautomation ist ein vielfältiges und variables System für eine hochmoderne Haus- und Gebäudetechnik. Sie arbeitet Umwelt schonend, Energie und Kosten sparend.

---

[1] Sensor ⟨lat.⟩: Bauelement, das physikalisch, chemisch oder elektrochemische Größen erfasst und in elektronische Signale umwandelt
[2] Aktor ⟨at.⟩: Wandler, der elektrische Signale in mechanische Bewegung oder andere physikalische Größen, z. B. Druck, Temperatur, umsetzt

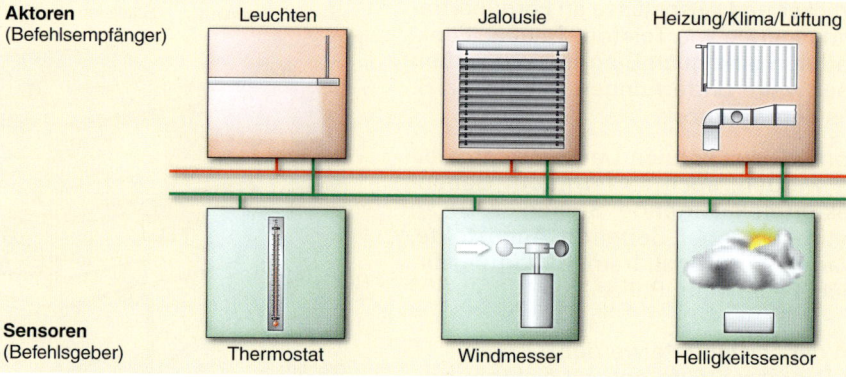

Aktoren (Befehlsempfänger) — Leuchten — Jalousie — Heizung/Klima/Lüftung

Sensoren (Befehlsgeber) — Thermostat — Windmesser — Helligkeitssensor

1 Sensoren und Aktoren durch EIB verbunden

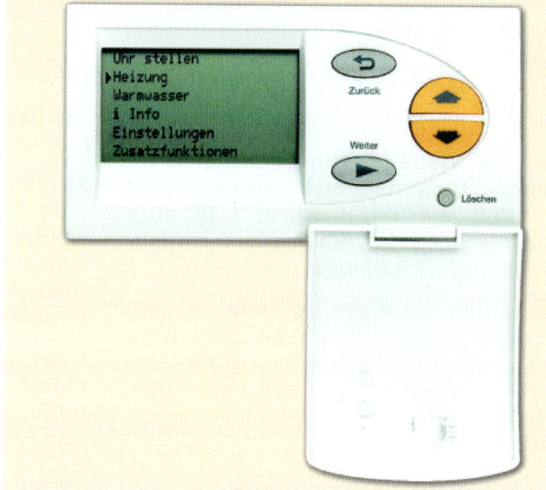

Uhr stellen
▸Heizung
Warmwasser
i Info
Einstellungen
Zusatzfunktionen

Zurück
Weiter
Löschen

2 Terminal der Steuerzentrale eines „intelligenten Hauses"

Übungen:

1. Welche Vorteile haben automatische Steuerungen bzw. Regelungen?
2. Was geschieht beim Steuern einer Größe?
3. Worin besteht der wesentliche Unterschied zwischen Steuern und Regeln?
4. Beschreiben Sie eine Steuerung am Beispiel „Steuerung einer Zirkulationspumpe".
5. Beschreiben Sie eine Regelung am Beispiel „Druckminderer".
6. a) Warum spricht man von einem Regelkreis?
   b) Skizzieren Sie einen Regelkreis und beschreiben Sie diesen.
7. Erläutern Sie folgende Begriffe aus dem Bereich Regeln – Steuern:
   a) Sollwert,
   b) Istwert,
   c) Regelgröße,
   d) Regelabweichung,
   e) Stellglied.
8. a) Was versteht man unter Störgröße bei Regelungen?
   b) Nennen Sie einige Störgrößen für die Raumtemperatur.
9. Welche Regler unterscheidet man nach ihrem Regelverhalten?

10. a) Erklären Sie, was man unter einem stetigen Regler versteht?
    b) Beschreiben Sie eine stetige Regelung am Beispiel eines Wasserdurchfluss-Reglers.
11. a) Was bedeutet Regler ohne Hilfsenergie?
    b) Nennen Sie dafür mindestens 3 Beispiele.
12. a) Erklären Sie an einem Beispiel die Funktion eines Zweipunktreglers.
    b) Welche Vorteile und welche Nachteile hat ein Zweipunktregler?
13. Welche Vorteile hat ein PI-Regler gegenüber dem P-Regler?
14. Beschreiben Sie das Wesentliche bei einer Fuzzy-Regelung.
15. Erklären Sie den Begriff „Gebäudeautomation".
16. Wozu dient die Gebäudeautoamtion?
17. Beschreiben Sie mindestens 5 Fälle, wo und wie die Gebäudeautomation wirken kann.
18. Wie ist die Gebäudeautomation aufgebaut bzw. wie heißen die verschiedenen Wirkbereiche?
19. Was geschieht auf den einzelnen Stufen der GA?
20. Beschreiben Sie näher die Aktionen auf der
    a) obersten Stufe,
    b) der mittleren Stufe,
    c) der untersten Stufe.
21. Beschreiben Sie das System EIB.

19

20 Beim Kunden – Instandhaltung und Kundendienst

20.1 Instandhaltung

20.1.1 Instandhaltungsmaßnahmen

Instandhaltung umfasst:
- die Feststellung und Beurteilung des Istzustandes der Teile und Systeme
- alle Maßnahmen, die der Wiederherstellung eines sicheren Betriebszustandes dienen

Verschleiß ist kein Fehler, sondern eine Folge, die nach normalem Betrieb erwartet werden muss.

> **Beispiel:**
> Niemand würde von seinen Autoreifen erwarten, dass sie ewig halten. Wird nach einer entsprechenden Laufleistung festgestellt, dass das Reifenprofil zu gering ist, werden die Reifen gewechselt.

Genauso verhält es sich mit dem Verschleiß in der Haustechnik.

> Ein sicherer Betrieb kann nur gewährleistet sein, wenn der Zustand der Anlagen regelmäßig kontrolliert und die Anlage gepflegt wird.

> Instandhaltungsmaßnahmen gliedern sich in:
> - Inspektion
> - Wartung
> - Instandsetzung

Inspektion ist Feststellen des Betriebszustandes einer Anlage. Werkzeuge, ausgenommen Messgeräte, sind dazu grundsätzlich nicht nötig.

Bei einer Inspektion wird:
- die Funktionsfähigkeit geprüft
- durch Messwerte ermittelt, ob eine Anlage, z. B. ein Gasgerät, einwandfrei funktioniert

Durch **Wartung** wird der ordnungsgemäße Zustand einer Anlage erhalten. Das geschieht hauptsächlich durch Reinigen, aber auch durch Gängigmachen von Bauteilen.

Bei einer **Instandsetzung** werden defekte Bauteile ausgewechselt, um den ordnungsgemäßen Zustand der Anlage wieder herzustellen.

20.1.2 Pflicht zur Instandhaltung

Vertragliche und gesetzliche Verpflichtungen und die Sicherheit der Anlage begründen und erfordern das Instandhalten haustechnischer Anlagen.

> Vertragliche und gesetzliche Verpflichtungen sind z. B.:
> - Verträge für Gas- und für Wasserlieferung (AVBGasV und AVBWasserV)
> - allgemeine Verpflichtungen nach dem Bürgerlichen Gesetzbuch (BGB)
> - Festlegungen des Mietvertragsrechts aus dem BGB
> - vertragliche Vereinbarungen der Allgemeinen Wohngebäude-Versicherungsbedingungen
> - § 2 des Wasserhaushaltsgesetzes (WHG)

Mit Abschluss der **Verträge für Gas- und für Wasserlieferung** verpflichtet sich der Kunde, dafür zu sorgen, dass sich seine haustechnischen Anlagen immer in einem einwandfreien Zustand befinden. Da der Kunde selbst meist Laie ist, kann er den Zustand seiner Trinkwasser- und Gasanlage nicht selbst beurteilen. Um seiner Verpflichtung nachzukommen, muss er die Überprüfung seiner Trinkwasser- und Gasanlage dem Fachmann übertragen.

Als **allgemeine Verpflichtung** aus dem BGB ist im § 823 festgelegt: Ein Hausbesitzer muss sicherstellen, dass von seinem Haus keine Gefahr ausgeht.

Diese Verpflichtung erstreckt sich sowohl auf offensichtliche als auch auf verdeckt liegende (latente) Mängel. Besonders Letztere können nur durch den Fachmann gefunden werden.

Die **Vermietung von Wohnungen** oder Gebäuden geschieht auf der Grundlage des § 536 BGB. Danach hat der Mieter das Recht, von einer gefahrlosen Benutzung der Mietsache auszugehen. Die Rechtsprechung zeigt, dass der Vermieter verpflichtet ist, alle sichtbaren und latenten Mängel zu beseitigen.

Mit den Festlegungen der **Allgemeinen Wohngebäude-Versicherungsbedingungen**, § 11 wird zwischen Versicherung und Hausbesitzer vereinbart, dass er nur dann den vollen Versicherungsschutz für Schäden an seinem Gebäude beanspruchen kann, die er nicht verhindern konnte. Kommt es zu einem Schaden, der durch Inspektion und Wartung hätte verhindert werden können, dann ist die Versicherung nicht verpflichtet, den Schaden in voller Höhe abzudecken.

Mit **§ 2 des Wasserhaushaltsgesetzes** wird der Kunde verpflichtet dafür zu sorgen, dass seine haustechnischen Anlagen das Grundwasser nicht verunreinigen.

> **Beispiel:**
> Eine undichte Grundleitung, die zur Gewässerverschmutzung führt, kann für den Hausbesitzer sogar eine Gefängnisstrafe bedeuten, wenn er nicht beweisen kann, dass die Grundleitung regelmäßig und fachmännisch überprüft wurde.

20

20.1.3 Instandhaltung haustechnischer Anlagen

Vertragliche und gesetzliche Festlegungen, die das Instandhalten haustechnischer Anlagen vorschreiben, sagen nicht, wie häufig dies bei Trinkwasser-, Abwasser- oder Gasanlagen zu geschehen hat.

Angaben hierzu sind zu finden in:
• EN 806-5
• DIN 1986-30
• DVGW-Hinweis G 600

In EN 806-5 – *Technischen Regeln für Trinkwasser-Installationen (TRWI)* – werden für die Bauteile einer Trinkwasseranlage festgelegt, in welchen Zeitabständen Inspektionen und Wartungen nötig sind und welche Arbeiten dabei gemacht werden müssen, vgl. Kap. 6.8.

In **DIN 1986-30** – *Entwässerungsanlagen für Gebäude und Grundstücke – Instandhaltung* – sind die nötigen Inspektions- und Wartungsmaßnahmen für die Entwässerungsanlagen sowie die Zeitabstände, in denen diese durchgeführt werden müssen, festgelegt, vgl. Kap 8.8.

Der **DVGW-Hinweis G 600** – *TRGI-Betrieb* – gibt Empfehlungen für die Überprüfung von Gasanlagen.

Darüber hinaus spielen die Wartungsangaben der Gasgerätehersteller sowie die Betriebsbedingungen eine wichtige Rolle, um die Zeitabstände einer Inspektion bzw. einer Wartung festzulegen.
Was zu tun ist, wird in Kap. 16 beschrieben.

20.1.4 Protokoll über Instandhaltungsmaßnahmen

Nur durch regelmäßiges Instandhalten kann der Besitzer von Gas-, Trinkwasser- und Abwasseranlagen seinen vertraglichen und gesetzlichen Verpflichtungen nachkommen. Deshalb ist es für den Kunden besonders wichtig, beweisen zu können, diese Arbeiten auch veranlasst zu haben.

Auf der anderen Seite wird der Installateur vom Kunden – einem Laien – beauftragt, seine Verpflichtungen wahrzunehmen.

Daher ist es auch im Interesse des Installateurs, genau nachweisen zu können:
• In welchem Zustand hat er eine Anlage vorgefunden.
• Welche Maßnahmen hat er ergriffen

Jede Instandhaltungsmaßnahme ist zu protokollieren.

Ankunft beim Kunden:
• Das geparkte Firmenfahrzeug darf Kunden oder Nachbarn nicht behindern.
• Der Monteur muss sich ordentlich vorstellen.
• Sein Äußeres – Erscheinung, Arbeitskleidung, Schuhe – müssen der Arbeit entsprechend sauber sein.
• Das gilt auch für Fahrzeug, Werkzeugkiste und Werkzeug.

Vor Arbeitsbeginn:
• Störende Einrichtungsgegenstände, z. B. Möbel, Türen, behutsam entfernen.
• Schutzfolien sorgfältig auslegen.
• Eventuell Überschuhe anziehen.

Bei der Arbeit im Haus:
• Freundlich, zuvorkommend und hilfsbereit sein.
• Nicht rauchen, nicht lärmen, keine eigenen Radiogeräte benutzen.
• Zügig arbeiten, keine unnötigen Gespräche führen, auf Fragen kurz und sachlich antworten.
• Falls etwas beschädigt wird, sofort Bescheid sagen – auf Versicherungsschutz der Firma hinweisen.
• Über Arbeitsumfang und -fortschritt informieren.

Bei Arbeitsschluss:
• Schmutz, Schutt, Verpackungen wegräumen, je nach Umfang auch zwischendurch.
• Arbeitsprotokoll, einschließlich Arbeitszeitbestätigung, unterschreiben lassen.
• Freundlich verabschieden.

1 Grundregeln für einen Kundendienstmann

Ein Protokoll muss Auskunft geben über, ➔ 378.1:
• Zeitpunkt der Inspektion, der Wartung oder der Instandsetzung
• Unterschriften und Namen des Fachmannes und des Kunden, Mieters etc.
• optischer Zustand der Anlage
• Ergebnisse der Überprüfungen
• Umfang der Anlage
• Maßnahmen der Wartung oder Instandsetzung
• Zustand der Anlage nach Abschluss der Arbeiten

Das Protokoll muss:
• vom Installateur und vom Kunden unterschrieben werden
• dem Kunden übergeben werden
• der Installateur verwahren (Durchschlag oder Kopie), um bei späteren Anfragen oder gar Anschuldigungen, auf Informationen zurückgreifen zu können

20

20.2 Kundendienst

20.2.1 Bedeutung des Kundendienstes

Ein zunehmend härter werdender Preiskampf im europaweiten Wettbewerb verringert die Gewinnspanne des Installateurs im Neubaubereich erheblich.

Viele Betriebe verlagern daher ihren Schwerpunkt in die Bereiche:
• Kundendienst
• Renovierung alter Anlagen (Badsanierung, Heizungsmodernisierung etc.)

Im Kundendienstbereich fallen häufig Kleinaufträge an, mit denen sich keine großen Gewinne erwirtschaften lassen. Die Kleinaufträge, wie Reparatur eines Spülkastens, führen aber zu einem persönlichen Kontakt mit dem Kunden.

Dieser Kontakt muss vom Installateur genutzt werden, um
• den Kunden von der Qualität des Unternehmens zu überzeugen
• dem Kunden weiteren Bedarf im Hause aufzuzeigen, z. B. für Renovierungen

Hier repräsentiert ein Monteur „seinen" Betrieb. Ist der Kunde mit der ausgeführten Arbeit und dem Monteur zufrieden, wird er sich bei der „nächsten Arbeit" wieder für diesen Betrieb entscheiden.

> Der Kunde ist König.

Er ist es, von dem ein Betrieb lebt. Ein großer Kundenstamm sichert die Auftragslage des Unternehmens und die Arbeitsplätze der Mitarbeiter. Deshalb ist es wichtig, möglichst viele Kunden zu Stammkunden zu machen.

> Das geht nur durch:
> • einwandfrei ausgeführte handwerkliche Arbeit
> • guten Kunden-Service

„Zugegeben, beim Rohr hatte ich mich vermessen."

1 Einwandfrei ausgeführte handwerkliche Arbeit???

Einwandfrei ausgeführte handwerkliche Arbeit setzt der Kunde bei einem Fachbetrieb grundsätzlich voraus, → 1.

Um Kunden zu gewinnen und zu behalten, ist ein guter **Kunden-Service** die beste Werbung. Fühlt sich ein Kunde durch den Installateur gut betreut, wird er gerne wieder auf das Installationsunternehmen zurückgreifen, → 2.

„Bitte, bitte, Kollegen, beeilt euch!"

2 Kunden-Service???

„Sie sollten sich freuen, das ist der schönste Zimmerspringbrunnen der Stadt!"

20.2.2 Kunden – unterschiedlich in ihrem Verhalten

Menschen sind sehr verschieden. Die Schwierigkeit für den Installateur liegt darin zu erkennen, wie sein Kunde behandelt werden möchte.

Um den Umgang mit Kunden zu vereinfachen, kann man sie in vier Grundtypen einteilen.

Kunden-Grundtypen sind:
- Manager
- Planer
- Visionär
- Harmoniesuchender

1 Manager-Typ

Der **Manager-Typ**, ➔ 1, sagt, was und wie er es haben möchte. Er will die Oberhand haben und sich durchsetzen. Für ihn gilt der Grundsatz: „Ich, der Kunde, bin König; der Handwerker hat sich danach zu richten."

Erkennungsmerkmale des Manager-Typs:
- liebt Statussymbole, z. B. teure Autos, Villa, großer Schreibtisch, Designeranzug etc. und „kalte" Materialien wie Glas, Beton, Granit, Marmor, Stahl
- verträgt keinen Widerspruch, glaubt immer Recht zu haben
- trifft Entscheidungen sehr schnell
- wird schnell ungeduldig

Umgang mit dem Manager-Typ:
- Nur das Beste anbieten („Natürlich habe ich Ihnen nur die Spitzenprodukte angeboten.").
- Vorteile immer klar herausstellen („Die Vorteile sind: ...").
- Schnell auf den Punkt kommen („Die Arbeit kann ich in zwei Wochen ausführen, das kostet Sie 5000 €, inklusive der Sanitärobjekte.").
- Nur dann „nein" sagen, wenn etwas wirklich unmöglich ist.

2 Planer-Typ

Der **Planer-Typ**, ➔ 2, möchte immer alles genau wissen. Er ist der Typ, der jede Einbauanleitung bis ins Detail hinterfragt. Er muss das Gefühl haben, alles genau zu verstehen und zu kontrollieren.

Erkennungsmerkmale des Planer-Typs:
- unflexibler Mensch
- ausgeprägter Hang zum Kleingedruckten
- liebt Fakten und Informationen
- verachtet unprofessionelle Verhaltensweisen

Umgang mit dem Planer-Typ:
- Im Gespräch nur Fakten anführen („Die Vorteile liegen hier klar auf der Hand, nämlich ...").
- Fachkompetenz zeigen („Auf diesem Gebiet haben wir große Erfahrung.").
- Ungenauigkeiten vermeiden (klare Aussagen, exakte und pünktliche Arbeitsausführung).
- Arbeitsabläufe durchsprechen, damit nichts für den Kunden Unerwartetes passiert.

Der **Visionär-Typ**, ➔ 3, gibt sich mit Herkömmlichem nicht zufrieden. Er will immer experimentieren, Neues ausprobieren.

Erkennungsmerkmale des Visionär-Typs:
- befasst sich am liebsten mit Möglichkeiten statt mit Gewissheiten
- ist ein nachdenklicher Typ
- kann sich nicht klar entscheiden
- sehr fantasievoll und flexibel

3 Visionär-Typ

20

616

Umgang mit dem Visionär-Typ:
- Nur das Neueste anbieten (Messe-Neuheit, zukunftsweisende Entwicklung).
- Besonders die Sachen vorstellen, die ausgefallener sind (z. B. Designer-Waschtisch).
- Entscheidungshilfen geben („Also dieser Waschtisch, der wird ihnen mit Sicherheit gefallen.").
- Im Gespräch gezielt nachfragen, wenn etwas unklar ist.

Der **Typ des Harmoniesuchenden**, ➔ 1, möchte immer und überall dabei sein. Er sucht Zuneigung und Lob und möchte den Handwerker als seinen Freund verstehen.

Erkennungsmerkmale des Typs des Harmoniesuchenden:
- legt großen Wert auf Moral und Ethik
- liebt Antiquitäten oder gediegene Einrichtung
- geht jedem Streit aus dem Weg oder versucht sofort zu schlichten
- zieht ein nettes Gespräch jeder fachlichen Beratung vor, ist sehr geduldig und verzeiht Fehler

Umgang mit dem Typ des Harmoniesuchenden:
- Kunden in die Arbeiten mit einbeziehen („Hätten Sie die Leitungen lieber an der Wand oder an der Decke befestigt?").
- Ideen oder Wünsche des Kunden loben („Dass Sie eine Solaranlage einbauen lassen, ist eine gute Idee.").
- Zeit nehmen auch für Gespräche, die nicht unmittelbar mit dem Auftrag zu tun haben („Wir machen dieses Jahr mit den Kindern Urlaub auf Mallorca.").
- Wenn Pannen passieren, den menschlichen Faktor voranstellen („Ich kann mir nicht erklären, wie unserem Herrn Meier das passieren konnte.").

Zuordnung der Kunden

Die meisten Kunden sind Mischtypen.

> Wer seinen Kunden richtig einschätzt, kann ihn so behandeln, wie dieser es vorzieht. Der Kunde will anerkannt bzw. verstanden sein.

Natürlich müssen alle Aussagen des Handwerkers der Wahrheit entsprechen. Nichts soll erfunden werden, nur um dem Kunden zu gefallen. Man kann aber immer die Argumente in den Vordergrund stellen, die der Kunde für wichtig erachtet, ➔ 2.

> **Beispiel:**
> - Für den Manager-Typ ist es wichtig, dass der Waschtisch ein Designer-Stück ist.
> - Dem Harmoniesuchenden kommt es bei demselben Waschtisch aber darauf an, dass dieser, dank guter Qualität, auch lange hält.

20.2.3 Verhalten des Installateurs im Kundenhaus

20.2.3.1 Stellenwert des Installateurs beim Kundenkontakt

Im Kundendienst übernimmt der Installateur eine wichtige Aufgabe, denn der Kunde lernt ihn näher und besser kennen als den „Chef" des Installationsbetriebes.

> Damit steht der Mitarbeiter vor Ort als der Vertreter seines Betriebes, ➔ 3.

1 Typ des Harmoniesuchenden

„Tatsächlich, untrainierte Augen könnten es für schief halten!"

2 Argumente in den Vordergrund stellen???

3 Sie vertritt die Firma beim Kunden

20

Sein Benehmen, seine Art mit dem Kunden umzugehen, ➜ 1, und seine fachliche Kompetenz überträgt der Kunde gedanklich auf das ganze Unternehmen.

> Ist der Kunde unzufrieden, dann ist er es nicht nur mit dem Installateur, sondern mit der ganzen „Firma".

Der Ruf eines Handwerksbetriebes lastet aber nicht nur auf den Schultern des Installateurs. Für den Erfolg muss der Betrieb seinen Mitarbeitern das richtige Rüstzeug (ordentliche Arbeitskleidung, gutes Werkzeug, ordentliches Fahrzeug etc.) mit auf den Weg geben.

20.2.3.2 Erscheinungsbild des Unternehmens

Noch bevor mit den Arbeiten begonnen wird, oft auch bevor ein Auftrag vergeben wird, verschafft sich der Kunde einen Eindruck über ein Unternehmen.

> Die äußere Erscheinung des Unternehmens wird geprägt von dessen:
> • Firmenspitze (Inhaber, Firmengebäude, Ausstellungsraum, Büros)
> • Mitarbeitern (Monteuren, Lehrlingen)
> • Arbeitsmitteln, wie Fahrzeuge und Werkzeuge

Inhaber und **Mitarbeiter** verschaffen sich mit ihrer äußeren Erscheinung und ihrem Auftreten einen guten oder schlechten Start zum Kunden.

> **Beispiel:**
> Jemand, der direkt von einer Rohbaustelle, mit lehmigen Schuhen, staubigem Pullover und verschmierten Jeans, beim Kunden zum Austausch einer Badebatterie in einem Luxusbad erscheint, hat viel mehr Mühe, den Kunden von seiner Kompetenz zu überzeugen als der Kollege im sauberen Arbeitsanzug.

Deshalb gilt:
• saubere Schuhe und sauberes Arbeitszeug im Kundendienst
• einheitliches Erscheinungsbild aller Monteure
• Name des Unternehmens und Name des Mitarbeiters gehören gut lesbar auf die Kleidung
• gepflegtes persönliches Erscheinungsbild (Haarschnitt, Rasur etc.)

Auch im Kundendienst gibt es schmutzige Arbeiten. Hierfür sollten den Mitarbeitern Einmal-Overalls zur Verfügung stehen. Und, wenn nötig, dann wird auch schon mal zur Wochenmitte ein neuer Arbeitsanzug fällig.

Arbeitsmittel und Werkzeug müssen dem Kunden vermitteln, dass fachlich einwandfreie Arbeiten verrichtet werden können.

„Liebe Frau, ich bin ein Installateur und kein Dichter!"

„Na, hast Du dem Installateur Deine Meinung gesagt?"

1 Benehmen und fachliche Kompetenz???

2 Firmenfahrzeug mit Werbung

20

Deshalb muss auch das **Firmenfahrzeug**, ➜ 616.2:
• mit einer klaren Werbeaussage beschriftet sein
• innen und außen sauber sein
• ordentlich geparkt
• rücksichtsvoll gefahren werden
• ohne Roststellen und Beulen sein

Eine **klare Werbeaussage** beinhaltet:
• Firmenlogo
• Arbeitsbereiche
• Telefonnummer
• Internetadresse

Das Fahrzeug sollte aus diesem Grund auch **äußerlich sauber sein**. Es sollte wenigstens einmal wöchentlich gewaschen werden. Im **Innenraum** dürfen keine Brotzeitreste auf dem Armaturenbrett und keine Zigarettenkippen am Boden liegen.

Niemals darf das **parkende Firmenfahrzeug** Stellplätze oder Zufahrten der Nachbarn blockieren, die des Kunden nur nach Rücksprache.

Mit dem Firmenwagen soll **rücksichtsvoll gefahren** werden. Das schont nicht nur die Betriebs- und Instandhaltungskosten, es stärkt auch das Ansehen des Installationsunternehmens.

Beispiel:
• Was denken die Anwohner, wenn ein Fahrzeug mit überhöhter Geschwindigkeit durch eine Zone-30 fährt?
• Welche Gedanken hat wohl ein Manager- oder Planer-Typ, dem die Vorfahrt geschnitten wurde?

Es steht ja groß auf dem Wagen drauf, über wen man sich ärgern muss. Ein Fahrer, der rücksichtslos mit den Mitmenschen und dem Firmeneigentum umgeht, wird dies auch als Installateur mit dem Eigentum des Kunden tun.

Roststellen und Beulen am Fahrzeug zeigen, dass der Fahrzeughalter die Instandhaltung des Fahrzeugs vernachlässigt. Einer Firma mit solchen Fahrzeugen überträgt man ungern Instandhaltungsaufgaben.

20.2.4 Umgang mit dem Kunden

Unabhängig vom Kunden-Typ gilt für den Kundenkontakt:
• pünktlich sein
• Kunden persönlich ansprechen
• Aktion ausstrahlen
• rücksichtsvoll sein
• keine Streitgespräche führen
• nichts beschmutzen oder beschädigen
• Hilfsbereitschaft zeigen und hilfreiche Tipps geben
• über Arbeitsfortschritt informieren

Pünktlichkeit ist Höflichkeit am Kunden.

Beispiel:
Wenn dem Kunden ein Termin um 14.00 Uhr gegeben wurde, dann kommt der Installateur um 14.05 Uhr schon zu spät, ➜ 1.

Daher sollten nur dann konkrete Zeiten vereinbart werden, wenn diese auch ganz sicher einzuhalten sind, z. B. der erste Termin am Morgen. Weitere Termine sollten nur mit Zeitspannen festgelegt sein, z. B. zwischen 15 Uhr und 16 Uhr. Wenn dann doch einmal etwas dazwischen kommt, muss der Kunde sofort telefonisch benachrichtigt werden. Für den Fall, dass der Kunde am vereinbarten Termin nicht zu Hause ist, sollte der Installateur eine Nachricht am Kundenhaus hinterlassen, mit welcher der Kunde aufgefordert wird, sich zwecks erneuter Terminabsprache zu melden, ➜ 2.

Vor Ort muss der Kunde **persönlich angesprochen** werden. Besonders im Privatkundenbereich ist es vorhersehbar, wie der Kunde heißt, der die Tür öffnet.

„Tut mir leid, die Leute die Sie bestellt haben, sind vor zwei Jahren ausgezogen!"

„Was heißt, drei Tage zu spät? Rohrbrüche müssen eigentlich vier Wochen vorher angemeldet werden!"

1 Pünktlichkeit???

Nanu?

Werter Kunde,
leider haben wir Sie heute,
am _27.02.2014_
um _9.30_ Uhr
zum vereinbarten Zeitpunkt nicht angetroffen. Bitte rufen Sie uns an, damit wir einen neuen Termin festlegen können. Vielen Dank.

Hans-Georg BÖHNKE Haustechnik GmbH

☎ 02302 / 27 40 32   Gas • Wasser • Heizung

2 Benachrichtigung bei Nichtantreffen des Kunden

Deshalb kann man nach diesem Schema vorgehen:
- Begrüßung
- den Kunden namentlich ansprechen
- eigener Name – sind weitere Mitarbeiter dabei, dann auch deren Namen
- Name des Unternehmens
- Grund des Einsatzes

Beispiel:
„Guten Tag, Herr Kleinschmidt.
Mein Name ist Max Fröhlich von der Sani-Haus-technik.
Ich werde das verstopfte Klosett reinigen".

Der Kunde weiß, der Installateur kostet Geld. Deshalb muss der Installateur **Aktion ausstrahlen**.

Beispiel:
Auch wenn noch gar nicht klar ist, welches Werkzeug man im Haus des Kunden benötigt, sollte man niemals mit leeren Händen vor der Tür des Kunden stehen. Eine Werkzeugtasche drückt dabei die Einsatzbereitschaft des Installateurs aus. Steht der Installateur mit leeren Händen da, kann der Kunde den Eindruck gewinnen, er wolle Zeit schinden.

Rücksichtsvolles Verhalten beim Betreten des Kundenhauses bringt weitere Pluspunkte ein.

Es gehört sich:
- bei Betreten und im Hause des Kunden nicht zu rauchen,
- den Kunden vorangehen zu lassen,
- eine Unterlage wie sauberen Teppichrest mitzuführen zum Abstellen von Werkzeugkiste oder Werkzeugtasche,
- andere Räume der Wohnung nur zu betreten, wenn der Kunde das erlaubt hat,
- unauffällig zu arbeiten (während der Arbeit nicht singen, pfeifen oder Radio mitbringen),
- ein Gespräch mit dem Kunden nur dann zu führen, wenn der Kunde das Gespräch beginnt, es sei denn, man hat Fragen im Zusammenhang mit der Arbeit,
- Kompetenz im Umgang mit Auszubildenden zu beweisen, z. B. klare, höfliche Anweisungen, ordentlicher Umgangston (bitte!),
- nach Arbeitsabschluss die Arbeitsstelle sauber verlassen.

Streitgespräche mit dem Kunden sind zu vermeiden. Das gelingt, indem der Installateur zuhört und die Beschwerde des Kunden – und sei sie noch so aus der Luft gegriffen – nicht unterbricht. Hat der Kunde alles gesagt, zeigt der Installateur zunächst Verständnis für den Kunden, z. B. „Ich verstehe, dass Sie verärgert sind."

„Na schön, Sie kriegen Ihr Bier!"

1 Streit beenden???

Damit wird das Gespräch versachlicht, weil der Kunde erkennt, dass seine Beschwerde ernst genommen wird. Der Installateur sollte dem Kunden dann eine positive, aber unverbindliche Zusage machen, z. B. „Um das Problem werde ich mich für Sie kümmern.", ➜ 1.

Negativ sind Aussagen, welche
- die eigene fachliche Kompetenz infrage stellen, z. B.: „Da müssen Sie sich an meinen Chef wenden."
- die Vorleistungen eines Kollegen herabsetzen wie: „Wer hat denn diesen Mist fabriziert?"

Es darf nichts **beschmutzt, verunreinigt oder beschädigt** werden. Bei größeren Umbau- und Montagearbeiten fällt eine Menge Staub und Müll an. Der Staub setzt sich auf alle Gegenstände in der Wohnung.

Um das zu vermeiden, sind Schutzvorrichtungen einzusetzen. Dazu gehören beispielsweise Überziehschuhe, Türrahmenschutzprofile, Planen, Staubschutztüren oder eine Luftreinigungsmaschine wie in ➜ 621.1 dargestellt.

Abdeckvliese können auf dem Boden ausgelegt werden. Staubschutztüren, die in den vorhandenen Türzagen befestigt werden, verhindern, dass sich der Staub durch Türschlitze in der Wohnung verteilt.

Bei größeren Arbeiten empfiehlt sich die Filterung der verstaubten Luft. Der entstandene Staub wird angesaugt und im Luftreinigungsgerät ausgewaschen. Der nicht angesaugte Staub wird von der entstehenden Umluft angefeuchtet und beschwert. Er setzt sich somit auf dem Boden ab.

Nach Beendigung der Arbeiten, muss der Müll zusammengetragen und mitgenommen werden.

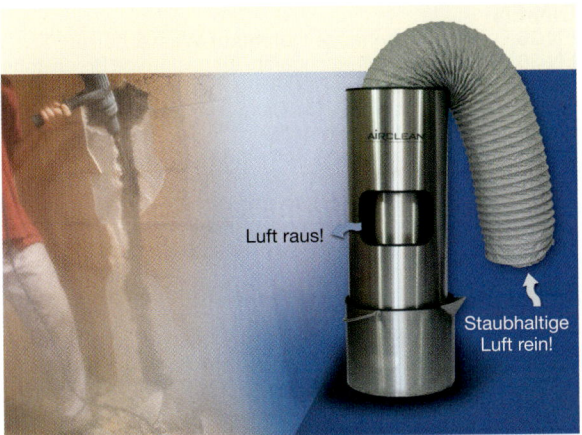

1 Luftreinigungsmaschine

Luft raus!

Staubhaltige
Luft rein!

Sollte es zu einem Schadensfall kommen, ist der Kunde sofort über den Schaden zu informieren. Da die Frage der Schadensabdeckung durch die Betriebshaftpflichtversicherung vom Einzelfall abhängig ist, muss der Installateur aber mit dem Chef sprechen, bevor er die Schadensbeseitigung zusagt und einleitet.

Hilfsbereitschaft und das Geben hilfreicher Tipps sollte im Kundendienst selbstverständlich sein. Auf Nachfrage sind informative und verständliche Erklärungen zu erteilen, z. B. zu:
- Arbeitsablauf
- Werkstoffe
- vorraussichtlich benötigte Zeit

Dauert eine Arbeit oder Reperatur beim Kunden längere Zeit, will der Kunde auch **ohne Nachfrage informiert** werden. Unter Angabe von Gründen soll er über den Fortschritt und die ungefähre Dauer der Arbeit Bescheid wissen.

> **Dabei gilt:**
> Es ist besser, früher fertig zu werden als angekündigt, denn umgekehrt.

Zum Schluss händigt man dem Kunden die Visitenkarte des Betriebes aus. Wenn der Kunde zufrieden ist, hat er beim nächsten Mal schnell die Telefonnummer zur Hand oder gibt sie in seinem Bekanntenkreis weiter.

20.3 Schlussbetrachtung

Wir Installateure können den Ruf unseres Berufsstandes wesentlich verbessern, alte Kunden behalten und neue gewinnen durch:
- einen effektiven Kundendienst
- eine unaufdringliche, aber zuverlässige Instandhaltung der Kundenanlagen
- fachliches Können und ordentliches Auftreten beim Kunden, → 614.1

Das Bild, das Kurt Tucholsky 1930 über die „Herren Installateure" zeichnete, muss Vergangenheit sein – und bleiben, → 2, 3.

Sie verdrecken die ganze Wohnung, und am Schluss funktioniert's nicht

Erst kommen sie gar nicht. Dann kommen sie. Dann gehen sie gleich wieder weg: Sie haben nämlich ein Handwerkszeug vergessen. Kein Wunder, wenn man ihren Handwerkskasten sieht, so liegen da in schwärzlichem Durcheinander alte Hämmer, Zangen, angebrochene Stiele, krummgeschlagene Nägel, eine Feile und etwas schmutziger Bindfaden.
Dann kommen sie wieder. Dann gehen sie frühstücken, dann kommen sie und sagen: „Ja, das funktioniert nicht." Und dann gehen sie wieder weg. Und dann kommen sie wieder und arbeiten furchtbar, drecken die ganze Wohnung ein, hämmern und klopfen …
Dann gehen sie wieder weg. Dann probierst Du es, was sie gemacht haben. Das funktioniert nicht. Und dann fängt alles wieder von vorne an.

2 „Die Herren Installateure", nach Kurt Tucholsky (1930)

3 Kundendienst – so nicht

20

Abkürzungen

AD	Arbeitsgemeinschaft Druckbehälter
ARGEBAU	Arbeitsgemeinschaft der für Bau-, Wohnungs- und Siedlungswesen zuständigen Minister der Länder der BR Deutschland
ATV	Abwassertechnische Vereinigung
DDA	Deutscher Dampfkesselausschuss
DIBT	Deutsches Institut für Bautechnik
DIN	Deutsches Institut für Normung
DVGW	Deutscher Verein des Gas- und Wasserfaches
EN	Europäische Norm
ISO	Internationale Norm (International Standard)
KTW	Kunststoffe für Trinkwasser – Gesundheitliche Beurteilung (Bundesregierung)
VDE	Verband der Elektrotechnik, Elektronik
VDMA	Verband Deutscher Maschinen- und Anlagenbau
AVB GasV AVB WasserV	Allgemeine Vertragsbedingungen für den Bezug von Gas bzw. Wasser
BG-I/-R/-V	Berufsgenossenschaftliche Information / Regel / Vorschrift, z. B. Unfallverhütungs-Vorschrift (UVV)
BImSchV	Bundes-Immissions-Schutzverordnung
EnEV	Energieeinsparverordnung
FeuV	Feuerungsverordnung
HeizkostenV	Verordnung über Heiz- und WW-Kostenabrechnung
LMBG	Lebensmittel- und Bedarfsgegenständegesetz
TrinkwV	Trinkwasserverordnung
VOB	Verdingungsordnung für Bauleistungen

DIN-Normen

1301-1…3	Einheiten – Einheitennamen, Einheitenzeichen
1304-1…4	Allgemeine Formelzeichen und Formelzeichen für Fachgebiete
1356	Bauzeichnungen
1986	Entwässerungsanlagen für Gebäude und Grundstücke
1988	Technische Regeln für Trinkwasser-Installationen (TRWI)
2000/2001	Zentrale Trinkwasserversorgung/Eigen- und Einzelwasserversorgung; Leitsätze für Anforderungen an Trinkwasser
3383	Gasschlauchleitungen und Gasansschlussarmaturen
3384	Gasschlauchleitungen aus nichtrostendem Stahl
4102-1…18	Brandverhalten von Baustoffen / Bauteilen
4109	Schallschutz im Hochbau
4708	Zentrale Wassererwärmungsanlagen, Berechnung
4753	Wassererwärmer und Wassererwärmungsanlagen für Trink- und Betriebswasser
4788-1	Gasbrenner – ohne Gebläse
4810	Druckbehälter aus Stahl für Wasserversorgungsanlagen
18 012	Hausanschlussraum; Planungsgrundlagen
18 017-1…3	Lüftung von Bädern und Toiletten ohne Außenfenster durch Schächte und Kanäle
18 032	Sporthallen – Hallen und Räume für Sport und Mehrzwecknutzung
18 160	Abgasanlagen – Anforderung, Planung, Ausführung
18 195-5	Bauwerksabdichtungen gegen nicht drückendes Wasser
18 380 VOB	Teil C: Allgemeine Technische Vertragsbedingungen für Bauleistungen (ATV)
18 381 VOB	Gas-, Wasser- und Entwässerungsanlagen innerhalb von Gebäuden
50 900	Korrosion der Metalle – Begriffe
50 930-6	Korrosion metallischer Werkstoffe im Innern von Rohrleitungen, Behältern und Apparaten bei Korrosionsbelastung durch Wasser

DIN-EN

EN 26	Gasbeheizte Durchlauf-Wasserheizer
EN 30	Haushalt-Kochgeräte für gasförmige Brennstoffe
EN 88-1	Druckregler und zugehörige Sicherheitseinrichtungen für Gasgeräte bis $p \leq 500$ mbar
EN 200	Auslaufarmaturen
EN 287	Prüfung von Schweißern
EN 297	Heizkessel für gasförmige Brennstoffe
EN 298	Gasbrenner mit und ohne Gebläse
EN 676	Gasbrenner mit Gebläse
EN 752	Schwerkraftentwässerung außerhalb von Gebäuden
EN 806	Technische Regeln für Trinkwasser-Installationen (TRWI)
EN 1057	Installationsrohre aus Kupfer
EN 1254	Kupfer und Kupferlegierungen; Fittings; Kapillarlötfittings für Kupferrohre
EN 1996	Mauerwerksbauten
EN 1717	Schutz des Trinkwassers vor Verunreinigungen (Sicherungseinrichtungen)
EN 10 220	Nahtlose und geschweißte Stahlrohre - Maße und längenbezogene Masse
EN 10 240	Innere und äußere Zinküberzüge für Stahlrohre für Installationszwecke
EN 10 242	Tempergussfittings
EN 10 255	Stahlrohr (Gewinderohr)
EN 10 305	Präzisionsstahlrohre
EN 12 056	Schwerkraftentwässerung innerhalb von Gebäuden
EN 12 831	Heizungsanlagen in Gebäuden – Verfahren zur Berechnung der Norm-Heizlast
EN 12 897	Wassererwärmer und Wassererwärmungsanlagen für Trink- und Betriebswasser
EN 13 203-2	Gasbeheizte Geräte für sanitäre Warmwasserbereitung für den Hausgebrauch $\leq$ 70 kW bzw. $\leq$ 300 l
EN 13 384	Abgasanlagen – Wärme- und strömungstechnische Berechnungsverfahren
EN 60027	Formelzeichen für die Elektrotechnik

Weitere Normen u.Ä. für Rohre für Trinkwasser-, Abwasser- und Gas-Leitungen siehe Kap. 4.1, ➔ 104.1, 112.2

DVGW- Regelwerk (Arbeits- oder Merkblätter)

G 260	Gasbeschaffenheit
G 459	Gas-Hausanschlüsse für Betriebsdrücke bis 4 bar
G 600	Technische Regeln für Gas-Installationen
G 674	Heizung mit Gasraumheizern
GW 2	Verbinden von Kupferrohren für Gas- und Wasserinstallation
GW 6	Kapillarlötfittings aus Rotguss
GW 7	Flussmittel zum Löten von Kupferrohren
W 521	Gewindeschneidstoffe für TW-Installation
W 534	Rohrverbinder und -verbindungen für Rohre in der TW-Installation
W 544	Kunststoffrohre in der Trinkwasserinstallation – Anforderungen
W 551	TW-Erwärmungs- und Leitungsanlagen; Verminderung des Legionellenwachstums
W 553	Bemessung von Zirkulationssystemen in zentralen Trinkwassererwärmungsanlagen
VP 624	Kunststoffrohre aus PE-X für Gasinnenleitungen mit $p_B \leq$ 100 mbar
VP 632	Mehrschichten-Verbundrohre aus PE-X/Al/PE für Gasinnenleitungen mit $p_B \leq$ 100 mbar

Nenn-weite	Whit-worth-Rohr-ge-winde (DIN 2999)	Au-ßen-durch-mes-ser	Ober-fläche	Gewinde		Gewinderohr EN 10255 - Reihe M					Gewinderohr EN 10255 - Reihe H				
				Gang-zahl auf 25,4 mm	Nutz-bare Ge-winde-länge (Größt-maß)	Wand-dicke	Innen-durch-mes-ser	Lichter Quer-schnitt	längen-bezo-gener Inhalt	längen-bezo-gene Masse	Wand-dicke	Innen-durch-mes-ser	Lichter Quer-schnitt	längen-bezo-gener Inhalt	längen-bezo-gene Masse
DN		d_a mm	A_O m²/m		mm	s mm	d_i mm	A cm²	V' l/m	m' kg/m	s mm	d_i mm	A cm²	V' l/m	m' kg/m
8	R •	13,5	0,0424	19	11,0	2,3	8,9	0,621	0,061	0,641	2,9	7,7	0,466	0,047	0,765
10	R • •	17,2	0,0540	19	11,4	2,3	12,6	1,247	0,125	0,839	2,9	11,4	1,021	0,102	1,02
15	R •	21,3	0,0669	14	15,0	2,6	16,1	2,035	0,204	1,21	3,2	14,8	1,720	0,172	1,44
20	R •	26,9	0,0845	14	16,3	2,6	21,7	3,698	0,398	1,56	3,2	20,4	3,269	0,327	1,87
25	R1	33,7	0,1059	11	19,1	3,2	27,3	5,855	0,585	2,41	4,0	25,6	5,147	0,515	2,93
32	R1•	42,4	0,1332	11	21,4	3,2	36,0	10,182	1,018	3,10	4,0	34,3	9,24	0,924	3,79
40	R1•	48,3	0,1517	11	21,4	3,2	41,9	13,782	1,378	3,56	4,0	40,2	12,69	1,269	4,37
50	R2	60,3	0,1984	11	25,7	3,6	53,1	22,134	2,213	5,03	4,5	51,3	20,66	2,066	6,19
65	R2•	76,1	0,2391	11	30,2	3,6	68,9	37,266	3,727	6,42	4,5	67,1	35,36	3,536	7,93
80	R3	88,9	0,2793	11	33,3	4,0	80,9	51,376	5,138	8,36	5,0	79,2	49,26	4,927	10,3
100	R4	114,3	0,3591	11	39,3	4,5	105,3	87,086	8,709	12,2	5.4	103,5	84,09	8,409	14,5
125	R5	139,7	0,4389	11	43,6	5,0	129,7	132,053	13,205	16,2	5,4	128,9	130,49	13,05	17,9
150	R6	165,1	0,5187	11	43,6	5,0	155,1	188,84	18,839	19,8	5,4	154,3	186,89	18,69	21,3

1 Stahlrohre EN 10255 - Gewinderohre Reihe M (mittelschwer) oder Reihe H (schwer), nahtlos (S-Rohre) oder geschweiflt (W-Rohre)

$d_a \times s$ mm × mm	d_i mm	A mm²	V' l/m	l''' m/l	m' kg/m
12 × 0,7	10,6	88,2	0,088	11,33	0,194
15 × 1,0	13	132,6	0,133	7,52	0,333
18 × 1,0	16	200,1	0,200	5,00	0,410
22 × 1,2	19,6	301,6	0,302	3,31	0,624
28 × 1,2	25,6	514,4	0,514	1,95	0,79
35 × 1,5	32	804,0	0,804	1,24	1,24
42 × 1,5	39	1194,0	1,194	0,83	1,503
54 × 1,5	51	2042,0	2,04	0,49	1,972
76,1 × 2,0	72,1	4082,8	4,08	0,24	3,72
88,9 × 2,0	84,9	5661,2	5,66	0,18	4,36
108,0 × 2,0	104,0	8490,6	8,49	0,12	5,51

2 Edelstahlrohre, geschweißt, PN 16, DIN EN ISO 1127

$d_a \times s$ mm × mm	d_i mm	A mm²	V' l/m	l''' m/l	m' kg/m
12 x 1	10	78,5	0,0785	12,6	0,308
15 x 1	13	132,7	0,133	7,5	0,392
18 x 1	16	200,1	0,200	5,0	0,475
22 x 1	20	314,5	0,314	3,2	0,587
28 x 1,0	26	531,9	0,531	1,88	0,755
35 x 1,2	32,6	834,3	0,835	2,04	1,134
42 x 1,2	39,6	1194,5	1,232	0,81	1,369
54 x 1,5	51	2041,7	2,043	0,49	2,202
64 x 2	60	2827,4	2,827	0,35	3,48
76,1 x 2	72,1	4082,8	4,082	0,24	4,14
88,9 x 2	84,9	5661,2	5,661	0,18	4,86
108 x 2,5	103,0	8328	8,328	0,12	7,37

3 Kupferrohre nach EN 1057 und DVGW GW 392

$d_a \times s$ mm × mm	d_i mm	A mm²	V' l/m	l''' m/l	m' kg/m
16 × 2,25	11,5	103,8	0,104	9,6	0,125
20 × 2,5	15,0	176,6	0,177	5,65	0,185
26 × 3,0	20,0	314,0	0,314	3,18	0,300
32 × 3,0	26,0	531,0	0,531	1,88	0,415
40 × 3,5	33,0	855,0	0,855	1,17	0,595
50 × 4,0	42,0	1385,4	1,385	0,72	0,840
63 × 4,5	54,0	2289,0	2,29	0,44	1,110

4 Metallverbundrohr PN 10 (PE-X/Al/PE- für KW und WW)

d_a : Außendurchmesser
V' : längenbezogenes Volumen
d_i : Innendurchmesser
l''' : volumenbezogene Länge
s : Wanddicke
m' : längenbezogene Masse
A : freier Rohrquerschnitt

$d_a \times s$ mm × mm	d_i mm	A mm²	V' l/m	l''' m/l	m' kg/m
20 × 2,0	16,0	200,96	0,20	5,00	0,116
25 × 2,3	20,4	326,7	0,33	3,03	0,169
32 × 3,0	26,0	530,7	0,53	1,89	0,276
40 × 3,7	32,6	834,3	0,83	1,20	0,425
50 × 4,6	40,8	1306,7	1,31	0,76	0,659
63 × 5,8	51,4	2073,9	2,07	0,48	1,04
75 × 6,9	61,2	2940,2	2,94	0,34	1,47

5 PE-HD-Rohre, PN 10, DIN 8075/EN 12201 (für KW geeignet)

$d_a \times s$ mm × mm	d_i mm	A mm²	V' l/m	l''' m/l	m' kg/m
20 × 3,4	13,2	136,85	0,137	7,30	0,174
25 × 4,2	16,6	216,42	0,216	4,63	0,269
32 × 5,4	21,2	352,99	0,353	2,83	0,439
40 × 6,7	26,6	555,72	0,556	1,80	0,679
50 × 8,4	33,2	865,70	0,866	1,15	1,060
63 × 10,5	42,0	1385,44	1,385	0,72	1,670
75 × 12,5	50,0	1963,50	1,963	0,51	2,360

6 PE-LD-Rohre, PN 10, DIN 8074 (für KW geeignet)

$d_a \times s$ mm × mm	d_i mm	A mm²	V' l/m	l''' m/l	m' kg/m
12 × 1,8	8,6	58	0,006	17,2	0,069
16 × 2,2	11,6	106	0,11	10,0	0,098
20 × 2,8	14,4	163	0,16	6,25	0,153
25 × 3,5	18,0	254	0,25	4,0	0,238
32 × 4,4	23,2	422	0,42	2,38	0,382
40 × 5,5	29,0	660	0,66	1,57	0,594
50 × 6,9	36,2	1028	1,03	0,97	0,926
63 × 8,7	45,6	1632	1,63	0,63	1,47

1 PE-X-Rohre DIN 16 893 (für KW und WW)

$d_a \times s$ mm × mm	d_i mm	A mm²	V' l/m	l''' m/l	m' kg/m
12 × 1,3[1]	9,4	69,4	0,07	14,3	0,071
16 × 1,5[1]	13,0	132,6	0,13	7,5	0,088
20 × 1,9[1]	16,2	206,0	0,21	4,8	0,132
16 × 2,2	11,6	106	0,1	10,0	0,098
20 × 2,8	14,4	163	0,16	6,25	0,153
25 × 2,3	20,4	327	0,33	3,0	0,165
32 × 3,0	26,0	530	0,53	1,88	0,27
40 × 3,7	32,6	834	0,83	1,20	0,416
50 × 4,6	40,8	1307	1,31	0,76	0,645
63 × 5,8	51,4	2074	2,07	0,48	1,02

[1] Rohre nur mit Stützhülse aus Edelstahl verwenden

2 PB-Rohre (Polybuten) DIN 16 969 (für KW und WW)

$d_a \times s$ mm × mm	d_i mm	A mm²	V' l/m	l''' m/l	m' kg/m
16 × 2,7	10,6	88,2	0,088	11,4	0,112
20 × 3,4	13,2	136,8	0,137	7,3	0,176
25 × 4,2	16,6	216,3	0,216	4,63	0,270
32 × 5,4	21,2	352,8	0,353	2,83	0,444
40 × 6,7	26,6	555,4	0,555	1,80	0,686
50 × 8,4	33,6	886,2	0,886	1,13	1,037
63 × 10,5	42,0	1384,7	1,385	0,72	1,689

3 PP-Rohre (Polypropylen) PN 20 nach DIN 8077

Alle Rohre müssen mindestens PN 10 bei einer Dauerbetriebstemperatur von 70 °C standhalten. Die PN-Wertangaben bei den Tabellen beziehen sich auf Wasser von 10 °C.
Da Kunststoffe beim Erwärmen an Festigkeit verlieren, sind für Wasser mit 70 °C höhere Nenndruckstufen notwendig.

$d_a \times s$ mm × mm	d_i mm	A mm²	V' l/m	l''' m/l	m' kg/m
25 × 1,9	21,2	352,98	0,353	2,83	0,212
32 × 2,4	27,2	581,06	0,581	1,72	0,342
40 × 3,0	34,0	907,90	0,908	1,10	0,525
50 × 3,7	42,6	1425,30	1,425	0,70	0,809
63 × 3,0	57,0	2551,80	2,552	0,39	1,29
75 × 3,5	68,0	3631,68	3,632	0,28	1,82
90 × 4,3	81,4	5204,02	5,204	0,19	2,61
110 × 5,3	99,4	7760,02	7,760	0,13	3,90

Rohre 25 × 1,9 ... 50 × 3,7 für PN 16, Rohre ≥ 63 × 3,0 für PN 10

4 PVC-U-Rohre (hart) für Kaltwasser DIN 8061

$d_a \times s$ mm × mm	d_i mm	A mm²	V' l/m	l''' m/l	m' kg/m
16 × 2,0	12,0	113	0,113	8,85	0,137
20 × 2,3	15,4	186	0,186	5,26	0,192
25 × 2,8	19,4	295	0,295	3,33	0,292
32 × 3,6	24,8	483	0,483	2,10	0,482
40 × 4,5	31,0	754	0,75	1,33	0,752
50 × 5,6	38,8	1182	1,182	0,85	1,17
63 × 7,0	49,0	1885	1,885	0,53	1,92
75 × 5,6	63,8	3195	3,195	0,312	1,90
90 × 6,7	76,6	4606	4,606	0,217	2,73

Rohre 16 × 2,0...63 × 7,0 für PN 16, Rohre ≥ 75 × 5,6 für PN 10

5 PVC-C-Rohre DIN 8079/8080 (für KW und WW)

Nennweite DN	40		50		70		80 / 90		100		125		150	
Durchmesser	d_a	d_i	d_a	d_i	d_a	d_i	d_a	d_i	d_a	d_i	d_a	d_i	d_a	d_i
Gussrohre SML	–		58	51	78	71[3]	83	76	110	103	135	127	160	152
m' in kg/m	–		4,3		5,9		6,1		8,4		11,8		14,1	
Rapid-Verbinder	–		70		90		95		125		147		172	
Stahlabflussrohr verz.	42	39	53	50	73	69,8	–	–	102	98	133	128	159	154
m'^1 in kg/m	1,5		2,2		3,3				5,8		9,6		11,5	
Muffe	51	–	63		84		–		118		152		172	
Glasrohre	46,5	40,1	58	51	–	–	85	78	115	105	–		165	155
m' in kg/m	0,9		1,3		–		2,0		3,9		–		5,7	
Verbinder	80		94		–		128		158		–		220	
PE-HD-Rohr	50	44	56	50	75	69	90	83	110	101,4	125	115,2	160	147,6
m' in kg/m	0,44		0,5		0,679		0,95		1,43		1,82		3,00	
Elektromuffe	52		62		89		104		125		142		178	
Langmuffe	80		86		105		117		135		162		202	
PE-dB 20-Rohr	–		56	49,6	75	67,8	90	79	110	98	135	123,0	–	
m' in kg/m			0,85		1,29		2,73		3,38		4,17			
Elektromuffe/Spannv.			68/72		89/91		104/106		125/126		150/145			
Stütz- und Dehnmuffe			80		100		110		125		170			
HT-Rohr	40	36,4	50	46,4	75	71,2	–		110	104,6	125	118,8	160	152,2
m'^2 in kg/m	0,226		0,285		0,454		–		0,938		1,23		1,95	
Muffe	54		64		89		–		128		145		184	
HT schallgedämmt	–		–		78	69	90	81	110	99,4	135	124,4	160	149,4
m' in kg/m	–		–		2,0		2,3		3,55		4,40		5,15	
Muffe	–		–		96		110		132		161		181	
KG-Rohre (PVC)	–		–		–		–		110	104	125	119	160	152
m' in kg/m	–		–		–		–		1,67		1,931		2,99	
Muffe	–		–		–		–		129		146		184	

d_a Außendurchmesser des Rohres bzw. der Muffe/des Verbinders d_i Innendurchmesser

[1] Masse für 1 m Rohr ohne Muffe   [2] Masse für 1 m Rohr mit Muffenanteil   [3] Auslaufmodell, nur noch bis ca. 2005

6 Rohre für Abwasserleitungen (Auszug) mit Angaben über Außen-, Innendurchmesser und längenbezogene Masse

Stoff	Dichte ϱ $\frac{kg}{dm^3}$	Spez. Wärmekapazität c $\frac{Wh}{kg \cdot K}$ $\left(\frac{Wh}{m^3 \cdot K}\right)$	Schmelzpunkt °C	Spez. Schmelzwärme s $\frac{Wh}{kg}$	Siedepunkt °C	Spez. Verdampfungswärme r $\frac{Wh}{kg}$
Aluminium	2,7	0,252	659	107	2270	3256
Blei	11,3	0,035	327	6,7	1692	256
Gusseisen 4 % C	7,3	0,149	1130…1350	26,7	2500	1744
Heizöl EL	~0,83	0,522	−25	52,2	175	72,2
Kupfer	8,9	0,108	1083		2595	1292
Maschinenöl	~0,85	0,46	−25		380	
Quecksilber	13,6	0,038	−39	3,25	357	76,2
Rotguss (Cu-Sn-Zn)	8,7	0,105	950		2300	
Silber	10,5	0,065	960	29	2980	605
Spiritus	0,81	0,68	−114	29,2	78	237
Stahl (Bau-)	7,85	0,132	1450…1500	58,3…81,4	2500	1744
Eis	0,91	0,57	0	92,5	−	−
Wasser	1,0	1,16	−	−	100	627
Wasserdampf	−	0,57	−	−	−	−
Zink	7,2	0,108	419	29	907	500
Zinn	7,3	0,064	232	16,3	2430	722
Luft (trocken)	0,0013	0,28 (0,36)	−213		− 192	54,7

1 Dichte und thermische Daten von Stoffen

Stoff	Längenausdehnungskoeffizient α $\frac{1}{K}$
Aluminium	0,0000238
Beton	0,0000115
Blei	0,0000290
Bronze (Cu-Sn)	0,0000175
Glas	ca. 0,0000060
Gold	0,0000142
Gusseisen	0,0000104
Holz	ca. 0,0000150
Konstantan	0,0000152
Kupfer	0,0000166
Messing (Cu-Zn)	0,0000184
Porzellan	0,000004
Rostfreier Stahl	0,0000165
Stahl	0,0000115
Ziegelmauer	ca. 0,000006
Zink	0,0000294
Titan-Zink	0,000022
Zinn	0,000023

2 Längenausdehnungskoeffizienten fester Körper

Stoff	Dichte ϱ $\frac{kg}{dm^3}$	Längenausdehnungskoeffizient α $\frac{1}{K}$	Wärmeleitfähigkeit λ $\frac{W}{m \cdot K}$	Spez. Wärmekapazität c $\frac{Wh}{kg \cdot K}$
ABS/ASA	1,05	0,00008	0,18	0,36
Polybuten PB	0,92	0,00013	0,22	0,50
Polyethylen				
PE-HD	0,95	0,00018	0,4	0,55
PE-LD	0,92	0,00018	0,36	0,63
PE-X (VPE)	0,93	0,00018	0,41	0,61
Polypropylen PP	0,91	0,00015	0,20	0,545
Polyvinylchlorid				
PVC-U	1,40	0,00008	0,17	0,25
PVC-C	1,55	0,00007	0,14	0,25

3 Dichte und thermische Daten von Kunststoffen

Brennstoff fest/flüssig	Heizwert H_i $\frac{kWh}{kg}$	Brennstoff gasförmig	Heizwert H_i $\frac{kWh}{m^3}$
Anthrazit	9,3	Acetylen (Ethin)	15,8
Braunkohlenbriketts	5,55	Butan	33,9
Braunkohle (roh)	3,47	Kohlenmonoxid	3,5
Holz (weich)	2,9	Ethan	21,0
Holz (hart)	4,66	Methan	9,9
Koks (Zechen-)	8,1	Propan	25,8
Steinkohle (Rohr)	8,14	Wasserstoff	3,0
Torf (trocken)	3,8	Erdgas LL (L)	8,8
Benzin	11,7	Erdgas E (H)	10,4
Heizöl EL	11,7	Ferngas	4,9
Petroleum	11,4	Gichtgas	1,1
Spiritus	6,9	Stadtgas	4,4
Flüssiggas: Propan	12,9	Steinkohlengas	5,2
Butan	12,7	Wassergas	2,9

4 Heizwerte H_i fester, flüssiger und gasförmiger Brennstoffe

Druckprobenprotokoll für die Trinkwasser-Installation mit dem Prüfmedium Wasser

Bauvorhaben: _____

_____

Auftraggeber vertreten durch: _____

Auftragnehmer vertreten durch: _____

Spülung des Haus-Bauwasseranschlusses: Datum: _____

Das Füllwasser ist filltriert, die Leitungsanlagen sind vollständig entlüftet.

Der zulässige Betriebsdruck beträgt p_{zul} = 10 bar / ☐ bar (wenn höher)

Kaltwassertemperatur ϑ_{KW} = ☐ °C; Umgebungstemperatur ϑ_U = ☐ °C

$\Delta\vartheta = \vartheta_U - \vartheta_{KW}$ = ☐ K

Die Rohrleitung besteht aus

☐ **Metall, Verbundrohrwerkstoff, PVC-Rohre**

☐ 1. $\Delta\vartheta \leq 10$ K

     30 min Wartezeit bei Leitungsdruck für Temperaturausgleich, wenn $\Delta\vartheta \geq 10$ K

2.   Bei **Pressverbindungen**, nicht verpresst „**undicht**", zunächst einen Prüfdruck mittels Versorgungsdruck aufbringen von ≤ 6 bar oder nach Herstellerangaben. Aufgebrachter Druck: p_{press} =   bar Prüfzeit: 15 min

3.   **Prüfdruck** aufbringen, ≥ 11 bar

     $p_{prüf} = p_{zul} \times 1,1 =$ ☐ $\times 1,1 =$ bar

4.   **Prüfzeit:** 30 min

5.   **Bewertung:**

     Während dieser Zeit ist kein Druckabfall eingetreten. Undichtheiten sind nicht erkennbar.

     ☐ Die Rohrleitungen sind dicht.

☐ **Kunststoff** (außer PVC-Rohre) sowie mit Metall- und Verbundrohren kombinierte Installationen

☐ 1. $\Delta\vartheta \leq 10$ K

2.   Bei **Pressverbindungen**, nicht verpresst „**undicht**", zunächst einen Prüfdruck mittels Versorgungsdruck aufbringen von ≤ 6 bar oder nach Herstellerangaben. Aufgebrachter Druck: p_{press} =   bar Prüfzeit: 15 min

3.   **Prüfdruck** aufbringen, ≥ 11 bar

     $p_{prüf} = p_{zul} \times 1,1 =$ ☐ $\times 1,1 =$ bar

4.   **Prüfzeit:** 30 min

     ☐ Undichtheiten sind nicht erkennbar.

5.   Absenkung des Drucks auf 5,5 bar

6.   **Prüfzeit:** 120 min

7.   **Bewertung:**

     Während dieser Zeit ist kein Druckabfall eingetreten. Undichtheiten sind nicht erkennbar.

     ☐ Die Rohrleitungen sind dicht.

_____   _____

Ort   Datum

_____   _____

Auftraggeber bzw. Vertreter   Auftragnehmer bzw. Vertreter

Druckprobenprotokoll für die Trinkwasser-Installation mit dem Prüfmedium Druckluft oder Inertgas

Bauvorhaben: _____

_____

_____

Auftraggeber vertreten durch: _____

Auftragnehmer vertreten durch: _____

Werkstoff des Rohrleitungssystems: _____

Verbindungsart: _____

Anlagendruck: ☐ bar

Prüfmedium: ☐ ölfreie Druckluft ☐ Stickstoff ☐ Kohlendioxid ☐ _____

Die Temperatur der Umgebung: $\vartheta_U =$ ☐ °C; des Prüfmediums $\vartheta_M =$ ☐ °C

Die Trinkwasseranlage wurde geprüft als ☐ Gesamtanlage ☐ in Teilabschnitten geprüft.

Alle Leitungen sind mit metallenen Stopfen, Kappen, Steckscheiben oder Blindflanschen **geschlossen**.
Apparate, Druckbehälter oder Trinkwassererwärmer sind von den Leitungen **getrennt**.
Eine Sichtkontrolle aller Rohrverbindungen auf fachgerechte Ausführung wurde **durchgeführt**.

☐ **Dichtheitsprüfung**

Prüfdruck: 150 mbar

Prüfzeit: ≤ 100 Liter Leitungsvolumen ≥ 120 min
je weitere 100 Liter ist die Prüfzeit um 20 min zu verlängern

Leistungsvolumen: ☐ Liter **Prüfzeit**: ☐ min
Temperaturabgleich und Beharrungszustand bei Kunststoffwerkstoffen wird abgewartet, danach beginnt die Prüfzeit.

☐ Während der Prüfzeit wurde kein Druckabfall festgestellt.

☐ **Belastungsprüfung mit erhöhten Druck**

Prüfdruck: < 50 DN max. 3 bar > 50 DN max. 1 bar

Prüfzeit: 10 Minuten
Temperaturabgleich und Beharrungszustand bei Kunststoffen wird abgewartet, danach beginnt die Prüfzeit.

☐ Während der Prüfzeit wurde kein Druckabfall festgestellt.

☐ Die Rohrleitungen sind dicht.

_____   _____
Ort   Datum

_____   _____
Auftraggeber bzw. Vertreter   Auftragnehmer bzw. Vertreter

Bildquellen

Alle Zeichnungen der Firmen wurden von den Autoren bearbeitet, und sind somit Eigentum des Verlages. Werden diese Zeichnungen für andere Publikationen verwendet, ist die Genehmigung des Verlages erforderlich.

Autoren und Verlag danken den genannten Firmen, Institutionen und Privatpersonen für die Überlassung von Abdruckgenehmigungen und Vorlagen folgender Bilder:

3P technik GmbH, Bad Überkingen: 196.2b, 196.3, 197.3, 202.3

aacurat GmbH, Aalen: 528.3

ABB Fläkt Produkte GmbH, Butzbach: 596.3

ACO Passavant Gebäudeentwässerung GmbH, Philippsthal: 309.1 bis 309.3

AIRFIT GmbH & Co.KG, Mechernich-Holzheim: 140.6

Alfa Laval GmbH, Glinde: 487.1

Allmess Schlumberger GmbH, Oldenburg: 184.2, 184.3, 185.1

Josef Ammon, Weilheim: 69.1, 75.1, 94.1

AMS Sanitär- und Rehatechnik, Schwaigern: 528.1

AQUA Butzke-Werke AG, Ludwigsfelde: 212.1, 213.1, 213.2, 214.1, 216.1, 227.2, 237.3a, 238.1, 563.2, 564.1, 564.2, 610.2

Aquabad GmbH, Burgwald: 621.1

AQUATEC GmbH + Co. KG, Isny: 528.2

aquatherm GmbH, Attendorn: 134.1b, c (Fotos)

Aquis GmbH, CH-Rebstein: 581.2a

Armacell GmbH, Münster: 87.2 bis 87.4, 154.1

AST Eis- und Solartechnik, Reutte (Österreich): 495.2

ASUE Arbeitsgemeinschaft für sparsamen und umweltfreundlichen Energiebedarf, Hamburg: 416.2, 416.3

Bau-Berufsgenossenschaft Bayern und Sachsen, München: 323.2

BAVARIA BILDAGENTUR, Gauting: 81.1

G. Bee GmbH, Bietigheim-Bissingen: 365.3

Bette GmbH & Co. KG, Delbrück: 533.1, 534.1, 544.1, 545.1

Gebrüder Beul GmbH & Co. KG, Attendorn: 128.2

Bibliographisches Institut & F. A. Brockhaus AG, Mannheim: 267.1

BIS-Walraven GmbH, 529.1

BLANCO GmbH + CoKG, Oberderdingen: 583.2, 583.3 (1. und 3. Zeile), 584.1, 584.3, 584.4b, 585.1, 585.2, 586.2

M. Block GmbH, Schweinfurt: 69.3, 70.1, 70.2, 73.1, 77.4, 85.1, 89.1, 90.1, 90.2, 222.3

S. Böhnisch Kunststofftechnik GmbH, Neuenstein (Württ.): 205.3

Robert Bosch GmbH, Geschäftsbereich Junkers, Wernau: 410.1, 443.1, 444.1, 445.1, 446.2, 446.3, 447.3, 449.2, 451.1, 475.1, 481.3, 482.1, 483.1, 483.2, 592.1, 605.1, 612.2

BSI Borst & Schurz Installationssysteme GmbH, Großrinderfeld: 97.1

Buderus Heiztechnik GmbH, Wetzlar: 489.4, 499.2

Bundesanstalt für Geowissenschaften und Rohstoffe, Berlin: 325.3

Bundesverband der deutschen Gas- und Wasserwirtschaft e. V., Bonn: 2.1 bis 2.3, 7.2, 172.2, 173.2

Bundesverband WärmePumpe (BWP) e. V., München: 328.3, 503.1, 503.2, 504.1, 504.2

Herbert Burda GmbH, Düsseldorf: 94.3, 96.2b, 572.1

Cordes & Graefe KG, Bremen: 527.2

Coroplast Fritz Müller GmbH & Co. KG, Wuppertal: 53.1

Crassus Deutschland, Berlin: 140.2

CWS-Apparate GmbH, Dreeich: 575.1

„dachmoos.de", Heidenheim an der Brenz: 195.1

Dallmer GmbH & Co. KG, Arnsberg: 240.1, 281.3b

Danfoss Water Valves SOCLA GmbH, Rheinbach: 175.1

DEC INTERNATIONAL, NL-Enschede: 596.4

Deutsche Rockwool Mineralwoll GmbH & Co. OHG, Gladbeck: 86.2, 155.1

Deutsche Shell AG, Hamburg: 5.2

Deutscher Wetterdienst, Offenbach: 199.1

Deutsches Kupferinstitut, Düsseldorf: 45.2, 46.2, 47.2, 47.3, 48.1, 152.3, 152.4, 161.2

Dillkötter GmbH, Bergkamen: 379.1

DIN Deutsches Institut für Normung e. V., Berlin: 182.1 bis 182.3, 280.3

Metallwerke Otto Dingerkus GmbH, Attendorn: 382.1a

DOYMA GmbH & Co, Oyten: 88.1a, 1d, 159.5

DURAVIT Aktiengesellschaft, Hornberg: 552.2, 555.1, 557.2, 569.3, 576.1, 576.3, 577.4, 578.2, 579.2, 580.3a

DVGW Deutscher Verein des Gas- und Wasserfaches e. V., Bonn: 360.1, 360.3, 377.1

EFG – Energie für Gebäude, Kaufbeuren: 488.3, 491.2 bis 491.5

E.ON Wasserkraft GmbH, Kochel am See: 3.1

Eggemann GmbH, Iserlohn: 259.3, 259.4

Elektra Talfingen GmbH & Co. KG, Albstadt: 342.2

Elster GmbH, Lotte, Büren: 385.3, 386.1, 420.1, 420.2

ELWA Wassertechnik GmbH, Lingen: 194.1

Erdwärme Neustadt-Glewe GmbH, Neustadt-Glewe: 329.2

EUROTIS S.r.l., Corsio (Italien): 111.2

Evonik-Degussa AG, Hanau: 131.1

Fachverband Elektro- und Informationstechnik Baden-Württemberg, Stuttgart: 611.1

Kurt Fabianek, Berlin: 367.2

Georg Fischer Rohrleitungssysteme AG, Schaffhausen (Schweiz): 30.1, 110.3, 109.2, 118.1, 126.1, 126.3, 130.3, 133.2c, 134.1d, 134.2, 141.2, 147.2, 148.1, 161.1

Fischerwerke Artur Fischer GmbH & Co. KG, Waldachtal: 164.4, 165.1 bis 165.5, 166.1 bis 166.4, 167.1, 168.1

FLIR Systems GmbH, Frankfurt/Main: 219.4

Fränkische Rohrwerke Gebr. Kirchner GmbH & Co. KG, Königsberg/Bayern: 367.3, 367.4, 368.3

FRIATEC Aktiengesellschaft, Mannheim: 88.1b, c, 99.1, 110.1, 129.2, 139.2, 281.3a

Gabo Systemtechnik GmbH, Friedberg (Bay): 110.2

Gaswärme Institut e. V., Essen: 434.1

Alfons Gaßner, Bamberg: 14.3, 15.1, 39.4, 40.2, 43.1, 70.3, 173.1, 218.1, 219.2, 220.1, 220.2, 286.3, 522.3, 587.1

Geberit Vertriebs GmbH, Pfullendorf: Umschlag Mitte, links oben, rechts unten, 24.2, 49.1, 78.2, 87.1, 91.2, 94.2, 95.1, 96.1, 96.2a, 97.2, 97.4, 98.1 bis 98.4, 103.2, 107.2, 107.3, 115.1, 123.1, 123.3, 124.4, 124.5, 125.1, 125.3, 126.3, 135.1 bis 135.3, 138.3, 139.1, 139.3, 144.1, 144.3b, 144.4, 145.3, 145.4, 146.2, 156.6, 159.1b, 162.2b, 163.3, 217.1, 241.1, 242.1 bis 242.3, 243.1, 243.2, 244.1 bis 244.4, 245.2, 275.1, 281.4, 281.5, 284.1, 284.2, 287.3 bis 287.5, 288.1, 291.4, 292.1, 299.2b, 319.3, 511.2, 520.2, 521.1, 523.1, 526.2, 530.1, 531.1, 557.1, 567.1, 567.2, 568.1, 568.2, 569.1, 571.1, 573.1, 577.1 bis 577.3, 579.1, 580.1, 581.2b, 586.1, 588.2

Gebo-Armaturen GmbH, Schwelm: 127.1, 127.3

GLOBUS Infografik GmbH, Hamburg: 4.1, 21.2

GoGaS Goch GmbH & Co., Dortmund: 407.1

GOK Regler- und Armaturen-GmbH & Co. KG, Marktbreit: 372.1(Foto)

Otto Graf GmbH, Teningen: 202.1

GROHE Deutschland Vertriebs GmbH, Porta Westfalica: 237.3b, 245.3, 245.4, 246.2, 246.3, 247.1, 573.2

Karl Grumbach GmbH & Co. KG, Wetzlar: 296.1

GUHA Wagner GmbH & Co. Industrieprodukte KG, Frankfurt/Main: 111.3

Hamburger Wasserwerke GmbH, Hamburg: 25.4, 178.1, 179.3, 181.1

Hansa Metallwerke AG, Stuttgart: 228.1oben, 231.1, 232.2, 233.1, 233.2, 234.4, 235.2, 237.2, 240.2, 555.2, 559.1, 560.1

Hanse Management GmbH, Hamburg: 80.1b

hansgrohe AG, Schiltach: 228.2, 234.1, 234.2, 235.1, 543.1, 549.1 bis 549.3, 550.1 bis 550.3, 557.3

haro-plast Kunststofferzeugnisse GmbH, Reichelsheim (Odenwald): 588.1

Werner Hayen, Hamburg: 13.3, 137.3 (Fotos)

Helios Ventilatoren GmbH, Villingen-Schwenningen: 590.1, 591.2, 593.1, 594.4, 595.1 bis 595.4, 596.1, 597.1, 597.2, 598.1 bis 598.3

Hewing GmbH, PRO AQUA, Ochtrup: 31.1, 153.1

HOESCH Metall+Kunststoffwerk GmbH & Co., Düren: 30.2, 518.1, 535.1, 536.1, 536.2, 539.3

Honeywell AG Braukmann Armaturen, Mosbach: 52.1, 207.1, 207.2, 208.1, 248.1, 248.2, 249.1, 249.2, 250.1, 251.1, 251.2, 255.1 bis 255.5, 258.1, 259.1, 260.2, 261.1, 261.3, 262.1, 263.1 bis 263.5, 264.1

Hydrometer GmbH, Ansbach: 184.4

IBP International Building Products GmbH, Gießen: 127.2

Ideal-Standard GmbH, Bonn: 228.1(Fotos), 231.2, 231.3, 232.1, 232.3, 232.4, 233.3, 234.3, 259.2, 532.1, 540.3, 553.1, 554.2, 560.2, 560.3, 566.4, 570.2

illbruck Sanitärtechnik GmbH, Bad Wildungen: 537.1 bis 537.3, 538.1, 538.2, 539.1, 541.1, 545.2, 545.3, 545.5, 546.1, 546.2, 547.1 bis 547.3, 548.1

Integrierte Kommunikation, Saarbrücken-Klarenthal: 456.1

INTEWA Ingenieurgesellschaft für Energie- und Wassertechnik mbH, Aachen: 202.2

JRG Gunzenhauser AG, CH-Sissach: 27.1, 128.4, 147.4, 148.2, 149.1, 149.2

JUDO Wasseraufbereitung GmbH, Winnenden: 40.3, 42.1, 47.1, 209.1, 209.2, 211.1, 461.3

Kebulin-Gesellschaft Kettler & Co. KG, Herten-Westerholt: 54.1, 54.2

Gebr. Kemper GmbH + Co. KG, Metallwerke, Olpe-Biggesee: 46.1, 46.3, 185.2, 221.2, 224.2, 225.4, 226.1, 239.2c, 264.3

Keramag AG, Ratingen: 519.1, 519.2, 534.2, 534.4, 535.2, 535.3, 551.1, 554.1, 562.2, 578.1, 583.1

Kessel GmbH, Lenting: Umschlag Mitte, links unten, 88.2, 101.1, 101.2, 102.1 bis 102.5, 196.1, 198.3, 200.2, 201.1, 201.2, 271.1, 271.2, 289.7, 292.4, 294.1 bis 294.4, 295.1, 296.2, 297.1 bis 297.3, 299.2, 300.1 bis 300.3, 301.1, 301.2, 302.1, 302.2, 303.1, 304.2, 304.3, 305.1, 306.1, 306.2, 307.1, 308.1 bis 308.5, 309.1, 311.1, 311.2, 318.2, 543.3, 551.2, 551.3

kibs consulting, Nürnberg: 278.3, 279.1

KME-Germany, Osnabrück: 130.1, 153.2, 341.1, 497.2

KSB Aktiengesellschaft, Pegnitz: 187.2, 187.4, 190.1

Kuhfuß Sanitär, Hiddenhausen-Sundern: 562.3, 562.4, 570.1, 580.3c, 582.1

Kunststoffrohrverband e. V., Bonn: 129.3

Kutzner + Weber GmbH u. Co. KG, Maisach (Oberbay): 428.1, 434.2, 447.1, 451.2, 452.3, 453.1, 453.2, 454.1 bis 454.3, 455.1

Lange & Co. GmbH, Lippstadt: 373.1

Heinrich Leifeld GmbH, Borchen: 158.3, 159.1a, c-e

LOROWERK K. H. Vahlbrauk GmbH & Co. KG, Bad Gandersheim: 114.1, 438.1

Lytec Tool Division, Dietzenbach: 132.2

MAICO Elektroapparate-Fabrik GmbH, Villingen-Schwenningen: 590.2, 591.1, 594.1 bis 594.3, 596.2, 599.1, 600.1

Mall GmbH, Donaueschingen: 197.2, 198.1, 198.2

Gebr. Meibes, Burgwedel: 110.4, 111.1

Mepa, Rheinbreitbach: 97.3, 526.1, 540.1, 540.2, 542.1, 545.4, 558.1, 571.2, 580.2, 581.1

Mertik Maxitrol GmbH & Co. KG, Thale: 366.1, 382.1c, 1d

E. Missel GmbH, Stuttgart: 79.2, 141.3, 141.4, 154.2

MUNTERS Trocknungs-Service GmbH, Nürnberg: 219.1, 219.3

MÜPRO GmbH Befestigungs- und Schallschutzsysteme, Hofheim am Taunus: 155.2, 156.3, 157.2, 157.4a

Neff GmbH, Bretten (Baden): 404.3

ONTOP Gesellschaft für Rauch- und Abgastechnik mbH, Wiehl: 440.2, 441.2

pagette Sanitär-Produktions-GmbH, Bottrop: 574.3

Pressalit GmbH, Elmshorn: 529.2

Rau GmbH, Meitingen: Umschlag rechts oben, 371.1

Rehau AG + Co., Erlangen: 128.3, 147.1b, 147.3, 156.5

Rems-Werk Chr. Föll & Söhne GmbH & Co., Waiblingen: 132.3, 146.3

RHEINZINK GmbH & Co. KG, Datteln: 25.3, 313.1, 314.1 bis 314.3

Albert Roller GmbH & Co. KG, Waiblingen: 119.2, 119.3

Romay AG Sanitär, CH-Oberkulm: 561.2, 562.1

Rossweiner Armaturen und Messgeräte GmbH & Co. OHG, Roßwein: 205.2, 206.1

ROTHENBERGER Werkzeuge AG, Kelkheim: 131.2, 144.2, 144.3a, 145.1, 145.5, 278.2

ROTTER GmbH & Co. KG, Berlin: 35.1, 563.1

Ruhrgas AG, Essen: 325.1, 351.1 bis 351.4, 352.1, 352.2, 363.1

Saint-Gobain HES GmbH, Köln: 38.1, 113.1, 113.2, 137.1a-c, e, 137.2, 157.3, 159.3, 162.2a, 281.3c, 317.1, 317.2, 318.1b, 319.1, 319.2

Schäfer Heiztechnik GmbH, Neunkirchen: 390.2

Jörg Scheele, Witten: 378.1, 457.2, 618.2, 619.2

SCHELL GmbH & Co. KG, Olpe: 225.5, 239.1b, c

Schiedel GmbH & Co., München: 439.2, 439.3, 440.1, 440.3, 442.2, 443.2, 444.2 bis 444.4, 447.2, 448.1, 448.2, 449.3, 450.1

Karl Schindler, Bamberg: 180.3

Schöck Bauteile GmbH, Baden-Baden: 193.1 bis 193.3

Markus Schöpf, Kramsach (Österreich): 371.3a

Schott Glas, Mainz: 114.2, 137.3 (Zeichnungen)

Schulte Heiztechnik GmbH, Ellrich: 407.2, 408.1, 419.2

SenerTec Kraft-Wärme-Energiesysteme GmbH, Schweinfurt: 413.2, 414.1

Seppelfricke Armaturen GmbH & Co., Gelsenkirchen: 128.1, 223.1, 224.3, 225.1, 226.3, 257.1, 362.1, 382.2, 399.1, 405.1

Hermann Sewerin GmbH, Gütersloh: 371.3b

SFA Sanibroy GmbH, Dietzenbach: 304.1

Siemens AG Automation and Drives (A&D), Erlangen: 610.1, 612.1

Siemens Electrogeräte GmbH, München: 471.2, 476.1, 480.2

Sikla GmbH, Hausen ob Verena: 137.1d, 156.1, 156.2, 159.2, 159.4, 239.1a

Skoberne Schornsteinsysteme GmbH, Pfungstadt: 442.1

Socomine, Soutz sour Forest, Elsaß: 330.1

Solvis Solarsysteme GmbH, Braunschweig: 489.3, 497.1

Stiebel-Eltron GmbH & Co. KG, Holzminden: 236.1, 346.1, 464.1, 465.1, 477.1, 477.2, 479.1, 481.1

Strate Technologie für Abwasser GmbH, Sarstedt: 303.2

Straub Kupplungen AG, CH-Wangs: 121.3

Struers GmbH, Willich: 23.2, 23.3

Testo GmbH & Co., Lenzkirch: 433.1, 433.2, 434.3, 505.2

TOX-DÜBEL-WERK, Bodman-Ludwigshafen: 164.3, 167.2

Trachsel GmbH, Niederwörresbach: 313.3

Trouvay & Cauvin GmbH, Willich: 122.1, 122.2

TUBOFLEX GmbH, Hamburg: 382.1a

Tyco Electronics Raychem GmbH, Ottobrunn: 315.3,

514.1 bis 514.3, 515.1 bis 515.4, 516.1

Wilhelm Ungeheuer Söhne GmbH, Schmitten: 316.1, oben links

uponor Hausabflusstechnik GmbH, Emstek: 116.1

VAG-Armaturen GmbH, Mannheim: 179.2, 180.1, 181.2, 184.1

Vaillant GmbH, Remscheid: 339.1 bis 339.3, 342.3, 343.5, 391.1, 394.2, 432.2, 435.1, 446.1, 468.1, 470.1, 471.3, 473.3, 474.2, 478.1, 479.2

Vereinigung deutscher Gewässerschutz e. V., Bonn: 269.1

Manfred Vetter GmbH & Comp., Zülpich: 278.1

Viega Franz Viegener II, Attendorn: 107.1, 109.1, 123.1, 124.1 bis 124.3, 127.4, 245.1, 368.1, 368.2, 381.1, 386.2, 386.3, 387.1 bis 387.3, 511.3, 511.4, 512.1 bis 512.3, 513.1 bis 513.4, 556.1, 556.2, 557.4, 560.4, 560.5

Viessmann Werke, Allendorf/Eder: 325.4, 328.2, 392.1, 487.2, 487.3, 488.1, 488.2, 489.1, 492.1, 493.1, 494.2, 494.3, 496.1 bis 496.3, 498.2, 498.3

Villeroy & Boch AG, Mettlach: 34.1, 532.2, 533.2, 553.2, 553.3, 562.5, 566.1, 566.2, 569.2, 576.2, 580.3b, 583.3 (2. Zeile), 584.4a, 589.2

Wagner & Co. Solartechnik GmbH, Cölbe: 203.1, 203.2, 489.2, 494.1

Wavin GmbH Kunststoff-Rohrsysteme, Twist: 138.1, 138.2, 276.2

Max Weishaupt GmbH, Schwendi (Württ.): 391.2, 392.2, 412.1

Wieland-Werke AG, Ulm: 40.1, 44.2, 106.1, 130.2

Dieter Wildfang GmbH, Müllheim (Baden): 228.3, 229.1 bis 229.4, 230.1, 230.2

Wolfgang Willnat Cartoons, Belau: 21.1, 615.1 bis 615.3, 616.1 bis 616.3, 617.1, 617.2, 618.1, 618.2, 619.1, 620.1, 621.3

WILO GmbH, Dortmund: 175.3, 175.4, 176.2, 186.1, 187.1, 188.1, 345.3

WISA GmbH, Wesel a. Rhein: 574.1

WISY AG, Kefenrod-Hitzkirchen: 196.2a

Witzenmann GmbH, Pforzheim: 382.1d, e, 383.1, 383.2

Dr. Rupert Wögerbauer, Mainstockheim: 12.3, 17.1

Wöhler Messgeräte Kehrgeräte GmbH, Bad Wünnenberg: Umschlag rechts oben

Woeste & Co. Yorkshire GmbH, Erkrath: 24.1, 25.2, 126.2

zefa visual media, Hamburg: 1.1

Zehnder-Beutler GmbH, Lahr: 543.4

Zentralverband der Deutschen Elektro- und Informationstechnischen Handwerke, Frankfurt am Main und **Arbeitsgemeinschaft Medien**, München (aus: Strategiehandbuch „Fachbetrieb für Gebäudetechnik, 1999): 611.1

Zentralverband Sanitär Heizung Klima (SHK), St. Augustin: 617.3

Zweckverband Bodensee-Wasserversorgung, Bisingen b. Hechingen: 171.2

Entnommen aus:
Albers u. a.: Der Zentralheizungs- und Lüftungsbauer – Technologie, HT 3123: 417.1

Sachwortverzeichnis

Impressum

APPROBATION FÜR ÖSTERREICH:
Mit GZ.47.932/1-V/1/02 vom Bundesministerium für Bildung, Wissenschaft und Kultur genehmigt für den Unterrichts-gebrauch.

ISBN 978-3-582-03155-6

Die Normblattangaben werden wiedergegeben mit Erlaubnis des DIN Deutsches Institut für Normung e.V.
Maßgebend für das Anwenden der Norm ist deren Fassung mit dem neuesten Ausgabedatum, die erhältlich ist bei der Beuth Verlag GmbH, Burggrafenstraße 6, 10787 Berlin.

Die technischen Zeichnungen wurden nach Vorlagen ausgeführt durch Grafische Produktionen Neumann, 97222 Rimpar.

Verlag Handwerk und Technik GmbH,
Lademannbogen 135, 22339 Hamburg; Postfach 63 05 00, 22331 Hamburg – 2014
E-Mail: info@handwerk-technik.de – Internet: www.handwerk-technik.de

Satz und Layout : Grafische Produktionen Neumann, 97222 Rimpar
Umschlagmotiv: Harro Wolter, Foto & Grafik Design, Hamburg, in Zusammenarbeit mit Geberit GmbH, Pfullendorf und
                         Kessel GmbH, Lenting

Druck: Himmer GmbH Druckerei, 86167 Augsburg

Schemadarstellung der raumluftabhängigen Gasgerätearten

ohne Gebläse	mit Gebläse hinter dem Brenner/Wärmetauscher	mit Gebläse vor dem Brenner	mit Gebläse hinter der Strömungssicherung
A_1	A_2 keine Erfassung in deutschen Aufstellregeln	A_3	
B_{11}	B_{12} keine Erfassung in deutschen Aufstellregeln	B_{13}	B_{14} keine Erfassung in deutschen Aufstellregeln
B_{21} keine Erfassung in deutschen Aufstellregeln	B_{22}	B_{23}	
B_{31} Diese Geräteart ist nicht belegt.	B_{32}	B_{33}	
B_{41}	B_{42}	B_{43}	B_{44}
B_{51}	B_{52}	B_{53}	

Gasgeräte und Gasfeuerstätten nach DVGW-TRGI 2008

Art A: Gasgeräte ohne Abgasführung – raumluftabhängig; die Verbrennungsluft wird dem Aufstellraum entnommen

Art B: Gasgeräte mit Abgasführung – raumluftabhängig; die Verbrennungsluft wird dem Aufstellraum entnommen

- Art B_1: Gasgeräte mit Strömungssicherung
- Art B_2: Gasgeräte ohne Strömungssicherung
- Art B_3: Gasgeräte ohne Strömungssicherung; alle Teile des Abgasweges sind von Verbrennungsluft umspült; zum Anschluss an eine eigene oder gemeinsame Abgasanlage
- Art B_4: Gasgeräte mit Strömungssicherung und mit Abgasleitung und Windschutzeinrichtung
- Art B_5: Gasgeräte ohne Strömungssicherung und mit Abgasleitung und Windschutzeinrichtung

Art C: Gasgeräte mit Abgasführung – raumluftunabhängig; die Verbrennungsluft wird über ein geschlossenes System dem Freien entnommen

- Art C_1: Gasgeräte mit horizontaler Verbrennungsluftzu- und Abgasabführung durch die Außenwand ins Freie; die Mündungen der Luftzu- und Abgasabfuhr liegen dicht beieinander
- Art C_2: Gasgeräte mit Verbrennungsluftzu- und Abgasabführung zum Anschluss an einen gemeinsamen Schacht; jedoch: Nach baurechtlichen Bestimmungen in Deutschland nicht zulässig.
- Art C_3: Gasgeräte mit Verbrennungsluftzu- und Abgasabführung senkrecht über Dach; Mündungen liegen nahe beieinander (gleicher Luftdruck)
- Art C_4: Gasgeräte mit Verbrennungsluftzu- und Abgasabführung zum Anschluss an ein Luft-Abgas-System (LAS) für Mehrfachbelegung
- Art C_5: Gasgeräte mit getrennter Verbrennungsluftzu- und Abgasabführung; Mündungen nicht im gleichen Luftdruckbereich
- Art C_6: Gasgeräte für den Anschluss an einer nicht mit dem Gerät geprüfte Verbrennungsluftzu- und Abgasabführung
- Art C_7: Gasgeräte mit vertikaler Verbrennungsluftzufuhr vom Dachboden und Abgasabführung über Dach; jedoch: Die Aufstellung bedarf der baurechtlichen Ausnahme.
- Art C_8: Gasgeräte zum Anschluss an eine eigene oder eine gemeinsame Abgasanlage mit getrennter Verbrennungsluftzuführung aus dem Freien
- Art C_9: Gasgeräte mit Verbrennungsluftzu- und Abgasabführung senkrecht über Dach; Mündungen liegen nahe beieinander (gleicher Luftdruck); Verbrennungsluftzuführung vollständig oder teilweise über einen bestehenden Gebäudeschacht

---

Gasgeräte ohne Gebläse
Arten A_1, B_{11}, B_{31}, B_{41}, B_{51}, C_{11}, C_{31}, C_{41}, C_{51}, C_{61}, C_{91}
(Art B_{31} und Art C_{81} sind nicht belegt; Art C_{21} ist in Deutschland nicht zulässig; Art C_{71} bedarf der baurechtlichen Ausnahme)

Gasgeräte mit Gebläse hinter dem Brenner bzw. Wärmetauscher
Arten A_2, B_{12}, B_{22}, B_{32}, B_{42}, B_{52}, C_{12}, $C_{32}2$, C_{42}, C_{52}, C_{62}, C_{82}, C_{92}
(Art C_{22} ist in Deutschland nicht zulässig; Art C_{72} bedarf der baurechtlichen Ausnahme)

Gasgeräte mit Gebläse vor dem Brenner
Arten A_3, B_{13}, B_{23}, B_{33}, B_{43}, B_{53}, C_{13}, C_{33}, C_{43}, C_{53}, C_{63}, C_{83}, C_{93}
(Art C_{23} ist in Deutschland nicht zulässig; Art C_{73} bedarf der baurechtlichen Ausnahme)

Zusatzkennzeichnungen für Geräte der Art (AS, BS, x)

A: «AS» (atmosphere sensing): Zusatzkennzeichnung für Raumluftüberwachungseinrichtung; mit «AS» gekennzeichnete Gasgeräte erfüllen nach deutschen Regeln zzt. nicht die Anforderung nach einem gesicherten Luftwechsel im Aufstellraum.

B1: «BS» (blacked safety): Zusatzkennzeichnung für Gasfeuerstätten mit Abgasüberwachungseinrichtung (AÜE), z. B. B_{11BS}

C: «x» Zusatzkennzeichnung für Gasfeuerstätten, bei denen alle unter Überdruck stehenden Teile der Abgasabführung verbrennungsluftumspült sind, sodass Abgase nicht in Gefahr drohender Menge ausströmen können, z. B. C_{12x}
Gasgeräte Art C mit Gebläse ohne das Zusatzkennzeichen „x" müssen in Räumen aufgestellt werden, die eine ins Freie führende Öffnung ≥ 150 cm^2 oder zwei Öffnungen je ≥ 75 cm^2 freier Querschnitt haben.

In den Schemadarstellungen bedeutet:
* z. B. C_{12}*: Erfüllen Gasfeuerstätten erhöhte Dichtheitsanforderungen, können sie auch mit „x" gekennzeichnet sein.

Schemadarstellung der raumluftunabhängigen Gasgerätearten

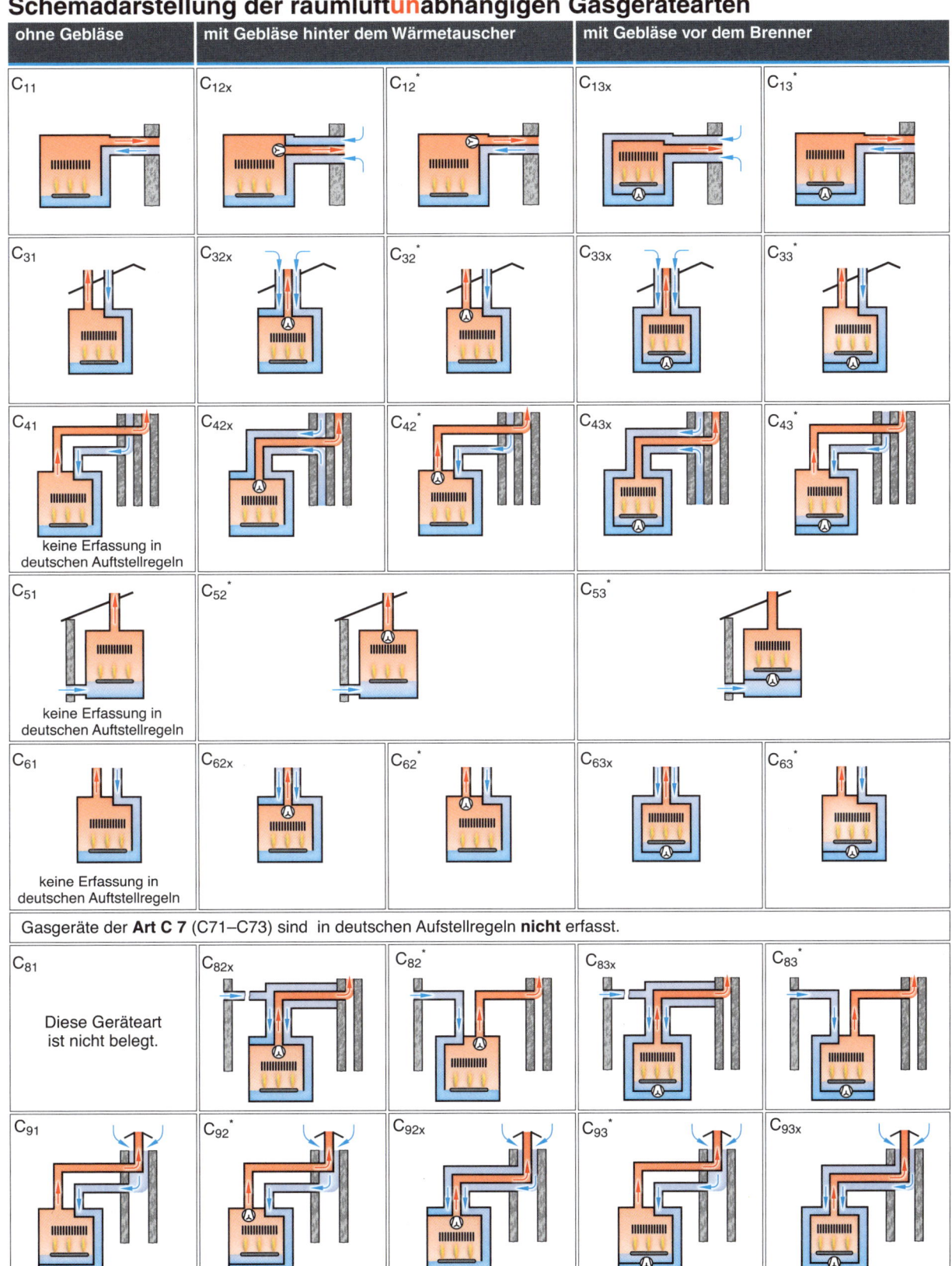